정역학과
재료역학

STATICS AND MECHANICS OF MATERIALS

제5판

정역학과 재료역학

R. C. Hibbeler | 지음

김문겸 · 이종세 · 이환우 · 허택녕 · 임윤묵 · 이완훈 · 노혁천 | 옮김

STATICS AND MECHANICS OF MATERIALS

프로텍미디어
Protec Media

옮긴이

김문겸 연세대학교 사회환경시스템공학부 교수
이종세 한양대학교 건설환경공학과 교수
이환우 부경대학교 토목공학과 교수
허택녕 창원대학교 토목공학과 교수
임윤묵 연세대학교 사회환경시스템공학부 교수
이완훈 청운대학교 토목환경공학과 교수
노혁천 세종대학교 건설환경공학과 교수 / ㈜SE Nest, Chief of R&D Center

정역학과 재료역학 제5판

Statics and Mechanics of Materials 5th Edition

발행일 2019년 08월 22일

지은이 | R. C. Hibbeler
옮긴이 | 김문겸 • 이종세 • 이환우 • 허택녕 • 임윤묵 • 이완훈 • 노혁천
발행인 | 강태용
발행처 | 프로텍미디어
등 록 | 제25100-2017-000067호

전 화 | (02)6166-8235(주문 및 고객지원)
팩 스 | (02)6020-8235
이메일 | proteckang@gmail.com

ISBN 979-11-87985-03-7 93550

정가 39,000원

역자 서문

여러 대학에서 학부 교재로 사용하고 있는 R. C. Hibbeler 교수의 정역학과 재료역학(국제단위계 제5판)을 번역하게 된 것을 기쁘게 생각합니다.

이 책은 전반에 걸쳐 공학의 여러 분야에서 사용되는 정역학과 재료역학과 관련하여 다루고 있는 기본적인 주제에 대한 기본 이론을 명확하게 설명하고 있으며, 기본 이론을 응용 및 적용하여 활용할 수 있도록 다양한 문제를 제공하고 있습니다. 주요 개념의 이해를 돕기 위해 제시된 문제들은 난이도가 높아지는 순서로 배열되어 있으며, 이를 통해 학생들은 해석 기술과 문제해결 능력을 키울 수 있습니다.

국제화시대에 원서로 개념을 파악하는 것이 바람직할 수 있지만 생소한 역학의 기본개념을 익혀나가는 학생들에게 짧은 시간 효과적으로 역학의 개념을 이해하는 데 도움이 되리라 확신합니다. 번역된 본문의 내용과 예제를 통해 명확한 개념 이해가 가능하여 원어로 구성된 다양한 문제들을 통해 역학의 국제화 감각을 익힐 수 있도록 하였습니다.

이 책은 정역학과 재료역학의 두 주제로 나누어져 있습니다. 정역학 주제는 1장에서 6장까지 6개의 장으로, 재료역학은 7장에서 17장까지 11개 장에 걸쳐 다루어져 있으며, 모든 내용 및 연습문제는 국제단위계인 SI 단위계로만 다루어져 있습니다. 국제화시대에 외국의 관습단위계에 익숙하지 않은 국내 학생들에 도움이 되리라 확신합니다.

우연한 기회에 지금의 번역진을 구성하고, 우수한 교재를 번역하는 행운을 갖게 된 것 같아 기쁘게 생각합니다. 귀한 시간을 할애하여 훌륭한 번역서를 완성하게 해주신 동료 교수들께 감사드립니다. 끝으로 이 책의 출판을 맡아주신 프로텍미디어 관계자 여러분께 감사의 말씀을 전합니다.

역자 대표 김문겸

서문

이 책은 저자가 이미 집필한 두 권의 책인 Engineering Mechanics: Statics 제14판과 Mechanics of Materials 제10판을 종합, 요약한 것이다. 이 책은 공학의 여러 분야에서 사용되는 정역학과 재료역학의 중요하고 기본적인 주제에 대한 이론과 응용을 명확하고 철저하게 설명할 것이다. 특히 평형조건, 변형의 적합성, 그리고 재료거동의 조건들을 만족하여야 함의 중요성을 강조할 것이다. 이 책의 특징은, 저자의 이전 책들과 다르지 않다. 자유물체도의 중요성, 그리고 역학적 방정식을 구성하는 모든 경우에서 좌표계와 부호 규약을 올바르게 선택하는 중요성이 강조된다. 이 책 전반에 걸쳐 공학 실무에서 접하게 되는 기계요소와 구조 부재에 대한 해석과 설계 응용문제들이 많이 제공될 것이다.

새로운 점

예비 문제. 새로운 형태의 문제를 책 전체에 걸쳐 기본문제들 바로 전에 찾아 볼 수 있다. 이 예비 문제의 의도는 이론에 대한 학생들의 개념적 이해를 시험하는 것이다. 답을 얻는 데까지 계산이 필요하지 않거나 약간 필요하다. 따라서 학생들이 수치적인 응용을 하기 전에 개념을 기본적으로 이해하도록 한다. 모든 해답이 책 말미에 제시되어 있다.

- **개선된 기본문제.** 예비문제 바로 뒤에 기본문제들이 있다. 이 문제들은 각 절의 개념을 학생들이 기초적으로 적용하도록 하며, 이어서 나오는 표준문제들을 풀기 전에 문제해결 능력을 향상시키는 것을 돕도록 한다.
- **새로운 문제.** 공학의 여러 분야에 적용되는 새로운 문제들이 추가되었다.
- **개정된 내용.** 책의 여러 주제에 대하여 내용의 명확성을 향상시키고 간결하게 되도록 새롭게 쓰였다. 또한 이러한 변화를 돕기 위하여 책 전반에서 여러 그림을 확대하고 개선하였다.
- **새로운 배열.** 내용의 표현을 향상시키기 위하여 디자인을 추가하였다. 쪽 넘김을 최소화하기 위하여 거의 모든 주제를 하나 또는 두 쪽 내에서

서술하였다.

- **새로운 사진.** 실제 응용에 대한 사진을 업데이트하거나 새로운 사진을 추가하여 주제가 되는 내용의 이해를 돕도록 하였다. 이 사진들은 일반적으로 실제 상황에서 원칙들을 어떻게 적용하는지, 하중을 받는 재료가 어떠한 거동을 보이는지 설명하는 데 사용된다.

전형적 특징

앞서 언급한 새로운 특징들 외에도 이 책의 뛰어난 특징들이 있다.

조직과 접근. 각 장은 특정 주제에 대한 설명과 예제, 그리고 복습문제들을 포함하는 잘 정의된 절들로 구성되어 있다. 각 절의 주제는 장을 나타내는 굵은 글씨 아래 소그룹으로 배치되어 있다. 이는 각각의 새로운 정의나 개념 도입을 위한 체계적인 방법으로, 후에 참조 및 검토의 편의를 위함이다.

각 장의 내용. 각 장은 그 장 내용의 광범위한 적용을 보여주는 사진으로 시작한다. 각 장의 학습 목표는 각 장에서 다루어질 내용의 전반적인 개요를 제시한다.

자유물체도의 강조. 자유물체도를 그리는 것은 문제를 해결하는 데 특히 중요하며, 이러한 이유로 이 단계는 책의 전반에 걸쳐 강조되고 있다. 특히 정역학 범위에 있는 몇몇 절들은 자유물체도를 그리는 방법을 보여주는 데 전념하고 있다. 이를 위해 특정 복습문제들도 추가되었다.

해석 순서. 역학 문제의 해석에 사용되는 일반적인 절차가 제1장의 마지막에 제시되어 있으며, 이 절차는 책 전반에 걸쳐 개개 특정 문제들에 맞추어 적용되어 있다. 이 독특한 기능은 이론을 적용하는 데 있어 논리적이고 올바른 방법을 제공하며, 이 방법을 통해 예제를 명확히 해결할 수 있다. 관련된 원칙을 확실히 습득하고 충분한 자신감이 생긴다면 문제 해결을 위한 자신만의 방법을 개발할 수도 있을 것이다.

요점. 이 기능은 해당 절의 가장 중요한 개념을 요약, 검토하는 것으로 문제 해결을 위한 이론 적용시 수행해야 할 가장 중요한 점을 강조한다.

개념적 이해. 책 전반에 걸쳐 나오는 사진들을 통해, 보다 중요한 개념적 특징을 설명하고 방정식에 사용되는 다양한 물리적 의미를 알려주도록 단순화된 방법으로 이론이 적용된다. 이는 주제가 되는 내용에 대한 관심을 높이고 문제를 이해하고 해결하기 위한 준비를 보다 효율적으로 할 수 있게 한다.

예비 문제와 기본 문제. 이들 문제에 대한 주요 식과 해답이 책 말미에 실어져 있으므로, 예제의 확장으로 볼 수 있다. 이에 더하여, 이들 문제를 숙제로 활용하면 학생들이 시험을 준비하는 데 훌륭한 도구가 될 것이며, 또한 추후에 여러 기술자 시험을 준비하는 데 복습자료가 될 것이다.

개념적 문제. 책 전반에 걸쳐, 특히 각 장의 말미에는 그 장에 서술된 원리를 적용하는 개념적 상황에 대한 문제들을 찾을 수 있다. 이는 사진으로 보여 주는 바와 같은 실제적인 상황을 통하여 학생들이 사고하도록 의도한 것이다. 이들 문제는 학생들이 해당 주제에 대하여 익숙하여진 후에 지정할 수 있으며, 개인 또는 팀프로젝트의 주제로도 적합하다.

숙제. 앞서 언급한 예비 문제, 기본 문제, 개념적 문제들 외에도 일반적인 해석과 설계에 대한 문제들이 수록되어 있다. 책의 문제들은 대부분 공학 실무에서 발생하는 현실적인 상황을 그리고 있다. 이들 중 일부는 산업계에서 사용되는 실제 제품에 대한 것이다. 단순히 번호로 표시된 문제는 책의 뒤에 주어진 해답이 있다. 번호 앞에 (*)표시가 된 매 네 번째 문제들은 해답이 제공되지 않는다.

정확성. 저자 외에도 다음 네 분이 책의 내용과 문제의 해법에 대해 철저한 검토를 수행하였다. Virginia Polytechnic Institute and State University의 Scott Hendricks, University of South Florida의 Karim Nohra, Bittner Development Group의 Kurt Norlin, 실무 엔지니어인 Kai Beng Yap. SI판은 다른 세 분의 추가적인 검토를 거쳤다.

내용

이 책은 두 부분으로 나누어지며 고전적인 방식에 따라 내용을 다루었다.

정역학. 정역학 주제는 6개의 장으로 다루어진다. 제1장에서는 역학을 소개하고 단위에 대해 논의한다. 벡터의 개념과 공력계의 특성에 대한 소개는 제2장에서 한다. 제3장은 일반적인 집중력 계에 대하여 논의하며 이를 단순화 하는 방법을 포함한다. 제4장에서는 강체의 평형 원리를 다루며, 이를 트러스, 뼈대, 기계구조의 평형을 다루는 특정 문제에 적용하는 것을 제5장에서 다룬다. 마지막으로 제6장에서는 무게 중심과 도심, 관성모멘트에 관련한 주제들이 다루어진다.

재료역학. 책에서 재료역학은 총 11개 장에 걸쳐 다루어진다. 제7장은 수직응력과 전단응력을 정의하고, 축하중을 받는 부재의 수직응력과 직접 전단에 의한 전단응력에 대해 논한다. 마지막으로 수직, 전단변형률이 정의된다. 제8장에서는 재료의 중요한 역학적 특성에 대하여 논한다. 제9장, 제10장, 제11장, 제12장은 각각 축하중, 비틀림, 휨, 횡전단을 다룬다. 제 13장은 앞에서 다룬 내용을 부분적으로 복습하면서 하중이 조합되어 작용할 때의 응력상태를 다룬다. 제14장에서는 응력과 변형률의 변환 개념을 소개하며, 제15장은 이전에 다루었던 내용에 대하여 추가적인 요약과 검토를 하고 허용응력을 기본으로 한 보의 설계를 다룬다. 제16장에서는 보의 처짐을 해석하는 다양한 방법을 소개하며, 이에 더하여 부정정보에서 요소의 반력을 찾는 방법을 다룬다. 마지막으로 제17장은 기둥의 좌굴을 다룬다.

보다 고급인 내용을 다룬 절에는 (*)표시가 되어 있다. 시간이 허락된다면 이 주제들 중 일부는 과정에 포함될 수 있다. 또한, 이 내용들은 다른 과정에서 다루어질 때 기본 원리에 적합한 참고자료가 될 수 있으며, 특별 프로젝트를 숙제로 할 때 자료로 사용될 수도 있다.

재료역학 강의에서의 대안. 책의 주제들은 다양한 순서로 다루어질 수 있다. 예를 들어 축하중, 비틀림, 휨과 전단에 대한 응용을 다루기에 앞서 응력과 변형률의 변환을 먼저 강의하기를 원할 수 있다. 하나의 방법으로, 제7장과 제14장에서 다루는 응력과 변형률, 그것의 변환을 먼저 강의하고, 이후에 제8장부터 제13장까지를 강의하여도 연속성을 잃지 않을 것이다.

연습문제

책에 있는 많은 문제들은 공학 실무에서 마주치게 되는 실제 상황을 다루고 있다. 이런 현실성은 주제에 대한 흥미를 자극하고, 그러한 문제를 물리적인 현상으로부터 모델 또는 상징적 표현으로 바꾸어 원리가 적용될 수 있도록 하는 기술을 향상시키는 방법을 제공할 것으로 기대된다.

이 책에서는 가능한 한 난이도에 따라 문제가 배열되도록 하였다. 재료물성에 대한 정확도가 떨어질 수도 있지만, 문제의 답은 유효숫자 세 자리로 표기하였다. 이는 잘못된 습관으로 보일 수도 있지만, 일관성을 유지하고, 학생이 해답을 보다 확실히 검증할 수 있도록 하기 위하여 하였다. 모든 문제와 해답은 정확성을 위해 네 번의 확인 작업을 거쳤다.

감사의 글

교육계의 여러 동료들이 여러 해에 걸쳐서 준 제안과 조언에 힘입어 이 책이 완성되었습니다. 그들의 격려와 건설적인 비평을 위한 의지에 대단히 감사하며, 이 전반적인 감사를 받아주기 바랍니다. 저의 책, Engineering Mechanics: Statics와 Mechanics of Materials를 검토해 주신 분들께도 감사를 드립니다. 그들의 조언 또한 이 책을 개선하는 데 지침이 되었습니다.

특별히 다음 분들께 감사를 드립니다.

- Arizona State University의 D. Kingsbury
- Arizona State University의 S. Redkar
- Ohio State University의 P. Mokashi
- Ohio State University의 S. Seetharaman
- University of Missouri-Columbia의 H. Salim

오랜 기간 제 책의 편집자인 Rose Kernan의 도움에 감사하고, 출판 원고를 준비하는 데 필요한 교정과 타이핑을 도와준 제 아내 Conny에게 감사합니다.

또한 이 책의 이전 판을 공부하고 내용 개선을 위해 비평을 해준 저의 모든 학생들과 저에게 e-mail로 의견을 제시하여 준 교육 일선의 여러분들께도 감사드립니다.

이 개정판의 내용과 관련하여 조언이나 제안이 있으면 언제라도 의견을 보내주시기를 기대합니다.

Russell Charles Hibbeler
hibbeler@bellsouth.net

국제판에 대한 감사의 글

제작사는 이 국제판에 기여한 다음 분들에게 감사드립니다.

기여자

Kai Beng Yap 현재 말레이시아에서 실무를 하는 기술사이다. Louisiana주

Lafayette시의 University of Louisiana에서 토목공학 전공으로 BS와 MS 학위를 취득하고, Blacksburg시의 Virginia Tech에서 대학원 수학을 계속하였다. University of Louisiana에서 강의 경력이 있으며 구조해석과 설계 그리고 관련된 인프라구조 분야에서 엔지니어링 컨설턴트로 일해왔다.

SI 제5판의 감수자

American University of Sharjah의 Farid Abed

Aalborg University of Copenhagen의 Imad Abou-Hayt

National University of Singapore의 Kevin Kuang Sze Chiang

SI 제5판 MasteringEngineering의 감수자

Macquarie University의 Shaokoon Cheng

Universiti Tenaga Nasional의 Chow Ming Fai

SI 이전판의 기여자

제작사는 싱가폴 Nanyang Technological University에서 은퇴하신 S. C. Fan 교수와 인도 SSN College of Engineering에서 강의하시는 K. S. Vijay Sekar 교수에게 각각 이 책의 제3판과 제4판에 기여한 것에 감사드립니다.

강의자를 위한 자료

- **MasteringEngineering.** 이 online 숙제 개인지도 프로그램을 통하여 역동적인 숙제와 자동채점 그리고 적응형 지도를 할 수 있다. MasteringEngineering을 통하여 전체 학생의 수행결과 또는 개별 학생의 상세한 진도를 추적할 수도 있다.

- **강의자 해법편람.** 저자에 의하여 강의자 해법편람이 마련되어 있다. 이 편람은 또한 정확도 확인 프로그램의 일부로 검토되었다. 강의자 해법편람은 www.pearsonglobaleditions.com에서 구할 수 있다.

- **강의자료.** 이 책과 같이 하는 시청각 자료를 www.pearsonglobaleditions.com에서 구할 수 있다. 이 사이트에 접속하기 위한 로그인과 비밀번호가 필요하면 Peason 출판사의 지역 대행사에게 문의하면 된다. 책에 있는 모든 그림을 포함한 시청각 자료를 PowerPoint 슬라이드 형태로 얻을 수 있다.

- **동영상 해법.** Purdue University의 Edward Berger 교수가 개발한 동영상

해법이 Pearson Engineering Portal에 있으며, 이는 책 중 각 절의 대표적 문제에 대하여 단계별 해법을 제시한다. 학생들이 언제든지 접근하고 자신의 페이스로 볼 수 있도록 완벽하고 간결한 문제 해결 방법을 보여줌으로써 수업시간과 업무시간을 효율적으로 사용할 수 있다. 동영상은 강의자나 학생 각자가 유연하게 사용할 수 있는 자료가 되도록 만들어졌다. 동영상은 또한 유용한 지도 자료로서 학생들이 자신의 이해 수준을 확인할 때 동영상을 멈추었다가 다시 진도를 맞추는 방식으로 학생들의 자기 평가에 도움을 준다. www.pearsonglobaleditions.com/hibbeler에서 Statics and Mechanics of Materials 링크를 통해 동영상에 접근할 수 있다.

학생을 위한 자료

- **MasteringEngineering.** 강의자의 오피스아워 상황을 모방한 프로그램으로 개별 진도에 맞춘 개인지도에 의하여 엔지니어링 개념을 학생들에게 지도한다. 이 심층 개인지도 숙제 문제들은 학생의 잘못에 적절한 피드백을 주고 문제를 좀더 단순한 단계로 낮출 수 있는 힌트를 줄 수 있도록 디자인되었다.
- **제휴 웹사이트.** 제휴 웹사이트 www.pearsonglobaleditions.com/hibbeler에서 연습과 복습을 할 수 있다.
- **동영상 해법.** 책 중 각 절의 대표적 숙제 문제에 대하여 단계별 해법을 완전히 제시한다. 동영상은 대표적 숙제 문제에서의 각 단계를 완전히 보여줌으로써 학생들이 개념들을 생생하게 연결할 수 있도록 한다.

웹사이트 접근 코드는 원서본 구매시 동봉되어 있으며, 카드에 나와 있는 지시를 따르면 된다. 또한 접근 권한을 이 사이트에서 직접 구매할 수 있다.

차례

CHAPTER 1

(© Andrew Peacock/Lonely Planet Images/Getty Images)

매우 큰 하중을 들어 올리기 위해서 그림과 같은 대형 크레인이 사용된다. 이러한 크레인은 공업역학의 주제인 정역학과 동역학의 기본 원리를 기반으로 하여 설계된다.

기본원리

학습목표

- 역학의 기본적인 양과 이상화에 대한 소개
- 뉴턴의 운동법칙과 중력법칙을 서술
- SI 단위계를 적용하는 원리 검토
- 수치 계산을 하는 기본적인 절차 검토
- 문제 해석에 대한 일반적 기준을 설명

1.1 역학

역학(mechanics)은 힘이 작용하는 물체의 정지 상태 또는 운동 상태를 다루는 물리학의 한 분야라고 정의될 수 있다. 이 책에서는 역학에서 중요한 두 분야인 정역학(statics)과 재료역학(mechanics of materials)을 다루도록 한다. 이들 주제는 공학에서 만나게 되는 여러 종류의 구조, 기계 또는 전자기기를 해석하고 설계하는 데 필요한 기반을 이루게 된다.

정역학은 물체의 평형을 다룬다. 즉, 정역학은 물체가 평형을 유지하기 위하여 물체의 외부 또는 내부에 필요한 힘을 결정하기 위하여 사용한다. 재료역학은 물체 외부의 하중과 내부에 작용하는 내력(internal force)의 분포 사이의 관계를 다룬다. 이 주제에서는 또한 물체의 변형을 산정하는 것도 다루며, 물체의 안정성을 검토할 기초를 학습한다.

이 책에서는 정역학의 원리를 먼저 다룬다. 왜냐하면, 구조요소 또는 기계요소의 해석과 설계를 위해서는 그 각각의 부재 외부 및 내부의 힘을 결정하는 것이 우선적으로 필요하기 때문이다. 이 내력을 결정하고 나면, 뒤에 서술될 재료역학의 원리를 사용하여 각 부재의 치수, 변형, 안정성 등을 해석할 수 있다.

역사적 발전. 정역학 과목은 그 원리가 단순히 기하 형태와 힘에 대한 측정으로부터 형성될 수 있기 때문에 역사적으로 아주 초기부터 발전되었다. 예를 들어, 아르키메데스(Archimedes, 기원전 287-212)는 그의 저서에서 지렛대의 원리를 다루고 있다. 도르래, 경사면 등에 대한 연구도 고대의 저술에서 찾아볼 수 있다. 그 당시, 공학에 대한 요구는 주로 건물 건설에 제한되어 있었다.

재료역학의 기원은 갈릴레오(Galileo)가 여러 재료로 만들어진 봉(rod)과 보(beam)에 가해지는 하중의 영향을 연구하기 위하여 실험을 수행한 17세기 시작으로 거슬러 올라간다. 18세기 초기에는 재료시험을 위한 실험방법이 급격히 발달하고, 이 시기에 이 주제에 대한 이론적 및 실험적 연구가 주로 프랑스에서 생 브낭(Saint Venant), 푸아송(Poisson), 라미(Lamé), 나비에(Navier) 등 저명한 과학자에 의하여 수행되었다.

시간이 지나면서 재료역학의 많은 기본적 문제들이 다양하게 해석됨에 따라, 좀 더 복잡한 문제를 해석하기 위한 진보된 수학과 컴퓨터 기법을 사용할 필요가 생겼다. 그 결과, 이 주제는 탄성론(theory of elasticity), 소성론(theory of plasticity) 등과 같은 역학의 다른 분야로 확장되었다. 공학 분야의 새로운 문제를 해결하기 위하여 이러한 분야의 연구는 계속 진행되고 있다.

1.2 기본 개념

정역학과 재료역학의 학습을 시작하기 전에 몇몇 기본 개념과 원리의 정의를 이해하는 것이 중요하다.

질량. **질량**(mass)은 한 물체의 작용을 다른 물체의 작용과 비교하기 위하여 사용하는 물질의 크기를 측정하는 것이다. 이 특성은 속도 변화에 대한 물질의 저항을 측정할 수 있게 해준다.

힘. 일반적으로 **힘**(force)은 한 물체가 다른 물체에 가하는 '밀기' 또는 '당기기'로 생각한다. 이러한 상호작용은 벽체를 미는 사람과 같이 두 물체가 직접적으로 접촉되어 일어나거나, 두 물체가 물리적으로 분리되어 거리를 두고 일어난다. 후자의 예로서 **중력**(gravitational force), **전기력**(electrical force), **자기력**(magnetic force) 등을 들 수 있다. 어떤 경우이든, 힘은 그 크기, 방향, 그리고 작용점에 의하여 특성을 완전히 표현할 수 있다.

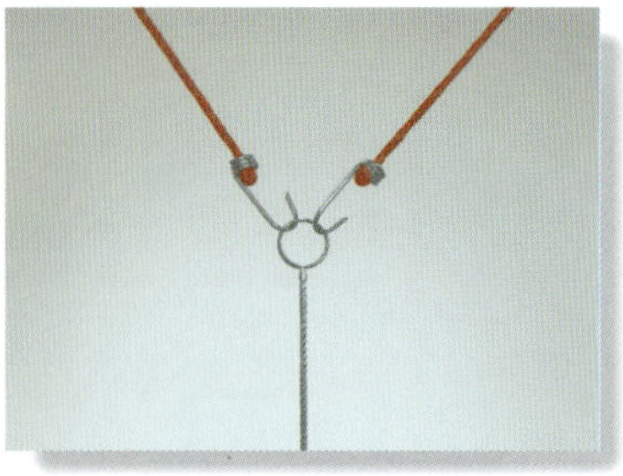

고리에 세 힘이 작용하고 있다. 이들 힘이 한 점에서 만나기 때문에 이들 힘을 해석하기 위해서 고리를 질점으로 가정할 수 있다.

질점. **질점**(particle)은 질량은 있지만 무시할 만한 크기를 가진다. 예를 들어, 지구의 크기는 그 궤도의 크기에 비하면 대수롭지 않으므로, 궤도 운동을 연구할 때는 지구를 질점으로 모형화할 수 있다. 물체를 질점으로 이상화할 때, 그 물체의 기하학적 변화가 문제의 해석에 관여되지 않게 되므로, 역학의 원리는 다소 단순화된 형태로 줄일 수 있다.

강체. **강체**(剛體, rigid body)는 많은 질점들의 집합체로서, 하중을 가하기 전과 후에, 모든 질점들이 서로 간의 거리를 고정된 상태로 유지한다고 생각한다. 물체에 가해진 힘의 영향을 연구할 때, 강체로 가정한 물체의 경우는 재료적 특성이 고려되지 않기 때문에 이 모델은 중요하다. 대부분의 경우, 구조물이나 기계에서 발생하는 실제 변형은 상대적으로 미소하므로, 강체로 가정하여 해석하는 것이 적절할 수 있다.

집중력. **집중력**(concentrated force)은 하중이 물체 상의 한 점에 작용한다고 가정하고 그 효과를 표현한 것이다. 하중이 작용된 면적이 물체 전체의 크기에 비하여 미소할 때, 우리는 하중을 집중력으로 표현할 수 있다. 바퀴와 지반 사이의 접촉력을 예로 들 수 있다.

강철은 일반적으로 널리 사용되는 공학재료이며, 하중에 의해 큰 변형이 발생하지 않는다. 그러므로 사진의 철도차량 바퀴는 레일에 집중력을 작용시키는 강체로 취급할 수 있다.

1

뉴턴의 운동법칙. 공업역학은 실험적 관찰에 의한 뉴턴의 3개 운동법칙을 기본으로 하여 형성된다. 이들 법칙은 가속되지 않는 기준 계에서 일어나는 질점의 운동에 적용된다. 이들을 간략히 설명하면 다음과 같다.

제1법칙. 정지되어 있거나 일정한 속도로 직선운동하고 있는 질점은 불균형력이 가해지지 않는 한, 그 평형상태를 유지하고자 한다(그림 1-1*a*).

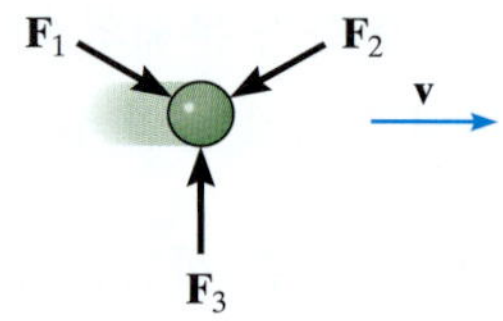

평형
(a)

제2법칙. 질점에 불균형력 **F**가 가해지면, 힘과 동일한 방향이며 힘에 정비례하는 크기를 갖는 가속도 **a**를 갖게 된다(그림 1-1*b*). 만일 질점의 질량이 *m*이면 이 법칙은 수학적으로 다음과 같이 표현된다.

$$\mathbf{F} = m\mathbf{a} \tag{1-1}$$

가속운동
(b)

제3법칙. 두 질점 사이에서 상호 작용하는 작용(action)과 반작용(reaction)은 크기가 동일하고, 방향이 반대이며, 동일 직선상에 있다(그림 1-1*c*).

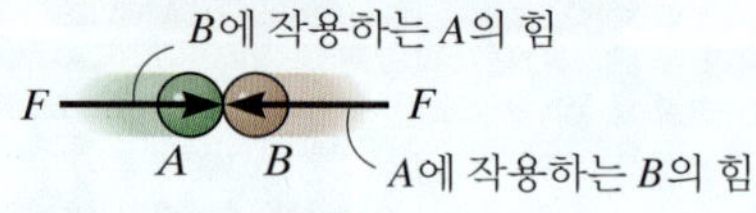

작용-반작용
(c)

그림 1-1

뉴턴의 만유인력 법칙. 뉴턴은 운동법칙을 정리한 후 곧이어 임의의 두 질점 사이의 인력을 지배하는 법칙을 가정하였다. 수학적으로 표현하면 다음과 같다.

$$F = G\frac{m_1 m_2}{r^2} \tag{1-2}$$

여기서

F = 두 질점 사이의 인력

G = 실험에 의하여 결정되는 만유인력상수

$G = 66.73(10^{-12})\mathrm{m}^3/(\mathrm{kg}\cdot\mathrm{s}^2)$

m_1, m_2 = 두 질점의 개개 질량

r = 두 질점 사이의 거리이다.

무게. 식 (1-2)에 의하면 임의의 두 질점 또는 물체는 그들 사이에 작용하는 상호의 인력을 가지게 된다. 지구의 표면상에 있거나 가까운 질점의 경우, 유의할 만한 크기의 인력은 지구와 질점 사이에 작용하는 것이다. 따라서 역학에서는 **무게**(weight)라 불리는 이 힘만이 인력이 될 것이다.

식 (1-2)로부터 질량이 $m_1 = m$인 질점의 무게 W를 구하는 근사식을 유도할 수 있다. 지구가 일정한 밀도의 비회전체이며 질량이 $m_2 = M_e$라 하면, r은 지구 중심과 질점 사이의 거리이고

$$W = G\frac{mM_e}{r^2}$$

이다. 만일 $g = GM_e/r^2$이라 하면,

$$\boxed{W = mg} \tag{1-3}$$

이다. $\mathbf{F} = m\mathbf{a}$와 비교하면, g는 중력에 의한 가속도라고 할 수 있다. 중력가속도 g는 r에 의하여 결정되므로, 질점의 무게는 절대적인 값이 아니다. 그 크기는 어디에서 측정되느냐에 의하여 결정된다. 대부분의 공학적 문제에 있어서 g는 '표준점'으로 정하는 위도 45°의 해수면에서 결정된다.

지구의 중력장으로부터 멀리 떨어져 있기 때문에 우주비행사의 무게는 줄어들게 된다(©NikoNomad/Shutterstock).

표 1-1 단위계

명칭	길이	시간	질량	힘
SI	meter	second	kilogram	newton*
국제단위계	m	s	kg	N $\left(\frac{\text{kg}\cdot\text{m}}{\text{s}^2}\right)$

*유도된 단위

1.3 국제단위계

길이, 시간, 질량, 힘의 4가지 기본량은 각기 독립적이지 않고, 뉴턴의 제2 운동법칙 $\mathbf{F} = m\mathbf{a}$에 의하여 종속된다. 이에 따라 이들 기본량을 측정하는 단위 모두를 임의로 선택할 수는 없다. 4개 단위 중 3개 단위가 **기본 단위**(base unit)로 먼저 정의되고, 나머지 한 단위가 관계식 $\mathbf{F} = m\mathbf{a}$로부터 유도되어야만 이 식이 유효할 수 있다.

프랑스어 'Système International d'Unités'의 첫자를 따라 SI 단위계라 불리는 국제단위계에서는 표 1-1에서와 같이 길이에는 미터(m), 시간에는 초(s), 질량에는 킬로그램(kg)을 사용한다. 힘의 단위로는 뉴톤(N)으로 불리는 단위가 사용되며 $\mathbf{F} = m\mathbf{a}$로부터 유도된다. 즉, 1 뉴톤은 1 kg의 질량에 1 m/s^2의 가속도를 일으키기 위하여 필요한 힘이다($\text{N} = \text{kg}\cdot\text{m/s}^2$).

'표준점'에 위치한 물체의 무게를 뉴톤 단위로 구하고자 하면 식 (1-3)이 적용되어야 한다. 여기서 측정에 의하면 $g = 9.806\ 65\ \text{m/s}^2$이나 실무에서는 $g = 9.81\ \text{m/s}^2$가 사용될 것이다. 따라서

$$W = mg \quad (g = 9.81\ \text{m/s}^2) \tag{1-4}$$

이므로 질량이 1 kg인 물체의 무게는 9.81 N이며, 질량이 2 kg인 물체는 19.62 N이다. 아마도 작은 사과 하나의 무게가 1 뉴톤이라고 기억하는 것이 쉬울 것이다.

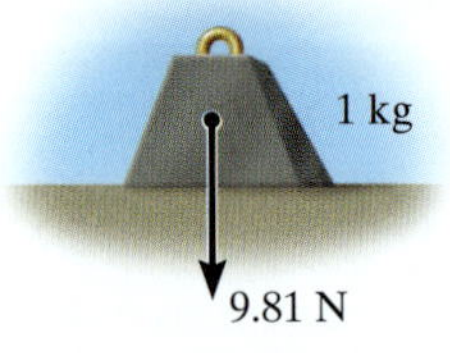

그림 1-2

접두어. 수치의 크기가 아주 크거나 아주 작으면, 그 크기를 표현하기 위하여 사용한 단위를 접두어를 사용하여 변경할 수 있다. 표 1-2는 SI 단위계에서 사용하는 몇몇 접두어를 보여주고 있다. 각각은 그 단위의 배수(倍數, multiple) 또는 약수(約數, submultiple)를 표현하며, 연속적으로 사용할 때, 그 수치 크기의 소수점을 매 세 자리 옮기는 역할을 한다. 예를 들어, 4 000 000 N = 4000 kN(kilo-newton) = 4 MN(mega-newton)이며, 0.005 m

= 5 mm(milli-meter)이다. SI 단위계에서는 메트릭 단위계에서 사용하는 배수 deca (10) 또는 약수 centi (0.01) 등은 사용하지 않는다. 몇몇 체적 또는 면적 측정단위를 제외하고는 과학기술 분야에서 이들 접두어가 일반적으로 사용되지는 않는다.

표 1-2 접두어

	승수 표시	접두어	SI 부호
배수			
1 000 000 000	10^9	giga	G
1 000 000	10^6	mega	M
1 000	10^3	kilo	k
약수			
0.001	10^{-3}	milli	m
0.000 001	10^{-6}	micro	μ
0.000 000 001	10^{-9}	nano	n

사용 규칙. SI 기호를 적절히 사용하기 위한 중요한 규칙을 다음에 설명한다.

- 여러 단위가 각 단위의 곱으로 사용될 때는 접두어 표기와 혼동을 피하기 위하여 $N = kg \cdot m \cdot s^2$에서와 같이 각 단위를 점(dot)으로 구분한다. m · s는 meter-second이며, ms는 milli-second이다.
- 접두어를 가진 단위의 승수는 그 단위와 접두어 모두의 승수이다. 예를 들어, $\mu N^2 = (\mu N)^2 = \mu N \cdot \mu N$이다. 마찬가지로 mm^2은 mm · mm를 의미한다.
- 기본 단위 kilogram*을 제외하고, 복합된 단위에서는 접두어를 분모에 사용하는 것은 일반적으로 피한다. 예를 들어, N/mm는 피하고 kN/m를 사용하며, m/mg은 Mm/kg으로 한다.
- 계산을 할 때는 모든 숫자를 모든 접두어를 10의 승수로 변환하여 기본 단위 또는 유도된 단위로 표현하고, 최종 결과는 단일 접두어를 사용하여 표현하여야 한다. 또한, 계산 결과 수치를 0.1에서 1000까지의 수로 표현하는 것이 좋으며, 그렇지 않은 경우는 적절한 접두어를 선택하도록 한다. 예를 들어,

$$\begin{aligned}(50\text{ kN})(60\text{ nm}) &= [50(10^3)\text{ N}][60(10^{-9})\text{ m}]\\ &= 3000(10^{-6})\text{ N}\cdot\text{m} = 3(10^{-3})\text{ N}\cdot\text{m} = 3\text{ mN}\cdot\text{m}\end{aligned}$$

로 한다.

---

* kilogram은 접두어를 가진 단 하나의 기본 단위이다.

1.4 수치 계산

공학 실무에서 수치 계산은 대부분 계산기나 컴퓨터를 이용하여 수행된다. 그러나 모든 문제의 답은 타당한 정확도와 적절한 유효숫자로 이루어져야 한다. 이 절에서는 이 주제를 포함하여 일반적인 공학 계산에서 중요한 사항들을 다루도록 한다.

공학분야에서는 보다 발전된 설계 및 해석을 위하여 흔히 컴퓨터를 사용한다.

차원 동차성. 물리적 현상을 표현하는 식에 있어서 각 항은 차원이 동일하여야 한다. 즉, 각 항은 동일한 단위로 표현되어야 한다. 이렇게 된 경우에만, 한 식의 모든 항들이 변수들에 수치를 대입하여 합해질 수 있다. 예를 들어, 방정식 $s = vt + \frac{1}{2}at^2$을 보도록 하자. 여기서 s는 meter로 표현하는 위치이고, t는 초(second)로 표현하는 시간, v는 m/s로 표현하는 속도, a는 m/s^2로 표현하는 가속도이다. 이 식이 어떻게 사용되든지간에 차원의 동차성은 유지된다. 위에 사용된 형태에서는 모든 세 항은 meter $[\mathrm{m}, (\mathrm{m}/\cancel{\mathrm{s}})\cancel{\mathrm{s}}, (\mathrm{m}/\cancel{\mathrm{s}^2})\cancel{\mathrm{s}^2}]$로 표현되며, a의 식으로 풀어 $a = 2s/t^2 - 2v/t$의 식으로 사용되면 모든 항들은 $m/s^2[m/s^2, m/s^2, (m/s)/s]$로 표현된다.

역학 문제에서는 항상 차원적으로 동차인 방정식의 해를 다루게 되므로, 차원의 동차성은 방정식을 대수적으로 다루는 데 있어서 부분적인 검사를 하는데 사용될 수 있다.

유효숫자. 한 숫자에 포함된 유효 자릿수는 그 숫자의 정확도를 나타낸다. 예를 들어, 숫자 4,981은 네 개의 유효숫자를 가지고 있다. 그러나 만일 숫자의 뒷부분에 0을 포함하게 되면 유효숫자가 몇 개인지 분명하지 않게 된다. 예를 들어, 23 400의 유효숫자는 세 개(234), 네 개(2 340) 또는 다섯 개(23 400)일 수 있다. 이와 같은 불분명성을 피하기 위하여 우리는 공학표기법을 사용하여 결과를 표시하도록 한다. 공학표기법에서는 대상 숫자를 적절한 유효숫자까지 반올림하여 그 결과를 (10^3), (10^6), (10^9) 등과 같은 (10^3)의 배수로 표현한다. 예를 들어, 23 400이 5자리의 유효숫자를 가진다면 $23.400(10^3)$이라 하고, 3자리의 유효숫자를 가진다면 $23.4(10^3)$으로 표현한다.

만일 1보다 작은 숫자의 앞부분이 0들이라면, 이들 0은 유효하지 않다. 예를 들어, 0.00821은 3자리의 유효숫자를 가지고 있다. 공학표기법을 사용하면 이 숫자는 $8.21(10^{-3})$으로 표현된다. 마찬가지로 0.000582는 $0.582(10^{-3})$ 또는 $582(10^{-6})$으로 표현될 수 있다.

반올림. 해석결과의 정확도가 문제에 사용된 자료의 정확도와 동일하게 하기 위해서는 숫자를 반올림하는 것이 중요하다. 일반적인 규칙으로 5 이상으로 끝나는 숫자는 올림하고, 5 미만의 숫자는 내림한다. 수의 반올림 규칙은 예에 의하여 확실히 설명될 수 있다. 숫자 3.5587을 세 자리 유효숫자로 반올림한다고 생각하자. 네 번째 자리 (8)이 5 이상이기 때문에 세 번째 수는 3.56으로 반올림된다. 마찬가지로 0.5896은 0.590이 되고 9.3866은 9.39가 된다. 숫자 1.341을 세 자리 유효숫자로 반올림한다고 하면, 네 번째 자리 (1)이 5 미만이기 때문에 1.34가 된다. 마찬가지로 0.3762는 0.376이 되고 9.871은 9.87이 된다. 특별한 경우로, 5로 끝나는 숫자가 있다. 일반적인 규칙으로, 5의 앞자리가 짝수이면 반올림을 하지 않는다. 만일 5의 앞자리가 홀수이면 반올림을 한다. 예를 들어, 75.25를 세 자리 유효숫자로 하면 75.2이고, 0.1275는 0.128, 0.2555는 0.256이 된다.

계산. 계산을 연속적으로 수행할 경우, 중간 결과는 계산기에 저장해 두는 것이 좋다. 다른 말로 하면, 최종 결과 이전까지는 계산을 반올림하지 않는다. 이렇게 함으로써 일련의 단계를 거치면서 최종 결과에 이를 때까지 정확도를 유지할 수 있다. 기하형태와 하중 등, 대부분의 공업역학에서의 자료는 세 자리 정도의 정확도로 측정될 수 있기 때문에, 이 책에서는 일반적으로 답을 세 자리 유효숫자로 반올림할 것이다.

1.5 해석과정

강의에 출석하고, 이 책을 읽고, 예제를 학습하고 하는 것들이 공업역학의 원리를 이해하는 데 있어서 도움이 되지만, **가장 효율적인 방법은 문제를 해석하는 것**이다. 여기서 성공하기 위해서는 다음에 제시하는 일련의 단계에 따라, 항상 논리적이고 정리된 방식으로 해석을 수행하는 것이 중요하다.

문제는 가능한 깔끔하게 풀어야 한다. 깔끔하면 생각을 명백하고 단계적으로 할 수 있도록 하며 그 반대도 그렇다.

- 문제를 주의해서 읽고, 실제의 물리적 상황을 공부한 이론과 연계하고자 노력한다.
- 문제의 자료를 일람표로 정리하고, 필요한 그림을 큰 축척으로 그린다.
- 적절한 원리를 일반적으로는 수식의 형태로 적용한다. 방정식을 구성할 때는 그 항들이 차원적으로 동차가 되도록 주의한다.
- 필요한 식들을 풀어 유효숫자가 세 자리를 넘지 않도록 답을 정리한다.
- 공학적 판단과 상식으로 답을 조사하여, 그 답이 합리적인가 여부를 검토한다.

요점 IMPORTANT POINTS

- 질점은 무시할 만한 크기의 질량을 가지고 있으며, 강체는 하중에 의하여 변형되지 않는다.
- 힘은 한 물체가 다른 물체에 가하는 '밀기' 또는 '당기기'로 생각한다.
- 집중하중은 물체상의 한 점에 작용한다고 가정한다.
- 뉴턴의 운동법칙 3개는 기억하여야 한다.
- 질량은 위치에 따라 변화되지 않는 물질의 크기를 측정하는 양이며, 무게는 지구가 물체 또는 질량에 작용하는 인력의 크기를 말한다. 그 크기는 질량이 위치하는 높이에 따라 다르다.
- SI 단위계에서는 meter, 초, kilogram이 기본 단위이고, 힘의 단위인 newton은 유도된 단위이다.
- 접두어 G, M, k, m, μ, n 등은 아주 크거나 아주 작은 수치량을 표현하기 위하여 사용한다. 이러한 접두어의 크기는 SI 단위계를 사용하는 규칙과 함께 알고 있어야 한다.
- 수치 계산은 여러 유효자리를 유지하고 수행하되, 최종 답은 세 자리의 유효자리로 정리한다.
- 식의 차원이 동차임을 유지하는가를 확인함에 의하여, 방정식을 대수적으로 다루는 데 있어서 부분적인 검사를 할 수 있다.
- 반올림 규칙을 이해하도록 한다.

예제 1.1

2 km/h를 m/s로 전환하라.

풀이

1 km = 1000 m, 1 h = 3600 s이므로, 전환계수를 정리하고 단위를 상쇄시키면 다음과 같다.

$$2\ \text{km/h} = \frac{2\ \cancel{\text{km}}}{\cancel{\text{h}}}\left(\frac{1000\ \text{m}}{1\ \cancel{\text{km}}}\right)\left(\frac{1\ \cancel{\text{h}}}{3600\ \text{s}}\right)$$

$$= \frac{2000\ \text{m}}{3600\ \text{s}} = 0.556\ \text{m/s} \qquad \text{답}$$

주: 최종 답을 3개의 유효숫자로 반올림함에 주의하라.

예제 1.2

25 N/mm^2를 N/m^2와 Pa(pascal)로 전환하라.

풀이

1 m = 1000 mm이므로

$$25\ \text{N/mm}^2 = \left(\frac{25\ \text{N}}{\text{mm}^2}\right)\left(\frac{1000\ \text{mm}}{1\ \text{m}}\right)^2$$

$$= \left(\frac{25\ \text{N}}{\cancel{\text{mm}^2}}\right)\left(\frac{1000^2\ \cancel{\text{mm}^2}}{1^2\ \text{m}^2}\right)$$

$$= 25(10^6)\ \text{N/m}^2$$

이다. 또한 1 N/m^2 = 1 Pa이므로

$$25\ \text{N/mm}^2 = [25(10^6)\ \text{N/m}^2]\left(\frac{1\ \text{Pa}}{1\ \text{N/m}^2}\right)$$

$$= 25(10^6)\ \text{Pa} = 25\ \text{MPa} \qquad \text{답}$$

1

예제 1.3

다음 각각을 계산하여 적절한 접두어를 가진 SI 단위로 표현하라:
(a) (50 mN)(6 GN), (b) (400 mm)$(0.6\ \text{MN})^2$ (c) 45 MN^3/900 Gg.

풀이

먼저 각 숫자를 기본 단위로 전환하고, 표시한 바와 같이 계산한 후, 적절한 접두어를 선택한다.

(a)

$$
\begin{aligned}
(50\ \text{mN})(6\ \text{GN}) &= \left[50(10^{-3})\ \text{N}\right]\left[6(10^{9})\ \text{N}\right] \\
&= 300(10^{6})\ \text{N}^2 \\
&= 300(10^{6})\ \text{N}^2\left(\frac{1\ \text{kN}}{10^3\ \text{N}}\right)\left(\frac{1\ \text{kN}}{10^3\ \text{N}}\right) \\
&= 300\ \text{kN}^2
\end{aligned}
$$

답

주: 관례적으로 $\text{kN}^2 = (\text{kN})^2 = 10^6\ \text{N}^2$이다.

(b)

$$
\begin{aligned}
(400\ \text{mm})(0.6\ \text{MN})^2 &= \left[400(10^{-3})\ \text{m}\right]\left[0.6(10^{6})\ \text{N}\right]^2 \\
&= \left[400(10^{-3})\ \text{m}\right]\left[0.36(10^{12})\ \text{N}^2\right] \\
&= 144(10^{9})\ \text{m}\cdot\text{N}^2 \\
&= 144\ \text{Gm}\cdot\text{N}^2
\end{aligned}
$$

답

또는 다음과 같이 할 수 있다.

$$
\begin{aligned}
144(10^{9})\ \text{m}\cdot\text{N}^2 &= 144(10^{9})\ \text{m}\cdot\text{N}^2\left(\frac{1\ \text{MN}}{10^6\ \text{N}}\right)\left(\frac{1\ \text{MN}}{10^6\ \text{N}}\right) \\
&= 0.144\ \text{m}\cdot\text{MN}^2
\end{aligned}
$$

답

(c)

$$
\begin{aligned}
\frac{45\ \text{MN}^3}{900\ \text{Gg}} &= \frac{45(10^6\ \text{N})^3}{900(10^6)\ \text{kg}} \\
&= 50(10^9)\ \text{N}^3/\text{kg} \\
&= 50(10^9)\ \text{N}^3\left(\frac{1\ \text{kN}}{10^3\ \text{N}}\right)^3\frac{1}{\text{kg}} \\
&= 50\ \text{kN}^3/\text{kg}
\end{aligned}
$$

답

PROBLEMS

The answers to all but every fourth problem (asterisk) are given in the back of the book.

1–1. What is the weight in newtons of an object that has a mass of (a) 8 kg, (b) 0.04 kg, (c) 760 Mg?

1–2. Represent each of the following combinations of units in the correct SI form using an appropriate prefix: (a) kN/μs, (b) Mg/mN, (c) MN/(kg · ms).

1–3. Represent each of the following combinations of units in the correct SI form: (a) Mg/ms, (b) N/mm, (c) mN/(kg · μs).

***1–4.** If a car is traveling at 88.5 km/h, determine its speed in meters per second.

1–5. Represent each of the following as a number between 0.1 and 1000 using an appropriate prefix: (a) 45 320 kN, (b) $568(10^5)$ mm, (c) 0.00563 mg.

1–6. Round off the following numbers to three significant figures: (a) 58 342 m, (b) 68.534 s, (c) 2553 N, (d) 7555 kg.

1–7. Represent each of the following quantities in the correct SI form using an appropriate prefix: (a) 0.000 431 kg, (b) $35.3(10^3)$ N, (c) 0.005 32 km.

***1–8.** Represent each of the following combinations of units in the correct SI form using an appropriate prefix: (a) Mg/mm, (b) mN/μs, (c) μm · Mg.

1–9. Represent each of the following combinations of units in the correct SI form using an appropriate prefix: (a) m/ms, (b) μkm, (c) ks/mg, (d) km · μN.

1–10. Represent each of the following combinations of units in the correct SI form using an appropriate prefix: (a) GN · μm, (b) kg/μm, (c) N/ks^2, and (d) kN/μs.

1–11. Represent each of the following with SI units having an appropriate prefix: (a) 8653 ms, (b) 8368 N, (c) 0.893 kg.

***1–12.** Evaluate each of the following to three significant figures and express each answer in SI units using an appropriate prefix: (a) (684 μm)/(43 ms), (b) (28 ms)(0.0458 Mm)/(348 mg), (c) (2.68 mm)(426 Mg).

1–13. The specific weight (wt./vol.) of brass is 85 kN/m^3. Determine its density (mass/vol.) in SI units. Use an appropriate prefix.

1–14. Evaluate each of the following to three significant figures and express each answer in SI units using an appropriate prefix: (a) (212 mN)^2, (b) (52 800 ms)^2, (c) $[548(10^6)]^{1/2}$ ms.

1–15. Using the SI system of units, show that Eq. 1–2 is a dimensionally homogeneous equation which gives F in newtons. Determine to three significant figures the gravitational force acting between two spheres that are touching each other. The mass of each sphere is 200 kg and the radius is 300 mm.

***1–16.** The *pascal* (Pa) is actually a very small unit of pressure. Given 1 Pa = 1 N/m^2 and atmospheric pressure at sea level is 101.325 kN/m^2. How many pascals is this?

1–17. What is the weight in newtons of an object that has a mass of: (a) 10 kg, (b) 0.5 g, (c) 4.50 Mg? Express the result to three significant figures. Use an appropriate prefix.

1–18. Evaluate each of the following to three significant figures and express each answer in SI units using an appropriate prefix: (a) (354 mg)(45 km)/(0.0356 kN), (b) (0.004 53 Mg)(201 ms), (c) 435 MN/23.2 mm.

1–19. A concrete column has a diameter of 350 mm and a length of 2 m. If the density (mass/volume) of concrete is 2.45 Mg/m^3, determine the weight of the column in newtons.

***1–20.** Two particles have a mass of 8 kg and 12 kg, respectively. If they are 800 mm apart, determine the force of gravity acting between them. Compare this result with the weight of each particle.

1–21. A rocket has a mass of $3.65(10^6)$ kg on earth. Specify its weight in SI units. If the rocket is on the moon, where the acceleration due to gravity is $g_m = 1.62$ m/s^2, determine to three significant figures its weight in SI units and its mass in SI units.

CHAPTER 2

(© Vasiliy Koval/Fotolia)

그림의 전기 송전탑은 탑과 연결된 케이블의 힘으로 지지되어 있다. 이 장에서는 각각의 케이블에 발생하는 힘들을 카티지언 벡터로 표현하고, 카티지언 벡터로 표현된 힘의 합력을 구하는 방법에 대하여 설명한다.

힘 벡터

학습목표

- 평행사변형의 법칙을 이용한 힘의 합산과 분배
- 직교좌표계에서의 힘과 위치의 표현
- 두 벡터가 구성하는 각 또는 한 벡터의 다른 벡터에 대한 투영을 산정하기 위한 내적

2.1 스칼라와 벡터

역학의 모든 물리량들은 스칼라 혹은 벡터를 사용하여 계측되고 표현된다.

스칼라. 양 혹은 음의 크기만을 가지고 표시되는 물리량을 **스칼라**(scalar)라고 한다. 예를 들면 길이, 질량 및 시간 등과 같은 물리량이 여기에 포함된다.

벡터. 반면에 **벡터**(vector)는 크기뿐만 아니라 방향을 가지고 표시되는 물리량이다. 정역학에서 주로 사용되는 벡터에는 힘, 위치와 모멘트가 있다. 벡터 **A**는 그림 2-1에 보인 바와 같이 도해적인 방법으로 표시한다. 즉, 화살표의 길이는 벡터의 크기를, 벡터와 임의의 고정축 사이의 각도 θ는 벡터의 작용선을 각각 정의하고, 화살표의 머릿점 또는 꼬릿점은 벡터의 작용점을 표시한다.

앞으로 이 책에서 사용되는 모든 벡터량은 **A**와 같이 짙은 영문대문자를 사용하여 표현하고, 벡터량의 크기는 A와 같이 이탤릭체를 사용하여 표시할 것이다. 노트 정리에 벡터량이 사용될 때는 $\vec{A}$와 같이 벡터 위에 화살표를 붙혀서 스칼라와 구분한다.

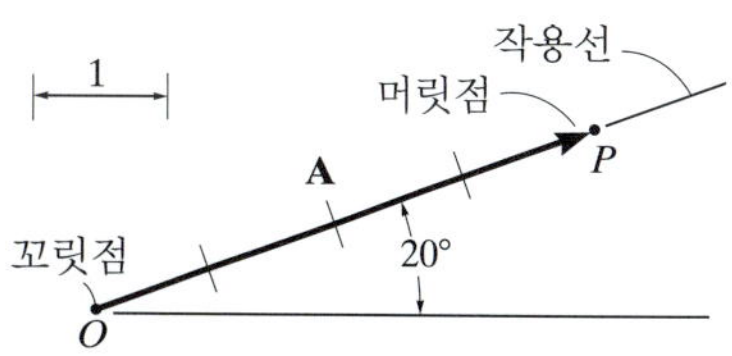

그림 2-1

2

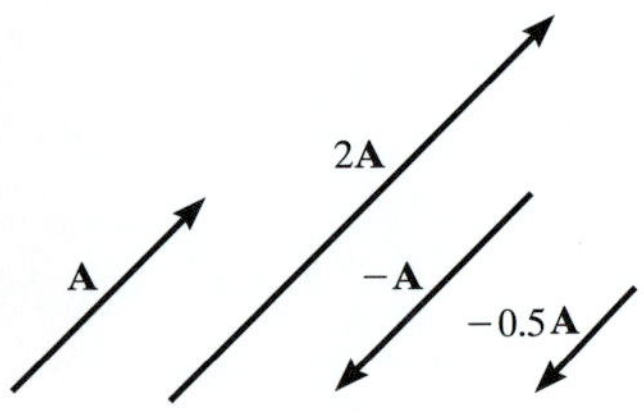

벡터와 스칼라 사이의 곱셈과 나눗셈

그림 2-2

2.2 벡터 연산

벡터와 스칼라 사이의 곱셈과 나눗셈. 벡터에 양의 스칼라가 곱해지거나 나누어지면, 벡터의 크기는 스칼라의 크기만큼 증가하거나 감소한다. 음의 스칼라와 서로 곱해지거나 나누어지면, 벡터의 작용점 또한 변하게 된다. 그림 2-2에 벡터와 스칼라와의 곱셈과 나눗셈에 대한 연산과정을 도해적으로 나타내었다.

벡터의 덧셈. 두 개의 벡터를 더하려면 각각의 벡터에 대한 크기와 방향을 알아야 하고, **평행사변형 법칙**(parallelogram law)을 이용하여야 한다. 그림 2-3*a*에 표시된 두 **성분벡터**(component vectors) **A**와 **B**를 더하여 얻어지는 **합력벡터**(resultant vector) **R** = **A** + **B**는 다음과 같은 순서에 따라 구할 수 있다.

- 먼저 두 성분벡터의 꼬릿점을 한 점에 일치시킨다(그림 2-3*b*).
- 성분벡터 **B**의 머릿점에서 성분벡터 **A**와 평행한 선을 그리고, 성분벡터 **A**의 머릿점에서 성분벡터 **B**에 평행한 또 다른 선을 그리면, 두 선은 *P*점에서 만나게 되고 두 성분벡터와 두 평행선은 하나의 평행사변형을 만들어진다.
- 평행사변형에서 두 성분벡터의 꼬릿점이 만나는 점과 *P*점을 연결한 대각선은 두 벡터의 합력 **R** = **A** + **B**가 된다(그림 2-3*c*).

또 다른 벡터의 덧셈방법으로 평행사변형의 법칙의 특별한 경우인 그림 2-4*a*와 같은 **삼각형 법칙**(triangle rule)이 있다. 즉, 벡터 **A**에 벡터 **B**를 더하려면, 벡터 **A**의 머릿점과 벡터 **B**의 꼬릿점을 서로 연결한 후, 벡터 **A**의 꼬릿점과 머릿점을 연결하여 합력 **R**을 얻을 수 있다(그림 2-4*b*). 동일한 방법으로 벡터 **B**에 벡터 **A**를 더하여 합력 **R**을 구할 수도 있다(그림 2-4*c*). 위의 계산결과를 비교해 보면 벡터는 교환법칙이 성립함을 알 수 있다. 즉 벡터

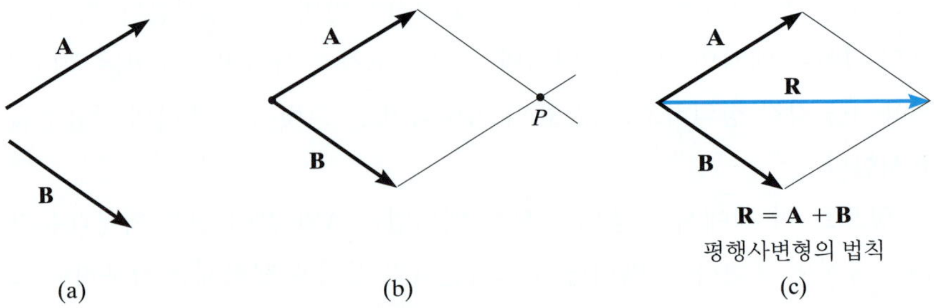

그림 2-3

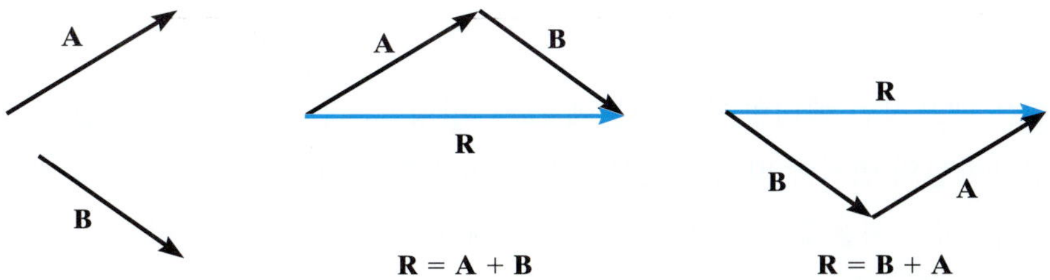

R = A + B 삼각형법 (b)　　R = B + A 삼각형법 (c)　　(a)

그림 2-4

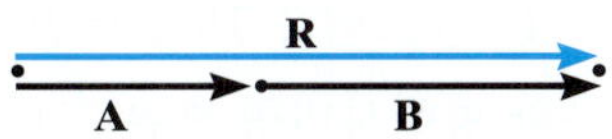

$R = A + B$

동일선상 벡터의 합

그림 2-5

의 덧셈은 더해지는 순서에 관계없이 동일한 결과를 준다. $\mathbf{R} = \mathbf{A} + \mathbf{B} = \mathbf{B} + \mathbf{A}$.

그림 2-5와 같이 두 벡터 **A**와 **B**의 작용선이 **동일선상**(collinear)에 있는 특별한 경우, 합력 **R**은 단순히 두 벡터의 크기만을 더하는 산술덧셈 $R = A + B$를 하여 얻을 수 있다.

벡터의 뺄셈. 벡터 덧셈에서 사용된 같은 형태의 벡터 **A**와 벡터 **B**의 크기 차이는 다음과 같은 합력벡터로 표현할 수 있다.

$$\mathbf{R}' = \mathbf{A} - \mathbf{B} = \mathbf{A} + (-\mathbf{B})$$

이와 같은 벡터의 뺄셈과정을 그림 2-6에 도시하였다. 그림에서 보는 바와 같이 벡터뺄셈은 덧셈의 특별한 경우이므로 벡터의 덧셈규칙은 뺄셈에도 동일하게 적용할 수 있다.

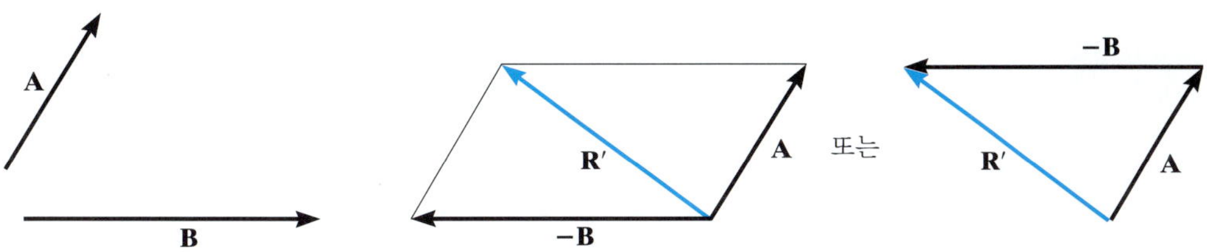

R′ = A − B 평행사변형의 법칙　　R′ = A − B 삼각형 구성

벡터의 뺄셈

그림 2-6

2.3 힘의 덧셈

힘은 대표적인 벡터량이기 때문에 크기, 방향 및 작용점을 가지고 있고 평행사변형의 법칙에 따라 덧셈을 수행한다. 2개 벡터(성분)의 합력을 구하거나 한 개의 힘을 2개의 벡터(성분)로 분해하는 일은 정역학에서 종종 등장하는 문제이다. 지금부터 어떻게 전술한 문제들이 평행사변형의 법칙을 이용하여 해결할 수 있는지 설명할 것이다.

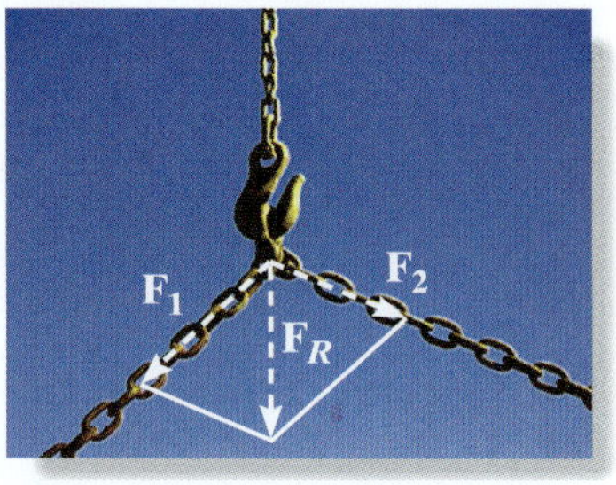

평행사변형의 법칙은 후크에 작용하는 두 힘의 합력을 결정하는 데 사용할 수 있다.

합력 구하기. 그림 2-7a에 보인 바와 같이 핀에 작용하는 두 개의 성분력 $\mathbf{F}_1$과 $\mathbf{F}_2$의 합력 $\mathbf{F}_R = \mathbf{F}_1 + \mathbf{F}_2$는 그림 2-7$b$에 보인 도해적인 방법으로부터 구할 수 있다. 이와 같이 구한 평행사변형 혹은 그림 2-7c에 보인 삼각형에 코사인과 사인법칙을 적용하여 합력의 크기와 방향을 얻을 수 있다.

성분 구하기. 한 개의 힘을 두 개의 특정한 방향을 갖는 성분력으로 분해하고, 분해된 성분력 방향으로 발생하는 힘의 효과에 관심을 갖는 경우가 종종 있다. 예를 들어, 그림 2-8a에 보인 힘 $\mathbf{F}$를 u와 v축에 놓인 부재에 발생하는 2개의 성분력으로 분해하여 보자. 먼저 각 성분력의 크기와 방향을 구하기 위해 힘 $\mathbf{F}$의 머릿점에서 u축과 v축에 각각 평행선을 그려서 만들어지는 평행사변형을 구한다. 여기서 성분력 $\mathbf{F}_v$와 $\mathbf{F}_u$는 힘 $\mathbf{F}$의 꼬릿점과 위에서 그린 두 개의 평행선이 u축과 v축에 만나는 점을 연결하면 구할 수 있다(그림 2-8b). 또한 여기서 구한 평행사변형은 그림 2-8c에 보인 삼각형으로 쉽게 바꿀 수 있으며, 삼각형에 사인법칙을 적용하면 2개 성분력의 크기를 구할 수 있다.

평행사변형의 법칙를 이용하면, u축과 v축으로 발생하는 성분으로 지지력 $\mathbf{F}$을 분해할 수 있다.

여러 힘의 합력. 두 개 이상의 힘이 더해지는 경우, 합력은 임의의 2개 힘에 평행사변형의 법칙을 적용하여 한 개의 힘이 남을 때까지 연속적으로 수행한다. 예를 들어, 그림 2-9에 보인 바와 같이 3개의 힘 $\mathbf{F}_1$, $\mathbf{F}_2$, $\mathbf{F}_3$가 점 O에서 작용하는 경우, 임의의 2개 힘의 합력 $\mathbf{F}_1 + \mathbf{F}_2$를 먼저 구할

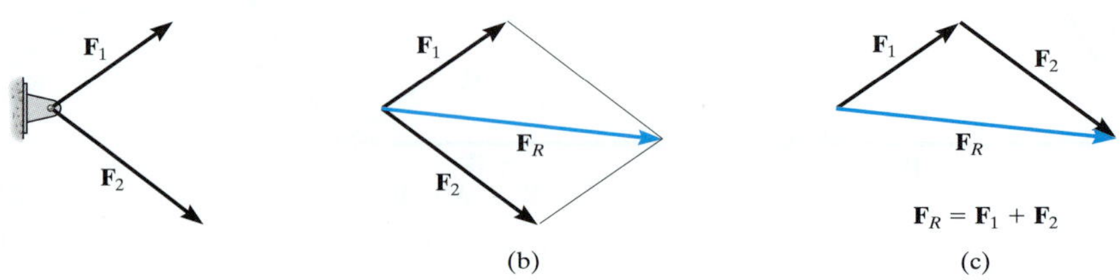

그림 2-7

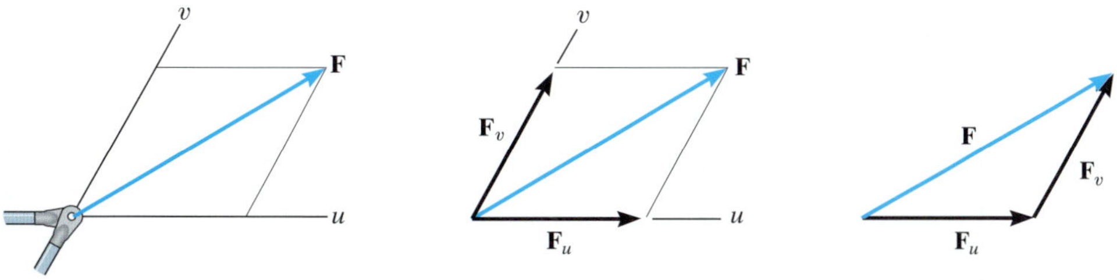

그림 2-8

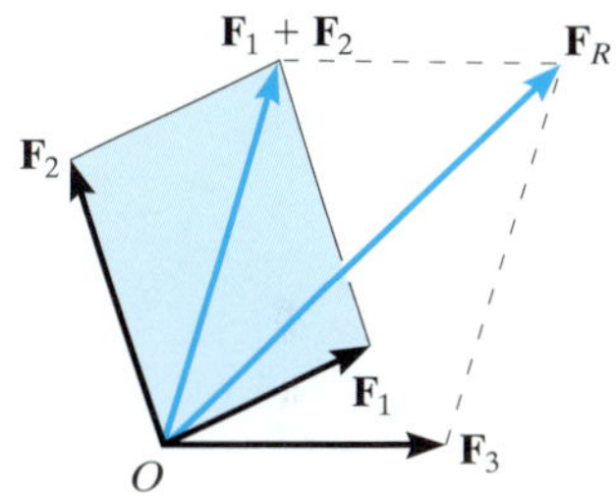

그림 2-9

수 있고, 이 합력을 나머지 힘에 더하여 3개 힘의 합력을 구할 수 있다. 즉, $\mathbf{F}_R = (\mathbf{F}_1 + \mathbf{F}_2) + \mathbf{F}_3$. 지금 보인 바와 같이 평행사변형의 법칙을 이용하여 두 개 이상의 힘에 대한 합력의 크기와 방향을 구하려면 때때로 많은 양의 기하학적 혹은 삼각법적인 계산이 요구된다. 이와 같은 문제는 2.4절에서 설명할 직사각형 성분법을 사용하면 쉽게 해결할 수 있다.

후크의 합력 $\mathbf{F}_R$은 $\mathbf{F}_1 + \mathbf{F}_2$의 덧셈으로 구한 합력에 $\mathbf{F}_3$를 합한 결과이다.

2

요점 IMPORTANT POINTS

- 스칼라는 양 또는 음의 수이다.
- 벡터는 크기, 작용각과 방향을 가지는 량이다.
- 스칼라와 벡터 사이의 곱셈과 나눗셈은 벡터의 크기를 변화시킬 것이다. 만약 스칼라가 음이면, 벡터의 방향은 바뀌게 된다.
- 벡터는 평행사변형의 법칙 혹은 삼각법칙을 이용하여 더하거나 뺄 수 있다.
- 특별한 경우로, 만약 벡터들이 동일선상에 있다면, 합력은 단순히 대수적 또는 스칼라 합으로 얻어진다.

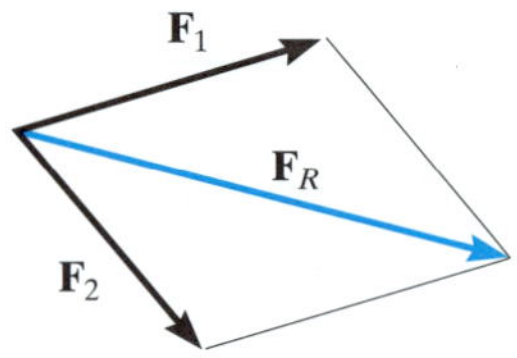

(a)

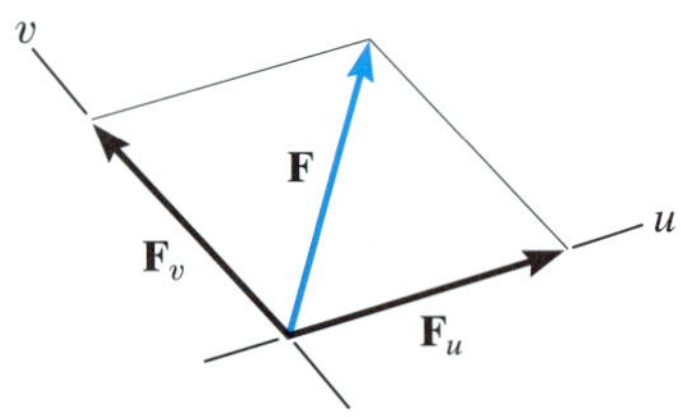

(b)

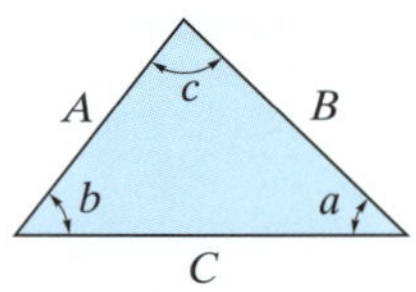

코사인 법칙:
$C = \sqrt{A^2 + B^2 - 2AB\cos c}$
사인 법칙:
$\dfrac{A}{\sin a} = \dfrac{B}{\sin b} = \dfrac{C}{\sin c}$

(c)

그림 2-10

풀이 과정 PROCEDURE FOR ANALYSIS

두 힘의 덧셈은 다음과 같은 방법을 이용하여 구할 수 있다.

평행사변형의 정리

- 그림 2-10*a*에 보인 바와 같이 평행사변형의 법칙을 이용하여 '성분'으로 표현된 힘 $\mathbf{F}_1$과 $\mathbf{F}_2$를 변으로 가지는 평행사변형을 그리게 되면, 평행사변형의 대각선이 두 힘의 합력 $\mathbf{F}_R$이 된다.
- 그림 2-10*b*에 보인 바와 같이 힘 $\mathbf{F}$를 u축과 v축 방향의 성분으로 분해하려면, 먼저 $\mathbf{F}$의 머릿점에서 각각의 축과 평행한 선을 그려서 평행사변형을 만든다. 여기서 평행사변형의 변 길이는 힘 $\mathbf{F}$의 u축과 v축 방향 성분인 $\mathbf{F}_u$와 $\mathbf{F}_v$이 된다.
- 모든 기지력 혹은 미지력들의 크기와 방향을 그리고, 합력 $\mathbf{F}_R$의 크기와 방향에 대한 두 개의 축방향 성분 크기를 각각 일치시켜 합력을 구할 수 있다.

삼각 법칙

- 삼각형 성분덧셈을 이용하기 위해 평행사변형의 반으로 구성된 삼각형을 그린다.
- 이와 같은 삼각형으로부터 합력의 크기는 코사인 법칙으로, 방향은 사인 법칙으로 구할 수 있다. 각각 힘의 성분 크기는 사인 법칙을 이용하여 얻을 수 있다. 여기에 필요한 공식들이 그림 2-10*c*에 주어져 있다.

예제 2.1

그림 2-11a에 보인 바와 같이 스크루 나사못에 2개의 힘 $\mathbf{F}_1$과 $\mathbf{F}_2$가 각각 작용하고 있을 때, 합력의 크기와 방향을 구하라.

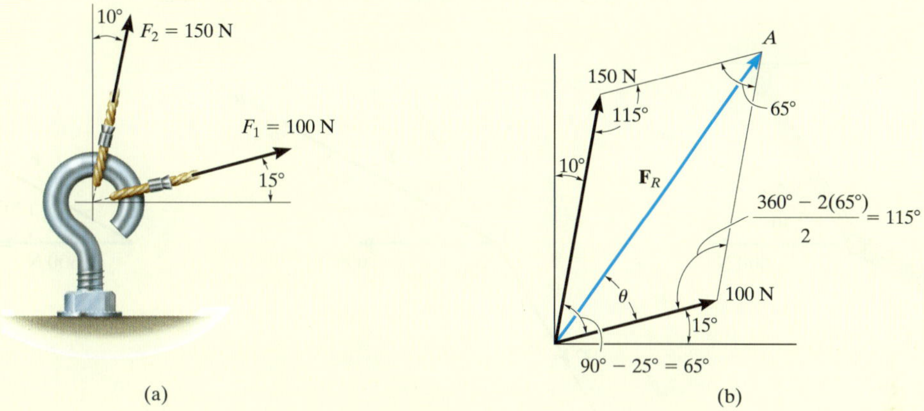

풀이

평행사변형의 법칙. $\mathbf{F}_1$의 머릿점으로부터 $\mathbf{F}_2$에 평행한 선과 $\mathbf{F}_2$의 머릿점으로부터 $\mathbf{F}_1$에 평행한 선을 그리면 하나의 평행사변형이 만들어진다. 만들어진 평행사변형에서 $\mathbf{F}_1$와 $\mathbf{F}_2$가 만나는 꼬릿점에서 A점까지 연결하면 합력벡터 $\mathbf{F}_R$을 구할 수 있다(그림 2-11b). 여기서 합력 $\mathbf{F}_R$의 크기와 벡터 내부 각도 θ는 앞으로 구할 미지수이다.

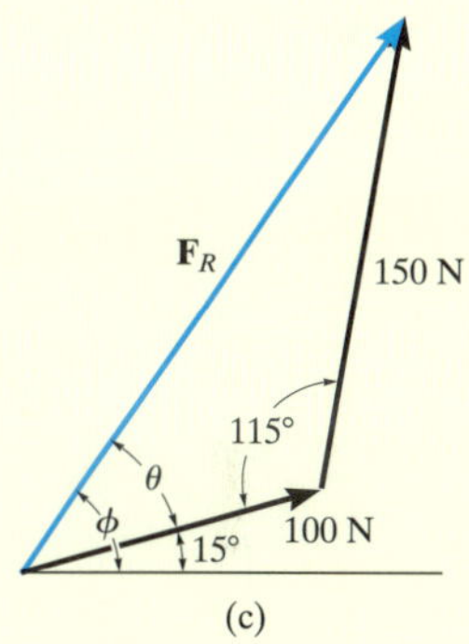

그림 2-11

삼각법. 평행사변형으로부터 그림 2-11c와 같은 벡터삼각형이 만들어지고 코사인 법칙을 이용하면 다음과 같은 합력의 크기를 구할 수 있다.

$$F_R = \sqrt{(100\text{ N})^2 + (150\text{ N})^2 - 2(100\text{ N})(150\text{ N})\cos 115°}$$
$$= \sqrt{10\,000 + 22\,500 - 30\,000(-0.4226)} = 212.6\text{ N}$$
$$= 213\text{ N} \qquad \text{답}$$

각도 θ는 사인 법칙으로부터 구하게 된다.

$$\frac{150\text{ N}}{\sin\theta} = \frac{212.6\text{ N}}{\sin 115°} \qquad \sin\theta = \frac{150\text{ N}}{212.6\text{ N}}(\sin 115°)$$
$$\theta = 39.8°$$

따라서 수평선으로부터 구한 $\mathbf{F}_R$의 방향각 ϕ(phi)는 다음과 같이 얻을 수 있다.

$$\phi = 39.8° + 15.0° = 54.8° \qquad \text{답}$$

주: 그림 2-11b에서 보는 바와 같이 합력 크기가 성분 크기보다 크고 각도 또한 두 벡터 사이에 존재하고 있으므로 본 예제의 계산 결과는 타당한 것으로 판단된다.

2

예제 2.2

그림 2-12a에 보인 바와 같이 작용하는 수평력 600 N을 u축과 v축에 작용하는 성분력으로 분해하고, 그 성분들의 크기를 구하라.

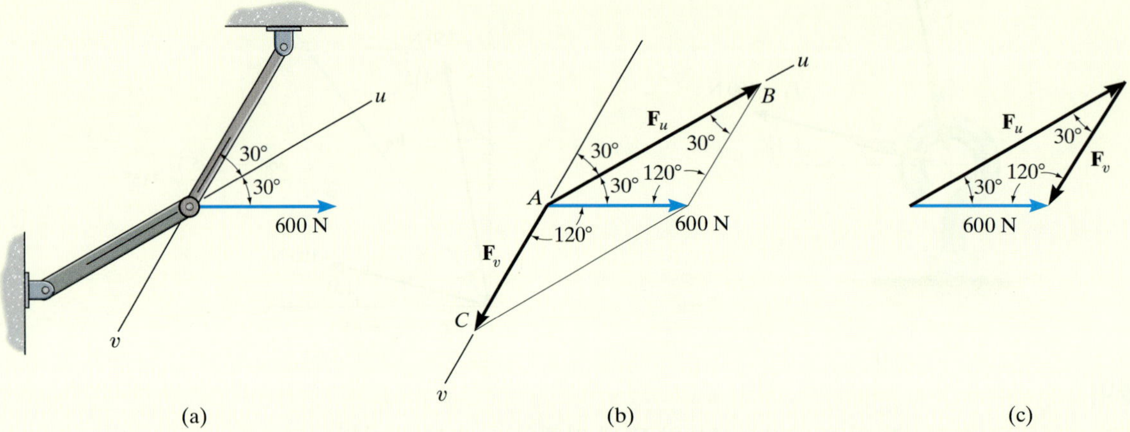

그림 2-12

풀이

그림 2-12b에 보인 것처럼 600 N의 머릿점에서 v축에 평행한 선을 u축과 교차한 B점까지 그리면, 점 A와 B를 연결하는 화살표는 $\mathbf{F}_u$가 된다. 동일한 방법으로 600 N의 머릿점에서 u축에 평행한 선을 v축과 교차하는 C점까지 연장하여 그리면 A점과 C점을 연결하는 화살표는 $\mathbf{F}_v$가 된다.

그림 2-12c에는 삼각형 법칙을 사용한 벡터덧셈을 도시하고 있으며, 사인법칙을 적용하면 $\mathbf{F}_u$와 $\mathbf{F}_v$의 크기를 결정할 수 있다.

$$\frac{F_u}{\sin 120^\circ} = \frac{600\text{ N}}{\sin 30^\circ}$$

$$F_u = 1039\text{ N}$$ 답

$$\frac{F_v}{\sin 30^\circ} = \frac{600\text{ N}}{\sin 30^\circ}$$

$$F_v = 600\text{ N}$$ 답

주: 본 예제에서는 합력보다 큰 크기를 갖는 성분력이 존재할 때도 있음을 보여준다.

예제 2.3

그림 2-13a에 보인 바와 같이 합력 $\mathbf{F}_R$이 y축의 양의 방향으로 작용할 때, 성분력 **F**와 합력 $\mathbf{F}_R$의 크기를 구하라.

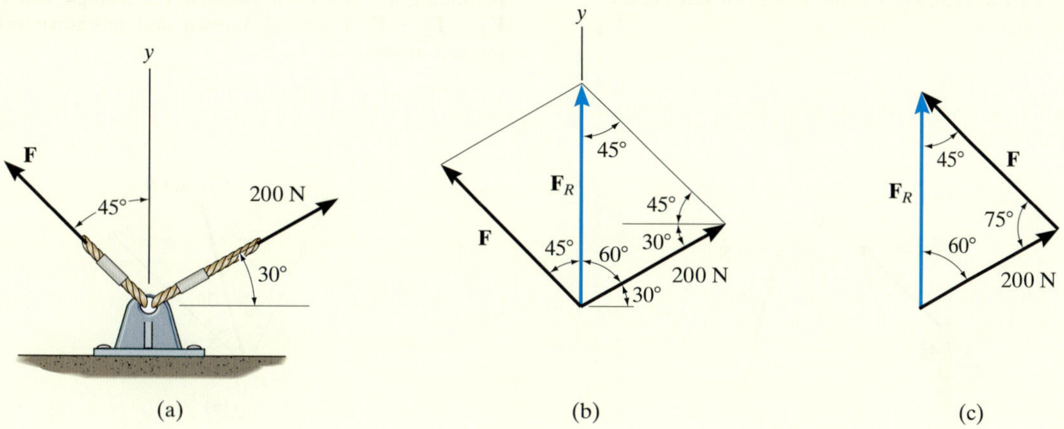

그림 2-13

풀이

벡터의 덧셈을 위한 평행사변형과 벡터 삼각형을 그림 2-13b와 그림 2-13c에 각각 도시하였다. 각각의 그림에 사인 법칙을 적용하면 다음과 같이 합력 $\mathbf{F}_R$와 성분력 **F**의 크기를 구할 수 있다.

$$\frac{F}{\sin 60^\circ} = \frac{200\text{ N}}{\sin 45^\circ}$$

$$F = 245\text{ N}$$ 답

$$\frac{F_R}{\sin 75^\circ} = \frac{200\text{ N}}{\sin 45^\circ}$$

$$F_R = 273\text{ N}$$ 답

위에서 풀어본 예제의 답을 구하는 과정을 확실히 이해함으로써 평행사변형의 법칙, 사인과 코사인 법칙을 이용하여 어떻게 미지수들이 결정되는지를 확실히 습득하길 적극 제안한다. 그런 다음 다른 문제를 풀어 보기 전에 다음 페이지에 주어진 예비문제와 기초문제들을 먼저 풀어 보자. 이와 같이 제시된 문제의 풀이과정과 정답은 이 책의 뒷부분에 주어져 있다. 이와 같은 과정을 지속적으로 수행하게 되면, 이 책은 당신의 문제를 푸는 능력을 향상시키는 데 큰 도움이 될 것이다.

PRELIMINARY PROBLEMS

Partial solutions and answers to all Preliminary Problems are given in the back of the book.

P2–1. In each case, construct the parallelogram law to show $\mathbf{F}_R = \mathbf{F}_1 + \mathbf{F}_2$. Then establish the triangle rule, where $\mathbf{F}_R = \mathbf{F}_1 + \mathbf{F}_2$. Label all known and unknown sides and internal angles.

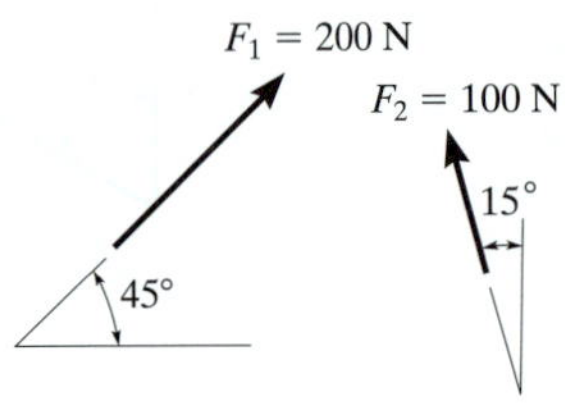

(a)

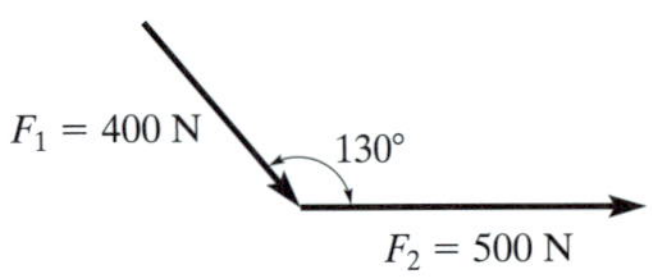

(b)

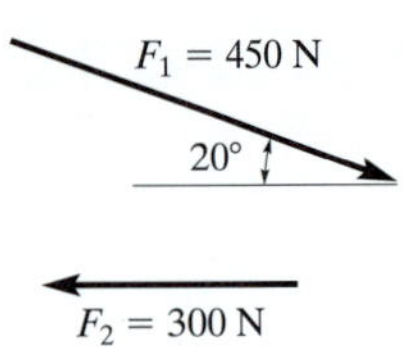

(c)

Prob. P2–1

P2–2. In each case, show how to resolve the force **F** into components acting along the u and v axes using the parallelogram law. Then establish the triangle rule to show $\mathbf{F}_R = \mathbf{F}_u + \mathbf{F}_v$. Label all known and unknown sides and interior angles.

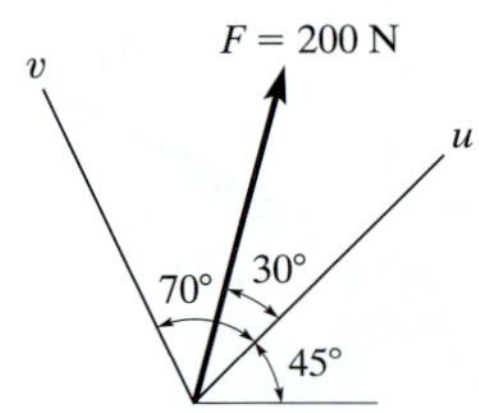

(a)

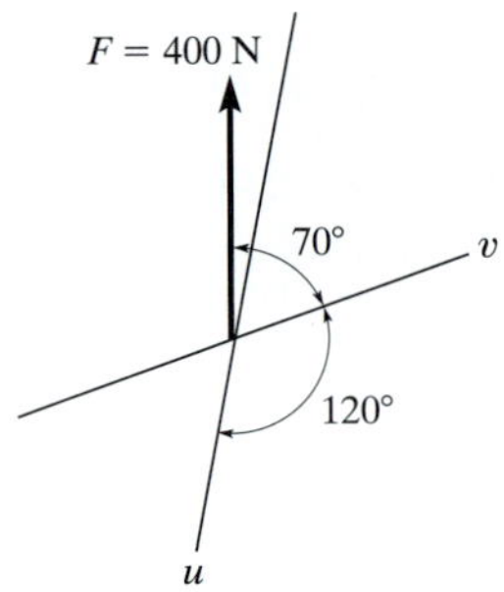

(b)

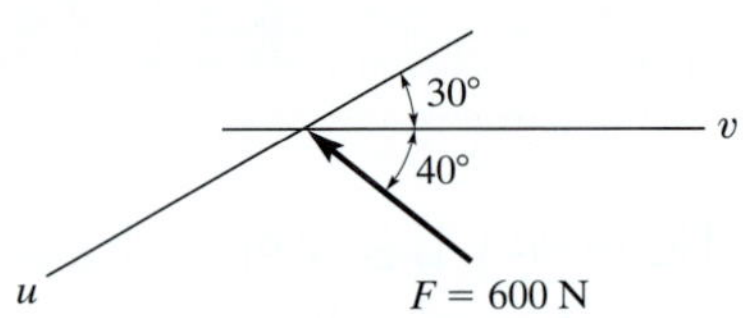

(c)

Prob. P2–2

FUNDAMENTAL PROBLEMS

Partial solutions and answers to all Fundamental Problems are given in the back of the book.

F2–1. Determine the magnitude of the resultant force acting on the screw eye and its direction measured clockwise from the x axis.

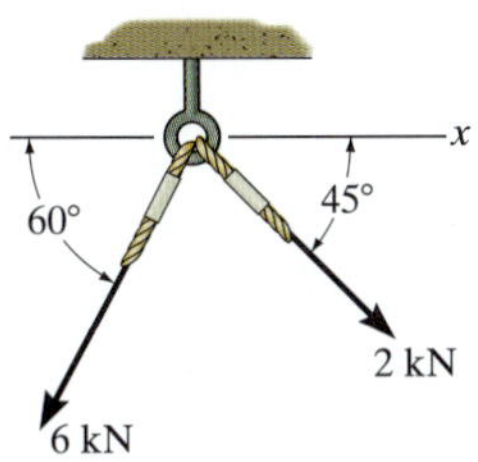

Prob. F2–1

F2–2. Determine the magnitude of the resultant force.

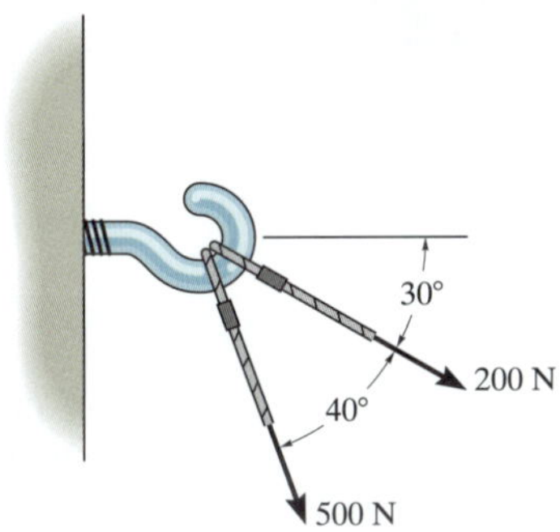

Prob. F2–2

F2–3. Determine the magnitude of the resultant force and its direction measured counterclockwise from the positive x axis.

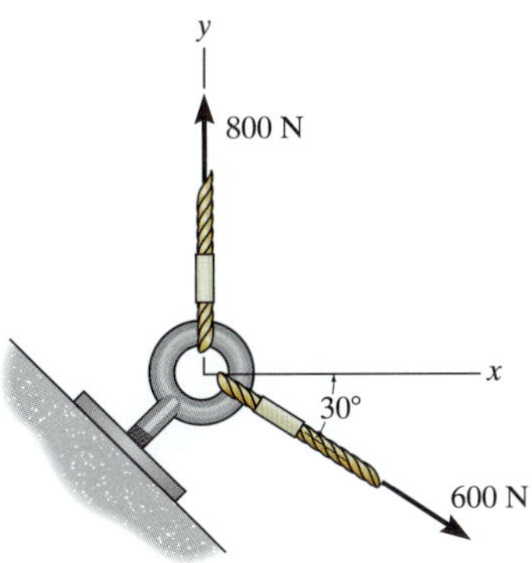

Prob. F2–3

F2–4. Resolve the 30-N force into components along the u and v axes, and determine the magnitude of each of these components.

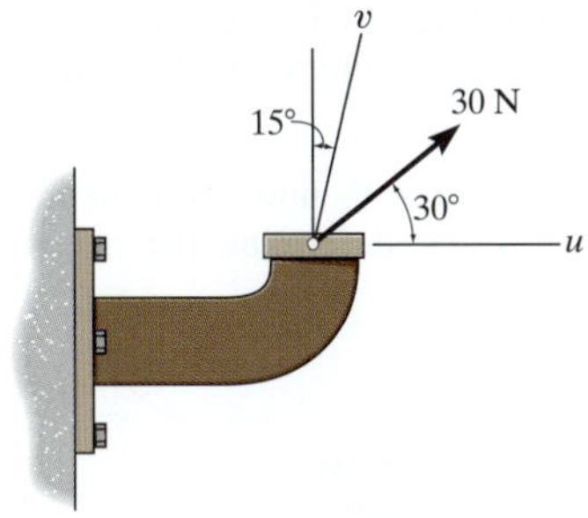

Prob. F2–4

F2–5. Resolve the force into components acting along members AB and AC, and determine the magnitude of each component.

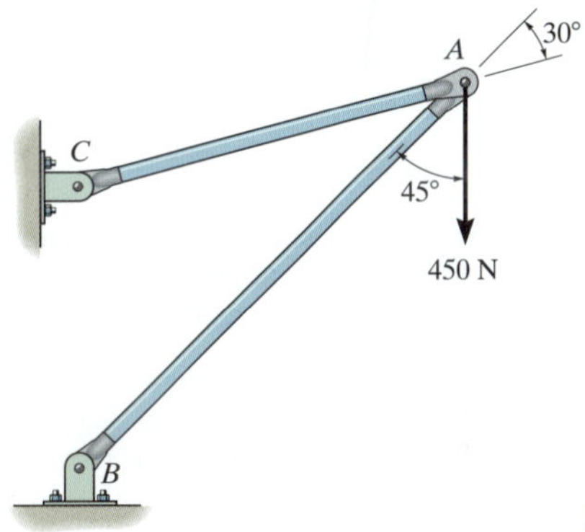

Prob. F2–5

F2–6. If force **F** is to have a component along the u axis of $F_u = 6$ kN, determine the magnitude of **F** and the magnitude of its component $\mathbf{F}_v$ along the v axis.

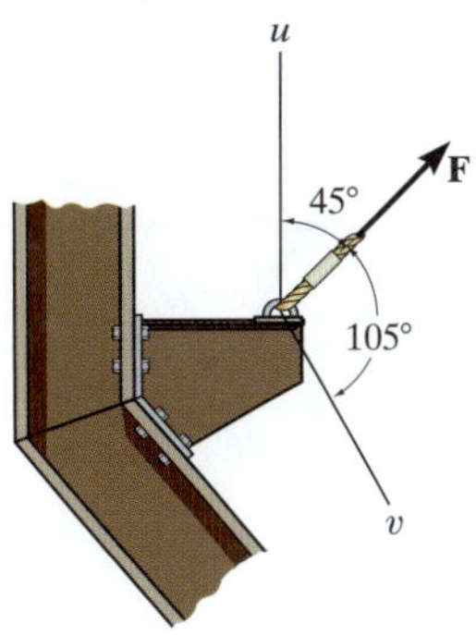

Prob. F2–6

PROBLEMS

2–1. Determine the magnitude of the resultant force $\mathbf{F}_R = \mathbf{F}_1 + \mathbf{F}_2$ and its direction, measured clockwise from the positive u axis.

2–2. Resolve the force $\mathbf{F}_1$ into components acting along the u and v axes and determine the magnitudes of the components.

2–3. Resolve the force $\mathbf{F}_2$ into components acting along the u and v axes and determine the magnitudes of the components.

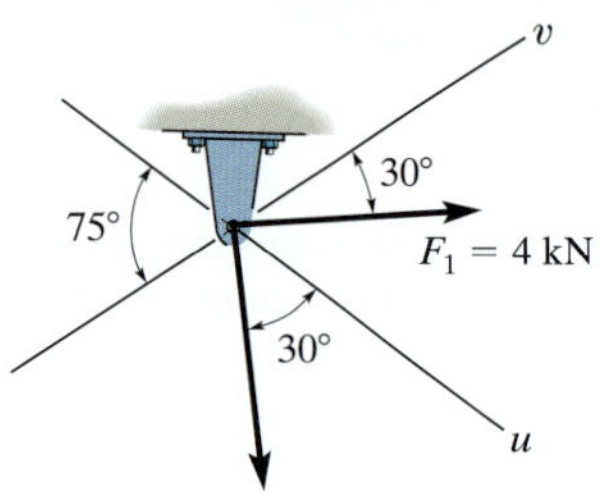

Probs. 2–1/2/3

***2–4.** The device is used for surgical replacement of the knee joint. If the force acting along the leg is 360 N, determine its components along the x and y' axes.

2–5. The device is used for surgical replacement of the knee joint. If the force acting along the leg is 360 N, determine its components along the x' and y axes.

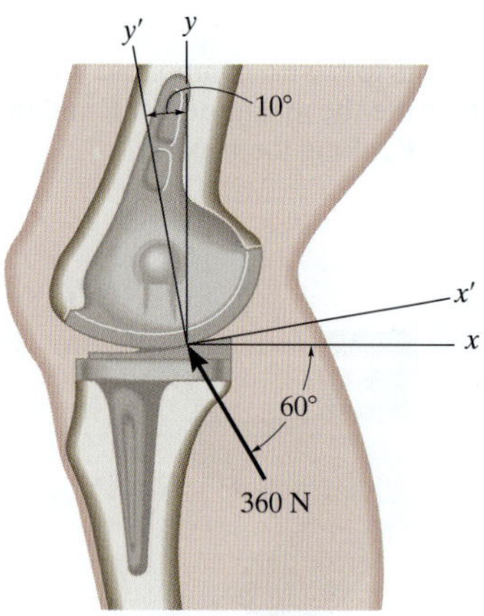

Probs. 2–4/5

2–6. If the tension in the cable is 400 N, determine the magnitude and direction of the resultant force acting on the pulley. This angle is the same angle θ of line AB on the tailboard block.

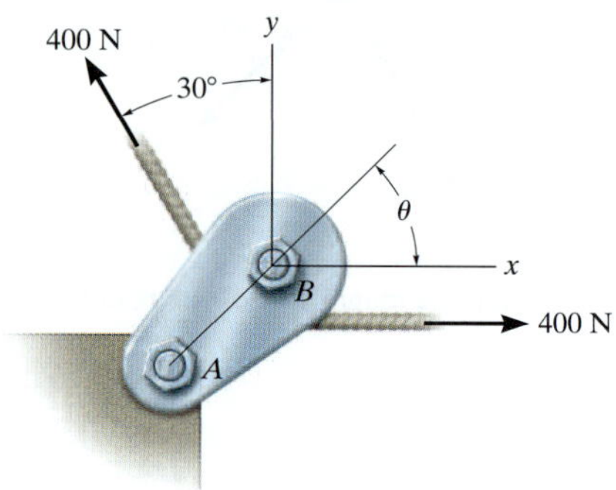

Prob. 2–6

2–7. If $\theta = 60°$ and $F = 450$ N, determine the magnitude of the resultant force and its direction, measured counterclockwise from the positive x axis.

***2–8.** If the magnitude of the resultant force is to be 500 N, directed along the positive y axis, determine the magnitude of force $\mathbf{F}$ and its direction θ.

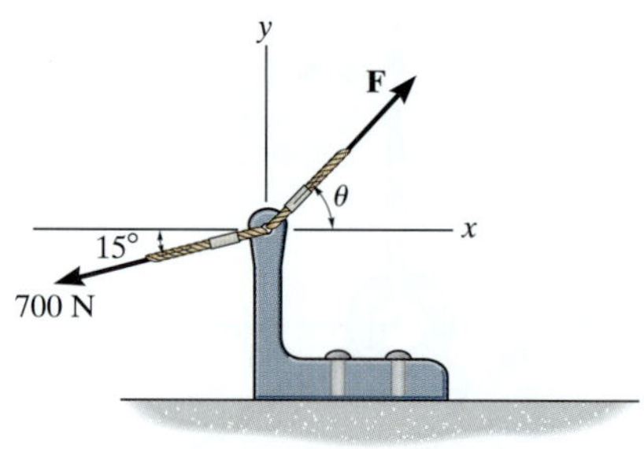

Probs. 2–7/8

2–9. If $\theta = 30°$ and $F_2 = 6$ kN, determine the magnitude of the resultant force acting on the plate and its direction measured clockwise from the positive x axis.

2–10. If the resultant force $\mathbf{F}_R$ is directed along a line measured 75° clockwise from the positive x axis and the magnitude of $\mathbf{F}_2$ is to be a minimum, determine the magnitudes of $\mathbf{F}_R$ and $\mathbf{F}_2$ and the angle $\theta \leq 90°$.

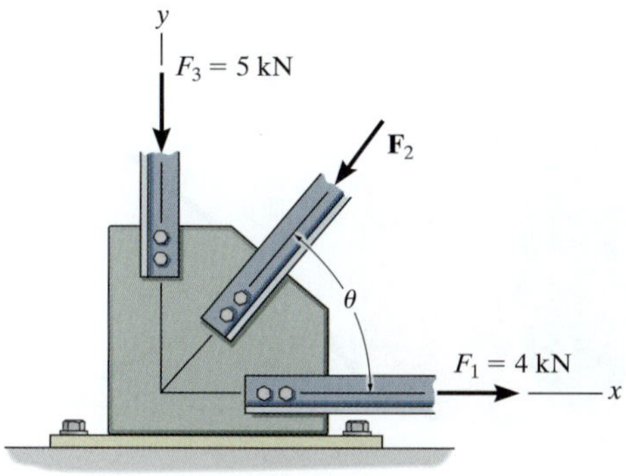

Prob. 2–9/10

2–11. Determine the design angle θ ($0° \leq \theta \leq 90°$) for strut AB so that the 800-N horizontal force has a component of 1000 N directed from A towards C. What is the component of force acting along member AB? Take $\phi = 40°$.

***2–12.** Determine the design angle ϕ ($0° \leq \phi \leq 90°$) between struts AB and AC so that the 800-N horizontal force has a component of 1200 N which acts up to the left, in the same direction as from B towards A. Take $\theta = 30°$.

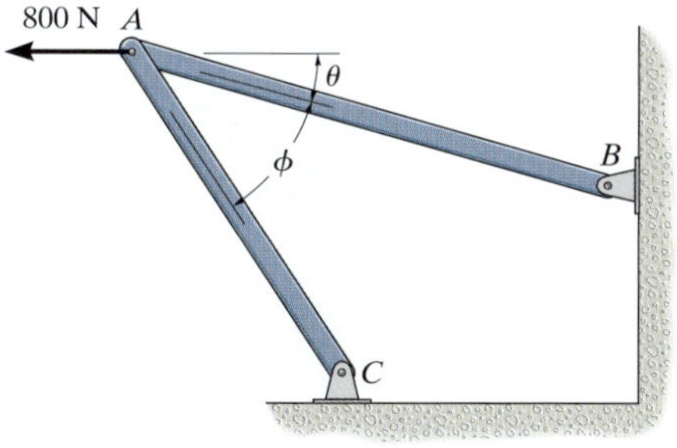

Probs. 2–11/12

2–13. If $\theta = 60°$, determine the magnitude of the resultant and its direction measured clockwise from the horizontal.

2–14. Determine the angle θ for connecting member A to the plate so that the resultant force of $\mathbf{F}_A$ and $\mathbf{F}_B$ is directed horizontally to the right. Also, what is the magnitude of the resultant force?

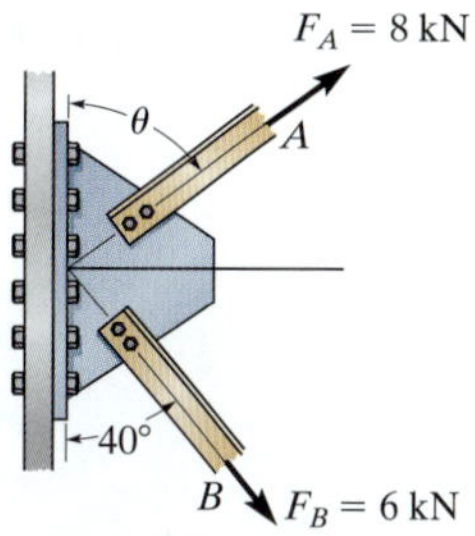

Probs. 2–13/14

2–15. The plate is subjected to the two forces at A and B as shown. If $\theta = 60°$, determine the magnitude of the resultant of these two forces and its direction measured clockwise from the horizontal.

***2–16.** Determine the angle of θ for connecting member A to the plate so that the resultant force of $\mathbf{F}_A$ and $\mathbf{F}_B$ is directed horizontally to the right. Also, what is the magnitude of the resultant force?

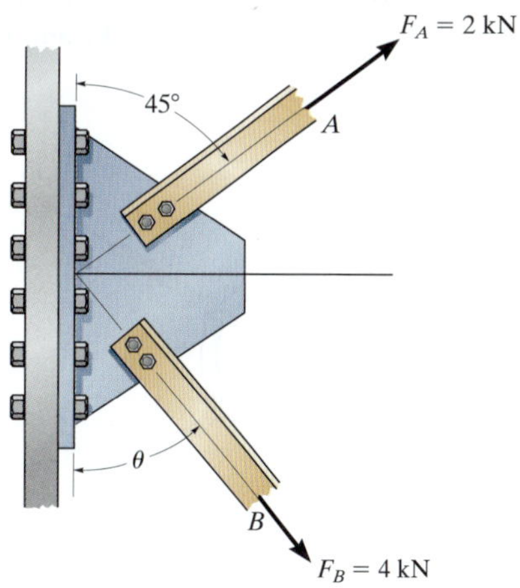

Probs. 2–15/16

2

2

2–17. If the resultant force of the two tugboats is 3 kN, directed along the positive x axis, determine the required magnitude of force $\mathbf{F}_B$ and its direction θ.

2–18. If $F_B = 3$ kN and $\theta = 45°$, determine the magnitude of the resultant force and its direction measured clockwise from the positive x axis.

2–19. If the resultant force of the two tugboats is required to be directed towards the positive x axis, and $\mathbf{F}_B$ is to be a minimum, determine the magnitude of $\mathbf{F}_R$ and $\mathbf{F}_B$ and the angle θ.

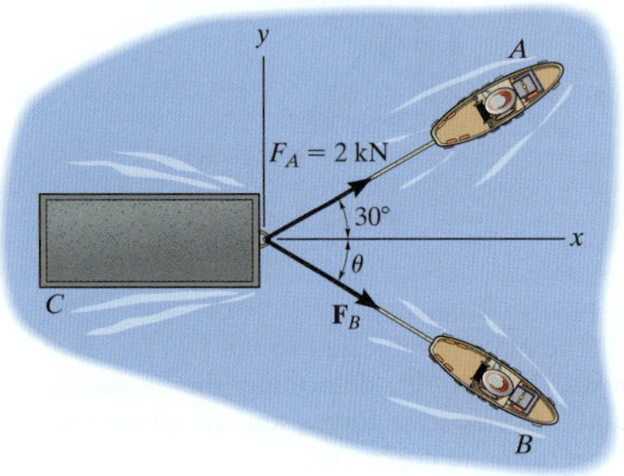

Probs. 2–17/18/19

2–21. Determine the magnitude and direction θ of $\mathbf{F}_A$ so that the resultant force is directed along the positive x axis and has a magnitude of 1250 N.

2–22. Determine the magnitude of the resultant force acting on the ring at O if $F_A = 750$ N and $\theta = 45°$. What is its direction, measured counterclockwise from the positive x axis?

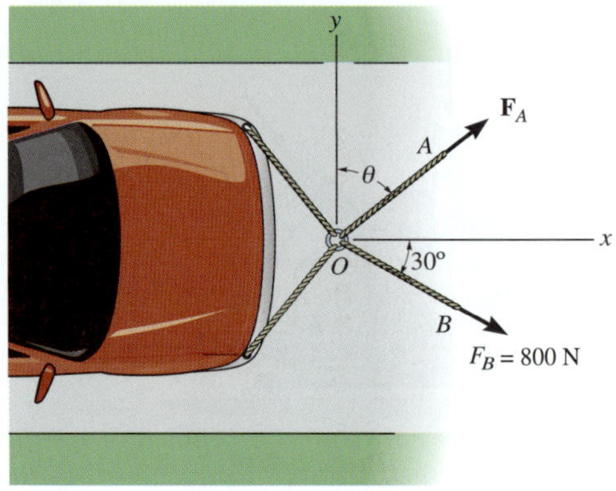

Probs. 2–21/22

***2–20.** Two forces $\mathbf{F}_1$ and $\mathbf{F}_2$ act on the screw eye. If their lines of action are at an angle θ apart and the magnitude of each force is $F_1 = F_2 = F$, determine the magnitude of the resultant force $\mathbf{F}_R$ and the angle between $\mathbf{F}_R$ and $\mathbf{F}_1$.

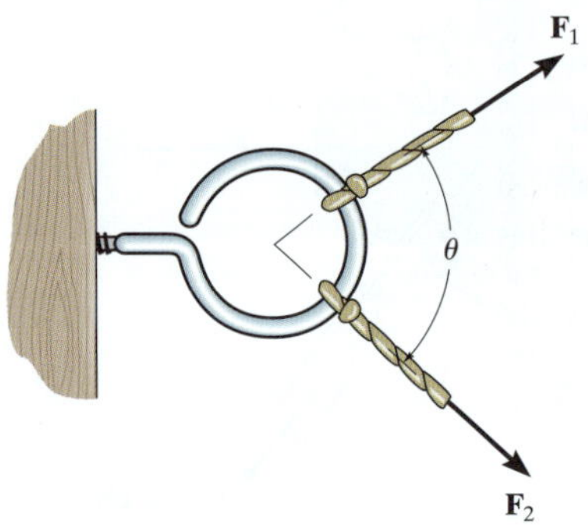

Prob. 2–20

2–23. Determine the magnitude of force $\mathbf{F}$ so that the resultant $\mathbf{F}_R$ of the three forces is as small as possible. What is the minimum magnitude of $\mathbf{F}_R$?

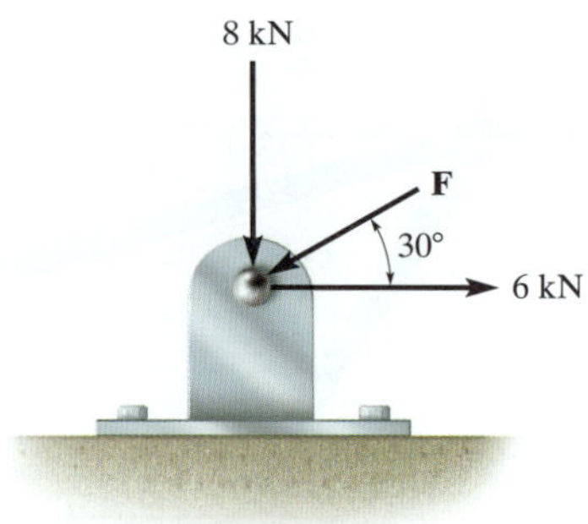

Prob. 2–23

2.4 평면력의 덧셈

한 힘에 대하여 x축과 y축으로 분해하여 얻어지는 성분을 **직교성분**(rectangular components)이라 한다. 이와 같은 직교성분은 스칼라 표기법 혹은 카티지언 벡터 표기법을 사용하여 표현한다.

스칼라 표기법. 그림 2-14*a*에 보인 바와 같이 힘의 직교성분은 평행사변형의 법칙으로부터 구할 수 있으므로 $\mathbf{F} = \mathbf{F}_x + \mathbf{F}_y$와 같다. 이러한 두 직교성분 사이의 각도가 90°이므로 각 직교성분의 크기는 다음과 같이 구할 수 있다.

$$F_x = F\cos\theta \text{과 } F_y = F\sin\theta$$

F의 방향은 각도 θ 대신에 그림 2-14*b*에 보인 기울기 삼각형을 사용하여 정의할 수도 있다. 즉, 작은 기울기 삼각형과 음영으로 표시된 큰 삼각형은 서로 비례하기 때문에 비례법칙을 적용하면 다음과 같은 상관관계를 얻을 수 있다.

$$\frac{F_x}{F} = \frac{a}{c}$$

또는

$$F_x = F\left(\frac{a}{c}\right)$$

그리고

$$\frac{F_y}{F} = \frac{b}{c}$$

또는

$$F_y = -F\left(\frac{b}{c}\right)$$

여기서 y축 방향 성분 크기 $\mathbf{F}_y$는 음의 y축으로 작용하고 있으므로 음의 값을 갖는다.

이와 같은 음과 양의 스칼라 표기법은 도해적인 표현이 아닌 계산적 목적으로만 사용해야 된다는 점에 주의해야 한다. 이 책의 그림에 사용된 벡터 화살표의 머릿점은 작용점을 의미하며, 대수부호는 사용하지 않을 것이다. 따라서 그림 2-14*a*와 그림 2-14*b*에 보인 벡터들은 굵은 영문대문자를 사용하여 표기하였다.* 또한 화살표 근처에 표시하는 이탤릭 글자는 항상 양의 값을 갖는 벡터의 크기를 나타낸다.

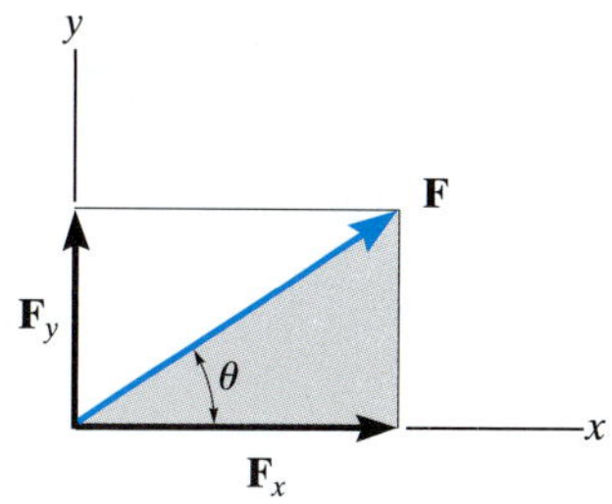

(a)

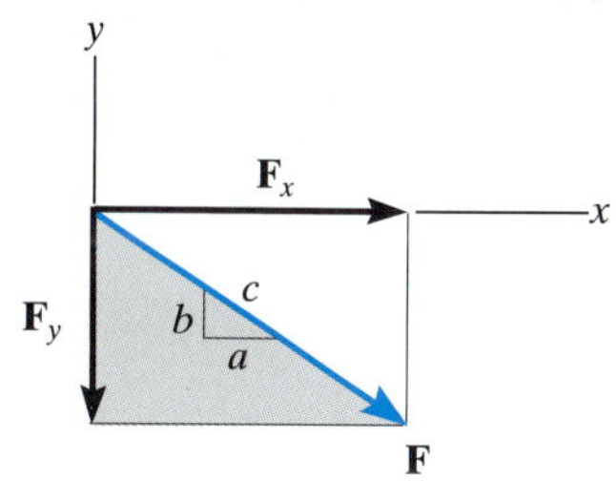

(b)

그림 2-14

---

* 음의 부호는 오직 그림 2-2에 보인 것처럼 크기는 같지만 방향이 반대인 벡터를 표시할 때만 사용할 것이다.

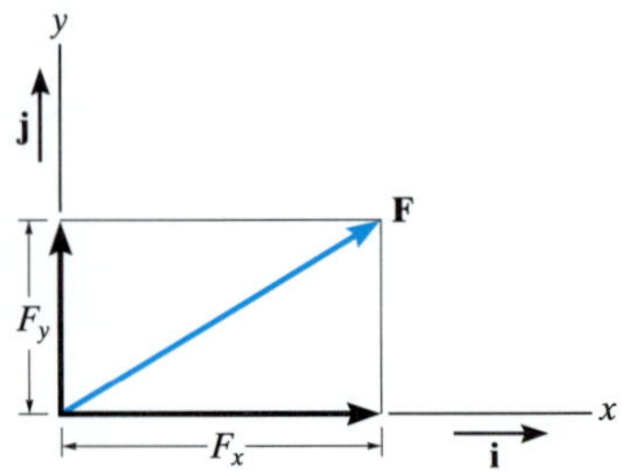

그림 2-15

카티지언 벡터 표기법. 양 혹은 음의 스칼라로 표현된 성분 $\mathbf{F}_x$와 $\mathbf{F}_y$로 $\mathbf{F}$의 크기와 방향을 표시하는 대신에 양의 스칼라만을 고려하여 성분의 크기를 표시하고, 방향은 그림 2-15에 보인 바와 같이 카티지언 단위벡터 $\mathbf{i}$와 $\mathbf{j}$의 항을 이용하여 보기로 하자. 여기서 단위벡터는 크기가 1인 무차원량이므로 x축과 y축에서 방향만을 각각 표시하는 데 사용된다. 이와 같이 방향과 크기를 분리하여 표현된 $\mathbf{F}$를 **카티지언 벡터**(Cartesian vector)라 한다.

$$\mathbf{F} = F_x\mathbf{i} + F_y\mathbf{j}$$

평면력의 합력. 앞 절에서 기술한 2개의 표기법을 사용하여 동일한 평면에 작용하는 힘들의 합력을 구할 수 있다. 이를 위해 각각의 힘은 먼저 x축과 y축 방향의 성분으로 분해하고 각 축방향의 성분이 동일선상에 있다면 산술적인 연산으로 더할 수 있다. 이런 방식으로 구해진 성분들을 더하면 합력의 성분이 구해지고 평행사변형의 법칙을 사용하여 합력을 얻을 수 있다. 예를 들어, 그림 2-16a에 보인 것처럼 3개의 집중력을 고려해 보자. 여기서 3개의 집중력의 x축과 y축 성분은 그림 2-16b에 도시하였다. 카티지언 벡터 표기법을 사용하여 각각의 힘을 카티지언 벡터로 다음과 같이 표현한다.

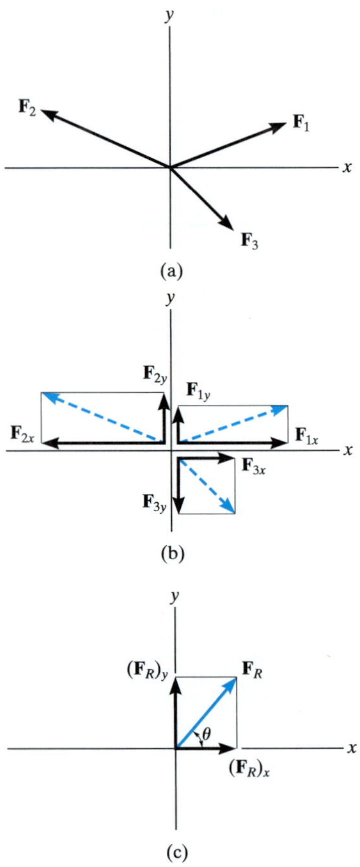

그림 2-16

$$\begin{aligned}
\mathbf{F}_1 &= F_{1x}\mathbf{i} + F_{1y}\mathbf{j} \\
\mathbf{F}_2 &= -F_{2x}\mathbf{i} + F_{2y}\mathbf{j} \\
\mathbf{F}_3 &= F_{3x}\mathbf{i} - F_{3y}\mathbf{j}
\end{aligned}$$

따라서 그림 2-17c에 보인 합력벡터는 다음과 같다.

$$\begin{aligned}
\mathbf{F}_R &= \mathbf{F}_1 + \mathbf{F}_2 + \mathbf{F}_3 \\
&= F_{1x}\mathbf{i} + F_{1y}\mathbf{j} - F_{2x}\mathbf{i} + F_{2y}\mathbf{j} + F_{3x}\mathbf{i} - F_{3y}\mathbf{j} \\
&= (F_{1x} - F_{2x} + F_{3x})\mathbf{i} + (F_{1y} + F_{2y} - F_{3y})\mathbf{j} \\
&= (F_R)_x\mathbf{i} + (F_R)_y\mathbf{j}
\end{aligned}$$

양의 x축과 y축 방향 성분을 화살표로 사용하여 표시하는 스칼라 표기법을 사용하면 다음과 같다.

$$\begin{aligned}
&\xrightarrow{+} & (F_R)_x &= F_{1x} - F_{2x} + F_{3x} \\
&+\uparrow & (F_R)_y &= F_{1y} + F_{2y} - F_{3y}
\end{aligned}$$

여기서 구한 결과들은 $\mathbf{F}_R$의 $\mathbf{i}$와 $\mathbf{j}$ 성분으로 구한 결과와 같음을 알 수 있다.

모든 평면력들의 x축과 y축 방향 성분을 산술적으로 더하여 다음과 같이 모든 평면력의 합력을 표현할 수 있다.

$$(F_R)_x = \Sigma F_x$$
$$(F_R)_y = \Sigma F_y \qquad (2\text{-}1)$$

이와 같이 모든 평면력의 합력 성분이 구해지면 그림 2-16c와 같이 x축과 y축 방향 성분을 그릴 수 있고, 벡터덧셈과 피타고라스 정리를 이용하여 합력의 크기 $\mathbf{F}_R$이 얻어진다.

$$F_R = \sqrt{(F_R)_x^2 + (F_R)_y^2}$$

또한, 합력의 작용방향을 결정하는 각도 θ는 삼각법에 의해서 결정된다.

$$\theta = \tan^{-1}\left|\frac{(F_R)_y}{(F_R)_x}\right|$$

위에서 설명한 개념은 다음의 예제들에서 수치적으로 설명할 것이다.

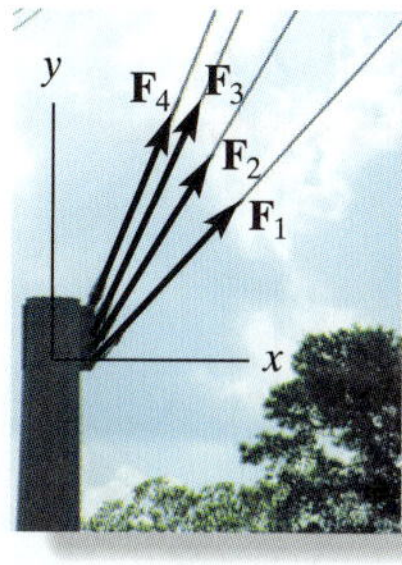

기둥에 연결된 4개 케이블에 발생하는 힘들을 x와 y축 방향 성분으로 각각 분해한 후, 같은 방향 성분끼리 더하게 되면, 4개 케이블에 발생되는 힘들의 합력을 구할 수 있다. 이와 같은 구한 합력 $\mathbf{F}_R$은 4개의 케이블이 기둥에 발생시키는 동일한 당김효과(pulling effect)를 기둥에 주게 된다.

요점 IMPORTANT POINTS

- x, y 좌표계가 정의되고 평면력들이 각 축에 대한 성분으로 분해된다면, 여러 평면력들의 합력은 쉽게 결정할 수 있다.
- 각각의 평면력이 작용하는 방향은 평면력의 작용선과 한 축 사이의 각 혹은 경사진 삼각형으로부터 결정된다.
- x와 y축의 방향은 임의적 정할 수 있으나, 양의 축방향은 카티지언 단위 벡터 **i**와 **j**에 의해 결정된다.
- 합력의 x와 y 방향 성분은 단순히 모든 평면력의 x와 y 방향 성분을 각각 대수적으로 더하여 얻는다.
- 합력의 크기는 피타고라스 정리로부터 구한다. 그림 2-16c에 보인 바와 같이 합력의 성분은 x축과 y축상에 도시할 수 있고, 합력의 방향은 삼각법을 이용하여 결정할 수 있다.

예제 2.4

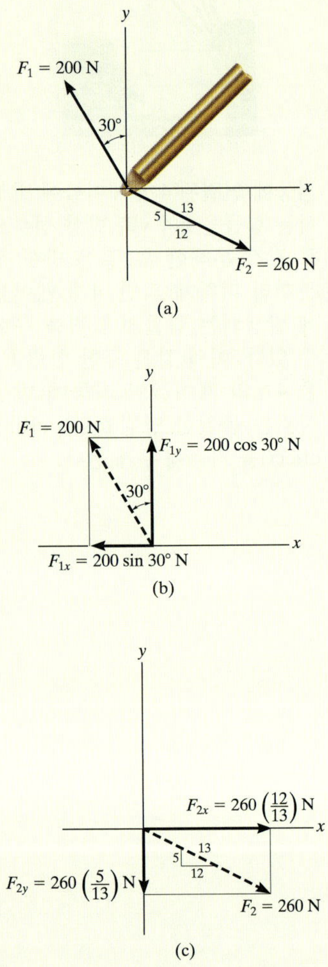

그림 2-17

그림 2-17a에 보인 $\mathbf{F}_1$과 $\mathbf{F}_2$의 x와 y성분들을 구하고, 각각 힘들을 카티지언 벡터로 표현하라.

풀이

스칼라 표기법. 평행사변형의 법칙에 따라 $\mathbf{F}_1$은 그림 2-17b와 같이 x와 y축 방향 성분으로 분해된다. $\mathbf{F}_{1x}$는 $-x$방향으로, $\mathbf{F}_{1y}$는 $+y$방향으로 작용하기 때문에 이를 고려하여 표시하면 다음과 같다.

$$F_{1x} = -200 \sin 30^\circ \text{ N} = -100 \text{ N} = 100 \text{ N} \leftarrow$$ 답

$$F_{1y} = 200 \cos 30^\circ \text{ N} = 173 \text{ N} = 173 \text{ N} \uparrow$$ 답

힘 $\mathbf{F}_2$는 그림 2-17c와 같이 x와 y성분들로 분해된다. 그림에는 힘의 작용선에 대한 기울기가 표시되어 있다. '기울기 삼각형'으로부터 각 $\theta = \tan^{-1}(\frac{5}{12})$를 얻을 수 있으면, 동일한 방법을 $\mathbf{F}_1$에 대해서도 적용한다. 동일한 방법으로 구성 요소의 크기를 결정한다. 그러나 삼각형 비례법칙을 사용하면 다음과 같이 보다 쉽게 계산 결과를 얻을 수 있다.

$$\frac{F_{2x}}{260 \text{ N}} = \frac{12}{13} \qquad F_{2x} = 260 \text{ N}\left(\frac{12}{13}\right) = 240 \text{ N}$$

동일한 방법으로

$$F_{2y} = 260 \text{ N}\left(\frac{5}{13}\right) = 100 \text{ N}$$

이 된다. 수평 성분의 크기 F_{2x}의 크기에 기울기 삼각형의 밑변을 곱한 후, 빗변로 나누어 구할 수 있고, F_{2y}의 크기는 F_2의 크기에 기울기 삼각형의 높이를 곱한 후, 빗변으로 나누어 구할 수 있음을 주지하라.

$$F_{2x} = 240 \text{ N} = 240 \text{ N} \rightarrow$$ 답

$$F_{2y} = -100 \text{ N} = 100 \text{ N} \downarrow$$ 답

카티지언 표기법. 각 힘에 대한 성분들의 크기와 방향이 결정되면 각 힘은 카티지언 벡터를 사용하여 다음과 같이 표현할 수 있다.

$$\mathbf{F}_1 = \{-100\mathbf{i} + 173\mathbf{j}\} \text{ N}$$ 답

$$\mathbf{F}_2 = \{240\mathbf{i} - 100\mathbf{j}\} \text{ N}$$ 답

예제 2.5

그림 2-18a에 있는 링크에 힘 $\mathbf{F}_1$과 $\mathbf{F}_2$가 각각 작용하고 있다. 합력의 크기와 방향을 결정하라.

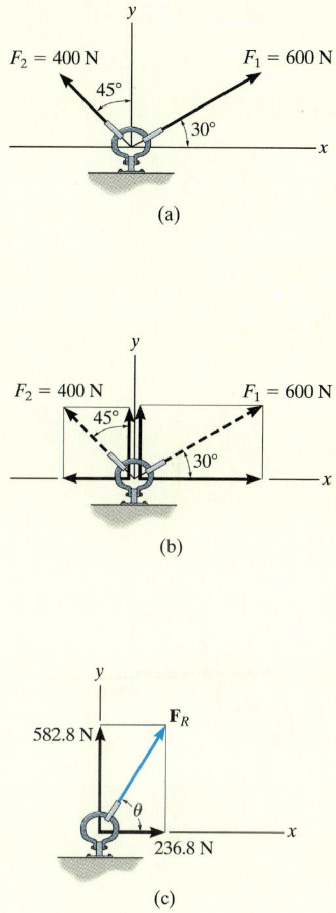

그림 2-18

풀이 1

스칼라 표기법. 그림 2-18b에 보인 바와 같이 각 힘을 x와 y축 방향의 성분으로 분해하고 같은 방향 성분들을 더한다.

$$\overset{+}{\rightarrow} (F_R)_x = \Sigma F_x; \qquad (F_R)_x = 600 \cos 30^\circ \text{ N} - 400 \sin 45^\circ \text{ N} = 236.8 \text{ N} \rightarrow$$

$$+\uparrow (F_R)_y = \Sigma F_y; \qquad (F_R)_y = 600 \sin 30^\circ \text{ N} + 400 \cos 45^\circ \text{ N} = 582.8 \text{ N}\uparrow$$

그림 2-18c에 보인 합력 크기는

$$F_R = \sqrt{(236.8 \text{ N})^2 + (582.8 \text{ N})^2} = 629 \text{ N}$$ 답

이고, 방향각 θ는 다음과 같다.

$$\theta = \tan^{-1}\left(\frac{582.8 \text{ N}}{236.8 \text{ N}}\right) = 67.9^\circ$$ 답

풀이 2

카티지언 벡터 표기법. 그림 2-18b로부터 각 힘들을 카티지언 벡터로 나타낸다.

$$\mathbf{F}_1 = \{600 \cos 30^\circ \mathbf{i} + 600 \sin 30^\circ \mathbf{j}\} \text{ N}$$
$$\mathbf{F}_2 = \{-400 \sin 45^\circ \mathbf{i} + 400 \cos 45^\circ \mathbf{j}\} \text{ N}$$

그러면

$$\mathbf{F}_R = \mathbf{F}_1 + \mathbf{F}_2 = (600 \cos 30^\circ \text{ N} - 400 \sin 45^\circ \text{ N})\mathbf{i} + (600 \sin 30^\circ \text{ N} + 400 \cos 45^\circ \text{ N})\mathbf{j} = \{236.8\mathbf{i} + 582.8\mathbf{j}\} \text{ N}$$

$\mathbf{F}_R$의 크기와 방향은 위에서 보인 바와 같은 방법으로 결정된다.

주: 두 가지 풀이법을 비교해 보면, 스칼라 표기를 사용하는 것이 그 성분들을 합하기 전에 카티지언 벡터로 각 힘을 표현할 필요 없이 그 성분들을 바로 해결할 수 있기 때문에 더 효율적인 방법이라는 것을 알 수가 있다. 그러나 뒤에서 3차원의 문제를 풀이하는 때에는 카티지언 벡터 해석법이 매우 유용하다는 것을 보일 것이다.

2

예제 2.6

그림 2-19*a*에 있는 기중기의 끝점 O에 3개 평면력 $\mathbf{F}_1$, $\mathbf{F}_2$와 $\mathbf{F}_3$가 각각 작용하고 있다. 합력의 크기와 방향을 결정하라.

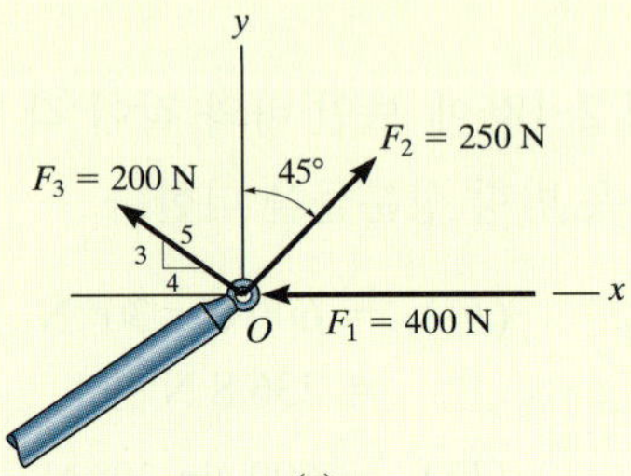

(a)

풀이

먼저 그림 2-19*b*에 보인 바와 같이 3개의 힘을 x축과 y축 방향 성분으로 각각 분해한 후, x축 방향 성분끼리 더하면 다음과 같다.

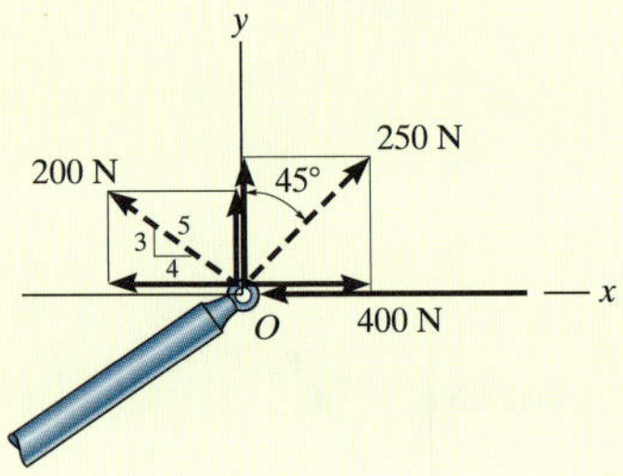

(b)

$$\overset{+}{\rightarrow} (F_R)_x = \Sigma F_x; \qquad (F_R)_x = -400 \text{ N} + 250 \sin 45° \text{ N} - 200\left(\tfrac{4}{5}\right) \text{ N}$$
$$= -383.2 \text{ N} = 383.2 \text{ N} \leftarrow$$

y축 방향 성분을 더하면

$$+\uparrow (F_R)_y = \Sigma F_y; \qquad (F_R)_y = 250 \cos 45° \text{ N} + 200\left(\tfrac{3}{5}\right) \text{ N}$$
$$= 296.8 \text{ N} \uparrow$$

그림 2-19*c*에 보인 합력 크기는

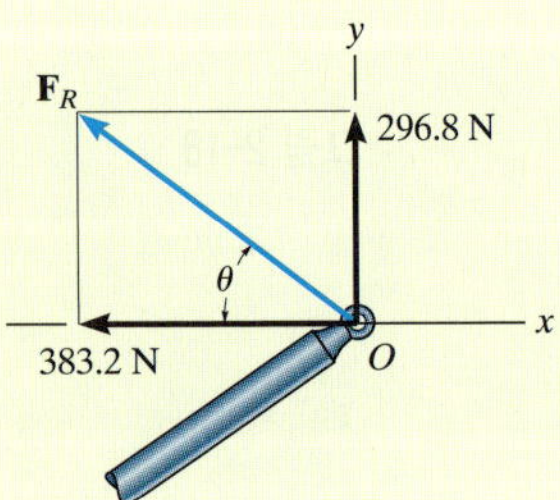

(c)

그림 2-19

$$F_R = \sqrt{(-383.2 \text{ N})^2 + (296.8 \text{ N})^2}$$
$$= 485 \text{ N}$$
답

이고, 방향각 θ는 다음과 같다.

$$\theta = \tan^{-1}\left(\frac{296.8}{383.2}\right) = 37.8°$$
답

주: 먼저 평행사변형의 법칙을 2번 이용하여 $\mathbf{F}_1$과 $\mathbf{F}_2$를 구한 후, $\mathbf{F}_3$와 더하여 3개 힘의 합력을 구하는 것보다 본 예제의 방법이 상대적으로 더 편리함을 알 수 있다.

FUNDAMENTAL PROBLEMS

F2–7. Resolve each force into its x and y components.

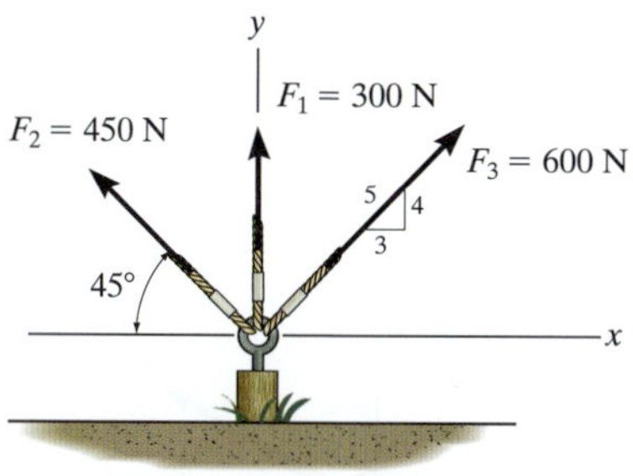

Prob. F2–7

F2–8. Determine the magnitude and direction of the resultant force.

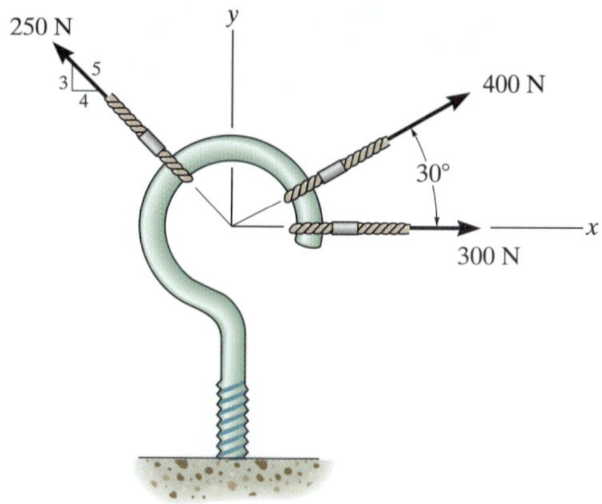

Prob. F2–8

F2–9. Determine the magnitude of the resultant force acting on the corbel and its direction θ measured counterclockwise from the x axis.

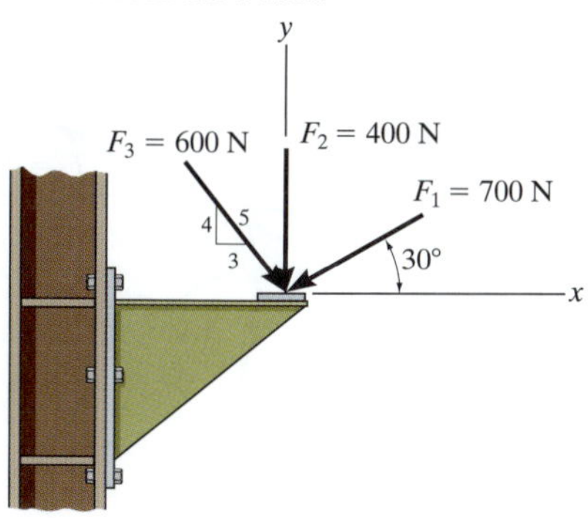

Prob. F2–9

F2–10. If the resultant force acting on the bracket is to be 750 N directed along the positive x axis, determine the magnitude of $\mathbf{F}$ and its direction θ.

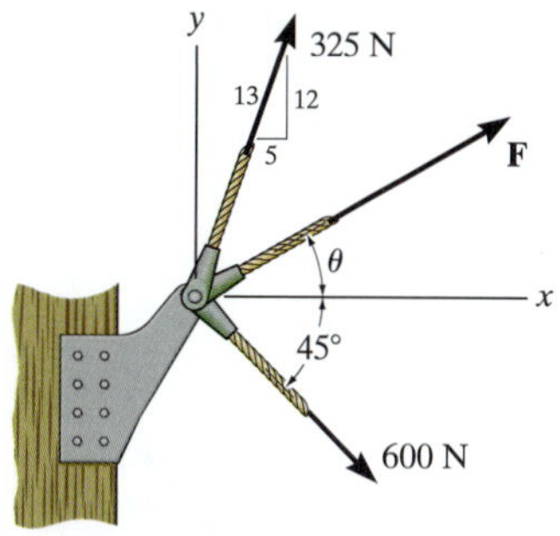

Prob. F2–10

F2–11. If the magnitude of the resultant force acting on the bracket is to be 80 N directed along the u axis, determine the magnitude of $\mathbf{F}$ and its direction θ.

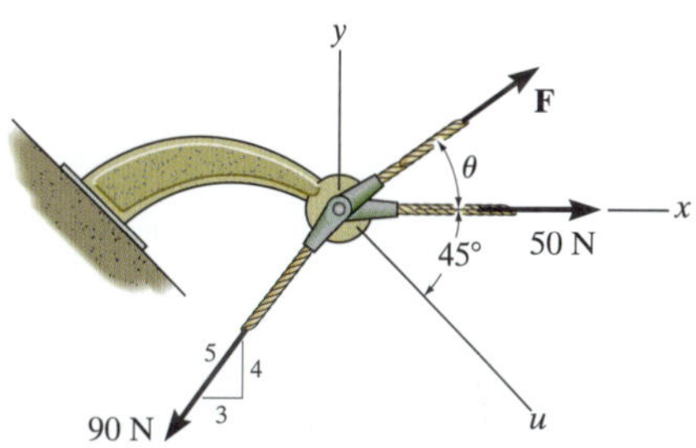

Prob. F2–11

F2–12. Determine the magnitude of the resultant force and its direction θ, measured counterclockwise from the positive x axis.

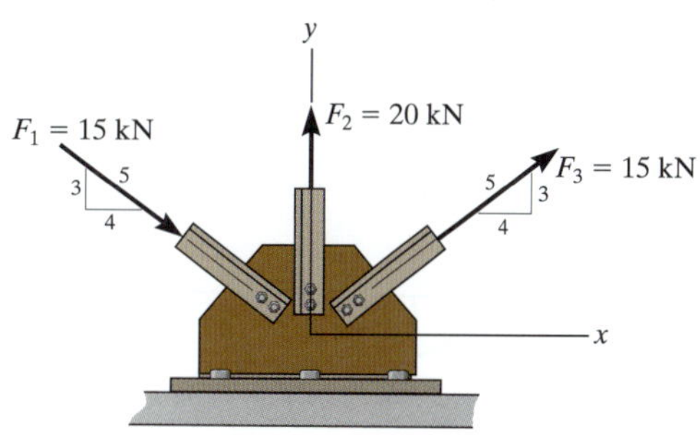

Prob. F2–12

PROBLEMS

2

***2–24.** Resolve each force acting on the gusset plate into its x and y components, and express each force as a Cartesian vector.

2–25. Determine the magnitude of the resultant force acting on the gusset plate and its direction, measured counterclockwise from the positive x axis.

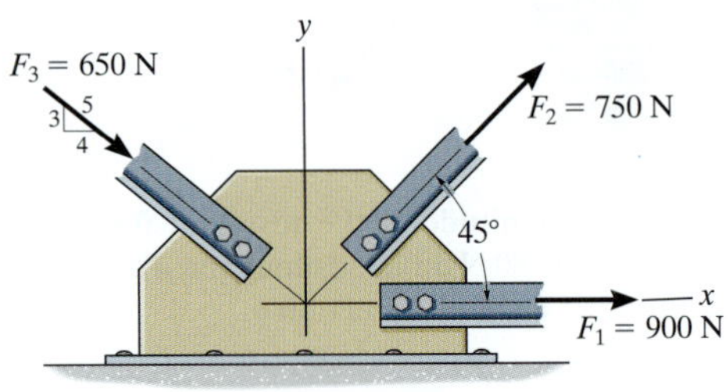

Probs. 2–24/25

2–26. Determine the magnitude of the resultant force and its direction, measured counterclockwise from the positive x axis.

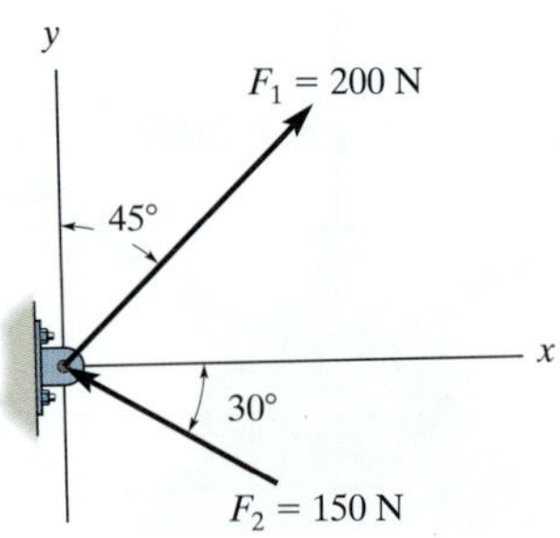

Prob. 2–26

2–27. Determine the magnitude of the resultant force and its direction, measured clockwise from the positive x axis.

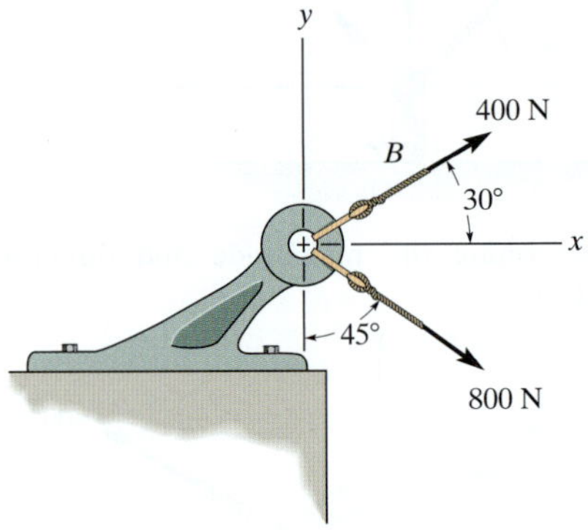

Prob. 2–27

***2–28.** Resolve $\mathbf{F}_1$ and $\mathbf{F}_2$ into their x and y components.

2–29. Determine the magnitude of the resultant force and its direction measured counterclockwise from the positive x axis.

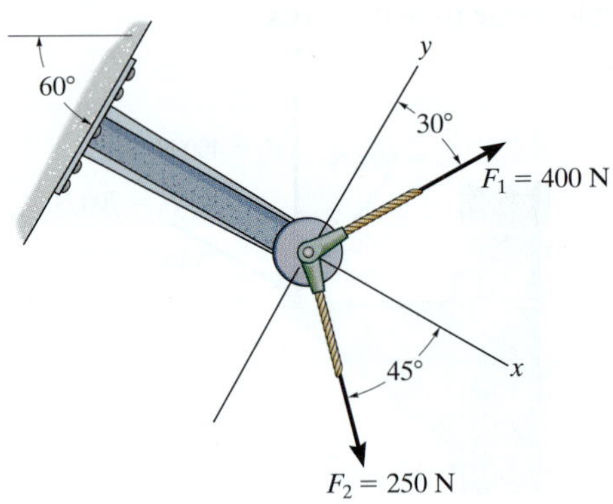

Probs. 2–28/29

2–30. Determine the magnitude of the resultant force acting on the pin and its direction measured clockwise from the positive x axis.

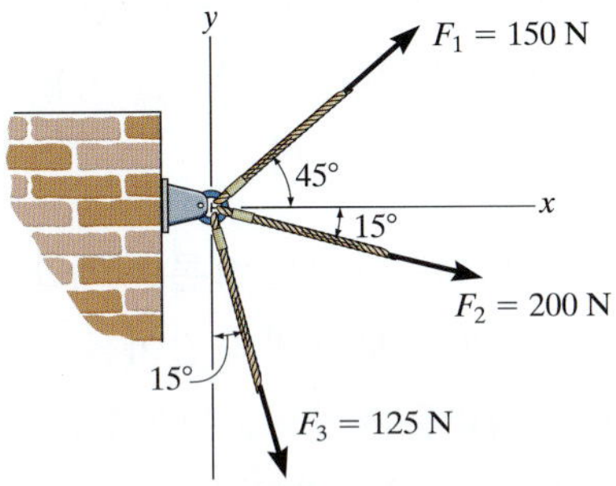

Prob. 2–30

2–31. Determine the magnitude and direction θ of the resultant force $\mathbf{F}_R$. Express the result in terms of the magnitudes of the components $\mathbf{F}_1$ and $\mathbf{F}_2$ and the angle ϕ.

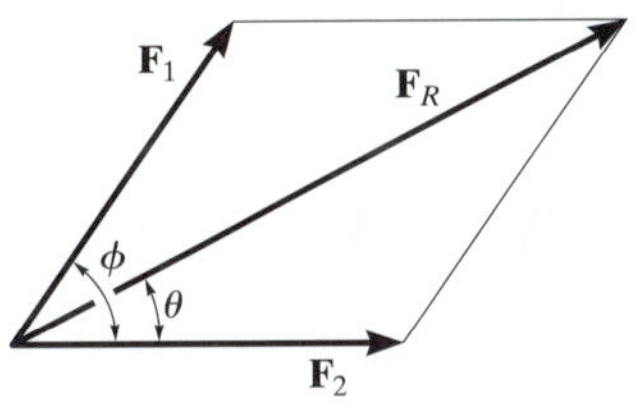

Prob. 2–31

***2–32.** Express $\mathbf{F}_1$, $\mathbf{F}_2$, and $\mathbf{F}_3$ as Cartesian vectors.

2–33. Determine the magnitude of the resultant force and its direction, measured counterclockwise from the positive x axis.

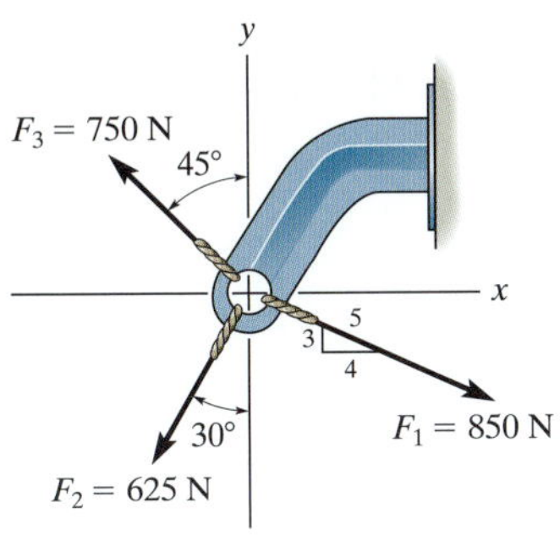

Probs. 2–32/33

2–34. Determine the magnitude of the resultant force and its direction, measured counterclockwise from the positive x axis.

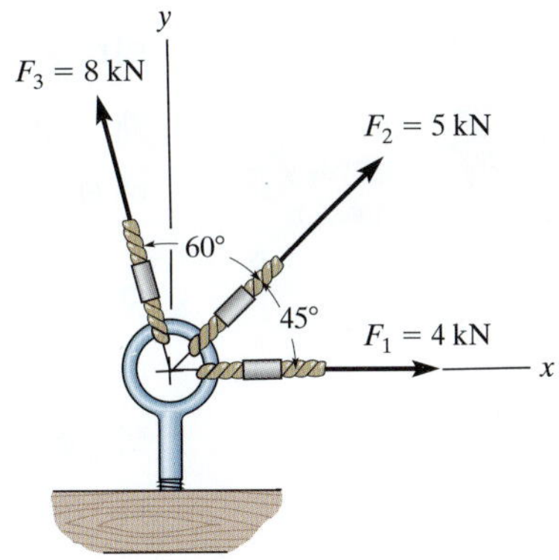

Prob. 2–34

2–35. Express each of the three forces acting on the support in Cartesian vector form and determine the magnitude of the resultant force and its direction, measured clockwise from positive x axis.

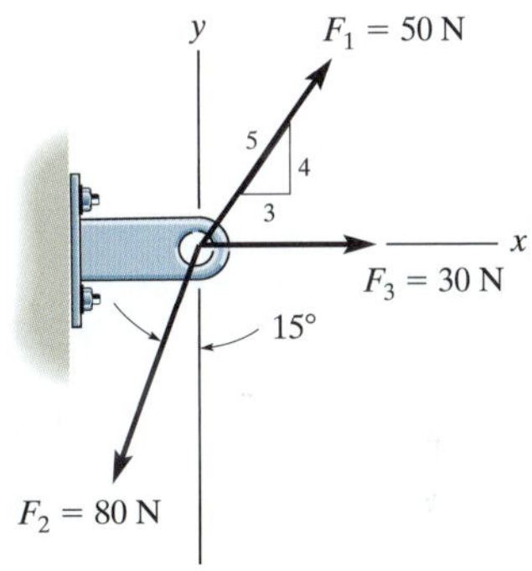

Prob. 2–35

***2–36.** Determine the x and y components of $\mathbf{F}_1$ and $\mathbf{F}_2$.

2–37. Determine the magnitude of the resultant force and its direction, measured counterclockwise from the positive x axis.

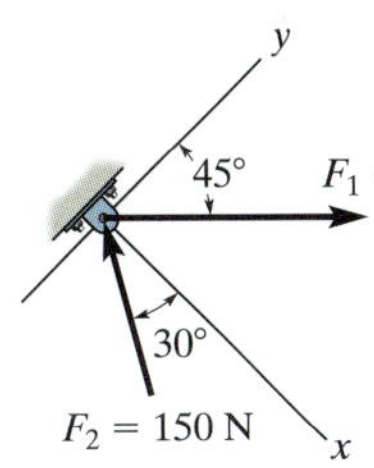

Probs. 2–36/37

2

2.5 카티지언 벡터

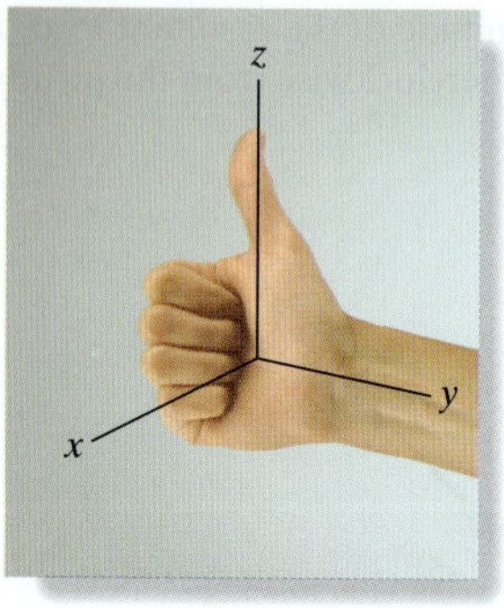

그림 2-20

3차원 문제를 해석할 때, 모든 벡터량이 카티지언 벡터 형태로 표현될 수 있다면, 벡터 연산은 매우 단순해진다. 이 절에서는 3차원 문제를 해석할 때 사용되는 일반적인 방법을 설명할 것이다. 이 방법을 이용하여 다음 절에서는 절점력계에 작용하는 합력을 구할 것이다.

오른손 좌표계. 앞으로 사용할 벡터대수에서는 오른손 좌표계를 이용한다. 여기서, 오른손 좌표계란 그림 2-20에 보인 바와 같이 오른손 엄지는 양의 z축 방향을 가리키고, 나머지 손가락들은 양의 x축에서 양의 y축 방향으로 z축을 감싸면서 만들어지는 직교좌표계를 말한다.

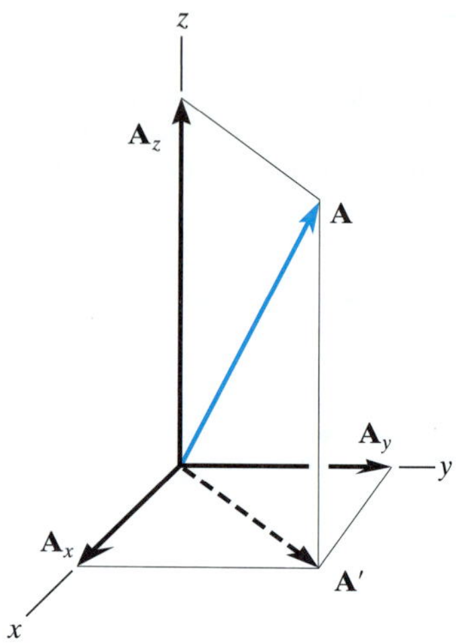

그림 2-21

벡터의 직교성분. 그림 2-21에 보인 바와 같이 벡터 $\mathbf{A}$는 x, y, z축 방향으로 3개의 직교 성분을 가지게 된다. 이와 같은 성분은 평행사변형의 정리를 연속적으로 두 번 이용하여 구할 수 있다. 즉, $\mathbf{A} = \mathbf{A}' + \mathbf{A}_z$와 $\mathbf{A}' = \mathbf{A}_x + \mathbf{A}_y$와 같다. 위의 두 식에서 $\mathbf{A}'$을 소거하면 벡터 $\mathbf{A}$는 3개의 직교 성분의 벡터 합으로 나타난다.

$$\mathbf{A} = \mathbf{A}_x + \mathbf{A}_y + \mathbf{A}_z \tag{2-2}$$

카티지언 단위벡터. 그림 2-22에 보인 바와 같이 3차원의 카티지언 단위벡터 $\mathbf{i}, \mathbf{j}, \mathbf{k}$는 x, y, z축의 방향을 표시한다. 이와 같은 단위벡터를 이용하여 벡터 $\mathbf{A}$의 3개 성분은 다음과 같이 카티지언 벡터로 쓸 수 있다.

$$\boxed{\mathbf{A} = A_x\mathbf{i} + A_y\mathbf{j} + A_z\mathbf{k}} \tag{2-3}$$

이와 같은 방법으로 벡터를 표현하면 상당한 장점이 있다. 즉 각 성분벡터의 크기와 방향을 분리하여 표현함으로써 3차원 벡터의 복잡한 벡터 연산을 간단히 수행할 수 있다.

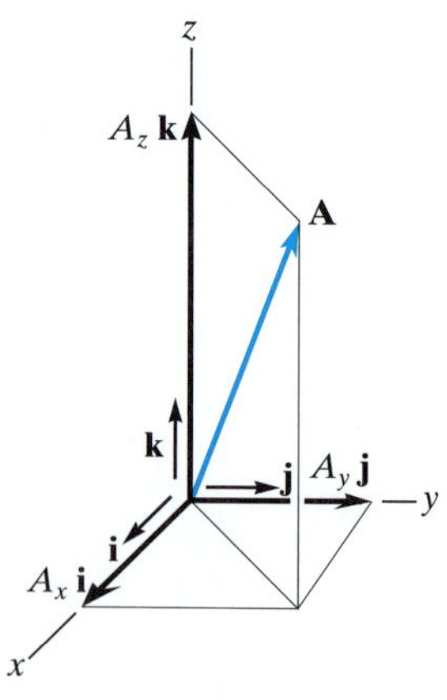

그림 2-23

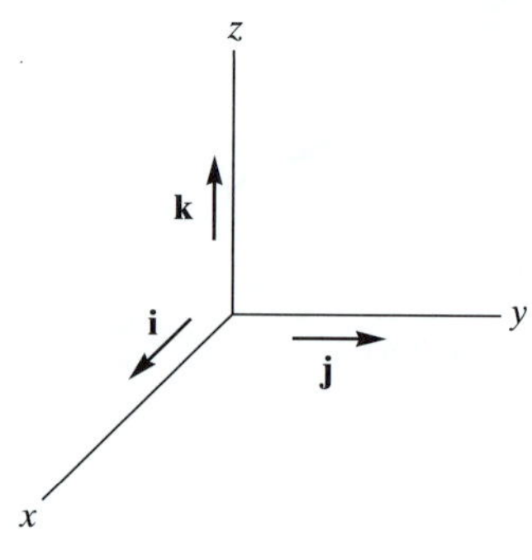

그림 2-22

카티지언 벡터의 크기. 카티지언 벡터 형태로 표현된 벡터 **A**의 크기는 쉽게 구할 수 있다. 그림 2-24에 보인 바와 같이 파란색으로 표시된 직각삼각형으로부터 $A = \sqrt{A'^2 + A_z^2}$ 을, 회색으로 표시된 삼각형으로부터 $A' = \sqrt{A_x^2 + A_y^2}$ 을 각각 구할 수 있으면 두 방정식으로부터 A'을 소거하면 다음과 같은 식을 얻을 수 있다.

$$A = \sqrt{A_x^2 + A_y^2 + A_z^2} \tag{2-4}$$

따라서, 벡터 **A**의 크기는 각 성분들을 제곱하여 얻은 합의 제곱근과 같음을 알 수 있다.

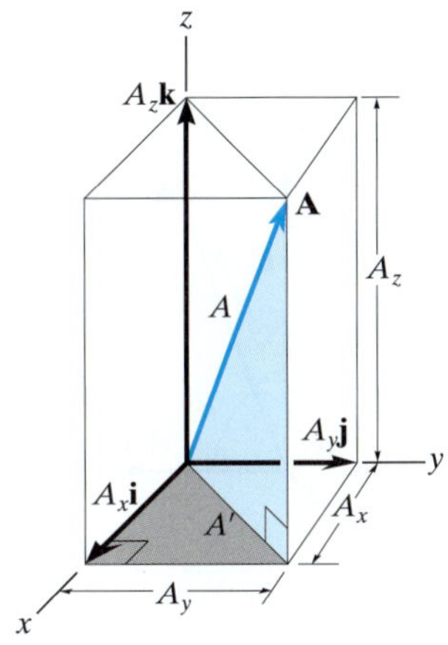

그림 2-24

카티지언 벡터의 방향. **A**의 방향은 **A**의 꼬릿점을 원점으로 하는 x, y, z축과 **A**로 만들어지는 **축방향각**(coordinate direction angles) α, β, γ를 이용하여 표시한다(그림 2-25). **A**가 작용하는 방향에 관계없이 각각의 축방향각은 0°와 180° 사이의 값을 가지게 됨을 알 수 있다.

α, β와 γ를 구하려면 **A**를 x, y 및 z축에 투영시킨다(그림 2-26). 각각 투영시킨 그림에서 보이는 파란색 직각삼각형에 각각 삼각법을 적용하면 다음과 같은 식을 얻을 수 있다.

$$\cos\alpha = \frac{A_x}{A} \qquad \cos\beta = \frac{A_y}{A} \qquad \cos\gamma = \frac{A_z}{A} \tag{2-5}$$

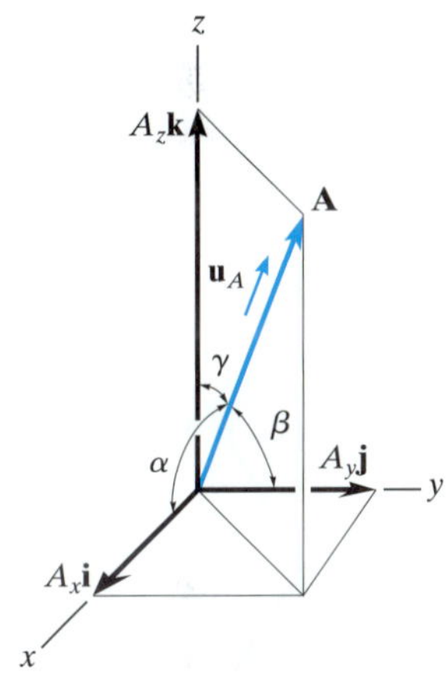

그림 2-25

식 (2-5)를 **A**의 **방향코사인**(direction cosines)이라 하며, 축방향각 α, β, γ는 코사인의 역함수로부터 얻을 수 있다.

A의 방향으로 작용하는 단위벡터 $\mathbf{u}_A$를 이용하면 전술한 **A**의 방향코사인을 쉽게 구할 수 있다. 그림 2-25에서처럼 만약 A가 카티지언 벡터 형태 $\mathbf{A} = A_x\mathbf{i} + A_y\mathbf{j} + A_z\mathbf{k}$로 표현하면, 다음과 같이 크기가 1이고 무차원량인 $\mathbf{u}_A$을 얻을 수 있다.

$$\mathbf{u}_A = \frac{\mathbf{A}}{A} = \frac{A_x}{A}\mathbf{i} + \frac{A_y}{A}\mathbf{j} + \frac{A_z}{A}\mathbf{k} \tag{2-6}$$

여기서 $A = \sqrt{A_x^2 + A_y^2 + A_z^2}$ 이다. 식 (2-6)과 식 (2-5)를 비교하면, $\mathbf{u}_A$의 i, j, k의 성분들은 **A**의 방향코사인과 같음을 알 수 있다.

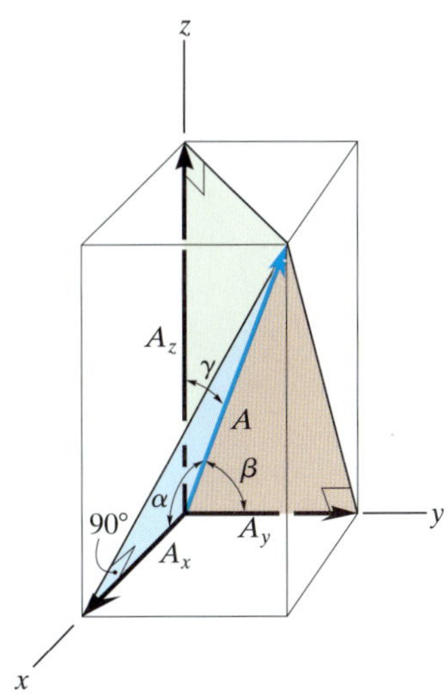

그림 2-26

2

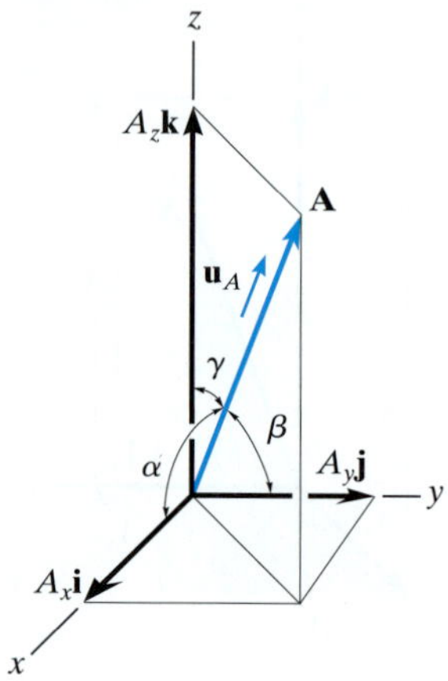

그림 2-25 (반복)

$$\mathbf{u}_A = \cos\alpha\,\mathbf{i} + \cos\beta\,\mathbf{j} + \cos\gamma\,\mathbf{k} \qquad (2\text{-}7)$$

$\mathbf{u}_A$의 크기는 1과 같다는 사실로부터 방향코사인들 사이의 존재하는 다음과 같은 중요한 방정식을 세울 수 있다.

$$\cos^2\alpha + \cos^2\beta + \cos^2\gamma = 1 \qquad (2\text{-}8)$$

3개의 축방향각 중 2개를 알고 있으면 나머지 축방향각은 식 (2-8)을 이용하여 구할 수 있다.

마지막으로 벡터 **A**의 크기와 축방향각이 주어지면, **A**는 다음과 같은 카티지언 벡터 형태로 표현할 수 있다.

$$\begin{aligned}\mathbf{A} &= A\mathbf{u}_A \\ &= A\cos\alpha\,\mathbf{i} + A\cos\beta\,\mathbf{j} + A\cos\gamma\,\mathbf{k} \\ &= A_x\mathbf{i} + A_y\mathbf{j} + A_z\mathbf{k}\end{aligned} \qquad (2\text{-}9)$$

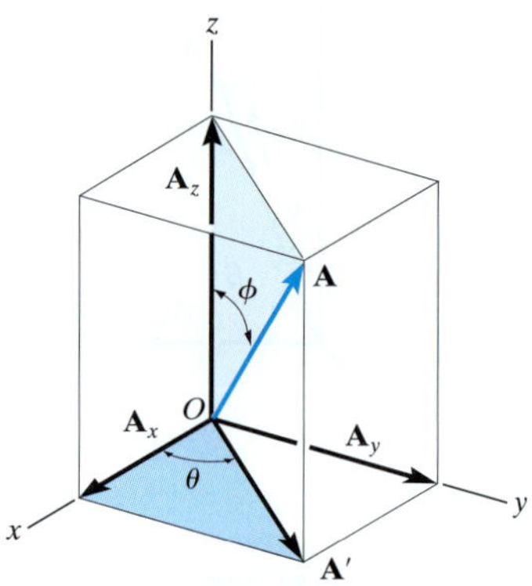

그림 2-27

수평과 수직각. 그림 2-27에 보인 것과 같이 **A**의 방향은 **수평각**(horizo-ntal angle) θ와 **수직각**(vertical angle) ϕ(phi)로 정의할 수 있다. **A**의 성분은 파란색의 직각삼각형에 삼각법을 적용하여 다음과 같은 관계식을 얻을 수 있다.

$$A_z = A\cos\phi$$

그리고

$$A' = A\sin\phi$$

회색의 직각삼각형에 삼각법을 적용하면,

$$A_x = A'\cos\theta = A\sin\phi\cos\theta$$

$$A_y = A'\sin\theta = A\sin\phi\sin\theta$$

이 되고, **A**를 카티지언 벡터 형태로 표현하면 다음과 같다.

$$\mathbf{A} = A\sin\phi\cos\theta\,\mathbf{i} + A\sin\phi\sin\theta\,\mathbf{j} + A\cos\phi\,\mathbf{k}$$

전술한 방정식을 암기할 필요는 없지만, 삼각법을 이용하여 어떻게 벡터의 성분들이 결정되는지를 충분히 이해하는 것이 중요하다.

2.6 카티지언 벡터의 덧셈

2개 혹은 그 이상의 벡터들의 덧셈(혹은 뺄셈)은 벡터 자체의 카티지언 벡터로 표현되면 매우 간단해진다. 예를 들어, 그림 2-28과 같이 2개의 벡터 **A**와 **B**가 $\mathbf{A} = A_x\mathbf{i} + A_y\mathbf{j} + A_z\mathbf{k}$와 $\mathbf{B} = B_x\mathbf{i} + B_y\mathbf{j} + B_z\mathbf{k}$로 표현되면, 합력 벡터 **R**의 성분은 **A**와 **B**의 **i**, **j**, **k** 성분들끼리 더하여 얻을 수 있다.

$$\mathbf{R} = \mathbf{A} + \mathbf{B} = (A_x + B_x)\mathbf{i} + (A_y + B_y)\mathbf{j} + (A_z + B_z)\mathbf{k}$$

전술한 방법을 일반화시켜 여러 개의 집중력계 적용하면, 집중력계의 합력은 모든 집중력의 벡터합과 같고 다음과 같이 표현할 수 있다.

$$\mathbf{F}_R = \Sigma\mathbf{F} = \Sigma F_x\mathbf{i} + \Sigma F_y\mathbf{j} + \Sigma F_z\mathbf{k} \tag{2-10}$$

여기서 $\Sigma F_x, \Sigma F_y, \Sigma F_z$는 모든 집중력의 각각 x, y, z성분 혹은 **i**, **j**, **k**의 성분들을 모두 산술적으로 더하여 구한다.

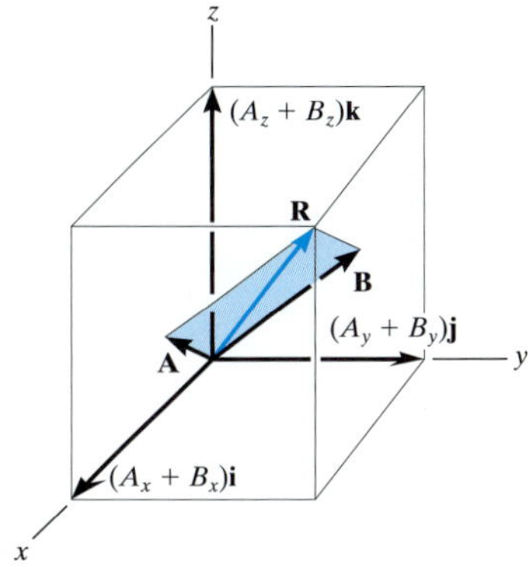

그림 2-28

카티지언 벡터해석법은 3차원상에 존재하는 합력과 각 축에 대한 합력 성분을 얻을 수 있는 편리한 방법이다.

요점 IMPORTANT POINTS

- 카티지언 벡터 **A**는 축방향으로 **i**, **j**, **k**의 성분을 갖고, **A**의 크기는 $A = \sqrt{A_x^2 + A_y^2 + A_z^2}$이다.
- 카티지언 벡터의 방향은 양의 x, y, z축에서 벡터 꼬릿점 방향으로 측정한 3축 방향각 α, β, γ로 정의된다. 이와 같은 3축 방향각을 구하기 위해 A 방향으로 단위벡터 $\mathbf{u}_A = \mathbf{A}/A$와 단위벡터의 역방향 코사인을 구한다. 이와 같은 3개의 축방향각 중에서 2개만 알게 되면, 나머지 축방향각은 $\cos^2\alpha + \cos^2\beta + \cos^2\gamma = 1$과 같은 관계식으로부터 얻을 수 있다.

카티지언 벡터의 방향은 수평각 θ와 수직각 ϕ를 이용하여 명시할 수도 있다.

예제 2.7

그림 2-29a와 같이 링에 작용하는 합력의 크기와 축방향각을 각각 구하라.

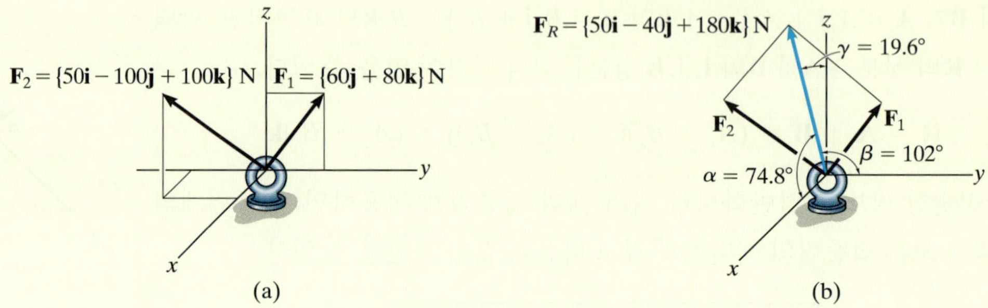

그림 2-29

풀이

모든 힘들이 카티지언 벡터 형태로 표현되어 있으므로 그림 2-29b에 보인 합력의 카티지언 벡터는 다음과 같고

$$\mathbf{F}_R = \Sigma\mathbf{F} = \mathbf{F}_1 + \mathbf{F}_2 = \{60\mathbf{j} + 80\mathbf{k}\}\text{N} + \{50\mathbf{i} - 100\mathbf{j} + 100\mathbf{k}\}\text{N}$$
$$= \{50\mathbf{i} - 40\mathbf{j} + 180\mathbf{k}\}\text{N}$$

합력 $\mathbf{F}_R$의 크기는 다음과 같이 계산할 수 있다.

$$F_R = \sqrt{(50\text{ N})^2 + (-40\text{ N})^2 + (180\text{ N})^2} = 191.0\text{ N}$$
$$= 191\text{ N}$$ 답

축방향각 α, β, γ는 $\mathbf{F}_R$의 방향으로 작용하는 단위벡터의 성분을 사용하여 다음과 같이 얻을 수 있다.

$$\mathbf{u}_{F_R} = \frac{\mathbf{F}_R}{F_R} = \frac{50}{191.0}\mathbf{i} - \frac{40}{191.0}\mathbf{j} + \frac{180}{191.0}\mathbf{k}$$
$$= 0.2617\mathbf{i} - 0.2094\mathbf{j} + 0.9422\mathbf{k}$$

따라서

$$\cos\alpha = 0.2617 \qquad \alpha = 74.8^\circ$$ 답

$$\cos\beta = -0.2094 \qquad \beta = 102^\circ$$ 답

$$\cos\gamma = 0.9422 \qquad \gamma = 19.6^\circ$$ 답

여기서 구한 각각의 축방향각은 그림 2-29b에 나타내었다.

주: 특히 $\mathbf{u}_{F_R}$의 $\mathbf{j}$성분이 음이기 때문에 $\beta > 90^\circ$됨을 유의하라. 평행사변형의 법칙으로부터 $\mathbf{F}_1$과 $\mathbf{F}_2$가 더해지는 과정을 볼 수 있는 예제이다.

예제 2.8

그림 2-30*a*에 보인 힘 **F**를 카티지언 벡터로 표현하라.

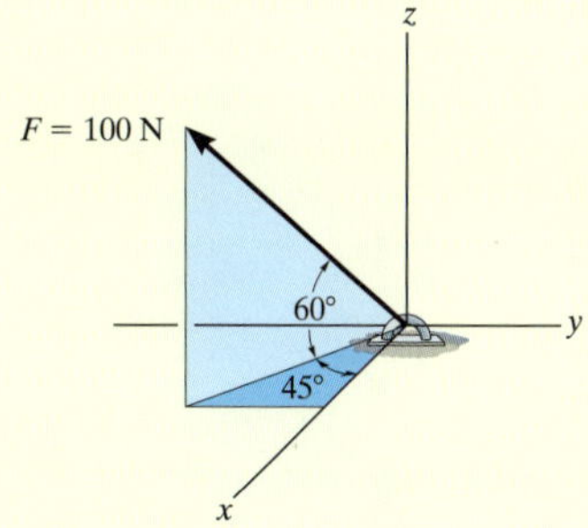

(a)

풀이

F의 방향을 정의한 각 60°와 45°는 축방향각이 아니므로 먼저 평행사변형 법칙을 연속적으로 두 번 사용하여 **F**를 x, y, z 성분들로 분해할 필요가 있다. 즉, 그림 2-30*b*과 같이 $\mathbf{F} = \mathbf{F}' + \mathbf{F}_z$와 $\mathbf{F}' = \mathbf{F}_x + \mathbf{F}_y$를 구한 후, 삼각법에 의해 각 성분들의 크기를 구한다.

$$F_z = 100 \sin 60° \text{ N} = 86.60 \text{ N}$$
$$F' = 100 \cos 60° \text{ N} = 50 \text{ N}$$
$$F_x = F' \cos 45° = 50 \cos 45° \text{ N} = 35.36 \text{ N}$$
$$F_y = F' \sin 45° = 50 \sin 45° \text{ N} = 35.36 \text{ N}$$

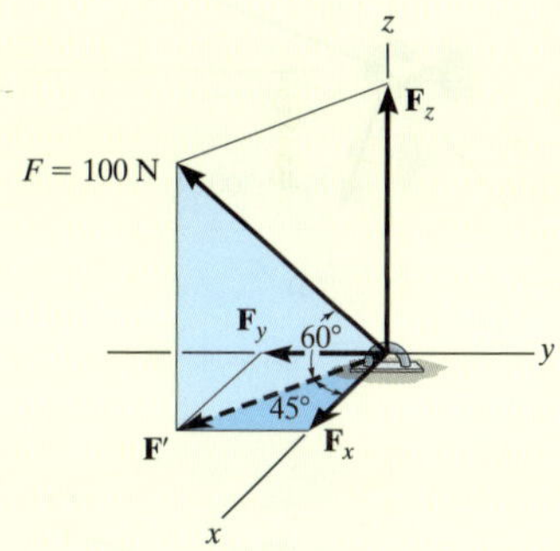

(b)

$\mathbf{F}_y$의 작용방향이 $-\mathbf{j}$이므로 힘 **F**는 다음과 같이 표현된다.

$$\mathbf{F} = \{35.36\mathbf{i} - 35.36\mathbf{j} + 86.60\mathbf{k}\} \text{ N}$$ 답

힘 **F**의 크기가 100 N이 됨을 확인하기 위해 식 (2-4)를 이용하면 다음과 같다.

$$F = \sqrt{F_x^2 + F_y^2 + F_z^2}$$
$$= \sqrt{35.36^2 + 35.36^2 + 86.60^2} = 100 \text{ N}$$

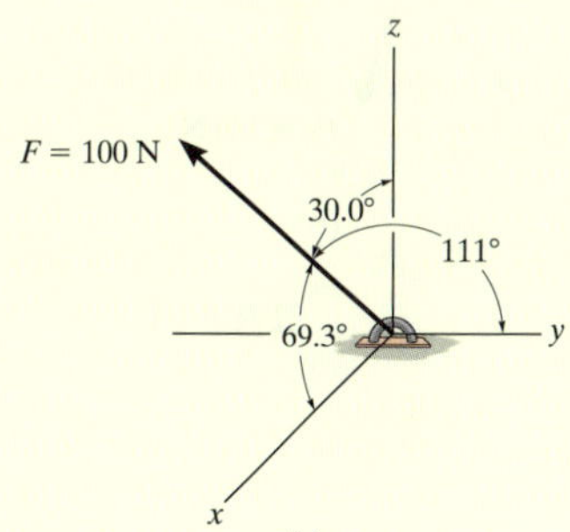

(c)

그림 2-30

F의 축방향각들은 **F**의 방향으로 작용하는 단위벡터의 성분들로부터 다음과 같이 구해질 수 있다.

$$\mathbf{u} = \frac{\mathbf{F}}{F} = \frac{F_x}{F}\mathbf{i} + \frac{F_y}{F}\mathbf{j} + \frac{F_z}{F}\mathbf{k}$$
$$= \frac{35.36}{100}\mathbf{i} - \frac{35.36}{100}\mathbf{j} + \frac{86.60}{100}\mathbf{k}$$
$$= 0.3536\mathbf{i} - 0.3536\mathbf{j} + 0.8660\mathbf{k}$$

따라서 축방향각은

$$\alpha = \cos^{-1}(0.3536) = 69.3°$$
$$\beta = \cos^{-1}(-0.3536) = 111°$$
$$\gamma = \cos^{-1}(0.8660) = 30.0°$$

이 되며, 계산 결과는 그림 2-30*c*에 나타내었다.

2

예제 2.9

그림 2-31a와 같이 2개 힘이 고리에 작용하고 있다. 합력 $\mathbf{F}_R$이 양의 y축을 따라 작용하고 크기가 800 N과 같을 때, $\mathbf{F}_2$의 크기와 축방향각을 구하라.

풀이

먼저 합력 $\mathbf{F}_R$과 합력의 성분 $\mathbf{F}_1$과 $\mathbf{F}_2$를 각각 카티지언 벡터로 표현한다. 또한 그림 2-31a에 보인 바와 같이 $\mathbf{F}_R = \mathbf{F}_1 + \mathbf{F}_2$임을 알 수 있다. 합력 성분에 식 (2-9)를 적용하면,

$$\begin{aligned}\mathbf{F}_1 &= F_1 \cos \alpha_1 \mathbf{i} + F_1 \cos \beta_1 \mathbf{j} + F_1 \cos \gamma_1 \mathbf{k} \\ &= 300 \cos 45^\circ\, \mathbf{i} + 300 \cos 60^\circ\, \mathbf{j} + 300 \cos 120^\circ\, \mathbf{k} \\ &= \{212.1\mathbf{i} + 150\mathbf{j} - 150\mathbf{k}\}\ \text{N} \\ \mathbf{F}_2 &= F_{2x}\mathbf{i} + F_{2y}\mathbf{j} + F_{2z}\mathbf{k}\end{aligned}$$

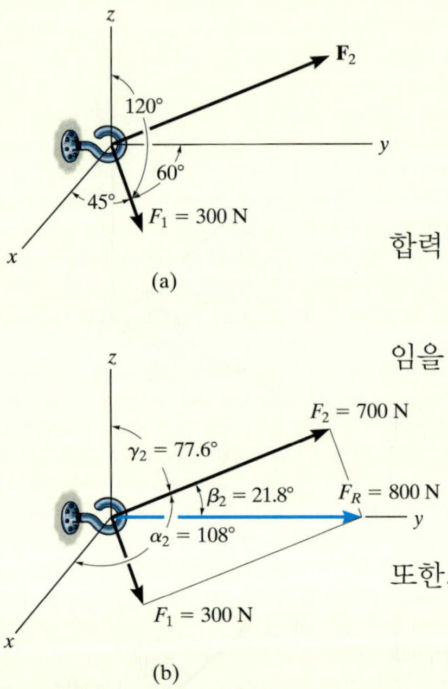

그림 2-31

합력 $\mathbf{F}_R$이 800 N의 크기를 갖고 $+\mathbf{j}$방향으로 작용하고 있으므로

$$\mathbf{F}_R = (800\ \text{N})(+\mathbf{j}) = \{800\mathbf{j}\}\ \text{N}$$

임을 알 수 있고, 합력벡터를 구하면 다음과 같다.

$$\mathbf{F}_R = \mathbf{F}_1 + \mathbf{F}_2$$

$$800\mathbf{j} = 212.1\mathbf{i} + 150\mathbf{j} - 150\mathbf{k} + F_{2x}\mathbf{i} + F_{2y}\mathbf{j} + F_{2z}\mathbf{k}$$

$$800\mathbf{j} = (212.1 + F_{2x})\mathbf{i} + (150 + F_{2y})\mathbf{j} + (-150 + F_{2z})\mathbf{k}$$

또한, $\mathbf{F}_R$의 $\mathbf{i}, \mathbf{j}, \mathbf{k}$성분과 $(\mathbf{F}_1 + \mathbf{F}_2)$의 $\mathbf{i}, \mathbf{j}, \mathbf{k}$성분은 서로 같기 때문에

$$\begin{aligned} 0 &= 212.1 + F_{2x} & F_{2x} &= -212.1\ \text{N} \\ 800 &= 150 + F_{2y} & F_{2y} &= 650\ \text{N} \\ 0 &= -150 + F_{2z} & F_{2z} &= 150\ \text{N}\end{aligned}$$

임을 알 수 있고, $\mathbf{F}_2$의 크기는 다음과 같이 얻을 수 있다.

$$\begin{aligned}F_2 &= \sqrt{(-212.1\ \text{N})^2 + (650\ \text{N})^2 + (150\ \text{N})^2} \\ &= 700\ \text{N}\end{aligned}$$ 답

$\alpha_2, \beta_2, \gamma_2$는 식 (2-9)로부터 다음과 같이 얻을 수 있다.

$$\cos \alpha_2 = \frac{-212.1}{700}; \qquad \alpha_2 = 108^\circ$$ 답

$$\cos \beta_2 = \frac{650}{700}; \qquad \beta_2 = 21.8^\circ$$ 답

$$\cos \gamma_2 = \frac{150}{700}; \qquad \gamma_2 = 77.6^\circ$$ 답

위의 계산 결과들을 그림 2-31b에 나타내었다.

PRELIMINARY PROBLEMS

P2–3. Sketch the following forces on the x, y, z coordinate axes. Show α, β, γ.

a) $\mathbf{F} = \{50\mathbf{i} + 60\mathbf{j} - 10\mathbf{k}\}$ kN

b) $\mathbf{F} = \{-40\mathbf{i} - 80\mathbf{j} + 60\mathbf{k}\}$ kN

P2–4. In each case, establish $\mathbf{F}$ as a Cartesian vector, and find the magnitude of $\mathbf{F}$ and the direction cosine of β.

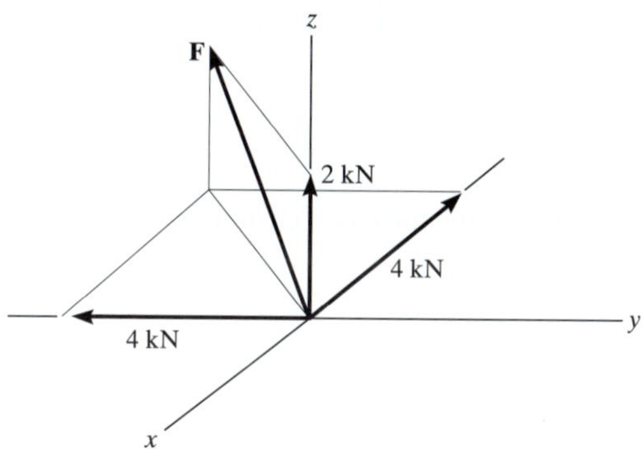

(a)

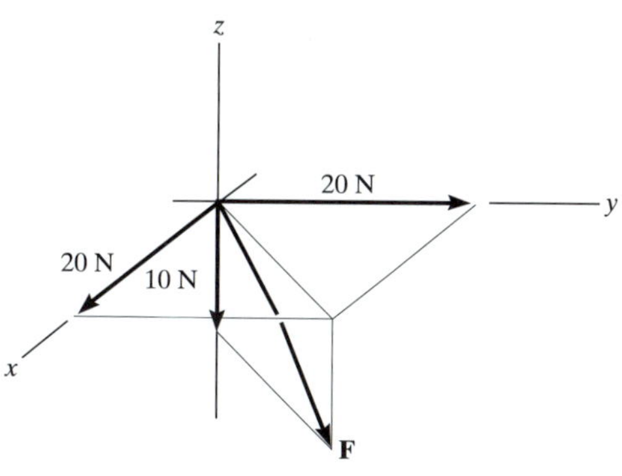

(b)

Prob. P2–4

P2–5. Show how to resolve each force into its x, y, z components. Set up the calculation used to find the magnitude of each component.

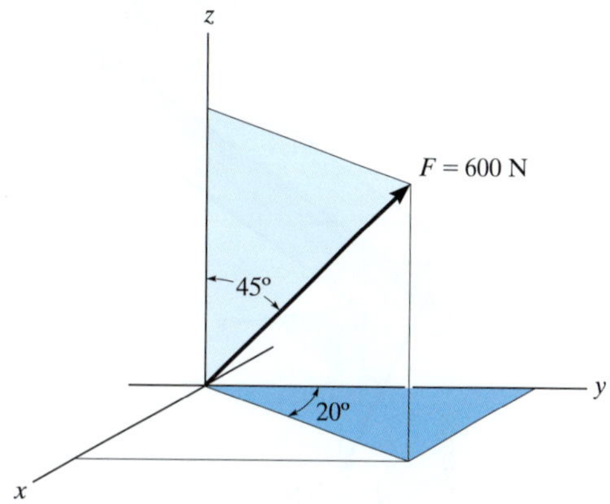

(a)

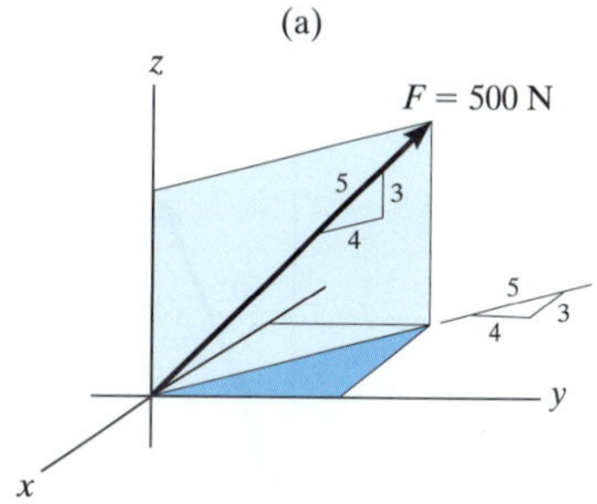

(b)

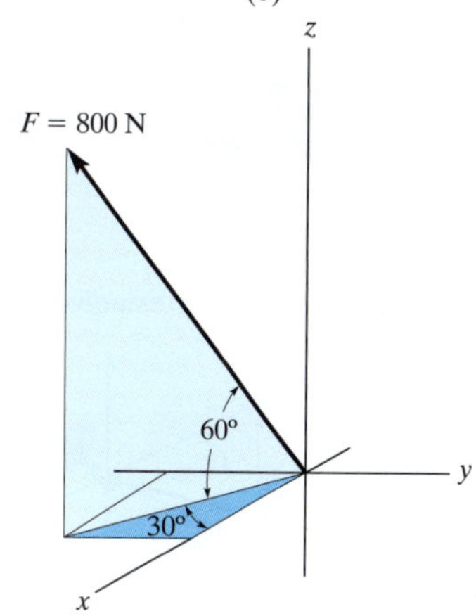

(c)

Prob. P2–5

FUNDAMENTAL PROBLEMS

F2–13. Determine the coordinate direction angles of the force.

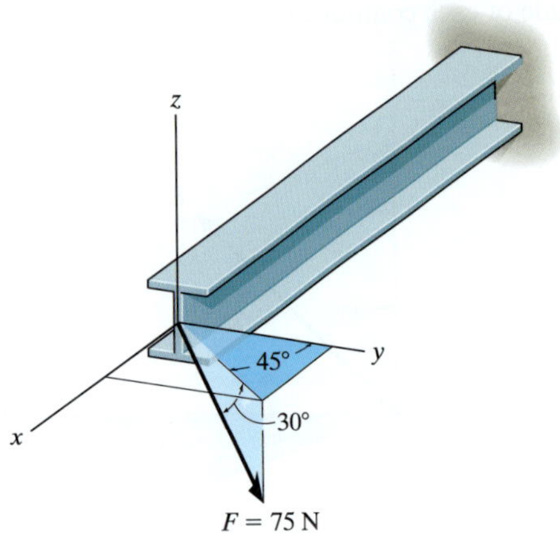

Prob. F2–13

F2–14. Express the force as a Cartesian vector.

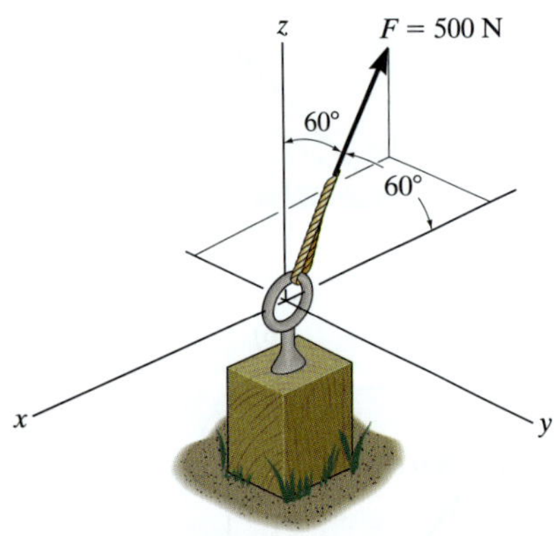

Prob. F2–14

F2–15. Express the force as a Cartesian vector.

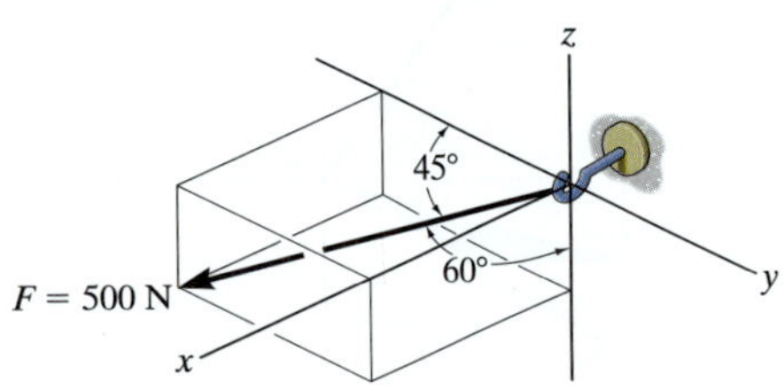

Prob. F2–15

F2–16. Express the force as a Cartesian vector.

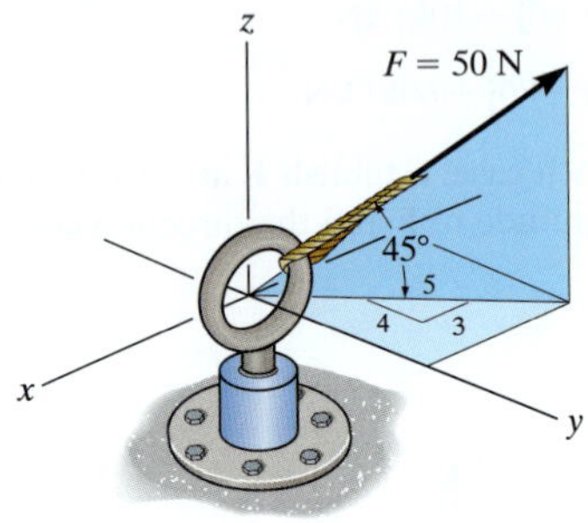

Prob. F2–16

F2–17. Express the force as a Cartesian vector.

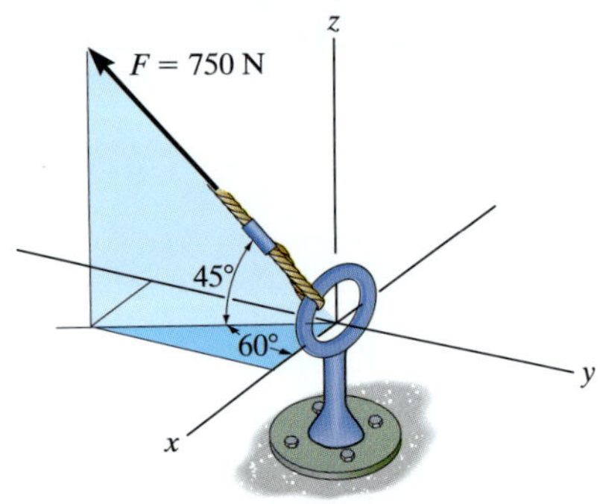

Prob. F2–17

F2–18. Determine the resultant force acting on the hook.

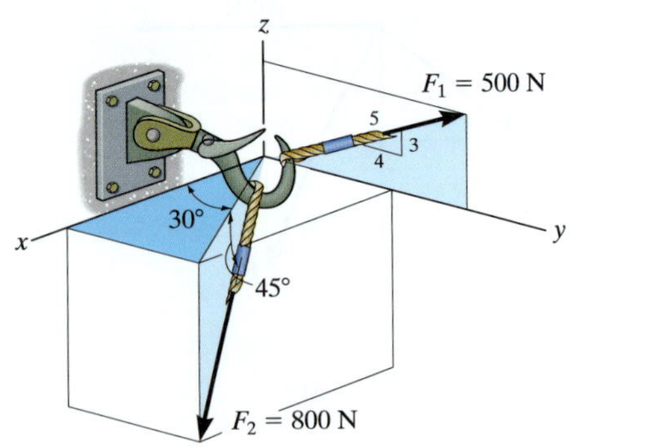

Prob. F2–18

PROBLEMS

2–38. The bolt is subjected to the force **F**, which has components acting along the *x*, *y*, *z* axes as shown. If the magnitude of **F** is 80 N, and $\alpha = 60°$ and $\gamma = 45°$, determine the magnitudes of its components.

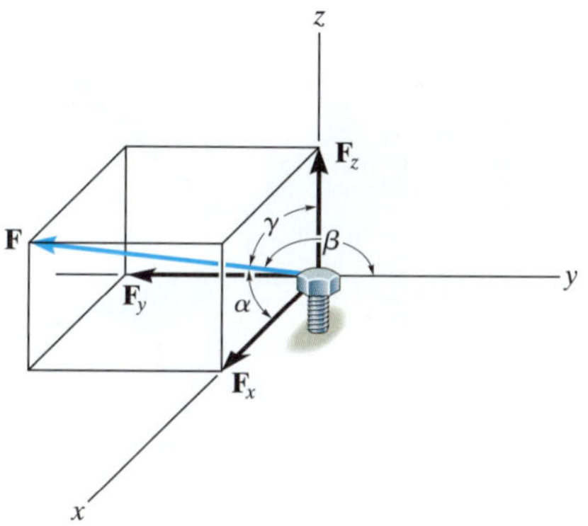

Prob. 2–38

2–39. The force **F** acts on the bracket within the octant shown. If $F = 400$ N, $\beta = 60°$, and $\gamma = 45°$, determine the *x*, *y*, *z* components of **F**.

***2–40.** The force **F** acts on the bracket within the octant shown. If the magnitudes of the x and z components of **F** are $F_x = 300$ N and $F_z = 600$ N, respectively, and $\beta = 60°$, determine the magnitude of **F** and its y component. Also, find the coordinate direction angles α and γ.

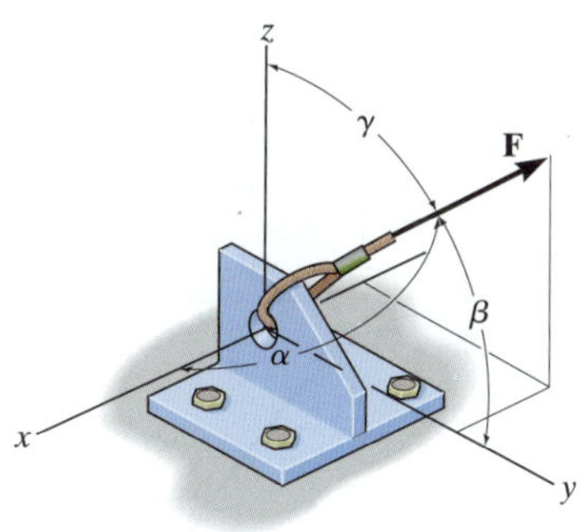

Probs. 2–39/40

2–41. Determine the magnitude and coordinate direction angles of the resultant force acting on the bracket.

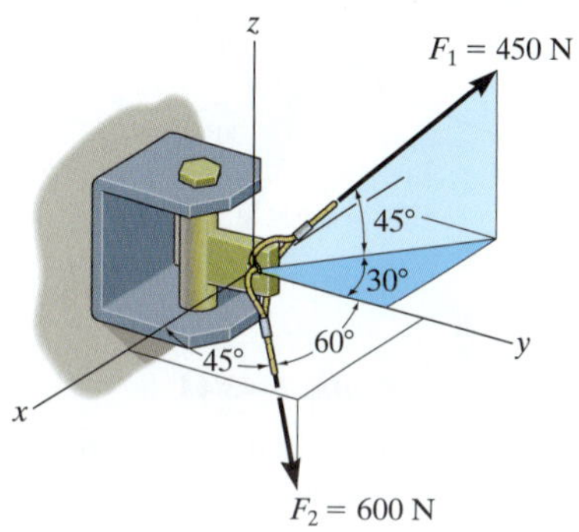

Prob. 2–41

2–42. Determine the magnitude and coordinate direction angles of the force **F** acting on the support. The component of **F** in the *x*–*y* plane is 7 kN.

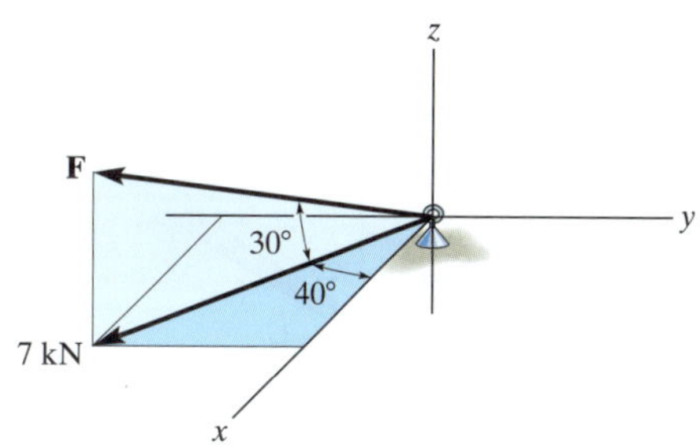

Prob. 2–42

2–43. If $\alpha = 120°$, $\beta < 90°$, $\gamma = 60°$, and $F = 400$ N, determine the magnitude and coordinate direction angles of the resultant force acting on the hook.

***2–44.** If the resultant force acting on the hook is $\mathbf{F}_R = \{-200\mathbf{i} + 800\mathbf{j} + 150\mathbf{k}\}$ N, determine the magnitude and coordinate direction angles of **F**.

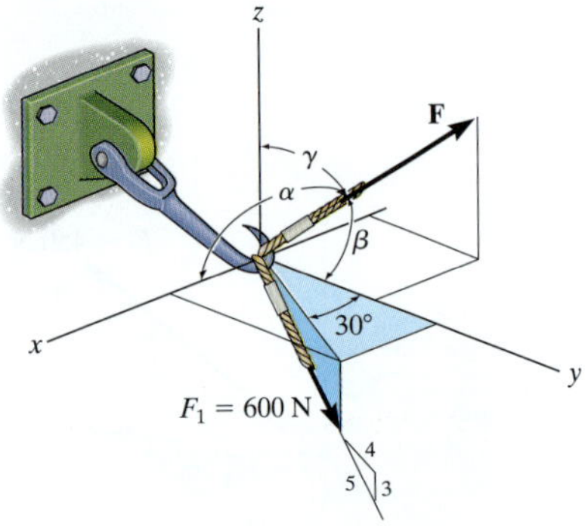

Probs. 2–43/44

2–45. Determine the magnitude and coordinate direction angles of the resultant force, and sketch this vector on the coordinate system.

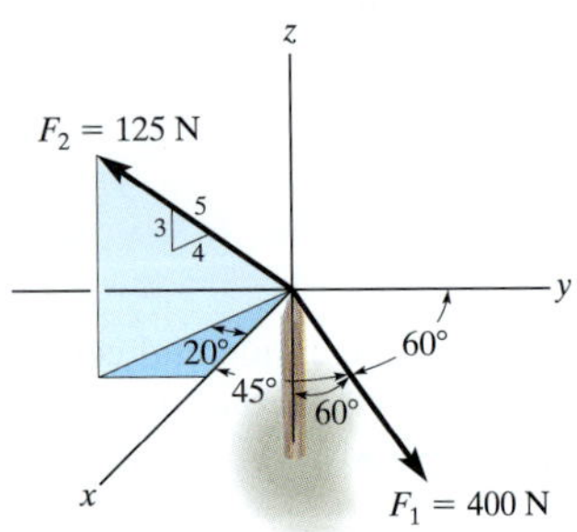

Prob. 2–45

2–46. Determine the magnitude and coordinate direction angles of the resultant force, and sketch this vector on the coordinate system.

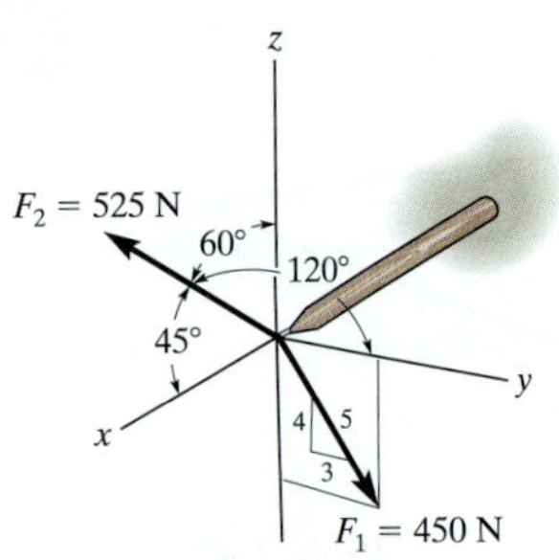

Prob. 2–46

2–47. If the resultant force acting on the bracket is directed along the positive y axis, determine the magnitude of the resultant force and the coordinate direction angles of **F** so that $\beta < 90°$.

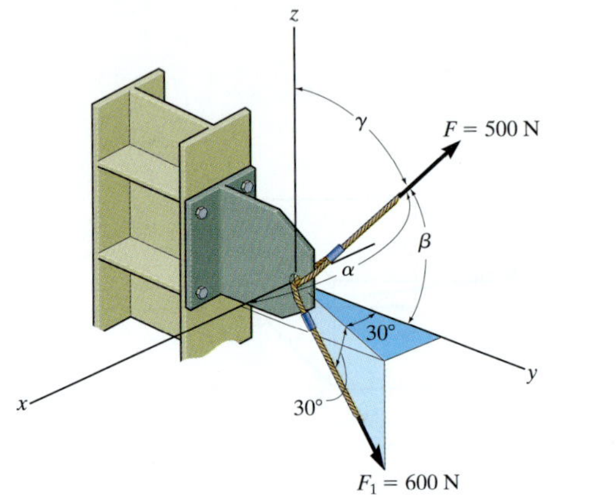

Prob. 2–47

***2–48.** Express each force in Cartesian vector form and then determine the resultant force. Find the magnitude and coordinate direction angles of the resultant force.

2–49. Determine the coordinate direction angles of $\mathbf{F}_1$.

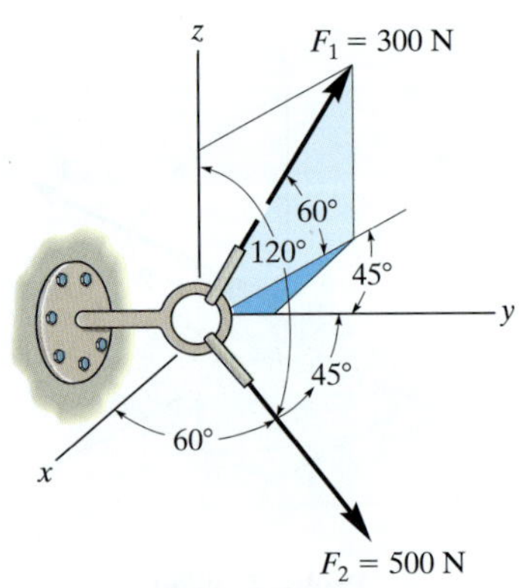

Probs. 2–48/49

2–50. Determine the magnitude and coordinate direction angles of the resultant force, and sketch this vector on the coordinate system.

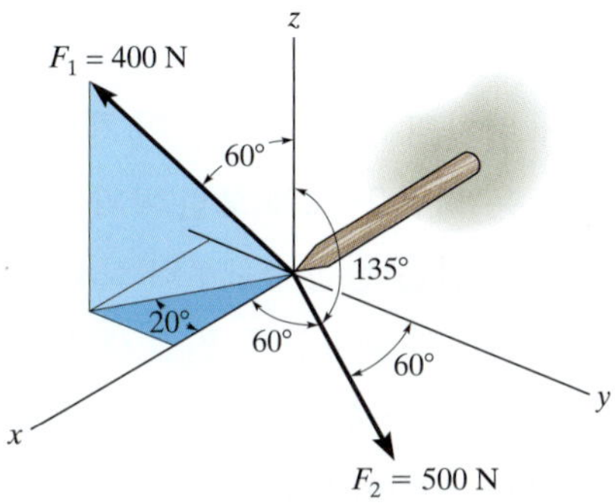

Prob. 2–50

2–51. The spur gear is subjected to the two forces caused by contact with other gears. Express each force as a Cartesian vector.

***2–52.** The spur gear is subjected to the two forces caused by contact with other gears. Determine the resultant of the two forces and express the result as a Cartesian vector.

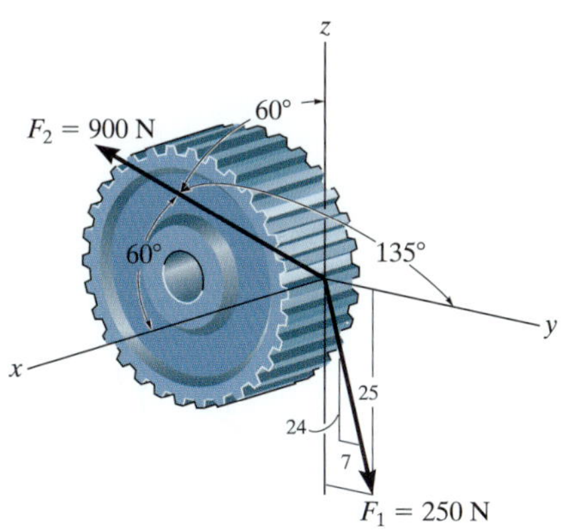

Probs. 2–51/52

2–53. Express each force as a Cartesian vector.

2–54. Determine the magnitude and coordinate direction angles of the resultant force, and sketch this vector on the coordinate system.

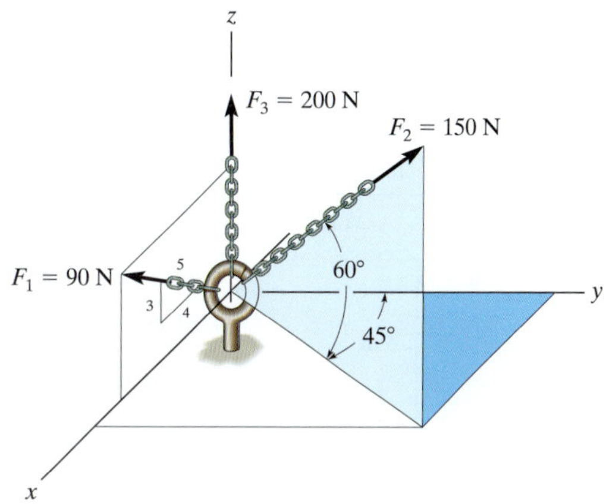

Probs. 2–53/54

2–55. The shaft S exerts three force components on the die D. Find the magnitude and coordinate direction angles of the resultant force. Force $\mathbf{F}_2$ acts within the octant shown.

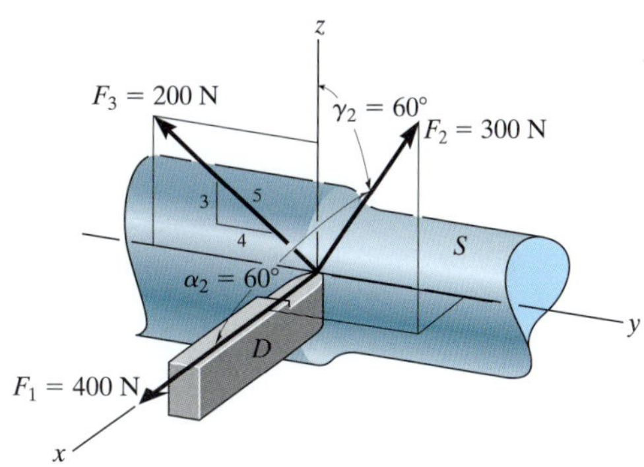

Prob. 2–55

2

2.7 위치벡터

이 절에서는 위치벡터의 개념에 대하여 소개하고자 한다. 위치벡터는 공간 내 임의의 두 점 사이에 작용하는 카티지언 힘벡터를 표현할 때 중요한 역할을 한다.

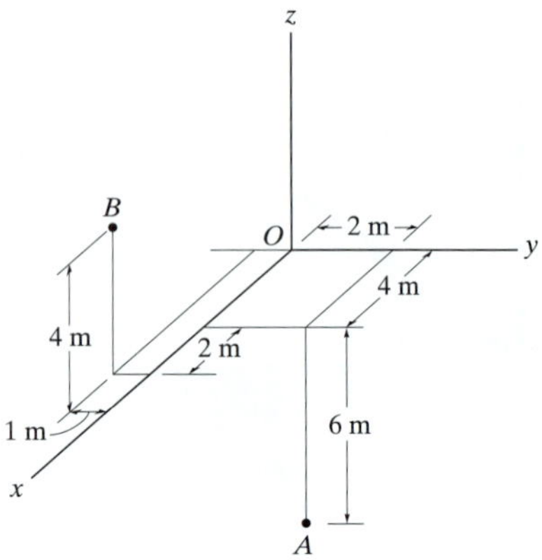

그림 2-32

x, y, z 좌표계. z축은 공간 내 존재하는 점과 물체의 높이를 결정하기 위하여 상향을 양으로 정의했고, 이러한 위치의 정의 방법은 이 책에서 계속적으로 동일하게 사용될 것이다. x, y축은 그림 2-32에 보인 바와 같이 수평면에 존재하게 된다. 공간 내에 존재하는 점은 원점 O로부터 x, y, z축까지의 떨어진 거리로 표현된다. 예를 들어, A점의 좌표들은 원점 O로부터 x축을 따라 $x_A = +4$ m, y축을 따라 $y_A = +2$ m, z축을 따라 $z_A = -6$ m를 측정함으로써 얻어진다. 따라서 A(4 m, 2 m, −6 m)와 같고, 동일한 방법을 이용하여 B의 좌표는 B(6 m, −1 m, 4 m)와 같음을 알 수 있다.

위치 벡터. **위치 벡터**(position vector) **r**은 공간상에 존재하는 두 점의 상대적인 위치를 결정하는 고정벡터로 정의된다. 예를 들면, 그림 2-33a에 보인 원점 O로부터 점 $P(x, y, z)$까지 연결된 위치벡터 **r**은 다음과 같이 카티지언 벡터 형태로 표현될 수 있다.

$$\mathbf{r} = x\mathbf{i} + y\mathbf{j} + z\mathbf{k}$$

그림 2-33b에는 벡터덧셈을 이용하여 위치벡터의 3개 성분으로부터 위치벡터가 구해지는 과정을 설명하고 있다. $P(x, y, z)$에 도달하려면 원점 O에서 출발하여 $+\mathbf{i}$방향으로 x만큼, $+\mathbf{j}$방향으로 y만큼, 마지막으로 $+\mathbf{k}$방향으로 z만큼 이동해야 한다.

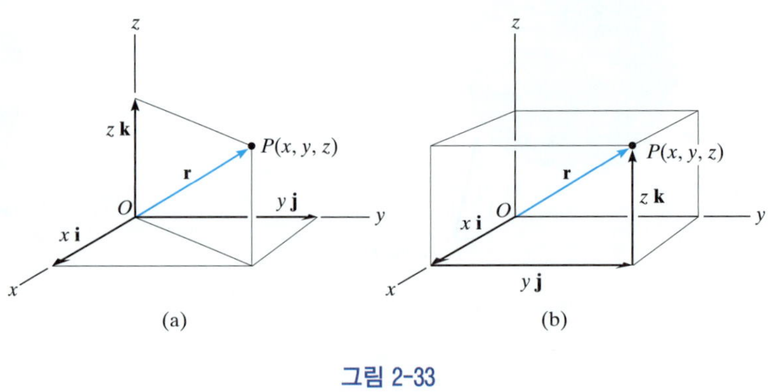

그림 2-33

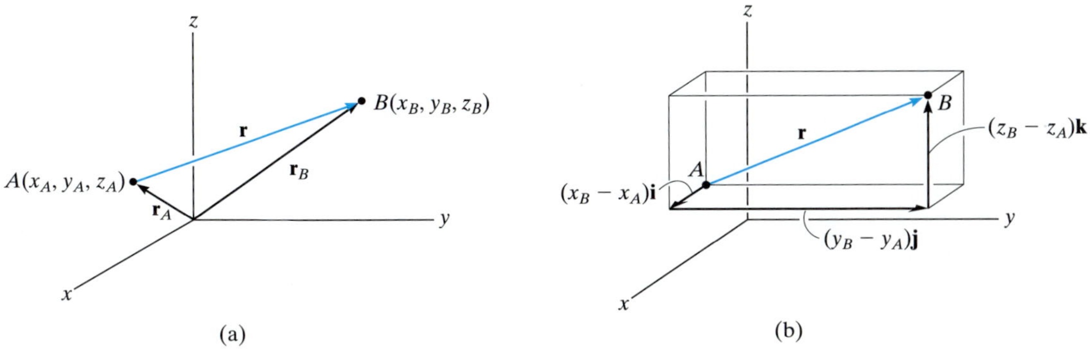

그림 2-34

보다 일반적인 경우에 위치벡터는 공간 내 존재하는 임의의 A점으로부터 B점까지 향하는 벡터이다. 그림 2-34a에 보인 바와 같이 삼각형 법칙을 이용한 벡터덧셈으로부터 다음을 얻는다.

$$\mathbf{r}_A + \mathbf{r} = \mathbf{r}_B$$

카티지언 벡터 형태로 $\mathbf{r}_A$와 $\mathbf{r}_B$를 표현하고 윗 식에 대입한 후 $\mathbf{r}$에 대해 정리하면

$$\mathbf{r} = \mathbf{r}_B - \mathbf{r}_A = (x_B\mathbf{i} + y_B\mathbf{j} + z_B\mathbf{k}) - (x_A\mathbf{i} + y_A\mathbf{j} + z_A\mathbf{k})$$

또는

$$\boxed{\mathbf{r} = (x_B - x_A)\mathbf{i} + (y_B - y_A)\mathbf{j} + (z_B - z_A)\mathbf{k}} \quad (2\text{-}11)$$

이 된다.

따라서 벡터 $B(x_B, y_B, z_B)$의 머릿점 좌표값에서 벡터 $A(x_A, y_A, z_A)$의 꼬릿점 좌표값을 빼서 얻은 값이 위치벡터 $\mathbf{r}$의 $\mathbf{i}, \mathbf{j}, \mathbf{k}$ 성분이 된다는 것이다. 또한 A점에서 출발하여 $+\mathbf{i}$방향으로 $(x_B - x_A)$만큼 이동하고 $+\mathbf{j}$방향으로 $(y_B - y_A)$만큼 이동한 다음, 마지막으로 $+\mathbf{k}$방향으로 $(z_B - z_A)$만큼 이동하는 직접적인 방법을 사용하여 위치벡터를 구할 수도 있다(그림 2-34b).

x, y, z 좌표계에서 케이블상의 A점과 B점 좌표를 이용하여 케이블 길이방향의 위치벡터 $\mathbf{r}$를 구성할 수 있다. 이와 같은 위치벡터의 크기는 A점과 B점 사이의 거리와 같으며, 그 단위벡터 $\mathbf{u} = \mathbf{r}/r$로부터 α, β, γ로 정의되는 방향을 구할 수 있다.

예제 2.10

그림 2-35a와 같이 탄성 고무밴드가 A점과 B점 사이에 연결되어 있다. A점에서 B점으로 연결된 길이와 방향을 결정하라.

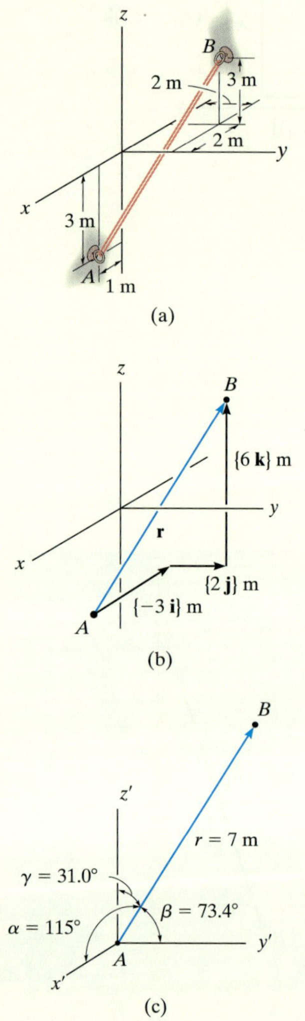

그림 2-35

풀이

먼저 그림 2-35b와 같이 A점에서 B점까지의 위치벡터를 구한다. 식 (2-11)과 같이 위치벡터의 머릿점인 $B(-2\text{ m}, 2\text{ m}, 3\text{ m})$로부터 꼬릿점인 $A(1\text{ m}, 0, -3\text{ m})$를 빼서 다음과 같이 위치벡터의 성분을 각각 구한다.

$$\begin{aligned}\mathbf{r} &= [-2\text{ m} - 1\text{ m}]\mathbf{i} + [2\text{ m} - 0]\mathbf{j} + [3\text{ m} - (-3\text{ m})]\mathbf{k} \\ &= \{-3\mathbf{i} + 2\mathbf{j} + 6\mathbf{k}\}\text{ m}\end{aligned}$$

또한, A점에서 x축을 따라 $\{-3\mathbf{i}\}$ m만큼, y축을 따라 $\{2\mathbf{j}\}$ m만큼, z축을 따라 $\{6\mathbf{k}\}$ m만큼 이동하여 B점에 도달하는 직접적인 방법을 사용하여 위치벡터 $\mathbf{r}$의 성분을 구할 수도 있다.

위치벡터 성분으로부터 구한 고무 밴드의 길이는

$$r = \sqrt{(-3\text{ m})^2 + (2\text{ m})^2 + (6\text{ m})^2} = 7\text{ m}$$

와 같다.

$\mathbf{r}$방향으로 작용하는 단위벡터는

$$\mathbf{u} = \frac{\mathbf{r}}{r} = -\frac{3}{7}\mathbf{i} + \frac{2}{7}\mathbf{j} + \frac{6}{7}\mathbf{k}$$

와 같으며, 단위벡터의 성분들로부터 다음과 같은 축방향각들을 구할 수 있다.

$$\alpha = \cos^{-1}\left(-\frac{3}{7}\right) = 115^\circ \qquad \text{답}$$

$$\beta = \cos^{-1}\left(\frac{2}{7}\right) = 73.4^\circ \qquad \text{답}$$

$$\gamma = \cos^{-1}\left(\frac{6}{7}\right) = 31.0^\circ \qquad \text{답}$$

주: 축방향각은 그림 2-35c에 나타낸 것처럼 $\mathbf{r}$의 꼬릿점인 A점의 국부 좌표계에서 (+)축방향으로 구한 값이다.

2.8 선방향으로 작용하는 힘벡터

그림 2-36에서 보인 바와 같이 힘의 방향이 작용선상의 두 점으로 정의되는 경우가 3차원 정역학 문제에서 자주 등장한다. 그림에서 보는 바와 같이 힘 $\mathbf{F}$는 케이블 AB의 방향으로 작용하고 있다. 힘 $\mathbf{F}$의 작용방향이 케이블 축을 따라 A점에서 B로 향하는 위치벡터의 작용방향과 동일하다는 사실에 기초하여 힘 $\mathbf{F}$를 카티지언 벡터로 표현해 보자. 즉, 힘 $\mathbf{F}$의 작용방향은 단위벡터 $\mathbf{u} = \mathbf{r}/r$로부터 구할 수 있다.

$$\mathbf{F} = F\mathbf{u} = F\left(\frac{\mathbf{r}}{r}\right) = F\left(\frac{(x_B - x_A)\mathbf{i} + (y_B - y_A)\mathbf{j} + (z_B - z_A)\mathbf{k}}{\sqrt{(x_B - x_A)^2 + (y_B - y_A)^2 + (z_B - z_A)^2}}\right)$$

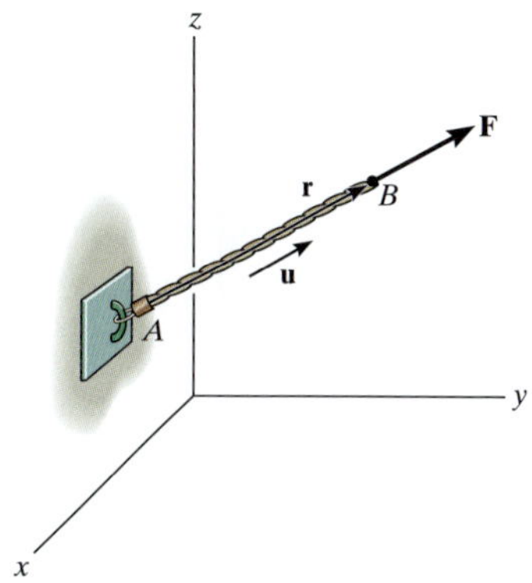

그림 2-36

그림 2-36에 표시된 임의의 벡터 $\mathbf{F}$는 길이단위를 갖는 위치벡터 $\mathbf{r}$과는 달리 힘의 단위를 가지고 있다.

로프에 발생하는 힘을 x, y, z 좌표계로 정의된 카티지언 벡터로 표시하고, 로프 길이방향으로 정의된 위치벡터 $\mathbf{r}$을 구성하게 되면, 로프와 로프에 발생하는 힘의 방향을 정의하는 단위벡터 $\mathbf{u} = \mathbf{r}/r$를 구할 수 있다. 마지막으로 로프에 발생하는 힘의 크기와 방향을 같이 표시하면 $\mathbf{F} = F\mathbf{u}$와 같다.

요점 IMPORTANT POINTS

- 위치벡터는 다른 점에 상대적인 공간상의 한 점에 존재한다.
- 위치벡터의 성분을 공식화하기 위한 가장 쉬운 방법은 위치벡터의 꼬릿점으로부터 머릿점 방향으로 가는 x, y, z 방향으로 거리와 방향을 결정하는 것이다.
- 위치벡터 $\mathbf{r}$의 방향으로 작용하는 힘 $\mathbf{F}$는 위치벡터의 단위벡터 $\mathbf{u}$가 결정되면 구할 수 있고, 여기에 힘의 크기와 곱해지면 다음과 같이 구할 수 있다. 즉, $\mathbf{F} = F\mathbf{u} = F(\mathbf{r}/r)$.

2

예제 2.11

그림 2-37a에서와 같이 한 사람이 350 N의 힘으로 끈을 당기고 있다. A점에 작용하는 힘을 카티지언 벡터를 나타내고, 그 작용 방향을 구하라.

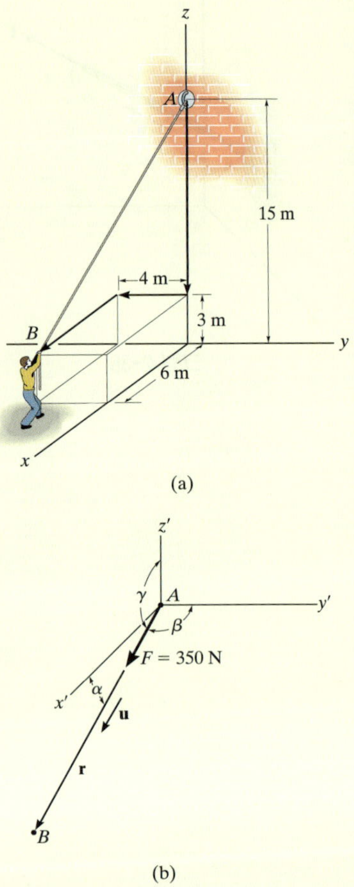

그림 2-37

풀이

그림 2-37b에 나타낸 힘 $\mathbf{F}$의 작용 방향 $\mathbf{u}$는 A점으로부터 B점을 연결하는 위치벡터 $\mathbf{r}$로부터 구할 수 있다. 전선의 끝점 좌표를 사용하는 것보다 A점에서 $\{-12\mathbf{k}\}$ m, 그리고 $\{-4\mathbf{j}\}$ m, 마지막으로 $\{6\mathbf{i}\}$ m만큼 이동하여 B점에 도달하는 직접적인 방법으로 구한 위치벡터는 다음과 같다.

$$\mathbf{r} = \{6\mathbf{i} - 4\mathbf{j} - 12\mathbf{k}\}\text{ m}$$

끈 AB의 길이와 같은 $\mathbf{r}$의 크기는

$$r = \sqrt{(6\text{ m})^2 + (-4\text{ m})^2 + (-12\text{ m})^2} = 14\text{ m}$$

와 같고, $\mathbf{r}$와 $\mathbf{F}$의 방향과 축방향각을 정의하는 단위벡터는 다음과 같다.

$$\mathbf{u} = \frac{\mathbf{r}}{r} = \frac{6}{14}\mathbf{i} - \frac{4}{14}\mathbf{j} - \frac{12}{14}\mathbf{k} = \frac{3}{7}\mathbf{i} - \frac{2}{7}\mathbf{j} - \frac{6}{7}\mathbf{k}$$

$\mathbf{F}$의 크기는 350 N이고 작용 방향은 $\mathbf{u}$와 같으므로

$$\mathbf{F} = F\mathbf{u} = (350\text{ N})\left(\frac{3}{7}\mathbf{i} - \frac{2}{7}\mathbf{j} - \frac{6}{7}\mathbf{k}\right)$$

$$= \{150\mathbf{i} - 100\mathbf{j} - 300\mathbf{k}\}\text{ N}$$ 답

A점을 원점으로 하는 국부좌표계의 (+)방향축과 $\mathbf{r}$(혹은 $\mathbf{F}$) 사이에서 측정된 축방향각은 다음과 같다.

$$\alpha = \cos^{-1}\left(\frac{3}{7}\right) = 64.6°$$ 답

$$\beta = \cos^{-1}\left(\frac{-2}{7}\right) = 107°$$ 답

$$\gamma = \cos^{-1}\left(\frac{-6}{7}\right) = 149°$$ 답

주: 그림 2-37b에 표시된 그림으로부터 본 예제의 계산 결과는 타당한 것으로 판단된다.

예제 2.12

사진에 보인 바와 같이 지붕이 2개의 케이블로 지지되어 있다. 그림 2-38a와 같이 벽에 고정된 지지점 A에 연결된 2개의 케이블에는 $F_{AB} = 100$ N과 $F_{AC} = 120$ N이 각각 작용되고 있을 때 A점에 작용하는 합력을 구하고, 이를 카티지언 벡터로 표현하라.

풀이

합력 $\mathbf{F}_R$은 그림 2-38b와 같이 도해적으로 표현할 수 있다. 먼저 $\mathbf{F}_{AB}$와 $\mathbf{F}_{AC}$를 카티지언 벡터로 표현한 후, 각 성분을 더하여 합력 $\mathbf{F}_R$을 카티지언 벡터 형태로 표현한다. 또한, $\mathbf{F}_{AB}$와 $\mathbf{F}_{AC}$의 작용 방향은 케이블을 따라 작용하는 단위벡터 $\mathbf{u}_{AB}$와 $\mathbf{u}_{AC}$로부터 구할 수 있고, 이와 같은 단위벡터는 위치벡터 $\mathbf{r}_{AB}$와 $\mathbf{r}_{AC}$로부터 구할 수 있다. 그림 2-38a에 보인 바와 같이 A점에서 $\{-4\mathbf{k}\}$ m, 그리고 $\{4\mathbf{i}\}$ m만큼 이동하면 B점에 도달하게 되므로

$$\mathbf{r}_{AB} = \{4\mathbf{i} - 4\mathbf{k}\} \text{ m}$$

$$r_{AB} = \sqrt{(4 \text{ m})^2 + (-4 \text{ m})^2} = 5.66 \text{ m}$$

$$\mathbf{F}_{AB} = F_{AB}\left(\frac{\mathbf{r}_{AB}}{r_{AB}}\right) = (100 \text{ N})\left(\frac{4}{5.66}\mathbf{i} - \frac{4}{5.66}\mathbf{k}\right)$$

$$\mathbf{F}_{AB} = \{70.7\mathbf{i} - 70.7\mathbf{k}\} \text{ N}$$

A점에서 C점으로 이동하려면 $\{-4\mathbf{k}\}$ m, $\{2\mathbf{j}\}$ m, 마지막으로 $\{4\mathbf{i}\}$ m만큼 이동하여야 한다. 이와 같은 직접적인 이동으로부터

$$\mathbf{r}_{AC} = \{4\mathbf{i} + 2\mathbf{j} - 4\mathbf{k}\} \text{ m}$$

$$r_{AC} = \sqrt{(4 \text{ m})^2 + (2 \text{ m})^2 + (-4 \text{ m})^2} = 6 \text{ m}$$

$$\mathbf{F}_{AC} = F_{AC}\left(\frac{\mathbf{r}_{AC}}{r_{AC}}\right) = (120 \text{ N})\left(\frac{4}{6}\mathbf{i} + \frac{2}{6}\mathbf{j} - \frac{4}{6}\mathbf{k}\right)$$

$$= \{80\mathbf{i} + 40\mathbf{j} - 80\mathbf{k}\} \text{ N}$$

을 구할 수 있고, 합력은 다음과 같다.

$$\mathbf{F}_R = \mathbf{F}_{AB} + \mathbf{F}_{AC} = \{70.7\mathbf{i} - 70.7\mathbf{k}\} \text{ N} + \{80\mathbf{i} + 40\mathbf{j} - 80\mathbf{k}\} \text{ N}$$

$$= \{151\mathbf{i} + 40\mathbf{j} - 151\mathbf{k}\} \text{ N} \qquad \text{답}$$

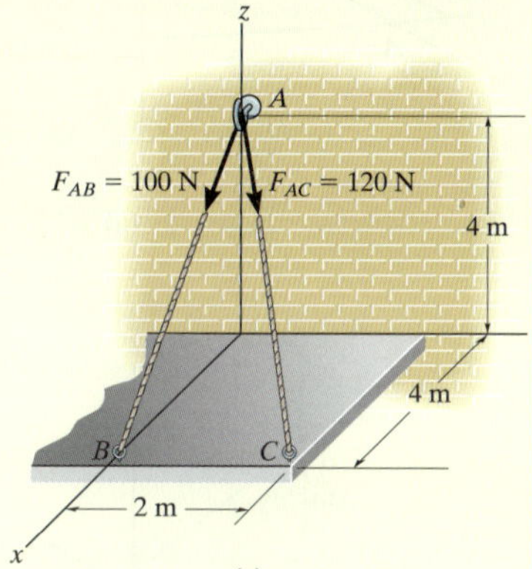

(a)

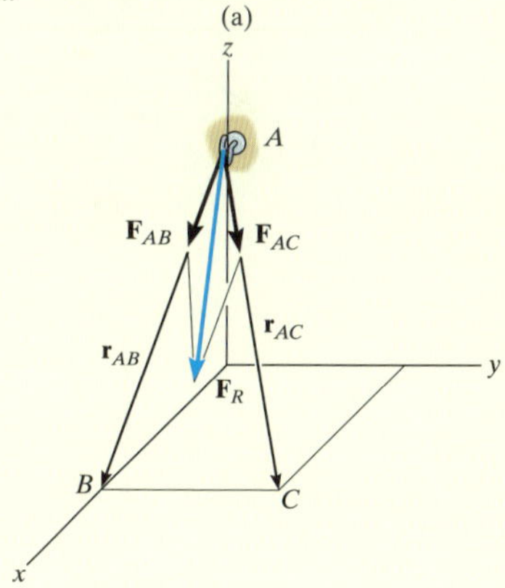

(b)

그림 2-38

2

PRELIMINARY PROBLEMS

P2–6. In each case, establish a position vector from point *A* to point *B*.

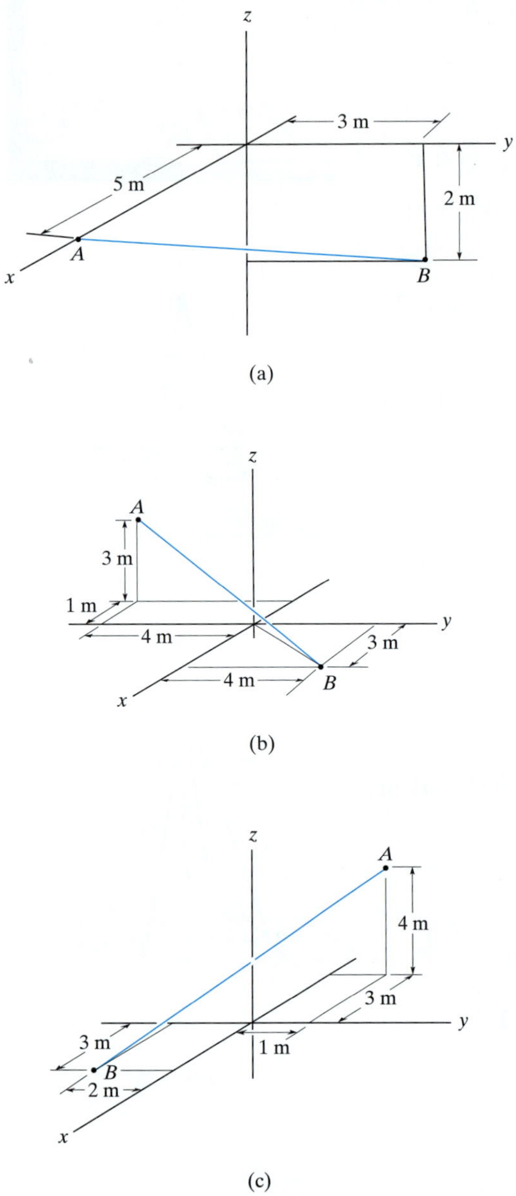

Prob. P2–6

P2–7. In each case, express **F** as a Cartesian vector.

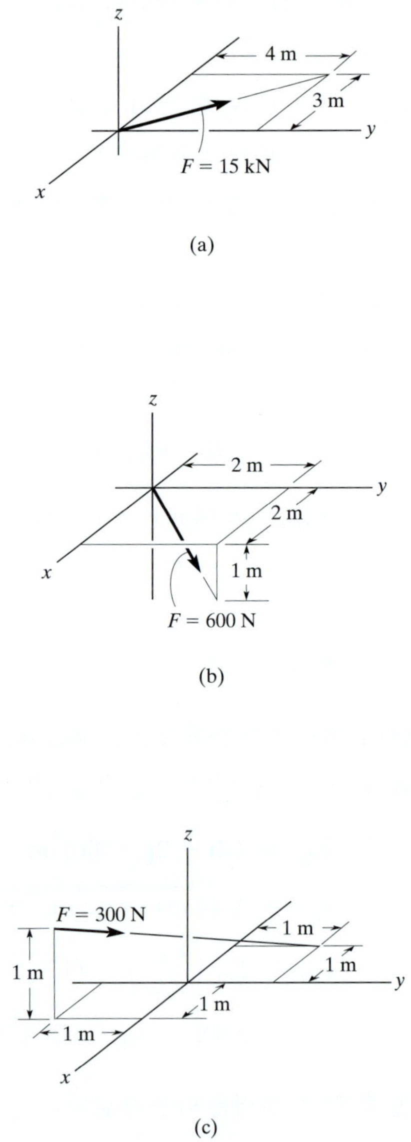

Prob. P2–7

FUNDAMENTAL PROBLEMS

F2–19. Express $\mathbf{r}_{AB}$ as a Cartesian vector, then determine its magnitude and coordinate direction angles.

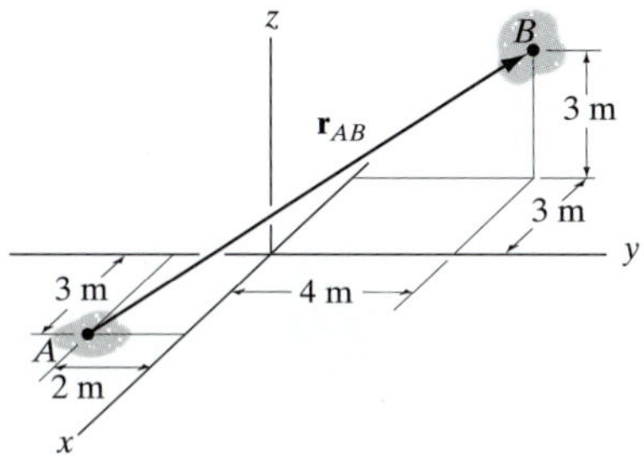

Prob. F2–19

F2–20. Determine the length of the rod and the position vector directed from A to B. What is the angle θ?

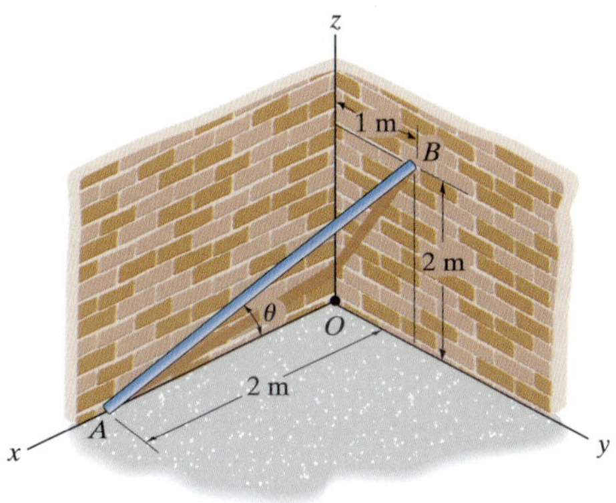

Prob. F2–20

F2–21. Express the force as a Cartesian vector.

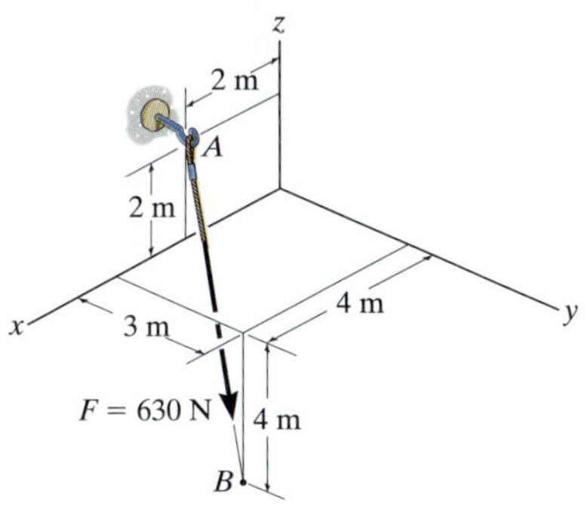

Prob. F2–21

F2–22. Express the force as a Cartesian vector.

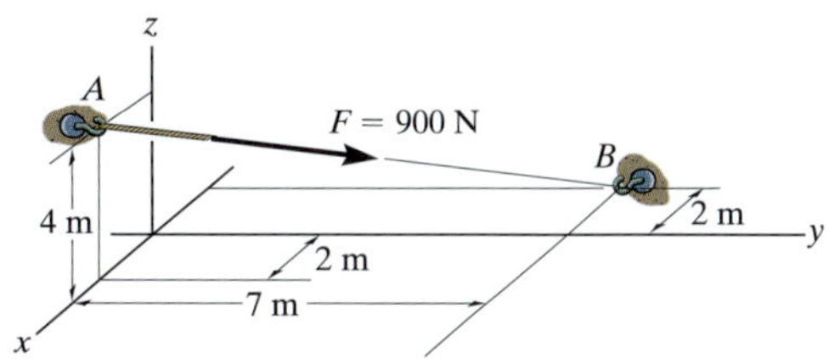

Prob. F2–22

F2–23. Determine the magnitude of the resultant force at A.

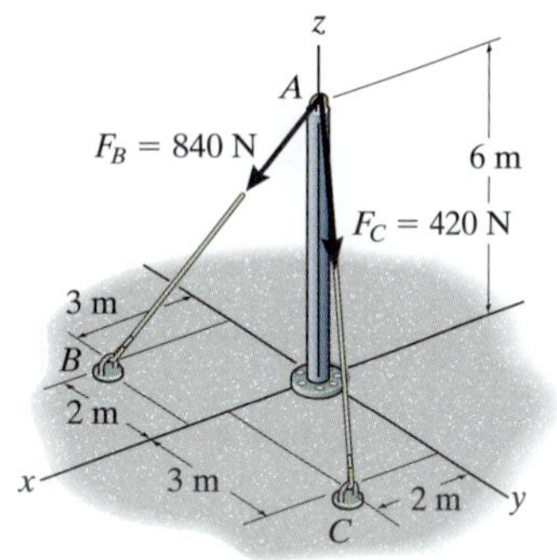

Prob. F2–23

F2–24. Determine the resultant force at A.

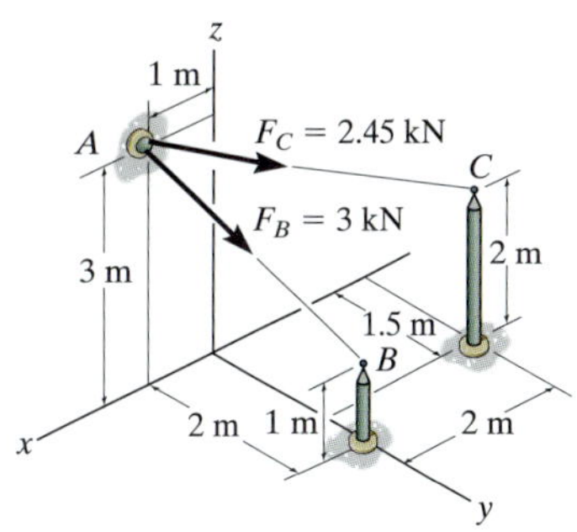

Prob. F2–24

PROBLEMS

***2–56.** Determine the magnitude and coordinate direction angles of the resultant force acting at A.

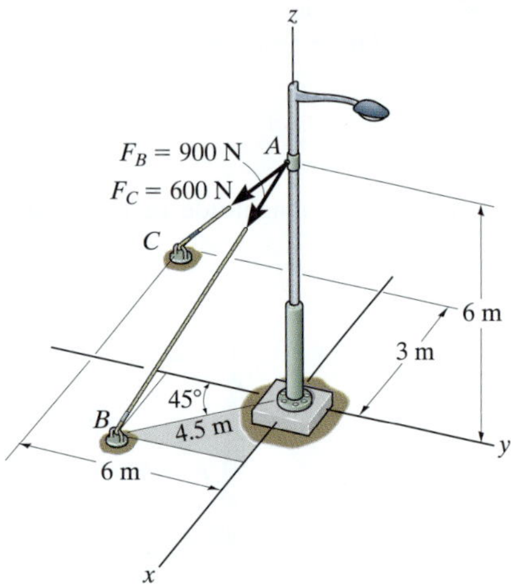

Prob. 2–56

2–57. If $\mathbf{F} = \{350\mathbf{i} - 250\mathbf{j} - 450\mathbf{k}\}$ N and cable AB is 9 m long, determine the x, y, z coordinates of point A.

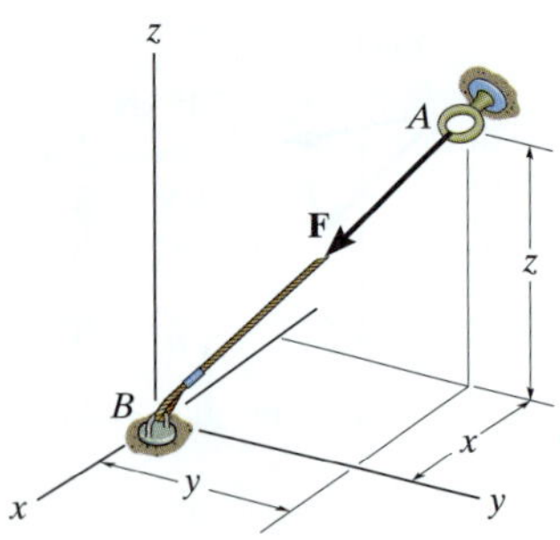

Prob. 2–57

2–58. Determine the magnitude and coordinate direction angles of the resultant force.

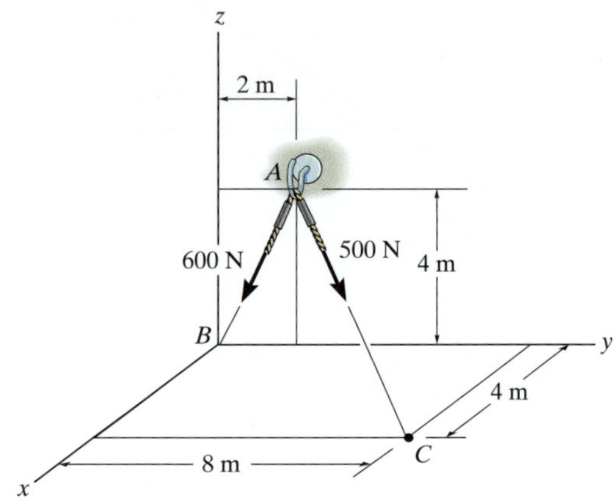

Prob. 2–58

2–59. Determine the length of the connecting rod AB by first formulating a position vector from A to B and then determining its magnitude.

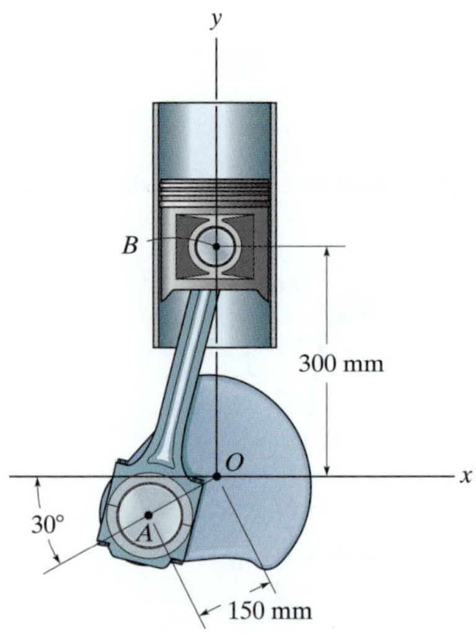

Prob. 2–59

***2–60.** The door is held opened by means of two chains. If the tension in AB and CD is $F_A = 300$ N and $F_C = 250$ N, respectively, express each of these forces in Cartesian vector form.

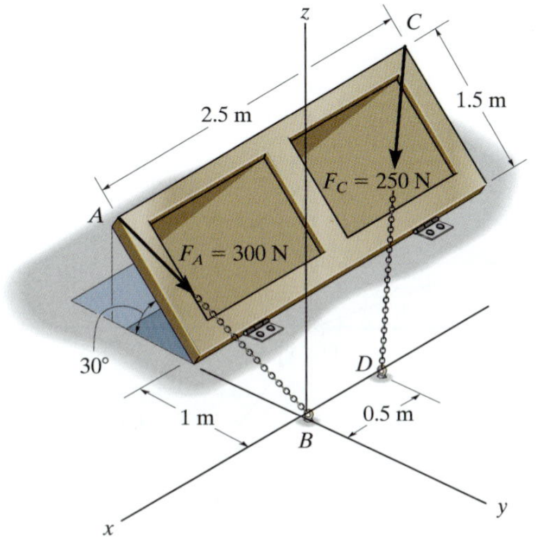

Prob. 2–60

2–61. The 8-m-long cable is anchored to the ground at A. If $x = 4$ m and $y = 2$ m, determine the coordinate z to the highest point of attachment along the column.

2–62. The 8-m-long cable is anchored to the ground at A. If $z = 5$ m, determine the location $+x, +y$ of the support at A. Choose a value such that $x = y$.

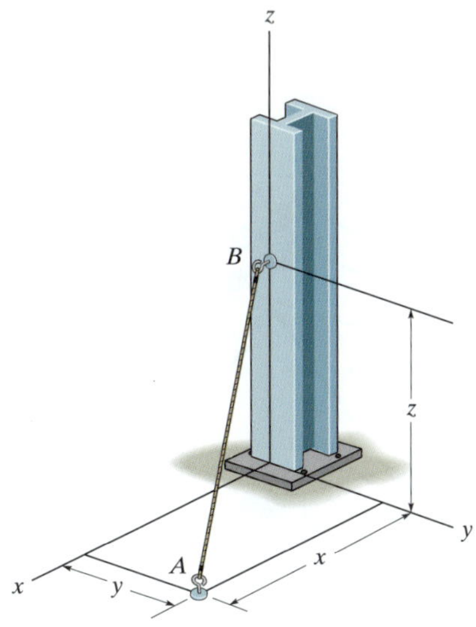

Probs. 2–61/62

2–63. Express each of the forces in Cartesian vector form and then determine the magnitude and coordinate direction angles of the resultant force.

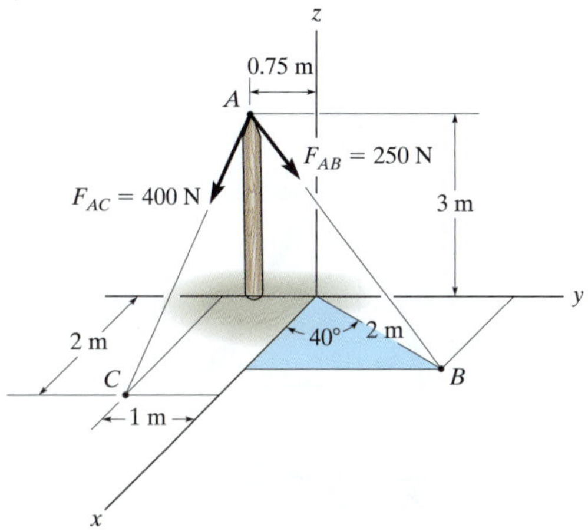

Prob. 2–63

***2–64.** If $F_B = 560$ N and $F_C = 700$ N, determine the magnitude and coordinate direction angles of the resultant force acting on the flag pole.

2–65. If $F_B = 700$ N, and $F_C = 560$ N, determine the magnitude and coordinate direction angles of the resultant force acting on the flag pole.

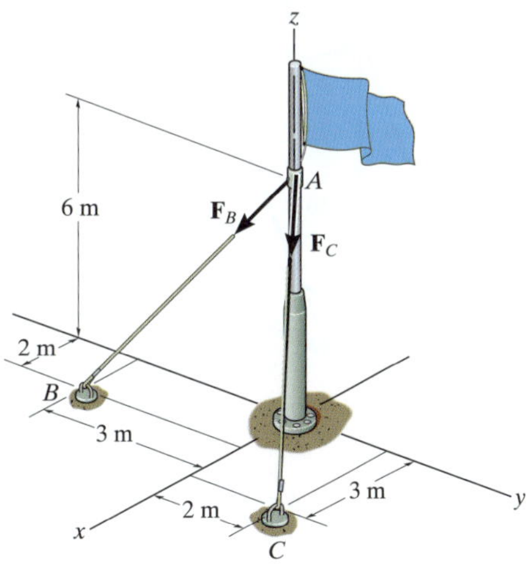

Probs. 2–64/65

2–66. The chandelier is supported by three chains which are concurrent at point O. If the resultant force at O has a magnitude of 650 N and is directed along the negative z axis, determine the force in each chain.

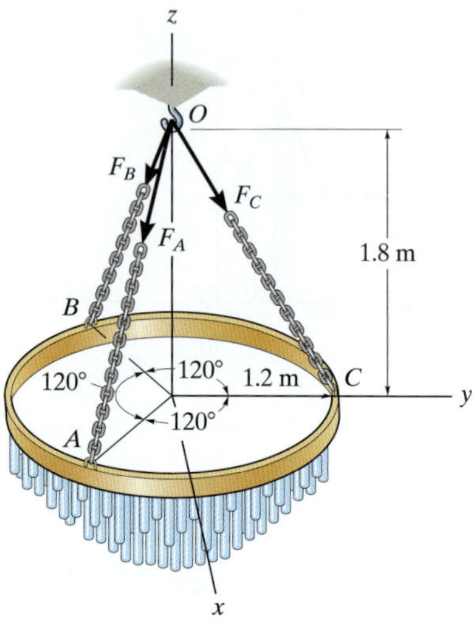

Prob. 2–66

2–67. Represent each cable force as a Cartesian vector.

***2–68.** Determine the magnitude and coordinate direction angles of the resultant force of the two forces acting at point A.

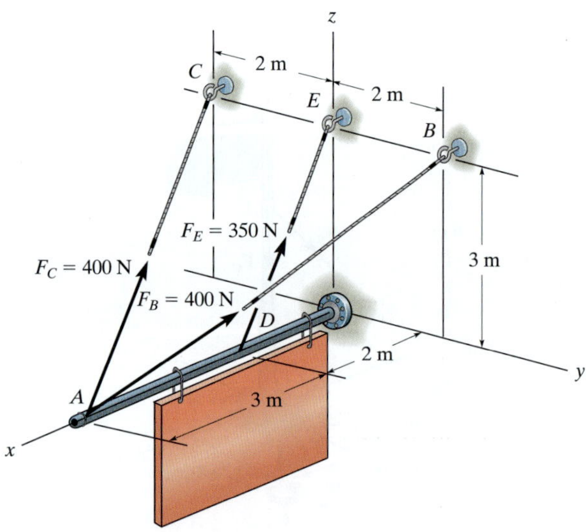

Probs. 2–67/68

2–69. Determine the magnitude and coordinate direction angles of the resultant force acting at point A on the post.

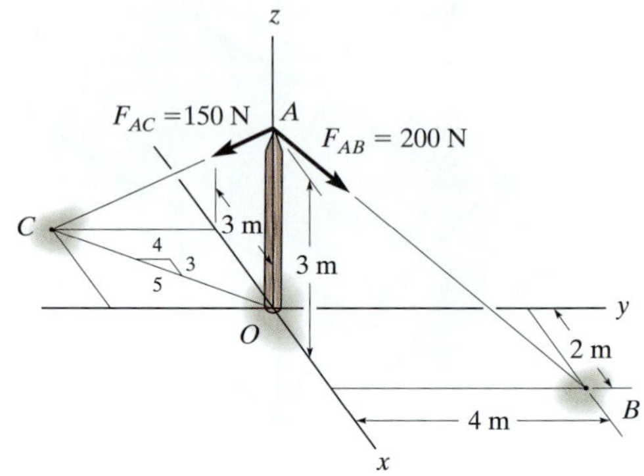

Prob. 2–69

2–70. The guy wires are used to support the telephone pole. Represent the force in each wire in Cartesian vector form. Neglect the diameter of the pole.

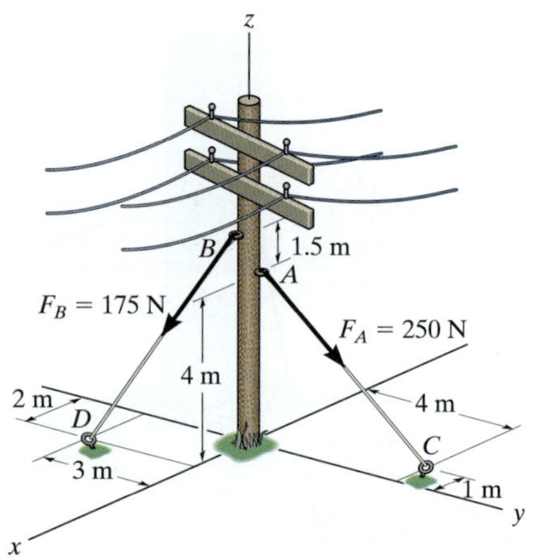

Prob. 2–70

2.9 내적

정역학 문제를 푸는 과정에서 2개의 선이 만드는 각도와 한 선에 수직하거나 평행한 힘의 성분을 구하는 경우가 많이 발생한다. 2차원 문제인 경우 전술한 문제들은 시각적으로 쉽게 표현할 수 있기 때문에 삼각법을 적용하면 해결할 수 있다. 그러나 3차원 문제로 확장되면 시각적으로 쉽게 표현되지 않기 때문에 벡터 연산법을 사용하여 해결하는 것이 좋다. 벡터의 곱셈을 정의하는 내적법은 앞의 문제를 해결해 준다.

벡터 **A**와 **B**의 내적(dot product)은 $\mathbf{A} \cdot \mathbf{B}$로 표현하고, '**A** 도트 **B**'라고 읽으며, 내적결과는 각각의 벡터 **A**와 **B**의 크기와 그림 2-39에 표시된 각도 θ에 코사인 값을 구한 후, 서로를 곱한 값으로 정의되며, 식으로 표현하면 다음과 같다.

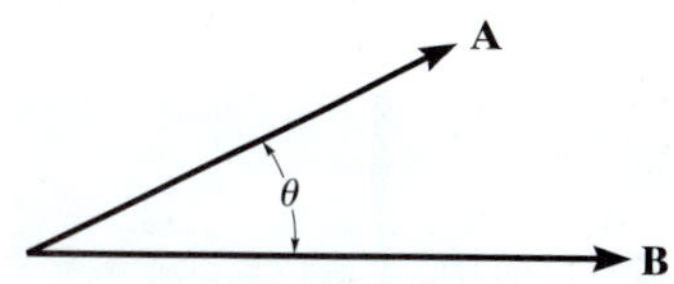

그림 2-39

$$\mathbf{A} \cdot \mathbf{B} = AB\cos\theta \tag{2-12}$$

여기서, $0° \le \theta \le 180°$이다. 내적의 계산 결과는 벡터가 아니고 스칼라이기 때문에 벡터의 스칼라적(scalar product)으로 종종 언급된다.

다음과 같은 3개의 연산법칙이 성립한다.

1. 교환법칙: $\mathbf{A} \cdot \mathbf{B} = \mathbf{B} \cdot \mathbf{A}$
2. 결합법칙(상수와 곱셈): $a(\mathbf{A} \cdot \mathbf{B}) = (a\mathbf{A}) \cdot \mathbf{B} = \mathbf{A} \cdot (a\mathbf{B})$
3. 분배법칙: $\mathbf{A} \cdot (\mathbf{B} + \mathbf{D}) = (\mathbf{A} \cdot \mathbf{B}) + (\mathbf{A} \cdot \mathbf{D})$

카티지언 벡터 공식. 임의의 카티지언 단위벡터 2개에 내적을 구하려면 식 (2-12)를 사용하면 된다. 예를 들면, $\mathbf{i} \cdot \mathbf{i} = (1)(1)\cos 0° = 1$, $\mathbf{i} \cdot \mathbf{j} = (1)(1)\cos 90° = 0$이 된다. 일반적인 카티지언 벡터 **A**와 **B**의 내적을 카티지언 벡터 형태로 표현하면 다음과 같다.

$$\begin{aligned}\mathbf{A} \cdot \mathbf{B} &= (A_x\mathbf{i} + A_y\mathbf{j} + A_z\mathbf{k}) \cdot (B_x\mathbf{i} + B_y\mathbf{j} + B_z\mathbf{k}) \\ &= A_xB_x(\mathbf{i} \cdot \mathbf{i}) + A_xB_y(\mathbf{i} \cdot \mathbf{j}) + A_xB_z(\mathbf{i} \cdot \mathbf{k}) \\ &\quad + A_yB_x(\mathbf{j} \cdot \mathbf{i}) + (A_yB_y(\mathbf{j} \cdot \mathbf{j}) + A_yB_z(\mathbf{j} \cdot \mathbf{k}) \\ &\quad + A_zB_x(\mathbf{k} \cdot \mathbf{i}) + A_zB_y(\mathbf{k} \cdot \mathbf{j}) + A_zB_z(\mathbf{k} \cdot \mathbf{k})\end{aligned}$$

여기서 단위벡터의 내적을 수행하면 최종적으로

$$\mathbf{A} \cdot \mathbf{B} = A_xB_x + A_yB_y + A_zB_z \tag{2-13}$$

이 된다. 따라서 2개 카티지언 벡터의 내적을 구하려면 각각의 x, y, z 성분을 서로 곱하여, 산술적으로 더하면 된다. 내적 결과는 (−) 혹은 (+)의 스칼라값을 가지며, 0이 될 수도 있다.

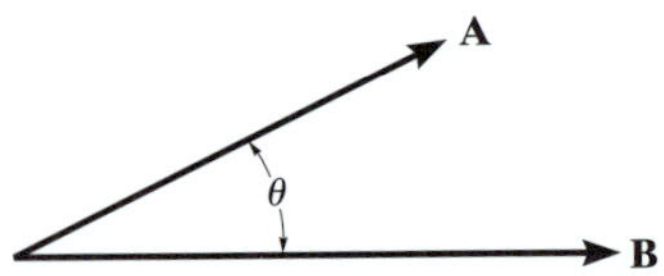

그림 2-39 (반복)

응용. 역학에서는 다음과 같은 두 가지 중요한 경우에 내적이 이용된다.

- **두 벡터 또는 교차하는 두 선 사이의 각도.** 그림 2-39에 보인 벡터 **A**와 벡터 **B** 사이에 만들어지는 각 θ는 식 (2-12)를 사용하여 다음과 같이 구할 수 있다.

$$\theta = \cos^{-1}\left(\frac{\mathbf{A}\cdot\mathbf{B}}{AB}\right) \quad 0^\circ \le \theta \le 180^\circ$$

여기서 $\mathbf{A}\cdot\mathbf{B}$는 식 (2-13)를 이용하여 구할 수 있다. 특별한 경우로 $\mathbf{A}\cdot\mathbf{B} = 0$이면, $\theta = \cos^{-1} 0 = 90^\circ$이고 **A**와 **B**는 서로 수직이다.

밧줄과 빔 사이의 각도 θ는 내적을 사용하여 빔과 밧줄 사이의 단위벡터를 구성하여 산정할 수 있다. $\mathbf{u}_b \cdot \mathbf{u}_r = (1)(1)\cos\theta$.

- **선에 평행 혹은 수직하는 벡터성분.** 그림 2-40에 보인 바와 같이 벡터 **A**의 선 aa의 방향 또는 그에 평행한 방향으로의 성분은 A_a로 정의되고 $A_a = A\cos\theta$와 같다. 이와 같은 성분은 직각삼각형으로부터 구해지므로 종종 **A**의 투영값이라고 말한다. 선의 방향이 단위벡터 $\mathbf{u}_a$의 방향과 일치하면 내적 식 (2-12)로부터 $\mathbf{A}_a$의 크기를 직접 구할 수 있다.

$$A_a = \mathbf{A}\cdot\mathbf{u}_a = A\cos\theta$$

따라서 한 선에 대한 **A**의 스칼라 투영값은 **A**의 작용 방향을 결정하는 단위벡터 $\mathbf{u}_a$와 **A**의 내적으로부터 구할 수 있다. 만약 내적 결과가 양이면 $\mathbf{A}_a$는 $\mathbf{u}_a$와 같은 방향이고, 반면 A_a가 음이면 $\mathbf{A}_a$는 $\mathbf{u}_a$의 반대 방향을 갖게 된다.

성분 $\mathbf{A}_a$를 벡터로 나타내면,

$$\mathbf{A}_a = A_a\,\mathbf{u}_a$$

와 같다. 또한, 선 aa에 수직한 **A**의 성분도 역시 구할 수 있다(그림 2-40). 왜냐하면 $\mathbf{A} = \mathbf{A}_a + \mathbf{A}_\perp$를 구하면 $\mathbf{A}_\perp = \mathbf{A} - \mathbf{A}_a$를 구할 수 있기 때문이다. $\mathbf{A}_\perp$를 얻을 수 있는 두 가지 방법 중 하나는 내적으로부터 $\theta = \cos^{-1}(\mathbf{A}\cdot\mathbf{u}_A/A)$를 구하여 $A_\perp = A\sin\theta$를 구하는 것이고, 나머지 하나는 알고 있는 A_a와 피타고라스의 정리로부터 $A_\perp = \sqrt{A^2 - A_a^2}$ 을 구하는 것이다.

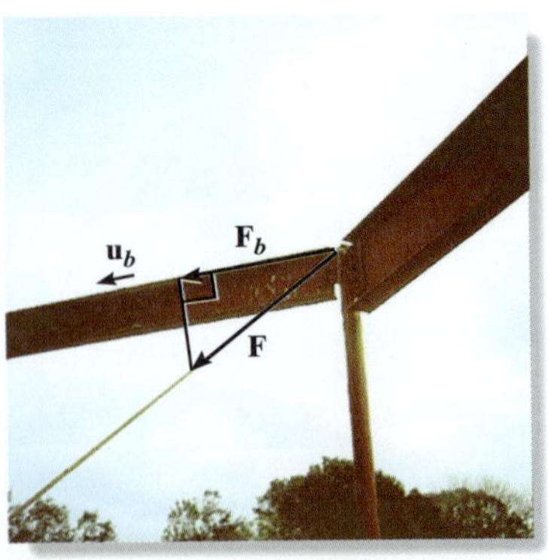

케이블의 힘 **F**의 보 방향으로의 성분을 구하기 위하여 먼저 그 방향을 정의하는 단위벡터 $\mathbf{u}_b$를 구한다. 다음에 내적을 적용하면 $F_b = \mathbf{F}\cdot\mathbf{u}_b$이다.

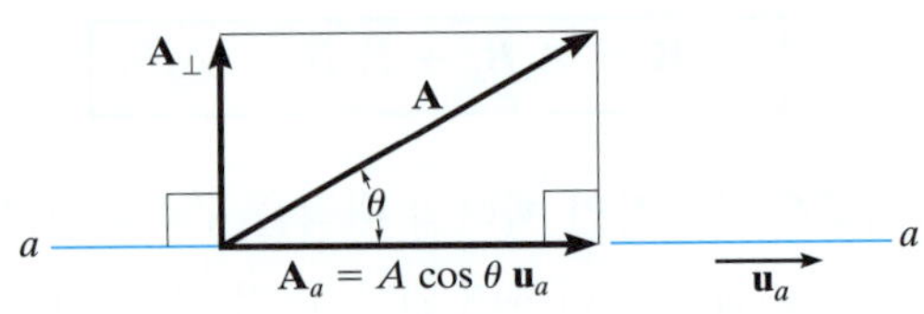

그림 2-40

요점 IMPORTANT POINTS

- 내적은 두 벡터가 만드는 각 또는 특정한 방향에 대한 벡터의 투영 길이를 구하는 데 사용된다.
- 벡터 **A**와 **B**가 카티지언 벡터 형태로 표현되어 있다면, 두 벡터의 내적은 각각 x, y, z축의 스칼라 성분들끼리 곱한 후, 산술적으로 더하여 얻을 수 있다. $\mathbf{A} \cdot \mathbf{B} = A_xB_x + A_yB_y + A_zB_z$.
- 내적의 정의로부터, 벡터 **A**와 **B**의 꼬릿점 사이에 만들어진 각은 $\theta = \cos^{-1}(\mathbf{A} \cdot \mathbf{B}/AB)$이다.
- $\mathbf{u}_a$ 방향으로 정의된 벡터 **A**의 선 aa상으로 투영된 길이는 내적을 이용하여 구할 수 있다. $A_a = \mathbf{A} \cdot \mathbf{u}_a$로부터 결정된다.

예제 2.13

그림 2-41에 보인 바와 같이 **F**의 u축과 v축으로 투영된 크기를 결정하라.

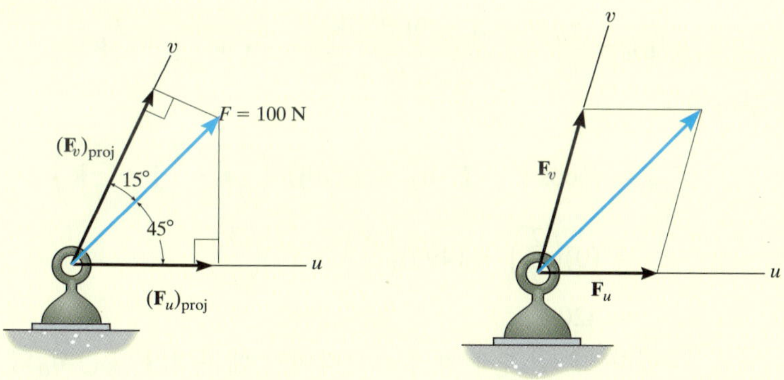

(a) u축과 v축으로 투영된 힘 **F** (b) u축과 v축 성분으로 표시된 힘 **F**

그림 2-41

풀이

힘의 투영. 그림 2-41a에 투영된 크기를 도시하였다. 그림에서 보는 바와 같이 u축과 v축에 투영된 힘 **F**의 크기는 삼각법을 사용하여 구할 수 있다.

$$(F_u)_{\text{proj}} = (100 \text{ N})\cos 45° = 70.7 \text{ N} \qquad \text{답}$$
$$(F_v)_{\text{proj}} = (100 \text{ N})\cos 15° = 96.6 \text{ N} \qquad \text{답}$$

주: u축과 v축에 투영된 힘 **F**의 크기는 평행사변형의 법칙을 적용하여 구한 크기와 일치하지 않는다. u와 v축이 서로 직각을 이루는 경우에만 동일한 계산 결과를 준다.

2

예제 2.14

그림 2-42a와 같이 뼈대에 수평력 $\mathbf{F} = \{490\mathbf{j}\}$ N이 작용하고 있을 때, 부재 AB에 평행한 성분과 수직한 성분의 크기를 각각 구하라.

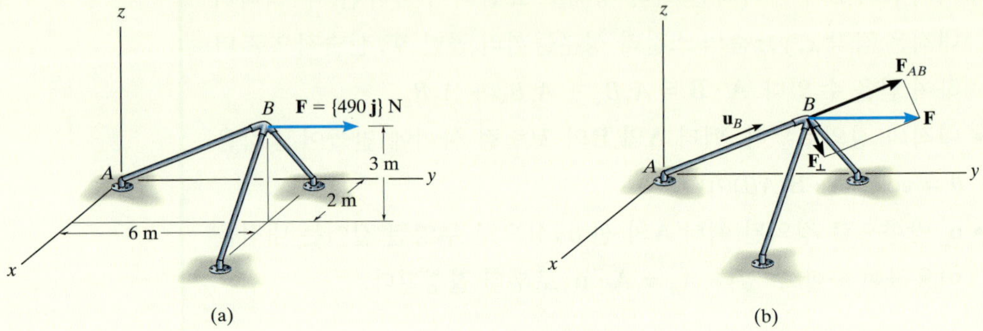

그림 2-42

풀이

AB에 투영된 $\mathbf{F}$의 성분 크기는 $\mathbf{F}$와 AB 방향의 단위벡터 $\mathbf{u}_B$의 내적을 구하면 얻을 수 있다(그림 2-42b).

$$\mathbf{u}_B = \frac{\mathbf{r}_B}{r_B} = \frac{2\mathbf{i} + 6\mathbf{j} + 3\mathbf{k}}{\sqrt{2^2 + 6^2 + 3^2}} = \frac{2}{7}\mathbf{i} + \frac{6}{7}\mathbf{j} + \frac{3}{7}\mathbf{k}$$

을 구하면

$$\begin{aligned} F_{AB} &= F\cos\theta = \mathbf{F}\cdot\mathbf{u}_B = (490\mathbf{j})\cdot\left(\frac{2}{7}\mathbf{i} + \frac{6}{7}\mathbf{j} + \frac{3}{7}\mathbf{k}\right) \\ &= (0)\left(\frac{2}{7}\right) + (490)\left(\frac{6}{7}\right) + (0)\left(\frac{3}{7}\right) \\ &= 420\text{ N} \end{aligned}$$

답

을 얻을 수 있다. 그 결과가 양의 스칼라이기 때문에, $\mathbf{F}_{AB}$는 $\mathbf{u}_B$와 같은 방향으로 작용한다(그림 2-42b).

$\mathbf{F}_{AB}$를 카티지언 벡터 형태로 표현하면

$$\begin{aligned} \mathbf{F}_{AB} &= F_{AB}\mathbf{u}_B = (420\text{ N})\left(\frac{2}{7}\mathbf{i} + \frac{6}{7}\mathbf{j} + \frac{3}{7}\mathbf{k}\right) \\ &= \{120\mathbf{i} + 360\mathbf{j} + 180\mathbf{k}\}\text{N} \end{aligned}$$

답

와 같고, 그림 2-42b와 같은 수직성분은

$$\begin{aligned} \mathbf{F}_\perp &= \mathbf{F} - \mathbf{F}_{AB} = 490\mathbf{j} - (120\mathbf{i} + 360\mathbf{j} + 180\mathbf{k}) \\ &= \{-120\mathbf{i} + 130\mathbf{j} - 180\mathbf{k}\}\text{N} \end{aligned}$$

수직벡터의 크기는 위에 구해진 카티지언 벡터로부터 구하거나, 혹은 피타고라스의 정리를 이용하여 다음과 같이 구할 수 있다(그림 2-42b).

$$\begin{aligned} F_\perp &= \sqrt{F^2 - F_{AB}^2} = \sqrt{(490\text{ N})^2 - (420\text{ N})^2} \\ &= 252\text{ N} \end{aligned}$$

답

2

예제 2.15

그림 2-43a와 같이 파이프가 $F = 80$ N의 힘을 받고 있다. **F**와 파이프 BA 사이의 각도와 BA에 작용하는 **F**의 투영성분값을 구하라.

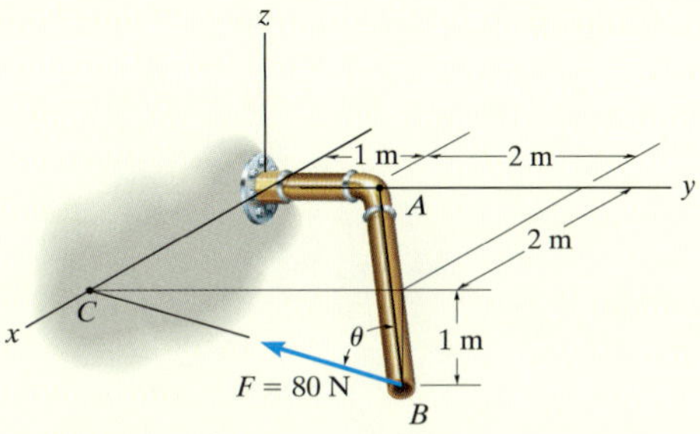

(a)

풀이

각도 θ. 먼저 B점에서 A점으로, B점에서 C점(그림 2-43b)으로 작용하는 위치벡터를 구하면, 2개의 위치벡터가 이루는 각도 θ를 구할 수 있다.

$$\mathbf{r}_{BA} = \{-2\mathbf{i} - 2\mathbf{j} + 1\mathbf{k}\}\text{ m},\ r_{BA} = 3\text{ m}$$
$$\mathbf{r}_{BC} = \{-3\mathbf{j} + 1\mathbf{k}\}\text{ m},\ r_{BC} = \sqrt{10}\text{ m}$$

따라서

$$\cos\theta = \frac{\mathbf{r}_{BA}\cdot\mathbf{r}_{BC}}{r_{BA}r_{BC}} = \frac{(-2)(0) + (-2)(-3) + (1)(1)}{3\sqrt{10}} = 0.7379$$
$$\theta = 42.5^\circ \qquad \text{답}$$

F의 성분값. BA방향으로 작용하는 **F**의 성분들은 그림 2-43c에 도시하였다. 먼저 BA를 지나는 단위벡터와 힘 **F**를 카티지언 벡터로 표현한다.

$$\mathbf{u}_{BA} = \frac{\mathbf{r}_{BA}}{r_{BA}} = \frac{(-2\mathbf{i} - 2\mathbf{j} + 1\mathbf{k})}{3} = -\frac{2}{3}\mathbf{i} - \frac{2}{3}\mathbf{j} + \frac{1}{3}\mathbf{k}$$
$$\mathbf{F} = (80\text{ N})\left(\frac{\mathbf{r}_{BC}}{r_{BC}}\right) = (80\text{ N})\left(\frac{-3\mathbf{j} + 1\mathbf{k}}{\sqrt{10}}\right) = \{-75.89\mathbf{j} + 25.30\mathbf{k}\}\text{N}$$

이와 같은 카티지언 벡터로부터 다음을 구할 수 있다.

$$F_{BA} = \mathbf{F}\cdot\mathbf{u}_{BA} = (-75.89\mathbf{j} + 25.30\mathbf{k})\cdot\left(-\frac{2}{3}\mathbf{i} - \frac{2}{3}\mathbf{j} + \frac{1}{3}\mathbf{k}\right)$$
$$= 0\left(-\frac{2}{3}\right) + (-75.89)\left(-\frac{2}{3}\right) + (25.30)\left(\frac{1}{3}\right)$$
$$= 59.0\text{ N} \qquad \text{답}$$

주: 알고 있는 θ값으로부터 $F_{BA} = F\cos\theta = (80\text{ N})\cos 42.5^\circ = 59.0$ N을 얻을 수 있다.

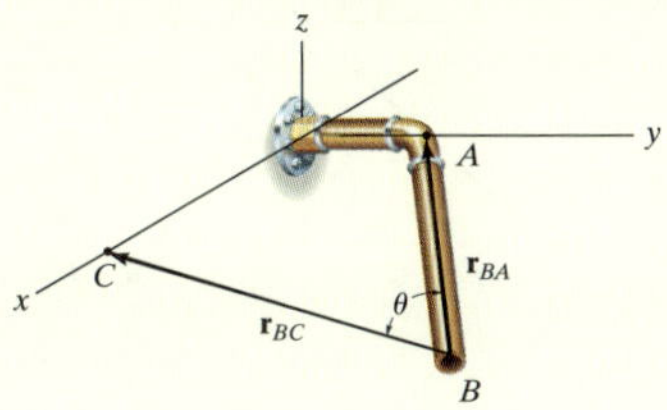

(b)

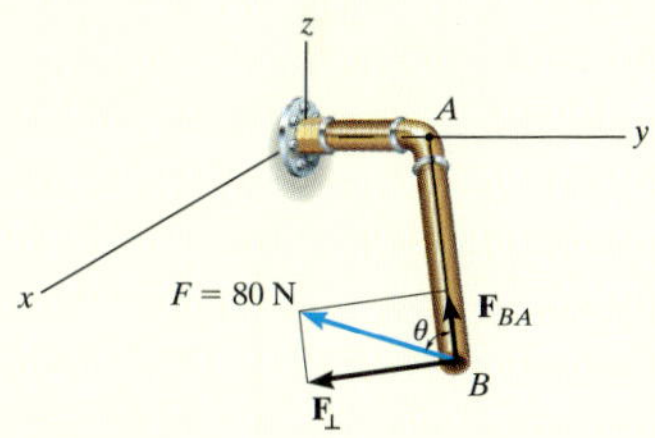

(c)

그림 2-43

2

PRELIMINARY PROBLEMS

P2–8. In each case, set up the dot product to find the angle θ. Do not calculate the result.

P2–9. In each case, set up the dot product to find the magnitude of the projection of the force **F** along *a–a* axes. Do not calculate the result.

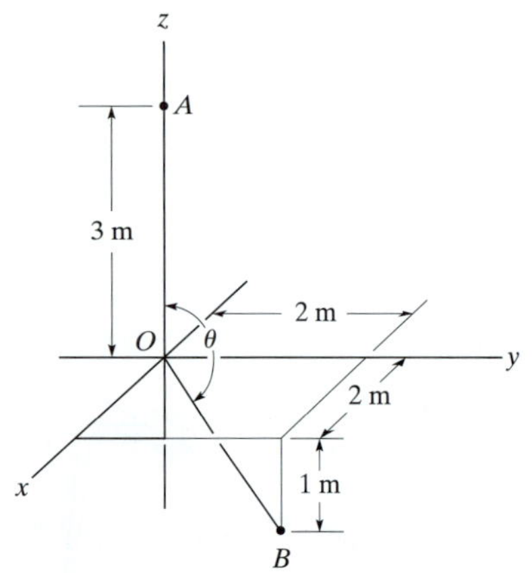

(a)

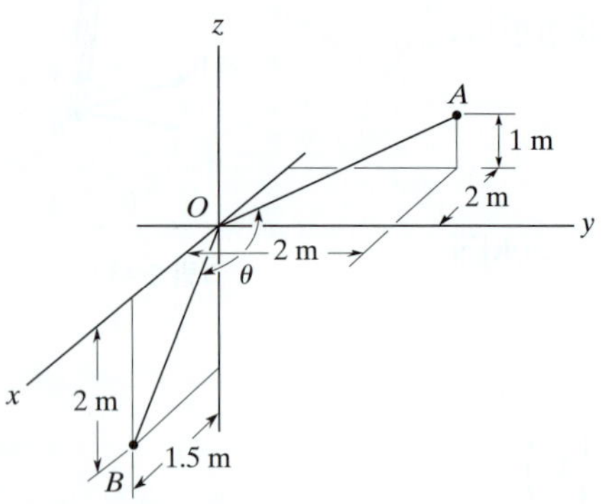

(b)

Prob. P2–8

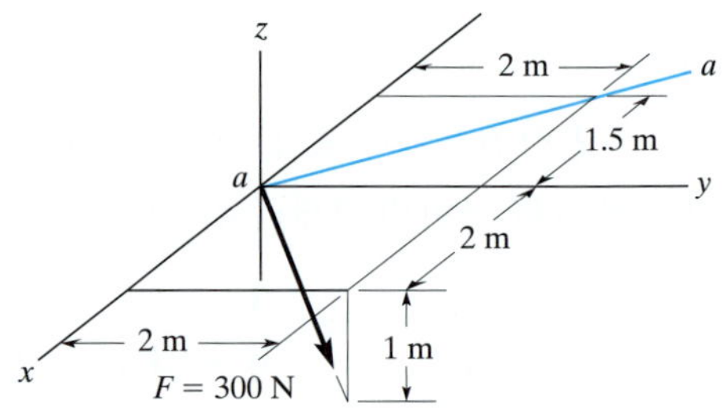

(a)

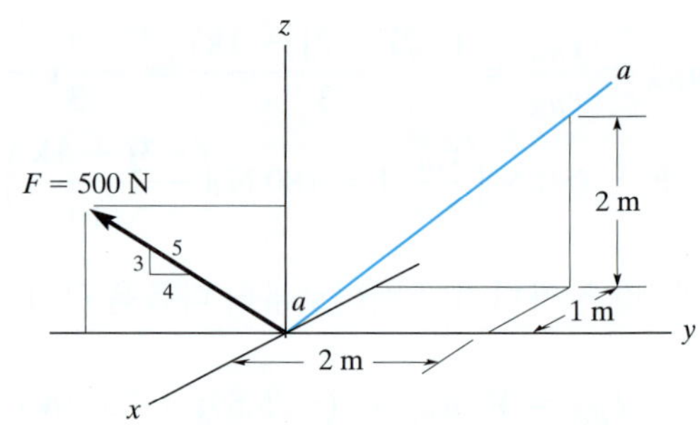

(b)

Prob. P2–9

FUNDAMENTAL PROBLEMS

F2–25. Determine the angle θ between the force and the line AO.

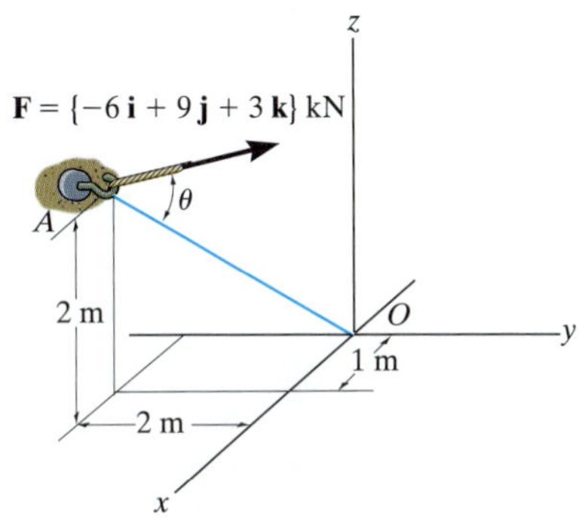

Prob. F2–25

F2–26. Determine the angle θ between the force and the line AB.

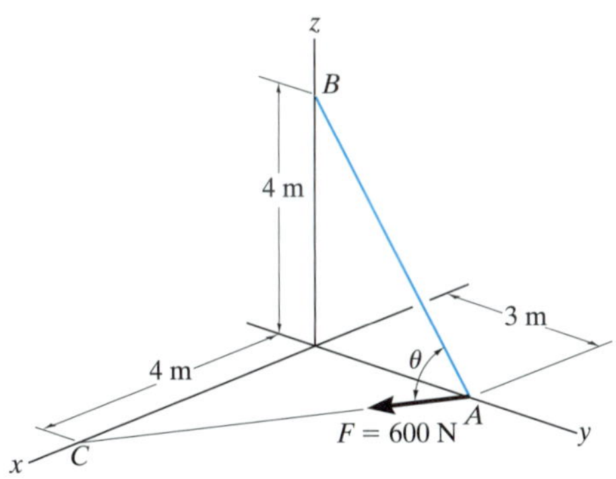

Prob. F2–26

F2–27. Determine the angle θ between the force and the line OA.

F2–28. Determine the projected component of the force along the line OA.

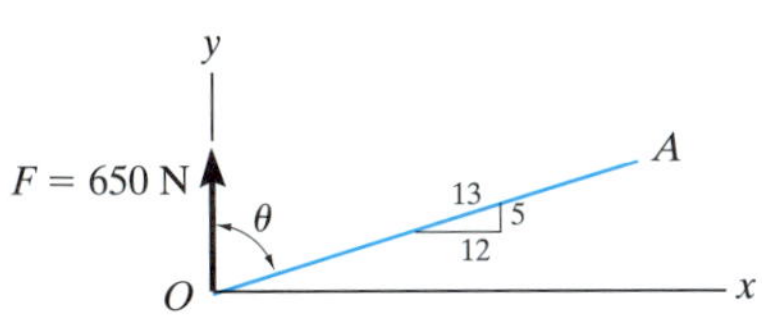

Probs. F2–27/28

F2–29. Find the magnitude of the projected component of the force along the pipe AO.

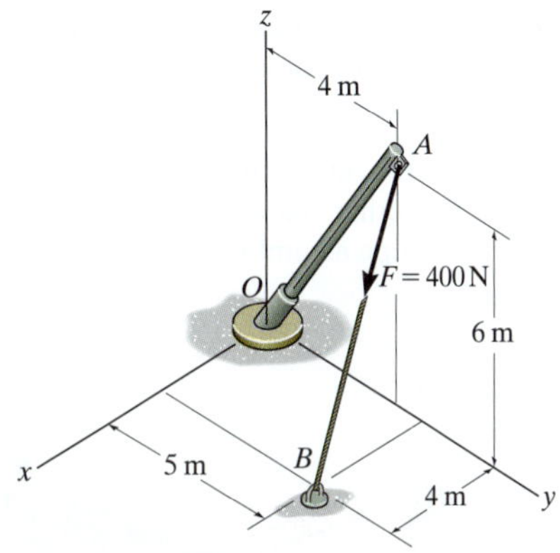

Prob. F2–29

F2–30. Determine the components of the force acting parallel and perpendicular to the axis of the pole.

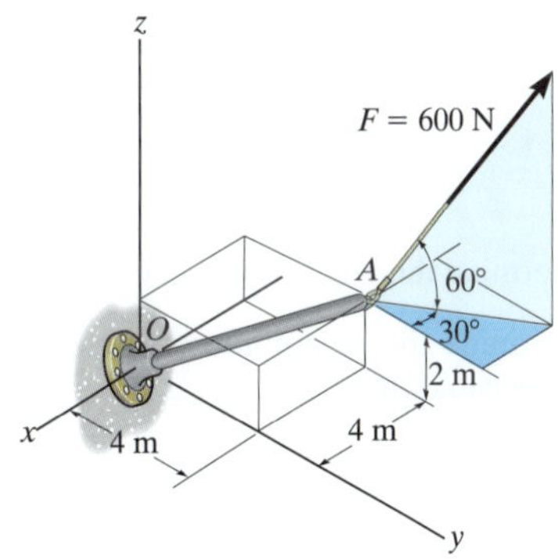

Prob. F2–30

F2–31. Determine the magnitudes of the components of the force $F = 56$ N acting along and perpendicular to line AO.

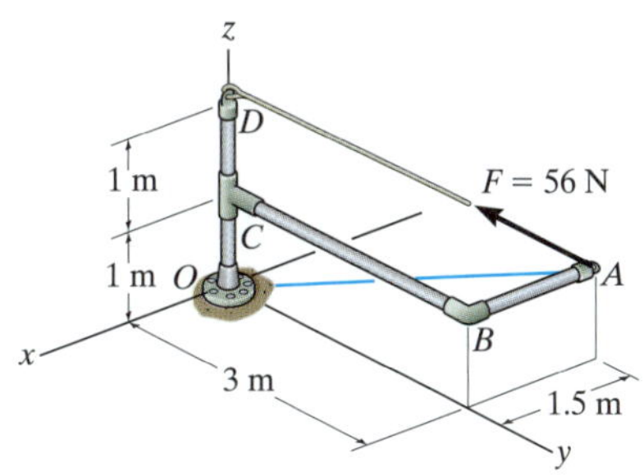

Prob. F2–31

PROBLEMS

2–71. Given the three vectors **A**, **B**, and **D**, show that $\mathbf{A} \cdot (\mathbf{B} + \mathbf{D}) = (\mathbf{A} \cdot \mathbf{B}) + (\mathbf{A} \cdot \mathbf{D})$.

***2–72.** Determine the projection of force $F = 400$ N acting along line AC of the pipe assembly. Express the result as a Cartesian vector.

2–73. Determine the magnitudes of the components of force $F = 400$ N acting parallel and perpendicular to segment BC of the pipe assembly.

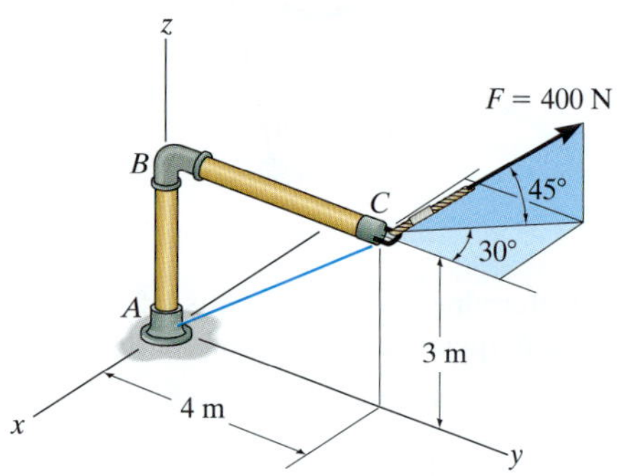

Prob. 2–72/73

***2–76.** Determine the angle θ between BA and BC.

2–77. Determine the magnitude of the projected component of the 3 kN force acting along axis BC of the pipe.

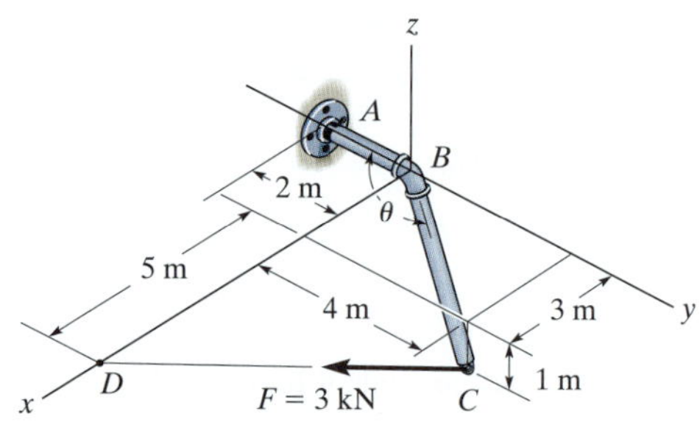

Probs. 2–76/77

2–74. Determine the angle θ between the two cables.

2–75. Determine the magnitude of the projection of the force $\mathbf{F}_1$ along cable AC.

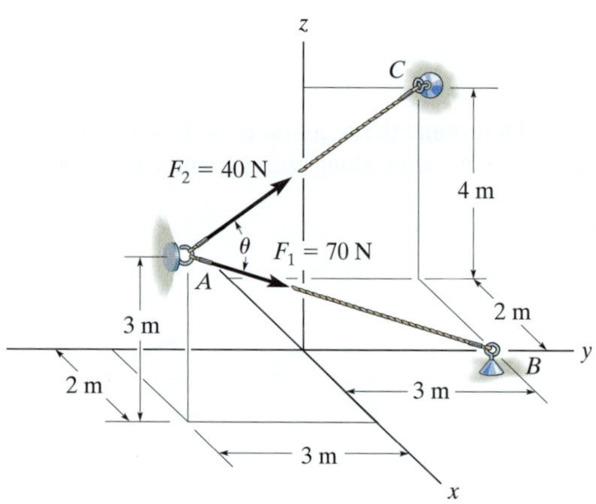

Probs. 2–74/75

2–78. Determine the magnitudes of the components of $F = 600$ N acting along and perpendicular to segment DE of the pipe assembly.

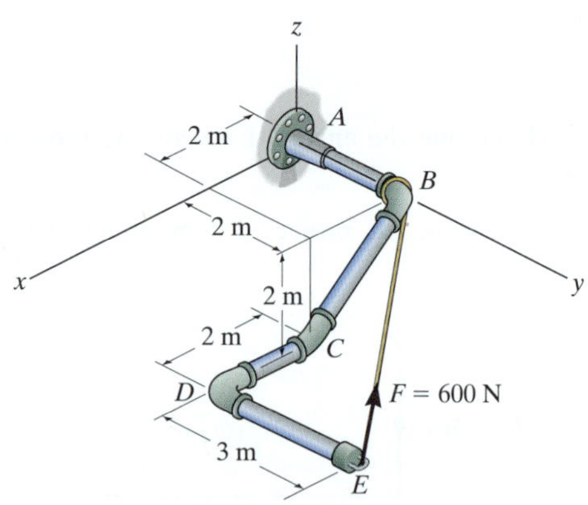

Probs. 2–78

2–79. Determine the projected component of the force $F_{AB} = 560$ N acting along cable AC. Express the result as a Cartesian vector.

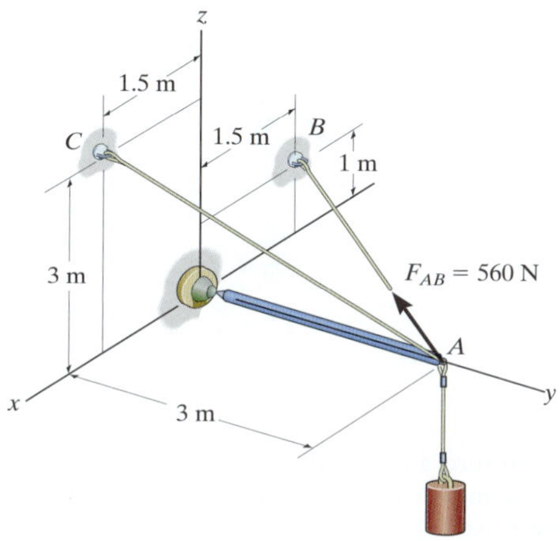

Prob. 2–79

***2–80.** The cables each exert a force of 400 N on the post. Determine the magnitude of the projected component of $\mathbf{F}_1$ along the line of action of $\mathbf{F}_2$.

2–81. Determine the angle θ between the two cables attached to the post.

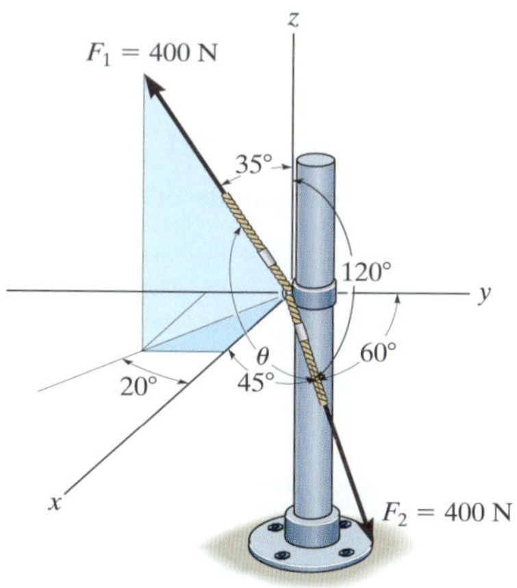

Probs. 2–80/81

2–82. Cable OA is used to support column OB. Determine the angle θ it makes with beam OC.

2–83. Cable OA is used to support column OB. Determine the angle ϕ it makes with beam OD.

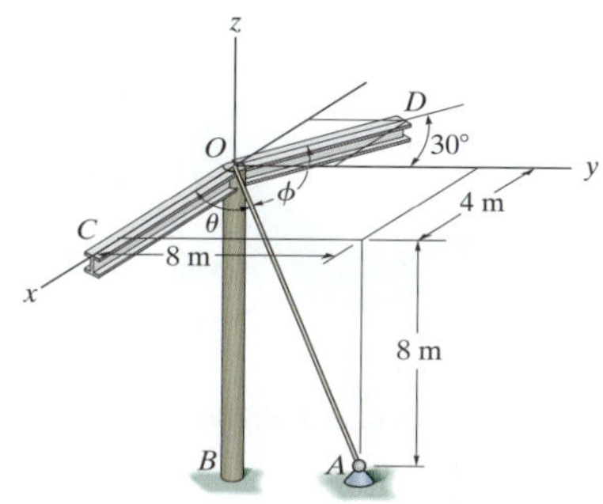

Probs. 2–82/83

***2–84.** If the force $F = 100$ N lies in the plane $DBEC$, which is parallel to the x–z plane, and makes an angle of 10° with the extended line DB as shown, determine the angle that $\mathbf{F}$ makes with the diagonal AB of the crate.

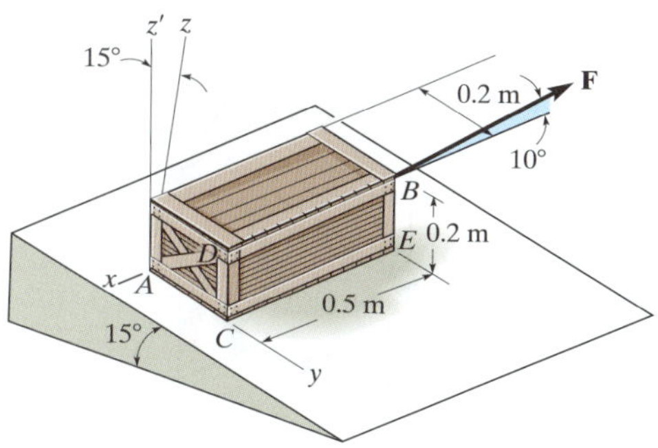

Prob. 2–84

2–85. Determine the magnitudes of the projected components of the force acting along the x and y axes.

2–86. Determine the magnitude of the projected component of the force acting along line OA.

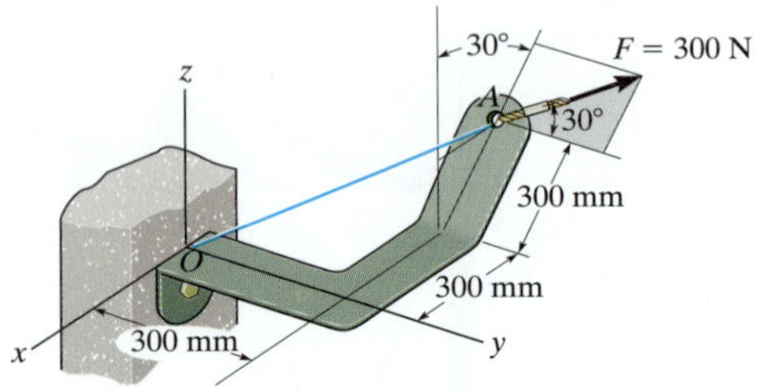

Probs. 2–85/86

2–87. Determine the angles θ and ϕ between the flag pole and the cables AB and AC.

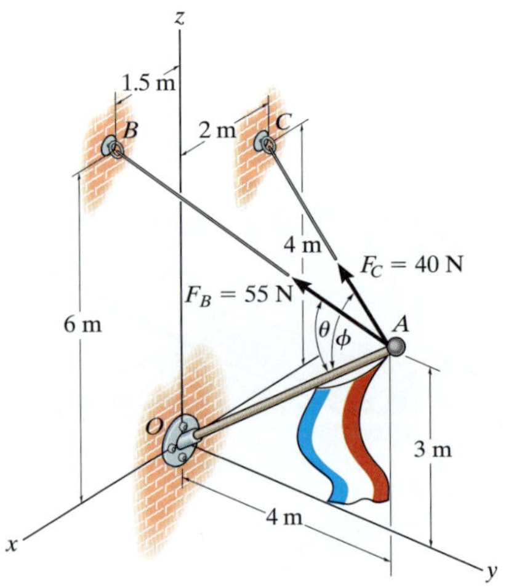

Prob. 2–87

***2–88.** Determine the magnitude of the projected component of force $\mathbf{F}_{AB}$ acting along the z axis.

2–89. Determine the magnitude of the projected component of force $\mathbf{F}_{AC}$ acting along the z axis.

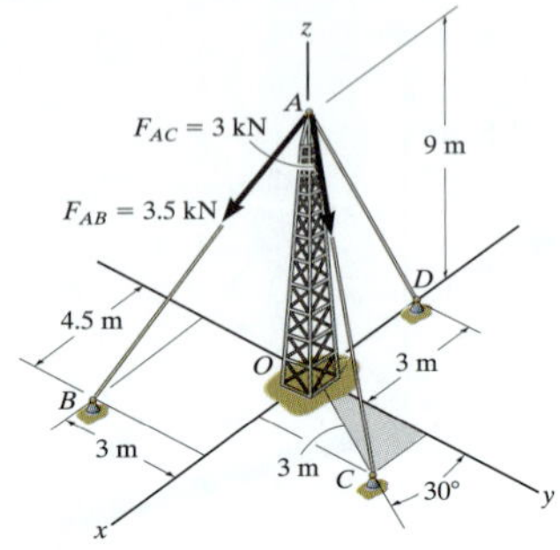

Probs. 2–88/89

2–90. Two forces act on the hook. Determine the angle θ between them. Also, what are the projections of $\mathbf{F}_1$ and $\mathbf{F}_2$ along the y axis?

2–91. Two forces act on the hook. Determine the magnitude of the projection of $\mathbf{F}_2$ along $\mathbf{F}_1$.

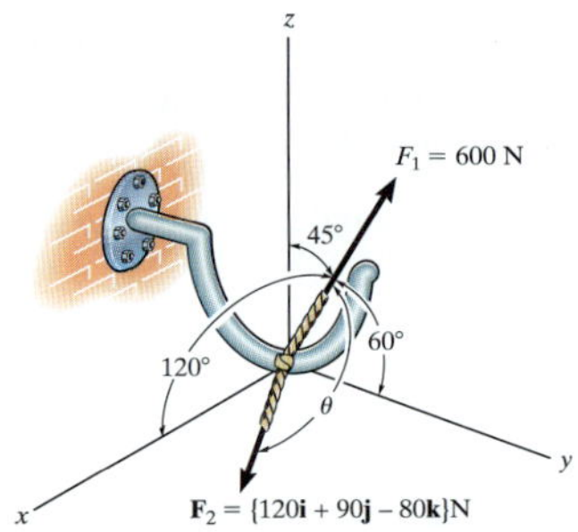

Probs. 2–90/91

***2–92.** Determine the magnitude of the projection of the force along the u axis.

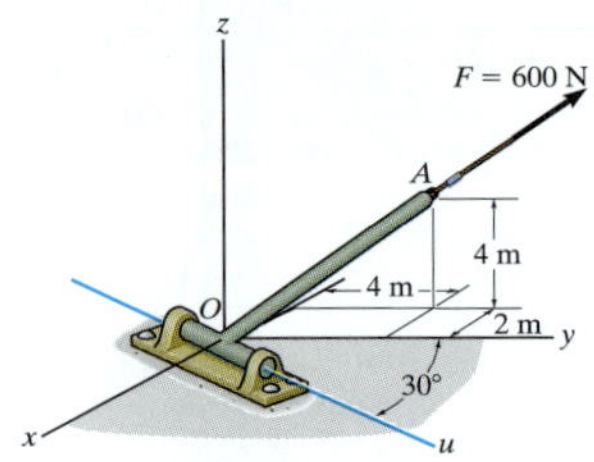

Prob. 2–92

2

내용 복습

<table>
<tr>
<td>스칼라는 양이거나 음인 숫자이다(예: 질량과 온도).

벡터는 크기와 방향을 가지며, 화살표는 벡터의 방향을 의미한다.</td>
<td></td>
<td>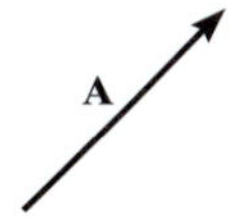
</td>
</tr>
<tr>
<td>스칼라로 벡터를 곱하거나 나누면 벡터의 크기만 달라진다. 스칼라가 음인 경우, 벡터의 방향은 정반대 방향으로 변하게 된다.</td>
<td></td>
<td>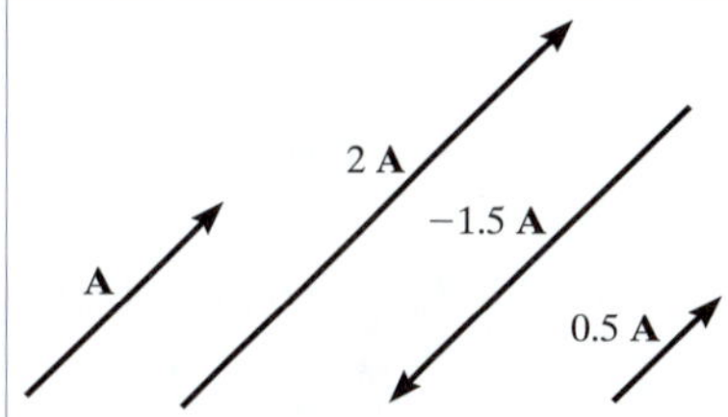
</td>
</tr>
<tr>
<td>벡터들이 동일선상에 놓여 있는 경우, 합력은 대수적 또는 스칼라 합으로 산정된다.</td>
<td>$R = A + B$</td>
<td>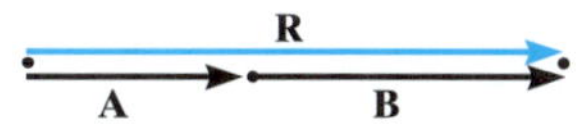
</td>
</tr>
<tr>
<td>평행사변형의 정리

두 힘은 평행사변형법에 따라 합한다. 힘의 성분들은 평행사변형의 변을 이루며, 합력은 대각선이다.

임의의 두 축에 대한 힘의 성분들을 찾기 위해서는, 힘의 머리 부분에서 각 축에 대해 평행하도록 연장선을 그어 성분들의 형태를 만든다.

힘의 성분들 또는 합력을 구하기 위해서는, 삼각형법칙을 사용하여 힘의 처음과 끝이 합산되는 과정을 표현하고 코사인법칙이나 사인법칙을 사용하여 그 값을 계산한다.</td>
<td>$$F_R = \sqrt{F_1^2 + F_2^2 - 2\,F_1F_2\cos\theta_R}$$
$$\frac{F_1}{\sin\theta_1} = \frac{F_2}{\sin\theta_2} = \frac{F_R}{\sin\theta_R}$$</td>
<td>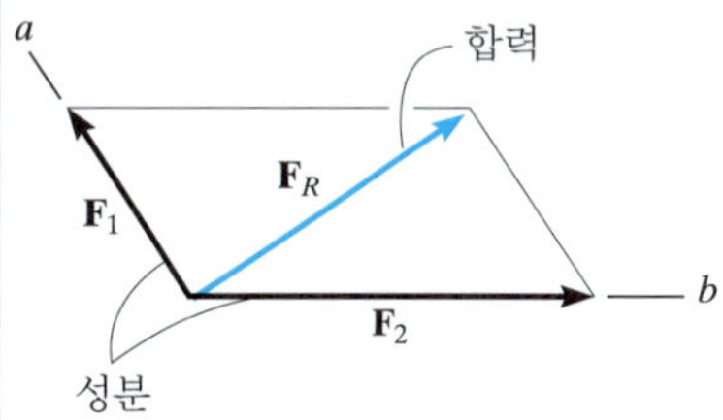

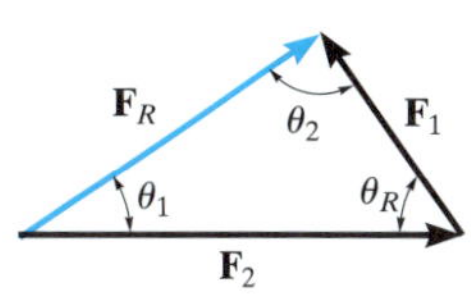
</td>
</tr>
</table>

직사각형 성분들: 2차원 문제

벡터 $\mathbf{F}_x$와 $\mathbf{F}_y$는 직사각형 합력 $\mathbf{F}$의 성분들이다.

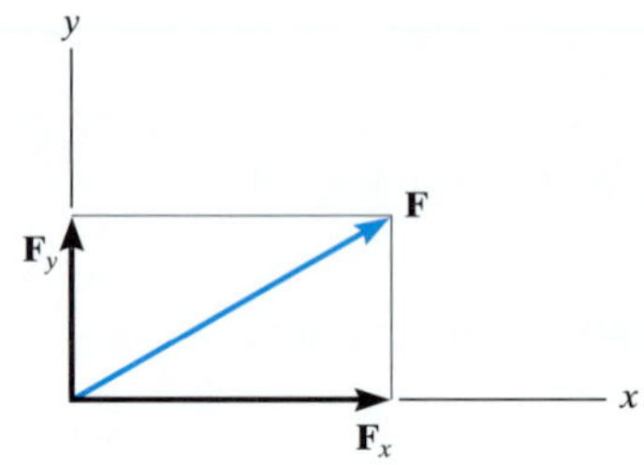

합력은 각 성분들의 대수적 합으로 구한다.

$$(F_R)_x = \Sigma F_x$$
$$(F_R)_y = \Sigma F_y$$

$$F_R = \sqrt{(F_R)_x^2 + (F_R)_y^2}$$
$$\theta = \tan^{-1}\left|\frac{(F_R)_y}{(F_R)_x}\right|$$

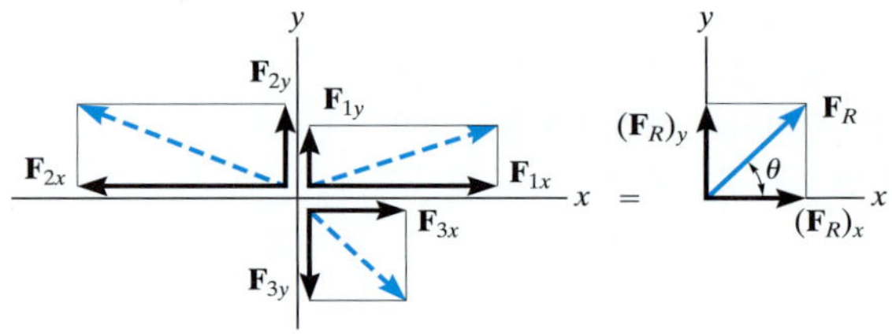

카티지언 벡터

단위벡터 $\mathbf{u}$는 단위길이를 가지며, 단위는 없고, 벡터 $\mathbf{F}$의 방향을 나타낸다.

$$\mathbf{u} = \frac{\mathbf{F}}{F}$$

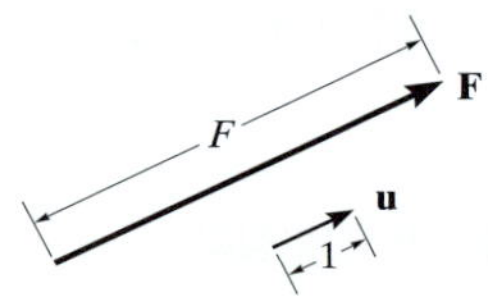

힘은 x, y, z축을 따라 직교의 합으로 구할 수 있다. 즉, $\mathbf{F} = F_x\mathbf{i} + F_y\mathbf{j} + F_z\mathbf{k}$.

$\mathbf{F}$의 크기는 성분들의 제곱의 합에 대한 양의 제곱근으로 산정한다.

$$F = \sqrt{F_x^2 + F_y^2 + F_z^2}$$

좌표 방향각 α, β, γ는 힘 $\mathbf{F}$의 방향 단위벡터를 구성하는 방법으로 산정한다. 단위벡터 $\mathbf{u}$의 x, y, z축 성분은 $\cos\alpha, \cos\beta, \cos\gamma$를 나타낸다.

$$\mathbf{u} = \frac{\mathbf{F}}{F} = \frac{F_x}{F}\mathbf{i} + \frac{F_y}{F}\mathbf{j} + \frac{F_z}{F}\mathbf{k}$$
$$\mathbf{u} = \cos\alpha\,\mathbf{i} + \cos\beta\,\mathbf{j} + \cos\gamma\,\mathbf{k}$$

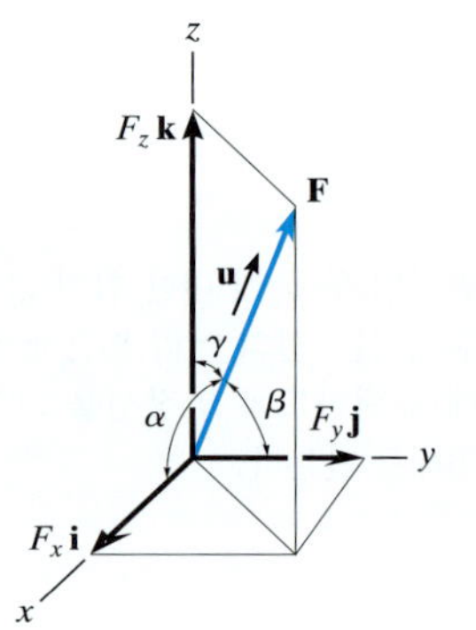

좌표방향각은 세 각 중 두 각만이 다른 한 각과 서로 독립된 관계가 되도록 한다.

$$\cos^2\alpha + \cos^2\beta + \cos^2\gamma = 1$$

집중력계의 협력을 찾기 위해서는, 카티지언 벡터로 각각의 힘을 표현하고 역계에서 모든 힘의 **i**, **j**, **k**의 성분을 합한다.

$$\mathbf{F}_R = \Sigma\mathbf{F} = \Sigma F_x\mathbf{i} + \Sigma F_y\mathbf{j} + \Sigma F_z\mathbf{k}$$

위치벡터와 힘벡터

위치벡터는 공간에서 다른 점에 대한 한 점의 상대적인 위치이다. 위치벡터의 성분을 만들어내는 가장 쉬운 방법은 x, y, z의 방향을 따라 벡터의 꼬리에서 머리까지 이동하는 거리와 방향을 산정하는 것이다.

$$\mathbf{r} = (x_B - x_A)\mathbf{i} + (y_B - y_A)\mathbf{j} + (z_B - z_A)\mathbf{k}$$

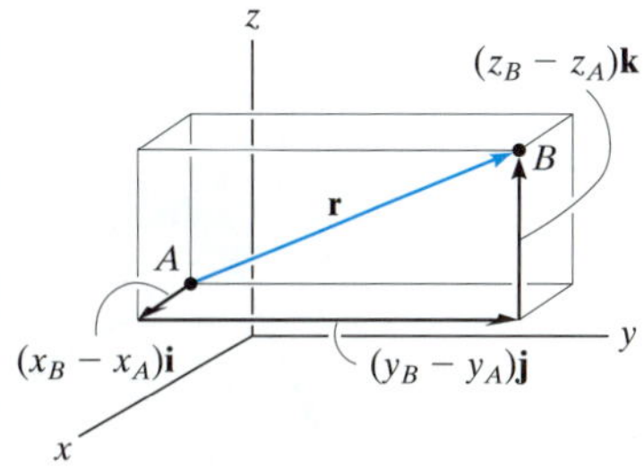

만약 힘의 작용선이 점 A와 점 B를 통과하는 경우, 힘은 위치벡터 **r**과 동일한 방향으로 작용하며, 그 방향은 단위벡터 **u**에 의해 정의된다. 이 때 힘은 카티지언 벡터로 표현할 수 있다.

$$\mathbf{F} = F\mathbf{u} = F\left(\frac{\mathbf{r}}{r}\right)$$

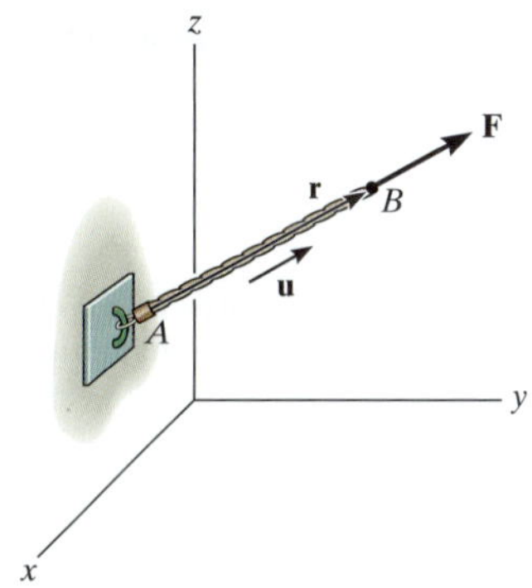

내적

두 벡터 **A**와 **B**의 내적의 결과는 스칼라가 된다. **A**와 **B**를 카티지언 벡터로 표현하는 경우, 내적은 x, y, z성분들의 내적의 총합니다.

$$\mathbf{A}\cdot\mathbf{B} = AB\cos\theta$$
$$= A_xB_x + A_yB_y + A_zB_z$$

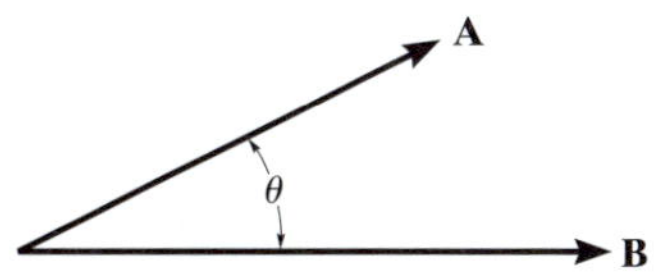

내적은 **A**와 **B** 사이의 각을 산정하는 데 사용할 수 있다.

$$\theta = \cos^{-1}\left(\frac{\mathbf{A}\cdot\mathbf{B}}{AB}\right)$$

내적은 또한 단위벡터 **u**로 정의되는 축 aa에 대한 벡터 **A**의 투영성분 산정에 사용한다.

$$\mathbf{A}_a = A\cos\theta\,\mathbf{u}_a = (\mathbf{A}\cdot\mathbf{u}_a)\mathbf{u}_a$$

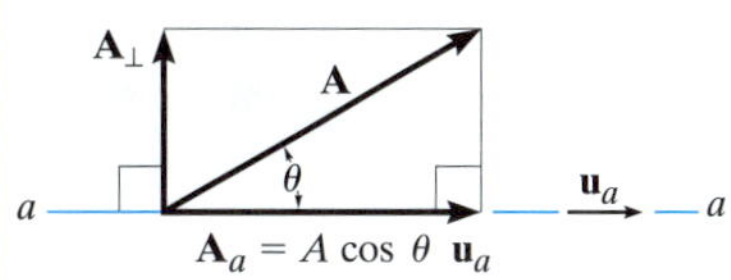

2

REVIEW PROBLEMS

R2–1. Determine the magnitude of the resultant force $\mathbf{F}_R$ and its direction, measured clockwise from the positive u axis.

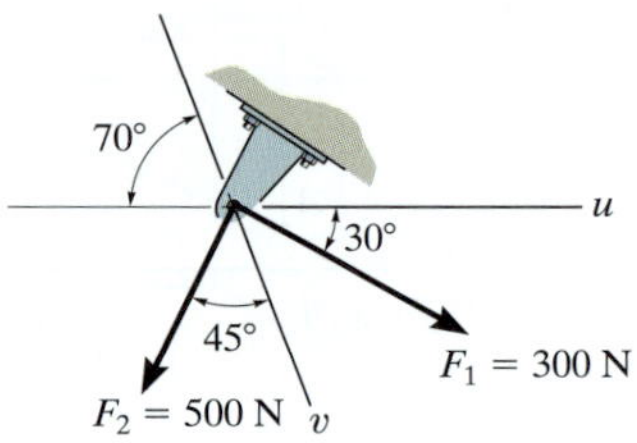

Prob. R2–1

R2–2. Resolve the force into components along the u and v axes and determine the magnitudes of these components.

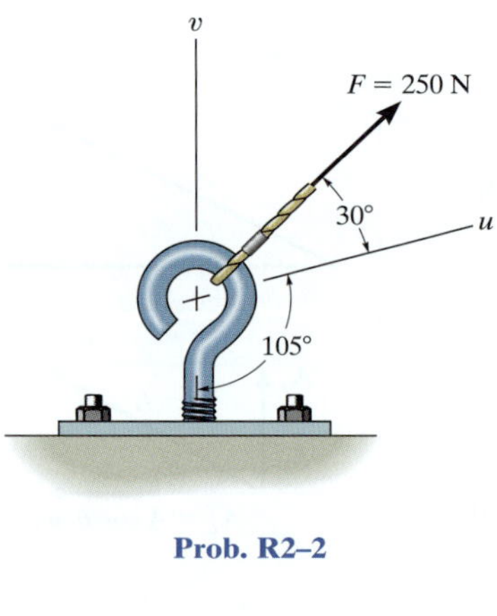

Prob. R2–2

R2–3. Determine the magnitude of the resultant force acting on the *gusset plate*.

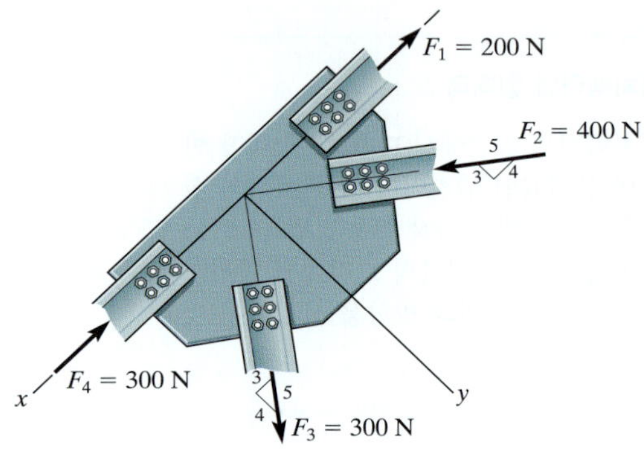

Prob. R2–3

***R2–4.** The cable exerts a force of 250 N on the crane boom as shown. Express this force as a Cartesian vector.

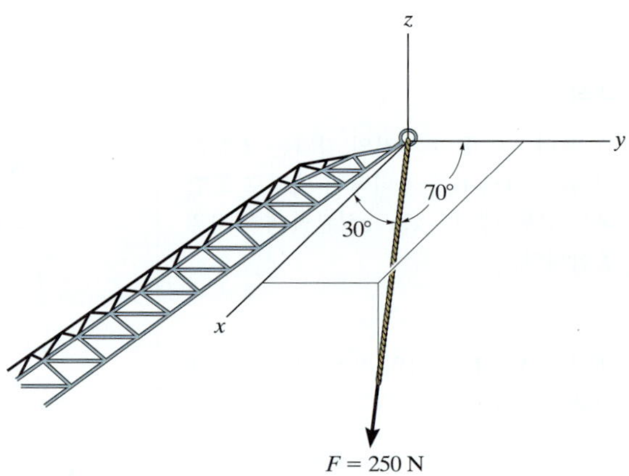

Prob. R2–4

R2–5. The cable attached to the tractor at B exerts a force of 2 kN on the framework. Express this force as a Cartesian vector.

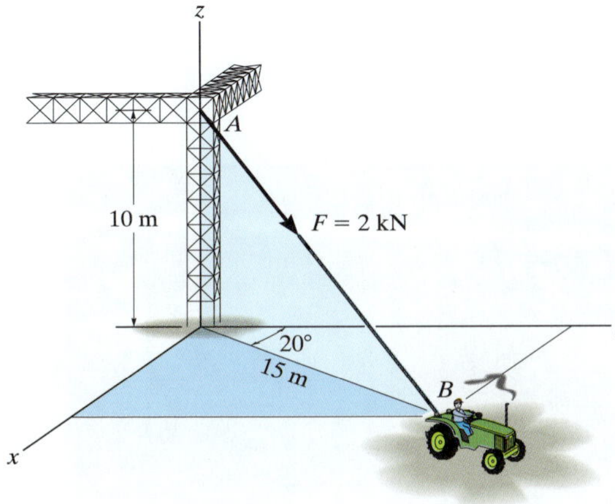

Prob. R2–5

R2–6. Express $\mathbf{F}_1$ and $\mathbf{F}_2$ as Cartesian vectors.

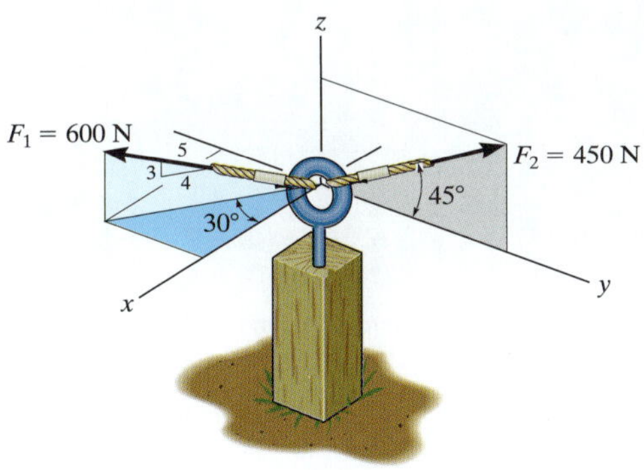

Prob. R2–6

R2–7. Determine the angle θ between the edges of the sheet-metal bracket.

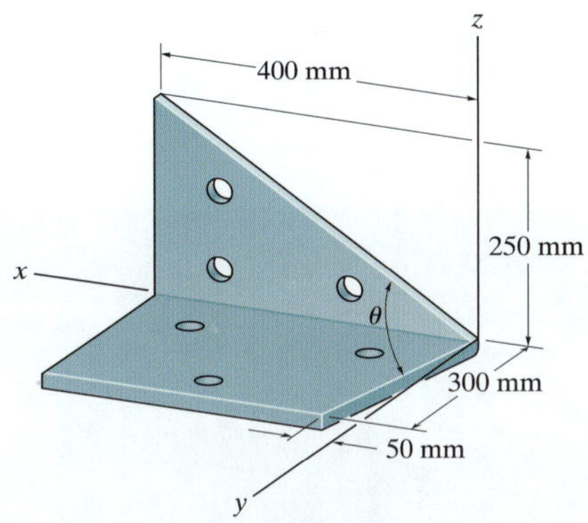

Prob. R2–7

***R2–8.** Determine the projection of the force $\mathbf{F}$ along the pole.

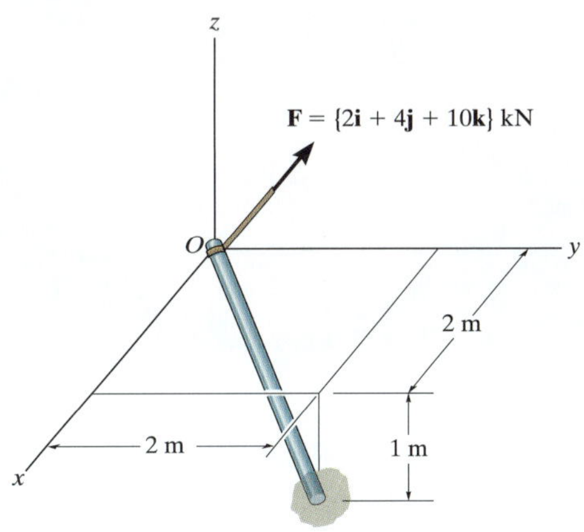

Prob. R2–8

CHAPTER 3

(© Rolf Adlercreutz/Alamy)

이 렌치에 작용된 힘은 회전을 일으키거나 회전시키려는 경향을 보이게 된다. 이와 같은 효과를 모멘트라 하며, 이 장에서는 하중계가 발생시키는 모멘트의 크기를 결정하는 법과 합력 모멘트를 계산하는 방법에 대하여 설명한다.

하중계와 합력

학습목표

- 힘에 의한 모멘트 개념 및 모멘트의 2차원과 3차원 계산법
- 특정 축에 대한 모멘트 구하는 방법
- 짝힘 모멘트의 정의
- 비 집중력계의 합력 산정법
- 단순 분포하중을 한 점에 작용하는 하나의 집중력으로 단순화시키는 방법

3.1 모멘트—스칼라로 표현

물체에 작용하는 힘은 그 힘의 작용선상에 위치하지 않은 특정점을 중심으로 물체의 회전을 유발시키려는 경향이 있다. 이와 같이 물체 회전에 영향을 미치는 벡터량을 종종 비틀림 모멘트(torque)라고 하지만, 이보다는 힘의 모멘트 혹은 단순히 **모멘트**(moment)로 더 많이 불리어진다. 그림 3-1*a*에 보인 바와 같이 볼트를 푸는 데 사용되는 렌치를 예로 들어 보자. 렌치 손잡이에 작용된 힘 **F**는 O축(혹은 z축)을 중심으로 볼트를 회전시키는 모멘트를 발생시킨다. 이와 같은 모멘트의 크기는 **F**의 크기와 수직거리 혹은 모멘트 팔 d에 직접적으로 비례한다. 즉, 하중 크기가 커지거나 수직거리가 길어짐에 따라 비례하여 커지는 모멘트 혹은 회전력을 유발하게 된다. 그림 3-1*b*에 보인 바와 같이 렌치축과 하중의 작용선이 이루는 각도가 $\theta \neq 90°$인 경우, 모멘트 팔 $d' = d \sin\theta$가 d보다 작기 때문에 볼트를 풀기는 더 어려워진다. 그림 3-1*c*에 보인 바와 같이 힘이 렌치의 손잡이를 따라 작용하게 되면, 힘의

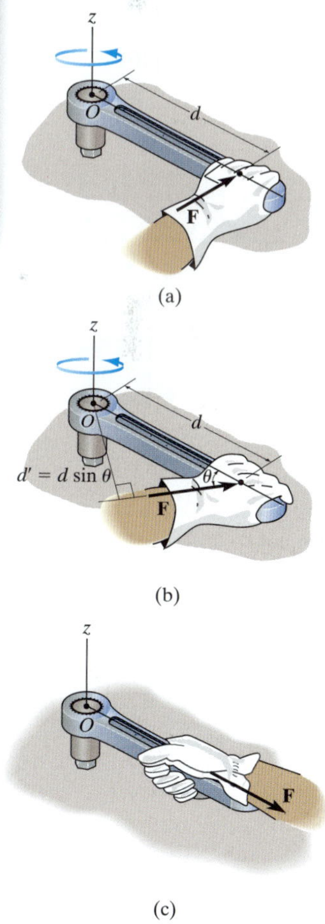

그림 3-1

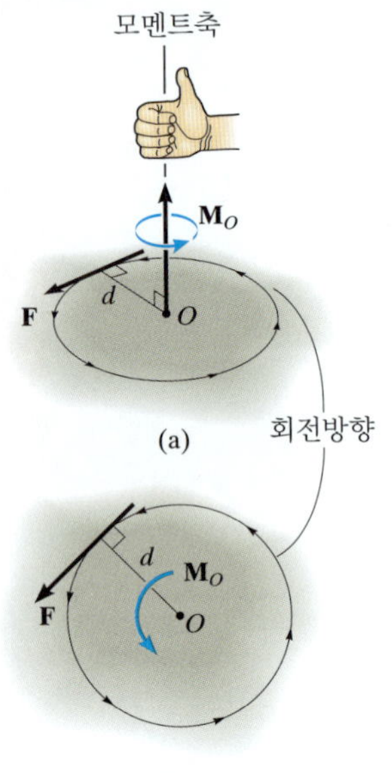

그림 3-2

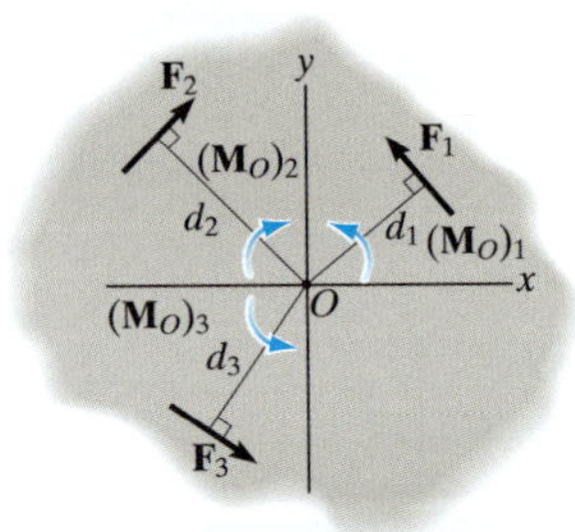

그림 3-3

작용선상 위에 O점이 있게 되어 모멘트 팔이 0이 되므로 모멘트 크기는 0이 되고 렌치는 어떠한 회전력도 유발하지 못할 것이다.

전술한 내용을 일반화시키기 위하여 그림 3-2a에 보인 바와 같이 힘 **F**와 그림자로 표시된 면 위에 있는 O점에 대하여 고려해 보자. O점에 대한 모멘트 혹은 O를 통과하면서 그림자면에 수직한 축에 대한 모멘트 $\mathbf{M}_O$는 크기와 방향을 모두 가지고 있으므로 벡터량이 된다.

모멘트 크기. $\mathbf{M}_O$의 크기는

$$M_O = Fd \tag{3-1}$$

와 같다. 여기서 d는 **모멘트 팔**(moment arm) 또는 작용선상에 놓인 O점에서 떨어진 수직거리이다. 모멘트 단위는 힘과 길이의 곱으로 구하게 되므로 N · m이 된다.

모멘트 방향. $\mathbf{M}_O$의 방향은 힘 **F**와 모멘트 팔 d가 포함되어 있는 평면에 수직을 이루는 축으로부터 정해진다. 오른손법칙은 $\mathbf{M}_O$의 작용점을 결정하는 데 사용된다. 즉 오른손법칙에 따라 손바닥이 보인 상태에서 오른손의 엄지를 제외한 4개 손가락들로 원을 만들게 되면 이렇게 만들어진 손가락 방향으로 모멘트는 회전을 발생시킨다. 이와 같은 과정에서 오른손의 엄지 손가락이 $\mathbf{M}_O$의 방향을 나타내게 된다(그림 3-2a). 3차원상에 표시되는 모멘트는 화살표에 회전 화살표를 붙혀서 표현하지만, 2차원상에 표시되는 모멘트는 그림 3-2b와 같이 회전 화살표만을 가지고 표현한다. 그림에 표시된 모멘트는 반시계방향으로 회전하게 되며 면외방향을 갖는다.

모멘트 합력. 그림 3-3에 보인 바와 같이 모든 하중들이 x-y 평면 내에서 작용하는 2차원 문제의 경우, O점(z축)에 대한 모멘트 합력 $(\mathbf{M}_R)_O$는 각각의 힘들이 발생시키는 모멘트들을 산술적으로 모두 더하여 얻을 수 있다. 면외 방향 양의 z축 방향의 모멘트가 반시계방향으로 회전을 일으키므로 반시계방향 모멘트를 양으로 한다. 시계방향 모멘트는 음이다. 모멘트의 방향은 (+) 또는 (−) 기호를 사용하여 표현한다. 따라서 그림 3-3에 보인 모멘트 합력은 다음과 같다.

$$\circlearrowleft +(M_R)_O = \Sigma Fd; \qquad (M_R)_O = F_1d_1 - F_2d_2 + F_3d_3$$

위에 보인 식의 결과 값이 양이면 반시계방향 모멘트(면 바깥쪽 방향)가 될 것이고, 음이면 시계방향 모멘트(면 안쪽 방향)가 될 것이다.

예제 3.1

그림 3-4에 보인 각 경우에 대하여 O점의 모멘트를 구하라.

풀이(스칼라 해석)

각 힘의 모멘트 팔 d를 구하기 위하여 점선으로 표시된 선을 따라 작용선을 연장시키고, 작용된 힘이 O점을 중심으로 예상되는 부재회전을 그려 보면 다음과 같은 결과들을 얻을 수 있다.

그림 3-4*a* $M_O = (100\text{ N})(2\text{ m}) = 200\text{ N}\cdot\text{m}$ ↻ **답**

그림 3-4*b* $M_O = (50\text{ N})(0.75\text{ m}) = 37.5\text{ N}\cdot\text{m}$ ↻ **답**

그림 3-4*c* $M_O = (4\text{ kN})(2\text{ m} + 1\cos 30^\circ\text{ m}) = 11.5\text{ kN}\cdot\text{m}$ ↻ **답**

그림 3-4*d* $M_O = (600\text{ N})(0.5\sin 45^\circ\text{ m}) = 212\text{ N}\cdot\text{m}$ ↺ **답**

그림 3-4*e* $M_O = (7\text{ kN})(4\text{ m} - 1\text{ m}) = 21.0\text{ kN}\cdot\text{m}$ ↺ **답**

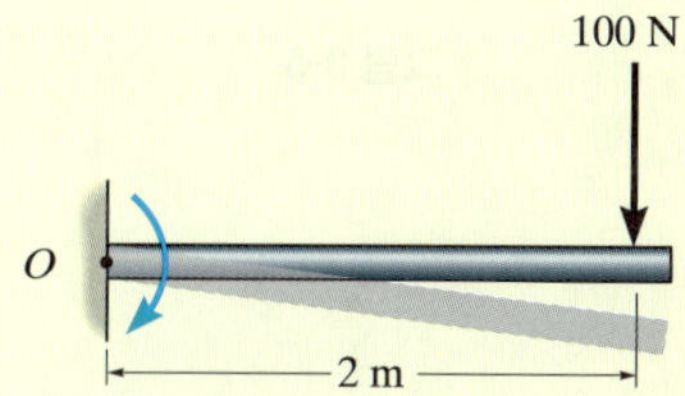

(a)

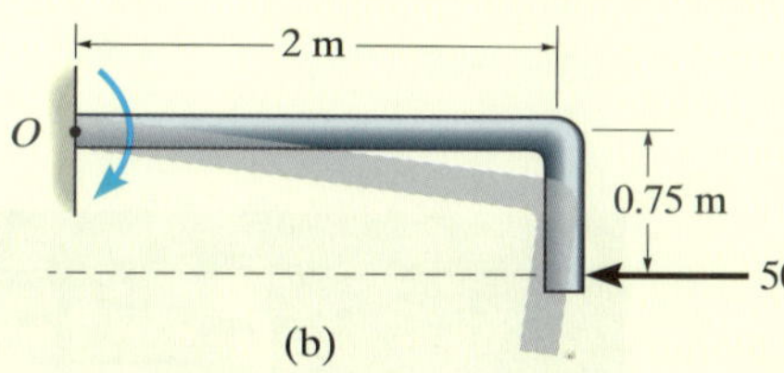

(b)

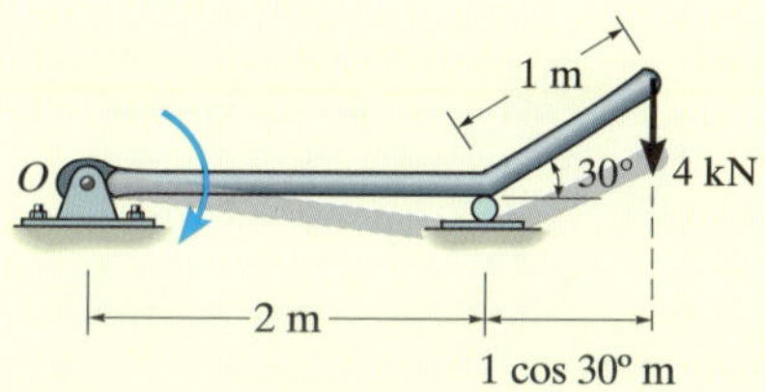

(c)

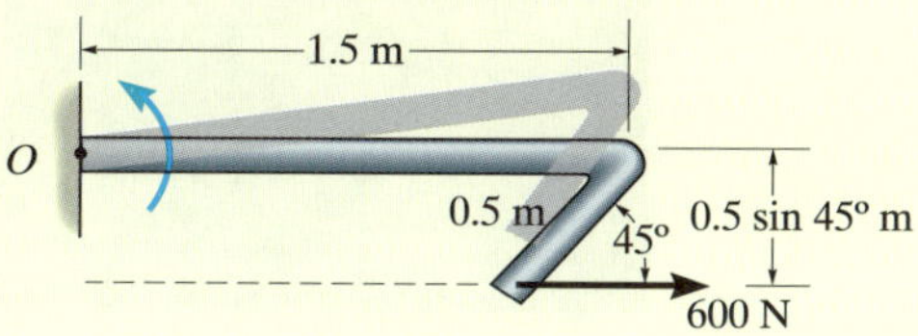

(d)

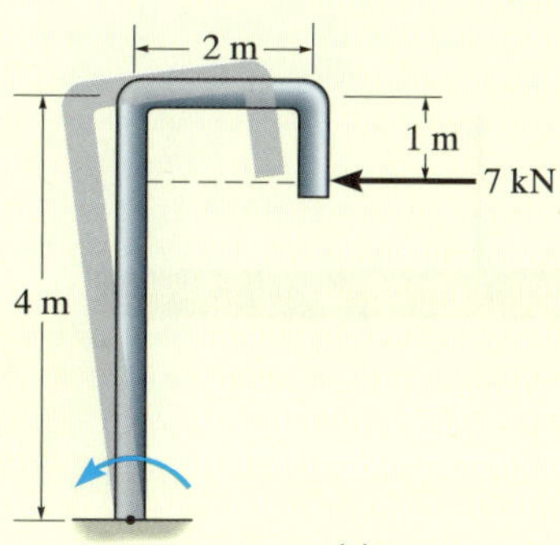

O (e)

그림 3-4

예제 3.2

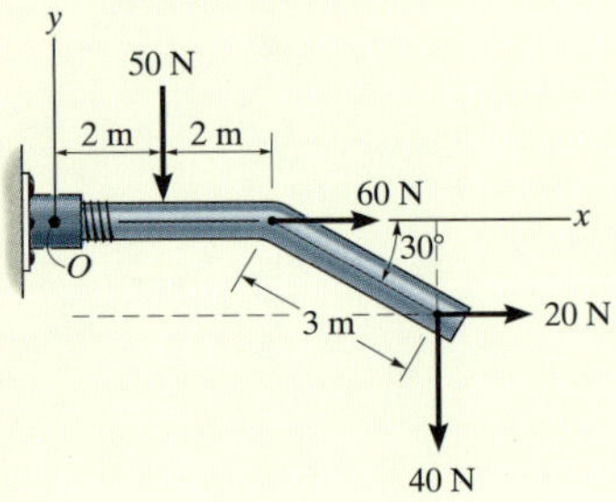

그림 3-5

그림 3-5에 보인 바와 같이 막대에 작용하는 4개의 힘이 O점에 발생시키는 모멘트 합력을 구하라.

풀이

$+\mathbf{k}$방향으로 작용하는 모멘트 혹은 반시계방향으로 작용하는 모멘트를 (+)로 가정하면,

$$\circlearrowleft + (M_R)_o = \Sigma Fd;$$

$$(M_R)_o = (-50\text{ N})(2\text{ m}) + (60\text{ N})(0) + (20\text{ N})(3\sin 30°\text{ m}) - (40\text{ N})(4\text{ m} + 3\cos 30°\text{ m})$$

$$(M_R)_o = -334\text{ N}\cdot\text{m} = 334\text{ N}\cdot\text{m}\ \circlearrowright$$ **답**

본 예제의 계산과정에서 힘 20 N과 40 N의 모멘트 팔이 각각 확장된 작용선을 따라 어떻게 구할 수 있는가에 대하여 주의하여 살펴보자.

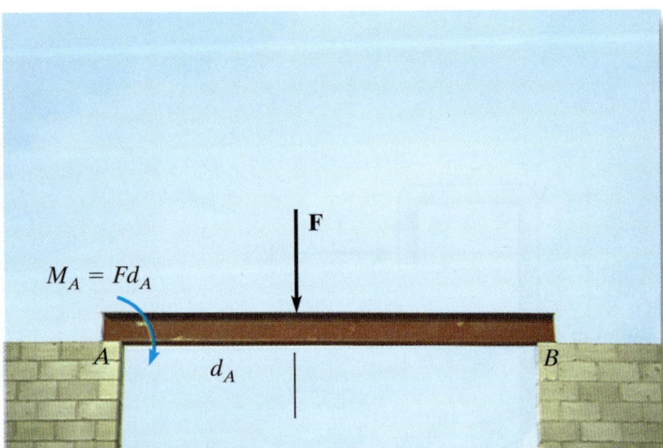

힘 **F**는 모멘트 $M_A = Fd_A$를 발생시켜 지점 A를 중심으로 시계방향으로 단순보를 회전시키려고 한다. 하지만 단순보는 지점 B가 제거되는 경우에만 진정한 회전을 하게 된다.

못을 제거하는 위해서는 O점에 대한 $\mathbf{F}_h$의 모멘트가 못을 제거하기 위하여 필요한 힘 $\mathbf{F}_n$의 O점에 대한 모멘트보다 커야 된다.

3.2 외적

다음 절에서는 카티지언 벡터를 사용하여 모멘트를 수식화할 것이다. 그러나 그보다 먼저 외적 연산을 도입하여 벡터 연산에 대한 지식을 한층 더 향상시킬 필요가 있다.

벡터 **A**와 **B**를 서로 **외적**(cross product)하게 되면 벡터 **C**를 얻게 되며 다음과 같은 식으로 표현된다.

$$\mathbf{C} = \mathbf{A} \times \mathbf{B} \tag{3-2}$$

3

크기. **C**의 크기는 **A**의 크기, **B**의 크기와 두 벡터로부터 만들어지는 각도 $\theta(0^\circ \leq \theta \leq 180^\circ)$의 사인값을 모두 곱한 것으로 정의하고, 다음과 같이 표시할 수 있다.

$$C = AB \sin \theta$$

방향. 벡터 **C**의 방향은 오른손법칙에 따라 **A**와 **B**를 포함하는 평면에 직각 방향을 가지는 것으로 정의한다. 즉 벡터 **A**에서 벡터 **B**방향으로 4개의 오른손 손가락들을 감으면, 그림 3-6에서 보는 것과 같이 엄지손가락의 방향이 **C**의 방향이 된다.

C의 크기와 방향을 가지고 표현하면 다음과 같다.

$$\mathbf{C} = \mathbf{A} \times \mathbf{B} = (AB \sin \theta)\mathbf{u}_C \tag{3-3}$$

식 (3-3)에 표시된 각 항을 그림 3-6에 나타내었다.

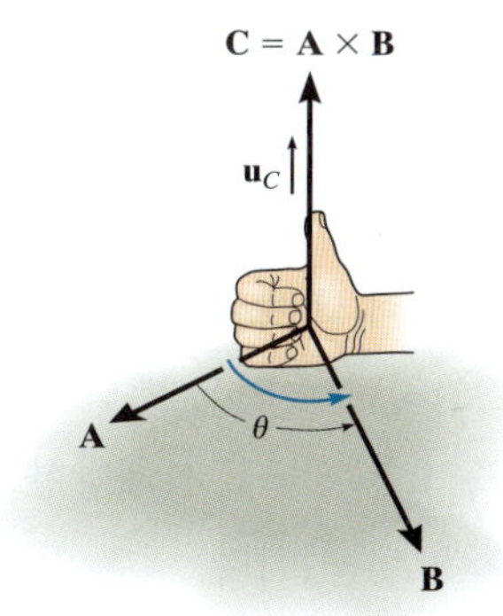

그림 3-6

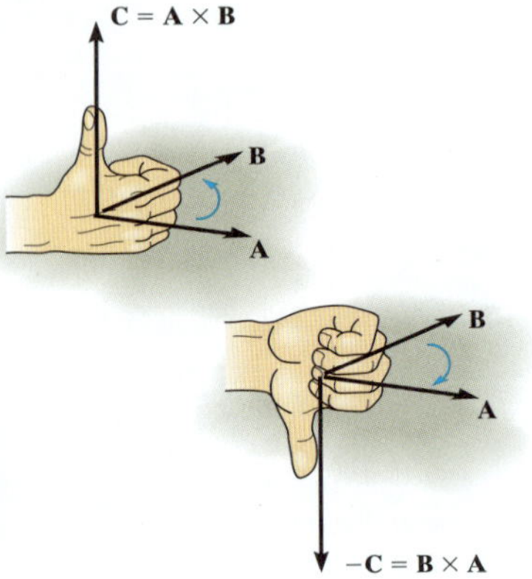

그림 3-7

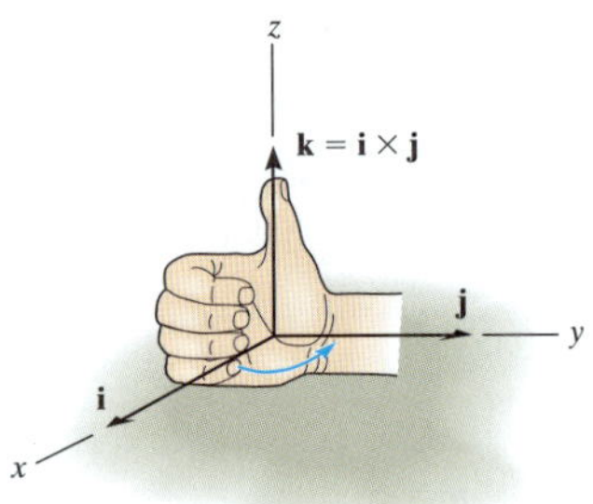

그림 3-8

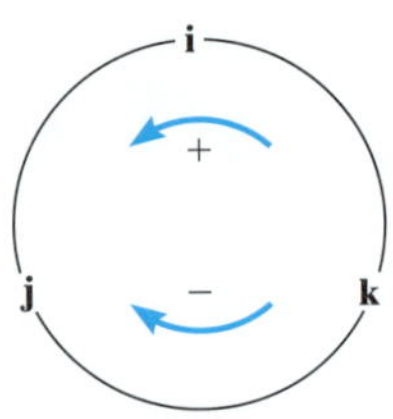

그림 3-9

다음은 3가지 외적에 관한 연산법칙이다.

- 외적의 교환법칙은 성립되지 않는다. 즉, $\mathbf{A} \times \mathbf{B} \neq \mathbf{B} \times \mathbf{A}$이다. 하지만

$$\mathbf{A} \times \mathbf{B} = -\mathbf{B} \times \mathbf{A}$$

는 성립함에 주목하라. 그림 3-7에 보인 것처럼 오른손법칙을 이용하면 쉽게 이해될 수 있다. 외적 $\mathbf{B} \times \mathbf{A}$는 $\mathbf{C}$와 크기는 같지만 반대방향으로 작용하는 벡터 $-\mathbf{C}$를 얻게 된다. 즉, $\mathbf{B} \times \mathbf{A} = -\mathbf{C}$이다.

- 외적에 스칼라 a가 곱해지는 경우에는 이들 사이에 결합법칙이 성립된다.

$$a(\mathbf{A} \times \mathbf{B}) = (a\mathbf{A}) \times \mathbf{B} = \mathbf{A} \times (a\mathbf{B}) = (\mathbf{A} \times \mathbf{B})a$$

합력벡터의 크기($|a|\, AB \sin\theta$)와 방향이 양쪽에서 모두 똑같다는 사실로부터 쉽게 알 수 있다.

- 벡터 외적에서 분배법칙이 성립된다.

$$\mathbf{A} \times (\mathbf{B} + \mathbf{D}) = (\mathbf{A} \times \mathbf{B}) + (\mathbf{A} \times \mathbf{D})$$

벡터 외적은 교환법칙이 성립되지 않기 때문에 연산 순서를 유지하면서 수행됨에 유의하라.

카티지언 벡터 표현. 식 (3-3)을 이용하면 임의의 카티지언 벡터 2개에 대한 외적을 구할 수 있다. 예를 들어, 외적 $\mathbf{i} \times \mathbf{j}$로부터 얻은 벡터의 크기는 $(i)(j)(\sin 90^\circ) = (1)(1)(1) = 1$이고 방향은 오른손법칙을 사용하여 결정된다. 그림 3-8에 보인 바와 같이 외적벡터는 $+\mathbf{k}$방향으로 작용하므로 $\mathbf{i} \times \mathbf{j} = (1)\mathbf{k}$로 표현된다. 동일한 방법을 사용하면

$$\begin{array}{lll} \mathbf{i} \times \mathbf{j} = \mathbf{k} & \mathbf{i} \times \mathbf{k} = -\mathbf{j} & \mathbf{i} \times \mathbf{i} = \mathbf{0} \\ \mathbf{j} \times \mathbf{k} = \mathbf{i} & \mathbf{j} \times \mathbf{i} = -\mathbf{k} & \mathbf{j} \times \mathbf{j} = \mathbf{0} \\ \mathbf{k} \times \mathbf{i} = \mathbf{j} & \mathbf{k} \times \mathbf{j} = -\mathbf{i} & \mathbf{k} \times \mathbf{k} = \mathbf{0} \end{array}$$

와 같은 결과를 쉽게 얻는다. 전술한 외적 결과들은 암기하기보다는 각각의 외적 결과들이 어떻게 오른손법칙과 외적 정의로부터 얻어지는가를 충분히 이해하는 것이 매우 중요하다. 그림 3-9에는 외적 연산에 도움을 주는 간단한 그림을 제시하였다. 그림에서 보는 바와 같이 원상에 놓인 두 개의 단위벡터가 반시계방향으로 외적하여 얻은 벡터는 남은 한 개의 단위벡터와 같게 됨을 보이고 있다. 즉, $\mathbf{k} \times \mathbf{i} = \mathbf{j}$. 시계방향으로 외적을 하면 음의 단위벡터가 얻어진다. 즉, $\mathbf{i} \times \mathbf{k} = -\mathbf{j}$이다.

카티지언 벡터 형태로 표현된 2개의 일반 벡터 $\mathbf{A}$와 $\mathbf{B}$의 외적을 수행하면 다음을 구할 수 있다.

$$\begin{aligned}\mathbf{A}\times\mathbf{B} &= (A_x\mathbf{i}+A_y\mathbf{j}+A_z\mathbf{k})\times(B_x\mathbf{i}+B_y\mathbf{j}+B_z\mathbf{k})\\ &= A_xB_x(\mathbf{i}\times\mathbf{i})+A_xB_y(\mathbf{i}\times\mathbf{j})+A_xB_z(\mathbf{i}\times\mathbf{k})\\ &\quad + A_yB_x(\mathbf{j}\times\mathbf{i})+A_yB_y(\mathbf{j}\times\mathbf{j})+A_yB_z(\mathbf{j}\times\mathbf{k})\\ &\quad + A_zB_x(\mathbf{k}\times\mathbf{i})+A_zB_y(\mathbf{k}\times\mathbf{j})+A_zB_z(\mathbf{k}\times\mathbf{k})\end{aligned}$$

단위벡터끼리의 외적을 수행하고 각 단위벡터에 대하여 정리하면

$$\mathbf{A}\times\mathbf{B} = (A_yB_z - A_zB_y)\mathbf{i} - (A_xB_z - A_zB_x)\mathbf{j} + (A_xB_y - A_yB_x)\mathbf{k} \quad (3\text{-}4)$$

이 된다.

식 (3-4)를 보다 간결하게 행렬식 형태로 나타내면 다음과 같다.

$$\mathbf{A}\times\mathbf{B} = \begin{vmatrix}\mathbf{i} & \mathbf{j} & \mathbf{k}\\ A_x & A_y & A_z\\ B_x & B_y & B_z\end{vmatrix} \quad (3\text{-}5)$$

따라서 두 개의 카티지언 벡터의 **A**와 **B**의 외적 결과는 3차 행렬식의 첫 번째 행은 단위벡터 **i**, **j** 및 **k**로, 두 번째 행과 세 번째 행은 두 벡터 **A**와 **B**의 x, y, z 성분들로 각각 구성되어 있는 행렬식을 전개하는 것과 같다.*

---

* 각각 3개의 행과 열을 갖는 행렬의 행렬식은 3개의 소행렬식으로 확장되며, 확장된 소행렬식은 행렬의 첫번째 행의 원소들과 각각 곱하여진다. 여기서 각각의 소행렬식은 4개의 원소를 가지게 된다. 다음과 같이 4개의 원소를 갖는 행렬식을 예로 들어 보자.

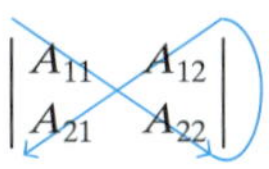

행렬식의 정의에 따라 위에 표시된 행렬식은 오른쪽으로 내려오는 화살표와 만나는 두 원소끼리의 곱 ($A_{11}A_{22}$)에서 왼쪽으로 내려오는 화살표가 만나는 원소끼리의 곱 ($A_{12}A_{21}$)을 빼서 얻은 ($A_{11}A_{22} - A_{12}A_{21}$)와 같이 계산된다. 식 (3-5)와 같이 3 × 3인 행렬식에 대한 소행렬식은 다음과 같은 방법으로 구해질 수 있다.

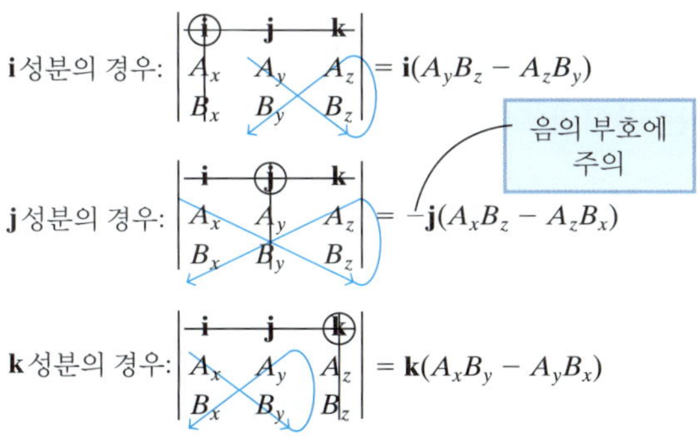

j 요소에 대한 소행렬식에는 (−)를 곱한 후, 3개의 소행렬식 값을 더하면 식 (3-4)로부터 구한 **A** × **B**와 동일한 결과를 얻을 수 있다

3.3 모멘트—벡터로 표현

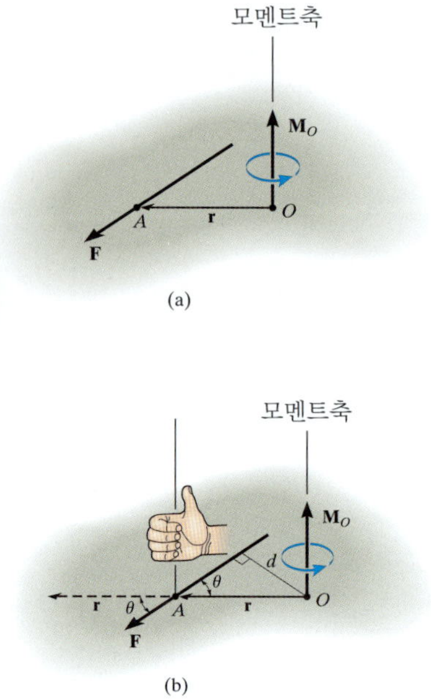

그림 3-10

O점에 대한 힘 $\mathbf{F}$의 모멘트는 그림 3-10a에 보인 바와 같이 외적을 사용하여 얻을 수 있다.

$$\mathbf{M}_O = \mathbf{r} \times \mathbf{F} \tag{3-6}$$

여기서 $\mathbf{r}$은 O점과 $\mathbf{F}$의 작용선상에 놓여 있는 임의점을 연결하는 위치벡터를 나타낸다. 이와 같이 외적으로 구한 모멘트 $\mathbf{M}_O$는 적절한 크기와 방향을 모두 가지게 된다.

크기. 식 (3-3)으로부터 구한 외적의 크기는 $M_O = rF \sin\theta$와 같고, 여기서 θ는 $\mathbf{r}$과 $\mathbf{F}$가 이루는 각이다. 외적에 필요한 θ를 구하려면 위치벡터 $\mathbf{r}$는 적절한 위치로 이동시킬 필요가 있다(그림 3-10b). 모멘트 팔이 $d = r\sin\theta$와 같으므로 식 (3-1)과 동일한 모멘트 크기를 얻을 수 있다.

$$M_O = rF\sin\theta = F(r\sin\theta) = Fd$$

방향. 식 (3-6)에 보인 모멘트 $\mathbf{M}_O$의 방향과 작용점은 외적의 정의에 사용한 오른손법칙을 이용하여 얻을 수 있다. 점선을 따라 위치벡터 $\mathbf{r}$을 이동시킨 후, $\mathbf{r}$에서 $\mathbf{F}$방향으로 오른손가락을 굽히면 엄지손가락은 $\mathbf{r}$과 $\mathbf{F}$를 포함한 면에서 직각으로 위로 향하게 된다. 바로 엄지의 방향이 O점에 대한 모멘트 $\mathbf{M}_O$의 방향과 일치한다(그림 3-10b). 모멘트에 표시된 회전 화살표와 오른손가락은 동일한 회전방향임에 유의하라. 또한 외적은 교환법칙이 성립되지 않으므로 $\mathbf{M}_O$의 방향이 바뀌지 않도록 $\mathbf{r} \times \mathbf{F}$의 순서를 바꿔서는 안 된다.

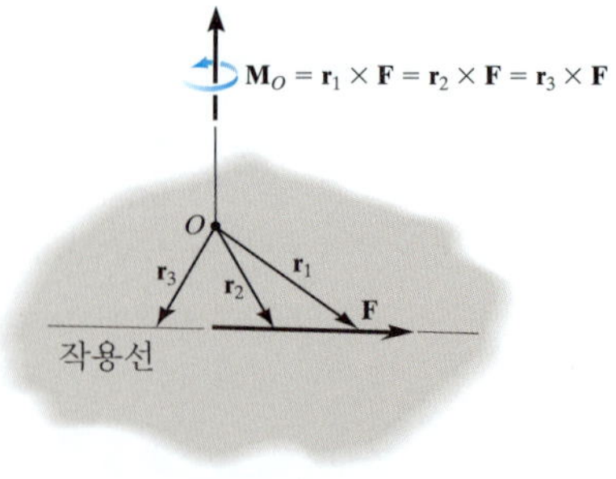

그림 3-11

전달 원리. 외적 연산은 O점으로부터 작용선까지의 수직거리 혹은 모멘트 팔이 필요하지 않기 때문에 3차원 모멘트 문제에서 응용하다. 즉, O점으로부터 $\mathbf{F}$의 작용선상에 있는 어떤 점을 잡아서 위치벡터를 사용하여도 동일한 결과를 준다는 것이다(그림 3-11). 그러므로

$$\mathbf{M}_O = \mathbf{r}_1 \times \mathbf{F} = \mathbf{r}_2 \times \mathbf{F} = \mathbf{r}_3 \times \mathbf{F}$$

임을 알 수 있다. $\mathbf{F}$가 작용선상에서 이동하면서 작용하더라도 O점에 대하여 동일한 크기의 모멘트를 발생시키기 때문에 $\mathbf{F}$를 이동벡터(sliding vector)라 하며, 이와 같은 속성을 힘의 **전달원리**(principle of transmissibility)라고 한다.

카티지언 벡터의 표현. 그림 3-12a에 표시된 x, y, z 좌표축과 식 (3-5)를 이용하면 위치벡터 $\mathbf{r}$과 힘 $\mathbf{F}$를 다음과 같이 카티지언 벡터로 표현할 수 있다.

$$\mathbf{M}_O = \mathbf{r} \times \mathbf{F} = \begin{vmatrix} \mathbf{i} & \mathbf{j} & \mathbf{k} \\ r_x & r_y & r_z \\ F_x & F_y & F_z \end{vmatrix} \qquad (3\text{-}7)$$

여기서,

r_x, r_y, r_z O점과 힘의 작용선상에 있는 임의점을 연결하는 위치벡터의 x, y, z 성분들

F_x, F_y, F_z 힘 벡터의 x, y, z 성분들이다.

행렬식 (3-7)을 식 (3-4)와 같이 전개시키면 다음과 같이 된다.

$$\mathbf{M}_O = (r_yF_z - r_zF_y)\mathbf{i} - (r_xF_z - r_zF_x)\mathbf{j} + (r_xF_y - r_yF_x)\mathbf{k} \qquad (3\text{-}8)$$

식 (3-8)에 표시된 모멘트 성분들의 물리적인 의미는 그림 3-12b를 보면 명확히 알 수 있다. 예를 들어, $\mathbf{M}_O$의 $\mathbf{i}$방향 모멘트 성분은 x축에 대하여 $\mathbf{F}_x$, $\mathbf{F}_y$와 $\mathbf{F}_z$가 발생시키는 모멘트로부터 구할 수 있다. $\mathbf{F}_x$는 x축과 평행하게 작용하고 있으므로 모멘트 혹은 회전을 유발하지 않는다. $\mathbf{F}_y$의 작용선은 B점을 통과하고 있기 때문에 x축상에 있는 A점에 $\mathbf{F}_y$가 일으키는 모멘트 크기는 r_zF_y와 같고 오른손법칙에 따라 (−) $\mathbf{i}$ 방향으로 작용하고 있다. $\mathbf{F}_z$는 C점을 통과하고 있으므로 x축에 $r_yF_z\,\mathbf{i}$만큼의 모멘트 성분을 유발한다. 따라서 식 (3-8)에 보인 바와 같이 $(M_O)_x = (r_yF_z - r_zF_y)$임을 알 수 있다. 동일한 방법을 이용하여 $\mathbf{M}_O$의 $\mathbf{j}$와 $\mathbf{k}$성분들을 구한 후, O점에 대한 $\mathbf{F}$의 모멘트가 식 (3-8)과 같이 표현될 수 있음을 유도하여 보라. 일단 $\mathbf{M}_O$가 결정되면, $\mathbf{r}$과 $\mathbf{F}$가 존재하는 색칠되어진 면의 수직으로 작용할 것이다.

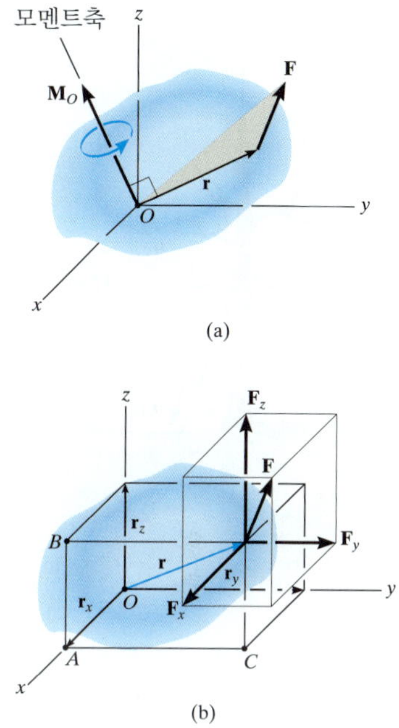

그림 3-12

여러 힘의 모멘트 합력. 그림 3-13과 같이 여러 하중이 작용하는 경우 O점에 대한 모멘트 합력은 각각의 힘이 발생시키는 모멘트에 벡터 덧셈을 수행하여 얻는다. 이를 수식으로 표현하면 다음과 같다.

$$(\mathbf{M}_R)_O = \Sigma(\mathbf{r} \times \mathbf{F}) \qquad (3\text{-}9)$$

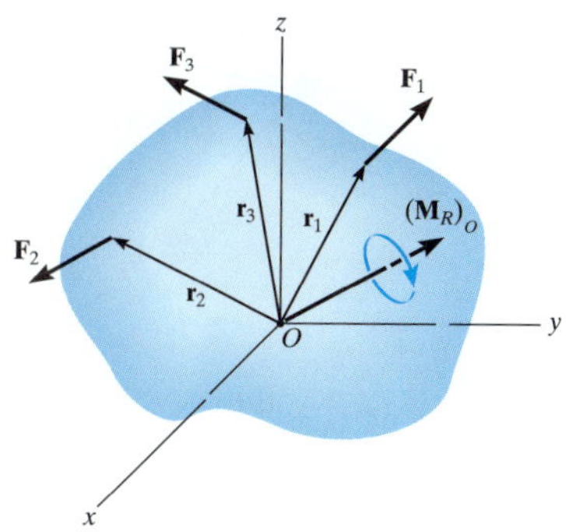

그림 3-13

예제 3.3

그림 3-14a에 보인 바와 같이 **F**가 O점에 대하여 일으키는 모멘트를 구하고, 카티지언 벡터로 표현하라.

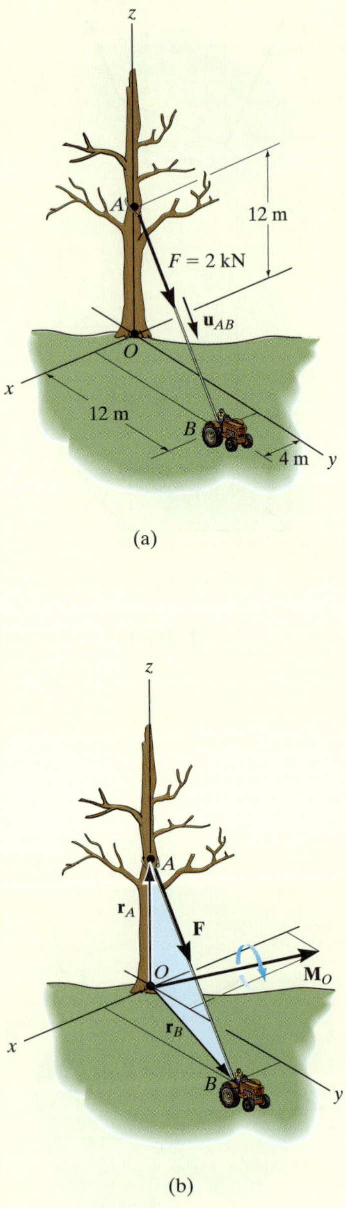

그림 3-14

풀이

O점에 대한 모멘트를 구하는 데 필요한 위치벡터 $\mathbf{r}_A$와 $\mathbf{r}_B$는 다음과 같다.

$$\mathbf{r}_A = \{12\mathbf{k}\}\text{ m} \qquad \mathbf{r}_B = \{4\mathbf{i} + 12\mathbf{j}\}\text{ m}$$

힘 **F**를 카티지언 벡터로 나타내면,

$$\mathbf{F} = F\mathbf{u}_{AB} = 2\text{ kN}\left[\frac{\{4\mathbf{i} + 12\mathbf{j} - 12\mathbf{k}\}\text{ m}}{\sqrt{(4\text{ m})^2 + (12\text{ m})^2 + (-12\text{ m})^2}}\right]$$

$$= \{0.4588\mathbf{i} + 1.376\mathbf{j} - 1.376\mathbf{k}\}\text{ kN}$$

와 같으므로

$$\mathbf{M}_O = \mathbf{r}_A \times \mathbf{F} = \begin{vmatrix} \mathbf{i} & \mathbf{j} & \mathbf{k} \\ 0 & 0 & 12 \\ 0.4588 & 1.376 & -1.376 \end{vmatrix}$$

$$= [0(-1.376) - 12(1.376)]\mathbf{i} - [0(-1.376) - 12(0.4588)]\mathbf{j} + [0(1.376) - 0(0.4588)]\mathbf{k}$$

$$= \{-16.5\mathbf{i} + 5.51\mathbf{j}\}\text{ kN}\cdot\text{m}$$ 답

또는

$$\mathbf{M}_O = \mathbf{r}_B \times \mathbf{F} = \begin{vmatrix} \mathbf{i} & \mathbf{j} & \mathbf{k} \\ 4 & 12 & 0 \\ 0.4588 & 1.376 & -1.376 \end{vmatrix}$$

$$= [12(-1.376) - 0(1.376)]\mathbf{i} - [4(-1.376) - 0(0.4588)]\mathbf{j} + [4(1.376) - 12(0.4588)]\mathbf{k}$$

$$= \{-16.5\mathbf{i} + 5.51\mathbf{j}\}\text{ kN}\cdot\text{m}$$ 답

을 얻을 수 있다.

주: 그림 3-14b에 보인 바와 같이 $\mathbf{M}_O$는 벡터 **F**, $\mathbf{r}_A$와 $\mathbf{r}_B$를 포함하는 평면에 수직하게 작용한다. $M_O = Fd$를 사용하게 되면 모멘트 팔 d를 얻는 데 어려움이 있을 것이다.

예제 3.4

그림 3-15*a*에 보인 바와 같이 막대에 작용하는 두 힘에 의하여 *O*점에 발생하는 모멘트 합력을 구하고 카티지언 벡터로 표현하라.

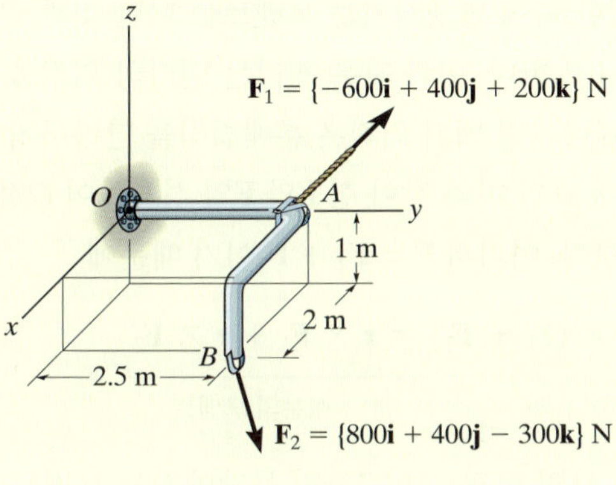

(a)

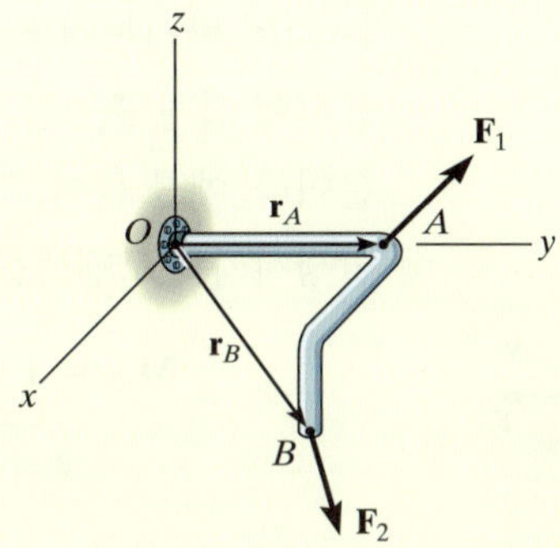

(b)

풀이

그림 3-15*b*와 같이 *O*점과 각 힘을 연결하는 위치벡터는 다음과 같다.

$$\mathbf{r}_A = \{2.5\mathbf{j}\}\text{ m}$$
$$\mathbf{r}_B = \{2\mathbf{i} + 2.5\mathbf{j} - \mathbf{k}\}\text{ m}$$

따라서 *O*점에 발생하는 모멘트 합력은 다음과 같다.

$$\begin{aligned}(\mathbf{M}_R)_O &= \Sigma(\mathbf{r} \times \mathbf{F})\\ &= \mathbf{r}_A \times \mathbf{F}_1 + \mathbf{r}_B \times \mathbf{F}_2\\ &= \begin{vmatrix} \mathbf{i} & \mathbf{j} & \mathbf{k} \\ 0 & 2.5 & 0 \\ -600 & 400 & 200 \end{vmatrix} + \begin{vmatrix} \mathbf{i} & \mathbf{j} & \mathbf{k} \\ 2 & 2.5 & -1 \\ 800 & 400 & -300 \end{vmatrix}\\ &= [2.5(200) - 0(400)]\mathbf{i} - 0\mathbf{j} + [0(400) - 2.5(-600)]\mathbf{k}\\ &\quad + [2.5(-300) - (-1)(400)]\mathbf{i} - [2(-300) - (-1)(800)]\mathbf{j} + [2(400) - 2.5(800)]\mathbf{k}\\ &= \{150\mathbf{i} - 200\mathbf{j} + 300\mathbf{k}\}\text{ N}\cdot\text{m}\end{aligned}$$

답

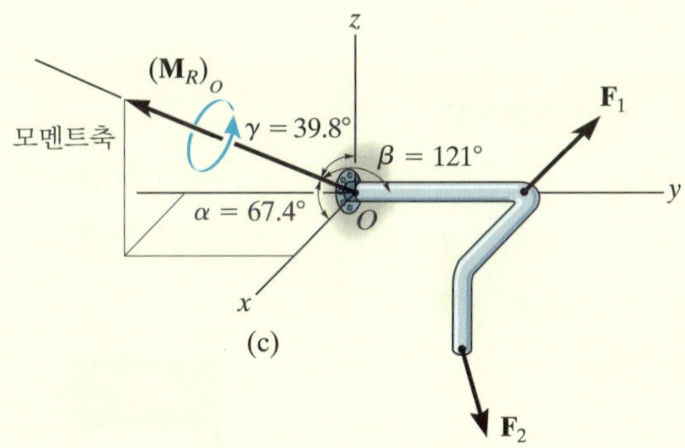

(c)

그림 3-15

주: 본 예제의 계산 결과를 그림 3-15*c*에 나타내었다. 그림에 보인 축방향각은 $(\mathbf{M}_R)_O$에 대한 단위벡터로부터 구할 수 있다. 또한, 두 힘은 모멘트축을 중심으로 모멘트 벡터에 표시된 방향으로 막대를 회전시키려 하고 있음을 확인하라.

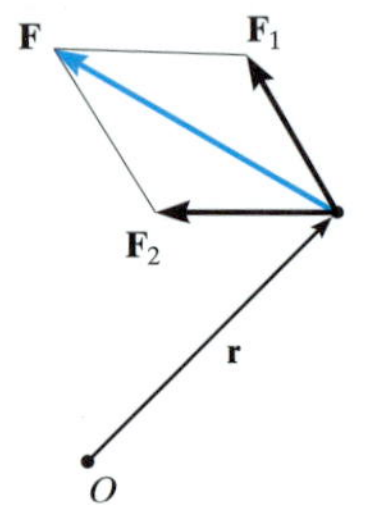

그림 3-16

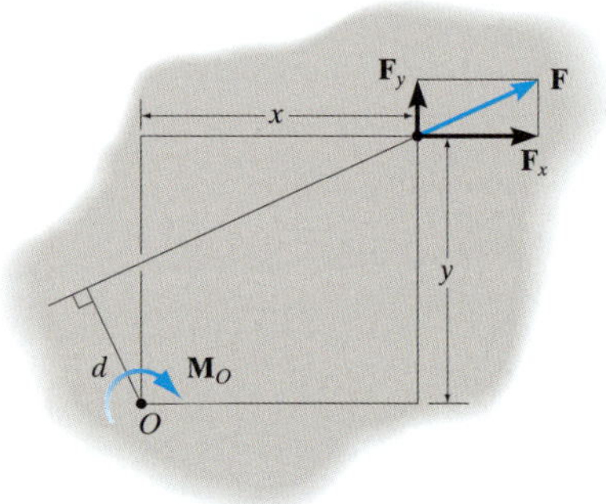

그림 3-17

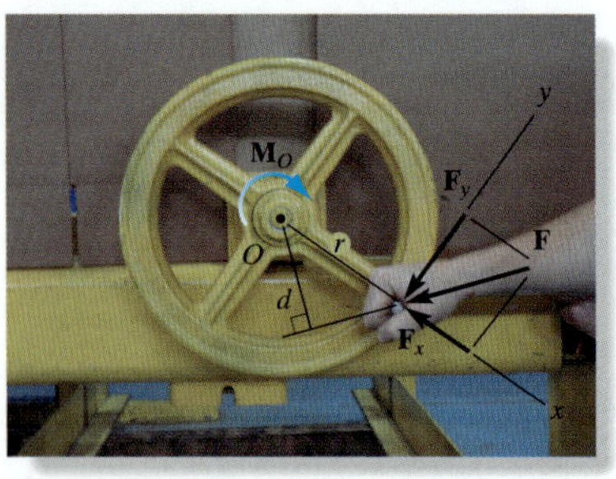

작용하는 힘 $\mathbf{F}$가 O점에 발생시키는 모멘트는 $M_O = Fd$와 같다. 하지만 $M_O = F_x(0) + F_y r = F_y r$와 같이 구하는 것이 더 쉽다.

3.4 모멘트 원리

모멘트 원리(principle of moments)는 역학에서 자주 사용되는 개념으로 프랑스 수학자 바리논(1654–1722)에 의해 처음으로 개발되었기 때문에 **바리논의 정리**(Varignon's theorem)라고도 불린다. 한 힘이 임의축에 발생시키는 모멘트는 힘의 각 성분들이 동일한 축에 발생시키는 모멘트를 더한 것과 같다는 것이 바리논의 원리(정리)라고 한다. 이와 같은 정리는 벡터의 외적을 이용하여 쉽게 증명할 수 있다. 왜냐하면 벡터 외적은 분배법칙을 만족하기 때문이다. 예를 들어, 그림 3-16에 보인 바와 같이 힘 $\mathbf{F}$와 $\mathbf{F}$의 성분들이 O점에 발생시키는 모멘트를 구하여 보자. 여기서 $\mathbf{F} = \mathbf{F}_1 + \mathbf{F}_2$이기 때문에

$$\mathbf{M}_O = \underbrace{\mathbf{r} \times \mathbf{F}}_{\text{힘의 모멘트}} = \mathbf{r} \times (\mathbf{F}_1 + \mathbf{F}_2) = \underbrace{\mathbf{r} \times \mathbf{F}_1 + \mathbf{r} \times \mathbf{F}_2}_{\text{성분의 모멘트}}$$

을 얻을 수 있다. 그림 3-17에 보인 바와 같이 2차원 문제에서는 모멘트 정리로부터 먼저 힘을 직교성분으로 분해한 후 각 성분들 일으키는 모멘트를 더하여 다음과 같은 M_O를 얻을 수 있다.

$$M_O = F_x y - F_y x$$

위의 방법을 이용하면 $M_O = Fd$를 이용하는 방법보다 훨씬 쉽게 모멘트를 구할 수 있다.

요점 IMPORTANT POINTS

- 힘의 모멘트는 특정한 O점을 관통하는 축을 중심으로 물체를 회전시키려는 경향이 있다.
- 오른손법칙에 따라 회전방향은 엄지를 제외한 4개의 손가락들의 방향과 같으며, 엄지손가락은 모멘트의 방향을 나타낸다.
- 모멘트의 크기는 $M_O = Fd$로부터 결정되고, 여기서 모멘트 팔 d는 O점에서 힘의 작용선까지의 수직 또는 가장 짧은 거리를 나타낸다.
- 3차원에서 벡터 외적이 모멘트 $\mathbf{M}_O = \mathbf{r} \times \mathbf{F}$를 결정하는 데 사용된다. 여기서 $\mathbf{r}$은 O점에서 $\mathbf{F}$의 작용선상에 놓은 임의의 점까지의 거리이다.
- 2차원에서는 $M_O = Fd$를 사용하는 것보다 모멘트 원리를 이용하여 힘의 성분으로부터 모멘트를 구하는 것이 편리하다.

예제 3.5

그림 3-18a에 보인 바와 같은 하중 **F**가 O점에 대하여 일으키는 모멘트를 구하라.

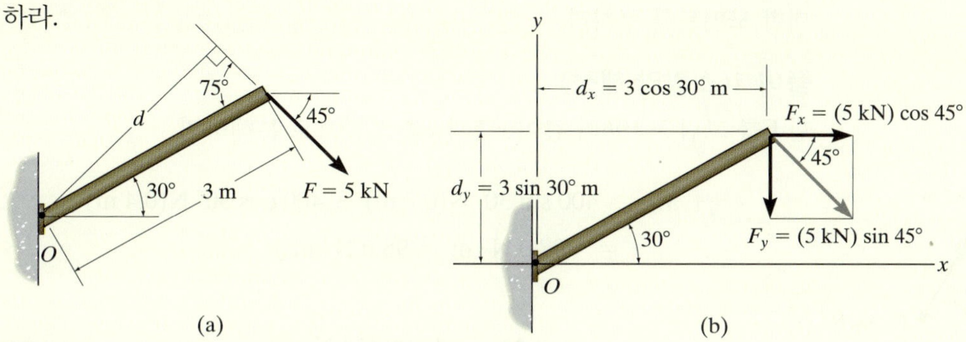

풀이 1

그림 3-18a에 보인 모멘트 팔 d는 삼각법으로 구할 수 있다.

$$d = (3\text{ m})\sin 75^\circ = 2.898\text{ m}$$

따라서

$$M_O = Fd = (5\text{ kN})(2.898\text{ m}) = 14.5\text{ kN}\cdot\text{m}\circlearrowright \qquad \text{답}$$

힘은 O점을 중심으로 시계방향으로 회전(모멘트)을 유발하기 때문에 모멘트는 면내방향으로 작용하게 된다.

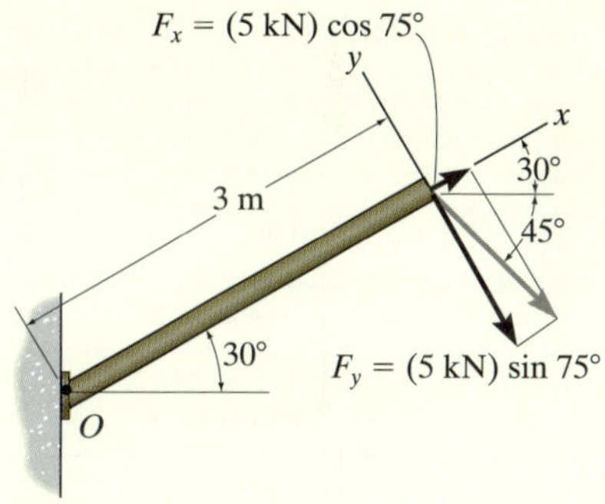

(c)

그림 3-18

풀이 2

그림 3-18b와 같이 힘을 x와 y 성분으로 분해한 후, 모멘트 정리를 이용하면 다음과 같은 모멘트를 구할 수 있다. 여기서 반시계방향을 (+)로 가정한다.

$$\circlearrowleft + M_O = -F_x d_y - F_y d_x$$
$$= -(5\cos 45^\circ\text{ kN})(3\sin 30^\circ\text{ m}) - (5\sin 45^\circ\text{ kN})(3\cos 30^\circ\text{ m})$$
$$= -14.5\text{ kN}\cdot\text{m} = 14.5\text{ kN}\cdot\text{m}\circlearrowright \qquad \text{답}$$

풀이 3

그림 3-18c와 같이 x와 y축을 막대의 평행과 수직이 되도록 설정하면, $\mathbf{F}_x$의 작용선이 점 O를 통과하고 있기 때문에 $\mathbf{F}_x$는 모멘트를 발생시키지 못한다. 따라서

$$\circlearrowleft + M_O = -F_y d_x$$
$$= -(5\sin 75^\circ\text{ kN})(3\text{ m})$$
$$= -14.5\text{ kN}\cdot\text{m} = 14.5\text{ kN}\cdot\text{m}\circlearrowright \qquad \text{답}$$

와 같이 $\mathbf{F}_y$만으로 모멘트를 구할 수 있다.

예제 3.6

힘 **F**가 그림 3-19a에 보인 바와 같이 브래킷의 끝에서 작용한다. O점에 대한 모멘트를 구하라.

풀이 1(스칼라 해석)

힘 **F**를 그림 3-19b와 같이 x축과 y축 성분으로 분해하면,

$$\curvearrowright + M_O = 400 \sin 30° \text{ N}(0.2 \text{ m}) - 400 \cos 30° \text{ N}(0.4 \text{ m})$$
$$= -98.6 \text{ N}\cdot\text{m} = 98.6 \text{ N}\cdot\text{m} \curvearrowright$$

또는

$$\mathbf{M}_O = \{-98.6\mathbf{k}\} \text{ N}\cdot\text{m}$$ 답

와 같은 모멘트를 얻을 수 있다.

풀이 2(벡터 해석)

카티지언 벡터를 사용하여 그림 3-19c에 보인 힘과 위치벡터를 표현하면 다음과 같다.

$$\mathbf{r} = \{0.4\mathbf{i} - 0.2\mathbf{j}\} \text{ m}$$
$$\mathbf{F} = \{400 \sin 30°\mathbf{i} - 400 \cos 30°\mathbf{j}\} \text{ N}$$
$$= \{200.0\mathbf{i} - 346.4\mathbf{j}\} \text{ N}$$

따라서 O점에 대한 모멘트는 다음과 같다.

$$\mathbf{M}_O = \mathbf{r} \times \mathbf{F} = \begin{vmatrix} \mathbf{i} & \mathbf{j} & \mathbf{k} \\ 0.4 & -0.2 & 0 \\ 200.0 & -346.4 & 0 \end{vmatrix}$$
$$= 0\mathbf{i} - 0\mathbf{j} + [0.4(-346.4) - (-0.2)(200.0)]\mathbf{k}$$
$$= \{-98.6\mathbf{k}\} \text{ N}\cdot\text{m}$$ 답

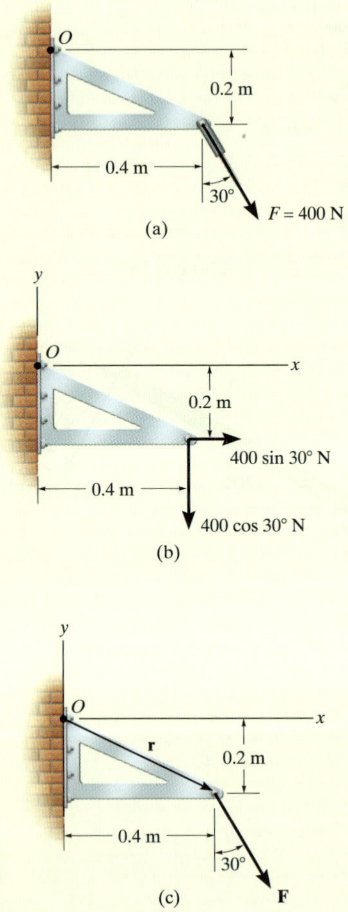

그림 3-19

주: 각 성분의 모멘트 방향과 팔거리를 쉽게 구할 수 있기 때문에 스칼라 해석법(풀이 1)이 풀이 2보다 편리하다. 따라서 본 예제와 같은 2차원 문제 해석에는 스칼라 해석법(풀이 1)을 이용하고, 3차원 문제 해석에서는 카티지언 벡터 해석법(풀이 2)을 이용하는 것이 편리하다.

PRELIMINARY PROBLEMS

P3–1. In each case, determine the moment of the force about point O.

P3–2. In each case, set up the determinant to find the moment of the force about point P.

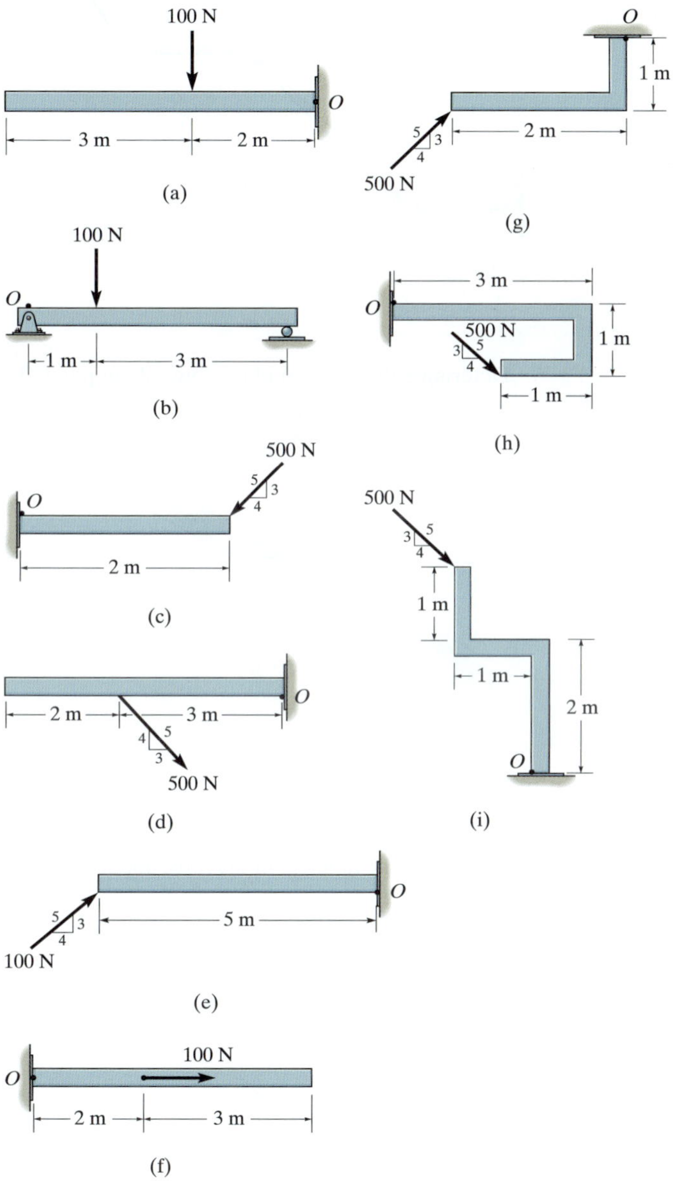

Prob. P3–1

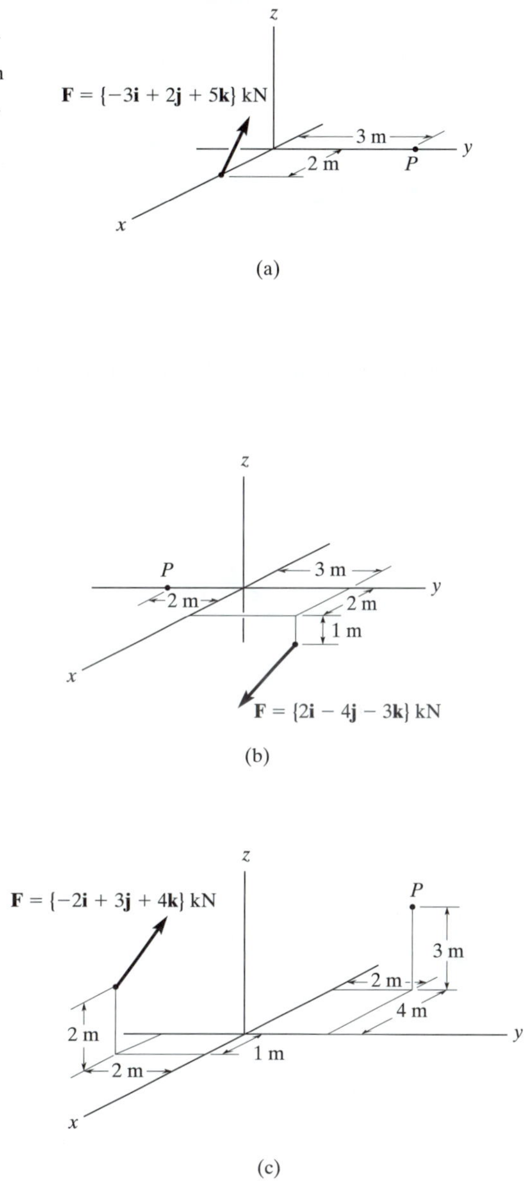

Prob. P3–2

3

FUNDAMENTAL PROBLEMS

F3–1. Determine the moment of the force about point O.

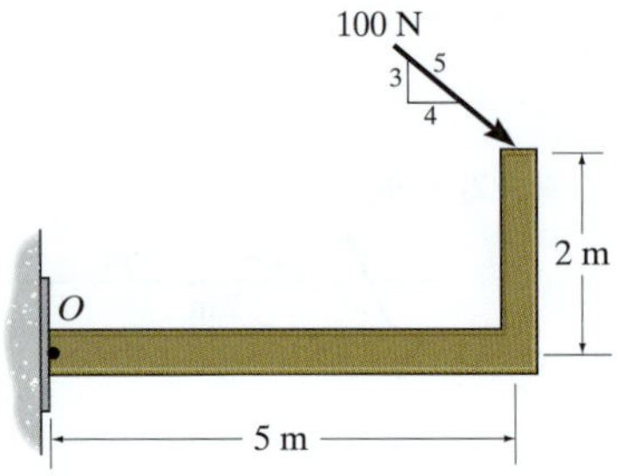

Prob. F3–1

F3–2. Determine the moment of the force about point O.

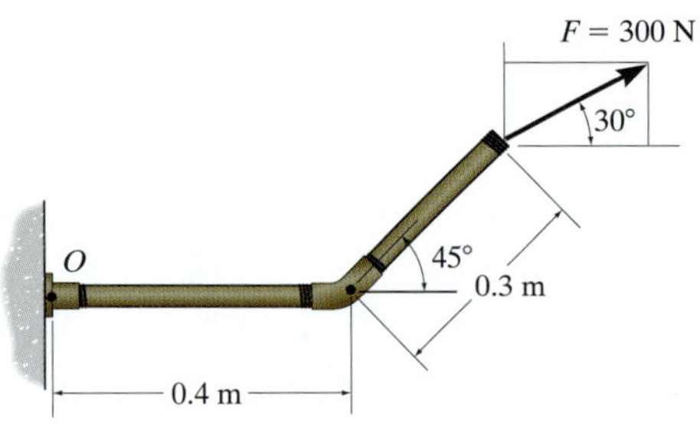

Prob. F3–2

F3–3. Determine the moment of the force about point O.

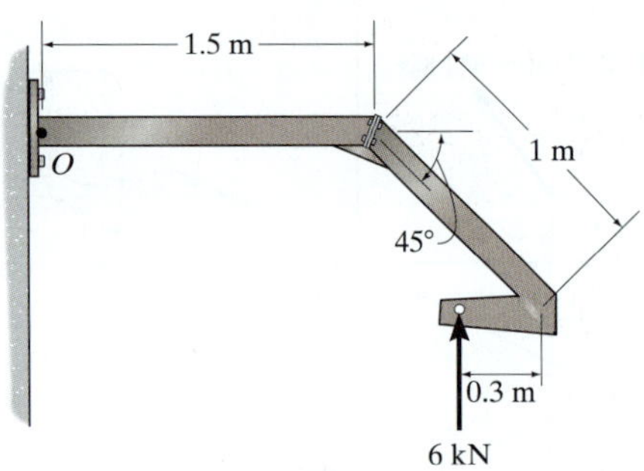

Prob. F3–3

F3–4. Determine the moment of the force about point O.

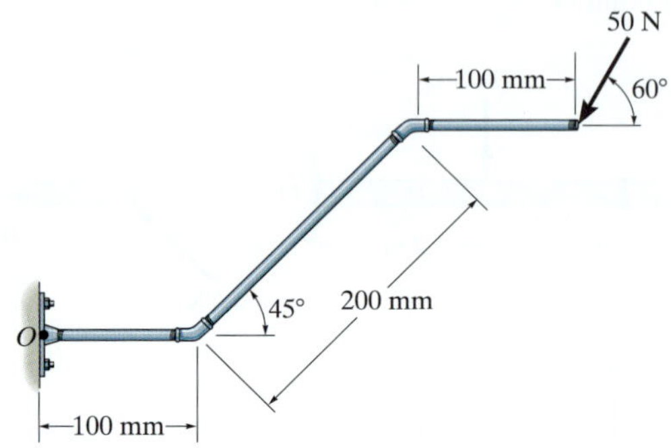

Prob. F3–4

F3–5. Determine the moment of the force about point O.

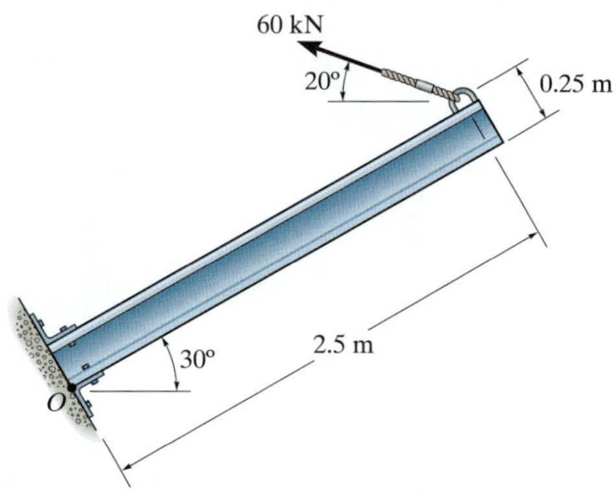

Prob. F3–5

F3–6. Determine the moment of the force about point O.

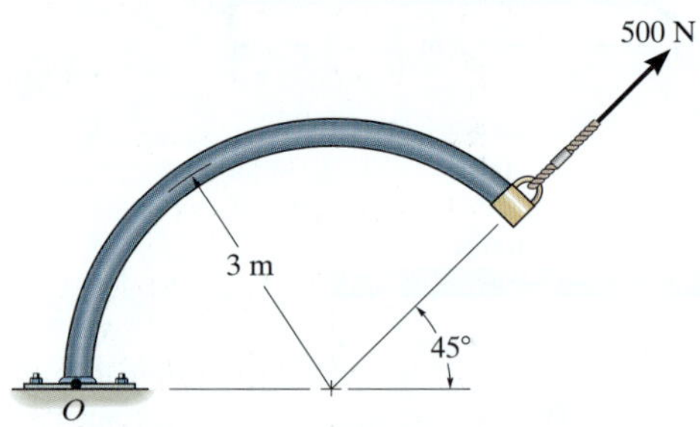

Prob. F3–6

F3–7. Determine the resultant moment produced by the forces about point O.

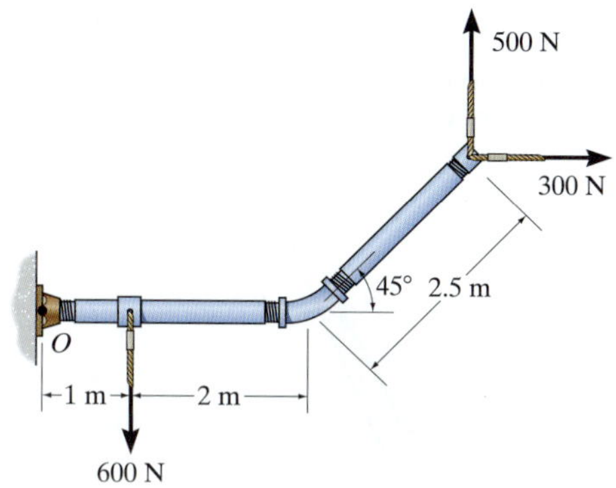

Prob. F3–7

F3–8. Determine the resultant moment produced by the forces about point O.

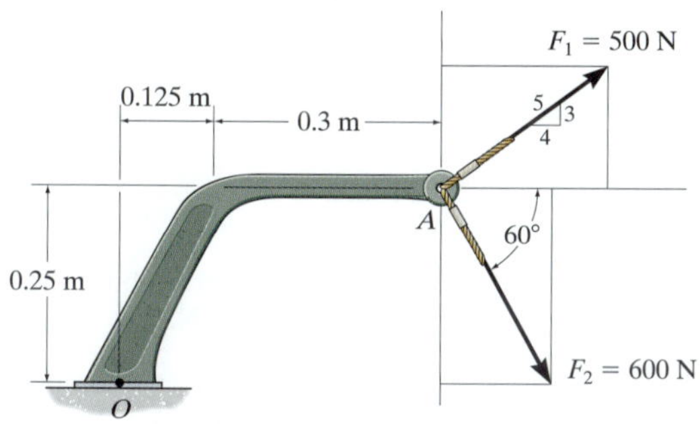

Prob. F3–8

F3–9. Determine the resultant moment produced by the forces about point O.

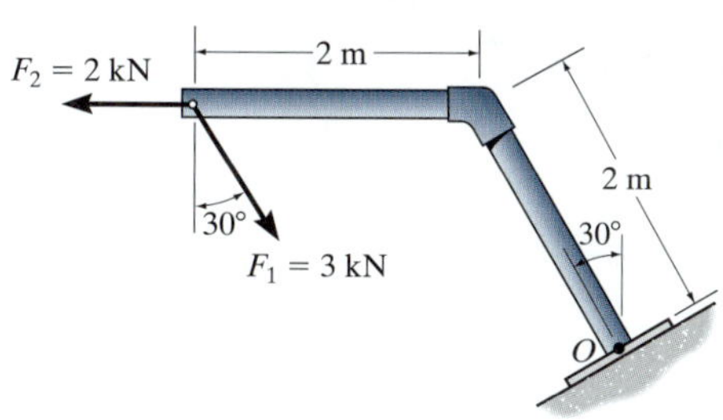

Prob. F3–9

F3–10. Determine the moment of force **F** about point O. Express the result as a Cartesian vector.

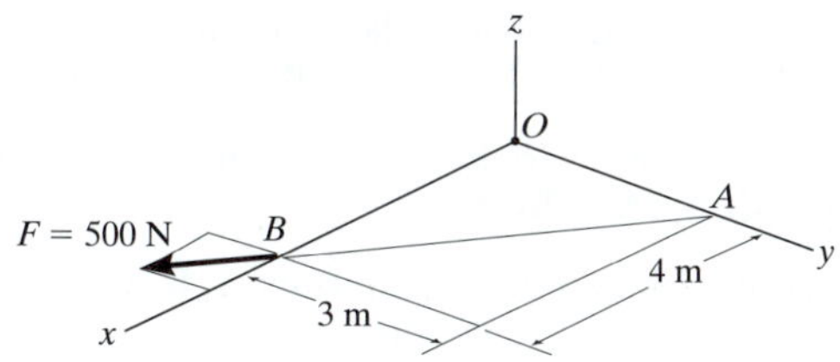

Prob. F3–10

F3–11. Determine the moment of force **F** about point O. Express the result as a Cartesian vector.

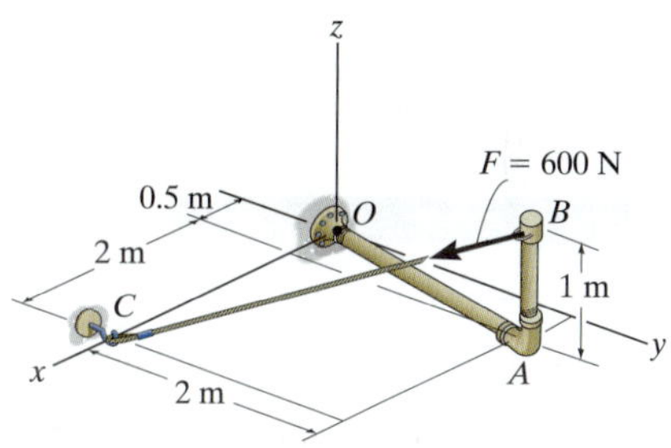

Prob. F3–11

F3–12. If $\mathbf{F}_1 = \{500\mathbf{i} - 600\mathbf{j} + 375\mathbf{k}\}$ N and $\mathbf{F}_2 = \{-1000\mathbf{i} + 1250\mathbf{j} + 500\mathbf{k}\}$ N, determine the resultant moment produced by these forces about point O. Express the result as a Cartesian vector.

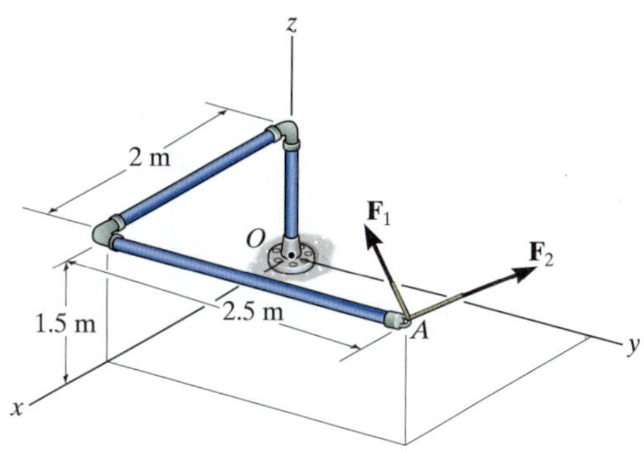

Prob. F3–12

PROBLEMS

3–1. Prove the distributive law for the vector cross product, i.e., $\mathbf{A} \times (\mathbf{B} + \mathbf{D}) = (\mathbf{A} \times \mathbf{B}) + (\mathbf{A} \times \mathbf{D})$.

3–2. Prove the triple scalar product identity $\mathbf{A} \cdot (\mathbf{B} \times \mathbf{C}) = (\mathbf{A} \times \mathbf{B}) \cdot \mathbf{C}$.

3–3. Given the three nonzero vectors **A**, **B**, and **C**, show that if $\mathbf{A} \cdot (\mathbf{B} \times \mathbf{C}) = 0$, the three vectors *must* lie in the same plane.

***3–4.** If $\theta = 45°$, determine the moment produced by the 4-kN force about point A.

3–5. If the moment produced by the 4-kN force about point A is $10 \text{ kN} \cdot \text{m}$ clockwise, determine the angle θ, where $0° \leq \theta \leq 90°$.

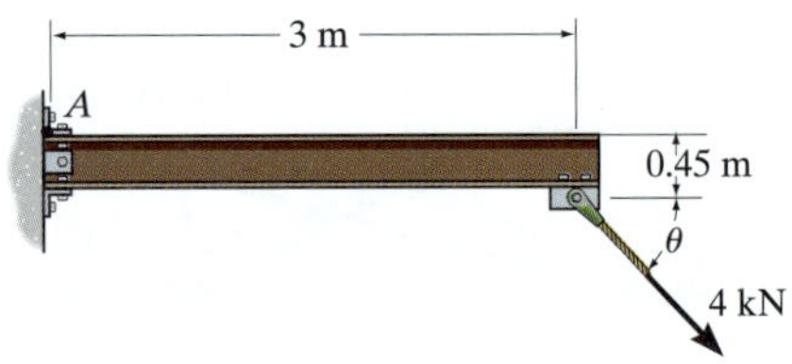

Probs. 3–4/5

3–6. Determine the moment of each of the three forces about point A.

3–7. Determine the moment of each of the three forces about point B.

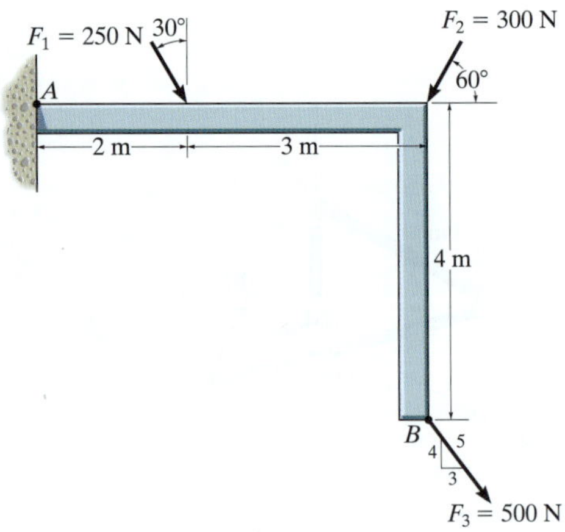

Probs. 3–6/7

***3–8.** The foot segment is subjected to the pull of the two plantarflexor muscles. Determine the moment of each force about the point of contact A on the ground.

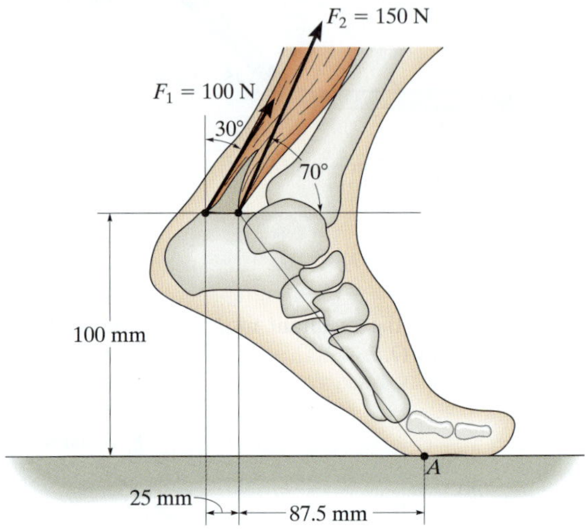

Prob. 3–8

3–9. Determine the moment of each force about the bolt located at A. Take $F_B = 200$ N, $F_C = 250$ N.

3–10. If $F_B = 150$ N and $F_C = 225$ N, determine the resultant moment about the bolt located at A.

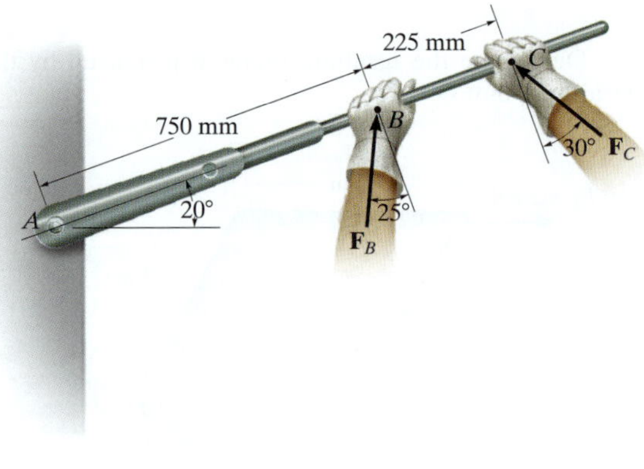

Probs. 3–9/10

3–11. The wheelbarrow and its contents have a mass of 50 kg and a center of mass at G. If the resultant moment produced by force **F** and the weight about point A is to be zero, determine the required magnitude of force **F**.

***3–12.** The wheelbarrow and its contents have a center of mass at G. If $F = 100$ N and the resultant moment produced by force **F** and the weight about the axle at A is zero, determine the mass of the wheelbarrow and its contents.

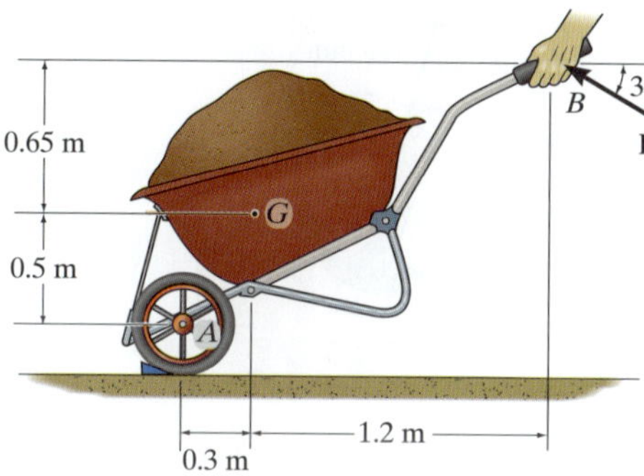

Probs. 3–11/12

3–13. The torque wrench ABC is used to measure the moment or torque applied to a bolt when the bolt is located at A and a force is applied to the handle at C. The mechanic reads the torque on the scale at B. If an extension AO of length d is used on the wrench, determine the required scale reading if the desired torque on the bolt at O is to be M.

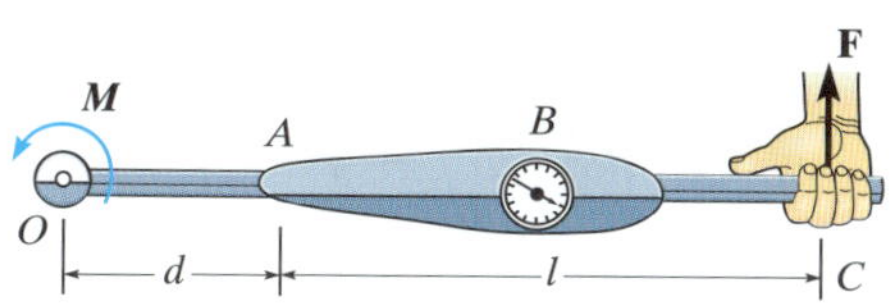

Prob. 3–13

3–14. The 20-N horizontal force acts on the handle of the socket wrench. What is the moment of this force about point B. Specify the coordinate direction angles α, β, γ of the moment axis.

3–15. The 20-N horizontal force acts on the handle of the socket wrench. Determine the moment of this force about point O. Specify the coordinate direction angles α, β, γ of the moment axis.

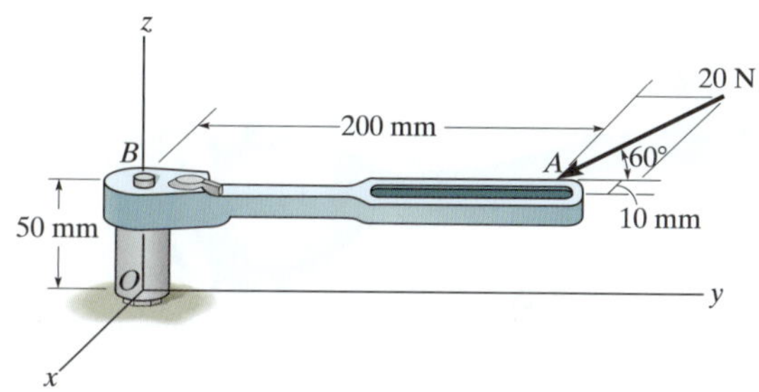

Probs. 3–14/15

***3–16.** The cable exerts a force of $P = 6$ kN at the end of the 8-m-long crane boom. If $\theta = 30°$, determine the placement x of the hook at B so that this force creates a maximum moment about point O. What is this moment?

3–17. The cable exerts a force of $P = 6$ kN at the end of the 8-m-long crane boom. If $x = 10$ m, determine the angle θ of the boom so that this force creates a maximum moment about point O. What is this moment?

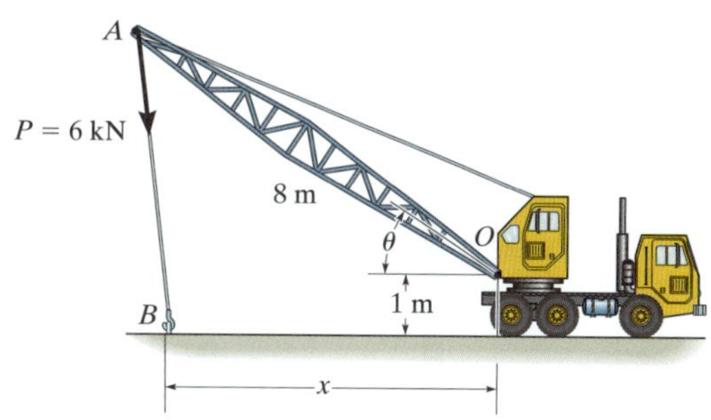

Probs. 3–16/17

3–18. The tongs are used to grip the ends of the drilling pipe P. Determine the torque (moment) M_P that the applied force $F = 750$ N exerts on the pipe about point P as a function of θ. Plot this moment M_P versus θ for $0 \le \theta \le 90°$.

3–19. The tongs are used to grip the ends of the drilling pipe P. If a torque (moment) of $M_P = 1200$ N · m is needed at P to turn the pipe, determine the cable force F that must be applied to the tongs. Set $\theta = 30°$.

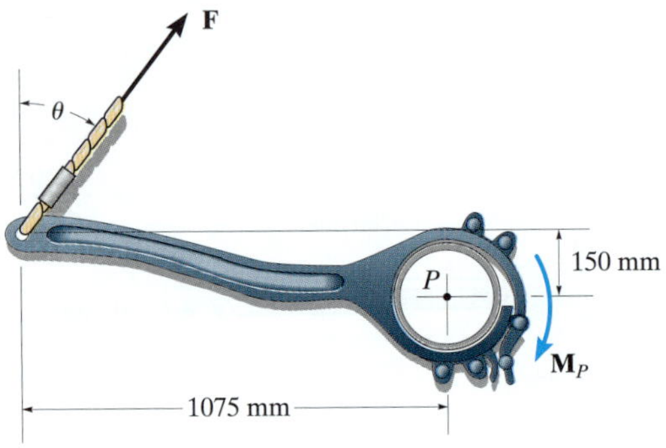

Probs. 3–18/19

***3–20.** The tower crane is used to hoist the 2-Mg load upward at constant velocity. The 1.5-Mg jib BD, 0.5-Mg jib BC, and 6-Mg counterweight C have centers of mass at G_1, G_2, and G_3, respectively. Determine the resultant moment produced by the load and the weights of the tower crane jibs about point A and about point B.

3–21. The tower crane is used to hoist a 2-Mg load upward at constant velocity. The 1.5-Mg jib BD and 0.5-Mg jib BC have centers of mass at G_1 and G_2, respectively. Determine the required mass of the counterweight C so that the resultant moment produced by the load and the weight of the tower crane jibs about point A is zero. The center of mass for the counterweight is located at G_3.

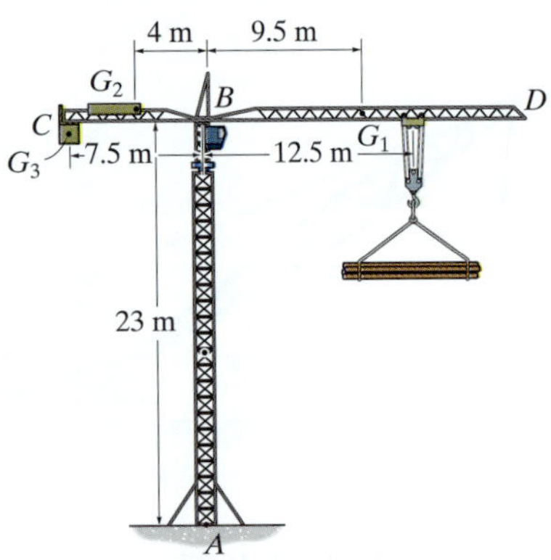

Probs. 3–20/21

3–22. The handle of the hammer is subjected to the force of $F = 100$ N. Determine the moment of this force about the point A.

3–23. In order to pull out the nail at B, the force **F** exerted on the handle of the hammer must produce a clockwise moment of 60 N · m about point A. Determine the required magnitude of force **F**.

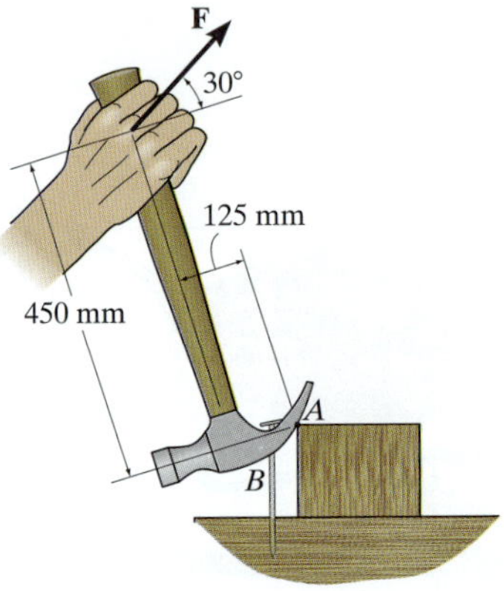

Probs. 3–22/23

***3–24.** Old clocks were constructed using a *fusee* B to drive the gears and watch hands. The purpose of the fusee is to increase the leverage developed by the mainspring A as it uncoils and thereby loses some of its tension. The mainspring can develop a torque (moment) $T_s = k\theta$, where $k = 0.015$ N · m/rad is the torsional stiffness and θ is the angle of twist of the spring in radians. If the torque T_f developed by the fusee is to remain constant as the mainspring winds down, and $x = 10$ mm when $\theta = 4$ rad, determine the required radius of the fusee when $\theta = 3$ rad.

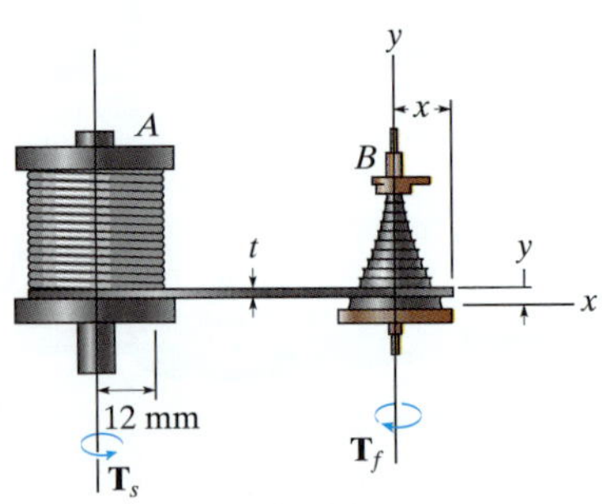

Prob. 3–24

3–25. Determine the moment produced by force $\mathbf{F}_C$ about point O. Express the result as a Cartesian vector.

3–26. Determine the resultant moment produced by forces $\mathbf{F}_B$ and $\mathbf{F}_C$ about point O. Express the result as a Cartesian vector.

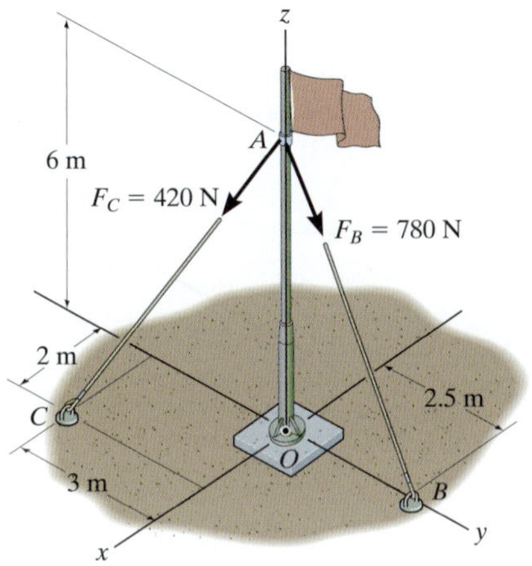

Probs. 3–25/26

3–27. Determine the moment of the force **F** about point P. Express the result as a Cartesian vector.

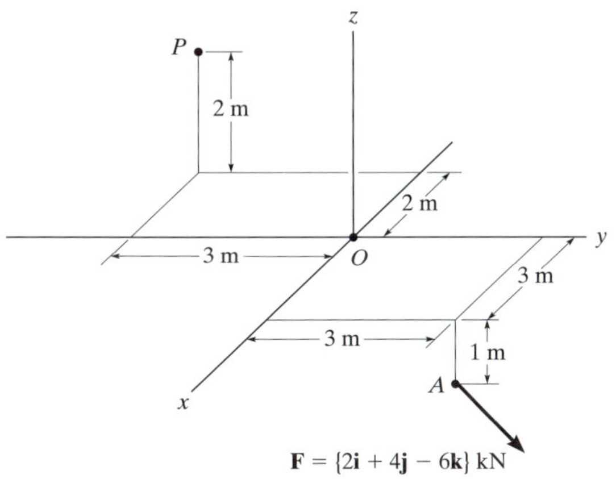

Prob. 3–27

***3–28** Determine the moment of the force **F** about point O. Express the result as a Cartesian vector.

3–29. Determine the moment of the force **F** about point P. Express the result as a Cartesian vector.

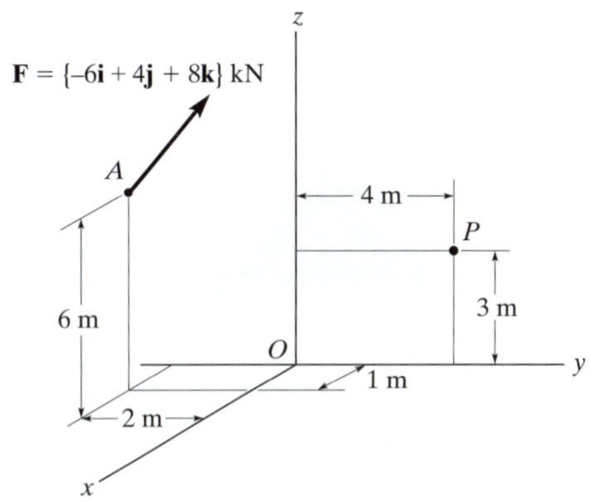

Probs. 3–28/29

3–30. In order to raise the lamp post from the position shown, force **F** is applied to the cable. If $F = 1000$ N determine the moment produced by **F** about point A.

3–31. In order to raise the lamp post from the position shown, the force **F** on the cable must create a counterclockwise moment of 2250 N·m about point A. Determine the magnitude of **F** that must be applied to the cable.

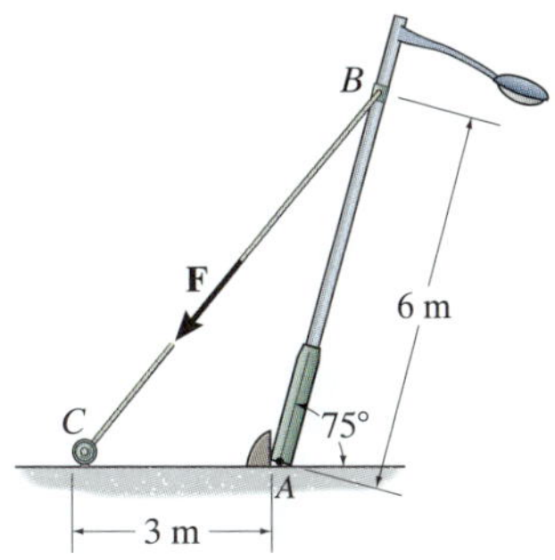

Probs. 3–30/31

***3–32.** Force **F** acts perpendicular to the inclined plane. Determine the moment produced by **F** about point A. Express the result as a Cartesian vector.

3–33. Force **F** acts perpendicular to the inclined plane. Determine the moment produced by **F** about point B. Express the result as a Cartesian vector.

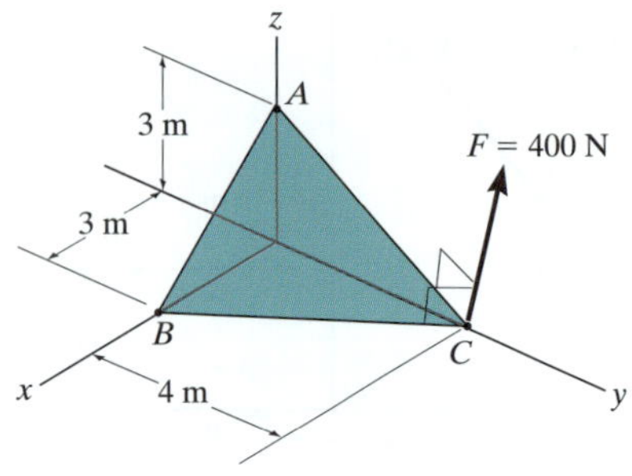

Probs. 3–32/33

3–34. The pipe assembly is subjected to the 80-N force. Determine the moment of this force about point A.

3–35. The pipe assembly is subjected to the 80-N force. Determine the moment of this force about point B.

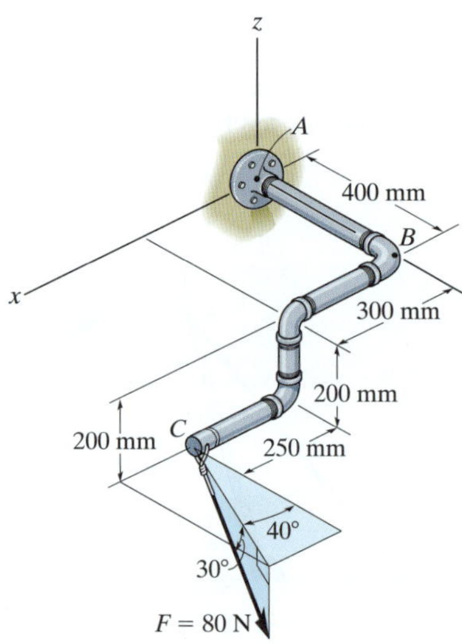

Probs. 3–34/35

***3–36.** A force of $\mathbf{F} = \{6\mathbf{i} - 2\mathbf{j} + 1\mathbf{k}\}$ kN produces a moment of $\mathbf{M}_O = \{4\mathbf{i} + 5\mathbf{j} - 14\mathbf{k}\}$ kN·m about the origin, point O. If the force acts at a point having an x coordinate of $x = 1$ m, determine the y and z coordinates. *Note*: The figure shows **F** and $\mathbf{M}_O$ in an arbitrary position.

3–37. The force $\mathbf{F} = \{6\mathbf{i} + 8\mathbf{j} + 10\mathbf{k}\}$ N creates a moment about point O of $\mathbf{M}_O = \{-14\mathbf{i} + 8\mathbf{j} + 2\mathbf{k}\}$ N·m. If the force passes through a point having an x coordinate of 1 m, determine the y and z coordinates of the point. Also, realizing that $M_O = Fd$, determine the perpendicular distance d from point O to the line of action of **F**. *Note*: The figure shows **F** and $\mathbf{M}_O$ in an arbitrary position.

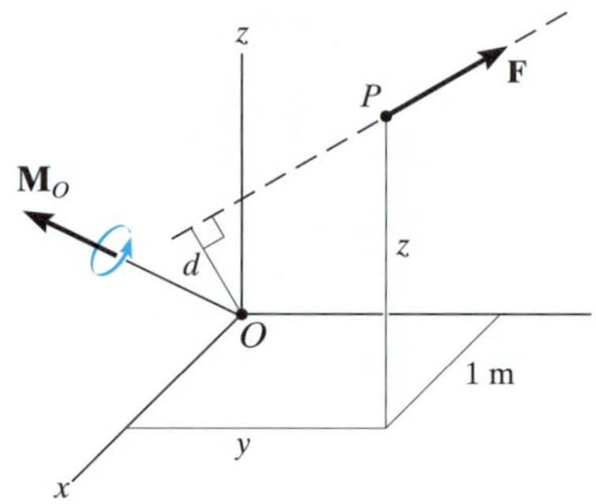

Probs. 3–36/37

3–38. A 20-N horizontal force is applied perpendicular to the handle of the socket wrench. Determine the magnitude and the coordinate direction angles of the moment created by this force about point O.

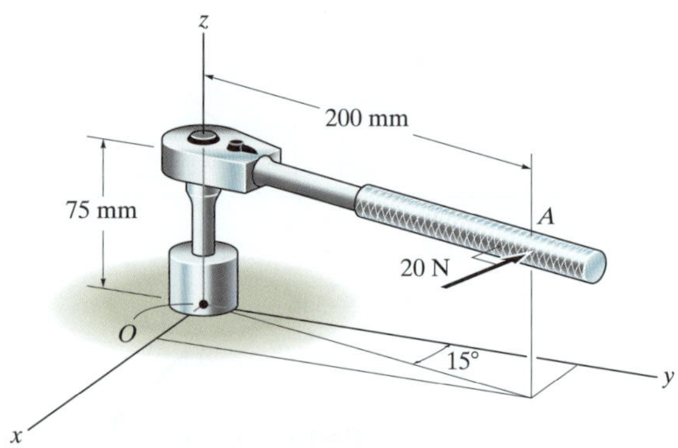

Prob. 3–38

3.5 특정 축에 대한 모멘트

종종 특정 축에 대한 모멘트를 구해야 하는 경우가 있다. 예를 들어, 그림 3-20*a*와 같이 자동차 타이어의 *O*점에 위치한 너트를 분해하는 경우를 생각해 보자. 렌치에 작용된 힘은 *O*점을 통과하는 모멘트축을 중심으로 렌치와 너트를 회전시키려 할 것이다. 하지만 너트는 *y*축만을 중심으로 회전하기 때문에 모멘트의 *y*축 방향 성분만이 필요하고 모멘트 합력은 중요하지 않다. 이와 같은 성분은 스칼라 혹은 벡터 해석법을 이용하여 각각 구할 수 있다.

스칼라 해석. 그림 3-20*a*와 같이 타이어 너트 문제에 스칼라 해석법을 적용하는 경우, 이에 필요한 모멘트 팔은 $d_y = d\cos\theta$이다. 따라서 *y*축에 대한 **F**의 모멘트는 $M_y = Fd_y = F(d\cos\theta)$이다. 오른손법칙에 따라 $\mathbf{M}_y$는 그림에서 보이는 것과 같이 양의 *y*축을 따라 작용한다. 일반적으로, 임의의 축 *a*에 대한 모멘트는 다음과 같다.

$$M_a = Fd_a \tag{3-10}$$

벡터 해석. 벡터 해석법을 이용하여 그림 3-20*b*에 보인 힘 **F**가 *y*축을 중심으로 일으키는 모멘트를 구하려면, 먼저 식 (3-7)인 $\mathbf{M}_O = \mathbf{r} \times \mathbf{F}$로부터 *y*축상에 있는 *O*점을 중심으로 발생하는 모멘트를 구해야 한다. *y*축을 따라 발생하는 성분 $\mathbf{M}_y$는 $\mathbf{M}_O$를 *y*축에 투영한 값과 같다. 2장에서 설명한 내적

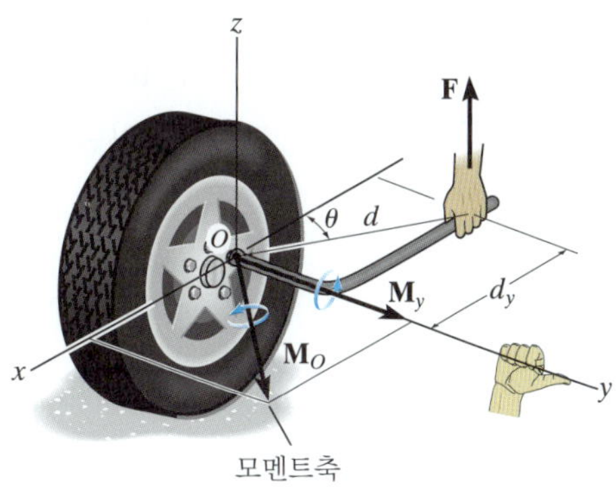

(a)

그림 3-20

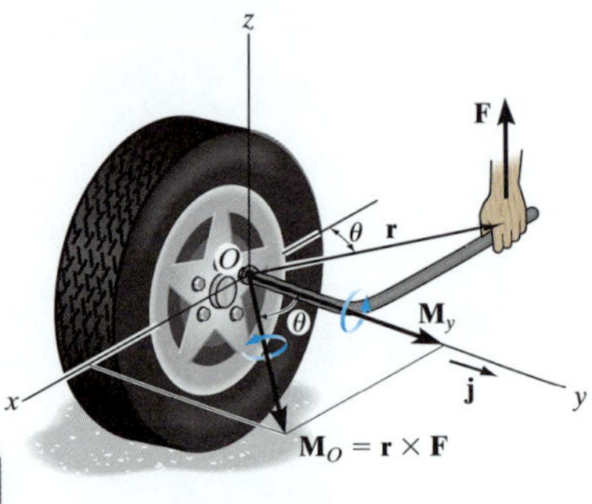

(b)

그림 3-20 (계속)

을 이용하면 $M_y = \mathbf{j} \cdot \mathbf{M}_O = \mathbf{j} \cdot (\mathbf{r} \times \mathbf{F})$임을 알 수 있다. 여기서 j는 y축에 대한 단위벡터이다.

위의 과정을 일반화시키기 위하여 먼저 $\mathbf{u}_a$를 그림 3-21에 보인 a축 방향을 정의하는 단위벡터로 설정하면, a축에 대한 $\mathbf{F}$의 모멘트는 삼중내적 $M_a = \mathbf{u}_a \cdot (\mathbf{r} \times \mathbf{F})$와 같이 표현할 수 있다. 이와 같은 삼중내적을 카티지언 벡터 형태로 표현하면 다음과 같다.

$$M_a = [u_{a_x}\mathbf{i} + u_{a_y}\mathbf{j} + u_{a_z}\mathbf{k}] \cdot \begin{vmatrix} \mathbf{i} & \mathbf{j} & \mathbf{k} \\ r_x & r_y & r_z \\ F_x & F_y & F_z \end{vmatrix}$$

$$= u_{a_x}(r_yF_z - r_zF_y) - u_{a_y}(r_xF_z - r_zF_x) + u_{a_z}(r_xF_y - r_yF_x)$$

또한 다음과 같은 행렬식의 형태로 표현하면 기억하기 쉽다.*

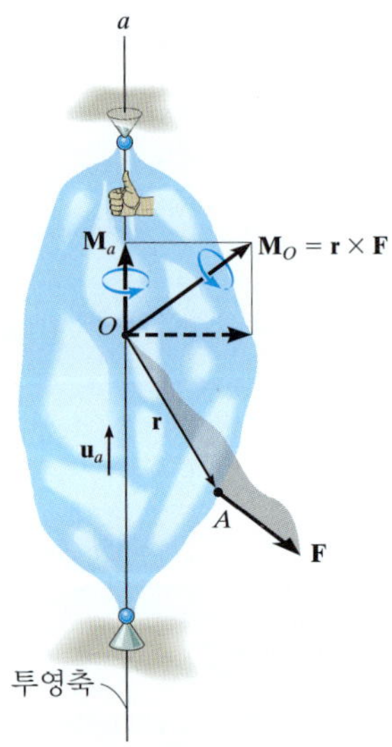

그림 3-21

$$M_a = \mathbf{u}_a \cdot (\mathbf{r} \times \mathbf{F}) = \begin{vmatrix} u_{a_x} & u_{a_y} & u_{a_z} \\ r_x & r_y & r_z \\ F_x & F_y & F_z \end{vmatrix} \qquad (3\text{-}11)$$

여기서,

$u_{a_x}, u_{a_y}, u_{a_z}$ a축의 방향을 정의하는 단위벡터의 x, y, z성분

r_x, r_y, r_z a축상의 임의 점 O에서부터 작용선상에 존재하는 임의 점 A로 연장되는 위치벡터의 x, y, z 성분

F_x, F_y, F_z 힘 벡터의 x, y, z 성분을 나타낸다.

식 (3-11)로부터 구한 M_a는 (+) 혹은 (−) 스칼라값을 갖는다. 이와 같은 부호는 a축을 중심으로 발생하는 $\mathbf{M}_a$의 방향을 의미한다. 만약 (+)이면 $\mathbf{M}_a$는 $\mathbf{u}_a$와 같은 방향으로, (−)이면 $\mathbf{u}_a$와 반대방향으로 작용하게 된다.

일단 $\mathbf{M}_a$가 결정되면 다음과 같이 카티지언 벡터로 나타낼 수 있다.

$$\mathbf{M}_a = M_a\mathbf{u}_a \qquad (3\text{-}12)$$

다음 예제에서 전술한 개념을 이용한 계산예를 설명할 것이다.

* 행렬식을 확장하여 위의 계산 결과가 얻어짐을 보여라.

3

요점 IMPORTANT POINTS

- 지정된 축에 대한 힘의 모멘트는 힘의 작용선에서 축까지의 수직 거리 d_a가 주어지면 구할 수 있다. 즉, $M_a = Fd_a$.
- 벡터 해석을 사용하면 $M_a = \mathbf{u}_a \cdot (\mathbf{r} \times \mathbf{F})$이다. 여기서 $\mathbf{u}_a$는 축의 방향을 결정하고, $\mathbf{r}$은 축의 임의 점으로부터 힘 작용선상의 임의의 점까지 거리가 된다.
- M_a가 음의 스칼라로 계산된다면 $\mathbf{M}_a$의 방향은 $\mathbf{u}_a$의 방향과 반대이다.
- 카티지언 벡터로 표현된 모멘트 $\mathbf{M}_a$는 $\mathbf{M}_a = M_a\mathbf{u}_a$와 같다.

예제 3.7

그림 3-22에 보인 세 개의 힘이 x축, y축과 z축에 발생시키는 모멘트 합력을 구하라.

풀이

축에 평행하거나 축을 통과하는 작용선을 갖는 힘은 어떠한 모멘트도 만들지 않고 축에 대해 회전을 유발시키지도 않는다. 그러므로 그림과 같이 오른손법칙에 따라 모멘트의 (+)방향을 정하면,

$$M_x = (250\text{ N})(0.6\text{ m}) + (200\text{ N})(0.6\text{ m}) + 0 = 270\text{ N}\cdot\text{m} \qquad \text{답}$$

$$M_y = 0 - (200\text{ N})(0.9\text{ m}) - (150\text{ N})(0.6\text{ m}) = -270\text{ N}\cdot\text{m} \qquad \text{답}$$

$$M_z = 0 + 0 - (150\text{ N})(0.6\text{ m}) = -90\text{ N}\cdot\text{m} \qquad \text{답}$$

$\mathbf{M}_y$와 $\mathbf{M}_z$에서 (−)는 각각 $-y$, $-z$축 방향으로 작용함을 의미한다.

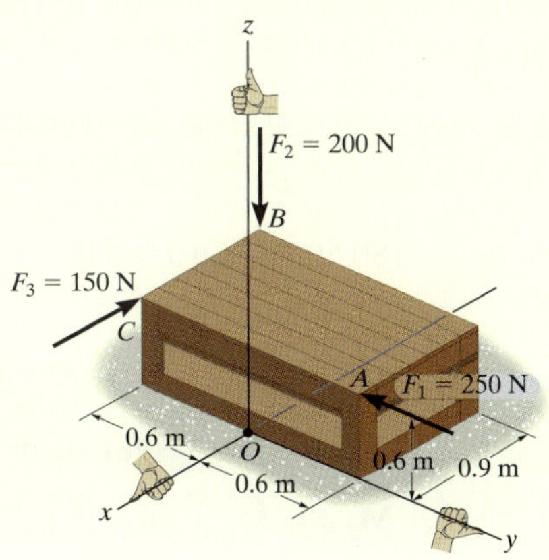

그림 3-22

예제 3.8

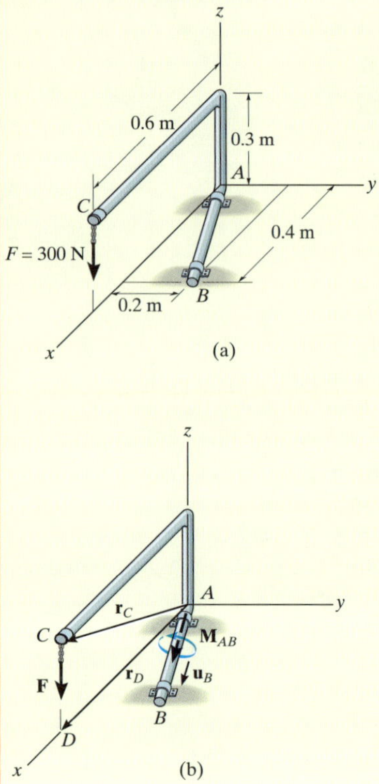

그림 3-23

그림 3-23a에 보인 힘 $\mathbf{F}$에 의해 막대를 AB축으로 회전시키는 모멘트 $\mathbf{M}_{AB}$를 구하라.

풀이

모멘트 팔 혹은 $\mathbf{F}$의 작용선에서 AB축까지의 수직거리를 구하는 것보다 $M_{AB} = \mathbf{u}_B \cdot (\mathbf{r} \times \mathbf{F})$를 이용하는 벡터 해석법을 이용하여 보자. 이렇게 하면 삼중내적에 사용된 항들의 물리적 의미들이 밝혀질 것이다.

다음과 같은 단위벡터 $\mathbf{u}_B$는 막대의 AB축 방향을 정의한다(그림 3-23b).

$$\mathbf{u}_B = \frac{\mathbf{r}_B}{r_B} = \frac{\{0.4\mathbf{i} + 0.2\mathbf{j}\}\ \text{m}}{\sqrt{(0.4\ \text{m})^2 + (0.2\ \text{m})^2}} = 0.8944\mathbf{i} + 0.4472\mathbf{j}$$

벡터 $\mathbf{r}$은 AB축상 임의 점에서 작용선상의 임의 점으로 향하는 벡터이다. 예를 들어, A점에서 C점과 D점으로 향하는 위치벡터 $\mathbf{r}_C$와 $\mathbf{r}_D$가 적절히 사용될 수 있다(그림에 보이지는 않지만, $\mathbf{r}_{BC}$와 $\mathbf{r}_{BD}$ 역시 구할 수 있다). 단순예를 보이기 위해 위치벡터 $\mathbf{r}_D$와 힘 $\mathbf{F}$를 다음과 같이 구하고

$$\mathbf{r}_D = \{0.6\mathbf{i}\}\ \text{m}$$

이 벡터들을 행렬식에 대입하여 전개하면 다음과 같다.

$$\mathbf{F} = \{-300\mathbf{k}\}\ \text{N}$$

이 된다. 앞에서 구한 벡터들을 삼중곱의 행렬식에 대입하여 전개하면 다음과 같다.

$$M_{AB} = \mathbf{u}_B \cdot (\mathbf{r}_D \times \mathbf{F}) = \begin{vmatrix} 0.8944 & 0.4472 & 0 \\ 0.6 & 0 & 0 \\ 0 & 0 & -300 \end{vmatrix}$$

$$= 0.8944[0(-300) - 0(0)] - 0.4472[0.6(-300) - 0(0)] + 0[0.6(0) - 0(0)]$$

$$= 80.50\ \text{N} \cdot \text{m}$$

여기서 M_{AB}가 (+)값을 가지고 있으므로 $\mathbf{M}_B$의 방향과 $\mathbf{u}_B$의 방향이 같음을 알 수 있다.

$$\mathbf{M}_{AB} = M_{AB}\mathbf{u}_B = (80.50\ \text{N} \cdot \text{m})(0.8944\mathbf{i} + 0.4472\mathbf{j})$$
$$= \{72.0\mathbf{i} + 36.0\mathbf{j}\}\ \text{N} \cdot \text{m} \qquad \text{답}$$

주: 만약 AB축을 B점에서 A점으로 향하는 단위벡터를 사용하여 정의하면, 위의 행렬식에서 $\mathbf{u}_B$ 대신 $-\mathbf{u}_B$를 사용해야 한다. 따라서 $M_{AB} = -80.50\ \text{N} \cdot \text{m}$이 된다. 하지만 $\mathbf{M}_{AB} = M_{AB}(-\mathbf{u}_B)$가 되므로 동일한 결과를 얻게 된다.

예제 3.9

그림 3-24a에 보인 바와 같이 파이프의 OA 부분에 대하여 힘 $\mathbf{F}$가 발생시키는 모멘트의 크기를 구하라.

풀이

OA축에 대한 힘 $\mathbf{F}$가 발생시키는 모멘트는 $M_{OA} = \mathbf{u}_{OA} \cdot (\mathbf{r} \times \mathbf{F})$와 같다. $\mathbf{r}$은 축 OA상에 위치한 임의 점으로부터 힘 $\mathbf{F}$의 작용선상에 놓인 임의 점까지의 위치벡터이다. 그림 3-24b에 보인 바와 같이 $\mathbf{r}_{OD}$, $\mathbf{r}_{OC}$, $\mathbf{r}_{AD}$와 $\mathbf{r}_{AC}$가 이용될 수 있다. 여기서는 계산을 간략히 하기 위해 $\mathbf{r}_{OD}$를 사용한다.

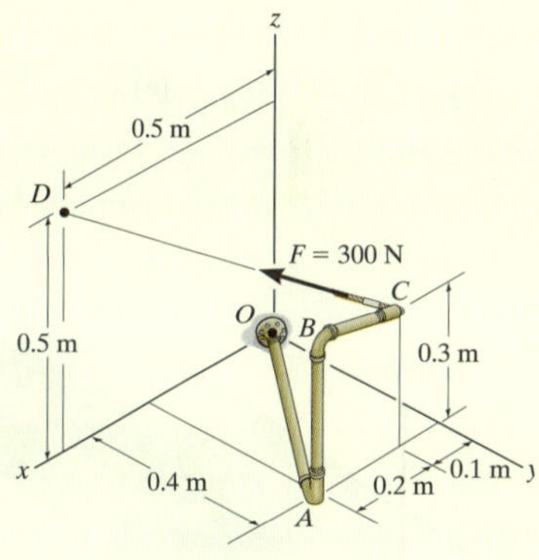

(a)

OA축의 방향으로 정의된 단위벡터 $\mathbf{u}_{OA}$는

$$\mathbf{u}_{OA} = \frac{\mathbf{r}_{OA}}{r_{OA}} = \frac{\{0.3\mathbf{i} + 0.4\mathbf{j}\}\text{ m}}{\sqrt{(0.3\text{ m})^2 + (0.4\text{ m})^2}} = 0.6\mathbf{i} + 0.8\mathbf{j}$$

이고, 위치벡터 $\mathbf{r}_{OD}$는 다음과 같다.

$$\mathbf{r}_{OD} = \{0.5\mathbf{i} + 0.5\mathbf{k}\}\text{ m}$$

카티지언 벡터로 표현된 힘 $\mathbf{F}$는

$$\mathbf{F} = F\left(\frac{\mathbf{r}_{CD}}{r_{CD}}\right)$$

$$= (300\text{ N})\left[\frac{\{0.4\mathbf{i} - 0.4\mathbf{j} + 0.2\mathbf{k}\}\text{ m}}{\sqrt{(0.4\text{ m})^2 + (-0.4\text{ m})^2 + (0.2\text{ m})^2}}\right]$$

$$= \{200\mathbf{i} - 200\mathbf{j} + 100\mathbf{k}\}\text{ N}$$

이 된다. 따라서

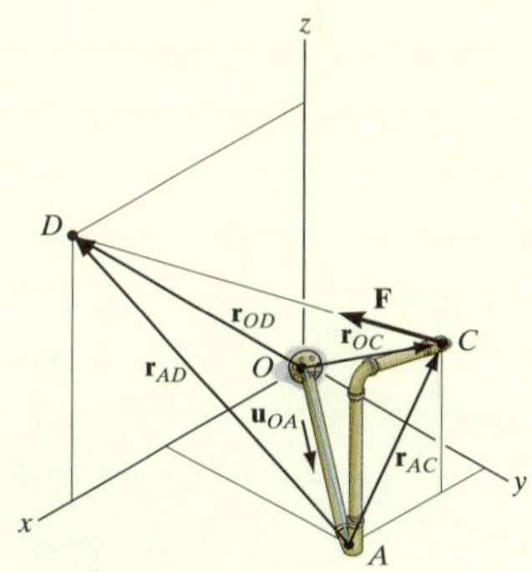

그림 3-24

$$M_{OA} = \mathbf{u}_{OA} \cdot (\mathbf{r}_{OD} \times \mathbf{F})$$

$$= \begin{vmatrix} 0.6 & 0.8 & 0 \\ 0.5 & 0 & 0.5 \\ 200 & -200 & 100 \end{vmatrix}$$

$$= 0.6[0(100) - (0.5)(-200)] - 0.8[0.5(100) - (0.5)(200)] + 0$$

$$= 100\text{ N}\cdot\text{m}$$ 답

PRELIMINARY PROBLEMS

P3–3. In each case, determine the resultant moment of the forces acting about the x, the y, and the z axis.

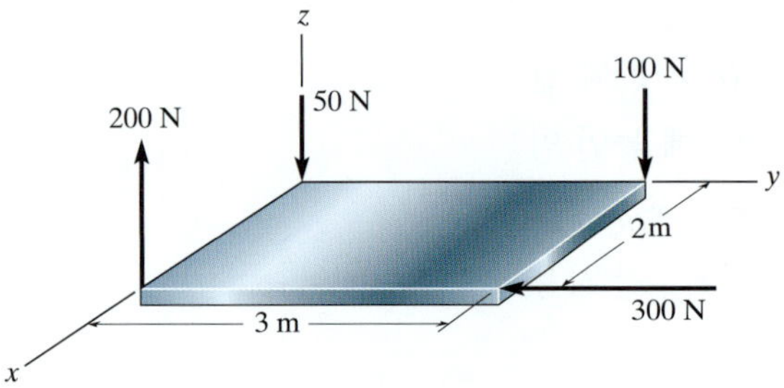

(a)

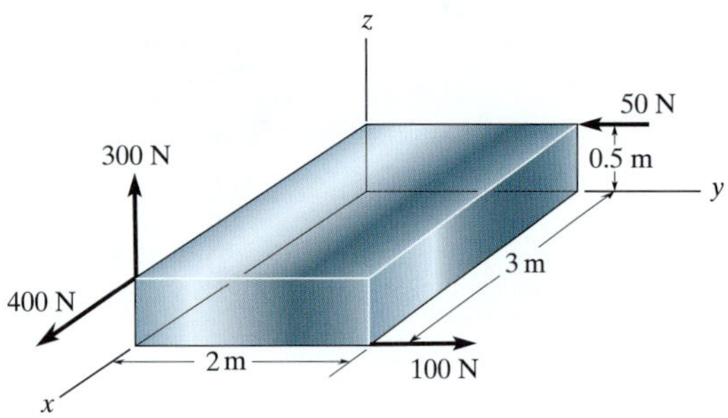

(b)

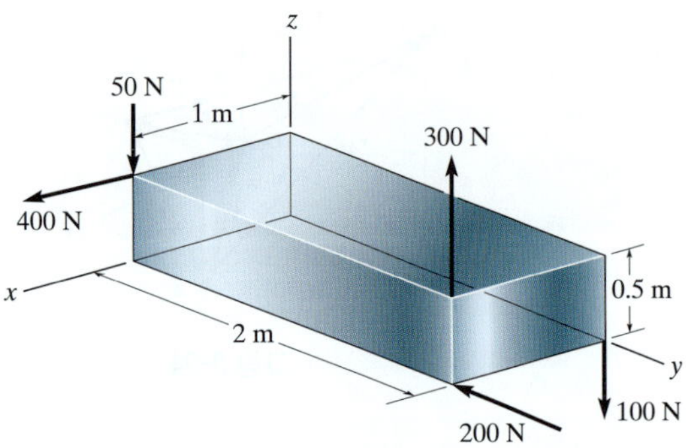

(c)

Prob. P3–3

P3–4. In each case, set up the determinant needed to find the moment of the force about the a–a axes.

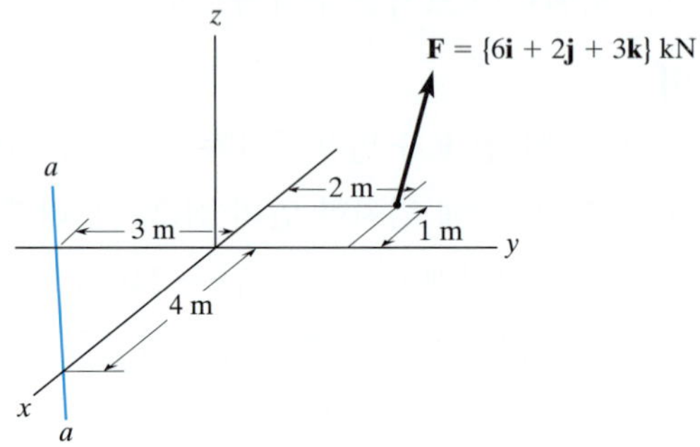

(a)

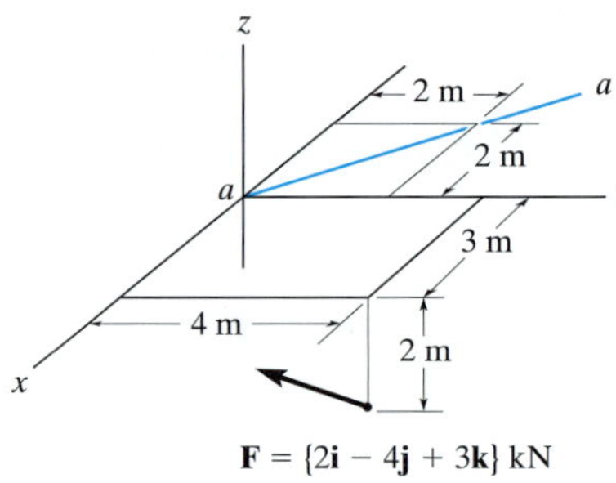

(b)

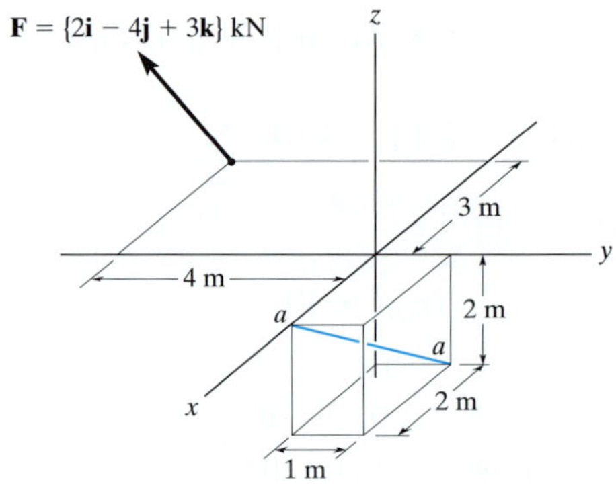

(c)

Prob. P3–4

FUNDAMENTAL PROBLEMS

F3–13. Determine the magnitude of the moment of the force $\mathbf{F} = \{300\mathbf{i} - 200\mathbf{j} + 150\mathbf{k}\}$ N about the x axis.

F3–14. Determine the magnitude of the moment of the force $\mathbf{F} = \{300\mathbf{i} - 200\mathbf{j} + 150\mathbf{k}\}$ N about the OA axis.

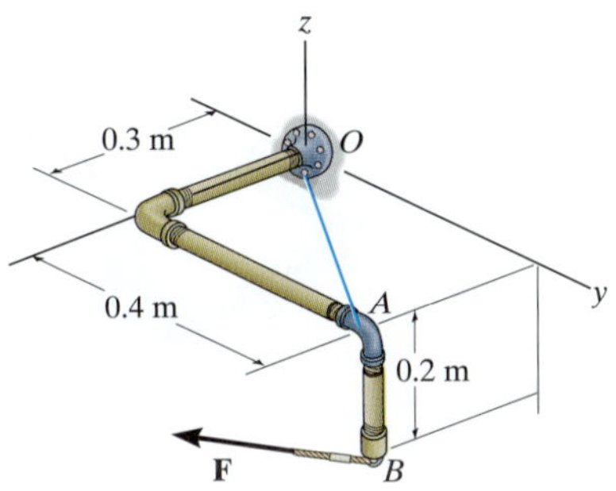

Probs. F3–13/14

F3–15. Determine the magnitude of the moment of the 200-N force about the x axis. Solve the problem using both a scalar and a vector analysis.

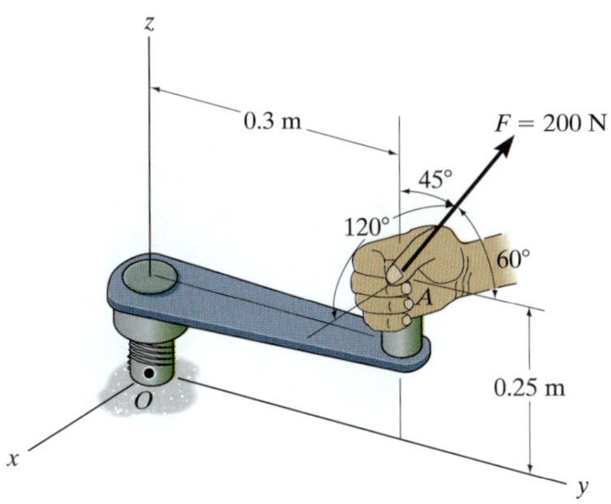

Prob. F3–15

F3–16. Determine the magnitude of the moment of the force about the y axis.

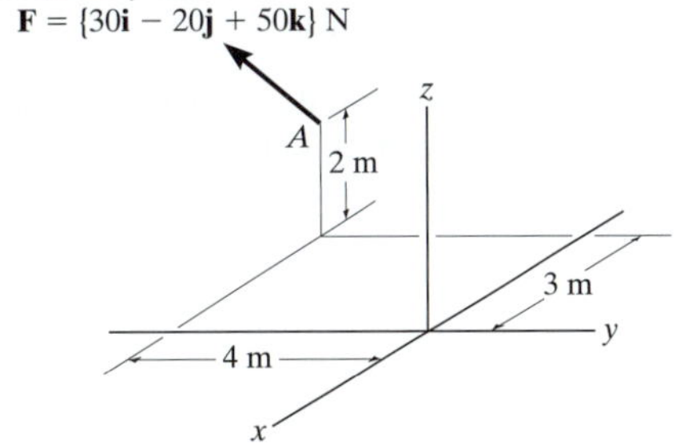

Prob. F3–16

F3–17. Determine the moment of the force $\mathbf{F} = \{50\mathbf{i} - 40\mathbf{j} + 20\mathbf{k}\}$ kN about the AB axis. Express the result as a Cartesian vector.

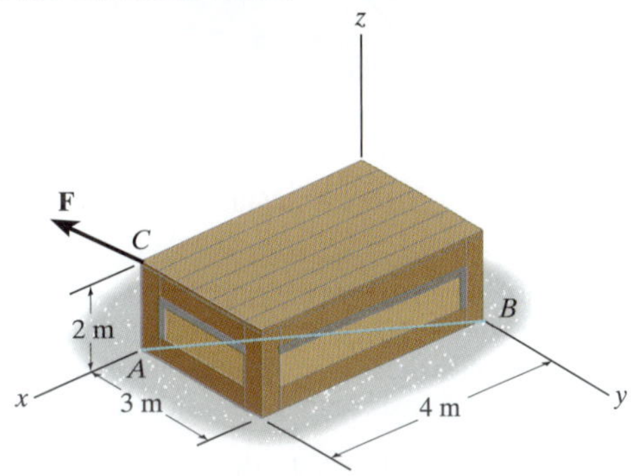

Prob. F3–17

F3–18. Determine the moment of force **F** about the x, the y, and the z axis. Solve the problem using both a scalar and a vector analysis.

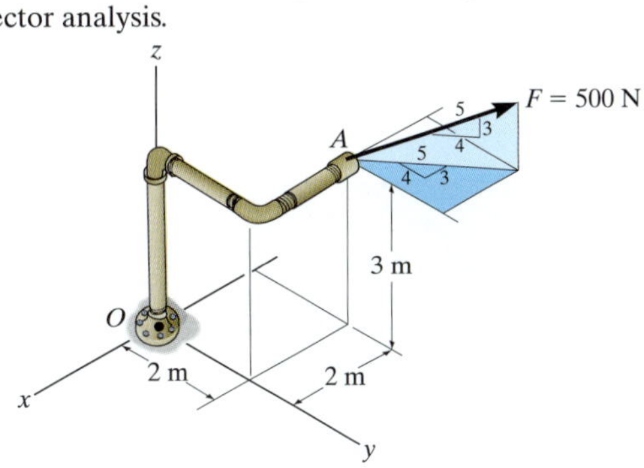

Prob. F3–18

PROBLEMS

3–39. If the tension in the cable is $F = 700$ N, determine the magnitude of the moment produced by this force about the hinged axis, CD, of the panel.

***3–40.** Determine the magnitude of force **F** in cable AB in order to produce a moment of 750 N · m about the hinged axis CD, which is needed to hold the panel in the position shown.

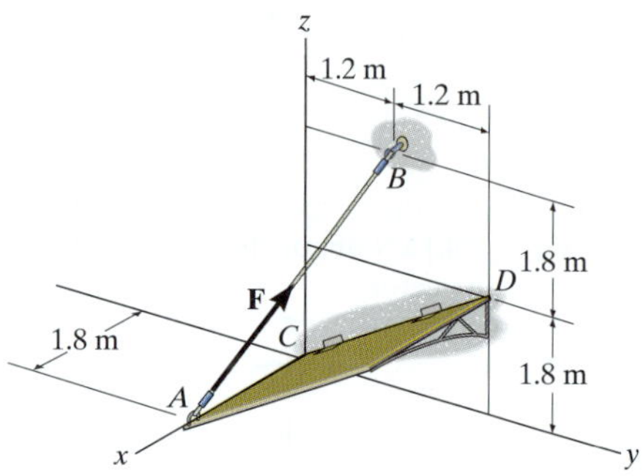

Probs. 3–39/40

3–41. The board is used to hold the end of the cross lug wrench in the position shown when the man applies a force of $F = 100$ N. Determine the magnitude of the moment produced by this force about the x axis. Force **F** lies in a vertical plane.

3–42. The board is used to hold the end of the cross lug wrench in the position shown. If a torque of 30 N · m about the x axis is required to tighten the nut, determine the required magnitude of the force **F** needed to turn the wrench. Force **F** lies in a vertical plane.

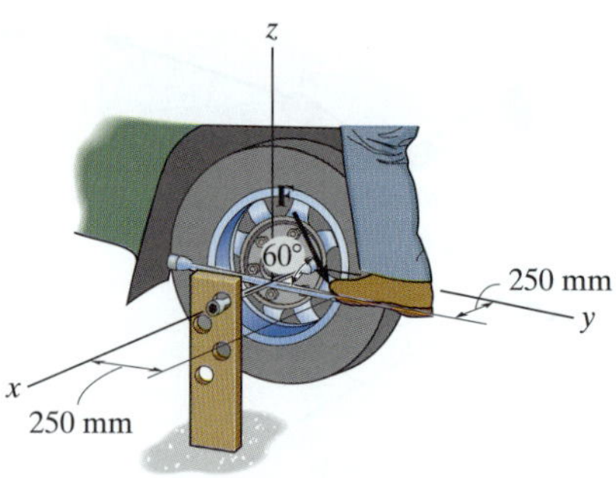

Probs. 3–41/42

3–43. If $F = 450$ N, determine the magnitude of the moment produced by this force about the x axis.

***3–44.** The friction at sleeve A can provide a maximum resisting moment of 125 N · m about the x axis. Determine the largest magnitude of force **F** that can be applied to the bracket so that the bracket will not turn.

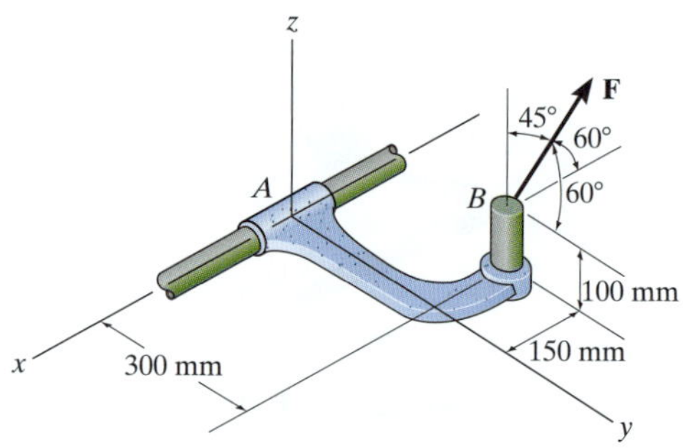

Probs. 3–43/44

3–45. The lug nut on the wheel of the automobile is to be removed using the wrench and applying the vertical force of $F = 30$ N at A. Determine if this force is adequate, provided 14 N · m of torque about the x axis is initially required to turn the nut. If the 30-N force can be applied at A in any other direction, will it be possible to turn the nut?

3–46. Solve Prob. 3–45 if the cheater pipe AB is slipped over the handle of the wrench and the 30-N force can be applied at any point and in any direction on the assembly.

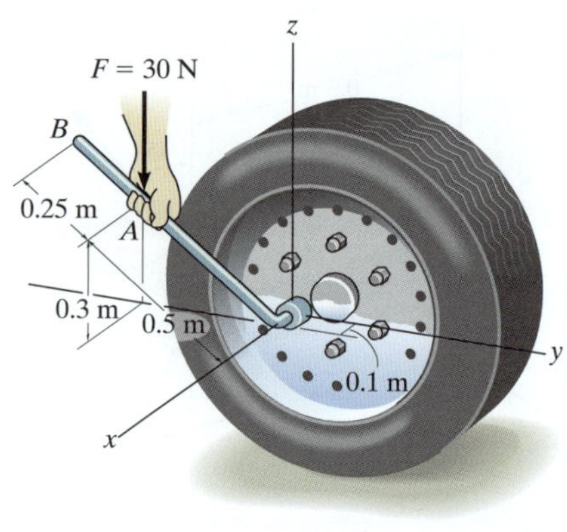

Probs. 3–45/46

3–47. A horizontal force of $\mathbf{F} = \{-50\mathbf{i}\}$ N is applied perpendicular to the handle of the pipe wrench. Determine the moment that this force exerts along the axis OA (z axis) of the pipe assembly. Both the wrench and pipe assembly, $OABC$, lie in the y–z plane. *Suggestion*: Use a scalar analysis.

***3–48.** Determine the magnitude of the horizontal force $\mathbf{F} = -F\mathbf{i}$ acting on the handle of the pipe wrench so that this force produces a component of the moment along the OA axis (z axis) of the pipe assembly of $\mathbf{M}_z = \{4\mathbf{k}\}$ N·m. Both the wrench and the pipe assembly, $OABC$, lie in the y–z plane. *Suggestion*: Use a scalar analysis.

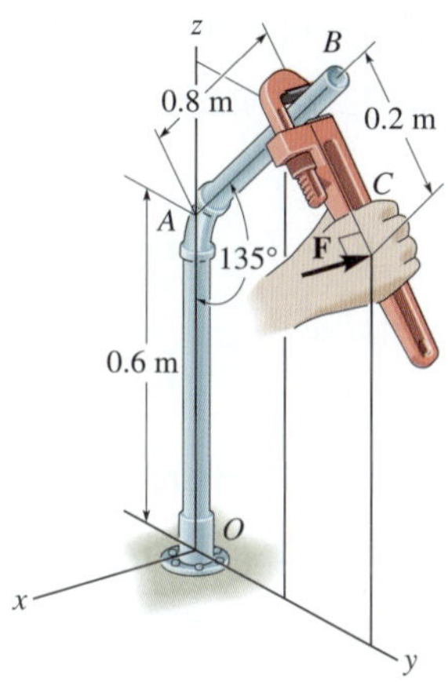

Probs. 3–47/48

3–49. Determine the magnitude of the moment produced by the force of $F = 200$ N about the hinged axis (the x axis) of the door.

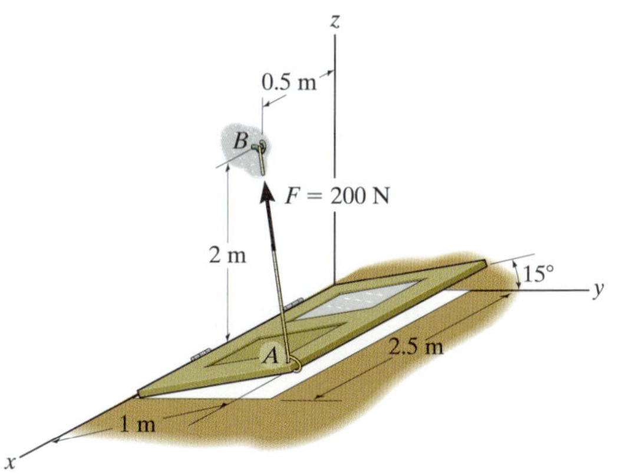

Prob. 3–49

3–50. Determine the moment of the force about the a–a axis of the pipe if $\alpha = 60°$, $\beta = 60°$, and $\gamma = 45°$. Also, determine the coordinate direction angles of F in order to produce the maximum moment about the a–a axis. What is this moment?

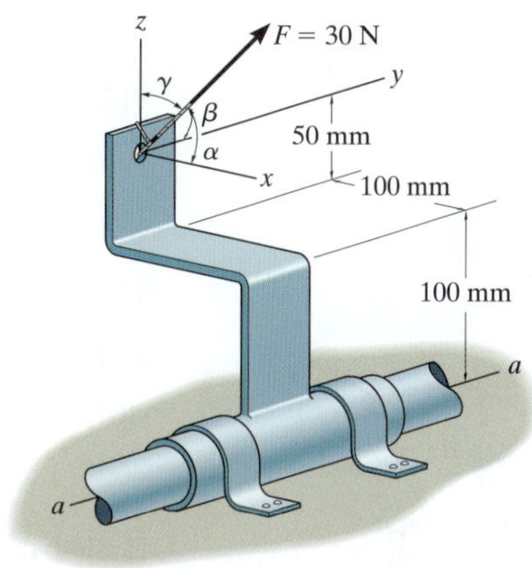

Prob. 3–50

3–51. Determine the magnitude of the moment of the force $\mathbf{F} = \{50\mathbf{i} - 20\mathbf{j} - 80\mathbf{k}\}$ N about member AB of the tripod.

***3–52.** Determine the magnitude of the moment of the force $\mathbf{F} = \{50\mathbf{i} - 20\mathbf{j} - 80\mathbf{k}\}$ N about member BC of the tripod.

3–53. Determine the magnitude of the moment of the force $\mathbf{F} = \{50\mathbf{i} - 20\mathbf{j} - 80\mathbf{k}\}$ N about member CA of the tripod.

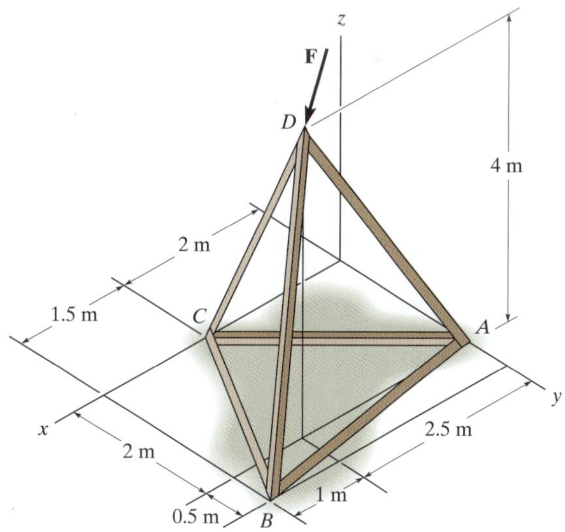

Probs. 3–51/52/53

3.6 짝힘 모멘트

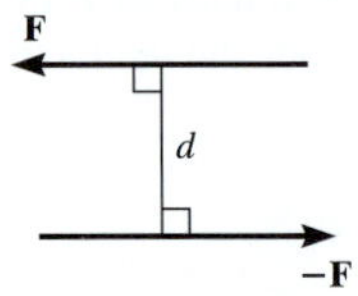

그림 3-25

짝힘(couple)은 그림 3-25에 보인 바와 같이 같은 힘의 크기를 가지지만 작용방향이 서로 반대이며, 수직거리 d만큼 떨어져서 작용하는 두 힘으로 정의된다. 짝힘의 합력은 0이므로 이동은 하지 않고 특정한 축을 중심으로 회전을 일으킨다. 만일 회전이 제어되어 있다면 회전시키려는 경향이 생긴다.

짝힘에 의해 발생하는 모멘트를 짝힘 모멘트라 한다. 어떤 임의 점에 대한 짝힘 모멘트의 값은 동일한 점에 대한 짝힘 2개의 모멘트를 서로 더하여 얻는다. 예를 들어, 그림 3-26에 보인 위치벡터 $\mathbf{r}_A$와 $\mathbf{r}_B$는 O점으로부터 $-\mathbf{F}$와 $\mathbf{F}$의 작용선 위에 놓여있는 A점과 B점으로 향하고 있다. 따라서 O점에 대한 짝힘 모멘트는 다음과 같다.

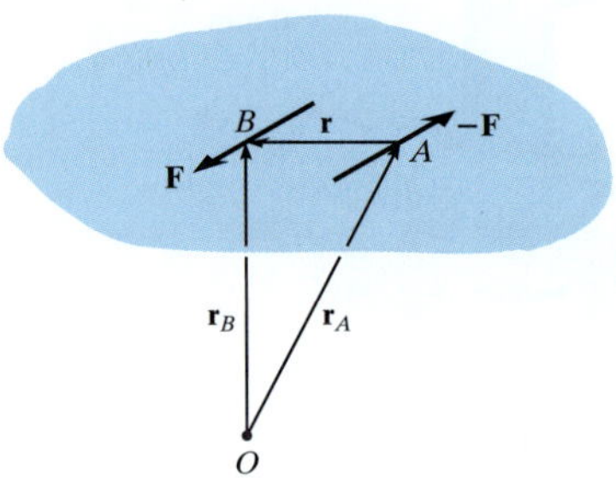

그림 3-26

$$\mathbf{M} = \mathbf{r}_B \times \mathbf{F} + \mathbf{r}_A \times (-\mathbf{F}) = (\mathbf{r}_B - \mathbf{r}_A) \times \mathbf{F}$$

그러나 $\mathbf{r}_B = \mathbf{r}_A + \mathbf{r}$ 또는 $\mathbf{r} = \mathbf{r}_B - \mathbf{r}_A$이므로

$$\mathbf{M} = \mathbf{r} \times \mathbf{F} \tag{3-13}$$

이와 같은 결과로부터 짝힘 모멘트는 **자유벡터**(free vector)임을 말해 준다. 바꾸어 말하면 $\mathbf{M}$은 임의의 O점에서 힘으로 향하는 위치벡터 $\mathbf{r}_A$와 $\mathbf{r}_B$가 아닌 짝힘 사이의 위치벡터 $\mathbf{r}$에 따라 결정되므로 모든 점에서 동일하다는 것이다.

스칼라 표현. 그림 3-27에 보인 짝힘 모멘트 M의 크기는 다음과 같이 정의한다.

$$M = Fd \tag{3-14}$$

여기서 $\mathbf{F}$는 짝힘 하나의 크기이고 d는 짝힘 사이의 수직거리 또는 모멘트 팔이다. 짝힘 모멘트의 방향은 오른손법칙에 의해 결정된다. 여기서 나머지 손가락들이 짝힘에 의해 발생하는 회전방향으로 감겨질 때 엄지손가락은 짝힘 모멘트의 방향을 나타낸다. 또한 M은 항상 짝힘을 포함하는 평면에 수직으로 작용한다.

그림 3-27

벡터 표현. 짝힘 모멘트는 식 (3-13)과 같이 벡터 외적을 이용하여 표현할 수 있다.

$$\mathbf{M} = \mathbf{r} \times \mathbf{F} \tag{3-15}$$

한 힘의 작용선상에 존재하는 점에 대하여 두 힘의 모멘트를 구하는 방식으로 생각하면 식 (3-15)는 쉽게 이해되고 기억될 것이다. 예를 들어, 그림 3-26의 A점에 대한 모멘트를 구하면, $-\mathbf{F}$의 모멘트는 0이 되고, 나머지 $\mathbf{F}$의 모멘트는 식 (3-15)로부터 구할 수 있다. 따라서 위치벡터 $\mathbf{r}$은 힘 $\mathbf{F}$와 외적 연산을 하게 된다.

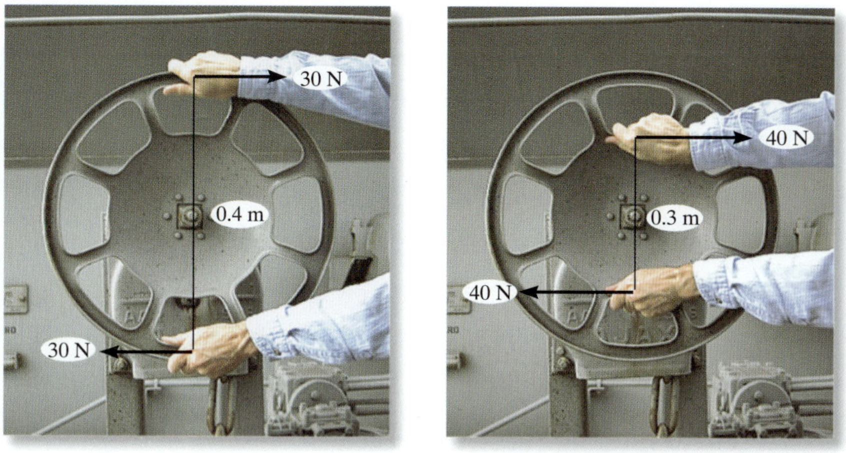

그림 3-28

등가 짝힘. 2개 짝힘이 같은 크기와 방향을 가진 모멘트를 일으키면 2개 짝힘은 등가라고 말한다. 예를 들어, 그림 3-28에 보인 2개 짝힘은 동일한 크기 $M = 30\ \text{N}(0.4\ \text{m}) = 40\ \text{N}(0.3\ \text{m}) = 12\ \text{N} \cdot \text{m}$을 가지고 있고, 각각의 방향은 면내방향이므로 등가인 경우이다. 두 번째 경우는 두 손이 첫 번째 경우보다 상대적으로 가까이 있으므로 동일한 회전을 일으키려면 더 큰 힘이 필요함을 보여주고 있다. 또한 핸들이 중심이 아닌 다른 점에서 샤프트와 연결되어 있다 하더라도 짝힘 모멘트 $12\ \text{N} \cdot \text{m}$는 자유벡터이므로 동일한 짝힘 모멘트를 발생시킨다.

짝힘 모멘트 합. 짝힘 모멘트 또한 벡터량이므로 짝힘 모멘트 합은 벡터덧셈을 이용하여 구한다. 예를 들어, 그림 3-29*a*에 보인 바와 같이 파이프에 작용하는 짝힘 모멘트 $\mathbf{M}_1$과 $\mathbf{M}_2$를 고려하여 보자. 그림 3-29*b*에 보인 바와 같이 각 짝힘 모멘트는 자유벡터이기 때문에 어떤 임의 점에 짝힘벡터의 꼬릿점을 연결한 후, 벡터덧셈을 수행하여 짝힘 모멘트 합 $\mathbf{M}_R = \mathbf{M}_1 + \mathbf{M}_2$를 구할 수 있다.

물체에 2개 이상의 짝힘 모멘트가 작용하더라도 위의 개념을 일반화하여 다음과 같이 벡터합으로 표현할 수 있다.

$$\mathbf{M}_R = \Sigma(\mathbf{r} \times \mathbf{F}) \tag{3-16}$$

이와 같은 방법들은 다음의 예제를 통하여 계산과정을 이해할 수 있을 것이다. 일반적으로 2차원 문제에서는 모멘트 팔과 힘 성분들을 쉽게 구할 수 있기 때문에 스칼라 해석을 주로 이용한다.

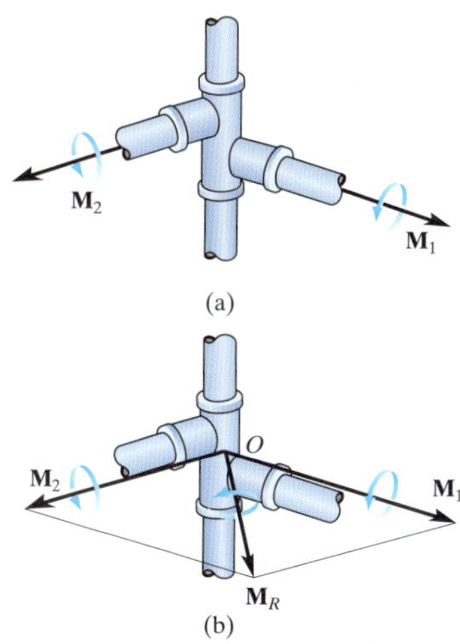

그림 3-29

3

차량의 핸들은 이전의 차량보다 작게 되었다. 파워 스티어링으로 더 이상 운전자가 핸들의 가장자리를 잡고 큰 모멘트를 줄 필요가 없기 때문이다.

요점 IMPORTANT POINTS

- 짝힘 모멘트는 크기가 같고 방향이 반대인 동일선상에 있지 않는 2개의 힘에 의해 발생된다. 짝힘으로 인해 물체는 순수회전이 발생되거나 특정한 축에 대하여 회전시키려는 경향을 일으킨다.
- 짝힘 모멘트는 자유벡터이므로 결과적으로 짝힘 모멘트의 작용하는 위치에 관계없이 물체에 동일한 회전을 발생시킨다.
- 두 개의 짝힘이 일으키는 모멘트는 물체내 임의 특정점에 대해서도 얻을 수 있다. 예를 들어, 짝힘의 작용선상에 있는 특정점을 선택하면, 선정된 작용선으로 작용하는 힘이 일으키는 모멘트가 0이 되기 때문에 계산과정을 간단히 할 수 있다.
- 3차원에서 짝힘 모멘트는 벡터 공식화, $\mathbf{M} = \mathbf{r} \times \mathbf{F}$를 사용하여 구한다. 여기서 $\mathbf{r}$의 방향은 한 힘의 작용선상에 있는 임의 점에서 나머지 힘 $\mathbf{F}$의 작용선상에 있는 임의 점으로 가는 방향이다.
- 짝힘 모멘트의 합은 간단하게 짝힘 모멘트들을 벡터 합으로 더하여 얻을 수 있다.

예제 3.10

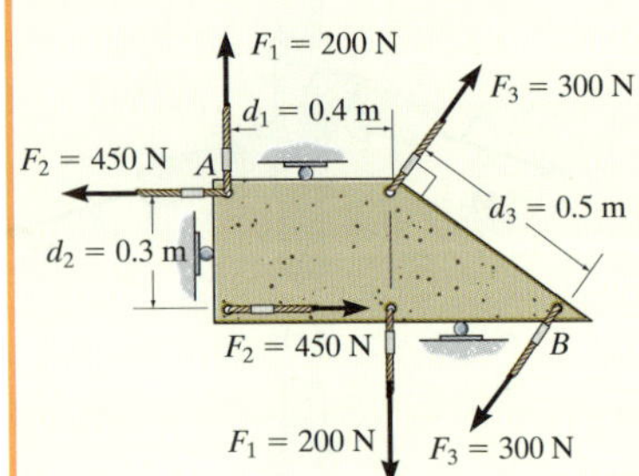

그림 3-30

그림 3-30과 같이 판 위에 작용하는 3개 짝힘의 모멘트 합을 구하라.

풀이

각 짝힘 사이의 수직거리는 $d_1 = 0.4$ m, $d_2 = 0.3$ m, $d_3 = 0.5$ m이다. 반시계방향의 짝힘 모멘트를 (+)으로 가정하면

$$\circlearrowleft + M_R = \Sigma M;\quad M_R = -F_1 d_1 + F_2 d_2 - F_3 d_3$$

$$= -(200\text{ N})(0.4\text{ m}) + (450\text{ N})(0.3\text{ m}) - (300\text{ N})(0.5\text{ m})$$

$$= -95\text{ N}\cdot\text{m} = 95\text{ N}\cdot\text{m} \circlearrowright$$ 답

(−)의 부호는 $\mathbf{M}_R$이 시계방향으로 회전한다는 것을 알려준다.

예제 3.11

그림 3-31a에 보인 바와 같이 기어에 발생하는 짝힘 모멘트의 크기와 방향을 결정하라.

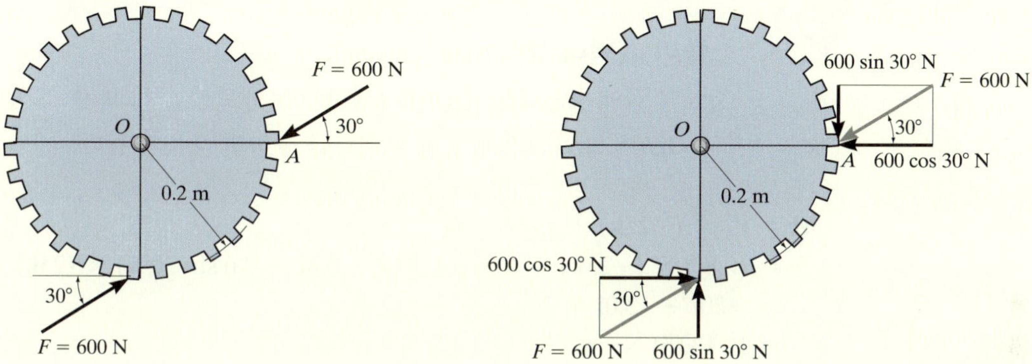

(a) (b)

풀이

가장 쉽게 해석하려면, 먼저 그림 3-31b와 같이 각 힘을 성분으로 분해하는 것이다. 다음에는 O점 혹은 A점 등과 같은 임의 점에 대한 각 힘의 성분이 발생시키는 모멘트를 더하여 짝힘 모멘트를 구하는 것이다. 반시계방향 모멘트를 (+)으로 가정하면

$$\circlearrowleft + M = \Sigma M_O; \quad M = (600 \cos 30° \text{ N})(0.2 \text{ m}) - (600 \sin 30° \text{ N})(0.2 \text{ m})$$
$$= 43.9 \text{ N} \cdot \text{m} \circlearrowleft \qquad \text{답}$$

또는

$$\circlearrowleft + M = \Sigma M_A; \quad M = (600 \cos 30° \text{ N})(0.2 \text{ m}) - (600 \sin 30° \text{ N})(0.2 \text{ m})$$
$$= 43.9 \text{ N} \cdot \text{m} \circlearrowleft \qquad \text{답}$$

을 얻을 수 있다.

(+)의 **M**은 반시계방향으로 회전하며 작용방향은 면외방향임을 알려준다.

주: 그림 3-31c에 보인 바와 같이 $M = Fd$를 사용하여도 동일한 결과를 얻을 수 있지만, d를 구하는 계산과정이 포함되어야 한다. 여기서 d는 짝힘 작용선 사이의 수직거리이다. 짝힘 모멘트는 자유벡터이기 때문에 기어의 임의 점에서 작용하여도 O점에 동일한 회전효과를 발생시킨다는 점을 주지하라.

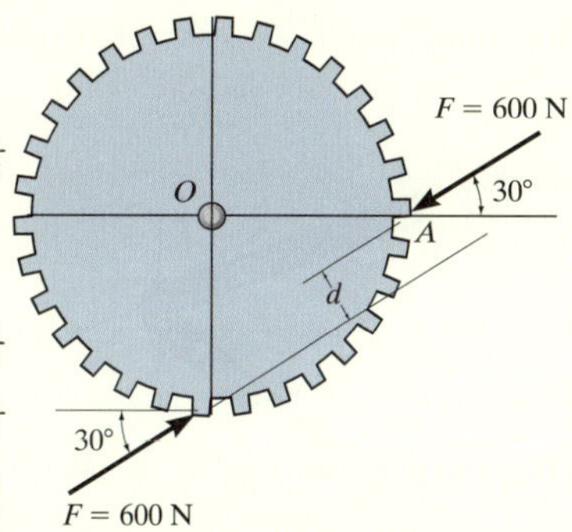

(c)

그림 3-31

예제 3.12

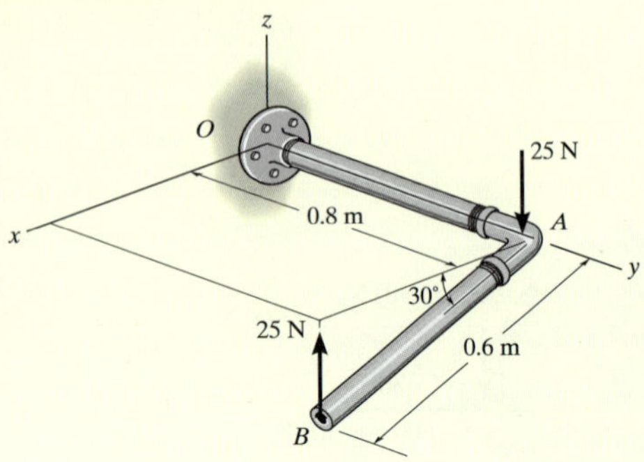

(a)

그림 3-32a에 보인 바와 같이 파이프에 발생되는 짝힘 모멘트를 구하라. 파이프의 AB 구간은 x–y 평면과 아래로 30° 기울어져 있다.

풀이 1(벡터 해석)

임의 점에 대한 2개 짝힘이 발생하는 모멘트를 구해 보자. 그림 3-32b에 보인 O점에 대한 모멘트를 구하면 다음과 같다.

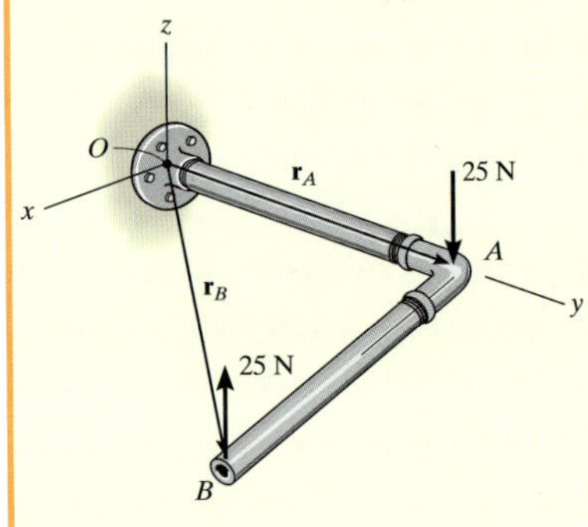

(b)

$$\begin{aligned}\mathbf{M} &= \mathbf{r}_A \times (-25\mathbf{k}) + \mathbf{r}_B \times (25\mathbf{k}) \\ &= (0.8\mathbf{j}) \times (-25\mathbf{k}) + (0.6\cos 30°\mathbf{i} + 0.8\mathbf{j} - 0.6\sin 30°\mathbf{k}) \times (25\mathbf{k}) \\ &= -20\mathbf{i} - 13.0\mathbf{j} + 20\mathbf{i} \\ &= \{-13.0\mathbf{j}\}\ \text{N}\cdot\text{m}.\end{aligned}$$

답

짝힘의 작용선상에 있는 점에 대하여 짝힘 모멘트를 구하면 매우 편리하다. 예를 들어, 그림 3-32c에 보인 A점에 대한 짝힘 모멘트는 0이 되기 때문이다. 따라서

$$\begin{aligned}\mathbf{M} &= \mathbf{r}_{AB} \times (25\mathbf{k}) \\ &= (0.6\cos 30°\mathbf{i} - 0.6\sin 30°\mathbf{k}) \times (25\mathbf{k}) \\ &= \{-13.0\mathbf{j}\}\ \text{N}\cdot\text{m}.\end{aligned}$$

답

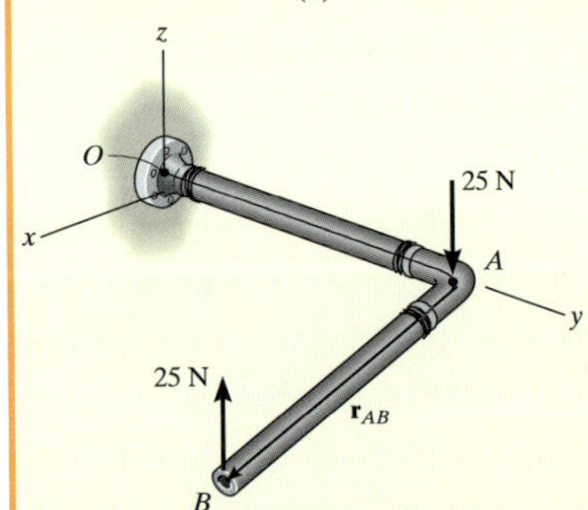

(c)

을 얻는다.

풀이 2(스칼라 해석)

이 예제는 3차원 문제이지만 구조가 간단하기 때문에 스칼라식인 $M = Fd$를 사용하여 충분히 해결할 수 있다. 그림 3-32에 보인 바와 같이 작용선 사이의 수직거리가 $d = 0.6\cos 30° = 0.5196$ m와 같으므로 A점 혹은 B점에 대한 힘의 모멘트를 구하면

$$M = Fd = 25\ \text{N}\,(0.5196\ \text{m}) = 13.0\ \text{N}\cdot\text{m}$$

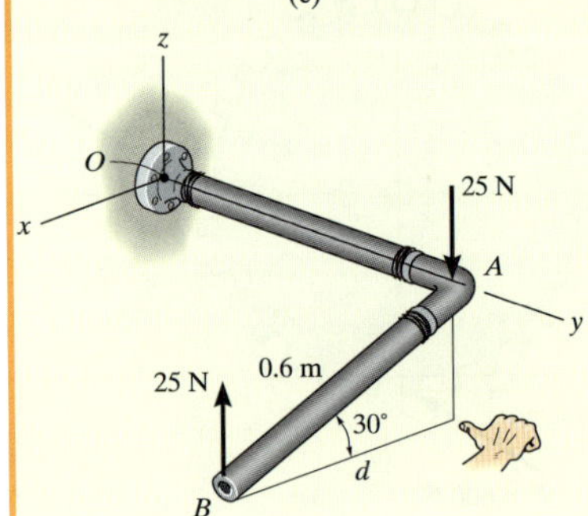

(d)

이다. 오른손법칙을 적용하면 $\mathbf{M}$은 $-\mathbf{j}$방향으로 작용한다. 따라서

$$\mathbf{M} = \{-13.0\mathbf{j}\}\ \text{N}\cdot\text{m}$$

답

을 얻게 된다.

그림 3-32

예제 3.13

그림 3-33*a*에 보인 바와 같은 파이프에 작용하는 2개의 짝힘 모멘트를 짝힘 모멘트 합력으로 바꾸어라.

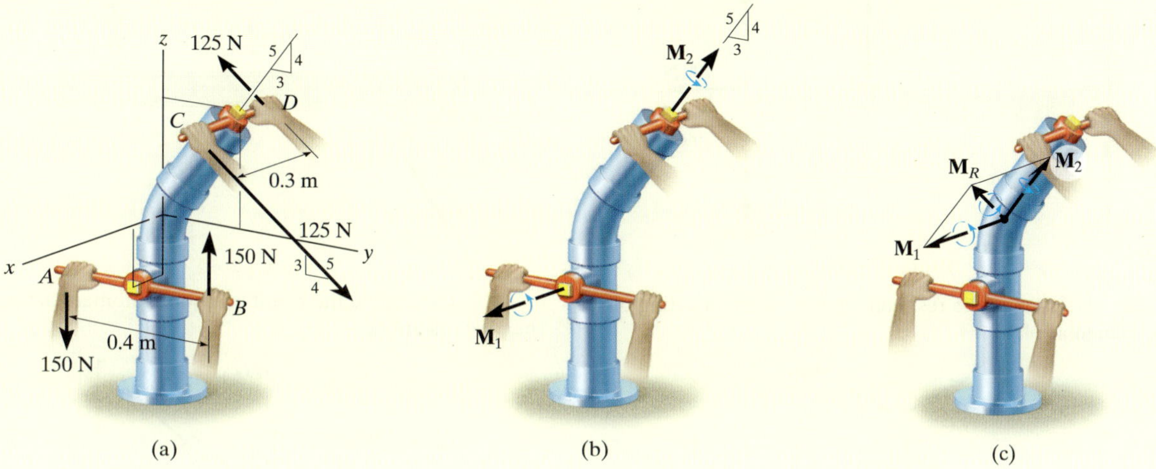

그림 3-33

풀이(벡터 해석)

*A*점과 *B*점에 작용하는 힘에 의한 짝힘 모멘트 $\mathbf{M}_1$은 스칼라 연산으로 쉽게 구할 수 있다.

$$M_1 = Fd = 150\text{ N}(0.4\text{ m}) = 60\text{ N}\cdot\text{m}$$

그림 3-33*b*에 보인 바와 같이 $\mathbf{M}_1$은 오른손법칙에 따라 $+\mathbf{i}$ 방향으로 작용한다. 따라서

$$\mathbf{M}_1 = \{60\mathbf{i}\}\text{ N}\cdot\text{m}$$

*C*점과 *D*점에 작용하는 힘에 의한 짝힘 모멘트 $\mathbf{M}_2$은 벡터 연산을 이용한다. 그림 3-33*a*에 보인 바와 같이 *D*점에 대한 모멘트를 계산하면,

$$\begin{aligned}\mathbf{M}_2 &= \mathbf{r}_{DC}\times\mathbf{F}_C = (0.3\mathbf{i})\times\left[125\left(\tfrac{4}{5}\right)\mathbf{j} - 125\left(\tfrac{3}{5}\right)\mathbf{k}\right]\\ &= (0.3\mathbf{i})\times[100\mathbf{j} - 75\mathbf{k}] = 30(\mathbf{i}\times\mathbf{j}) - 22.5(\mathbf{i}\times\mathbf{k})\\ &= \{22.5\mathbf{j} + 30\mathbf{k}\}\text{ N}\cdot\text{m}\end{aligned}$$

그림 3-33*b*에 보인 바와 같이 $\mathbf{M}_1$과 $\mathbf{M}_2$는 자유벡터이기 때문에 임의 만큼의 위치를 이동하여 벡터덧셈을 할 수 있다. 따라서 짝힘 모멘트 합력은 다음과 같다.

$$\mathbf{M}_R = \mathbf{M}_1 + \mathbf{M}_2 = \{60\mathbf{i} + 22.5\mathbf{j} + 30\mathbf{k}\}\text{ N}\cdot\text{m} \qquad \text{답}$$

FUNDAMENTAL PROBLEMS

F3–19. Determine the resultant couple moment acting on the beam.

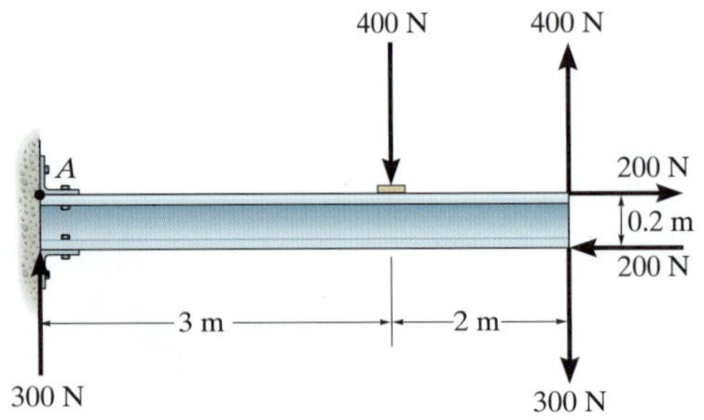

Prob. F3–19

F3–20. Determine the resultant couple moment acting on the triangular plate.

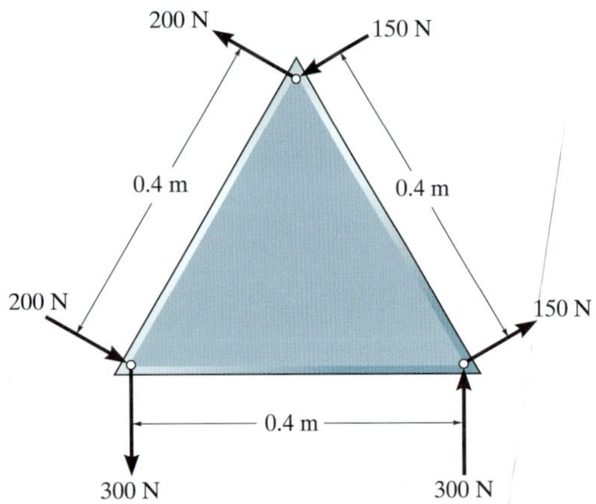

Prob. F3–20

F3–21. Determine the magnitude of **F** so that the resultant couple moment acting on the beam is 1.5 kN · m clockwise.

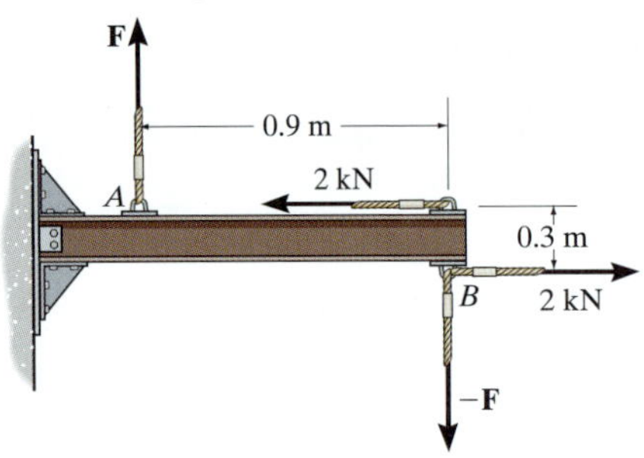

Prob. F3–21

F3–22. Determine the couple moment acting on the beam.

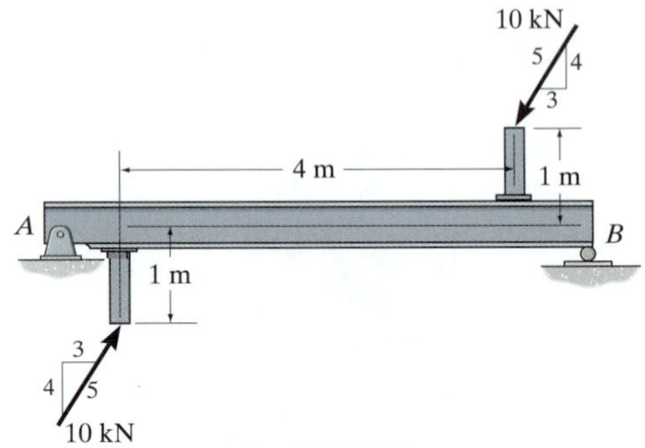

Prob. F3–22

F3–23. Determine the resultant couple moment acting on the pipe assembly.

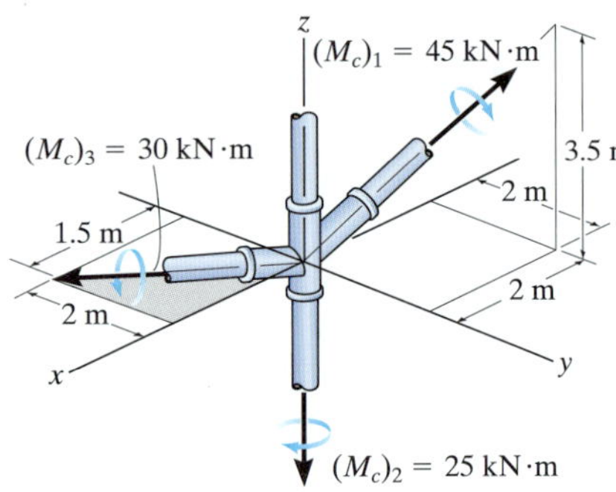

Prob. F3–23

F3–24. Determine the couple moment acting on the pipe assembly and express the result as a Cartesian vector.

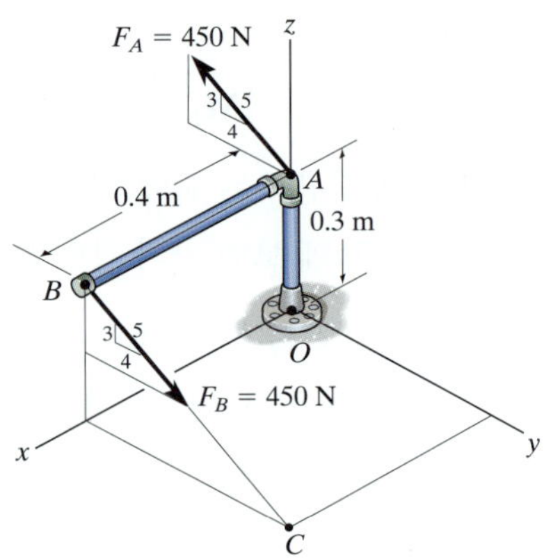

Prob. F3–24

PROBLEMS

3–54. If $F = 2000$ N determine the resultant couple moment.

3–55. Determine the required magnitude of force **F** if the resultant couple moment on the frame is 200 N · m, clockwise.

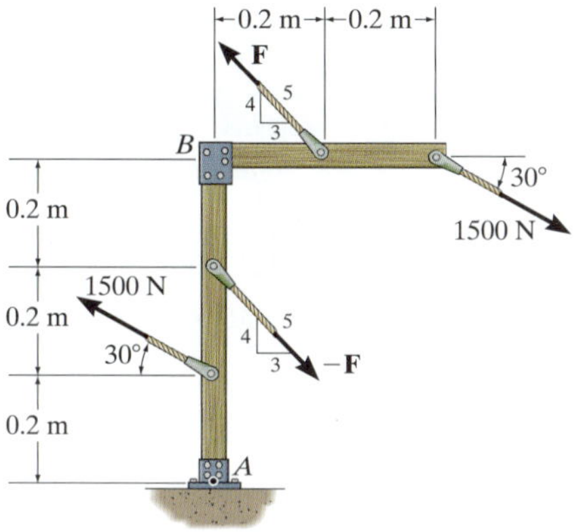

Probs. 3–54/55

***3–56.** A clockwise couple $M = 5$ N · m is resisted by the shaft of the electric motor. Determine the magnitude of the reactive forces −**R** and **R** which act at supports A and B so that the resultant of the two couples is zero.

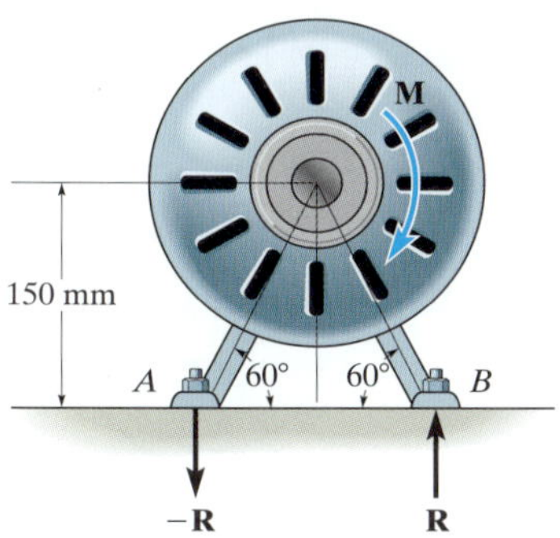

Prob. 3–56

3–57. A twist of 4 N · m is applied to the handle of the screwdriver. Resolve this couple moment into a pair of couple forces **F** exerted on the handle and **P** exerted on the blade.

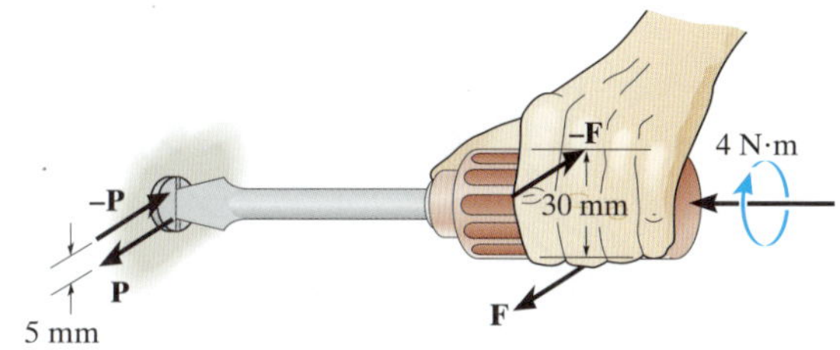

Prob. 3–57

3–58. If the resultant couple of the three couples acting on the triangular block is to be zero, determine the magnitude of forces **F** and **P**.

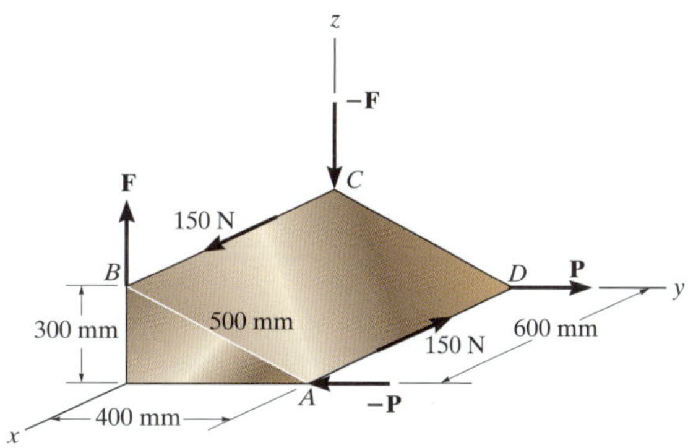

Prob. 3–58

3–59. Express the moment of the couple acting on the frame in Cartesian vector form. The forces are applied perpendicular to the frame. What is the magnitude of the couple moment? Take $F = 50$ N.

***3–60.** In order to turn over the frame, a couple moment is applied as shown. If the component of this couple moment along the x axis is $\mathbf{M}_x = \{-20\mathbf{i}\}$ N·m, determine the magnitude F of the couple forces.

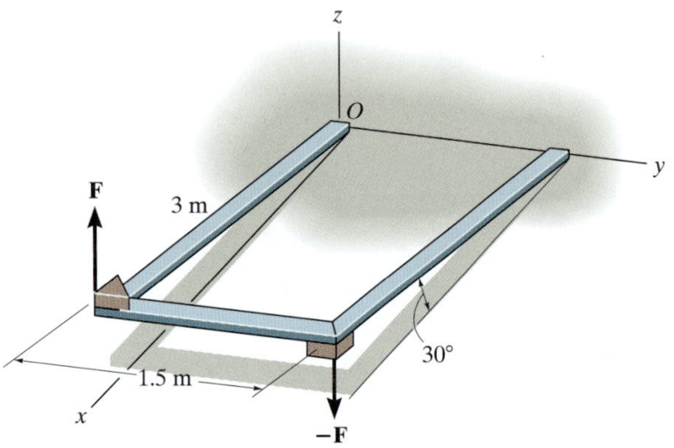

Probs. 3–59/60

3–61. The floor causes a couple moment of $M_A = 40$ N·m and $M_B = 30$ N·m on the brushes of the polishing machine. Determine the magnitude of the couple forces that must be developed by the operator on the handles so that the resultant couple moment on the polisher is zero. What is the magnitude of these forces if the brush at B suddenly stops so that $M_B = 0$?

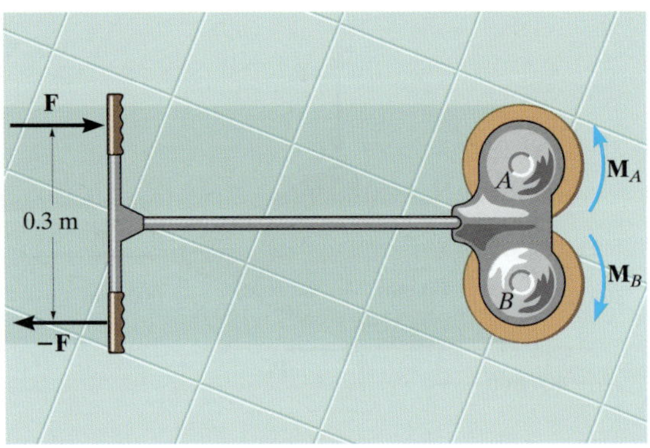

Prob. 3–61

3–62. Determine the required magnitude of the couple moments $\mathbf{M}_2$ and $\mathbf{M}_3$ so that the resultant couple moment is zero.

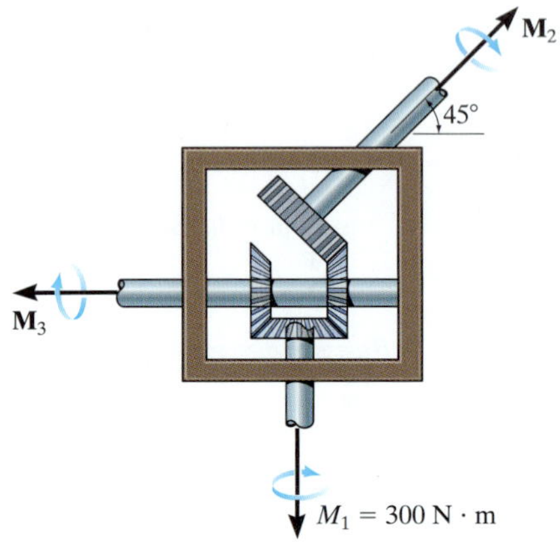

Prob. 3–62

3–63. The caster wheel is subjected to the two couples. Determine the forces F that the bearings exert on the shaft so that the resultant couple moment on the caster is zero.

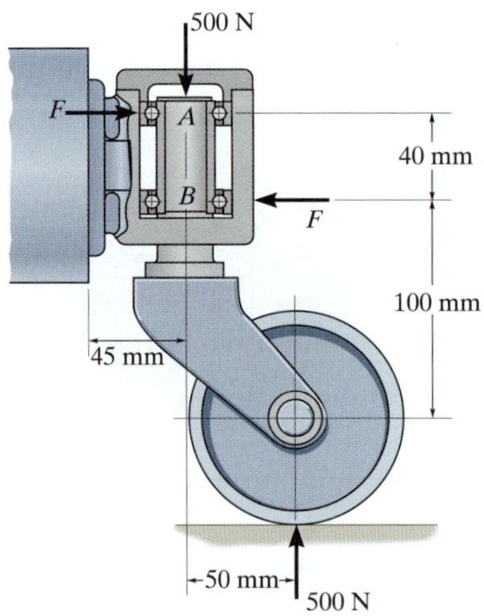

Prob. 3–63

***3–64.** If $F = 80$ N, determine the magnitude and coordinate direction angles of the couple moment. The pipe assembly lies in the x–y plane.

3–65. If the magnitude of the couple moment acting on the pipe assembly is 50 N·m, determine the magnitude of the couple forces applied to each wrench. The pipe assembly lies in the x–y plane.

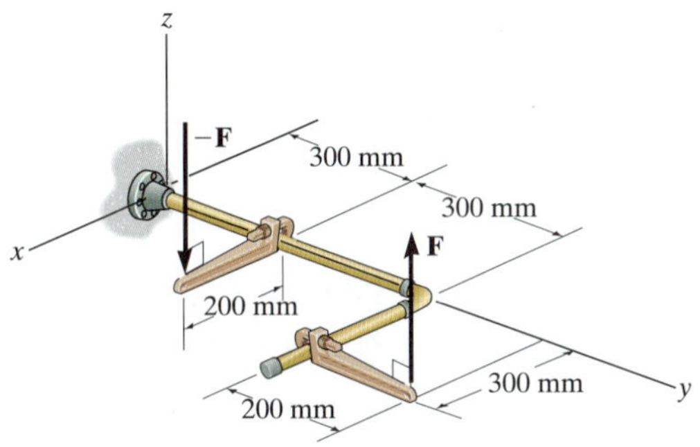

Probs. 3–64/65

3–66. Express the moment of the couple acting on the rod in Cartesian vector form. What is the magnitude of the couple moment?

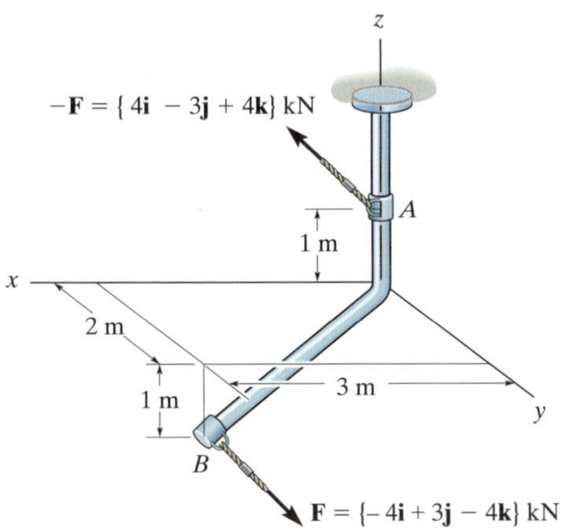

Prob. 3–66

3–67. If $F_1 = 100$ N, $F_2 = 120$ N, and $F_3 = 80$ N, determine the magnitude and coordinate direction angles of the resultant couple moment.

***3–68.** Determine the required magnitude of $\mathbf{F}_1$, $\mathbf{F}_2$, and $\mathbf{F}_3$ so that the resultant couple moment is $(\mathbf{M}_c)_R = [50\mathbf{i} - 45\mathbf{j} - 20\mathbf{k}]$ N·m.

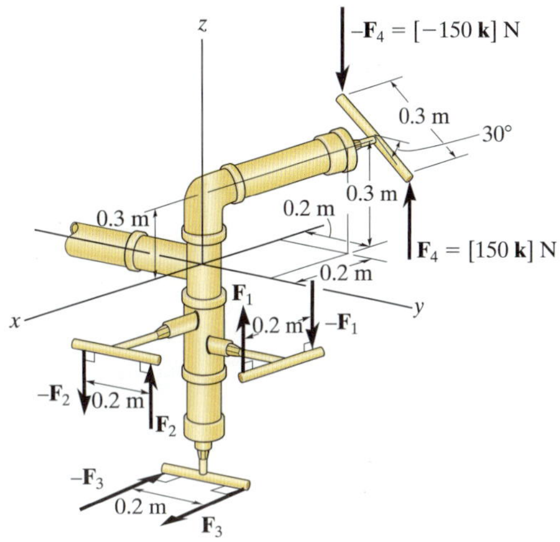

Probs. 3–67/68

3–69. Express the moment of the couple acting on the pipe in Cartesian vector form. What is the magnitude of the couple moment? Take $F = 125$ N.

3–70. If the couple moment acting on the pipe has a magnitude of 300 N·m, determine the magnitude of the forces applied to the wrenches.

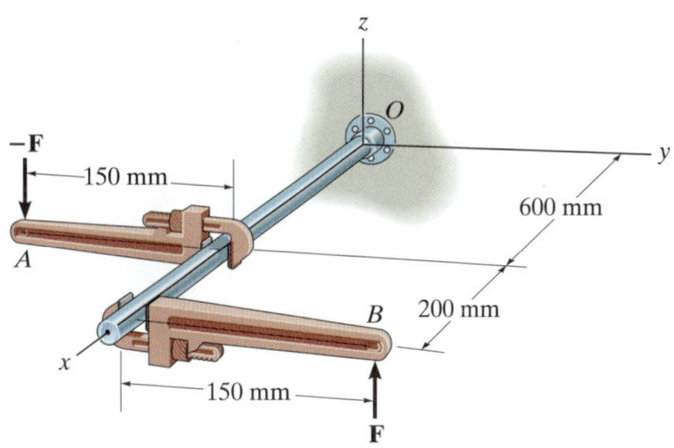

Probs. 3–69/70

3.7 힘-짝힘계의 단순화

한 물체에 작용하고 있는 힘-짝힘계는 한 특정점에 작용하는 하나의 힘 합력과 짝힘 모멘트로 표현되는 **등가역계**(equivalent system)로 전환하는 것이 편리할 때가 종종 있다. 힘-짝힘계가 물체에 발생시키는 **외적 효과**(extermal effects)와 동일한 효과를 주는 하중계가 있다면 두 하중계는 등가라고 말한다. 여기서 외적효과란 자유롭게 움직이는 물체인 경우에서는 이동과 회전운동을 말하며, 고정된 물체인 경우에서는 지지점에서의 반력을 의미한다.

그림 3-34*a*와 같이 막대의 *B*점은 손으로 잡고 있고 *A*점에는 **F**가 작용하고 있는 경우를 예로 들어 보자. 그림 3-34*b*와 같이 **F**의 작용선상에 있는 *B*점에 크기는 같지만 서로 반대방향으로 작용하는 한 쌍의 힘 **F**와 −**F**를 작용시키면, *B*점의 −**F**와 *A*점의 **F**가 서로 상쇄되어 *B*점에는 **F**만 남게 된다(그림 3-34*c*). 원래 *A*점에 작용하고 있던 힘 **F**를 *A*점에서 *B*점으로 이동시켜도 아무런 외적효과가 변하지 않는다. 즉 막대기를 잡은 손에 발생하는 힘은 똑같다. 이는 **전달원리**(principle of transmissibility)를 설명한 것이다. 즉, 여기서 물체(막대)에 작용되는 힘 **F**는 작용선상에 있는 임의 점에 작용하여도 동일한 외적효과를 유발하기 때문에 이동벡터가 된다.

위에서 설명한 전달원리를 이용하면 작용선 위의 점이 아닌 다른 점으로 하중을 이동시킬 수 있다. 그림 3-35*a*와 같이 막대의 *A*점에 수직하중을 작용시킨 후, 크기는 같지만 방향이 서로 다른 한쌍의 하중 **F**와 −**F**를 *B*점에 작용시킨다(그림 3-35*b*). *A*점의 **F**와 *B*점의 −**F**는 그림 3-35c와 같이 *A*점에 짝힘 모멘트 $M = Fd$를 발생시키며, *B*점에는 힘 **F**가 여전히 작용되

(a) (b) (c)

그림 3-34

(a) (b) (c)

그림 3-35

고 있다. 따라서 A점의 힘 $\mathbf{F}$는 등가역계를 유지하기 위한 짝힘 모멘트 $\mathbf{M}$이 추가된다면 B점으로 이동할 수 있다. 여기서 짝힘 모멘트는 B점에 대한 $\mathbf{F}$의 모멘트와 같다. 또한 $\mathbf{M}$은 자유벡터이므로 막대기상의 임의 점에 작용될 수 있다. 위에서 설명한 두 경우는 모두 B점에서 아랫방향의 힘 $\mathbf{F}$와 짝힘 모멘트 $\mathbf{M}$을 가지는 등가역계이다.

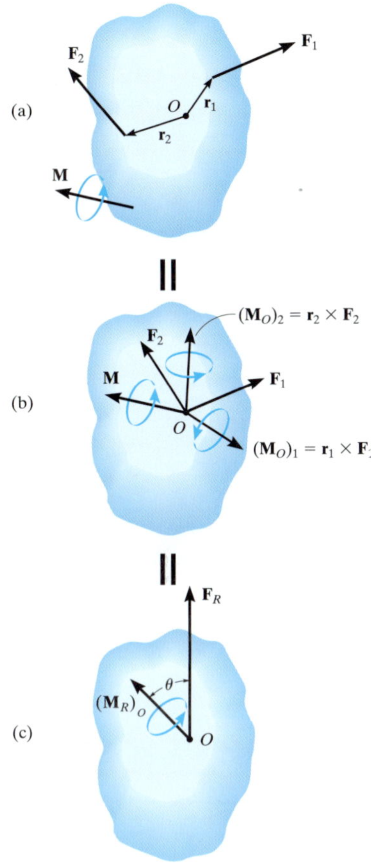

그림 3-36

힘-짝힘 모멘트계. 앞 절에서 설명한 방법을 이용하면 한 물체에 작용하는 여러 힘과 짝힘 모멘트는 O점에 작용하는 한 개의 힘합력과 짝힘 모멘트 합으로 바꿀 수 있다. 그림 3-36a에 보인 바와 같이 O점은 $\mathbf{F}_1$의 작용선상에 있지 않기 때문에 O점으로 이동할 수 없지만, 짝힘 모멘트 $(\mathbf{M}_O)_1 = \mathbf{r}_1 \times \mathbf{F}$가 물체에 추가되면 O점으로 이동할 수 있다. 동일한 방법으로 $\mathbf{F}_2$가 O점으로 이동하려면 $(\mathbf{M}_O)_2 = \mathbf{r}_2 \times \mathbf{F}_2$가 추가되어야 한다. 마지막으로 짝힘 모멘트는 자유벡터이므로 O점으로 이동할 수 있다. 이와 같은 방법으로 그림 3-36a의 힘-짝힘계와 동일한 외적효과를 물체에 주는 그림 3-36b의 등가역계를 얻을 수 있다. 이와 같은 등가역계에서 힘과 짝힘 모멘트들을 각각 더하여 힘합력 $\mathbf{F}_R = \mathbf{F}_1 \times \mathbf{F}_2$와 짝힘 모멘트 합 $(\mathbf{M}_R)_O = \mathbf{M} \times (\mathbf{M}_O)_1 \times (\mathbf{M}_O)_2$를 얻을 수 있다(그림 3-36$c$).

$\mathbf{F}_R$은 O점의 위치와 관계없지만, $(\mathbf{M}_R)_O$는 $\mathbf{M}_1$과 $\mathbf{M}_2$가 위치벡터 $\mathbf{r}_1$과 $\mathbf{r}_2$를 사용하여 결정되기 때문에 O점의 위치에 따라 다른 값을 갖는다는 것에 유의하라. 또한 비록 O점이 작용점으로 이용되었다 하더라도, $(\mathbf{M}_R)_O$는 자유벡터이기 때문에 물체 내의 어떠한 점에서도 작용될 수 있음에 유의하라.

힘-짝힘계를 O점에 작용하는 등가합력 $\mathbf{F}_R$과 짝힘 모멘트 합 $(\mathbf{M}_R)_O$으로 전환하는 방법은 다음의 2개 방정식을 이용하면 일반화시킬 수 있다.

$$\begin{aligned} \mathbf{F}_R &= \Sigma \mathbf{F} \\ (\mathbf{M}_R)_O &= \Sigma \mathbf{M}_O + \Sigma \mathbf{M} \end{aligned} \tag{3-17}$$

식 (3-17)로부터 역계에 작용하는 합력은 모든 힘들의 합과 같고, 짝힘 모멘트 합은 모든 짝힘 모멘트 $\Sigma\mathbf{M}$와 O점에 대한 모든 힘의 모멘트 $\Sigma\mathbf{M}_O$의 합과 같다는 사실을 알 수 있다. 모든 힘과 모멘트가 x-y 평면 내에 존재하고, 같은 면에 수직한 방향으로 작용하는 임의의 짝힘 모멘트는 다음과 같은 3개의 스칼라 방정식으로 바꿀 수 있다.

$$\begin{aligned} (F_R)_x &= \Sigma F_x \\ (F_R)_y &= \Sigma F_y \\ (M_R)_O &= \Sigma M_O + \Sigma M \end{aligned} \tag{3-18}$$

여기의 합력은 두 성분 $(F_R)_x$와 $(F_R)_y$의 벡터합으로 구할 수 있다.

3

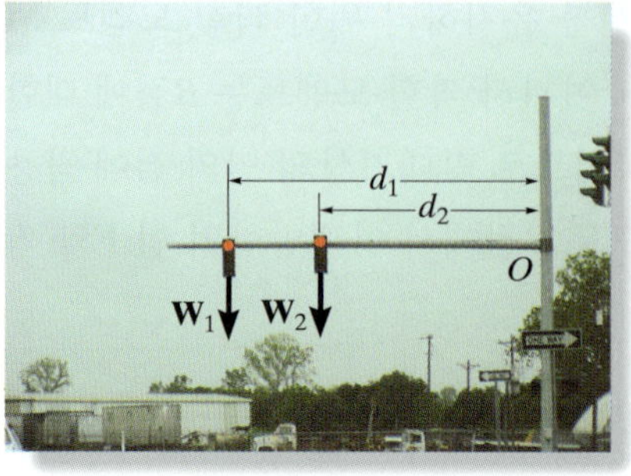

그림의 교통 신호등에 작용하는 하중들은 이에 상응하는 점 O에 대한 합력 $W_R = W_1 + W_2$와 모멘트 $(M_R)_O = W_1d_1 + W_2d_2$로 대체될 수 있다. 이 두 가지 경우 모두 부재의 수평 위치가 그대로 유지되게 하려면 지지대가 직선 이동 및 회전에 대해 동일한 저항을 할 수 있어야 한다.

풀이 과정 PROCEDURE FOR ANALYSIS

아래에 설명된 주요 요점들을 힘-짝힘 모멘트 하중계를 동등한 합력-모멘트 하중계로 간단히 변화시킬 때 사용된다는 사실에 주의해야 한다.

- O점이 원점인 좌표축과 좌표축의 방향을 설정한다.

힘의 합

- 만약 모든 힘들이 동일평면상에 있다면 x축과 y축 성분으로 분해하라. 만약 성분 방향이 (+)방향의 x축와 y축과 일치하면 (+)의 스칼라값을 가지며, (−)방향의 x와 y축과 일치하면 (−)의 스칼라값이다.
- 3차원으로 존재하는 힘들은 덧셈을 하기 전에 카티지언 벡터로 표현한다.

모멘트 합

- O점에 대해 동일평면상에 있는 모든 힘들의 모멘트를 구하는 경우, 모멘트의 원리를 이용하는 것이 편리하다. 즉 각각의 힘이 일으키는 모멘트를 구하는 것보다 힘의 성분들이 일으키는 모멘트를 구하라.
- 3차원상에서 O점에 대한 각 힘의 모멘트를 결정하려 벡터 외적을 사용한다. 여기서 위치 벡터는 O점으로부터 각 힘의 작용선상의 임의 점으로 향하는 방향을 갖는다.

예제 3.14

그림 3-37*a*와 같은 힘-짝힘계를 O점에 작용하는 등가의 합력과 짝힘 모멘트로 바꾸어라.

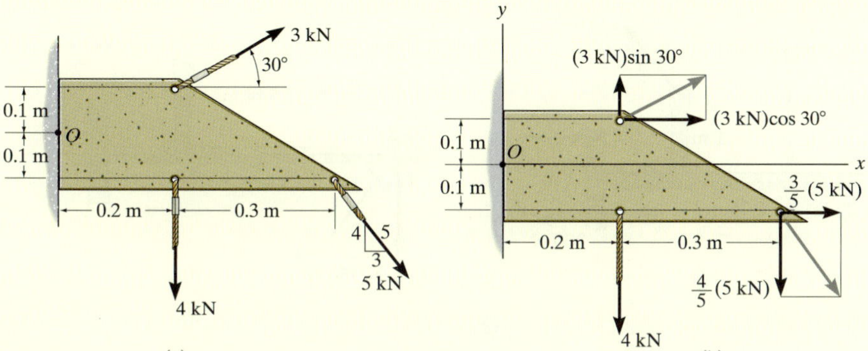

(a) (b)

풀이

합력. 그림 3-37*b*와 같이 힘 3 kN과 5 kN을 각각의 x와 y성분으로 분해한다.

$$\xrightarrow{+} (F_R)_x = \Sigma F_x; \qquad (F_R)_x = (3\text{ kN})\cos 30^\circ + \left(\tfrac{3}{5}\right)(5\text{ kN}) = 5.598\text{ kN}\rightarrow$$

$$+\uparrow (F_R)_y = \Sigma F_y; \qquad (F_R)_y = (3\text{ kN})\sin 30^\circ - \left(\tfrac{4}{5}\right)(5\text{ kN}) - 4\text{ kN} = -6.50\text{ kN} = 6.50\text{ kN}\downarrow$$

피타고라스 정리를 사용하여 구한 $\mathbf{F}_R$의 크기는 다음과 같고(그림 3-37*c*)

$$F_R = \sqrt{(F_R)_x^2 + (F_R)_y^2} = \sqrt{(5.598\text{ kN})^2 + (6.50\text{ kN})^2} = 8.58\text{ kN} \quad \text{답}$$

또한, 방향각 θ는 다음과 같다.

$$\theta = \tan^{-1}\left(\frac{(F_R)_y}{(F_R)_x}\right) = \tan^{-1}\left(\frac{6.50\text{ kN}}{5.598\text{ kN}}\right) = 49.3^\circ \quad \text{답}$$

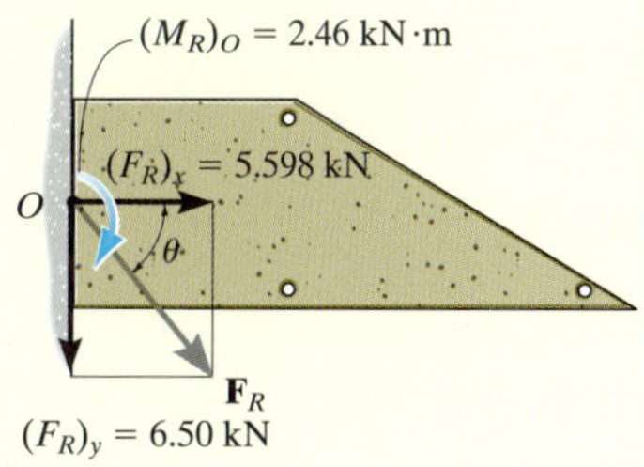

(c)

그림 3-37

모멘트 합. 그림 3-37*b*로부터

$$\circlearrowright + (M_R)_O = \Sigma M_O;$$

$$(M_R)_O = (3\text{ kN})\sin 30^\circ(0.2\text{ m}) - (3\text{ kN})\cos 30^\circ(0.1\text{ m}) + \left(\tfrac{3}{5}\right)(5\text{ kN})(0.1\text{ m}) - \left(\tfrac{4}{5}\right)(5\text{ kN})(0.5\text{ m}) - (4\text{ kN})(0.2\text{ m})$$

$$= -2.46\text{ kN}\cdot\text{m} = 2.46\text{ kN}\cdot\text{m}\circlearrowright \quad \text{답}$$

의 값이 구해진다. 시계방향의 모멘트가 그림 3-37*c*에 표시되어 있다.

주: 그림 3-37*c*와 같이 본 예제의 계산 결과로 얻은 힘계와 그림 3-37*a*의 힘계는 동일한 외적 효과 혹은 지점의 반력을 유발한다.

3

예제 3.15

그림 3-38a에 보인 바와 같이 부재에 작용하는 힘-짝힘계를 O점에 작용하는 등가 합력과 짝힘 모멘트로 바꾸어라.

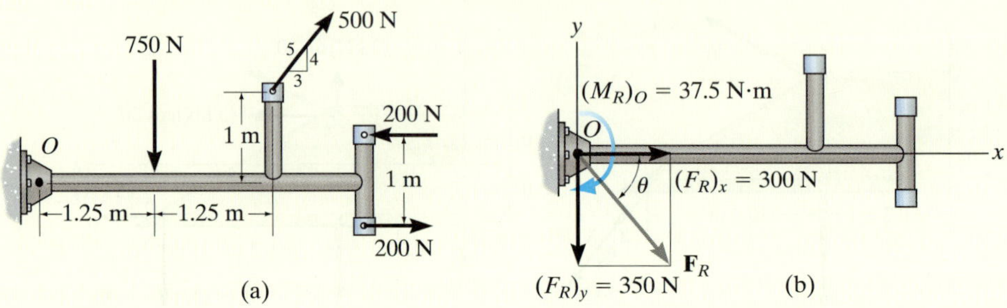

그림 3-38

풀이

합력. 짝힘 200 N은 크기는 같고 방향이 서로 반대이기 때문에 합력은 0이 된다. 따라서 힘 500 N만 x와 y 성분으로 분해한 후, 각 성분끼리 더하면 다음과 같다.

$$\xrightarrow{+} (F_R)_x = \Sigma F_x;\ (F_R)_x = \left(\tfrac{3}{5}\right)(500\text{ N}) = 300\text{ N} \rightarrow$$

$$+\uparrow (F_R)_y = \Sigma F_y;\ (F_R)_y = (500\text{ N})\left(\tfrac{4}{5}\right) - 750\text{ N} = -350\text{ N} = 350\text{ N}\downarrow$$

그림 3-15b로부터 구한 $\mathbf{F}_R$의 크기는

$$F_R = \sqrt{(F_R)_x^2 + (F_R)_y^2}$$

$$= \sqrt{(300\text{ N})^2 + (350\text{ N})^2} = 461\text{ N} \qquad \text{답}$$

이며, 방향각 θ는 다음과 같다.

$$\theta = \tan^{-1}\left(\frac{(F_R)_y}{(F_R)_x}\right) = \tan^{-1}\left(\frac{350\text{ N}}{300\text{ N}}\right) = 49.4^\circ \qquad \text{답}$$

모멘트 합. 짝힘 모멘트는 자유벡터이기 때문에 임의의 부재 위치에 작용시킬 수 있다. 그림 3-38a를 참조하면,

$$\circlearrowright + (M_R)_O = \Sigma M_O + \Sigma M$$

$$(M_R)_O = (500\text{ N})\left(\tfrac{4}{5}\right)(2.5\text{ m}) - (500\text{ N})\left(\tfrac{3}{5}\right)(1\text{ m})$$

$$- (750\text{ N})(1.25\text{ m}) + 200\text{ N}\cdot\text{m}$$

$$= -37.5\text{ N}\cdot\text{m} = 37.5\text{ N}\cdot\text{m} \circlearrowright \qquad \text{답}$$

을 얻는다. 위에서 구한 짝힘 모멘트는 시계방향으로 작용하며 그림 3-38b에 나타내었다.

예제 3.16

그림 3-39a에 보인 바와 같이 구조용 부재에 짝힘 모멘트 $\mathbf{M}$과 힘 $\mathbf{F}_1$과 $\mathbf{F}_2$가 각각 작용하고 있다. O점에 대한 등가 합력과 짝힘 모멘트로 바꾸어라.

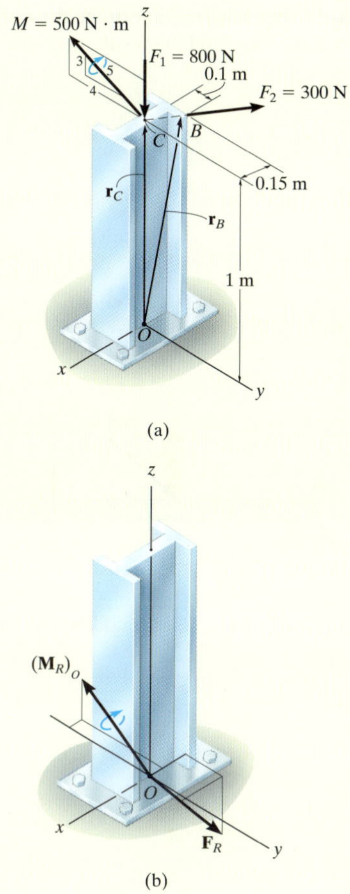

그림 3-39

풀이(벡터 해석)

이 예제와 같이 3차원 문제는 카티지언 벡터를 이용하면 쉽게 해결할 수 있다. 따라서 힘과 짝힘 모멘트를 카티지언 벡터로 표현하면 다음과 같다.

$$\mathbf{F}_1 = \{-800\mathbf{k}\}\text{ N}$$

$$\mathbf{F}_2 = (300\text{ N})\mathbf{u}_{CB}$$

$$= (300\text{ N})\left(\frac{\mathbf{r}_{CB}}{r_{CB}}\right)$$

$$= 300\text{ N}\left[\frac{\{-0.15\mathbf{i} + 0.1\text{j}\}\text{ m}}{\sqrt{(-0.15\text{ m})^2 + (0.1\text{ m})^2}}\right] = \{-249.6\mathbf{i} + 166.4\mathbf{j}\}\text{ N}$$

$$\mathbf{M} = -500\left(\tfrac{4}{5}\right)\mathbf{j} + 500\left(\tfrac{3}{5}\right)\mathbf{k} = \{-400\mathbf{j} + 300\mathbf{k}\}\text{ N}\cdot\text{m}$$

합력.

$$\mathbf{F}_R = \Sigma\mathbf{F}; \qquad \mathbf{F}_R = \mathbf{F}_1 + \mathbf{F}_2 = -800\mathbf{k} - 249.6\mathbf{i} + 166.4\mathbf{j}$$

$$= \{-250\mathbf{i} + 166\mathbf{j} - 800\mathbf{k}\}\text{ N} \qquad \text{답}$$

모멘트 합.

$$(\mathbf{M}_R)_o = \Sigma\mathbf{M} + \Sigma\mathbf{M}_O$$

$$(\mathbf{M}_R)_o = \mathbf{M} + \mathbf{r}_C \times \mathbf{F}_1 + \mathbf{r}_B \times \mathbf{F}_2$$

$$(\mathbf{M}_R)_o = (-400\mathbf{j} + 300\mathbf{k}) + (1\mathbf{k}) \times (-800\mathbf{k}) + \begin{vmatrix} \mathbf{i} & \mathbf{j} & \mathbf{k} \\ -0.15 & 0.1 & 1 \\ -249.6 & 166.4 & 0 \end{vmatrix}$$

$$= (-400\mathbf{j} + 300\mathbf{k}) + (0) + (-166.4\mathbf{i} - 249.6\mathbf{j})$$

$$= \{-166\mathbf{i} - 650\mathbf{j} + 300\mathbf{k}\}\text{ N}\cdot\text{m} \qquad \text{답}$$

이 예제의 계산 결과는 그림 3-39b에 나타내었다.

3

PRELIMINARY PROBLEM

P3–5. In each case, determine the x and y components of the resultant force and the resultant couple moment at point O.

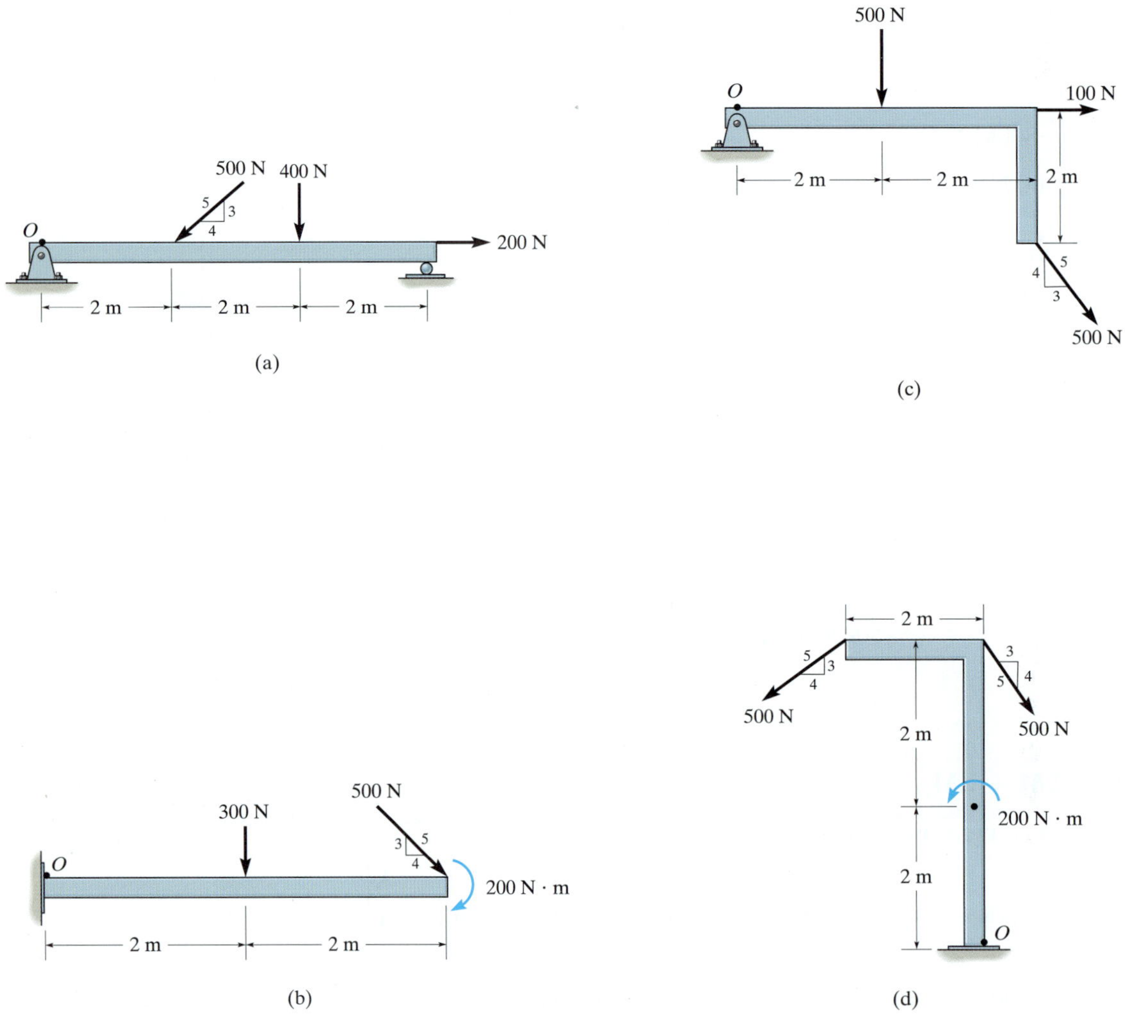

Prob. P3–5

FUNDAMENTAL PROBLEMS

F3–25. Replace the loading system by an equivalent resultant force and couple moment acting at point A.

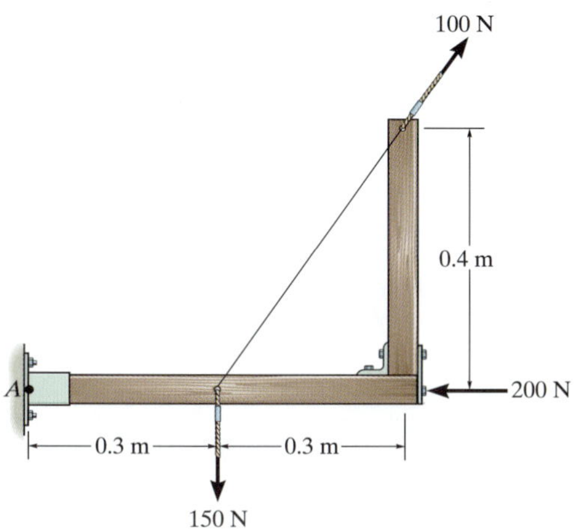

Prob. F3–25

F3–26. Replace the loading by an equivalent resultant force and couple moment acting at point A.

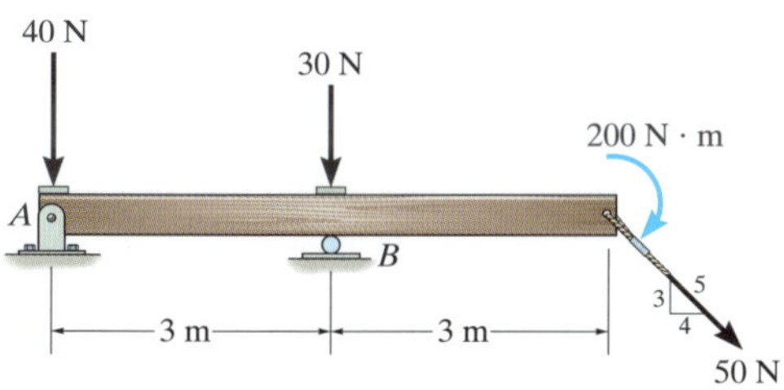

Prob. F3–26

F3–27. Replace the loading by an equivalent resultant force and couple moment acting at point A.

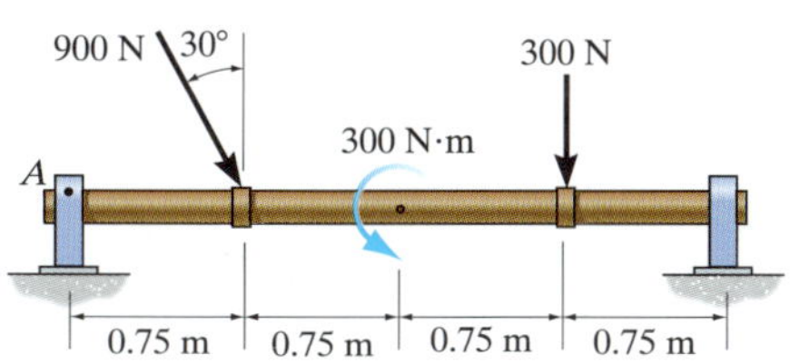

Prob. F3–27

F3–28. Replace the loading system by an equivalent resultant force and couple moment acting at point A.

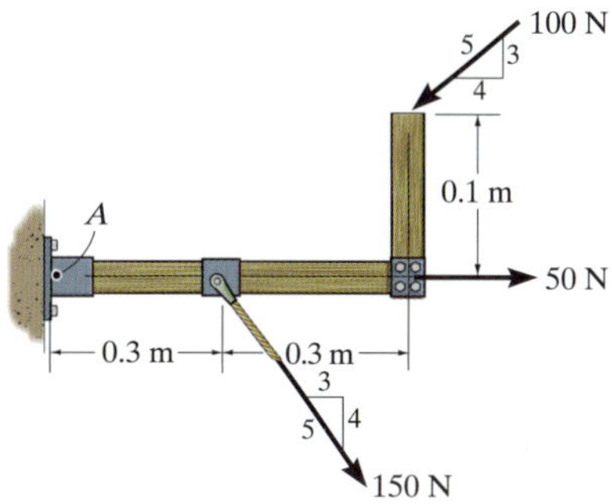

Prob. F3–28

F3–29. Replace the loading by an equivalent resultant force and couple moment acting at point O.

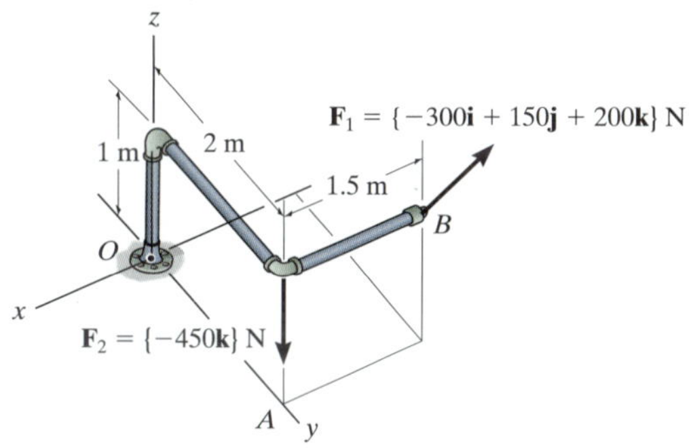

Prob. F3–29

F3–30. Replace the loading by an equivalent resultant force and couple moment acting at point O.

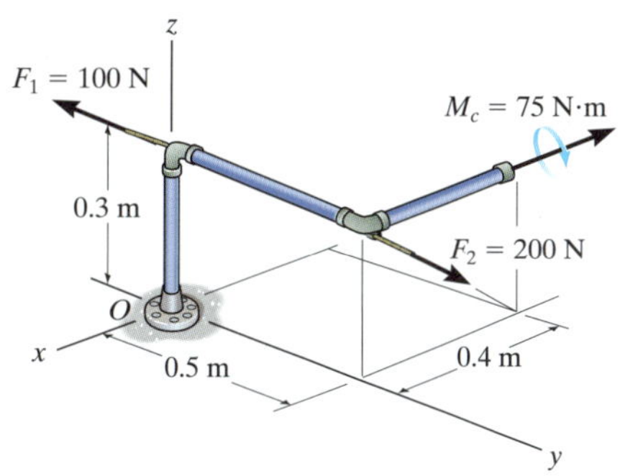

Prob. F3–30

PROBLEMS

3–71. Replace the force system by an equivalent resultant force and couple moment at point O.

***3–72.** Replace the force system by an equivalent resultant force and couple moment at point P.

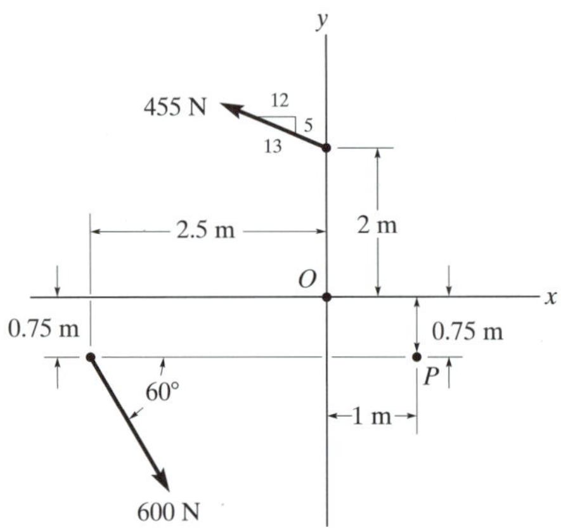

Probs. 3–71/72

3–75. Replace the loading acting on the beam by an equivalent resultant force and couple moment at point O.

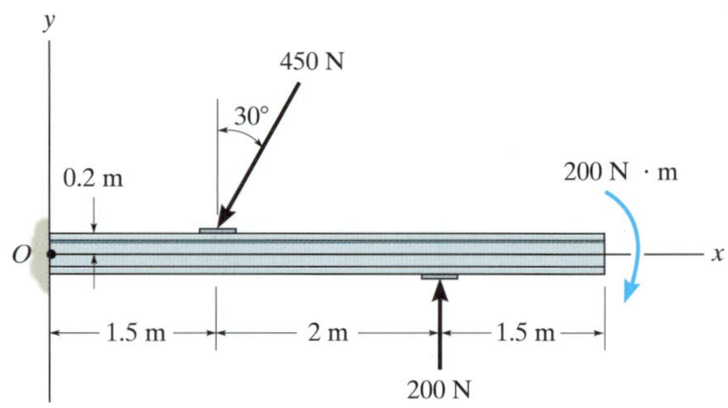

Prob. 3–75

3–73. Replace the loading acting on the beam by an equivalent force and couple moment at point A.

3–74. Replace the loading acting on the beam by an equivalent force and couple moment at point B.

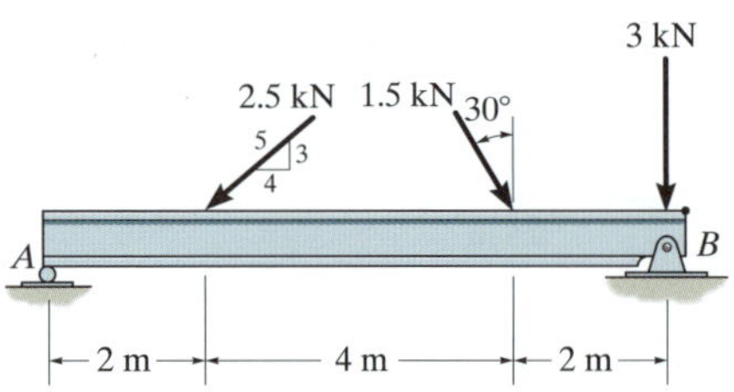

Probs. 3–73/74

***3–76.** Replace the loading acting on the post by an equivalent resultant force and couple moment at point A.

3–77. Replace the loading acting on the post by an equivalent resultant force and couple moment at point B.

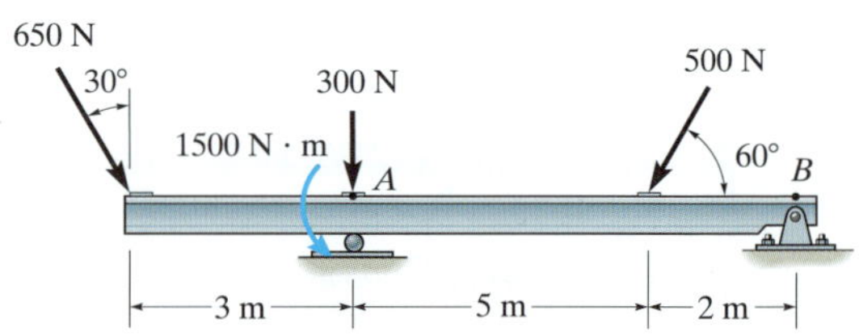

Probs. 3–76/77

3–78. Replace the force system acting on the post by a resultant force and couple moment at point A.

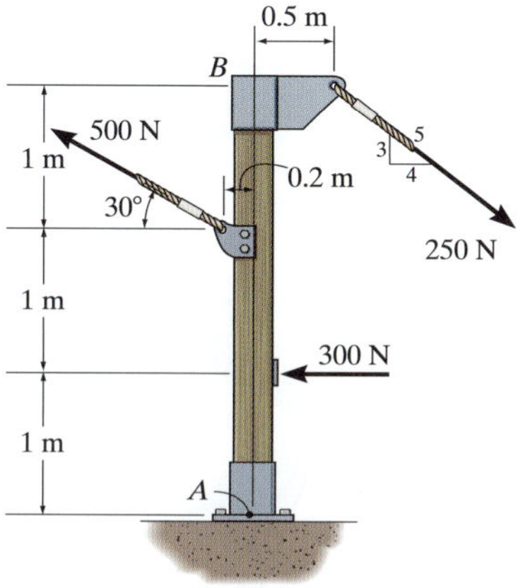

Prob. 3–78

3–79. Replace the loading acting on the frame by an equivalent resultant force and couple moment acting at point A.

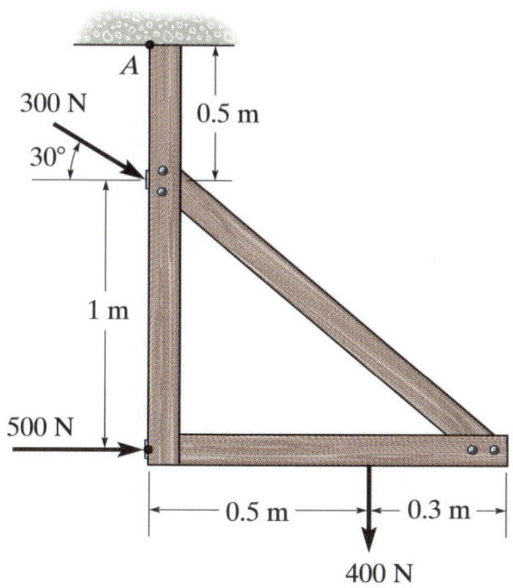

Prob. 3–79

***3–80.** The forces $\mathbf{F}_1 = \{-4\mathbf{i} + 2\mathbf{j} - 3\mathbf{k}\}$ kN and $\mathbf{F}_2 = \{3\mathbf{i} - 4\mathbf{j} - 2\mathbf{k}\}$ kN act on the end of the beam. Replace these forces by an equivalent force and couple moment acting at point O.

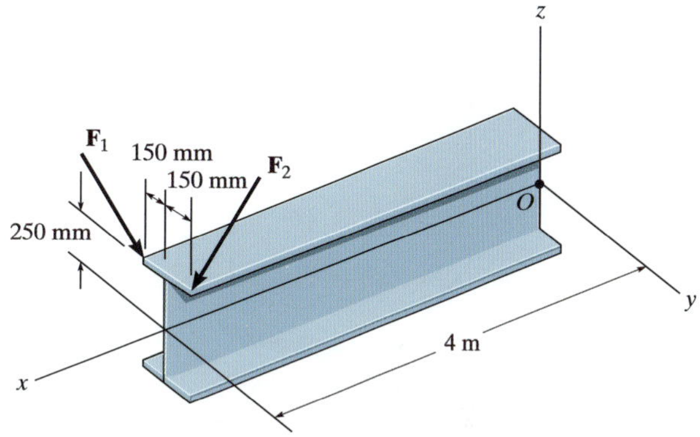

Prob. 3–80

3–81. A biomechanical model of the lumbar region of the human trunk is shown. The forces acting in the four muscle groups consist of $F_R = 35$ N for the rectus, $F_O = 45$ N for the oblique, $F_L = 23$ N for the lumbar latissimus dorsi, and $F_E = 32$ N for the erector spinae. These loadings are symmetric with respect to the y–z plane. Replace this system of parallel forces by an equivalent force and couple moment acting at the spine, point O. Express the results in Cartesian vector form.

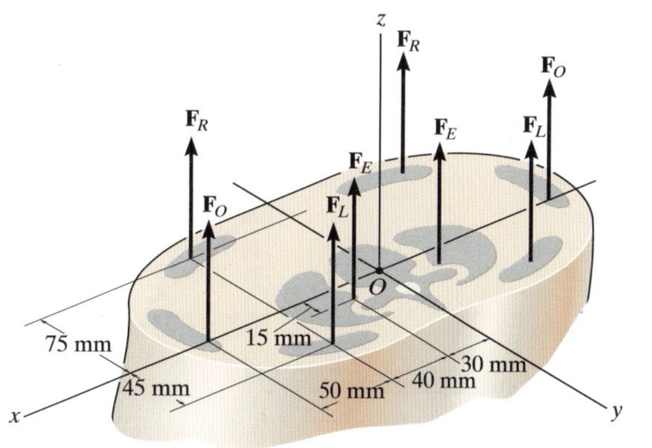

Prob. 3–81

3–82. Replace the loading by an equivalent resultant force and couple moment at point O. Take $\mathbf{F}_3 = \{-200\mathbf{i} + 500\mathbf{j} - 300\mathbf{k}\}$ N.

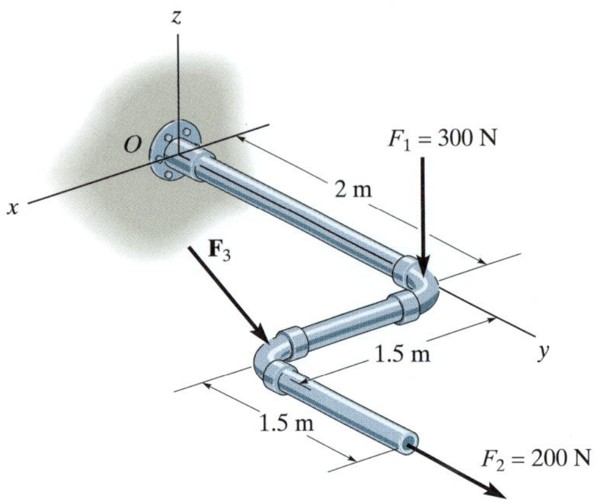

Prob. 3–82

3–83. Replace the loading by an equivalent resultant force and couple moment at point O.

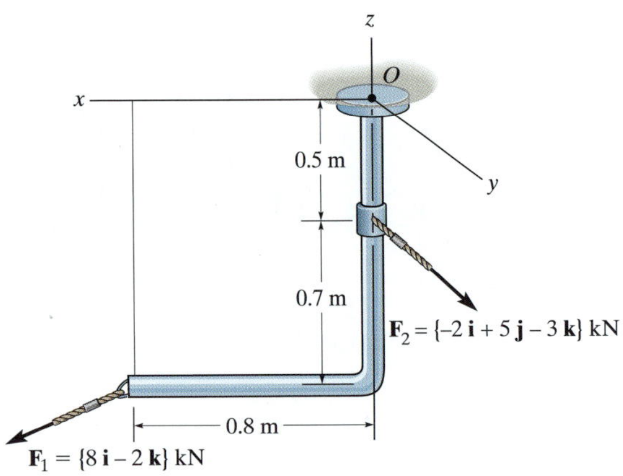

Prob. 3–83

***3–84.** Replace the force of $F = 80$ N acting on the pipe assembly by an equivalent resultant force and couple moment at point A.

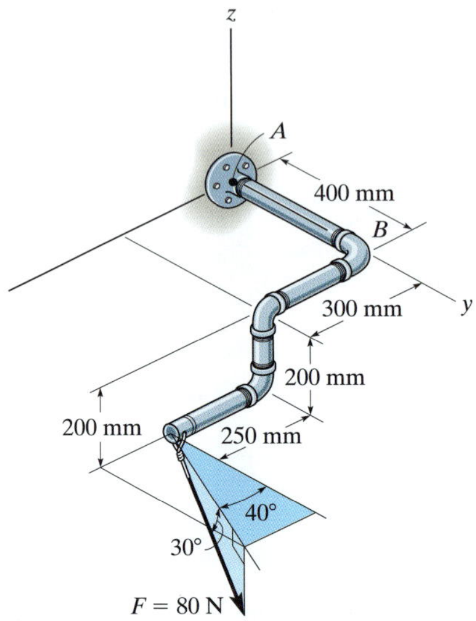

Prob. 3–84

3–85. The belt passing over the pulley is subjected to forces $\mathbf{F}_1$ and $\mathbf{F}_2$, each having a magnitude of 40 N. $\mathbf{F}_1$ acts in the $-\mathbf{k}$ direction. Replace these forces by an equivalent force and couple moment at point A. Express the result in Cartesian vector form. Set $\theta = 0°$ so that $\mathbf{F}_2$ acts in the $-\mathbf{j}$ direction.

3–86. The belt passing over the pulley is subjected to two forces $\mathbf{F}_1$ and $\mathbf{F}_2$, each having a magnitude of 40 N. $\mathbf{F}_1$ acts in the $-\mathbf{k}$ direction. Replace these forces by an equivalent force and couple moment at point A. Express the result in Cartesian vector form. Take $\theta = 45°$.

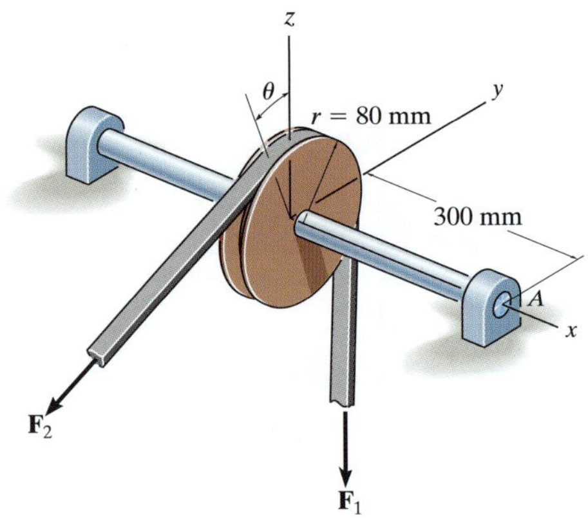

Probs. 3–85/86

3.8 보다 단순화된 힘–짝힘계

앞 절에서 강체에 작용하는 힘-짝힘계를 O점에 작용하는 등가합력 $\mathbf{F}_R$와 짝힘 모멘트 합 $(\mathbf{M}_R)_O$로 대체하는 방법을 설명하였다. $\mathbf{F}_R$과 $(\mathbf{M}_R)_O$의 작용방향이 서로 직교하는 경우에는 간단히 하나의 등가합력으로 대체할 수 있다. 이와 같이 간략화할 수 있는 역계는 집중력계, 평면력계와 평행력계이다.

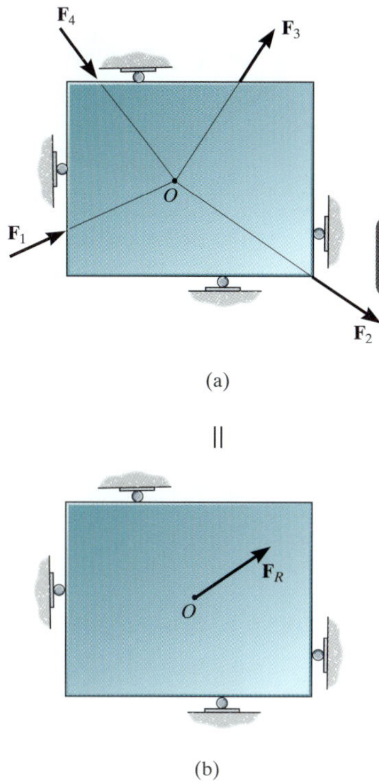

그림 3-40

집중력계. 그림 3-40a와 같이 **집중력계**(concurrent force system)에 작용하는 모든 힘의 작용선을 연장하면 O점에서 서로 교차하기 때문에 O점에 대한 모멘트는 발생되지 않는다. 결과적으로 등가역계는 그림 3-40b에 보인 바와 같이 O점에 작용하는 한 개의 단일 합력 $\mathbf{F}_R = \Sigma\mathbf{F}$으로 대체될 수 있다.

평면력계. **평면력계**(coplanar force system)에 작용하는 모든 힘들의 작용선은 그림 3-41a에 보인 바와 같이 동일한 평면상에 존재하기 때문에 합력 $\mathbf{F}_R = \Sigma\mathbf{F}$ 또한 같은 평면상에 존재한다. 또한, 임의의 O점에 대한 각각의 힘들이 발생시키는 모멘트는 평면에 수직방향으로 작용한다. 따라서 모멘트 합 $(\mathbf{M}_R)_O$와 합력 $\mathbf{F}_R$은 서로 수직방향으로 작용한다(그림 3-41b). 그림 3-41c에 보인 바와 같이 O점을 중심으로 발생하는 모멘트 합 $(\mathbf{M}_R)_O$와 합력 $\mathbf{F}_R$은 O점에서 모멘트 팔 d만큼 떨어진 곳에 $\mathbf{F}_R$을 작용시키는 등가역계로 대체될 수 있다. 여기서 모멘트 팔 d는 스칼라 방정식 $(M_R)_O = F_R d = \Sigma M_O$ 또는 $d = (M_R)_O/F_R$을 이용하여 구할 수 있다.

평행력계. 그림 3-42a에 보인 바와 같이 **평행력계**(parallel force system)에 존재하는 모든 힘은 z축과 평행하게 작용한다. 따라서 O점에 작용하는 합력 $\mathbf{F}_R = \Sigma\mathbf{F}$ 또한 z축과 평행하게 작용한다(그림 3-42b). 또한, 각 힘에 의해 발

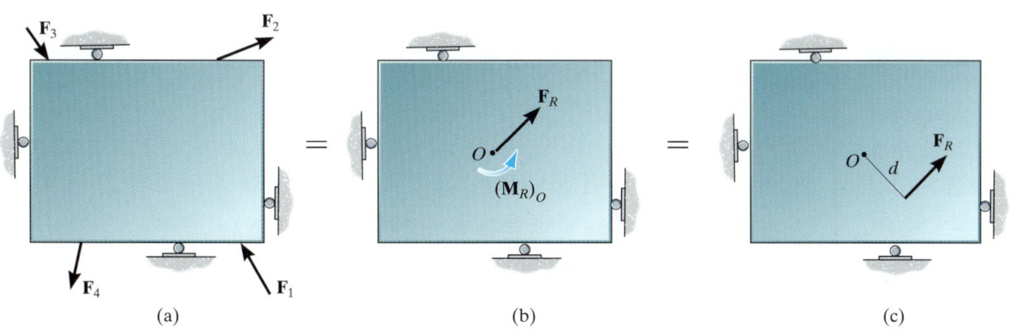

그림 3-41

3

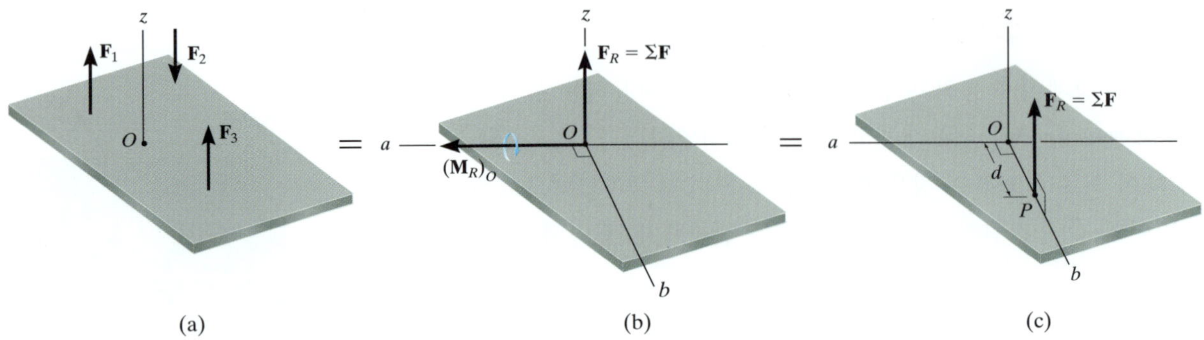

그림 3-42

생하는 모멘트는 판면에 작용하고 있으므로 짝힘 모멘트 합 $(\mathbf{M}_R)_O$ 또한 동일한 판면에 작용한다. 여기서 짝힘 모멘트 합은 $\mathbf{F}_R$과 $(\mathbf{M}_R)_O$가 서로 수직으로 작용하고 있으므로 모멘트축 a를 따라 작용한다. 결과적으로 전술한 평면력계는 b축상에 놓인 점 P에서 연직 상향으로 작용하는 등가합력 $\mathbf{F}_R$로 대체할 수 있다(그림 3-42c). 여기서 팔거리 d는 $(M_R)_O = F_R d = \Sigma M_O$ 또는 $d = \Sigma M_O / F_R$로부터 구할 수 있다.

네 개의 케이블 장력은 교량주탑의 점 O에 동시에 작용한다. 따라서 그 장력들은 그 점에 모멘트를 만들지 않고, 오직 합력 $\mathbf{F}_R$만을 만든다. 합력 $\mathbf{F}_R$이 교량주탑을 따라 지지될 수 있도록 설계자가 케이블의 위치를 정하였다. 따라서 주탑에는 어떠한 휨도 발생하지 않는다.

풀이 과정 PROCEDURE FOR ANALYSIS

평면력계 혹은 평행력계를 한 개의 합력으로 변화시키는 방법은 앞 절에서 설명한 방법과 유사하다.

- x, y, z축을 설정하고, 합력 $\mathbf{F}_R$을 좌표의 원점으로부터 임의의 거리만큼 떨어진 위치에 작용시킨다.

힘의 합

- 합력은 하중계에 작용하는 모든 힘들의 합과 같다.
- 평면력계인 경우 모든 힘을 x축과 y축 성분으로 분해한다. 만약 성분방향이 (+)방향의 x축와 y축과 일치하면 (+)의 스칼라값를 가지며, (−)방향의 x와 y축과 일치하면 (−)의 스칼라값이다.

모멘트 합

- 점 O에 관한 합력 모멘트는 하중계의 모든 짝힘 모멘트와 모든 힘들의 점 O에 관한 모멘트들을 더한 것과 같다. ΣM_O.
- $d = \Sigma M_O / F_R$을 이용하여 O점으로부터 합력이 작용하는 위치 d를 구한다.

예제 3.17

그림 3-43a에 보인 바와 같이 보에 작용하는 힘과 짝힘 모멘트를 한 개의 등가힘으로 대체하라. O점으로부터 떨어진 등가힘의 작용 위치 d를 구하라.

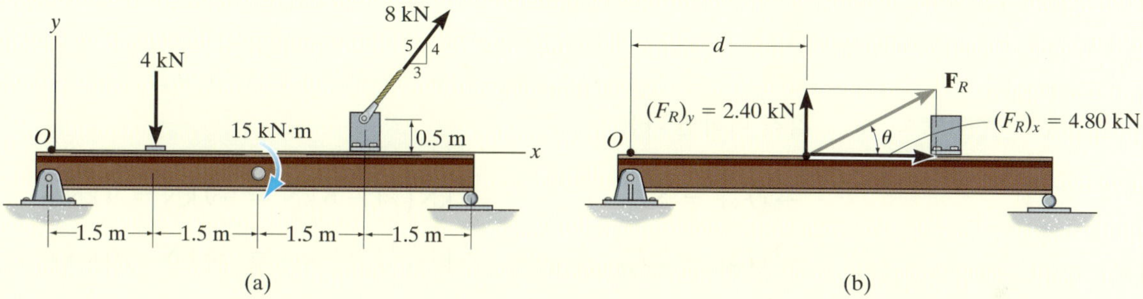

그림 3-43

풀이

합력. 모든 힘의 x와 축방향 성분을 구하여 더하면,

$$\xrightarrow{+} (F_R)_x = \Sigma F_x; \qquad (F_R)_x = (8\text{ kN})\left(\tfrac{3}{5}\right) = 4.80\text{ kN} \rightarrow$$

$$+\uparrow (F_R)_y = \Sigma F_y; \qquad (F_R)_y = -4\text{ kN} + (8\text{ kN})\left(\tfrac{4}{5}\right) = 2.40\text{ kN}\uparrow$$

와 같다. 그림 3-44b로부터 $\mathbf{F}_R$의 크기는

$$F_R = \sqrt{(4.80\text{ kN})^2 + (2.40\text{ kN})^2} = 5.37\text{ kN} \qquad \text{답}$$

와 같고, 방향각 θ는 다음과 같다.

$$\theta = \tan^{-1}\left(\frac{2.40\text{ kN}}{4.80\text{ kN}}\right) = 26.6° \qquad \text{답}$$

모멘트 합. 그림 3-43b에 놓인 O점에 대하여 $\mathbf{F}_R$이 일으키는 모멘트와 그림 3-43a에 놓인 O점에 대한 힘의 모멘트와 짝힘 모멘트를 더하여 같게 놓는다. 여기서 $(\mathbf{F}_R)_x$의 작용선은 O점을 통과해 작용하기 때문에 오직 $(\mathbf{F}_R)_y$만이 모멘트를 발생시킨다. 따라서

$$\circlearrowright + (M_R)_O = \Sigma M_O; \qquad 2.40\text{ kN}(d) = -(4\text{ kN})(1.5\text{ m}) - 15\text{ kN}\cdot\text{m}$$
$$-\left[(8\text{ kN})\left(\tfrac{3}{5}\right)\right](0.5\text{ m}) + \left[(8\text{ kN})\left(\tfrac{4}{5}\right)\right](4.5\text{ m})$$

$$d = 2.25\text{ m} \qquad \text{답}$$

을 얻는다.

3

예제 3.18

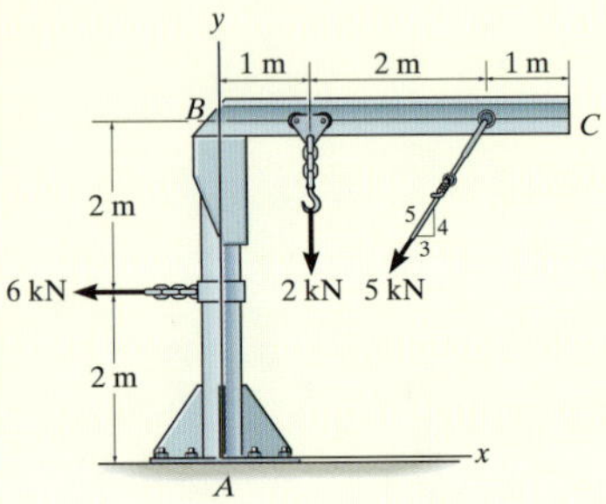

(a)

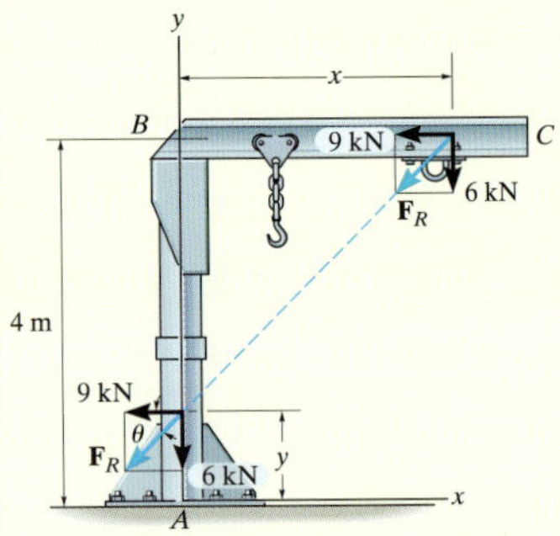

(b)

그림 3-44

그림 3-44a에 보인 바와 같이 크레인에 3개의 평면력이 작용하고 있다. 이와 같은 평면력을 하나의 등가합력으로 대체하고, 기둥 AB와 보 BC가 등가합력의 작용선과 서로 만나는 위치를 구하라.

풀이

합력. 5 kN 힘을 x, y 성분으로 분해한 후, 모든 힘의 같은 방향 성분을 각각 더하면 다음과 같다.

$$\overset{+}{\rightarrow}(F_R)_x = \Sigma F_x; \quad (F_R)_x = -5\text{ kN}\left(\tfrac{3}{5}\right) - 6\text{ kN} = -9\text{ kN} = 9\text{ kN}\leftarrow$$

$$+\uparrow(F_R)_y = \Sigma F_y; \quad (F_R)_y = -5\text{ kN}\left(\tfrac{4}{5}\right) - 2\text{ kN} = -6\text{ kN} = 6\text{ kN}\downarrow$$

그림 3-44b에 보인 바와 같이 벡터 덧셈을 수행하여 합력과 방향각을 각각 구한다.

$$F_R = \sqrt{(9\text{ kN})^2 + (6\text{ kN})^2} = 10.8\text{ kN} \qquad \text{답}$$

$$\theta = \tan^{-1}\left(\frac{6\text{ kN}}{9\text{ kN}}\right) = 33.7° \swarrow \qquad \text{답}$$

모멘트 합. A점에 대한 모멘트를 더한 후, A점으로부터 거리 y만큼 떨어져서 AB와 교차하는 것으로 가정하면,

$$\curvearrowright + (M_R)_A = \Sigma M_A; \quad (9\text{ kN})(y) + (6\text{ kN})(0)$$
$$= (6\text{ kN})(2\text{ m}) - (2\text{ kN})(1\text{ m}) + (5\text{ kN})\left(\tfrac{4}{5}\right)(3\text{ m}) - (5\text{ kN})\left(\tfrac{3}{5}\right)(4\text{ m})$$
$$y = 1.11\text{ m} \qquad \text{답}$$

임을 얻는다. 전달 원리에 따라 $\mathbf{F}_R$은 작용선과 BC 구간이 만나는 점으로 이동시킬 수 있다(그림 3-44b). 따라서

$$\curvearrowright + (M_R)_A = \Sigma M_A; \quad (9\text{ kN})(4\text{ m}) - (6\text{ kN})(x)$$
$$= (6\text{ kN})(2\text{ m}) - (2\text{ kN})(1\text{ m}) - (5\text{ kN})\left(\tfrac{4}{5}\right)(3\text{ m}) + (5\text{ kN})\left(\tfrac{3}{5}\right)(4\text{ m})$$
$$x = 4.33\text{ m} \qquad \text{답}$$

을 얻을 수 있다.

예제 3.19

그림 3-45a와 같은 바닥판에 서로 평행한 4개의 힘이 작용하고 있다. 주어진 힘들과 등가력의 크기와 방향을 결정하고, 슬래브 내에 존재하는 작용점의 위치를 구하라.

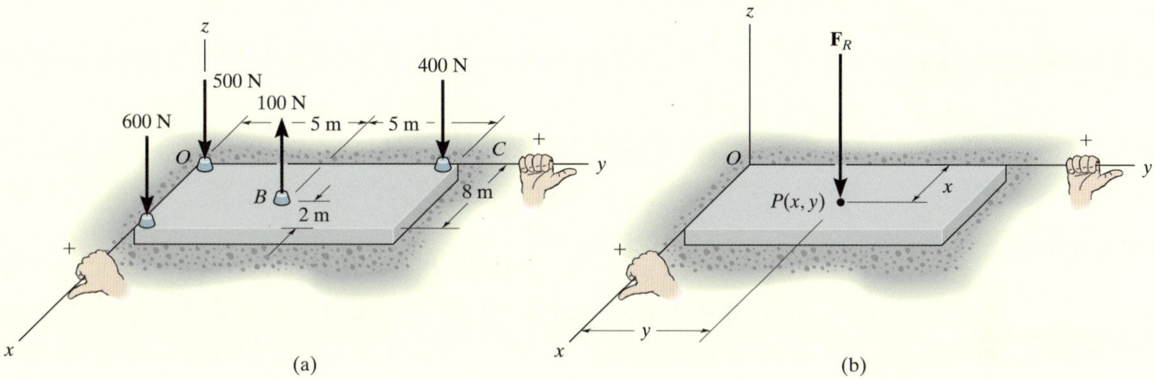

그림 3-45

풀이(스칼라 해석)

합력. 그림 3-45a로부터 구한 합력은 다음과 같다.

$$+\downarrow F_R = \Sigma F; \qquad F_R = 600\text{ N} - 100\text{ N} + 400\text{ N} + 500\text{ N}$$
$$= 1400\text{ N}\downarrow \qquad \text{답}$$

모멘트 합. 그림 3-45b로부터 합력의 x축에 대한 모멘트와 그림 3-45로부터 모든 힘들의 x축에 대한 모멘트 합을 구하여 같게 놓는다. 여기서 y축상에서 구한 y는 모멘트 팔이 된다. 왜냐하면 x축에서 작용선까지의 수직거리는 y축으로 표시되기 때문이다. 오른손법칙을 이용하면,

$$(M_R)_x = \Sigma M_x;$$
$$-(1400\text{ N})y = 600\text{ N}(0) + 100\text{ N}(5\text{ m}) - 400\text{ N}(10\text{ m}) + 500\text{ N}(0)$$
$$-1400y = -3500 \qquad y = 2.50\text{ m} \qquad \text{답}$$

이 되고, 동일한 방법으로 y축에 대한 모멘트와 x축상에 표시된 모멘트 팔을 이용하여 다음과 같은 모멘트 식을 구할 수 있다.

$$(M_R)_y = \Sigma M_y;$$
$$(1400\text{ N})x = 600\text{ N}(8\text{ m}) - 100\text{ N}(6\text{ m}) + 400\text{ N}(0) + 500\text{ N}(0)$$
$$1400x = 4200$$
$$x = 3\text{ m} \qquad \text{답}$$

주: 그림 3-45b의 바닥판의 $P(3.00\text{ m}, 2.50\text{ m})$ 점에 작용하는 힘 $F_R = 1400$ N은 그림 3-45a의 바닥판에 작용하는 평행력계와 같다.

예제 3.20

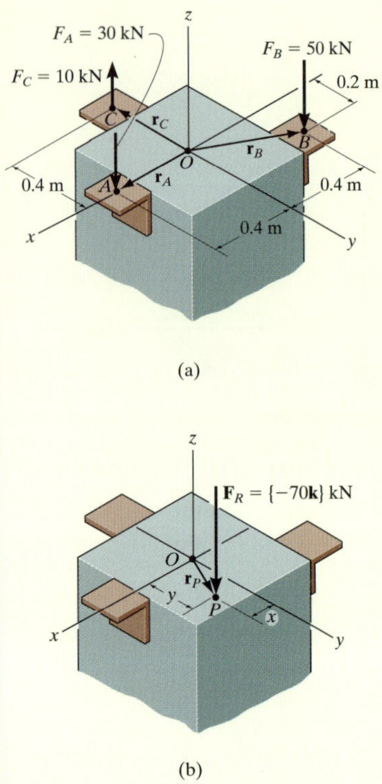

그림 3-46

그림 3-46a에 보인 역계에 동등한 등가합력으로 대체하고, 받침대상에 존재하는 작용점의 위치를 구하라.

풀이

합력. 벡터 연산을 수행하여 합력을 다음과 같이 구한다.

$$\mathbf{F}_R = \Sigma\mathbf{F};\ \mathbf{F}_R = \mathbf{F}_A + \mathbf{F}_B + \mathbf{F}_C$$
$$= \{-30\mathbf{k}\}\text{ kN} + \{-50\mathbf{k}\}\text{ kN} + \{10\mathbf{k}\}\text{ kN}$$
$$= \{-70\mathbf{k}\}\text{ kN} \qquad \text{답}$$

위치. 합력 $\mathbf{F}_R$은 그림 3-46b의 $P(x, y, 0)$점을 통과하는 것으로 가정하고, O점에 대한 합력의 모멘트와 각 힘들의 모멘트 합을 구하여 같게 놓으면

$$(\mathbf{M}_R)_O = \Sigma\mathbf{M}_O;$$
$$\mathbf{r}_P \times \mathbf{F}_R = (\mathbf{r}_A \times \mathbf{F}_A) + (\mathbf{r}_B \times \mathbf{F}_B) + (\mathbf{r}_C \times \mathbf{F}_C)$$
$$(x\mathbf{i} + y\mathbf{j}) \times (-70\mathbf{k}) = [(0.4\mathbf{i}) \times (-30\mathbf{k})]$$
$$+ [(-0.4\mathbf{i} + 0.2\mathbf{j}) \times (-50\mathbf{k})] + [(-0.4\mathbf{j}) \times (10\mathbf{k})]$$
$$-70x(\mathbf{i} \times \mathbf{k}) - 70y(\mathbf{j} \times \mathbf{k}) = -12(\mathbf{i} \times \mathbf{k}) + 20(\mathbf{i} \times \mathbf{k})$$
$$- 10(\mathbf{j} \times \mathbf{k}) - 4(\mathbf{j} \times \mathbf{k})$$
$$70x\mathbf{j} - 70y\mathbf{i} = 12\mathbf{j} - 20\mathbf{j} - 10\mathbf{i} - 4\mathbf{i}$$

와 같고, 양쪽 방정식에서 **i**와 **j**의 성분끼리 같게 놓음으로써 다음을 얻는다.

$$-70y = -14 \qquad (1)$$
$$y = 0.2\text{ m} \qquad \text{답}$$
$$70x = -8 \qquad (2)$$
$$x = -0.114\text{ m} \qquad \text{답}$$

위에서 x값에 표시된 (−)는 작용점의 x좌표가 (−)라는 것을 의미한다.

주: x와 y축에 대한 모멘트를 각각 더하여 식 (1)과 (2)를 직접 구할 수도 있다. 여기에 오른손법칙을 사용하여 위와 동일한 결과를 얻을 수 있다.

$$(M_R)_x = \Sigma M_x; \qquad -70y = -10\text{ kN}(0.4\text{ m}) - 50\text{ kN}(0.2\text{ m})$$
$$(M_R)_y = \Sigma M_y; \qquad 70x = 30\text{ kN}(0.4\text{ m}) - 50\text{ kN}(0.4\text{ m})$$

PRELIMINARY PROBLEMS

P3–6. In each case, determine the x and y components of the resultant force and specify the distance where this force acts from point O.

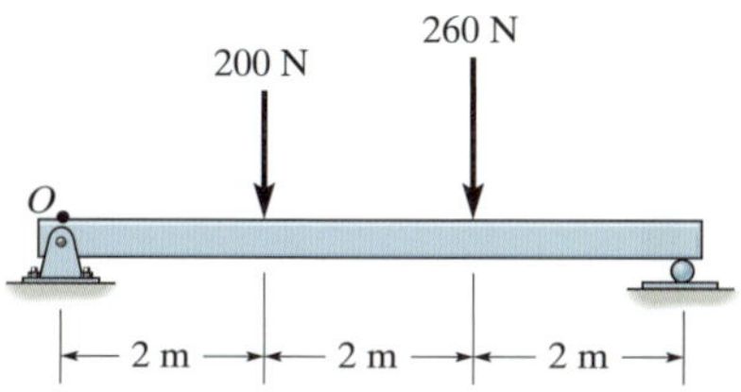

(a)

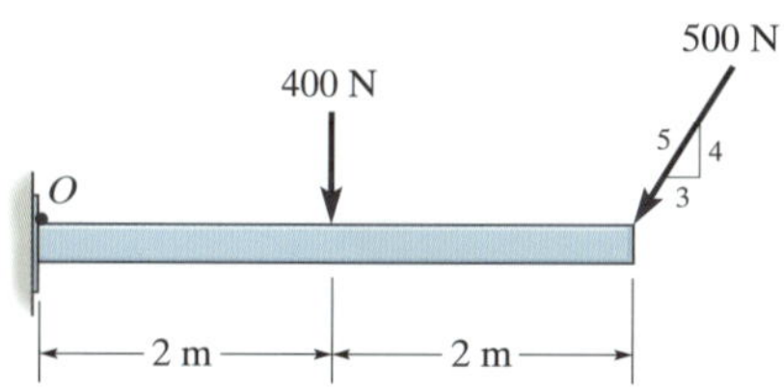

(b)

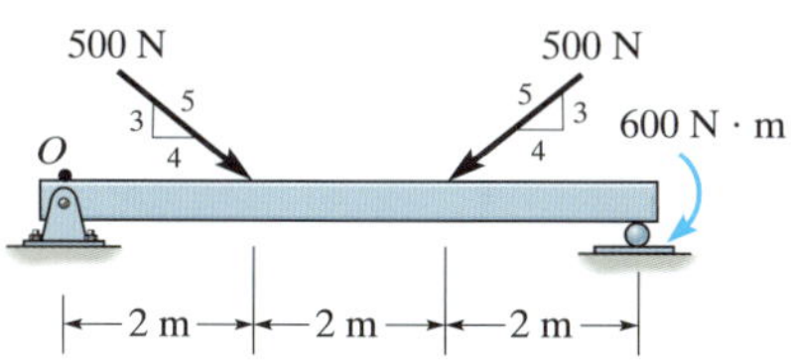

(c)

Prob. P3–6

P3–7. In each case, determine the resultant force and specify its coordinates x and y where it acts on the x–y plane.

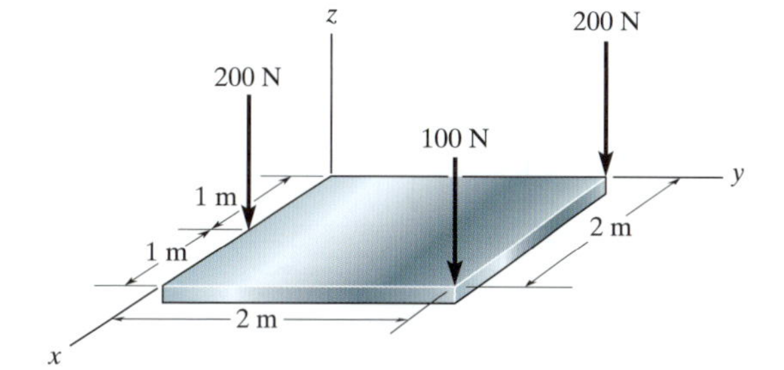

(a)

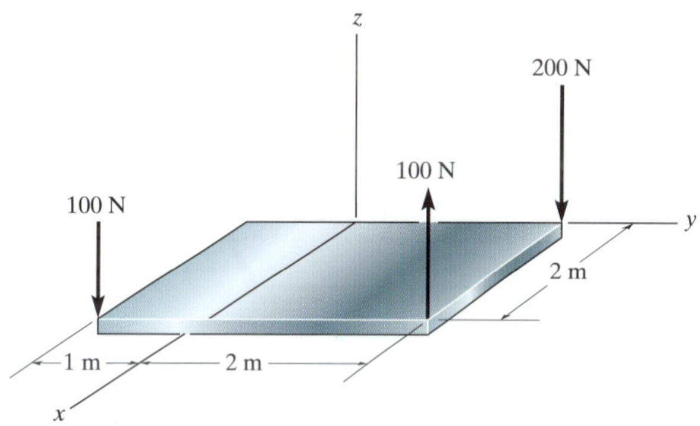

(b)

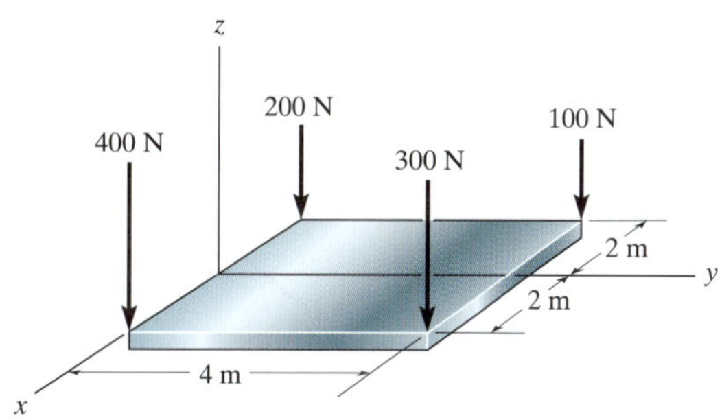

(c)

Prob. P3–7

FUNDAMENTAL PROBLEMS

F3–31. Replace the loading system by an equivalent resultant force and specify where the resultant's line of action intersects the beam measured from O.

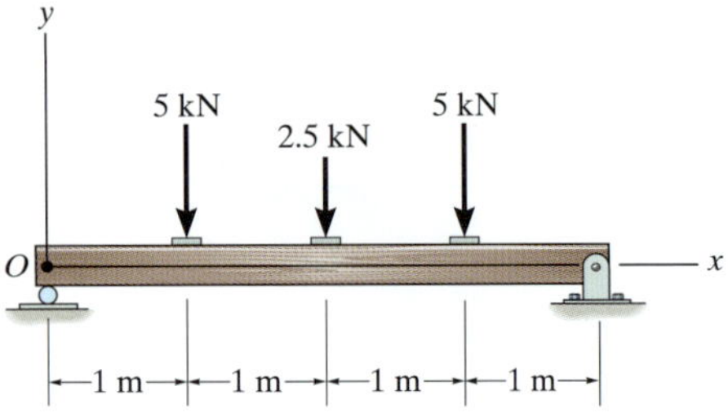

Prob. F3–31

F3–32. Replace the loading system by an equivalent resultant force and specify where the resultant's line of action intersects the member measured from A.

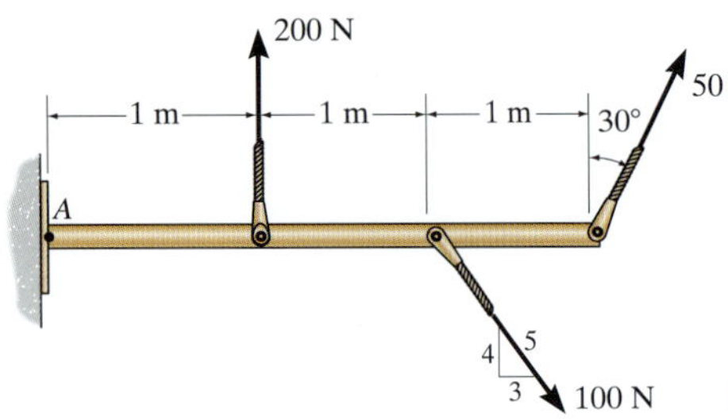

Prob. F3–32

F3–33. Replace the loading by an equivalent resultant force and specify where the resultant's line of action intersects the horizontal segment of the member, measured from A.

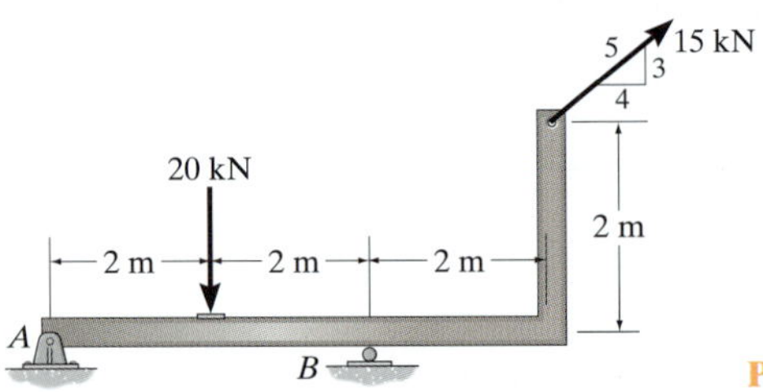

Prob. F3–33

F3–34. Replace the loading by an equivalent resultant force and specify where the resultant's line of action intersects the member AB, measured from A.

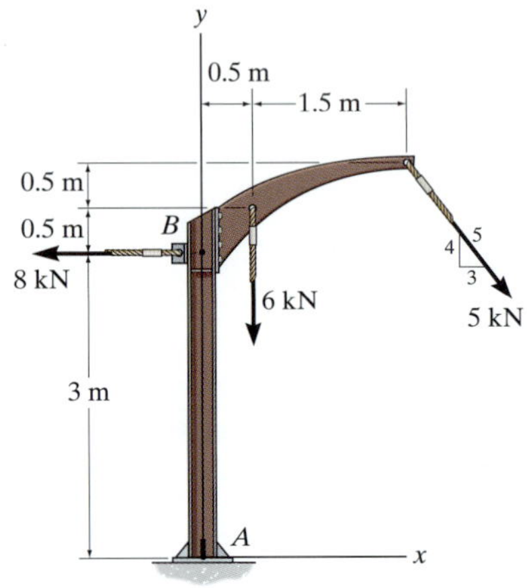

Prob. F3–34

F3–35. Replace the loading by an equivalent single resultant force and specify the x and y coordinates of its line of action.

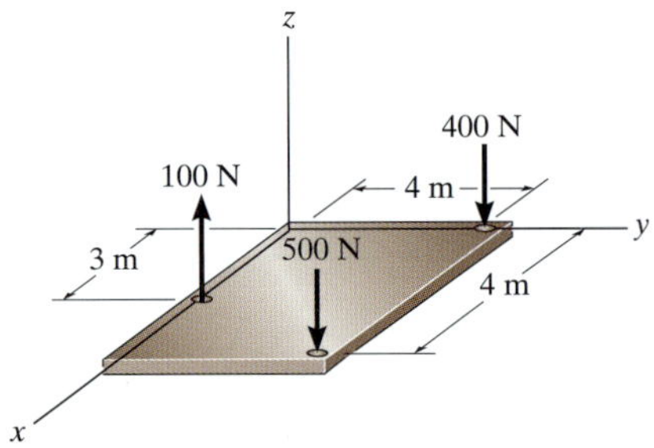

Prob. F3–35

F3–36. Replace the loading by an equivalent single resultant force and specify the x and y coordinates of its line of action.

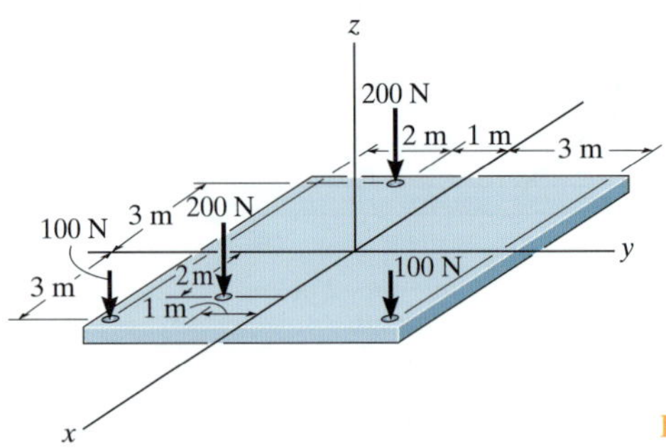

Prob. F3–36

PROBLEMS

3–87. Replace the loading by a single resultant force. Specify where its line of action intersects a vertical line along member AB, measured from A.

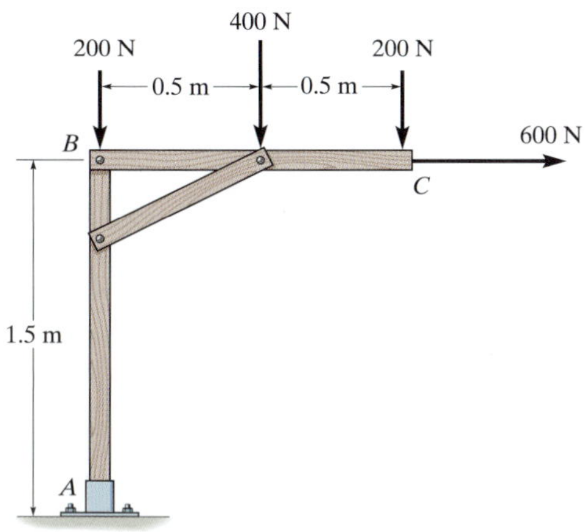

Prob. 3–87

***3–88.** Replace the force system acting on the frame by an equivalent resultant force and specify where the resultant's line of action intersects member AB, measured from point A.

3–89. Replace the force system acting on the frame by an equivalent resultant force and specify where the resultant's line of action intersects member BC, measured from point B.

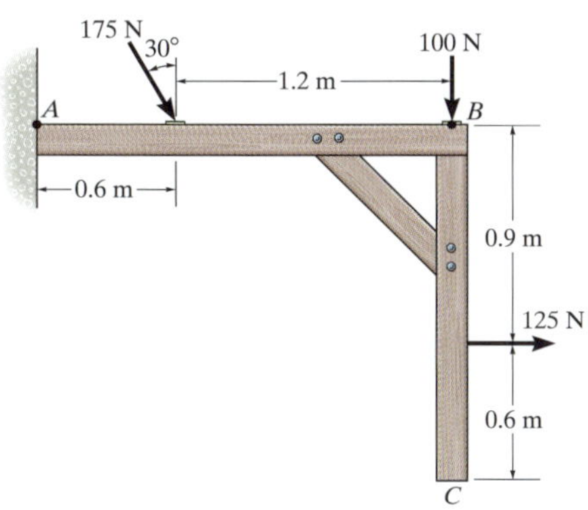

Probs. 3–88/89

3–90. The weights of the various components of the truck are shown. Replace this system of forces by an equivalent resultant force and specify its location measured from B.

3–91. The weights of the various components of the truck are shown. Replace this system of forces by an equivalent resultant force and specify its location measured from point A.

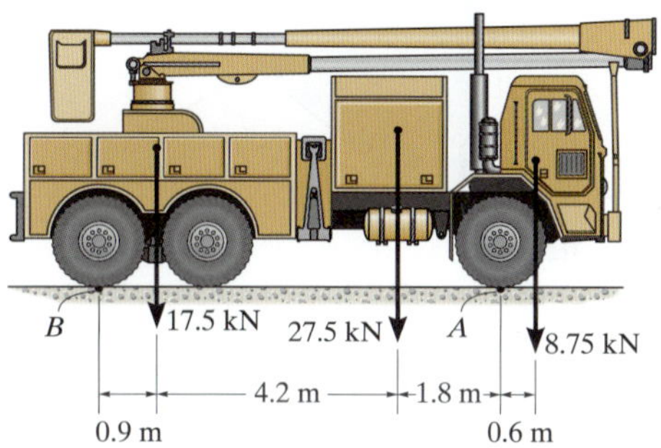

Probs. 3–90/91

***3–92.** Replace the loading by a single resultant force. Specify where the force acts, measured from end A.

3–93. Replace the loading by a single resultant force. Specify where the force acts, measured from B.

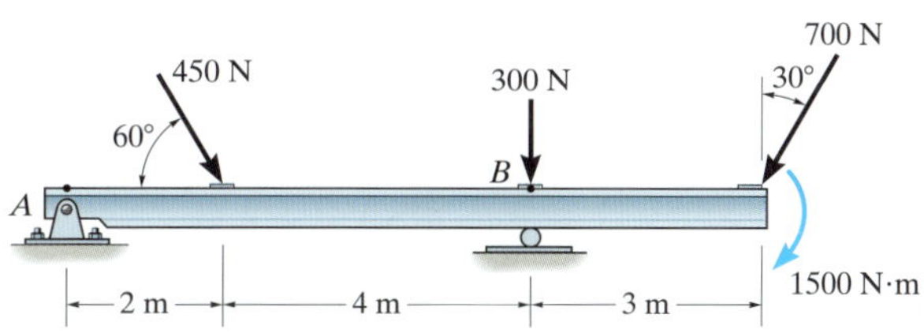

Probs. 3–92/93

3–94. Replace the parallel force system acting on the plate by a resultant force and specify its location on the x–z plane.

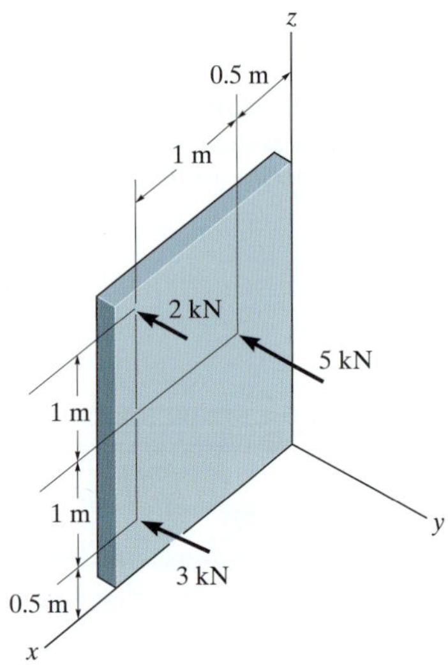

Prob. 3–94

3–95. Replace the loading on the frame by a single resultant force. Specify where its line of action intersects a vertical line along member AB, measured from A.

***3–96.** Replace the loading on the frame by a single resultant force. Specify where its line of action intersects a horizontal line along member CB, measured from end C.

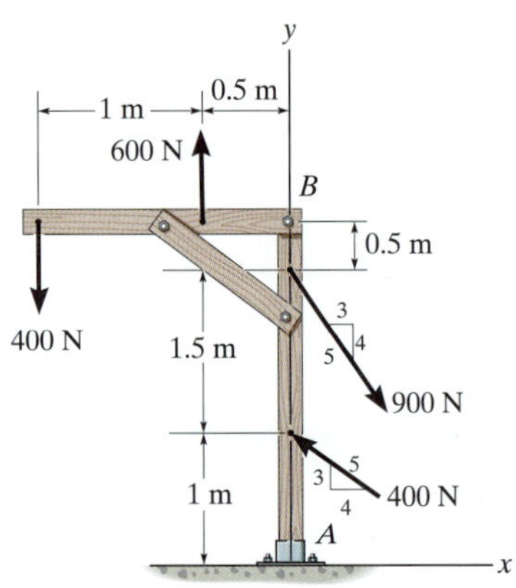

Probs. 3–95/96

3–97. Replace the loading acting on the post by a resultant force, and specify where its line of action intersects the post AB, measured from point A.

3–98. Replace the loading acting on the post by a resultant force, and specify where its line of action intersects the post AB, measured from point B.

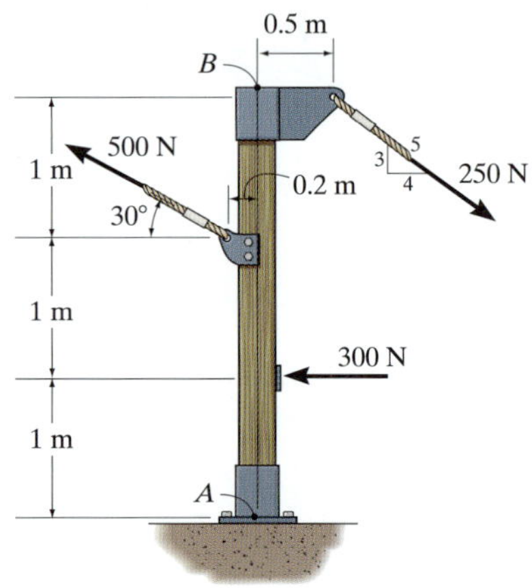

Probs. 3–97/98

3–99. Replace the force and couple moment system acting on the overhang beam by a resultant force, and specify its location along AB measured from point A.

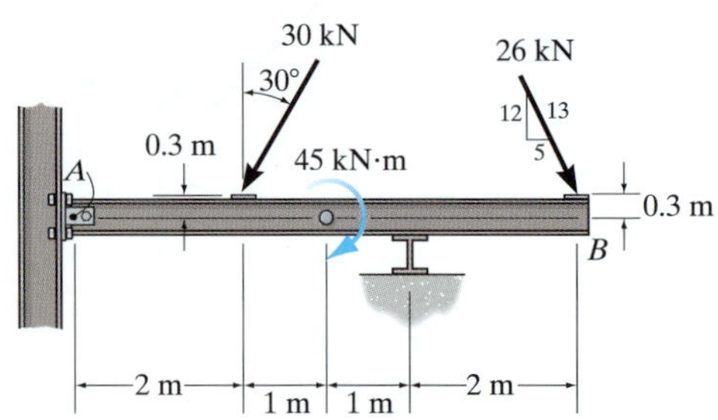

Prob. 3–99

***3–100.** If $F_A = 7$ kN and $F_B = 5$ kN, represent the force system by a resultant force, and specify its location on the x–y plane.

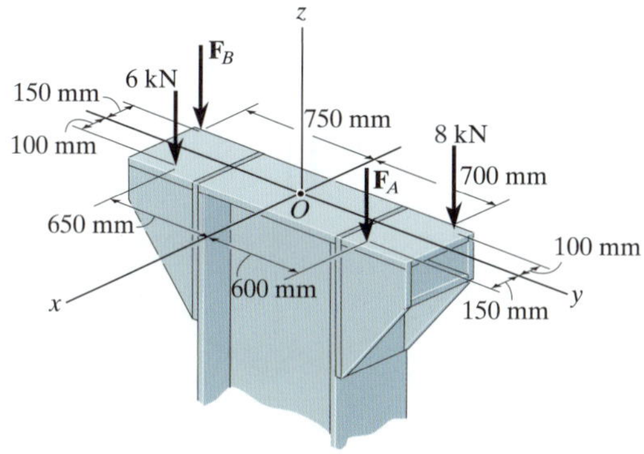

Prob. 3–100

3–101. Determine the magnitudes of $\mathbf{F}_A$ and $\mathbf{F}_B$ so that the resultant force passes through point O.

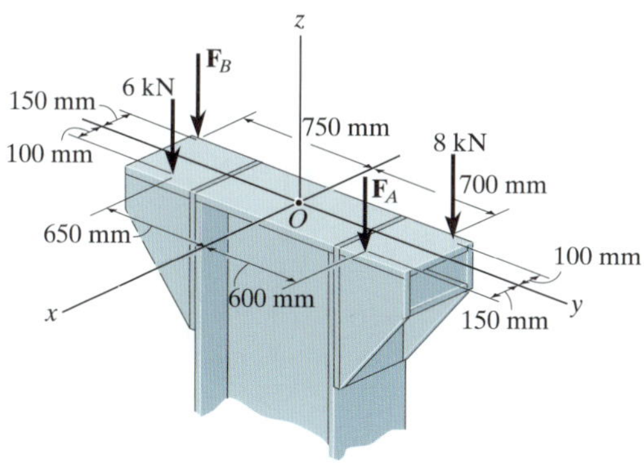

Prob. 3–101

3–102. The tube supports the four parallel forces. Determine the magnitudes of forces $\mathbf{F}_C$ and $\mathbf{F}_D$ acting at C and D so that the equivalent resultant force of the force system acts through the midpoint O of the tube.

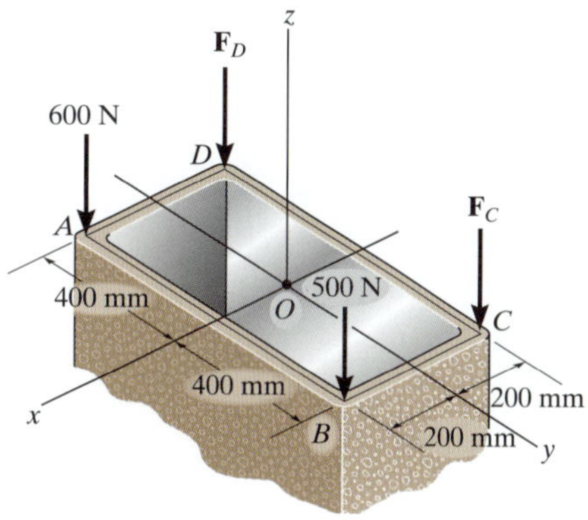

Prob. 3–102

3–103. The system of four forces acts on the roof truss. Determine the equivalent resultant force and specify its location along AB, measured from point A.

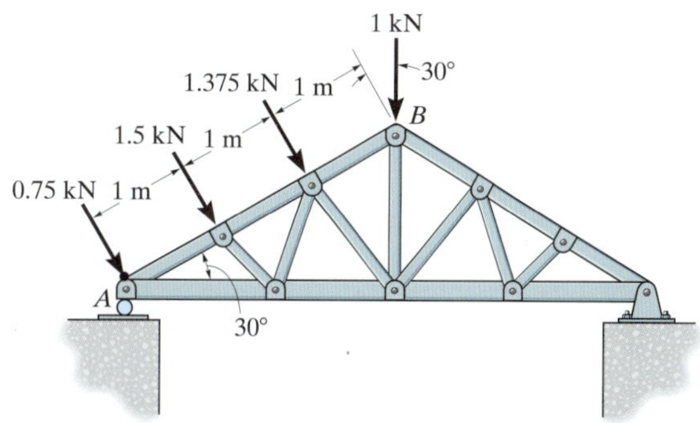

***3–104.** The building slab is subjected to four parallel column loadings. Determine the equivalent resultant force and specify its location (x, y) on the slab. Take $F_1 = 8$ kN and $F_2 = 9$ kN.

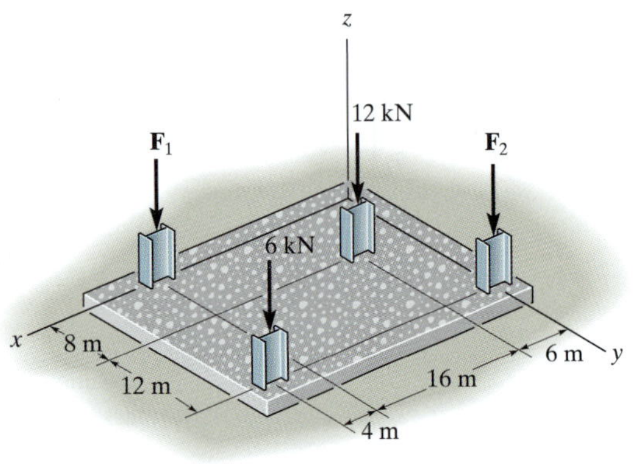

Prob. 3–104

3–105. The building slab is subjected to four parallel column loadings. Determine $\mathbf{F}_1$ and $\mathbf{F}_2$ if the resultant force acts through point (12 m, 10 m).

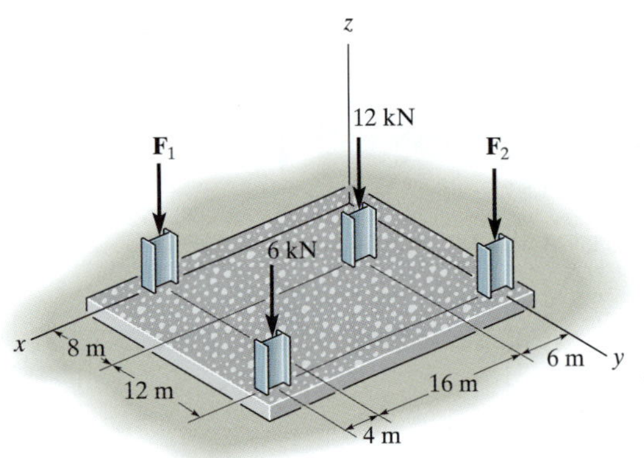

Prob. 3–105

3–106. If $F_A = 40$ kN and $F_B = 35$ kN, determine the magnitude of the resultant force and specify the location of its point of application (x, y) on the slab.

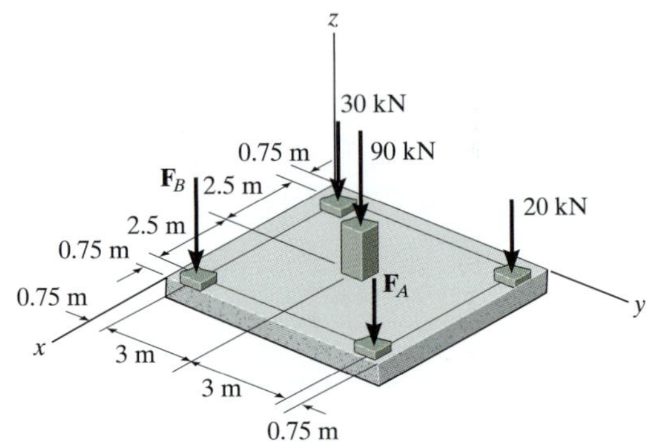

Prob. 3–106

3–107. If the resultant force is required to act at the center of the slab, determine the magnitude of the column loadings $\mathbf{F}_A$ and $\mathbf{F}_B$ and the magnitude of the resultant force.

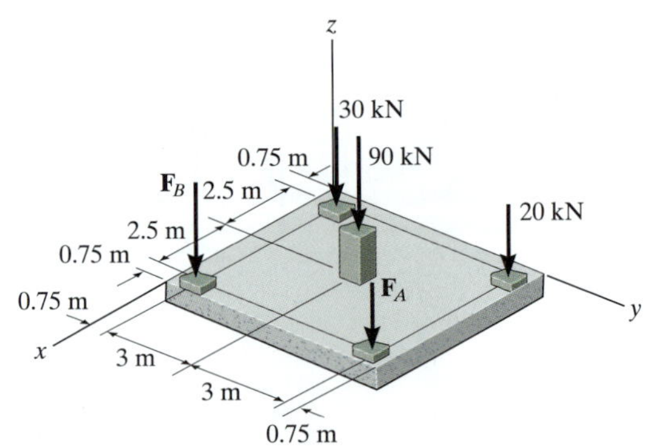

Prob. 3–107

3.9 분포하중의 단순화

때때로 물체는 표면에 분포되어 작용하는 하중을 받는다. 예를 들어, 간판 표면에 작용하는 풍하중, 탱크 속의 물 혹은 저장창고 바닥에 작용하는 모래무게와 같은 하중은 **분포하중**(distributed loading)이다. 이와 같은 하중이 구조물 표면의 한 점에 작용시키는 압력을 **하중강도**(load intensity)라 한다. 하중강도는 SI 단위로 단위면적당 힘인 파스칼 단위 Pa(N/m^2)로 측정할 수 있다.

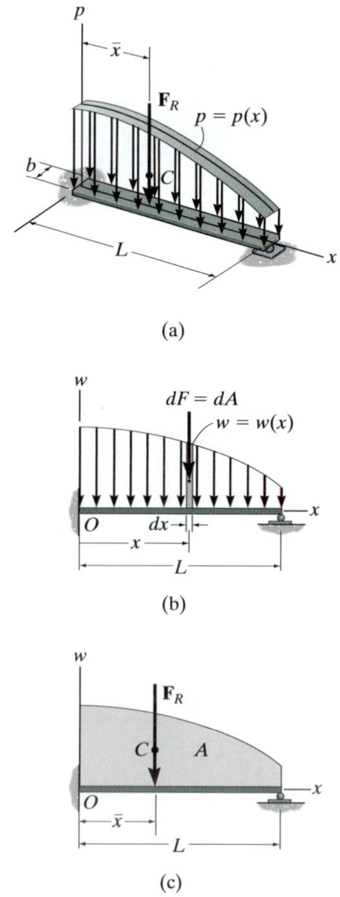

그림 3-47

단일축에 작용하는 하중강도. 가장 많이 접하는 분포하중은 단일축을 따라 작용하는 것이다. 예를 들어, 그림 3-47*a*에 보인 바와 같이 *x*축을 따라 변하는 분포하중을 받는 보(혹은 판)을 고려해 보자. 이와 같은 분포하중은 함수 $p = p(x)$ N/m^{2}으로 표현할 수 있다. 여기서 함수는 유일한 독립변수 *x*만을 가지고 있으므로 평면 분포하중이라 하고, 그림 3-47*b*와 같이 보의 폭 *b*만큼 곱해서 $w = p(x)b$ N/m와 같이 산정해야 한다. 3.8절에서 설명한 방법을 이용하여 그림 3-47*c*에 보인 바와 같이 평면 분포하중을 한 개의 집중하중 $\mathbf{F}_R$로 바꿀 수 있다.

단일하중의 크기. 단일하중 $\mathbf{F}_R$의 크기는 모든 하중의 합과 같이 $F_R = \Sigma F$이다. 여기서 그림 3-47*b*에 보인 바와 같이 보 위에 미소구간 *dx*에 작용하는 미소하중 $d\mathbf{F}$에 대하여 적분을 수행하면 분포하중의 합을 구할 수 있다. $w(x)$는 단위길이당 하중이므로 $dF = w(x)\,dx = dA$가 된다. 여기서 dA는 하중곡선 아래에 회색으로 표현된 미소면적이다. 전체 길이 *L*에 대하여

$$+\downarrow F_R = \Sigma F; \qquad F_R = \int_L w(x)\,dx = \int_A dA = A \tag{3-19}$$

따라서 그림 3-47*c*에 보인 바와 같이 분포하중의 합력의 크기는 하중강도 곡선의 면적과 같다.

단일하중의 작용 위치. 단일하중 $\mathbf{F}_R$의 위치 $\bar{x}$는 *O*점(*y*축)에 대한 합력의 모멘트와 분포하중의 모멘트를 등가로 함에 의하여 구할 수 있다 $(M_R)_O = \Sigma M_O$. 그림 3-47*b*에 보인 바와 같이 미소면적 *dx*에 작용하는 미소하중 $d\mathbf{F}$가 *O*점에 일으키는 모멘트는 $x\,dF = xw(x)\,dx$와 같고, 전체 길이 *L*에 걸친 모멘트는 다음과 같다.

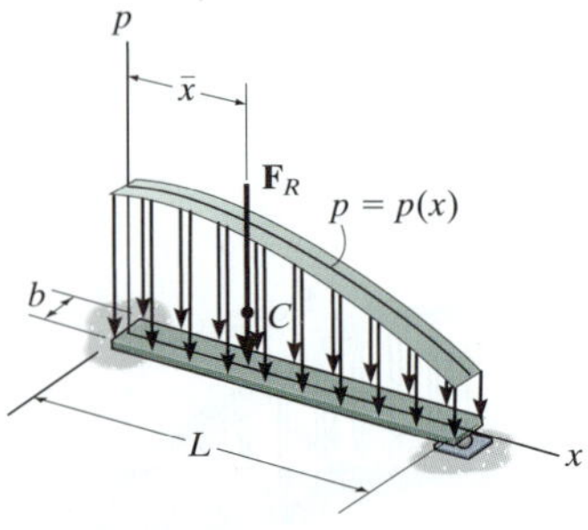

(a)

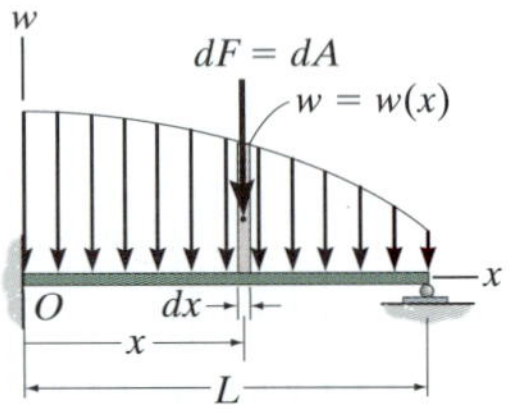

(b)

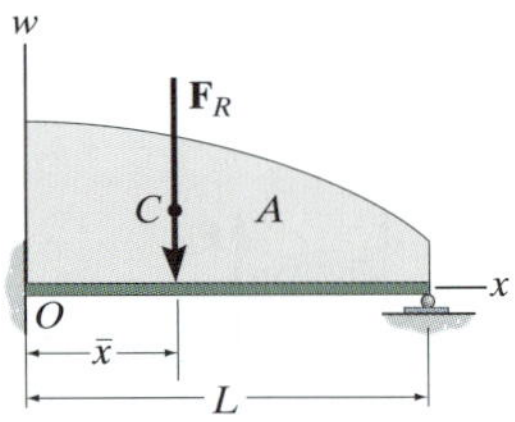

(c)

그림 3-47 (계속)

$$\curvearrowleft + (M_R)_O = \Sigma M_O; \qquad -\bar{x}F_R = -\int_L xw(x)\,dx$$

식 (3.19)를 이용하여 $\bar{x}$에 대하여 정리하면 다음을 얻는다.

$$\bar{x} = \frac{\int_L xw(x)\,dx}{\int_L w(x)\,dx} = \frac{\int_A x\,dA}{\int_A dA} \tag{3-20}$$

$\bar{x}$의 위치는 분포하중 면적의 기하학적 중심 혹은 도심과 같다. 즉, 그림 3-47c에 보인 바와 같이 분포하중 합력의 작용선은 분포하중 면적의 도심을 통과한다. 분포하중 면적이 사각형, 삼각형 혹은 다른 단순한 형태인 경우, 도심의 위치는 위의 방정식으로부터 구할 필요가 없이, 부록 B에 제시된 표의 결과를 이용하여 얻을 수 있다.

그림 3-47a에 보인 바와 같이 일단 $\bar{x}$이 결정되면, 보는 $\bar{x}$축에 대하여 대칭이므로 $\mathbf{F}_R$은 점 $(\bar{x}, 0)$을 통과한다. 3차원인 경우, 분포하중 합력은 강도곡선 $p = p(x)$ 아래의 체적과 같으며, 작용 위치는 체적의 도심(기하학적 중심)을 통과한다.

요점 IMPORTANT POINTS

- 평면에 작용하는 분포하중은 부재의 길이방향으로 하중강도를 나타내는 하중함수 $w = w(x)$로 정의된다. 하중강도의 단위는 N/m이다.
- 한 평면 내에서 부재에 작용하는 분포하중의 외적 효과는 하나의 합력으로 대체될 수 있다.
- 평면 분포하중의 합력크기는 하중함수 아래의 면적과 같고, 그 작용선은 하중함수의 도심을 통과한다.

사진과 같이 쌓아올린 블록은 구조물에 삼각형 분포하중으로 작용한다.

예제 3.21

그림 3-48a에 보인 보에 작용하는 분포하중과 등가인 집중하중의 크기와 위치를 구하라.

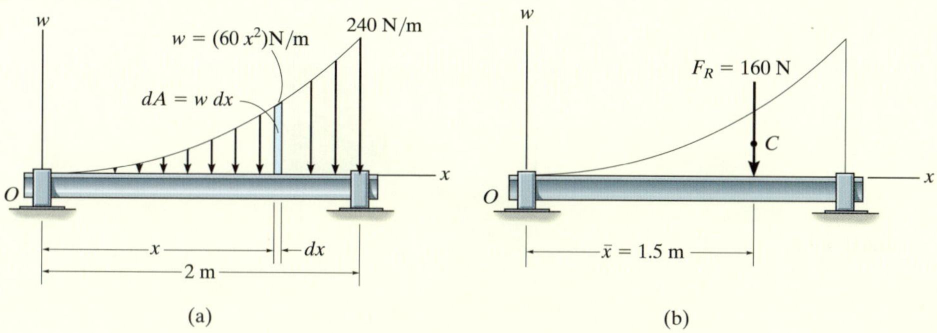

그림 3-48

풀이

본 문제는 주어진 분포하중 곡선 $w = w(x)$를 적분하여 해결할 수 있다. 미소요소의 면적은 $dA = w\ dx = 60x^2\ dx$와 같으므로 식 (3-19)를 적용하면 다음과 같다.

$$+\downarrow F_R = \Sigma F;$$

$$F_R = \int_A dA = \int_0^{2\text{ m}} 60x^2\ dx = 60\left(\frac{x^3}{3}\right)\Bigg|_0^{2\text{ m}} = 60\left(\frac{2^3}{3} - \frac{0^3}{3}\right)$$

$$= 160\text{ N}$$ 답

그림 3-48b에 보인 바와 같이 O점으로부터 떨어진 거리 $\bar{x}$는 식 (3-20)을 이용하여 다음과 같이 구할 수 있다.

$$\bar{x} = \frac{\int_A x\ dA}{\int_A dA} = \frac{\int_0^{2\text{ m}} x(60x^2)\ dx}{160\text{ N}} = \frac{60\left(\frac{x^4}{4}\right)\Big|_0^{2\text{ m}}}{160\text{ N}} = \frac{60\left(\frac{2^4}{4} - \frac{0^4}{4}\right)}{160\text{ N}}$$

$$= 1.5\text{ m}$$ 답

주: 위의 결과들은 부록 B의 표를 이용하여 검토할 수 있다. 길이가 a이고 높이가 b인 2차 포물선 곡선의 면적과 도심 위치를 구하면 다음과 같다.

$$A = \frac{ab}{3} = \frac{2\text{ m}(240\text{ N/m})}{3} = 160\text{ N} \qquad \bar{x} = \frac{3}{4}a = \frac{3}{4}(2\text{ m}) = 1.5\text{ m}$$

3

예제 3.22

그림 3-49a에 보인 보의 상면에 $p = [6(10^3)x]$ Pa와 같은 분포하중이 작용하고 있다. 등가인 집중하중의 크기와 위치를 구하라.

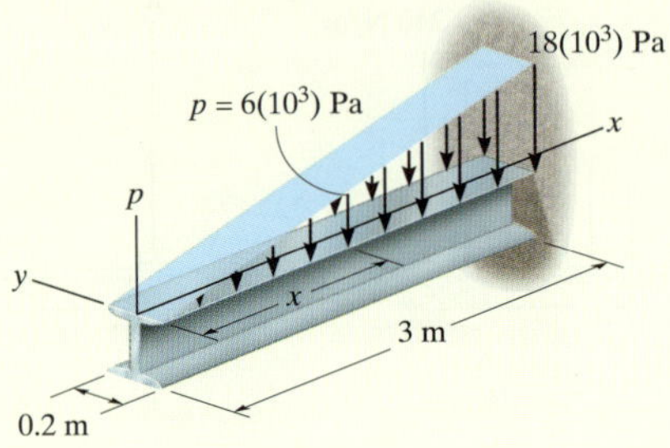

(a)

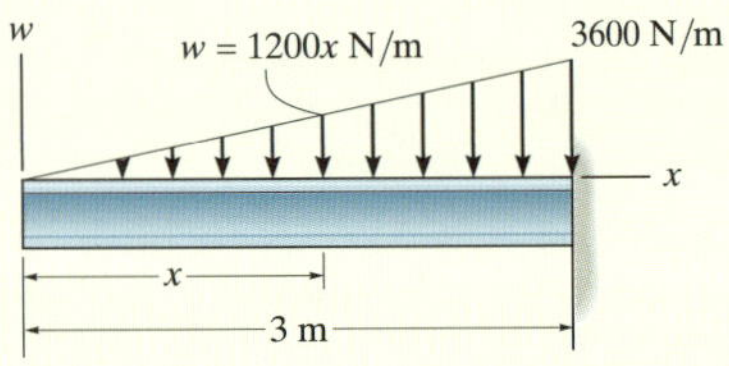

(b)

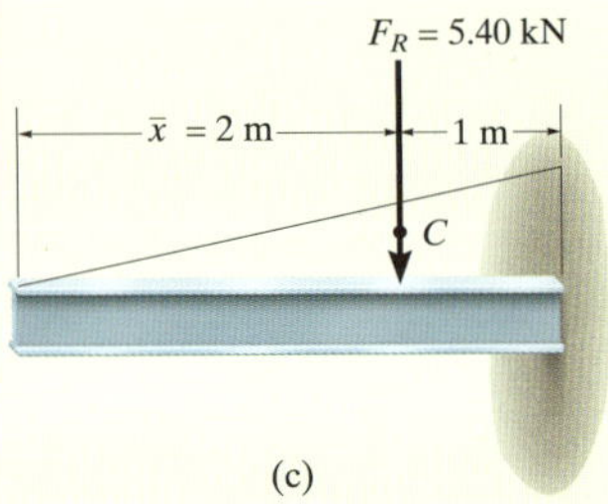

(c)

그림 3-49

풀이

보의 폭방향(y축)으로 하중강도가 일정하므로 그림 3-46a에 보인 바와 같이 2차원 하중으로 간주할 수 있다.

$$w = [6(10^3)\ \text{N/m}^2](0.2\ \text{m})$$
$$= (1200x)\ \text{N/m}$$

$x = 3$ m에서 $w = 3600$ N/m가 된다. 앞의 예제와 같이 식 (3-19)와 (3-20)을 적용한다. 여기서 부록 B를 이용하여 면적과 도심을 구하면 편리하다.

합력의 크기는 삼각형의 면적과 같다.

$$F_R = \tfrac{1}{2}(3\ \text{m})(3600\ \text{N/m}) = 5.40(10^3)\ \text{N} = 5.40\ \text{kN}$$ 답

합력 $\mathbf{F}_R$의 작용선은 삼각형의 도심을 통과하므로

$$\bar{x} = 3\ \text{m} - \tfrac{1}{3}(3\ \text{m}) = 2\ \text{m}$$ 답

해석 결과는 그림 3-49c에 나타내었다.

주: $p = p(x)$와 같은 분포 체적하중의 합력 $\mathbf{F}_R$은 체적의 도심을 통과한다. 또한, $\mathbf{F}_R$은 좌표가 (2 m, 0)인 점에서 x-y면과 교차한다. 더구나 $\mathbf{F}_R$의 크기는 분포 체적의 부피와 같다. 즉

$$F_R = V = \tfrac{1}{2}[18(10^3)\ \text{N/m}^2](3\ \text{m})(0.2\ \text{m}) = 5.40(10^3)\ \text{N} = 5.40\ \text{kN}$$ 답

예제 3.23

보 상면에 그림 3-50a에 보인 바와 같이 분포하중이 작용하고 있다. 등가인 집중하중의 크기와 위치를 구하라.

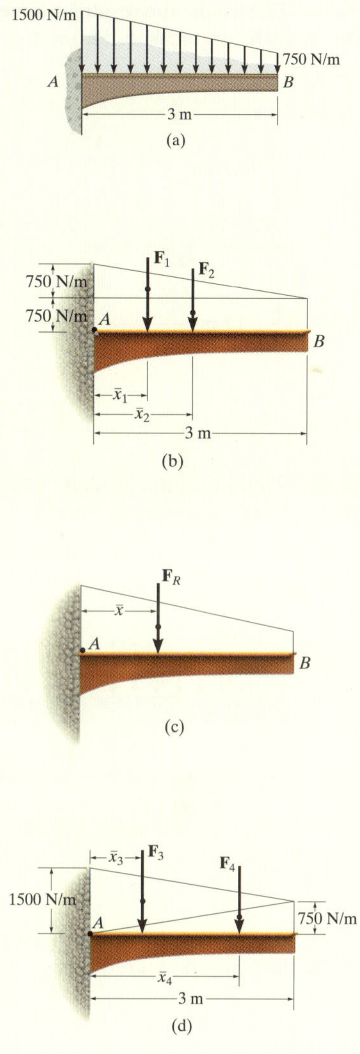

그림 3-50

풀이

하중곡선의 면적은 부등변 사각형이므로 부록 B의 부등변 사각형의 면적과 도심을 구하는 공식을 이용할 수 있다. 그러나 이와 같은 공식들은 암기하기 쉽지 않기 때문에 합성단면을 이용하여 문제를 풀기로 한다. 즉, 부등변 사각형을 그림 3-50b에 보인 바와 같이 사각형과 삼각형으로 구분한다. 각각의 면적에 대한 합력의 크기는 다음과 같다.

$$F_1 = \tfrac{1}{2}(3\text{ m})(750\text{ N/m}) = 1125\text{ N}$$
$$F_2 = (3\text{ m})(750\text{ N/m}) = 2250\text{ N}$$

각각의 면적에 작용하는 합력은 각각 면적의 도심을 통과한다.

$$\bar{x}_1 = \tfrac{1}{3}(3\text{ m}) = 1\text{ m}$$
$$\bar{x}_2 = \tfrac{1}{2}(3\text{ m}) = 1.5\text{ m}$$

서로 평행한 힘 $\mathbf{F}_1$과 $\mathbf{F}_2$를 이용하여 합력 $\mathbf{F}_R$을 구할 수 있다.

$$+\downarrow F_R = \Sigma F; \quad F_R = 1125 + 2250 = 3.375(10^3)\text{ N} = 3.375\text{ kN} \qquad \text{답}$$

A점을 기준으로 $\mathbf{F}_R$의 작용 위치는 다음과 같이 구할 수 있다(그림 3-50b와 그림 3-50c).

$$\curvearrowleft + (M_R)_A = \Sigma M_A; \quad \bar{x}(3375) = 1(1125) + 1.5(2250)$$
$$\bar{x} = 1.33\text{ m} \qquad \text{답}$$

주: 그림 3-50a에 보인 부등변 사각형은 그림 3-50d에 보인 바와 같이 2개의 삼각형으로 구분할 수 있다.

$$F_3 = \tfrac{1}{2}(3\text{ m})(1500\text{ N/m}) = 2250\text{ N}$$
$$F_4 = \tfrac{1}{2}(3\text{ m})(750\text{ N/m}) = 1125\text{ N}$$

그리고

$$\bar{x}_3 = \tfrac{1}{3}(3\text{ m}) = 1\text{ m}$$
$$\bar{x}_4 = \tfrac{2}{3}(3\text{ m}) = 2\text{ m}$$

위의 결과로부터 동일한 결과 $F_R = 3.375$ kN과 $\bar{x} = 1.333$ m를 얻는다.

FUNDAMENTAL PROBLEMS

F3–37. Determine the resultant force and specify where it acts on the beam, measured from A.

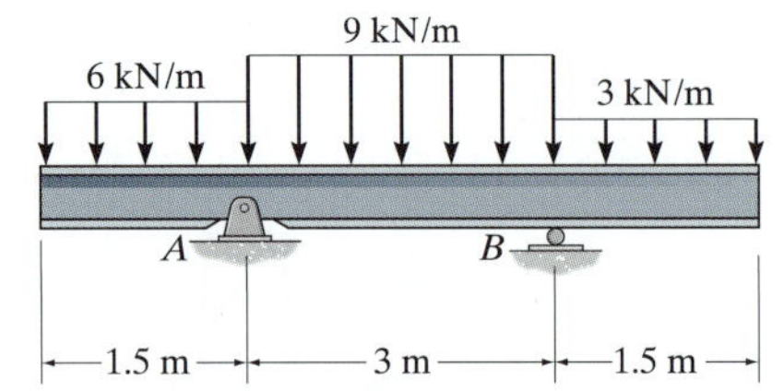

Prob. F3–37

F3–38. Determine the resultant force and specify where it acts on the beam measured from A.

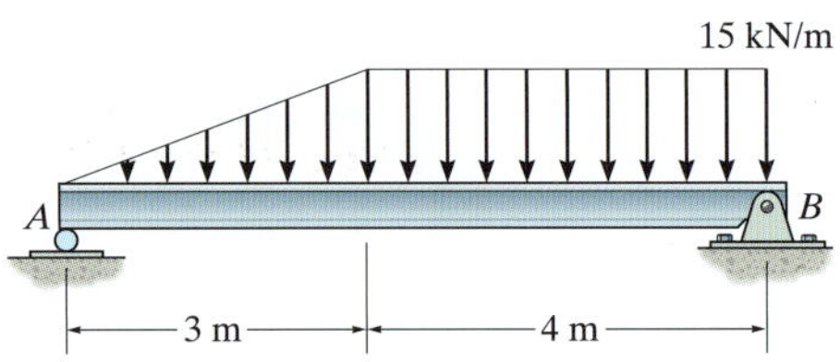

Prob. F3–38

F3–39. Determine the resultant force and specify where it acts on the beam, measured from A.

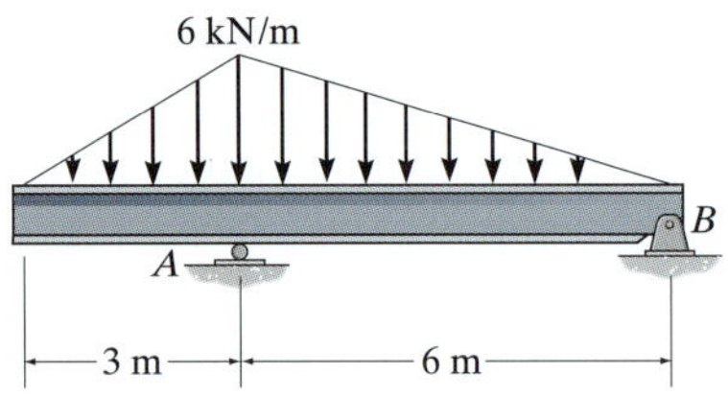

Prob. F3–39

F3–40. Determine the resultant force and specify where it acts on the beam measured from A.

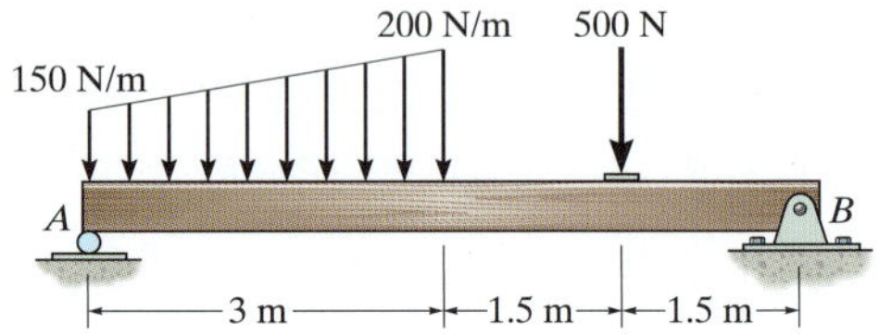

Prob. F3–40

F3–41. Determine the resultant force and specify where it acts on the beam, measured from A.

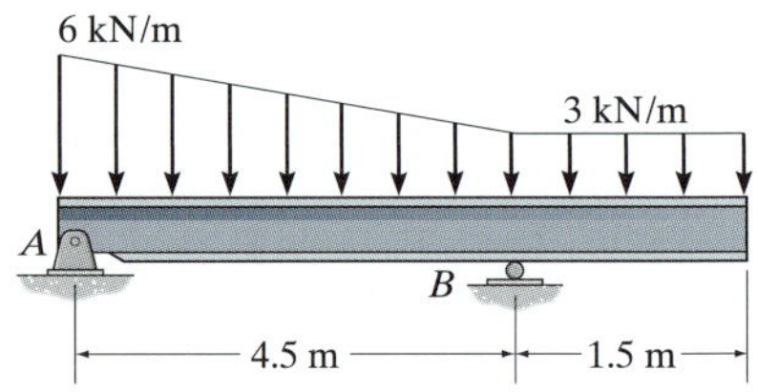

Prob. F3–41

F3–42. Determine the resultant force and specify where it acts on the beam, measured from A.

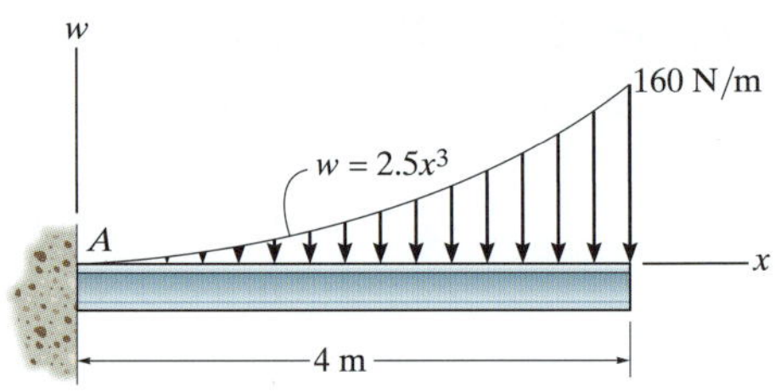

Prob. F3–42

PROBLEMS

*3–108. Replace the distributed loading with an equivalent resultant force, and specify its location on the beam, measured from point O.

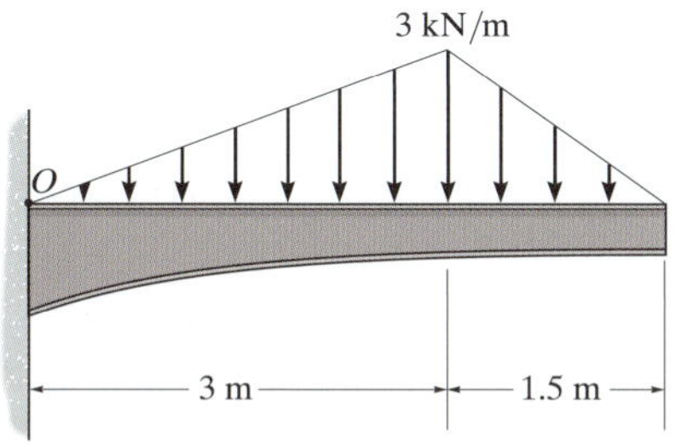

Prob. 3–108

3–109. Replace the distributed loading by an equivalent resultant force, and specify its location on the beam, measured from the pin at A.

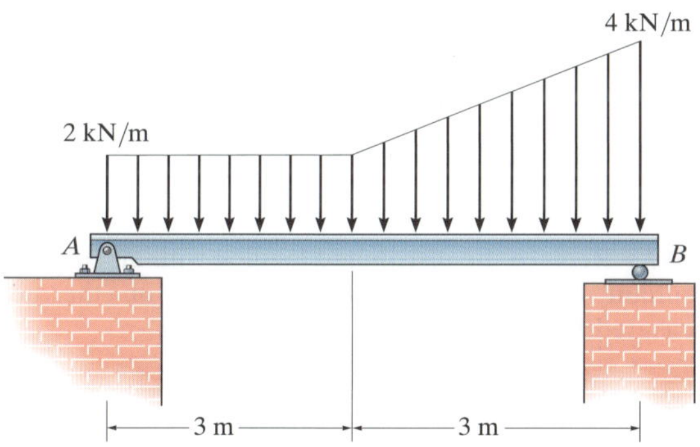

Prob. 3–109

3–110. Replace the distributed loading with an equivalent resultant force, and specify its location on the beam measured from point A.

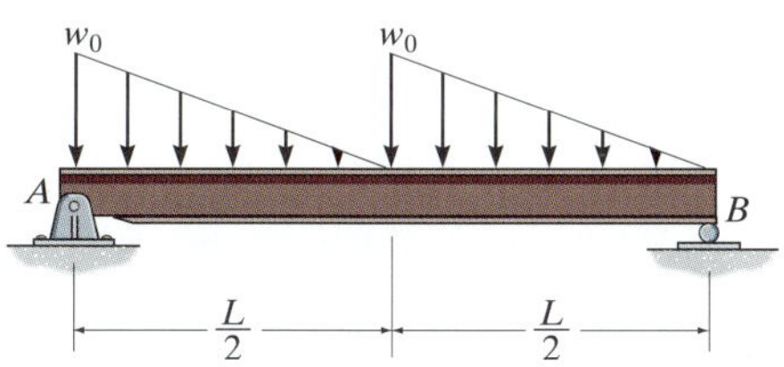

Prob. 3–110

3–111. Replace the loading by an equivalent resultant force and specify its location on the beam, measured from A.

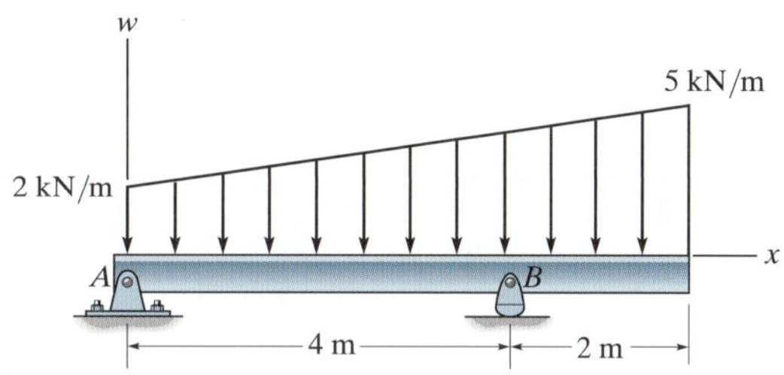

Prob. 3–111

*3–112. Wet concrete exerts a pressure distribution along the wall of the form. Determine the resultant force of this distribution and specify the height h where the bracing strut should be placed so that it lies through the line of action of the resultant force. The wall has a width of 5 m.

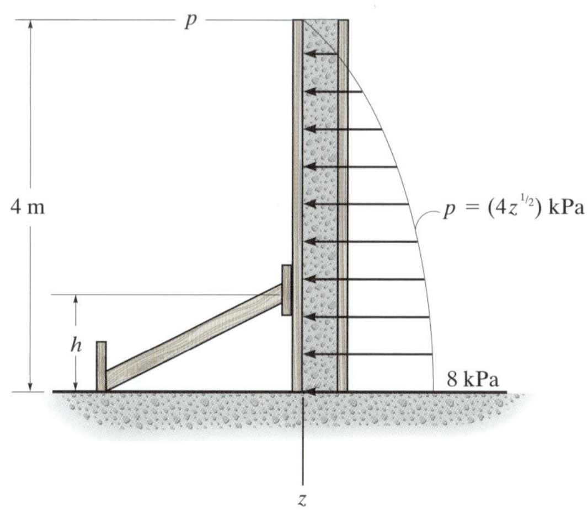

Prob. 3–112

3–113. Replace the distributed loading by an equivalent resultant force and specify where its line of action intersects a horizontal line along member AB, measured from A.

3–114. Replace the distributed loading by an equivalent resultant force and specify where its line of action intersects a vertical line along member BC, measured from C.

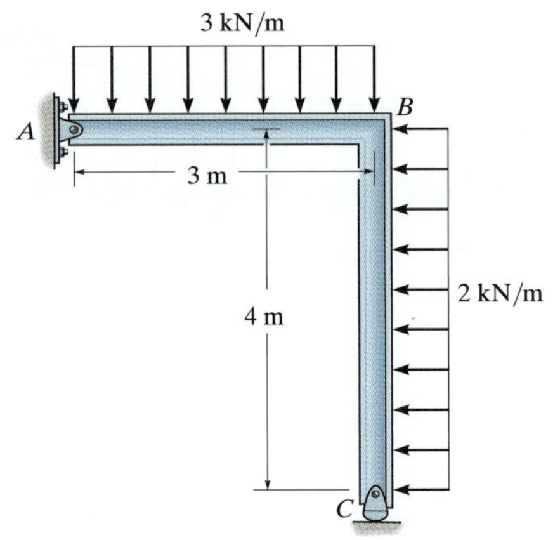

Probs. 3–113/114

***3–116.** Determine the equivalent resultant force and couple moment at point O.

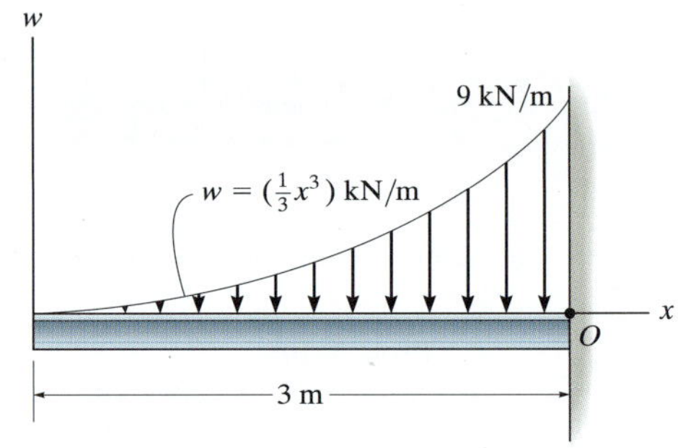

Prob. 3–116

3–115. Determine the length b of the triangular load and its position a on the beam so that the equivalent resultant force is zero and the resultant couple moment is 8 kN · m clockwise.

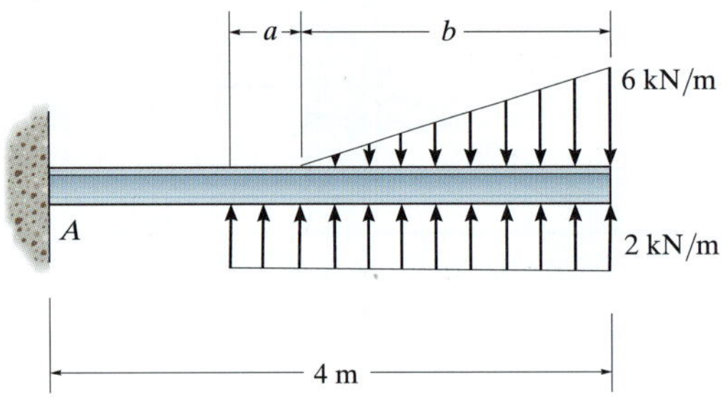

Prob. 3–115

3–117. Replace the distributed loading with an equivalent resultant force, and specify its location on the beam measured from point A.

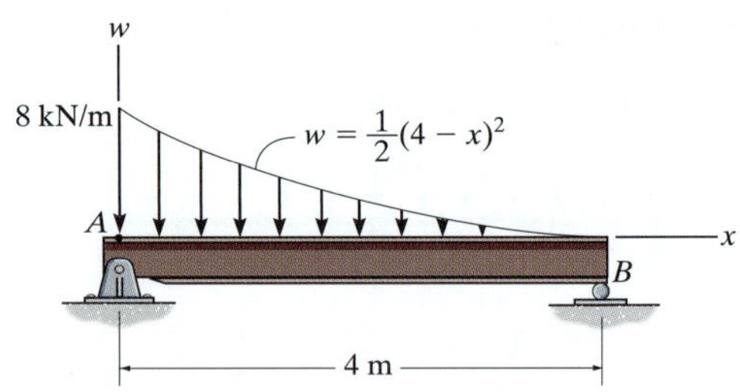

Prob. 3–117

내용 복습

힘의 모멘트–스칼라 정의

힘은 작용선상에 놓여 있지 않는 한 점 O에 대하여 회전효과 또는 모멘트를 발생시킨다. 스칼라 형태로, 모멘트의 크기는 작용하는 힘과 모멘트 팔, 즉 점 O에서 힘까지의 수직거리의 곱으로 계산된다.

모멘트의 방향은 오른손법칙을 사용하여 정의된다. $\mathbf{M}_O$는 항상 $\mathbf{F}$와 d가 있는 면에 수직인 축으로 작용하며, 점 O를 통과한다.

$$M_O = Fd$$

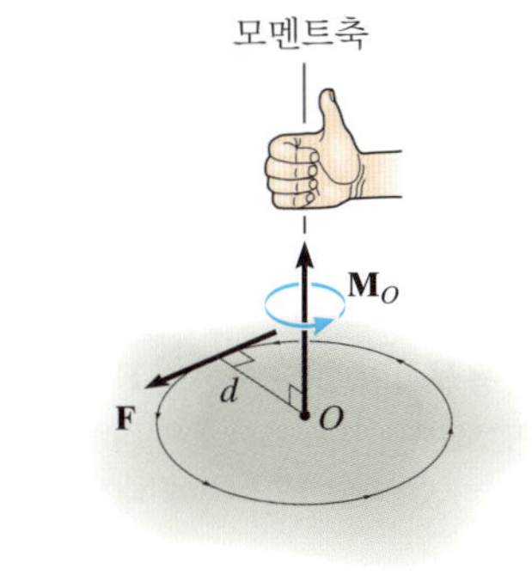

모멘트의 원리

d를 찾는 것보다, x와 y 성분으로 분해하고, 점 O에 대한 각각의 모멘트를 구하고 그 결과를 합치는 것이 보통 더 쉽다. 이것을 모멘트의 원리라고 한다.

$$M_O = Fd = F_x y - F_y x$$

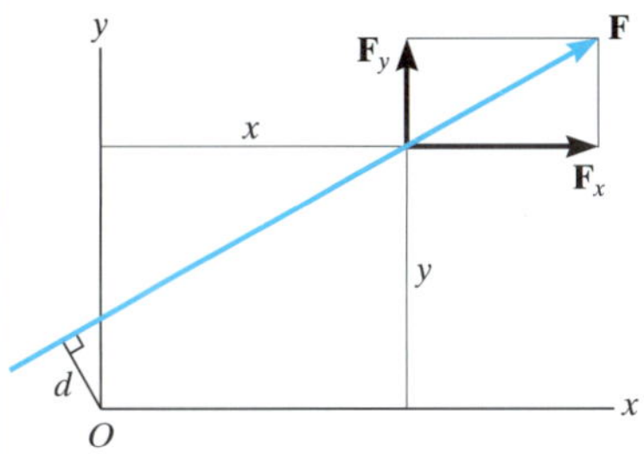

힘의 모멘트—벡터 정의

3차원 형상은 일반적으로 표현이 더 어렵기 때문에 모멘트 $\mathbf{M}_O = \mathbf{r} \times \mathbf{F}$의 산정에는 벡터의 외적을 사용한다. 여기서 $\mathbf{r}$은 점 O로부터 $\mathbf{F}$의 작용선상의 임의 점 A, B 또는 C까지 연결되는 위치벡터이다.

$$\mathbf{M}_O = \mathbf{r}_A \times \mathbf{F} = \mathbf{r}_B \times \mathbf{F} = \mathbf{r}_C \times \mathbf{F}$$

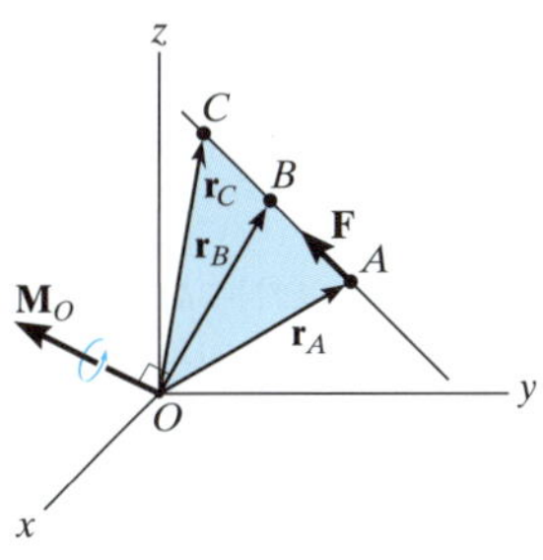

만약 위치벡터 $\mathbf{r}$과 힘 $\mathbf{F}$가 카티지언 벡터로 표현된다면, 외적의 결과는 행렬식의 전개로 구할 수 있다.

$$\mathbf{M}_O = \mathbf{r} \times \mathbf{F} = \begin{vmatrix} \mathbf{i} & \mathbf{j} & \mathbf{k} \\ r_x & r_y & r_z \\ F_x & F_y & F_z \end{vmatrix}$$

3

임의 축에 대한 모멘트

만약 힘 **F**의 모멘트를 임의의 축 a에 대해 산정한다면, 그 축에 대한 모멘트의 투영을 구해야 한다. 힘의 작용선과 축에 대한 수직거리 d_a를 구할 수 있다면, 축에 대한 모멘트는 스칼라 방식으로 산정할 수 있다.

$$M_a = Fd_a$$

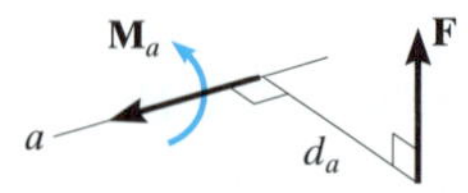

F의 작용선이 축을 교차하면 **F**의 축에 대한 모멘트는 0이다. 또한 **F**의 작용선이 축과 평행하게 되면 **F**의 축에 대한 모멘트는 0이다.

3차원에서는 스칼라 삼중적을 사용해야 한다. 여기서 $\mathbf{u}_a$는 축의 방향을 지정하는 단위벡터이고, **r**은 축의 임의의 점으로부터 힘의 작용선상의 임의의 점까지로 향하는 위치벡터이다. 만약 $\mathbf{F}_a$가 음의 스칼라로 계산된다면, $\mathbf{F}_a$의 방향은 $\mathbf{u}_a$의 반대 방향이다.

$$M_a = \mathbf{u}_a \cdot (\mathbf{r} \times \mathbf{F}) = \begin{vmatrix} u_{a_x} & u_{a_y} & u_{a_z} \\ r_x & r_y & r_z \\ F_x & F_y & F_z \end{vmatrix}$$

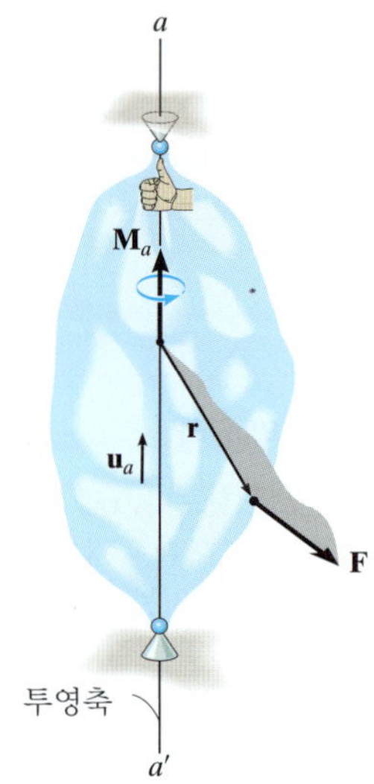

짝힘 모멘트

짝힘은 수직거리 d만큼 떨어져서 작용하는 크기가 같고 방향이 반대인 두 힘으로 구성된다. 짝힘은 병진 없이 회전을 일으키려고 한다.

짝힘 모멘트의 크기는 $M = Fd$로 구하고, 그 방향은 오른손법칙을 사용하여 정한다.

$$M = Fd$$

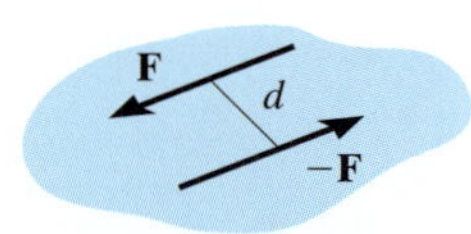

벡터의 외적을 사용하여 짝힘 모멘트를 산정하는 경우, **r**은 어느 한 힘의 작용선상에 있는 임의의 점으로부터 외적에 사용된 다른 힘 **F**의 작용선상의 임의의 점까지 연장된다.

$$\mathbf{M} = \mathbf{r} \times \mathbf{F}$$

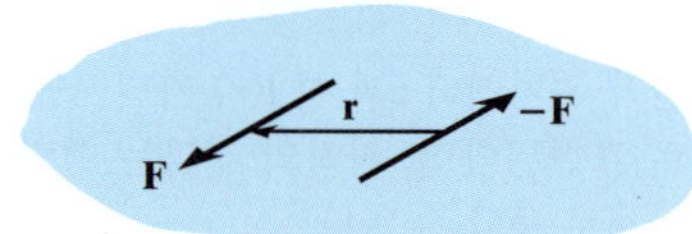

힘과 짝힘계의 단순화

임의의 힘과 짝힘계는 한 점에 작용하는 단일 합력과 단일 합 짝힘 모멘트로 단순화될 수 있다. 합력은 그 계 내의 모든 힘들의 합으로, $\mathbf{F}_R = \Sigma\mathbf{F}$이고, 합 짝힘 모멘트는 그 점에 관한 모든 힘의 모멘트와 짝힘 모멘트의 합과 같다. $\mathbf{F}_{RO} = \Sigma\mathbf{M}_O + \Sigma\mathbf{M}$.

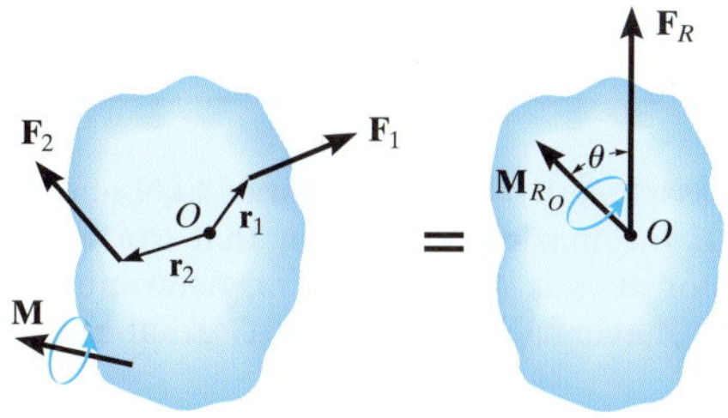

역계가 집중력계, 평면력계 또는 평행력계라면, 단일 합력으로도 단순화시킬 수 있다. 한 점을 기준으로 합력의 위치를 찾기 위해서는, 그 점에 관한 합력의 모멘트를 동일한 점에 대한 그 역계의 힘 및 짝힘의 모멘트와 등가시킬 필요가 있다.

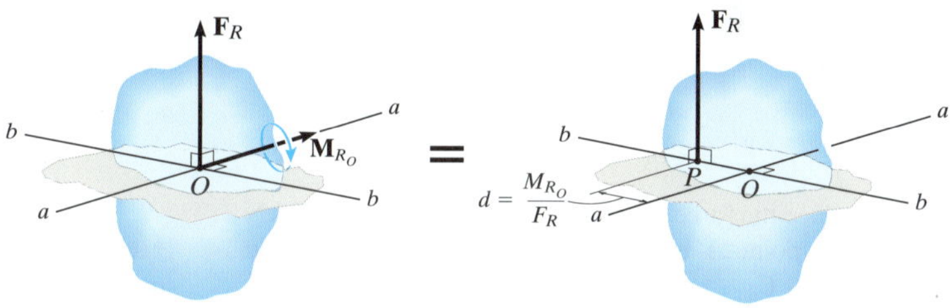

평면 내 분포하중

분포하중은 하중강도곡선 아래의 면적과 같은 합력으로 대치될 수 있으며, 합력의 위치는 하중강도곡선 아래 면적의 도심이 된다.

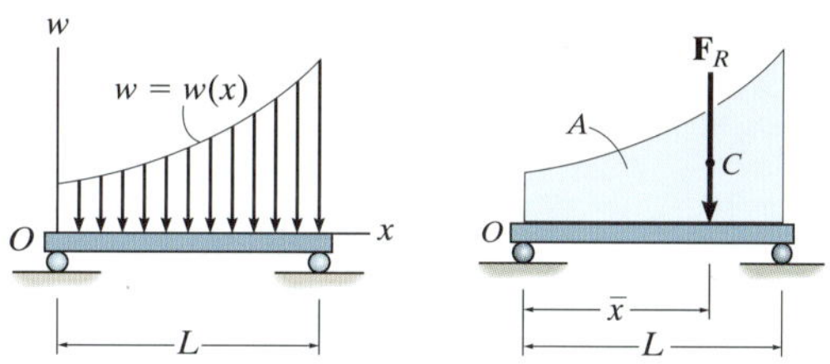

REVIEW PROBLEMS

R3–1. The boom has a length of 9 m, a weight of 4 kN, and mass center at G. If the maximum moment that can be developed by a motor at A is $M = 30\ \text{kN}\cdot\text{m}$, determine the maximum load W, having a mass center at G', that can be lifted.

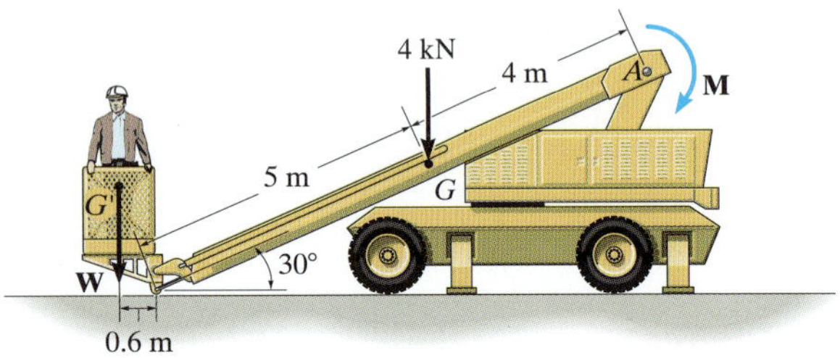

Prob. R3–1

R3–2. Replace the force **F** having a magnitude of $F = 7\ \text{kN}$ and acting at point A by an equivalent force and couple moment at point C.

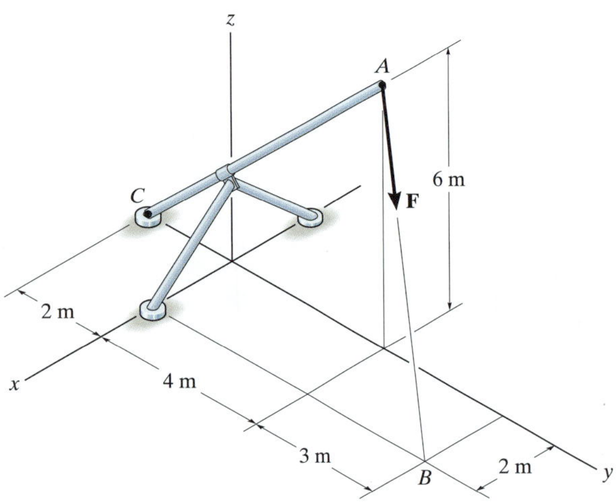

Prob. R3–2

R3–3. The hood of the automobile is supported by the strut AB, which exerts a force of $F = 100\ \text{N}$ on the hood. Determine the moment of this force about the hinged axis y.

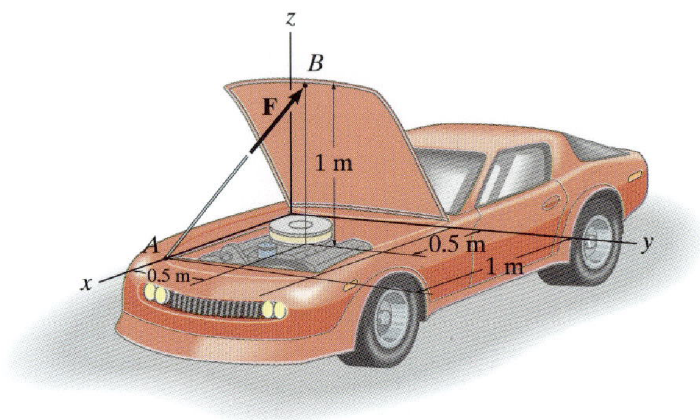

Prob. R3–3

***R3–4.** Friction on the concrete surface creates a couple moment of $M_O = 100\ \text{N}\cdot\text{m}$ on the blades of the trowel. Determine the magnitude of the couple forces so that the resultant couple moment on the trowel is zero. The forces lie in a horizontal plane and act perpendicular to the handle of the trowel.

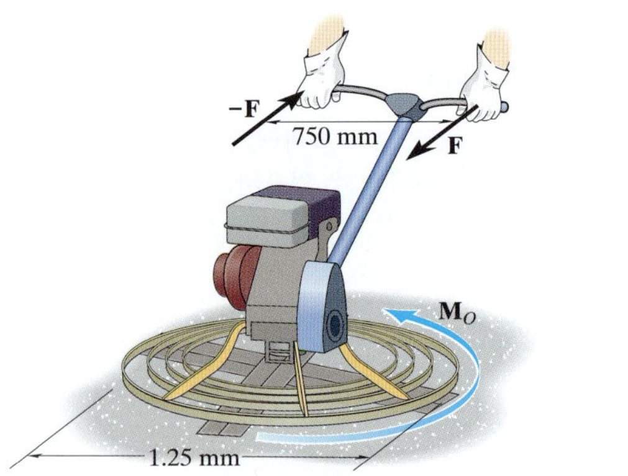

Prob. R3–4

R3–5. Replace the force and couple system by an equivalent force and couple moment at point P.

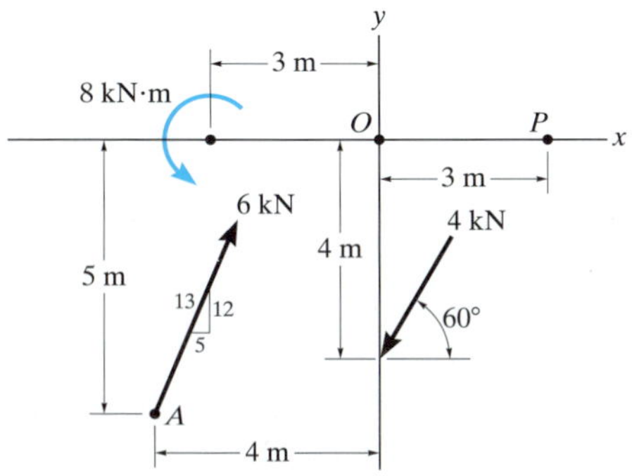

Prob. R3–5

R3–6. Replace the force system acting on the frame by a resultant force, and specify where its line of action intersects member AB, measured from point A.

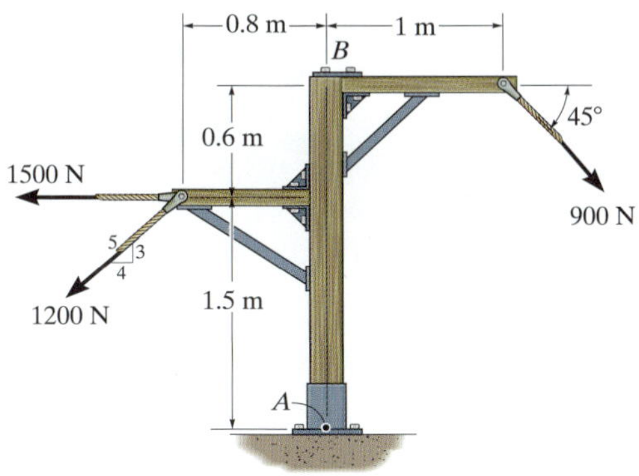

Prob. R3–6

R3–7. The building slab is subjected to four parallel column loadings. Determine the equivalent resultant force and specify its location (x, y) on the slab. Take $F_1 = 30$ kN, $F_2 = 40$ kN.

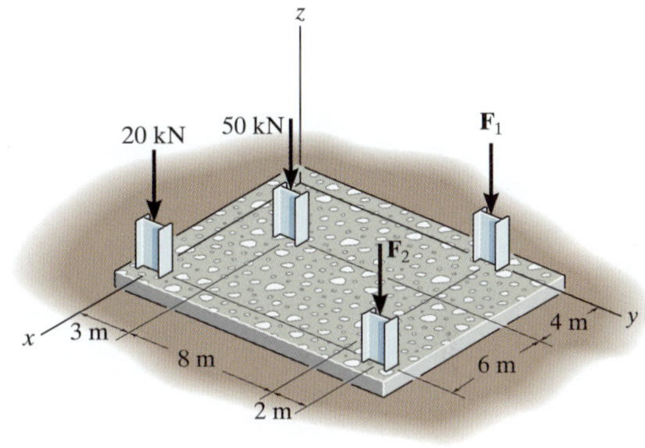

Prob. R3–7

***R3–8.** Replace the distributed loading by an equivalent resultant force, and specify its location on the beam, measured from the pin at C.

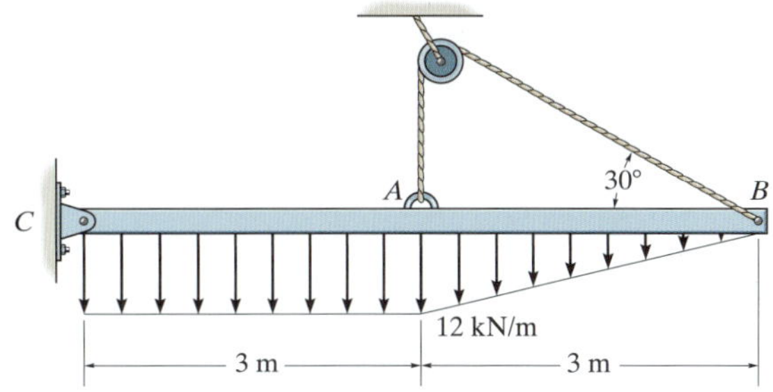

Prob. R3–8

3

CHAPTER 4

(© YuryZap/Shutterstock)

이 해상 크레인이 붕괴되지 않기 위해서는 케이블에 전달되는 힘의 크기를 구하는 것이 매우 중요하다. 이 장에서는 이와 같은 강체의 지점에 작용하는 힘의 크기를 구하는 데 평형방정식을 어떻게 활용하는가에 대하여 학습한다.

강체의 평형

학습목표

- 평형방정식의 구성
- 자유물체도 개념
- 2, 3차원 강체의 평형 문제 풀이방법

4.1 강체의 평형 조건

이 절에서는 그림 4-1*a*의 임의의 강체가 평형상태를 유지하기 위해 요구되는 필요조건과 충분조건을 설명할 것이다. 그림 4-1*a*에서 보는 바와 같이, 이 물체는 중력, 전기력, 자기력 또는 인접한 물체와 지지점에 의해 작용되는 접촉력 등의 영향력인 외력과 짝힘 모멘트를 받고 있다. 또한 물체는 내부 입자 사이의 상호작용에 의해 발생되는 내력이 있다. 내력은 동일선상에서 크기는 같으면서 방향이 서로 반대인 짝으로 작용하므로 뉴턴의 제3법칙에 따라 서로 상쇄할 수 있기 때문에 그림에는 나타내지 않는다.

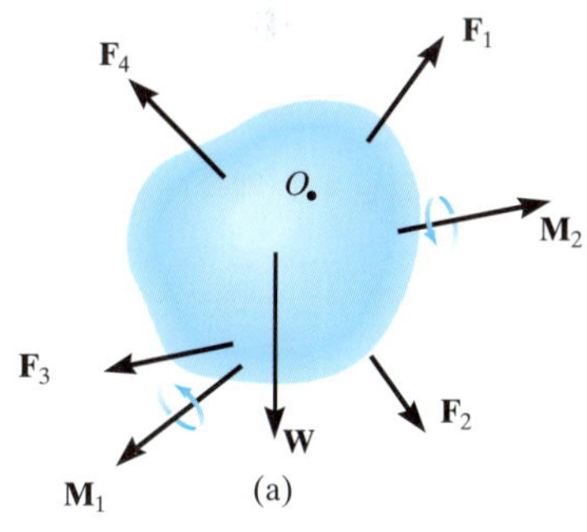

그림 4-1

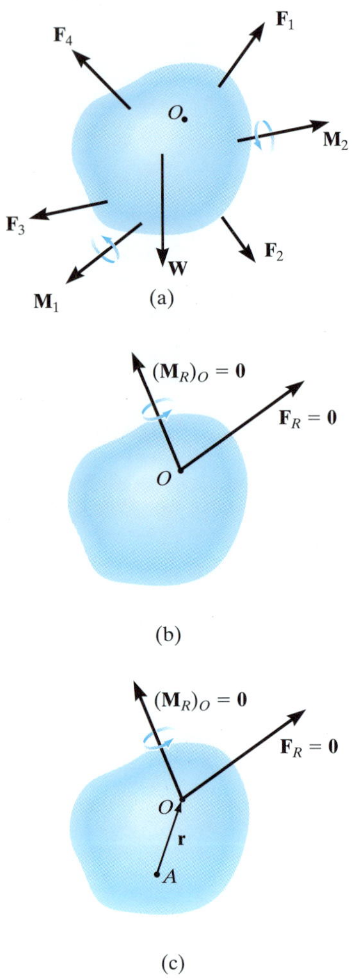

그림 4-1 (계속)

앞 장에서 설명한 방법을 이용하여 물체에 작용하는 모든 힘과 짝힘 모멘트를 그림 4-1*b*와 같이 임의의 점 *O*에서의 등가 힘-짝힘 모멘트로 나타낼 수 있다. 만약 등가합력과 등가 짝힘 모멘트 모두 0이 된다면 그 물체는 안정 상태를 계속 유지하거나 가속없이 일정 속도를 가진 움직임을 의미하는 평형상태에 있다고 말한다. 수학적으로 물체의 **평형**(equilibrium)은 식 (4-1)과 같이 표현된다.

$$\mathbf{F}_R = \Sigma\mathbf{F} = \mathbf{0}$$
$$(\mathbf{M}_R)_O = \Sigma\mathbf{M}_O = \mathbf{0} \tag{4-1}$$

첫 번째 식은 물체에 작용하는 힘의 합이 0이라는 것을 말한다. 두 번째 식은 모든 짝힘 모멘트와 힘의 점 *O*에 대한 모멘트의 합이 0이라는 것을 말한다. 이 2개의 식은 물체의 평형상태에 대한 필요조건일 뿐만 아니라 충분조건이다. 이것을 증명하기 위해, 그림 4-1*c*의 점 *A*에 대하여 모멘트 합을 구하는 것을 고려해 보자. 이 물체가 평형이라면 다음과 같은 식이 요구된다.

$$\Sigma\mathbf{M}_A = \mathbf{r} \times \mathbf{F}_R + (\mathbf{M}_R)_O = \mathbf{0}$$

여기서 $\mathbf{r} \neq \mathbf{0}$이므로 식 (4-1)에서 $\mathbf{F}_R = \mathbf{0}$이고 $(\mathbf{M}_R)_O = \mathbf{0}$이면 윗 식은 만족된다.

평형방정식을 적용할 때는 물체가 강체라고 가정한다. 그러나 실제로 모든 물체는 힘을 받을 때 변형한다. 이러함에도 불구하고 강재나 콘크리트 같은 대부분의 공학재료는 매우 강하고 그래서 그들의 변형은 보통 매우 작다. 따라서 작용하는 힘에 대하여 물체는 강체이고 변형하지 않는 상태로 남아 있을 수 있다는 가정을 평형방정식을 적용할 때 큰 오차없이 받아들일 수 있다. 이러한 가정에서 물체에 가해지는 힘의 방향이나 모멘트의 팔길이도 힘의 작용 전후에 기준점으로부터 변화가 없는 것으로 본다.

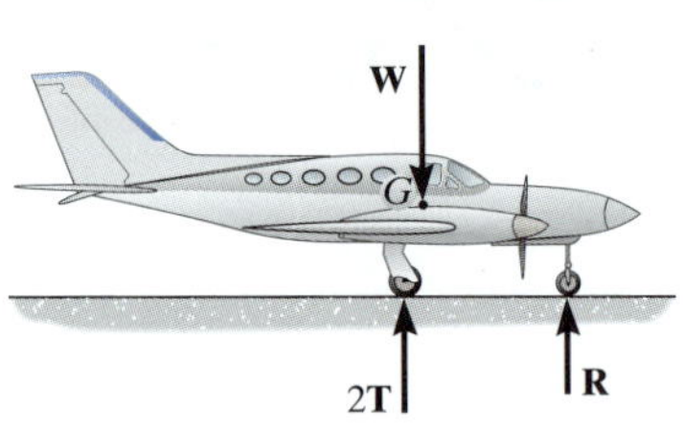

그림 4-2

2차원에서의 평형

이 장에서는 먼저 강체에 작용하는 힘들이 단일 평면 내에 작용하거나 또는 단일 평면으로 투영시킬 수 있는 경우를 다룰 것이다. 뿐만 아니라 물체에 작용하는 짝힘 모멘트의 방향도 이 평면과 수직한 경우를 다룰 것이다. 이러한 유형의 힘과 짝힘 모멘트를 2차원 또는 평면력계라 부른다. 예를 들어, 그림 4-2의 비행기는 중심축에 대칭인 평면을 가지고 있다. 그리고 비행기에 작용하는 힘들도 이 평면에 대하여 대칭이다. 그렇다면, 2개의 날개 타이어는 각각 같은 크기인 힘 **T**를 지지할 것이고 비행기의 측면도(2차원)에는 2**T**로 표현된다.

4.2 자유물체도(2차원)

평형방정식을 정확하게 적용하기 위해서는 4.3절에서 설명되지만 물체에 작용하는 알고 있거나 모르는 모든 외력들이 명확히 표현되고 규정되어져 있어야 한다. 이를 위한 최선의 방법은 물체의 **자유물체도**(free-body diagram)를 그리는 것이다. 자유물체도는 물체를 구속조건과 연결부에서 독립시키거나 분리하여 자유롭게 한 다음 윤곽을 그린 그림이다. 이 그림에는 평형방정식을 적용할 수 있도록 지점 반력과 물체에 작용하는 모든 힘과 짝힘 모멘트를 필수적으로 나타내어야 한다. 자유물체도를 그리는 방법을 완벽하게 이해하는 것은 구조와 재료의 역학 문제를 해결하는 데 있어 우선적으로 중요한 것이다.

지점 반력. 자유물체도를 어떻게 그리는가에 대한 기본 절차를 설명하기 이전에, 먼저 평면력계를 받는 물체 간의 접촉점이나 지점에서 발생하는 다양한 유형의 반력에 대하여 살펴볼 것이다. 일반적인 규칙으로서,

- 지점은 물체의 이동에 저항하는 방향으로의 힘을 작용하여 물체의 이동을 구속한다.
- 지점은 물체의 회전에 저항하는 방향으로의 짝힘 모멘트를 작용하여 물체의 회전을 구속한다.

예를 들어, 보와 같이 양끝이 지지되는 수평부재에서의 3가지 지지 방식을 생각해 보자. 첫 번째 방법은 그림 4-3*a*와 같이 롤러 또는 실린더로 지지되는 경우이다. 이 지점은 오직 수직방향의 이동을 구속하기 때문에, 그림 4-3*b*와 같이 롤러는 보에 수직방향의 힘만을 작용할 것이다.

보는 그림 4-3*c*와 같이 핀을 이용하여 좀더 구속적인 방식으로 지지될 수 있다. 핀은 보의 내부 구멍과 지면에 고정되는 두 리브를 관통한다. 그림 4-3*d*와 같이 핀은 어떠한 ϕ방향으로든지 보의 이동을 구속할 수 있고 그림 4-3*d*와 같은 방향으로 보에 힘 **F**를 전달한다. 해석의 편이를 위해, 일반적으로 그림 4-3*e*와 같이 합력 **F**를 두 직각성분 $\mathbf{F}_x$와 $\mathbf{F}_y$로 분해하는 것이 간편하다. 만약 F_x와 F_y를 알고 있다면 **F**와 ϕ는 쉽게 계산될 수 있다.

보를 가장 강하게 구속하는 방법은 그림 4-3*f*에 보이는 것과 같이 고정지지하는 것이다. 이 지지는 보의 이동과 회전 모두를 구속할 수 있다. 그 결과로 보에는 그림 4-3*g*와 같이 힘과 짝힘 모멘트가 발생한다. 핀의 경우와 같이 힘은 일반적으로 직각성분인 $\mathbf{F}_x$와 $\mathbf{F}_y$로 분해된다.

표 4-1에는 평면력계에 놓인 물체에서 흔히 사용되는 다른 여러 지지 조건들을 소개하고 있다(모든 경우에서 각 θ는 알고 있다고 가정한다). 접촉하는 부재에 작용하는 지지와 반력을 표현하기 위해 이용된 기호들에 대한 주의 깊은 공부가 필요하다.

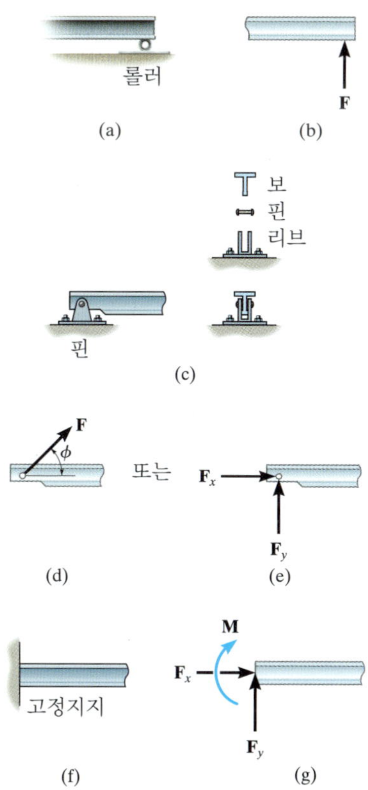

그림 4-3

표 4-1 2차원 힘계에 있는 강체의 지지 조건

연결부의 유형	반력	미지수의 수
(1) 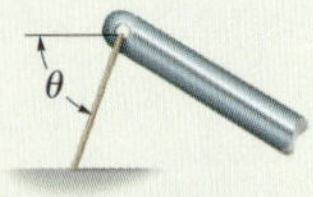 케이블	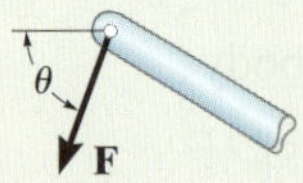	1개의 미지수. 케이블 방향으로 부재로부터 멀어지게 작용하는 인장력
(2) 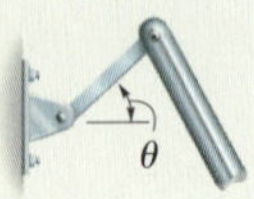 링크	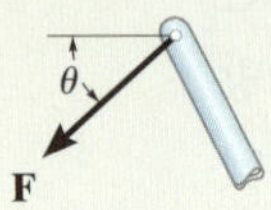 또는 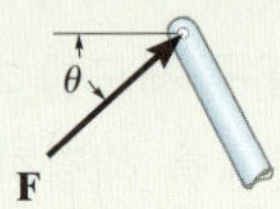	1개의 미지수. 링크의 축을 따라 작용하는 힘
(3)  롤러	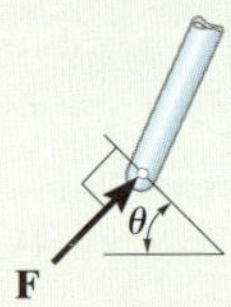	1개의 미지수. 연결점에서 표면에 수직하게 작용하는 힘
(4) 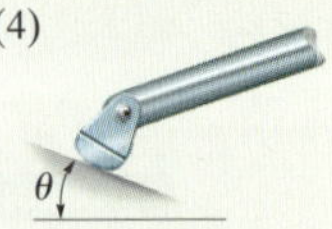 로커	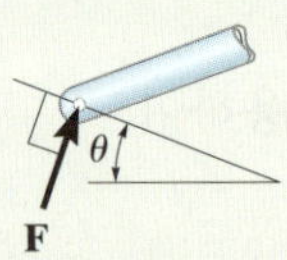	1개의 미지수. 연결점에서 표면에 수직하게 작용하는 힘
(5) 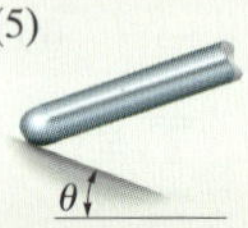 매끄러운면 접촉	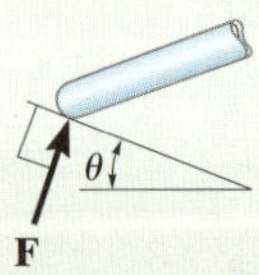	1개의 미지수. 연결점에서 표면에 수직하게 작용하는 힘
(6) 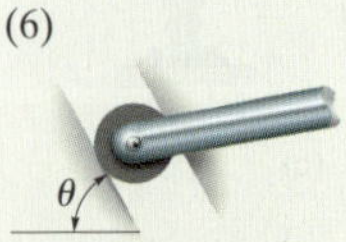 매끄러운 슬롯 속의 롤러 또는 핀	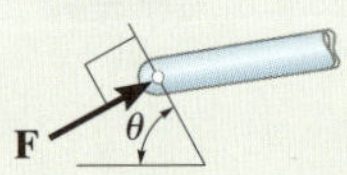 또는 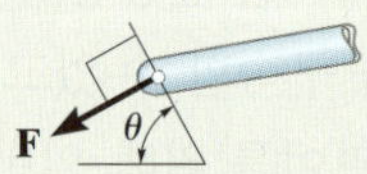	1개의 미지수. 슬롯에 수직하게 작용하는 힘
(7) 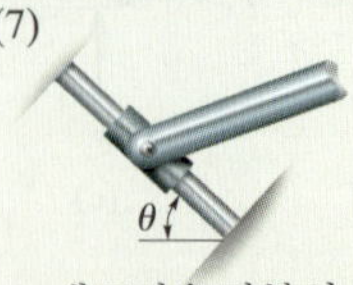 매끄러운 강봉의 칼라에 연결된 부재의 핀	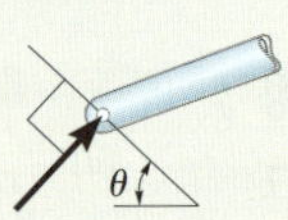 또는 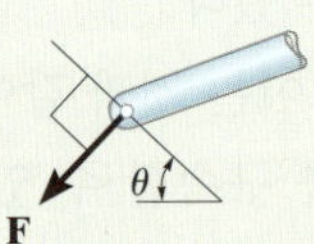	1개의 미지수. 막대에 수직으로 작용하는 힘

표 4-1 2차원 힘계에 있는 강체의 지지 조건 (계속)

연결부의 유형	반력	미지수의 수
(8) 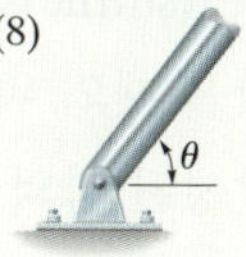 힌지	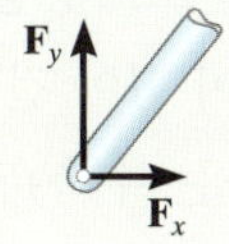 또는 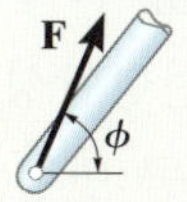	2개의 미지수. 2개의 힘 성분 또는 합력과 방향 ϕ[ϕ와 θ가 반드시 일치하지는 않는다. (2)의 경우를 제외하고는 일반적으로 다르다]
(9)  매끄러운 강봉의 칼라에 연결된 부재의 고정단	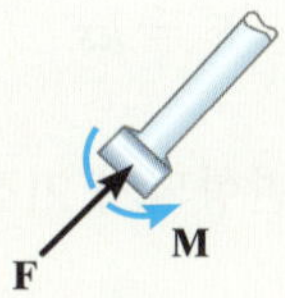	2개의 미지수. 막대에 수직하게 작용하는 짝힘 모멘트와 힘
(10)  고정단	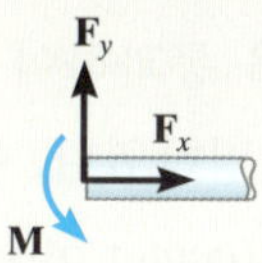 또는 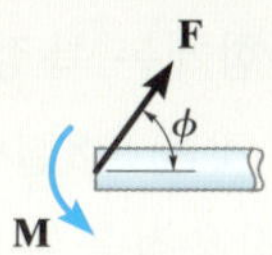	3개의 미지수. 짝힘 모멘트와 합력의 2 힘 성분 또는 짝힘 모멘트와 합력과 방향 ϕ

실제 지지조건의 대표적인 예를 다음의 사진들에서 볼 수 있다. 사진 번호는 표 4-1에 나타낸 연결유형 번호를 의미한다.

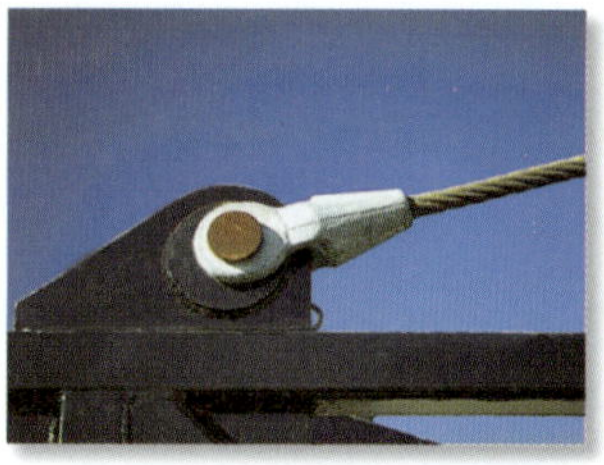

케이블이 케이블 방향으로 브라켓에서 힘을 받는다. (1)

로커는 온도 변화에 대하여 확장과 수축이 자유롭도록 수평이동을 허용하면서 교량 주형을 지지한다. (4)

콘크리트 주형이 부드러운 접촉면이라 가정되는 받침 위에 놓여 있다. (5)

핀으로 지지된 보. (8)

건물의 바닥 보가 용접으로 고정 연결된 형태이다. (10)

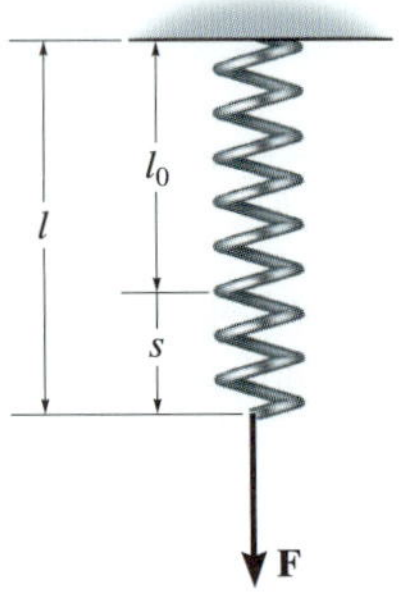

그림 4-4

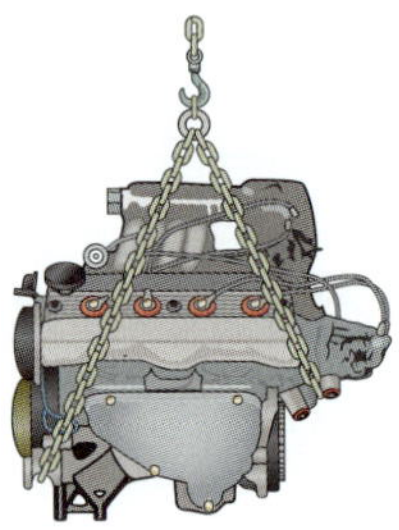

(a)

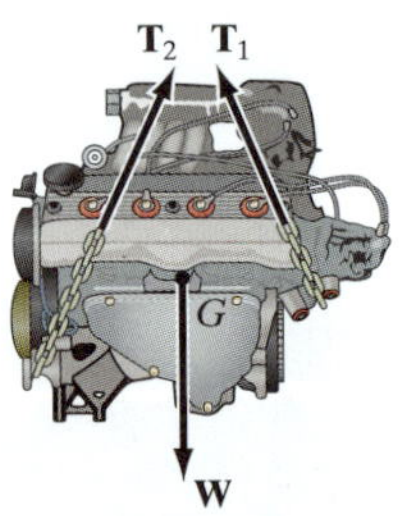

(b)

그림 4-5

스프링. 그림 4-4와 같이 물체를 지지하기 위해 선형탄성스프링이 사용된다면 스프링의 길이는 물체에 작용하는 힘에 직접적으로 비례하여 변할 것이다. 스프링의 탄성을 정의하는 특성은 스프링상수 또는 강성(stiffness) k이다. 강성 k를 가지는 선형탄성스프링이 힘이 전달되지 않았을 때의 위치로부터 측정된 거리 s만큼 변형(인장 또는 수축)된 경우에 발생된 힘의 크기는 식 (4-2)로 나타낼 수 있다.

$$F = ks \tag{4-2}$$

s는 스프링의 변형된 길이 l과 변형되기 이전의 길이 l_0의 차이로부터 결정된다. 즉 $s = l - l_0$이다.

자중과 무게 중심. 물체가 중력장 내에 있을 때 각각의 질점은 고유의 중량을 가진다. 이러한 힘계는 특정한 점을 통과하여 작용하는 단일 합력으로 표현할 수 있다는 것을 3.8절에서 설명하였다. 이 합력을 물체의 **자중**(weight) **W**라 하고, 작용점을 **무게 중심**(center of gravity)이라 한다. 이것을 계산하는 방법은 6장에서 다룰 것이다. 앞으로의 예제와 문제에서 물체의 자중이 해석에 중요하다면, 문제 설명에서 제시될 것이다.

내력. 4.1절에서 언급한 바와 같이 물체 내부에서 인접한 입자 사이에 작용하는 내력은 동일선상에서 크기는 같으면서 방향이 서로 반대인 짝으로 발생한다(뉴턴의 제 3법칙). 이러한 힘들은 각각 서로 상쇄되기 때문에 그들에게 미치는 물체의 외부 영향은 없다. 이러한 이유로 내력은 자유물체도에 포함되지 않는다. 예를 들어, 그림 4-5*a*의 엔진은 그림 4-5*b*의 자유물체도로 표현될 수 있다. 이때 나사와 볼트 같은 모든 연결부분 사이에서의 내력은 나타내지 않는다. 체인에 의한 $\mathbf{T}_1$과 $\mathbf{T}_2$, 엔진 자중 **W**에 의해 가해지는 외력만이 자유물체도에 나타낸다.

이상화 모델. 역학적 해석을 수행할 때 가능한 한 실제 상황에 근접한 결과를 얻기 위해서는 적절한 해석적 모델 또는 이상화 모델이 반드시 필요하다. 이를 위해 지지 유형, 재료 거동 그리고 물체의 기하학적 치수가 적절하도록 신중한 선택들을 하여야 한다. 이런 과정을 통하여만 신뢰할 수 있는 설계와 해석 결과를 구할 수 있다고 확신할 수 있다. 복잡한 문제의 경우에서는 해석 대상에 대하여 몇몇의 다른 모델을 검토하는 것이 필요할 수도 있다. 어떠한 경우에는 이러한 선택 절차에 기술과 경험이 요구된다.

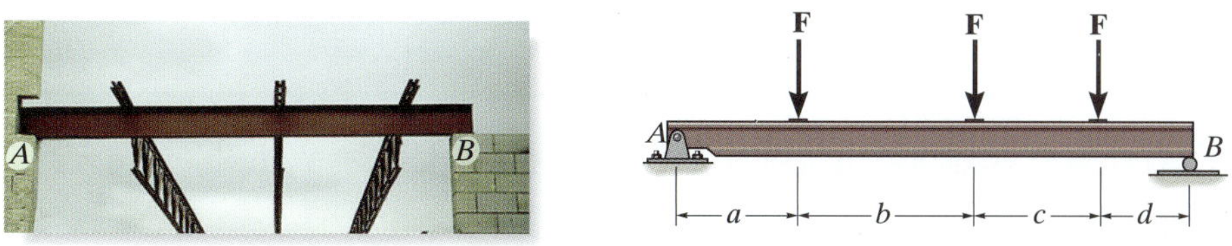

(a) (b)

그림 4-6

다음의 두 경우에서는 적절한 모델을 개발하기 위해 무엇이 요구되는지를 소개한다. 그림 4-6*a*에서 강재 보는 3개의 지붕 장선을 지지하는데 사용되고 있다. 보에 힘이 전달될 때 매우 작은 변형이 발생할 것이기 때문에 재료(강재)를 강체라고 가정하는 것은 힘 해석을 위해 매우 합리적이다. A의 볼트 연결부는 힘이 적용될 때 약간의 회전을 허용하기 때문에 지점은 핀으로 간주할 수 있다. B에서는 수평이동에 대하여 저항하지 못하는 지점이므로 롤러로 간주될 수 있다. 건축물 설계기준에 규정된 지붕 하중이 장선 힘 **F**를 계산하는 데 이용된다. 이 하중은 극한 하중의 경우와 동적 또는 진동효과를 고려하여 보에 작용하는 실제 하중보다 큰 힘으로 적용한다. 끝으로, 보의 자중이 보에 전달되는 힘에 비하여 매우 작을 때 보의 자중은 무시될 수 있다. 그림 4-6*b*와 같이 보의 이상화 모델이 평균 치수 a, b, c, d와 함께 보여진다.

두 번째 경우로서, 그림 4-7*a*의 기중기 붐을 생각해 보자. A에서 핀, 그리고 무게가 없는 링크로 근사화될 수 있는 유압실린더 BC에 의해 지지되고 있다. 재료는 강체라고 가정할 수 있으며 밀도를 알면 붐의 자중과 무게중심 G를 구할 수 있다. 설계하중 **P**가 제시될 때, 그림 4-7*b*에 보여진 이상화 모델이 힘 해석을 위해 이용될 수 있다. 평균 치수(보여지지 않음)가 힘과 지점의 위치를 규정하기 위해 이용될 수 있다.

특정 물체들의 이상화 모델이 이 책의 여러 곳에서 예제로서 주어질 것이다. 이 책에서 소개되는 각 예제는 여기에서 설명한 바와 같은 단순화 가정에 따라 현실을 이상화한 모델이라는 것을 이해하여야 한다.

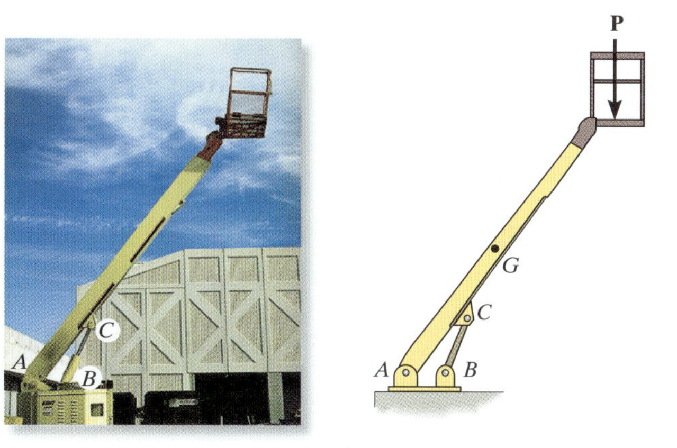

(a) (b)

그림 4-7

요점 IMPORTANT POINTS

- 물체에 작용하는 모든 힘과 짝힘 모멘트를 규명하기 위한 평형방정식 문제는 우선 자유물체도를 그리지 않고서는 해결할 수 없다.
- 한 지점에서 특정한 방향으로 물체의 이동이 구속되었다면, 물체에는 그 지점에서 그 특정 방향에 저항하는 방향으로 힘이 작용한다.
- 만약 회전이 구속되었다면 물체에는 그 지점에서 회전에 저항하는 짝힘 모멘트가 작용한다.
- 탄성스프링의 내력 F는 $F = ks$를 사용하여 인장력 또는 압축력으로 산출된다. 여기서 k는 스프링 강성이다.
- 물체의 자중은 외력이고, 그 하중 효과는 무게 중심 G를 통과하여 작용하는 단일 합력으로 표현된다.
- 내력은 크기가 같고 방향은 서로 반대인 동일선상의 짝힘으로 발생하므로 서로 상쇄되어 자유물체도에는 나타내지 않는다.
- 짝힘 모멘트는 자유벡터이므로 자유물체도 어느 곳이든 위치할 수 있다. 힘은 이동벡터이므로 작용선 상의 임의의 점에 작용할 수 있다.

풀이 과정 PROCEDURE FOR ANALYSIS

강체 또는 단일계로 취급할 수 있는 물체 그룹의 자유물체도를 그리기 위해서는 다음과 같은 절차가 수행되어야 한다.

물체의 윤곽을 그린다.

물체를 구속조건과 연결부에서 독립시키거나 분리하여 자유롭게 한 다음 윤곽을 그린다.

힘과 짝힘 모멘트를 모두 나타낸다.

물체에 작용하는 기지 또는 미지의 모든 외력과 짝힘 모멘트를 규명한다. 이에 해당하는 것은 일반적으로 (1) 작용 하중, (2) 지점 또는 다른 물체와의 접촉점에서 발생하는 반력, (3) 물체의 자중이다. 이들 힘들의 영향을 모두 밝혀내기 위해서는 경계선을 따라 물체에 작용하는 각각의 힘과 짝힘 모멘트를 주의 깊게 살펴보는 것이 도움이 될 것이다.

각각의 하중을 규명하고 치수를 부여한다.

밝혀진 힘과 짝힘 모멘트는 각각 적절한 크기의 방향으로 표시한다. 미지의 힘과 짝힘 모멘트의 크기와 방향각은 기호를 사용하여 나타낸다. 끝으로 힘의 모멘트 계산에 필요한 물체의 치수를 표기한다.

예제 4.1

질량 6 kg의 구가 그림 4-8*a*에 보이는 것과 같이 지지되어 있다. 구와 줄 *CE*, 매듭 *C*에 대한 자유물체도를 그려라.

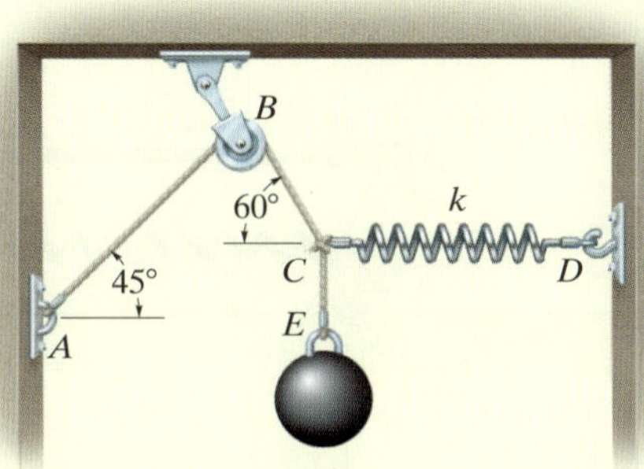

(a)

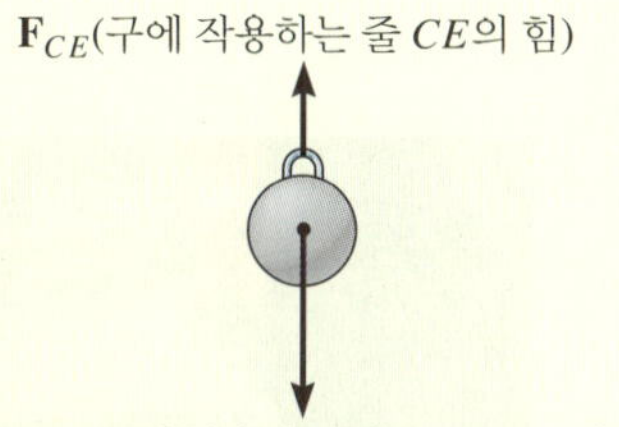

(b)

풀이

구. 직관적으로 구에는 오직 2가지 힘이 작용하는 것을 알 수 있다. 즉, 구의 자중 (6 kg)(9.81 m/s^2) = 58.9 N과 줄 *CE*의 힘이다. 따라서 자유물체도는 그림 4-8*b*와 같다.

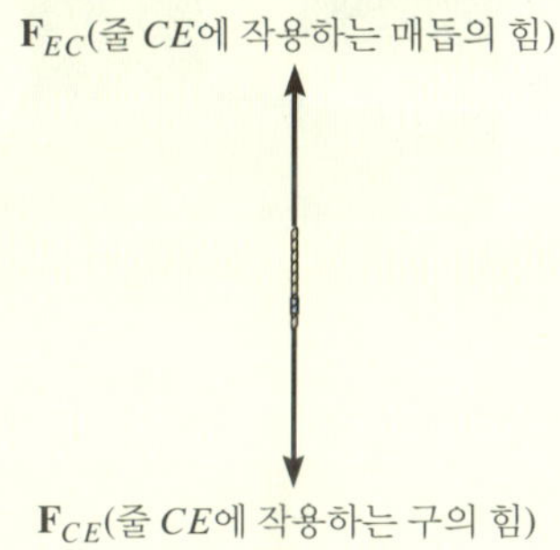

(c)

줄. 줄 *CE*만을 떼어내면 자유물체도에는 오직 2가지의 힘이 작용하는 것을 알 수 있다. 즉, 그림 4-8*c*와 같이 구의 힘과 연결매듭의 힘이다. 여기서 힘 $\mathbf{F}_{CE}$는 작용-반작용에 관한 뉴턴 제3법칙에 따라 그림 4-8*b*에 보여지는 것과 크기는 같고 방향은 반대로 나타냄에 유의하자. 또한 $\mathbf{F}_{CE}$와 $\mathbf{F}_{EC}$는 줄을 당기는 힘이고 줄이 끊어지지 않는 한 인장상태를 유지한다. 이 평형상태는 $F_{CE} = F_{EC}$와 같이 표현된다.

매듭. 그림 4-8*d*의 매듭 *C*는 3개의 힘을 받는다. 즉, 줄 *CBA*와 *CE* 그리고 스프링 *CD*에 의해 발생되는 힘이다. 자유물체도에는 힘의 크기와 방향을 표시하여야 한다. 이 문제에서 구의 자중은 직접적으로 매듭에 작용하지 않는 것을 인식하는 것이 중요하다. 그 대신에 줄 *CE*가 구의 자중을 매듭에 전달한다.

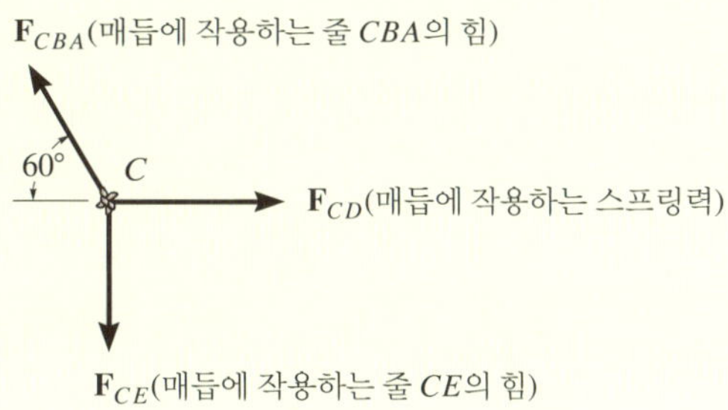

(d)

그림 4-8

예제 4.2

그림 4-9*a*와 같은 풋-레버의 자유물체도를 그려라. 작업자는 스프링이 50 mm 늘어나고 *B*의 숏-링크에서 힘이 100 N이 되도록 발판에 수직력을 작용한다.

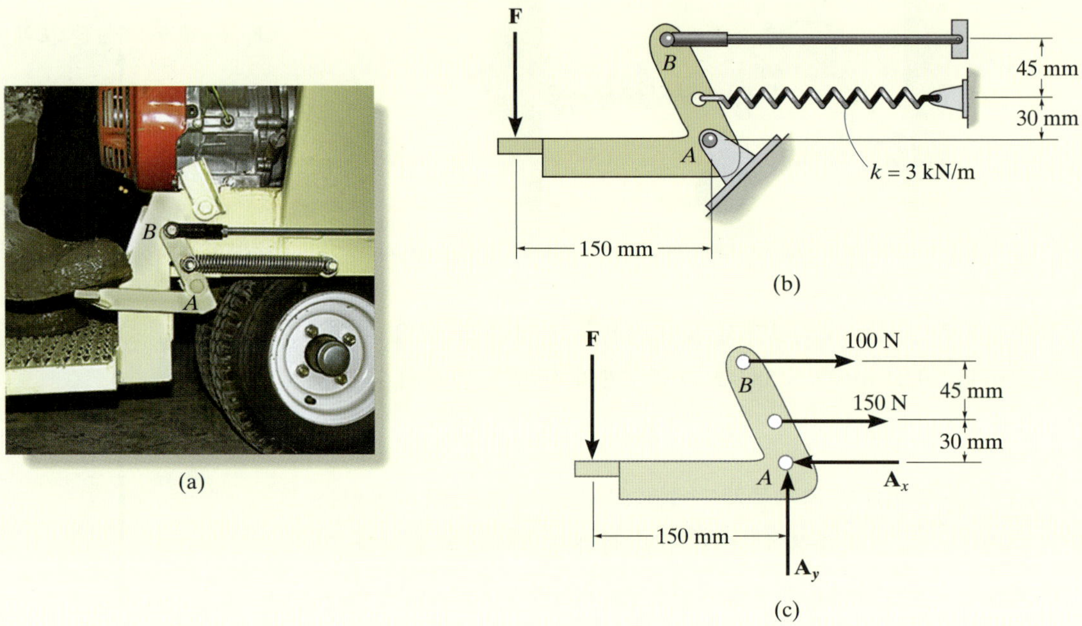

그림 4-9

풀이

레버는 *A*에서 뼈대에 느슨하게 볼트로 연결되어 있다. *B*에서 막대가 핀으로 연결되어 숏-링크로서 역할한다. 적절한 측정을 거쳐 작성된 레버의 이상화 모델이 그림 4-9*b*이다. 이것으로부터 자유물체도를 그림 4-9*c*와 같이 그린다. *A*에서의 핀 지지는 레버에 힘 성분 $\mathbf{A}_x$와 $\mathbf{A}_y$를 작용한다. *B*에서 링크는 링크 방향으로 100 N의 힘을 작용한다. 스프링 또한 레버에 대하여 수평력을 작용한다. 만약 스프링 강성이 $k = 3$ kN/m이라면 늘음량이 $s = (50\text{ mm})\left(\dfrac{1\text{ m}}{1000\text{ mm}}\right) = 0.05\text{ m}$이므로 식 (4-2)를 이용하여 작용하는 힘은 $F_s = ks = [3(10^3)\text{ N/m}](0.05\text{ m}) = 150\text{ N}$이다. 끝으로, 작업자의 발은 발판에 수직력 **F**를 작용한다. 레버의 치수는 힘의 모멘트를 계산할 때 이용할 것이므로 자유물체도에 나타낸다. *A*에서 표시된 미지 힘은 나중에 평형방정식에 의해 계산될 것이다.

예제 4.3

각각 300 kg의 질량을 가지는 2개의 마찰이 없는 관이 그림 4-10*a*에서와 같이 트랙터의 포크에 의해 지지되고 있다. 각각의 관과 두 관을 함께 나타내는 자유물체도를 그려라.

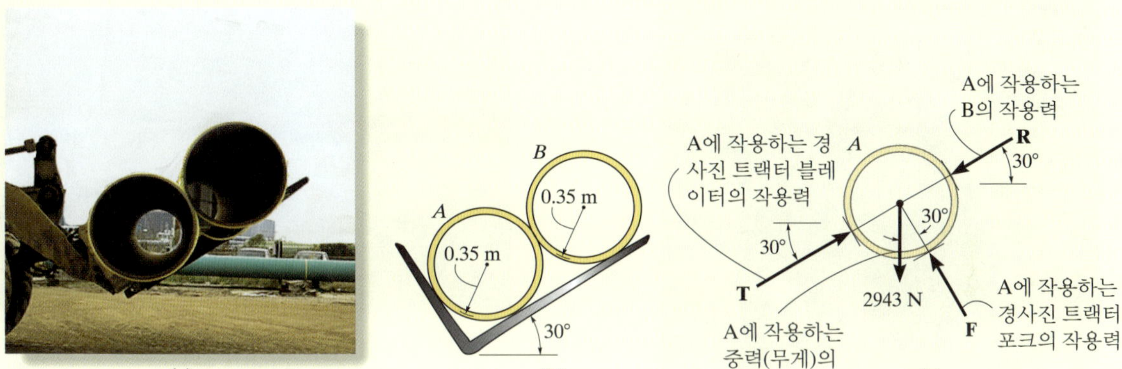

(a) (b) (c)

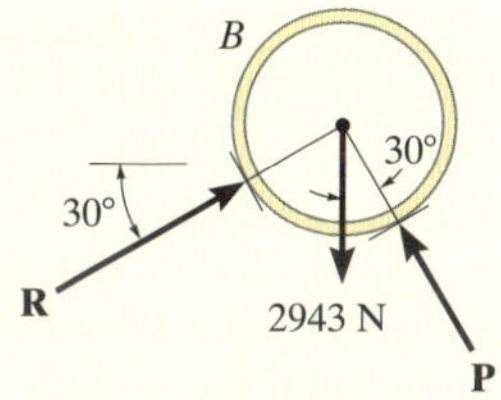

(d)

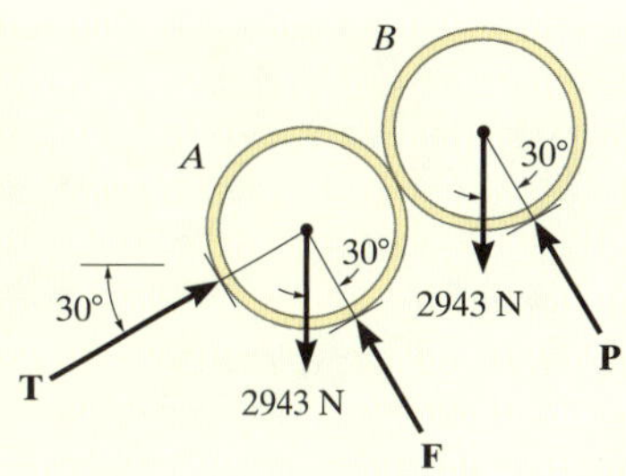

(e)

그림 4-10

풀이

그림 4-10*b*는 자유물체도를 그리기 위한 이상화 모델이다. 여기서 관들에 대한 치수가 주어지고 관의 물리적 상황이 단순 형태로 축약된 것을 확인할 수 있다.

그림 4-10*c*는 관 *A*에 대한 자유물체도이다. 관 *A*의 자중은 $W = 300(9.81)\text{ N} = 2943\text{ N}$이다. 모든 접촉면이 매끄럽다고 가정하면 반력 **T, F, R**은 그들의 접촉면에서 법선방향으로 작용한다.

그림 4-10*d*는 관 *B*에 대한 자유물체도이다. 여기서 관에 작용하는 3개의 힘을 구별할 수 있겠는가? 그림 4-10*d*에서 *B*에 대한 *A*의 힘을 표현하는 **R**은 힘의 크기는 같고 그림 4-10*c*에서 *A*에 대한 *B*의 힘을 표현하는 **R**과 방향이 반대인 것에 유의하여야 한다.

두 관이 조합된 자유물체도는 그림 4-10*e*에 보인다. 여기서 *A*와 *B* 사이에 작용하는 접촉력 **R**은 내력으로서 고려되기 때문에 자유물체도에 보이지 않는다. 이것은 동일선상에서 같은 크기이면서 방향은 서로 반대인 짝힘을 의미한다.

CONCEPTUAL PROBLEMS

C4–1. Draw the free-body diagram of the uniform trash bucket which has a significant weight. It is pinned at A and rests aganist the smooth horizontal member at B. Show your result in side view. Label any necessary dimensions.

Prob. C4–1

C4–2. Draw the free-body diagram of the outrigger ABC used to support a backhoe. The top pin B is connected to the hydraulic cylinder, which can be considered to be a short link (two-force member), the bearing shoe at A is smooth, and the outtrigger is pinned to the frame at C.

Prob. C4–2

C4–3. Draw the free-body diagram of the wing on the passenger plane. The weights of the engine and wing are significant. The tires at B are smooth.

Prob. C4–3

C4–4. Draw the free-body diagram of the wheel and member ABC used as part of the landing gear on a jet plane. The hydraulic cylinder AD acts as a two-force member, and there is a pin connection at B.

Prob. C4–4

4.3 평형방정식

강체의 평형상태를 유지하기 위한 필요충분조건인 2개의 방정식 $\Sigma\mathbf{F} = \mathbf{0}$과 $\Sigma\mathbf{M}_O = \mathbf{0}$을 4.1절에서 설명하였다. 물체가 모두 x-y 평면에 있는 힘계의 영향을 받을 때 그 힘들은 x와 y성분으로 분해할 수 있다. 2차원에서의 평형조건은 다음과 같다.

$$\begin{aligned} \Sigma F_x &= 0 \\ \Sigma F_y &= 0 \\ \Sigma M_O &= 0 \end{aligned} \tag{4-3}$$

여기서, ΣF_x와 ΣF_y는 각각 강체에 작용하는 모든 힘의 x와 y성분의 대수적인 합을 나타내고, ΣM_O는 임의의 점 O를 통과하는 z축에 대한 짝힘 모멘트와 모든 힘 성분에 의한 모멘트의 대수적인 합을 나타낸다.

다른 형태의 평형방정식. 식 (4-3)은 평면의 평형문제를 해결하기 위해 가장 흔히 이용되는 식들이지만 3개의 독립적인 평형방정식으로 구성된 2가지 다른 형태도 이용된다. 첫 번째 다른 형태는 다음과 같다.

$$\begin{aligned} \Sigma F_x &= 0 \\ \Sigma M_A &= 0 \\ \Sigma M_B &= 0 \end{aligned} \tag{4-4}$$

이 방정식을 이용하기 위해서는 점 A와 B를 지나가는 선이 y축에 평행하지 않아야 한다. 이 방정식이 평형상태의 조건임을 보이기 위해 그림 4-11a에 보이는 평판의 자유물체도를 생각해 보자. 3.7절의 방법을 이용하여 자유물체도에 있는 모든 힘들을 먼저 그림 4-11b의 등가합력 $\mathbf{F}_R = \Sigma\mathbf{F}$와 합성 짝힘 모멘트 $(\mathbf{M}_R)_A = \Sigma\mathbf{M}_A$로 대체할 수 있을 것이다. 만약 $\Sigma M_A = 0$이 만족된다면 $(\mathbf{M}_R)_A = \mathbf{0}$이다. 만약 $\Sigma F_x = 0$이 만족된다면 $\mathbf{F}_R$은 x축의 어떠한 성분도 가지면 안되고, $\mathbf{F}_R$은 그림 4-11c와 같이 반드시 y축에 평행하여야만 한다. 끝으로, B가 $\mathbf{F}_R$의 작용선에 놓여 있지 않으면서 $\Sigma M_B = 0$이 된다면 $\mathbf{F}_R = \mathbf{0}$이고 그러면 그림 4-11$a$의 물체는 평형상태이다.

평형방정식의 두 번째 다른 형태는 다음과 같다.

$$\begin{aligned} \Sigma M_A &= 0 \\ \Sigma M_B &= 0 \\ \Sigma M_C &= 0 \end{aligned} \tag{4-5}$$

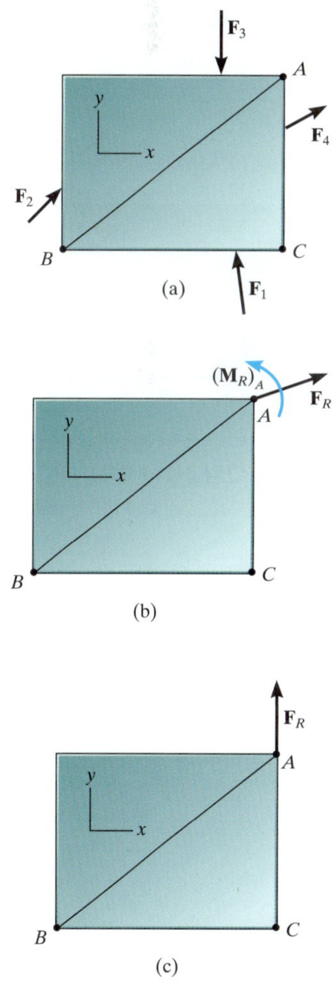

그림 4-11

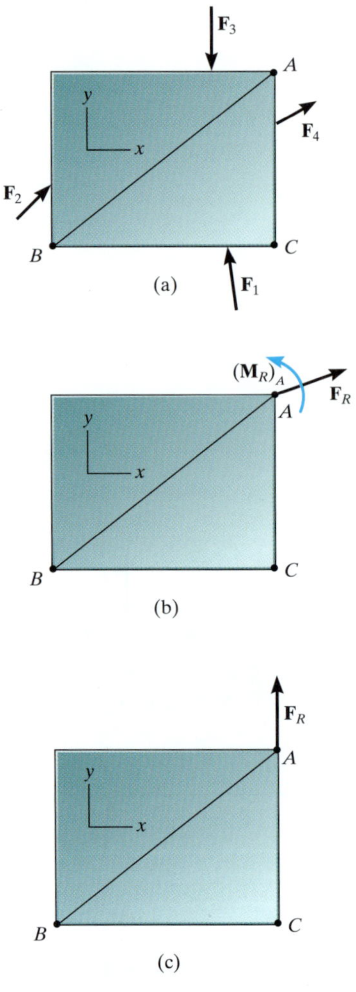

그림 4-11 (계속)

여기서, 점 A, B, C는 동일선상에 놓여 있지 않다는 것이 필수적이다. 이 방정식이 평형상태의 조건임을 보이기 위해 그림 4-11b의 자유물체도를 다시 생각해 보자. $\Sigma M_A = 0$이 만족된다면 $(\mathbf{M}_R)_A = \mathbf{0}$이다. $\mathbf{F}_R$의 작용선이 그림 4-11c에 보이는 것과 같이 점 C를 지난다면, $\Sigma M_C = 0$이 만족된다. 끝으로 $\Sigma M_B = 0$이 만족된다면 $\mathbf{F}_R = \mathbf{0}$이 되고, 그러면 그림 4-11$a$의 물체는 평형상태이다.

풀이 과정 PROCEDURE FOR ANALYSIS

평면 힘의 평형문제는 다음의 절차를 이용하여 해결할 수 있다.

자유물체도

- 임의의 적절한 방향으로 x, y 좌표축을 설정한다.
- 물체의 윤곽을 그린다.
- 물체에 작용하는 모든 힘과 짝힘 모멘트를 나타낸다.
- 모든 힘에 기호를 부여하고, x 또는 y축에 대하여 그들의 방향을 규정한다. 크기는 알지 못하나 작용선은 알려진 힘 또는 짝힘 모멘트의 방향은 가정할 수 있다.
- 힘에 대한 모멘트 계산을 위해 필요한 물체의 치수를 표기한다.

평형방정식

- 2개의 미지력 작용선의 교차점에 위치한 점(O) 대한 모멘트 평형방정식 $\Sigma M_O = 0$를 적용한다. 이와 같이 O점에 대한 두 개 미지력의 모멘트가 0이 되는 방법을 통해 3번째 미지력에 대한 직접해도 구할 수 있다.
- 힘의 평형방정식 $\Sigma F_x = 0$와 $\Sigma F_y = 0$를 적용하려 할 때, 그들의 x와 y 성분의 힘에 대한 분력을 가장 쉽게 구할 수 있는 선을 따라 x와 y축을 정의한다.
- 힘 또는 짝힘 모멘트의 크기에 대한 평형방정식의 해가 음(−)의 값이라면, 이는 힘이 자유물체도에서 가정한 것과는 반대 방향으로 작용함을 의미한다.

예제 4.4

그림 4-12a에서 60 kg의 실린더를 지지하기 위해 필요한 케이블 BA와 BC에서의 장력을 계산하라.

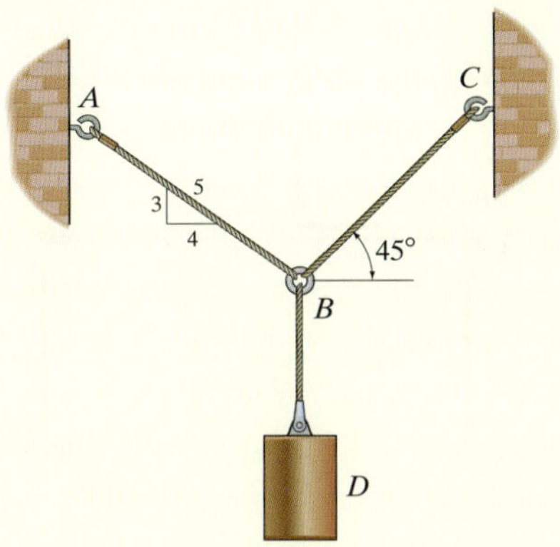

(a)

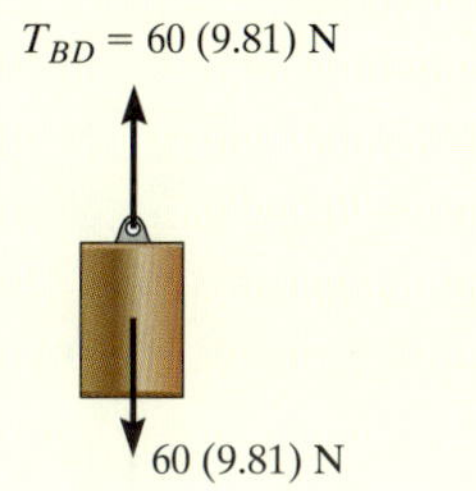

(b)

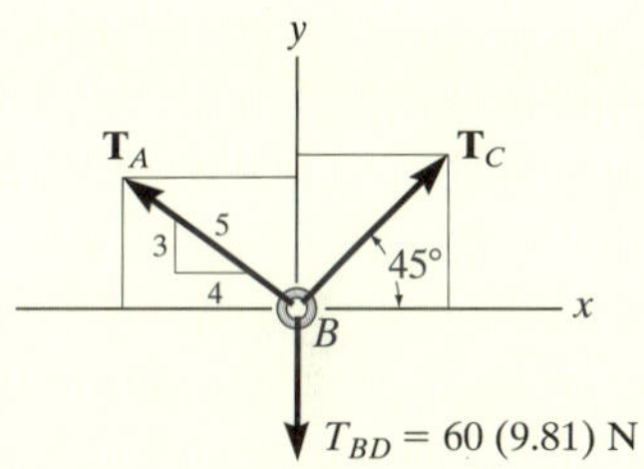

(c)

그림 4-12

풀이

자유물체도. 평형에 의해 실린더의 자중은 그림 4-12b의 케이블 BD에 $T_{BD} = 60(9.81)$ N을 작용한다. 케이블 BA와 BC에 발생되는 힘은 링 B에서의 평형을 검토함으로써 결정된다. 자유물체도는 그림 4-12c와 같다. $\mathbf{T}_A$와 $\mathbf{T}_C$의 크기는 미지수이나, 그들의 방향은 알고 있다.

평형방정식. x, y축에 대한 평형방정식을 적용하여 다음과 같이 계산할 수 있다.

$$\overset{+}{\rightarrow} \Sigma F_x = 0; \qquad T_C \cos 45° - \left(\tfrac{4}{5}\right) T_A = 0 \qquad (1)$$

$$+\uparrow \Sigma F_y = 0; \qquad T_C \sin 45° + \left(\tfrac{3}{5}\right) T_A - 60(9.81)\text{ N} = 0 \qquad (2)$$

식 (1)은 $T_A = 0.8839\,T_C$이고 식 (2)에 대입하면 다음과 같다.

$$T_C \sin 45° + \left(\tfrac{3}{5}\right)(0.8839 T_C) - 60(9.81)\text{N} = 0$$

정리하면,

$$T_C = 475.66\text{ N} = 476\text{ N} \qquad \text{답}$$

이 결과를 식 (1) 또는 식 (2)에 대입하면, 다음을 구할 수 있다.

$$T_A = 420\text{ N}$$

주: 이러한 결과의 정확성은 기하학적 치수와 힘에 관한 정확한 입력자료에 좌우된다. 이 문제를 포함한 대부분의 공학계산에서는 3개의 그림에 나타낸 것과 같은 데이터들이면 충분하다.

4

예제 4.5

그림 4-13a에서 B의 핀과 A의 로커에 의해 발생되는 보의 반력에 대한 수평 및 수직 성분을 계산하라. 보의 자중은 무시한다.

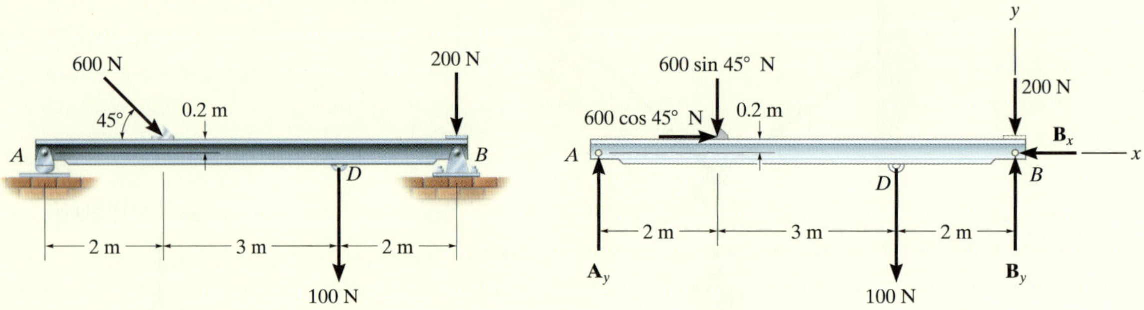

(a) (b)

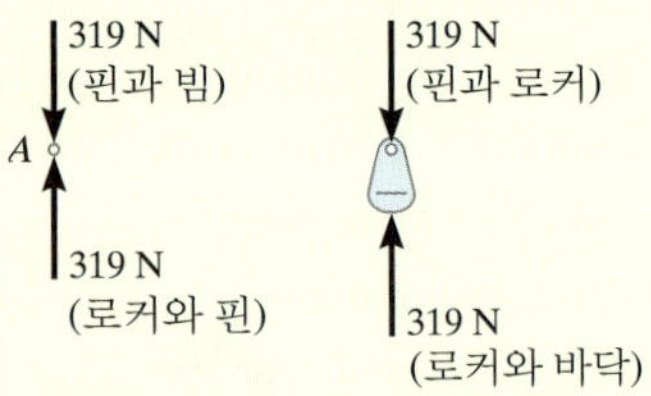

(c)

그림 4-13

풀이

자유물체도. 그림 4-13b의 자유물체도에 보인 각각의 힘을 규명한다. 600 N의 힘은 그림 4-13b에 보인 것처럼 x, y 성분으로 분해하여 표현하였다.

평형방정식. x 방향에서 힘의 합은 다음과 같다.

$$\overset{+}{\rightarrow}\Sigma F_x = 0; \qquad 600 \cos 45°\text{ N} - B_x = 0$$

$$B_x = 424\text{ N} \qquad \text{답}$$

$\mathbf{A}_y$에 대한 해는 점 B에 대하여 모멘트 방정식을 적용함으로써 구할 수 있다.

$$\circlearrowleft +\Sigma M_B = 0; \qquad 100\text{ N}(2\text{ m}) + (600 \sin 45°\text{ N})(5\text{ m})$$

$$-(600 \cos 45°\text{ N})(0.2\text{ m}) - A_y(7\text{ m}) = 0 \qquad \text{답}$$

이 결과를 이용하여 y 방향에 대하여 힘을 더하면 다음과 같다.

$$+\uparrow\Sigma F_y = 0; \qquad 319\text{ N} - 600 \sin 45°\text{ N} - 100\text{ N} - 200\text{ N} + B_y = 0$$

$$B_y = 405\text{ N} \qquad \text{답}$$

주: 그림 4-13b의 지점 반력은 핀에 의해 보에 작용한다. 그리고 핀에는 반대 방향의 힘이 작용한다. 그림 4-13c는 점 A의 핀과 로커에서의 평형을 보여준다.

예제 4.6

그림 4-14a에 보이는 줄은 마찰이 없는 도르래에 감겨 500 N의 하중을 지지하고 있다. C에서의 줄의 장력과 핀 A에서의 수평 및 수직 성분의 반력을 계산하라.

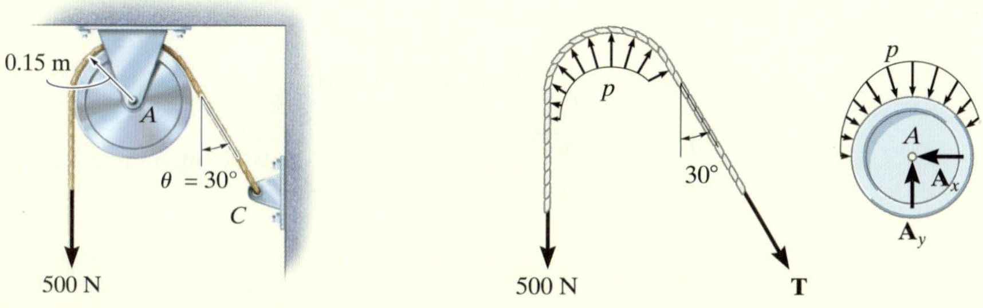

풀이

자유물체도. 그림 4-14b는 줄과 도르래의 자유물체도이다. 이러한 각각의 자유물체도를 그릴 때는 작용과 반작용 법칙을 참고하여 크기는 같고, 방향은 반대인 반력들을 주의깊게 검토하여야 한다. 줄은 접촉면에서 도르래에 미지의 분포된 힘 p를 가하고 반면에 도르래는 줄에 대하여 크기는 같고 방향은 반대인 영향을 작용한다. 그러나 해를 구하기 위해 분포하중은 이 시스템에서 내력으로 간주하여 그림 4-14c와 같이 제거하고 도르래와 줄의 부분만을 자유물체도로 나타내는 것이 간편하다.

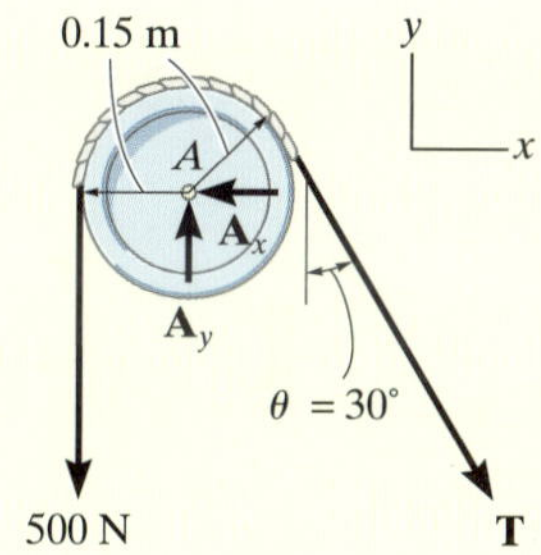

(c)

그림 4-14

평형방정식. 그림 4-14c처럼 $\mathbf{A}_x$와 $\mathbf{A}_y$를 제거하기 위해 점 A에 대한 모멘트 합으로부터 다음의 결과를 얻는다.

$$\circlearrowright+\Sigma M_A = 0; \qquad (500\text{ N})(0.15\text{ m}) - T(0.15\text{ m}) = 0$$

$$T = 500\text{ N}$$ 답

이 결과를 이용하여

$$\overset{+}{\rightarrow}\Sigma F_x = 0; \qquad -A_x + 500\sin 30^\circ\text{ N} = 0$$

$$A_x = 250\text{ N}$$ 답

$$+\uparrow\Sigma F_y = 0; \qquad A_y - 500\text{ N} - 500\cos 30^\circ\text{ N} = 0$$

$$A_y = 933\text{ N}$$ 답

주: 줄이 도르래를 지나는 동안에도 장력은 일정하다(이것은 도르래의 반지름 r과 줄의 경사각 θ의 크기가 다르더라도 일정하다).

예제 4.7

그림 4-15*a*의 부재는 *A*에서 핀으로 연결되어 있고 *B*에서는 마찰없이 지지되어 있다. 핀 *A*에서의 반력을 수평과 수직 성분으로 계산하라.

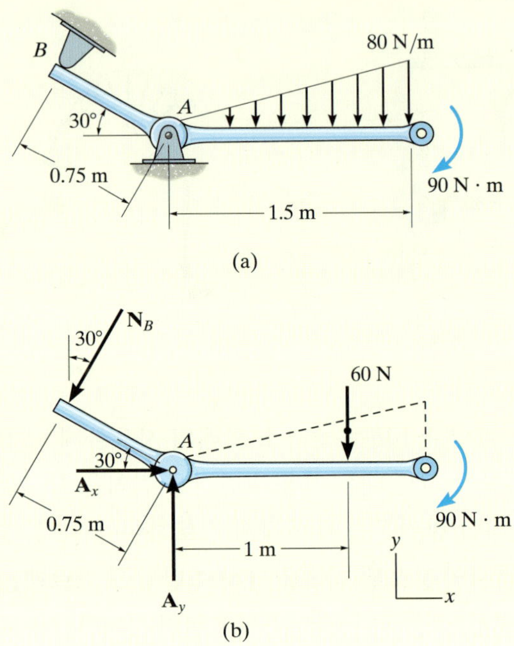

그림 4-15

풀이

자유물체도. 그림 4-15*b*의 자유물체도에 보이는 것과 같이 반력 $\mathbf{N}_B$는 *B*에서 부재에 대해 수직이다. 또한 *A*에서는 수평과 수직 성분의 반력이 나타난다.

평형방정식. *A*에서의 모멘트에 대한 합을 계산하면 $\mathbf{N}_B$에 대하여 직접 해를 얻는다.

$$\circlearrowleft + \Sigma M_A = 0; \quad -90\text{ N}\cdot\text{m} - 60\text{ N}(1\text{ m}) + N_B(0.75\text{ m}) = 0$$

$$N_B = 200\text{ N}$$

이 결과를 이용하여

$$\overset{+}{\rightarrow} \Sigma F_x = 0; \quad A_x - 200 \sin 30^\circ\text{ N} = 0$$

$$A_x = 100\text{ N}$$ 답

$$+\uparrow \Sigma F_y = 0; \quad A_y - 200 \cos 30^\circ\text{ N} - 60\text{ N} = 0$$

$$A_y = 233\text{ N}$$ 답

4.4 2력과 3력 부재

2개 또는 3개의 힘만을 받는 부재는 간단하게 평형문제의 해를 구할 수 있다.

2력 부재. 명칭이 의미하는 바와 같이, 2력 부재는 오직 두 점에 작용하는 힘을 가지는 부재이다. 2력 부재의 예는 그림 4-16*a*에서 볼 수 있다. 힘의 평형을 만족하기 위해, $\mathbf{F}_A$와 $\mathbf{F}_B$의 크기는 $F_A = F_B = F$로 같아야 하지만, 방향은 그림 4-16*b*와 같이 반대이다($\Sigma\mathbf{F} = \mathbf{0}$). 모멘트 평형을 위해서는 그림 4-16*c*와 같이 $\mathbf{F}_A$와 $\mathbf{F}_B$가 작용선을 공유하여야 하며($\Sigma\mathbf{M}_A = \mathbf{0}$ 또는 $\Sigma\mathbf{M}_B = \mathbf{0}$), 점 *A*와 *B*의 연결선의 방향과 일치할 때만이 가능하다. 따라서, 2력 부재가 평형이 되기 위해서는 부재에 작용하는 두 힘은 반드시 같은 크기이고, 반대 방향으로 작용하여야 하며, 힘은 두 점의 연결선과 같은 방향으로 작용하여야 한다.

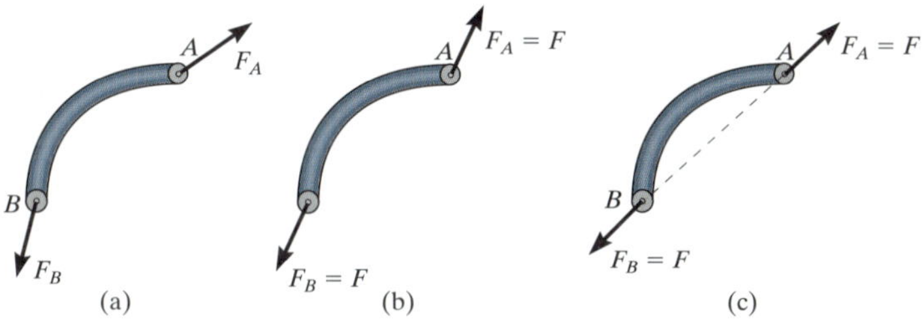

2력 부재

그림 4-16

3력 부재. 만약 한 부재가 오직 3개의 힘을 받는다면 3력 부재라 말한다. 3력 부재에서 모멘트 평형은 3개 힘의 작용선이 한 점에서 만나든지 서로 평행할 경우에 만족된다. 설명을 위해, 그림 4-17*a*에 보여지는 3개의 힘 $\mathbf{F}_1$, $\mathbf{F}_2$, $\mathbf{F}_3$을 받는 부재를 생각해 보자. 만약 $\mathbf{F}_1$과 $\mathbf{F}_2$의 작용선이 점 *O*에서 교차한다면 $\mathbf{F}_3$의 작용선 또한 $\Sigma\mathbf{M}_O = \mathbf{0}$를 만족하도록 점 *O*를 지나야 한다. 특별한 경우로, 만약 그림 4-17*b*와 같이 3개의 힘이 모두 평행하다면, 교차점 *O*는 무한대의 위치에 있다고 볼 수 있을 것이다.

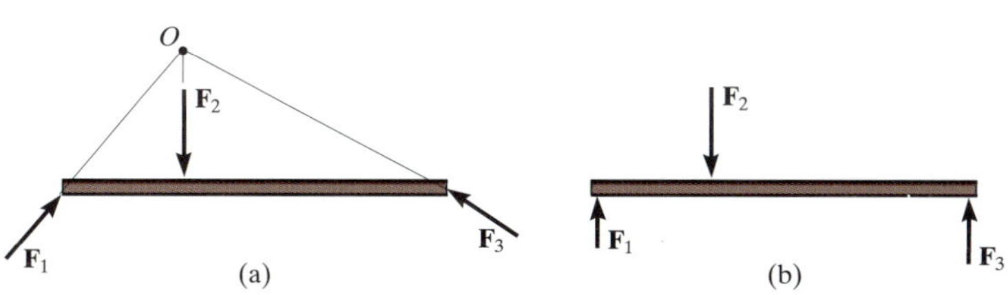

3력 부재

그림 4-17

유압 실린더 *AB*는 끝단에서 핀으로 연결되어 있어 2력 부재의 전형적인 예이다. 만약, 자중이 무시된다면 오직 부재는 핀 힘만이 전달된다.

자중이 무시된다면, 리프트의 붐과 버켓은 3력 부재이다. 여기서 작업자의 자중 *W*와 *B*에서 2력 부재(유압 실린더)의 힘 $\mathbf{F}_B$의 작용선은 점 *O*에서 교차한다. 모멘트 평형을 위해서는 핀 *A*에서 합력 $\mathbf{F}_A$ 또한 점 *O*를 향해야 한다.

철도 차량의 브레이크로 이용되는 링크는 3력 부재이다. *B*의 타이로드에서 $\mathbf{F}_B$와 *C*의 링크로부터 $\mathbf{F}_C$는 평행이므로 핀 *A*에서의 합력 $\mathbf{F}_A$는 평형을 위해 이 힘들과 평행이어야 한다.

예제 4.8

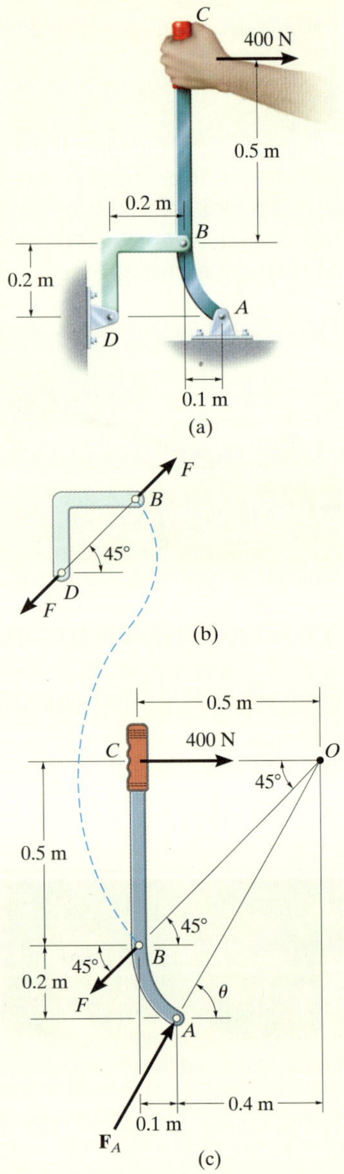

그림 4-18

그림 4-18a에 보이는 것처럼 레버 ABC는 핀으로 지지되고 숏-링크 BD로 연결되어 있다. 만약 부재의 자중을 무시한다면 A에서 레버 핀에 발생하는 힘을 계산하라.

풀이

자유물체도. 그림 4-18b에 보이는 것처럼, 숏-링크 BD는 2력 부재이고, 핀 D와 B에서의 합력은 동일 작용선상에서 같은 크기이면서 방향은 서로 반대로 작용한다. 힘의 크기는 미지수라도 작용선은 점 B와 D를 지나간다는 것을 알 수 있다.

레버 ABC는 3력 부재이다. 따라서 모멘트 평형을 만족하기 위해서 레버에 작용하는 3개의 평행하지 않은 힘의 방향은 그림 4-18c의 점 O를 지향하여야 한다. 점 B에서 레버에 대한 힘 $\mathbf{F}$는 링크에 대하여 점 B에서 작용하는 힘 $\mathbf{F}$와 크기는 동일하고 방향은 반대라는 것을 유의해야 한다. $\mathbf{F}$의 작용선을 알고 있기에 CO의 거리가 0.5 m라는 것을 안다.

평형방정식. 힘의 작용선이 점 O에서 만나서 $\Sigma M_O = 0$을 만족하는 $\mathbf{F}_A$의 작용선을 정의하는 각 θ는 삼각법으로부터 결정될 수 있다.

$$\theta = \tan^{-1}\left(\frac{0.7}{0.4}\right) = 60.3°$$

x, y축에 대한 힘의 평형방정식을 적용하면,

$$\overset{+}{\rightarrow}\Sigma F_x = 0; \qquad F_A \cos 60.3° - F\cos 45° + 400\text{ N} = 0$$

$$+\uparrow \Sigma F_y = 0; \qquad F_A \sin 60.3° - F\sin 45° = 0$$

위의 식을 풀면 다음과 같은 답을 구할 수 있다.

$$F_A = 1.07\text{ kN}$$ 답

$$F = 1.32\text{ kN}$$

주: A에서 힘을 두 성분 $\mathbf{A}_x$, $\mathbf{A}_y$로 표현하고 레버에서 $\Sigma M_A = 0$, $\Sigma F_x = 0$, $\Sigma F_y = 0$를 적용함으로써, 이 문제를 해결할 수 있다. A_x와 A_y가 결정된다면 F_A, θ를 구할 수 있다.

PRELIMINARY PROBLEM

P4–1. Draw the free-body diagram of each object.

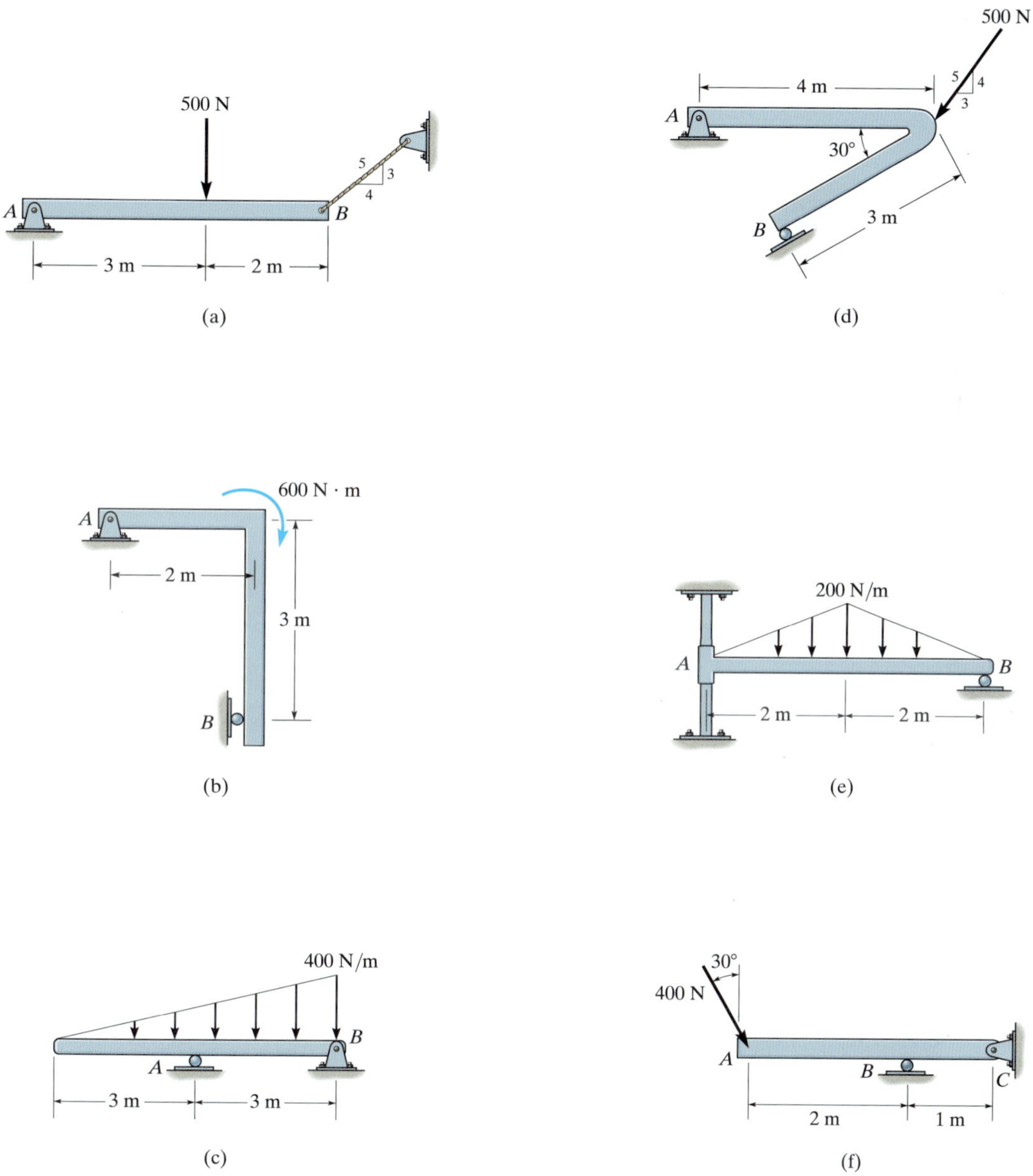

Prob. P4–1

FUNDAMENTAL PROBLEMS

All problem solutions must include an FBD.

F4–1. Determine the horizontal and vertical components of reaction at the supports. Neglect the thickness of the beam.

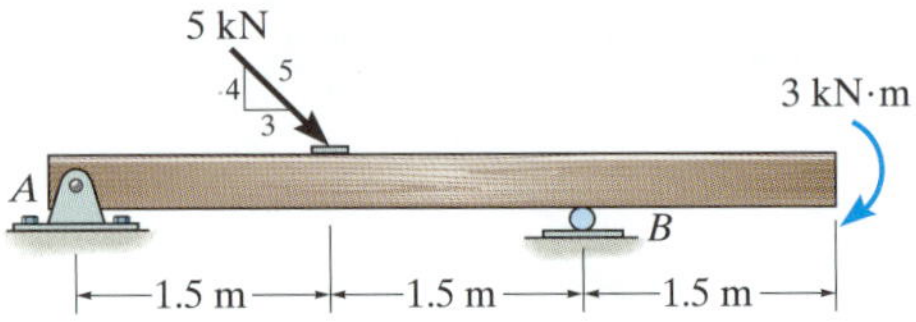

Prob. F4–1

F4–2. Determine the horizontal and vertical components of reaction at the pin A and the reaction on the beam at C.

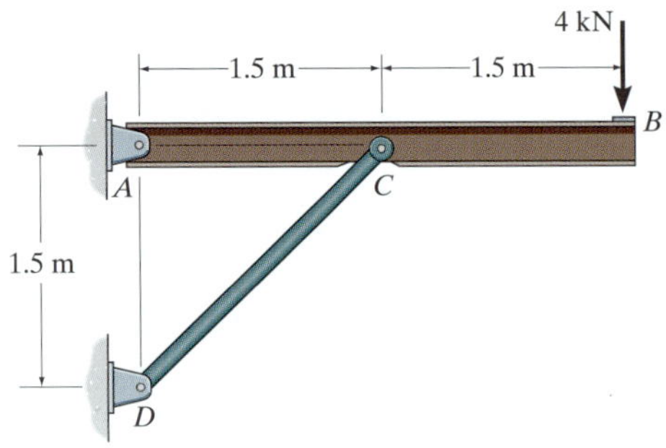

Prob. F4–2

F4–3. The truss is supported by a pin at A and a roller at B. Determine the support reactions.

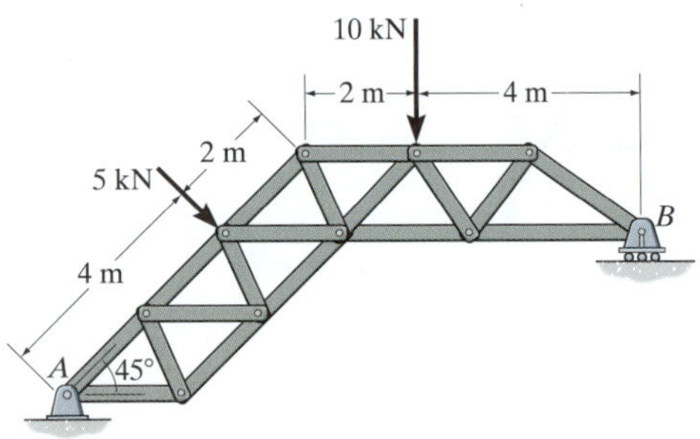

Prob. F4–3

F4–4. Determine the components of reaction at the fixed support A. Neglect the thickness of the beam.

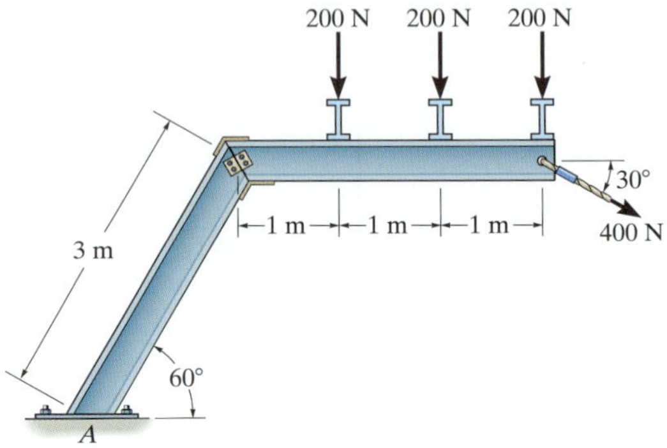

Prob. F4–4

F4–5. The 25-kg bar has a center of mass at G. If it is supported by a smooth peg at C, a roller at A, and cord AB, determine the reactions at these supports.

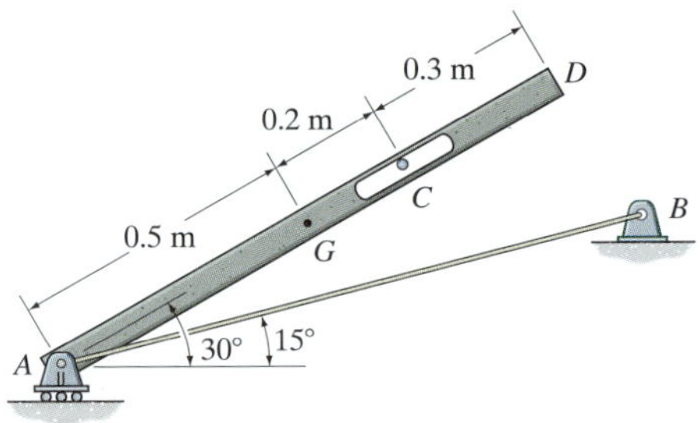

Prob. F4–5

F4–6. Determine the reactions at the smooth contact points A, B, and C on the bar.

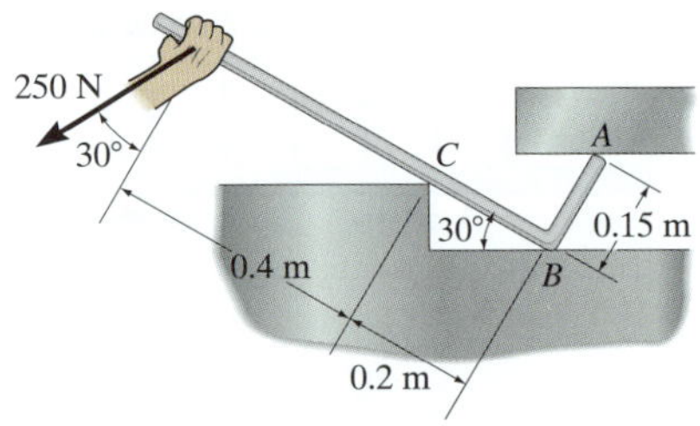

Prob. F4–6

PROBLEMS

All problem solutions must include an FBD.

4–1. If the 1.5-m-long cord AB can withstand a maximum force of 3500 N, determine the force in cord BC and the distance y so that the 200-kg crate can be supported.

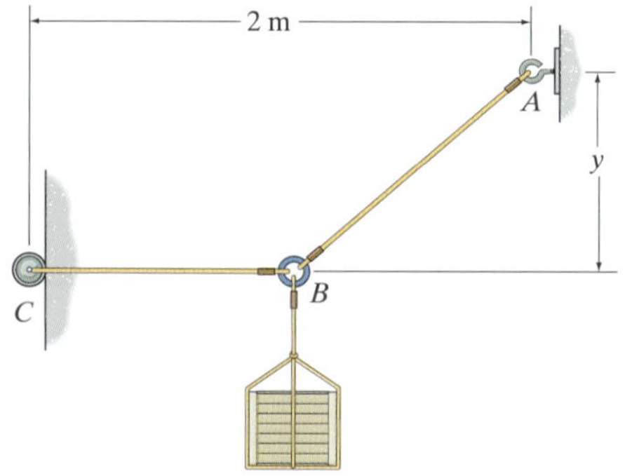

Prob. 4–1

4–2. Determine the reactions at the supports.

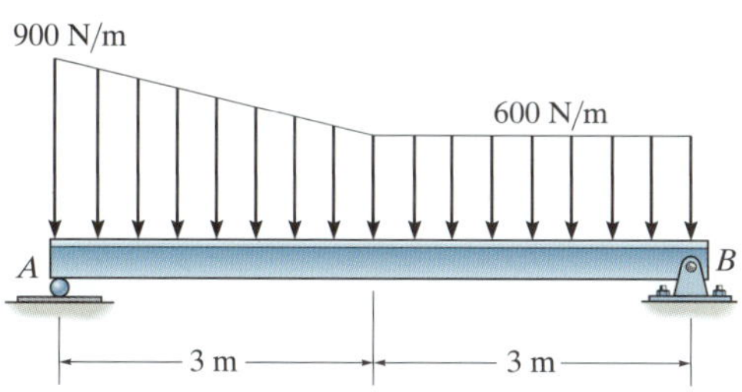

Prob. 4–2

4–3. Determine the reactions at the supports.

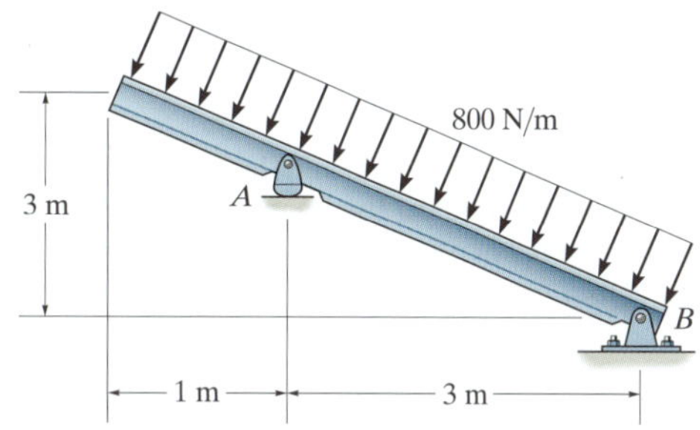

Prob. 4–3

***4–4.** Determine the reactions at the supports.

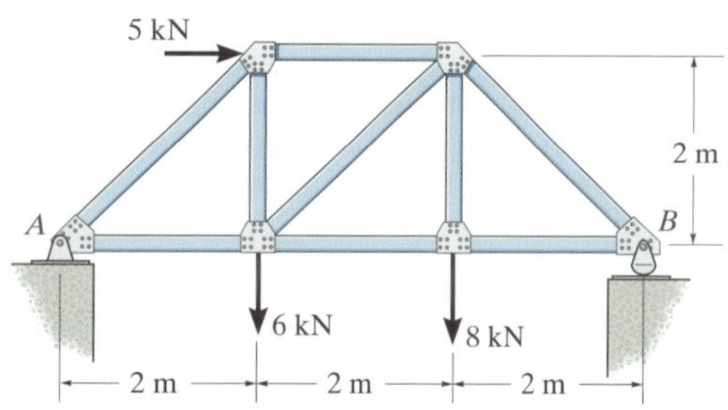

Prob. 4–4

4–5. Determine the components of the support reactions at the fixed support A on the cantilevered beam.

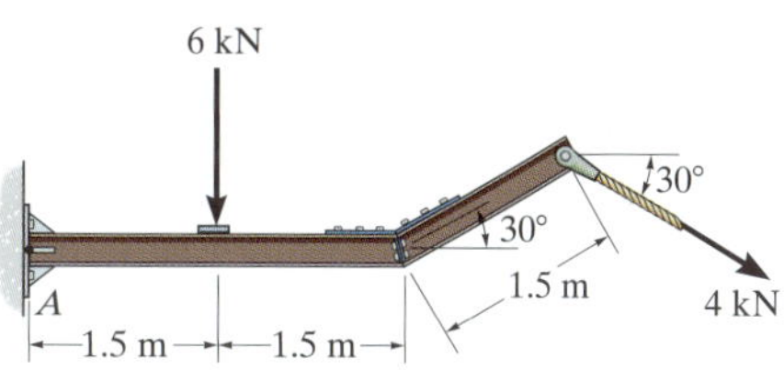

Prob. 4–5

4–6. Determine the reactions at the supports.

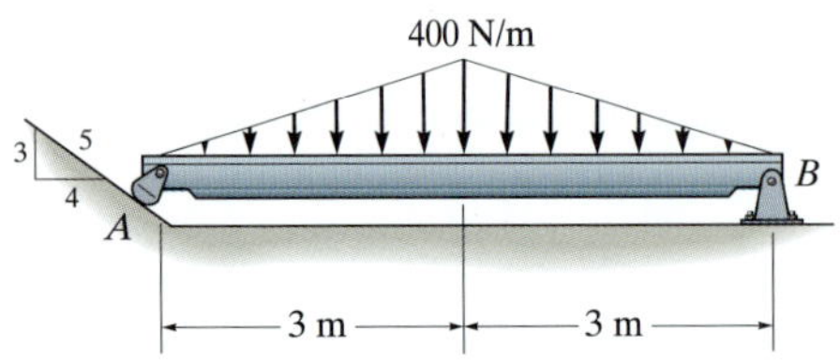

Prob. 4–6

4–7. The beam is horizontal and the springs are unstretched when there is no load on the beam. Determine the angle of tilt of the beam when the load is applied.

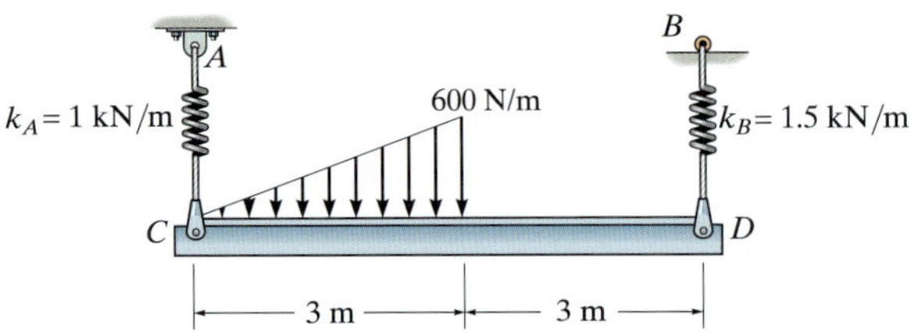

Prob. 4–7

***4–8.** The smooth pipe rests against the opening at the points of contact A, B, and C. Determine the reactions at these points needed to support the force of 300 N. Neglect the pipe's thickness.

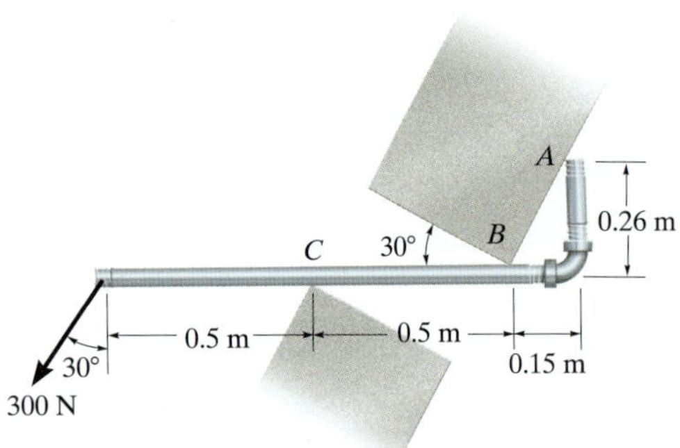

Prob. 4–8

4–9. The dimensions of a jib crane are given in the figure. If the crane has a mass of 800 kg and a center of mass at G, and the maximum rated force at its end is $F = 15$ kN, determine the reactions at its bearings. The bearing at A is a journal bearing and supports only a horizontal force, whereas the bearing at B is a thrust bearing that supports both horizontal and vertical components.

4–10. The dimensions of a jib crane are given in the figure. The crane has a mass of 800 kg and a center of mass at G. The bearing at A is a journal bearing and can support a horizontal force, whereas the bearing at B is a thrust bearing that supports both horizontal and vertical components. Determine the maximum load F that can be suspended from the end of the crane if the bearings at A and B can sustain a maximum resultant load of 24 kN and 34 kN, respectively.

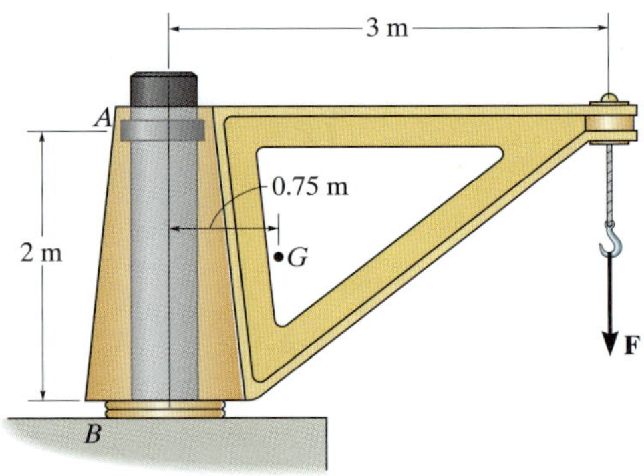

Probs. 4–9/10

4–11. Determine the horizontal and vertical components of reaction of the pin A and the reaction of the rocker B on the beam.

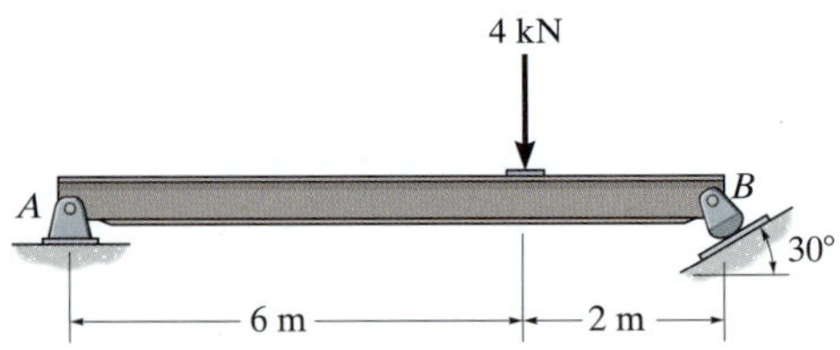

Prob. 4–11

***4–12.** The rigid metal strip of negligible weight is used as part of an electromagnetic switch. If the stiffness of the springs at A and B is $k = 5\ \text{N/m}$ and the strip is originally horizontal when the springs are unstretched, determine the smallest force F needed to close the contact gap at C.

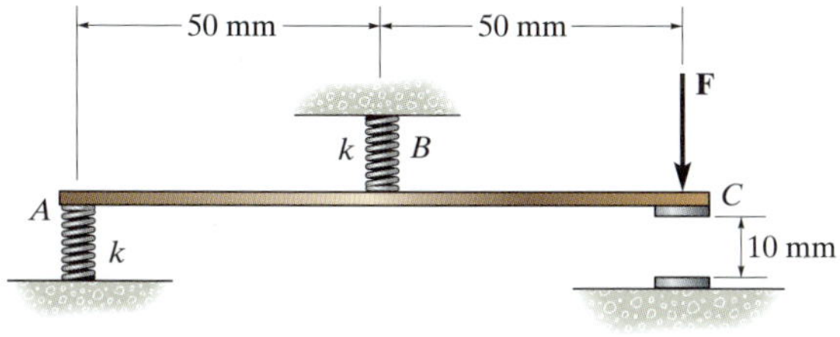

Prob. 4–12

4–13. Three uniform books, each having a weight W and length a, are stacked as shown. Determine the maximum distance d that the top book can extend out from the bottom one so the stack does not topple over.

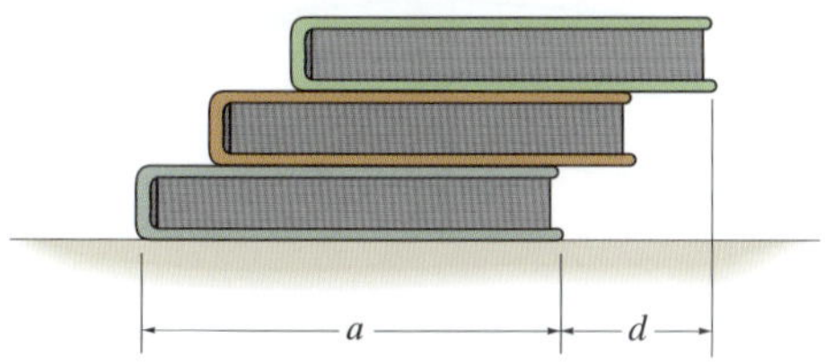

Prob. 4–13

4–14. The man uses the hand truck to move material up the step. If the truck and its contents have a mass of 50 kg with center of gravity at G, determine the normal reaction on both wheels and the magnitude and direction of the minimum force required at the grip B needed to lift the load.

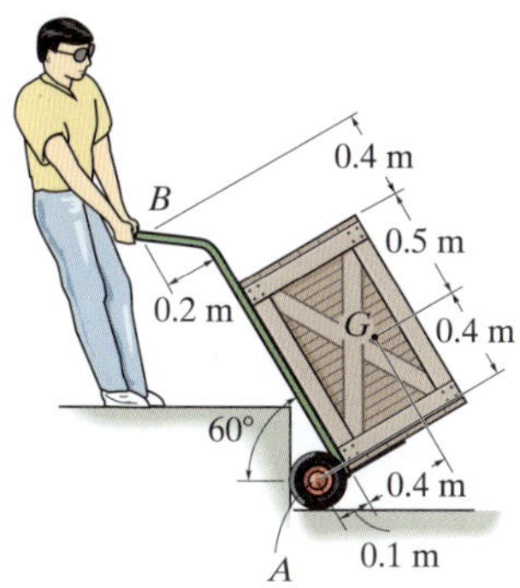

Prob. 4–14

4–15. The 10-kg uniform rod is pinned at end A. If it is subjected to a couple moment of $50\ \text{N}\cdot\text{m}$, determine the smallest angle θ for equilibrium. The spring is unstretched when $\theta = 0°$, and has a stiffness of $k = 60\ \text{N/m}$.

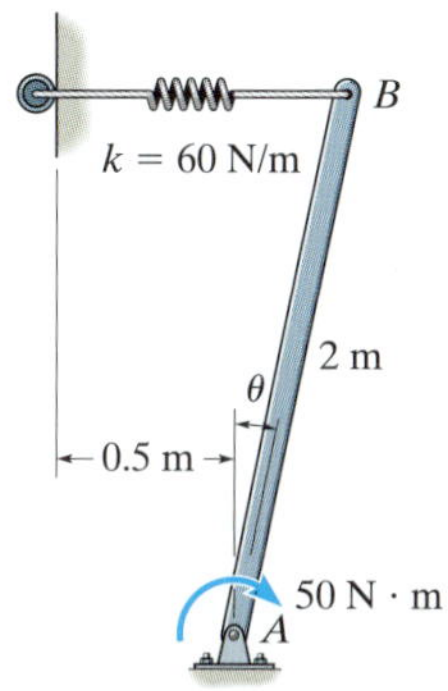

Prob. 4–15

***4–16.** Determine the reactions at the pin A and the tension in cord BC. Set $F = 40\ \text{kN}$. Neglect the thickness of the beam.

4–17. If rope BC will fail when the tension becomes 50 kN, determine the greatest vertical load F that can be applied to the beam at B. What is the magnitude of the reaction at A for this loading? Neglect the thickness of the beam.

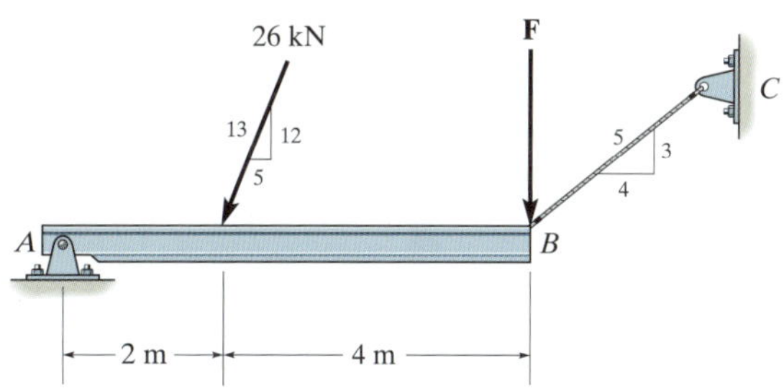

Probs. 4–16/17

4

4–18. A boy stands out at the end of the diving board, which is supported by two springs A and B, each having a stiffness of $k = 15$ kN/m. In the position shown the board is horizontal. If the boy has a mass of 40 kg, determine the angle of tilt which the board makes with the horizontal after he jumps off. Neglect the weight of the board and assume it is rigid.

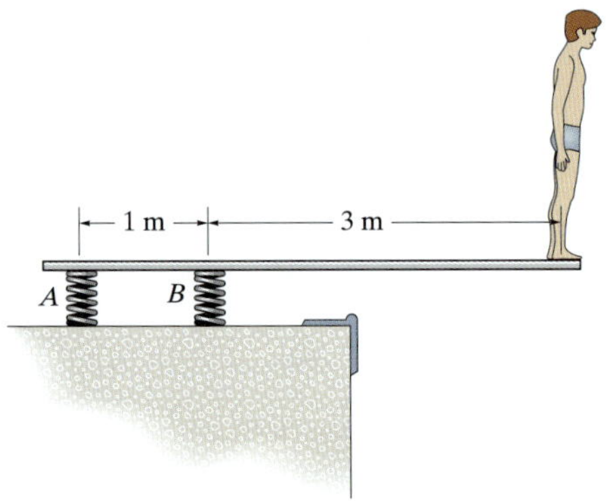

Prob. 4–18

4–19. The rigid metal strip of negligible weight is used as part of an electromagnetic switch. Determine the maximum stiffness k of the springs at A and B so that the contact at C closes when the vertical force developed there is $F = 0.5$ N. Originally the strip is horizontal as shown.

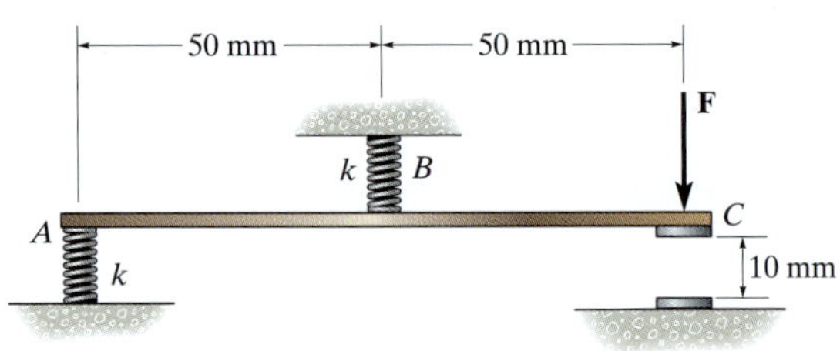

Prob. 4–19

***4–20.** The 1500-N electrical transformer with center of gravity at G is supported by a pin at A and a smooth pad at B. Determine the horizontal and vertical components of reaction at the pin A and the reaction of the pad B on the transformer.

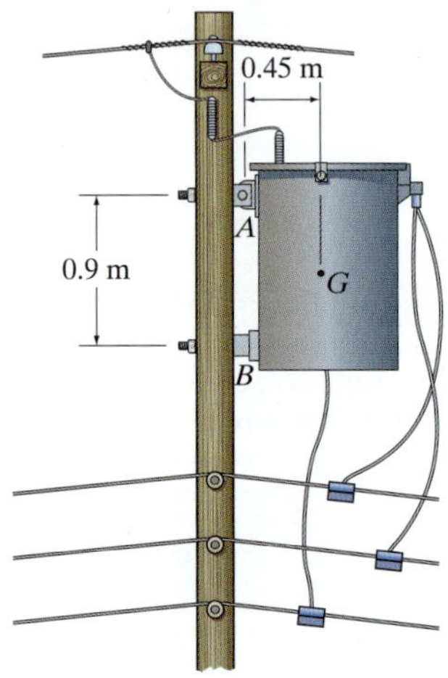

Prob. 4–20

4–21. The uniform beam has a weight W and length l and is supported by a pin at A and a cable BC. Determine the horizontal and vertical components of reaction at A and the tension in the cable necessary to hold the beam in the position shown.

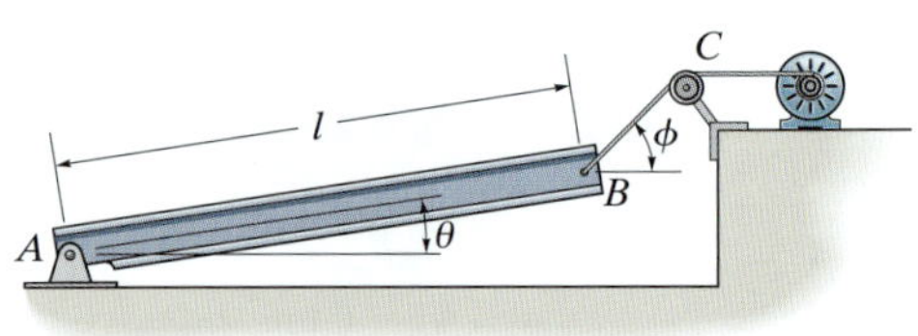

Prob. 4–21

4–22. As an airplane's brakes are applied, the nose wheel exerts two forces on the end of the landing gear as shown. Determine the horizontal and vertical components of reaction at the pin C and the force in strut AB.

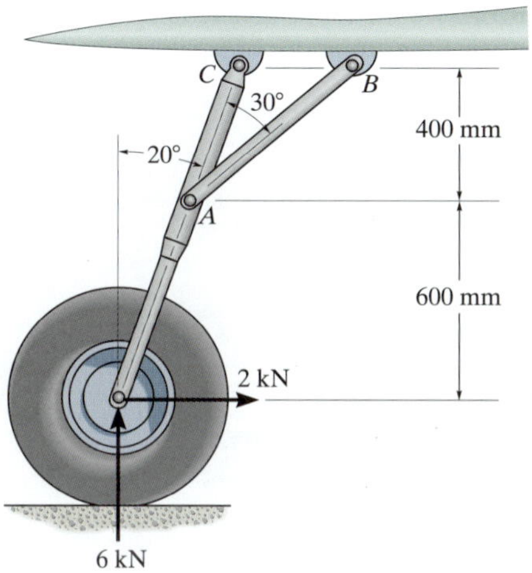

Prob. 4–22

4–23. If $d = 1$ m, and $\theta = 30°$, determine the normal reaction at the smooth supports and the required distance a for the placement of the roller if $P = 600$ N. Neglect the weight of the bar.

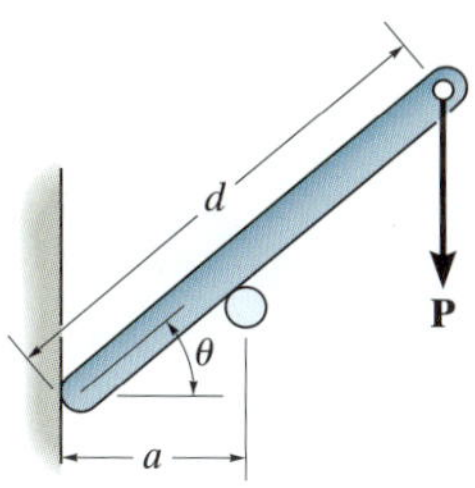

Prob. 4–23

***4–24.** Determine the distance d for placement of the load **P** for equilibrium of the smooth bar when it is held in the position θ as shown. Neglect the weight of the bar.

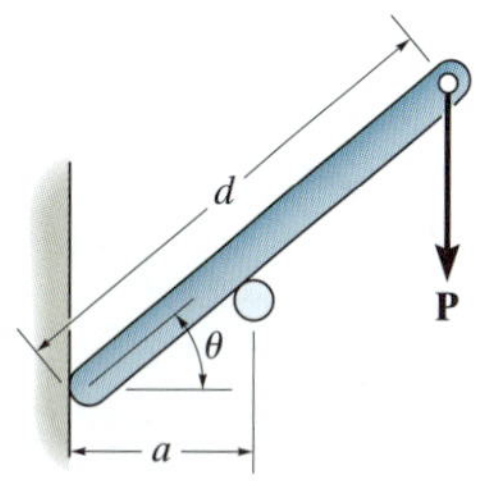

Prob. 4–24

4–25. The beam is subjected to the two concentrated loads. Assuming that the foundation exerts a linearly varying load distribution on its bottom, determine the load intensities w_1 and w_2 for equilibrium in terms of the parameters shown.

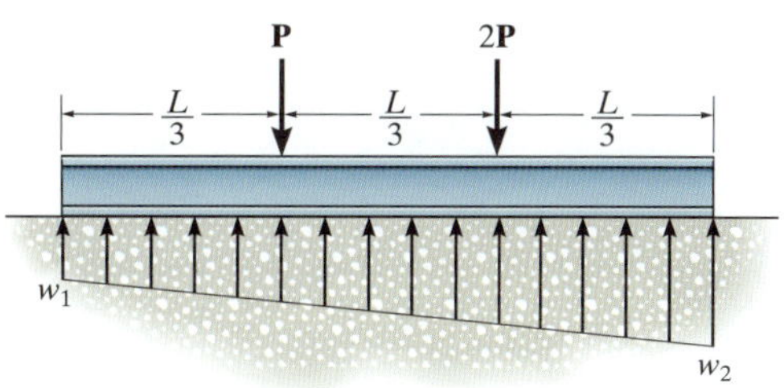

Prob. 4–25

CONCEPTUAL PROBLEMS

C4–5. The tie rod is used to support this overhang at the entrance of a building. If it is pin connected to the building wall at A and to the center of the overhang B, determine if the force in the rod will increase, decrease, or remain the same if (a) the support at A is moved to a lower position D, and (b) the support at B is moved to the outer position C. Explain your answer with an equilibrium analysis, using dimensions and loads. Assume the overhang is pin supported from the building wall.

Prob. C4–5

C4–6. The man attempts to pull the four wheeler up the incline and onto the trailer. From the position shown, is it more effective to pull on the rope at A, or would it be better to pull on the rope at B? Draw a free-body diagram for each case, and do an equilibrium analysis to explain your answer. Use appropriate numerical values to do your calculations.

Prob. C4–6

C4–7. Like all aircraft, this jet plane rests on three wheels. Why not use an additional wheel at the tail for better support? (Can you think of any other reason for not including this wheel?) If there was a fourth tail wheel, draw a free-body diagram of the plane from a side (2 D) view, and show why one would not be able to determine all the wheel reactions using the equations of equilibrium.

Prob. C4–7

C4–8. Where is the best place to arrange most of the logs in the wheelbarrow so that it minimizes the amount of force on the backbone of the person transporting the load? Do an equilibrium analysis to explain your answer.

Prob. C4–8

3차원에서의 평형

4.5 자유물체도(3차원)

3차원 평형문제를 해결하기 위한 첫 번째 절차는 2차원의 경우에서와 같이 자유물체도를 그리는 것이다. 이 일을 하기 이전에 지지에서 발생할 수 있는 반력의 유형을 먼저 논하는 것이 필요하다.

지점 반력. 3차원 부재에 대하여 다양한 유형의 지점과 연결부에서 발생하는 반력과 짝힘 모멘트가 표 4-2에 나타나 있다. 여기서 각각의 지지 형태를 표현하기 위해 사용되는 기호들을 인식하고 어떤 유형의 힘과 짝힘 모멘트가 발생하는지에 대한 명확한 이해가 중요하다. 2차원 경우에서 같이

- 지점은 물체의 이동에 저항하는 방향으로의 힘을 작용하여 물체의 이동을 구속한다.
- 지점은 물체의 회전에 저항하는 방향으로의 짝힘 모멘트를 작용하여 물체의 회전을 구속한다.

예를 들어, 표 4-2에서 항목 (4)의 볼-소켓 연결은 부재의 어떠한 이동도 구속한다. 따라서, 연결점에서 힘이 부재에 작용한다. 이 힘은 미지의 크기로서 F_x, F_y, F_z 3개의 성분이 있다. 이 성분들을 알고 있다면, 힘 $F = \sqrt{F_x^2 + F_y^2 + F_z^2}$를 구할 수 있다. 힘의 방향은 식 (2-5)의 좌표 방향각 α, β, γ로 정의된다.* 볼-소켓 연결은 어떠한 축에 대하여도 자유롭게 회전하는 것이 허용되기 때문에 짝힘 모멘트는 발생하지 않는다.

항목 (5)와 (7)의 단일 베어링 지지, 항목 (8)의 단일 핀과 항목 (9)의 단일 힌지 지지에서는 힘과 짝힘 모멘트 성분 모두가 발생한다. 그러나, 만약 이러한 지지들이 강체를 평형상태로 유지하기 위해 다른 베어링과 핀 또는 힌지 지지들과 결합되어 적절히 배치된다면, 이들 지지에서는 축방향 힘 성분만으로도 충분한 지지가 된다. 다시 말해서, 물체는 다른 지지에 의해 회전에 대하여 저항할 수 있게 되어 짝힘 모멘트의 발생은 없게 된다. 그 이유는 앞으로 나오는 예제에서 명확히 이해 할 수 있다.

---

* 세 개의 미지값은 하나의 크기 F인 미지력과 두 개의 미지 방향각을 의미한다. 세 개의 방향각은 식 (2-8)의 $\cos^2\alpha + \cos^2\beta + \cos^2\gamma = 1$로부터 구할 수 있다.

표 4-2 3차원 힘계에 있는 강체의 지지 조건

연결부의 유형	반력	미지수의 수
(1)  케이블	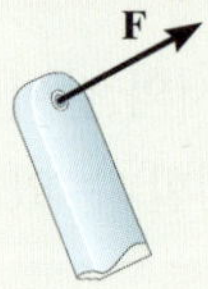	1개의 미지수. 케이블 방향으로 부재로부터 멀어지게 작용하는 힘
(2) 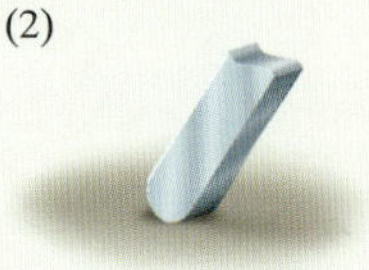 매끄러운 면 지지	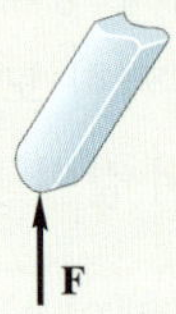	1개의 미지수. 연결점 표면에서 수직으로 작용하는 힘
(3)  롤러	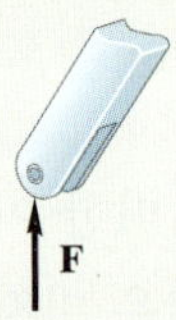	1개의 미지수. 연결점 표면에서 수직으로 작용하는 힘
(4) 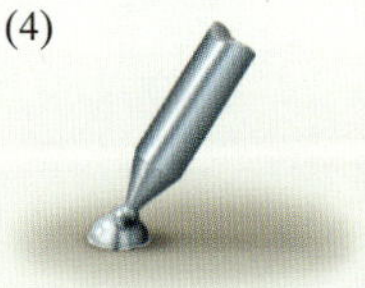 볼과 소켓	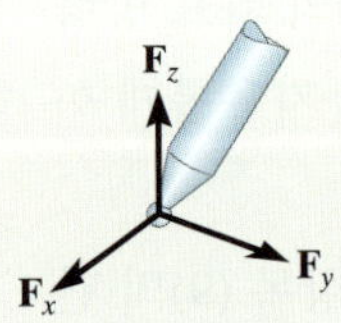	3개의 미지수. 3개의 직각 힘 성분
(5) 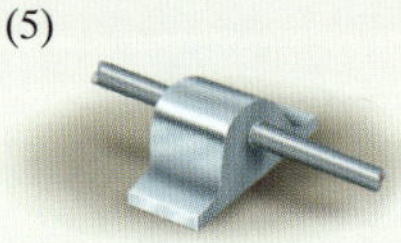 일축 저널베어링	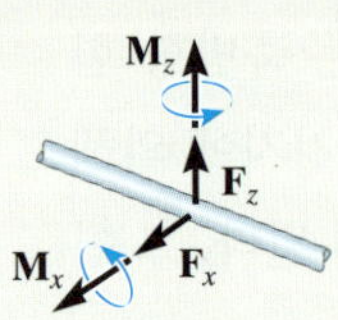	4개의 미지수. 축에 수직하게 작용하는 2개의 힘과 2개의 짝힘 모멘트 주: 만약 물체가 다른 어느 곳에서든 지지된다면 짝힘 모멘트는 일반적으로 작용하지 않는다. 예제 참조

표 4-2 3차원 힘계에 있는 강체의 지지 조건 (계속)

연결부의 유형	반력	미지수의 수
(6) 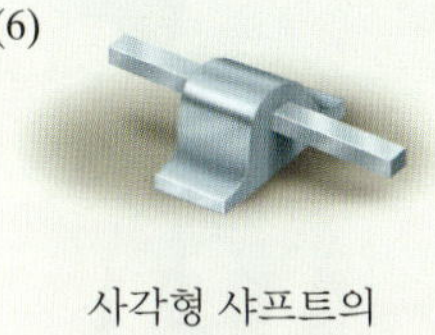 사각형 샤프트의 일축 저널베어링	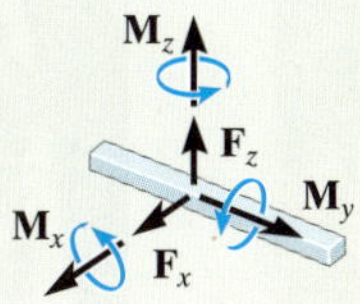	5개의 미지수. 2개의 힘과 3개의 짝힘 모멘트 참고: 만약 물체가 다른 어느 곳에서든 지지된다면 짝힘 모멘트는 일반적으로 작용하지 않는다. 예제 참조
(7)  일축 트러스트베어링	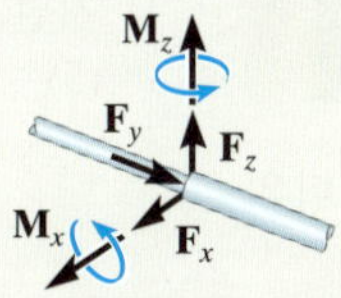	5개의 미지수. 3개의 힘과 2개의 짝힘 모멘트 주: 만약 물체가 다른 어느 곳에서든 지지된다면 짝힘 모멘트는 일반적으로 작용하지 않는다. 예제 참조
(8) 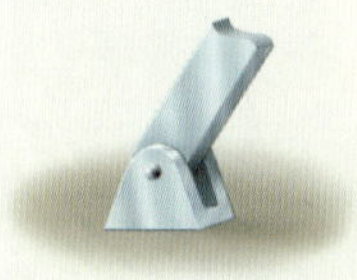 일축 핀	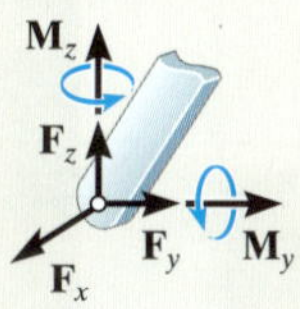	5개의 미지수. 3개의 힘과 2개의 짝힘 모멘트 주: 만약 물체가 다른 어느 곳에서든 지지된다면 짝힘 모멘트는 일반적으로 작용하지 않는다. 예제 참조
(9) 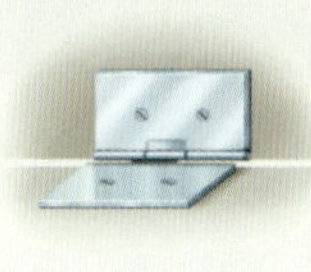 일축 힌지	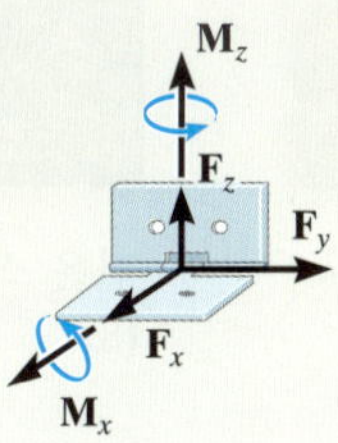	5개의 미지수. 3개의 힘과 2개의 짝힘 모멘트 주: 만약 물체가 다른 어느 곳에서든 지지된다면 짝힘 모멘트는 일반적으로 작용하지 않는다. 예제 참조
(10)  고정단	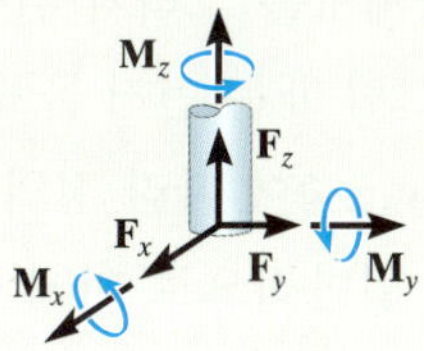	6개의 미지수. 3개의 힘과 3개의 짝힘 모멘트

표 4-2에 소개된 지지들의 전형적인 실제 예를 다음의 사진에서 볼 수 있다.

볼-소켓 이음은 어스-그레이더의 하우징을 뼈대에 지지. (4)

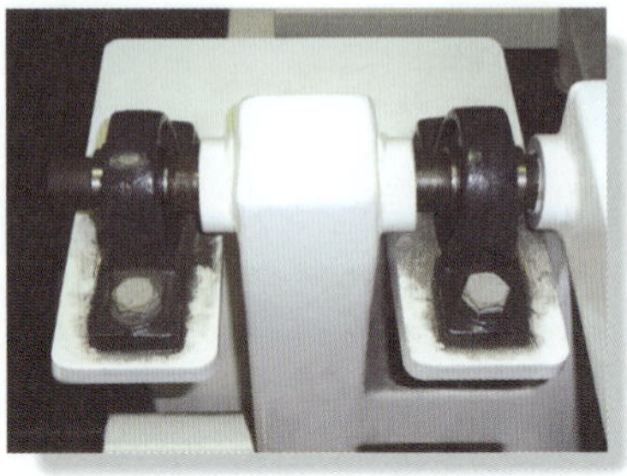

저널 베어링은 샤프트의 끝을 지지. (5)

트러스트 베어링은 기계에 드라이브 샤프트 지지. (7)

핀은 스트럿의 끝을 트랙터에 지지. (8)

자유물체도. 강체의 자유물체도를 그리기 위한 일반적인 절차는 4.2절에 소개되었다. 자유물체도를 그릴 때는 먼저 물체를 분리하여 윤곽을 그리는 것이 중요하다. 다음으로 x, y, z축에 따라 정의된 축방향 힘과 짝힘 모멘트 성분들에 기호를 부여한다. 일반적으로 미지의 지점 반력에 대한 성분은 자유물체도에서 양(+)의 방향으로 정의한다. 만약 음(−)의 값을 얻게 된다면, 그들 성분은 음의 좌표 방향으로 작용하는 것을 의미한다.

예제 4.9

그림 4-19의 자유물체도에 있는 2개의 막대와 평판을 생각해 보자. x, y, z축이 정의되어 있고 미지의 지점 반력들은 각각 양의 방향으로 표시되어 있다. 자중은 무시된다.

풀이

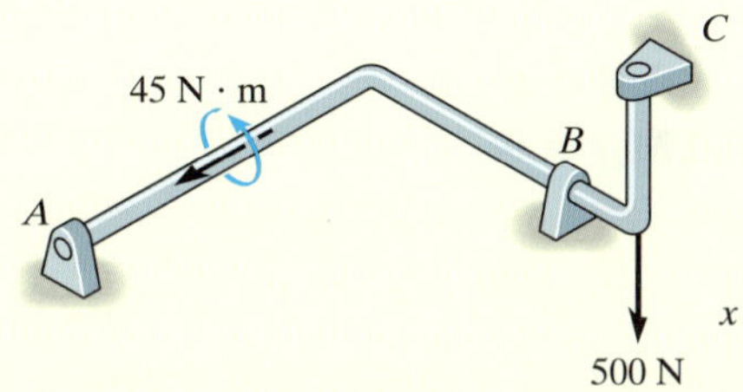

A, B, C에 적절히 배치된 저널-베어링

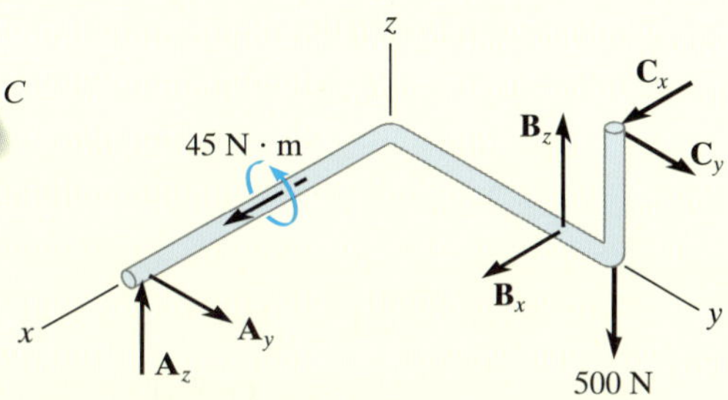

베어링에 의해 발생된 축방향 힘은 각 좌표축에 대하여 샤프트의 회전을 구속할 수 있으므로 평형에 충분하다. 각 베어링에서는 짝힘 모멘트가 발생되지 않는다.

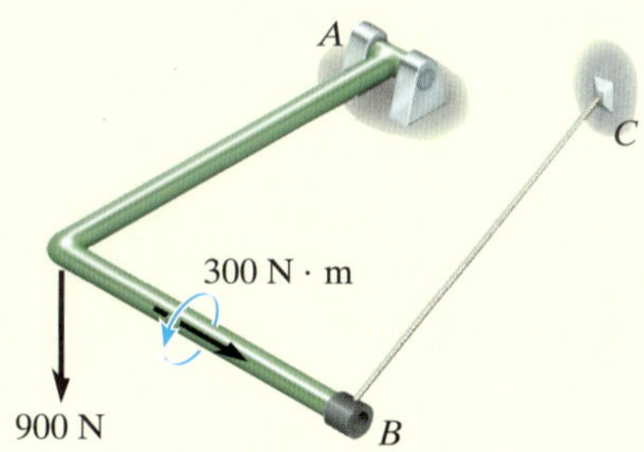

핀 A와 케이블 BC

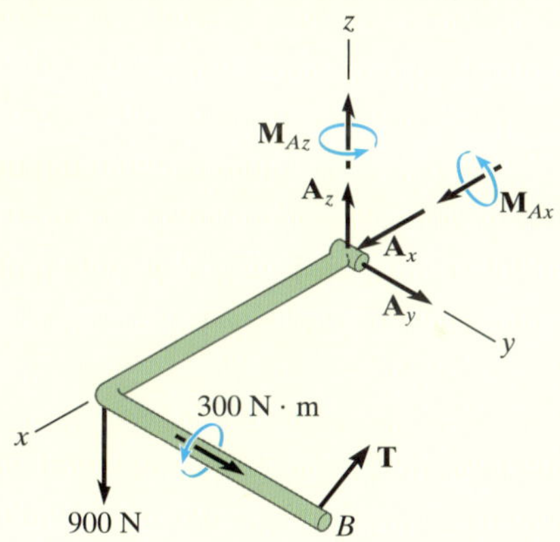

핀에서 발생하는 모멘트 성분은 x와 z축에 대하여 막대의 회전을 구속한다.

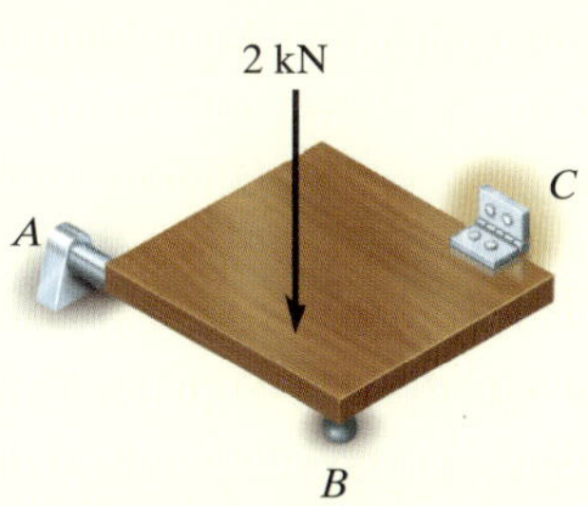

적절히 배치된 저널 베어링 A와 힌지 C, 롤러 B

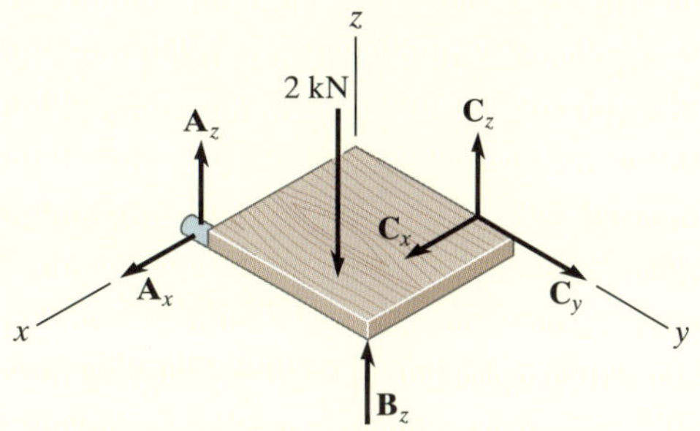

베어링과 힌지에서 각각의 좌표축에 대하여 회전을 구속하기 위해 오직 축방향 힘 반력만이 발생된다. 힌지 또는 베어링에서 모멘트는 발생되지 않는다.

그림 4-19

4.6 평형방정식

4.1절에서 언급한 것처럼 3차원 힘계에서도 강체의 평형조건은 물체에 작용하는 합력과 합성 짝힘 모멘트가 0이 되는 것이다.

벡터 평형방정식. 강체가 평형이 되기 위한 2가지 조건을 벡터 형태로 표현할 수 있다.

$$\begin{aligned}\Sigma\mathbf{F} &= \mathbf{0}\\ \Sigma\mathbf{M}_O &= \mathbf{0}\end{aligned} \tag{4-6}$$

여기서 $\Sigma\mathbf{F}$는 물체에 작용하는 모든 외력의 벡터합이고, $\Sigma\mathbf{M}_O$는 물체 안 또는 밖의 임의점 O에 대한 모든 힘에 의한 모멘트와 짝힘 모멘트의 합이다.

스칼라 평형방정식. 만약 모든 외력과 짝힘 모멘트를 카티지언 벡터 형태로 표현하고, 식 (4-6)에 대입하면,

$$\Sigma\mathbf{F} = \Sigma F_x\mathbf{i} + \Sigma F_y\mathbf{j} + \Sigma F_z\mathbf{k} = \mathbf{0}$$
$$\Sigma\mathbf{M}_O = \Sigma M_x\mathbf{i} + \Sigma M_y\mathbf{j} + \Sigma M_z\mathbf{k} = \mathbf{0}$$

i, **j** 그리고 **k** 성분들은 서로 독립적이므로 윗 식은 다음 조건을 만족할 때 성립된다.

$$\begin{aligned}\Sigma F_x &= 0\\ \Sigma F_y &= 0\\ \Sigma F_z &= 0\end{aligned} \tag{4-7a}$$

그리고

$$\begin{aligned}\Sigma M_x &= 0\\ \Sigma M_y &= 0\\ \Sigma M_z &= 0\end{aligned} \tag{4-7b}$$

이 6개의 스칼라 평형방정식은 자유물체도에서 최대 6개의 미지력에 대한 해를 구할 때 사용된다. 물체가 평형상태를 유지하기 위해 식 (4-7*a*)는 x, y 그리고 z 방향으로의 외력 성분들의 합이 0이 되어야 하는 것을 의미하고, 식 (4-7*b*)는 x, y 그리고 z축에 대한 모멘트 성분의 합이 0이 되어야 하는 것을 의미한다.

요점 IMPORTANT POINTS

- 평형방정식 문제를 풀 때는 항상 자유물체도를 먼저 그린다.
- 지점은 물체의 이동에 저항하는 방향으로의 힘을 작용하여 물체의 이동을 구속한다.
- 지점은 물체의 회전에 저항하는 방향으로의 짝힘 모멘트를 작용하여 물체의 회전을 구속한다.

풀이 과정 PROCEDURE FOR ANALYSIS

강체에 대한 3차원 평형문제는 다음 절차에 따라 해결할 수 있다.

자유물체도

- 물체의 윤곽을 그린다.
- 물체에 작용하는 모든 힘과 짝힘 모멘트를 나타낸다.
- 편리한 점에서 x, y, z축의 원점을 정하고, 가능한 한 많은 외력과 모멘트에 평행하도록 축을 설정한다.
- 모든 힘에 기호를 부여하고 그들의 방향을 명시해라. 일반적으로, 모든 미지의 성분은 x, y, z축을 따라 양(+)의 방향으로 나타낸다.
- 힘에 대한 모멘트를 계산하기 위해 필요한 물체의 치수를 표기한다.

평형방정식

- x, y, z축 방향 힘과 모멘트 성분에 대한 결정이 용이하다면 6개의 스칼라 평형방정식을 적용한다. 그렇지 않으면 벡터 방정식을 이용한다.
- 합력을 구하기 위해 선택한 축과 모멘트의 합을 구하기 위해 선택한 축이 반드시 일치할 필요는 없다.
- 모멘트 합을 구하기 위한 축은 가능한 한 많은 미지력의 작용선들과 교차하도록 선택한다. 그러면, 이 축의 교차점들을 통과하는 힘들이나 축과 평행한 힘들의 모멘트는 0이 될 것이다.
- 힘이나 짝힘 모멘트에 대한 평형방정식의 결과가 음(−)의 값이라면, 이는 자유물체도에서 가정한 것과는 반대 방향으로 작용함을 의미한다.

4

예제 4.10

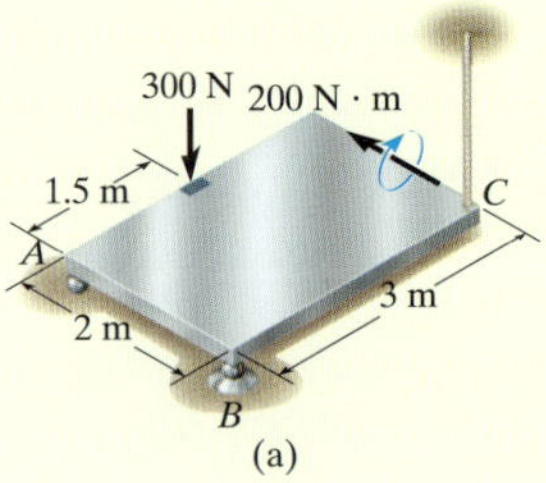

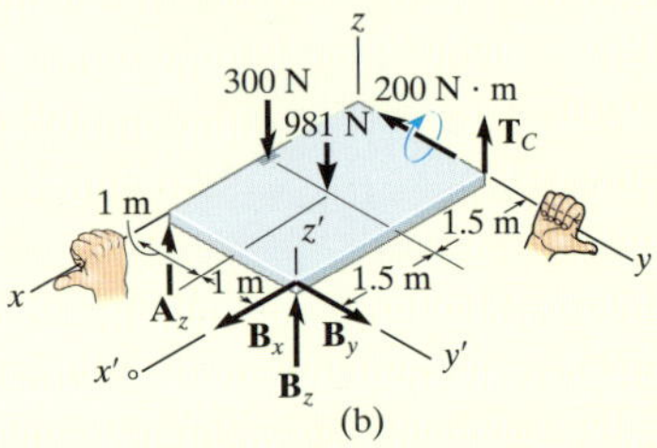

그림 4-20

그림 4-20*a*의 균질한 판의 질량은 100 kg이다. 그리고 모서리를 따라서 힘과 짝힘 모멘트를 받고 있다. 만약 *A*점의 롤러와, *B*점의 볼-소켓 지지 그리고 *C*점의 줄에 의해 이 수평판이 지지된다면, 이 지점들에서의 반력 성분을 계산하라.

풀이

자유물체도. 그림 4.20*b*에 나와 있듯이 판에는 5개의 미지의 반력이 있다. 각각의 반력은 양의 좌표 방향으로 작용할 것으로 가정한다.

평형방정식. 문제의 3차원 기하구조가 매우 단순하기 때문에, 스칼라 해석으로 해를 구할 수 있다. 각 축을 따라 합력을 산출하면

$\Sigma F_x = 0; \quad B_x = 0$ **답**

$\Sigma F_y = 0; \quad B_y = 0$ **답**

$\Sigma F_z = 0; \quad A_z + B_z + T_C - 300\text{ N} - 981\text{ N} = 0 \qquad (1)$

힘에 의해 각 축에 발생되는 모멘트는 힘의 크기와 힘의 작용선으로부터 축과의 수직거리(모멘트 팔)와의 곱과 같다는 것을 상기하자. 물론, 축과 평행하거나, 축을 통과하는 힘은 그 축에 관한 모멘트를 발생시키지 못한다. 양의 x와 y축에 대하여 모멘트 합을 구한다.

$\Sigma M_x = 0; \quad T_C(2\text{ m}) - 981\text{ N}(1\text{ m}) + B_z(2\text{ m}) = 0 \qquad (2)$

$\Sigma M_y = 0;$

$-300\text{ N}(1.5\text{ m}) + 981\text{ N}(1.5\text{ m}) - B_z(3\text{ m}) - A_z(3\text{ m}) - 200\text{ N}\cdot\text{m} = 0 \quad (3)$

만약 모멘트 합을 x'과 y'축에 계산한다면 *B*점에서의 힘 성분은 제거될 수 있다.

$\Sigma M_{x'} = 0; \quad 981\text{ N}(1\text{ m}) + 300\text{ N}(2\text{ m}) - A_z(2\text{ m}) = 0 \qquad (4)$

$\Sigma M_{y'} = 0;$

$-300\text{ N}(1.5\text{ m}) - 981\text{ N}(1.5\text{ m}) - 200\text{ N}\cdot\text{m} + T_C(3\text{ m}) = 0 \qquad (5)$

식 (1)부터 (3)까지 또는 더 편리한 식 (1), (4)와 (5)를 풀면 다음의 해가 얻어진다.

$A_z = 790\text{ N} \quad B_z = -217\text{ N} \quad T_C = 707\text{ N}$ **답**

$\mathbf{B}_z$의 음의 부호는 힘이 아래로 작용한다는 것을 의미한다.

주: 이 문제의 답은 z축에 대한 모멘트의 합을 요구하지 않는다. 만약 힘이 x-y면에 작용한다면, z축에 대하여 지점이 회전을 구속하지 못하기 때문에 이 판은 부분적으로만 구속된 것이다.

예제 4.11

그림 4-21a의 조립막대에서 A의 볼-소켓 지지, B의 마찰이 없는 저널-베어링 지지, C의 롤러 지점의 반력 성분을 계산하라.

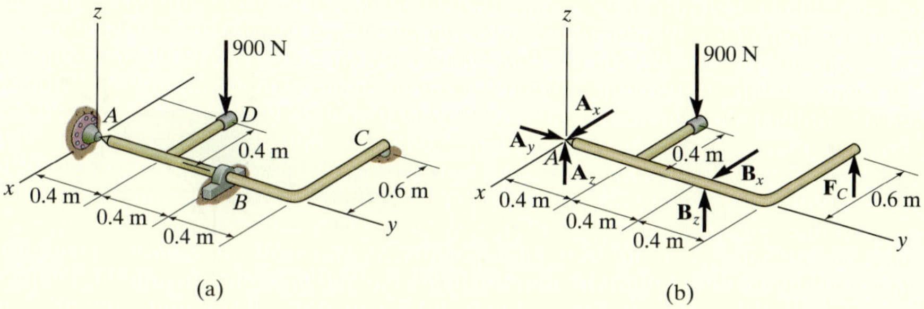

그림 4-21

풀이

자유물체도. 그림 4-21b의 자유물체도처럼 지점 반력은 조립막대를 각 좌표축에 대한 회전으로부터 구속할 수 있을 것이다. 그래서 B점의 저널-베어링은 부재에 반력을 가할 것이다.

평형방정식. y축을 따라 힘들의 합을 계산하여 A_y의 해를 구할 수 있다.

$\Sigma F_y = 0;\qquad A_y = 0$ 답

힘 F_C는 y축에 대한 모멘트의 합에 의해 결정될 수 있다.

$$\Sigma M_y = 0;\qquad F_C(0.6\text{ m}) - 900\text{ N}(0.4\text{ m}) = 0$$

$$F_C = 600\text{ N}$$ 답

이 결과를 사용하여, B_z는 x축에 대한 모멘트의 합에 의해 결정될 수 있다.

$$\Sigma M_x = 0;\qquad B_z(0.8\text{ m}) + 600\text{ N}(1.2\text{ m}) - 900\text{ N}(0.4\text{ m}) = 0$$

$$B_z = -450\text{ N}$$ 답

음의 부호인 $\mathbf{B}_z$는 아래 방향으로 힘이 작용한다는 것을 의미한다. 힘 $\mathbf{B}_x$는 z축에 대한 모멘트의 합에 의해 구할 수 있다.

$\Sigma M_z = 0;\qquad -B_x(0.8\text{ m}) = 0 \quad B_x = 0$ 답

따라서,

$\Sigma F_x = 0;\qquad A_x + 0 = 0 \quad A_x = 0$ 답

마지막으로, B_z와 F_C의 결과를 이용하여

$$\Sigma F_z = 0;\qquad A_z + (-450\text{ N}) + 600\text{ N} - 900\text{ N} = 0$$

$$A_z = 750\text{ N}$$ 답

PRELIMINARY PROBLEMS

P4–2. Draw the free-body diagram of each object.

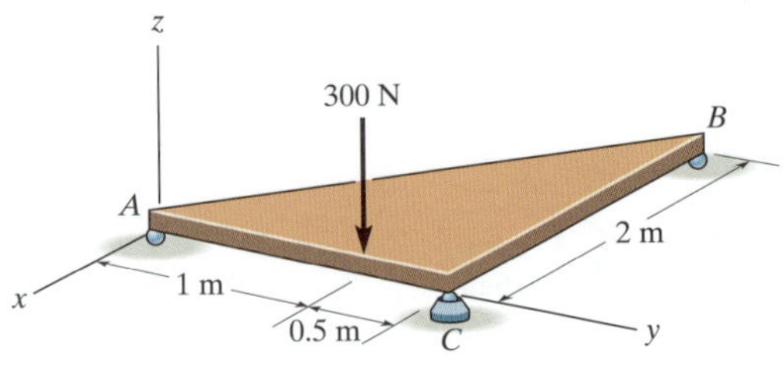

(a)

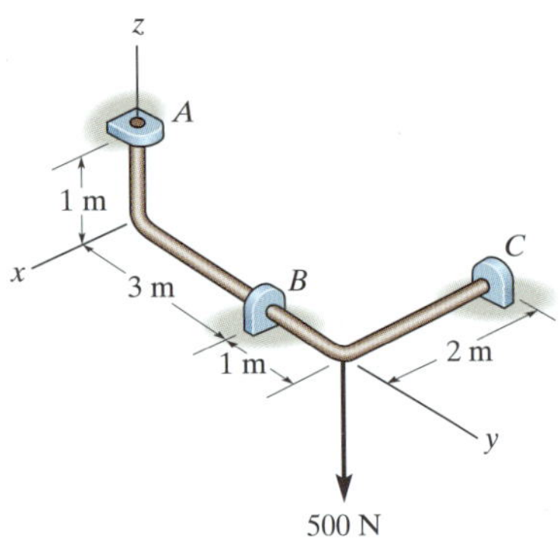

(b)

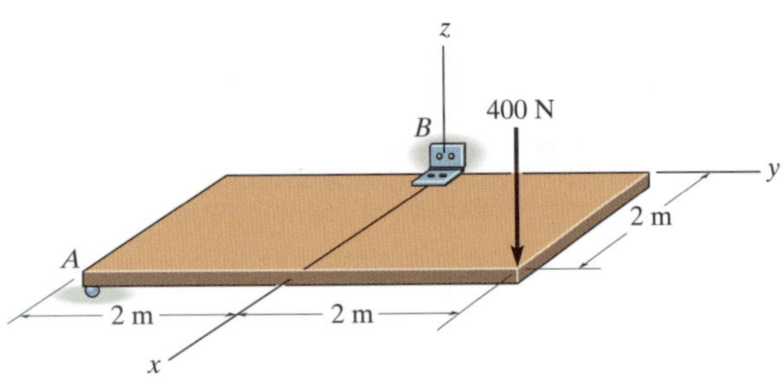

(c)

Prob. P4–2

P4–3. In each case, write the moment equations about the x, y, and z axes.

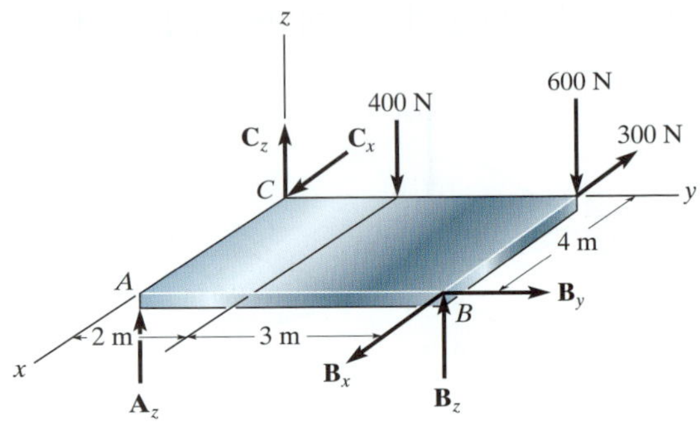

(a)

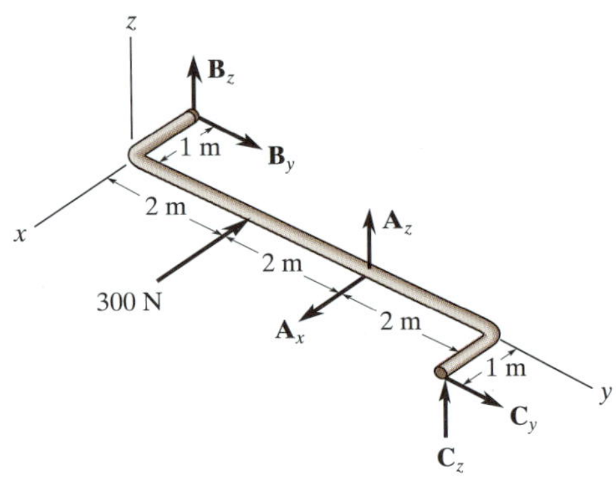

(b)

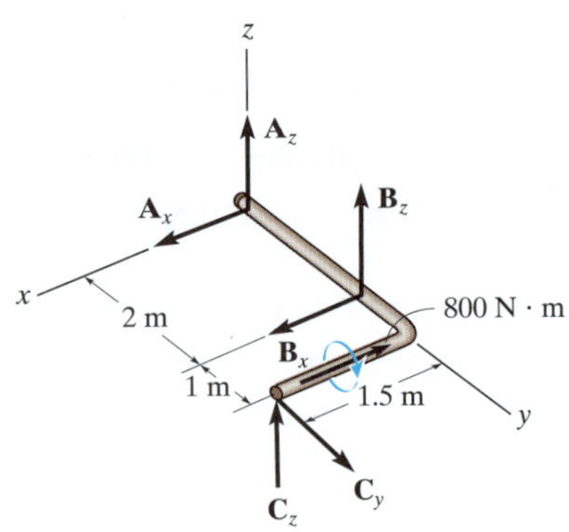

(c)

Prob. P4–3

FUNDAMENTAL PROBLEMS

All problem solutions must include an FBD.

F4–7. The uniform plate has a mass of 200 kg. Determine the tension in each of the supporting cables.

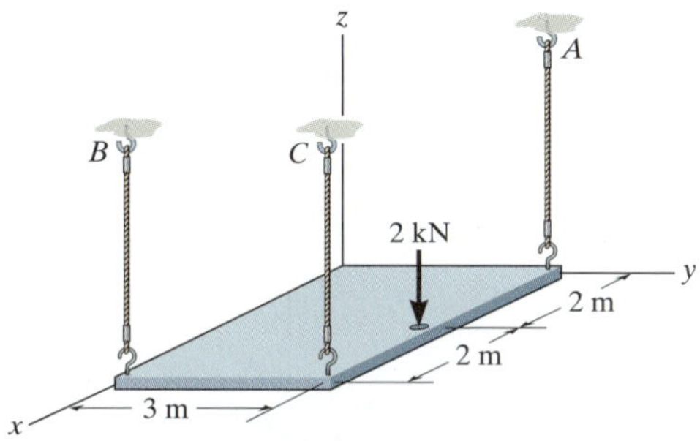

Prob. F4–7

F4–8. Determine the reactions at the roller support A, the ball-and-socket joint D, and the tension in cable BC for the plate.

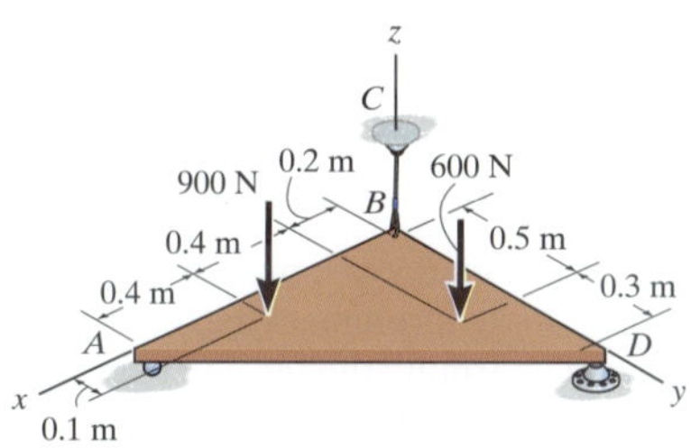

Prob. F4–8

F4–9. The rod is supported by smooth journal bearings at A, B, and C. Determine the reactions at these supports.

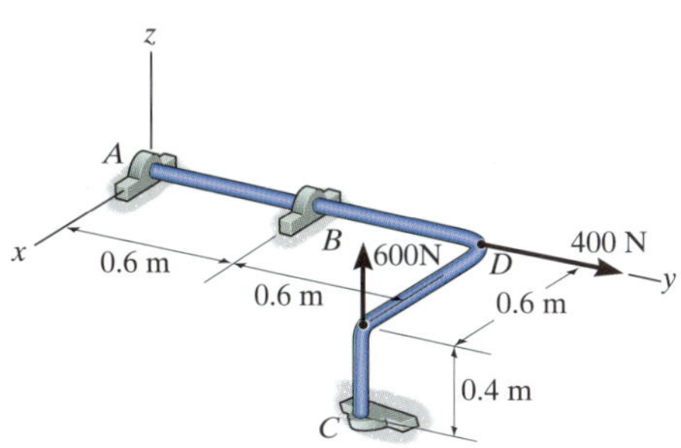

Prob. F4–9

F4–10. Determine the support reactions at the smooth journal bearings A, B, and C of the pipe assembly.

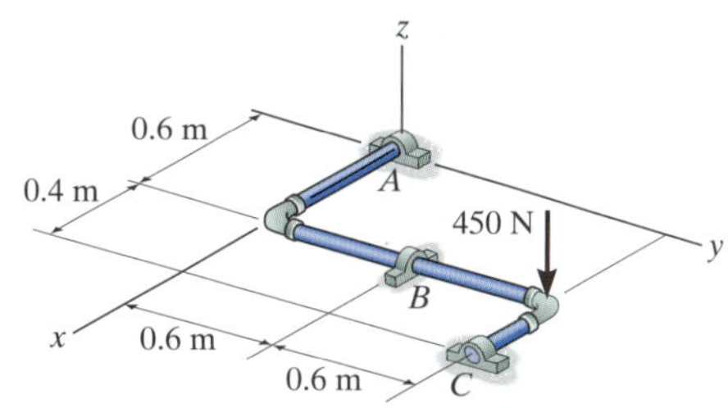

Prob. F4–10

F4–11. Determine the force developed in the short link BD, and the tension in the cords CE and CF, and the reactions of the ball-and-socket joint A on the block.

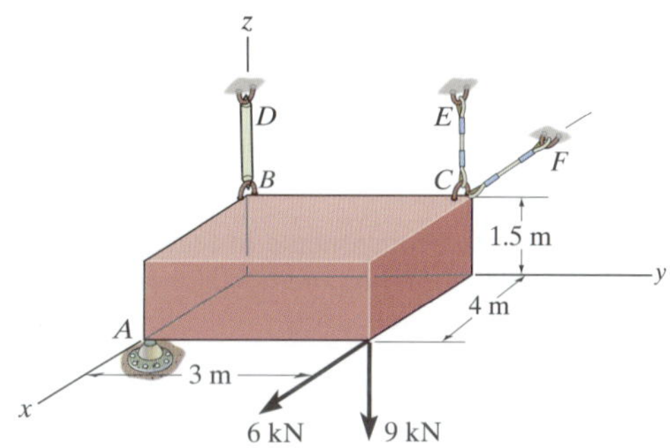

Prob. F4–11

F4–12. Determine the components of reaction that the thrust bearing A and cable BC exert on the bar.

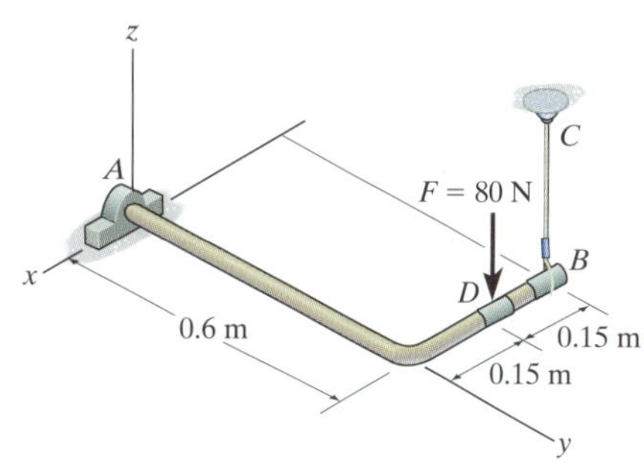

Prob. F4–12

PROBLEMS

All problem solutions must include an FBD.

4–26. The cart supports the uniform crate having a mass of 85 kg. Determine the vertical reactions on the three casters at A, B, and C. The caster at B is not shown. Neglect the mass of the cart.

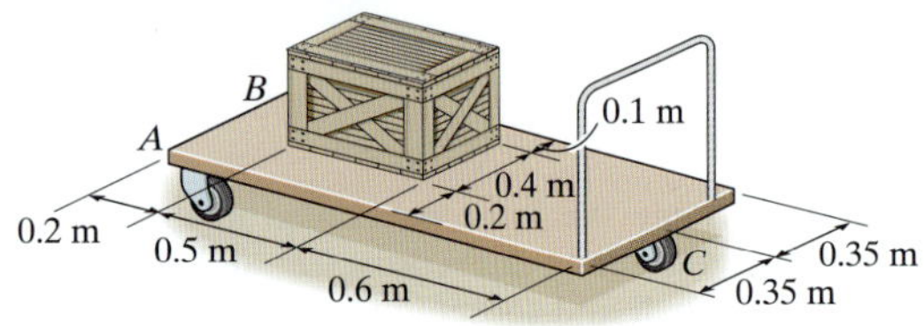

Prob. 4–26

4–27. Determine the components of reaction at the fixed support A. The 400 N, 500 N, and 600 N forces are parallel to the x, y, and z axes, respectively.

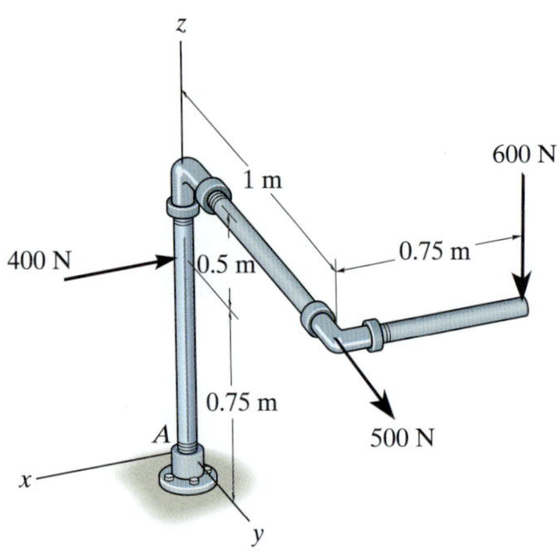

Prob. 4–27

***4–28.** Due to an unequal distribution of fuel in the wing tanks, the centers of gravity for the airplane fuselage A and wings B and C are located as shown. If these components have weights $W_A = 225$ kN, $W_B = 40$ kN, and $W_C = 30$ kN, determine the normal reactions of the wheels D, E, and F on the ground.

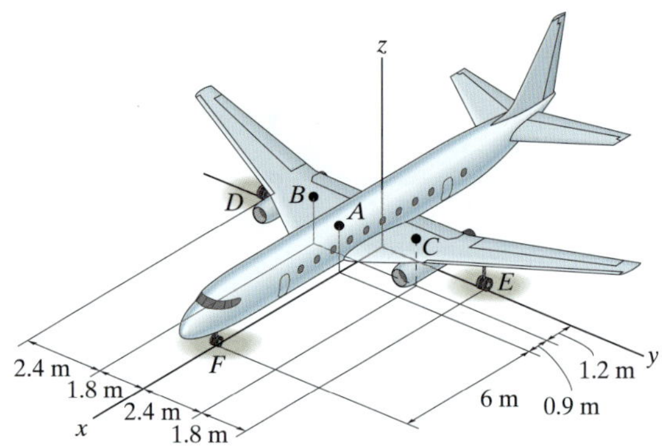

Prob. 4–28

4–29. The uniform load has a mass of 600 kg and is lifted using a uniform 30-kg strongback beam BAC and the four ropes as shown. Determine the tension in each rope and the force that must be applied at A.

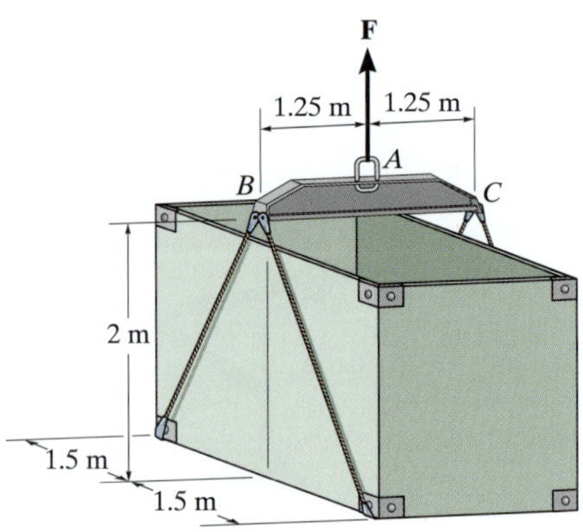

Prob. 4–29

4–30. Determine the tension in cables BD and CD and the x, y, z components of reaction at the ball-and-socket joint at A.

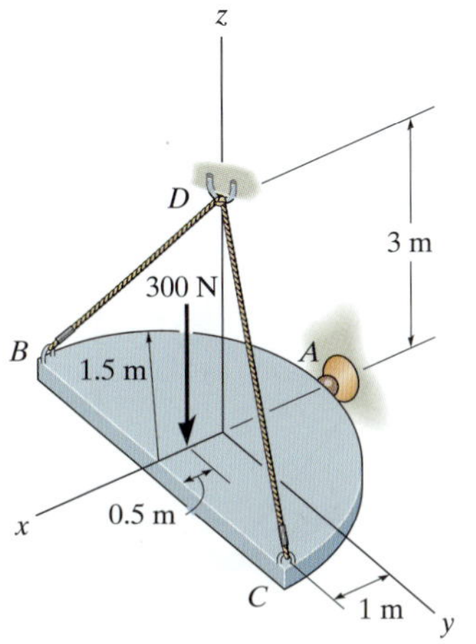

Prob. 4–30

4–31. Determine the tension in each cable and the components of reaction at D needed to support the load.

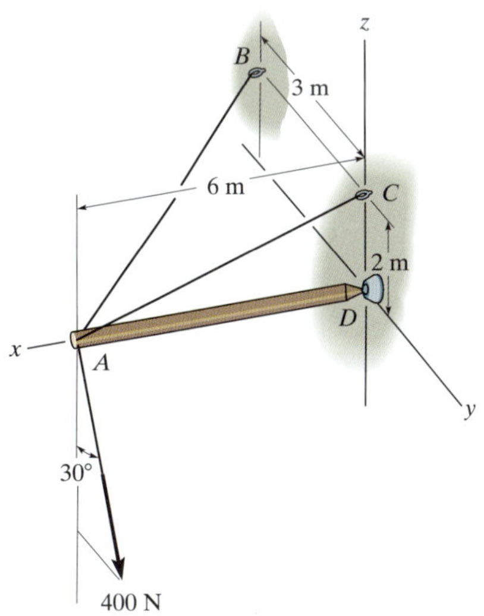

Prob. 4–31

***4–32.** Determine the magnitude of force **F** that must be exerted on the handle at C to hold the 75-kg crate in the position shown. Also, determine the components of reaction at the thrust bearing A and smooth journal bearing B.

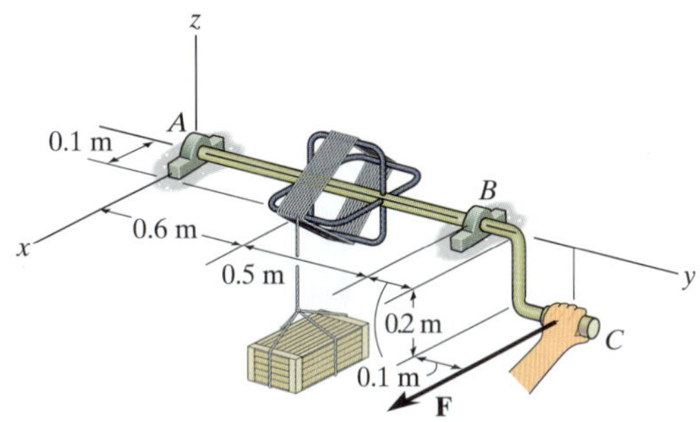

Prob. 4–32

4–33. The smooth uniform rod AB is supported by a ball-and-socket joint at A, the wall at B, and cable BC. Determine the components of reaction at A, the tension in the cable, and the normal reaction at B if the rod has a mass of 20 kg.

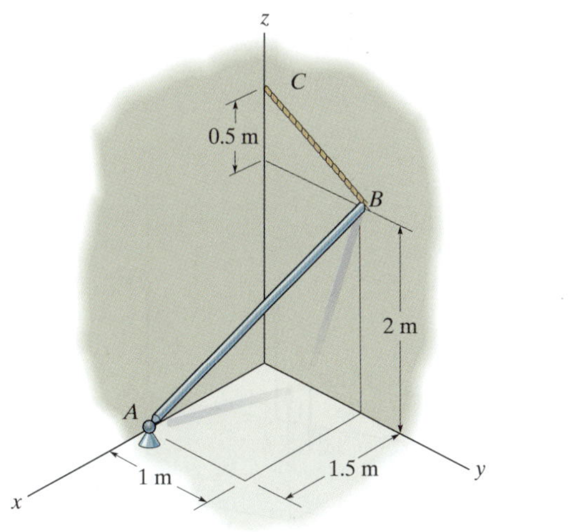

Prob. 4–33

4–34. If the cable can be subjected to a maximum tension of 1.5 kN, determine the maximum force F which may be applied to the plate. Compute the x, y, z components of reaction at the hinge A for this loading.

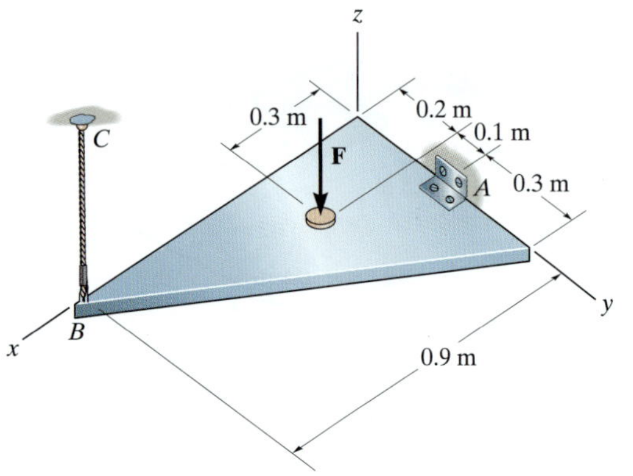

Prob. 4–34

4–35. The uniform concrete slab has a mass of 2400 kg. Determine the tension in each of the three parallel supporting cables.

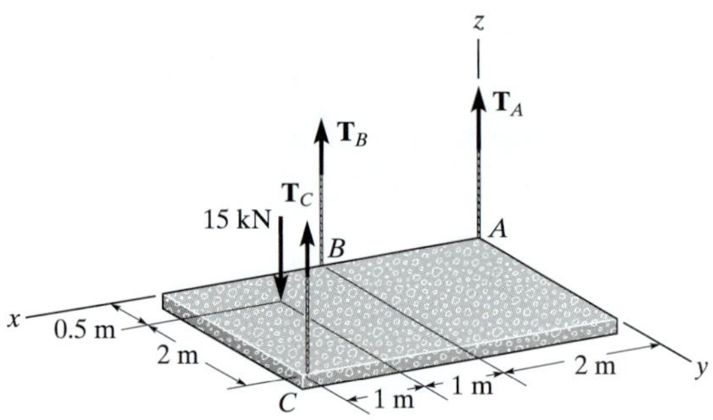

Prob. 4–35

***4–36.** If the load has a weight of 20 kN, determine the x, y, z components of reaction at the ball-and-socket joint A and the tension in each of the wires.

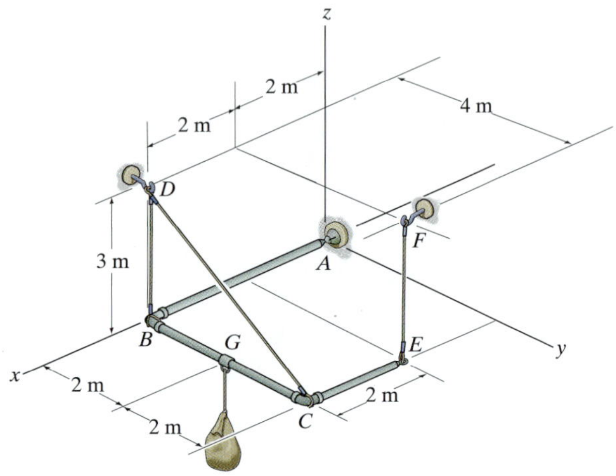

Prob. 4–36

4–37. The rod assembly is used to support the 1.25-kN cylinder. Determine the components of reaction at the ball-and-socket joint A, the smooth journal bearing E, and the force developed along rod CD. The connections at C and D are ball-and-socket joints.

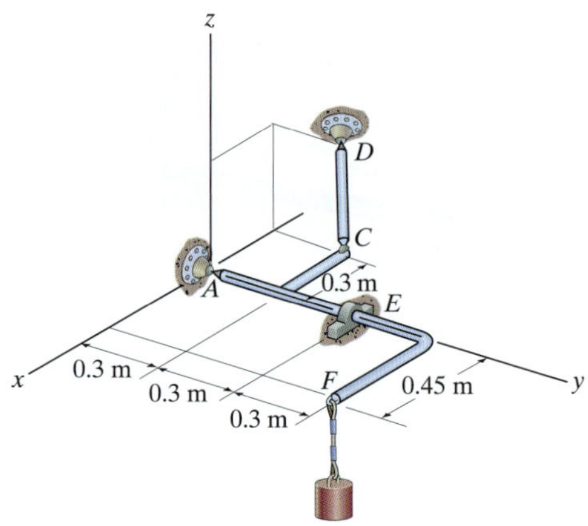

Prob. 4–37

4–38. The shaft is supported by three smooth journal bearings at A, B, and C. Determine the components of reaction at these bearings.

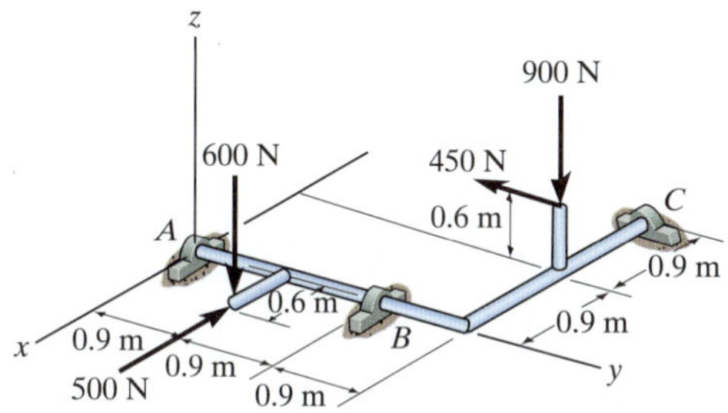

Prob. 4–38

4–39. The sign has a mass of 100 kg with center of mass at G. Determine the x, y, z components of reaction at the ball-and-socket joint A and the tension in wires BC and BD.

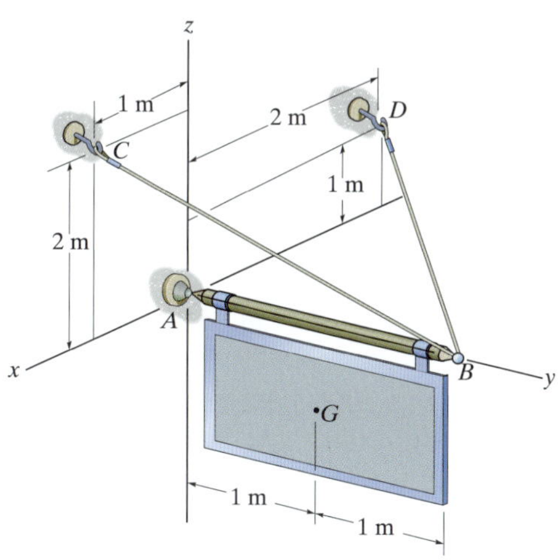

Prob. 4–39

***4–40.** Both pulleys are fixed to the shaft and as the shaft turns with constant angular velocity, the power of pulley A is transmitted to pulley B. Determine the horizontal tension **T** in the belt on pulley B and the x, y, z components of reaction at the journal bearing C and thrust bearing D if $\theta = 45°$. The bearings are in proper alignment and exert only force reactions on the shaft.

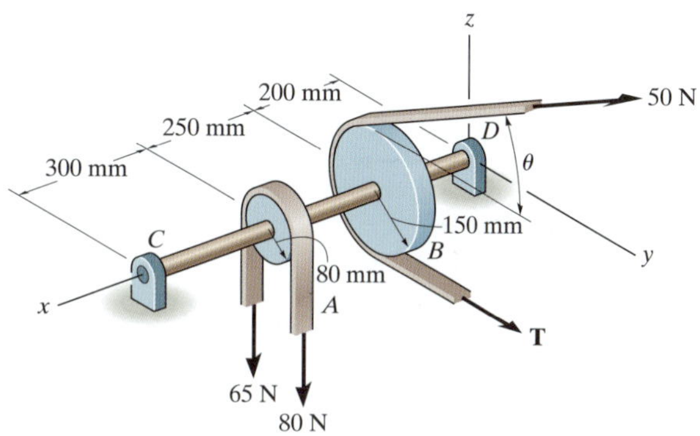

Prob. 4–40

4–41. Both pulleys are fixed to the shaft and as the shaft turns with constant angular velocity, the power of pulley A is transmitted to pulley B. Determine the horizontal tension **T** in the belt on pulley B and the x, y, z components of reaction at the journal bearing C and thrust bearing D if $\theta = 0°$. The bearings are in proper alignment and exert only force reactions on the shaft.

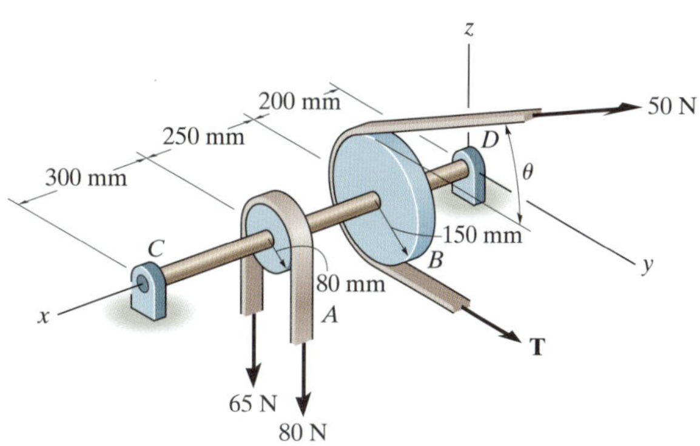

Prob. 4–41

4.7 건조마찰의 특성

마찰(friction)은 두 접촉면에서 다른 하나에 대한 상대적인 미끄러짐 운동에 저항하는 힘이다. 이 힘은 항상 접촉점에서 표면에 대하여 접선방향으로 작용하고, 표면 사이에서 발생하는 미끄러짐과는 반대방향이다.

이 절에서는 1781년 C. A. Coulomb에 의해 연구되었기 때문에 때때로 쿨롱마찰로 불리는 **건조마찰**(dry friction)의 영향에 대하여 설명할 것이다. 건조마찰은 윤활 유체가 없는 물체의 접촉면에서 발생한다.

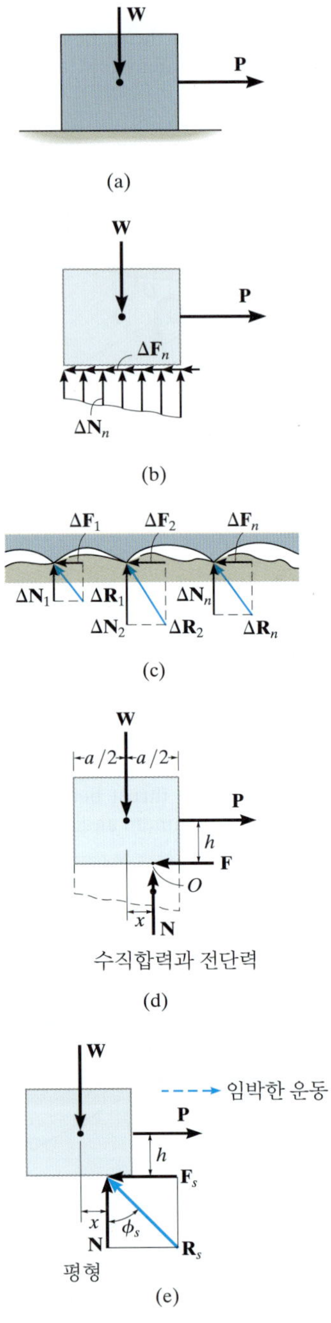

그림 4-22

건조마찰 이론. 그림 4-22*a*처럼 거친 표면 위에 정지하고 있는 균일한 자중 **W**의 블록을 수평으로 당길 때 발생되는 영향을 고려함으로써 건조마찰 이론을 설명할 수 있다. 그림 4-22*b*에서 블록의 자유물체도 바닥에는 접촉면을 따라 분포가 고르지 않은 마찰력 $\Delta\mathbf{F}_n$과 법선력 $\Delta\mathbf{N}_n$이 작용하고 있다.* 평형을 위해 법선력은 블록의 자중 **W**과 균형을 맞추기 위해 위로 작용하고, 마찰력은 블록을 오른쪽으로 움직이려는 힘 **P**에 저항하기 위해 왼쪽으로 작용한다. 그림 4-22*c*에서와 같이 바닥과 블록 사이의 접촉면에 대하여 정밀히 살펴보면 어떻게 이러한 마찰력과 법선력이 발생하는지 알 수 있다. 두 표면 사이에는 수많은 미세 요철들이 존재한다. 따라서 각각의 접촉점에서는 반력 $\Delta\mathbf{R}_n$이 발생된다. 그리고 각각의 반력은 마찰성분 $\Delta\mathbf{F}_n$과 법선성분 $\Delta\mathbf{N}_n$을 만들어낸다.

평형. 분포하중인 법선력과 마찰력의 영향을 그림 4-22*d*의 자유물체도와 같이 합력 **N**과 **F**로 나타낼 수 있다. **N**은 그림 4-22*d*와 같이 **W**의 작용선으로부터 오른쪽으로 x만큼 떨어진 위치에서 작용하는 것에 주목하자. 이 위치는 그림 4-22*b*에서 **P**에 의한 전도영향에 대하여 균형을 유지하는 데 필요하다. 예를 들면, 그림 4-22*d*에서 표면으로부터 높이 h 위치에 힘 **P**가 작용한다면, 점 O에 관한 모멘트 평형은 $Wx = Ph$ 혹은 $x = Ph/W$일 때 만족한다.

* 분포하중에 관련된 자세한 설명은 3.9절에 있다.

임박한 운동. 접촉면이 매우 미끄러운 경우에 마찰력 **F**는 **P**와 균형을 이루기에 충분하지 않을 것이다. 결과적으로 블록은 미끄러지는 경향이 있을 것이다. 다시 말해서, 그림 4-22e의 P가 서서히 증가함에 따라 F는 **한계정지마찰력**(limiting static frictional force)이라 불리는 어떤 최대값 F_s에 도달할 때까지 상대적으로 증가할 것이다. 이 최대값에 도달한 후에 추가로 P가 증가하면 블록은 움직이기 시작할 것이다. 즉, 이 값에 도달한 블록은 불안정 평형상태인 것이다. 실험적으로 이 한계정지마찰력 F_s는 법선력의 합력 N에 직접적으로 비례하며 수학적으로는 다음과 같이 표현된다.

$$F_s = \mu_s N \tag{4-8}$$

여기서 비례상수 μ_s는 **정지마찰계수**(coefficient of static friction)라 불린다.

그러므로, 미끄러짐이 임박한 상태에 잇는 그림 4-22e의 블록에서 법선력 **N**과 마찰력 $\mathbf{F}_s$는 합력 $\mathbf{R}_s$로 나타낼 수 있다. $\mathbf{R}_s$와 **N** 사이 각 ϕ_s는 **정지마찰각**(angle of static friction)으로 불린다.

그림으로부터,

$$\phi_s = \tan^{-1}\left(\frac{F_s}{N}\right) = \tan^{-1}\left(\frac{\mu_s N}{N}\right) = \tan^{-1}\mu_s$$

μ_s의 대한 대표적인 값들이 표 4-3에 주어져 있다. 이 값은 거칠기와 접촉면의 청결상태가 변동성이 있는 환경에서 수행된 실험결과이므로 변화폭이 크다. 그러므로, 주어진 조건에서 마찰계수를 선택할 때는 적절한 판단과 주의가 필요하다. 더욱 정확한 F_s가 필요할 때는 접촉하는 두 재료에 대한 실험을 통하여 직접 결정하여야 한다.

표 4-3 μ_s에 대한 대표적인 값

접촉면	정지마찰계수(μ_s)
얼음 위의 금속	0.03~0.05
나무 위의 나무	0.30~0.70
나무 위의 가죽	0.20~0.50
금속 위의 가죽	0.30~0.60
구리 위의 구리	0.74~1.21

4

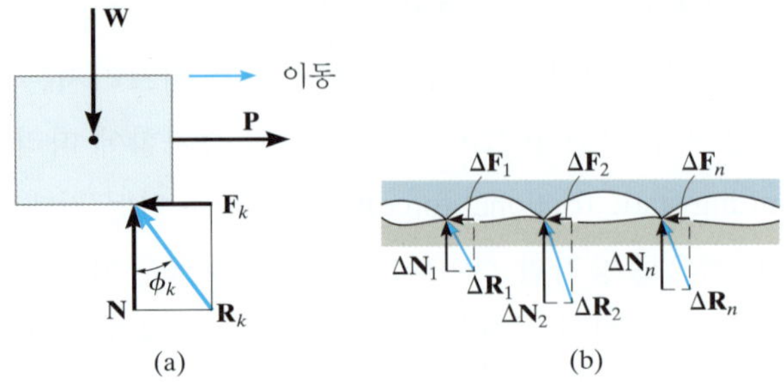

그림 4-23

운동. 만약 블록에 작용하는 **P**가 증가하여 F_s보다 약간 더 커진다면 접촉면에서의 마찰력은 **운동마찰력**(kinetic frictional force)이라 불리는 더 작은 값 F_k로 떨어진다. 그러면 그림 4-23a의 블록은 속도가 증가하면서 미끄러지기 시작할 것이고, 그림 4-23b에서 보여지는 것처럼 블록은 접촉면의 볼록한 점의 정점 부분으로 올라갈 것이다. 비강체 표면의 연속된 굴곡은 운동마찰을 만드는 주된 기계적 특성이다.

블록의 미끄러짐 실험으로부터 운동마찰력의 크기가 법선력의 합력에 직접적으로 비례한다는 것을 알 수 있다. 수학적으로 표현하면 다음과 같다.

$$F_k = \mu_k N \tag{4-9}$$

여기서 비례상수 μ_k는 **운동마찰계수**(coefficient of kinetic friction)로 불린다. μ_k의 대표적인 값은 표 4-3의 μ_s 값보다 대략 25% 정도 작은 값이다.

그림 4-23a에서 보여진 것처럼 접촉면에서의 합력 $\mathbf{R}_k$의 작용선은 ϕ_k에 의해 정의된다. 이 각이 **운동마찰각**(angle of kinetic friction)이다. 여기서,

$$\phi_k = \tan^{-1}\left(\frac{F_k}{N}\right) = \tan^{-1}\left(\frac{\mu_k N}{N}\right) = \tan^{-1}\mu_k$$

비교하면 $\phi_s \geq \phi_k$이다.

건조마찰의 특성. 실험 결과로부터 건조마찰의 영향을 받는 물체에는 다음 규칙들이 적용된다.

- 마찰력은 접촉면에서 움직이거나 다른 표면에 대하여 상대적으로 움직이려는 경향을 보이는 운동방향과는 반대의 접선방향으로 작용한다.
- 최대 정지마찰력 F_s는 법선력이 너무 작거나 접촉면을 부수거나 심각한 변형을 일으킬 정도로 크지 않다면 면적과는 무관하다.
- 접촉면에서의 최대 정지마찰력은 일반적으로 운동마찰력보다 크다. 그러나, 만약 물체가 접촉면에서 매우 낮은 속도로 움직인다면, F_k는 거의 F_s와 같게 된다. 즉, $\mu_s \approx \mu_k$이다.
- 접촉면에서 미끄러짐이 발생하는 순간의 최대 정지마찰력은 법선력에 비례한다. 즉, $F_s = \mu_s N$이다.
- 접촉면에서 미끄러짐이 발생할 때, 운동마찰력은 $F_k = \mu_k N$와 같이 법선력에 비례한다.

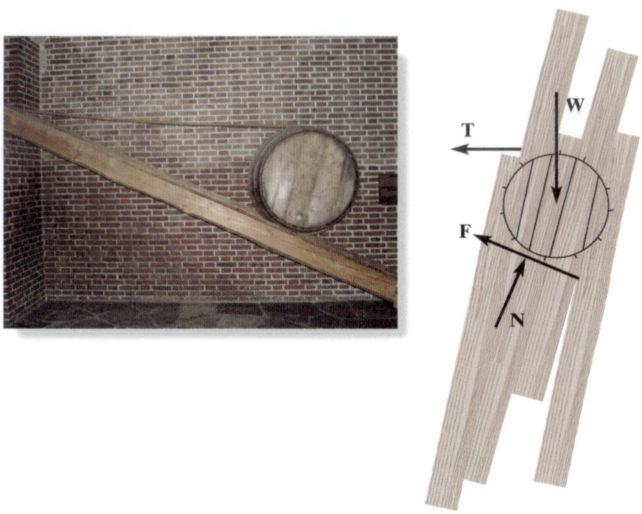

사진에 보이는 통과 같이 곧바로는 미끄러지지 않을 물체의 경우에서 마찰력 **F**는 반드시 평형방정식으로 계산되어져야 한다.

4.8 건조마찰 문제

강체가 마찰의 영향을 포함한 힘계에서 평형상태라면 평형방정식뿐만 아니라 마찰력에 관련된 법칙도 만족해야 한다.

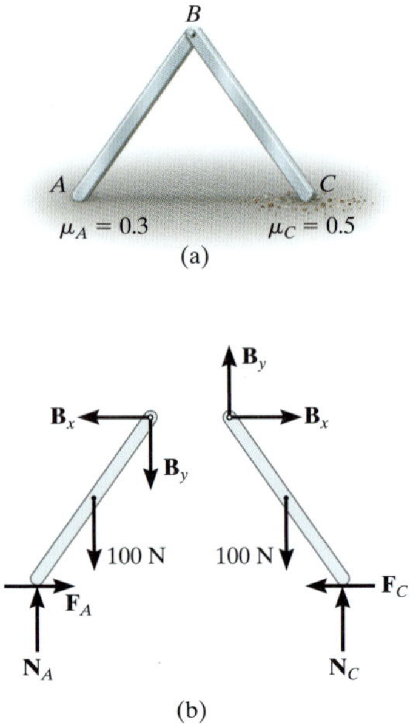

그림 4-24

마찰문제의 유형. 일반적으로 건조마찰의 영향을 포함한 역학문제는 3가지 유형으로 분류할 수 있다. 각 문제들은 우선 자유물체도를 그리고, 그 다음에 미지수의 총 개수를 규명하고 사용가능한 평형방정식의 총 개수를 비교하는 것으로 쉽게 할 수 있다.

분명한 미끄러짐이 없는 평형. 이 유형의 문제에서는 평형문제로 분류하고 반드시 미지수의 개수와 이용가능한 평형방정식의 개수가 같아야 한다. 그러나 해로부터 얻어진 마찰력이 $F \leq \mu_s N$의 부등식을 만족하는지 반드시 검사한다. 만족하지 않는 경우에는 미끄러짐이 발생하는 것이고 물체는 평형을 유지할 수 없을 것이다. 그림 4-24a는 이 유형의 문제를 보여주고 있다. 두 개의 봉으로 이루어진 뼈대가 평형상태를 유지하는지 여부는 A와 C에서의 마찰력을 규명해 보아야 한다. 만약 이들 부재가 균질하고 자중이 각각 100 N이라면 자유물체도는 그림 4-24b와 같다. 이 자유물체도에 나타낸 6개의 미지수 성분은 6개의 평형방정식으로부터 정확하게 구할 수 있다(각 부재당 3개씩). F_A, N_A, F_C와 N_C가 구해졌다면 다음 단계로 이들 부재가 $F_A \leq 0.3\, N_A$와 $F_C \leq 0.5\, N_C$를 각각 만족하는 것이 규명되어야 뼈대가 평형상태를 유지한다고 할 수 있다.

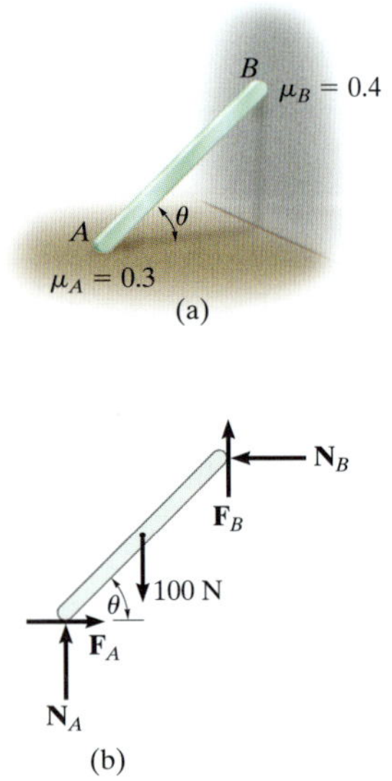

그림 4-25

모든 접촉점에서 임박한 운동. 이 유형의 문제에서는 미지수의 개수가 이용가능한 평형방정식 개수와 마찰방정식 $F = \mu N$ 개수의 합과 같다. 접촉점에서 미끄러짐 운동이 임박했을 때는 $F_s = \mu_s N$이고, 물체가 미끄러짐이 발생한 이후에는 $F_k = \mu_k N$이다. 예로서 그림 4-25a의 100 N인 봉이 미끄러짐 없이 벽에 기대어 있을 수 있는 최소각 θ를 찾는 문제를 생각해 보자. 그림 4-25b는 봉의 자유물체도이다. 여기서 5개의 미지수는 3개의 평형방정식과 2개의 접촉점에 적용되는 2개의 정지마찰방정식 $F_A = 0.3\, N_A$와 $F_B = 0.4\, N_B$에 의해 구해질 수 있다.

일부 점에서 임박한 미끄러짐 운동. 이 유형의 문제에서 미지수의 개수는 이용 가능한 평형방정식 개수와 이용 가능한 마찰방정식 개수나 전도에 대한 조건방정식 개수들과의 합보다 적다. 따라서 이 유형의 문제에서는 미끄러짐 운동이나 임박한 미끄러짐 운동에 관한 몇 가지 가능성이 존재할 것이고 실제로 어떤 종류의 운동이 발생할 것인지를 결정하는 것도 문제에 포함된다. 예로서 그림 4-26*a*의 두 개의 부재로 이루어진 뼈대를 생각해 보자. 이 문제에서는 운동을 일으키는 데 필요한 수평력 P를 구하고자 한다. 만약 각 부재 자중이 100 N이라면 자유물체도는 그림 4-26*b*와 같고, 7개의 미지수가 있다. 단일 해를 얻기 위해서는 6개의 평형방정식(각 부재에 3개씩)과 2개의 정지마찰방정식 중 1개를 만족해야 한다. 이는 P가 증가함에 따라 A점이 미끄러지고 C점은 미끄러지지 않는 조건인 $F_A = 0.3\ N_A$와 $F_C \leq 0.5\ N_C$이거나 C점이 미끄러지고 A점은 미끄러지지 않는 조건인 $F_C = 0.5\ N_C$와 $F_A \leq 0.3\ N_A$를 의미한다. 각 경우에 대하여 P를 계산한 후 작은 값을 선택함으로써 실제 상황을 결정할 수 있다. 매우 드문 경우이겠으나 두 경우에서 동일한 P값이 계산된다면 이것은 두 지점에서 동시에 미끄러짐이 발생하는 것을 의미한다. 즉 7개의 미지수는 8개의 방정식을 만족해야만 한다.

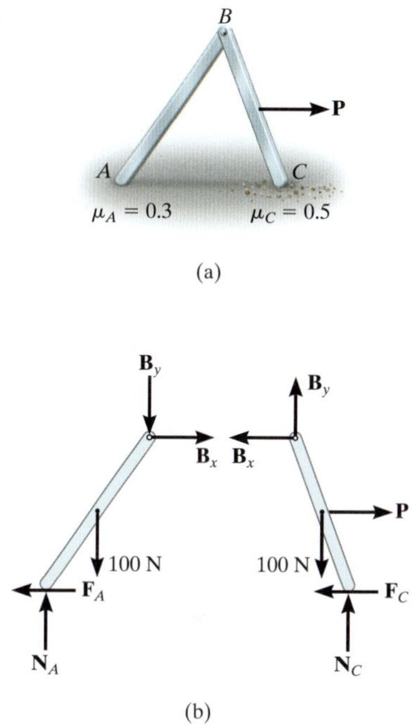

그림 4-25

평형방정식과 마찰방정식. 마찰력 F가 평형력이고 부등식 $F < \mu_s N$을 만족하는 그림 4-24의 어느 한 문제의 경우를 풀이를 할 때에는 자유물체도에서 F의 방향을 임의로 가정할 수 있다. 정확한 방향은 F에 대한 평형방정식을 해결한 후에 알 수 있다. 만약 F가 음의 스칼라를 가진다면, **F** 벡터의 방향은 처음에 가정했던 것과는 반대인 것을 의미한다. 이렇게 **F** 벡터의 방향을 임의로 가정할 수 있는 편이성은 평형방정식이 같은 방향으로 작용하는 벡터 성분들을 0으로 맞추기 때문에 가능하다. 그러나 문제의 풀이과정에서 마찰방정식 $F = \mu N$이 사용되는 경우, 마찰방정식은 오직 두 개의 직각 벡터만이 관계되기 때문에 **F** 벡터의 방향을 임의로 가정하는 편이성이 없어진다. 결과적으로 문제의 해결하기 위해 마찰방정식을 이용할 때마다 **F** 벡터는 자유물체도에서 정확한 방향을 갖도록 표기한다.

요점 IMPORTANT POINTS

- 마찰은 두 접촉면에서 다른 하나에 대한 상대적인 미끄러짐 운동에 저항하는 접선방향의 힘이다.
- 미끄러짐이 발생하지 않았다면 최대 마찰력은 정지마찰계수와 접촉면에 작용하는 법선력의 곱과 같다, $F_s = \mu_s N$.
- 미끄러짐이 발생하였다면 마찰력은 운동마찰계수와 접촉면에 작용하는 법선력의 곱이다, $F_k = \mu_k N$.
- 일반적으로 건조마찰의 영향을 포함한 역학문제는 3가지 유형으로 분류할 수 있다. 각 문제들은 우선 자유물체도를 그리고, 그 다음에 마찰이나 전도 조건을 만족하는 평형방정식을 적용하여 해석한다.

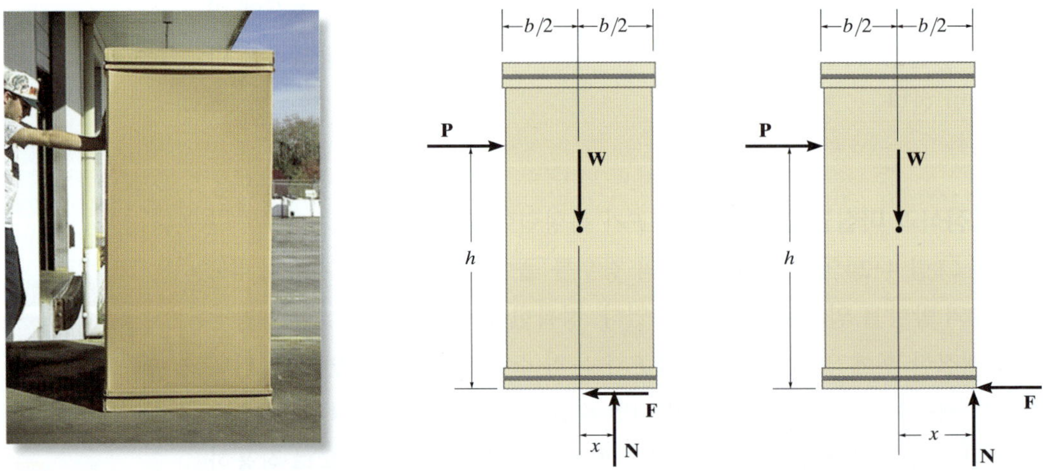

자중 W인 나무상자를 거친 표면 위에서 미는 경우를 생각해 보자. 첫 번째 자유물체도와 같이 만약 **P**의 크기가 작다면 나무상자는 평형상태를 유지할 것이다. 그러나 P가 증가함에 따라 나무상자는 표면에서 미끄러지기 직전($F = \mu_s N$)이거나 또는 만약 표면이 매우 거칠다면(매우 큰 μ_s) 두 번째 자유물체도와 같이 법선력의 합력 작용점은 모서리($x = b/2$) 쪽으로 이동할 것이다. 이 순간부터 나무상자는 전도되기 시작할 것이다. 만약 **P**가 표면에서 더 높은 h에 작용되거나, 폭 b가 더 작다면 나무상자는 전도될 확률이 더 클 것이다.

풀이 과정 PROCEDURE FOR ANALYSIS

건조마찰과 관련한 평형문제의 해결 과정은 다음과 같다.

자유물체도

- 필요한 자유물체도를 그린다. 그리고 문제에서 미끄러짐이 임박한 운동이나 미끄러짐의 발생이 언급되지 않았다면, 마찰력은 항상 미지력으로 나타낸다(즉, $F = \mu N$을 가정하지 않는다).
- 미지수의 개수를 정하고, 이용가능한 평형방정식의 개수와 비교한다.
- 평형방정식보다 미지수의 개수가 더 많다면, 해결에 필요한 여분의 방정식을 얻기 위해 모든 접촉점은 아니더라도 일부 접촉점에 마찰방정식을 적용해야 한다.
- 방정식 $F = \mu N$을 사용한다면, **F**가 올바른 방향으로 작용함을 자유물체도 상에 나타내야 한다.

평형방정식과 마찰방정식

- 평형방정식과 필요한 마찰방정식(만약 전도 가능이 있다면 이에 해당되는 조건방정식)을 적용하여 미지수의 해를 구한다.
- 힘의 성분이나 필요한 모멘트 팔을 얻기 어려운 3차원 문제의 경우라면 카티지언 벡터를 이용하여 평형방정식을 적용한다.

예제 4.12

그림 4-27a의 균일한 나무상자의 질량은 20 kg이다. 만약 $P = 80$ N의 힘이 나무상자에 가해졌을 때 이것이 평형상태를 유지할 것인지 아닌지를 판단해라. 정지마찰계수 $\mu_s = 0.3$이다.

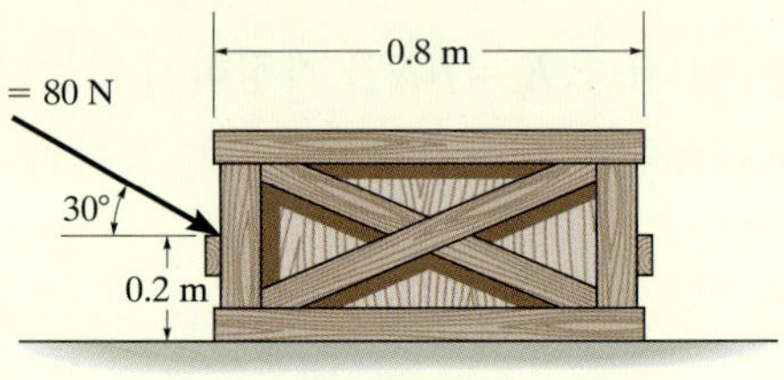

(a)

그림 4-27

풀이

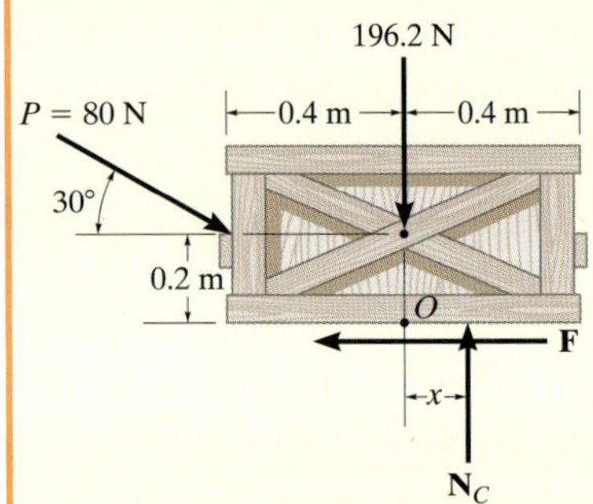

(b)

자유물체도. 그림 4-27b에서 보여지는 것처럼 법선력의 합력 $\mathbf{N}_C$는 $\mathbf{P}$에 의해 나무상자가 전도되는 것에 저항하기 위해 중앙선으로부터 거리 x에서 작용한다. 3개의 미지수 F, N_C 그리고 x는 3개의 평형방정식으로부터 결정될 수 있다.

평형방정식.

$$\stackrel{+}{\rightarrow}\Sigma F_x = 0; \quad 80 \cos 30° \text{ N} - F = 0$$

$$+\uparrow \Sigma F_y = 0; \quad -80 \sin 30° \text{ N} + N_C - 196.2 \text{ N} = 0$$

$$\circlearrowleft + \Sigma M_O = 0; \quad 80 \sin 30° \text{ N}(0.4 \text{ m}) - 80 \cos 30° \text{ N}(0.2 \text{ m}) + N_C(x) = 0$$

을 풀면,

$$F = 69.3 \text{ N}$$
$$N_C = 236.2 \text{ N}$$
$$x = -0.00908 \text{ m} = -9.08 \text{ mm}$$

x가 음이기 때문에 법선력 합력은 나무상자 중앙선의 왼쪽에 작용한다는 것을 의미한다. 또한 접촉면에서 발생되는 최대 정지마찰력은 $F_{max} = \mu_s N_C = 0.3(236.2 \text{ N}) = 70.9$ N이다. $F = 69.3 \text{ N} < 70.9$ N이기 때문에, 비록 매우 근사한 값이지만 나무상자는 미끄러지지 않을 것이다.

예제 4.13

그림 4-28a는 덤프트럭의 적재함이 $\theta = 25°$의 각도까지 올라갔을 때 자동판매기가 바닥에서 미끄러지기 시작하는 것을 보여준다. 자동판매기와 트럭적재함 표면 사이의 정지마찰계수를 계산하라.

(a)

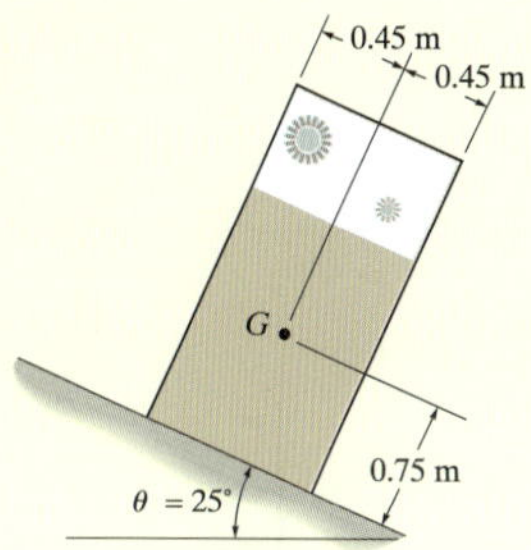

(b)

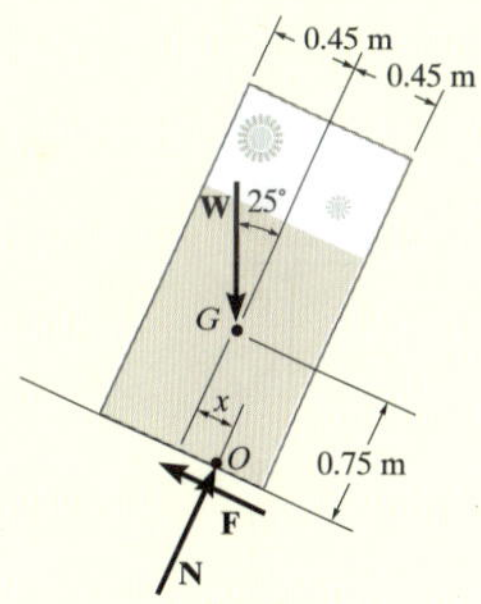

(c)

그림 4-28

풀이

그림 4-28b는 트럭 적재함에 놓여 있는 자동판매기의 이상화 모델이다. 단면치수와 무게 중심의 위치가 주어져 있다. 자동판매기의 자중 W는 가정할 것이다.

자유물체도. 그림 4-28c와 같이 x는 법선력의 합력 $\mathbf{N}$의 위치이다. 이 문제에는 4개의 미지수 N, F, μ_s, x가 있다.

평형방정식.

$$+\searrow \Sigma F_x = 0; \qquad W \sin 25° - F = 0 \tag{1}$$

$$+\nearrow \Sigma F_y = 0; \qquad N - W \cos 25° = 0 \tag{2}$$

$$\circlearrowleft + \Sigma M_O = 0; \quad -(W \sin 25°)(0.75 \text{ m}) + W \cos 25°(x) = 0 \tag{3}$$

$\theta = 25°$에서 미끄러짐이 임박하기 때문에, 식 (1)과 (2)를 이용하면 다음을 구할 수 있다.

$$F_s = \mu_s N; \qquad W \sin 25° = \mu_s (W \cos 25°)$$

$$\mu_s = \tan 25° = 0.466 \qquad \text{답}$$

$\theta = 25°$의 각을 안식각이라 하고 정지마찰각과 동일하다, $\theta = \phi_s$. 계산과정에서 θ는 자동판매기의 자중과 무관한 독립변수이었다는 데 주목하자. 즉, θ를 알면 정지마찰계수를 구할 수 있다.

주: 식 (3)에서 $x = 0.350$ m이다. $0.350 \text{ m} < 0.45 \text{ m}$이기 때문에, 실제로 자동판매기는 그림 4-28a에 보여진 것처럼 전도되기 전에 미끄러질 것이다.

예제 4.14

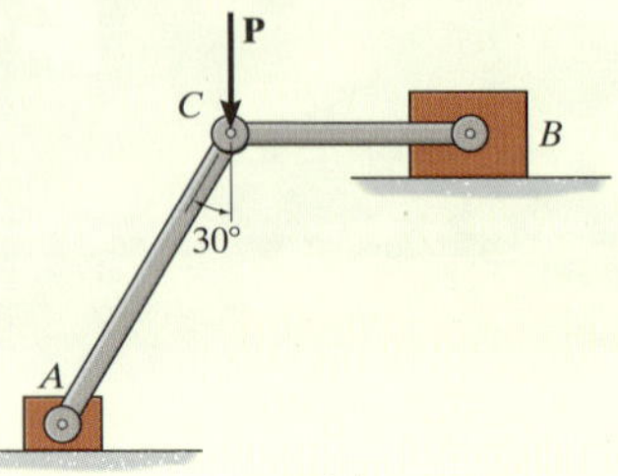

(a)

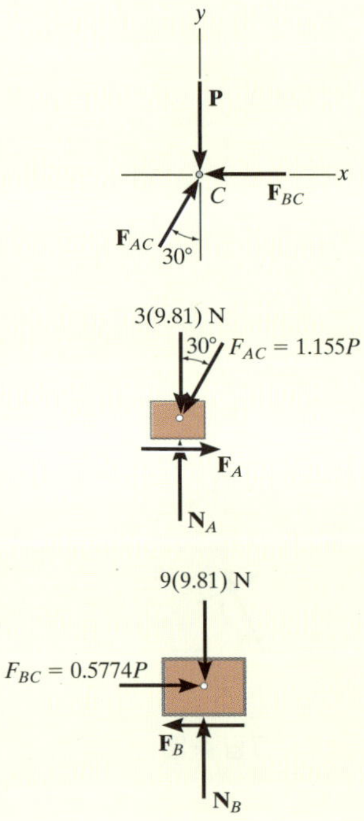

그림 4-29

블록 A와 B는 각각 3 kg과 9 kg의 질량을 가지며 그림 4-29a에서 보이는 바와 같이 무게가 없는 링크에 연결된다. 블록의 이동을 유발시키지 않고 핀 C에 적용할 수 있는 가장 큰 수직력 **P**를 계산하라. 블록과 접촉면 사이의 정지마찰계수는 $\mu_s = 0.3$이다.

풀이

자유물체도. 링크는 2력 부재이고 그림 4-29*b*는 핀 C와 블록 A 및 B의 자유물체도이다. $\mathbf{F}_{AC}$의 수평 성분은 블록 A를 왼쪽으로 이동시키는 경향이 있으므로 $\mathbf{F}_A$는 오른쪽으로 작용한다. 마찬가지로 $\mathbf{F}_B$는 $\mathbf{F}_{BC}$에 의해 블록 B가 오른쪽으로의 움직이려는 경향과 반대로 왼쪽으로 작용해야 한다. 7개의 미지력이 있고 핀 2개와 각 블록 2개에서 6개의 평형방정식을 구성할 수 있으므로 단 1개의 마찰방정식만 필요하다.

평형방정식과 마찰방정식. 핀 C에서 평형을 고려하여 링크 AC와 BC의 힘을 힘 P와의 관계식으로 구성할 수 있다.

$$+\uparrow \Sigma F_y = 0; \qquad F_{AC}\cos 30° - P = 0; \qquad F_{AC} = 1.155P$$

$$\overset{+}{\rightarrow} \Sigma F_x = 0; \qquad 1.155P \sin 30° - F_{BC} = 0; \qquad F_{BC} = 0.5774P$$

F_{AC}의 결과를 이용하여 블록 A에서

$$\overset{+}{\rightarrow} \Sigma F_x = 0; \qquad F_A - 1.155P\sin 30° = 0; \qquad F_A = 0.5774P \tag{1}$$

$$+\uparrow \Sigma F_y = 0; \qquad N_A - 1.155P\cos 30° - 3(9.81\text{ N}) = 0;$$

$$N_A = P + 29.43\text{ N} \tag{2}$$

F_{BC}의 결과를 이용하여 블록 B에서

$$\overset{+}{\rightarrow} \Sigma F_x = 0; \qquad (0.5774P) - F_B = 0; \qquad F_B = 0.5774P \tag{3}$$

$$+\uparrow \Sigma F_y = 0; \qquad N_B - 9(9.81)\text{ N} = 0; \qquad N_B = 88.29\text{ N}$$

시스템의 이동은 블록 A 또는 블록 B의 초기 미끄러짐에 의해 유발될 수 있다. 블록 A가 먼저 미끄러진다고 가정하면,

$$F_A = \mu_s N_A = 0.3N_A \tag{4}$$

식 (1)과 (2)를 식 (4)에 대입을 하면,

$$0.5774P = 0.3(P + 29.43)$$

$$P = 31.8\text{ N} \qquad \text{답}$$

이 결과를 식 (3)에 대입하면 $F_B = 18.4$ N이다. B에서 최대 정지마찰력은 $(F_B)_{max} = \mu_s N_B = 0.3(88.29\text{ N}) = 26.5\text{ N} > F_B$이므로 블록 B는 미끄러지지 않을 것이다. 따라서 위 가정은 적합하다. 부등식이 만족되지 않으면 블록 $B(F_B = 0.3\text{ N}_B)$의 미끄러짐을 가정하고 P에 대해 풀어야 한다.

PRELIMINARY PROBLEMS

P4–4. Determine the friction force at the surface of contact.

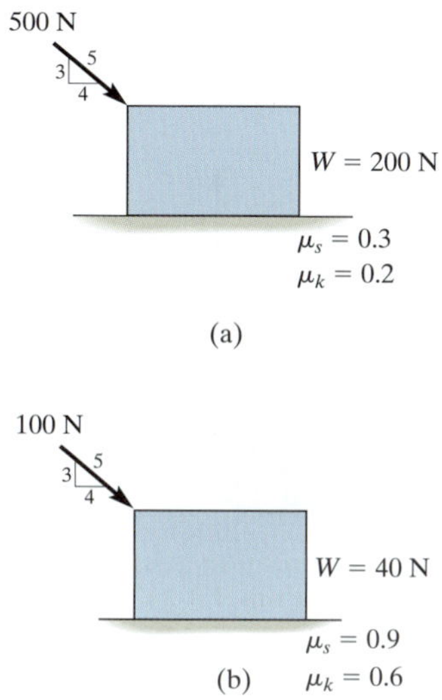

Prob. P4–4

P4–5. Determine the couple moment M needed to cause impending motion of the cylinder.

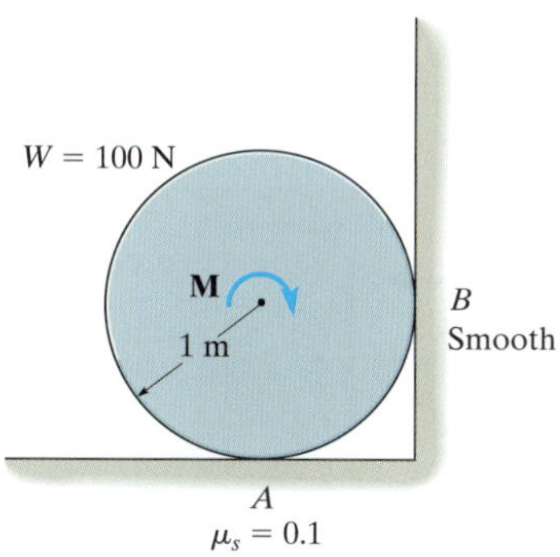

Prob. P4–5

P4–6. Determine the force P to move block B.

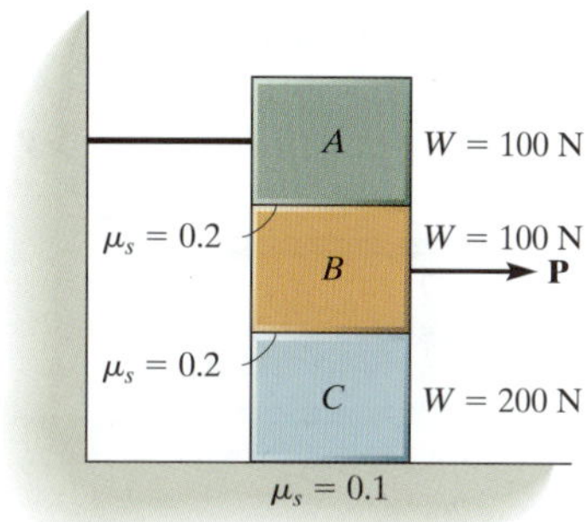

Prob. P4–6

P4–7. Determine the force P needed to cause impending motion of the block.

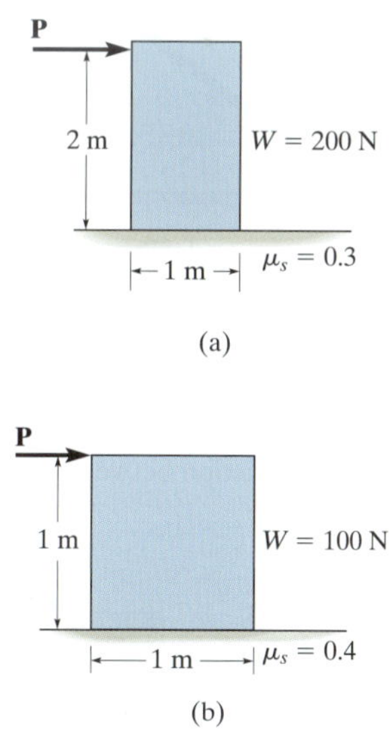

Prob. P4–7

FUNDAMENTAL PROBLEMS

All problem solutions must include FBDs.

F4–13. Determine the friction developed between the 50-kg crate and the ground if a) $P = 200$ N, and b) $P = 400$ N. The coefficients of static and kinetic friction between the crate and the ground are $\mu_s = 0.3$ and $\mu_k = 0.2$.

Prob. F4–13

F4–14. Determine the minimum force P to prevent the 30-kg rod AB from sliding. The contact surface at B is smooth, whereas the coefficient of static friction between the rod and the wall at A is $\mu_s = 0.2$.

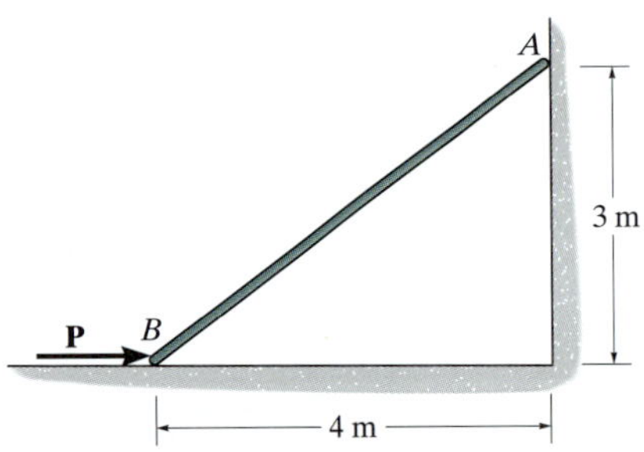

Prob. F4–14

F4–15. Determine the maximum force P that can be applied without causing the two 50-kg crates to move. The coefficient of static friction between each crate and the ground is $\mu_s = 0.25$.

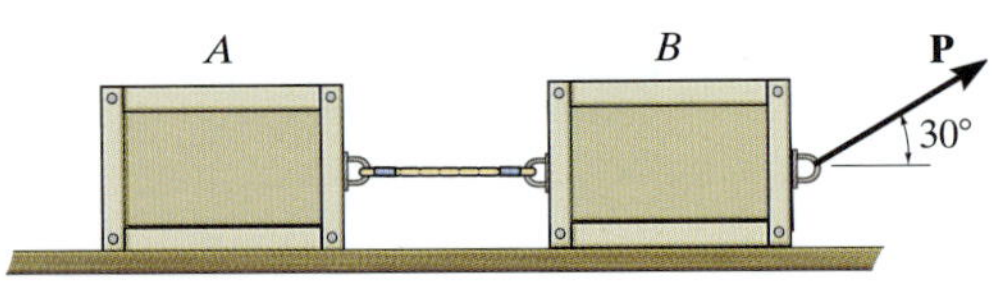

Prob. F4–15

F4–16. If the coefficient of static friction at contact points A and B is $\mu_s = 0.3$, determine the maximum force P that can be applied without causing the 100-kg spool to move.

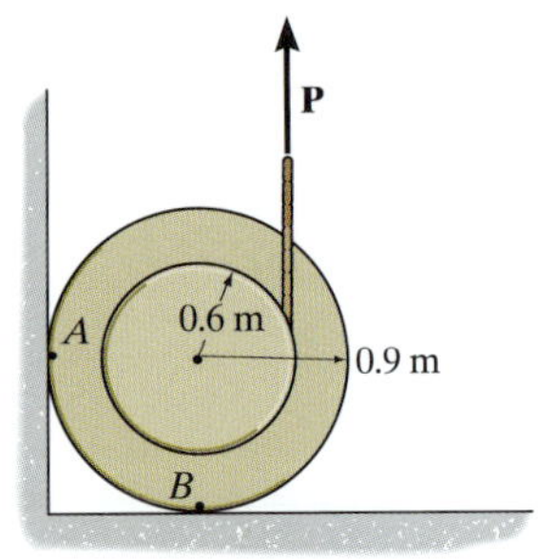

Prob. F4–16

F4–17. Determine the maximum force P that can be applied without causing movement of the 120-kg crate that has a center of gravity at G. The coefficient of static friction at the floor is $\mu_s = 0.4$.

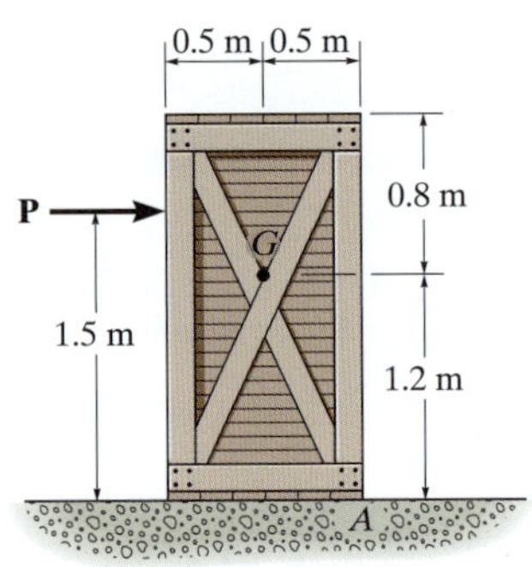

Prob. F4–17

F4–18. Determine the minimum coefficient of static friction between the uniform 50-kg spool and the wall so that the spool does not slip.

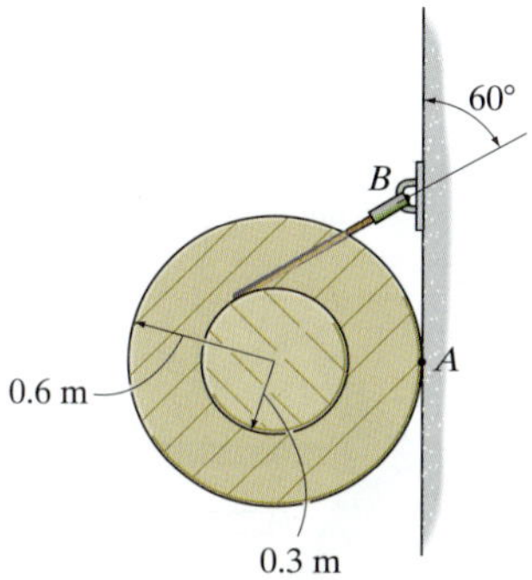

Prob. F4–18

F4–20. If the coefficient of static friction at all contacting surfaces is μ_s, determine the inclination θ at which the identical blocks, each of weight W, begin to slide.

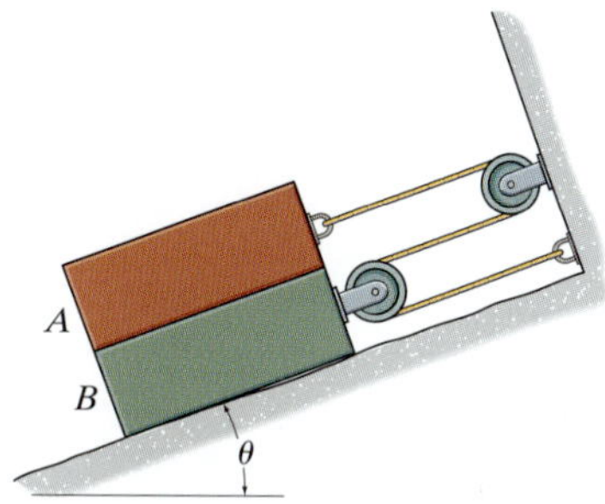

Prob. F4–20

F4–19. Blocks A, B, and C have weights of 50 N, 25 N, and 15 N, respectively. Determine the smallest horizontal force P that will cause impending motion. The coefficient of static friction between A and B is $\mu_s = 0.3$, between B and C, $\mu_s' = 0.4$, and between block C and the ground, $\mu_s'' = 0.35$.

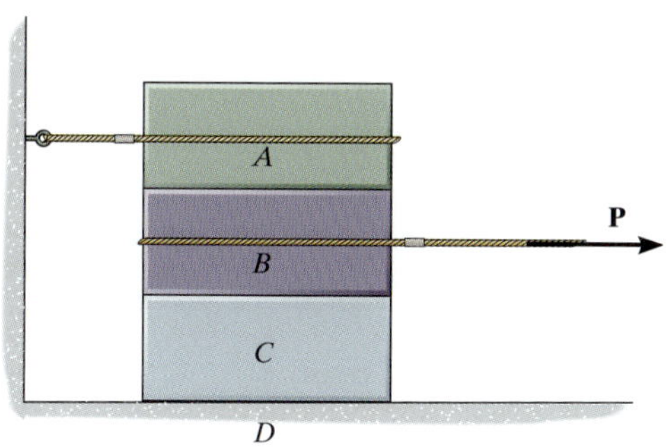

Prob. F4–19

F4–21. Blocks A and B have a mass of 7 kg and 10 kg, respectively. Using the coefficients of static friction indicated, determine the largest force P which can be applied to the cord without causing motion. There are pulleys at C and D.

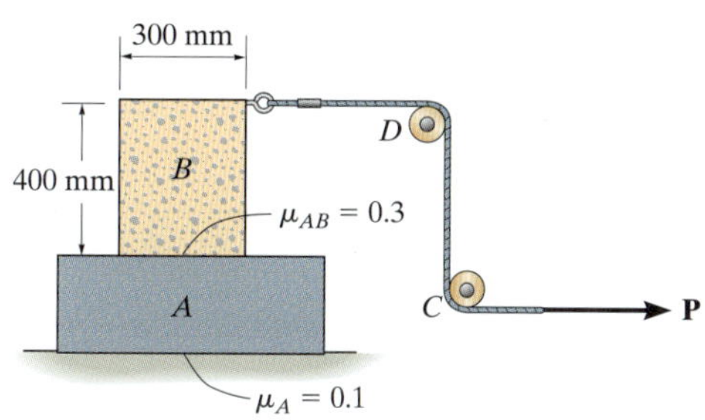

Prob. F4–21

PROBLEMS

All problem solutions must include FBDs.

4–42. If the coefficient of static friction at A is $\mu_s = 0.4$ and the collar at B is smooth so it only exerts a horizontal force on the pipe, determine the minimum distance x so that the bracket can support the cylinder of any mass without slipping. Neglect the mass of the bracket.

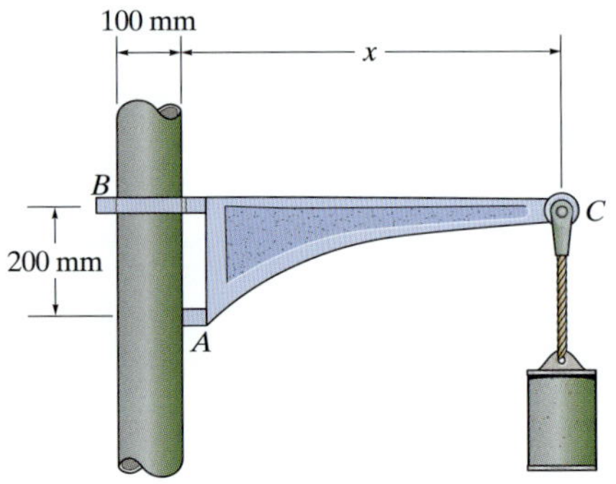

Prob. 4–42

4–43. Determine the maximum force P the connection can support so that no slipping occurs between the plates. There are four bolts used for the connection and each is tightened so that it is subjected to a tension of 4 kN. The coefficient of static friction between the plates is $\mu_s = 0.4$.

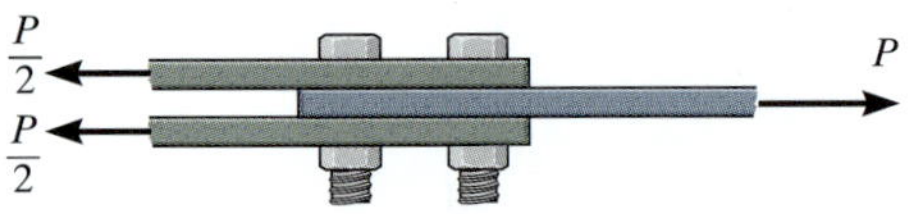

Prob. 4–43

***4–44.** The tongs are used to lift the 150-kg crate, whose center of mass is at G. Determine the least coefficient of static friction at the pivot blocks so that the crate can be lifted.

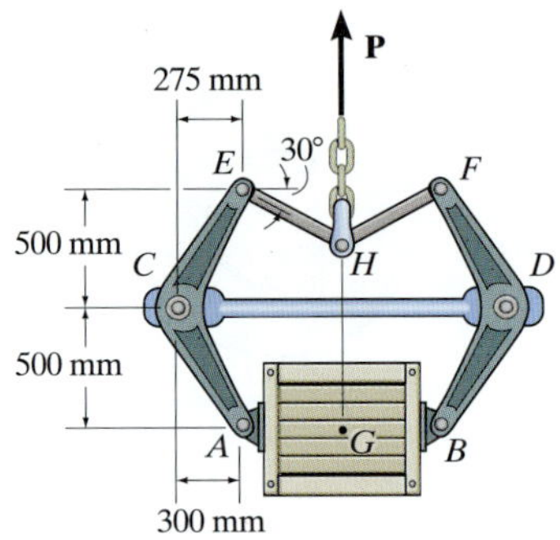

Prob. 4–44

4–45. The mine car and its contents have a total mass of 6 Mg and a center of gravity at G. If the coefficient of static friction between the wheels and the tracks is $\mu_s = 0.4$ when the wheels are locked, find the normal force acting on the front wheels at B and the rear wheels at A when the brakes at both A and B are locked. Does the car move?

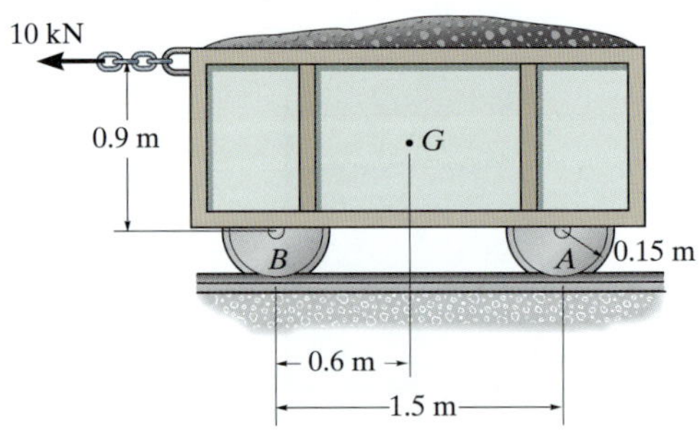

Prob. 4–45

4–46. The 90-kg man climbs up the ladder and stops at the position shown after he senses that the ladder is on the verge of slipping. Determine the inclination θ of the ladder if the coefficient of static friction between the friction pad A and the ground is $\mu_s = 0.4$. Assume the wall at B is smooth. The center of gravity for the man is at G. Neglect the weight of the ladder.

4–47. The 90-kg man climbs up the ladder and stops at the position shown after he senses that the ladder is on the verge of slipping. Determine the coefficient of static friction between the friction pad at A and ground if the inclination of the ladder is $\theta = 60°$ and the wall at B is smooth. The center of gravity for the man is at G. Neglect the weight of the ladder.

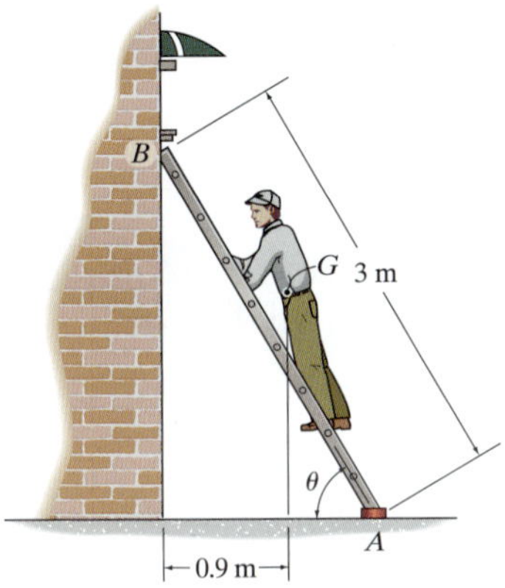

Probs. 4–46/47

***4–48.** The pipe of weight W is to be pulled up the inclined plane of slope α using a force **P**. If **P** acts at an angle ϕ, show that for slipping $P = W\sin(\alpha + \theta)/\cos(\phi - \theta)$, where θ is the angle of static friction; $\theta = \tan^{-1}\mu_s$.

4–49. Determine the angle ϕ at which the applied force **P** should act on the pipe so that the magnitude of **P** is as small as possible for pulling the pipe up the incline. What is the corresponding value of P? The pipe weighs W and the slope α is known. Express the answer in terms of the angle of kinetic friction, $\theta = \tan^{-1}\mu_k$.

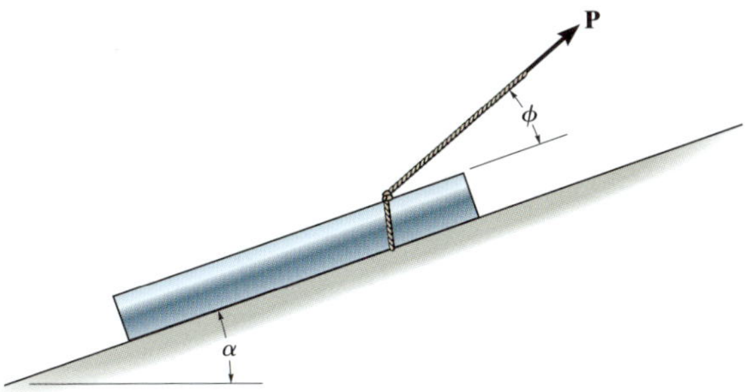

Probs. 4–48/49

4–50. The block brake consists of a pin-connected lever and friction block at B. The coefficient of static friction between the wheel and the lever is $\mu_s = 0.3$, and a torque of $5\ \text{N}\cdot\text{m}$ is applied to the wheel. Determine if the brake can hold the wheel stationary when the force applied to the lever is (a) $P = 30$ N, (b) $P = 70$ N.

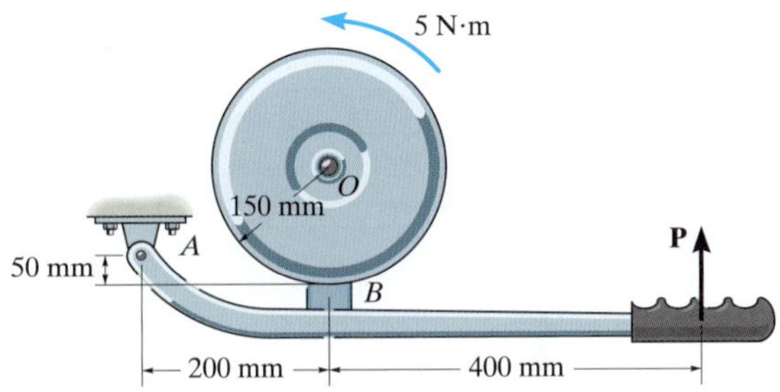

Prob. 4–50

4–51. The block brake consists of a pin-connected lever and friction block at B. The coefficient of static friction between the wheel and the lever is $\mu_s = 0.3$, and a torque of $5\ \text{N}\cdot\text{m}$ is applied to the wheel. Determine if the brake can hold the wheel stationary when the force applied to the lever is (a) $P = 30$ N, (b) $P = 70$ N.

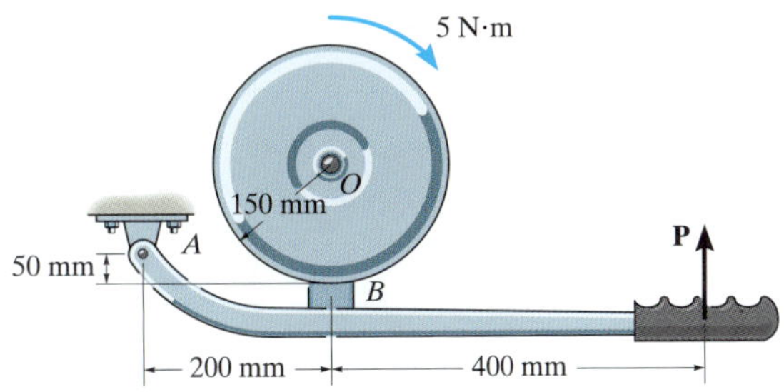

Prob. 4–51

4

*4–52. The automobile has a mass of 2 Mg and center of mass at G. Determine the towing force **F** required to move the car if the back brakes are locked, and the front wheels are free to roll. Take $\mu_s = 0.3$.

4–53. The automobile has a mass of 2 Mg and center of mass at G. Determine the towing force **F** required to move the car. Both the front and rear brakes are locked. Take $\mu_s = 0.3$.

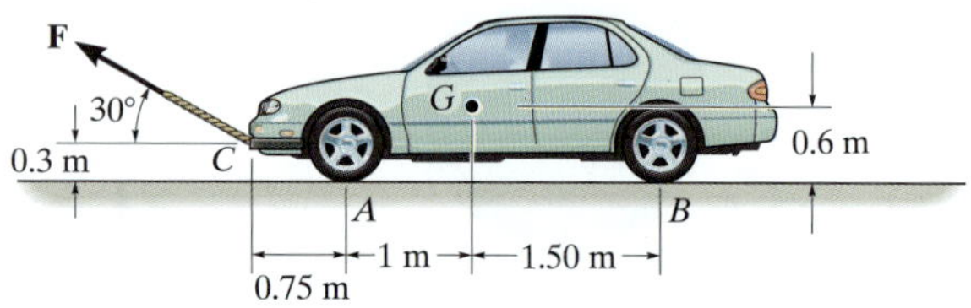

Probs. 4–52/53

4–54. The spool has a mass of 200 kg and rests against the wall and on the floor. If the coefficient of static friction at B is $(\mu_s)_B = 0.3$, the coefficient of kinetic friction is $(\mu_k)_B = 0.2$, and the wall is smooth, determine the friction force developed at B when the vertical force applied to the cable is $P = 800$ N.

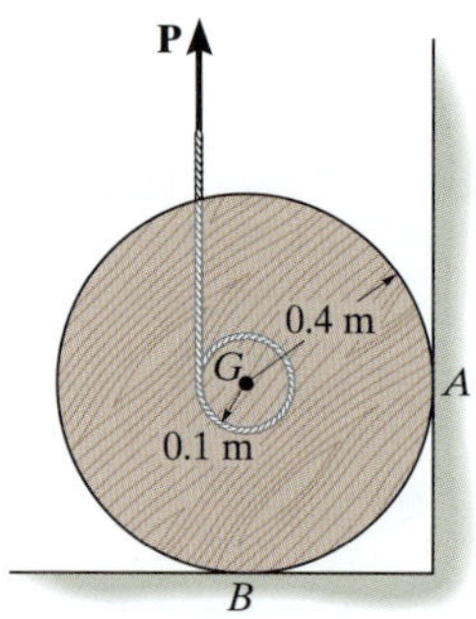

Prob. 4–54

4–55. Two blocks A and B have a weight of 50 N and 30 N, respectively. They are resting on the incline for which the coefficients of static friction are $\mu_A = 0.15$and $\mu_B = 0.25$. Determine the incline angle θ for which both blocks begin to slide. Also find the required stretch or compression in the connecting spring for this to occur. The spring has a stiffness of $k = 30$ N/m.

*4–56. Two blocks A and B have a weight of 50 N and 30 N, respectively. They are resting on the incline for which the coefficients of static friction are $\mu_A = 0.15$ and $\mu_B = 0.25$. Determine the angle θ which will cause motion of one of the blocks. What is the friction force under each of the blocks when this occurs? The spring has a stiffness of $k = 30$ N/m and is originally unstretched.

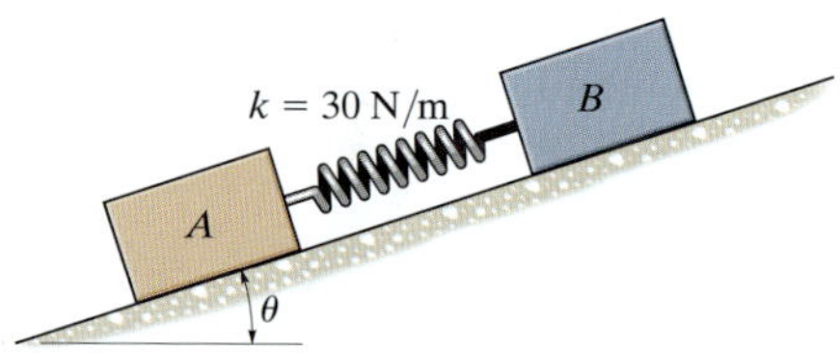

Probs. 4–55/56

4–57. The ring has a mass of 0.5 kg and is resting on the surface of the table. To move the ring a normal force **P** from the finger is exerted on it as shown. Determine its magnitude when the ring is on the verge of slipping at A. The coefficient of static friction at A is $\mu_A = 0.2$ and at B, $\mu_B = 0.3$.

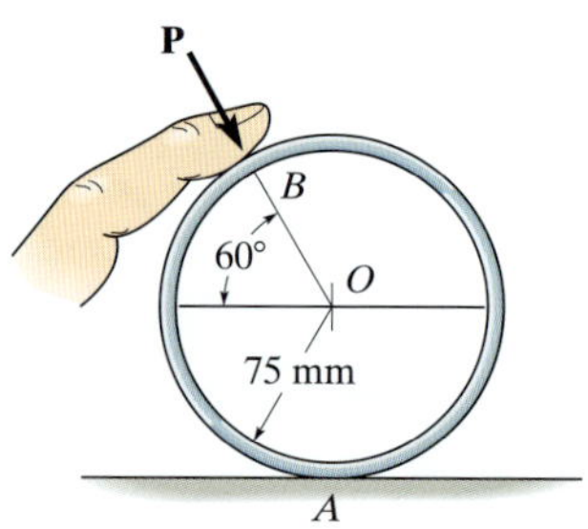

Prob. 4–57

4–58. The coefficients of static and kinetic friction between the drum and brake bar are $\mu_s = 0.4$ and $\mu_k = 0.3$, respectively. If $M = 50$ N·m and $P = 85$ N, determine the horizontal and vertical components of reaction at the pin O. Neglect the weight and thickness of the brake. The drum has a mass of 25 kg.

4–59. The coefficient of static friction between the drum and brake bar is $\mu_s = 0.4$. If the moment $M = 35$ N·m, determine the smallest force P that needs to be applied to the brake bar in order to prevent the drum from rotating. Also determine the corresponding horizontal and vertical components of reaction at pin O. Neglect the weight and thickness of the brake bar. The drum has a mass of 25 kg.

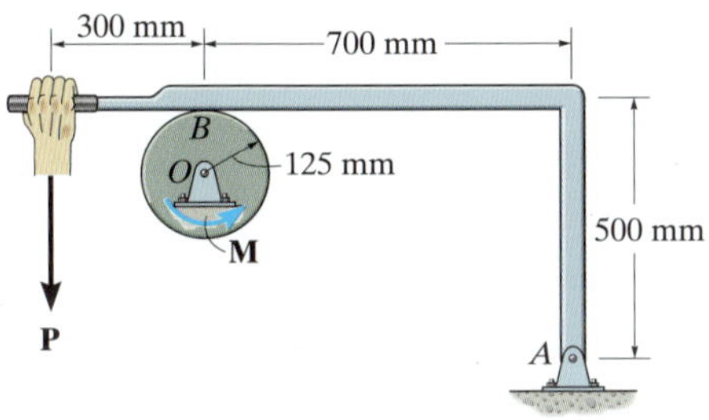

Probs. 4–58/59

4–62. The uniform hoop of weight W is subjected to the horizontal force P. Determine the coefficient of static friction between the hoop and the surface at A and B if the hoop is on the verge of rotating.

4–63. Determine the maximum horizontal force **P** that can be applied to the 15-kg hoop without causing it to rotate. The coefficient of static friction between the hoop and the surfaces A and B is $\mu_s = 0.2$. Take $r = 300$ mm.

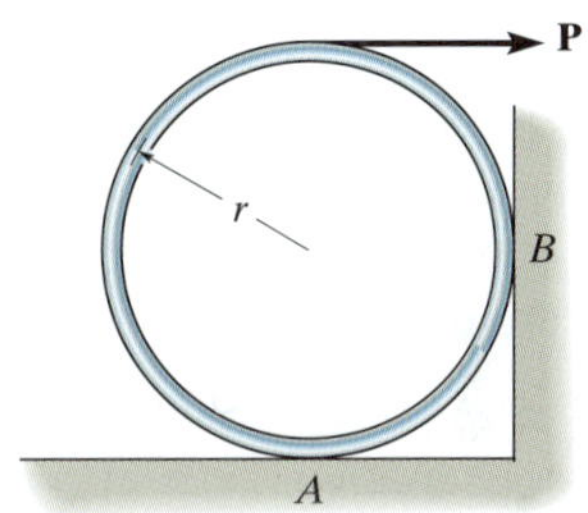

Probs. 4–62/63

***4–60.** The drum has a weight of 500 N and rests on the floor for which the coefficient of static friction is $\mu_s = 0.6$. If $a = 0.6$ m and $b = 0.9$ m, determine the smallest magnitude of the force P that will cause impending motion of the drum.

4–61. The drum has a weight of 500 N and rests on the floor for which the coefficient of static friction is $\mu_s = 0.5$. If $a = 0.9$ m and $b = 1.2$ m, determine the smallest magnitude of the force P that will cause impending motion of the drum.

Probs. 4–60/61

***4–64.** Determine the minimum force P needed to push the tube E up the incline. The coefficients of static friction at the contacting surfaces are $\mu_A = 0.2$, $\mu_B = 0.3$, and $\mu_C = 0.4$. The 100-kg roller and 40-kg tube each have a radius of 150 mm.

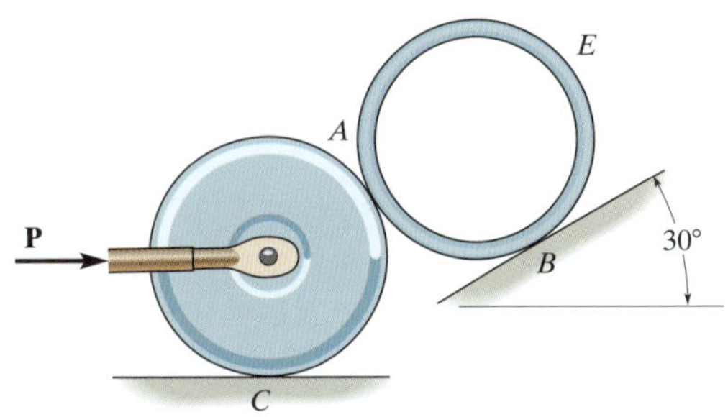

Prob. 4–64

4

내용 복습

평형 평형상태에서 물체는 회전하지 않지만 일정한 속도를 가지고 이동할 수는 있으며, 그렇지 않다면 완전한 정지 상태에 있다.	$\Sigma \mathbf{F} = \mathbf{0}$ $\Sigma \mathbf{M} = \mathbf{0}$	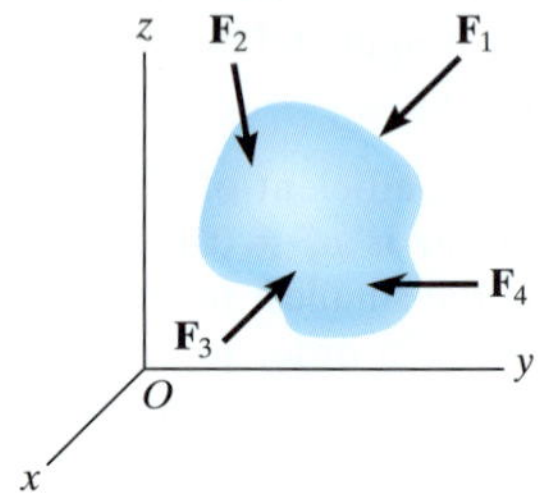
2차원 물체의 평형을 해석하기 위해서는 우선 자유물체도를 그려야 한다. 자유물체도는 물체의 윤곽이며 물체에 작용하는 모든 힘과 짝힘 모멘트를 나타낸다. 짝힘 모멘트는 자유벡터이므로 자유물체도 어느 곳이든 위치할 수 있다. 힘은 이동벡터이므로 작용선 상의 임의의 점에 작용할 수 있다. 힘을 분해하는 데 이용하는 각도와 힘의 모멘트를 계산하기 위한 치수도 자유물체도에 표시하여야 한다. 아래 그림에는 몇 가지 일반적인 지점 형태와 그 반력을 2차원으로 표현한 것이다. 한 지점이 특정한 방향으로 물체의 이동을 구속한다면, 그 지점은 물체에 그 특정 방향으로 힘을 작용하고, 회전을 구속한다면 짝힘 모멘트가 작용한다. 기하학적으로 쉽게 표현할 수 2차원 문제는 3개의 스칼라 평형방정식을 적용할 수 있다.	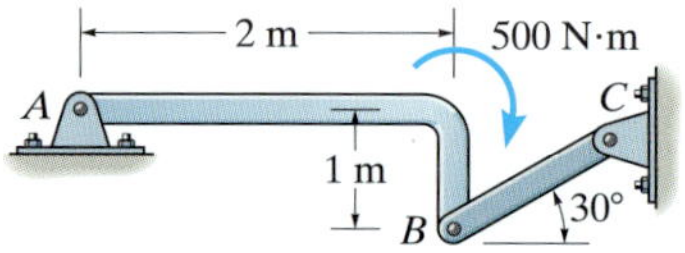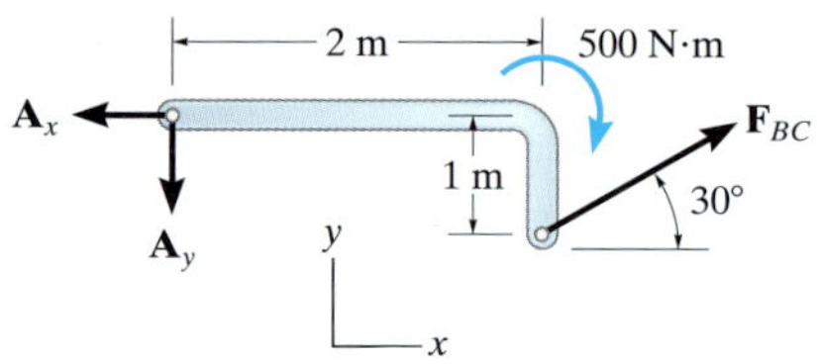$\Sigma F_x = 0$ $\Sigma F_y = 0$ $\Sigma M_O = 0$	
직접해를 구하기 위해서는, 가능한 많은 미지력을 제거할 수 있는 축을 따라서 힘의 합을 계산한다. 모멘트는 가능한 많은 미지력의 작용선이 통과하는 점 A에 대하여 합산한다.		

3차원

3차원 문제에서 평형방정식을 적용할 때는 종종 카티지언 벡터를 사용하는 것이 유리하다. 이를 위해서는, 먼저 자유물체도의 모든 기지력이나 미지력 그리고 짝힘 모멘트를 카티지언 벡터로 나타내야 한다. 그 다음에 힘의 합을 0으로 한다. 가능한 많은 미지력 성분들의 작용선에 놓여 있는 점 O에 대한 모멘트를 구한다. 점 O로부터의 각 힘에 대한 위치벡터를 구하고 각 힘 벡타와의 벡터 곱을 통하여 모멘트를 계산한다.

힘과 모멘트의 **i**, **j**, **k** 성분에 대한 합을 0으로 하면 6개의 스칼라 평형방정식을 얻는다.

$$\Sigma \mathbf{F} = 0$$
$$\Sigma \mathbf{M}_O = 0$$

$$\Sigma F_x = 0$$
$$\Sigma F_y = 0$$
$$\Sigma F_z = 0$$
$$\Sigma M_x = 0$$
$$\Sigma M_y = 0$$
$$\Sigma M_z = 0$$

건조마찰

마찰력은 두 개의 거친 표면 사이의 접촉으로 발생한다. 이 힘들은 물체가 움직이거나 움직이는 경향에 대하여 반대방향으로 물체에 작용한다.

정지마찰력의 최댓값은 $F_s = \mu_s N$이다. μ_s는 정지마찰계수이다. 이 경우는 접촉면 사이의 미끄러짐이 임박한 순간이다.

만약 미끄러짐이 발생한다면, 마찰력은 기본적으로 $F_k = \mu_k N$로 일정하다. 여기서 μ_k는 동마찰계수이다.

마찰이 포함된 문제의 해결을 위해서는 먼저 물체의 자유물체도가 필요하다. 만약 미지력을 평형방정식만으로 해결할 수 없거나 미끄러짐이 발생할 가능성이 있다면, 완전한 해를 구하기 위해 적절한 접촉점에 대한 마찰방정식이 적용되어야 한다.

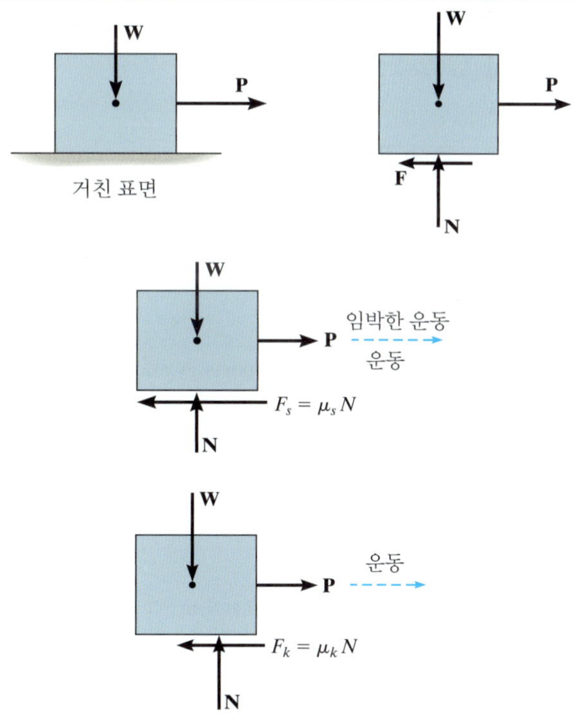

REVIEW PROBLEMS

All problem solutions must include an FBD.

R4–1. If the roller at B can sustain a maximum load of 3 kN, determine the largest magnitude of each of the three forces **F** that can be supported by the truss.

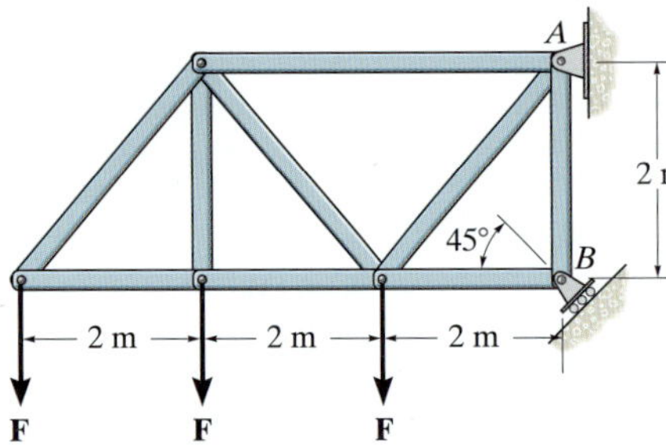

Prob. R4–1

R4–2. Determine the reactions at the supports A and B for equilibrium of the beam.

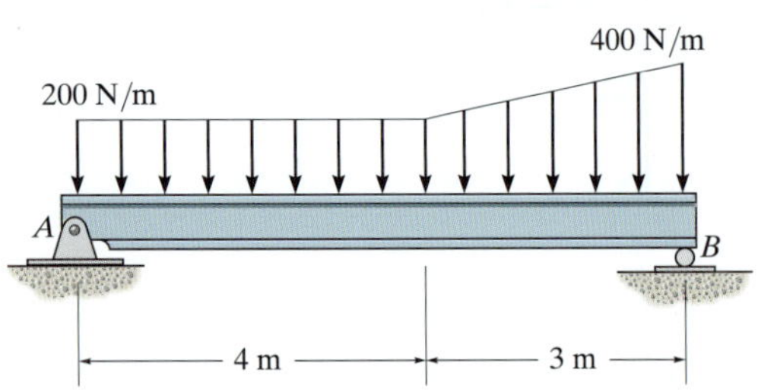

Prob. R4–2

R4–3. Determine the normal reaction at the roller A and horizontal and vertical components at pin B for equilibrium of the member.

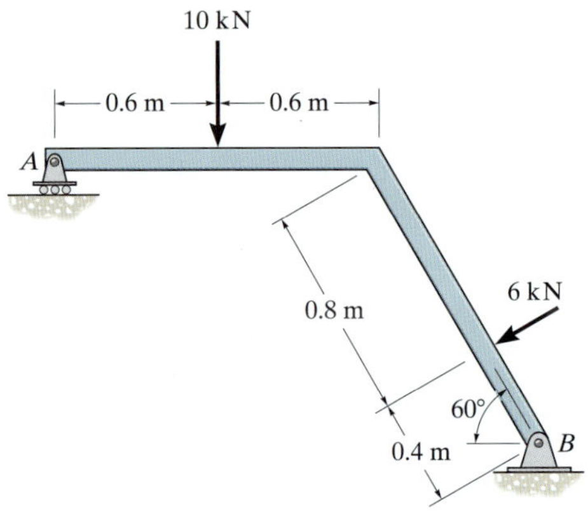

Prob. R4–3

***R4–4.** Determine the horizontal and vertical components of reaction at the pin A and the reaction at the roller B on the lever.

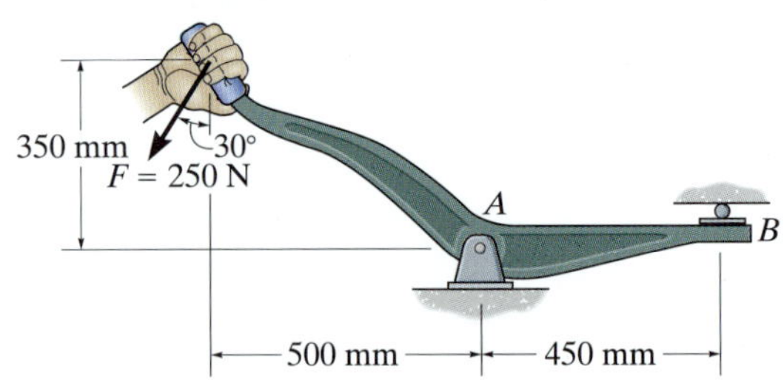

Prob. R4–4

R4–5. Determine the x, y, z components of reaction at the fixed wall A. The 150-N force is parallel to the z axis and the 200-N force is parallel to the y axis.

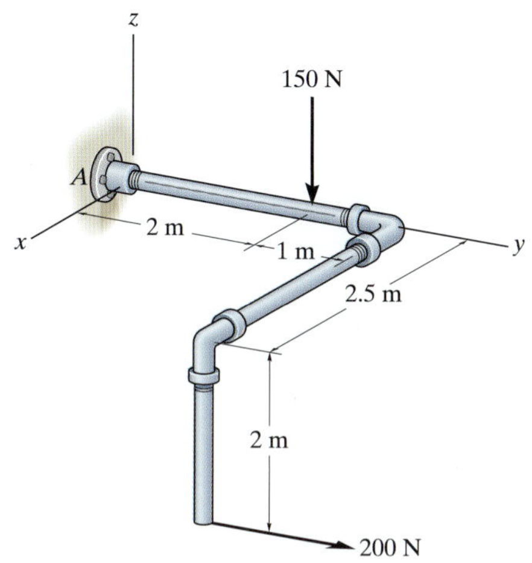

Prob. R4–5

R4–6. A vertical force of 400 N acts on the crankshaft. Determine the horizontal equilibrium force **P** that must be applied to the handle and the x, y, z components of reaction at the journal bearing A and thrust bearing B. The bearings are properly aligned and exert only force reactions on the shaft.

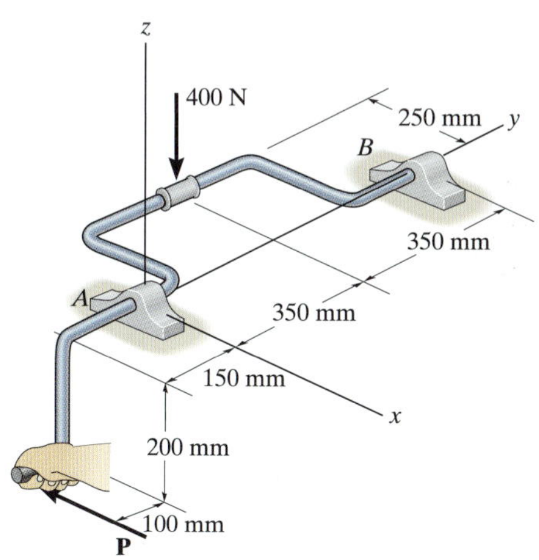

Prob. R4–6

R4–7. The uniform 20-kg ladder rests on the rough floor for which the coefficient of static friction is $\mu_s = 0.4$ and against the smooth wall at B. Determine the horizontal force P the man must exert on the ladder in order to cause it to move.

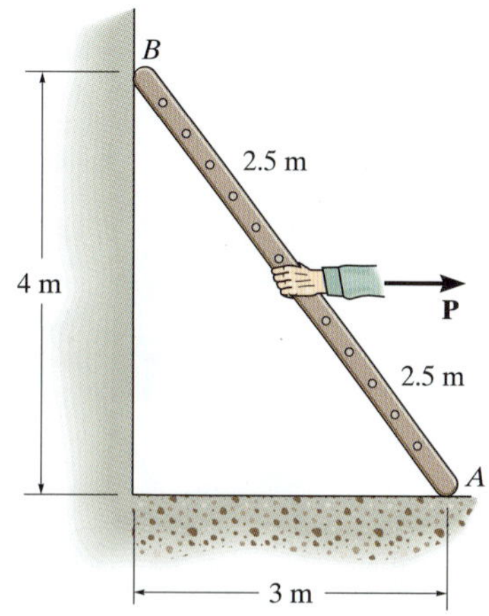

Prob. R4–7

***R4–8.** The uniform 60-kg crate C rests uniformly on a 10-kg dolly D. If the front wheels of the dolly at A are locked to prevent rolling while the wheels at B are free to roll, determine the maximum force **P** that may be applied without causing motion of the crate. The coefficient of static friction between the wheels and the floor is $\mu_f = 0.35$ and between the dolly and the crate, $\mu_d = 0.5$.

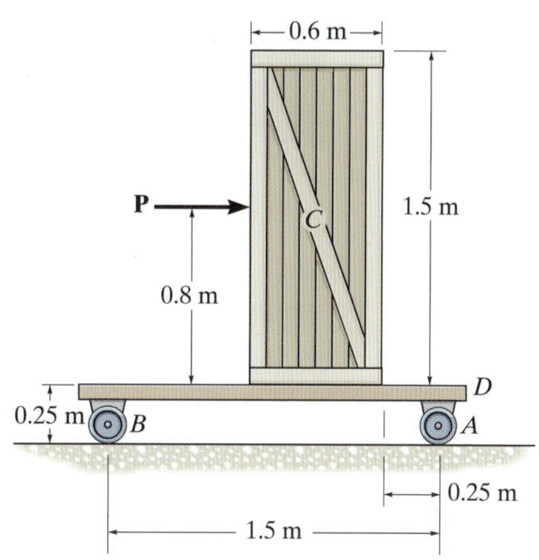

Prob. R4–8

CHAPTER 5

(© Tim Scrivener/Alamy)

여러 부재들로 구성된 이 고소작업차를 설계하기 위해서는 각 부재들이 분담해서 지지하는 힘의 크기를 알아야 한다. 이 장에서는 평형방정식을 이용하여 구조물을 어떻게 해석하는지에 대하여 학습한다.

구조해석

학습목표

- 절점법과 단면법을 이용한 트러스의 부재력 해석
- 핀 연결 부재로 구성된 뼈대구조와 기계의 부재력 해석

5.1 단순 트러스

트러스(truss)란 세장한 부재들의 끝단이 서로 연결되어 구성된 구조물이다. 부재의 재질은 일반적으로 나무나 금속이 사용된다. 특히, 단일 평면에 있는 트러스를 평면트러스라 하며 보통 지붕과 교량을 지지하기 위해 사용된다. 그림 5-1a의 트러스는 전형적인 지붕지지 트러스의 예이다. 여기서, 지붕하중은 중도리(purlin)를 통해 트러스의 연결부로 전달된다. 이 하중은 그림 5-1b의 트러스와 동일 평면에서 작용하기 때문에 트러스 부재에 발생하는 힘은 2차원적으로 해석할 수 있다.

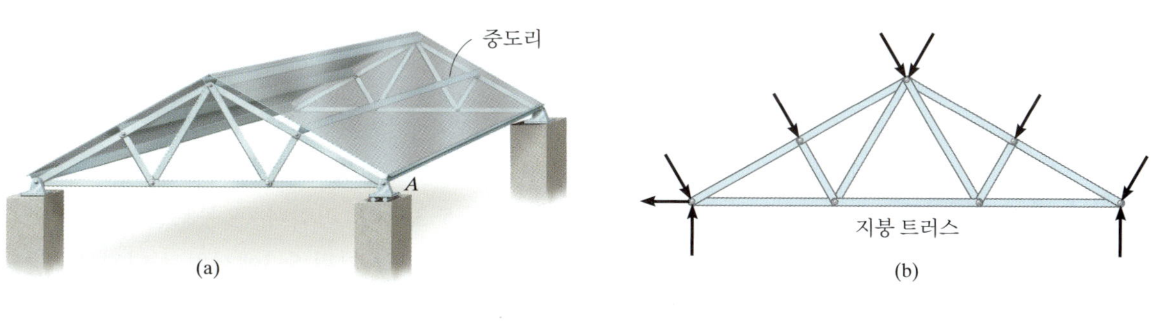

그림 5-1

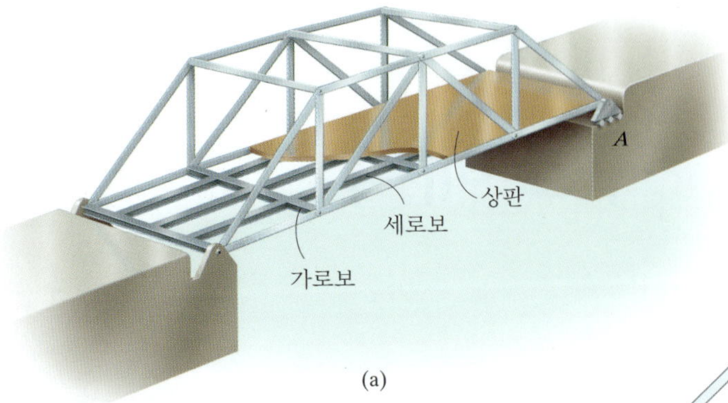

(a)

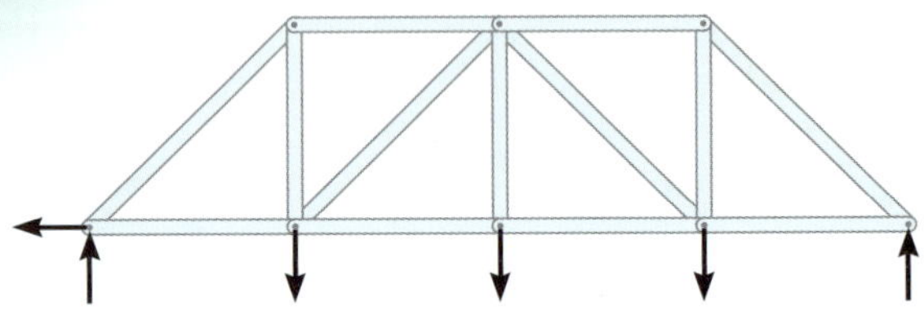

(b)

그림 5-2

5

그림 5-2a의 교량처럼 데크에 가해지는 하중은 먼저 세로보로 전달되고 그 다음에 가로보로 전달되며 그리고 마지막으로 2개의 측면 트러스 연결부에 전달된다. 지붕 트러스에서와 같이 교량 트러스 하중도 그림 5-2b와 같이 평면 하중이다.

교량 또는 지붕 트러스의 길이가 긴 경우에는, 일반적으로 그림 5-1a와 그림 5-2a의 절점 A에서와 같이 한쪽 끝단을 로커와 롤러를 사용하여 지지한다. 이러한 지지는 온도 또는 하중 변화에 따라 부재의 팽창 또는 수축이 자유롭기 위해서다.

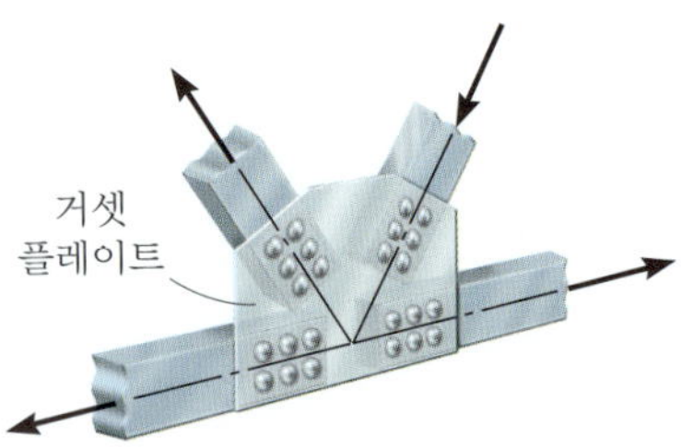

(a)

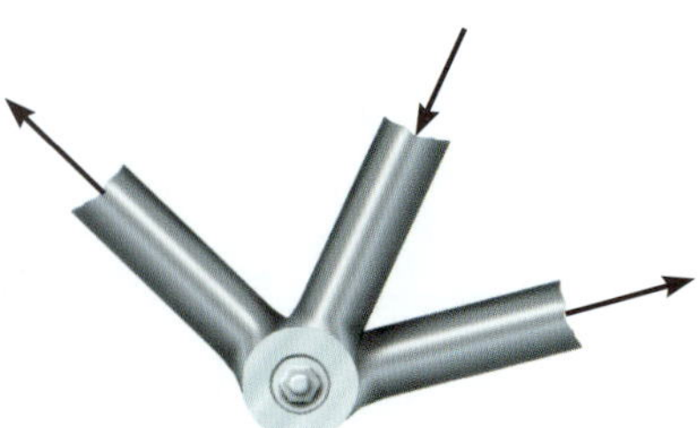

(b)

그림 5-3

설계를 위한 가정. 트러스의 각 부재와 연결을 설계하기 위해서는 먼저 트러스에 하중이 가해질 때 각 부재에 발생하는 힘을 알아야 한다. 이러한 트러스 해석을 위해 다음 2가지 중요한 가정이 요구된다.

- ***모든 하중은 절점에 작용한다.*** 대부분의 경우에 교량이나 지붕 트러스에서 이 가정을 적용할 수 있다. 각 부재에 전달되는 외력이 크기 때문에 보통 자중은 무시된다. 그러나 만약 자중이 해석에 포함되어야 한다면 각 부재 자중의 1/2을 부재의 양쪽 끝단에 수직하중으로 적용하여도 된다.
- ***부재는 마찰이 없는 핀으로 연결되어 있다.*** 트러스 부재들은 볼트나 용접의 방법으로 그림 5-3a에 보이는 **거셋 플레이트**(gusset plate)라고 불리는 판에 연결하거나, 그림 5-3b처럼 핀이나 큰 볼트를 이용하여 각 부재를 관통 연결한다. 이 경우 만약 그림 5-3에서처럼 연결부재들의 중심선이 한 점에서 만난다면 부재들이 핀으로 연결되었다고 가정할 수 있다.

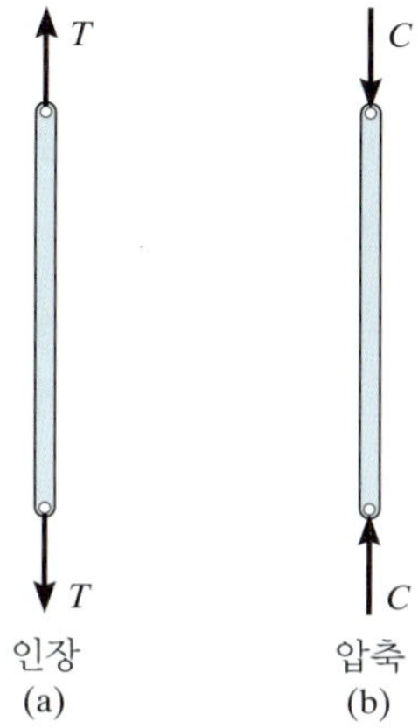

그림 5-4

이 두 가지 가정 때문에 평면 트러스 부재는 2축 힘 부재이며, 이 힘은 각 부재의 끝단에 작용하여 부재의 축을 따라 전달된다. 그림 5-4a처럼 힘에 의해 부재가 늘어지는 경향을 보이면 이 힘은 **인장력**(T, tensile force)이고, 이에 반하여 그림 5-4b에서처럼 부재가 짧아질 때의 힘은 **압축력**(C, compressive force)이라고 한다. 실제 트러스의 설계에서는 부재력이 인장력인지 압축력인지가 중요하다. 보통, 압축부재는 좌굴 또는 기둥영향을 고려하여 인장부재보다 단면적을 크게 한다.

와렌 트러스에 사용된 거셋 플레이트가 보인다.

단순 트러스. 3개의 부재를 사용하여 핀 연결에 의해 그림 5-5와 같이 강결한 삼각형 트러스를 만들 수 있다. 여기에 2개의 부재를 새로운 절점 D에서 연결되도록 추가한다면 그림 5-6처럼 더 큰 트러스를 구성한다. 이런 절차는 매우 큰 트러스를 만들기 위해 계속 반복될 수 있다. 만약 이러한 방법으로 트러스를 만들기 위해 기본 삼각형 트러스를 확장하였다면, 이를 **단순 트러스**(simple truss)라 부른다.

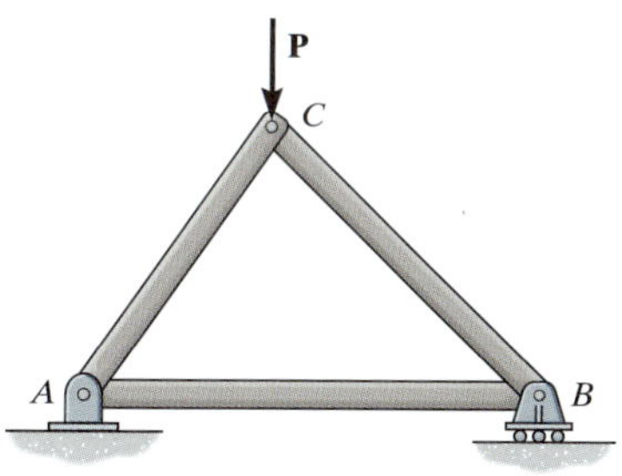

그림 5-5

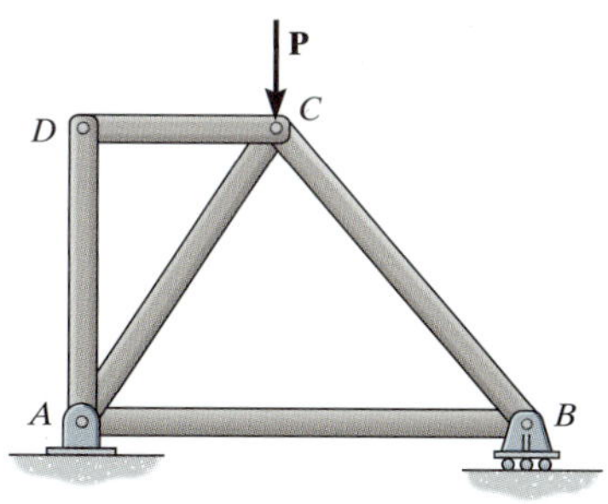

그림 5-6

5.2 절점법

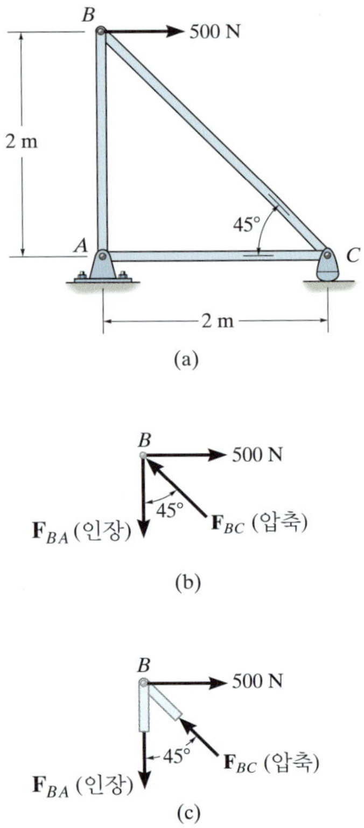

그림 5-7

단순한 지붕 트러스의 부재력은 절점법을 이용하여 계산될 수 있다.

트러스 각 부재의 부재력을 알기 위해 사용되는 한 가지 방법이 **절점법**(method of joints)이다. 이 방법은 트러스가 평형이면 각 절점 또한 평형이라는 원리에 기초한다. 그러므로 각 절점에 작용하는 부재력은 각 절점의 자유물체도에서 힘의 평형방정식, $\Sigma F_x = 0$와 $\Sigma F_y = 0$을 적용하여 구할 수 있다.

예를 들어, 그림 5-7*a*의 트러스 절점 B의 핀을 생각해 보자. 그림 5-7*b*에서 보이는 바와 같이, 3개의 힘, 즉 500 N의 하중과 부재 *BA*와 *BC*가 전달하는 힘이 핀에 작용한다. 여기서, $\mathbf{F}_{BA}$는 핀을 당기고 있으며, 이는 부재 *BA*가 인장력을 받고 있다는 것을 의미하는 것이고, 이에 반해서 $\mathbf{F}_{BC}$는 핀을 밀고 있으므로 부재 *BC*는 압축력을 받고 있다는 것을 의미한다. 이러한 영향들은 그림 5-7*c*와 같이 핀으로 연결된 부재의 일부분을 분리하여 나타냄으로써도 설명될 수 있다. 부재의 일부분에서 당기고 또는 미는 것은 각각 부재에서의 압축 또는 인장의 영향을 의미한다.

절점법을 사용할 때는 항상 그림 5-7*b*처럼 최소한 한 개의 기지력 그리고 많아야 최대 2개의 미지력이 있는 절점에서부터 출발한다. 즉, $\Sigma F_x = 0$와 $\Sigma F_y = 0$의 평형방적식을 적용하면 2개의 미지력을 계산할 수 있는 2개의 연립방정식이 만들어 진다. 이 식들을 적용할 때 다음 2개중 하나의 방법을 사용하여 미지 부재력의 방향을 결정한다.

- 많은 경우에 미지 부재력의 방향은 직관적으로 결정할 수 있다. 예를 들어, 그림 5-7*b*의 $\mathbf{F}_{BC}$의 수평분력 F_{BC} sin 45°가 500 N의 하중과 균형을 맞추기 위해서는 $\mathbf{F}_{BC}$가 핀을 밀고(압축) 있어야 한다($\Sigma F_x = 0$). 같은 방법으로, $\mathbf{F}_{BA}$가 F_{BC}의 수직분력 F_{BC} cos 45°와 균형을 맞추기 위해서는 핀을 당기고(인장) 있어야 한다($\Sigma F_y = 0$). 더 복잡한 경우에는 미지 부재력의 방향을 임의로 가정한다. 가정한 부재력 방향의 적절성 여부는 평형방정식을 적용하여 나온 수치적 결과로부터 규명할 수 있다. 양(+)의 해는 가정한 방향이 적절했다는 의미이고, 음(−)의 해는 실제 방향이 자유물체도에서 가정한 방향과 반대라는 것을 의미한다.

- 절점의 자유물체도에서 미지의 부재력을 항상 핀에 미는 힘인 인장으로 가정하자. 이렇게 한다면, 인장인 부재는 평형방정식의 수치 결과가 양의 값을, 압축인 부재는 음의 값이 될 것이다. 하나의 미지 부재력에 대한 결과가 얻어진 이후의 절점 자유물체도에서는 이미 얻어진 부재력에 대한 정확한 크기와 방향(T or C)을 이용하여 더욱 정확한 가정을 할 수 있다.

요점 IMPORTANT POINTS

- 단순 트러스는 요소들이 3각형 형태로 결합되어진다. 각 부재들의 끝은 핀으로 연결되어지며 하중은 이 연결점에 작용한다고 가정된다.
- 트러스가 평형이면 각 절점 또한 평형을 만족한다. 트러스가 각 절점에 대한 자유물체도가 그려지면, 각 부재의 내적힘이 외력으로 표현된다. 절점을 당기는 힘은 인장 부재력에 의해 발생되고, 미는 힘은 압축 부재력에 의해 발생된다.

풀이 과정 PROCEDURE FOR ANALYSIS

다음 절차는 절점법을 사용한 트러스 해석 방법이다.

- 최소 1개의 기지력과 최대 2개의 미지력이 있는 절점의 자유물체도를 그린다(만약 이 절점이 지점 중 하나라면, 먼저 지점의 외적 반력에 대한 계산이 필요하다).
- 자유물체도에 작용하는 힘을 x와 y 성분으로 쉽게 분해할 수 있도록 x, y축을 정하고, 2개의 평형방정식 $\Sigma F_x = 0$와 $\Sigma F_y = 0$을 적용하여 2개의 미지 부재력을 계산하고 정확한 작용방향을 규명한다.
- 앞서 계산된 결과들을 이용하여 다른 절점을 계속해서 해석해 나간다. 부재가 압축이란 것은 절점을 미는 것이며, 부재가 인장이란 것은 절점을 당기는 것을 기억한다.

5

예제 5.1

그림 5-8a의 트러스에서 각 부재의 부재력을 계산하고, 부재가 인장인지 압축인지를 나타내라.

풀이

2개의 미지력과 1개의 기지력을 가진 절점 B에서 해석을 시작한다.

절점 B. 그림 5-8b는 절점 B의 자유물체도이다. 평형방정식을 적용하면 다음과 같다.

$$\overset{+}{\rightarrow}\Sigma F_x = 0; \quad 500\text{ N} - F_{BC}\sin 45° = 0 \qquad F_{BC} = 707.1\text{ N (C)} \qquad \text{답}$$
$$+\uparrow\Sigma F_y = 0; \quad F_{BC}\cos 45° - F_{BA} = 0 \qquad F_{BA} = 500\text{ N (T)} \qquad \text{답}$$

BC 부재가 계산되었기 때문에, CA 부재력과 로커의 지점 반력을 계산하기 위한 절점 C의 해석을 진행할 수 있다.

절점 C. 그림 5-8c의 절점 C 자유물체도로부터 다음을 구할 수 있다.

$$\overset{+}{\rightarrow}\Sigma F_x = 0; \quad -F_{CA} + 707.1\cos 45°\text{ N} = 0 \qquad F_{CA} = 500\text{ N (T)} \qquad \text{답}$$
$$+\uparrow\Sigma F_y = 0; \quad C_y - 707.1\sin 45°\text{ N} = 0 \qquad C_y = 500\text{ N} \qquad \text{답}$$

절점 A. 이 문제에서 필수적인 것은 아니지만 F_{CA}와 F_{BA}의 결과를 통해 절점 A의 지점 반력을 계산할 수 있다.

그림 5-8d의 자유물체도를 통해 다음을 구할 수 있다.

$$\overset{+}{\rightarrow}\Sigma F_x = 0; \quad 500\text{ N} - A_x = 0 \qquad A_x = 500\text{ N}$$
$$+\uparrow\Sigma F_y = 0; \quad 500\text{ N} - A_y = 0 \qquad A_y = 500\text{ N}$$

주: 그림 5-8e에 해석 결과를 요약하였다. 각 절점(또는 핀)의 자유물체도에서는 연결되는 부재들과 외부 하중의 영향이 모두 보여주고 있는 반면에, 각 부재의 자유물체도에서는 부재 끝단에서의 영향만을 보여주고 있는 것에 주목한다.

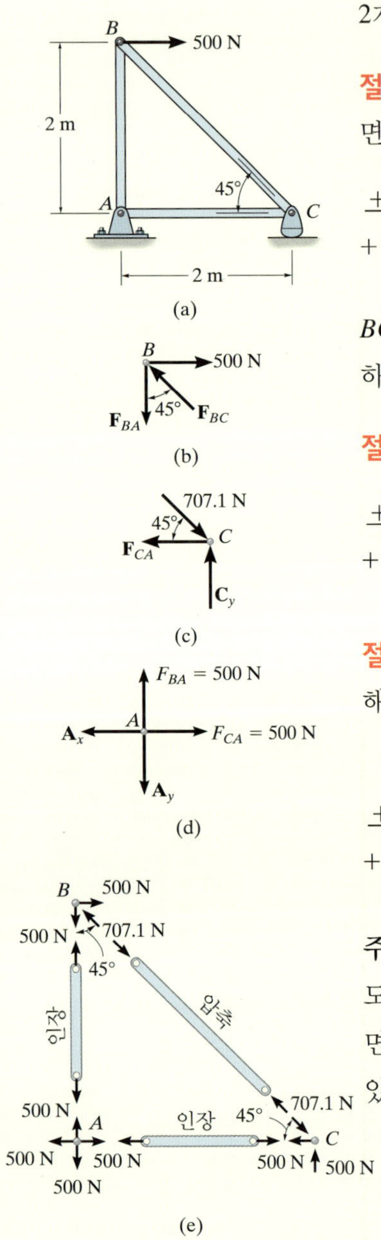

그림 5-8

예제 5.2

그림 5-9a에 보이는 트러스의 각 부재력을 계산하고, 부재가 인장인지 압축인지를 나타내라.

풀이

직관적으로 각 절점마다 2개 이상의 미지력이 작용하는 것을 알 수 있다. 먼저 지점 반력을 계산한다. 그림 5-9b의 자유물체도에서 지점 반력이 정확히 계산되었는지 보여라. 절점 C에서 해석을 시작한다.

절점 C. 그림 5-9c의 자유물체도에서,

$$\overset{+}{\rightarrow}\Sigma F_x = 0; \qquad -F_{CD}\cos 30° + F_{CB}\sin 45° = 0$$
$$+\uparrow\Sigma F_y = 0; \qquad 1.5\text{ kN} + F_{CD}\sin 30° - F_{CB}\cos 45° = 0$$

이 연립방정식을 계산하여 2개의 미지력을 구할 수 있다. 다른 미지력의 작용선에 직각인 축방향을 따라 힘을 합산하여 직접적으로 해를 구할 수도 있다. 예를 들어, 그림 5-9d에서 F_{CD}의 직각방향인 축 y'을 따라 작용하는 힘의 합력으로부터 F_{CB}를 직접적으로 구할 수 있다.

$$+\nearrow\Sigma F_{y'} = 0; \qquad 1.5\cos 30°\text{ kN} - F_{CB}\sin 15° = 0$$
$$F_{CB} = 5.019\text{ kN} = 5.02\text{ kN (C)}$$ 답

다음으로,

$$+\searrow\Sigma F_{x'} = 0;$$
$$-F_{CD} + 5.019\cos 15° - 1.5\sin 30° = 0; \qquad F_{CD} = 4.10\text{ kN (T)}$$ 답

절점 D. 이제 절점 D에서의 해석을 할 수 있다. 자유물체도는 그림 5-9e에 나타나 있다.

$$\overset{+}{\rightarrow}\Sigma F_x = 0; \qquad -F_{DA}\cos 30° + 4.10\cos 30°\text{ kN} = 0$$
$$F_{DA} = 4.10\text{ kN (T)}$$ 답

$$+\uparrow\Sigma F_y = 0; \qquad F_{DB} - 2(4.10\sin 30°\text{ kN}) = 0$$
$$F_{DB} = 4.10\text{ kN (T)}$$ 답

주: 마지막 부재 BA의 힘은 절점 B 또는 절점 A에서 얻을 수 있다. 연습으로, 절점 B의 자유물체도를 그리고 수평방향의 힘을 합하여, $F_{BA} = 0.776$ kN(C)을 보여라.

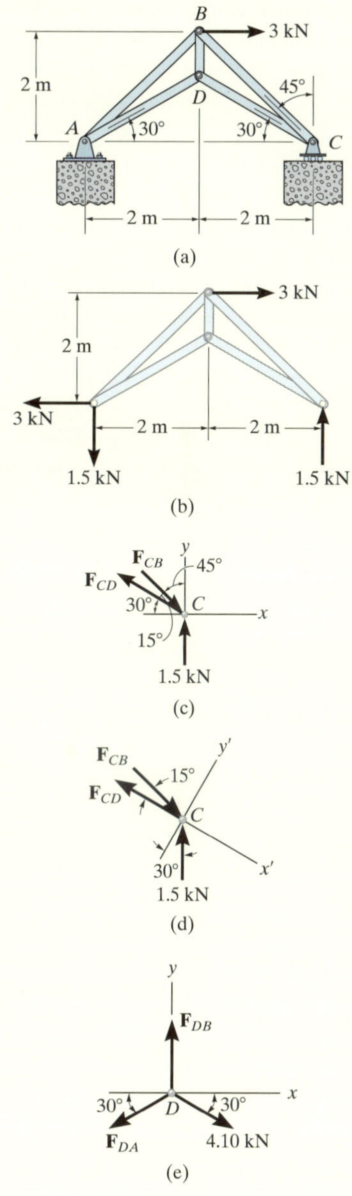

그림 5-9

예제 5.3

그림 5-10a에 보이는 트러스의 각 부재력을 계산하고, 부재가 인장인지 압축인지를 나타내라.

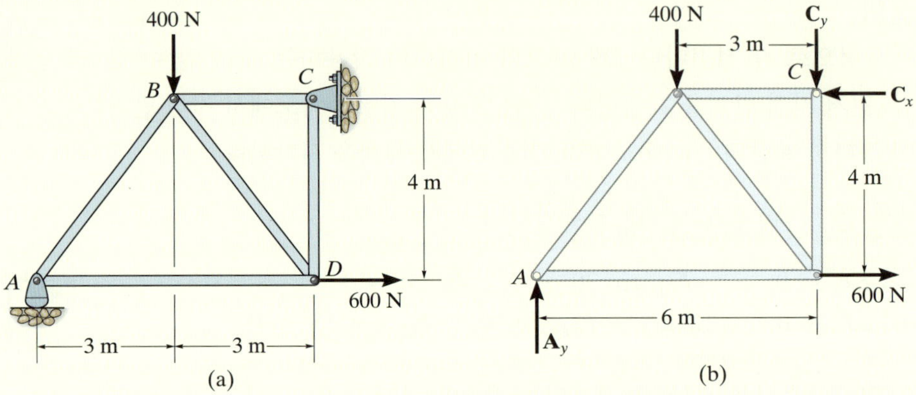

그림 5-10

풀이

지점 반력. 이 문제에서는 지점 반력을 계산하지 않고는 절점을 해석할 수 없다. 왜냐하면 각 절점에는 최소한 3개의 미지력이 있기 때문이다. 그림 5-10b는 전체 트러스의 자유물체도이다. 이것에 대하여 평형방정식을 적용하면 다음을 구할 수 있다.

$$\xrightarrow{+} \Sigma F_x = 0; \qquad 600\text{ N} - C_x = 0 \qquad C_x = 600\text{ N}$$

$$\circlearrowleft + \Sigma M_C = 0; \qquad -A_y(6\text{ m}) + 400\text{ N}(3\text{ m}) + 600\text{ N}(4\text{ m}) = 0$$

$$A_y = 600\text{ N}$$

$$+\uparrow \Sigma F_y = 0; \qquad 600\text{ N} - 400\text{ N} - C_y = 0 \qquad C_y = 200\text{ N}$$

이제 절점 A 또는 절점 C의 해석이 가능하다. 이 절점들의 핀에는 1개의 기지력과 2개의 미지력이 작용하기 때문에 어느 것이나 먼저 선택하여도 상관없다.

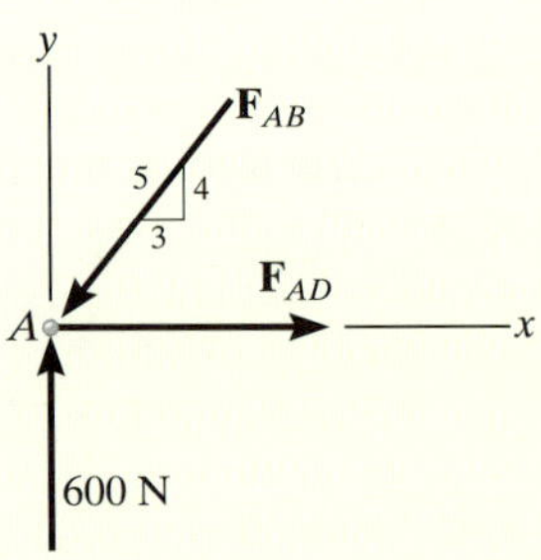

(c)

절점 A. 그림 5-10c에 보이는 자유물체도에서 $\mathbf{F}_{AB}$는 압축, $\mathbf{F}_{AD}$는 인장으로 가정한다. 평형방정식을 적용하면 다음을 구할 수 있다.

$$+\uparrow \Sigma F_y = 0; \qquad 600\text{ N} - \tfrac{4}{5}F_{AB} = 0 \qquad F_{AB} = 750\text{ N} \quad \text{(C)} \qquad \text{답}$$

$$\xrightarrow{+} \Sigma F_x = 0; \qquad F_{AD} - \tfrac{3}{5}(750\text{ N}) = 0 \qquad F_{AD} = 450\text{ N} \quad \text{(T)} \qquad \text{답}$$

절점 *D*. 그림 5-10*d*에서 F_{AD}의 결과를 이용하고 수평력의 합을 구하면 다음을 구할 수 있다.

$$\overset{+}{\rightarrow}\Sigma F_x = 0; \qquad -450\text{ N} + \tfrac{3}{5}F_{DB} + 600\text{ N} = 0 \qquad F_{DB} = -250\text{ N}$$

음(−)의 기호는 그림 5-10*d*에서 가정한 $\mathbf{F}_{DB}$가 반대방향으로 작용하는 것을 나타낸다.* 이에 따라

$$F_{DB} = 250\text{ N (T)} \qquad \text{답}$$

$\mathbf{F}_{DC}$를 계산하기 위해서는 자유물체도에서 $\mathbf{F}_{DB}$의 방향을 정확하게 수정한 후에 $\Sigma F_y = 0$ 적용하거나 또는 이 방정식을 적용하되 F_{DB}의 부호를 음(−)으로 유지하는 방법이 있다. 즉,

$$+\uparrow\Sigma F_y = 0; \qquad -F_{DC} - \tfrac{4}{5}(-250\text{ N}) = 0 \qquad F_{DC} = 200\text{ N} \quad \text{(C)} \qquad \text{답}$$

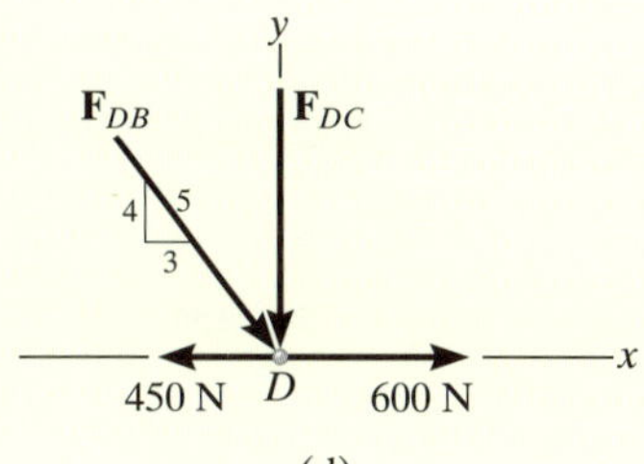

(d)

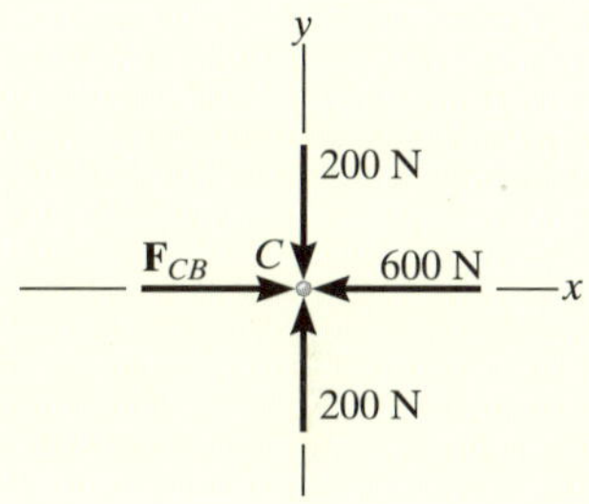

(e)

절점 *C*. (그림 5-10*e*)

$$\overset{+}{\rightarrow}\Sigma F_x = 0; \qquad F_{CB} - 600\text{ N} = 0 \qquad F_{CB} = 600\text{ N} \quad \text{(C)} \qquad \text{답}$$

$$+\uparrow\Sigma F_y = 0; \qquad 200\text{ N} - 200\text{ N} \equiv 0 \text{ (확인)}$$

주: 그림 5-10*f*의 각 절점 및 부재의 자유물체도에 해석 결과를 요약하였다.

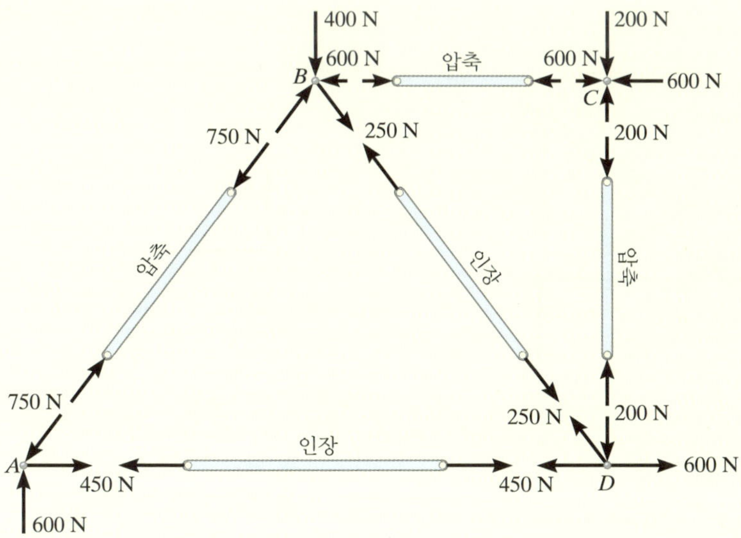

(f)

그림 5-10 (계속)

* 적절한 부호는 $\Sigma F_x = 0$을 적용하기 전에 직관적으로 결정할 수 있다.

5.3 무응력 부재

하중이 전달되지 않는 부재를 찾아낼 수 있다면 절점법을 이용한 트러스의 해석이 보다 간단해진다. 이러한 **무응력 부재**(zero-froce member)는 공사 기간 동안 트러스의 안정성을 증가시키는 목적에 이용되고, 하중 변화에 따른 부가적인 지지 역할을 한다.

트러스의 무응력 부재는 일반적으로 각 절점의 관찰을 통해 찾을 수 있다. 예를 들어, 그림 5-11a를 살펴보자. 절점 A에서 핀의 자유물체도는 그림 5-11b와 같이 그려질 것이고 여기서 AB와 AF는 무응력 부재임을 알 수 있다(만약 절점 F 또는 절점 B의 간략한 자유물체도를 보았다면, 이러한 결론에 다가가지 못했다. 왜냐하면 이 절점들에는 5개의 미지력이 있기 때문이다). 비슷한 방법으로, 절점 D에서의 자유물체도인 그림 5-11c를 검토해 보자. 여기서도 DC와 DE는 무응력 부재임을 알 수 있다. 정리하면, 만약 단 2개의 부재로 트러스 절점을 구성하고 외력이나 지점 반력이 절점에 작용하지 않는다면 그 두 부재는 무응력 부재라는 결론을 낼 수 있다. 결국, 그림 5-11a의 트러스에 가해지는 하중은 그림 5-11d에 보이는 것처럼 5개만의 부재에 의해 지지된다.

그림 5-12a의 트러스를 생각해 보자. 그림 5-12b는 절점 D에서의 핀의 자유물체도이다. DC와 DE 부재를 따라 y축, 그리고 DA 부재를 따라 x축

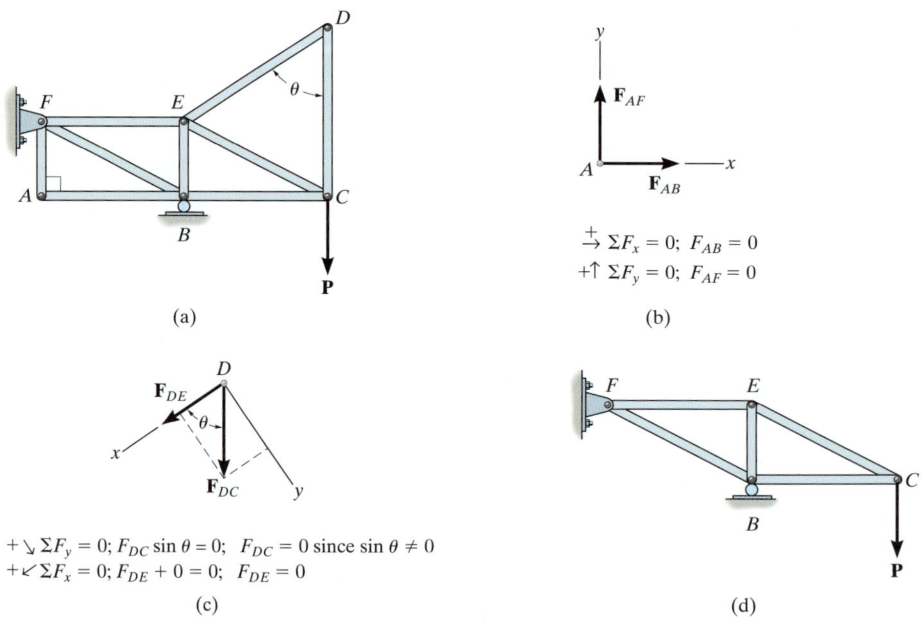

그림 5-11

5

을 설정하면, DA 부재는 무응력 부재임을 알 수 있다. 절점 C의 자유물체도인 그림 5-12c에서 CA 부재도 같은 상황임에 주목하자. 일반적으로 3개의 부재가 트러스의 절점을 구성하고 있고, 2개의 부재가 동일선상에 있으면서 세번째 부재를 따라 작용하는 외력이나 지점 반력의 분력 성분이 없으면, 세번째 부재는 무응력 부재이다. 그림 5-12d는 하중 **P**를 지지하기에 충분한 트러스 형태를 보여준다.

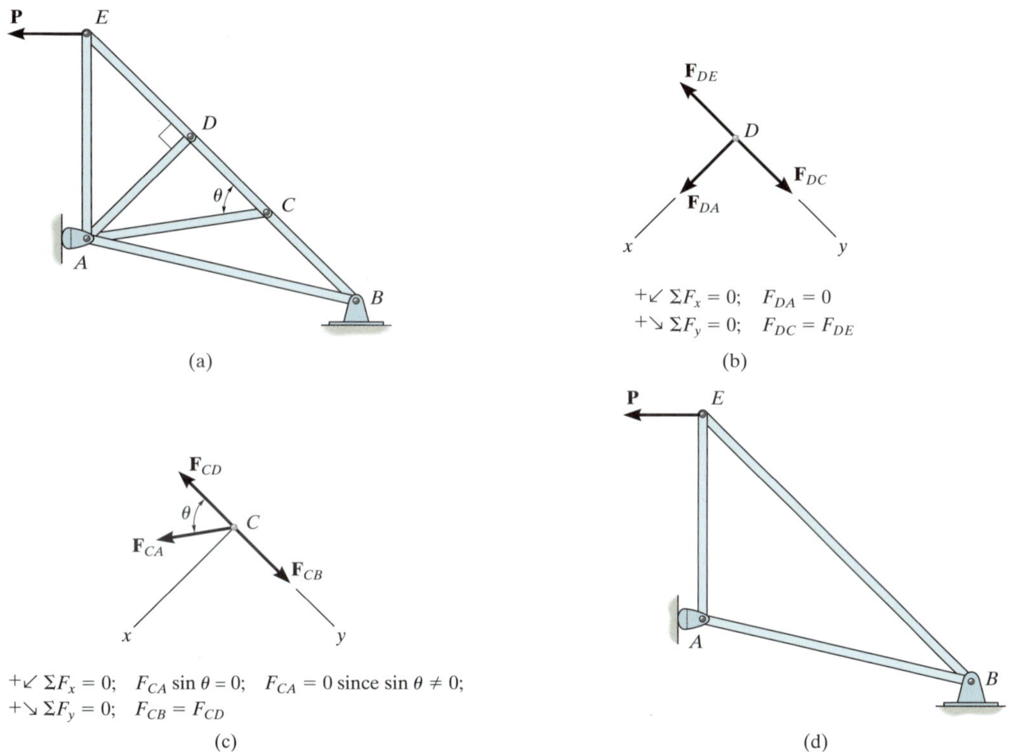

그림 5-12

요점 IMPORTANT POINTS

- 무응력 부재는 하중을 지지하지 않는다. 그러나 무응력 부재는 트러스의 안정성을 위해 필요하며, 부가하중이 트러스의 절점에 작용할 때 유용하다. 이들 부재는 보통 직관에 의해 구별된다. 단 2개의 부재로 트러스 절점을 구성하고 외력이나 지점 반력이 절점에 작용하지 않는다면 그 두 부재는 무응력 부재이다. 2개의 부재가 동일선상에 있으면서 세번째 부재를 따라 작용하는 외력이나 지점 반력의 분력 성분이 없으면, 세번째 부재는 무응력 부재이다.

예제 5.4

그림 5-13a에 보이는 핑크 루프 트러스에서 무응력 부재를 전부 찾아라. 모든 절점은 핀 연결된 것으로 가정한다.

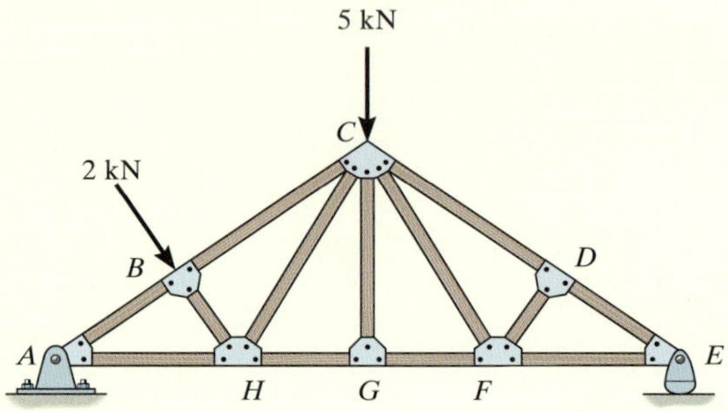

(a)

그림 5-13

풀이

2개의 부재가 동일선상에 있으면서 3개의 부재가 연결된 절점을 찾아라.

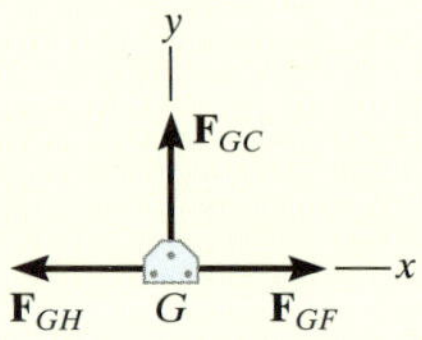

(b)

절점 *G*. (그림 5-13b)

$+\uparrow \Sigma F_y = 0;$ $\qquad F_{GC} = 0$ **답**

절점 C에는 5개의 미지력이 있으므로 C점을 고려하여서 GC가 무응력 부재라고 결론지을 수는 없다. GC가 무응력 부재라는 것은 C에 작용하는 하중 5 kN은 CB, CH, CF 그리고 CD 부재가 지지한다는 것을 뜻한다.

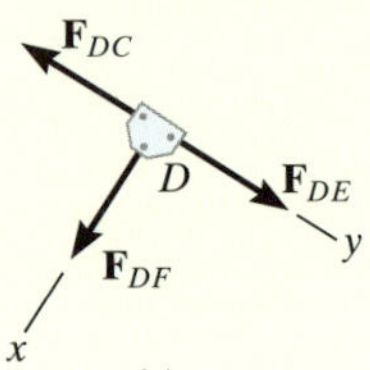

(c)

절점 *D*. (그림 5-13c)

$+\swarrow \Sigma F_x = 0;$ $\qquad F_{DF} = 0$ **답**

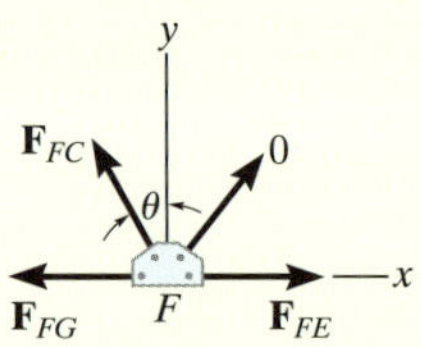

(d)

절점 *F*. (그림 5-13d)

$+\uparrow \Sigma F_y = 0;$ $\qquad F_{FC} \cos\theta = 0$ 왜냐하면 $\theta \neq 90°$, $\qquad F_{FC} = 0$ **답**

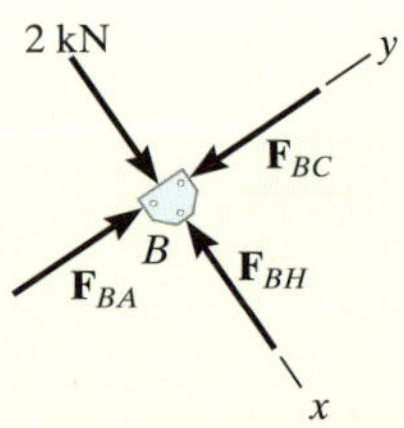

(e)

주: 그림 5-13e의 절점 B를 해석하면

$+\searrow \Sigma F_x = 0;$ $\qquad 2\text{ kN} - F_{BH} = 0 \qquad F_{BH} = 2\text{ kN}$ (C)

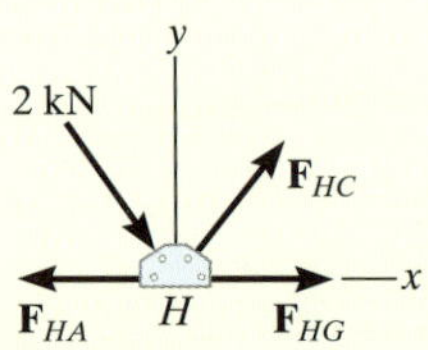

(f)

또한, 그림 5-13f에서 F_{HC}는 $\Sigma F_y = 0$을 만족하여야 하므로, HC 부재는 무응력 부재가 아니다.

PRELIMINARY PROBLEMS

P5–1. In each case, calculate the support reactions and then draw the free-body diagrams of joints A, B, and C of the truss.

P5–2. Identify the zero-force members in each truss.

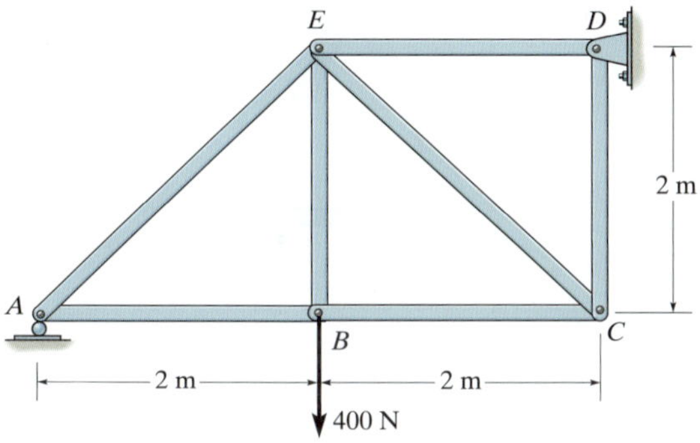

(a)

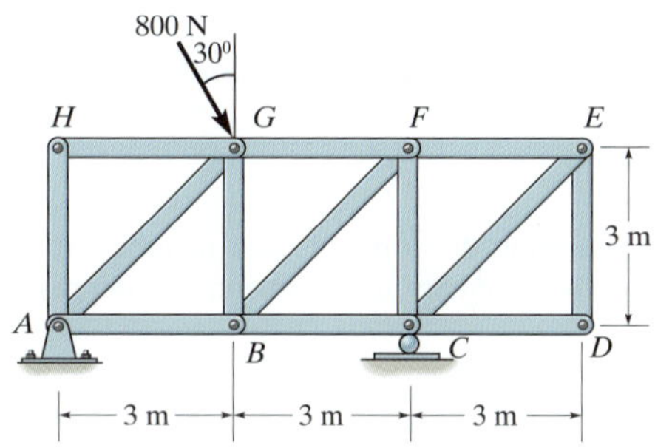

(a)

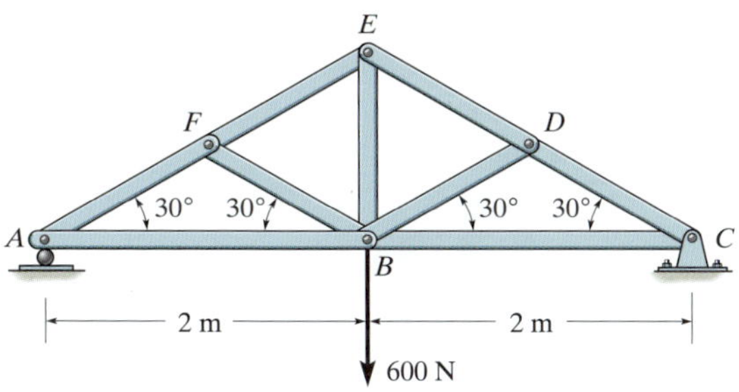

(b)

Prob. P5–1

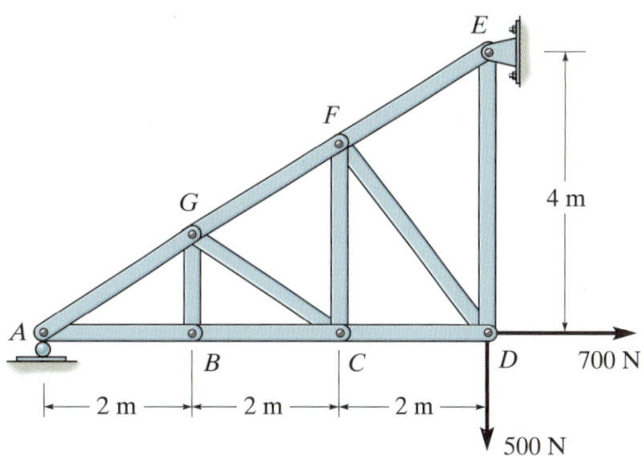

(b)

Prob. P5–2

FUNDAMENTAL PROBLEMS

All problem solutions must include FBDs.

F5–1. Determine the force in each member of the truss and state if the members are in tension or compression.

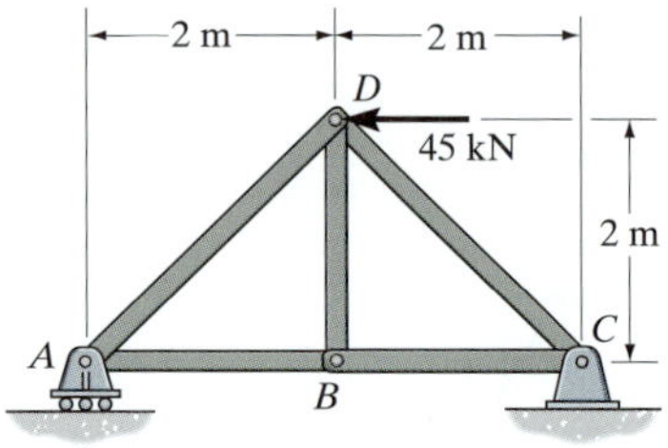

Prob. F5–1

F5–2. Determine the force in each member of the truss and state if the members are in tension or compression.

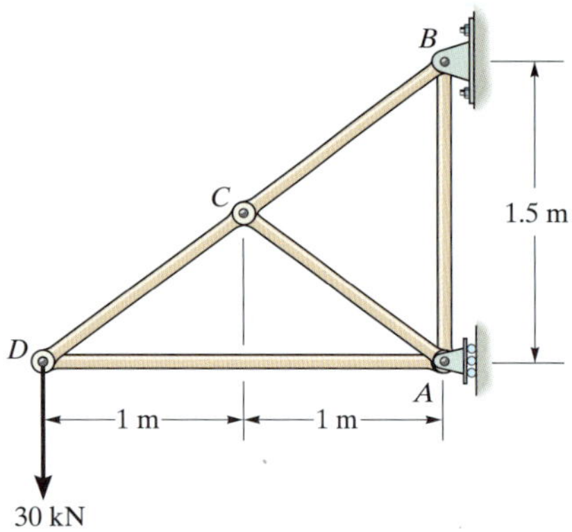

Prob. F5–2

F5–3. Determine the force in each member of the truss and state if the members are in tension or compression.

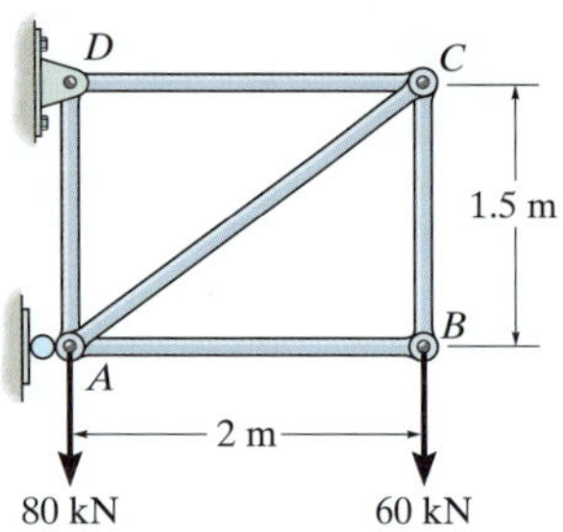

Prob. F5–3

F5–4. Determine the greatest load P that can be applied to the truss so that none of the members are subjected to a force exceeding either 2 kN in tension or 1.5 kN in compression.

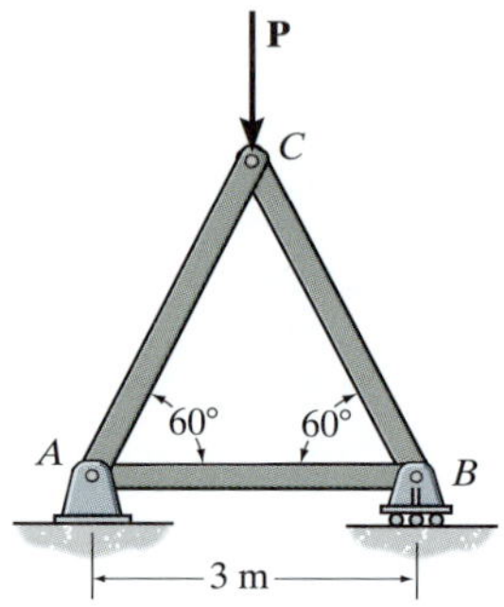

Prob. F5–4

F5–5. Identify the zero-force members in the truss.

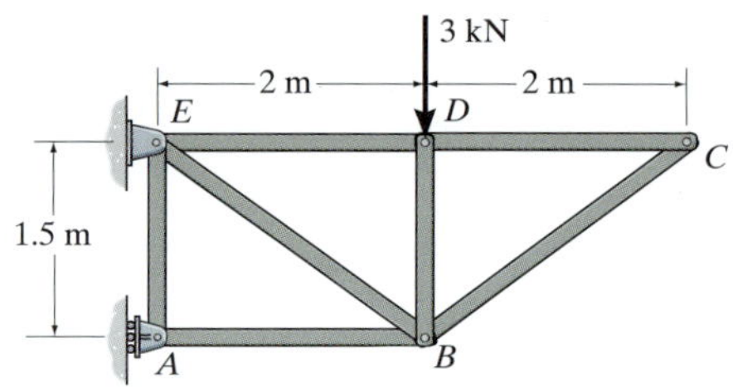

Prob. F5–5

F5–6. Determine the force in each member of the truss and state if the members are in tension or compression.

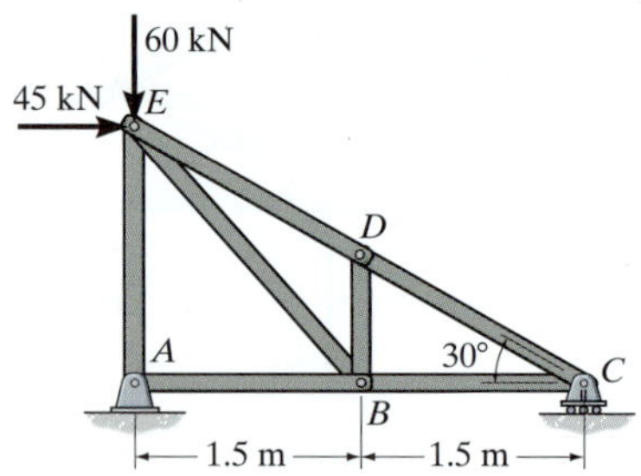

Prob. F5–6

PROBLEMS

All problem solutions must include FBDs.

5–1. Determine the force in each member of the truss, and state if the members are in tension or compression. Set $\theta = 0°$.

5–2. Determine the force in each member of the truss, and state if the members are in tension or compression. Set $\theta = 30°$.

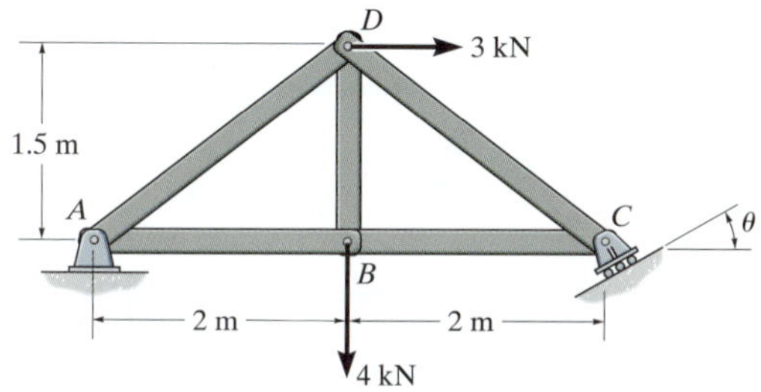

Probs. 5–1/2

5–3. Determine the force in each member of the truss and state if the members are in tension or compression.

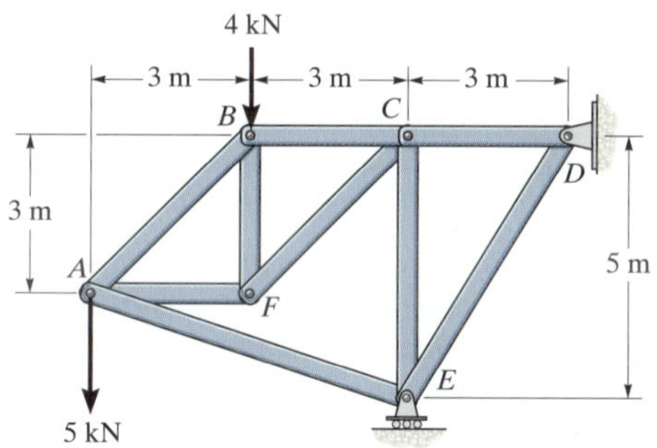

Prob. 5–3

***5–4.** Determine the force in each member of the double scissors truss in terms of the load P and state if the members are in tension or compression.

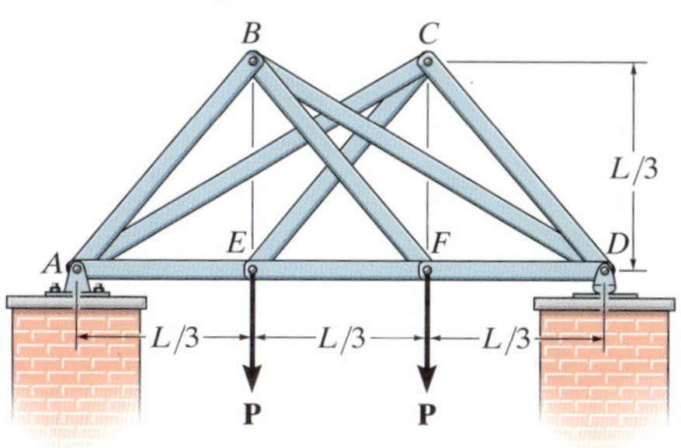

Prob. 5–4

5–5. Determine the force in each member of the truss and state if the members are in tension or compression. Assume each joint as a pin. Set $P = 4$ kN.

5–6. Assume that each member of the truss is made of steel having a mass per length of 4 kg/m. Set $P = 0$, determine the force in each member, and indicate if the members are in tension or compression. Neglect the weight of the gusset plates and assume each joint is a pin. Solve the problem by assuming the weight of each member can be represented as a vertical force, half of which is applied at the end of each member.

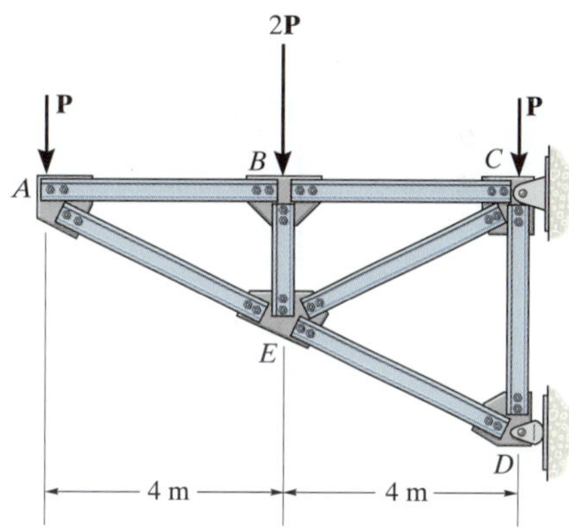

Prob. 5–5/6

5–7. Determine the force in each member of the truss and state if the members are in tension or compression. Set $P_1 = 20$ kN, $P_2 = 10$ kN.

***5–8.** Determine the force in each member of the truss and state if the members are in tension or compression. Set $P_1 = 45$ kN, $P_2 = 30$ kN.

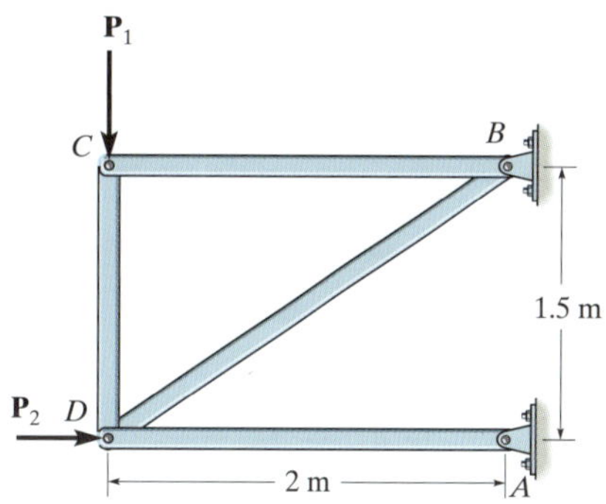

Probs. 5–7/8

5–9. Determine the force in each member of the truss and state if the members are in tension or compression. Set $P_1 = 9$ kN, $P_2 = 15$ kN.

5–10. Determine the force in each member of the truss and state if the members are in tension or compression. Set $P_1 = 30$ kN, $P_2 = 15$ kN.

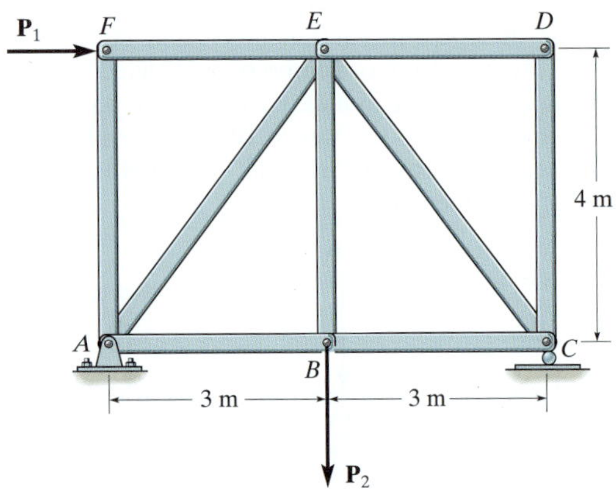

Probs. 5–9/10

5–13. Determine the force in each member of the truss and state if the members are in tension or compression. Set $P = 8$ kN.

5–14. If the maximum force that any member can support is 8 kN in tension and 6 kN in compression, determine the maximum force P that can be supported at joint D.

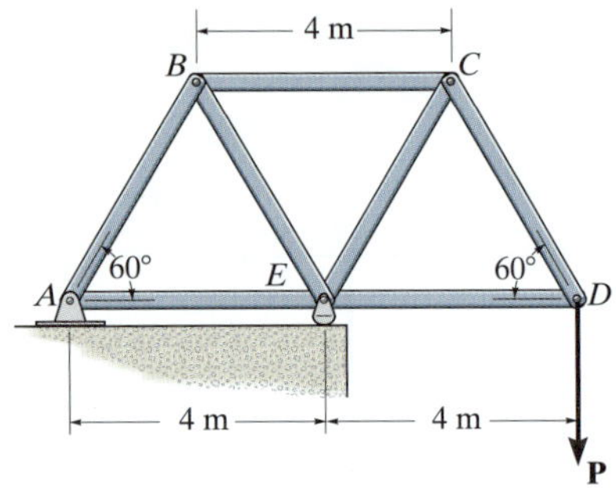

Probs. 5–13/14

5–11. Determine the force in each member of the truss in terms of the load P, and indicate whether the members are in tension or compression.

***5–12.** If the maximum force that any member can support is 4 kN in tension and 3 kN in compression, determine the maximum force P that can be applied at joint B. Take $d = 1$ m.

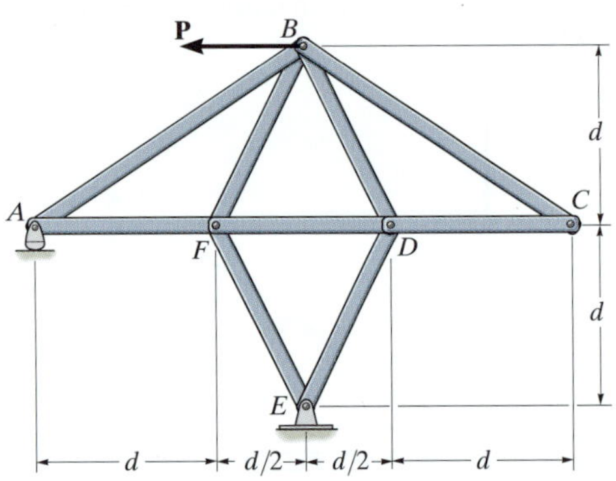

Probs. 5–11/12

5–15. Determine the force in each member of the truss and state if the members are in tension or compression. Set $P_1 = 10$ kN, $P_2 = 8$ kN.

***5–16.** Determine the force in each member of the truss and state if the members are in tension or compression. Set $P_1 = 8$ kN, $P_2 = 12$ kN.

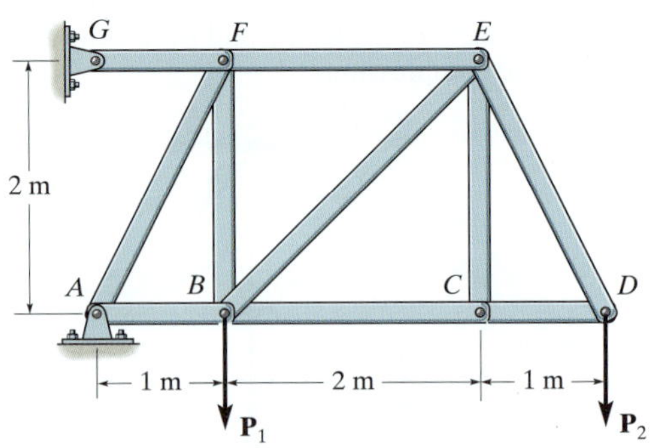

Probs. 5–15/16

5.4 단면법

트러스에서 단지 몇몇 부재만의 힘을 알아내고자 할 때는, **단면법**(method of sections)을 사용하여 트러스를 해석하는 것이 편리하다. 단면법은 트러스가 평형이면 트러스 내부의 어떤 절단 부분도 역시 평형이라는 원리에 기초한다. 예를 들어, 그림 5-14에 보여진 2개의 트러스 부재를 생각해 보자. 부재 내의 힘이 결정되어져 있다면 파란색으로 표시된 임의의 단면으로 두 부분을 가상으로 절단할 수 있고 부재의 내력을 외력과 같이 자유물체도에 보인다면 오른쪽과 같다. 평형조건은 인장(T)의 부재는 당김을 받고 반대로 압축(C) 부재는 밀림을 받는다는 것을 분명하게 만족함을 규명시킨다.

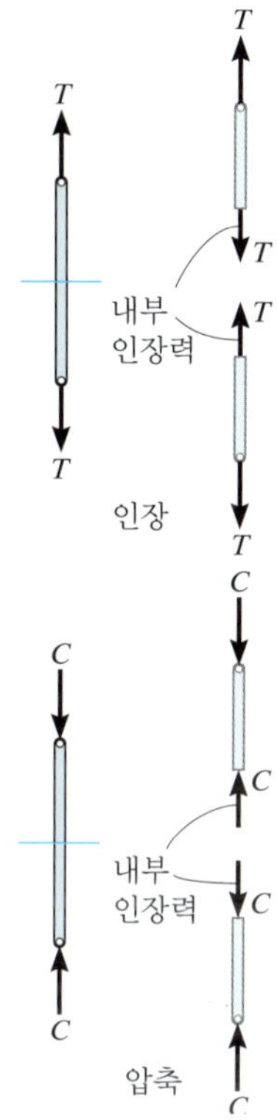

그림 5-14

단면법은 트러스의 부재단면 또는 절단된 트러스 부분에 적용된다. 만약 절단면이 트러스를 가로지르고 2개의 절단된 트러스 부분 중 어느 하나의 자유물체도가 그려진다면, 절단면에서의 부재력을 계산하기 위한 평형방정식을 그 자유물체도에 적용할 수 있다. 어느 절단된 트러스 부분에서도 3개의 평형방정식($\Sigma F_x = 0$, $\Sigma F_y = 0$, $\Sigma M_O = 0$)만을 적용할 수 있기 때문에, 일반적으로 미지력을 가진 3개 미만의 부재가 포함되도록 절단면을 선택하여야 한다. 예를 들어, 그림 5-15*a*의 트러스를 생각해 보자. 만약 부재 *BC*, *GC* 그리고 *GF*의 부재력을 결정하고자 한다면, 단면 *aa*가 적당할 것이다. 그림 5-15*b*와 5-15*c*에 절단된 두 부분의 자유물체도가 있다. 트러스 부재력은 부재축을 따라서 작용하므로, 각 부재력의 작용선은 트러스의 기하구조로부터 정해진다. 또한 절단된 트러스 한 부분의 부재력은 뉴턴의 제3법칙에 따라 다른 부분의 부재력 작용방향과 반대이면서 그 크기는 같다. 부재 *BC*와 *GC*는 당김을 받기 때문에 인장으로 가정되고 반면에 *GF*는 밀림을 받기 때문에 압축으로 가정한다.

그림 5-15*b*의 자유물체도에 대하여 3개의 평형방정식을 적용함으로써 3개의 미지 부재력 $\mathbf{F}_{BC}$, $\mathbf{F}_{GC}$ 그리고 $\mathbf{F}_{GF}$를 구할 수 있다. 하지만 만약 그

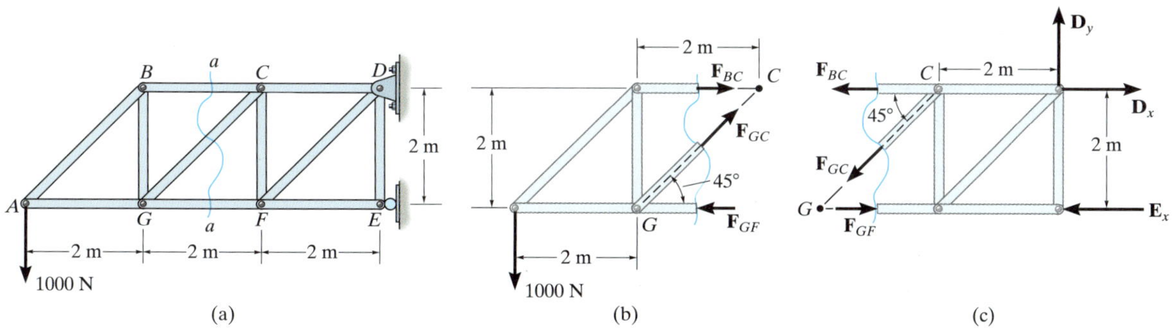

그림 5-15

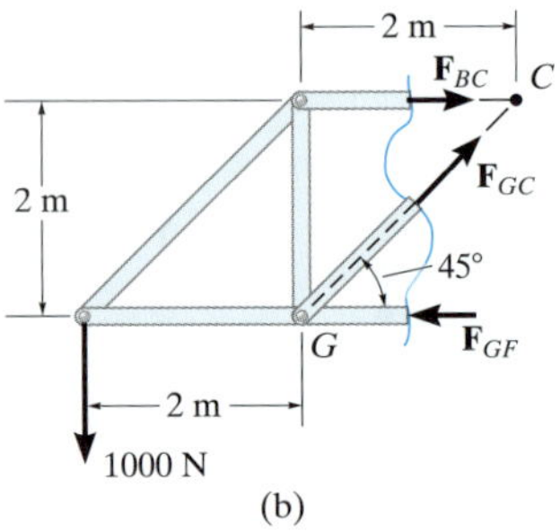

그림 5-15 (계속)

림 5-15*c*의 자유물체도를 선택한다면 3개의 지점 반력 $\mathbf{D}_x$, $\mathbf{D}_y$ 그리고 $\mathbf{E}_x$를 먼저 알아야 한다. 왜냐하면 3개의 평형방정식만을 사용할 수 있기 때문이다(물론, 이는 전체 트러스의 자유물체도를 고려하면서 트러스를 해석하는 일반적인 절차이다).

평형방정식을 적용할 때 연립방정식의 해를 계산하는 절차를 거치는 것보다는 각각의 미지력에 대하여 직접해를 구할 수 있도록 주의깊게 방정식을 수립하는 것이 필요하다. 예를 들어, 그림 5-15*b*의 트러스 부분을 사용하고 *C*점에 대하여 모멘트를 계산하면 $\mathbf{F}_{BC}$와 $\mathbf{F}_{GC}$가 *C*점에 대하여 0의 모멘트 값을 가지기 때문에 $\mathbf{F}_{GF}$에 대한 해를 즉각적으로 구할 수 있다. 또한 $\mathbf{F}_{BC}$도 *G*점에 대하여 모멘트를 계산함으로써 직접적으로 구할 수 있다. 마지막으로 $\mathbf{F}_{GF}$와 $\mathbf{F}_{BC}$가 수직성분을 가지지 않기 때문에 $\mathbf{F}_{GC}$는 수직방향의 힘에 대한 합을 계산함으로써 직접적으로 구할 수 있다. 결국 특정 트러스 부재의 힘을 직접적으로 구할 수 있는 것이 단면법을 사용하는 주요 이점 중 하나이다.*

5

절점법처럼 미지 부재력의 올바른 방향을 결정하는 데는 2가지 방법이 있다.

- 많은 경우에 미지 부재력의 방향은 세심한 검토를 통해 결정할 수 있다. 예를 들어, $\mathbf{F}_{BC}$는 그림 5-15*b*에서 표현된 것처럼 G점에 관한 모멘트 평형을 위해 1000 N에 의한 모멘트와는 반대방향의 모멘트를 가져야하기 때문에 인장력이어야 한다. 또한 $\mathbf{F}_{GC}$는 수직성분이 아래로 향하고 있는 1000 N과 균형을 이뤄야 하기 때문에 인장이다. 좀 더 복잡한 경우의 미지 부재력의 방향은 임의로 가정할 수 있다. 만약 해석 결과가 음(−)의 스칼라이면 올바른 힘의 방향은 자유물체도에서 가정한 것과 반대방향이라는 것을 의미한다.
- 절단면의 미지 부재력을 항상 인장력 즉, 부재가 당겨질 것이라고 가정한다. 이렇게 함으로써 평형방정식의 수치해석 결과가 인장부재의 경우에는 양(+)의 스칼라, 그리고 압축부재의 경우에는 음(−)의 스칼라로 계산될 것이다.

프렛 트러스의 부재력은 단면법을 사용하여 쉽게 계산할 수 있다.

---

* 절점법으로 부재 *GC*의 부재력을 산정하는 경우에는 *A*, *B* 그리고 *G*점에 대하여 차례로 절점법을 적용하여 계산할 필요가 있다.

요점 IMPORTANT POINTS

- 트러스가 평형이면 트러스 내부의 어떤 절단 부분도 역시 평형이 된다. 트러스의 한 절단 부분에 대한 자유물체도가 그려졌다면 부재의 내력은 외력이 된다. 당김을 받는 부재는 부재에 인장을 유발하고, 밀림을 받는 부재는 부재에 압축을 유발한다.

단순 트러스는 기둥과 타워의 자중을 줄이기 위해 대형 건설용 크레인에 종종 사용된다.

풀이 과정 PROCEDURE FOR ANALYSIS

트러스의 부재력을 다음의 절차에 따라 단면법으로 구할 수 있다.

자유물체도

- 부재력이 계산되는 부재들을 관통하면서 트러스를 어떻게 절단 또는 분리할지 결정한다.
- 트러스를 적당한 부분으로 절단하기 전에 먼저 절단 부분의 지점 반력을 결정해야 한다. 그런 뒤, 3개의 평형방정식을 사용하여 트러스의 절단된 단면에 대한 부재력을 계산한다.
- 트러스에 작용하는 힘이 최소 개수가 되는 절단 부분의 자유물체도를 그린다.

평형방정식

- 2개의 미지 부재력 작용선상의 교차점에 놓여 있는 점에 대하여 모멘트 합을 계산한다. 이렇게 하면 세 번째 미지력을 모멘트 평형방정식으로부터 직접 계산할 수 있다.
- 미지 부재력 2개가 서로 평행이라면 이 미지력 방향에 직각인 방향으로 힘을 합산하여 세 번째 미지력을 직접 계산할 수 있다.

5

예제 5.5

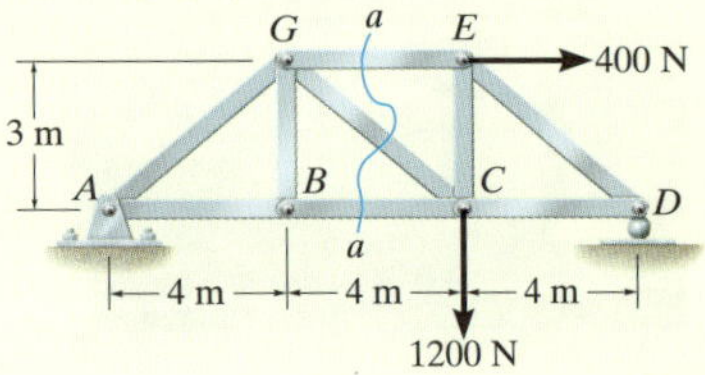

(a)

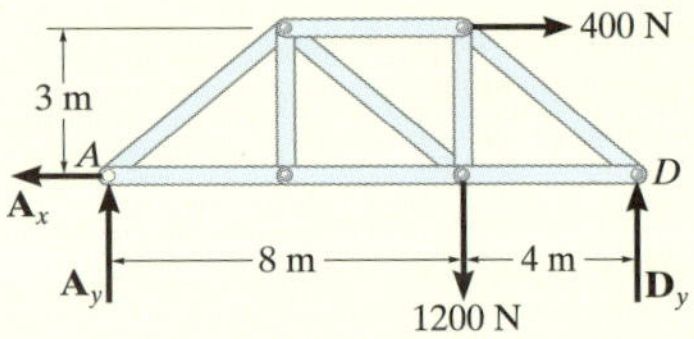

(b)

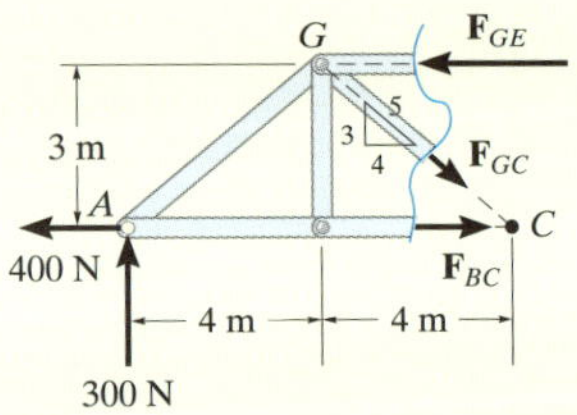

(c)

그림 5-16

그림 5-16a의 트러스 부재 GE, GC 그리고 BC의 부재력을 계산하라. 그리고 이들 부재가 인장인지 압축인지 나타내라.

풀이

그림 5-16a의 단면 aa는 미지의 부재력을 가진 부재가 3개이므로 선택되었다. 그러나 단면법을 사용하기 위해서는 A와 D에서의 외부 지점 반력을 결정하는 것이 먼저 필수적이다. 트러스 전체의 자유물체도는 그림 5-16b에 나타나 있다. 평형방정식을 적용하여 다음과 같이 구할 수 있다.

$$\xrightarrow{+} \Sigma F_x = 0; \qquad 400\text{ N} - A_x = 0 \qquad A_x = 400\text{ N}$$

$$\circlearrowleft + \Sigma M_A = 0; \qquad -(1200\text{ N})(8\text{ m}) - (400\text{ N})(3\text{ m}) + D_y(12\text{ m}) = 0$$

$$D_y = 900\text{ N}$$

$$+\uparrow \Sigma F_y = 0; \qquad A_y - 1200\text{ N} + 900\text{ N} = 0 \qquad A_y = 300\text{ N}$$

자유물체도. 그림 5-16c와 같이 절단된 트러스 단면의 왼쪽 부분에 대한 자유물체도의 힘의 개수가 최소이기 때문에 해석에 선택될 것이다.

평형방정식. G점에 대하여 모멘트를 합하면 $\mathbf{F}_{GE}$와 $\mathbf{F}_{GC}$가 제거되고 힘 F_{BC}를 직접적으로 구할 수 있다.

$$\circlearrowleft + \Sigma M_G = 0; \quad -(300\text{ N})(4\text{ m}) - (400\text{ N})(3\text{ m}) + F_{BC}(3\text{ m}) = 0$$

$$F_{BC} = 800\text{ N} \quad \text{(T)}$$ 답

같은 방식으로 점 C에 대하여 모멘트를 합하면 힘 $\mathbf{F}_{GE}$를 직접적으로 구할 수 있다.

$$\circlearrowleft + \Sigma M_C = 0; \quad -(300\text{ N})(8\text{ m}) + F_{GE}(3\text{ m}) = 0$$

$$F_{GE} = 800\text{ N} \quad \text{(C)}$$ 답

$\mathbf{F}_{BC}$와 $\mathbf{F}_{GE}$는 수직 성분을 가지고 있지 않기 때문에 y방향으로 힘을 합하면 $\mathbf{F}_{GC}$를 직접적으로 구할 수 있다.

$$+\uparrow \Sigma F_y = 0; \qquad 300\text{ N} - \tfrac{3}{5}F_{GC} = 0$$

$$F_{GC} = 500\text{ N} \quad \text{(T)}$$ 답

주: 직관적으로 미지 부재력의 방향을 정확히 판단하는 것이 가능하다. 예를 들어, C점에 관한 300 N의 모멘트가 모멘트 평형방정식 $\Sigma M_C = 0$를 만족하기 위해서는 압축을 받는 $\mathbf{F}_{GE}$가 요구된다.

예제 5.6

그림 5-17a의 트러스 부재 CF의 부재력을 계산하라. 그리고 이 부재가 인장인지 압축인지 나타내라. 각 부재는 핀 연결로 가정한다.

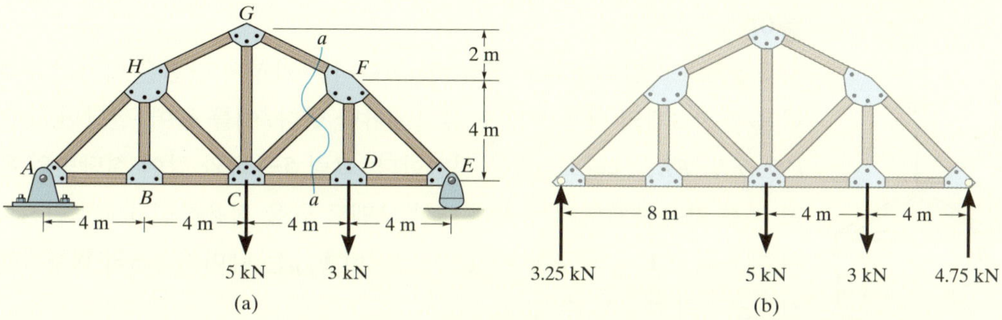

그림 5-17

풀이

자유물체도. 그림 5-17a의 aa 단면은 절단된 트러스의 오른쪽이나 왼쪽 부분 자유물체도에서 부재 CF의 내력을 외력처럼 나타낼 것이다. 그러나 오른쪽이든 왼쪽이든 먼저 지점 반력의 계산이 필요하다. 그림 5-17b의 자유물체도에 있는 결과를 확인하라.

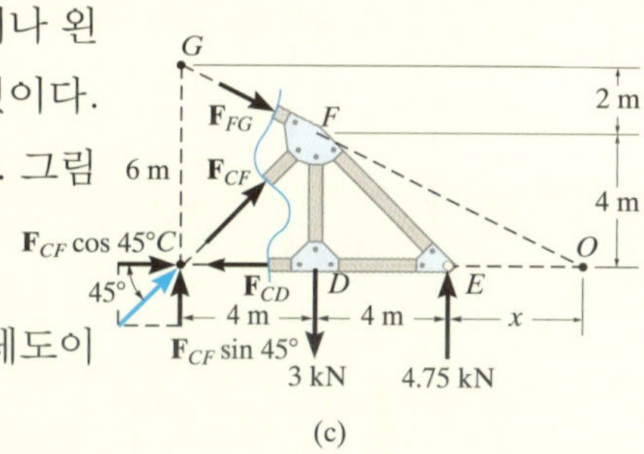

그림 5-17c는 해석하기에 더 쉬운 트러스의 오른쪽 부분 자유물체도이다. 여기에는 3개의 미지력 F_{FG}, F_{CF}, F_{CD}가 있다.

평형방정식. 2개의 미지력 F_{FG}와 F_{CD}를 제거하기 위해 O점에 관한 모멘트 평형을 적용할 것이다. O점의 위치는 E점으로부터 삼각형의 비례율로부터 구할 수 있다. 즉, $4/(4 + x) = 6/(8 + x)$, $x = 4$ m이다. 다른 방법을 이용하면, 부재 GF의 기울기는 수평거리 4 m에 2 m 낮아진다. 따라서, 그림 5-17c에서 FD가 4 m이기 때문에 D에서 O까지의 거리는 8 m가 된다.

O점에 관하여 $\mathbf{F}_{CF}$의 모멘트를 결정하는 쉬운 방법으로는 이동의 원리를 사용하는 것이다. 즉, C점으로 $\mathbf{F}_{CF}$를 이동시키고, 그런 다음 두 직각 성분으로 $\mathbf{F}_{CF}$를 분리한다. 따라서, 다음을 구할 수 있다.

$$\circlearrowleft + \Sigma M_O = 0;$$

$$-(F_{CF} \sin 45°)(12 \text{ m}) + (3 \text{ kN})(8 \text{ m}) - (4.75 \text{ kN})(4 \text{ m}) = 0$$

$$F_{CF} = 0.589 \text{ kN} \quad \text{(C)}$$

답

예제 5.7

그림 5-18a에 보인 지붕 트러스의 부재 EB의 부재력을 계산하고, 부재가 인장인지 압축인지 나타내라.

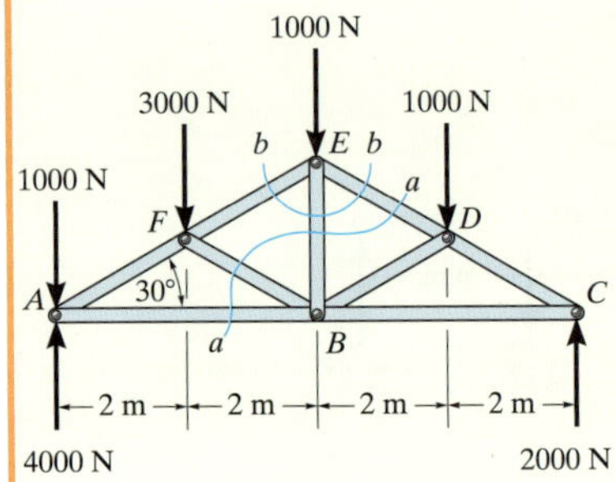

(a)

풀이

자유물체도. 단면법에 따라 EB를 절단하는 가상의 단면은 미지의 부재력을 가진 3개의 다른 부재도 절단해야만 한다. 예를 들어, 절단면 aa는 ED, EB, FB, 그리고 AB를 절단한다. 그림 5-18b와 같이 절단면의 왼쪽 부분 자유물체도에서, B에 대한 모멘트 합을 적용하면 3개의 미지력이 제거되고 $\mathbf{F}_{ED}$를 구할 수 있다. 그러나 $\mathbf{F}_{EB}$는 나머지 2개의 평형방정식으로부터 계산될 수 없다.

$\mathbf{F}_{EB}$를 얻는 한 가지 가능한 방법은 절단면 aa에서 $\mathbf{F}_{ED}$를 결정한 다음 그림 5-18c의 절단면 bb에 이 결과를 이용한다. 이 절단면 bb에서의 자유물체도는 E점의 자유물체도와 같다.

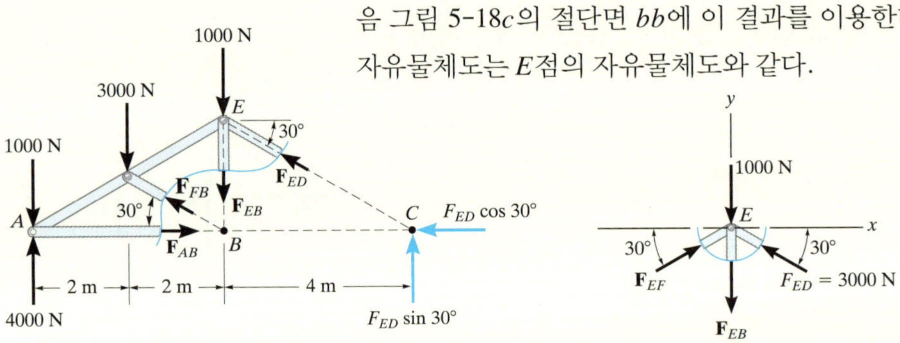

(b) (c)

그림 5-18

평형방정식. 그림 5-18b의 절점 B에 대한 $\mathbf{F}_{ED}$의 모멘트를 결정하기 위해서 이동의 원리를 사용하여 이 힘을 점 C로 이동시키고 그림과 같이 직각 성분으로 분해한다. 따라서,

$$\circlearrowleft + \Sigma M_B = 0; \qquad (1000\text{ N})(4\text{ m}) + (3000\text{ N})(2\text{ m}) - (4000\text{ N})(4\text{ m}) + F_{ED}\sin 30°(4\text{ m}) = 0$$

$$F_{ED} = 3000\text{ N} \quad (\text{C})$$

그림 5-18c의 절단면 bb의 자유물체도를 적용하면

$$\overset{+}{\rightarrow} \Sigma F_x = 0; \qquad F_{EF}\cos 30° - 3000\cos 30°\text{ N} = 0$$

$$F_{EF} = 3000\text{ N} \quad (\text{C})$$

$$+\uparrow \Sigma F_y = 0; \qquad 2(3000\sin 30°\text{ N}) - 1000\text{ N} - F_{EB} = 0$$

$$F_{EB} = 2000\text{ N} \quad (\text{T})$$

답

FUNDAMENTAL PROBLEMS

All problem solutions must include FBDs.

F5–7. Determine the force in members *BC*, *CF*, and *FE*. State if the members are in tension or compression.

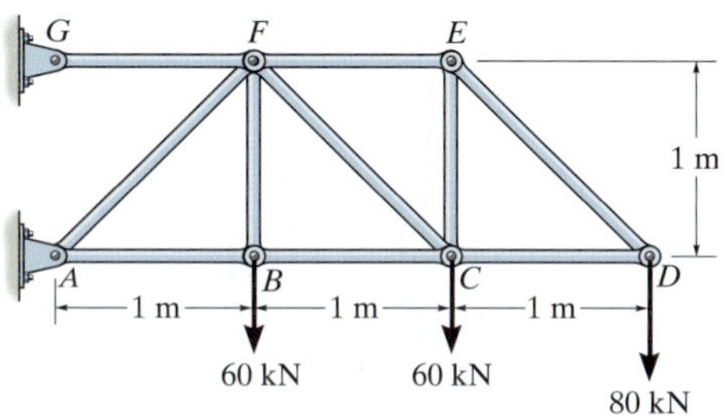

Prob. F5–7

F5–8. Determine the force in members *LK*, *KC*, and *CD* of the Pratt truss and state if the members are in tension or compression.

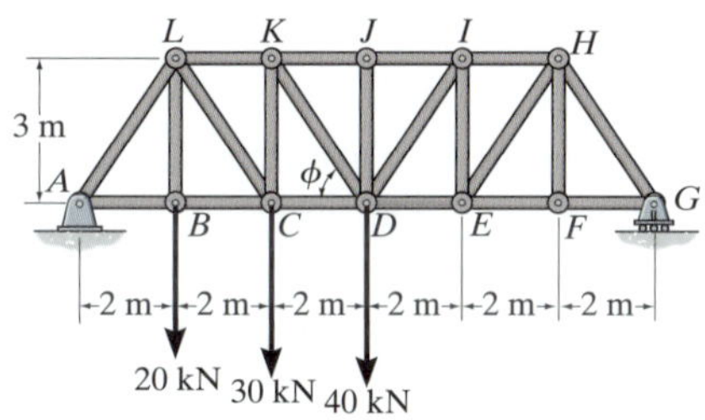

Prob. F5–8

F5–9. Determine the force in members *KJ*, *KD*, and *CD* of the Pratt truss and state if the members are in tension or compression.

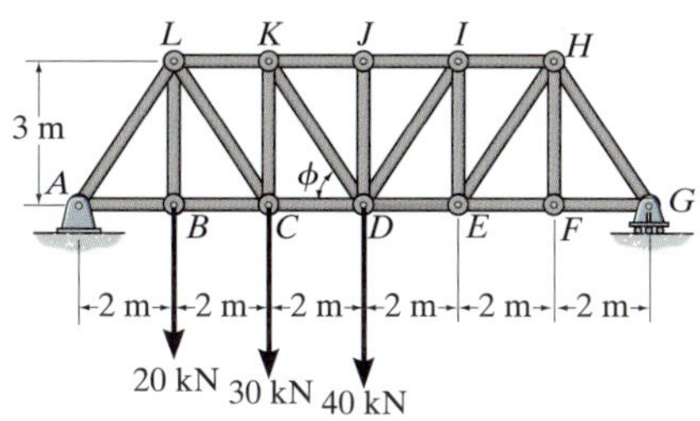

Prob. F5–9

F5–10. Determine the force in members *EF*, *CF*, and *BC* of the truss. State if the members are in tension or compression.

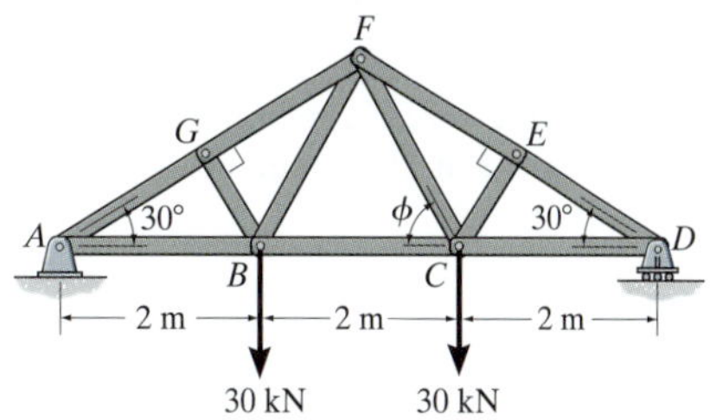

Prob. F5–10

F5–11. Determine the force in members *GF*, *GD*, and *CD* of the truss and state if the members are in tension or compression.

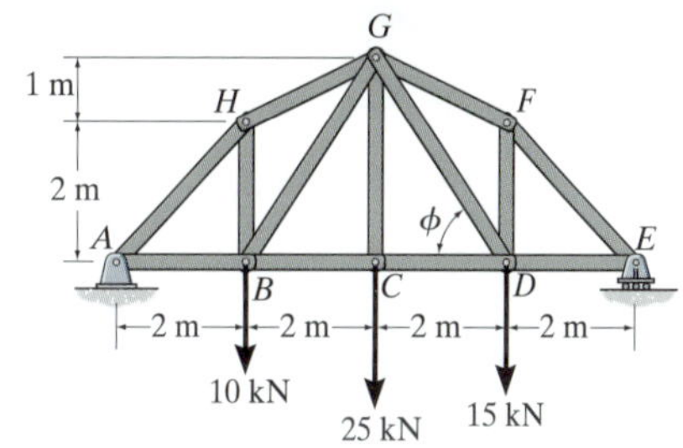

Prob. F5–11

F5–12. Determine the force in members *DC*, *HI*, and *JI* of the truss. State if the members are in tension or compression. *Suggestion:* Use the sections shown.

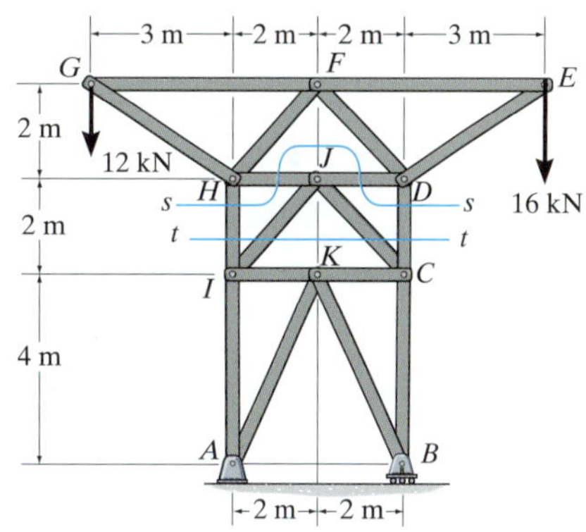

Prob. F5–12

5

PROBLEMS

All problem solutions must include FBDs.

5–17. Determine the force in members *GF*, *GD*, and *CD* of the truss and state if the members are in tension or compression.

5–18. Determine the force in members *BG*, *BC*, and *HG* of the truss and state if the members are in tension or compression.

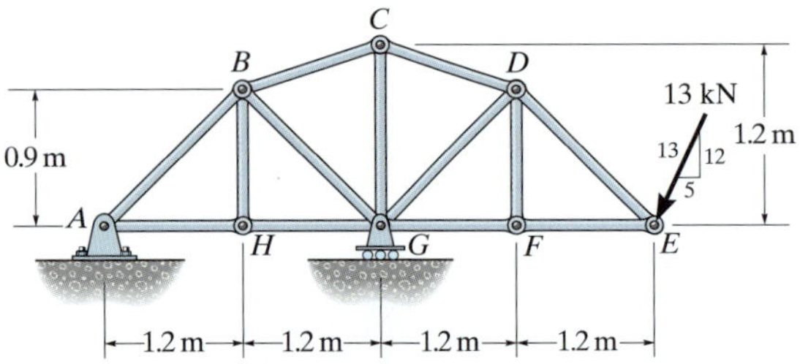

Probs. 5–17/18

5–21. Determine the force in members *JI*, *EF*, *EI*, and *JE* of the truss, and state if the members are in tension or compression.

5–22. Determine the force in members *CD*, *LD*, and *KL* of the truss, and state if the members are in tension or compression.

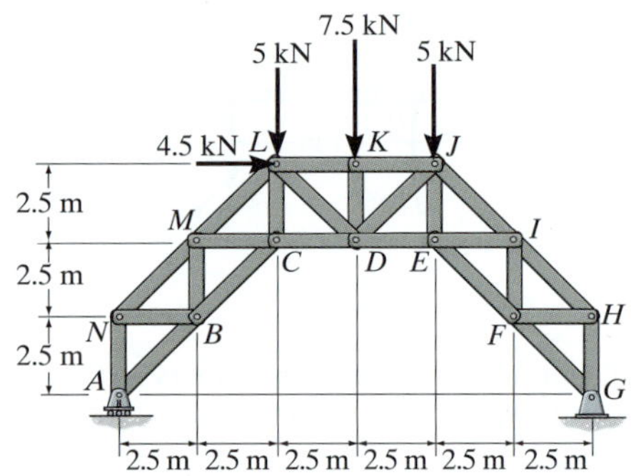

Probs. 5–21/22

5–19. The *Howe truss* is subjected to the loading shown. Determine the force in members *GF*, *CD*, and *GC* and state if the members are in tension or compression.

***5–20.** The *Howe truss* is subjected to the loading shown. Determine the force in members *GH*, *BC*, and *BG* of the truss and state if the members are in tension or compression.

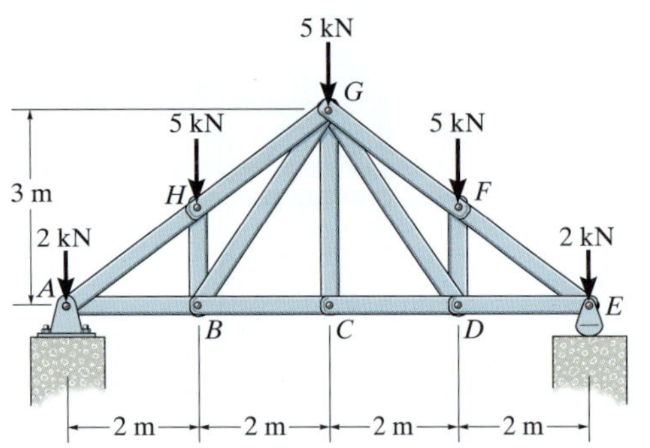

Probs. 5–19/20

5–23. Determine the force in members *DC*, *HC*, and *HI* of the truss and state if the members are in tension or compression.

***5–24.** Determine the force in members *ED*, *EH*, and *GH* of the truss and state if the members are in tension or compression.

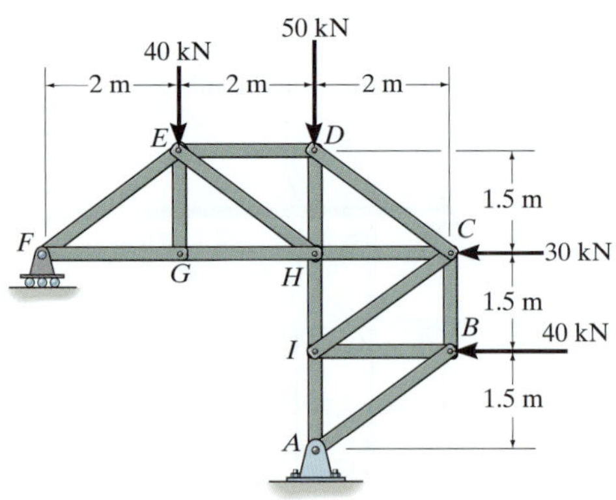

Probs. 5–23/24

5–25. Determine the force developed in members *FE*, *EB*, and *BC* of the truss and state if these members are in tension or compression.

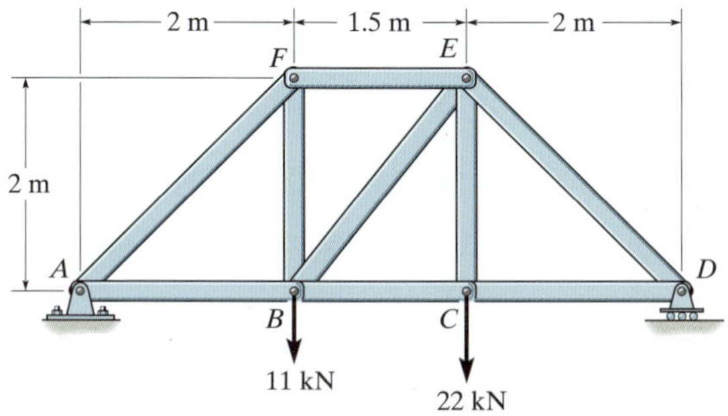

Prob. 5–25

5–26. Determine the force in members *BC*, *HC*, and *HG*. After the truss is sectioned use a single equation of equilibrium for the calculation of each force. State if these members are in tension or compression.

5–27. Determine the force in members *CD*, *CF*, and *CG* and state if these members are in tension or compression.

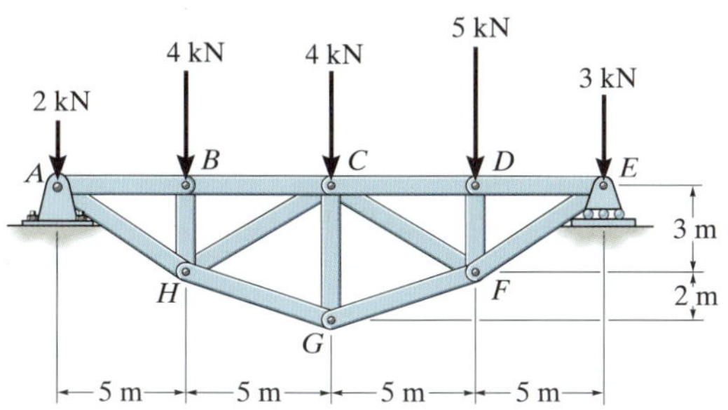

Probs. 5–26/27

***5–28.** Determine the force in members *EF*, *BE*, *BC*, and *BF* of the truss and state if these members are in tension or compression. Set $P_1 = 9$ kN, $P_2 = 12$ kN, and $P_3 = 6$ kN.

5–29. Determine the force in members *BC*, *BE*, and *EF* of the truss and state if these members are in tension or compression. Set $P_1 = 6$ kN, $P_2 = 9$ kN, and $P_3 = 12$ kN.

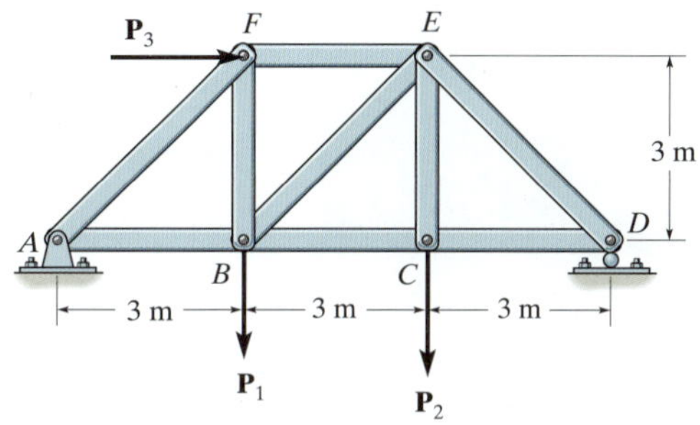

Probs. 5–28/29

5–30. Determine the force in members *EF*, *CF*, and *BC*, and state if the members are in tension or compression.

5–31. Determine the force in members *AF*, *BF*, and *BC*, and state if the members are in tension or compression.

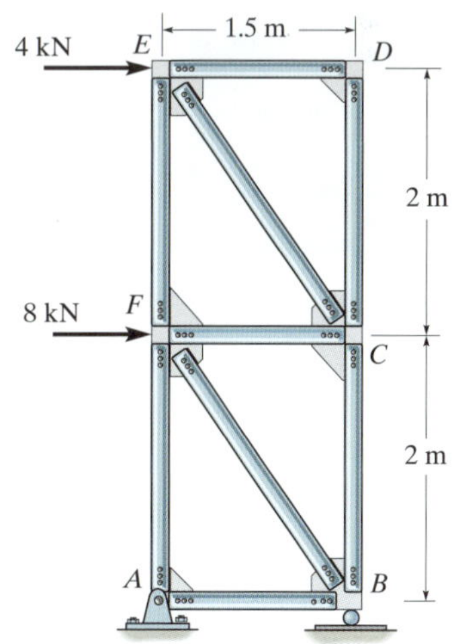

Probs. 5–30/31

5.5 뼈대구조와 기계

크레인은 뼈대구조물의 전형적인 예이다.

뼈대구조(frame)와 기계는 부재들이 핀으로 연결되었고 각 부재는 여러 개의 힘을 받는 **다력 부재**(multiforce member)로 구성되는 구조물이다. 뼈대구조는 하중을 지지하는 데 사용되지만 **기계**(machine)는 움직이는 부분을 포함하고 힘을 전달하거나 방향을 변경하기 위해 설계된다. 뼈대구조와 기계가 붕괴되는 것을 방지하기 위한 과잉의 지지나 부재가 사용되지 않는다면, 절점이나 지점에 작용하는 힘들을 각 부재들에 대한 평형방정식을 적용하여 계산할 수 있다. 이들 힘이 계산되면 재료역학 이론과 적절한 설계 기준을 이용하여 부재와 연결점, 지점의 크기에 대한 설계가 가능하다.

자유물체도. 뼈대구조나 기계의 절점과 지점에 작용하는 힘을 계산하기 위해서는 먼저 구조물을 분해하고 이 부분들에 대한 자유물체도를 그려야 한다. 이때 다음의 주요사항들에 주의해야 한다.

이 펜치와 같이 일반적인 공구들은 단순 기계처럼 작용한다. 여기에서 손잡이에 작용한 힘은 조이는 부분에 큰 힘으로 전달한다.

- 물체의 윤곽을 그려서 각 부분을 분리한다. 분리된 부분에 작용하는 모든 힘/짝힘 모멘트를 나타낸다. 설정된 x, y 좌표계를 참조하여 기지와 미지의 힘과 짝힘 모멘트를 기호나 기타 인식할 수 방법으로 구분한다. 또한, 모멘트 계산에 필요한 기하 치수를 표기한다. 다른 경우와 마찬가지로 미지의 힘이나 짝힘 모멘트에 대한 방향은 가정한다.
- 구조물에서 모든 2력 부재를 찾아내어 방향은 서로 반대이지만 크기는 같은 두 힘들을 자유물체도의 작용 절점에 나타낸다(4.4절 참조). 2력 부재를 찾아냄으로써 불필요한 평형방정식의 해의 계산을 피할 수 있다.
- 서로 연결된 두 부재간의 힘은 부재의 각 자유물체도에서 방향은 반대이지만 같은 크기로 작용한다.

각 부재로 분리되는 뼈대나 기계의 자유물체도를 어떻게 그리는지 다음 예제에서 소개한다. 모든 경우에서 부재의 자중은 무시한다.

예제 5.8

그림 5-19a에 보인 뼈대에 대한 자유물체도를 그려라. (a) 각 부재, (b) B 점의 핀, (c) 연결된 두 부재.

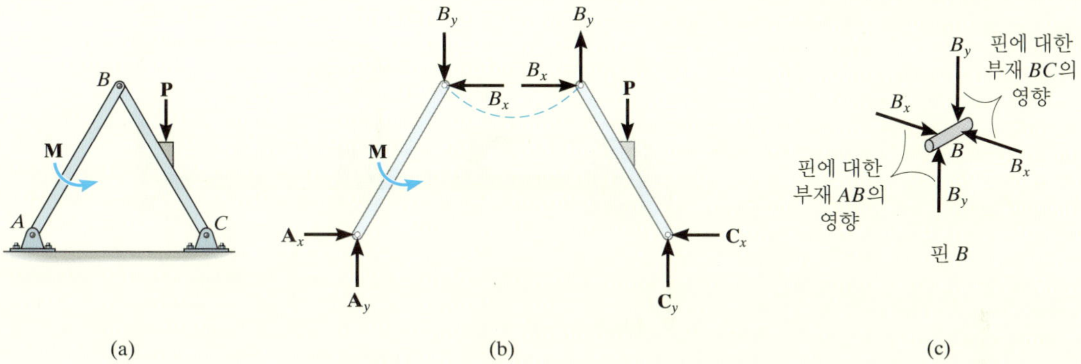

풀이

(a). 직관적으로 부재 BA와 BC는 2력 부재가 아님을 알 수 있다. 즉, 그림 5-19b의 자유물체도에서와 같이 BC는 외력 **P**와 점 B와 C의 핀으로 부터의 힘을 받는다. 비슷하게 AB는 점 A와 B의 핀으로 부터 힘을 받고 외부 짝힘 모멘트 **M**을 받는다. 핀 힘은 x와 y성분으로 분해된다.

(b). B의 핀에는 오직 두 힘이 작용한다. 즉, 부재력 BC와 AB이다. 그림 5-19c처럼 평형을 위해 그들의 힘(또는 성분)은 서로 반대 방향이지만 같은 크기여야만 한다. 핀과 연결된 부재 사이에는 뉴턴의 제3법칙이 적용되어, 즉, 그림 5-19b에서처럼 핀의 두 부재에 대한 영향과 그림 5-19c에서처럼 두 부재의 핀에 대한 영향은 반대 방향이지만 같은 크기로 작용한다. 같은 방법으로 그림 5-19d의 A의 핀에는 부재 AB 힘의 성분과 두 개의 핀 리브의 힘 성분에 의해 세 개의 힘이 작용한다.

(c). 핀 지점 A와 C로부터 떨어진 서로 연결된 두 부재의 자유물체도는 그림 5-19e이다. 힘 성분 $\mathbf{B}_x$와 $\mathbf{B}_y$는 내력(그림 5-19b)이기 때문에 그림에 나타내지 않고 상쇄시킨다. 또한 평형방정식 적용에서의 일관성 유지를 위해 점 A와 C에서의 미지력 성분은 그림 5-19e에 보인 것과 같은 성질을 갖는 방향으로 작용하도록 해야 한다.

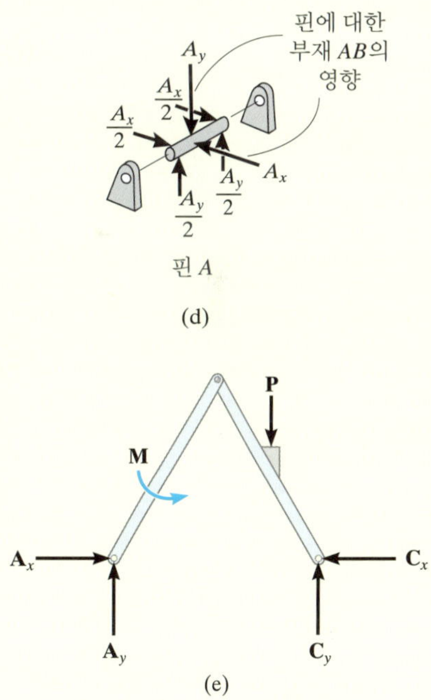

그림 5-19

예제 5.9

그림 5-20a에 나타낸 뼈대의 자유물체도를 그려라. (a) 도르래와 줄을 포함하는 전체 뼈대, (b) 도르래와 줄을 제외한 뼈대, (c) 각 도르래.

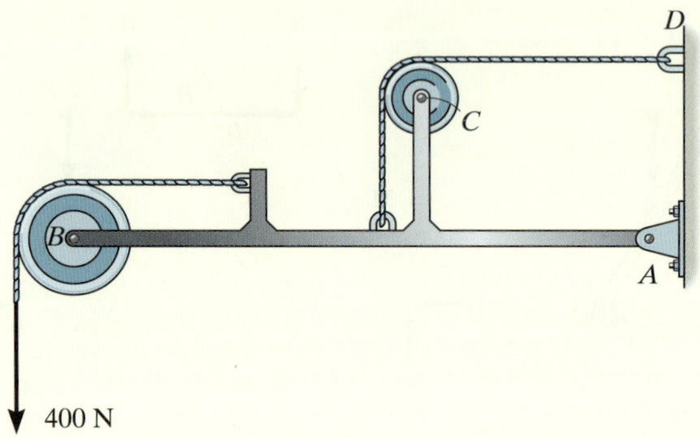

(a)

풀이

(a). 도르래와 줄이 포함된 전체 뼈대를 고려할 때 도르래와 줄이 연결되는 뼈대의 접촉점에서의 상호 작용력은 서로 상쇄되는 한 쌍의 내력이다. 그러므로 그림 5-20b의 자유물체도에 나타내지는 않는다.

(b). 도르래와 줄이 분리되면 그들의 뼈대에서의 효과는 그림 5-20c처럼 나타낼 수 있다.

(c). 도르래 핀의 힘 성분 $\mathbf{B}_x, \mathbf{B}_y, \mathbf{C}_x, \mathbf{C}_y$는 그림 5-20$c$의 핀으로부터 뼈대에 가해지는 힘 성분과 서로 반대방향이지만 같은 크기이다.

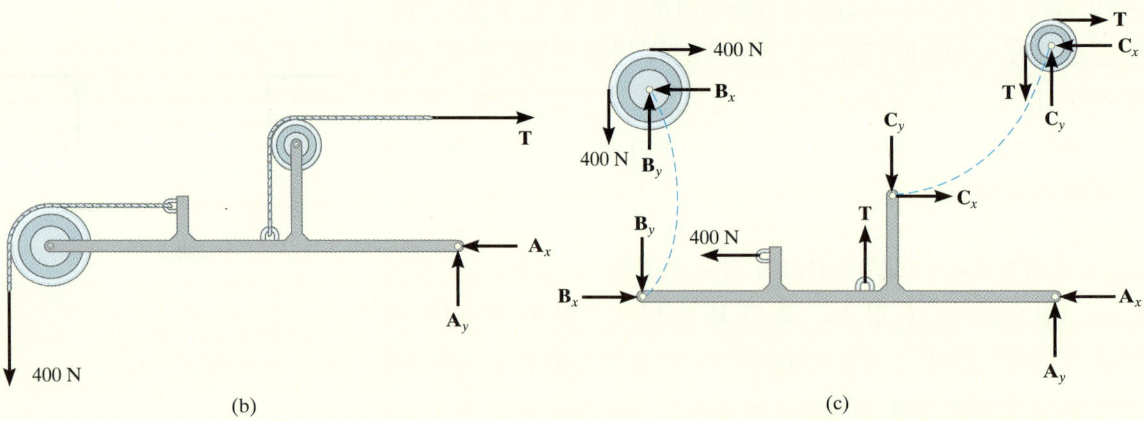

그림 5-20

풀이 과정 PROCEDURE FOR ANALYSIS

다력 부재로 구성된 뼈대나 기계(구조)에 작용하는 절점력은 다음의 절차를 따라 계산할 수 있다.

자유물체도

- 뼈대나 기계의 전체 구조나 그 일부 또는 각 부재에 대한 자유물체도를 그린다. 가장 직접적으로 문제가 해결될 수 있는 자유물체도를 선택한다.
- 뼈대나 기계의 부재 그룹에 대한 자유물체도를 그릴 때, 이 그룹의 연결부분 사이의 힘들은 내력이므로 자유물체도에는 나타내지 않는다.
- 접촉하는 두 부재 사이의 힘은 부재 각각의 자유물체도에서 서로 반대 방향이지만 같은 크기로 작용하는 것으로 나타낸다.
- 2축 힘 부재는 형상과 상관없이 그 부재의 끝단에서 동일선상에서 같은 크기이면서 방향은 서로 반대인 짝힘을 갖는다.
- 많은 경우에 미지의 부재력 방향은 직관적으로 알 수 있다. 하지만 이것이 어려울 때는 그 방향을 가정할 수 있다.
- 짝힘 모멘트는 자유벡터이므로 자유물체도 어느 곳이든 위치할 수 있다. 힘은 이동벡터이므로 작용선상의 임의의 점에 작용할 수 있다.

평형방정식

- 미지의 부재력 개수와 이용할 수 있는 평형방정식의 총 개수를 비교하라. 2차원에서 각 부재에 이용할 수 있는 평형방정식은 3개이다.
- 미지의 부재력 작용선이 가능한 많이 교차하는 점에 대하여 모멘트 합을 구하라.
- 힘 또는 짝힘 모멘트의 크기가 음(−)의 값으로 산정되면 힘이 자유물체도에서 가정한 것과는 반대 방향으로 작용함을 의미한다.

5

예제 5.10

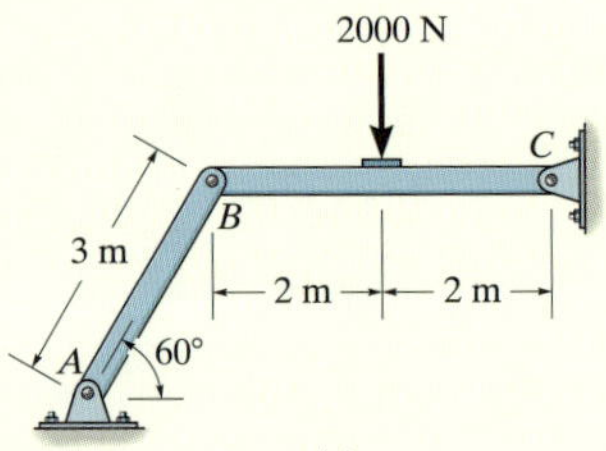

(a)

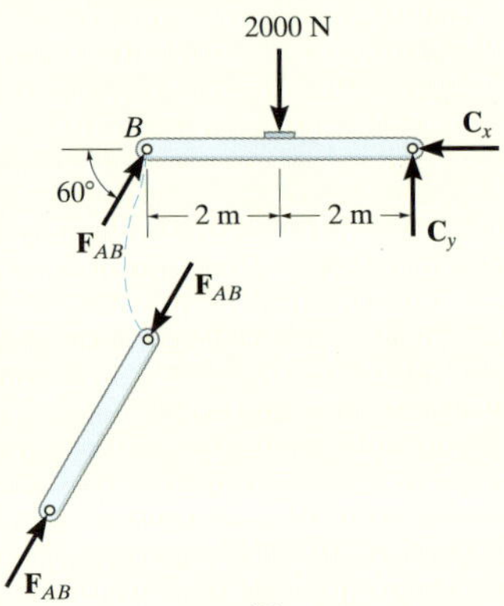

(b)

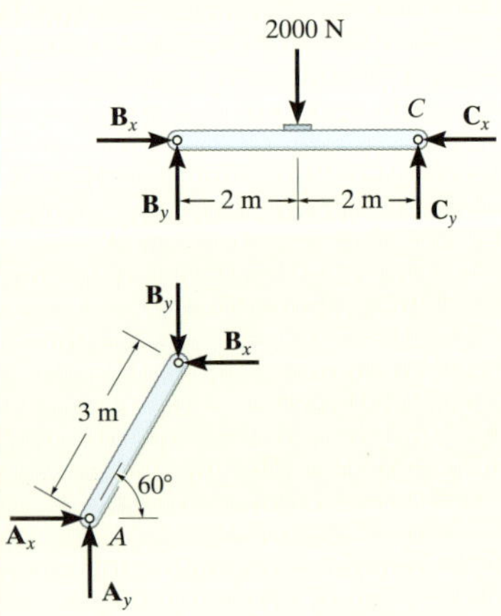

(c)

그림 5-21

그림 5-21a에 나타낸 뼈대의 핀 지점 C에서 부재 BC의 가해지는 수직, 수평 성분의 힘을 계산하라.

풀이 I

자유물체도. 직관적으로 부재 AB는 2력 부재임을 알 수 있다. 자유물체도는 그림 5-21b에 나타냈다.

평형방정식. 3개의 미지력은 부재 CB에 대한 평형방정식을 적용함으로써 구할 수 있다.

$$\circlearrowleft + \Sigma M_C = 0;\quad 2000\text{ N}(2\text{ m}) - (F_{AB}\sin 60°)(4\text{ m}) = 0 \quad F_{AB} = 1154.7\text{ N}$$

$$\xrightarrow{+} \Sigma F_x = 0;\quad 1154.7\cos 60°\text{ N} - C_x = 0 \quad C_x = 577\text{ N}$$ 답

$$+\uparrow \Sigma F_y = 0;\quad 1154.7\sin 60°\text{ N} - 2000\text{ N} + C_y = 0$$

$$C_y = 1000\text{ N}$$ 답

풀이 II

자유물체도. 만약 부재 AB가 2력 부재임을 알지 못한다면 문제를 해결하는데 더 많은 작업을 수행해야 할 것이다. 자유물체도는 그림 5-21c이다.

평형방정식. 6개의 미지력은 각 부재에 3개의 평형방정식을 적용함으로써 구할 수 있다.

부재 AB

$$\circlearrowleft + \Sigma M_A = 0;\quad B_x(3\sin 60°\text{ m}) - B_y(3\cos 60°\text{ m}) = 0 \qquad (1)$$

$$\xrightarrow{+} \Sigma F_x = 0;\quad A_x - B_x = 0 \qquad (2)$$

$$+\uparrow \Sigma F_y = 0;\quad A_y - B_y = 0 \qquad (3)$$

부재 BC

$$\circlearrowleft + \Sigma M_C = 0;\quad 2000\text{ N}(2\text{ m}) - B_y(4\text{ m}) = 0 \qquad (4)$$

$$\xrightarrow{+} \Sigma F_x = 0;\quad B_x - C_x = 0 \qquad (5)$$

$$+\uparrow \Sigma F_y = 0;\quad B_y - 2000\text{ N} + C_y = 0 \qquad (6)$$

C_x와 C_y의 결과는 4, 1, 5, 6의 순서로 위 식들을 풀어서 구할 수 있다.

$$B_y = 1000\text{ N}$$
$$B_x = 577\text{ N}$$
$$C_x = 577\text{ N}$$
$$C_y = 1000\text{ N}$$

비교하면 풀이 I이 더 간단하다. 왜냐하면 그림 5-21b의 F_{AB}는 부재 AB의 끝단에서 동일선상에 반대 방향이고 크기가 같다는 요건이 위의 식 (1), (2), (3)을 자동적으로 만족하는 것이므로 이들 식을 사용할 필요가 없어진다. 결과적으로 해석을 시작하기 전에 2력 부재를 찾아낼 수 있으면 시간과 수고를 덜 수 있다.

예제 5.11

그림 5-22*a*의 합성보는 B점에서 핀으로 연결되어 있다. 지점들의 반력 성분을 계산하라. 보의 자중과 두께는 무시한다.

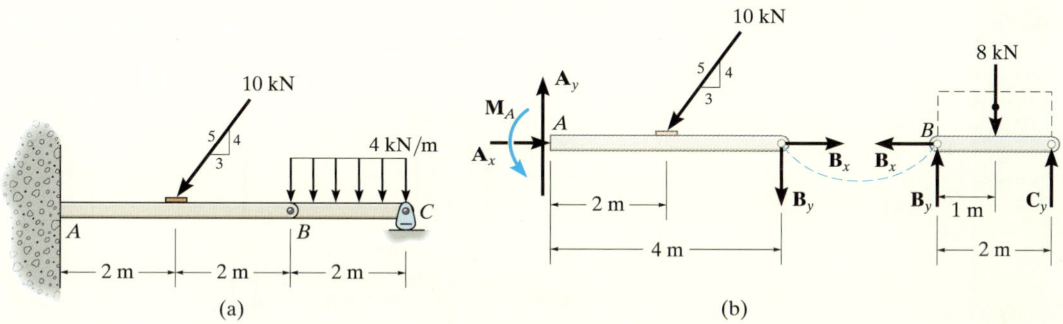

그림 5-22

풀이

자유물체도. 만약 보 ABC 전체의 자유물체도를 고려한다면 점 A에서 3개 그리고 점 C에서 1개의 미지 반력이 있음을 알 수 있다. 이들 4개의 미지력은 3개의 평형방정식을 사용하여 모두 구할 수 없다. 그래서 해석을 위해 그림 5-22*b*처럼 두 부분으로 보를 분리하는 것이 필요하다.

평형방정식. 다음과 같이 6개의 미지력을 구할 수 있다.

부재 BC

$$\overset{+}{\leftarrow} \Sigma F_x = 0; \quad B_x = 0$$

$$\circlearrowleft + \Sigma M_B = 0; \quad -8\text{ kN}(1\text{ m}) + C_y(2\text{ m}) = 0$$

$$+\uparrow \Sigma F_y = 0; \quad B_y - 8\text{ kN} + C_y = 0$$

부재 AB

$$\overset{+}{\rightarrow} \Sigma F_x = 0; \quad A_x - (10\text{ kN})\left(\tfrac{3}{5}\right) + B_x = 0$$

$$\circlearrowleft + \Sigma M_A = 0; \quad M_A - (10\text{ kN})\left(\tfrac{4}{5}\right)(2\text{ m}) - B_y(4\text{ m}) = 0$$

$$+\uparrow \Sigma F_y = 0; \quad A_y - (10\text{ kN})\left(\tfrac{4}{5}\right) - B_y = 0$$

위의 방정식을 순차적으로 풀면 다음을 구할 수 있다.

$A_x = 6\text{ kN} \quad A_y = 12\text{ kN} \qquad M_A = 32\text{ kN}\cdot\text{m}$ 　　답

$B_x = 0 \qquad B_y = 4\text{ kN}$

$C_y = 4\text{ kN}$ 　　답

예제 5.12

그림 5-23*a*의 500 kg 엘리베이터는 도르래 시스템을 이용하여 모터 *A*로부터 일정한 속도로 올려진다. 두 케이블에 발생하는 힘을 계산하라.

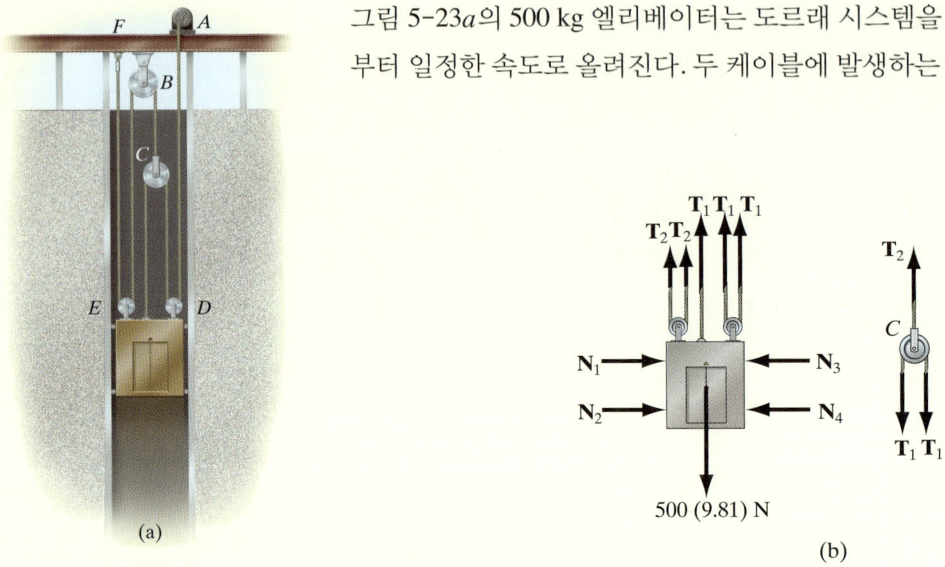

그림 5-23

풀이

자유물체도. 이 문제는 그림 5-23*b*와 같은 엘리베이터와 도르래 *C*의 자유물체도를 이용하여 해결할 수 있다. 케이블에 발생하는 인장력은 T_1과 T_2로 나타낸다.

평형방정식. 도르래 *C*에 대하여,

$$+\uparrow\Sigma F_y = 0; \qquad T_2 - 2T_1 = 0 \qquad \text{or} \qquad T_2 = 2T_1 \tag{1}$$

엘리베이터에 대하여,

$$+\uparrow\Sigma F_y = 0; \qquad 3T_1 + 2T_2 - 500(9.81)\text{ N} = 0 \tag{2}$$

식 (2)에 식 (1)을 대입하면

$$3T_1 + 2(2T_1) - 500(9.81)\text{ N} = 0$$

$$T_1 = 700.71\text{ N} = 701\text{ N} \qquad \text{답}$$

식 (1)에 이 결과를 대입하면

$$T_2 = 2(700.71)\text{ N} = 1401\text{ N} = 1.40\text{ kN} \qquad \text{답}$$

예제 5.13

그림 5-24a의 두 판재는 케이블 BC와 매끄러운 고임재 DE로 연결되어 있다. 매끄러운 지점 A와 F에서의 반력을 계산하고 케이블과 고임재에 발생되는 힘을 알아보라.

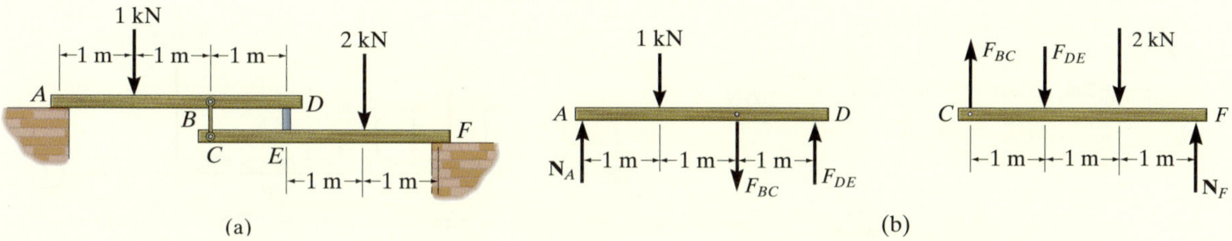

그림 5-24

풀이

자유물체도. 각 판재의 자유물체도는 그림 5-24b에 나타나 있다. 그림에 보이는 것처럼 힘 F_{BC}와 F_{DE}의 상호작용에 관한 뉴턴의 제3법칙을 적용하는 것은 중요하다.

평형방정식. 판재 AD에서

$$\circlearrowleft + \Sigma M_A = 0; \quad F_{DE}(3\text{ m}) - F_{BC}(2\text{ m}) - 1\text{ kN}(1\text{ m}) = 0$$

판재 CF에서

$$\circlearrowleft + \Sigma M_F = 0; \quad F_{DE}(2\text{ m}) - F_{BC}(3\text{ m}) + 2\text{ kN}(1\text{ m}) = 0$$

위 식을 풀면,

$$F_{DE} = 1.40\text{ kN} \quad F_{BC} = 1.60\text{ kN}$$ 답

이 결과를 이용하면 판재 AD는

$$+\uparrow \Sigma F_y = 0; \quad N_A + 1.40\text{ kN} - 1.60\text{ kN} - 1\text{ kN} = 0$$
$$N_A = 1.20\text{ kN}$$ 답

그리고 판재 CF는

$$+\uparrow \Sigma F_y = 0; \quad N_F + 1.60\text{ kN} - 1.40\text{ kN} - 2\text{ kN} = 0$$
$$N_F = 1.80\text{ kN}$$ 답

주: 두 판재로 구성된 구조체에 대한 자유물체도를 그린 후에 $\Sigma M_A = 0$ 조건을 적용하여 N_F를 구한다. 다음으로 CEF의 자유물체도를 이용하여 힘 F_{DE}와 F_{BC}를 구한다.

PRELIMINARY PROBLEM

P5–3. In each case, identify any two-force members, and then draw the free-body diagrams of each member of the frame.

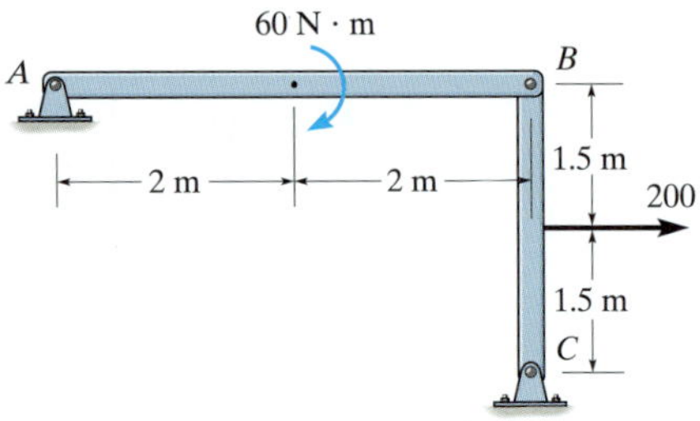

(a)

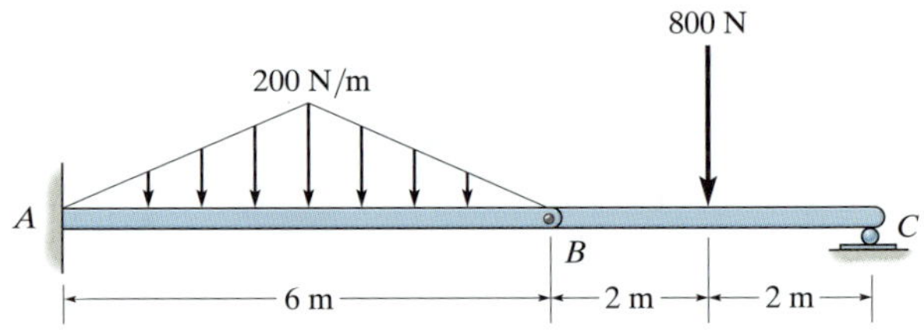

(d)

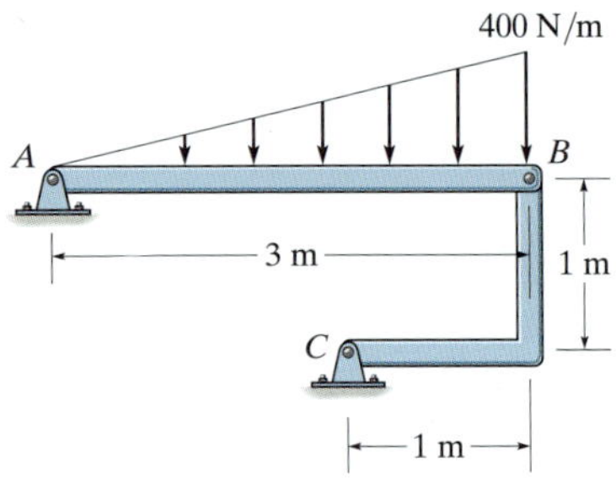

(b)

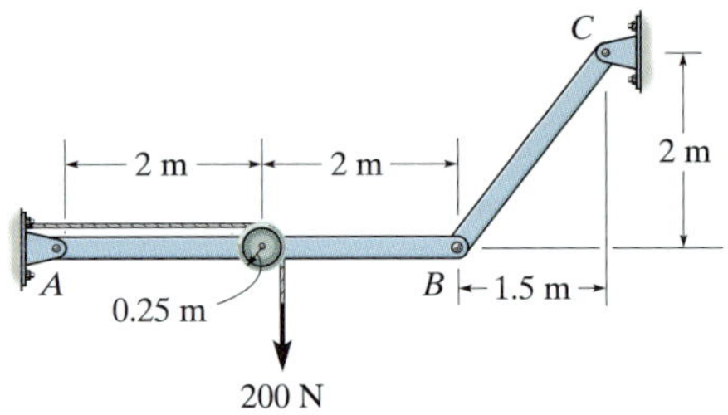

(e)

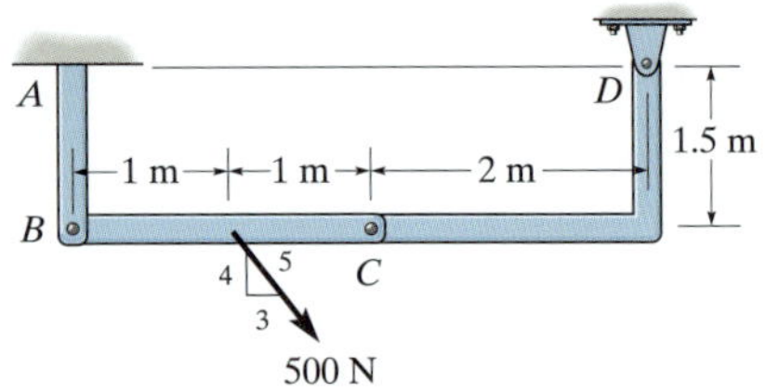

(c)

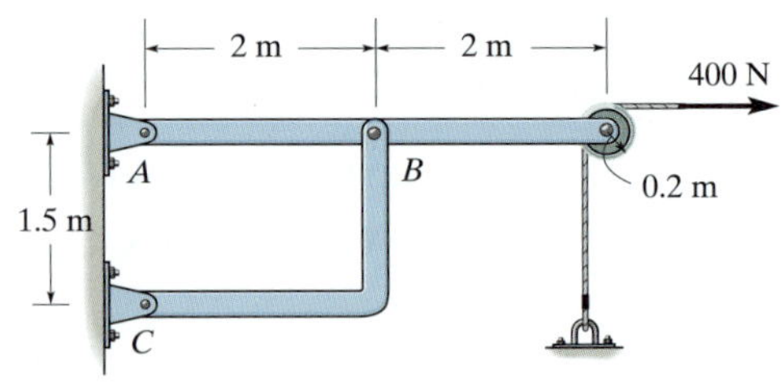

(f)

Prob. P5–3

FUNDAMENTAL PROBLEMS

All problem solutions must include FBDs.

F5–13. Determine the force P needed to hold the 30-kg cylinder in equilibrium.

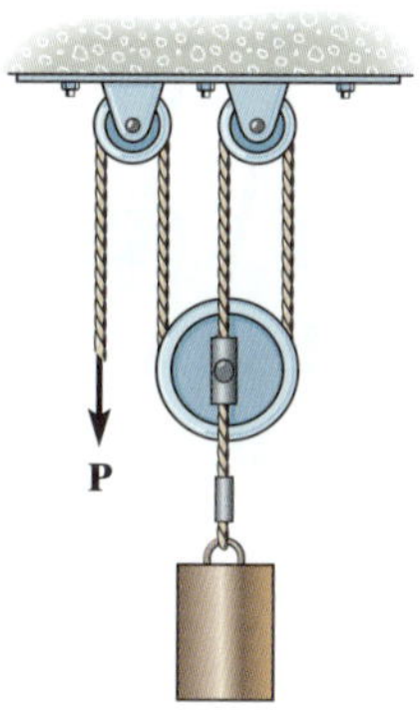

Prob. F5–13

F5–14. Determine the horizontal and vertical components of reaction at pin C.

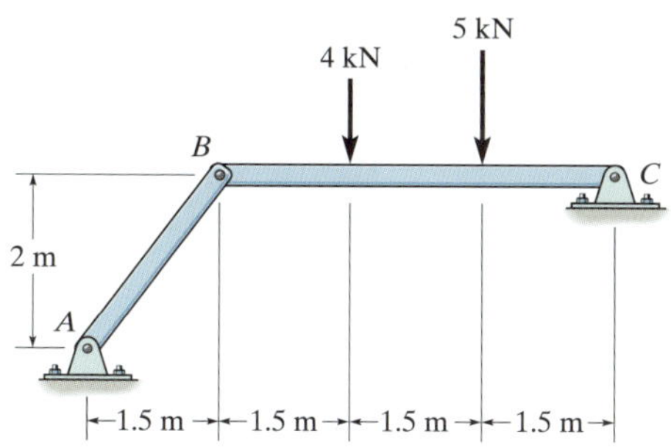

Prob. F5–14

F5–15. If a 100-N force is applied to the handles of the pliers, determine the clamping force exerted on the smooth pipe B and the magnitude of the resultant force that one of the members exerts on pin A.

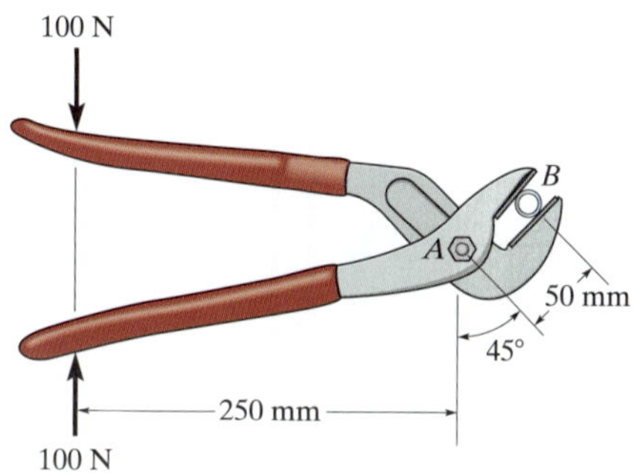

Prob. F5–15

F5–16. Determine the horizontal and vertical components of reaction at pin C.

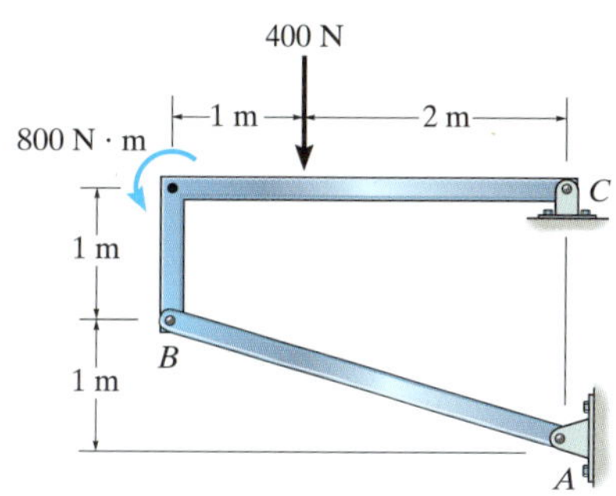

Prob. F5–16

5

PROBLEMS

All problem solutions must include FBDs.

***5–32.** Determine the force **P** needed to support the 50-kg weight. Each pulley has a mass of 5 kg. Also, what are the cord reactions at *A* and *B*?

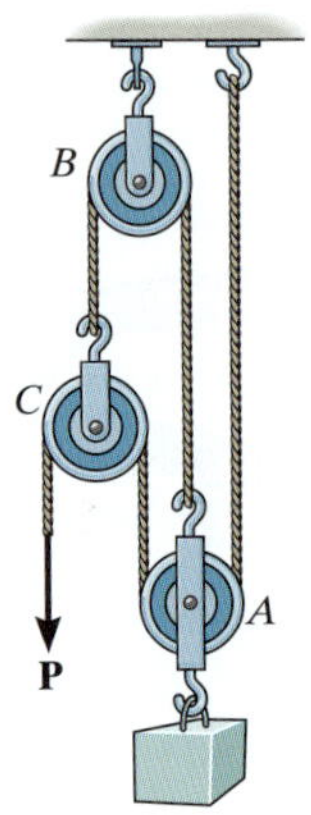

Prob. 5–32

5–33. Determine the force **P** required to hold the 50-kg block in equilibrium.

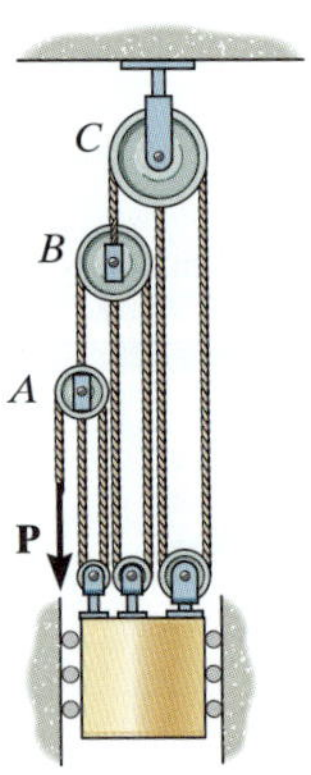

Prob. 5–33

5–34. Determine the force **P** required to hold the 150-kg crate in equilibrium.

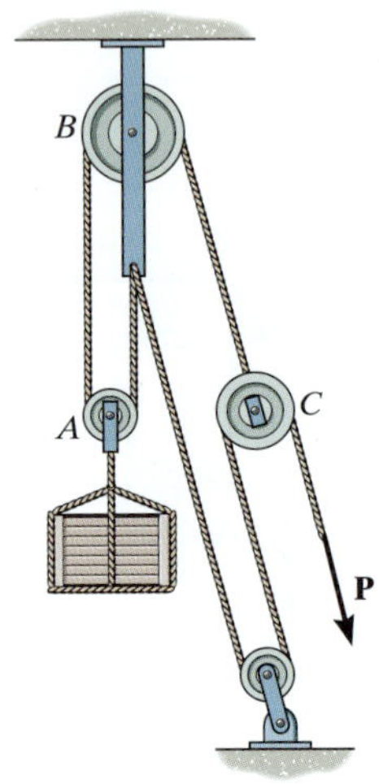

Prob. 5–34

5–35. Determine the force *P* needed to support the 20-kg mass using the *Spanish Burton rig*. Also, what are the reactions at the supporting hooks *A*, *B*, and *C*?

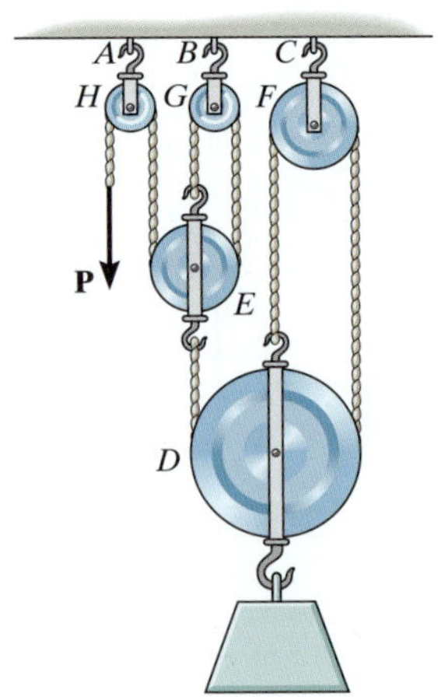

Prob. 5–35

*5–36. A 300-kg counterweight, with center of mass at G, is mounted on the pitman crank AB of the oil-pumping unit. If a force of $F = 5$ kN is to be developed in the fixed cable attached to the end of the walking beam DEF, determine the torque M that must be supplied by the motor.

5–37. A 300-kg counterweight, with center of mass at G, is mounted on the pitman crank AB of the oil-pumping unit. If the motor supplies a torque of $M = 2500\ \text{N}\cdot\text{m}$, determine the force **F** developed in the fixed cable attached to the end of the walking beam DEF.

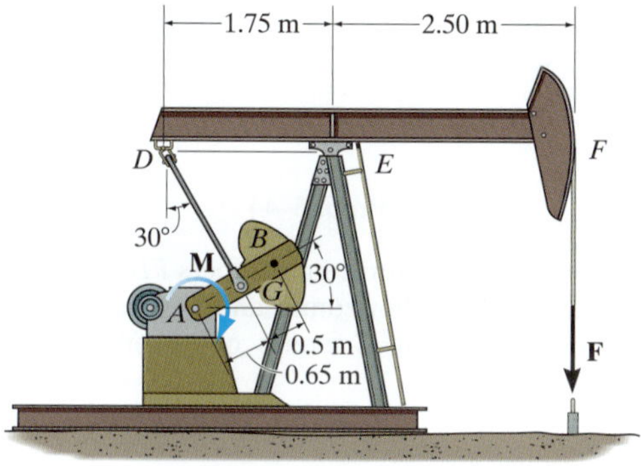

Probs. 5–36/37

5–38. Determine the reactions at the supports at A, E, and B of the compound beam.

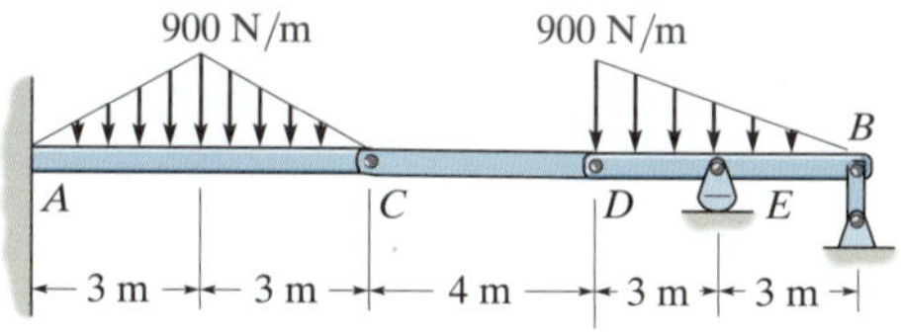

Prob. 5–38

5–39. Determine the reactions at the supports A, C, and E of the compound beam.

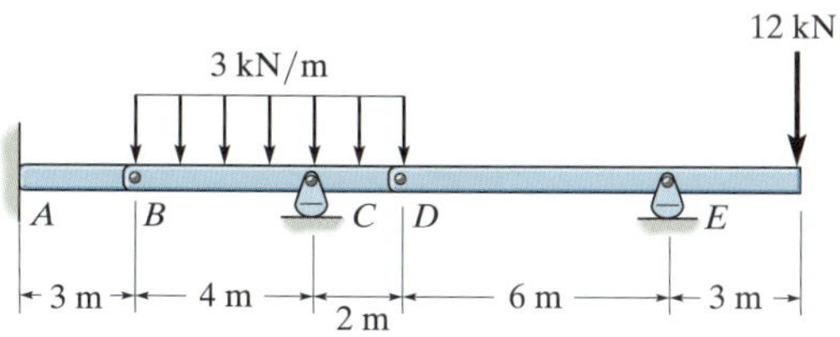

Prob. 5–39

*5–40. Determine the horizontal and vertical components of force which the pins at A and B exert on the frame.

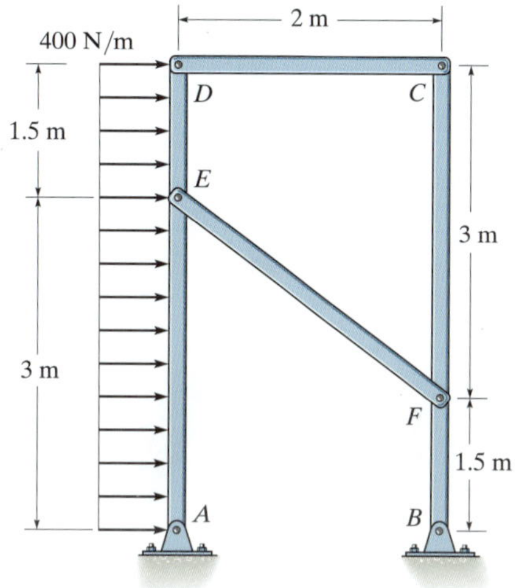

Prob. 5–40

5–41. Determine the resultant force at pins A, B, and C on the three-member frame.

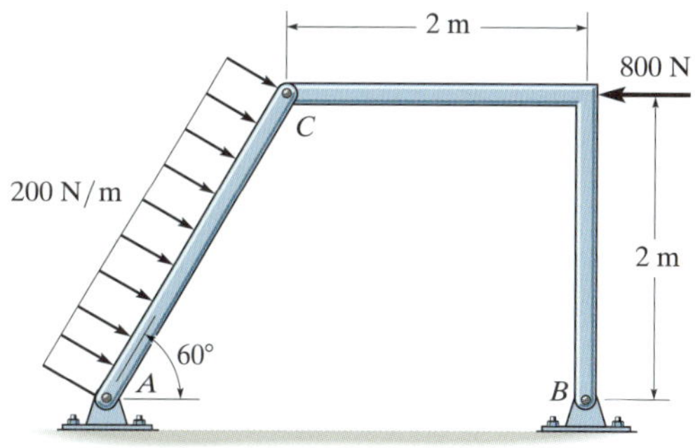

Prob. 5–41

5

5–42. If a force of $F = 50$ N acts on the rope, determine the cutting force on the smooth tree limb at D and the horizontal and vertical components of force acting on pin A. The rope passes through a small pulley at C and a smooth ring at E.

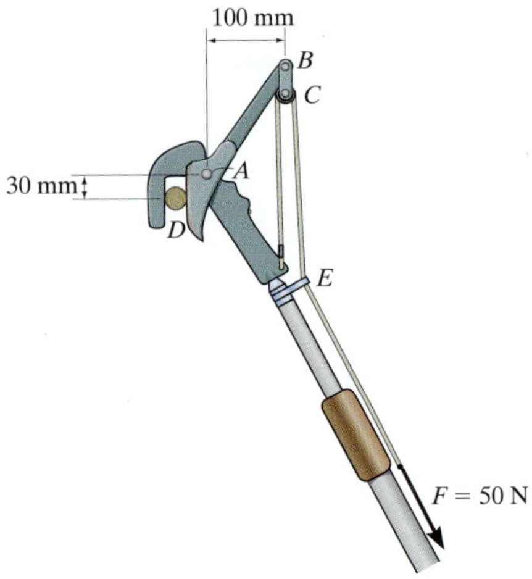

Prob. 5–42

5–43. Determine the force that the jaws J of the metal cutters exert on the smooth cable C if 100-N forces are applied to the handles. The jaws are pinned at E and A, and D and B. There is also a pin at F.

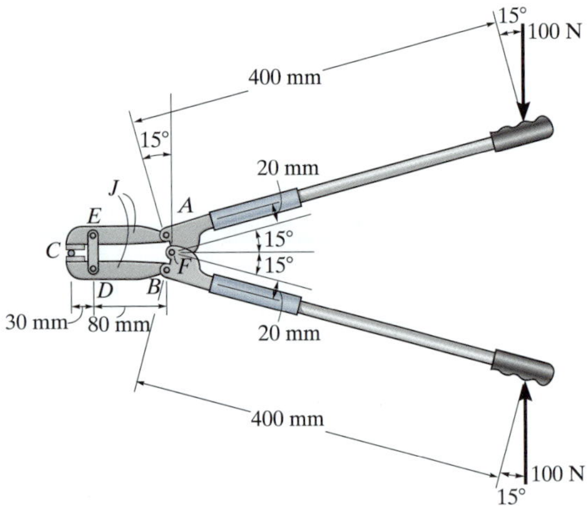

Prob. 5–43

***5–44.** The bridge frame consists of three segments which can be considered pinned at A, D, and E, rocker supported at C and F, and roller supported at B. Determine the horizontal and vertical components of reaction at all these supports due to the loading shown.

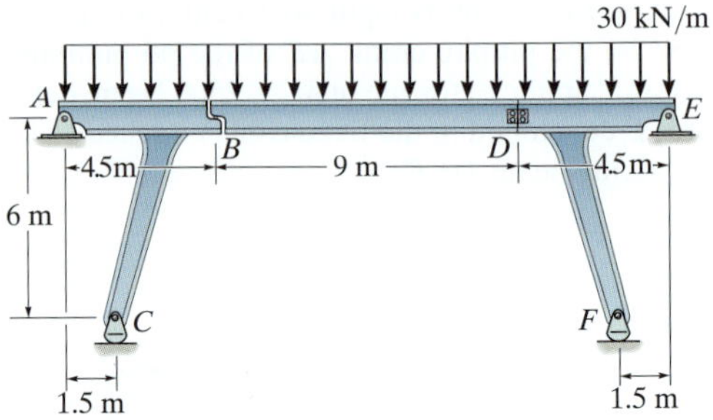

Prob. 5–44

5–45. Determine the force in members FD and DB of the frame. Also, find the horizontal and vertical components of reaction the pin at C exerts on member ABC and member EDC.

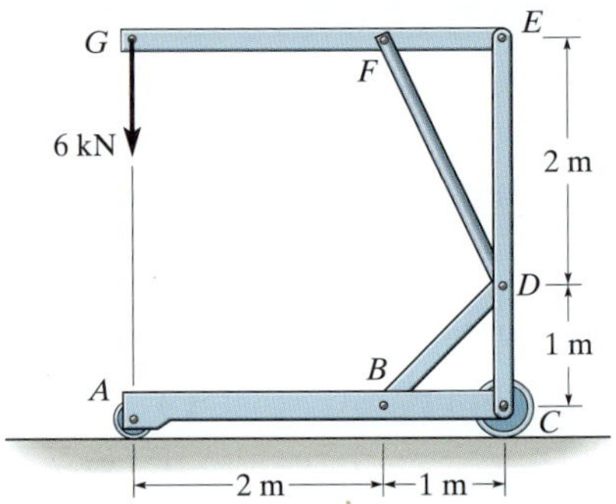

Prob. 5–45

5–46. Determine the force that the smooth 20-kg cylinder exerts on members AB and CDB. Also, what are the horizontal and vertical components of reaction at pin A?

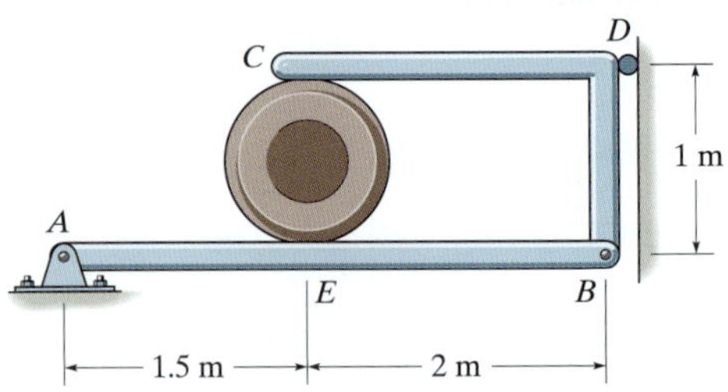

Prob. 5–46

5–47. The hoist supports the 125-kg engine. Determine the force the load creates in member *DB* and in member *FB*, which contains the hydraulic cylinder *H*.

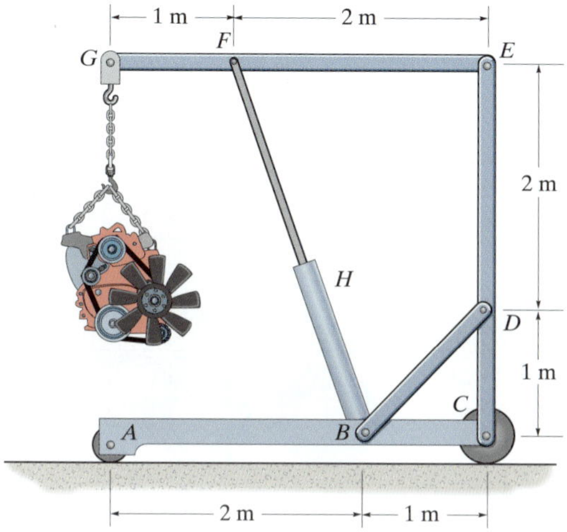

Prob. 5–47

***5–48.** Determine the force created in the hydraulic cylinders *EF* and *AD* in order to hold the shovel in equilibrium. The shovel load has a mass of 1.25 Mg and a center of gravity at *G*. All joints are pin connected.

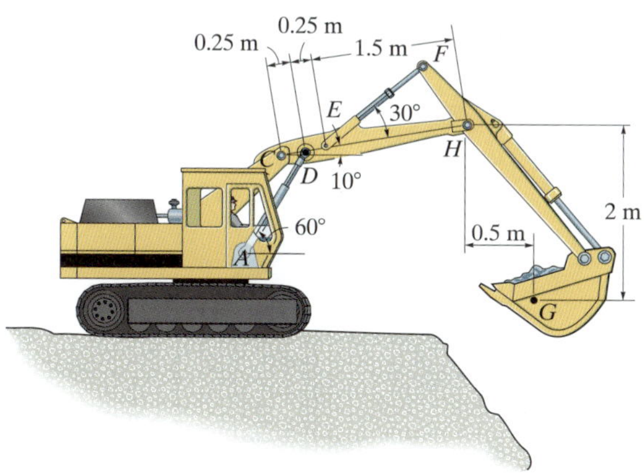

Prob. 5–48

5–49. Determine force **P** on the cable if the spring is compressed 25 mm when the mechanism is in the position shown. The spring has a stiffness of $k = 6$ kN/m.

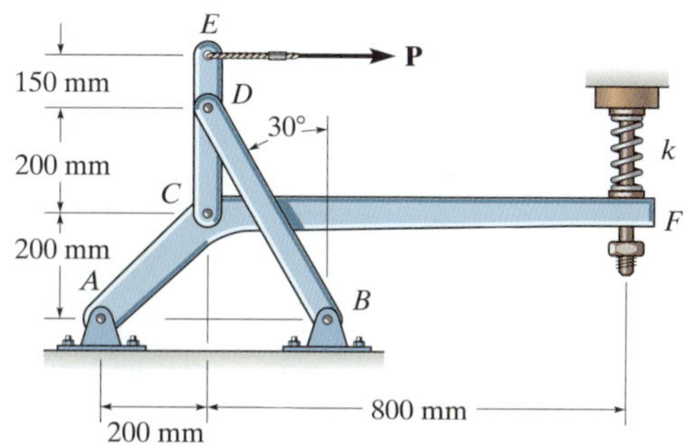

Prob. 5–49

5–50. The machine shown is used for forming metal plates. It consists of two toggles *ABC* and *DEF*, which are operated by the hydraulic cylinder *H*. The toggles push the movable bar *G* forward, pressing the plate *p* into the cavity. If the force which the plate exerts on the head is $P = 12$ kN, determine the force *F* in the hydraulic cylinder when $\theta = 30°$.

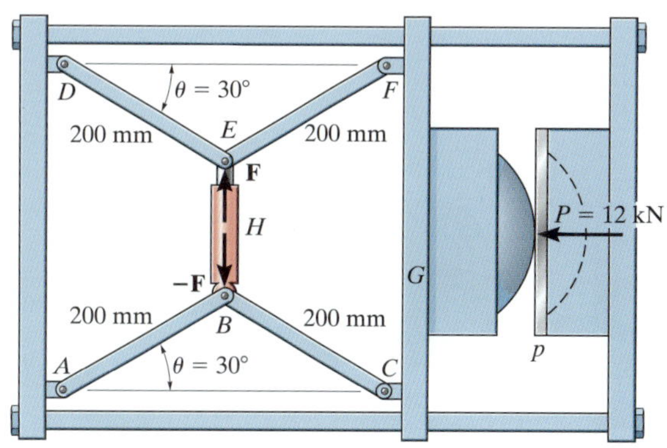

Prob. 5–50

5–51. If a clamping force of 300 N is required at A, determine the amount of force **F** that must be applied to the handle of the toggle clamp.

***5–52.** If a force of $F = 350$ N is applied to the handle of the toggle clamp, determine the resulting clamping force at A.

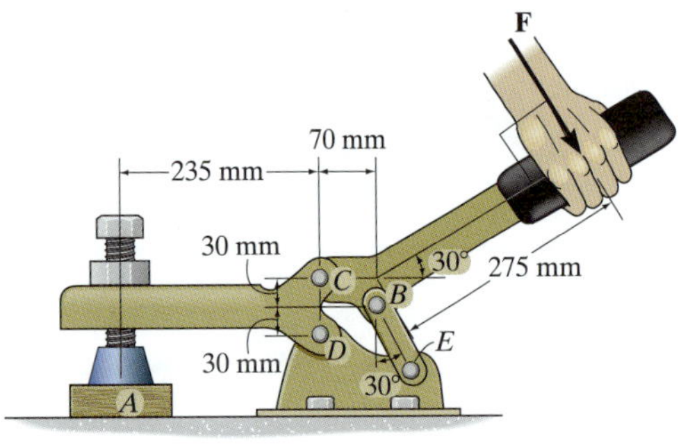

Prob. 5–51/52

5–53. The pipe cutter is clamped around the pipe P. If the wheel at A exerts a normal force of $F_A = 80$ N on the pipe, determine the normal forces of wheels B and C on the pipe. Also calculate the pin reaction on the wheel at C. The three wheels each have a radius of 7 mm and the pipe has an outer radius of 10 mm.

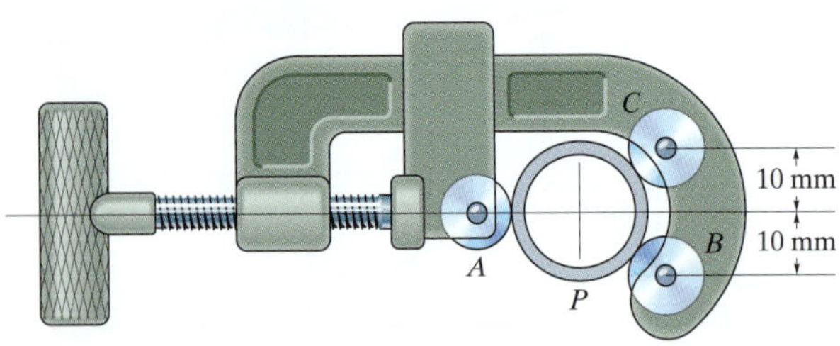

Prob. 5–53

5–54. The skid-steer loader has a mass of 1.18 Mg, and in the position shown the center of mass is at G_1. If there is a 300-kg stone in the bucket, with center of mass at G_2, determine the reactions of each pair of wheels A and B on the ground and the force in the hydraulic cylinder CD and at the pin E. There is a similar linkage on each side of the loader.

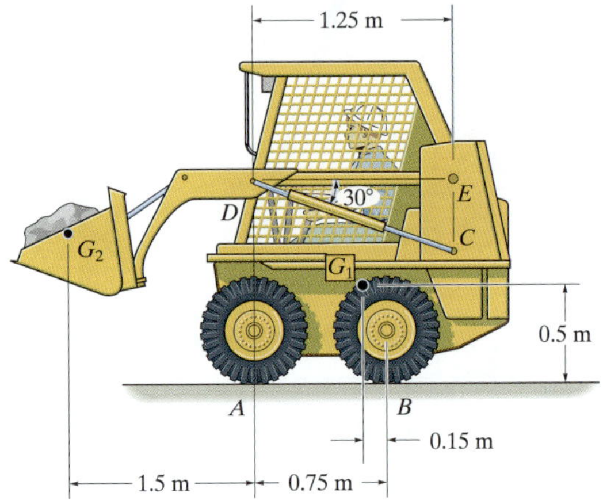

Prob. 5–54

5–55. Determine the horizontal and vertical components of force which pin C exerts on member ABC. The 600-N force is applied to the pin.

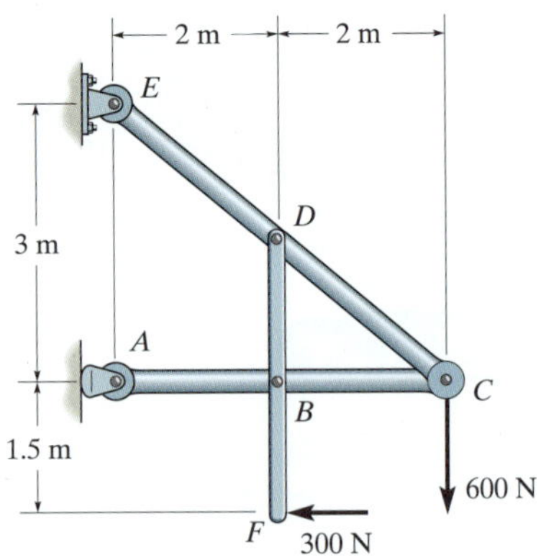

Prob. 5–55

***5–56.** Two smooth tubes A and B, each having the same weight, W, are suspended from a common point O by means of equal-length cords. A third tube, C, is placed between A and B. Determine the greatest weight of C without upsetting equilibrium.

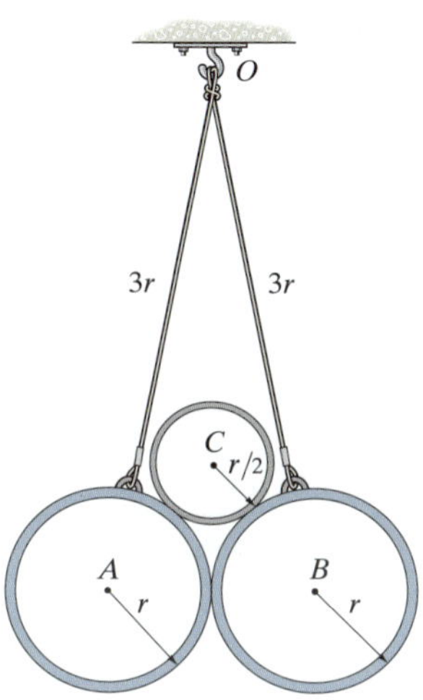

Prob. 5–56

5–57. The spring has an unstretched length of 0.3 m. Determine the angle θ for equilibrium if the uniform bars each have a mass of 20 kg.

5–58. The spring has an unstretched length of 0.3 m. Determine the mass m of each uniform bar if each angle $\theta = 30°$ for equilibrium.

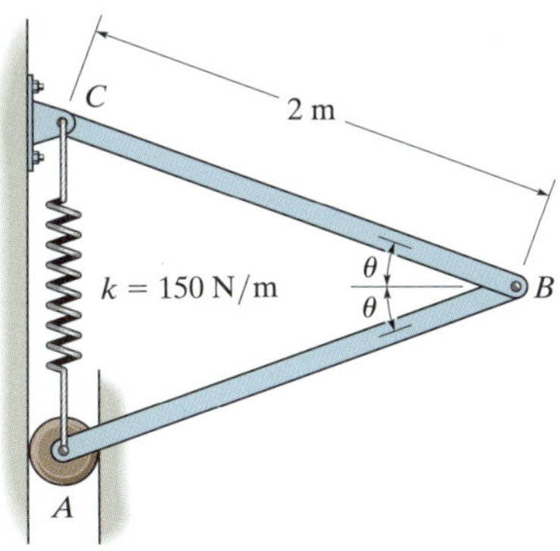

Probs. 5–57/58

5–59. The bucket of the backhoe and its contents have a weight of 6 kN and a center of gravity at G. Determine the forces of the hydraulic cylinder AB and in links AC and AD in order to hold the load in the position shown. The bucket is pinned at E.

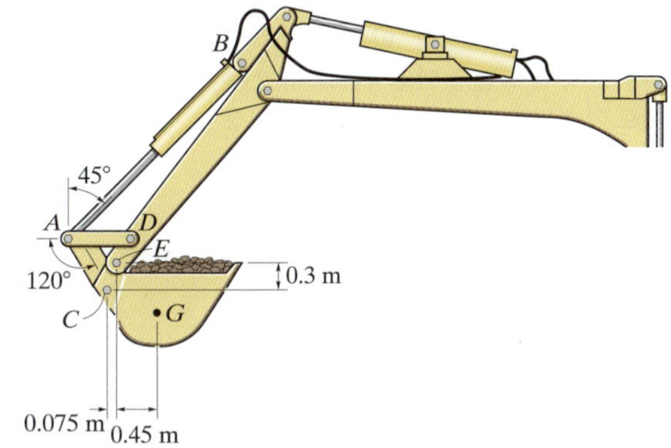

Prob. 5–59

***5–60.** The platform scale consists of a combination of third and first class levers so that the load on one lever becomes the effort that moves the next lever. Through this arrangement, a small weight can balance a massive object. If $x = 450$ mm, determine the required mass of the counterweight S required to balance the load L having a mass of 90 kg.

5–61. The platform scale consists of a combination of third and first class levers so that the load on one lever becomes the effort that moves the next lever. Through this arrangement, a small weight can balance a massive object. If $x = 450$ mm, and the mass of the counterweight S is 2 kg, determine the mass of the load L required to maintain the balance.

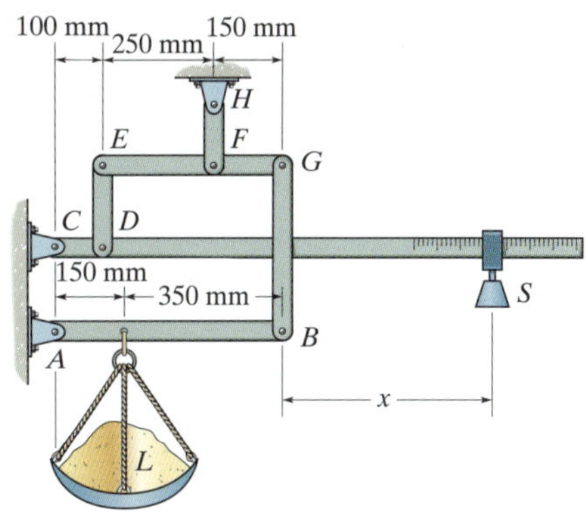

Probs. 5–60/61

내용 복습

단순 트러스

단순 트러스는 핀 연결된 부재들로 삼각형 모양으로 구성된다. 이 부재 내부의 힘들은 동일 절점에 연결되는 2축 힘 부재로 가정하여 계산한다. 부재력은 인장이거나 압축이고 또는 힘을 전달하지 않는다.

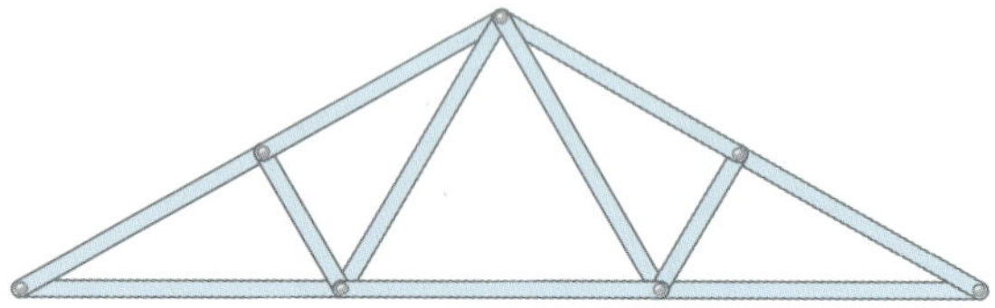

지붕 트러스

절점법

5

절점법은 만약 트러스가 평형상태라면 각 절점 역시 평형상태라는 원리에 기초한다. 평면 트러스의 각 절점에서 만나는 힘들은 힘의 평형을 만족해야만 한다.

부재력을 계산하기 위해서는 최소한 2개의 미지력과 하나의 기지력을 가지는 자유물체도의 절점을 선택한다(지점 반력을 먼저 알아야 할 때도 있다).

한 부재의 부재력이 결정되면 이 값을 인접한 절점에 이용한다.

절점에서 당기는 힘은 인장력이고 누르는 힘은 압축력임을 기억한다.

2개의 방정식을 연립하여 풀지 않기 위해 미지력 중 하나의 작용선상을 따라 좌표축을 잡고 이 축에 수직한 축방향으로 힘의 합을 구한다. 이렇게 하면 다른 미지력의 해를 직접적으로 구할 수 있다.

먼저 모든 무응력 부재를 파악하면 트러스 해석이 더 용이해질 수 있다.

$$\Sigma F_x = 0$$

$$\Sigma F_y = 0$$

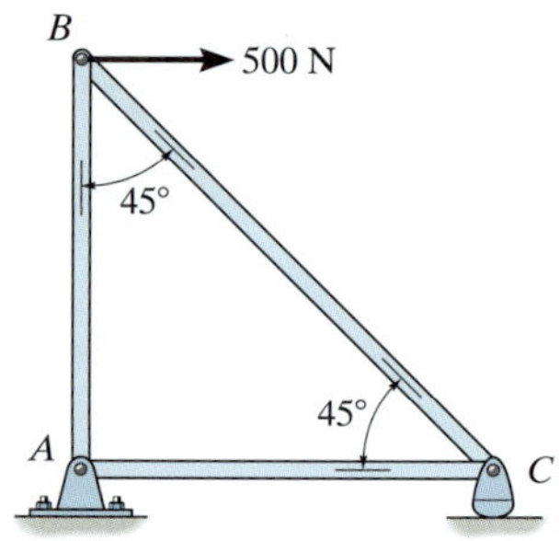

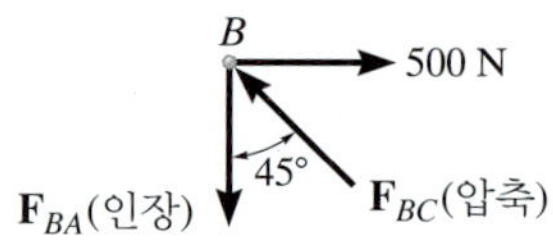

단면법

단면법은 만약 트러스가 평형상태라면 트러스 각 부분 역시 평형이라는 원리에 기초한다. 절단면은 부재력을 알고자 하는 부재나 트러스를 지나도록 선택한다. 그 다음에 최소 수의 힘을 가진 절단 부분의 자유물체도를 그린다.

당김을 받는 절단면의 부재는 인장이고 밀림을 받는 절단면의 부재는 압축이다.

3개의 평형방정식이 미지력을 결정하는 데 이용된다.

가능하면 3개의 미지력 중 2개의 미지력에 대하여 수직한 방향으로 힘의 합을 구한다. 그러면 세 번째 힘에 대하여 직접해를 구할 수 있다.

3개의 미지력 중 2개 힘의 작용선이 교차하는 점에 대하여 모멘트의 합을 구한다. 그러면 세 번째 미지력은 직접적으로 구할 수 있다.

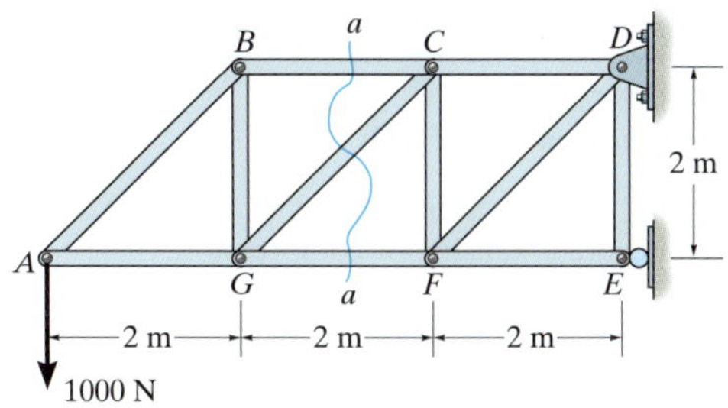

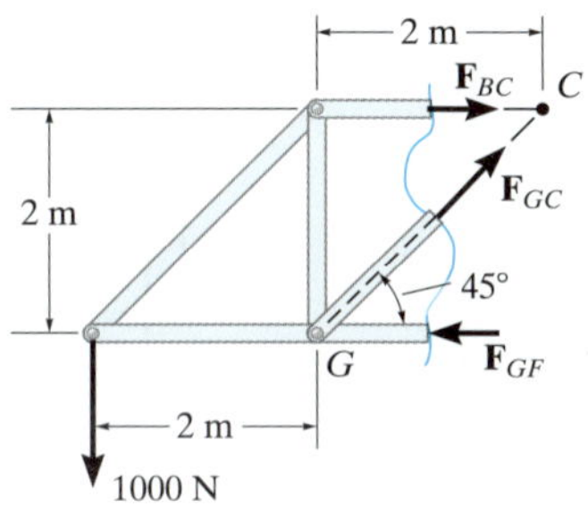

$$\Sigma F_x = 0$$
$$\Sigma F_y = 0$$
$$\Sigma M_O = 0$$
$$+\uparrow \Sigma F_y = 0$$
$$-1000\text{ N} + F_{GC}\sin 45^\circ = 0$$
$$F_{GC} = 1.41\text{ kN (T)}$$
$$\circlearrowright + \Sigma M_C = 0$$
$$1000\text{ N}(4\text{ m}) - F_{GF}(2\text{ m}) = 0$$
$$F_{GF} = 2\text{ kN (C)}$$

뼈대와 기계

뼈대와 기계는 다력 부재로 구성되는 구조이다. 부재에는 힘이나 짝힘 모멘트가 작용한다. 뼈대는 하중 지지를 위해, 기계는 힘의 효과를 전달하거나 변경하기 위해 설계된다.

뼈대나 기계의 절점에 작용하는 힘은 부재나 구조체 일부분에 대한 각각의 자유물체도에서 계산할 수 있다. 인접 부재 또는 핀의 자유물체도에 힘을 나타낼 때는 작용 반작용의 원리를 따라야 한다. 동일 평면상의 힘계에서는 각 부재에 대하여 3개의 평형방정식을 이용할 수 있다.

해석의 편리를 위해, 2축 힘 부재를 모두 파악해야 한다. 2축 힘 부재의 끝단에는 동일선상에서 같은 크기지만 서로 반대 방향인 힘이 존재한다.

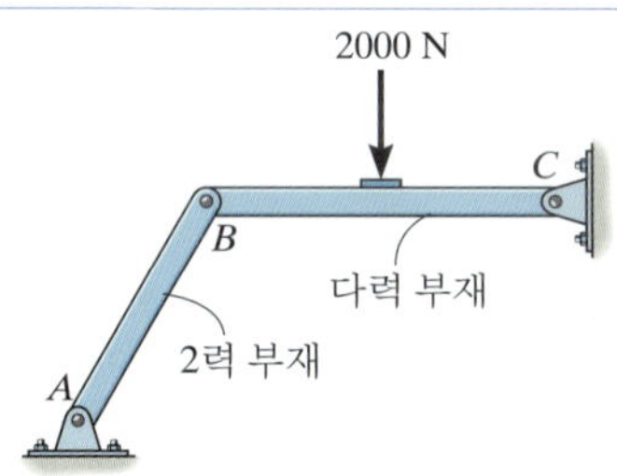

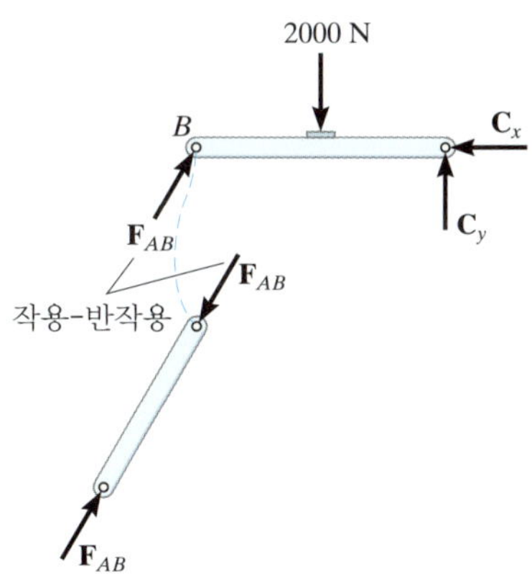

REVIEW PROBLEMS

All problem solutions must include FBDs.

R5–1. Determine the force in each member of the truss and state if the members are in tension or compression.

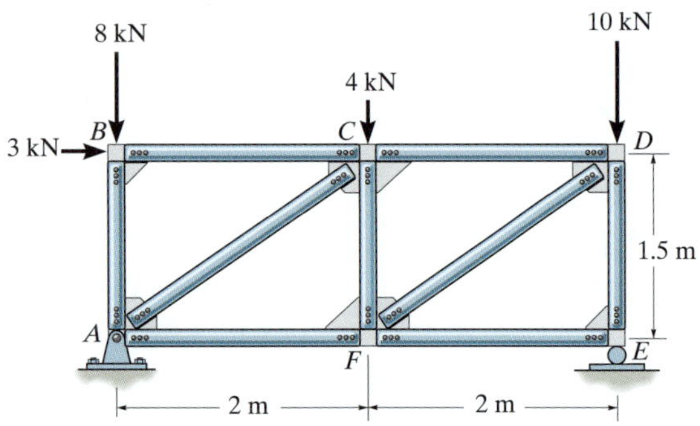

Prob. R5–1

R5–2. Determine the force in each member of the truss and state if the members are in tension or compression.

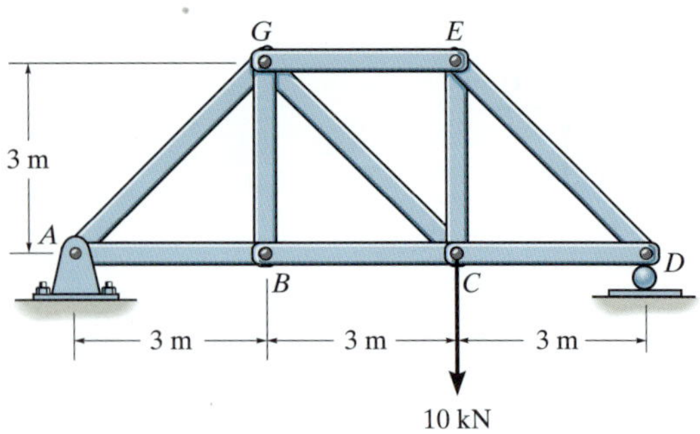

Prob. R5–2

R5–3. Determine the force in member *GJ* and *GC* of the truss and state if the members are in tension or compression.

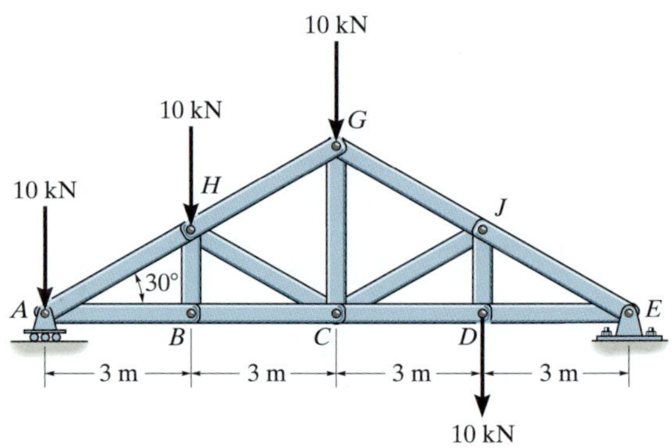

Prob. R5–3

***R5–4.** Determine the force in members *GF*, *FB*, and *BC* of the *Fink truss* and state if the members are in tension or compression.

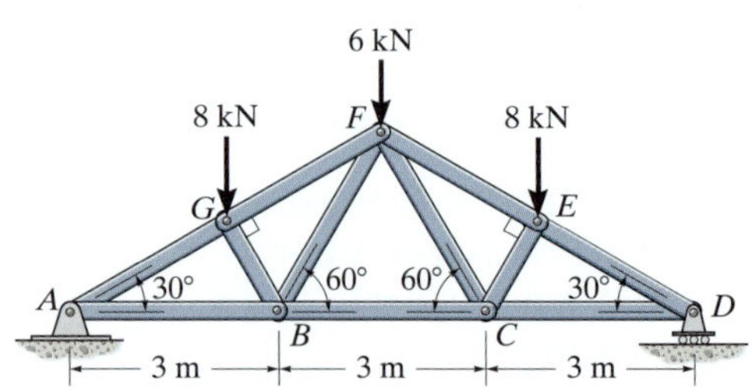

Prob. R5–4

R5–5. Determine the horizontal and vertical components of force that the pins A and B exert on the two-member frame.

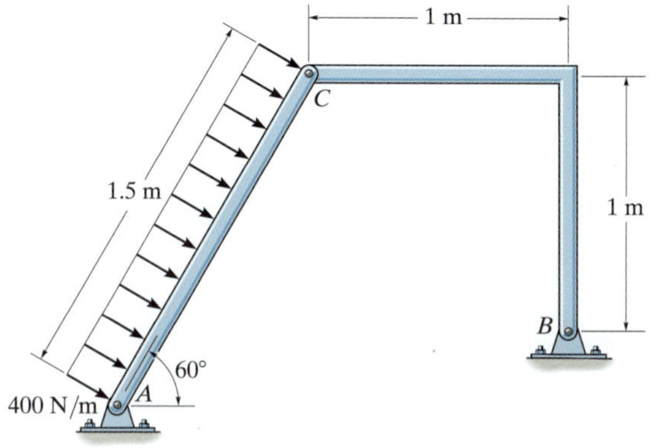

Prob. R5–5

R5–6. Determine the horizontal and vertical components of force that the pins A and C exert on the two-member frame.

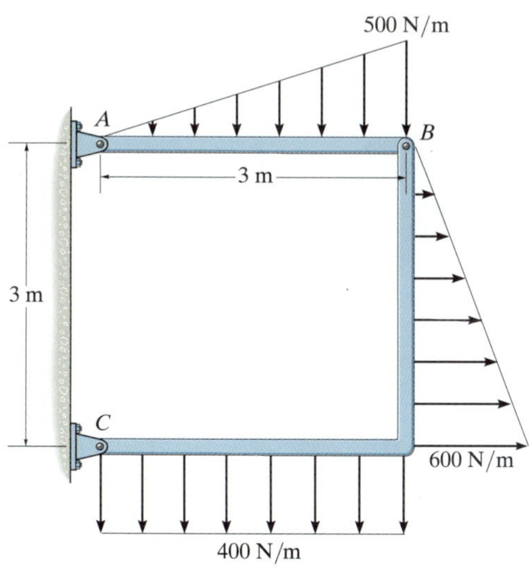

Prob. R5–6

R5–7. The three pin-connected members shown in the *top view* support a downward force of 300 N at G. If only vertical forces are supported at the connections B, C, E and pad supports A, D, F, determine the reactions at each pad.

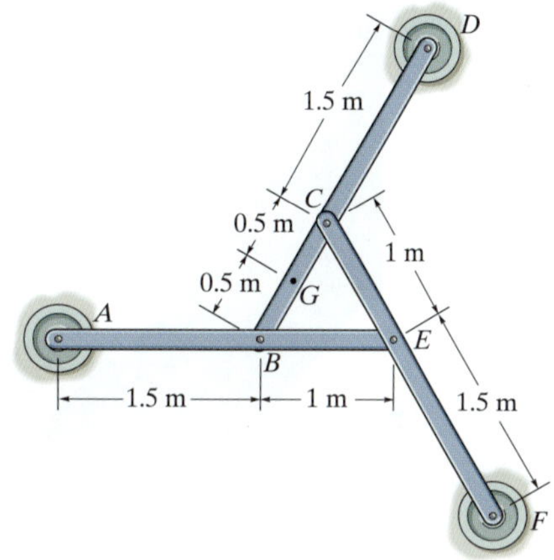

Prob. R5–7

***R5–8.** Determine the resultant forces at pins B and C on member ABC of the four-member frame.

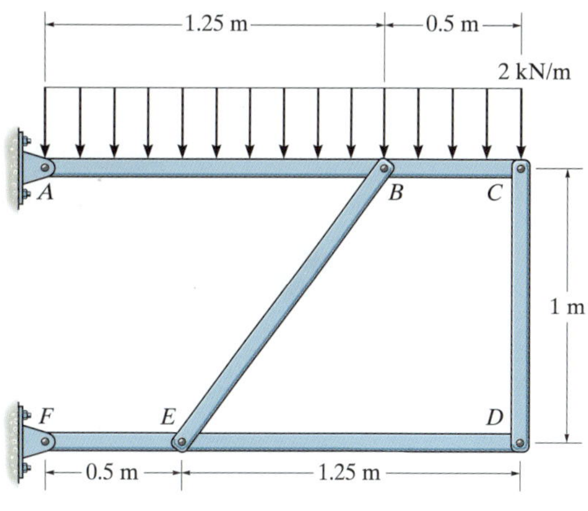

Prob. R5–8

CHAPTER 6

(© Michael N. Paras/AGE Fotostock/Alamy)

이와 같은 구조물의 부재들을 설계하기 위해서는 단면의 도심을 찾고 관성모멘트를 계산할 수 있어야 한다. 이 장에서는 단면의 도심과 관성모멘트에 대하여 알아본다.

무게 중심, 도심, 관성모멘트

학습목표

- 임의의 형상을 지닌 물체 또는 합성 물체의 무게 중심 및 도심의 산정법
- 일반적인 분포하중을 등가의 집중하중으로 변환하는 방법
- 단면의 관성모멘트 산정법

6.1 무게 중심, 질량 중심, 도심

이 장에서는 임의의 형상을 지닌 물체의 무게 중심을 결정하는 방법에 대해서 알아보고 동일한 방법을 이용하여 도심을 구하는 방법에 대해서 알아본다.

무게 중심. 중력장 안에서 물체가 다른 크기를 갖는 무한한 개수의 입자로 구성되었다고 가정하였을 때, 각 입자들의 무게는 dW가 된다. 각 절점의 무게는 대략적으로 평행한 힘들로 구성되며, 이 힘들의 합이 물체의 총 무게가 된다. 또한 이것은 **무게 중심**(center of gravity) G에 작용한다.

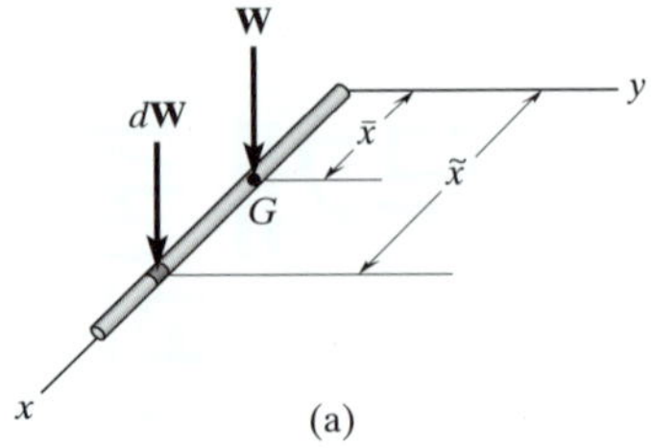

그림 6-1

무게 중심의 위치를 결정하는 방법을 배우기 위해 그림 6-1a와 같은 막대를 고려해 보자. 여기서, 무게 dW를 갖는 입자는 임의의 위치 $\tilde{x}$에 있다. 3.8절에서 언급하였던 방법을 적용하면 막대의 총 무게는 모든 입자들의 무게의 합으로 표현할 수 있다.

$$+\downarrow F_R = \Sigma F_z; \qquad W = \int dW$$

y축으로부터의 무게 중심까지의 거리는 그림 6-1a와 같이 y축에 대한 W의 모멘트와 각 입자들 무게의 모멘트 합과 같다는 것으로부터 구할 수 있다. 그러므로

$$(M_R)_y = \Sigma M_y; \qquad \bar{x}W = \int \tilde{x}dW$$

$$\bar{x} = \frac{\int \tilde{x}\, dW}{\int dW}$$

유사한 방식으로, 물체가 그림 6-1b의 판과 같은 경우, 점 G의 위치 $(\bar{x}, \bar{y})$를 결정하기 위해서는 x축과 y축에 대한 모멘트 평형이 필요하다. 결국 이 원리를 그림 6-1c와 같은 3차원 물체로 일반화할 수 있으며, 축의 임의의 회전 위치에 대한 G를 찾기 위해 세 축 각각에 대해 모멘트 평형을 고려할 수 있다. 결과는 다음과 같다.

$$\bar{x} = \frac{\int \tilde{x}\, dW}{\int dW} \qquad \bar{y} = \frac{\int \tilde{y}\, dW}{\int dW} \qquad \bar{z} = \frac{\int \tilde{z}\, dW}{\int dW} \tag{6-1}$$

여기서

$\bar{x}, \bar{y}, \bar{z}$는 질점계의 무게 중심 G의 좌표

$\tilde{x}, \tilde{y}, \tilde{z}$는 물체를 구성하고 있는 각 질점의 좌표

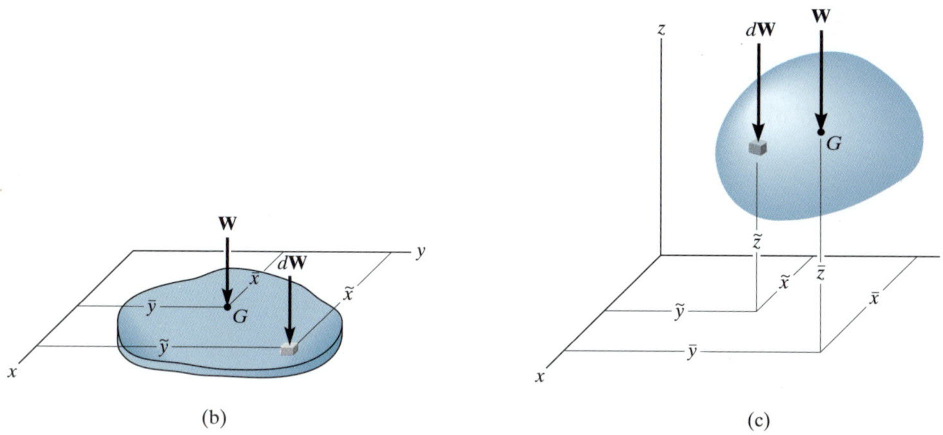

그림 6-1 (계속)

체적 중심. 그림 6-2의 물체가 같은 물질로 구성되어 있다면, 단위무게 γ 는 물체 전체에 걸쳐 일정하다. 따라서 부피 dV의 미분 요소는 $dW = \gamma\, dV$ 의 무게를 갖는다. 이것을 식 (6-1)에 대입하고 γ를 소거하여 물체의 **도심** (centroid) C 또는 기하학적 중심을 구할 수 있다.

$$\bar{x} = \frac{\int_V \tilde{x}\, dV}{\int_V dV} \qquad \bar{y} = \frac{\int_V \tilde{y}\, dV}{\int_V dV} \qquad \bar{z} = \frac{\int_V \tilde{z}\, dV}{\int_V dV} \tag{6-2}$$

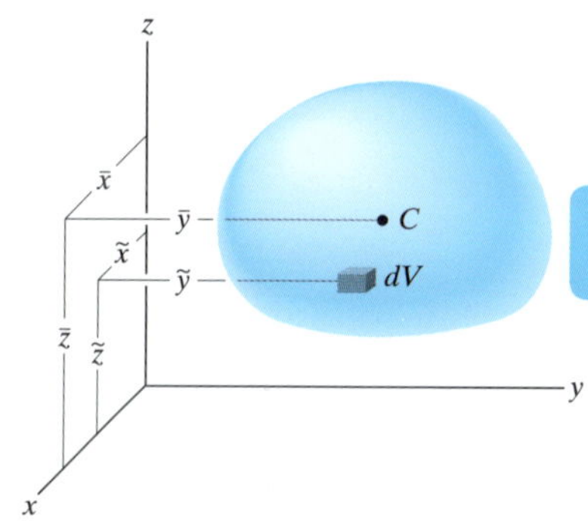

그림 6-2

위의 식은 물체의 체적에 대한 모멘트의 평형을 나타내기 때문에, 이 체적이 두 개의 대칭면을 가지고 있을 때 도심은 이들 두 면의 교차선 상에 위치한다. 예를 들어, 그림 6-3의 원뿔의 도심은 y축상에 있으므로 $\bar{x} = \bar{z} = 0$이다. 도심 $\bar{y}$를 구하기 위해서 식 (6-2)의 두 번째 항을 사용할 수 있다. 여기서 두께 dy와 반지름 $r = z$를 갖는 얇은 원판으로 표현된 미분 요소를 선택하면 단일 적분이 가능하다. 이것의 부피는 $dV = \pi r^2\, dy = \pi z^2\, dy$이고 도심은 $\tilde{x} = 0, \tilde{y} = y, \tilde{z} = 0$이다.

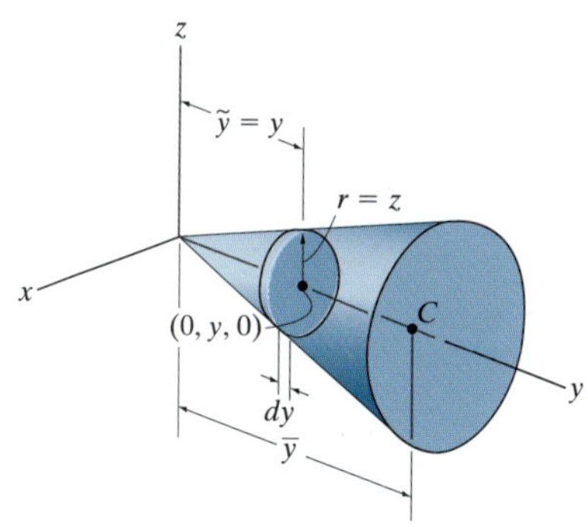

그림 6-3

면적 중심. 그림 6-4a와 같이 면적이 x-y 평면상에 존재하며 곡선 $y = f(x)$로 경계를 이루고 있을 경우 도심은 이 평면상에 위치하고 식 (6-2)와 같이 적분하여 구할 수 있다. 즉,

$$\bar{x} = \frac{\int_A \tilde{x}\, dA}{\int_A dA} \quad \bar{y} = \frac{\int_A \tilde{y}\, dA}{\int_A dA} \tag{6-3}$$

직사각형 띠 형태의 미분 요소를 사용할 경우 단일 적분으로 구할 수 있다. 예를 들어, 그림 6-4b와 같이 수직 띠 요소를 사용할 경우, 요소의 면적은 $dA = y\ dx$이고 도심은 $\tilde{x} = x, \tilde{y} = y/2$이다. 그림 6-4$c$와 같이 수평 띠 요소를 사용할 경우, 요소의 면적은 $dA = x\ dy$이고 도심은 $\tilde{x} = x/2, \tilde{y} = y$이다.

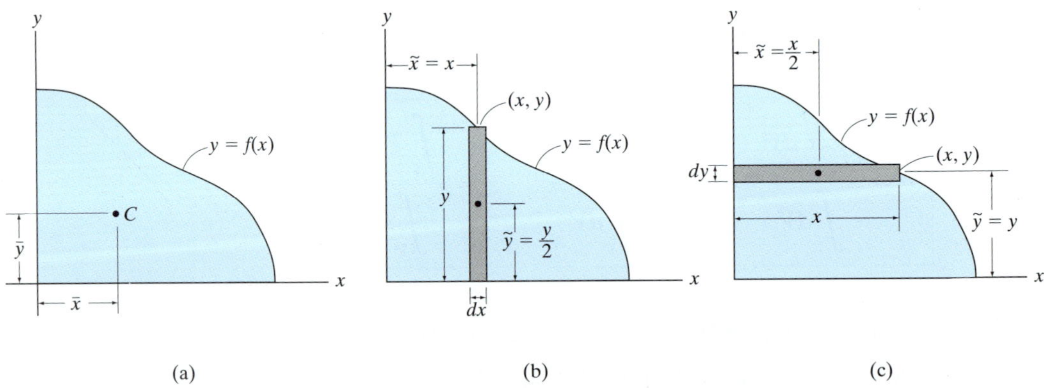

그림 6-4

요점 IMPORTANT POINTS

- 도심은 물체의 기하학적 중심을 의미하며, 단일한 균질의 재료로 구성된 물체일 경우에 한하여 무게 중심과 일치한다.
- 무게 중심이나 도심을 구하는 공식은 구조계를 구성하는 각 요소들에 의한 모멘트 합과 구조계에 작용하는 합력에 의한 모멘트가 동일하다는 것에 근거한다.

풀이 과정 PROCEDURE FOR ANALYSIS

주어진 물체 혹은 임의의 형상에 대한 무게 중심이나 도심은 다음과 같은 과정을 따라 단일 적분으로 구할 수 있다.

미분 요소

- 적절한 좌표계를 선택하여 좌표축을 정한 후, 적분을 위한 미소요소를 결정한다.
- 면적의 경우, 미분 요소는 일반적으로 유한한 길이와 미소폭을 가지며 미소면적 dA인 직사각형이다.
- 체적의 경우, 미분 요소는 유한한 길이의 반지름과 미소두께를 가진 체적 dV의 원형판일 수 있다.
- 미분 요소를 물체의 형상을 표현하는 곡선 위 임의의 점 (x, y, z)과 만나도록 위치시킨다.

크기와 모멘트 팔

- 요소의 미소면적 dA나 미소체적 dV를 물체의 형태를 묘사한 좌표계를 사용하여 나타낸다.
- 요소의 도심과 무게 중심을 위한 모멘트 팔 $\tilde{x}, \tilde{y}, \tilde{z}$를 물체의 형태를 묘사한 좌표계를 사용하여 나타낸다.

적분

- $\tilde{x}, \tilde{y}, \tilde{z}$와 dA, dV를 적절한 식에 대입하여 적분을 수행한다[식 (6-1)부터 (6-3)].
- 적분함수는 요소의 미소두께와 동일한 변수를 사용해 나타낸다.
- 적분 구간을 미소 두께의 두 극한값으로 정하여 모든 영역이 포함되도록 적분을 수행한다.*

* 적분 공식은 부록 A에 수록되어 있다.

예제 6.1

그림 6-5a와 같은 면적에서 도심의 위치를 구하라.

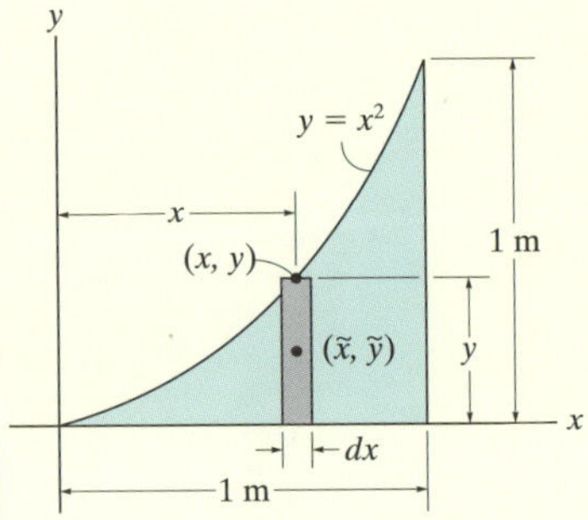

(a)

풀이 I

미분 요소. 두께가 dx인 미분 요소는 그림 6-5a와 같다. 이 요소는 곡선과 임의의 점 (x, y)에서 교차하므로 높이는 y가 된다.

면적과 모멘트 팔. 요소의 면적은 $dA = y\,dx$이고, 이 요소의 도심은 $\tilde{x} = x, \tilde{y} = y/2$이다.

적분. 식 (6-3)을 적용하여 x에 대하여 적분한다.

$$\bar{x} = \frac{\int_A \tilde{x}\,dA}{\int_A dA} = \frac{\int_0^{1\text{ m}} xy\,dx}{\int_0^{1\text{ m}} y\,dx} = \frac{\int_0^{1\text{ m}} x^3\,dx}{\int_0^{1\text{ m}} x^2\,dx} = \frac{0.250}{0.333} = 0.75\text{ m}$$ 답

$$\bar{y} = \frac{\int_A \tilde{y}\,dA}{\int_A dA} = \frac{\int_0^{1\text{ m}} (y/2)y\,dx}{\int_0^{1\text{ m}} y\,dx} = \frac{\int_0^{1\text{ m}} (x^2/2)x^2\,dx}{\int_0^{1\text{ m}} x^2\,dx} = \frac{0.100}{0.333} = 0.3\text{ m}$$ 답

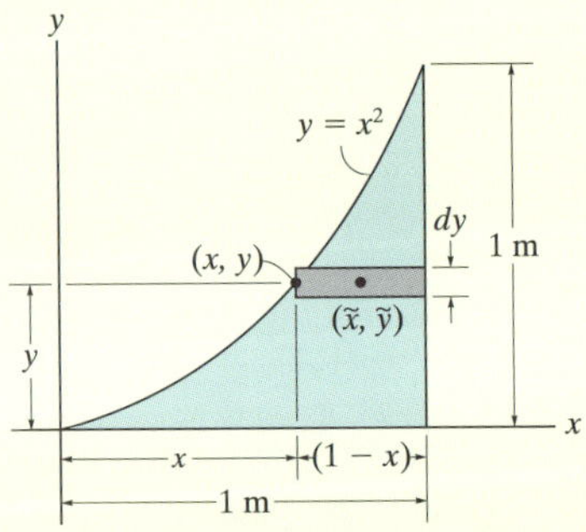

(b)

그림 6-5

풀이 II

미분 요소. 두께가 dy인 미분 요소는 그림 6-5b와 같다. 이 곡선과 임의의 점 (x, y)에서 교차하므로 길이는 $(1 - x)$가 된다.

면적과 모멘트 팔. 미분 요소의 면적은 $dA = (1 - x)\,dy$이고, 이 요소의 도심은 $\tilde{x} = x + \left(\frac{1 - x}{2}\right) = \frac{1 + x}{2}$, $\tilde{y} = y$이다.

적분. 식 (6-3)을 적용하여 y에 대하여 적분한다.

$$\bar{x} = \frac{\int_A \tilde{x}\,dA}{\int_A dA} = \frac{\int_0^{1\text{ m}} [(1 + x)/2](1 - x)\,dy}{\int_0^{1\text{ m}} (1 - x)\,dy} = \frac{\frac{1}{2}\int_0^{1\text{ m}} (1 - y)\,dy}{\int_0^{1\text{ m}} (1 - \sqrt{y})\,dy} = \frac{0.250}{0.333} = 0.75\text{ m}$$ 답

$$\bar{y} = \frac{\int_A \tilde{y}\,dA}{\int_A dA} = \frac{\int_0^{1\text{ m}} y(1 - x)\,dy}{\int_0^{1\text{ m}} (1 - x)\,dy} = \frac{\int_0^{1\text{ m}} (y - y^{3/2})\,dy}{\int_0^{1\text{ m}} (1 - \sqrt{y})\,dy} = \frac{0.100}{0.333} = 0.3\text{ m}$$ 답

주: 결과를 좌표 평면상에 표시하고 적절한지 확인해 보자. 비교를 통해 두께가 dx인 미분 요소를 사용하였을 때 풀이과정이 보다 간단함을 알 수 있다.

예제 6.2

그림 6-6a와 같은 반타원 면적에서 도심의 위치를 구하라.

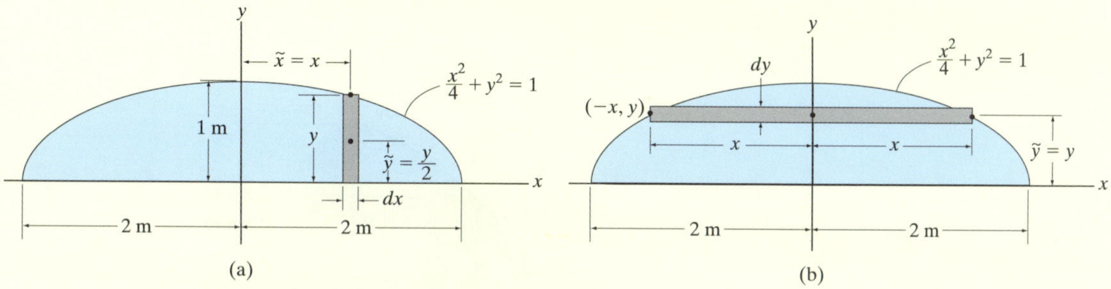

그림 6-6

풀이 I

미분 요소. 그림 6-6a와 같이 y축에 평행한 직사각형 미분 요소를 선택한다. 이 요소의 두께는 dx이고 높이는 y이다.

면적과 모멘트 팔. 면적은 $dA = y\ dx$이고, 이 요소의 도심은 $\tilde{x} = x$, $\tilde{y} = y/2$이다.

적분. y에 대하여 대칭이므로

$$\bar{x} = 0$$ 답

이고 $y = \sqrt{1 - \frac{x^2}{4}}$를 식 (6-3)의 두 번째 식에 적용하면 다음과 같이 구할 수 있다.

$$\bar{y} = \frac{\int_A \tilde{y}\, dA}{\int_A dA} = \frac{\int_{-2\text{ m}}^{2\text{ m}} \frac{y}{2}(y\, dx)}{\int_{-2\text{ m}}^{2\text{ m}} y\, dx} = \frac{\frac{1}{2}\int_{-2\text{ m}}^{2\text{ m}}\left(1 - \frac{x^2}{4}\right)dx}{\int_{-2\text{ m}}^{2\text{ m}}\sqrt{1 - \frac{x^2}{4}}\, dx} = \frac{4/3}{\pi}\text{ m} = 0.424\text{ m}$$ 답

풀이 II

미분 요소. 그림 6-6b와 같이 직사각형 미분 요소의 길이는 dy이고 너비는 $2x$이다.

면적과 모멘트 팔. 면적은 $dA = 2x\ dy$이고, 이 요소의 도심은 $\tilde{x} = 0$, $\tilde{y} = y$이다.

적분. $x = 2\sqrt{1 - y^2}$을 식 (6-3)의 두 번째 식에 적용하면 다음과 같다.

$$\bar{y} = \frac{\int_A \tilde{y}\, dA}{\int_A dA} = \frac{\int_0^{1\text{ m}} y(2x\, dy)}{\int_0^{1\text{ m}} 2x\, dy} = \frac{\int_0^{1\text{ m}} 4y\sqrt{1 - y^2}\, dy}{\int_0^{1\text{ m}} 4\sqrt{1 - y^2}\, dy} = \frac{4/3}{\pi}\text{ m} = 0.424\text{ m}$$ 답

6

예제 6.3

그림 6-7과 같은 회전 포물체에서 도심의 좌표 $\bar{y}$를 구하라.

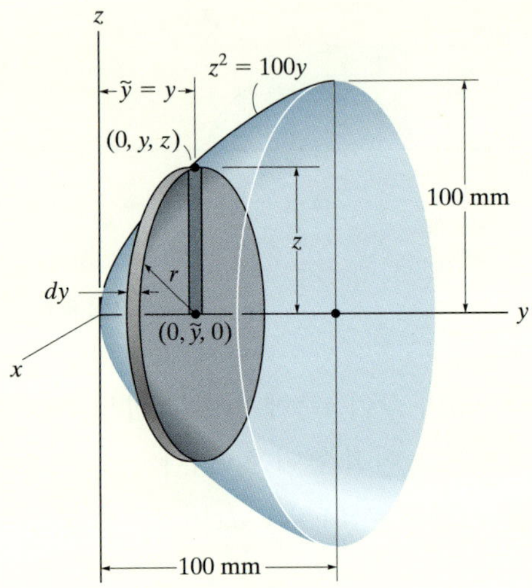

그림 6-7

풀이

미분 요소. 요소의 두께가 dy인 얇은 원판 요소를 택한다. 이 원판 요소는 포물체를 만들어내는 곡선과 $(0, y, z)$에서 만나므로 반지름은 $r = z$가 된다.

면적과 모멘트 팔. 요소의 체적은 $dV = (\pi z^2)\,dy$이고, 이 요소의 도심은 $\tilde{y} = y$이다.

적분. 식 (6-2)의 두 번째 식을 적용하여 y에 대하여 적분한다.

$$\bar{y} = \frac{\int_V \tilde{y}\,dV}{\int_V dV} = \frac{\int_0^{100\text{ mm}} y(\pi z^2)\,dy}{\int_0^{100\text{ mm}} (\pi z^2)\,dy} = \frac{100\pi \int_0^{100\text{ mm}} y^2\,dy}{100\pi \int_0^{100\text{ mm}} y\,dy} = 66.7\text{ mm} \quad \text{답}$$

PRELIMINARY PROBLEM

P6–1. In each case, use the element shown and specify $\tilde{x}$, $\tilde{y}$, and dA.

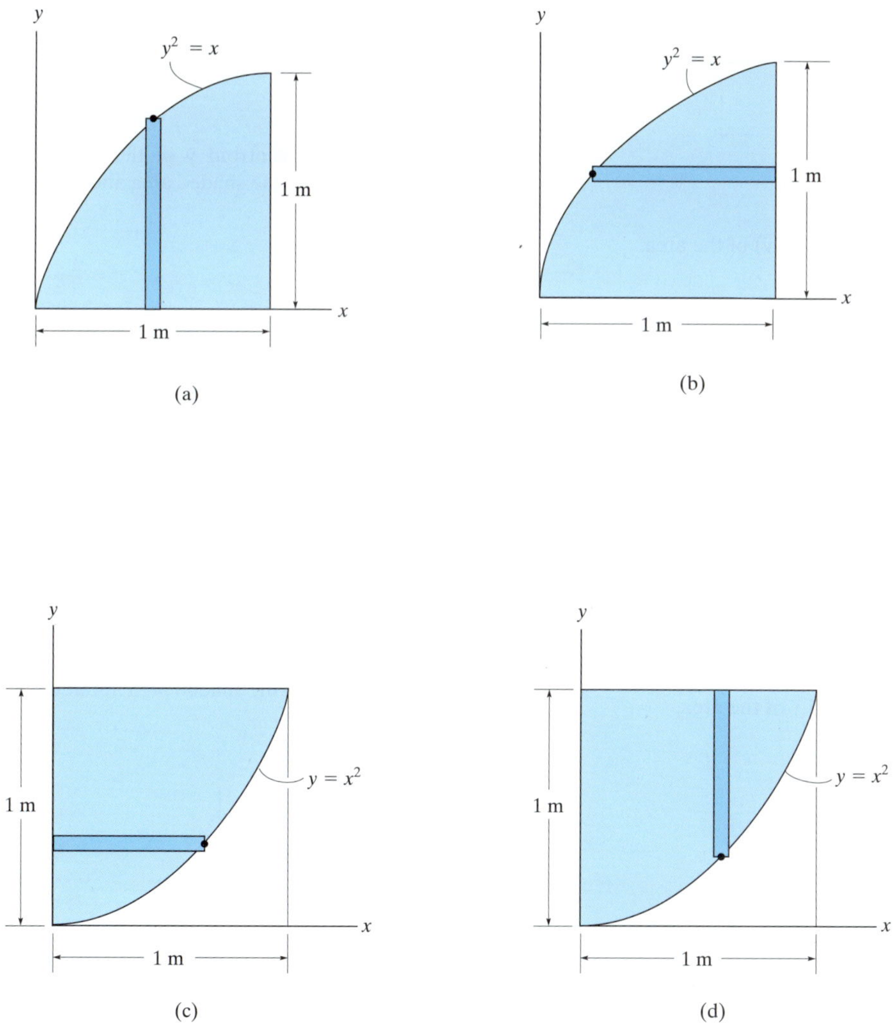

Prob. P6–1

6

FUNDAMENTAL PROBLEMS

F6–1. Determine the centroid $(\bar{x}, \bar{y})$ of the area.

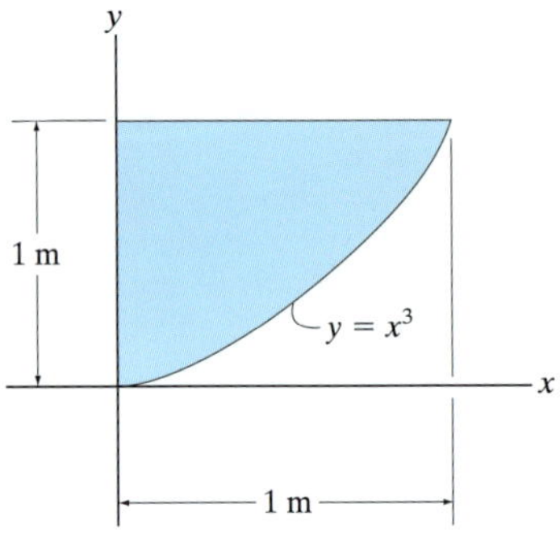

Prob. F6–1

F6–2. Determine the centroid $(\bar{x}, \bar{y})$ of the area.

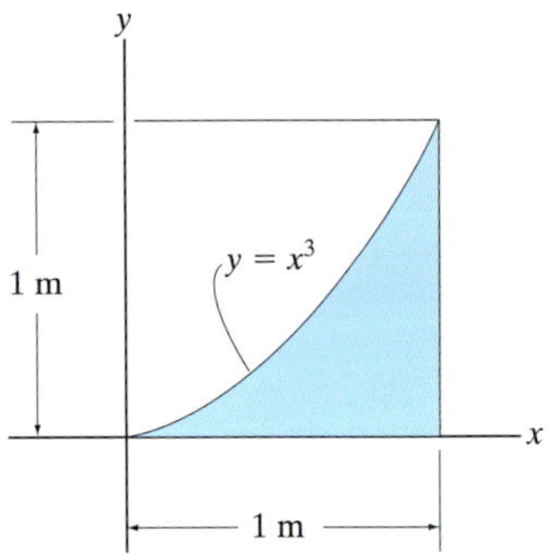

Prob. F6–2

F6–3. Determine the centroid $\bar{y}$ of the area.

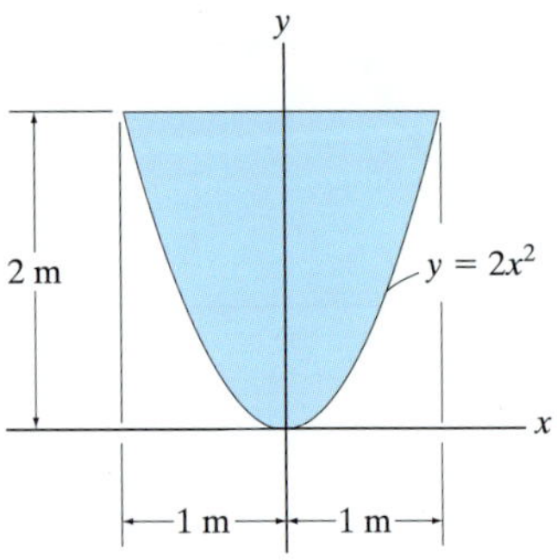

Prob. F6–3

F6–4. Locate the center of gravity $\bar{x}$ of the straight rod if its weight per unit length is given by $W = W_0(1 + x^2/L^2)$.

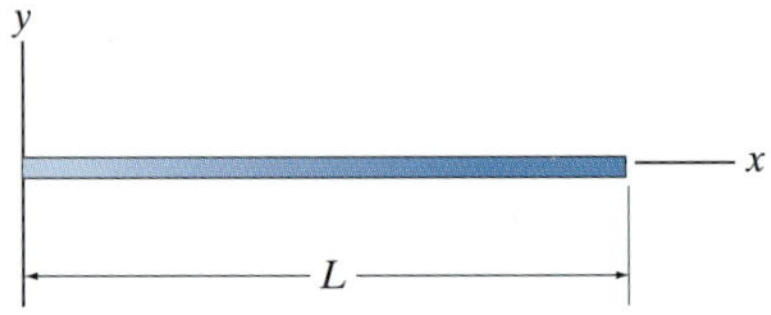

Prob. F6–4

F6–5. Locate the centroid $\bar{y}$ of the homogeneous solid formed by revolving the shaded area about the y axis.

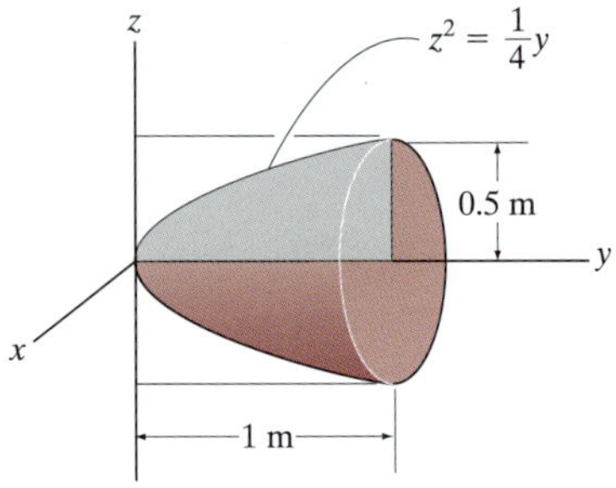

Prob. F6–5

F6–6. Locate the centroid $\bar{z}$ of the homogeneous solid formed by revolving the shaded area about the z axis.

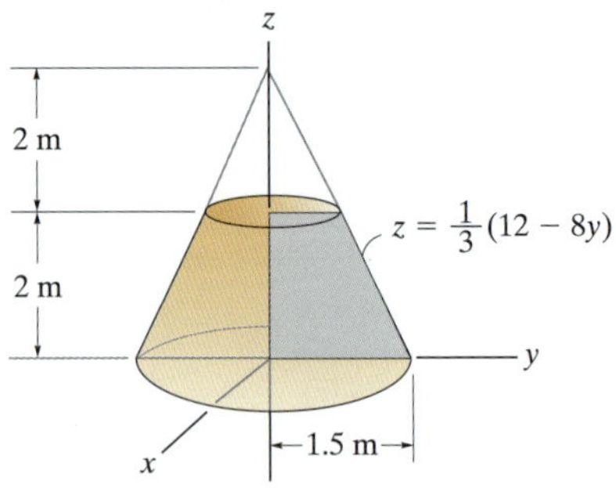

Prob. F6–6

PROBLEMS

6–1. Locate the centroid $\bar{x}$ of the area.

6–2. Locate the centroid $\bar{y}$ of the area.

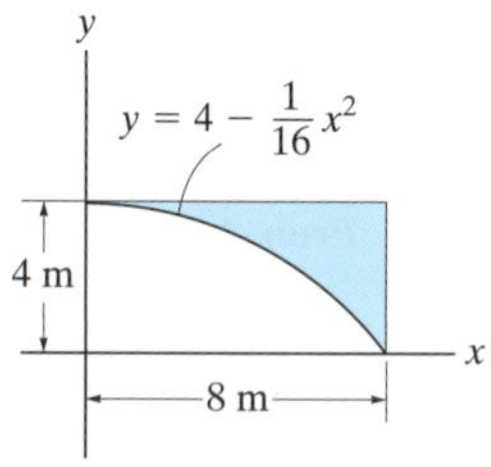

Probs. 6–1/2

6–3. Locate the centroid $\bar{x}$ of the area.

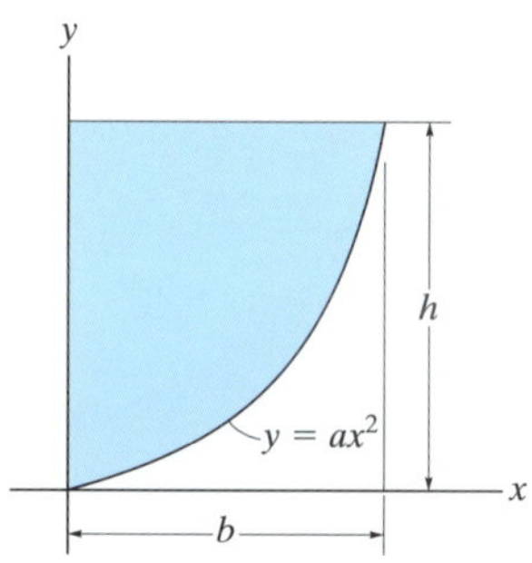

Prob. 6–3

***6–4.** Locate the centroid $\bar{x}$ of the area.

6–5. Locate the centroid $\bar{y}$ of the area.

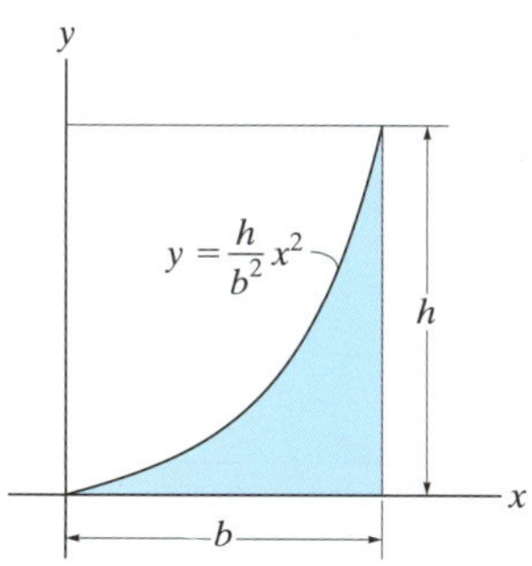

Probs. 6–4/5

6–6. Locate the centroid $\bar{x}$ of the area. Solve the problem by evaluating the integrals using Simpson's rule.

6–7. Locate the centroid $\bar{y}$ of the area. Solve the problem by evaluating the integrals using Simpson's rule.

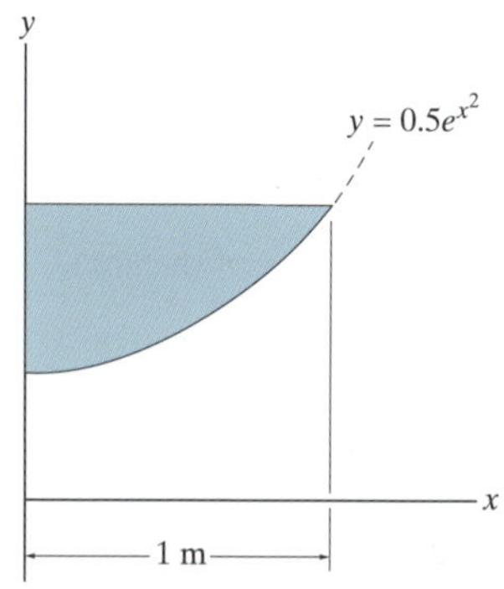

Probs. 6–6/7

***6–8.** Locate the centroid $\bar{x}$ of the area.

6–9. Locate the centroid $\bar{y}$ of the area.

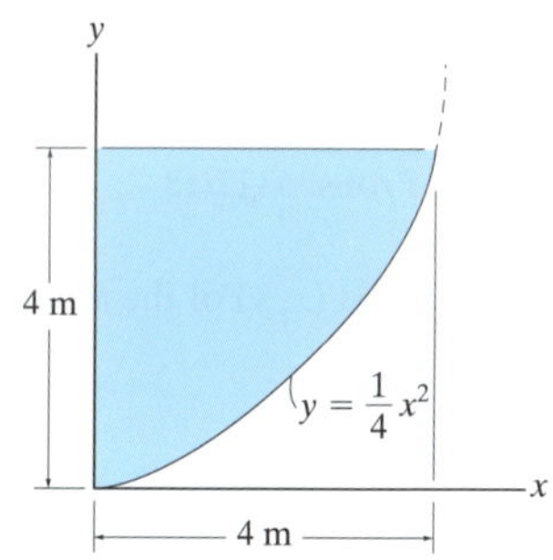

Probs. 6–8/9

6–10. Locate the centroid of the area.

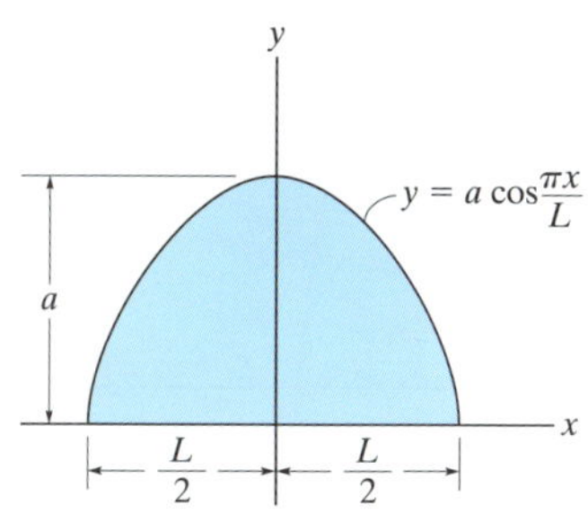

Prob. 6–10

6–11. Locate the centroid $\bar{y}$ of the area.

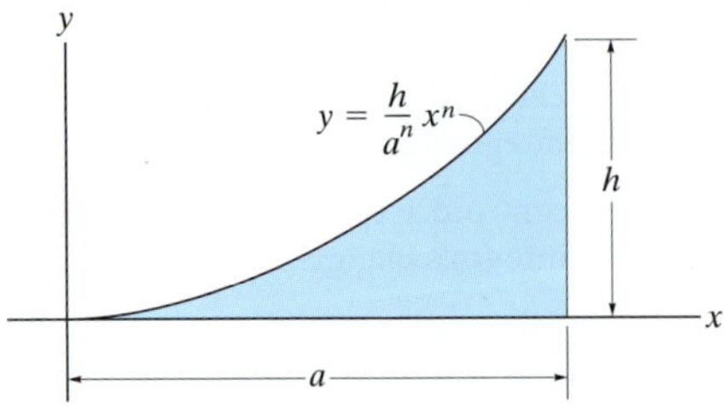

Prob. 6–11

***6–12.** Locate the centroid $\bar{x}$ of the area.

6–13. Locate the centroid $\bar{y}$ of the area.

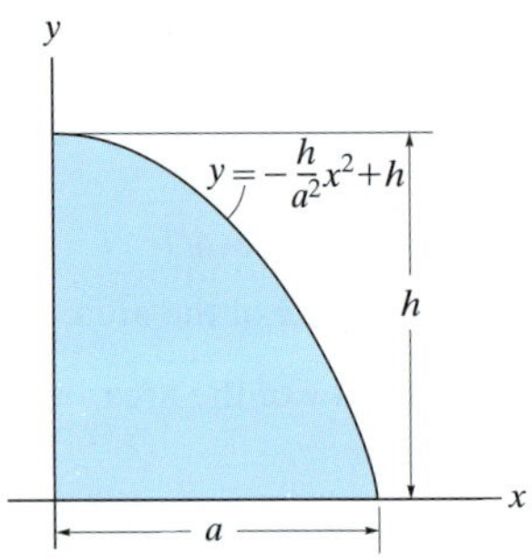

Probs. 6–12/13

6–14. Locate the centroid $(\bar{x}, \bar{y})$ of the area.

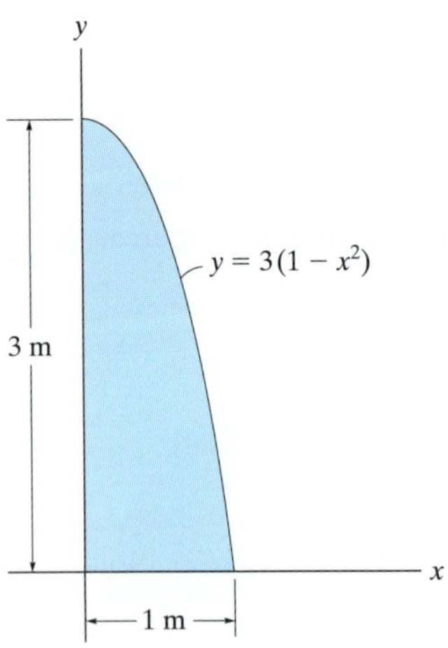

Prob. 6–14

6–15. Locate the centroid $(\bar{x}, \bar{y})$ of the area.

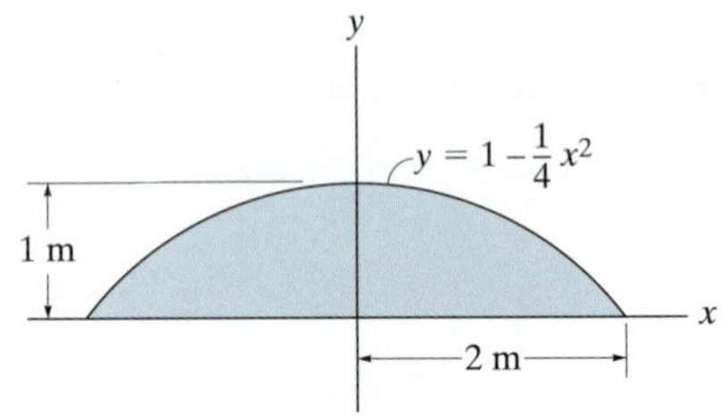

Prob. 6–15

***6–16.** Locate the centroid $\bar{x}$ of the area.

6–17. Locate the centroid $\bar{y}$ of the area.

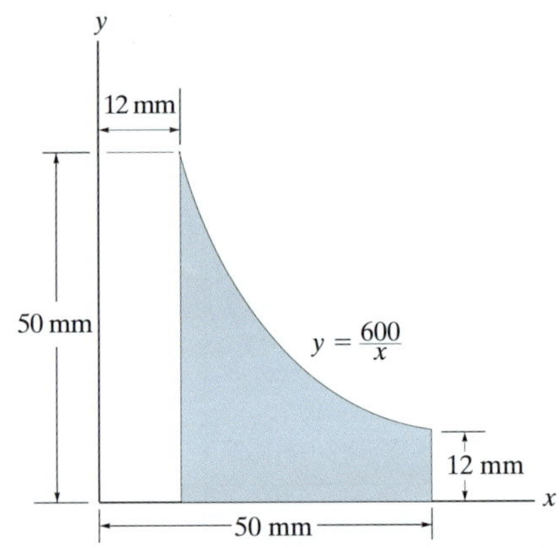

Probs. 6–16/17

6–18. Locate the centroid $\bar{x}$ of the area.

6–19. Locate the centroid $\bar{y}$ of the area.

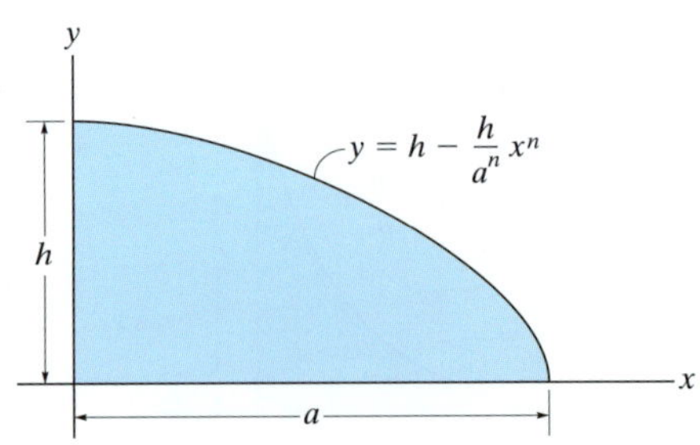

Probs. 6–18/19

***6–20.** Locate the centroid $\bar{x}$ of the area.

6–21. Locate the centroid $\bar{y}$ of the area.

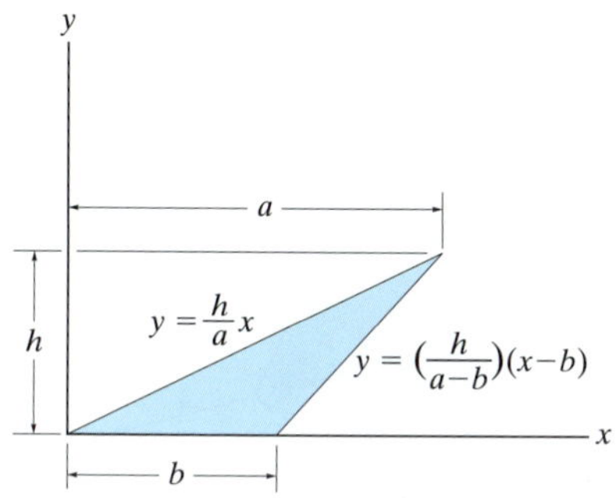

Probs. 6–20/21

6–22. Locate the centroid $\bar{x}$ of the area.

6–23. Locate the centroid $\bar{y}$ of the area.

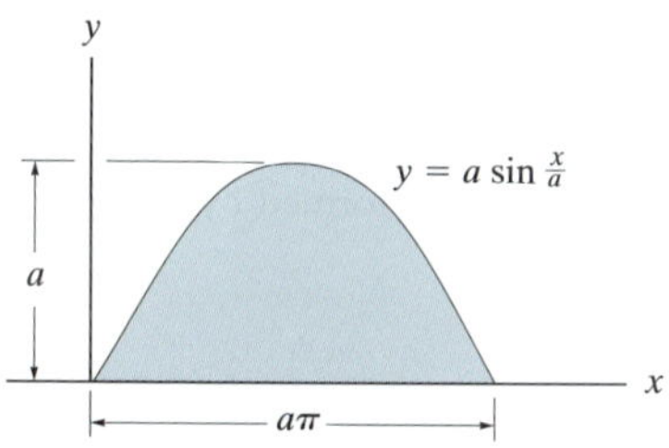

Probs. 6–22/23

***6–24.** Locate the centroid $\bar{x}$ of the area.

6–25. Locate the centroid $\bar{y}$ of the area.

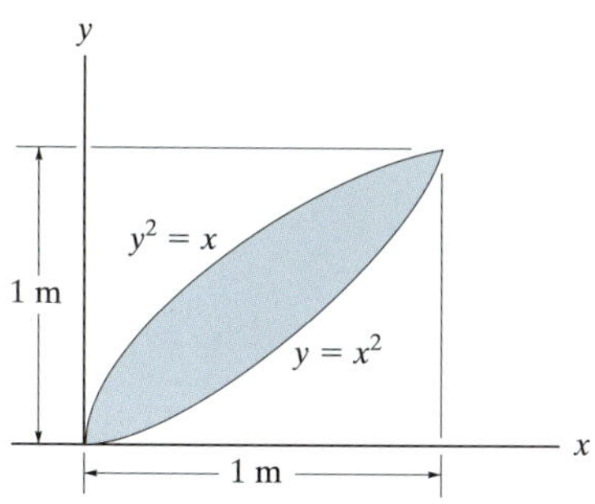

Probs. 6–24/25

6–26. Locate the centroid $\bar{x}$ of the area.

6–27. Locate the centroid $\bar{y}$ of the area.

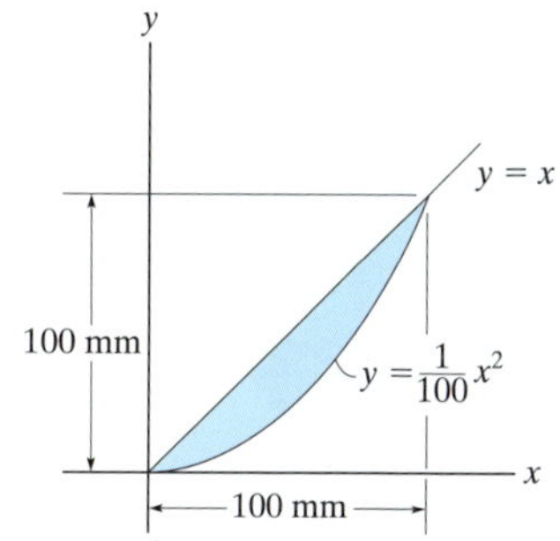

Probs. 6–26/27

***6–28.** Locate the centroid $\bar{x}$ of the area.

6–29. Locate the centroid $\bar{y}$ of the area.

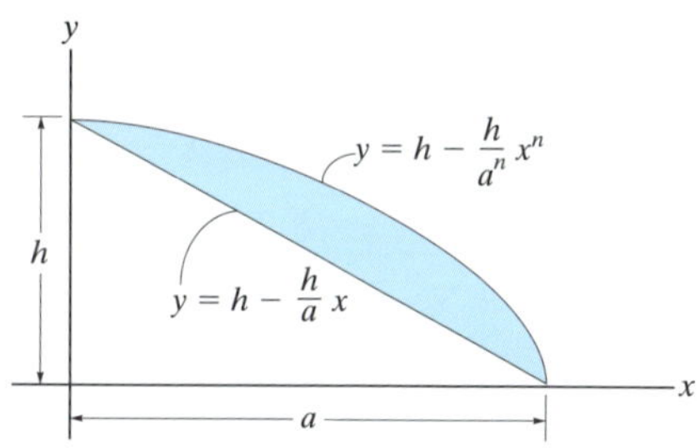

Probs. 6–28/29

6–30. The steel plate is 0.3 m thick and has a density of 7850 kg/m^3. Determine the location of its center of gravity. Also find the reactions at the pin and roller support.

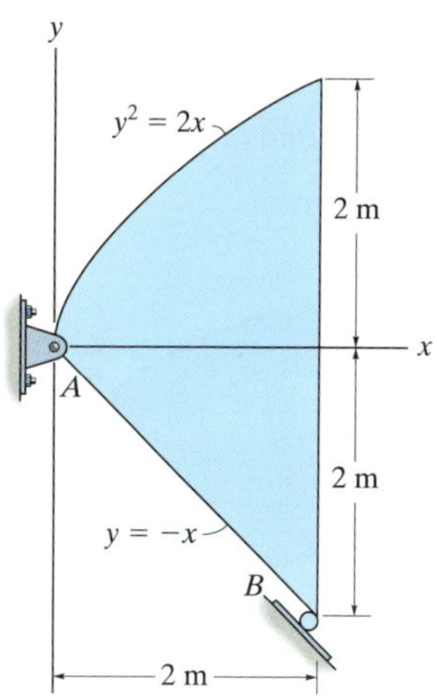

Prob. 6–30

6–31. Locate the centroid $\bar{z}$ of the volume.

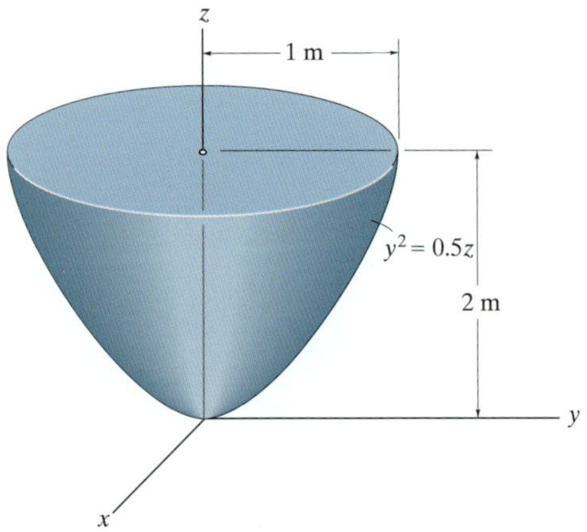

Prob. 6–31

***6–32.** Locate the centroid $\bar{y}$ of the homogeneous solid formed by revolving the shaded area about the y axis.

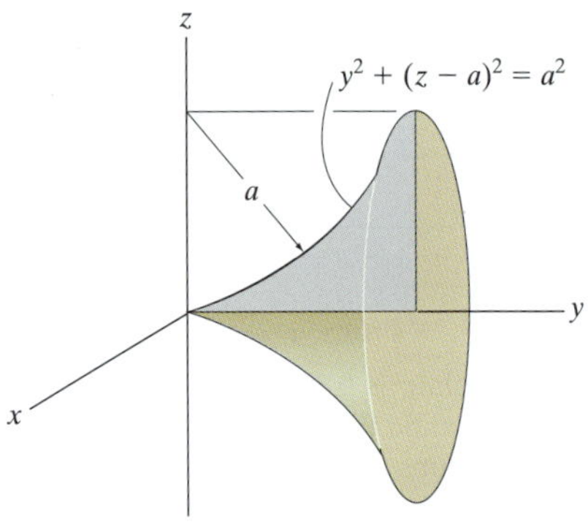

Prob. 6–32

6–33. Locate the centroid of the ellipsoid of revolution.

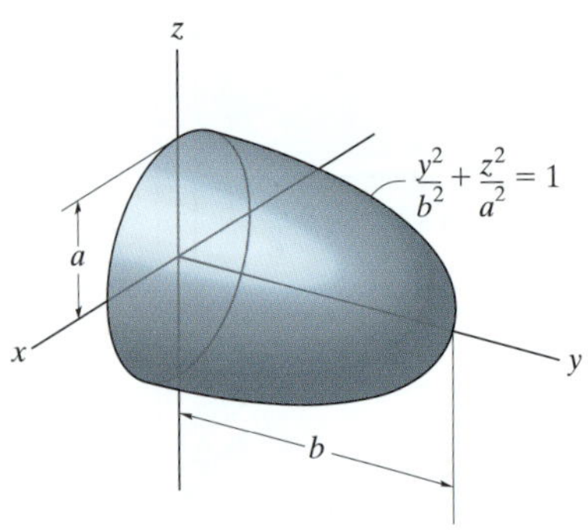

Prob. 6–33

6–34. Locate the centroid of the quarter-cone.

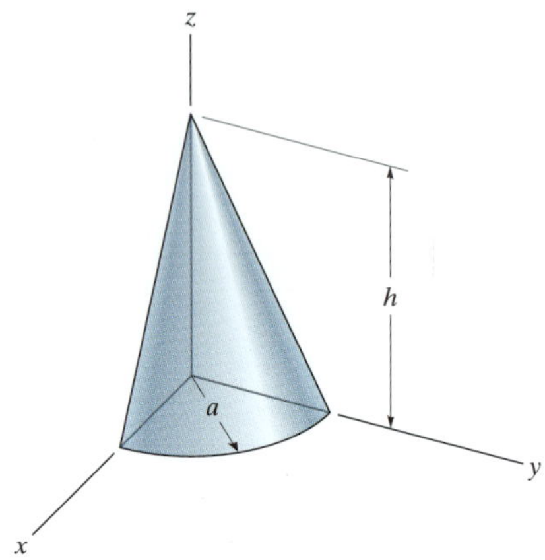

Prob. 6–34

6–35. Locate the centroid $\bar{z}$ of the homogeneous solid frustum of the paraboloid formed by revolving the shaded area about the z axis.

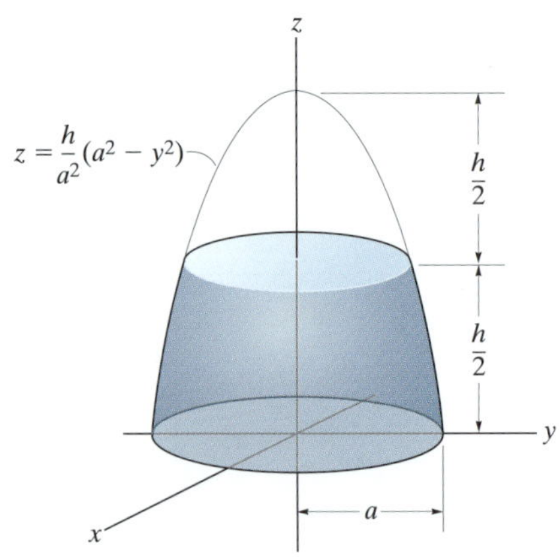

Prob. 6–35

6.2 합성체

직사각형, 삼각형, 반원 등과 같이 단순한 형상의 물체가 연결되어 구성된 물체를 합성체라고 한다. 그림 6-8에서 보는 바와 같이 이러한 합성체는 몇 개의 부분으로 나눌 수 있으며 각 부분들의 무게와 무게 중심을 알고 있다면 적분을 하지 않고도 전체 합성체의 무게 중심을 구할 수 있다. 무게 중심을 구하는 방법은 6.1절에서 사용한 절차와 같고 식 (6-1)과 유사한 공식을 얻는다. 단 유한개의 무게를 고려하므로 무게 중심은 다음과 같이 구할 수 있다.

그림 6-8

$$\bar{x} = \frac{\Sigma \tilde{x} W}{\Sigma W} \qquad \bar{y} = \frac{\Sigma \tilde{y} W}{\Sigma W} \qquad \bar{z} = \frac{\Sigma \tilde{z} W}{\Sigma W} \tag{6-4}$$

여기서,

$\bar{x}, \bar{y}, \bar{z}$ 합성체 무게 중심의 좌표

$\tilde{x}, \tilde{y}, \tilde{z}$ 합성체를 구성하는 각 부분들의 무게 중심의 좌표

ΣW 합성체를 구성하고 있는 각 부분들의 무게의 합, 즉 전체 무게

물체가 일정한 밀도 또는 단위 무게를 가지면 무게 중심과 도심은 일치한다. 선분, 면적, 체적들로 구성된 합성체의 도심은 식 (6-4)와 유사한 식을 적용하여 구할 수 있다. 단 W는 각각 L, A, V로 치환된다. 합성체를 이루는 면적이나 체적에 대한 도심은 부록 B에 기술되어 있다.

콘크리트 방호벽을 넘어뜨리기 위한 힘을 알기 위해서는 먼저 도심 G의 위치를 알아야 한다. 이 점은 수직 대칭축상에 위치한다.

6

풀이 과정 PROCEDURE FOR ANALYSIS

여러 개의 면적 또는 체적으로 구성되는 합성체의 무게 중심이나 도심은 다음과 같은 과정을 통해 구할 수 있다.

합성체의 요소

- 합성체를 단순한 형상의 유한개의 요소로 나눈다.
- 합성체 내부에 빈 공간이 있는 경우 빈 공간을 포함한 전체 무게 또는 크기를 계산한 후 빈 공간만큼의 무게 또는 크기를 빼준다.

모멘트 팔

- 그림상에 좌표축을 정하고 각 요소마다 무게 중심의 좌표 $\tilde{x}, \tilde{y}, \tilde{z}$를 산정한다.

조합

- 무게 중심을 구하는 식 (9-4) 또는 그와 유사한 식을 이용하여 좌표 $\bar{x}, \bar{y}, \bar{z}$를 구한다.
- 물체가 어떤 축에 대하여 대칭이면 물체의 도심은 그 축상에 위치한다.

다음의 예제에서 보는 바와 같이 계산과정을 표의 형식으로 나타낼 수도 있다.

이 물탱크는 합성체로 간주하여 간단한 형상으로 나누고 식 (6-4)를 적용하여 물탱크의 무게 중심을 구할 수 있다.

예제 6.4

그림 6-9a와 같은 판의 도심을 구하라.

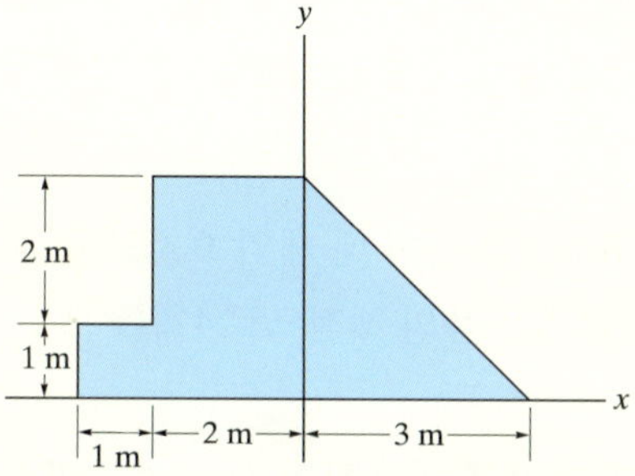

(a)

그림 6-9

풀이

합성 부분. 주어진 판을 그림 6-9b와 같이 3개로 나눈다. 여기서 작은 사각형 ③은 큰 사각형 ②에서 뺀 것이므로 음의 면적으로 생각한다.

모멘트 팔. 각 부분에 대한 도심은 그림에 표시되어 있다. 사각형 ②, ③의 $\tilde{x}$ 좌표는 음이다.

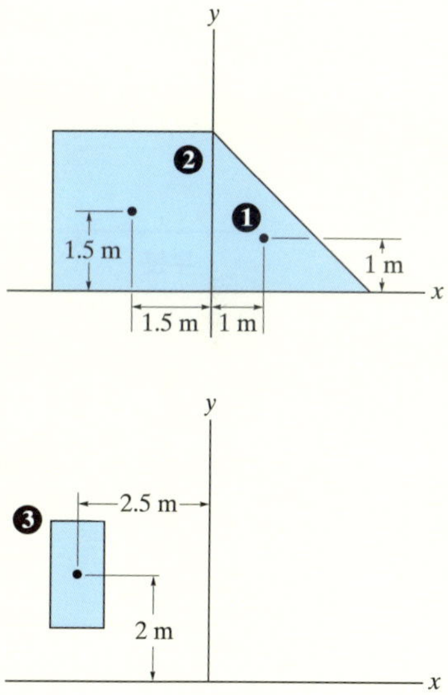

(b)

합산. 그림 6-9b의 결과를 이용하여 다음과 같이 계산을 위한 표로 만든다.

부분	A (m^2)	$\tilde{x}$ (m)	$\tilde{y}$ (m)	$\tilde{x}A$ (m^3)	$\tilde{y}A$ (m^3)
1	$\frac{1}{2}(3)(3) = 4.5$	1	1	4.5	4.5
2	$(3)(3) = 9$	−1.5	1.5	−13.5	13.5
3	$-(2)(1) = -2$	−2.5	2	5	−4
	$\Sigma A = 11.5$			$\Sigma\tilde{x}A = -4$	$\Sigma\tilde{y}A = 14$

따라서

$$\bar{x} = \frac{\Sigma\tilde{x}A}{\Sigma A} = \frac{-4 \text{ m}^3}{11.5 \text{ m}^2} = -0.348 \text{ m} \qquad \text{답}$$

$$\bar{y} = \frac{\Sigma\tilde{y}A}{\Sigma A} = \frac{14 \text{ m}^3}{11.5 \text{ m}^2} = 1.22 \text{ m} \qquad \text{답}$$

주: 결과를 그림 6-9a에 그려 보면 도심의 위치가 적절함을 알 수 있다.

예제 6.5

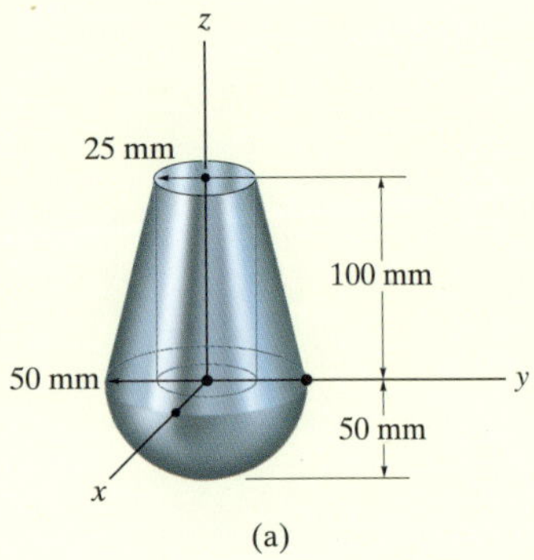

그림 6-10

그림 6-10*a*와 같은 합성체의 무게 중심을 구하라. 원추형 절두체의 밀도는 $\rho_c = 8\ \text{Mg/m}^3$이고 반구의 밀도는 $\rho_h = 4\ \text{Mg/m}^3$이다. 가운데에는 반지름 25 mm인 원통형의 구멍이 있다.

풀이

복합 요소. 그림 6-10*b*와 같이 네 개의 요소로 구성되어 있다고 볼 수 있다. 여기서 ③과 ④ 요소는 음의 체적으로 4개를 모두 조합하면 그림 6-10*a*와 같다.

모멘트 팔. 부록 B의 표를 이용하여 각 요소들의 도심 $\tilde{z}$를 구하면 그림과 같다.

합산. 주어진 물체의 대칭성으로부터

$$\bar{x} = \bar{y} = 0$$ 답

$W = mg$이고 g는 일정하므로 식 (6-4)의 세 번째 식에 의하여 $\bar{z} = \Sigma\tilde{z}m/\Sigma m$이 된다. 각 요소들의 질량($m = \rho V$)을 계산에 사용한다. 또한 $1\ \text{Mg/m}^3 = 10^{-6}\ \text{kg/mm}^3$이므로 다음 결과를 정리하면 표와 같다.

부분	m (kg)	$\tilde{z}$ (mm)	$\tilde{z}m$ (kg·mm)
1	$8(10^{-6})\left(\frac{1}{3}\right)\pi(50)^2(200) = 4.189$	50	209.440
2	$4(10^{-6})\left(\frac{2}{3}\right)\pi(50)^3 = 1.047$	−18.75	−19.635
3	$-8(10^{-6})\left(\frac{1}{3}\right)\pi(25)^2(100) = -0.524$	100 + 25 = 125	−65.450
4	$-8(10^{-6})\pi(25)^2(100) = -1.571$	50	−78.540
	$\Sigma m = 3.142$		$\Sigma\tilde{z}m = 45.815$

따라서 $$\bar{z} = \frac{\Sigma\tilde{z}m}{\Sigma m} = \frac{45.815}{3\ 142} = 14.6\ \text{mm}$$ 답

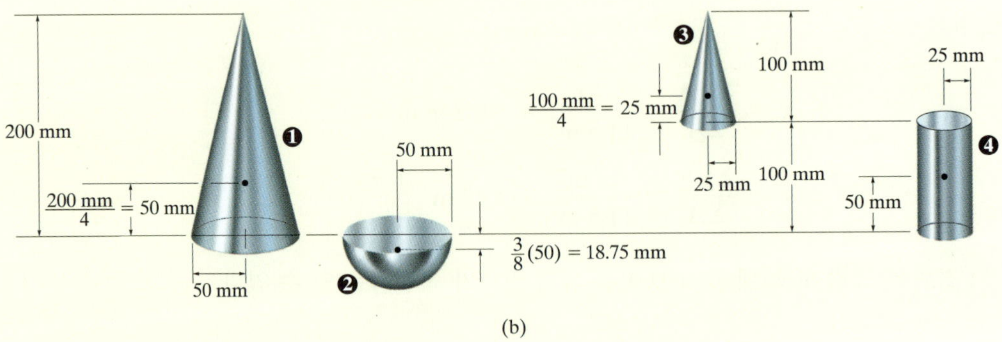

(b)

FUNDAMENTAL PROBLEMS

F6–7. Locate the centroid $(\bar{x}, \bar{y}, \bar{z})$ of the wire bent in the shape shown.

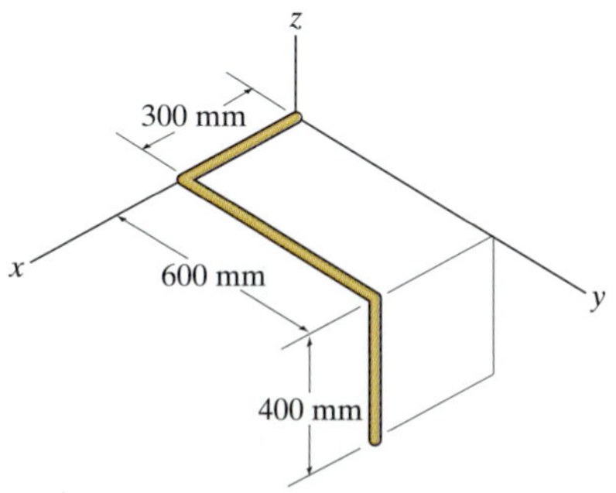

Prob. F6–7

F6–8. Locate the centroid $\bar{y}$ of the beam's cross-sectional area.

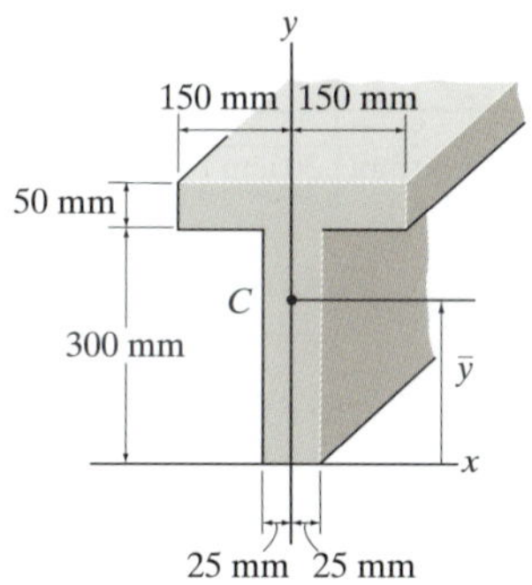

Prob. F6–8

F6–9. Locate the centroid $\bar{y}$ of the beam's cross-sectional area.

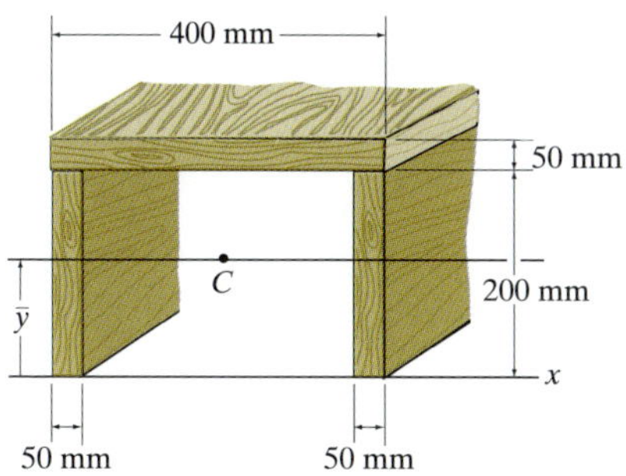

Prob. F6–9

F6–10. Locate the centroid $(\bar{x}, \bar{y})$ of the cross-sectional area.

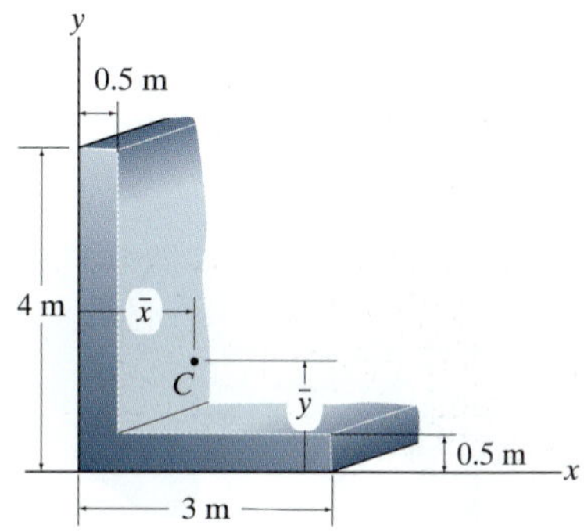

Prob. F6–10

F6–11. Locate the center of mass $(\bar{x}, \bar{y}, \bar{z})$ of the homogeneous solid block.

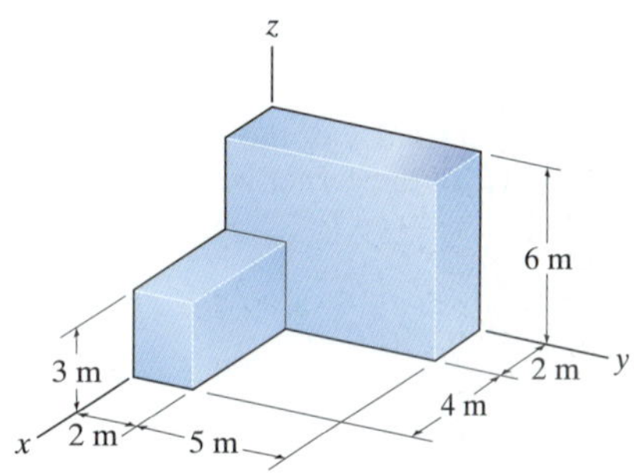

Prob. F6–11

F6–12. Locate the center of gravity $(\bar{x}, \bar{y}, \bar{z})$ of the homogeneous solid block.

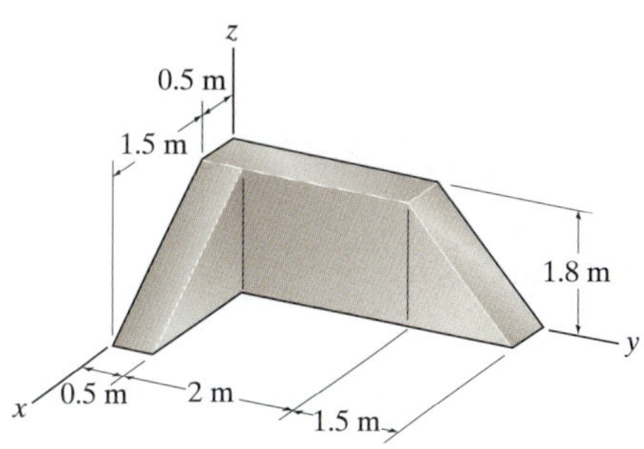

Prob. F6–12

PROBLEMS

***6–36.** Locate the centroid $\bar{y}$ of the channel's cross-sectional area.

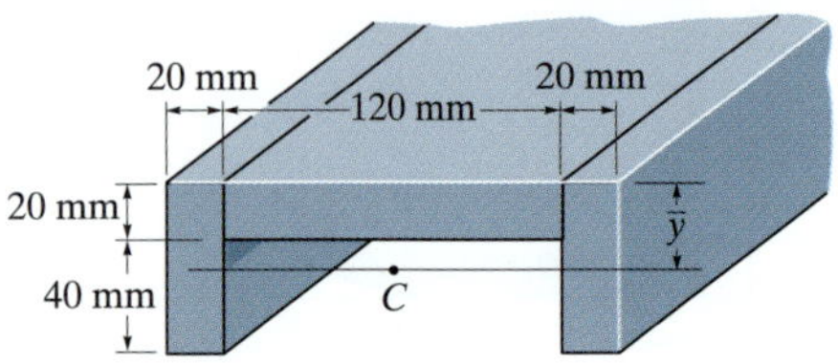

Prob. 6–36

6–37. Locate the centroid $\bar{y}$ of the beam's cross-sectional area. Neglect the size of the corner welds at A and B for the calculation.

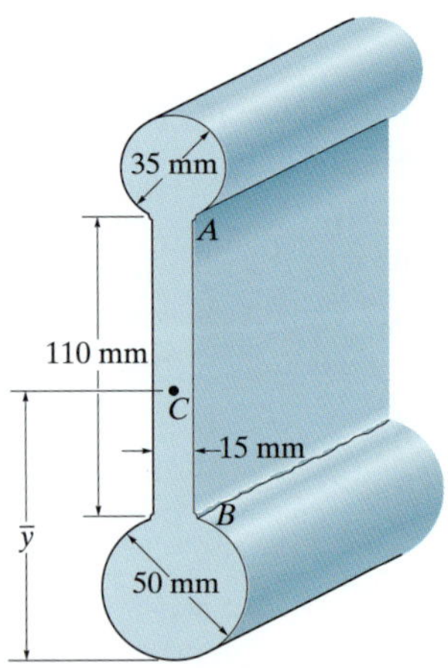

Prob. 6–37

6–38. Locate the centroid $\bar{y}$ of the cross-sectional area of the built-up beam.

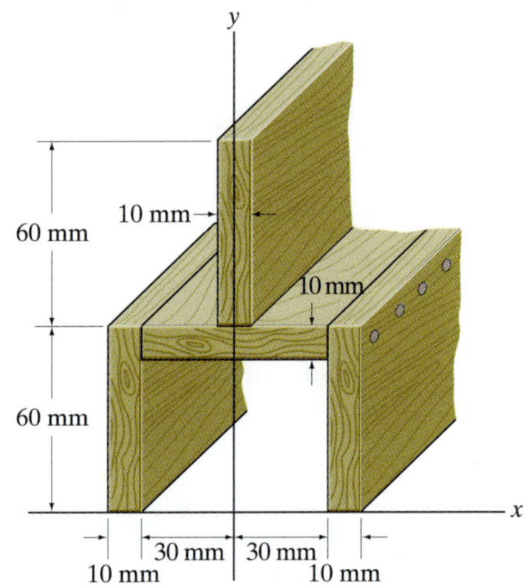

Prob. 6–38

6–39. Locate the centroid $\bar{y}$ for the beam's cross-sectional area.

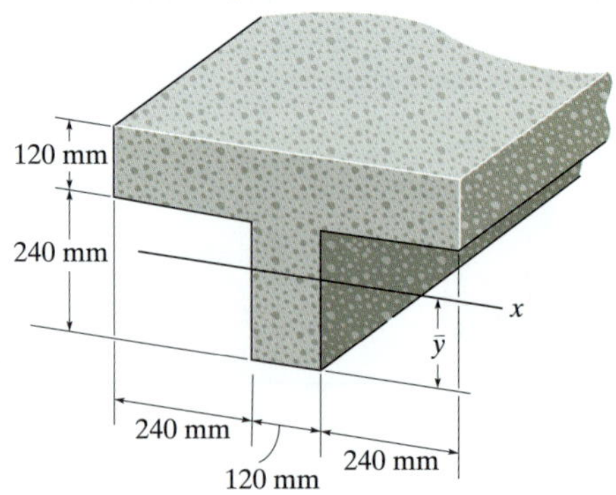

Prob. 6–39

***6–40.** Locate the centroid $\bar{y}$ of the cross-sectional area of the concrete beam.

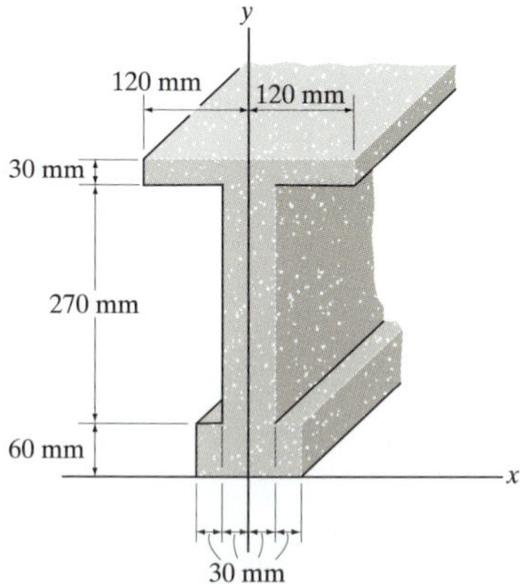

Prob. 6–40

6–41. Locate the centroid $\bar{y}$ of the beam having the cross-sectional area shown.

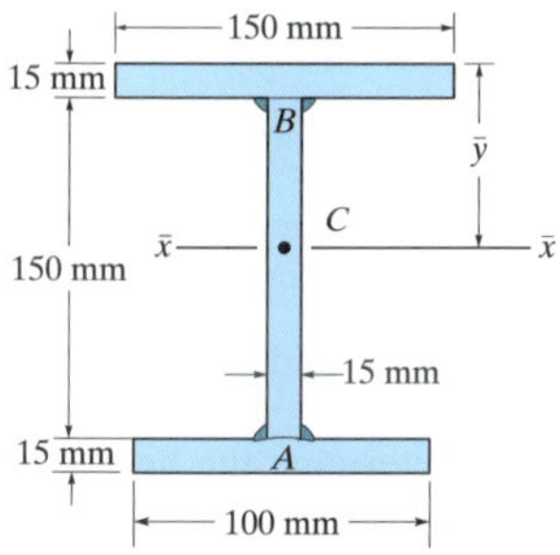

Prob. 6–41

6–42. Locate the centroid $\bar{y}$ of the cross-sectional area of the beam constructed from a channel and a plate. Assume all corners are square and neglect the size of the weld at A.

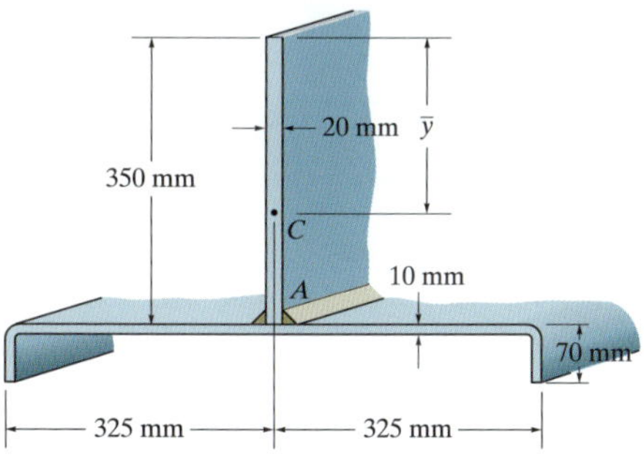

Prob. 6–42

6–43. Locate the centroid $\bar{y}$ of the cross-sectional area of the built-up beam.

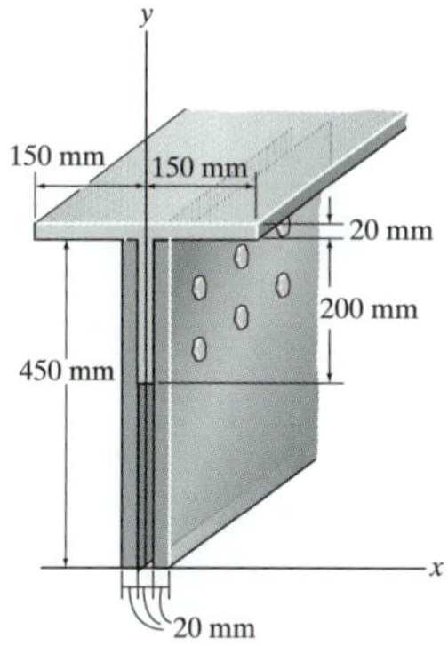

Prob. 6–43

***6–44.** Locate the distance $\bar{y}$ to the centroid of the member's cross-sectional area.

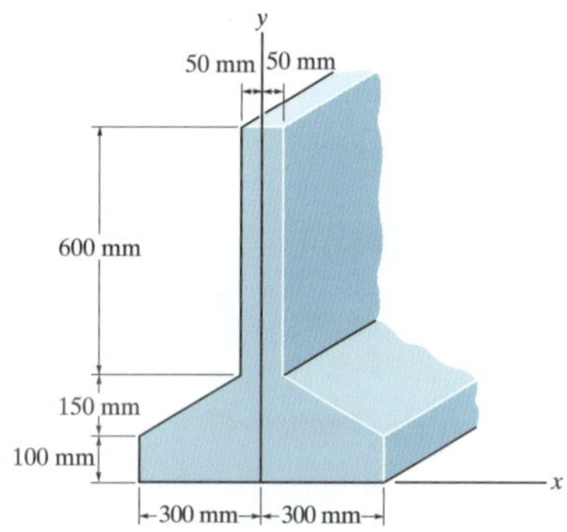

Prob. 6–44

6–45. Locate the centroid $\bar{y}$ of the cross-sectional area of the built-up beam.

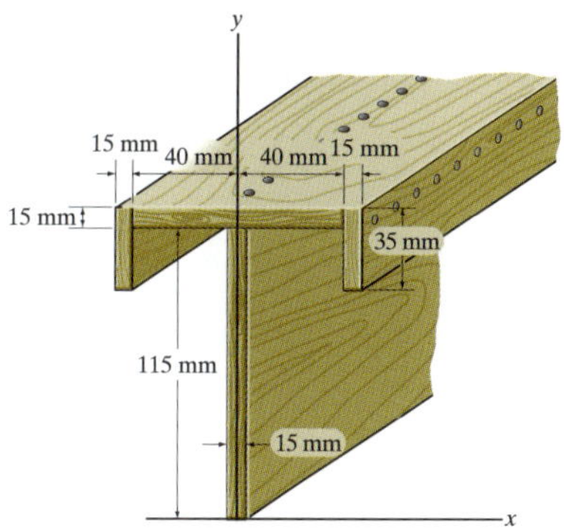

Prob. 6–45

6–46. Locate the centroid $\bar{y}$ of the cross-sectional area of the built-up beam.

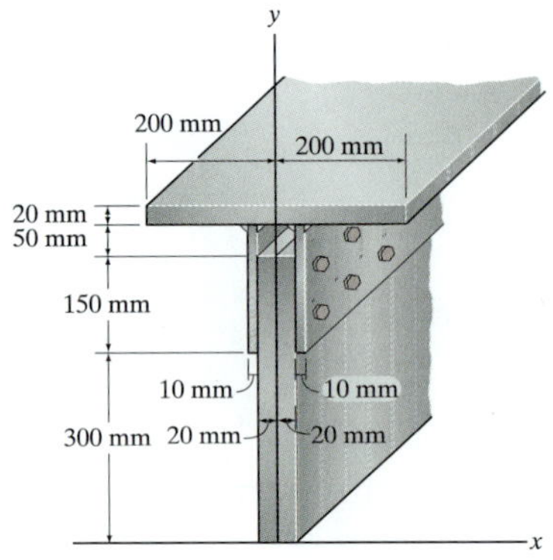

Prob. 6–46

6–47. Locate the center of mass $(\bar{x}, \bar{y}, \bar{z})$ of the homogeneous block assembly.

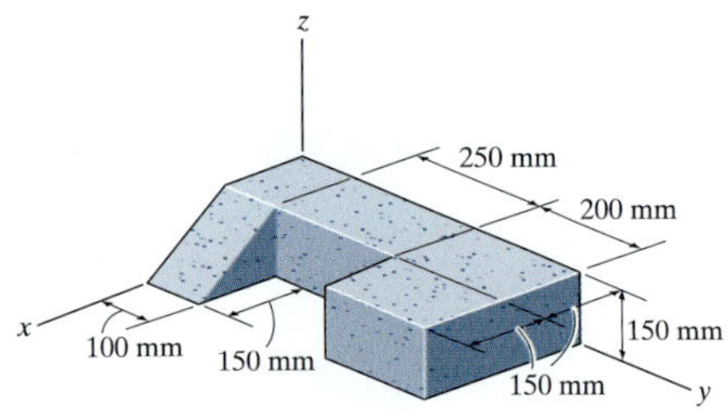

Prob. 6–47

***6–48.** Determine the distance h to which a 100-mm-diameter hole must be bored into the base of the cone so that the center of gravity of the resulting shape is located at $\bar{z} = 115$ mm. The material has a density of 8 Mg/m^3.

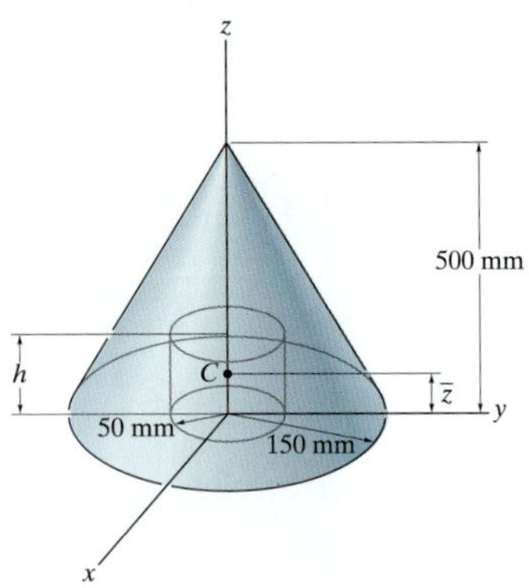

Prob. 6–48

6–49. Determine the distance $\bar{z}$ to the centroid of the shape that consists of a cone with a hole of height $h = 50$ mm bored into its base.

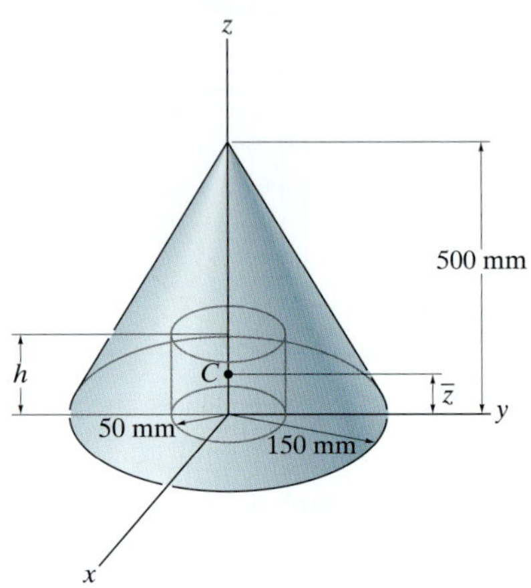

Prob. 6–49

6–50. The assembly is made from a steel hemisphere, $\rho_{st} = 7.80\ \text{Mg/m}^3$, and an aluminum cylinder, $\rho_{al} = 2.70\ \text{Mg/m}^3$. Determine the center of gravity of the assembly if the height of the cylinder is $h = 200$ mm.

6–51. The assembly is made from a steel hemisphere, $\rho_{st} = 7.80\ \text{Mg/m}^3$, and an aluminum cylinder, $\rho_{al} = 2.70\ \text{Mg/m}^3$. Determine the height h of the cylinder so that the center of gravity of the assembly is located at $\bar{z} = 160$ mm.

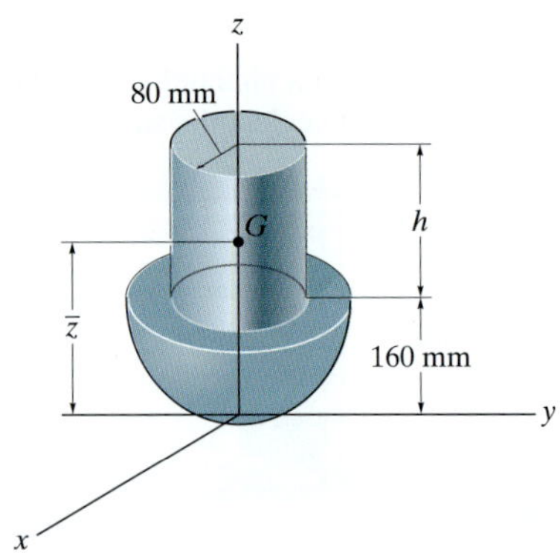

Probs. 6–50/51

***6–52.** Locate the center of mass for the compressor assembly. The locations of the centers of mass of the various components and their masses are indicated and tabulated in the figure. What are the vertical reactions at blocks A and B needed to support the platform?

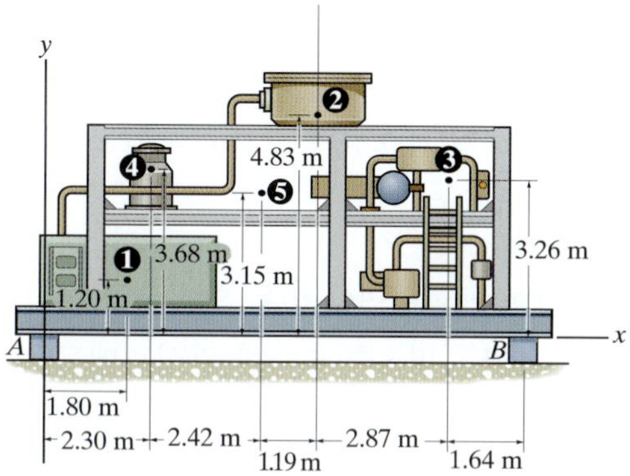

1	Instrument panel	230 kg
2	Filter system	183 kg
3	Piping assembly	120 kg
4	Liquid storage	85 kg
5	Structural framework	468 kg

Prob. 6–52

6–53. The composite plate is made from both steel (A) and brass (B) segments. Determine the weight and location $(\bar{x}, \bar{y}, \bar{z})$ of its center of gravity G. Take $\rho_{st} = 7.85 \text{ Mg/m}^3$, and $\rho_{br} = 8.74 \text{ Mg/m}^3$.

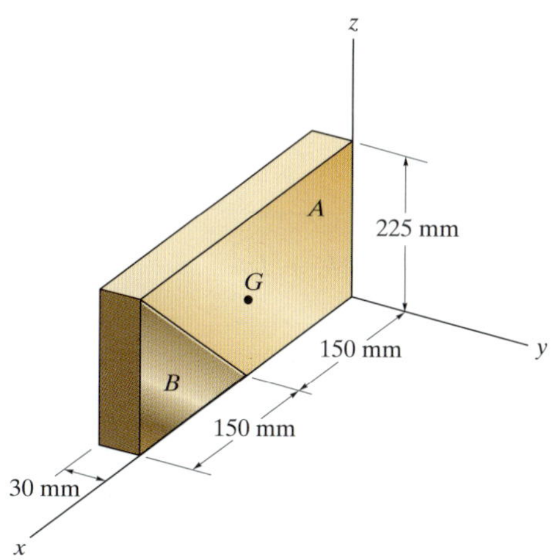

Prob. 6–53

6–54. Locate the center of mass $\bar{z}$ of the assembly. The assembly consists of a cylindrical center core, A, having a density of 7.90 Mg/m^3, and a cylindrical outer part, B, and a cone cap, C, each having a density of 2.70 Mg/m^3.

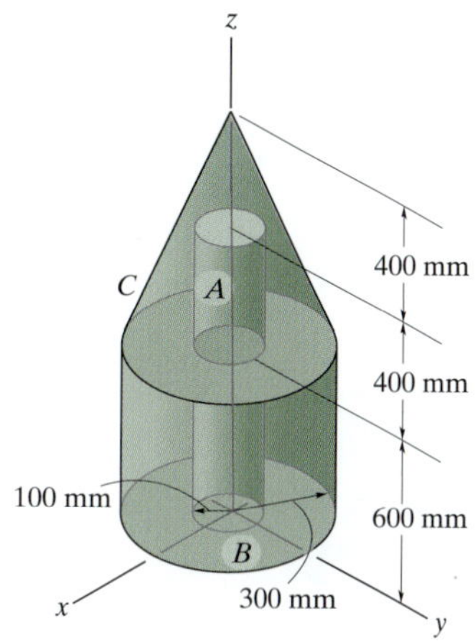

Prob. 6–54

6–55. Locate the center of gravity $\bar{z}$ of the assembly. The cylinder and the cone are made from materials having densities of 5 Mg/m^3 and 9 Mg/m^3, respectively.

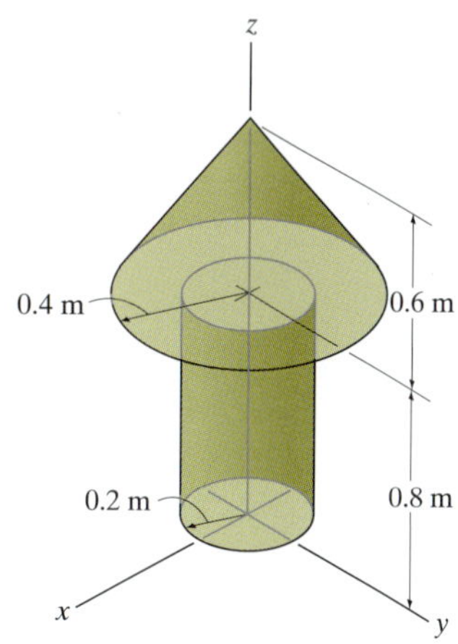

Prob. 6–55

6

6.3 면적의 관성모멘트

지금까지는 면적의 도심을 구하기 위해 축에 대한 면적의 단면 1차모멘트를 고려했다. 즉, 계산을 위해 $\int x\, dA$와 같은 형태의 적분을 수행했다. $\int x^2\, dA$와 같이 면적에 대한 2차모멘트의 적분을 면적의 **관성모멘트**(moment of inertia)라 한다. 여기서 나타나는 적분이 y축에 대한 면적의 관성모멘트이다. 이런 형태의 적분은 재료역학에서 사용되는 공식에 등장하기 때문에 우리는 이러한 계산 방법을 숙지해야 한다.

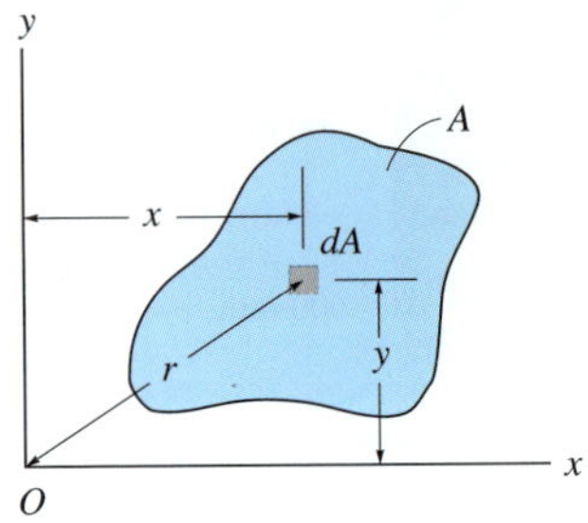

그림 6-11

관성모멘트. 그림 6-11에서와 같이 x-y 평면에 있는 면적 A를 생각해 보자. 정의에 의하여 미소 평면적 dA의 x 및 y축에 대한 관성모멘트는 각각 $dI_x = y^2\, dA$, $dI_y = x^2\, dA$이므로 전체 면적에 대한 관성모멘트는 적분으로 구한다. 즉,

$$I_x = \int_A y^2\, dA \qquad (6\text{-}5)$$
$$I_y = \int_A x^2\, dA$$

또한 그림 6-11과 같이 극점 O 또는 z축에 대한 미소 면적 dA의 2차모멘트도 공식화할 수 있으며 이것을 **극관성모멘트**(polar moment of inertia)라 한다. 즉, 미소면적에 대해서 $dJ_O = r^2\, dA$로 정의할 수 있으며, 여기서 r은 극점(z축)에서 요소 dA까지 수직 거리이다. 전체 면적에 대한 극관성모멘트는 다음과 같다.

$$J_O = \int_A r^2 dA = I_x + I_y \qquad (6\text{-}6)$$

J_O와 I_x, I_y의 관계는 그림 6-11의 $r^2 = x^2 + y^2$으로부터 유추할 수 있음을 유의하라.

위의 식에서 알 수 있듯이 I_x, I_y, J_O는 면적과 거리의 제곱으로 표현됨으로 항상 양의 값을 가진다. 또한 관성모멘트의 단위는 길이의 네제곱이므로 m^4, mm^4 등으로 표현된다.

6.4 면적의 평행축 정리

도심을 지나는 축에 대한 면적의 관성모멘트를 알고 있으면 **평행축 정리**(parallel-axis theorem)를 사용하여 이 축과 평행한 임의의 축에 대한 관성모멘트를 구할 수 있다. 이 정리를 유도하기 위해 그림 6-12에서 x축에 대한 음영 면적의 관성모멘트를 구해 보자.

이 경우 미소 면적 dA는 도심축 x'에서 임의의 거리 y'만큼 떨어진 곳에 위치하고 서로 평행한 축 x와 x'의 거리는 d_y이다. x축에 대한 dA의 관성모멘트는 $dI_x = (y' + d_y)^2\, dA$이다. 전체 면적에 대해서는 다음과 같다.

$$I_x = \int_A (y' + d_y)^2\, dA$$

$$= \int_A y'^2\, dA + 2d_y \int_A y'\, dA + d_y^2 \int_A dA$$

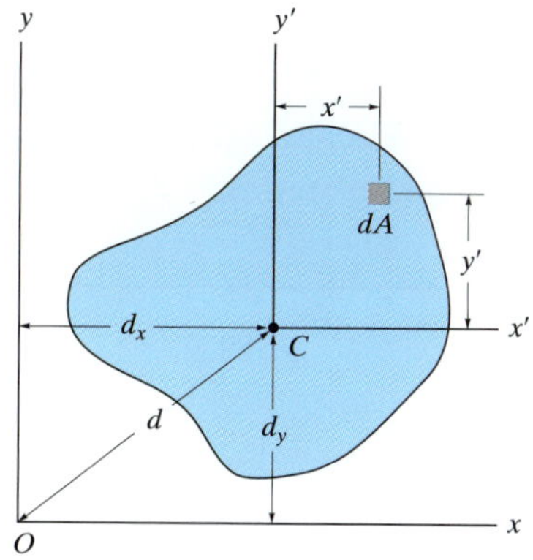

그림 6-12

여기서 첫 번째 적분항은 도심축에 대한 면적 관성모멘트 $\bar{I}_{x'}$이다. 두 번째 적분은 x'축이 도심 C를 통과하므로 0이 된다. 즉, $\bar{y}' = 0$이므로 $\int y'\, dA = \bar{y}' \int dA = 0$이 된다. 세 번째 적분값은 면적 A가 되므로 최종 결과는 다음과 같다.

$$I_x = \bar{I}_{x'} + Ad_y^2 \tag{6-7}$$

유사한 방법으로 I_y는 다음과 같다.

$$I_y = \bar{I}_{y'} + Ad_x^2 \tag{6-8}$$

마지막으로 $\bar{J}_C = \bar{I}_{x'} + \bar{I}_{y'}$이고 $d^2 = d_x^2 + d_y^2$이므로 극관성모멘트는 다음과 같다.

$$J_O = \bar{J}_C + Ad^2 \tag{6-9}$$

임의의 축에 대한 면적의 관성모멘트는 이축과 평행하면서 도심을 지나는 축에 대한 관성모멘트 값에 면적과 두 축 사이 거리의 제곱을 곱한 값을 더한 값이다.

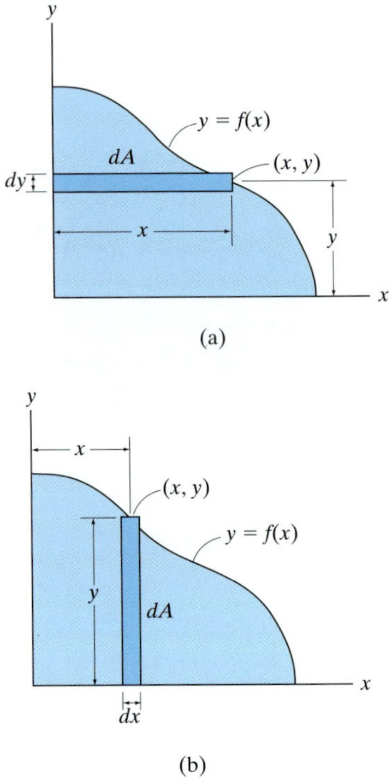

그림 6-13

6

풀이 과정 PROCEDURE FOR ANALYSIS

대부분의 경우 관성모멘트는 단일 적분으로 구할 수 있다. 이에 대한 두 가지 방법은 아래의 절차와 같다.

- 면적의 경계를 임의의 $y = f(x)$ 함수로 나타낼 수 있다면, 면적의 미분 요소는 유한한 길이와 미소 폭을 갖는 직사각형의 미분 요소로 한다.
- 선택된 미분 요소가 경계의 임의의 지점 (x, y)에서 교차하도록 한다.

방법 1

- 임의의 축에 대한 관성모멘트를 구하기 위해 요소의 길이를 그 축과 평행하게 위치시킨다. 이것은 그림 6-13*a*에서 나와 있는 사각형 요소를 사용하여 I_x를 구할 경우에 사용된다. 여기서 요소의 폭은 dy이고 요소 전체가 x축으로부터 y만큼 떨어져 있으므로 $I_x = \int y^2\, dA$로 구할 수 있다. I_y를 결정하기 위해서는 요소를 그림 6-13*b*와 같이 수직 방향으로 놓는다. 이 요소는 y축으로부터 거리 x만큼 떨어져 있으므로 $I_y = \int x^2\, dA$로 구할 수 있다.

방법 2

- 어떤 축에 대한 관성모멘트를 구하기 위해서 요소의 길이를 축과 수직하게 위치시킨다. 이와 같은 경우는 축으로부터 미소 요소 내부 점들에 대한 모멘트 팔의 길이가 다르므로 식 (6-7)을 바로 적용할 수 없다. 예를 들어, 그림 6-13*a*와 같은 직사각형 요소를 사용하여 I_y를 계산할 때는 먼저 이 요소의 도심을 지나는 y축과 평행한 축에 대하여 관성모멘트를 구하고 y축에 대한 평행축 정리를 사용한다. 이 결과를 적분하면 I_y가 구해진다. 자세한 사항은 예제 6.7을 참고한다.

예제 6.6

그림 6-14와 같은 직사각형 면적의 관성모멘트를 다음과 같은 축에 대하여 구하라. (a) 도심축 (b) 직사각형 밑변을 지나는 축 (c) 도심을 지나고 x'-y'에 수직인 축 z'.

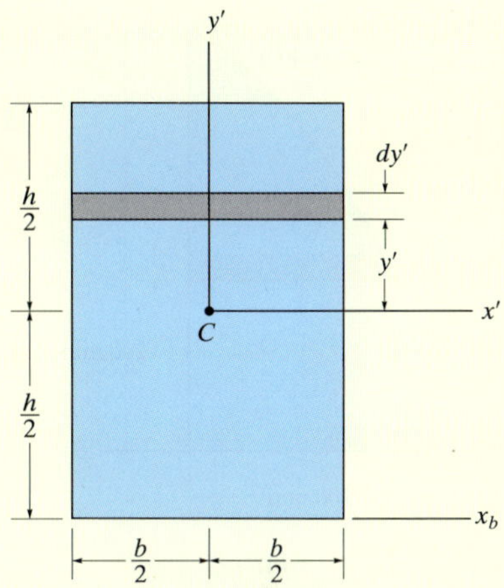

그림 6-14

풀이(방법 1)

(a). 그림 6-14와 같은 미분 요소를 적분하여 구한다. 그림에서 미분 요소는 x'축에서 거리 y'만큼 떨어져 있다. 여기서 적분 구간은 $y' = -h/2$에서 $y' = h/2$까지이다. 미소 요소의 면적이 $dA = b\,dy'$이므로 관성모멘트는 다음과 같다.

$$\bar{I}_{x'} = \int_A y'^2\,dA = \int_{-h/2}^{h/2} y'^2(b\,dy') = b\int_{-h/2}^{h/2} y'^2\,dy'$$

$$\bar{I}_{x'} = \frac{1}{12}bh^3$$ 답

(b). 직사각형 밑변에 대한 관성모멘트는 (a)의 결과와 식 (6-7)의 평행축 정리를 이용한다.

$$I_{x_b} = \bar{I}_{x'} + Ad_y^2$$

$$= \frac{1}{12}bh^3 + bh\left(\frac{h}{2}\right)^2 = \frac{1}{3}bh^3$$ 답

(c). 점 C에 대한 극관성모멘트를 구하기 위해서는 $\bar{I}_{y'}$의 값이 필요하다. 이 값은 (a)의 결과에서 b와 h의 역할이 바뀌면 된다. 즉,

$$\bar{I}_{y'} = \frac{1}{12}hb^3$$

이 된다. 식 (6-9)를 사용하여 극관성모멘트를 구하면 다음과 같다.

$$\bar{J}_C = \bar{I}_{x'} + \bar{I}_{y'} = \frac{1}{12}bh(h^2 + b^2)$$ 답

6

예제 6.7

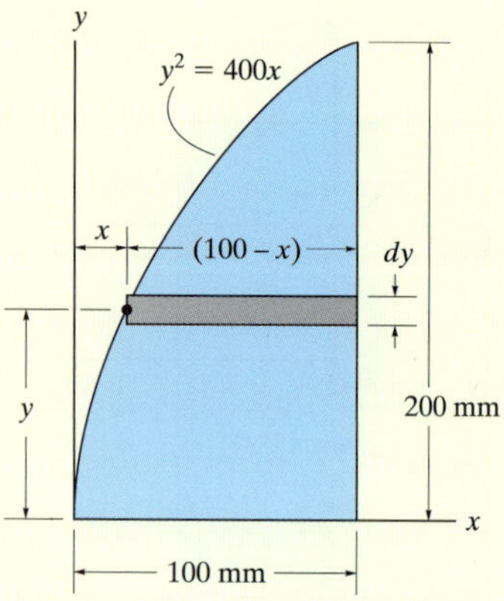

(a)

그림 6-15a에서 음영으로 된 면적의 x축에 대한 관성모멘트를 구하라.

풀이 I (방법 1)

그림 6-15a와 같이 x축과 평행한 미분 요소를 택하여 적분한다. 이 요소는 임의의 점 (x, y)는 곡선과 교차한다. 미분 요소의 두께가 dy이고 주어진 곡선과 임의의 점 (x, y)에서 만나므로 면적은 $dA = (100 - x)\,dy$가 된다. 또한 미분 요소의 모든 부분은 x축으로부터 같은 거리 y에 있다. 따라서 $y = 0$에서 $y = 200$ mm까지 y에 대하여 적분하면 다음과 같이 된다.

$$I_x = \int_A y^2\,dA = \int_0^{200\text{ mm}} y^2(100 - x)\,dy$$

$$= \int_0^{200\text{ mm}} y^2\left(100 - \frac{y^2}{400}\right)dy = \int_0^{200\text{ mm}} \left(100y^2 - \frac{y^4}{400}\right)dy$$

$$= 107(10^6)\text{ mm}^4$$ 답

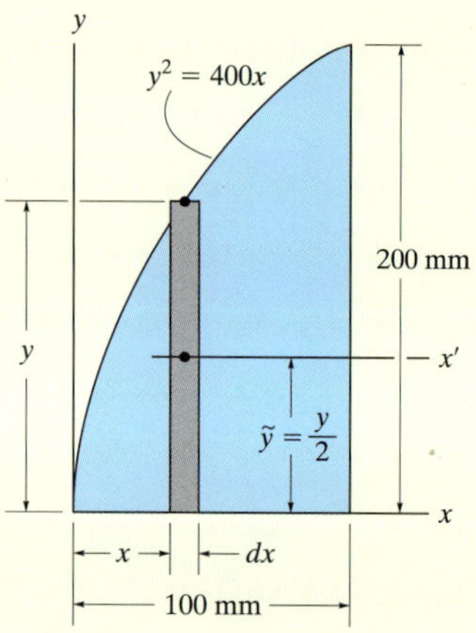

(b)

그림 6-15

풀이 II (방법 2)

그림 6-15b와 같이 y축과 평행한 미분 면적 요소를 적분 요소로 택한다. 이 적분 요소는 곡선과 점(x, y)에서 만난다. x축과 이 요소의 각 부분까지의 거리가 변하므로 평행축 정리를 사용하여 미분 요소의 관성모멘트를 구한다. 밑변의 길이가 b이고 높이가 h인 직사각형에서 도심축에 대한 관성모멘트는 $\bar{I}_{x'} = \frac{1}{12}bh^3$이고, 예제 6.6의 (a)에서 구했다. 그림 6-15b의 미분 요소에서 $b = dx$이고 $h = y$이므로 $d\bar{I}_{x'} = \frac{1}{12}dx\,y^3$이다. 이 요소의 도심은 x축에서 $\tilde{y} = y/2$에 있으므로 미분 요소의 x축에 대한 관성모멘트는

$$dI_x = d\bar{I}_{x'} + dA\,\tilde{y}^2 = \frac{1}{12}dx\,y^3 + y\,dx\left(\frac{y}{2}\right)^2 = \frac{1}{3}y^3\,dx$$

와 같다. 이 결과는 예제 6.6의 (b)와 같다. $x = 0$에서 $x = 100$까지 x에 대하여 적분하면 다음과 같다.

$$I_x = \int dI_x = \int_0^{100\text{ mm}} \frac{1}{3}y^3\,dx = \int_0^{100\text{ mm}} \frac{1}{3}(400x)^{3/2}\,dx$$

$$= 107(10^6)\text{ mm}^4$$ 답

FUNDAMENTAL PROBLEMS

F6–13. Determine the moment of inertia of the area about the x axis.

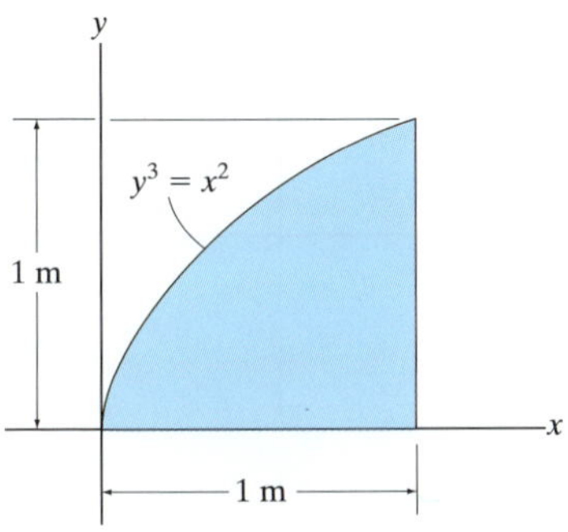

Prob. F6–13

F6–14. Determine the moment of inertia of the area about the x axis.

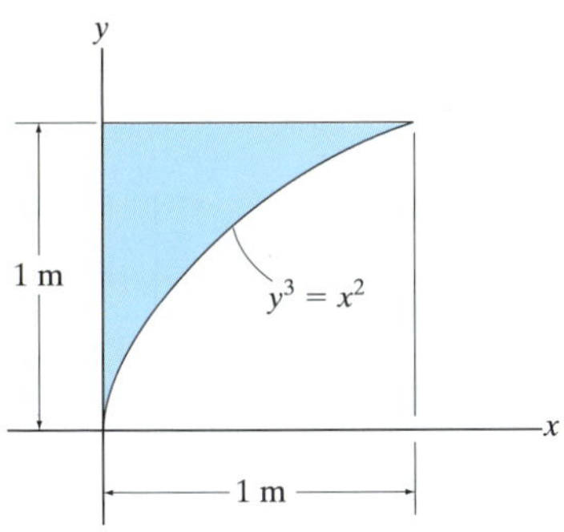

Prob. F6–14

F6–15. Determine the moment of inertia of the area about the y axis.

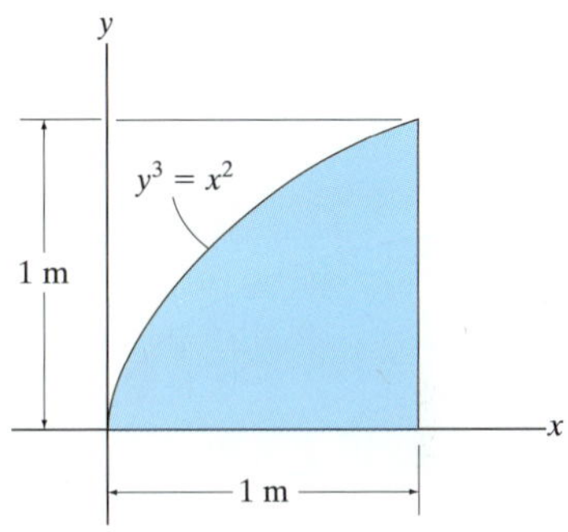

Prob. F6–15

F6–16. Determine the moment of inertia of the area about the y axis.

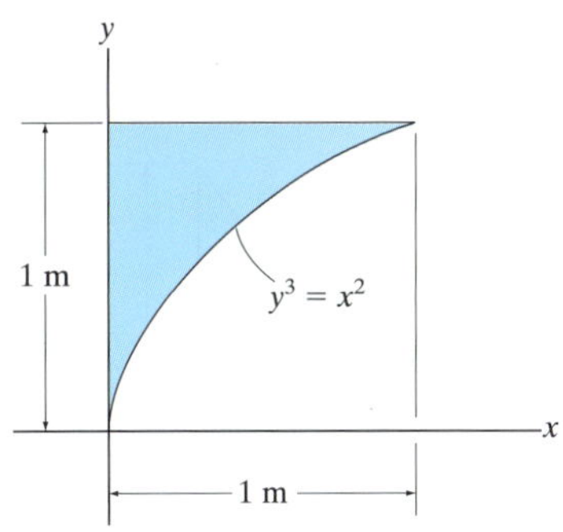

Prob. F6–16

PROBLEMS

***6–56.** Determine the moment of inertia for the area about the x axis.

6–57. Determine the moment of inertia for the area about the y axis.

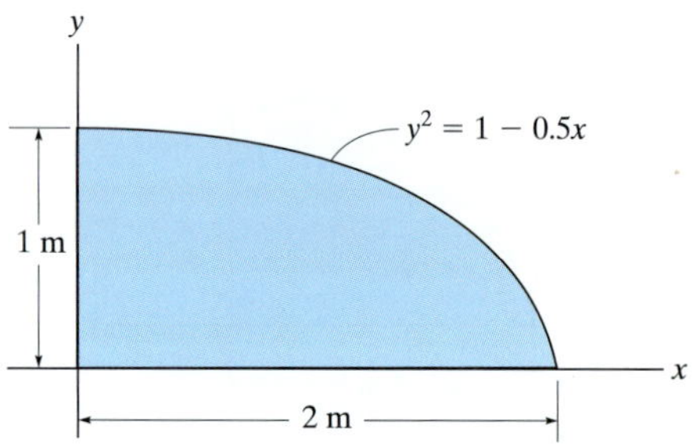

Probs. 6–56/57

***6–60.** Determine the moment of inertia for the area about the x axis.

6–61. Determine the moment of inertia for the area about the y axis.

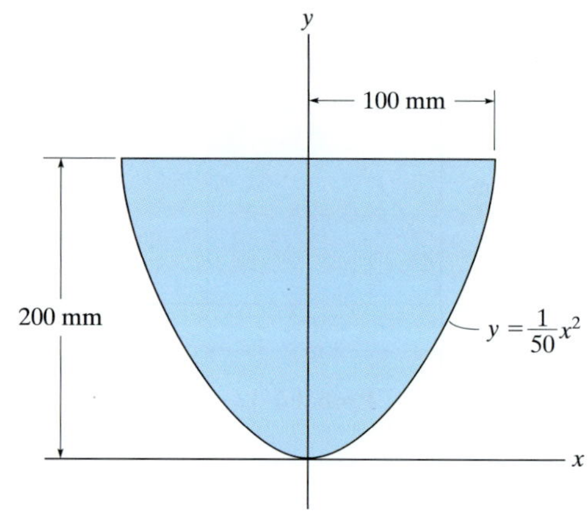

Probs. 6–60/61

6–58. Determine the moment of inertia of the area about the x axis.

6–59. Determine the moment of inertia of the area about the y axis.

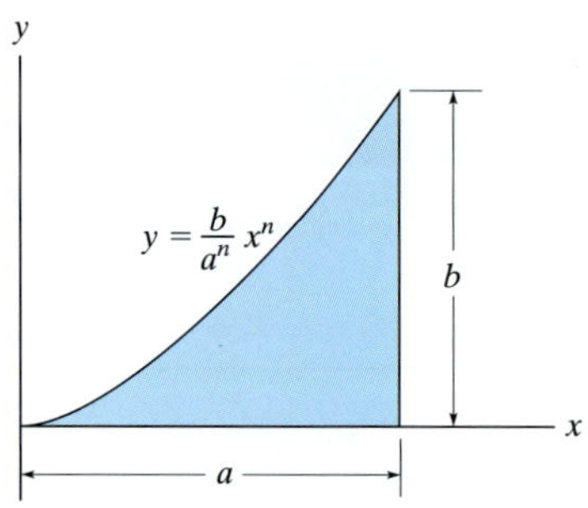

Probs. 6–58/59

6–62. Determine the moment of inertia for the area about the x axis.

6–63. Determine the moment of inertia for the area about the y axis.

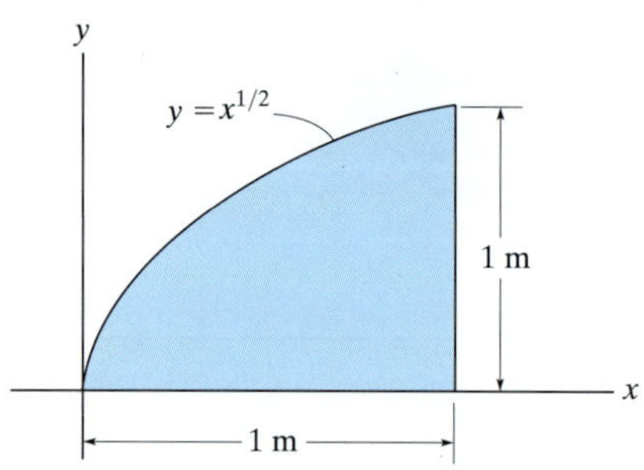

Probs. 6–62/63

***6–64.** Determine the moment of inertia of the area about the x axis. Solve the problem in two ways, using rectangular differential elements: (a) having a thickness of dx, and (b) having a thickness of dy.

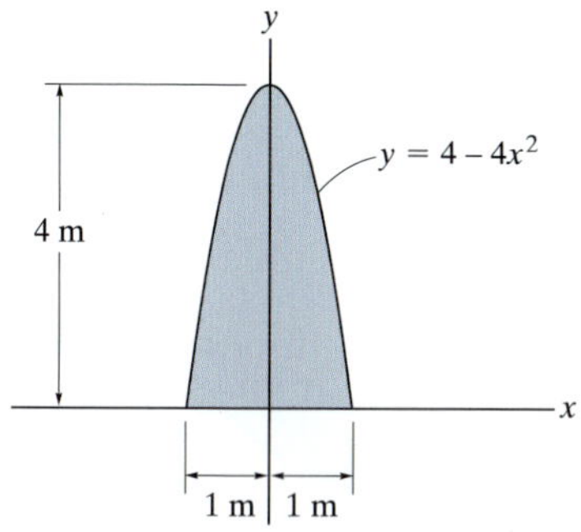

Prob. 6–64

6–65. Determine the moment of inertia about the x axis.

6–66. Determine the moment of inertia about the y axis.

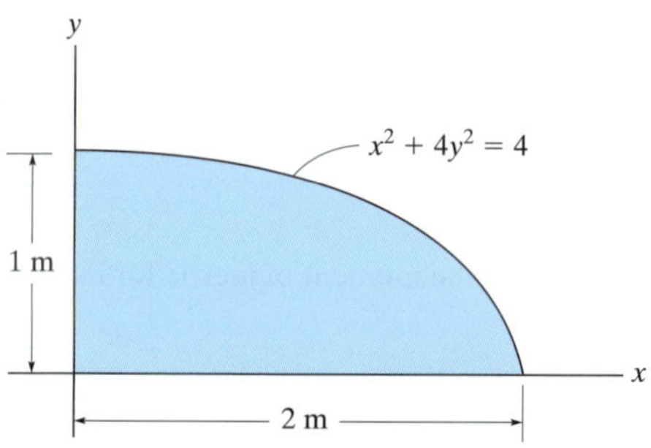

Probs. 6–65/66

6–67. Determine the moment of inertia of the area about the x axis.

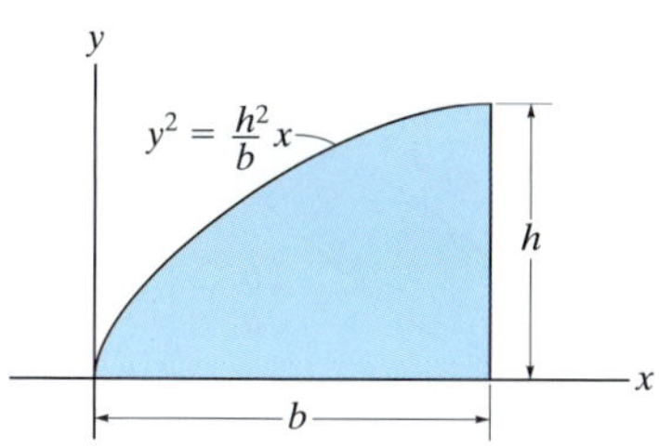

Prob. 6–67

***6–68.** Determine the moment of inertia of the area about the x axis.

6–69. Determine the moment of inertia of the area about the y axis.

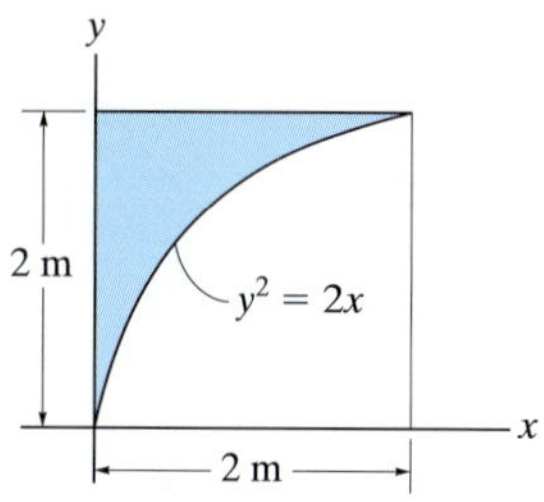

Prob. 6–68/69

6–70. Determine the moment of inertia for the area about the x axis.

6–71. Determine the moment of inertia for the area about the y axis.

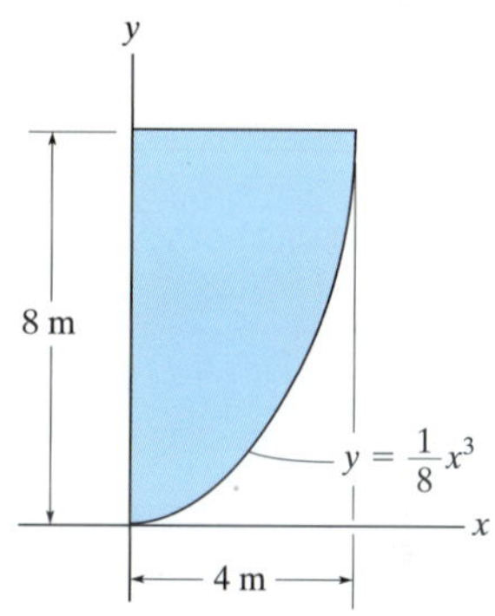

Probs. 6–70/71

***6–72.** Determine the moment of inertia for the area about the x axis.

6–73. Determine the moment of inertia for the area about the y axis.

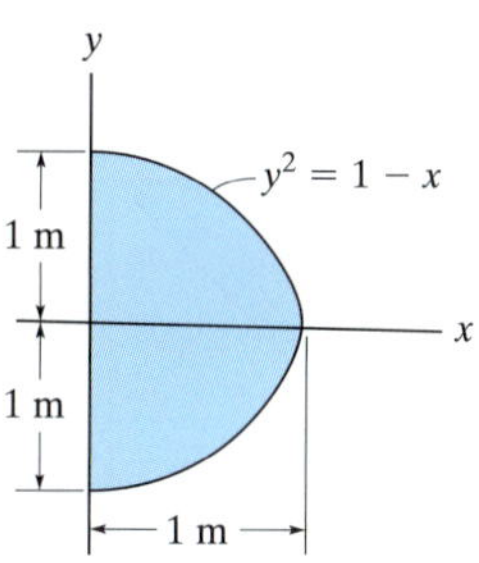

Probs. 6–72/73

6–74. Determine the moment of inertia for the area about the x axis.

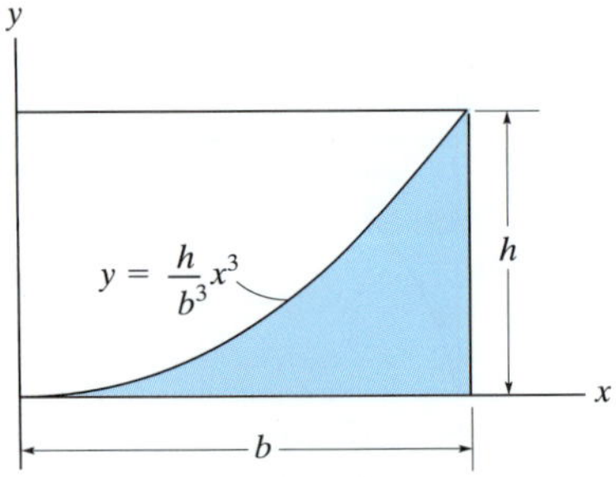

Prob. 6–74

6–75. Determine the moment of inertia for the area about the y axis.

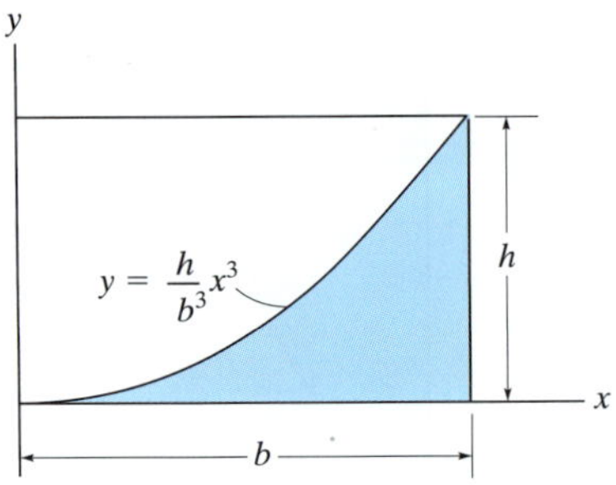

Prob. 6–75

***6–76.** Determine the moment of inertia for the area about the x axis.

6–77. Determine the moment of inertia for the area about the y axis.

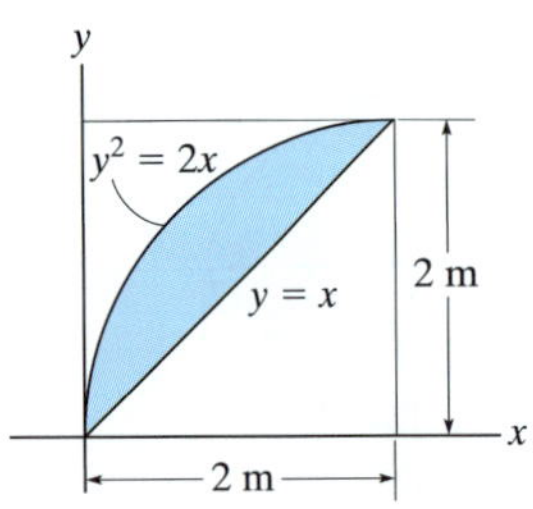

Probs. 6–76/77

6–78. Determine the moment of inertia for the area about the x axis.

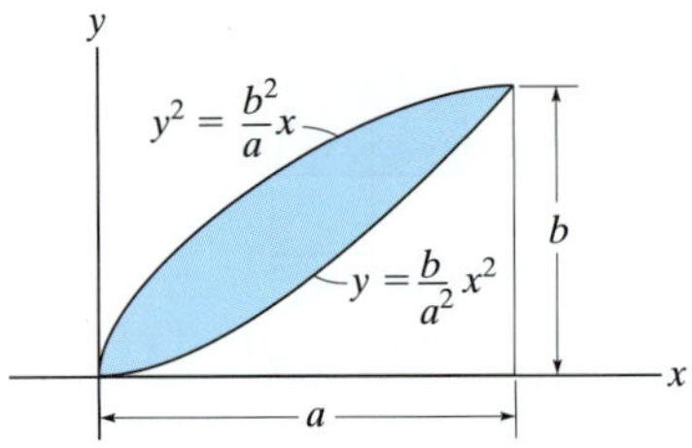

Prob. 6–78

6–79. Determine the moment of inertia for the area about the y axis.

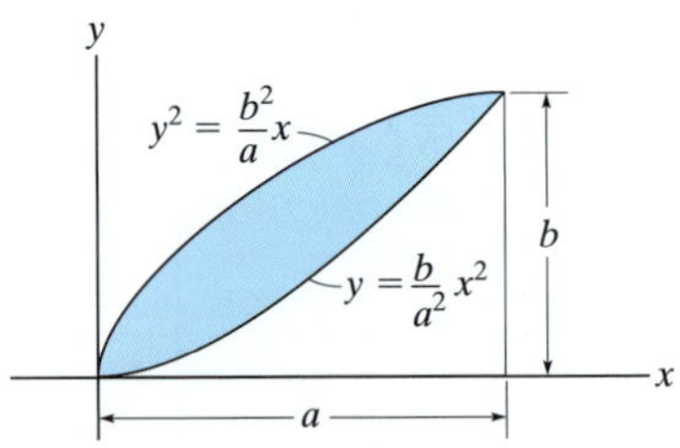

Prob. 6–79

6

6.5 합성 단면의 관성모멘트

단순한 형태의 부분들로 구성된 합성 단면의 임의의 축에 대한 관성모멘트는 단면을 구성하는 각 부분의 축에 대한 관성모멘트를 알고 있거나 구할 수 있는 경우 이를 이용하여 계산할 수 있다. 다음 절차는 이를 수행하는 방법을 개략적으로 설명한다.

풀이 과정 PROCEDURE FOR ANALYSIS

합성 요소

- 스케치를 통해 전체 면적을 합성 요소로 나누고 각 요소의 도심으로부터 기준축까지의 수직거리를 나타낸다.

평행축 정리

- 만약 합성 요소의 도심축과 구하고자 하는 전체 면적의 기준축이 일치하지 않을 경우, 평행축 정리($I = \bar{I} + Ad^2$)를 사용하여 기준축에 대한 각 요소의 관성모멘트를 구한다. $\bar{I}$의 계산은 부록 B를 참고한다.

합산

- 기준축에 대한 전체 면적의 관성모멘트는 기준축에 대한 합성 요소들의 관성모멘트를 합하여 산정한다.
- 빈 공간이 있는 합성 요소의 경우, 빈 공간을 포함한 전체의 단면 관성모멘트에서 빈 공간만큼의 단면 관성모멘트를 감산하여 산정한다.

그림과 같은 T형 보를 설계하거나 해석하기 위해서는 단면의 도심과 도심축에 대한 관성모멘트를 구할 수 있어야 한다.

예제 6.8

그림 6-16a와 같은 합성 면적에서 x축에 대한 관성모멘트를 구하라.

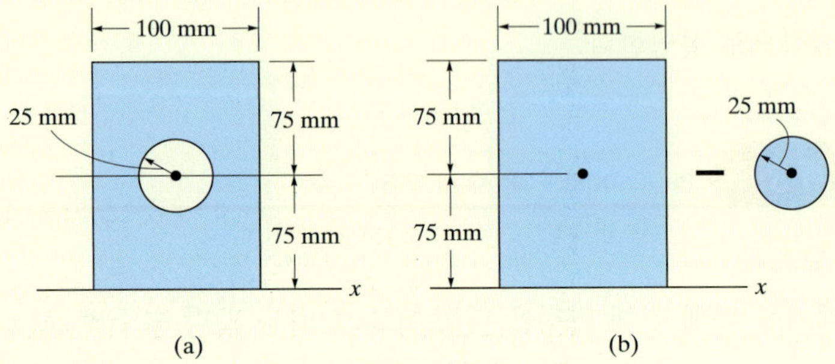

그림 6-16

풀이

합성요소. 합성 면적은 사각형에서 원을 제거하면 그림 6-16b와 같고 각 요소에 대한 도심의 위치는 그림에 표시되어 있다.

평행축 정리. x축에 대한 관성모멘트는 평행축 정리와 부록 B에 있는 원과 직사각형에 대한 관성모멘트 식 $I_x = \frac{1}{4}\pi r^4$, $I_x = \frac{1}{12}bh^3$을 이용하여 구한다.

원

$$I_x = \bar{I}_{x'} + Ad_y^2$$
$$= \frac{1}{4}\pi(25)^4 + \pi(25)^2(75)^2 = 11.4(10^6)\ \text{mm}^4$$

사각형

$$I_x = \bar{I}_{x'} + Ad_y^2$$
$$= \frac{1}{12}(100)(150)^3 + (100)(150)(75)^2 = 112.5(10^6)\ \text{mm}^4$$

합산. 합성 면적의 관성모멘트는 다음과 같다.

$$I_x = -11.4(10^6) + 112.5(10^6)$$
$$= 101(10^6)\ \text{mm}^4$$

답

예제 6.9

그림 6-17a와 같은 부재의 단면에서 도심축 x, y에 대한 관성모멘트를 구하라.

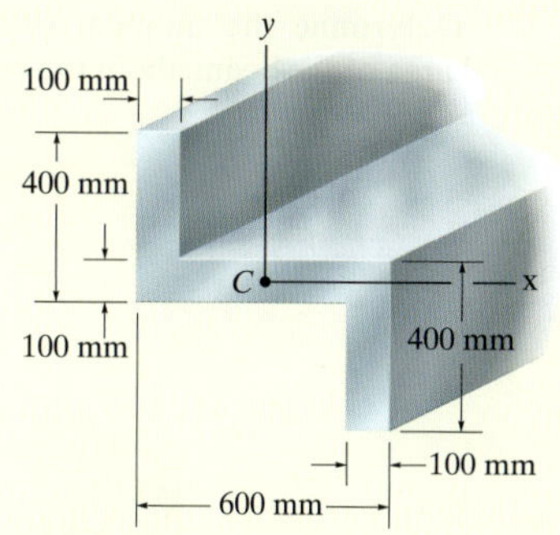

(a)

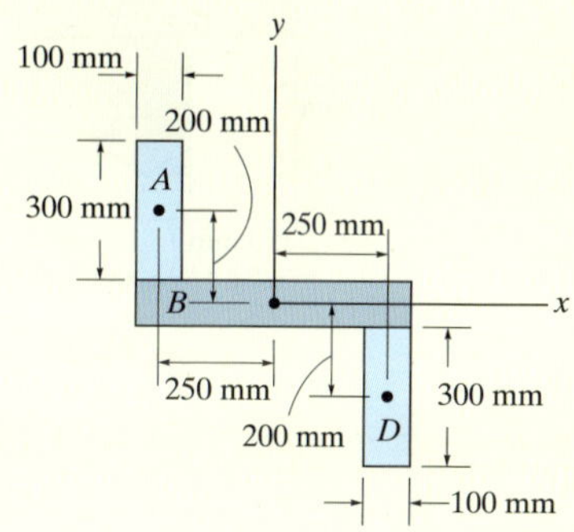

(b)

그림 6-17

풀이

복합요소. 단면의 형상은 그림 6-17b와 같이 3개의 직사각형 A, B, D로 나눌 수 있다. 각 사각형에 대한 도심의 위치는 그림에 표시되어 있다.

평행축 정리. 부록 B에 있는 표 또는 예제 6.6으로부터 도심축에 대한 사각형의 관성모멘트는 $\bar{I} = \frac{1}{12}bh^3$이다. 평행축 정리로부터 사각형 A, D의 관성모멘트를 계산할 수 있다.

직사각형 A, D

$$I_x = \bar{I}_{x'} + Ad_y^2 = \frac{1}{12}(100)(300)^3 + (100)(300)(200)^2$$
$$= 1.425(10^9)\ \text{mm}^4$$
$$I_y = \bar{I}_{y'} + Ad_x^2 = \frac{1}{12}(300)(100)^3 + (100)(300)(250)^2$$
$$= 1.90(10^9)\ \text{mm}^4$$

직사각형 B

$$I_x = \frac{1}{12}(600)(100)^3 = 0.05(10^9)\ \text{mm}^4$$
$$I_y = \frac{1}{12}(100)(600)^3 = 1.80(10^9)\ \text{mm}^4$$

합산. 따라서 전체 단면의 관성모멘트는 다음과 같다.

$$I_x = 2[1.425(10^9)] + 0.05(10^9)$$
$$= 2.90(10^9)\ \text{mm}^4$$ 답

$$I_y = 2[1.90(10^9)] + 1.80(10^9)$$
$$= 5.60(10^9)\ \text{mm}^4$$ 답

FUNDAMENTAL PROBLEMS

F6–17. Determine the moment of inertia of the cross-sectional area of the beam about the centroidal x and y axes.

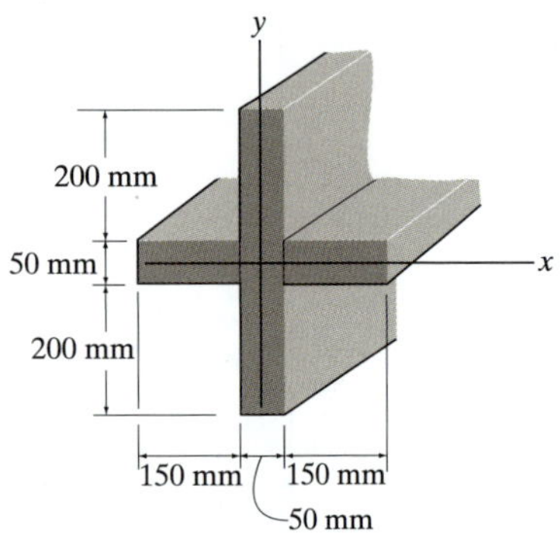

Prob. F6–17

F6–18. Determine the moment of inertia of the cross-sectional area of the beam about the centroidal x and y axes.

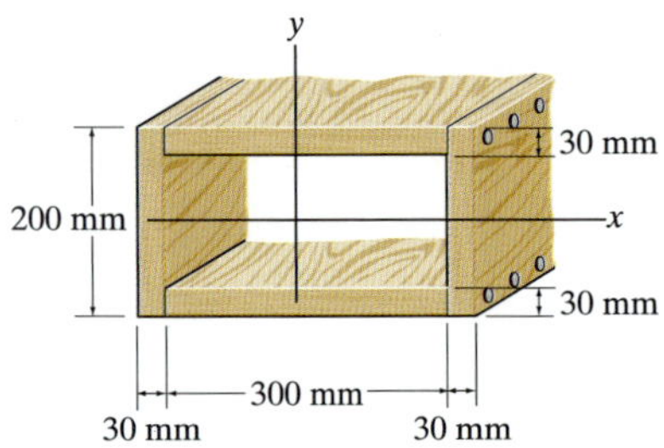

Prob. F6–18

F6–19. Determine the moment of inertia of the cross-sectional area of the channel with respect to the y axis.

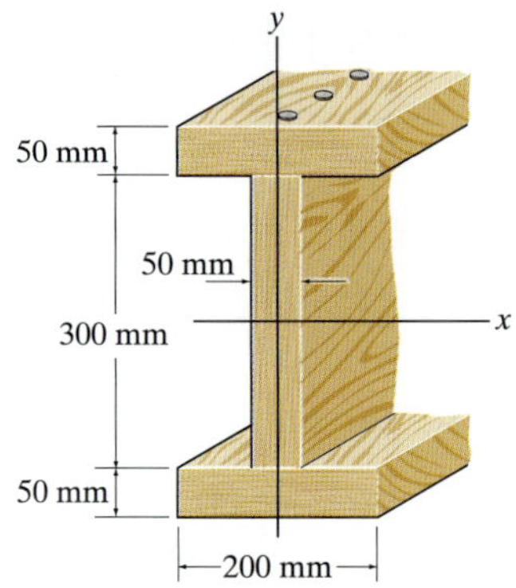

Prob. F6–19

F6–20. Determine the moment of inertia of the cross-sectional area of the T-beam with respect to the x' axis passing through the centroid of the cross section.

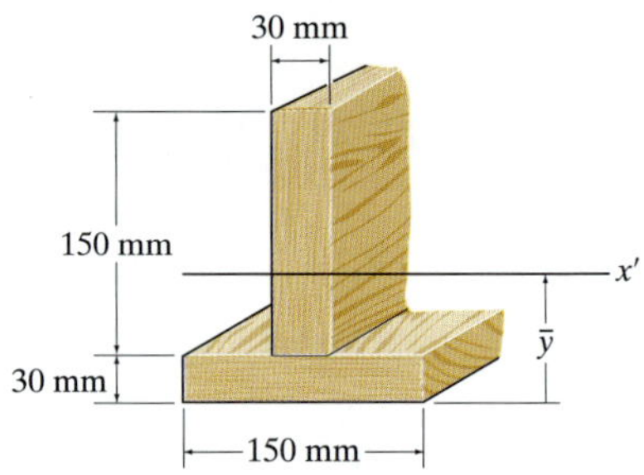

Prob. F6–20

PROBLEMS

***6–80.** The polar moment of inertia for the area is $J_C = 642\ (10^6)\ \text{mm}^4$, about the z' axis passing through the centroid C. The moment of inertia about the y' axis is $264\ (10^6)\ \text{mm}^4$, and the moment of inertia about the x axis is $938\ (10^6)\ \text{mm}^4$. Determine the area A.

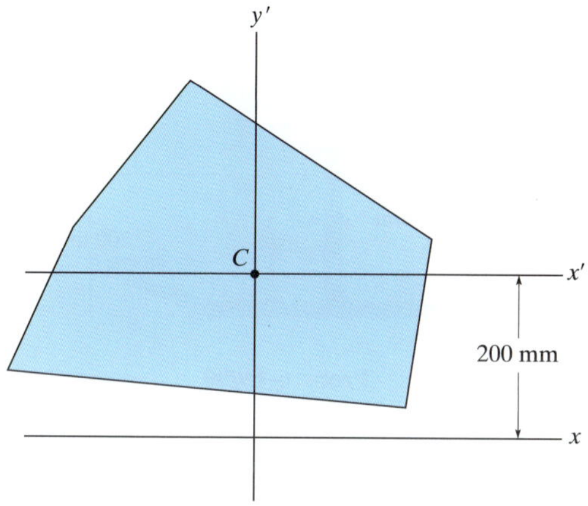

Prob. 6–80

6–81. Determine the location $\bar{y}$ of the centroid of the cross-sectional area of the channel, and then calculate the moment of inertia of this area about this axis.

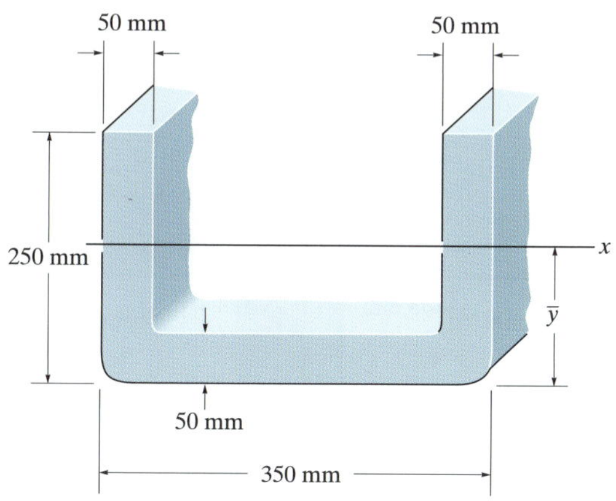

Prob. 6–81

6–82. Determine $\bar{y}$, which locates the centroidal axis x' for the cross-sectional area of the T-beam, and then find the moments of inertia $I_{x'}$ and $I_{y'}$.

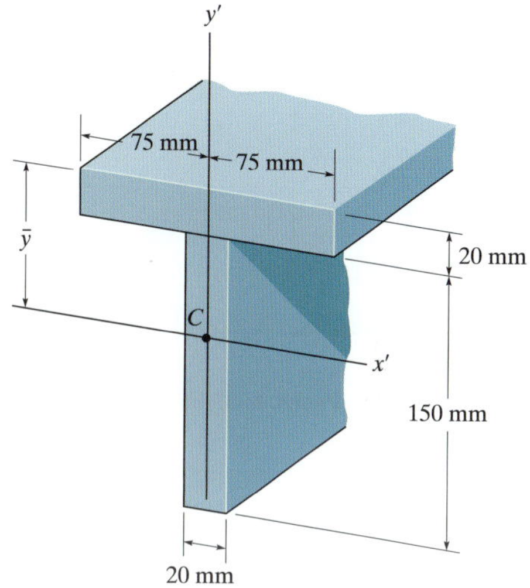

Prob. 6–82

6–83. Determine the moment of inertia of the composite area about the x axis.

***6–84.** Determine the moment of inertia of the composite area about the y axis.

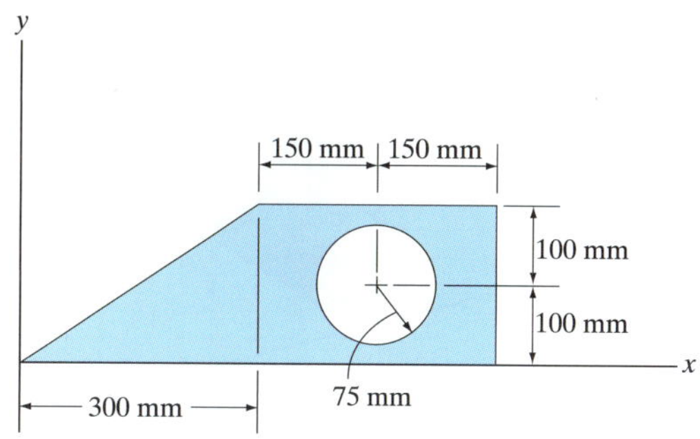

Probs. 6–83/84

6

6–85. Determine the moment of inertia I_x of the area about the x axis.

6–86. Determine the moment of inertia I_x of the area about the y axis.

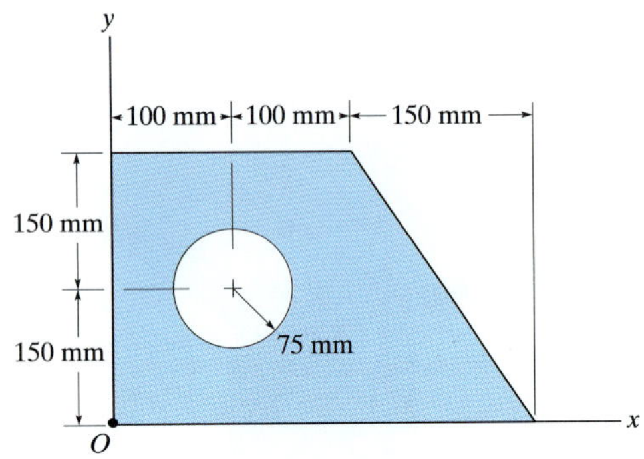

Probs. 6–85/86

6–87. Determine the moment of inertia of the cross-sectional area of the beam about the y axis.

***6–88.** Determine $\bar{y}$, which locates the centroidal axis x' for the cross-sectional area of the T-beam, and then find the moment of inertia about the x' axis.

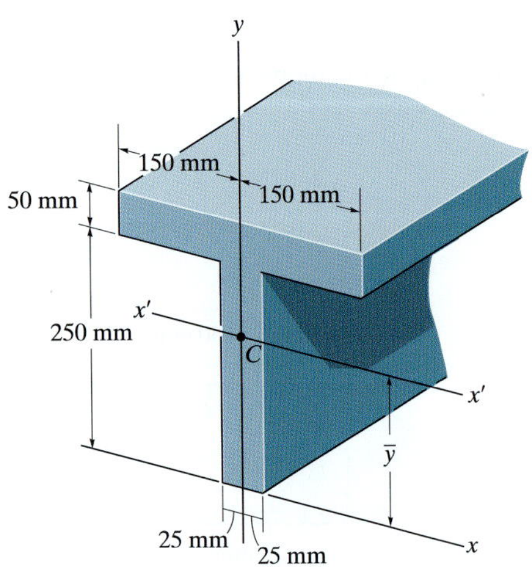

Probs. 6–87/88

6–89. Determine the moment of inertia of the cross-sectional area of the beam about the x axis.

6–90. Determine the moment of inertia of the cross-sectional area of the beam about the y axis.

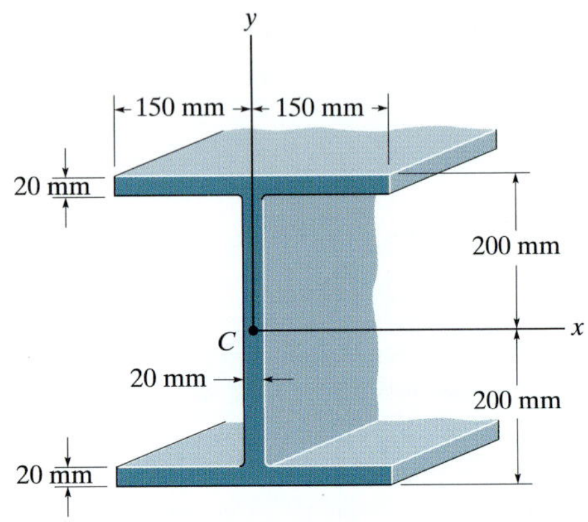

Probs. 6–89/90

6–91. Determine the moment of inertia of the cross-sectional area of the beam about the x axis.

***6–92.** Determine the moment of inertia of the cross-sectional area of the beam about the y axis.

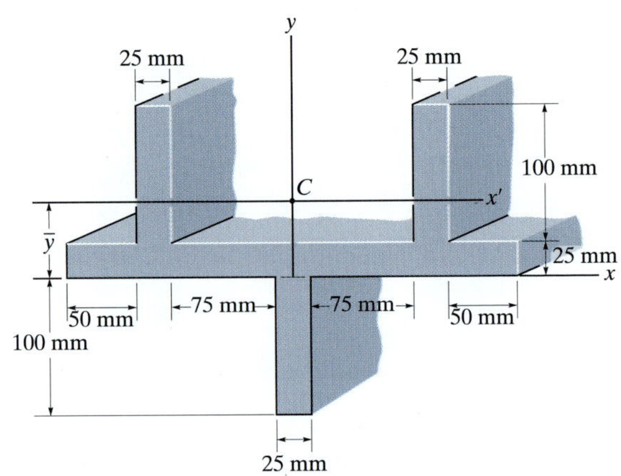

Probs. 6–91/92

내용 복습

무게 중심과 도심

무게 중심 G는 물체의 무게가 집중되는 점이다. 기준축에서부터 무게 중심까지의 거리는 물체의 모든 질점 무게의 기준축에 대한 모멘트의 합이 물체 전체 무게의 기준축에 대한 모멘트와 같아야 한다는 모멘트 평형조건을 통해 산정할 수 있다.

$$\bar{x} = \frac{\int \tilde{x}\, dW}{\int dW}$$

$$\bar{y} = \frac{\int \tilde{y}\, dW}{\int dW}$$

$$\bar{z} = \frac{\int \tilde{z}\, dW}{\int dW}$$

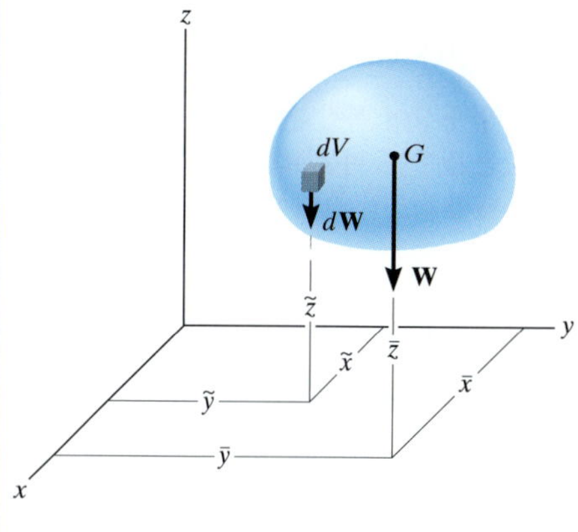

도심은 물체의 기하학적인 중심의 위치를 나타낸다. 이는 무게 중심의 경우와 유사한 방법으로 면적 또는 체적과 같은 기하학적 요소의 모멘트 평형조건을 이용해 산정한다. 물체가 임의적인 형상을 가지는 경우에는 미분 요소를 사용한 모멘트의 적분을 통해 구할 수 있다.

$$\bar{x} = \frac{\int_A \tilde{x}\, dA}{\int_A dA} \qquad \bar{y} = \frac{\int_A \tilde{y}\, dA}{\int_A dA} \qquad \bar{z} = \frac{\int_A \tilde{z}\, dA}{\int_A dA}$$

$$\bar{x} = \frac{\int_V \tilde{x}\, dV}{\int_V dV} \qquad \bar{y} = \frac{\int_V \tilde{y}\, dV}{\int_V dV} \qquad \bar{z} = \frac{\int_V \tilde{z}\, dV}{\int_V dV}$$

합성체

다양한 형태의 요소로 구성된 합성체에서 각각의 무게 중심 또는 도심을 알고 있을 경우, 이 합성체의 무게 중심이나 도심은 개별 요소들의 합으로 구할 수 있다.

$$\bar{x} = \frac{\Sigma \tilde{x} W}{\Sigma W}$$

$$\bar{y} = \frac{\Sigma \tilde{y} W}{\Sigma W}$$

$$\bar{z} = \frac{\Sigma \tilde{z} W}{\Sigma W}$$

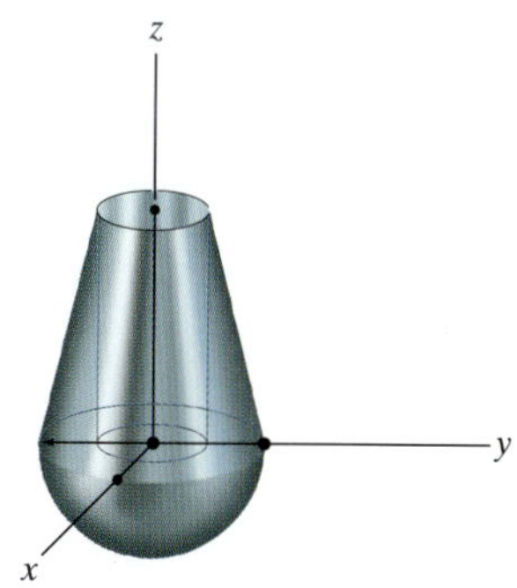

<table>
<tr>
<td>면적의 관성모멘트
면적의 관성모멘트와 극관성모멘트는 기준축에 대한 면적의 2차모멘트를 의미한다. 이 관성모멘트는 재료역학 전반에 걸쳐 수식에 자주 사용된다.
면적의 형상이 복잡하나 수학적으로 표현될 수 있는 경우는, 미분 요소를 선택하고 전체 면적에 대한 적분을 통해 관성모멘트를 구한다.</td>
<td>$I_x = \int_A y^2\, dA$
$I_y = \int_A x^2\, dA$
$J_O = \int_A r^2\, dA$</td>
<td>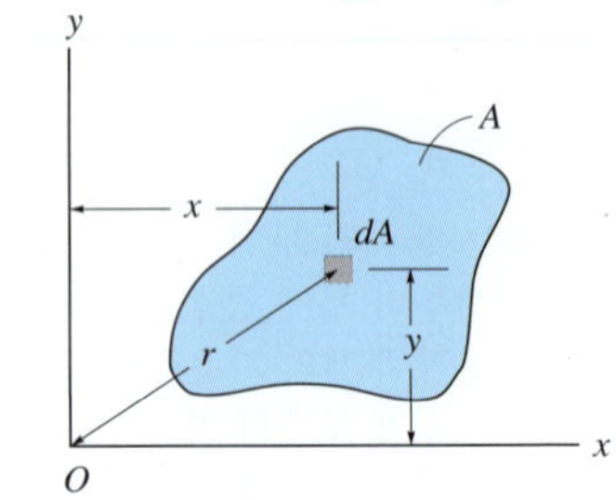
</td>
</tr>
<tr>
<td>평행축 정리
x축에 대한 관성모멘트는 평행축 정리와 부록 B에 있는 원호 및 직사각형 단면에 대한 관성모멘트 공식을 사용하여 결정할 수 있다.</td>
<td>$I = \bar{I} + Ad^2$</td>
<td>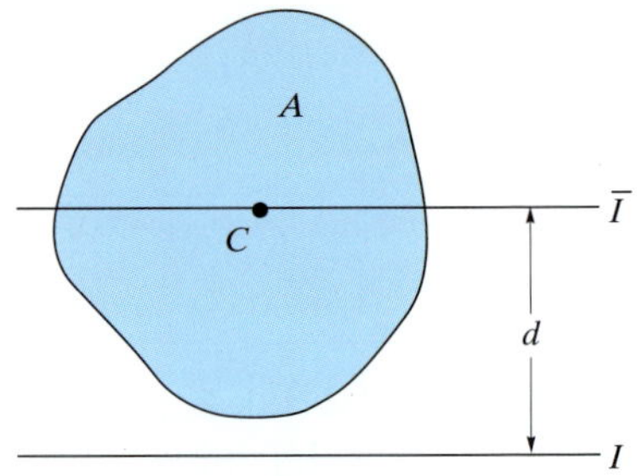
</td>
</tr>
<tr>
<td>합성 면적
어떤 면적이 부록 B에 수록되어 있는 것과 같은 일반적인 형상들의 합성인 경우, 관성모멘트는 면적 각 부분의 관성모멘트의 산술적 합과 같다.</td>
<td>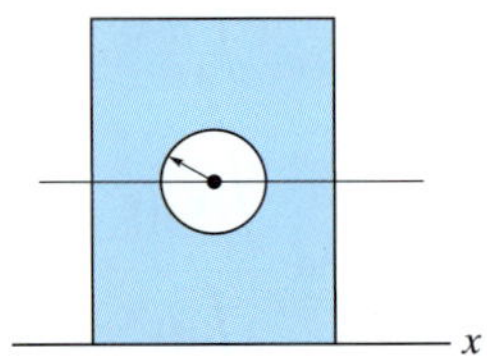
</td>
<td>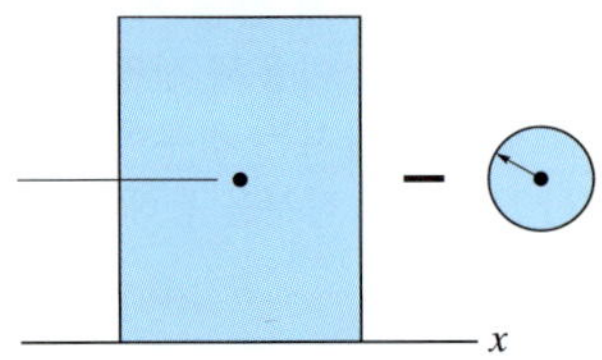
</td>
</tr>
</table>

REVIEW PROBLEMS

R6–1. Locate the centroid $\bar{x}$ of the area.

R6–2. Locate the centroid $\bar{y}$ of the area.

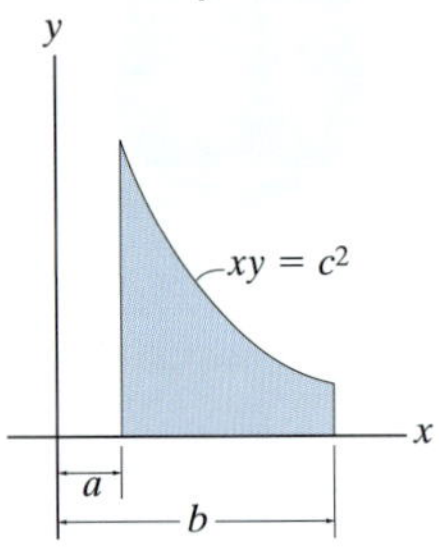

Probs. R6–1/2

R6–3. Locate the centroid of the rod.

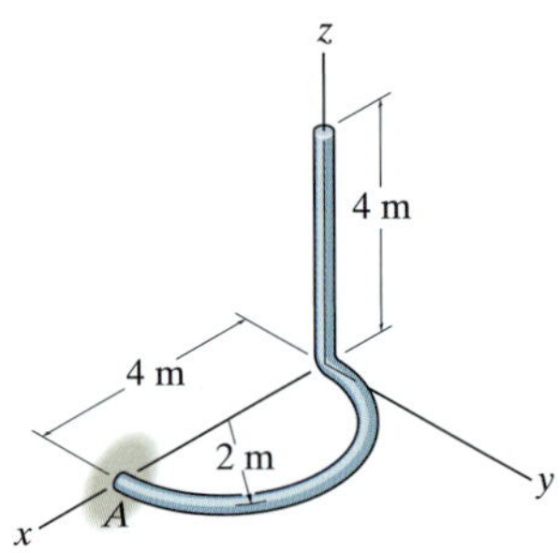

Prob. R6–3

***R6–4.** Locate the centroid $\bar{y}$ of the cross-sectional area of the beam.

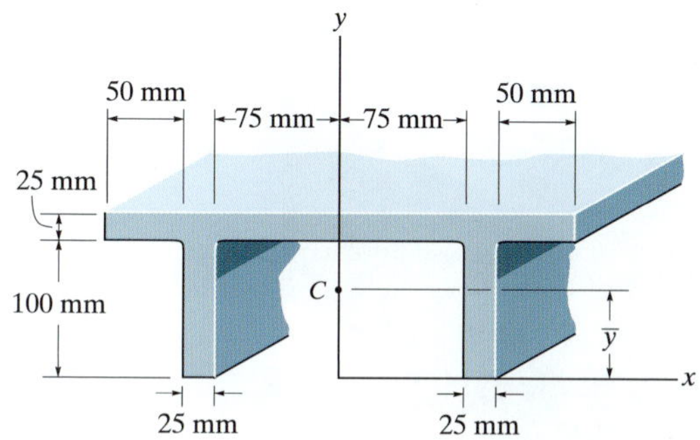

Prob. R6–4

R6–5. Determine the moment of inertia for the area about the x axis.

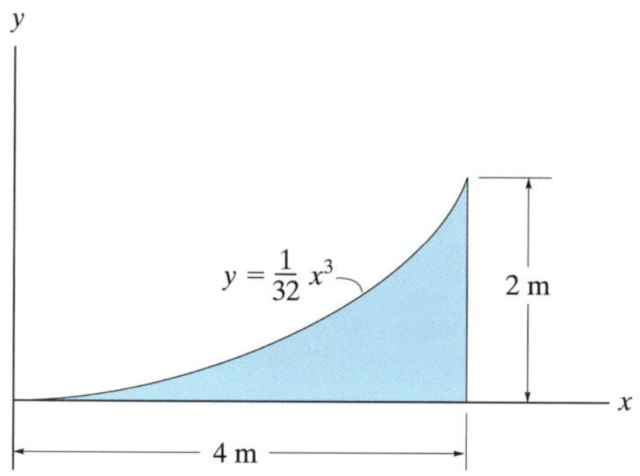

Prob. R6–5

R6–6. Determine the area moment of inertia of the area about the y axis.

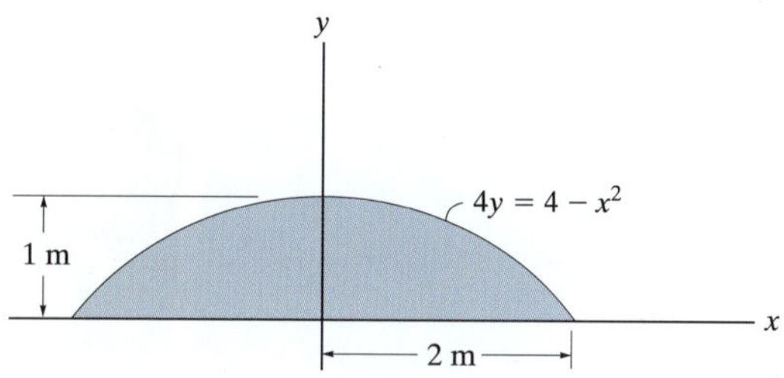

Prob. R6–6

R6–7. Determine the area moment of inertia of the cross-sectional area of the beam about the x axis which passes through the centroid C.

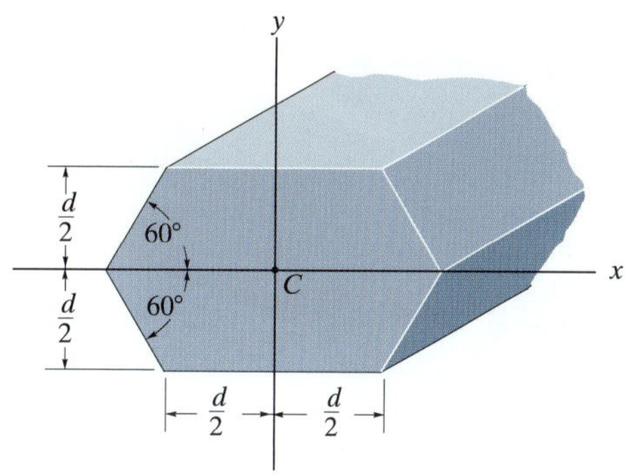

Prob. R6–7

CHAPTER 7

(© Jack Sullivan/Alamy)

이 철골 구조의 연결에 쓰인 볼트는 응력을 받고 있다. 이 장에서는 공학자들이 이러한 연결부나 부착장치를 어떻게 설계하는지에 대해 알아볼 것이다.

응력과 변형률

학습목표

- 단면법을 사용하여 부재의 내력을 구하는 방법
- 수직응력과 전단응력의 개념과 이를 축하중과 직접 전단을 받는 부재의 해석과 설계에 사용하는 방법
- 수직 및 전단변형률의 정의와 여러 형태의 문제에서 변형률을 계산하는 방법

7.1 서론

재료역학(mechanics of materials)은 외력을 받는 고체의 응력과 변형률의 내적 효과에 대한 학문이다. 응력은 물체를 이루는 재료의 강도와 관련이 있고, 변형률은 물체 변형의 척도이다. 설계기준에서 사용되는 많은 공식 및 설계 규칙들이 이 과목의 원칙을 기반으로 하기 때문에 이 과목의 기본 원리에 대하여 철저히 이해하는 것은 기계 또는 구조물의 설계에서 매우 중요하다.

7.2 내부 합력

이 건물 뼈대의 수평부재를 설계하기 위해서는 부재의 여러 점에서의 내력을 구하는 것이 중요하다.

재료역학에서 물체 내부에 작용하는 힘을 구하기 위하여 단면법을 정역학과 함께 사용한다. 예를 들어, 그림 7-1*a*와 같이 네 개의 외부하중이 작용하여 평형을 이루고 있는 물체를 생각해 보자.* 물체의 특정 부분에서의 내력을 구하기 위해서는 내력을 구하고자 하는 부분을 통과하도록 단면을 절단한다. 물체가 두 부분으로 나눠지고 그 중의 한 부분의 자유물체도는 그림 7-1*b*와 같다. 여기서, 이 단면의 '노출'된 면에는 내력이 분포된다. 이러한 힘들은 실제로 물체의 하단부에 작용하는 상단부 재료의 영향을 의미한다.

이 내부하중의 정확한 분포는 알 수 없지만, 물체의 하단부에 평형방정식을 적용하여 그림 7-1*c*에서 보는 바와 같이 단면의 임의의 점 O에서 합력 $\mathbf{F}_R$과 모멘트 $(\mathbf{M}_R)_O$를 구할 수 있다. 이 책의 뒷부분에 나와 있듯이, 점 O는 단면의 도심으로 선택하는 것이 일반적이므로, 여기서는 별도의 설명이 없는 한 단면의 도심을 O로 사용할 것이다. 또한 막대나 보와 같이 길고 얇은 부재에 대해서는 보통 부재의 길이방향에 직각인 단면을 선택하고, 이 단면을 **횡단면**(cross section)이라고 한다.

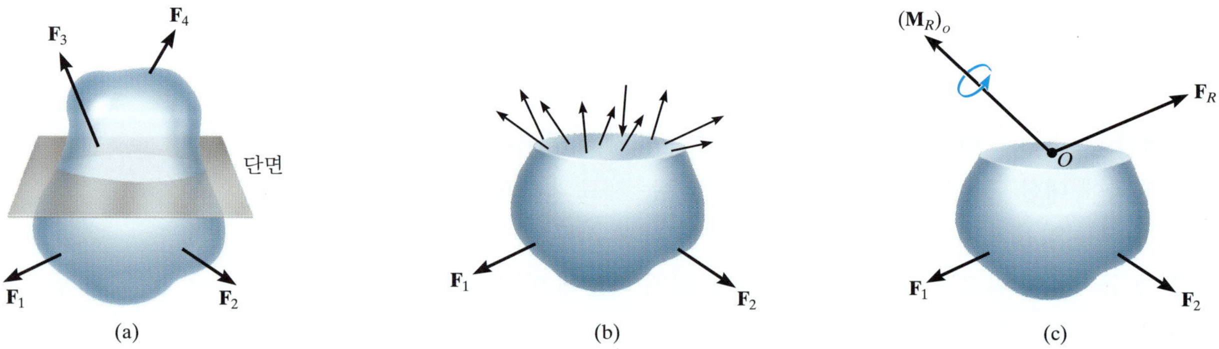

그림 7-1

* 여기서 다른 힘에 비해 물체의 무게가 무시할 수 있을 정도로 매우 작기 때문에 표시하지 않았다.

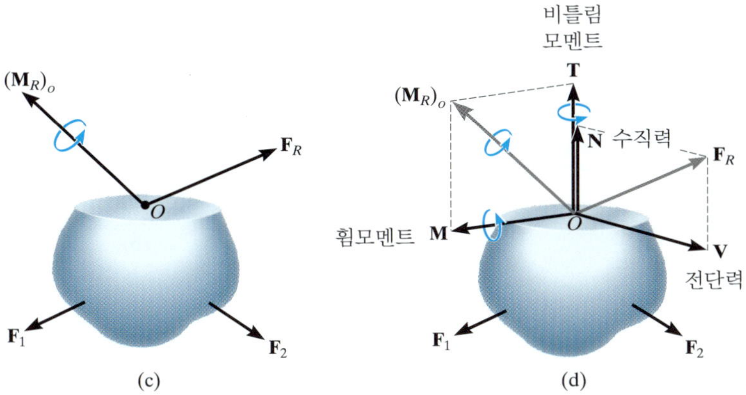

그림 7-1 (계속)

삼차원. 재료역학의 공식들을 다음에 적용하기 위해, 그림 7-1*d*와 같이 단면의 수직방향과 평행방향으로 작용하는 $\mathbf{F}_R$과 $(\mathbf{M}_R)_O$의 성분을 고려한다. 이러한 힘들은 아래와 같이 4가지 힘으로 구분할 수 있다.

수직력 N. 수직력은 단면에 수직으로 작용한다. 외부하중이 물체의 두 부분을 누르거나 당길 때 발생된다.

전단력 V. 전단력은 단면에 평행한 방향으로 작용하고 외부하중이 물체의 두 부분을 서로에 대해 미끄러지도록 할 때 발생된다.

비틀림모멘트 T. 비틀림모멘트는 외부하중이 단면에 수직한 축을 중심으로 물체의 한 부분을 다른 부분에 대해 비틀려고 할 때 발생된다.

휨모멘트 M. 휨모멘트는 외부하중이 단면에 평행한 축에 대해 물체를 휘게하려고 할 때 발생된다.

평면하중. 그림 7-2*a*와 같이 물체에 평면력이 가해지면 그림 7-2*b*와 같이 수직력, 전단력, 휨모멘트만 발생한다. 그림의 왼쪽 부분과 같이 x, y, z의 좌표축을 사용할 때 수직력 $\mathbf{N}$은 $\Sigma F_x = 0$을 이용하여 구하고 전단력 $\mathbf{V}$는 $\Sigma F_y = 0$을 이용하여 구한다. 마지막으로 휨모멘트 $\mathbf{M}_O$는 미지수 $\mathbf{N}$, $\mathbf{V}$에 의한 모멘트를 고려하지 않기 위해 점 O(z축)에서 모멘트 합 $\Sigma M_O = 0$을 이용하여 구한다.

7

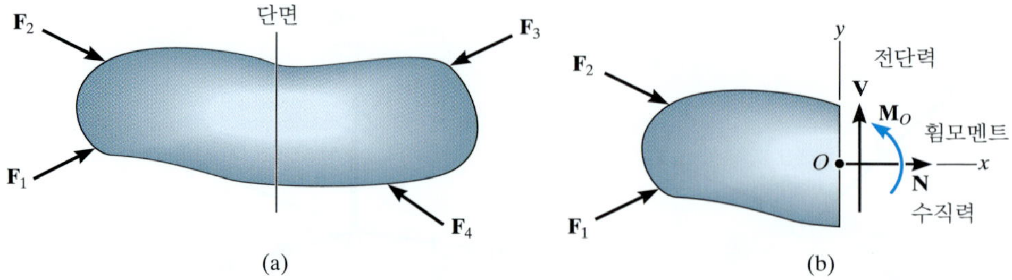

그림 7-2

요점 IMPORTANT POINTS

- 재료역학이란 물체에 작용하는 외부하중과 물체 내부에서 내력에 의해 발생하는 응력과 변형률 사이의 관계에 대한 학문이다.
- 외력은 물체의 표면에 작용하는 분포하중 또는 집중하중이거나, 혹은 물체의 체적을 통해 작용하는 체적하중으로 물체에 작용한다.
- 선형 분포하중은 하중곡선 아래의 면적과 같은 크기를 갖고, 이 면적의 도심을 지나는 위치에 작용하는 합력으로 나타낼 수 있다.
- 부재가 어떤 방향으로 이동이 구속되면 그 방향으로 지점에 반력이 발생하고, 부재가 회전이 구속되면 지점에 짝힘모멘트가 발생한다.
- 물체가 가속운동을 하거나 회전하지 않기 위해서는 평형방정식 $\Sigma \mathbf{F} = \mathbf{0}$과 $\Sigma \mathbf{M} = \mathbf{0}$이 만족되어야 한다.
- 단면법을 이용하여 절단된 단면에 작용하는 내부 합력을 구한다. 일반적으로, 이 합력은 수직력, 전단력, 비틀림모멘트와 휨모멘트로 이루어진다.

7

풀이 과정 PROCEDURE FOR ANALYSIS

물체의 단면 위에 있는 임의의 점에 작용하는 내부 합력은 단면법을 이용하여 다음과 같이 계산한다.

지지점 반력

- 물체를 절단할 때는, 물체의 어떤 부분을 고려해야 할지 결정한다. 부재 구간에 지지점이나 인접 부재와의 연결부가 포함된 경우에는 부재를 절단하기에 앞서 지점반력을 산정할 필요가 있다. 이를 위하여 전체 부재의 자유물체도를 작도하고 반력의 산정에 필요한 평형방정식을 적용한다.

자유물체도

- 내부 합력을 구하고자 하는 지점을 자르기 전에 부재에 작용하는 집중하중, 분포하중, 짝힘모멘트, 비틀림모멘트 등을 각각의 작용점에 재하시킨다.
- 절단한 부분의 자유물체도를 그리고 단면에 미지의 합력 **N**, **V**, **M**, **T**를 표시한다. 일반적으로 이러한 합력은 단면의 도심에 위치한다.
- 부재에 동일 평면상의 힘이 작용할 경우 도심에는 **N**, **V**와 **M**만 작용한다.
- 도심을 원점으로 하는 x, y, z의 좌표축에 각각의 축방향으로 작용하는 내부하중을 표시한다.

평형방정식

- 절단면에 모멘트 평형방정식을 적용하면, 미지력인 **N**과 **V**를 계산식에서 제거할 수 있어 미지력인 **M**과 **T**를 바로 구할 수 있다.
- 평형방정식으로부터 산정된 합력이 음의 값을 가질 경우, 이 합력은 자유물체도에 표시된 힘의 반대방향으로 작용한다.

다음의 예제들은 위의 해석 절차를 수치적으로 설명하고 정역학의 주요 원리에 대한 복습을 위한 것이다.

7

예제 7.1

그림 7-3a와 같이 켄틸레버보에서 단면 C에 작용하는 내력을 구하라.

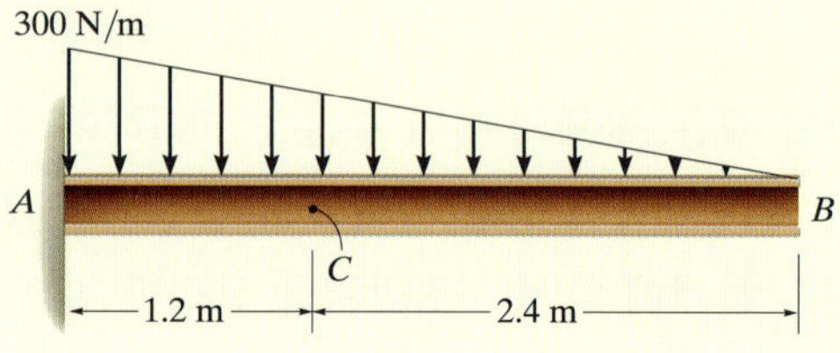

(a)

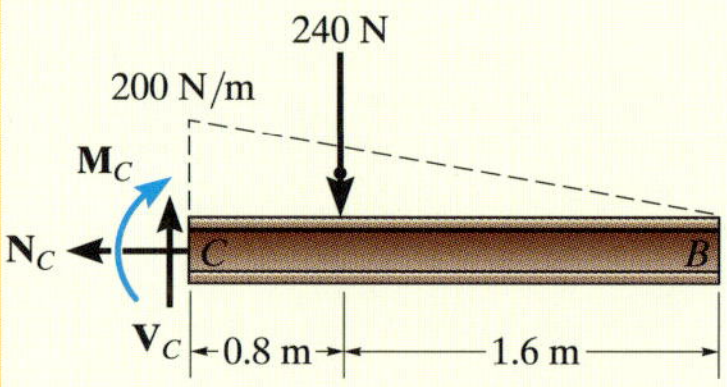

(b)

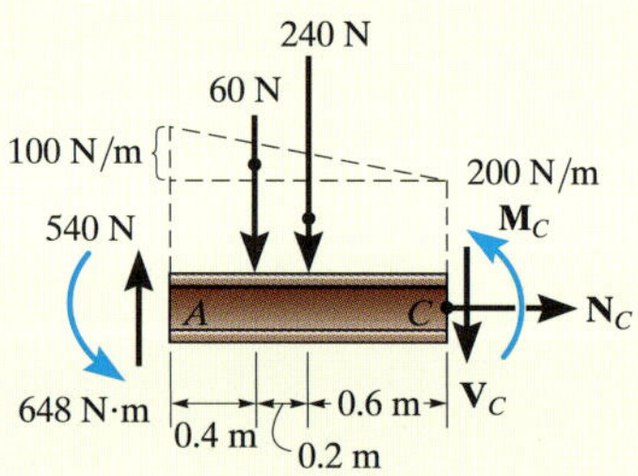

(c)

그림 7-3

풀이

지점 반력. 구간 CB를 고려하면 점 A에서의 지점 반력을 구할 필요가 없다.

자유물체도. 구간 CB에 대한 자유물체도는 그림 7-3b와 같다. 여기서 단면이 절단될 때까지는 구간에 작용하는 하중은 문제에서 주어진 그대로 정확히 유지한다. 가상 단면으로 절단된 다음 이 외부하중을 한 개의 합력으로 바꾸어서 나타낸다. 여기서 점 C에 작용하는 분포하중의 강도는 그림 7-3a에서 비례식으로 구하면 $w/2.4\text{ m} = (300\text{ N/m})/3.6\text{ m}$, $w = 200\text{ N/m}$가 된다. 합력의 크기는 분포하중의 면적(삼각형)과 같고 도심을 통과한다. 따라서 그림 7-3b와 같이 $F = \frac{1}{2}(200\text{ N/m})(2.4\text{ m}) = 240\text{ N}$, C로부터 $\frac{1}{3}(2.4\text{ m}) = 0.8\text{ m}$인 점에 작용한다.

평형방정식. 평형방정식을 적용하면

$$\overset{+}{\rightarrow}\Sigma F_x = 0; \qquad -N_C = 0$$

$$N_C = 0 \qquad \text{답}$$

$$+\uparrow\Sigma F_y = 0; \qquad V_C - 240\text{ N} = 0$$

$$V_C = 240\text{ N} \qquad \text{답}$$

$$\circlearrowleft + \Sigma M_C = 0; \qquad -M_C - 240\text{ N}(0.8\text{ m}) = 0$$

$$M_C = -192\text{ N}\cdot\text{m} \qquad \text{답}$$

주: $\mathbf{M}_C$가 음의 값을 갖는 것은 작용 방향이 자유물체도에서 가정한 것과 반대 방향인 것을 의미한다. 점 A에서의 반력을 구한 다음 구간 AC를 이용하여 이 문제를 다시 풀어 보자. A점의 반력은 그림 7-3c에서와 같다.

예제 7.2

그림 7-4a와 같은 크레인 붐에 500 kg의 엔진이 매달려 있다. 점 E에 작용하는 내부 합력을 구하라.

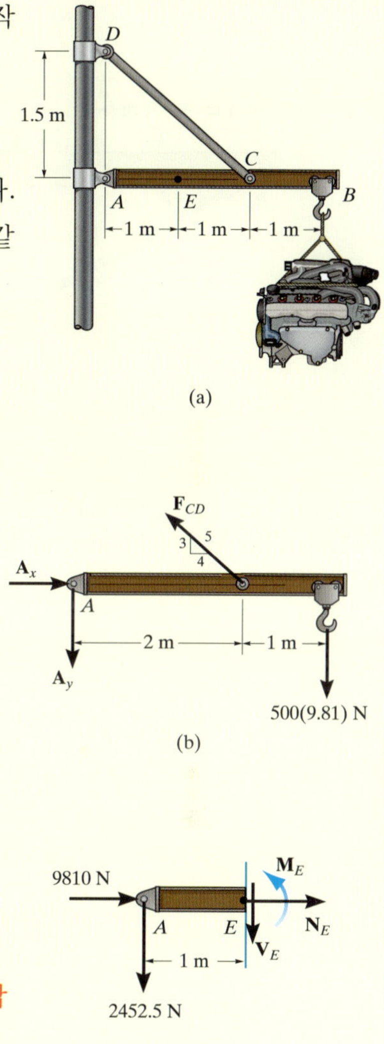

(a) (b) (c)

그림 7-4

풀이

지점 반력. 구간 AE를 고려하기 위하여 먼저 지점 A의 반력을 구한다. 여기서 부재 CD에는 2력 부재이다. 붐의 자유물체도는 그림 7-4b와 같고 평형방정식을 적용하면 다음과 같다.

$\circlearrowleft + \Sigma M_A = 0;\qquad F_{CD}\left(\frac{3}{5}\right)(2\text{ m}) - [500(9.81)\text{ N}](3\text{ m}) = 0$

$$F_{CD} = 12\,262.5\text{ N}$$

$\overset{+}{\rightarrow}\Sigma F_x = 0;\qquad A_x - (12\,262.5\text{ N})\left(\frac{4}{5}\right) = 0$

$$A_x = 9810\text{ N}$$

$+\uparrow\Sigma F_y = 0;\qquad -A_y + (12\,262.5\text{ N})\left(\frac{3}{5}\right) - 500(9.81)\text{ N} = 0$

$$A_y = 2452.5\text{ N}$$

자유물체도. 구간 AE의 자유물체도는 그림 7-4c와 같다.

평형방정식.

$\overset{+}{\rightarrow}\Sigma F_x = 0;\qquad N_E + 9810\text{ N} = 0$

$$N_E = -9810\text{ N} = -9.81\text{ kN}$$ 답

$+\uparrow\Sigma F_y = 0;\qquad -V_E - 2452.5\text{ N} = 0$

$$V_E = -2452.5\text{ N} = -2.45\text{ kN}$$ 답

$\circlearrowleft + \Sigma M_E = 0;\qquad M_E + (2452.5\text{ N})(1\text{ m}) = 0$

$$M_E = -2452.5\text{ N}\cdot\text{m} = -2.45\text{ kN}\cdot\text{m}$$ 답

예제 7.3

그림 7-5a와 같은 보에서 단면 C에 작용하는 내력을 구하라.

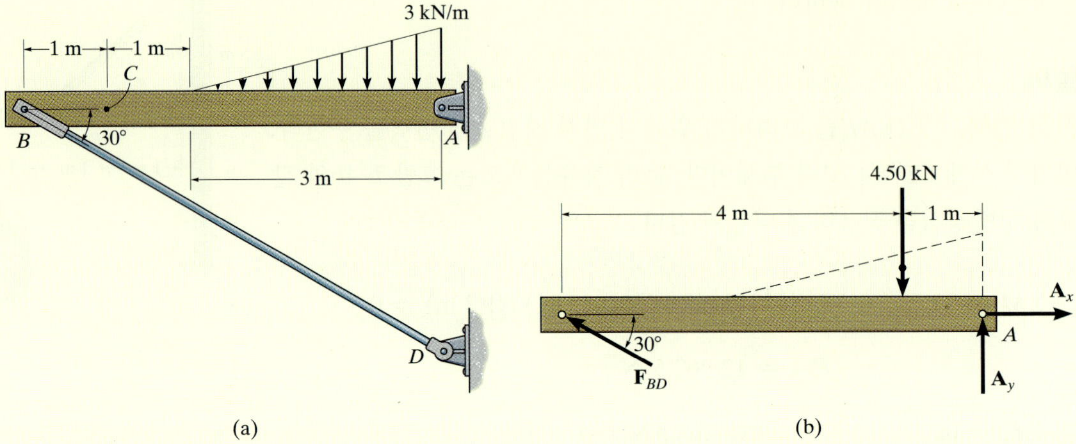

그림 7-5

풀이

지점 반력. 구간 BC를 고려하기 위하여 먼저 지점 A의 반력을 구한다. 전체 보의 대한 자유물체도는 그림 7-5b와 같으며, 예제 7.2의 부재 CD와 같이 부재 BD는 2력 부재이다. 따라서 B 지점에 작용하는 힘은 그림 7-5b의 방향과 같다.

$$\circlearrowleft + \Sigma M_A = 0; \quad (4.50\,\text{kN})(1\,\text{m}) - (F_{BD} \sin 30°)(5\,\text{m}) = 0 \quad F_{BD} = 1.80\,\text{kN}$$

자유물체도. 위 결과를 토대로 부재 BC의 자유물체도는 그림 7-5c와 같다.

평형방정식.

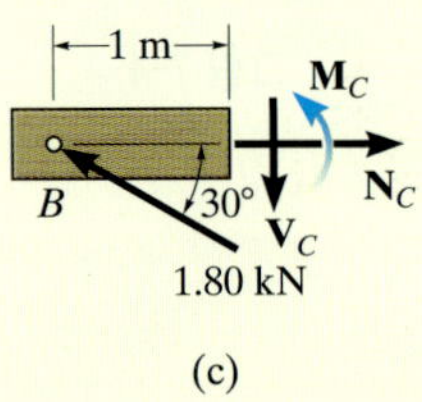

(c)

$$\overset{+}{\rightarrow} \Sigma F_x = 0; \qquad N_C - (1.80\,\text{kN}) \cos 30° = 0$$

$$N_C = 1.56\,\text{kN}$$ 답

$$+\uparrow \Sigma F_y = 0; \qquad (1.80\,\text{kN}) \sin 30° - V_C = 0$$

$$V_C = 0.900\,\text{kN}$$ 답

$$\circlearrowleft + \Sigma M_C = 0; \qquad M_C - [(1.80\,\text{kN}) \sin 30°](1\,\text{m}) = 0$$

$$M_C = 0.900\,\text{kN}\cdot\text{m}$$ 답

예제 7.4

그림 7-6a와 같은 관에서 단면 B에 작용하는 내력을 구하라. 끝부분 A에 수직하중 50 N과 수평하중 30 N, 그리고 모멘트 70 N · m이 작용하고 있다. 관의 질량은 무시한다.

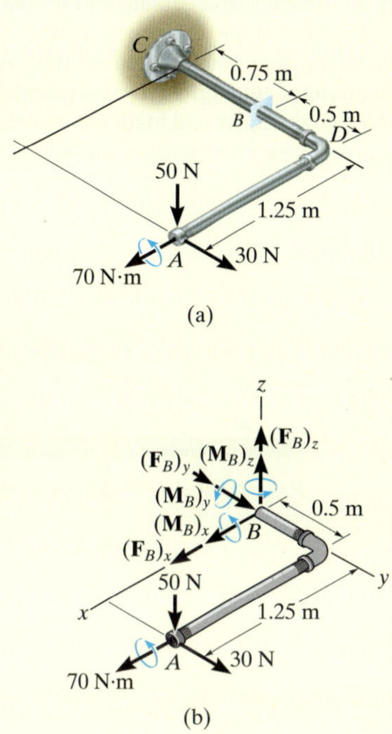

그림 7-6

풀이

이 문제는 지점 C가 포함되지 않게 구간 AB를 고려하여 풀 수 있다.

자유물체도. 구간 AB의 자유물체도는 그림 7-6b에 표시되어 있으며, 여기서 x, y, z축은 점 B를 원점으로 한다. 단면에 작용하는 합력과 모멘트 성분은 단면 B의 도심을 지나고 그림에서와 같이 양의 방향으로 가정한다.

평행방정식. 여섯 개 성분을 위한 스칼라 평형방정식으로부터 다음을 얻을 수 있다.*

$\Sigma F_x = 0;$ $\quad (F_B)_x = 0$ **답**

$\Sigma F_y = 0;$ $\quad (F_B)_y + 30\text{ N} = 0 \quad (F_B)_y = -30\text{ N}$ **답**

$\Sigma F_z = 0;$ $\quad (F_B)_z - 50\text{ N} = 0 \quad (F_B)_z = 50\text{ N}$ **답**

$\Sigma (M_B)_x = 0;$ $\quad (M_B)_x + 70\text{ N}\cdot\text{m} - 50\text{ N}\,(0.5\text{ m}) = 0$

$$(M_B)_x = -45\text{ N}\cdot\text{m}$$ **답**

$\Sigma (M_B)_y = 0;$ $\quad (M_B)_y + 50\text{ N}\,(1.25\text{ m}) = 0$

$$(M_B)_y = -62.5\text{ N}\cdot\text{m}$$ **답**

$\Sigma (M_B)_z = 0;$ $\quad (M_B)_z + (30\text{ N})(1.25) = 0$

$$(M_B)_z = -37.5\text{ N}\cdot\text{m}$$ **답**

주: $(F_B)_y$, $(M_B)_x$, $(M_B)_y$와 $(M_B)_z$가 음인 것의 의미는 무엇인가? 수직력은 $N_B = |(F_B)_y| = 30$ N이며 전단력은 $V_B = \sqrt{(0)^2 + (50)^2} = 50$ N이다. 또한 비틀림모멘트는 $T_B = |(M_B)_y| = 62.5$ N · m이고 휨모멘트는 $M_B = \sqrt{(45)^2 + (37.5)^2} = 58.6$ N · m이다.

---

* x, y, z축에 대한 각 모멘트의 크기는 각 힘의 크기와 축에서 힘의 작용선까지의 수직 거리를 곱한 것과 같다. 모멘트의 방향은 오른손법칙을 법칙을 따르고 양의 모멘트 방향(엄지)은 양의 좌표축 방향과 같다.

PRELIMINARY PROBLEM

P7–1. In each case, explain how to find the resultant internal loading acting on the cross section at point A. Draw all necessary free-body diagrams, and indicate the relevant equations of equilibrium. Do not calculate values. The lettered dimensions, angles, and loads are assumed to be known.

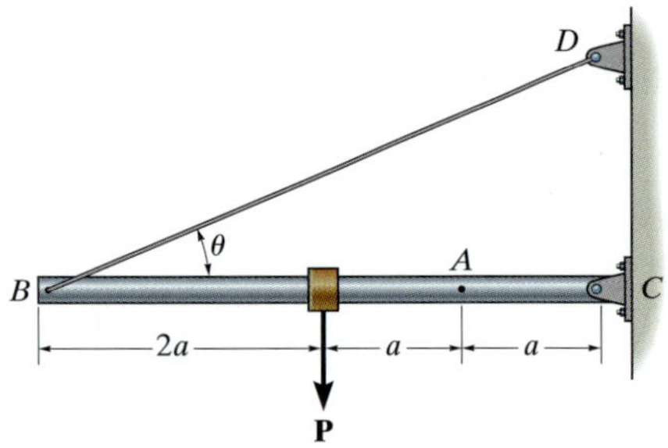

(a)

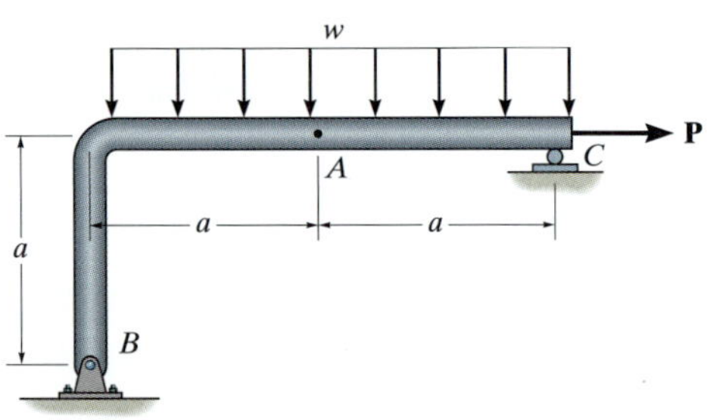

(b)

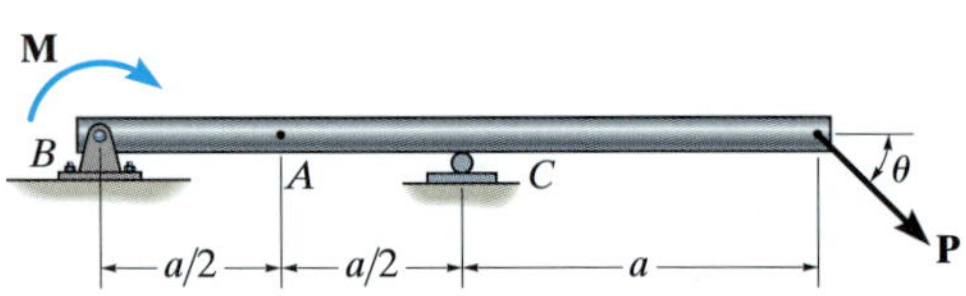

(c)

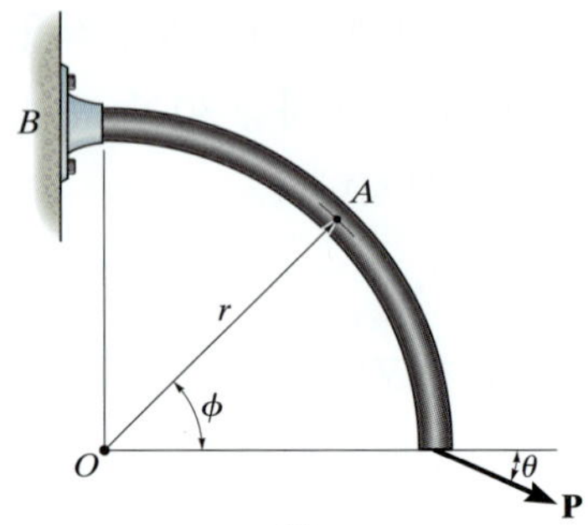

(d)

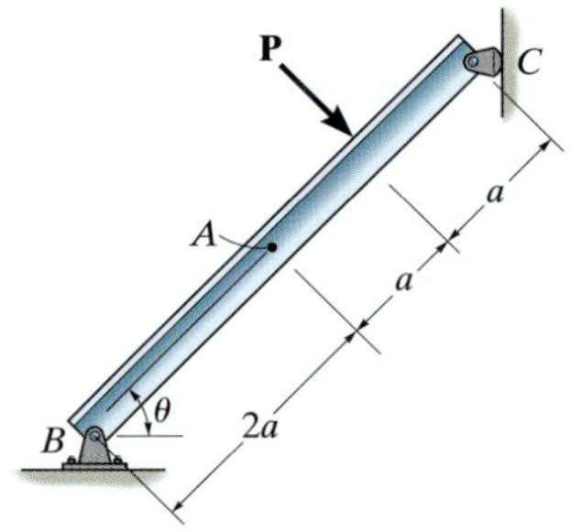

(e)

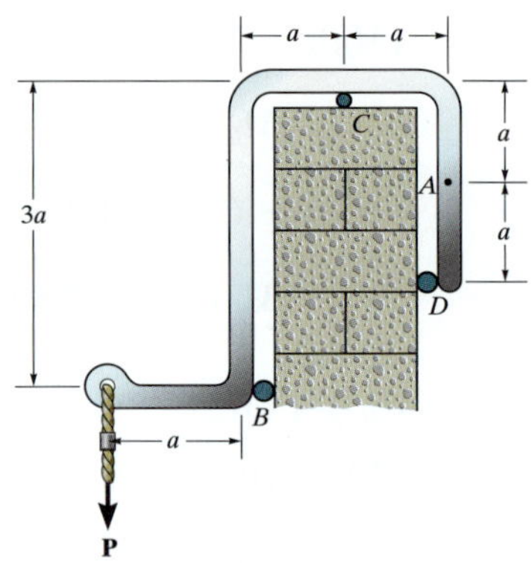

(f)

Prob. P7–1

FUNDAMENTAL PROBLEMS

F7–1. Determine the internal normal force, shear force, and bending moment at point C in the beam.

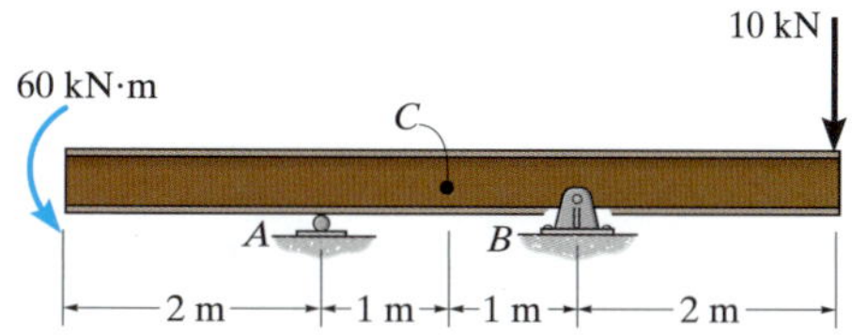

Prob. F7–1

F7–2. Determine the internal normal force, shear force, and bending moment at point C in the beam.

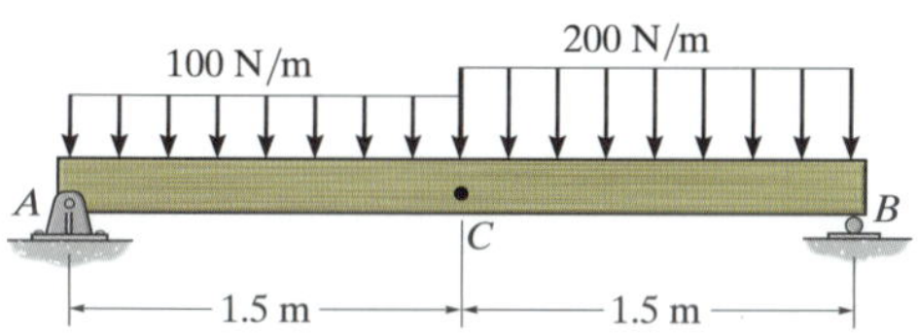

Prob. F7–2

F7–3. Determine the internal normal force, shear force, and bending moment at point C in the beam.

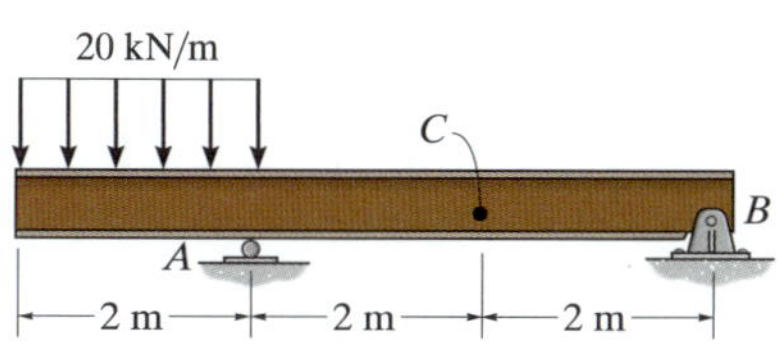

Prob. F7–3

F7–4. Determine the internal normal force, shear force, and bending moment at point C in the beam.

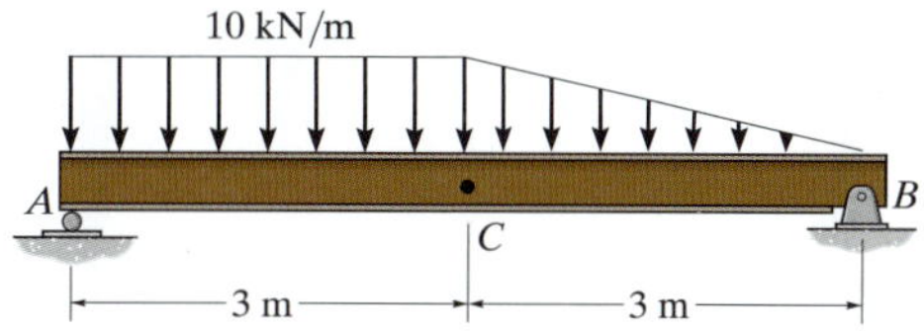

Prob. F7–4

F7–5. Determine the internal normal force, shear force, and bending moment at point C in the beam.

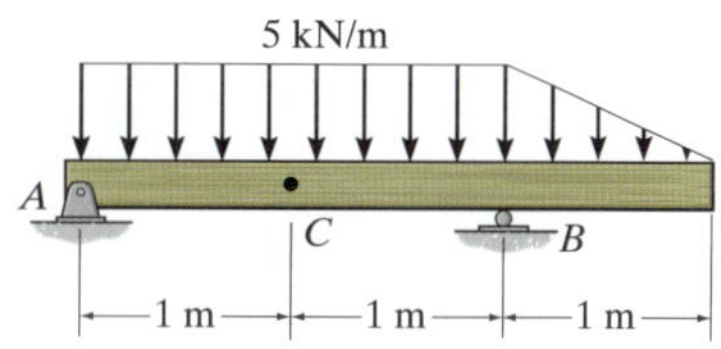

Prob. F7–5

F7–6. Determine the internal normal force, shear force, and bending moment at point C in the beam.

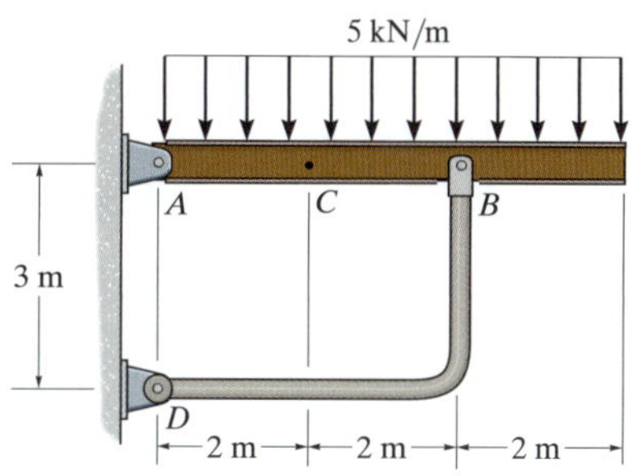

Prob. F7–6

7

PROBLEMS

7–1. The shaft is supported by a smooth thrust bearing at *B* and a journal bearing at *C*. Determine the resultant internal loadings acting on the cross section at *E*.

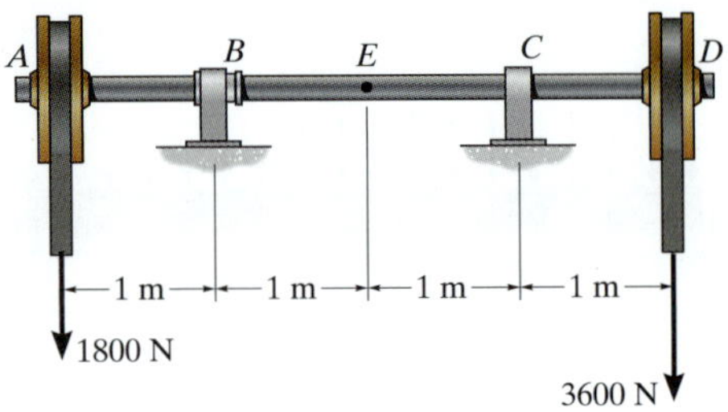

Prob. 7–1

7–2. A force of 80 N is supported by the bracket as shown. Determine the resultant internal loadings acting on the section through point *A*.

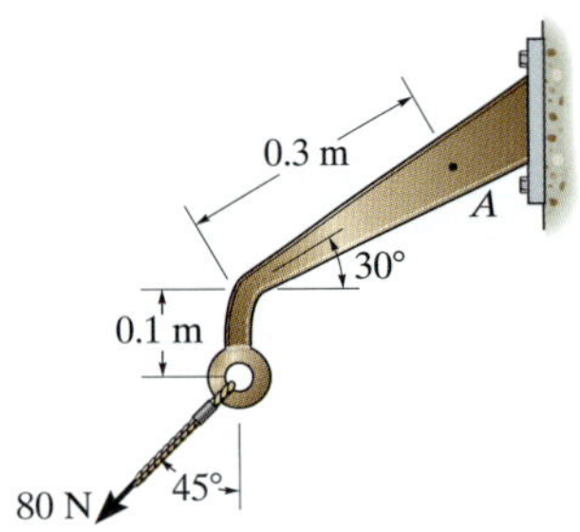

Prob. 7–2

7–3. The shaft is supported by a smooth thrust bearing at *A* and a smooth journal bearing at *B*. Determine the resultant internal loadings acting on the cross section at *C*.

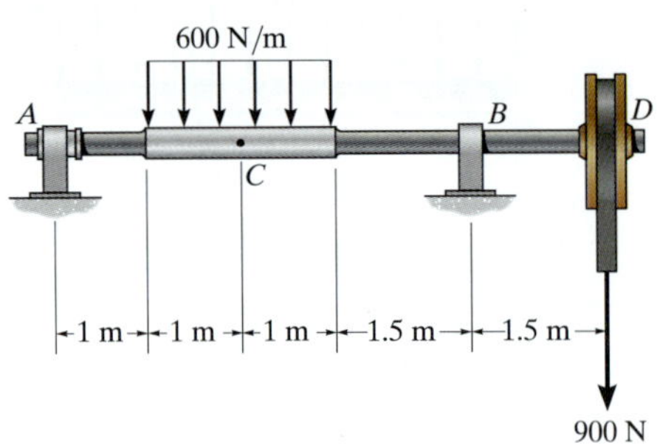

Prob. 7–3

***7–4.** Determine the resultant internal loadings on the cross section at point *D*.

7–5. Determine the resultant internal loadings at cross sections at points *E* and *F* on the assembly.

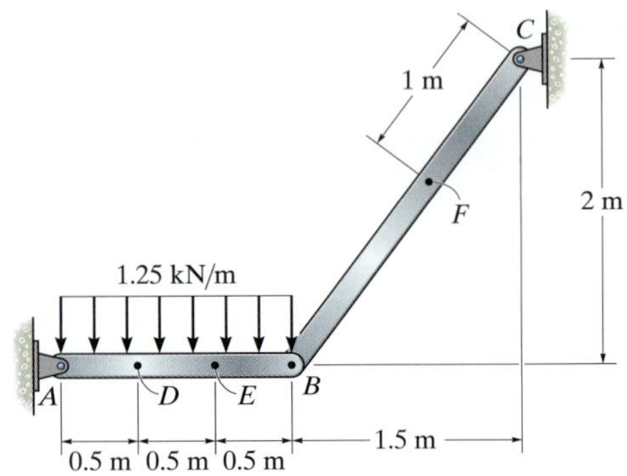

Probs. 7–4/5

7–6. Determine the resultant internal normal and shear force in the member at (a) section *a–a* and (b) section *b–b*, each of which passes through point *A*. The 2000-N load is applied along the centroidal axis of the member.

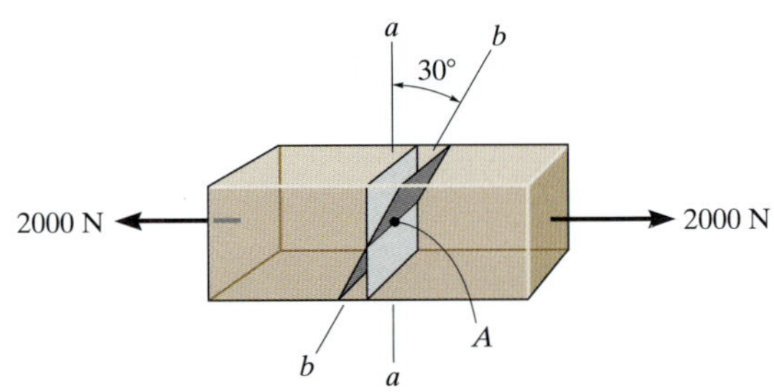

Prob. 7–6

7–7. Determine the resultant internal loadings in the beam at cross sections through points *D* and *E*. Point *E* is just to the right of the 15-kN load.

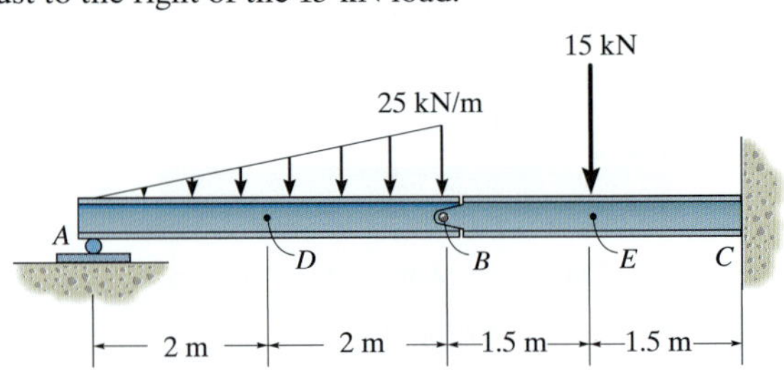

Prob. 7–7

***7–8.** Determine the resultant internal loading on the cross section through point C of the pliers. There is a pin at A, and the jaws at B are smooth.

7–9. Determine the resultant internal loading on the cross section through point D of the pliers.

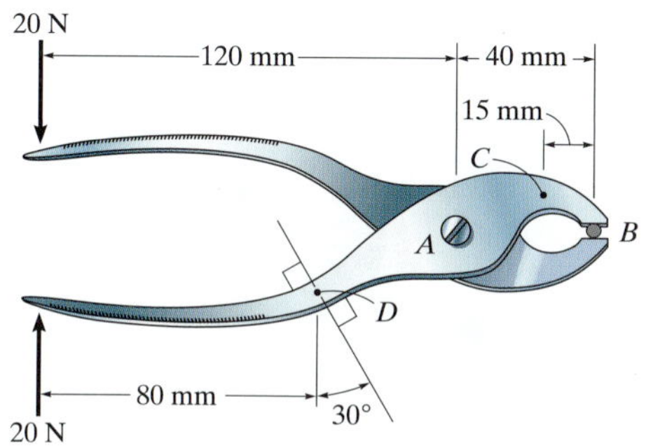

Probs. 7–8/9

***7–12.** The blade of the hacksaw is subjected to a pretension force of $F = 100$ N. Determine the resultant internal loadings acting on section a–a at point D.

7–13. The blade of the hacksaw is subjected to a pretension force of $F = 100$ N. Determine the resultant internal loadings acting on section b–b at point D.

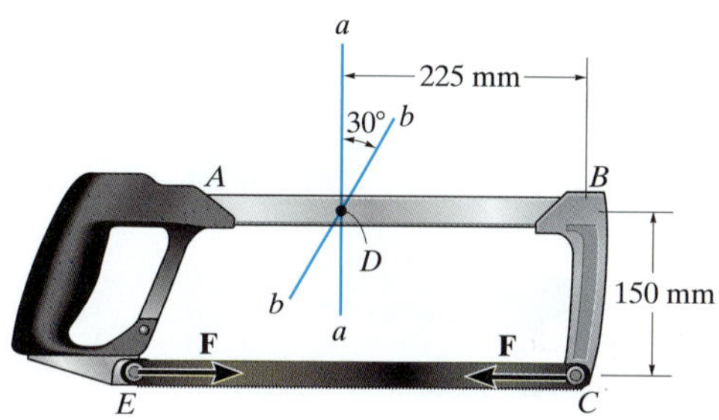

Probs. 7–12/13

7–10. The beam supports the distributed load shown. Determine the resultant internal loadings acting on the cross section at point C. Assume the reactions at the supports A and B are vertical.

7–11. The beam supports the distributed load shown. Determine the resultant internal loadings acting on the cross section at point D. Assume the reactions at the supports A and B are vertical.

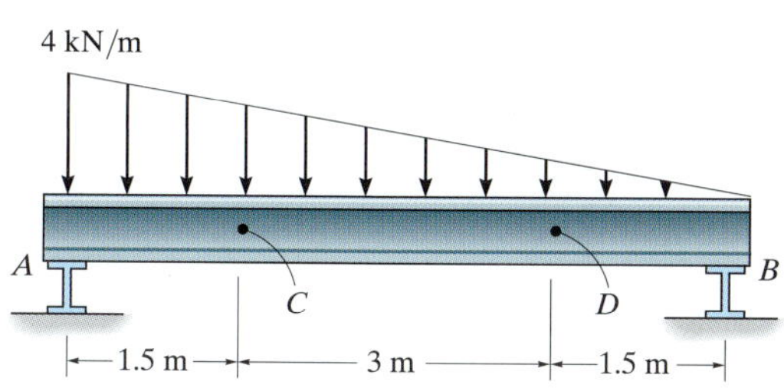

Probs. 7–10/11

7–14. The boom DF of the jib crane and the column DE have a uniform weight of 750 N/m. If the hoist and load weigh 1500 N, determine the resultant internal loadings in the crane on cross sections through points A, B, and C.

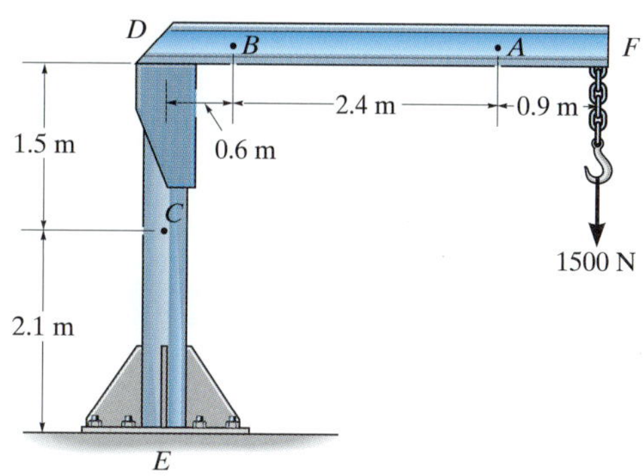

Prob. 7–14

7

7–15. The force $F = 400$ N acts on the gear tooth. Determine the resultant internal loadings on the root of the tooth, i.e., at the centroid point A of section a–a.

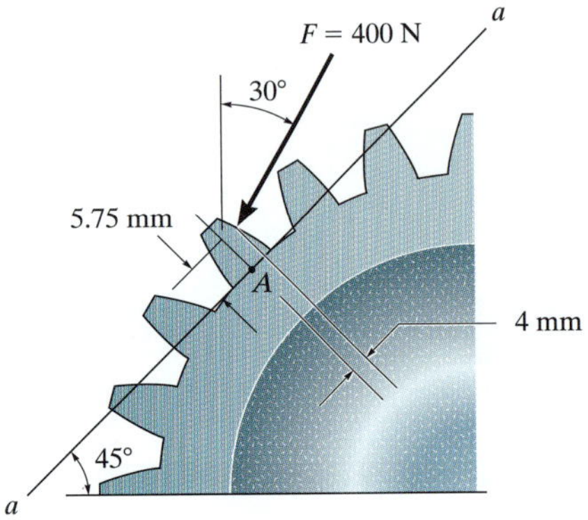

Prob. 7–15

***7–16.** Determine the resultant internal loadings on the cross section through point C. Assume the reactions at the supports A and B are vertical.

7–17. Determine the resultant internal loadings on the cross section through point D. Assume the reactions at the supports A and B are vertical.

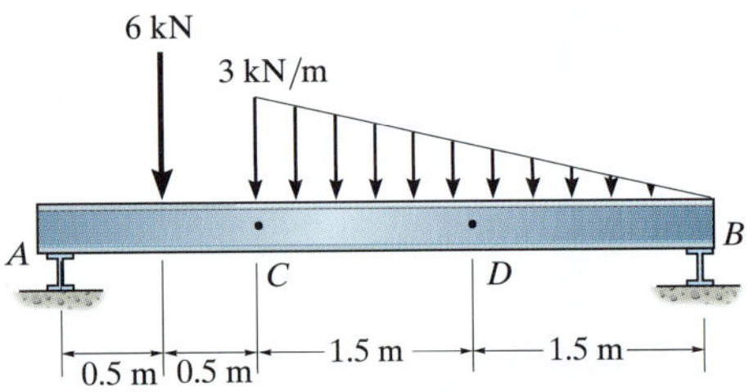

Probs. 7–16/17

7–18. The shaft is supported at its ends by two bearings A and B and is subjected to the forces applied to the pulleys fixed to the shaft. Determine the resultant internal loadings acting on the cross section at point C. The 400-N forces act in the $-z$ direction and the 200-N and 80-N forces act in the $+y$ direction. The journal bearings at A and B exert only y and z components of force on the shaft.

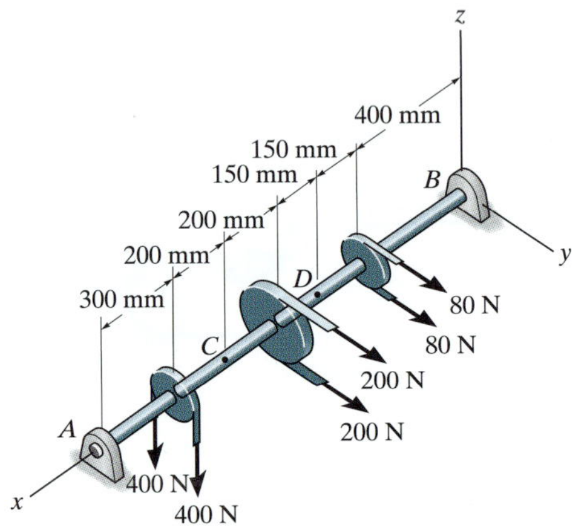

Prob. 7–18

7–19. The shaft is supported at its ends by two bearings A and B and is subjected to the forces applied to the pulleys fixed to the shaft. Determine the resultant internal loadings acting on the cross section at point D. The 400-N forces act in the $-z$ direction and the 200-N and 80-N forces act in the $+y$ direction. The journal bearings at A and B exert only y and z components of force on the shaft.

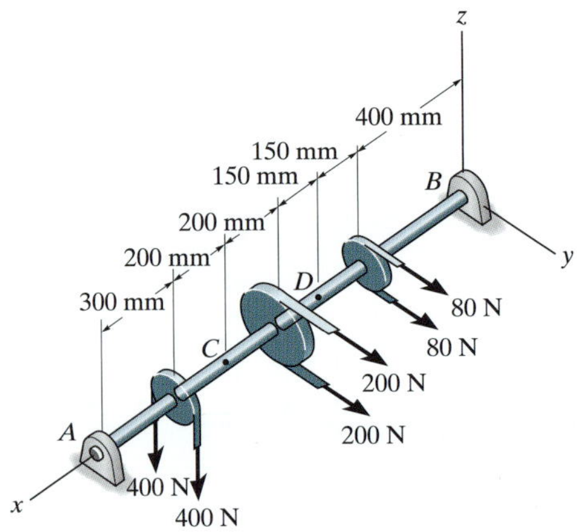

Prob. 7–19

***7–20.** The serving tray T used on an airplane is supported on *each side* by an arm. The tray is pin connected to the arm at A, and at B there is a smooth pin. (The pin can move within the slot in the arms to permit folding the tray against the front passenger seat when not in use.) Determine the resultant internal loadings acting on the cross section of the arm through point C when the tray arm supports the loads shown.

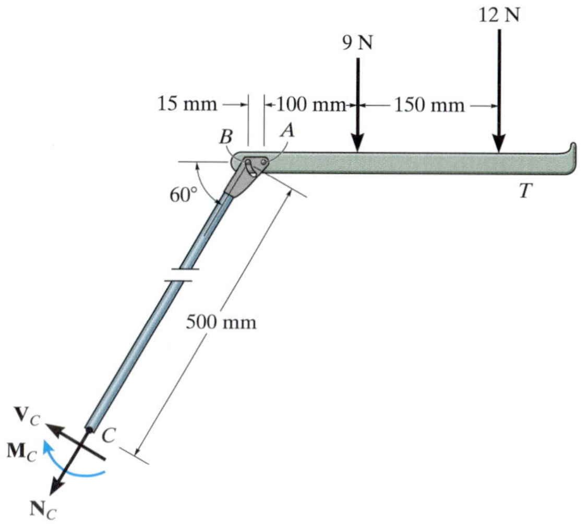

Prob. 7–20

7–21. Determine the resultant internal loadings acting on the cross section at point C in the beam. The load D has a mass of 300 kg and is being hoisted by the motor M with constant velocity.

7–22. Determine the resultant internal loadings acting on the cross section at point E. The load D has a mass of 300 kg and is being hoisted by the motor M with constant velocity.

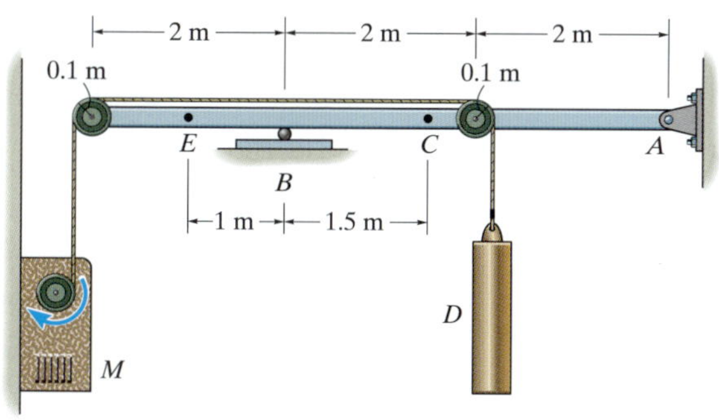

Probs. 7–21/22

7–23. The metal stud punch is subjected to a force of 120 N on the handle. Determine the magnitude of the reactive force at the pin A and in the short link BC. Also, determine the resultant internal loadings acting on the cross section at point D.

***7–24.** Determine the resultant internal loadings acting on the cross section at point E of the handle arm, and on the cross section of the short link BC.

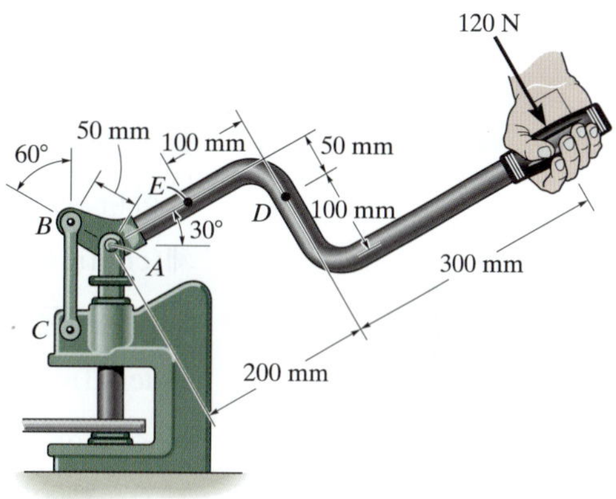

Probs. 7–23/24

7–25. Determine resultant internal loadings acting on section $a–a$ and section $b–b$. Each section passes through the centerline at point C.

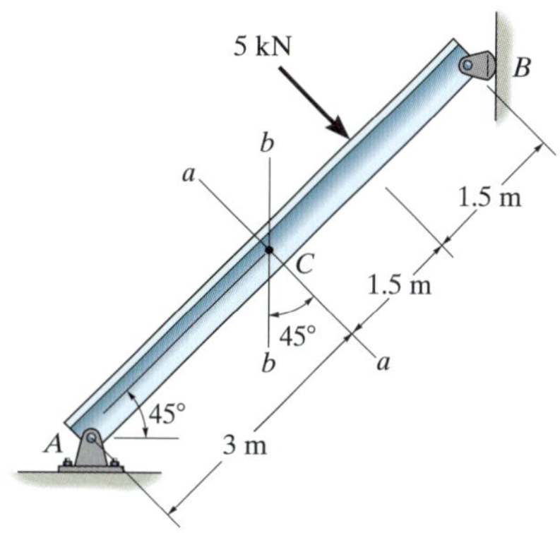

Prob. 7–25

7.3 응력

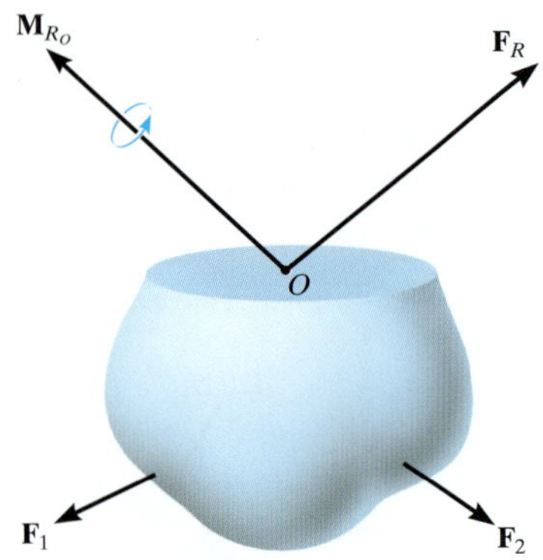

그림 7-7

7.2절에서 설명한 바와 같이 그림 7-7과 같은 물체의 단면에서 점 O에 작용하고 있는 힘과 모멘트는 그림 7-8a에서와 같이 단면에 실제로 분포되어 작용하는 하중의 합력 효과를 나타낸다. 이 하중 분포를 구하는 것은 재료역학에서 필수적인 부분이고 이 문제를 해결하기 위해서는 응력의 개념을 먼저 도입해야 한다.

그림 7-8a와 같이 절단된 단면이 ΔA처럼 작은 면적으로 나누어지는 것을 생각해 보자. ΔA의 면적을 점점 더 작은 크기로 줄이기 위해서 물체를 구성하고 있는 재료의 성질에 관하여 다음과 같은 두 가지 가정이 필요하다. 첫째, 실제 재료는 빈 공간이 없는 연속적인 성질을 가진 **연속체**(continuum)라고 가정한다. 둘째, 재료를 구성하고 있는 모든 부분들이 깨짐, 균열, 분리 등이 없이 서로 밀착되어 있는 **긴밀성 재료**(cohesive material)라고 가정한다. 그림 7-8a에는 유한하지만 매우 작은 힘 $\Delta \mathbf{F}$가 ΔA에 작용하는 것을 표현하였다. 이 힘은 일반적인 힘과 마찬가지로 방향을 가지는데 이를 다른 모든 힘과 비교하기 위해 세 가지 성분 $\Delta \mathbf{F}_x$, $\Delta \mathbf{F}_y$ 및 $\Delta \mathbf{F}_z$로 나눈다. 면적 ΔA가 0으로 접근하면 $\Delta \mathbf{F}$ 또한 0으로 접근하지만 힘 $\Delta \mathbf{F}$와 면적 ΔA의 비율은 유한한 값으로 수렴한다. 이 비율을 **응력**(stress)이라 하며 어떤 점을 지나는 특정 평면(면적)에 작용하는 내부 힘의 강도(intensity)를 의미한다.

7

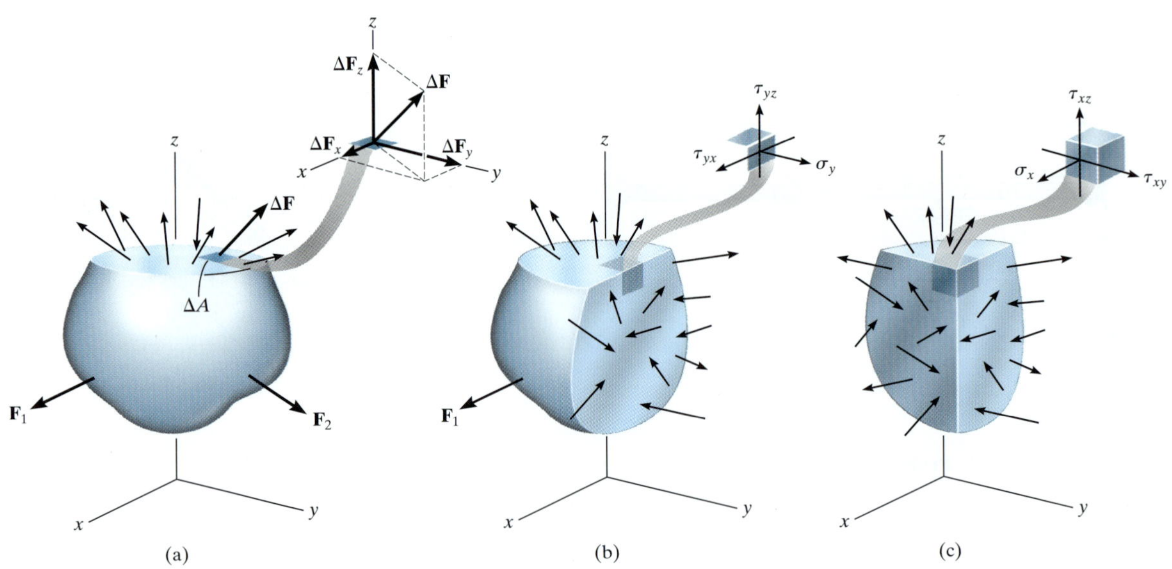

그림 7-8

수직응력. ΔA에 수직으로 작용하는 힘의 강도를 **수직응력**(normal stress) 또는 σ라고 정의한다. $\Delta \mathbf{F}_z$가 면적에 수직으로 작용하기 때문에

$$\sigma_z = \lim_{\Delta A \to 0} \frac{\Delta F_z}{\Delta A} \tag{7-1}$$

그림 7-8*a*에서와 같이 수직력 또는 수직응력이 ΔA를 잡아당기는 경우를 인장응력(tensile stress)이라 하고, ΔA를 미는 경우를 압축응력(compressive stress)이라 한다.

전단응력. ΔA에 평행하게 작용하는 힘의 강도를 **전단응력**(shear stress) 또는 τ라 한다. 전단응력의 성분을 나타내면 다음과 같다.

$$\begin{aligned} \tau_{zx} &= \lim_{\Delta A \to 0} \frac{\Delta F_x}{\Delta A} \\ \tau_{zy} &= \lim_{\Delta A \to 0} \frac{\Delta F_y}{\Delta A} \end{aligned} \tag{7-2}$$

아래첨자 z는 그림 7-9의 면적 ΔA의 방향을 나타내고 x, y는 전단응력이 작용하는 방향의 축을 나타낸다.

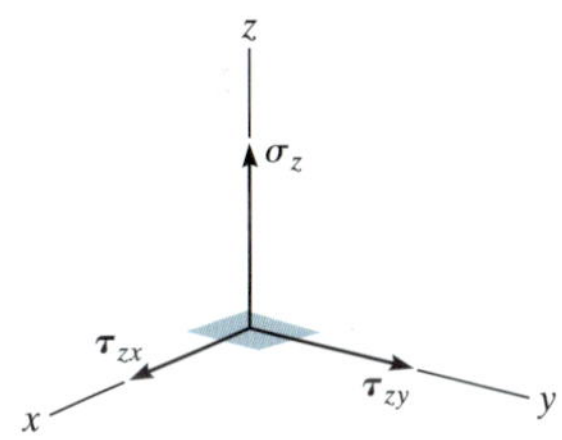

그림 7-9

일반적인 응력 상태. 그림 7-8*b*, 7-8*c*에서와 같이 각각 x-z 평면과 y-z 평면에 평행인 단면으로 물체를 더 절단하면 물체 내의 어떤 점에서의 **응력 상태**를 나타내는 단위 정육면체를 잘라낼 수 있게 된다. 이 점에서의 응력 상태는 그림 7-10에서와 같이 각 면에 작용하는 세 개의 성분으로 나타낸다.

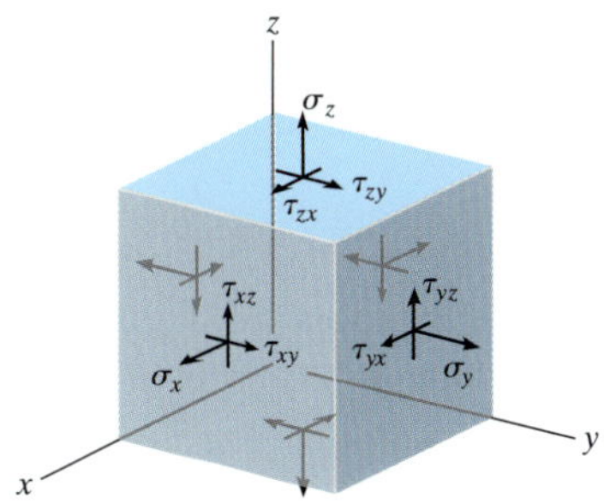

그림 7-10

단위. 응력은 단위면적에 가해지는 힘이므로 국제표준 또는 SI 단위계에서는 수직응력 및 전단응력의 크기를 단위면적 당의 힘, 즉 $\mathrm{N/m^2}$의 단위로 표기하고 이를 파스칼(pascal)이라 한다($1\ \mathrm{Pa} = 1\ \mathrm{N/m^2}$). 이 단위는 매우 작기 때문에 공학에서는 단위의 앞부분에 kilo k(10^3), mega M(10^6), 또는 giga G(10^9) 등의 첨자를 사용하여 보다 크고 실질적인 응력의 값을 표현한다.*

* 응력의 단위로 $1\ \mathrm{mm} = 10^{-3}\ \mathrm{m}$를 사용하여 $\mathrm{N/mm^2}$ 단위로 표현할 경우도 있다. 그러나 SI 단위계에서는 분수의 분모에 접두사를 쓰지 않기 때문에 $1\ \mathrm{N/mm^2} = 1\ \mathrm{MN/m^2} = 1\ \mathrm{MPa}$로 표현하는 것이 좋다.

7.4 축하중을 받는 봉의 평균 수직응력

이제 그림 7-11*a*와 같이 축방향 하중을 받은 막대의 단면적에 작용하는 평균 응력 분포를 결정한다. 특히 단면은 막대의 세로축에 수직으로 취한 단면이며, 단면의 형상이 길이에 대하여 변하지 않는 균일단면 부재이다. 막대가 **균질**(homogeneous)하고 **등방성**(isotropic)인 경우, 체적 전체에 걸쳐 동일한 물리적 및 기계적 특성을 가지며 모든 방향에 대해 동일한 특성을 가진다. 따라서 하중 P가 막대의 단면 도심에 작용할 때, 막대는 그림 7-11*b*와 같이 길이를 따라 중앙 영역 전체에 걸쳐 균일하게 변형될 것이다.

많은 공학재료가 균질성과 등방성을 갖는 것으로 근사화될 수 있다. 예를 들어, 강철은 1 mm^3의 체적에 수천 개의 임의의 방향성을 가진 결정들로 되어 있다. 이러한 재료로 만들어진 대부분의 물체의 크기는 개개의 결정체에 비해 매우 크므로 재료의 성질에 대한 위의 가정이 현실에 부합된다.

나무와 같은 **이방성 재료**(anisotropic materials)는 방향에 따라 재료의 성질이 다르지만 나무의 결이 (예를 들어, 일반적인 목재에서와 같이) 막대의 축방향으로 정렬된 경우에는 축하중에 대해 막대에서도 역시 균일한 변형이 일어난다.

평균 수직응력 분포. 그림 7-11*c*와 같이 부재를 두 개로 잘라 평형조건을 고려하면 단면에서의 내부수직력(축력) N은 P와 같다. 재료가 균일하게 변형한다면 단면에서는 일정한 수직응력 분포를 나타낸다. 그리고 재료에 균일한 변형이 발생하기 때문에 단면에는 일정한 수직응력 분포가 된다.

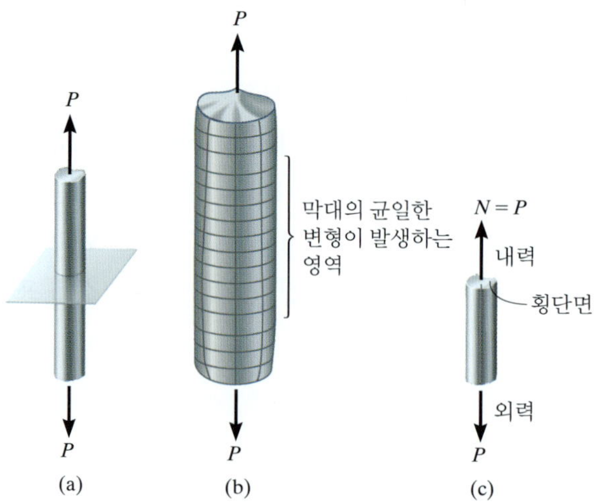

그림 7-11

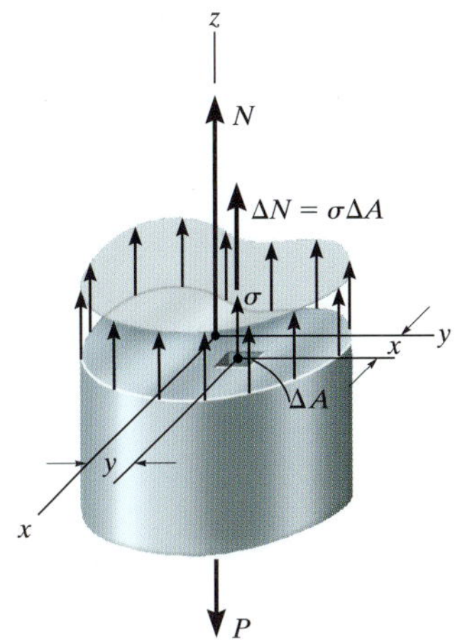

(d)

그림 7-11 (계속)

따라서 미소 면적 ΔA에 작용하는 힘은 그림 7-11d와 같이 $\Delta N = \sigma\, \Delta A$가 되고, 전체 단면에 작용하는 힘의 합은 단면에 작용하는 내부 합력 **P**와 같아야 한다. 단면적 $\Delta A \rightarrow dA$로 하면 $\Delta N \rightarrow dN$가 되고 σ가 일정하다는 것을 고려하면 다음과 같은 식이 성립된다.

$$+\uparrow F_{Rz} = \Sigma F_z; \qquad \int dN = \int_A \sigma\, dA$$

$$N = \sigma A$$

$$\boxed{\sigma = \frac{N}{A}} \tag{7-3}$$

여기서,

σ = 단면에 작용하는 평균 수직응력

N = 단면의 도심을 지나고 내부에 작용하는 수직방향의 합력. N은 단면법과 평형방정식으로부터 구한다. $N = P$.

A = σ를 구하는 부재의 단면적

평형. 그림 7-11의 응력 분포는 단면의 각 점에서의 작은 체적 요소에 수직응력만 존재함을 나타낸다. 따라서, 재료 요소의 수직 평형을 고려하여 그림 7-12와 같이 자유물체도에 힘의 평형방정식을 적용하면

$$\Sigma F_z = 0; \qquad \sigma(\Delta A) - \sigma'(\Delta A) = 0$$

$$\sigma = \sigma'$$

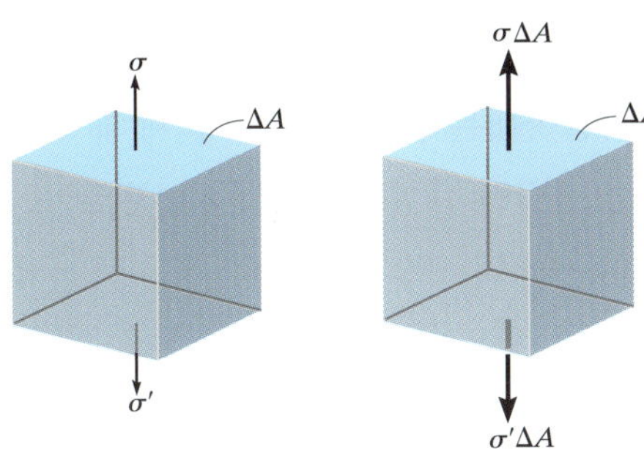

요소에 작용하는 응력　　　자유물체도

그림 7-12

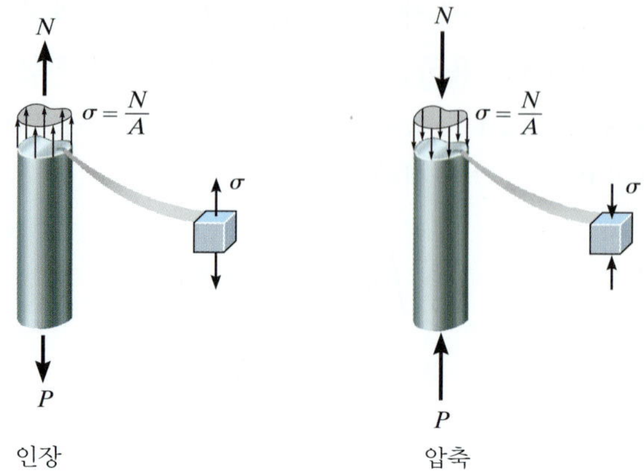

그림 7-13

그림의 강재 결착봉은 계단을 매달기 위해 사용되었으며, 따라서 부재에는 인장응력이 발생한다.

즉, 요소에 작용하는 두 개의 수직응력은 크기는 같고 방향은 반대가 된다. 이 조건하에서 재료는 **단축응력**(uniaxial stress)을 받게 되고, 이 해석은 그림 7-13과 같이 인장 또는 압축을 받는 부재에 적용된다.

지금까지의 해석은 균일단면 부재에 대한 경우에 적용되었지만 단면의 모양이 약간 변하는 부재에도 적용할 수 있다. 예를 들어, 단면이 직사각형이고 길이에 대한 기울기가 15°인 변단면 부재의 경우 $\sigma = N/A$로 계산된 평균 수직응력은 탄성론을 이용하여 구한 엄밀해와 비교했을 때 불과 2.2% 작을 뿐이다.

최대 평균 수직응력. 우리가 지금까지 해석한 부재의 경우 부재의 축에 대하여 단면이 일정하고 내부하중 N 또한 일정하므로 수직응력 $\sigma = N/A$는 일정하다. 그러나 종종 길이방향으로 여러 개의 외부 축하중이 작용하거나, 단면의 형상 변화하는 경우도 있다. 이와 같은 경우 막대에 작용하는 수직응력은 단면에 따라 변하므로 최대 평균 수직응력을 구하기 위해서는 N/A가 발생하는 위치를 알아내는 것이 중요하다. 예제 7.5에서는 이 절차를 보여준다. 막대의 모든 내력이 결정되면 최대 N/A비를 알 수 있다.

요점 IMPORTANT POINTS

- 외력을 받고 있는 물체의 단면에는 내력이 분포되어 있고 이 분포력에 의해 단면 양측 물체의 평형상태가 유지된다. 이때 물체 내부의 한 점에 작용하는 내력의 강도를 응력이라 한다.
- 응력이란 미소 단위 면적에 작용하는 힘의 극한값이다. 이 정의는 재료가 연속성과 긴밀성을 갖는다는 가정하에 성립한다.
- 임의의 점에 대한 응력 성분의 크기는 물체에 작용하는 하중의 종류와 그 점에서의 요소의 방향에 따라 달라진다.
- 균질한 등방성 재료로 이루어진 봉 부재의 단면 도심에 축하중이 작용하면 봉의 중간부 단면에는 균일한 변형이 일어난다. 그 결과 단면에는 수직응력만 발생한다. 이 균일 응력은 단면 전체에 대한 평균값이다.

풀이 과정 PROCEDURE FOR ANALYSIS

단면에 내력 **N**이 작용하면 $\sigma = N/A$은 단면에서의 평균 수직응력이다. 이 식의 적용은 다음과 같은 절차가 필요하다.

내부하중

- 수직응력을 산정할 위치에서 부재의 축방향에 직각으로 단면을 절단하고 단부 하나에 대한 자유물체도를 그린다. 단면에서 내부 축력 N을 얻기 위해 힘의 평형방정식을 적용한다.

평균 수직응력

- 단면의 면적을 산정한 후 $\sigma = N/A$로부터 평균 수직응력을 계산한다.
- 단면의 임의의 점에 대한 미소 체적 요소에 σ를 표현해 보자. 미소 체적 요소면의 σ는 내력 **N**과 같은 방향으로 그리고 반대면에는 반대방향의 수직응력 σ를 나타낸다.

7

예제 7.5

그림 7-14a와 같이 폭이 35 mm이고 두께가 10 mm인 막대가 있다. 그림과 같은 하중이 가해질 때 막대에 발생하는 최대 평균 수직응력을 구하라.

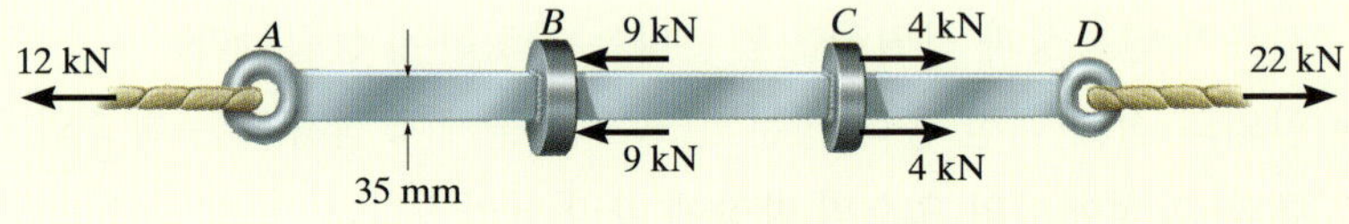

(a)

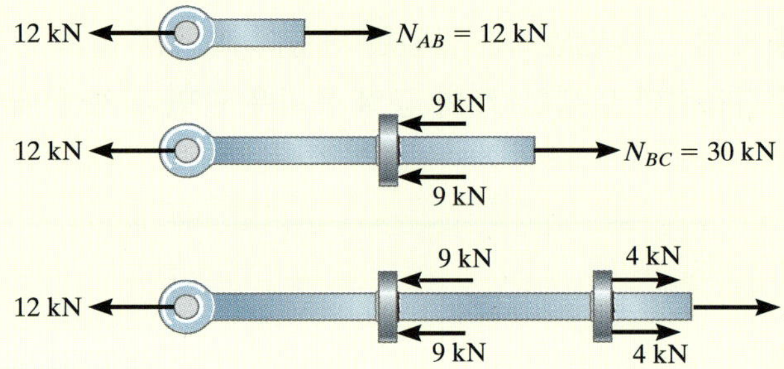

(b)

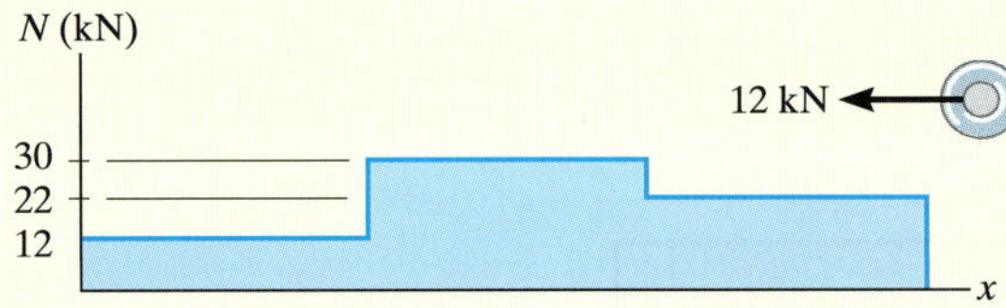

(c)

풀이

내부하중. 구간 AB, BC 그리고 CD에 작용하는 내부 축력은 일정하지만 크기는 서로 다른 것을 알 수 있다. 단면법을 사용하여 이들 하중을 구하면 그림 7-14b와 같이 되고 축력 선도(normal force diagram)는 그림 7-14c와 같다.* 최대 하중은 구간 BC에서 발생하고 크기는 $N_{BC} = 30$ kN이다. 단면적이 일정하므로 최대 평균 수직응력 또한 이 구간에서 발생한다.

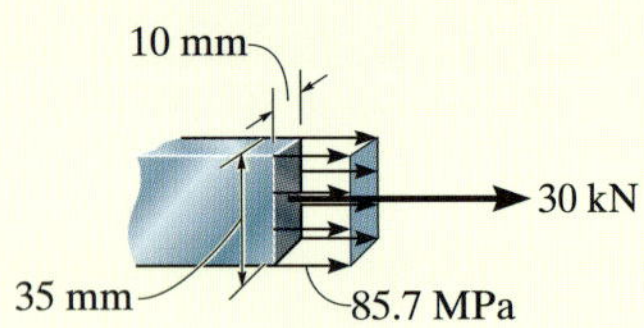

(d)

그림 7-14

평균 수직응력. 식 (7-3)을 적용하면 다음과 같다.

$$\sigma_{BC} = \frac{N_{BC}}{A} = \frac{30(10^3)\text{ N}}{(0.035\text{ m})(0.010\text{ m})} = 85.7\text{ MPa} \qquad \text{답}$$

구간 BC 내의 임의의 단면에서의 응력 분포는 그림 7-14d와 같다.

---

* 오른쪽 부분 요소를 이용해 같은 결과를 보여라.

예제 7.6

그림 7-15a와 같이 80 kg의 램프가 두 개의 막대 AB와 BC로 지지되어 있다. AB의 지름이 10 mm이고 BC의 지름이 8 mm일 때 각 막대가 받는 평균 수직응력을 구하라.

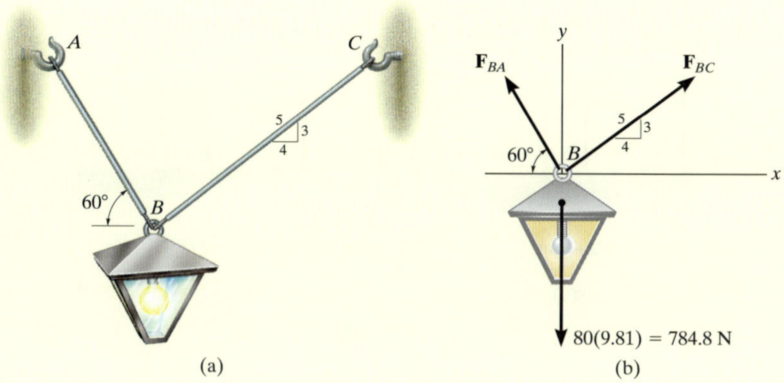

그림 7-15

풀이

내부하중. 먼저 각 막대에 작용하는 축력을 결정한다. 램프의 자유물체도는 그림 7-15b와 같다. 힘의 평형방정식을 적용하면

$$\overset{+}{\rightarrow}\Sigma F_x = 0; \qquad F_{BC}\left(\tfrac{4}{5}\right) - F_{BA}\cos 60^\circ = 0$$

$$+\uparrow \Sigma F_y = 0; \qquad F_{BC}\left(\tfrac{3}{5}\right) + F_{BA}\sin 60^\circ - 784.8\text{ N} = 0$$

$$F_{BC} = 395.2\text{ N}, \qquad F_{BA} = 632.4\text{ N}$$

뉴턴의 제3법칙인 작용 반작용 법칙에 의하여 이들 힘들은 막대에 길이 방향으로 일정하게 인장력으로 작용한다.

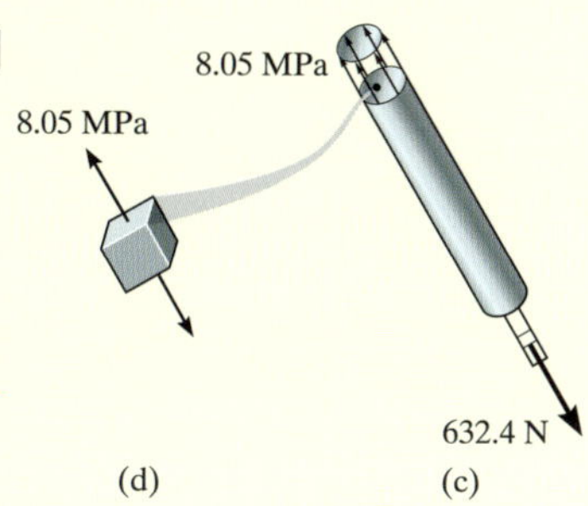

평균 수직응력. 식 (7-3)을 적용하면

$$\sigma_{BC} = \frac{F_{BC}}{A_{BC}} = \frac{395.2\text{ N}}{\pi(0.004\text{ m})^2} = 7.86\text{ MPa} \qquad \text{답}$$

$$\sigma_{BA} = \frac{F_{BA}}{A_{BA}} = \frac{632.4\text{ N}}{\pi(0.005\text{ m})^2} = 8.05\text{ MPa} \qquad \text{답}$$

막대 AB의 단면에 작용하는 평균 수직응력의 분포는 그림 7-15c와 같고 재료의 요소는 그림 7-15d와 같은 응력 상태에 있다.

7

예제 7.7

그림 7-16a와 같이 부재 AC에 수직력 3 kN이 작용한다. 이때 마찰이 없는 지지점 C에 발생하는 압축응력과 이음 막대 AB에 발생하는 평균 인장응력과 같게 되는 수직력의 위치 x를 구하라. 이음 막대의 단면적은 400 mm^{2}이고 점 C의 접촉 면적은 650 mm^{2}이다.

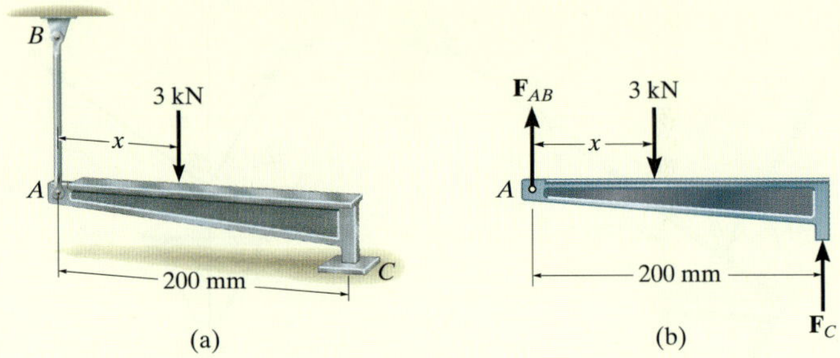

그림 7-16

풀이

내부하중. 그림 7-16b와 같은 부재 AC의 자유물체도로부터 점 A, C에 작용하는 힘을 구할 수 있다. 미지수는 F_{AB}, F_C, x로 총 3개이다. 힘과 길이 단위로 N과 mm를 사용하여 평형방정식을 적용하면 다음과 같다.

$$+\uparrow\Sigma F_y = 0; \qquad F_{AB} + F_C - 3000\text{ N} = 0 \qquad (1)$$

$$\circlearrowleft+\Sigma M_A = 0; \qquad -3000\text{ N}(x) + F_C(200\text{ mm}) = 0 \qquad (2)$$

평균 수직응력. 필요한 세 번째 식은 이음 막대 AB에 발생하는 인장응력과 지지점 C에 발생하는 압축응력이 같다는 것이다. 즉,

$$\sigma = \frac{F_{AB}}{400\text{ mm}^2} = \frac{F_C}{650\text{ mm}^2}$$

$$F_C = 1.625F_{AB}$$

이다. 이 식을 식 (1)에 대입하여 F_{AB}를 구한 다음 F_C를 구하면

$$F_{AB} = 1143\text{ N}$$

$$F_C = 1857\text{ N}$$

와 같이 되고 외부하중의 작용점 x는 식 (2)로부터 구할 수 있다.

$$x = 124\text{ mm} \qquad \text{답}$$

여기서 구한 x는 구간 $0 < x < 200$ mm 사이에 있어야 한다는 조건을 만족한다.

7

7.5 평균 전단응력

7.3절에서 전단응력은 단면에 평행한 방향으로 작용하는 응력 성분으로 정의하였다. 전단응력이 어떻게 발생하는지 살펴보기 위해 그림 7-17*a*와 같은 막대에 힘 **F**가 작용하는 경우를 생각해 보자. **F**가 충분히 크다면 막대의 재료에 변형이 발생하고 단면 *AB*와 *CD*로 표시된 단면을 따라서 파괴될 것이다. 막대의 가운데 부분의 자유물체도는 그림 7-17*b*와 같고 수직 방향 힘의 평형조건으로부터 전단력 $V = F/2$가 각 단면에 작용함을 알 수 있다. 각 단면에 작용하는 **평균 전단응력**(average shear stress)은 다음과 같이 정의된다.

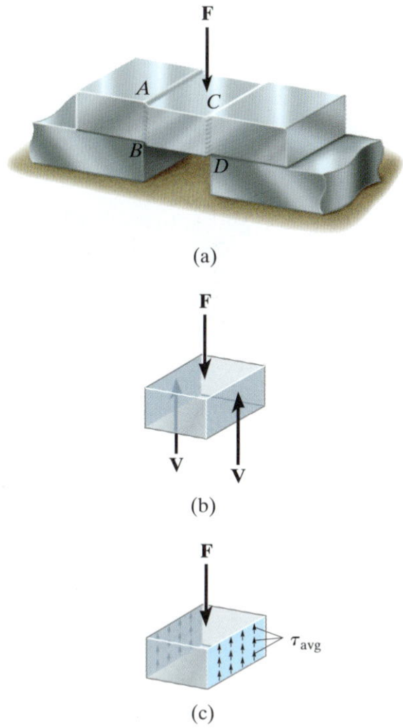

그림 7-17

$$\tau_{avg} = \frac{V}{A} \quad (7\text{-}4)$$

여기서

τ_{avg} = 단면의 모든 점에서 같은 값을 갖는 평균 전단응력
V = 평형방정식으로부터 결정된 단면의 내부 전단력
A = 단면적

그림 7-17*c*는 단면에 작용하는 평균 전단응력의 분포를 보여주고 있다. 평균 전단응력 τ_{avg}에 의한 힘들을 합산하면 전단력 **V**가 되는 것이므로 전단응력의 방향은 **V**와 같은 방향이다.

여기에서 다룬 전단은 외부하중 **F**에 의해 직접적으로 발생하는 경우이므로 **직접 전단**(direct shear) 또는 **단순 전단**(simple shear)이라 한다. 이러한 종류의 전단은 볼트, 핀, 용접 등을 이용한 단순 연결재에서 주로 나타난다. 그러나 식 (7-4)는 단지 평균 전단응력을 계산하는 식이라는 것을 명심할 필요가 있다. 보다 정밀한 해석을 해보면 실제 최대 전단응력은 이 식으로 계산한 평균 전단응력을 훨씬 초과하는 경우가 종종 발생한다. 그럼에도 불구하고 일반적으로 작은 요소의 설계 또는 해석에 관련된 많은 문제에 대해 식 (7-4)가 일반적으로 쓰이고 있다. 예를 들어, 설계 기준에서는 볼트와 같은 연결재의 크기 또는 단면을 결정하고 전단하중을 받는 접합재의 접착 강도를 결정하는 데 이 식을 사용할 수 있도록 규정되어 있다.

이 트랙터의 연결 장치에 사용되는 핀 *A*는 *B*와 *C*에서 핀 표면에 전단응력이 발생하기 때문에 이중전단을 받는다. 그림 7-19*c* 참조.

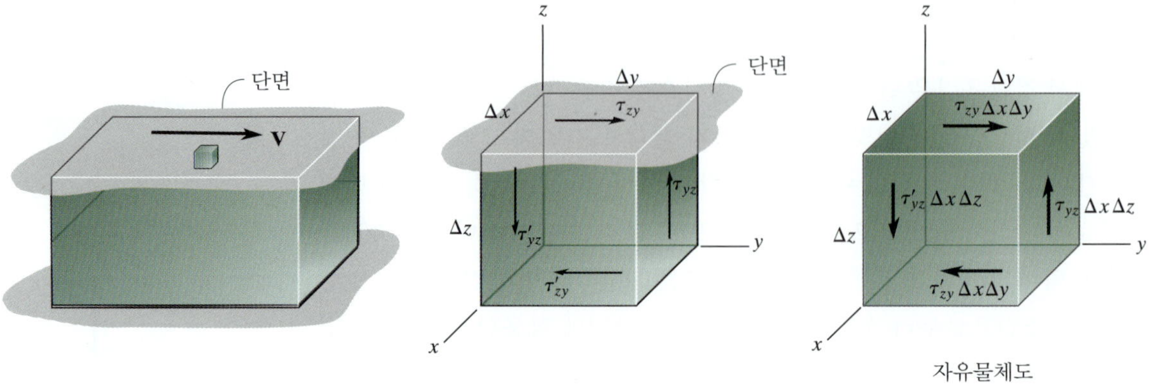

(a) (b) (c)

전단응력 평형. 그림 7-18*a*와 같은 단면을 가지고 내부 전단력 *V*를 받는 블록을 고려해 보자. 표면에 위치한 지점에서 취한 체적 요소는 그림 7-18*b*와 같이 직접 전단응력 τ_{xy}을 받게 된다. 그러나 이 요소의 힘과 모멘트의 평형은 요소의 다른 세 면에서 전단응력이 발생하도록 할 것이다. 이를 보이기 위해 먼저 그림 7-18*c*의 요소와 같이 자유물체도를 그린다. 그러면 *y* 방향의 힘평형으로부터 다음과 같은 식을 얻는다.

$$\Sigma F_y = 0; \qquad \overbrace{\overset{\text{응력}}{\tau_{zy}}\,\overset{\text{면적}}{(\Delta x\,\Delta y)}}^{\text{힘}} - \tau'_{zy}\,\Delta x\,\Delta y = 0$$

$$\tau_{zy} = \tau'_{zy}$$

유사한 방식으로 *z* 방향의 힘평형은 $\tau_{yz} = \tau'_{yz}$가 된다.

$$\Sigma M_x = 0; \qquad \overbrace{-\overbrace{\overset{\text{응력}}{\tau_{zy}}\,\overset{\text{면적}}{(\Delta x\,\Delta y)}}^{\text{힘}}\,\overset{\text{거리}}{\Delta z}}^{\text{모멘트}} + \tau_{yz}\,(\Delta x\,\Delta z)\,\Delta y = 0$$

$$\tau_{zy} = \tau_{yz}$$

마지막으로 *x*축에 대해 모멘트를 취하면,

$$\tau_{zy} = \tau'_{zy} = \tau_{yz} = \tau'_{yz} = \tau$$

바꾸어 말하면 그림 7-18*d*와 같이 **네 개의 전단응력의 크기는 같고 모서리를 접하는 면에 작용하는 전단응력의 방향은 서로 같은 곳을 향하든지 또는 반대방향을 향하든지 한다.** 이것을 전단응력의 보완특성이라 부른다. 그리고 이 경우 요소는 순수전단 상태에 있다고 한다.

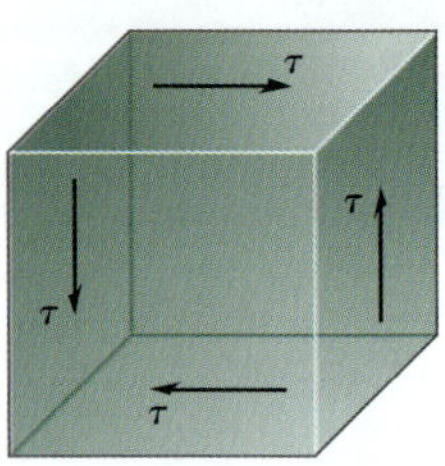

순수 전단

(d)

그림 7-18

요점 IMPORTANT POINTS

- 연결된 두 부재가 얇거나 작은 경우, 외부하중에 의한 휨은 무시하고 전단만을 고려한다. 일반적으로 단면 전체에 평균 전단응력이 작용한다고 가정한다.
- 전단응력 τ가 임의의 평면에 작용하면 재료의 미소 체적 요소의 평형조건에 의해 다른 세 면에도 같은 크기의 전단응력이 작용하게 된다.

풀이 과정 PROCEDURE FOR ANALYSIS

부재에 작용하는 평균 전단응력을 산정할 때는 식 $\tau_{avg} = V/A$가 사용되며 다음과 같은 순서로 해석한다.

내부전단

- 평균 전단응력을 구하고자 하는 부재의 위치에서 단면을 절단한다.
- 자유물체도를 그리고 평형방정식으로부터 단면에 작용하는 전단력 **V**를 구한다.

평균 전단응력

- 단면적 A를 결정한 다음 평균 전단응력 $\tau_{avg} = V/A$를 계산한다.
- 전단력을 산정하는 단면에 위치한 미소 체적 요소에 τ_{avg}을 나타낸다. 이를 위하여 먼저 절단면 A와 동일한 위치의 미소 체적 요소면에 τ_{avg}를 표기한다. 이때 응력의 작용방향은 전단력 **V**와 동일한 방향이다. 인접한 3면에 작용하는 전단응력은 그림 7-18d에 설명된 방법에 따라 평균 전단응력을 적절한 방향으로 그려 넣는다.

7

예제 7.8

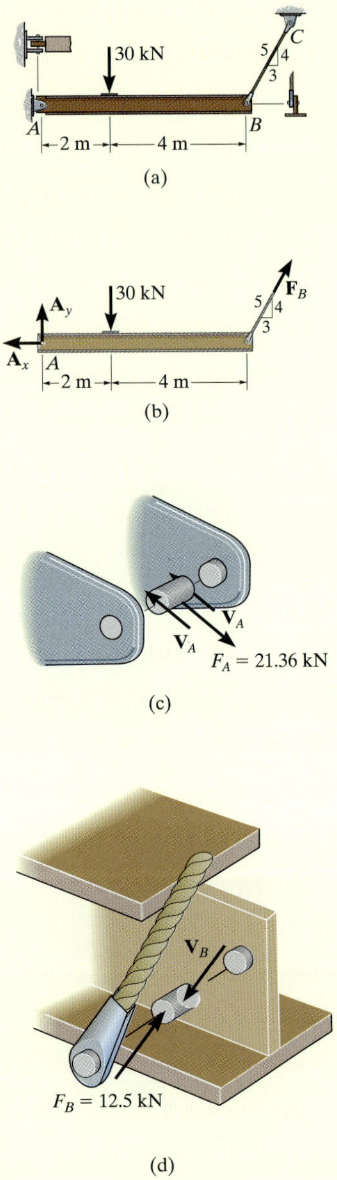

그림 7-19

그림 7-19a와 같이 지지된 보에서 지름이 20 mm인 핀 A와 지름이 30 mm인 핀 B의 평균 전단응력을 구하라.

풀이

내부하중. 막대의 자유물체도는 그림 7-19b와 같고 평형방정식을 적용하면 다음과 같다.

$\circlearrowleft + \Sigma M_A = 0;$

$$F_B\left(\frac{4}{5}\right)(6\text{ m}) - 30\text{ kN}(2\text{ m}) = 0 \qquad F_B = 12.5\text{ kN}$$

$$\overset{+}{\rightarrow} \Sigma F_x = 0; \quad (12.5\text{ kN})\left(\frac{3}{5}\right) - A_x = 0 \qquad A_x = 7.50\text{ kN}$$

$$+\uparrow \Sigma F_y = 0; \quad A_y + (12.5\text{ kN})\left(\frac{4}{5}\right) - 30\text{ kN} = 0 \qquad A_y = 20\text{ kN}$$

따라서 핀 A에 작용하는 합력은 다음과 같다.

$$F_A = \sqrt{A_x^2 + A_y^2} = \sqrt{(7.50\text{ kN})^2 + (20\text{ kN})^2} = 21.36\text{ kN}$$

A점의 핀은 양쪽 판에 의해 고정되어 있다. 그림 7-19c와 같이 핀의 자유물체도에는 보와 각 판 사이로 두 개의 전단면이 발생함을 알 수 있다. 핀에 작용하는 보의 힘(21.36 kN)이 두 표면에 의해 지지되므로 **이중전단**(double shear)이 된다. 따라서,

$$V_A = \frac{F_A}{2} = \frac{21.36\text{ kN}}{2} = 10.68\text{ kN}$$

그림 7-19a와 같이 핀 B는 **단일 전단**(single shear)을 받고 있고, 이것은 그림 7-19d에서 알 수 있듯이 케이블과 보 사이에서 발생한다. 이 핀 구간에서는

$$V_B = F_B = 12.5\text{ kN}$$

이 된다.

평균 전단응력.

$$(\tau_A)_{\text{avg}} = \frac{V_A}{A_A} = \frac{10.68(10^3)\text{ N}}{\frac{\pi}{4}(0.02\text{ m})^2} = 34.0\text{ MPa} \qquad \text{답}$$

$$(\tau_B)_{\text{avg}} = \frac{V_B}{A_B} = \frac{12.5(10^3)\text{ N}}{\frac{\pi}{4}(0.03\text{ m})^2} = 17.7\text{ MPa} \qquad \text{답}$$

7

예제 7.9

그림 7-20a와 같이 나무 조인트의 두께가 150 mm일 때 연결된 부재의 전단 단면 a-a, b-b에서 발생하는 평균 전단응력을 구하고 각 단면에서의 응력상태를 표시하라.

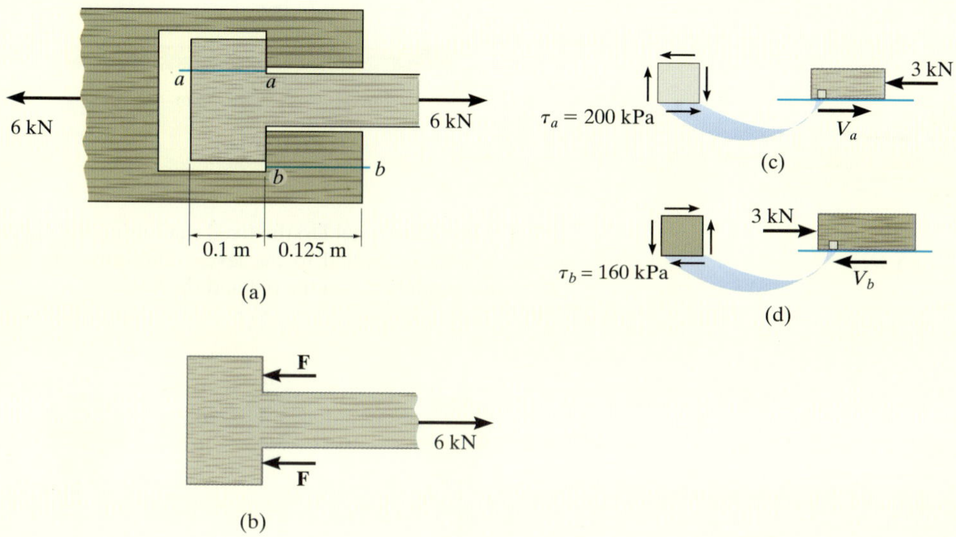

그림 7-20

풀이

내부하중. 부재에 대한 자유물체도는 그림 7-20b와 같다.

$$\xrightarrow{+} \Sigma F_x = 0; \qquad 6\text{ kN} - F - F = 0 \qquad F = 3\text{ kN}$$

그림 7-20c와 7-20d에서와 같이 각각 전단 단면 a-a, b-b에서 구간에 대한 평형방정식을 적용하면 다음과 같다.

$$\xrightarrow{+} \Sigma F_x = 0; \qquad V_a - 3\text{ kN} = 0 \qquad V_a = 3\text{ kN}$$

$$\xrightarrow{+} \Sigma F_x = 0; \qquad 3\text{ kN} - V_b = 0 \qquad V_b = 3\text{ kN}$$

평균 전단응력.

$$(\tau_a)_{\text{avg}} = \frac{V_a}{A_a} = \frac{3(10^3)\text{ N}}{(0.1\text{ m})(0.15\text{ m})} = 200\text{ kPa} \qquad \text{답}$$

$$(\tau_b)_{\text{avg}} = \frac{V_b}{A_b} = \frac{3(10^3)\text{ N}}{(0.125\text{ m})(0.15\text{ m})} = 160\text{ kPa} \qquad \text{답}$$

단면 a-a, b-b에서의 응력 상태는 각각 그림 7-20c, 7-20d와 같다.

PRELIMINARY PROBLEMS

P7–2. In each case, determine the largest internal shear force resisted by the bolt. Include all necessary free-body diagrams.

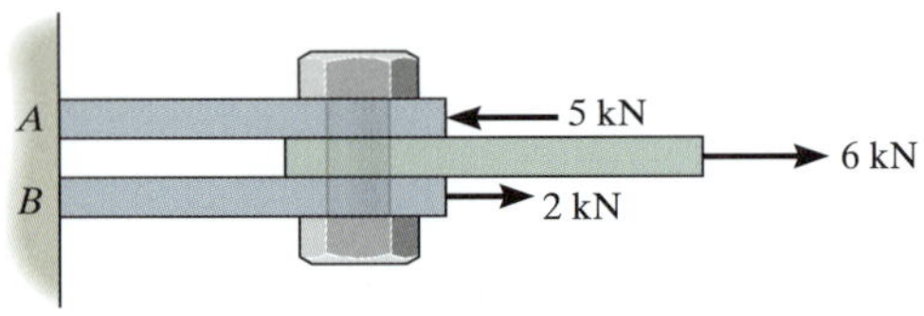

(a)

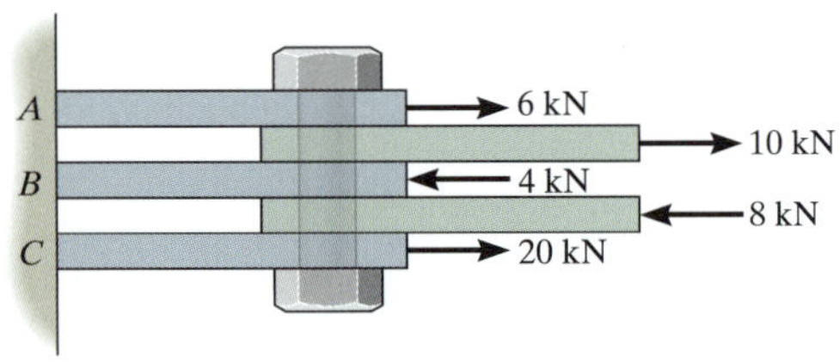

(b)

Prob. P7–2

P7–3. Determine the largest internal normal force in the bar.

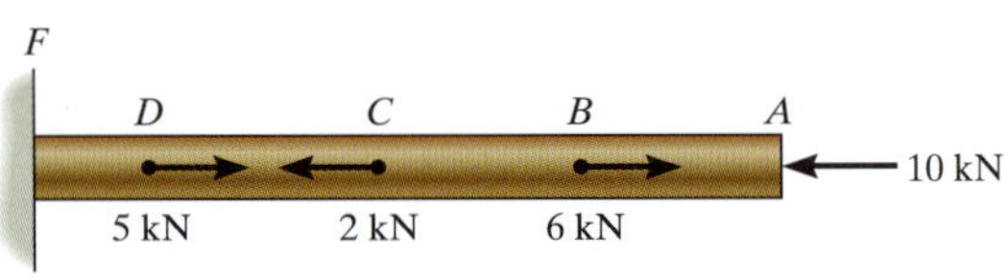

Prob. P7–3

P7–4. Determine the internal normal force at section A if the rod is subjected to the external uniformally distributed loading along its length of 8 kN/m.

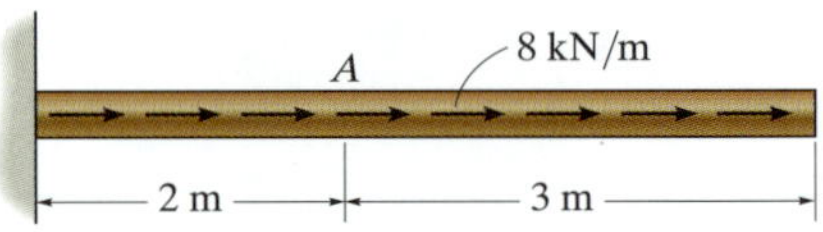

Prob. P7–4

P7–5. The lever is held to the fixed shaft using the pin AB. If the couple is applied to the lever, determine the shear force in the pin between the pin and the lever.

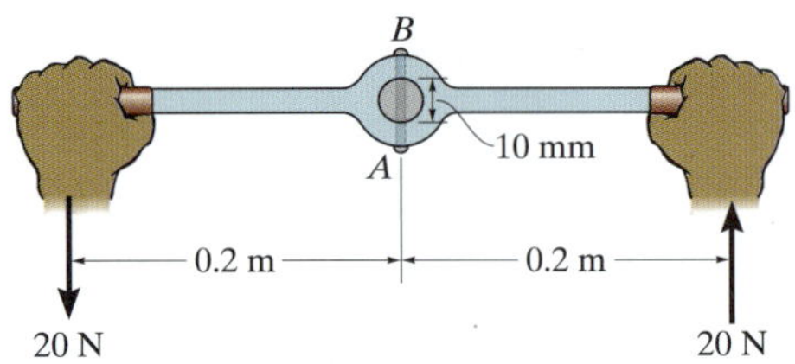

Prob. P7–5

P7–6. The single-V butt joint transmits the force of 5 kN from one bar to the other. Determine the resultant normal and shear force components on the face of the weld, section AB.

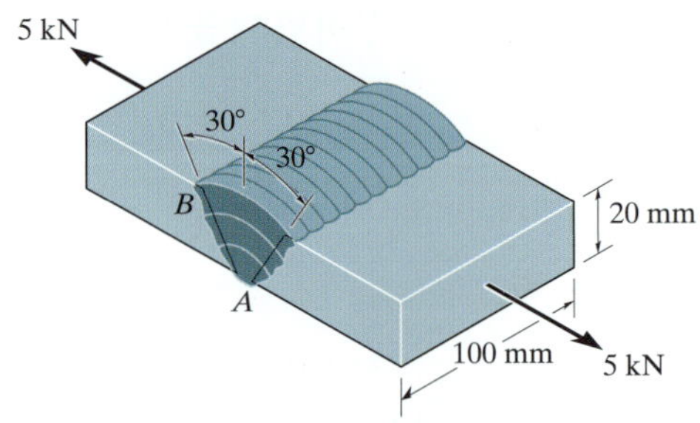

Prob. P7–6

FUNDAMENTAL PROBLEMS

F7–7. The uniform beam is supported by two rods AB and CD that have cross-sectional areas of 10 mm^2 and 15 mm^2, respectively. Determine the intensity w of the distributed load so that the average normal stress in each rod does not exceed 300 kPa.

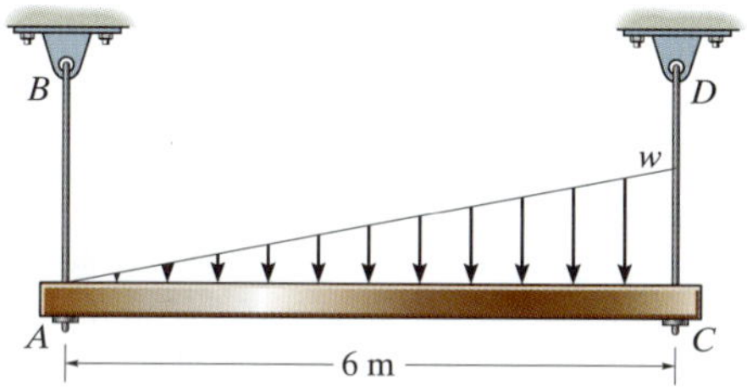

Prob. F7–7

F7–8. Determine the average normal stress on the cross section. Sketch the normal stress distribution over the cross section.

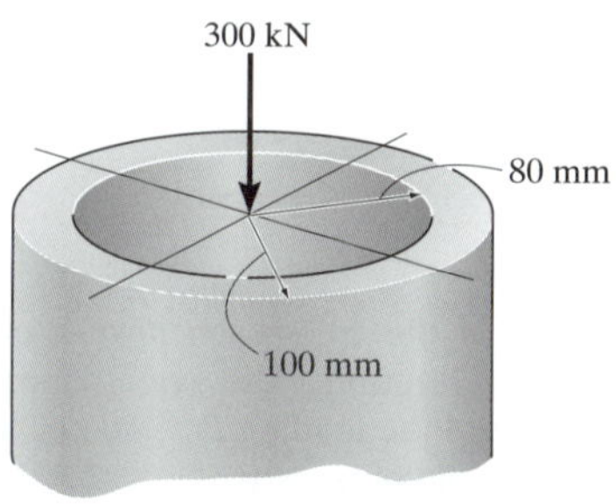

Prob. F7–8

F7–9. Determine the average normal stress developed on the cross section. Sketch the normal stress distribution over the cross section.

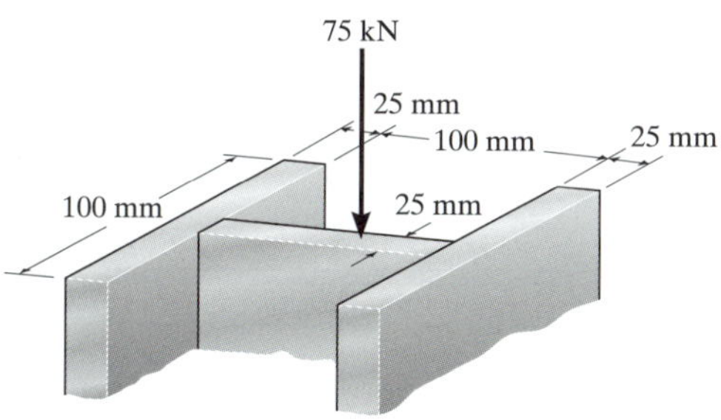

Prob. F7–9

F7–10. If the 600-kN force acts through the centroid of the cross section, determine the location $\bar{y}$ of the centroid and the average normal stress on the cross section. Also, sketch the normal stress distribution over the cross section.

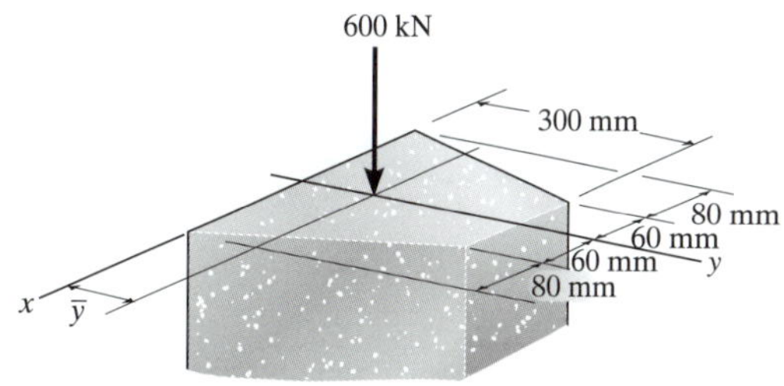

Prob. F7–10

F7–11. Determine the average normal stress developed at points A, B, and C. The diameter of each segment is indicated in the figure.

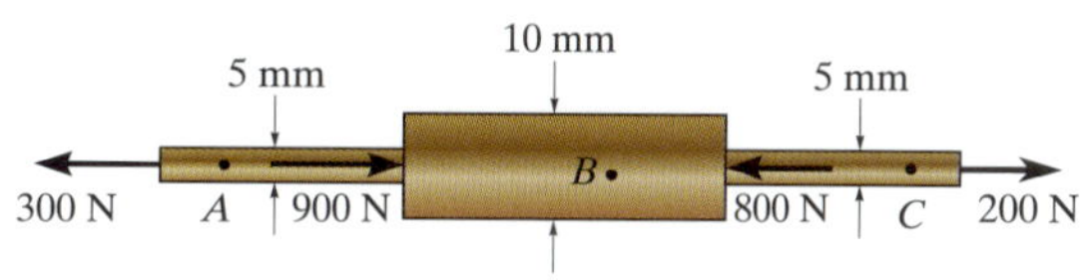

Prob. F7–11

F7–12. Determine the average normal stress in rod AB if the load has a mass of 50 kg. The diameter of rod AB is 8 mm.

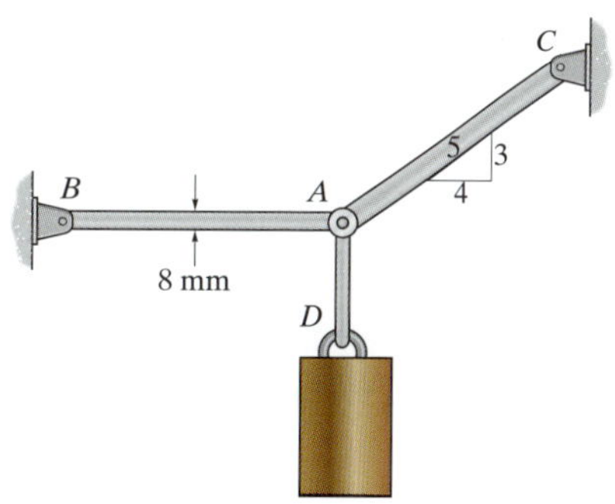

Prob. F7–12

PROBLEMS

7–26. The built-up shaft consists of a pipe AB and solid rod BC. The pipe has an inner diameter of 20 mm and outer diameter of 28 mm. The rod has a diameter of 12 mm. Determine the average normal stress at points D and E and represent the stress on a volume element located at each of these points.

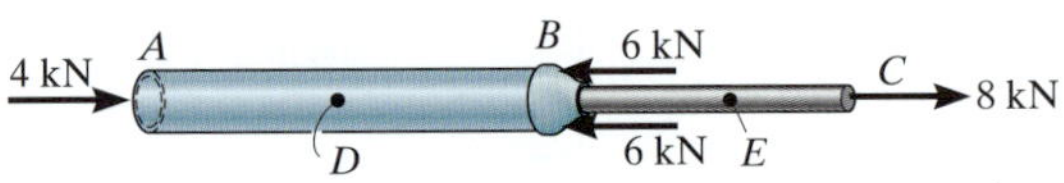

Prob. 7–26

7–27. The bar has a cross-sectional area A and is subjected to the axial load P. Determine the average normal and average shear stresses acting over the shaded section, which is oriented at θ from the horizontal. Plot the variation of these stresses as a function of θ $(0 \leq \theta \leq 90^\circ)$.

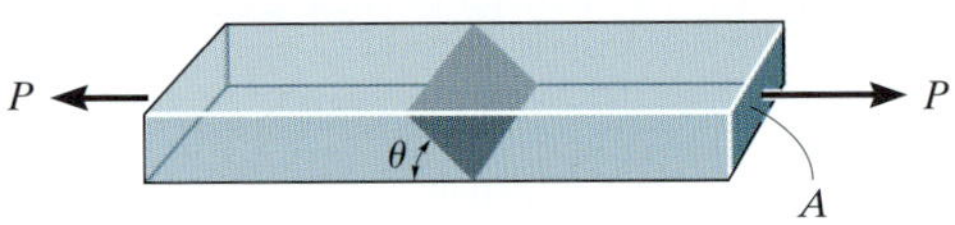

Prob. 7–27

***7–28.** The supporting wheel on a scaffold is held in place on the leg using a 4-mm-diameter pin. If the wheel is subjected to a normal force of 3 kN, determine the average shear stress in the pin. Assume the pin only supports the vertical 3-kN load.

Prob. 7–28

7–29. Determine the largest intensity w of the uniform loading that can be applied to the frame without causing either the average normal stress or the average shear stress at section b–b to exceed $\sigma = 15$ MPa and $\tau = 16$ MPa, respectively. Member CB has a square cross section of 30 mm on each side.

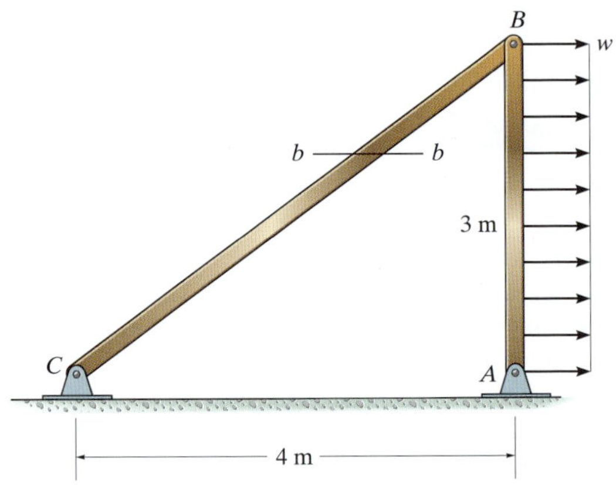

Prob. 7–29

7–30. The bars of the truss each have a cross-sectional area of 780 mm^2. Determine the average normal stress in each member due to the loading $P = 40$ kN. State whether the stress is tensile or compressive.

7–31. The bars of the truss each have a cross-sectional area of 780 mm^2. If the maximum average normal stress in any bar is not to exceed 140 MPa, determine the maximum magnitude P of the loads that can be applied to the truss.

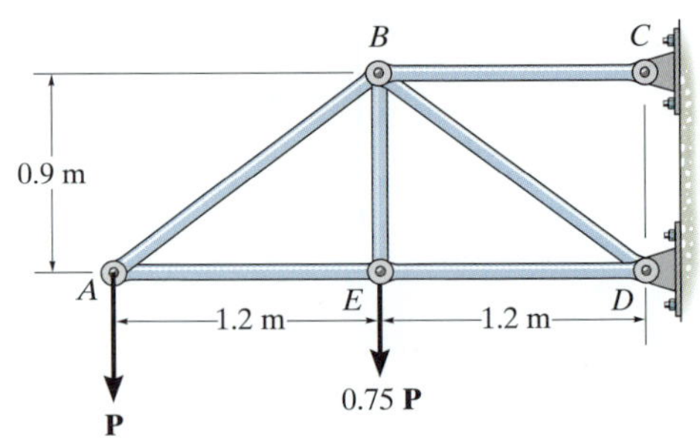

Probs. 7–30/31

***7–32.** If $P = 5$ kN, determine the average shear stress in the pins at A, B, and C. All pins are in double shear, and each has a diameter of 18 mm.

7–33. Determine the maximum magnitude P of the loads the beam can support if the average shear stress in each pin is not to exceed 80 MPa. All pins are in double shear, and each has a diameter of 18 mm.

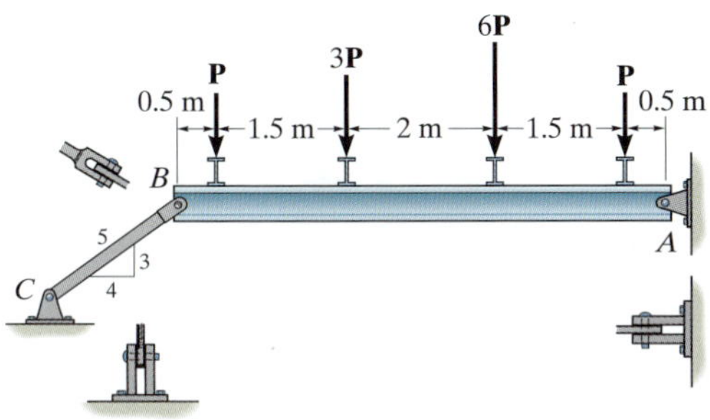

Probs. 7–32/33

7–34. The plate has a width of 0.5 m. If the stress distribution at the support varies as shown, determine the force **P** applied to the plate and the distance d to where it is applied.

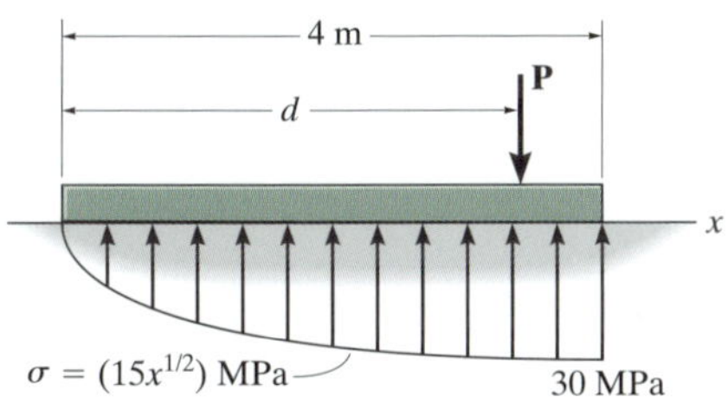

Prob. 7–34

7–35. The two members used in the construction of an aircraft fuselage are joined together using a 30° fish-mouth weld. Determine the average normal and average shear stress on the plane of each weld. Assume each inclined plane supports a horizontal force of 2 kN.

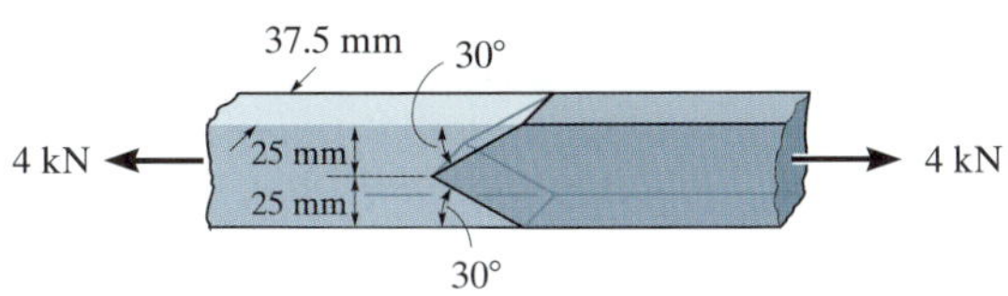

Prob. 7–35

***7–36.** The pedestal has a triangular cross section as shown. If it is subjected to a compressive force of 2250 N, specify the x and y coordinates for the location of point $P(x, y)$, where the load must be applied on the cross section, so that the average normal stress is uniform. Compute the stress and sketch its distribution acting on the cross section at a location removed from the point of load application.

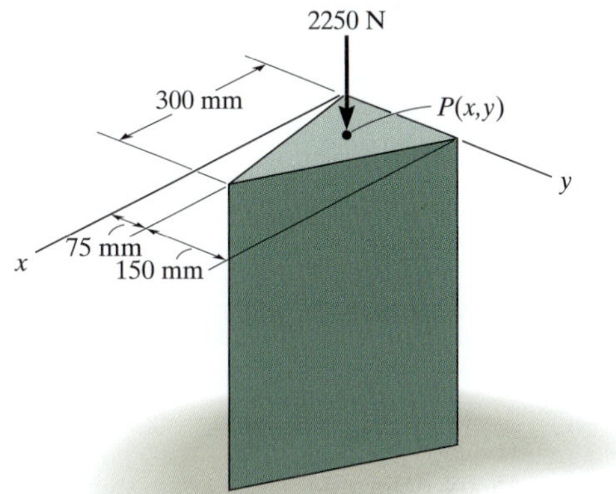

Prob. 7–36

7–37. Determine the average normal stress in each of the 20-mm-diameter bars of the truss. Set $P = 40$ kN.

7–38. If the average normal stress in each of the 20-mm-diameter bars is not allowed to exceed 150 MPa, determine the maximum force **P** that can be applied to joint C.

7–39. Determine the maximum average shear stress in pin A of the truss. A horizontal force of $P = 40$ kN is applied to joint C. Each pin has a diameter of 25 mm and is subjected to double shear.

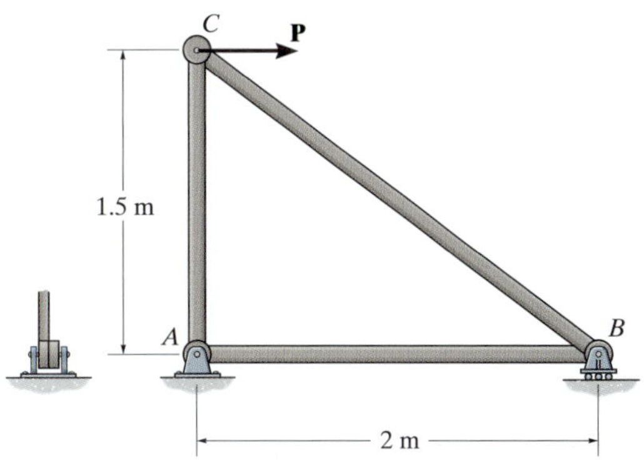

Probs. 7–37/38/39

***7–40.** The beam is supported by two rods AB and CD that have cross-sectional areas of 12 mm^2 and 8 mm^2, respectively. If $d = 1$ m, determine the average normal stress in each rod.

7–41. The beam is supported by two rods AB and CD that have cross-sectional areas of 12 mm^2 and 8 mm^2, respectively. Determine the position d of the 6-kN load so that the average normal stress in each rod is the same.

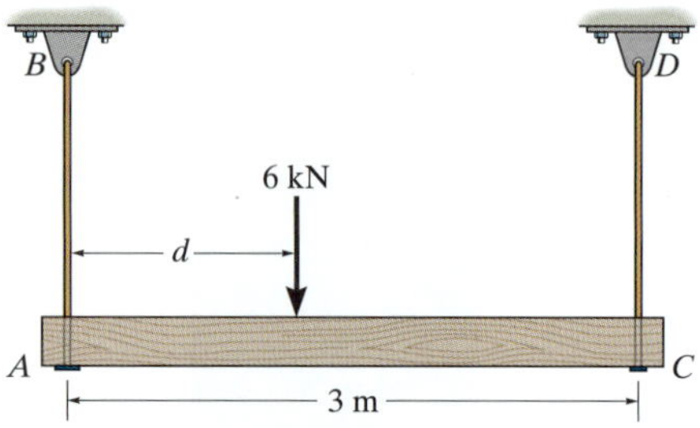

Probs. 7–40/41

7–42. If $P = 15$ kN, determine the average shear stress in the pins at A, B, and C. All pins are in double shear, and each has a diameter of 18 mm.

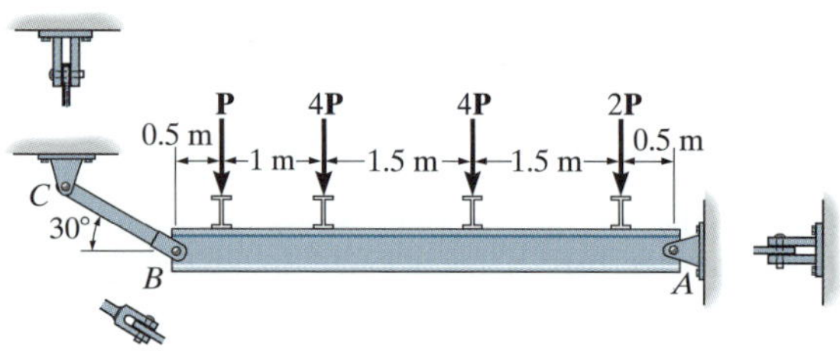

Prob. 7–42

7–43. The driver of the sports car applies his rear brakes and causes the tires to slip. If the normal force on each rear tire is 1800 N and the coefficient of kinetic friction between the tires and the pavement is $\mu_k = 0.5$, determine the average shear stress developed by the friction force on the tires. Assume the rubber of the tires is flexible and each tire is filled with an air pressure of 225 KPa.

Prob. 7–43

***7–44.** The plastic block is subjected to an axial compressive force of 600 N. Assuming that the caps at the top and bottom distribute the load uniformly throughout the block, determine the average normal and average shear stress acting along section a–a.

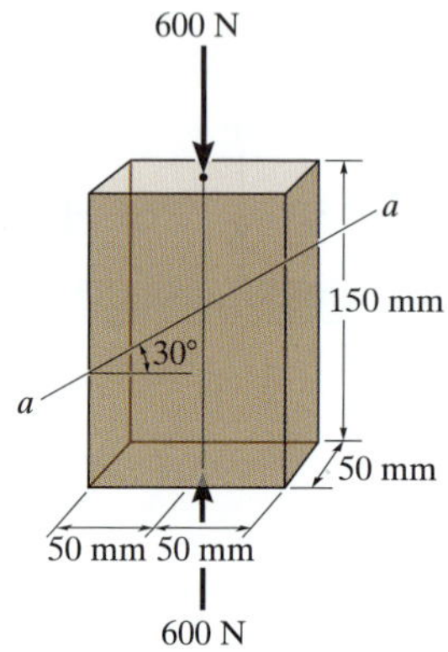

Prob. 7–44

7–45. The column is made of concrete having a density of 2.30 Mg/m^3. At its top B it is subjected to an axial compressive force of 15 kN. Determine the average normal stress in the column as a function of the distance z measured from its base.

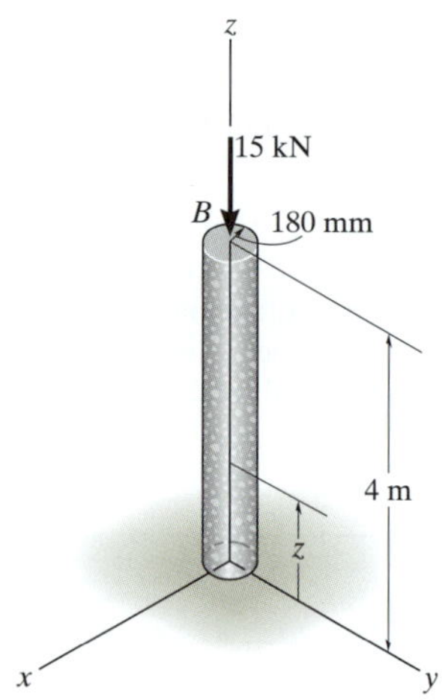

Prob. 7–45

7–46. The 2-Mg concrete pipe has a center of mass at point G. If it is suspended from cables AB and AC, determine the average normal stress in the cables. The diameters of AB and AC are 12 mm and 10 mm, respectively.

7–47. The 2-Mg concrete pipe has a center of mass at point G. If it is suspended from cables AB and AC, determine the diameter of cable AB so that the average normal stress in this cable is the same as in the 10-mm-diameter cable AC.

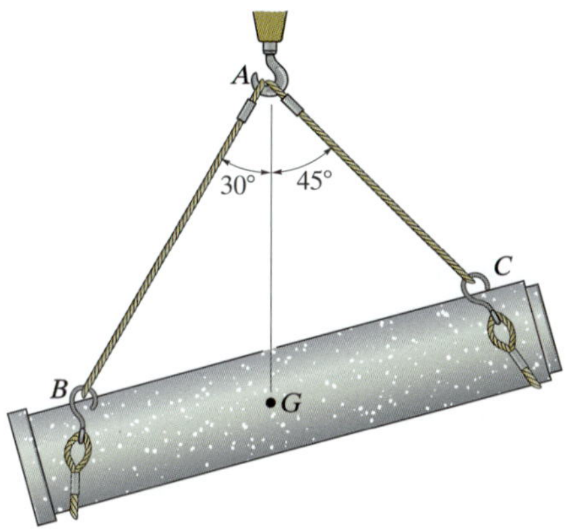

Probs. 7–46/47

***7–48.** The joint is subjected to the axial member force of 27 kN. Determine the average normal stress acting on sections AB and BC. Assume the member is smooth and is 40 mm. thick.

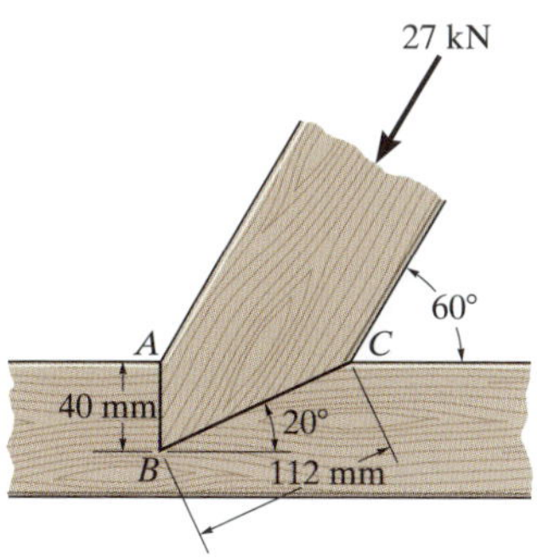

Prob. 7–48

7–49. The bar has a cross-sectional area of $400(10^{-6})$ m^2. If it is subjected to a triangular axial distributed loading along its length which is 0 at $x = 0$ and 9 kN/m at $x = 1.5$ m, and to two concentrated loads as shown, determine the average normal stress in the bar as a function of x for $0 \leq x < 0.6$ m.

7–50. The bar has a cross-sectional area of $400(10^{-6})$ m^2. If it is subjected to a uniform axial distributed loading along its length of 9 kN/m, and to two concentrated loads as shown, determine the average normal stress in the bar as a function of x for $0.6 \text{ m} < x \leq 1.5$ m.

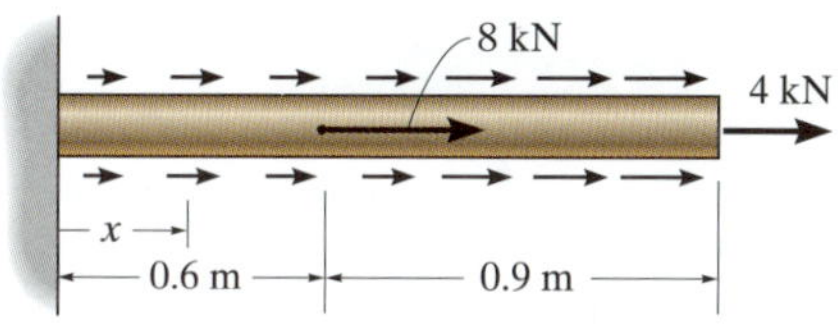

Probs. 7–49/50

7–51. The two steel members are joined together using a 30° scarf weld. Determine the average normal and average shear stress resisted in the plane of the weld.

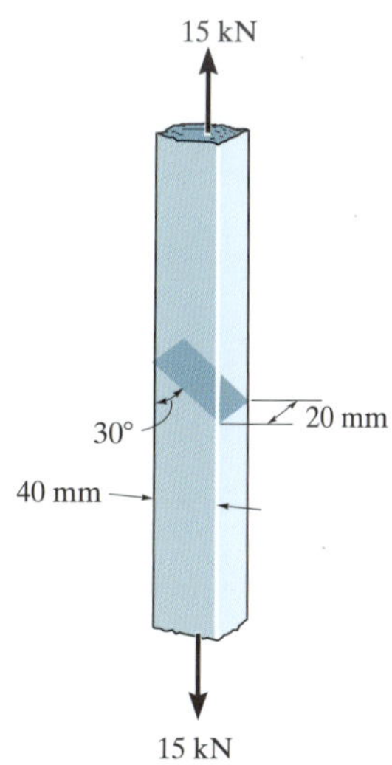

Prob. 7–51

7

7.6 허용응력

크레인은 안정성을 위해 베어링 패드를 사용하여 지지된다. 패드와 표면 사이에 큰 지압응력이 발생하므로 지지 표면이 파괴되지 않도록 주의해야 한다.

구조 또는 기계 부재의 안전을 확보하기 위해서는, 적용 하중을 부재가 완전히 지지할 수 있는 하중보다 작은 하중으로 제한하는 것이 필요하다. 이렇게 하는 데는 몇 가지 이유가 있다.

- 구조물이나 기계가 제작과정이나 조립과정에서 오차가 발생하여 설계치와 다를 수 있다.
- 설계 시 고려되지 않은 진동, 충격, 예상치 못한 하중 등이 발생할 수 있다.
- 대기 부식, 열화, 풍화작용 등에 의해 재료의 성능이 저하될 수도 있다.
- 나무, 콘크리트 또는 섬유보강 복합재료와 같은 재료는 기계적 성질의 변동성이 높다.

부재에 대한 허용하중을 결정하는 방법 중 하나는 안전계수라는 수치를 이용하는 것이다. **안전계수**(factor of safety 또는 F.S.)는 파괴하중 F_{fail}을 허용하중 F_{allow}로 나눈 비율로 정의된다.

$$\text{F.S.} = \frac{F_{\text{fail}}}{F_{\text{allow}}} \tag{7-5}$$

여기서 F_{fail}은 재료실험으로 구해진다.

하중과 부재 내에 발생하는 응력이 $\sigma = N/A, \tau_{\text{avg}} = V/A$의 경우와 같이 선형적인 관계가 있으면 안전계수를 파괴응력 σ_{fail}(또는 τ_{fail})과 허용응력 σ_{aillow}(또는 τ_{aillow})의 비로 표현할 수 있다. 여기서 단면적 A가 소거되므로

$$\text{F.S.} = \frac{\sigma_{\text{fail}}}{\sigma_{\text{allow}}} \tag{7-6}$$

또는 다음과 같이 표시된다.

$$\text{F.S.} = \frac{\tau_{\text{fail}}}{\tau_{\text{allow}}} \tag{7-7}$$

F.S.의 구체적인 값은 앞서 기술한 불확실성을 고려하고 사용되는 재료의 종류와 구조물이나 기계의 사용 목적에 따라 달라진다. 예를 들어, 항공기나 우주 비행체의 부재에 대한 안전계수는 무게를 줄이기 위해 거의 1에 가깝다. 반면 원자력 발전소의 경우 어떤 부품에 대한 안전계수는 하중이나 재료의 불확실성으로 인해 3 정도로 높아진다. 어떤 경우이든간에 해당 경우에 대한 안전계수 또는 허용응력은 설계 기준과 공학 편람에서 찾을 수 있다. 허용응력 한계를 기반으로 한 설계를 **허용응력설계**(allowable stress design, ASD)라고 한다. 이 방법을 사용하면 공공 및 환경적 안전과 경제적 고려 사이의 균형을 확보할 수 있다.

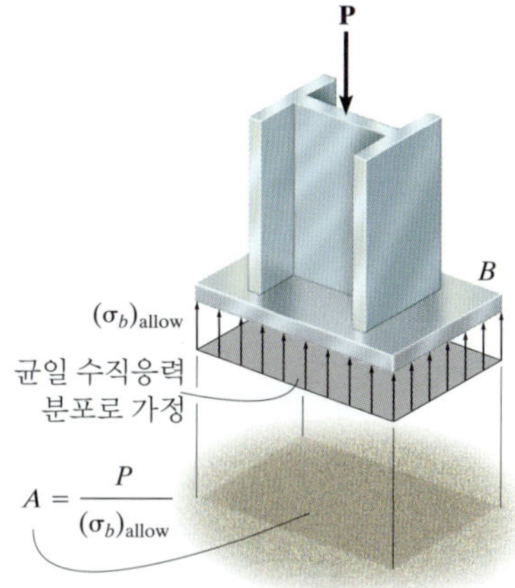

기둥 지지판 B의 면적은 콘크리트의 허용 지압응력을 사용하여 산정한다.

단순 연결. 재료의 거동을 단순하게 가정하면 식 $\sigma = N/A$ 또는 $\tau_{avg} = V/A$를 사용하여 연결부나 기계요소에 대한 해석이나 설계를 수행할 수 있다. 예를 들어, 어떤 부재의 단면에 수직력이 작용하면 소요 단면적은 다음과 같이 산정할 수 있다.

$$A = \frac{N}{\sigma_{allow}} \tag{7-8}$$

한편, 단면에 전단력이 작용하면 소요 단면적은 다음과 같다.

$$A = \frac{V}{\tau_{allow}} \tag{7-9}$$

그림 7-21은 위의 식이 적용되는 세 가지 경우를 보여준다. 첫 번째 그림은 기초 판의 바닥에 작용하는 수직응력을 보여준다. 한쪽 면이 다른 면을 지지하여 발생되는 이 압축응력은 **지압응력**(bearing stress)이라고 한다.

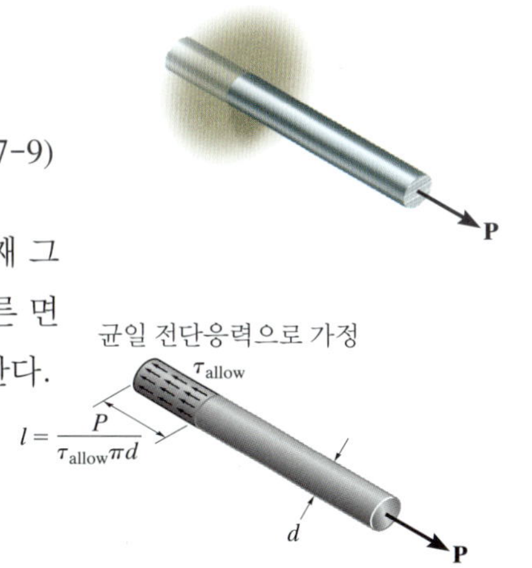

콘크리트 속 막대의 정착 길이 l은 접착제의 허용 전단응력을 사용하여 산정한다.

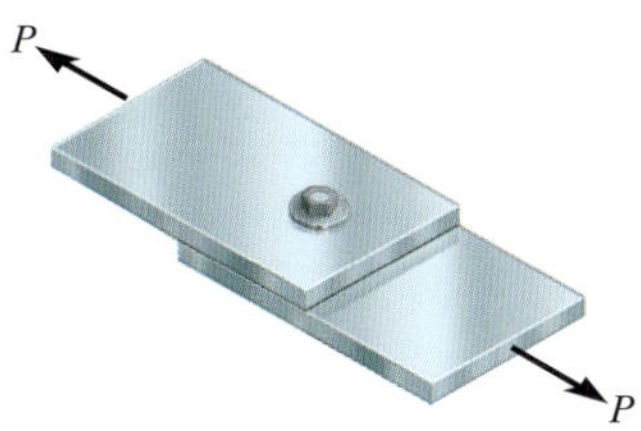

겹 이음부 볼트의 단면적은 판 사이에서 가장 큰 전단응력을 사용하여 산정한다.

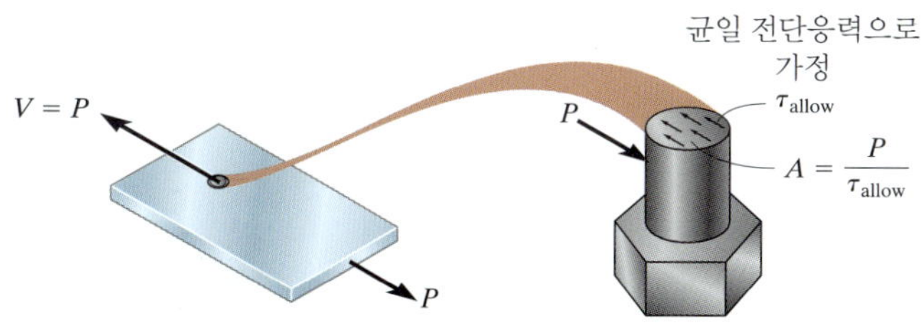

그림 7-21

요점 IMPORTANT POINTS

- 강도에 기반한 부재의 설계는 허용응력을 적절히 선택하여 외부하중이 안전하게 지지되도록 해야 한다. 그러나 부재의 실제 응력에 영향을 주는 불확실성이 크므로 부재의 용도에 따라 안전계수를 사용하여 허용하중을 산정하여야 한다.

풀이 과정 PROCEDURE FOR ANALYSIS

평균 수직응력과 전단응력의 식을 사용하는 경우, 먼저 임계응력이 작용하는 단면을 주의깊게 결정하여야 한다. 단면이 결정된 후에는 여기에 작용하는 응력을 충분히 견딜 수 있는 단면적이 확보되도록 부재를 설계한다. 단면적은 다음과 같은 순서로 결정한다.

내부하중

- 원하는 단면에서 부재를 절단하고 그 부재 요소의 자유물체도를 그린다. 단면에 작용하는 내부 합력은 평형방정식으로 구한다.

면적 결정

- 허용응력을 이미 알고 있거나 결정할 수 있는 경우, 단면의 하중을 지지할 수 있는 소요 면적은 다음의 식으로 결정한다.

  $A = P/\sigma_{\text{allow}}$ 또는 $A = V/\tau_{\text{allow}}$

7

무거운 하중을 들어 옮기기 위한 크레인과 케이블을 설계할 때는 적절한 안전계수가 고려되어야 한다.

예제 7-10

그림 7-22a와 같은 제어용 팔 구조물에 하중이 작용하고 있다. 전단 안전율이 F.S. = 1.5이고 강재의 파괴전단응력이 $\tau_{\text{fail}} = 82.5$ MPa인 경우 A와 C에서 핀의 소요 지름을 5 mm 단위로 가장 가까운 값을 구하라.

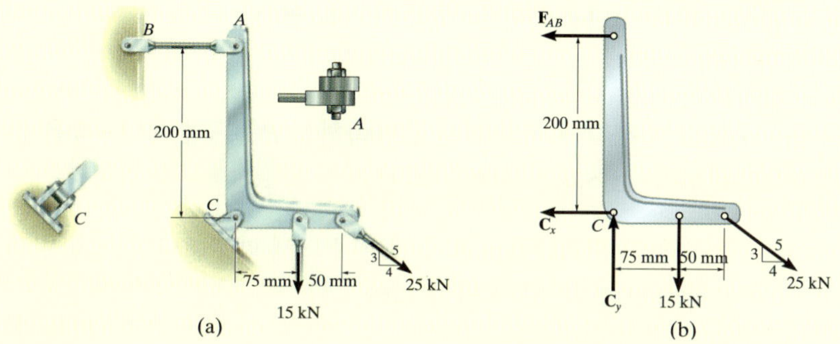

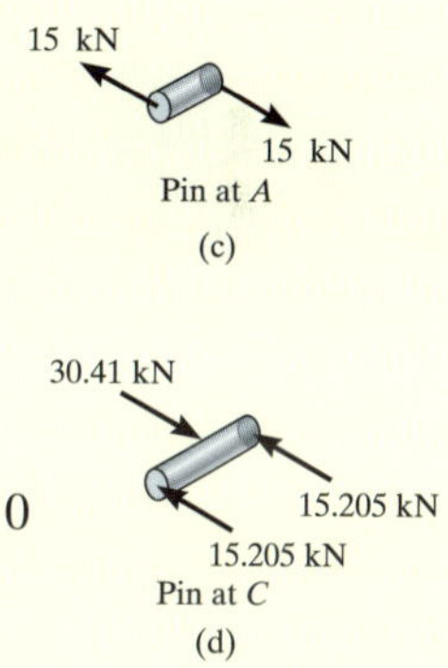

그림 7-22

풀이

내부하중. 제어용 팔 전체의 자유물체도는 그림 7-22b와 같다. 평형조건으로부터

$$\circlearrowleft + \Sigma M_C = 0; \quad F_{AB}(0.2\text{ m}) - (15\text{ kN})(0.075\text{ m}) - (25\text{ kN})\left(\tfrac{3}{5}\right)(0.125\text{ m}) = 0$$

$$F_{AB} = 15\text{ kN}$$

$$\overset{+}{\rightarrow} \Sigma F_x = 0; \quad -15\text{ kN} - C_x + (25\text{ kN})\left(\tfrac{4}{5}\right) = 0 \qquad C_x = 5\text{ kN}$$

$$+\uparrow \Sigma F_y = 0; \quad C_y - 15\text{ kN} - (25\text{ kN})\left(\tfrac{3}{5}\right) = 0 \qquad C_y = 30\text{ kN}$$

점 C에 연결된 핀이 받는 합력은 다음과 같다.

$$F_C = \sqrt{(5\text{ kN})^2 + (30\text{ kN})^2} = 30.41\text{ kN}$$

허용전단응력.

$$\text{F.S.} = \frac{\tau_{\text{fail}}}{\tau_{\text{allow}}}; \quad 1.5 = \frac{82.5\text{ MPa}}{\tau_{\text{allow}}} \qquad \tau_{\text{allow}} = 55\text{ MPa}$$

핀 A. 여기서 핀은 그림 7-22c와 같이 단일 전단을 받는다.

$$A = \frac{V}{\tau_{\text{allow}}}; \quad \pi\left(\frac{d_A}{2}\right)^2 = \frac{15(10^3)\text{ N}}{55(10^6)\text{ N/m}^2} \qquad d_A = 0.01863\text{ m} = 18.63\text{ mn}$$

$$d_A = 20\text{ mm}$$ 답

핀 C. 여기서 핀은 그림 7-22d와 같이 이중 전단을 받고 있으므로 양끝에 각각 15.205 kN의 전단력이 작용한다.

$$A = \frac{V}{\tau_{\text{allow}}}; \quad \pi\left(\frac{d_c}{2}\right)^2 = \frac{15.205(10^3)\text{ N}}{55\,(10^6)\text{ N/m}^2} \qquad d_c = 0.01876\text{ m} = 18.76\text{ mn}$$

$d_c = 20$ mm 사용 답

예제 7-11

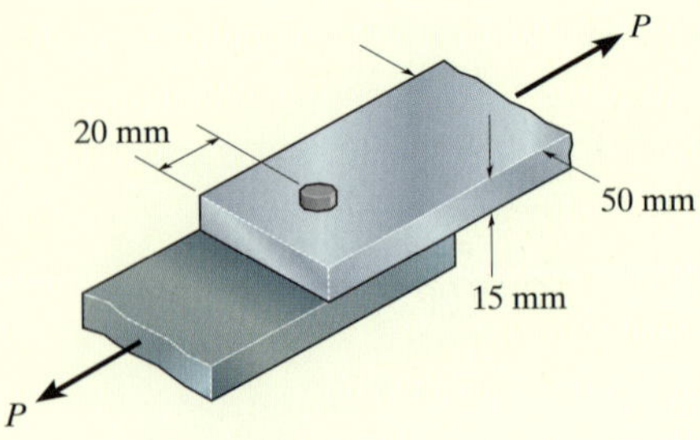

(a)

그림 7-23a에 제시된 겹이음된 판에 작용할 수 있는 최대 하중 P를 구하라. 볼트의 지름은 10 mm이고 허용 전단응력은 80 MPa이다. 각각의 판은 허용 인장응력 50 MPa, 허용 지압응력 80 MPa, 허용 전단응력 30 MPa를 가지고 있다.

풀이

이 문제는 각각의 파괴조건을 만족하는 P를 구한 다음 작은 값을 택한다. 그 이유는 무엇인가?

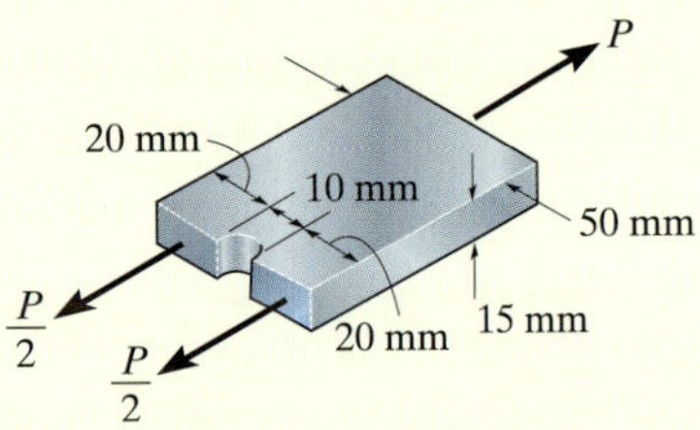

인장에 의한 판의 파괴

(b)

인장에 의한 파괴(판). 판이 인장에 의해 파괴된다면, 접합면의 최소치는 그림 7-23b와 같게 된다.

$$(\sigma_{\text{allow}})_t = \frac{N}{A}; \qquad 50(10^6)\ \text{N/m}^2 = \frac{P}{2(0.02\ \text{m})(0.015\ \text{m})}$$

$$P = 30\ \text{kN}$$

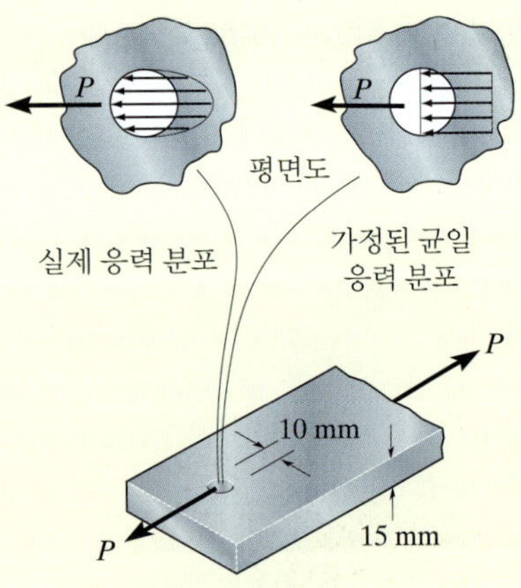

볼트의 지압에 의한 판의 파괴

(c)

그림 7-23

지압에 의한 파괴(판). 그림 7-23c에 제시된 상판의 자유물체도에서 보는 바와 같이 볼트는 접촉부 곡면을 따라 복잡한 응력 분포를 가하게 된다.* 이와 같은 핀 또는 볼트의 접합에 대한 분석을 단순화하기 위해 설계 기준은 지압응력 계산시 볼트의 투영 면적을 사용할 수 있도록 한다.

$$(\sigma_{\text{allow}})_b = \frac{N}{A}; \qquad 80(10^6)\text{N/m}^2 = \frac{P}{(0.01\ \text{m})(0.015\ \text{m})}$$

$$P = 12\ \text{kN}$$

---

* 볼트나 핀 같은 재료의 강도는 일반적으로 판의 강도보다 크므로, 부재의 지압 파괴는 더욱 중요한 요소가 된다.

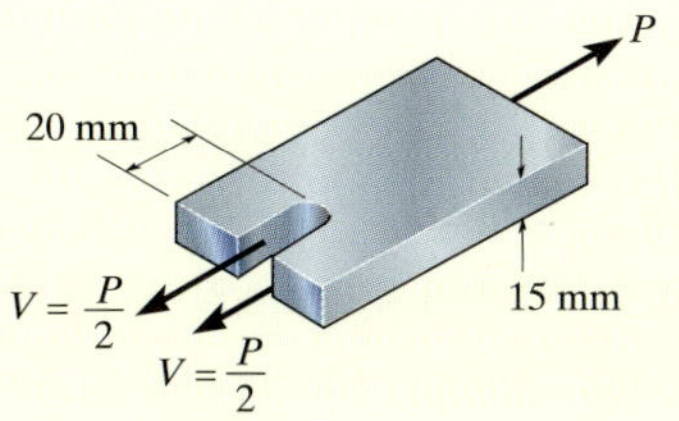

전단에 의한 판의 파괴

(d)

전단에 의한 파괴(판). 볼트는 그림 7-23*d* 자유물체도에 표시된 판의 면적을 따라서 전단 파괴가 될 수 있다. 여기서 전단력이 $V = P/2$이므로

$$(\tau_{\text{allow}})_p = \frac{V}{A}; \qquad 30(10^6)\ \text{N/m}^2 = \frac{P/2}{(0.02\ \text{m})(0.015\ \text{m})}$$

$$P = 18\ \text{kN}$$

전단에 의한 파괴(볼트). 볼트는 판 사이의 평면을 따라 전단 파괴가 될 수 있다. 그림 7-23*e*의 자유물체도에서 $V = P$이므로

$$(\tau_{\text{allow}})_b = \frac{V}{A}; \qquad 80(10^6)\ \text{N/m}^2 = \frac{P}{\pi(0.005\ \text{m})^2}$$

$$P = 6.28\ \text{kN}$$

위의 결과를 비교해 볼 때 연결부에 허용 최대 하중은 볼트 전단에 의하여 결정된다. 따라서

$$P = 6.28\ \text{kN}$$ 답

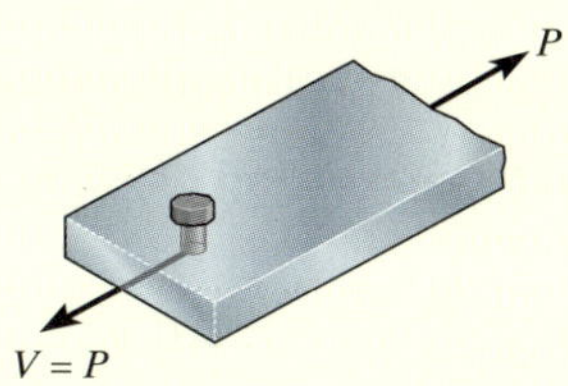

전단에 의한 볼트의 파괴

(e)

그림 7-23 (계속)

예제 7-12

그림 7-24a와 같이 끝부분이 원형판으로 고정된 막대가 매달려 있다. 막대가 통과하는 구멍의 지름이 40 mm일 때 필요한 막대의 최소 지름과 원형판의 최소 두께를 구하라. 이 막대는 20 kN의 하중을 받고 있으며 허용 수직응력은 $\sigma_{\text{allow}} = 60$ MPa이고 원형판의 허용 전단응력은 $\tau_{\text{allow}} = 35$ MPa이다.

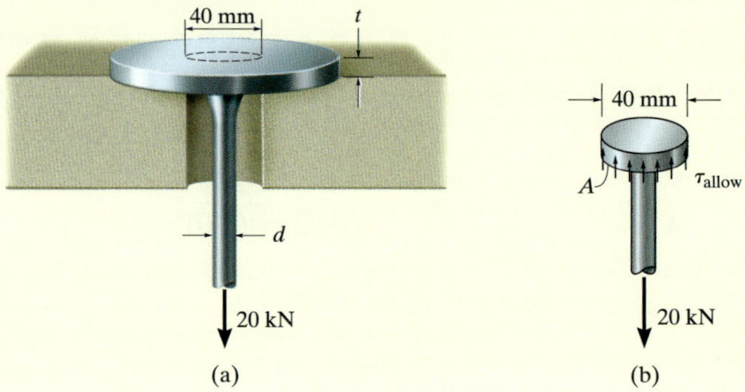

그림 7-24

풀이

막대의 지름. 막대에 작용하는 축력은 20 kN이다. 따라서 막대의 소요 단면적은 다음과 같다.

$$A = \frac{N}{\sigma_{\text{allow}}}; \qquad \frac{\pi}{4}d^2 = \frac{20(10^3)\ \text{N}}{60(10^6)\ \text{N/m}^2}$$

따라서 지름은

$$d = 0.0206\ \text{m} = 20.6\ \text{mm}$$ 답

원형 판의 두께. 원형판 단면에 작용하는 전단응력이 원형판의 구멍으로 움직이는 것을 막고 있다. 절단된 단면에 발생하는 전단응력이 일정하게 분포되어 있다고 가정하면 $V = 20$ kN이므로 소요 단면적 A는

$$A = \frac{V}{\tau_{\text{allow}}}; \qquad 2\pi(0.02\ \text{m})(t) = \frac{20(10^3)\ \text{N}}{35(10^6)\ \text{N/m}^2}$$

$$t = 4.55(10^{-3})\ \text{m} = 4.55\ \text{mm}$$ 답

7

예제 7-13

그림 7-25a와 같은 축하중을 받는 봉이 베어링 B의 바로 오른쪽에 있는 이음고리 C로 지지되어 있다. 이음고리의 지압 허용응력이 $(\sigma_b)_{\text{allow}} = 75$ MPa이고 축의 허용 수직응력이 $(\sigma_t)_{\text{allow}} = 55$ MPa일 때 E, F에 가해질 수 있는 축하중 P의 최댓값을 구하라.

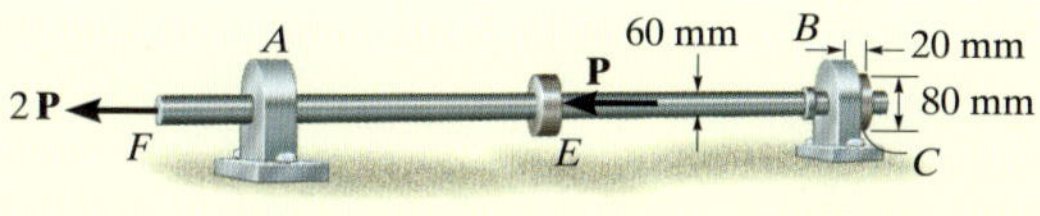

(a)

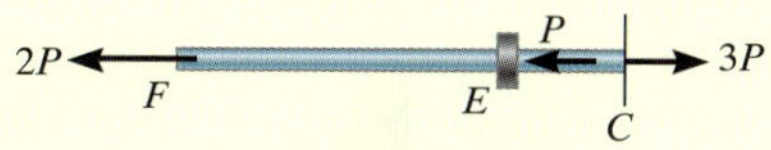

(b)

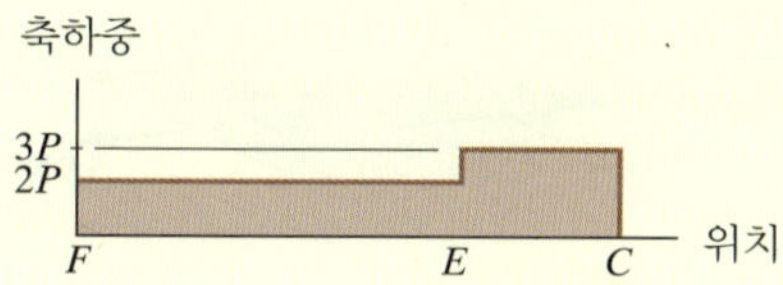

(c)

풀이

이 문제는 각각의 파괴조건을 만족하는 P를 구한 다음 작은 값을 택한다. 그 이유는 무엇인가?

수직응력. 단면법을 사용하여 각 구간에서의 축하중을 구하면 그림 7-25b와 같이 구간 FE에서는 $2P$이고 구간 EC에서는 $3P$가 된다. 그림 7-25c는 축하중 선도이다. 축의 단면적이 일정하므로 구간 FC에서 최대 수직응력이 발생한다. 식 (7-8)에 적용하면 다음과 같다.

$$A = \frac{N}{\sigma_{\text{allow}}}; \qquad \pi(0.03\ \text{m})^2 = \frac{3P}{55(10^6)\ \text{N/m}^2}$$
$$P = 51.8\ \text{kN} \qquad \text{답}$$

지압응력. 그림 7-25d의 자유물체도에서 이음고리 C는 하중 $3P$를 받고 있으며, 지압 면적은 $A_b = [\pi(0.04\ \text{m})^2 - \pi(0.03\ \text{m})^2] = 2.199(10^{-3})\ \text{m}^2$이다. 따라서

$$A = \frac{N}{\sigma_{\text{allow}}}; \qquad 2.199(10^{-3})\ \text{m}^2 = \frac{3P}{75(10^6)\ \text{N/m}^2}$$
$$P = 55.0\ \text{kN}$$

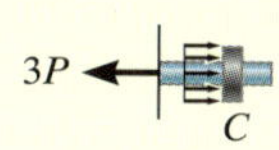

(d)

그림 7-25

위 결과들을 비교하면 P의 값이 51.8 kN보다 크면 축에 발생하는 허용 수직응력을 초과하므로 P의 최댓값은 51.8 kN이다.

주: 여기서는 예제 7-12와 같은 전단파괴 가능성을 배제하였다.

FUNDAMENTAL PROBLEMS

F7–13. Rods AC and BC are used to suspend the 200-kg mass. If each rod is made of a material for which the average normal stress can not exceed 150 MPa, determine the minimum required diameter of each rod to the nearest mm.

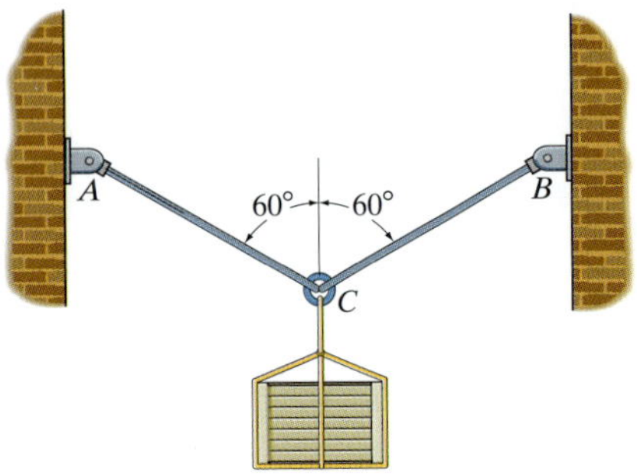

Prob. F7–13

F7–14. The frame supports the loading shown. The pin at A has a diameter of 50 mm. If it is subjected to double shear, determine the average shear stress in the pin.

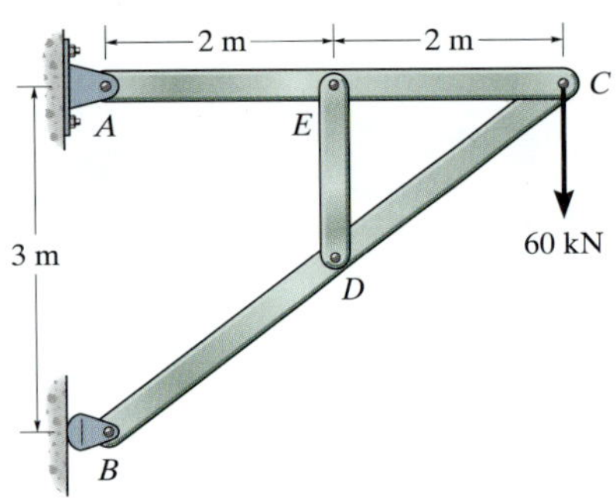

Prob. F7–14

F7–15. Determine the maximum average shear stress developed in each 12-mm-diameter bolt.

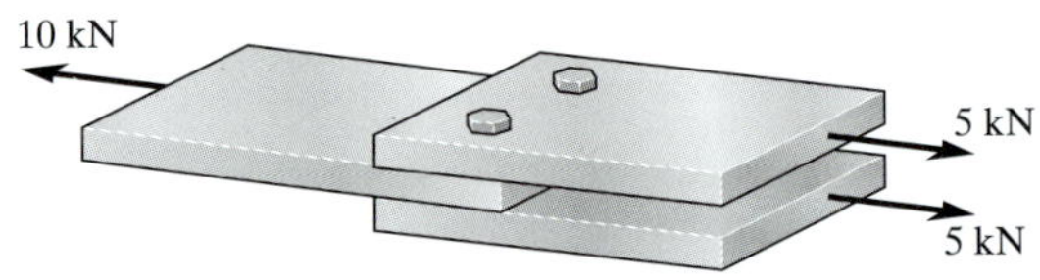

Prob. F7–15

F7–16. If each of the three nails has a diameter of 4 mm and can withstand an average shear stress of 60 MPa, determine the maximum allowable force **P** that can be applied to the board.

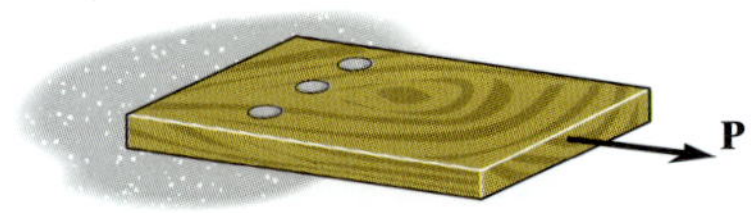

Prob. F7–16

7

F7–17. The strut is glued to the horizontal member at surface AB. If the strut has a thickness of 25 mm and the glue can withstand an average shear stress of 600 kPa, determine the maximum force **P** that can be applied to the strut.

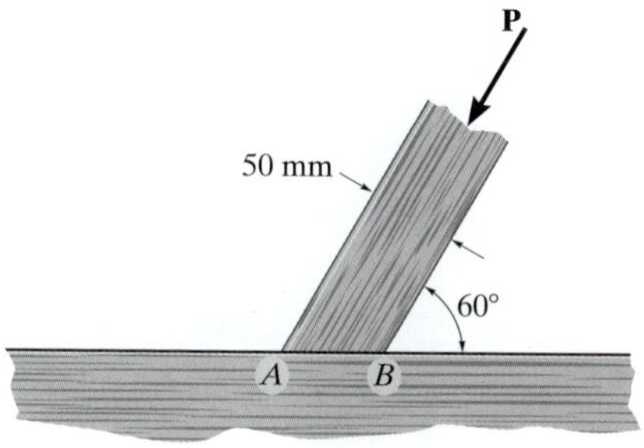

Prob. F7–17

F7–18. Determine the maximum average shear stress developed in the 30-mm-diameter pin.

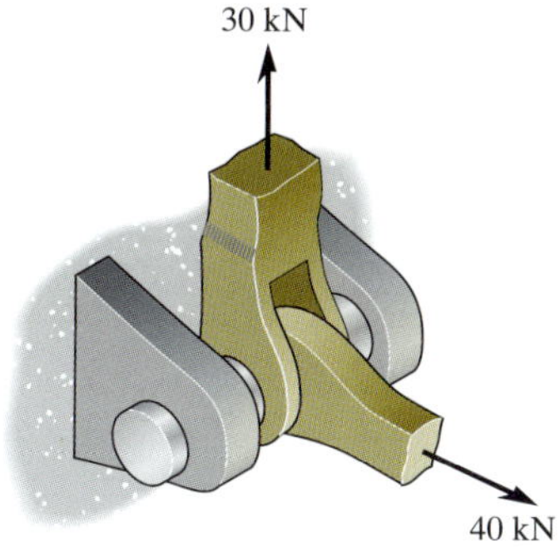

Prob. F7–18

F7–19. If the eyebolt is made of a material having a yield stress of $\sigma_Y = 250$ MPa, determine the minimum required diameter d of its shank. Apply a factor of safety F.S. $= 1.5$ against yielding.

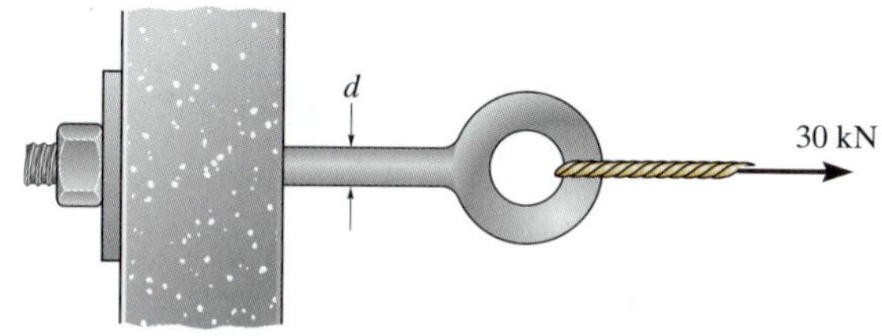

Prob. F7–19

F7–20. If the bar assembly is made of a material having a yield stress of $\sigma_Y = 350$ MPa, determine the minimum required dimensions h_1 and h_2 to the nearest mm. Apply a factor of safety F.S. $= 1.5$ against yielding. Each bar has a thickness of 12 mm.

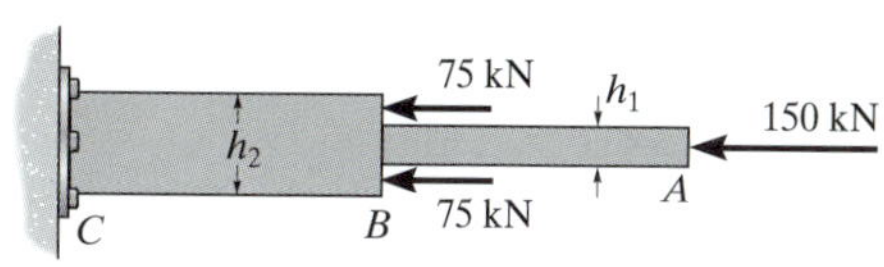

Prob. F7–20

7

F7–21. Determine the maximum force **P** that can be applied to the rod if it is made of material having a yield stress of $\sigma_Y = 250$ MPa. Consider the possibility that failure occurs in the rod and at section *a–a*. Apply a factor of safety of F.S. = 2 against yielding.

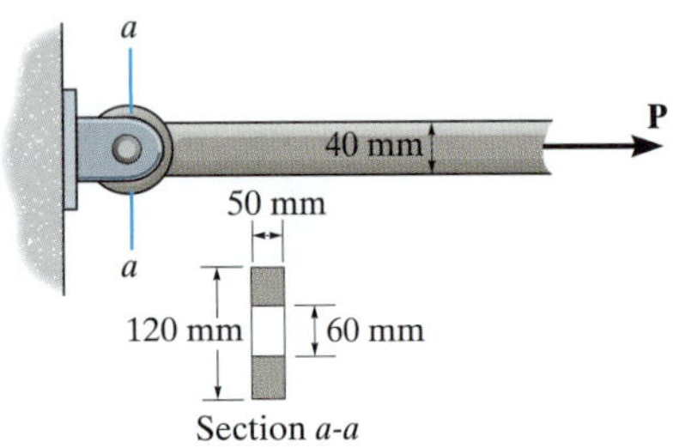

Prob. F7–21

F7–22. The pin is made of a material having a failure shear stress of $\tau_{fail} = 100$ MPa. Determine the minimum required diameter of the pin to the nearest mm. Apply a factor of safety of F.S. = 2.5 against shear failure.

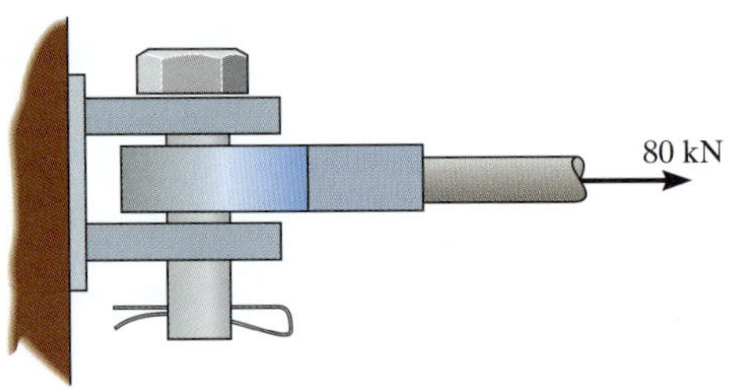

Prob. F7–22

F7–23. If the bolt head and the supporting bracket are made of the same material having a failure shear stress of $\tau_{fail} = 120$ MPa, determine the maximum allowable force **P** that can be applied to the bolt so that it does not pull through the plate. Apply a factor of safety of F.S. = 2.5 against shear failure.

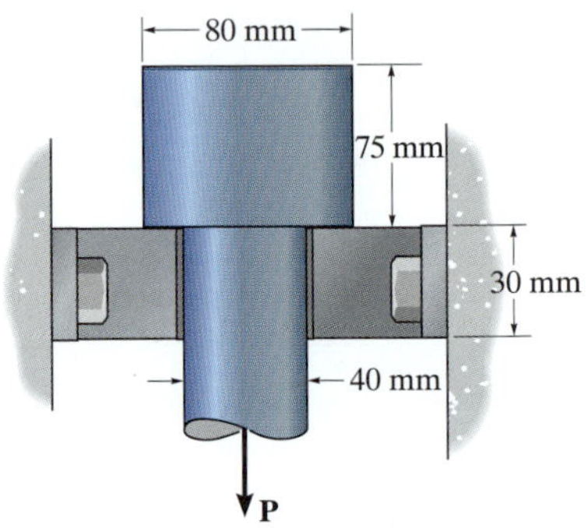

Prob. F7–23

F7–24. Six nails are used to hold the hanger at *A* against the column. Determine the minimum required diameter of each nail to the nearest mm if it is made of material having $\tau_{fail} = 112$ MPa. Apply a factor of safety F.S. = 2 against shear failure.

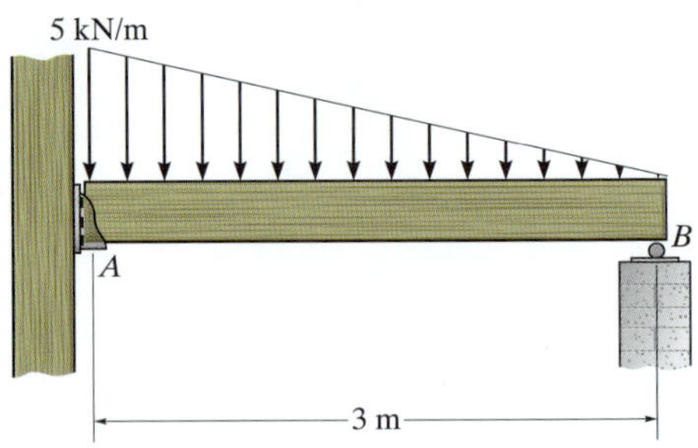

Prob. F7–24

7

PROBLEMS

***7–52.** The lapbelt assembly is to be subjected to a force of 800 N. Determine (a) the required thickness t of the belt if the allowable tensile stress for the material is $(\sigma_t)_{\text{allow}} = 10$ MPa, (b) the required lap length d_l if the glue can sustain an allowable shear stress of $(\tau_{\text{allow}})_g = 0.75$ MPa, and (c) the required diameter d_r of the pin if the allowable shear stress for the pin is $(\tau_{\text{allow}})_p = 30$ MPa.

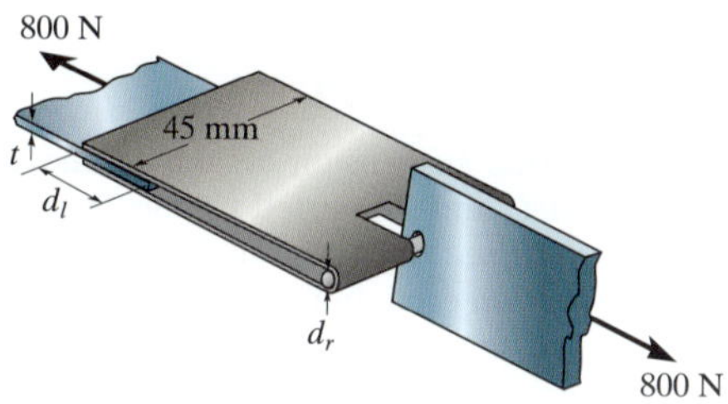

Prob. 7–52

7–53. The tension member is fastened together using *two* bolts, one on each side of the member as shown. Each bolt has a diameter of 7.5 mm. Determine the maximum load P that can be applied to the member if the allowable shear stress for the bolts is $\tau_{\text{allow}} = 84$ MPa. and the allowable average normal stress is $\sigma_{\text{allow}} = 140$ MPa.

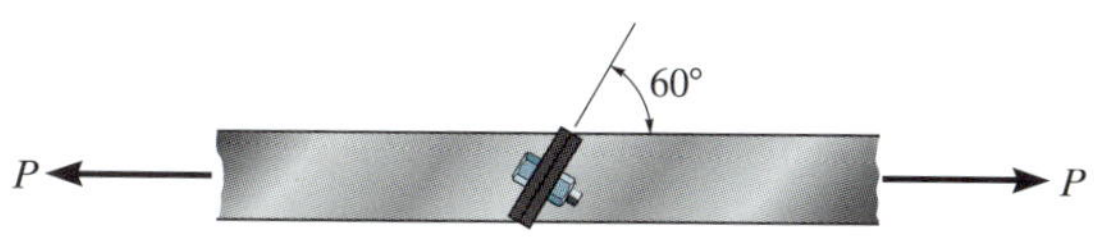

Prob. 7–53

7–54. The lever is attached to the shaft A using a key that has a width d and length of 25 mm. If the shaft is fixed and a vertical force of 200 N is applied perpendicular to the handle, determine the dimension d if the allowable shear stress for the key is $\tau_{\text{allow}} = 35$ MPa.

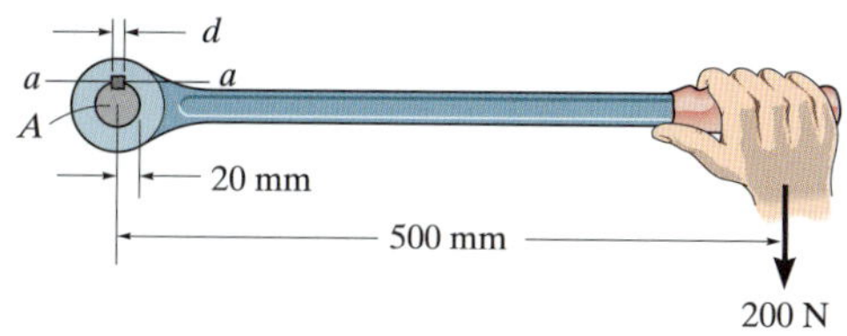

Prob. 7–54

7–55. Member B is subjected to a compressive force of 4 kN. If A and B are both made of wood and are 10 mm thick, determine to the nearest multiples of 5 mm the smallest dimension h of the vertical segment so that it does not fail in shear. The allowable shear stress for the segment is $\tau_{\text{allow}} = 2.1$ MPa. 7

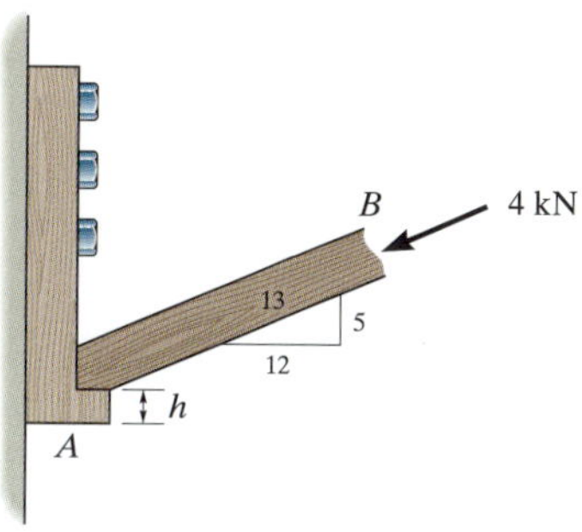

Prob. 7–55

***7–56.** The steel swivel bushing in the elevator control of an airplane is held in place using a nut and washer as shown in Fig. (*a*). Failure of the washer *A* can cause the push rod to separate as shown in Fig. (*b*). If the average shear stress is $\tau_{avg} = 145$ MPa, determine the force **F** that must be applied to the bushing that will cause this to happen. The washer is 15 mm thick.

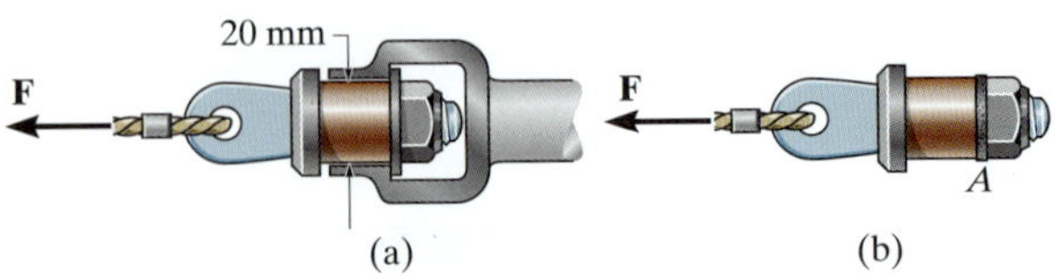

Prob. 7–56

7–57. If the allowable bearing stress for the material under the supports at *A* and *B* is $(\sigma_b)_{allow} = 1.5$ MPa, determine the size of *square* bearing plates *A′* and *B′* required to support the load. Dimension the plates to the nearest mm. The reactions at the supports are vertical. Take $P = 100$ kN.

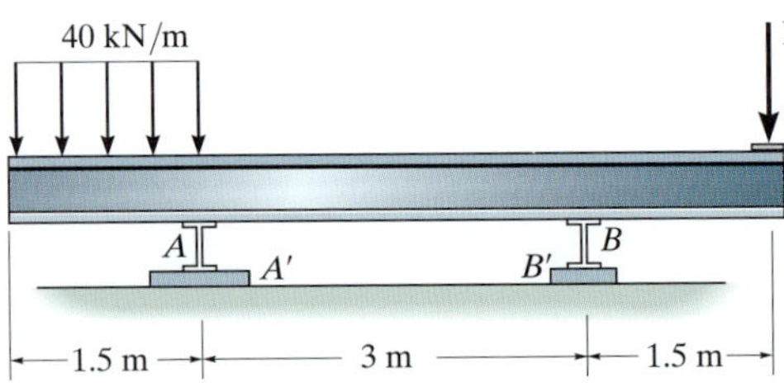

Prob. 7–57

7–58. The spring mechanism is used as a shock absorber for a load applied to the drawbar *AB*. Determine the force in each spring when the 50-kN force is applied. Each spring is originally unstretched and the drawbar slides along the smooth guide posts *CG* and *EF*. The ends of all springs are attached to their respective members. Also, what is the required diameter of the shank of bolts *CG* and *EF* if the allowable stress for the bolts is $\sigma_{allow} = 150$ MPa?

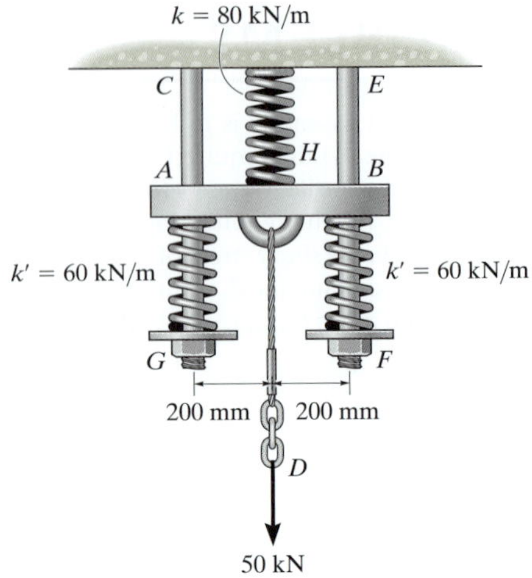

Prob. 7–58

7–59. The soft-ride suspension system of the mountain bike is pinned at *C* and supported by the shock absorber *BD*. If it is designed to support a load $P = 1500$ N, determine the required minimum diameter of pins *B* and *C*. Use a factor of safety of 2 against failure. The pins are made of material having a failure shear stress of $\tau_{fail} = 150$ MPa, and each pin is subjected to double shear.

***7–60.** The soft-ride suspension system of the mountain bike is pinned at *C* and supported by the shock absorber *BD*. If it is designed to support a load of $P = 1500$ N, determine the factor of safety of pins *B* and *C* against failure if they are made of a material having a shear failure stress of $\tau_{fail} = 150$ MPa. Pin *B* has a diameter of 7.5 mm, and pin *C* has a diameter of 6.5 mm. Both pins are subjected to double shear.

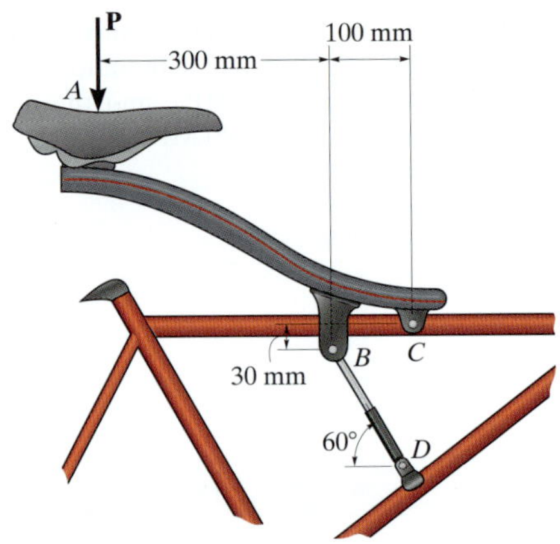

Probs. 7–59/60

7–61. The steel pipe is supported on the circular base plate and concrete pedestal. If the thickness of the pipe is $t = 5$ mm and the base plate has a radius of 150 mm, determine the factors of safety against failure of the steel and concrete. The applied force is 500 kN, and the normal failure stresses for steel and concrete are $(\sigma_{fail})_{st} = 350$ MPa and $(\sigma_{fail})_{con} = 25$ MPa, respectively.

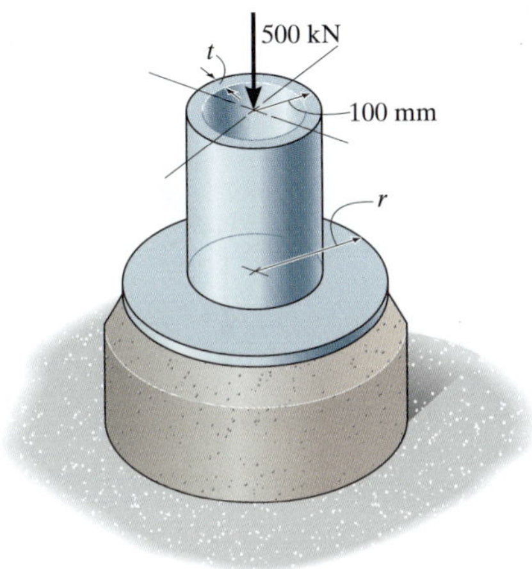

Prob. 7–61

7–62. Determine the required diameter of the pins at A and B if the allowable shear stress for the material is $\tau_{allow} = 100$ MPa. Both pins are subjected to double shear.

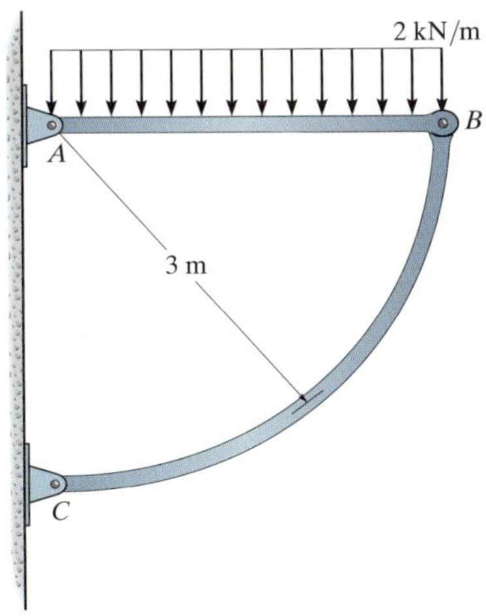

Prob. 7–62

7–63. The cotter is used to hold the two rods together. Determine the smallest thickness t of the cotter and the smallest diameter d of the rods. All parts are made of steel for which the failure normal stress is $\sigma_{fail} = 500$ MPa and the failure shear stress is $\tau_{fail} = 375$ MPa. Use a factor of safety of $(F.S.)_t = 2.50$ in tension and $(F.S.)_s = 1.75$ in shear.

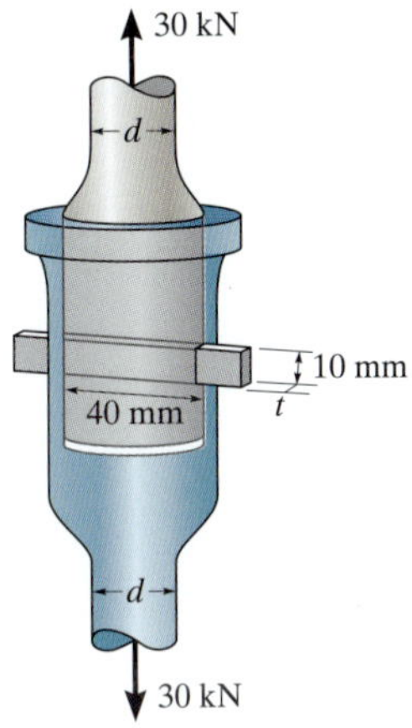

Prob. 7–63

***7–64.** If the allowable tensile stress for wires AB and AC is $\sigma_{allow} = 200$ MPa, determine the required diameter of each wire if the applied load is $P = 6$ kN.

7–65. If the allowable tensile stress for wires AB and AC is $\sigma_{allow} = 180$ MPa, and wire AB has a diameter of 5 mm and AC has a diameter of 6 mm, determine the greatest force P that can be applied to the chain.

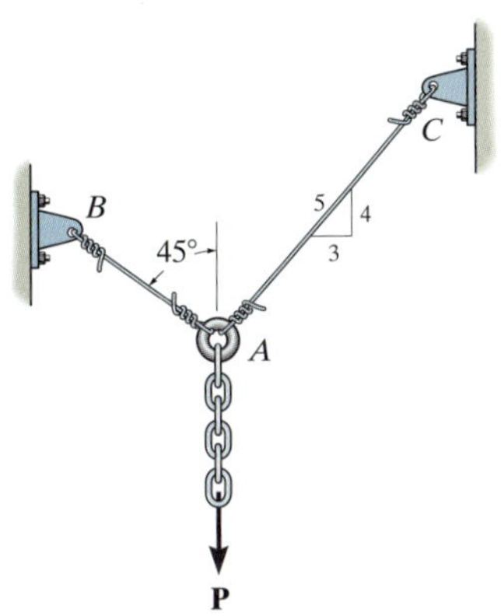

Probs. 7–64/65

7–66. The assembly is used to support the distributed loading of $w = 10$ kN/m. Determine the factor of safety with respect to yielding for the steel rod BC and the pins at A and B if the yield stress for the steel in tension is $\sigma_y = 250$ MPa and in shear $\tau_y = 125$ MPa. The rod has a diameter of 13 mm, and the pins each have a diameter of 10 mm.

7–67. If the allowable shear stress for each of the 10-mm-diameter steel pins at A, B, and C is $\tau_{allow} = 90$ MPa, and the allowable normal stress for the 13-mm-diameter rod is $\sigma_{allow} = 150$ MPa, determine the largest intensity w of the uniform distributed load that can be suspended from the beam.

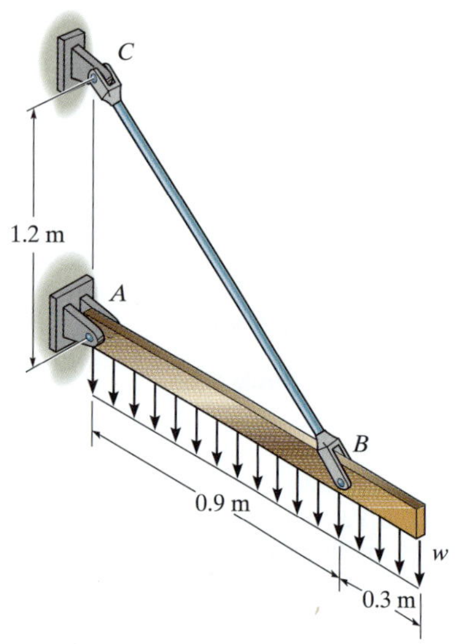

Probs. 7–66/67

7–68. The two aluminum rods support the vertical force of $P = 20$ kN. Determine their required diameters if the allowable tensile stress for the aluminum is $\sigma_{allow} = 150$ MPa.

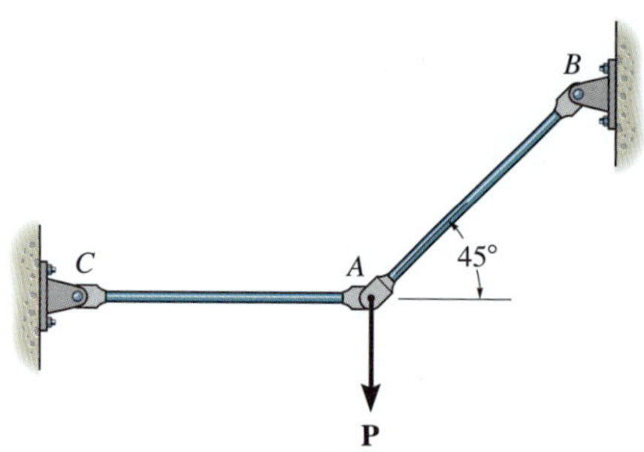

Prob. 7–68

7–69. The two aluminum rods AB and AC have diameters of 10 mm and 8 mm, respectively. Determine the largest vertical force **P** that can be supported. The allowable tensile stress for the aluminum is $\sigma_{allow} = 150$ MPa.

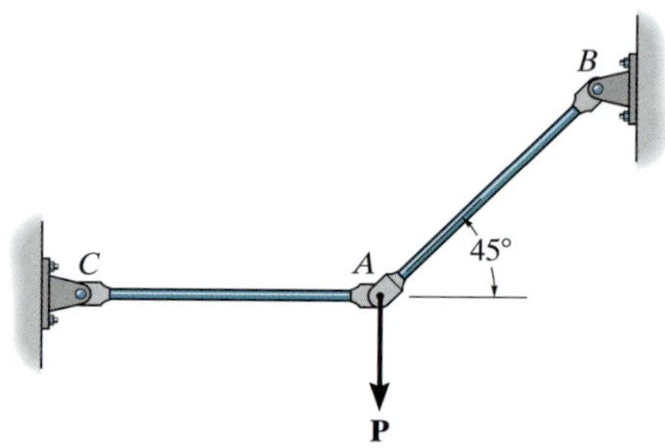

Prob. 7–69

7–70. The assembly consists of three disks A, B, and C that are used to support the load of 140 kN. Determine the smallest diameter d_1 of the top disk, the diameter d_2 within the support space, and the diameter d_3 of the hole in the bottom disk. The allowable bearing stress for the material is $(\sigma_b)_{allow} = 350$ MPa and allowable shear stress is $\tau_{allow} = 125$ MPa.

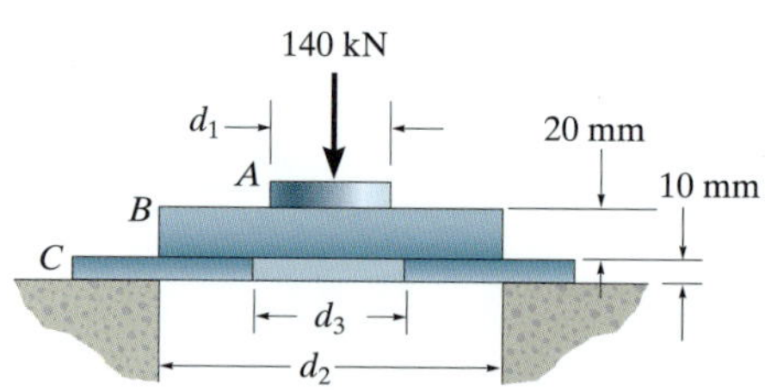

Prob. 7–70

7

7.7 변형

물체에 힘이 작용하면 물체의 모양과 크기가 변한다. 이러한 변화를 **변형**(deformation)이라 하는데, 눈에 띄는 큰 변형이 있는가 하면 사실상 인지하지 못하는 변형도 있다. 예를 들어, 고무 밴드는 인장에 의하여 매우 큰 변형이 생기지만 건물 안에 사람들이 걸어다닐 때 건물 부재에서는 매우 작은 변형이 일어날 뿐이다. 물체의 변형은 온도의 변화에 의해서도 일어날 수 있다. 전형적인 예로는 날씨에 따라 지붕이 열팽창과 수축을 하는 경우다.

일반적으로 물체의 변형은 일정하지 않기 때문에 물체 내의 어떤 선분의 변형에 의한 기하학적 변화가 위치에 따라 상당히 다를 수 있다. 따라서 변형에 의한 변화를 보다 체계적인 방법으로 고찰하기 위해 물체 내부의 한 점에 인접한 아주 작은 선분을 고려하자. 물론 이런 변화는 선분의 방향에 따라서도 달라진다. 예를 들어, 한 방향의 선분은 늘어나고 다른 방향의 선분은 줄어드는 경우가 발생할 수 있다.

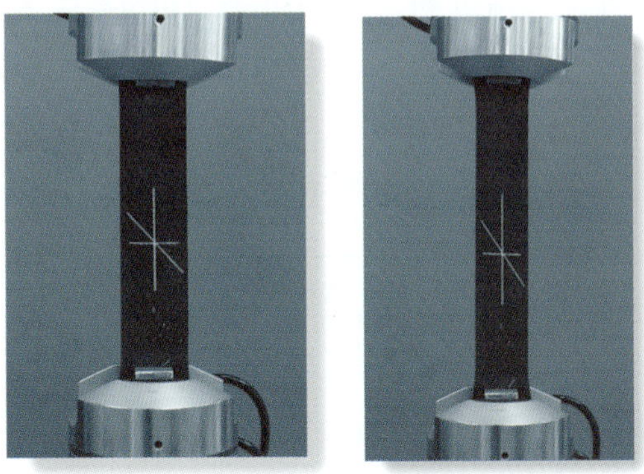

인장 전과 후 고무판 위에 그려진 세 개의 직선 선분의 변화를 보여 준다. 수직 선분은 길이가 늘어났고 수평 선분은 줄어들었으며 경사진 선분은 길이의 변화와 회전이 같이 일어났다.

7.8 변형률

직선 선분의 길이 변화와 선분 사이의 각도 변화를 통해 물체의 변형을 기술하기 위해서 변형률에 대한 개념을 도입하도록 한다. 변형률은 실험에 의해 측정되는데, 측정된 변형률로부터 물체 내에 작용하는 응력을 구할 수 있는 방법은 다음 장에 기술할 것이다.

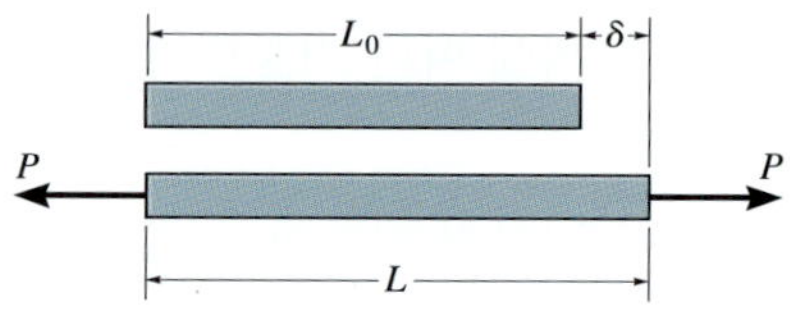

그림 7-26

수직변형률. 축하중 P가 그림 7-26과 같이 막대에 작용한다면 길이는 L_0에서 L로 변할 것이다. 막대의 **평균 수직변형률**(average normal strain) ϵ(엡실론)은 길이의 변화 δ(델타) $= L - L_0$를 원래 길이로 나눈 값으로 다음과 같이 정의한다.

$$\epsilon_{avg} = \frac{L - L_0}{L_0} \tag{7-10}$$

임의 형태를 가진 물체의 한 점에서의 수직변형률도 같은 방식으로 정의된다. 예를 들어, 그림 7-27의 작은 선분 요소 Δs를 고려해 보자. 변형 후 선분 요소의 길이는 $\Delta s'$로 변하며 그 길이의 변화는 $\Delta s' - \Delta s$가 된다. 따라서 $\Delta s \rightarrow 0$으로 수렴할 때 수직변형률은 다음과 같다.

$$\epsilon = \lim_{\Delta s \rightarrow 0} \frac{\Delta s' - \Delta s}{\Delta s} \tag{7-11}$$

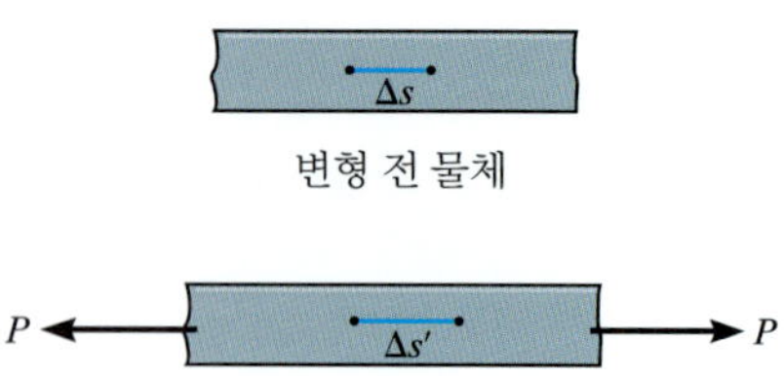

그림 7-27

두 가지 경우에서 ϵ(또는 ϵ_{avg})은 단위 길이당 길이 변화이며, 양이면 길이가 늘어난 것이고 음이면 길이가 줄어든 것을 나타낸다.

단위. 수직변형률은 길이의 비로 표현되는 무차원 양이지만 길이 단위가 들어간 비로 사용되기도 한다. SI 단위계에서는 길이의 기본 단위가 미터(m)이다. 보통 공학에서의 변형률은 매우 작으므로 변형률의 측정시 μm/m(1 μm = 10^{-6} m)를 사용한다. 간혹 실험에서는 변형률을 백분율로 나타내기도 한다. 예를 들어, 수직변형률이 480(10^{-6})이면 480 μm/m 또는

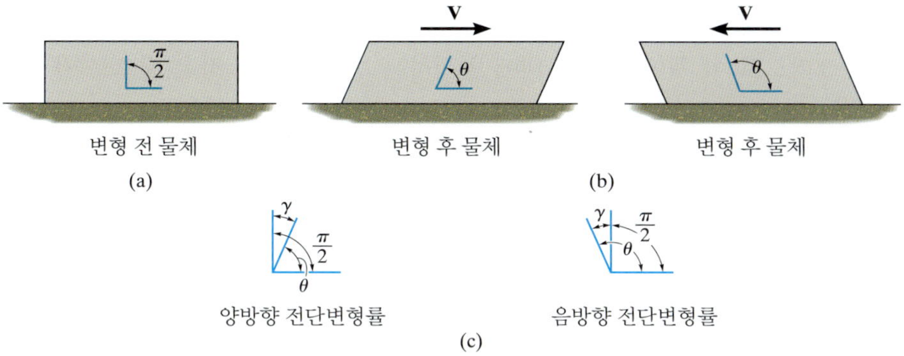

그림 7-28

0.0480%로 나타내고 또는 간단히 480 μ(480 '마이크로스')로 쓰기도 한다.

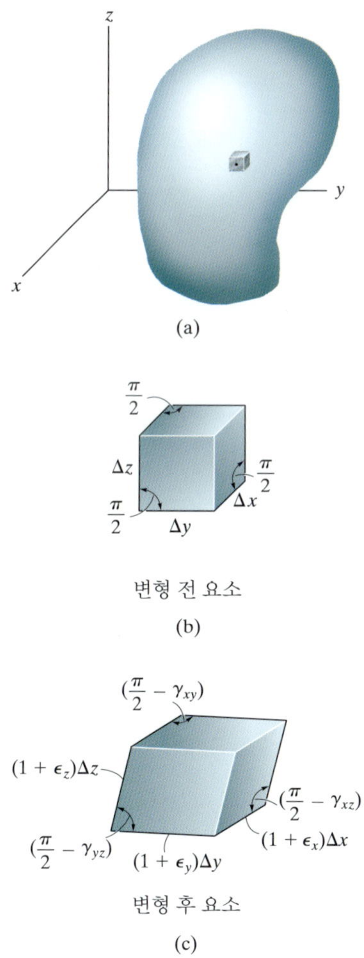

그림 7-29

전단변형률. 변형은 선분의 인장이나 수축을 유발할 뿐 아니라 선분의 방향을 변화시키기도 한다. 변형 전 직각인 두 선분 사이의 각도의 변화량을 **전단변형률**(shear strain)이라 한다. 이 각도의 변화를 γ(감마)로 나타내며 무차원의 라디안으로 측정한다. 그림 7-28*a*에서와 같이 블록 내부의 임의 점에서 두 개의 수직 선분을 고려하자. 하중에 의해 그림 7-28*b*와 같이 블록이 변형되고 선분 사이의 각도는 θ가 되었다. 이때 그 점의 전단변형률은 다음과 같다.

$$\gamma = \frac{\pi}{2} - \theta \tag{7-12}$$

여기서 그림 7-28*c*와 같이 θ가 $\pi/2$보다 작아지면 전단변형률은 양이 되고 θ가 $\pi/2$보다 커지면 음이 된다.

직교좌표계에서의 변형률 성분. 수직 및 전단변형률의 정의를 일반화하기 위해 그림 7-29*a*에서와 같은 물체 한 점에 위치한 변형 전 요소를 고려하자. 이 요소는 매우 작으므로 변형 후 형태는 그림 7-29*b*와 같이 평행 육면체가 된다. 여기서 수직변형률은 직사각형 요소의 각 변의 길이 변화를 나타내며

$$(1 + \epsilon_x)\Delta x \qquad (1 + \epsilon_y)\Delta y \qquad (1 + \epsilon_z)\Delta z$$

이것은 요소의 체적 변화를 가져온다. 전단변형률은 직사각형 요소 모서리의 각의 변화를 나타내며

$$\frac{\pi}{2} - \gamma_{xy} \qquad \frac{\pi}{2} - \gamma_{yz} \qquad \frac{\pi}{2} - \gamma_{xz}$$

이것은 요소의 형상 변화를 가져온다.

미소변형률 해석. 대부분의 공학 설계는 '작은' 변형에 기초를 두고 있다. 그러므로 이 책에서 물체 내에 발생하는 변형은 매우 작은 것으로 가정한다. 예를 들어 수직변형률은 절댓값이 1에 비하여 매우 작아 $\epsilon \ll 1$이다. 이 가정은 실제 대부분의 공학 설계에 사용되고 있으며 미소 변형 해석이라 불리기도 한다. 또한 각 변화 $\Delta\theta$가 매우 작을 경우에도 미소 변형 해석이 사용되며 이 경우 $\sin\Delta\theta \approx \Delta\theta, \cos\Delta\theta \approx 1, \tan\Delta\theta \approx \Delta\theta$로 된다.

그림과 같이 콘크리트 교량 거더를 받치고 있는 고무 베어링에는 수직 및 전단변형률이 발생한다. 거더의 수직변형률은 교량의 무게와 외부하중에 의하여 발생하며 전단변형률은 온도에 의한 거더의 수평 이동으로 인하여 발생한다.

요점 IMPORTANT POINTS

- 하중은 모든 물체를 변형시키고, 결과적으로 질점은 변위가 발생하거나 그 위치가 변한다.
- 수직변형률은 선분의 단위 길이에 대한 인장 또는 수축량이고 전단변형률은 서로 직각인 두 선분의 사이의 각도 변화량이다.
- 한 점의 변형률 상태는 세 개의 수직변형률 $\epsilon_x, \epsilon_y, \epsilon_z$와 세 개의 전단변형률 $\gamma_{xy}, \gamma_{yz}, \gamma_{xz}$로 특정된다. 이들은 선분의 위치와 방향에 의해 결정된다.
- 변형률은 기하학적인 양으로서 실험을 통해 측정할 수 있으며, 측정된 변형률로부터 재료의 성질을 사용하여 물체의 응력을 결정할 수 있다. 이는 다음 장에 소개될 것이다.
- 대부분의 공학재료에서는 미소 변형이 발생하므로 수직변형률은 $\epsilon \ll 1$이다. 이와 같은 미소 변형 해석의 가정을 통해 1차 근사식으로 나타낼 수 있어 수직변형률 계산이 단순화된다.

7

예제 7.14

고리가 A에서 A'으로 이동하면 그림 7-30에서 두 와이어에 걸리는 수직 변형률을 구하라.

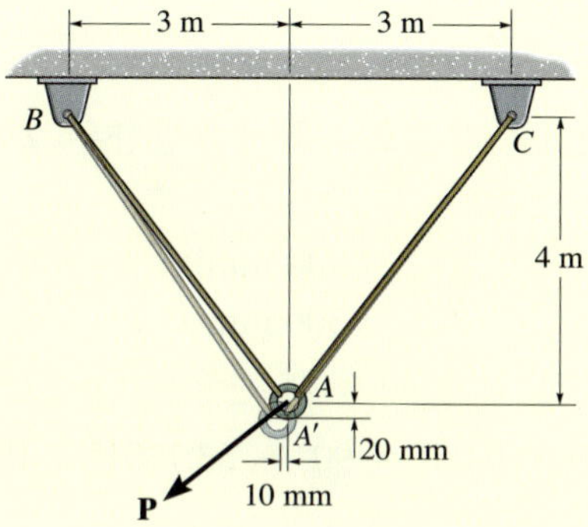

그림 7-30

풀이

위치. 각각 기존 와이어의 길이는

$$L_{AB} = L_{AC} = \sqrt{(3\text{ m})^2 + (4\text{ m})^2} = 5\text{ m}$$

변형 후 길이들은

$$L_{A'B} = \sqrt{(3\text{ m} - 0.01\text{ m})^2 + (4\text{ m} + 0.02\text{ m})^2} = 5.01004\text{ m}$$

$$L_{A'C} = \sqrt{(3\text{ m} + 0.01\text{ m})^2 + (4\text{ m} + 0.02\text{ m})^2} = 5.02200\text{ m}$$

평균 수직변형률.

$$\epsilon_{AB} = \frac{L_{A'B} - L_{AB}}{L_{AB}} = \frac{5.01004\text{ m} - 5\text{ m}}{5\text{ m}} = 2.01(10^{-3})\text{ m/m}$$ 답

$$\epsilon_{AC} = \frac{L_{A'C} - L_{AC}}{L_{AC}} = \frac{5.02200\text{ m} - 5\text{ m}}{5\text{ m}} = 4.40(10^{-3})\text{ m/m}$$ 답

예제 7.15

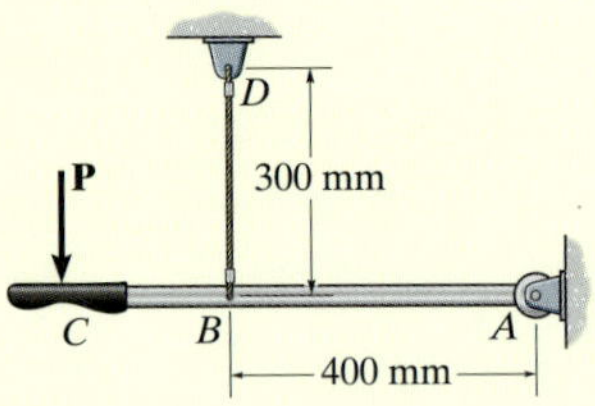

(a)

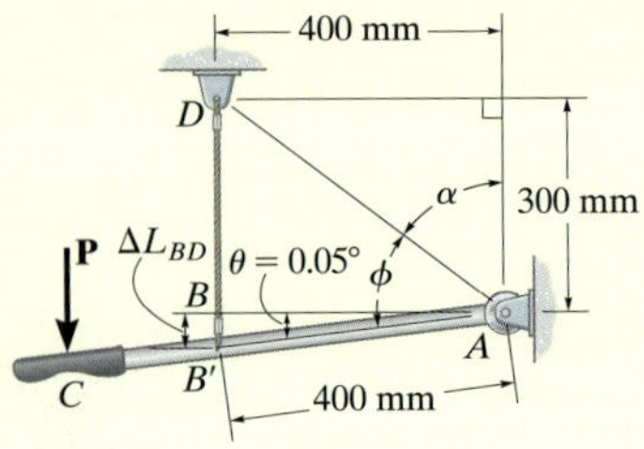

(b)

그림 7-31

그림 7-31a와 같은 강체 레버 팔 ABC가 하중 **P**를 받고 있다. 팔은 핀 A를 기준으로 반시계방향으로 0.05° 회전했다. 이때 철사 BD에 발생하는 수직변형률을 구하라.

풀이 I

위치. 레버 팔이 핀 A를 기준으로 회전한 방향은 그림 7-31b와 같다. 그림으로부터

$$\alpha = \tan^{-1}\left(\frac{400 \text{ mm}}{300 \text{ mm}}\right) = 53.1301°$$

이고

$$\phi = 90° - \alpha + 0.05° = 90° - 53.1301° + 0.05° = 36.92°$$

피타고라스 정리에 의해서 삼각형 ABD에서 선분 AD를 구하면 다음과 같다.

$$L_{AD} = \sqrt{(300 \text{ mm})^2 + (400 \text{ mm})^2} = 500 \text{ mm}$$

위의 결과를 이용하여 삼각형 $AB'D$에서 코사인 법칙을 적용하면 다음과 같다.

$$\begin{aligned} L_{B'D} &= \sqrt{L_{AD}^2 + L_{AB'}^2 - 2(L_{AD})(L_{AB'})\cos\phi} \\ &= \sqrt{(500 \text{ mm})^2 + (400 \text{ mm})^2 - 2(500 \text{ mm})(400 \text{ mm})\cos 36.92°} \\ &= 300.3491 \text{ mm} \end{aligned}$$

수직변형률.

$$\begin{aligned} \epsilon_{BD} &= \frac{L_{B'D} - L_{BD}}{L_{BD}} \\ &= \frac{300.3491 \text{ mm} - 300 \text{ mm}}{300 \text{ mm}} = 0.00116 \text{ mm/mm} \end{aligned}$$ 답

풀이 II

변형률이 작기 때문에 그림 7-31b와 같이 철사 BD의 인장량을 ΔL_{BD}로 간주하여 구할 수 있다.

$$\Delta L_{BD} = \theta L_{AB} = \left[\left(\frac{0.05°}{180°}\right)(\pi \text{ rad})\right](400 \text{ mm}) = 0.3491 \text{ mm}$$

그러므로

$$\epsilon_{BD} = \frac{\Delta L_{BD}}{L_{BD}} = \frac{0.3491 \text{ mm}}{300 \text{ mm}} = 0.00116 \text{ mm/mm}$$ 답

예제 7.16

그림 7-32a와 같이 판이 AB에 고정되어 있고 위 AD와 아래 BC는 미끄럼 지지로 되어 있다. 오른쪽 부분 CD가 일정하게 수평방향으로 2 mm 늘어난 경우 (a) 대각선 AC의 평균 수직변형률을 구하고 (b) 점 E에서 좌표 x, y축에 대한 전단변형률을 구하라.

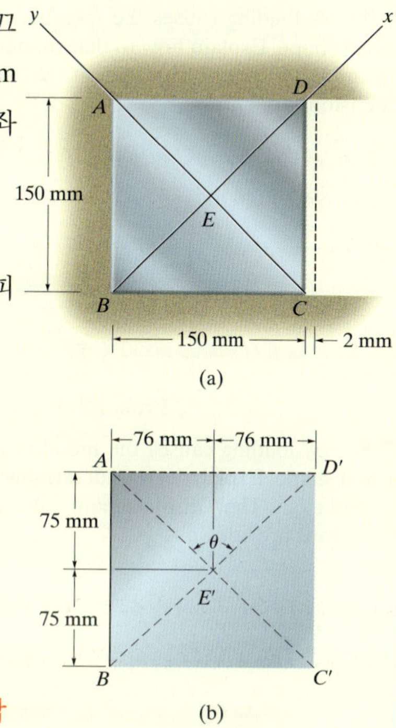

그림 7-32

풀이

(a). 판의 변형으로 그림 7-32b와 같이 대각 성분 AC는 AC'이 된다. 피타고라스 정리로부터 AC와 AC'의 길이를 구하면 다음과 같다.

$$AC = \sqrt{(0.150\text{ m})^2 + (0.150\text{ m})^2} = 0.21213\text{ m}$$

$$AC' = \sqrt{(0.150\text{ m})^2 + (0.152\text{ m})^2} = 0.21355\text{ m}$$

따라서 대각선 방향으로의 AC 평균 수직변형률은

$$(\epsilon_{AC})_{\text{avg}} = \frac{AC' - AC}{AC} = \frac{0.21355\text{ m} - 0.21213\text{ m}}{0.21213\text{ m}}$$

$$= 0.00669\text{ mm/mm}$$ 답

(b). 서로 90°를 갖는 x, y축에 대한 점 E의 전단변형률을 구하기 위해, 먼저 점 E의 각도 변화량을 알아야 한다. 변형 후 각도 θ'은 그림 7-32b에 다음과 같이 표시된다. 따라서,

$$\tan\left(\frac{\theta}{2}\right) = \frac{76\text{ mm}}{75\text{ mm}}$$

$$\theta = 90.759° = \left(\frac{\pi}{180°}\right)(90.759°) = 1.58404\text{ rad}$$

가 된다. 식 (7-12)를 적용하면 점 E에서의 전단변형률은 다음과 같다.

$$\gamma_{xy} = \frac{\pi}{2} - 1.58404\text{ rad} = -0.0132\text{ rad}$$ 답

전단변형률이 음인 것은 변형 후 각도 θ'이 90°보다 커졌다는 것을 의미한다.

주: 점 E에서 x, y축이 변형에 의해서 바뀌지 않고 90°를 이룬다면 E점에서 전단변형률 $\gamma_{xy} = 0$이다.

PRELIMINARY PROBLEMS

P7–7. A loading causes the member to deform into the dashed shape. Explain how to determine the normal strains ϵ_{CD} and ϵ_{AB}. The displacement Δ and the lettered dimensions are known.

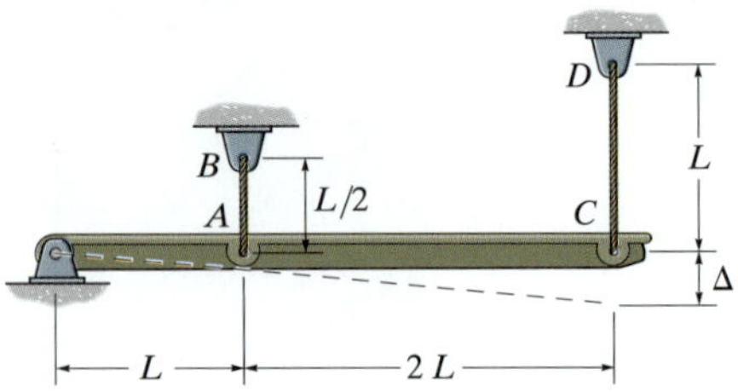

Prob. P7–7

P7–8. A loading causes the member to deform into the dashed shape. Explain how to determine the normal strains ϵ_{CD} and ϵ_{AB}. The displacement Δ and the lettered dimensions are known.

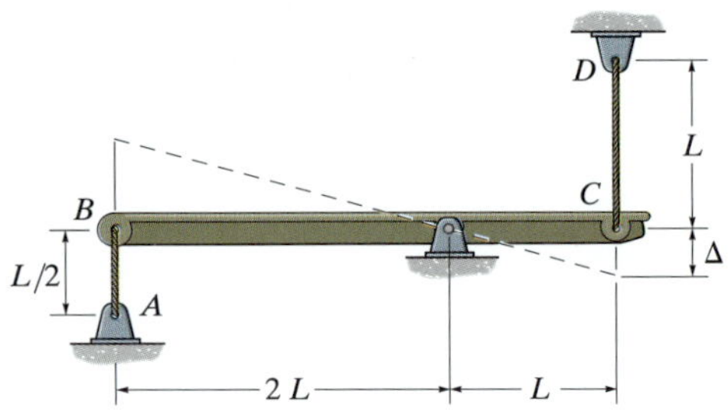

Prob. P7–8

P7–9. A loading causes the wires to elongate into the dashed shape. Explain how to determine the normal strain ϵ_{AB} in wire AB. The displacement Δ and the distances between all lettered points are known.

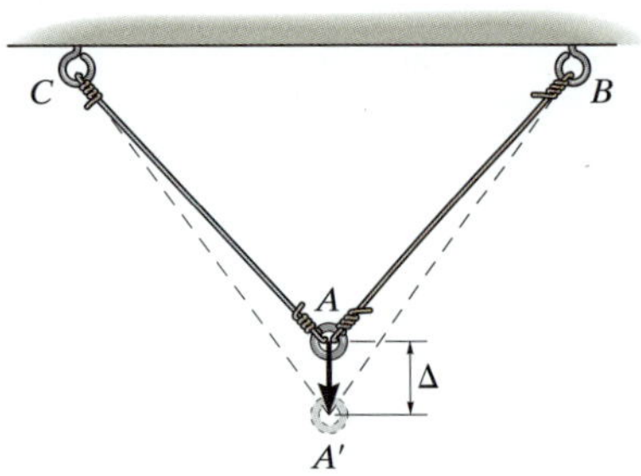

Prob. P7–9

P7–10. A loading causes the block to deform into the dashed shape. Explain how to determine the strains ϵ_{AB}, ϵ_{AC}, ϵ_{BC}, $(\gamma_A)_{xy}$. The angles and distances between all lettered points are known.

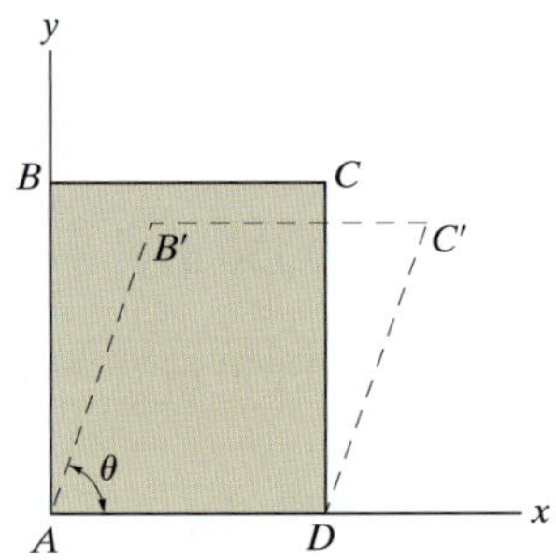

Prob. P7–10

P7–11. A loading causes the block to deform into the dashed shape. Explain how to determine the strains $(\gamma_A)_{xy}$, $(\gamma_B)_{xy}$. The angles and distances between all lettered points are known.

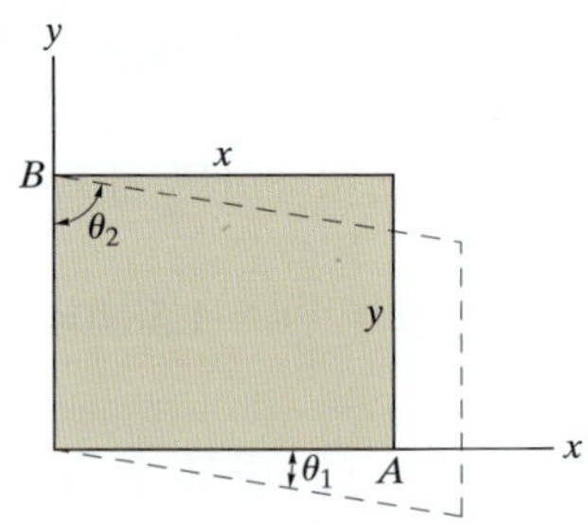

Prob. P7–11

7

FUNDAMENTAL PROBLEMS

F7–25. When force **P** is applied to the rigid arm ABC, point B displaces vertically downward through a distance of 0.2 mm. Determine the normal strain in wire CD.

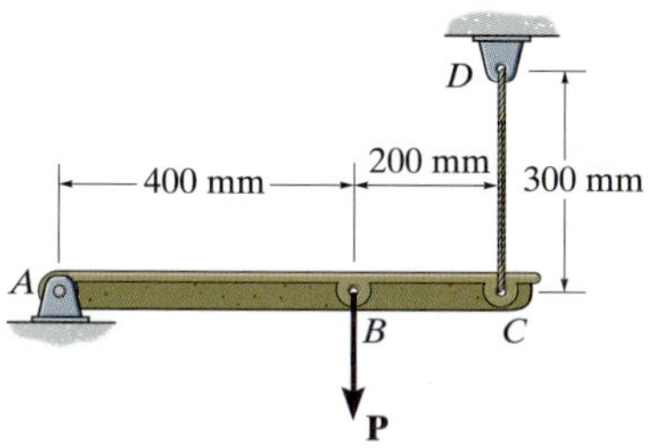

Prob. F7–25

F7–26. If the force **P** causes the rigid arm ABC to rotate clockwise about pin A through an angle of 0.02°, determine the normal strain in wires BD and CE.

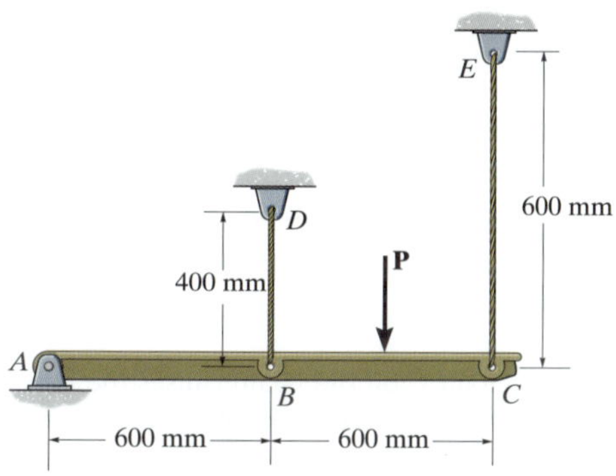

Prob. F7–26

F7–27. The rectangular plate is deformed into the shape of a parallelogram shown by the dashed line. Determine the average shear strain at corner A with respect to the x and y axes.

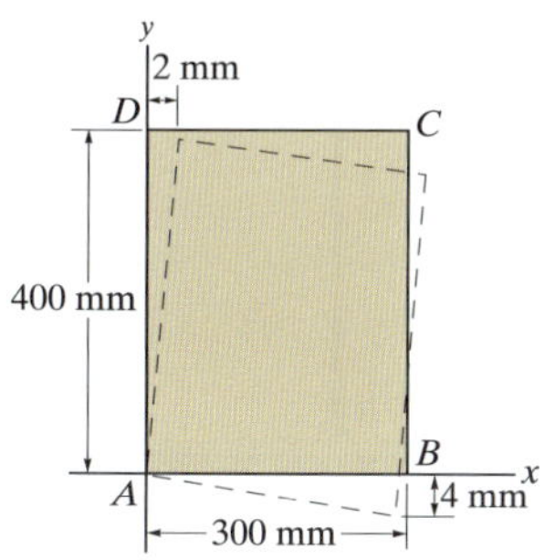

Prob. F7–27

F7–28. The triangular plate is deformed into the shape shown by the dashed line. Determine the normal strain developed along edge BC and the average shear strain at corner A with respect to the x and y axes.

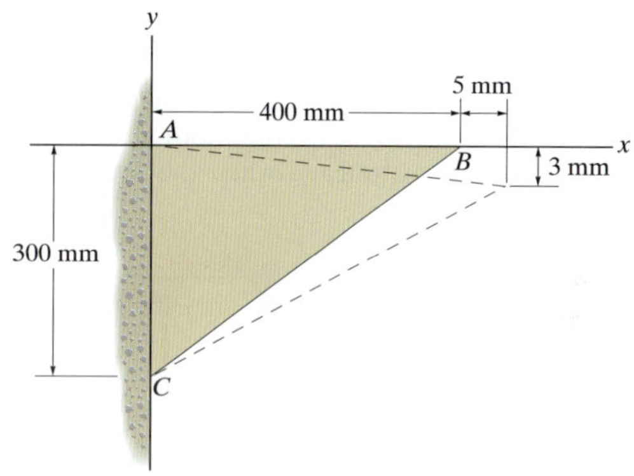

Prob. F7–28

F7–29. The square plate is deformed into the shape shown by the dashed line. Determine the average normal strain along diagonal AC and the shear strain at point E with respect to the x and y axes.

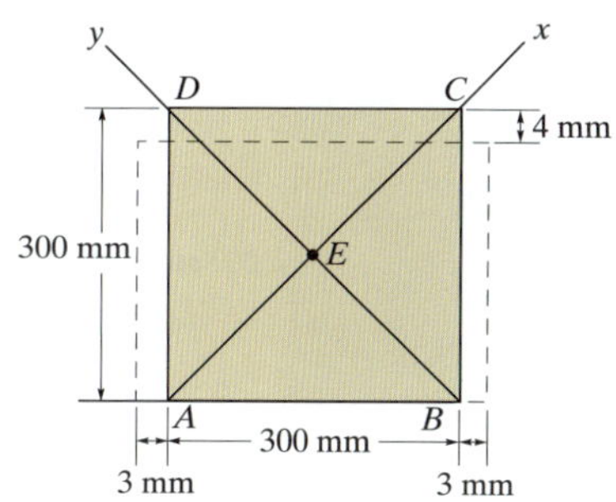

Prob. F7–29

PROBLEMS

7–71. An air-filled rubber ball has a diameter of 150 mm. If the air pressure within it is increased until the ball's diameter becomes 175 mm, determine the average normal strain in the rubber.

***7–72.** A thin strip of rubber has an unstretched length of 375 mm. If it is stretched around a pipe having an outer diameter of 125 mm, determine the average normal strain in the strip.

7–73. The force applied at the handle of the rigid lever causes the lever to rotate clockwise about the pin B through an angle of 2°. Determine the average normal strain in each wire. The wires are unstretched when the lever is in the horizontal position.

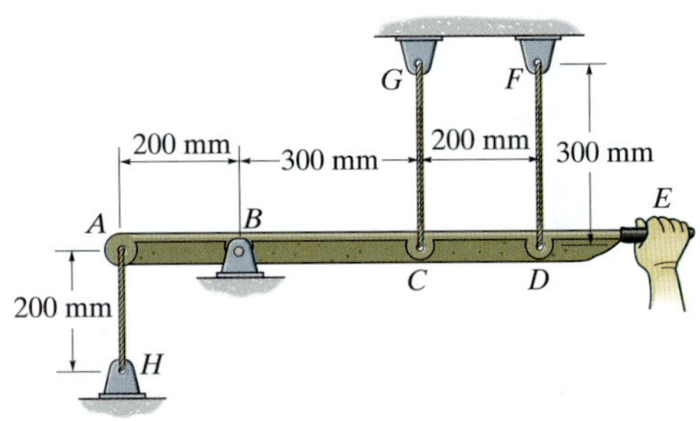

Prob. 7–73

7–74. The rectangular plate is subjected to the deformation shown by the dashed lines. Determine the average shear strain γ_{xy} in the plate.

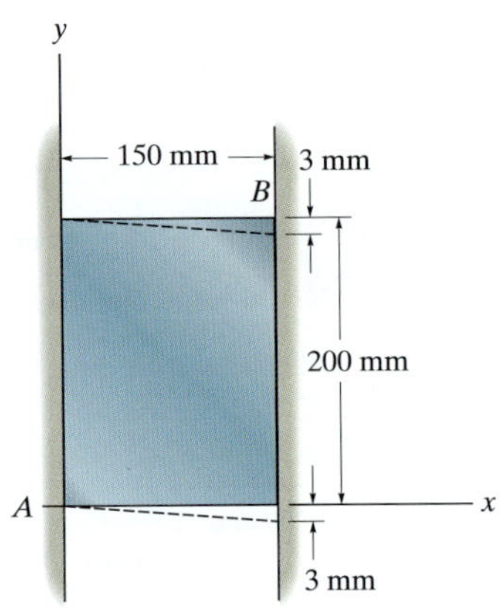

Prob. 7–74

7–75. The square deforms into the position shown by the dashed lines. Determine the shear strain at each of its corners, A, B, C, and D, relative to the x, y axes. Side $D'B'$ remains horizontal.

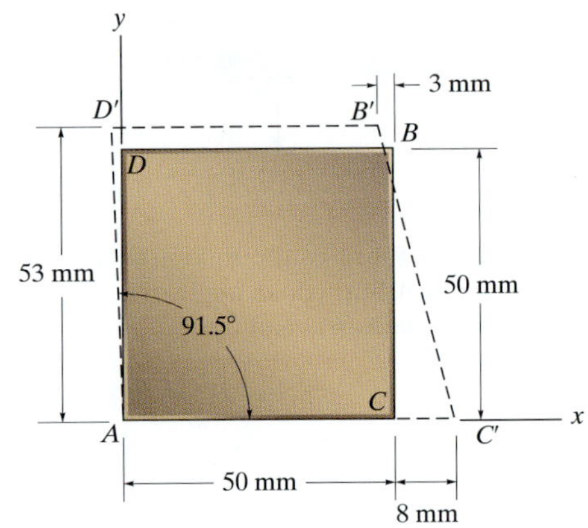

Prob. 7–75

***7–76.** If the load **P** on the beam causes the end C to be displaced 10 mm downward, determine the normal strain in wires CE and BD.

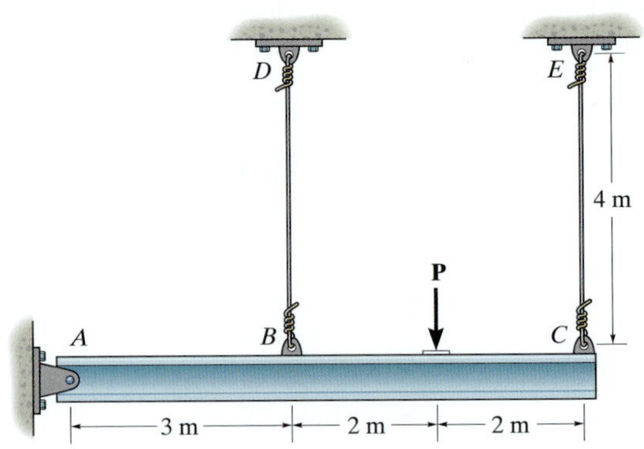

Prob. 7–76

7–77. The wire AB is unstretched when $\theta = 45°$. If a load is applied to the bar AC, which causes θ to become 47°, determine the normal strain in the wire.

7–78. If a load applied to the bar AC causes point A to be displaced to the right by an amount ΔL, determine the normal strain in the wire AB. Originally, $\theta = 45°$.

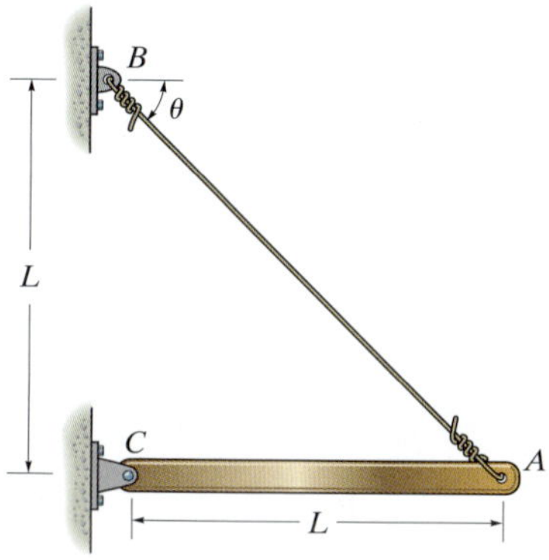

Probs. 7–77/78

7–81. The material distorts into the dashed position shown. Determine the average normal strains ϵ_x, ϵ_y and the shear strain γ_{xy} at A, and the average normal strain along line BE.

7–82. The material distorts into the dashed position shown. Determine the average normal strains along the diagonals AD and CF.

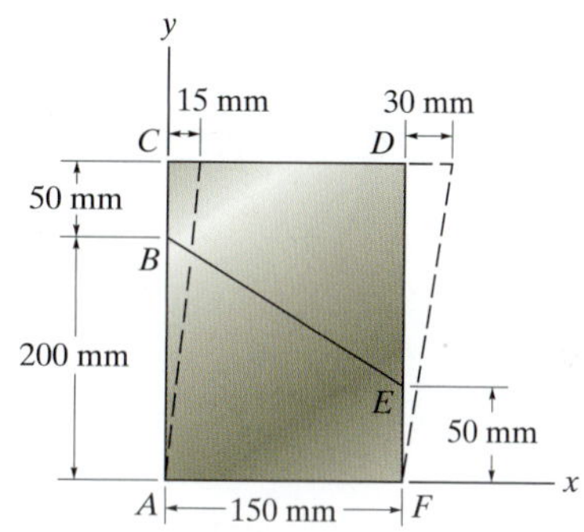

Probs. 7–81/82

7–79. Determine the shear strain γ_{xy} at corners A and B if the plastic distorts as shown by the dashed lines.

***7–80.** Determine the shear strain γ_{xy} at corners D and C if the plastic distorts as shown by the dashed lines.

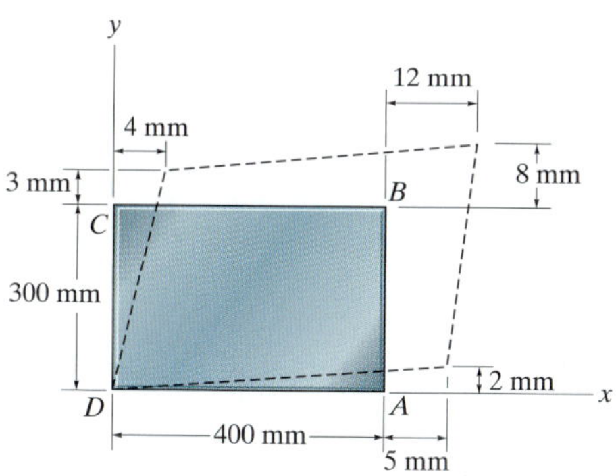

Probs. 7–79/80

7–83. The pin-connected rigid rods AB and BC are inclined at $\theta = 30°$ when they are unloaded. When the force **P** is applied θ becomes 30.2°. Determine the average normal strain in wire AC.

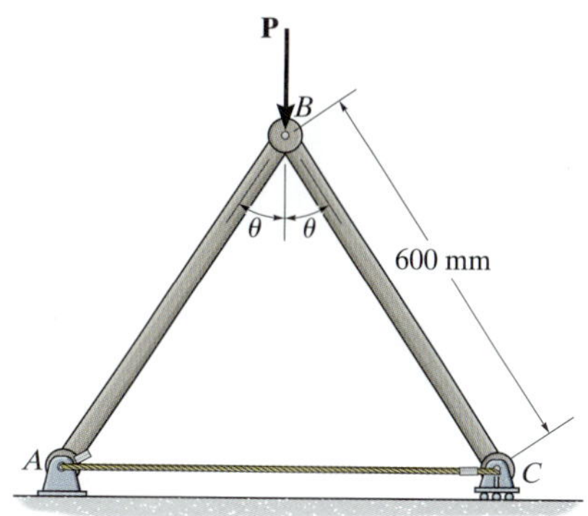

Prob. 7–83

7

***7–84.** If the unstretched length of the bowstring is 887.5 mm, determine the average normal strain in the string when it is stretched to the position shown.

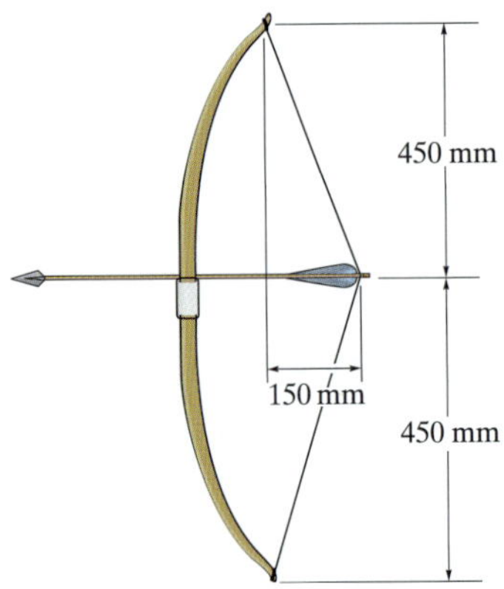

Prob. 7–84

7–85. The triangular plate is fixed at its base, and its apex A is given a horizontal displacement of 5 mm. Determine the shear strain, γ_{xy}, at A.

7–86. The triangular plate is fixed at its base, and its apex A is given a horizontal displacement of 5 mm. Determine the average normal strain ϵ_x along the x axis.

7–87. The triangular plate is fixed at its base, and its apex A is given a horizontal displacement of 5 mm. Determine the average normal strain $\epsilon_{x'}$ along the x' axis.

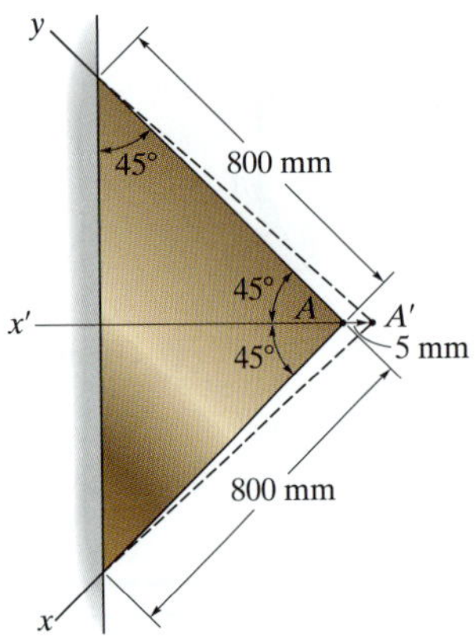

Probs. 7–85/86/87

***7–88.** Nylon strips are fused to glass plates. When moderately heated the nylon will become soft while the glass stays approximately rigid. Determine the average shear strain in the nylon due to the load **P** when the assembly deforms as indicated.

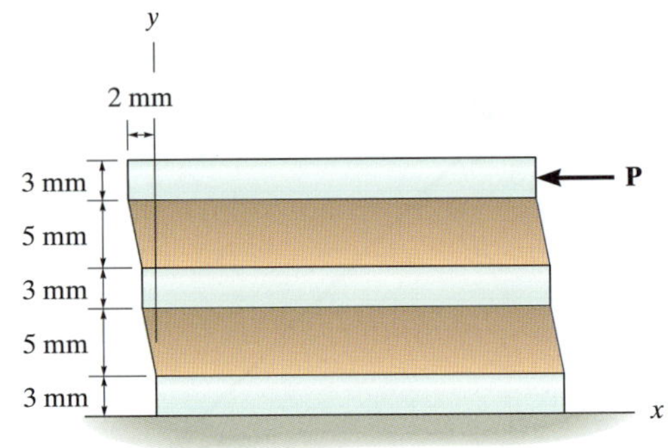

Prob. 7–88

7–89. Determine the shear strain γ_{xy} at corners A and B if the plastic distorts as shown by the dashed lines.

7–90. Determine the shear strain γ_{xy} at corners D and C if the plastic distorts as shown by the dashed lines.

7–91. Determine the average normal strain that occurs along the diagonals AC and DB.

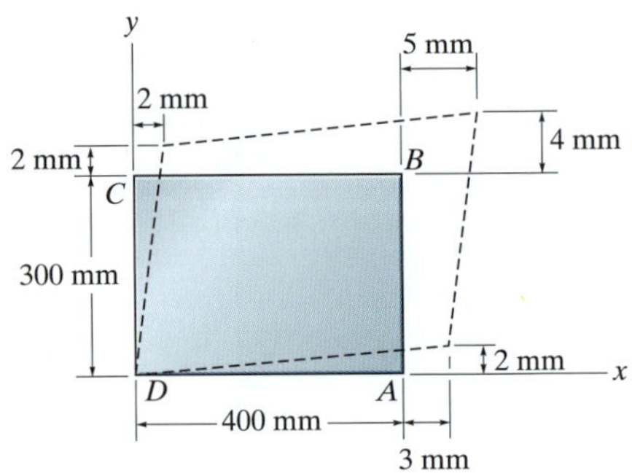

Probs. 7–89/90/91

CONCEPTUAL PROBLEMS

C7–1. Hurricane winds have caused the failure of this highway sign. Assuming the wind creates a uniform pressure on the sign of 2 kPa, use reasonable dimensions for the sign and determine the resultant shear and moment at each of the two connections where the failure occurred.

Prob. C7–1

C7–2. High-heel shoes can often do damage to soft wood or linoleum floors. Using a reasonable weight and dimensions for the heel of a regular shoe and a high-heel shoe, determine the bearing stress under each heel if the weight is transferred down only to the heel of one shoe.

Prob. C7–2

C7–3. Here is an example of the single shear failure of a bolt. Using appropriate free-body diagrams, explain why the bolt failed along the section between the plates, and not along some intermediate section such as *a–a*.

Prob. C7–3

C7–4. The vertical load on the hook is 5 kN. Draw the appropriate free-body diagrams and determine the maximum average shear force on the pins at *A*, *B*, and *C*. Note that due to symmetry four wheels are used to support the loading on the railing.

Prob. C7–4

내용 복습

물체의 내력은 수직력, 전단력, 휨모멘트와 비틀림모멘트로 구성된다. 이들은 단면에 작용하는 수직응력과 전단응력의 합력을 의미한다. 이 합력을 구하기 위해서는 단면법과 평형방정식을 사용한다.	$\Sigma F_x = 0$ $\Sigma F_y = 0$ $\Sigma F_z = 0$ $\Sigma M_x = 0$ $\Sigma M_y = 0$ $\Sigma M_z = 0$	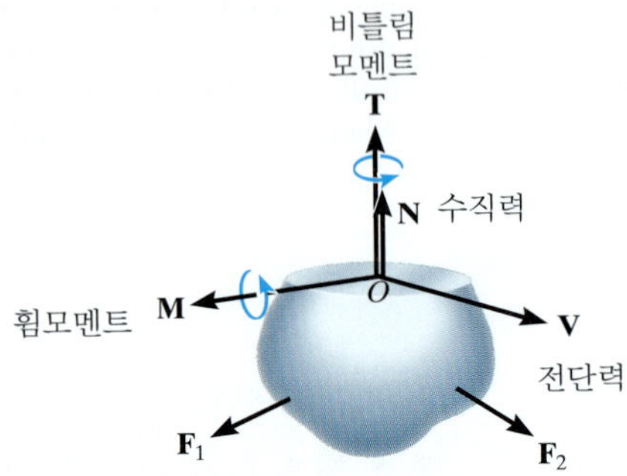
균질한 등방성 재료로 제작된 봉이 단면의 도심을 통과하는 외부 축하중을 받는 경우, 단면에 균일한 수직응력이 분포한다. 이 평균 수직응력은 $\sigma = P/A$로부터 구할 수 있다. 여기서 P는 단면에 작용하는 내부 축하중이다.	$\sigma = \dfrac{P}{A}$	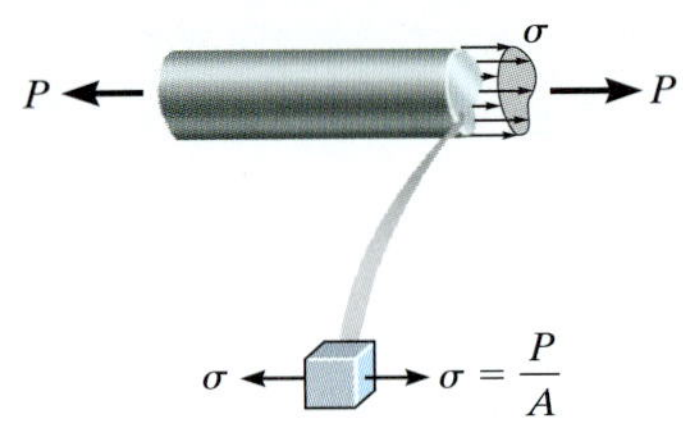
평균 전단응력은 $\tau_{avg} = V/A$로부터 구할 수 있다. 여기서 V는 단면 A에 작용하는 전단력이다. 이 식은 부착장치 또는 연결재의 평균 전단응력을 구하기 위해 사용된다.	$\tau_{avg} = \dfrac{V}{A}$	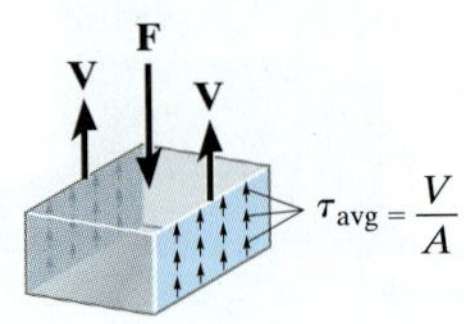

간단한 연결재 설계시 단면의 평균 응력이 허용응력 σ_{allow} 또는 τ_{allow}를 초과하지 않도록 해야 한다. 허용응력은 설계기준에 명시되어 있으며, 실험 결과 혹은 경험을 통해 안전한 값이 설정되어 있다. 항복응력을 아는 경우 안전계수를 결정할 수 있다.	$\text{F.S.} = \frac{\sigma_{fail}}{\sigma_{allow}} = \frac{\tau_{fail}}{\tau_{allow}}$	
변형이란 물체의 형태와 크기의 변화로 정의된다. 변형은 물체의 선분 요소에 길이와 방향의 변화를 발생시킨다. 수직변형률 ϵ은 선분 요소의 단위 길이당 길이 변화이다. ϵ이 양의 값이면 선분이 늘어나는 것을, 음의 값이면 줄어드는 것을 의미한다. 전단변형률 γ는 서로 직각이던 두 선분 사이의 각의 변화를 나타내는 척도이다. 변형률은 무차원 양이다. 그러나 때로는 ϵ을 in/in, mm/mm 그리고 γ는 라디안으로 표시하기도 한다.	$\epsilon_{avg} = \frac{\Delta s' - \Delta s}{\Delta s}$ $\gamma = \frac{\pi}{2} - \theta$	

7

REVIEW PROBLEMS

R7–1. The beam AB is pin supported at A and supported by a cable BC. A *separate* cable CG is used to hold up the frame. If AB weighs 2.0 kN/m and the column FC has a weight of 3.0 kN/m, determine the resultant internal loadings acting on cross sections located at points D and E. Neglect the thickness of both the beam and column in the calculation.

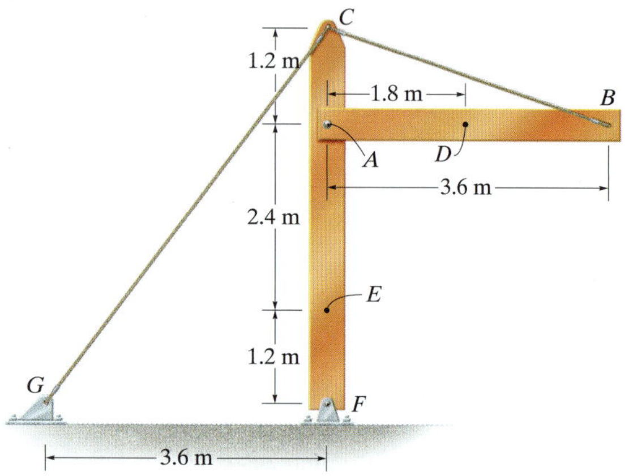

Prob. R7–1

R7–2. The long bolt passes through the 30-mm-thick plate. If the force in the bolt shank is 8 kN, determine the average normal stress in the shank, the average shear stress along the cylindrical area of the plate defined by the section lines a–a, and the average shear stress in the bolt head along the cylindrical area defined by the section lines b–b.

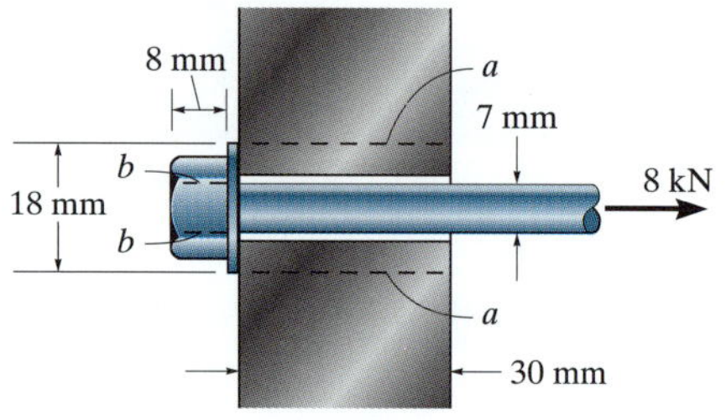

Prob. R7–2

R7–3. Determine the required thickness of member BC and the diameter of the pins at A and B if the allowable normal stress for member BC is $\sigma_{allow} = 200$ MPa, and the allowable shear stress for the pins is $\tau_{allow} = 70$ MPa.

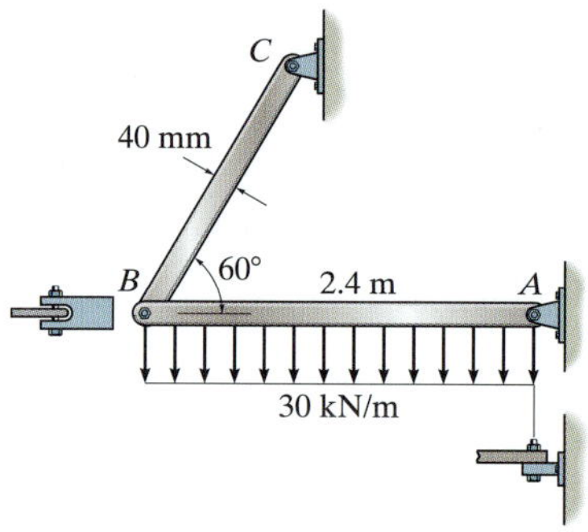

Prob. R7–3

***R7–4.** The circular punch B exerts a force of 2 kN on the top of the plate A. Determine the average shear stress in the plate due to this loading.

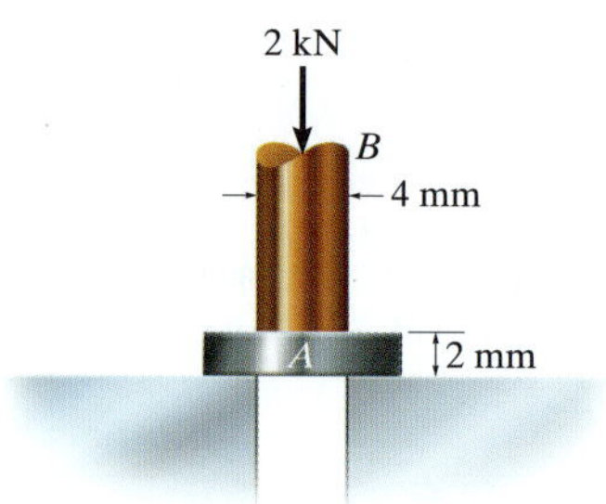

Prob. R7–4

7

R7–5. Determine the average punching shear stress the circular shaft creates in the metal plate through section AC and BD. Also, what is the bearing stress developed on the surface of the plate under the shaft?

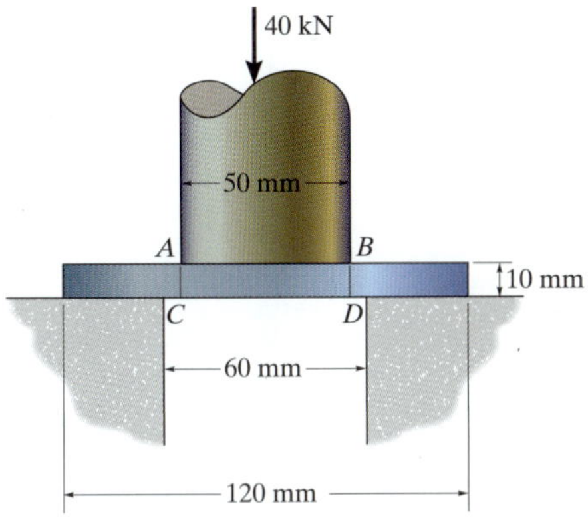

Prob. R7–5

R7–6. The bearing pad consists of a 150 mm by 150 mm block of aluminum that supports a compressive load of 6 kN. Determine the average normal and shear stress acting on the plane through section a–a. Show the results on a differential volume element located on the plane.

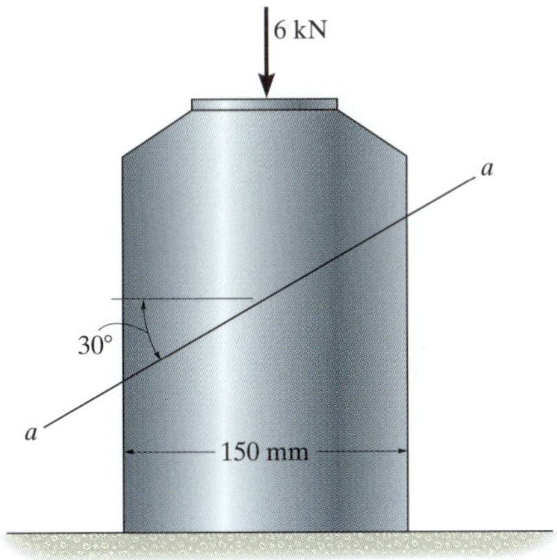

Prob. R7–6

R7–7. The square plate is deformed into the shape shown by the dashed lines. If DC has a normal strain $\epsilon_x = 0.004$, DA has a normal strain $\epsilon_y = 0.005$ and at D, $\gamma_{xy} = 0.02$ rad, determine the average normal strain along diagonal CA.

***R7–8.** The square plate is deformed into the shape shown by the dashed lines. If DC has a normal strain $\epsilon_x = 0.004$, DA has a normal strain $\epsilon_y = 0.005$ and at D, $\gamma_{xy} = 0.02$ rad, determine the shear strain at point E with respect to the x' and y' axes.

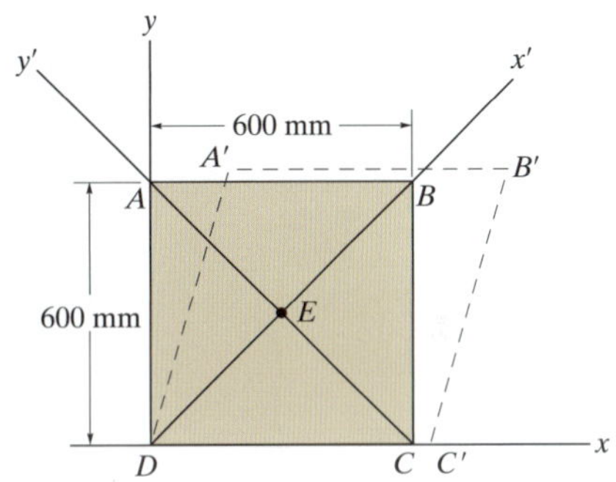

Probs. R7–7/8

R7–9. The rubber block is fixed along edge AB, and edge CD is moved so that the vertical displacement of any point in the block is given by $v(x) = (v_0/b^3)\,x^3$. Determine the shear strain γ_{xy} at points $(b/2, a/2)$ and (b, a).

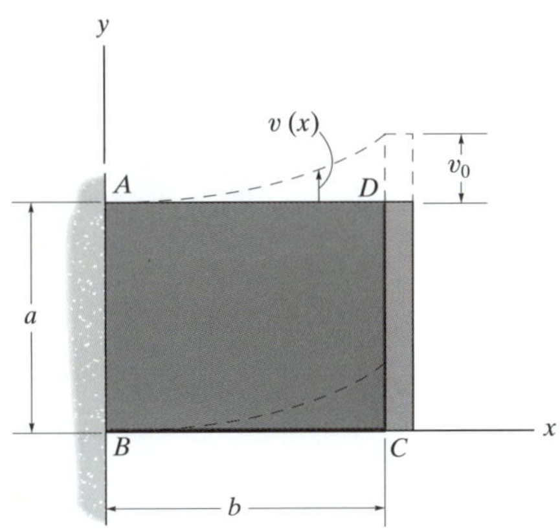

Prob. R7–9

CHAPTER 8

(© Tom Wang/Alamy)

지진에 의한 수평방향의 지반운동에 의하여 콘크리트 기둥에 균열이 발생한 모습이다. 엔지니어가 파괴의 원인이 된 하중에 견딜 수 있는 기둥을 설계하기 위해서는 철근과 콘트리트의 재료 특성을 적절히 결정해야 한다.

재료의 역학적 성질

학습목표

- 실험적 방법을 통한 특정 재료의 응력-변형률 그래프 이용하여 응력과 변형률의 관계 파악
- 일반적으로 공학에서 사용하는 응력-변형률관계 그래프로부터 재료의 성질에 대하여 학습

8.1 인장 실험과 압축 실험

재료의 강도는 재료가 과도한 변형이나 파괴가 발생하지 않는 범위에서 하중을 지탱할 수 있는 능력을 말한다. 이 특성은 원래 재료 자체가 가지고 있는 성질이며 실험에 의해 결정되게 된다. 이와 관련하여 가장 중요한 실험 중 하나가 바로 **인장** 혹은 **압축 실험**(tension or compression test)이다. 이 실험을 통하여 금속, 세라믹, 폴리머 그리고 합성재료와 같은 공학에 사용되는 재료의 평균 축방향 응력과 평균 축방향 변형률의 관계를 규정할 수 있게 된다.

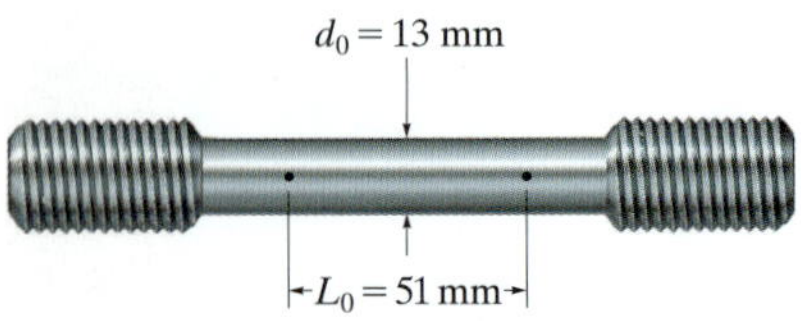

그림 8-1

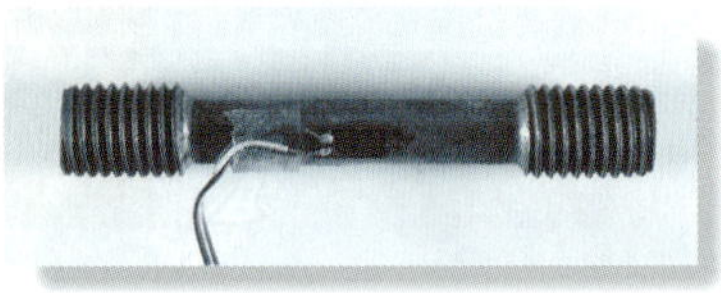

변형률 게이지가 부착된 강재시편의 일반적인 형상

인장 혹은 압축 실험을 수행하기 위해서는 '표준화'된 모양과 크기로 재료시편을 만들어야 한다. 이러한 시편은 양쪽 끝단이 큰 형태의 단면의 일정한 원형 형태를 가지는데, 이는 시편의 파괴가 이 재료를 잡는 양단의 그립(grip)에서 일어나지 않도록 하기 위한 것이다. 실험하기 전에 두 개의 작은 점을 일정한 단면의 길이방향으로 표시하게 된다. 시편의 초기 단면적 A_0와 표시한 **게이지 길이**(gage length) L_0를 측정하게 된다. 예를 들어, 금속재료를 인장실험에 사용하게 된다면 그림 8-1과 같이, 13 mm의 초기 지름과 L_0 = 51 mm의 게이지 길이를 일반적으로 사용하게 된다. 그림 8-2에서 보여주고 있는 실험 장치를 이용하여 시편이 파괴될 때까지 일정한 증가비율로 매우 천천히 잡아당기게 된다. 이 실험 장치는 이러한 일정한 늘어남에 대해 요구되어지는 하중을 표시할 수 있도록 고안되었다.

실험이 진행되는 동안 일정한 짧은 간격으로 가해지는 하중 P가 데이터로 저장되게 되어 있다. 또한 표식된 두 개의 인식점 사이의 늘어난 길이 $\delta = L - L_0$를 캐리퍼 또는 기계적인 방법이나 광학적 방법을 사용한 **익스텐소메터**(extensometer)를 이용하여 측정한다. 이 측정한 δ값을 이용하여 시편의 평균 축방향 변형률을 계산하게 된다. 그러나 경우에 따라서는 이를 측정하지 않고 그림 8-3과 같은 전기저항을 이용한 **변형률 게이지**(electrical-resistance strain gage)를 이용하여 변형률을 직접 측정하기도 한다. 근본적으로 게이지를 시편의 길이방향으로 부착하게 된다. 게이지의 부착 정도가 게이지에 비하여 매우 단단하면, 게이지는 시편에 일부로 취급할 수 있고, 따라서 시편이 게이지 방향으로 변형이 발생될 때 게이지에 전선이나 시편은 같은 정도의 변형률을 갖게 된다. 이때 게이지의 전선의 전기적인 저항을 측정하여 직접 게이지의 축방향 변형률 값으로 변환하여 그 값을 읽으면 된다.

8

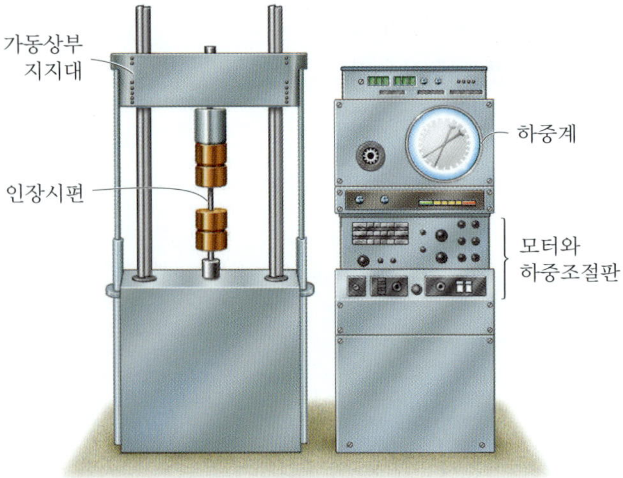

그림 8-2

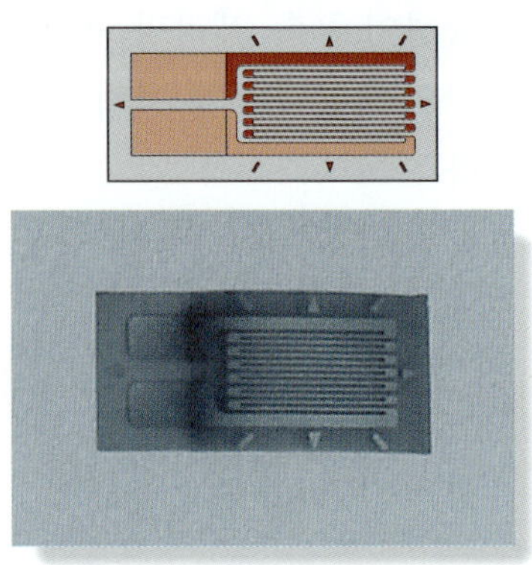

전기 저항 변형률 게이지

그림 8-3

8.2 응력-변형률 곡선

실험으로부터 응력과 변형률의 자료가 얻어지면, 그 결과를 연결하여 **응력-변형률 곡선**(stress-strain diagram)이라 불리우는 곡선을 그릴 수 있다. 이 곡선은 시편의 재료에 대해서는 그 크기와 상관없이 적용할 수 있기 때문에 유용하다. 일반적으로 두 가지 방식에 의하여 응력-변형률 곡선을 그리게 된다.

관습적인 응력-변형률 곡선. 우리는 가해진 하중 P를 시편의 원래 단면적 A_0로 나누어 **공칭** 혹은 **공학적 응력**(nominal or engineering stress)을 결정할 수 있다. 이 계산에서는 응력이 단면 전체와 게이지 길이 전체에 걸쳐 일정한 값이라고 가정한다.

$$\sigma = \frac{P}{A_0} \tag{8-1}$$

마찬가지로 공칭 혹은 공학적 변형률을 변형률 게이지로부터 직접 그 값을 읽거나 시편의 게이지 길이 변화 δ를 시편의 원래 게이지 길이 L_0로 나누어 구할 수 있다. 여기서, 변형률은 게이지 점들 사이에서는 일정하다고 가정한다. 따라서, 응력과 변형률의 계산식은 다음과 같다.

$$\epsilon = \frac{\delta}{L_0} \tag{8-2}$$

수직축을 응력으로 수평축을 변형률로 하여, 상기의 응력과 변형률을 그래프로 그린다면, 그 결과 그래프를 **공칭 응력-변형률 곡선**(nominal stress-strain diagram)이라고 부른다. 그림 8-4는 전형적인 공칭 응력-변형률 곡선을 보여주고 있다. 그러나 어떤 재료의 두 개의 실험그래프가 존재할 때 이 두 그래프는 매우 유사하긴 하지만 절대로 같지는 않다. 왜냐하면 실질적으로 결과가 재료의 구성, 미세구조상의 결함, 제조상의 문제, 하중을 가하는 속도, 그리고 실험을 할 때의 주변온도 등에 의하여 영향을 받기 때문이다.

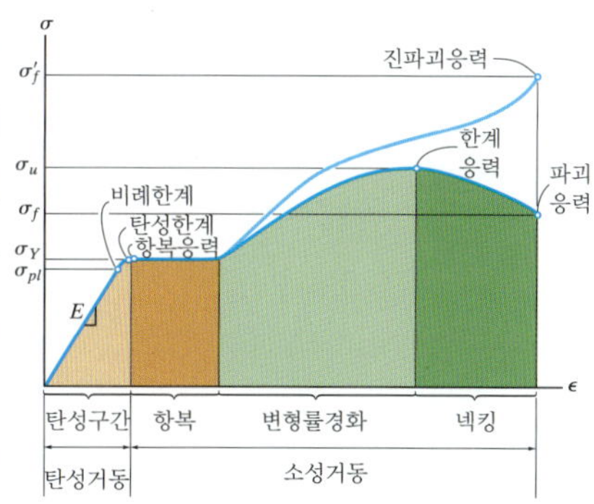

연성재료(강철)의 공칭 및 진응력-변형률 곡선 (정확한 스케일 아님)

그림 8-4

그림 8-4로부터 재료의 거동이 재료에 가해진 변형률 양에 따라 4가지 단계로 구분된다는 것을 알 수 있다.

탄성거동. 연한 오렌지 색으로 표현된 응력-변형률 곡선의 초기 영역은 탄성구간이라 불리운다. 이 구간에서는 응력이 **비례한계**(proportional limit) σ_{pl}에 이를 때까지 응력-변형률은 직선을 유지한다. 응력이 이 한계를 약간 초과하게 되면 응력이 **탄성한계**(elastic limit) σ_Y에 이를 때까지 응력-변형률 곡선이 휘게 된다. 대부분의 재료에서 비례한계와 탄성한계는 아주 근접하여 그 정확한 값을 구분하기가 쉽지 않다. 탄성구간의 특징은 응력이 σ_Y에 도달한 이후 하중이 제거되면 시편이 원래 형태를 회복한다는 것이다. 다른 말로 하면, 재료에는 어떠한 손상도 가해지지 않는다는 것이다.

곡선이 σ_{pl}까지 직선이기 때문에 응력이 증가하면 변형률이 비례적으로 증가하게 된다. 이러한 사실은 1676년 로버트 훅(Robert Hooke)이 스프링을 이용하여 발견하였으며 이것을 **훅의 법칙**(Hooke's law)이라고 한다. 수학적으로는 다음과 같은 식으로 표현한다.

$$\sigma = E\epsilon \tag{8-3}$$

여기서 E는 비례상수로 **탄성계수**(modulus of elasticity) 또는 1807년 이와 관련된 발표를 한 토마스 영(Thomas Young)에 따라 **영 계수**(Young's modulus)라 한다.

그림 8-4에서와 같이, 탄성계수는 곡선의 직선 구간의 기울기를 나타낸다. 식 (8-3)을 보면 변형률이 무차원 단위이므로 E는 응력과 같은 파스칼 단위를 갖게 된다.

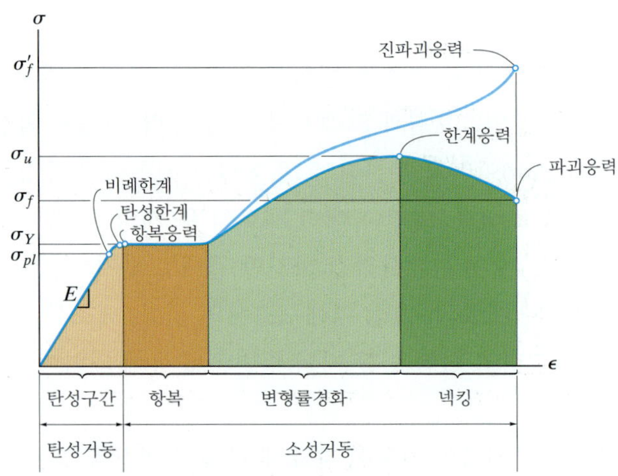

연성재료(강철)의 공칭 및 진응력-변형률 곡선
(정확한 스케일 아님)

그림 8-4 (반복)

항복. 탄성한계를 조금만 넘어서면 재료의 소성을 가져오게 되고 영구변형이 발생하게 된다. 이러한 거동을 **항복**(yielding)이라 부르며 그림 8-4에서 짙은 오렌지 색으로 표현된 사각형 영역을 의미한다. 이렇게 항복을 발생시키는 응력을 **항복응력**(yield stress) 혹은 **항복점**(yield point)이라고 하고 σ_Y로 표시한다. 그리고 이때 발생하는 변형을 **소성변형**(plastic deformation)이라고 부른다. 그림 8-4에는 나타내지 않았지만 탄소가 적게 함유된 강철 혹은 이러한 강철을 높은 온도에서 롤러로 눌러 만든 강철의 경우 항복점은 일반적으로 두 가지로 구분된다. **상위항복점**(upper yield point)이 먼저 발생되고 하중을 견디는 능력이 급격히 감소하면서 나타나는 **하위항복점**(lower yield point)이 그것이다. 일단 재료가 항복점에 다다르게 되면 그림 8-4에서 보는 것과 같이 하중의 증가함이 없이 시편의 길이 혹은 변형률은 계속해서 늘어나게 된다. 재료가 이러한 상태에 도달한 경우 **완전소성**(perfectly plastic)이라고 지칭한다.

변형률 경화. 소성이 끝나는 시점에서 시편이 감당하는 하중이 다시 증가하게 되고 곡선이 점점 평평해지면서 극한점에 도달하게 되는데 이점을 **극한응력**(ultimate stress) σ_u라고 한다. 그래프에서 이렇게 증가하는 현상을 가리켜 **변형률 강화**(strain hardening)라 하고 그림 8-4에서는 연한 녹색 영역으로 표시하였다.

넥킹. 극한응력에 이를 때까지 시편은 늘어나고 시편의 단면적은 줄어들게 된다. 이러한 단면의 축소는 시편의 게이지 길이 전반에 걸쳐 균등하게 줄어들게 되는데 극한응력을 지난 이후에는 시편의 단면적이 국한된 일부 구간에서만 감소하게 된다. 이러한 결과로 수축 혹은 '넥(neck)'이라고 표현되는 현상이 시편의 계속적인 늘어남의 결과로 그림 8-5a처럼 나타난다. 그림 8-4에서는 그래프의 마지막 부분에 표시되어 있다. 여기서 응력-변형률 곡선은 아래로 구부러져 그림 8-5b와 같이 시편이 파괴되는 **파괴응력**(fracture stress) σ_f까지 이르게 된다.

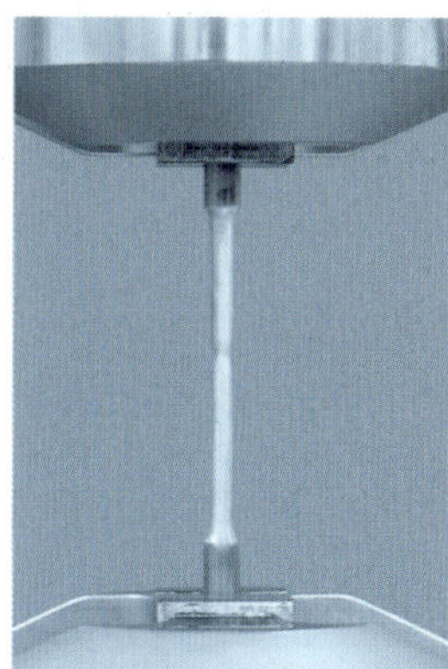

강재시편이 파괴되기 직전에 발생하는 일반적 형태의 넥킹 현상

진응력-변형률 곡선. 공칭 응력-변형률 관계에서처럼 원래의 단면적과 시편의 길이를 이용하여 계산하는 대신 하중이 측정되는 매순간 실제 단면적과 실제 시편의 길이를 사용하여 계산할 수 있다. 이러한 방법에 의해서 계산된 응력과 변형률을 **진응력**(true stress)과 **진변형률**(true strain)이라 하고 이와 관련된 그래프를 **진응력-변형률 곡선**(true stress-strain diagram)이라고 한다. 이 그래프를 그려보면 그림 8-4에서 나타난 것과 같이 연한 색의

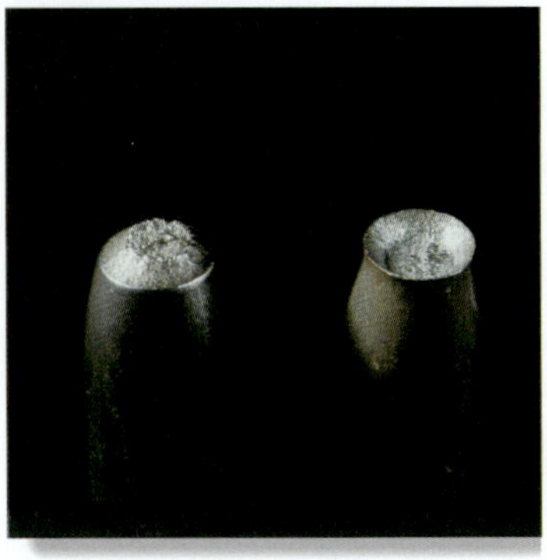

이 강재시편은 파괴가 되기 직전에 발생한 넥킹 현상을 명확히 보여준다. 이 결과로 인하여 파괴가 발생한 점에서 연성재료의 특징인 컵-콘 형태가 발생한다.

넥킹
(a)

연성재료의 파괴
(b)

그림 8-5

선으로 나타나게 된다. 그림에서 볼 수 있듯이 변형률이 작을 때에는 두 개의 그래프가 매우 잘 일치한다. 두 그래프간의 차이가 나타나는 것은 변형률의 정도가 매우 커지는 변형률 경화 단계부터이다. 특히 넥킹이 발생하는 구간에서는 그 차이가 상당히 나는 것을 알 수 있다. 공칭 응력-변형률 곡선에서는 시편의 공칭 응력 $\sigma = P/A_0$을 계산할 때 단면적 A_0가 일정한 것으로 계산하기 때문에 시편이 받는 하중이 감소하는 것으로 나타난다. 그러나 진 σ-ϵ 곡선에서는 실제 단면적 A가 넥킹이 발생하는 부분에서 파괴가 일어나는 시점 σ'_f까지 계속적으로 감소하므로 재료는 $\sigma = P/A$ 계산에 의해 실질적으로는 계속 증가하는 응력을 받게 된다.

비록 진 그리고 공칭 응력-변형률 곡선이 다를지라도 대부분의 공학적인 설계에 있어서는 재료가 담당할 응력은 탄성 범위 안에 있으므로 그 차이를 무시할 수 있다. 이러한 상태에서 재료의 변형은 크지 않고 하중이 제거될 경우 재료는 원상태로 돌아간다. 따라서 탄성한계까지의 실제 변형률은 매우 작기 때문에 공칭 응력이나 변형률을 사용할 때 내포하는 오차는 실제값과 비교하여 0.1% 이하의 매우 작은 값이므로 탄성 영역에서는 공칭-변형률 곡선을 사용할 수 있다.

8

강철. 위에서 설명한 개념들을 저탄소강 시편의 공칭 응력-변형률 관계인 그림 8-6을 이용하여 정리해 보자. 세부적인 사항을 보기 위하여 탄성구간의 그래프를 변형률을 100배 확대하여 조금 연한 색으로 표현된 그래프를 표시하였다. 거동을 따라가 보면, 비례한계점 $\sigma_{pl} = 241$ MPa, $\epsilon_{pl} = 0.0012$ mm/mm에 이르게 된다. 바로 이어서 상위항복점 $(\sigma_Y)_u = 262$ MPa 그리고 바로 하위항복점 $(\sigma_Y)_l = 248$ MPa를 볼 수 있다. 재료의 항복은 $\epsilon_Y = 0.030$ mm/mm점까지 발생하게 되는데, 이는 비례한계 변형률의 25배에 달한다. 계속해서 변형은 변형률 경화 현상이 극한응력 $\sigma_u = 435$ MPa까지 진행되고 시편은 파괴되는 시점 $\sigma_f = 324$ MPa까지 넥킹 현상을 겪게 된다. 이때 파괴시의 변형률은 $\epsilon_f = 0.380$ mm/mm으로 비례한계점의 ϵ_{pl}보다 317배 정도의 값을 갖는다.

$\sigma_{pl} = 241$ MPa, $\epsilon_{pl} = 0.0012$ mm/mm이므로 훅의 법칙을 이용하여 탄

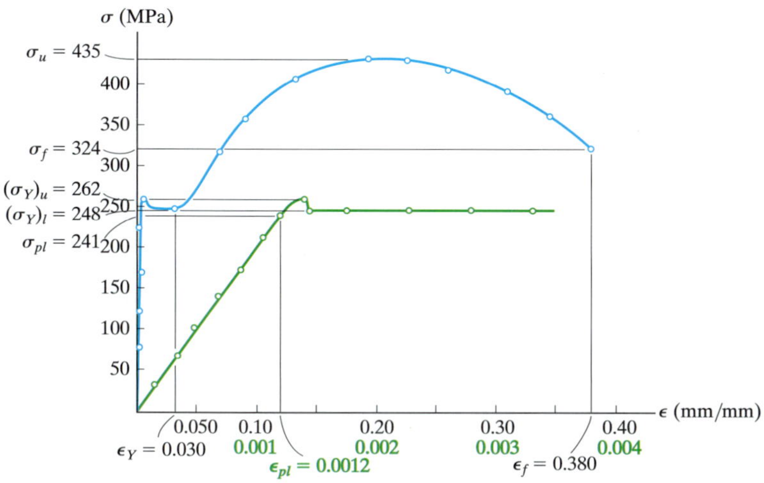

연철의 응력-변형률 곡선

그림 8-6

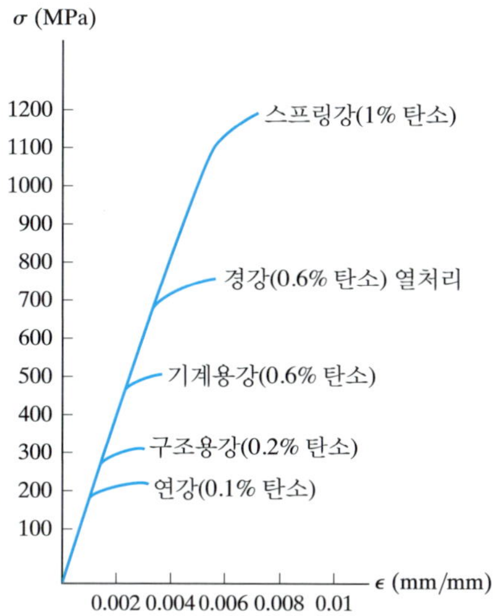

그림 8-7

성계수를 구할 수 있다.

$$E = \frac{\sigma_{pl}}{\epsilon_{pl}} = \frac{241(10^6)\ \text{Pa}}{0.0012\ \text{mm/mm}} = 200\ \text{GPa}$$

강철 합금은 탄소 함량은 다르지만, 대부분 등급의 강철은 그림 8-7과 같이 가장 연한 압연강에서 가장 단단한 공구강에 이르기까지 거의 동일한 탄성계수를 가지고 있다.

8

8.3 취성과 연성재료의 응력-변형률 거동

재료는 그 응력-변형률 특성에 따라 취성 혹은 연성재료로 대별할 수 있다.

연성재료. 어떤 재료이던지 재료가 파괴되기 전에 큰 변형률이 발생되는 경우 이러한 재료를 **연성재료**(ductile material)라고 부른다. 바로 전에 예를 들었던 저탄소강이 하나의 좋은 예이다. 엔지니어들은 종종 설계를 할 때 연성재료를 선호하는데 이러한 재료는 충격이나 에너지를 흡수하는 능력이 있고 과다하중을 받게 될 경우 파괴가 되기 전 큰 변형을 일으키기 때문이다.

다른 방법으로 연성재료를 규정하기 위하여 늘어난 양 혹은 파괴발생 시 면적의 줄어든 양을 퍼센트로 표시하기도 한다. **인장량 퍼센트**(percent elongation)로 표시하는 것은 시편이 파괴될 때 변형률을 퍼센트로 표시하는 것이다. 따라서, 시편의 변형률을 측정하기 위한 원래길이를 L_0, 파괴당시 시편의 변형된 길이를 L_f라고 한다면

$$\text{인장량 백분율} = \frac{L_f - L_0}{L_0}(100\%) \tag{8-4}$$

예를 들어 그림 8-6과 같은 저탄소강의 경우, $\epsilon_f = 0.380$이기 때문에 인장량 백분율은 38%가 된다.

연성을 나타내는 또 다른 방법으로 **면적 축소량 백분율**(percent reduction in area)이 있다.

$$\text{면적 축소량 백분율} = \frac{A_0 - A_f}{A_0}(100\%) \tag{8-5}$$

여기서 A_0는 시편의 원래 상태의 단면적이고 A_f는 파괴가 일어날 때 넥이 발생되는 부분의 단면적이다. 저탄소강의 경우 일반적으로 약 60%의 값을 갖는다.

강철 이외에 다른 구리, 몰리브덴 그리고 아연과 같은 금속의 경우도 연성을 갖는데 탄성 응력-변형률, 일정한 응력에서 항복, 변형률 경화, 그리고 파괴가 일어나기 전까지의 넥킹 등 강철과 유사한 거동을 보인다. 그러나 대부분의 금속과 일부의 플라스틱의 경우에는 탄성구간 이후에 일정한 응력에서 항복이 발생하지는 않는다. 그림 8-8과 같은 알루미늄이 이러한 금속의 예이다. 실제적으로 이 금속은 항복점의 정의가 어려운 상황이며, 이러한 경우 **오프셋법**(offset method)이라는 정규화된 도식적인 규칙을 이용하여 **항복강도**(yield strength)를 결정하게 된다. 일반적으로 0.2% 변형률(0.002 mm/mm)을 변형률 축상에서 확인하고 이 확인된 점으로부터 응력-변형률 곡선의 첫 선형부와 평행한 직선을 그린다. 이 직선과 응력-변형률 곡선이 만나는 점을 일반적으로 그 금속재료의 항복강도라고 한다. 그림 8-8에서 알루미늄의 항복강도는 σ_{YS} = 352 MPa이다.

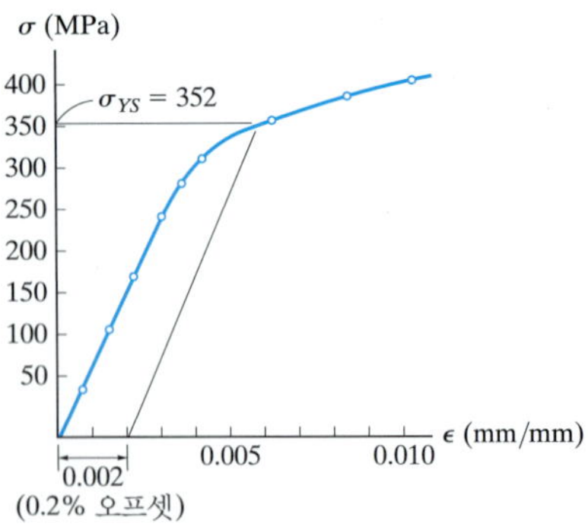

알루미늄 합금의 항복강도

그림 8-8

사실 항복강도는 어떠한 재료의 물리적인 재료의 특성이 아니라고 할 수 있는데 왜냐하면 항복강도는 재료에 특정 영구 변형을 발생시키는 응력이기 때문이다. 그러나 이 책에서는 항복강도, 항복점, 탄성한계 그리고 비례한계를 특별히 언급하는 경우를 제외하고는 동일하다고 가정할 것이다. 예외로 들 수 있는 재료가 천연고무인데, 응력과 변형률이 선형관계를 갖지 않기 때문에 비례한계가 존재하지도 않는다. 대신에 폴리머의 일종인 이 재료는 그림 8-9와 같이 비선형 탄성거동을 보인다.

나무의 경우는 일반적으로 중간 정도의 연성을 갖는 재료로서 설계에서

탄성하중에 대해서만 거동할 수 있도록 하고 있다. 또한 나무의 강도 특성은 나무의 종류에 따라 매우 다르며 같은 종류의 나무에서도 나무의 습도 정도, 수령, 옹이의 크기와 배열 정도에 따라 다르다. 나무는 섬유질의 재료이기 때문에 나뭇결과 평행한 방향으로의 인장과 압축 특성은 나뭇결과 직각인 방향으로의 특성과 크게 다르다. 특별히 나뭇결에 직각방향으로 인장이 가해지는 경우 매우 쉽게 쪼개지게 되므로 나뭇결과 평행한 방향으로 인장을 받도록 하는 것이 일반적이다.

취성재료. 재료가 파괴되기 전에 연성을 아주 조금 보이거나 안 보이는 경우, 이러한 재료를 가리켜 **취성재료**(brittle material)라고 한다. 예로서 그림 8-10과 같은 회주철(gray cast iron)의 응력-변형률 곡선 중 AB로 표시되는 인장 부분을 볼 수 있다. 여기서 파괴는 $\sigma_f = 152$ MPa에서 나타나는데 초기단계에서의 미세균열이 전체 시편에 퍼져나가면서 완전한 파괴로 연결된다. 시편에서 초기 균열은 불규칙적으로 발생하기 때문에 취성재료의 인장 파괴응력을 명확히 정의하기는 쉽지 않다. 따라서 실험군의 평균 파괴응력을 이용하게 된다. 전형적인 시편의 파괴 형상을 그림 8-11a에서 확인할 수 있다.

주철과 같은 취성재료에서는 인장거동과 비교하여 그림 8-10의 AC 구간처럼 축방향 압축에서 상당히 높은 하중을 견디는 것을 볼 수 있다. 이러한 압축의 경우에는 일반적으로 시편에 존재하는 균열이라던가 초기결함들이 닫히는 경향을 보이며 하중이 증가함에 따라 변형률이 커지면서 그림 8-11b와 같은 배럴 형태 또는 배부름 형태로 변형되게 된다.

구조 재료로 사용되는 콘크리트는 설계 한계 강도에 도달하도록 30일 동안 양생 후 압축실험을 수행해야 한다.

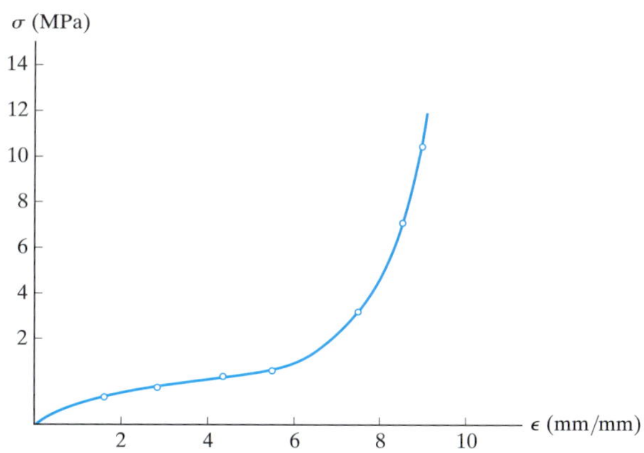

천연고무의 σ–ϵ 곡선

그림 8-9

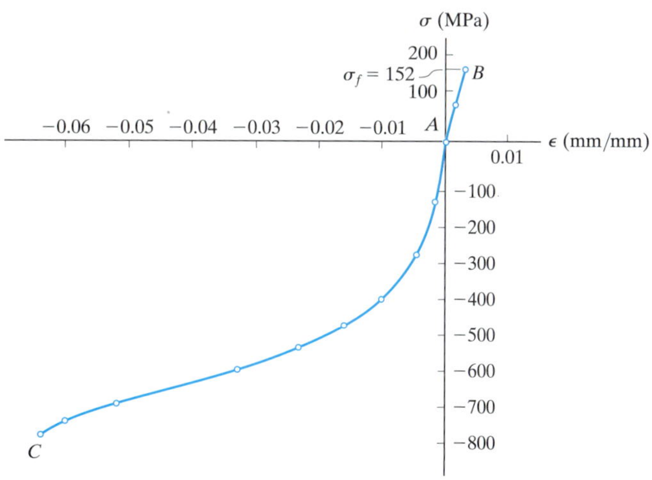

주철의 σ–ϵ 곡선

그림 8-10

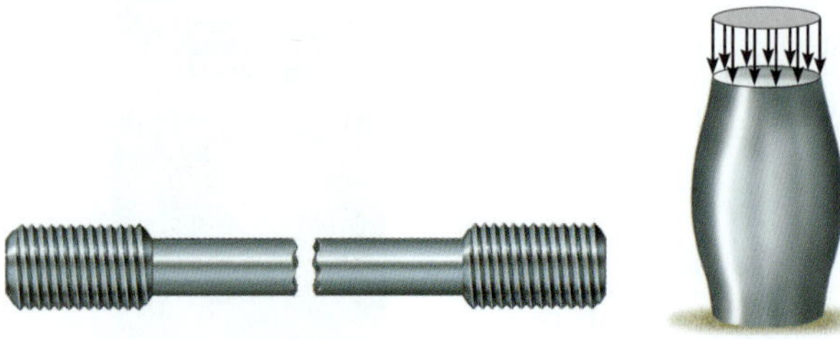

취성재료의 인장파괴
(a)

재료의 압축에 의한 배부름 현상
(b)

그림 8-11

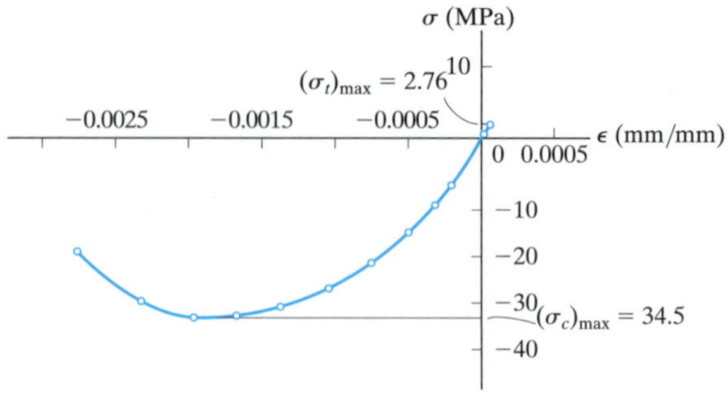

전형적인 콘크리트 재료의 σ–ϵ 곡선

그림 8-12

강재는 열을 가하게되면 그 강도를 급격히 잃게 된다. 이러한 이유로 인해 엔지니어들은 구조물의 주요보재를 단열처리하여 화재로부터 보호되도록 한다.

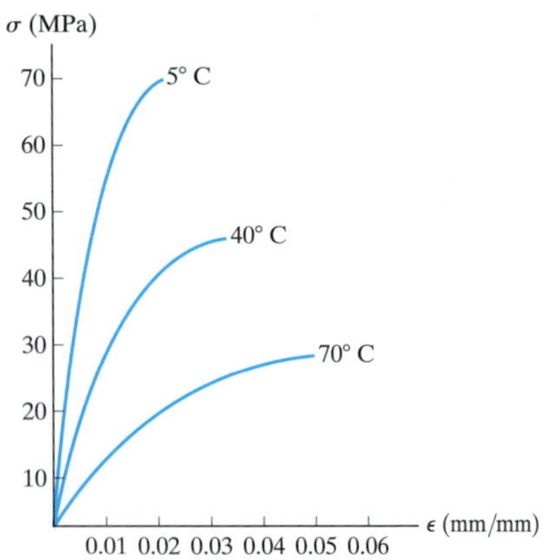

아크릴 수지의 σ–ϵ 곡선

그림 8-13

콘크리트도 주철과 마찬가지로 취성재료로 분류되는데 인장에 대하여 낮은 강도를 가진다. 콘크리트의 응력-변형률 곡선은 콘크리트의 배합비(물, 모래, 자갈 그리고 시멘트)와 양생 시간 그리고 양생 온도에 따라 특성이 달라지게 된다. 그림 8-12는 인장과 압축에 관한 완전한 응력-변형률 곡선의 전형적인 예로 제시되었다. 압축강도 $(\sigma_c)_{max}$ = 34.5 MPa는 인장강도 $(\sigma_t)_{max}$ = 2.76 MPa에 비해 약 12.5배에 달한다. 이러한 이유로 인하여 콘크리트재료는 인장을 받는 구조물의 설계에서는 항상 철근 혹은 철심으로 보강하여 사용한다.

일반적으로는 대부분의 재료는 연성과 취성의 양쪽 성질을 다 보유한다. 예를들면 강철의 경우는 탄소성분이 많아지면 취성의 성질을 보이고 적어지면 연성의 성질을 보인다. 또한 낮은 온도에서는 보다 단단하고 취성의 성질을 보이지만 온도가 상승하게 되면 보다 부드럽고 연성을 띄게 된다. 그림 8-13은 아크릴 수지의 온도에 따른 효과를 보여주고 있다.

강성도. 탄성계수는 재료의 **강성도**(stiffness)를 나타내는 재료 성질이다. 강철과 같이 강성도가 높은 재료는 높은 E값[E_{st} = 200 GPa]을 갖는 반면, 가황고무와 같은 스펀지 재료는 낮은 E값[E_r = 0.69 MPa]을 갖는다.

탄성계수는 이 교재에서 유도되는 식에 있어서 가장 중요한 재료 성질 중 하나이다. 그러나 식 (8-3)의 훅의 법칙을 적용함에 있어서 E는 재료가 선형탄성인 경우에만 사용될 수 있다는 것을 기억하여야 한다. 또한 재료의 응력이 비례한계보다 크면 응력-변형률 곡선은 더 이상 직선이 아니고 따라서 훅의 법칙은 정당하지 않다.

변형률 경화. 만약 연성거동을 하는 강철과 같은 재료의 시편을 소성이 발생하는 정도까지 하중을 가한 다음 하중을 제거하면 탄성변형률이 복귀되면서 재료는 평형상태로 돌아가게 된다. 그러나 이때 소성 변형률이 남게 되는데 결과적으로 재료에는 **영구변형**(permanent set)이 발생된다. 예를 들어, 철사를 구부렸다 놓으면 일부는 다시 원상태로 돌아가지만 완전히 원상태로 돌아가지는 않는다. 이러한 거동을 그림 8-14*a*에서 응력-변형률 곡선으로 나타내고 있다. 여기서 시편은 처음으로 항복점 A를 지나 A'점까지 하중을 받게 된다. 재료를 탄성적으로 늘리기 위해서는 원자간의 인력을 극복하여 하중을 가해야 하는데, 그림 8-14*a*와 같이 하중을 제거할 때 이와 동일한 힘이 원자들을 원 위치를 당겨 놓게 된다. 따라서 탄성계수 E는 동일하며, 직선 $O'A'$의 기울기와 직선 OA의 기울기 또한 동일하게 된다. 하중을 완전히 제거하면 영구변형은 OO'이 된다.

만약 하중이 다시 가해지게 되면, 원자들은 A'점 근처의 응력에서 항복이 다시 발생하기 전까지 변형이 발생되고, 그림 8-14*b*와 같이 응력-변형률 곡선에서는 이전의 경로와 동일한 경로를 지나게 된다. $O'A'B$로 표시되는 새로운 응력-변형률 곡선에서 항복점은 변형 경화의 결과였던 A'점으로 이전보다 높은 값을 갖는다. 비록 이 재료는 이전의 원래 상태와 비교하여 탄성구간은 확장되었으나 항복구간은 축소되어 연성은 줄었다고 할 수 있다.

이 핀은 다량의 탄소성분을 함유한 강철합금을 이용하여 만들어져서 취성파괴로 인하여 절단되었다.

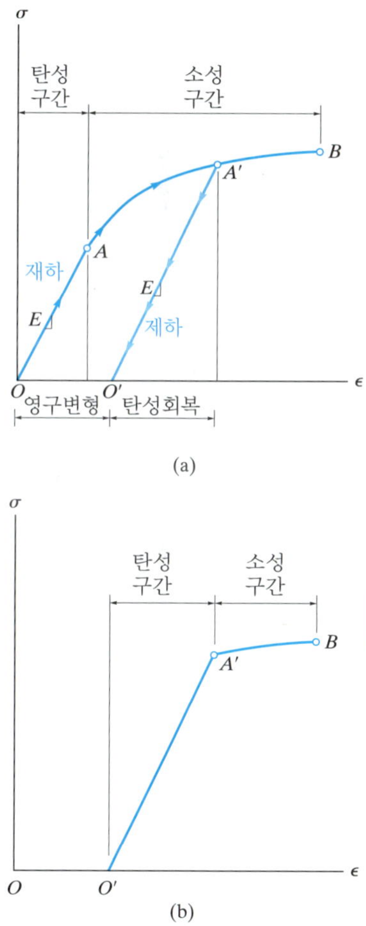

그림 8-14

8.4 변형에너지

외부 하중에 의해 재료에 변형이 발생될 때 하중은 외적 일을 하게 되고 이 일은 재료에 내적에너지로 저장되게 된다. 이 에너지는 재료의 변형률과 관계함으로 이를 **변형에너지**(strain energy)라 부른다. 이러한 변형에너지를 구하기 위해 그림 8-15*a*에서 보여주는 것과 같이 인장을 받는 시편의 일부분을 고려해 보자. 이 재료의 요소는 일축 응력 σ를 받고 있다. 이 응력은 그림 8-15*b*와 같이 요소의 상부와 하부면에 하중 $\Delta F = \sigma\,\Delta A = \sigma(\Delta x\,\Delta y)$를 일으키고 요소가 수직변위 $\epsilon\,\Delta z$를 갖게 된다. 정의에 의하여 일은 힘과 그 힘 방향으로의 변위의 곱으로 구해진다. 여기서 힘은 영에서부터 변위 $\epsilon\Delta z$가 발생하는 최종 힘 ΔF까지 일정하게 증가함으로 요소에 발생하는 에너지는 평균 하중$(\Delta F/2)$의 크기 곱하기 변위 $\epsilon\,\Delta z$로 표현할 수 있다. 이렇게 계산된 요소에 작용한 '외부 일'은 에너지 보존의 법칙에 의하여 에너지가 열의 형태로 소실되지 않는다는 가정하에 '내부에너지' 혹은 요소에 저장된 변형에너지와 같게 된다. 따라서 변형에너지는 $\Delta U = (\frac{1}{2}\Delta F)\cdot\epsilon\,\Delta z = (\frac{1}{2}\sigma\,\Delta x\,\Delta y)\cdot\epsilon\,\Delta z$로 표현할 수 있다. 여기서 요소의 체적

8

$\Delta V = \Delta x \, \Delta y \, \Delta z$이므로 $\Delta U = \frac{1}{2} \sigma \epsilon \, \Delta V$이다.

때로는 재료의 단위 체적당 변형에너지를 사용하는 것이 편리한 경우가 많다. 이것을 **변형에너지 밀도**(strain energy density)라고 부르고 다음과 같이 표현한다.

$$u = \frac{\Delta U}{\Delta V} = \frac{1}{2} \sigma \epsilon \tag{8-6}$$

만약 재료가 선형탄성으로 거동할 경우, 훅의 법칙 $\sigma = E\epsilon$을 적용할 수 있고, 따라서 **탄성 변형에너지 밀도**(elastic strain energy density)는 일축 응력이 작용될 경우 다음과 같이 표현된다.

$$u = \frac{1}{2} \frac{\sigma^2}{E} \tag{8-7}$$

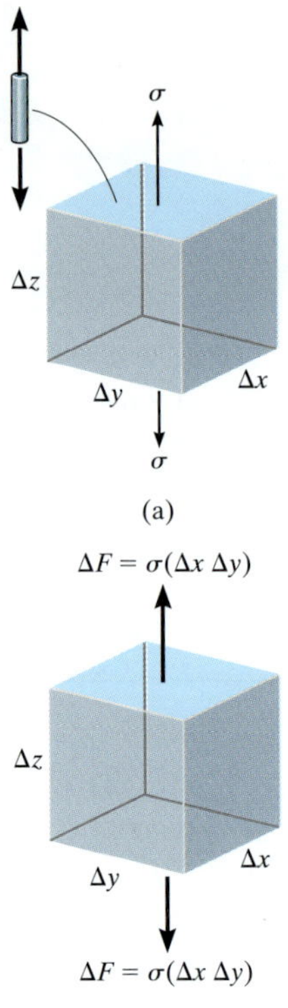

그림 8-15

복원계수. 응력 σ가 비례한계에 다다를 경우, 변형에너지 밀도는 식 (8-6)과 (8-7)에 의해 계산될 수 있는데, 이때 이 값을 **복원계수**(modulus of resilience)라 부른다.

$$u_r = \frac{1}{2} \sigma_{pl} \, \epsilon_{pl} = \frac{1}{2} \frac{\sigma_{pl}^2}{E} \tag{8-8}$$

그림 8-16a의 응력-변형률 곡선에서 u_r이 선형구간 곡선 아래 부분의 칠해진 삼각형 면적과 같다는 것을 알 수 있다. 물리학적으로 재료의 복원력이라고 하는 것은 재료의 영구 변형이 생기지 않는 조건에서 재료의 에너지 흡수 능력을 말한다. 당연히 이 성질은 범퍼나 쇼크 업소바를 설계하는 데 있어서 중요하게 된다.

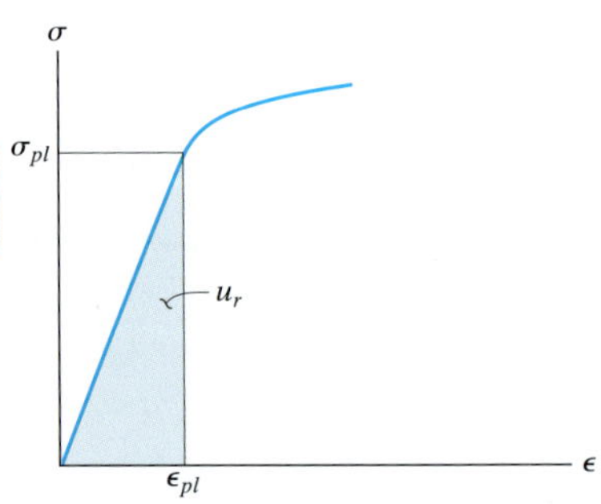

복원계수 u_r

(a)

그림 8-16

인성계수. 재료의 다른 중요한 성질로 **인성계수**(modulus of toughness) u_t이 있다. 이 물리량은 그림 8-16b에서와 같이 응력-변형률 곡선 아래의 전체 면적을 의미하는데, 따라서 이 계수는 재료가 파괴에 이르기 직전까지 흡수할 수 있는 최대 변형에너지 밀도를 나타낸다. 따라서 이는 뜻하지 않는 과다하중을 받을 수 있는 부재를 설계할 때 매우 중요한 계수로 작용하게 된다. 금속의 경우는 합금으로 인하여 복원력과 인성력을 변화시킬 수 있다. 예를 들면, 강에 포함된 탄소의 양이 변하게 되면 그림 8-17에서 보는 것과 같이 복원력과 인성력이 변하는 것을 알 수 있다.

요점 IMPORTANT POINTS

- 공칭 응력-변형률 곡선(nominal stress-strain diagram)은 엔지니어링에서 중요하게 사용된다. 이는 재료의 물리적 크기나 형태에 관계없이 재료의 인장 혹은 압축강도를 구할 수 있는 수단이기 때문이다.
- 공칭 응력과 변형률은 시편의 원래 상태의 단면적과 게이지 길이를 이용하여 계산한다.
- 연강과 같은 연성거동재료의 경우 하중을 받는 동안 4개의 구별된 거동을 보이게 된다. 탄성거동, 항복, 변형률 경화 그리고 넥킹의 4개의 거동이다.
- 재료가 선형탄성이라고 하는 것은 탄성구간 안에서 응력이 변형률과 일정한 비례관계를 유지하는 것을 말한다. 이때 이러한 거동은 훅의 법칙(Hooke's law) $\sigma = E\epsilon$으로 표현되는데, 여기서 탄성계수 E는 직선의 기울기를 나타낸다.
- 응력-변형률 곡선의 중요한 점들은 비례한계, 탄성한계, 항복응력, 극한응력 그리고 파괴응력이다.
- 재료의 연성은 시편의 인장률을 또는 단면적의 축소량을 백분율로 표시할 수 있다.
- 만약 재료가 항복점이 불분명할 경우 항복강도를 오프셋법에 의해 도식적으로 정의할 수 있다.
- 주철과 같은 취성재료의 경우 항복강도가 매우 작거나 나타나지 않아 갑작스럽게 파괴가 발생한다.
- 변형률 경화는 재료의 항복점을 높이기 위하여 사용된다. 이는 재료의 탄성한계 넘어까지 변형시킨 후 하중을 제거함에 의하여 이루어진다. 탄성계수는 동일한 값을 유지하지만 재료의 연성은 감소하게 된다.
- 변형에너지는 재료가 변형되면서 내부에 저장되는 에너지를 말한다. 단위 체적당 변형에너지를 변형에너지 밀도라 한다. 만약 변형에너지 밀도를 비례한계까지 측정할 경우 이를 복원계수라 하고 만약 파괴단계까지 측정할 경우 이를 인성계수라 부른다. 이것은 응력-변형률 곡선 아래 면적으로부터 산정한다.

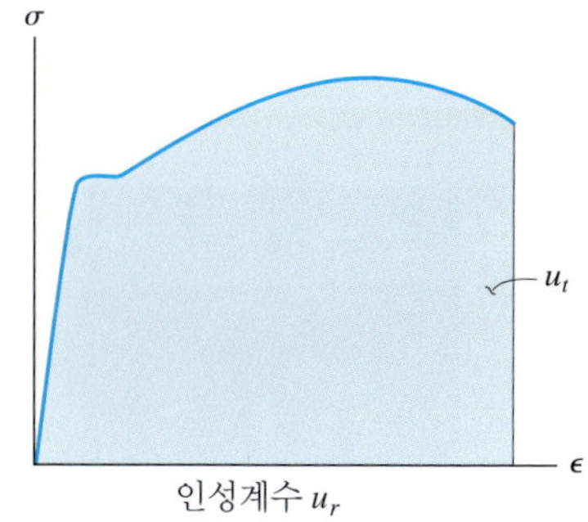

(b)

그림 8-16 (계속)

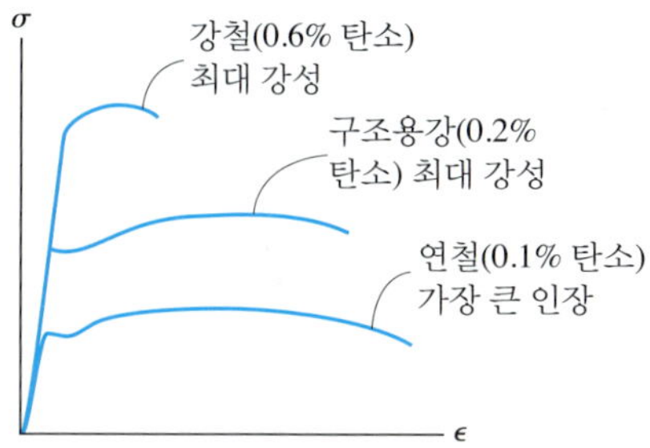

그림 8-17

그림의 나일론 시편은 파괴 직전에 보여주는 넥킹이 오랫동안 지속되어 강인계수가 크게 발생한다.

예제 8.1

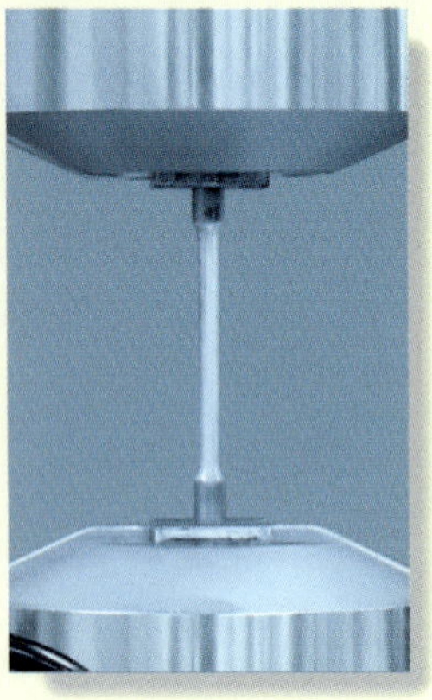

강철 합금에 대하여 인장실험을 한 결과 응력-변형률 곡선이 그림 8-18처럼 얻어졌다. 이때 탄성계수와 항복강도를 0.2% 오프셋을 이용하여 계산하라. 또한 그래프상에 극한응력과 파괴응력을 표시하라.

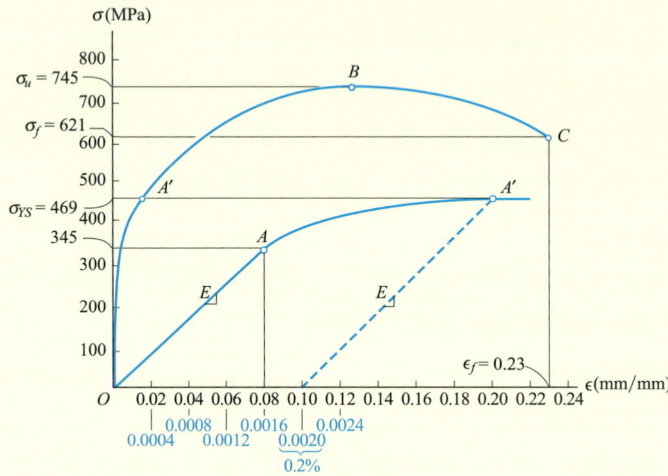

그림 8-18

풀이

탄성계수. 그래프의 초기 구간의 직선 부분의 기울기를 계산하여야 한다. 파란색으로 표현된 확대한 곡선과 눈금을 이용하여 O점에서 대략 A점까지의 직선을 연장한다. 이때 A점의 좌표는 약 (0.0016 mm/mm, 345 MPa)이다. 따라서

$$E = \frac{345 \text{ MPa}}{0.0016 \text{ mm/mm}} = 216 \text{ GPa} \qquad \text{답}$$

OA 직선을 식으로 표현하면 $\sigma = [216(10^3)\,\epsilon]$ MPa이다.

항복강도. 0.2%의 오프셋을 찾기 위해, 눈금의 0.2% 또는 0.0020 mm/mm의 변형률로부터 도형적으로 OA에 평행한 선(그림에서 점선으로 표현)을 σ–ϵ 곡선과 만나는 점 A'까지 그린다. 항복강도는 약

$$\sigma_{YS} = 469 \text{ MPa} \qquad \text{답}$$

극한응력. 극한응력은 σ–ϵ 곡선의 정점으로 그림 8-18에 점 B로 표시하였다.

$$\sigma_u = 745 \text{ MPa} \qquad \text{답}$$

파괴응력. 이 점은 시편이 최대 변형률인 $\epsilon_f = 0.23$ mm/mm에 다다를 때로 C점으로 표현하였다. 따라서 이때 응력은

$$\sigma_f = 621 \text{ MPa} \qquad \text{답}$$

예제 8.2

비행기 부품의 소재인 알루미늄 합금의 응력-변형률 곡선이 그림 8-19와 같다. 만약 시편에 600 MPa까지 응력이 가해지면, 하중을 모두 제거했을 때 발생될 영구변형을 구하라. 그리고 이 하중을 가하기 전후의 복원계수를 각각 구하라.

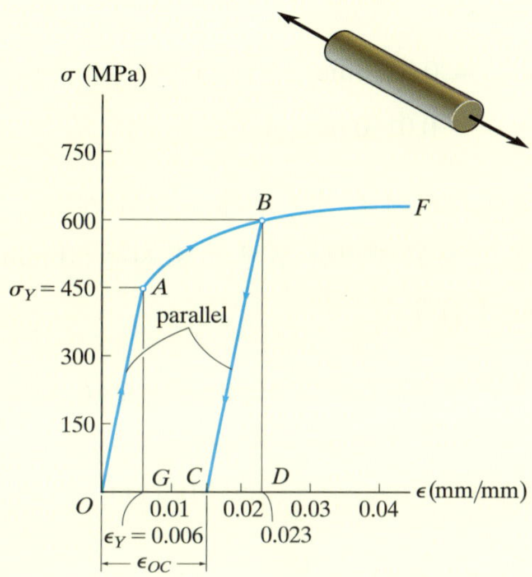

그림 8-19

풀이

영구변형. 시편이 하중을 받을 때, 시편은 σ-ϵ 곡선에서 보는 것과 같이 B점까지 변형률 경화 과정을 지나게 된다. 이 점에서의 변형률은 약 0.023 mm/mm이다. 여기서 하중을 제거하면, 재료의 거동은 직선 OA와 평행한 직선 BC를 따라 움직이게 된다. 이 두 직선은 경사도가 같으므로 C점의 변형률은 해석적으로 구할 수 있다. 여기서 OA 직선의 경사도는 이 재료의 탄성계수이다.

$$E = \frac{450 \text{ MPa}}{0.006 \text{ mm/mm}} = 75.0 \text{ GPa}$$

삼각형 CBD로부터

$$E = \frac{BD}{CD}; \qquad 75.0(10^9)\ \text{Pa} = \frac{600(10^6)\ \text{Pa}}{CD}$$

$$CD = 0.008\ \text{mm/mm}$$

구할 수 있다. 이 변형률은 회복되는 탄성 변형률의 크기를 나타낸다. 따라서 영구변형률 ϵ_{OC}는

$$\begin{aligned}\epsilon_{OC} &= 0.023\ \text{mm/mm} - 0.008\ \text{mm/mm}\\ &= 0.0150\ \text{mm/mm}\end{aligned}$$ 답

주: 만약 실험에서 시편에 측정을 위해 표시한 게이지 길이가 50 mm 이었다면, 하중을 가하고 제거한 후에 이 표시는 50 mm + (0.0150)(50 mm) = 50.75 mm가 된다.

복원계수. 식 (8-8)을 적용하여* 그림 8-19의 OAG, CBD 면적은

$$(u_r)_{\text{initial}} = \frac{1}{2}\sigma_{pl}\epsilon_{pl} = \frac{1}{2}(450\ \text{MPa})(0.006\ \text{mm/mm})$$

$$= 1.35\ \text{MJ/m}^3$$ 답

$$(u_r)_{\text{final}} = \frac{1}{2}\sigma_{pl}\epsilon_{pl} = \frac{1}{2}(600\ \text{MPa})(0.008\ \text{mm/mm})$$

$$= 2.40\ \text{MJ/m}^3$$ 답

주: 변형률 경화를 겪은 재료는 그렇지 않은 재료와 비교하여 복원계수가 증가하는 것을 알 수 있다. 그러나, 인성계수의 경우는 원래 곡선의 $OABF$ 면적과 CBF 면적을 비교하면 변형률 경화를 경험한 재료의 인성계수가 감소하는 것을 알 수 있다.

* SI 단위계에서 일은 줄 단위로 측정된다. 1 J = 1 N · m

FUNDAMENTAL PROBLEMS

F8–1. Define a homogeneous material.

F8–2. Indicate the points on the stress–strain diagram which represent the proportional limit and the ultimate stress.

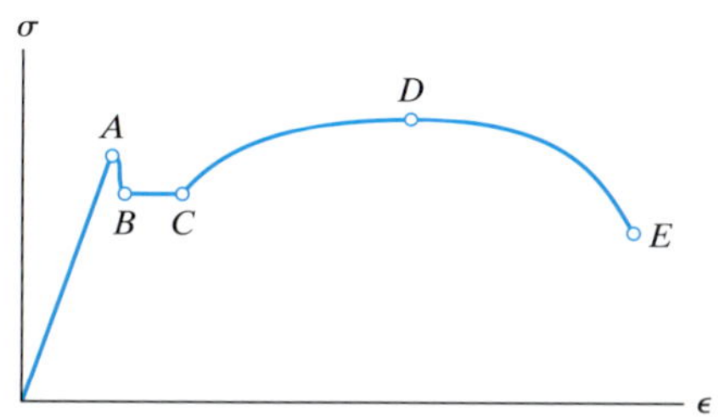

Prob. F8–2

F8–3. Define the modulus of elasticity E.

F8–4. At room temperature, mild steel is a ductile material. True or false?

F8–5. Engineering stress and strain are calculated using the *actual* cross-sectional area and length of the specimen. True or false?

F8–6. As the temperature increases the modulus of elasticity will increase. True or false?

F8–7. A 100-mm-long rod has a diameter of 15 mm. If an axial tensile load of 100 kN is applied, determine its change in length. Assume linear elastic behavior with $E = 200$ GPa.

F8–8. A bar has a length of 200 mm and cross-sectional area of 7500 mm^2. Determine the modulus of elasticity of the material if it is subjected to an axial tensile load of 50 kN and stretches 0.075 mm. The material has linear-elastic behavior.

F8–9. A 10-mm-diameter rod has a modulus of elasticity of $E = 100$ GPa. If it is 4 m long and subjected to an axial tensile load of 6 kN, determine its elongation. Assume linear elastic behavior.

F8–10. The material for the 50-mm-long specimen has the stress–strain diagram shown. If $P = 100$ kN, determine the elongation of the specimen.

F8–11. The material for the 50-mm-long specimen has the stress–strain diagram shown. If $P = 150$ kN is applied and then released, determine the permanent elongation of the specimen.

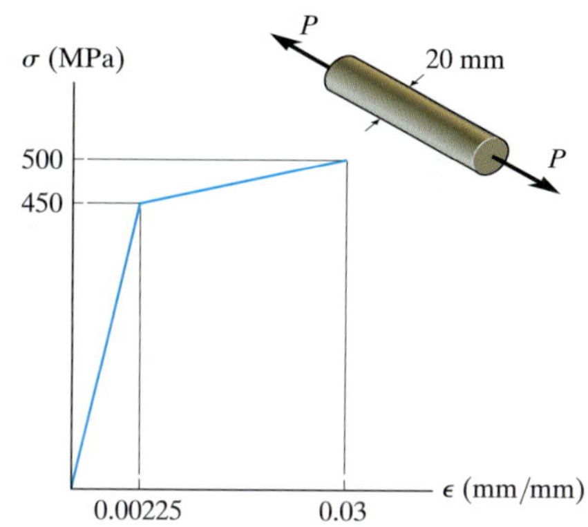

Probs. F8–10/11

F8–12. If the elongation of wire BC is 0.2 mm after the force $\mathbf{P}$ is applied, determine the magnitude of $\mathbf{P}$. The wire is A-36 steel and has a diameter of 3 mm.

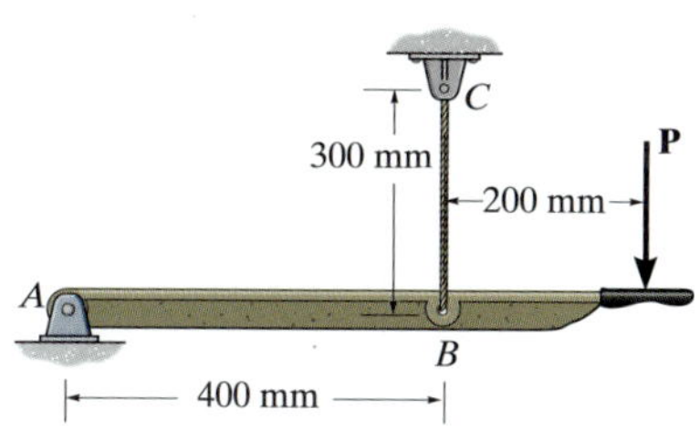

Prob. F8–12

8

PROBLEMS

8–1. A tension test was performed on a steel specimen having an original diameter of 12.5 mm and gauge length of 50 mm. The data is listed in the table. Plot the stress–strain diagram and determine approximately the modulus of elasticity, the yield stress, the ultimate stress, and the rupture stress. Use a scale of 25 mm = 140 MPa and 25 mm = 0.05 mm/mm. Redraw the elastic region, using the same stress scale but a strain scale of 25 mm = 0.001 mm/mm.

Load (kN)	Elongation (mm)
0	0
7.0	0.0125
21.0	0.0375
36.0	0.0625
50.0	0.0875
53.0	0.125
53.0	0.2
54.0	0.5
75.0	1.0
90.0	2.5
97.0	7.0
87.8	10.0
83.3	11.5

Prob. 8–1

8–2. Data taken from a stress–strain test for a ceramic are given in the table. The curve is linear between the origin and the first point. Plot the diagram, and determine the modulus of elasticity and the modulus of resilience.

8–3. Data taken from a stress–strain test for a ceramic are given in the table. The curve is linear between the origin and the first point. Plot the diagram, and determine approximately the modulus of toughness. The rupture stress is $\sigma_r = 373.8$ MPa.

σ (MPa)	ϵ (mm/mm)
0	0
232.4	0.0006
318.5	0.0010
345.8	0.0014
360.5	0.0018
373.8	0.0022

Probs. 8–2/3

***8–4.** The stress–strain diagram for a metal alloy having an original diameter of 12 mm and a gauge length of 50 mm is given in the figure. Determine approximately the modulus of elasticity for the material, the load on the specimen that causes yielding, and the ultimate load the specimen will support.

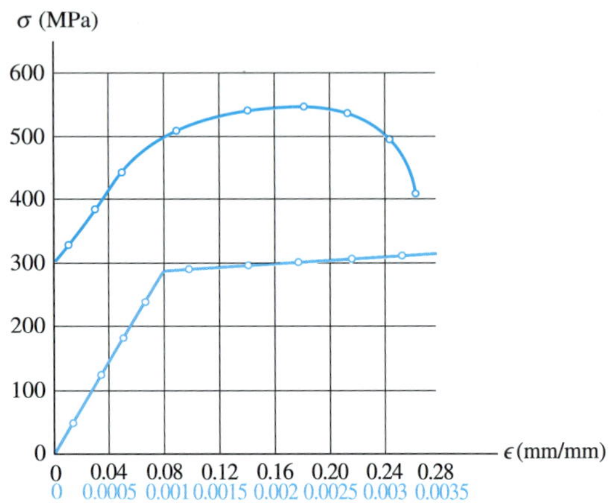

Prob. 8–4

8–5. The stress–strain diagram for a steel alloy having an original diameter of 12 mm and a gauge length of 50 mm is given in the figure. If the specimen is loaded until it is stressed to 500 MPa, determine the approximate amount of elastic recovery and the increase in the gauge length after it is unloaded.

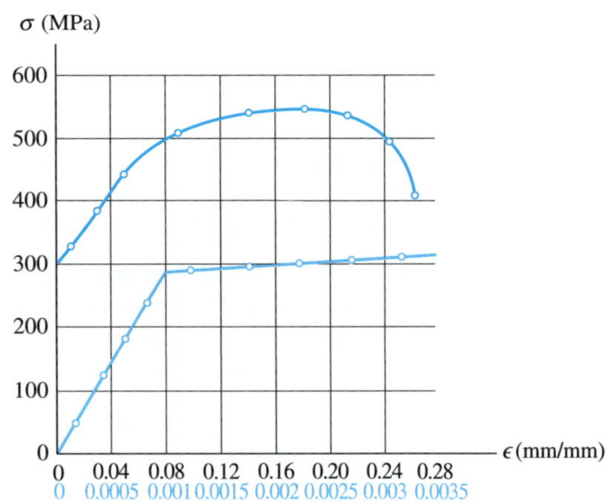

Prob. 8–5

8–6. The stress–strain diagram for a steel alloy having an original diameter of 12 mm and a gauge length of 50 mm is given in the figure. Determine approximately the modulus of resilience and the modulus of toughness for the material.

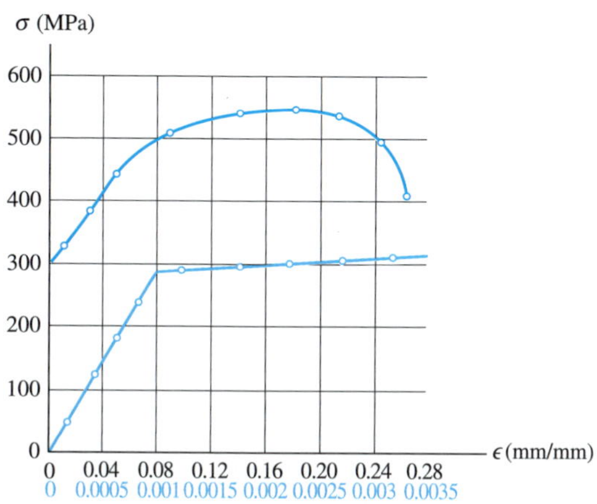

Prob. 8–6

8–7. The rigid pipe is supported by a pin at A and an A-36 steel guy wire BD. If the wire has a diameter of 6.5 mm, determine how much it stretches when a load of $P = 3$ kN acts on the pipe.

***8–8.** The rigid pipe is supported by a pin at A and an A-36 guy wire BD. If the wire has a diameter of 6.5 mm, determine the load P if the end C is displaced 1.675 mm downward.

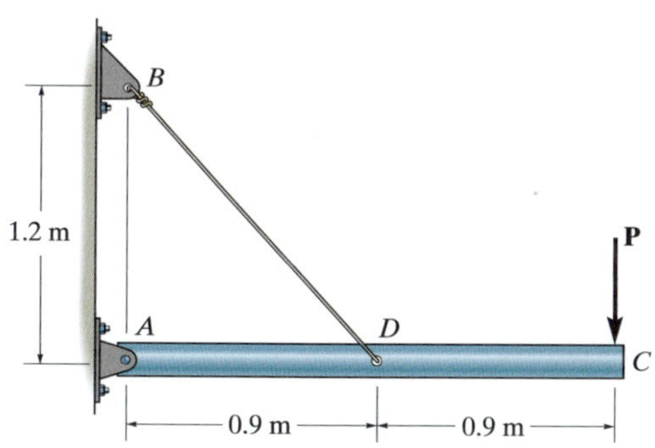

Probs. 8–7/8

8–9. The $\sigma - \varepsilon$ diagram for elastic fibers that make up human skin and muscle is shown. Determine the modulus of elasticity of the fibers and estimate their modulus of toughness and modulus of resilience.

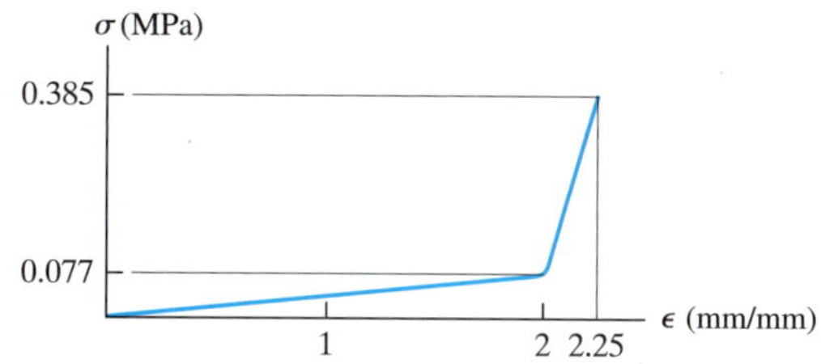

Prob. 8–9

8–10. A bar having a length of 125 mm and cross-sectional area of 437.5 mm^2 is subjected to an axial force of 40 kN. If the bar stretches 0.05 mm, determine the modulus of elasticity of the material. The material has linear-elastic behavior.

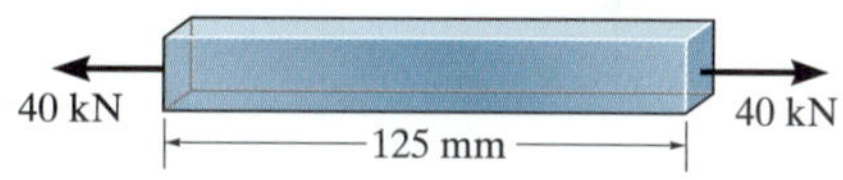

Prob. 8–10

8–11. A specimen is originally 300 mm long, has a diameter of 12 mm, and is subjected to a force of 2.5 kN. When the force is increased from 2.5 kN to 9 kN, the specimen elongates 0.225 mm. Determine the modulus of elasticity for the material if it remains linear elastic.

***8–12.** The $\sigma - \varepsilon$ diagram for a collagen fiber bundle from which a human tendon is composed is shown. If a segment of the Achilles tendon at A has a length of 165 mm and an approximate cross-sectional area of 145 mm^2, determine its elongation if the foot supports a load of 625 N, which causes a tension in the tendon of 1718.75 N.

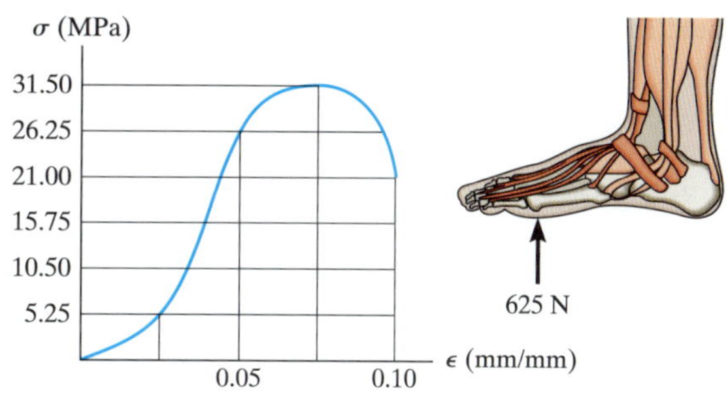

Probs. 8–11/12

8

8–13. A structural member in a nuclear reactor is made of a zirconium alloy. If an axial load of 20 kN is to be supported by the member, determine its required cross-sectional area. Use a factor of safety of 3 relative to yielding. What is the load on the member if it is 1 m long and its elongation is 0.5 mm? $E_{zr} = 100$ GPa, $\sigma_Y = 400$ MPa. The material has elastic behavior.

8–14. A tension test was performed on an aluminum 2014-T6 alloy specimen. The resulting stress–strain diagram is shown in the figure. Estimate (a) the proportional limit, (b) the modulus of elasticity, and (c) the yield strength based on a 0.2% strain offset method.

8–15. A tension test was performed on an aluminum 2014-T6 alloy specimen. The resulting stress–strain diagram is shown in the figure. Estimate (a) the modulus of resilience; and (b) modulus of toughness.

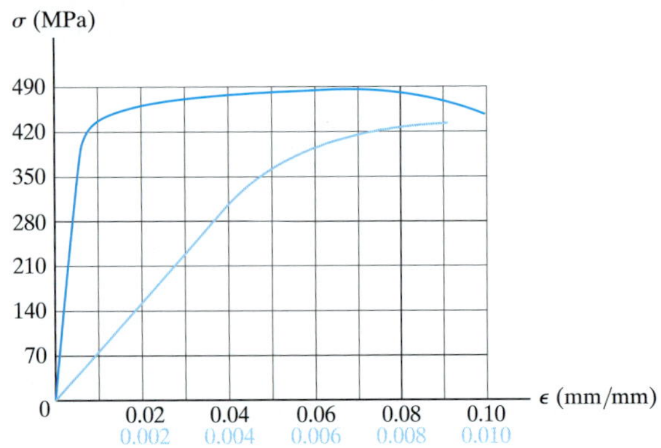

Probs. 8–14/15

***8–16.** Direct tension indicators are sometimes used instead of torque wrenches to ensure that a bolt has a prescribed tension when used for connections. If a nut on the bolt is tightened so that the six 3-mm high heads of the indicator are strained 0.1 mm/mm, and leave a contact area on each head of 1.5 mm², determine the tension in the bolt shank. The material has the stress–strain diagram shown.

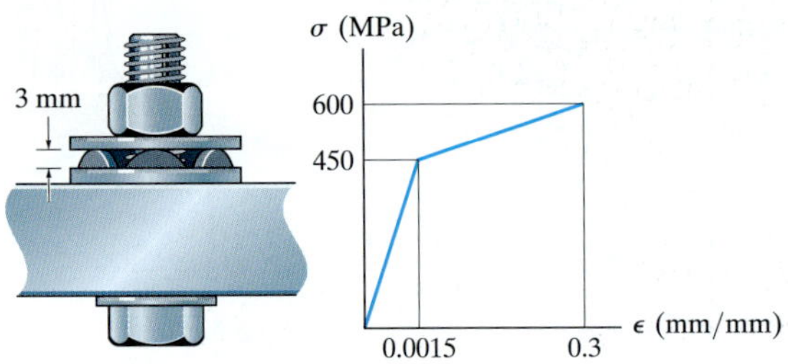

Prob. 8–16

8–17. The stress–strain diagram for a bone is shown, and can be described by the equation $\epsilon = 0.45(10^{-6})\,\sigma + 0.36(10^{-12})\,\sigma^3$, where σ is in kPa. Determine the yield strength assuming a 0.3% offset.

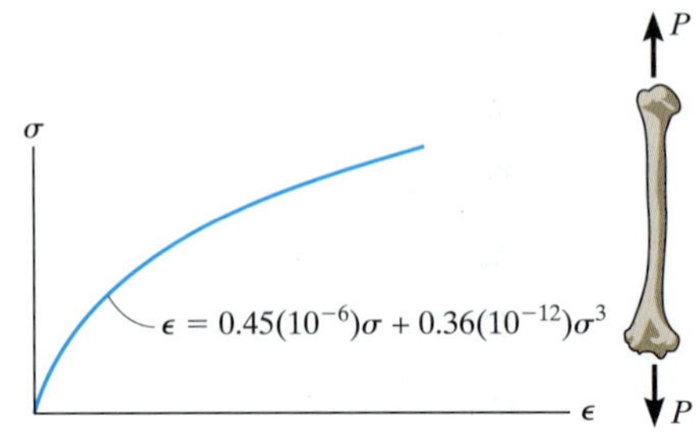

Prob. 8–17

8–18. The two bars are made of polystyrene, which has the stress–strain diagram shown. If the cross-sectional area of bar AB is 975 mm² and BC is 2600 mm², determine the largest force P that can be supported before any member ruptures. Assume that buckling does not occur.

8–19. The two bars are made of polystyrene, which has the stress–strain diagram shown. Determine the cross-sectional area of each bar so that the bars rupture simultaneously when the load $P = 13.5$ kN. Assume that buckling does not occur.

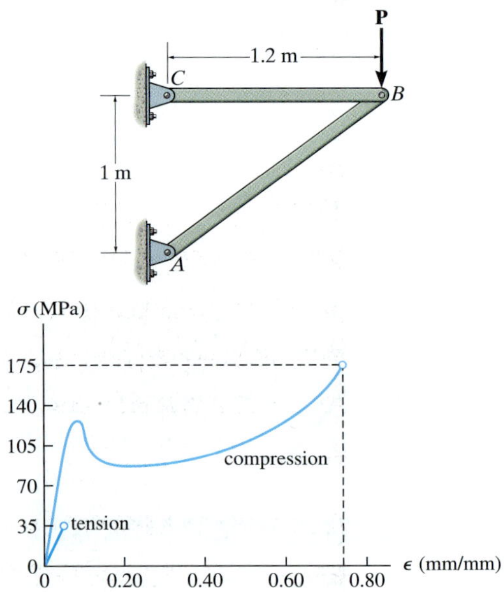

Probs. 8–18/19

8.5 푸아송 비

변형체가 축방향 인장력을 받을 때, 물체는 늘어날 뿐만 아니라 하중 직각방향에 대하여 줄어든다.

그림 8-20과 같이 축방향 인장력 P를 받는 변형 전 반지름이 r이고 길이가 L인 봉을 생각해 보자. 이 하중에 의해 시편은 δ만큼 늘어나게 되었고 동시에 반지름은 δ' 만큼 줄어들게 되었다. 길이방향 혹은 축방향의 변형률과 두께방향 혹은 지름방향의 변형률은 각각 다음과 같이 표시된다.

$$\epsilon_{\text{long}} = \frac{\delta}{L} \quad \text{and} \quad \epsilon_{\text{lat}} = \frac{\delta'}{r}$$

1800년대 초반, 프랑스의 과학자 푸아송(S. D. Poisson)은 탄성영역에서는 변형량 δ와 δ'이 동일한 작용하중에 비례하므로 앞에서 언급한 두 개의 변형률의 비율이 일정한 값을 갖는 것을 확인하였다. 이 일정한 값을 **푸아송 비**(Poisson ration)라 하고 ν(nu)로 표시한다. 이 값은 균질하고 등방조건을 만족하는 특정한 재료에 있어 일정한 값을 갖는다. 수학적으로 식 (8-9)와 같이 표시된다.

$$\nu = -\frac{\epsilon_{\text{lat}}}{\epsilon_{\text{long}}} \tag{8-9}$$

식에서 음수 부호를 갖는 이유는 길이방향의 변형은 인장(양의 변형률)이고 두께방향의 변형은 수축(음의 변형률)을 나타내기 때문이다. 두 형태의 변형률은 축 혹은 길이방향으로 가해지는 하중 P에 의한 것으로 횡방향 변형을 일으키기 위하여 그 방향으로 하중이 가해진 것은 아니라는 점에 주의하라.

푸아송 비는 무차원 양이며, 14.11절에서 설명하듯 최대 허용 푸아송 비는 0.5이며 따라서 $0 \le \nu \le 0.5$이다. 다공성 재료가 아닌 대부분의 경우 그 값은 0.25에서 0.355 사이의 값을 갖는다. 일반적으로 사용되는 엔지니어링 재료의 푸아송 비는 이 교재의 뒤편에 수록되어 있다.

고무로 만든 시편이 압축(음의 변형률)을 받을 경우 수평방향으로 늘어(양의 변형률)난다. 이들 변형률의 비율은 일정하다.

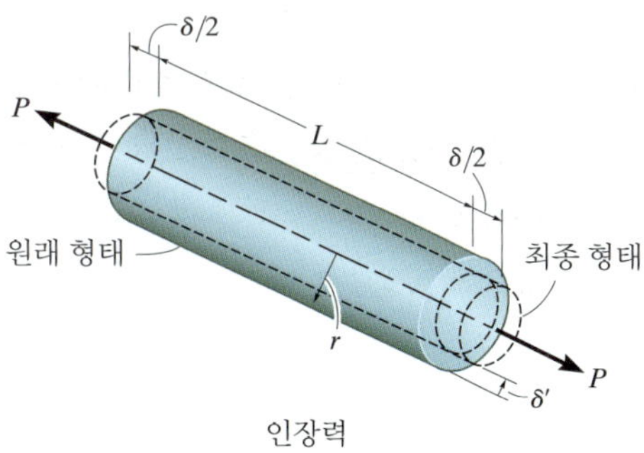

그림 8-20

예제 8.3

A-36 강으로 만든 시편의 크기가 그림 8-21과 같다. 축방향 하중 $P = 80$ kN이 시편에 작용할 때 하중이 가해진 후 이 시편의 길이 변화량과 단면 칫수의 변화량을 구하라. 이 재료는 탄성거동을 한다.

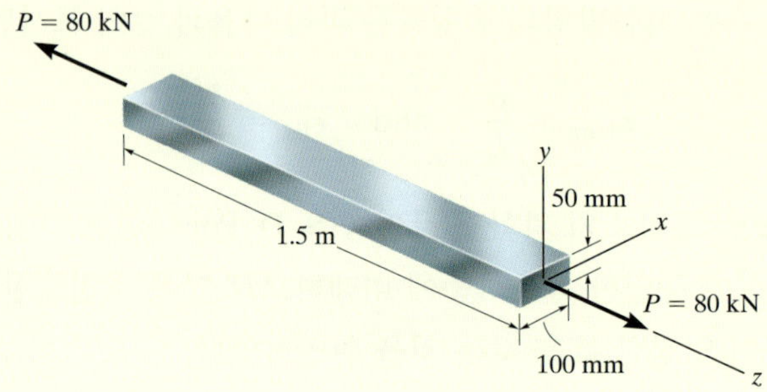

그림 8-21

풀이

이 시편에 작용되는 수직응력은

$$\sigma_z = \frac{N}{A} = \frac{80(10^3)\ \text{N}}{(0.1\ \text{m})(0.05\ \text{m})} = 16.0(10^6)\ \text{Pa}$$

교재 뒤쪽에 있는 물성치 표로부터 A-36 강의 탄성계수 $E_{st} = 200$ GPa를 이용하여 z방향의 변형률을 구하면

$$\epsilon_z = \frac{\sigma_z}{E_{st}} = \frac{16.0(10^6)\ \text{Pa}}{200(10^9)\ \text{Pa}} = 80(10^{-6})\ \text{mm/mm}$$

따라서 축방향의 늘어난 변형량은

$$\delta_z = \epsilon_z L_z = [80(10^{-6})](1.5\ \text{m}) = 120\ \mu\text{m}$$ 답

식 (8-9)를 이용하고 교재 뒤편의 물성으로부터 $\nu_{st} = 0.32$를 적용하여 x 방향과 y 방향의 줄어든 폭방향 변형률을 계산하면

$$\epsilon_x = \epsilon_y = -\nu_{st}\,\epsilon_z = -0.32[80(10^{-6})] = -25.6\ \mu\text{m/m}$$

따라서, 단면의 각 방향 길이 변화를 계산하면

$$\delta_x = \epsilon_x L_x = -[25.6(10^{-6})](0.1\ \text{m}) = -2.56\ \mu\text{m}$$ 답

$$\delta_y = \epsilon_y L_y = -[25.6(10^{-6})](0.05\ \text{m}) = -1.28\ \mu\text{m}$$ 답

8.6 전단응력-변형률 곡선

7.5절에서 설명한 것과 같이, 재료의 작은 요소가 순수 전단을 받게 되면, 평형을 만족하기 위하여 같은 크기의 전단응력이 요소의 4개의 면에 그림 8-22*a*와 같이 발생되어야 한다. 나아가, 만약 재료가 균질하고 등방 조건을 만족한다면, 전단응력은 그림 8-22*b*와 같이 균일한 형태로 요소를 변형시키게 된다.

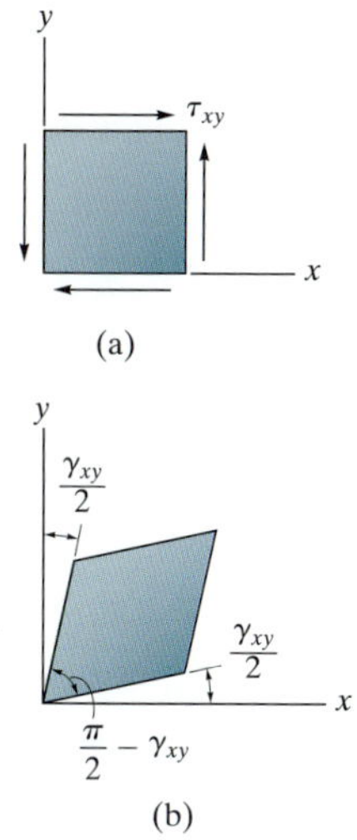

그림 8-22

재료의 순수 전단 거동을 밝히기 위하여, 얇은 관 형태의 시편에 비틀림 하중을 가하여 실험한다. 만약 가해진 하중과 비틀림 각도를 측정하면 10장에서 설명될 방법에 따라서 전단응력과 변형률 곡선을 그림 8-23과 같이 그릴 수 있다. 인장 실험과 마찬가지로 이 재료가 전단을 받을 때 선형탄성거동을 보이며 이에 의하여 비례한계 τ_{pl}을 갖게 된다. 또한, 극한전단응력 τ_u이 발생할 때까지 변형 경화가 발생한다. 이 점 이후에는 재료의 전단강도가 약해지면서 최종적으로 파괴 τ_f에 이르게 된다.

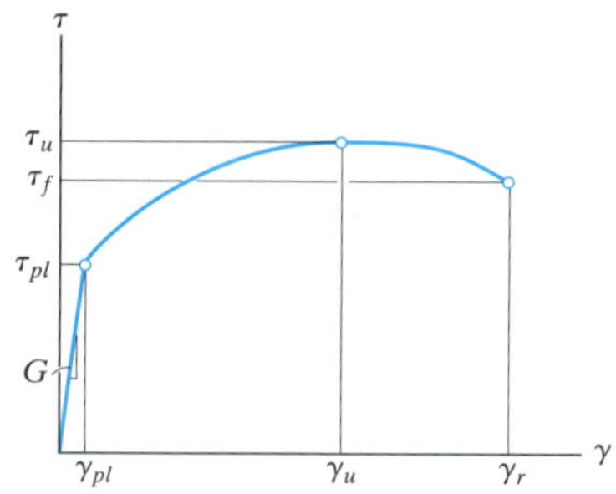

그림 8-23

위에서 설명한 것과 같이 대부분의 공학 재료에서 탄성거동은 선형이며 전단에 대한 훅의 법칙은 다음과 같이 쓸 수 있다.

$$\tau = G\gamma \tag{8-10}$$

여기서 G는 **전단탄성계수**(shear modulus of elasticity) 혹은 **강성계수**(modulus of rigidity)라고 한다. 이 값은 τ-γ 곡선의 선형 구간의 기울기, 즉 $G = \tau_{pl}/\gamma_{pl}$이다. γ값이 무차원량 라디안이므로 G값의 단위 또한 τ와 마찬가지로 Pa 단위를 갖게 된다. 일반적인 공학재료의 대표적인 G값은 이 교재의 뒷부분에 수록되어 있다.

14.11절에서 설명되겠지만 세 개의 재료 정수 E, ν 그리고 G는 다음의 관계식을 이용하여 그 관계를 나타낼 수 있다.

$$G = \frac{E}{2(1 + \nu)} \tag{8-11}$$

따라서 만약 E값과 G값을 알면 실험 대신에 계산으로 ν값을 찾을 수 있음을 알 수 있다.

8

예제 8.4

티타늄합금 재료에 대하여 비틀림 실험을 수행하고 그림 8-24*a*와 같은 전단응력-변형률 곡선을 얻었다. 전단계수 *G*와 극한전단응력을 결정하라. 또한 이 재료의 블록 상부면에 그림 8-24*b*와 같이 전단력 **V**가 작용할 때 재료가 탄성거동하면서 수평으로 이동할 수 있는 최대 거리 *d*를 구하라.

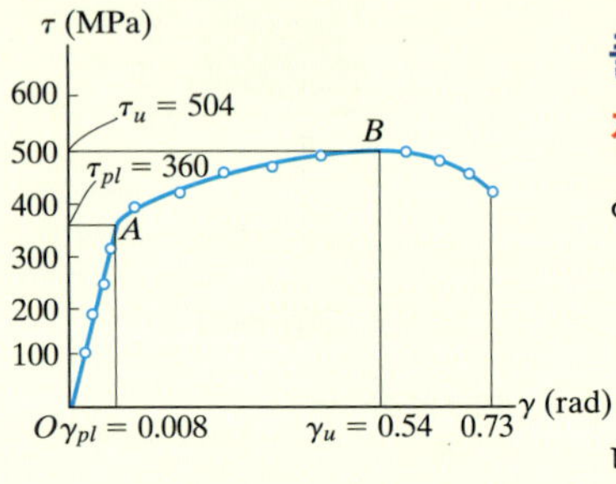

(a)

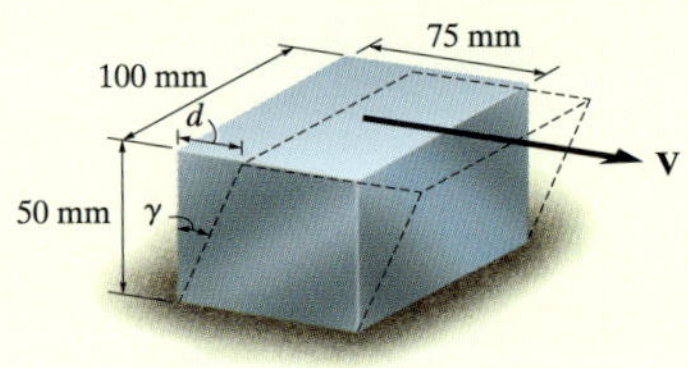

(b)

그림 8-24

풀이

전단계수. 이 값은 τ-γ 곡선의 선형 구간 *OA*의 기울기를 나타내는 것이다. *A*점의 죄표는 (0.008 rad, 360 MPa)이다. 따라서,

$$G = \frac{360 \text{ MPa}}{0.008 \text{ rad}} = 45(10^3) \text{ MPa} = 45 \text{ GPa} \qquad \text{답}$$

따라서 선 *OA*의 식은 $\tau = G\gamma = [45(10^3)g]$ MPa이다. 이 식은 전단에 대한 훅의 법칙이다.

비례한계. 그래프를 보면 *A*점에서 선형이 멈춘다. 따라서,

$$\tau_{pl} = 360 \text{ MPa} \qquad \text{답}$$

극한응력. 곡선으로부터 *B*점이 가장 큰 전단응력을 나타내므로,

$$\tau_u = 504 \text{ MPa} \qquad \text{답}$$

최대 탄성 변위와 전단하중. 최대 선형 전단변형률은 미소 각도 0.008 rad이므로, 실험재료의 상단은 그림 8-24*b*와 같이 수평 이동하게 된다.

$$\tan\ (0.008 \text{ rad}) \approx 0.008 \text{ rad} = \frac{d}{50 \text{ mm}}$$

$$d = 0.4 \text{ mm} \qquad \text{답}$$

따라서 시편에 발생하는 평균 전단응력 $\tau_{pl} = 360$ MPa이다. 따라서 위에서 구한 변위가 발생할 수 있도록 가해지는 전단력 *V*는 다음과 같다.

$$\tau_{\text{avg}} = \frac{V}{A}; \qquad 360(10^6) \text{ N/m}^2 = \frac{V}{(0.075 \text{ m})\ (0.1 \text{ m})}$$

$$V = 2700 \text{ kN} \qquad \text{답}$$

예제 8.5

그림 8-25의 알루미늄 시편의 봉은 $d_0 = 25$ mm이고, 게이지 길이는 $L_0 = 250$ mm이다. 하중 165 kN이 게이지 길이를 1.20 mm 늘렸다고 한다면, 탄성계수를 계산하라. 또한 시편의 단면이 얼마만큼 감소하는지 찾아라. $G_{al} = 26$ GPa이고 $\sigma_Y = 440$ MPa이다.

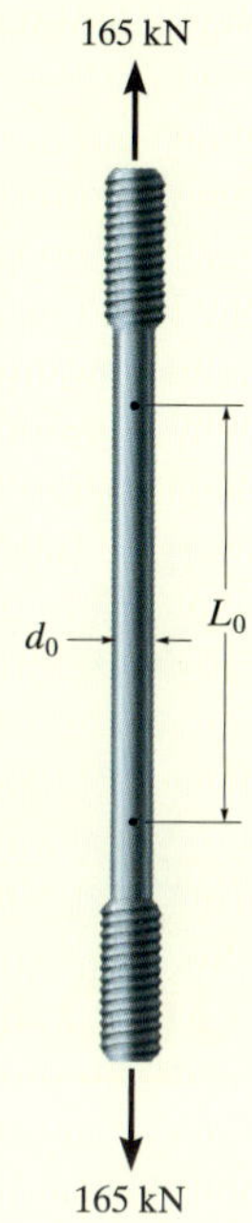

그림 8-25

풀이

탄성계수. 시편의 수직방향 평균 응력은

$$\sigma = \frac{P}{A} = \frac{165(10^3)\ \text{N}}{(\pi/4)(0.025\ \text{m})^2} = 336.1\ \text{MPa}$$

그리고 수직방향 평균 변형률은

$$\epsilon = \frac{\delta}{L} = \frac{1.20\ \text{mm}}{250\ \text{mm}} = 0.00480\ \text{mm/mm}$$

$\sigma < \sigma_Y = 440$ MPa이므로 재료는 탄성 거동을 한다. 따라서, 탄성계수는

$$E_{al} = \frac{\sigma}{\epsilon} = \frac{336.1(10^6)\ \text{Pa}}{0.00480} = 70.0\ \text{GPa}$$ 답

지름의 축소. 식 (8-11)을 이용하여 우선 푸아송 비를 구하면

$$G = \frac{E}{2(1+\nu)}$$

$$26\ \text{GPa} = \frac{70.0\ \text{GPa}}{2(1+\nu)}$$

$$\nu = 0.347$$

$\epsilon_{long} = 0.0048$ mm/mm이므로 식 (8-9)에 의하여

$$\nu = -\frac{\epsilon_{lat}}{\epsilon_{long}}$$

$$0.347 = -\frac{\epsilon_{lat}}{0.00480\ \text{mm/mm}}$$

$$\epsilon_{lat} = -0.00166\ \text{mm/mm}$$

지름의 축소량은

$$\delta' = (0.00166)(25\ \text{mm}) = 0.0416\ \text{mm}$$ 답

요점 IMPORTANT POINTS

- 푸아송 비 ν는 균일하고 등방성 재료에서 길이방향 변형률에 대한 폭방향 변형률의 비이다. 일반적으로 이 두 개의 변형률은 하나가 늘어나면 하나는 줄어들므로 서로 반대 부호를 갖는다.
- 전단응력-변형률 곡선은 전단응력과 전단 변형률을 그린 그래프이다. 만약 재료가 균일하고 등방성이며 또한 선형탄성이라면 탄성 구간에서 직선의 기울기를 전단계수 혹은 강성계수라 하고 G로 표현한다.
- G, E 그리고 ν 사이에는 수학적인 관계식이 있다.

FUNDAMENTAL PROBLEMS

F8–13. A 100 mm long rod has a diameter of 15 mm. If an axial tensile load of 10 kN is applied to it, determine the change in its diameter. $E = 70$ GPa, $\nu = 0.35$.

F8–14. A solid circular rod that is 600 mm long and 20 mm in diameter is subjected to an axial force of $P = 50$ kN. The elongation of the rod is $\delta = 1.40$ mm, and its diameter becomes $d' = 19.9837$ mm. Determine the modulus of elasticity and the modulus of rigidity of the material. Assume that the material does not yield.

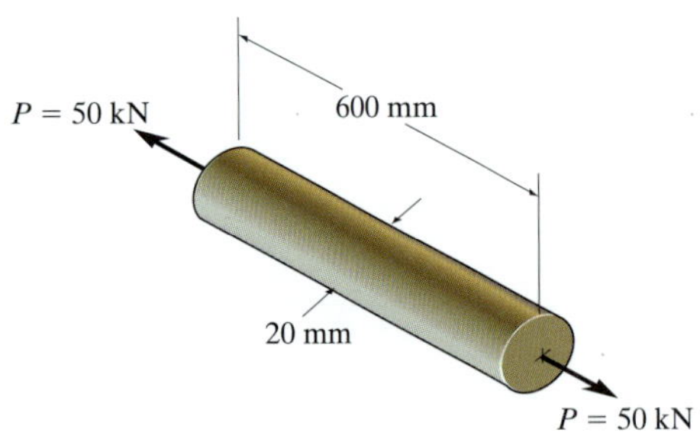

Prob. F8–14

F8–15. A 20-mm-wide block is firmly bonded to rigid plates at its top and bottom. When the force **P** is applied the block deforms into the shape shown by the dashed line. Determine the magnitude of **P**. The block's material has a modulus of rigidity of $G = 26$ GPa. Assume that the material does not yield and use small angle analysis.

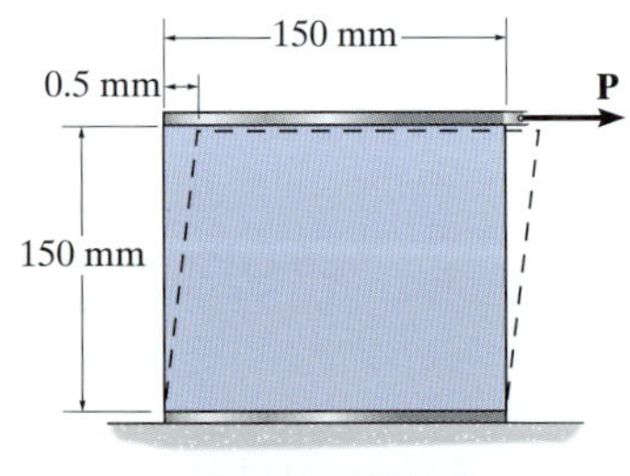

Prob. F8–15

F8–16. A 20-mm-wide block is bonded to rigid plates at its top and bottom. When the force **P** is applied the block deforms into the shape shown by the dashed line. If $a = 3$ mm and **P** is released, determine the permanent shear strain in the block.

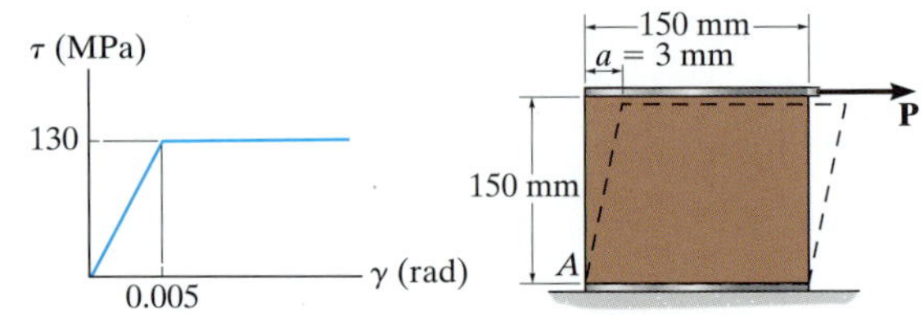

Prob. F8–16

8

PROBLEMS

*8–20. The brake pads for a bicycle tire are made of rubber. If a frictional force of 50 N is applied to each side of the tires, determine the average shear strain in the rubber. Each pad has cross-sectional dimensions of 20 mm and 50 mm. G_r = 0.20 MPa.

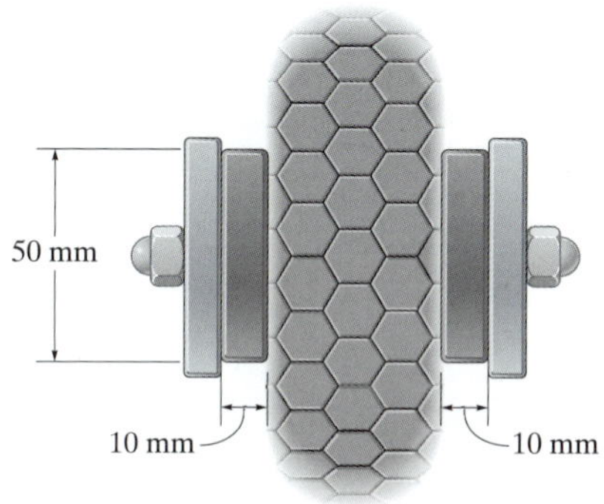

Prob. 8–20

8–21. The elastic portion of the stress–strain diagram for an aluminum alloy is shown in the figure. The specimen from which it was obtained has an original diameter of 12.7 mm and a gage length of 50.8 mm. When the applied load on the specimen is 50 kN, the diameter is 12.67494 mm. Determine Poisson's ratio for the material.

8–22. The elastic portion of the stress–strain diagram for an aluminum alloy is shown in the figure. The specimen from which it was obtained has an original diameter of 12.7 mm and a gage length of 50.8 mm. If a load of P = 60 kN is applied to the specimen, determine its new diameter and length. Take $\nu = 0.35$.

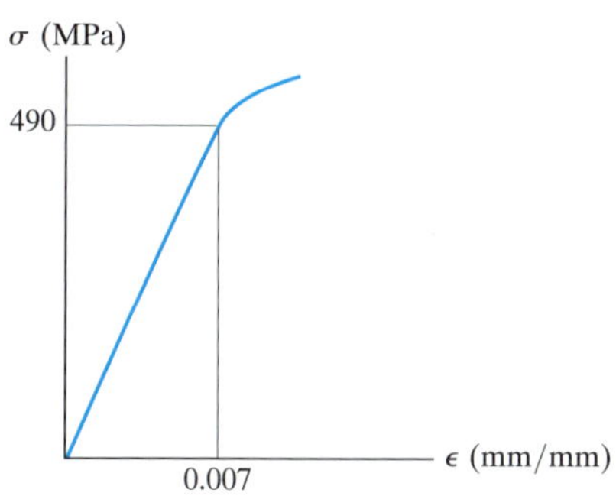

Probs. 8–21/22

8–23. The plug has a diameter of 30 mm and fits within a rigid sleeve having an inner diameter of 32 mm. Both the plug and the sleeve are 50 mm long. Determine the axial pressure p that must be applied to the top of the plug to cause it to contact the sides of the sleeve. Also, how far must the plug be compressed downward in order to do this? The plug is made from a material for which $E = 5$ MPa, $\nu = 0.45$.

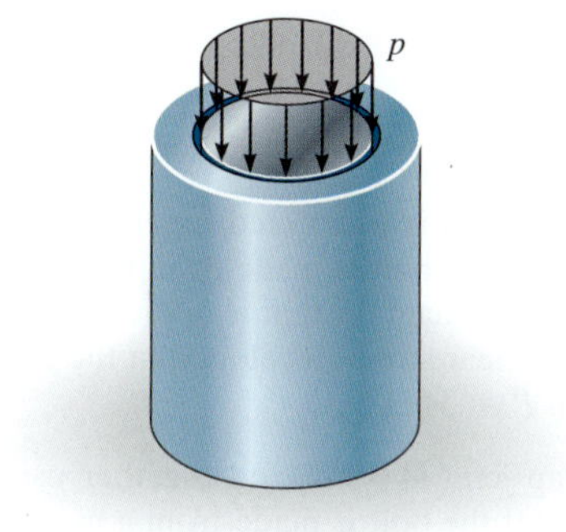

Prob. 8–23

*8–24. The acrylic plastic rod is 200 mm long and 15 mm in diameter. If an axial load of 300 N is applied to it, determine the change in its length and the change in its diameter. E_p = 2.70 GPa, ν_p = 0.4.

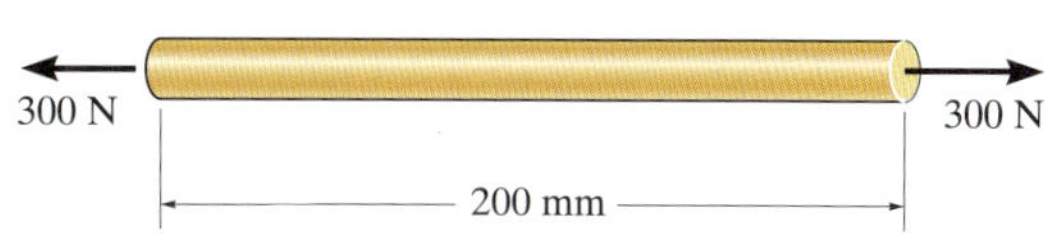

Prob. 8–24

8–25. The rubber block is subjected to an elongation of 3 mm. along the x axis, and its vertical faces are given a tilt so that $\theta = 89.3°$. Determine the strains ϵ_x, ϵ_y and γ_{xy}. Take $\nu_r = 0.5$.

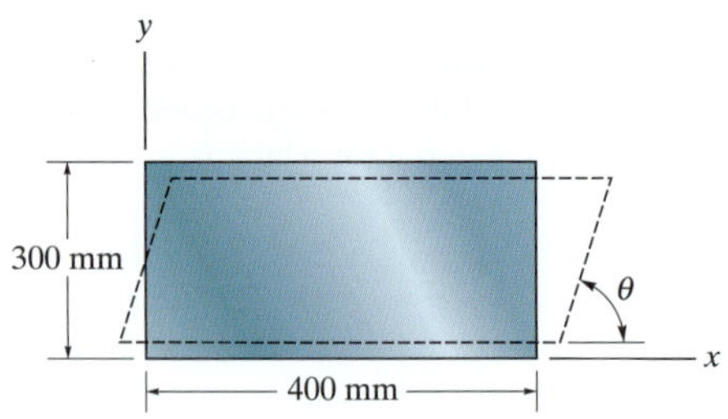

Prob. 8–25

8–26. The lap joint is connected together using a 30 mm diameter bolt. If the bolt is made from a material having a shear stress–strain diagram that is approximated as shown, determine the shear strain developed in the shear plane of the bolt when $P = 340$ kN.

8–27. The lap joint is connected together using a 30 mm diameter bolt. If the bolt is made from a material having a shear stress-strain diagram that is approximated as shown, determine the permanent shear strain in the shear plane of the bolt when the applied force $P = 680$ kN is removed.

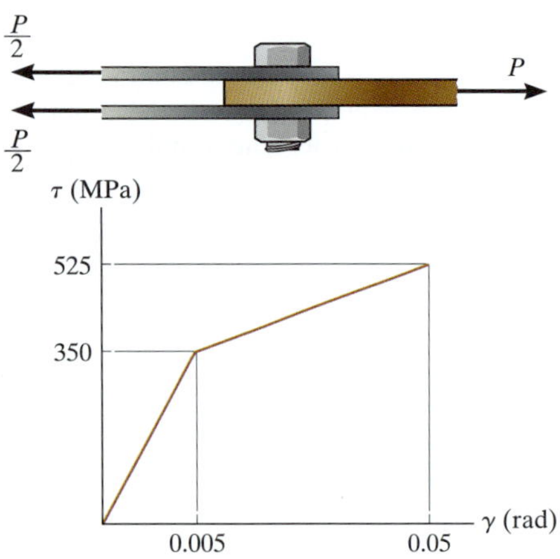

Probs. 8–26/27

***8–28.** The support consists of three rigid plates, which are connected together using two symmetrically placed rubber pads. If a vertical force of 5 N is applied to plate A, determine the approximate vertical displacement of this plate due to shear strains in the rubber. Each pad has cross-sectional dimensions of 30 mm and 20 mm. $G_r = 0.20$ MPa.

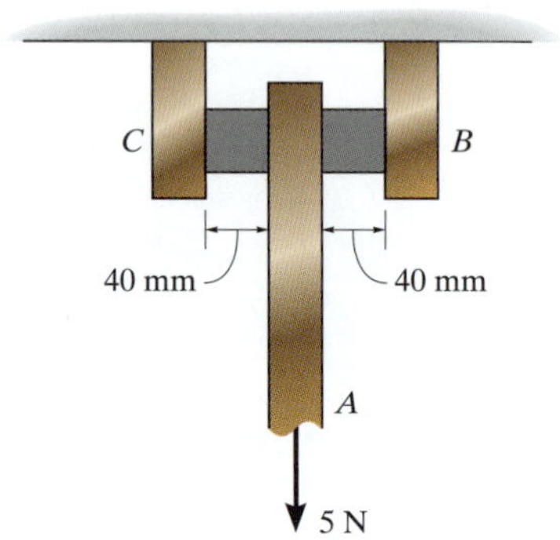

Prob. 8–28

8–29. A shear spring is made from two blocks of rubber, each having a height h, width b, and thickness a. The blocks are bonded to three plates as shown. If the plates are rigid and the shear modulus of the rubber is G, determine the displacement of plate A when the vertical load $\mathbf{P}$ is applied. Assume that the displacement is small so that $\delta = a \tan \gamma \approx a\gamma$.

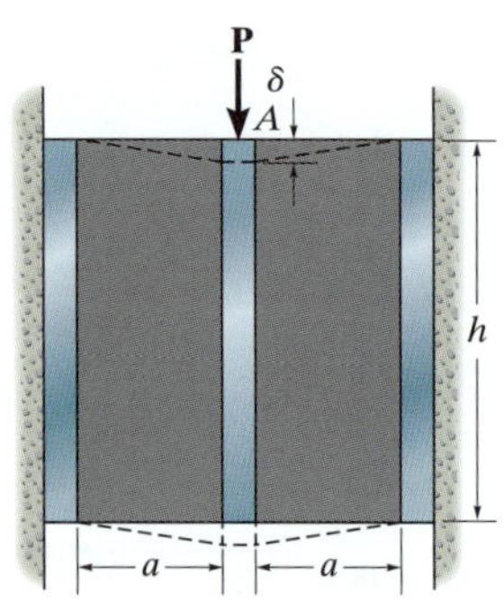

Prob. 8–29

8

내용 복습

재료의 강도실험 중에 가장 중요한 실험 중 하나가 인장시험이다. 주어진 칫수의 시편을 인장시험한 결과는 실험의 수직축은 수직응력을 수평축은 수직변형으로 하여 표시한다.

많은 공학 재료의 경우 초기에는 응력이 변형률에 비례하는 훅의 법칙($\sigma = E\epsilon$)에 따른 선형탄성거동을 보인다. 여기서 E는 탄성계수라고 하며, 응력-변형률 곡선 중 직선 구간의 기울기를 나타낸다.

$$\sigma = E\epsilon$$

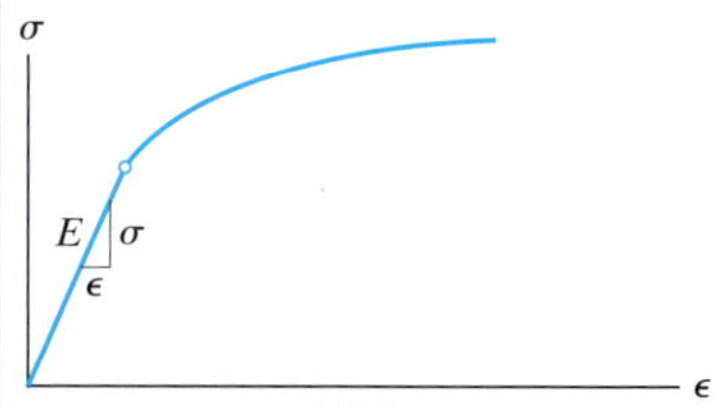

연성재료

재료가 항복점 이후에도 계속해서 응력이 증가하게 되면 영구변형이 발생하게 된다. 특히 강철과 같은 경우 항복이 뚜렷하게 보이는데, 이 구간에서는 응력의 증가 없이 변형률만 증가하는 것을 볼 수 있다. 변형률 경화 구간에서는 응력이 증가하면서 항복이 계속 진행된다. 마지막으로 극한응력에서는 국부적으로 단면이 줄어드는 넥킹 현상이 발생하게 된다. 이후 파괴가 일어난다.

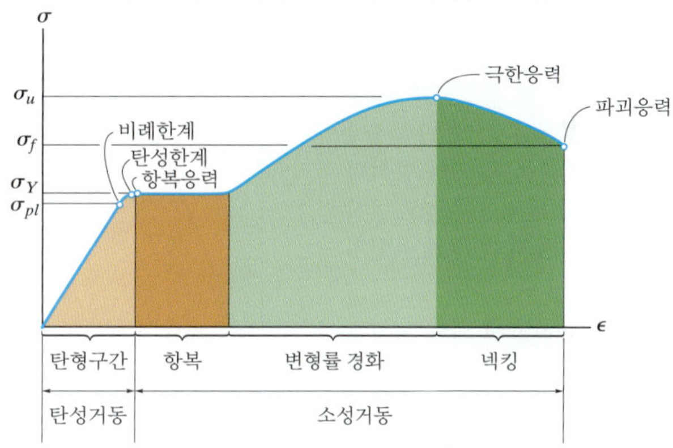

연성재료(강철)의 공칭 및 진응력-변형률 곡선
(정확한 스케일 아님)

대부분의 금속과 같은 연성재료는 탄성과 소성을 다 보여주게 된다. 나무는 중간 정도의 연성을 보인다. 일반적으로 연성은 파괴될 때 인장량 혹은 단면적의 축소량 정도에 의해 정의된다.

$$\text{인장량 백분율} = \frac{L_f - L_0}{L_0}(100\%)$$

$$\text{면적 축소량 백분율} = \frac{A_0 - A_f}{A_0}(100\%)$$

취성재료는 파괴되기 전에 항복이 적게 발생하거나 발생하지 않는다. 주철, 콘크리트 그리고 유리 등이 이러한 재료의 대표적인 예이다.

재료의 항복점인 A는 변형률 경화로 증가시킬 수 있다. 이러한 현상은 항복응력 이상의 응력이 가해지고 하중을 제거시킴에 의하여 얻을 수 있다. A보다 큰 A'의 응력이 새로운 항복점이 된다.

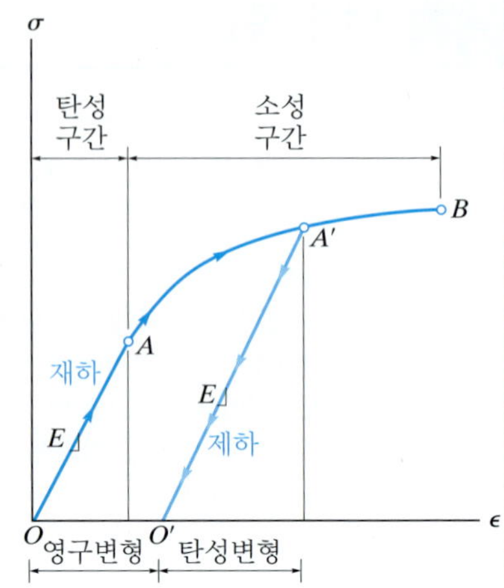

부재에 하중이 가해질 때 변형은 재료에 저장되는 변형에너지를 생성하게 된다. 단위 체적당의 변형에너지, 즉 변형에너지 밀도는 응력-변형률 곡선의 면적과 같다. 항복점까지의 면적을 탄성에너지 복원계수라 부른다. 응력-변형률 곡선의 전체 면적을 인성계수라 한다.

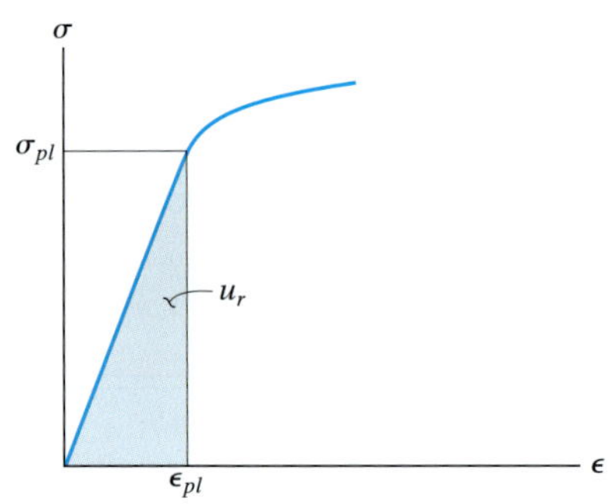

복원계수

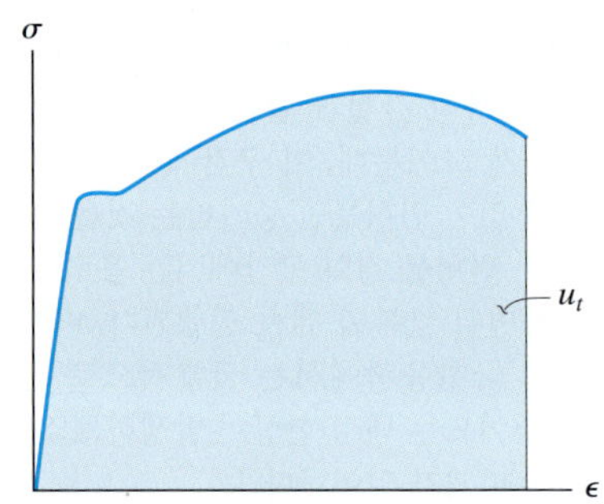

강인계수 u_t

(b)

푸아송 비 ν는 무차원량의 재료 성질로 길이방향 변형률에 대한 직각 방향의 변형률의 비이다. 일반적으로 이 값의 범위는 $0 \le \nu \le 0.5$이다.

$$\nu = -\frac{\epsilon_{\text{lat}}}{\epsilon_{\text{long}}}$$

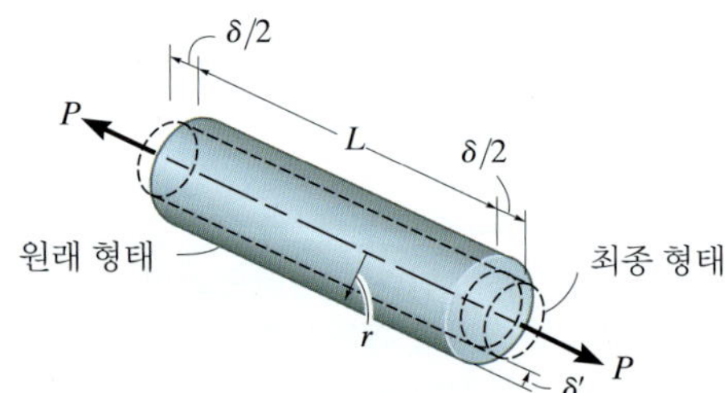

인장력

각 재료의 전단응력과 전단변형률의 관계 곡선을 그릴 수 있다. 선형구간에서는 $\tau = G\gamma$인데, 여기서 G는 직선의 기울기인 전단탄성계수이다. 푸아송 비 ν는 G, E 그리고 ν의 관계식으로부터 구할 수 있다.

$$G = \frac{E}{2(1+\nu)}$$

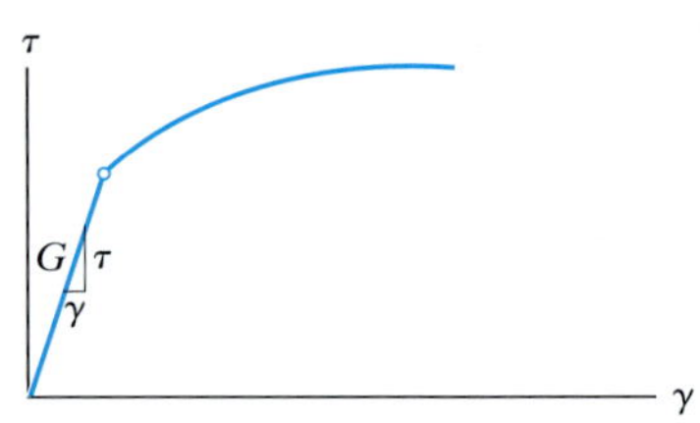

8

REVIEW PROBLEMS

R8–1. The elastic portion of the tension stress–strain diagram for an aluminum alloy is shown in the figure. The specimen used for the test has a gauge length of 50 mm and a diameter of 12.5 mm. When the applied load is 40 kN, the new diameter of the specimen is 12.4800 mm. Compute the shear modulus G_{al} for the aluminum.

R8–2. The elastic portion of the tension stress–strain diagram for an aluminum alloy is shown in the figure. The specimen used for the test has a gauge length of 50 mm and a diameter of 12.5 mm. If the applied load is 40 kN, determine the new diameter of the specimen. The shear modulus is $G_{al} = 27$ GPa.

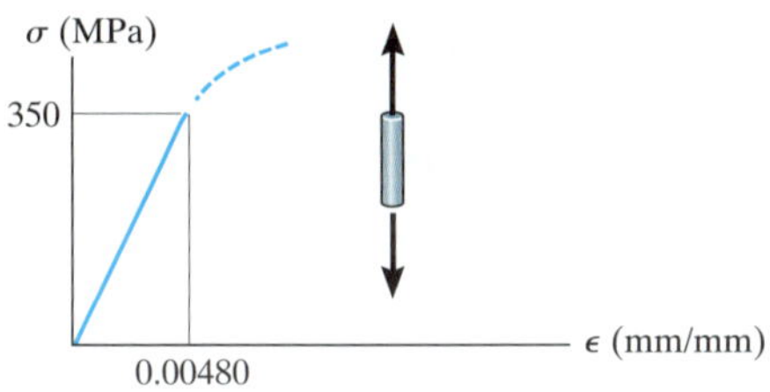

Probs. R8–1/2

R8–3. The rigid beam rests in the horizontal position on two 2014-T6 aluminum cylinders having the *unloaded* lengths shown. If each cylinder has a diameter of 30 mm, determine the placement x of the applied 80-kN load so that the beam remains horizontal. What is the new diameter of cylinder A after the load is applied? $\nu_{al} = 0.35$.

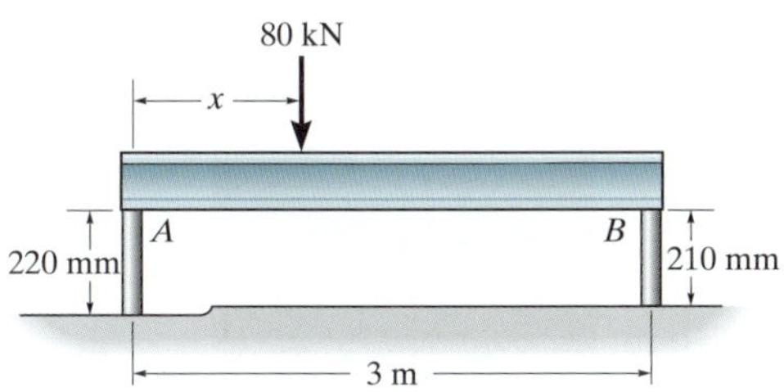

Prob. R8–3

***R8–4.** The wires each have a diameter of 12 mm, length of 0.6 m, and are made from 304 stainless steel. If $P = 30$ kN, determine the angle of tilt of the rigid beam AB.

R8–5. The wires each have a diameter of 12 mm, length of 0.6 m, and are made from 304 stainless steel. Determine the magnitude of force **P** so that the rigid beam tilts 0.015°.

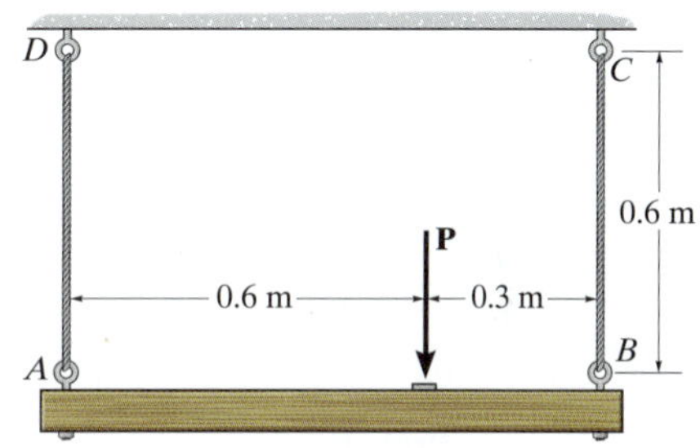

Probs. R8–4/5

R8–6. The head H is connected to the cylinder of a compressor using six steel bolts. If the clamping force in each bolt is 4 kN, determine the normal strain in the bolts. Each bolt has a diameter of 5 mm. If $\sigma_Y = 280$ MPa and $E_{st} = 200$ GPa, what is the strain in each bolt when the nut is unscrewed so that the clamping force is released?

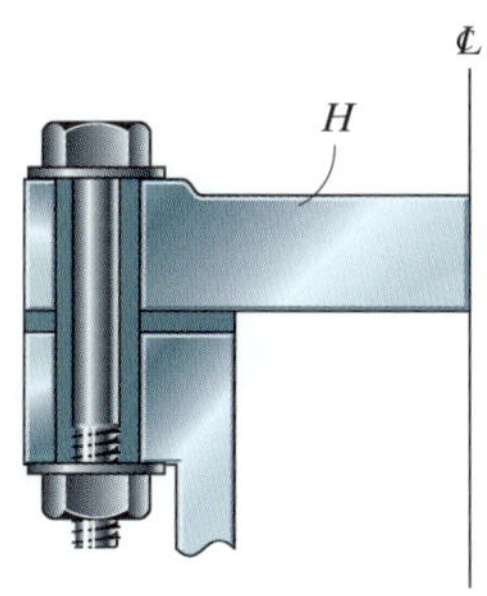

Prob. R8–6

8

R8–7. The stress–strain diagram for polyethylene, which is used to sheath coaxial cables, is determined from testing a specimen that has a gage length of 250 mm. If a load P on the specimen develops a strain of $\epsilon = 0.024$ mm/mm, determine the approximate length of the specimen, measured between the gage points, when the load is removed. Assume the specimen recovers elastically.

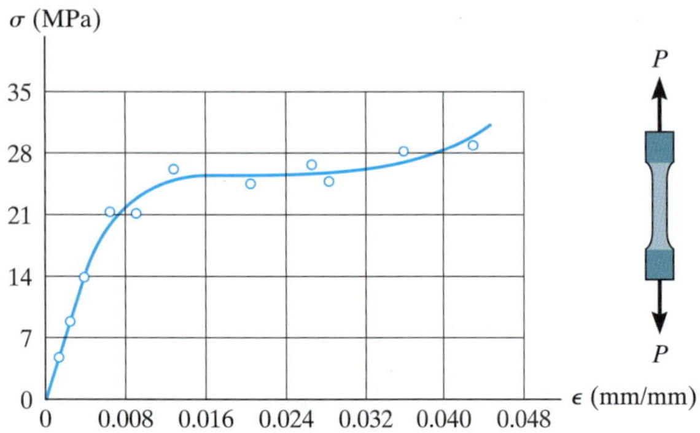

Prob. R8–7

***R8–8.** The solid rod, of radius r, with two rigid caps attached to its ends is subjected to an axial force P. If the rod is made from a material having a modulus of elasticity E and Poisson's ratio ν, determine the change in volume of the material.

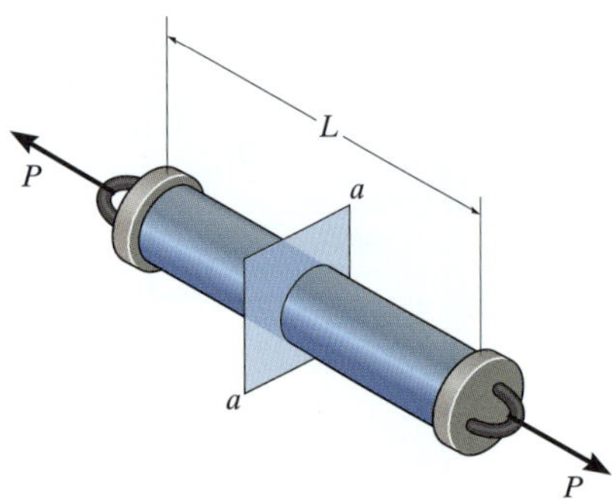

Prob. R8–8

R8–9. The 8-mm-diameter bolt is made of an aluminum alloy. It fits through a magnesium sleeve that has an inner diameter of 12 mm and an outer diameter of 20 mm. If the original lengths of the bolt and sleeve are 80 mm and 50 mm, respectively, determine the strains in the sleeve and the bolt if the nut on the bolt is tightened so that the tension in the bolt is 8 kN. Assume the material at A is rigid. $E_{al} = 70$ GPa, $E_{mg} = 45$ GPa.

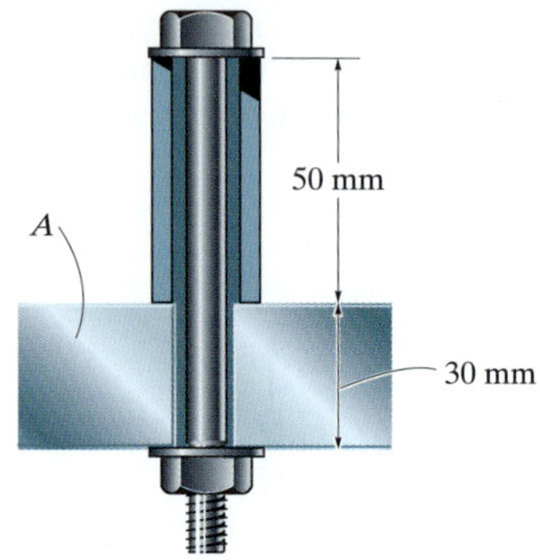

Prob. R8–9

R8–10. An acetal polymer block is fixed to the rigid plates at its top and bottom surfaces. If the top plate displaces 2 mm horizontally when it is subjected to a horizontal force $P = 2$ kN, determine the shear modulus of the polymer. The width of the block is 100 mm. Assume that the polymer is linearly elastic and use small angle analysis.

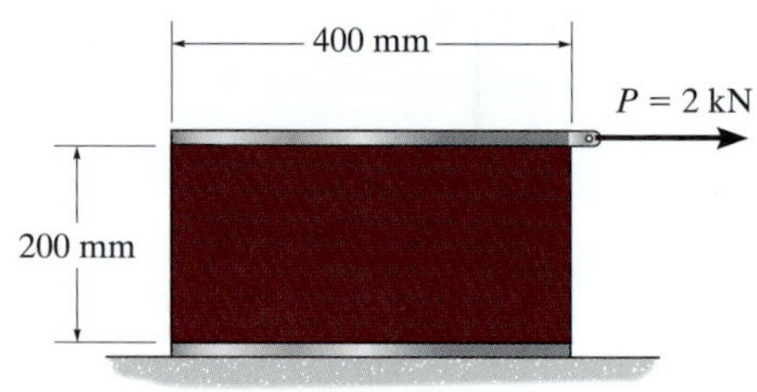

Prob. R8–10

8

CHAPTER 9

(© Hazlan Abdul Hakim/Getty Images)

석유 굴착 장치의 시추 파이프 케이블은 시추공에 놓여질 때 매우 큰 축방향 변형을 받는다.

축하중

학습목표

- 축방향 하중을 받는 부재의 변형을 구하는 방법
- 지점반력을 평형방정식으로부터 직접 구할 수 없을 때 이를 구하는 방법
- 열응력, 응력집중, 비탄성 변형, 잔류응력에 대한 논의

9.1 생베낭의 원리

앞의 장들에서 우리는 물체 내부에 분포되는 힘을 측정하는 방법으로서 응력의 개념을 도입하였고, 물체의 변형을 측정하는 방법으로서 변형률의 개념을 도입하였다. 또한, 응력과 변형률 사이에는 그 물체를 이루고 있는 재료의 종류에 따라 일정한 수학적인 관계가 존재한다는 것을 보였다. 특히, 재료가 선형 탄성으로 거동을 한다면 훅의 법칙을 적용할 수 있고 응력과 변형률 사이에는 비례관계가 있다는 것을 알았다.

이 개념을 이용하여 그림 9-1a와 같이 단면이 직사각형이고 외부에서 하중 **P**가 도심축을 따라 가해지고 탄성적으로 거동하는 막대를 생각해 보자. 가해진 하중으로 인하여 발생하는 부재의 변형은 막대에 그려진 수직, 수평의 격자선에 의해 나타나는데 양쪽 끝단에서는 국부적인 변형의 형태를 볼 수 있으며, 막대의 가운데 부위에서는 수평과 수직 상태를 유지함을 확인할 수 있다.

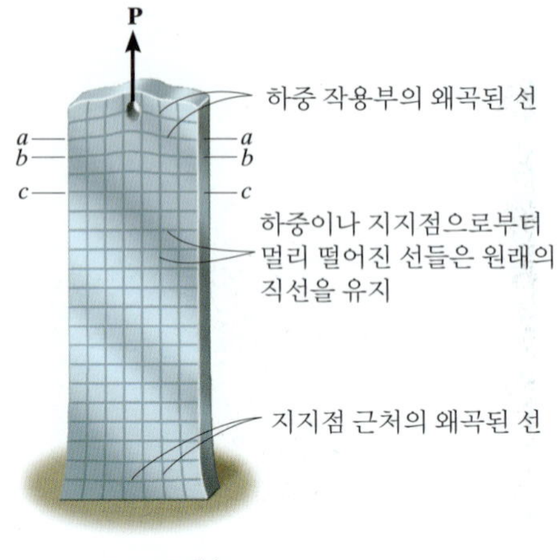

(a)

그림 9-1

만약 재료가 탄성 구간에 있다면 이 변형에 의해 발생하는 변형률은 후크의 법칙 $\sigma = E\epsilon$를 통해 응력과 직접적으로 비례관계를 갖는다. 따라서, 단면 내 응력 분포의 양상이 그림 9-1*b*에 나타낸 것과 같이 단면 a–a, b–b 그리고 c–c에 따라 달라지는 것을 알 수 있다. 비교 결과로부터 외부에서 가해진 하중으로부터 어느 정도 이상 떨어져 하중 **P**에 의한 국부적인 변형이 사라지는 단면 c–c에서는 응력이 일정하게 분포하는 것을 알 수 있다. 하중이 가해지는 부재의 한쪽 끝으로부터 이렇게 일정해지는 최소 거리는 탄성론에 기초하여 계산이 가능하다. 이 거리는 그 부재의 단면의 가장 긴 한 변의 길이 이상이어야 한다는 것을 알게 되었다. 따라서 이 경우 단면 c–c는 단부로부터 부재 폭(두께가 아니고) 일정 이상의 거리에 위치해야 한다.*

9

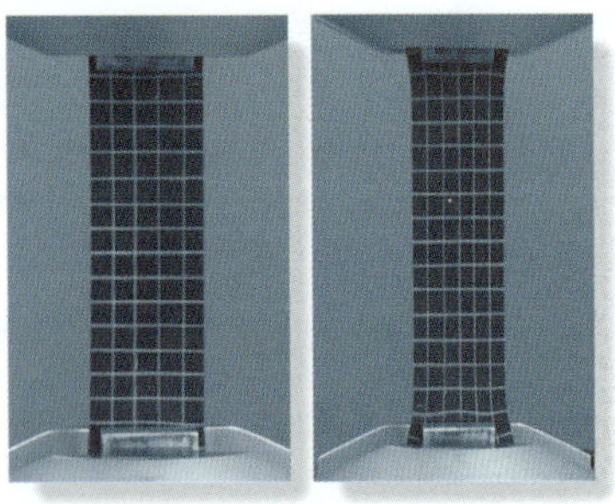

이 고무로 만든 얇은 판을 인장하면 선들이 어떻게 변화되는지 주목하라. 생베낭의 원리가 말하듯이 판을 고정시킨 부분의 왜곡됨이 고정점으로부터 멀어지면 사라진다.

같은 방법에 의하여 지점 부분에서의 응력 분포도 동일하게 부재의 폭만큼 멀어지면 균등해지는 것을 알 수 있다.

이와 같이 국부 응력이나 변형이 앞에서 설명한 것과 같이 균등하게 되는 것을 **생베낭의 원리**(Saint-Vernant's principle)라 하는데, 이는 1855년 프랑스 과학자 생베낭(Barré de Saint-Vernant)에 의해 알려지게 되었기 때문이다. 원래의 생베낭의 원리는 외부하중이 작용된 영역으로부터 충분히 떨어진 물체 내 한 점의 응력과 변형률은 그 하중과 같은 영역에 가해지는 정적 등가인

* 이처럼 단면 c–c가 부재의 폭 만큼 떨어져 위치할 경우 발행하는 최대 응력은 $\sigma_{max} = 1.02\,\sigma_{avg}$이 됨을 탄성론에 의해 구할 수 있다.

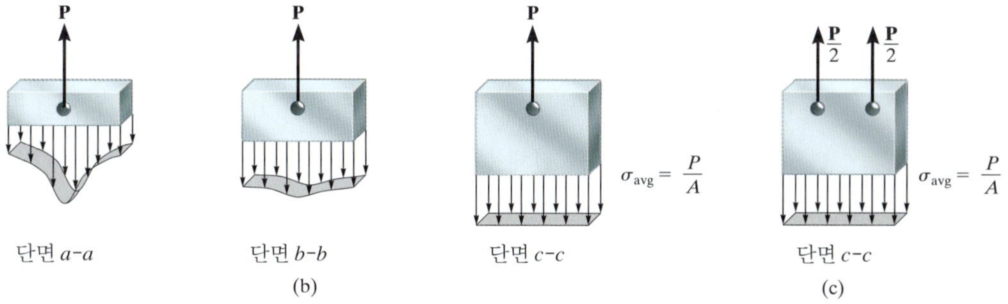

그림 9-1 (계속)

다른 임의의 외부하중에 의하여 발생하는 그 점의 응력과 변형률과 같다는 것이다. 예를 들면, 대칭인 하중 $P/2$가 그림 9-1c에서처럼 가해지고 있을 때, c–c 단면에서의 응력의 분포는 그림 9-1b의 응력의 분포 $\sigma_{avg} = P/A$와 같다는 것이다.

9.2 축하중을 받는 부재의 탄성변형

훅의 법칙과 응력과 변형률의 정의를 이용하여 축하중을 받는 부재의 탄성변형을 결정할 수 있는 식을 구할 수 있다. 이 식을 일반적으로 구하기 위하여 그림 9-2a와 같이 단면이 점진적으로 변화하는 길이 L의 봉을 고려하자. 봉의 강성도 또는 탄성계수는 길이에 따라 변할 수 있다고 생각한다. 봉은 양단에 집중하중이 가해지고 있고 길이를 따라 다양한 외부 분포하중이 가해진다. 예를 들면, 이 분포하중은 봉이 수직으로 놓인다면 봉의 자중으로 간주할 수도 있고 혹은 봉의 표면에 작용하는 마찰력으로 간주할 수도 있다.

여기서 가해진 하중에 의해 발생하는 한쪽 끝에 대한 다른 한쪽 끝의 **상대변위**(relative displacement) δ를 찾고자 한다. 일단 집중하중이나 단면의 급격한 변화에 의한 국부적인 변형은 무시하기로 한다. 생베낭의 원리에 의하면, 이러한 현상은 봉의 길이방향에 대하여 매우 작은 부분에서만 발생하며 이 효과는 전체 결과에 극히 미미한 영향을 미치게 된다. 따라서 전

상부층 B에서 막대의 수직 변위는 길이 AB에 걸친 힘만에 의하여 발생한다. 그러나 바닥층 C에서 수직 변위는 막대의 전체 길이 ABC에 걸친 힘에 의하여 발생한다.

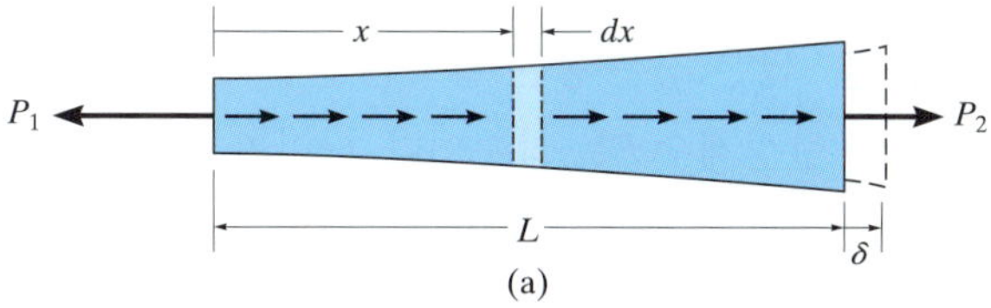

그림 9-2

체의 대부분의 영역에서는 균일하게 변형이 일어나고 수직응력 또한 균일하게 분포할 것이다.

단면법을 이용하여 탄성계수가 $E(x)$인 임의의 지점 x에서 길이 dx와 단면적 $A(x)$인 미분요소를 전체 봉으로부터 분리하여 생각하자. 그림 9-2b는 이 요소의 자유물체도를 나타내고 있다. 외부 분포하중이 봉의 길이방향으로 작용하므로 축방향으로 작용하는 내력 또한 x의 함수로 나타난다. 이 내력 $N(x)$는 그림에서 점선으로 표시된 형태로 요소를 변형시키게 되므로 이 요소의 한쪽 끝에 대한 다른 쪽 끝의 변위는 $d\delta$이다. 이때 요소의 응력과 변형률은

$$\sigma = \frac{N(x)}{A(x)} \qquad \epsilon = \frac{d\delta}{dx}$$

이다.

여기서 발생하는 응력이 비례한계를 넘지 않는다는 가정 하에 훅의 법칙을 적용할 수 있다.

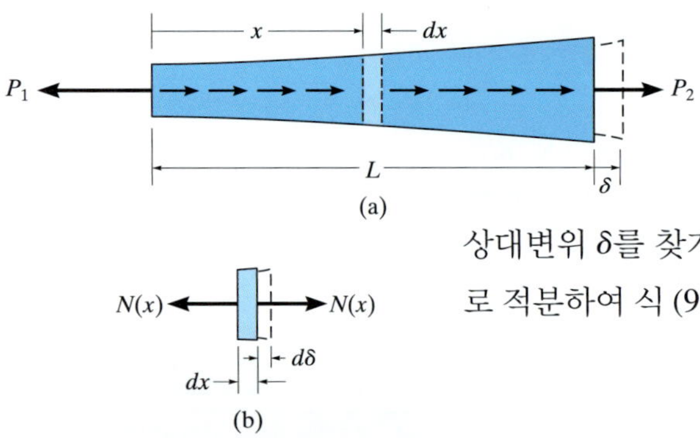

그림 9-2 (반복)

$$\frac{N(x)}{A(x)} = E(x)\left(\frac{d\delta}{dx}\right)$$

$$d\delta = \frac{N(x)dx}{A(x)E(x)}$$

상대변위 δ를 찾기 위해 앞의 함수를 봉의 전체길이 L에 대하여 축방향으로 적분하여 식 (9-1)을 얻게 된다.

$$\delta = \int_0^L \frac{N(x)dx}{A(x)E(x)} \tag{9-1}$$

여기서

δ = 봉의 한 점에 대한 다른 점의 상대변위

L = 원래 봉의 길이

$N(x)$ = 기준점에서 x만큼 떨어진 요소에 발생하는 축방향 내력

$A(x)$ = x의 함수로 표현한 봉의 단면적

$E(x)$ = x의 함수로 표현한 재료의 탄성계수

균일한 하중과 단면. 많은 경우 봉은 일정한 단면과 균질한 재료로 이루어져 있어, 단면적 A와 탄성계수 E는 상수이다. 나아가 그림 9-3a와 같이 하중이 양단에 일정한 외력으로 작용하고 있다면 봉의 길이방향으로 내력 P 또한 상수이다. 결과적으로 식 (9-1)은 다음의 식 (9-2)와 같이 간략하게 된다.

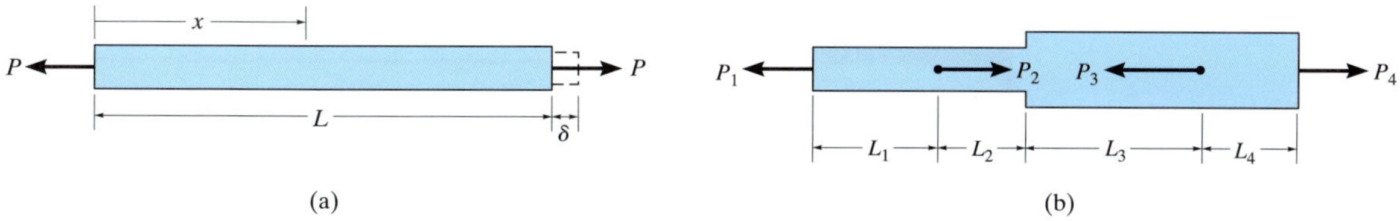

그림 9-3

$$\delta = \frac{NL}{AE} \tag{9-2}$$

만약 봉이 그림 9-3*b*와 같이 외부로부터 길이방향으로 몇 개의 다른 축방향 하중을 받는다거나 혹은 단면, 탄성계수가 길이방향으로 몇 개의 영역으로 구분되어 변화된다면, 위에서 제시한 식은 이들 물리량들이 일정한 부분 영역별로 적용할 수 있다. 따라서 한쪽 끝의 상대변위는 각 부분 영역의 상대변위를 산술적으로 합하여 구할 수 있다. 따라서 이를 일반화하여 식으로 나타내면 식 (9-3)과 같다.

$$\delta = \sum \frac{NL}{AE} \tag{9-3}$$

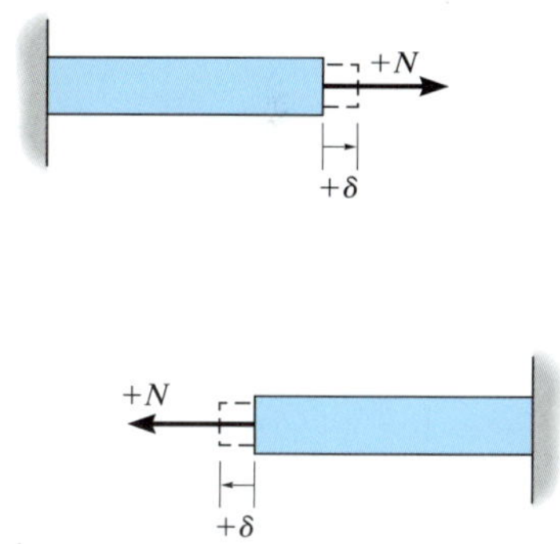

그림 9-4

부호규정. 식 (9-1)과 (9-3)을 사용하기 위해서는 내력과 상대변위에 대한 부호의 규정이 있어야 한다. 그렇게 하기 위해서 힘과 변위가 그림 9-4와 같이 각각 인장과 늘어나는 경우를 양의 값으로 규정한다. 반면에 음의 값으로 규정되는 경우는 힘과 변위가 각각 압축과 줄어드는 것을 말한다.

요점 IMPORTANT POINTS

- 생베낭의 원리는 하중이 가해진 점 혹은 지지점의 영역에서 발생하는 국부적인 변형이나 응력은 그 영역에서 충분히 멀어지면 그 영향이 없어지게 된다는 것을 말한다.
- 축하중을 받는 부재의 한쪽 끝점에 대한 다른 한쪽 끝점의 상대적인 변위는 가해진 내력과 응력의 관계 $\sigma = N/A$ 그리고 변위와 변형률 관계 $\epsilon = d\delta/dx$로부터 결정할 수 있다. 마지막으로 이 두 개의 식은 훅의 법칙($\sigma = E\epsilon$)을 이용하여 식 (9-1)과 같은 식으로 된다.
- 변위에 대한 관계식을 유도할 때 훅의 법칙을 이용하였다는 것은 내력이 재료의 항복을 야기시키지 않아야 한다는 것이며 또한 재료는 선형탄성 거동을 한다는 것을 전제하고 있다.

풀이 과정 PROCEDURE FOR ANALYSIS

축방향 하중을 받는 부재의 어떠한 두 점 A와 B의 상대변위는 식 (9-1) [(또는 식 (9-2)]을 적용하여 구할 수 있다. 식을 적용할 때 다음과 같은 순서로 한다.

내력

- 단면법을 이용하여 부재에 작용하는 내력 N을 결정한다.
- 외부에서 가해지는 분포하중에 대하여 길이방향의 위치에 따라 내력이 변한다면, 부재의 한쪽 끝을 기준으로 하여 임의의 점 x에 대한 단면을 생각하고 이때 내력은 x에 대한 함수 $N(x)$로 표현한다.
- 몇 개의 일정한 외부하중이 부재의 길이방향으로 작용되는 경우, 두 개의 외부하중이 작용되는 각 요소를 구성하고 그 요소의 내력이 결정되어야 한다.
- 이때 어떤 요소든지 내부에 작용되는 인장력은 양수로 압축력은 음수로 규정한다. 편리성을 위하여 내력을 그래프로 표현할 수 있다. 이 그래프를 수직력 선도라 한다.

변위

- 부재의 단면적이 길이방향에 따라 변한다면, 그 단면적을 위치 x의 함수, 즉 $A(x)$로 표현해야 한다.
- 만약 단면적, 탄성계수 혹은 내력의 갑작스런 변화가 있다면 이런 값들이 각 길이방향 요소 안에서 상수가 되도록 요소를 분할하고 식 (9-2)를 적용한다.
- 데이터들을 식 (9-1)에서 식 (9-3)까지 대입할 때 내력 P에 대한 적절한 부호를 확인한다. 인장은 양의 값 그리고 압축은 음의 값을 갖는다. 또한 일정한 단위를 사용한다. 이렇게 해서 나온 결과값이 양수이면, 이는 늘어남을 의미하며 반대로 음의 결과값은 줄어듦을 의미한다.

예제 9.1

A-36 강 봉이 균일한 50 mm의 지름을 가지며, 그림 9-5a와 같이 하중을 받는다. D에서의 변위를 구하고 C에 대한 B의 변위를 구하라.

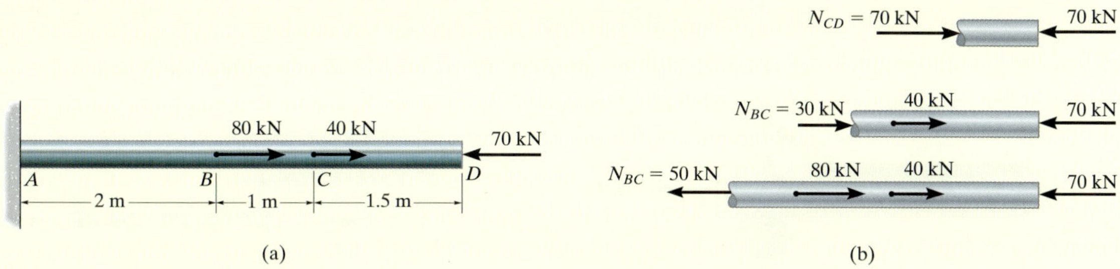

그림 9-5

풀이

내력. 단면법을 적용하고 수평방향에 대한 평형방정식을 이용하여 그림 9-5b에서와 같이 각 요소에서의 내력을 구한다. 봉의 길이방향에 따른 이 내력의 변화는 그림 9-5c의 수직력 선도와 같다.

변위. 교재의 뒤편에 수록된 표로부터 A-36 강의 E는 200 GPa이다. 부호규정에 따라 변위량은

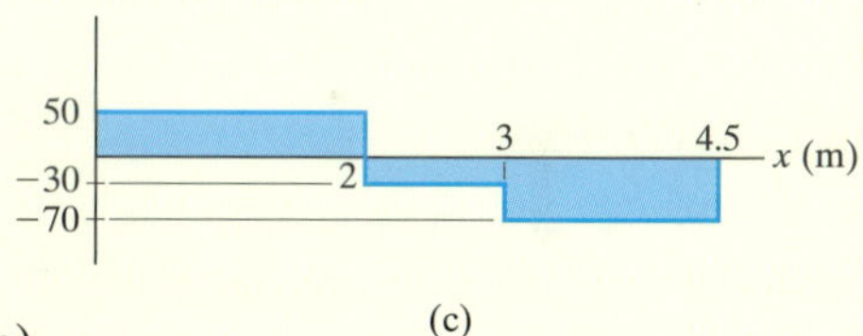

$$\delta_D = \sum \frac{NL}{AE} = \frac{[-70(10^3)\text{ N}](1.5\text{ m})}{\pi(0.025\text{ m})^2[200(10^9)\text{ N/m}^2]}$$

$$+ \frac{[-30(10^3)\text{ N}](1\text{ m})}{\pi(0.025\text{ m})^2[200(10^9)\text{ N/m}^2]} + \frac{[50(10^3)\text{ N}](2\text{ m})}{\pi(0.025\text{ m})^2[200(10^9)\text{ N/m}^2]}$$

$$\delta_D = -89.1(10^{-3})\text{ mm}$$ 답

여기서 결과값이 음수라는 것은 D점이 왼쪽으로 이동한다는 것을 의미한다.

C점에 대한 B점의 상대변위 $\delta_{B/C}$는 BC 내의 내부하중에 의해서만 발생된다.

$$\delta_{B/C} = \frac{NL}{AE} = \frac{[-30(10^3)\text{ N}](1\text{ m})}{\pi(0.025\text{ m})^2[200(10^9)\text{ N/m}^2]} = -76.4(10^{-3})\text{ mm}$$ 답

여기서 음의 부호는 B가 C쪽으로 이동한다는 의미이다.

9

예제 9.2

그림 9-6a는 단면적 400 mm^2의 알루미늄 관 AB의 조립도이다. 지름 10 mm의 강봉이 강체로 가정할 수 있는 고리를 거쳐 관을 관통하고 있다. 이 강봉에 인장력 80 kN이 가해졌을 때 강봉의 끝점 C에 발생하는 변위를 구하라. 이때 $E_{st} = 200$ GPa, $E_{al} = 70$ GPa를 사용하라.

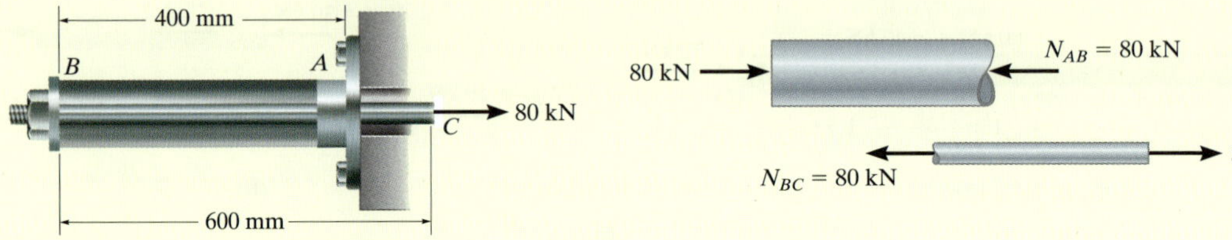

(a) (b)

그림 9-6

풀이

내력. 그림 9-6b와 같이 관과 봉에 대한 자유물체도를 각각 구성하면, 봉의 경우는 인장 80 kN을, 관의 경우는 압축 80 kN을 받는다.

변위. 여기서 끝점 C의 B점에 대한 상대변위를 구하면 다음과 같다. 모든 단위는 N과 m을 사용한다.

$$\delta_{C/B} = \frac{NL}{AE} = \frac{[+80(10^3)\text{ N}]\,(0.6\text{ m})}{\pi(0.005\text{ m})^2[200\,(10^9)\text{ N/m}^2]} = +0.003056\text{ m} \rightarrow$$

양의 부호는 늘어난다는 의미이므로 C점이 B점에 대하여 오른쪽으로 움직인다는 것을 의미한다.

고정된 지점 A점에 대한 B점의 변위는

$$\delta_B = \frac{NL}{AE} = \frac{[-80(10^3)\text{ N}](0.4\text{ m})}{[400\text{ mm}^2(10^{-6})\text{ m}^2/\text{mm}^2][70(10^9)\text{ N/m}^2]}$$
$$= -0.001143\text{ m} = 0.001143\text{ m} \rightarrow$$

여기서 음의 부호는 관이 줄어든다는 것을 의미하며 B점이 오른쪽으로 움직임을 말한다.

두 개의 변위가 모두 오른쪽으로 발생하기 때문에 고정된 지점 A에 대한 C점의 변위는 다음과 같다.

$$(\overset{+}{\rightarrow}) \qquad \delta_C = \delta_B + \delta_{C/B} = 0.001143\text{ m} + 0.003056\text{ m}$$
$$= 0.00420\text{ m} = 4.20\text{ mm} \rightarrow$$

답

예제 9.3

강체로 가정할 수 있는 보 AB가 두 개의 짧은 기둥 위에 그림 9-7a와 같이 설치되어 있다. AC는 지름이 20 mm인 강으로 만들어졌고 BD는 지름이 40 mm인 알루미늄으로 만들어졌다. AB에 수직하중 90 kN이 F점에 가해졌다고 하면 이 점에서의 변위를 구하라. 여기서 $E_{st} = 200$ GPa, $E_{al} = 70$ GPa이다.

풀이

내력. 기둥의 상단에 작용되는 압축력을 그림 9-7b에서 나타내고 있는 AB보의 평형조건으로부터 구하게 된다. 그림 9-7c에서 보는 것과 같이, 이렇게 구한 각각의 힘이 각 기둥에 나타나는 내력과 같다.

변위. 각 기둥의 상단에서 발생하는 변위는 다음과 같다.

기둥 AC:

$$\delta_A = \frac{N_{AC}L_{AC}}{A_{AC}E_{st}} = \frac{[-60(10^3)\text{ N}](0.300\text{ m})}{\pi(0.010\text{ m})^2[200(10^9)\text{ N/m}^2]} = -286(10^{-6})\text{ m}$$

$$= 0.286\text{ mm}\downarrow$$

기둥 BD:

$$\delta_B = \frac{N_{BD}L_{BD}}{A_{BD}E_{al}} = \frac{[-30(10^3)\text{ N}](0.300\text{ m})}{\pi(0.020\text{ m})^2[70(10^9)\text{ N/m}^2]} = -102(10^{-6})\text{ m}$$

$$= 0.102\text{ mm}\downarrow$$

그림 9-7d는 보에서 발생하는 A, B 그리고 F점에서의 중심선 변위를 나타낸 것이다. 음영으로 처리된 삼각형의 비례를 이용하여 F점의 변위를 구하면 다음과 같다.

$$\delta_F = 0.102\text{ mm} + (0.184\text{ mm})\left(\frac{400\text{ mm}}{600\text{ mm}}\right) = 0.225\text{ mm}\downarrow$$ 답

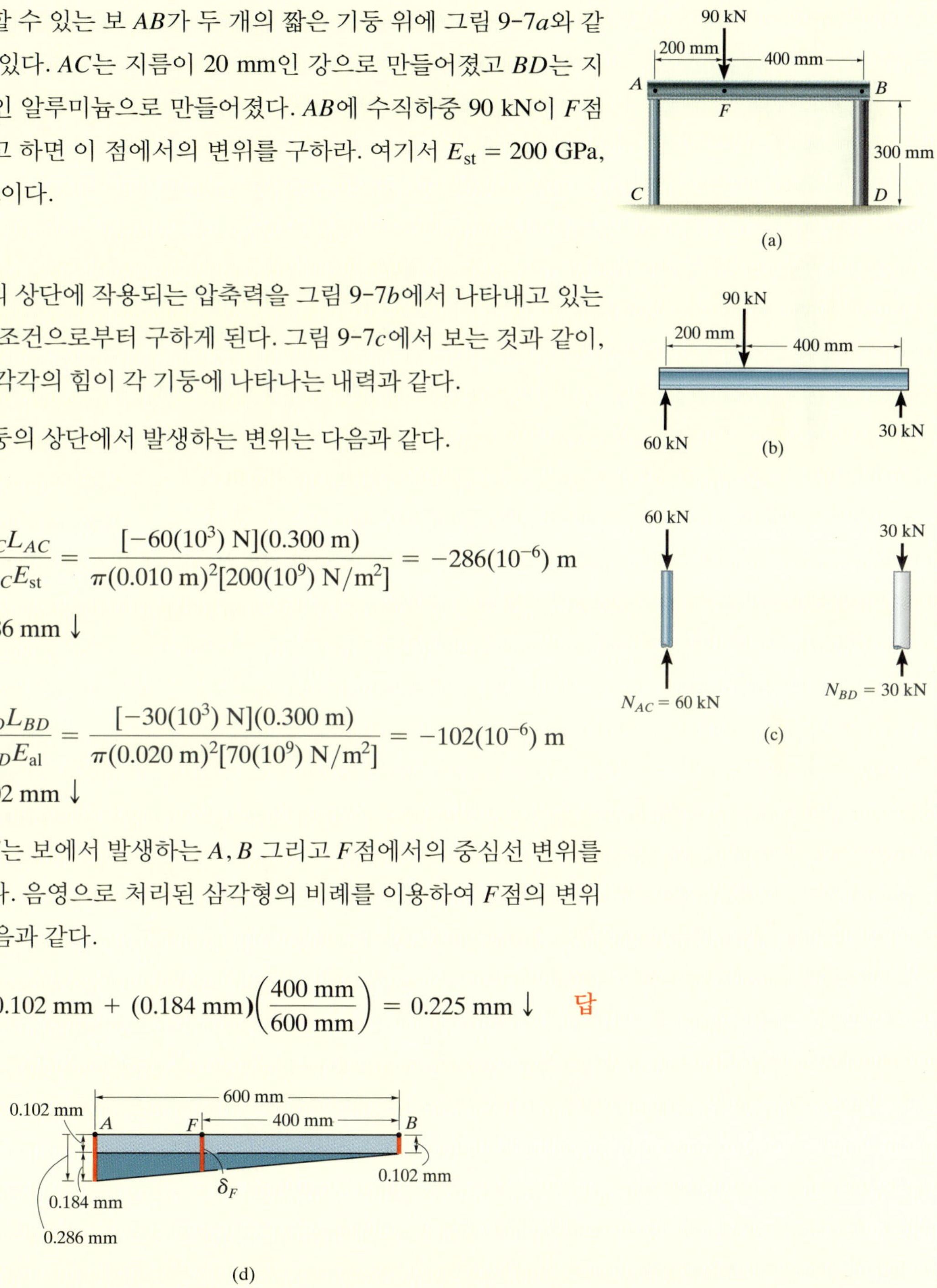

그림 9-7

9

예제 9.4

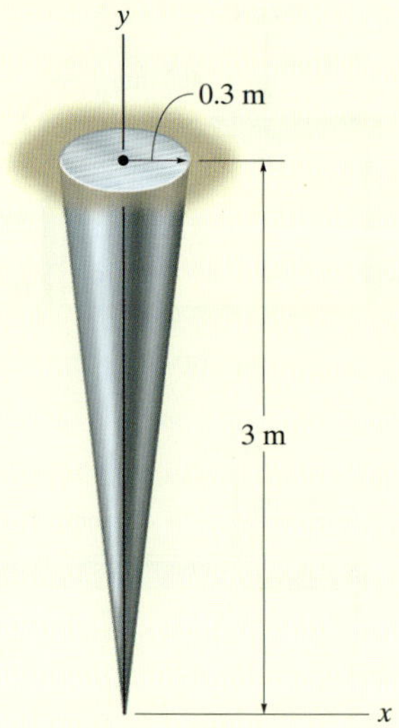

(a)

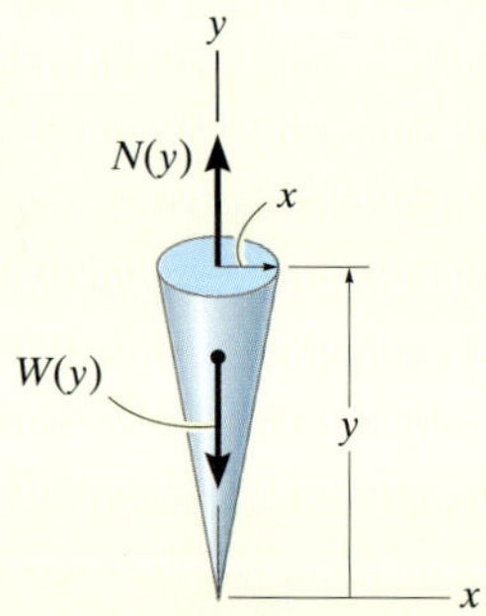

(b)

그림 9-8

단위 무게 $\gamma = 6\ \text{kN/m}^3$이고 탄성계수가 $E = 9$ GPa인 재료를 이용하여 부재가 제작되었다. 이 부재가 그림 9-8*a*와 같이 원뿔 형태로 만들어졌다고 할 때, 수직으로 걸려 있는 부재의 중력에 의하여 발생된 끝점의 변위를 구하라.

풀이

내력. 부재의 축방향 내력은 그림 9-8*b*에서 나타낸 것과 같이 단면 아래 존재하는 무게 $W(y)$에 의하여 결정되므로 위치에 따라 변하게 된다. 따라서, 변위의 계산은 식 (9-1)을 이용하여야 한다. 자유단으로부터 y만큼 떨어진 지점을 생각하면, 원추의 반지름 x는 y로부터 비례적으로 계산할 수 있다.

$$\frac{x}{y} = \frac{0.3\ \text{m}}{3\ \text{m}}; \qquad x = 0.1y$$

저면의 반지름이 x이고 높이가 y인 원추의 체적을 구하면 다음과 같다.

$$V = \frac{1}{3}\pi y x^2 = \frac{\pi(0.01)}{3} y^3 = 0.01047y^3$$

무게 $W = \gamma V$이므로 이 점에서 가해지는 내력은 다음과 같다.

$$+\uparrow \Sigma F_y = 0; \qquad N(y) = 6(10^3)(0.01047y^3) = 62.83y^3$$

변위. 그림 9-8*b*에서와 같이 단면적도 위치 y의 함수이다.

$$A(y) = \pi x^2 = 0.03142\,y^2$$

적분의 한계를 $y = 0$에서 $y = 3$ m까지로 하여, 식 (9-1)을 적용하면 다음과 같다.

$$\delta = \int_0^L \frac{N(y)\,dy}{A(y)\,E} = \int_0^3 \frac{(62.83y^3)\,dy}{(0.03142y^2)\,9(10^9)}$$

$$= 222.2(10^{-9}) \int_0^3 y\,dy$$

$$= 1(10^{-6})\ \text{m} = 1\ \mu\text{m} \qquad \text{답}$$

주: 이것은 매우 미소한 양이다.

PRELIMINARY PROBLEMS

P9–1. In each case, determine the internal normal force between lettered points on the bar. Draw all necessary free-body diagrams.

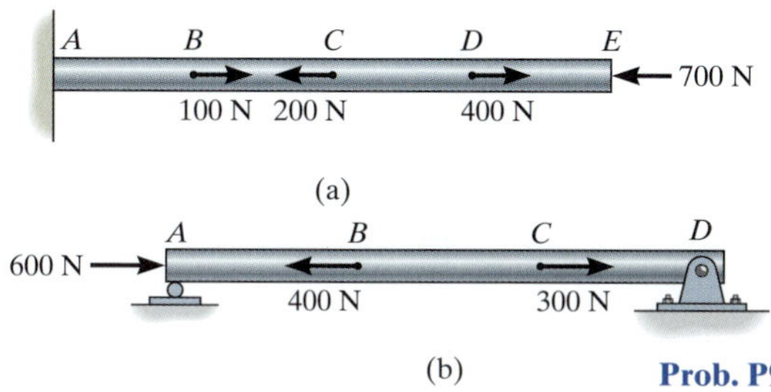

Prob. P9–1

P9–2. Determine the internal normal force between lettered points on the cable and rod. Draw all necessary free-body diagrams.

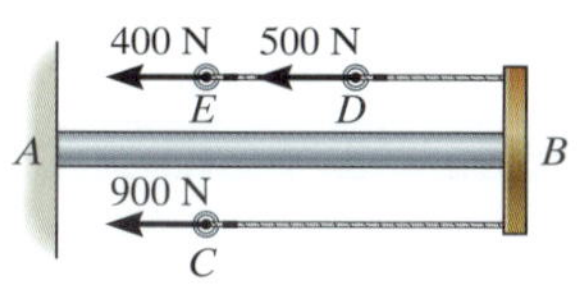

Prob. P9–2

P9–3. The post weighs 8 kN/m. Determine the internal normal force in the post as a function of x.

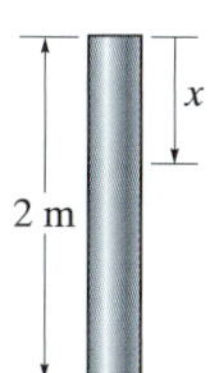

Prob. P9–3

P9–4. The rod is subjected to an external axial force of 800 N and a uniform distributed load of 100 N/m along its length. Determine the internal normal force in the rod as a function of x.

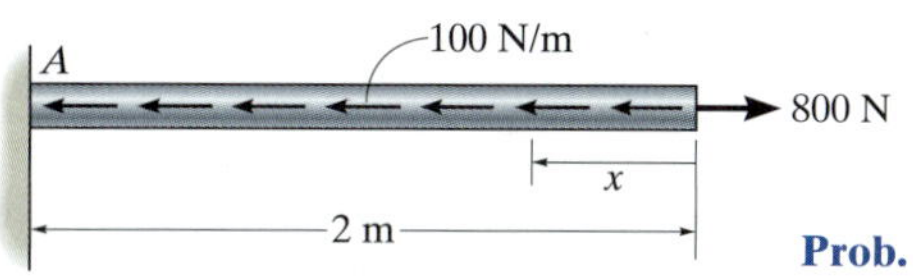

Prob. P9–4

P9–5. The rigid beam supports the load of 60 kN. Determine the displacement at B. Take $E = 60$ GPa, and $A_{BC} = 2\,(10^{-3})\ \text{m}^2$.

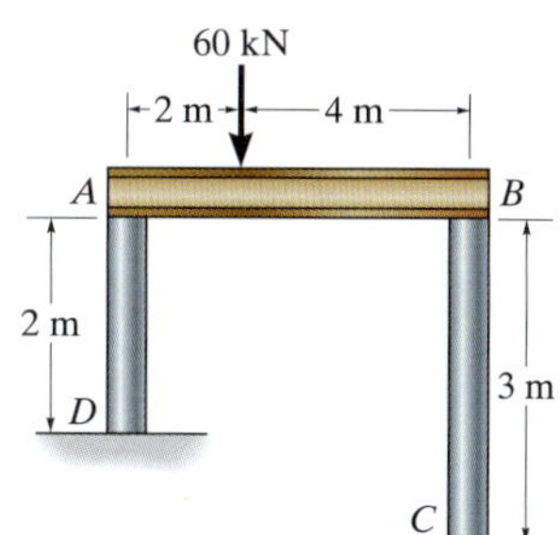

Prob. P9–5

FUNDAMENTAL PROBLEMS

F9–1. The 20-mm-diameter A-36 steel rod is subjected to the axial forces shown. Determine the displacement of end C with respect to the fixed support at A.

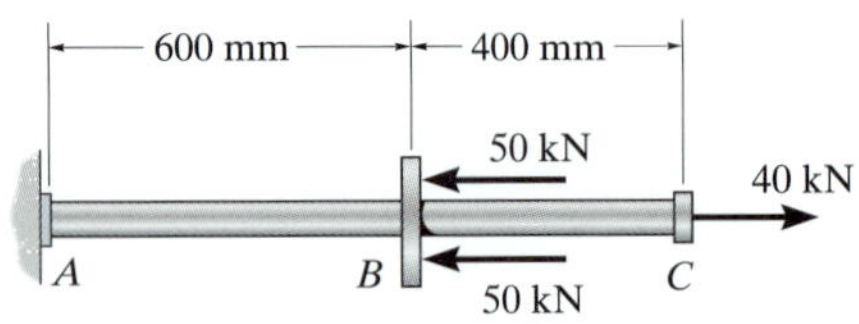

Prob. F9–1

F9–2. Segments AB and CD of the assembly are solid circular rods, and segment BC is a tube. If the assembly is made of 6061-T6 aluminum, determine the displacement of end D with respect to end A.

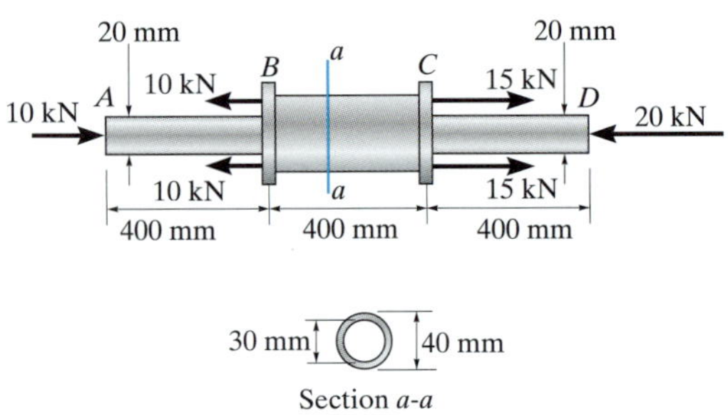

Prob. F9–2

F9–3. The 30-mm-diameter A992 steel rod is subjected to the loading shown. Determine the displacement of end C.

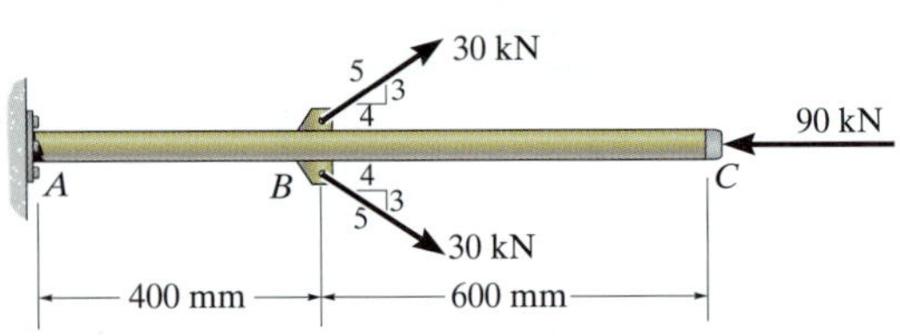

Prob. F9–3

F9–4. If the 20-mm-diameter rod is made of A-36 steel and the stiffness of the spring is $k = 50$ MN/m, determine the displacement of end A when the 60-kN force is applied.

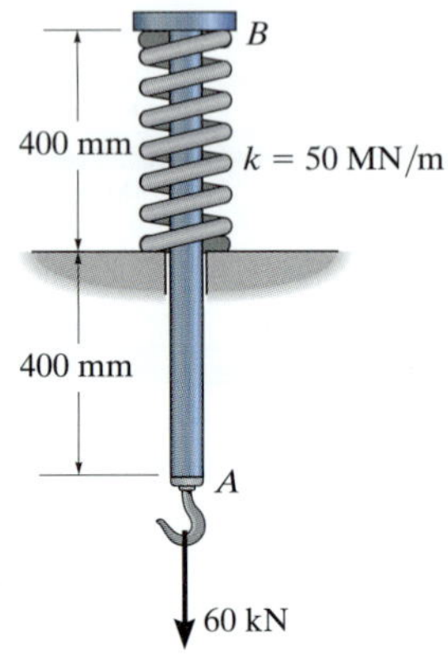

Prob. F9–4

F9–5. The 20-mm-diameter 2014-T6 aluminum rod is subjected to the uniform distributed axial load. Determine the displacement of end A.

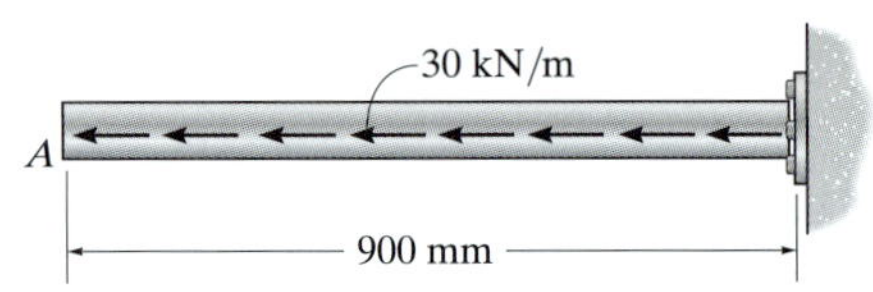

Prob. F9–5

F9–6. The 20-mm-diameter 2014-T6 aluminum rod is subjected to the triangular distributed axial load. Determine the displacement of end A.

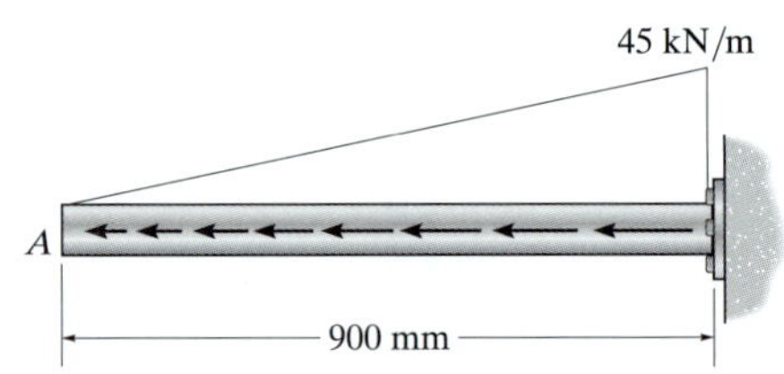

Prob. F9–6

PROBLEMS

9–1. The A992 steel rod is subjected to the loading shown. If the cross-sectional area of the rod is 80 mm^2, determine the displacement of B and A. Neglect the size of the couplings at B and C.

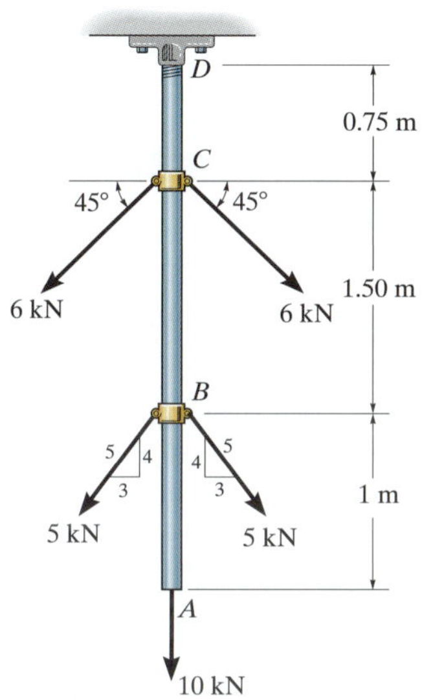

Prob. 9–1

9–2. The copper shaft is subjected to the axial loads shown. Determine the displacement of end A with respect to end D if the diameters of each segment are $d_{AB} = 20$ mm, $d_{BC} = 25$ mm, and $d_{CD} = 12$ mm. Take $E_{cu} = 126$ GPa.

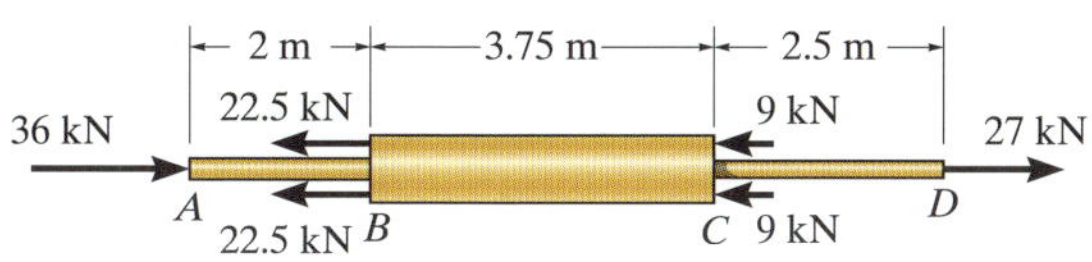

Prob. 9–2

9–3. The composite shaft, consisting of aluminum, copper, and steel sections, is subjected to the loading shown. Determine the displacement of end A with respect to end D and the normal stress in each section. The cross-sectional area and modulus of elasticity for each section are shown in the figure. Neglect the size of the collars at B and C.

***9–4.** Determine the displacement of B with respect to C of the composite shaft in Prob. 9–3.

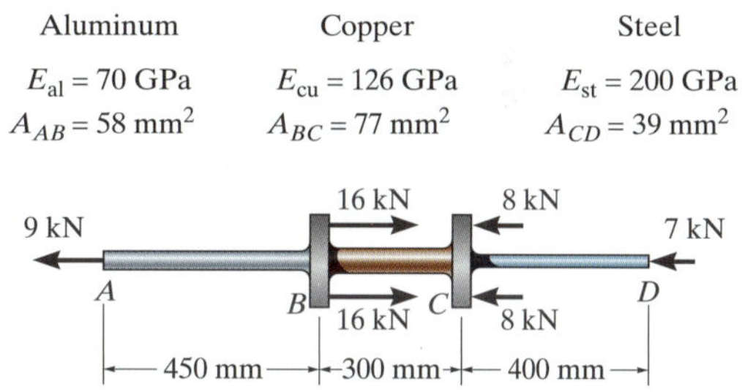

Probs. 9–3/4

9–5. The 2014-T6 aluminum rod has a diameter of 30 mm and supports the load shown. Determine the displacement of end A with respect to end E. Neglect the size of the couplings.

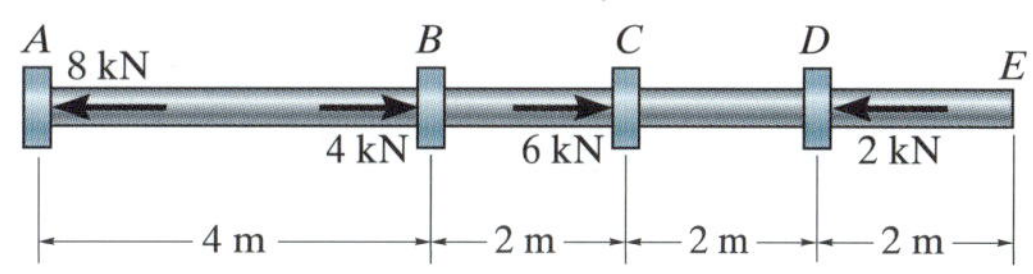

Prob. 9–5

9

9–6. The A992 steel drill shaft of an oil well extends 3600 m into the ground. Assuming that the pipe used to drill the well is suspended freely from the derrick at A, determine the maximum average normal stress in each pipe segment and the elongation of its end D with respect to the fixed end at A. The shaft consists of three different sizes of pipe, AB, BC, and CD, each having the length, weight per unit length, and cross-sectional area indicated.

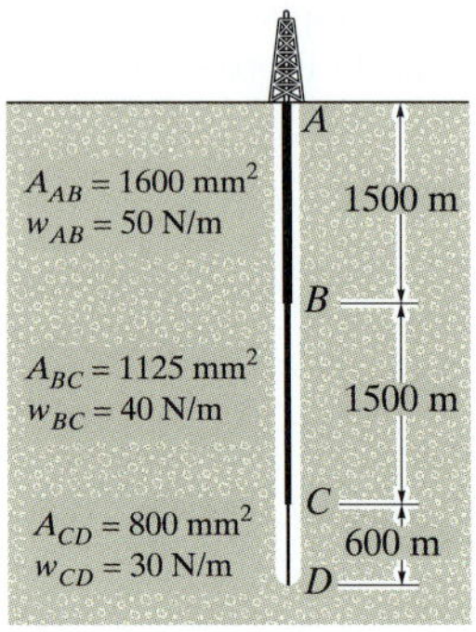

Prob. 9–6

9–7. The truss is made of three A-36 steel members, each having a cross-sectional area of 400 mm^2. Determine the horizontal displacement of the roller at C when $P = 8$ kN.

***9–8.** The truss is made of three A-36 steel members, each having a cross-sectional area of 400 mm^2. Determine the magnitude P required to displace the roller to the right 0.2 mm.

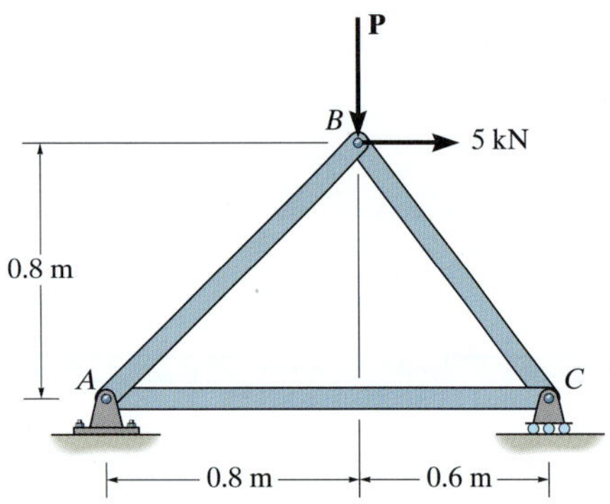

Probs. 9–7/8

9–9. The assembly consists of two 10-mm diameter red brass C83400 copper rods AB and CD, a 15-mm diameter 304 stainless steel rod EF, and a rigid bar G. If $P = 5$ kN, determine the horizontal displacement of end F of rod EF.

9–10. The assembly consists of two 10-mm diameter red brass C83400 copper rods AB and CD, a 15-mm diameter 304 stainless steel rod EF, and a rigid bar G. If the horizontal displacement of end F of rod EF is 0.45 mm, determine the magnitude of P.

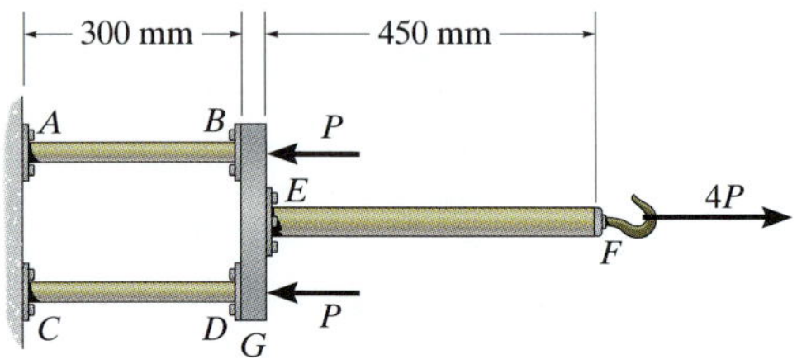

Probs. 9–9/10

9–11. The load is supported by the four 304 stainless steel wires that are connected to the rigid members AB and DC. Determine the vertical displacement of the 2.5-kN load if the members were originally horizontal when the load was applied. Each wire has a cross-sectional area of 16 mm^2.

***9–12.** The load is supported by the four 304 stainless steel wires that are connected to the rigid members AB and DC. Determine the angle of tilt of each member after the 2.5 kN load is applied. The members were originally horizontal, and each wire has a cross-sectional area of 16 mm^2.

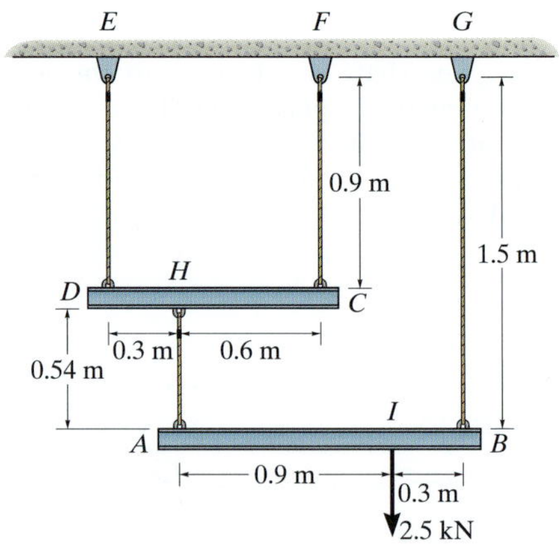

Probs. 9–11/12

9–13. A spring-supported pipe hanger consists of two springs which are originally unstretched and have a stiffness of $k = 60$ kN/m, three 304 stainless steel rods, AB and CD, which have a diameter of 5 mm, and EF, which has a diameter of 12 mm, and a rigid beam GH. If the pipe and the fluid it carries have a total weight of 4 kN, determine the displacement of the pipe when it is attached to the support.

9–14. A spring-supported pipe hanger consists of two springs, which are originally unstretched and have a stiffness of $k = 60$ kN/m, three 304 stainless steel rods, AB and CD, which have a diameter of 5 mm, and EF, which has a diameter of 12 mm, and a rigid beam GH. If the pipe is displaced 82 mm when it is filled with fluid, determine the weight of the fluid.

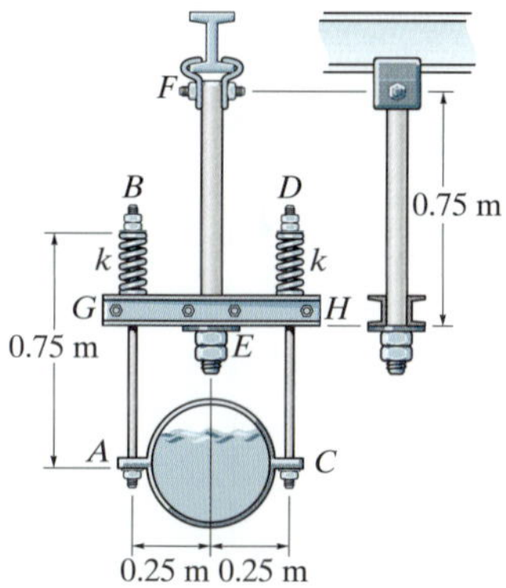

Probs. 9–13/14

9–15. The steel bar has the original dimensions shown in the figure. If it is subjected to an axial load of 50 kN, determine the change in its length and its new cross-sectional dimensions at section a–a. $E_{st} = 200$ GPa, $\nu_{st} = 0.29$.

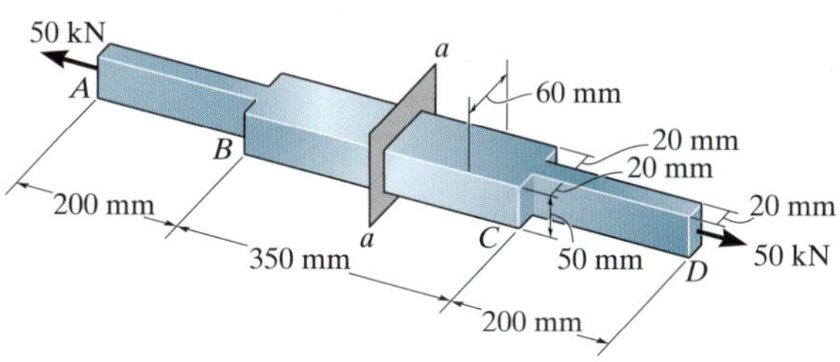

Prob. 9–15

***9–16.** The ship is pushed through the water using an A-36 steel propeller shaft that is 8 m long, measured from the propeller to the thrust bearing D at the engine. If it has an outer diameter of 400 mm and a wall thickness of 50 mm, determine the amount of axial contraction of the shaft when the propeller exerts a force on the shaft of 5 kN. The bearings at B and C are journal bearings.

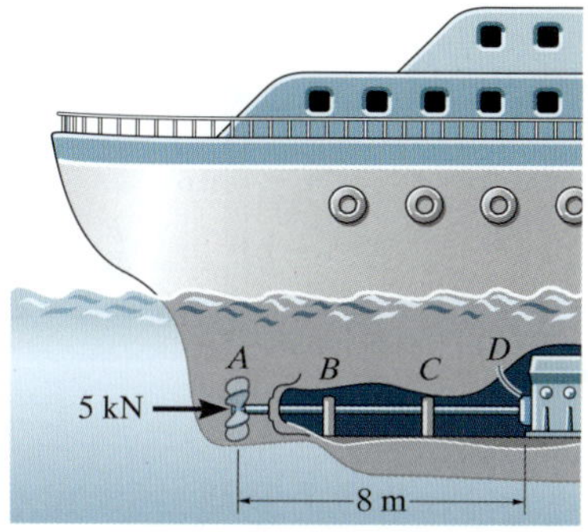

Prob. 9–16

9–17. The bar has a length L and cross-sectional area A. Determine its elongation due to the force $\mathbf{P}$ and its own weight. The material has a specific weight γ (weight/volume) and a modulus of elasticity E.

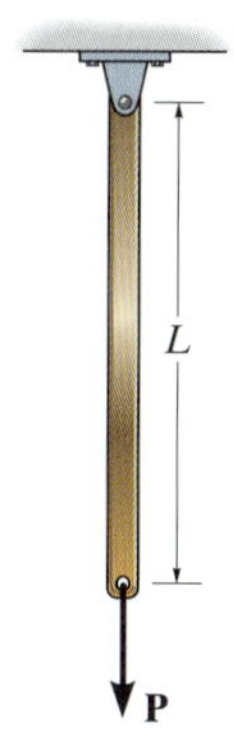

Prob. 9–17

9

9–18. The assembly consists of three titanium (Ti-6A1-4V) rods and a rigid bar AC. The cross-sectional area of each rod is given in the figure. If a force of 30 kN is applied to the ring F, determine the horizontal displacement of point F.

9–19. The assembly consists of three titanium (Ti-6A1-4V) rods and a rigid bar AC. The cross-sectional area of each rod is given in the figure. If a force of 30 kN is applied to the ring F, determine the angle of tilt of bar AC.

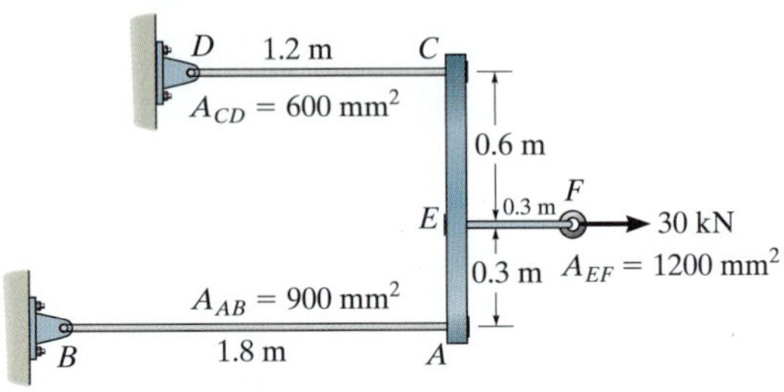

Prob. 9–18/19

***9–20.** The pipe is stuck in the ground so that when it is pulled upward the frictional force along its length varies linearly from zero at B to f_{max} (force/length) at C. Determine the initial force P required to pull the pipe out and the pipe's elongation just before it starts to slip. The pipe has a length L, cross-sectional area A, and the material from which it is made has a modulus of elasticity E.

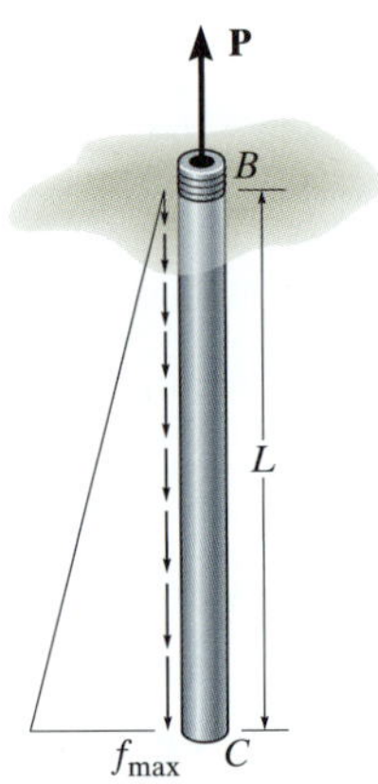

Prob. 9–20

9–21. The post is made of Douglas fir and has a diameter of 100 mm. If it is subjected to the load of 20 kN and the soil provides a frictional resistance distributed around the post that is triangular along its sides; that is, it varies from $w = 0$ at $y = 0$ to $w = 12$ kN/m at $y = 2$ m, determine the force **F** at its bottom needed for equilibrium. Also, what is the displacement of the top of the post A with respect to its bottom B? Neglect the weight of the post.

9–22. The post is made of Douglas fir and has a diameter of 100 mm. If it is subjected to the load of 20 kN and the soil provides a frictional resistance that is distributed along its length and varies linearly from $w = 4$ kN/m at $y = 0$ to $w = 12$ kN/m at $y = 2$ m, determine the force **F** at its bottom needed for equilibrium. Also, what is the displacement of the top of the post A with respect to its bottom B? Neglect the weight of the post.

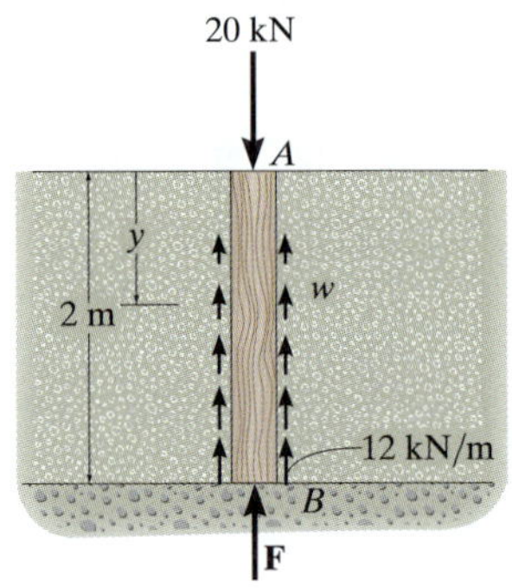

Probs. 9–21/22

9–23. The rigid bar is supported by the pin-connected rod CB that has a cross-sectional area of 14 mm² and is made from 6061-T6 aluminum. Determine the vertical deflection of the bar at D when the distributed load is applied.

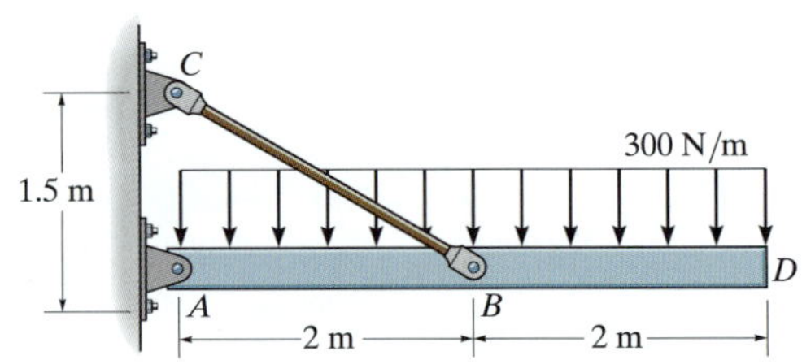

Prob. 9–23

9

***9–24.** The weight of the kentledge exerts an axial force of $P = 1500$ kN on the 300-mm diameter high-strength concrete bore pile. If the distribution of the resisting skin friction developed from the interaction between the soil and the surface of the pile is approximated as shown, determine the resisting bearing force **F** for equilibrium. Take $p_0 = 180$ kN/m. Also, find the corresponding elastic shortening of the pile. Neglect the weight of the pile.

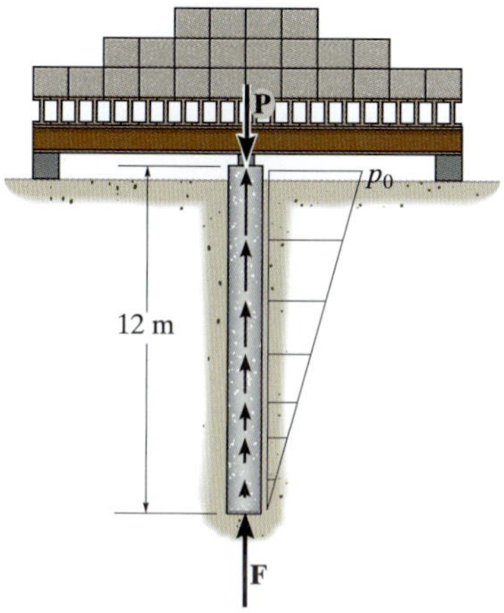

Prob. 9–24

9–25. Determine the elongation of the aluminum strap when it is subjected to an axial force of 30 kN. $E_{al} = 70$ GPa.

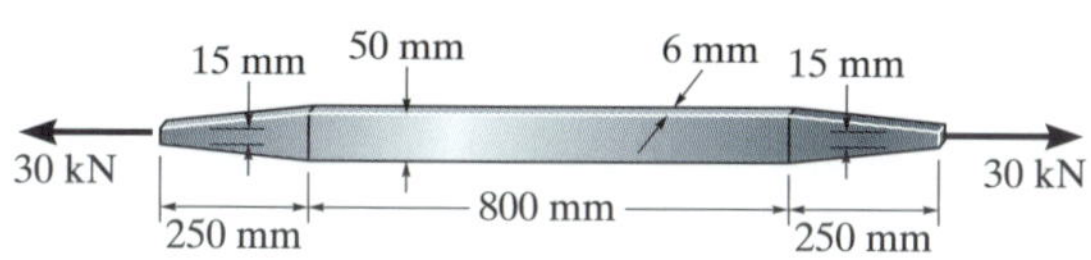

Prob. 9–25

9–26. The ball is truncated at its ends and is used to support the bearing load **P**. If the modulus of elasticity for the material is E, determine the decrease in the ball's height when the load is applied.

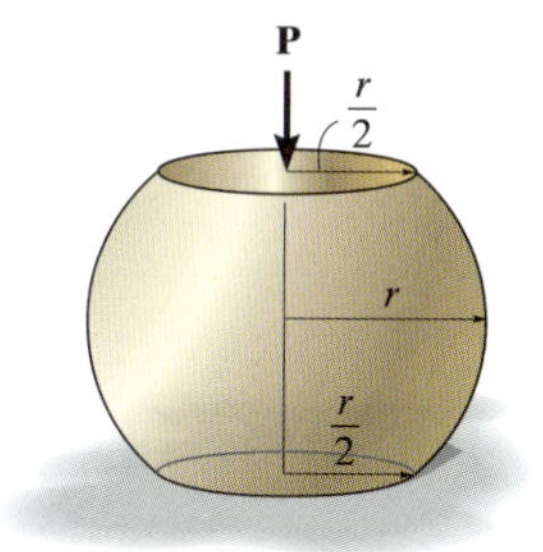

Prob. 9–26

9–27. The linkage is made of two pin-connected A-36 steel members, each having a cross-sectional area of 1000 mm^2. If a vertical force of $P = 250$ kN is applied to point A, determine its vertical displacement at A.

***9–28.** The linkage is made of two pin-connected A-36 steel members, each having a cross-sectional area of 1000 mm^2. Determine the magnitude of the force **P** needed to displace point A 0.625 mm downward.

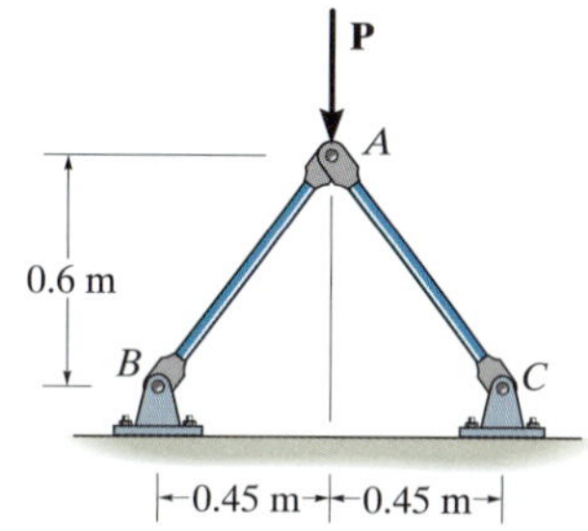

Probs. 9–27/28

9–29. The bar has a cross-sectional area of 1800 mm^2, and $E = 250$ GPa. Determine the displacement of its end A when it is subjected to the distributed loading.

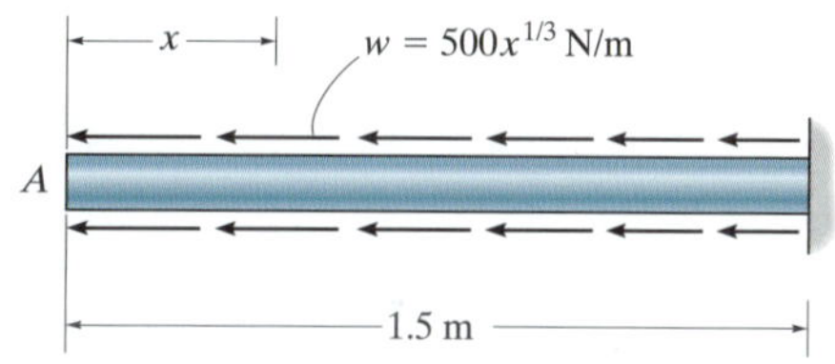

Prob. 9–29

9–30. Determine the relative displacement of one end of the tapered plate with respect to the other end when it is subjected to an axial load P.

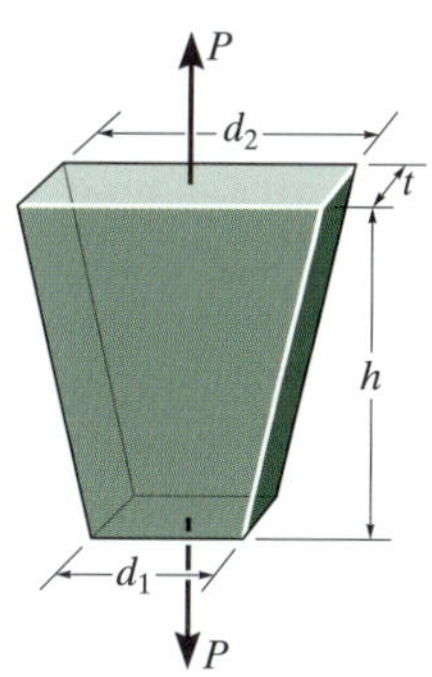

Prob. 9–30

9.3 중첩의 원리

중첩의 원리는 어떠한 부재가 다양한 하중을 받을 때 특정한 점에서 발생하는 응력과 변위를 결정하는데 유용하게 사용된다. 가해진 하중을 성분으로 나누었을 때, 중첩의 원리에 의하면 각 하중 성분이 개별적으로 부재에 가해진 것을 기준으로 구한 응력과 변위들을 산술적으로 더하여 원래 하중에 대한 응력과 변위를 구할 수 있다.

다음의 두 가지 조건이 중첩의 원리를 적용하는데 반듯이 만족되어야 한다.

1. **가해진 하중은 응력 σ와 변위 δ와 반듯이 선형관계에 있어야 한다.** 예를 들면, $\sigma = N/A$와 $\delta = NL/AE$는 σ와 δ가 N과 선형적인 관계임을 보이는 식이다.
2. **하중에 의하여 부재의 원래 형상이나 형태가 크게 바뀌지 않는다.** 만약 크게 바뀐다면, 가해진 하중의 방향과 위치 그리고 모멘트 팔 등이 변하는 것을 의미한다. 예를 들면, 그림 9-9*a*와 같이 하중 **P**가 가해진 가는 막대를 생각해 보자. 그림 9-9*b*와 같이 하중 **P**를 두 개의 분력으로 바꾸어 $\mathbf{P} = \mathbf{P}_1 + \mathbf{P}_2$로 한다. 만약 가해진 하중 **P**에 의한 변위가 그림과 같이 매우 크다면, 지점에 대한 하중에 의해 발생하는 모멘트 Pd는 각 분력에 의해 발생하는 모멘트의 합과 같지 않다. 즉 $d_1 \neq d_2 \neq d$이기 때문에 $Pd \neq P_1d_1 + P_2d_2$이다.

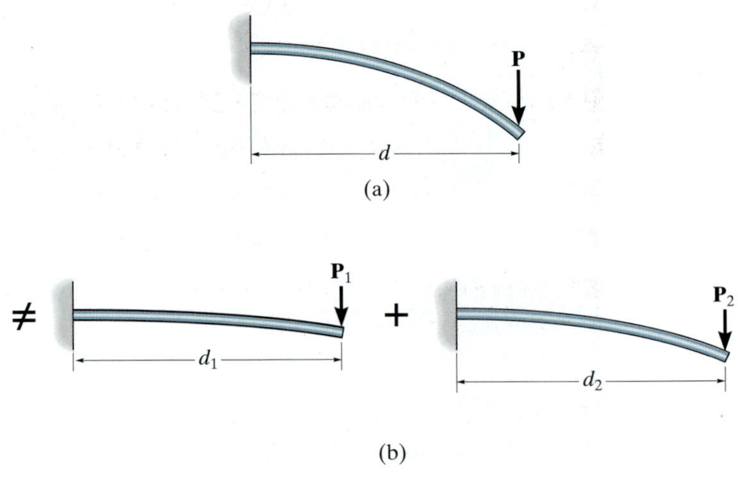

그림 9-9

9.4 축방향 하중을 받는 부정정 부재

그림 9-10a와 같이 양단이 모두 고정된 봉을 생각해 보자. 그림 9-10b와 같이 자유물체도를 그려보면 2개의 미지 지점 반력이 있다. 평형조건식은 다음과 같다.

$$+\uparrow \Sigma F = 0; \qquad F_B + F_A - 500\text{ N} = 0$$

이러한 형태의 문제를 **부정정**(statically indeterminate)이라 하는데 이는 평형조건식이 두 개의 반력을 결정하기에 부족하기 때문이다.

이러한 문제를 풀기 위한 부가적인 식을 구성하기 위하여 봉의 변위를 고려할 필요가 있다. 특히, 이렇게 변위에 대하여 특정한 조건을 사용한 식을 **적합조건** 또는 **운동학적 조건**(compatibility or kinematic condition)이라고 한다. 이 문제의 경우 양단이 고정이므로 그 양 지점 간에는 상대 변위가 발생하지 않는 조건이다. 즉 단부 A의 단부 B에 대한 변위가 0이라는 것이 적절한 적합조건이 된다. 따라서 적합조건은 다음과 같다.

$$\delta_{A/B} = 0$$

이 식은 재료거동에 의존하는 **하중-변위 관계식**(load-displacement relationship)을 사용하여 내력의 항으로 나타낼 수 있다. 예를 들면, 만약 선형탄성 거동을 한다면, $\delta = NL/AE$로 표현할 수 있다. 그림 9-10c와 같이 AC 요소에서 발생하는 내력을 $+F_A$, CB 요소에 발생하는 내력은 $-F_B$라 하면 적합조건식은 다음과 같이 쓸 수 있다.

$$\frac{F_A(2\text{ m})}{AE} - \frac{F_B(3\text{ m})}{AE} = 0$$

AE가 상수이므로 $F_A = 1.5\,F_B$가 된다. 마지막으로 평형조건식을 적용하면 다음의 반력을 얻게 된다.

$$F_A = 300\text{ N} \quad \text{and} \quad F_B = 200\text{ N}$$

여기서 두 개의 결과 값이 모두 양수라는 것은 자유물체도에서 설정한 반력의 방향이 맞는 것이다.

모든 부정정 문제에서 반력을 구하기 위해서는 평형조건식과 적합조건식을 모두 만족시켜야 하며 하중-변위 관계식을 이용하여 변위를 하중과 관련시켜야 한다.

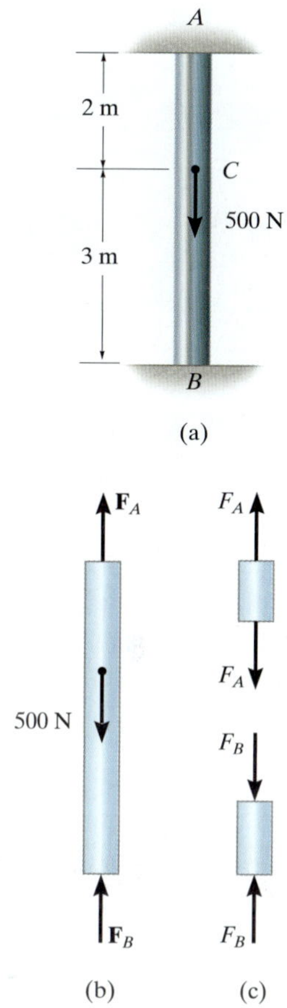

그림 9-10

대부분의 콘크리트 기둥은 철근으로 보강하는데, 이 두 가지 재료는 외부에서 가해진 하중을 함께 저항하게 되며 각 재료가 담당하는 내력은 부정정력이다.

요점 IMPORTANT POINTS

- 중첩의 원리는 복잡한 하중을 받는 문제에서 응력과 변위를 간단하게 구하는데 종종 사용된다. 여기서 복잡한 하중을 하중 성분으로 나누고 이로부터 얻은 결과를 산술적으로 더하면 된다.
- 중첩은 가해진 응력 또는 변위가 하중과 선형관계를 가져야 한다는 조건과 가해진 하중에 의해 부재의 원래의 기하학적 형태가 크게 변하지 않는다는 조건을 만족해야 한다.
- 부정정 문제는 부재에 발생하는 모든 반력을 결정하는데 평형조건식이 충분하지 않은 경우를 말한다.
- 적합조건은 부재의 지점이나 다른 점에서 발생하는 변위의 조건이다.

풀이 과정 PROCEDURE FOR ANALYSIS

부정정 문제에서 지점 반력은 부재의 평형조건, 적합조건 그리고 하중-변위 관계를 만족시킴에 의하여 구할 수 있다.

평형조건

- 부재에 가해진 모든 하중을 찾기 위해 자유물체도를 그린다.
- 자유물체도에 표시된 반력들의 개수가 사용 가능한 평형조건식의 개수보다 많을 경우 이 문제는 부정정 문제로 분류한다.
- 부재의 평형조건식을 기입한다.

적합조건

- 외부하중에 의하여 부재가 늘어났는지 줄어들었는지 등을 고려하여 변형된 부재의 변위도를 그린다.
- 하중에 의해 발생된 변위의 항으로 적합조건을 표현한다.

하중-변위

- $\delta = NL/AE$와 같은 하중-변위 관계식을 이용하여 적합조건식의 미지 변위를 반력과 연결시킨다.
- 평형조건식과 적합조건식을 이용하여 문제를 푼다. 만약 구한 결과에서 음의 값이 나타나면 이는 자유물체도를 그릴 때 사용한 그 힘의 방향이 반대라는 것을 의미한다.

예제 9.5

그림 9-11a와 같이 지름이 10 mm인 강재 봉이 있다. 이 봉은 A점에서 벽면에 고정되어 있고, 하중이 가해지기 전에는 봉의 다른 끝단과 벽면 B'점과 0.2 mm의 틈이 존재한다. 이때 $P = 20$ kN의 힘이 작용될 때 A점과 B'점에 발생하는 반력을 구하라. 여기서 C점에 있는 고리의 크기는 무시하고 $E_{st} = 200$ GPa로 한다.

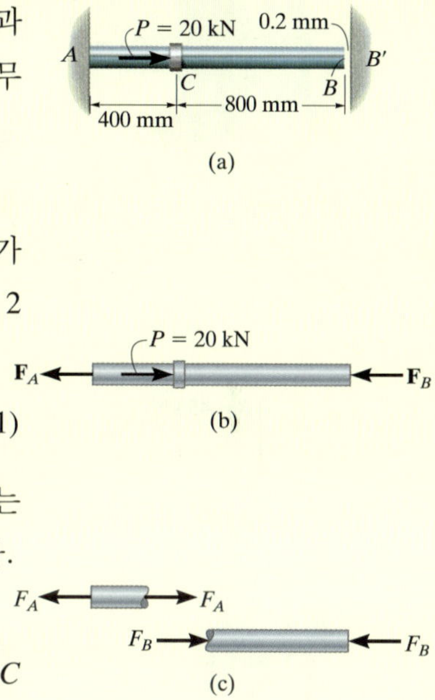

그림 9-11

풀이

평형조건. 그림 9-11b의 자유물체도에서 보여주는 것과 같이 하중 P가 커서 봉의 한쪽 끝 B가 벽면 B'점에 접촉한다고 가정하자. 이 문제는 2개의 반력을 구하는데 평형조건식은 1개이므로 부정정 문제이다.

$$\overset{+}{\rightarrow} \Sigma F_x = 0; \qquad -F_A - F_B + 20(10^3)\text{ N} = 0 \qquad (1)$$

적합조건. 하중 P는 B점이 B'점으로 이동하게 만들고, 접촉 이후에는 변위가 더 이상 발생하지 않는다. 따라서, 봉의 적합조건은 다음과 같다.

$$\delta_{B/A} = 0.0002\text{ m}$$

하중-변위. 이 상대 변위는 그림 9-11c에서 나타내는 두 개의 요소 AC와 CB에 적용할 수 있는 하중-변위 관계의 식 (9-2)를 적용하여 미지수인 반력으로 나타낼 수 있다. 사용하는 단위는 N과 m로 통일하여 다음 값을 얻게 된다.

$$\delta_{B/A} = \frac{F_A L_{AC}}{AE} - \frac{F_B L_{CB}}{AE} = 0.0002\text{ m}$$

$$\frac{F_A(0.4\text{ m})}{\pi(0.005\text{ m})^2\,[200(10^9)\text{ N/m}^2]} - \frac{F_B\,(0.8\text{ m})}{\pi(0.005\text{ m})^2\,[200(10^9)\text{ N/m}^2]} = 0.0002\text{ m}$$

혹은

$$F_A\,(0.4\text{ m}) - F_B\,(0.8\text{ m}) = 3141.59\text{ N}\cdot\text{m} \qquad (2)$$

식 (1)과 (2)를 풀면 다음의 값을 얻는다.

$$F_A = 16.0\text{ kN} \qquad F_B = 4.05\text{ kN}$$ 답

여기서 F_B가 양수이므로 처음 가정한 B점이 벽면 B'점에 접촉한다는 것을 확인할 수 있다.

주: 만약 F_B가 음수가 되면 문제는 정정(statically determinate)이 되고 $F_B = 0$ 그리고 $F_A = 20$ kN이다.

예제 9.6

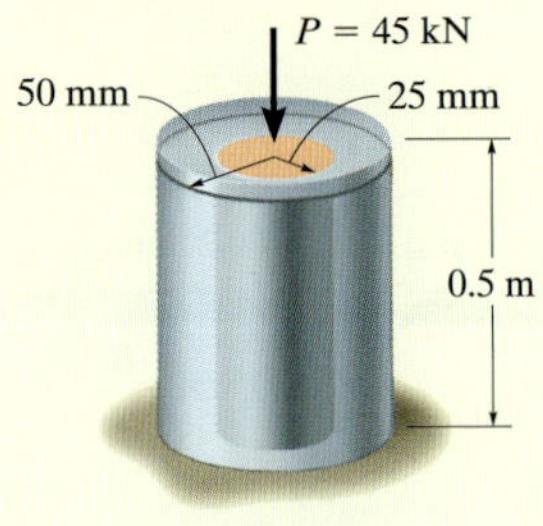

(a)

그림 9-12*a*와 같이 알루미늄 기둥에 동을 사용하여 중심을 보강하였다. 이렇게 조립된 기둥이 축방향 하중 $P = 45$ kN을 강체판을 통해 받는다. 이때 알루미늄과 동에 발생하는 평균 수직응력을 구하라. 여기서 $E_{al} = 70$ GPa와 $E_{br} = 105$ GPa를 이용하라.

풀이

평형조건. 그림 9-12*b*는 기둥의 자유물체도이다. 여기서 바닥면에 가해지는 합력은 미지의 두 개의 분력 $\mathbf{F}_{al}$과 $\mathbf{F}_{br}$로 이루어진다. 이 문제는 부정정 문제이다. 왜?

수직방향의 평형조건식은 다음과 같다.

$$+\uparrow\Sigma F_y = 0; \qquad -45\text{ kN} + F_{al} + F_{br} = 0 \tag{1}$$

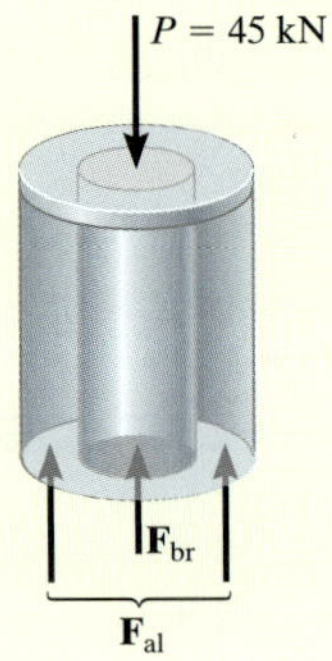

(b)

적합조건. 기둥의 상단에 있는 강체판은 알루미늄과 동의 변위를 동일하게 한다. 따라서,

$$\delta_{al} = \delta_{br}$$

한중-변위 관계를 이용하여,

$$\frac{F_{al}L}{A_{al}E_{al}} = \frac{F_{br}L}{A_{br}E_{br}}$$

$$F_{al} = F_{br}\left(\frac{A_{al}}{A_{br}}\right)\left(\frac{E_{al}}{E_{br}}\right)$$

$$F_{al} = F_{br}\left[\frac{\pi[(0.05\text{ m})^2 - (0.025\text{ m})^2]}{\pi(0.025\text{ m})^2}\right]\left[\frac{70\text{ GPa}}{105\text{ GPa}}\right]$$

$$F_{al} = 2F_{br} \tag{2}$$

식 (1)과 (2)를 연립하여 풀면

$$F_{al} = 30\text{ kN} \qquad F_{br} = 15\text{ kN}$$

결과 값이 모두 양의 값이므로, 응력은 압축응력이 된다.

따라서, 알루미늄과 동에 발생하는 평균 응력은

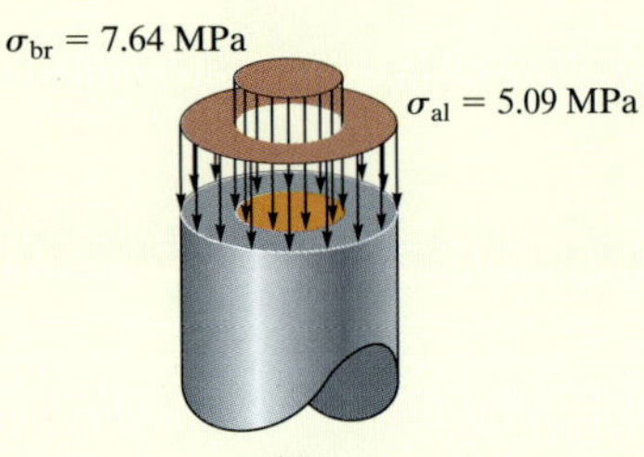

(c)

그림 9-12

$$\sigma_{al} = \frac{30(10^3)\text{ N}}{\pi[(0.05\text{ m})^2 - (0.025\text{ m})^2]} = 5.093(10^6)\text{ N/m}^2 = 5.09\text{ MPa} \qquad \text{답}$$

$$\sigma_{br} = \frac{15(10^3)\text{ N}}{\pi(0.025\text{ m})^2} = 7.639(10^6)\text{ N/m}^2 = 7.64\text{ MPa} \qquad \text{답}$$

주: 이 결과를 이용하여 응력의 분포를 그림 9-12*c*에 나타내었다.

예제 9.7

그림 9-13a와 같이 3개의 A992 강봉을 강체 부재에 핀으로 연결하였다. 부재에 15 kN의 힘이 작용될 때 각 봉에 걸리는 하중을 구하라. 봉 AB와 EF의 단면적은 50 mm^2이고 봉 CD의 단면적은 30 mm^2이다.

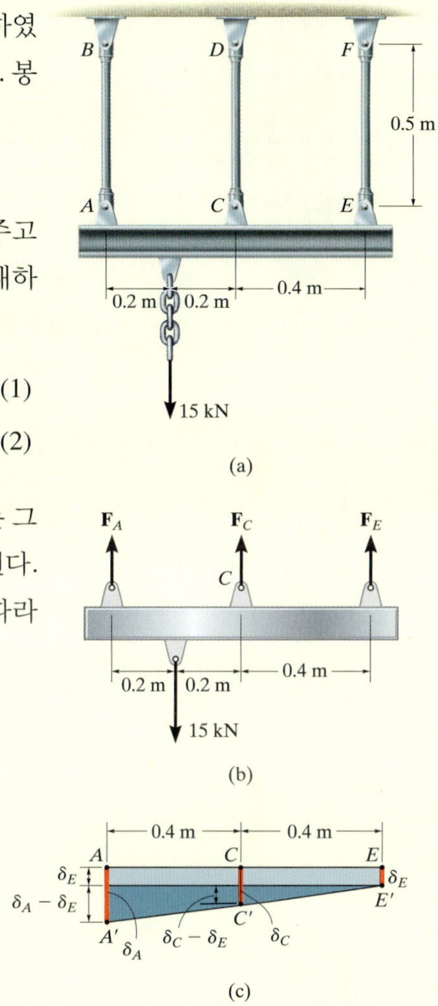

그림 9-13

풀이

평형조건. 그림 9-13b에서는 강체 부재의 자유물체도를 보여주고 있다. 이 문제는 3개의 미지수와 단지 두 개의 평형조건식이 존재하는 부정정 문제이다.

$$+\uparrow\Sigma F_y = 0; \qquad F_A + F_C + F_E - 15\text{ kN} = 0 \qquad (1)$$

$$\circlearrowleft + \Sigma M_C = 0; \; -F_A(0.4\text{ m}) + 15\text{ kN}(0.2\text{ m}) + F_E(0.4\text{ m}) = 0 \qquad (2)$$

적합조건. 하중이 가해짐으로 인하여 수평을 이루던 선분 ACE는 그림 9-13c에서 보여주는 것과 같이 직선 $A'C'E'$으로 움직이게 된다. δ_A, δ_C 그리고 δ_E점의 변위는 삼각형의 관계로 규정할 수 있다. 따라서 세 점의 변위에 의한 적합조건은 다음과 같다.

$$\frac{\delta_A - \delta_E}{0.8\text{ m}} = \frac{\delta_C - \delta_E}{0.4\text{ m}}$$

$$\delta_C = \frac{1}{2}\delta_A + \frac{1}{2}\delta_E$$

하중-변위. 식 (9-2)의 하중-변위 관계를 이용하면

$$\frac{F_C L}{(30\text{ mm}^2)E_{\text{st}}} = \frac{1}{2}\left[\frac{F_A L}{(50\text{ mm}^2)E_{\text{st}}}\right] + \frac{1}{2}\left[\frac{F_E L}{(50\text{ mm}^2)E_{\text{st}}}\right]$$

$$F_C = 0.3F_A + 0.3F_E \qquad (3)$$

세 개의 식을 풀면,

$$F_A = 9.52\text{ kN} \qquad \text{답}$$

$$F_C = 3.46\text{ kN} \qquad \text{답}$$

$$F_E = 2.02\text{ kN} \qquad \text{답}$$

9

예제 9.8

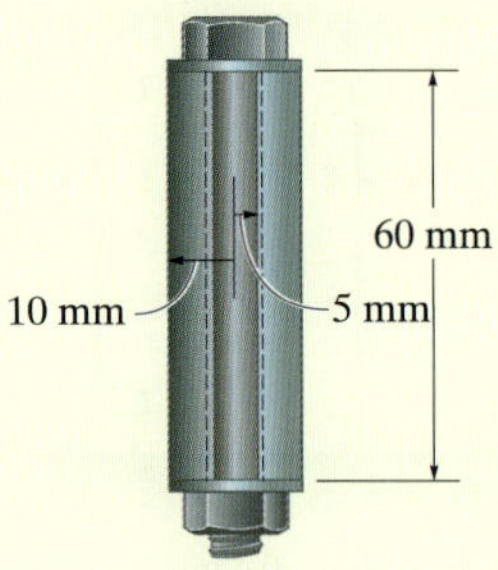

(a)

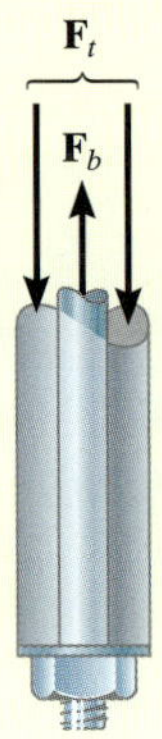

(b)

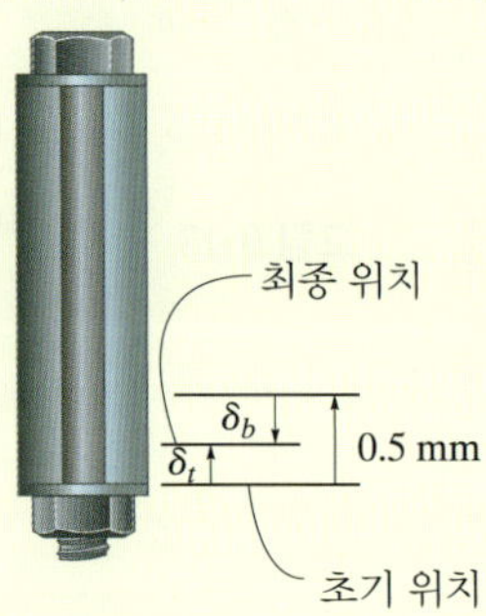

(c)

그림 9-14

그림 9-14a는 2014-T6 알루미늄 합금으로 만들어진 볼트를 이용하여 Am 1004-T61 마그네슘 합금 튜브를 죄고 있어 튜브는 압축을 받는 것을 보여주고 있다. 이 튜브의 외경은 10 mm이고 내경은 볼트와 같이 5 mm이다. 튜브의 상하단에 삽입된 워셔는 강체로 가정하고 이 두께는 무시하기로 한다. 처음에 너트를 손으로 느슨하게 죄고 나서 렌치를 이용하여 너트를 반 바퀴를 돌렸다고 하자. 이때 볼트는 1 mm당 1개의 스레드(나삿니)가 있다고 할 때, 볼트에 발생하는 응력을 구하라.

풀이

평형조건. 그림 9-14b에서 주어진 자유물체도에는 볼트에 작용하는 하중 F_b와 튜브에 작용하는 하중 F_t의 관계를 표시하기 위하여 볼트와 튜브의 단면을 나타내고 있다. 평형조건은 다음과 같다.

$$+\uparrow\Sigma F_y = 0; \qquad F_b - F_t = 0 \qquad (1)$$

적합조건. 그림 9-14c에서 표시된 것처럼, 너트가 볼트에서 죄여질 때 튜브는 δ_t만큼 줄어들고 볼트는 δ_b만큼 늘어나게 된다. 너트가 반 바퀴를 돌려서 죄였기 때문에 너트가 볼트를 따라 전진한 길이는 $\frac{1}{2}(0.001$ m $= 0.5(10^{-3})$ mm다. 따라서 변위들의 조합조건은 다음과 같다.

$$(+\uparrow) \qquad \delta_t = 0.5(10^{-3})\text{ m} - \delta_b$$

각 재료에 대한 탄성계수를 교재의 뒤편에 수록된 값에서 찾고 이를 식(9-2)에 적용하면 다음의 식을 얻게 된다.

$$\frac{F_t(0.06\text{ m})}{\pi[(0.01\text{ m})^2 - (0.005\text{ m})^2][44.7(10^9)\text{ N/m}^2]} =$$

$$0.5(10^{-3})\text{ m} - \frac{F_b(0.06\text{ m})}{\pi(0.005\text{ m})^2[73.1(10^9)\text{ N/m}^2]}$$

$$5.6968\,F_t + 10.4507F_b = 0.5\left(10^6\right) \qquad (2)$$

식 (1)과 (2)를 연립하여 풀면, 다음의 값을 얻게 된다.

$$F_b = F_t = 30.96\left(10^3\right)\text{ N}$$

따라서 볼트와 튜브의 응력은

$$\sigma_b = \frac{F_b}{A_b} = \frac{30.96(10^3)\text{ N}}{\pi(0.005\text{ m})^2} = 394.25(10^6)\text{ N/m}^2 = 394\text{ MPa} \qquad \text{답}$$

$$\sigma_t = \frac{F_t}{A_t} = \frac{30.96(10^3)\text{ N}}{\pi[(0.01\text{ m})^2 - (0.005\text{ m})^2]} = 131.42(10^6)\text{ N/m}^2$$

$$= 131\text{ MPa}$$

구한 결과 값들은 이 재료의 항복응력[$(\sigma_Y)_{\text{al}} = 414$ MPa 그리고 $(\sigma_Y)_{\text{mg}} = 152$ MPa](교재 뒤편 참조)보다 작으므로 '탄성'을 가정하고 푼 결과는 타당하다.

9.5 축방향 하중을 받는 부재의 응력법 해석

부정정 문제를 풀기 위하여 적합조건을 도입하는데 중첩의 원리를 사용할 수도 있다. 이러한 방법을 **응력법** 혹은 **유연도법**(force or flexibility method)이라 한다. 이 방법을 어떻게 적용하는지를 알기 위하여 그림 9-15*a*에 있는 봉을 다시 생각해 보자. 만약 *B* 지지점을 '여분(redundant)'으로 생각하고 지점을 일시적으로 제거하면, 봉은 그림 9-15*b*와 같이 정정 부재가 된다. 여기서 중첩의 원리를 이용하여, 여분의 하중(여력, redundant force) $\mathbf{F}_B$를 그림 9-15*c*와 같이 다시 부가하여야 한다.

하중 **P**는 *B*점이 아래쪽으로 δ_P만큼 내려가게 하므로 $\mathbf{F}_B$는 분명히 봉의 끝점 *B*를 위쪽으로 δ_B만큼 올라가게 하는데, 이 두 개의 하중을 중첩하게 되면 *B*점에서의 변위는 발생하지 않게 된다. 따라서

$$(+\downarrow) \qquad 0 = \delta_P - \delta_B$$

이 식 $\delta_p = \delta_B$는 *B*점에서의 변위에 대한 적합조건이 된다.

두 경우에 대하여 하중-변위 관계식을 적용하면, $\delta_P = 500\text{ N}(2\text{ m})/AE$ 그리고 $\delta_B = F_B(5\text{ m})/AE$이다. 그 결과로

$$0 = \frac{500\text{ N}(2\text{ m})}{AE} - \frac{F_B(5\text{ m})}{AE}$$

$$F_B = 200\text{ N}$$

그림 9-15*d*에 있는 봉의 자유물체도로부터 평형조건식을 적용하면,

$$+\uparrow\Sigma F_y = 0; \qquad 200\text{ N} + F_A - 500\text{ N} = 0$$

여기서 $L_{CB} = L - L_{AC}$이므로,

$$F_A = 300\text{ N}$$

이 결과는 9.4절에서 얻은 결과와 동일하다.

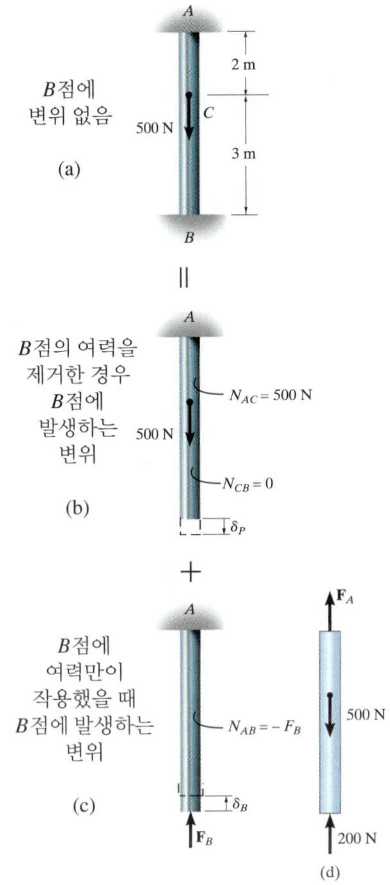

그림 9-15

9

풀이 과정 PROCEDURE FOR ANALYSIS

응력법 해석은 다음과 같은 과정에 따라 한다.

적합조건

- 지지점 하나를 여분으로 결정하고 적합조건식을 세운다. 일반적으로 변위를 알고 있는 지점(일반적으로 변위가 0인 지점)을 여력이 작용되는 지점으로 선정한다. 이렇게 구성된 부재에 외부하중만이 작용하는 경우에 발생한 변위와 여력만이 작용하는 경우에 발생한 변위를 방향을 고려하여 더하고 이를 여력 지점의 기지인 변위와 같게 함에 의하여 적합조건식을 구할 수 있다.

- 외부하중과 여력에 의한 변위를 하중-변위 관계식($\delta = NL/AE$)에 의해 하중의 항으로 표현한다.
- 이 식이 완성되면, 적합조건식을 풀어 여력의 크기를 구할 수 있다.

평형조건

- 자유물체도를 그리고 여력의 결과를 사용하여 적절한 평형조건식을 구성한다. 이 평형조건 식을 이용하여 나머지 반력을 구한다.

예제 9.9

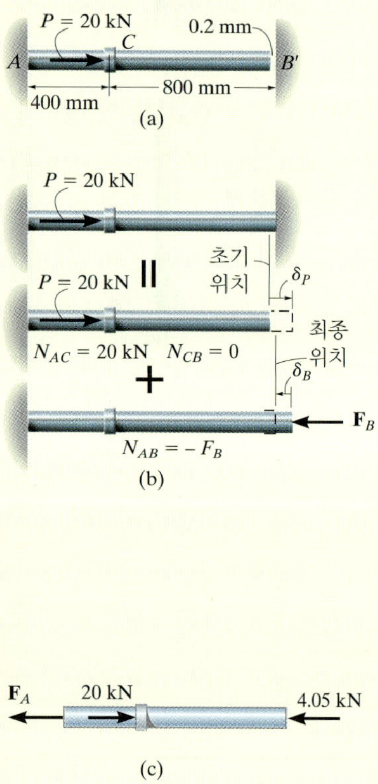

그림 9-16

그림 9-16a에는 A-36 강을 이용한 지름이 10 mm인 강봉을 나타내고 있다. 이 봉은 벽면 A에 고정되어 있고 하중을 받기 전에는 벽면 B'과 0.2 mm의 간격을 유지하고 있다. A와 B'에서의 반력을 구하라. 여기서 C점의 고리 크기는 무시한다. $E_{st} = 200$ GPa로 한다.

풀이

적합조건. 여기서 B' 지점을 여분 지점으로 생각한다. 그림 9-16b와 같이 중첩의 원리를 이용하면

$$\xrightarrow{+} \qquad 0.0002 \text{ m} = \delta_P - \delta_B \qquad (1)$$

하중-변위. 처짐 δ_P와 δ_B를 식 (9-2)를 이용하여 구하면

$$\delta_P = \frac{N_{AC}L_{AC}}{AE} = \frac{[20(10^3)\text{ N}](0.4\text{ m})}{\pi(0.005\text{ m})^2[200(10^9)\text{ N/m}^2]} = 0.5093(10^{-3})\text{ m}$$

$$\delta_B = \frac{N_{AB}L_{AB}}{AE} = \frac{F_B(1.20\text{ m})}{\pi(0.005\text{ m})^2[200(10^9)\text{ N/m}^2]} = 76.3944(10^{-9})F_B$$

이 값을 식 (1)에 삽입하면 B점에서의 반력을 구하게 된다.

$$0.0002\text{ m} = 0.5093(10^{-3})\text{ m} - 76.3944(10^{-9})F_B$$

$$F_B = 4.05(10^3)\text{ N} = 4.05\text{ kN}$$

답

평형조건. 그림 9-16c의 자유물체도로부터

$$\xrightarrow{+} \Sigma F_x = 0; \qquad -F_A + 20\text{ kN} - 4.05\text{ kN} = 0 \quad F_A = 16.0\text{ kN}$$

답

PROBLEMS

9–31. The column is constructed from high-strength concrete and six A-36 steel reinforcing rods. If it is subjected to an axial force of 150 kN, determine the average normal stress in the concrete and in each rod. Each rod has a diameter of 20 mm.

***9–32.** The column is constructed from high-strength concrete and six A-36 steel reinforcing rods. If it is subjected to an axial force of 150 kN, determine the required diameter of each rod so that one-fourth of the load is carried by the concrete and three-fourths by the steel.

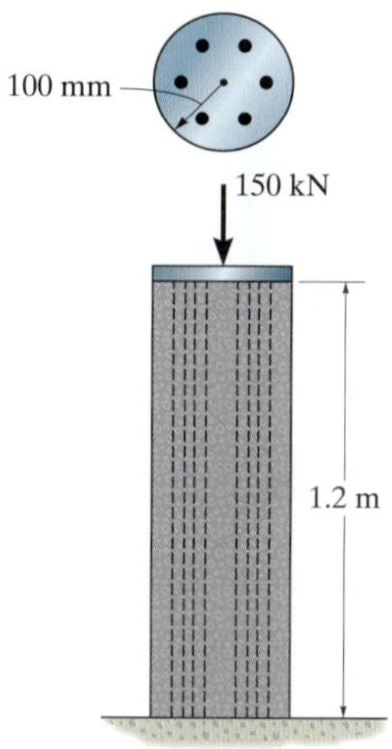

Probs. 9–31/32

9–33. The A-36 steel pipe has a 6061-T6 aluminum core. It is subjected to a tensile force of 200 kN. Determine the average normal stress in the aluminum and the steel due to this loading. The pipe has an outer diameter of 80 mm and an inner diameter of 70 mm.

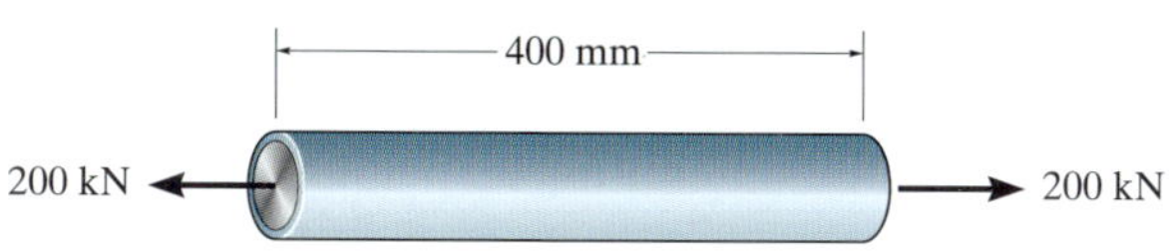

Prob. 9–33

9–34. The 304 stainless steel post A has a diameter of $d = 50$ mm and is surrounded by a red brass C83400 tube B. Both rest on the rigid surface. If a force of 25 kN is applied to the rigid cap, determine the average normal stress developed in the post and the tube.

9–35. The 304 stainless steel post A is surrounded by a red brass C83400 tube B. Both rest on the rigid surface. If a force of 25 kN is applied to the rigid cap, determine the required diameter d of the steel post so that the load is shared equally between the post and tube.

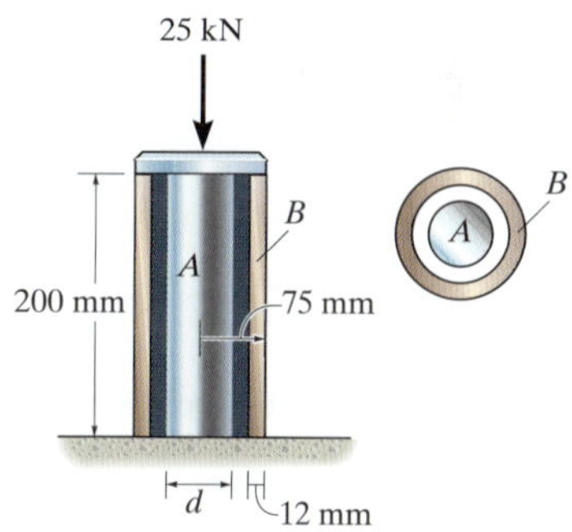

Probs. 9–34/35

***9–36.** The A-36 steel pipe has an outer radius of 20 mm and an inner radius of 15 mm. If it fits snugly between the fixed walls before it is loaded, determine the reaction at the walls when it is subjected to the load shown.

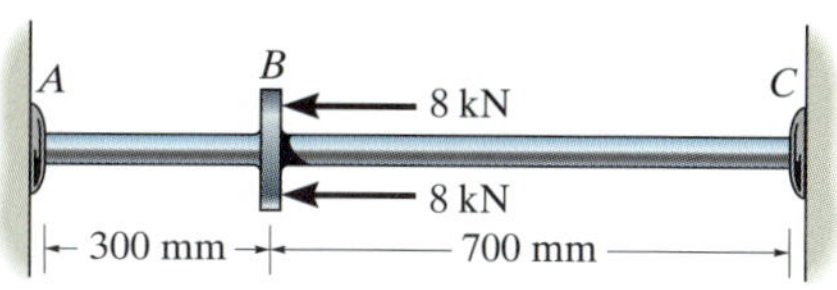

Prob. 9–36

9

9–37. The 10-mm-diameter steel bolt is surrounded by a bronze sleeve. The outer diameter of this sleeve is 20 mm, and its inner diameter is 10 mm. If the yield stress for the steel is $(\sigma_Y)_{st} = 640$ MPa, and for the bronze $(\sigma_Y)_{br} = 520$ MPa, determine the magnitude of the largest elastic load P that can be applied to the assembly. $E_{st} = 200$ GPa, $E_{br} = 100$ GPa.

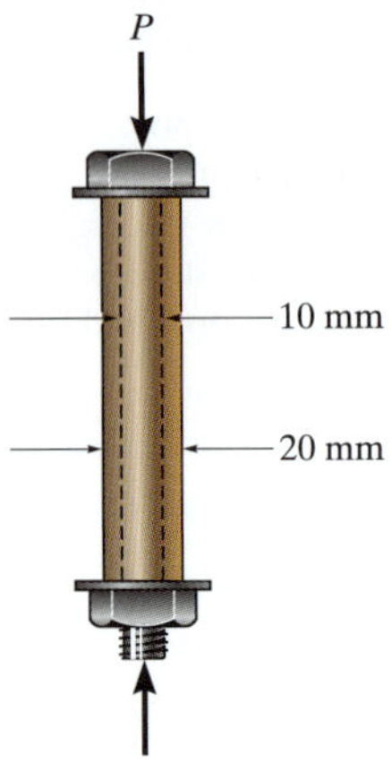

Prob. 9–37

9–38. The 10-mm-diameter steel bolt is surrounded by a bronze sleeve. The outer diameter of this sleeve is 20 mm, and its inner diameter is 10 mm. If the bolt is subjected to a compressive force of $P = 20$ kN, determine the average normal stress in the steel and the bronze. $E_{st} = 200$ GPa, $E_{br} = 100$ GPa.

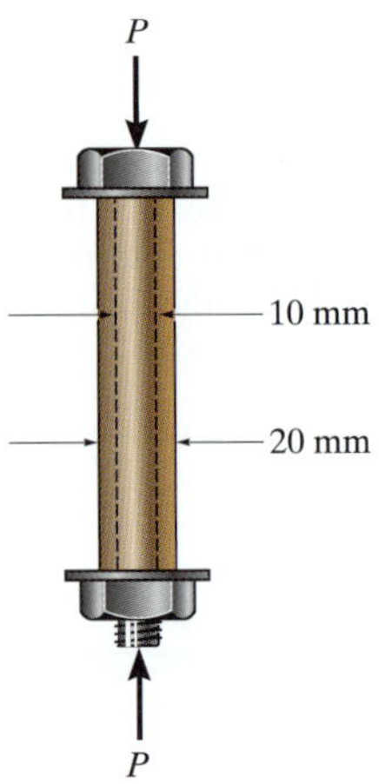

Prob. 9–38

9–39. If column AB is made from high strength pre-cast concrete and reinforced with four 20 mm diameter A-36 steel rods, determine the average normal stress developed in the concrete and in each rod. Set $P = 350$ kN.

***9–40.** If column AB is made from high strength pre-cast concrete and reinforced with four 20 mm diameter A-36 steel rods, determine the maximum allowable floor loadings **P**. The allowable normal stress for the high strength concrete and the steel are $(\sigma_{allow})_{con} = 18$ MPa and $(\sigma_{allow})_{st} = 170$ MPa, respectively.

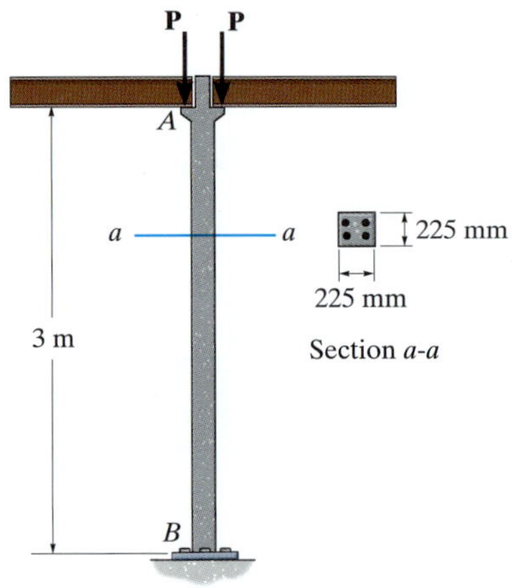

Probs. 9–39/40

9–41. Determine the support reactions at the rigid supports A and C. The material has a modulus of elasticity of E.

9–42. If the supports at A and C are flexible and have a stiffness k, determine the support reactions at A and C. The material has a modulus of elasticity of E.

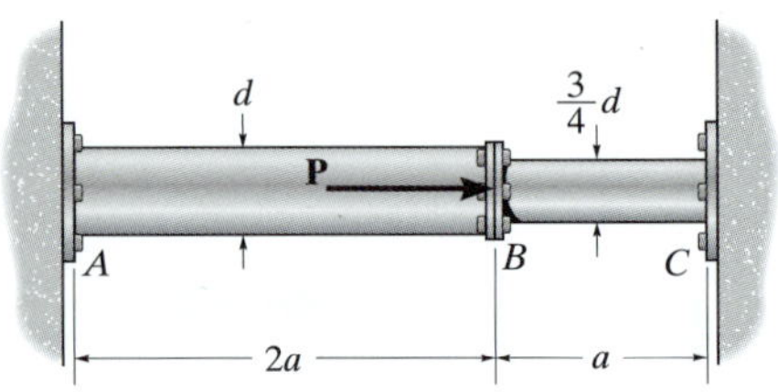

Probs. 9–41/42

9

9–43. The tapered member is fixed connected at its ends A and B and is subjected to a load $P = 35$ kN at $x = 750$ mm. Determine the reactions at the supports. The material is 50 mm thick and is made from 2014-T6 aluminum.

***9–44.** The tapered member is fixed connected at its ends A and B and is subjected to a load **P**. Determine the location x of the load and its greatest magnitude so that the average normal stress in the bar does not exceed $\sigma_{allow} = 28$ MPa. The member is 50 mm thick.

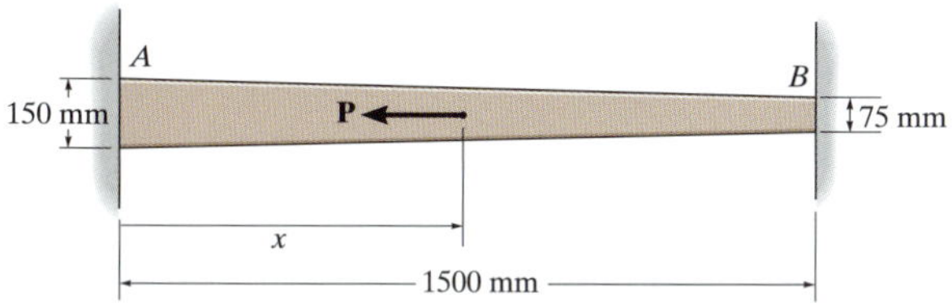

Probs. 9–43/44

9–45. The press consists of two rigid heads that are held together by the two A-36 steel 12-mm-diameter rods. A 6061-T6-solid-aluminum cylinder is placed in the press and the screw is adjusted so that it just presses up against the cylinder. If it is then tightened one-half turn, determine the average normal stress in the rods and in the cylinder. The single-threaded screw on the bolt has a lead of 0.25 mm. *Note:* The lead represents the distance the screw advances along its axis for one complete turn of the screw.

9–46. The press consists of two rigid heads that are held together by the two A-36 steel 12-mm-diameter rods. A 6061-T6-solid-aluminum cylinder is placed in the press and the screw is adjusted so that it just presses up against the cylinder. Determine the angle through which the screw can be turned before the rods or the specimen begin to yield. The single-threaded screw on the bolt has a lead of 0.25 mm. *Note:* The lead represents the distance the screw advances along its axis for one complete turn of the screw.

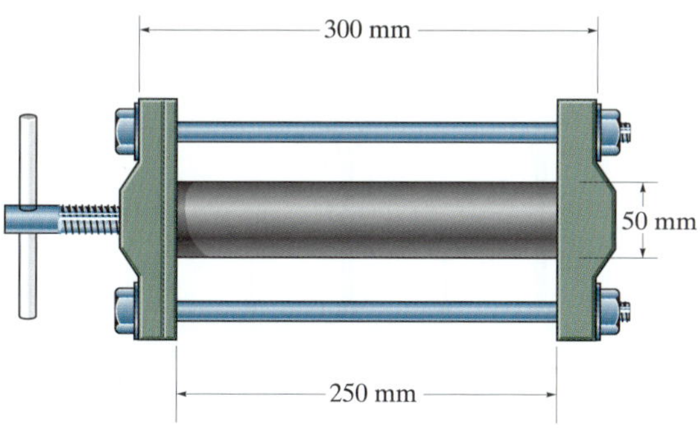

Probs. 9–45/46

9–47. The specimen represents a filament-reinforced matrix system made from plastic (matrix) and glass (fiber). If there are n fibers, each having a cross-sectional area of A_f and modulus of E_f, embedded in a matrix having a cross-sectional area of A_m and modulus of E_m, determine the stress in the matrix and in each fiber when the force P is applied on the specimen.

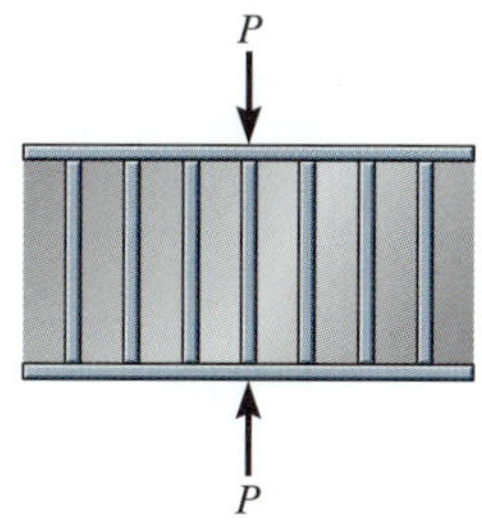

Prob. 9–47

***9–48.** The rigid beam is supported by the three suspender bars. Bars AB and EF are made of aluminum and bar CD is made of steel. If each bar has a cross-sectional area of 450 mm^2, determine the maximum value of P if the allowable stress is $(\sigma_{allow})_{st} = 200$ MPa for the steel and $(\sigma_{allow})_{al} = 150$ MPa for the aluminum. $E_{st} = 200$ GPa, $E_{al} = 70$ GPa.

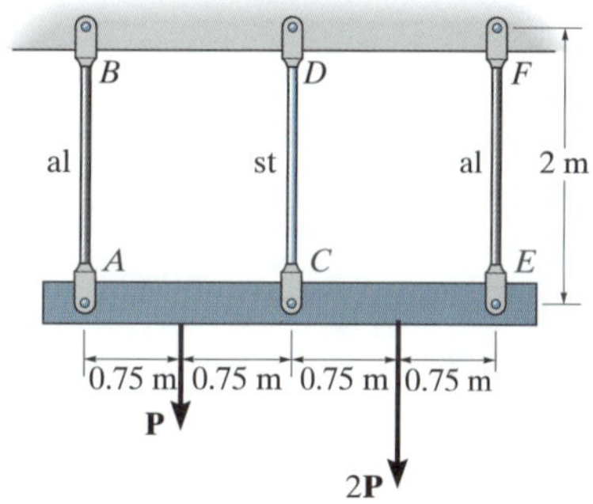

Prob. 9–48

9–49. If the gap between C and the rigid wall at D is initially 0.15 mm, determine the support reactions at A and D when the force $P = 200$ kN is applied. The assembly is made of solid A-36 steel cylinders.

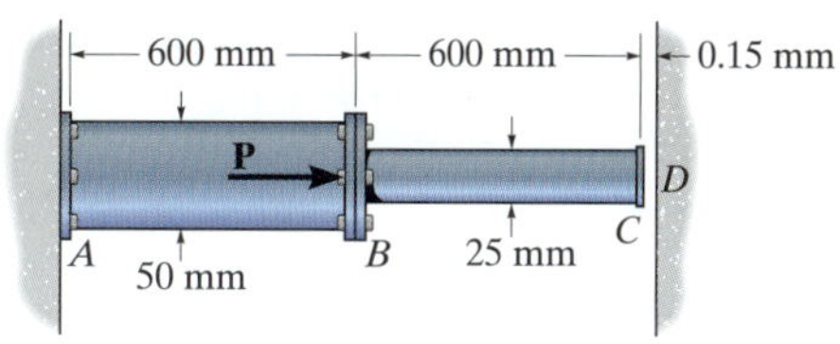

Prob. 9–49

9

9–50. The support consists of a solid red brass C83400 copper post surrounded by a 304 stainless steel tube. Before the load is applied the gap between these two parts is 1 mm. Given the dimensions shown, determine the greatest axial load that can be applied to the rigid cap A without causing yielding of any one of the materials.

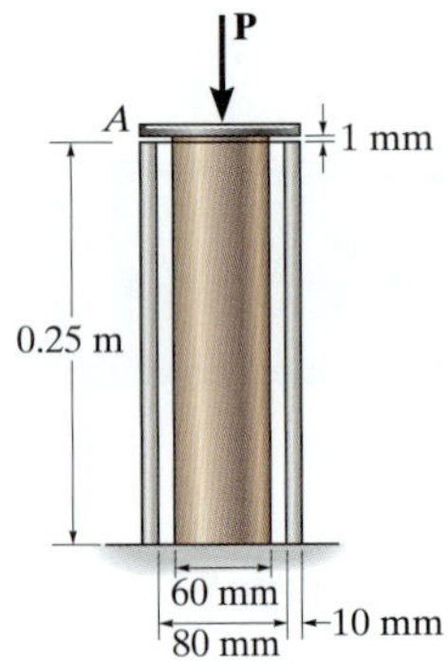

Prob. 9–50

9–51. The assembly consists of two red brass C83400 copper rods AB and CD of diameter 30 mm, a stainless 304 steel alloy rod EF of diameter 40 mm, and a rigid cap G. If the supports at A, C, and F are rigid, determine the average normal stress developed in the rods.

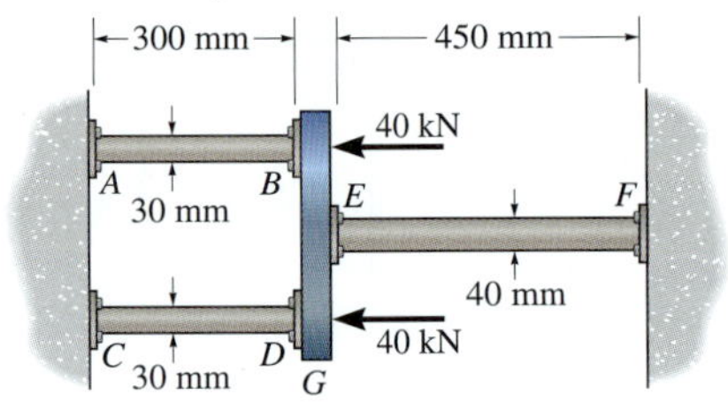

Prob. 9–51

***9–52.** The bolt AB has a diameter of 20 mm and passes through a sleeve that has an inner diameter of 40 mm and an outer diameter of 50 mm. The bolt and sleeve are made of A-36 steel and are secured to the rigid brackets as shown. If the bolt length is 220 mm and the sleeve length is 200 mm, determine the tension in the bolt when a force of 50 kN is applied to the brackets.

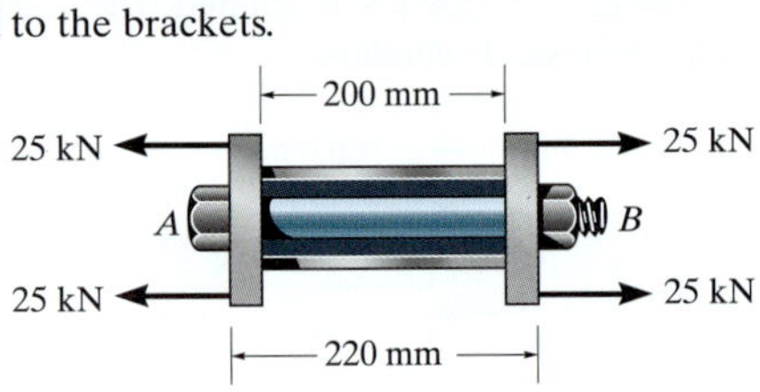

Prob. 9–52

9–53. The 2014-T6 aluminum rod AC is reinforced with the firmly bonded A992 steel tube BC. If the assembly fits snugly between the rigid supports so that there is no gap at C, determine the support reactions when the axial force of 400 kN is applied. The assembly is attached at D.

9–54. The 2014-T6 aluminum rod AC is reinforced with the firmly bonded A992 steel tube BC. When no load is applied to the assembly, the gap between end C and the rigid support is 0.5 mm. Determine the support reactions when the axial force of 400 kN is applied.

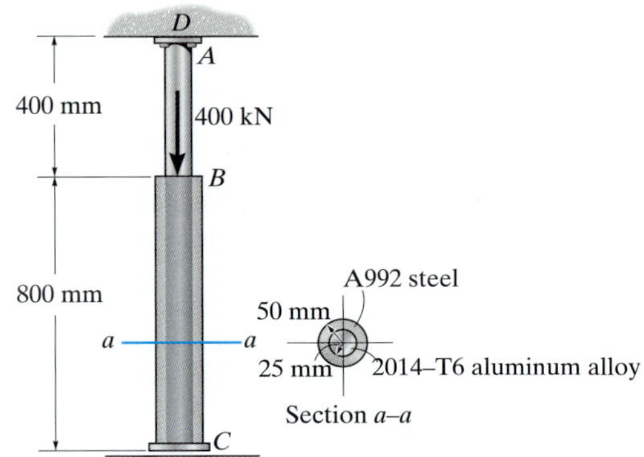

Probs. 9–53/54

9–55. The three suspender bars are made of A992 steel and have equal cross-sectional areas of 450 mm^2. Determine the average normal stress in each bar if the rigid beam is subjected to the loading shown.

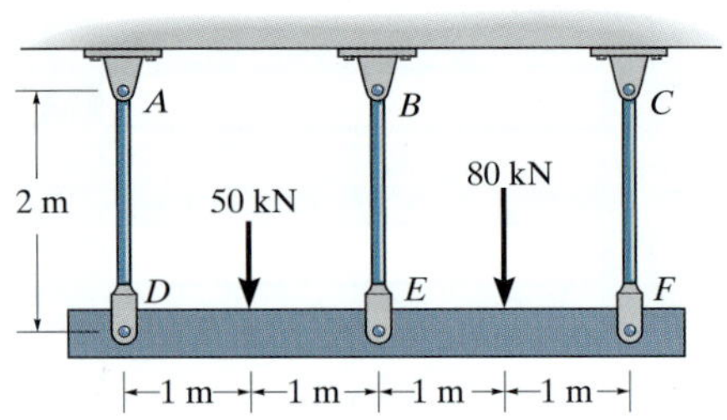

Prob. 9–55

9.6 열응력

대부분의 도로 교량은 온도변화에 의한 움직임을 흡수하기 위해 교량 상판에 신축이음을 설계하고 이로 인하여 열응력이 해소된다.

온도의 변화는 물체의 크기를 변화시키는 요인이 된다. 일반적으로 온도가 상승되면 물체도 팽창하며 온도가 하강하면 물체도 줄어들게 된다. 이러한 팽창 또는 축소는 상승 또는 하강하는 온도의 변화에 선형적인 관계를 가진다.* 재료가 균질하고 등방성일 경우, 실험에 의하면 원래 길이가 L인 부재의 끝점의 변위는 다음과 같이 표현할 수 있다.

$$\delta_T = \alpha \Delta T L \qquad (9\text{-}4)$$

여기서

α = **선팽창계수**(linear coefficient of thermal expansion)라고 하는 재료의 성질. 단위는 온도에 대한 변형률로 SI 단위계에서는 1/°C(섭씨) 또는 1/K(켈빈)이다. 전형적인 값들은 교재 뒤편에 수록되어 있다.

ΔT = 부재 온도의 변화

L = 부재의 원래 길이

δ_T = 부재 길이의 변화

정정 부재는 부재가 온도 변화가 있을 때 자유롭게 늘어나거나 줄어들기 때문에 길이 변화를 식 (9-4)에 의하여 쉽게 계산할 수 있다. 그러나, 부정정 부재의 경우는 온도 변화에 따른 변위가 지지조건에 의해 자유롭지 못하고 이로 인하여 **열응력**(thermal stress)이 발생하여 이를 설계에서 고려해야만 한다. 앞 절에서 설명한 방법을 이용하면 이러한 열응력을 구할 수 있다. 다음의 예제는 이를 설명하고 있다.

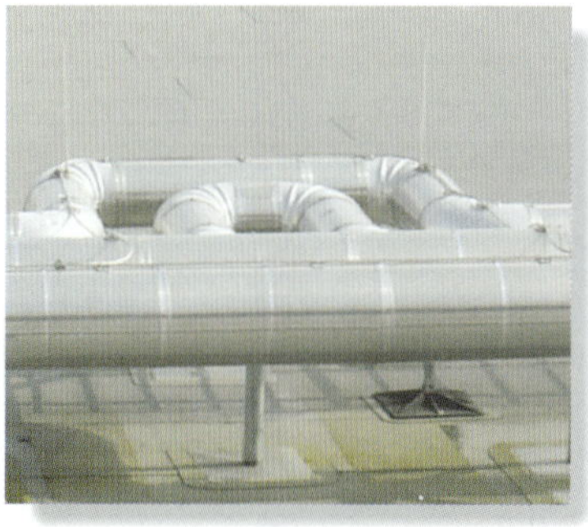

유체 파이프나 덕트와 같이 긴 구조물들은 대기의 여러 가지 변화의 영향을 받게 되어 늘어나거나 줄어들게 된다. 그림의 신축이음은 재료에 발생하는 열응력을 완화시킨다.

9

* 인바, 철-니켈 합금, 스칸듐 트리플루오라이드와 같이 반대로 거동하는 재료들도 있지만, 여기에선 다루지 않도록 하겠다.

예제 9.10

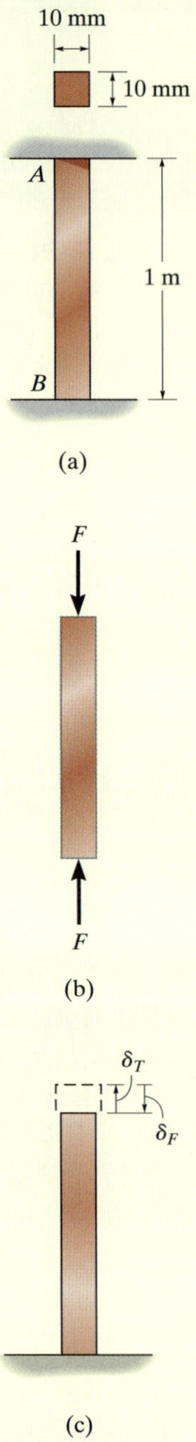

그림 9-17

그림 9-17a에서와 같이 A-36 강으로 만든 사각기둥이 고정된 두 지점 사이에 온도 $T_1 = 30^\circ\text{C}$일 때 설치되었다고 하자. 만약 설치 후 온도가 $T_2 = 60^\circ\text{C}$가 되었다고 한다면, 이 각주에 발생되는 열응력을 구하라.

풀이

평형조건. 그림 9-17b에서 이 부재의 자유물체도를 나타내고 있다. 외부로부터 작용되는 하중이 없으므로 지점 A에 작용되는 하중은 지점 B에 작용되는 하중과 크기는 같고 방향은 반대이다. 즉,

$$+\uparrow\Sigma F_y = 0; \qquad F_A = F_B = F$$

이 반력은 평형조건으로부터 결정될 수 없으므로 이 문제는 부정정 문제이다.

적합조건. $\delta_{A/B} = 0$이기 때문에 그림 9-17c에서 발생하는 열에 의한 A점에서의 변위 δ_T는 반력 $\mathbf{F}$에 의하여 δ_F 만큼 다시 원래의 위치로 밀어 넣어지게 된다. 따라서 A점에서의 적합조건은 다음과 같다.

$$(+\uparrow) \qquad \delta_{A/B} = 0 = \delta_T - \delta_F$$

열-변위와 하중-변위 관계를 적용하면 다음의 결과를 얻게 된다.

$$0 = \alpha\Delta TL - \frac{FL}{AE}$$

따라서, 교재의 뒤편에 수록된 재료의 데이터로부터

$$\begin{aligned} F &= \alpha\Delta TAE \\ &= [12(10^{-6})/^\circ\text{C}](60^\circ\text{C} - 30^\circ\text{C})(0.010\ \text{m})^2\,[200(10^9)\ \text{N/m}^2] \\ &= 7.20(10^3)\ \text{N} \end{aligned}$$

$\mathbf{F}$는 사각기둥의 내부에 발생하는 내력이므로 평균 수직 압축응력을 계산하면

$$\sigma = \frac{F}{A} = \frac{7.20(10^3)\ \text{N}}{(0.010\ \text{m})^2} = 72.0(10^6)\ \text{N/m}^2 = 72.0\ \text{MPa} \qquad \text{답}$$

주: $\mathbf{F}$의 크기를 보면 온도 변화로 인하여 부정정 부재의 경우 큰 반력이 발생할 수 있는 것을 확인할 수 있다.

예제 9.11

그림 9-18a와 같이 A992 강과 2014-T6 알루미늄으로 만들어진 기둥의 상단에 강체 보가 고정되어 있다. 강체 보에 하중이 가해지지 않고 온도가 $T_1 = 20°\text{C}$일 때 각 기둥의 길이는 250 mm이다. 강체에 등분포 하중이 150 kN/m가 작용되고 온도가 $T_2 = 80°\text{C}$로 상승했을 때 각 기둥이 지지하는 하중을 구하라.

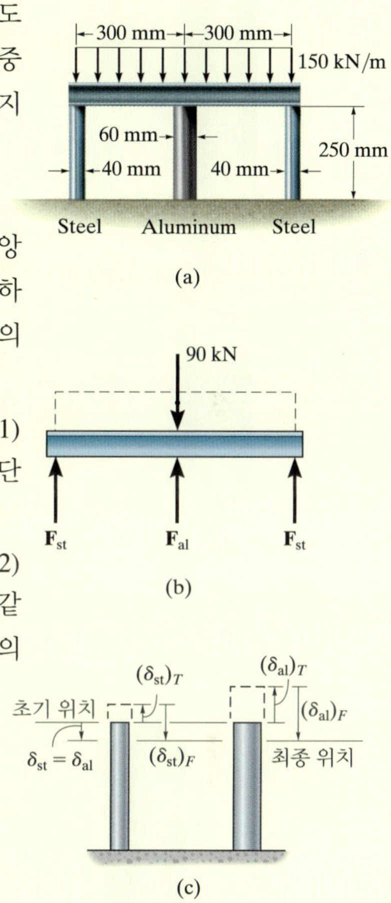

그림 9-18

풀이

평형조건. 그림 9-18b는 강체 보의 자유물체도를 나타낸다. 보의 중앙점에서 취한 모멘트의 평형조건으로부터 양쪽의 강재 기둥에서 발생하는 하중은 서로 같다. 자유물체도에서 하중의 평형조건으로부터 다음의 식을 얻을 수 있다.

$$+\uparrow\Sigma F_y = 0; \qquad 2F_{st} + F_{al} - 90(10^3)\text{ N} = 0 \tag{1}$$

적합조건. 하중과 형상 그리고 재료의 대칭성으로 인하여 각 기둥 상단의 변위는 동일하다. 따라서,

$$(+\downarrow) \qquad \delta_{st} = \delta_{al} \tag{2}$$

각각의 기둥 상단의 최종 변위는 그림 9-18c에서 나타내는 것과 같이 온도 변화에 따른 변위와 압축력으로 작용되는 내력에 의한 변위의 합으로 나타낼 수 있다. 따라서, 강과 알루미늄 기둥 각각의 변위는

$$(+\downarrow) \qquad \delta_{st} = -(\delta_{st})_T + (\delta_{st})_F$$

$$(+\downarrow) \qquad \delta_{al} = -(\delta_{al})_T + (\delta_{al})_F$$

이다. 식 (2)에 적용하면,

$$-(\delta_{st})_T + (\delta_{st})_F = -(\delta_{al})_T + (\delta_{al})_F$$

하중-변위. 교재 뒤편에 수록된 재료의 성질과 식 (9-2)와 (9-4)를 이용하면

$$-[12(10^{-6})/°\text{C}](80°\text{C} - 20°\text{C})(0.250\text{ m}) + \frac{F_{st}(0.250\text{ m})}{\pi(0.020\text{ m})^2[200(10^9)\text{ N/m}^2]}$$

$$= -[23(10^{-6})/°\text{C}](80°\text{C} - 20°\text{C})(0.250\text{ m}) + \frac{F_{al}(0.250\text{ m})}{\pi(0.030\text{ m})^2[73.1(10^9)\text{ N/m}^2]}$$

$$F_{st} = 1.216F_{al} - 165.9(10^3) \tag{3}$$

전체 계산에서 단위는 N, m, ℃로 통일하여 사용하였다. 식 (1)과 (3)을 연립하여 풀면 다음과 같은 값을 얻는다.

$$F_{st} = -16.4\text{ kN} \quad F_{al} = 123\text{ kN}$$ **답**

F_{st}값의 음의 부호는 그림 9-18b에서 가정한 힘의 방향의 반대로 작용되는 것을 의미한다. 즉 강재 기둥은 인장력을 받고 알루미늄 기둥은 압축력을 받는다.

9

예제 9.12

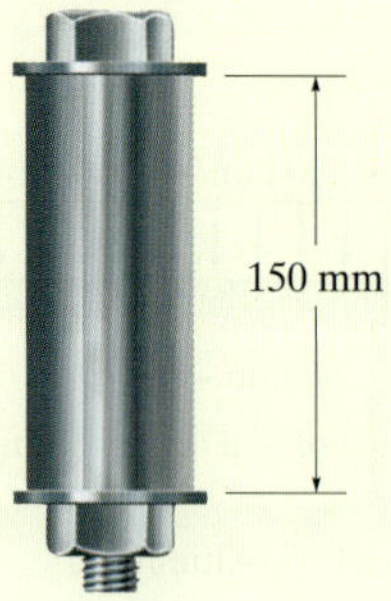

(a)

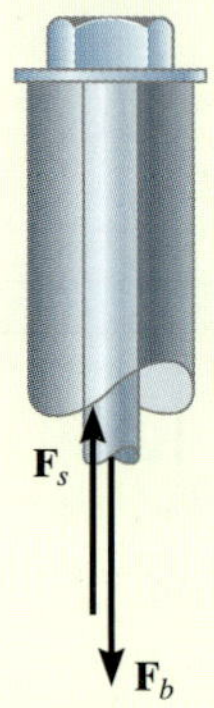

(b)

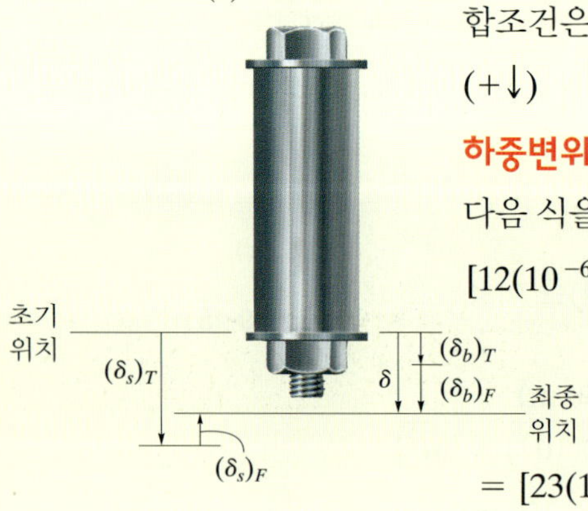

(c)

그림 9-19

단면적이 600 mm^{2}인 2014-T6 알루미늄 관이 단면이 400 mm^{2}인 A-36 강으로 만들어진 봉을 그림 9-19a와 같이 감싸고 있다. 이때 온도는 $T_1 = 15°\text{C}$이고 볼트에 작용되는 내력은 무시할 만큼 작은 상태에서 조립되어 있다고 하자. 온도가 $T_2 = 80°\text{C}$로 변할 때, 볼트와 튜브에 발생하는 내력을 구하라.

풀이

평형조건. 조립재의 상부에 대한 자유물체도는 그림 9-19b와 같다. 볼트의 열팽창계수보다 튜브의 열팽창계수가 크기 때문에 온도가 증가함에 대하여 튜브가 더 많이 늘어나고 하중 F_b와 F_s가 발생된다. 따라서 다음의 관계가 요구된다.

$$+\uparrow\Sigma F_y = 0; \qquad F_s = F_b \tag{1}$$

적합조건. 온도의 증가에 따른 튜브와 볼트의 증가되는 양 $(\delta_s)_T$와 $(\delta_b)_T$가 그림 9-19c에 표시되어 있다. 그러나 여력 F_b와 F_s는 볼트를 늘어나게 하고 튜브를 줄어들게 한다. 결과적으로 결합된 물체의 끝단은 궁극적인 변위에 도달하게 되는데 이는 원래의 위치와 같지 않다. 따라서 적합조건은 다음과 같다.

$$(+\downarrow) \qquad \delta = (\delta_b)_T + (\delta_b)_F = (\delta_s)_T - (\delta_s)_F$$

하중변위. 식 (9-2)와 (9-3) 그리고 교재 뒤편의 재료 성질을 이용하면 다음 식을 얻는다.

$$[12(10^{-6})/°\text{C}](80°\text{C} - 15°\text{C})(0.150\text{ m}) + \frac{F_b\,(0.150\text{ m})}{(400\text{ mm}^2)(10^{-6}\text{ m}^2/\text{mm}^2)[200(10^9)\text{ N/m}^2]}$$

$$= [23(10^{-6})/°\text{C}](80°\text{C} - 15°\text{C})(0.150\text{ m}) - \frac{F_s\,(0.150\text{ m})}{(600\text{ mm}^2)(10^{-6}\text{ m}^2/\text{mm}^2)[73.1(10^9)\text{ N/m}^2]}$$

식 (1)을 이용하여 값을 구하면

$$F_s = F_b = 20.3\text{ kN}$$ 답

주: 이 문제에서 우리는 탄성거동을 가정하였으므로 구해진 결과로부터 평균 수직응력이 재료의 비례한계를 넘지 않는지를 확인하여야 한다.

PROBLEMS

***9–56.** The C83400-red-brass rod *AB* and 2014-T6-aluminum rod *BC* are joined at the collar *B* and fixed connected at their ends. If there is no load in the members when $T_1 = 10\ °\text{C}$, determine the average normal stress in each member when $T_2 = 45\ °\text{C}$. Also, how far will the collar be displaced? The cross-sectional area of each member is $1130\ \text{mm}^2$.

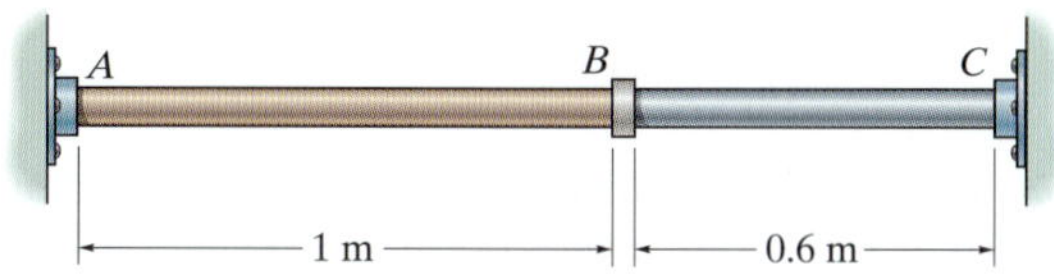

Prob. 9–56

9–57. Three bars each made of different materials are connected together and placed between two walls when the temperature is $T_1 = 12\ °\text{C}$. Determine the force exerted on the (rigid) supports when the temperature becomes $T_2 = 18\ °\text{C}$. The material properties and cross-sectional area of each bar are given in the figure.

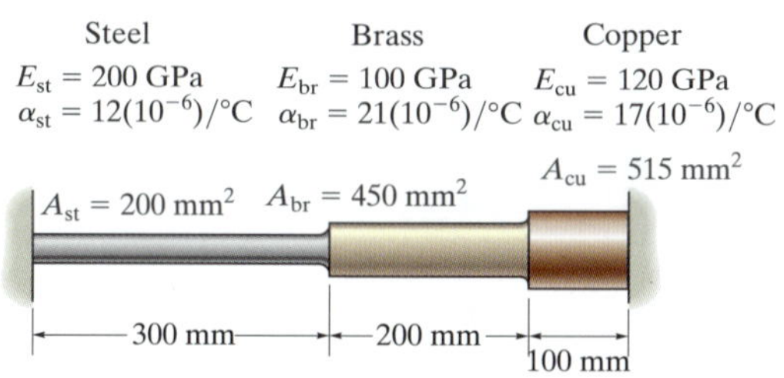

Prob. 9–57

9–58. The rod is made of A-36 steel and has a diameter of 20 mm. If the rod is 1.2 m long when the springs are compressed 12 mm and the temperature of the rod is $T = 10\ °\text{C}$, determine the force in the rod when its temperature is $T = 75\ °\text{C}$.

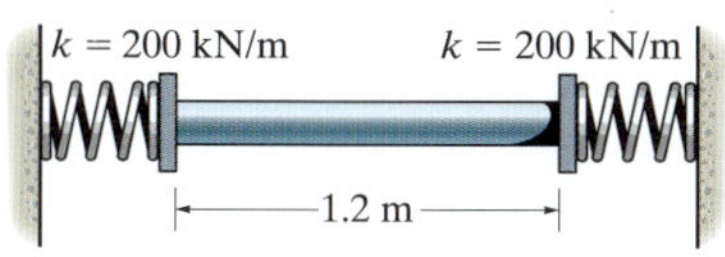

Prob. 9–58

9–59. The A-36 steel rod has a diameter of 50 mm and is lightly attached to the rigid supports at *A* and *B* when $T_1 = 80\ °\text{C}$. If the temperature becomes $T_2 = 20\ °\text{C}$. and an axial force of $P = 200$ kN is applied to its center, determine the reactions at *A* and *B*.

***9–60.** The A-36 steel rod has a diameter of 50 mm and is lightly attached to the rigid supports at *A* and *B* when $T_1 = 50\ °\text{C}$. Determine the force *P* that must be applied to the collar at its midpoint so that, when $T_2 = 30\ °\text{C}$, the reaction at *B* is zero.

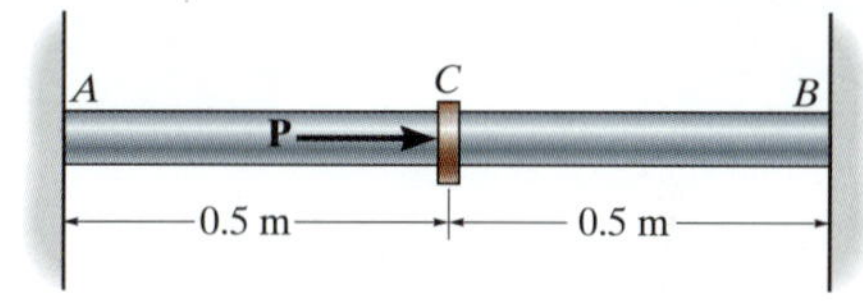

Probs. 9–59/60

9–61. The pipe is made of A992 steel and is connected to the collars at *A* and *B*. When the temperature is 15 °C, there is no axial load in the pipe. If hot gas traveling through the pipe causes its temperature to vary along the pipe defined by $T = (35 + 30x)\ °\text{C}$, where *x* is in meter, determine the average normal stress in the pipe. The inner diameter is 50 mm, the wall thickness is 4 mm.

9–62. The bronze C86100 pipe has an inner radius of 12.5 mm and a wall thickness of 5 mm. If the gas flowing through it changes the temperature of the pipe uniformly from $T_A = 60\ °\text{C}$ at *A* to $T_B = 15\ °\text{C}$ at *B*, determine the axial force it exerts on the walls. The pipe was fitted between the walls when $T = 15\ °\text{C}$.

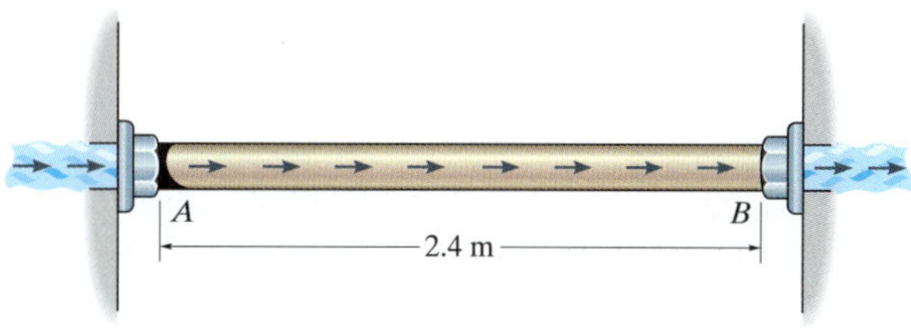

Probs. 9–61/62

9

9–63. When the temperature is at 30 °C, the A-36 steel pipe fits snugly between the two fuel tanks. When fuel flows through the pipe, the temperatures at ends A and B rise to 130 °C and 80 °C, respectively. If the temperature drop along the pipe is linear, determine the average normal stress developed in the pipe. Assume each tank provides a rigid support at A and B.

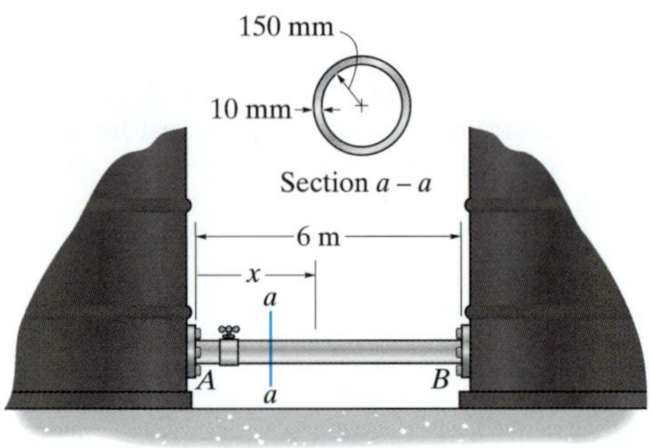

Prob. 9–63

***9–64.** When the temperature is at 30 °C, the A-36 steel pipe fits snugly between the two fuel tanks. When fuel flows through the pipe, the temperatures at ends A and B rise to 130 °C and 80 °C, respectively. If the temperature drop along the pipe is linear, determine the average normal stress developed in the pipe. Assume the walls of each tank act as a spring, each having a stiffness of $k = 900$ MN/m.

9–65. When the temperature is at 30 °C, the A-36 steel pipe fits snugly between the two fuel tanks. When fuel flows through the pipe, it causes the temperature to vary along the pipe as $T = (\frac{5}{3}x^2 - 20x + 120)$ °C, where x is in meters. Determine the normal stress developed in the pipe. Assume each tank provides a rigid support at A and B.

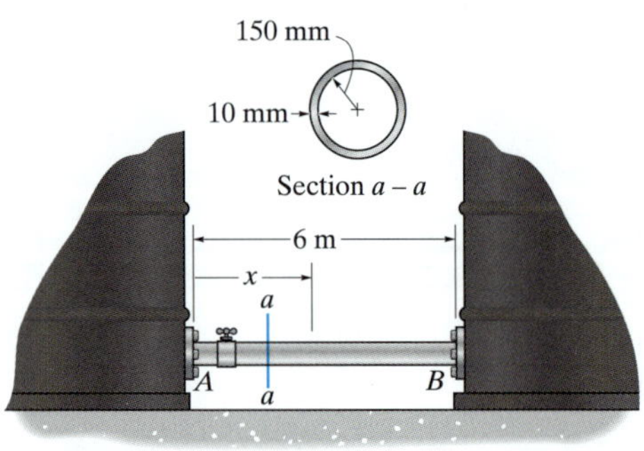

Probs. 9–64/65

9–66. The 12-m-long A-36 steel rails on a train track are laid with a small gap between them to allow for thermal expansion. Determine the required gap δ so that the rails just touch one another when the temperature is increased from $T_1 = -30$ °C to $T_2 = 30$ °C. Using this gap, what would be the axial force in the rails if the temperature were to rise to $T_3 = 40$ °C? The cross-sectional area of each rail is 3200 mm^2.

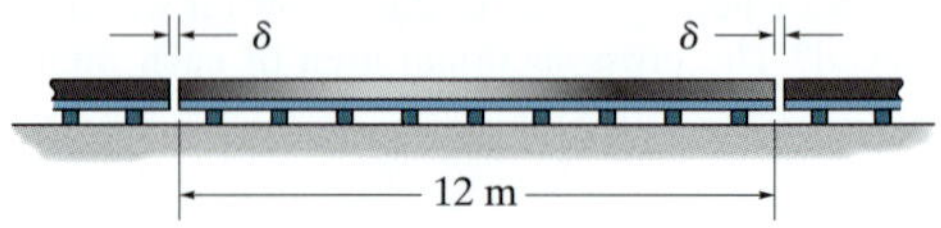

Prob. 9–66

9–67. The device is used to measure a change in temperature. Bars AB and CD are made of A-36 steel and 2014-T6 aluminum alloy respectively. When the temperature is at 40 °C, ACE is in the horizontal position. Determine the vertical displacement of the pointer at E when the temperature rises to 80 °C.

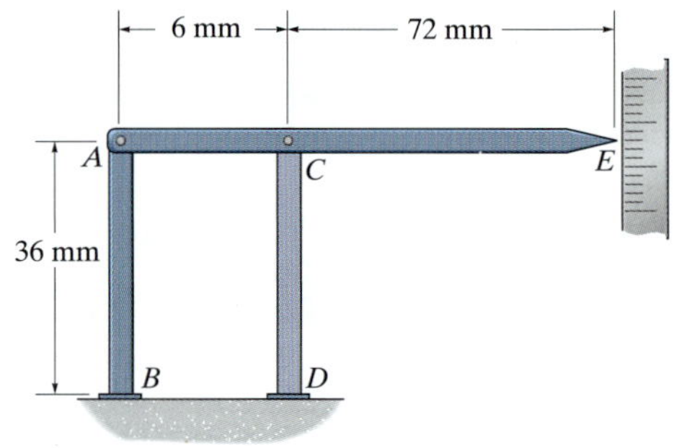

Prob. 9–67

***9–68.** The bar has a cross-sectional area A, length L, modulus of elasticity E, and coefficient of thermal expansion α. The temperature of the bar changes uniformly along its length from T_A at A to T_B at B so that at any point x along the bar $T = T_A + x(T_B - T_A)/L$. Determine the force the bar exerts on the rigid walls. Initially no axial force is in the bar and the bar has a temperature of T_A.

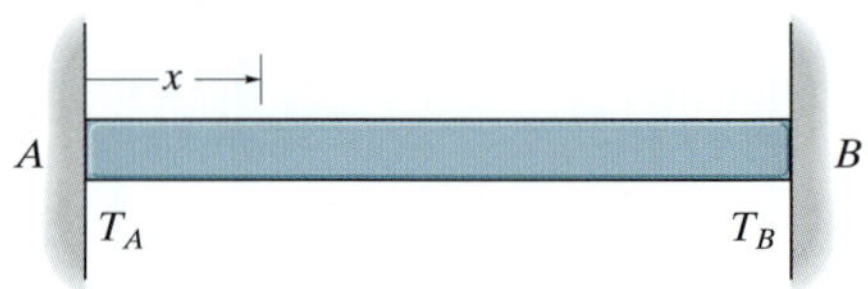

Prob. 9–68

9–69. The 50-mm-diameter cylinder is made from Am 1004-T61 magnesium and is placed in the clamp when the temperature is $T_1 = 20°$ C. If the 304-stainless-steel carriage bolts of the clamp each have a diameter of 10 mm, and they hold the cylinder snug with negligible force against the rigid jaws, determine the force in the cylinder when the temperature rises to $T_2 = 130$ °C.

9–70. The 50-mm-diameter cylinder is made from Am 1004-T61 magnesium and is placed in the clamp when the temperature is $T_1 = 15$ °C. If the two 304-stainless-steel carriage bolts of the clamp each have a diameter of 10 mm, and they hold the cylinder snug with negligible force against the rigid jaws, determine the temperature at which the average normal stress in either the magnesium or the steel first becomes 12 MPa.

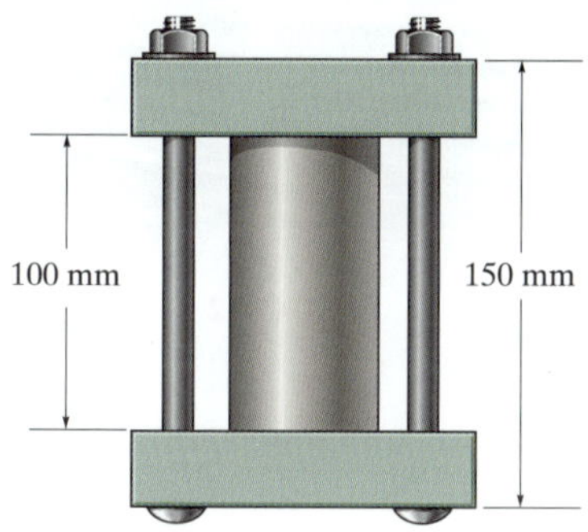

Probs. 9–69/70

9–71. The rigid block has a weight of 400 kN and is to be supported by posts A and B, which are made of A-36 steel, and the post C, which is made of C83400 red brass. If all the posts have the same original length before they are loaded, determine the average normal stress developed in each post when post C is heated so that its temperature is increased by 10 °C. Each post has a cross-sectional area of 5000 mm^2.

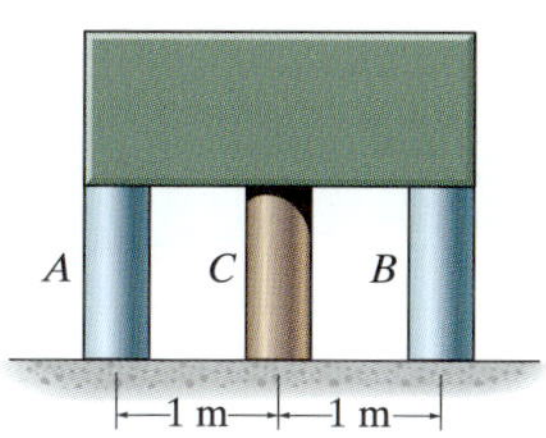

Prob. 9–71

***9–72.** The cylinder CD of the assembly is heated from $T_1 = 30$ °C to $T_2 = 180$ °C using electrical resistance. At the lower temperature T_1 the gap between C and the rigid bar is 0.7 mm. Determine the force in rods AB and EF caused by the increase in temperature. Rods AB and EF are made of steel, and each has a cross-sectional area of 125 mm^2. CD is made of aluminum and has a cross-sectional area of 375 mm^2. $E_{st} = 200$ GPa, $E_{al} = 70$ GPa, and $\alpha_{al} = 23(10^{-6})/°$C.

9–73. The cylinder CD of the assembly is heated from $T_1 = 30$ °C to $T_2 = 180$°C using electrical resistance. Also, the two end rods AB and EF are heated from $T_1 = 30$ °C to $T_2 = 50$ °C. At the lower temperature T_1 the gap between C and the rigid bar is 0.7 mm. Determine the force in rods AB and EF caused by the increase in temperature. Rods AB and EF are made of steel, and each has a cross-sectional area of 125 mm^2. CD is made of aluminum and has a cross-sectional area of 375 mm^2. $E_{st} = 200$ GPa, $E_{al} = 70$ GPa, $\alpha_{st} = 12(10^{-6})/°$C, and $\alpha_{al} = 23(10^{-6})/°$C.

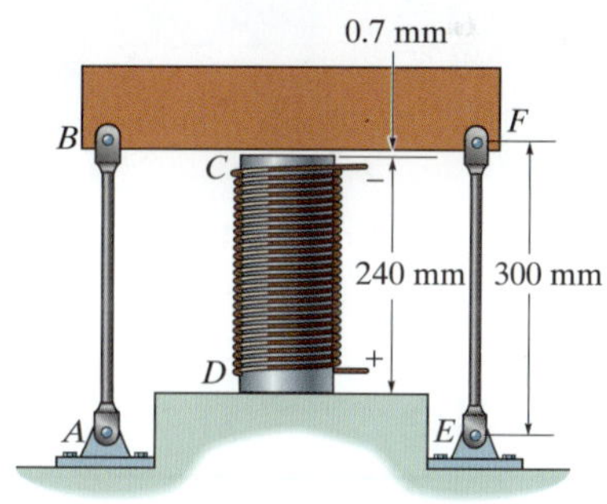

Probs. 9–72/73

9–74. The metal strap has a thickness t and width w and is subjected to a temperature gradient T_1 to T_2 ($T_1 < T_2$). This causes the modulus of elasticity for the material to vary linearly from E_1 at the top to a smaller amount E_2 at the bottom. As a result, for any vertical position y, measured from the top surface, $E = [(E_2 - E_1)/w]y + E_1$. Determine the position d where the axial force P must be applied so that the bar stretches uniformly over its cross section.

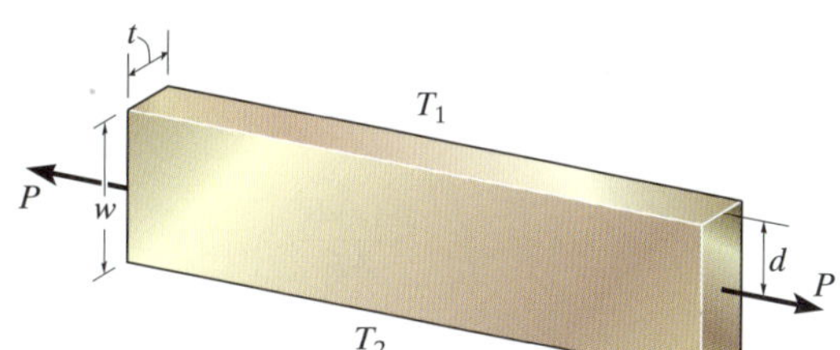

Prob. 9–74

CONCEPTUAL PROBLEMS

C9–1. The concrete footing A was poured when this column was put in place. Later the rest of the foundation stab was poured. Can you explain why the 45° cracks occured at each corner? Can you think of a better design that would avoid such cracks?

Prob. C9–1

C9–2. The row of bricks, along with mortar and an internal steel reinforcing rod, was intended to serve as a lintel beam to support the bricks above this ventilation opening on an exterior wall of a building. Explain what may have caused the bricks to fail in the manner shown.

Prob. C9–2

내용 복습

물체의 한 점에 하중이 가해질 때 하중이 가해진 점으로부터 멀어질수록 응력의 분포가 일정하게 나타난다. 이러한 현상을 생베낭의 원리라고 한다.

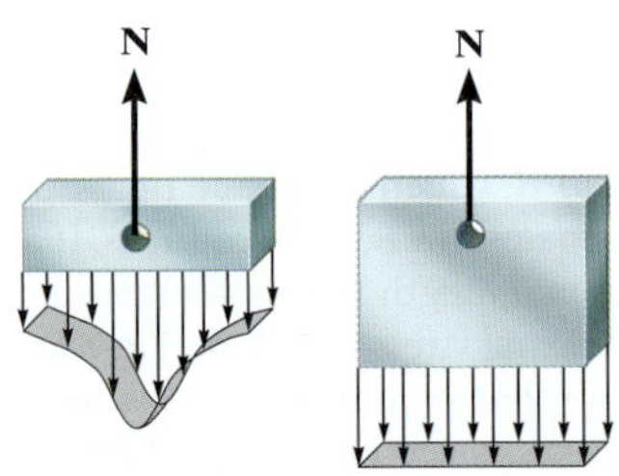

$$\sigma_{avg} = \frac{N}{A}$$

축하중이 가해진 부재의 한쪽 끝점에 대한 다른 끝점의 상대 변위는 다음 식으로부터 구할 수 있다.

$$\delta = \int_0^L \frac{N(x)dx}{AE}$$

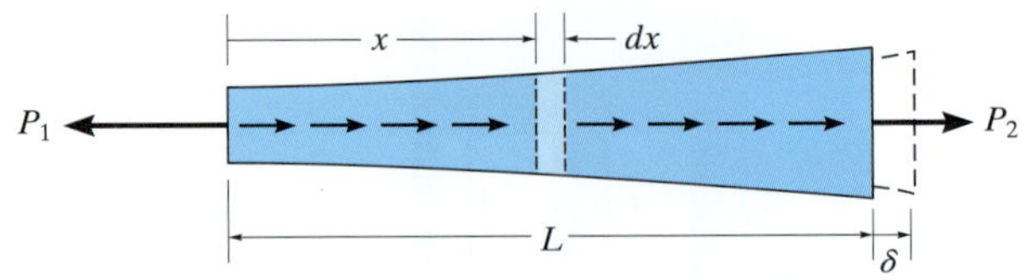

만약 부재에 여러 개의 집중하중이 외력으로 작용된 경우 그리고 AE가 부분마다 일정한 경우 변위는 다음의 식으로 구할 수 있다. $$\delta = \sum \frac{NL}{AE}$$ 이 식을 적절히 적용하기 위해서는 내력 N와 변형 δ에 대한 부호규약이 필요하다. 일반적으로 재료가 항복하지 않고 선형탄성 상태에서 인장과 늘어남을 양의 값으로 규정한다.	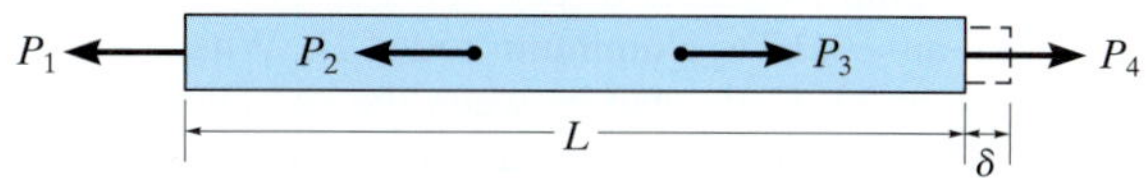
하중과 변위에 대한 중첩은 재료가 선형탄성 상태이어야 하며 또한 하중이 가해진 후 기하학적 형태가 크게 변화되어서는 안 된다.	
부정정 봉의 반력을 구하기 위해서는 평형방정식과 지점에서의 변위를 규정하는 적합방정식을 이용하여 구할 수 있다. 이 때 변위와 하중의 관계는 하중-변위의 관계 $\delta = NL/AE$로부터 구한다.	
동질이며 등방성인 재료로 된 부재의 온도 변화에 의한 길이 변화는 다음의 식을 이용하여 구할 수 있다. $$\delta = \alpha \Delta T L$$ 만약 부재의 지지점이 구속되어 있다면 온도 변화에 의해 열응력이 발생한다.	
단면에서 구멍이 있거나 급격한 단면에 변화가 있는 경우 응력의 집중이 발생된다. 취성재료를 이용한 부재의 설계에서는 실험에 의해 결정되어진 그래프에서 응력집중계수 K를 찾아 이용하게 된다. 이 값을 계산되어진 평균 응력에 곱하여 그 단면에 발생하는 집중된 응력, 최대 응력값을 계산하게 된다. $$\sigma_{max} = K\sigma_{avg}$$	

9

REVIEW PROBLEMS

R9–1. The assembly consists of two A992 steel bolts AB and EF and an 6061-T6 aluminum rod CD. When the temperature is at 30° C, the gap between the rod and rigid member AE is 0.1 mm. Determine the normal stress developed in the bolts and the rod if the temperature rises to 130° C. Assume BF is also rigid.

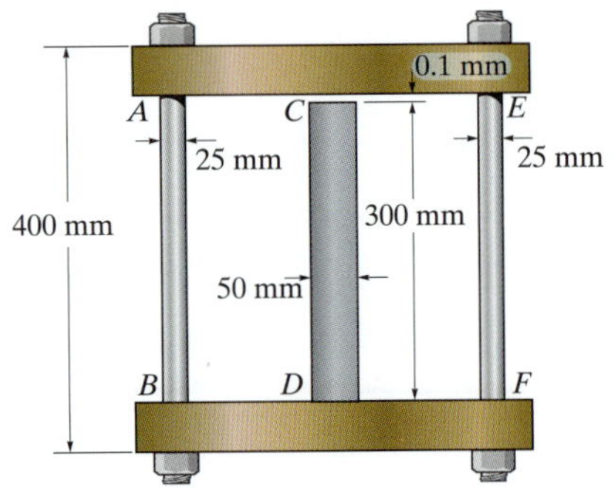

Prob. R9–1

R9–2. The assembly shown consists of two A992 steel bolts AB and EF and an 6061-T6 aluminum rod CD. When the temperature is at 30° C, the gap between the rod and rigid member AE is 0.1 mm. Determine the highest temperature to which the assembly can be raised without causing yielding either in the rod or the bolts. Assume BF is also rigid.

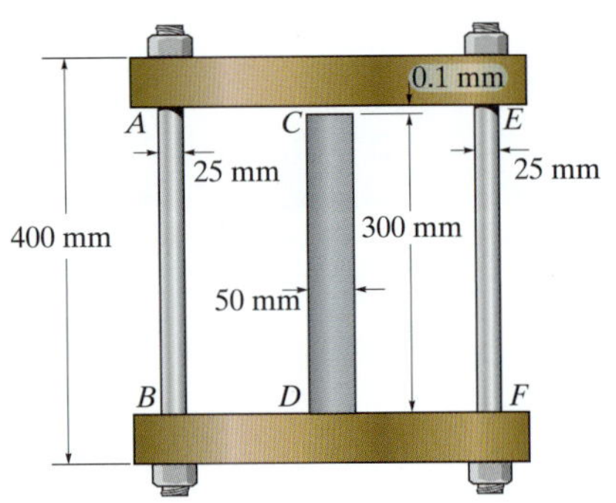

Prob. R9–2

R9–3. The rods each have the same 25-mm diameter and 600-mm length. If they are made of A992 steel, determine the forces developed in each rod when the temperature increases by 50° C.

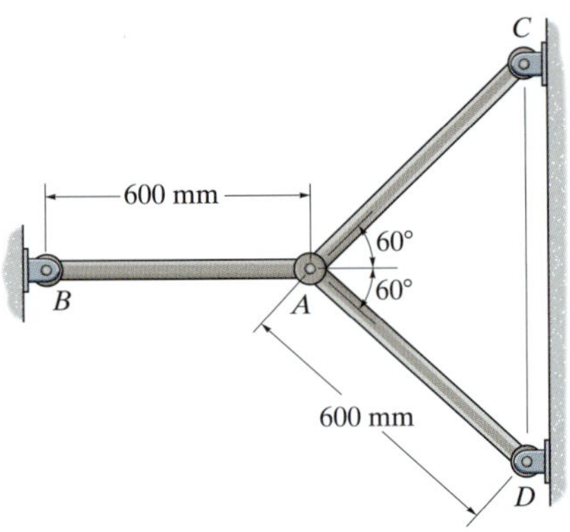

Prob. R9–3

***R9–4.** Two A-36 steel pipes, each having a cross-sectional area of 200 mm², are screwed together using a union at B as shown. Originally the assembly is adjusted so that no load is on the pipe. If the union is then tightened so that its screw, having a lead of 0.55 mm, undergoes two full turns, determine the average normal stress developed in the pipe. Assume that the union at B and couplings at A and C are rigid. Neglect the size of the union. *Note:* The lead would cause the pipe, when *unloaded*, to shorten 0.55 mm when the union is rotated one revolution.

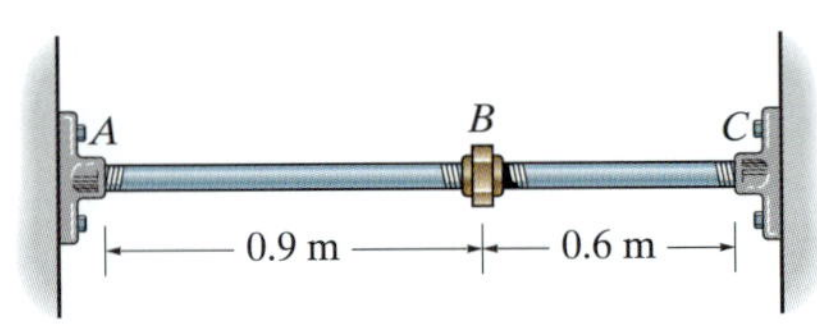

Prob. R9–4

9

R9–5. The 2014-T6 aluminum rod has a diameter of 12 mm and is lightly attached to the rigid supports at A and B when $T_1 = 25\ °C$. If the temperature becomes $T_2 = -20\ °C$, and an axial force of $P = 80$ N is applied to the rigid collar as shown, determine the reactions at A and B.

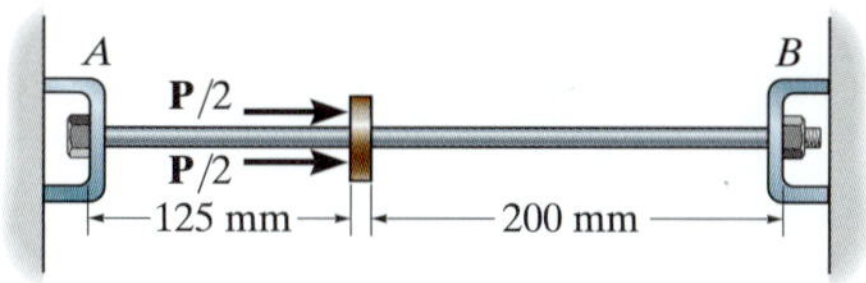

Prob. R9–5

R9–6. The 2014-T6 aluminum rod has a diameter of 12 mm and is lightly attached to the rigid supports at A and B when $T_1 = 40\ °C$. Determine the force P that must be applied to the collar so that, when $T = 0\ °C$, the reaction at B is zero.

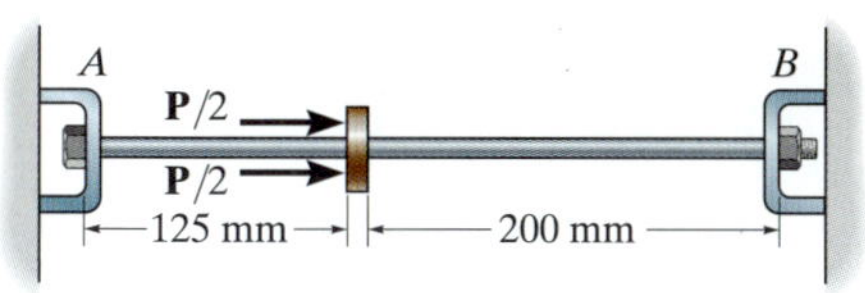

Prob. R9–6

R9–7. The rigid link is supported by a pin at A and two A-36 steel wires, each having an unstretched length of 300 mm and cross-sectional area of 7.8 mm^2. Determine the force developed in the wires when the link supports the vertical load of 1.75 kN.

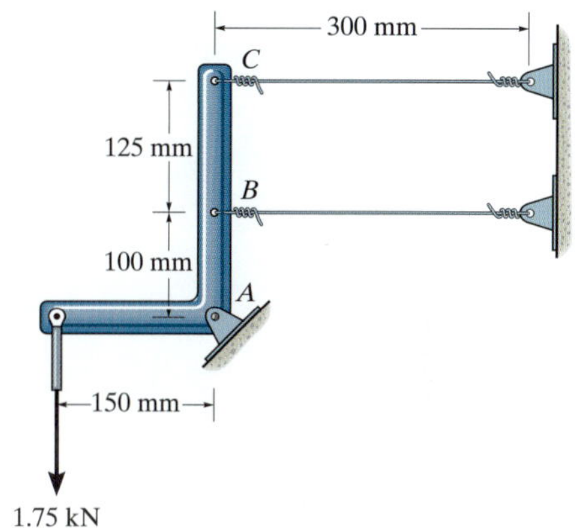

Prob. R9–7

***R9–8.** The joint is made from three A992 steel plates that are bonded together at their seams. Determine the displacement of end A with respect to end B when the joint is subjected to the axial loads. Each plate has a thickness of 5 mm.

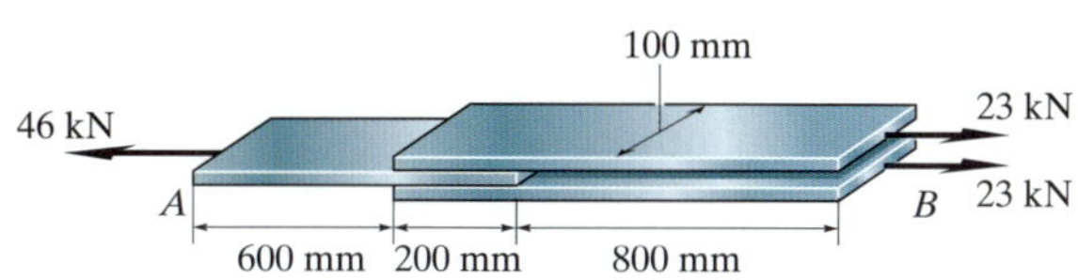

Prob. R9–8

9

CHAPTER 10

(© Jill Fromer/Getty Images)

이 지반천공기의 비틀림 응력과 비틀림 각은 천공비트를 회전시키는 기계의 출력과 샤프트에 접하는 흙의 저항에 의하여 결정된다.

비틀림

학습목표

- 완전탄성체인 샤프트에서 발생하는 비틀림에 의한 변형 해석
- 모멘트 평형조건식만으로 반력을 구할 수 없는 부정정 비틀림 부재에서의 반력 해석

10.1 원형 샤프트의 비틀림 변형

토크(torque)는 부재의 길이방향을 축으로 하여 부재를 비트는 성향의 모멘트를 말한다. 이 토크의 영향에 대한 가장 큰 관심은 자동차와 기계장치에 사용되는 구동 샤프트의 설계에 있고, 따라서 비틀림 하중을 받는 샤프트에 발생하는 응력과 변형을 구할 수 있어야 한다.

토크가 원형 샤프트에 가해졌을 때 어떠한 현상이 일어나는가를 물리적으로 표현하기 위하여 고무와 같이 변형이 큰 재료로 제작된 샤프트를 생각하도록 한다. 그림 10-1a와 같이 변형 전의 샤프트에 격자선을 표시하고 토크를 작용시키면 길이방향 직선이 그림 10-1b와 같이 각각의 단면 원과 동일한 각도로 만나는 나선형으로 비틀어지게 된다. 또한 샤프트의 모든 단면은 평면 상태를 유지하여 단면이 뒤틀리거나 우그러지지 않으며, 반지름방향 선분은 변형 중에 직선을 유지하며 회전한다. 비틀림 각도가 미소하다는 가정 하에서는 샤프트의 길이와 그 반지름은 사실상 변하지 않을 것이다.

만약 샤프트의 한쪽이 고정되어 있고 다른 한쪽에 토크가 가해진다면, 그림 10-2a에서 짙은 녹색 음영으로 표시된 평면이 그림과 같이 비스듬한 형태로 변형된다. 여기서 고정된 한쪽 끝에서 x만큼 떨어진 지점의 단면에 존재하는 반지름 선분은 $\phi(x)$각으로 회전하게 된다. 여기서 정의한 $\phi(x)$각을 **비틀림 각**(angle of twist)이라 한다. 이 각도는 그림에서와 같이 샤프트의 길이방향으로 변하는 값으로 위치 x의 함수이다.

이러한 비틀림에 의한 재료의 변형을 이해하기 위해서 그림 10-2b에 나타난 것과 같이 샤프트의 끝으로부터 x만큼 떨어진 작은 원판 요소를 따로 분리해 생각해 보자. 변형이 일어나면 요소의 앞면과 뒷면이 회전하게 된다. 이때 뒷면은 $\phi(x)$만큼 회전하고 앞면은 $\phi(x) + d\phi$만큼 회전하게 된다. 결과적으로 $d\phi$만큼의 회전의 차이가 발생하게 되고 이로 인하여 요소에는 **전단변형률**이 발생된다(그림 8-24b 참조).

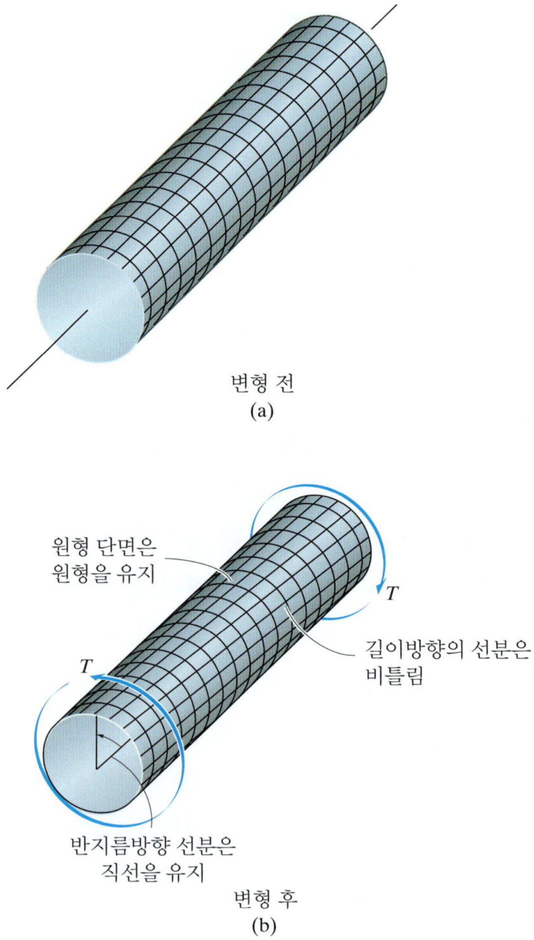

그림 10-1

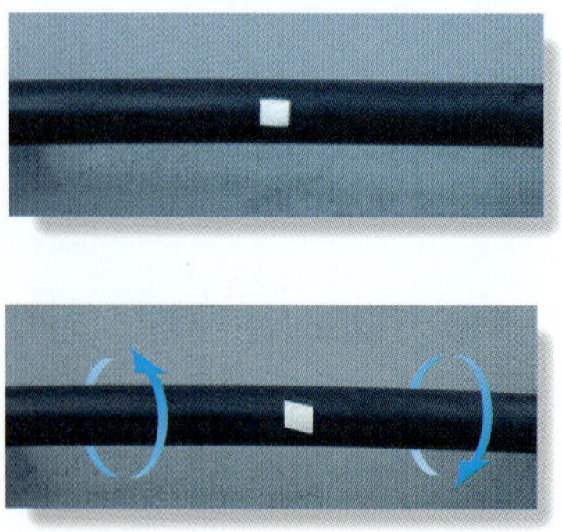

고무로 만들어진 샤프트에 비틀림이 작용할 때 직사각형 요소의 변형 형상에 주목하자.

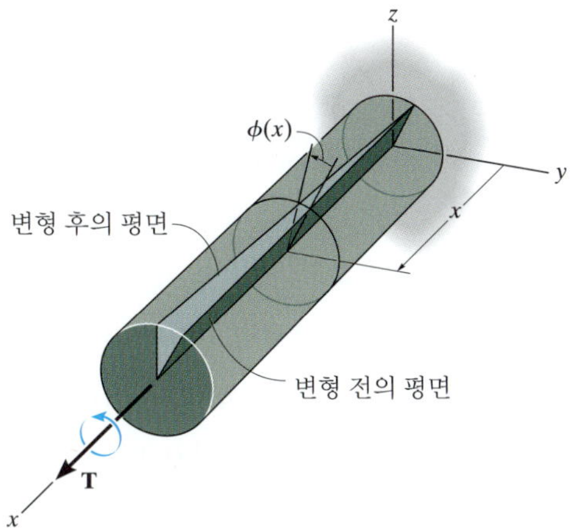

x가 증가함에 따라 비틀림 각도 $\phi(x)$가 증가

(a)

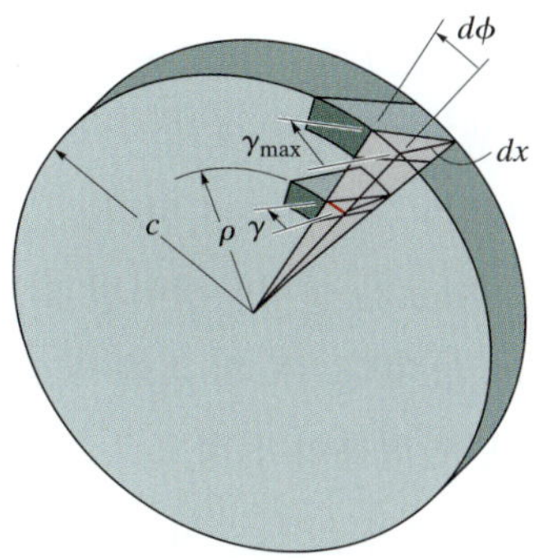

단면 내 한 점에서의
전단변형률은
반지름 ρ의 증가에 따라
증가 $\gamma = (\rho/c)\gamma_{max}$

(b)

그림 10-2

그림 10-2b의 붉은 원호의 길이를 생각하면 이 각도(즉, 전단변형률) γ는 각도 $d\phi$와 연결할 수 있다.

$$\rho\, d\phi = dx\, \gamma$$

혹은

$$\gamma = \rho \frac{d\phi}{dx} \tag{10-1}$$

여기서 dx와 $d\phi$는 모든 요소에 대하여 동일하므로 $d\phi/dx$는 단면에 걸쳐 상수이고, 식 (10-1)에서 볼 수 있듯이 전단변형률의 크기는 단지 샤프트의 중심축으로부터의 거리 ρ에 따라서만 변화된다. $d\phi/dx = \gamma/\rho = \gamma_{max}/c$이므로

$$\gamma = \left(\frac{\rho}{c}\right)\gamma_{max} \tag{10-2}$$

즉 샤프트 내에서의 전단변형률은 그림 10-2b에서와 같이 반지름방향으로 선형으로 변화하여 샤프트 축에서는 0이고 외측 경계에서는 최댓값 γ_{max}을 갖는다.

10

10.2 비틀림 공식

외부 토크가 샤프트에 작용되면 샤프트 내부에 이와 관련된 내부 토크가 발생된다. 이 절에서는 샤프트 단면에서의 전단응력의 분포와 내부 토크의 관계를 규명하고자 한다.

재료가 선형탄성이면 훅의 법칙이 적용되어 $\tau = G\gamma$이고 또한 $\tau_{max} = G\gamma_{max}$이다. 즉, 전 절에서 설명한 것과 같이 중심으로부터 반지름방향으로 **전단변형률이 선형**으로 변한다는 것은 곧 전단응력이 **선형으로 변함**을 말하는 것이다. 따라서 τ도 그림 10-3과 같이 샤프트 축에서의 0으로부터 가장 외측면에서의 τ_{max}까지 변한다. 따라서 식 (10-2)와 마찬가지로 다음 식을 얻는다.

$$\tau = \left(\frac{\rho}{c}\right)\tau_{max} \qquad (10\text{-}3)$$

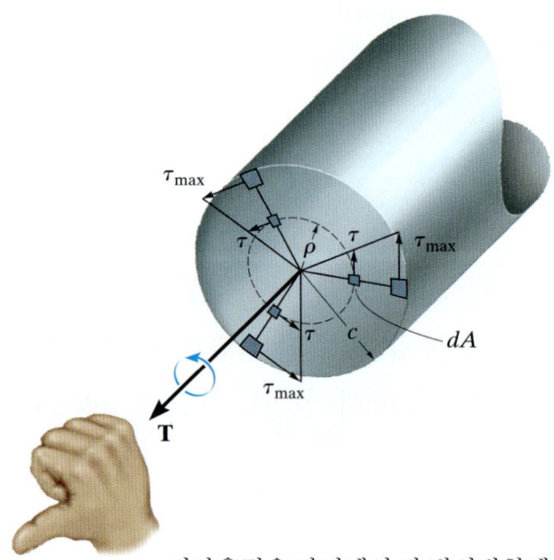

전단응력은 단면에서 각 방사방향에 대하여 선형적으로 변화

그림 10-3

그림 10-3에서와 같이 반지름방향 ρ에 위치한 요소의 면적 dA에는 $dF = \tau\, dA$의 힘이 작용된다. 이 힘에 의한 토크는 $dT = \rho(\tau\, dA)$이다. 단면 전체에 대하여 생각하면 다음과 같다.

$$T = \int_A \rho(\tau\, dA) = \int_A \rho\left(\frac{\rho}{c}\right)\tau_{max}\, dA \qquad (10\text{-}4)$$

여기서 τ_{max}/c가 상수이므로

$$T = \frac{\tau_{max}}{c}\int_A \rho^2\, dA \qquad (10\text{-}5)$$

적분은 샤프트 단면의 샤프트 길이방향 축에 대한 **극관성모멘트**(polar moment of inertia)이다. 이 값은 다음 쪽에서 구하기로 하고 여기서는 이를 J로 표시하면 위의 식은 다음과 같이 간단한 형태로 된다.

$$\tau_{max} = \frac{Tc}{J} \qquad (10\text{-}6)$$

여기서,

τ_{max} = 샤프트에 발생하는 최대 전단응력으로 샤프트에 제일 외측 경계면에 발생

T = 내적 토크의 한 단면에서의 합력. 이 값은 단면법과 샤프트의 길이방향으로의 모멘트 평형조건으로부터 구할 수 있다.

J = 단면적의 극관성모멘트

c = 샤프트의 반지름

식 (10-6)을 식 (10-3)에 대입하여 중간지점 ρ에서 발생하는 전단응력을 구하면 다음과 같다.

$$\tau = \frac{T\rho}{J} \qquad (10\text{-}7)$$

위에 제시한 두 식을 일반적으로 **비틀림 공식**(torsion formula)이라 한다. 이 공식은 샤프트가 원형이고 그 재료가 균질하며 선형탄성적으로 거동하는 경우에 사용이 가능함을 기억하자. 식 (10-3)이 훅의 법칙을 바탕으로 유도되었기 때문이다.

이 휠의 중앙에 부착된 샤프트는 토크를 받으며, 파괴를 방지하기 위해서는 여기에 발생되는 최대 응력에 대하여 지탱할 수 있어야 한다.

10

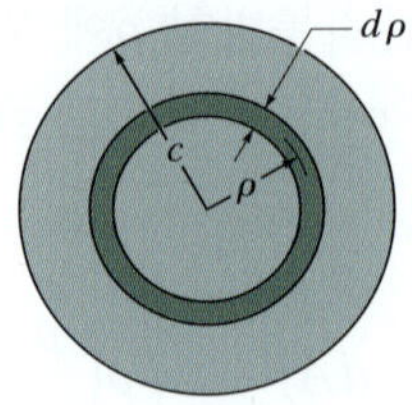

그림 10-4

극관성 모멘트. 만약 샤프트가 충진된 원형인 경우 극관성모멘트 J는 그림 10-4에서와 같이 두께가 $d\rho$이고 원주가 $2\,\pi\rho$인 고리 모양의 미소면적 요소를 이용하여 구할 수 있다. 이 고리의 면적은 $dA = 2\,\pi\rho\; d\rho$이므로

$$J = \int_A \rho^2\, dA = \int_0^c \rho^2 (2\pi\rho\, d\rho)$$

$$= 2\pi \int_0^c \rho^3\, d\rho = 2\pi\left(\frac{1}{4}\right)\rho^4 \Big|_0^c$$

$$J = \frac{\pi}{2} c^4 \tag{10-8}$$

충진 단면

J는 항상 양의 값이다. 일반적으로 사용되는 단위는 mm^4이다.

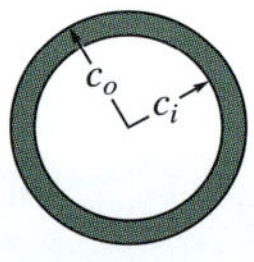

그림 10-5

샤프트의 단면이 내측 반지름이 c_i이고 외측 반지름이 c_o인 튜브 형태라 하면, 식 (10-8)을 이용하여 반지름이 c_o인 샤프트의 값에서 반지름이 c_i인 샤프트의 값을 빼므로 이 샤프트의 극관성모멘트 J를 구할 수 있다. 결과로 얻은 식은 다음과 같다.

$$J = \frac{\pi}{2}(c_o^4 - c_i^4) \tag{10-9}$$

튜브 단면

10

전단응력 분포. 샤프트 또는 튜브의 단면 내 요소를 그림 10-6a와 같이 따로 분리하여 생각해 보면, 전단응력의 보완 성질에 의하여 인접한 4개의 면에 동일한 전단응력이 발생한다. 따라서, 그림 10-6b와 같이, **내부 토크 T에 의하여 단면에서 반지름을 따라 선형으로 분포하는 전단응력을 발생시**

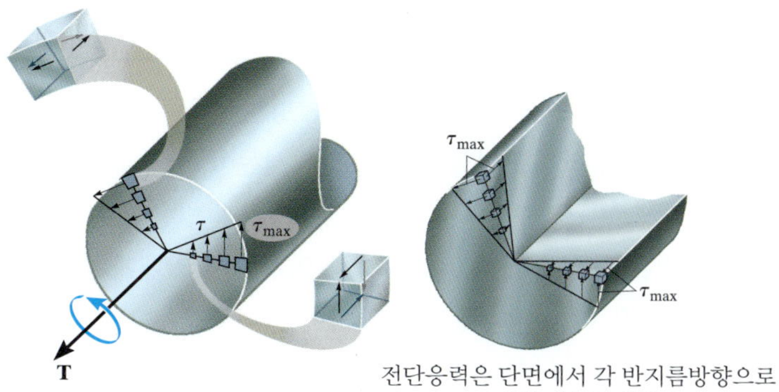

전단응력은 단면에서 각 반지름방향으로 선형적으로 변화

(a) (b)

그림 10-6

킴과 동시에 축방향 단면을 따라서도 이와 관련된 전단응력 분포를 일으킨다. 이러한 이유로 그림 10-7에서와 같이 목재 샤프트에 과도한 양의 토크를 가하게 되면 축방향으로 발생한 전단응력의 분포로 인하여 샤프트의 축방향면을 따라 쪼개지게 되는 것을 알 수 있다. 이는 목재가 비등방성 재료로서, 샤프트 축 방향인 섬유질과 평행인 방향의 전단저항 능력이 섬유질과 직각인 단면방향의 전단저항 능력보다 아주 작기 때문이다.

트럭의 동력전달 튜브 샤프트가 과도한 토크를 받아 재료가 항복하여 파괴되었다. 엔지니어는 엔진 또는 변속기의 부속에서 비틀림 손상이 발생하기 전에 동력 전달 샤프트가 먼저 파괴되도록 의도적으로 설계한다.

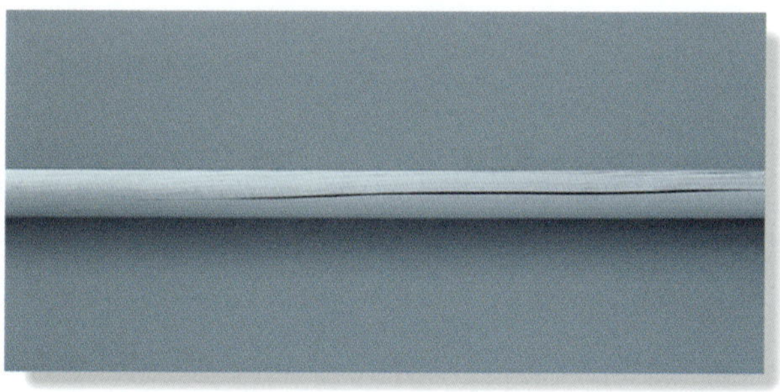

나무로 만든 샤프트의 비틀림에 의한 파괴

그림 10-7

요점 IMPORTANT POINTS

- 샤프트가 원형 단면이고 토크를 받을 때 단면은 평면을 유지하고 반지름방향 선분은 회전하게 된다. 이에 따라 전단변형률은 샤프트의 중심으로부터 반지름방향으로 중심에서는 0, 가장 외측에서는 최대가 되는 선형으로 변화하게 된다.
- 선형탄성 균질 재료의 샤프트에서 전단응력은 중심축에서 0이고 가장 외측에서 최대가 되며 반지름 방향을 따라 선형으로 변한다. 이때 최대 응력은 비례한계를 넘지 않아야 한다.
- 전단응력의 보완조건에 의해 단면의 평면 내 선형적인 응력 분포가 축방향 평면에서도 같은 형태의 분포가 된다.
- 비틀림 공식은 단면에 발생하는 합력토크가 전단응력 분포가 샤프트 중심축에 대하여 일으키는 토크와 같다라고 하는 조건에서 얻어진다. 이 식은 샤프트 또는 튜브가 원형 단면이고 선형탄성 거동을 따르는 균질한 재료로 구성된 경우 사용이 가능하다.

풀이 과정 PROCEDURE FOR ANALYSIS

비틀림공식은 다음과 같은 순서를 따라 적용할 수 있다.

내부 토크

- 전단응력을 구하고자 하는 위치의 단면을 축방향에 수직으로 자르고 자유물체도와 평형방정식을 이용하여 이 단면에 발생하는 내부 토크를 구한다.

단면의 성질

- 대상인 단면의 극관성모멘트를 구한다. 반지름 c의 원형 단면에 대해서는 $J = \pi c^4/2$이고 외부 반지름이 c_o이고 내부 반지름이 c_i인 튜브형 단면에 대해서는 $J = \pi(c_o^4 - c_i^4)/2$이다.

전단응력

- 전단응력을 구하고자 하는 위치까지 중심축으로부터의 거리 ρ를 정한다. 비틀림공식 $\tau = T\rho/J$를 적용하여 응력을 구하고 최대 전단응력은 $\tau_{\max} = Tc/J$로부터 구한다. 여기에 단위의 통일을 고려하여야 한다.
- 단면에 작용하는 전단응력은 항상 ρ에 수직인 방향이다. 이에 따른 힘은 샤프트 축에 대한 토크를 일으키게 되는데, 이 토크는 단면의 내부 토크 $\mathbf{T}$와 동일한 방향이다. 이 방향이 결정되면 τ를 구하고자 하는 점에서의 체적 요소를 분리시켜 나머지 인접한 3개 면에서의 τ 방향을 결정할 수 있다.

10

예제 10.1

그림 10-8과 같은 충진 샤프트와 튜브 샤프트가 허용 전단응력이 75 MPa인 재료로 만들어져 있다. 각 단면에 대하여 가해질 수 있는 최대 토크를 구하고 샤프트의 점 A와 튜브의 점 B, C의 미소 요소에 작용하는 응력을 나타내어라.

풀이

단면의 성질. 충진 샤프트와 튜브 샤프트의 극관성모멘트는

$$J_s = \frac{\pi}{2}c^4 = \frac{\pi}{2}(0.1\text{ m})^4 = 0.1571(10^{-3})\text{ m}^4$$

$$J_t = \frac{\pi}{2}(c_o^4 - c_i^4) = \frac{\pi}{2}\left[(0.1\text{ m})^4 - (0.075\text{ m})^4\right] = 0.1074(10^{-3})\text{ m}^4$$

전단응력. 각각의 경우 최대 토크는

$$(\tau_{\max})_s = \frac{Tc}{J}; \qquad 75\left(10^6\right)\text{ N/m}^2 = \frac{T_s(0.1\text{ m})}{0.1571\left(10^{-3}\right)\text{ m}^4}$$

$$T_s = 118\text{ kN}\cdot\text{m}$$ 답

$$(\tau_{\max})_t = \frac{Tc}{J}; \qquad 75\left(10^6\right)\text{ N/m}^2 = \frac{T_t(0.1\text{ m})}{0.1074\left(10^{-3}\right)\text{ m}^4}$$

$$T_t = 80.5\text{ kN}\cdot\text{m}$$ 답

또한, 튜브 내측의 전단응력은

$$(\tau_i)_t = \frac{80.5\left(10^3\right)\text{ N}\cdot\text{m}\,(0.075\text{ m})}{0.1074\left(10^{-3}\right)\text{ m}^4} = 56.2\text{ MPa}$$

그림 10-8의 미소 요소에 결과를 나타내었다. 요소 전면(음영 처리된 부분)의 전단응력이 토크에 어떤 영향을 미치는지 확인하라. 이 결과 전단응력이 요소의 다른 세 면에도 작용한다. 샤프트와 튜브의 외면과 튜브의 내면에는 응력이 작용하지 않아야 하므로 전단응력이 발생하지 않는다.

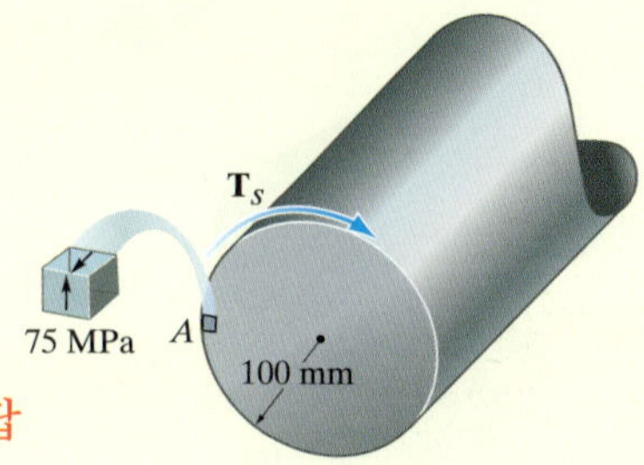

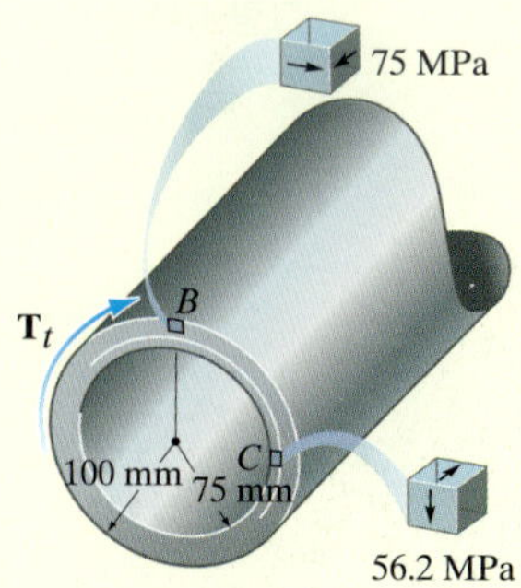

그림 10-8

예제 10.2

그림 10-9a의 샤프트는 두 개의 베어링에 의해 지지되며 3개의 토크가 작용된다. 샤프트 단면 a-a에서 그림 10-9c에서와 같은 두 점 A와 B에 발생하는 전단응력을 구하라.

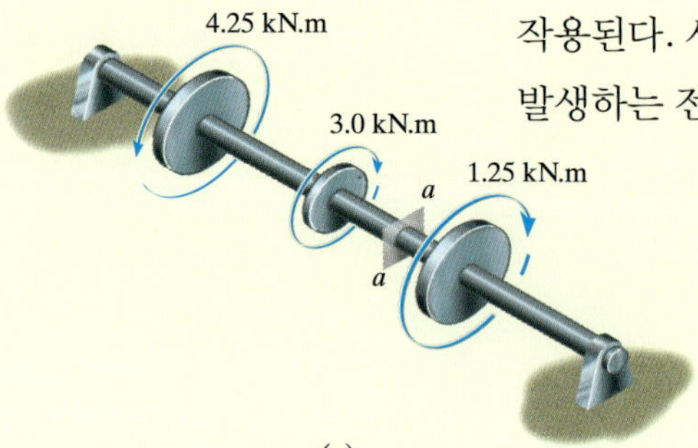

(a)

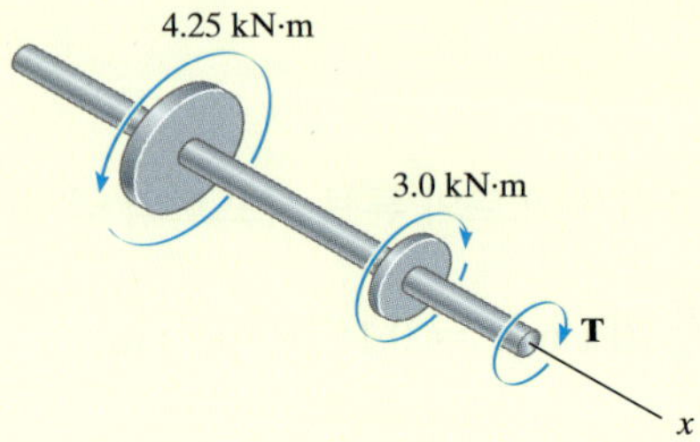

(b)

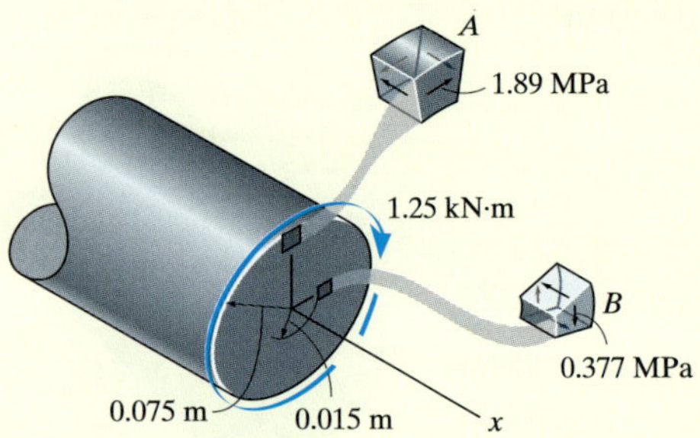

(c)

그림 10-9

풀이

내부 토크. 샤프트의 자중을 무시하면, 베어링의 반력은 0이다. 또한 작용 토크는 샤프트 축에 대한 모멘트 평형을 만족한다.

단면 a-a에서의 내부 토크는 그림 10-9b와 같은 왼쪽 부분에 대한 자유물체도로부터 구할 수 있다.

$$\Sigma M_x = 0; \quad 4.25 \text{ kN}\cdot\text{m.} - 3.0 \text{ kN}\cdot\text{m} - T = 0 \quad T = 1.25 \text{ kN}\cdot\text{m}$$

단면의 성질. 샤프트의 극관성모멘트는 다음과 같다.

$$J = \frac{\pi}{2}(0.075 \text{ m})^4 = 49.70(10^{-6}) \text{ m}^4$$

전단응력. A점의 $\rho = c = 0.075$ m이므로,

$$\tau_A = \frac{Tc}{J} = \frac{[1.25\,(10^3)\text{N}\cdot\text{m}](0.075 \text{ m})}{49.70\,(10^{-6}) \text{ m}^4} = 1.886(10^6) \text{ N/m}^2$$

$$= 1.89 \text{ MPa}$$ 답

같은 방법으로 B점에서 $\rho = 0.015$ m이므로,

$$\tau_B = \frac{T\rho}{J} = \frac{[1.25\,(10^3)\text{N}\cdot\text{m}](0.015 \text{ m})}{49.70\,(10^{-6}) \text{ m}^4} = 0.3773\,(10^6) \text{ N/m}^2$$

$$= 0.377 \text{ MPa}$$ 답

주: A와 B점의 미소 요소에 발생하는 응력의 방향은 그림 10-9c에 보인 바와 같다. 이 방향은 그림 10-9b에 주어진 내적 토크 **T**의 방향으로부터 구할 수 있다. 각 미소 요소의 면에 발생하는 전단응력의 방향을 유심히 관찰하기 바란다.

10

예제 10.3

그림 10-10a의 파이프는 내경이 40 mm이고 외경이 50 mm이다. A점을 지점으로 하여 B점에서 렌치를 이용하여 고정시킬 때 이 파이프의 중앙 부분에서 내경과 외경에 발생하는 전단응력을 구하라. 렌치에 의해 가해지는 힘은 80 N이다.

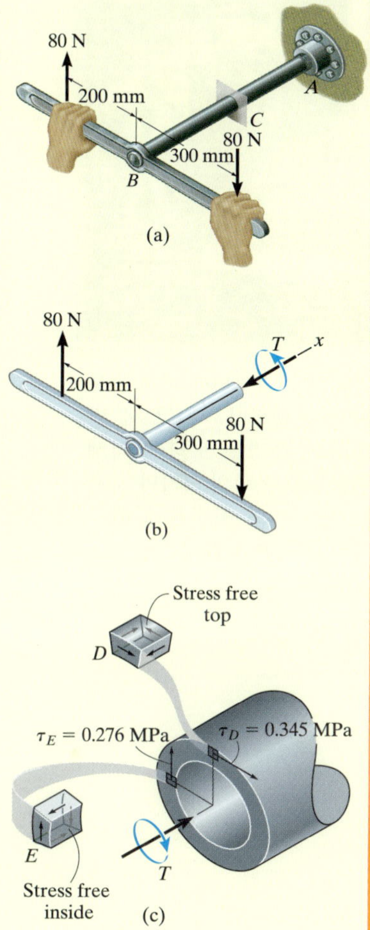

그림 10-10

풀이

내적 토크. 그림 10-10b와 같이 파이프의 축을 따라 중간점인 C 단면을 생각하도록 한다. 유일한 미지수는 내적 토크 **T**이다. 이를 구하면 다음과 같다.

$$\Sigma M_x = 0; \qquad 80\text{ N}(0.3\text{ m}) + 80\text{ N}(0.2\text{ m}) - T = 0$$

$$T = 40\text{ N}\cdot\text{m}$$

단면의 성질. 파이프 단면의 극관성모멘트를 구하면 다음과 같다.

$$J = \frac{\pi}{2}\left[(0.05\text{ m})^4 - (0.04\text{ m})^4\right] = 5.796(10^{-6})\text{ m}^4$$

전단응력. 파이프 외경상에 있는 임의의 점의 $\rho = c_o = 0.05$ m이므로,

$$\tau_o = \frac{Tc_o}{J} = \frac{40\text{ N}\cdot\text{m}(0.05\text{ m})}{5.796(10^{-6})\text{ m}^4} = 0.345\text{ MPa} \qquad \text{답}$$

같은 방법으로 내경의 임의 점에서 $\rho = c_i = 0.04$ m이므로,

$$\tau_i = \frac{Tc_i}{J} = \frac{40\text{ N}\cdot\text{m}(0.04\text{ m})}{5.796(10^{-6})\text{ m}^4} = 0.276\text{ MPa} \qquad \text{답}$$

결과는 그림 10-10c의 두 개의 작은 요소에 나타내었다.

주: D의 상면과 E의 내면은 응력이 발생하지 않는 부분이기 때문에 이 면들이나 이에 대응되는 요소의 다른 면에는 전단응력이 존재할 수 없다.

10

10.3 동력 전달

동력이 전기모터에 의해 샤프트로 전달된다. 샤프트에 발생하는 응력은 모터에 의해 전달되는 동력의 크기와 샤프트 연결부의 회전율에 따라 달라진다. $P = T\omega$.

원형 단면의 샤프트와 튜브 등은 자주 기계에서 만들어진 동력을 전달하는 수단으로 사용된다. 이러한 목적으로 사용될 때 이런 부재들은 기계에서 만들어진 동력과 샤프트의 회전하는 각속도에 의해 정해지는 토크를 받게 된다. **동력**(power)은 단위 시간에 실행되는 일로 정의된다. 또한 샤프트의 회전에 의해 전달되는 이 일은 작용 토크에 회전 각도를 곱한 값과 같다. 따라서 dt라고 하는 미소 시간에 작용 토크 $\mathbf{T}$가 $d\theta$만큼의 회전을 발생시켰다면 이 순간적인 동력은 다음과 같다.

$$P = \frac{T\,d\theta}{dt}$$

여기서 샤프트의 각속도는 $\omega = d\theta/dt$이므로 다음과 같이 표현할 수 있다.

$$P = T\omega \qquad (10\text{-}10)$$

SI 단위계에서 동력은 와트로 표현이 되는데, 토크는 N · m의 단위이고 ω는 초당 레디안(rad/s)이다. 따라서 1 W = 1 N · m/s이다. 그러나 종종 공학 실무에서는 마력(hp)이 사용되기도 한다. hp와 W 사이의 관계는 다음과 같다.

$$1 \text{ hp} = 746 \text{ W}$$

기계장치에서는 샤프트의 회전을 주파수 f로 많이 나타낸다. 이는 샤프트가 일초 동안 몇 번 회전하는지를 회전수를 잰 것으로 헤르츠(1 Hz = 1 cycle/s)로 표시한다. 1 cycle = 2π rad이므로 $\omega = 2\pi f$로 표현이 되고 위에서 동력에 대한 식은 다음과 같다.

$$P = 2\pi f T \qquad (10\text{-}11)$$

샤프트 설계. 샤프트에 의해 동력이 전달될 때 이를 전달하는 샤프트의 회전수를 안다고 하자. 샤프트에 발생하는 토크는 식 (10-11)에 의해 결정($T = P/2\pi f$)될 수 있다. 토크 T와 구성재료의 허용전단응력 τ_{allow}를 알게 되면 비틀림 공식을 이용하여 구성 재료가 선형탄성 거동을 할 때, 샤프트의 단면의 크기를 결정할 수 있다. 설계변수 J/c는 다음과 같다.

$$\frac{J}{c} = \frac{T}{\tau_{\text{allow}}} \qquad (10\text{-}12)$$

충진 샤프트의 경우 $J = (\pi/2)c^4$를 이용하여 샤프트의 반지름 c값을 결정할 수 있다. 만약 샤프트가 튜브라면 $J = (\pi/2)(c_o^4 - c_i^4)$을 이용하여 많은 조합의 값을 찾을 수 있다. 따라서 c_o 혹은 c_i를 먼저 임의로 정하면 식 (10-12)를 이용하여 다른 반지름을 결정하게 된다.

10

예제 10.4

그림 10-11에서 원주형 충전 강재 샤프트 AB가 모터 M으로부터 5 hp의 동력을 전달하고 있다. 샤프트가 $\omega = 175$ rpm으로 회전하고 있고 강재의 허용전단응력 $\tau_{\text{allow}} = 100$ MPa일 때 필요한 샤프트의 지름을 mm 단위를 기준으로 구하라.

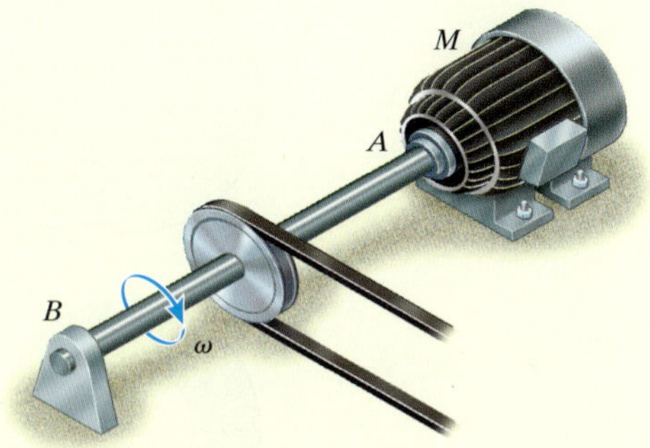

그림 10-11

풀이

샤프트에 발생하는 토크는 식 (10-10)을 이용하여 구한다. P는 N · m/s로 ω는 rad/s로 표현하면 다음과 같다.

$$P = (5 \text{ hp})\left(\frac{746 \text{ W}}{1 \text{ hp}}\right) = 3730 \text{ W}$$

$$\omega = \left(\frac{175 \text{ rev}}{\text{min}}\right)\left(\frac{2\pi \text{ rad}}{1 \text{ rev}}\right)\left(\frac{1 \text{ min}}{60 \text{ s}}\right) = 18.33 \text{ rad/s}$$

따라서,

$$P = T\omega; \qquad 3730 \text{ W/s} = T(18.33 \text{ rad/s})$$

$$T = 203.54 \text{ N} \cdot \text{m}$$

여기에 식 (10-12)를 적용하면 다음의 값을 얻을 수 있다.

$$\frac{J}{c} = \frac{\pi}{2}\frac{c^4}{c} = \frac{T}{\tau_{\text{allow}}}$$

$$c = \left(\frac{2T}{\pi\tau_{\text{allow}}}\right)^{1/3} = \left\{\frac{2(203.54 \text{ N} \cdot \text{m})}{\pi\,[100\,(10^6)\text{ N/m}^2]}\right\}^{1/3}$$

$$c = 0.01090 \text{ m} = 10.90 \text{ mm}$$

$2c = 21.80$ mm이므로 샤프트의 지름은 다음과 같이 결정한다.

$$d = 22 \text{ mm}$$ 답

10

PRELIMINARY PROBLEMS

P10–1. Determine the internal torque at each section and show the shear stress on differential volume elements located at A, B, C, and D.

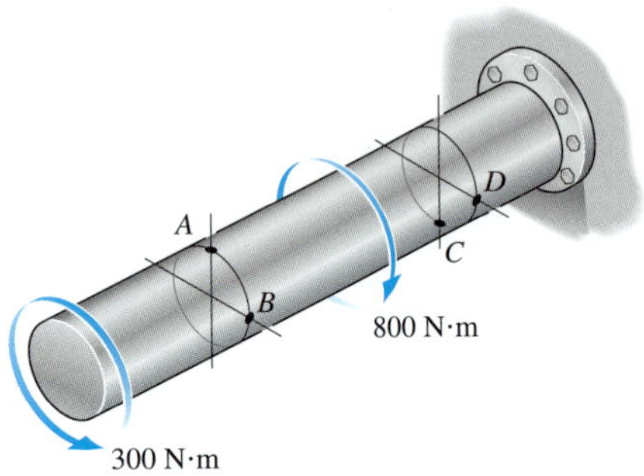

Prob. P10–1

P10–2. Determine the internal torque at each section and show the shear stress on differential volume elements located at A, B, C, and D.

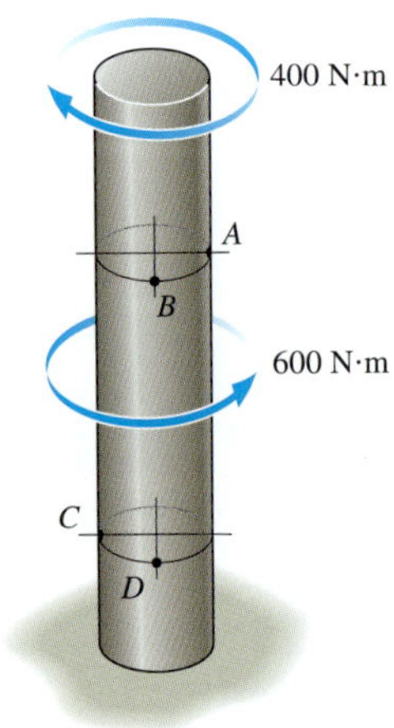

Prob. P10–2

P10–3. The solid and hollow shafts are each subjected to the torque T. In each case, sketch the shear stress distribution along the two radial lines.

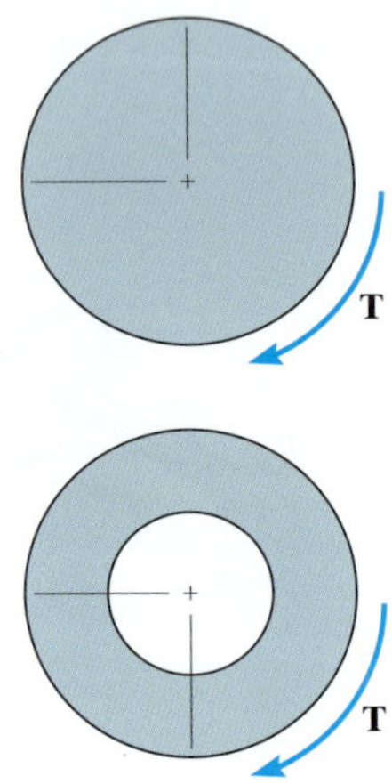

Prob. P10–3

P10–4. The motor delivers 10 hp to the shaft. If it rotates at 1200 rpm, detemine the torque produced by the motor.

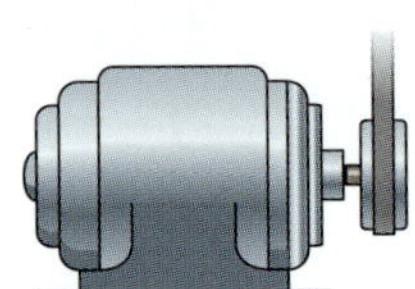

Prob. P10–4

10

FUNDAMENTAL PROBLEMS

F10–1. The solid circular shaft is subjected to an internal torque of $T = 5\ \text{kN}\cdot\text{m}$. Determine the shear stress at points A and B. Represent each state of stress on a volume element.

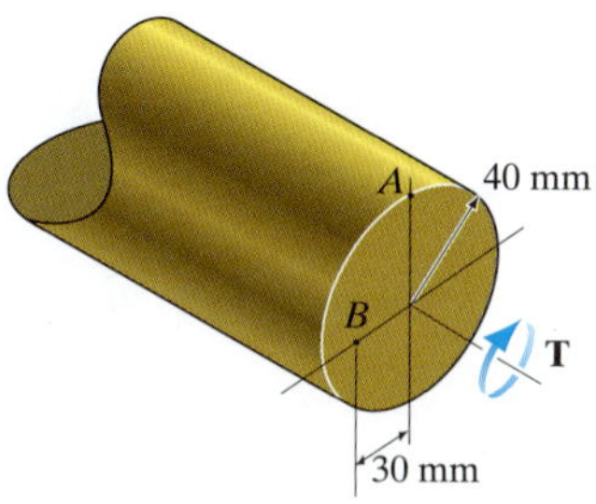

Prob. F10–1

F10–2. The hollow circular shaft is subjected to an internal torque of $T = 10\ \text{kN}\cdot\text{m}$. Determine the shear stress at points A and B. Represent each state of stress on a volume element.

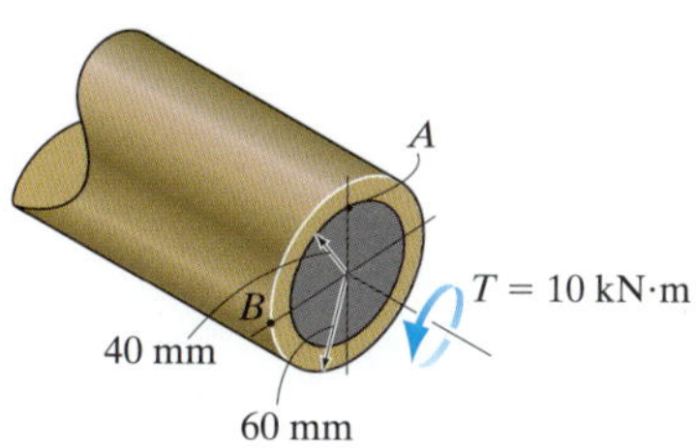

Prob. F10–2

F10–3. The shaft is hollow from A to B and solid from B to C. Determine the maximum shear stress in the shaft. The shaft has an outer diameter of 80 mm, and the thickness of the wall of the hollow segment is 10 mm.

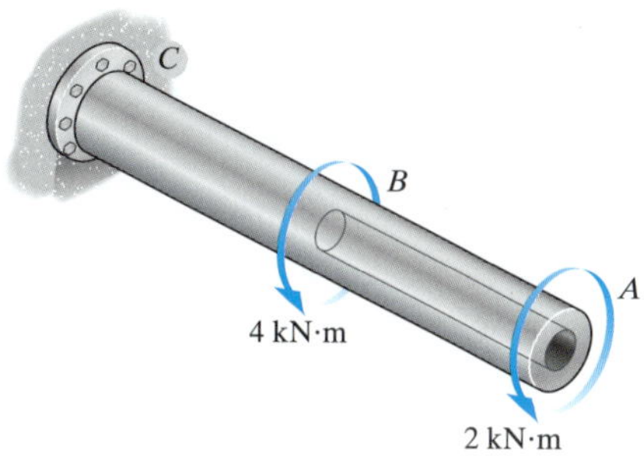

Prob. F10–3

F10–4. Determine the maximum shear stress in the 40-mm-diameter shaft.

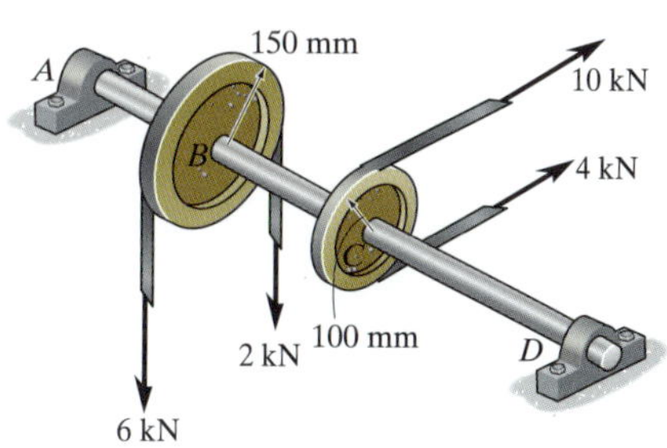

Prob. F10–4

10

F10–5. Determine the maximum shear stress in the shaft at section $a-a$.

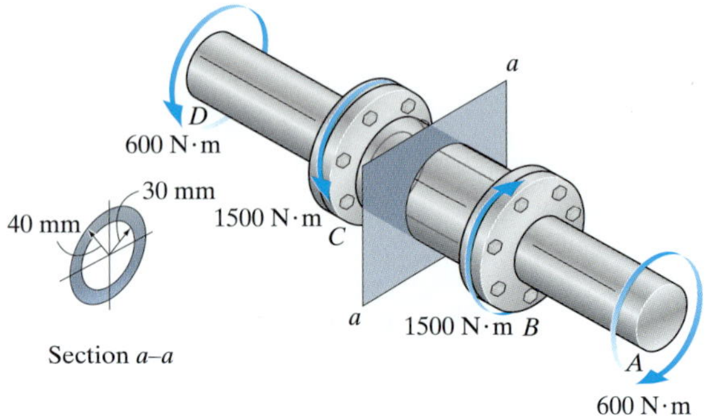

Prob. F10–5

F10–6. Determine the shear stress at point A on the surface of the shaft. Represent the state of stress on a volume element at this point. The shaft has a radius of 40 mm.

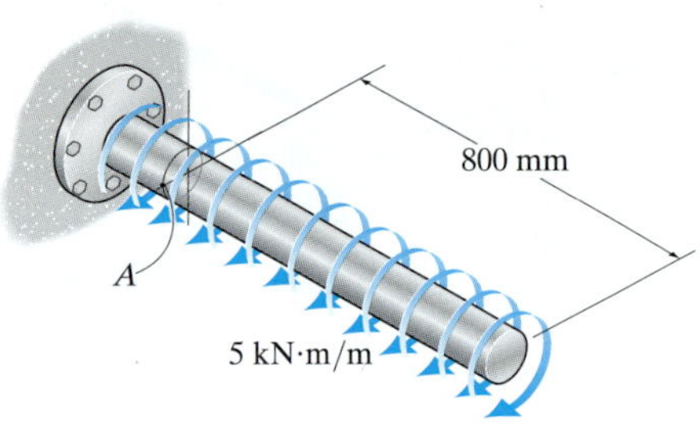

Prob. F10–6

F10–7. The solid 50-mm-diameter shaft is subjected to the torques applied to the gears. Determine the absolute maximum shear stress in the shaft.

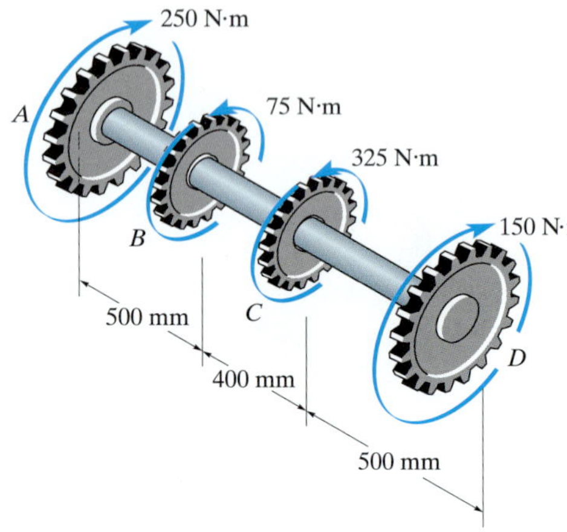

Prob. F10–7

F10–8. The gear motor can develop 2250 W when it turns at 150 rev/min. If the allowable shear stress for the shaft is $\tau_{allow} = 84$ MPa, determine the smallest diameter of the shaft to the nearest mm that can be used.

Prob. F10–8

PROBLEMS

10–1. The solid shaft of radius r is subjected to a torque **T**. Determine the radius r' of the inner core of the shaft that resists one-half of the applied torque $(T/2)$. Solve the problem two ways: (a) by using the torsion formula, (b) by finding the resultant of the shear-stress distribution.

10–2. The solid shaft of radius r is subjected to a torque **T**. Determine the radius r' of the inner core of the shaft that resists one-quarter of the applied torque $(T/4)$. Solve the problem two ways: (a) by using the torsion formula, (b) by finding the resultant of the shear-stress distribution.

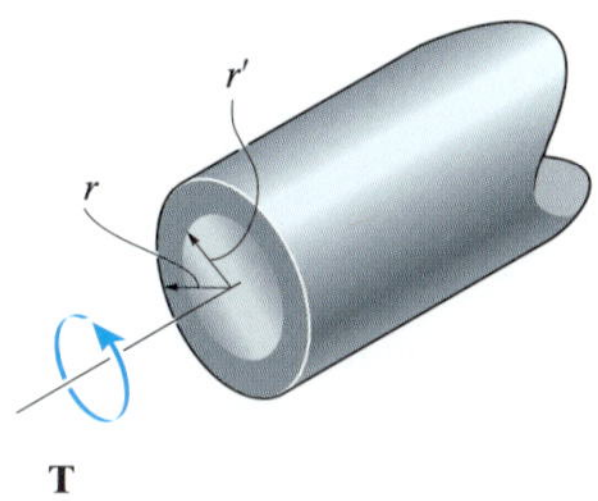

Probs. 10–1/2

***10–4.** The link acts as part of the elevator control for a small airplane. If the attached aluminum tube has an inner diameter of 25 mm and a wall thickness of 5 mm, determine the maximum shear stress in the tube when the cable force of 600 N is applied to the cables. Also, sketch the shear-stress distribution over the cross section.

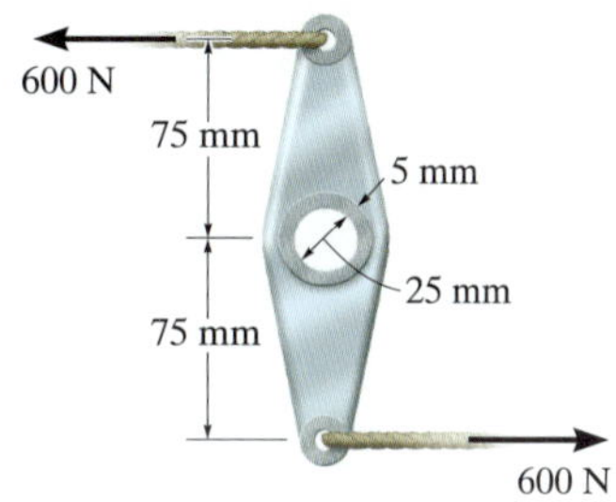

Prob. 10–4

10–3. A shaft is made of an aluminum alloy having an allowable shear stress of $\tau_{\text{allow}} = 100$ MPa. If the diameter of the shaft is 100 mm, determine the maximum torque **T** that can be transmitted. What would be the maximum torque **T**′ if a 75-mm-diameter hole were bored through the shaft? Sketch the shear-stress distribution along a radial line in each case.

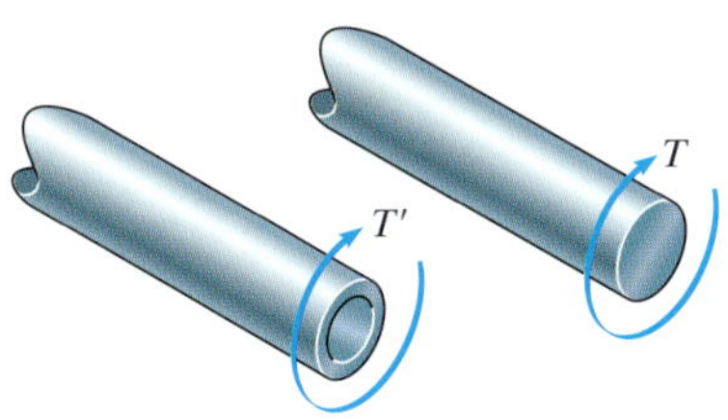

Prob. 10–3

10–5. The solid shaft is fixed to the support at C and subjected to the torsional loadings. Determine the shear stress at points A and B on the surface, and sketch the shear stress on volume elements located at these points.

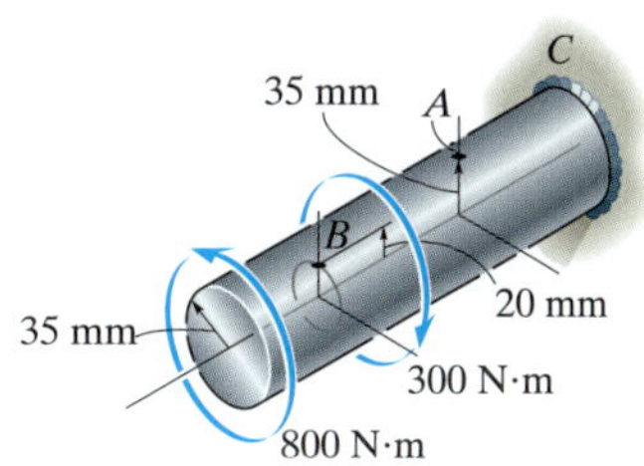

Prob. 10–5

10–6. The solid 30-mm-diameter shaft is used to transmit the torques applied to the gears. Determine the absolute maximum shear stress in the shaft.

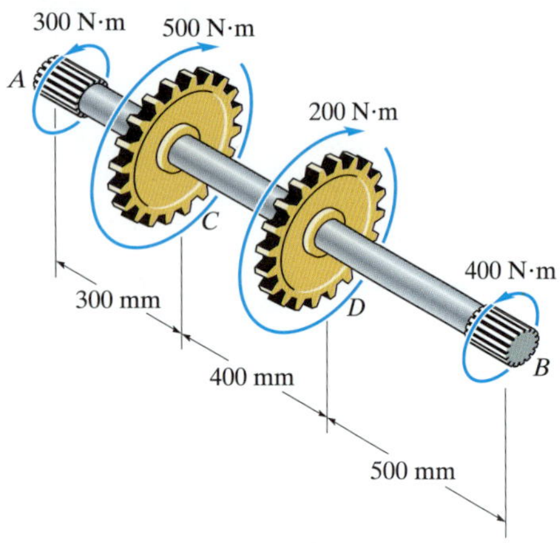

Prob. 10–6

10–7. The copper pipe has an outer diameter of 40 mm and an inner diameter of 37 mm. If it is tightly secured to the wall and three torques are applied to it, determine the absolute maximum shear stress developed in the pipe.

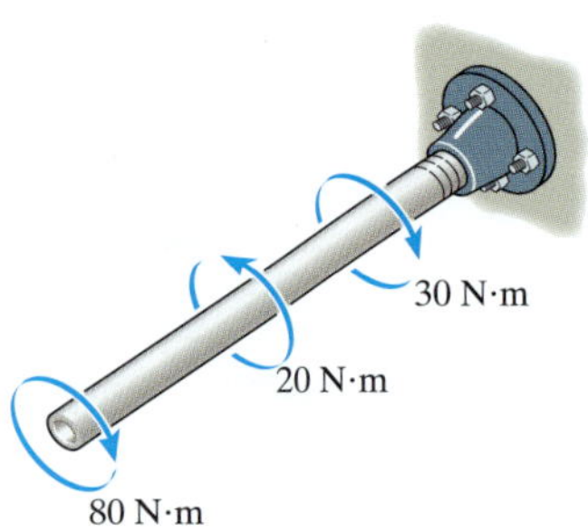

Prob. 10–7

***10–8.** The solid shaft is fixed to the support at C and subjected to the torsional loadings shown. Determine the shear stress at points A and B and sketch the shear stress on volume elements located at these points.

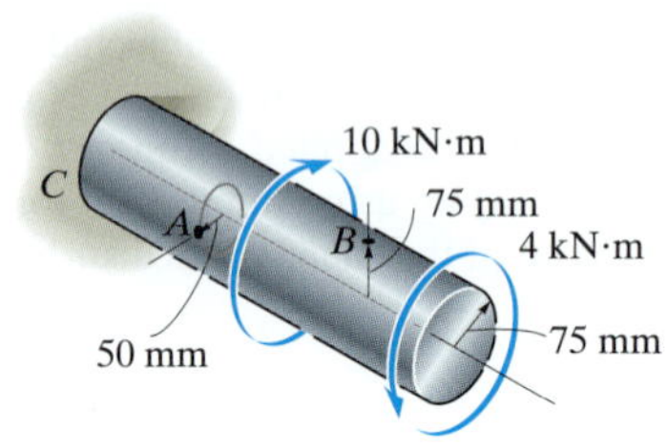

Prob. 10–8

10–9. The solid aluminum shaft has a diameter of 50 mm and an allowable shear stress of $\tau_{\text{allow}} = 60$ MPa. Determine the largest torque T_1 that can be applied to the shaft if it is also subjected to the other torsional loadings. It is required that $\mathbf{T}_1$ act in the direction shown. Also, determine the maximum shear stress within regions CD and DE.

10–10. The solid aluminum shaft has a diameter of 50 mm. Determine the absolute maximum shear stress in the shaft and sketch the shear-stress distribution along a radial line of the shaft where the shear stress is maximum. Set $T_1 = 2000 \text{ N} \cdot \text{m}$.

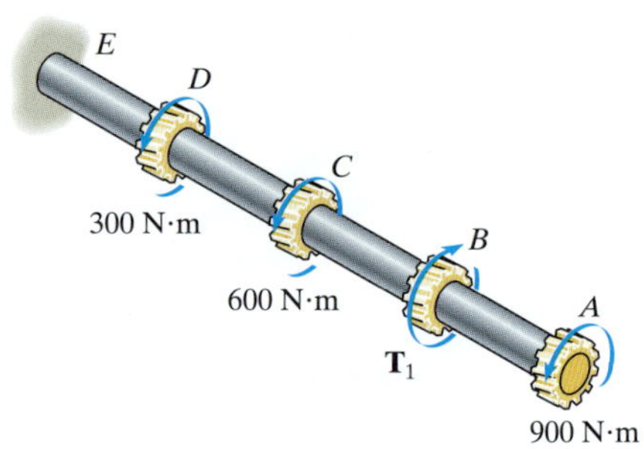

Probs. 10–9/10

10–11. The 60-mm-diameter solid shaft is subjected to the distributed and concentrated torsional loadings shown. Determine the absolute maximum and minimum shear stresses in the shaft's surface and specify their locations, measured from the free end.

***10–12.** The solid shaft is subjected to the distributed and concentrated torsional loadings shown. Determine the required diameter d of the shaft if the allowable shear stress for the material is $\tau_{\text{allow}} = 60$ MPa.

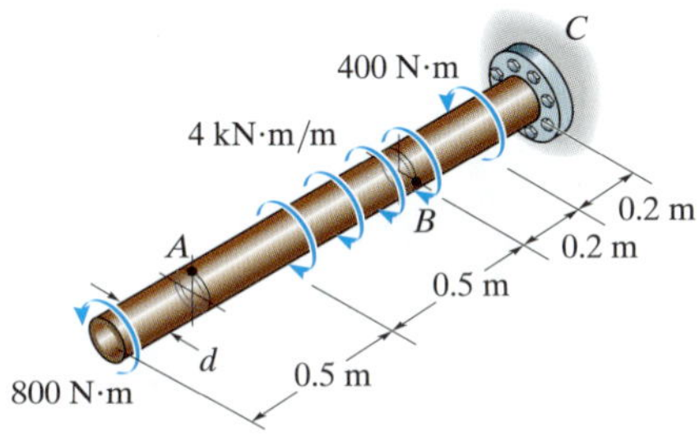

Probs. 10–11/12

10–13. The assembly consists of two sections of galvanized steel pipe connected together using a reducing coupling at B. The smaller pipe has an outer diameter of 18.75 mm and an inner diameter of 17 mm, whereas the larger pipe has an outer diameter of 25 mm and an inner diameter of 21.5 mm. If the pipe is tightly secured to the wall at C, determine the maximum shear stress developed in each section of the pipe when the couple shown is applied to the handles of the wrench.

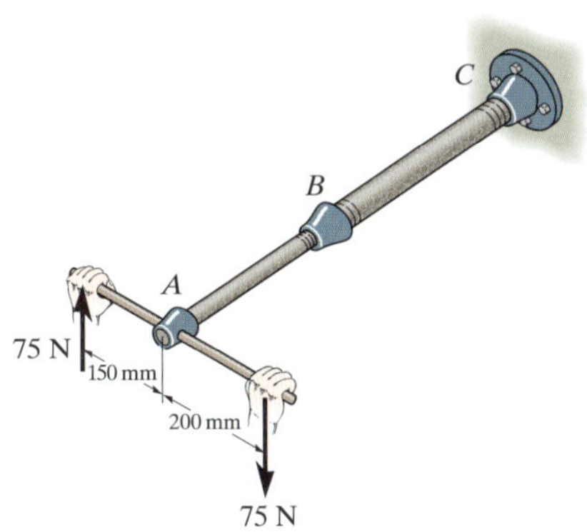

Prob. 10–13

10–14. A steel tube having an outer diameter of 60 mm is used to transmit 6.75 kW when turning at 27 rev/min. Determine the inner diameter d of the tube to the nearest mm if the allowable shear stress is $\tau_{\text{allow}} = 70$ MPa.

Prob. 10–14

10–15. The 60-mm-diameter solid shaft is subjected to the distributed and concentrated torsional loadings shown. Determine the shear stress at points A and B, and sketch the shear stress on volume elements located at these points.

***10–16.** The 60-mm-diameter solid shaft is subjected to the distributed and concentrated torsional loadings shown. Determine the absolute maximum and minimum shear stresses on the shaft's surface, and specify their locations, measured from the fixed end C.

10–17. The solid shaft is subjected to the distributed and concentrated torsional loadings shown. Determine the required diameter d of the shaft if the allowable shear stress for the material is $\tau_{\text{allow}} = 1.6$ MPa.

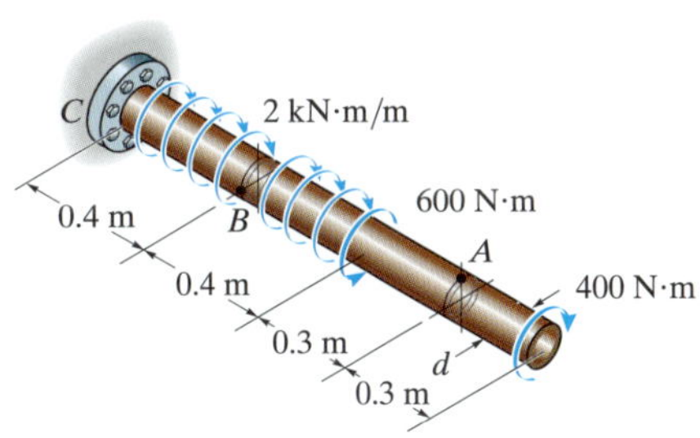

Probs. 10–15/16/17

10–18. The motor delivers a torque of 50 N · m to the shaft AB. This torque is transmitted to shaft CD using the gears at E and F. Determine the equilibrium torque $\mathbf{T}'$ on shaft CD and the maximum shear stress in each shaft. The bearings B, C, and D allow free rotation of the shafts.

10–19. If the applied torque on shaft CD is $T' = 75$ N · m, determine the absolute maximum shear stress in each shaft. The bearings B, C, and D allow free rotation of the shafts, and the motor holds the shafts fixed from rotating.

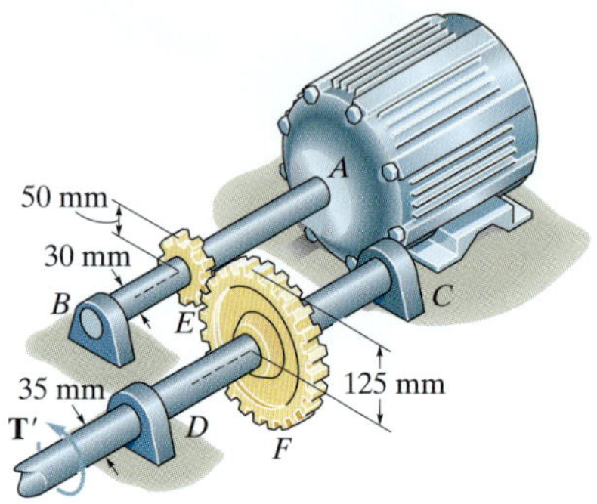

Probs. 10–18/19

***10–20.** The shaft has an outer diameter of 100 mm and an inner diameter of 80 mm. If it is subjected to the three torques, determine the absolute maximum shear stress in the shaft. The smooth bearings A and B do not resist torque.

10–21. The shaft has an outer diameter of 100 mm and an inner diameter of 80 mm. If it is subjected to the three torques, plot the shear stress distribution along a radial line for the cross section within region CD of the shaft. The smooth bearings at A and B do not resist torque.

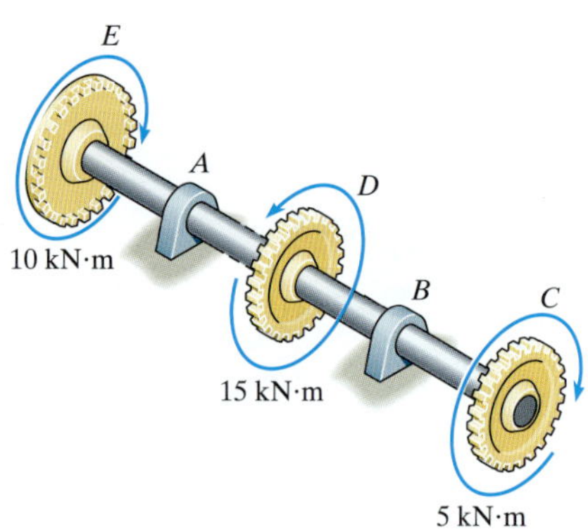

Probs. 10–20/21

10–22. If the gears are subjected to the torques shown, determine the maximum shear stress in the segments AB and BC of the A-36 steel shaft. The shaft has a diameter of 40 mm.

***10–23.** If the gears are subjected to the torques shown, determine the required diameter of the A-36 steel shaft to the nearest mm if $\tau_{allow} = 60$ MPa.

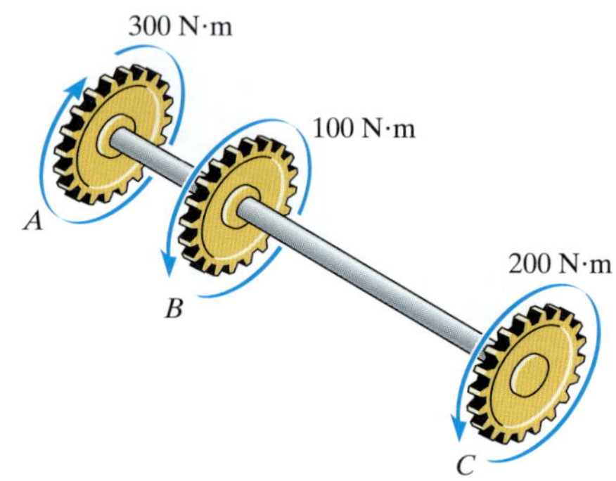

Probs. 10–22/23

***10–24.** The rod has a diameter of 25 mm and a weight of 150 N/m. Determine the maximum torsional stress in the rod at a section located at A due to the rod's weight.

10–25. The rod has a diameter of 25 mm and a weight of 225 N/m. Determine the maximum torsional stress in the rod at a section located at B due to the rod's weight.

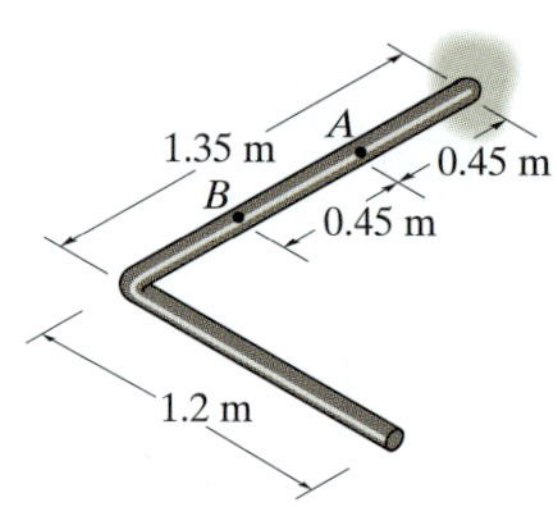

Probs. 10–24/25

10–26. Two wrenches are used to tighten the pipe. If $P = 300$ N is applied to each wrench, determine the maximum torsional shear stress developed within regions AB and BC. The pipe has an outer diameter of 25 mm and inner diameter of 20 mm. Sketch the shear stress distribution for both cases.

10–27. Two wrenches are used to tighten the pipe. If the pipe is made from a material having an allowable shear stress of $\tau_{\text{allow}} = 85$ MPa, determine the allowable maximum force **P** that can be applied to each wrench. The pipe has an outer diameter of 25 mm and inner diameter of 20 mm.

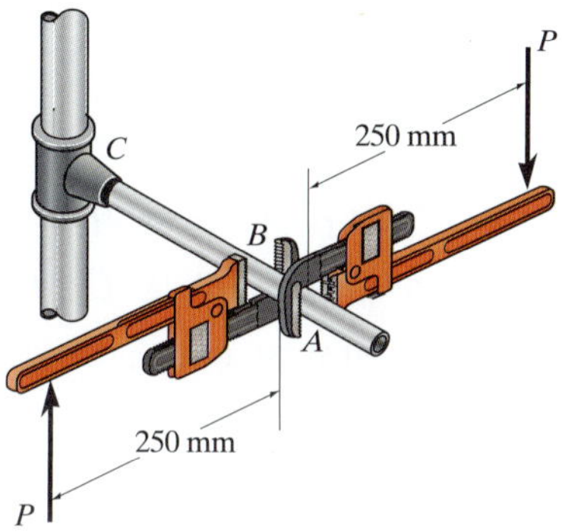

Probs. 10–26/27

***10–28.** The solid steel shaft DF has a diameter of 25 mm and is supported by smooth bearings at D and E. It is coupled to a motor at F, which delivers 12 kW of power to the shaft while it is turning at 50 rev/s. If gears A, B, and C remove 3 kW, 4 kW, and 5 kW respectively, determine the maximum shear stress developed in the shaft within regions CF and BC. The shaft is free to turn in its support bearings D and E.

10–29. The solid steel shaft DF has a diameter of 25 mm and is supported by smooth bearings at D and E. It is coupled to a motor at F, which delivers 12 kW of power to the shaft while it is turning at 50 rev/s. If gears A, B, and C remove 3 kW, 4 kW, and 5 kW respectively, determine the absolute maximum shear stress in the shaft.

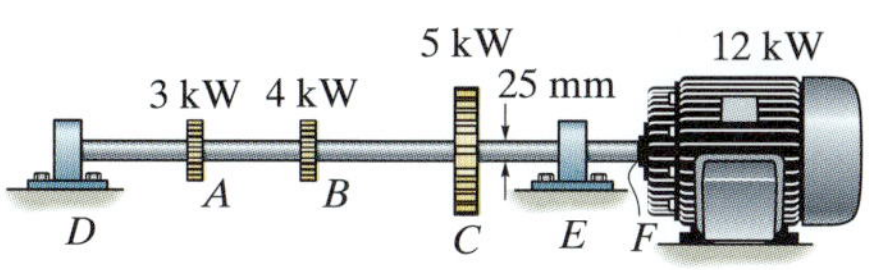

Probs. 10–28/29

10–30. The pump operates using the motor that has a power of 85 W. If the impeller at B is turning at 150 rev/min, determine the maximum shear stress in the 20-mm-diameter transmission shaft at A.

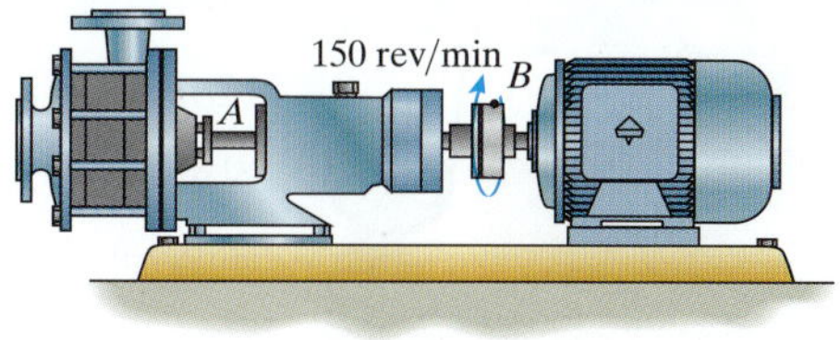

Prob. 10–30

10–31. A ship has a propeller drive shaft that is turning at 1500 rev/min while developing 1500 kW. If it is 2.4 m long and has a diameter of 100 mm, determine the maximum shear stress in the shaft caused by torsion.

***10–32.** The motor A develops a power of 300 W and turns its connected pulley at 90 rev/min. Determine the required diameters of the steel shafts on the pulleys at A and B if the allowable shear stress is $\tau_{\text{allow}} = 85$ MPa.

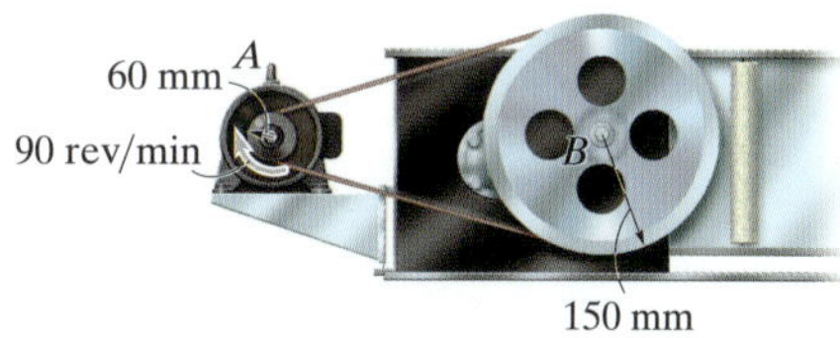

Probs. 10–31/32

10–33. The A-36 steel tubular shaft is 2 m long and has an outer diameter of 50 mm. When it is rotating at 40 rad/s, it transmits 25 kW of power from the motor M to the pump P. Determine the smallest thickness of the tube if the allowable shear stress is $\tau_{\text{allow}} = 80$ MPa.

10–34. The A-36 solid steel shaft is 2 m long and has a diameter of 60 mm. It is required to transmit 60 kW of power from the motor M to the pump P. Determine the smallest angular velocity the shaft can have if the allowable shear stress is $\tau_{\text{allow}} = 80$ MPa.

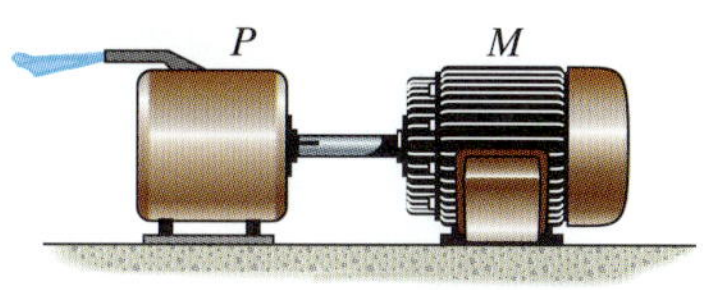

Probs. 10–33/34

10.4 비틀림 각

비틀림을 받는 긴 샤프트는 종종 눈에 띌만한 탄성 비틀림을 가질 수 있다.

이 절에서는 샤프트의 한쪽 단에 대한 다른 쪽 단의 **비틀림 각** ϕ(phi)를 결정하는 식을 유도하고자 한다. 우선 샤프트는 원형 단면을 갖고, 그림 10-12*a*와 같이 길이방향으로 점진적으로 단면이 변한다고 가정한다. 또한 균질한 재료이며 토크가 작용될 때 선형탄성 거동을 한다고 가정한다. 축하중을 받는 봉과 같이 토크가 가해지는 하중점이나 단면이 갑자기 변하는 부분에서의 국부적인 변형은 없는 것으로 한다. 이러한 국부적인 변형은 생베낭 원리에 의해 샤프트의 길이에 비하여 아주 작은 부분에서 발생하기 때문에 결과에 미치는 영향은 매우 미미하다고 할 수 있다.

그림 10-12*b*와 같이 전체 샤프트에서 단면법을 이용하여 x의 위치에 있는 미소 두께 dx의 원판을 분리하여 생각한다. 샤프트를 따라 외적하중이 작용하면 내부 토크가 변할 수 있으므로 x에서의 내부 토크를 $T(x)$로 한다. $T(x)$로 인하여 원판은 비틀리게 되고 이로 인한 한 면에 대한 다른 면의 상대적인 회전된 양 $d\phi$가 발생한다. 이 결과로 원판 내 임의의 반지름 ρ에 위치한 재료의 미소 요소는 전단변형률 γ를 갖게 된다. γ와 $d\phi$는 식 (10-1)에 의하여 다음과 같은 관계를 갖게 된다.

$$d\phi = \gamma \frac{dx}{\rho} \tag{10-13}$$

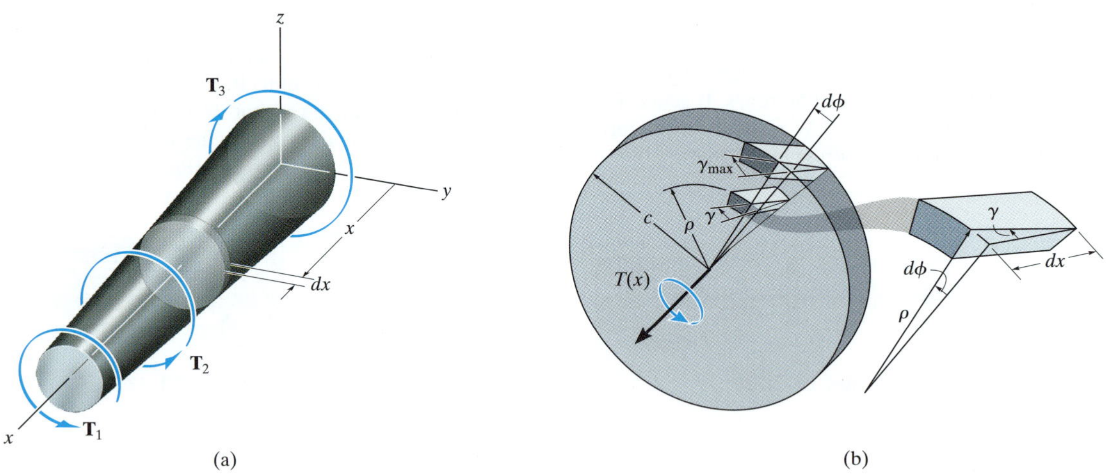

그림 10-12

10

비틀림 공식 $\tau = T(x)\rho/J(x)$를 적용하면 전단응력을 작용된 토크의 항으로 표현할 수 있고 훅의 법칙 $\gamma = \tau/G$를 적용하면 $\gamma = T(x)\rho/J(x)G(x)$이다. 이 변형률을 식 (10-13)에 대입하면 원판에 발생되는 비틀림 각을 얻을 수 있다.

$$d\phi = \frac{T(x)}{J(x)G(x)}dx$$

이 값을 샤프트 전체 길이에 대하여 적분을 하면, 전체 샤프트에 대한 비틀림 각을 구할 수 있다.

$$\phi = \int_0^L \frac{T(x)\,dx}{J(x)G(x)} \qquad (10\text{-}14)$$

여기서,

ϕ = 샤프트의 한쪽 끝단에 대한 다른 쪽 끝단의 비틀림 각도로 단위는 radian

$T(x)$ = 임의의 위치 x점의 내부 토크로서 단면법과 샤프트의 축에 대한 모멘트 평형조건으로부터 구함.

$J(x)$ = 위치 x의 함수로 표현된 샤프트 단면의 극관성모멘트

$G(x)$ = 위치 x의 함수로 표현된 사용된 재료의 전단탄성계수

이 지반천공기의 응력과 비틀림 각을 해석할 때는 길이를 따라 변화하며 작용하는 비틀림하중을 고려하여야 한다.

균일한 토크와 단면적. 일반적으로 공학의 실무에서 사용되는 재료는 균질하므로 G는 일정한 상수이다. 또한 그림 10-14와 같이 샤프트의 길이방향으로 샤프트의 단면이 일정하고 외부 토크가 일정하다. 이런 경우는 내적 토크 $T(x) = T$이고 $J(x) = J$이므로 식 (10-14)는 다음과 같이 적분할 수 있다.

$$\phi = \frac{TL}{JG} \qquad (10\text{-}15)$$

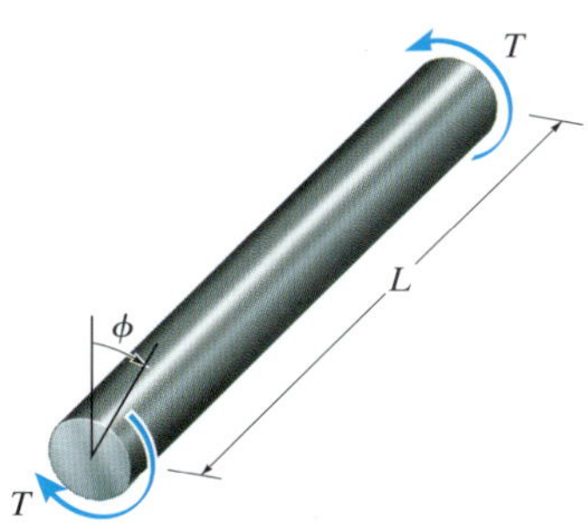

그림 10-13

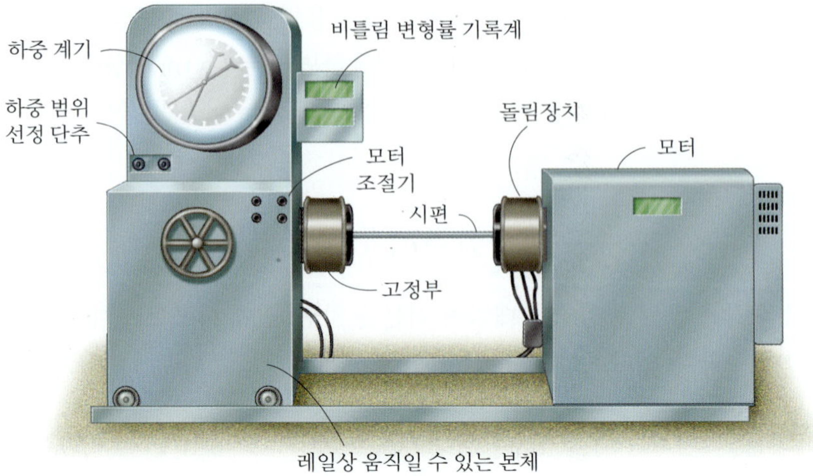

그림 10-14

위의 두 식과 축방향 하중을 받는 부재에서 구한 식의 유사성에 주목하자.

식 (10-15)는 재료의 전단탄성계수 G를 결정하는 데 자주 사용한다. 이 방법에서는 길이와 지름을 알고 있는 시편을 그림 10-14와 같은 비틀림 시험기에 장착하고 토크 T를 가하고 길이방향의 비틀림 각 ϕ를 측정한다. 식 (10-15)를 이용하여 $G = TL/J\phi$로부터 구할 수 있다. 일반적으로 여러 실험을 반복하여 얻은 평균값으로부터 보다 신뢰할 수 있는 G값을 얻게 된다.

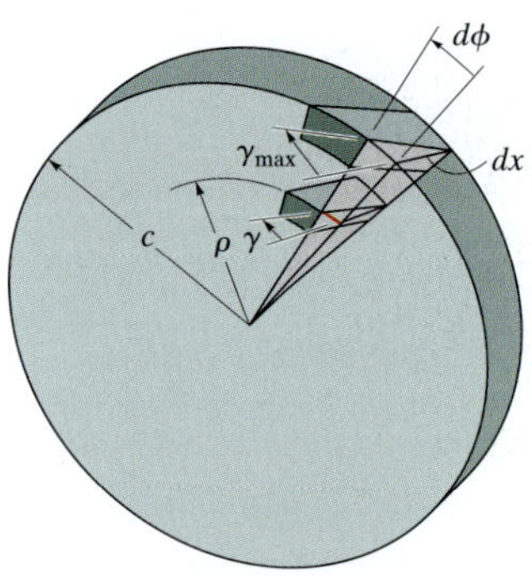

단면상 점의 전단변형률은 ρ에 따라 선형적으로 늘어난다. 다시 말해 $\gamma = (\rho/c)\,\gamma_{max}$이다.
(b)

그림 10-12 (반복)

다중 토크. 만약 샤프트가 그림 10-12에서와 같이 몇 개의 다른 토크를 받거나 샤프트의 길이방향으로 한 부분에서 다른 부분으로 급격하게 단면 또는 전단탄성계수가 변할 때 식 (10-15)는 필요한 변수들이 일정한 샤프트의 각 구간으로 나누어 적용할 수 있다. 샤프트의 한쪽 단에 대한 다른 쪽 단의 비틀림 각은 각 구간의 비틀림 각의 합으로 구할 수 있다.

$$\phi = \sum \frac{TL}{JG} \tag{10-16}$$

부호규정. 위의 식을 적용하기 위해서는 내적 토크와 한쪽 단에 대한 다른 쪽 단의 비틀림 각의 부호를 규정해야 한다. 부호규정을 위해 그림 10-15에서와 같이 손가락을 회전 방향으로 샤프트를 감아 쥘 때 엄지손가락이 지시하는 방향이 샤프트의 바깥방향일 때 이를 양으로 하는 오른손법칙을 사용하도록 한다.

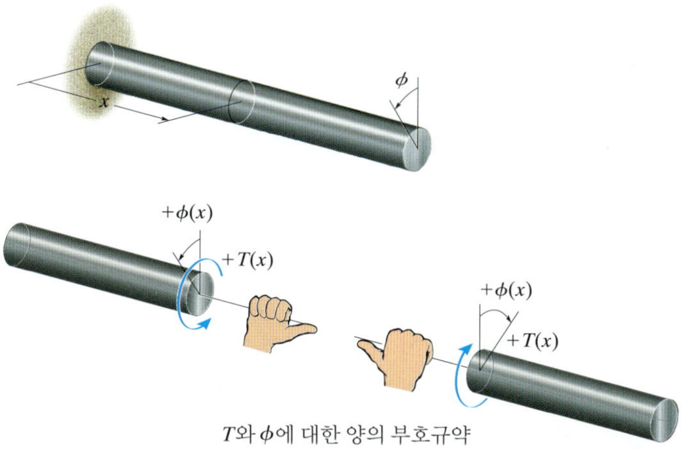

T와 ϕ에 대한 양의 부호규약

그림 10-15

요점 IMPORTANT POINTS

- 비틀림 각을 결정하기 위하여 식 (10-14)를 적용할 때 작용 토크에 의하여 재료에 항복이 발생하지 않으며 재료는 균질하고 선형탄성 거동을 한다는 것이 중요하다.

풀이 과정 PROCEDURE FOR ANALYSIS

샤프트 혹은 튜브의 한쪽 끝단의 다른 쪽 끝단에 대한 상대적인 비틀림 각을 구하기 위해서는 다음과 같은 절차에 따른다.

내적 토크

- 내적 토크는 샤프트의 축에 있는 점에서 단면법과 샤프트의 축을 따라 작용되는 모멘트의 평형조건으로부터 구한다.
- 만약 토크가 축의 길이방향으로 변한다면 샤프트를 따라서 임의의 지점 x에서의 단면을 고려하고 내부 토크를 x의 함수로 표시하여 $T(x)$로 나타낸다.
- 만약 샤프트의 길이를 따라 몇 개의 토크가 외부로부터 작용된다면, 두 외부 토크 사이의 샤프트 구간에서의 내부 토크를 구하여야 한다.

비틀림 각

- 주어진 샤프트의 단면적이 축을 따라 변하게 되면 단면의 극관성모멘트는 축을 따라 주어지는 위치 x의 함수 $J(x)$로 표시한다.
- 만약 주어진 샤프트의 양단 사이의 극관성모멘트가 급격히 변한다면 $\phi = \int (T(x)/J(x)G(x))\,dx$ 또는 $\phi = TL/JG$를 J, G, T가 연속적이거나 일정한 각 구간에 적용하여야 한다.
- 만약 각 구간에 따라 내적 토크가 결정되었다면, 그림 10-15에서와 같은 부호규정을 샤프트 또는 그 부분에 대하여 준수해야 한다. 그리고 또한 식에 값들을 대입할 때 한 가지 단위 체계를 사용해야 한다.

10

예제 10.5

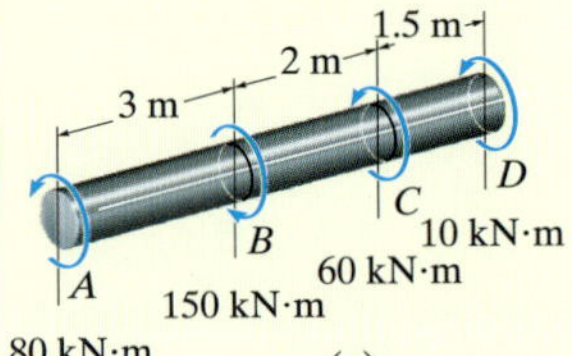

(a)

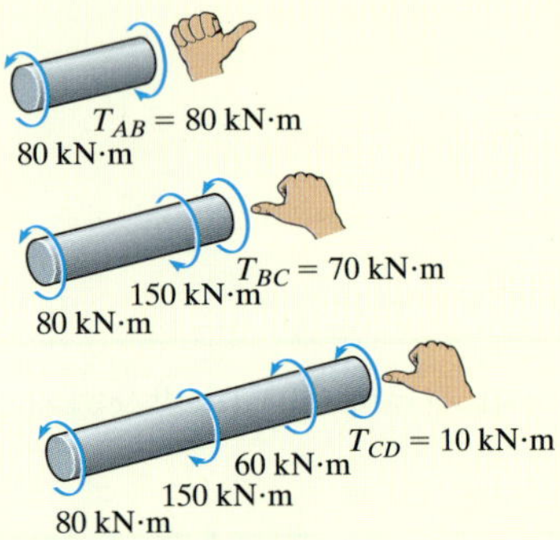

(b)

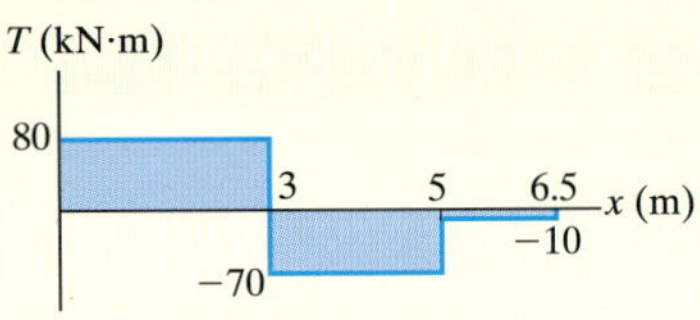

(c)

그림 10-16

그림 10-16*a*와 같은 A-36 강 샤프트에 있는 A점의 비틀림 각을 구하라. 또한, A의 C에 대한 비틀림 각은 얼마인가? 샤프트의 지름은 200 mm이다.

풀이

내부 토크. 그림 10-16*b*와 같이 각각의 부분에 대하여 단면법을 사용하여 내부 토크를 구할 수 있다. 오른손법칙에 따라 단면의 끝부분에서 멀어지는 방향을 양의 비틀림으로 했을 때, $T_{AB} = +80\text{ kN}\cdot\text{m}$, $T_{BC} = -70\text{ kN}\cdot\text{m}$, $T_{CD} = -10\text{ kN}\cdot\text{m}$이다. 이 결과는 그림 10-16*c*의 토크 선도에 표시하였다. 이는 내부 토크가 샤프트 축에 따라 어떻게 달라지는지 보여준다.

비틀림 각. .샤프트의 극관성모멘트는

$$J = \frac{\pi}{2}(0.1\text{ m})^4 = 0.1571(10^{-3})\text{ m}^4$$

부록의 표에 따라 A-36 강의 $G = 75$ MPa이다. 따라서 샤프트의 A단의 비틀림 각은

$$\phi_A = \Sigma\frac{TL}{JG} = \frac{80(10^3)\text{ N}\cdot\text{m}\,(3\text{ m})}{(0.1571(10^{-3})\text{ m}^4)(75(10^9)\text{ N/m}^2)}$$

$$+\frac{-70(10^3)\text{ N}\cdot\text{m}\,(2\text{ m})}{(0.1571(10^{-3})\text{ m}^4)(75(10^9)\text{ N/m}^2)}+\frac{-10(10^3)\text{ N}\cdot\text{m}\,(1.5\text{ m})}{(0.1571(10^{-3})\text{ m}^4)(75(10^9)\text{ N/m}^2)}$$

$$\phi_A = 7.22(10^{-3})\text{ rad}$$ 답

A에 대한 C의 비틀림 각은 두 개의 부분만을 포함한다.

$$\phi_{A/C} = \Sigma\frac{TL}{JG} = \frac{80(10^3)\text{ N}\cdot\text{m}\,(3\text{ m})}{(0.1571(10^{-3})\text{ m}^4)(75(10^9)\text{ N/m}^2)}$$

$$+\frac{-70(10^3)\text{ N}\cdot\text{m}\,(2\text{ m})}{(0.1571(10^{-3})\text{ m}^4)(75(10^9)\text{ N/m}^2)}$$

$$\phi_{A/C} = 8.49(10^{-3})\text{ rad}$$ 답

두 결과 모두 양수인데, 이는 A가 표시된대로 오른손의 엄지가 바깥으로 향할 때 나머지 손가락들이 감는 방향으로 회전한다는 것을 의미한다.

예제 10.6

그림 10-17*a*와 같이 고정단으로 구속된 강 샤프트의 기어에 토크가 작용하고 있다. 샤프트의 지름이 14 mm라면, 기어 A에 있는 이 P의 변위를 구하라. $G = 80$ GPa이다.

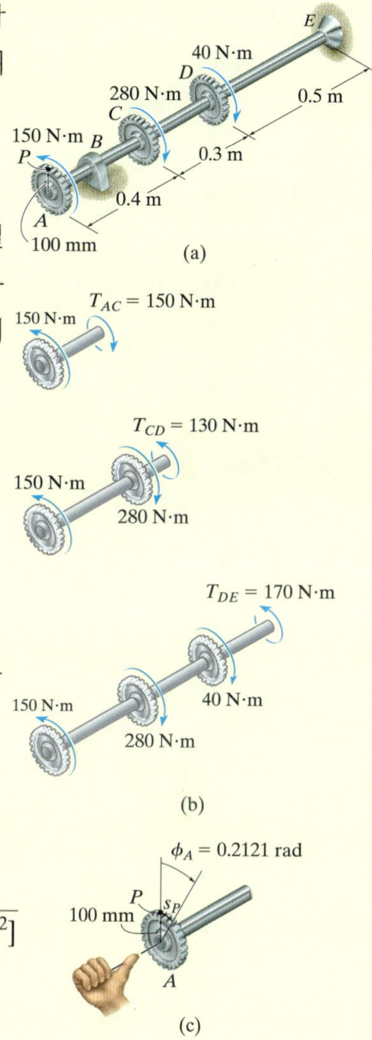

그림 10-17

풀이

내부 토크. AC, CD, DE 부분의 토크는 서로 다르지만 각 부분에서 일정하다. 그림 10-17*b*에 각각의 부분에 대해 계산된 토크가 표시된 자유물체도를 나타내었다. 오른손법칙을 사용하고 샤프트 단면의 끝부분에서 멀어지는 방향을 양의 토크로 하면,

$$T_{AC} = +150\ \text{N}\cdot\text{m} \qquad T_{CD} = -130\ \text{N}\cdot\text{m} \qquad T_{DE} = -170\ \text{N}\cdot\text{m}$$

비틀림 각. 샤프트의 극관성모멘트는

$$J = \frac{\pi}{2}(0.007\ \text{m})^4 = 3.771(10^{-9})\ \text{m}^4$$

각각의 부분에 대해 식 (10-16)을 적용하고 각 결과를 대수적으로 더하면,

$$\phi_A = \sum\frac{TL}{JG} = \frac{(+150\ \text{N}\cdot\text{m})(0.4\ \text{m})}{3.771(10^{-9})\text{m}^4[80(10^9)\text{N/m}^2]}$$

$$+\frac{(-130\ \text{N}\cdot\text{m})(0.3\ \text{m})}{3.771(10^{-9})\text{m}^4[80(10^9)\text{N/m}^2]}+\frac{(-170\ \text{N}\cdot\text{m})(0.5\ \text{m})}{3.771(10^{-9})\text{m}^4[80(10^9)\ \text{N/m}^2]}$$

$$\phi_A = -0.2121\ \text{rad}$$

답이 음수이기 때문에, 오른손법칙에 따라 엄지가 샤프트의 지점 E 방향으로 향할 것이고, 그에 따라 기어 A는 그림 10-17*c*와 같이 회전할 것이다.

기어 A에 있는 이 P의 변위는 다음과 같다.

$$s_P = \phi_A r = (0.2121\ \text{rad})(100\ \text{mm}) = 21.2\ \text{mm} \qquad \text{답}$$

10

예제 10.7

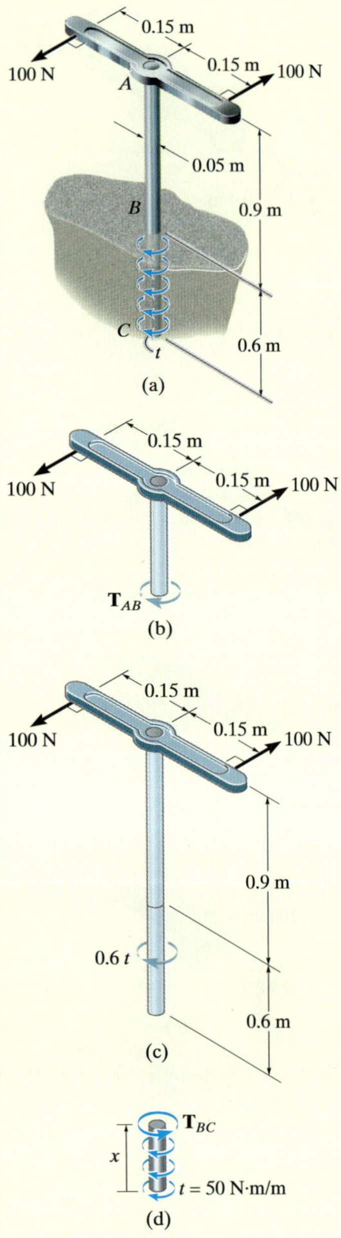

그림 10-18

그림 10-18a와 같이 주철로 제작된 지름 0.05 m인 샤프트가 0.6 m 깊이로 흙에 묻혀 있다. 강체로 가정할 수 있는 렌치로 이 기둥의 상단에 토크를 가할 때, 최대 전단응력을 구하고 최상단의 비틀림 각을 구하라. 샤프트가 토크에 의하여 회전하려고 할 때 흙은 t N · m/m의 회전에 대한 저항을 0.6 m의 길이에 따라 균등하게 한다고 가정한다. $G = 4$ MPa이다.

풀이

내부 토크. 샤프트의 AB 구간에 발생하는 내부 토큰는 정해진 값으로 그림 10-18b의 자유물체도에 의하면

$$\Sigma M_z = 0; \qquad T_{AB} = (100\text{ N})(0.30\text{ m}) = 30\text{ N}\cdot\text{m}$$

샤프트의 흙에 묻힌 BC 부분에서 일정하게 분포된 토크의 크기는 전체 샤프트의 평형으로부터 구할 수 있다(그림 10-18c).

$$\Sigma M_z = 0 \qquad (100\text{ N})(0.30\text{ m}) - t(0.6\text{ m}) = 0$$

$$t = 50\text{ N}\cdot\text{m/m}$$

따라서 그림 10-18d와 같은 x 위치의 단면의 자유물체도로부터

$$\Sigma M_z = 0; \qquad T_{BC} - 50x = 0$$

$$T_{BC} = 50x$$

최대 전단응력. 주어진 조건에서 J는 상수이고 최대 토크의 발생 위치는 AB 사이이므로, 최대 전단응력도 이 구간에서 발생된다. 이 구간에서 비틀림 공식을 적용하면

$$\tau_{\max} = \frac{T_{AB}c}{J} = \frac{(30\text{ N}\cdot\text{m})(0.025\text{ m})}{(\pi/2)(0.025\text{ m})^4} = 1.22(10^6)\text{ N/m}^2 = 1.22\text{ MPa} \qquad \text{답}$$

비틀림 각. 샤프트는 막 비틀림에 의하여 회전하려는 상태로 하단은 고정된 것으로 가정하고 제일 상단에서 발생한 하단에 대한 상대적인 비틀림 각을 구할 수 있다. AB와 BC 두 구간으로 나누어 비틀림을 고려하면

$$\phi_A = \frac{T_{AB}L_{AB}}{JG} + \int_0^{L_{BC}} \frac{T_{BC}\,dx}{JG}$$

$$= \frac{(30\text{ N}\cdot\text{m})(0.9\text{ m})}{JG} + \int_0^{0.6\text{ m}} \frac{50x\,dx}{JG}$$

$$= \frac{27\text{ N}\cdot\text{m}^2}{JG} + \frac{50[(0.6^2)/2]\text{ N}\cdot\text{m}^2}{JG}$$

$$= \frac{36\text{ N}\cdot\text{m}^2}{(\pi/2)(0.025\text{ m})^4[40(10^9)\text{ N/m}^2]} = 0.00147\text{ rad} \qquad \text{답}$$

FUNDAMENTAL PROBLEMS

F10–9. The 60-mm-diameter steel shaft is subjected to the torques shown. Determine the angle of twist of end A with respect to C. Take $G = 75$ GPa.

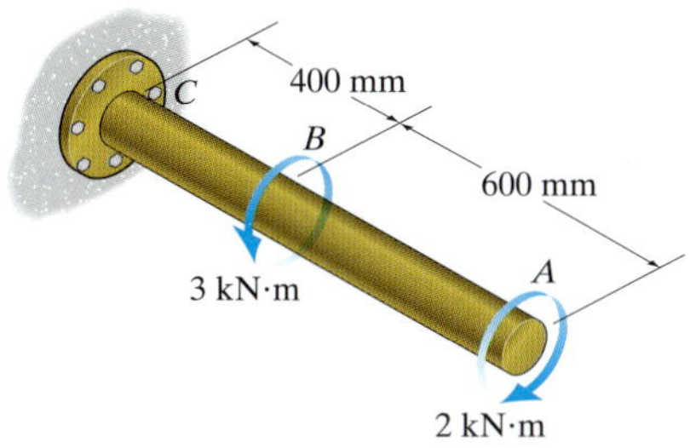

Prob. F10–9

F10–10. Determine the angle of twist of wheel B with respect to wheel A. The shaft has a diameter of 40 mm and is made of steel for which $G = 75$ GPa.

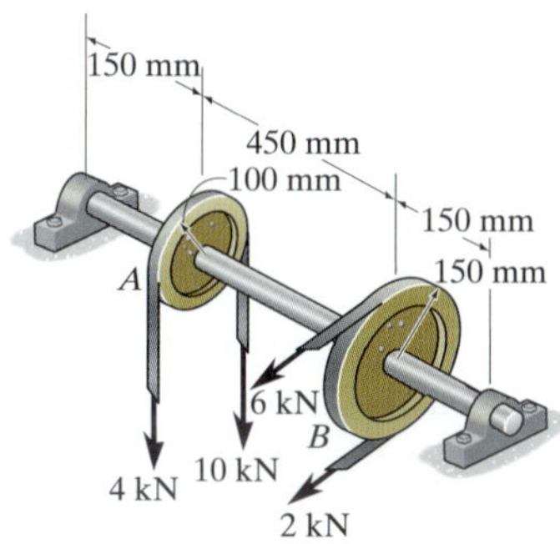

Prob. F10–10

F10–11. The hollow 6061-T6 aluminum shaft has an outer and inner radius of $c_o = 40$ mm and $c_i = 30$ mm, respectively. Determine the angle of twist of end A. The support at B is flexible like a torsional spring, so that $T_B = k_B\,\phi_B$, where the torsional stiffness is $k_B = 90\ \text{kN}\cdot\text{m/rad}$.

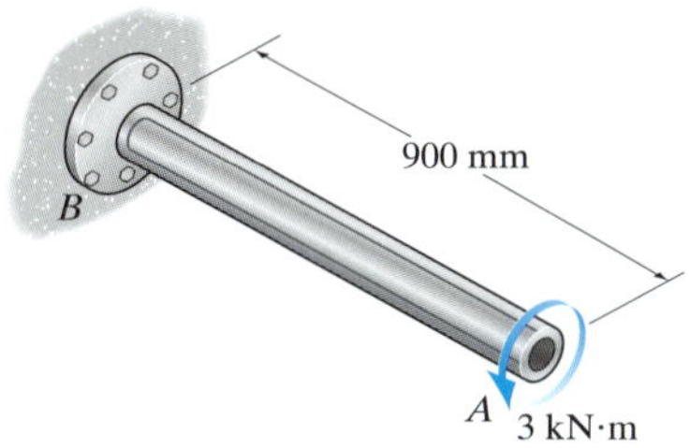

Prob. F10–11

F10–12. A series of gears are mounted on the 40-mm-diameter steel shaft. Determine the angle of twist of gear E relative to gear A. Take $G = 75$ GPa.

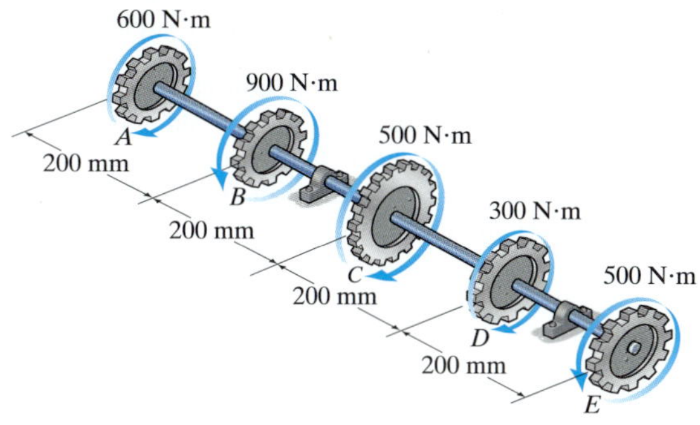

Prob. F10–12

F10–13. The 80-mm-diameter shaft is made of steel. If it is subjected to the uniform distributed torque, determine the angle of twist of end A. Take $G = 75$ GPa.

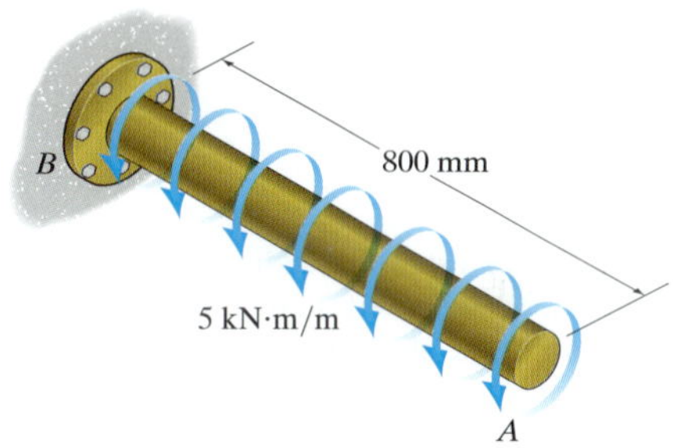

Prob. F10–13

F10–14. The 80-mm-diameter shaft is made of steel. If it is subjected to the triangular distributed load, determine the angle of twist of end A. Take $G = 75$ GPa.

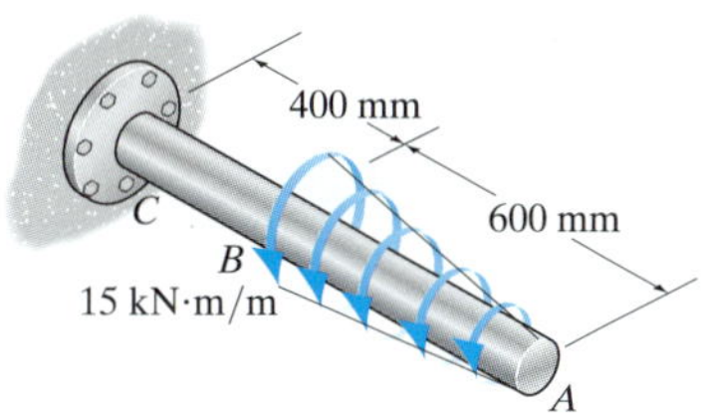

Prob. F10–14

PROBLEMS

10–35. The propellers of a ship are connected to an A-36 steel shaft that is 60 m long and has an outer diameter of 340 mm and inner diameter of 260 mm. If the power output is 4.5 MW when the shaft rotates at 20 rad/s, determine the maximum torsional stress in the shaft and its angle of twist.

***10–36.** The solid shaft of radius c is subjected to a torque **T** at its ends. Show that the maximum shear strain in the shaft is $\gamma_{max} = Tc/JG$. What is the shear strain on an element located at point A, $c/2$ from the center of the shaft? Sketch the shear strain distortion of this element.

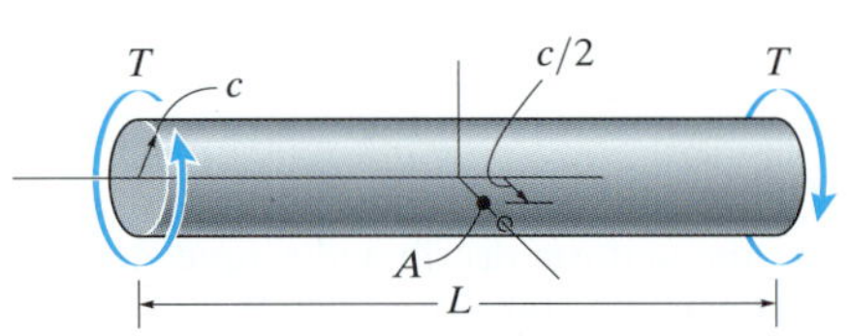

Prob. 10–36

10–37. The A-36 steel shaft has a diameter of 50 mm and is subjected to the distributed and concentrated loadings shown. Determine the absolute maximum shear stress in the shaft and plot a graph of the angle of twist of the shaft in radians versus x.

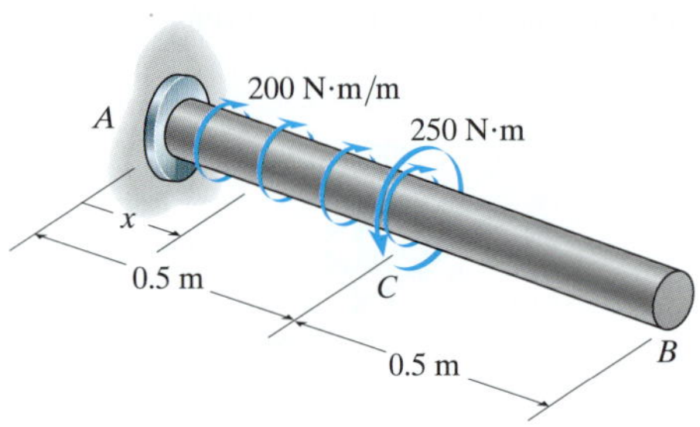

Prob. 10–37

10–38. The 60-mm-diameter shaft is made of 6061-T6 aluminum having an allowable shear stress of $\tau_{allow} = 80$ MPa. Determine the maximum allowable torque **T**. Also, find the corresponding angle of twist of disk A relative to disk C.

10–39. The 60-mm-diameter shaft is made of 6061-T6 aluminum. If the allowable shear stress is $\tau_{allow} = 80$ MPa, and the angle of twist of disk A relative to disk C is limited so that it does not exceed 0.06 rad, determine the maximum allowable torque **T**.

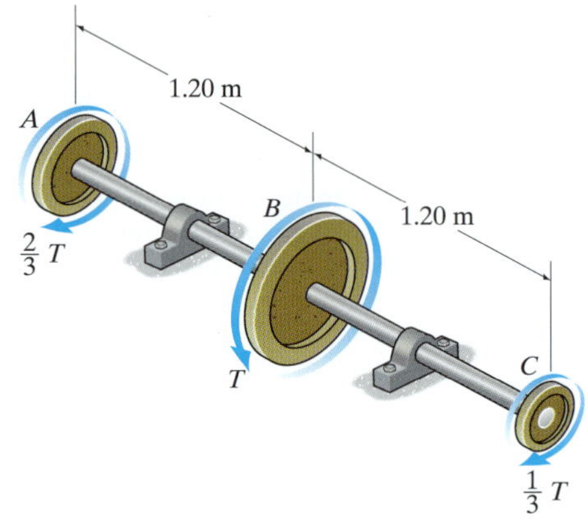

Probs. 10–38/39

***10–40.** The splined ends and gears attached to the A992 steel shaft are subjected to the torques shown. Determine the angle of twist of end B with respect to end A. The shaft has a diameter of 40 mm.

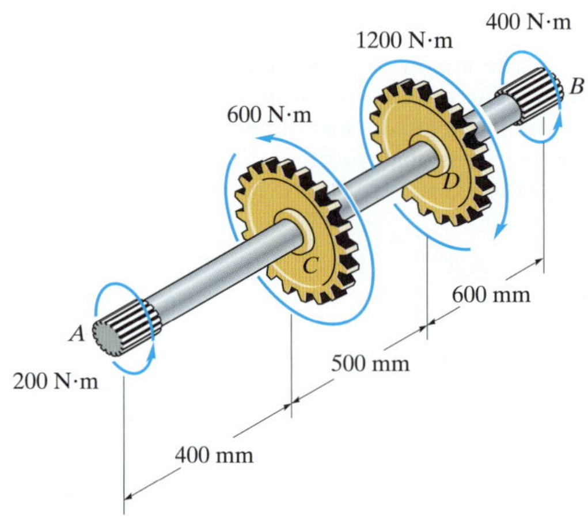

Prob. 10–40

10–41. The hydrofoil boat has an A-36 steel propeller shaft that is 30 m long. It is connected to an in-line diesel engine that delivers a maximum power of 2000 kW and causes the shaft to rotate at 1700 rpm. If the outer diameter of the shaft is 200 mm and the wall thickness is 10 mm, determine the maximum shear stress developed in the shaft. Also, what is the "wind up," or angle of twist in the shaft at full power?

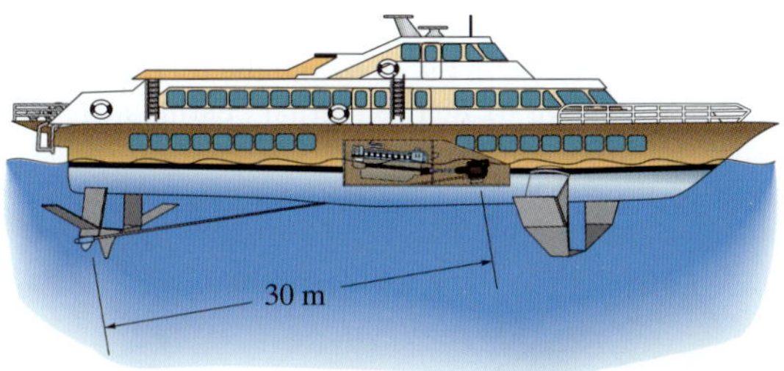

Prob. 10–41

10–42. The turbine develops 300 kW of power, which is transmitted to the gears such that both B and C receive an equal amount. If the rotation of the 100-mm-diameter A992 steel shaft is ω = 600 rev/min., determine the absolute maximum shear stress in the shaft and the rotation of end D of the shaft relative to A. The journal bearing at D allows the shaft to turn freely about its axis.

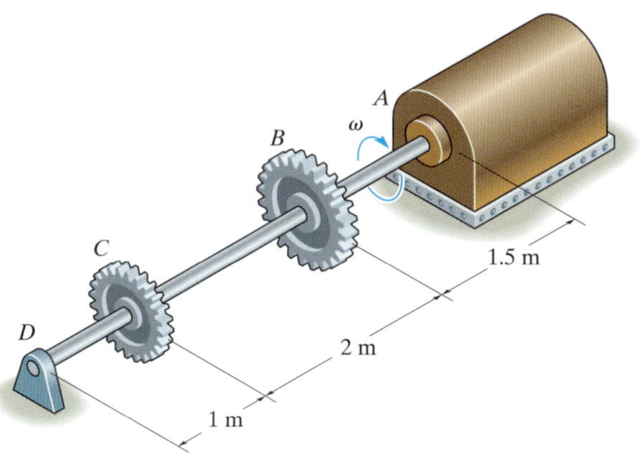

Prob. 10–42

10–43. The shaft is made of A992 steel. It has a diameter of 25 mm and is supported by bearings at A and D, which allow free rotation. Determine the angle of twist of B with respect to D.

***10–44.** The shaft is made of A-36 steel. It has a diameter of 25 mm and is supported by bearings at A and D, which allow free rotation. Determine the angle of twist of gear C with respect to B.

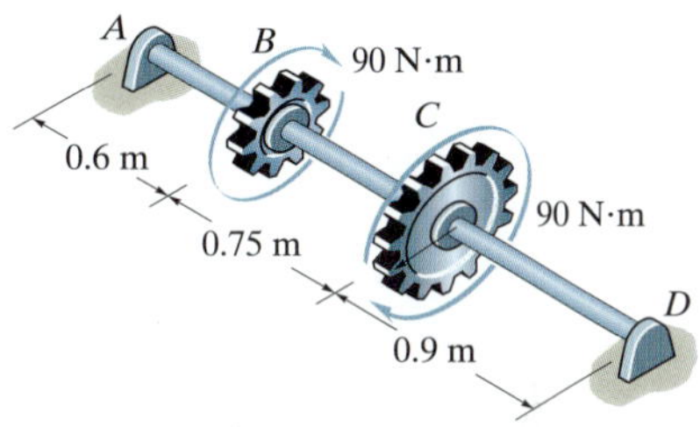

Probs. 10–43/44

10–45. The rotating flywheel-and-shaft, when brought to a sudden stop at D, begins to oscillate clockwise-counterclockwise such that a point A on the outer edge of the fly-wheel is displaced through a 6-mm arc. Determine the maximum shear stress developed in the tubular A-36 steel shaft due to this oscillation. The shaft has an inner diameter of 24 mm and an outer diameter of 32 mm. The bearings at B and C allow the shaft to rotate freely, whereas the support at D holds the shaft fixed.

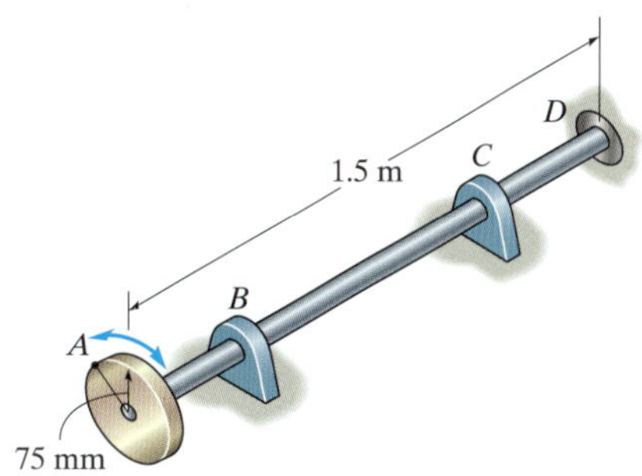

Prob. 10–45

10–46. The A992 steel shaft has a diameter of 50 mm and is subjected to the distributed loadings shown. Determine the absolute maximum shear stress in the shaft and plot a graph of the angle of twist of the shaft in radians versus x.

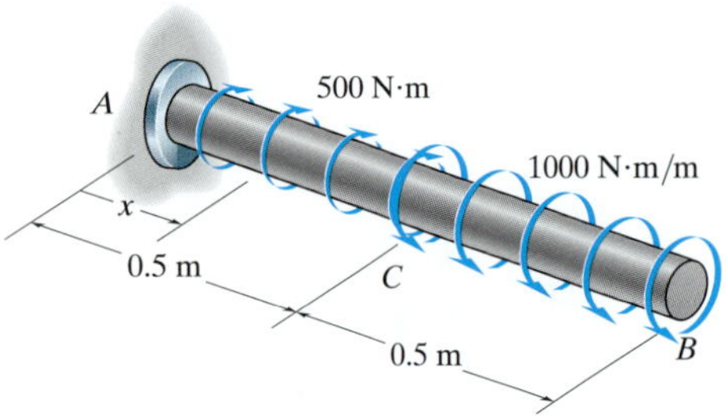

Prob. 10–46

10–47. The shaft is made of A992 steel with the allowable shear stress of $\tau_{allow} = 75$ MPa. If gear B supplies 15 kW of power, while gears A, C and D withdraw 6 kW, 4 kW and 5 kW, respectively, determine the required minimum diameter d of the shaft to the nearest millimeter. Also, find the corresponding angle of twist of gear A relative to gear D. The shaft is rotating at 600 rpm.

***10–48.** Gear B supplies 15 kW of power, while gears A, C, and D withdraw 6 kW, 4 kW and 5 kW, respectively. If the shaft is made of steel with the allowable shear stress of $\tau_{allow} = 75$ MPa, and the relative angle of twist between any two gears cannot exceed 0.05 rad, determine the required minimum diameter d of the shaft to the nearest millimeter. The shaft is rotating at 600 rpm.

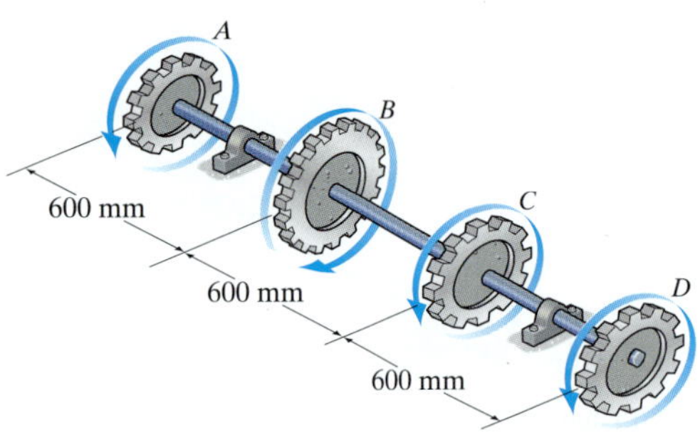

Probs. 10–47/48

10–49. The turbine develops 150 kW of power, which is transmitted to the gears such that C receives 70% and D receives 30%. If the rotation of the 100-mm-diameter A-36 steel shaft is $\omega = 800$ rev/min., determine the absolute maximum shear stress in the shaft and the angle of twist of end E of the shaft relative to B. The journal bearing at E allows the shaft to turn freely about its axis.

10–50. The turbine develops 150 kW of power, which is transmitted to the gears such that both C and D receive an equal amount. If the rotation of the 100-mm-diameter A-36 steel shaft is $\omega = 500$ rev/min., determine the absolute maximum shear stress in the shaft and the rotation of end B of the shaft relative to E. The journal bearing at E allows the shaft to turn freely about its axis.

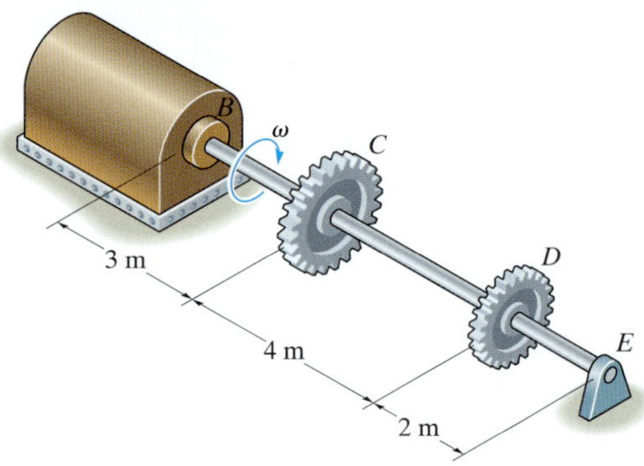

Probs. 10–49/50

10–51. The 50-mm-diameter A992 steel shaft is subjected to the torques shown. Determine the angle of twist of the end A.

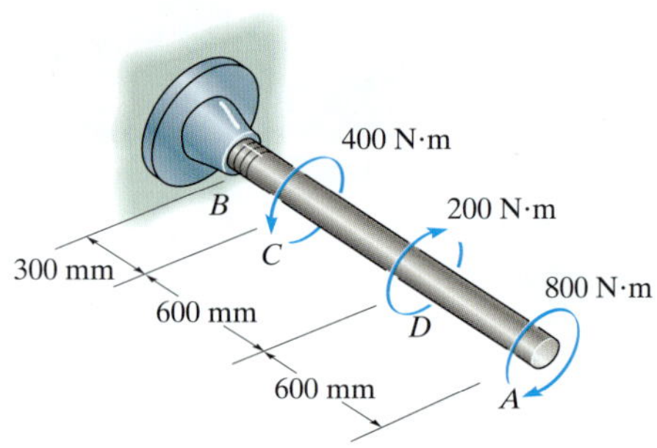

Prob. 10–51

***10–52.** The 60-mm diameter solid shaft is made of 2014-T6 aluminum and is subjected to the distributed and concentrated torsional loadings shown. Determine the angle of twist at the free end A of the shaft.

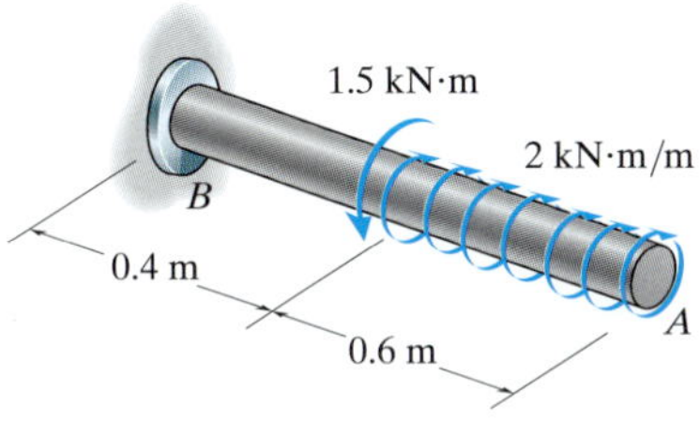

Prob. 10–52

10–53. The two shafts are made of A-36 steel. Each has a diameter of 25 mm, and they are supported by bearings at A, B, and C, which allow free rotation. If the support at D is fixed, determine the angle of twist of end A when the torques are applied to the assembly as shown.

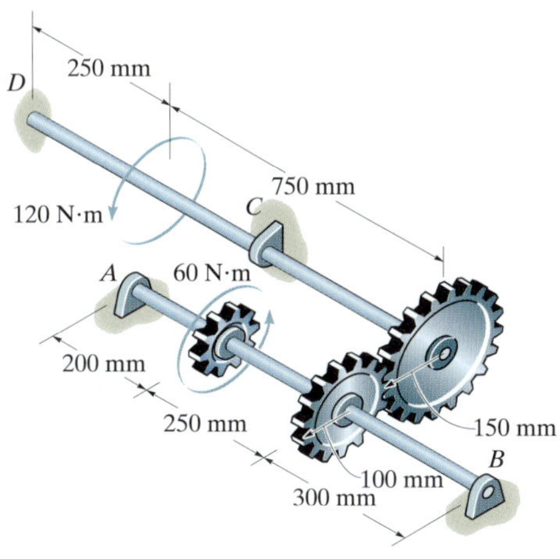

Prob. 10–53

10–54. The A-36 steel bolt is tightened within a hole so that the reactive torque on the shank AB can be expressed by the equation $t = (kx^2)\ \text{N} \cdot \text{m/m}$, where x is in meters. If a torque of $T = 50\ \text{N} \cdot \text{m}$ is applied to the bolt head, determine the constant k and the amount of twist in the 50-mm length of the shank. Assume the shank has a constant radius of 4 mm.

10–55. Solve Prob. 10–54 if the distributed torque is $t = (kx^{2/3})\ \text{N} \cdot \text{m/m}$.

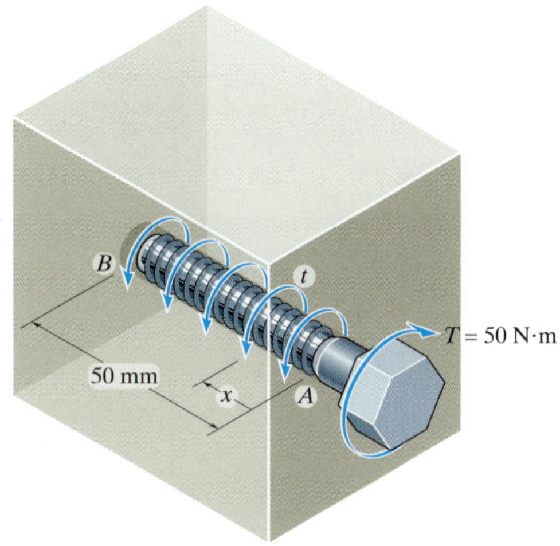

Probs. 10–54/55

***10–56.** The shaft of radius c is subjected to a distributed torque t, measured as torque/length of shaft. Determine the angle of twist at end A. The shear modulus is G.

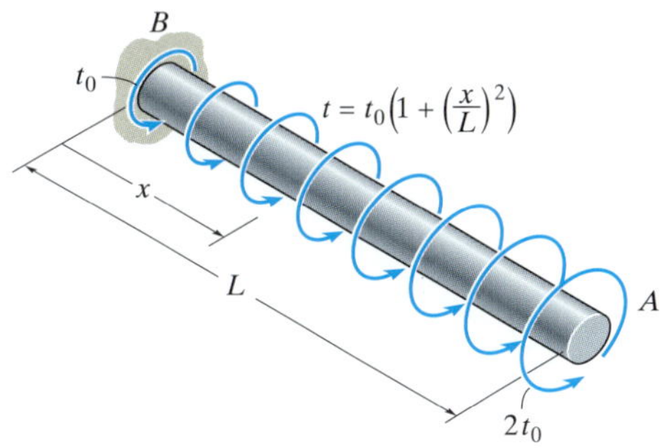

Prob. 10–56

10

10–57. The tubular drive shaft for the propeller of a hovercraft is 6 m long. If the motor delivers 4 MW of power to the shaft when the propellers rotate at 25 rad/s, determine the required inner diameter of the shaft if the outer diameter is 250 mm. What is the angle of twist of the shaft when it is operating? Take $\tau_{allow} = 90$ MPa and $G = 75$ GPa.

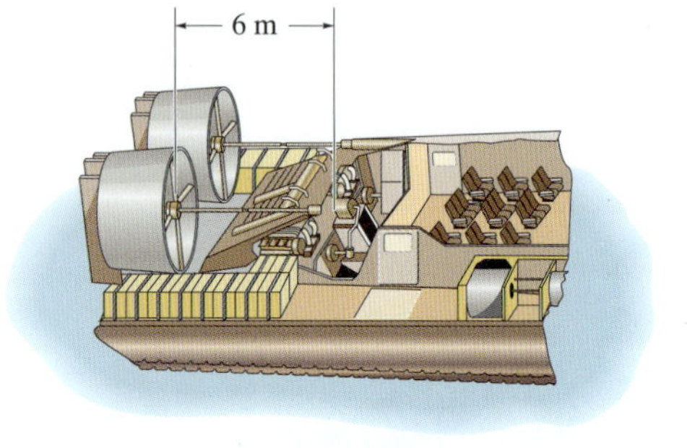

Prob. 10–57

10–59. The A-36 hollow steel shaft is 2 m long and has an outer diameter of 40 mm. When it is rotating at 80 rad/s, it transmits 32 kW of power from the engine E to the generator G. Determine the smallest thickness of the shaft if the allowable shear stress is $\tau_{allow} = 140$ MPa and the shaft is restricted not to twist more than 0.05 rad.

***10–60.** The A-36 solid steel shaft is 3 m long and has a diameter of 50 mm. It is required to transmit 35 kW of power from the engine E to the generator G. Determine the smallest angular velocity of the shaft if it is restricted not to twist more than 1°.

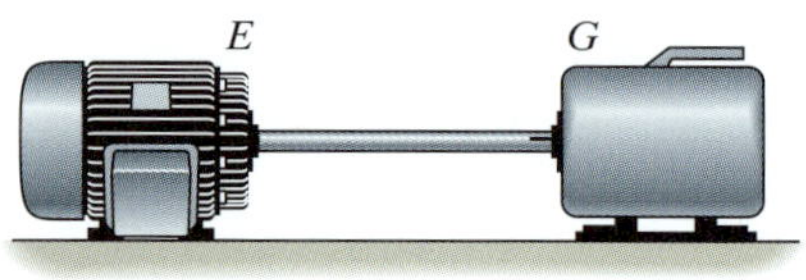

Probs. 10–59/60

10–58. The A-36 steel assembly consists of a tube having an outer radius of 25 mm and a wall thickness of 3 mm. Using a rigid plate at B, it is connected to the solid 25-mm-diameter shaft AB. Determine the rotation of the tube's end C if a torque of 25 N · m. is applied to the tube at this end. The end A of the shaft is fixed supported.

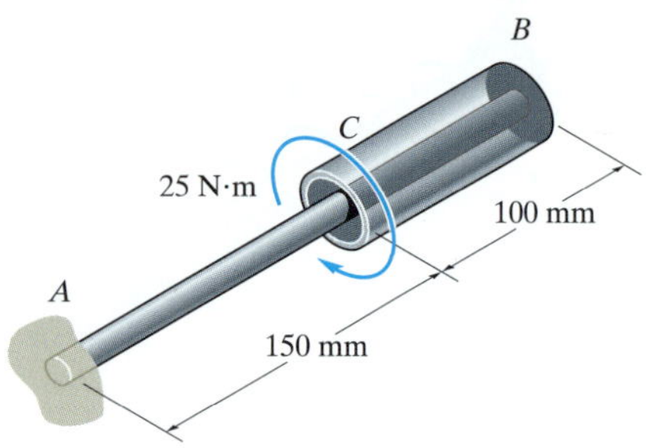

Prob. 10–58

10–61. The motor produces a torque of $T = 20$ N · m on gear A. If gear C is suddenly locked so it does not turn, yet B can freely turn, determine the angle of twist of F with respect to E and F with respect to D of the L2-steel shaft, which has an inner diameter of 30 mm and an outer diameter of 50 mm. Also, calculate the absolute maximum shear stress in the shaft. The shaft is supported on journal bearings at G at H.

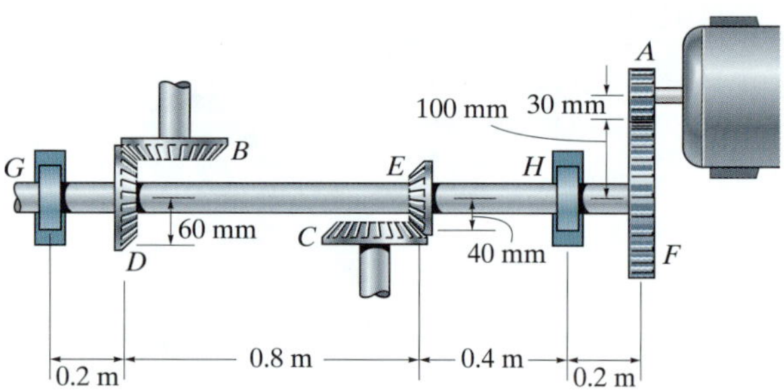

Prob. 10–61

10.5 부정정 비틀림 부재

샤프트의 중심축에 대한 모멘트 평형조건식만으로 샤프트에 작용하는 미지의 토크를 충분히 구할 수 없을 때 이 비틀림 부재는 부정정이게 된다. 한 예로 그림 10-19*a*와 같은 경우를 들 수 있다. 그림 10-19*b*의 자유물체도에서 보듯이 A와 B 지점에 발생하는 반력 토크는 미지수이다. 샤프트 축을 따라 모멘트 평형조건식은

$$\Sigma M = 0; \qquad 500\ \text{N}\cdot\text{m} - T_A - T_B = 0$$

해답을 구하기 위해서 9.4절에서 논의된 바와 같은 해석 방법을 활용하도록 한다. 양단이 고정되어 있기 때문에 한쪽 지지점에 대한 다른 지지점의 상대적인 비틀림 각이 0이 되어야 한다는 적합조건이 필요하다. 따라서,

$$\phi_{A/B} = 0$$

재료가 선형탄성이라 하면 하중-변위 관계 $\phi = TL/JG$를 적용하여 미지인 토크의 항으로 이 식을 표현할 수 있다. 그림 10-19*c*에서 구간 AC에 작용되는 토크는 $+T_A$이고 구간 CB의 토크는 $-T_B$이므로

$$\frac{T_A(3\text{ m})}{JG} - \frac{T_B(2\text{ m})}{JG} = 0$$

위의 두 식을 반력에 대하여 풀면 다음의 값을 얻을 수 있다.

$$T_A = 200\ \text{N}\cdot\text{m} \quad \text{and} \quad T_B = 300\ \text{N}\cdot\text{m}$$

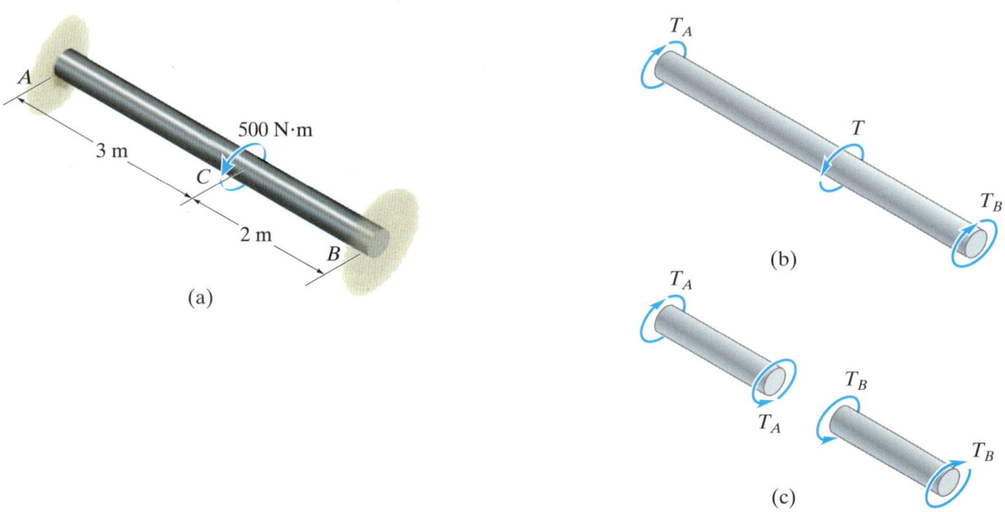

그림 10-19

풀이 과정 PROCEDURE FOR ANALYSIS

부정정 샤프트의 미지의 토크는 평형조건, 적합조건 그리고 하중-변위 관계를 만족시킴에 의하여 구할 수 있다.

평형조건

- 샤프트에 작용하는 모든 토크를 표시한 자유 물체도를 그린다. 그리고 샤프트의 중심축에 대한 모멘트 평형조건식을 구한다.

적합조건

- 적합조건식을 작성한다. 이때 샤프트 지지점의 구속조건을 고려한다.

하중-변위

- $\phi = TL/JG$와 같은 하중-변위 관계식을 이용하여 적합 조건식의 비틀림 각을 토크의 항으로 표현한다.
- 방정식을 풀어 반력 토크를 구한다. 만약 여기서 어떠한 물리량이 음의 값으로 나타날 때, 이것은 자유물체도에서 가정한 토크의 방향이 반대방향이라는 것을 의미한다.

사진 속 절단기의 샤프트 양단은 고정이고 비틀림 스프링에 의해 샤프트의 중간에 토크가 가해지고 있다.

예제 10.8

그림 10-20a와 같이 지름 d = 20 mm인 원주형 강재 샤프트가 있다. 만약 이 샤프트에 두 개의 토크가 외부에서 가해질 때, 고정 지지점 A와 B에서의 반력을 구하라.

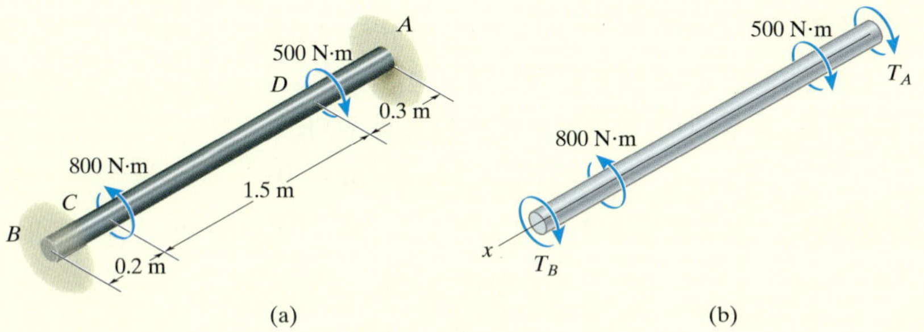

풀이

평형조건. 그림 10-20b의 자유물체도를 보면, 미지수는 2개이며 가능한 평형조건식은 하나이므로 이 문제는 부정정 문제이다.

$$\Sigma M_x = 0; \qquad -T_B + 800\text{ N}\cdot\text{m} - 500\text{ N}\cdot\text{m} - T_A = 0 \qquad (1)$$

적합조건. 샤프트의 양단이 모두 고정이므로 한쪽 지지점에 대한 다른 지지점의 상대적인 비틀림 각은 0이다. 따라서 적합조건식은 다음과 같다.

$$\phi_{A/B} = 0$$

하중-변위. 이 조건식을 하중-변위 관계 $\phi = TL/JG$를 이용하여 미지인 토크의 항으로 나타낼 수 있다. 여기서 전체 샤프트를 내부 토크가 일정한 3개의 영역으로 구분할 수 있다. 그림 10-20c의 자유물체도에 3개의 영역에 대하여 샤프트의 각 영역의 왼쪽에 작용되는 내부 토크를 표현하였다. 이러한 방법으로 내부 토크를 T_B만으로 표현하게 된다. 10.4절에서 설명한 부호규정을 따라 다음의 식으로 표현할 수 있다.

$$\frac{-T_B(0.2\text{ m})}{JG} + \frac{(800 - T_B)(1.5\text{ m})}{JG} + \frac{(300 - T_B)(0.3\text{ m})}{JG} = 0$$

따라서

$$T_B = 645\text{ N}\cdot\text{m}$$ **답**

식 (1)을 이용하여

$$T_A = -345\text{ N}\cdot\text{m}$$ **답**

여기서 음의 값을 갖는 것은 $\mathbf{T}_A$가 그림 10-20b에서 나타낸 방향의 반대 방향임을 의미한다.

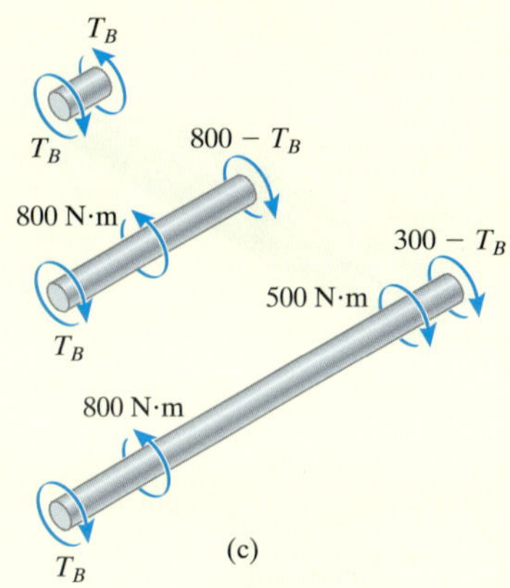

그림 10-20

10

예제 10.9

그림 10-21*a*는 강재 튜브에 동을 중심에 채워 만든 샤프트를 보여주고 있다. 만약 $T = 250\ \mathrm{N \cdot m}$의 토크가 샤프트 단부에 작용될 때, 샤프트의 단면에 반지름방향을 따라 발생하는 전단응력을 그림으로 표시하라. 여기서 $G_{st} = 80\ \mathrm{GPa}$, $G_{br} = 36\ \mathrm{GPa}$이다.

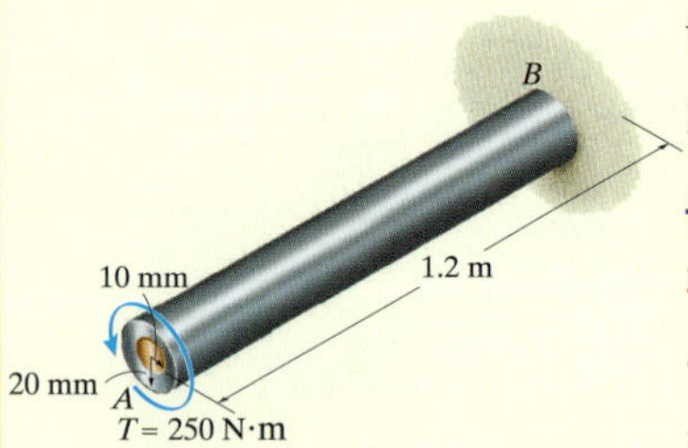

(a)

풀이

평형조건. 그림 10-21*b*에 샤프트의 자유물체도를 도식하였다. 고정점에서의 반력은 강재에 의해 저항하는 미지량 T_{st}와 동에 의해 저항하는 미지량 T_{br}의 합이다. 평형조건식은 다음과 같다.

$$-T_{st} - T_{br} + 250\ \mathrm{N \cdot m} = 0 \tag{1}$$

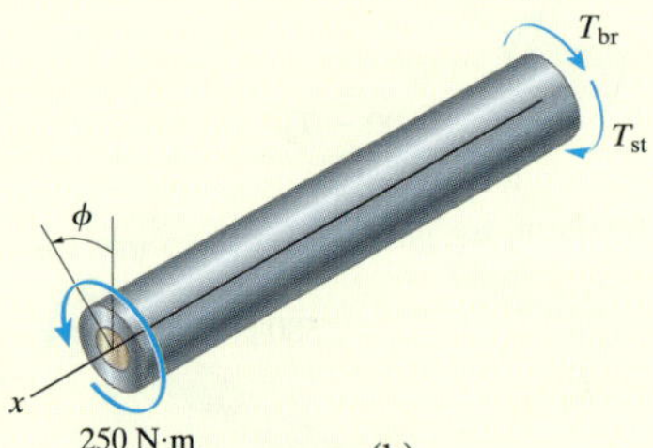

(b)

적합조건. 강재와 동에서 발생하는 단부 A에서의 비틀림 각은 두 개의 재료가 결합하여 움직이므로 같다. 따라서,

$$\phi = \phi_{st} = \phi_{br}$$

하중-변위 관계 $\phi = TL/JG$를 이용하면,

$$\frac{T_{st}L}{(\pi/2)[(0.020\ \mathrm{m})^4 - (0.010\ \mathrm{m})^4]\,[80(10^9)\ \mathrm{N/m^2}]} = \frac{T_{br}L}{(\pi/2)\,(0.010\ \mathrm{m})^4[36(10^9)\ \mathrm{N \cdot m^2}]}$$

$$T_{st} = 33.33\ T_{br} \tag{2}$$

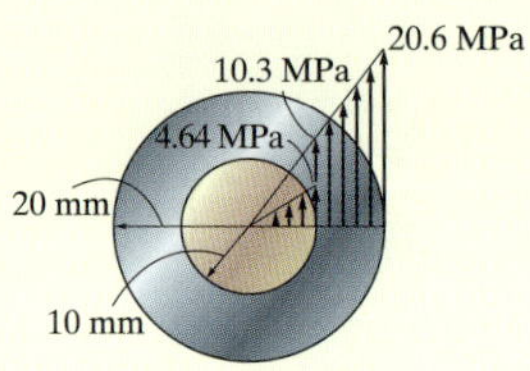

전단응력 분포

(c)

식 (1)과 (2)를 풀면,

$$T_{st} = 242.72\ \mathrm{N \cdot m}$$
$$T_{br} = 7.282\ \mathrm{N \cdot m}$$

동에서 발생되는 전단응력은 중심축에서 영이며 동과 철재의 경계면에서 최댓값을 갖는다. 비틀림 공식을 이용하여,

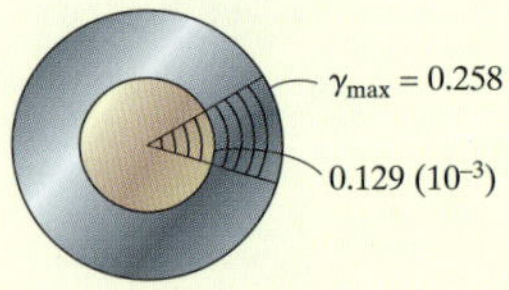

(d)

그림 10-21

$$(\tau_{br})_{max} = \frac{(7.282\ \mathrm{N \cdot m})\,(0.010\ \mathrm{m})}{(\pi/2)\,(0.010\ \mathrm{m})^4} = 4.636\,(10^6)\ \mathrm{N/m^2} = 4.64\ \mathrm{MPa}$$

강재에서의 최소와 최대 전단응력은

$$(\tau_{st})_{min} = \frac{(242.72\ \mathrm{N \cdot m})(0.010\ \mathrm{m})}{(\pi/2)[(0.020\ \mathrm{m})^4 - (0.010\ \mathrm{m})^4]} = 10.30(10^6)\ \mathrm{N/m^2} = 10.3\ \mathrm{MPa}$$

$$(\tau_{st})_{max} = \frac{(242.72\ \mathrm{N \cdot m})(0.020\ \mathrm{m})}{(\pi/2)[(0.020\ \mathrm{m})^4 - (0.010\ \mathrm{m})^4]} = 20.60(10^6)\ \mathrm{N/m^2} = 20.6\ \mathrm{MPa}$$

이 결과를 그림 10-21*c*에 표시하였다. 주의할 점은 강재와 동의 경계면에서 전단응력의 불연속이 나타나는 것이다. 이러한 현상은 두 개의 재료가 각기 다른 강성을 갖기 때문에 예측된 바와 같다. 강재의 강성이 동의 강성보다 크기($G_{st} > G_{br}$) 때문에 강재가 경계면에서 큰 전단응력을 받는다. 비록 전단응력은 불연속하지만 전단변형률은 그렇지 않다. 전단변형률은 그림 10-21*d*에서와 같이 경계면에서 동이나 강재에서 동일한 값을 갖는다.

10

PROBLEMS

10–62. The steel shaft is made from two segments: AC has a diameter of 12 mm, and CB has a diameter of 25 mm. If it is fixed at its ends A and B and subjected to a torque of 300 N · m determine the maximum shear stress in the shaft. $G_{st} = 75$ GPa.

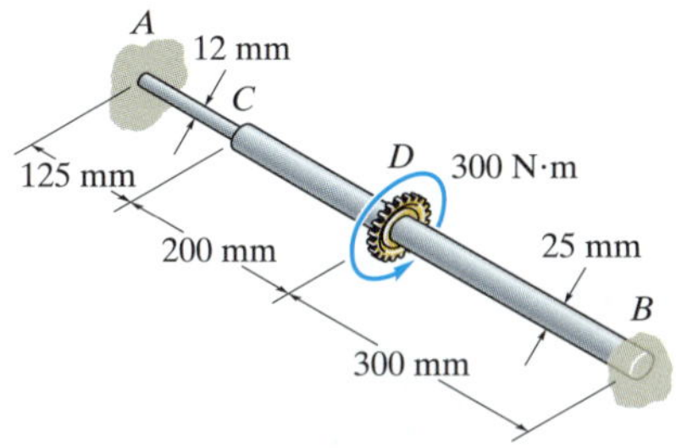

Prob. 10–62

10–63. The steel shaft has a diameter of 40 mm and is fixed at its ends A and B. If it is subjected to the couple, determine the maximum shear stress in regions AC and CB of the shaft. $G_{st} = 75$ GPa.

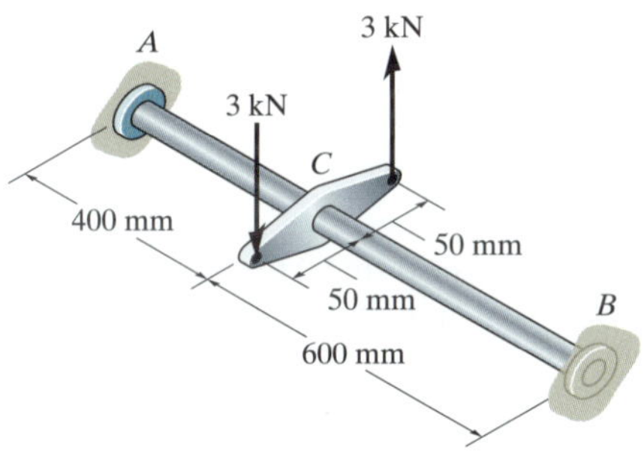

Prob. 10–63

***10–64.** The A992 steel shaft has a diameter of 60 mm and is fixed at its ends A and B. If it is subjected to the torques shown, determine the absolute maximum shear stress in the shaft.

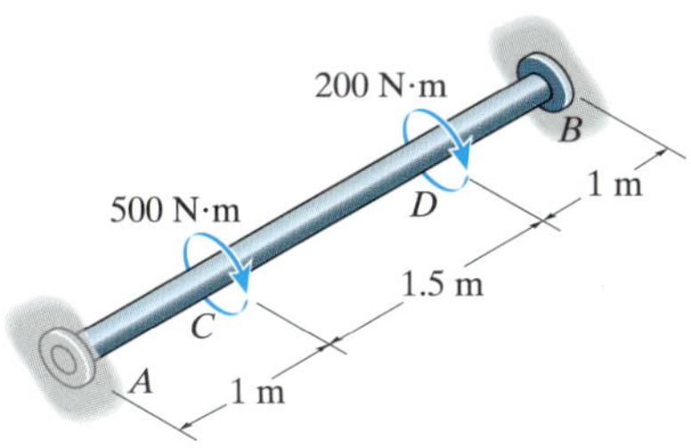

Prob. 10–64

10–65. The shaft is made of L2 tool steel, has a diameter of 40 mm, and is fixed at its ends A and B. If it is subjected to the torque, determine the maximum shear stress in regions AC and CB.

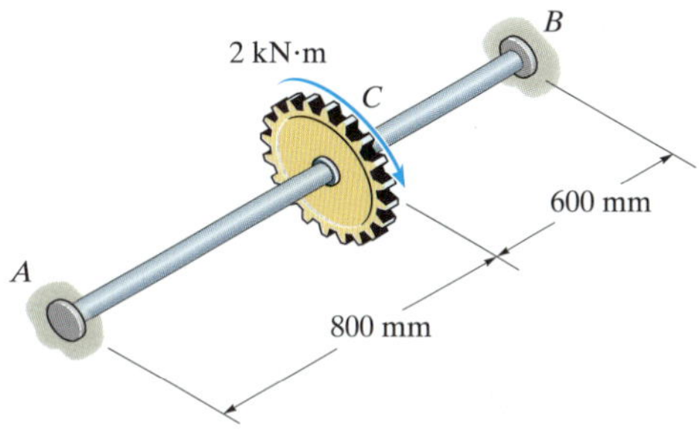

Prob. 10–65

10–66. The Am1004-T61 magnesium tube is bonded to the A-36 steel rod. If the allowable shear stresses for the magnesium and steel are $(\tau_{allow})_{mg} = 45$ MPa and $(\tau_{allow})_{st} = 75$ MPa, respectively, determine the maximum allowable torque that can be applied at A. Also, find the corresponding angle of twist of end A.

10–67. The Am1004-T61 magnesium tube is bonded to the A-36 steel rod. If a torque of $T = 5$ kN · m is applied to end A, determine the maximum shear stress in each material. Sketch the shear stress distribution.

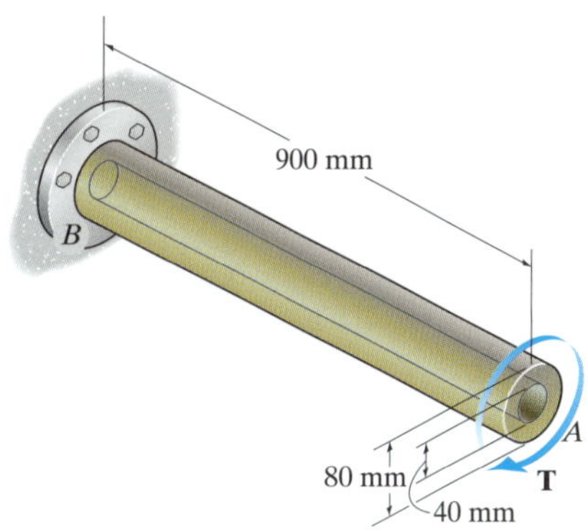

Probs. 10–66/67

10

***10–68.** A rod is made from two segments: AB is steel and BC is brass. It is fixed at its ends and subjected to a torque of $T = 680\ \text{N}\cdot\text{m}$. If the steel portion has a diameter of 30 mm, determine the required diameter of the brass portion so the reactions at the walls will be the same. $G_{st} = 75$ GPa, $G_{br} = 39$ GPa.

10–69. Determine the absolute maximum shear stress in the shaft of Prob. 10–68.

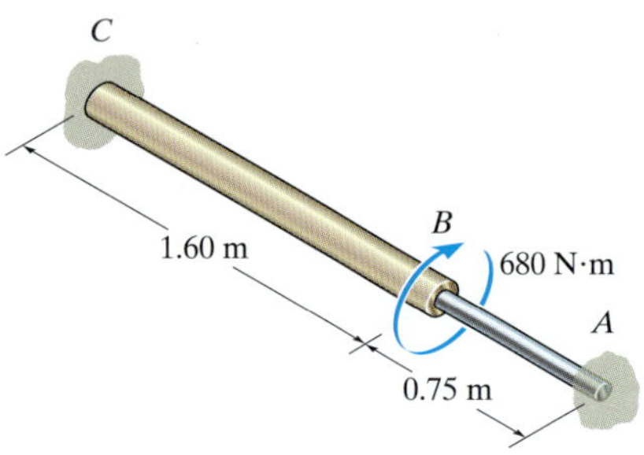

Probs. 10–68/69

10–70. The shaft is made from a solid steel section AB and a tubular portion made of steel and having a brass core. If it is fixed to a rigid support at A, and a torque of $T = 75\ \text{N}\cdot\text{m}$ is applied to it at C, determine the angle of twist that occurs at C and compute the maximum shear stress and maximum shear strain in the brass and steel. Take $G_{st} = 75$ GPa, $G_{br} = 38$ GPa.

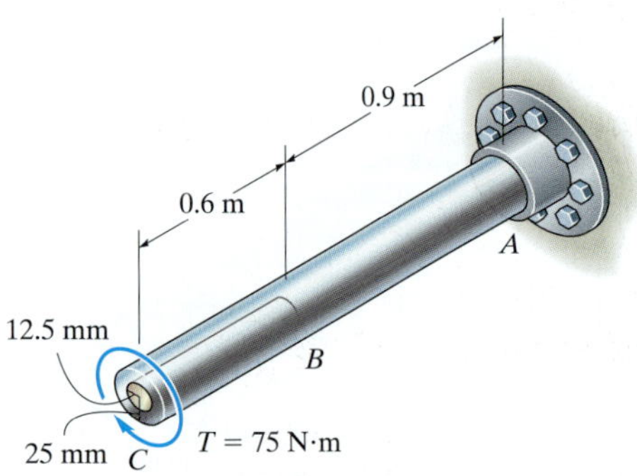

Prob. 10–70

10–71. The shafts are made of A-36 steel and have the same diameter of 100 mm. If a torque of 25 kN · m is applied to gear B, determine the absolute maximum shear stress developed in the shaft.

***10–72.** The shafts are made of A-36 steel and have the same diameter of 100 mm. If a torque of 25 kN · m is applied to gear B, determine the angle of twist of gear B

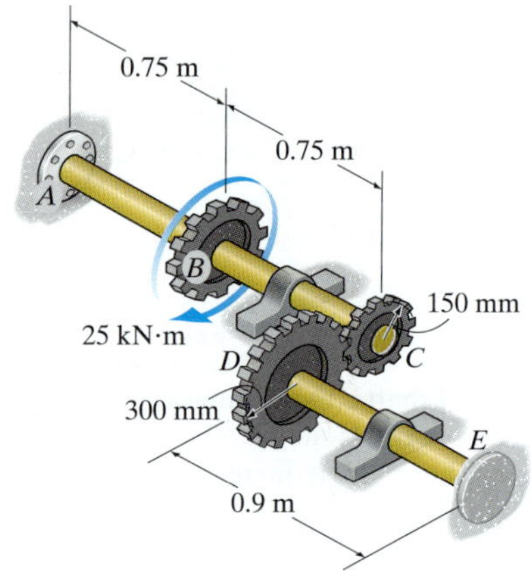

Probs. 10–71/72

10–73. The shaft is made of L2 tool steel, has a diameter of 40 mm, and is fixed at its ends A and B. If it is subjected to the couple, determine the maximum shear stress in regions AC and CB.

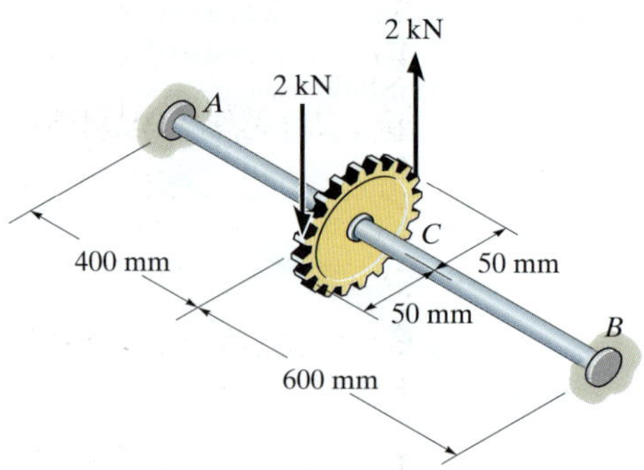

Prob. 10–73

10–74. The two shafts are made of A-36 steel. Each has a diameter of 25 mm and they are connected using the gears fixed to their ends. Their other ends are attached to fixed supports at A and B. They are also supported by journal bearings at C and D, which allow free rotation of the shafts along their axes. If a torque of 500 N · m is applied to the gear at E, determine the reactions at A and B.

10–75. The two shafts are made of A-36 steel. Each has a diameter of 25 mm and they are connected using the gears fixed to their ends. Their other ends are attached to fixed supports at A and B. They are also supported by journal bearings at C and D, which allow free rotation of the shafts along their axes. If a torque of 500 N · m is applied to the gear at E, determine the rotation of this gear.

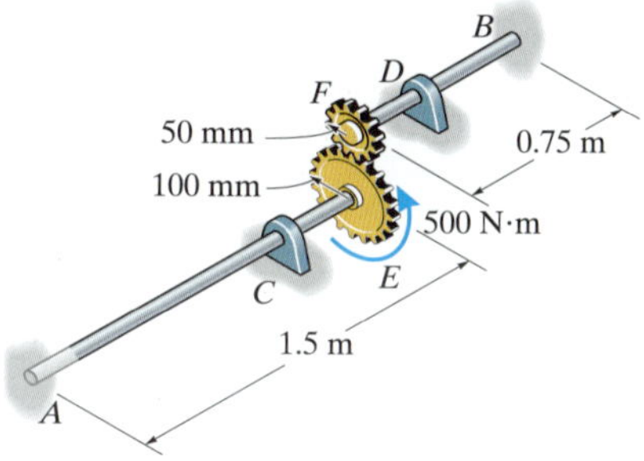

Probs. 10–74/45

***10–76.** The two 1-m-long shafts are made of 2014-T6 aluminum. Each has a diameter of 30 mm and they are connected using the gears fixed to their ends. Their other ends are attached to fixed supports at A and B. They are also supported by bearings at C and D, which allow free rotation of the shafts along their axes. If a torque of 900 N · m is applied to the top gear as shown, determine the maximum shear stress in each shaft.

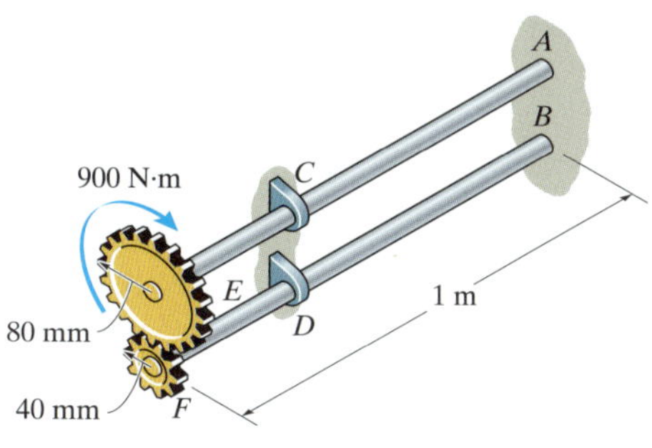

Prob. 10–76

10–77. If the shaft is subjected to a uniform distributed torque of $t = 20$ kN · m/m, determine the maximum shear stress developed in the shaft. The shaft is made of 2014-T6 aluminum alloy and is fixed at A and C.

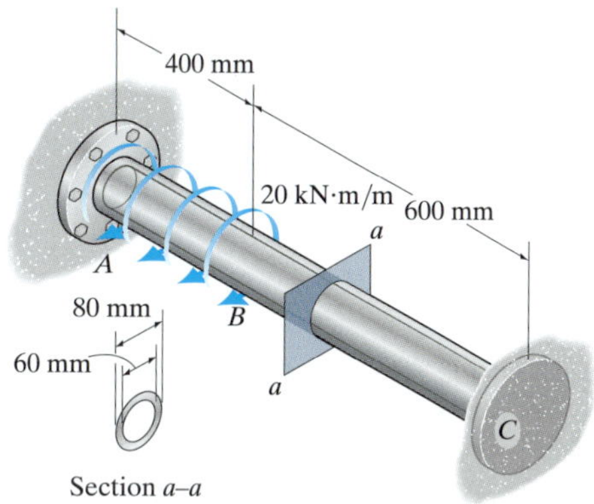

Prob. 10–77

10–78. The tapered shaft is confined by the fixed supports at A and B. If a torque $\mathbf{T}$ is applied at its mid-point, determine the reactions at the supports.

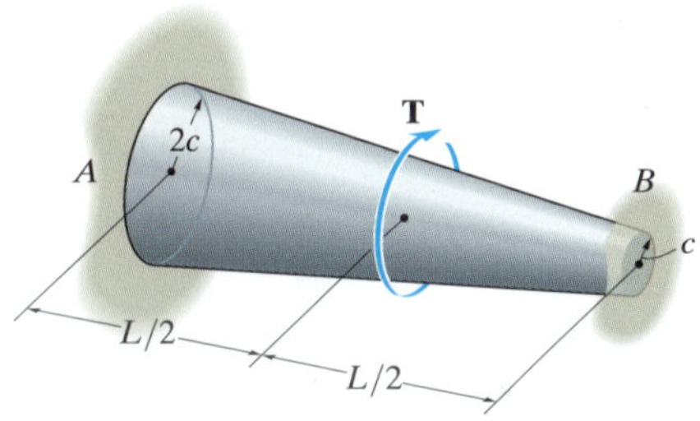

Prob. 10–78

10–79. The shaft of radius c is subjected to a distributed torque t, measured as torque/length of shaft. Determine the reactions at the fixed supports A and B.

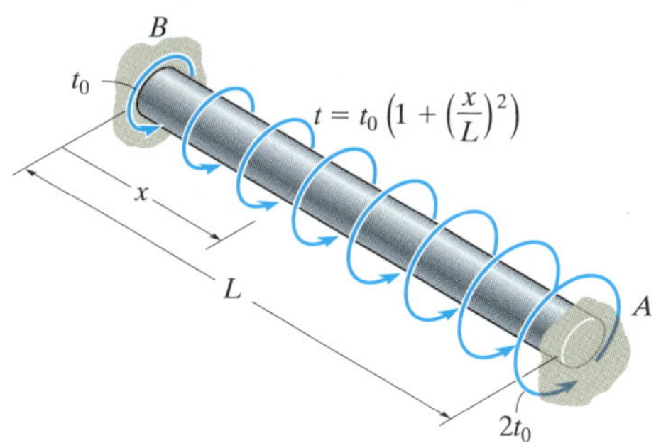

Prob. 10–79

10

내용 복습

원형 단면 샤프트가 토크를 받으면, 중심축으로부터 반지름방향으로 거리에 비례하여 증가되는 전단변형률이 발생된다.

재료가 균질하고 선형탄성이라면 전단응력은 비틀림공식으로부터 결정할 수 있다.

$$\tau = \frac{T\rho}{J}$$

샤프트를 설계할 때는 기하학적 변수를 다음과 같이 찾아야 한다.

$$\frac{J}{c} = \frac{T}{\tau_{\text{allow}}}$$

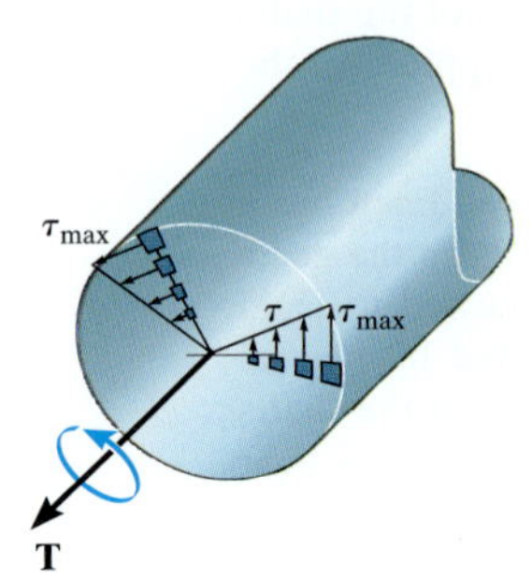

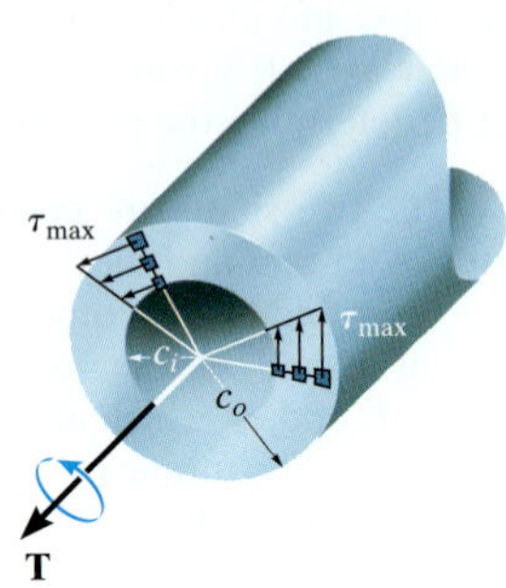

일반적으로 동력 P가 ω로 회전하는 샤프트에 전달될 때 비틀림 모멘트는 다음의 식으로부터 결정된다.

$$P = T\omega$$

원형 샤프트의 비틀림 각은 다음으로부터 결정된다.

$$\phi = \int_0^L \frac{T(x)\,dx}{J(x)G(x)}$$

만약 내부 토크와 JG가 샤프트의 각 부분에서 일정하다면 다음의 식으로 표현할 수 있다.

$$\phi = \sum \frac{TL}{JG}$$

이 식을 적용함에 있어서 내부 토크에 대하여 부호규약을 따라야 하며 재료가 선형탄성 상태에 있음을 확인하여야 한다.

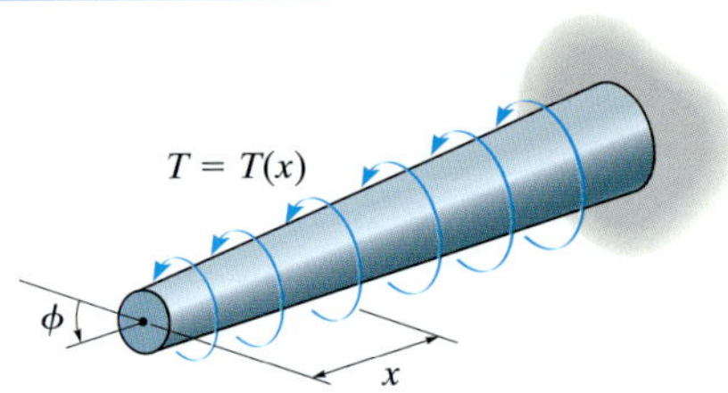

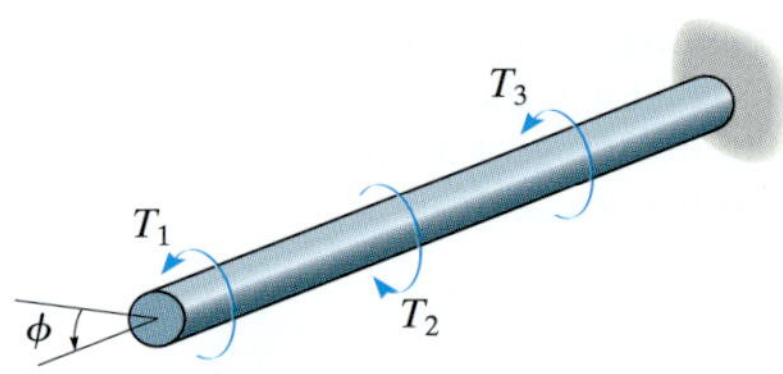

만약 샤프트가 부정정이라면, 지점에 발생하는 반력토크는 평형조건, 비틀림 적합조건과 $\phi = TL/JG$와 같은 하중–변위 관계로부터 구한다.

REVIEW PROBLEMS

R10–1. The shaft is made of A992 steel and has an allowable shear stress of $\tau_{allow} = 75$ MPa. when the shaft is rotating at 300 rpm, the motor supplies 8 kW of power, while gears A and B withdraw 5 kW and 3 kW, respectively. Determine the required minimum diameter of the shaft to the nearest millimeter. Also, find the rotation of gear A relative to C.

R10–2. The shaft is made of A992 steel and has an allowable shear stress of $\tau_{allow} = 75$ MPa. when the shaft is rotating at 300 rpm, the motor supplies 8 kW of power, while gears A and B withdraw 5 kW and 3 kW, respectively. If the angle of twist of gear A relative to C is not allowed to exceed 0.03 rad, determine the required minimum diameter of the shaft to the nearest millimeter.

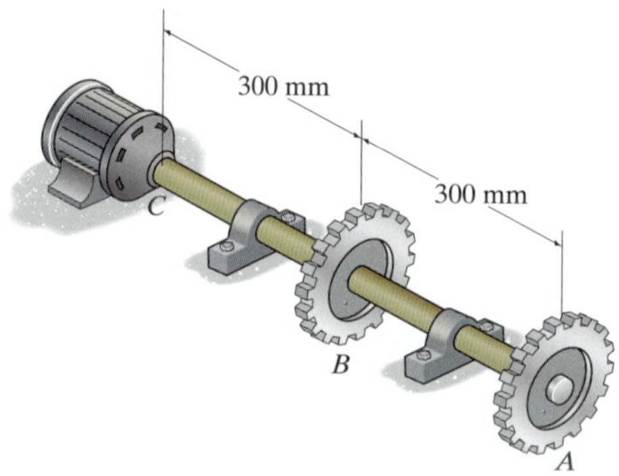

Probs. R10–1/2

R10–3. The A-36 steel circular tube is subjected to a torque of 10 kN · m. Determine the shear stress at the mean radius $\rho = 60$ mm and calculate the angle of twist of the tube if it is 4 m long and fixed at its far end. Solve the problem using Eqs. 10–7 and 10–15.

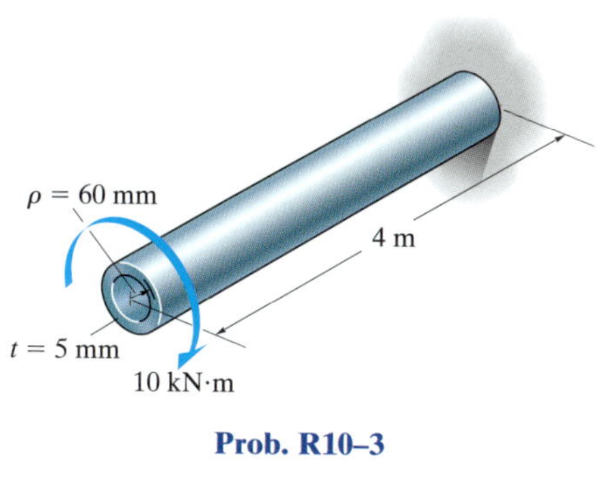

Prob. R10–3

***R10–4.** The shaft has a radius c and is subjected to a torque per unit length of t_0, which is distributed uniformly over the shaft's entire length L. If it is fixed at its far end A, determine the angle of twist ϕ of end B. The shear modulus is G.

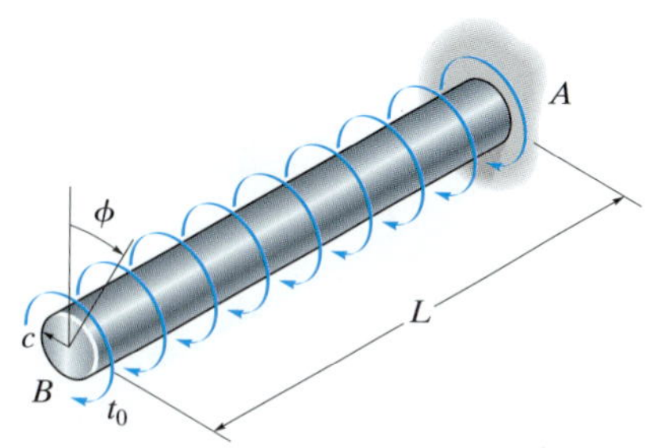

Prob. R10–4

R10–5. Rod AB is made of A-36 steel with an allowable shear stress of $(\tau_{allow})_{st} = 75$ MPa, and tube BC is made of AM1004-T61 magnesium alloy with an allowable shear stress of $(\tau_{allow})_{mg} = 45$ MPa. The angle of twist of end C is not allowed to exceed 0.05 rad. Determine the maximum allowable torque **T** that can be applied to the assembly.

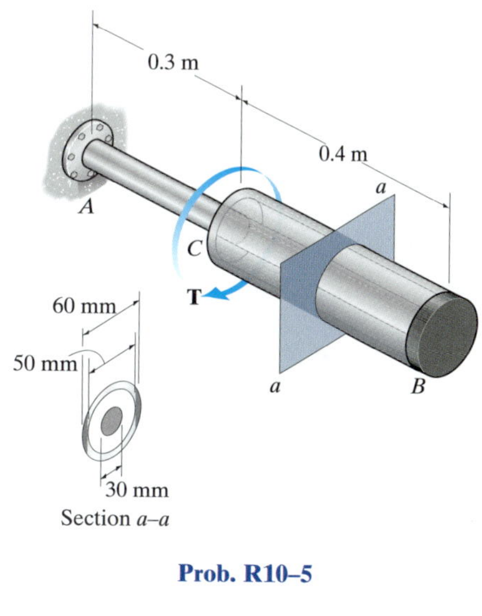

Prob. R10–5

10

R10–6. Segments AB and BC of the assembly are made from 6061-T6 aluminum and A992 steel, respectively. If couple forces $P = 15\text{ kN}$ are applied to the lever arm, determine the maximum shear stress developed in each segment. The assembly is fixed at A and C.

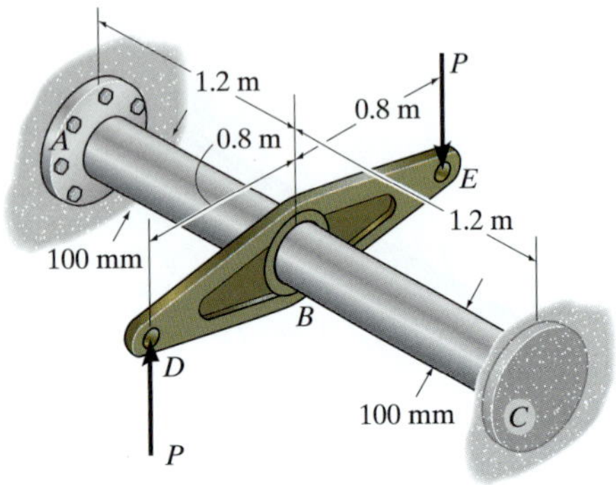

Prob. R10–6

R10–7. Segments AB and BC of the assembly are made from 6061-T6 aluminum and A992 steel, respectively. If the allowable shear stress for the aluminum is $(\tau_{\text{allow}})_{al} = 90\text{ MPa}$ and for the steel $(\tau_{\text{allow}})_{st} = 120\text{ MPa}$, determine the maximum allowable couple forces P that can be applied to the lever arm. The assembly is fixed at A and C.

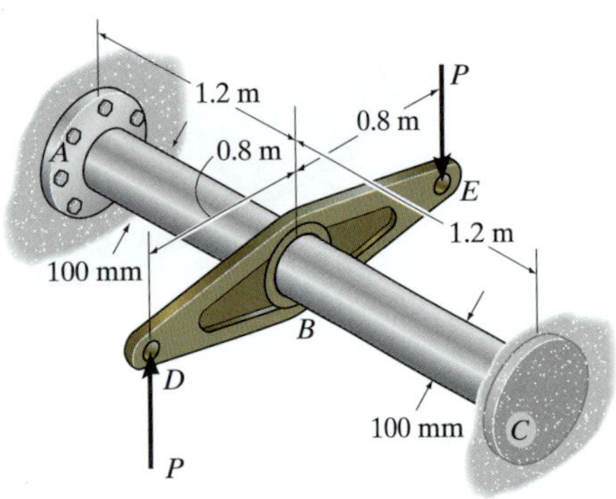

Prob. R10–7

***R10–8.** The tapered shaft is made from 2014-T6 aluminum alloy, and has a radius which can be described by the equation $r = 0.02(1 + x^{3/2})$ m, where x is in meters. Determine the angle of twist of its end A if it is subjected to a torque of $450\text{ N}\cdot\text{m}$.

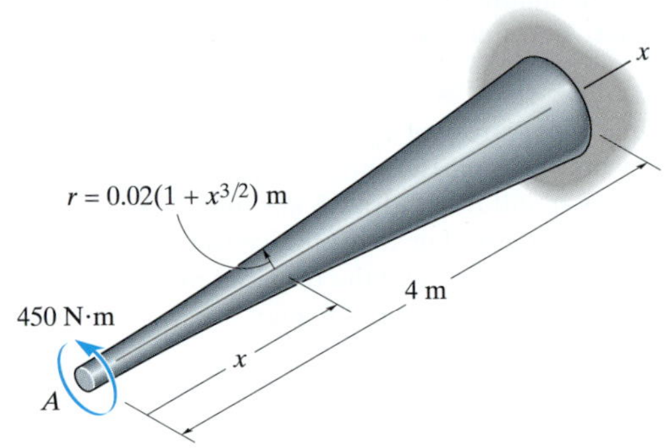

Prob. R10–8

R10–9. The 60-mm-diameter shaft rotates at 300 rev/min. This motion is caused by the unequal belt tensions on the pulley of 800 N and 450 N. Determine the power transmitted and the maximum shear stress developed in the shaft.

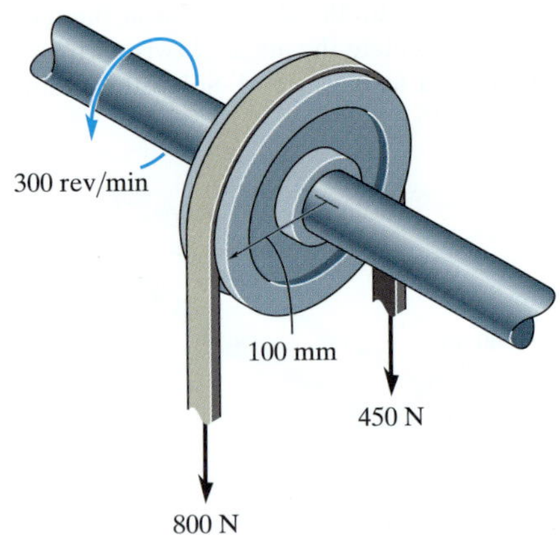

Prob. R10–9

10

CHAPTER 11

(© Construction Photography/Corbis)

교량의 거더 부재는 휨 응력에 대한 저항력을 토대로 설계된다.

휨

학습목표

- 보 또는 축 부재의 내부 전단력 및 모멘트를 x에 관한 방정식으로 표현
- 전단력도 및 모멘트도의 표현에 분포하중, 전단력, 모멘트의 상호관계 활용
- 휨을 받는 탄성 대칭 부재의 응력 산정
- 휨을 받는 비대칭 보의 응력 산정법 전개

11.1 전단력도와 모멘트도

부재의 길이방향 축에 수직으로 가해진 하중을 지탱하는 가늘고 긴 부재를 **보**(beams)라 한다. 일반적으로 보는 균일한 단면적을 가진 길고 곧은 막대의 형상이며, 흔히 부재의 지점 조건에 따라 분류된다. 즉, 그림 11-1에 나타낸 바와 같이 단순보의 한쪽 끝단은 핀 지점이고 반대편 끝단은 롤러 지점이며, 캔틸레버보의 한쪽 끝단은 고정 지점이고 반대편 끝단은 자유단이며, 내민보는 부재의 끝단이 한쪽 또는 양쪽의 지점을 넘어 연장되어 있다. 이러한 보는 구조물을 구성하는 모든 부재들 중에서 가장 중요한 부재 중 하나로 취급된다. 보는 건물의 바닥판, 교량의 바닥판 또는 항공기의 날개를 지탱하는 부재로 사용된다. 또한, 자동차의 바퀴 축, 크레인의 붐뿐만 아니라 인체 골격의 많은 부분도 보로 역할을 한다.

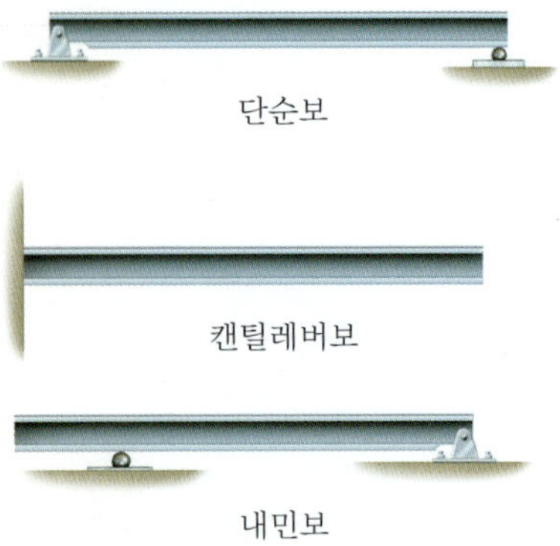

그림 11-1

일반적으로 보에는 작용하중의 영향에 의해 부재축의 위치에 따라 크기가 변하는 내부 전단력과 휨모멘트가 발생하기 때문에 적절한 보의 설계를 위해서는 보에 발생하는 최대 전단력 및 최대 모멘트의 산정이 중요하다. 이를 위해 전단력과 모멘트를 보 축의 임의 위치 x에 관한 방정식 V와 M으로 표현하여 그래프로 나타내는 것이 하나의 방법일 수 있다. 이렇게 표현된 그래프는 **전단력도와 모멘트도**(shear and moment diagrams)이다. V와 M의 최댓값은 이 그래프로부터 바로 얻을 수 있다. 또한, 전단력도와 모멘트도는 보의 축을 따라 발생하는 전단력과 모멘트의 변화에 대한 상세한 정보를 제공하기 때문에 보에 적용될 보강 재료의 설치 위치 또는 보의 길이에 따른 임의 위치에 있어서 적절한 부재의 크기를 파악할 수 있다.

x를 변수로 갖는 V와 M을 구성하기 위해서는 x의 원점과 양의 방향을 설정해야만 한다. 임의로 선택할 수도 있지만 대부분의 경우 보의 왼쪽 끝단을 원점으로 하고 오른쪽 방향이 x의 양의 방향이 된다.

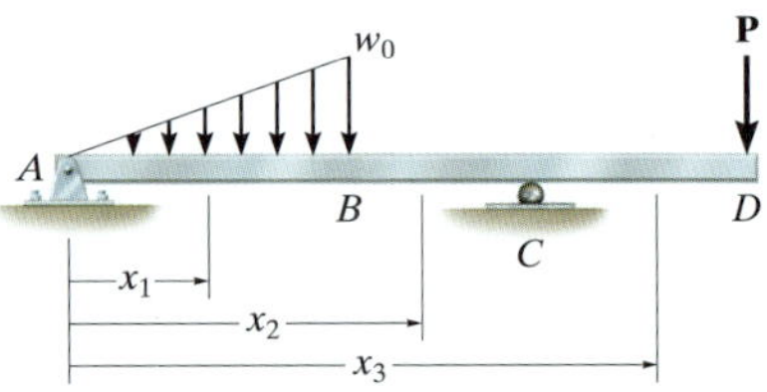

그림 11-2

보는 가해진 분포하중, 집중하중 그리고 모멘트를 지지하기 때문에 x를 변수로 갖는 내부 전단력과 모멘트 방정식은 하중이 가해진 점에서 불연속이거나 기울기가 불연속이 된다. 이러한 이유로 이들 방정식은 임의의 두 불연속 하중 사이의 보 영역에 대하여 각각 정의되어야 한다. 예를 들어, 그림 11-2의 보의 길이에 따른 V와 M의 변화를 나타내기 위해서는 x_1, x_2 그리고 x_3 좌표가 사용된다. A점과 B점 사이에는 x_1 좌표, B점과 C점 사이에는 x_2 좌표 그리고 C점과 D점 사이에는 x_3 좌표가 사용된다.

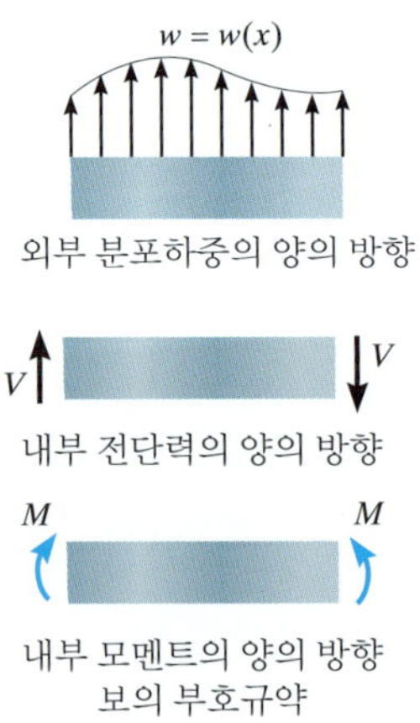

그림 11-3

보의 부호규약. 전단력 및 모멘트를 x에 관한 방정식으로 정의하고 이들 방정식을 그래프로 표현하는 방법(전단력도 및 모멘트도)을 제시하기에 앞서, 우선 V와 M의 값을 '양'과 '음'의 값으로 정의하기 위한 부호규약을 설정할 필요가 있다. 비록 부호규약을 임의로 선택할 수도 있지만, 여기서는 엔지니어들이 실무에서 흔히 사용하는 그림 11-3의 부호규약을 사용한다. 양의 방향은 다음과 같다: 보에 상향으로 작용하는 분포하중, 보의 분할부에 작용하여 시계방향으로 회전을 발생시키는 내부 전단력, 그리고 분할된 보를 굽혀 물을 담을 수 있도록 상부에 압축을 발생시키는 내부 모멘트. 이와 반대되는 방향의 성분들은 음의 방향으로 취급한다.

요점 IMPORTANT POINTS

- 보는 길이방향의 축에 수직으로 하중이 가해진 길고 직선인 부재로서, 지점 조건에 따라 단순보, 캔틸레버보 또는 내민보 등으로 분류된다.
- 보를 적절히 설계하기 위해서는, 부재축에 대한 내부 전단력 및 모멘트의 변화를 파악하여 이들 내부 부재력의 값이 최대가 되는 위치를 찾아내는 것이 매우 중요하다.
- 양의 전단력 및 모멘트를 규정하는 부호규약을 사용하여, 보의 전단력 및 모멘트를 보에서의 위치를 나타내는 x를 변수로 갖는 방정식으로 정의할 수 있으며, 이들 방정식은 전단력도 및 모멘트도의 형태로 나타낼 수 있다.

풀이 과정 PROCEDURE FOR ANALYSIS

보의 전단력도 및 모멘트도의 구성 과정은 다음과 같다.

지점 반력

- 보에 작용하는 모든 반력 및 반력 모멘트를 산정하고, 모든 작용력을 보의 축에 대한 수직 또는 수평방향 성분으로 분해한다.

전단력 및 모멘트 방정식

- 보의 왼쪽 단부를 원점으로 정의하고 보에서 집중하중 혹은 모멘트가 작용하는 영역의 사이, 또는 분포하중의 경우에는 불연속이 나타나지 않는 영역 사이를 범위로 하는 독립된 x축들을 지정한다.
- 보를 x 위치에서 분리하고, 분리된 부재 하나에 대한 자유물체도를 그린다. 그림 11-3의 부호규약에 따라 **V**와 **M**을 양의 방향으로 표기한다.
- 전단력은 보의 축에 수직한 방향의 힘들을 합산하여 구한다.
- 모멘트는 전단력 V가 방정식에 포함되지 않도록 분리된 부재의 분할 단면을 기준으로 모멘트를 합산하여 구한다.

전단력도 및 모멘트도

- 전단력도(x에 대한 V)와 모멘트도(x에 대한 M)를 도시한다. 만약 V와 M을 나타내는 방정식의 결과값이 양의 값이라면 그 값은 x축의 위에 표시되지만 음의 값이라면 아래에 표시한다.
- 일반적으로 전단력도 및 모멘트도는 보의 자유물체도 아래에 표현하는 것이 편리하다.

예제 11.1

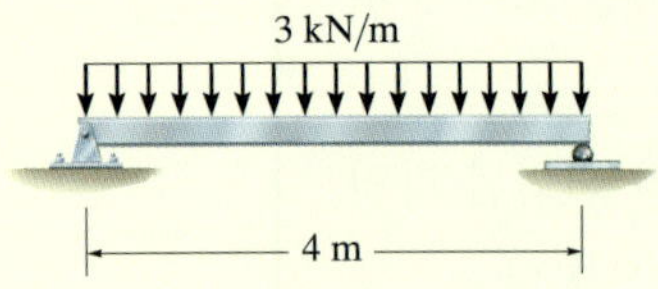

(a)

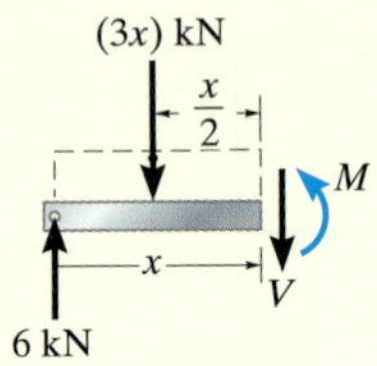

(b)

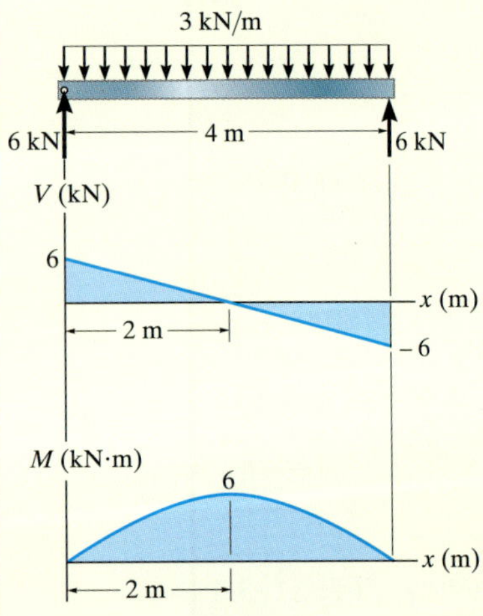

(c)

그림 11-4

그림 11-4a의 보에 대한 전단력도와 모멘트도를 구하라.

풀이

지점 반력. 지점 반력은 그림 11-4c와 같다.

전단력 및 모멘트 방정식. 그림 11-4b는 분리된 좌측 보 부분의 자유물체도이다. 분리된 구간을 자유물체도로 나타내면 이 구간에 작용하는 분포하중의 합성력은 $(3x)$ kN이 된다. 이 합성력은 분포하중을 형성하는 구간의 중심에 작용하고 우측 단부로부터 $x/2$에 위치한다. 두 개의 평형 방정식을 적용하면

$$+\uparrow \Sigma F_y = 0; \qquad 6\text{ kN} - (3x)\text{ kN} - V = 0$$

$$V = (6 - 3x)\text{ kN} \qquad (1)$$

$$\circlearrowleft + \Sigma M = 0; \qquad -6\text{ kN}(x) + (3x)\text{ kN}\left(\tfrac{1}{2}x\right) + M = 0$$

$$M = (6x - 1.5x^2)\text{ kN}\cdot\text{m} \qquad (2)$$

전단력도 및 모멘트도. 전단력도 및 모멘트도는 그림 11-4c에 나타낸 바와 같이 식 (1)과 (2)를 도시하여 구한다. 전단력이 0인 점은 식 (1)로부터 파악할 수 있다.

$$V = (6 - 3x)\text{ kN} = 0$$

$$x = 2\text{ m}$$

주: 모멘트도로부터 최대 모멘트가 발생하는 보에서의 위치인 x의 값은 식 (11-2)(11.2절 참조)의 기울기 $V = dM/dx = 0$를 만족하는 값이다. 따라서 식 (2)로부터

$$M_{\max} = [6\,(2) - 1.5\,(2)^2]\text{ kN}\cdot\text{m}$$

$$= 6\text{ kN}\cdot\text{m}$$

예제 11.2

그림 11-5*a*의 보에 대한 전단력도와 모멘트도를 구하라.

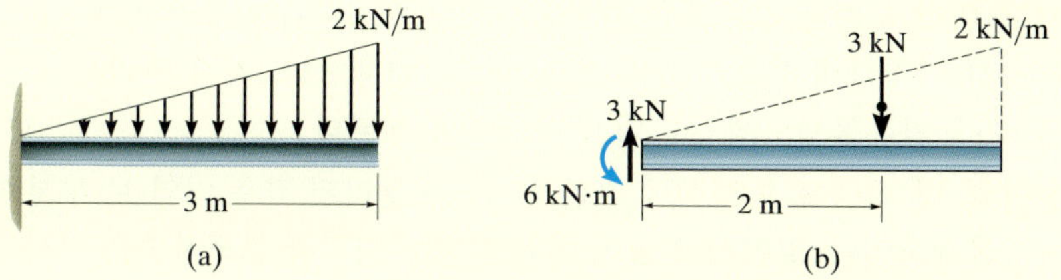

풀이

지점 반력. 작용 분포하중을 합성력으로 대체하여 지점 반력을 구하면 그림 11-5*b*와 같이 된다.

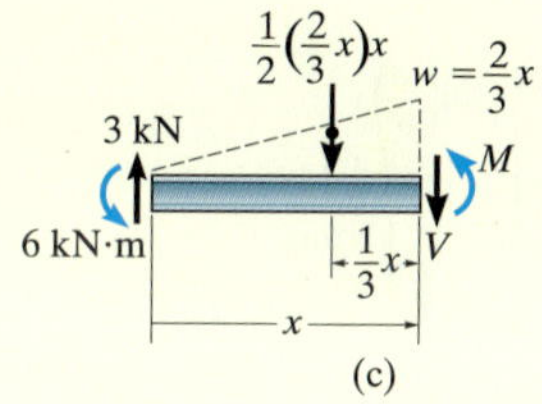

전단력 및 모멘트 방정식. 보에서 길이가 x인 구간의 자유물체도는 그림 11-5*c*와 같다. x 위치 단면의 삼각형 분포하중의 하중강도는 비례식 $w/x = (2\text{ kN/m})/3\text{ m}$ 또는 $w = (\frac{2}{3}x)\text{ kN/m}$로부터 산정된다. 분포하중의 합성력은 하중 작용영역의 면적으로부터 구할 수 있다. 따라서,

$$+\uparrow\Sigma F_y = 0; \qquad 3\text{ kN} - \frac{1}{2}\left(\frac{2}{3}x\right)x - V = 0$$

$$V = \left(3 - \frac{1}{3}x^2\right)\text{kN} \qquad (1)$$

$$\circlearrowleft+\Sigma M = 0; \qquad 6\text{ kN}\cdot\text{m} - (3\text{ kN})(x) + \frac{1}{2}\left(\frac{2}{3}x\right)x\left(\frac{1}{3}x\right) + M = 0$$

$$M = \left(-6 + 3x - \frac{1}{9}x^3\right)\text{kN}\cdot\text{m} \qquad (2)$$

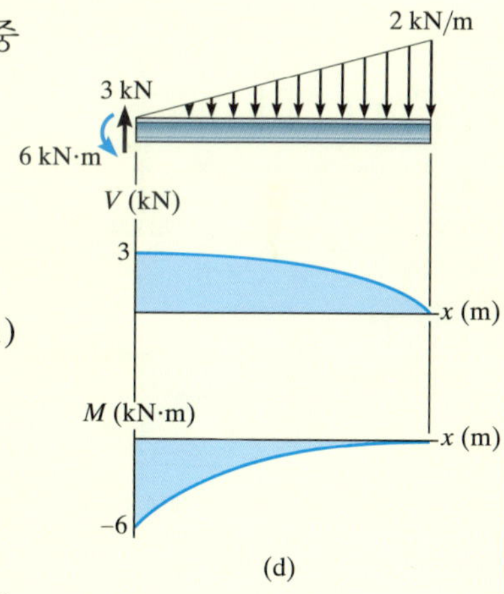

그림 11-5

전단력도 및 모멘트도. 식 (1)과 (2)로부터 얻어지는 그래프는 그림 11-5*d*와 같다.

예제 11.3

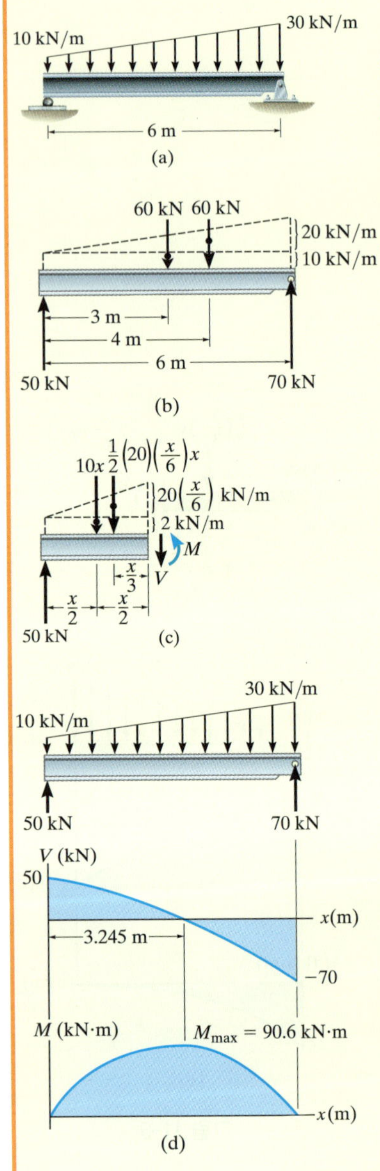

그림 11-6

그림 11-6a의 보에 대한 전단력도와 모멘트도를 구하라.

풀이

지점 반력. 작용하는 분포하중을 삼각형과 직사각형 등분포하중으로 분리하고 각각의 분포하중을 합성력으로 대체한다. 지점 반력은 그림 11-6b의 자유물체도에 나타낸 바와 같이 산정된다.

전단력 및 모멘트 방정식. 그림 11-6c는 분리된 좌측 영역 보 부분의 자유물체도이다. 앞에서 언급한 바와 같이 사다리꼴 분포하중은 직사각형과 삼각형 분포하중으로 대체된다. 임의 단면에 있어서 삼각형 분포하중의 하중강도는 비례식으로 알 수 있다. 각 분포하중의 합성력의 크기와 작용 위치는 그림에 나타낸 바와 같다. 평형방정식을 적용하여

$+\uparrow\Sigma F_y = 0;$

$$50\text{ kN} - (10\text{ kN/m})x - \frac{1}{2}(20\text{ kN/m})\left(\frac{x}{6\text{ m}}\right)x - V = 0$$

$$V = \left(50 - 10x - \frac{5}{3}x^2\right)\text{kN} \qquad (1)$$

$\circlearrowleft+\Sigma M = 0;$

$$(-50\text{ kN})(x) + [(10\text{ kN/m})x]\left(\frac{x}{2}\right) + \frac{1}{2}(20\text{ kN/m})\left(\frac{x}{6\text{ m}}\right)x\left(\frac{x}{3}\right) + M = 0$$

$$M = \left(50x - 5x^2 - \frac{5}{9}x^3\right)\text{kN}\cdot\text{m} \qquad (2)$$

식 (2)는 $dM/dx = V$이므로 이를 적용하면 식 (1)이 됨을 통해 검토된다. 또한 $w = dV/dx = (-10 - \frac{10}{3}x)$ kN/m이다. 이 식은 $x = 0$일 때 $w = -10$ kN/m이고 $x = 6$ m일 때 $w = -30$ kN/m이므로 그림 6-6a의 분포하중임을 알 수 있다.

전단력도 및 모멘트도. 식 (1)과 (2)를 도시하면 그림 11-6d와 같다. 최대 모멘트는 $dM/dx = V = 0$[식 (11-2)]일 때 발생하므로 이를 식 (1)에 적용하면

$$V = 0 = 50 - 10x - \frac{5}{3}x^2$$

양의 근을 선택하면,

$$x = 3.245\text{ m}$$

따라서, 식 (2)로부터

$$M_{max} = 50(3.245) - 5(3.245^2) - \frac{5}{9}(3.245^3)$$
$$= 90.62\text{ kN}\cdot\text{m} = 90.6\text{ kN}\cdot\text{m}$$

11

예제 11.4

그림 11-7*a*의 보에 대한 전단력도와 모멘트도를 구하라.

풀이

지점 반력. 지점의 반력은 그림 11-7*d*의 보 자유물체도에 나타낸 바와 같다.

전단력 및 모멘트 방정식. 보의 중앙에서 분포하중이 불연속적일 뿐만 아니라 집중하중이 작용하기 때문에 보 전체에 대한 전단력 및 모멘트를 방정식으로 나타내기 위해서는 x를 두 영역으로 분리하여야 한다.

$0 \leq x_1 < 5\text{ m}$, 그림 11-7*b*:

$$+\uparrow \Sigma F_y = 0; \qquad 5.75\text{ kN} - V = 0$$

$$V = 5.75\text{ kN} \qquad (1)$$

$$\circlearrowleft + \Sigma M = 0; \qquad -80\text{ kN}\cdot\text{m} - 5.75\text{ kN}\,x_1 + M = 0$$

$$M = (5.75x_1 + 80)\text{ kN}\cdot\text{m} \qquad (2)$$

$5\text{ m} < x_2 \leq 10\text{ m}$, 그림 11-7*c*:

$$+\uparrow \Sigma F_y = 0; \quad 5.75\text{ kN} - 15\text{ kN} - 5\text{ kN/m}(x_2 - 5\text{ m}) - V = 0$$

$$V = (15.75 - 5x_2)\text{ kN} \qquad (3)$$

$$\circlearrowleft + \Sigma M = 0; \quad -80\text{ kN}\cdot\text{m} - 5.75\text{ kN}\,x_2 + 15\text{ kN}(x_2 - 5\text{ m})$$

$$+ 5\text{ kN/m}(x_2 - 5\text{ m})\left(\frac{x_2 - 5\text{ m}}{2}\right) + M = 0$$

$$M = (-2.5x_2^2 + 15.75x_2 + 92.5)\text{ kN}\cdot\text{m} \qquad (4)$$

전단력도 및 모멘트도. 식 (1)~식 (4)는 그림 11-7*d*와 같이 표현된다.

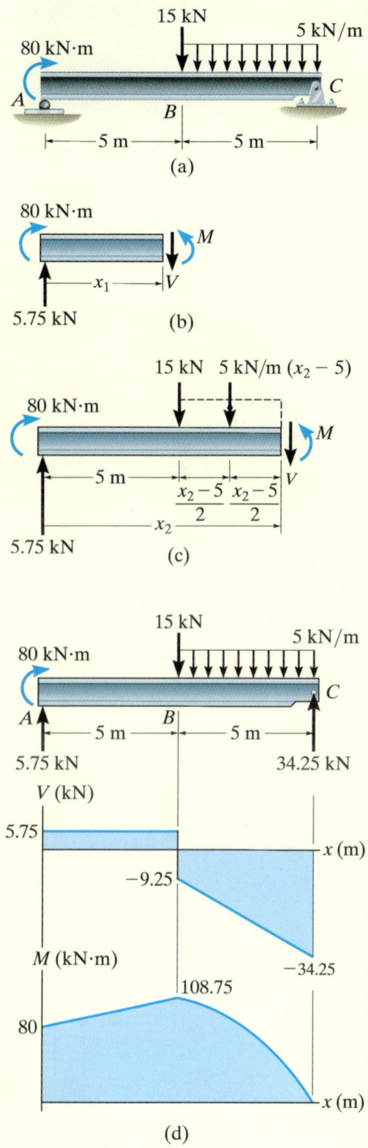

그림 11-7

이 테이블 오른쪽 지점 보강부에서 손상이 발생하였다. 테이블 하중에 대한 모멘트도를 작성해 보면 이곳의 내부 모멘트가 최대임을 알 수 있다.

11.2 전단력도 및 모멘트도 작성을 위한 도해법

서로 다른 여러 하중이 작용하고 있는 경우에 보의 V와 M을 x에 관한 함수로 정의하고 이들 함수를 표현하는 작업은 상당히 지루한 일이다. 이 절에서는 전단력도와 모멘트도를 작성하는 보다 간편한 방법을 소개한다. 이 방법은 분포하중과 전단력, 그리고 전단력과 모멘트 사이에 존재하는 두 개의 미분관계식에 기초를 두고 있다.

분포하중 작용 구간. 일반화를 위하여 임의의 하중이 작용하는 그림 11-8*a*의 보를 선정하였다. 보의 미소 구간 Δx에 대한 자유물체도는 그림 11-8*b*와 같다. 위치 x에서 선택된 미소 구간에는 집중하중 혹은 모멘트 하중이 없으므로 제시된 결과는 집중하중이 작용하는 위치의 점에는 적용되지 않는다.

유의해야 할 사항은 미소 구간 내에 작용하는 모든 하중은 그림 11-3에 제시된 부호규약의 양의 방향으로 작용한다는 것이다. 또한, 미소 구간의 우측면에 작용하는 내부 합성 전단력과 모멘트는 모두 미소 구간이 평형상태를 유지할 정도의 미소 변화량을 가진다는 것이다. 분포하중이 Δx 구간에서 일정하다면 분포하중은 오른쪽 면으로부터 $\frac{1}{2}(\Delta x)$에 작용하는 합성력 $w\Delta x$로 대체된다. 미소 구간에 평형방정식을 적용하면 다음과 같다.

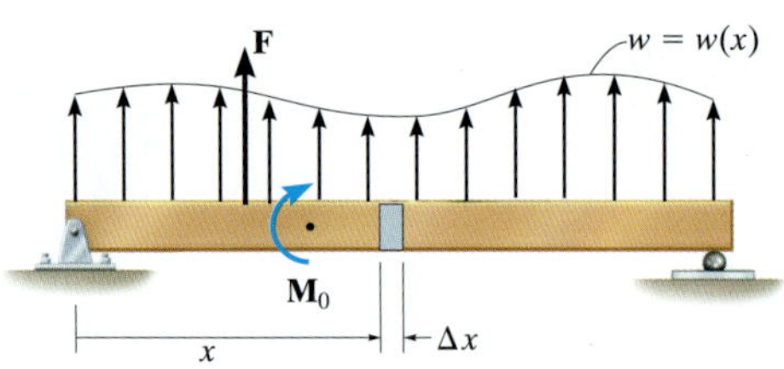

(a)

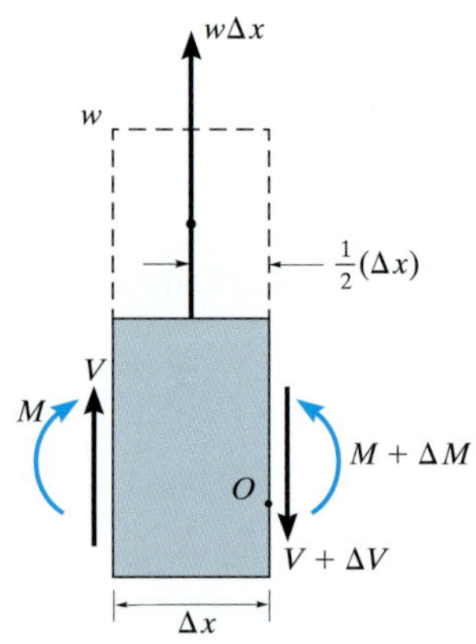

미소 구간 Δx의 자유물체도

(b)

그림 11-8

$$+\uparrow \Sigma F_y = 0; \qquad V + w\,\Delta x - (V + \Delta V) = 0$$

$$\Delta V = w\,\Delta x$$

$$\circlearrowleft + \Sigma M_O = 0; \qquad -V\,\Delta x - M - w\,\Delta x\left[\tfrac{1}{2}(\Delta x)\right] + (M + \Delta M) = 0$$

$$\Delta M = V\,\Delta x + w\,\tfrac{1}{2}(\Delta x)^2$$

양변을 Δx로 나누어 주고 $\Delta x \to 0$인 극한값을 구하면 앞에서 제시한 두 방정식은 다음과 같이 정리된다.

$$\boxed{\frac{dV}{dx} = w} \qquad (11\text{-}1)$$

임의 위치에서의 전단력도의 기울기 = 임의 위치에서의 분포하중의 강도

$$\boxed{\frac{dM}{dx} = V} \qquad (11\text{-}2)$$

임의 위치에서의 모멘트도의 기울기 = 임의 위치에서의 전단력

식 (11-1)은 임의의 한 점에서의 전단력도의 기울기는 바로 그 점에서의 분포하중의 강도와 같다는 것을 말하고 있다. 예를 들어 그림 11-9a에 적용해 보자. 분포하중은 음의 방향으로 작용하고 크기는 0에서부터 w_B까지 증가하고 있다. 이러한 사실은 파악한다면 전단력도를 빠르게 작성할 수 있다. 전단력도는 0에서 $-w_B$까지 증가하는 음의 기울기를 가지는 곡선인 것이다. 그림 11-9b에 나타낸 바와 같이 특정점의 기울기는 $w_A = 0$, $-w_C$, $-w_D$ 그리고 $-w_B$이다.

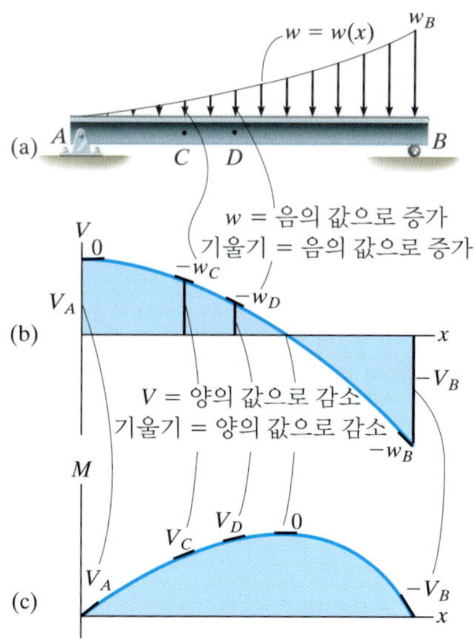

그림 11-9

마찬가지로 식 (11-2)는 임의의 한 점에서의 모멘트도의 기울기는 그 점에서의 전단력의 크기와 같다는 것을 말하고 있다. 그림 11-9b의 전단력도는 $+V_A$로 시작하여 0의 값으로 감소한 다음에 음의 값이 되며 $-V_B$까지 감소하기 때문에, 모멘트도는 초기 기울기는 $+V_A$로 시작하여 0의 값으로 감소한 다음에 음의 값이 되며 $-V_B$까지 감소하게 된다. 특정점에서의 기울기 V_A, V_C, V_D, 0 그리고 $-V_B$는 그림 11-9c에 나타낸 바와 같다.

식 (11-1)과 (11-2)는 $dV = wdx$와 $dM = Vdx$로 표현할 수도 있다. wdx와 Vdx는 각각 분포하중과 전단력도의 면적미분소를 의미하므로 그림 11-9d의 보에서 임의의 두 점 C와 D 사이의 이들 면적을 적분할 수 있다. 따라서,

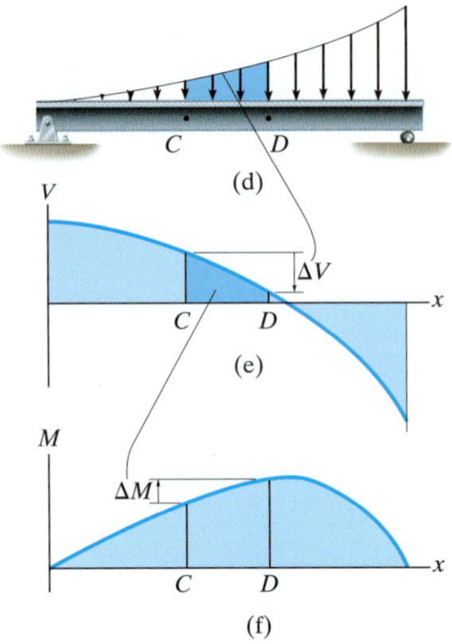

그림 11-9 (계속)

$$\Delta V = \int w\, dx \tag{11-3}$$

전단력의 변화량 = 분포하중 곡선 아래의 면적

$$\Delta M = \int V dx \tag{11-4}$$

모멘트의 변화량 = 전단력도 아래의 면적

식 (11-3)은 그림 11-9*d*에서 C와 D점 사이의 전단력의 변화량이 두 점 사이의 분포하중 곡선 아래의 면적과 같다는 것을 의미한다. 이 경우에 분포하중이 아랫방향으로 작용하기 때문에 변화량이 음의 값이다. 마찬가지로 식 (11-4)로부터 그림 11-9*f*의 C와 D점 사이 모멘트의 변화량은 C와 D점 사이 영역의 전단력도 아래 면적과 같다는 것을 알 수 있다. 여기서 그 변화량은 양의 값이다.

집중하중과 모멘트가 작용하는 구간. 그림 11-8*a*에 제시된 보의 집중하중이 작용하는 미소 구간에 대한 자유물체도는 그림 11-10*a*와 같이 표현할 수 있다. 여기서 힘의 평형을 위해서는 다음의 관계식이 성립한다.

$$+\uparrow \Sigma F_y = 0; \qquad V + F - (V + \Delta V) = 0$$

$$\Delta V = F \tag{11-5}$$

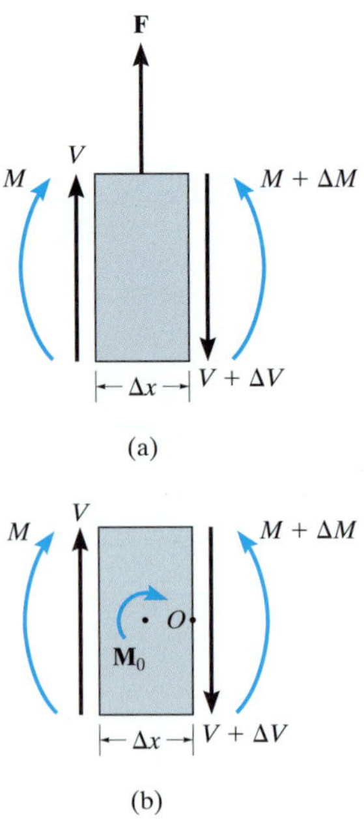

그림 11-10

따라서, **F**가 보의 윗방향으로 작용하는 경우에 전단력의 변화량 ΔV는 양의 값이 되므로 전단력도 상에서 전단력의 값은 윗방향으로 급작스럽게 상승하게 될 것이다. 이와 마찬가지로 만약 **F**가 보의 아랫방향으로 작용한다면 급작스런 변화(ΔV)는 아랫방향이 될 것이다.

그림 11-10*b*에서와 같이 보의 미소 구간에 모멘트 하중이 포함되었다면 모멘트평형을 위한 모멘트의 변화량은 다음과 같다.

$$\circlearrowleft + \Sigma M_O = 0; \quad M + \Delta M - M_0 - V\,\Delta x - M = 0$$

$\Delta x \approx 0$으로 놓으면,

$$\Delta M = M_0 \tag{11-6}$$

여기서, 만약 $\mathbf{M}_0$가 시계방향으로 작용한다면 모멘트 변화량 ΔM은 양의 값이 되고 모멘트도는 윗방향으로 급작스럽게 상승하게 된다. 이와 마찬가지로, $\mathbf{M}_0$가 반시계방향으로 작용한다면 급작스런 변화(ΔM)는 아랫방향이 될 것이다.

풀이 과정 PROCEDURE FOR ANALYSIS

분포하중, 전단력 및 모멘트 상호 관계를 바탕으로 보의 전단력도와 모멘트도를 구성하는 방법은 다음의 과정과 같다.

지점 반력

- 지점 반력을 산정하고 보에 작용하는 힘을 보의 축방향 및 수직방향 성분으로 분해한다.

전단력도

- V와 x축의 관계를 정의하고 보 양단의 전단력 값을 도시한다.
- 분포하중의 값이 보의 위치에 따라 양의 값으로 증가, 음의 값으로 증가 등과 같이 어떻게 변화하는지에 주의를 기울이고, 이러한 위치에 따른 연속적인 값들 각각은 전단력도의 기울기($dV/dx = w$)라는 점을 인지한다. 여기서, w는 상향으로 작용하는 경우 양의 값이다. 끝점에서 그 기울기를 도시하여 작도를 시작한다.
- 전단력의 값은 단면법과 힘의 평형방정식을 사용하거나 또는 임의의 두 점 사이의 전단력의 변화량은 이 두 점 사이의 하중 재하도 아래의 면적과 동일함을 의미하는 식 $\Delta V = \int w \, dx$를 이용하여 산정할 수 있다.

모멘트도

- M과 x축의 관계를 정의하고 보 양단의 모멘트 값을 도시한다.
- 전단력도의 값이 보의 위치에 따라 양의 값으로 증가, 음의 값으로 증가 등과 같이 어떻게 변화하는지에 주의를 기울이고, 이러한 위치에 따른 연속적인 값들 각각은 모멘트도의 기울기($dM/dx = V$)라는 점을 인지한다. 끝점에서 그 기울기를 도시하여 작도를 시작한다.
- 전단력이 0인 점은 $dM/dx = 0$이므로 최대 또는 최소 모멘트가 발생하는 위치이다.
- 모멘트의 값은 단면법과 힘의 평형방정식을 사용하거나 또는 임의의 두 점 사이의 모멘트의 변화량은 이 두 점 사이의 전단력도 아래의 면적과 동일함을 의미하는 식 $\Delta M = \int V \, dx$를 이용하여 산정할 수 있다.
- 분포하중 w를 적분하여 ΔV를, V를 적분하여 M을 산정할 수 있기 때문에 w가 n차 곡선이라면 V는 $n + 1$차 곡선이고, M은 $n + 2$차 곡선이 된다. 예를 들어 만약 w가 균일한 분포하중이라면, V는 선형함수이고 M은 2차 포물선 함수이다.

11

예제 11.5

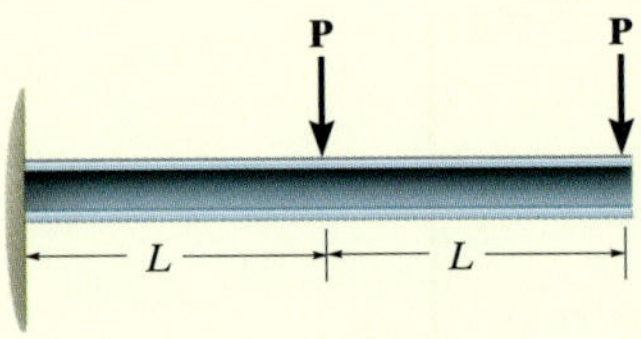

(a)

그림 11-11a의 보에 대한 전단력도와 모멘트도를 구하라.

풀이

지점 반력. 고정단의 반력은 그림 11-11b의 자유물체도에 나타낸 바와 같다.

전단력도. 보의 각 단부에 전단력을 먼저 그림 11-11c와 같이 도시한다. 보에는 분포하중이 작용하지 않기 때문에 전단력도의 기울기는 표시된 바와 같이 0이다. 보의 중앙부에 작용하는 집중하중 P가 아랫방향으로 작용하고 있기 때문에 전단력도는 아랫방향으로 P 만큼 급작스럽게 변한다는 점에 주의한다.

모멘트도. 보의 각 단부에 모멘트를 그림 11-11d와 같이 도시한다. 모멘트도는 $+2P$와 $+P$의 두 가지 기울기로 구성된다.

보의 중앙부 모멘트는 단면법 또는 전단력도의 면적을 이용하여 산정할 수 있다. 전단력도의 왼쪽 절반을 이용하면 다음과 같다.

$$M|_{x=L} = M|_{x=0} + \Delta M$$
$$M|_{x=L} = -3PL + (2P)(L) = -PL$$

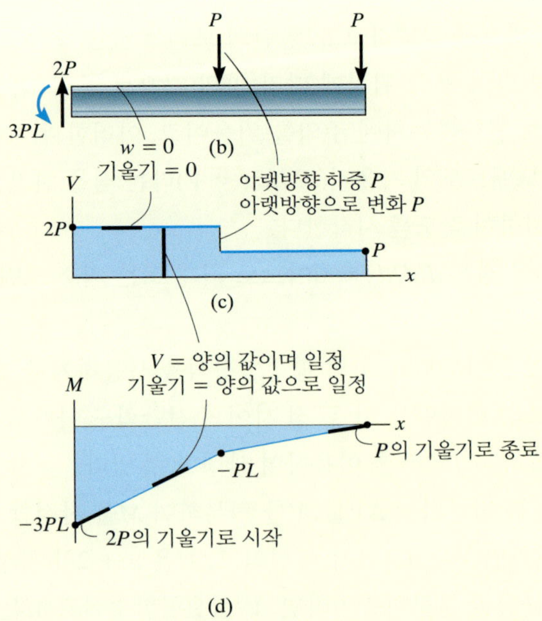

그림 11-11

예제 11.6

그림 11-12*a*의 보에 대한 전단력도와 모멘트도를 구하라.

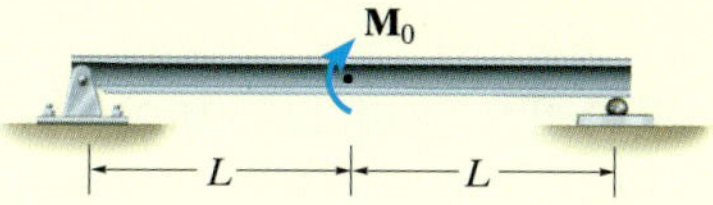

(a)

풀이

지점 반력. 지점 반력은 그림 11-12*b*의 자유물체도에 나타낸 바와 같다.

전단력도. 보의 각 단부에 전단력을 먼저 그림 11-12*c*와 같이 도시한다. 보에는 분포하중이 작용하지 않기 때문에 전단력도의 기울기는 0이다. 그러므로 수평선으로 표현된다.

모멘트도. 보 단부의 모멘트는 그림 11-12*d*와 같이 0이다. 모멘트도는 보의 모든 점에서 전단력의 크기와 같은 $-M_0/2L$인 일정한 음의 기울기를 가진다. 그러나 짝힘 모멘트 M_0에 의해 모멘트도는 보의 중앙에서 급격한 변화가 발생한다.

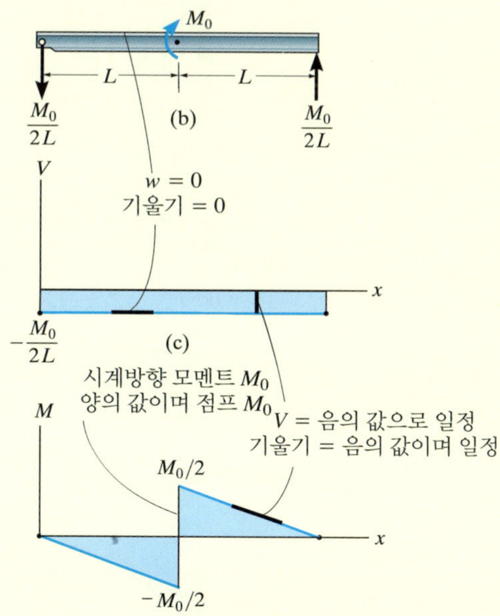

그림 11-12

예제 11.7

그림 11-13a와 11-14a의 보에 대한 전단력도와 모멘트도를 구하라.

풀이

지점 반력. 고정단의 반력은 그림 11-13b와 11-14b의 자유물체도에 나타낸 바와 같다.

전단력도. 먼저 단부의 전단력을 그림 11-13c 및 11-14c와 같이 도시한다. 보에 작용하는 분포하중은 전단력도의 기울기를 의미하며 전단력도의 형상은 그림에 나타낸 바와 같다.

모멘트도. 먼저 단부의 모멘트를 그림 11-13d 및 11-14d와 같이 도시한다. 보에서 임의 점의 전단력은 바로 그 점에서 모멘트도의 기울기를 의미한다. 이러한 값의 변화가 제시된 곡선에 어떻게 표현되는지 주의를 기울여야 한다.

주: 곡선의 차수가 w로부터 V 그리고 M으로 $dV = w dx$와 $dM = V dx$의 관계식 적분에 의해 어떻게 증가하는지 주의를 기울인다. 예를 들어, 그림 11-14에서 선형분포하중 함수로부터 2차 포물선인 전단력도와 3차 함수인 모멘트도가 산정되었다.

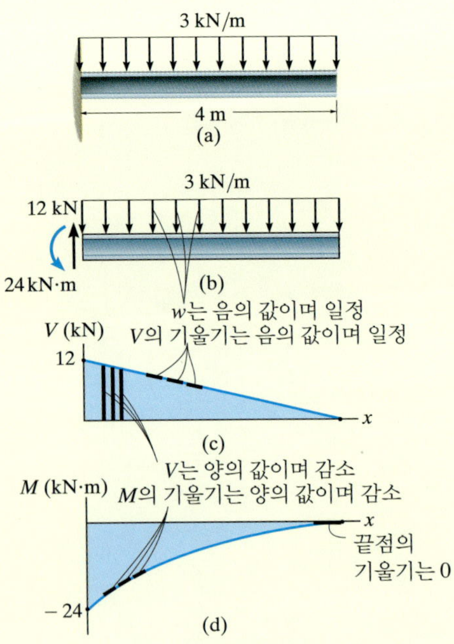

그림 11-13

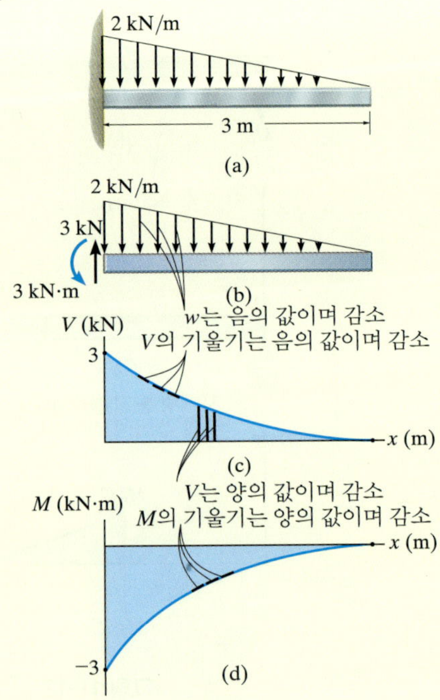

그림 11-14

예제 11.8

그림 11-15a의 보에 대한 전단력도와 모멘트도를 구하라.

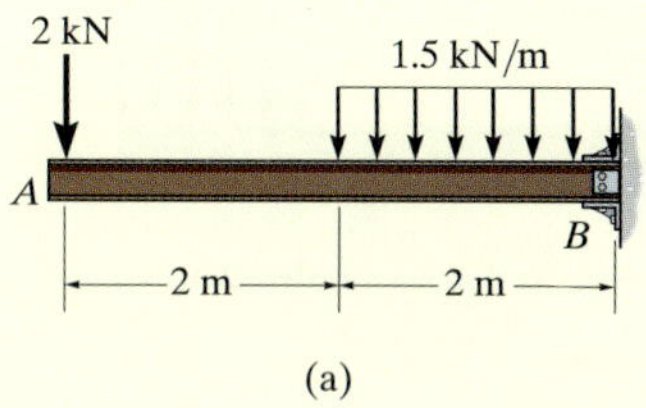

풀이

지점 반력. 고정단 B의 반력은 그림 11-15b에 나타낸 바와 같다.

전단력도. 먼저 보 단부의 전단력을 그림 11-12c와 같이 도시한다. 전단력도는 분포하중 w에 의해 정의되는 기울기에 따라 작성된다는 점에 유의한다.

모멘트도. 먼저 보 단부의 모멘트를 그림 11-15d와 같이 도시한다. 모멘트도는 임의 점에서의 기울기가 바로 그 점에서의 전단력의 크기와 같다는 사실에 기초하여 작성된다는 점에 유의한다. $x = 2$ m 위치에서의 모멘트의 크기는 전단력도 아래의 면적으로부터 산정된다.

$$M|_{x=2\text{ m}} = M|_{x=0} + \Delta M = 0 + [-2\text{ kN}(2\text{ m})] = -4\text{ kN}\cdot\text{m}$$

물론, 그림 11-15e에 나타낸 단면법으로 동일한 결과를 얻을 수 있다.

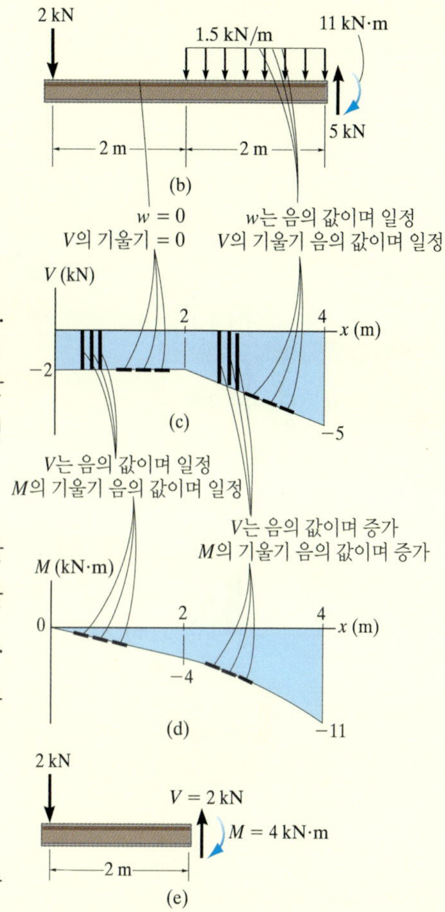

그림 11-15

예제 11.9

그림 11-16a의 내민보에 대한 전단력도와 모멘트도를 구하라.

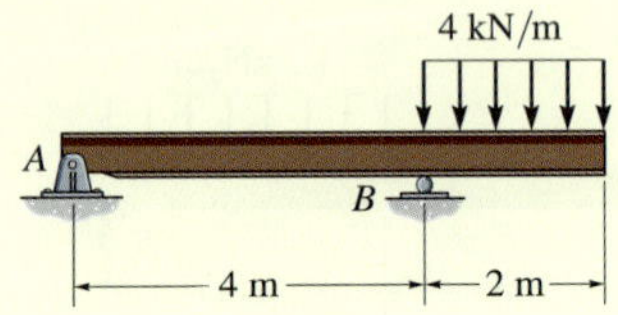

(a)

풀이

지점 반력. 지점 반력은 그림 11-16b에 나타낸 바와 같다.

전단력도. 먼저 단부의 전단력을 그림 11-16c와 같이 도시한다. 전단력도의 기울기는 작용하는 하중으로부터 정의되며 이를 기초로 전단력도가 작성된다. 그림에 나타낸 바와 같이 $x = 4$ m 위치에서 반력에 의해 양의 방향으로 급격한 변화가 있음에 주의한다.

모멘트도. 먼저 단부의 모멘트를 그림 11-16d와 같이 도시한다. 전단력도로부터 알 수 있는 기울기의 변화에 따라 모멘트도가 작성된다. $x = 4$ m 위치에서의 모멘트는 전단력도 아래의 면적으로부터 산정된다.

$$M|_{x=4\text{ m}} = M|_{x=0} + \Delta M = 0 + [-2\text{ kN}(4\text{ m})] = -8\text{ kN}\cdot\text{m}$$

또한, 그림 11-16e에 나타낸 단면법으로 동일한 결과를 얻을 수 있다.

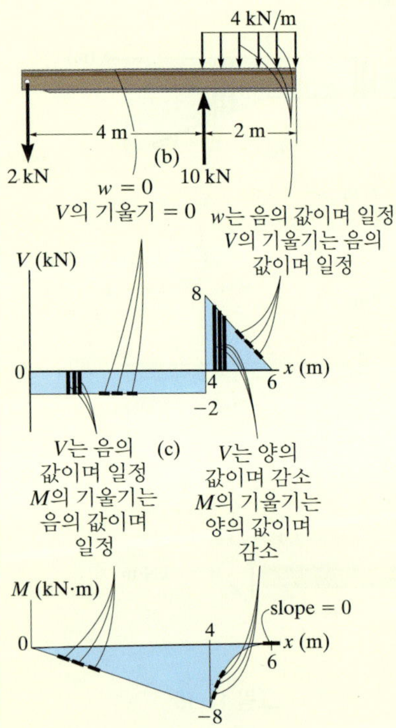

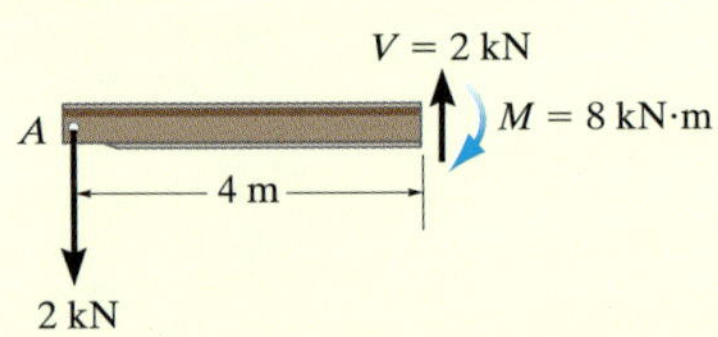

(e)

그림 11-16

예제 11.10

그림 11-17a와 같이 보가 A점에서는 스러스트베어링으로 B점에서는 저널베어링으로 지지되어 있다. 전단력도와 모멘트도를 구하라.

풀이

지점 반력. 지점 반력은 그림 11-17b에 나타낸 바와 같다

전단력도. 그림 11-17c에 나타낸 바와 같이 $x = 0$에서의 전단력은 +1.5 kN이다. 전단력도의 기울기는 작용하중의 크기에 의해 정의되므로 이를 기초로 전단력도를 작성하게 되면, B점에서의 기울기는 −3 kN이다. 전단력의 부호가 변경되었으므로 $V = 0$인 점이 두 점 사이에 존재하게 되며, 이 점의 위치를 파악하기 위하여 단면법을 적용한다. 임의의 위치 x 단면을 기준으로 보의 좌측 영역에 대한 자유물체도는 그림 11-17e에 나타낸 바와 같다. x의 위치에 해당하는 분포하중의 강도는 비례식 $\frac{w}{2} = \frac{x}{4.5}$를 적용하면 $w = 2\frac{x}{(4.5)}$이다.

따라서, $V = 0$이 되기 위해서는

$$+\uparrow\Sigma F_y = 0; \qquad 1.5\text{ kN} - \tfrac{1}{2}\left[2\left(\tfrac{x}{4.5}\right)\right]x = 0$$

$$x = 2.598\text{ m} = 2.60\text{ m}$$

모멘트도. A점에 모멘트가 없으므로 모멘트도는 0으로 시작하고 전단력도로부터 산정할 수 있는 기울기 값을 근거로 작성할 수 있다. 최대 모멘트는 $dM/dx = V = 0$이므로 그림 11-17d에서 알 수 있듯이 전단력이 0이 되는 $x = 2.60$ m에서 발생한다.

$$\circlearrowleft + \Sigma M = 0;$$

$$M_{\max} + \tfrac{1}{2}\left[2\left(\tfrac{2.598}{4.5}\right)(2.598)\right]\left(\tfrac{2.598}{3}\right) - 1.5(2.598) = 0$$

$$M_{\max} = 2.598\text{ kN}\cdot\text{m} = 2.60\text{ kN}\cdot\text{m}$$

마지막으로, 적분에 의해서 선형하중 w는 먼저 2차 포물선 함수인 전단력도가 할 수 있고 전단력도는 3차 함수인 모멘트도를 산정할 수 있음에 유의한다.

주: 예제들을 학습하고, 책을 덮고 예제 11-1에서 11-4까지의 전단력도와 모멘트도를 작성할 수 있는지 점검하여, 제시된 개념을 이용하여 전단력도와 모멘트도를 작성할 수 있도록 한다.

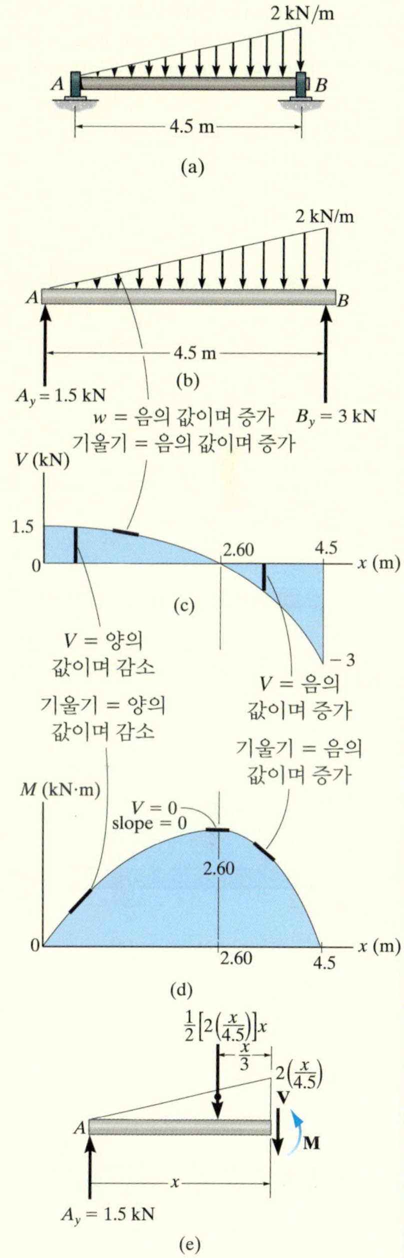

그림 11-17

PRELIMINARY PROBLEM

P11–1. In each case, the beam is subjected to the loadings shown. Draw the free-body diagram of the beam, and sketch the general shape of the shear and moment diagrams. The loads and geometry are assumed to be known.

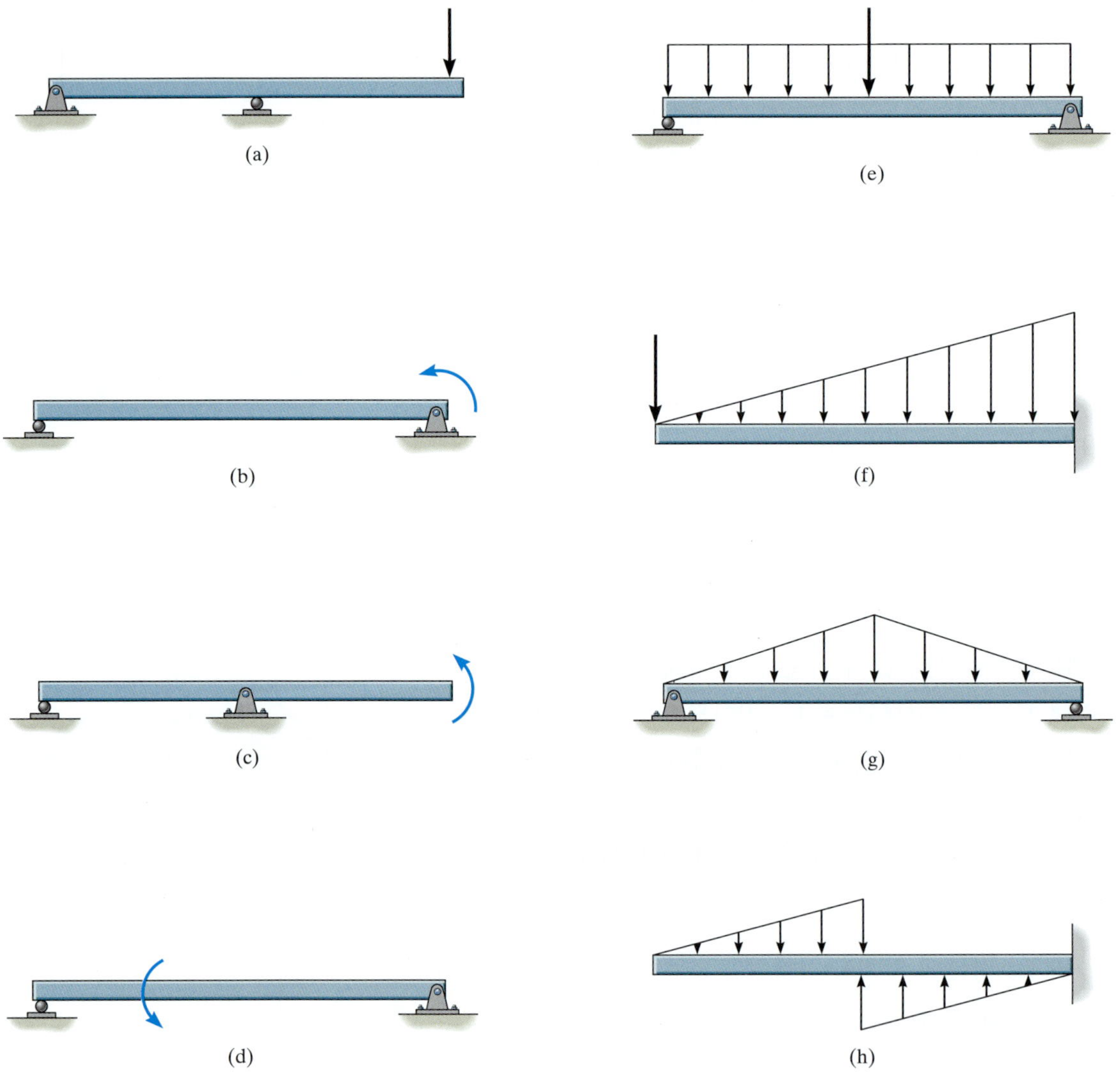

Prob. P11–1

FUNDAMENTAL PROBLEMS

In each case, express the shear and moment functions in terms of x, and then draw the shear and moment diagrams for the beam.

F11–1.

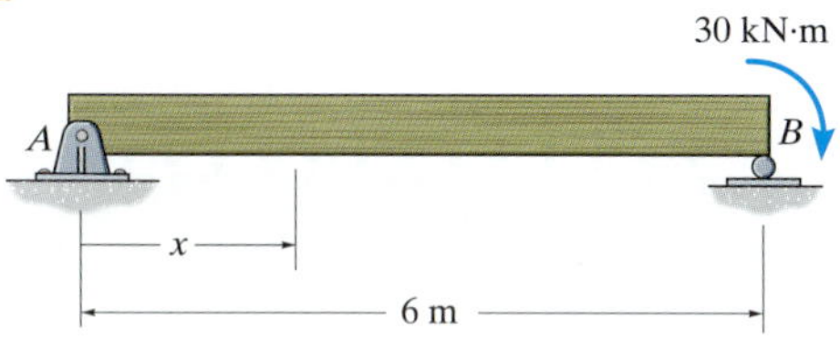

Prob. F11–1

F11–2.

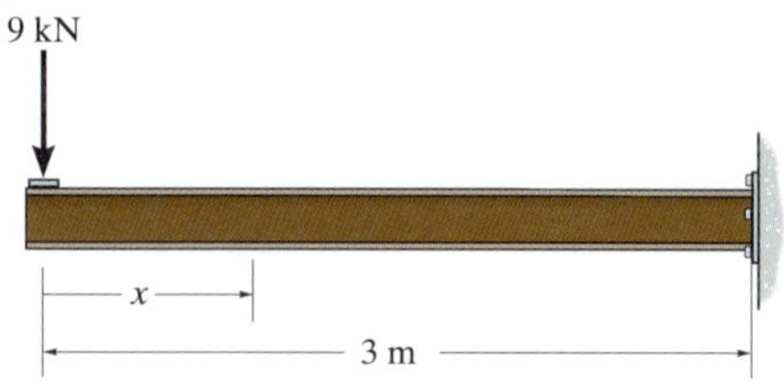

Prob. F11–2

F11–3.

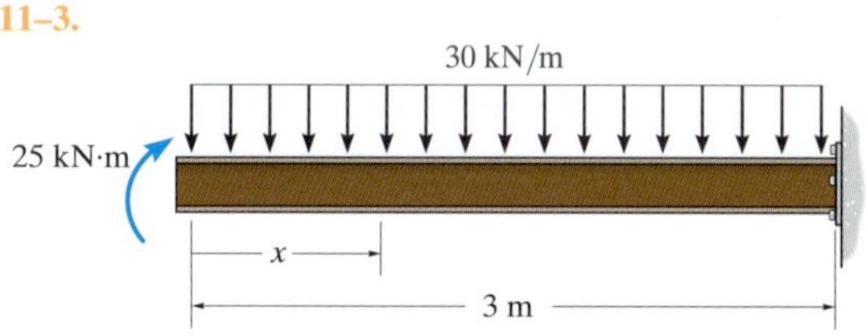

Prob. F11–3

F11–4.

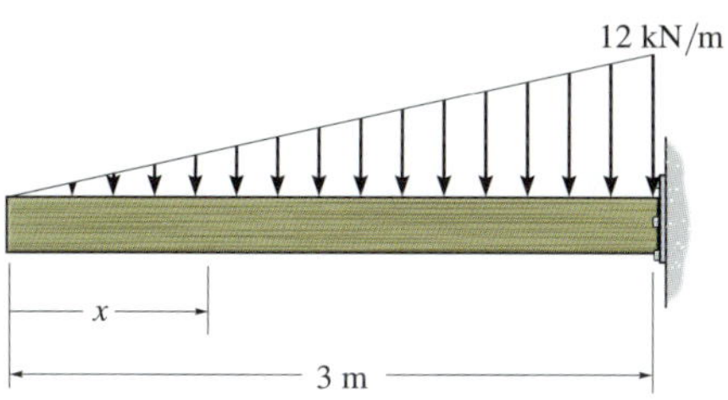

Prob. F11–4

In each case, draw the shear and moment diagrams for the beam.

F11–5.

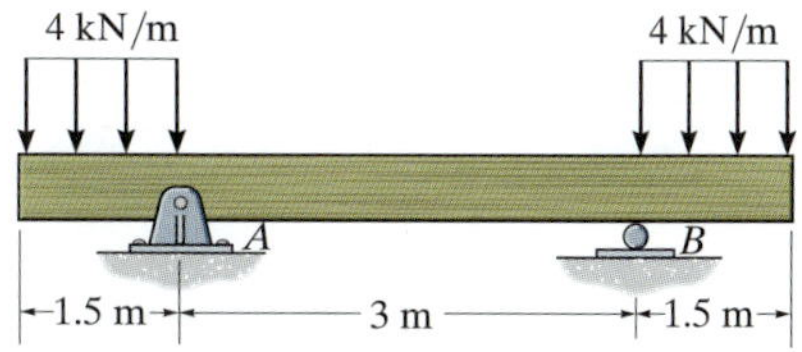

Prob. F11–5

F11–6.

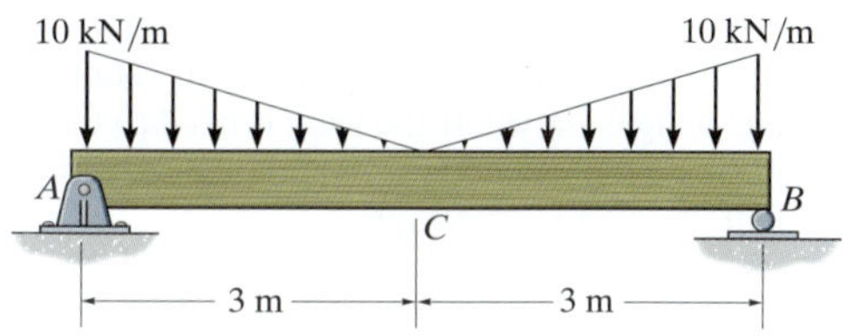

Prob. F11–6

F11–7.

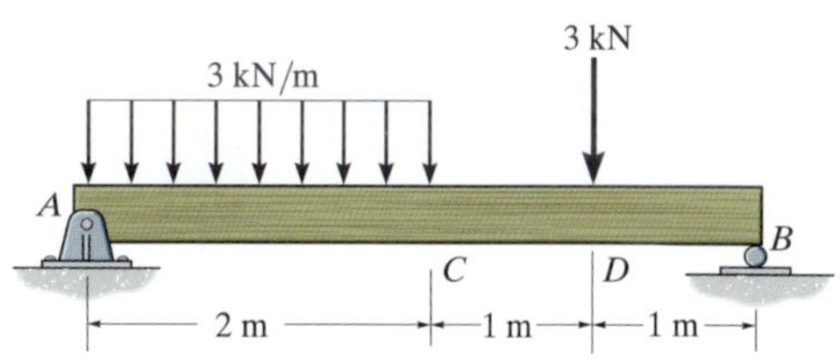

Prob. F11–7

F11–8.

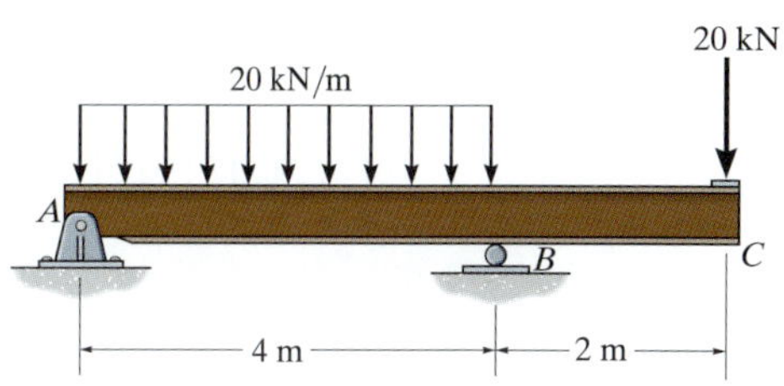

Prob. F11–8

PROBLEMS

11–1. Draw the shear and moment diagrams for the shaft. The bearings at A and B exert only vertical reactions on the shaft.

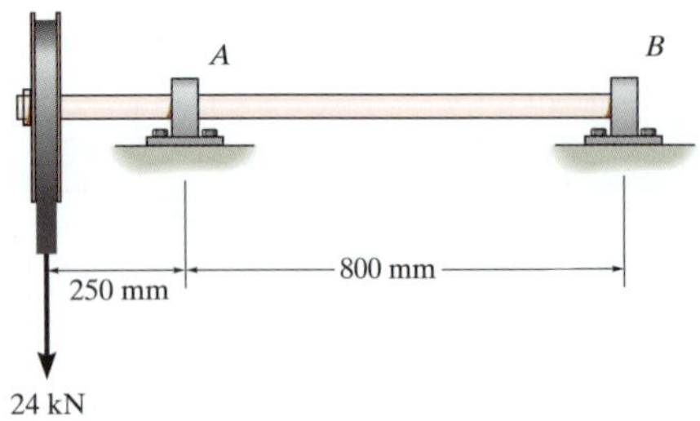

Prob. 11–1

11–2. The dead-weight loading along the centerline of the airplane wing is shown. If the wing is fixed to the fuselage at A, determine the reactions at A, and then draw the shear and moment diagram for the wing.

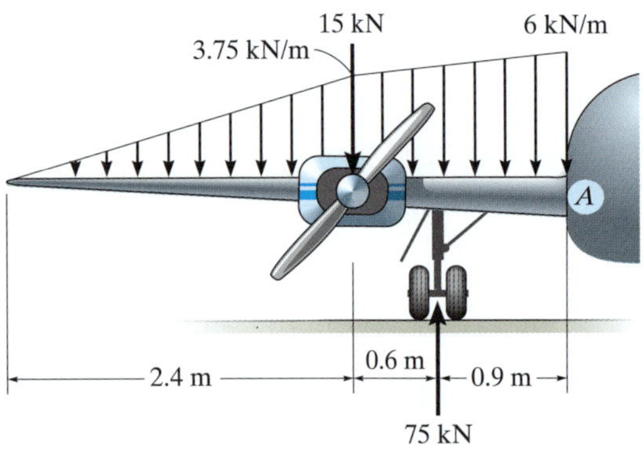

Prob. 11–2

11–3. Draw the shear and moment diagrams for the overhang beam.

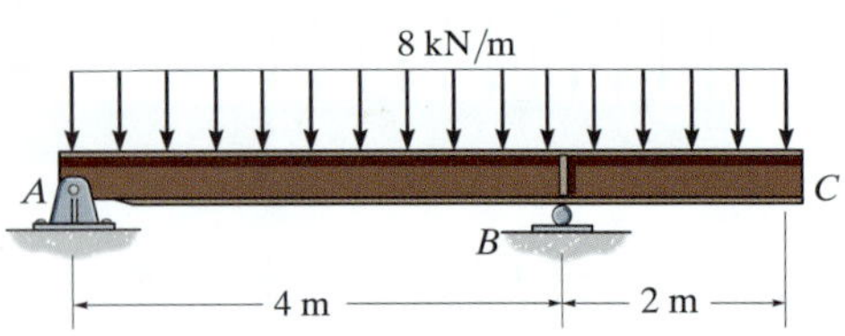

Prob. 11–3

***11–4.** Express the shear and moment in terms of x for $0 < x < 3$ m and $3\text{ m} < x < 4.5$ m, and then draw the shear and moment diagrams for the simply supported beam.

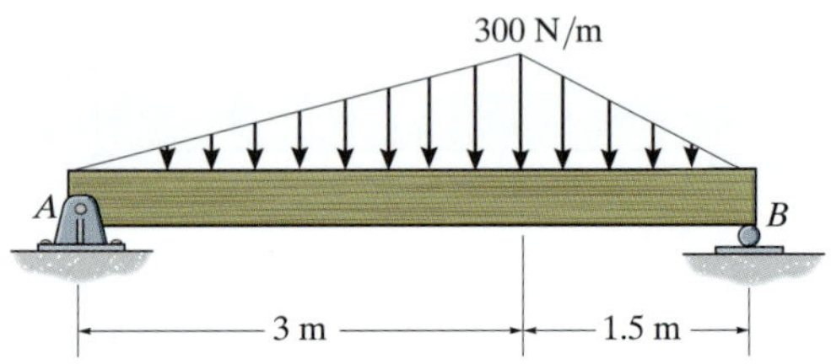

Prob. 11–4

11–5. Draw the shear and moment diagrams for the simply supported beam.

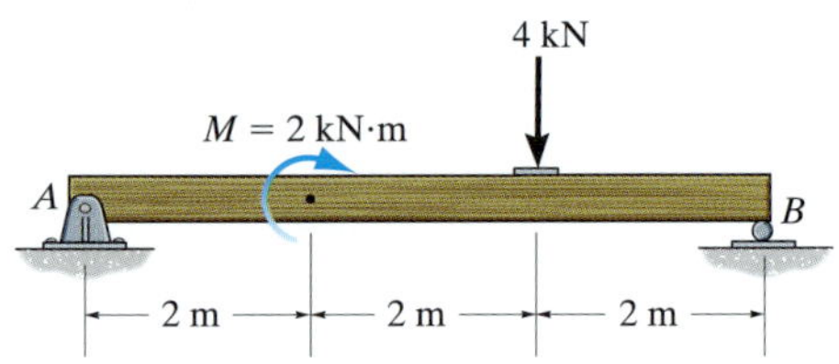

Prob. 11–5

11–6. Draw the shear and moment diagrams for the shaft. The bearings at A and B exert only vertical reactions on the shaft. Also, express the shear and moment in the shaft as a function of x within the region $125\text{ mm} < x < 725\text{ mm}$.

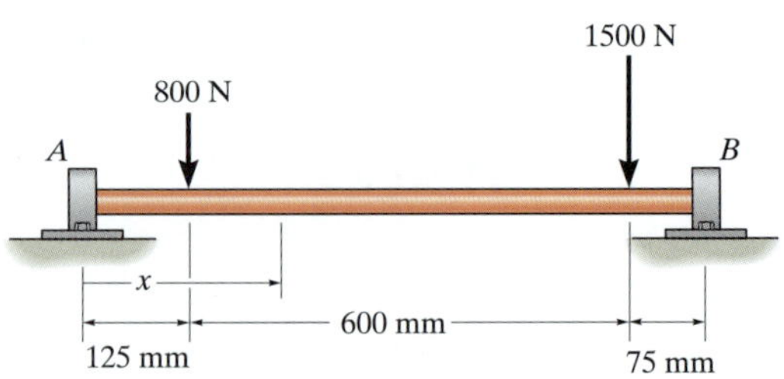

Prob. 11–6

11–7. Express the internal shear and moment in terms of x for $0 \le x < L/2$, and $L/2 < x < L$, and then draw the shear and moment diagrams.

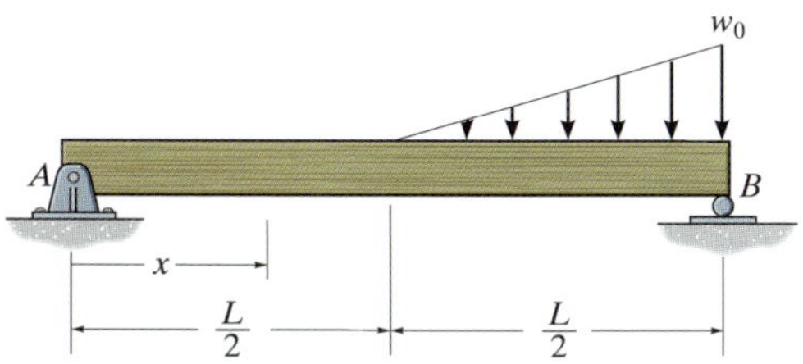

Prob. 11–7

***11–8.** Draw the shear and moment diagrams for the beam. *Hint:* The 100-kN load must be replaced by equivalent loadings at point C on the axis of the beam.

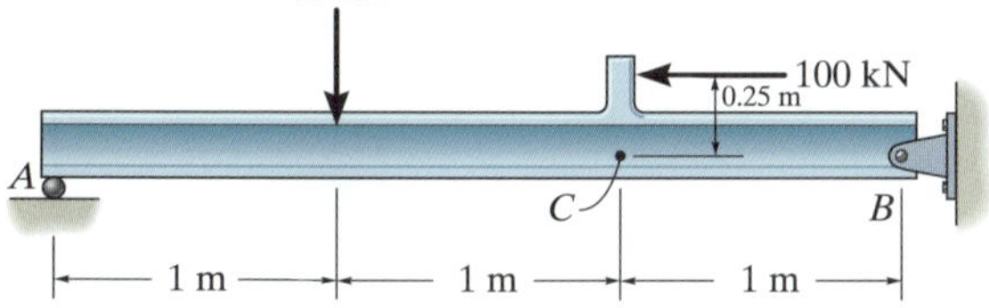

Prob. 11–8

11–9. The load binder is used to support a load. If the force applied to the handle is 225 N, determine the tensions T_1 and T_2 in each end of the chain and then draw the shear and moment diagrams for the arm ABC.

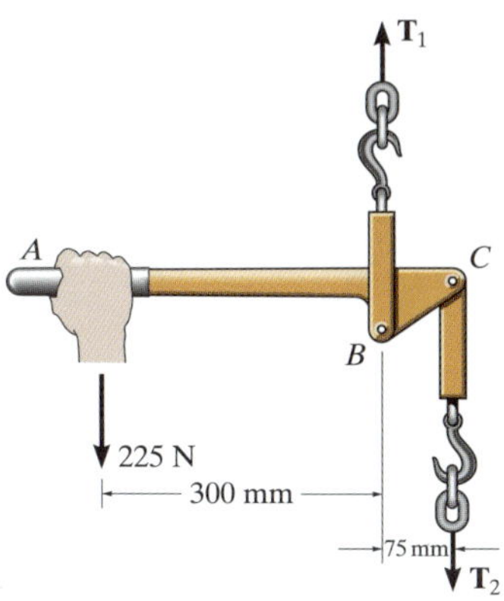

Prob. 11–9

11–10. Draw the shear and moment diagrams for the compound beam. It is supported by a smooth plate at A which slides within the groove and so it cannot support a vertical force, although it can support a moment and axial load.

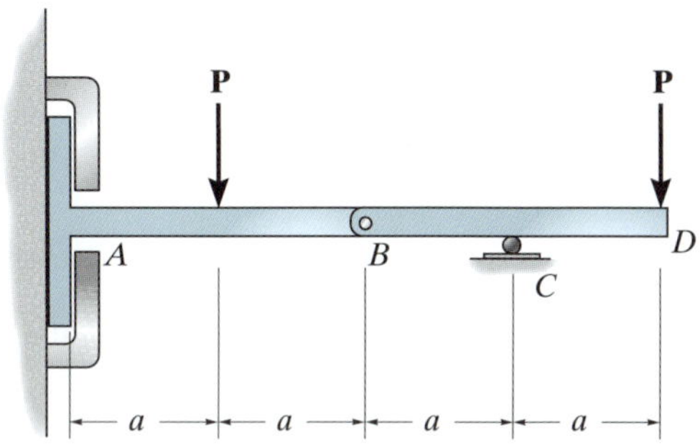

Prob. 11–10

11–11. The engine crane is used to support the engine, which has a weight of 6 kN. Draw the shear and moment diagrams of the boom ABC when it is in the horizontal position shown.

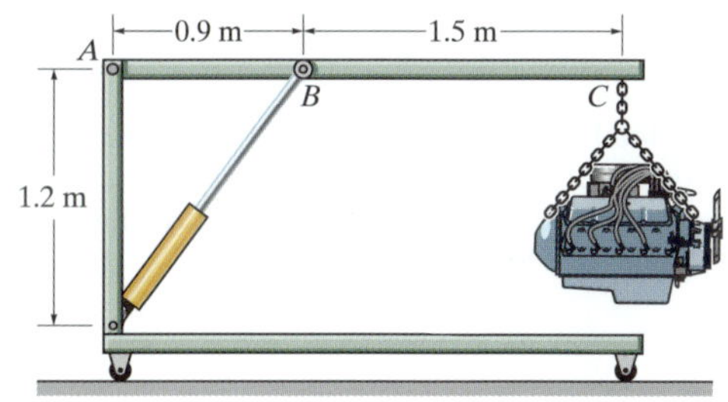

Prob. 11–11

***11–12.** Draw the shear and moment diagrams for the cantilevered beam.

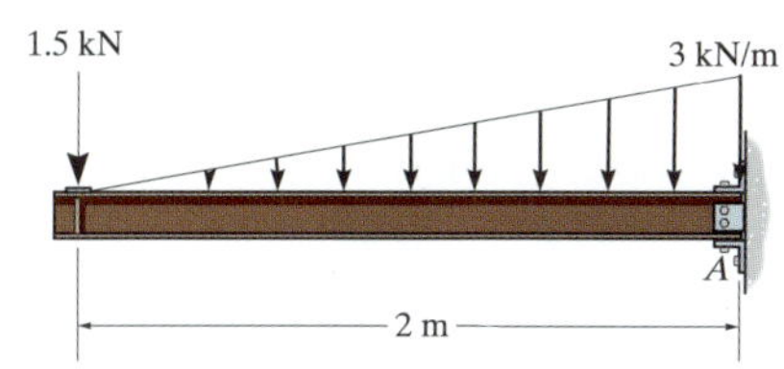

Prob. 11–12

11–13. Draw the shear and moment diagrams for the beam.

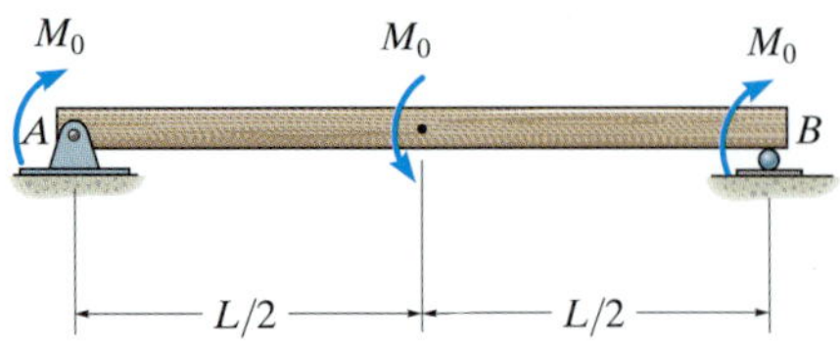

Prob. 11–13

11–14. Draw the shear and moment diagrams for the beam.

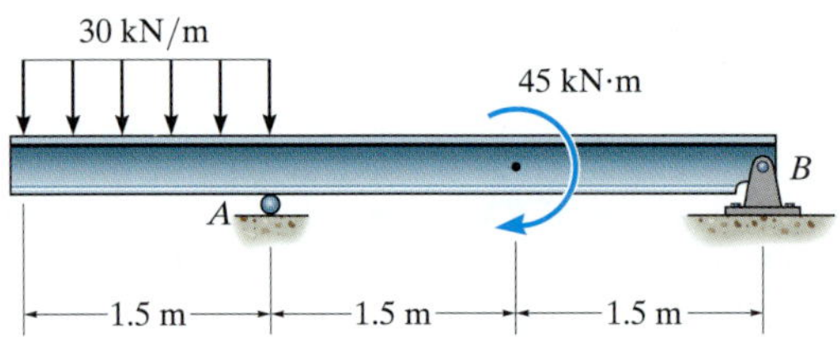

Prob. 11–14

11–15. Members ABC and BD of the counter chair are rigidly connected at B and the smooth collar at D is allowed to move freely along the vertical slot. Draw the shear and moment diagrams for member ABC.

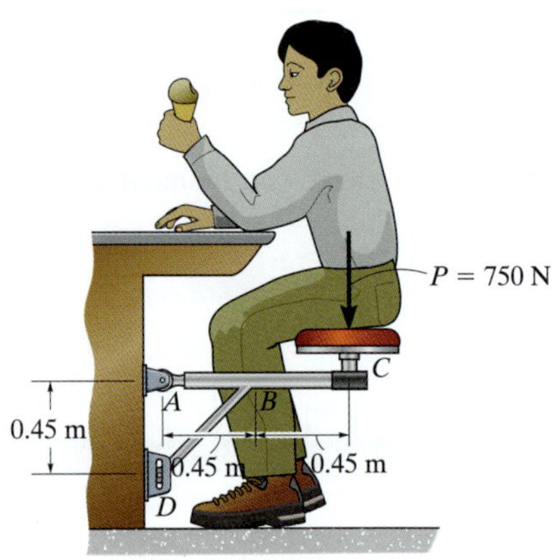

Prob. 11–15

***11–16.** A reinforced concrete pier is used to support the stringers for a bridge deck. Draw the shear and moment diagrams for the pier. Assume the columns at A and B exert only vertical reactions on the pier.

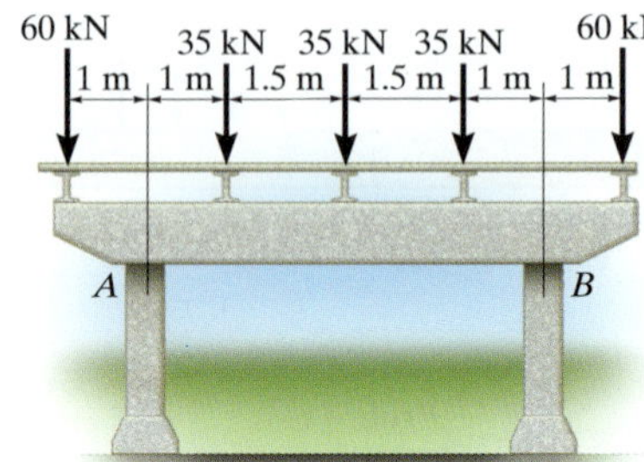

Prob. 11–16

11–17. Draw the shear and moment diagrams for the rod. It is supported by a pin at A and a smooth plate at B. The plate slides within the groove and so it cannot support a vertical force, although it can support a moment.

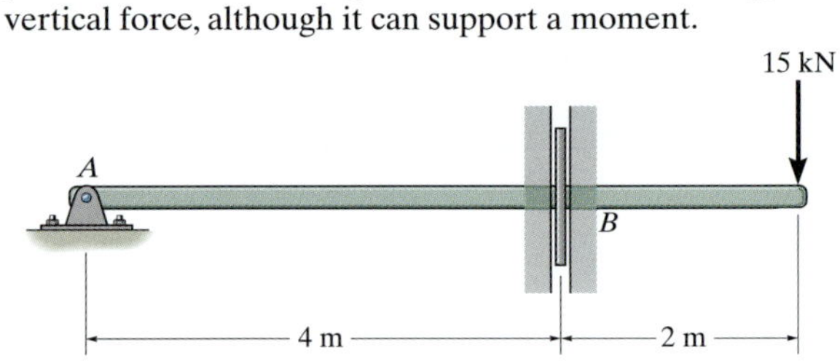

Prob. 11–17

11–18. The industrial robot is held in the stationary position shown. Draw the shear and moment diagrams of the arm ABC if it is pin connected at A and connected to a hydraulic cylinder (two-force member) BD. Assume the arm and grip have a uniform weight of 300 N/m and support the load of 200 N at C.

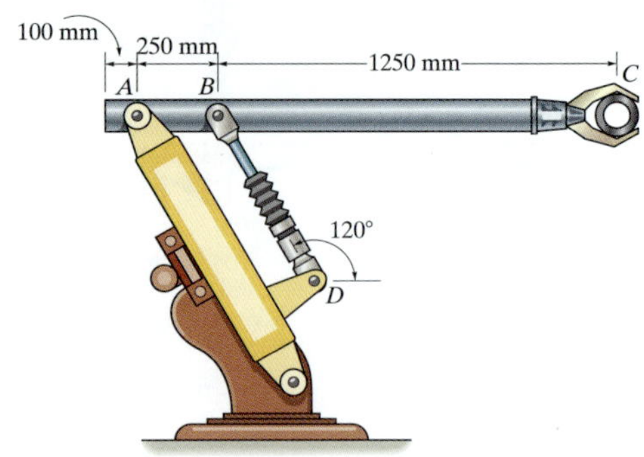

Prob. 11–18

11–19. Draw the shear and moment diagrams for the beam.

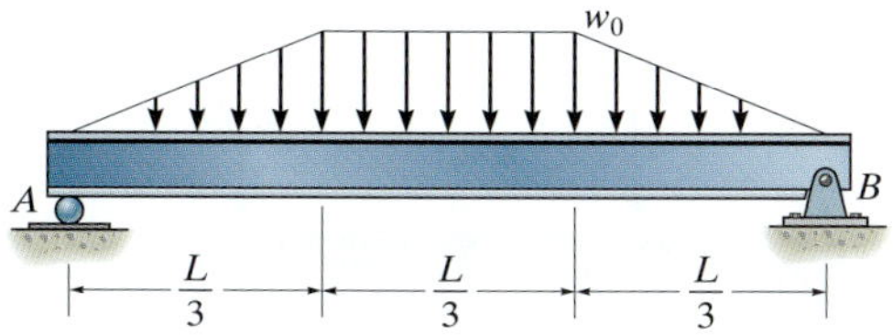

Prob. 11–19

***11–20.** The smooth pin is supported by two leaves A and B and subjected to a compressive load of 0.4 kN/m caused by bar C. Determine the intensity of the distributed load w_0 of the leaves on the pin and draw the shear and moment diagram for the pin.

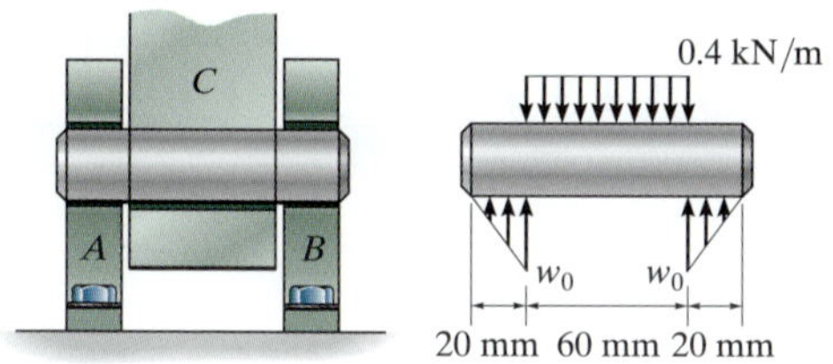

Prob. 11–20

11–21. Draw the shear and moment diagrams for the compound beam.

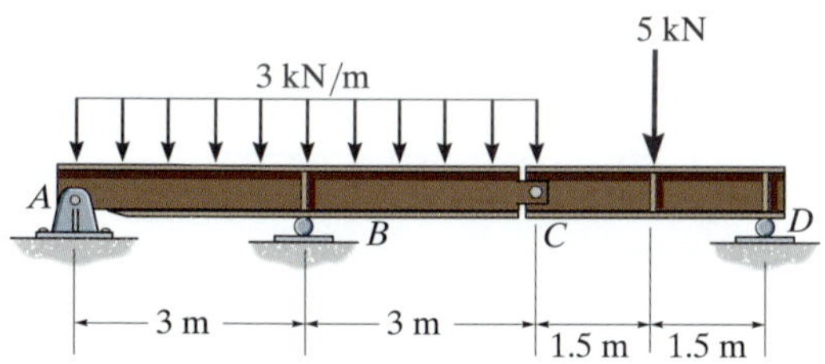

Prob. 11–21

11–22. Draw the shear and moment diagrams for the simply supported beam.

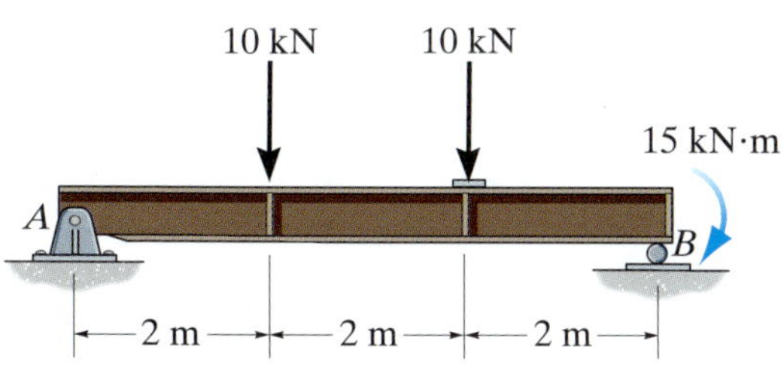

Prob. 11–22

11–23. Draw the shear and moment diagrams for the beam.

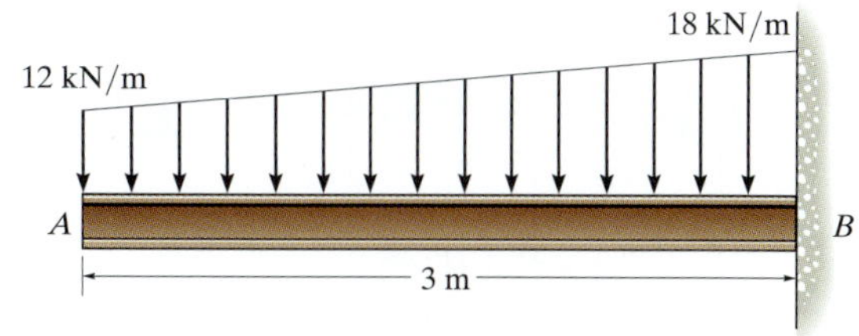

Prob. 11–23

***11–24.** The footing supports the load transmitted by the two columns. Draw the shear and moment diagrams for the footing if the reaction of soil pressure on the footing is assumed to be uniform.

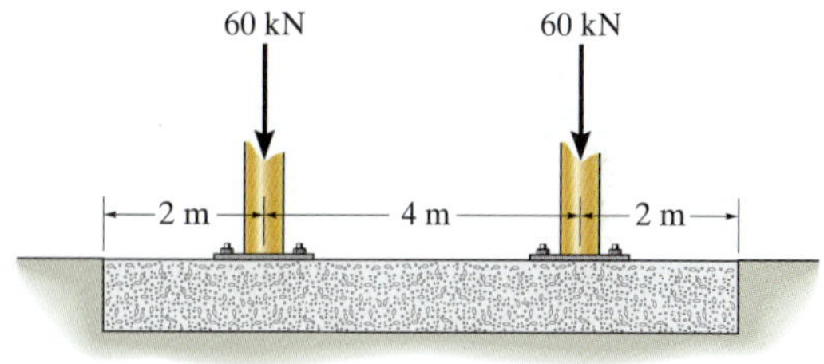

Prob. 11–24

11–25. Draw the shear and moment diagrams for the simply supported beam.

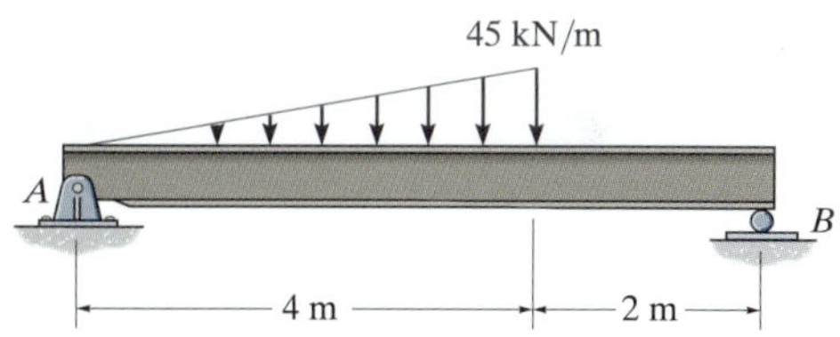

Prob. 11–25

11–26. The support at A allows the beam to slide freely along the vertical guide so that it cannot support a vertical force. Draw the shear and moment diagrams for the beam.

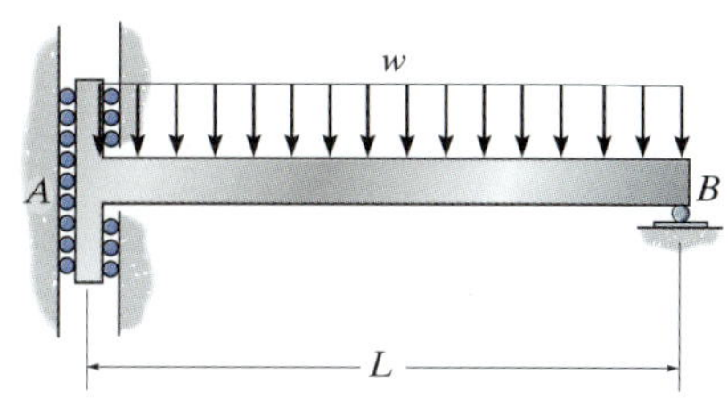

Prob. 11–26

11

11–27. Draw the shear and moment diagrams for the beam.

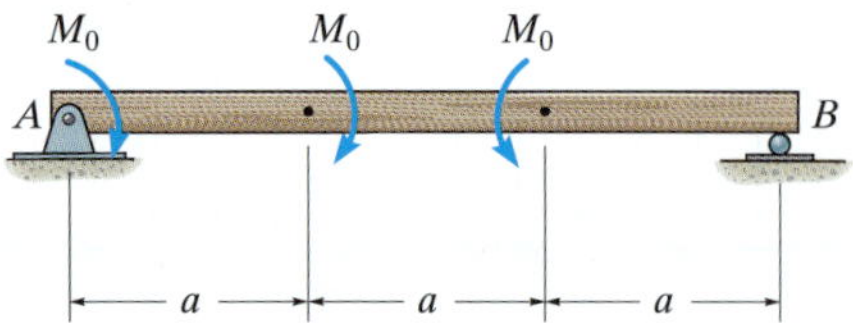

Prob. 11–27

***11–28.** Determine the placement distance a of the roller support so that the largest absolute value of the moment is a minimum. Draw the shear and moment diagrams for this condition.

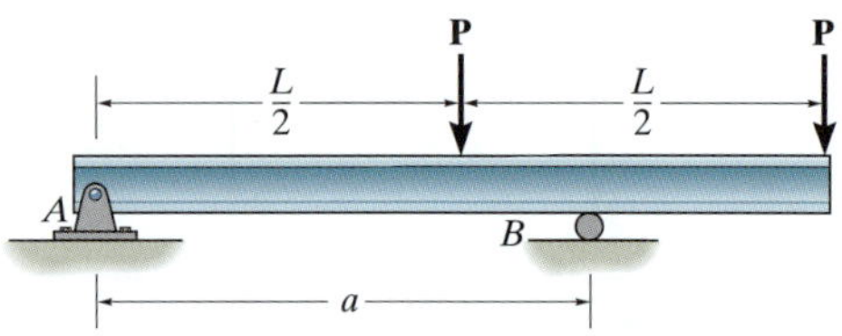

Prob. 11–28

11–29. Draw the shear and moment diagrams for the beam.

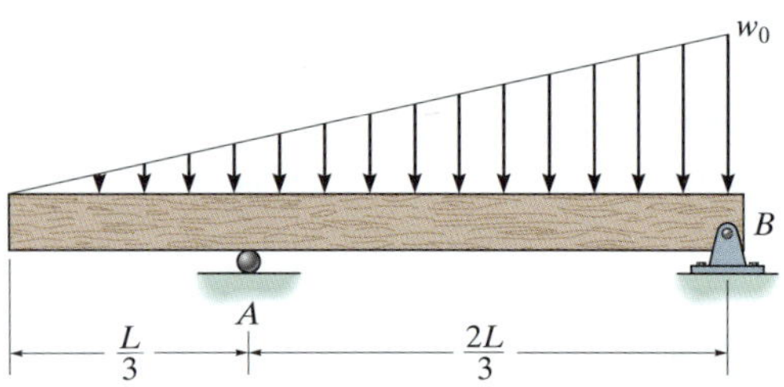

Prob. 11–29

11–30. The 700-N man sits in the center of the boat, which has a uniform width and a weight per linear meter of 450 N/m. Determine the maximum bending moment exerted on the boat. Assume that the water exerts a uniform distributed load upward on the bottom of the boat.

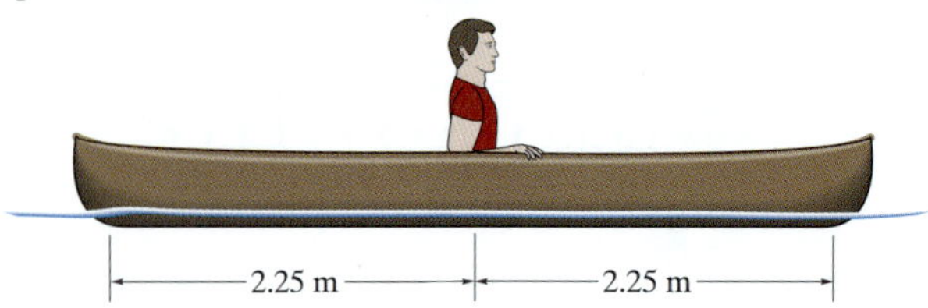

Prob. 11–30

11–31. Draw the shear and moment diagrams for the overhang beam.

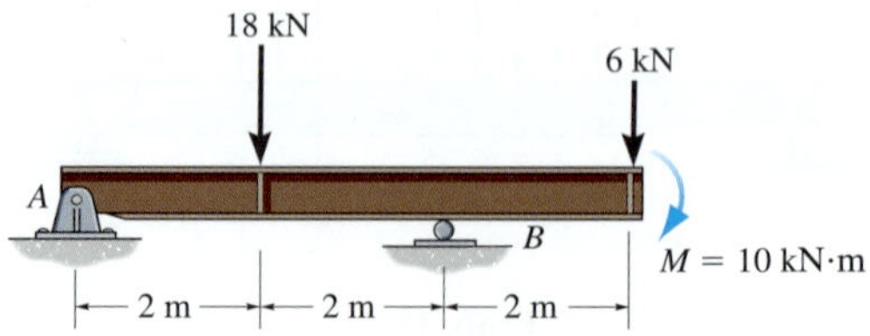

Prob. 11–31

***11–32.** Draw the shear and moment diagrams for the beam.

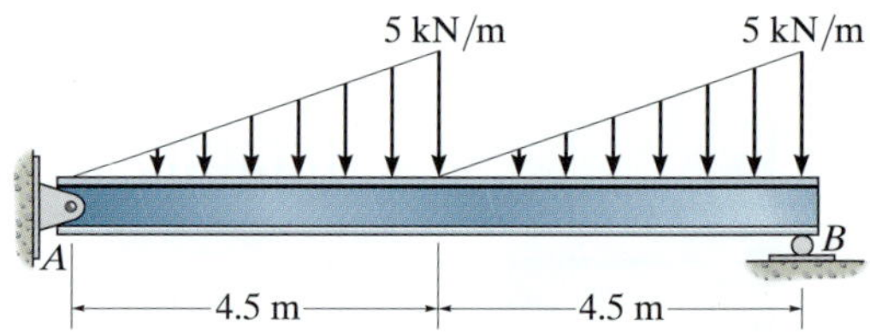

Prob. 11–32

11–33. The beam is bolted or pinned at A and rests on a bearing pad at B that exerts a uniform distributed loading on the beam over its 0.6-m length. Draw the shear and moment diagrams for the beam if it supports a uniform loading of 30 kN/m.

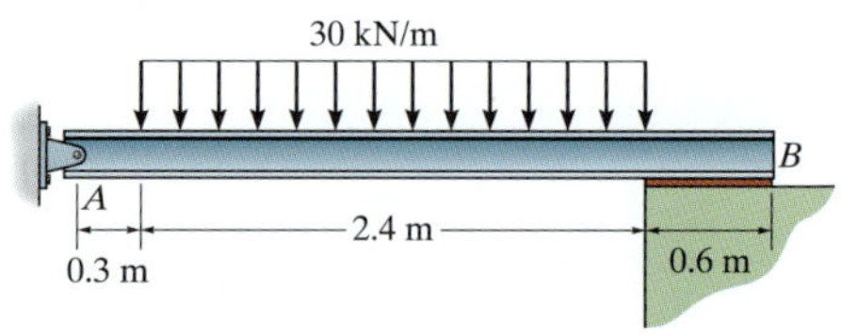

Prob. 11–33

11–34. Draw the shear and moment diagrams for the simply supported beam.

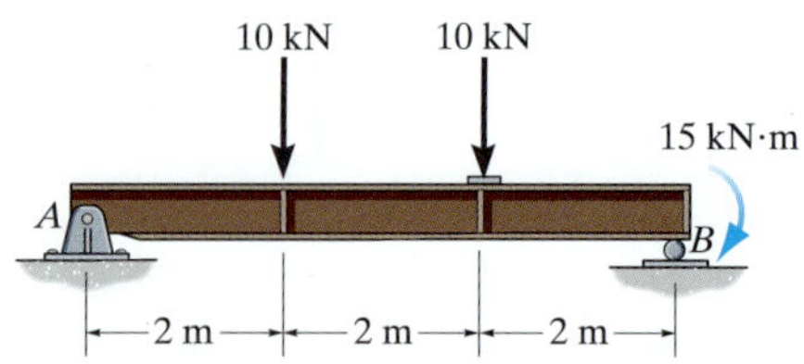

Prob. 11–34

11–35. A short link at B is used to connect beams AB and BC to form the compound beam. Draw the shear and moment diagrams for the beam if the supports at A and C are considered fixed and pinned, respectively.

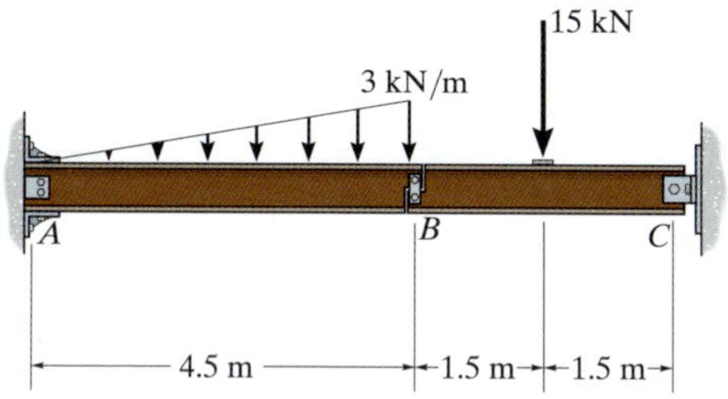

Prob. 11–35

***11–36.** The compound beam is fixed at A, pin connected at B, and supported by a roller at C. Draw the shear and moment diagrams for the beam.

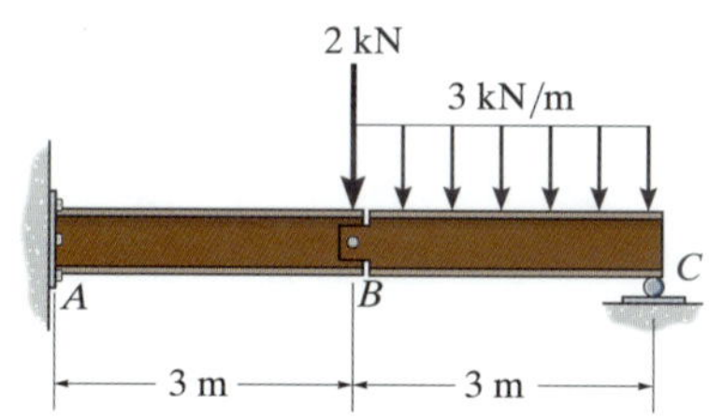

Prob. 11–36

11–37. Draw the shear and moment diagrams for the compound beam.

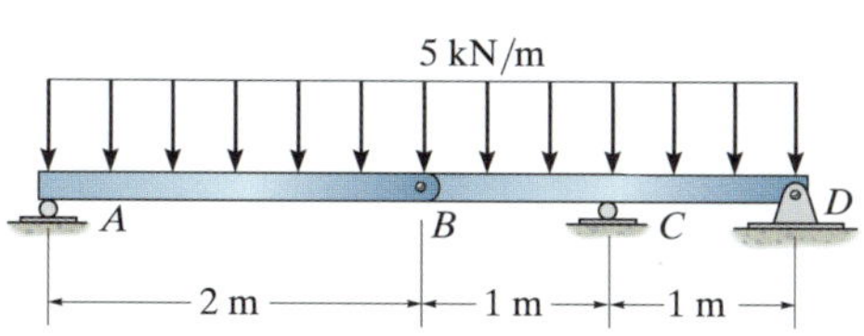

Prob. 11–37

11–38. The compound beam is fixed at A, pin connected at B, and supported by a roller at C. Draw the shear and moment diagrams for the beam.

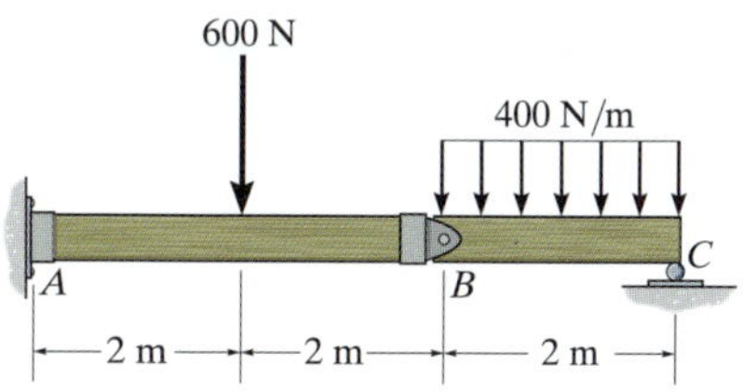

Prob. 11–38

11–39. The shaft is supported by a smooth thrust bearing at A and smooth journal bearing at B. Draw the shear and moment diagrams for the shaft.

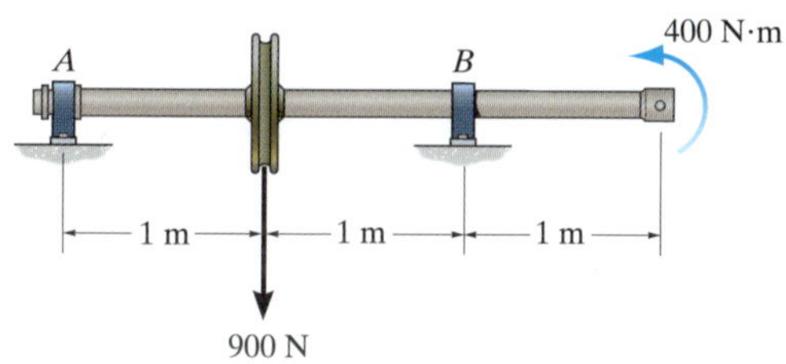

Prob. 11–39

***11–40.** The beam is used to support a uniform load along CD due to the 6-kN weight of the crate. Also, the reaction at the bearing support B can be assumed uniformly distributed along its width. Draw the shear and moment diagrams for the beam.

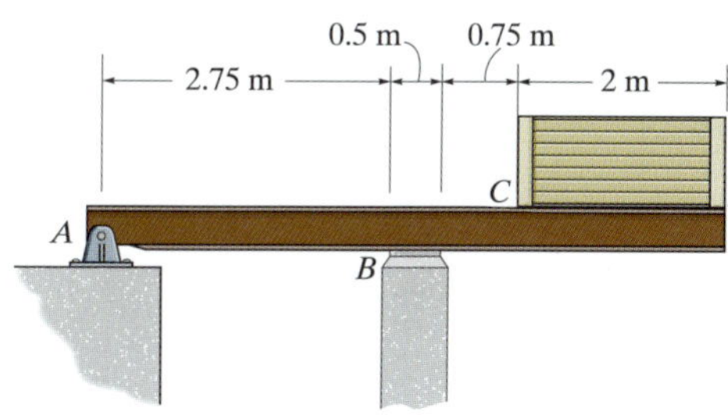

Prob. 11–40

11–41. Draw the shear and moment diagrams for the beam.

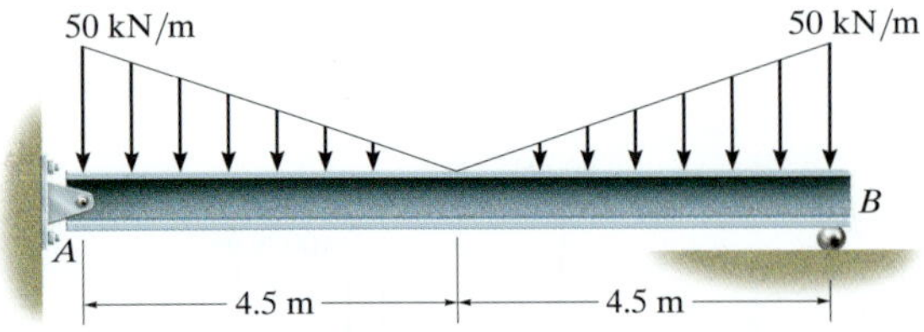

Prob. 11–41

11–42. Draw the shear and moment diagrams for the cantilever beam.

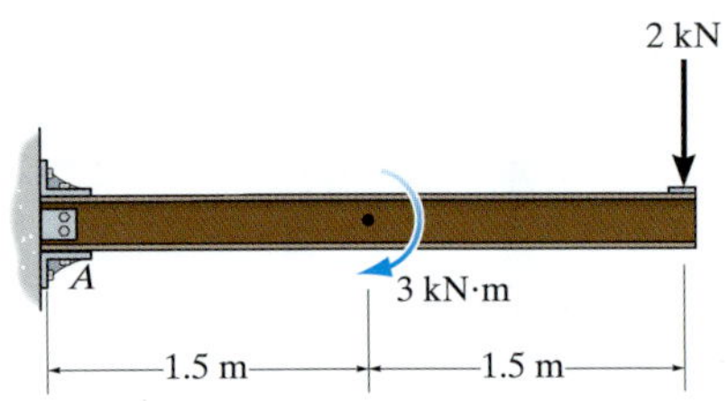

Prob. 11–42

11–43. Draw the shear and moment diagrams for the beam.

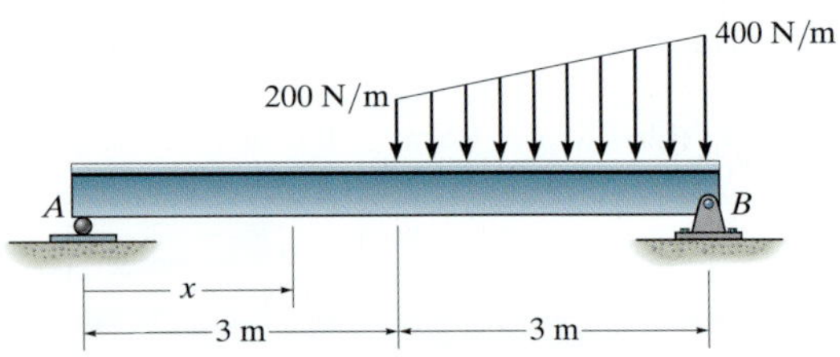

Prob. 11–43

***11–44.** Draw the shear and moment diagrams for the compound beam which is pin connected at B. (This structure is not fully stable. But with the given loading, it is balanced and will remain as shown if not disturbed.)

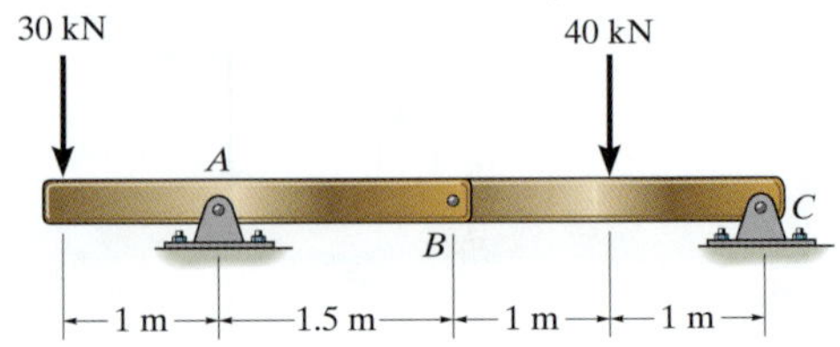

Prob. 11–44

11–45. Determine the placement b of the hooks to minimize the largest moment when the concrete member is being hoisted. Draw the shear and moment diagrams. The member has a square cross section of dimension a on each side. The specific weight of concrete is γ.

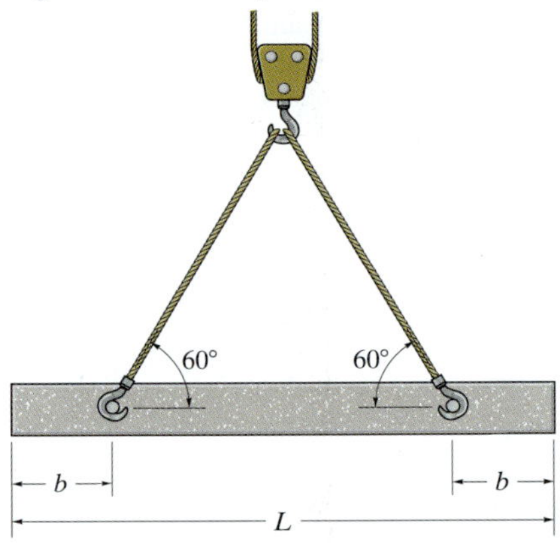

Prob. 11–45

11–46. The truck is to be used to transport the concrete column. If the column has a uniform weight of w (force/length), determine the equal placement a of the supports from the ends so that the absolute maximum bending moment in the column is as small as possible. Also, draw the shear and moment diagrams for the column.

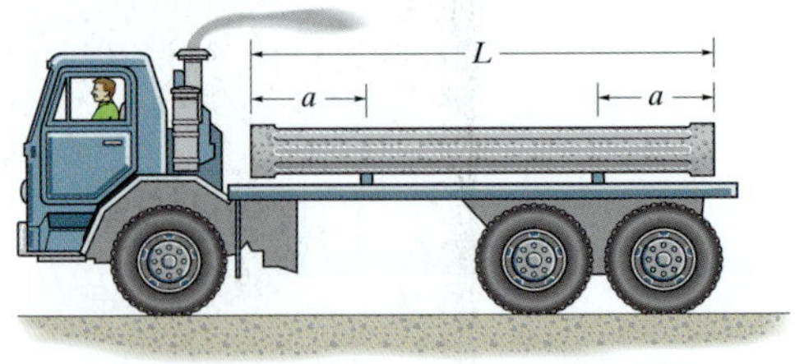

Prob. 11–46

11.3 직선부재의 휨 변형

여기서는 균질재료로 된 균일단면 직선 보에 휨모멘트가 작용한 경우에 발생하는 보의 변형에 대하여 논의하고자 한다. 보의 단면은 하나의 축에 대하여 대칭이고 휨모멘트는 그림 11-18에 나타낸 바와 같이 단면 대칭축에 수직인 축의 방향으로 작용한다. 비대칭 단면 부재 또는 여러 상이한 재료로 구성된 부재의 거동은 유사한 방법으로 이 절의 후반부에 별도로 논의한다.

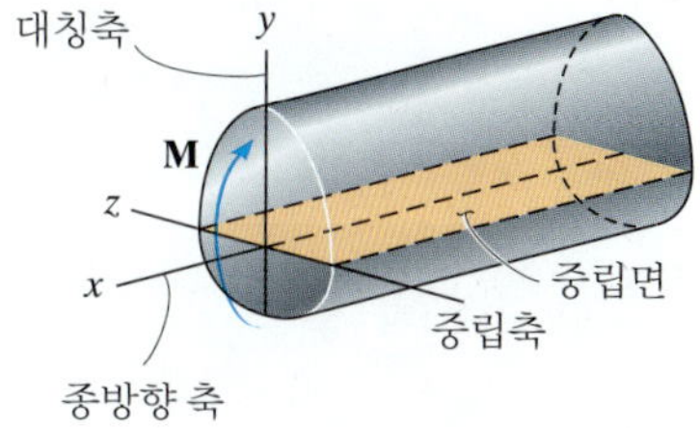

그림 11-18

변형 전에 정사각형 단면이며 수평 및 수직으로 격자무늬가 새겨진 그림 11-19*a*와 같은 부재에 휨모멘트가 작용하면, 격자무늬는 그림 11-19*b*에 나타난 형태로 찌그러진다. 수평선은 구부러지며 수직선은 직선을 유지하면서 회전한다. 휨모멘트는 막대 부재의 하부 재료에는 인장을 그리고 상부 재료에는 압축을 발생시킨다. 결과적으로, 두 영역 사이에는 재료의 수평방향 섬유 길이에 변화가 없는 면이 존재하게 되는데 그림 11-18과 같은 이 면을 **중립면**(neutral surface)이라고 한다. 그리고 중립면을 따라 위치하는 z축을 **중립축**(neutral axis)이라 한다.

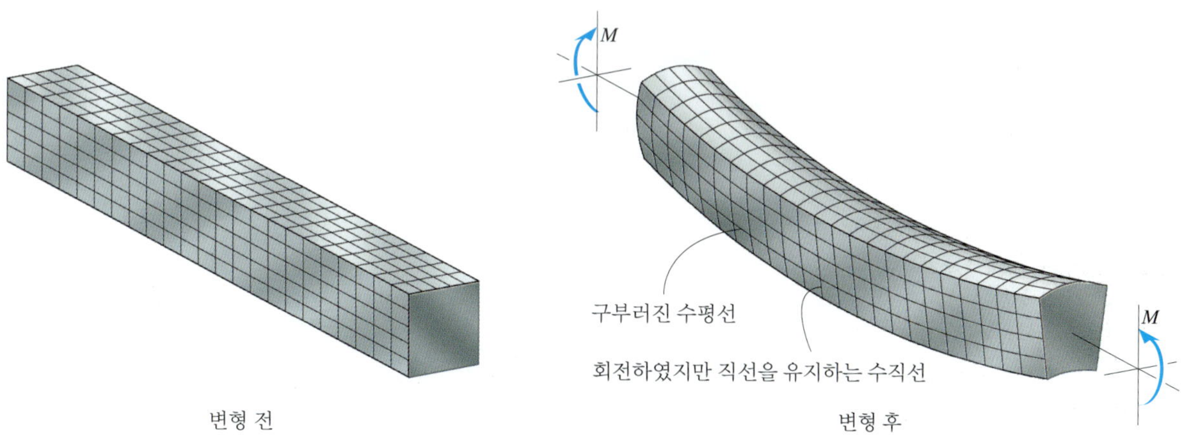

변형 전

(a)

변형 후

(b)

그림 11-19

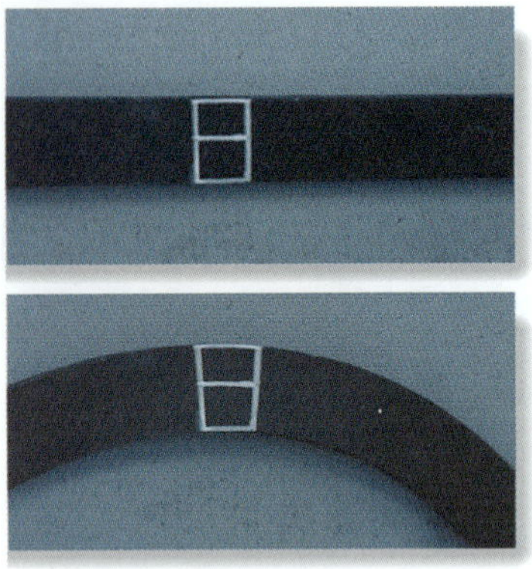

고무 막대의 휨 변형에 의한 선의 찌그러진 형상에 주목한다. 위의 선은 인장되었고 아래 선은 압축되었으며 가운데 선은 처음과 같은 길이를 유지하고 있다. 또한 수직선은 회전이 되었지만 여전히 직선을 유지하고 있다.

이러한 관찰로부터 모멘트가 재료를 변형시키는 방법에 대한 다음의 세 가지 가정을 세울 수 있다. 첫째, 그림 11-20*a*의 중립면에 위치하는 종축에는 어떠한 길이 변화도 없다. 모멘트가 보를 변형시키면 이 직선은 그림 11-20*b*에서와 같이 대칭면인 수직면에 위치하는 곡선이 된다. 둘째, 보의 모든 단면은 변형이 발생하는 동안 평면을 유지하며 종방향에 수직을 유지한다. 그리고 셋째, 3.6절에서 다루어진 푸아송 효과에 의한 횡방향의 미소한 변형률은 무시할 수 있다. 다시 말해서 그림 11-19의 부재 단면은 그 형상을 유지한다.

앞에서 세운 가정에 의해 휨모멘트가 그림 11-20에 나타낸 바와 같이 보의 길이방향으로 거리 x에 위치한 보의 미소 요소를 어떻게 변형시키는지 살펴본다. 미소 요소의 변형 전과 변형 후의 위치에서의 측면 모습은 그림 11-21과 같다. 중립면에 위치한 미소 선 Δx에는 길이의 변화가 없고, 중립면으로부터 임의의 거리 y만큼 떨어져 위치한 미소 선 Δs는 수축하여 변

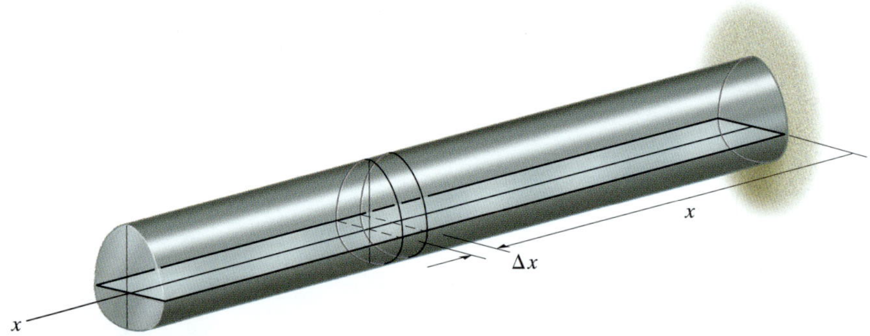

(a)

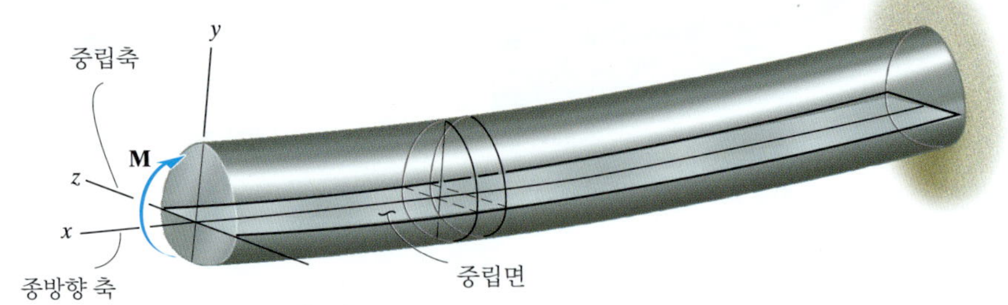

(b)

그림 11-20

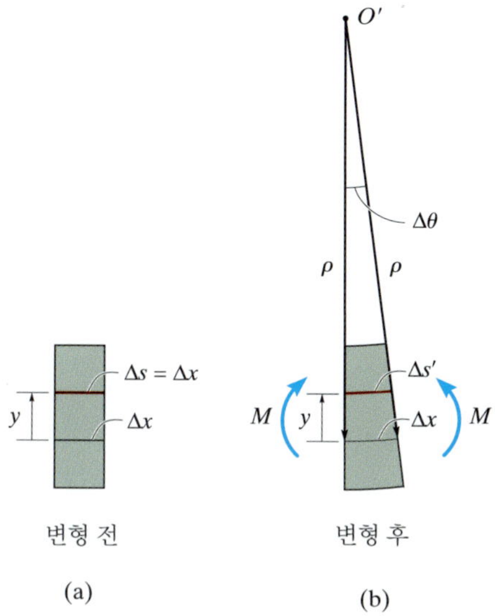

그림 11-21

형 후 $\Delta s'$이 된다. 정의에 따라 Δs 방향으로의 단면 수직변형률은 식 (7-11)에 의해 결정된다. 즉,

$$\epsilon = \lim_{\Delta s \to 0} \frac{\Delta s' - \Delta s}{\Delta s}$$

이제 변형률을 중립면으로부터 미소 선까지의 거리 y와 미소 요소의 종방향의 곡률 반지름 ρ의 항으로 표현하도록 한다. 그림 11-21a에서 변형 전에 $\Delta s = \Delta x$이다. 그림 11-21b에서 변형 후 Δx의 곡률 반지름은 ρ이고, 곡률의 중심은 점 O'이므로 $\Delta x = \Delta s = \rho \Delta\theta$이다. 또한, $\Delta s'$의 곡률 반지름이 $\rho - y$이므로 $\Delta s' = (\rho - y)\Delta\theta$이다. 이를 위의 식에 대입하면 다음의 식과 같다.

$$\epsilon = \lim_{\Delta\theta \to 0} \frac{(\rho - y)\Delta\theta - \rho\Delta\theta}{\rho\Delta\theta}$$

또는

$$\epsilon = -\frac{y}{\rho} \qquad (11\text{-}7)$$

11

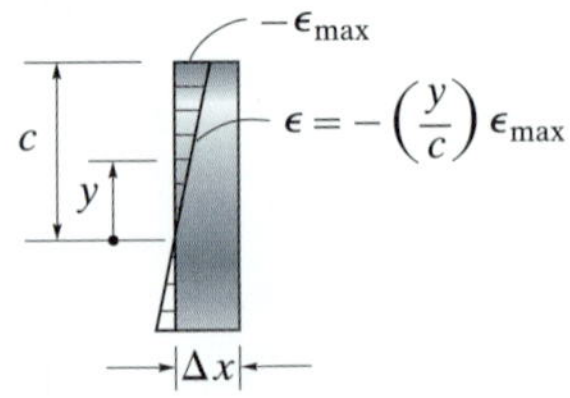

단면 내 수직변형률 분포

그림 11-22

위치 x에서 $1/\rho$은 일정하기 때문에 $\epsilon = -y/\rho$라는 의미 있는 결과는 종방향 수직변형률이 중립축으로부터 떨어진 거리 y에 따라 선형적으로 변한다는 것을 의미한다. 수축$(-\epsilon)$은 중립축 위$(+y)$에 위치한 섬유에서 발생하고 인장$(+\epsilon)$은 중립축 아래$(-y)$에 위치한 섬유에서 발생한다. 단면 내에서의 이러한 변형률의 변화는 그림 11-22에 나타낸 바와 같다. 최대 변형률은 중립축으로부터 $y = c$의 거리에 위치한 최외측 섬유에서 발생한다. 식 (11-7)을 사용하면, $\epsilon_{max} = c/\rho$이고, 나눗셈을 하면

$$\frac{\epsilon}{\epsilon_{max}} = -\left(\frac{y/\rho}{c/\rho}\right)$$

따라서,

$$\epsilon = -\left(\frac{y}{c}\right)\epsilon_{max} \tag{11-8}$$

수직변형률은 오직 변형과 관련하여 정의된 가정에 바탕을 두고 전개되었다.

11.4 휨 공식

이 절에서는 직선 보의 내부 응력 분포와 부재의 단면에 작용하는 휨모멘트의 관계를 설명하는 방정식을 전개한다. 재료가 선형탄성 거동을 하는 것으로 가정하면, 훅의 법칙에 따라 수직변형률은 그림 11-23*a*와 같이 선형적으로 변하며 수직응력 또한 그림 11-23*b*와 같이 선형적으로 변한다. 따라서, 수직변형률의 변화와 동일하게 σ는 부재 중립축에서 0이며 중립축

11

목재 시험체가 휨에 의해 상단의 조직은 쭈그러지고 하단은 찢어지며 파손되었다.

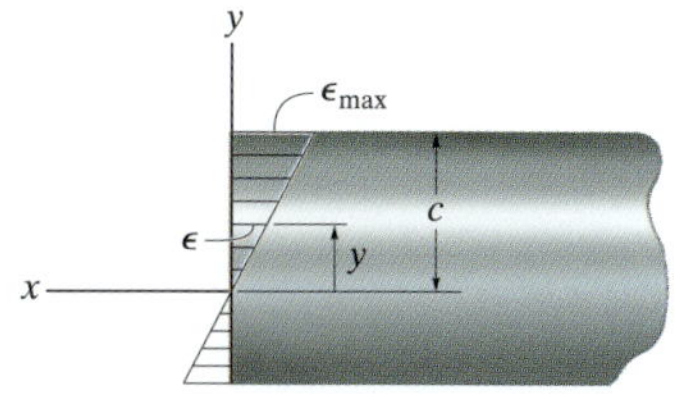

수직변형률 변화
(측면도)

(a)

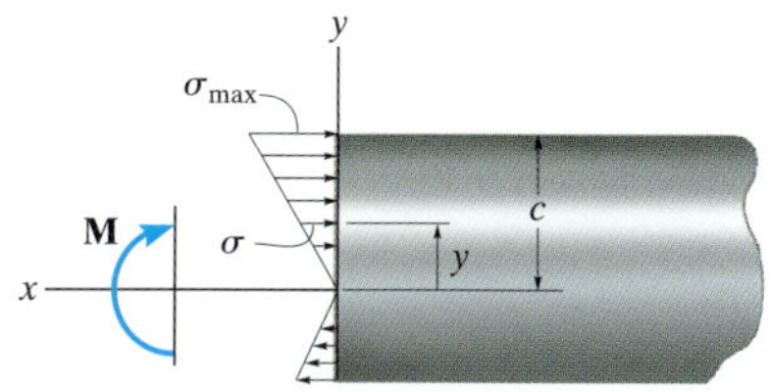

휨 응력 변화
(측면도)

(b)

그림 11-23

에서 가장 먼 위치 c에서 최댓값인 σ_{max}가 된다. 그림 11-23b의 비례 삼각형 또는 훅의 법칙에 따라 $\sigma = E\epsilon$이며, 이를 식 (11-8)을 대입하면 다음 식과 같다.

$$\sigma = -\left(\frac{y}{c}\right)\sigma_{max} \tag{11-9}$$

이 방정식은 응력의 단면 내 분포형태를 설명하고 있다. 여기서, 부호규약은 중요한 의미를 갖는다. $+z$축 방향으로 양의 $\mathbf{M}$가 작용하는 경우, y가 양의 값이면 σ는 음의 값이 되고 x축 음의 방향으로 작용하기 때문에 압축응력이다. 마찬가지로, y가 음의 값이면 σ는 양의 값 또는 인장응력이 된다.

중립축의 위치. 단면의 중립축은 단면 전체의 응력 분포로부터 산정되는 합성력이 0이 되는 조건을 만족하는 위치에 둘 수 있다. 그림 11-24에서 임의의 미소 요소 dA에 힘 $dF = \sigma\, dA$가 작용한다는 점에 유의하면 다음과 같다.

$$F_R = \Sigma F_x; \qquad 0 = \int_A dF = \int_A \sigma\, dA$$

$$= \int_A -\left(\frac{y}{c}\right)\sigma_{max}\, dA$$

$$= \frac{-\sigma_{max}}{c}\int_A y\, dA$$

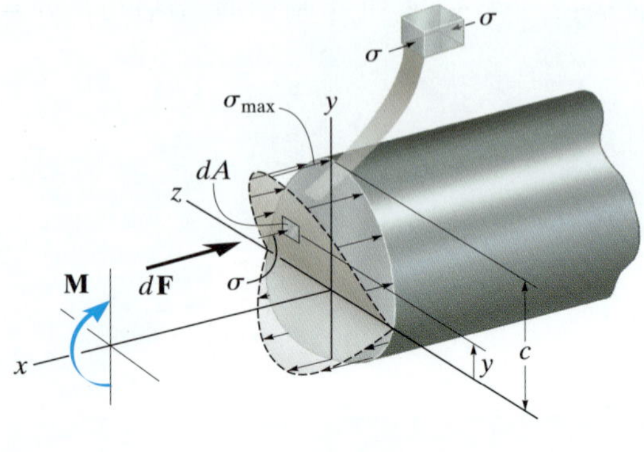

그림 11-24

σ_{max}/c는 0이 될 수 없으므로

$$\int_A y\, dA = 0 \qquad (11\text{-}10)$$

다르게 설명하면, 중립축에 대한 부재 단면적의 1차 모멘트는 0이어야 한다. 이 조건은 중립축이 단면의 수평 도심축인 경우에만 만족될 수 있다.* 그러므로 부재 단면적의 도심이 산정되면 중립축의 위치를 알게 되는 것이다.

휨모멘트. 보의 단면 응력은 단면에 분포된 응력이 중립축에 대해 발생시키는 모멘트가 휨모멘트 M과 같다는 조건에 의해 산정될 수 있다. 그림 11-24에서 dF에 의해 발생되는 모멘트는 $dM = y\, dF$이다. $dF = \sigma\, dA$이므로 이를 식 (11-9)에 대입하면,

$$(M_R)_z = \Sigma M_z; \qquad M = \int_A y\, dF = \int_A y\,(\sigma\, dA) = \int_A y\left(\frac{y}{c}\sigma_{max}\right) dA$$

또는

$$M = \frac{\sigma_{max}}{c}\int_A y^2\, dA \qquad (11\text{-}11)$$

11

* 면적의 도심 $\bar{y}$의 위치는 방정식 $\bar{y} = \int y\, dA/\int dA$를 이용해 구할 수 있음을 기억하자. 만약 $\int y\, dA = 0$이라면 $\bar{y} = 0$이고 기준(중립)축 선상에 있다. 부록 A 참조.

이 식의 적분항은 중립축에 대한 단면적의 **관성모멘트**(moment fo inertia)를 의미하며, 그 값을 기호 I로 표시한다.* 따라서 σ_{max}는 식 (11-11)로부터 산정할 수 있으며 다음과 같다.

$$\sigma_{max} = \frac{Mc}{I} \tag{11-12}$$

여기서,

σ_{max} = 부재 단면의 최대 수직응력, 단면에서 중립축으로부터 가장 멀리 떨어진 점에서 발생

M = 내부 합성 모멘트, 단면법과 평형방정식에 의해 산정되고 단면의 중립축을 기준으로 계산됨

c = 중립축에서 가장 멀리 떨어진 최외측점까지의 수직 거리이며 σ_{max}가 작용하는 곳

I = 중립축에 대한 단면적의 관성모멘트

식 (11-9)에 따르면 $\sigma_{max}/c = -\sigma/y$이므로 임의의 거리 y에서의 단면 수직응력은 식 (11-12)와 유사한 방정식으로부터 산정될 수 있다.

$$\sigma = -\frac{My}{I} \tag{11-13}$$

위의 두 방정식을 흔히 **휨 공식**(flexure formula)이라고 한다. 비록 부재가 균일단면인 경우로 가정하였지만 휨 공식은 변화가 작은 변단면 보 부재의 수직응력 산정에도 보수적으로 사용할 수 있다. 예를 들어, 사각형 단면이고 15°로 가늘어지는 부재에 대한 탄성이론을 기초로 산정한 단면 최대 수직응력의 해석 결과는 휨 공식을 사용한 경우보다 5.4% 정도 작다.

11

* 다양한 단면의 관성모멘트를 산정하는 방법에 대해서는 부록 A 참조.

요점 IMPORTANT POINTS

- 직선 부재의 단면은 휨에 의해 변형할 때 평면을 유지한다. 이로 인해 단면의 일부분에 인장응력이 발생하고 다른 부분에는 압축응력이 발생한다. 이 부분들 사이에는 응력이 0인 중립축이 존재한다.
- 휨 변형이 발생하는 경우, 단면에서의 종방향 변형률은 중립축에서는 0이고 보의 외측 섬유에서는 최대가 되도록 선형적으로 변한다. 재료가 균질하고 선형 탄성이면 응력 또한 단면에서 선형적으로 변한다.
- 단면의 수직합력이 0인 경우에 중립축은 단면의 도심을 지난다.
- 휨 공식은 단면의 내부 모멘트가 수직응력이 중립축에 대하여 일으키는 모멘트와 같다는 조건에 기초한다.

풀이 과정 PROCEDURE FOR ANALYSIS

휨 공식은 다음과 같은 절차에 따라 적용한다.

내부 모멘트

- 휨응력 또는 단면 수직응력을 구하고자 하는 위치에서 부재를 절단하여 해당 단면의 내부 모멘트 M을 구한다. M의 산정 기준이 되는 축인 단면의 도심축 또는 중립축을 파악해야 한다.
- 절대 최대 휨 응력을 산정하는 경우에는, 부재의 최대 모멘트를 산정하기 위해 모멘트도를 작성한다.

단면 특성

- 중립축에 대한 단면의 관성모멘트를 산정한다. 이에 대한 계산법은 부록 A에 있으며 몇 가지 일반적인 단면 형상에 대한 I값은 책의 뒷부분에 있다.

수직응력

- 중립축으로부터 수직응력을 구하는 위치까지의 직선거리 y를 결정하고 식 $\sigma = -My/I$를 적용한다. 최대 휨 응력을 계산하는 경우라면, $\sigma_{\max} = Mc/I$를 사용한다. 값을 대입할 때는 단위가 일치하는지 확인한다.
- 응력은 그 응력이 한 점에 발생시키는 힘과 동일한 방향으로 작용하여 중립축에 대해 내부 모멘트 M과 동일한 방향으로 모멘트를 발생시킨다. 이런 방법으로 그림 11-24와 같이 전체 단면에 걸친 응력의 작용을 설명할 수 있으며, 또는 재료의 체적 요소를 사용하여 한 점에 작용하는 수직응력을 나타낼 수 있다.

11

예제 11.11

그림 11-25*a*의 단순보가 그림 11-25*b*의 단면을 가지고 있다. 보의 절대 최대 휨 응력을 구하고 단면의 응력분포도를 그려라. 또한 *B*점의 응력이 어떻게 되는지 밝혀라.

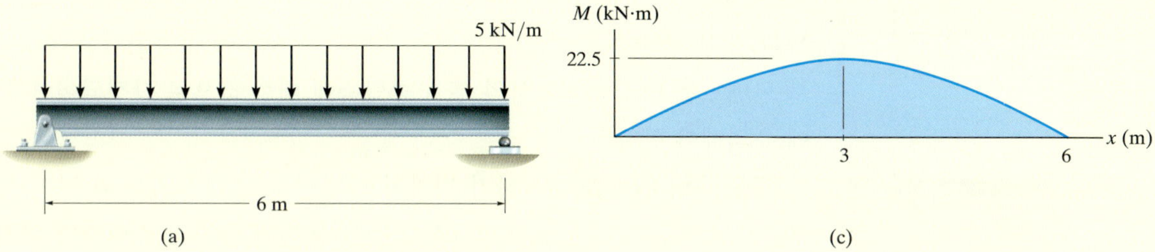

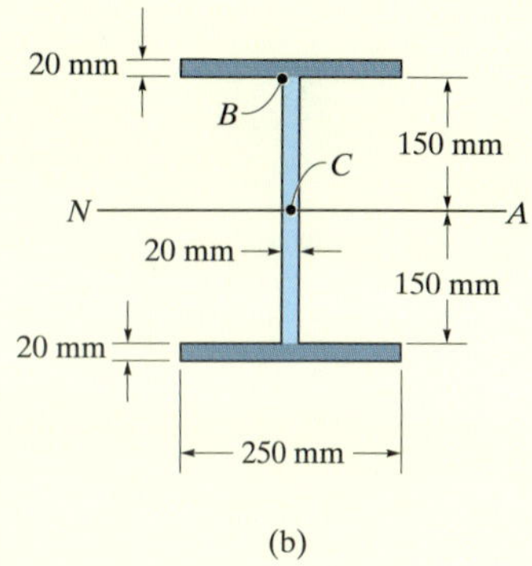

풀이

최대 내부 모멘트. 보의 최대 내부 모멘트는 그림 11-25*c*의 모멘트도에 나타낸 바와 같이 $M = 22.5\ \text{kN}\cdot\text{m}$이고, 보 중앙에서 발생한다.

단면 특성. 대칭 조건에 따라 중립축은 보의 중간 높이에 위치한 그림 11-25*b*의 도심 *C*를 지난다. 단면의 면적은 세 부분으로 나누고, 각 부분의 관성모멘트를 평행축 정리에 따라 중립축에 대하여 계산한다. (부록 A의 식 (A-5) 참조) 미터 단위를 사용하여 다음과 같이 계산한다.

$$
\begin{aligned}
I &= \Sigma(\bar{I} + Ad^2) \\
&= 2\left[\frac{1}{12}(0.25\ \text{m})(0.020\ \text{m})^3 + (0.25\ \text{m})(0.020\ \text{m})(0.160\ \text{m})^2\right] \\
&\quad + \left[\frac{1}{12}(0.020\ \text{m})(0.300\ \text{m})^3\right] \\
&= 301.3(10^{-6})\ \text{m}^4
\end{aligned}
$$

$$\sigma_{\max} = \frac{Mc}{I};\quad \sigma_{\max} = \frac{22.5(10^3)\ \text{N}\cdot\text{m}(0.170\ \text{m})}{301.3(10^{-6})\ \text{m}^4} = 12.7\ \text{MPa} \qquad \text{답}$$

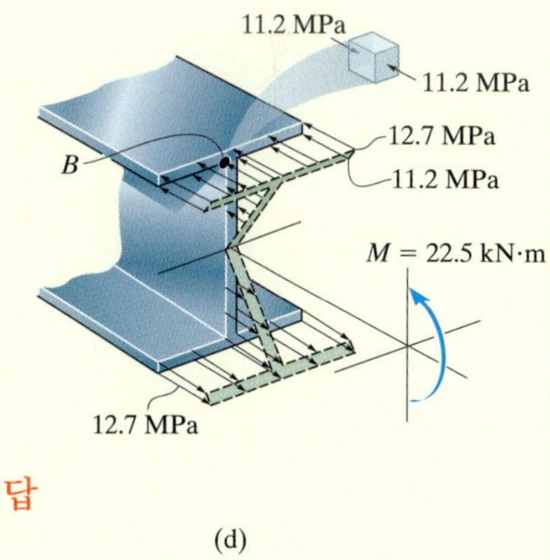

그림 11-25

3차원 응력 분포는 그림 11-25*d*와 같다. 특히, *B*점에서는 $y_B = 150\ \text{mm}$이며 이 점의 응력은 그림 11-25*d*의 요소에 표시한 바와 같다.

$$\sigma_B = -\frac{My_B}{I};\quad \sigma_B = -\frac{22.5(10^3)\ \text{N}\cdot\text{m}(0.150\ \text{m})}{301.3(10^{-6})\ \text{m}^4} = -11.2\ \text{MPa} \qquad \text{답}$$

예제 11.12

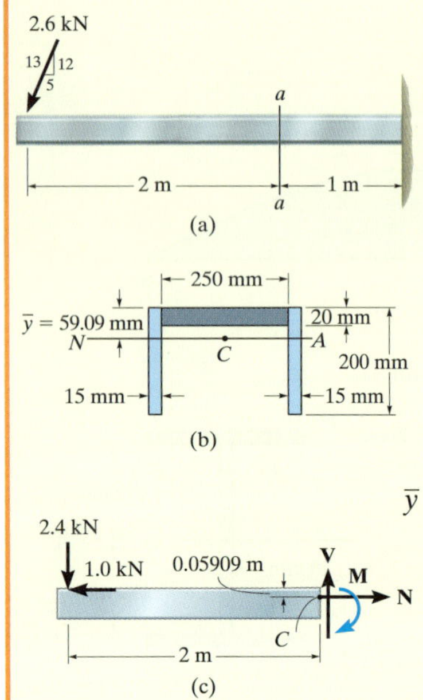

그림 11-26

그림 11-26*a*의 보에서 단면 형상은 그림 11-26*b*와 같다. 보 단면 *a*-*a*에서의 최대 휨 응력을 구하라.

풀이

내부 모멘트. 보의 지점 반력을 산정할 필요가 없다. 대신에 그림 11-26*c*와 같이 단면 *a*-*a*의 좌측 부분을 대상으로 단면법을 적용할 수 있다. 특히, 부재 축력 **N**은 단면의 도심을 지난다는 사실에 주목한다. 또한, 내부 모멘트는 단면 *a*-*a*에서의 부재 중립축에 대한 값으로 산정되어야 함에 유의해야 한다.

중립축의 위치를 파악하기 위하여 단면적을 그림 11-26*b*와 같이 세 부분으로 나눈다. 부록 A의 식 (A-2)를 이용하면 단면의 중립축의 위치는 다음과 같다.

$$\bar{y} = \frac{\Sigma \tilde{y}A}{\Sigma A} = \frac{2[0.100\text{ m}](0.200\text{ m})(0.015\text{ m}) + [0.010\text{ m}](0.02\text{ m})(0.250\text{ m})}{2(0.200\text{ m})(0.015\text{ m}) + 0.020\text{ m}(0.250\text{ m})}$$

$$= 0.05909\text{ m} = 59.09\text{ mm}$$

구해진 중립축의 위치는 그림 11-26*c*에 나타낸 바와 같다.

중립축에 대한 모멘트 평형방정식을 적용하면 다음의 값을 구할 수 있다.

$$\circlearrowleft + \Sigma M_{NA} = 0; \quad 2.4\text{ kN}(2\text{ m}) + 1.0\text{ kN}(0.05909\text{ m}) - M = 0$$

$$M = 4.859\text{ kN}\cdot\text{m}$$

단면 특성. 중립축에 대한 관성모멘트는 단면의 세 부분 각각에 $I = \Sigma(\bar{I} + Ad^2)$을 적용하여 구한다. 미터 단위를 사용하면 다음과 같다.

$$I = \left[\frac{1}{12}(0.250\text{ m})(0.020\text{ m})^3 + (0.250\text{ m})(0.020\text{ m})(0.05909\text{ m} - 0.010\text{ m})^2\right]$$

$$+ 2\left[\frac{1}{12}(0.015\text{ m})(0.200\text{ m})^3 + (0.015\text{ m})(0.200\text{ m})(0.100\text{ m} - 0.05909\text{ m})^2\right]$$

$$= 42.26(10^{-6})\text{ m}^4$$

최대 휨 응력. 최대 휨 응력은 중립축으로부터 가장 먼 점에서 발생한다. 이 점은 보의 하단부에 위치하는 점이며, $c = 0.200\text{ m} - 0.05909\text{ m} = 0.1409\text{ m}$이다. 따라서,

$$\sigma_{\max} = \frac{Mc}{I} = \frac{4.859(10^3)\text{ N}\cdot\text{m}(0.1409\text{ m})}{42.26(10^{-6})\text{ m}^4} = 16.2\text{ MPa (C)} \quad \text{답}$$

보 상단부에 발생하는 휨 응력이 $\sigma' = 6.79$ MPa임을 보여라.

주: 단면수직력(축력) $N = 1$ kN과 전단력 $V = 2.4$ kN은 단면에 추가 응력을 발생시킨다. 이러한 응력의 중첩에 대해서는 13장에서 논의한다.

11

예제 11.13

그림 11-27a의 사각형 단면을 가진 부재가 40 N · m의 모멘트에 견딜 수 있도록 설계되었다. 부재의 강성과 강도를 증가시키기 위해 그림 11-27b와 같이 부재의 하부에 두 개의 작은 리브 부재를 추가하는 방법이 제안되었다. 리브 부재를 추가하기 전, 후 두 경우 부재에 발생하는 최대 수직응력을 구하라.

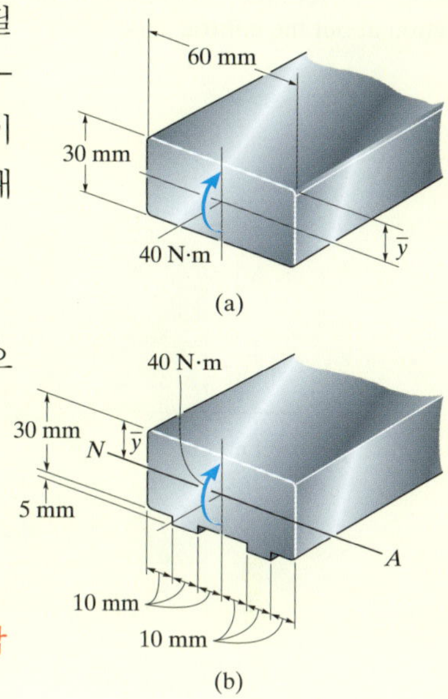

그림 11-27

풀이

리브가 없는 경우. 그림 11-27a 단면의 중립축은 단면의 중심에 있으므로 $\bar{y} = c = 15\text{ mm} = 0.015\text{ m}$이다. 따라서,

$$I = \frac{1}{12}bh^3 = \frac{1}{12}(0.060\text{ m})(0.030\text{ m})^3 = 0.135(10^{-6})\text{ m}^4$$

그러므로 최대 수직응력은 다음과 같다.

$$\sigma_{\max} = \frac{Mc}{I} = \frac{(40\text{ N}\cdot\text{m})(0.015\text{ m})}{0.135(10^{-6})\text{ m}^4} = 4.44\text{ MPa} \qquad \text{답}$$

리브가 있는 경우. 그림 11-27b에서 단면을 한 개의 큰 사각형과 하단부에 위치한 두 개의 사각형(리브) 단면으로 분할한 후, 도심의 위치 $\bar{y}$와 중립축을 다음과 같이 산정한다.

$$\bar{y} = \frac{\Sigma \tilde{y} A}{\Sigma A}$$

$$= \frac{[0.015\text{ m}](0.030\text{ m})(0.060\text{ m}) + 2[0.0325\text{ m}](0.005\text{ m})(0.010\text{ m})}{(0.03\text{ m})(0.060\text{ m}) + 2(0.005\text{ m})(0.010\text{ m})}$$

$$= 0.01592\text{ m}$$

이 값이 c를 의미하지는 않는다. c값은 다음과 같다.

$$c = 0.035\text{ m} - 0.01592\text{ m} = 0.01908\text{ m}$$

평행축 이론을 사용하면, 중립축에 대한 관성모멘트는 다음과 같다.

$$I = \left[\frac{1}{12}(0.060\text{ m})(0.030\text{ m})^3 + (0.060\text{ m})(0.030\text{ m})(0.01592\text{ m} - 0.015\text{ m})^2\right]$$

$$+ 2\left[\frac{1}{12}(0.010\text{ m})(0.005\text{ m})^3 + (0.010\text{ m})(0.005\text{ m})(0.0325\text{ m} - 0.01592\text{ m})^2\right]$$

$$= 0.1642(10^{-6})\text{ m}^4$$

그러므로, 최대 수직응력은 다음과 같이 구할 수 있다.

$$\sigma_{\max} = \frac{Mc}{I} = \frac{40\text{ N}\cdot\text{m}(0.01908\text{ m})}{0.1642(10^{-6})\text{ m}^4} = 4.65\text{ MPa} \qquad \text{답}$$

주: 단면에 리브 부재를 추가하면 수직응력이 감소하는 것이 아니라 증가한다는 의외의 결과에 의해 리브를 추가하는 것은 타당한 방법이 아님을 알 수 있다.

11

PRELIMINARY PROBLEMS

P11–2. Determine the moment of inertia of the cross section about the neutral axis.

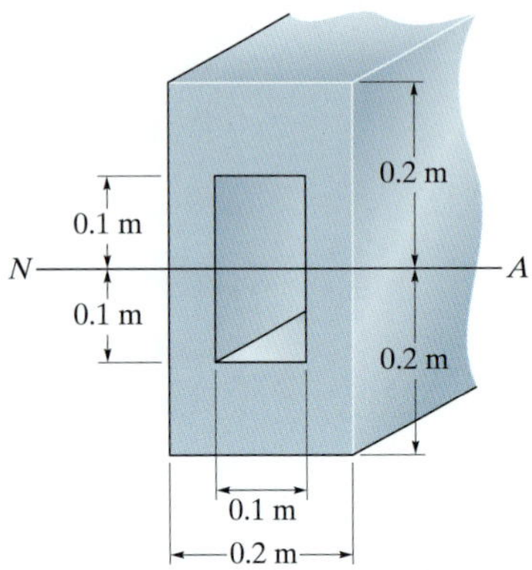

Prob. P11–2

P11–3. Determine the location of the centroid, $\bar{y}$, and the moment of inertia of the cross section about the neutral axis.

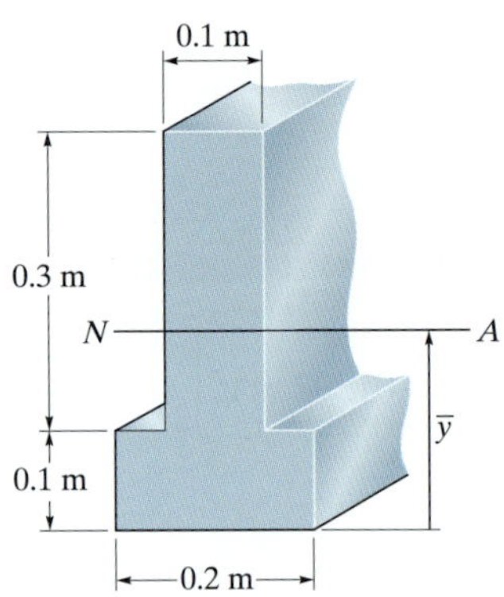

Prob. P11–3

P11–4. In each case, show how the bending stress acts on a differential volume element located at point A and point B.

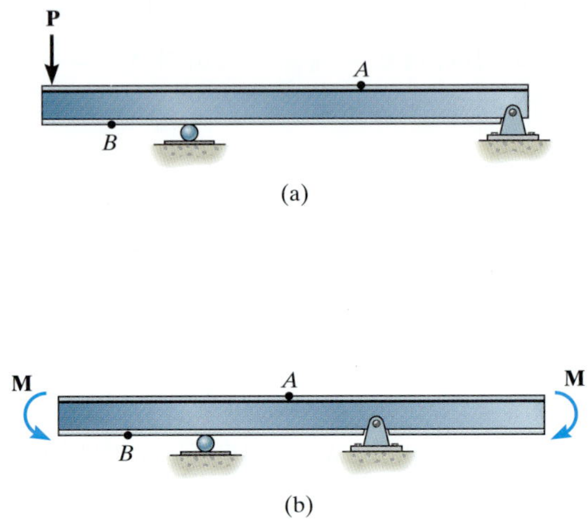

Prob. P11–4

P11–5. Sketch the bending stress distribution over each cross section.

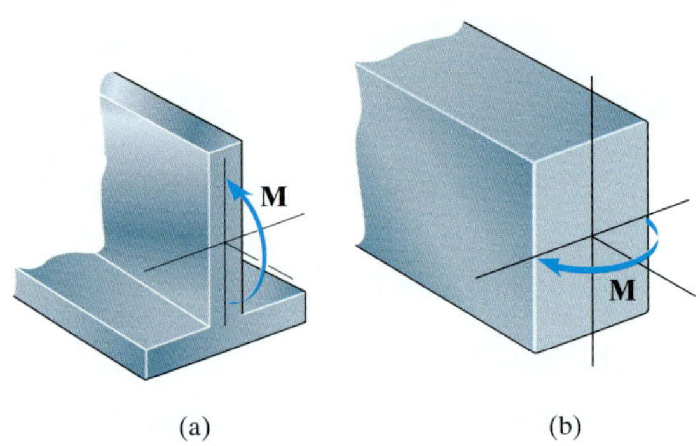

Prob. P11–5

FUNDAMENTAL PROBLEMS

F11–9. If the beam is subjected to a bending moment of $M = 20\ \text{kN}\cdot\text{m}$, determine the maximum bending stress in the beam.

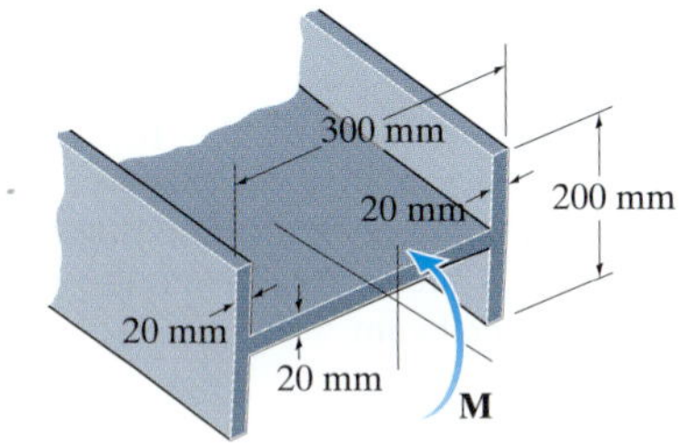

Prob. F11–9

F11–10. If the beam is subjected to a bending moment of $M = 50\ \text{kN}\cdot\text{m}$, sketch the bending stress distribution over the beam's cross section.

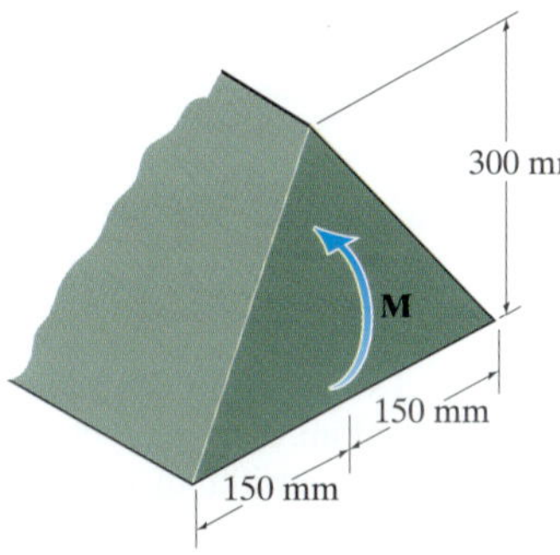

Prob. F11–10

F11–11. If the beam is subjected to a bending moment of $M = 50\ \text{kN}\cdot\text{m}$, determine the maximum bending stress in the beam.

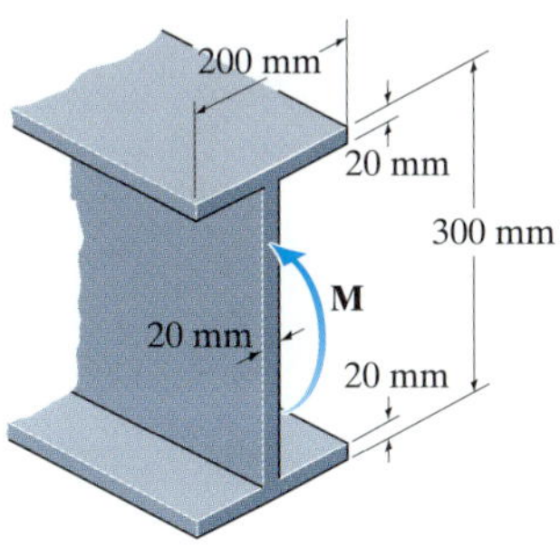

Prob. F11–11

F11–12. If the beam is subjected to a bending moment of $M = 10\ \text{kN}\cdot\text{m}$, determine the bending stress in the beam at points A and B, and sketch the results on a differential element at each of these points.

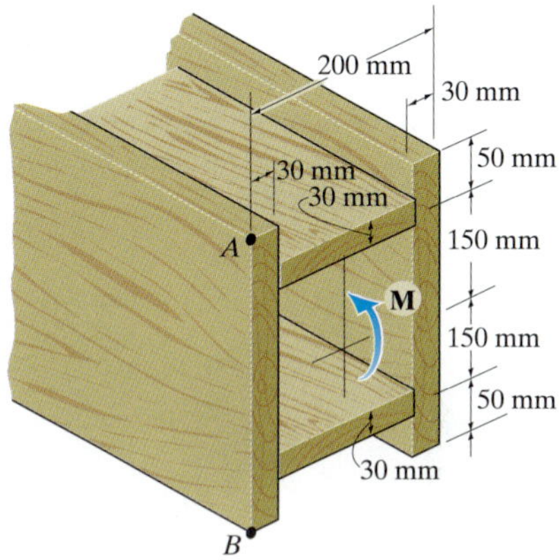

Prob. F11–12

F11–13. If the beam is subjected to a bending moment of $M = 5\ \text{kN}\cdot\text{m}$, determine the bending stress developed at point A and sketch the result on a differential element at this point.

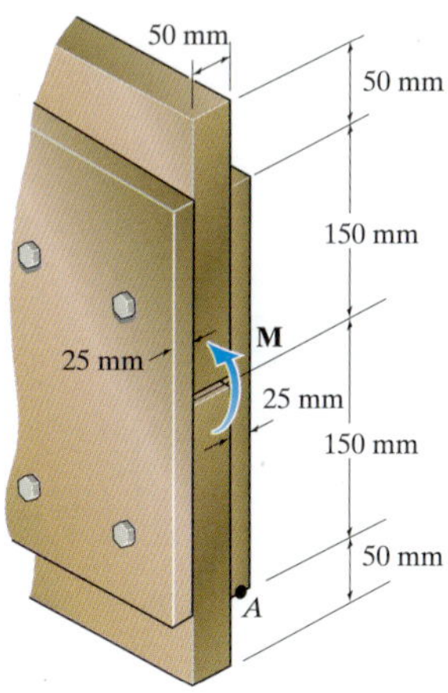

Prob. F11–13

PROBLEMS

11–47. The beam is made from three boards nailed together as shown. If the moment acting on the cross section is $M = 600\ \text{N}\cdot\text{m}$, determine the maximum bending stress in the beam. Sketch a three-dimensional view of the stress distribution and cover the cross section.

***11–48.** The beam is made from three boards nailed together as shown. If the moment acting on the cross section is $M = 600\ \text{N}\cdot\text{m}$, determine the resultant force the bending stress produces on the top board.

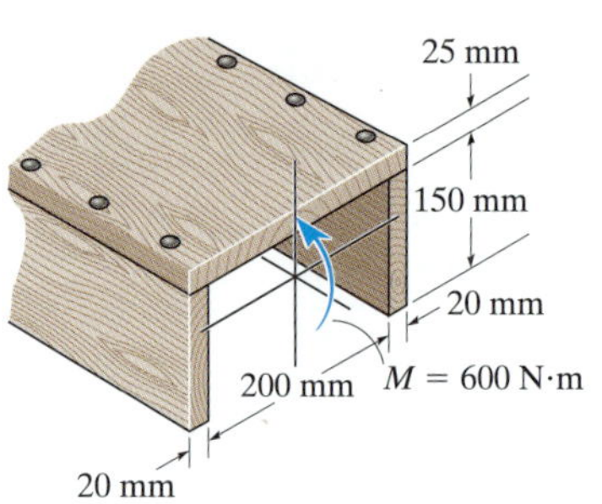

Probs. 11–47/48

11–49. Determine the moment M that will produce a maximum stress of 70 MPa on the cross section.

11–50. Determine the maximum tensile and compressive bending stress in the beam if it is subjected to a moment of $M = 6\,\text{kN}\cdot\text{m}$.

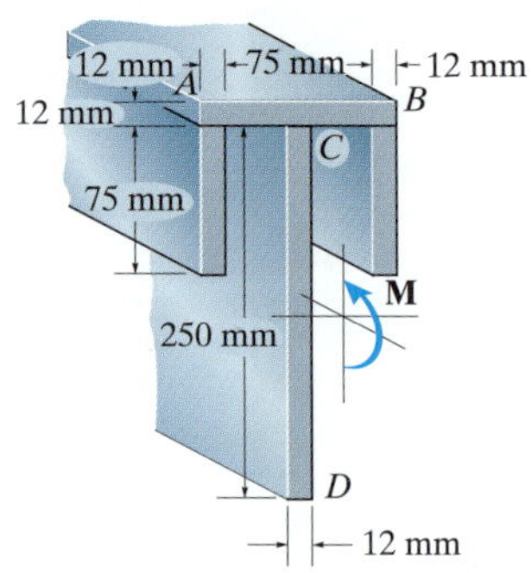

Probs. 11–49/50

11–51. The beam is subjected to a moment **M**. Determine the percentage of this moment that is resisted by the stresses acting on both the top and bottom boards, A and B, of the beam.

***11–52.** Determine the moment **M** that should be applied to the beam in order to create a compressive stress at point D of $\sigma_D = 30\,\text{MPa}$. Also sketch the stress distribution acting over the cross section and compute the maximum stress developed in the beam.

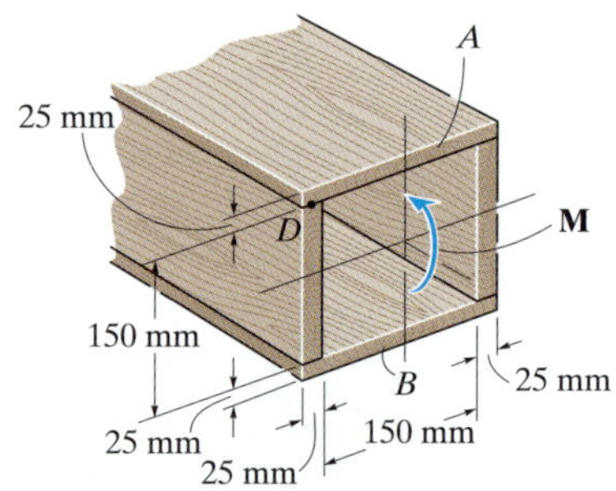

Probs. 11–51/52

11–53. An A-36 steel strip has an allowable bending stress of 165 MPa. If it is rolled up, determine the smallest radius r of the spool if the strip has a width of 10 mm and a thickness of 1.5 mm. Also, find the corresponding maximum internal moment developed in the strip.

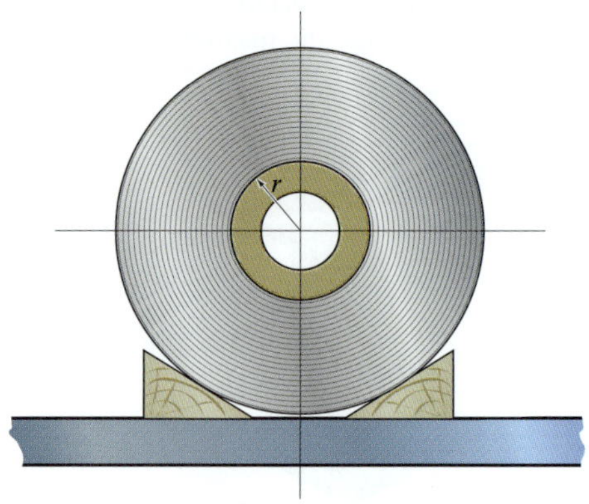

Prob. 11–53

11–54. If the beam is subjected to an internal moment of $M = 30\,\text{kN}\cdot\text{m}$, determine the maximum bending stress in the beam. The beam is made from A992 steel. Sketch the bending stress distribution on the cross section.

11–55. If the beam is subjected to an internal moment of $M = 30\,\text{kN}\cdot\text{m}$, determine the resultant force caused by the bending stress distribution acting on the top flange A.

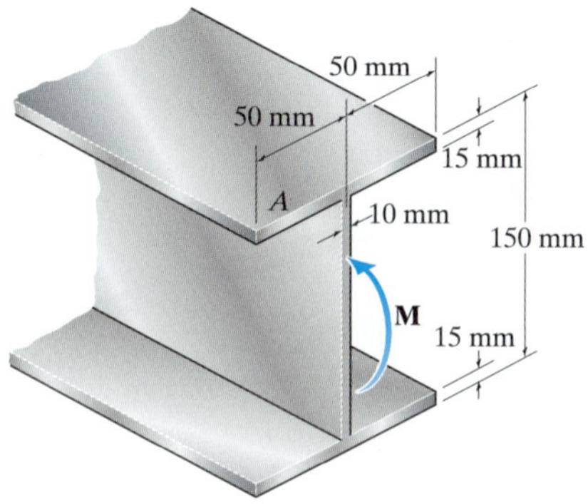

Probs. 11–54/55

***11–56.** If the built-up beam is subjected to an internal moment of $M = 75\ \text{kN}\cdot\text{m}$, determine the maximum tensile and compressive stress acting in the beam.

11–57. If the built-up beam is subjected to an internal moment of $M = 75\ \text{kN}\cdot\text{m}$, determine the amount of this internal moment resisted by plate A.

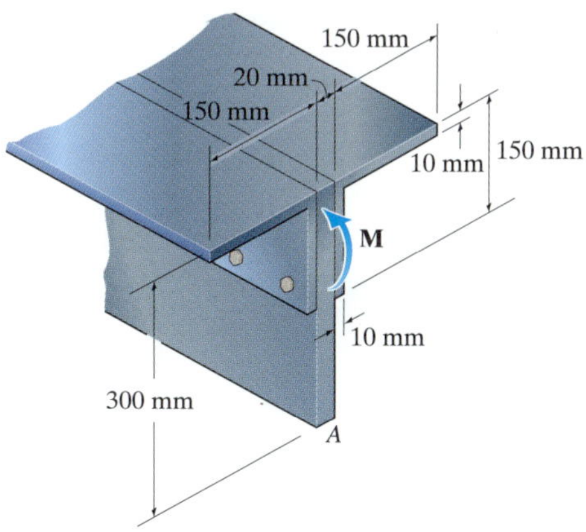

Probs. 11–56/57

11–58. The beam is subjected to a moment M. Determine the percentage of this moment that is resisted by the stresses acting on both the top and bottom boards of the beam.

11–59. Determine the moment M that should be applied to the beam in order to create a compressive stress at point D of $\sigma_D = 10$ MPa. Also sketch the stress distribution acting over the cross section and calculate the maximum stress developed in the beam.

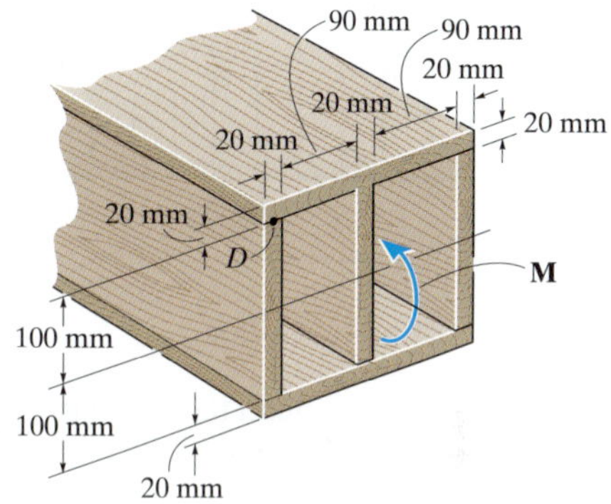

Probs. 11–58/59

***11–60.** If the allowable tensile and compressive stress for the beam are $(\sigma_{\text{allow}})_t = 14\,\text{MPa}$ and $(\sigma_{\text{allow}})_c = 21$ MPa, respectively, determine the maximum allowable internal moment **M** that can be applied on the cross section.

11–61. If the beam is subjected to an internal moment of $M = 3\,\text{kN}\cdot\text{m}$, determine the resultant force of the bending stress distribution acting on the top vertical board A.

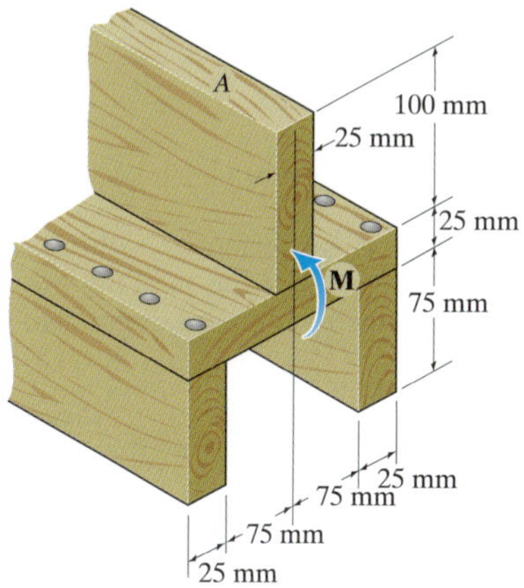

Probs. 11–60/61

11–62. The shaft is supported by smooth journal bearings at A and B that only exert vertical reactions on the shaft. If $d = 90$ mm, determine the absolute maximum bending stress in the beam, and sketch the stress distribution acting over the cross section.

11–63. The shaft is supported by smooth journal bearings at A and B that only exert vertical reactions on the shaft. Determine its smallest diameter d if the allowable bending stress is $\sigma_{allow} = 180$ MPa.

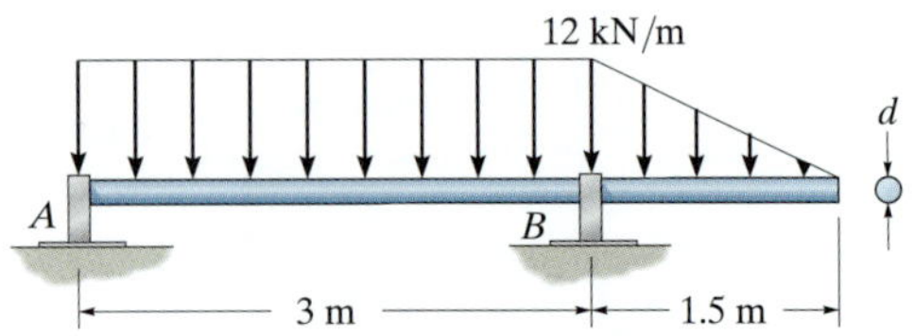

Probs. 11–62/63

***11–64.** The pin is used to connect the three links together. Due to wear, the load is distributed over the top and bottom of the pin as shown on the free-body diagram. If the diameter of the pin is 10 mm, determine the maximum bending stress on the cross-sectional area at the center section a–a. For the solution it is first necessary to determine the load intensities w_1 and w_2.

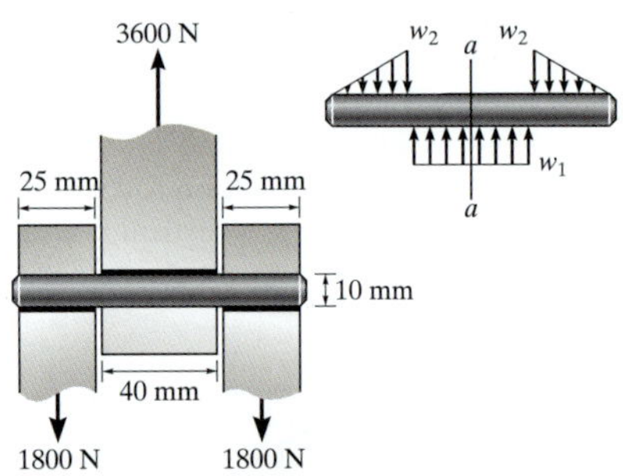

Prob. 11–64

11–65. The shaft is supported by a thrust bearing at A and journal bearing at D. If the shaft has the cross section shown, determine the absolute maximum bending stress in the shaft.

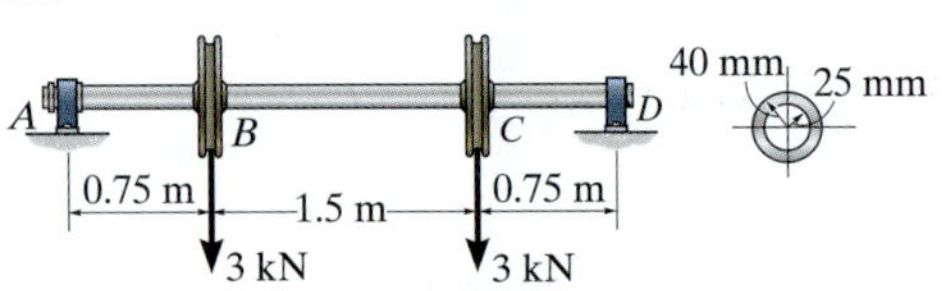

Prob. 11–65

11–66. Determine the absolute maximum bending stress in the 40-mm-diameter shaft which is subjected to the concentrated forces. The sleeve bearings at A and B support only vertical forces.

11–67. Determine the smallest allowable diameter of the shaft which is subjected to the concentrated forces. The sleeve bearings at A and B support only vertical forces, and the allowable bending stress is $\sigma_{allow} = 154$ MPa.

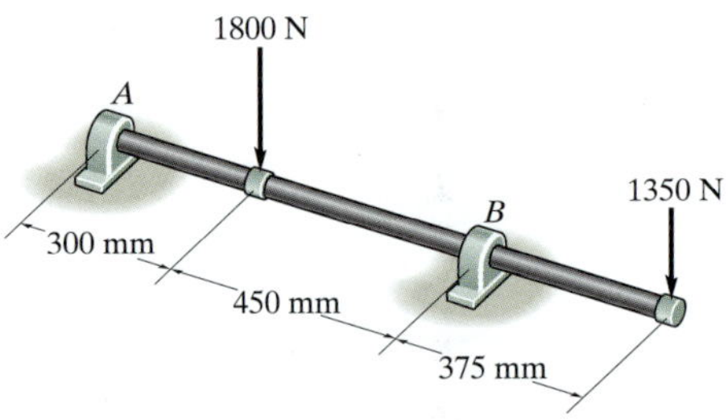

Probs. 11–66/67

***11–68.** A shaft is made of a polymer having an elliptical cross section. If it resists an internal moment of $M = 50\ \text{N}\cdot\text{m}$, determine the maximum bending stress in the material (a) using the flexure formula, where $I_z = \frac{1}{4}\pi(0.08\text{ m})(0.04\text{ m})^3$, (b) using integration. Sketch a three-dimensional view of the stress distribution acting over the cross-sectional area. Here $I_x = \frac{1}{4}\pi(0.08\text{ m})(0.04\text{ m})^3$.

11–69. Solve Prob. 11–68 if the moment $M = 50\ \text{N}\cdot\text{m}$ is applied about the y axis instead of the x axis. Here $I_y = \frac{1}{4}\pi(0.04\text{ m})(0.08\text{ m})^3$.

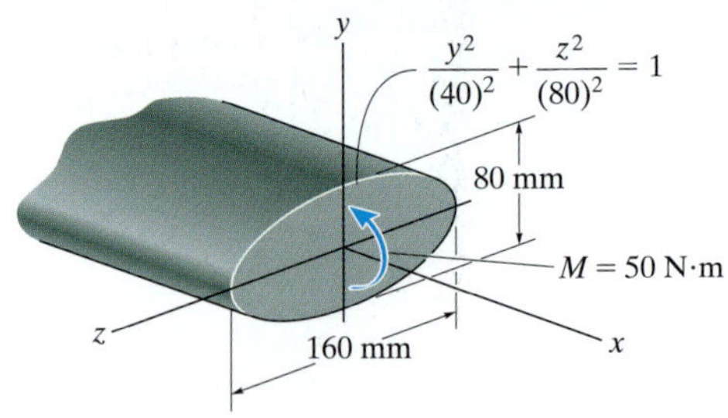

Probs. 11–68/69

11–70. The beam is subjected to a moment of $M = 40$ kN · m. Determine the bending stress at points A and B. Sketch the results on a volume element acting at each of these points.

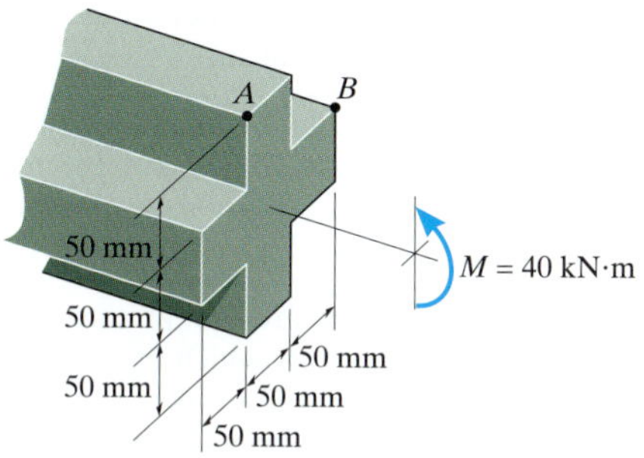

Prob. 11–70

11–71. If the reaction of the ballast on the railway tie can be assumed uniformly distributed over its length as shown, determine the maximum bending stress developed in the tie. The tie has the rectangular cross section with thickness $t = 150$ mm.

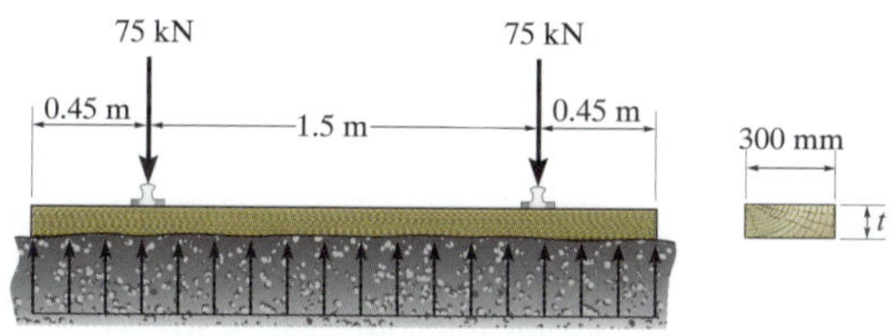

Prob. 11–71

***11–72.** The reaction of the ballast on the railway tie can be assumed uniformly distributed over its length as shown. If the wood has an allowable bending stress of $\sigma_{allow} = 10.5$ MPa, determine the required minimum thickness t of the rectangular cross sectional area of the tie to the nearest multiples of 5 mm.

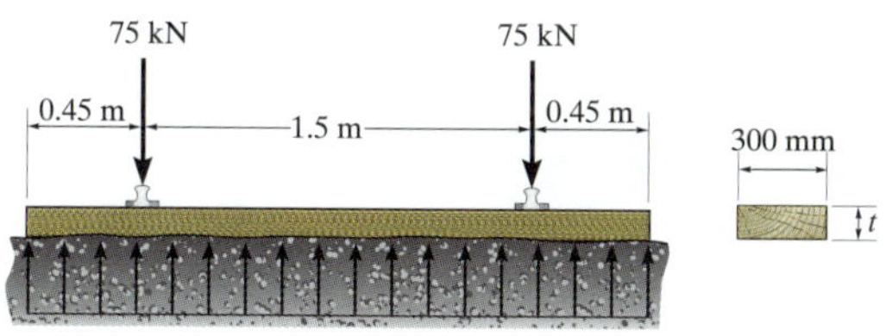

Prob. 11–72

11–73. The axle of the freight car is subjected to wheel loadings of 100 kN. If it is supported by two journal bearings at C and D, determine the maximum bending stress developed at the center of the axle, where the diameter is 137.5 mm.

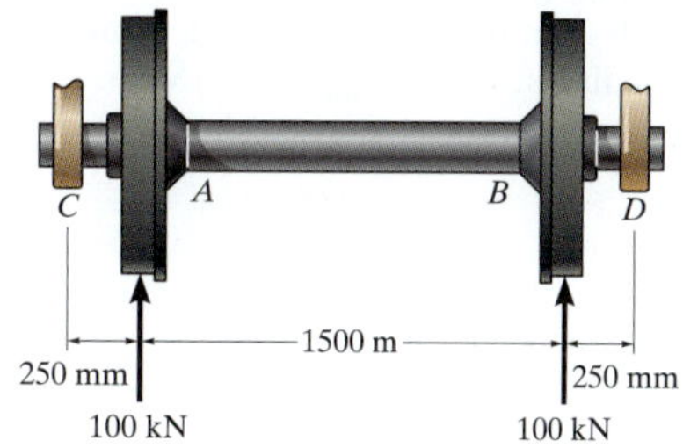

Prob. 11–73

11–74. The wood beam has a rectangular cross section in the proportion shown. Determine its required dimension b if the allowable bending stress is $\sigma_{allow} = 10$ MPa.

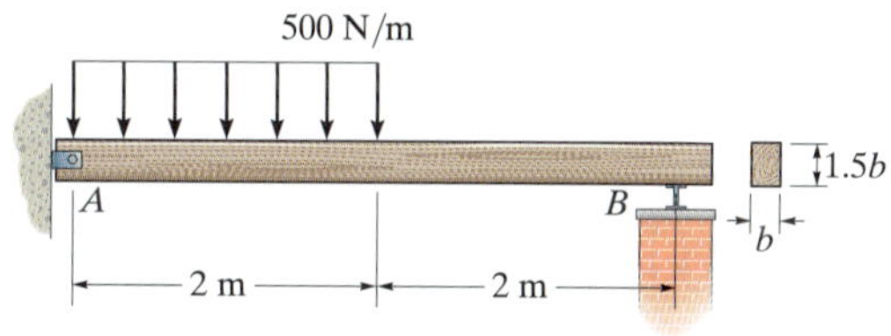

Prob. 11–74

11–75. The boat has a weight of 11.5 kN and a center of gravity at G. If it rests on the trailer at the smooth contact A and can be considered pinned at B, determine the absolute maximum bending stress developed in the main strut of the trailer. Consider the strut to be a box-beam having the dimensions shown and pinned at C.

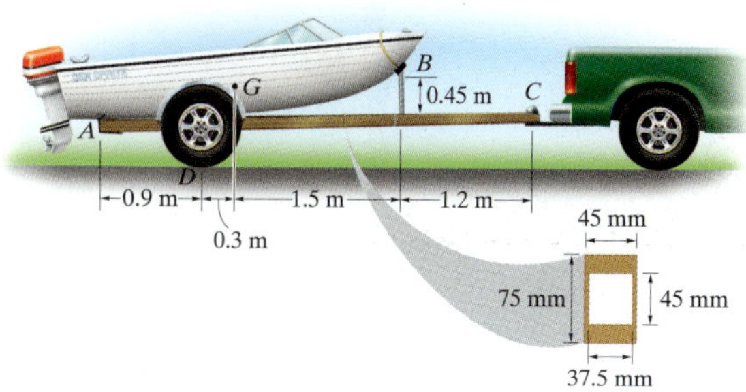

Prob. 11–75

11

***11–76.** Determine the absolute maximum bending stress in the tubular shaft if $d_i = 160\,\text{mm}$ and $d_o = 200\,\text{mm}$.

11–77. The tubular shaft is to have a cross section such that its inner diameter and outer diameter are related by $d_i = 0.8d_o$. Determine these required dimensions if the allowable bending stress is $\sigma_{\text{allow}} = 155\,\text{MPa}$.

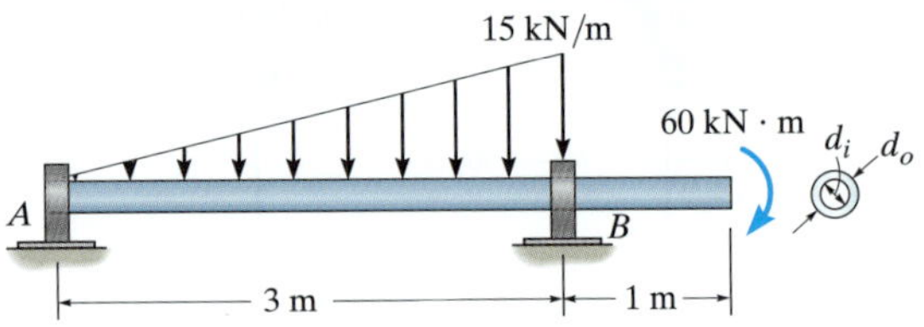

Probs. 11–76/77

11–78. If the intensity of the load $w = 15\,\text{kN/m}$, determine the absolute maximum tensile and compressive stress in the beam.

11–79. If the allowable bending stress is $\sigma_{\text{allow}} = 150\,\text{MPa}$, determine the maximum intensity w of the uniform distributed load.

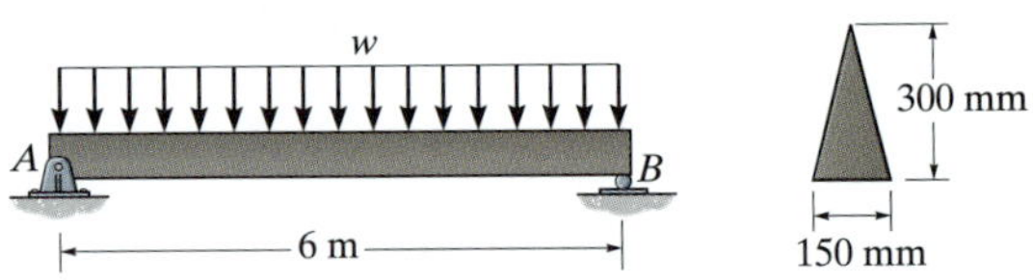

Probs. 11–78/79

***11–80.** The man has a mass of 78 kg and stands motionless at the end of the diving board. If the board has the cross section shown, determine the maximum normal strain developed in the board. The modulus of elasticity for the material is $E = 125\,\text{GPa}$. Assume A is a pin and B is a roller.

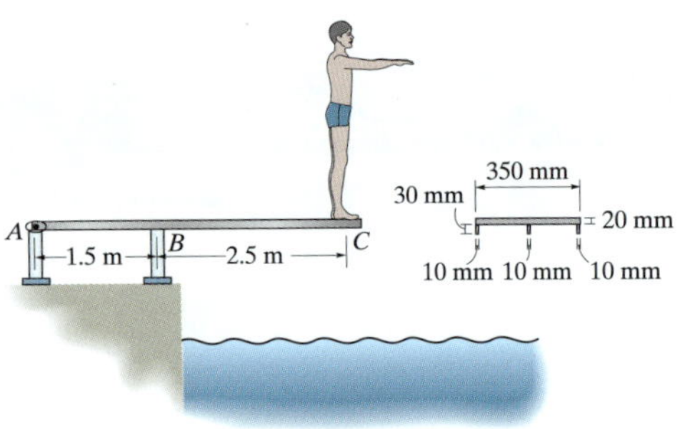

Prob. 11–80

11–81. If the compound beam in Prob. 11–37 has a square cross section of side length a, determine the minimum value of a if the allowable bending stress is $\sigma_{\text{allow}} = 150\,\text{MPa}$.

11–82. If the beam in Prob. 11–19 has a rectangular cross section with a width b and a height h, determine the absolute maximum bending stress in the beam.

11–83. Determine the absolute maximum bending stress in the 80-mm-diameter shaft which is subjected to the concentrated forces. There is a journal bearing at A and a thrust bearing at B.

***11–84.** Determine, to the nearest millimeter, the smallest allowable diameter of the shaft which is subjected to the concentrated forces. There is a journal bearing at A and a thrust bearing at B. The allowable bending stress is $\sigma_{\text{allow}} = 150\,\text{MPa}$.

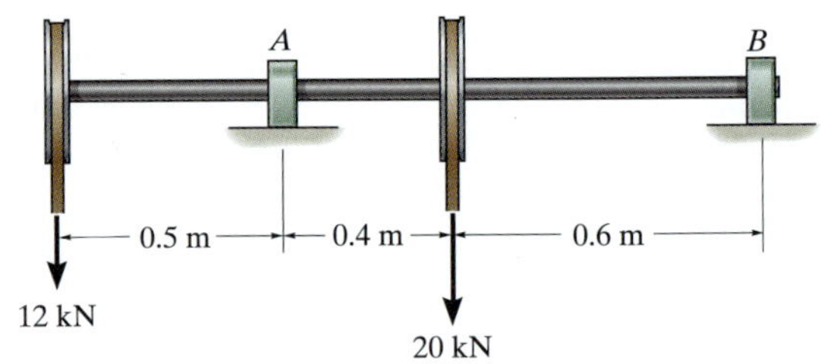

Probs. 11–83/84

11–85. If the concentrated force $P = 2\,\text{kN}$ is applied at the free end of the overhanging beam, determine the absolute maximum tensile and compressive stress developed in the beam.

11–86. If the overhanging beam is made of wood having the allowable tensile and compressive stresses of $(\sigma_{\text{allow}})_t = 4\,\text{MPa}$ and $(\sigma_{\text{allow}})_c = 5\,\text{MPa}$, determine the maximum concentrated force $\mathbf{P}$ that can applied at the free end.

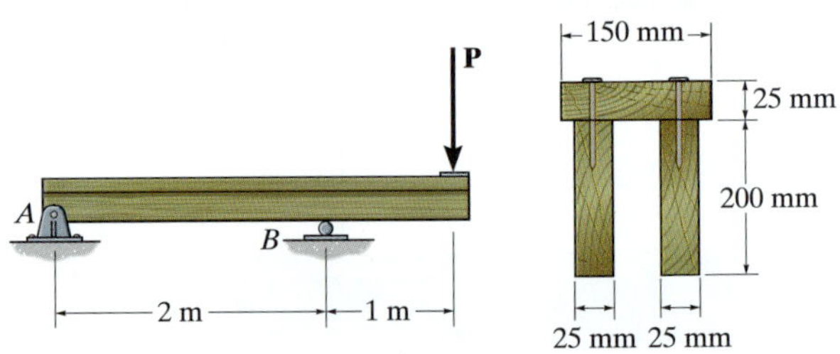

Prob. 11–85/86

11–87. The two solid steel rods are bolted together along their length and support the loading shown. Assume the support at A is a pin and B is a roller. Determine the required diameter d of each of the rods if the allowable bending stress is $\sigma_{allow} = 130\,\text{MPa}$.

***11–88.** Solve Prob. 11–87 if the rods are rotated 90° so that both rods rest on the supports at A (pin) and B (roller).

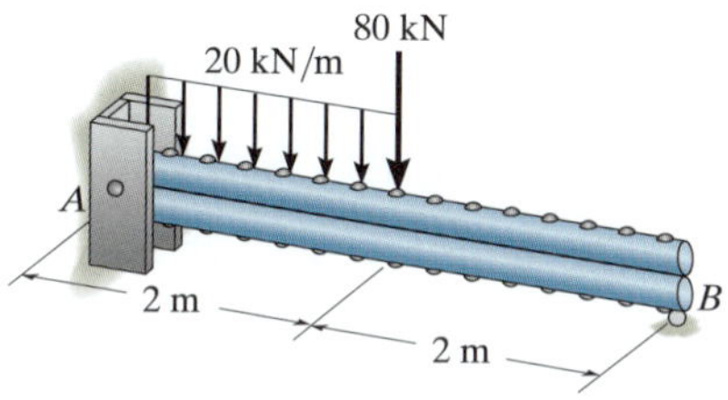

Probs. 11–87/88

11–89. A log that is 0.6 m in diameter is to be cut into a rectangular section for use as a simply supported beam. If the allowable bending stress for the wood is $\sigma_{allow} = 56\,\text{MPa}$, determine the required width b and height h of the beam that will support the largest load possible. What is this load?

11–90. A log that is 0.6 m in diameter is to be cut into a rectangular section for use as a simply supported beam. If the allowable bending stress for the wood is $\sigma_{allow} = 56\,\text{MPa}$, determine the largest load P that can be supported if the width of the beam is $b = 200\,\text{mm}$.

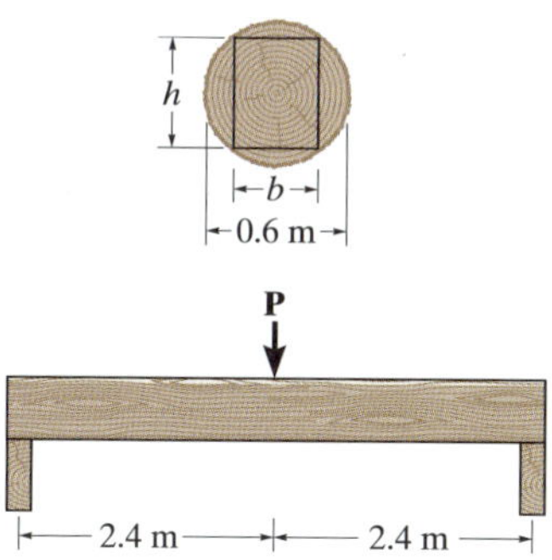

Probs. 11–89/90

11–91. The simply supported truss is subjected to the central distributed load. Neglect the effect of the diagonal lacing and determine the absolute maximum bending stress in the truss. The top member is a pipe having an outer diameter of 25 mm and thickness of 5 mm and the bottom member is a solid rod having a diameter of 12 mm.

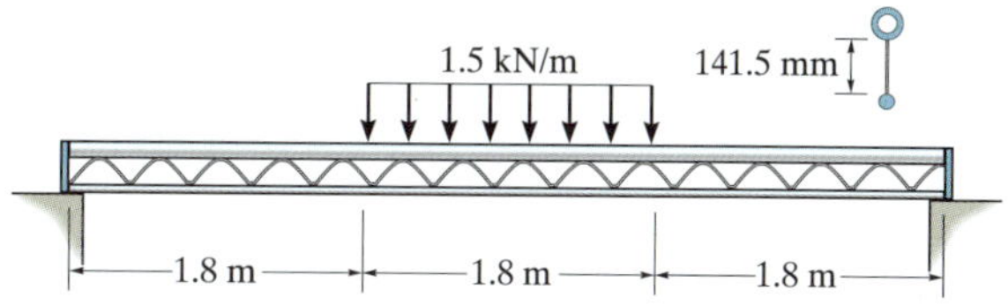

Prob. 11–91

***11–92.** If $d = 450$ mm, determine the absolute maximum bending stress in the overhanging beam.

11–93. If the allowable bending stress is $\sigma_{allow} = 6$ MPa, determine the minimum dimension d of the beam's cross-sectional area to the nearest mm.

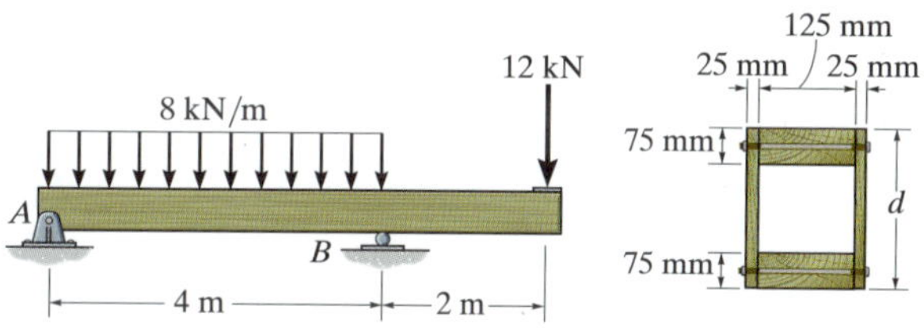

Probs. 11–92/93

11–94. The beam has a rectangular cross section as shown. Determine the largest intensity w of the uniform distributed load so that the bending stress in the beam does not exceed $\sigma_{max} = 10$ MPa.

11–95. The beam has the rectangular cross section shown. If $w = 1$ kN/m, determine the maximum bending stress in the beam. Sketch the stress distribution acting over the cross section.

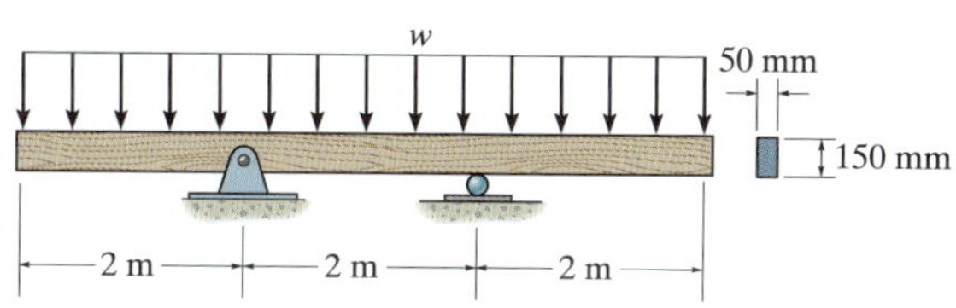

Probs. 11–94/95

11

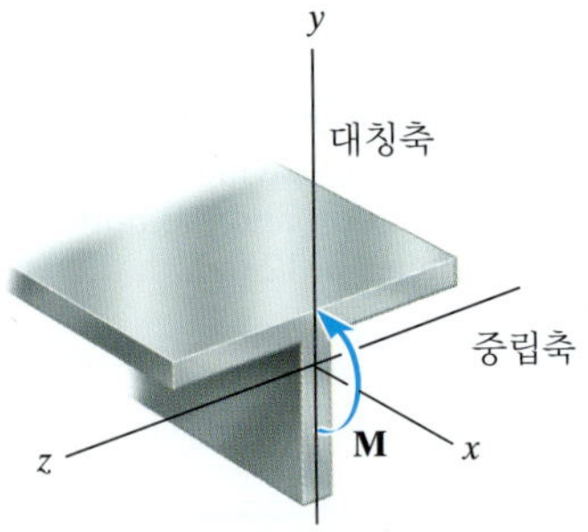

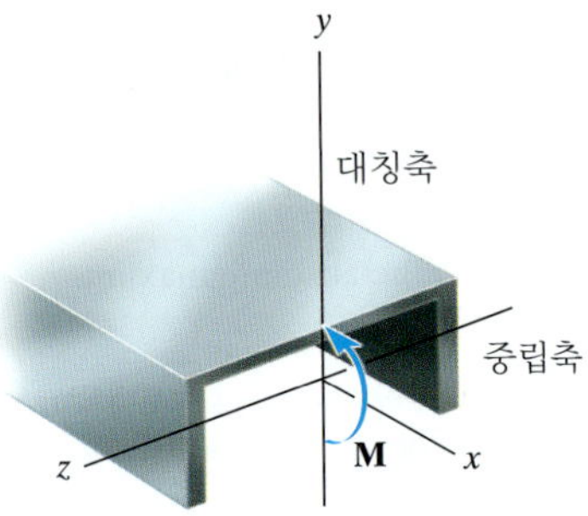

그림 11-28

11.5 비대칭 휨

휨 공식을 전개할 때 단면적은 중립축에 수직인 축에 대해 대칭이며 합 모멘트 **M**은 중립축을 축으로 하여 작용한다는 조건을 부여하였다. 즉, 그림 11-28의 T형 단면과 같은 경우이다. 이 절에서는 임의 형상의 단면적을 가진 보 또는 임의 방향으로 모멘트가 작용하는 보에 휨 공식을 적용하는 방법을 제시하고자 한다.

주축 방향으로 작용하는 모멘트. 그림 11-29*a*와 같이 비대칭 단면 형상의 보 단면을 생각해 보자. 11.4절에서와 같이 단면의 도심 C를 원점으로 오른손법칙을 따르는 x, y, z축 시스템을 설정하고 내부 합 모멘트 **M**을 $+z$ 축방향으로 가한다. 전체 단면에 작용하는 응력 분포의 합력은 0이어야 한다. 또한, 내부 응력의 y축에 대한 모멘트는 0이고, z축에 대한 모멘트는 **M**과 같아야 한다. 그림 11-29*a*의 점$(0, y, z)$에 위치한 미분요소 dA에 작용하는 힘을 감안하면 이들 세 가지 조건을 수학적으로 표현할 수 있다. 이 힘은 $dF = \sigma\, dA$이므로 다음의 식으로 표현할 수 있다.

$$F_R = \Sigma F_x; \qquad 0 = -\int_A \sigma\, dA \tag{11-14}$$

$$(M_R)_y = \Sigma M_y; \qquad 0 = -\int_A z\sigma\, dA \tag{11-15}$$

$$(M_R)_z = \Sigma M_z; \qquad M = \int_A y\sigma\, dA \tag{11-16}$$

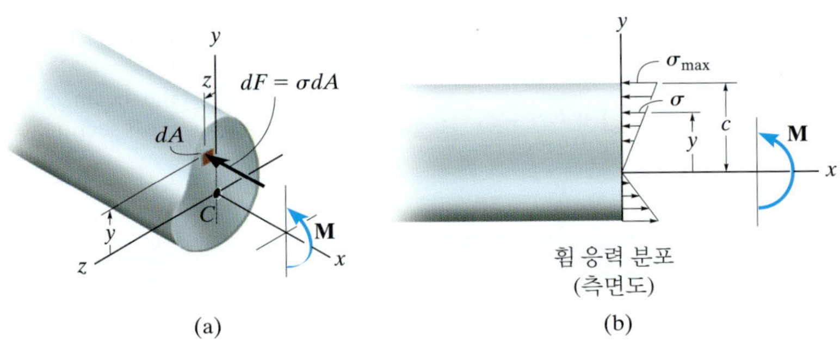

그림 11-29

11.4절에서와 같이, 식 (11-14)는 z축이 단면의 도심을 통과하므로 만족된다. 또한, z축이 단면의 중립축이기 때문에 단면 수직응력은 그림 11-29b에서와 같이 선형적으로 변하며 중립축에서 0의 값이고 $|y| = c$에서 최대가 된다. 이런 이유로 응력 분포는 $\sigma = -(y/c)\sigma_{max}$로 정의된다. 이 식을 식 (11-16)에 대입하고 적분하면 휨 공식 $\sigma_{max} = Mc/I$가 유도된다. 이 식을 식 (11-15)에 대입하면 다음과 같다.

$$0 = \frac{-\sigma_{max}}{c}\int_A yz\, dA$$

따라서 다음 식이 만족되어야 한다.

$$\int_A yz\, dA = 0$$

이 적분을 **단면 상승적**(product of inertia)이라 한다. 부록 A에 제시된 바와 같이 이 적분값은 y와 z축이 **단면의 관성주축**이라면 0이 된다. 그림 11-29a와 같이 임의 형상을 가진 단면의 주축 방향은 부록 A의 A.4절에 설명된 바와 같이 관성변환방정식을 이용하여 산정할 수 있다. 그러나, 단면이 어떤 축에 대하여 대칭이라면 **주축**(principal axes)은 **단면의 대칭축 방향과 그 대칭축의 직각방향으로 설정될 수 있다.**

예를 들어, 그림 11-30의 부재들을 생각해 보자. 각각의 경우에 있어서, y와 z는 단면의 관성주축이다. 그림 11-30a에서 주축은 대칭조건에 의해 위치가 파악되고, 그림 11-30b와 11-30c에서는 주축의 방향을 부록 A의 방법으로 산정할 수 있다. 모멘트 **M**이 주축의 한 축방향(z축)으로 작용하기 때문에, 응력분포는 선형변화를 가지며, 각각의 경우에 휨 공식 $\sigma = -My/I_z$을 적용하여 산정할 수 있다.

Z-형 단면 부재는 경량 금속 건물에서 지붕을 지지하기 위하여 흔히 사용된다. 휨하중을 지지할 수 있도록 설계하기 위해서는 관성 주축을 산정해야 한다.

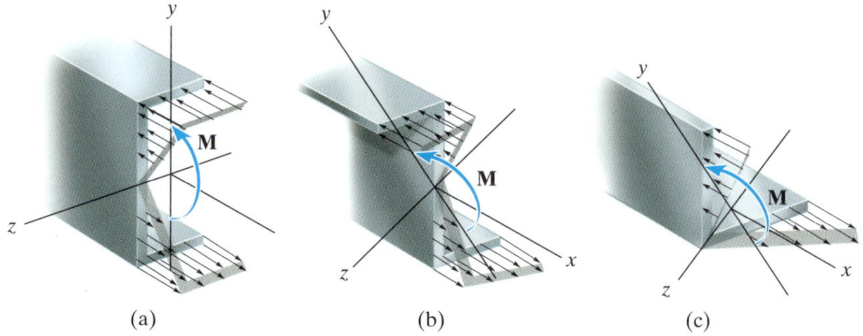

그림 11-30

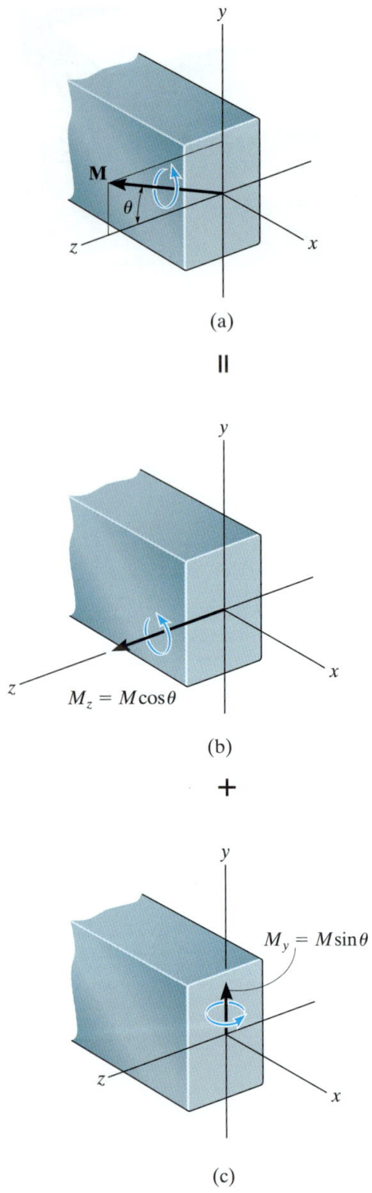

그림 11-31

임의 방향으로 작용하는 모멘트. 부재에 모멘트 M이 단면의 주축이 아닌 방향으로 가해지는 경우가 종종 있다. 이 경우, 먼저 모멘트를 주축방향 성분으로 분해한 후 휨 공식을 사용하면 각각의 모멘트 성분에 의해 발생하는 수직응력을 산정할 수 있다. 마지막으로, 중첩의 원리를 사용하여 한 점에 작용하는 수직 합응력을 산정할 수 있다.

이 과정을 정식화하기 위하여, 그림 11-31a와 같이 사각형 단면이며 모멘트 $\mathbf{M}$이 작용하는 보를 생각해 보자. 여기서 $\mathbf{M}$은 단면관성이 최대가 되는 최대 주축 z축과 각도 θ를 이루고 있다. 각도 θ는 $+z$축에서 $+y$로 향하는 경우 양의 값으로 설정한다. 모멘트 $\mathbf{M}$을 z축과 y축 방향 성분으로 분해하면 그림 11-31b와 11-31c에 나타낸 바와 같이 $M_z = M\cos\theta$이고 $M_y = M\sin\theta$이다. 모멘트 $\mathbf{M}$과 그 성분 $\mathbf{M}_z$와 $\mathbf{M}_y$를 발생시키는 단면 수직응력 분포는 그림 11-31d, 11-31e 그리고 11-31f에 나타낸 바와 같으며, 여기서 $(\sigma_x)_{\max} > (\sigma'_x)_{\max}$로 가정한다. 자세히 살펴보면 최대 인장 및 압축응력$[(\sigma_x)_{\max} + (\sigma'_x)_{\max}]$은 그림 11-31$d$에서 단면의 서로 마주보는 두 꼭짓점에서 발생한다.

휨 공식을 그림 11-31b와 11-31c의 모멘트 성분에 각각 적용하고 그 결과를 합하면 그림 11-31d 단면에 위치한 임의 점의 수직 합응력을 구할 수 있다.

$$\sigma = -\frac{M_z y}{I_z} + \frac{M_y z}{I_y} \qquad (11\text{-}17)$$

여기서,

σ = 관심점의 단면 수직응력. 인장응력은 양의 값이고 압축응력은 음의 값

y, z = 단면의 도심을 원점으로 하는 오른손좌표계 x, y, z로부터 측정된 점의 좌표. x축은 단면으로부터 밖으로 향하고, y축과 z축은 각각 단면의 최소와 최대 관성모멘트의 주축

M_z, M_y = 내부 합 모멘트의 최대 z 및 최소 y 주축방향 성분. $+z$ 및 $+y$축 방향이면 양의 값이고 그렇지 않으면 음의 값. 다르게 표현하면, $M_y = M\sin\theta$ 그리고 $M_z = M\cos\theta$. 여기서, θ는 $+z$축에서 $+y$축으로 향하면 양의 방향

I_z, I_y = 각각 z축 및 y축 기준의 최대 및 최소 주관성모멘트. 부록 A 참조

11

중립축의 방향. 중립축에는 단면 수직응력이 작용하지 않는 것으로 정의되기 때문에 중립축을 정의하는 방정식과 그림 11-31d의 기울기 α는 식 (11-17)을 $\sigma = 0$인 점에 적용하여 산정할 수 있다.

$$y = \frac{M_y I_z}{M_z I_y} z$$

$M_z = M\cos\theta$ 그리고 $M_y = M\sin\theta$이므로,

$$y = \left(\frac{I_z}{I_y}\tan\theta\right)z \qquad (11\text{-}18)$$

중립축의 기울기는 $\tan\alpha = y/z$이므로 식 (11-19)가 성립한다.

$$\boxed{\tan\alpha = \frac{I_z}{I_y}\tan\theta} \qquad (11\text{-}19)$$

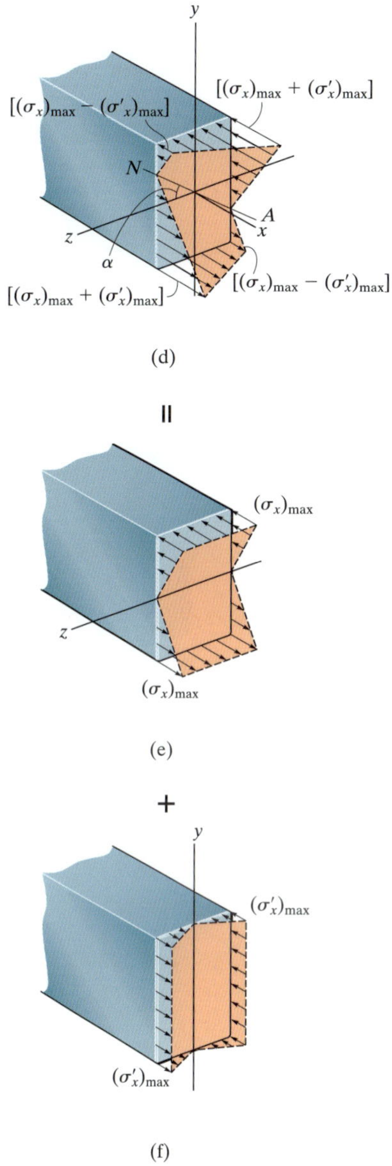

그림 11-31 (계속)

요점 IMPORTANT POINTS

- 휨 공식은 휨이 단면의 관성주축에 해당하는 축방향으로 발생했을 때에만 적용할 수 있다. 이들 축의 원점은 도심이며 대칭축이 있다면 주축의 방향은 그 대칭축과 대칭축의 직각 방향이다.
- 모멘트가 임의의 축 방향으로 작용하면, 그 모멘트를 각 주축방향으로 성분을 분해하며, 한 점에서의 응력은 각 모멘트 성분에 의해 발생하는 응력을 중첩하여 산정한다.

예제 11.14

그림 11-32a의 사각형 단면에 휨모멘트 $M = 12$ kN이 작용한다. 단면의 각 꼭짓점에 발생하는 단면 수직응력을 구하고, 중립축의 방향을 구하라.

풀이

지점 반력. y축과 z축은 단면의 대칭축이기 때문에 관성의 주축이다. 그리고 최대 관성모멘트 주축으로 z축을 설정하였다. 모멘트를 y축과 z축 성분으로 분해하면 다음과 같다.

$$M_y = -\frac{4}{5}(12\ \text{kN}\cdot\text{m}) = -9.60\ \text{kN}\cdot\text{m}$$

$$M_z = \frac{3}{5}(12\ \text{kN}\cdot\text{m}) = 7.20\ \text{kN}\cdot\text{m}$$

단면 특성. y축과 z축 관성모멘트는 다음과 같다.

$$I_y = \frac{1}{12}(0.4\ \text{m})(0.2\ \text{m})^3 = 0.2667(10^{-3})\ \text{m}^4$$

$$I_z = \frac{1}{12}(0.2\ \text{m})(0.4\ \text{m})^3 = 1.067(10^{-3})\ \text{m}^4$$

휨 응력. 따라서,

$$\sigma = -\frac{M_z y}{I_z} + \frac{M_y z}{I_y}$$

$$\sigma_B = -\frac{7.20(10^3)\ \text{N}\cdot\text{m}(0.2\ \text{m})}{1.067(10^{-3})\ \text{m}^4} + \frac{-9.60(10^3)\ \text{N}\cdot\text{m}(-0.1\ \text{m})}{0.2667(10^{-3})\ \text{m}^4} = 2.25\ \text{MPa} \quad \text{답}$$

$$\sigma_C = -\frac{7.20(10^3)\ \text{N}\cdot\text{m}(0.2\ \text{m})}{1.067(10^{-3})\ \text{m}^4} + \frac{-9.60(10^3)\ \text{N}\cdot\text{m}(0.1\ \text{m})}{0.2667(10^{-3})\ \text{m}^4} = -4.95\ \text{MPa} \quad \text{답}$$

$$\sigma_D = -\frac{7.20(10^3)\ \text{N}\cdot\text{m}(-0.2\ \text{m})}{1.067(10^{-3})\ \text{m}^4} + \frac{-9.60(10^3)\ \text{N}\cdot\text{m}(0.1\ \text{m})}{0.2667(10^{-3})\ \text{m}^4} = -2.25\ \text{MPa} \quad \text{답}$$

$$\sigma_E = -\frac{7.20(10^3)\ \text{N}\cdot\text{m}(-0.2\ \text{m})}{1.067(10^{-3})\ \text{m}^4} + \frac{-9.60(10^3)\ \text{N}\cdot\text{m}(-0.1\ \text{m})}{0.2667(10^{-3})\ \text{m}^4} = 4.95\ \text{MPa} \quad \text{답}$$

수직 합응력 분포는 이들 결과를 이용해 작성되었다. 중첩법이 적용되므로 응력 분포는 그림과 같이 선형이다.

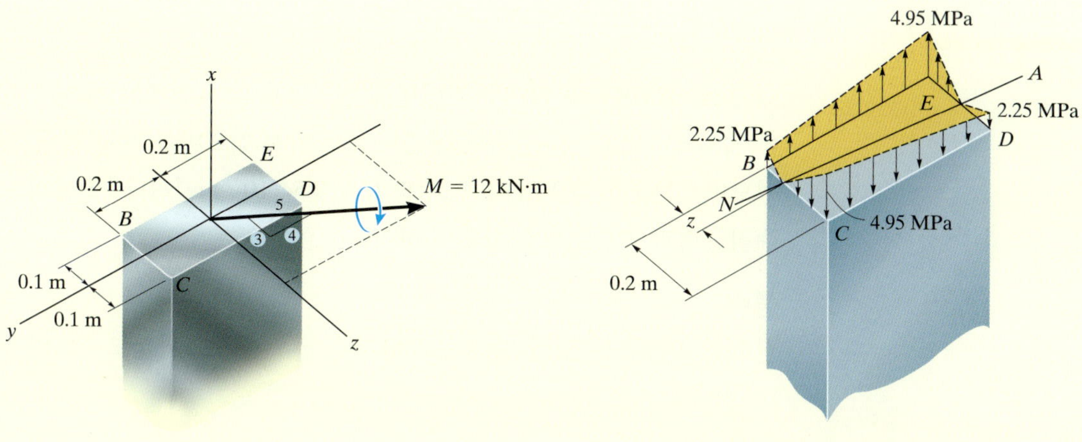

(a) (b)

그림 11-32

중립축의 방향. 그림 11-32b에 제시된 중립축(NA)의 위치 z는 비례식을 사용하여 설정할 수 있다. 모서리 BC에 적용하면

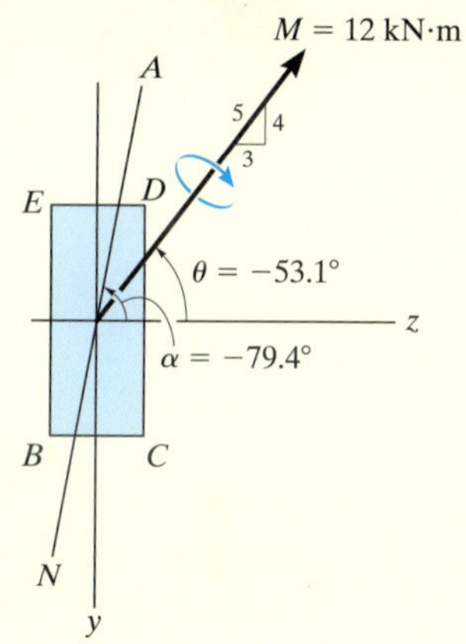

(c)

$$\frac{2.25\text{ MPa}}{z} = \frac{4.95\text{ MPa}}{(0.2\text{ m} - z)}$$

$$0.450 - 2.25z = 4.95z$$

$$z = 0.0625\text{ m}$$

동일한 방법으로 D점에서 중립축까지의 거리를 구하면 이와 동일하다.

NA의 방향은 중립축과 z축 또는 최대 관성 주축과의 각도 α를 산정하기 위하여 사용되는 식 (11-19)를 이용하여 구할 수도 있다. 부호규약에 따라 θ는 $+z$축에서 $+y$축 방향으로 제시되어야 한다. 그림 11-32c를 살펴보면 $\theta = -\tan^{-1}(\frac{4}{3}) = -53.1°$(또는 $\theta = +306.9°$)이다. 따라서,

$$\tan\alpha = \frac{I_z}{I_y}\tan\theta$$

$$\tan\alpha = \frac{1.067(10^{-3})\text{ m}^4}{0.2667(10^{-3})\text{ m}^4}\tan(-53.1°)$$

$$\alpha = -79.4° \qquad \text{답}$$

이 결과는 그림 11-32c에 표현된 바와 같다. 위에서 계산된 z축 값과 주어진 단면 형상을 이용하여 동일한 z값을 구할 수 있는지 확인하라.

11

예제 11.15

그림 11-33a에서와 같이 Z형 단면에 휨모멘트 $M = 20\text{ kN}\cdot\text{m}$이 작용한다. 주축인 y축과 z축은 그림과 같이 기울어져 있으며 최소와 최대 주 관성모멘트는 $I_y = 0.960(10^{-3})\text{ m}^4$과 $I_z = 7.54(10^{-3})\text{ m}^4$이다.* P점의 단면 수직응력과 중립축의 방향을 구하라.

풀이

식 (11-19)를 사용함에 있어 중요한 것은 z축이 최대 관성모멘트의 주축인 것이다.

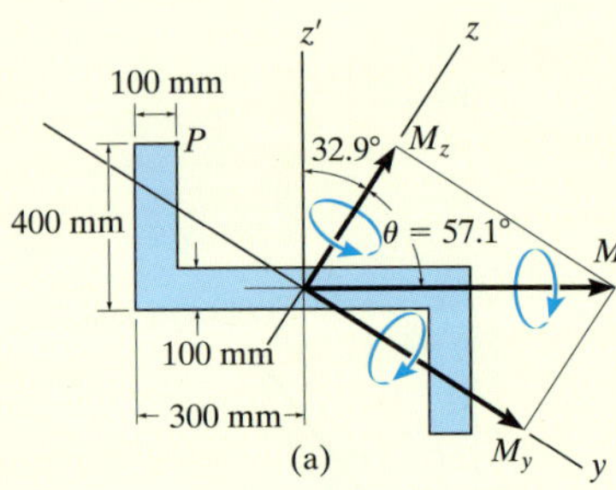

내부 모멘트 성분. 그림 11-33a에서,

$$M_y = 20\text{ kN}\cdot\text{m}\sin 57.1° = 16.79\text{ kN}\cdot\text{m}$$

$$M_z = 20\text{ kN}\cdot\text{m}\cos 57.1° = 10.86\text{ kN}\cdot\text{m}$$

휨 응력. 우선 점 P의 y축 및 z축 좌표가 결정되어야 한다. P의 y'축 및 z'축 좌표는 $(-0.2\text{ m}, 0.35\text{ m})$이다. 그림 11-33$b$의 노란색 삼각형을 이용하면 다음과 같다.

$$y_P = -0.35\sin 32.9° - 0.2\cos 32.9° = -0.3580\text{ m}$$

$$z_P = 0.35\cos 32.9° - 0.2\sin 32.9° = 0.1852\text{ m}$$

식 (11-17)에 대입하면,

$$\sigma_P = -\frac{M_z y_P}{I_z} + \frac{M_y z_P}{I_y}$$

$$= -\frac{(10.86(10^3)\text{ N}\cdot\text{m})(-0.3580\text{ m})}{7.54(10^{-3})\text{ m}^4} + \frac{(16.79(10^3)\text{ N}\cdot\text{m})(0.1852\text{ m})}{0.960(10^{-3})\text{ m}^4}$$

$$= 3.76\text{ MPa}$$ 답

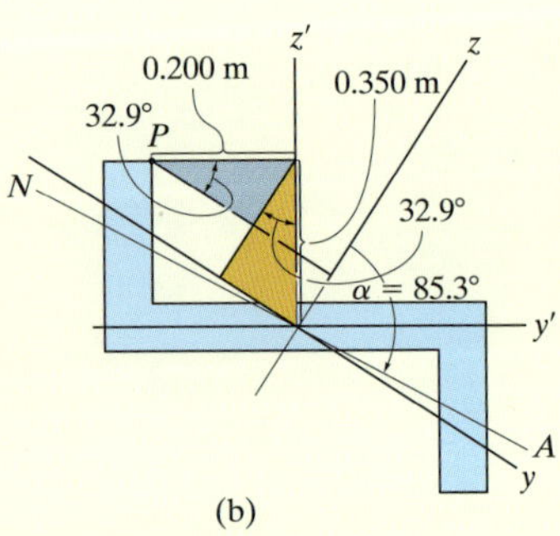

그림 11-33

중립축의 방향. 그림 11-33a에 표시된 **M**과 z축 사이의 각 $\theta = 57.1°$를 사용하면,

$$\tan\alpha = \left[\frac{7.54(10^{-3})\text{ m}^4}{0.960(10^{-3})\text{ m}^4}\right]\tan 57.1°$$

$$\alpha = 85.3°$$ 답

중립축은 그림 11-33b에 나타낸 바와 같은 방향이다.

FUNDAMENTAL PROBLEMS

F11–14. Determine the bending stress developed at corners A and B. What is the orientation of the neutral axis?

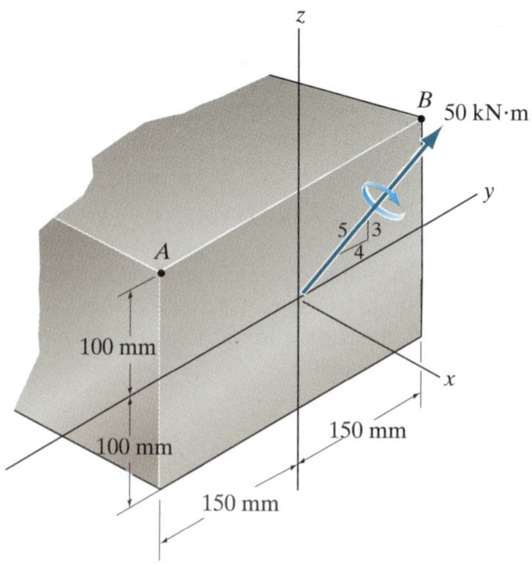

Prob. F11–14

F11–15. Determine the maximum stress in the beam's cross section.

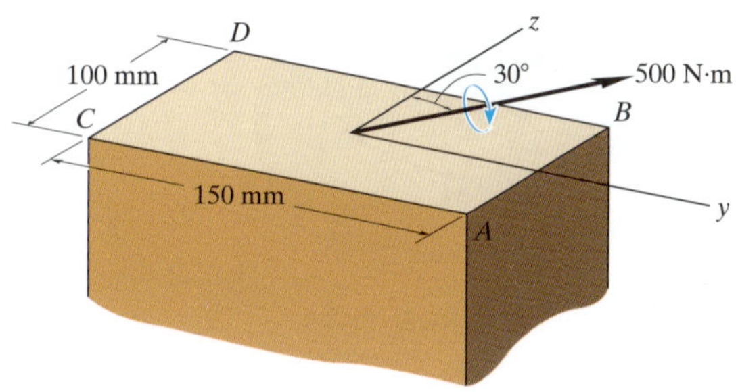

Prob. F11–15

PROBLEMS

***11–96.** The member has a square cross section and is subjected to the moment $M = 850\ \text{N}\cdot\text{m}$. Determine the stress at each corner and sketch the stress distribution. Set $\theta = 45°$.

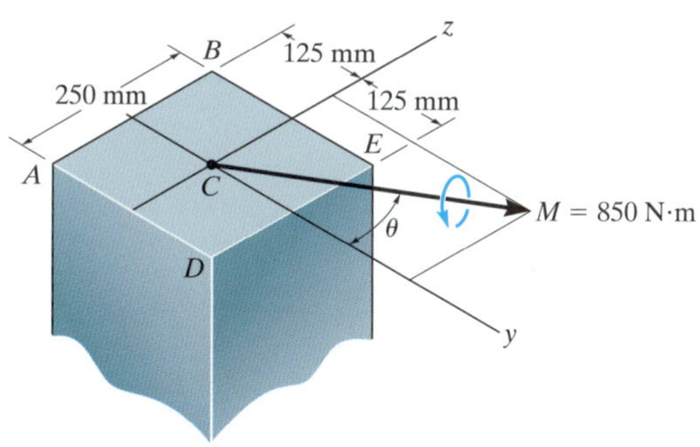

Prob. 11–96

11–97. The member has a square cross section and is subjected to the moment $M = 850\ \text{N}\cdot\text{m}$ as shown. Determine the stress at each corner and sketch the stress distribution. Set $\theta = 30°$.

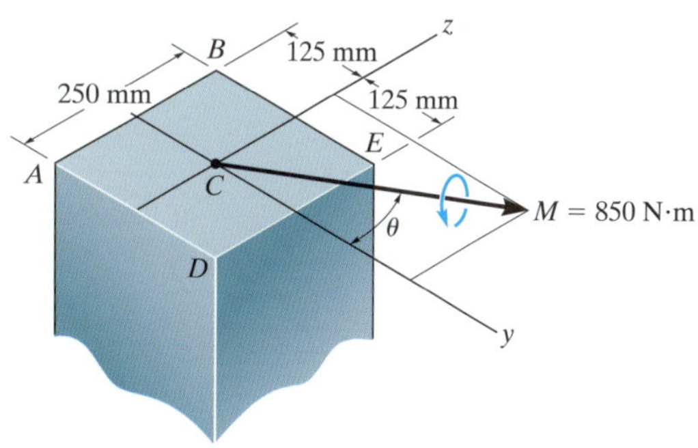

Prob. 11–97

11–98. Consider the general case of a prismatic beam subjected to bending-moment components $\mathbf{M}_y$ and $\mathbf{M}_z$ as shown, when the x, y, z axes pass through the centroid of the cross section. If the material is linear elastic, the normal stress in the beam is a linear function of position such that $\sigma = a + by + cz$. Using the equilibrium conditions $0 = \int_A \sigma\, dA$, $M_y = \int_A z\sigma\, dA$, $M_z = \int_A -y\sigma\, dA$, determine the constants a, b, and c, and show that the normal stress can be determined from the equation $\sigma = [-(M_z I_y + M_y I_{yz})y + (M_y I_z + M_z I_{yz})z]/(I_y I_z - I_{yz}^2)$, where the moments and products of inertia are defined in Appendix A.

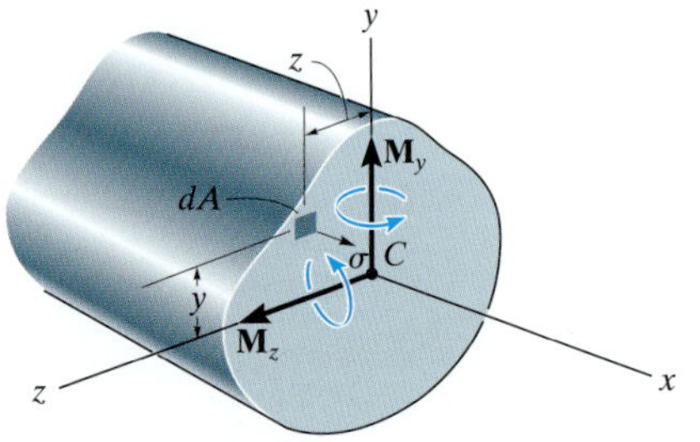

Prob. 11–98

11–99. If the resultant internal moment acting on the cross section of the aluminum strut has a magnitude of $M = 520\,\text{N}\cdot\text{m}$ and is directed as shown, determine the bending stress at points A and B. The location $\bar{y}$ of the centroid C of the strut's cross-sectional area must be determined. Also, specify the orientation of the neutral axis.

***11–100.** The resultant internal moment acting on the cross section of the aluminum strut has a magnitude of $M = 520\,\text{N}\cdot\text{m}$ and is directed as shown. Determine maximum bending stress in the strut. The location $\bar{y}$ of the centroid C of the strut's cross-sectional area must be determined. Also, specify the orientation of the neutral axis.

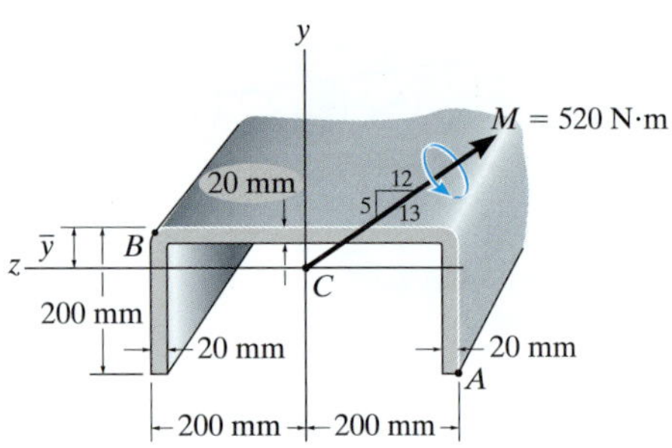

Probs. 11–99/100

11–101. The steel shaft is subjected to the two loads. If the journal bearings at A and B do not exert an axial force on the shaft, determine the required diameter of the shaft if the allowable bending stress is $\sigma_{\text{allow}} = 180$ MPa.

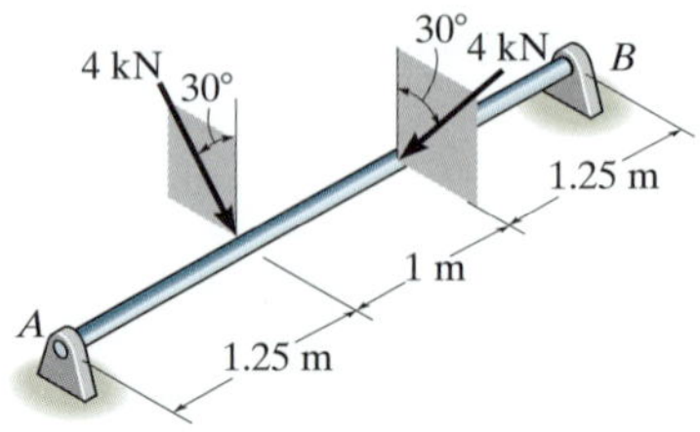

Prob. 11–101

11–102. The 65-mm-diameter steel shaft is subjected to the two loads If the journal bearings at A and B do not exert an axial force on the shaft, determine the absolute maximum bending stress developed in the shaft.

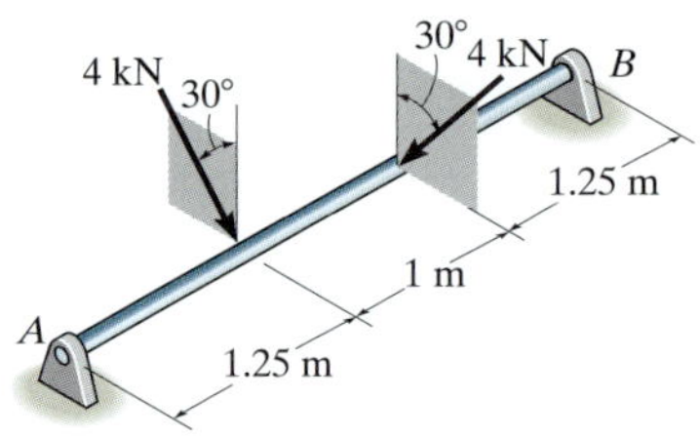

Prob. 11–102

11–103. For the section, $I_{z'} = 31.7(10^{-6})\ \text{m}^4$, $I_{y'} = 114(10^{-6})\ \text{m}^4$, $I_{y'z'} = -15.1(10^{-6})\ \text{m}^4$. Using the techniques outlined in Appendix A, the member's cross-sectional area has principal moments of inertia of $I_z = 29.0(10^{-6})\ \text{m}^4$ and $I_y = 117(10^{-6})\ \text{m}^4$, calculated about the principal axes of inertia y and z, respectively. If the section is subjected to a moment $M = 15\ \text{kN}\cdot\text{m}$, determine the stress at point A using Eq. 11–17.

***11–104.** Solve Prob. 11–103 using the equation developed in Prob. 11–98.

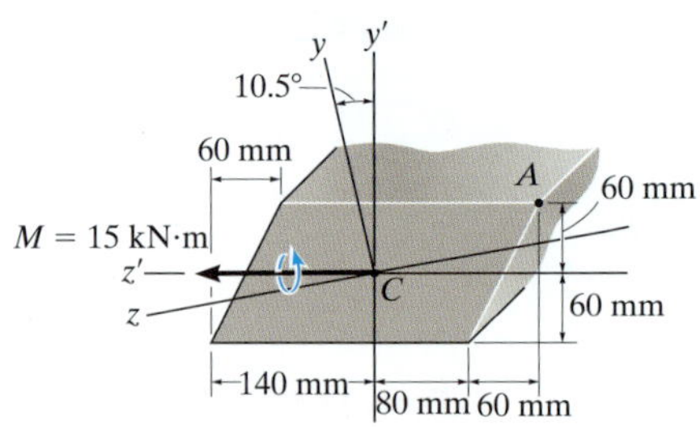

Probs. 11–103/104

11

CONCEPTUAL PROBLEMS

C11–1. The steel saw blade passes over the drive wheel of the band saw. Using appropriate measurements and data, explain how to determine the bending stress in the blade.

Prob. C11–1

C11–2. The crane boom has a noticeable taper along its length. Explain why. To do so, assume the boom is in the horizontal position and in the process of hoisting a load at its end, so that the reaction on the support A becomes zero. Use realistic dimensions and a load, to justify your reasoning.

Prob. C11–2

C11–3. Use reasonable dimensions for this hammer and a loading to show through an analysis why this hammer failed in the manner shown.

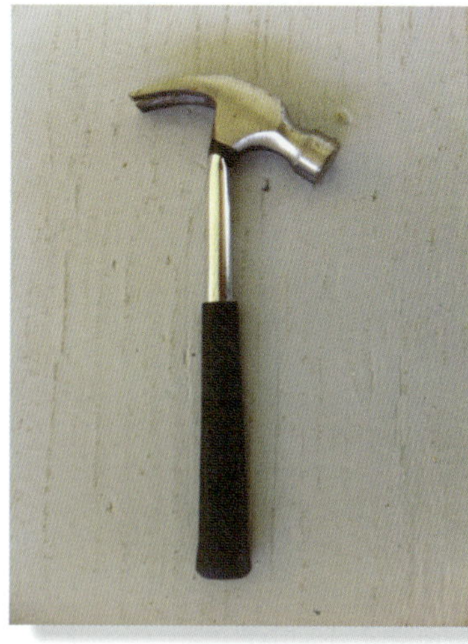

Prob. C11–3

C11–4. These garden shears were manufactured using an inferior material. Using a loading of 250 N applied normal to the blades, and appropriate dimensions for the shears, determine the absolute maximum bending stress in the material and show why the failure occurred at the critical location on the handle.

(a) (b)

Prob. C11–4

내용 복습

전단력도와 모멘트도는 보에 발생하는 내부 전단력과 모멘트를 그림으로 표현하는 방법이다. 보의 좌측 단부로부터 임의의 거리 x에서 보를 분리시키고, 평형 방정식을 적용하여 V와 M을 x의 함수로 구한 다음 그 결과를 도시한다. 분포하중, 전단력 그리고 모멘트에 대한 양의 부호규약을 따라야 한다.		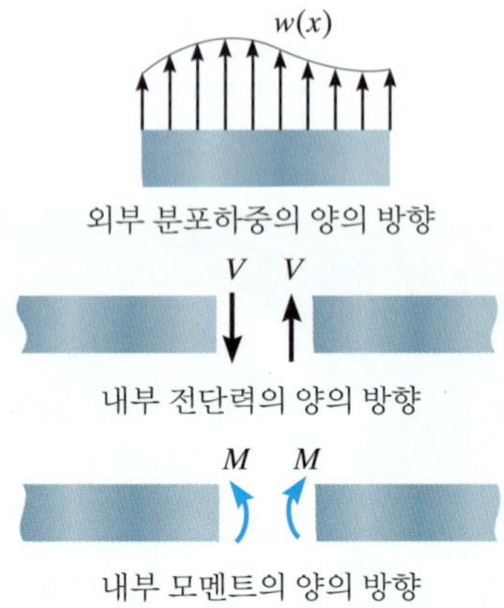 보의 부호규약
또한, 각 점에서 전단력도의 기울기는 그 점에 작용하는 분포하중의 하중강도와 같다는 사실을 알면 전단력도와 모멘트도를 그리는 작업이 가능하다. 마찬가지로, 모멘트도의 기울기는 그 점에서의 전단력과 같다. 분포하중 재하도 아래의 면적은 그 점들 사이의 전단력의 변화를 나타낸다. 전단력도 아래의 면적은 모멘트의 변화를 나타낸다. 임의 점에서의 전단력과 모멘트는 단면법을 사용하여 구할 수 있다. 최대(또는 최소) 모멘트는 전단력이 0인 점에서 발생한다.	$w = \dfrac{dV}{dx}$ $V = \dfrac{dM}{dx}$ $\Delta V = \int w\, dx$ $\Delta M = \int V\, dx$	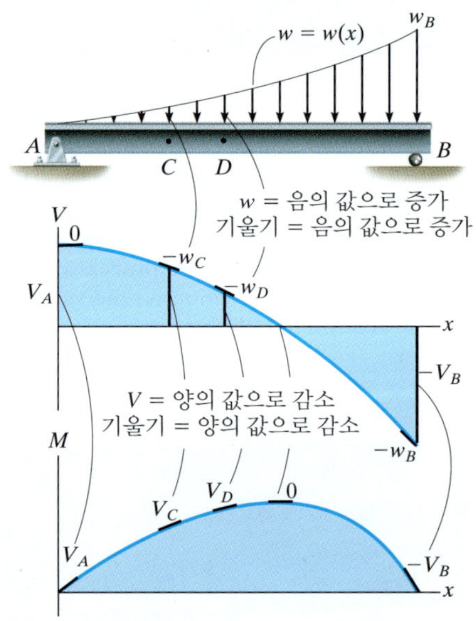

<table>
<tr>
<td>휨모멘트는 직선 보에 선형적으로 변하는 수직변형률을 발생시킨다. 재료가 균질하고 선형 탄성인 경우 평형조건을 적용하여 보의 내부 모멘트를 단면의 응력분포와 관련시킬 수 있다. 그 결과가 휨 공식은,

$$\sigma_{max} = \frac{Mc}{I}$$

여기서, I와 c는 단면의 도심을 통과하는 중립축을 기준으로 산정된다.</td>
<td></td>
<td>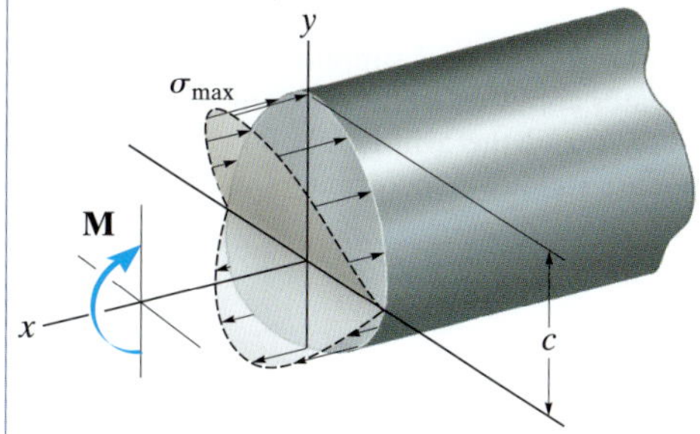
</td>
</tr>
<tr>
<td>보의 단면이 중립축에 수직인 축에 대칭이 아니라면 비대칭 휨이 발생하게 된다. 최대 응력은 공식을 적용하여 산정하거나 단면의 관성주축에 대한 모멘트 성분 $\mathbf{M}_y$과 $\mathbf{M}_z$에 의해 발생하는 휨을 중첩시키는 방법으로 해결할 수 있다.</td>
<td>$$\sigma = -\frac{M_z y}{I_z} + \frac{M_y z}{I_y}$$</td>
<td>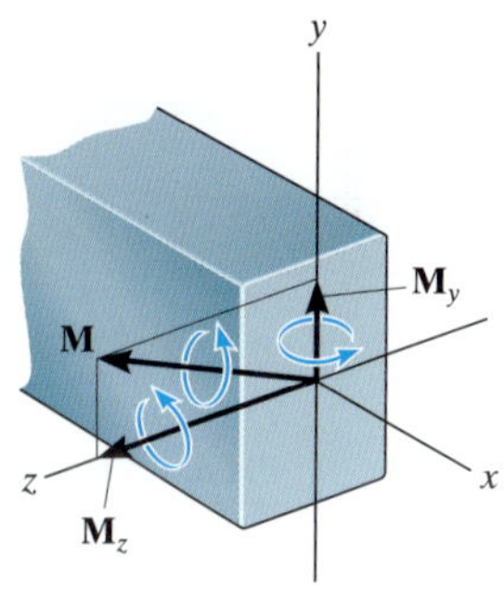
</td>
</tr>
</table>

REVIEW PROBLEMS

R11–1. The chair is supported by an arm that is hinged so it rotates about the vertical axis at A. If the load on the chair is 900 N and the arm is a hollow tube section having the dimensions shown, determine the maximum bending stress at section a–a.

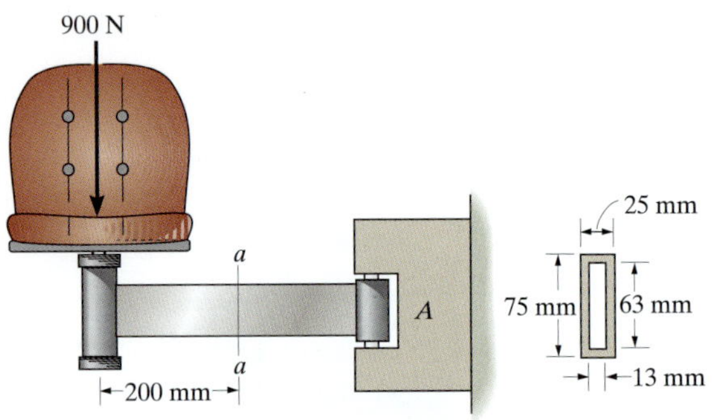

Prob. R11–1

R11–2. The compound beam consists of two segments that are pinned together at B. Draw the shear and moment diagrams if it supports the distributed loading shown.

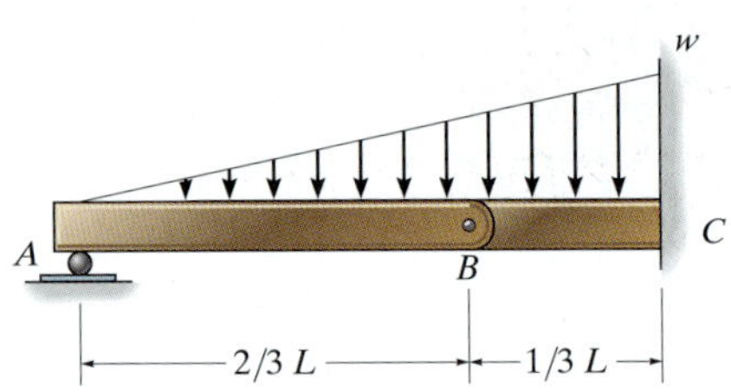

Prob. R11–2

R11–3. A shaft is made of a polymer having a parabolic upper and lower cross section. If it resists a moment of $M = 125$ N·m, determine the maximum bending stress in the material (a) using the flexure formula and (b) using integration. Sketch a three-dimensional view of the stress distribution acting over the cross-sectional area. *Hint*: The moment of inertia is determined using Eq. A–3 of Appendix A.

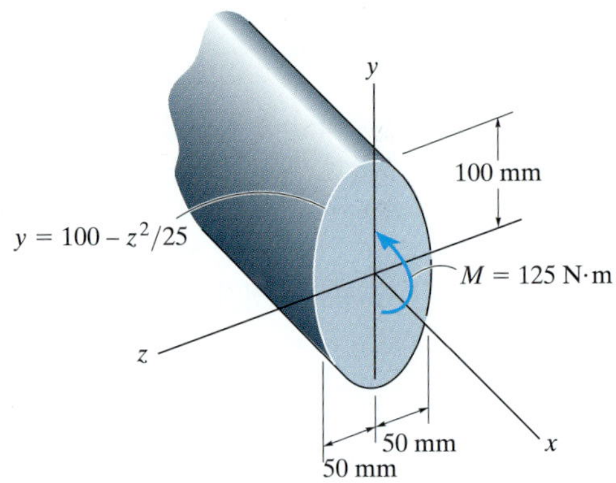

Prob. R11–3

***R11–4.** Determine the maximum bending stress in the handle of the cable cutter at section a–a. A force of 225 N is applied to the handles. The cross-sectional area is shown in the figure.

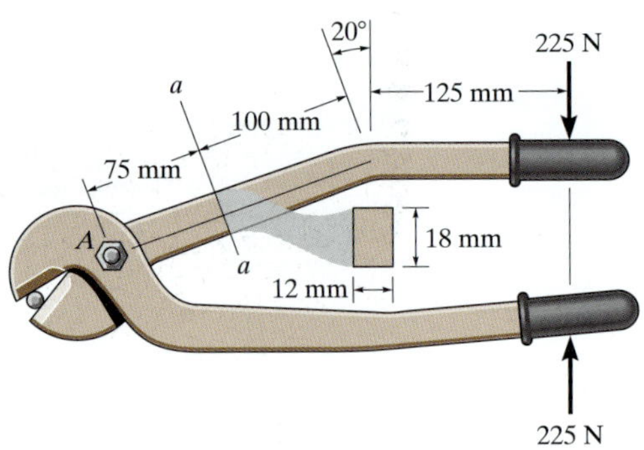

Prob. R11–4

R11–5. Draw the shear and moment diagrams for the beam and determine the shear and moment in the beam as functions of x, where $0 < x < 1.8\,\text{m}$.

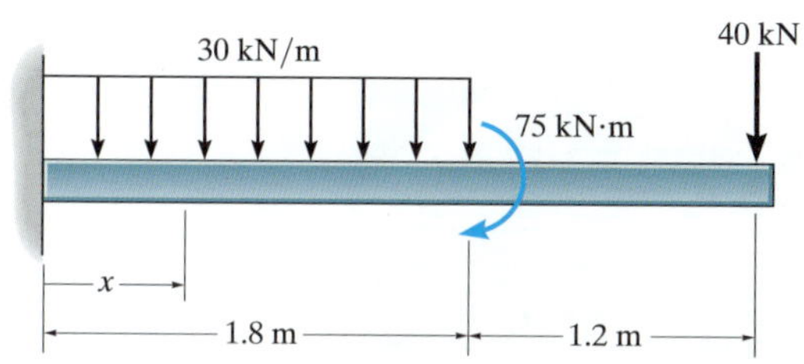

Prob. R11–5

R11–6. A wooden beam has a square cross section as shown. Determine which orientation of the beam provides the greatest strength at resisting the moment **M**. What is the difference in the resulting maximum stress in both cases?

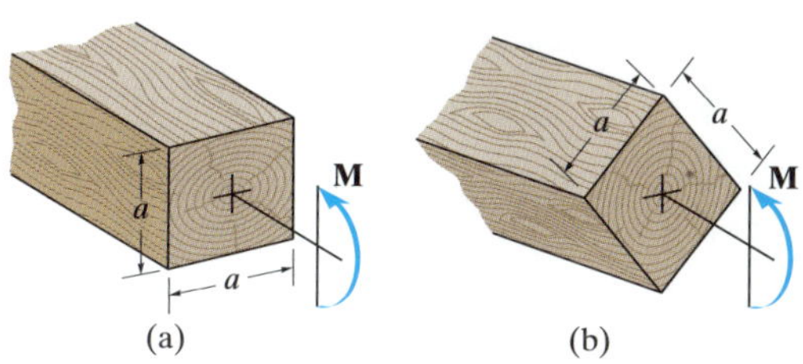

Prob. R11–6

R11–7. Draw the shear and moment diagrams for the shaft if it is subjected to the vertical loadings. The bearings at A and B exert only vertical reactions on the shaft.

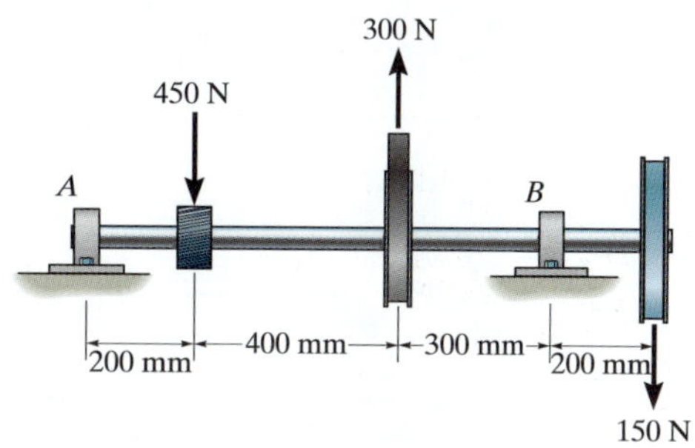

Prob. R11–7

***R11–8.** The strut has a square cross section a by a and is subjected to the bending moment **M** applied at an angle θ as shown. Determine the maximum bending stress in terms of a, M, and θ. What angle θ will give the largest bending stress in the strut? Specify the orientation of the neutral axis for this case.

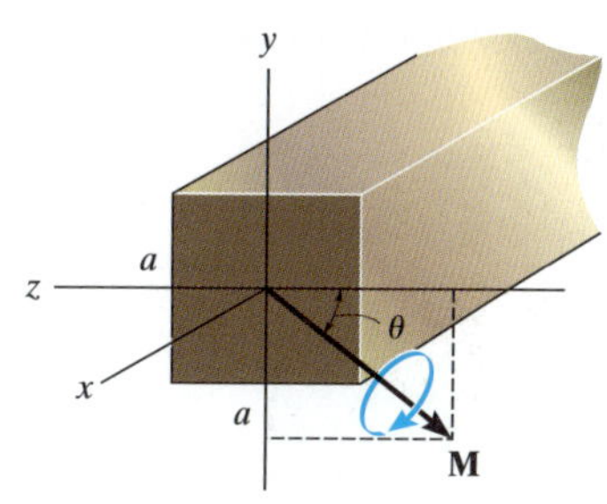

Prob. R11–8

11

CHAPTER 12

(© Bert Folsom/Alamy)

침목은 매우 큰 전단하중을 지지하는 보이다. 따라서 목재 침목은 전단 하중이 최대인 단부에서 파괴가 일어나는 경우가 많다.

전단

학습목표

- 수직 하중이 작용하는 직선 보의 전단응력 해석
- 다수의 부재로 구성된 보의 연결재에 발생하는 전단력 해석

12.1 직선부재의 전단

일반적으로, 보는 내부 전단력과 모멘트 모두에 저항한다. 전단력 V는 그림 12-1과 같이 보의 단면 전체에 작용하는 수직 전단응력의 합력이다. 전단력의 상호보완적인 특성으로 인하여 전단응력은 보의 길이를 따라 작용하는 종방향 전단응력을 발생시킨다.

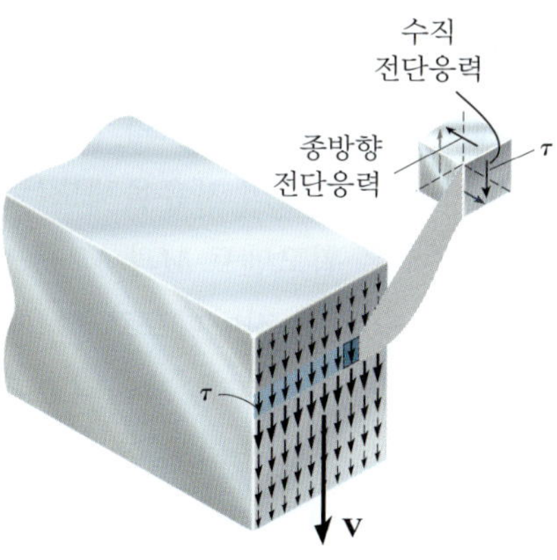

그림 12-1

일체화되지 않은 목재
(a)

일체화된 목재
(b)

그림 12-2

전단 연결재는 콘크리트 바닥을 타설할 때 파형강판 바닥 마감재에 용접되어 있으며 콘크리트 슬래브가 마감재 면과 미끄러지는 것을 방지한다. 따라서 두 재료는 하나의 복합 슬래브로 거동한다.

종방향 전단응력의 영향을 논의하기 위하여, 그림 12-2*a*에 나타낸 세 개의 목재판으로 구성된 보를 살펴보자. 각 목재판의 상하면이 매끄럽고, 목재판들이 서로 붙어 있지 않는 경우, 작용하중 **P**에 의해 보가 변형할 때 목재판 사이에는 미끄러짐이 발생한다. 그러나 목재판이 서로 붙어 일체화된 경우, 종방향 전단응력이 작용하여 목재판 사이의 상대적인 미끄러짐이 방지되어, 보는 한 개의 단일 부재로 거동한다.

전단응력의 결과로, 전단변형률이 발생하게 되면 이들 변형률은 다소 복잡한 형태로 단면을 일그러뜨린다. 예를 들어, 변형이 큰 재료로 제작된 수평과 수직으로 격자무늬가 새겨져 있는 그림 12-3*a*의 짧은 막대를 생각해 보자. 전단력 **V**가 가해지면, 그림 12-3*b*에 나타난 형태로 격자무늬가 변형될 것이다. 이러한 불균일한 전단 변형률 분포는 단면을 뒤틀리게 할 것이다. 결과적으로 보에 휨과 전단이 가해지면 단면은 휨 공식을 전개할 때 가정된 바 있는 평면을 유지하지 못할 것이다.

12.2 전단 공식

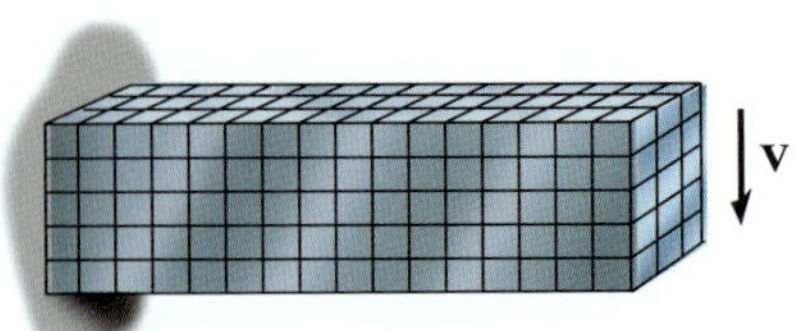

(a) 변형 전

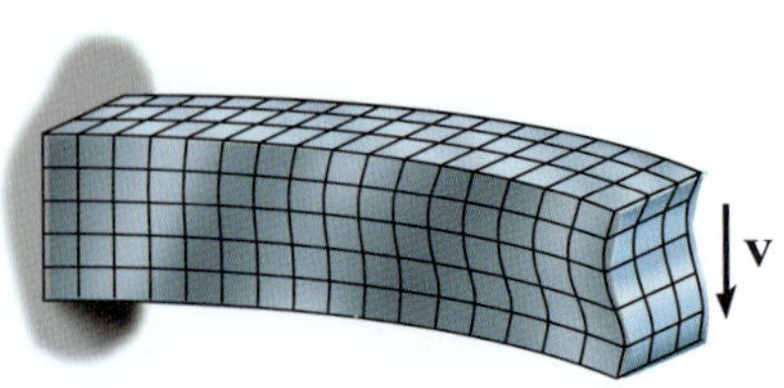

(b) 변형 후

그림 12-3

전단에 의한 변형률 분포는 축 하중, 비틀림 그리고 휨의 경우처럼 쉽게 정의되지 않기 때문에 전단응력 분포를 간접적인 방법으로 구한다. 이를 위하여, 그림 12-4*a*의 보에서 취한 미소 보요소의 일부분에 대해 수평 평형조건을 생각해 보자. 전체 미소 보 요소의 자유물체도는 그림 12-4*b*와 같다. 이 요소에 작용하는 수직응력은 휨모멘트 M과 $M + dM$에 의해 발생한다. 여기서 V, $V + dV$ 그리고 $w(x)$는 수직방향으로 작용하기 때문에 힘의 수평 합에는 포함되지 않으며 이들의 영향은 제외되었다. 미소 보 요소의 각 측면의 응력분포는 단지 짝힘 모멘트에 의해 형성되기 때문에 수평력의 합은 0이며 $\Sigma F_x = 0$ 조건을 만족한다는 것에 주목한다.

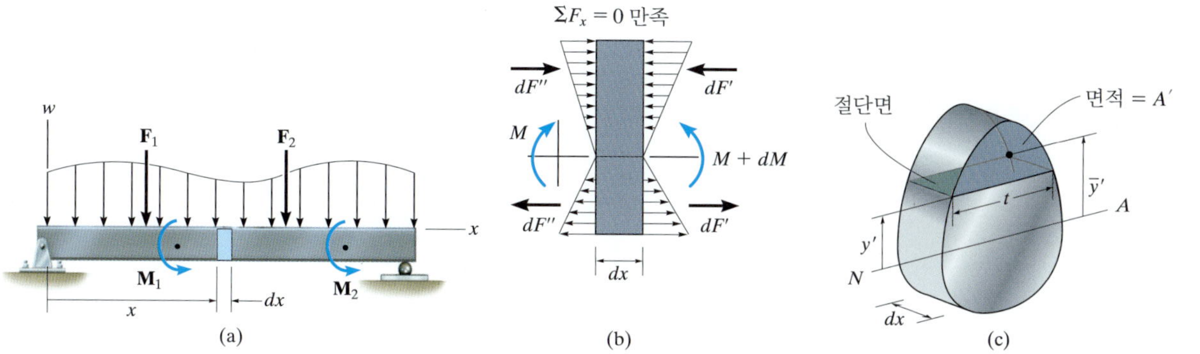

이제 그림 12-4*c*와 같이 중립축으로부터 거리 y'의 위치에서 절취된 요소의 음영 처리된 상단 부분을 생각해 보자. 이 절단면은 전단응력을 구하고자 하는 면이다. 이 상단부 단면의 폭은 t이고, 두 개의 단면 측면의 면적은 각각 A'이다. 상단부의 자유물체도는 그림 12-4*d*에 나타낸 바와 같다. 보 요소의 각 측면에 작용하는 합 모멘트의 차이는 dM이기 때문에 종방향 전단응력 τ가 바닥면에 작용하지 않는다면 $\Sigma F_x = 0$ 조건은 만족될 수 없다. 단순화를 위하여 이 전단응력은 바닥면의 폭 t에 걸쳐 일정한 것으로 가정한다. 휨모멘트에 의해 발생하는 수평력을 구하기 위해, 전단에 의한 뒤틀림 효과는 작아서 무시될 수 있는 것으로 가정한다. 이 가정은 특히 길이에 비해 깊이가 작은 얇은 보의 경우에 일반적으로 적용된다. 그러므로 식 (11-13)의 휨 공식을 사용하면,

$$\overset{+}{\leftarrow} \Sigma F_x = 0; \qquad \int_{A'} \sigma' \, dA' - \int_{A'} \sigma \, dA' - \tau(t \, dx) = 0$$

$$\int_{A'} \left(\frac{M + dM}{I}\right) y \, dA' - \int_{A'} \left(\frac{M}{I}\right) y \, dA' - \tau(t \, dx) = 0$$

$$\left(\frac{dM}{I}\right) \int_{A'} y \, dA' = \tau(t \, dx) \qquad (12\text{-}1)$$

τ를 구하면,

$$\tau = \frac{1}{It}\left(\frac{dM}{dx}\right) \int_{A'} y \, dA'$$

여기서 $V = dM/dx$(식 (11-2))이다. 또한, 적분항은 면적 A'의 중립축에 대한 모멘트를 의미하며 기호 Q로 표현한다. 면적 A'의 도심의 위치는 $\bar{y}' = \int_{A'} y \, dA'/A'$로부터 산정할 수 있으므로 다음과 같이 표현할 수 있다.

$$Q = \int_{A'} y \, dA' = \bar{y}' A' \qquad (12\text{-}2)$$

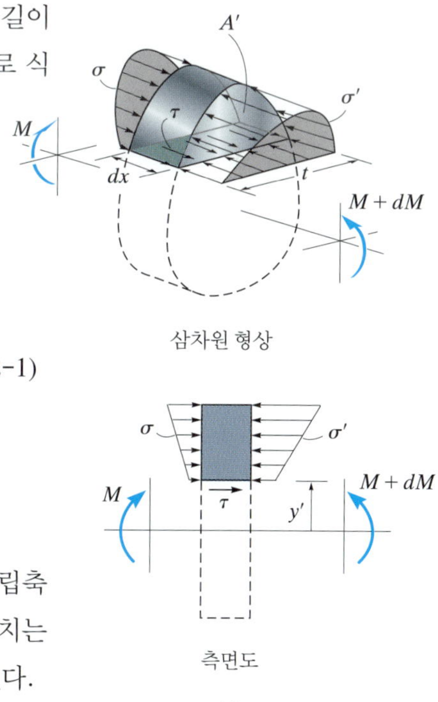

그림 12-4

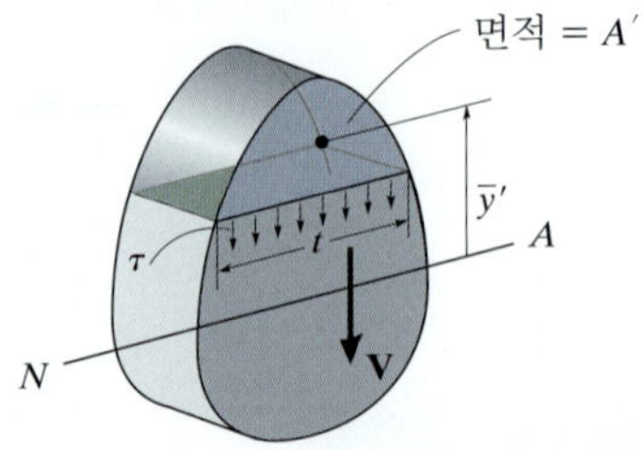

그림 12-5

최종 결과의 식을 **전단 공식**(shear formula)이라고 한다.

$$\tau = \frac{VQ}{It} \tag{12-3}$$

그림 12-5를 참조하여,

- τ = 중립축으로부터 거리 y만큼 떨어진 점의 부재 전단응력. 이 응력은 일정한 것으로 가정하므로 단면의 폭 t에 작용하는 응력의 평균값
- V = 전단력, 단면법 및 평형방정식으로부터 산정
- I = 중립축을 기준으로 구한 전체 단면적의 관성모멘트
- t = τ를 구하고자 하는 점에서 측정된 부재 단면의 폭
- Q = $\bar{y}'A'$, 여기서 A'은 부재 단면에서 t가 측정된 절단면의 위(혹은 아래)에 위치한 상단(혹은 하단) 부분의 면적, 그리고 $\bar{y}'$은 중립축으로부터 A'의 도심까지의 거리

비록 유도하는 과정에서 보의 종방향으로 작용하는 전단응력만 고려하였지만, 이 공식은 보 단면의 수직 전단응력을 구하는 데에도 적용된다. 왜냐하면 이들 응력은 상호보완적이고 수치적으로 동일하기 때문이다.

Q의 산정. 전단 공식의 모든 변수 중에서 Q는 일반적으로 적절히 정의하기가 가장 어렵다. Q는 전단응력을 산정하는 점의 위 또는 아래에 있는 단면적의 모멘트임을 기억해야 한다. 그림 12-4d에서 면적 A'은 보가 휘어질 때 종방향 전단응력에 의해 보의 다른 부분들과 '응착'되어 있다. 그림 12-6에 나타낸 예는 이러한 내용을 설명하는 데 도움이 된다. 여기서는 점 P가 응력을 구하고자 하는 점이며 A'은 어두운 음영으로 처리된 영역이다. 각각의 경우에 있어서 Q의 값은 해당 그림 아래에 제시된 바와 같다. 점 P의 아래 밝은 음영으로 처리된 영역을 A'으로 선택하는 경우, 비록 A'의 일부가 중립축 아래에 있어 y'은 음의 값이긴 하지만 동일한 결과를 얻을 수 있다.

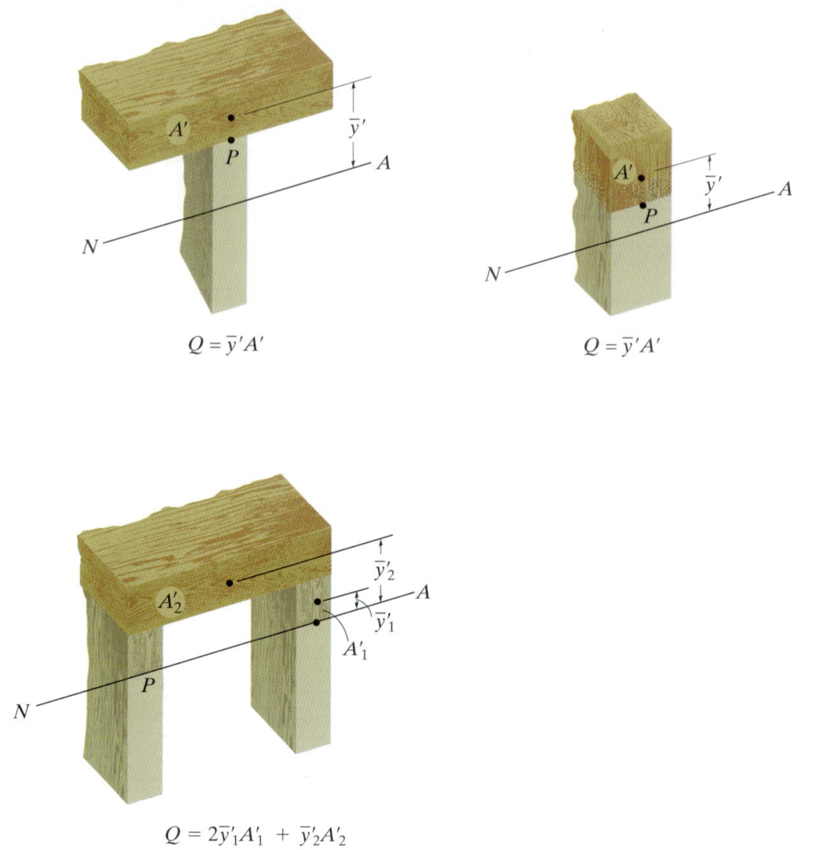

그림 12-6

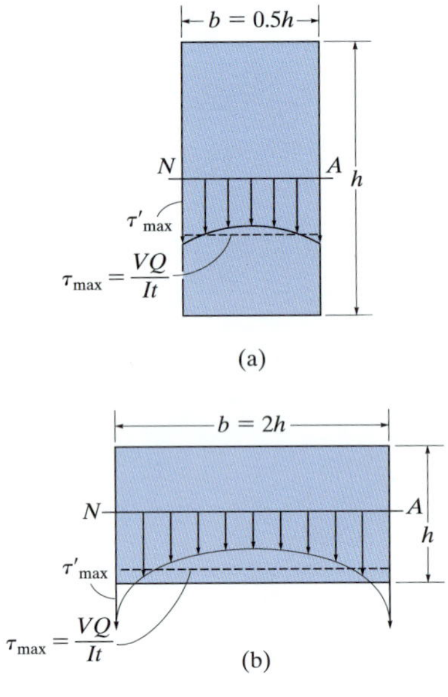

그림 12-7

전단 공식의 사용 한계. 전단 공식을 유도하는 과정에서 사용된 주요 가정 중의 하나는 전단응력이 절단면의 폭 t에 걸쳐 균등하게 분포한다는 것이다. 즉, 그 폭에 대한 평균 전단응력이 계산된다. 이 가정의 정확도는 탄성이론에 기초한 보다 정확한 수학적 분석과 비교하면 시험할 수 있다. 예를 들어 보의 단면이 직사각형인 경우, 중립축상의 전단응력 분포는 그림 12-7과 같이 실제로 차이가 난다. 최댓값 τ'_{max}은 단면의 측면에서 발생하고, 그 크기는 비율 b/h(폭/깊이)에 따라 달라진다. $b/h = 0.5$인 그림 12-7a의 경우, τ'_{max}은 전단 공식으로부터 계산된 전단응력보다 단지 3% 정도 크다. 그러나 $b/h = 2$인 편평한 단면의 그림 12-7b인 경우에는 τ'_{max}가 τ_{max}보다 40% 정도 더 큰 값이다. 오차는 단면이 더 편평해질 때, 즉 b/h 비율이 증가함에 따라 더 커진다. 그림 12-8의 H형(WF: wide flange) 강과 같이 폭이 넓은 플랜지에 발생하는 전단응력을 구하기 위하여 전단 공식을 적용하는 경우, 이러한 크기의 오차는 허용하기 어려운 정도이다.

전단 공식으로 H형 강의 플랜지와 복부의 접합부에 대하여 전단응력을 구하는 경우에는 정확한 결과를 얻을 수 없다. 이 부분은 급격한 단면변화가 있는 위치이기 때문에 응력집중이 발생하기 때문이다. 다행스럽게도, 엔지니어들은 전단 공식을 보의 평균 최대 전단응력을 산정하기 위해서만 사용하고, H형 단면의 경우에는 b/h(폭/깊이)의 비율이 매우 작은 복부에 있는 중립축에서 최대 전단응력이 발생하기 때문에 위에서 설명한 바와 같이 산정된 결과는 실제 최대 전단응력에 매우 가깝다.

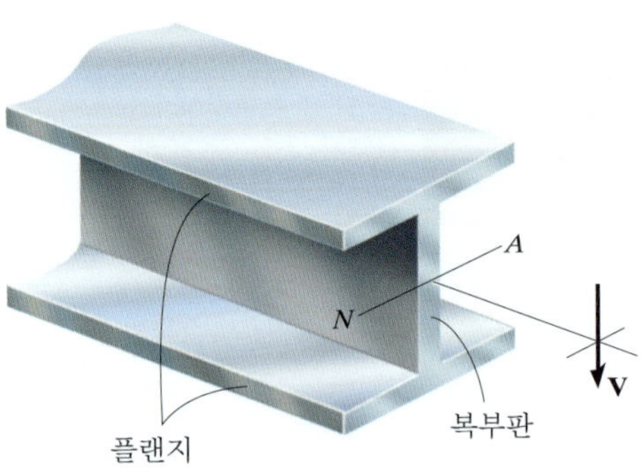

그림 12-8

전단 공식 사용에 있어 또 다른 중요한 제한은 불규칙한 경계를 가진 단면 형상의 부재를 보여주는 그림 12-9*a*를 참조하여 설명할 수 있다. 전단 공식을 사용하여 선분 *AB*의 (평균)전단응력 τ를 산정하면 그림 12-9*b*에 나타낸 바와 같이 전단응력은 이 선분을 가로질러 아래로 향하게 된다. 그러나 그림 12-9*c*의 경계점 *B*에서 취한 미소 요소는 외부 표면에 어떠한 전단응력도 없어야 한다. 즉, 이 요소에 작용하는 전단응력은 경계에 접선방향으로 작용하여야 하며, 선분 *AB*를 가로지르는 전단응력분포는 실제로 그림 12-9*d*에 나타낸 방향으로 작용한다. 결과적으로, 전단 공식은 그림 12-9*a*에서 파란색 선으로 표시된 부분만 적용할 수 있고 전단응력 분포는 그림 12-9*e*와 같다. 이들 파란색 선은 경계의 접선과 직각으로 교차하기 때문이다.

위의 내용을 요약하면, 전단 공식을 짧거나 편평한 단면의 부재 또는 급격한 단면 변화가 있는 위치에 적용할 때는 정확한 결과를 얻을 수 없다. 또한 단면을 가로지르는 선이 부재의 단면 경계선과 90° 이외의 각도로 교차하는 경우에도 적용할 수 없다.

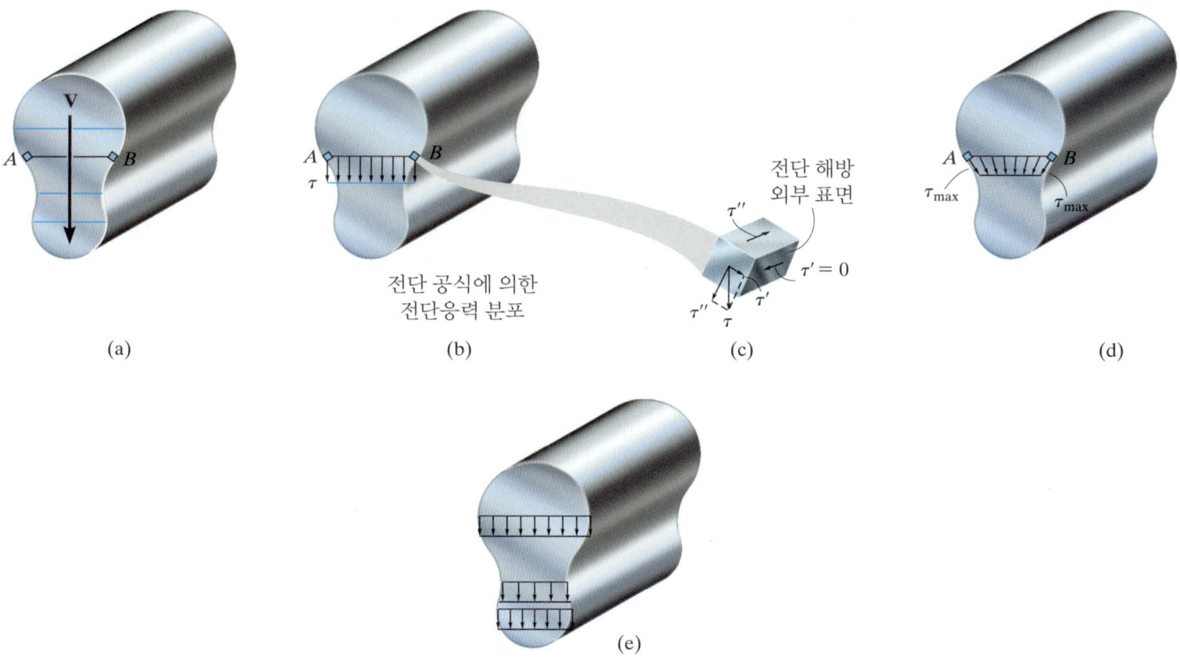

그림 12-9

요점 IMPORTANT POINTS

- 보에 작용하는 전단력은 단면에 비선형 전단-변형률 분포를 발생시켜 단면을 뒤틀리게 한다.
- 전단응력의 상호보완적 특성으로 보에 발생하는 전단응력은 보의 수직단면과 종방향 면을 따라 작용한다.
- 전단 공식은 보 미분요소의 일부분에 대한 힘의 수평 평형조건으로부터 유도되었다.
- 전단 공식은 선형 탄성 거동을 하는 균질한 재료로 제작된 직선의 균일단면 부재에 사용된다. 또한, 내부 합 전단력은 단면의 대칭축을 따라 작용한다.
- 전단 공식은 짧거나 편평한 단면, 급격한 단면 변화가 있는 지점 또는 90° 이외의 각도로 단면을 가로지르는 선이 경계와 교차하는 단면의 전단응력을 산정하는 데 사용하지 않아야 된다.

풀이 과정 PROCEDURE FOR ANALYSIS

전단 공식은 다음과 같이 적용된다.

내부 전단

- 전단응력을 구하고자 하는 지점에서 부재축에 직각으로 부재를 절단하고, 그 단면의 내부 전단력 **V**를 구한다.

단면의 성질

- 중립축의 위치를 파악하고, 그 중립축을 기준으로 전체 단면의 관성모멘트 I를 산정한다.
- 전단응력을 구하고자 하는 위치의 점을 지나는 가상의 수평 절단면을 설정한다. 이 절단면 위치에서의 단면의 폭 t를 측정한다.
- 단면의 폭 측정 선을 기준으로 위 또는 아래에 놓인 면적이 A'이다. $Q = \bar{y}'A'$ 식을 이용하여 Q를 산정한다. 여기서 $\bar{y}'$은 중립축에서 A'의 도심까지의 거리이다. A'은 부재가 종방향 전단응력에 의해 '부재에 응착되어 있는' 부재 단면적의 일부분임을 상기하면 도움이 될 것이다. 그림 12-2와 12-4d 참조.

전단응력

- 일관된 단위체계를 사용하고, 전단 공식에 자료를 대입하여 전단응력 τ를 산정한다.
- 전단응력 τ의 작용방향은 응력을 구하고자 하는 점에 위치한 재료의 입체요소에 설정한다. 단면에 작용하는 τ는 **V**와 동일한 방향으로 작용한다는 사실은 알면 가능하다. 이렇게 하여 요소의 다른 세 면에 작용하는 해당 전단응력을 설정할 수 있다.

12

예제 12.1

그림 12-10a의 보는 두 개의 목재판으로 제작되었다. 부재들이 접합되는 이음매에서 목재판을 고정하기 위해 필요한 접착제에 작용하는 최대 전단응력을 구하라.

풀이

내부 전단. 보의 지점 반력과 전단력도는 그림 12-10b와 같다. 보의 최대 전단력은 19.5 kN이다.

단면의 성질. 중립축인 도심은 그림 12-10a와 같이 단면 하단을 기준으로 산정된다. 미터 단위를 기준 단위로 하면

$$\bar{y} = \frac{\Sigma \tilde{y} A}{\Sigma A}$$

$$= \frac{(0.075\text{ m})(0.150\text{ m})(0.030\text{ m}) + (0.165\text{ m})(0.030\text{ m})(0.150\text{ m})}{(0.150\text{ m})(0.030\text{ m}) + (0.030\text{ m})(0.150\text{ m})}$$

$$= 0.120\text{ m}$$

그림 12-10a의 중립축을 기준으로 관성모멘트를 산정하면,

$$I = \left[\frac{1}{12}(0.030\text{ m})(0.150\text{ m})^3 + (0.150\text{ m})(0.030\text{ m})(0.120\text{ m} - 0.075\text{ m})^2\right]$$

$$+ \left[\frac{1}{12}(0.150\text{ m})(0.030\text{ m})^3 + (0.030\text{ m})(0.150\text{ m})(0.165\text{ m} - 0.120\text{ m})^2\right]$$

$$= 27.0(10^{-6})\text{ m}^4$$

상부 목재판(플랜지)은 두께 $t = 0.03$ m에 적용한 접착제에 의해 하부 목재판(복부판) 위에 부착되어 있다. 따라서 Q는 그림 12-10a의 상부 목재판의 면적을 이용하여 산정한다.

$$Q = \bar{y}'A' = (0.180\text{ m} - 0.015\text{ m} - 0.120\text{ m})(0.03\text{ m})(0.150\text{ m})$$

$$= 0.2025(10^{-3})\text{ m}^3$$

전단응력. 전단 공식을 적용하면,

$$\tau_{\max} = \frac{VQ}{It} = \frac{[19.5(10^3)\text{ N}](0.2025(10^{-3})\text{ m}^3)}{[27.0(10^{-6})\text{ m}^4](0.030\text{ m})} = 4.88\text{ MPa} \qquad \text{답}$$

하부 목재판의 상단에 작용하는 전단 응력은 그림 12-10c에 나타낸 바와 같다.

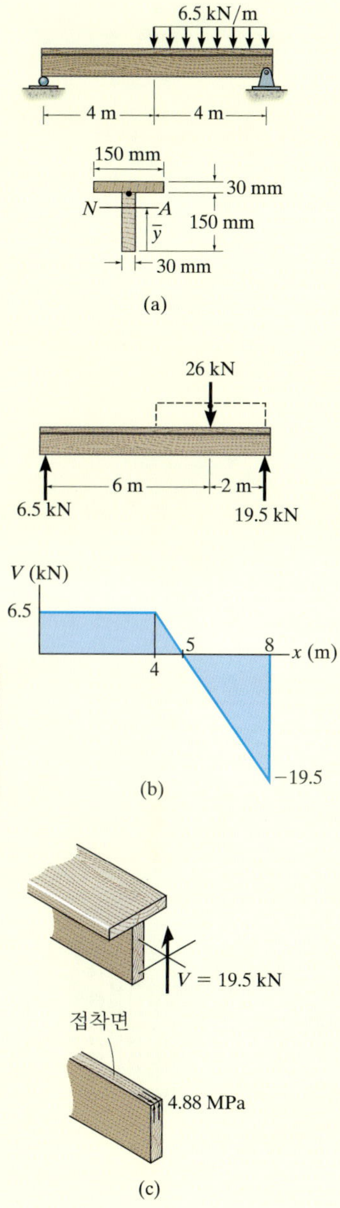

그림 12-10

주: 오른쪽 지점부에서 목재판이 서로 미끄러지지 않고 붙어 있는 것은 이러한 종방향 전단응력에 대한 접착제의 저항 때문이다.

예제 12.2

그림 12-11a의 보의 단면에 작용하는 전단응력의 분포를 구하라.

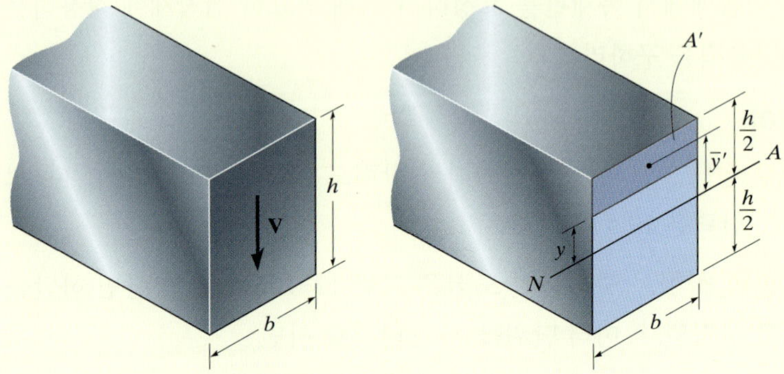

(a) (b)

풀이

응력 분포는 그림 12-11b의 중립축으로부터 임의 높이에 발생하는 전단응력을 구하고 이 함수를 도시하는 방법으로 구할 수 있다. 여기서, 진하게 음영 처리된 면적 A'은 Q의 계산에 사용된다.* 따라서

$$Q = \bar{y}'A' = \left[y + \frac{1}{2}\left(\frac{h}{2} - y\right)\right]\left(\frac{h}{2} - y\right)b = \frac{1}{2}\left(\frac{h^2}{4} - y^2\right)b$$

전단 공식을 적용하면

$$\tau = \frac{VQ}{It} = \frac{V\left(\frac{1}{2}\right)\left[(h^2/4) - y^2\right]b}{\left(\frac{1}{12}bh^3\right)b} = \frac{6V}{bh^3}\left(\frac{h^2}{4} - y^2\right) \tag{1}$$

이 결과는 단면에 작용하는 전단응력이 **포물선**(parabola) 형상으로 분포됨을 말해주고 있다. 그림 12-11c에서와 같이, 전단응력의 강도는 $y = \pm h/2$인 단면의 상단 및 하단에서의 '0'에서 $y = 0$인 중립축에서의 최댓값까지 변한다. 구체적으로, 단면의 면적이 $A = bh$이므로, $y = 0$일 때 식 (1)은

$$\tau_{max} = 1.5\frac{V}{A} \tag{2}$$

직사각형 단면

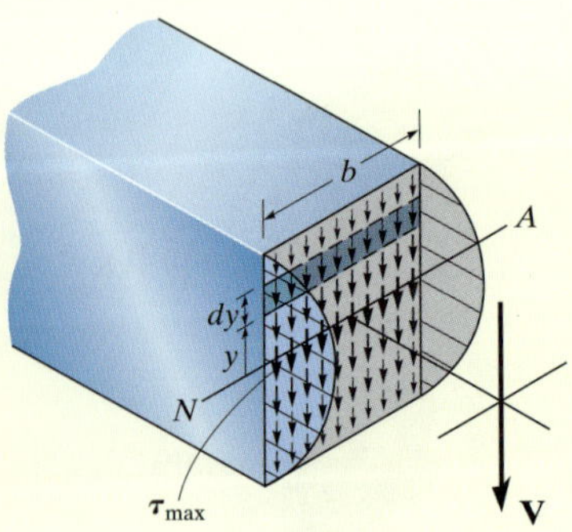

전단응력 분포
(c)

그림 12-11

* y의 아래 면적[$A' = b(h/2 + y)$]을 사용할 수도 있지만 이 경우 조금 더 까다로운 계산이 필요하다.

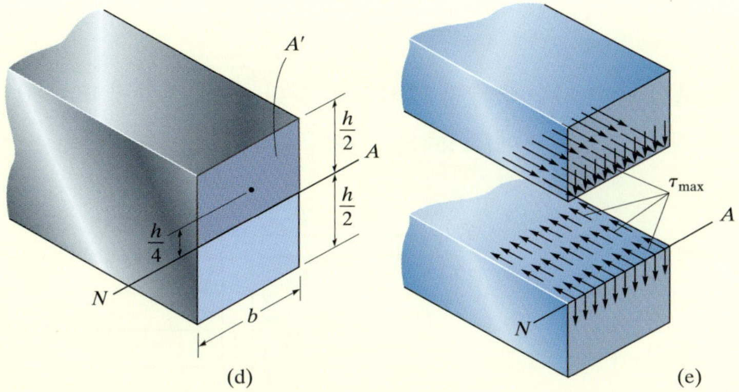

지점부의 단면 중심부에 발생한 목재 보의 전형적인 전단 파괴 형상

τ_{max}값은 V, I 그리고 t는 일정하기 때문에 Q가 최대인 곳에서 τ_{max}가 발생한다는 것을 알면 전단 공식 $\tau = VQ/It$에서 직접 구할 수도 있다. Q는 중립축 위(또는 아래)의 전체 면적일 때 최대인 것으로 판단되므로, 이 경우 $A' = bh/2$ 그리고 $\bar{y}' = h/4$이다. 따라서 다음과 같다.

$$\tau_{max} = \frac{VQ}{It} = \frac{V(h/4)(bh/2)}{\left(\frac{1}{12}bh^3\right)b} = 1.5\,\frac{V}{A}$$

비교해 보면, τ_{max}는 식 (7-4)와 같이 $\tau_{avg} = V/A$로 산정되는 평균 전단응력 보다 50% 더 큰 값이다.

또한 τ_{max}는 보의 길이방향으로도 그림 12-11e와 같이 작용한다는 사실을 인지해야 한다. 이 응력은 목재 부재에 그림 12-11f에 나타낸 바와 같은 손상을 발생시킬 수 있다. 이러한 목재의 수평 분리는 보 단부에서 중립축을 통하여 발생하기 시작한다. 왜냐하면 부재의 단부에는 수직 반력에 의해 보에 큰 전단응력이 작용하고 목재는 종방향으로 향해 있는 섬유질 방향으로 작용하는 전단에 낮은 저항력을 가지기 때문이다.

전단응력 분포 식 (1)을 단면에 대해 적분하면 합 전단력 V가 된다. 적분을 위하여, 면적의 미분띠 $dA = b\,dy$를 그림 12-11c와 같이 취하면, τ는 이 띠에 균일하게 작용한다. 그러면,

$$\int_A \tau\, dA = \int_{-h/2}^{h/2} \frac{6V}{bh^3}\left(\frac{h^2}{4} - y^2\right) b\, dy$$

$$= \frac{6V}{h^3}\left(\frac{h^2}{4}y - \frac{1}{3}y^3\right)\Bigg|_{-h/2}^{h/2}$$

$$= \frac{6V}{h^3}\left[\frac{h^2}{4}\left(\frac{h}{2} + \frac{h}{2}\right) - \frac{1}{3}\left(\frac{h^3}{8} + \frac{h^3}{8}\right)\right] = V$$

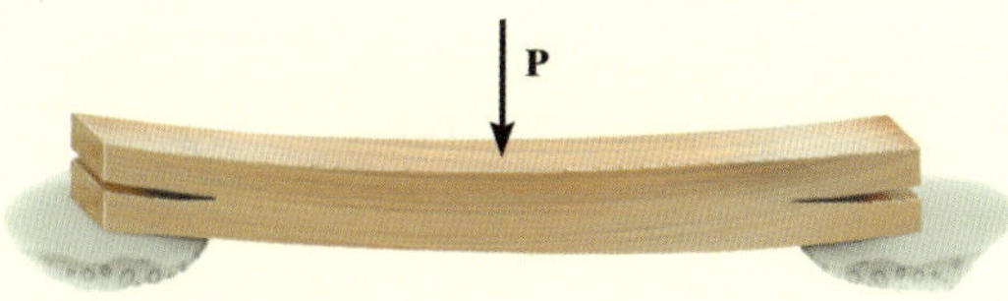

그림 12-11 (계속)

예제 12.3

H형강 보의 단면 치수가 그림 12-12*a*와 같다. 보에 전단력 V = 80 kN이 작용한 경우 보의 단면에 작용하는 전단응력 분포를 그려라.

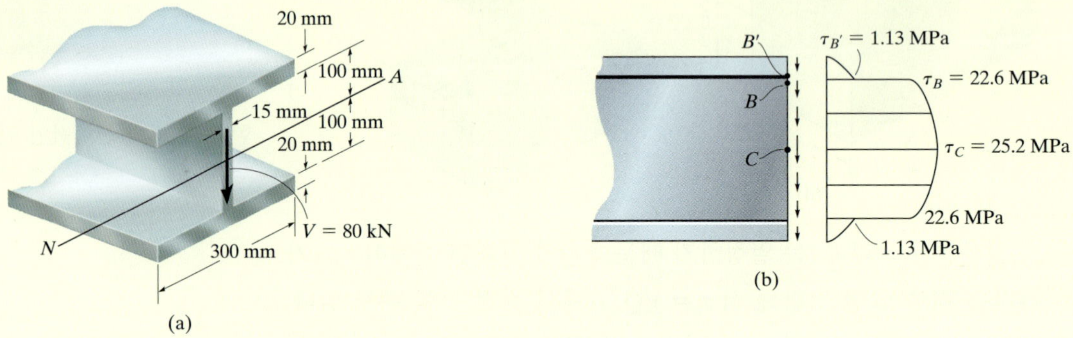

풀이

응력 분포는 플랜지와 복부가 직사각형 형상이므로, 이전 예제와 같이 전단응력 분포는 포물선 형상이고, 응력 분포는 그림 12-12*b*의 형태가 될 것이다. 단면이 대칭이므로 B', B 그리고 C점의 전단응력만 산정한다. 이를 위하여, 먼저 중립축을 기준으로 단면적의 관성모멘트를 산정한다. 미터 단위를 사용하면

$$I = \left[\frac{1}{12}(0.015\text{ m})(0.200\text{ m})^3\right]$$

$$+ 2\left[\frac{1}{12}(0.300\text{ m})(0.02\text{ m})^3 + (0.300\text{ m})(0.02\text{ m})(0.110$$

$$= 155.6(10^{-6})\text{ m}^4$$

B'점의 경우, $t_B{}' = 0.300$ m이고, A'은 그림 12-12*c*의 어두운 음영 면적이다. 그러므로

$$Q_{B'} = \bar{y}'A' = (0.110\text{ m})(0.300\text{ m})(0.02\text{ m}) = 0.660(10^{-3})\text{ m}^3$$

따라서

$$\tau_{B'} = \frac{VQ_{B'}}{It_{B'}} = \frac{[80(10^3)\text{ N}](0.660(10^{-3})\text{ m}^3)}{[155.6(10^{-6})\text{ m}^4](0.300\text{ m})} = 1.13\text{ MPa}$$

B점의 경우, $t_B = 0.015$ m이고 그림 12-12*c*에서 $Q_B = Q_{B'}$이다. 그러므로

$$\tau_B = \frac{VQ_B}{It_B} = \frac{[80(10^3)\text{N}](0.660(10^{-3})\text{ m}^3)}{[155.6(10^{-6})\text{ m}^4](0.015\text{ m})} = 22.6\text{ MPa}$$

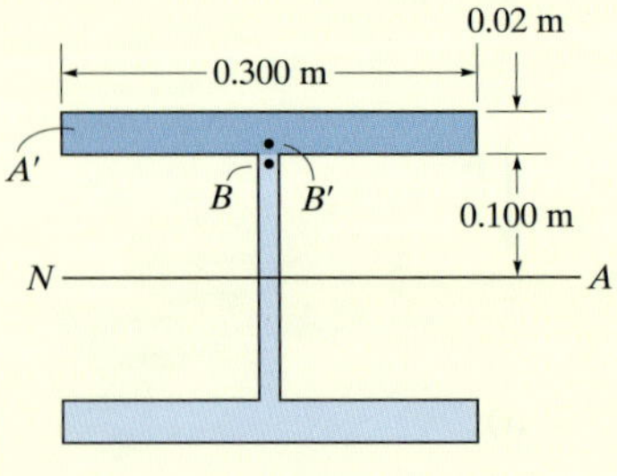

(c)

그림 12-12

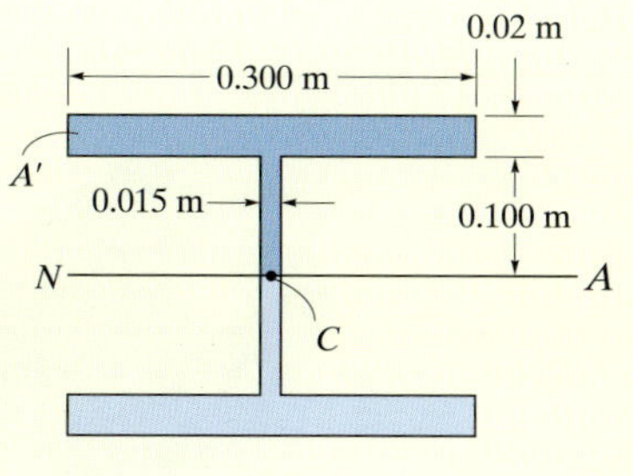

(d)

그림 12-12 (계속)

전단 공식의 사용 한계성에서 논의된 내용에 유의하면 계산된 $\tau_{B'}$과 τ_B 값은 둘 다 마찬가지로 실제로 매우 오해의 소지가 있는 결과이다. 그 이유는 무엇인가?

C점의 경우, $t_C = 0.015$ m이고 A'은 그림 12-12d의 어두운 음영 면적이다. 이 면적은 두 개의 직사각형으로 구성되어 있으므로

$$Q_C = \Sigma \bar{y}'A' = (0.110\text{ m})(0.300\text{ m})(0.02\text{ m})$$

$$+ (0.05\text{ m})(0.015\text{ m})(0.100\text{ m}$$

$$= 0.735(10^{-3})\text{ m}^3$$

따라서

$$\tau_C = \tau_{\max} = \frac{VQ_C}{It_C} = \frac{[80(10^3)\text{ N}][0.735(10^{-3})\text{ m}^3]}{[155.6(10^{-6})\text{ m}^4](0.015\text{ m})} = 25.2\text{ MPa}$$

주: 그림 12-12b에서 가장 큰 전단응력은 복부에서 발생하고 그 값은 깊이 방향으로 22.6 MPa에서 25.2 MPa까지 변하므로 거의 균일하다. 이런 이유로 설계에 있어서, 일부 설계 기준에서는 전단공식을 사용하기보다는 복부 단면의 평균 전단응력 계산 결과를 사용할 수 있도록 허용하고 있다.

$$\tau_{\text{avg}} = \frac{V}{A_w} = \frac{80(10^3)\text{ N}}{(0.015\text{ m})(0.2\text{ m})} = 26.7\text{ MPa}$$

이에 대해서는 15장에서 논의하기로 한다.

PRELIMINARY PROBLEM

P12–1. In each case, calculate the value of Q and t that are used in the shear formula for finding the shear stress at A. Also, show how the shear stress acts on a differential volume element located at point A.

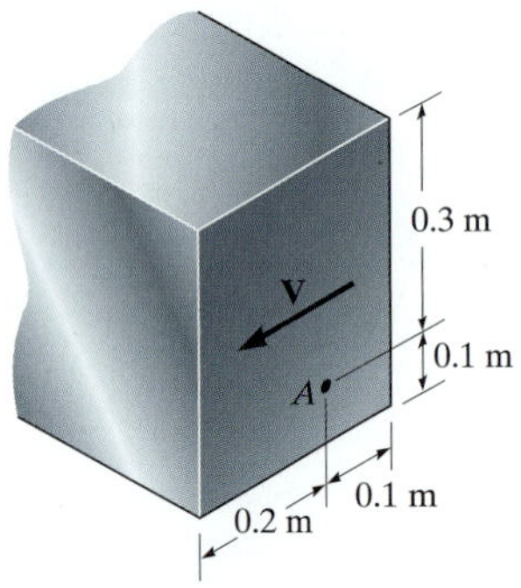

(a)

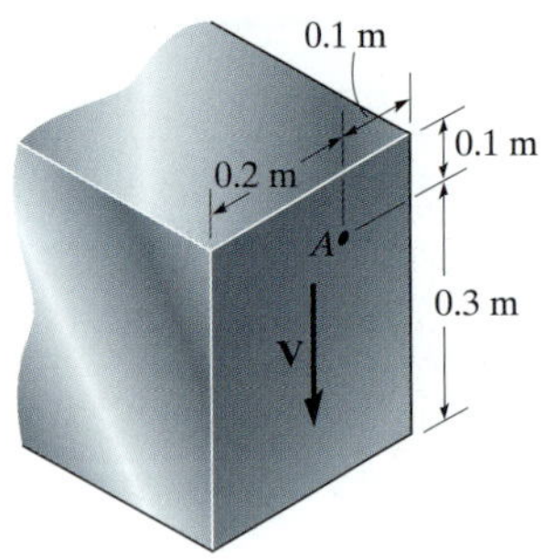

(b)

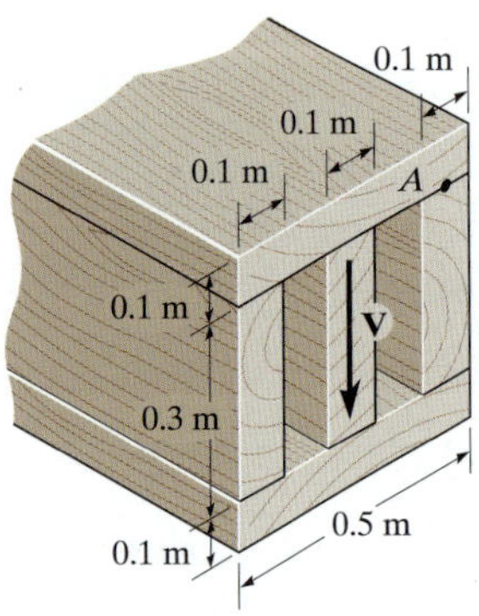

(c)

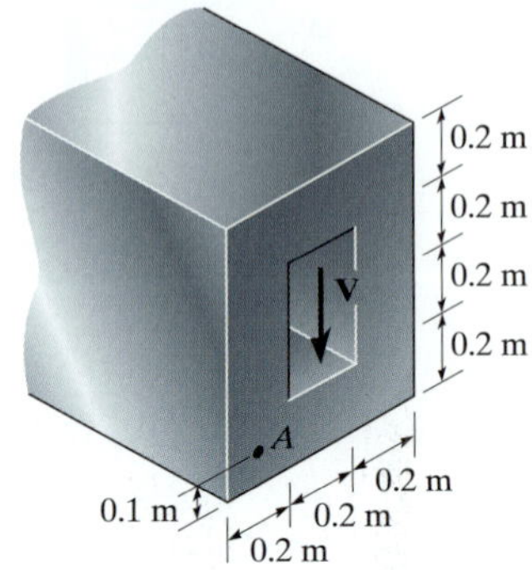

(d)

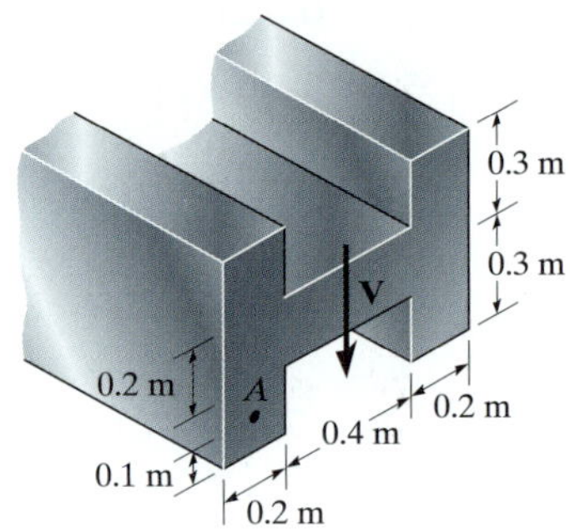

(e)

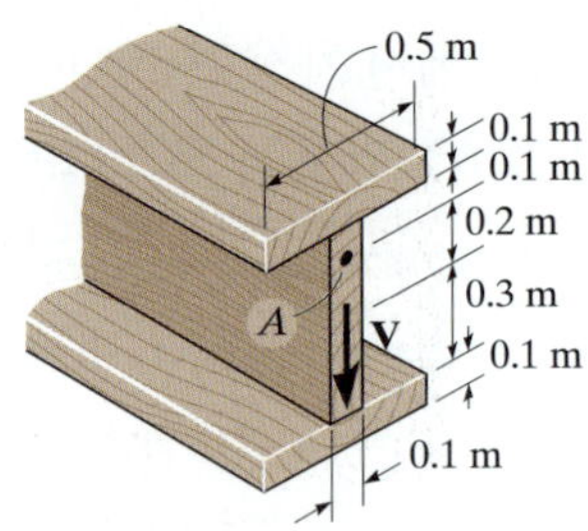

(f)

Prob. P12–1

FUNDAMENTAL PROBLEMS

F12–1. If the beam is subjected to a shear force of $V = 100$ kN, determine the shear stress at point A. Represent the state of stress on a volume element at this point.

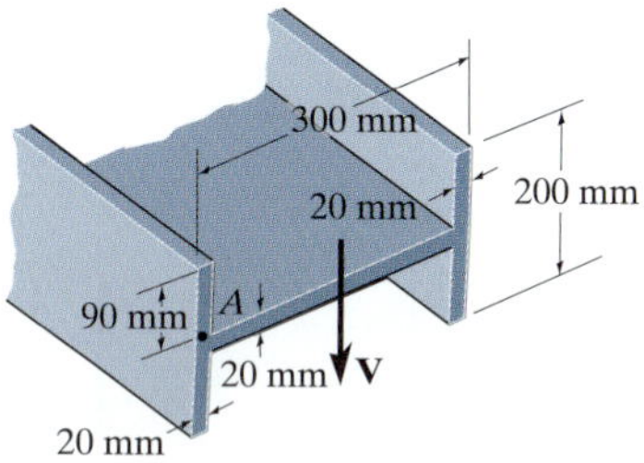

Prob. F12–1

F12–2. Determine the shear stress at points A and B if the beam is subjected to a shear force of $V = 600$ kN. Represent the state of stress on a volume element of these points.

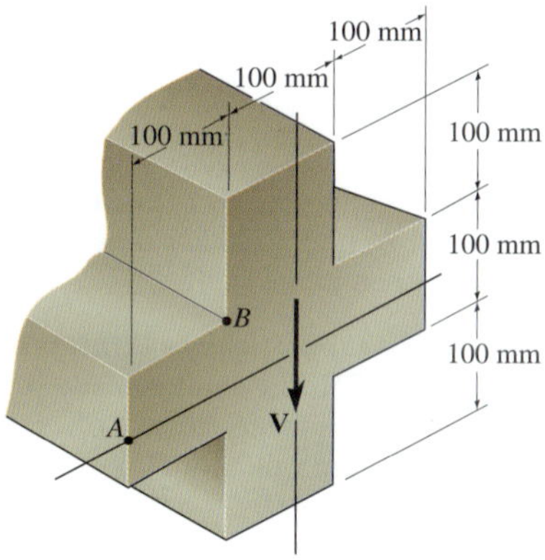

Prob. F12–2

F12–3. Determine the absolute maximum shear stress developed in the beam.

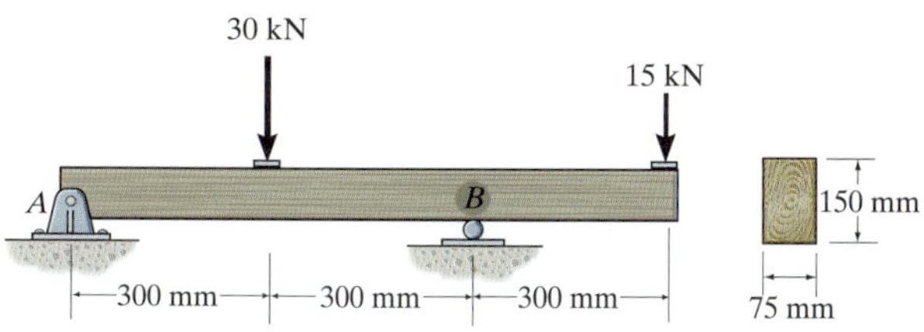

Prob. F12–3

F12–4. If the beam is subjected to a shear force of $V = 20$ kN, determine the maximum shear stress in the beam.

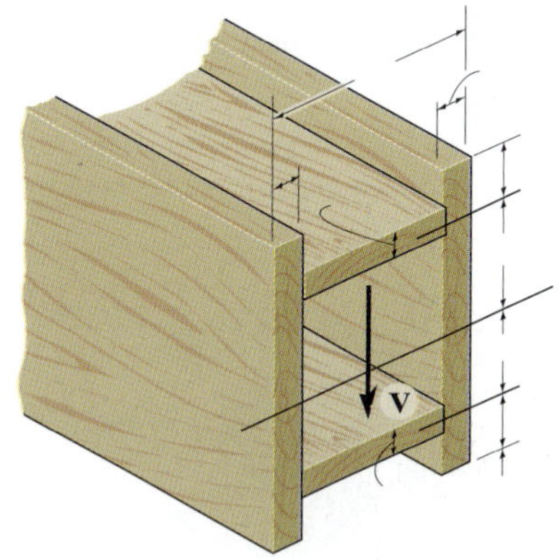

Prob. F12–4

F12–5. If the beam is made from four plates and subjected to a shear force of $V = 20$ kN, determine the shear stress at point A. Represent the state of stress on a volume element at this point.

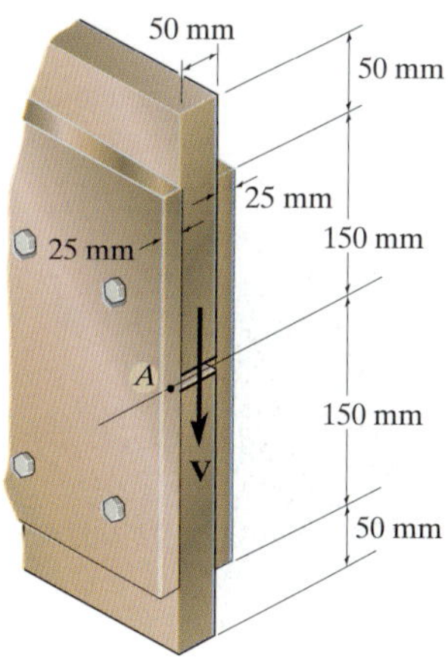

Prob. F12–5

PROBLEMS

12–1. If the wide-flange beam is subjected to a shear of $V = 20$ kN, determine the shear stress on the web at A. Indicate the shear-stress components on a volume element located at this point.

12–2. If the wide-flange beam is subjected to a shear of $V = 20$ kN, determine the maximum shear stress in the beam.

12–3. If the wide-flange beam is subjected to a shear of $V = 20$ kN, determine the shear force resisted by the web of the beam.

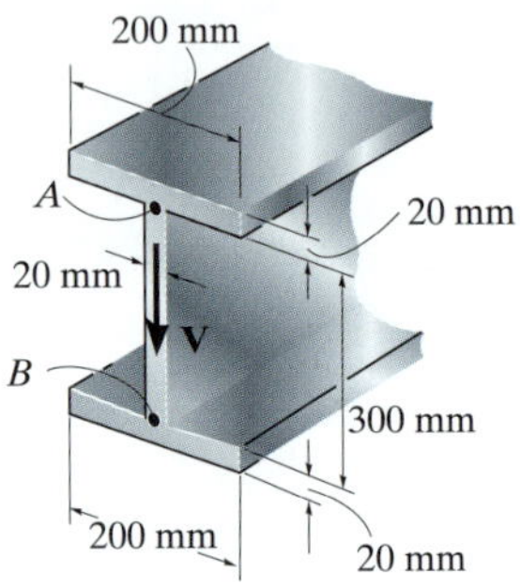

Probs. 12–1/2/3

***12–4.** If the beam is subjected to a shear of $V = 30$ kN, determine the web's shear stress at A and B. Indicate the shear-stress components on a volume element located at these points. Set $w = 200$ mm. Show that the neutral axis is located at $\bar{y} = 0.2433$ m from the bottom and $I = 0.5382(10^{-3})$ m^4.

12–5. If the wide-flange beam is subjected to a shear of $V = 30$ kN, determine the maximum shear stress in the beam. Set $w = 300$ mm.

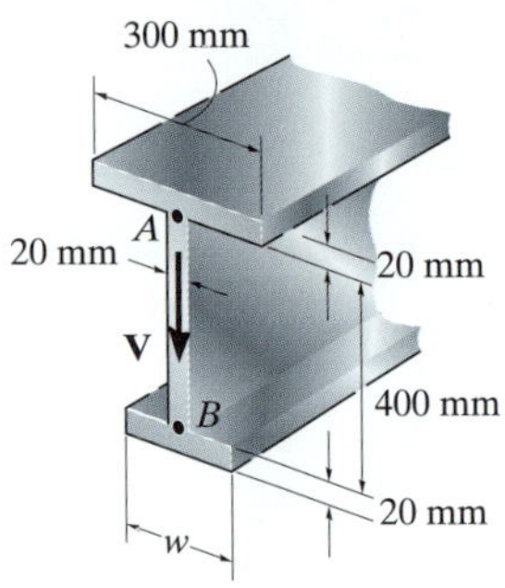

Probs. 12–4/5

12–6. The wood beam has an allowable shear stress of $\tau_{allow} = 7$ MPa. Determine the maximum shear force V that can be applied to the cross section.

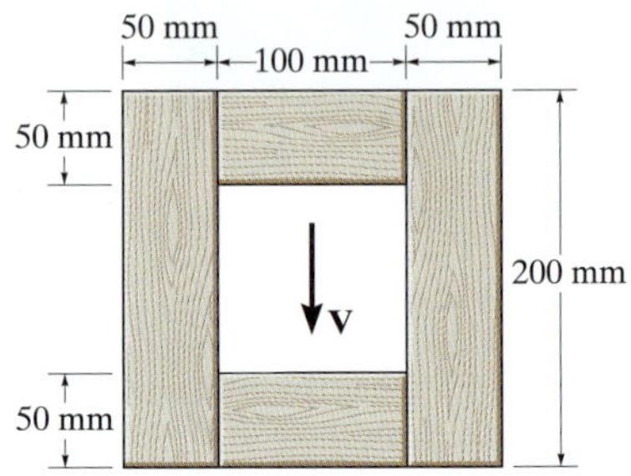

Prob. 12–6

12–7. The shaft is supported by a thrust bearing at A and a journal bearing at B. If $P = 20$ kN, determine the absolute maximum shear stress in the shaft.

***12–8.** The shaft is supported by a thrust bearing at A and a journal bearing at B. If the shaft is made from a material having an allowable shear stress of $\tau_{allow} = 75$ MPa, determine the maximum value for P.

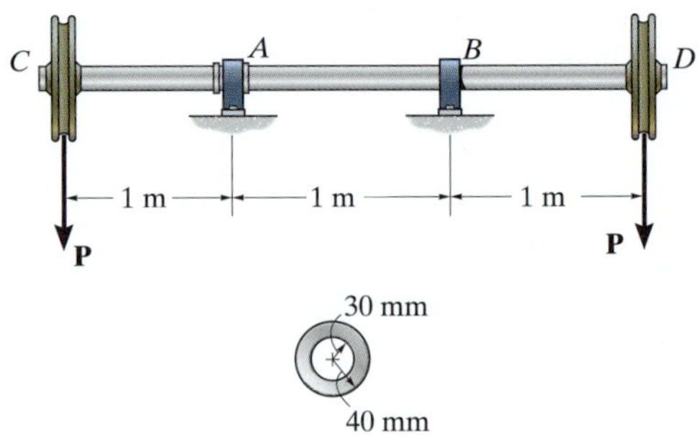

Probs. 12–7/8

12–9. Determine the largest shear force V that the member can sustain if the allowable shear stress is $\tau_{allow} = 56$ MPa.

12–10. If the applied shear force $V = 90$ kN, determine the maximum shear stress in the member.

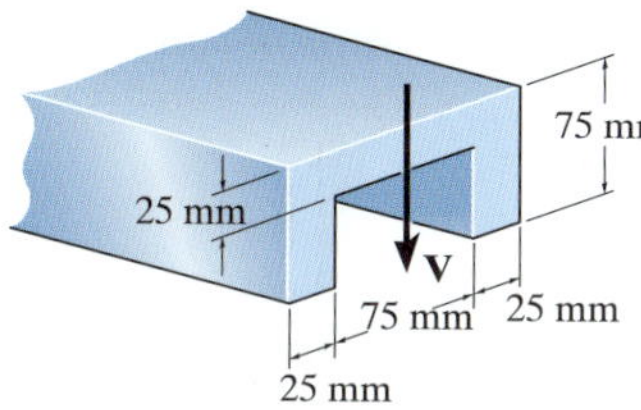

Probs. 12–9/10

12–11. The overhang beam is subjected to the uniform distributed load having an intensity of $w = 50$ kN/m. Determine the maximum shear stress in the beam.

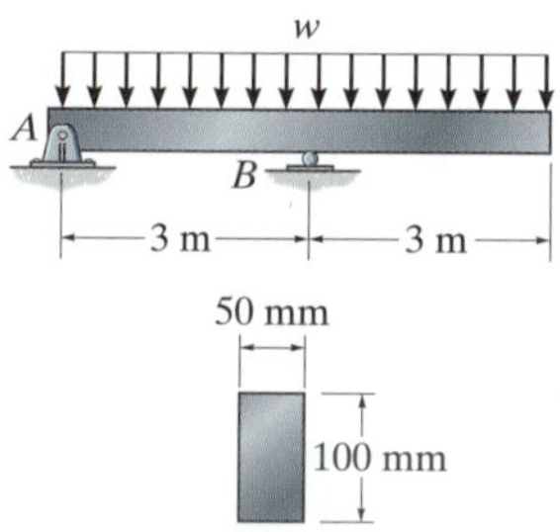

Prob. 12–11

***12–12.** A member has a cross section in the form of an equilateral triangle. If it is subjected to a shear force **V**, determine the maximum average shear stress in the member using the shear formula. Should the shear formula actually be used to predict this value? Explain.

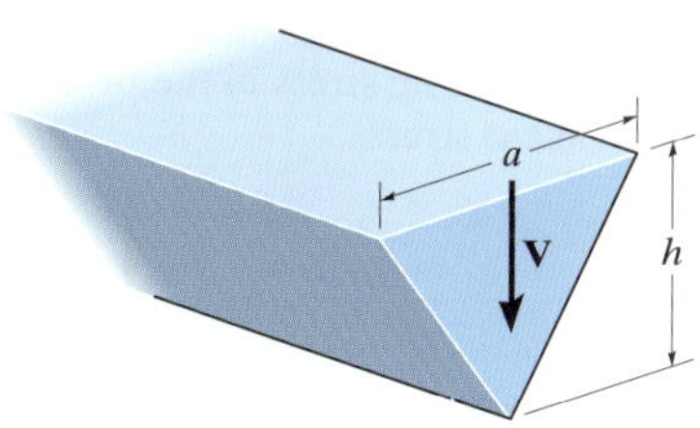

Prob. 12–12

12–13. Determine the shear stress at point B on the web of the cantilevered strut at section a–a.

12–14. Determine the maximum shear stress acting at section a–a of the cantilevered strut.

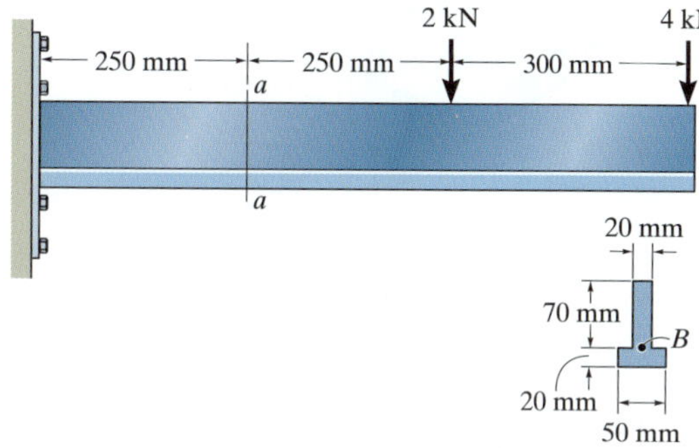

Probs. 12–13/14

12–15. Determine the shear stress at points C and D located on the web of the beam.

***12–16.** Determine the maximum shear stress acting in the beam at the critical section where the internal shear force is maximum.

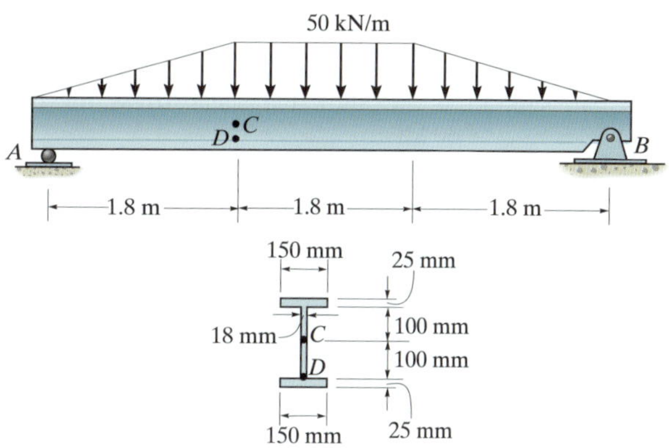

Probs. 12–15/16

12–17. The strut is subjected to a vertical shear of $V = 130\,\text{kN}$. Plot the intensity of the shear-stress distribution acting over the cross-sectional area, and compute the resultant shear force developed in the vertical segment AB.

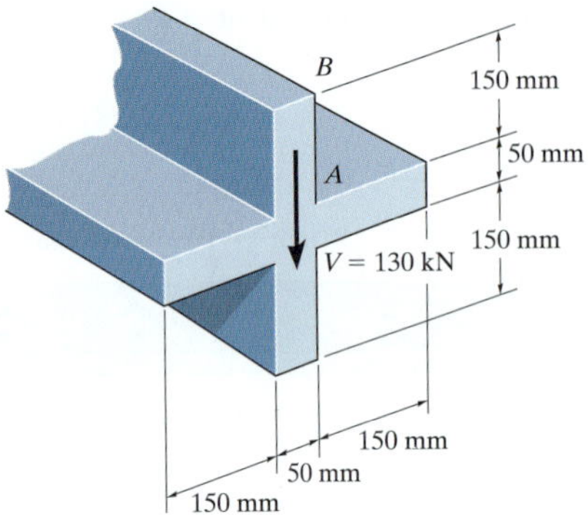

Prob. 12–17

12–18. Plot the shear-stress distribution over the cross section of a rod that has a radius c. By what factor is the maximum shear stress greater than the average shear stress acting over the cross section?

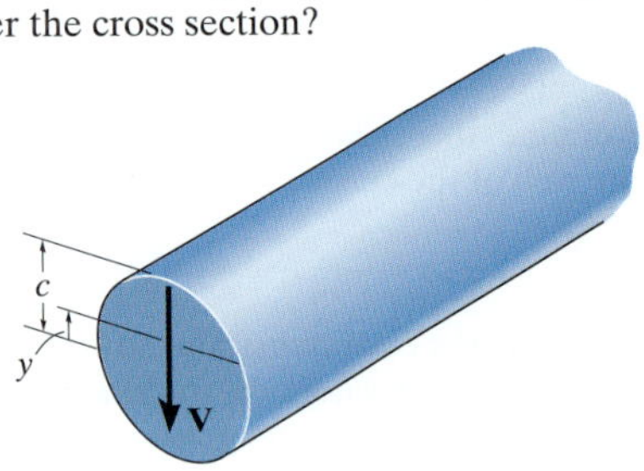

Prob. 12–18

12–19. Determine the maximum shear stress in the strut if it is subjected to a shear force of $V = 20$ kN.

***12–20.** Determine the maximum shear force V that the strut can support if the allowable shear stress for the material is $\tau_{\text{allow}} = 40$ MPa.

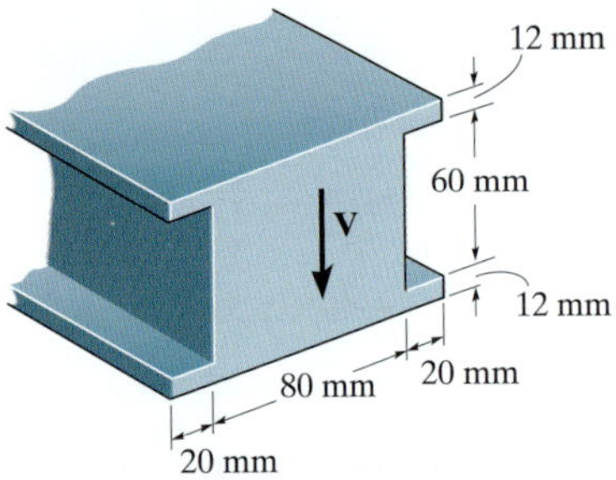

Probs. 12–19/20

12–21. If the beam is made from wood having an allowable shear stress $\tau_{\text{allow}} = 3$ MPa, determine the maximum magnitude of $\mathbf{P}$. Set $d = 100$ mm.

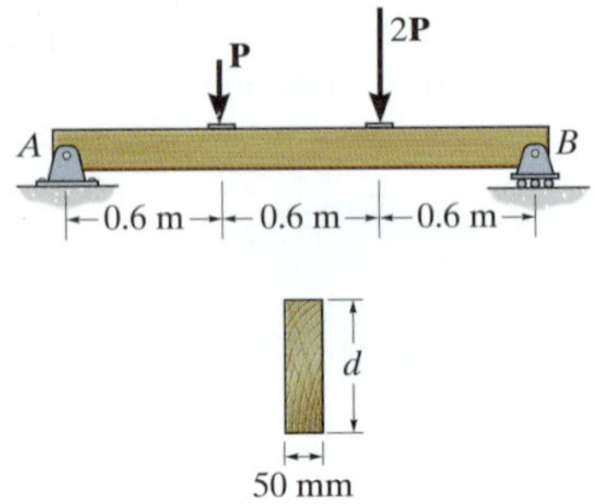

Prob. 12–21

12–22. If the beam is subjected to a shear of $V = 15$ kN, determine the web's shear stress at A and B. Indicate the shear-stress components on a volume element located at these points. Set $w = 125$ mm. Show that the neutral axis is located at $\bar{y} = 0.1747$ m from the bottom and $I_{NA} = 0.2182(10^{-3})\ \text{m}^4$.

12–23. If the wide-flange beam is subjected to a shear of $V = 30$ kN, determine the maximum shear stress in the beam. Set $w = 200$ mm.

***12–24.** If the wide-flange beam is subjected to a shear of $V = 30$ kN, determine the shear force resisted by the web of the beam. Set $w = 200$ mm.

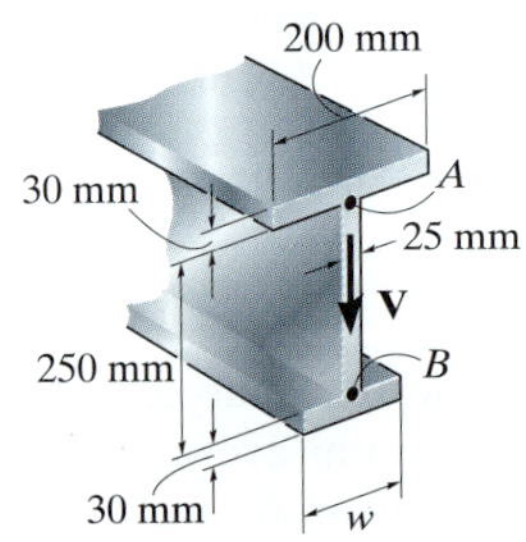

Probs. 12–22/23/24

12–25. Determine the length of the cantilevered beam so that the maximum bending stress in the beam is equivalent to the maximum shear stress.

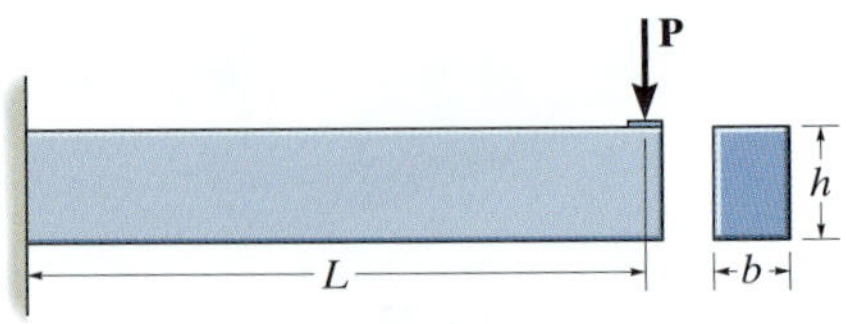

Prob. 12–25

12–26. Determine the maximum shear stress acting in the fiberglass beam at the section where the internal shear force is maximum.

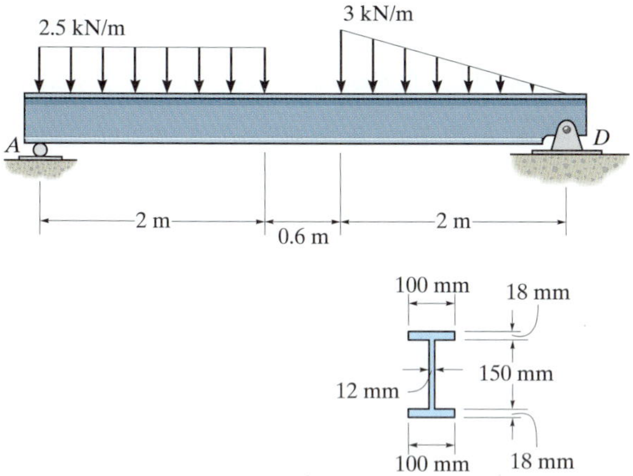

Prob. 12–26

12–27. The beam is slit longitudinally along both sides. If it is subjected to a shear of $V = 250$ kN, compare the maximum shear stress in the beam before and after the cuts were made.

***12–28.** The beam is to be cut longitudinally along both sides as shown. If it is made from a material having an allowable shear stress of $\tau_{allow} = 75$ MPa, determine the maximum allowable shear force **V** that can be applied before and after the cut is made.

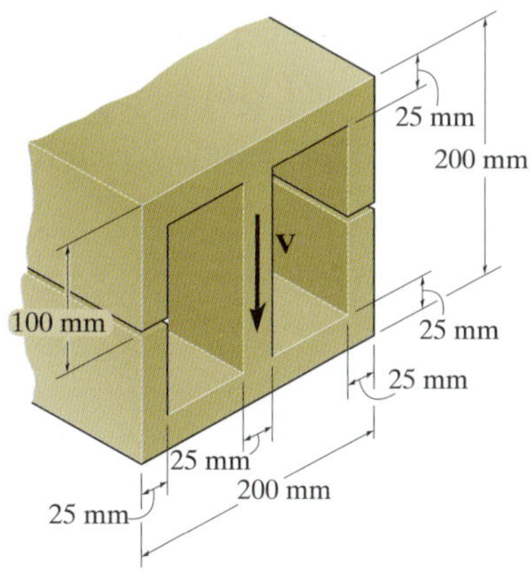

Probs. 12–27/28

12–29. Determine the maximum shear stress in the T-beam at the critical section where the internal shear force is maximum.

12–30. Determine the maximum shear stress in the T-beam at section C. Show the result on a volume element at this point.

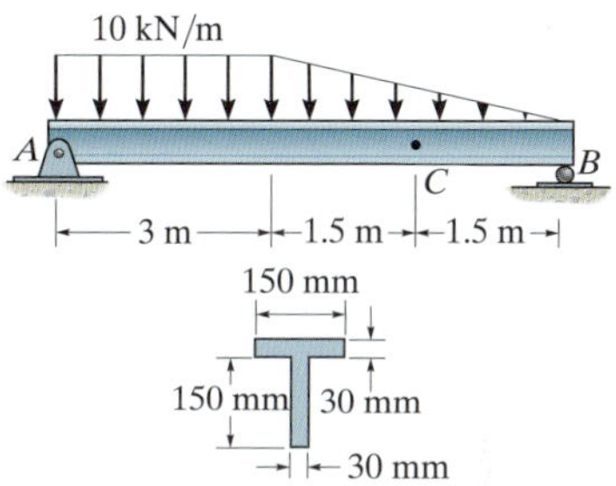

Probs. 12–29/30

12–31. The beam has a square cross section and is made of wood having an allowable shear stress of $\tau_{allow} = 10$ MPa. If it is subjected to a shear of $V = 70$ kN, determine the smallest dimension a of its sides.

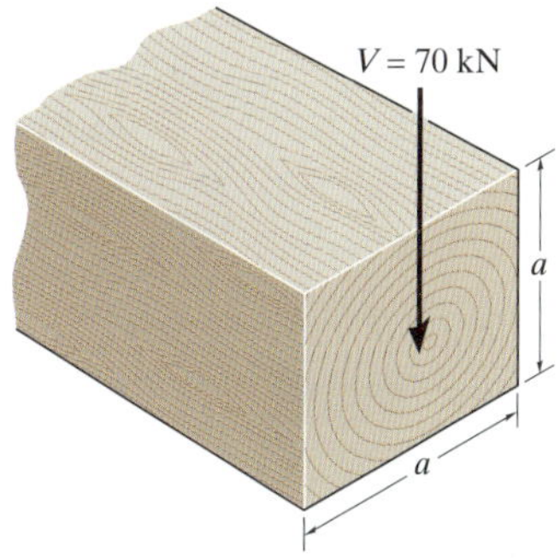

Prob. 12–31

12.3 조립 부재의 전단 흐름

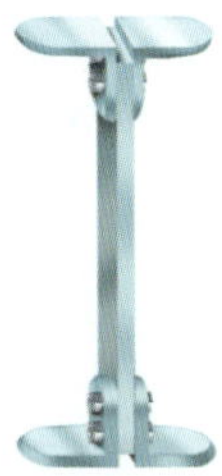

그림 12-13

엔지니어링 실무에서는 때때로 보다 큰 하중에 저항할 수 있도록 여러 개의 부재를 조립하여 부재를 제작한다. 그림 12-13이 그 예이다. 하중에 의해 부재에 휨이 발생하면, 단면 구성 부재 사이에 미끄러짐이 발생하지 않도록 그림 12-13과 같이 못, 볼트, 용접 또는 접착제와 같은 연결재가 필요할 것이다. 이러한 연결재를 설계하거나 또는 간격을 산정하기 위해서는 견뎌야할 전단력을 알아야 할 필요가 있다. 이러한 전단력을 보의 단위 길이당 하중으로 표시한 것을 **전단 흐름**(shear flow) $\boldsymbol{q}$라 한다.

전단 흐름의 크기는 보의 전단응력을 계산하는 방법과 유사한 과정을 통해 구할 수 있다. 이를 설명하기 위하여, 그림 12-14a에 나타낸 보의 플랜지와 결합되는 연결 부재의 접합부에 발생하는 전단 흐름을 살펴보기로 한다. 그림 12-14b에서와 같이, 3개의 수평력이 연결 부재에 작용한다. 2개의 수평력 F와 $F + dF$는 각각 모멘트 M과 $M + dM$에 의해 발생되는 수직응력의 합력이다. 세 번째 수평력은 평형조건에 의해 dF와 크기가 같고 연결부에 작용한다. dF는 dM에 의해 발생한다는 사실을 인지하면, 식 (12-1)과 유사하게 표현할 수 있다.

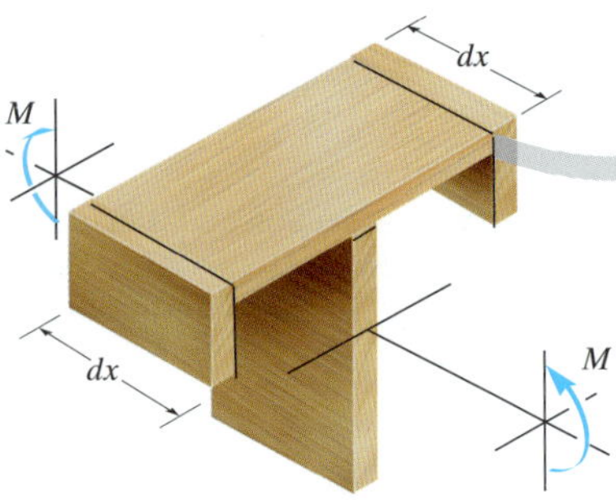

(a)

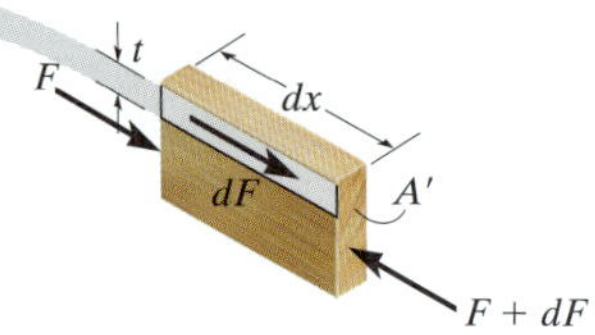

(b)

$$dF = \frac{dM}{I}\int_{A'} y\,dA'$$

적분항은 중립축에 대한 요소 면적 A'의 모멘트이며 Q이다. 보 요소의 길이가 dx이기 때문에, 보의 전단 흐름 또는 단위 길이당 힘은 $q = dF/dx$이다. 그러므로 양변을 dx로 나누고 식 (11-2)에서 $V = dM/dx$이므로, 다음과 같이 정리할 수 있다.

$$q = \frac{VQ}{I} \tag{12-4}$$

그림 12-14

여기서,

q = 전단 흐름, 보의 단위 길이 당 힘으로 측정

V = 전단력, 단면법과 평형방정식에 의해 산정

I = 중립축을 기준으로 계산되는 전체 단면의 관성모멘트

$Q = \bar{y}'A'$, 여기서 A'은 전단 흐름이 계산되는 접합부에 의해 보와 결합되는 연결 부재의 단면적, 그리고 $\bar{y}'$은 중립축으로부터 A'의 도심까지의 거리

12

연결재의 간격. 보의 구성 부재를 못이나 볼트와 같은 연결재를 사용해 접합하는 경우 이들 연결재의 간격을 산정하여야 한다. 예를 들어, 그림 12-15*a*에서 연결재인 못은 파단되기까지 최대 전단력 F(N)을 지탱할 수 있다고 한다. 만약 이들 못을 사용하여 그림 12-15*b*와 같이 두 개의 목재판으로 보를 제작한 경우 이들 못은 목재판 사이의 전단 흐름 q(N/m)에 저항해야 한다. 바꿔 말하면, 이들 못은 상부의 목재판을 하무의 목재판에 '고정'하여 휨이 발생하는 동안 미끄러짐이 발생하지 않도록 한다. 그림 12-15*c*에서 못의 간격은 다음의 식으로 산정할 수 있다.

$$F\,(\mathrm{N}) = q\,(\mathrm{N/m})\,s\,(\mathrm{m})$$

다음의 예제에서 이 식의 적용 방법을 보여주도록 한다.

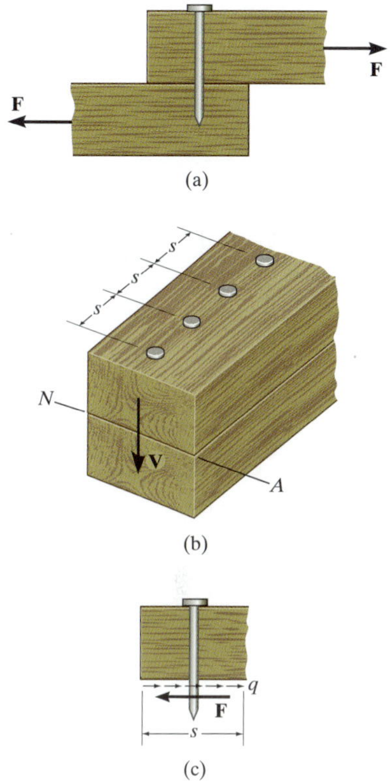

그림 12-15

연결재에 의하여 조립보에 연결된 부재의 몇몇 예를 그림 12-16에 음영 표시하여 보였다. 전단 흐름은 두꺼운 검은색 선으로 표시된 접합부에 발생하며, 각각의 그림에 표시된 A'과 $\bar{y}'$으로부터 계산된 Q값을 이용하여 산정한다. 계산된 q값은 그림 12-16*a*에서는 한 개의 연결재, 그림 12-16*b*에서는 두 개의 연결재, 그림 12-16*c*에서는 세 개의 연결재에 의해 지탱될 것이다. 다시 말해서, 그림 12-16*a*의 연결재는 계산된 q값을 지탱하고, 그림 12-16*b*와 그림 12-16*c*에서는 한 개의 연결재가 $q/2$와 $q/3$값을 각각 지탱한다.

요점 IMPORTANT POINTS

- 전단 흐름은 보의 축을 따라 단위 길이에 발생하는 힘의 크기를 의미한다. 전단 흐름의 값은 전단 공식으로 구할 수 있으며, 조립 보의 여러 부재들을 하나로 잡아주는 연결재 또는 접착제에 발생하는 전단력의 산정에 사용된다.

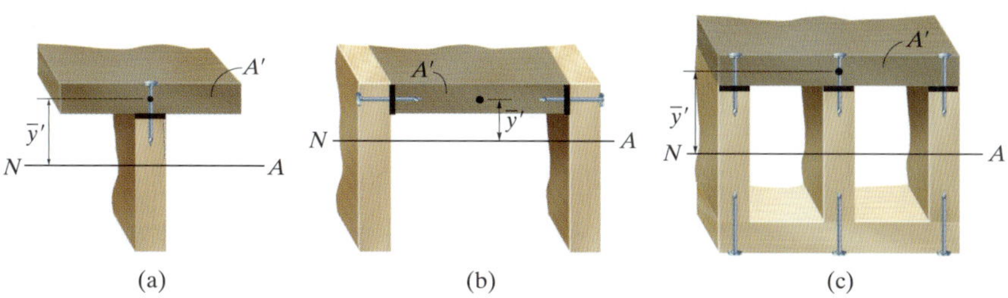

그림 12-16

예제 12.4

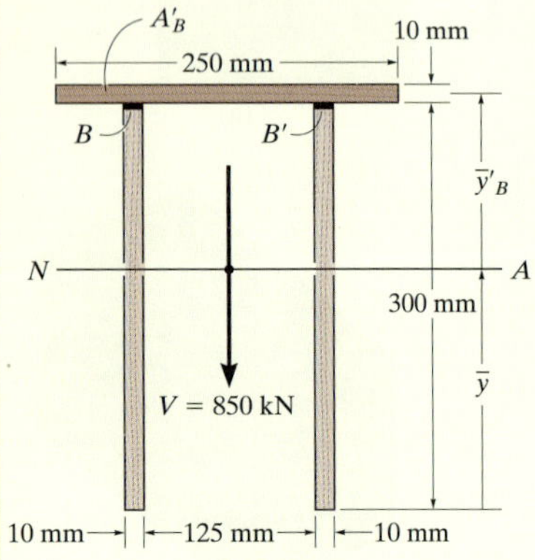

(a)

그림 12-17a의 보는 세 개의 목재판 부재가 일체로 접착되어 제작되었다. 보에 V = 850 kN의 전단력이 작용하는 경우, 접착제가 지탱하여야 할 B점과 B'점의 전단 흐름을 구하라.

풀이

단면의 성질. 중립축(도심)은 보의 하단으로부터 그림 12-17a와 같이 위치할 것이다. 미터 단위를 사용하여

$$\bar{y} = \frac{\Sigma \tilde{y} A}{\Sigma A} = \frac{2[(0.15\text{ m})(0.3\text{ m})(0.01\text{ m})] + [0.305\text{ m}](0.250\text{ m})(0.01\text{ m})}{2(0.3\text{ m})(0.01\text{ m}) + 0.250\text{ m}(0.01\text{ m})}$$

$$= 0.1956\text{ m}$$

중립축을 기준으로 구한 관성모멘트는

$$I = 2\left[\frac{1}{12}(0.01\text{ m})(0.3\text{ m})^3 + (0.01\text{ m})(0.3\text{ m})(0.1956\text{ m} - 0.150\text{ m})^2\right]$$

$$+ \left[\frac{1}{12}(0.250\text{ m})(0.01\text{ m})^3 + (0.250\text{ m})(0.01\text{ m})(0.305\text{ m} - 0.1956\text{ m})^2\right]$$

$$= 87.42(10^{-6})\text{ m}^4$$

그림 12-17b의 B점과 B'점에서 접착제로 보의 상부 목재판을 고정하기 때문에

$$Q_B = \bar{y}'_B A'_B = [0.305\text{ m} - 0.1956\text{ m}](0.250\text{ m})(0.01\text{ m})$$

$$= 0.2735(10^{-3})\text{ m}^3$$

전단 흐름.

$$q = \frac{VQ_B}{I} = \frac{850(10^3)\text{ N}(0.2735(10^{-3})\text{ m}^3)}{87.42(10^{-6})\text{ m}^4} = 2.66\text{ MN/m}$$

두 개의 접착 이음매가 목재판을 고정하기 때문에, 각 이음매에서 보 단위 길이당의 접착제는 산정된 전단 흐름의 절반을 견딜 수 있을 만큼 충분히 강해야 한다. 따라서

$$q_B = q_{B'} = \frac{q}{2} = 1.33\text{ MN/m} \qquad \text{답}$$

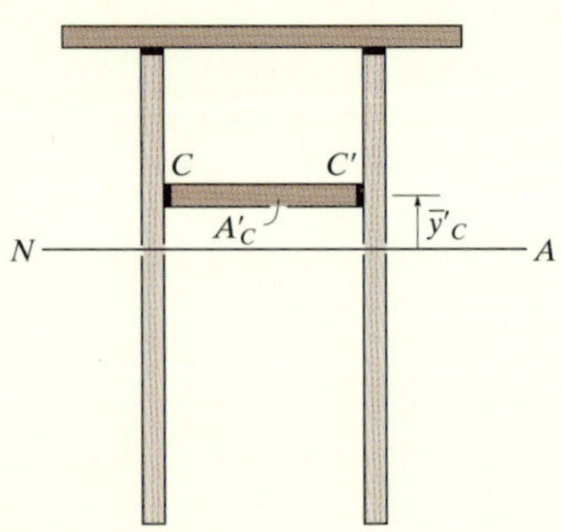

(b)

그림 12-17

주: 그림 12-17b와 같이 목재판 CC'이 보에 추가되면 $\bar{y}$와 I는 다시 산정되어야 하고 C와 C'에서의 전단 흐름은 $q = V\bar{y}'_C A'_C / I$로부터 산정된다. 마지막으로 이 값을 절반으로 나누어 q_C와 $q_{C'}$을 구한다.

예제 12.5

그림 12-18a의 박스 보는 네 개의 목재판을 못으로 조립하여 제작되었다. 각각의 못이 30 N의 전단력을 견딜 수 있는 경우, 보가 80 N의 하중을 지지하기 위해 B점과 C점에서 못의 필요한 최대 간격 s를 5 mm 단위로 구하라.

풀이

내부 전단력. 보를 길이방향의 임의의 위치에서 절단하면, 평형에 필요한 내부 전단력은 항상 80 N이므로 전단력도는 그림 12-18b와 같다.

단면의 성질. 중립축에 대한 단면 관성모멘트는 정사각형 75 mm × 75 mm의 값에서 정사각형 45 mm × 45 mm의 값을 감하여 산정한다.

$$I = \frac{1}{12}(0.075\text{ m})(0.075\text{ m})^3 - \frac{1}{12}(0.045\text{ m})(0.045\text{ m})^3 = 2.295(10^{-6})\text{ m}^4$$

B점에서 전단 흐름은 그림 12-18c의 짙게 음영 처리된 면적에 대한 Q_B값을 이용하여 산정한다. 이 부분의 좌측은 못에 의해, 우측은 목재판의 조직에 의해 보의 나머지 영역에 고정되는 보의 대칭 부분이다. 따라서,

$$Q_B = \bar{y}'A' = (0.03\text{ m})(0.075\text{ m})(0.015\text{ m}) = 33.75(10^{-6})\text{ m}^3$$

마찬가지로, C의 전단 흐름은 그림 12-18d의 짙은 대칭 음영 부분을 이용하여 산정할 수 있다.

$$Q_C = \bar{y}'A' = (0.03\text{ m})(0.045\text{ m})(0.015\text{ m}) = 20.25(10^{6})\text{ m}^3$$

전단 흐름.

$$q_B = \frac{VQ_B}{I} = \frac{(80\text{ N})[33.75(10^{-6})\text{ m}^3]}{2.295(10^{-6})\text{ m}^4} = 1176.47\text{ N/m}$$

$$q_C = \frac{VQ_C}{I} = \frac{(80\text{ N})[20.25(10^{-6})\text{ m}^3]}{2.295(10^{-6})\text{ m}^4} = 705.88\text{ N/m}$$

이들 값은 그림 12-18c에서 B의 못과 B'의 목재 조직 그리고 그림 12-18d에서 C의 못과 C'의 목재 조직이 지탱해야 할 보의 단위 길이당의 전단력이다. 각각의 경우에 전단 흐름은 두 개의 면에서 지지되고 못은 개당 30 N을 지탱할 수 있으므로, B에서의 간격은

$$s_B = \frac{30\text{ N}}{(1176.47/2)\text{ N/m}} = 0.0510\text{ m} = 51.0\text{ mm} \quad \text{설계 } s_B = 50\text{ mm} \qquad \text{답}$$

그리고 C점에서는

$$s_C = \frac{30\text{ N}}{(705.88/2)\text{ N/m}} = 0.0850\text{ m} = 85.0\text{ mm} \quad \text{설계 } s_C = 85\text{ mm} \qquad \text{답}$$

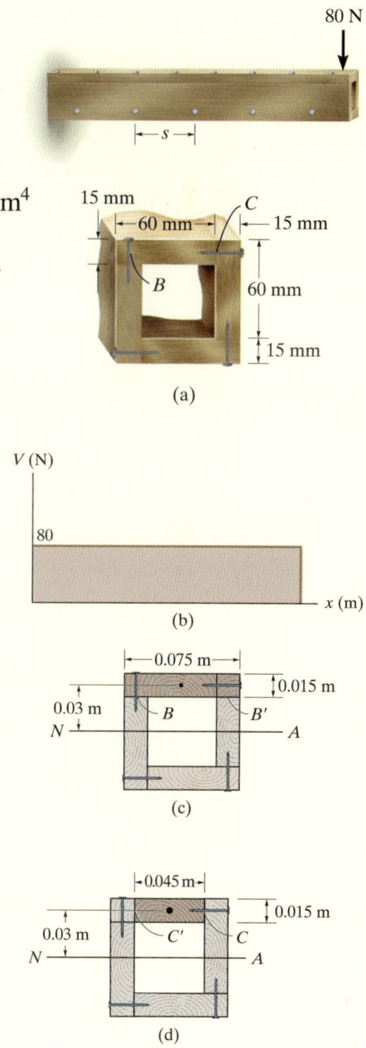

그림 12-18

예제 12.6

전단 강도가 900 N인 못을 사용하여 그림 12-19의 경우 I과 경우 II의 보를 제작하였다. 못의 간격이 250 mm인 경우, 연결부가 파손되지 않고 지탱할 수 있는 최대 수직 전단력을 각각의 경우에 대해서 구하라.

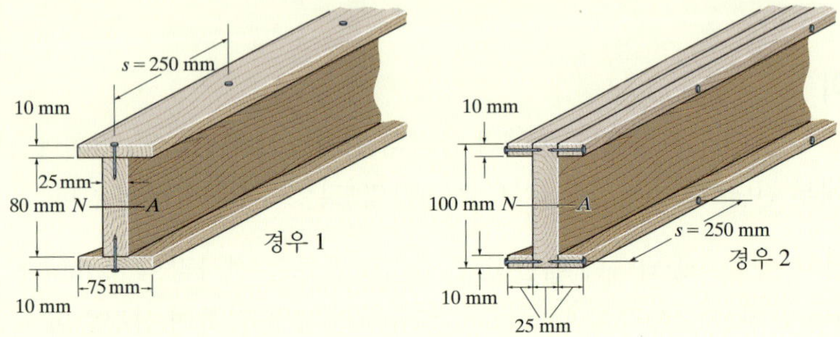

그림 12-19

풀이

단면이 두 경우에 동일하기 때문에, 중립축 관성모멘트는

$$I = \frac{1}{12}(0.075\,\text{m})(0.1\,\text{m})^3 - \frac{1}{12}(0.05\,\text{m})(0.08\,\text{m})^3 = 4.1167(10^{-6})\,\text{m}^4$$

경우 I. 이 설계의 경우에는 한 줄의 못질로 상단 또는 하단의 플랜지를 각각 복부에 고정하였다. 이들 플랜지 중의 하나에 대하여

$$Q = \bar{y}'A' = (0.045\,\text{m})(0.075\,\text{m})(0.01\,\text{m}) = 33.75\,(10^{-6})\,\text{m}^3$$

그러므로

$$q = \frac{VQ}{I}$$

$$\frac{900\text{ N}}{0.25\text{ m}} = \frac{V[33.75\,(10^{-6})\text{ m}^3]}{4.1167\,(10^{-6})\text{ m}^4}$$

$$V = 439.11\text{ N} = 439\text{ N}$$ 답

경우 II. 여기서는 한 줄의 못질로 복부판에 측면용 목재판 하나를 각각 복부에 고정하였다.

$$Q = \bar{y}'A' = (0.045\,\text{m})(0.025\,\text{m})(0.01\,\text{m}) = 11.25\,(10^{-6})\,\text{m}^3$$

$$q = \frac{VQ}{I}$$

$$\frac{900\text{ N}}{0.25\text{ m}} = \frac{V[11.25\,(10^{-6})\text{ m}^3]}{4.1167\,(10^{-6})\text{ m}^4}$$

$$V = 1.3173\,(10^3)\text{ N} = 1.32\text{ kN}$$ 답

12

FUNDAMENTAL PROBLEMS

F12–6. The two identical boards are bolted together to form the beam. Determine the maximum spacing s of the bolts to the nearest mm if each bolt has a shear strength of 15 kN. The beam is subjected to a shear force of $V = 50$ kN.

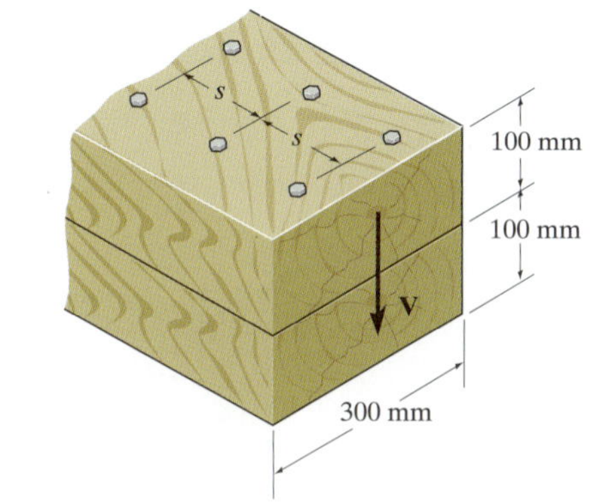

Prob. F12–6

F12–7. Two identical 20-mm-thick plates are bolted to the top and bottom flange to form the built-up beam. If the beam is subjected to a shear force of $V = 300$ kN, determine the maximum spacing s of the bolts to the nearest mm if each bolt has a shear strength of 30 kN.

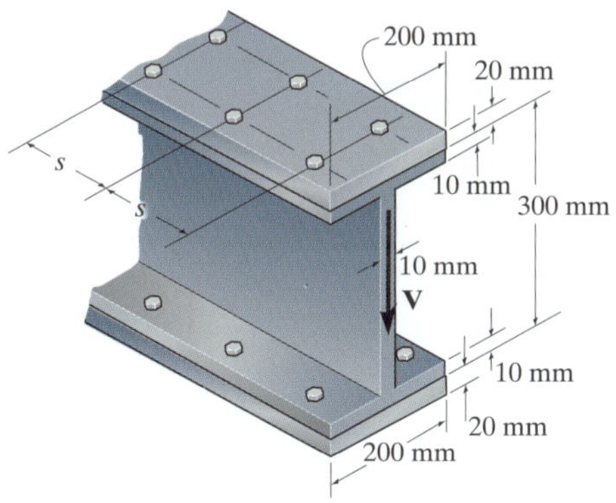

Prob. F12–7

F12–8. The boards are bolted together to form the built-up beam. If the beam is subjected to a shear force of $V = 20$ kN, determine the maximum spacing s of the bolts to the nearest mm if each bolt has a shear strength of 8 kN.

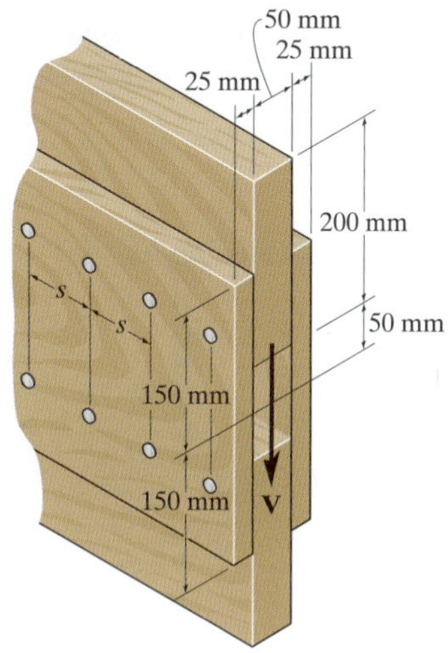

Prob. F12–8

F12–9. The boards are bolted together to form the built-up beam. If the beam is subjected to a shear force of $V = 75$ kN, determine the allowable maximum spacing of the bolts to the nearest multiples of 5 mm. Each bolt has a shear strength of 30 kN.

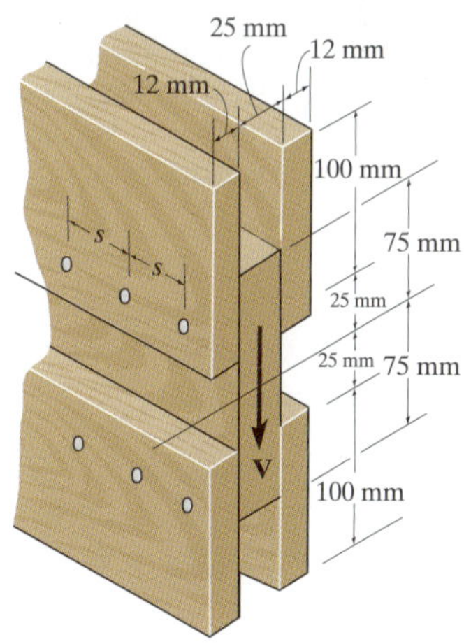

Prob. F12–9

PROBLEMS

***12–32.** The double T-beam is fabricated by welding the three plates together as shown. Determine the shear stress in the weld necessary to support a shear force of $V = 80$ kN.

12–33. The double T-beam is fabricated by welding the three plates together as shown. If the weld can resist a shear stress $\tau_{allow} = 90$ MPa, determine the maximum shear V that can be applied to the beam.

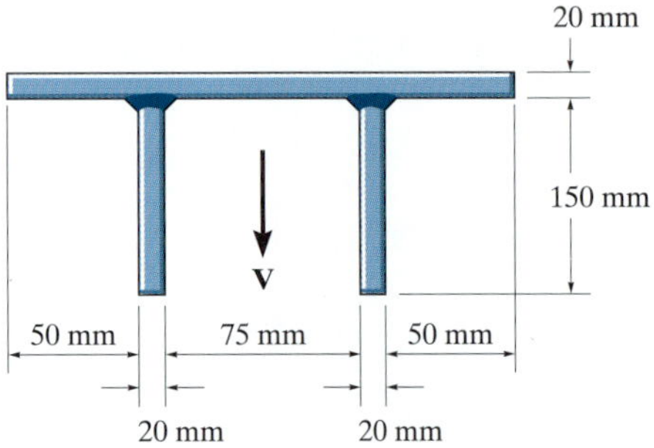

Probs. 12–32/33

12–34. The beam is constructed from two boards fastened together with three rows of nails spaced $s = 50$ mm apart. If each nail can support a 2.25-kN shear force, determine the maximum shear force V that can be applied to the beam. The allowable shear stress for the wood is $\tau_{allow} = 2.1$ MPa.

12–35. The beam is constructed from two boards fastened together with three rows of nails. If the allowable shear stress for the wood is $\tau_{allow} = 1$ MPa. determine the maximum shear force V that can be applied to the beam. Also, find the maximum spacing s of the nails if each nail can resist 3.25 kN in shear.

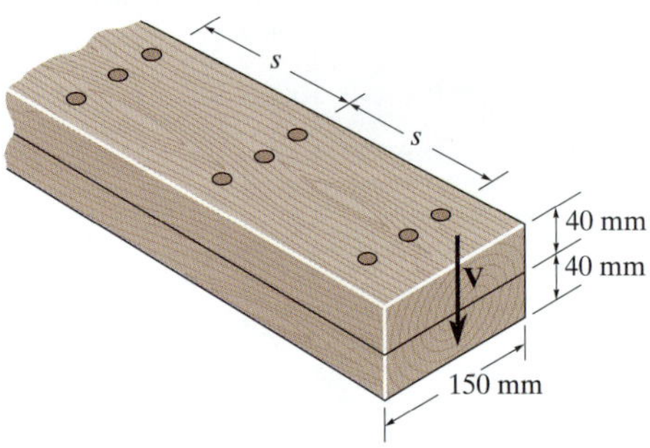

Probs. 12–34/35

***12–36.** The beam is constructed from four boards which are nailed together. If the nails are on both sides of the beam and each can resist a shear of 3 kN, determine the maximum load P that can be applied to the end of the beam.

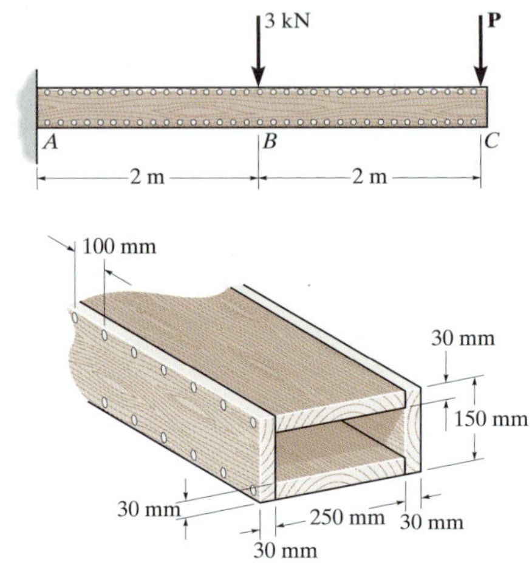

Prob. 12–36

12–37. The beam is fabricated from two equivalent structural tees and two plates. Each plate has a height of 150 mm and a thickness of 12 mm. If a shear of $V = 250$ kN is applied to the cross section, determine the maximum spacing of the bolts. Each bolt can resist a shear force of 75 kN.

12–38. The beam is fabricated from two equivalent structural tees and two plates. Each plate has a height of 150 mm and a thickness of 12 mm. If the bolts are spaced at $s = 200$ mm determine the maximum shear force V that can be applied to the cross section. Each bolt can resist a shear force of 75 kN.

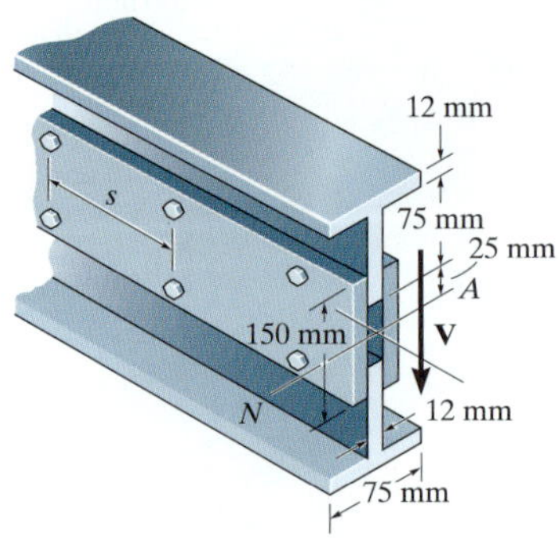

Probs. 12–37/38

12–39. The double-web girder is constructed from two plywood sheets that are secured to wood members at its top and bottom. If each fastener can support 3 kN in single shear, determine the required spacing s of the fasteners needed to support the loading $P = 15$ kN. Assume A is pinned and B is a roller.

***12–40.** The double-web girder is constructed from two plywood sheets that are secured to wood members at its top and bottom. The allowable bending stress for the wood is $\sigma_{allow} = 56$ MPa and the allowable shear stress is $\tau_{allow} = 21$ MPa. If the fasteners are spaced $s = 150$ mm and each fastener can support 3 kN in single shear, determine the maximum load P that can be applied to the beam. Assume A is pinned and B is a roller.

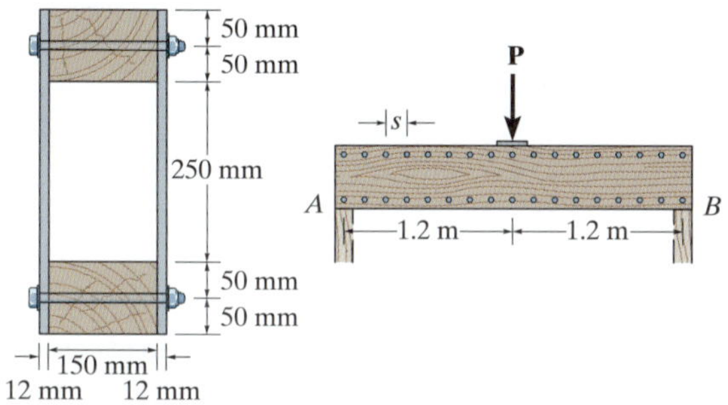

Probs. 12–39/40

12–41. A beam is constructed from three boards bolted together as shown. Determine the shear force in each bolt if the bolts are spaced $s = 250$ mm apart and the shear is $V = 35$ kN.

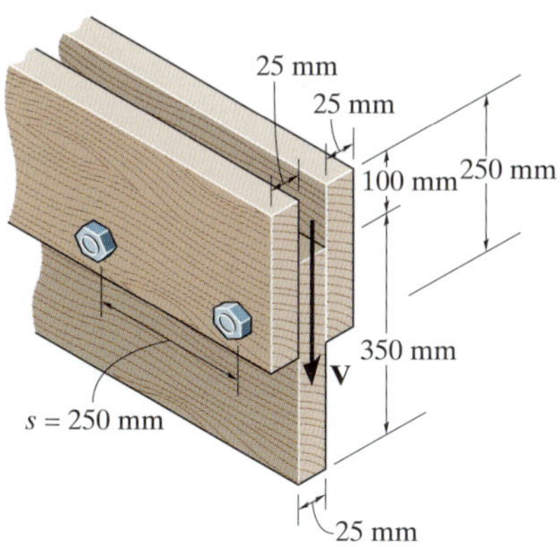

Prob. 12–41

12–42. The simply supported beam is built up from three boards by nailing them together as shown. The wood has an allowable shear stress of $\tau_{allow} = 1.5$ MPa, and an allowable bending stress of $\sigma_{allow} = 9$ MPa. The nails are spaced at $s = 75$ mm, and each has a shear strength of 1.5 kN. Determine the maximum allowable force **P** that can be applied to the beam.

12–43. The simply supported beam is built up from three boards by nailing them together as shown. If $P = 12$ kN, determine the maximum allowable spacing s of the nails to support that load, if each nail can resist a shear force of 1.5 kN.

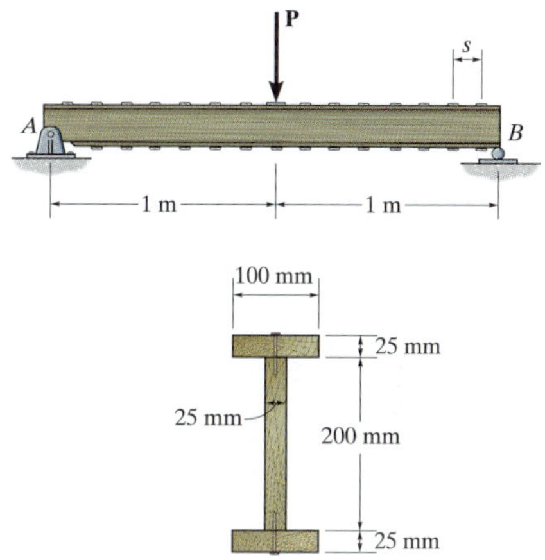

Probs. 12–42/43

***12–44.** The T-beam is nailed together as shown. If the nails can each support a shear force of 4.5 kN, determine the maximum shear force V that the beam can support and the corresponding maximum nail spacing s to the nearest multiples of 5 mm. The allowable shear stress for the wood is $\tau_{allow} = 3$ MPa.

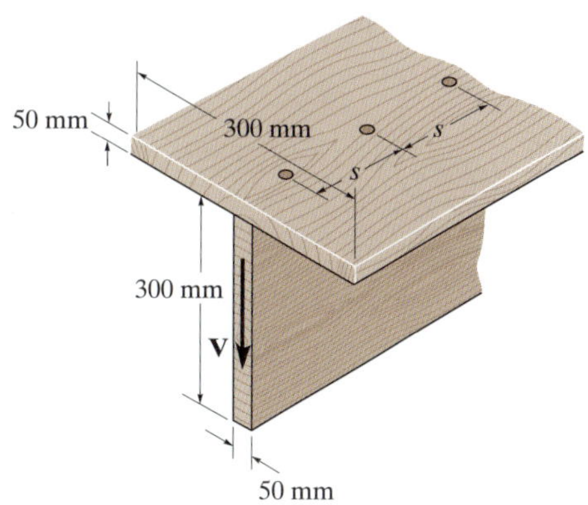

Prob. 12–44

12–45. The nails are on both sides of the beam and each can resist a shear of 2 kN. In addition to the distributed loading, determine the maximum load P that can be applied to the end of the beam. The nails are spaced 100 mm apart and the allowable shear stress for the wood is $\tau_{allow} = 3\,\text{MPa}$.

12–46. Determine the average shear stress developed in the nails within region AB of the beam. The nails are located on each side of the beam and are spaced 100 mm apart. Each nail has a diameter of 4 mm. Take $P = 2\,\text{kN}$.

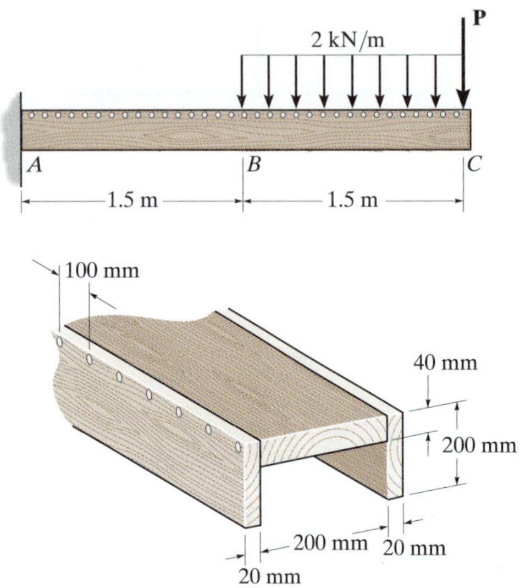

Prob. 12–45/46

12–47. The beam is made from four boards nailed together as shown. If the nails can each support a shear force of 500 N, determine their required spacing s' and s to the nearest mm if the beam is subjected to a shear of $V = 3.5\,\text{kN}$.

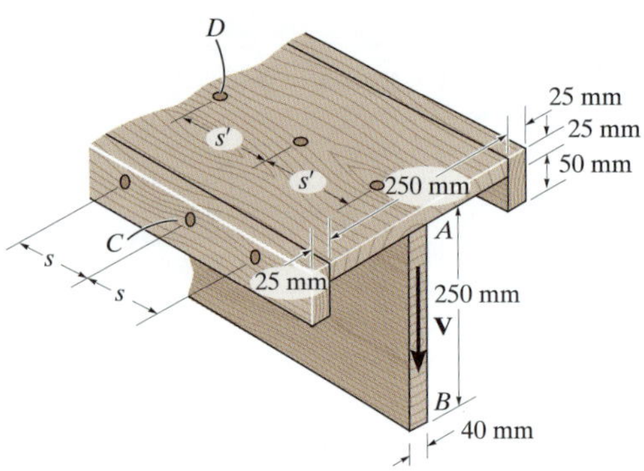

Prob. 12–47

***12–48.** The beam is made from three polystyrene strips that are glued together as shown. If the glue has a shear strength of 80 kPa, determine the maximum load P that can be applied without causing the glue to lose its bond.

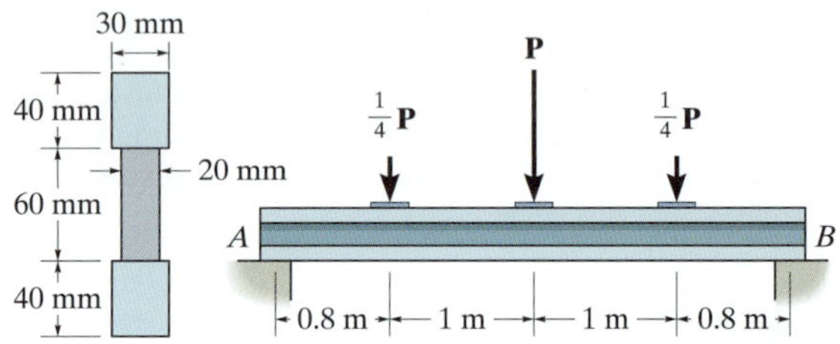

Prob. 12–48

12–49. The timber T-beam is subjected to a load consisting of n concentrated forces, P_n. If the allowable shear V_{nail} for each of the nails is known, write a computer program that will specify the nail spacing between each load. Show an application of the program using the values $L = 5\text{ m}$, $a_1 = 1.5\text{ m}$, $P_1 = 3\text{ kN}$, $a_2 = 3\text{ m}$, $P_2 = 6\text{ kN}$, $b_1 = 40\text{ mm}$, $h_1 = 250\text{ mm}$, $b_2 = 200\text{ mm}$, $h_2 = 25\text{ mm}$, and $V_{nail} = 900\text{ N}$.

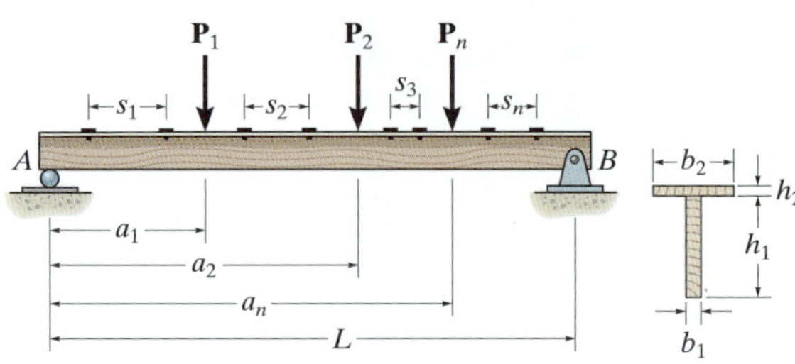

Prob. 12–49

내용 복습

보의 전단응력은 휨 공식과 모멘트와 전단력의 상호관계 ($V = dM/dx$)를 이용하여 간접적으로 산정한다. 전단 공식은 다음과 같다.

$$\tau = \frac{VQ}{It}$$

특히, Q값은 중립축에 대한 면적 A'의 모멘트이며 $Q = \bar{y}'A'$이다. 이 면적은 단면적의 일부 영역이며 τ를 산정하고자 하는 위치에서 두께 t로 보의 위 (또는 아래)에 '응축'되어 있다.

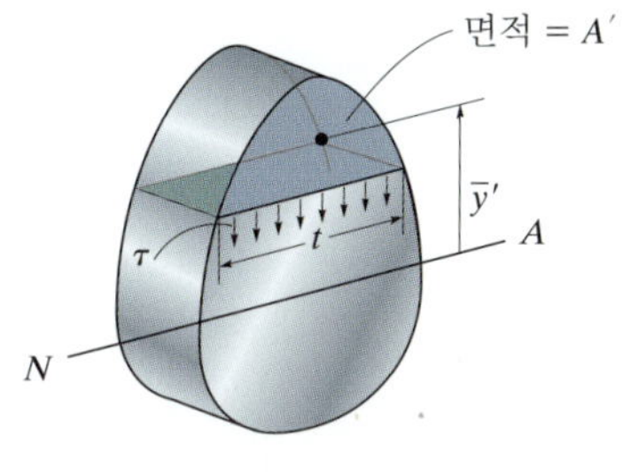

보 단면이 사각형인 경우, 전단응력의 분포는 중립축에서 최댓값을 갖는 포물선이다. 특별한 경우에 최대 전단응력은 다음 식으로 산정할 수 있다.

$$\tau_{\max} = 1.5\,\frac{V}{A}$$

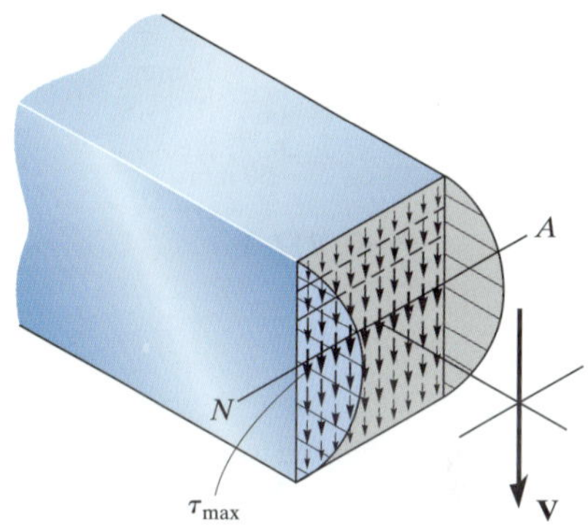

전단응력 분포

못, 볼트, 접착제 또는 용접과 같은 연결재는 조립단면의 구성 부재들을 조립하기 위해 사용된다. 이러한 연결재에 의해 지탱되는 전단력은 보에 의해 지지되어야 하는 전단 흐름 q, 즉 단위 길이당 전단력으로 산정된다. 전단 흐름은 다음과 같다.

$$q = \frac{VQ}{I}$$

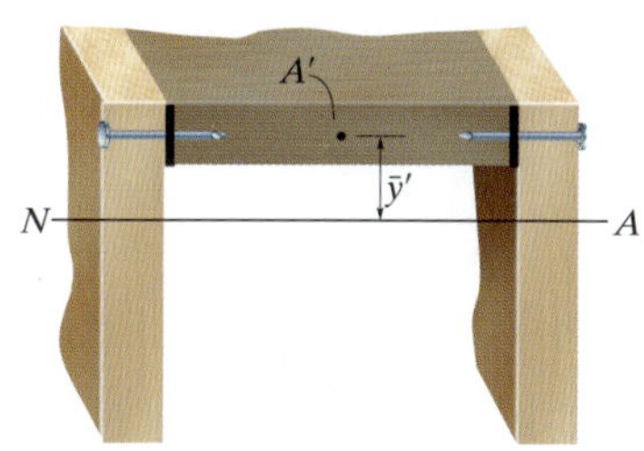

REVIEW PROBLEMS

R12–1. Sketch the intensity of the shear-stress distribution acting over the beam's cross-sectional area, and determine the resultant shear force acting on the segment AB. The shear acting at the section is $V = 175$ kN. Show that $I_{NA} = 0.3408(10^{-3})$ m^4.

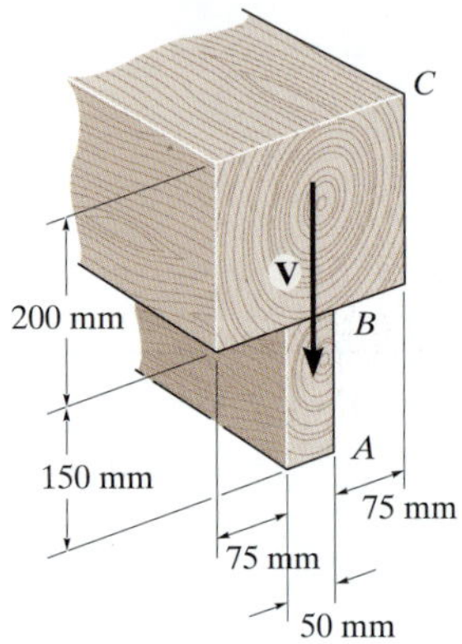

Prob. R12–1

R12–2. The T-beam is subjected to a shear of $V = 150$ kN. Determine the amount of this force that is supported by the web B.

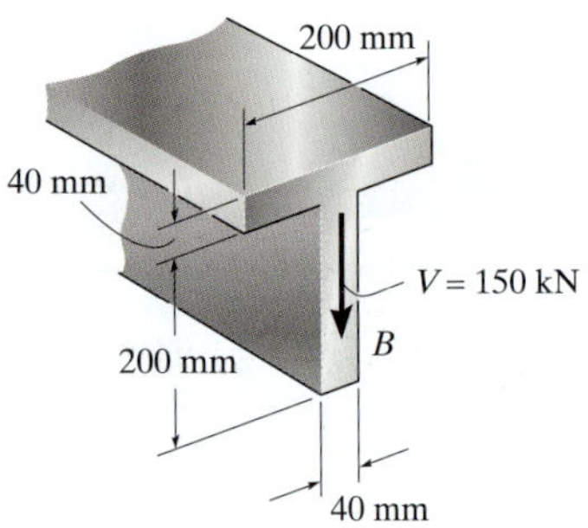

Prob. R12–2

R12–3. The member is subjected to a shear force of $V = 2$ kN. Determine the shear flow at points A, B, and C. The thickness of each thin-walled segment is 15 mm.

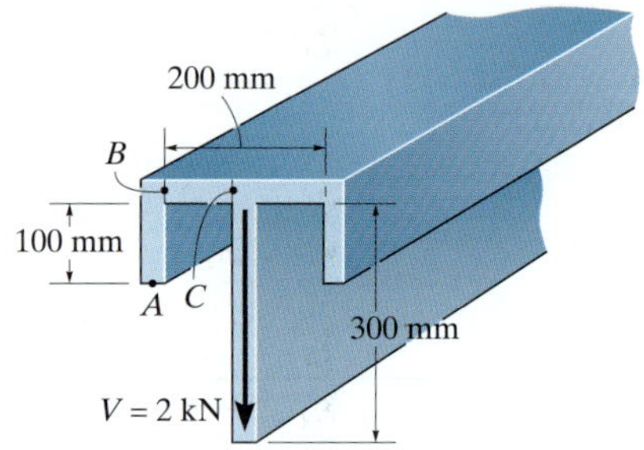

Prob. R12–3

***R12–4.** The box beam is constructed from four boards that are fastened together using nails spaced along the beam every 50 mm. If each nail can resist a shear of 250 N, determine the greatest shear V that can be applied to the beam without causing failure of the nails.

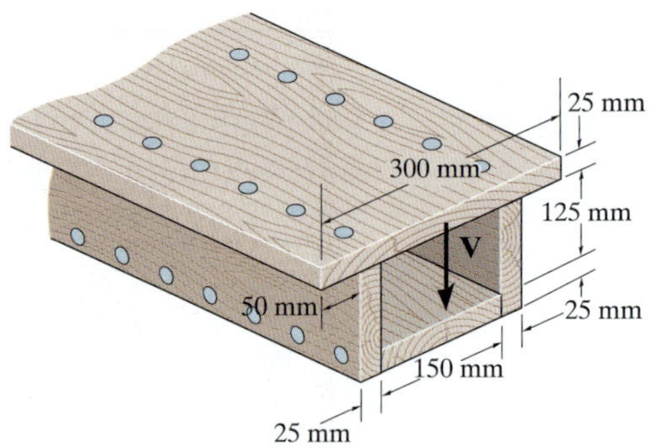

Prob. R12–4

R12–5. The beam is constructed from four boards glued together at their seams. If the glue can withstand 15 kN/m, what is the maximum vertical shear V that the beam can support?

R12–6. Solve Prob. R12-5 if the beam is rotated 90° from the position shown.

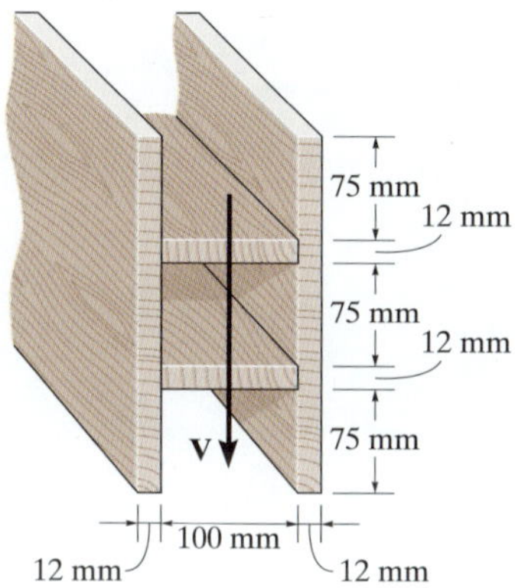

Probs. R12–5/6

R12–7. The beam supports a vertical shear of $V = 35$ kN. Determine the resultant force this develops in segment AB of the beam.

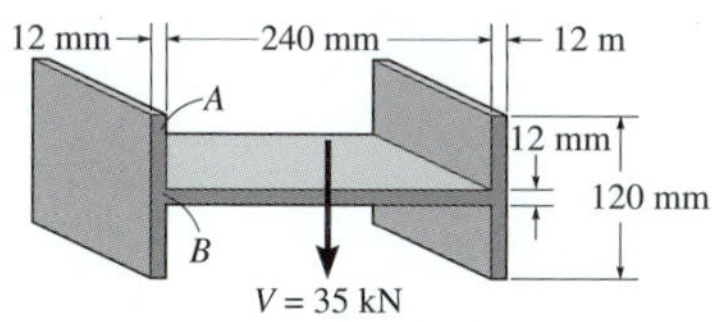

Prob. R12–7

***R12–8.** The member consists of two triangular plastic strips bonded together along AB. If the glue can support an allowable shear stress of $\tau_{allow} = 4.2$ MPa determine the maximum vertical shear V that can be applied to the member based on the strength of the glue.

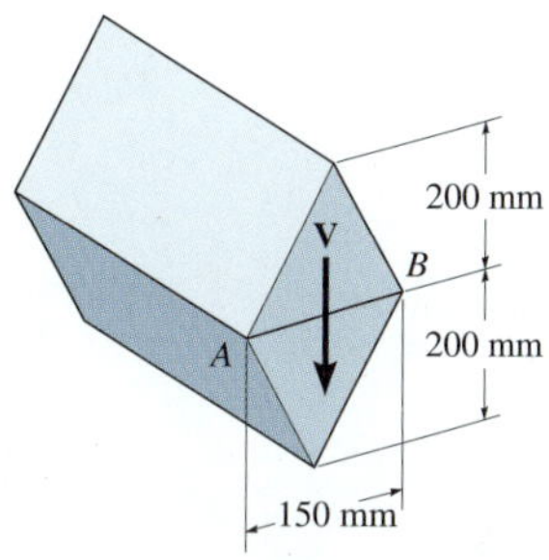

Prob. R12–8

R12–9. If the pipe is subjected to a shear of $V = 75$ kN, determine the maximum shear stress in the pipe.

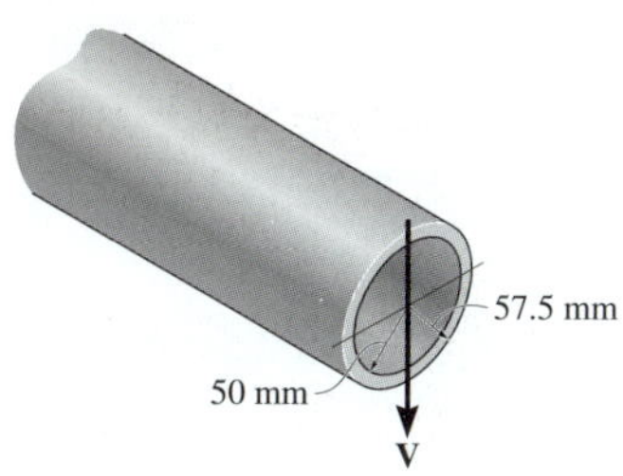

Prob. R12–9

CHAPTER 13

(© ImageBroker/Alamy)

스키 곤도라를 지탱하는 행어에는 축력과 휨모멘트의 조합하중이 작용한다.

조합하중

학습목표

- 얇은 압력 용기의 응력 해석
- 조합하중을 받는 부재의 응력 해석

13.1 박판 압력 용기

산업에서 보일러나 저장 탱크에는 일반적으로 원통형 또는 구형 용기가 사용된다. 이러한 용기의 벽에 발생하는 응력은 용기가 박판인 경우, 즉 내부 반지름 대 두께비가 10 또는 그 이상($r/t \geq 10$)인 경우에는 간단한 방법으로 해석할 수 있다. 특히, $r/t = 10$일 때 박판 해석의 결과는 용기의 실제 최대 응력보다 4% 정도 낮은 것으로 추정된다. r/t 비율이 클수록 이 오차는 더 작아진다.

다음 해석에서, 용기 내부의 가스 압력은 게이지 압력, 즉 대기압은 용기에 압력이 가해지기 전에 이미 용기의 안과 바깥에 모두 존재하기 때문에 대기압을 제외한 압력으로 가정한다.

사진의 가스탱크와 같은 원통형 압력 용기에는 탱크에 발생하는 응력을 감소시키기 위하여 단부에 편평한 형태보다는 반구형의 형상을 적용한다.

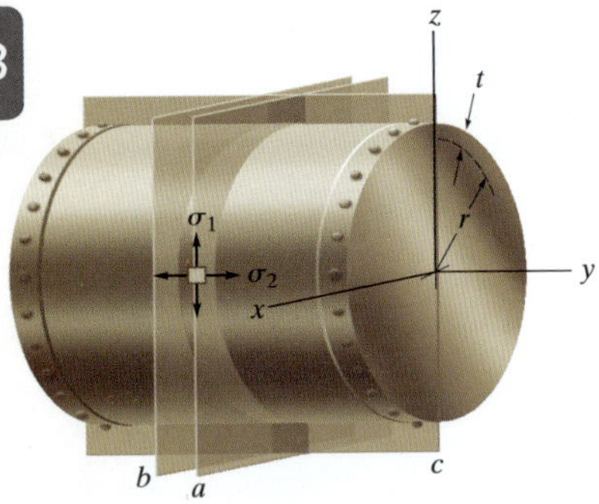

(a)

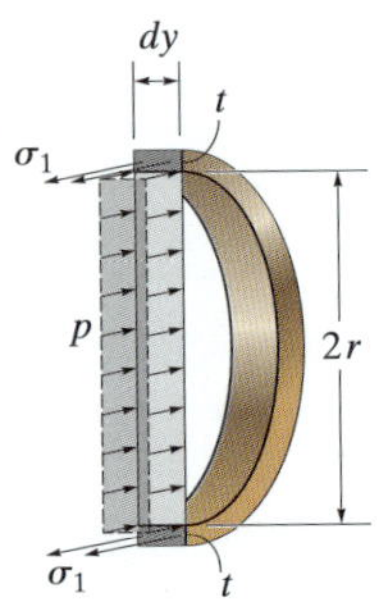

(b)

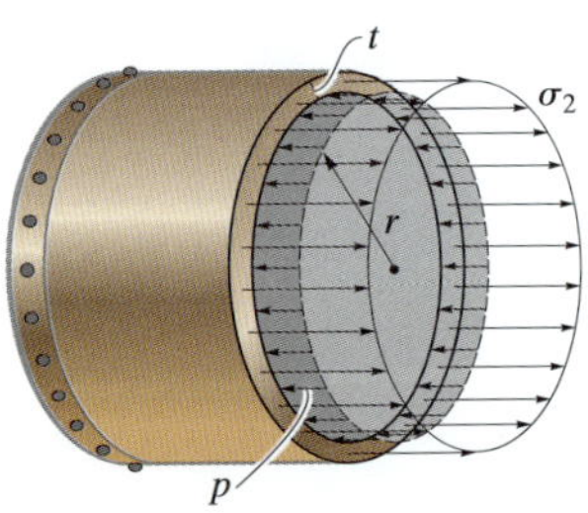

(c)

그림 13-1

원통형 용기. 그림 13-1a의 원통형 용기는 벽의 두께 t, 내부 반지름 r이며 내부 가스 압력 P을 받고 있다. **원주응력**(circumferential stress) 또는 **후프응력**(hoop stress)을 구하기 위해 용기를 a, b 그리고 c면으로 절단하여 생각한다. 담겨진 가스를 포함한 뒤쪽 영역의 자유물체도를 그리면 그림 13-1b와 같다. 여기서는 단지 x축 방향 하중만 나타내고 있다. 이들 하중은 용기의 벽체에 작용하는 균일한 원주응력 σ_1과 가스의 수직면에 작용하는 압력에 의해 발생한다. x축 방향 평형조건에 의해서,

$$\Sigma F_x = 0; \qquad 2[\sigma_1(t\,dy)] - p(2r\,dy) = 0$$

$$\sigma_1 = \frac{pr}{t} \tag{13-1}$$

종방향 응력은 그림 13-1a의 원통단면 b를 기준으로 좌측 부분을 생각하여 구할 수 있다. 그림 13-1c의 자유물체도에 나타낸 바와 같이, σ_2는 용기의 벽을 따라 균일하게 작용하고 p는 담겨진 가스의 단면에 작용한다. 평균 반지름은 용기 내부 반지름과 거의 같기 때문에, y축 방향 평형조건에 의하여

$$\Sigma F_y = 0; \qquad \sigma_2(2\pi rt) - p(\pi r^2) = 0$$

$$\sigma_2 = \frac{pr}{2t} \tag{13-2}$$

위의 두 방정식에서

σ_1, σ_2 = 각각 원주방향과 종방향의 수직응력. 이들 각각은 원통의 벽 전체에 걸쳐 일정한 것으로 가정하고, 재료에 인장으로 작용

p = 저장가스에 의해 발생하는 내부 게이지압력

r = 원통의 내부 반지름

t = 벽체 두께($r/t \geq 10$)

비교해 보면, 후프 또는 원주응력은 종방향 또는 축 방향 응력의 두 배이다. 따라서 평판을 말아서 원통형 압력 용기를 제작하는 경우, 종방향 접합부가 원주방향 접합부보다 두 배의 응력을 견딜 수 있도록 설계하는 것이 중요하다.

사진의 박판 강관은 과도한 가스 압력을 받아 원주방향 또는 후프방향으로 파열되었다. 이 방향으로의 응력은 식 (13-1)과 (13-2)에서 알 수 있듯이 축 방향 응력의 두 배이다.

구형 용기. 마찬가지의 방법으로 구형 압력 용기를 해석할 수 있다. 만일 그림 13-2*a*의 용기를 절반으로 분할하면, 자유물체도는 그림 13-2*b*와 같다. 원통형에서와 같이, *y*축 방향 평형조건에 의해

$$\Sigma F_y = 0; \qquad \sigma_2(2\pi r t) - p(\pi r^2) = 0$$

$$\sigma_2 = \frac{pr}{2t} \qquad (13\text{-}3)$$

이 결과는 원통형 압력 용기의 종방향 응력의 경우의 결과와 동일하다. 또한, 이 응력은 반구형 자유물체도의 방향과 무관하게 동일하다.

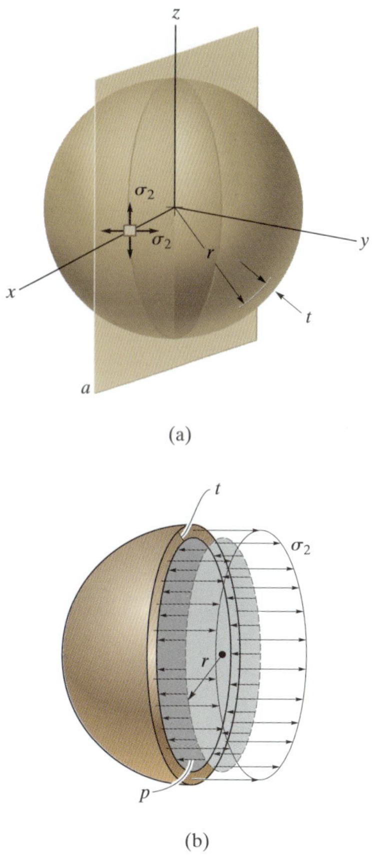

그림 13-2

사용 한계. 앞에서의 해석이 의미하는 것은 원통형 또는 구형 압력 용기의 재료는 **2축 응력**(biaxial stress) 재하상태, 즉 두 방향의 단면 수직응력만 작용하는 상태라는 것이다. 그러나 실제로, 압력은 반지름방향을 따라 가해지는 **방사응력**(radial stress) σ_3으로 재료에 영향을 준다. 이 응력은 내부 벽에서는 압력 p와 동일한 최대이지만 벽을 통과하면서 감소하여 용기의 외부면에서는 압력이 0이므로 응력은 0이 된다. 그러나 박판 용기의 경우에 방사응력 성분은 무시한다. 왜냐하면 박판 용기를 규정하는 한계 제한조건인 $r/t = 10$인 경우에도 σ_2와 σ_1은 최대 방사응력 $(\sigma_3)_{max} = p$보다 각각 5배와 10배 더 크기 때문이다. 마지막으로, 용기에 외부 압력이 가해지는 경우에는 재료의 인장파괴가 아니고, 벽에 발생하는 압축응력으로 인해 벽이 안쪽으로 급격하게 함몰되는, 즉 좌굴파괴가 일어날 수 있다.

13

예제 13.1

원통형 압력 용기의 내부 지름이 1.2 m이고 두께는 12 mm이다. 원주방향과 종방향 응력 성분이 140 MPa를 초과하지 않는 최대 내부 압력을 구하라. 동일조건에서, 동일한 내부 지름을 가진 구형 용기가 지탱할 수 있는 최대 내부 압력은 얼마인가?

풀이

원통형 압력 용기. 최대 응력은 원주방향으로 발생한다. 식 (13-1)로부터

$$\sigma_1 = \frac{pr}{t}; \qquad 140(10^6)\,\text{N/m}^2 = \frac{p(0.6\,\text{m})}{0.012\,\text{m}}$$

$$p = 2.80(10^6)\,\text{N/m}^2 = 2.80\,\text{MPa}$$ 답

이 압력에 도달하면, 식 (13-2)의 경우, 종방향 응력은 $\sigma_2 = \frac{1}{2}(140$ MPa) = 70 MPa가 된다. 또한, 용기의 내부 벽의 재료에 발생하는 최대 방사응력은 $(\sigma_3)_{max} = p = 2.80$ MPa이다. 이 값은 원주응력(140 MPa)에 비해 50배가 작으므로 앞에서 언급한 바와 같이 그 영향을 무시한다.

구형 용기. 그림 13-2a와 같은 구형 용기의 요소에서 최대 응력은 임의의 두 수직방향으로 발생한다. 식 (13-3)으로 부터

$$\sigma_2 = \frac{pr}{2t}; \qquad 140(10^6)\,\text{N/m}^2 = \frac{p(0.6\,\text{m})}{2(0.012\,\text{m})}$$

$$p = 5.60(10^6)\,\text{N/m}^2 = 5.60\,\text{MPa}$$ 답

주: 비록 제작은 더 어렵지만 구형 압력 용기는 원통형 용기에 비하여 두 배의 내부 압력을 지탱할 수 있다.

PROBLEMS

13–1. A spherical gas tank has an inner radius of $r = 1.5$ m. If it is subjected to an internal pressure of $p = 300$ kPa, determine its required thickness if the maximum normal stress is not to exceed 12 MPa.

13–2. A pressurized spherical tank is to be made of 12-mm-thick steel. If it is subjected to an internal pressure of $p = 1.4$ MPa, determine its outer radius if the maximum normal stress is not to exceed 105 MPa.

13–3. The thin-walled cylinder can be supported in one of two ways as shown. Determine the state of stress in the wall of the cylinder for both cases if the piston P causes the internal pressure to be 0.5 MPa. The wall has a thickness of 6 mm and the inner diameter of the cylinder is 200 mm.

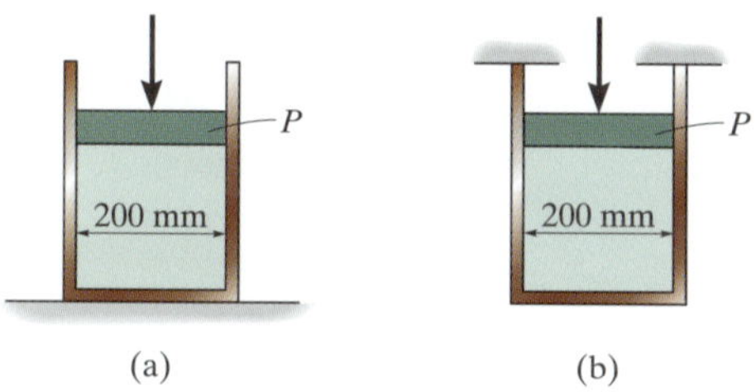

Prob. 13–3

***13–4.** The tank of the air compressor is subjected to an internal pressure of 0.63 MPa. If the internal diameter of the tank is 550 mm, and the wall thickness is 6 mm, determine the stress components acting at point A. Draw a volume element of the material at this point, and show the results on the element.

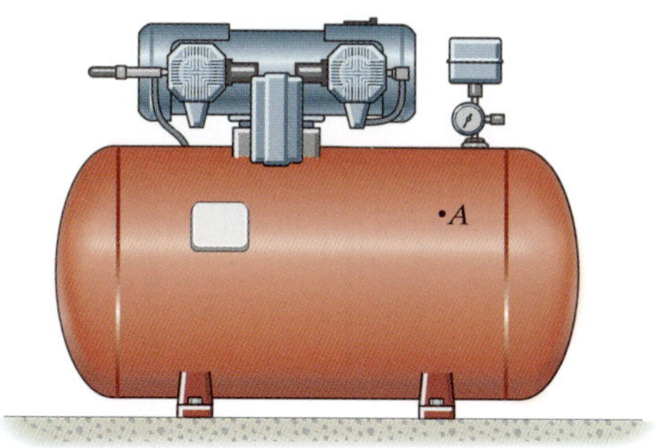

Prob. 13–4

13–5. Air pressure in the cylinder is increased by exerting forces $P = 2$ kN on the two pistons, each having a radius of 45 mm. If the cylinder has a wall thickness of 2 mm, determine the state of stress in the wall of the cylinder.

13–6. Determine the maximum force P that can be exerted on each of the two pistons so that the circumferential stress in the cylinder does not exceed 3 MPa. Each piston has a radius of 45 mm and the cylinder has a wall thickness of 2 mm.

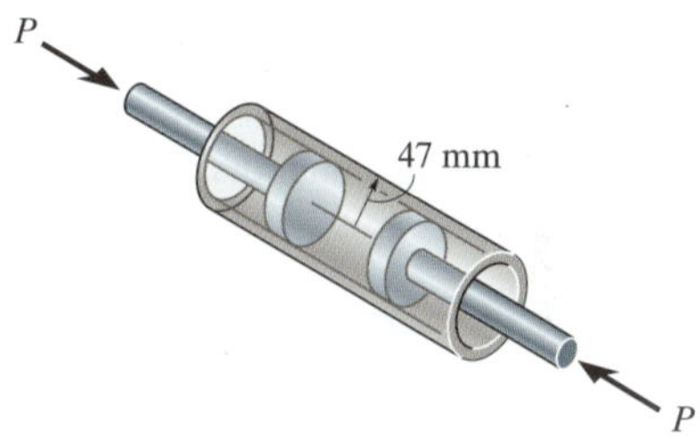

Probs. 13–5/6

13–7. A boiler is constructed of 8-mm-thick steel plates that are fastened together at their ends using a butt joint consisting of two 8-mm cover plates and rivets having a diameter of 10 mm and spaced 50 mm apart as shown. If the steam pressure in the boiler is 1.35 MPa, determine (a) the circumferential stress in the boiler's plate away from the seam, (b) the circumferential stress in the outer cover plate along the rivet line a–a, and (c) the shear stress in the rivets.

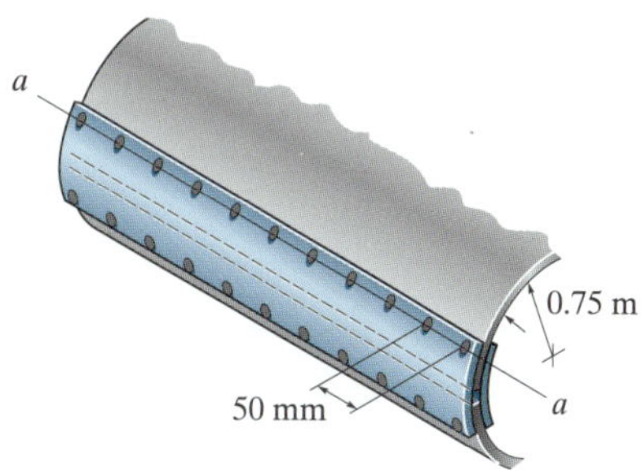

Prob. 13–7

13

***13–8.** The gas storage tank is fabricated by bolting together two half cylindrical thin shells and two hemispherical shells as shown. If the tank is designed to withstand a pressure of 3 MPa, determine the required minimum thickness of the cylindrical and hemispherical shells and the minimum required number of longitudinal bolts per meter length at each side of the cylindrical shell. The tank and the 25 mm diameter bolts are made from material having an allowable normal stress of 150 MPa and 250 MPa, respectively. The tank has an inner diameter of 4 m.

13–9. The gas storage tank is fabricated by bolting together two half cylindrical thin shells and two hemispherical shells as shown. If the tank is designed to withstand a pressure of 3 MPa, determine the required minimum thickness of the cylindrical and hemispherical shells and the minimum required number of bolts for each hemispherical cap. The tank and the 25 mm diameter bolts are made from material having an allowable normal stress of 150 MPa and 250 MPa, respectively. The tank has an inner diameter of 4 m.

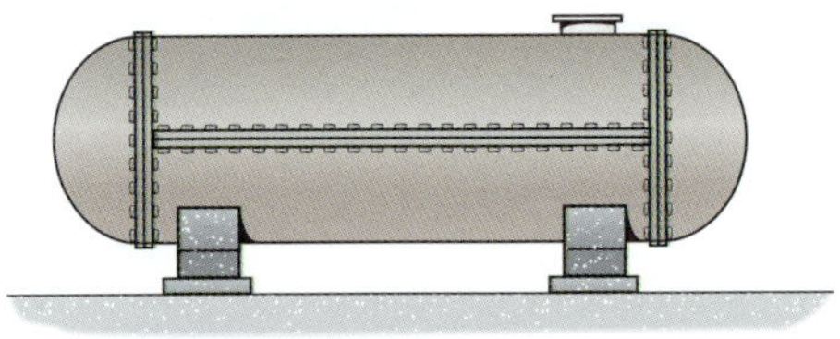

Probs. 13–8/9

13–10. A wood pipe having an inner diameter of 0.9 m is bound together using steel hoops each having a cross-sectional area of 125 mm^2. If the allowable stress for the hoops is $\sigma_{\text{allow}} = 84$ MPa, determine their maximum spacing s along the section of pipe so that the pipe can resist an internal gauge pressure of 28 kPa. Assume each hoop supports the pressure loading acting along the length s of the pipe.

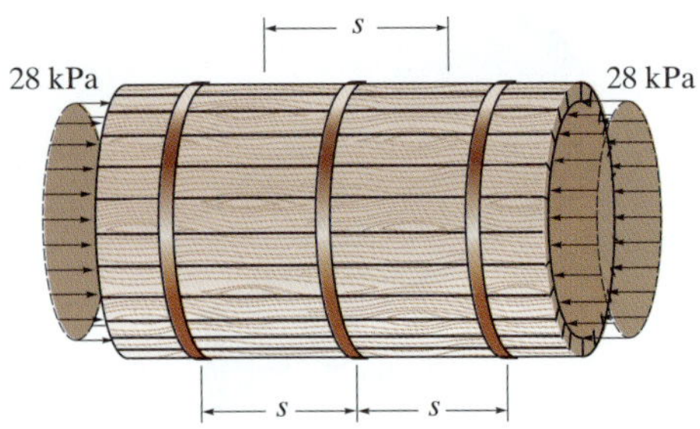

Prob. 13–10

13–11. The staves or vertical members of the wooden tank are held together using semicircular hoops having a thickness of 12 mm and a width of 50 mm. Determine the normal stress in hoop AB if the tank is subjected to an internal gauge pressure of 14 kPa and this loading is transmitted directly to the hoops. Also, if 6-mm-diameter bolts are used to connect each hoop together, determine the tensile stress in each bolt at A and B. Assume hoop AB supports the pressure loading within a 300-mm length of the tank as shown.

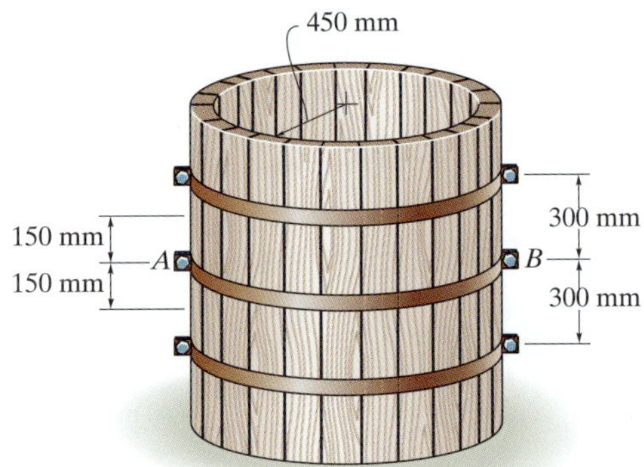

Prob. 13–11

***13–12.** A pressure-vessel head is fabricated by welding the circular plate to the end of the vessel as shown. If the vessel sustains an internal pressure of 450 kPa, determine the average shear stress in the weld and the state of stress in the wall of the vessel.

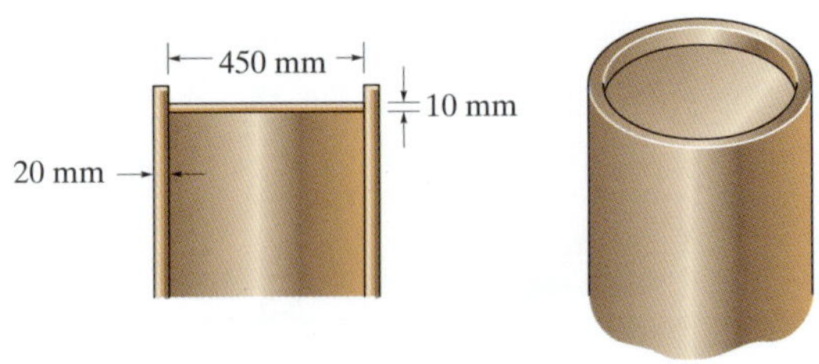

Prob. 13–12

13–13. The 304 stainless steel band initially fits snugly around the smooth rigid cylinder. If the band is then subjected to a nonlinear temperature drop of $\Delta T = 12 \sin^2\theta$ °C, where θ is in radians, determine the circumferential stress in the band.

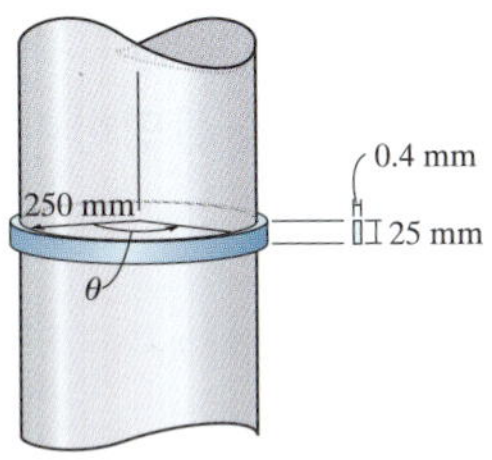

Prob. 13–13

13–14. The ring, having the dimensions shown, is placed over a flexible membrane which is pumped up with a pressure p. Determine the change in the inner radius of the ring after this pressure is applied. The modulus of elasticity for the ring is E.

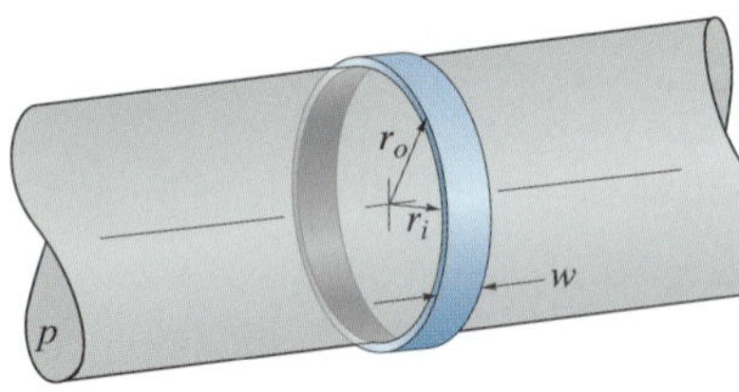

Prob. 13–14

13–15. The inner ring A has an inner radius r_1 and outer radius r_2. The outer ring B has an inner radius r_3 and an outer radius r_4, and $r_2 > r_3$. If the outer ring is heated and then fitted over the inner ring, determine the pressure between the two rings when ring B reaches the temperature of the inner ring. The material has a modulus of elasticity of E and a coefficient of thermal expansion of α.

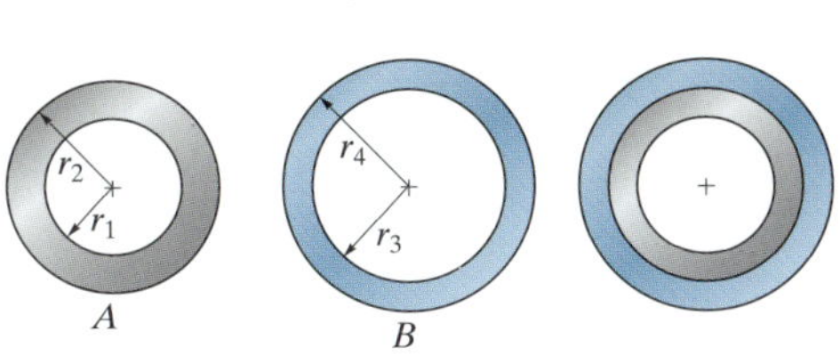

Prob. 13–15

***13–16.** The cylindrical tank is fabricated by welding a strip of thin plate helically, making an angle θ with the longitudinal axis of the tank. If the strip has a width w and thickness t, and the gas within the tank of diameter d is pressured to p, show that the normal stress developed along the strip is given by $\sigma_\theta = (pd/8t)(3 - \cos 2\theta)$.

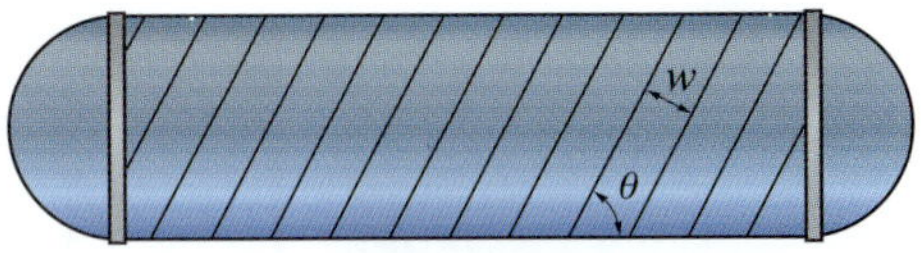

Prob. 13–16

13–17. In order to increase the strength of the pressure vessel, filament winding of the same material is wrapped around the circumference of the vessel as shown. If the pretension in the filament is T and the vessel is subjected to an internal pressure p, determine the hoop stresses in the filament and in the wall of the vessel. Use the free-body diagram shown, and assume the filament winding has a thickness t' and width w for a corresponding length L of the vessel.

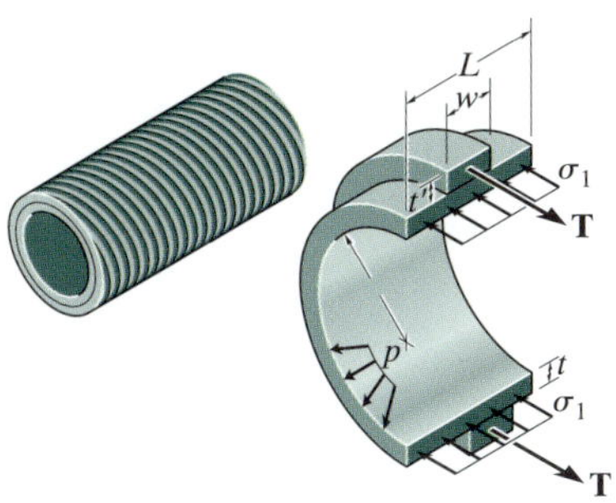

Prob. 13–17

굴뚝에는 바람과 자중에 의해 발생하는 조합된 내부 하중이 작용한다.

13.2 조합하중에 의한 응력

이전 장들에서 내부 축력, 전단력, 휨모멘트 또는 비틀림 모멘트가 작용하는 부재의 응력 분포를 산정하는 방법들을 다루었다. 그러나 흔히 부재의 단면에는 이들 하중이 동시에 작용한다. 이 경우, 중첩법으로 합 응력을 산정한다. 다음의 풀이과정이 이를 수행하는 방법을 설명한다.

풀이 과정 PROCEDURE FOR ANALYSIS

여기서, 재료는 균질하고 선형탄성 거동을 한다. 또한, 생베낭의 원리에 의해 응력을 구하고자 하는 점은 어떠한 불연속 단면이나 하중작용 지점으로부터 충분히 떨어져 있다.

내부 하중

- 응력을 구하고자 하는 점에서 부재의 축에 수직하게 부재를 절단한다. 평형방정식을 적용하여 내부 축력과 전단력 성분 그리고 휨과 비틀림 모멘트 성분을 구한다.
- 힘 성분은 단면의 도심을 통과해 작용해야 하며 모멘트 성분은 단면의 주축인 도심축을 기준으로 산정되어야 한다.

응력 성분

- 각각의 내부 하중과 관련된 응력 성분을 산정한다.

수직 축력

- 수직력은 $\sigma = N/A$로 산정되는 균일한 단면 수직응력과 관련된다.

전단력

- 전단력은 전단 공식 $\tau = VQ/It$로 산정되는 전단응력과 관련된다.

휨모멘트

- 직선 부재의 휨모멘트는 중립축에서 0이고 최대인 부재의 외측 경계까지 선형적으로 변하는 수직응력과 관련된다. 이러한 응력분포는 휨 공식 $\sigma = My/I$로 산정한다. 부재가 곡선이라면, 응력분포는 비선형이고 식 $\sigma = My/[Ae(R-y)]$로 산정한다.

비틀림 모멘트

- 원형의 샤프트 부재와 튜브 부재의 경우, 비틀림 모멘트는 축 부재 중심에서 0이고 최대인 축 부재의 외측 경계까지 선형적으로 변하는 전단응력에 의해 발생한다. 이 응력의 분포는 비틀림 공식 $\tau = T\rho/J$로 산정한다.

박판 압력 용기

- 원통형 박판 용기의 경우, 내부 압력 p는 재료에 이축응력을 발생시킨다. 후프 또는 원주방향 응력은 $\sigma_1 = pr/t$이고 종방향 응력은 $\sigma_2 = pr/2t$이다. 구형 박판 용기의 경우, 이축응력이 크기가 $\sigma_2 = pr/2t$인 두 개의 동일한 크기의 응력으로 표현된다.

중첩

- 각각의 하중에 의한 수직 및 전단응력이 계산되면, 중첩의 원리를 이용하여 합산된 수직 및 전단응력을 산정한다.
- 특정 지점에 위치한 재료요소에 그 결과를 나타내거나 또는 부재의 단면에 작용하는 응력분포로 그 결과를 표현한다.

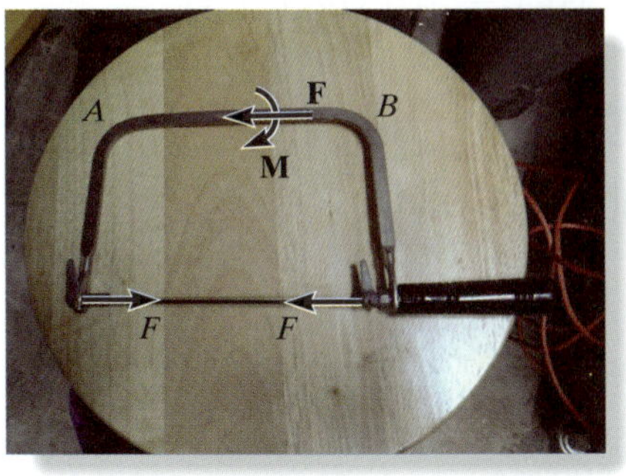

실톱의 톱날에 긴장력 F가 도입되면 실톱의 틀 AB 단면에는 압축력 F와 휨모멘트 M이 발생한다. 따라서 틀의 재료는 이들 두 하중에 의해 발생하는 단면 수직응력에 저항해야 한다.

이 절에서의 문제들은 위에서 언급한 응력방정식을 적용하는 능력을 향상시키기 위한 기초적인 복습과정을 제공하기 위하여 조합하중을 포함하고 있다. 이전 장에서 설명한 바와 같이, 이 절의 마지막에 제시된 문제들을 성공적으로 풀이하기 위해서는 이들 방정식을 어떻게 적용할 것인가에 대하여 확실하게 이해할 필요가 있다. 문제를 풀기 전에 다음의 예제들을 확실하게 학습해야 한다.

예제 13.2

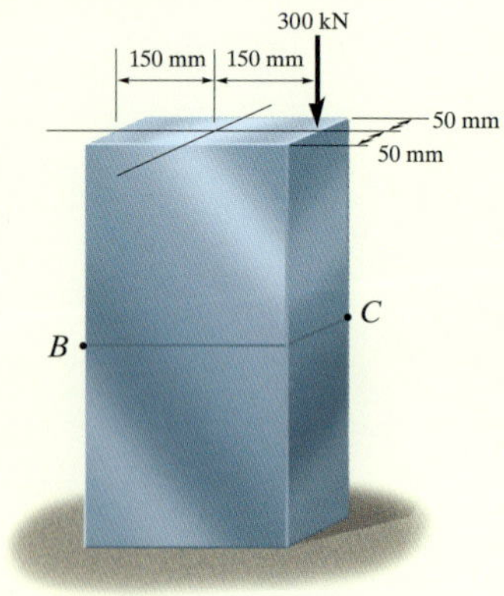

(a)

300 kN의 힘이 그림 13-3a의 부재 가장자리에 작용하였다. 부재의 자중을 무시하고 B점과 C점의 응력을 구하라.

풀이

내부 하중. 부재를 그림 13-3b의 B점과 C점을 포함하는 면에서 분할한다. 평형조건에 의해 단면의 도심에 300 kN의 축력이 작용하고 도심의 주축으로 45.0 kN · m의 휨모멘트가 작용한다.

응력 성분.

수직력. 축력에 의해 발생하는 균일한 단면 수직응력의 분포는 그림 13-3c와 같다. 여기서

$$\sigma = \frac{N}{A} = \frac{300(10^3)\text{ N}}{(0.1\text{ m.})(0.3\text{ m.})} = 10.0(10^3)\text{ N/m}^2 = 10.0\text{ MPa}$$

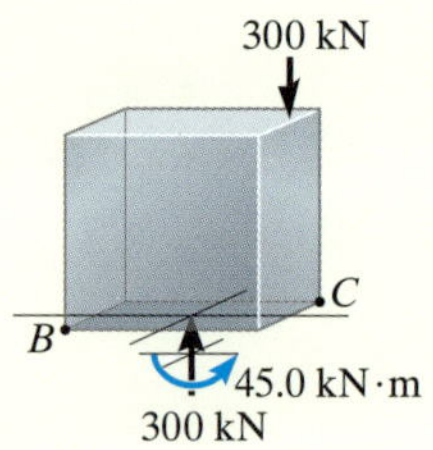

(b)

그림 13-3

휨모멘트. 휨모멘트에 의한 단면 수직응력의 분포는 그림 13-3d와 같다. 최대 응력은

$$\sigma_{\max} = \frac{Mc}{I} = \frac{[45.0(10^3)\text{ N}\cdot\text{m}](0.15\text{ m})}{13} = 30.0(10^6)\text{ N/m}^2 = 30.0\text{ MPa}$$

중첩. B점과 C점의 발생 응력을 각각 합산한다. 그러면

$$\sigma_B = -\frac{N}{A} + \frac{Mc}{I} = -10.0\text{ MPa} + 30.0\text{ MPa} = 20.0\text{ MPa(인장)}$$ **답**

$$\sigma_C = -\frac{N}{A} - \frac{Mc}{I} = -10.0\text{ MPa} - 30.0\text{ MPa}$$

$$= -40.0\text{ MPa} = 40.0\text{ MPa(압축)}$$ **답**

주: 단면에 발생하는 응력분포는 그림 13-3e와 같다. 응력이 0인 선의 위치는 비례삼각형을 이용해 구할 수 있다. 즉

$$\frac{20.0\text{ MPa}}{x} = \frac{40.0\text{ MPa}}{(300\text{ mm.} - x)};\quad x = 100\text{ mm.}$$

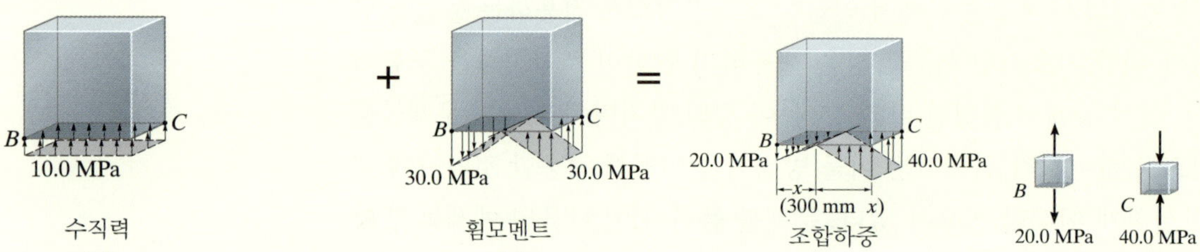

수직력 (c) 휨모멘트 (d) 조합하중 (e) (f) (g)

13

예제 13.3

그림 13-4*a*의 가스탱크는 내부 반지름이 600 mm이고 두께는 10 mm이다. 이 탱크의 상부에 200 kN의 하중이 작용하고 내부의 가스압력이 450 kPa인 경우 *A*점의 응력을 구하라.

풀이

내부 하중. *A*점 위 탱크 단면의 자유물체도는 그림 13-4*b*와 같다.

응력 성분.

원주응력. $r/t = 600\text{ mm}/10\text{ mm} = 60 > 10$이므로, 탱크는 박판 용기이다. 식 (13-1)에 내부 반지름 $r = 0.6$ m를 대입하면,

$$\sigma_1 = \frac{pr}{t} = \frac{[450(10^3)\text{N/m}^2](0.6\text{ m})}{0.01\text{ m}}$$
$$= 27.0(10^6)\text{ N/m}^2 = 27.0\text{ MPa (T)}$$ 답

종축응력. 하중 200 kN에 의한 응력(압축)과 내부 압력에 의한 응력(인장)이 탱크의 벽체에 의해 균일하게 지지되므로,

$$\sigma_2 = -\frac{N}{A} + \frac{pr}{2t} = -\frac{200(10^3)\text{ N}}{\pi[(0.61\text{ m})^2 - (0.6\text{ m})^2]} + \frac{[450(10^3)\text{ N/m}^2](0.6\text{ m})}{2\,(0.01\text{ m})}$$
$$= 8.239(10^6)\text{ N/m}^2 = 8.24\text{ MPa}\quad\text{(T)}$$ 답

따라서 *A*점은 그림 13-4*c*와 같은 이축응력 상태이다.

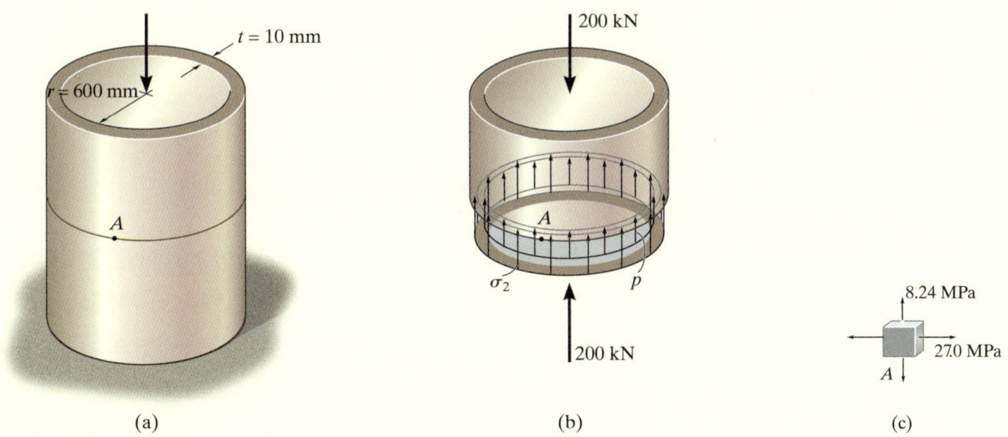

그림 13-4

13

예제 13.4

그림 13-5a의 부재는 직사각형 단면이다. 작용하중에 의해 C점과 D점에 발생하는 응력을 구하라.

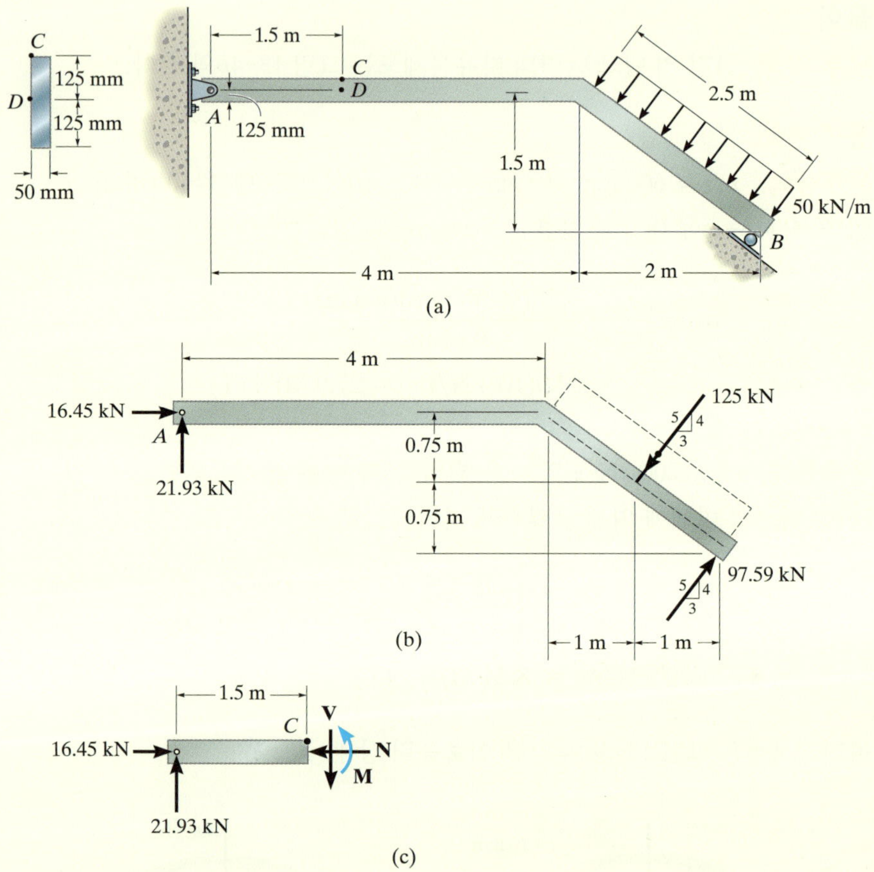

그림 13-5

풀이

내부 하중. 부재의 지점 반력은 그림 13-5b와 같다. (정역학을 복습하는 의미에서 $\Sigma M_A = 0$을 적용하면 $F_B = 97.59$ kN) 부재의 왼쪽 AC 구간을 그림 13-5c와 같이 설정하면, 단면의 내부 하중은 축력, 전단력 그리고 휨모멘트이다. 이를 구하면

$$N = 16.45 \text{ kN} \qquad V = 21.93 \text{ kN} \qquad M = 32.89 \text{ kN}\cdot\text{m}$$

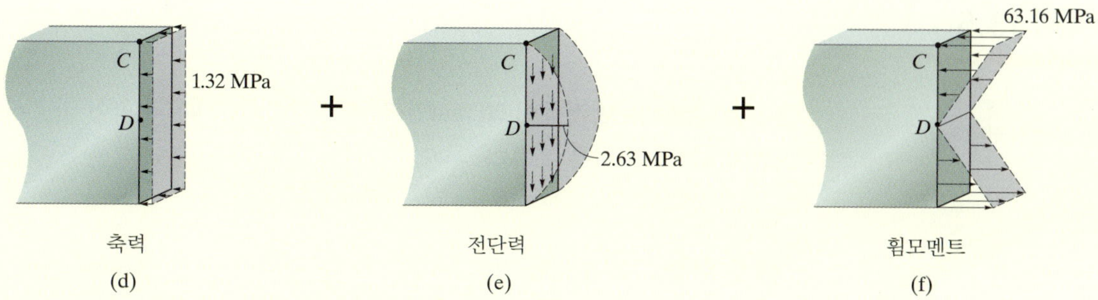

그림 13-5 (계속)

C점의 응력 성분.

축력. 단면에 작용하는 그림 13-5*d*의 균일한 수직응력 분포는 축력에 의해 발생한다. *A*점에서

$$\sigma_C = \frac{N}{A} = \frac{16.45(10^3)\text{ N}}{(0.050\text{ m})\,(0.250\text{ m})} = 1.32\text{ MPa}$$

전단력. *C*점이 부재의 상단에 위치하기 때문에 면적 $A' = 0$이다. 따라서, 그림 13-5*e*의 *C*점에서 $Q = \bar{y}'A' = 0$이므로 전단응력은

$$\tau_C = 0$$

휨모멘트. *C*점은 중립축으로부터 $y = c = 0.125$에 위치하기 때문에 그림 13-5*f*에서 *C*점의 수직응력은

$$\sigma_C = \frac{Mc}{I} = \frac{(32.89(10^3)\text{ N}\cdot\text{m})(0.125\text{ m})}{\left[\frac{1}{12}(0.050\text{ m})\,(0.250\text{ m})^3\right]} = 63.16\text{ MPa}$$

중첩. 전단응력은 0이다. 산정된 수직응력을 합하면 *C*점의 압축응력은

$$\sigma_C = 1.32\text{ MPa} + 63.16\text{ MPa} = 64.5\text{ MPa}$$ 답

*C*점 요소에 작용하는 응력은 그림 13-5*g*와 같다.

(g)

***D*점의 응력 성분.**

축력. *C*점에서의 경우와 동일하며, 그림 13-5*d*에서와 같이 $\sigma_D = 1.32$ MPa이다.

전단력. *D*점은 중립축에 위치하고, 단면은 직사각형이므로 전단 공식을 이용하면 그림 13-5*e*와 같다.

$$\tau_D = 1.5\frac{V}{A} = 1.5\frac{21.93(10^3)\text{ N}}{(0.25\text{ m})(0.05\text{ m})} = 2.63\text{ MPa}$$ 답

휨모멘트. *D*점은 중립축에 위치하므로 $\sigma_D = 0$이다.

중첩. *D*점 요소에 작용하는 응력은 그림 13-5*h*와 같다.

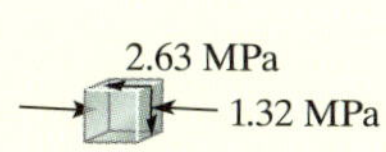

(h)

13

예제 13.5

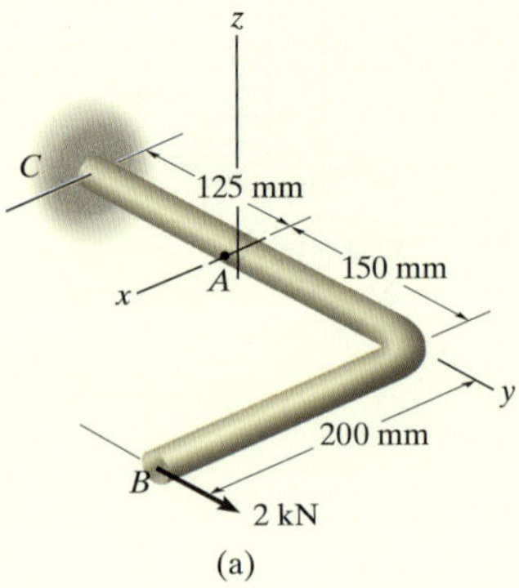

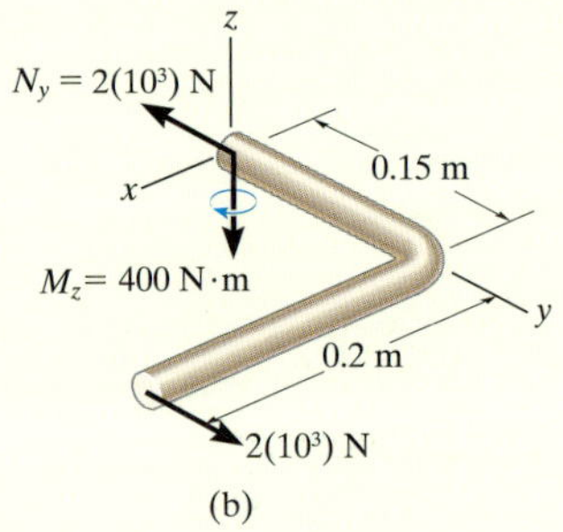

그림 13-6*a*는 반지름이 20 mm인 강봉 부재이다. 2 kN의 힘이 작용하는 경우 *A*점의 응력을 구하라.

풀이

내부 하중. 봉 부재를 점 *A*를 기준으로 분할한다. 그림 13-6*b*와 같이 *AB* 구간의 자유물체도를 이용하여 내부 하중을 평형방정식으로부터 구한다.

$$\Sigma F_y = 0; \quad 2(10^3)\text{ N} - N_y = 0; \quad N_y = 2(10^3)\text{ N}$$

$$\Sigma M_z = 0; \quad [2(10^3)\text{ N}](0.2\text{ m}) - M_z = 0; \quad M_z = 400\text{ N}\cdot\text{m}$$

이 하중들로부터 발생하는 응력 분포를 보다 시각적으로 잘 나타내기 위하여 그림 13-6*c*에서와 같이 *AC* 구간에 작용하는 크기는 같지만 반대 방향으로 작용하는 내부 하중을 고려할 수도 있다.

응력 성분.

축력. 수직응력은 그림 13-6*d*와 같다. 점 *A*에서,

$$(\sigma_A)_y = \frac{N}{A} = \frac{2(10^3)\text{ N}}{\pi(0.02\text{ m.})^2} = 1.592(10^6)\text{N/m}^2 = 1.592\text{ MPa}$$

휨모멘트. 모멘트의 경우에 $c = 0.02$ m이므로, 그림 13-6*e*에서 *A*점의 휨 응력은

$$(\sigma_A)_y = \frac{Mc}{I} = \frac{(400\text{ N}\cdot\text{m})(0.02\text{ m})}{\frac{\pi}{4}(0.02\text{ m})^4}$$

$$= 63.662(10^6)\text{ N/m}^2 = 63.662\text{ MPa}$$

중첩. 위의 결과를 중첩하는 경우, 그림 13-6*f*에서 *A*점의 요소에 작용하는 수직응력은

$$(\sigma_A)_y = 1.592\text{ MPa} + 63.66\text{ MPa} = 65.25\text{ MPa} = 65.3\text{ MPa} \quad \text{답}$$

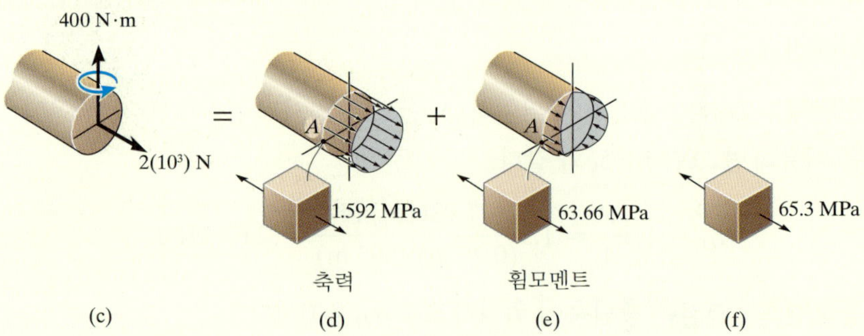

그림 13-6

13

예제 13.6

그림 13-7a는 반지름이 20 mm인 강봉 부재이다. 3 kN의 힘이 작용하는 경우 A점의 응력을 구하라.

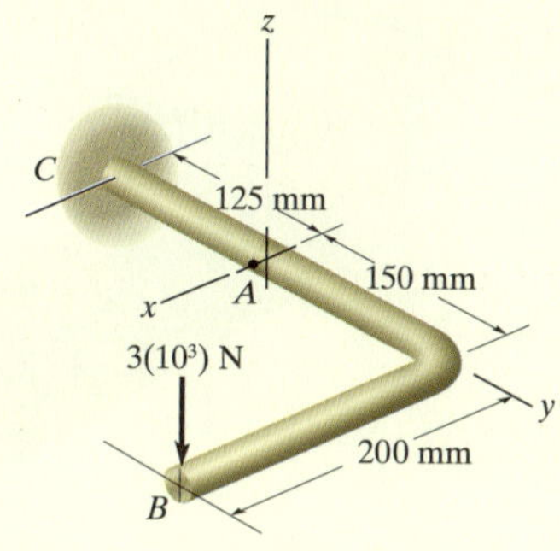

(a)

풀이

내부 하중. 봉 부재를 점 A를 기준으로 분할한다. 그림 13-7b와 같이 AB 구간의 자유물체도를 이용하여 내부 하중을 평형방정식으로부터 구한다. 이 결과를 확인해 보도록 한다. 그림 13-7c에서는 크기는 같지만 반대 방향으로 작용하는 내부 하중을 AC 구간에 나타내어 보여주고 있다.

$$\Sigma F_z = 0; \quad V_z - 3(10^3)\text{ N} = 0; \quad V_z = 3(10^3)\text{ N}$$
$$\Sigma M_x = 0; \quad M_x - [3(10^3)\text{ N}](0.15\text{ m}) = 0; \quad M_x = 450\text{ N}\cdot\text{m}$$
$$\Sigma M_y = 0; \quad -T_y + [3(10^3)\text{ N}](0.2\text{ m}) = 0; \quad T_y = 600\text{ N}\cdot\text{m}$$

응력 성분.

전단력. 수직응력은 그림 13-7d와 같다. A점의 경우, Q는 회색으로 음영 처리된 반원형 면적을 대상으로 계산한다.

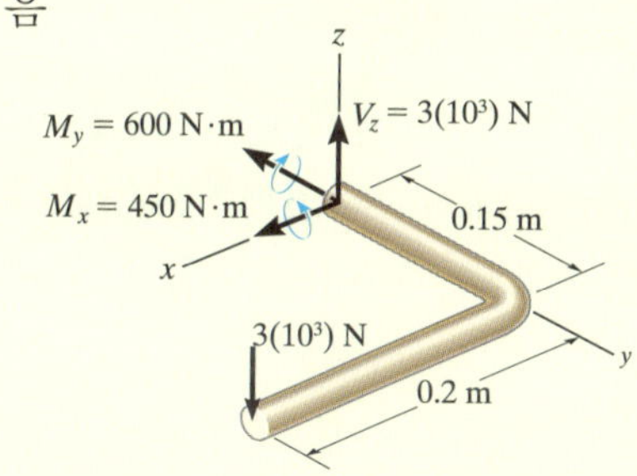

(b)

그림 13-7

$$Q = \bar{y}'A' = \left[\frac{4(0.02\text{ m})}{3\pi}\right]\left[\frac{1}{2}\pi(0.02\text{ m})^2\right] = 5.3333(10^{-6})\text{ m}^3$$

따라서

$$[(\tau_{yz})_v]_A = \frac{VQ}{It} = \frac{[3(10^3)\text{ N}][5.3333(10^{-6})\text{ m}^3]}{\left[\frac{\pi}{4}(0.02\text{ m})^4\right][2(0.02\text{ m})]}$$
$$= 3.183(10^6)\text{ N/m}^2 = 3.18\text{ MPa}$$

휨모멘트. A점이 그림 13-7e에서 중립축에 위치하기 때문에 휨 응력은

$$(\sigma_b)_A = 0$$

비틀림. A점은 그림 13-7f에서 $\rho_A = c = 0.02$ m이다. 따라서 전단응력은

$$[(\tau_{yz})_T]_A = \frac{Tc}{J} = \frac{(600\text{ N}\cdot\text{m})(0.02\text{ m})}{\left[\frac{\pi}{2}(0.02\text{ m})^4\right]} = 47.746(10^6)\text{ N/m}^2 = 47.74\text{ MPa}$$

중첩. 그림 13-7g와 같이 A점의 재료 요소에는 전단응력만 작용한다.

$$(\tau_{yz})_A = 3.18\text{ MPa} + 47.74\text{ MPa} = 50.93\text{ MPa} = 50.9\text{ MPa}$$ **답**

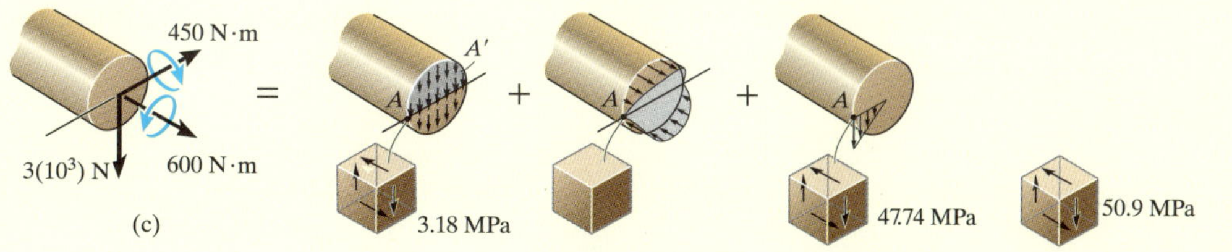

(c) (d) 전단력 (e) 휨모멘트 (f) 비틀림 모멘트 (g)

PRELIMINARY PROBLEMS

P13–1. In each case, determine the internal loadings that act on the indicated section. Show the results on the left segment.

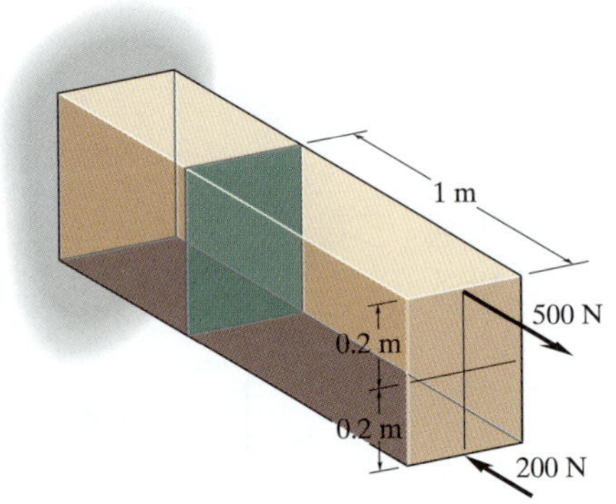

(a)

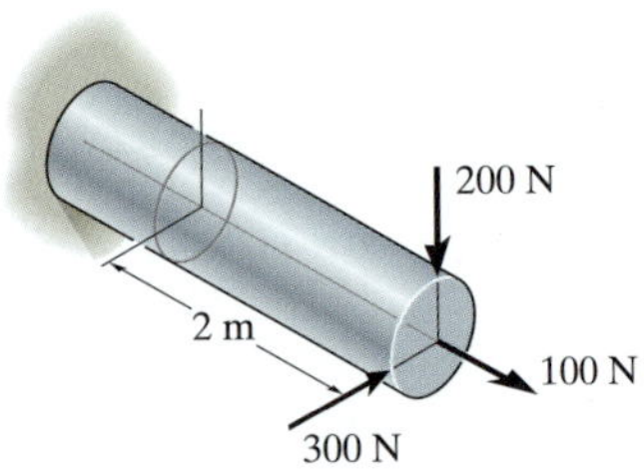

(b)

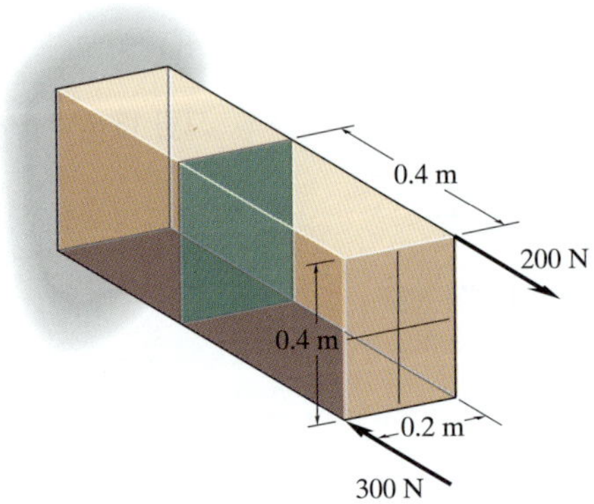

(c)

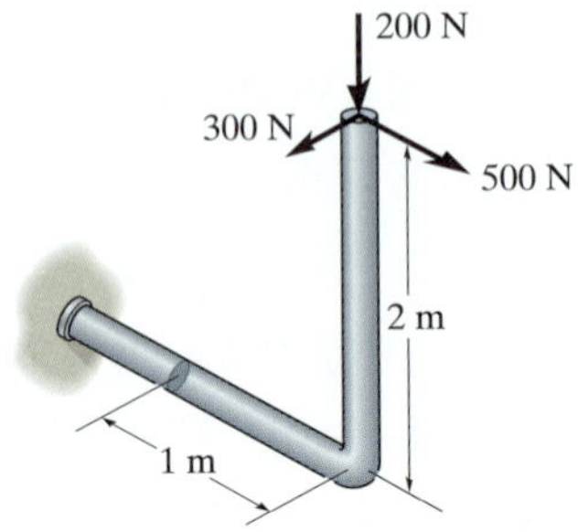

(d)

Prob. P13–1

P13–2. The internal loadings act on the section. Show the stress that each of these loads produce on differential elements located at point A and point B.

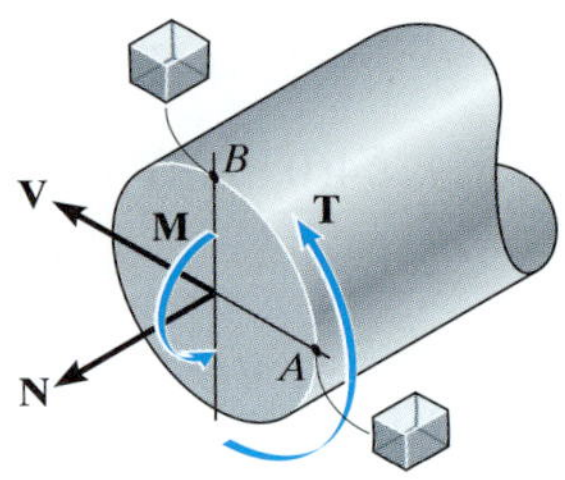

(a)

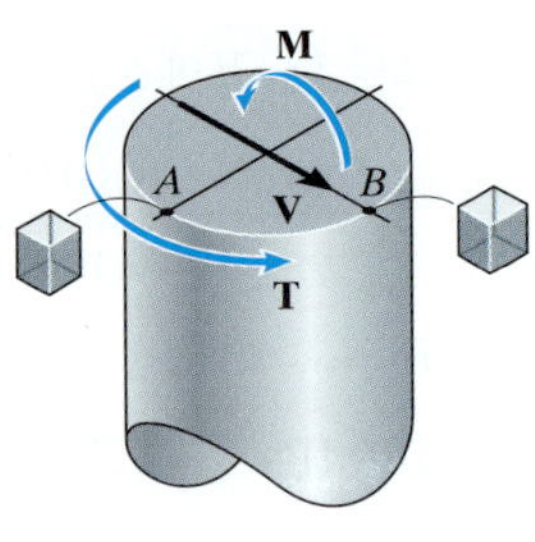

(b)

Prob. P13–2

FUNDAMENTAL PROBLEMS

F13–1. Determine the normal stress at corners A and B of the column.

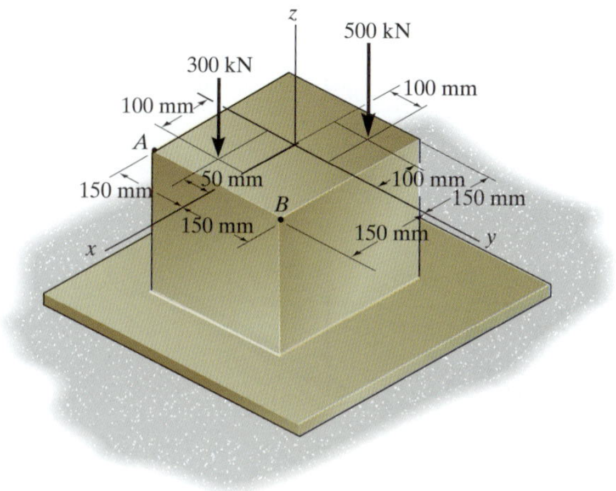

Prob. F13–1

F13–2. Determine the state of stress at point A on the cross section at section a–a of the cantilever beam. Show the results in a differential element at the point.

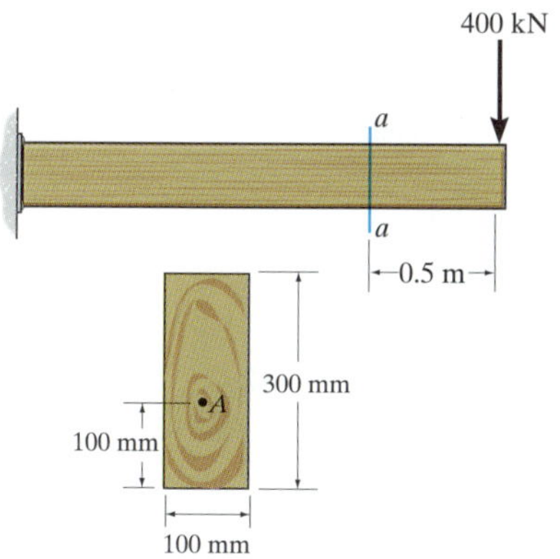

Prob. F13–2

F13–3. Determine the state of stress at point A on the cross section of the beam at section a–a. Show the results in a differential element at the point.

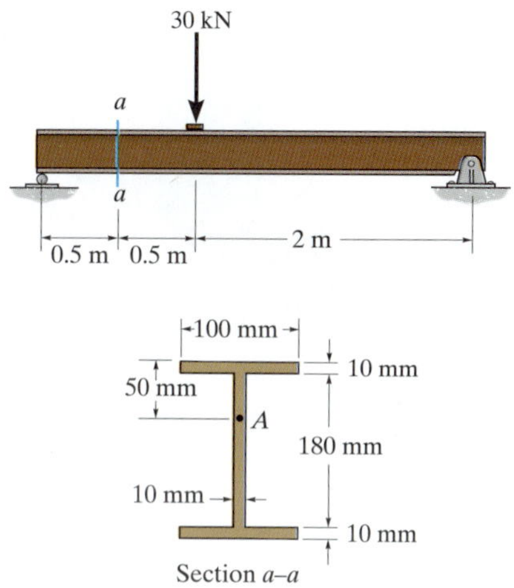

Prob. F13–3

F13–4. Determine the magnitude of the load P that will cause a maximum normal stress of $\sigma_{max} = 210$ MPa in the link along section a–a.

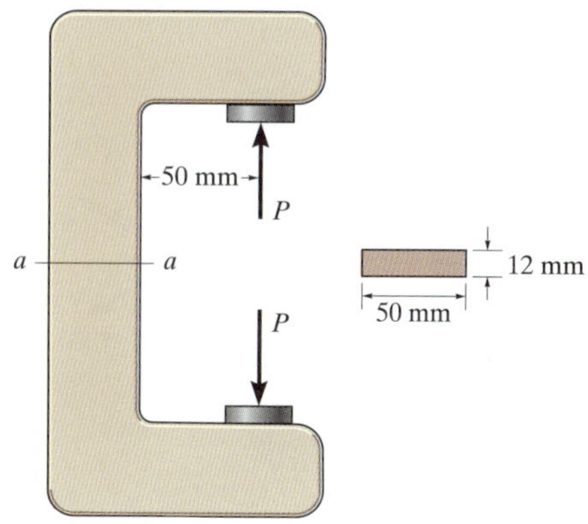

Prob. F13–4

F13–5. The beam has a rectangular cross section and is subjected to the loading shown. Determine the components of stress α_x, α_y, and τ_{xy} at point B.

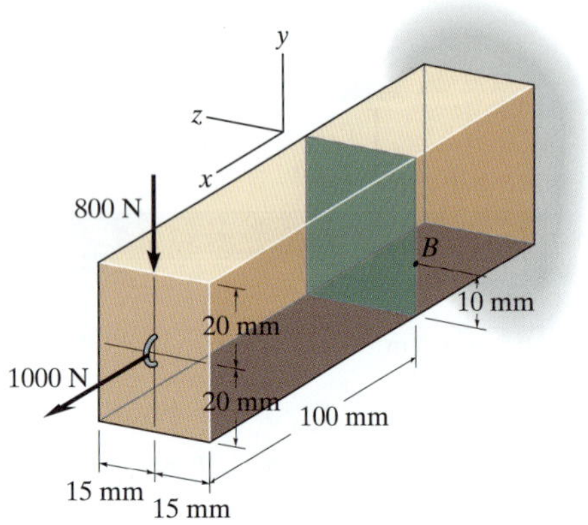

Prob. F13–5

F13–6. Determine the state of stress at point A on the cross section of the pipe assembly at section a–a. Show the results in a differential element at the point.

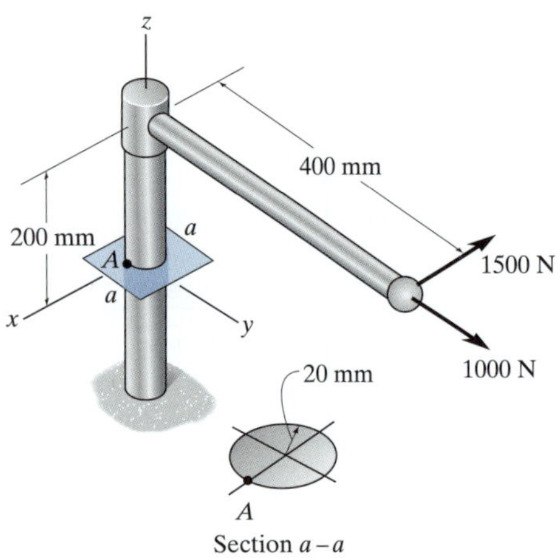

Prob. F13–6

F13–7. Determine the state of stress at point A on the cross section of the pipe at section a–a. Show the results in a differential element at the point.

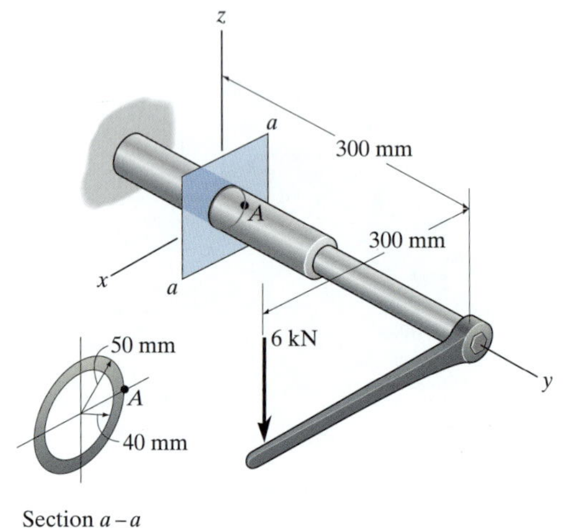

Prob. F13–7

F13–8. Determine the state of stress at point A on the cross section of the shaft at section a–a. Show the results in a differential element at the point.

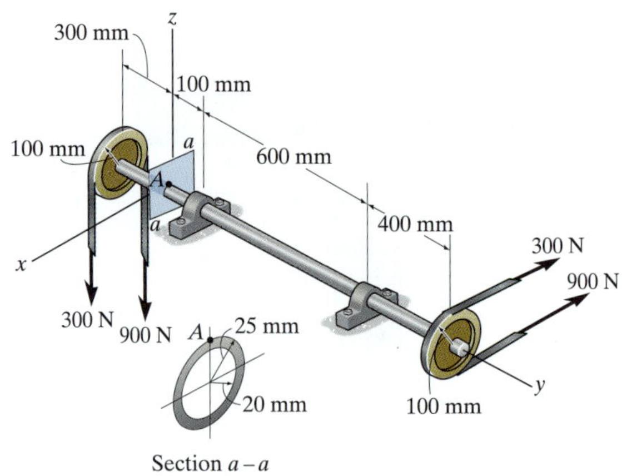

Prob. F13–8

PROBLEMS

13–18. Determine the shortest distance d to the edge of the plate at which the force **P** can be applied so that it produces no compressive stresses in the plate at section a–a. The plate has a thickness of 10 mm and **P** acts along the centerline of this thickness.

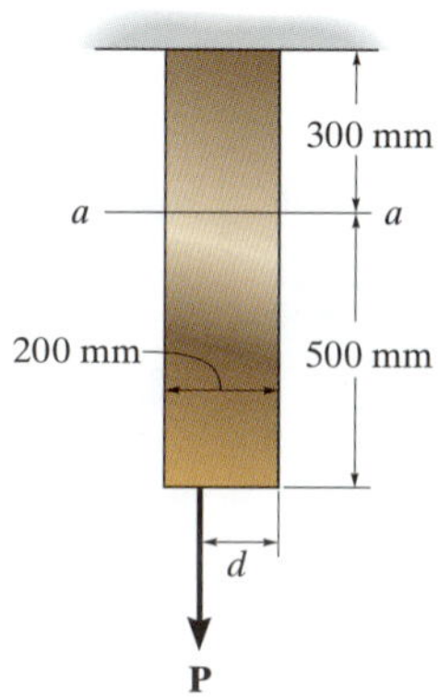

Prob. 13–18

13–19. Determine the maximum distance d to the edge of the plate at which the force **P** can be applied so that it produces no compressive stresses on the plate at section a–a. The plate has a thickness of 20 mm and **P** acts along the centerline of this thickness.

***13–20.** The plate has a thickness of 20 mm and the force $P = 3$ kN acts along the centerline of this thickness such that $d = 150$ mm. Plot the distribution of normal stress acting along section a–a.

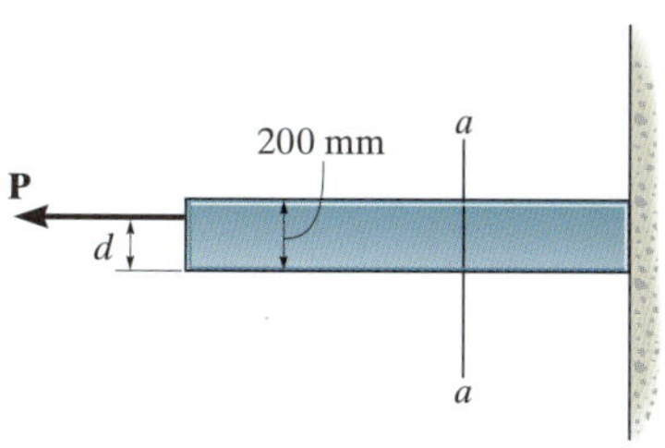

Probs. 13–19/20

13–21. If the load has a weight of 2700 N, determine the maximum normal stress developed on the cross section of the supporting member at section a–a. Also, plot the normal stress distribution over the cross-section.

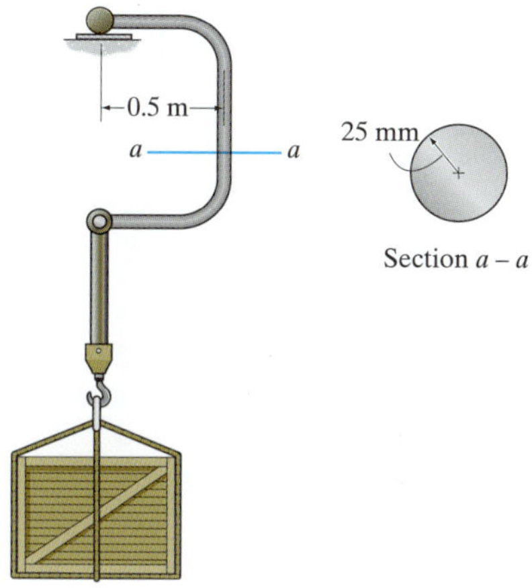

Prob. 13–21

13–22. The bearing pin supports the load of 3.5 kN. Determine the stress components in the support member at point A. The support is 12 mm thick.

13–23. The bearing pin supports the load of 3.5 kN. Determine the stress components in the support member at point B. The support is 12 mm thick.

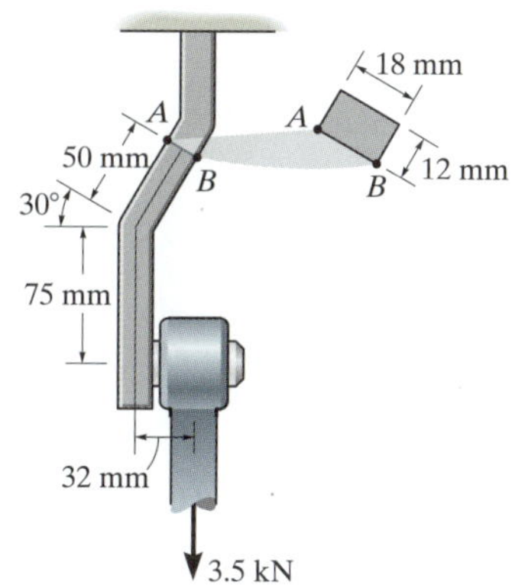

Probs. 13–22/23

***13–24.** The column is built up by gluing the two boards together. Determine the maximum normal stress on the cross section when the eccentric force of $P = 50$ kN is applied.

13–25. The column is built up by gluing the two boards together. If the wood has an allowable normal stress of $\sigma_{allow} = 6$ MPa, determine the maximum allowable eccentric force **P** that can be applied to the column.

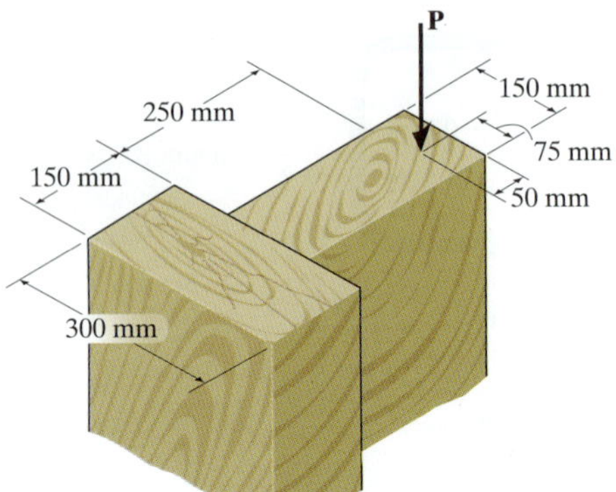

Probs. 13–24/25

13–26. The offset link supports the loading of $P = 30$ kN. Determine its required width w if the allowable normal stress is $\sigma_{allow} = 73$ MPa. The link has a thickness of 40 mm.

13–27. The offset link has a width of $w = 200$ mm and a thickness of 40 mm. If the allowable normal stress is $\sigma_{allow} = 75$ MPa, determine the maximum load P that can be applied to the cables.

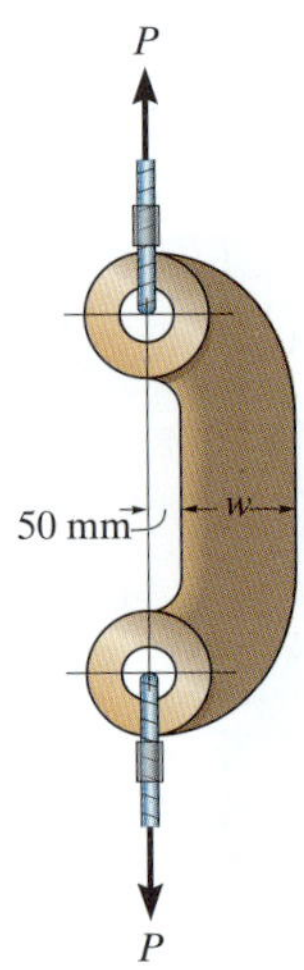

Probs. 13–26/27

***13–28.** The pliers are made from two steel parts pinned together at A. If a smooth bolt is held in the jaws and a gripping force of 50 N is applied at the handles, determine the state of stress developed in the pliers at points B and C. Here the cross section is rectangular, having the dimensions shown in the figure.

13–29. Solve Prob. 13–28 for points D and E.

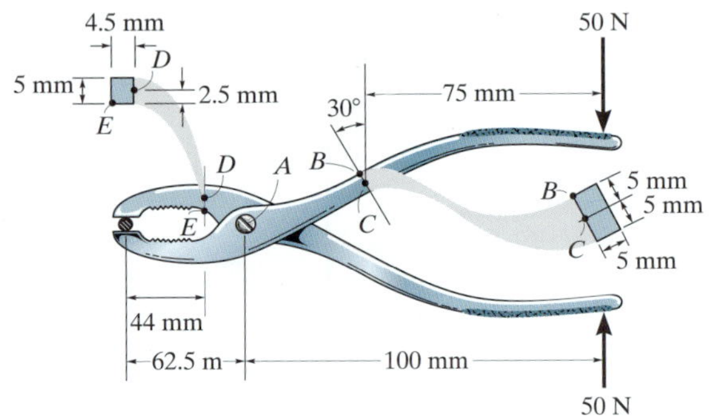

Probs. 13–28/29

13–30. The rib-joint pliers are used to grip the smooth pipe C. If the force of 100 N is applied to the handles, determine the state of stress at points A and B on the cross section of the jaw at section a–a. Indicate the results on an element at each point.

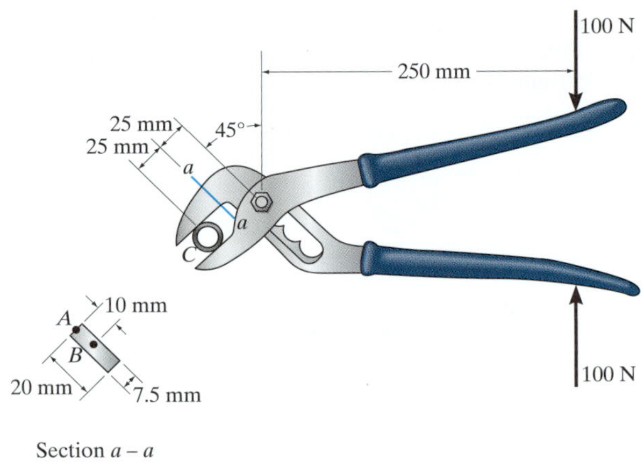

Prob. 13–30

13–31. The drill is jammed in the wall and is subjected to the torque and force shown. Determine the state of stress at point A on the cross section of the drill bit at section a–a.

***13–32.** The drill is jammed in the wall and is subjected to the torque and force shown. Determine the state of stress at point B on the cross section of the drill bit at section a–a.

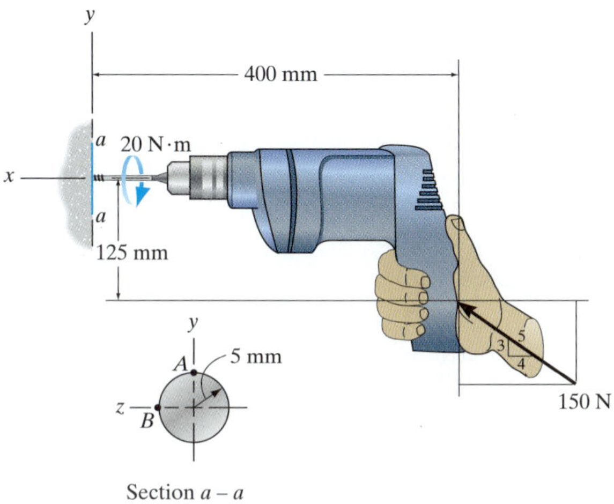

Probs. 13–31/32

13–33. Determine the state of stress at point A when the beam is subjected to the cable force of 4 kN. Indicate the result as a differential volume element.

13–34. Determine the state of stress at point B when the beam is subjected to the cable force of 4 kN. Indicate the result as a differential volume element.

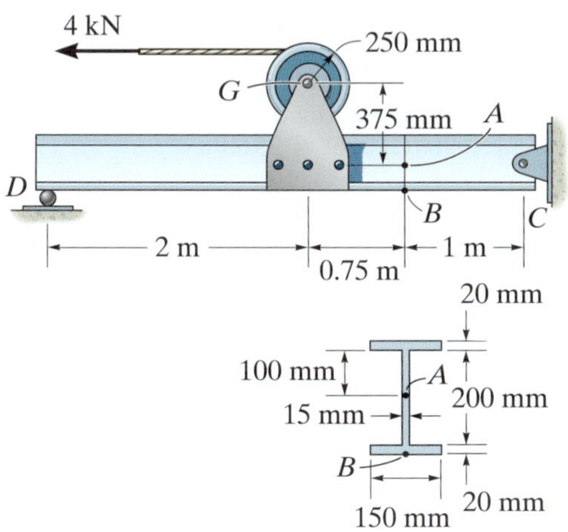

Probs. 13–33/34

13–35. The block is subjected to the eccentric load shown. Determine the normal stress developed at points A and B. Neglect the weight of the block.

***13–36.** The block is subjected to the eccentric load shown. Sketch the normal-stress distribution acting over the cross section at section a–a. Neglect the weight of the block.

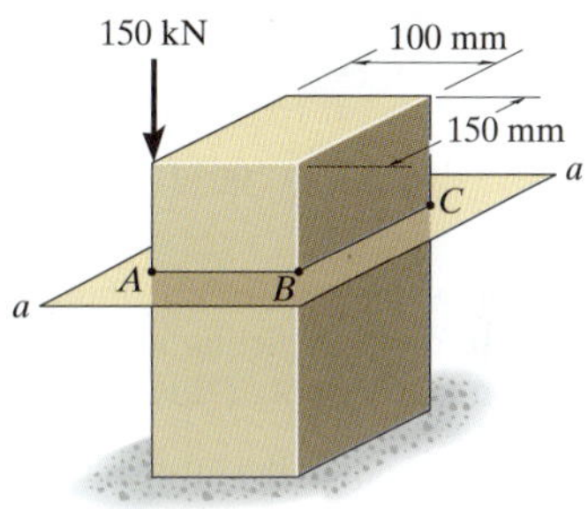

Probs. 13–35/36

13–37. If the 75-kg man stands in the position shown, determine the state of stress at point A on the cross section of the plank at section a–a. The center of gravity of the man is at G. Assume that the contact point at C is smooth.

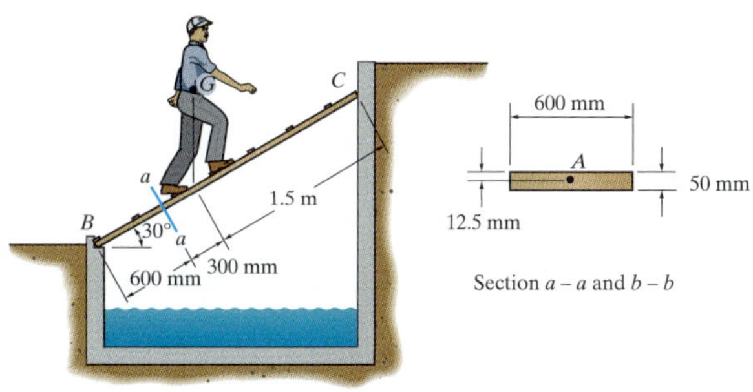

Prob. 13–37

13–38. Determine the normal stress developed at points A and B. Neglect the weight of the block.

13–39. Sketch the normal stress distribution acting over the cross section at section a–a. Neglect the weight of the block.

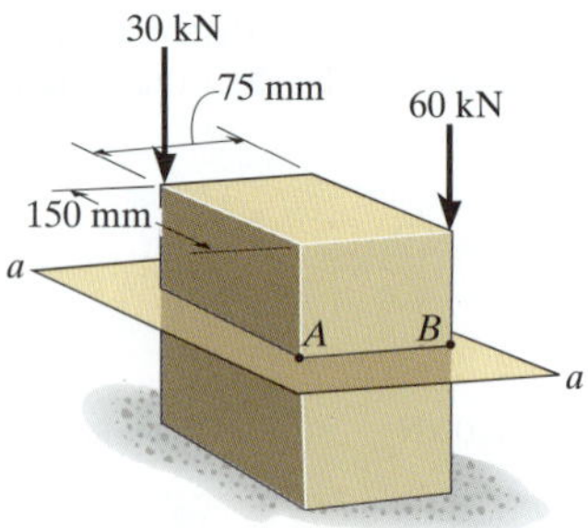

Probs. 13–38/39

***13–40.** The frame supports the distributed load shown. Determine the state of stress acting at point D. Show the results on a differential element at this point.

13–41. The frame supports the distributed load shown. Determine the state of stress acting at point E. Show the results on a differential element at this point.

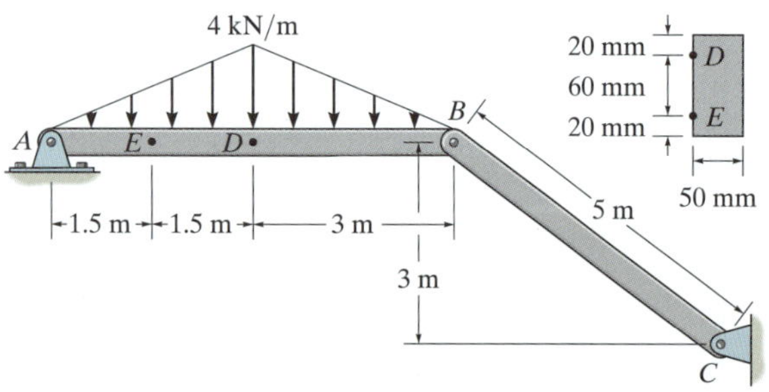

Probs. 13–40/41

13–42. The rod has a diameter of 40 mm. If it is subjected to the force system shown, determine the stress components that act at point A, and show the results on a volume element located at this point.

13–43. Solve Prob. 13–42 for point B.

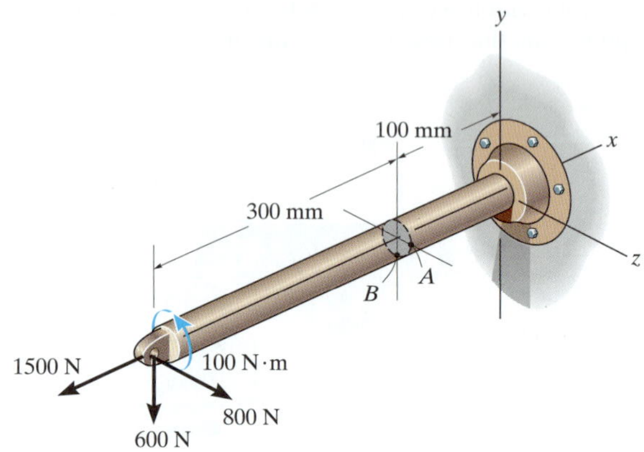

Probs. 13–42/43

***13–44.** Since concrete can support little or no tension, this problem can be avoided by using wires or rods to *prestress* the concrete once it is formed. Consider the simply supported beam shown, which has a rectangular cross section of 450 mm by 300 mm. If concrete has a specific weight of 24 kN/m^3 determine the required tension in rod AB, which runs through the beam so that no tensile stress is developed in the concrete at its center section a–a. Neglect the size of the rod and any deflection of the beam.

13–45. Solve Prob. 13–44 if the rod has a diameter of 12 mm. Use the transformed area method discussed in Sec. 6.6. $E_{st} = 200\,\text{GPa}, E_c = 25\,\text{GPa}$.

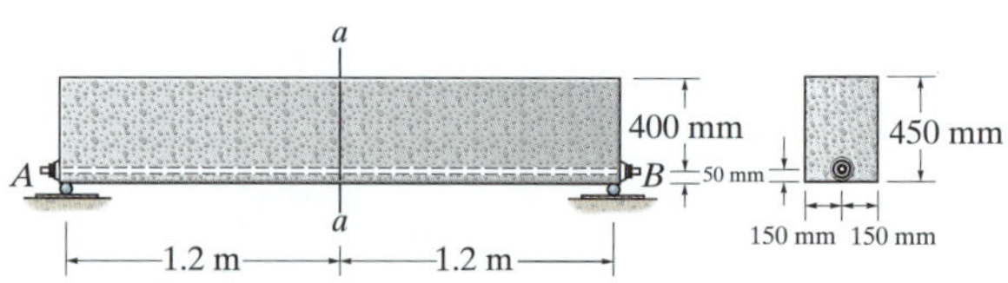

Probs. 13–44/45

13–46. The vertebra of the spinal column can support a maximum compressive stress of σ_{max}, before undergoing a compression fracture. Determine the smallest force P that can be applied to a vertebra if we assume this load is applied at an eccentric distance e from the centerline of the bone, and the bone remains elastic. Model the vertebra as a hollow cylinder with an inner radius r_i and outer radius r_o.

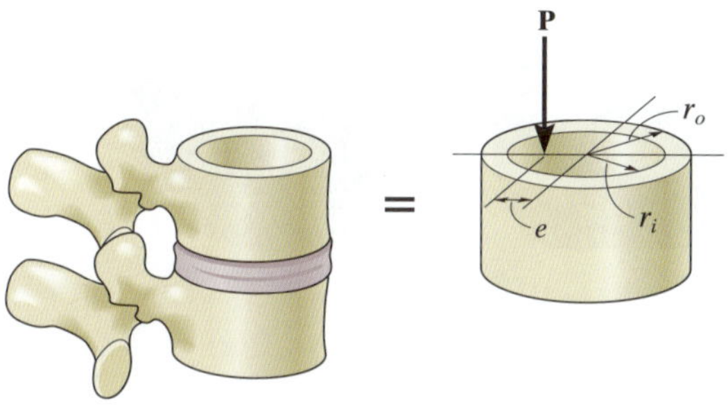

Prob. 13–46

13–47. The solid rod is subjected to the loading shown. Determine the state of stress at point A, and show the results on a differential volume element located at this point.

***13–48.** The solid rod is subjected to the loading shown. Determine the state of stress at point B, and show the results on a differential volume element at this point.

13–49. The solid rod is subjected to the loading shown. Determine the state of stress at point C, and show the results on a differential volume element at this point.

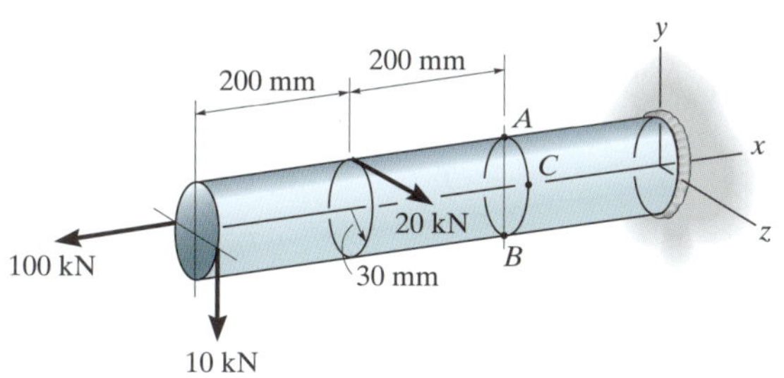

Probs. 13–47/48/49

13–50. The C-frame is used in a riveting machine. If the force at the ram on the clamp at D is $P = 8$ kN, sketch the stress distribution acting over the section a–a.

13–51. Determine the maximum ram force P that can be applied to the clamp at D if the allowable normal stress for the material is $\sigma_{allow} = 180$ MPa.

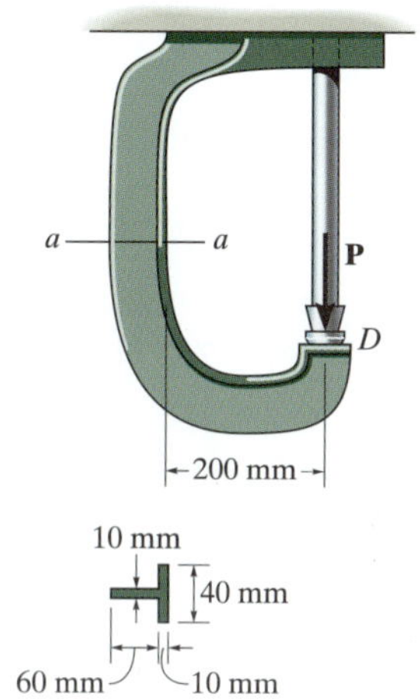

Probs. 13–50/51

***13–52.** Determine the state of stress at point A on the cross section of the pipe at section a–a.

13–53. Determine the state of stress at point B on the cross section of the pipe at section a–a

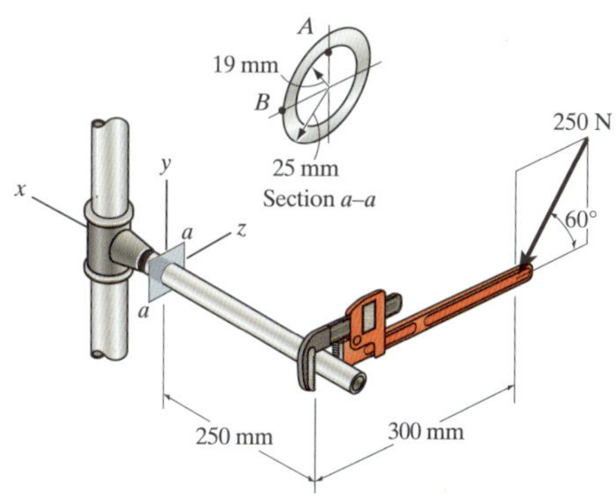

Probs. 13–52/53

내용 복습

압력 용기에서 $t/r \geq 10$이면 박판인 것으로 판단한다. 원통형 박판 용기의 경우, 원주응력 또는 후프응력은

$$\sigma_1 = \frac{pr}{t}$$

이 응력은 종방향 응력의 두 배이다.

$$\sigma_2 = \frac{pr}{2t}$$

구형 박판 용기는 벽체에서 모든 방향으로 동일한 응력을 가진다.

$$\sigma_1 = \sigma_2 = \frac{pr}{2t}$$

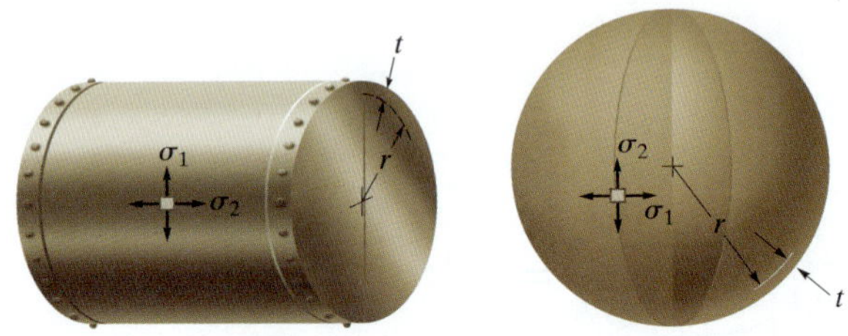

중첩의 원리를 이용하여 조합하중이 작용하는 부재의 단면 수직응력 및 전단응력을 산정할 수 있다. 이를 위하여 우선 관심점이 위치한 단면에서의 축력 및 전단력 그리고 비틀림 및 휨모멘트를 산정할 필요가 있다. 그 다음에 관심점의 단면 수직응력 및 전단응력은 각 하중에 의한 결과값의 성분을 합산하여 구한다.

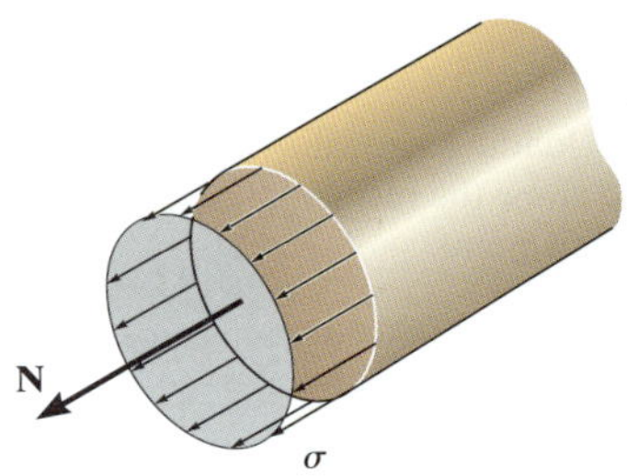

$$\sigma = \frac{N}{A}$$

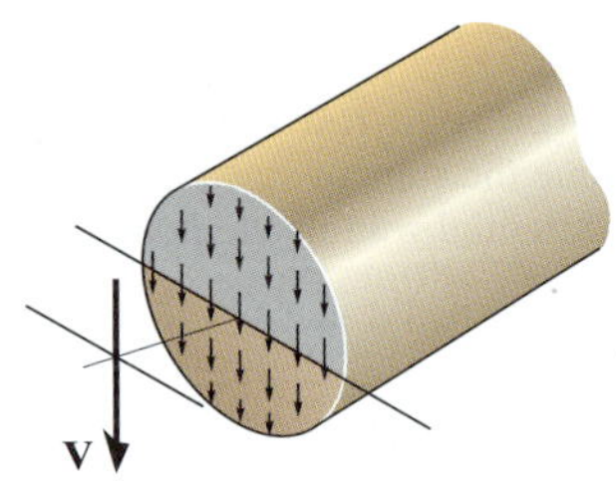

$$\tau = \frac{VQ}{It}$$

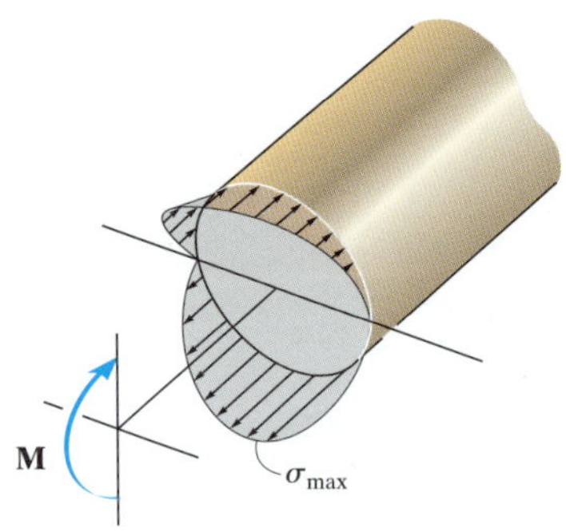

$$\sigma = -\frac{My}{I}$$

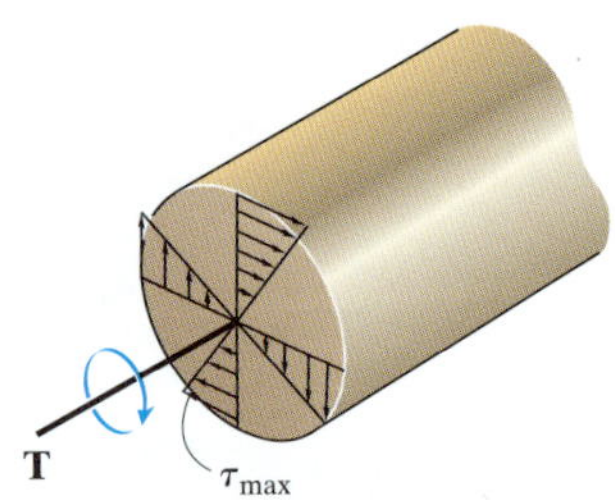

$$\tau = \frac{T\rho}{J}$$

CONCEPTUAL PROBLEMS

C13–1. Explain why failure of this garden hose occurred near its end and why the tear occurred along its length. Use numerical values to explain your result. Assume the water pressure is 200 kPa.

Prob. C13–1

C13–2. This open-ended silo contains granular material. It is constructed from wood slats and held together with steel bands. Explain, using numerical values, why the bands are not spaced evenly along the height of the cylinder. Also, how would you find this spacing if each band is to be subjected to the same stress?

Prob. C13–2

C13–3. Unlike the turnbuckle at B, which is connected along the axis of the rod, the one at A has been welded to the edges of the rod, and so it will be subjected to additional stress. Use the same numerical values for the tensile load in each rod and the rod's diameter, and compare the stress in each rod.

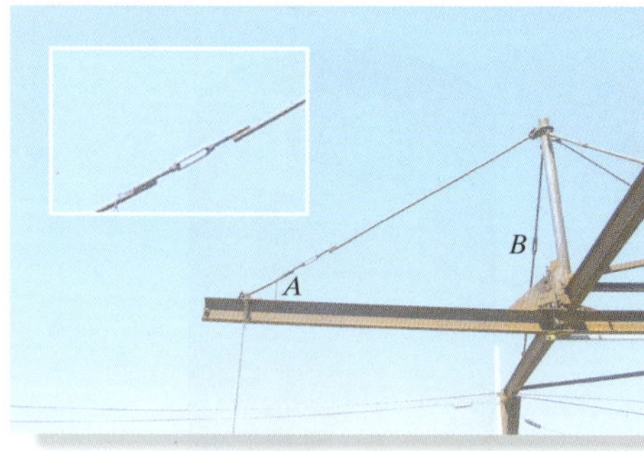

Prob. C13–3

C13–4. A constant wind blowing against the side of this chimney has caused creeping strains in the mortar joints, such that the chimney has a noticeable deformation. Explain how to obtain the stress distribution over a section at the base of the chimney, and sketch this distribution over the section.

Prob. C13–4

REVIEW PROBLEMS

R13–1. The post has a circular cross section of radius c. Determine the maximum radius e at which the load $\mathbf{P}$ can be applied so that no part of the post experiences a tensile stress. Neglect the weight of the post.

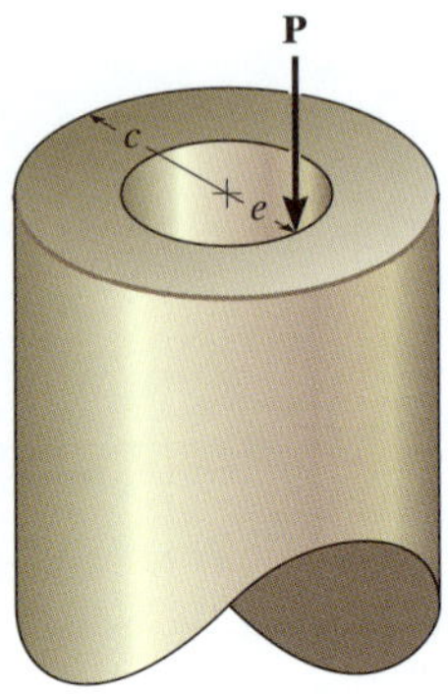

Prob. R13–1

R13–2. The 20-kg drum is suspended from the hook mounted on the wooden frame. Determine the state of stress at point E on the cross section of the frame at section a–a. Indicate the results on an element.

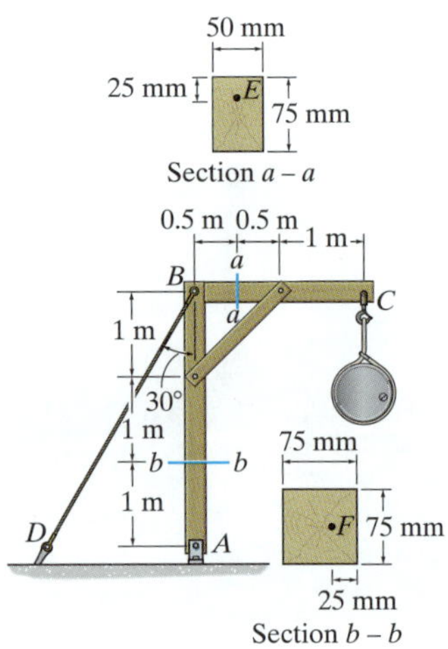

Prob. R13–2

R13–3. The 20-kg drum is suspended from the hook mounted on the wooden frame. Determine the state of stress at point F on the cross section of the frame at section b–b. Indicate the results on an element.

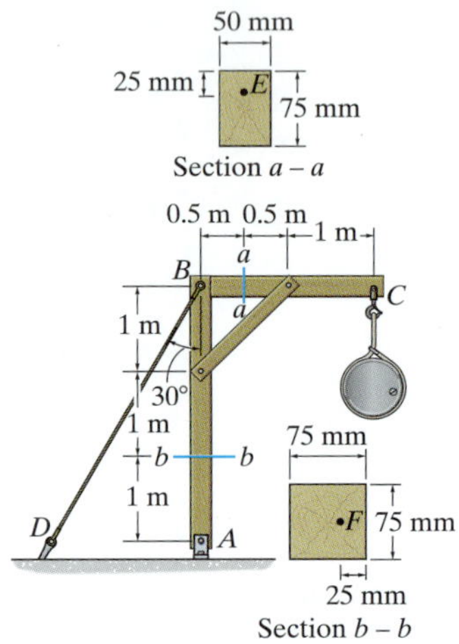

Prob. R13–3

***R13–4.** The gondola and passengers have a weight of 7.5 kN and center of gravity at G. The suspender arm AE has a square cross-sectional area of 40 mm by 40 mm, and is pin connected at its ends A and E. Determine the largest tensile stress developed in regions AB and DC of the arm.

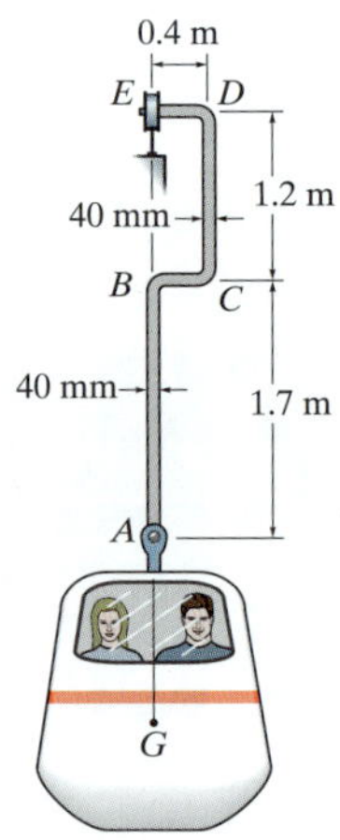

Prob. R13–4

R13–5. If the cross section of the femur at section $a–a$ can be approximated as a circular tube as shown, determine the maximum normal stress developed on the cross section at section $a–a$ due to the load of 375 N.

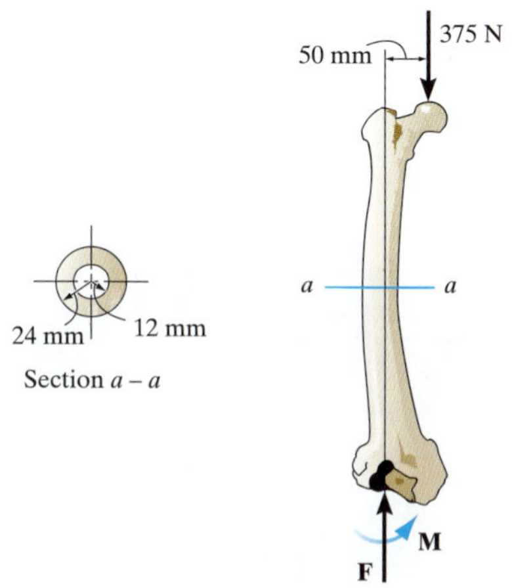

Prob. R13–5

R13–6. A bar having a square cross section of 30 mm by 30 mm is 2 m long and is held upward. If it has a mass of 5 kg/m, determine the largest angle θ, measured from the vertical, at which it can be supported before it is subjected to a tensile stress along its axis near the grip.

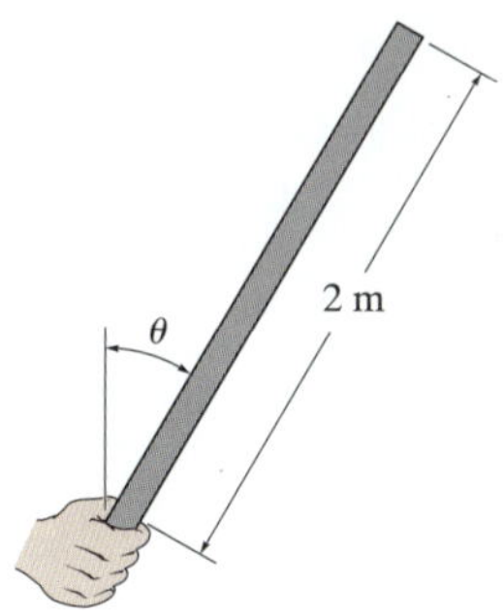

Prob. R13–6

R13–7. The wall hanger has a thickness of 6 mm and is used to support the vertical reactions of the beam that is loaded as shown. If the load is transferred uniformly to each strap of the hanger, determine the state of stress at points C and D on the strap at A. Assume the vertical reaction **F** at this end acts in the center and on the edge of the bracket as shown.

***R13–8.** The wall hanger has a thickness of 6 mm and is used to support the vertical reactions of the beam that is loaded as shown. If the load is transferred uniformly to each strap of the hanger, determine the state of stress at points C and D of the strap at B. Assume the vertical reaction F at this end acts in the center and on the edge of the bracket as shown.

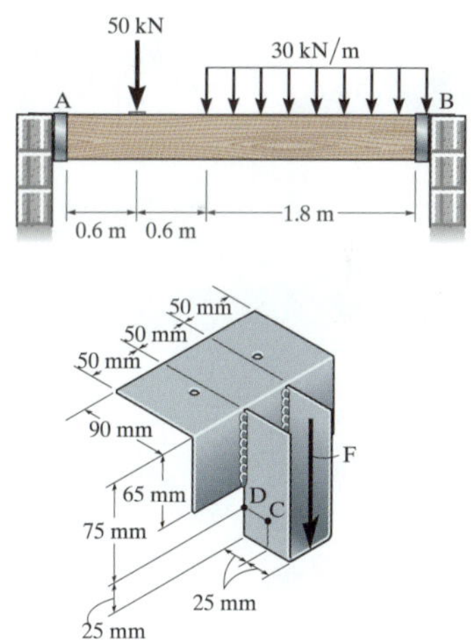

Prob. R13–7/8

CHAPTER 14

(© R.G. Henry/Fotolia)

그림의 터빈 날개는 복합적인 응력 상태에 놓여 있다. 이를 설계하기 위해서는 최대 응력이 어디에서 그리고 어느 방향으로 발생하는가를 구하여야 한다.

응력과 변형률 변환

학습목표

- 한 좌표계에서 방향이 다른 좌표계로 응력과 변형률 성분을 변환
- 한 점에서 주응력과 주변형률, 그리고 최대 면내 전단응력을 결정
- 응력과 변형률 성분의 변환을 위하여 모어 원을 사용하는 방법
- 로제트 변형률게이지와 탄성계수, 전단계수, 푸아송비 등 재료물성 관계

14.1 평면응력 변환

그림 14-1*a*와 같이, 한 점에서의 일반적인 응력 상태는 6개의 수직, 전단응력 성분으로 특징지어지는 것은 7.3절에서 기술한 바 있다. 그러나 실제 공학문제에서 이 응력 상태는 자주 접할 수 없다. 대신 대부분의 하중은 한 평면 내에 작용하여 이 하중이 일으키는 응력은 단일 평면 내에서 해석될 수 있다. 이러한 경우, 재료는 **평면응력**(plane stress) 상태에 있다고 한다.

그림 14-1*b*에 보인 바와 같이 한 점에서의 일반적인 평면응력 상태는 네 개의 면에 작용하는 두 개의 수직응력 성분인 σ_x, σ_y와 하나의 전단응력 성분인 τ_{xy}의 조합으로 나타낼 수 있다. 이 책에서는 편의상 그림 14-2*a*와 같이 응력의 상태를 x-y평면에서 보기로 한다. 그러나 그림 14-2*b*와 같이 θ만큼 다른 방향으로 된 요소에서의 이 응력 상태는 x', y'축으로 측정되는 세 개의 다른 응력 성분 $\sigma_{x'}$, $\sigma_{y'}$, $\tau_{x'y'}$로 달라진다는 것에 주의하라. 다시 말해, **한 점에서의 평면응력 상태는 요소에 작용하는 두 개의 수직응력 성**

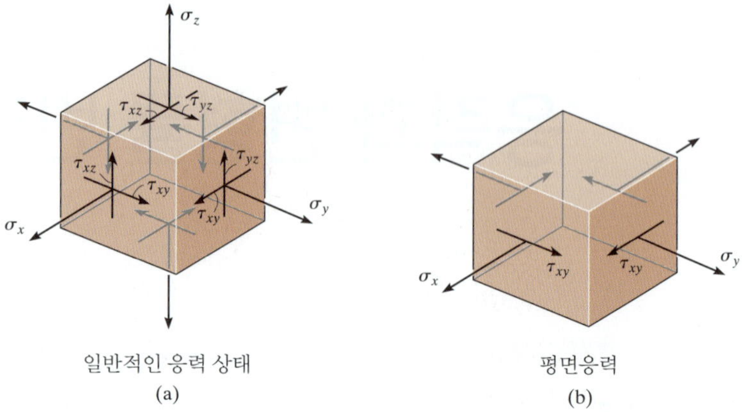

그림 14-1

분과 하나의 전단응력 성분으로 표현된다. 그 점에서 요소의 특정 방향 θ에 따라 이 세 응력 성분은 달라진다.

요소에 작용하는 세 응력 성분이 그림 14-2*a*와 같을 때, 그림 14-2*b*의 요소에서는 어떤 값을 갖게 되는지 보도록 한다. 이것은 x, y축 방향으로의 두 힘의 성분 $\mathbf{F}_x$와 $\mathbf{F}_y$를 알고 있을 때, 동일한 합력을 만드는 다른 x', y'축 방향으로의 두 힘의 성분 $\mathbf{F}_{x'}$와 $\mathbf{F}_{y'}$을 구하는 것과 같다. 힘의 변환에서는 힘 성분의 크기와 방향만 고려하면 된다. 그러나 응력성분의 변환은 각각의 응력성분의 크기와 방향, 그리고 작용면의 방향을 모두 고려해야 하므로 훨씬 복잡하다.

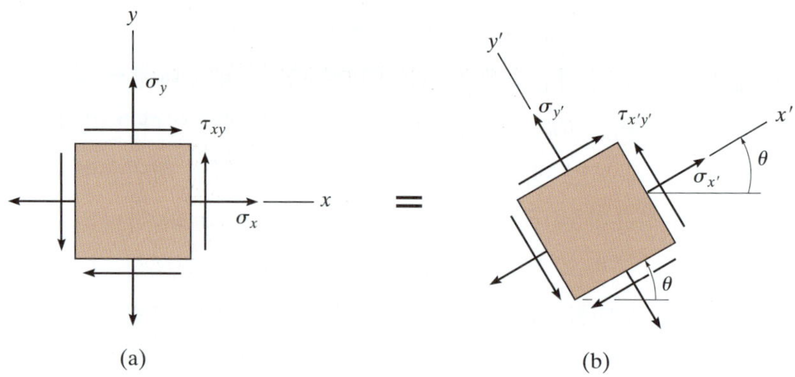

그림 14-2

풀이 과정 PROCEDURE FOR ANALYSIS

그림 14-3a와 같이 한 점에서의 응력 상태를 주어진 방향으로의 요소에 대하여 알고 있다면, 그림 14-3b와 같이 θ만큼 회전된 방향으로의 요소에 대한 응력의 상태를 다음의 절차에 따라 구할 수 있다.

- 그림 14-3b에서와 같이 $+x'$면에 작용하는 수직, 전단응력 성분인 $\sigma_{x'}, \tau_{x'y'}$는 그림 14-3a의 요소로부터 취한 그림 14-3c와 같은 단면으로부터 구할 수 있다. 단면의 면적을 ΔA라고 한다면 이웃한 두 면의 면적은 $\Delta A \sin\theta$와 $\Delta A \cos\theta$이다.
- 그림 14-3d와 같이 잘라낸 부분의 각각의 면에 작용하는 힘을 표시하여 자유물체도를 그린다. 이는 각각의 면에 작용하는 응력 성분과 해당 면의 면적을 곱하여 구할 수 있다.
- 자유물체도에 $\Sigma F_{x'} = 0$를 적용하면 면적 ΔA가 식에서 소거되고 $\sigma_{x'}$를 바로 구할 수 있다. 마찬가지로 $\Sigma F_{y'} = 0$에 의하여 $\tau_{x'y'}$를 구할 수 있다.
- 그림 14-3b의 요소의 $+y'$면에 작용하는 $\sigma_{y'}$을 구하고자 하면 그림 14-3e와 같은 요소의 부분을 고려할 필요가 있다. 자유물체도에 $\Sigma F_{y'} = 0$를 적용하면 $\sigma_{y'}$을 구할 수 있다.

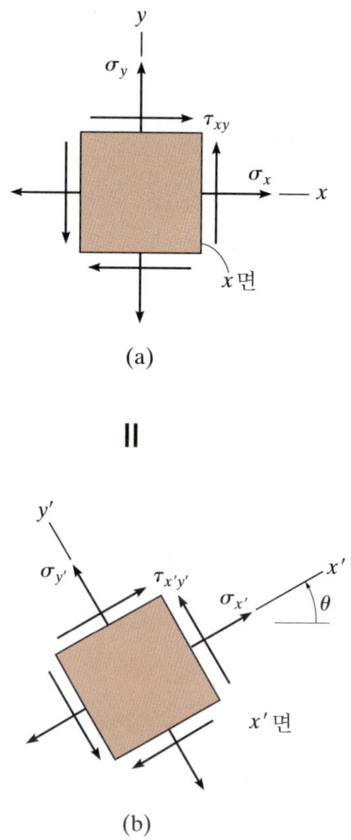

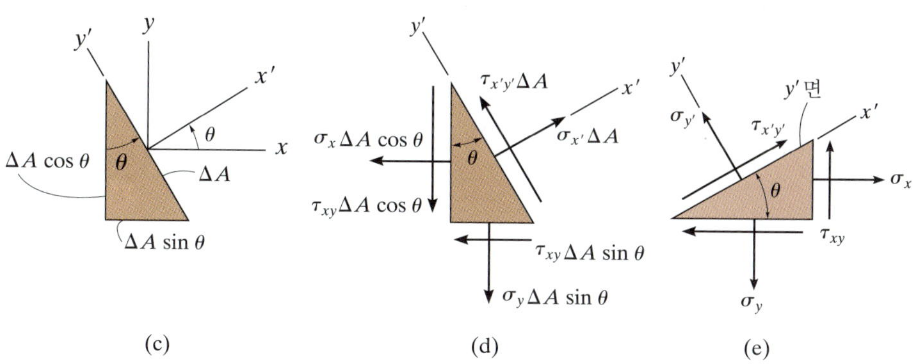

그림 14-3

예제 14.1

비행기 동체 표면의 한 점에서의 응력 상태가 그림 14-4a와 같다. 이 위치에서 시계방향으로 30°회전시킨 요소의 응력 상태를 구하라.

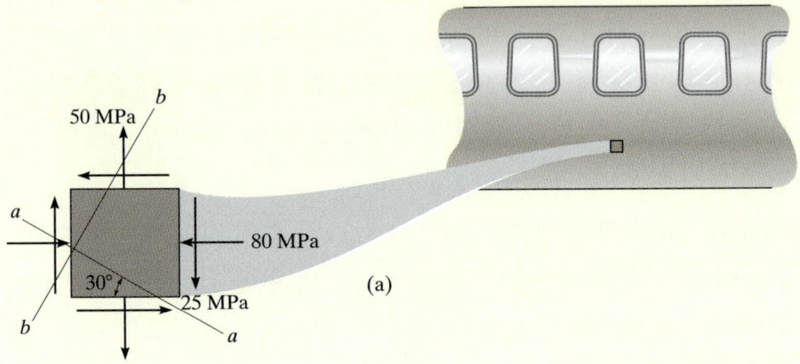

(a)

그림 14-4

풀이

시계방향으로 30°회전시킨 요소를 그림 14-4d에 보였다. 이 요소에 작용하는 응력성분을 구하기 위하여 그림 14-4a의 요소를 선 a-a를 따라 분할한다. 아래 쪽 부분을 따로 취하여 단면의 면적을 ΔA라 하면 수평면과 수직면의 면적은 그림 14-4b에서와 같다. 잘라낸 부분의 자유물체도는 그림 14-4c와 같다. 단면의 x'면은 바깥방향 법선 x'축에 의하여 정의되며, y'축은 면에 평행인 방향이다.

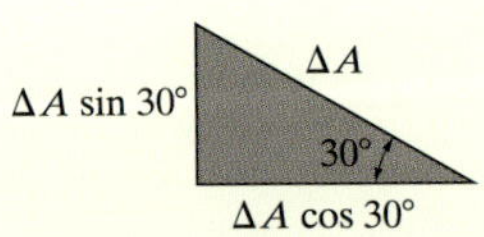

(b)

평형방정식. x와 y 방향이 아니고, x'과 y' 방향으로의 힘의 평형방정식을 적용하면 $\sigma_{x'}$과 $\tau_{x'y'}$의 값을 직접적으로 구할 수 있다.

$+\nearrow\Sigma F_{x'} = 0;$

$$\sigma_{x'}\Delta A - (50\ \Delta A\cos 30°)\cos 30° + (25\ \Delta A\cos 30°)\sin 30° + (80\ \Delta A\sin 30°)\sin 30° + (25\ \Delta A\sin 30°)\cos 30° = 0$$

$$\sigma_{x'} = -4.15\ \text{MPa}$$ 답

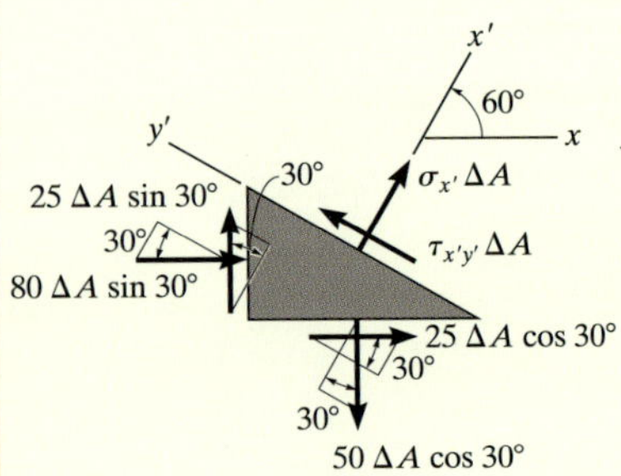

(c)

$+\nwarrow\Sigma F_{y'} = 0;$

$$\tau_{x'y'}\Delta A - (50\ \Delta A\cos 30°)\sin 30° - (25\ \Delta A\cos 30°)\cos 30° - (80\ \Delta A\sin 30°)\cos 30° + (25\ \Delta A\sin 30°)\sin 30° = 0$$

$$\tau_{x'y'} = 68.8\ \text{MPa}$$ 답

$\sigma_{x'}$의 값이 음수이므로, 그림 14-4*c*에 그려진 방향의 반대 방향으로 작용한다. 결과는 그림 14-4*d*의 상부면에 표시하였다. 이 면은 그림 14-4*c*에서의 면과 동일한 면이다.

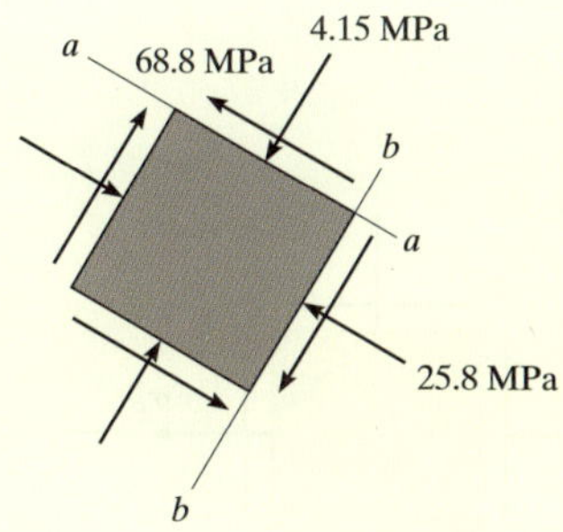

(d)

동일한 과정을 반복하여 수직한 면 *b*-*b*에서의 응력을 구한다. 그림 14-4*a*의 요소를 *b*-*b*선을 따라 분할하면 그림 14-4*e*와 같은 면적을 가진 부분을 얻을 수 있다. 단면에서 바깥방향 법선을 $+x'$축으로 하여 그림 14-4*f*와 같이 자유물체도를 그린다.

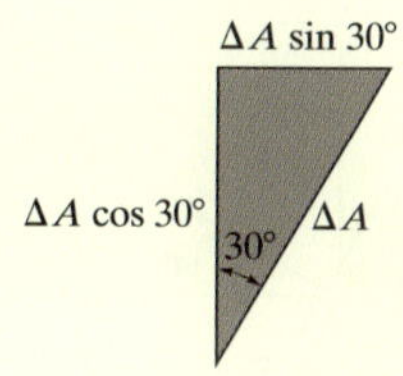

(e)

$$+\searrow\Sigma F_{x'} = 0;\quad \sigma_{x'}\Delta A - (25\ \Delta A \cos 30°) \sin 30° + (80\ \Delta A \cos 30°) \cos 30° - (25\ \Delta A \sin 30°) \cos 30° - (50\ \Delta A \sin 30°) \sin 30° = 0$$

$$\sigma_{x'} = -25.8\text{ MPa}$$ 답

$$+\nearrow\Sigma F_{y'} = 0;\quad \tau_{x'y'}\Delta A + (25\ \Delta A \cos 30°) \cos 30° + (80\ \Delta A \cos 30°) \sin 30° - (25\ \Delta A \sin 30°) \sin 30° + (50\ \Delta A \sin 30°) \cos 30° = 0$$

$$\tau_{x'y'} = -68.8\text{ MPa}$$ 답

$\sigma_{x'}$과 $\tau_{x'y'}$의 값이 음수이므로, 그림 14-4*f*에 그려진 방향의 반대 방향으로 작용한다. 이 결과는 그림 14-4*d*에서 요소 오른쪽 면에 표시한 바와 같다.

이 해석을 통해, 한 점에서의 응력 상태는 동체로부터 그림 14-4*a*에서와 같은 방향으로 잘라낸 요소 또는 그림 14-4*d*에서와 같은 방향으로 잘라낸 요소에 작용하는 응력성분으로 표시할 수 있다는 결론을 내릴 수 있다. 다시 말해, 이 두 응력 상태는 동등하다.

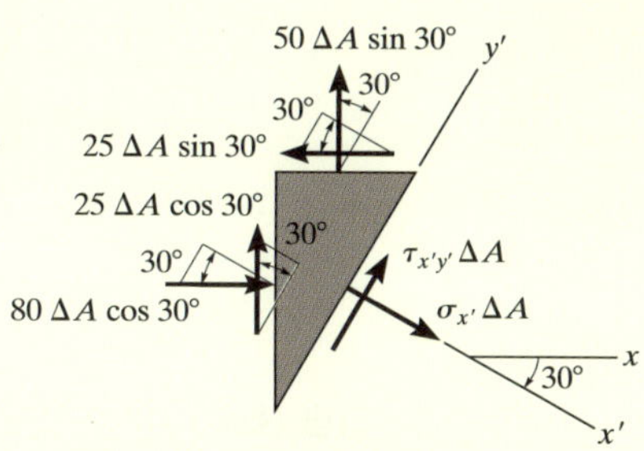

(f)

그림 14-4 (계속)

14

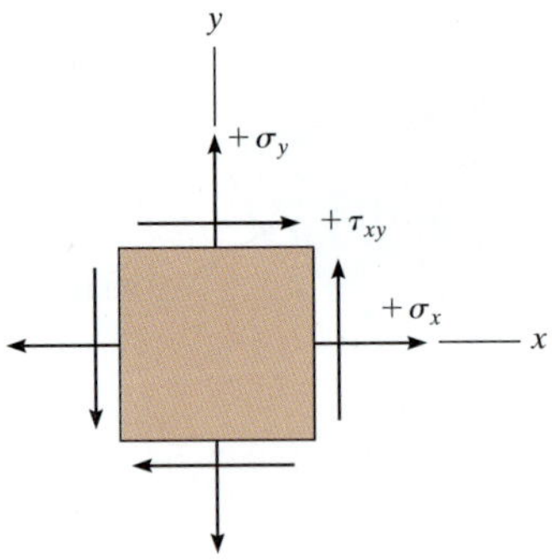

(a)

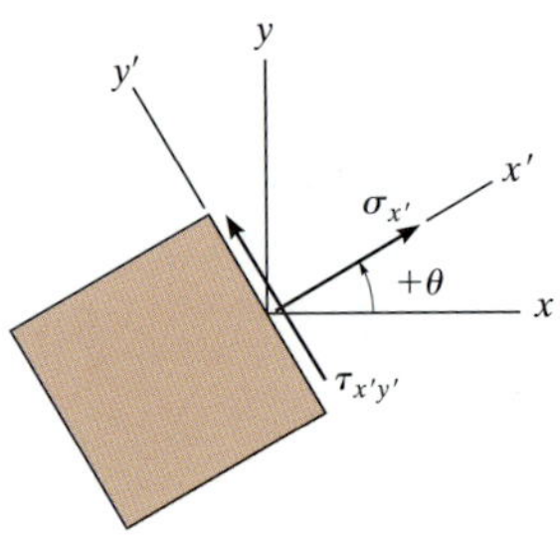

(b)

양의 부호 규약

그림 14-5

14.2 평면응력 변환의 일반식

수직응력과 전단응력을 x, y축 좌표계로부터 x', y' 좌표계로 변환하는 앞 절에서의 방법을 일반화된 방식으로 유도하여 일련의 응력변환방정식으로 표현할 수 있다.

부호 규약. 이 방정식을 유도하기 위하여 우선 응력 성분에 대한 부호 규약을 정한다. 그림 14-5에서와 같이 요소 오른쪽 면의 바깥방향 법선을 $+x$와 $+x'$축으로 한다. σ_x와 $\sigma_{x'}$은 양의 x와 x' 방향으로 작용할 때 양의 값을 가지며, τ_{xy}와 $\tau_{x'y'}$은 양의 y와 y' 방향으로 작용할 때 양의 값을 가지게 된다.

변환된 수직응력과 전단응력 성분을 받는 면의 방향은 그림 14-5*b*에서와 같이 $+x$축으로부터 $+x'$축까지의 각도 θ에 의하여 정의된다. 이 그림에서 변환 전(unprimed)과 변환 후(primed)의 축들은 모두 오른손법칙을 따른다. 즉, 양의 z(또는 z')축은 항상 면의 앞을 향하게 된다. 각도 θ는 오른손법칙에 따라 그림 14-5*b*에서와 같이 반시계방향이 양이다.

수직 및 전단응력 성분. 위에서의 부호 규약을 사용하여 그림 14-6*a*의 요소를 경사면을 따라 분할하여 그림 14-6*b*와 같은 부분을 잘라낸다. 분할된 단면의 면적을 ΔA라 하면, 단면과 이웃한 수평, 수직면의 면적은 각각 $\Delta A \sin\theta$와 $\Delta A \cos\theta$가 된다.

잘라낸 요소의 자유물체도는 그림 14-6*c*와 같다. 평형방정식을 x'축과 y'축 방향으로 적용하면 $\sigma_{x'}$과 $\tau_{x'y'}$을 직접적으로 구할 수 있다.

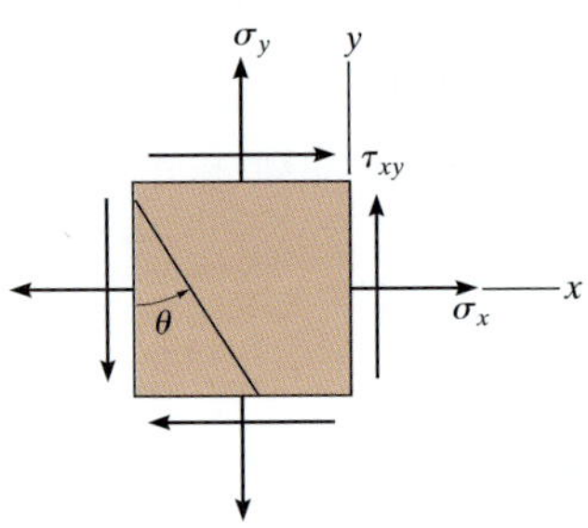

(a)

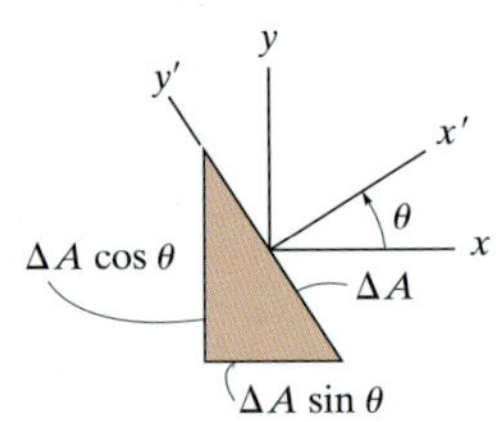

(b)

그림 14-6

$$+\nearrow\Sigma F_{x'} = 0; \quad \sigma_{x'}\Delta A - (\tau_{xy}\Delta A \sin\theta)\cos\theta - (\sigma_y \Delta A \sin\theta)\sin\theta$$
$$- (\tau_{xy}\Delta A\cos\theta)\sin\theta - (\sigma_x \Delta A\cos\theta)\cos\theta = 0$$
$$\sigma_{x'} = \sigma_x \cos^2\theta + \sigma_y \sin^2\theta + \tau_{xy}(2\sin\theta\cos\theta)$$

$$+\nwarrow\Sigma F_{y'} = 0; \quad \tau_{x'y'}\Delta A + (\tau_{xy}\Delta A\sin\theta)\sin\theta - (\sigma_y\Delta A\sin\theta)\cos\theta$$
$$- (\tau_{xy}\Delta A\cos\theta)\cos\theta + (\sigma_x\Delta A\cos\theta)\sin\theta = 0$$
$$\tau_{x'y'} = (\sigma_y - \sigma_x)\sin\theta\cos\theta + \tau_{xy}(\cos^2\theta - \sin^2\theta)$$

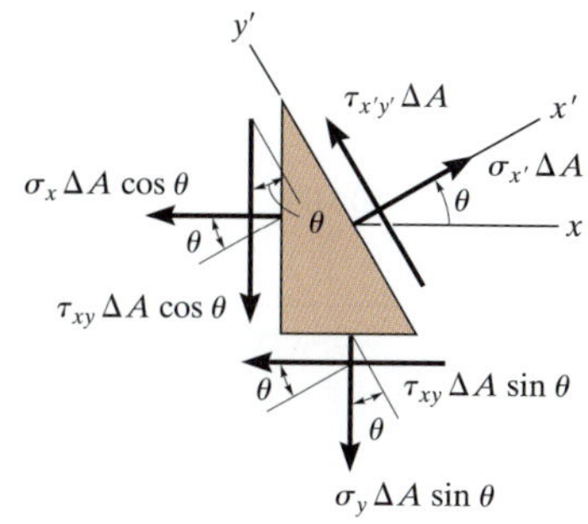

(c)

이 두 방정식은 삼각함수식 $\sin 2\theta = 2\sin\theta\cos\theta$, $\sin^2\theta = (1 - \cos 2\theta)/2$, 그리고 $\cos^2\theta = (1 + \cos 2\theta)/2$를 이용하여 단순화시킬 수 있다.

$$\sigma_{x'} = \frac{\sigma_x + \sigma_y}{2} + \frac{\sigma_x - \sigma_y}{2}\cos 2\theta + \tau_{xy}\sin 2\theta \qquad (14\text{-}1)$$

$$\tau_{x'y'} = -\frac{\sigma_x - \sigma_y}{2}\sin 2\theta + \tau_{xy}\cos 2\theta \qquad (14\text{-}2)$$

x'축과 y'축 방향으로의 응력성분

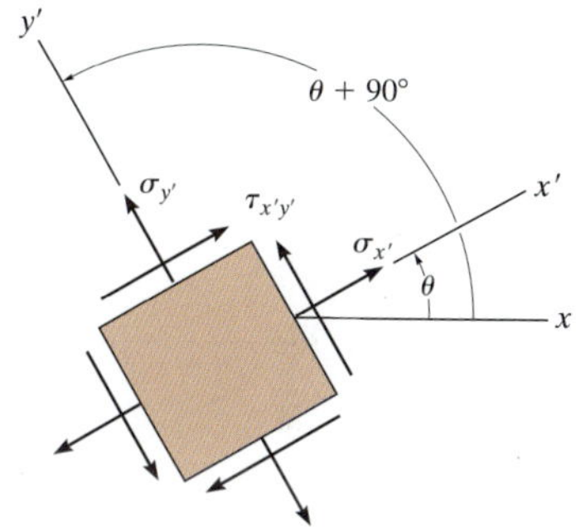

(d)

그림 14-6 (계속)

y'축 방향으로 작용하는 수직응력을 구하고자 하는 경우, 그림 14-6*d*에서와 같이 식 (14-1)에 $\theta = (\theta + 90°)$를 적용하여 구할 수 있다.

$$\sigma_{y'} = \frac{\sigma_x + \sigma_y}{2} - \frac{\sigma_x - \sigma_y}{2}\cos 2\theta - \tau_{xy}\sin 2\theta \qquad (14\text{-}3)$$

풀이 과정 PROCEDURE FOR ANALYSIS

응력 변환식 (14-1)과 (14-2)를 적용하기 위해서는 그림 14-5와 같이 정한 부호 규약에 따라 $\sigma_x, \sigma_y, \tau_{xy}$ 그리고 θ를 단순 대입하면 된다. x'축은 수직응력을 구하고자 하는 면에 바깥방향 법선방향이 양이며, 각도 θ는 x축으로부터 x'축까지 반시계방향 각도가 양임에 주의한다. 만약 $\sigma_{x'}$과 $\tau_{x'y'}$이 양의 값을 가진다면 이 응력들이 x'축과 y'축 양의 방향으로 작용함을 나타낸다.

이 방정식들은 공학용 계산기에 쉽게 프로그램할 수 있다.

예제 14.2

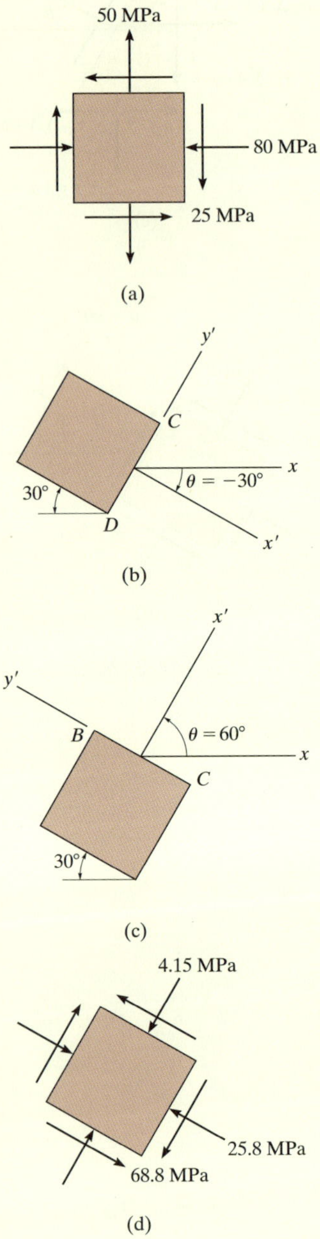

그림 14-7

한 점에서의 응력 상태가 그림 14-7a에서와 같은 요소에 표시되어 있다. 이 점의 응력 상태를 현 위치에서 시계방향으로 30°회전된 요소에 표현하라.

풀이

예제 14.1에서는 이 문제에 기본 원리를 적용하였다. 여기서는 식 (14-1)과 (14-2)를 적용하여 풀이하기로 한다. 그림 14-5의 부호 규약에 의해

$$\sigma_x = -80\ \text{MPa} \qquad \sigma_y = 50\ \text{MPa} \qquad \tau_{xy} = -25\ \text{MPa}$$

임을 알 수 있다.

평면 *CD*. 그림 14-7b에서 CD 평면에 작용하는 응력 성분을 얻기 위해 양의 x'축은 CD면에 바깥 법선방향으로, y'축은 CD면에 평행한 방향으로 정한다. x축으로부터 x'축까지의 각도는 $\theta = -30°$(시계방향)이다. 식 (14-1)과 (14-2)를 적용하여 $\sigma_{x'}$과 $\tau_{x'y'}$의 값을 구할 수 있다.

$$\sigma_{x'} = \frac{\sigma_x + \sigma_y}{2} + \frac{\sigma_x - \sigma_y}{2}\cos 2\theta + \tau_{xy}\sin 2\theta$$

$$= \frac{-80 + 50}{2} + \frac{-80 - 50}{2}\cos 2(-30°) + (-25)\sin 2(-30°)$$

$$= -25.8\ \text{MPa}$$ **답**

$$\tau_{x'y'} = -\frac{\sigma_x - \sigma_y}{2}\sin 2\theta + \tau_{xy}\cos 2\theta$$

$$= -\frac{-80 - 50}{2}\sin 2(-30°) + (-25)\cos 2(-30°)$$

$$= -68.8\ \text{MPa}$$ **답**

음의 부호는 $\sigma_{x'}$과 $\tau_{x'y'}$이 x'축과 y'축 음의 방향으로 작용하고 있음을 의미한다. 이 결과는 그림 14-7d의 요소에 나타나 있다.

평면 *BC*. 그림 14-7c에서와 같이 BC 평면 바깥방향으로 x'축을 정하면, x축으로부터 x'축까지의 각도는 $\theta = 60°$(시계방향)이다. 식 (14-1)과 (14-2)*를 적용하여 $\sigma_{x'}$과 $\tau_{x'y'}$의 값을 구할 수 있다.

$$\sigma_{x'} = \frac{-80 + 50}{2} + \frac{-80 - 50}{2}\cos 2(60°) + (-25)\sin 2(60°)$$

$$= -4.15\ \text{MPa}$$ **답**

$$\tau_{x'y'} = -\frac{-80 - 50}{2}\sin 2(60°) + (-25)\cos 2(60°)$$

$$= 68.8\ \text{MPa}$$ **답**

여기서 $\tau_{x'y'}$는 확인을 위해 두 번 계산되었다. $\sigma_{x'}$에서 음의 부호는 이것이 그림 14-7c의 x'축 음의 방향으로 작용함을 나타낸다. 이 결과는 그림 14-7d의 요소에 그려져 있다.

---

* 식 (14-1)을 사용하는 대신 다른 방법으로 식 (14-3)에 $\theta = -30°$를 대입하여 구할 수도 있다.

14

14.3 주응력과 최대 면내 전단응력

식 (14-1)과 (14-2)에서 $\sigma_x, \sigma_y, \tau_{xy}$가 상수이므로, $\sigma_{x'}$과 $\tau_{x'y'}$의 값은 이들 응력이 작용하는 평면의 경사각 θ에만 의존한다는 것을 알 수 있다. 엔지니어링 실무에서 종종 수직응력이 최대가 되는 평면의 방향과 전단응력이 최대가 되는 평면의 방향을 구하는 것이 중요하게 된다. 이 절에서는 이러한 문제를 다루도록 한다.

면내 주응력. 수직응력의 최댓값과 최솟값을 구하기 위하여, 식 (14-1)을 θ에 대해 미분하고 그 결과를 0으로 놓으면 다음을 구할 수 있다.

$$\frac{d\sigma_{x'}}{d\theta} = -\frac{\sigma_x - \sigma_y}{2}(2\sin 2\theta) + 2\tau_{xy}\cos 2\theta = 0$$

이 식을 풀어 최대와 최소 수직응력면의 방향 $\theta = \theta_p$를 구한다.

$$\tan 2\theta_p = \frac{\tau_{xy}}{(\sigma_x - \sigma_y)/2} \tag{14-4}$$

주평면의 방향

해는 두 개의 근 θ_{p_1}과 θ_{p_2}를 갖는다. 특히, $2\theta_{p_1}$의 값과 $2\theta_{p_2}$의 값이 180° 차이가 나기 때문에 θ_{p_1}과 θ_{p_2}는 90° 차이가 나게 된다.

최대와 최소 수직응력을 구하려면 식 (14-1)에 θ_{p_1}과 θ_{p_2}를 대입해야 한다. 이를 위해 필요한 $2\theta_{p_1}$과 $2\theta_{p_2}$의 사인과 코사인 값은 그림 14-8에서 음영으로 표시한 삼각형으로부터 구할 수 있다. 이 삼각형은 식 (14-4)를 바탕으로 τ_{xy}와 $(\sigma_x - \sigma_y)$의 값이 모두 양이거나 음이라는 가정하에 구성하였다.

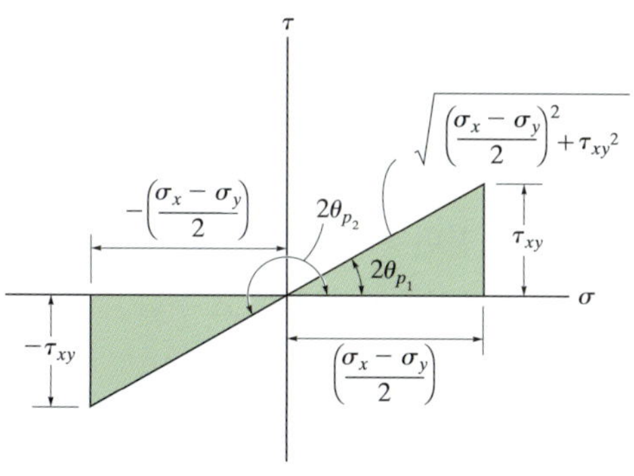

그림 14-8

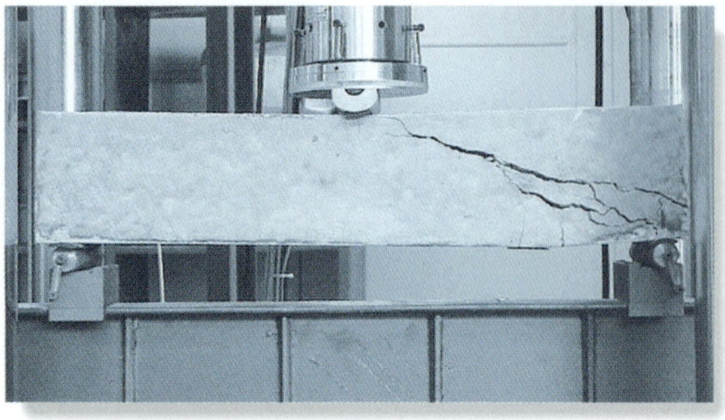

이 콘크리트 보는 내부 휨모멘트와 전단력을 받고 있지만, 이 보의 균열은 인장응력에 의하여 발생하였다. 응력변환방정식을 통해 균열의 방향과 균열을 야기한 주응력을 예측할 수 있다.

이들 삼각함수를 식 (14-1)에 대입하고 정리하면 두 응력 σ_1과 σ_2를 다음과 같이 구할 수 있다.

$$\sigma_{1,2} = \frac{\sigma_x + \sigma_y}{2} \pm \sqrt{\left(\frac{\sigma_x - \sigma_y}{2}\right)^2 + \tau_{xy}{}^2} \qquad (14\text{-}5)$$

주응력

$\sigma_1 \geq \sigma_2$로 취한 이 두 값을 **면내 주응력**(in-plane principal stress)이라고 하며, 이들 응력이 작용하는 면을 **주평면**(principal plane)이라고 한다. 마지막으로, θ_{p_1}과 θ_{p_2}에 대한 삼각함수 관계식을 식 (14-2)에 대입하면 $\tau_{x'y'} = 0$임을 알 수 있다. 즉, **주평면에는 전단응력이 작용하지 않는다**(그림 14-9).

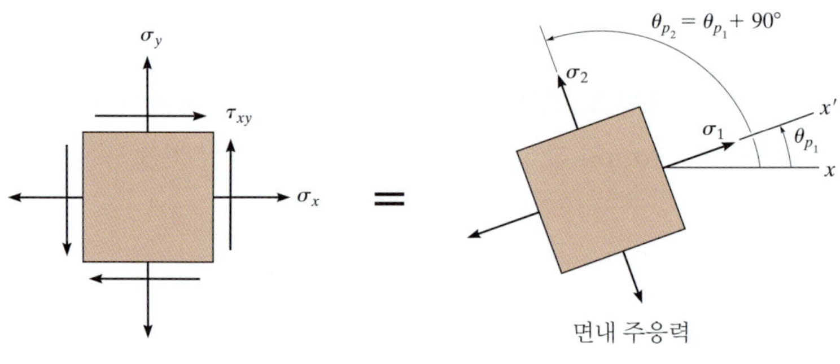

그림 14-9

최대 면내 전단응력. 최대 전단응력을 받는 면의 방향은 식 (14-2)를 각도 θ에 대하여 미분하여 그 결과값을 0으로 놓고 구할 수 있다.

$$\tan 2\theta_s = \frac{-(\sigma_x - \sigma_y)/2}{\tau_{xy}} \qquad (14\text{-}6)$$

최대 면내 전단응력의 방향

이 식의 두 근 θ_{s_1}과 θ_{s_2}는 그림 14-10a에서 음영으로 표시한 삼각형에서 구할 수 있다. 식 (14-6)을 식 (14-4)와 비교했을 때, $\tan 2\theta_s$는 $\tan 2\theta_p$의 역의 음의 값과 같기 때문에 $2\theta_s$의 근은 $2\theta_p$와 90° 떨어져 있다. 따라서 θ_s와 θ_p는 45° 차이가 난다. 즉, **최대 전단응력을 받는 요소는 주응력을 받는 요소에서 45° 방향이 된다.**

그림 14-10에서 음영으로 표시한 삼각형으로부터 $\sin 2\theta_s$와 $\cos 2\theta_s$의 값을 구하여, 이를 식 (14-2)에 대입하면 최대 전단응력을 구할 수 있다.

$$\tau_{\substack{\max \\ \text{in-plane}}} = \sqrt{\left(\frac{\sigma_x - \sigma_y}{2}\right)^2 + \tau_{xy}{}^2} \tag{14-7}$$

최대 면내 전단응력

여기서 $\tau_{\substack{\max \\ \text{in-plane}}}$은 x-y 평면 내 요소에 작용하는 응력이기 때문에 **최대 면내 전단응력**(maximum in-plane shear stress)이라고 한다.

마지막으로 $\sin 2\theta_s$와 $\cos 2\theta_s$의 값을 식 (14-1)에 대입하면 최대 면내 전단응력면에는 **평균 수직응력**(average normal stress)이 작용함을 알 수 있다.

$$\sigma_{avg} = \frac{\sigma_x + \sigma_y}{2} \tag{14-8}$$

평균 수직응력

식 (14-1)부터 식 (14-8)까지의 식들은 공학용 계산기에 프로그램하여 편리하게 수치계산할 수 있다.

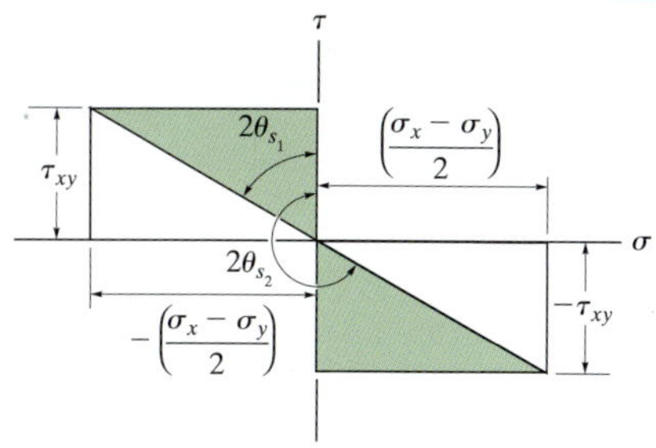

(a)

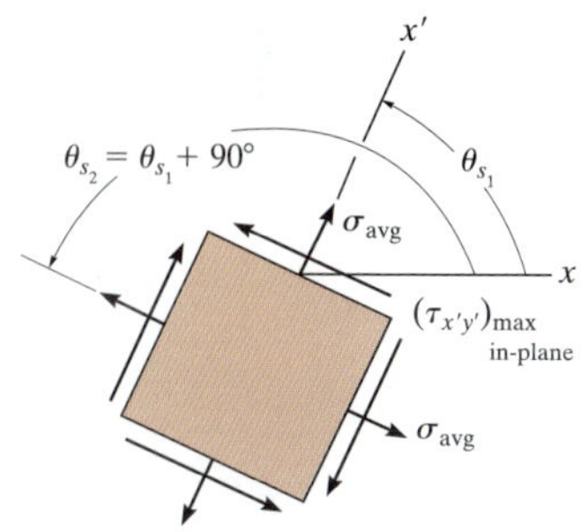

최대 면내 전단응력

(b)

그림 14-10

요점 IMPORTANT POINTS

- 주응력은 한 점에서의 최대, 최소 수직응력을 나타낸다.
- 응력 상태가 주응력인 경우, 요소에 전단응력은 작용하지 않는다.
- 한 점에서의 응력 상태가 최대 면내 전단응력 상태인 경우, 요소에는 평균 수직응력이 작용한다.
- 최대 면내 전단응력과 그에 따르는 평균 수직응력을 함께 가지는 요소는 주응력을 가지는 요소와 45°각도를 이룬다.

14

예제 14.3

그림의 샤프트가 파괴되기 직전의 평면응력 상태가 그림 14-11*a*와 같다. 이 응력 상태를 주응력의 형태로 나타내어라.

풀이

부호 규약에 의해 응력은 다음과 같다.

$$\sigma_x = -20 \text{ MPa} \qquad \sigma_y = 90 \text{ MPa} \qquad \tau_{xy} = 60 \text{ MPa}$$

요소의 방향. 식 (14-4)를 적용하면

$$\tan 2\theta_p = \frac{\tau_{xy}}{(\sigma_x - \sigma_y)/2} = \frac{60}{(-20 - 90)/2}$$

이를 풀고 근을 θ_{p_2}라 하면 아래와 같다.

$$2\theta_{p_2} = -47.49° \qquad \theta_{p_2} = -23.7°$$

$2\theta_{p_1}$과 $2\theta_{p_2}$의 차이가 180°이므로,

$$2\theta_{p_1} = 180° + 2\theta_{p_2} = 132.51° \qquad \theta_{p_1} = 66.3°$$

θ는 x축으로부터 요소면의 바깥방향 법선(x'축)까지 반시계 방향으로 측정한 각도이므로 주응력 요소는 그림 14-11*b*와 같은 방향을 갖게 된다.

주응력.

$$\sigma_{1,2} = \frac{\sigma_x + \sigma_y}{2} \pm \sqrt{\left(\frac{\sigma_x - \sigma_y}{2}\right)^2 + \tau_{xy}{}^2}$$

$$= \frac{-20 + 90}{2} \pm \sqrt{\left(\frac{-20 - 90}{2}\right)^2 + (60)^2}$$

$$= 35.0 \pm 81.4$$

$$\sigma_1 = 116 \text{ MPa}$$ **답**

$$\sigma_2 = -46.4 \text{ MPa}$$ **답**

각 수직응력이 작용하는 주평면은 식 (14-1)에 $\theta = \theta_{p_2} = -23.7°$를 대입하여 구할 수 있다.

$$\sigma_{x'} = \frac{\sigma_x + \sigma_y}{2} + \frac{\sigma_x - \sigma_y}{2}\cos 2\theta + \tau_{xy}\sin 2\theta$$

$$= \frac{-20 + 90}{2} + \frac{-20 - 90}{2}\cos 2(-23.7°) + 60 \sin 2(-23.7°)$$

$$= -46.4 \text{ MPa}$$

따라서, 그림 14-11*c*에 보인 바와 같이 $\sigma_1 = 116$ MPa은 $\theta_{p_1} = 66.3°$로 정의되는 면에, $\sigma_2 = -46.4$ MPa은 $\theta_{p_2} = -23.7°$로 정의되는 면에 작용한다. 이 요소에 전단응력은 작용하지 않는다는 것을 기억하자.

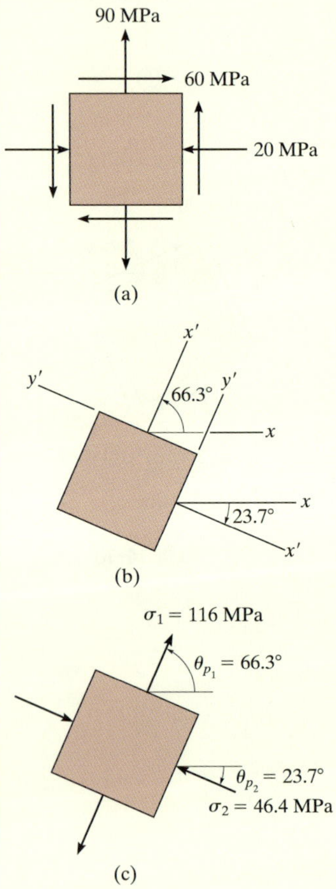

그림 14-11

예제 14.4

물체의 한 점에서의 평면응력 상태가 그림 14-12*a*와 같다. 이 응력을 최대 면내 전단응력과 그에 대응되는 평균 수직응력의 형태로 나타내어라.

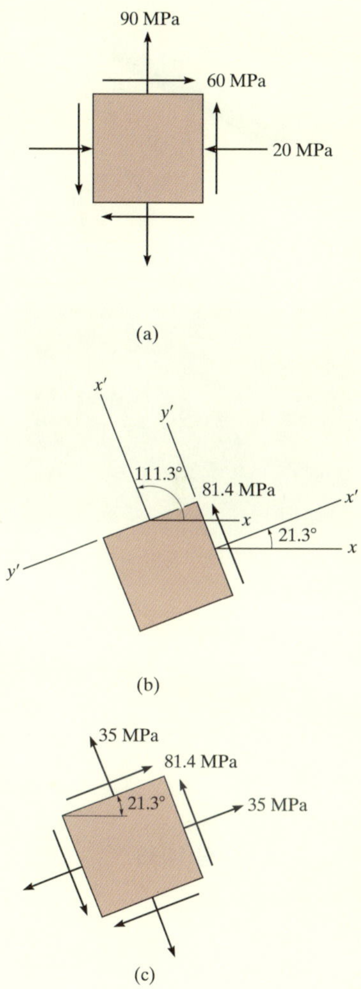

그림 14-12

풀이

요소의 방향. $\sigma_x = -20$ MPa, $\sigma_y = 90$ MPa, $\tau_{xy} = 60$ MPa이므로 이를 식 (14-6)에 적용하면 두 각도를 구할 수 있다.

$$\tan 2\theta_s = \frac{-(\sigma_x - \sigma_y)/2}{\tau_{xy}} = \frac{-(-20 - 90)/2}{60}$$

$$2\theta_{s_2} = 42.5^\circ \qquad \theta_{s_2} = 21.3^\circ$$

$$2\theta_{s_1} = 180^\circ + 2\theta_{s_2} \qquad \theta_{s_1} = 111.3^\circ$$

이 각도 θ_{s_1}과 θ_{s_2}는 그림 14-12*b*의 x축과 x'축 사이의 각도이다. 이 각도들은 예제 14.3에서 구한 주응력면에서 45°떨어져 있다.

최대 면내 전단응력. 식 (14-7)을 적용하면

$$\tau_{\substack{\max \\ \text{in-plane}}} = \sqrt{\left(\frac{\sigma_x - \sigma_y}{2}\right)^2 + \tau_{xy}^{\;2}} = \sqrt{\left(\frac{-20 - 90}{2}\right)^2 + (60)^2}$$

$$= \pm 81.4 \text{ MPa}$$ 답

적절한 $\tau_{\substack{\max \\ \text{in-plane}}}$의 방향은 식 (14-2)에 $\theta = \theta_{s_2} = 21.3°$를 대입하여 구할 수 있다.

$$\tau_{x'y'} = -\left(\frac{\sigma_x - \sigma_y}{2}\right)\sin 2\theta + \tau_{xy}\cos 2\theta$$

$$= -\left(\frac{-20 - 90}{2}\right)\sin 2(21.3^\circ) + 60\cos 2(21.3^\circ)$$

$$= 81.4 \text{ MPa}$$

이 결과는 그림 14-12*b*에서와 같이 $\tau_{\substack{\max \\ \text{in-plane}}} = \tau_{x'y'}$이 $\theta = 21.3°$인 면에서 y'축 양의 방향으로 작용하는 것을 의미한다. 다른 세 면에서의 전단응력은 그림 14-12*c*에 보인 바와 같다.

평균 수직응력. 앞서 구한 최대 전단응력 외에, 요소는 식 (14-8)로 표현되는 평균 수직응력을 받는다.

$$\sigma_{avg} = \frac{\sigma_x + \sigma_y}{2} = \frac{-20 + 90}{2} = 35 \text{ MPa}$$ 답

이는 인장응력이며, 결과는 그림 14-12*c*에 보인 바와 같다.

예제 14.5

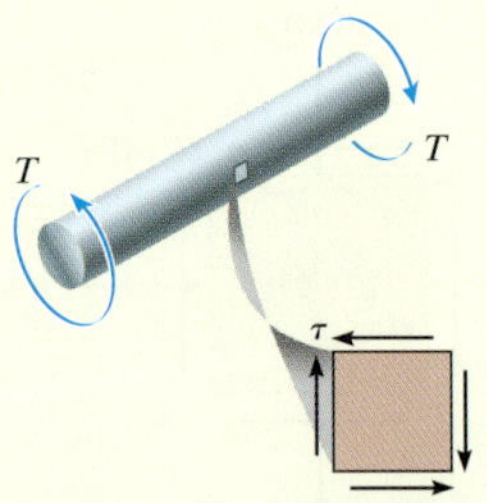

(a)

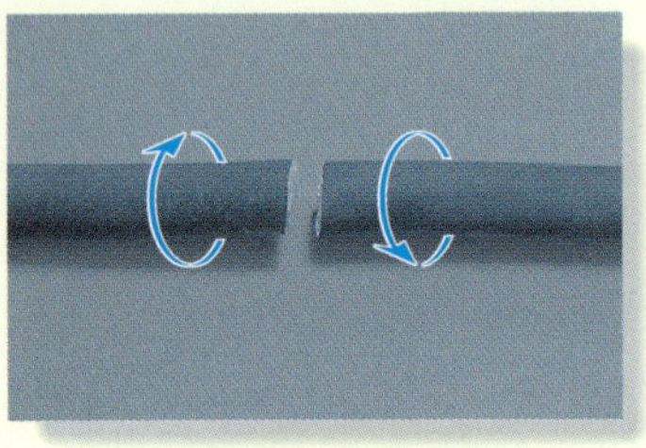

연강의 비틀림 파괴

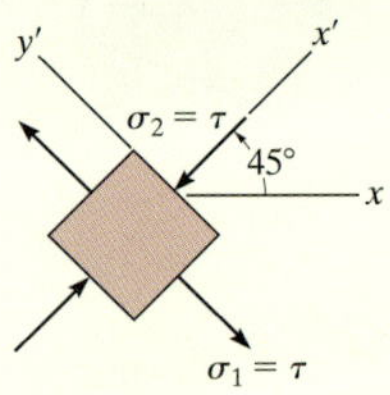

(b)

그림 14-13

그림 14-13a와 같이 축에 비틀림 하중 T가 작용하면 순수 전단응력 상태가 된다. (a) 최대 면내 전단응력과 그에 대응되는 평균 수직응력, (b) 주응력을 구하라.

풀이

부호 규약에 따라 다음을 구한다.

$$\sigma_x = 0 \qquad \sigma_y = 0 \qquad \tau_{xy} = -\tau$$

최대 면내 전단응력. 식 (14-7)과 (14-8)을 적용하면

$$\tau_{\substack{\text{max}\\\text{in-plane}}} = \sqrt{\left(\frac{\sigma_x - \sigma_y}{2}\right)^2 + \tau_{xy}{}^2} = \sqrt{(0)^2 + (-\tau)^2} = \pm\tau \qquad \text{답}$$

$$\sigma_{\text{avg}} = \frac{\sigma_x + \sigma_y}{2} = \frac{0+0}{2} = 0 \qquad \text{답}$$

예측한 바와 같은 이 최대 면내 전단응력은 그림 14-13a의 요소에 표시한 바와 같다.

주: 실험을 통하여 연성재료는 전단응력에 의해 파괴되는 것으로 알려져 있다. 결과적으로, 그림 14-13a의 샤프트가 연강(mild steel)으로 제작되었다면 최대 면내 전단응력에 의해 옆의 사진과 같이 파괴가 일어날 것이다.

주응력. 식 (14-4)와 (14-5)를 적용하면

$$\tan 2\theta_p = \frac{\tau_{xy}}{(\sigma_x - \sigma_y)/2} = \frac{-\tau}{(0-0)/2}, \theta_{p_2} = 45°, \theta_{p_1} = -45°$$

$$\sigma_{1,2} = \frac{\sigma_x + \sigma_y}{2} \pm \sqrt{\left(\frac{\sigma_x - \sigma_y}{2}\right)^2 + \tau_{xy}{}^2} = 0 \pm \sqrt{(0)^2 + \tau^2} = \pm\tau \qquad \text{답}$$

식 (14-1)에 $\theta_{p_2} = 45°$를 대입하면

$$\sigma_{x'} = \frac{\sigma_x + \sigma_y}{2} + \frac{\sigma_x - \sigma_y}{2}\cos 2\theta + \tau_{xy}\sin 2\theta$$
$$= 0 + 0 + (-\tau)\sin 90° = -\tau$$

따라서 그림 14-13b와 같이, $\theta_{p_2} = 45°$로 정의되는 면에 $\sigma_2 = -\tau$가 작용하고, $\theta_{p_1} = -45°$로 정의되는 면에 $\sigma_1 = \tau$가 작용한다.

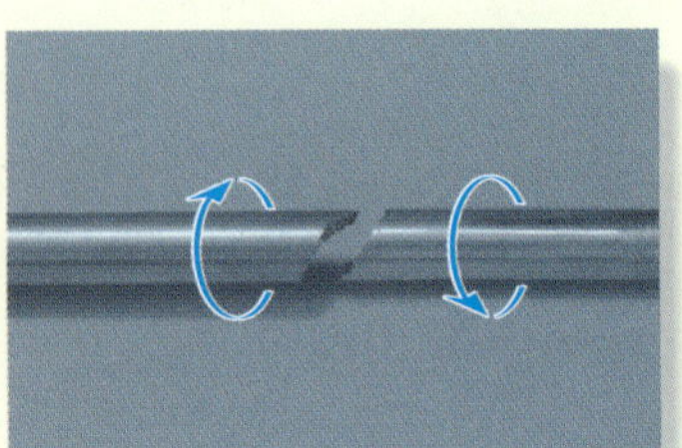

주철의 비틀림 파괴

주: 취성재료는 수직응력에 의해 파괴가 발생한다. 그림 14-13a의 축이 **주철**(cast iron)로 제작되었다면, 옆의 사진과 같이 45° 각도의 인장파괴가 일어날 것이다.

14

예제 14.6

그림 14-14a와 같이 축에 축하중 P가 작용하면 재료에 인장응력이 발생한다. (a) 주응력과 (b) 최대 면내 전단응력과 그에 대한 평균 수직응력을 구하라.

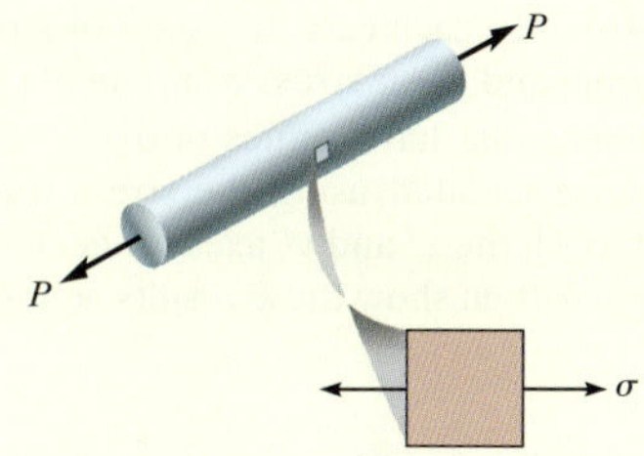

(a)

풀이

부호 규약에 따라 다음을 구한다.

$$\sigma_x = \sigma \qquad \sigma_y = 0 \qquad \tau_{xy} = 0$$

주응력. 관찰에 의하여 그림 14-14a의 요소는 전단응력을 받지 않으므로 주응력 조건임을 알 수 있다. 이는 식 (14-4)와 (14-5)에 위의 값들을 대입해도 구할 수 있다. 따라서

$$\sigma_1 = \sigma \qquad \sigma_2 = 0 \qquad \text{답}$$

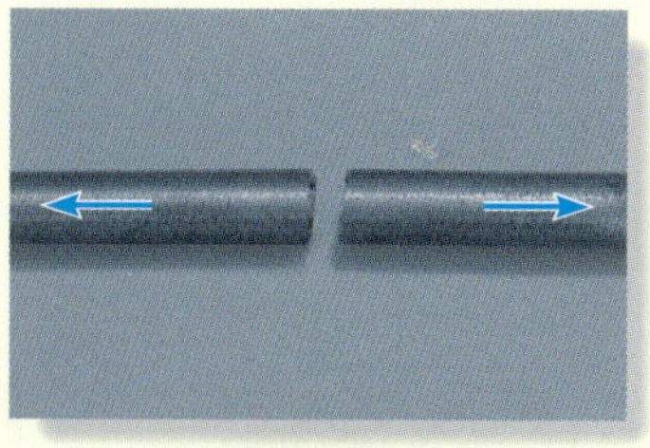

주철의 축방향 파괴

주: 취성재료는 수직응력에 의해 파괴되므로, 그림 14-14a의 축이 주철로 제작되었다면 옆의 사진과 같은 형태로 파괴가 일어난다.

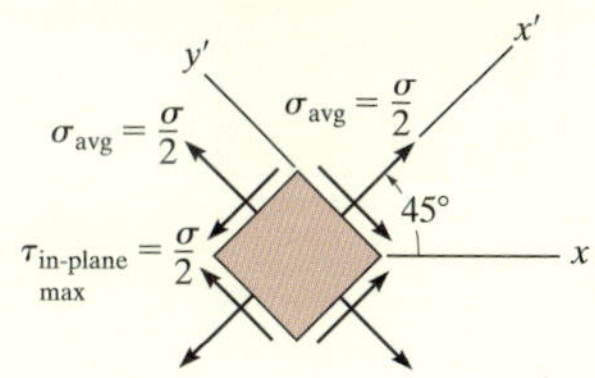

(b)

그림 14-14

최대 면내 전단응력. 식 (14-6)과 (14-7), 식 (14-8)을 적용하면

$$\tan 2\theta_s = \frac{-(\sigma_x - \sigma_y)/2}{\tau_{xy}} = \frac{-(\sigma - 0)/2}{0}; \theta_{s_1} = 45°, \theta_{s_2} = -45°$$

$$\tau_{\substack{\max\\ \text{in-plane}}} = \sqrt{\left(\frac{\sigma_x - \sigma_y}{2}\right)^2 + \tau_{xy}^{\ 2}} = \sqrt{\left(\frac{\sigma - 0}{2}\right)^2 + (0)^2} = \pm\frac{\sigma}{2} \qquad \text{답}$$

$$\sigma_{avg} = \frac{\sigma_x + \sigma_y}{2} = \frac{\sigma + 0}{2} = \frac{\sigma}{2} \qquad \text{답}$$

적절한 방향을 정하기 위해 식 (14-2)를 사용하면

$$\tau_{x'y'} = -\frac{\sigma_x - \sigma_y}{2}\sin 2\theta + \tau_{xy}\cos 2\theta = -\frac{\sigma - 0}{2}\sin 90° + 0 = -\frac{\sigma}{2}$$

이 음의 전단응력은 그림 14-14b에서와 같이 x'면에서 음의 y' 방향으로 작용한다.

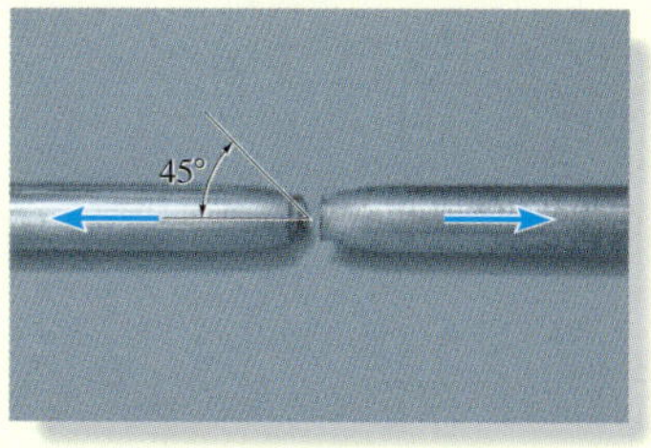

연강의 축방향 파괴

주: 만약 그림 14-14a의 축이 연강과 같은 연성재료로 되어 있다면 전단응력에 의하여 파괴가 발생한다. 이는 옆의 사진에서 확인할 수 있다. 네킹이 일어나는 영역에서 전단응력에 의해 연강의 결정면을 따라 미끄러짐을 일어나고 결과적으로 약 45°방향의 원뿔(cone) 형태의 파괴가 사진과 같이 발생하게 된다.

PRELIMINARY PROBLEMS

P14–1. In each case, the state of stress σ_x, σ_y, τ_{xy} produces normal and shear stress components along section AB of the element that have values of $\sigma_{x'} = -5$ kPa and $\tau_{x'y'} = 8$ kPa when calculated using the stress transformation equations. Establish the x' and y' axes for each segment and specify the angle θ, then show these results acting on each segment.

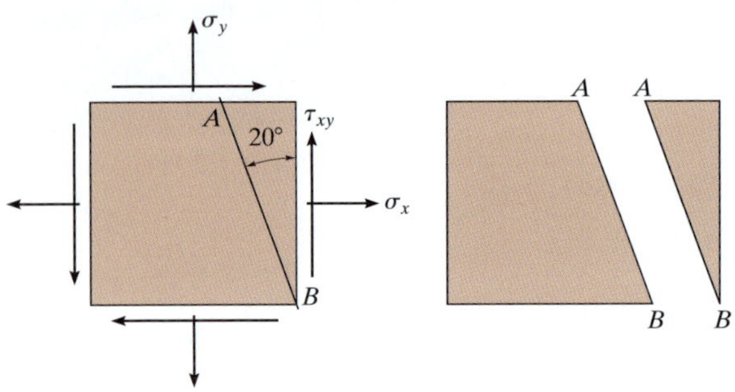

(a)

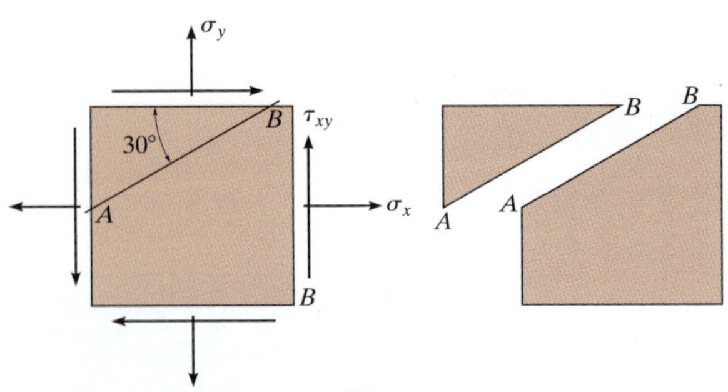

(b)

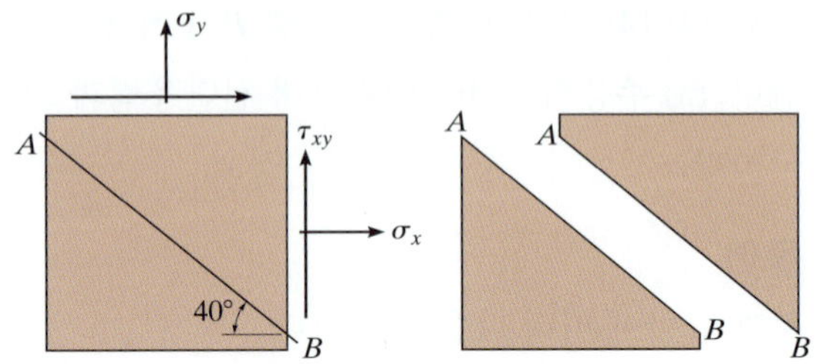

(c)

Prob. P14–1

P14–2. Given the state of stress shown on the element, find σ_{avg} and $\tau_{\substack{max \\ in\text{-}plane}}$ and show the results on a properly oriented element.

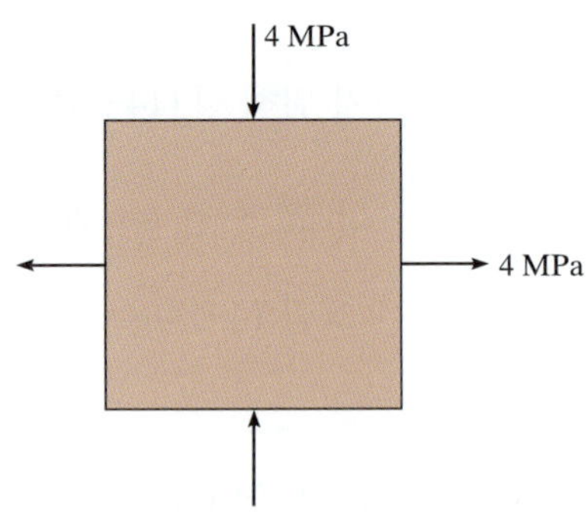

Prob. P14–2

FUNDAMENTAL PROBLEMS

F14–1. Determine the normal stress and shear stress acting on the inclined plane AB.

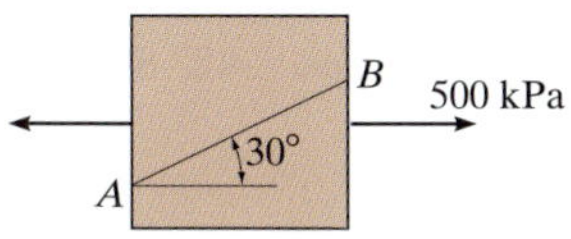

Prob. F14–1

F14–2. Determine the equivalent state of stress on an element at the same point oriented 45° clockwise with respect to the element shown.

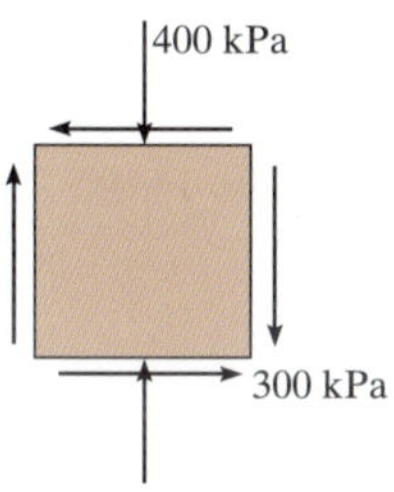

Prob. F14–2

F14–3. Determine the equivalent state of stress on an element at the same point that represents the principal stresses at the point 1. Also, find the corresponding orientation of the element with respect to the element shown.

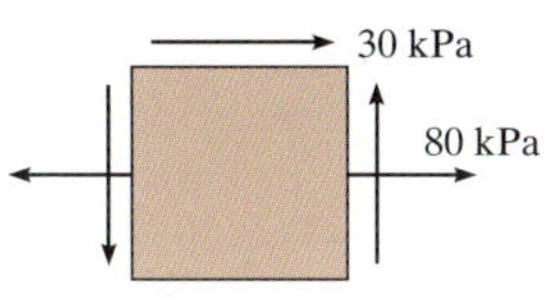

Prob. F14–3

F14–4. Determine the equivalent state of stress on an element at the same point that represents the maximum in-plane shear stress at the point.

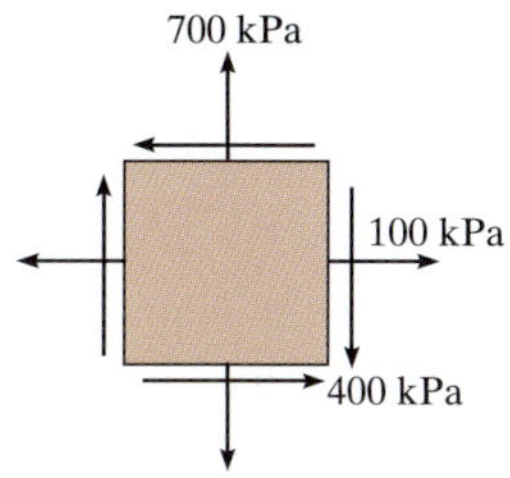

Prob. F14–4

F14–5. The beam is subjected to the load at its end. Determine the maximum principal stress at point B.

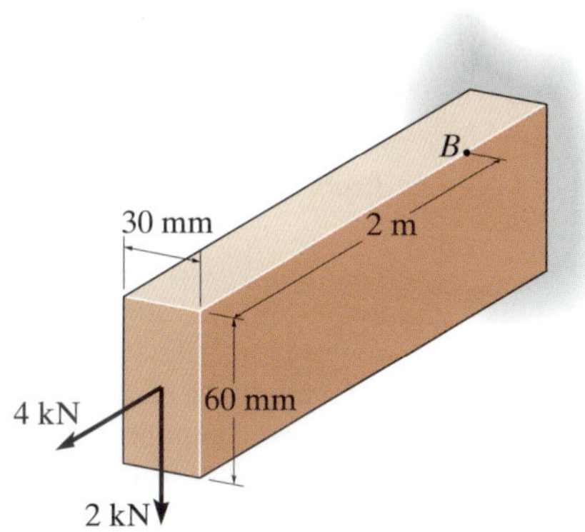

Prob. F14–5

F14–6. The beam is subjected to the loading shown. Determine the principal stress at point C.

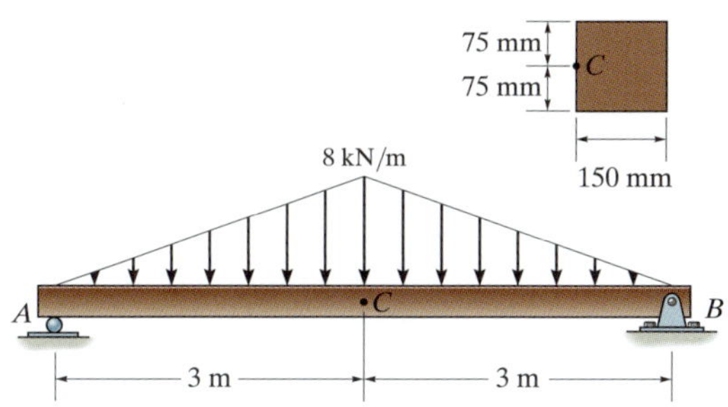

Prob. F14–6

14

PROBLEMS

14–1. Prove that the sum of the normal stresses $\sigma_x + \sigma_y = \sigma_{x'} + \sigma_{y'}$ is constant. See Figs. 14–2*a* and 14–2*b*.

14–2. Determine the stress components acting on the inclined plane AB. Solve the problem using the method of equilibrium described in Sec. 14.1.

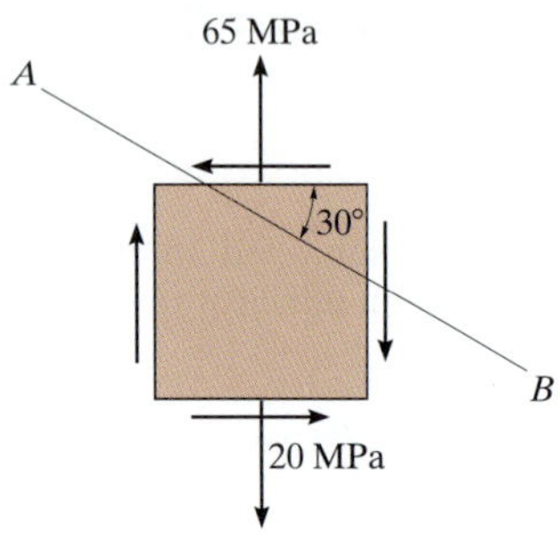

Prob. 14–2

***14–4.** The state of stress at a point in a member is shown on the element. Determine the stress components acting on the inclined plane AB. Solve the problem using the method of equilibrium described in Sec. 14.1.

14–5. Solve Prob. 14–4 using the stress-transformation equations developed in Sec. 14.2. Show the result on a sketch.

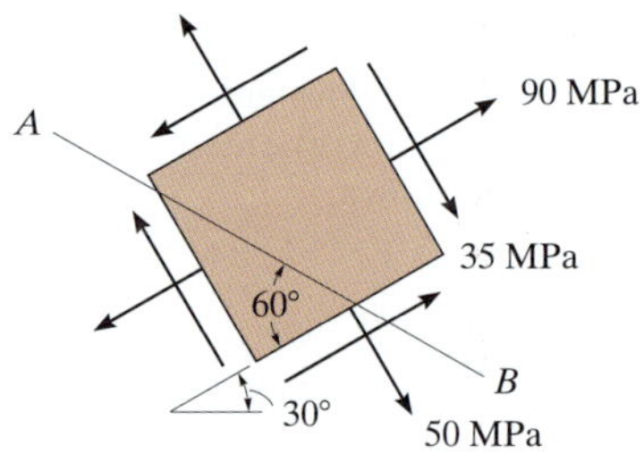

Probs. 14–4/5

14–3. The state of stress at a point in a member is shown on the element. Determine the stress components acting on the inclined plane AB. Solve the problem using the method of equilibrium described in Sec. 14.1.

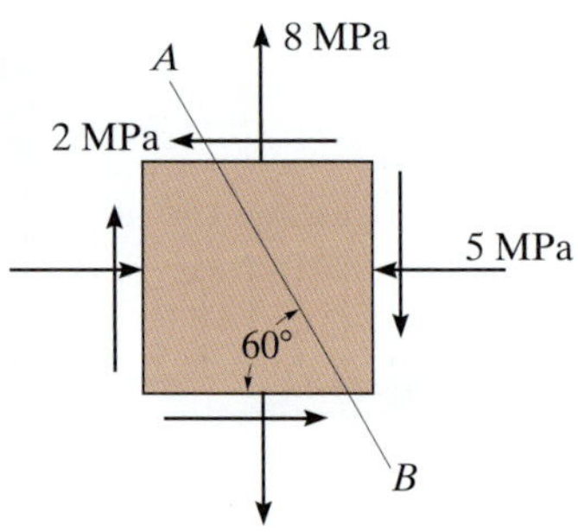

Prob. 14–3

14–6. The state of stress at a point in a member is shown on the element. Determine the stress components acting on the inclined plane AB. Solve the problem using the method of equilibrium described in Sec. 14.1.

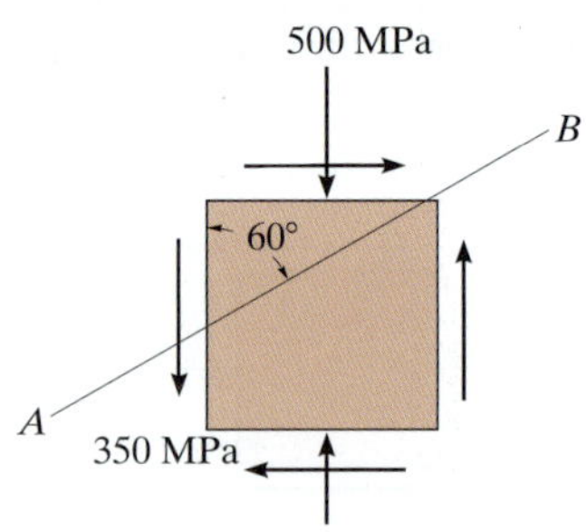

Prob. 14–6

14–7. Determine the stress components acting on the inclined plane AB. Solve the problem using the method of equilibrium described in Sec. 14.1.

***14–8.** Solve Prob. 14–7 using the stress-transformation equations developed in Sec. 14.2.

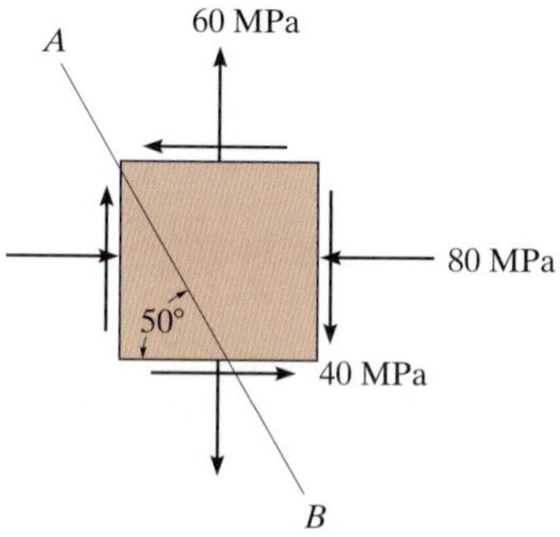

Probs. 14–7/8

14–11. Determine the equivalent state of stress on an element at the same point oriented 60° clockwise with respect to the element shown. Sketch the results on the element.

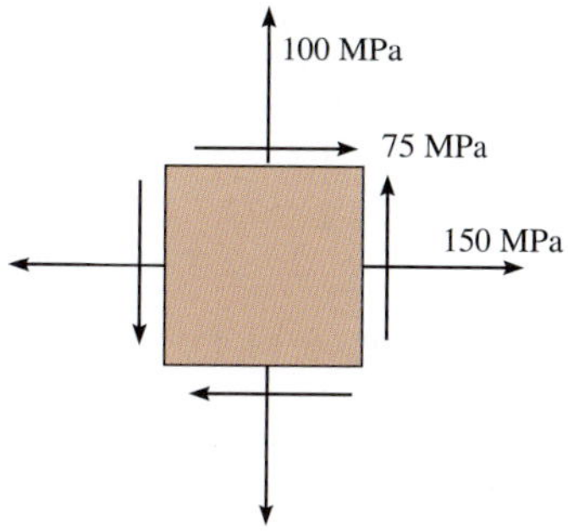

Prob. 14–11

14–9. Determine the stress components acting on the inclined plane AB. Solve the problem using the method of equilibrium described in Sec. 14.1.

14–10. Solve Prob. 14–9 using the stress-transformation equation developed in Sec. 14.2.

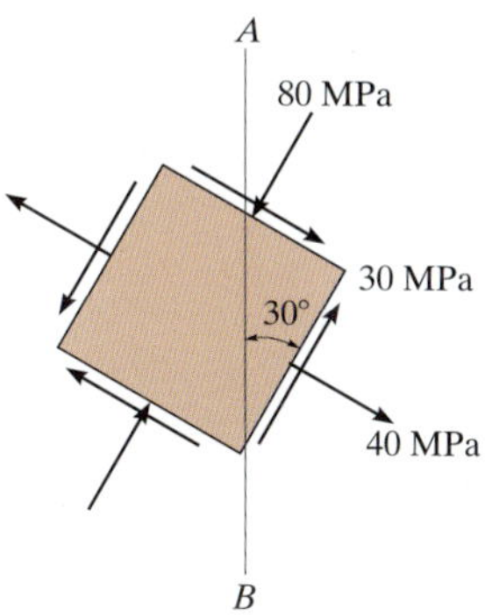

Probs. 14–9/10

***14–12.** Determine the equivalent state of stress on an element at the same point oriented 60° counterclockwise with respect to the element shown. Sketch the results on the element.

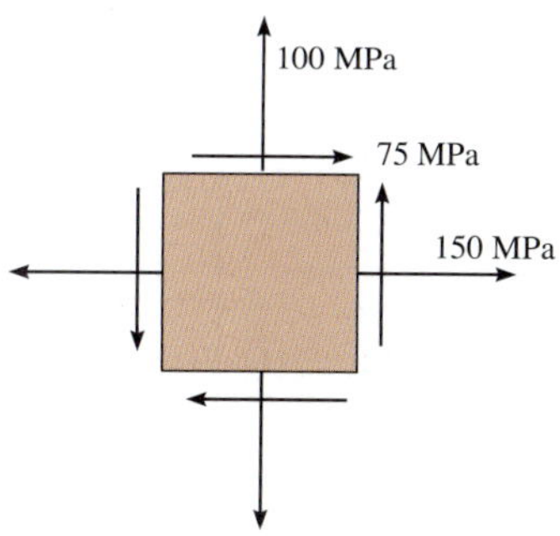

Prob. 14–12

14–13. Determine the stress components acting on the inclined plane AB. Solve the problem using the method of equilibrium described in Sec. 14.1.

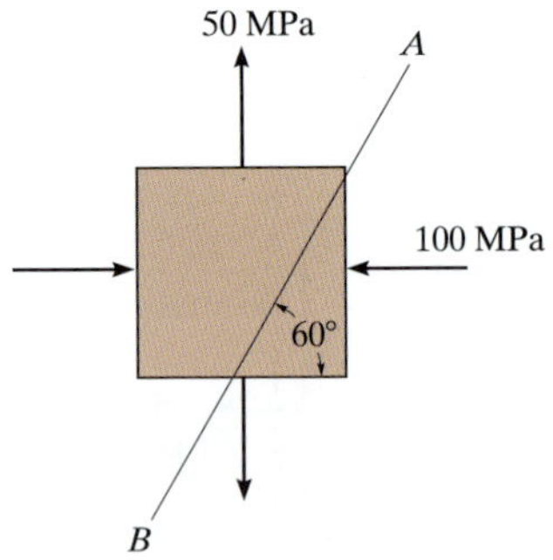

Prob. 14–13

14–14. Determine (a) the principal stresses and (b) the maximum in-plane shear stress and average normal stress at the point. Specify the orientation of the element in each case.

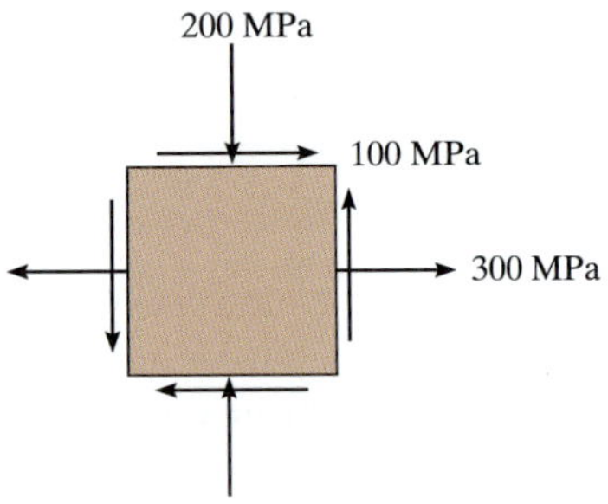

Prob. 14–14

14–15. The state of stress at a point is shown on the element. Determine (a) the principal stresses and (b) the maximum in-plane shear stress and average normal stress at the point. Specify the orientation of the element in each case.

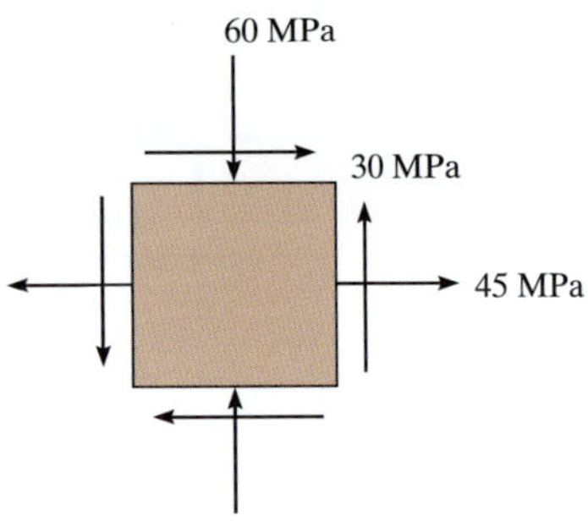

Prob. 14–15

***14–16.** Determine the equivalent state of stress on an element at the point which represents (a) the principal stresses and (b) the maximum in-plane shear stress and the associated average normal stress. Also, for each case, determine the corresponding orientation of the element with respect to the element shown and sketch the results on the element.

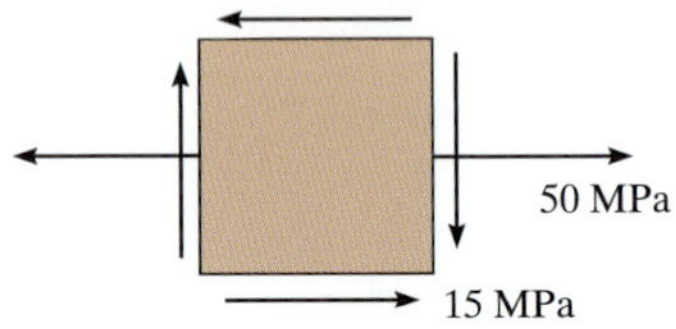

Prob. 14–16

14–17. Determine the equivalent state of stress on an element at the same point which represents (a) the principal stress, and (b) the maximum in-plane shear stress and the associated average normal stress. Also, for each case, determine the corresponding orientation of the element with respect to the element shown and sketch the results on each element.

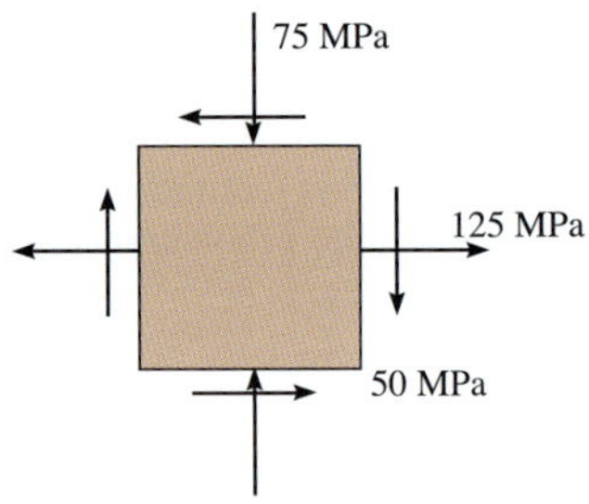

Prob. 14–17

14–18. A point on a thin plate is subjected to the two stress components. Determine the resultant state of stress represented on the element oriented as shown on the right.

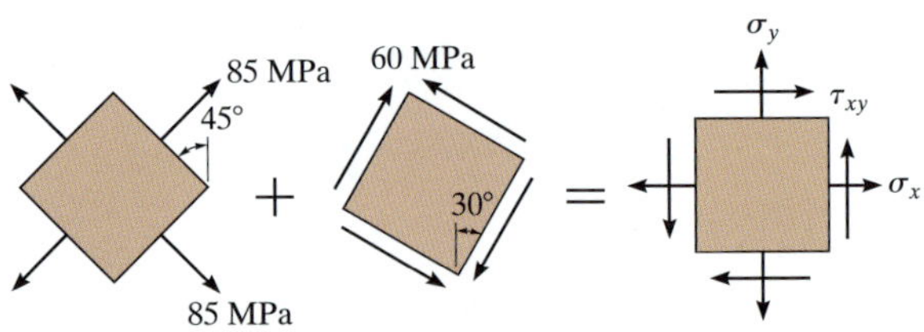

Prob. 14–18

14–19. Determine the equivalent state of stress on an element at the same point which represents (a) the principal stress, and (b) the maximum in-plane shear stress and the associated average normal stress. Also, for each case, determine the corresponding orientation of the element with respect to the element shown and sketch the results on the element.

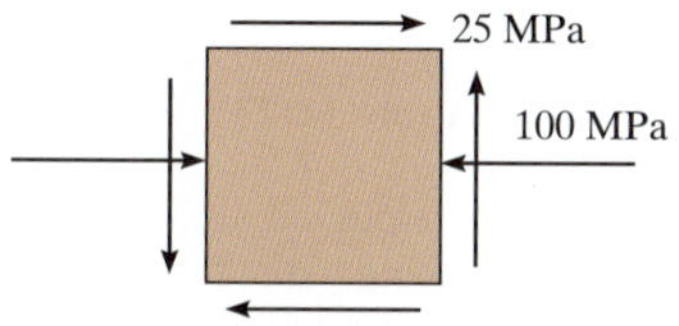

Prob. 14–19

***14–20.** The stress along two planes at a point is indicated. Determine the normal stresses on plane *b–b* and the principal stresses.

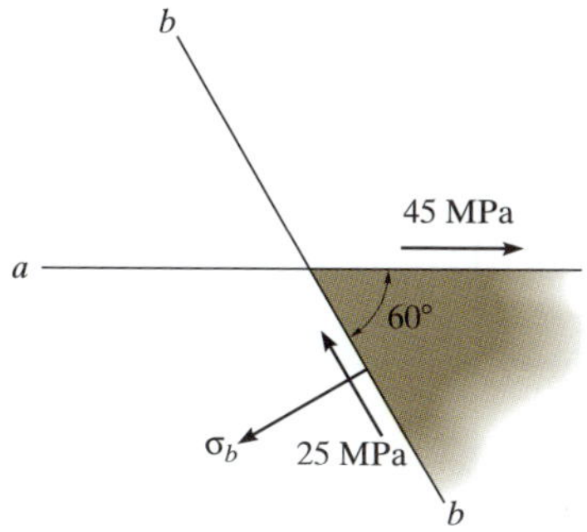

Prob. 14–20

14–21. The stress acting on two planes at a point is indicated. Determine the shear stress on plane *a–a* and the principal stresses at the point.

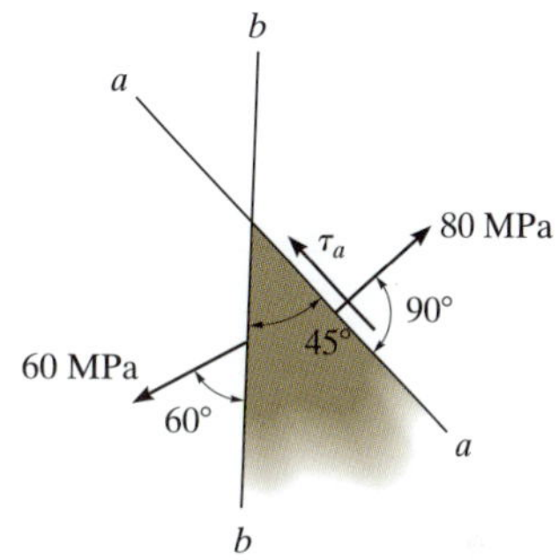

Prob. 14–21

14–22. The state of stress at a point in a member is shown on the element. Determine the stress components acting on the plane *AB*.

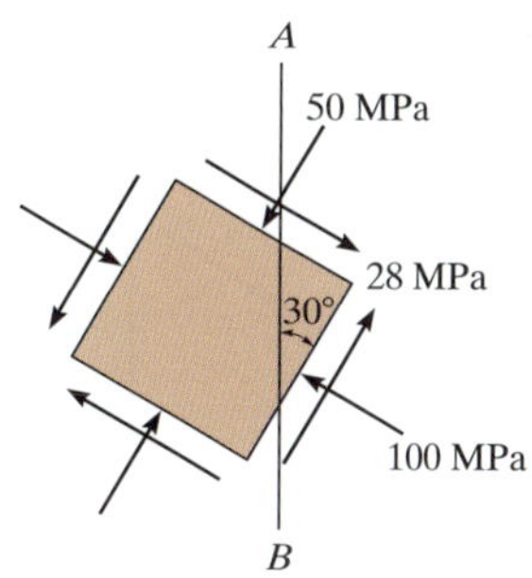

Prob. 14–22

The following problems involve material covered in Chapter 13.

14–23. The wood beam is subjected to a load of 12 kN. If grains of wood in the beam at point A make an angle of 25° with the horizontal as shown, determine the normal and shear stress that act perpendicular to the grains due to the loading.

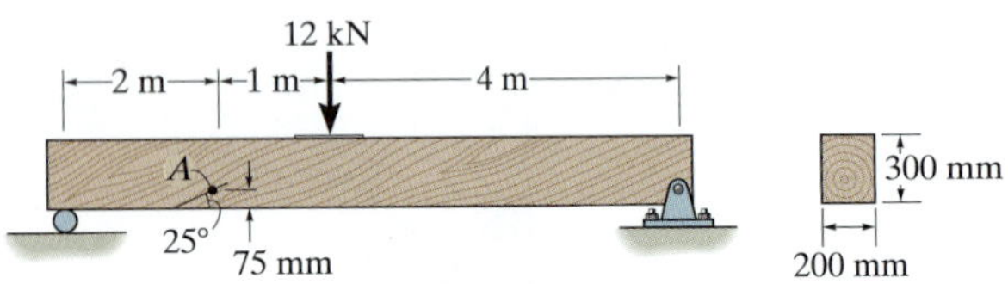

Prob. 14–23

***14–24.** The internal loadings at a section of the beam are shown. Determine the in-plane principal stresses at point A. Also compute the maximum in-plane shear stress at this point.

14–25. Solve Prob. 14–24 for point B.

14–26. Solve Prob. 14–24 for point C.

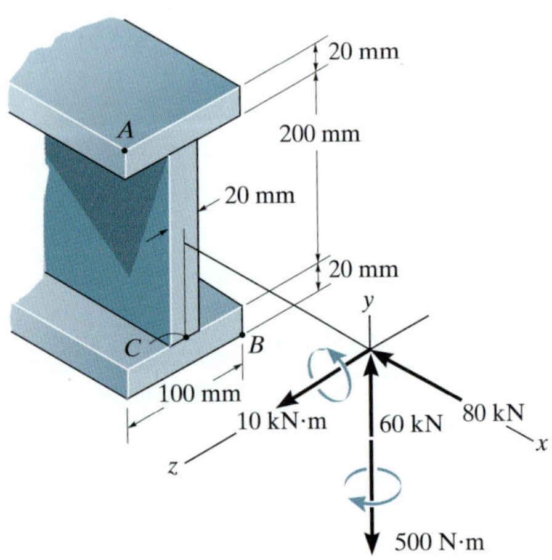

Probs. 14–24/25/26

14–27. The 75-mm-diameter shaft is supported by a smooth thrust bearing at A and a smooth journal bearing at B. Determine the principal stresses and maximum in-plane shear stress at a point on the outer surface of the shaft at section a–a.

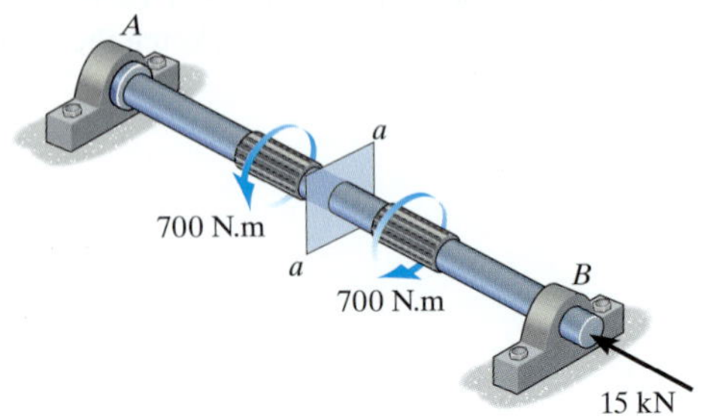

Prob. 14–27

***14–28.** The bell crank is pinned at A and supported by a short link BC. If it is subjected to the force of 80 N, determine the principal stresses at (a) point D and (b) point E. The crank is constructed from an aluminum plate having a thickness of 20 mm.

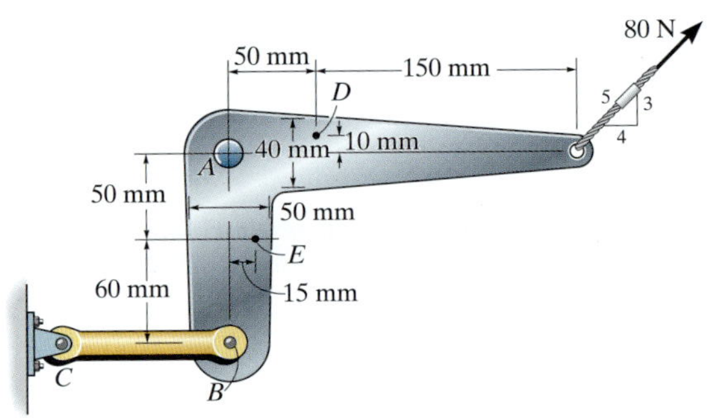

Prob. 14–28

14–29. The beam has a rectangular cross section and is subjected to the loadings shown. Determine the principal stresses at point A and point B, which are located just to the left of the 20-kN load. Show the results on elements located at these points.

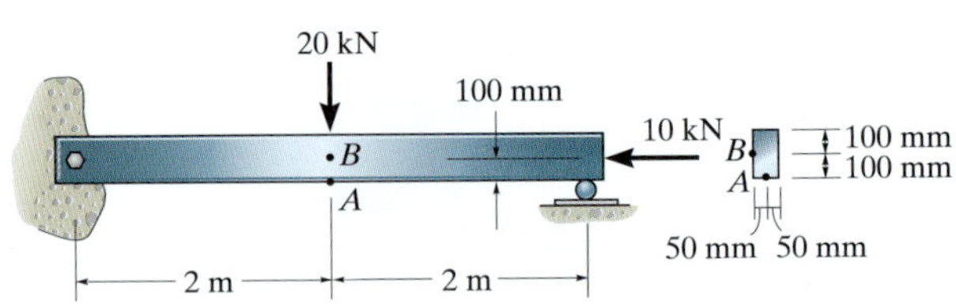

Prob. 14–29

14–30. A paper tube is formed by rolling a cardboard strip in a spiral and then gluing the edges together as shown. Determine the shear stress acting along the seam, which is at 50° from the horizontal, when the tube is subjected to an axial compressive force of 200 N. The paper is 2 mm thick and the tube has an outer diameter of 100 mm.

14–31. Solve Prob. 14–30 for the normal stress acting perpendicular to the seam.

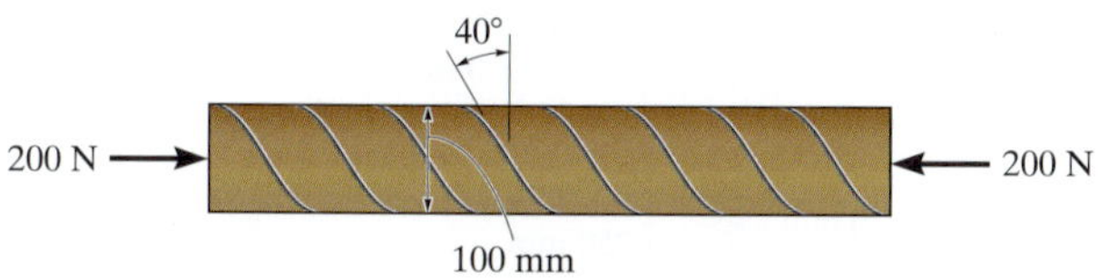

Probs. 14–30/31

***14–32.** The wide-flange beam is subjected to the loading shown. Determine the principal stress in the beam at point A, which is located at the top of the web. Although it is not very accurate, use the shear formula to determine the shear stress. Show the result on an element located at this point.

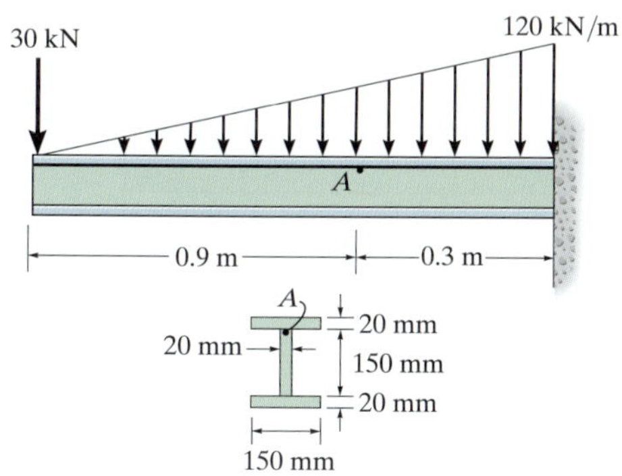

Prob. 14–32

14–33. Determine the principal stresses in the cantilevered beam at points A and B.

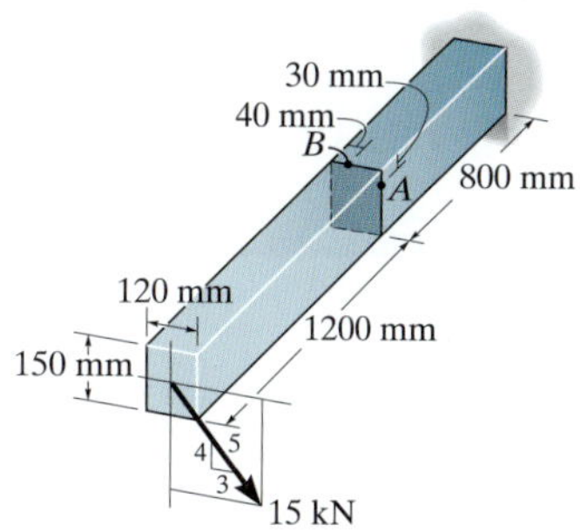

Prob. 14–33

14–34. Determine the principal stress at point A on the cross section of the arm at section a–a. Specify the orientation of this state of stress and indicate the results on an element at the point.

14–35. Determine the maximum in-plane shear stress developed at point A on the cross section of the arm at section a–a. Specify the orientation of this state of stress and indicate the results on an element at the point.

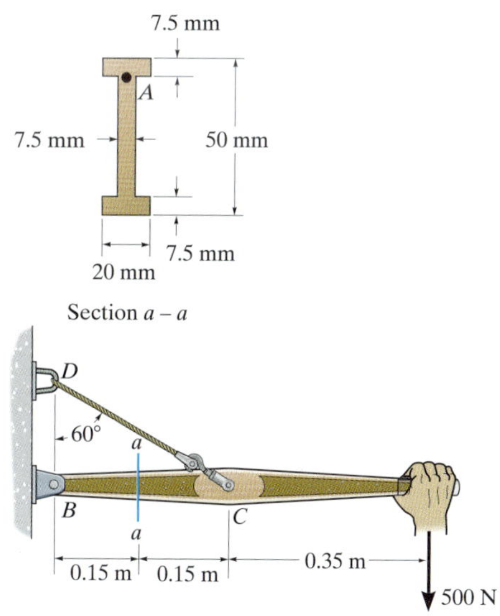

Probs. 14–34/35

***14–36.** The shaft has a diameter d and is subjected to the loadings shown. Determine the principal stresses and the maximum in-plane shear stress at point A. The bearings only support vertical reactions.

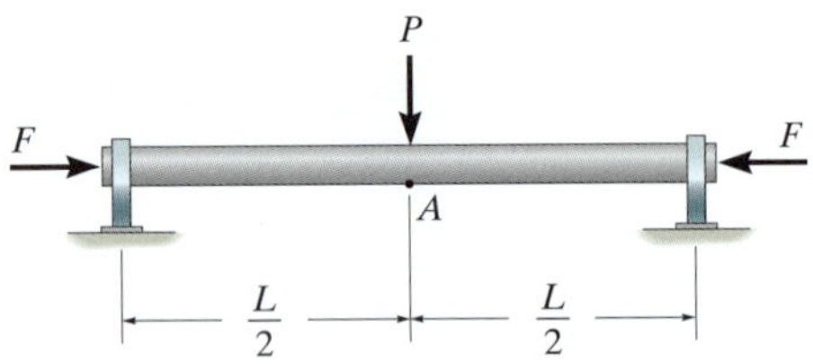

Prob. 14–36

14–37. The bracket is subjected to the force of 15 kN. Determine the principal stress and maximum in-plane shear stress at point A on the cross section at section a–a. Specify the orientation of this state of stress and show the results on elements.

14–38. The bracket is subjected to the force of 15 kN. Determine the principal stress and maximum in-plane shear stress at point B on the cross section at section a–a. Specify the orientation of this state of stress and show the results on elements.

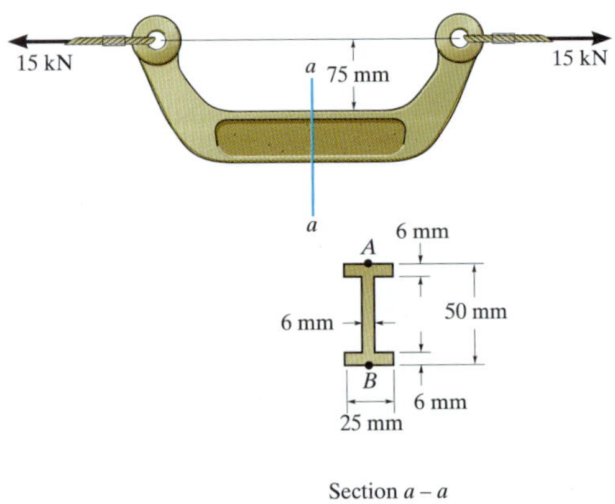

Probs. 14–37/38

14–39. The wide-flange beam is subjected to the 50-kN force. Determine the principal stresses in the beam at point A located on the *web* at the bottom of the upper flange. Although it is not very accurate, use the shear formula to calculate the shear stress.

***14–40.** Solve Prob. 14–39 for point B located on the *web* at the top of the bottom flange.

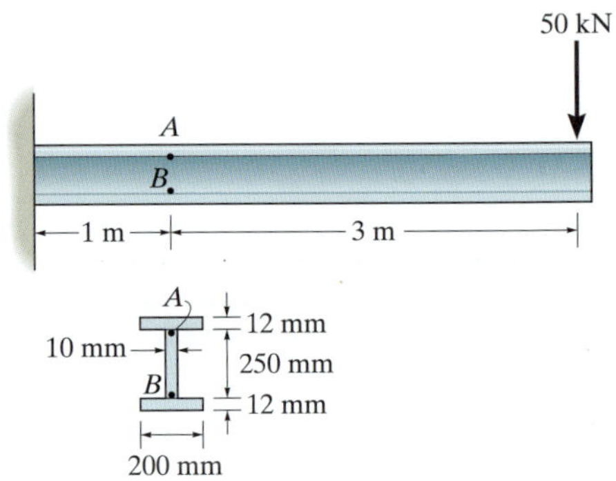

Probs. 14–39/40

14–41. The box beam is subjected to the 26-kN force that is applied at the center of its width, 75 mm from each side. Determine the principal stresses at point A and show the results in an element located at this point. Use the shear formula to calculate the shear stress.

14–42. Solve Prob. 14–41 for point B.

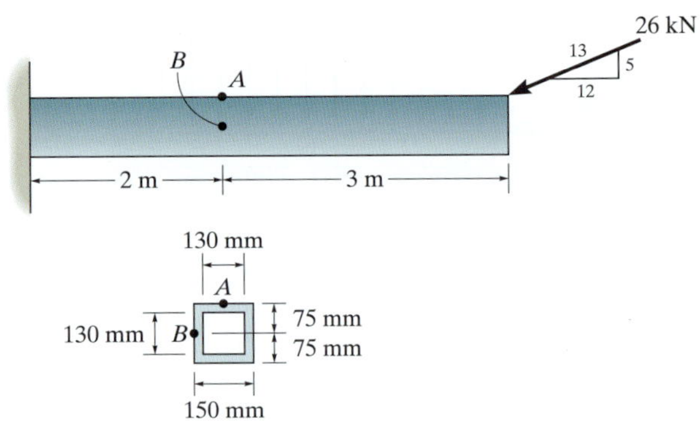

Probs. 14–41/42

14.4 모어 원–평면응력

이 절에서는 사용이 편리하고 쉽게 기억할 수 있는 도해적 방법에 의하여 평면응력의 변환방정식을 적용하는 방식을 알아볼 것이다. 나아가 이 방법을 통하여 그림 14-15*a*에서처럼 수직응력과 전단응력 성분인 $\sigma_{x'}$과 $\tau_{x'y'}$이 작용하는 면의 방향이 변함에 따라 어떻게 변화하는지 가시적으로 보여줄 것이다.

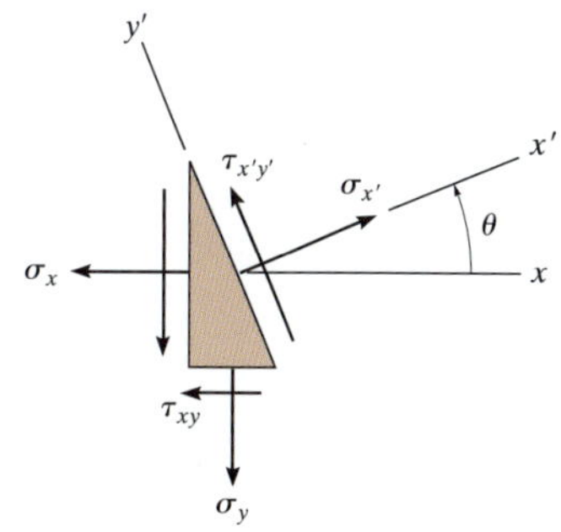

(a)

그림 14-15

식 (14-1)과 (14-2)를 정리하면

$$\sigma_{x'} - \left(\frac{\sigma_x + \sigma_y}{2}\right) = \left(\frac{\sigma_x - \sigma_y}{2}\right)\cos 2\theta + \tau_{xy}\sin 2\theta \qquad (14\text{-}9)$$

$$\tau_{x'y'} = -\left(\frac{\sigma_x - \sigma_y}{2}\right)\sin 2\theta + \tau_{xy}\cos 2\theta \qquad (14\text{-}10)$$

두 식을 제곱하여 더하면 매개변수 θ를 소거할 수 있다.

$$\left[\sigma_{x'} - \left(\frac{\sigma_x + \sigma_y}{2}\right)\right]^2 + \tau_{x'y'}{}^2 = \left(\frac{\sigma_x - \sigma_y}{2}\right)^2 + \tau_{xy}{}^2$$

마지막으로, $\sigma_x, \sigma_y, \tau_{xy}$는 알고 있는 상수이므로, 위의 식은 더 단순하게 할 수 있다.

$$(\sigma_{x'} - \sigma_{\text{avg}})^2 + \tau_{x'y'}{}^2 = R^2 \qquad (14\text{-}11)$$

여기서,

$$\sigma_{\text{avg}} = \frac{\sigma_x + \sigma_y}{2}$$

$$R = \sqrt{\left(\frac{\sigma_x - \sigma_y}{2}\right)^2 + \tau_{xy}{}^2} \qquad (14\text{-}12)$$

만약 좌표축을 σ를 오른쪽이 양, τ를 아래쪽이 양이 되도록 정하고 식 (14-11)을 그리면, 이 방정식은 그림 14-15*b*와 같이 σ축 위의 점 $C(\sigma_{\text{avg}}, 0)$를 중심으로 하고 반지름이 R인 원으로 그려진다. 독일의 엔지니어 **오토 모어**(Otto Mohr)에 의해 개발된 이 원은 그의 이름을 따라 **모어 원**(Mohr circle)이라 부른다.

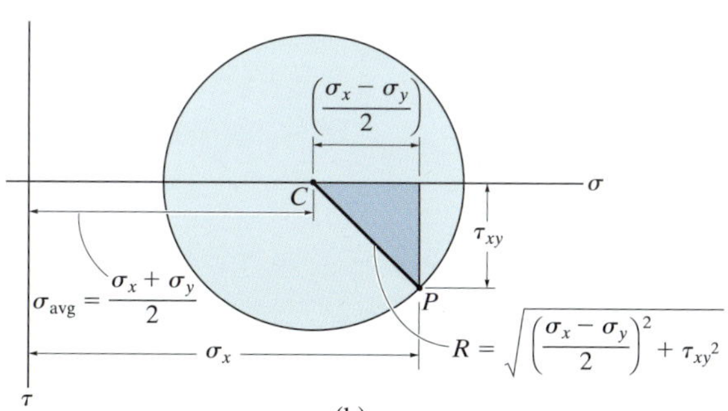

(b)

모어 원 상의 각 점은 특정 θ 방향을 가지는 x'축에 의해 정하여지는 요소의 면에 작용하는 두 응력 성분인 $\sigma_{x'}$과 $\tau_{x'y'}$을 나타낸다. 한 예로, 그림 14-16a와 같이 x'축이 x축과 일치하는 경우 $\theta = 0°$이고, $\sigma_{x'} = \sigma_x$, $\tau_{x'y'} = \tau_{xy}$가 된다. 이 점 A를 '기준점'으로 하고, 그림 14-16c에서와 같이 좌표 $A(\sigma_x, \tau_{xy})$를 그린다.

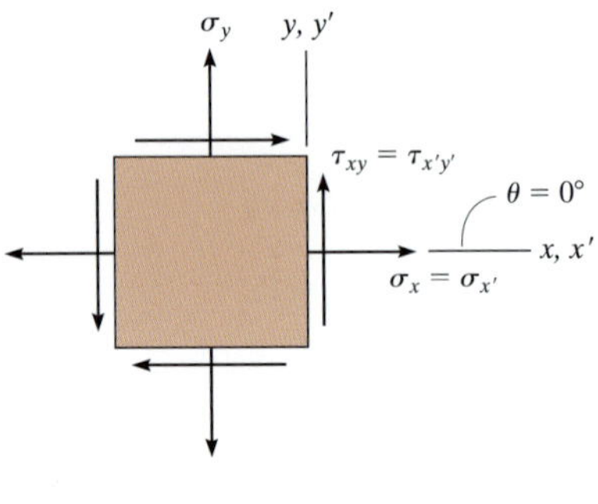

(a)

이제 그림 14-16b와 같이 x'축이 반시계 방향으로 90° 회전한 경우를 알아본다. 여기서 $\sigma_{x'} = \sigma_y$, $\tau_{x'y'} = -\tau_{xy}$가 된다. 이 값들은 그림 14-16c의 원주상에 있는 점 $G(\sigma_y, -\tau_{xy})$의 좌표이다. 따라서 반지름 CG는 '기준선' CA에서 반시계 방향으로 180° 차이가 나게 된다. 다시 말해, 요소의 x'축의 θ만큼의 회전은 원주상 같은 방향으로 2θ만큼의 회전에 대응된다.

한번 구성한 모어의 원을 이용하여 주응력, 최대 면내 전단응력 및 이에 부합하는 평균 수직응력 또는 임의 평면상의 응력을 구할 수 있다.

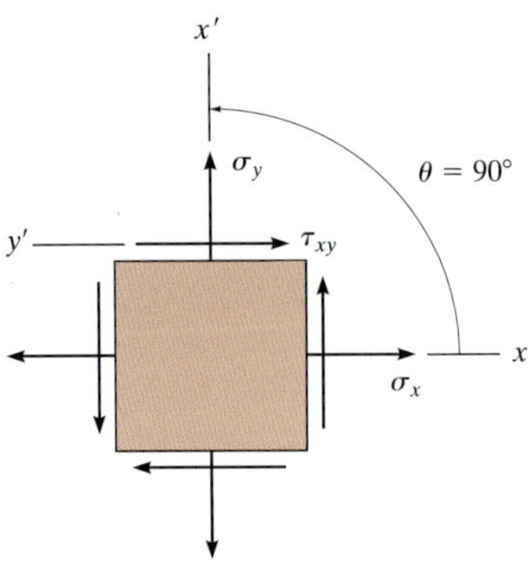

(b)

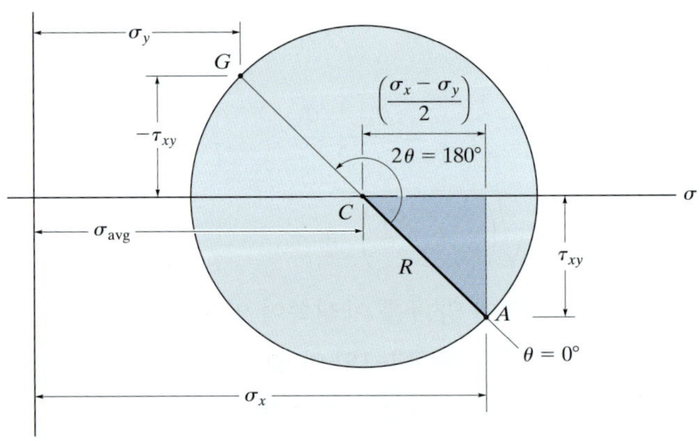

(c)

그림 14-16

풀이 과정 PROCEDURE FOR ANALYSIS

모어 원을 그리고 사용하기 위하여 다음 단계를 따라야 한다.

모어 원

- 그림 14-17*a*와 같이 수평축은 수직응력 σ가 오른쪽 방향을 양, 수직축은 전단응력 τ가 아래쪽 방향을 양으로 갖도록 좌표계를 정한다.*
- $\sigma_x, \sigma_y, \tau_{xy}$에 대한 부호 규약에 따라 그림 14-17*a*와 같이 σ축 상에 원점에서 $\sigma_{avg} = (\sigma_x + \sigma_y)/2$만큼 떨어져 있는 원의 중심 C를 표시한다.
- 그림 14-17*a*에서와 같이 기준점 A의 좌표 $A(\sigma_x, \tau_{xy})$를 표시한다. x'축이 x축과 일치하므로 $\theta = 0°$가 되고, 이 점은 요소 오른쪽 수직면의 수직, 전단응력의 성분을 나타낸다.
- 점 A와 원의 중심 C를 연결하고 삼각법을 이용해 CA의 거리를 구한다. 이 거리는 그림 14-17*a*에서와 같이 원의 반지름 R을 나타낸다.
- R이 정해지면 원을 그린다.

주응력

- 주응력 σ_1과 $\sigma_2(\sigma_1 \geq \sigma_2)$는 그림 14-17*a*에서와 같이 $\tau = 0$인 σ축과 원이 만나는 두 점 B와 D이다.
- 이 응력들은 그림 14-17*b*에서 θ_{p_1}과 θ_{p_2}로 정의된 면에 작용한다. 두 각도 중 하나는 그림의 원에 $2\theta_{p_1}$로 표시되어 있다. 이 각도는 기준선 CA로부터 선 CB까지의 각도이다.
- 원에서 삼각함수 계산을 통해 θ_{p_1}을 구한다. 그림 14-17*b*에서와 같이 원에서 $2\theta_{p_1}$의 회전방향(여기서는 반시계방향)은 기준축 $+x$에서 주평면 $+x'$까지의 θ_p 회전방향과 동일하다.*

최대 면내 전단응력

- 평균 수직응력과 최대 면내 전단응력 성분은 그림 14-17*a*에서와 같이 원주상의 점 E와 F의 좌표로 정해진다.
- 이 경우 θ_{s_1}과 θ_{s_2}가 그림 14-17*c*와 같이 이들 응력이 작용하는 평면의 방향을 나타낸다. 그림 14-17*a*의 각도 $2\theta_{s_1}$은 삼각함수를 이용해 구한다. 여기서는 CA에서 CE까지의 회전이 시계방향이므로, 그림 14-17*c*의 요소에서도 시계방향이어야 한다.*

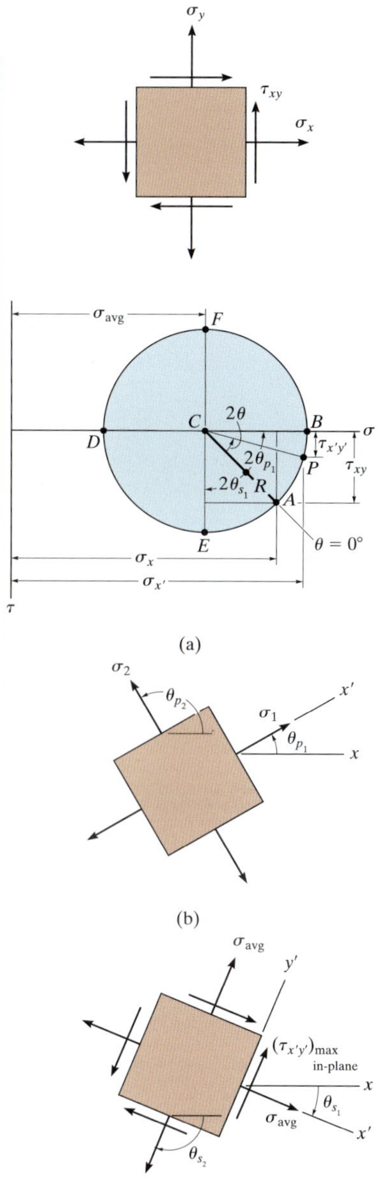

그림 14-17

14

임의의 평면상 응력

- 그림 14-17*d*에서와 같이 각도 θ로 정의되는 특정 평면에 작용하는 수직응력과 전단응력 성분 $\sigma_{x'}$과 $\tau_{x'y'}$은 그림 14-17*a*의 점 *P*의 좌표로부터 구할 수 있다.
- 점 *P*의 위치를 정하기 위하여, 그림 14-17*d*의 주어진 각도 θ(여기서는 반시계방향)에 대응하여, 그림 14-17*a*의 반지름 기준선 *CA*에서 반지름선 *CP*까지 동일한 방향으로 2θ(여기서는 반시계방향)를 회전하여야 한다.*

* 만일 τ축을 위쪽을 양으로 하여 정하면, 원주상 각도 2θ는 x'축의 방향 θ와 반대방향으로 회전하여야 한다.

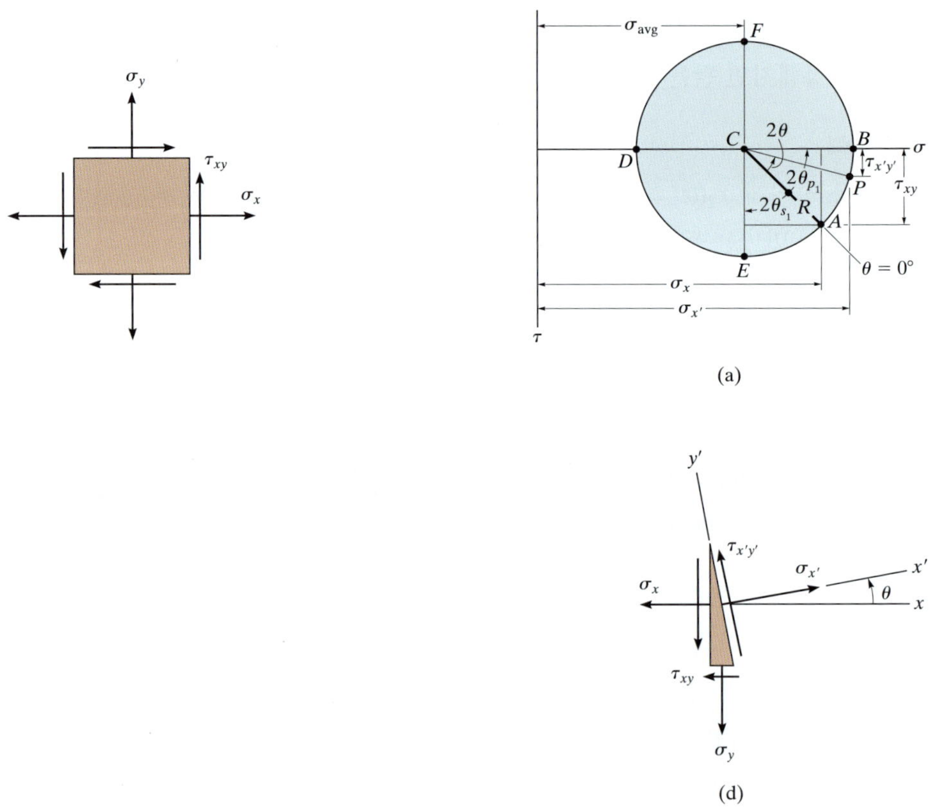

그림 14-17 (계속)

예제 14.7

그림 14-18*a*와 같은 충진 샤프트 표면의 점 *A*에서의 응력 상태가 그림에서와 같다. 이 점에 작용하는 주응력을 구하라.

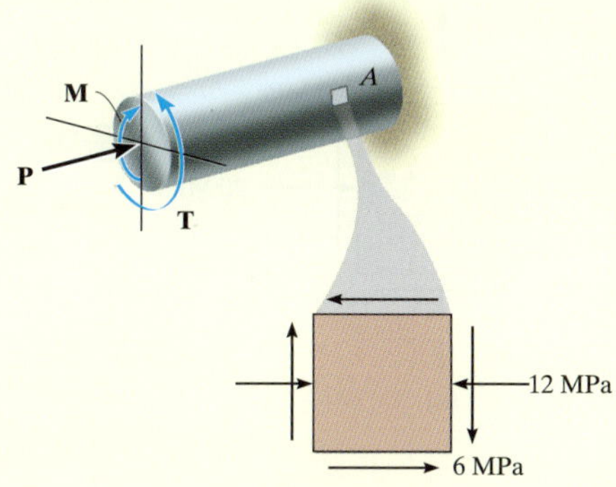

(a)

풀이

모어 원. 그림 14-18*a*에서

$$\sigma_x = -12\text{ MPa} \qquad \sigma_y = 0 \qquad \tau_{xy} = -6\text{ MPa}$$

원의 중심은 다음과 같다.

$$\sigma_{avg} = \frac{-12+0}{2} = -6\text{ MPa}$$

기준점 $A(-12, -6)$와 원의 중심 $C(-6, 0)$를 그림 14-18*b*에서와 같이 위치시킨다. 원의 반지름은 다음과 같다.

$$R = \sqrt{(12-6)^2 + (6)^2} = 8.49\text{ MPa}$$

주응력. 주응력은 점 *B*와 *D*의 좌표로 나타난다. $\sigma_1 > \sigma_2$인 경우

$$\sigma_1 = 8.49 - 6 = 2.49\text{ MPa} \qquad \text{답}$$

$$\sigma_2 = -6 - 8.49 = -14.5\text{ MPa} \qquad \text{답}$$

요소의 방향은 그림 14-18*b*에서 선 *CA*에서 *CD*까지의 반시계방향 각도 $2\theta_{p_2}$를 계산하여 구할 수 있다. 이를 통해 σ_2의 방향 θ_{p_2}와 그에 따른 주평면을 결정할 수 있다.

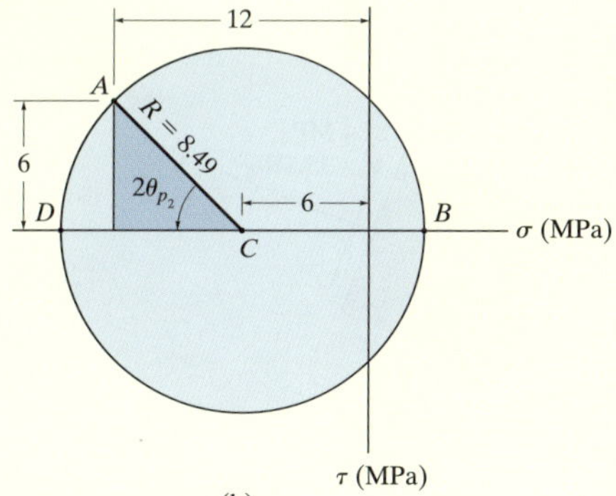

(b)

$$2\theta_{p_2} = \tan^{-1}\left(\frac{6}{12-6}\right) = 45.0°$$

$$\theta_{p_2} = 22.5°$$

x'축 또는 σ_2의 축이 수평축(x축)으로부터 반시계방향으로 22.5° 회전한 요소를 그리면 그림 14-18*c*와 같다.

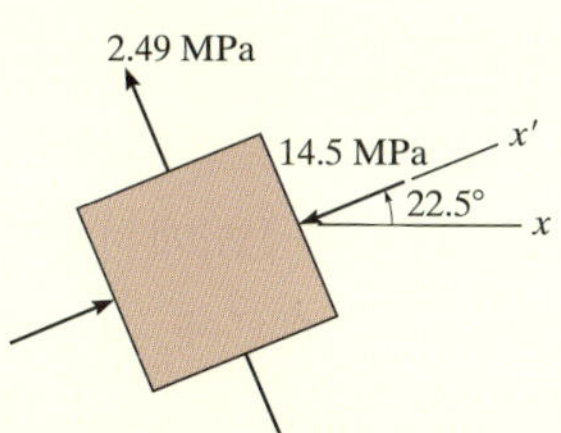

(c)

그림 14-18

예제 14.8

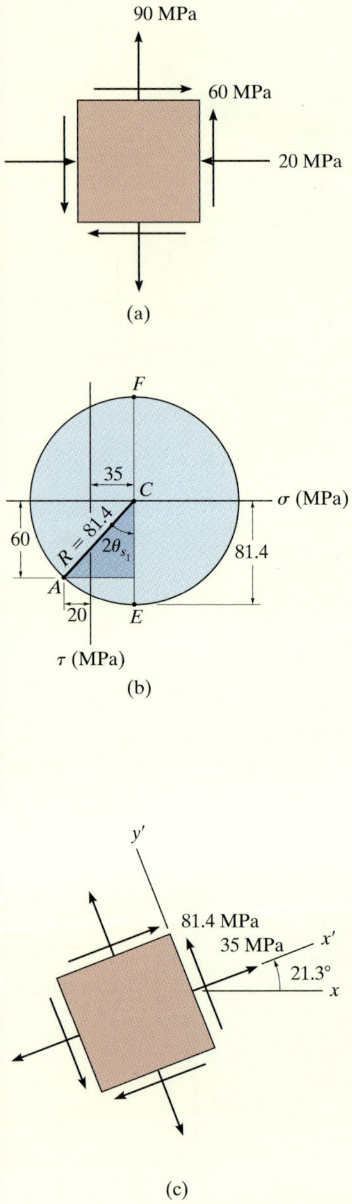

그림 14-19

한 점의 평면응력 상태가 그림 14-19*a*의 요소에 표시한 바와 같다. 이 점에서의 최대 면내 전단응력을 구하라.

풀이

모어 원. 그림 14-19*a*에서

$$\sigma_x = -20 \text{ MPa} \qquad \sigma_y = 90 \text{ MPa} \qquad \tau_{xy} = 60 \text{ MPa}$$

σ축과 τ축을 그림 14-19*b*와 같이 한다. 원의 중심 C는 σ축 상에 존재하며 위치는 다음과 같다.

$$\sigma_{avg} = \frac{-20 + 90}{2} = 35 \text{ MPa}$$

원의 반지름 CA를 구하기 위해 음영으로 진하게 표시된 삼각형에 피타고라스의 정리를 적용하면

$$R = \sqrt{(60)^2 + (55)^2} = 81.4 \text{ MPa}$$

최대 면내 전단응력. 최대 면내 전단응력과 평균 수직응력은 원주상의 점 E 또는 점 F의 좌표로 정해진다. 점 $E(35, 81.4)$의 좌표로부터

$$\sigma_{avg} = 35 \text{ MPa} \qquad \text{답}$$

$$\tau_{\substack{\text{max}\\\text{in-plane}}} = 81.4 \text{ MPa} \qquad \text{답}$$

각도 θ_{s_1}은 모어 원에서 선 CA에서 CE까지 반시계방향으로 이르는 각도 $2\theta_{s_1}$에서 구할 수 있다.

$$2\theta_{s_1} = \tan^{-1}\left(\frac{20 + 35}{60}\right) = 42.5°$$

$$\theta_{s_1} = 21.3° \qquad \text{답}$$

이 반시계방향의 각도는 그림 14-19*c*에서와 같이 x'축의 방향을 결정한다. 점 E가 양의 좌표를 가지기 때문에, 그림에서와 같이 평균 수직응력과 최대 면내 전단응력 모두 x'축과 y'축 양의 방향으로 작용한다.

예제 14.9

한 점의 평면응력 상태가 그림 14-20a의 요소에 표시한 바와 같다. 이 응력 상태를 반시계방향으로 30° 회전한 요소에 표시하라.

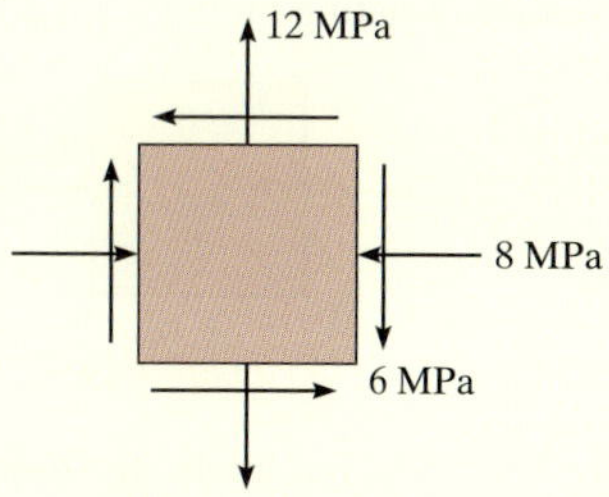

(a)

풀이

모어 원. 그림 14-20a에서

$$\sigma_x = -8 \text{ MPa} \qquad \sigma_y = 12 \text{ MPa} \qquad \tau_{xy} = -6 \text{ MPa}$$

σ축과 τ축을 그림 14-20b와 같이 한다. 원의 중심 C는 σ축 상에 존재하며 좌표는 다음과 같다.

$$\sigma_{\text{avg}} = \frac{-8 + 12}{2} = 2 \text{ MPa}$$

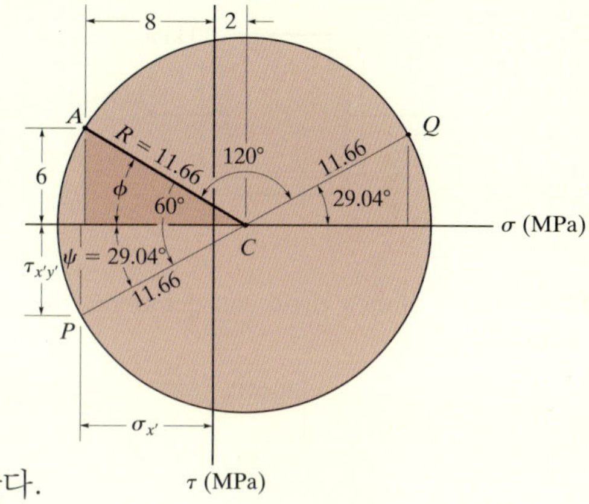

(b)

$\theta = 0°$인 기준점 A는 $(-8, -6)$의 좌표를 갖는다. 진한 음영으로 표시된 삼각형으로부터 구한 원의 반지름 CA는

$$R = \sqrt{(10)^2 + (6)^2} = 11.66$$

30° 방향 요소의 응력. 요소가 반시계방향으로 30° 회전했으므로, 그림 14-20b에서 반지름선 CP는 CA ($\theta = 0°$)에서 반시계방향으로 $2(30°) = 60°$를 측정하여 구한다. 이제 점 $P(\sigma_{x'}, \tau_{x'y'})$의 좌표를 구해야 한다. 원의 기하 형태에 따라

$$\phi = \tan^{-1}\frac{6}{10} = 30.96° \qquad \psi = 60° - 30.96° = 29.04°$$

$$\sigma_{x'} = 2 - 11.66 \cos 29.04° = -8.20 \text{ MPa} \qquad \text{답}$$

$$\tau_{x'y'} = 11.66 \sin 29.04° = 5.66 \text{ MPa} \qquad \text{답}$$

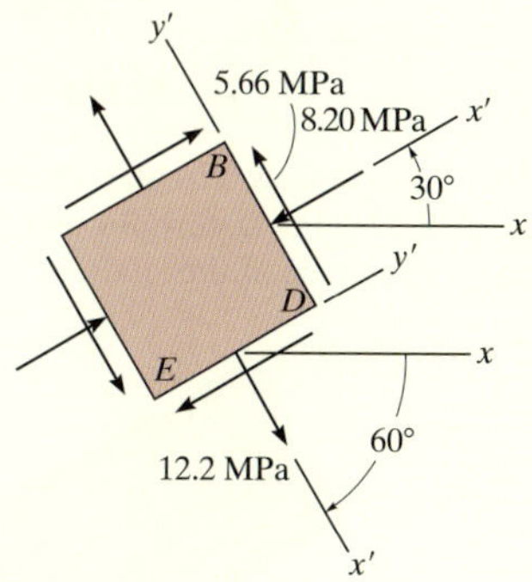

(c)

그림 14-20

이 두 응력 성분은 x축으로부터 반시계방향 30°에 있는 x'축에 대응되는 그림 14-20c 요소의 BD면에 작용한다.

그림 14-20c에서 x축으로부터 시계방향 60°인 요소의 면 DE에 작용하는 응력 성분은 원주상 점 Q로 나타난다. 이 점은 CP로부터 180°가 되는 반지름선 CQ상에 위치한다. 점 Q의 좌표는 다음과 같다.

$$\sigma_{x'} = 2 + 11.66 \cos 29.04° = 12.2 \text{ MPa} \qquad \text{답}$$

$$\tau_{x'y'} = -(11.66 \sin 29.04) = -5.66 \text{ MPa (검토)} \qquad \text{답}$$

주: 여기서 $\tau_{x'y'}$는 그림 14-20c와 같이 $-y'$ 방향으로 작용한다.

14

FUNDAMENTAL PROBLEMS

F14–7. Use Mohr's circle to determine the normal stress and shear stress acting on the inclined plane AB.

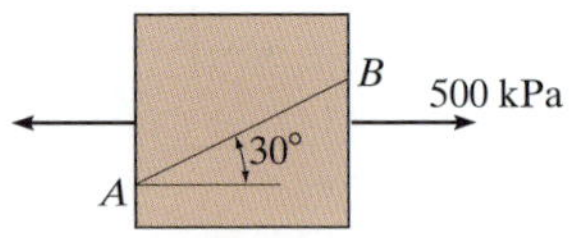

Prob. F14–7

F14–8. Use Mohr's circle to determine the principal stresses at the point. Also, find the corresponding orientation of the element with respect to the element shown.

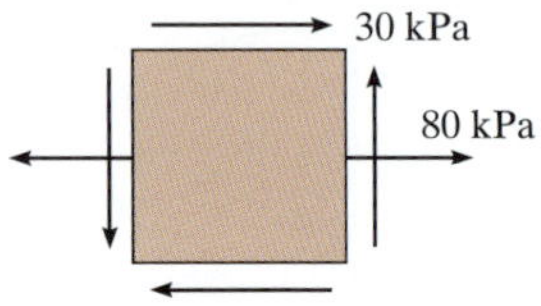

Prob. F14–8

F14–9. Draw Mohr's circle and determine the principal stresses.

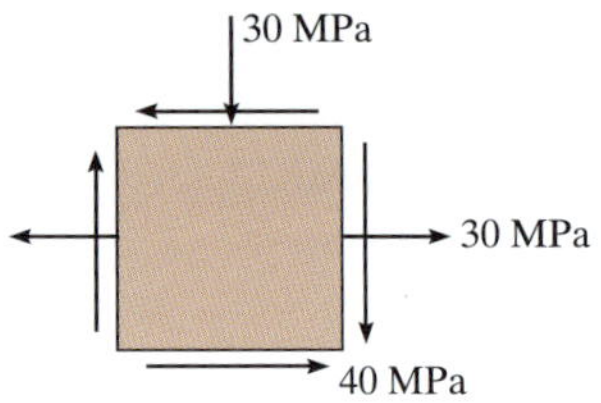

Prob. F14–9

F14–10. The hollow circular shaft is subjected to the torque of 4 kN·m. Determine the principal stresses at a point on the surface of the shaft.

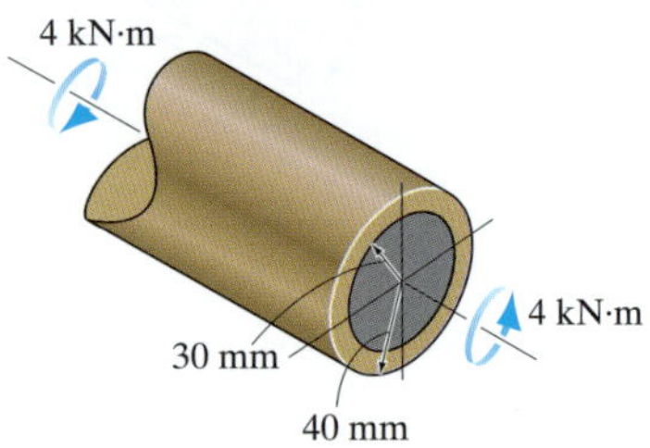

Prob. F14–10

F14–11. Determine the principal stresses at point A on the cross section of the beam at section a–a.

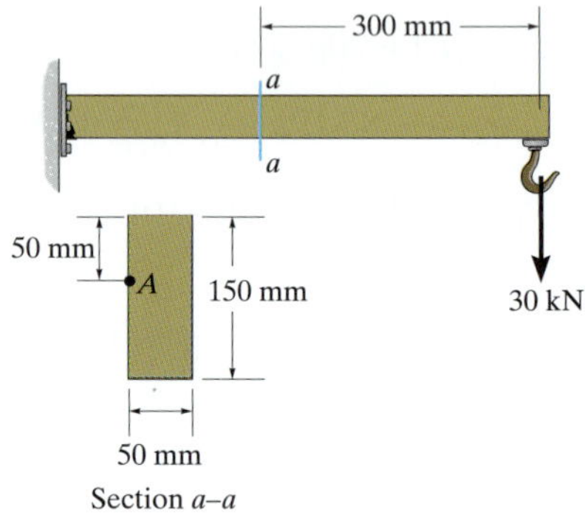

Prob. F14–11

F14–12. Determine the maximum in-plane shear stress at point A on the cross section of the beam at section a–a, which is located just to the left of the 60-kN force. Point A is just below the flange.

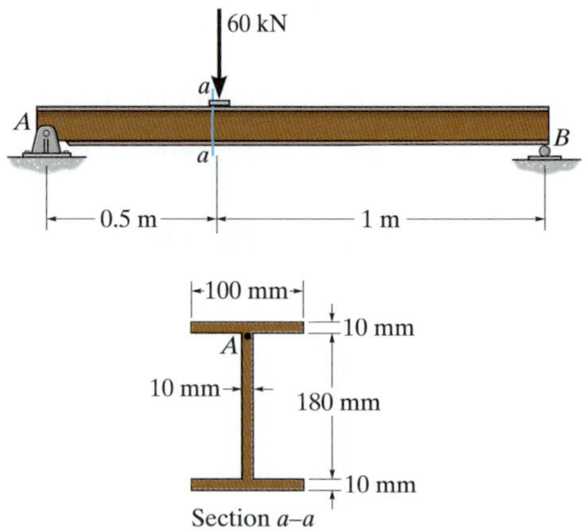

Prob. F14–12

PROBLEMS

14–43. Solve Prob. 14–2 using Mohr's circle.

***14–44.** Solve Prob. 14–4 using Mohr's circle.

14–45. Solve Prob. 14–6 using Mohr's circle.

14–46. Solve Prob. 14–10 using Mohr's circle.

14–47. Solve Prob. 14–15 using Mohr's circle.

***14–48.** Solve Prob. 14–16 using Mohr's circle.

14–49. Mohr's circle for the state of stress is shown in Fig. 14–17*a*. Show that finding the coordinates of point $P\ (\sigma_{x'}, \tau_{x'y'})$ on the circle gives the same value as the stress transformation Eqs. 14–1 and 14–2.

14–50. Determine (a) the principal stresses and (b) the maximum in-plane shear stress and average normal stress. Specify the orientation of the element in each case.

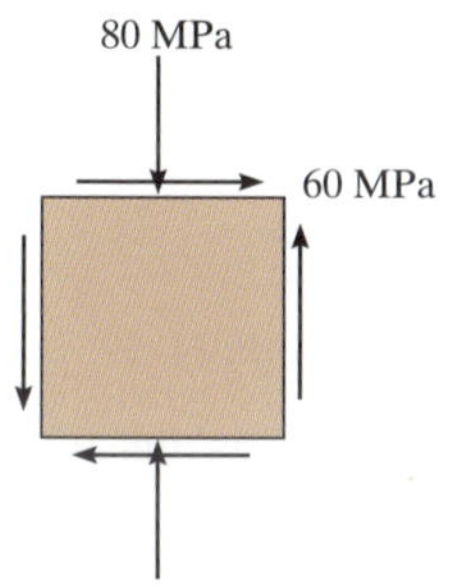

Prob. 14–50

14–51. Determine the equivalent state of stress if an element is oriented 30° clockwise from the element shown. Show the result on the element.

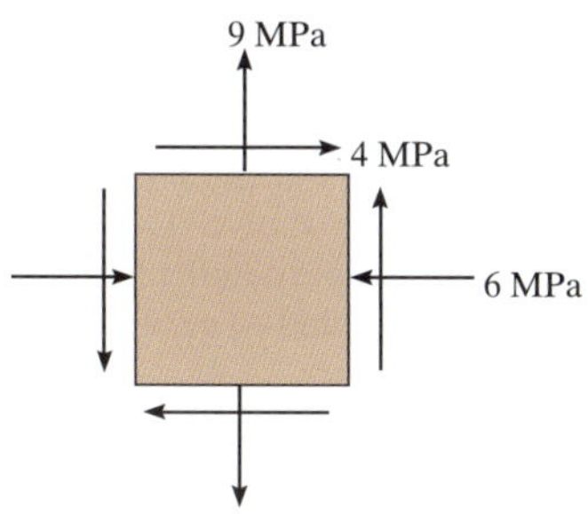

Prob. 14–51

***14–52.** Determine the equivalent state of stress if an element is oriented 20° clockwise from the element shown.

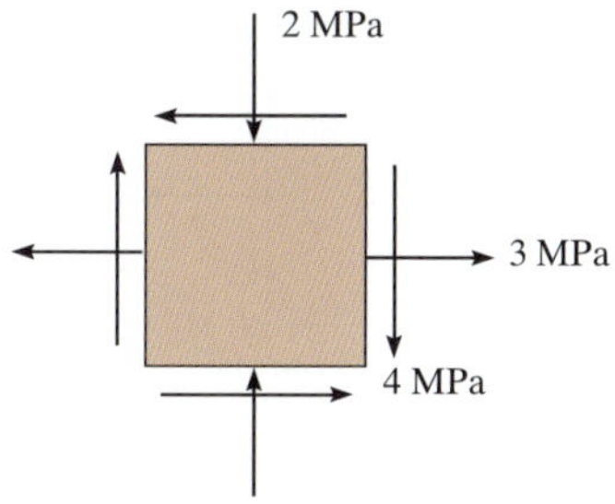

Prob. 14–52

14–53. Draw Mohr's circle that describes each of the following states of stress.

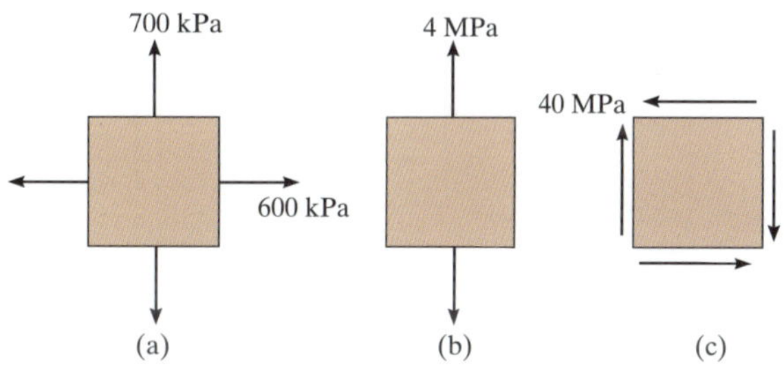

Prob. 14–53

14–54. Determine the equivalent state of stress for an element oriented 60° counterclockwise from the element shown. Show the result on the element.

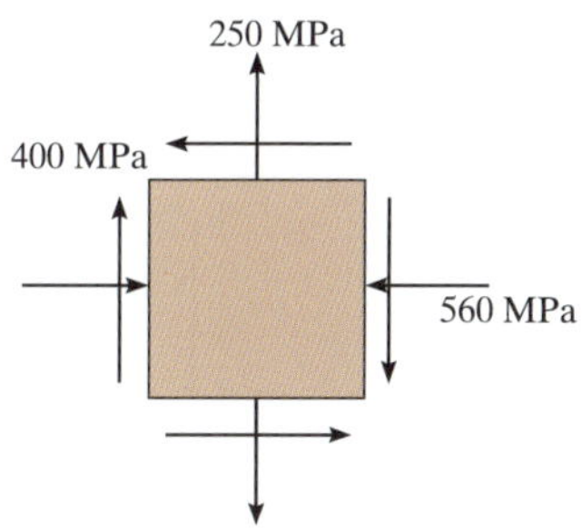

Prob. 14–54

14–55. Determine (a) the principal stresses and (b) the maximum in-plane shear stress and average normal stress. Specify the orientation of the element in each case.

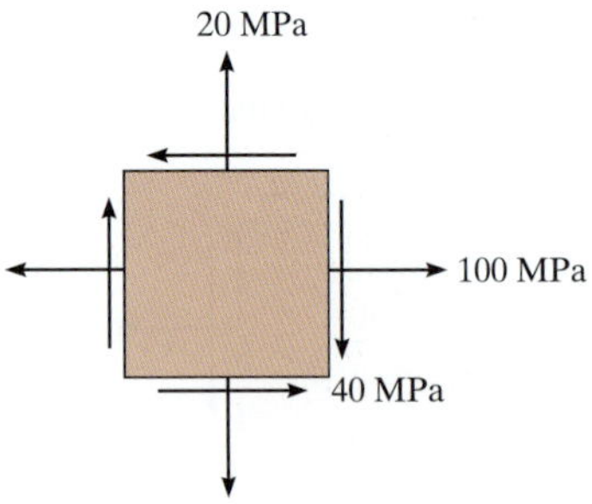

Prob. 14–55

***14–56.** Determine the principal stress, the maximum in-plane shear stress, and average normal stress. Specify the orientation of the element in each case.

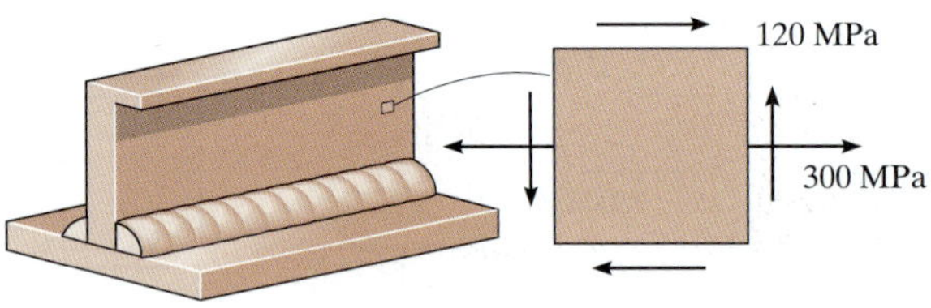

Prob. 14–56

14–57. Determine (a) the principal stresses and (b) the maximum in-plane shear stress and average normal stress. Specify the orientation of the element in each case.

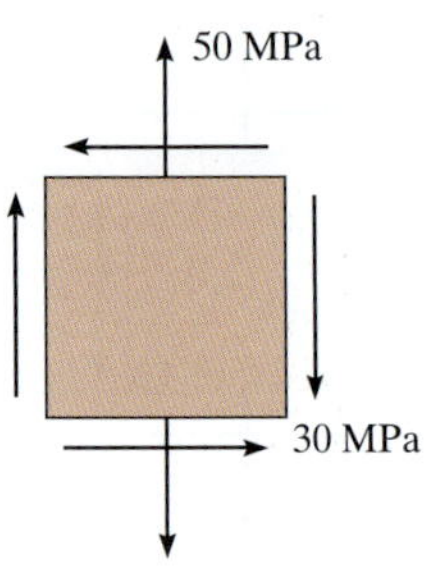

Prob. 14–57

14–58. Determine (a) the principal stresses and (b) the maximum in-plane shear stress and average normal stress. Specify the orientation of the element in each case.

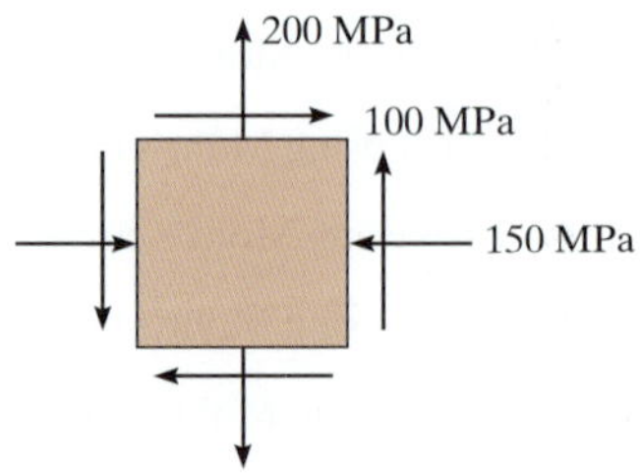

Prob. 14–58

14–59. Determine the principal stress, the maximum in-plane shear stress, and average normal stress. Specify the orientation of the element in each case.

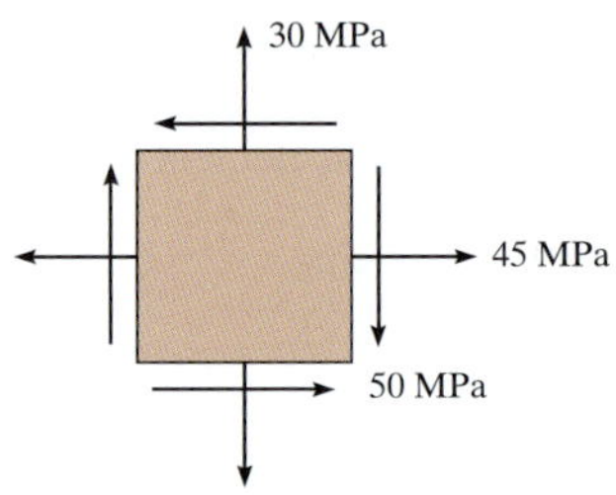

Prob. 14–59

***14–60.** Draw Mohr's circle that describes each of the following states of stress.

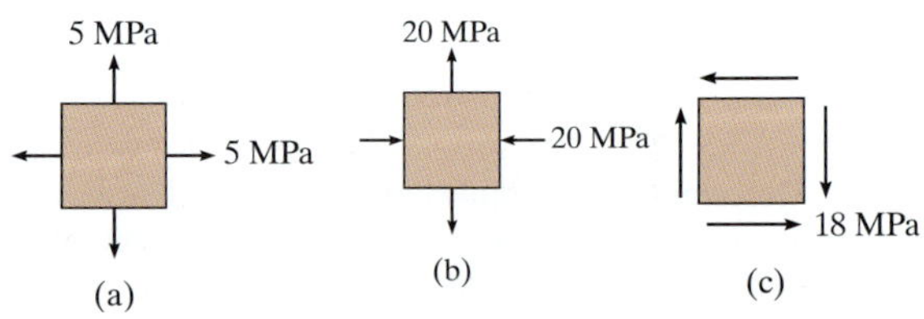

Prob. 14–60

14–61. The grains of wood in the board make an angle of 20° with the horizontal as shown. Determine the normal and shear stresses that act perpendicular and parallel to the grains if the board is subjected to an axial load of 250 N.

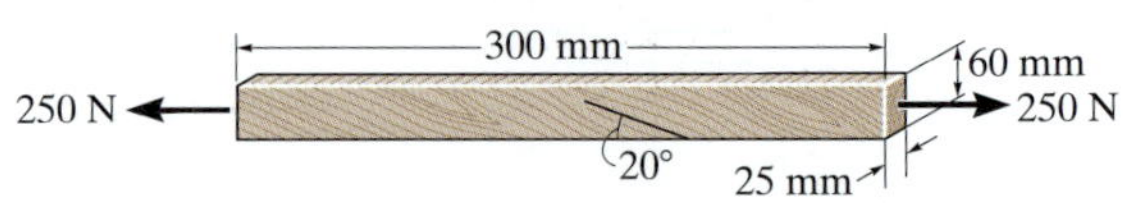

Prob. 14–61

14

14–62. The rotor shaft of the helicopter is subjected to the tensile force and torque shown when the rotor blades provide the lifting force to suspend the helicopter at midair. If the shaft has a diameter of 150 mm, determine the principal stress and maximum in-plane shear stress at a point located on the surface of the shaft.

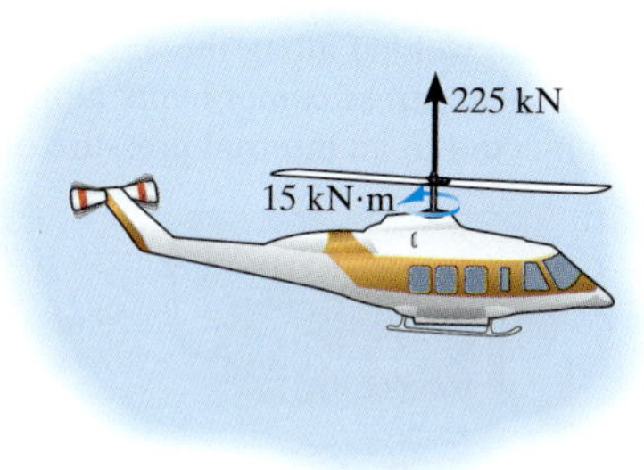

Prob. 14–62

14–63. The frame supports the triangular distributed load shown. Determine the normal and shear stresses at point D that act perpendicular and parallel, respectively, to the grains. The grains at this point make an angle of 35° with the horizontal as shown.

***14–64.** The frame supports the triangular distributed load shown. Determine the normal and shear stresses at point E that act perpendicular and parallel, respectively, to the grains. The grains at this point make an angle of 45° with the horizontal as shown.

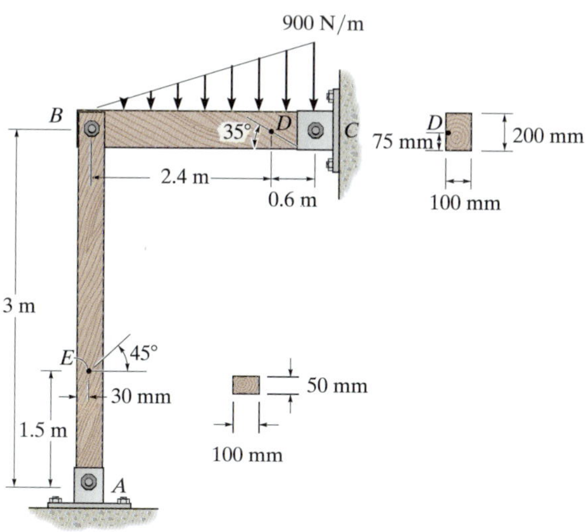

Probs. 14–63/64

14–65. Determine the principal stresses and the maximum in-plane shear stress that are developed at point A. Show the results on an element located at this point. The rod has a diameter of 40 mm.

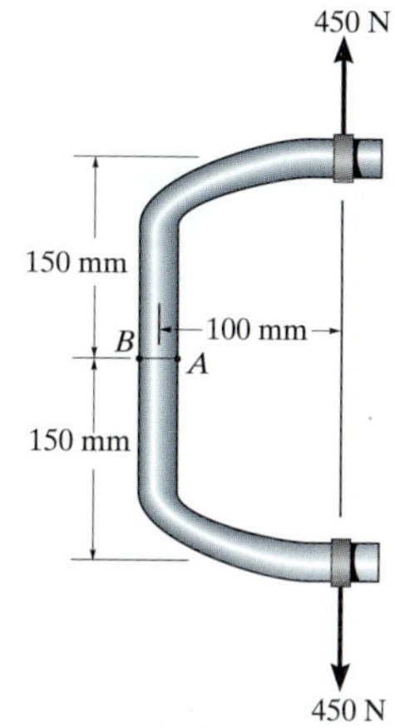

Prob. 14–65

14–66. Determine the principal stresses, the maximum in-plane shear stress, and average normal stress. Specify the orientation of the element in each case.

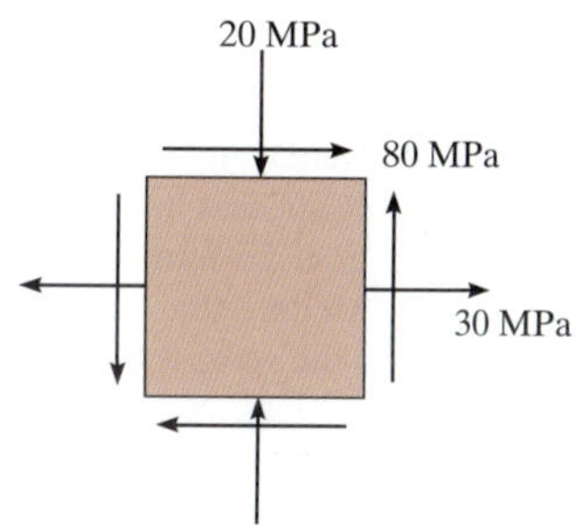

Prob. 14–66

14–67. The thin-walled pipe has an inner diameter of 12 mm and a thickness of 0.6 mm. If it is subjected to an internal pressure of 3.5 MPa and the axial tension and torsional loadings shown, determine the principal stress at a point on the surface of the pipe.

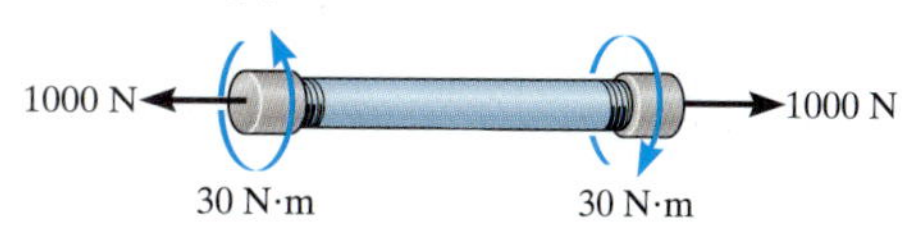

Prob. 14–67

***14–68.** Determine the principal stress at point A on the cross section of the hanger at section a–a. Specify the orientation of this state of stress and indicate the result on an element at the point.

14

14–69. Determine the principal stress at point A on the cross section of the hanger at section b–b. Specify the orientation of the state of stress and indicate the results on an element at the point.

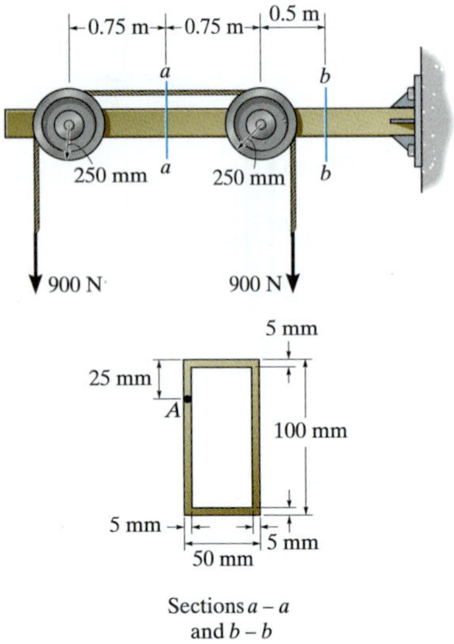

Probs. 14–68/69

14–70. The ladder is supported on the rough surface at A and by a smooth wall at B. If a man weighing 675 N stands upright at C, determine the principal stresses in one of the legs at point D. Each leg is made from a 25-mm-thick board having a rectangular cross section. Assume that the total weight of the man is exerted vertically on the rung at C and is shared equally by each of the ladder's two legs. Neglect the weight of the ladder and the forces developed by the man's arms.

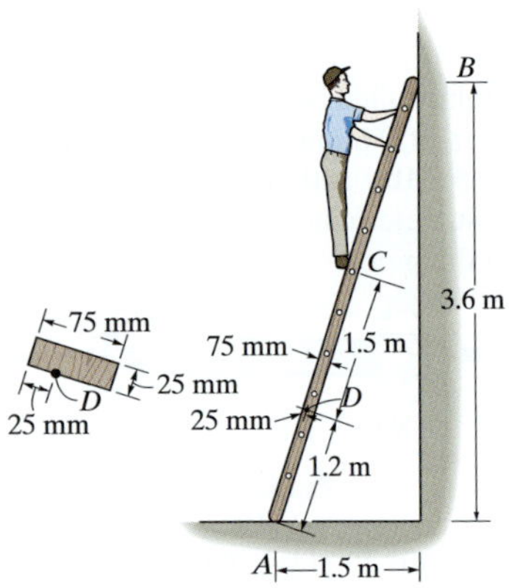

Prob. 14–70

14–71. A spherical pressure vessel has an inner radius of 1.5 m and a wall thickness of 12 mm. Draw Mohr's circle for the state of stress at a point on the vessel and explain the significance of the result. The vessel is subjected to an internal pressure of 0.56 MPa.

***14–72.** The cylindrical pressure vessel has an inner radius of 1.25 m and a wall thickness of 15 mm. It is made from steel plates that are welded along the 45° seam. Determine the normal and shear stress components along this seam if the vessel is subjected to an internal pressure of 8 MPa.

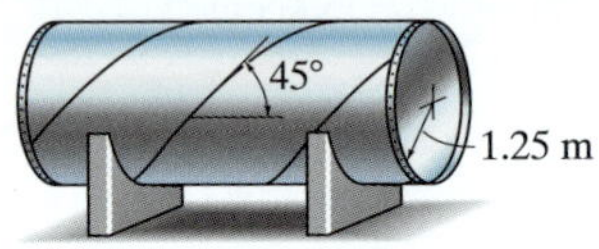

Prob. 14–72

14–73. Determine the normal and shear stresses at point D that act perpendicular and parallel, respectively, to the grains. The grains at this point make an angle of 30° with the horizontal as shown. Point D is located just to the left of the 10-kN force.

14–74. Determine the principal stress at point D, which is located just to the left of the 10-kN force.

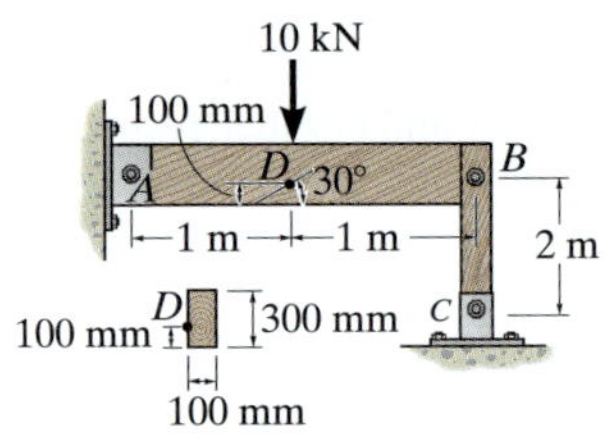

Probs. 14–73/74

14–75. The pedal crank for a bicycle has the cross section shown. If it is fixed to the gear at B and does not rotate while subjected to a force of 400 N, determine the principal stress in the material on the cross section at point C.

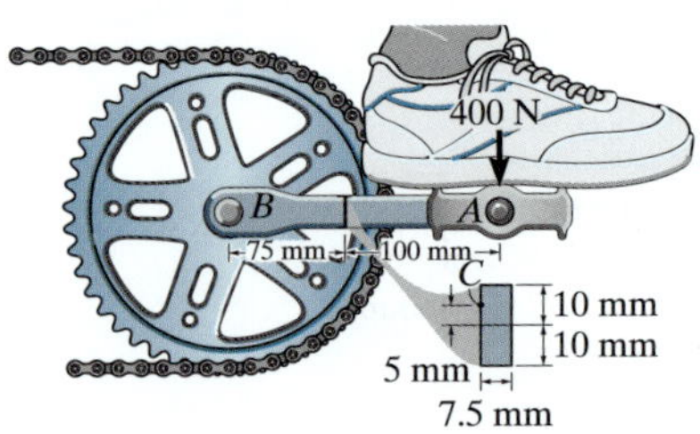

14.5 절대 최대 전단응력

연성재료에 있어서 그 강도는 전단응력에 저항하는 능력에 의하여 좌우되므로 재료가 하중을 받을 때 발생하는 **절대 최대 전단응력**(absolute maximum shear stress)을 구하는 것이 중요하다. 여기서는 가장 일반적인 응력 상태인 그림 14-21a의 평면응력 상태에만 국한하여 설명하도록 한다.* 그림에서 σ_1과 σ_2는 모두 인장응력이다. 이 요소를 그림 14-21b, 14-21c, 14-21d처럼 각각 $y-z$, $x-z$, $x-y$면에서의 2차원으로 나누어 볼 경우, 각 경우에 대하여 모어 원을 사용하여 최대 면내 전단응력을 구할 수 있다. 예를 들어 그림 14-21b의 경우, 모어 원은 0에서 σ_2 사이에 그려진다. 그림 14-21e에서의 이 모어 원에서부터 최대 면내 전단응력은 $\tau^{max}_{in-plane} = \sigma_2/2$이다. 다른 두 경우의 모어 원도 그림 14-21e에서 볼 수 있다. 세 원 모두를 비교하면 절대 최대 전단응력은

$$\tau_{\substack{abs\\max}} = \frac{\sigma_1}{2} \qquad (14\text{-}13)$$

σ_1과 σ_2가 동일 부호인 경우

이 전단응력은 그림 14-21a 또는 그림 14-21c에 보인 요소로부터 y축에 대하여 45° 회전시켜 얻는 요소에 작용한다. 재료를 파괴시키는 것은 $\tau^{max}_{in-plane}$이 아니라 이 면외 전단응력이다.

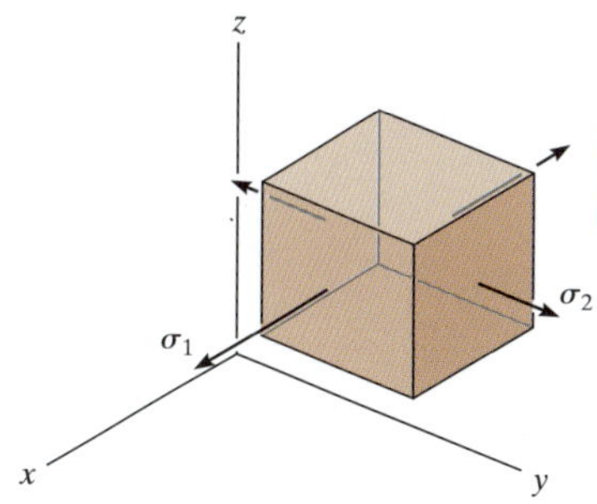

x-y 평면응력

(a)

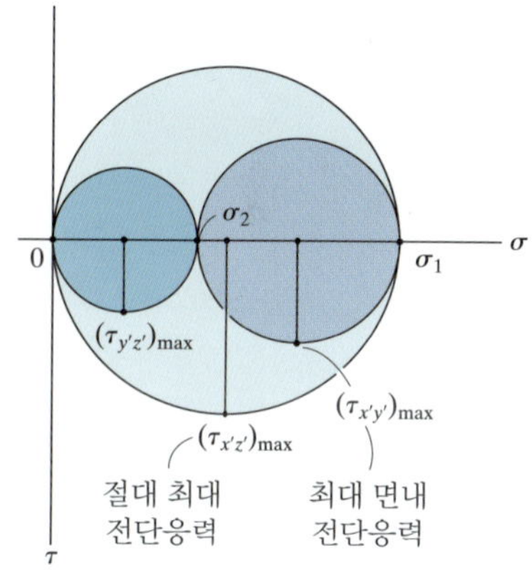

(e)

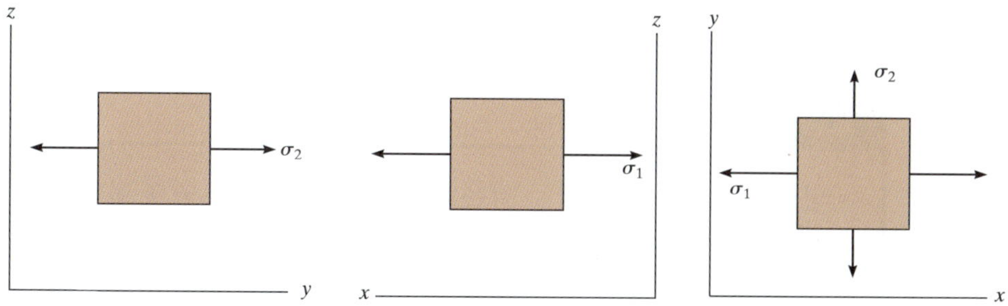

(b) (c) (d)

그림 14-21

* 3차원 응력에 대한 경우는 고급응용역학이나 탄성론 교재에서 참고할 수 있다.

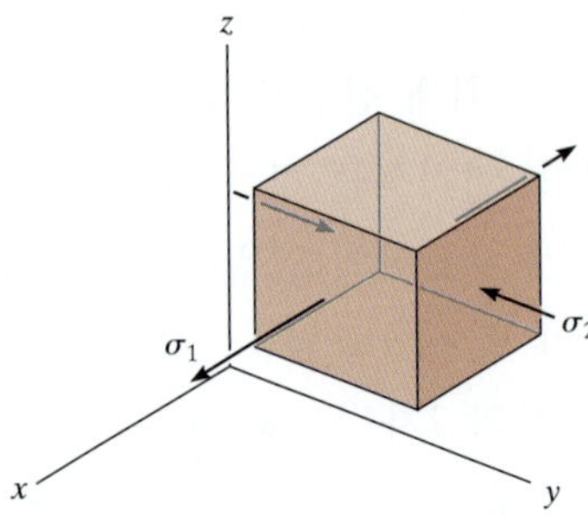

(a)

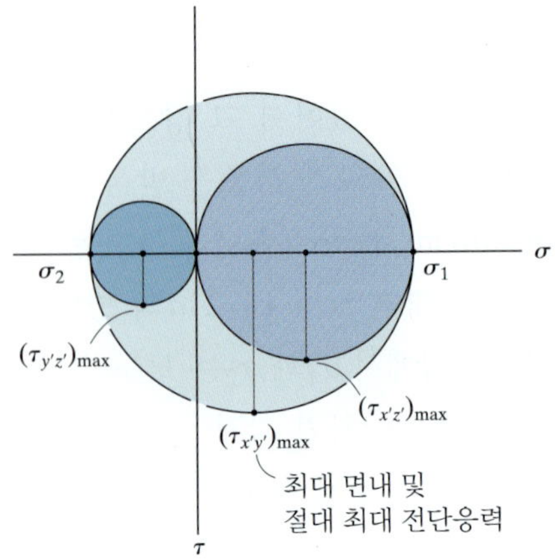

(b)

그림 14-22

마찬가지 방법으로, 만일 그림 14-22*a*와 같이 면내 주응력 중 하나의 부호가 다른 하나와 다르다면, 요소의 응력 상태를 표현하는 세 모어 원은 그림 14-22*b*와 같이 된다. 이 경우,

$$\tau_{\substack{abs \\ max}} = \frac{\sigma_1 - \sigma_2}{2} \tag{14-14}$$

σ_1과 σ_2가 반대 부호인 경우

임이 명백하다. 여기서 절대 최대 전단응력은 그림 14-22*a*의 요소를 *z*축에 대하여 45° 회전시켜 얻는 요소의 최대 면내 전단응력과 같다.

요점 IMPORTANT POINTS

- 만일 면내 주응력이 모두 같은 부호를 가지면, 절대 최대 전단응력은 면외로 발생하고 그 크기는 $\tau_{max}^{abc} = \sigma_{max}/2$이다. 이 값은 면내 전단응력보다 크다.
- 만일 면내 주응력이 다른 부호를 가지면 절대 최대 전단응력은 최대 면내 전단응력과 같고, 그 크기는 $\tau_{max}^{abc} = (\sigma_{max} - \sigma_{min})/2$이다.

예제 14.10

그림 14-24a의 원통형 압력용기 표면의 한 점이 평면응력 상태에 있다. 이 점에서의 절대 최대 전단응력을 구하라.

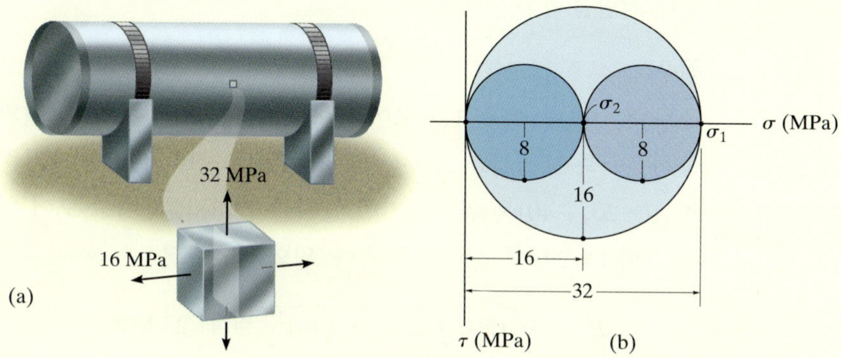

그림 14-23

풀이

주응력은 $\sigma_1 = 32$ MPa, $\sigma_2 = 16$ MPa이다. 이들 응력을 σ축을 따라 그리면 그림 14-23b와 같이 세 개의 수직면에서 볼 수 있는 응력 상태를 표시하는 세 개의 모어 원이 만들어진다. 가장 큰 원은 16 MPa의 반지름을 가지며, 그림 14-23a에 음영으로 표시된 평면과 같이 $\sigma_1 = 32$ MPa만이 작용하는 평면의 응력 상태를 나타낸다. 이 평면 내에서 45° 회전된 요소가 절대 최대 전단응력과 그에 대응되는 평균 수직응력 상태로 된다. 즉,

$$\tau_{\substack{\text{abs} \\ \text{max}}} = 16 \text{ MPa} \qquad \text{답}$$

$$\sigma_{\text{avg}} = 16 \text{ MPa}$$

식 (14-13)을 적용하면 동일한 $\tau_{\substack{\text{abc} \\ \text{max}}}$ 값을 얻을 수 있다.

$$\tau_{\substack{\text{abs} \\ \text{max}}} = \frac{\sigma_1}{2} = \frac{32}{2} = 16 \text{ MPa} \qquad \text{답}$$

$$\sigma_{\text{avg}} = \frac{32 + 0}{2} = 16 \text{ MPa}$$

비교를 위하여 최대 면내 전단응력을 구하면, 그림 14-23b에서 $\sigma_1 = 32$ MPa과 $\sigma_2 = 16$ MPa 사이에 그려진 모어 원으로부터

$$\tau_{\substack{\text{max} \\ \text{in-plane}}} = \frac{32 - 16}{2} = 8 \text{ MPa}$$

$$\sigma_{\text{avg}} = \frac{32 + 16}{2} = 24 \text{ MPa}$$

이다.

예제 14.11

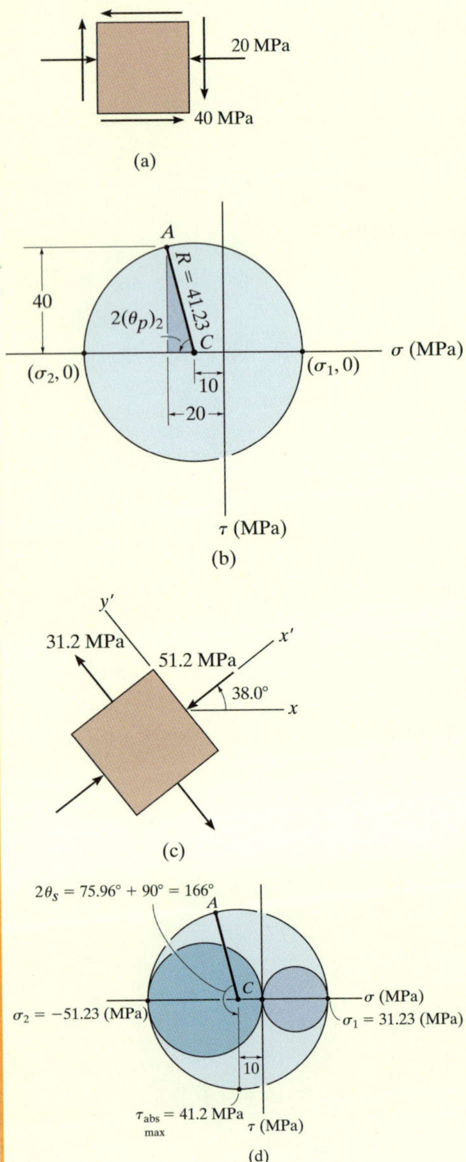

그림 14-24

기계의 샤프트에 하중이 가해져 한 점에서의 요소가 그림 14-24a와 같은 평면응력 상태에 있다. 이 점에서의 주응력과 절대 최대 전단응력을 구하라.

풀이

주응력. 면내 주응력은 모어 원에 의하여 구할 수 있다. 원의 중심은 σ축 상에서 $\sigma_{avg} = (-20 + 0)/2 = -10$ MPa이다. 기준점 $A(-20, -40)$을 위치시키면 반지름 CA가 정해지고 모어 원은 그림 14-24b와 같이 그려진다. 원의 반지름은

$$R = \sqrt{(20 - 10)^2 + (40)^2} = 41.23 \text{ MPa}$$

주응력은 σ축과 원이 만나는 점의 응력이다.

$$\sigma_1 = -10 + 41.23 = 31.23 \text{ MPa}$$
$$\sigma_2 = -10 - 41.23 = -51.23 \text{ MPa}$$

모어 원에서 CA로부터 $-\sigma$축까지의 반시계방향 각도 2θ는

$$2(\theta_p)_2 = \tan^{-1}\left(\frac{40}{20 - 10}\right) = 75.96^\circ$$

그러므로

$$(\theta_p)_2 = 37.98^\circ$$

이 반시계방향 회전각도는 그림 14-24c와 같이 x'축과 σ_2의 방향 그리고 그에 대응되는 주평면을 결정해 준다.

$$\sigma_1 = 31.23 \text{ MPa} \quad \sigma_2 = -51.23 \text{ MPa}$$ **답**

절대 최대 전단응력. 위의 응력은 반대 부호를 가지므로, 식 (14-14)를 적용하면,

$$\tau_{\substack{abs\\max}} = \frac{\sigma_1 - \sigma_2}{2} = \frac{31.23 - (-51.23)}{2} = 41.2 \text{ MPa}$$ **답**

$$\sigma_{avg} = \frac{31.23 + (-51.23)}{2} = -10 \text{ MPa}$$

주: 그림 14-24d와 같이 x, y, z축 상 요소의 각 방향 모어 원을 통해서도 같은 결과를 구할 수 있다. σ_1과 σ_2의 부호가 반대이기 때문에 절대 최대 전단응력은 최대 면내 전단응력과 같다.

PROBLEMS

***14–76.** Draw the three Mohr's circles that describe each of the following states of stress.

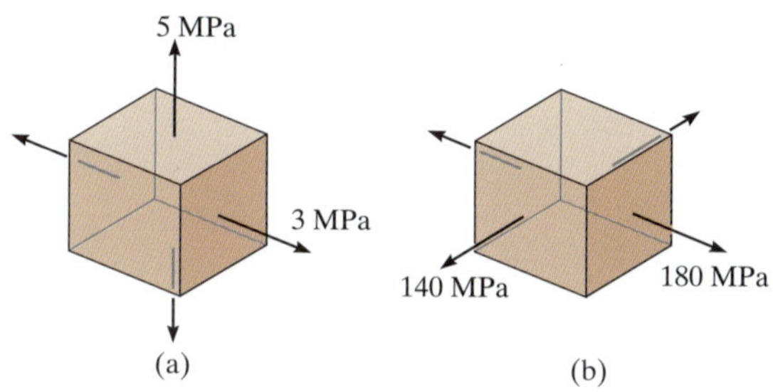

Prob. 14–76

14–77. Draw the three Mohr's circles that describe the following state of stress.

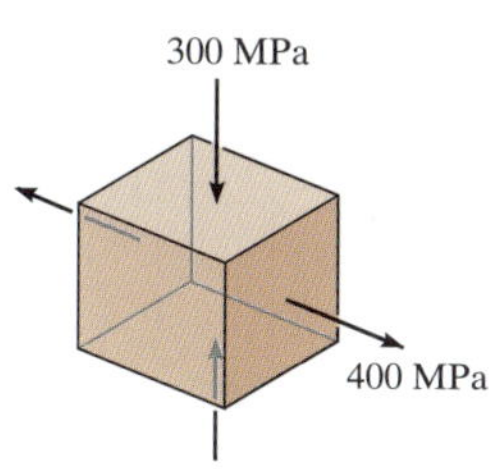

Prob. 14–77

14–78. The stress at a point is shown on the element. Determine the principal stress and the absolute maximum shear stress.

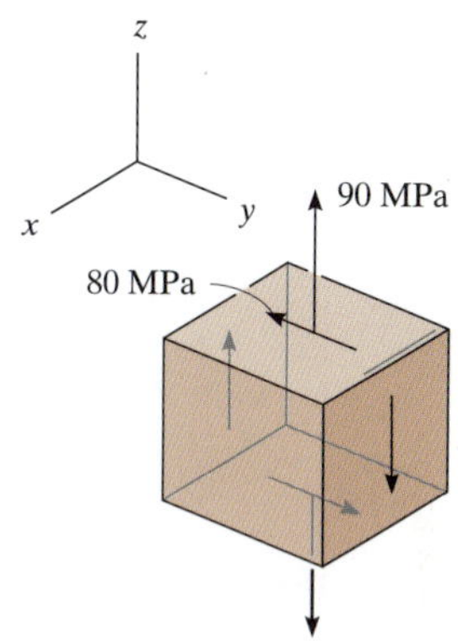

Prob. 14–78

14–79. The stress at a point is shown on the element. Determine the principal stress and the absolute maximum shear stress.

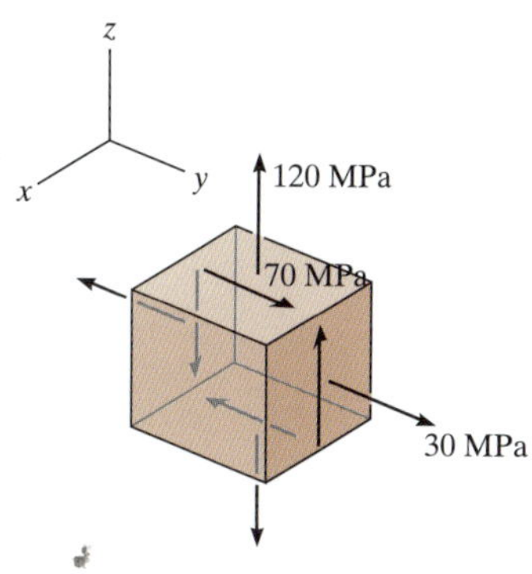

Prob. 14–79

***14–80.** Determine the principal stresses and the absolute maximum shear stress.

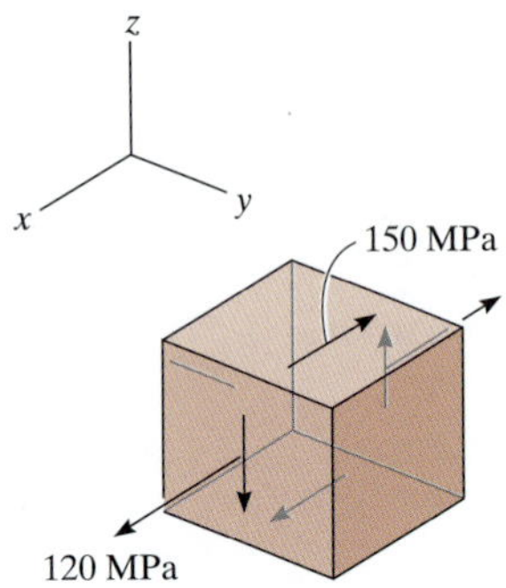

Prob. 14–80

14–81. The stress at a point is shown on the element. Determine the principal stress and the absolute maximum shear stress.

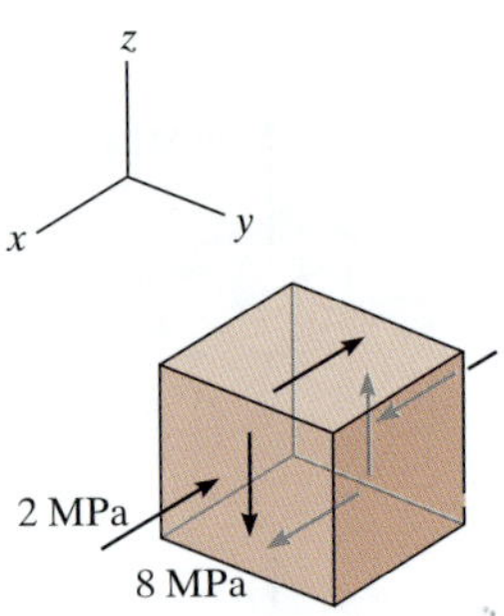

Prob. 14–81

14–82. Consider the general case of plane stress as shown. Write a computer program that will show a plot of the three Mohr's circles for the element, and will also determine the maximum in-plane shear stress and the absolute maximum shear stress.

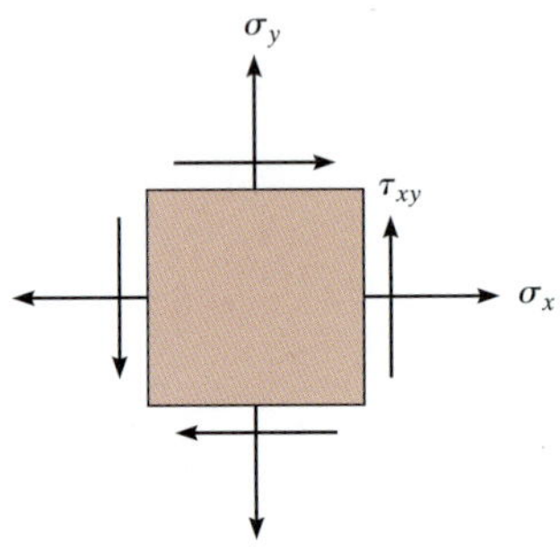

Prob. 14–82

14–83. The state of stress at a point is shown on the element. Determine the principal stress and the absolute maximum shear stress.

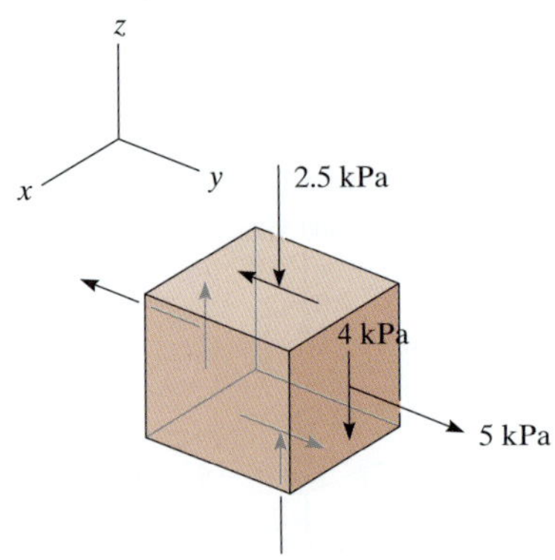

Prob. 14–83

14.6 평면변형률

7.9절에서 설명한 것과 같이 물체 내 한 점에서의 일반적 변형률 상태는 3개의 수직변형률 $\epsilon_x, \epsilon_y, \epsilon_z$와 3개의 전단변형률 $\gamma_{xy}, \gamma_{xz}, \gamma_{yz}$로 표현된다. 수직변형률은 요소의 체적을 변화시키며, 전단변형률은 형태를 변화시킨다. 응력과 마찬가지로, 이 6개의 성분은 요소의 방향에 따라 변하며 엔지니어는 다른 방향으로의 값들을 구하기 위하여 변형률을 변환시켜야 하는 경우가 많다.

이러한 변환이 어떻게 이루어지는가를 이해하기 위하여, 두 수직변형률 성분 ϵ_x, ϵ_y와 하나의 전단변형률 성분 γ_{xy}가 작용하는 **평면변형률**(plane strain) 상태에 관심을 집중하도록 한다. 평면변형률과 평면응력은 비록 각각 같은 면에 존재하는 3개의 요소를 갖고 있지만, 평면응력이 반드시 평면변형률 상태를 만들거나 또는 그 반대의 경우가 되지는 않는다. 이러한 이유는 8.5절에서 논의한 푸아송 효과와 관계가 있다. 예를 들어 그림 14-25의 요소는 σ_x와 σ_y에 의한 평면응력을 받고 있는데, 수직변형률 ϵ_x과 ϵ_y가 발생할 뿐만 아니라 관련된 수직변형률 ϵ_z도 존재하게 되고, 따라서 평면변형률 상태가 아니다.

사실 실제 상황에서 한 방향(예를 들어 z 방향)으로의 찌그러짐이 일어나지 않도록 두 강체면에 의하여 변형이 제어되어 있는 경우는 많지 않으므로 평면변형률 상태는 잘 발생하지 않는다. 그럼에도 불구하고 평면변형률 해석은 물체 표면의 한 점에서 측정한 변형률게이지 값을 그 점의 평면응력 값으로 전환할 수 있도록 해주므로, 다음 절에서 설명하는 평면변형률 해석의 중요도가 크다.

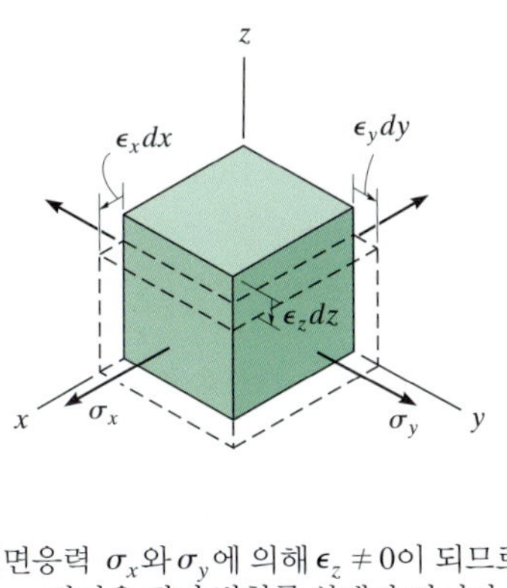

평면응력 σ_x와 σ_y에 의해 $\epsilon_z \neq 0$이 되므로 x-y 평면은 평면 변형률 상태가 아니다.

그림 14-25

14.7 평면변형률 변환의 일반식

그림 14-26a에서와 같이 한 점에서의 수직과 전단변형률 성분 $\epsilon_x, \epsilon_y, \gamma_{xy}$를 알고 있는 경우, 그림 14-26$c$에서의 $\epsilon_{x'}, \epsilon_{y'}, \gamma_{x'y'}$을 구할 수 있는 변형률 변환방정식을 만드는 것이 평면변형률 해석에서 중요하다. 다시 말해서 그림 14-26a에서와 같은 재료의 한 요소가 어떻게 변형되는가를 알고 있는 경우, 그림 14-26b와 같이 재료의 회전된 요소는 어떻게 변형되는가를 알고자 한다. 이를 위하여 x, y축과 x', y'축에 평행한 미소 요소의 측면을 나타내는 선분의 변형과 회전을 검토하도록 한다.

부호 규약. 먼저 변형률에 관한 부호 약속을 정립하는 것으로 시작하도록 한다. 그림 14-26a에서와 같이 수직변형률 ϵ_x와 ϵ_y는 각각 x와 y축을 따라 인장이 발생하면 양이고, 전단변형률 γ_{xy}는 내부 각도 AOB가 90°보다 작아지면 양이다. 이 부호 규약은 그림 14-5a에서와 같은 평면응력에서의 부호 규약에 상응된다. 즉, 양의 $\sigma_x, \sigma_y, \tau_{xy}$는 각각 양의 $\epsilon_x, \epsilon_y, \gamma_{xy}$ 방향으로 요소를 변형시킨다. 마지막으로, x와 x'축 사이의 각도 θ는 평면응력의 경우와 같이 오른손법칙에 따른 손가락방향(즉 그림 14-26c에서의 반시계방향) θ가 양이 된다.

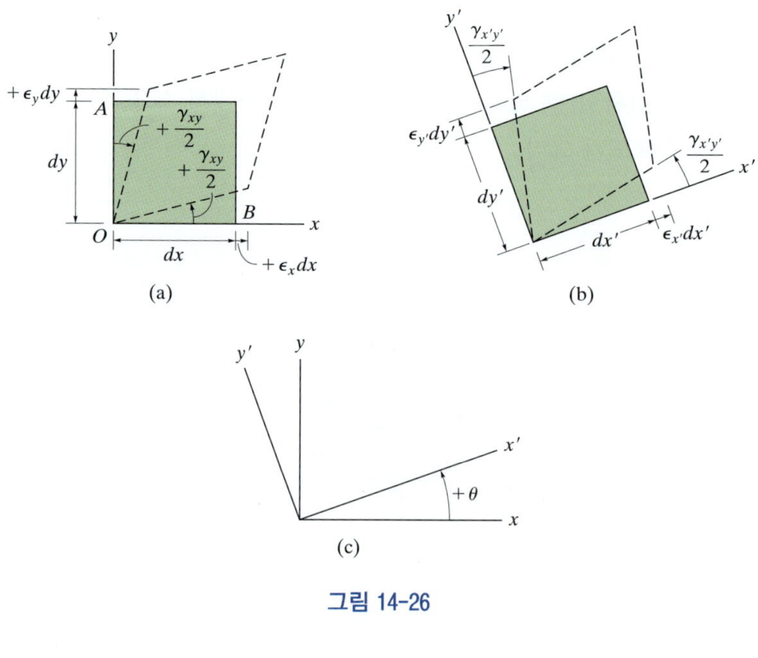

그림 14-26

수직 및 전단변형률. $\epsilon_{x'}$을 구하기 위하여, 변형률 $\epsilon_x, \epsilon_y, \gamma_{xy}$를 받고 있는 x' 축 방향의 직선 요소 dx'의 늘음량을 구하도록 한다. 그림 14-27a에서와 같이 선분 dx'의 x와 y축 방향 성분은

$$
\begin{aligned}
dx &= dx' \cos\theta \\
dy &= dx' \sin\theta
\end{aligned}
\qquad (14\text{-}15)
$$

그림 14-27b에서와 같이 양의 수직변형률 ϵ_x이 발생하면 선분 dx가 $\epsilon_x\,dx$ 만큼 늘어나고 dx'은 $\epsilon_x\,dx\cos\theta$ 만큼 늘어나게 된다. 마찬가지로 그림 14-27c에서와 같이 ϵ_y가 발생하면 선분 dy가 $\epsilon_y\,dy$ 만큼 늘어나고 dx'은 $\epsilon_y\,dy\sin\theta$ 만큼 늘어나게 된다. 마지막으로 dx가 그 지점에서 고정되어 있다고 가정하면, dx와 dy 사이의 각도 변화인 전단변형률 γ_{xy}는 그림 14-27d에서와 같이 선분 dy의 상단부를 오른쪽으로 $\gamma_{xy}\,dy$ 이동하게 한다. 이것이 dx'을 $\gamma_{xy}\,dy\cos\theta$ 만큼 늘어나게 한다. 이들 세 늘음량을 함께 더하면 dx'의 결과 늘음량은

$$\delta x' = \epsilon_x\,dx\cos\theta + \epsilon_y\,dy\sin\theta + \gamma_{xy}\,dy\cos\theta$$

직선 dx' 방향으로의 수직변형률은 $\epsilon_{x'} = \delta x'/dx'$이므로 식 (14-15)를 사용하면 다음과 같다.

$$\epsilon_{x'} = \epsilon_x\cos^2\theta + \epsilon_y\sin^2\theta + \gamma_{xy}\sin\theta\cos\theta \qquad (14\text{-}16)$$

이 수직변형률은 그림 14-26b에 보인 바와 같다.

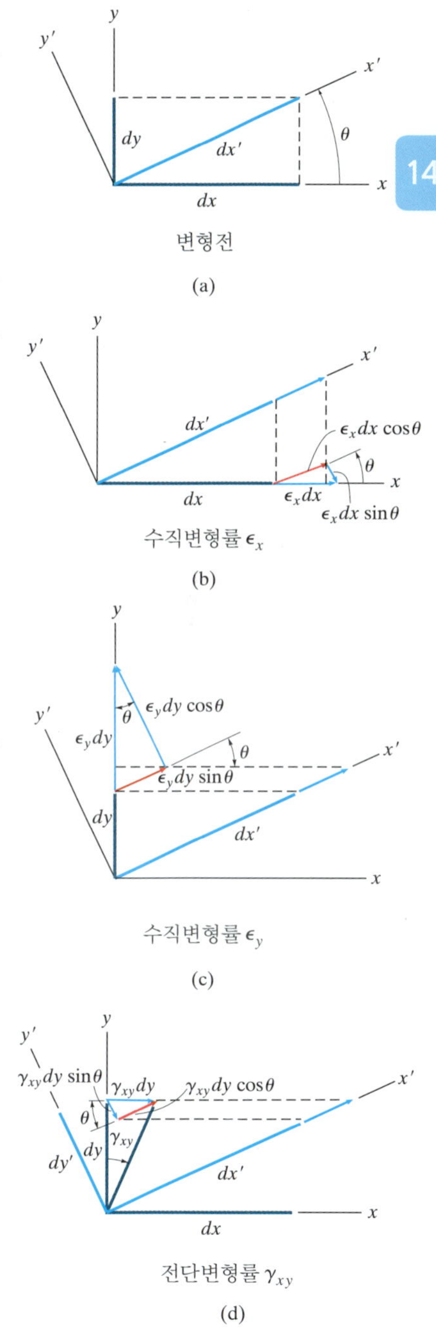

그림 14-27

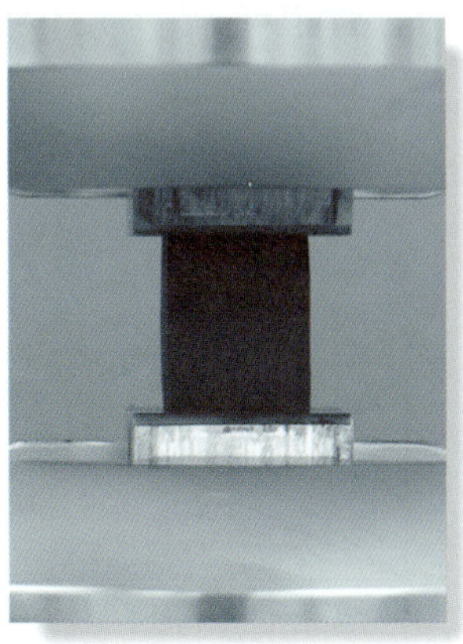

고무 시험체가 두 고정 지지대에 의하여 구속되어, 하중이 시험체의 수평면에 작용하게 되면 평면변형률 상태가 된다.

14

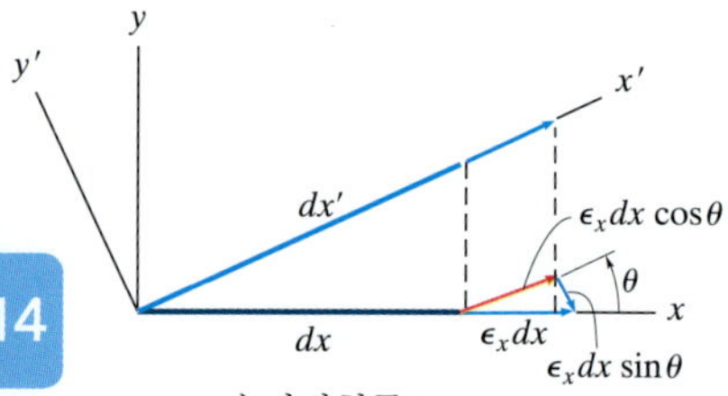

수직변형률 ϵ_x

(b)

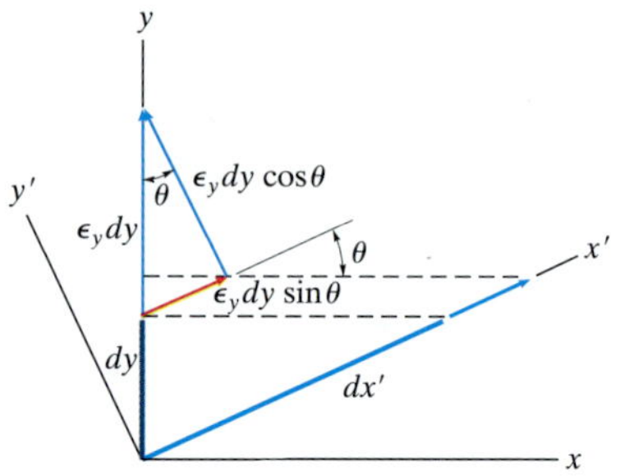

수직변형률 ϵ_y

(c)

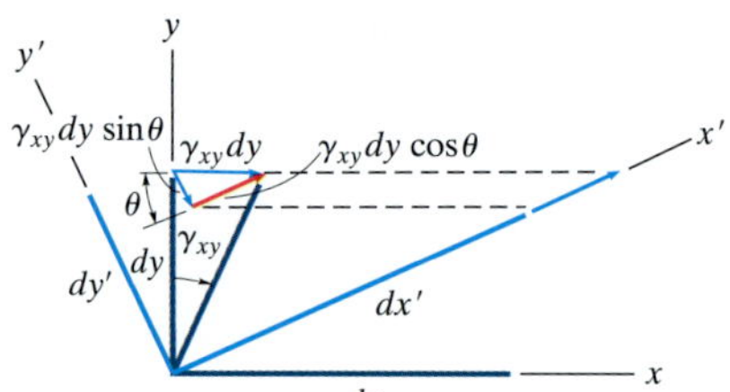

전단변형률 γ_{xy}

(d)

$\gamma_{x'y'}$을 구하기 위해서는 변형률 $\epsilon_x, \epsilon_y, \gamma_{xy}$를 받고 있는 선분 dx'과 dy'의 회전각도를 구하여야 한다. 우선 그림 14-27*e*에서와 같이 dx'의 반시계 방향 회전각 α를 구하도록 한다. 여기서 $\alpha = \delta y'/dx'$이다. 변위 $\delta y'$은 세 변위성분으로 구성된다. 하나는 ϵ_x에 의한 것으로 그림 14-27*b*에서와 같이 $-\epsilon_x\, dx \sin\theta$이다. 또 하나는 ϵ_y에 의한 것으로 그림 14-27*c*에서와 같이 $\epsilon_y\, dy \cos\theta$이다. 마지막 하나는 γ_{xy}에 의한 것으로 그림 14-27*d*에서와 같이 $-\gamma_{xy}\, dy \sin\theta$이다. 따라서 $\delta y'$는

$$\delta y' = -\epsilon_x\, dx \sin\theta + \epsilon_y\, dy \cos\theta - \gamma_{xy}\, dy \sin\theta$$

식 (14-15)를 이용하여

$$\alpha = \frac{\delta y'}{dx'} = (-\epsilon_x + \epsilon_y)\sin\theta\cos\theta - \gamma_{xy}\sin^2\theta \qquad (14\text{-}17)$$

다음으로, 선분 dy'은 그림 14-27*e*에서와 같이 β만큼 회전한다. 앞에서와 동일한 방법으로 이 각도를 구할 수도 있고, 또는 간단하게 식 (14-17)에 θ 대신 $\theta + 90°$를 대입하여 구할 수 있다. 항등식 $\sin(\theta + 90°) = \cos\theta$, $\cos(\theta + 90°) = -\sin\theta$를 사용하면

$$\begin{aligned}\beta &= (-\epsilon_x + \epsilon_y)\sin(\theta + 90°)\cos(\theta + 90°) - \gamma_{xy}\sin^2(\theta + 90°)\\ &= -(-\epsilon_x + \epsilon_y)\cos\theta\sin\theta - \gamma_{xy}\cos^2\theta\end{aligned}$$

α와 β는 선분 dx'과 선분 dy'의 회전을 그림 14-27*e*에서와 같은 방향에 따라 구한 것이므로, 요소는 다음의 전단변형률을 받게 된다.

$$\gamma_{x'y'} = \alpha - \beta = -2(\epsilon_x - \epsilon_y)\sin\theta\cos\theta + \gamma_{xy}(\cos^2\theta - \sin^2\theta) \qquad (14\text{-}18)$$

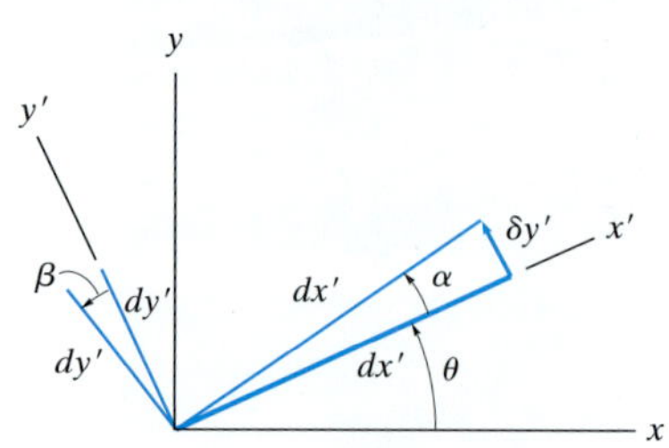

(e)

그림 14-27 (계속)

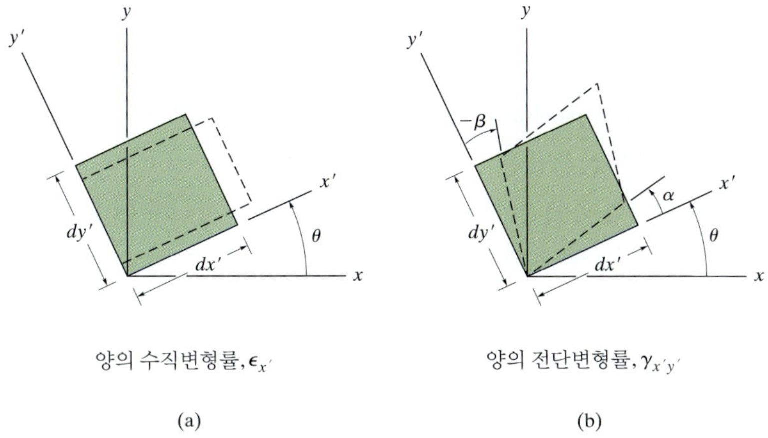

그림 14-28

삼각함수 항등식 $\sin 2\theta = 2 \sin\theta \cos\theta$, $\cos^2\theta = (1+\cos 2\theta)/2$, $\sin^2\theta + \cos^2\theta = 1$을 사용하여 식 (14-16)과 (14-18)을 다시 쓰면

$$\epsilon_{x'} = \frac{\epsilon_x + \epsilon_y}{2} + \frac{\epsilon_x - \epsilon_y}{2}\cos 2\theta + \frac{\gamma_{xy}}{2}\sin 2\theta \tag{14-19}$$

$$\frac{\gamma_{x'y'}}{2} = -\left(\frac{\epsilon_x - \epsilon_y}{2}\right)\sin 2\theta + \frac{\gamma_{xy}}{2}\cos 2\theta \tag{14-20}$$

수직과 전단변형률 성분

앞서 정의한 부호 규약에 따라, $\epsilon_{x'}$이 양이면 그림 14-28*a*와 같이 양의 x' 방향으로 요소가 늘어나게 되고 $\gamma_{x'y'}$가 양이면 그림 14-28*b*와 같이 요소가 변형된다.

만약 y' 방향의 수직변형률을 구하고자 하면 간단하게 식 (14-19)에 θ 대신 $(\theta + 90^\circ)$을 대입하여 얻을 수 있다. 결과는

$$\epsilon_{y'} = \frac{\epsilon_x + \epsilon_y}{2} - \frac{\epsilon_x - \epsilon_y}{2}\cos 2\theta - \frac{\gamma_{xy}}{2}\sin 2\theta \tag{14-21}$$

위의 세 방정식과 평면응력 변환방정식[식 (14-1), 식 (14-2), 식 (14-3)]의 유사성에 주목하도록 한다. 이들 식을 비교하면 $\sigma_x, \sigma_y, \sigma_{x'}, \sigma_{y'}$는 $\epsilon_x, \epsilon_y, \epsilon_{x'}, \epsilon_{y'}$과 대응되고 $\tau_{xy}, \tau_{x'y'}$는 $\gamma_{xy}/2, \gamma_{x'y'}/2$와 대응된다.

원통형과 반구형 압력용기가 연결되는 결합부에서는 종종 복잡한 응력이 발생하게 된다. 이들 응력은 변형률을 측정하여 구할 수 있다.

주변형률. 응력에서와 마찬가지로, 한 점의 요소가 전단변형률 없이 수직변형률로만 변형되도록 하는 방향을 구할 수 있다. 이런 경우 수직변형률을 **주변형률**(principal strain)이라고 하며, 등방성 재료의 경우 이들 변형률이 일어나는 방향의 축들은 주응력의 축과 일치한다.

위에서 언급한 응력과 변형률의 유사성에 따라, 식 (14-19)로부터 두 주변형률 ϵ_1과 ϵ_2의 x'축 방향과 그 값을 다음과 같이 구할 수 있다.

$$\tan 2\theta_p = \frac{\gamma_{xy}}{\epsilon_x - \epsilon_y} \tag{14-22}$$

주평면의 방향

$$\epsilon_{1,2} = \frac{\epsilon_x + \epsilon_y}{2} \pm \sqrt{\left(\frac{\epsilon_x - \epsilon_y}{2}\right)^2 + \left(\frac{\gamma_{xy}}{2}\right)^2} \tag{14-23}$$

주변형률

최대 면내 전단변형률. 식 (14-20)을 이용하여 최대 면내 전단변형률의 x'축방향과 그 값, 그리고 그에 대응하는 평균 수직변형률을 구하면 다음의 식과 같다.

$$\tan 2\theta_s = -\left(\frac{\epsilon_x - \epsilon_y}{\gamma_{xy}}\right) \tag{14-24}$$

최대 면내 전단변형률의 방향

$$\frac{\gamma_{\substack{\text{max} \\ \text{in-plane}}}}{2} = \sqrt{\left(\frac{\epsilon_x - \epsilon_y}{2}\right)^2 + \left(\frac{\gamma_{xy}}{2}\right)^2} \tag{14-25}$$

최대 면내 전단변형률

$$\epsilon_{avg} = \frac{\epsilon_x + \epsilon_y}{2} \tag{14-26}$$

평균 수직변형률

요점 IMPORTANT POINTS

- 평면응력의 경우, 변형률 게이지로부터 측정한 자료를 해석하기 위하여 그 응력의 평면 내에서 평면변형률 해석을 사용할 수 있다. 그러나 게이지의 수직방향으로 수직변형률이 있음을 기억해야 한다.
- 변형률의 상태를 주변형률로 나타내게 되면 요소에 작용하는 전단변형률은 없다.
- 한 점에서의 변형률 상태를 최대 면내 전단변형률의 항으로 나타낼 경우, 평균 수직변형률도 요소에 작용하게 된다.

예제 14.12

평면변형률 상태의 한 점에서의 변형률 성분이 $\epsilon_x = 500(10^{-6})$, $\epsilon_y = -300(10^{-6})$, $\gamma_{xy} = 200(10^{-6})$로서 그림 14-29$a$와 같이 요소가 변형되었다. 시계방향으로 30° 방향 회전된 요소에 작용하는 등가의 변형률을 구하라.

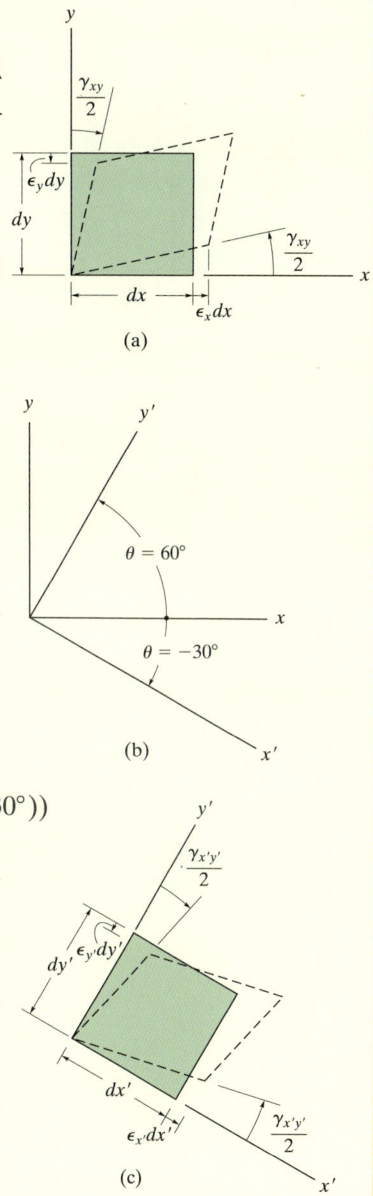

그림 14-29

풀이

변형률 변환방정식 식 (14-19)와 (14-20)이 문제를 해석하기 위하여 이용된다. θ는 반시계방향이 양이므로 이 문제에서 $\theta = -30°$이다.

$$\epsilon_{x'} = \frac{\epsilon_x + \epsilon_y}{2} + \frac{\epsilon_x - \epsilon_y}{2}\cos 2\theta + \frac{\gamma_{xy}}{2}\sin 2\theta$$

$$= \left[\frac{500 + (-300)}{2}\right](10^{-6}) + \left[\frac{500 - (-300)}{2}\right](10^{-6})\cos(2(-30°))$$

$$+ \left[\frac{200(10^{-6})}{2}\right]\sin(2(-30°))$$

$$\epsilon_{x'} = 213(10^{-6})$$ 답

$$\frac{\gamma_{x'y'}}{2} = -\left(\frac{\epsilon_x - \epsilon_y}{2}\right)\sin 2\theta + \frac{\gamma_{xy}}{2}\cos 2\theta$$

$$= -\left[\frac{500 - (-300)}{2}\right](10^{-6})\sin(2(-30°)) + \frac{200(10^{-6})}{2}\cos(2(-30°))$$

$$\gamma_{x'y'} = 793(10^{-6})$$ 답

y' 방향의 변형률은 $\theta = -30°$를 식 (14-21)에 대입하여 얻을 수 있다. 그러나 그림 14-29b에서와 같이 $\theta = 60°(\theta = -30° + 90°)$를 식 (14-19)에 대입하여서도 $\epsilon_{y'}$을 얻을 수 있다. $\epsilon_{y'}$을 $\epsilon_{x'}$에 대신하면

$$\epsilon_{y'} = \frac{\epsilon_x + \epsilon_y}{2} + \frac{\epsilon_x - \epsilon_y}{2}\cos 2\theta + \frac{\gamma_{xy}}{2}\sin 2\theta$$

$$= \left[\frac{500 + (-300)}{2}\right](10^{-6}) + \left[\frac{500 - (-300)}{2}\right](10^{-6})\cos(2(60°))$$

$$+ \frac{200(10^{-6})}{2}\sin(2(60°))$$

$$\epsilon_{y'} = -13.4(10^{-6})$$ 답

이 결과는 그림 14-29c에 보인 바와 같이 요소를 변형시킨다.

14

예제 14.13

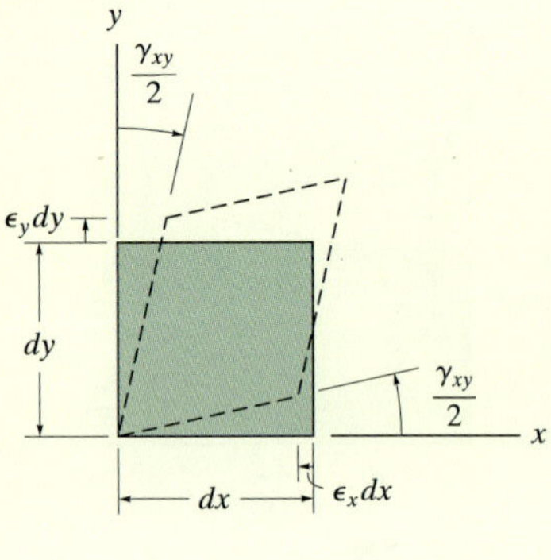

(a)

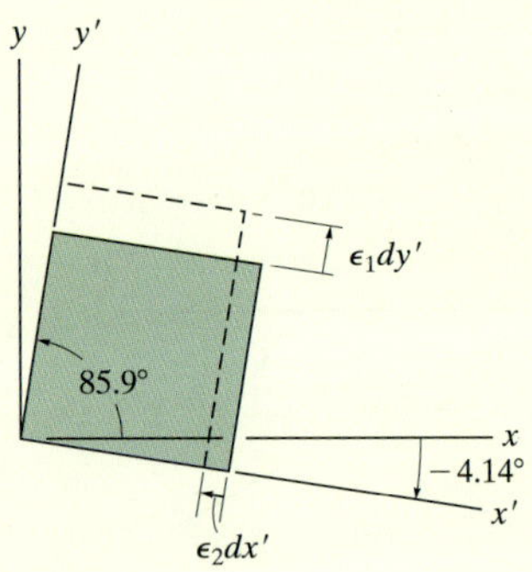

(b)

그림 14-30

평면변형률 상태의 한 점에서의 변형률 성분이 그림 14-30*a*와 같이 $\epsilon_x = -350(10^{-6})$, $\epsilon_y = 200(10^{-6})$, $\gamma_{xy} = 80(10^{-6})$이다. 이 점에서의 주변형률과 주변형률이 일어나는 요소의 방향을 구하라.

풀이

요소의 방향. 식 (14-22)로부터

$$\tan 2\theta_p = \frac{\gamma_{xy}}{\epsilon_x - \epsilon_y} = \frac{80(10^{-6})}{(-350 - 200)(10^{-6})}$$

따라서 $2\theta_p = -8.28°$와 $-8.28° + 180° = 171.72°$이므로

$$\theta_p = -4.14° \text{ and } 85.9° \qquad \text{답}$$

이들 각은 그림 14-30*b*에서와 같이 요소 각 면의 바깥방향 법선을 *x*축으로부터 반시계방향을 양으로 잰 각도이다.

주변형률. 주변형률은 식 (14-23)으로부터 구할 수 있다.

$$\epsilon_{1,2} = \frac{\epsilon_x + \epsilon_y}{2} \pm \sqrt{\left(\frac{\epsilon_x - \epsilon_y}{2}\right)^2 + \left(\frac{\gamma_{xy}}{2}\right)^2}$$
$$= \frac{(-350 + 200)(10^{-6})}{2} \pm \left[\sqrt{\left(\frac{-350 - 200}{2}\right)^2 + \left(\frac{80}{2}\right)^2}\right](10^{-6})$$
$$= -75.0(10^{-6}) \pm 277.9(10^{-6})$$

$$\epsilon_1 = 203(10^{-6}) \qquad \epsilon_2 = -353(10^{-6}) \qquad \text{답}$$

이들 두 주변형률의 방향을 결정하기 위하여 그림 14-30*b*에서와 같이 $\theta = -4.14°$를 식 (14-19)에 적용하면

$$\epsilon_{x'} = \frac{\epsilon_x + \epsilon_y}{2} + \frac{\epsilon_x - \epsilon_y}{2}\cos 2\theta + \frac{\gamma_{xy}}{2}\sin 2\theta$$
$$= \left(\frac{-350 + 200}{2}\right)(10^{-6}) + \left(\frac{-350 - 200}{2}\right)(10^{-6})\cos 2(-4.14°) + \frac{80(10^{-6})}{2}\sin 2(-4.14°)$$
$$\epsilon_{x'} = -353(10^{-6})$$

따라서 $\epsilon_{x'} = \epsilon_2$이다. 이들 주변형률을 받게 되면 요소는 그림 14-30*b*에 보인 것과 같이 변형된다.

예제 14.14

평면변형률 상태의 한 점에서의 변형률 성분이 그림 14-31*a*와 같이 $\epsilon_x = -350(10^{-6})$, $\epsilon_y = 200(10^{-6})$, $\gamma_{xy} = 80(10^{-6})$이다. 이 점에서의 최대 면내 전단변형률과 이 변형률이 일어나는 요소의 방향을 구하라.

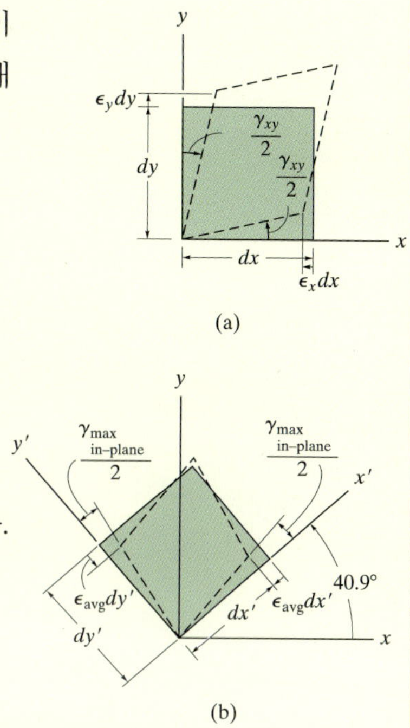

그림 14-31

풀이

요소의 방향. 식 (14-24)로부터

$$\tan 2\theta_s = -\left(\frac{\epsilon_x - \epsilon_y}{\gamma_{xy}}\right) = -\frac{(-350 - 200)(10^{-6})}{80(10^{-6})}$$

따라서 $2\theta_s = 81.72°$와 $81.72° + 180° = 261.72°$이므로

$$\theta_s = 40.9° \text{ and } 131°$$

이 방향은 그림 14-31*b*에서 보인 방향과 45° 차이가 있음을 주의할 수 있다.

최대 면내 전단응력. 식 (14-25)를 적용하면

$$\frac{\gamma_{\substack{\max\\\text{in-plane}}}}{2} = \sqrt{\left(\frac{\epsilon_x - \epsilon_y}{2}\right)^2 + \left(\frac{\gamma_{xy}}{2}\right)^2}$$

$$= \left[\sqrt{\left(\frac{-350 - 200}{2}\right)^2 + \left(\frac{80}{2}\right)^2}\right](10^{-6})$$

$$\gamma_{\substack{\max\\\text{in-plane}}} = 556(10^{-6})$$ 답

제곱근을 구하면 $\gamma_{\substack{\max\\\text{in-plane}}}$의 부호가 둘이 되며, 각각의 각도에 적절한 부호는 식 (14-20)을 적용하여 찾을 수 있다. $\theta_s = 40.9°$일 때,

$$\frac{\gamma_{x'y'}}{2} = -\frac{\epsilon_x - \epsilon_y}{2}\sin 2\theta + \frac{\gamma_{xy}}{2}\cos 2\theta$$

$$= -\left(\frac{-350 - 200}{2}\right)(10^{-6})\sin 2(40.9°) + \frac{80(10^{-6})}{2}\cos 2(40.9°)$$

$$\gamma_{x'y'} = 556(10^{-6})$$

이 결과가 양이므로, $\gamma_{\substack{\max\\\text{in-plane}}}$는 그림 14-31*b*에서와 같이 dx'과 dy' 사이의 직각이 감소하는 형태로 (양의 부호 규약) 요소를 변형시킨다.

또한 이 요소에는 식 (14-26)에 따른 평균 수직변형률이 일어나게 된다.

$$\epsilon_{avg} = \frac{\epsilon_x + \epsilon_y}{2} = \frac{-350 + 200}{2}(10^{-6}) = -75(10^{-6})$$

이들 변형률은 그림 14-31*b*와 같이 요소를 수축시키려 한다.

14

* 14.8 모어 원-평면변형률

평면변형률의 변환방정식이 평면응력의 변환방정식과 수학적으로 유사하므로, 변형률의 변환과 관련된 문제를 해석하기 위하여 모어 원을 사용할 수 있을 것이다.

응력의 경우와 마찬가지로 식 (14-19)와 (14-20)에 있는 매개변수 θ를 소거하고 다음의 형식으로 다시 쓰면

$$(\epsilon_{x'} - \epsilon_{\text{avg}})^2 + \left(\frac{\gamma_{x'y'}}{2}\right)^2 = R^2 \qquad (14\text{-}27)$$

여기서

$$\epsilon_{\text{avg}} = \frac{\epsilon_x + \epsilon_y}{2}$$

$$R = \sqrt{\left(\frac{\epsilon_x - \epsilon_y}{2}\right)^2 + \left(\frac{\gamma_{xy}}{2}\right)^2}$$

식 (14-27)이 변형률에 관한 모어 원의 방정식이다. 이 원은 ϵ축상의 $C(\epsilon_{\text{avg}}, 0)$ 점을 중심으로 하고 반지름 R을 가진다. 다음의 풀이과정에서 설명하는 바와 같이 모어 원을 사용하여 주변형률, 최대 면내 전단변형률 그리고 임의의 평면상의 변형률 등을 구할 수 있다.

풀이 과정 PROCEDURE FOR ANALYSIS

변형률에 대한 모어 원을 그리는 순서는 응력에 대한 모어 원을 그리는 순서와 동일하다.

모어 원

- 그림 14-32와 같이 가로좌표는 오른쪽 방향을 양으로 하여 수직변형률 ϵ을 표시하고 세로좌표는 아래 방향을 양으로 하여 전단응력의 절반 $\gamma/2$를 표시하는 좌표계를 정한다.
- $\epsilon_x, \epsilon_y, \gamma_{xy}$에 관한 양의 부호 약속을 사용하여 그림 14-26과 같이 원점에서 $\epsilon_{\text{avg}} = (\epsilon_x + \epsilon_y)/2$만큼 떨어진 위치에 원의 중심 C를 결정한다.
- 좌표 $A(\epsilon_x, \gamma_{xy}/2)$를 가지는 기준점 A를 그린다. 이 점은 x'축이 x축과 동일한 경우를 나타낸다. 따라서 그림 14-32에서와 같이 $\theta = 0°$이다.
- 그림 14-32의 점 A와 원의 중심 C를 연결하고 음영의 삼각형으로부터 원의 반지름 R을 구한다.
- 일단 R이 결정되면 원을 그릴 수 있다.

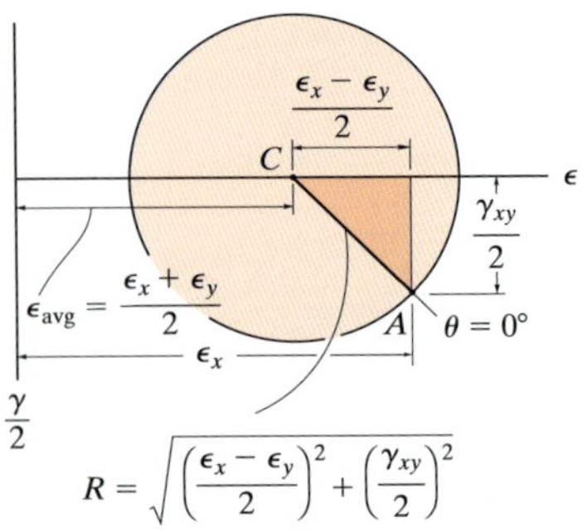

그림 14-32

주변형률

- 주변형률 ϵ_1과 ϵ_2는 그림 14-33a에서와 같이 $\gamma/2 = 0$인 원주상의 점 B와 D의 좌표로부터 구한다.
- ϵ_1이 작용하는 평면의 방향은 원에서 삼각법을 사용하여 $2\theta_{p_1}$을 구함에 의하여 결정할 수 있다. 그림 14-33a에서는 이 각도가 CA로부터 CB까지 반시계방향으로 측정한 것이다. θ_{p_1}의 회전방향도 그림 14-33b에서와 같이 요소의 기준축 x로부터 x'축까지 동일한 방향이어야 함을 기억하라.*
- 그림 14-33a에서와 같이 ϵ_1과 ϵ_2가 양이면, 점선으로 표시한 바와 같이 x'과 y'방향으로 늘어나게 된다.

최대 면내 전단변형률

- 평균 수직변형률과 최대 면내 전단변형률의 절반 성분은 그림 14-33a의 원주상 점 E 또는 점 F의 좌표로부터 결정한다.
- $\gamma^{\max}_{\text{in-plane}}$과 ϵ_{avg}가 작용하는 평면의 방향은 원에서 삼각법을 사용하여 $2\theta_{s_1}$을 구함에 의하여 결정할 수 있다. 그림 14-33a에서는 이 각도가 CA로부터 CE까지 시계방향으로 측정한 것이다. θ_{s_1}의 회전방향도 그림 14-33c에서와 같이 요소의 기준축 x축으로부터 x'축까지 동일한 방향이어야 함을 기억하라.*

임의 평면상의 변형률

- 그림 14-33d와 같이 임의의 각도 θ로 정의되는 요소에 일어나는 수직변형률과 전단변형률 성분 $\epsilon_{x'}$와 $\gamma_{x'y'}$는 그림 14-33a의 원주상 점 P의 좌표를 삼각법에 의하여 구함에 의하여 결정할 수 있다.
- 점 P의 위치는 주어진 x'축의 반시계방향 각도 θ에 대하여 모어 원에서는 그림 14-33d에서와 같이 반시계방향으로 2θ 회전하여 결정한다. 이 회전은 CA로부터 CP까지이다.
- 만일 $\epsilon_{y'}$의 값이 필요하면 그림 14-33a에서와 같이 점 Q의 ϵ좌표를 구함으로 결정할 수 있다. 선 CQ는 CP로부터 180° 회전한 것이고 따라서 x'축의 90° 회전을 나타낸다.

---

* 만약 $\gamma/2$축의 상부방향을 양으로 정하면 원주상의 각도 2θ는 면의 방향 θ와 반대방향으로 측정되어야 한다.

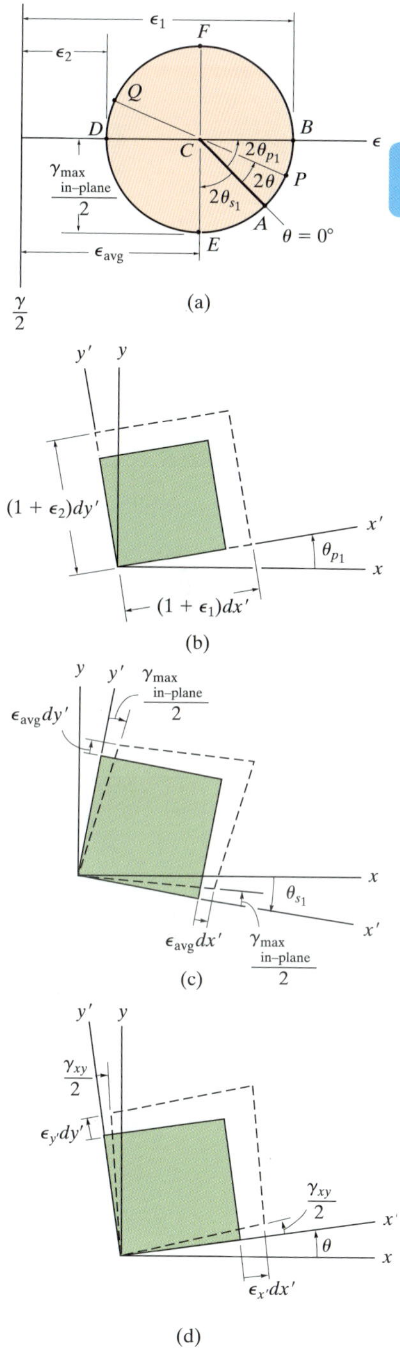

그림 14-33

14

예제 14.15

평면변형률 상태의 한 점에서의 변형률 성분이 그림 14-34a와 같이 $\epsilon_x = 250(10^{-6})$, $\epsilon_y = -150(10^{-6})$, $\gamma_{xy} = 120(10^{-6})$이다. 주변형률과 주변형률이 일어나는 요소의 방향을 구하라.

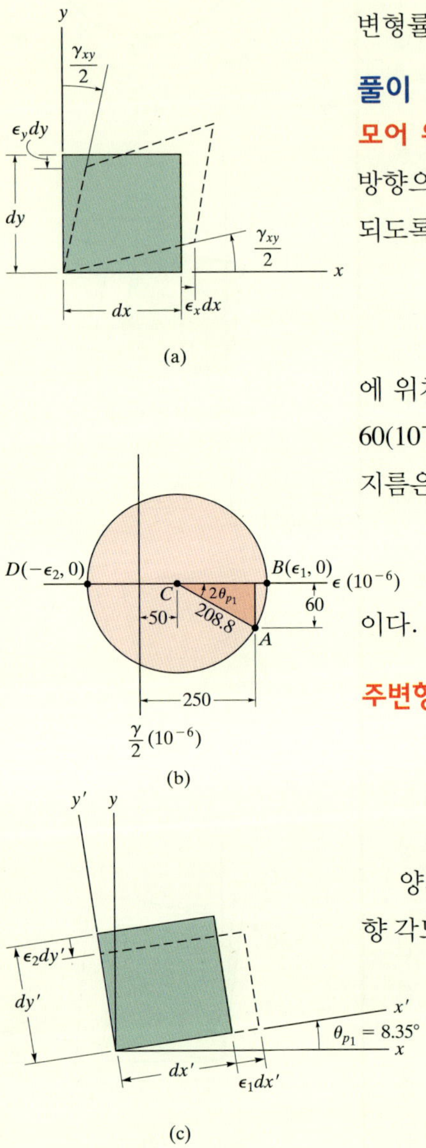

그림 14-34

풀이

모어 원. ϵ와 $\gamma/2$축을 그림 14-34b와 같이 정한다. 양의 $\gamma/2$축은 아래 방향으로 하여 요소의 반시계방향 회전과 모어 원의 반시계방향 회전이 되도록, 반대의 경우도 마찬가지이도록 한다. 원의 중심 C는 ϵ축상에서

$$\epsilon_{avg} = \frac{250 + (-150)}{2}(10^{-6}) = 50(10^{-6})$$

에 위치한다. $\gamma_{xy}/2 = 60(10^{-6})$이므로 기준점 $A(\theta = 0°)$는 $A(250(10^{-6}), 60(10^{-6})$ 좌표를 가진다. 그림 14-34b의 음영된 삼각형으로부터 원의 반지름은

$$R = \left[\sqrt{(250 - 50)^2 + (60)^2}\right](10^{-6}) = 208.8(10^{-6})$$

이다.

주변형률. 점 B와 D의 좌표 ϵ이 주변형률이다.

$$\epsilon_1 = (50 + 208.8)(10^{-6}) = 259(10^{-6})$$ 답

$$\epsilon_2 = (50 - 208.8)(10^{-6}) = -159(10^{-6})$$ 답

양의 주변형률 ϵ_1의 방향은 $CA(\theta = 0°)$로부터 CB까지의 반시계방향 각도 $2\theta_{p_1}$에 의하여 결정된다.

$$\tan 2\theta_{p_1} = \frac{60}{(250 - 50)}$$

$$\theta_{p_1} = 8.35°$$ 답

따라서 그림 14-34c에 보인 바와 같이 요소의 변 dx'은 반시계방향으로 8.35° 회전한 방향이다. 이 방향이 또한 ϵ_1의 방향이다. 요소의 변형 형태는 그림에 보인 바와 같다.

14

예제 14.16

평면변형률 상태의 한 점에서의 변형률 성분이 그림 14-35*a*와 같이 $\epsilon_x = 250(10^{-6})$, $\epsilon_y = -150(10^{-6})$, $\gamma_{xy} = 120(10^{-6})$이다. 최대 면내 전단변형률과 이 변형률이 일어나는 요소의 방향을 구하라.

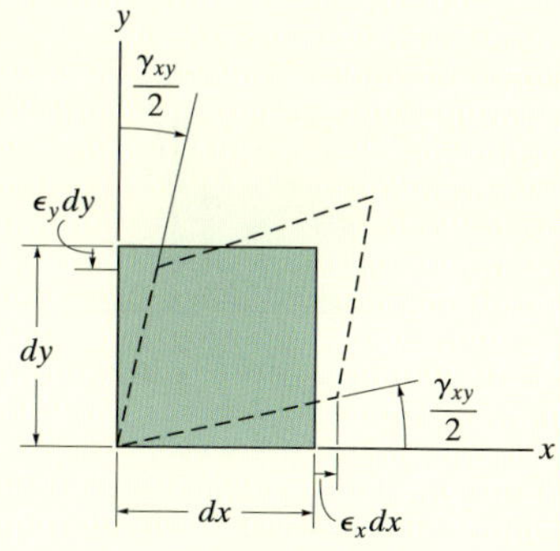

(a)

풀이

모어 원은 이미 앞의 예제에서 그린 바 있으며 그림 14-35*b*와 같다.

최대 면내 전단변형률. 최대 면내 전단변형률의 절반과 평균 수직변형률은 원주상의 점 *E*와 *F*의 좌표로 구할 수 있다. 점 *E*의 좌표로부터

$$\frac{(\gamma_{x'y'})_{\substack{\max \\ \text{in-plane}}}}{2} = 208.8(10^{-6})$$

$$(\gamma_{x'y'})_{\substack{\max \\ \text{in-plane}}} = 418(10^{-6})$$ 답

$$\epsilon_{avg} = 50(10^{-6})$$

요소의 방향을 정하기 위하여 $CA(\theta = 0°)$로부터 *CE*까지의 시계방향 각도 $2\theta_{s_1}$을 구하도록 한다.

$$2\theta_{s_1} = 90° - 2(8.35°)$$

$$\theta_{s_1} = 36.7°$$ 답

이 각도는 그림 14-35*c*에 표시한 바와 같다. 원주상의 점 *E*의 좌표로 정의되는 전단변형률은 양의 값이며 평균 수직변형률도 양의 값이므로, 이 들 변형률은 요소를 그림의 점선 형태로 변하게 한다.

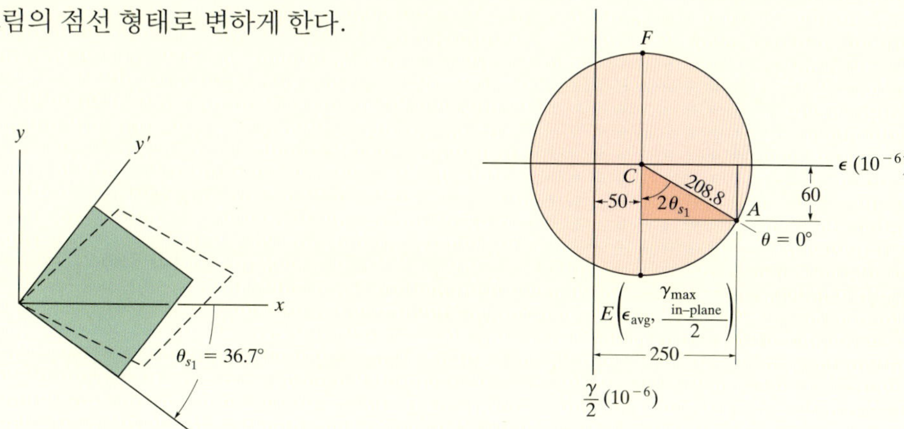

(c) (b)

그림 14-35

예제 14.17

평면변형률 상태의 한 점에서의 변형률 성분이 그림 14-36*a*와 같이 $\epsilon_x = -300(10^{-6})$, $\epsilon_y = -100(10^{-6})$, $\gamma_{xy} = 100(10^{-6})$이다. 이 위치로부터 시계방향으로 20° 회전한 요소에서의 변형률 상태를 구하라.

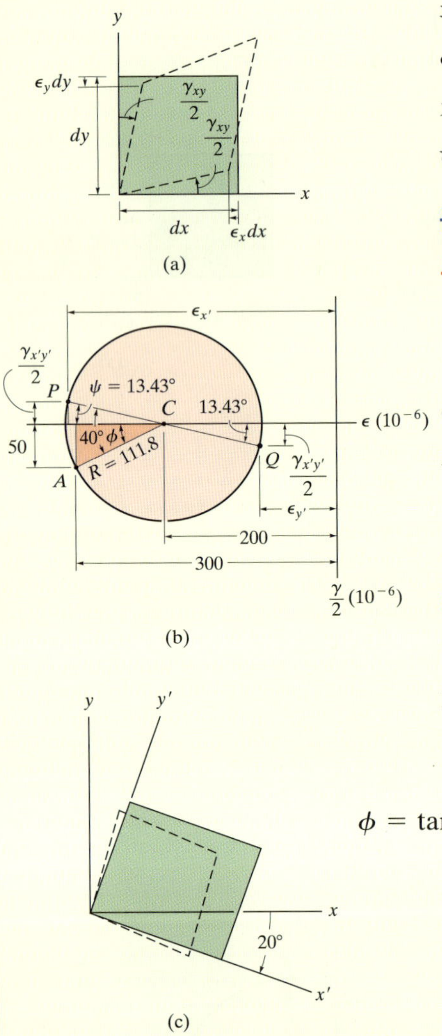

그림 14-36

풀이

모어 원. ϵ과 $\gamma/2$축을 그림 14-36*b*와 같이 정한다. 원의 중심은

$$\epsilon_{\text{avg}} = \left(\frac{-300 - 100}{2}\right)(10^{-6}) = -200(10^{-6})$$

에 있다. 기준점 A는 $A(-300(10^{-6}), 50(10^{-6})$ 좌표를 가진다. 음영된 삼각형으로부터 구할 수 있는 반지름 CA는

$$R = \left[\sqrt{(300 - 200)^2 + (50)^2}\right](10^{-6}) = 111.8(10^{-6})$$

회전된 요소상의 변형률. 요소가 시계방향으로 20° 회전되었으므로 그림 14-36*a*의 $CA(\theta = 0°)$로부터 시계방향으로 $2(20°) = 40°$ 회전된 반지름선 CP를 정한다. 점 P의 좌표는 원의 기하 형태로부터 얻을 수 있다.

$$\phi = \tan^{-1}\left(\frac{50}{(300 - 200)}\right) = 26.57°, \qquad \psi = 40° - 26.57° = 13.43°$$

이므로

$$\epsilon_{x'} = -(200 + 111.8\cos 13.43°)(10^{-6})$$
$$= -309(10^{-6}) \qquad \text{답}$$
$$\frac{\gamma_{x'y'}}{2} = -(111.8\sin 13.43°)(10^{-6})$$
$$\gamma_{x'y'} = -52.0(10^{-6}) \qquad \text{답}$$

수직변형률 $\epsilon_{y'}$은 그림 14-36*b*의 원주상 점 Q의 ϵ좌표로부터 구할 수 있다.

$$\epsilon_{y'} = -(200 - 111.8\cos 13.43°)(10^{-6}) = -91.3(10^{-6}) \qquad \text{답}$$

이들 변형률에 의하여 요소는 x', y'축을 기준으로 그림 14-36*c*에서와 같이 변형된다.

PROBLEMS

***14–84.** Prove that the sum of the normal strains in perpendicular directions is constant, i.e., $\epsilon_x + \epsilon_y = \epsilon_{x'} + \epsilon_{y'}$.

14–85. The state of strain at the point on the arm has components of $\epsilon_x = 200(10^{-6})$, $\epsilon_y = -300(10^{-6})$, and $\gamma_{xy} = 400(10^{-6})$. Use the strain transformation equations to determine the equivalent in-plane strains on an element oriented at an angle of 30° counterclockwise from the original position. Sketch the deformed element due to these strains within the x–y plane.

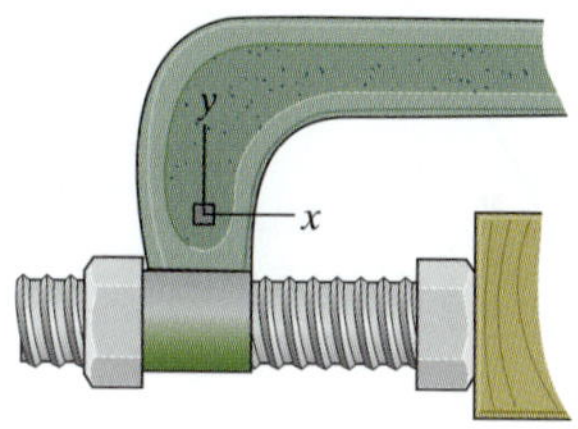

Prob. 14–85

14–86. The state of strain at the point on the pin leaf has components of $\epsilon_x = 200(10^{-6})$, $\epsilon_y = 180(10^{-6})$, and $\gamma_{xy} = -300(10^{-6})$. Use the strain transformation equations and determine the equivalent in-plane strains on an element oriented at an angle of $\theta = 60°$ counterclockwise from the original position. Sketch the deformed element due to these strains within the x–y plane.

14–87. Solve Prob. 14–86 for an element oriented $\theta = 30°$ clockwise.

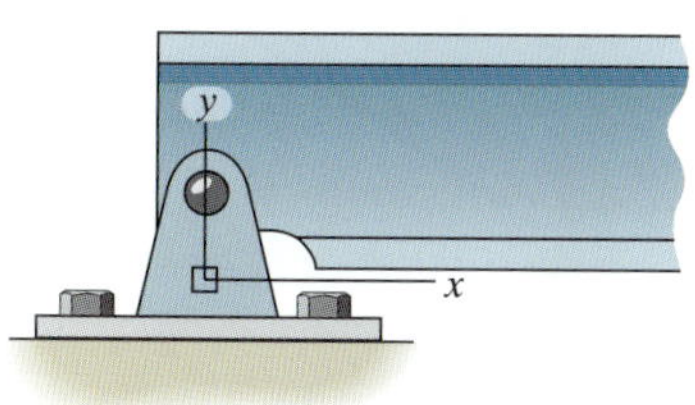

Probs. 14–86/87

***14–88.** The state of strain at the point on the leaf of the caster assembly has components of $\epsilon_x = -400(10^{-6})$, $\epsilon_y = 860(10^{-6})$, and $\gamma_{xy} = 375(10^{-6})$. Use the strain transformation equations to determine the equivalent in-plane strains on an element oriented at an angle of $\theta = 30°$ counterclockwise from the original position. Sketch the deformed element due to these strains within the x–y plane.

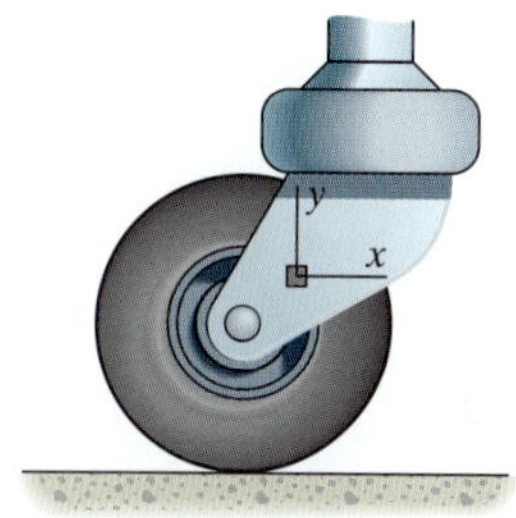

Prob. 14–88

14–89. The state of strain at a point on the bracket has component: $\epsilon_x = 150(10^{-6})$, $\epsilon_y = 200(10^{-6})$, $\gamma_{xy} = -700(10^{-6})$. Use the strain transformation equations and determine the equivalent in plane strains on an element oriented at an angle of $\theta = 60°$ counterclockwise from the original position. Sketch the deformed element within the x–y plane due to these strains.

14–90. Solve Prob. 14–89 for an element oriented $\theta = 30°$ clockwise.

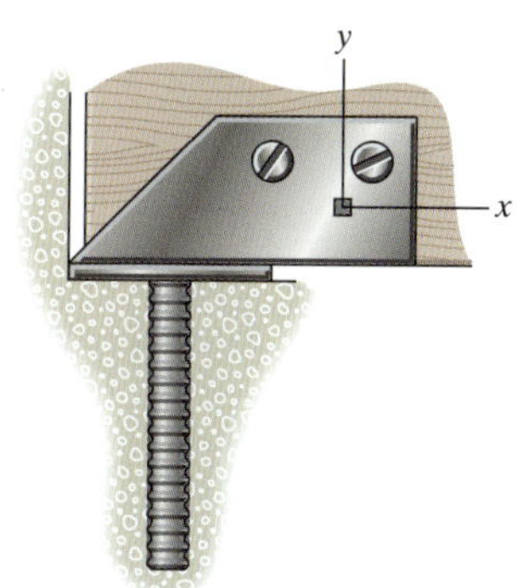

Probs. 14–89/90

14

14–91. The state of strain at the point on the spanner wrench has components of $\epsilon_x = 260(10^{-6})$, $\epsilon_y = 320(10^{-6})$, and $\gamma_{xy} = 180(10^{-6})$. Use the strain transformation equations to determine (a) the in-plane principal strains and (b) the maximum in-plane shear strain and average normal strain. In each case specify the orientation of the element and show how the strains deform the element within the x–y plane.

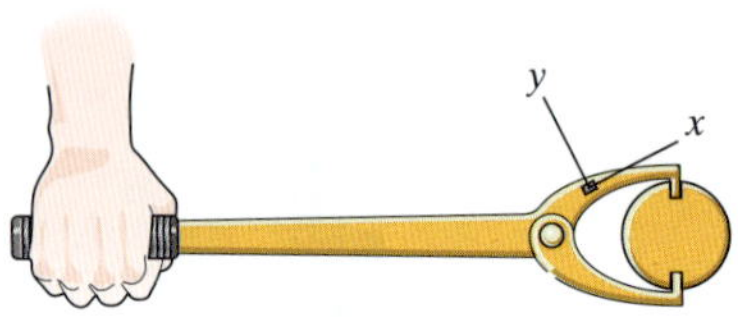

Prob. 14–91

***14–92.** The state of strain at the point on the member has components of $\epsilon_x = 180(10^{-6})$, $\epsilon_y = -120(10^{-6})$, and $\gamma_{xy} = -100(10^{-6})$. Use the strain transformation equations to determine (a) the in-plane principal strains and (b) the maximum in-plane shear strain and average normal strain. In each case specify the orientation of the element and show how the strains deform the element within the x–y plane.

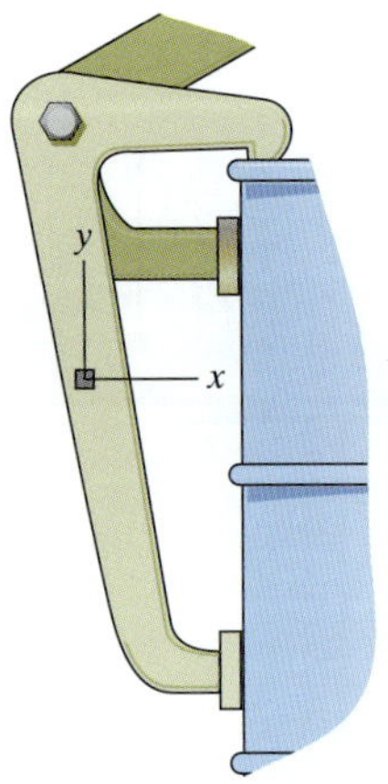

Prob. 14–92

14–93. The state of strain at the point on the support has components of $\epsilon_x = 350(10^{-6})$, $\epsilon_y = 400(10^{-6})$, $\gamma_{xy} = -675(10^{-6})$. Use the strain transformation equations to determine (a) the in-plane principal strains and (b) the maximum in-plane shear strain and average normal strain. In each case specify the orientation of the element and show how the strains deform the element within the x–y plane.

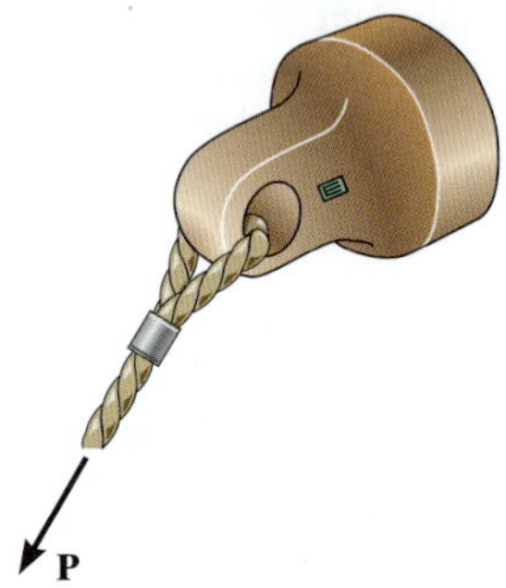

Prob. 14–93

14–94. Due to the load **P**, the state of strain at the point on the bracket has components of $\epsilon_x = 500(10^{-6})$, $\epsilon_y = 350(10^{-6})$, and $\gamma_{xy} = -430(10^{-6})$. Use the strain transformation equations to determine the equivalent in-plane strains on an element oriented at an angle of $\theta = 30°$ clockwise from the original position. Sketch the deformed element due to these strains within the x–y plane.

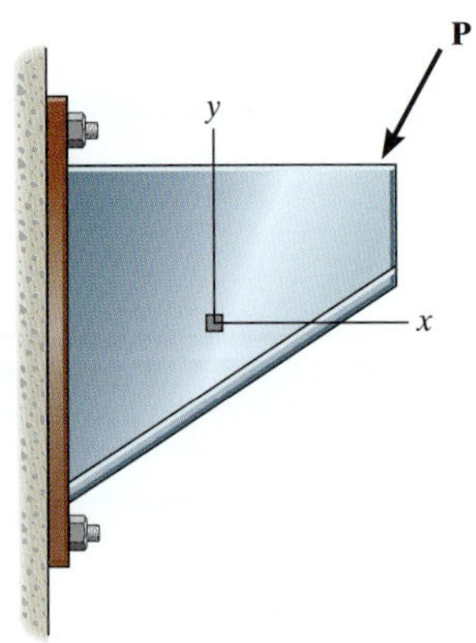

Prob. 14–94

14–95. The state of strain on an element has components $\epsilon_x = -400(10^{-6})$, $\epsilon_y = 0$, $\gamma_{xy} = 150(10^{-6})$. Determine the equivalent state of strain on an element at the same point oriented 30° clockwise with respect to the original element. Sketch the results on this element.

***14–96.** The state of plane strain on the element is $\epsilon_x = -300(10^{-6})$, $\epsilon_y = 0$, and $\gamma_{xy} = 150(10^{-6})$. Determine the equivalent state of strain which represents (a) the principal strains, and (b) the maximum in-plane shear strain and the associated average normal strain. Specify the orientation of the corresponding elements for these states of strain with respect to the original element.

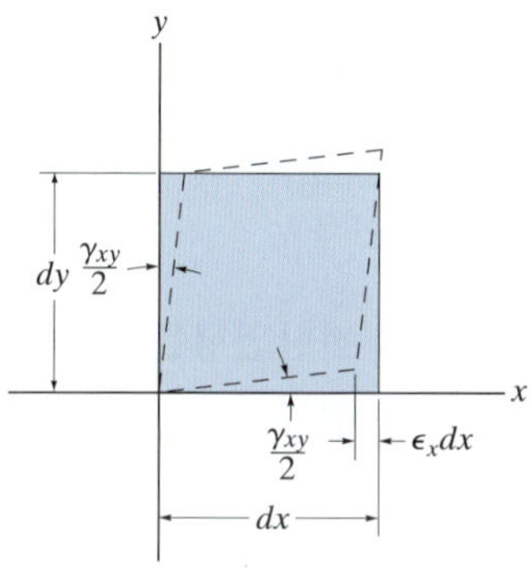

Probs. 14–95/96

14–97. The state of strain at the point on a boom of a shop crane has components of $\epsilon_x = 250(10^{-6})$, $\epsilon_y = 300(10^{-6})$, $\gamma_{xy} = -180(10^{-6})$. Use the strain transformation equations to determine (a) the in-plane principal strains and (b) the maximum in-plane shear strain and average normal strain. In each case, specify the orientation of the element and show how the strains deform the element within the x–y plane.

Prob. 14–97

14–98. Consider the general case of plane strain where ϵ_x, ϵ_y, and γ_{xy} are known. Write a computer program that can be used to determine the normal and shear strain, $\epsilon_{x'}$ and $\gamma_{x'y'}$, on the plane of an element oriented θ from the horizontal. Also, include the principal strains and the element's orientation, and the maximum in-plane shear strain, the average normal strain, and the element's orientation.

14–99. The state of strain on the element has components $\epsilon_x = -300(10^{-6})$, $\epsilon_y = 100(10^{-6})$, $\gamma_{xy} = 150(10^{-6})$. Determine the equivalent state of strain, which represents (a) the principal strains, and (b) the maximum in-plane shear strain and the associated average normal strain. Specify the orientation of the corresponding elements for these states of strain with respect to the original element.

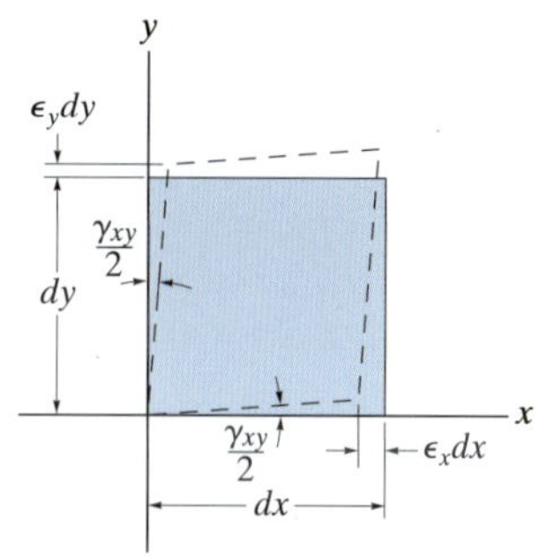

Prob. 14–99

***14–100.** Solve Prob. 14–86 using Mohr's circle.

14–101. Solve Prob. 14–87 using Mohr's circle.

14–102. Solve Prob. 14–88 using Mohr's circle.

14–103. Solve Prob. 14–91 using Mohr's circle.

***14–104.** Solve Prob. 14–90 using Mohr's circle.

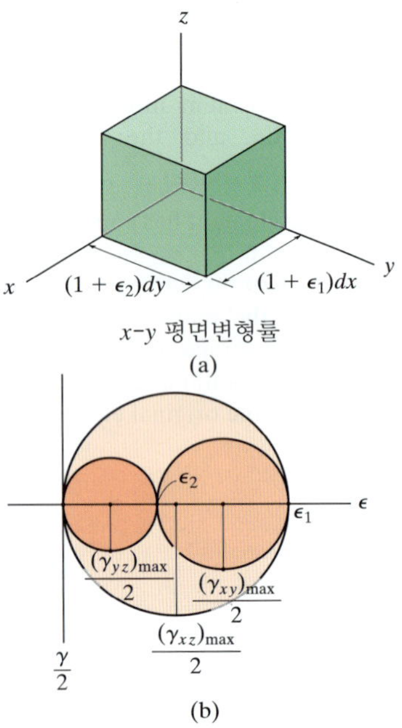

그림 14-37

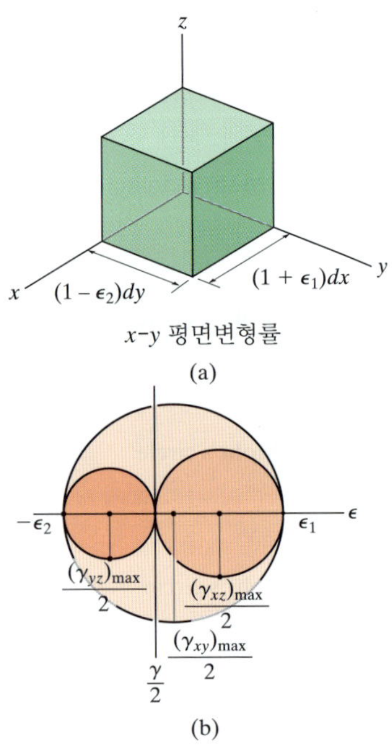

그림 14-38

* 14.9 절대 최대 전단변형률

앞서 14.5절에서 평면응력의 경우 재료의 한 요소에서 주응력이 동일한 부호일 때, 즉 모두 인장응력이거나 모두 압축응력일 때, 절대 최대 전단응력이 면외로 발생한다는 것을 설명하였다. 평면변형률의 경우에도 유사한 결과가 일어난다. 예를 들어 만일 면내 주변형률이 그림 14-37*a*에서와 같이 인장을 일으킨다면, *x*, *y*, *z*축에 대하여 요소가 회전함에 의한 수직과 전단 변형률을 나타내는 3개의 모어 원이 그림 14-37*b*와 같이 된다. 최대의 원은 반지름 $R = (\gamma_{xz})_{max}/2$을 갖게 되고, 따라서

$$\gamma_{\substack{abs \\ max}} = (\gamma_{xz})_{max} = \epsilon_1 \qquad (14\text{–}28)$$

ϵ_1과 ϵ_2가 동일 부호인 경우

이다. 이 값이 재료에 발생하는 **절대 최대 전단변형률**(absolute maximum shear strain)이다. 이 값은 최대 면내 전단변형률 $(\gamma_{xy})_{max} = \epsilon_1 - \epsilon_2$보다 큰 값이라는 것에 주의할 수 있다.

이번에는 그림 14-38*a*와 같이 면내 주변형률 중 하나의 부호가 다른 면내 주변형률의 부호와 달라서 ϵ_1은 늘음, ϵ_2는 줄음을 일으키는 경우를 생각하도록 한다. *x*, *y*, *z*축에 대하여 요소가 회전함에 의한 변형률을 나타내는 3개의 모어 원은 그림 14-38*b*와 같이 된다. 이 경우 절대 최대 전단변형률은 다음과 같다.

$$\gamma_{\substack{abs \\ max}} = (\gamma_{xy})_{\substack{max \\ in\text{-}plane}} = \epsilon_1 - \epsilon_2 \qquad (14\text{–}29)$$

ϵ_1과 ϵ_2가 반대 부호인 경우

요점 IMPORTANT POINTS

- 만일 면내 주변형률의 부호가 동일하면, 절대 최대 전단변형률은 면외로 발생하며 그 크기는 $\gamma^{abs}_{max} = \epsilon_{max}$이다. 이 값은 면내 최대 전단변형률보다 큰 값이다.
- 만일 면내 주변형률의 부호가 반대이면, 절대 최대 전단변형률은 최대 면내 변형률 $\gamma^{abs}_{max} = \epsilon_1 - \epsilon_2$와 같다.

예제 14.18

평면변형률 상태의 한 점에서의 변형률 성분이 그림 14-39*a*와 같이 $\epsilon_x = -400(10^{-6})$, $\epsilon_y = 200(10^{-6})$, $\gamma_{xy} = 150(10^{-6})$이다. 최대 면내 전단변형률과 절대 최대 전단변형률을 구하라.

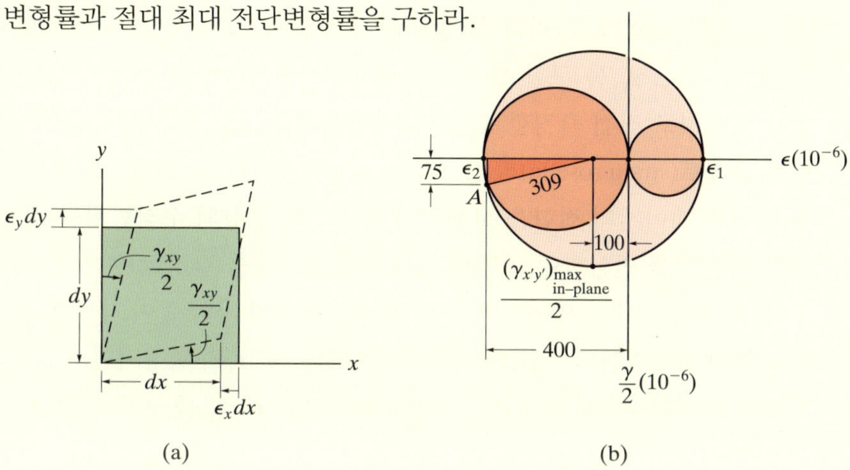

그림 14-39

풀이

최대 면내 전단변형률. 모어 원을 이용하여 이 문제를 풀도록 한다. 원의 중심은

$$\epsilon_{avg} = \frac{-400 + 200}{2}(10^{-6}) = -100(10^{-6})$$

에 있다. $\gamma_{xy}/2 = 75(10^{-6})$이므로 기준점 A의 좌표는 그림 14-39*b*와 같이 $(-400(10^{-6}), 75(10^{-6})$이다. 따라서 모어 원의 반지름은

$$R = \left[\sqrt{(400 - 100)^2 + (75)^2}\right](10^{-6}) = 309(10^{-6})$$

이고 면내 주변형률은

$$\epsilon_1 = (-100 + 309)(10^{-6}) = 209(10^{-6})$$
$$\epsilon_2 = (-100 - 309)(10^{-6}) = -409(10^{-6})$$

이고 최대 면내 전단변형률은 다음과 같다.

$$\gamma_{\substack{\max \\ \text{in-plane}}} = \epsilon_1 - \epsilon_2 = [209 - (-409)](10^{-6}) = 618(10^{-6})$$ 답

절대 최대 전단변형률. 면내 주변형률의 부호가 반대이므로 절대 최대 전단변형률은 최대 면내 변형률과 같다. 즉

$$\gamma_{\substack{\text{abs} \\ \max}} = 618(10^{-6})$$ 답

이다. x, y, z축에 대하여 요소가 회전함에 의한 변형률을 나타내는 3개의 모어 원은 그림 14-39*b*와 같다.

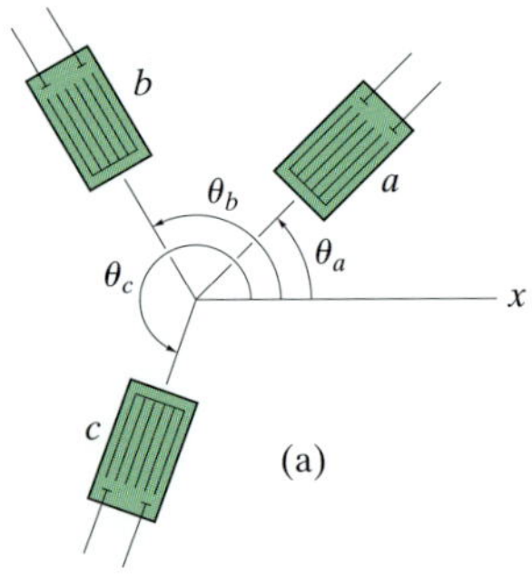

(a)

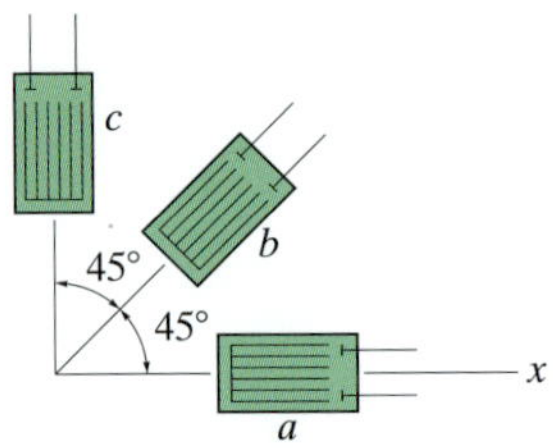

45° 변형률 로제트
(b)

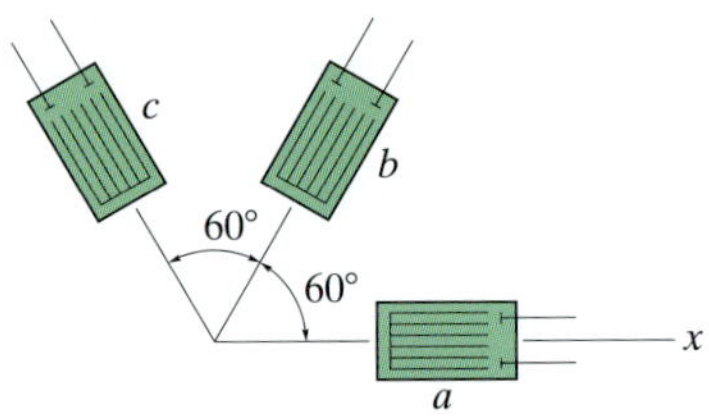

60° 변형률 로제트
(c)

그림 14-40

14.10 변형률 로제트

물체의 자유 표면상에서 특정 방향으로의 수직변형률은 전기저항 변형률 게이지에 의하여 측정할 수 있다. 예를 들어, 8.1절에서는 인장시험을 할 때 시편의 축방향 변형률을 구하기 위하여 이러한 형태의 게이지가 어떻게 활용되는지를 보였다. 그러나 물체에 여러 하중이 가해질 경우에는 표면상 한 점의 $\epsilon_x, \epsilon_y, \gamma_{xy}$를 구할 필요가 있게 된다. 불행하게도 전단변형률은 변형률 게이지로 직접 측정할 수 없다. 따라서 $\epsilon_x, \epsilon_y, \gamma_{xy}$를 구하기 위하여 **변형률 로제트**(strain rosette)라 불리우는 특정한 형태로 배열한 3개의 전기저항 변형률 게이지의 집합을 사용하게 된다. 3개 방향의 수직변형률이 측정되면 이 자료를 변환하여 그 점에서의 변형률 상태를 결정할 수 있게 된다.

이 원리를 설명하기 위하여 그림 14-40*a*에 보인 바와 같이 각도 $\theta_a, \theta_b, \theta_c$로 배열된 일반적인 경우를 보도록 한다. 만일 $\epsilon_a, \epsilon_b, \epsilon_c$가 측정되면 식 (14-16)의 변형률 변환방정식을 적용하여 변형률 성분 $\epsilon_x, \epsilon_y, \gamma_{xy}$를 구할 수 있다.

$$\begin{aligned} \epsilon_a &= \epsilon_x \cos^2\theta_a + \epsilon_y \sin^2\theta_a + \gamma_{xy}\sin\theta_a\cos\theta_a \\ \epsilon_b &= \epsilon_x \cos^2\theta_b + \epsilon_y \sin^2\theta_b + \gamma_{xy}\sin\theta_b\cos\theta_b \\ \epsilon_c &= \epsilon_x \cos^2\theta_c + \epsilon_y \sin^2\theta_c + \gamma_{xy}\sin\theta_c\cos\theta_c \end{aligned} \tag{14-30}$$

이들 식을 연립하여 풀면 $\epsilon_x, \epsilon_y, \gamma_{xy}$의 값을 구할 수 있다.

변형률 로제트는 보통 45° 또는 60°의 배열 형태를 가진다. 그림 14-40*b*에 보인 45° 배열 형태의 변형률 로제트 또는 '사각' 변형률 로제트의 경우에는 $\theta_a = 0°, \theta_b = 45°, \theta_c = 90°$이므로 식 (14-30)은

$$\begin{aligned} \epsilon_x &= \epsilon_a \\ \epsilon_y &= \epsilon_c \\ \gamma_{xy} &= 2\epsilon_b - (\epsilon_a + \epsilon_c) \end{aligned}$$

이고, 그림 14-40*c*와 같은 60° 배열 형태의 변형률 로제트의 경우에는 $\theta_a = 0°, \theta_b = 60°, \theta_c = 120°$이므로 식 (14-30)은

$$\begin{aligned} \epsilon_x &= \epsilon_a \\ \epsilon_y &= \frac{1}{3}(2\epsilon_b + 2\epsilon_c - \epsilon_a) \\ \gamma_{xy} &= \frac{2}{\sqrt{3}}(\epsilon_b - \epsilon_c) \end{aligned} \tag{14-31}$$

이 된다. 일단 $\epsilon_x, \epsilon_y, \gamma_{xy}$가 구해지면 변형률 변환방정식이나 모어 원을 이용하여 면내 주변형률 ϵ_1과 ϵ_2, 그리고 최대 면내 전단변형률 $\gamma^{\max}_{\text{in-plane}}$을 구할 수 있다. 이들 변형률을 일으키는 재료의 응력은 다음 절에서 설명할 훅의 법칙에 의하여 결정할 수 있다.

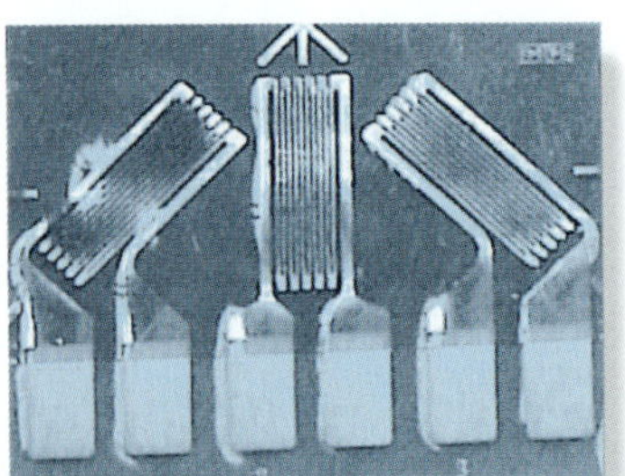

대표적인 전기저항 45° 변형률 로제트

예제 14.19

그림 14-41a의 브래킷에서 점 A의 변형률 상태를 그림 14-41b와 같은 변형률 로제트를 사용하여 측정하였다. 게이지 측정치는 $\epsilon_a = 60(10^{-6})$, $\epsilon_b = 135(10^{-6})$, $\epsilon_c = 264(10^{-6})$이다. 이 점에서의 면내 주변형률과 그것이 작용하는 방향을 구하라.

풀이

해석을 위하여 식 (14-30)을 사용한다. 그림 14-41b와 같이 x축을 정하고, 이 축으로부터 각 게이지의 중심선까지의 각도를 반시계방향으로 측정하면 $\theta_a = 0°$, $\theta_b = 60°$, $\theta_c = 120°$이다. 이 값과 주어진 자료를 식 (14-30)에 대입하면

$$60(10^{-6}) = \epsilon_x \cos^2 0° + \epsilon_y \sin^2 0° + \gamma_{xy} \sin 0° \cos 0°$$
$$= \epsilon_x \quad (1)$$
$$135(10^{-6}) = \epsilon_x \cos^2 60° + \epsilon_y \sin^2 60° + \gamma_{xy} \sin 60° \cos 60°$$
$$= 0.25\epsilon_x + 0.75\epsilon_y + 0.433\gamma_{xy} \quad (2)$$
$$264(10^{-6}) = \epsilon_x \cos^2 120° + \epsilon_y \sin^2 120° + \gamma_{xy} \sin 120° \cos 1$$
$$= 0.25\epsilon_x + 0.75\epsilon_y - 0.433\gamma_{xy} \quad (3)$$

식 (1)을 사용하여 식 (2)와 (3)을 연립하여 풀면

$$\epsilon_x = 60(10^{-6}) \qquad \epsilon_y = 246(10^{-6}) \qquad \gamma_{xy} = -149(10^{-6})$$

같은 결과를 식 (14-31)로부터 직접 구할 수도 있다.

면내 주변형률은 모어 원을 사용하여 구할 수 있다. 그림 14-41c에서와 같이 원의 중심 C는 $\epsilon_{avg} = 153(10^{-6})$에 위치하고, 원주상의 기준점은 $A[60(10^{-6}), -74.5(10^{-6})]$이다. 음영된 삼각형으로부터 반지름은

$$R = \left[\sqrt{(153 - 60)^2 + (74.5)^2}\,\right](10^{-6}) = 119.1(10^{-6})$$

이다. 따라서 면내 주변형률은

$$\epsilon_1 = 153(10^{-6}) + 119.1(10^{-6}) = 272(10^{-6})$$ **답**

$$\epsilon_2 = 153(10^{-6}) - 119.1(10^{-6}) = 33.9(10^{-6})$$ **답**

$$2\theta_{p_2} = \tan^{-1}\frac{74.5}{(153 - 60)} = 38.7°$$

$$\theta_{p_2} = 19.3°$$ **답**

주: 이 요소의 변형된 형태는 그림 14-41d에 점선으로 그린 바와 같다. 푸아송 효과로 인하여 요소는 면외 즉 z축 방향 변형률을 받고 있으나 이는 계산 결과에 영향을 미치지 않는다.

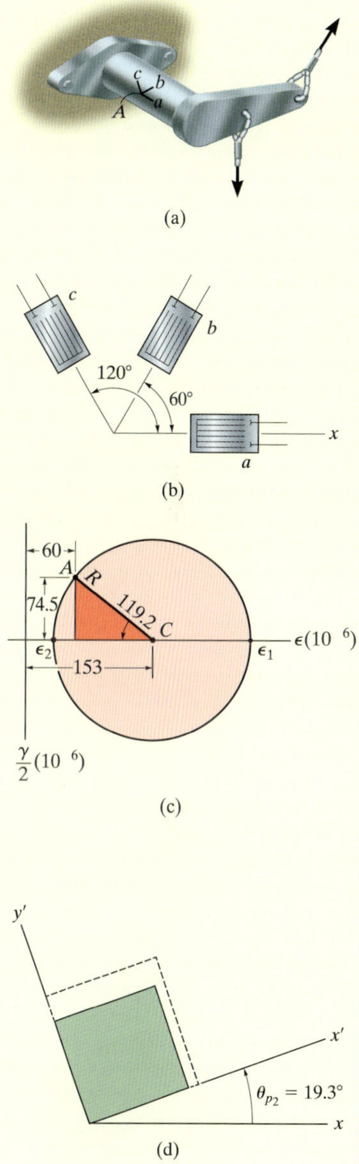

그림 14-41

14

14.11 재료 성질 사이의 관계

이 절에서는 재료가 다축의 응력과 변형률에 영향을 받을 때 적용되는 재료의 성질에 관련된 중요한 관계식을 제시하고자 한다. 여기서는 재료가 균질하고 등방성이며 선형탄성으로 거동한다고 가정한다.

일반화된 훅의 법칙. 만일 재료가 한 점에서 그림 14-42*a*와 같은 **삼축응력**(triaxial stress) $\sigma_x, \sigma_y, \sigma_z$의 상태에 놓여 있다면, 이에 대응되는 수직변형률 $\epsilon_x, \epsilon_y, \epsilon_z$은 중첩의 원리, 푸아송비 $\epsilon_{\text{lat}} = -\nu\epsilon_{\text{long}}$과 단축방향 훅의 법칙 $\epsilon = \sigma/E$를 사용하여 구할 수 있다. 예를 들어, 각각의 수직응력이 독립적으로 작용할 때, x축 방향 요소의 수직변형률을 구해 보기로 하자. 그림 14-42*b*와 같이 σ_x가 작용할 경우 요소는 변형률 ϵ_x'으로 늘어나게 된다.

$$\epsilon_x' = \frac{\sigma_x}{E}$$

다음에 σ_y가 작용하면 요소는 그림 14-42*c*와 같이 변형률 ϵ_x'' 만큼 줄어들게 된다.

$$\epsilon_x'' = -\nu\frac{\sigma_y}{E}$$

마찬가지로 σ_z가 그림 14-42*d*와 같이 작용하면 변형률 ϵ_x''' 만큼 줄어들게 된다.

$$\epsilon_x''' = -\nu\frac{\sigma_z}{E}$$

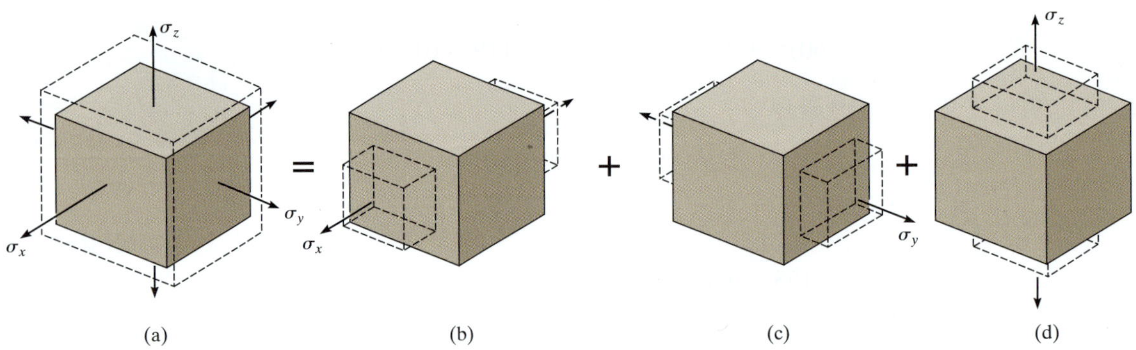

그림 14-42

이 세 수직변형률을 중첩하면 전체 변형률 ϵ_x를 구할 수 있다. 마찬가지의 식을 y와 z방향 수직변형률에 대하여 유도할 수 있고, 그 결과는 다음과 같다.

$$\begin{aligned} \epsilon_x &= \frac{1}{E}[\sigma_x - \nu(\sigma_y + \sigma_z)] \\ \epsilon_y &= \frac{1}{E}[\sigma_y - \nu(\sigma_x + \sigma_z)] \\ \epsilon_z &= \frac{1}{E}[\sigma_z - \nu(\sigma_x + \sigma_y)] \end{aligned} \tag{14-32}$$

이들 세 식이 삼축응력 상태에서 일반화된 훅의 법칙이다. 이들 방정식을 적용할 때 인장응력은 양으로 압축응력을 음으로 한다. 만일 수직변형률의 합이 양이면 재료가 인장됨을 의미하고, 반대로 음이면 재료가 수축됨을 의미한다.

만일 그림 14-43*a*와 같이 요소에 전단응력 τ_{xy}를 작용시킨 경우, 재료는 형태에만 변화가 있고 부피에는 변화가 없다는 것을 실험에 의하여 관찰할 수 있다. 다시 말하면 τ_{xy}는 재료에 γ_{xy}만 일으킨다. 마찬가지로 τ_{yz}와 τ_{xz}도 그림 14-43*b*와 14-43*c*처럼 오직 전단변형률 γ_{yz}와 γ_{xz}만을 일으킨다. 따라서 전단응력과 전단변형률에 대한 훅의 법칙은 다음과 같이 쓸 수 있다.

$$\gamma_{xy} = \frac{1}{G}\tau_{xy} \qquad \gamma_{yz} = \frac{1}{G}\tau_{yz} \qquad \gamma_{xz} = \frac{1}{G}\tau_{xz} \tag{14-33}$$

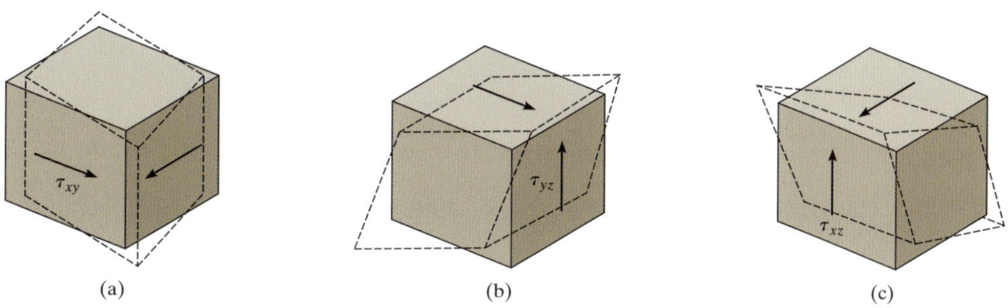

그림 14-43

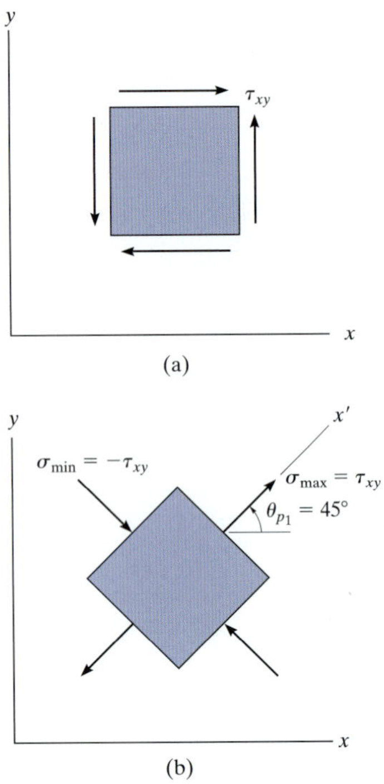

그림 14-44

E, ν와 G 사이의 관계. 8.6절에서 탄성계수 E는 식 (8-11)과 같이 전단탄성계수 G와 관계가 있음을 설명하였다.

$$G = \frac{E}{2(1 + \nu)} \tag{14-34}$$

이 관계식을 유도하기 위하여 재료의 한 요소가 그림 14-44a와 같이 전단응력만을 받는 경우를 생각하도록 한다. 식 (14-5)를 적용하여 (예제 14.5 참조) 이 점의 주응력을 구하면 $\sigma_{max} = \tau_{xy}$와 $\sigma_{min} = -\tau_{xy}$이며, 주응력이 작용하는 요소는 그림 14-44b와 같이 x축으로부터 반시계방향으로 $\theta_{p_1} = 45°$ 회전된 방향이어야 한다. 만일 세 주응력 $\sigma_{max} = \tau_{xy}$, $\sigma_{int} = 0$과 $\sigma_{min} = -\tau_{xy}$를 식 (14-32)의 첫 번째 식에 대입하면 주변형률 ϵ_{max}이 전단응력 τ_{xy}와 관련됨을 알 수 있다. 그 결과는

$$\epsilon_{max} = \frac{\tau_{xy}}{E}(1 + \nu) \tag{14-35}$$

x'축을 따라 요소를 변형시키는 이 변형률은 전단변형률 γ_{xy}와도 관련이 있다. 그림 14-44a에서 $\sigma_x = \sigma_y = \sigma_z = 0$이다. 이를 식 (14-32)의 첫 번째와 두 번째 식에 대입하면 $\epsilon_x = \epsilon_y = 0$이 된다. 이 결과를 변형률 변환공식 식 (14-23)에 대입하면 다음과 같은 식을 얻을 수 있다.

$$\epsilon_1 = \epsilon_{max} = \frac{\gamma_{xy}}{2}$$

훅의 법칙 $\gamma_{xy} = \tau_{xy}/G$에 의하여 $\epsilon_{max} = \tau_{xy}/2G$가 된다. 이를 식 (14-35)에 대입하고 항을 재정리하면 결과적으로 식 (14-34)를 얻게 된다.

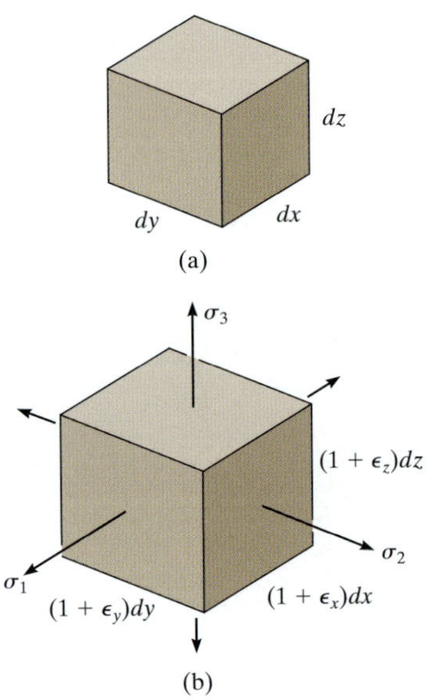

그림 14-45

팽창률. 탄성재료가 수직응력을 받게 되면 그에 따른 변형률이 부피를 변하게 한다. 예를 들어, 그림 14-45a의 요소에 주응력 $\sigma_1, \sigma_2, \sigma_3$가 작용하게 되면 요소의 변은 $(1 + \epsilon_x)\,dx$, $(1 + \epsilon_y)\,dy$, $(1 + \epsilon_z)\,dz$로 된다. 요소 부피의 변화는 다음과 같다.

$$\delta V = (1 + \epsilon_x)(1 + \epsilon_y)(1 + \epsilon_z)\,dx\,dy\,dz - dx\,dy\,dz$$

변형률이 매우 작으므로 변형률의 곱들을 무시하면 다음과 같다.

$$\delta V = (\epsilon_x + \epsilon_y + \epsilon_z)\,dx\,dy\,dz$$

단위부피당 부피의 변화를 **체적변형률**(volumetric strain) 또는 **팽창률**(dilatation) e라고 부른다.

$$e = \frac{\delta V}{dV} = \epsilon_x + \epsilon_y + \epsilon_z \tag{14-36}$$

훅의 법칙, 식 (14-32)를 적용하면 팽창률을 작용응력의 항으로 표현할 수도 있다.

$$e = \frac{1 - 2\nu}{E}(\sigma_1 + \sigma_2 + \sigma_3) \tag{14-37}$$

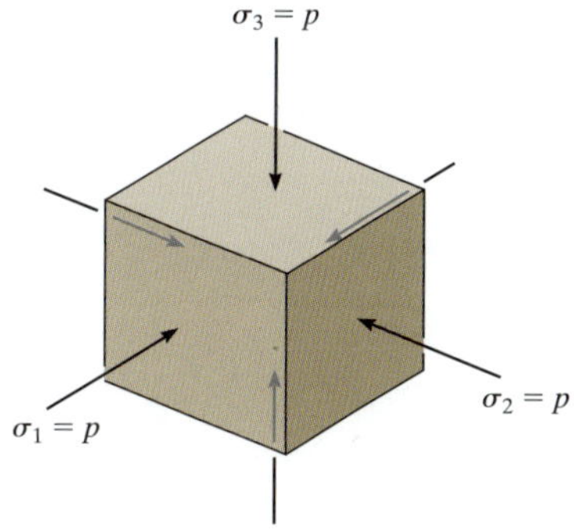

그림 14-46

체적탄성계수. 파스칼의 법칙에 의하면, 재료의 한 요소가 유체에 의한 균일압력 P를 받고 있을 때 압력은 모든 방향으로 동일하다. 요소 주변에서 유체의 흐름이 없다면 전단응력은 존재하지 않는다. 이러한 '**정수압**(hydrostatic pressure)' 상태에서는 그림 14-46과 같이 $\sigma_1 = \sigma_2 = \sigma_3 = -p$이어야 한다. 이 응력을 식 (14-37)에 대입하고 항을 정리하면

$$\frac{p}{e} = -\frac{E}{3(1 - 2\nu)} \tag{14-38}$$

이 비율 p/e는 선형탄성 재료에서 단축응력과 변형률의 비로 정의되는 E, 즉 $\sigma/\epsilon = E$와 유사하므로, 식 (14-38)의 오른쪽 항을 **체적탄성계수**(volume modulus of elasticity) 또는 **팽창률계수**(bulk modulus)라고 부른다. 이 체적탄성계수는 응력과 같은 단위를 가지며 문자 k로 표시한다. 즉,

$$k = \frac{E}{3(1 - 2\nu)} \tag{14-39}$$

대부분의 금속재료에서 $\nu \approx 1/3$이므로 $k \approx E$이다. 만일 하중이 가해진 상태에서 부피의 변화가 생기지 않는다고 하면, $\delta V = e = 0$이고, k는 무한대가 되어야 한다. 따라서 식 (14-39)로부터 푸아송비의 이론적인 최댓값은 $\nu = 0.5$가 됨을 알 수 있다.

요점 IMPORTANT POINTS

- 균질이며 등방성인 재료가 삼축응력을 받게 되면, 각 방향으로의 변형률은 모든 응력에 의하여 발생하는 변형률의 영향을 받는다. 이것은 푸아송 효과의 결과이고, 이 때의 응력과 변형률의 관계는 일반화된 훅의 법칙에 따른다.
- 균질이며 등방성인 재료에 작용하는 전단응력은 오직 동일한 평면에서만 전단변형률을 일으킨다.
- 재료상수 E, G, ν는 식 (14-34)로 관련되어 있다.
- 팽창률 또는 체적변형률은 전단변형률이 아닌 오직 수직변형률에만 의해서 발생한다.
- 체적탄성계수는 재료의 부피에 대한 강성을 나타낸다. 이 재료의 성질은 푸아송비의 최댓값 $\nu = 0.5$임을 알려준다.

14

예제 14.20

예제 14.19에서 다루었던 그림 14-47a의 브래킷이 $E_{st} = 200$ GPa, $\nu_{st} = 0.3$인 강철로 제작되었다. 점 A에서의 주응력을 구하라.

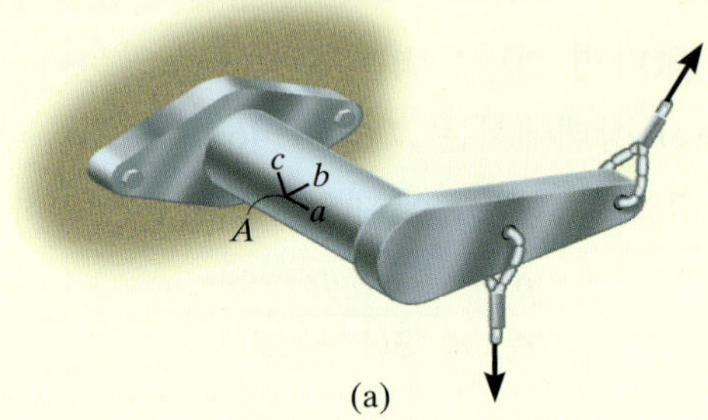

(a)

그림 14-47

풀이 1

예제 14.19에서 주변형률은 다음과 같이 구한 바 있다.

$$\epsilon_1 = 272(10^{-6})$$
$$\epsilon_2 = 33.9(10^{-6})$$

점 A가 하중이 작용하지 않는 브래킷 표면점이므로 표면상의 응력은 0이고 점 A는 평면응력을 받고 있다. $\sigma_3 = 0$과 함께 훅의 법칙을 적용하면

$$\epsilon_1 = \frac{\sigma_1}{E} - \frac{\nu}{E}\sigma_2; \quad 272(10^{-6}) = \frac{\sigma_1}{200(10^9)} - \frac{0.3}{200(10^9)}\sigma_2$$

$$54.4(10^6) = \sigma_1 - 0.3\sigma_2 \qquad (1)$$

$$\epsilon_2 = \frac{\sigma_2}{E} - \frac{\nu}{E}\sigma_1; \quad 33.9(10^{-6}) = \frac{\sigma_2}{200(10^9)} - \frac{0.3}{200(10^9)}\sigma_1$$

$$6.78(10^6) = \sigma_2 - 0.3\sigma_1 \qquad (2)$$

식 (1)과 (2)를 연립하여

$$\sigma_1 = 62.0 \text{ MPa}$$ 답

$$\sigma_2 = 25.4 \text{ MPa}$$ 답

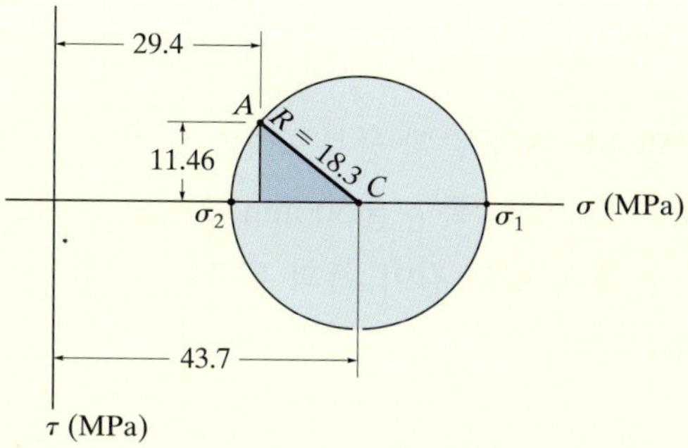

(b)

그림 14-47 (계속)

풀이 2

이 문제는 예제 14.19에서 주어진 변형률 상태를 사용하여 풀 수도 있다.

$$\epsilon_x = 60(10^{-6}) \qquad \epsilon_y = 246(10^{-6}) \qquad \gamma_{xy} = -149(10^{-6})$$

x–y 평면에서 훅의 법칙을 적용하면

$$\epsilon_x = \frac{\sigma_x}{E} - \frac{\nu}{E}\sigma_y; \quad 60(10^{-6}) = \frac{\sigma_x}{200(10^9)\text{ Pa}} - \frac{0.3\sigma_y}{200(10^9)\text{ Pa}}$$

$$\epsilon_y = \frac{\sigma_y}{E} - \frac{\nu}{E}\sigma_x; \quad 246(10^{-6}) = \frac{\sigma_y}{200(10^9)\text{ Pa}} - \frac{0.3\sigma_x}{200(10^9)\text{ Pa}}$$

$$\sigma_x = 29.4\text{ MPa} \qquad \sigma_y = 58.0\text{ MPa}$$

전단응력은 전단에 대한 훅의 법칙을 사용하여 구한다. 먼저 G를 계산하여야 한다.

$$G = \frac{E}{2(1+\nu)} = \frac{200\text{ GPa}}{2(1+0.3)} = 76.9\text{ GPa}$$

따라서,

$$\tau_{xy} = G\gamma_{xy}; \qquad \tau_{xy} = 76.9(10^9)[-149(10^{-6})] = -11.46\text{ MPa}$$

이 평면응력 상태에 대한 모어 원의 중심은 $\sigma_{avg} = 43.7$ MPa이며, 기준점은 $A(29.4\text{ MPa}, -11.46\text{ MPa})$이며, 모어 원은 그림 14-47$b$와 같이 그릴 수 있다. 음영된 삼각형으로부터 반지름을 구할 수 있다.

$$R = \sqrt{(43.7-29.4)^2 + (11.46)^2} = 18.3\text{ MPa}$$

그러므로,

$$\sigma_1 = 43.7\text{ MPa} + 18.3\text{ MPa} = 62.0\text{ MPa} \qquad \text{답}$$

$$\sigma_2 = 43.7\text{ MPa} - 18.3\text{ MPa} = 25.4\text{ MPa} \qquad \text{답}$$

주: 이 해는 선형탄성과 등방성재료인 경우에만 유효하다. 이 경우에만 응력과 변형률의 주 평면이 일치하기 때문이다.

14

예제 14.21

구리 막대가 그림 14-48과 같이 등분포하중을 받고 있다. 하중을 가하기 전에 길이 $a = 300$ mm, 폭 $b = 50$ mm 그리고 두께 $t = 20$ mm이었다면, 하중을 가한 후 변형된 길이, 폭과 두께를 구하라. $E_{cu} = 120$ GPa, $\nu_{cu} = 0.34$를 사용하라.

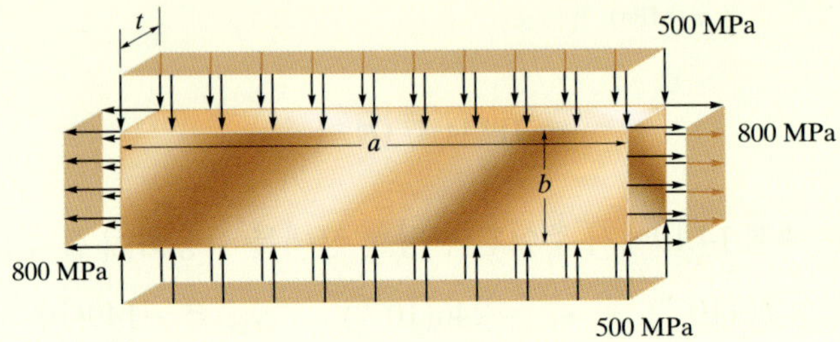

그림 14-48

풀이

직관으로 막대가 평면응력 상태임을 알 수 있다. 하중으로부터

$$\sigma_x = 800 \text{ MPa} \qquad \sigma_y = -500 \text{ MPa} \qquad \tau_{xy} = 0, \qquad \sigma_z = 0$$

이에 따른 수직변형률은 식 (14-32)의 일반화된 훅의 법칙으로부터 구할 수 있다. 즉,

$$\epsilon_x = \frac{\sigma_x}{E} - \frac{\nu}{E}(\sigma_y + \sigma_z)$$

$$= \frac{800 \text{ MPa}}{120(10^3) \text{ MPa}} - \frac{0.34}{120(10^3) \text{ MPa}}(-500 \text{ MPa} + 0) = 0.00808$$

$$\epsilon_y = \frac{\sigma_y}{E} - \frac{\nu}{E}(\sigma_x + \sigma_z)$$

$$= \frac{-500 \text{ MPa}}{120(10^3) \text{ MPa}} - \frac{0.34}{120(10^3) \text{ MPa}}(800 \text{ MPa} + 0) = -0.00643$$

$$\epsilon_z = \frac{\sigma_z}{E} - \frac{\nu}{E}(\sigma_x + \sigma_y)$$

$$= 0 - \frac{0.34}{120(10^3) \text{ MPa}}(800 \text{ MPa} - 500 \text{ MPa}) = -0.000850$$

따라서 변형된 막대의 길이, 폭과 두께는 다음과 같다.

$$a' = 300 \text{ mm} + 0.00808(300 \text{ mm}) = 302.4 \text{ mm}$$ 답

$$b' = 50 \text{ mm} + (-0.00643)(50 \text{ mm}) = 49.68 \text{ mm}$$ 답

$$t' = 20 \text{ mm} + (-0.000850)(20 \text{ mm}) = 19.98 \text{ mm}$$ 답

예제 14.22

그림 14-49와 같은 직사각형 벽돌이 균일한 압력 $p = 14.0$ kPa을 받고 있을 때, 팽창률과 각 변의 길이 변화를 구하라. $E = 4$ MPa, $\nu = 0.45$를 사용하라.

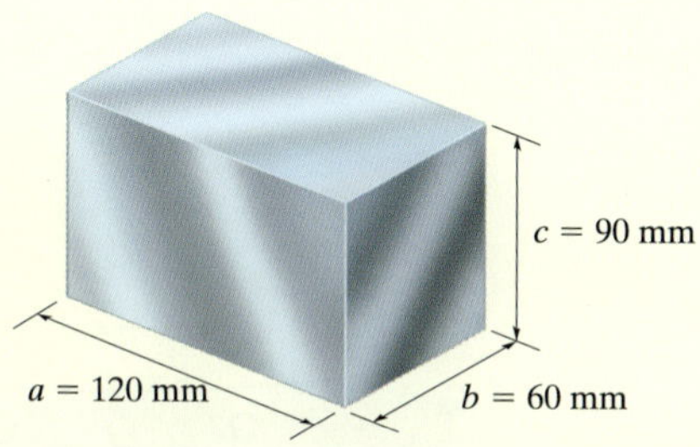

그림 14-49

풀이

팽창률. 팽창률은 $\sigma_x = \sigma_y = \sigma_z = -140$ kPa을 식 (14-37)에 대입하여 구할 수 있다.

$$e = \frac{1 - 2\nu}{E}(\sigma_x + \sigma_y + \sigma_z)$$
$$= \left[\frac{1 - 2(0.45)}{4(10^6)\ \text{N/m}^2}\right]\{3[-140(10^3)\ \text{N/m}^2]\}$$
$$= -0.0106\ \text{m}^3/\text{m}^3$$

답

길이 변화. 각 변의 수직변형률은 식 (14-32)의 훅의 법칙으로부터 구할 수 있다. 즉,

$$\epsilon = \frac{1}{E}[\sigma_x - \nu(\sigma_y + \sigma_z)]$$
$$= \left[\frac{1}{4(10^6)\ \text{N/m}^2}\right]\{-140(10^3)\ \text{N/m}^2 - 0.45[-140(10^3)\ \text{N/m}^2 - 140(10^3)\ \text{N/m}^2]\} = -0.00350\ \text{mm/mm}$$

따라서 각 변의 길이 변화는

$$\delta a = (-0.00350\ \text{mm/mm})(120\ \text{mm}) = -0.420\ \text{mm}$$ 답

$$\delta b = (-0.00350\ \text{mm/mm})(60\ \text{mm}) = -0.210\ \text{mm}$$ 답

$$\delta c = (-0.00350\ \text{mm/mm})(90\ \text{mm}) = -0.315\ \text{mm}$$ 답

음의 부호는 각 치수가 수축됨을 나타낸다.

PROBLEMS

14–105. The strain at point A on the bracket has components $\epsilon_x = 300(10^{-6})$, $\epsilon_y = 550(10^{-6})$, $\gamma_{xy} = -650(10^{-6})$, $\epsilon_z = 0$. Determine (a) the principal strains at A in the x–y plane, (b) the maximum shear strain in the x–y plane, and (c) the absolute maximum shear strain.

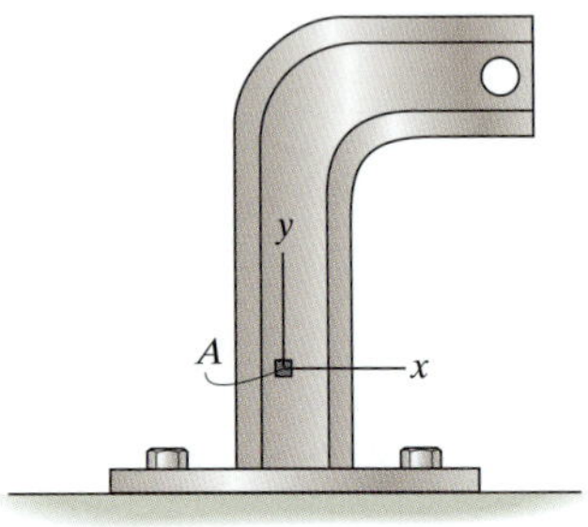

Prob. 14–105

14–106. The strain at point A on a beam has components $\epsilon_x = 450(10^{-6})$, $\epsilon_y = 825(10^{-6})$, $\gamma_{xy} = 275(10^{-6})$, $\epsilon_z = 0$. Determine (a) the principal strains at A, (b) the maximum shear strain in the x–y plane, and (c) the absolute maximum shear strain.

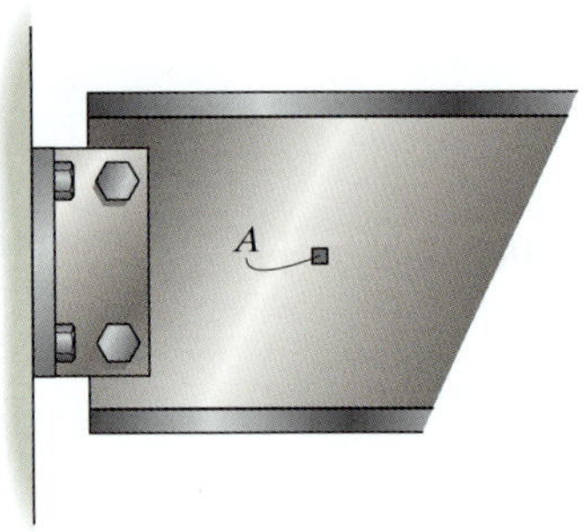

Prob. 14–106

14–107. The strain at point A on the pressure-vessel wall has components $\epsilon_x = 480(10^{-6})$, $\epsilon_y = 720(10^{-6})$, $\gamma_{xy} = 650(10^{-6})$. Determine (a) the principal strains at A, in the x–y plane, (b) the maximum shear strain in the x–y plane, and (c) the absolute maximum shear strain.

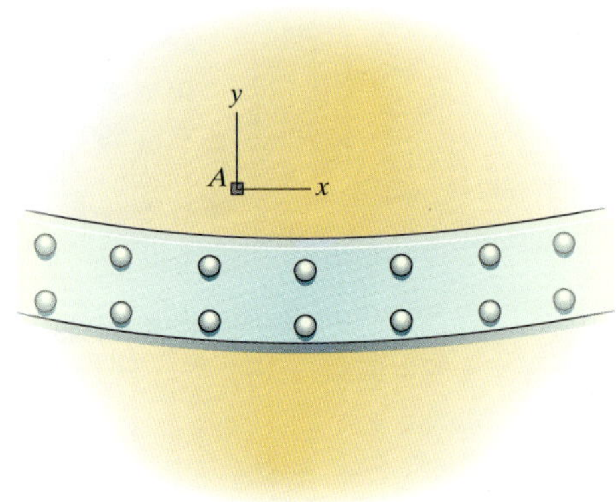

Prob. 14–107

***14–108.** The 45° strain rosette is mounted on the surface of a shell. The following readings are obtained for each gage: $\epsilon_a = -200(10^{-6})$, $\epsilon_b = 300(10^{-6})$, and $\epsilon_c = 250(10^{-6})$. Determine the in-plane principal strains.

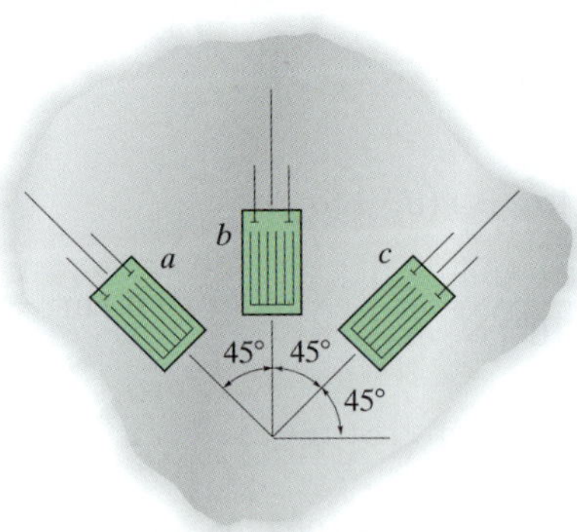

Prob. 14–108

14–109. For the case of plane stress, show that Hooke's law can be written as

$$\sigma_x = \frac{E}{(1-\nu^2)}(\epsilon_x + \nu\epsilon_y), \quad \sigma_y = \frac{E}{(1-\nu^2)}(\epsilon_y + \nu\epsilon_x)$$

14–110. Use Hooke's law, Eq. 14–32, to develop the strain tranformation equations, Eqs. 14–19 and 14–20, from the stress tranformation equations, Eqs. 14–1 and 14–2.

14–111. A bar of copper alloy is loaded in a tension machine and it is determined that $\varepsilon_x = 940(10^{-6})$ and $\sigma_x = 100\,\text{MPa}, \sigma_y = 0, \sigma_z = 0$. Determine the modulus of elasticity, E_{cu}, and the dilatation, e_{cu}, of the copper. $v_{cu} = 0.35$.

***14–112.** A rod has a radius of 10 mm. If it is subjected to an axial load of 15 N such that the axial strain in the rod is $\epsilon_x = 2.75(10^{-6})$, determine the modulus of elasticity E and the change in the rod's diameter. $\nu = 0.23$.

14–113. The principal strains at a point on the aluminum fuselage of a jet aircraft are $\epsilon_1 = 780(10^{-6})$ and $\epsilon_2 = 400(10^{-6})$. Determine the associated principal stresses at the point in the same plane. $E_{al} = 70\,\text{GPa}$. *Hint:* See Prob. 14–109.

14–114. The cross section of the rectangular beam is subjected to the bending moment **M**. Determine an expression for the increase in length of lines AB and CD. The material has a modulus of elasticity E and Poisson's ratio is v.

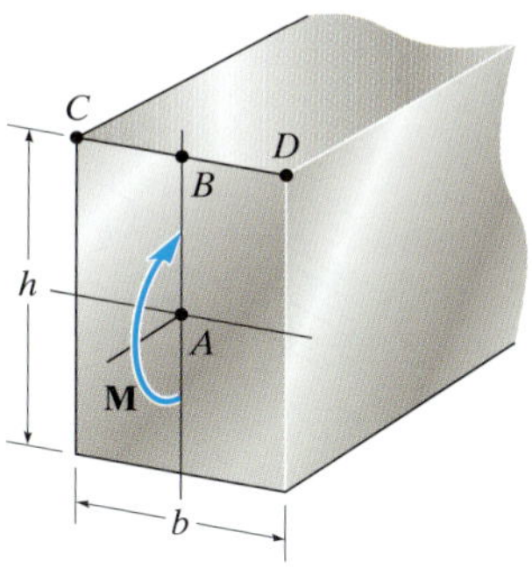

Probs. 14–114

14–115. The spherical pressure vessel has an inner diameter of 2 m and a thickness of 10 mm. A strain gage having a length of 20 mm is attached to it, and it is observed to increase in length by 0.012 mm when the vessel is pressurized. Determine the pressure causing this deformation, and find the maximum in-plane shear stress, and the absolute maximum shear stress at a point on the outer surface of the vessel. The material is steel, for which $E_{st} = 200$ GPa and $\nu_{st} = 0.3$.

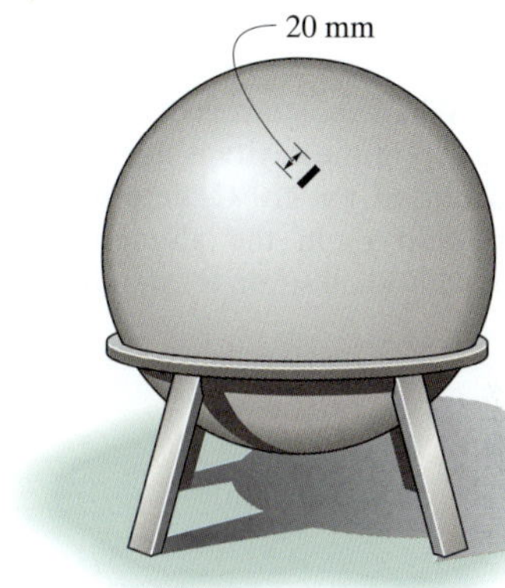

Prob. 14–115

***14–116.** Determine the bulk modulus for each of the following materials: (a) rubber, $E_r = 2.8\,\text{MPa}, v_r = 0.48$, and (b) glass, $E_g = 56\,\text{GPa}, v_g = 0.24$.

14–117. The strain in the x direction at point A on the steel beam is measured and found to be $\epsilon_x = -100(10^{-6})$. Determine the applied load P. What is the shear strain γ_{xy} at point A? $E_{st} = 200\,\text{GPa}, v_{st} = 0.3$.

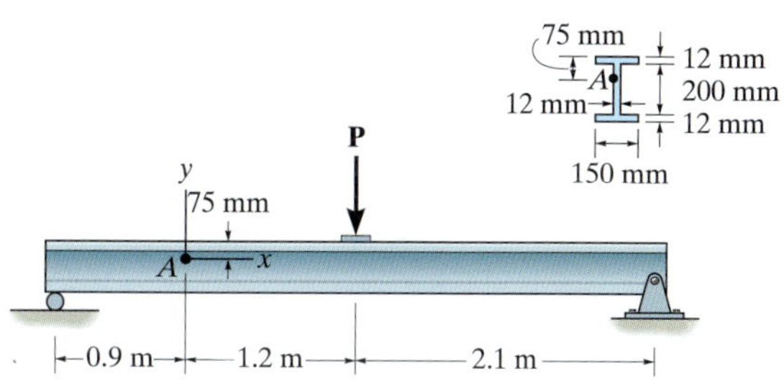

Prob. 14–117

14–118. The principal strains in a plane, measured experimentally at a point on the aluminum fuselage of a jet aircraft, are $\epsilon_1 = 630(10^{-6})$ and $\epsilon_2 = 350(10^{-6})$. If this is a case of plane stress, determine the associated principal stresses at the point in the same plane. $E_{al} = 70\,\text{GPa}$ and $\nu_{al} = 0.33$.

14

14–119. The smooth rigid-body cavity is filled with liquid 6061-T6 aluminum. When cooled it is 0.3 mm from the top of the cavity. If the top of the cavity is covered and the temperature is increased by 110°C, determine the stress components σ_x, σ_y, and σ_z in the aluminum. *Hint:* Use Eqs. 14–32 with an additional strain term of $\alpha\Delta T$ (Eq. 9–4).

***14–120.** The smooth rigid-body cavity is filled with liquid 6061-T6 aluminum. When cooled it is 0.3 mm from the top of the cavity. If the top of the cavity is not covered and the temperature is increased by 110°C, determine the strain components ϵ_x, ϵ_y, and ϵ_z in the aluminum. *Hint:* Use Eqs. 14–32 with an additional strain term of $\alpha\Delta T$ (Eq. 9–4).

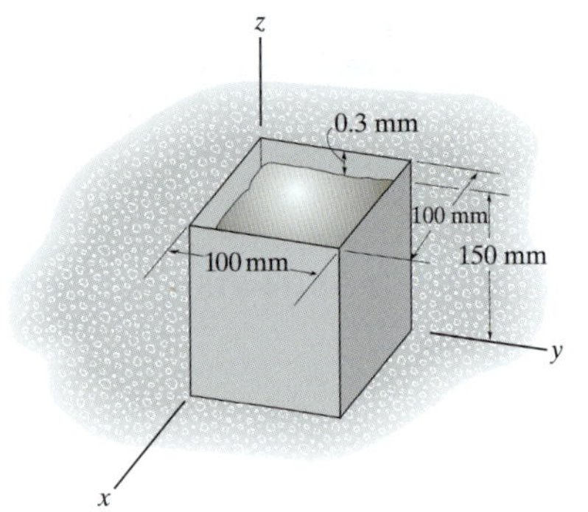

Probs. 14–119/120

14–121. The block is fitted between the fixed supports. If the glued joint can resist a maximum shear stress of $\tau_{allow} = 14\,\text{MPa}$, determine the temperature rise that will cause the joint to fail. Take $E = 70\,\text{GPa}, \nu = 0.2$, and $\alpha = 11(10^{-6})/°\text{C}$ *Hint:* Use Eq. 14–32 with an additional strain term of $\alpha\Delta T$ (Eq. 9–4).

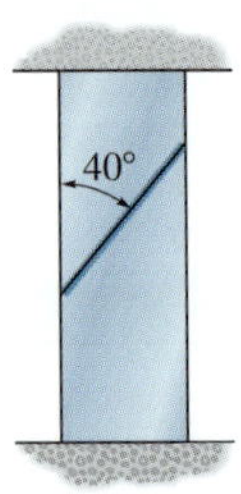

Prob. 14–121

14–122. Two strain gauges a and b are attached to a plate made from a material having a modulus of elasticity of $E = 70\,\text{GPa}$ and Poisson's ratio $v = 0.35$. If the gauges give a reading of $\epsilon_a = 450(10^{-6})$ and $\epsilon_b = 100(10^{-6})$, determine the intensities of the uniform distributed load w_x and w_y acting on the plate. The thickness of the plate is 25 mm.

14–123. Two strain gauges a and b are attached to the surface of the plate which is subjected to the uniform distributed load $w_x = 700\,\text{kN/m}$ and $w_y = -175\,\text{kN/m}$. If the gauges give a reading of $\epsilon_a = 450(10^{-6})$, and $\epsilon_b = 100(10^{-6})$, determine the modulus of elasticity E, shear modulus G, and Poisson's ratio ν for the material.

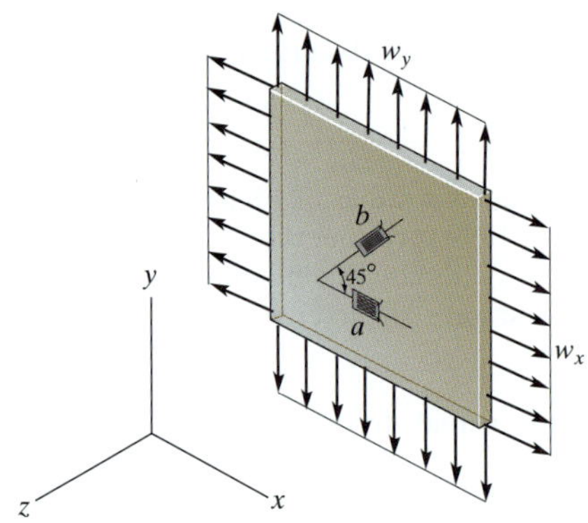

Prob. 14–122/123

***14–124.** A material is subjected to principal stresses σ_x and σ_y. Determine the orientation θ of the strain gage so that its reading of normal strain responds only to σ_y and not σ_x. The material constants are E and ν.

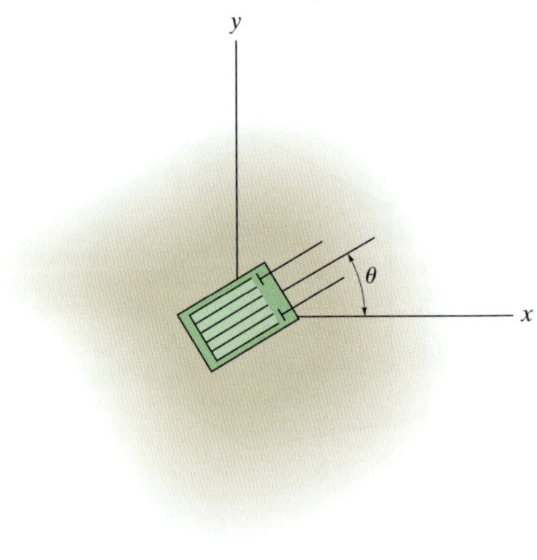

Prob. 14–124

내용 복습

물체에 두 개의 수직응력 성분인 σ_x, σ_y와 하나의 전단응력 성분인 τ_{xy}가 작용할 때 평면응력이 발생한다. 만약 이들 성분들을 알고 있다면, 두 힘의 평형방정식이나 응력 변환의 방정식을 사용하여 요소에 다른 θ방향으로 작용하는 응력요소들을 결정할 수 있다.

$$\sigma_{x'} = \frac{\sigma_x + \sigma_y}{2} + \frac{\sigma_x - \sigma_y}{2}\cos 2\theta + \tau_{xy}\sin 2\theta$$

$$\tau_{x'y'} = -\frac{\sigma_x - \sigma_y}{2}\sin 2\theta + \tau_{xy}\cos 2\theta$$

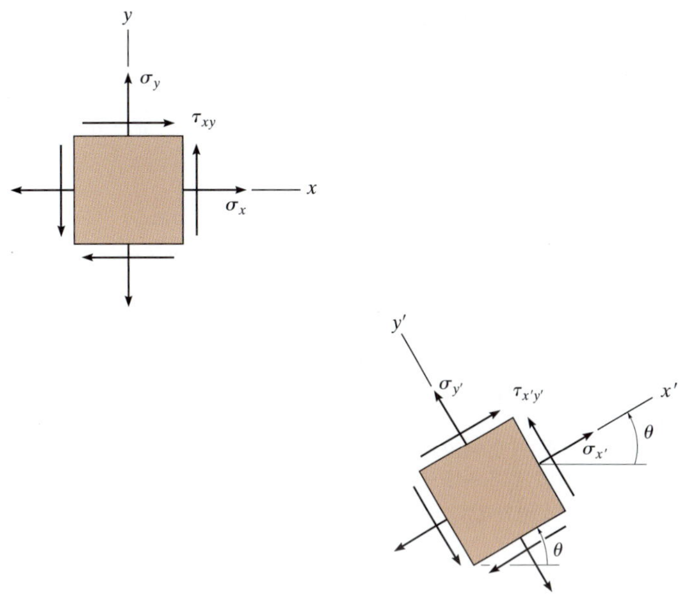

설계에 있어서 최대 주응력과 최대 면내 전단응력을 발생시키는 요소의 방향을 결정하는 것은 중요하다. 응력 변환방정식을 사용하여, 주응력면에는 전단응력이 작용하지 않는다는 것을 알 수 있다. 주응력의 식은 다음과 같다.

$$\sigma_{1,2} = \frac{\sigma_x + \sigma_y}{2} \pm \sqrt{\left(\frac{\sigma_x - \sigma_y}{2}\right)^2 + \tau_{xy}^2}$$

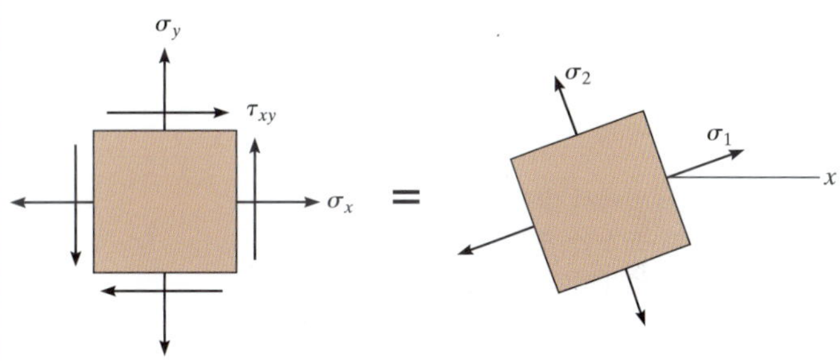

최대 면내 전단응력의 평면은 주응력에 방향과 45°를 이루고, 이들 전단 평면들은 평균 수직응력과 관련이 있다.

$$\tau_{\substack{\max \\ \text{in-plane}}} = \sqrt{\left(\frac{\sigma_x - \sigma_y}{2}\right)^2 + \tau_{xy}^2}$$

$$\sigma_{avg} = \frac{\sigma_x + \sigma_y}{2}$$

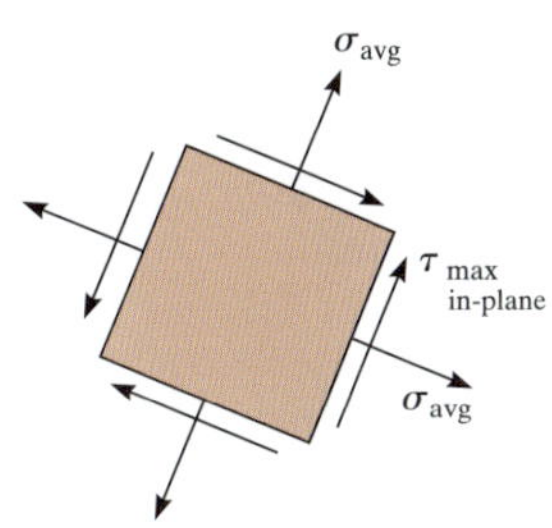

14

모어 원은 임의의 평면에서의 응력, 주응력, 최대 면내 전단응력을 찾을 수 있는 도해법을 제공한다. 원을 그리기 위해서 σ과 τ축을 설정하고, 원의 중심점 $C[(\sigma_x + \sigma_y)/2, 0]$와 기준점 $A(\sigma_x, \tau_{xy})$가 표시되어야 한다. 원의 반지름 R은 이 두 점 사이에 있으며 삼각함수법을 이용해 결정된다.

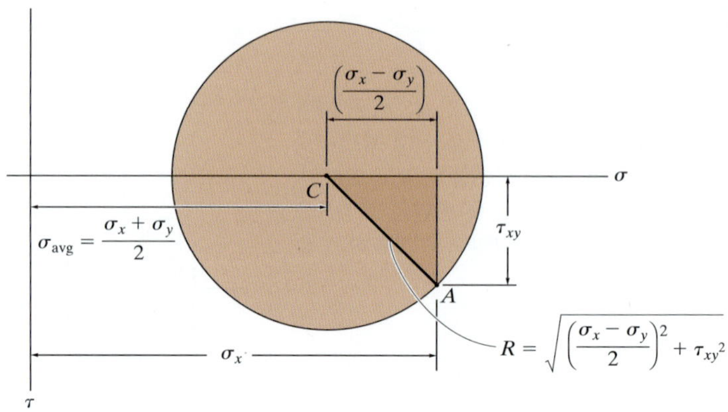

σ_1과 σ_2가 같은 부호를 가지면 절대 최대 전단응력은 평면 밖에 위치한다.

평면응력의 경우, 주응력 σ_1과 σ_2가 반대 부호를 가지면 절대 최대 전단응력은 최대 면내 전단응력과 같다.

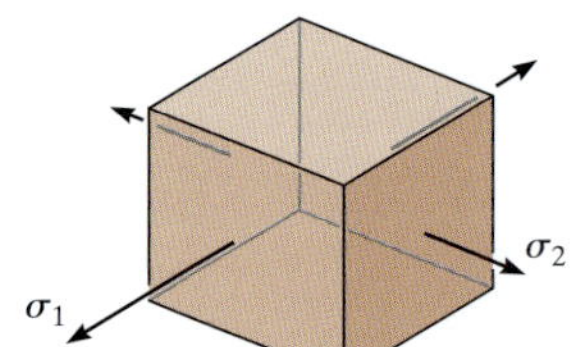

x–y 평면응력

$$\tau_{\substack{abs\\max}} = \frac{\sigma_1}{2}$$

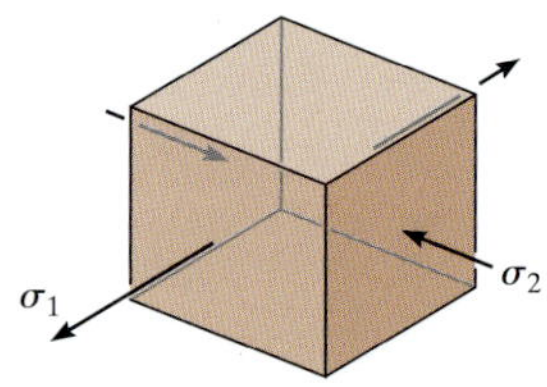

x–y 평면응력

$$\tau_{\substack{abs\\max}} = \frac{\sigma_1 - \sigma_2}{2}$$

물체의 요소가 단일면에서 발생하는 변형을 받으면, 이때 요소는 평면변형률 상태가 된다. 요소의 지정된 방향에 대한 변형률의 성분 $\epsilon_x, \epsilon_y, \gamma_{xy}$를 알고 있을 때, 다른 방향으로 구성되는 요소의 변형률은 평면변형률 변환방정식에 의해 결정될 수 있다. 마찬가지로, 주 수직 변형률과 면내 최대 전단 변형률 또한 변환방정식에 의해 결정될 수 있다.

$$\epsilon_{x'} = \frac{\epsilon_x + \epsilon_y}{2} + \frac{\epsilon_x - \epsilon_y}{2}\cos 2\theta + \frac{\gamma_{xy}}{2}\sin 2\theta$$

$$\epsilon_{y'} = \frac{\epsilon_x + \epsilon_y}{2} - \frac{\epsilon_x - \epsilon_y}{2}\cos 2\theta - \frac{\gamma_{xy}}{2}\sin 2\theta$$

$$\frac{\gamma_{x'y'}}{2} = -\left(\frac{\epsilon_x - \epsilon_y}{2}\right)\sin 2\theta + \frac{\gamma_{xy}}{2}\cos 2\theta$$

$$\epsilon_{1,2} = \frac{\epsilon_x + \epsilon_y}{2} \pm \sqrt{\left(\frac{\epsilon_x - \epsilon_y}{2}\right)^2 + \left(\frac{\gamma_{xy}}{2}\right)^2}$$

$$\frac{\gamma_{\substack{max\\in\text{-}plane}}}{2} = \sqrt{\left(\frac{\epsilon_x - \epsilon_y}{2}\right)^2 + \left(\frac{\gamma_{xy}}{2}\right)^2}$$

$$\epsilon_{avg} = \frac{\epsilon_x + \epsilon_y}{2}$$

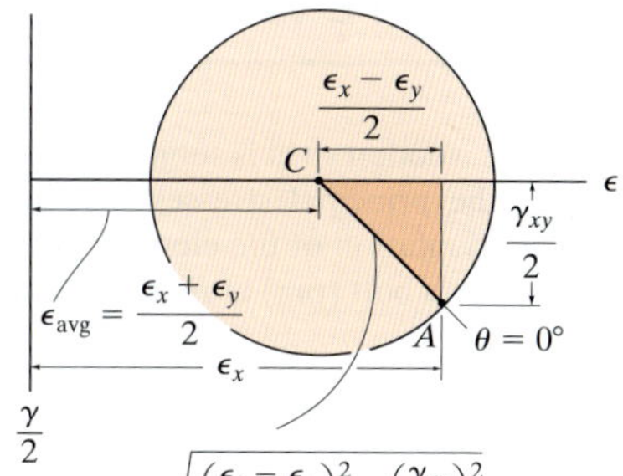

변형률 변환 문제는 모어 원을 이용한 도해법으로도 풀 수 있다. 원을 그리기 위해서 ϵ와 $\gamma/2$의 축이 설정되어야 하고, 원의 중심점 $C[(\epsilon_x + \epsilon_y)/2, 0]$와 기준점 $A(\epsilon_x, \gamma_{xy}/2)$가 표시되어야 한다. 원의 반지름은 이 두 점 사이에 있으며 삼각함수법을 이용해 결정된다.		(위 그림)
3축 응력이 물체에 작용하면 각 방향의 변형률은 3축 방향의 응력에 의해서 영향을 받는다.	$\epsilon_x = \frac{1}{E}[\sigma_x - \nu(\sigma_y + \sigma_z)]$ $\epsilon_y = \frac{1}{E}[\sigma_y - \nu(\sigma_x + \sigma_z)]$ $\epsilon_z = \frac{1}{E}[\sigma_z - \nu(\sigma_x + \sigma_y)]$	
G값은 E와 ν에 의해 결정된다.	$G = \frac{E}{2(1 + \nu)}$	
평창률은 체적 변형률의 정도이다. 체적탄성계수는 재료의 부피의 강성을 측정하기 위해 사용된다.	$e = \frac{1 - 2\nu}{E}(\sigma_x + \sigma_y + \sigma_z)$ $k = \frac{E}{3(1 - 2\nu)}$	

14

REVIEW PROBLEMS

R14–1. The wooden strut is subjected to the loading shown. Determine the principal stresses that act at point C and specify the orientation of the element at this point. The strut is supported by a bolt (pin) at B and smooth support at A.

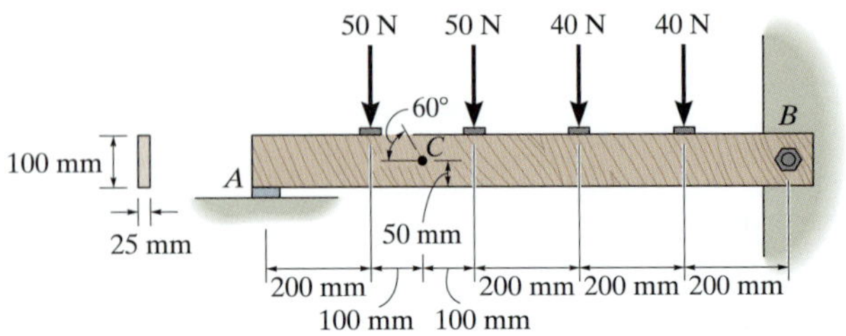

Prob. R14–1

R14–2. The wooden strut is subjected to the loading shown. If grains of wood in the strut at point C make an angle of 60° with the horizontal as shown, determine the normal and shear stresses that act perpendicular and parallel to the grains, respectively, due to the loading. The strut is supported by a bolt (pin) at B and smooth support at A.

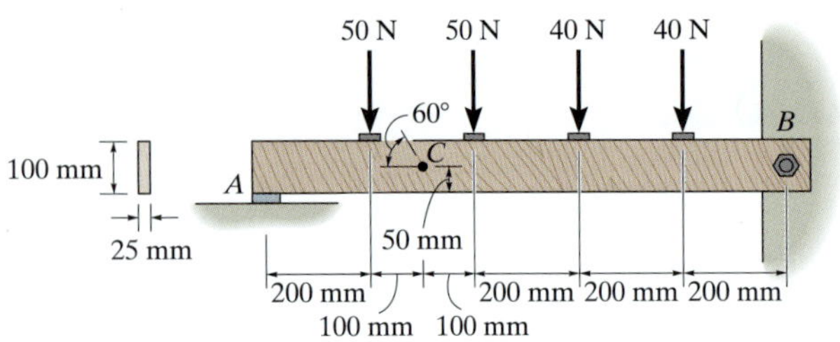

Prob. R14–2

R14–3. The state of stress at a point in a member is shown on the element. Determine the stress components acting on the plane AB.

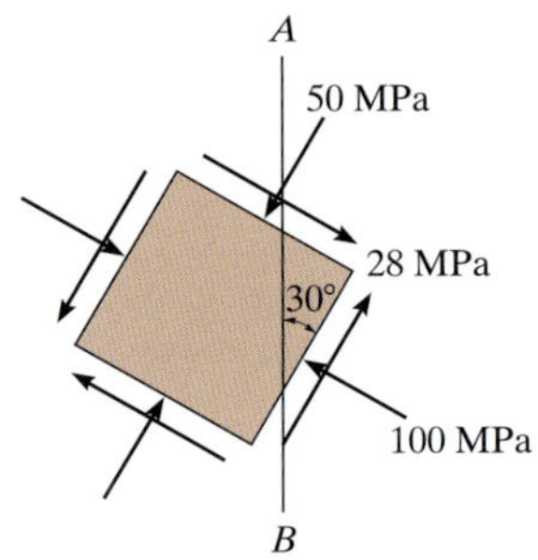

Prob. R14–3

***R14–4.** The crane is used to support the 1500-N load. Determine the principal stresses acting in the boom at points A and B. The cross section is rectangular and has a width of 150 mm and a thickness of 75 mm. Use Mohr's circle.

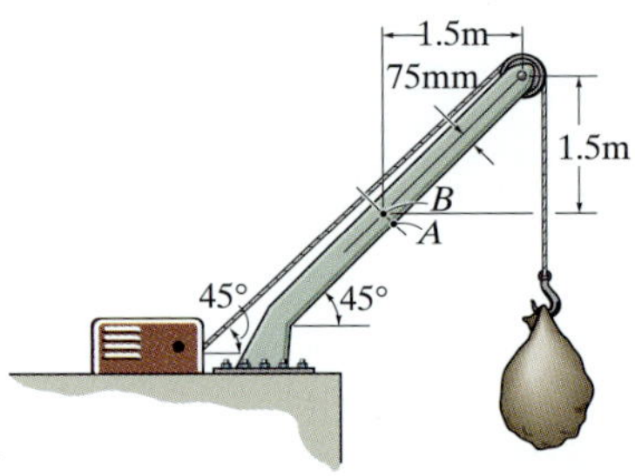

Prob. R14–4

R14–5. In the case of plane stress, where the in-plane principal strains are given by ϵ_1 and ϵ_2, show that the third principal strain can be obtained from

$$\epsilon_3 = \frac{-\nu(\epsilon_1 + \epsilon_2)}{(1 - \nu)}$$

where ν is Poisson's ratio for the material.

R14–6. The plate is made of material having a modulus of elasticity $E = 200$ GPa and Poisson's ratio $\nu = \frac{1}{3}$. Determine the change in width a, height b, and thickness t when it is subjected to the uniform distributed loading shown.

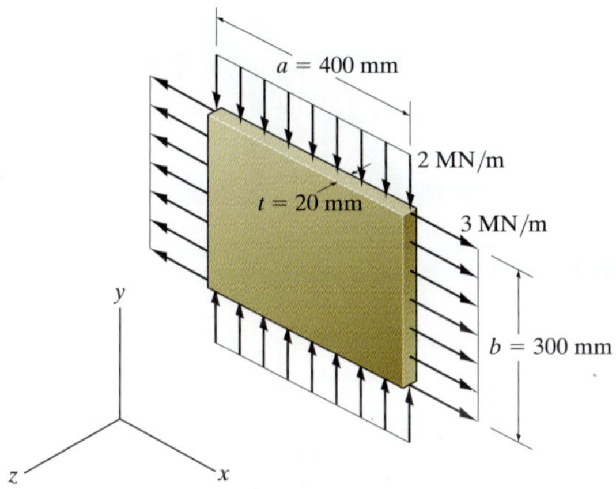

Prob. R14–6

R14–7. The principal stresses at a point are shown in the figure. If the material is A-36 steel, determine the principal strains.

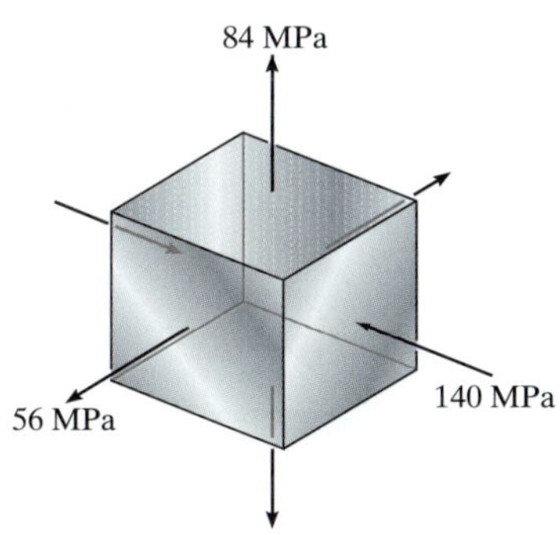

Prob. R14–7

***R14–8.** A strain gauge forms an angle of 45° with the axis of the 50-mm diameter shaft. If it gives a reading of $\varepsilon = -200(10^{-6})$ when the torque **T** is applied to the shaft, determine the magnitude of **T**. The shaft is made from A-36 steel.

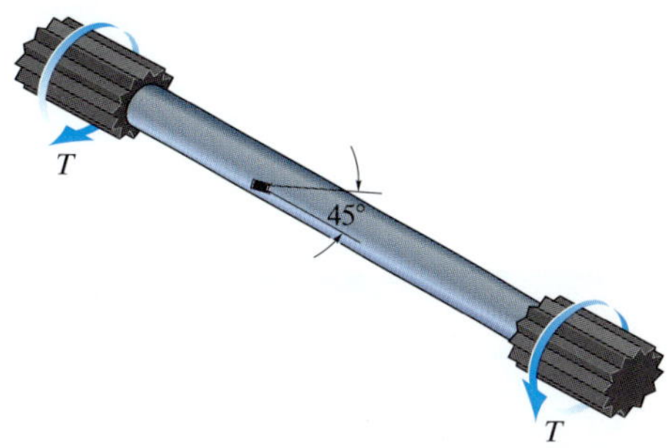

Prob. R14–8

R14–9. The 60° strain rosette is mounted on a beam. The following readings are obtained for each gage: $\epsilon_a = 600(10^{-6})$, $\epsilon_b = -700(10^{-6})$, and $\epsilon_c = 350(10^{-6})$. Determine (a) the in-plane principal strains and (b) the maximum in-plane shear strain and average normal strain. In each case show the deformed element due to these strains.

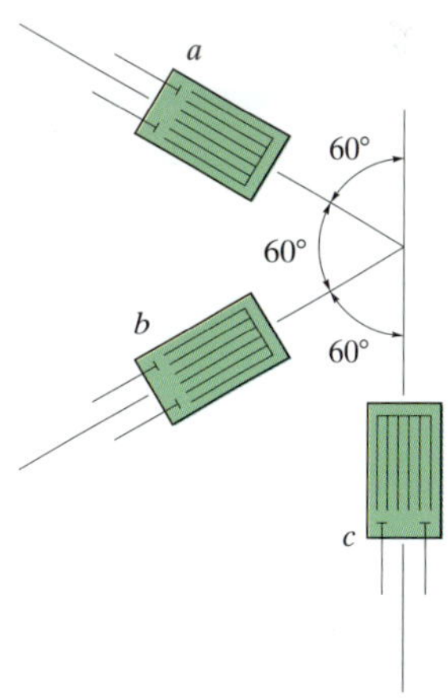

Prob. R14–9

CHAPTER 15

(© Olaf Speier/Alamy)

보는 지붕과 바닥판 하중을 지지해 주는 중요한 구조 부재이다.

보와 샤프트의 설계

학습목표

- 휨과 전단하중에 저항하는 보의 설계 방법

15.1 보 설계의 기본

보는 강도에 기반하여 설계되며 보의 전체 영역에 나타나는 내부 전단력과 내부 모멘트에 저항할 수 있도록 설계된다. 재료가 균질이고 선형탄성적으로 거동한다면 보를 이러한 방식으로 설계하는 데에는 전단공식과 휨공식을 적용해야 한다. 일부의 보는 압축력을 받기는 하지만 이러한 압축력의 영향은 주로 무시되는데, 그 이유는 압축에 의해 유발되는 응력이 전단과 휨에 의해 유발되는 응력보다 매우 작기 때문이다.

그림 15-1에 보인 바와 같이 보에 작용하는 외부하중은 하중의 바로 아래에서는 추가적인 응력을 유발한다. 확실히, 11장, 12장 등 앞에서 다루었던 휨응력 σ_x 그리고 전단응력 τ_{xy}에 추가하여 압축응력 σ_y가 발생할 것이다. 탄성론과 같이 진보된 해석 방법을 적용하면, σ_y는 보의 두께 방향으로 급격히 사라지는 것을 보게 되며, 공학적으로 주로 사용되는 보의 지간 대 높이의 비율에서는 σ_y의 최댓값은 보통 휨응력 σ_x에 비하면 매우 작은 부분을 차지한다. 즉, $\sigma_x \gg \sigma_y$이다. 더욱이, 보의 설계에서 집중하중이 직접적으로 작용되는 경우는 피하게 된다. 그 대신, 보의 표면에 이 하중을 균등하게 분산시키기는 위한 **지압판**(bearing plate)이 사용된다. 이에 따라 σ_y는 더 감소하게 된다.

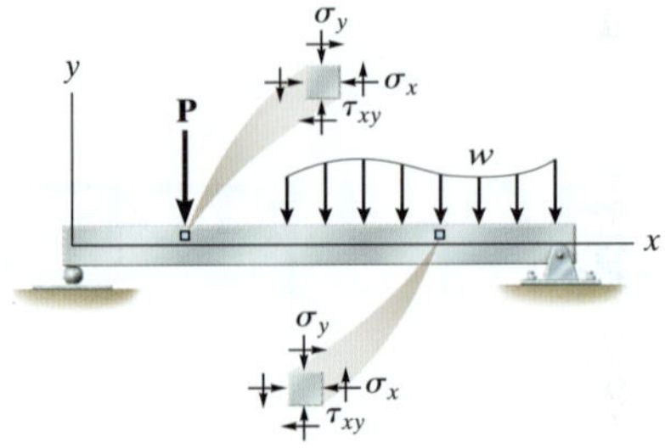

그림 15-1

보는 횡방향으로 미끄러지거나 또는 예기치 않게 불안정해지지 않도록 보의 측면을 적절히 지지하도록 해야 한다. 또한 회반죽처럼 취성적인 재료로 만들어진 천정을 지지하는 경우 등에서와 같이 처짐량이 제한된 값을 가지도록 설계되어야 한다. 보의 처짐을 계산하는 방법에 대해서는 16장에서 논하기로 한다. 보의 횡변위에 관한 제한사항들은 보통 구조나 기계류의 설계기준에서 제시하고 있다.

만일 보가 취성재료로 제작된 경우 보 내의 각 점에서 주응력의 크기와 방향이 변화되는 방식을 이해하는 것이 중요한데, 그 이유는 콘크리트와 같은 취성재료가 보통 인장에 의해 파괴되기 때문이다. 주응력의 이와 같은 변화에 대한 이해를 돕기 위해 그림 15-2*a*와 같이 직사각 단면의 캔틸레버보의 끝에 하중 **P**가 작용하는 상태를 생각해 보자.

일반적으로, 그림 15-2*b*와 같이 보의 축을 따르는 임의의 단면 *a*-*a*에서, 내부 전단력 **V**와 모멘트 **M**이 발생하는데 이들은 각각 포물선의 전단응력 분포와 선형의 수직응력분포로 나타난다(그림 15-2*c*). 결과적으로, 단면을 따라 존재하는 1에서 5점에 위치하는 요소들에 작용하는 응력은 그림 15-2*d*와 같을 것이다. 요소 1과 5에는 최대 수직응력만이 작용하며, 반면 중립축상에 위치한 요소 3에는 오직 면내 최대 전단응력만이 작용함에 주의해야 한다. 중간 위치의 요소 2와 4는 수직응력과 전단응력이 함께 나타난다.

이들 개별 응력 상태는 응력변환공식 또는 모어 원을 이용하여 주응력으로 변환가능하다. 변환 결과는 그림 15-2*e*에 나타내었다.

만일 이러한 해석을 단면 *a*-*a* 외에 다른 위치의 수직 단면에서 수행한다면, 그 결과는 **응력궤적**(stress trajectories)이라고 부르는 곡선으로 나타낼 수 있다. 각 곡선은 동일한 크기를 가지는 주응력의 방향을 나타낸다. 그림 15-3은 이들 곡선 중 몇 개를 캔틸레버보에서 나타낸 것이다. 여기서, 실

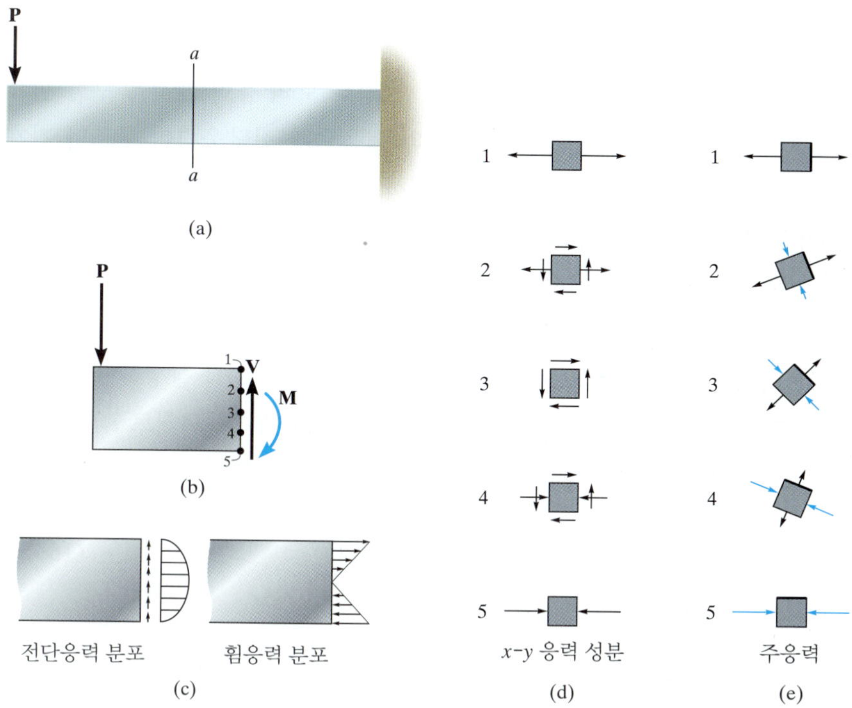

그림 15-2

선은 인장주응력의 방향을 나타내고 점선은 압축주응력의 방향을 나타낸다. 예상대로 각 곡선은 중립축과 45°로 교차하며(요소 3) 실선과 점선은 90°로 교차한다. 그 이유는 주응력이 항상 90°의 간격을 두고 발생하기 때문이다. 엔지니어는 이들 곡선의 방향을 토대로 보가 취성의 재료로 만들어진 경우 이 보를 어느 곳에서 보강해야 할지 판단하게 되며, 따라서 보의 균열을 방지하거나 보가 불안정해지는 것을 방지할 수 있다.

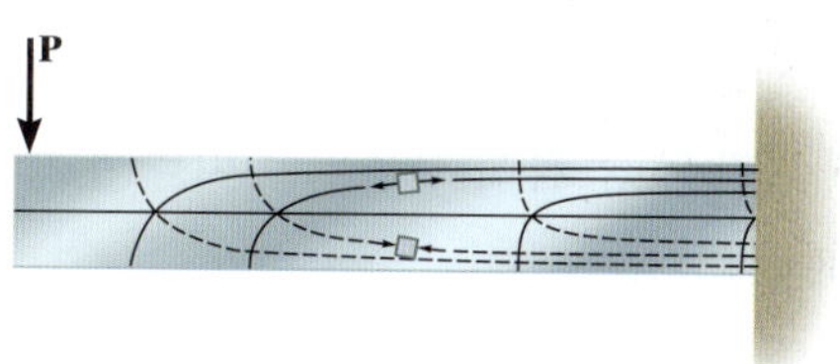

캔틸레버보의 응력 궤적

그림 15-3

15

15.2 균일단면 보의 설계

대부분의 보는 연성재료로 제작되며, 이 경우 보의 응력 궤적을 구할 필요는 없다. 대신, 보에서 발생하는 실제의 휨응력과 전단응력이 구조나 기계 등의 설계기준(design codes)에서 정의하고 있는 재료의 휨과 전단에 대한 허용응력을 초과하지 않도록 하는 것이 필요하다. 대부분의 경우에서 보의 지간은 상대적으로 길어서 내부 모멘트가 상당히 크게 된다. 이 경우 엔지니어는 먼저 휨을 고려하여 설계를 하고 그 후 전단강도를 검토한다.

휨설계를 위해서는 보의 **단면계수**(section modulus)를 결정하는 것이 필요한데, 단면계수는 단면의 기하학적 특성으로 단면2차모멘트 I의 c에 대한 비율, 즉 $S = I/c$이다. 휨공식 $\sigma = Mc/I$를 이용하면

$$S_{\text{req'd}} = \frac{M_{\max}}{\sigma_{\text{allow}}} \qquad (15\text{-}1)$$

여기서 $M_{\max}$은 보의 휨모멘트도로부터 구하며, 허용 휨응력 σ_{allow}는 설계기준에 규정되어 있다. 많은 경우, 아직 결정되지 않은 보의 무게는 작으며 따라서 보가 지지해야 하는 작용하중에 비하여 무시할 만하다. 그러나 보의 설계에서 보의 자중에 의한 추가적인 휨모멘트를 고려하고자 한다면 보의 단면은 (요구)단면계수 $S_{\text{req'd}}$보다 약간 크게 선택해야 한다.

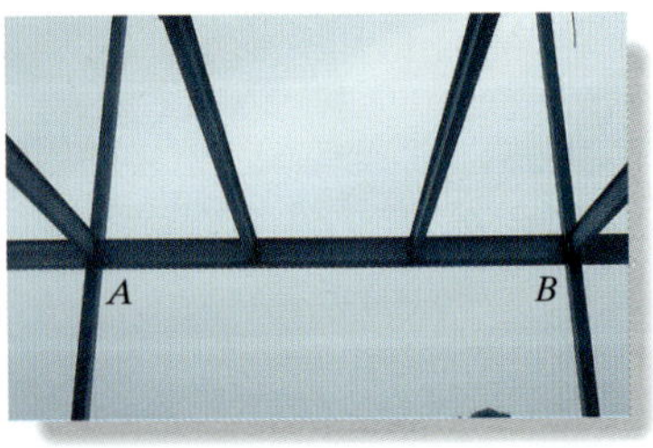

그림에 보여진 빌딩 뼈대에서 상부의 하중을 기둥으로 전달하는 보 AB에 두 개의 바닥보가 연결되어 있다. 설계에서는 모든 연결부를 핀으로 연결된 것으로 가정할 수 있다.

$S_{\text{req'd}}$를 구하고, 보의 단면이 정사각형, 원형 또는 폭과 높이의 비율을 알고 있는 직사각형 등의 단순한 형태라고 하면, 그 치수는 $S_{\text{req'd}}$로부터 직접 구할 수 있다 즉, $S_{\text{req'd}} = I/c$를 이용하여 구한다. 그러나 단면이, 예를 들어 H형 단면과 같이 단순한 도형의 조합으로 구성된다면, $S_{\text{req'd}}$를 만족하는 복부와 플랜지 치수는 무한개가 존재하게 된다. 그러나 실제에서는 엔지니어는 생산자가 제작한 가용한 단면의 형상을 나열하고 있는 편람에서 $S > S_{\text{req'd}}$는 조건을 만족하는 특정의 보단면을 선택한다. 편람에서 제시하고 있는 표에는 동일한 단면계수를 가지는 다른 종류의 보들이 있을 수 있다. 변위에 대한 제한조건이 없다면 단면적이 가장 작은 경우를 선택하는데, 그 이유는 재료가 가장 적게 사용되고 따라서 가볍고 가장 경제적인 설계가 가능하기 때문이다.

일단 보가 선택되면, 전단응력이 허용전단응력을 초과했는지를 전단공식 $\tau_{\text{allow}} \geq VQ/It$를 이용하여 검토한다. 대부분의 경우 전단응력은 허용전단응력을 초과하지 않는 것이 일반적이다. 그러나 보의 길이가 짧거나 또는 크기가 큰 집중하중을 받을 경우 보 단면의 크기는 전단응력에 의해 결정될 수도 있다.

강재 단면. 대부분의 강재 보는 **고열의 강괴**(steel ingot)를 생산하고자 하는 형상이 될 때까지 **압연공정**(rolling process)을 거쳐 완성한다. 이렇게 압연된 형상은 AISC(American Institute of Steel Construction)가 매뉴얼에 테이블로 제시하고 있다. 부록 B에는 AISC에서 제시하는 다양한 단면의 대표적 리스트가 제시되어 있다. 부록에 제시된 바와 같이 H형(WF: wide flange) 보의 형상은 보의 깊이와 단위길이당 무게로 나타나 있다. 예를 들어 그림 15-4의 W 460 × 68은 WF 단면(W)이고 깊이가 459 mm 그리고 무게가 68 kg/m임을 나타낸다. 개별 단면들에 대하여 길이당 무게, 치수, 단면적, 단면2차모멘트 그리고 단면계수 등이 제시되어 있다. 함께 포함되어 있는 것은 회전 반지름 r로서 이 계수는 단면의 좌굴 강도와 관련된 기하학적 특성치이다. 기둥의 좌굴에 대한 내용은 17장에서 다룬다.

강재 WF보의 전형적인 단면 형상

15

강재 보의 지지점에서 발생하는 큰 전단력은 보의 플랜지나 복부의 국부좌굴을 유발할 수 있다. 이러한 국부좌굴을 피하고 보의 안정성을 높이기 위하여 보강재 A를 복부에 설치하였다.

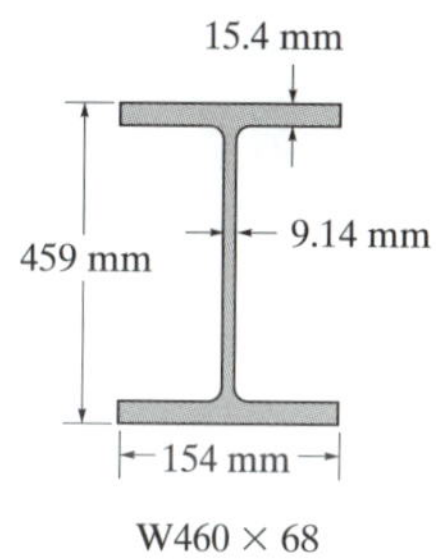

그림 15-4

목재 단면. 목재로 제작된 보는 제작의 경비 및 효율성 등의 이유로 대부분 직사각형 단면으로 제작된다. National Forest Products Association과 같은 협회의 매뉴얼은 목재보의 제작에 자주 사용되는 목재의 치수를 제시해 주고 있다. **보통 공칭치수**(nominal dimensions)와 실제치수를 제공한다. 목재는 주로 50 × 100 (50 mm × 100 mm)과 같은 공칭치수로 구분한다. 그러나 이들의 실제치수는 공칭치수보다 약간 작으며 위의 예의 경우 37.5 mm × 87.5 mm의 값을 가진다. 치수의 감소는 초기에 거친 표면의 목재를 일정한 표면으로 가공하는 과정에서 발생한다. 목재에 발생하는 응력을 계산할 때에는 실제치수를 사용하여야 한다.

조립 단면. **조립 단면**은 두 개 또는 그 이상의 부분이 모여 하나의 단위를 이루도록 구성된 단면을 말한다. $S_{\text{req'd}} = M/\sigma_{\text{allow}}$이므로 모멘트에 저항하는 단면의 능력은 단면계수에 따라 직접적으로 변화한다. 또한 $S_{\text{req'd}} = I/c$이므로 단면2차모멘트 I가 증가하면 $S_{\text{req'd}}$ 역시 증가한다. 단면2차모멘트 I를 증가시키기 위해서 가능한 한 재료의 대부분이 중립축에서 멀리 위

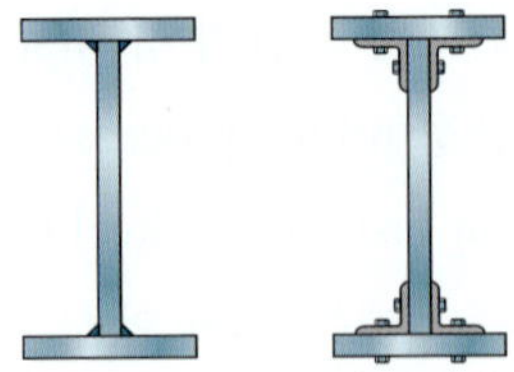

그림 15-5

치해야 한다. 이것은 깊은(높이가 높은) H형 보가 모멘트에 저항하는 효율이 높은 이유이기도 하다. 그러나 매우 큰 하중의 경우 압연공정으로 제작된 강재 단면들은 하중을 지지하기에 충분한 단면계수를 가지지 못할 수도 있다. 이런 경우, 엔지니어들은 가용한 몇 개의 단면을 사용하기보다는 판(plates)과 앵글(angles)로 보를 조립하기도 한다. 이러한 방식으로 제작된 높이가 높은 I형의 단면을 **판형**(plate girder)이라고 한다. 일례로, 그림 15-5 강판형은 두 개의 플랜지 판을 가지고 있는데, 이들은 용접되거나 또는 앵글을 이용하여 볼트체결하기도 한다.

목재 상자형 보

(a)

글루램보

(b)

그림 15-6

목재보 역시 조립보로 제작되기도 하는데, 주로 그림 15-6*a*에 보인 바와 같이 상자 형태로 제작된다. 이들은 합판으로 된 복부판과 대형 널빤지 플랜지로 제작되기도 한다. 매우 긴 지간의 경우 **글루램보**(glulam beam)가 사용된다. 이들 부재는 그림 15-6*b*와 같이 몇 개의 널빤지를 겹쳐서 제작한다.

압연에 의한 단면 또는 단일 조각으로 만들어지는 보와 같이 조립보의 설계 또한 휨응력 및 전단응력에 대한 검토가 필요하다. 추가적으로 용접, 접착, 못 등의 접착부에 대한 전단응력을 검토하여 보가 단일체로 거동하는지 확인해야 한다.

요점 IMPORTANT POINTS

- 보는 그 축에 직각방향으로 작용하는 하중을 지지한다. 강도에 기초하여 보를 설계할 경우 보는 허용전단응력과 허용휨응력에 저항할 수 있어야 한다.
- 보의 최대 휨응력은 보의 표면에 작용하는 하중에 의해 유발되는 국부적 응력보다 매우 크다고 가정한다.

풀이 과정 PROCEDURE FOR ANALYSIS

앞선 논의에 기초하면 강도에 기초한 보의 합리적인 설계는 다음의 과정으로 이루어진다.

전단력도와 휨모멘트도

- 보에 발생하는 전단력과 휨모멘트의 최댓값을 결정한다. 이를 위해 전단력도와 휨모멘트도를 이용한다.

휨응력

- 보가 상대적으로 긴 경우 휨공식 $S_{\text{req'd}} = M_{\max}/\sigma_{\text{allow}}$을 이용하여 결정되는 단면계수에 근거하여 설계된다.
- 일단 $S_{\text{req'd}}$가 결정되면, $S_{\text{req'd}} = I/c$이므로 단면의 단순한 형태를 계산할 수 있다.
- 압연단면이 사용된다면 S에 대한 몇 개의 가능한 값을 부록 B의 표에서 선택하고, 이들 중 최소 단면적을 가지는 단면을 선택한다. 그 이유는 최소 단면적 단면이 가장 가볍고 경제적이기 때문이다.
- 선택한 단면의 S가 $S_{\text{req'd}}$보다 약간 크도록 하여 보의 자중에 의한 추가적인 모멘트를 감당할 수 있도록 한다.

전단응력

- 길이가 짧거나 과대하중을 받는, 특히 목재로 된 보는 초기에 전단응력에 대하여 검토하며 그 후 허용휨응력에 대하여 검토한다.
- 전단공식을 사용하여 전단응력이 허용전단응력을 초과하지 않는지 검토한다. 즉, $\tau_{\text{allow}} \geq V_{\max} Q/It$.
- 보의 단면이 충진 직사각형이라면, 전단공식은 $\tau_{\text{allow}} \geq 1.5(V_{\max}/A)$이고[예제 12.2의 식 (2)], H형(WF) 보의 경우 전단응력이 단면의 복부판 부분에 걸쳐 일정하다고 가정하는 것이 합리적이며, 이 경우 $\tau_{\text{allow}} \geq V_{\max}/A_{\text{web}}$이다. 여기서 A_{web}은 보의 깊이와 복부판 두께의 곱으로 구한다(예제 12.3 끝부분의 주의사항 참고).

조립재의 적절성

조립보 조립재의 적절성은 조립재가 저항할 수 있는 전단응력에 따라 결정된다. 예를 들어 특정 규격의 못이나 볼트의 간격은 허용전단응력 $q_{\text{allow}} = VQ/I$에 의해 결정되며, 조립재가 위치하는 단면상의 점에서 계산된다(15.3절 참고).

예제 15.1

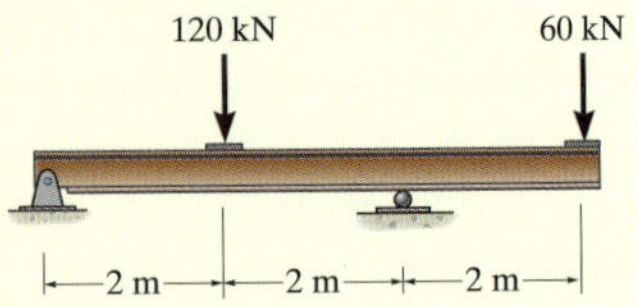

(a)

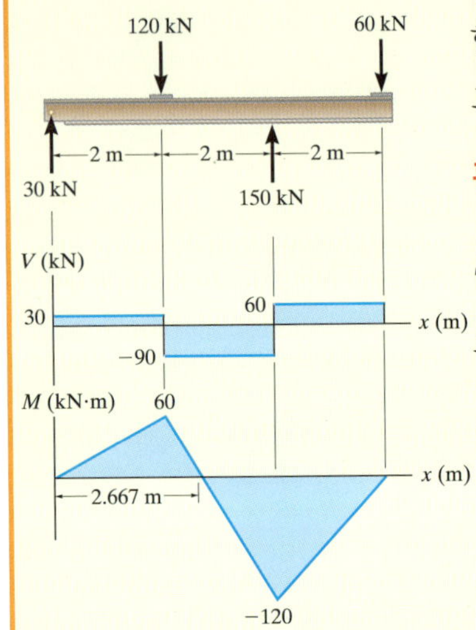

(b)

그림 15-7

그림의 보는 허용휨응력이 $\sigma_{allow} = 165$ MPa, 허용전단응력이 $\tau_{allow} = 100$ MPa인 강재로 제작되었다. 그림 15-7a에 보여진 하중을 받는 보에 적당한 H형(WF) 단면을 구하라.

풀이

전단력도와 휨모멘트도. 주어진 보의 반력은 그림 15-7b와 같이 계산할 수 있으며, 해당 전단력도와 모멘트가 그림 15-7b에 주어져 있다. 각 그림으로부터 $V_{max} = 90$ kN이고, $M_{max} = 120$ kN · m이다.

휨응력. 주어진 보의 요구 단면계수는 휨공식으로부터 얻을 수 있다.

$$S_{req'd} = \frac{M_{max}}{\sigma_{allow}} = \frac{120(10^3)\text{ N}\cdot\text{m}}{165(10^6)\text{ N/m}^2} = 0.7273(10^{-3})\text{ m}^3 = 727.3(10^6)\text{ mm}^3$$

부록 B의 표를 사용하면, 아래의 보들이 후보가 된다.

$$\begin{array}{ll} \text{W460} \times 52 & S = 942\ (10^3)\text{ mm}^3 \\ \text{W410} \times 46 & S = 774\ (10^3)\text{ mm}^3 \\ \text{W360} \times 51 & S = 794\ (10^3)\text{ mm}^3 \\ \text{W310} \times 67 & S = 948\ (10^3)\text{ mm}^3 \\ \text{W250} \times 67 & S = 809\ (10^3)\text{ mm}^3 \\ \text{W200} \times 86 & S = 853\ (10^3)\text{ mm}^3 \end{array}$$

이들 중 단위길이당 무게가 가장 작은 것을 선택한다. 즉,

$$\text{W410} \times 46$$

보의 무게를 포함하는 실제의 최대 휨모멘트 M_{max}를 계산하여 선택한 단면의 적절성을 판단한다. 그러나 작용하중에 비하여 보의 무게에 의한 분포하중 $W_w = (46\text{ kg/m})(9.81\text{ N/kg}) = 451\text{ N/m}$은 $S_{req'd}$를 $733(10^3)\text{ mm}^3$으로 약간 증가시킬 뿐이다. $S_{req'd}$를 계산해 보면

$$S_{req'd} = 733(10^3)\text{ mm}^3 < 774(10^3)\text{ mm}^3 \qquad \text{OK}$$

전단응력. 보가 WF보이므로 복부 부분의 평균전단응력을 검토한다(예제 12.3 참고). 여기서 복부는 단면 상단부터 하단까지로 가정한다. 부록 B로부터 W410 × 46 단면의 경우 $d = 403$ mm, $t_w = 8.76$ mm임을 알 수 있다. 그러므로

$$\tau_{avg} = \frac{V_{max}}{A_w} = \frac{90(10^3)\text{ N}}{(0.403\text{ m})(0.00876\text{ m})} = 25.5\text{ MPa} < 100\text{ MPa} \qquad \text{OK}$$

그러므로 W410 × 46을 사용한다. **답**

예제 15.2

그림 15-8a에 나타낸 적층된 목재 보가 12 kN/m의 등분포하중을 받고 있다. 만일 보의 높이/폭의 값이 1.5라면, 이때 보의 최소폭을 구하라. 허용휨응력 및 허용전단응력은 각각 $\sigma_{allow} = 9$ MPa, $\tau_{allow} = 0.6$ MPa이며, 보의 무게는 무시한다.

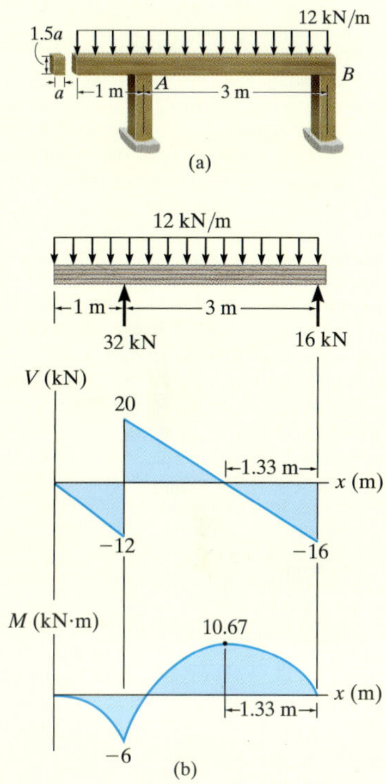

그림 15-8

풀이

전단력도와 휨모멘트도. A와 B점의 지점반력과 보의 전단력도 및 휨모멘트도가 그림 15-8b에 나타나 있다. 여기서 $V_{max} = 20$ kN이고, $M_{max} = 10.67$ kN · m이다.

휨응력. 휨공식을 적용하면,

$$S_{req'd} = \frac{M_{max}}{\sigma_{allow}} = \frac{10.67(10^3)\ \text{N}\cdot\text{m}}{9(10^6)\ \text{N/m}^2} = 0.00119\ \text{m}^3$$

보의 폭을 a라고 가정하면 보의 높이는 1.5a가 되며(그림 15-8a), 따라서

$$S_{req'd} = \frac{I}{c} = 0.00119\ \text{m}^3 = \frac{\frac{1}{12}(a)(1.5a)^3}{(0.75a)}$$

$$a^3 = 0.003160\ \text{m}^3$$

$$a = 0.147\ \text{m}$$

전단응력. 직각사각형 단면에 전단공식($\tau_{max} = VQ/It$의 특수한 예, 예제 12.2)을 적용하면

$$\tau_{max} = 1.5\frac{V_{max}}{A} = (1.5)\frac{20(10^3)\ \text{N}}{(0.147\ \text{m})(1.5)(0.147\ \text{m})}$$

$$= 0.929\ \text{MPa} > 0.6\ \text{MPa}$$

설계된 결과가 전단에 대한 조건을 만족하지 못했으므로 전단응력에 근거하여 재설계되어야 한다.

$$\tau_{allow} = 1.5\frac{V_{max}}{A}$$

$$600\ \text{kN/m}^2 = 1.5\frac{20(10^3)\ \text{N}}{(a)(1.5a)}$$

$$a = 0.183\ \text{m} = 183\ \text{mm}$$ 답

계산된 단면은 수직응력조건을 만족한다.

15

예제 15.3

그림 15-9a에 나타낸 목재 T형 보는 200 mm × 30 mm 크기의 판 두 개로 되어 있다. 허용휨응력이 σ_{allow} = 12 MPa이고 허용전단응력이 τ_{allow} = 0.8 MPa인 경우, 보가 주어진 하중을 안전하게 견딜 수 있는지 평가하라. 못의 전단저항능력이 1.50 kN이라면 두 판이 안전하게 연결되어 있을 수 있는 못의 간격을 구하라.

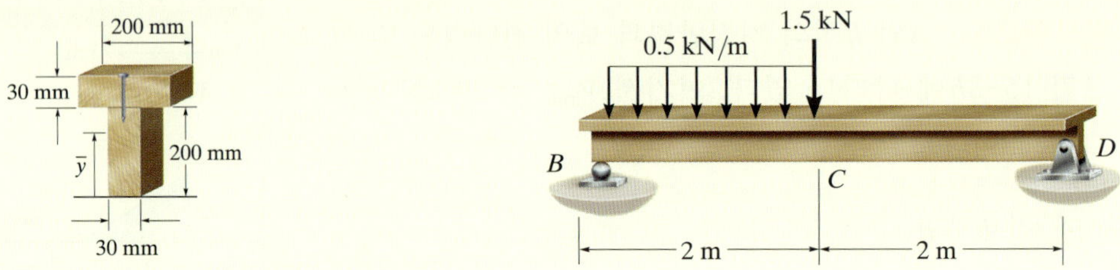

(a)

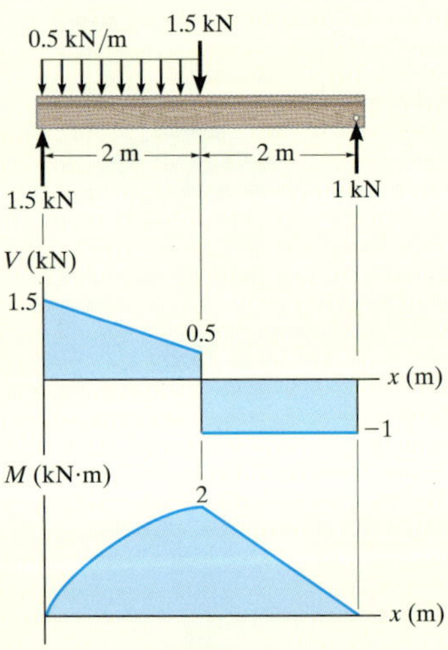

(b)

그림 15-9

풀이

전단력도와 휨모멘트도. 지점의 반력과 전단력도, 휨모멘트도는 그림 15-9b와 같다. 여기서, 최댓값은 각각 V_{max} = 1.5 kN이고, M_{max} = 2.0 kN · m이다.

휨응력. 보의 아랫단에서부터 중립축의 위치는

$$\bar{y} = \frac{\Sigma \tilde{y} A}{\Sigma A}$$

$$= \frac{(0.1\text{ m})(0.03\text{ m})(0.2\text{ m}) + 0.215\text{ m}(0.03\text{ m})(0.2\text{ m})}{0.03\text{ m}(0.2\text{ m}) + 0.03\text{ m}(0.2\text{ m})} = 0.1575\text{ m}$$

따라서,

$$I = \left[\frac{1}{12}(0.03\text{ m})(0.2\text{ m})^3 + (0.03\text{ m})(0.2\text{ m})(0.1575\text{ m} - 0.1\text{ m})^2\right]$$

$$+ \left[\frac{1}{12}(0.2\text{ m})(0.03\text{ m})^3 + (0.03\text{ m})(0.2\text{ m})(0.215\text{ m} - 0.1575\text{ m})^2\right]$$

$$= 60.125(10^{-6})\text{ m}^4$$

중립축에서 끝단까지의 거리가 c = 0.1575 m이므로(0.230 m − 0.1575 m = 0.0725 m가 아님) 조건은 다음과 같다.

$$\sigma_{allow} \geq \frac{M_{max} c}{I}$$

$$12(10^6)\text{ Pa} \geq \frac{2(10^3)\text{ N} \cdot \text{m}(0.1575\text{ m})}{60.125(10^{-6})\text{ m}^4} = 5.24(10^6)\text{ Pa} \qquad \text{OK}$$

전단응력. 보의 최대 전단응력은 Q와 t의 값에 의존한다. 최대 전단응력은 Q의 값이 중립축에서 최댓값이고 중립축이 복부(두께 $t = 0.03$ m)에 위치하기 때문에 중립축에서 발생한다. 계산을 단순화하기 위하여 중립축 아래의 직사각 면적을 이용하여 Q를 계산한다. 중립축 상부는 두 단면의 조합으로 되어 있어 약간 더 복잡하다(그림 15-9c). 그러므로 단면1차모멘트 Q는 아래와 같다.

$$Q = \bar{y}'A' = \left(\frac{0.1575\text{ m}}{2}\right)[(0.1575\text{ m})(0.03\text{ m})] = 0.372(10^{-3})\text{ m}^3$$

따라서

$$\tau_{\text{allow}} \geq \frac{V_{\max}Q}{It}$$

$$800(10^3)\text{ Pa} \geq \frac{1.5(10^3)\text{ N}[0.372(10^{-3})]\text{ m}^3}{60.125(10^{-6})\text{ m}^4(0.03\text{ m})} = 309(10^3)\text{ Pa} \quad \text{OK}$$

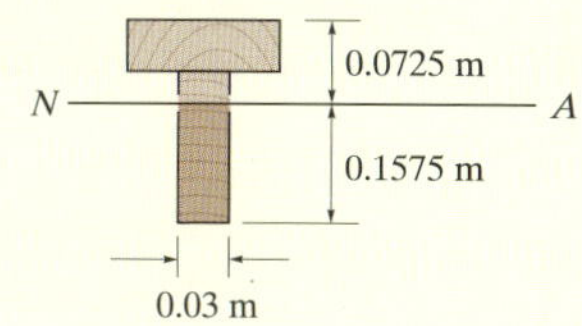

(c)

못의 간격. 전단력도로부터 전단력이 보에서의 위치에 따라 다름을 알 수 있다. 못의 간격이 보의 전단력에 따라 달라지므로 단순화(보수적 측면에서)를 위하여 BC 구간에서는 $V = 1.5$ kN 그리고 CD 구간에서는 $V = 1.0$ kN을 사용한다. 그림 15-9d와 같이 못은 플랜지와 복부를 연결하므로

$$Q = \bar{y}'A' = (0.0725\text{ m} - 0.015\text{ m})[(0.2\text{ m})(0.03\text{ m})] = 0.345(10^{-3})\text{ m}^3$$

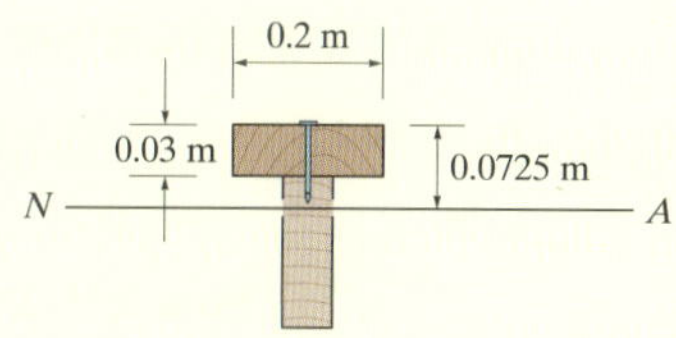

(d)

그림 15-9 (계속)

각 구간에서의 전단흐름은

$$q_{BC} = \frac{V_{BC}Q}{I} = \frac{1.5(10^3)\text{ N}[0.345(10^{-3})\text{ m}^3]}{60.125(10^{-6})\text{ m}^4} = 8.61\text{ kN/m}$$

$$q_{CD} = \frac{V_{CD}Q}{I} = \frac{1(10^3)\text{ N}[0.345(10^{-3})\text{ m}^3]}{60.125(10^{-6})\text{ m}^4} = 5.74\text{ kN/m}$$

하나의 못이 1.50 kN의 전단력을 지지할 수 있으므로 못의 최대 간격은

$$s_{BC} = \frac{1.50\text{ kN}}{8.61\text{ kN/m}} = 0.174\text{ m}$$

$$s_{CD} = \frac{1.50\text{ kN}}{5.74\text{ kN/m}} = 0.261\text{ m}$$

그러므로 아래의 수치를 사용할 수 있다.

$$s_{BC} = 150\text{ mm} \qquad \text{답}$$

$$s_{CD} = 250\text{ mm} \qquad \text{답}$$

FUNDAMENTAL PROBLEMS

F15–1. Determine the minimum dimension a to the nearest mm of the beam's cross section to safely support the load. The wood has an allowable normal stress of $\sigma_{allow} = 10$ MPa and an allowable shear stress of $\tau_{allow} = 1$ MPa.

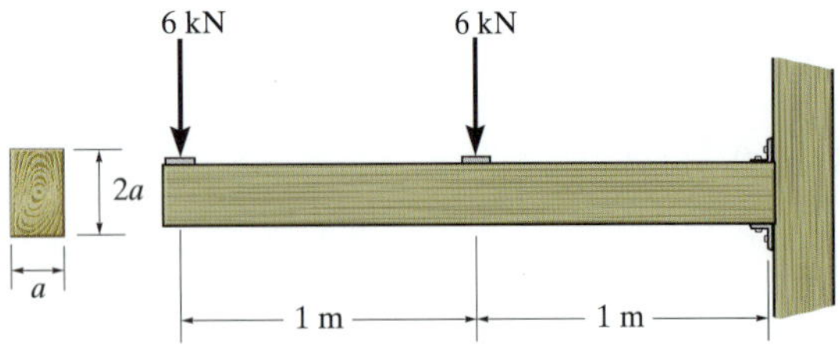

Prob. F15–1

F15–2. Determine the minimum diameter d to the nearest mm of the rod to safely support the load. The rod is made of a material having an allowable normal stress of $\sigma_{allow} =$ 100 MPa and an allowable shear stress of $\tau_{allow} = 50$ MPa.

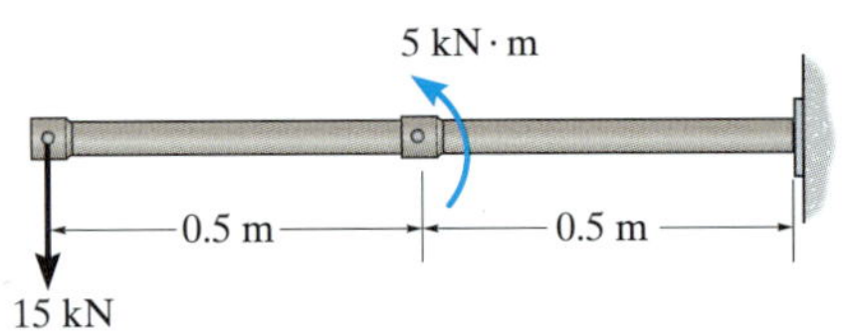

Prob. F15–2

F15–3. Determine the minimum dimension a to the nearest mm of the beam's cross section to safely support the load. The wood has an allowable normal stress of $\sigma_{allow} = 12$ MPa and an allowable shear stress of $\tau_{allow} = 1.5$ MPa.

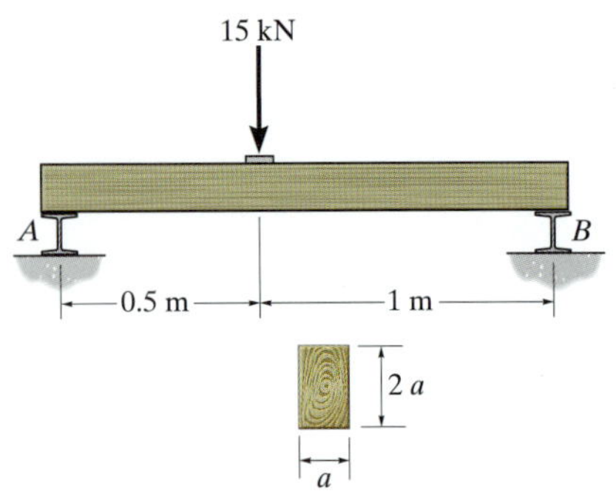

Prob. F15–3

F15–4. Determine the minimum dimension h to the nearest mm of the beam's cross section to safely support the load. The wood has an allowable normal stress of $\sigma_{allow} =$ 15 MPa and an allowable shear stress of $\tau_{allow} = 1.5$ MPa

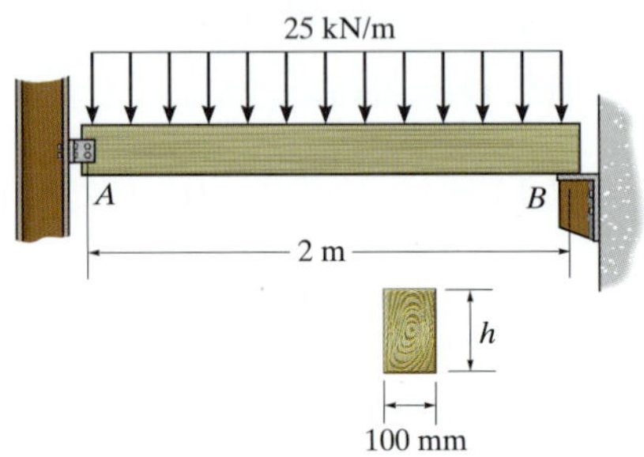

Prob. F15–4

F15–5. Determine the minimum dimension b to the nearest mm of the beam's cross section to safely support the load. The wood has an allowable normal stress of $\sigma_{allow} = 12$ MPa and an allowable shear stress of $\tau_{allow} = 1.5$ MPa.

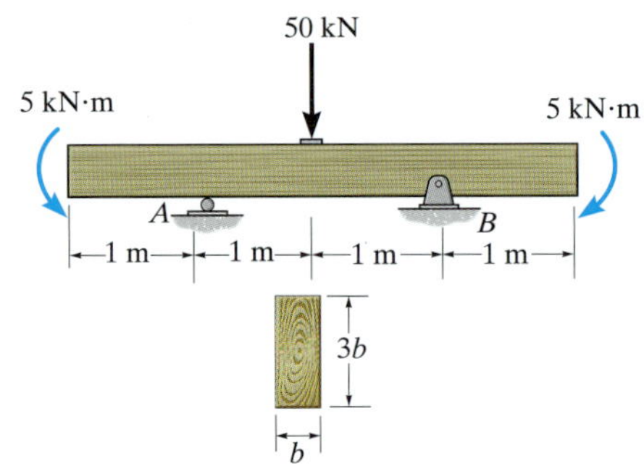

Prob. F15–5

F15–6. Select the lightest W410-shaped section that can safely support the load. The beam is made of steel having an allowable normal stress of $\sigma_{allow} = 150$ MPa and an allowable shear stress of $\tau_{allow} = 75$ MPa. Assume the beam is pinned at A and roller supported at B.

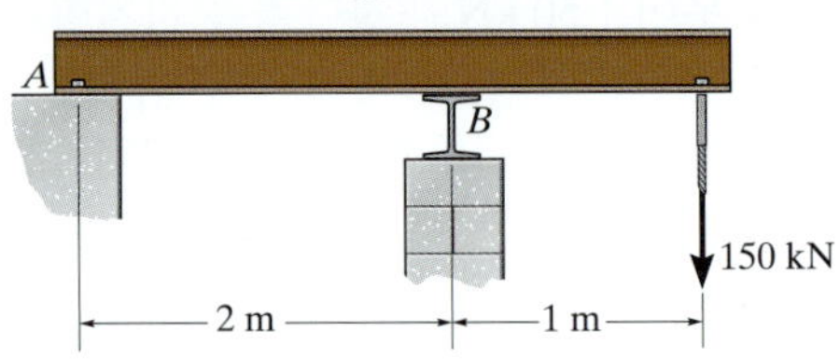

Prob. F15–6

PROBLEMS

15–1. The beam is made of timber that has an allowable bending stress of $\sigma_{allow} = 6.5$ MPa and an allowable shear stress of $\tau_{allow} = 500$ kPa. Determine its dimensions if it is to be rectangular and have a height-to-width ratio of 1.25. Assume the beam rests on smooth supports.

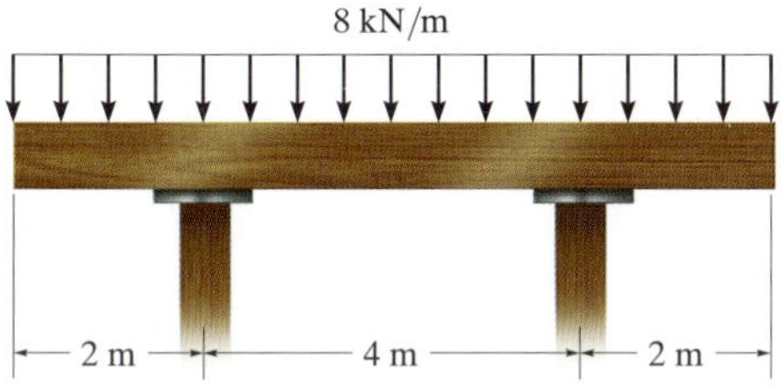

Prob. 15–1

***15–2.** Select the lightest-weight W310 steel wide-flange beam from Appendix C that will safely support the loading shown, where $P = 30$ kN. The allowable bending stress is $\sigma_{allow} = 150$ MPa and the allowable shear stress is $\tau_{allow} = 84$ MPa.

15–3. Select the lightest-weight W360 steel wide-flange beam from Appendix C that will safely support the loading shown, where $P = 60$ kN. The allowable bending stress is $\sigma_{allow} = 150$ MPa and the allowable shear stress is $\tau_{allow} = 84$ MPa.

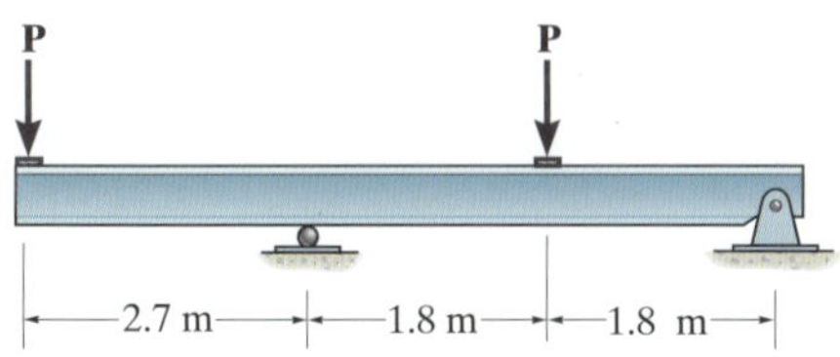

Probs. 15–2/3

***15–4.** Determine the minimum width of the beam to the nearest multiples of 5 mm that will safely support the loading of $P = 40$ kN. The allowable bending stress is $\sigma_{allow} = 168$ MPa and the allowable shear stress is $\tau_{allow} = 100$ MPa.

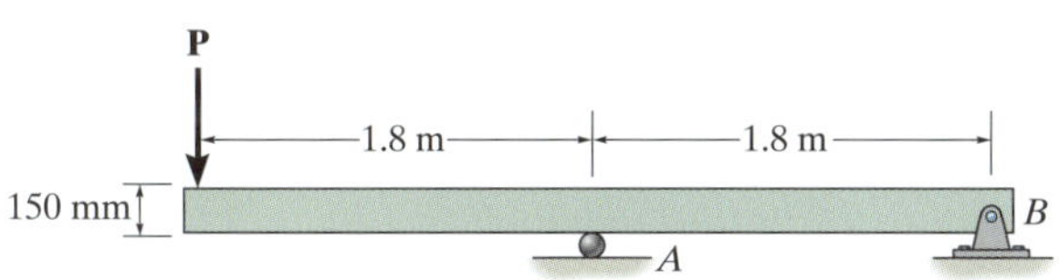

Prob. 15–4

***15–5.** Select the lightest-weight steel wide-flange beam from Appendix B that will safely support the machine loading shown. The allowable bending stress is $\sigma_{allow} = 168$ MPa and the allowable shear stress is $\tau_{allow} = 100$ MPa.

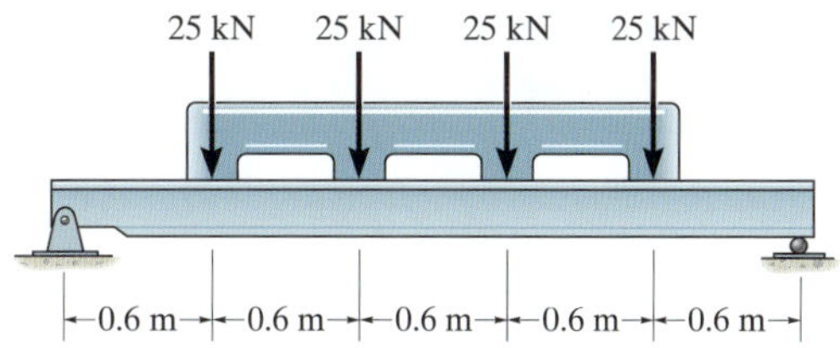

Prob. 15–5

15–6. The compound beam is made from two sections, which are pinned together at B. Use Appendix B and select the lightest-weight wide-flange beam that would be safe for each section if the allowable bending stress is $\sigma_{allow} = 168$ MPa and the allowable shear stress is $\tau_{allow} = 100$ MPa. The beam supports a pipe loading of 6 kN and 9 kN as shown.

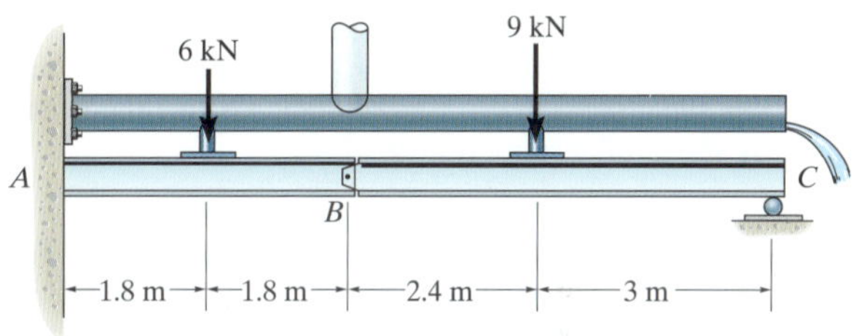

Prob. 15–6

15–7. The brick wall exerts a uniform distributed load of 20 kN/m on the beam. If the allowable bending stress is $\sigma_{allow} = 154$ MPa and the allowable shear stress is $\tau_{allow} = 84$ MPa, select the lightest wide-flange section from Appendix B that will safely support the load.

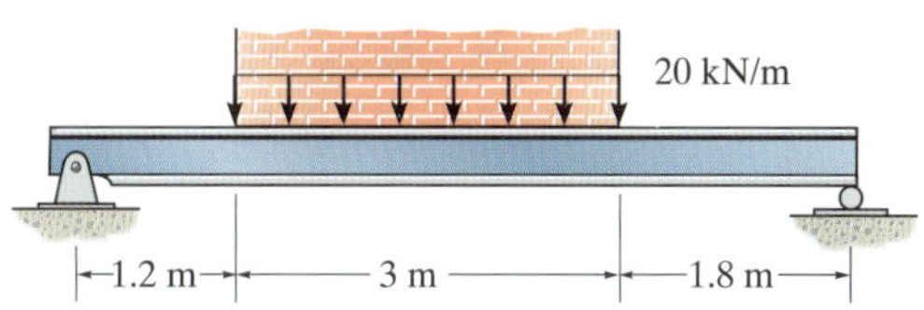

Prob. 15–7

***15–8.** If the bearing pads at A and B support only vertical forces, determine the greatest magnitude of the uniform distributed loading w that can be applied to the beam. $\sigma_{allow} = 15\,\text{MPa}$, $\tau_{allow} = 1.5\,\text{MPa}$.

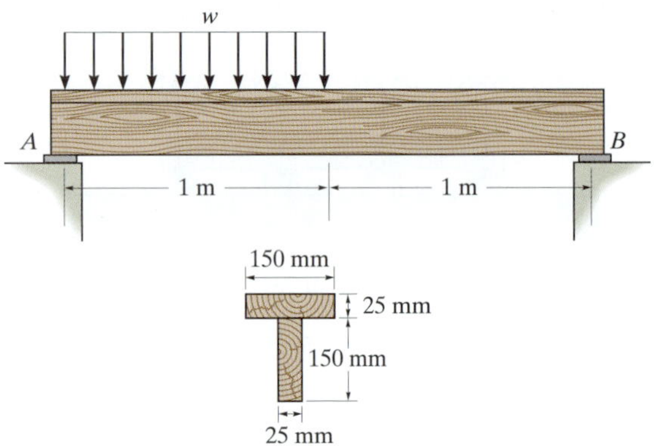

Prob. 15–8

15–9. Select the lightest W360 wide-flange beam from Appendix B that can safely support the loading. The beam has an allowable normal stress of $\sigma_{allow} = 150$ MPa and an allowable shear stress of $\tau_{allow} = 80$ MPa. Assume there is a pin at A and a roller support at B.

15–10. Investigate if the W250 × 58 beam can safely support the loading. The beam has an allowable normal stress of $\sigma_{allow} = 150$ MPa and an allowable shear stress of $\tau_{allow} = 80$ MPa. Assume there is a pin at A and a roller support at B.

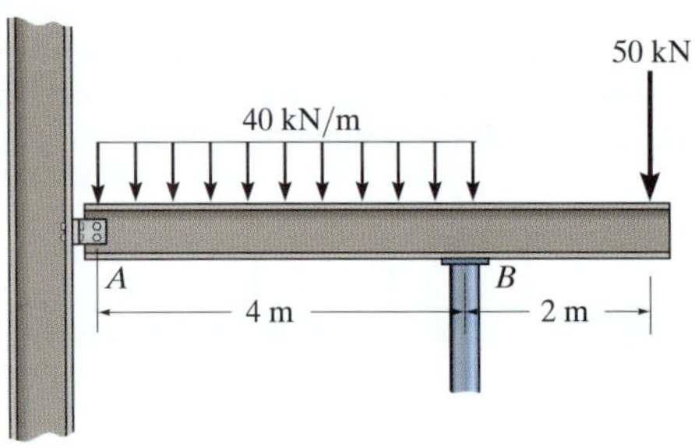

Probs. 15–9/10

15–11. The box beam has an allowable bending stress of $\sigma_{allow} = 10\,\text{MPa}$ and an allowable shear stress of $\tau_{allow} = 775\,\text{kPa}$. Determine the maximum intensity w of the distributed loading that it can safely support. Also, determine the maximum safe nail spacing for each third of the length of the beam. Each nail can resist a shear force of 200 N.

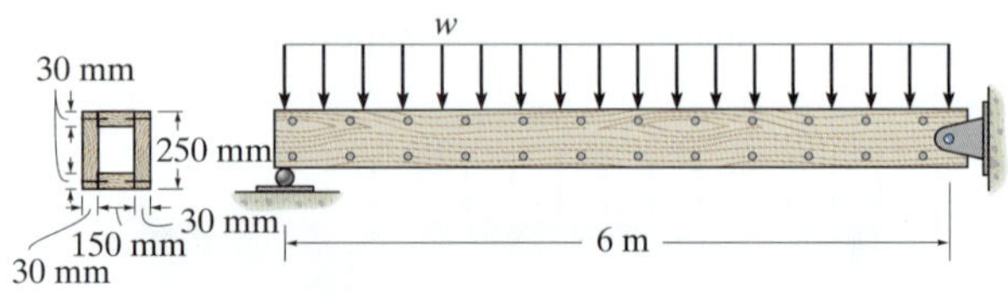

Prob. 15–11

***15–12.** Select the lightest-weight steel wide-flange beam from Appendix C that will safely support the loading shown. The allowable bending stress is $\sigma_{allow} = 150\,\text{MPa}$ and the allowable shear stress is $\tau_{allow} = 84\,\text{MPa}$.

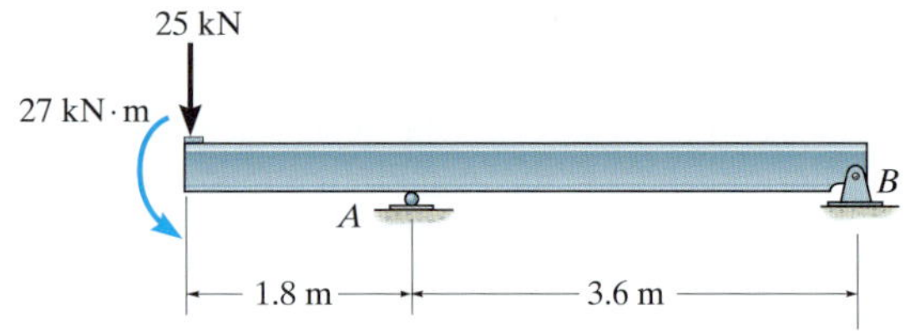

Prob. 15–12

15–13. The simply supported beam is made of timber that has an allowable bending stress of $\sigma_{allow} = 6.72\,\text{MPa}$ and an allowable shear stress of $\tau_{allow} = 0.525\,\text{MPa}$. Determine the dimension b if it is to be rectangular and have a height-to-width ratio of 1.25.

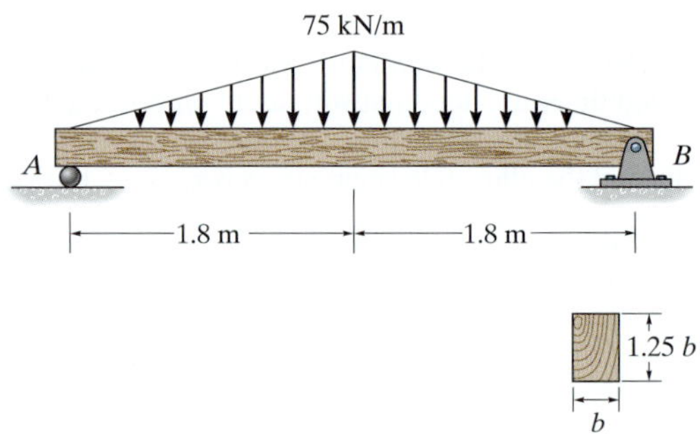

Prob. 15–13

15–14. The beam is used in a railroad yard for loading and unloading cars. If the maximum anticipated hoist load is 60 kN, select the lightest-weight steel wide-flange section from Appendix C that will safely support the loading. The hoist travels along the bottom flange of the beam, $0.3\,\text{m} \le x \le 7.5\,\text{m}$ and has negligible size. Assume the beam is pinned to the column at B and roller supported at A. The allowable bending stress is $\sigma_{\text{allow}} = 168\,\text{MPa}$ and the allowable shear stress is $\tau_{\text{allow}} = 84\,\text{MPa}$.

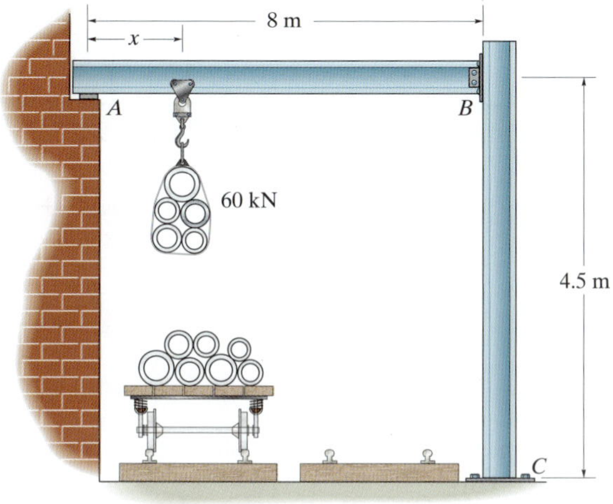

Prob. 15–14

15–15. The beam is constructed from three boards as shown. If each nail can support a shear force of 1.5 kN, determine the maximum allowable spacing of the nails, s, s', s'', for regions AB, BC, and CD respectively. Also, if the allowable bending stress is $\sigma_{\text{allow}} = 10\,\text{MPa}$ and the allowable shear stress is $\tau_{\text{allow}} = 1\,\text{MPa}$, determine if it can safely support the load.

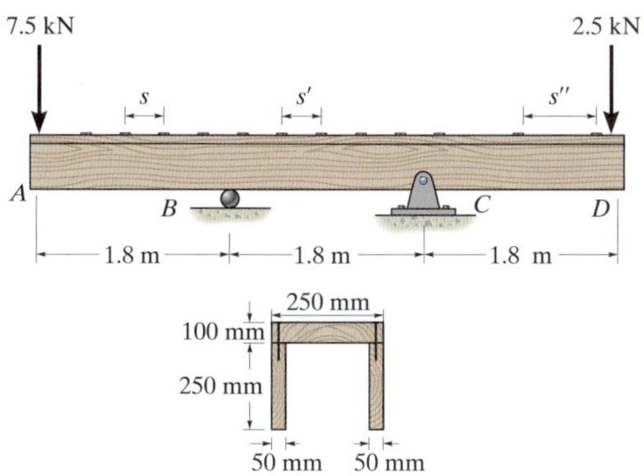

Prob. 15–15

***15–16.** If the cable is subjected to a maximum force of $P = 50$ kN, select the lightest W310 wide-flange beam that can safely support the load. The beam has an allowable normal stress of $\sigma_{\text{allow}} = 150$ MPa and an allowable shear stress of $\tau_{\text{allow}} = 85$ MPa.

15–17. If the W360 × 45 wide-flange beam has an allowable normal stress of $\sigma_{\text{allow}} = 150$ MPa and an allowable shear stress of $\tau_{\text{allow}} = 85$ MPa, determine the maximum cable force **P** that can safely be supported by the beam.

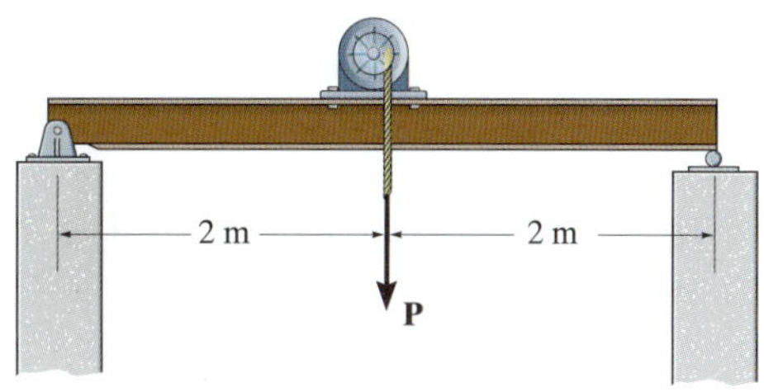

Probs. 15–16/17

***15–18.** The simply supported beam is composed of two W310 × 33 sections built up as shown. Determine the maximum uniform loading w the beam will support if the allowable bending stress is $\sigma_{\text{allow}} = 150\,\text{MPa}$ and the allowable shear stress is $\tau_{\text{allow}} = 100\,\text{MPa}$.

***15–19.** The simply supported beam is composed of two W310 × 33 sections built up as shown. Determine if the beam will safely support a loading of $w = 30\,\text{kN/m}$. The allowable bending stress is $\sigma_{\text{allow}} = 150\,\text{MPa}$ and the allowable shear stress is $\tau_{\text{allow}} = 100\,\text{MPa}$.

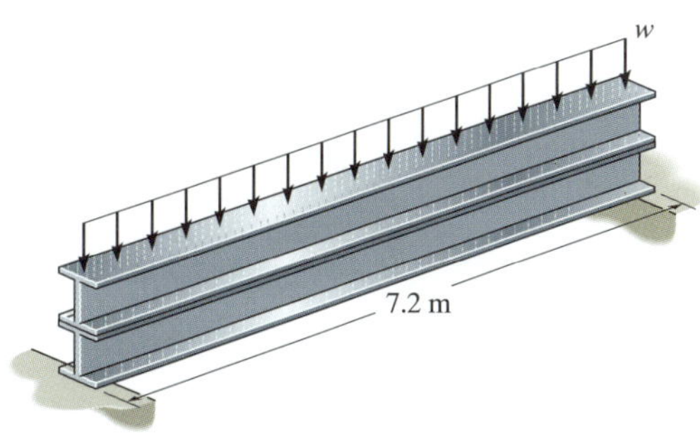

Probs. 15–18/19

***15–20.** The shaft is supported by a smooth thrust bearing at A and a smooth journal bearing at B. If $P = 5\,\text{kN}$ and the shaft is made from steel having an allowable normal stress of $\sigma_{\text{allow}} = 150\,\text{MPa}$ and an allowable shear stress of $\tau_{\text{allow}} = 85\,\text{MPa}$, determine the required minimum wall thickness t of the shaft to the nearest millimeter to safely support the load.

15–21. The shaft is supported by a smooth thrust bearing at A and a smooth journal bearing at B. If the shaft is made from steel having an allowable normal stress of $\sigma_{\text{allow}} = 150\,\text{MPa}$ and allowable shear stress of $\tau_{\text{allow}} = 85\,\text{MPa}$, determine the maximum allowable force $\mathbf{P}$ that can be applied to the shaft. The thickness of the shaft's wall is $t = 5\,\text{mm}$.

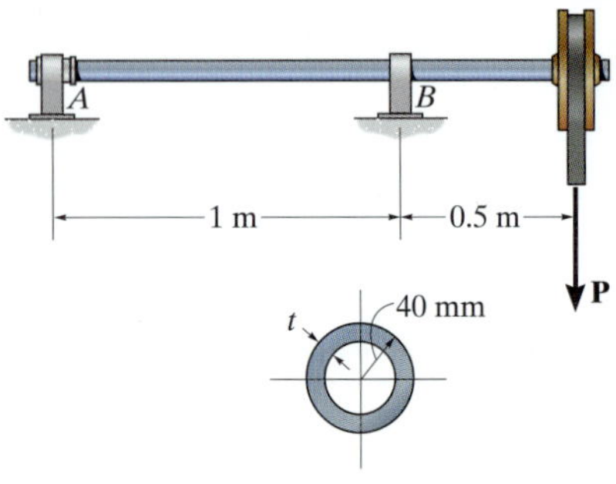

Probs. 15–20/21

15–22. The simply supported beam supports a load of $P = 16\,\text{kN}$. Determine the smallest dimension a of each timber if the allowable bending stress for the wood is $\sigma_{\text{allow}} = 30\,\text{MPa}$ and the allowable shear stress is $\tau_{\text{allow}} = 800\,\text{kPa}$. Also, if each bolt can sustain a shear of 2.5 kN, determine the spacing s of the bolts at the calculated dimension a.

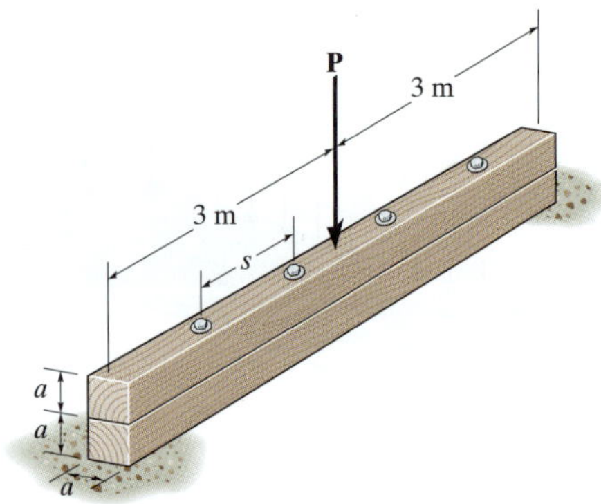

Prob. 15–22

15–23. Determine the minimum depth h of the beam to the nearest multiples of 5 mm that will safely support the loading shown. The allowable bending stress is $\sigma_{\text{allow}} = 147\,\text{MPa}$ and the allowable shear stress is $\tau_{\text{allow}} = 70\,\text{MPa}$ The beam has a uniform thickness of 75 mm.

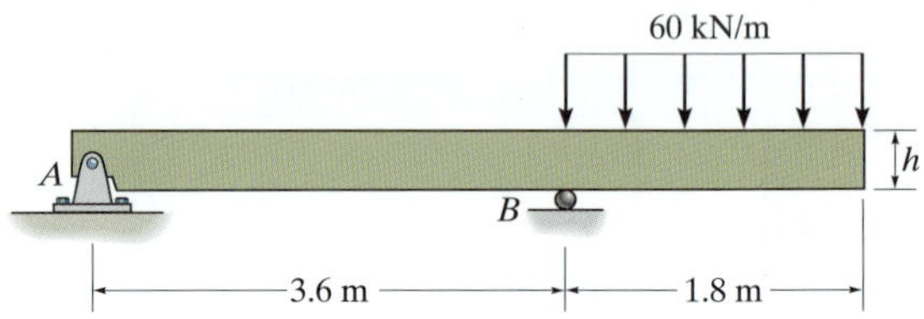

Prob. 15–23

***15–24.** Select the lightest W360 shape section from Appendix B that can safely support the loading acting on the overhanging beam. The beam is made from steel having an allowable normal stress of $\sigma_{\text{allow}} = 150\,\text{MPa}$ and an allowable shear stress of $\tau_{\text{allow}} = 80\,\text{MPa}$.

15–25. Investigate if a W250 × 58 shape section can safely support the loading acting on the overhanging beam. The beam is made from steel having an allowable normal stress of $\sigma_{\text{allow}} = 150\,\text{MPa}$ and an allowable shear stress of $\tau_{\text{allow}} = 80\,\text{MPa}$.

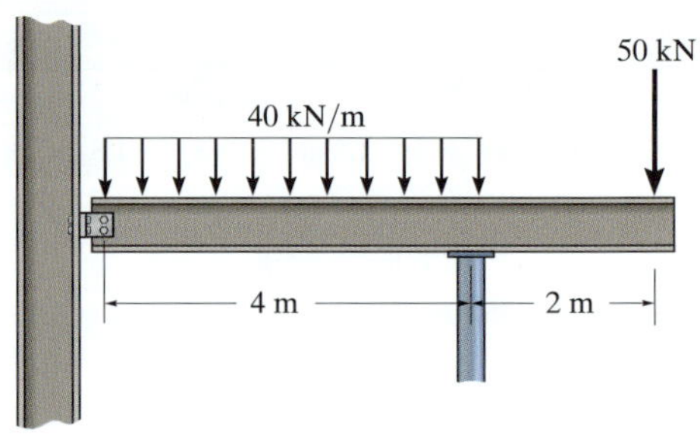

Probs. 15–24/25

내용 복습

보의 파괴는 내부 전단력이나 모멘트가 최대일 때 발생한다. 이러한 하중을 저항하려면 최대 전단응력과 최대 휨모멘트는 설계지침에서 제시하는 허용응력을 초과하지 않아야 한다. 일반적으로 보의 단면적은 허용휨응력을 초과하지 않도록 다음의 식에 따라 초기 설계가 이루어진다. $\sigma_{\text{allow}} = \dfrac{M_{\max} c}{I}$	
휨응력 검토 후 허용전단응력을 검토한다. 직사각 단면의 경우 $\tau_{\text{allow}} \geq 1.5(V_{\max}/A)$이고, H형(WF) 단면의 경우 $\tau_{\text{allow}} \geq V_{\max}/A_{\text{web}}$을 사용하는 것이 적절하다. 일반적으로 다음의 전단공식을 사용한다. $\tau_{\text{allow}} = \dfrac{V_{\max} Q}{It}$	
조립보의 경우, 연결재의 간격 또는 접착제나 용접의 강도는 다음의 전단흐름공식을 이용하여 결정한다. $q_{\text{allow}} = \dfrac{VQ}{I}$	

CHAPTER 16

(© Michael Blann/Getty Images)

그림 속의 장대에 발생하는 곡률을 알 수 있다면, 그 안에 발생하는 휨응력을 결정할 수 있다.

보와 샤프트의 처짐

학습목표

- 적분법, 불연속함수, 중첩법을 이용한 보와 샤프트상의 한 지점에서의 처짐과 처짐각 결정
- 부정정보 또는 샤프트상의 지지점 반력의 계산을 위한 중첩법 사용

16.1 탄성곡선

보 또는 샤프트의 처짐(deflection)은 구조물이나 기계의 안정성(stability)을 확보하고 부착된 콘크리트나 회반죽과 같은 취성재료의 균열을 방지하기 위하여 제한되어야 한다. 가장 중요한 것은 부정정 구조물에 대한 해석 시 보나 샤프트상의 각 지점에 대한 처짐을 구할 수 있어야 한다는 것이다. 이번 장에서는 휨에 의해 나타나는 처짐각(slope)과 변위에 대해 알아본다.

처짐이나 처짐각을 결정하기 전에, 재하된 하중에 대한 처짐 형상을 **탄성곡선**(elastic curves)으로 시각화하여 개략적으로 스케치 해보는 것은 계산된 처짐값의 결과를 부분적으로 검토하는 데 매우 도움이 된다. 보의 각 단면의 도심축을 통과하는 축방향의 처짐곡선을 탄성곡선이라 한다. 대부분 보의 탄성곡선은 어렵지 않게 스케치할 수 있다. 이러한 스케치에서 중요한 점은 다양한 종류의 지지점에서 처짐과 처짐각이 어떻게 제한되는가를 아는 것이다. 일반적으로 핀과 같이 힘을 지탱하는 지지점은 변위가 제한되고, 고정단과 같이 모멘트를 지탱하는 지지점은 변위뿐만 아니라 회전과 처짐각이 제한된다. 이러한 사항을 염두에 두고, 두 가지 일반적인 탄성

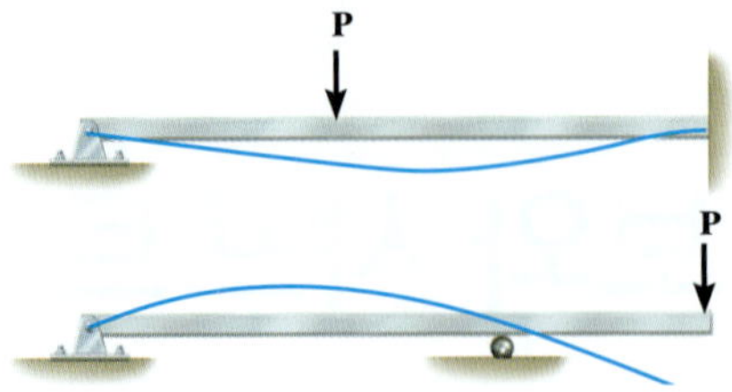

그림 16-1

곡선의 예를 그림 16-1에 과장된 척도로 나타내었다.

만약 보의 탄성곡선을 작성하기 어렵다면 모멘트 선도를 먼저 그리는 것이 편리하다. 11.1절에서 정한 부호 규약에 따라 양(+)의 내부 모멘트는 그림 16-2*a*와 같이 오목한 변형을 유발한다. 마찬가지로 음(−)의 모멘트는 그림 16-2*b*와 같이 볼록하게 휘도록 한다. 그러므로 모멘트 선도를 알면 탄성곡선을 그리기 쉬울 것이다.

예를 들어 그림 16-3*b*의 모멘트 선도를 가지는 그림 16-3*a*와 같은 보를 생각해 보자. 롤러와 핀 지지점 때문에 점 *B*와 *D*의 변위는 0일 것이다. 음(−)의 모멘트 구간 *AC*에서 그림 16-3*b*에서 보이는 것처럼 탄성곡선은 볼록하게 될 것이고, 양(+)의 모멘트 구간 *CD*에서 탄성곡선은 오목하게 될 것이다. 그러므로 곡선이 오목한 상태에서 볼록한 상태로 변하는 변곡점 *C*가 존재할 것이고 이 점에서 모멘트는 0이다. 이러한 사실들을 이용해서 보의 탄성곡선은 그림 16-3*c*와 같이 스케치된다. 점 *A*와 *E*에서의 변위 Δ_A, Δ_E는 특히 중요하다는 것을 알 수 있다. 점 *E*에서 처짐곡선의 처짐각은 0이고, 보의 처짐은 최대가 될 것이다. 일반적으로 점 *E*의 처짐이 점 *A*의 처짐보다 크거나 작은 것은 하중 $\mathbf{P}_1$과 $\mathbf{P}_2$의 상대적인 크기 및 지점 *B*의 위치에 따라 다르게 나타난다.

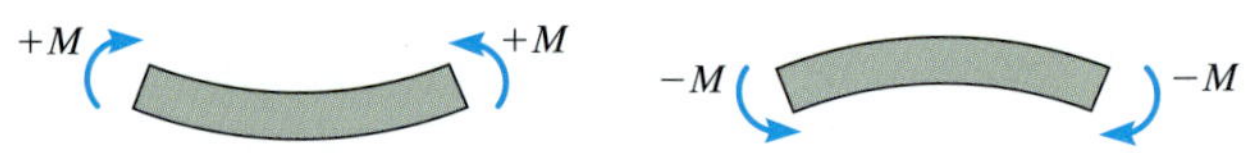

양(+)의 내부 모멘트,
오목한 모양을 만드는 모멘트
(a)

음(−)의 내부 모멘트,
볼록한 모양을 만드는 모멘트
(b)

그림 16-2

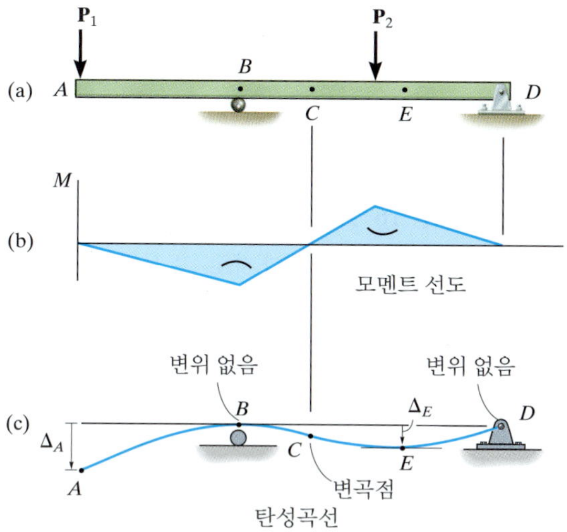

그림 16-3

같은 원리로 그림 16-4에 보이는 탄성곡선이 어떻게 그려졌는지 알 수 있다. 보는 고정단 *A*를 가지므로 탄성곡선의 처짐과 처짐각은 점 *A*에서 0일 것이다. 또한 가장 큰 처짐은 처짐각이 0인 점 *D*나 *C*에서 발생할 것이다.

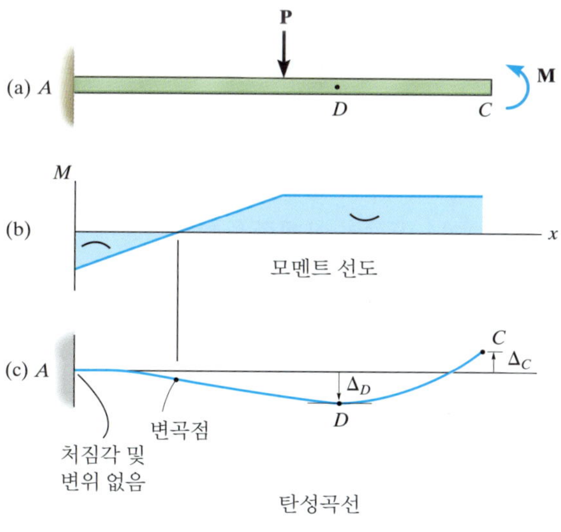

그림 16-4

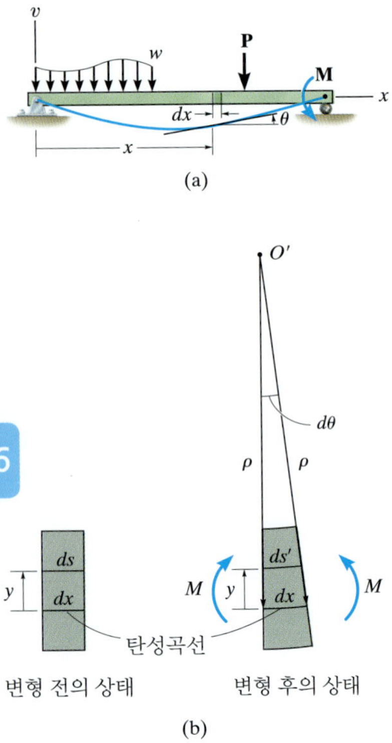

그림 16-5

모멘트-곡률 관계. 이제, 내부 모멘트와 탄성곡선의 곡률 반지름 ρ의 중요한 관계를 유도할 것이다. 그 결과는 이 장에서 탄성곡선상의 한 점에서의 처짐각과 처짐을 구하는 방법을 결정하는 데 사용될 것이다. 이를 위해 그림 16-5a에 나타낸 보를 생각해 보자. 왼쪽 끝에서 x 위치에 있는 길이 dx인 작은 요소를 떼어낸다(그림 16-5b). 국부 y축은 보의 중립축으로부터 길이가 $ds = dx$로 원래 길이와 같은 선분까지로 측정된다. 이 선분의 변형 후 길이는 ds이다. 11.3절에서 이 선분에 대한 수직변형률과 내부 모멘트 그리고 보 요소 곡률 반지름의 관계를 구하였다(그림 16-5b).

$$\frac{1}{\rho} = -\frac{\epsilon}{y} \qquad (16\text{-}1)$$

훅의 법칙이 적용되므로, $\epsilon = \sigma/E$ 그리고 $\sigma = -My/I$이므로, 이를 위의 식에 대입하면 다음의 결과를 얻는다.

$$\boxed{\frac{1}{\rho} = \frac{M}{EI}} \qquad (16\text{-}2)$$

여기서,

ρ = 탄성곡선상의 한 점에서의 곡률 반지름($1/\rho$을 곡률이라 한다.)

M = 그 지점에서의 보의 내부 모멘트

E = 재료의 탄성계수

I = 보의 중립축에 대한 단면2차모멘트

곡률 반지름 ρ의 부호는 모멘트의 부호에 따를 것이고, 그림 16-6에 보이는 것처럼 M이 양(+)이면 ρ는 양(+)의 v 방향인 보의 위로 향하고, M이 부(−)이면 ρ는 음(−)의 v 방향인 아래쪽을 향한다.

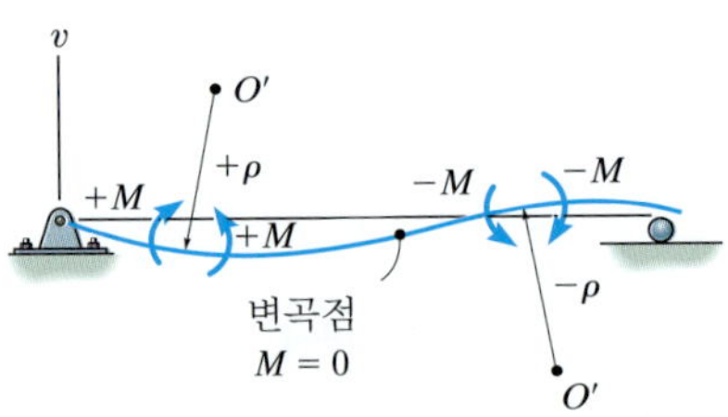

그림 16-6

16.2 적분법을 이용한 처짐각과 처짐의 계산

그림 16-5a의 탄성곡선의 방정식은 보에 대한 탄성곡선의 식은 v와 x의 좌표로 표현된다. 그러므로, 처짐 $v = f(x)$를 얻기 위해 우선 곡률$(1/\rho)$을 v와 x의 항으로 나타내어야만 한다. 대부분의 미적분학 책에서 이러한 관계는 다음과 같이 나타난다.

$$\frac{1}{\rho} = \frac{d^2v/dx^2}{[1 + (dv/dx)^2]^{3/2}} \tag{16-3}$$

이 식을 식 (16-2)에 대입하여 다음 식을 얻는다.

$$\frac{d^2v/dx^2}{[1 + (dv/dx)^2]^{3/2}} = \frac{M}{EI} \tag{16-4}$$

단순한 보 형태와 하중조건하에 있는 몇몇 보를 제외하면, 위 식의 해를 구하는 것은 매우 어렵다. 그 이유는 이 식이 2차의 비선형 미분방정식으로 주어지기 때문이다. 다양한 처짐 문제의 해를 구하기 위하여 식 (16-4)를 단순화할 수 있다. 대부분의 엔지니어링 설계기준에서는 보와 샤프트에 대한 탄성변형의 결과가 작은 변형을 일으키도록 제한한다. 결과적으로 처짐곡선의 처짐각 dv/dx은 매우 작을 것이고 그것의 제곱은 무시할 만하다.* 그러므로 위에서 정의된 곡률은 다음과 같이 $1/\rho = d^2v/dx^2$로 간략화된다. 이렇게 간략화된 식을 이용하면 식 (16-4)는 다음과 같이 쓰여진다.

$$\frac{d^2v}{dx^2} = \frac{M}{EI} \tag{16-5}$$

이 식을 다른 두 가지 형태의 식으로도 쓸 수 있다. 양변을 x에 대하여 미분하고 식 (11-2)의 $V = dM/dx$를 대입하면, 다음과 같은 식을 얻을 수 있다.

$$\frac{d}{dx}\left(EI\frac{d^2v}{dx^2}\right) = V(x) \tag{16-6}$$

한 번 더 미분하고 식 (11-1)인 $w = dV/dx$를 사용하면

$$\frac{d^2}{dx^2}\left(EI\frac{d^2v}{dx^2}\right) = w(x) \tag{16-7}$$

대부분의 문제에서 **휨강성**(flexural rigidity) EI는 보의 축을 따라 일정하다. 이

* 예제 16.1 참고

표 16-1

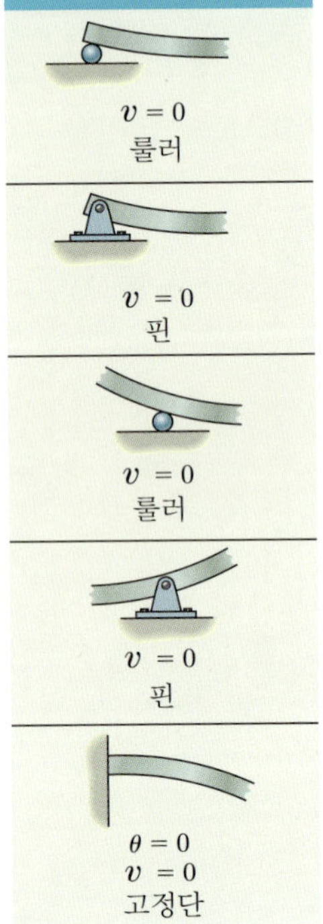

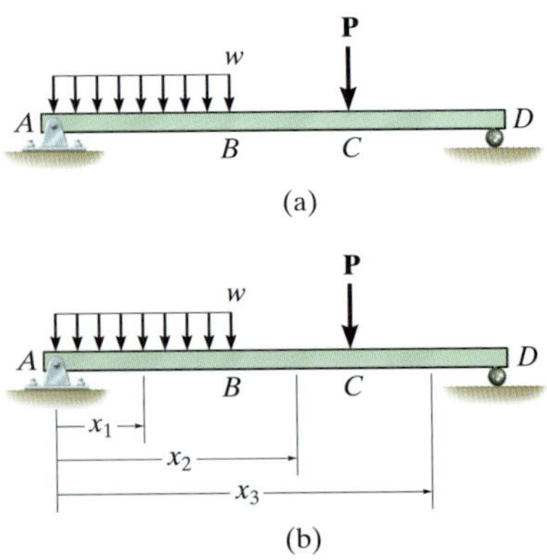

그림 16-7

러한 가정하에 상기의 결과들은 다음과 같은 3개의 식으로 요약될 수 있다.

$$EI\frac{d^4v}{dx^4} = w(x) \tag{16-8}$$

$$EI\frac{d^3v}{dx^3} = V(x) \tag{16-9}$$

$$EI\frac{d^2v}{dx^2} = M(x) \tag{16-10}$$

경계조건. 탄성곡선의 처짐 v를 얻기 위한 위 식들의 해는 연속 적분을 요구한다. 각각의 적분에서 '적분상수'가 나타날 것이고, 주어진 문제에 대한 유일한 해를 구하기 위하여 각각의 적분상수가 결정되어야 할 것이다. 예를 들면, 분포하중 w가 x의 함수로 표현되고 식 (16-8)이 사용되었다면 4개의 적분상수가 결정되어야만 한다. 그러나 내부 모멘트 M이 결정되고, 식 (16-10)을 사용한다면 단지 2개의 적분상수만 결정하면 된다. 선택은 문제에 따라 달라진다. 그러나 일반적으로 내부 모멘트를 x의 함수로 결정하고 두 번 적분한 뒤 적분상수를 결정하는 것이 쉽다.

주로 적분상수는 **경계조건**(boundary condition)으로 결정할 수 있다(표 16-1). 표시된 바와 같이 보가 핀이나 롤러지점으로 지지된 경우 이들 지지점에서는 변위가 0인 조건이 사용되며, 고정단인 경우 처짐각과 변위가 모두 0인 조건이 된다.

연속조건. 11.1절에서 보인 것처럼, 만약 보에 작용하는 하중이 불연속이면 즉, 여러 개의 분포하중과 집중하중으로 구성되어져 있다면(그림 16-7*a*) 내부 모멘트를 표현하기 위하여 여러 개의 함수를 각각의 불연속인 영역에 대하여 써야 한다. 예를 들면, 그림 16-7*a*에 보이는 보를 고려해 보자. 영역 *AB*, *BC*, *CD*에서의 내부 모멘트는 그림 16-7*b*에서 보이는 것처럼 선택한 x_1, x_2, x_3의 함수로 나타낼 수 있다.

이들 함수를 두 번 적분하면 각각 두 개의 적분상수가 나오는데, 이들 적분상수는 단순히 경계조건만으로는 구할 수 없게 되며, 이들 중 일부는 **연속조건**(continuity condition)을 적용하여 구할 수 있다. 예를 들어 그림 16-8의 보를 보자. 그림에서 보듯이 원점 *A*를 중심으로 두 개의 x좌표가 설정되어있다. 일단 처짐각과 변위에 대한 식이 얻어지면, 이들 함수들은 *B*점에서 처짐각과 변위가 동일해야 한다. 이런 경우에만 탄성곡선은 *B*점에서 물리적으로 연속이 된다. 수학적으로 표현하면, 이들 연속조건은 $\theta_1(a) = \theta_2(a)$ 그리고 $v_1(a) = v_2(a)$와 같이 표현된다. 이들 조건들은 두 개의

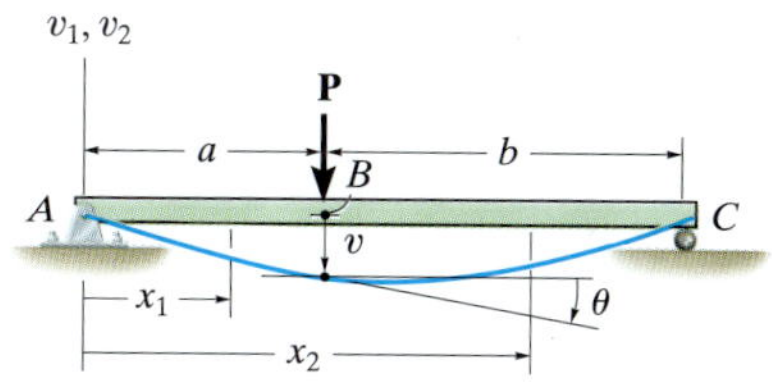

그림 16-8

적분상수를 구하는 데 사용된다. 일단 두 개의 함수와 적분상수들이 결정되면, 그 함수는 각 유효한 구역에서 처짐각과 처짐(탄성곡선)을 줄 것이다.

부호 규약과 좌표축. 식 (16-8)부터 식 (16-10)을 적용할 때, 이러한 식들을 유도할 때 사용한 부호 규약에 의해서 적절한 M, V, w의 부호를 사용하는 것이 중요하다. 그림 16-9a에 양(+)의 방향에 대한 부호 규약을 나타냈다. 양(+)의 처짐 v는 위쪽이고 양(+)의 처짐각 θ는 x축이 오른쪽이 양일 때 x축으로부터 반시계방향이다. 그 이유는 그림 16-8b에서 알 수 있다. 여기서 양(+)의 부호는 dx와 dv의 x와 v에 대한 증가 방향이고, θ를 반시계 방향으로 증가시킨다. 그러나 만약 그림 16-9c와 같이 양(+)의 x가 왼쪽으로 향하면 θ는 시계방향이 양(+)의 방향이 될 것이다.

우리는 dv/dx가 매우 작다고 가정하므로, 원래 보의 수평길이와 탄성곡선의 호의 길이는 거의 같을 것이다. 다시 말하면 그림 16-9b와 16-9c에 보이는 ds는 $ds = \sqrt{(dx)^2 + (dv)^2} = \sqrt{1 + (dv/dx)^2}\, dx \approx dx$이므로 dx와 거의 같을 것이다. 결과적으로, 탄성곡선상의 점은 수평방향으로는 변형되지 않고 수직방향으로만 변형된 것으로 추정될 수 있다. 또한 처짐각 θ가 매우 작기 때문에 그것의 라디안 값은 $\theta \approx \tan\theta = dv/dx$로부터 직접 결정되어질 수 있다.

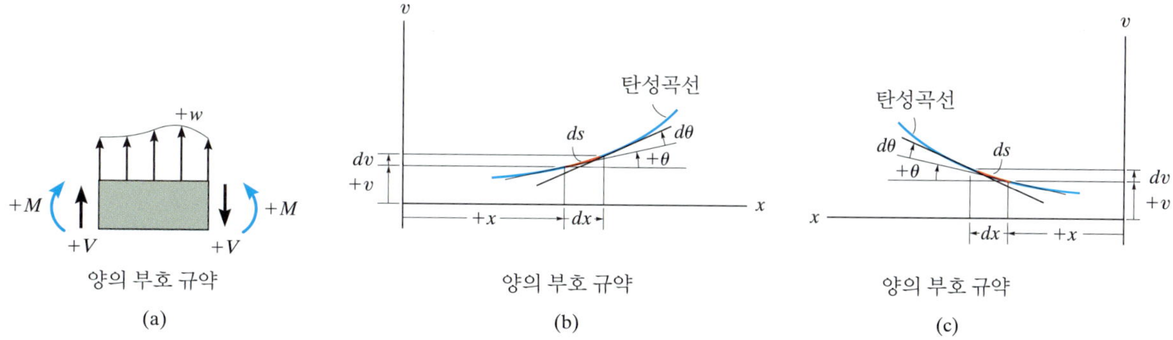

그림 16-9

16

풀이 과정 PROCEDURE FOR ANALYSIS

다음 과정은 적분법을 이용하여 보 또는 샤프트의 처짐 또는 처짐각을 결정하는 방법이다.

탄성곡선

- 과장된 보의 탄성곡선을 그린다. 고정단에서 처짐각과 처짐은 0이다. 핀과 롤러에서 처짐은 0이다.
- x와 v축을 정한다. x축은 변형되지 않은 보와 평행하고 원점은 보상의 어떤 점으로 하여도 된다. 양(+)의 방향은 오른쪽이나 왼쪽으로 하여도 무방하다. 양의 v 방향은 위로 향하도록 한다.
- 만약 불연속하중이 존재한다면 불연속 사이의 보의 각 구역에 해당하는 x좌표를 사용한다. 이러한 좌표를 사용하면 차후 계산작업이 용이해진다.

하중 또는 모멘트 함수

- x축상의 각 구역의 하중 w와 내부 모멘트 M을 x의 함수로 표현한다. 특히, $M = f(x)$를 결정하기 위하여 모멘트 평형식을 사용할 때 작용하는 모멘트 M은 항상 양(+)의 방향으로 작용한다고 가정한다.

처짐각과 탄성곡선

- EI가 일정한 경우, 하중식 $EI\, d^4v/dx^4 = w(x)$를 네 번 적분하거나 모멘트 식 $EI\, d^2v/dx^2 = M(x)$을 두 번 적분하여 처짐 $v(x)$를 얻을 수 있다. 각각의 적분에서 적분상수를 잊지 말자.
- 적분상수는 지점에 대한 경계조건(표 16-1)과 두 함수가 만나는 지점에서의 처짐과 처짐각에 대한 연속조건을 이용하여 결정한다. 적분상수를 계산하여 처짐과 처짐각의 식에 대입하면, 탄성곡선상의 모든 위치에서의 처짐과 처짐각을 결정할 수 있다.
- 수치해석된 값은 탄성곡선의 스케치와 비교하여 확인할 수 있다. 명심할 것은 양(+)의 처짐각은 x축이 오른쪽으로 양일 때 반시계방향이고, x축이 왼쪽으로 양일 때 시계방향이다. 모든 경우에 양(+)의 처짐은 위쪽이다.

예제 16.1

그림 16-10a의 보는 삼각형 형태의 분포하중을 받고 있다. 이 보의 최대 처짐을 구하라. EI는 상수이다.

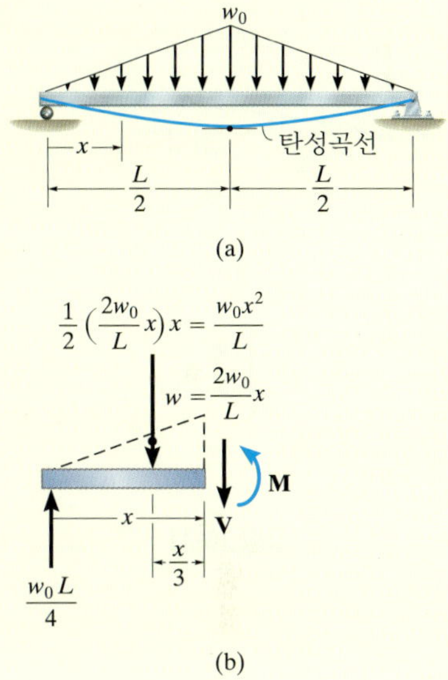

그림 16-10

풀이

탄성곡선. 하중이 대칭이므로 x축은 $0 \le x \le L/2$ 구간에서만 정의하는 것이 가능하다. 보는 그림 16-10a에 나타난 것과 같이 변형한다. 최대처짐은 보의 중앙에서 처짐각이 0이 되므로 그 위치에서 발생한다.

모멘트 함수. 그림 16-10b는 보 좌측부의 자유물체도를 보여준다. 여기서 분포하중의 함수는

$$w = \frac{2w_0}{L}x \tag{1}$$

그러므로 반시계방향의 모멘트 합을 구하면

$$\circlearrowleft + \Sigma M_{NA} = 0; \qquad M + \frac{w_0x^2}{L}\left(\frac{x}{3}\right) - \frac{w_0L}{4}(x) = 0$$

$$M = -\frac{w_0x^3}{3L} + \frac{w_0L}{4}x$$

처짐각과 탄성곡선. 식 (16-10)을 적용하고 두 번 적분하면

$$EI\frac{d^2v}{dx^2} = M = -\frac{w_0}{3L}x^3 + \frac{w_0L}{4}x \tag{2}$$

$$EI\frac{dv}{dx} = -\frac{w_0}{12L}x^4 + \frac{w_0L}{8}x^2 + C_1$$

$$EIv = -\frac{w_0}{60L}x^5 + \frac{w_0L}{24}x^3 + C_1x + C_2$$

경계조건 $x = 0$에서 $v = 0$과 $x = L/2$에서 $dv/dx = 0$인 대칭조건을 적용하면,

$$C_1 = -\frac{5w_0L^3}{192} \qquad C_2 = 0$$

그러므로,

$$EI\frac{dv}{dx} = -\frac{w_0}{12L}x^4 + \frac{w_0L}{8}x^2 - \frac{5w_0L^3}{192}$$

$$EIv = -\frac{w_0}{60L}x^5 + \frac{w_0L}{24}x^3 - \frac{5w_0L^3}{192}x$$

$x = L/2$에서 최대 처짐량을 구하면 다음과 같다.

$$v_{max} = -\frac{w_0L^4}{120EI}$$ 답

예제 16.2

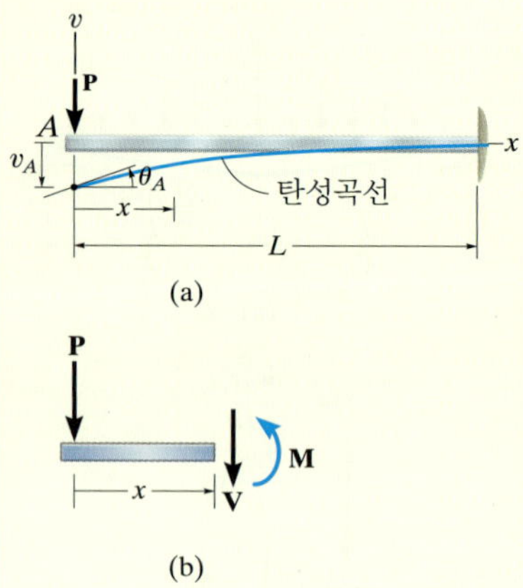

그림 16-11

자유단에 하중 **P**가 작용하는 그림 16-11*a*와 같은 캔틸레버보에서 탄성곡선의 식을 결정하라. *EI*는 상수이다.

풀이 1

탄성곡선. 하중은 그림 16-11*a*에 보이는 것처럼 보를 변형시킨다. 보를 관찰하면 내부 모멘트는 보를 따라 한 개의 *x*축으로 표현될 수 있음을 알 수 있다.

모멘트 함수. 그림 16-11*b*의 양(+)의 방향으로 작용하는 **M**에 대한 자유물체도로부터

$$M = -Px$$

처짐각과 탄성곡선. 식 (16-10)을 적용하고 두 번 적분하면

$$EI\frac{d^2v}{dx^2} = -Px \qquad (1)$$

$$EI\frac{dv}{dx} = -\frac{Px^2}{2} + C_1 \qquad (2)$$

$$EIv = -\frac{Px^3}{6} + C_1x + C_2 \qquad (3)$$

경계조건 $x = L$에서 $dv/dx = 0$과 $v = 0$을 적용하면, 식 (2)와 (3)은

$$0 = -\frac{PL^2}{2} + C_1$$

$$0 = -\frac{PL^3}{6} + C_1L + C_2$$

그러므로 $C_1 = PL^2/2$과 $C_2 = -PL^3/3$이다. 이 결과를 식 (2)와 (3)에 대입하면,

$$\theta = \frac{P}{2EI}(L^2 - x^2)$$

$$v = \frac{P}{6EI}(-x^3 + 3L^2x - 2L^3) \qquad \text{답}$$

최대 처짐과 처짐각은 점 $A(x = 0)$에서 발생한다.

$$\theta_A = \frac{PL^2}{2EI} \qquad (4)$$

$$v_A = -\frac{PL^3}{3EI} \qquad (5)$$

양의 처짐각 θ_A는 반시계방향 회전을 의미하고, 음의 처짐 v_A는 아랫방향으로 처지는 것을 의미한다. 이것은 그림 16-11*a*의 스케치와 동일하다.

실제 점 *A*에서의 처짐과 처짐각을 얻기 위해서, 그림 16-11*a*의 하중 $P = 25$ kN, 보의 길이 $L = 4.5$ m이고 $E_{st} = 200$ GPa인 A-36강으로 만들어진 보를 고려해 보자. 15.2절의 방법을 사용해서 허용 축방향 응력으로 항복응력 $\sigma_{allow} = 250$ MPa와 동일한 값을 사용하여 안전계수가 1이 되도록 설계된다면, W310 × 39 ($I = 84.8(10^6)\ \text{mm}^4 = 84.8(10^6)\ \text{m}^4$)이 적절한 단면이 될 것이다. 식 (4)와 (5)로부터

$$\theta_A = \frac{[25(10^3)\ \text{N}](4.5\ \text{m})^2}{2[200(10^4)\ \text{N/m}^2](84.8(10^{-6})\ \text{m}^4)} = 0.0149\ \text{rad}$$

$$v_A = -\frac{[25(10^3)\ \text{N}](4.5\ \text{m})^3}{3[200(10^9)][84.8(10^{-6})]} = -0.04477\ \text{m} = -44.8\ \text{mm}$$

$\theta_A^2 = (dv/dx)^2 = 0.0002228\ \text{rad}^2 \ll 1$이기 때문에, 정확한 식 (16-4)보다 식 (16-10)을 사용하는 것이 보의 처짐을 계산하는 데 유용함을 알 수 있다. 또한, 캔틸레버보에 대한 수치적인 예를 들었기 때문에 핀이나 롤러 또는 고정단으로 구성된 보의 처짐과 처짐각보다는 큰 처짐과 처짐각을 나타낸다.

풀이 2

이 문제는 또한 식 (16-8)의 $EI\, d^4v/dx^4 = w(x)$로도 해결될 수 있다. 그림 16-11*a*에서 $w(x) = 0\ (0 \le x \le L)$을 적분하여 식 (16-9)의 형태를 얻는다.

$$EI\frac{d^4v}{dx^4} = 0$$

$$EI\frac{d^3v}{dx^3} = C_1' = V$$

전단계수 C_1'이 $x = 0$에서 $V_A = -P$로부터 계산된다(그림 16-9*a*의 부호 규약에 따라 음수). 그러므로 $C_1' = -P$이다. 다시 적분하여 식 (16-10)의 형태를 얻는다.

$$EI\frac{d^3v}{dx^3} = -P$$

$$EI\frac{d^2v}{dx^2} = -Px + C_2' = M$$

여기서 $x = 0$에서 $M = 0$이므로 $C_2' = 0$이고, 결과적으로 식 (1)과 같은 결과이며, 해 1에서와 같은 결과를 얻는다.

예제 16.3

그림 16-12*a*와 같이 집중하중 *P*가 작용하는 단순보에서 최대 처짐을 구하라. *EI*는 상수이다.

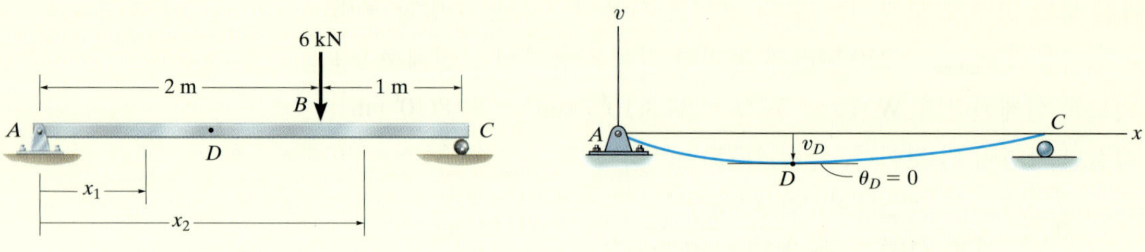

(a) (b)

풀이

탄성곡선. 보는 그림 16-12*b*와 같이 처진다. 모멘트함수가 *P*에서 변하기 때문에, 두 개의 좌표가 사용되어질 것이다. 점 *A*에서 같은 원점을 가지는 x_1과 x_2 좌표를 사용한다.

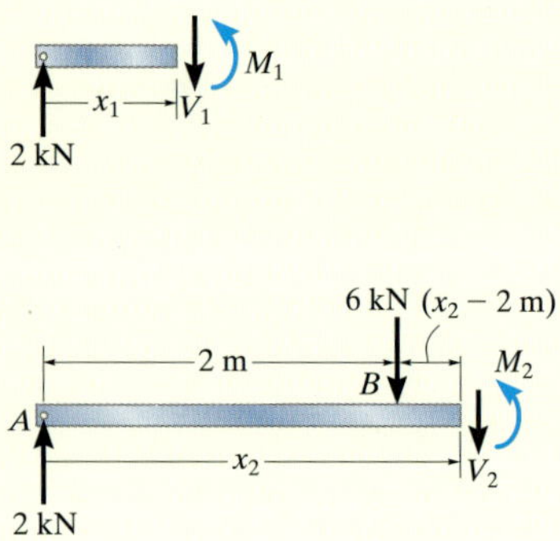

(c)

그림 16-12

모멘트함수. 그림 16-12*c*의 자유물체도로부터

$$M_1 = 2x_1$$

$$M_2 = 2x_2 - 6(x_2 - 2) = 4(3 - x_2)$$

처짐과 처짐곡선. 구간 $0 \le x_1 < 2$ m의 M_1에 대하여 식 (16-10)을 적용하고 두 번 적분하면,

$$EI\frac{d^2v_1}{dx_1^2} = 2x_1$$

$$EI\frac{dv_1}{dx_1} = x_1^2 + C_1 \tag{1}$$

$$EIv_1 = \frac{1}{3}x_1^3 + C_1x_1 + C_2 \tag{2}$$

마찬가지로, 구간 $2 \text{ m} < x_2 \le 3$ m의 M_2에 대하여

$$EI\frac{d^2v_2}{dx_2^2} = 4(3 - x_2)$$

$$EI\frac{dv_2}{dx_2} = 4\left(3x_2 - \frac{x_2^2}{2}\right) + C_3 \tag{3}$$

$$EIv_2 = 4\left(\frac{3}{2}x_2^2 - \frac{x_2^3}{6}\right) + C_3\,x_2 + C_4 \tag{4}$$

4개의 적분상수는 2개의 경계조건 $x_1 = 0$에서 $v_1 = 0$, $x_2 = 3$ m에서 $v_2 = 0$와 점 B에서의 2개의 연속조건, 즉 $x_1 = x_2 = 2\ m$에서 $dv_1/dx_1 = dv_2/dx_2$와 $v_1 = v_2$로부터 구할 수 있다. 각 조건을 대입하여 다음 네 개의 식을 얻는다.

$x_1 = 0$에서 $v_1 = 0$ $\qquad 0 = 0 + 0 + C_2$

$x_2 = 3$ m에서 $v_2 = 0$ $\qquad 0 = 4\left(\frac{3}{2}(3)^2 - \frac{(3)^3}{6}\right) + C_3(3) + C_4$

$$\left.\frac{dv_1}{dx_1}\right|_{x=2\text{m}} = \left.\frac{dv_2}{dx_2}\right|_{x=2\text{m}}; \quad (2)^2 + C_1 = 4\left(3(2) - \frac{(2)^2}{2}\right) + C_3$$

$v_1(2\text{ m}) = v_2(2\text{ m})$;

$$\frac{1}{3}(2)^3 + C_1(2) + C_2 = 4\left(\frac{3}{2}(2)^2 - \frac{(2)^3}{6}\right) + C_3(2) + C_4$$

식을 풀면,

$$C_1 = -\frac{8}{3} \qquad C_2 = 0$$

$$C_3 = -\frac{44}{3} \qquad C_4 = 8$$

이제 식 (1)에서 식 (4)는 다음과 같이 쓸 수 있다.

$$EI\frac{dv_1}{dx_1} = x_1^2 - \frac{8}{3} \tag{5}$$

$$EIv_1 = \frac{1}{3}x_1^3 - \frac{8}{3}x_1 \tag{6}$$

$$EI\frac{dv_2}{dx_2} = 12x_2 - 2x_2^2 - \frac{44}{3} \tag{7}$$

$$EIv_2 = 6x_2^2 - \frac{2}{3}x_2^3 - \frac{44}{3}x_2 + 8 \tag{8}$$

그림 16-12*b*의 탄성곡선을 검토해 보면, 최대처짐은 구간 AB 내의 점 D에서 발생한다. 이곳에서 처짐각은 0이다. 식 (5)로부터

$$x_1{}^2 - \frac{8}{3} = 0$$

$$x_1 = 1.633$$

식 (6)에 대입하면

$$v_{\max} = -\frac{2.90\text{ kN}\cdot\text{m}^3}{EI} \qquad \text{답}$$

음(−)의 부호는 아랫방향으로 처짐을 의미한다.

예제 16.4

그림 16-13a의 보는 보의 끝에 하중이 작용하고 있다. C점에서의 처짐을 구하라. EI는 상수이다.

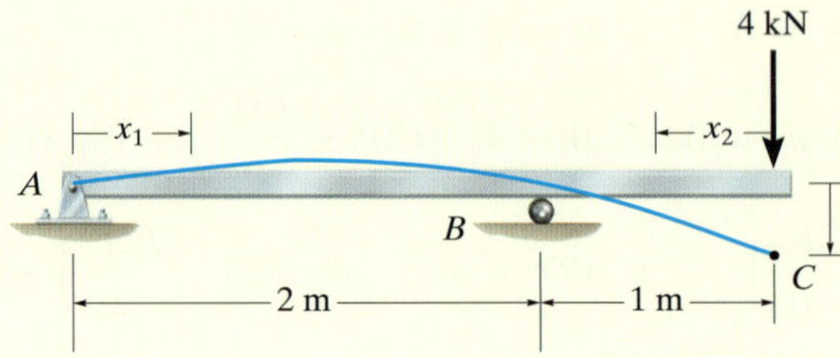

(a)

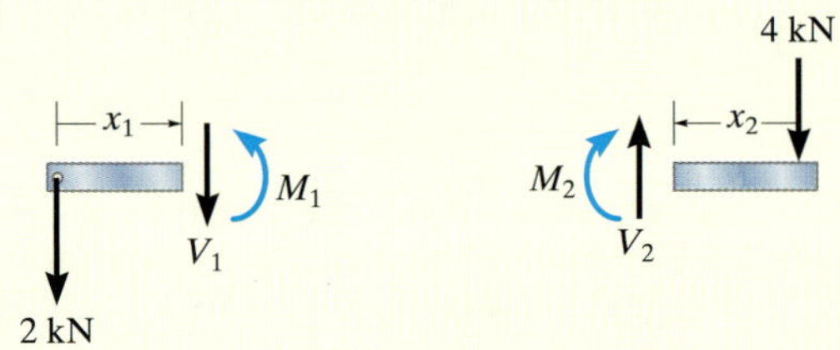

(b)

그림 16-13

풀이

탄성곡선. 보는 그림 16-13a에 나타낸 바와 같이 변형한다. 하중에 의한 불연속에 따라, 두 개의 x좌표를 사용한다. 즉, $0 \le x_1 < 2$ m 그리고 $0 \le x_2 < 1$ m이며, 여기서 x_2는 C에서 좌측으로 향하는 방향을 가진다. 이렇게 하는 이유는 내부 모멘트를 쉽게 구할 수 있기 때문이다.

모멘트 함수. 그림 16-13b의 자유물체도를 이용하면,

$$M_1 = -2x_1 \qquad M_2 = -4x_2$$

처짐각과 탄성곡선. 식 (16-10)을 적용하고 두 번 적분하면

$0 \le x_1 \le 2$ m에서

$$EI\frac{d^2v_1}{dx_1^{\,2}} = -2x_1$$

$$EI\frac{dv_1}{dx_1} = -x_1^2 + C_1 \tag{1}$$

$$EIv_1 = -\frac{1}{3}x_1^3 + C_1x_1 + C_2 \tag{2}$$

$0 \le x_2 \le 1$ m에서 $$EI\frac{d^2v_2}{dx_2^2} = -4x_2$$

$$EI\frac{dv_2}{dx_2} = -2x_2^2 + C_3 \quad (3)$$

$$EIv_2 = -\frac{2}{3}x_2^3 + C_3x_2 + C_4 \quad (4)$$

4개의 적분상수는 세 개의 경계조건, 즉, $x_1 = 0$에서 $v_1 = 0$, $x_1 = 2$ m에서 $v_1 = 0$ 그리고 $x_1 = 1$ m에서 $v_2 = 0$과, 한 개의 연속조건으로 구할 수 있다. 연속조건은 B점의 롤러지점에서 적용하며, 이는 $x_1 = 2$ m, $x_2 = 1$ m에서 $dv_1/dx_1 = -dv_2/dx_2$이다. 그림 16-9에서 보인 바와 같이 처짐각은 오른쪽에서는 반시계방향이 양이고, 왼쪽에서는 시계방향이 양이므로 음의 부호(−)가 붙는다(지지점 B에서의 처짐에 대한 연속조건은 경계조건에서 이미 간접적으로 적용되었다. 즉, $x_1 = 2$ m, $x_2 = 1$ m에서 $v_1 = v_2 = 0$). 위의 네 가지 조건을 적용하면,

$x_1 = 0$에서 $v_1 = 0$ $$0 = 0 + 0 + C_2$$

$x_1 = 2$ m에서 $v_1 = 0$ $$0 = -\frac{1}{3}(2)^3 + C_1(2) + C_2$$

$x_2 = 1$ m에서 $v_2 = 0$ $$0 = -\frac{2}{3}(1)^3 + C_3(1) + C_4$$

$$\left.\frac{dv_1}{dx_1}\right|_{x=2\,\mathrm{m}} = \left.\frac{dv_2}{dx_2}\right|_{x=1\,\mathrm{m}}; \qquad -(2)^2 + C_1 = -(-2(1)^2 + C_3)$$

그러므로,

$$C_1 = \frac{4}{3} \qquad C_2 = 0 \qquad C_3 = \frac{14}{3} \qquad C_4 = -4$$

상수 C_3와 C_4를 식 (4)에 대입하면

$$EIv_2 = -\frac{2}{3}x_2^3 + \frac{14}{3}x_2 - 4$$

C점에서의 처짐은 $x_2 = 0$을 대입하여 다음과 같이 얻을 수 있다.

$$v_C = -\frac{4\,\mathrm{kN \cdot m^3}}{EI}$$ 답

16

PRELIMINARY PROBLEM

P16–1. In each case, determine the internal bending moment as a function of x, and state the necessary boundary and/or continuity conditions used to determine the elastic curve for the beam.

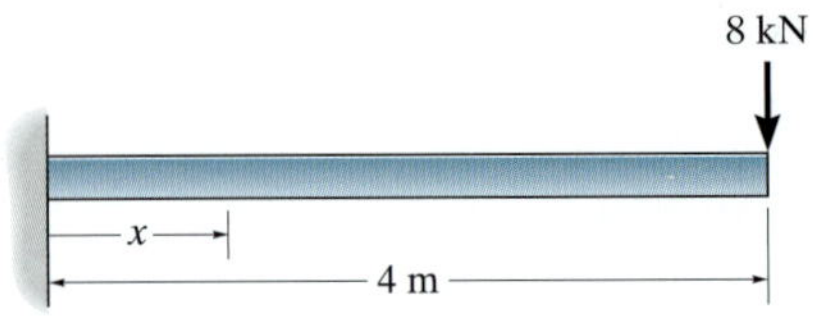

(a)

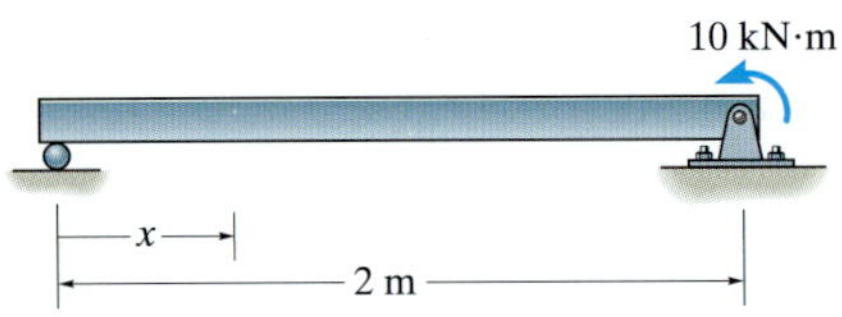

(b)

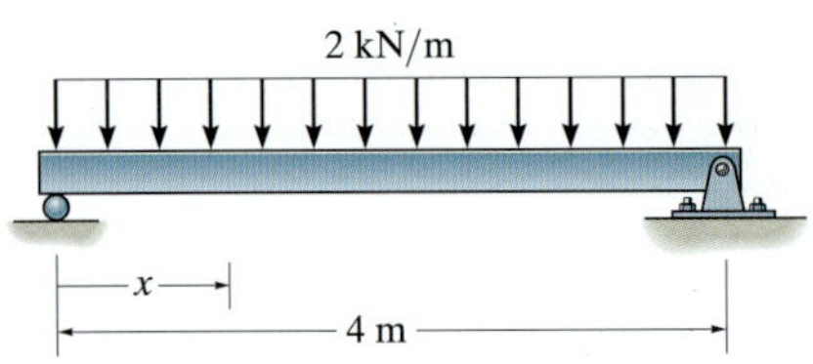

(c)

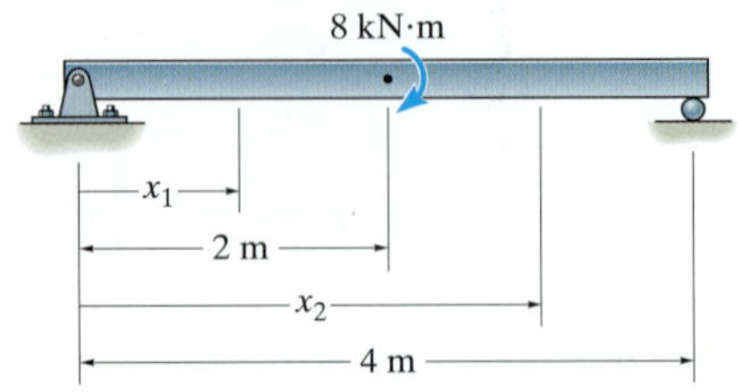

(d)

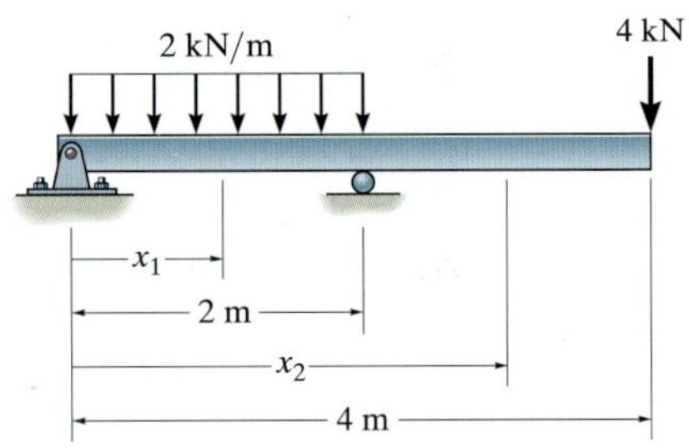

(e)

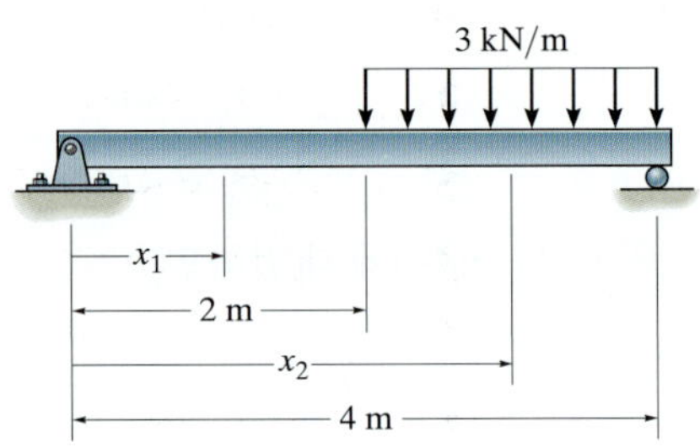

(f)

Prob. P16–1

FUNDAMENTAL PROBLEMS

F16–1. Determine the slope and deflection of end A of the cantilevered beam. $E = 200$ GPa and $I = 65.0(10^6)$ mm^4.

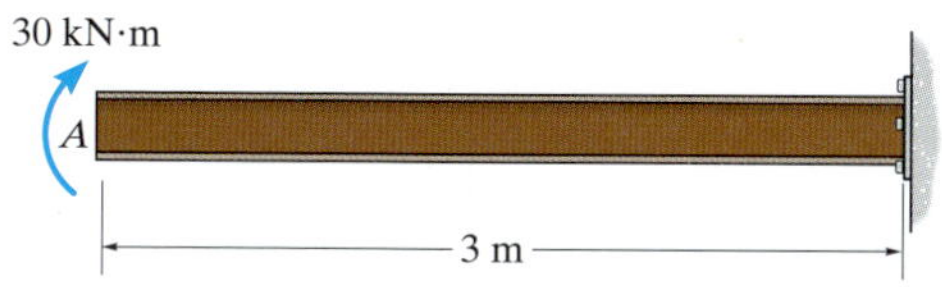

Prob. F16–1

F16–2. Determine the slope and deflection of end A of the cantilevered beam. $E = 200$ GPa and $I = 65.0(10^6)$ mm^4.

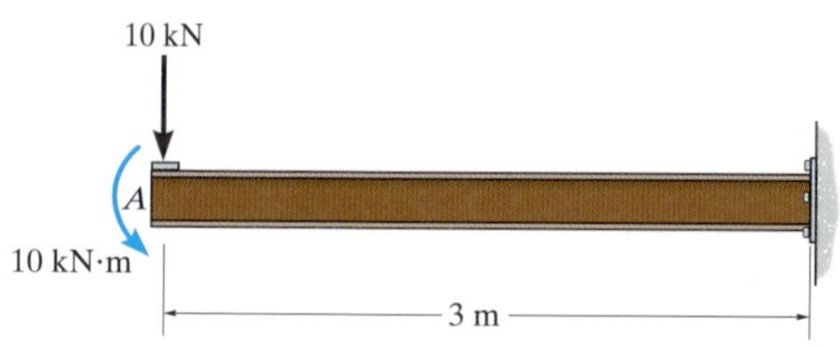

Prob. F16–2

F16–3. Determine the slope of end A of the cantilevered beam. $E = 200$ GPa and $I = 65.0(10^6)$ mm^4.

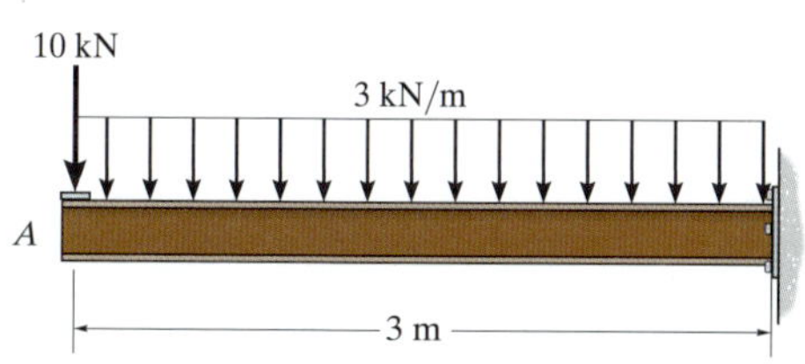

Prob. F16–3

F16–4. Determine the maximum deflection of the simply supported beam. The beam is made of wood having a modulus of elasticity of $E_w = 10$ GPa and a rectangular cross section of $b = 60$ mm and $h = 125$ mm.

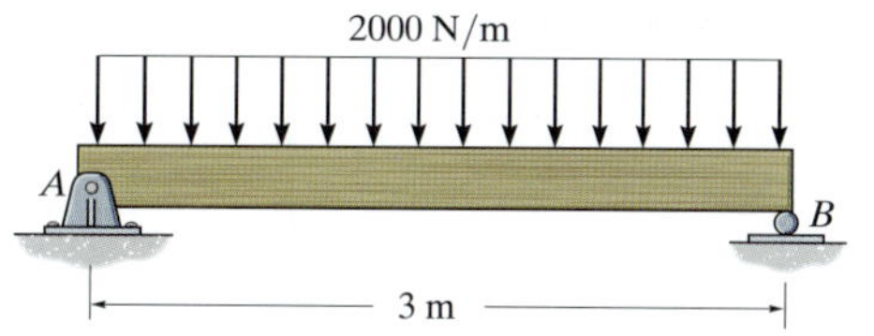

Prob. F16–4

F16–5. Determine the maximum deflection of the simply supported beam. $E = 200$ GPa and $I = 39.9(10^{-6})$ m^4.

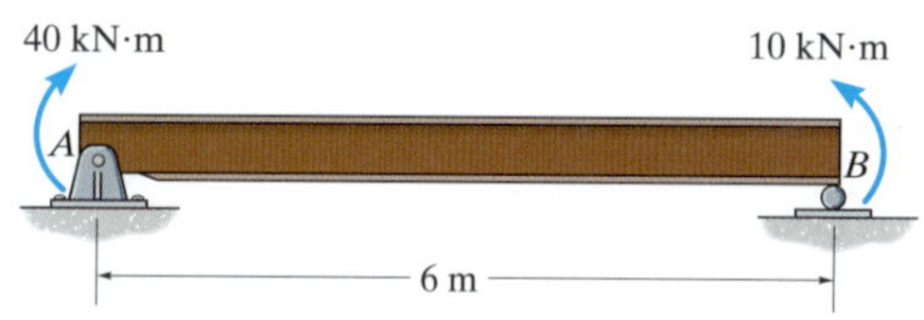

Prob. F16–5

F16–6. Determine the slope of the simply supported beam at A. $E = 200$ GPa and $I = 39.9(10^{-6})$ m^4.

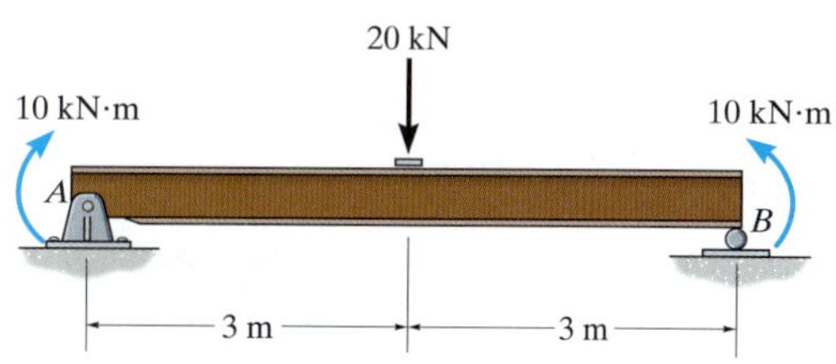

Prob. F16–6

PROBLEMS

16–1. An A-36 steel strap having a thickness of 10 mm and a width of 20 mm is bent into a circular arc of radius $\rho = 10\,\text{m}$. Determine the maximum bending stress in the strap.

16–2. When the diver stands at end C of the diving board, it deflects downward 87.5 mm. Determine the mass of the diver. The board is made of material having a modulus of elasticity of $E = 10\,\text{GPa}$.

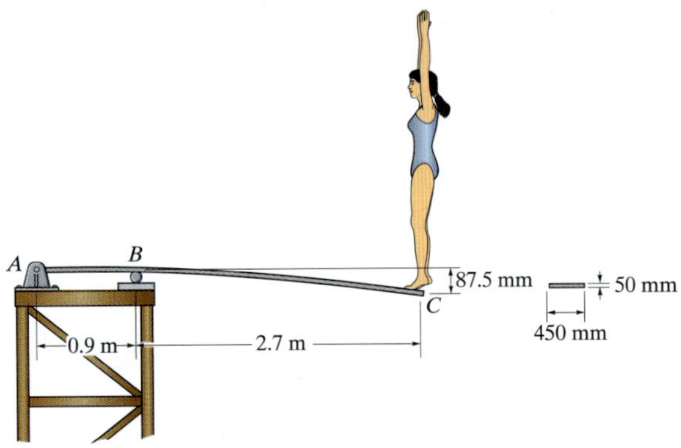

Prob. 16–2

16–3. A picture is taken of a man performing a pole vault, and the minimum radius of curvature of the pole is estimated by measurement to be 4.5 m. If the pole is 40 mm in diameter and it is made of a glass-reinforced plastic for which $E_g = 131$ GPa, determine the maximum bending stress in the pole.

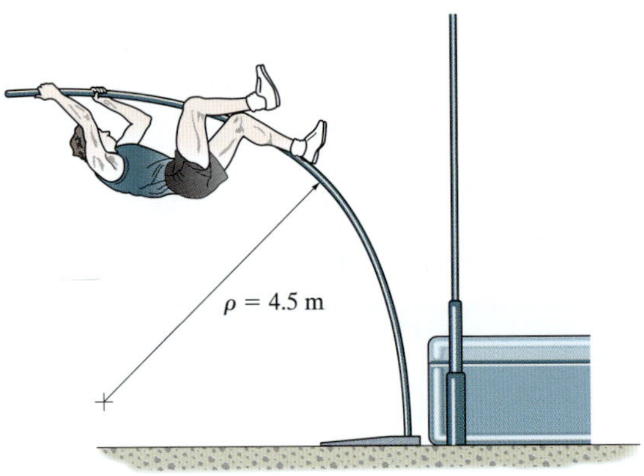

Prob. 16–3

***16–4.** Determine the equation of the elastic curve for the beam using the x coordinate that is valid for $0 \le x < L/2$. Specify the slope at A and the beam's maximum deflection. EI is constant.

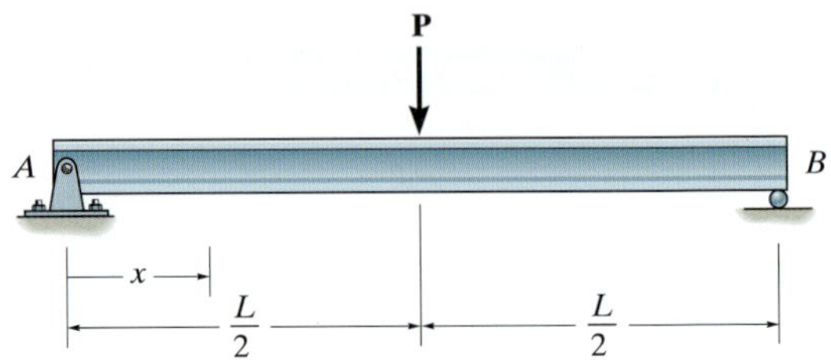

Prob. 16–4

16–5. Determine the deflection of end C of the 100-mm-diameter solid circular shaft. Take $E = 200$ GPa.

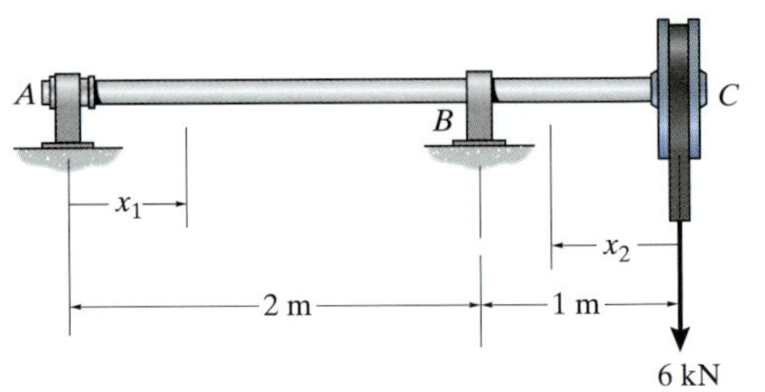

Prob. 16–5

16–6. Determine the elastic curve for the cantilevered beam, which is subjected to the couple moment $\mathbf{M}_0$. Also calculate the maximum slope and maximum deflection of the beam. EI is constant.

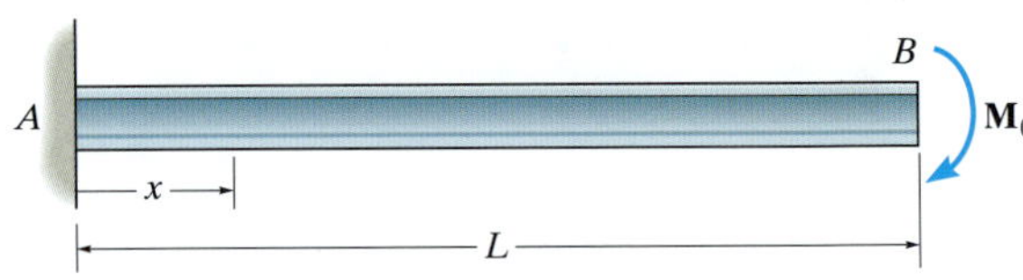

Prob. 16–6

16–7. The A-36 steel beam has a depth of 250 mm and is subjected to a constant moment $\mathbf{M}_0$, which causes the stress at the outer fibers to become $\sigma_Y = 250$ MPa. Determine the radius of curvature of the beam and the beam's maximum slope and deflection.

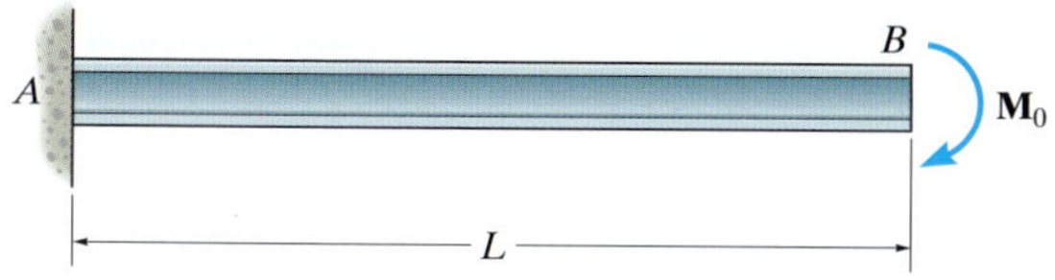

Prob. 16–7

***16–8.** Determine the equations of the elastic curve using the coordinates x_1 and x_2. EI is constant.

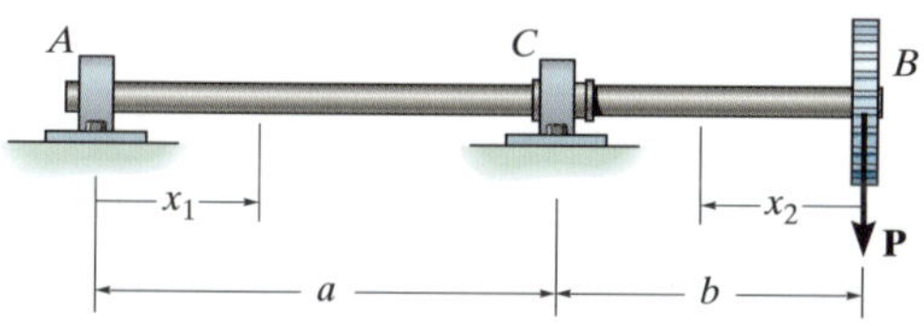

Prob. 16–8

16–9. Determine the equations of the elastic curve for the beam using the x_1 and x_2 coordinates. EI is constant.

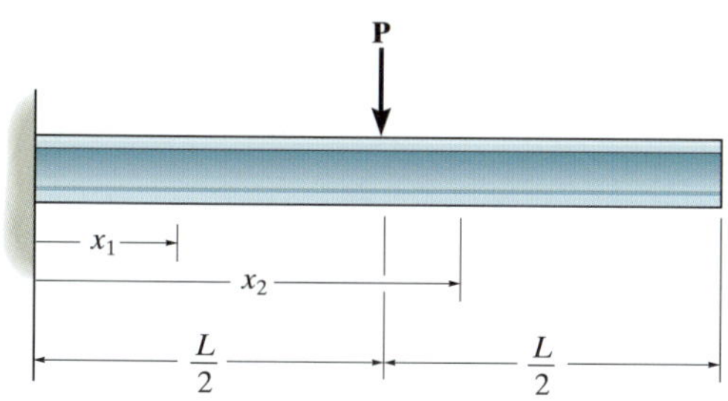

Prob. 16–9

16–10. Determine the equations of the elastic curve using the coordinates x_1 and x_2. What is the slope at C and displacement at B? EI is constant.

16–11. Determine the equations of the elastic curve using the coordinates x_1 and x_3. What is the slope at B and deflection at C? EI is constant.

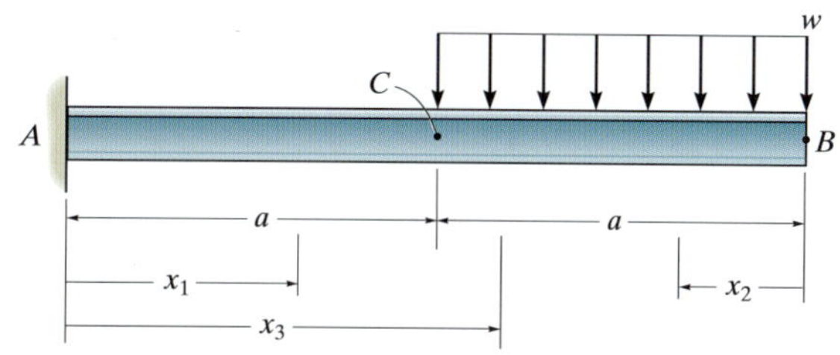

Probs. 16–10/11

***16–12.** Draw the bending-moment diagram for the shaft and then, from this diagram, sketch the deflection or elastic curve for the shaft's centerline. Determine the equations of the elastic curve using the coordinates x_1 and x_2. EI is constant.

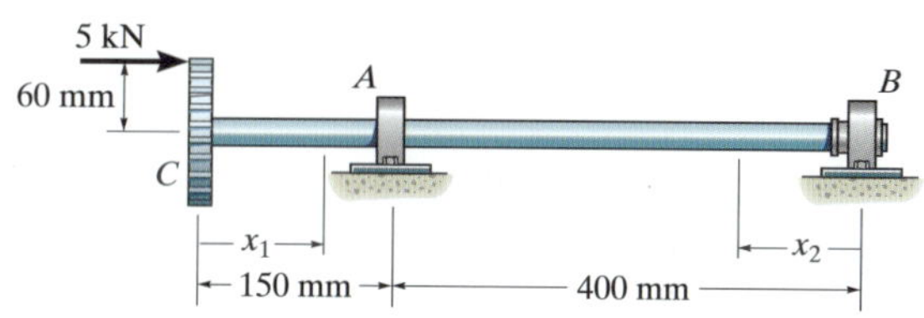

Prob. 16–12

16–13. Determine the maximum deflection of the beam and the slope at A. EI is constant.

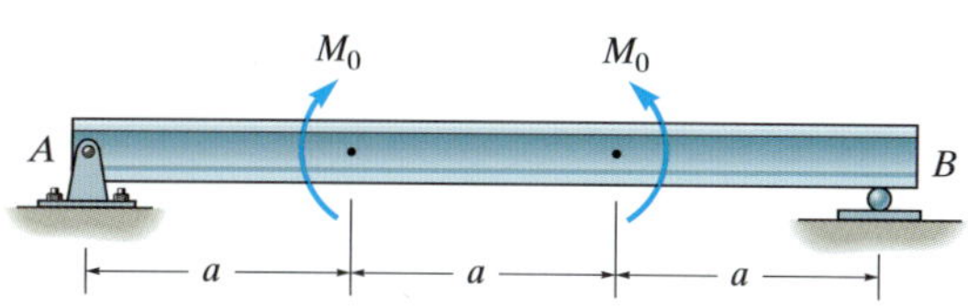

Prob. 16–13

16–14. The simply supported shaft has a moment of inertia of $2I$ for region BC and a moment of inertia I for regions AB and CD. Determine the maximum deflection of the shaft due to the load **P**.

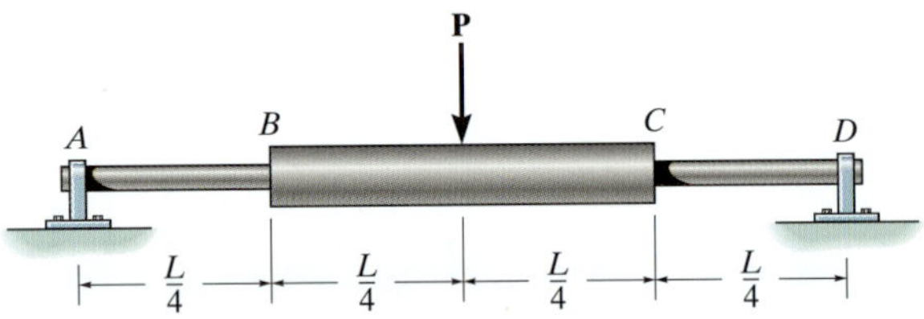

Prob. 16–14

16–15. The beam is subjected to the linearly varying distributed load. Determine the maximum deflection of the beam. EI is constant.

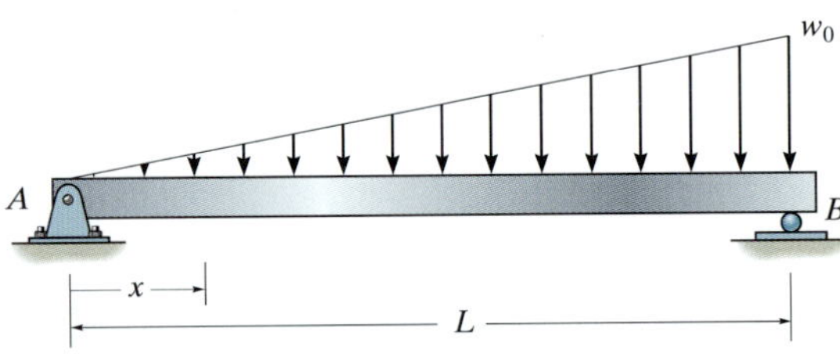

Prob. 16–15

***16–16.** Determine the equations of the elastic curve for the beam using the x_1 and x_2 coordinates. Specify the slope at A and the maximum displacement of the beam. EI is constant.

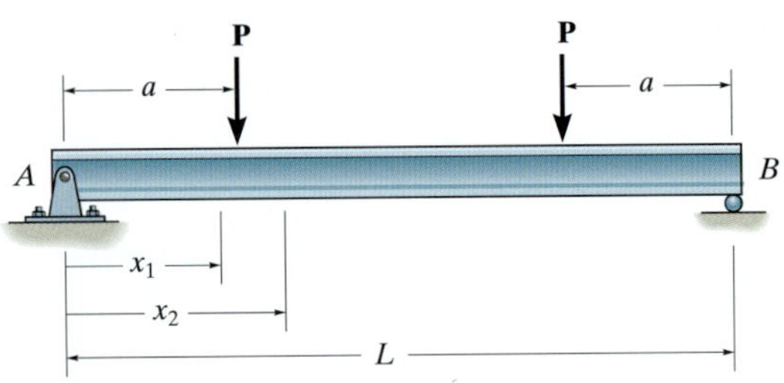

Prob. 16–16

16–17. Determine the equations of the elastic curve for the beam using the x_1 and x_2 coordinates. Specify the beam's maximum deflection. EI is constant.

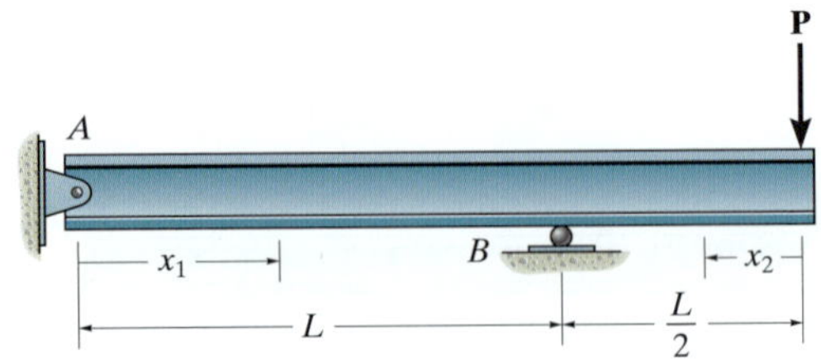

Prob. 16–17

16–18. The bar is supported by a roller constraint at B, which allows vertical displacement but resists axial load and moment. If the bar is subjected to the loading shown, determine the slope at A and the deflection at C. EI is constant.

16–19. Determine the deflection at B of the bar in Prob. 16–18.

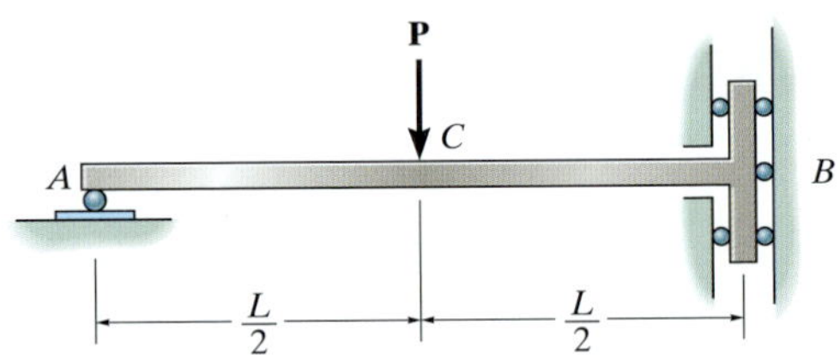

Probs. 16–18/19

***16–20.** Determine the equations of the elastic curve using the x_1 and x_2 coordinates, and specify the slope at A and the deflection at C. EI is constant.

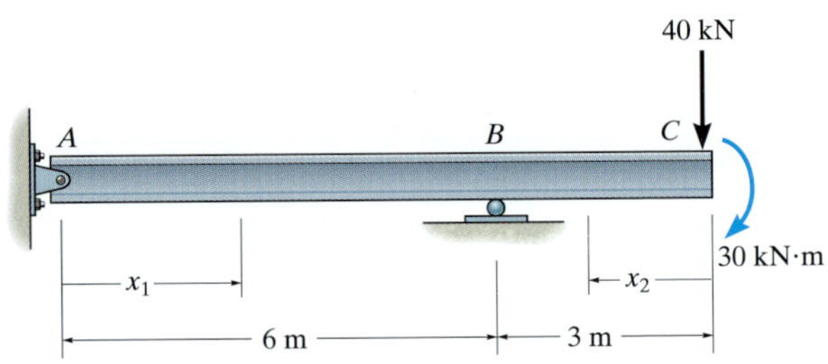

Prob. 16–20

16–21. Determine the maximum deflection of the solid circular shaft. The shaft is made of steel having $E = 200$ GPa. It has a diameter of 100 mm.

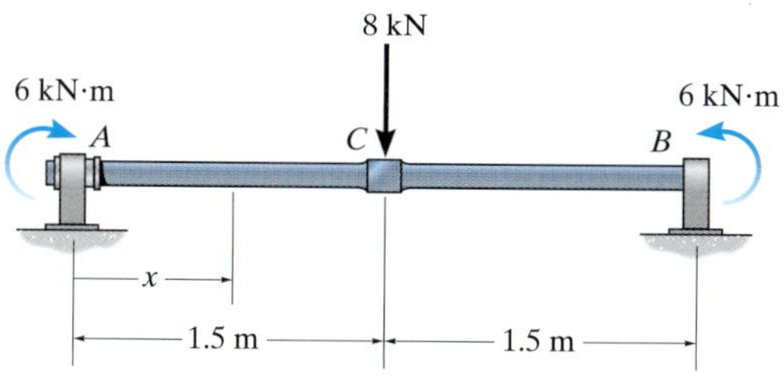

Prob. 16–21

16–22. Determine the elastic curve for the cantilevered W360 × 45 beam using the x coordinate. Specify the maximum slope and maximum deflection. $E = 200$ GPa.

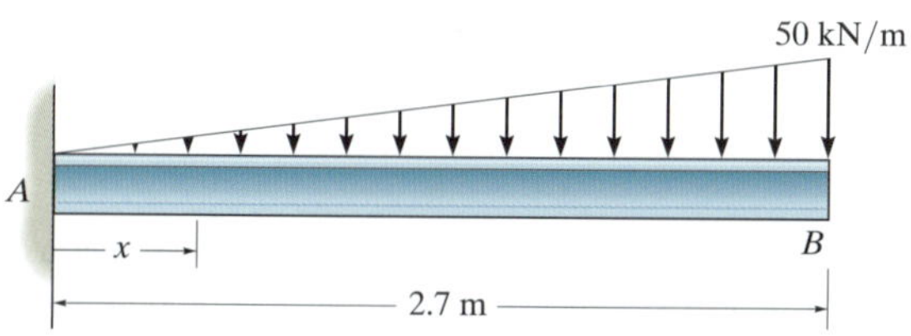

Prob. 16–22

16–23. Determine the equations of the elastic curve using the coordinates x_1 and x_2. What is the deflection and slope at C? EI is constant.

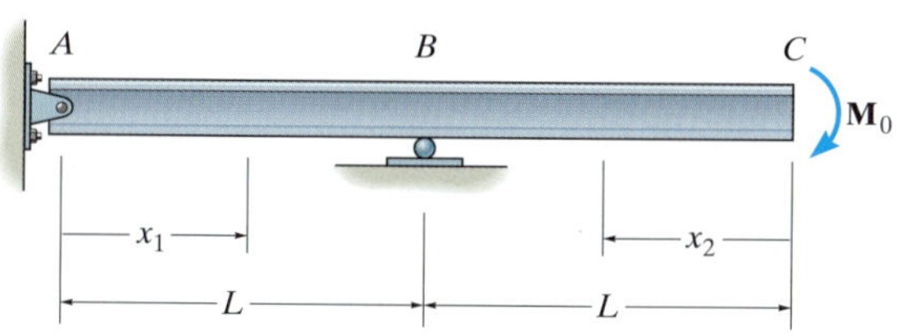

Prob. 16–23

***16–24.** Determine the equations of the elastic curve using the coordinates x_1 and x_2. What is the slope at A? EI is constant.

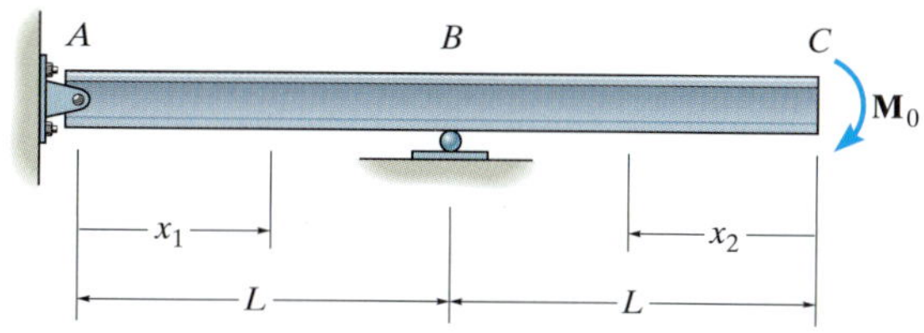

Prob. 16–24

16–25. Determine the elastic curve in terms of the x_1 and x_2 coordinates and the deflection of end C of the overhang beam. EI is constant.

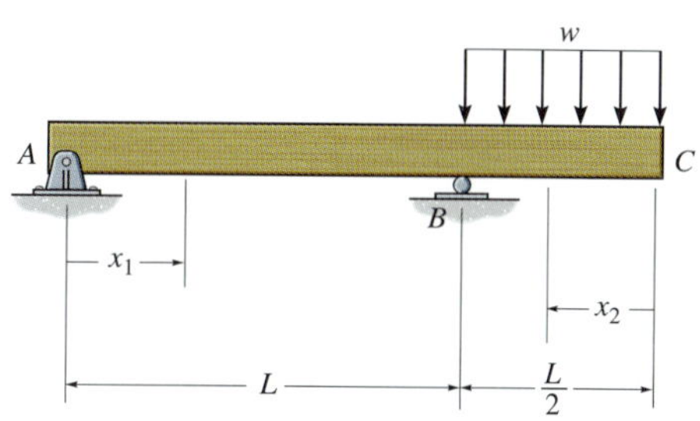

Prob. 16–25

16–26. Determine the slope at end B and the maximum deflection of the cantilevered triangular plate of constant thickness t. The plate is made of material having a modulus of elasticity E.

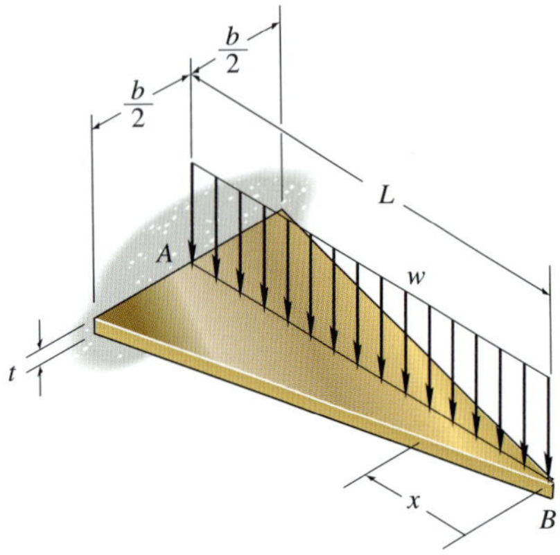

Prob. 16–26

16–27. The beam is made of a material having a specific weight γ. Determine the displacement and slope at its end A due to its weight. The modulus of elasticity for the material is E.

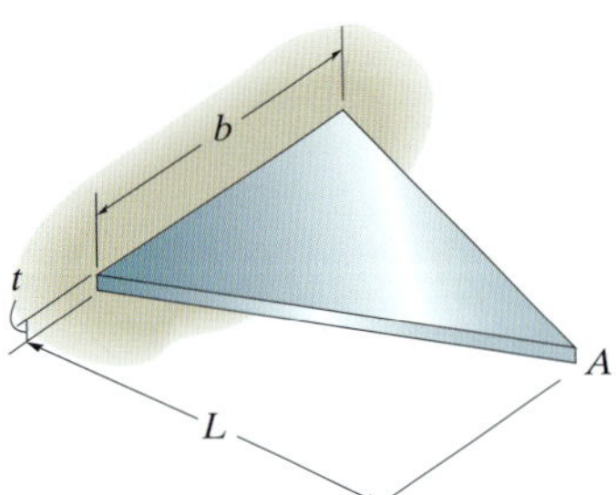

Prob. 16–27

***16–28.** Determine the slope at end B and the maximum deflection of the cantilever triangular plate of constant thickness t. The plate is made of material having a modulus of elasticity E.

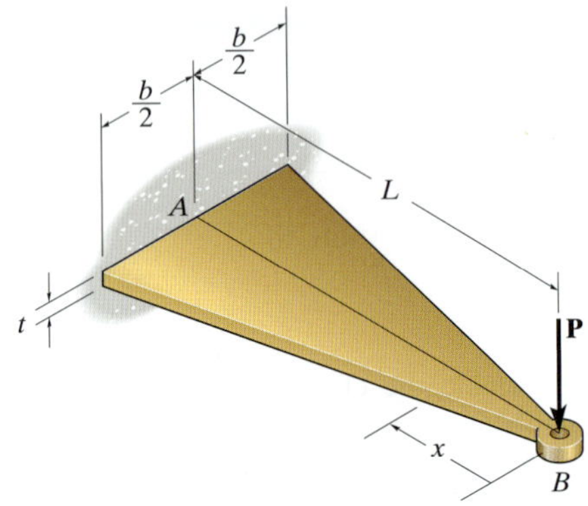

Prob. 16–28

16–29. Determine the equation of the elastic curve using the coordinates x_1 and x_2. What is the slope and deflection at B? EI is constant.

16–30. Determine the equations of the elastic curve using the coordinates x_1 and x_3. What is the slope and deflection at point B? EI is constant.

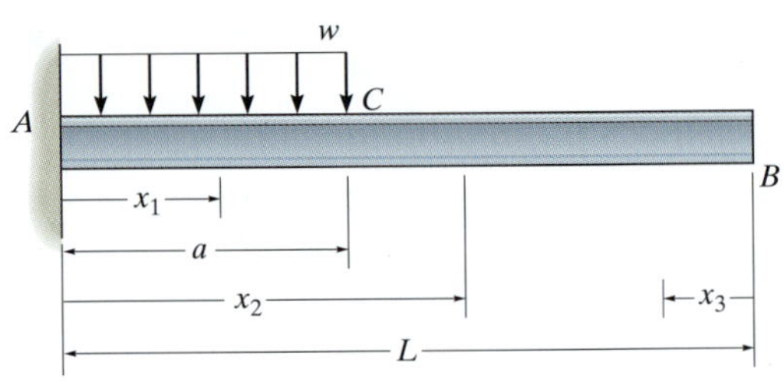

Probs. 16–29/30

* 16.3 불연속 함수

적분법은 하중이나 내부 모멘트가 보의 전체길이에 대하여 연속함수로 표현될 수 있다면 보나 샤프트의 탄성곡선의 식을 찾기에 편리한 방법이다. 그러나 만약 여러 가지 다양한 하중이 보에 작용한다면 그 방법은 적용하기 어려울 것이다. 왜냐하면 각각의 하중 또는 모멘트 함수에 대하여 보의 각 구역이 개별적으로 계산되어야 하기 때문이다. 또한, 예제 16.3, 16.4에서 보인 바와 같이, 적분상수의 계산에 있어서도 경계조건과 연속조건을 모두 사용해야만 한다.

이 절에서는 하중 식 $w = w(x)$ 또는 모멘트에 대한 식 $M = M(x)$로부터 도출되는 다양한 하중조건에 대한 탄성곡선의 식을 하나의 표현으로 나타내는 방법에 대하여 기술할 것이다. 하중에 대한 식은 $EI\ d^4v/dx^4 = w(x)$에 대입되어 4번 적분될 것이고, 모멘트에 대한 식은 $EI\ d^2v/dx^2 = M(x)$에 대입되어 2번 적분될 것이며, 적분상수는 단지 경계조건에 의해서만 간단히 결정될 것이다.

16

안전 측면에서 시멘트 자루를 지탱하는 보는 강도뿐만 아니라 처짐도 제한되도록 설계되어야 한다.

불연속 함수. 하중과 내부 모멘트를 하나의 함수로 표현하기 위해서 **불연속함수**(discontinuity function)라는 수학적 도구를 사용한다.

매콜리 함수. 보나 샤프트의 처짐을 구하기 위하여, 수학자 매콜리(W. H. Macaulay)의 이름으로부터 유래된 매콜리 함수가 **분포하중**을 표현하는 데 사용된다. 일반적으로 다음과 같이 쓰일 수 있는데,

$$\langle x-a\rangle^n = \begin{cases} 0 & \text{for } x < a \\ (x-a)^n & \text{for } x \geq a \end{cases} \qquad n \geq 0 \tag{16-11}$$

여기서 x는 보 축상의 좌표이고 a는 분포하중이 시작되는 지점이다. 매콜리 함수 $\langle x-a\rangle^n$은 괄호로 쓰여지는 일반함수 $(x-a)^n$과 구분하기 위하여 각진 괄호를 사용한다. 정의된 대로 $x \geq a$인 경우에만 $\langle x-a\rangle^n = (x-a)^n$이고, 그 이외에는 0이다. 더욱이 이 함수들은 지수가 $n \geq 0$일 경우에만 유효하다. 매콜리 함수의 적분은 일반함수의 적분과 같다. 예를 들면,

$$\int \langle x-a\rangle^n dx = \frac{\langle x-a\rangle^{n+1}}{n+1} + C \tag{16-12}$$

매콜리 함수를 이용해서 등분포하중과 삼각하중을 표현하는 방법은 표 16-2에 나타나 있다. 적분을 이용하여 나타낸 전단 $V=\int w(x)\,dx$에 대한 매콜리 함수와 모멘트 $M=\int V dx$에 대한 매콜리 함수 또한 표 16-2에 나타나 있다.

표 16-2

하중	하중함수 $w = w(x)$	진단 $V = \int w(x)dx$	모멘트 $M = \int V dx$
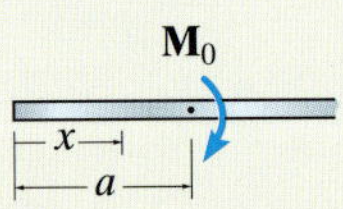	$w = M_0\langle x-a\rangle^{-2}$	$V = M_0\langle x-a\rangle^{-1}$	$M = M_0\langle x-a\rangle^{0}$
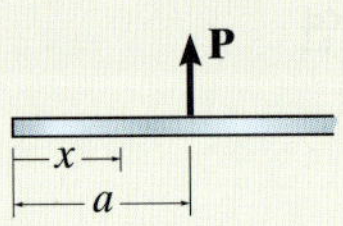	$w = P\langle x-a\rangle^{-1}$	$V = P\langle x-a\rangle^{0}$	$M = P\langle x-a\rangle^{1}$
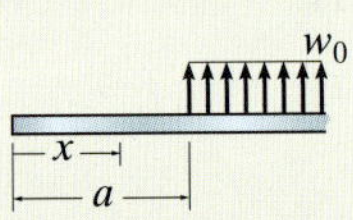	$w = w_0\langle x-a\rangle^{0}$	$V = w_0\langle x-a\rangle^{1}$	$M = \frac{w_0}{2}\langle x-a\rangle^{2}$
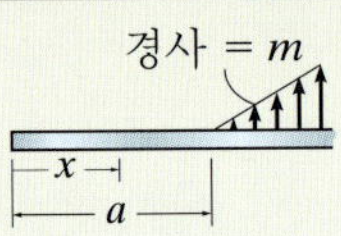	$w = m\langle x-a\rangle^{1}$	$V = \frac{m}{2}\langle x-a\rangle^{2}$	$M = \frac{m}{6}\langle x-a\rangle^{3}$

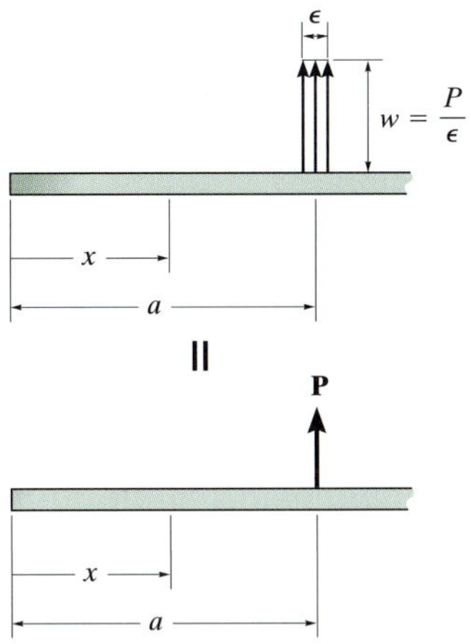

그림 16-14

특이함수. 이 함수는 보나 샤프트상에 작용하는 집중하중과 모멘트를 표현하기 위하여 사용된다. 특히 집중하중 **P**는 분포하중의 특별한 경우로 가정될 수 있는데, 여기서 그림 16-14와 같이 하중이 분포된 길이 ϵ에 대한 하중강도는 $w = P/\epsilon$이고 $\epsilon \to 0$이다. 하중선도 아래의 면적은 P이고 위쪽으로 향하므로 양(+)의 방향이며, $x = a$에서만 P값을 가진다. 집중하중 **P**를 묘사하기 위하여 특이함수를 아래와 같이 사용할 수 있다.

$$w = P\langle x - a\rangle^{-1} = \begin{cases} 0 & \text{for } x \neq a \\ P & \text{for } x = a \end{cases} \qquad (16\text{-}13)$$

이 함수를 **특이함수**(singularity function)라고 하는데, 단지 $x = a$일 때에만 P의 값을 가지는 다른 경우에는 0이 되기 때문이다.*

---

* 이것을 단위충격함수 또는 디랙델타(dirac delta)함수라고도 한다.

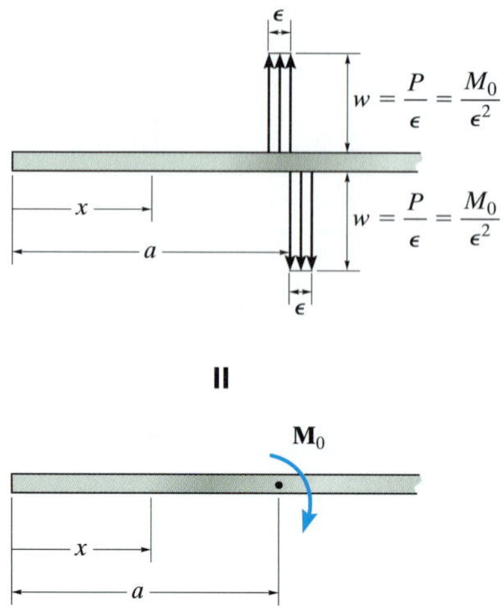

그림 16-15

유사하게 시계방향이 양(+)인 모멘트 $\mathbf{M}_0$는 그림 16-15에서 보이는 것처럼 2개의 $\epsilon \rightarrow 0$인 분포하중으로 고려될 수 있다. 다음 함수는 그 값을 나타낸다.

$$w = M_0\langle x - a\rangle^{-2} = \begin{cases} 0 & \text{for } x \neq a \\ M_0 & \text{for } x = a \end{cases} \tag{16-14}$$

단위길이당 힘의 단위를 유지하기 위하여 지수는 $n = -2$이다.

위의 두 특이함수의 적분은 연산자법(operational calculus)을 따르고 매콜리 함수의 적분과 다른 결과를 준다. 특히,

$$\int \langle x - a\rangle^n dx = \langle x - a\rangle^{n+1}, n = -1, -2 \tag{16-15}$$

이 공식을 이용해서 표 16-2의 M_0와 P가 어떻게 표현되는지 볼 수 있다. 즉, 한 번 적분하여 전단력을 얻고 두 번 적분하여 모멘트를 얻는다.

식 (16-11)부터 식 (16-15)까지를 적용하여 보의 내부 모멘트와 하중을 x의 함수로 직접적으로 표현할 수 있다. 이 경우 외부하중의 부호에 대한 주의가 필요하다. 위에서 언급했고 표 16-2에도 보인 것처럼 집중하중과 분포하중은 위쪽 방향이 양(+)이고 모멘트는 시계방향이 양(+)이다. 이러한 부호 규약을 따른다면 전단력과 모멘트는 11.1절에서 정의된 부호 규약을 따르게 된다.

응용. 보에 작용하는 하중과 내부 모멘트를 표현하기 위하여 어떻게 불연속함수가 사용되는지 그림 16-16*a*에 나타나 있다. 그림 16-16*b*에서 반력 2.75 kN은 위쪽으로 작용하기 때문에 양(+)이고, 모멘트 1.5 kN · m는 시계방향이기 때문에 양(+)이다. 결과적으로 사다리꼴의 하중은 음(−)이고 삼각하중과 등분포하중으로 나눌 수 있다. 표 16-2로부터 보의 *x*지점에 작용하는 하중은 아래와 같다.

$$w = 2.75\text{ kN}\langle x - 0\rangle^{-1} + 1.5\text{ kN}\cdot\text{m}\langle x - 3\text{ m}\rangle^{-2} - 3\text{ kN/m}\langle x - 3\text{ m}\rangle^{0} - 1\text{ kN/m}^2\langle x - 3\text{ m}\rangle^{1}$$

*x*는 6 m를 넘지 않기 때문에 *B*점에서의 반력은 여기에 포함하지 않는다. 같은 방식으로 표 16-2로부터 직접적으로 모멘트에 대한 식을 구할 수 있다.

$$M = 2.75\text{ kN}\langle x - 0\rangle^{1} + 1.5\text{ kN}\cdot\text{m}\langle x - 3\text{ m}\rangle^{0} - \frac{3\text{ kN/m}}{2}\langle x - 3\text{ m}\rangle^{2} - \frac{1\text{ kN/m}^2}{6}\langle x - 3\text{ m}\rangle^{3}$$

$$= 2.75x + 1.5\langle x - 3\rangle^{0} - 1.5\langle x - 3\rangle^{2} - \frac{1}{6}\langle x - 3\rangle^{3}$$

두 번 연속 적분하여 보의 처짐을 구할 수 있는데, 적분상수는 점 *A*와 *B*에서의 처짐이 0이라는 경계조건으로부터 구한다.

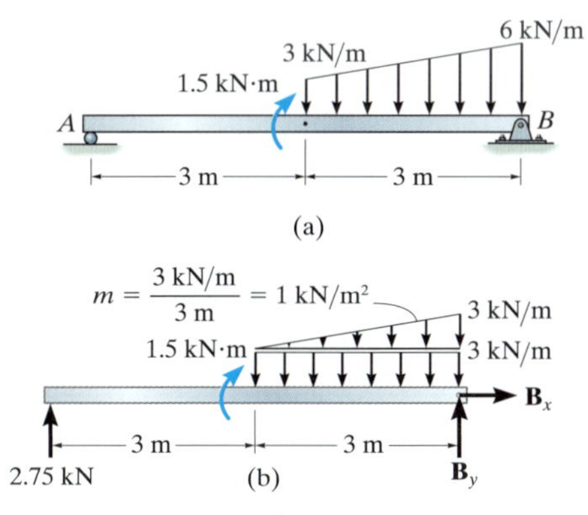

그림 16-16

16

풀이 과정 PROCEDURE FOR ANALYSIS

다음은 불연속함수를 이용하여 보의 탄성곡선을 결정하는 방법을 보여준다. 이 방법은 보나 샤프트에 다양한 하중이 작용할 때 유용하다. 그 이유는 적분상수가 단지 경계조건에 대해서만 결정되기 때문이며, 적합조건은 자동으로 만족한다.

탄성곡선

- 탄성곡선을 그리고 지점에서의 경계조건을 확인한다.
- 핀과 롤러에서는 처짐이 0이다. 고정단에서는 처짐과 처짐각이 0이다.
- x축은 보의 왼쪽 끝에서 원점이고 오른쪽으로 증가하도록 정한다.

하중 또는 모멘트함수

- $x = 0$에서의 반력을 계산하고, 표 16-2를 사용하여 하중 w 또는 내부 모멘트 M을 x의 불연속함수로 나타낸다. 각 하중에 대하여 반드시 부호 규약을 따른다.
- 분포하중은 반드시 유효한 보의 오른쪽 끝까지 표현한다. 그렇게 할 수 없다면, 예제 16.5에서 보이는 것처럼 중첩법을 사용한다.

처짐각과 탄성곡선

- w를 $EI\ d^4v/dx^4 = w(x)$에 또는 M을 모멘트 곡률관계 $EI\ d^2v/dx^2 = M(x)$에 대입하여 적분하고 처짐각과 처짐의 식을 얻는다.
- 경계조건을 이용하여 적분상수를 결정하고 결정된 적분상수로 최종 처짐과 처짐각 식의 결과를 얻는다.
- 처짐과 처짐각 식이 결정됐다면 양(+)의 처짐각은 반시계방향이고, 양(+)의 처짐은 위쪽이다.

예제 16.5

그림 16-17a에 보이는 캔틸레버보에 대한 탄성곡선 식을 구하라. EI는 상수이다.

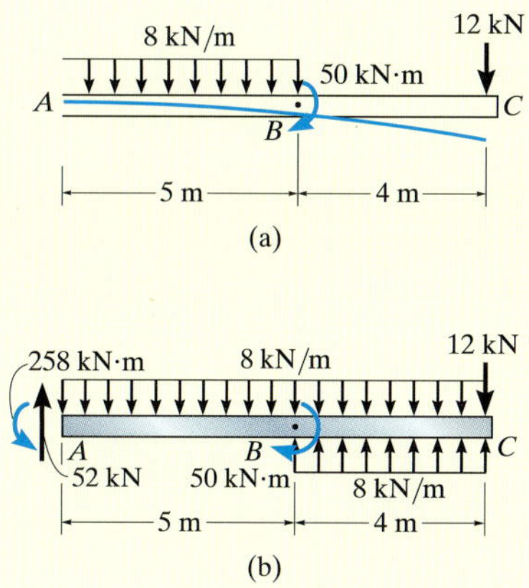

그림 16-17

풀이

탄성곡선. 보는 그림 16-17a와 같이 처진다. 경계조건은 점 A에서 처짐과 처짐각이 0이다.

하중함수. 그림 16-17b에 계산된 반력과 자유물체도를 나타내었다. 그림 16-17a에 보이는 것처럼 등분포 하중이 점 C까지 도달하지 않기 때문에 같은 효과를 가지는 등분포 하중의 조합을 중첩하여 사용한다. 부호 규약에 의하여 보의 하중함수는 다음과 같다.

$$w = 52\text{ kN}\langle x-0\rangle^{-1} - 258\text{ kN}\cdot\text{m}\langle x-0\rangle^{-2} - 8\text{ kN/m}\langle x-0\rangle^{0} + 50\text{ kN}\cdot\text{m}\langle x-5\text{ m}\rangle^{-2} + 8\text{ kN/m}\langle x-5\text{ m}\rangle^{0}$$

12 kN의 집중하중은 x는 9 m보다 크지 않기 때문에 식에 포함되지 않는다. $dV/dx = w(x)$를 적분한다. 반력들이 하중함수에 포함되어 있으므로 적분상수를 무시하고 다음을 얻는다.

$$V = 52\langle x-0\rangle^{0} - 258\langle x-0\rangle^{-1} - 8\langle x-0\rangle^{1} + 50\langle x-5\rangle^{-1} + 8\langle x-5\rangle^{1}$$

더욱이 $dM/dx = V$에 대하여 적분하면

$$M = -258\langle x-0\rangle^{0} + 52\langle x-0\rangle^{1} - \frac{1}{2}(8)\langle x-0\rangle^{2} + 50\langle x-5\rangle^{0} + \frac{1}{2}(8)\langle x-5\rangle^{2}$$

$$= (-258 + 52x - 4x^2 + 50\langle x-5\rangle^{0} + 4\langle x-5\rangle^{2})\text{ kN}\cdot\text{m}$$

같은 결과를 표 16-2로부터 직접적으로 얻을 수 있다.

처짐각과 탄성곡선. 식 (16-10)을 적용하고 두 번 적분하면,

$$EI\frac{d^2v}{dx^2} = -258 + 52x - 4x^2 + 50\langle x-5\rangle^{0} + 4\langle x-5\rangle^{2}$$

$$EI\frac{dv}{dx} = -258x + 26x^2 - \frac{4}{3}x^3 + 50\langle x-5\rangle^{1} + \frac{4}{3}\langle x-5\rangle^{3} + C_1$$

$$EIv = -129x^2 + \frac{26}{3}x^3 - \frac{1}{3}x^4 + 25\langle x-5\rangle^{2} + \frac{1}{3}\langle x-5\rangle^{4} + C_1x + C_2$$

$x = 0$에서 $dv/dx = 0$이므로 $C_1 = 0$이고 $x = 0$에서 $v = 0$이므로 $C_2 = 0$이다. 결과적으로

$$v = \frac{1}{EI}\left(-129x^2 + \frac{26}{3}x^3 - \frac{1}{3}x^4 + 25\langle x-5\rangle^{2} + \frac{1}{3}\langle x-5\rangle^{4}\right)\text{ m}$$ 답

예제 16.6

그림 16-18a에 보이는 보의 최대 처짐을 구하라. EI는 상수이다.

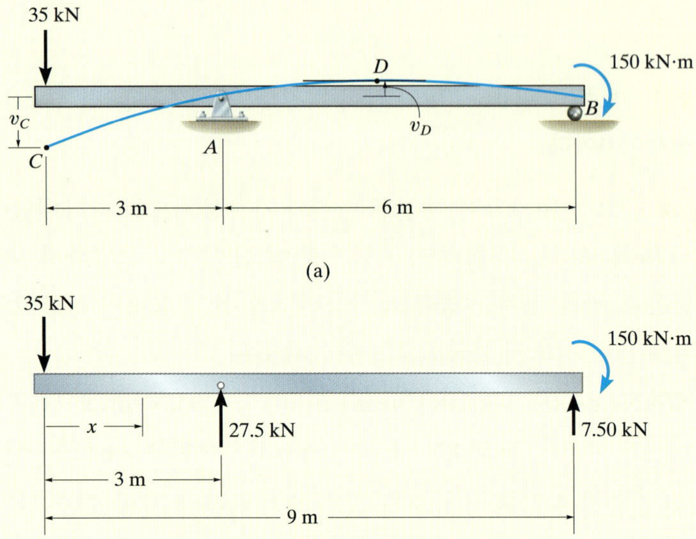

(a)

(b)

그림 16-18

풀이

탄성곡선. 보는 16-18a와 같이 처진다. 경계조건은 점 A와 B에 대하여 처짐이 0이다.

하중함수. 그림 16-18b와 같이 반력이 계산되었고 자유물체도를 나타내었다. 보에 작용하는 하중함수는 다음과 같다.

$$w = (-35\text{ kN})\langle x - 0\rangle^{-1} + (27.5\text{ kN})\langle x - 3\text{ m}\rangle^{-1}$$

B점에서의 작용 모멘트와 하중은 보의 오른쪽 끝에 위치하고 x는 9 m보다 크지 않기 때문에 B점에서의 작용 모멘트와 하중은 식에 포함되지 않는다. $dV/dx = w(x)$를 적분하면 다음을 얻을 수 있다.

$$V = -35\langle x - 0\rangle^{0} + 27.5\langle x - 3\rangle^{0}$$

같은 방식으로 $dM/dx = V$의 경우는 아래와 같다.

$$\begin{aligned} M &= -35\langle x - 0\rangle^{1} + 27.5\langle x - 3\rangle^{1} \\ &= \{-35x + 27.5\langle x - 3\rangle^{1}\}\text{ kN}\cdot\text{m} \end{aligned}$$

어떻게 위의 식을 모멘트에 대한 표 16-2의 결과로부터 직접적으로 얻을 수 있는지 확인하라.

처짐각과 탄성곡선. 두 번 적분하면,

$$EI\frac{d^2v}{dx^2} = -35x + 27.5\langle x - 3\rangle^1$$

$$EI\frac{dv}{dx} = -17.5x^2 + 13.75\langle x - 3\rangle^2 + C_1$$

$$EIv = 5.8333x^3 + 4.5833\langle x - 3\rangle^3 + C_1x + C_2 \qquad (1)$$

식 (1)로부터 경계조건 $x = 3$ m에서 $v = 0$, $x = 9$ m에서 $v = 0$에 의하여,

$$0 = -157.5 + 4.5833(3 - 3)^3 + C_1(3) + C_2$$

$$0 = -4252.5 + 4.5833(9 - 3)^3 + C_1(9) + C_2$$

C_1과 C_2에 대한 연립방정식을 풀면, $C_1 = 517.5$와 $C_2 = -1{,}395$를 얻는다.

$$EI\frac{dv}{dx} = -17.5x^2 + 13.75\langle x - 3\rangle^2 + 517.5 \qquad (2)$$

$$EIv = -5.8333x^3 + 4.5833\langle x - 3\rangle^3 + 517.5x - 1395 \qquad (3)$$

그림 16-18*a*로부터, 최대처짐은 처짐각이 0인 점 C나 D에서 발생할 것이다. 점 C에서의 처짐을 구하기 위하여 $x = 0$을 식 (3)에 대입한다.

$$v_C = -\frac{1395 \text{ kN}\cdot\text{m}^3}{EI} \qquad \text{답}$$

음(−)의 부호는 그림 16-18*a*에서 보이는 것처럼 아래쪽의 처짐을 나타낸다. 점 D에서의 처짐은 $x > 3$ m이고 $dv/dx = 0$에 대한 식 (2)를 사용해서

$$0 = -17.5x_D{}^2 + 13.75(x_D - 3)^2 + 517.5$$

$$3.75x_D{}^2 + 82.5x - 641.25 = 0$$

양의 근은

$$x_D = 6.088 \text{ m}$$

그러므로 식 (3)으로부터,

$$EIv_D = -5.8333(6.088)^3 + 4.5833(6.088 - 3)^3 + 517.5(6.088) - 1395$$

$$v_D = \frac{574 \text{ kN}\cdot\text{m}^3}{EI}$$

점 C에서의 처짐과 비교하여, 결과적으로 최댓값은 점 C에서 나타난다.

$$v_{max} = v_C$$

16

PROBLEMS

16–31. The shaft is supported at A by a journal bearing and at C by a thrust bearing. Determine the equation of the elastic curve. EI is constant.

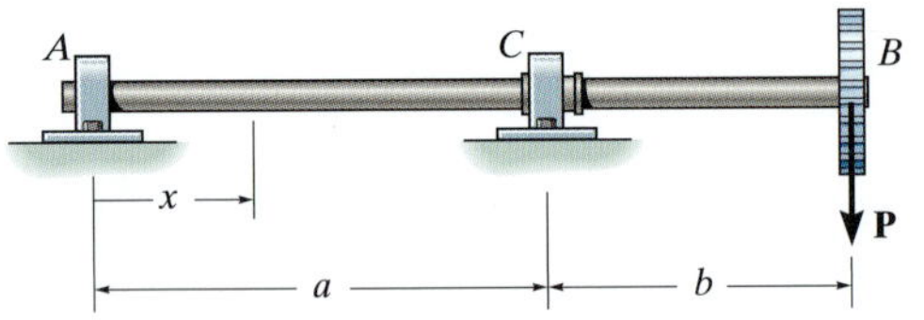

Prob. 16–31

***16–32.** The shaft supports the two pulley loads shown. Determine the equation of the elastic curve. The bearings at A and B exert only vertical reactions on the shaft. EI is constant.

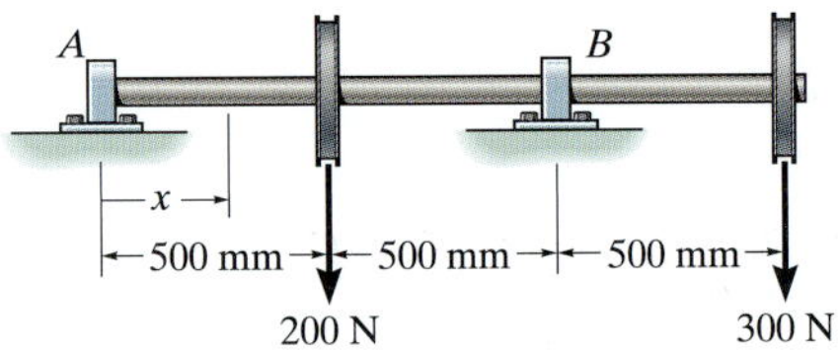

Prob. 16–32

16–33. The beam is made of a ceramic material. If it is subjected to the elastic loading shown, and the moment of inertia is I and the beam has a measured maximum deflection Δ at its center, determine the modulus of elasticity, E. The supports at A and D exert only vertical reactions on the beam.

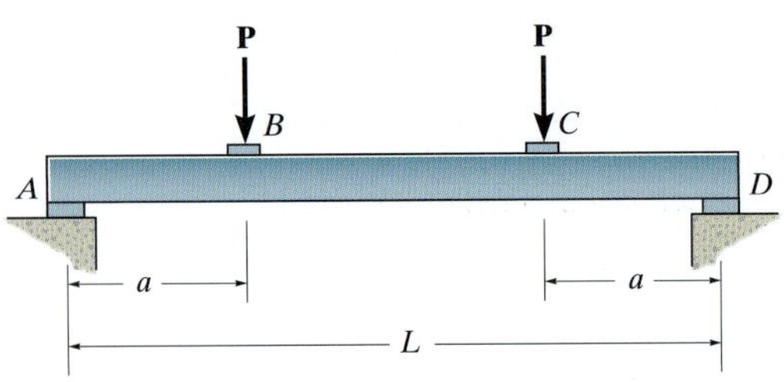

Prob. 16–33

16–34. Determine the equation of the elastic curve, the maximum deflection in region AB, and the deflection of end C. EI is constant.

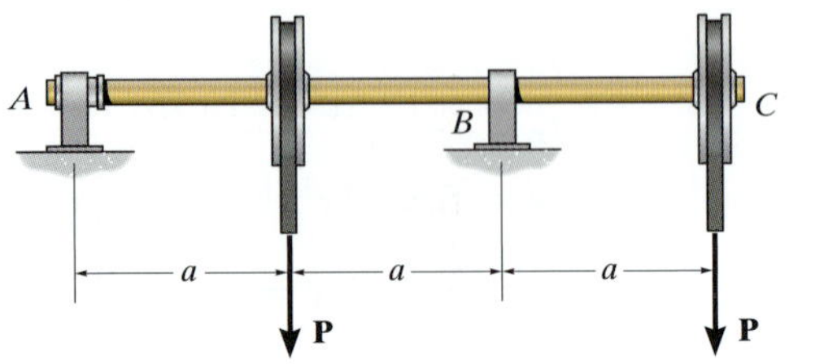

Prob. 16–34

16–35. Determine the maximum deflection of the simply supported beam. $E = 200\,\text{GPa}$ and $I = 65.0(10^6)\,\text{mm}^4$.

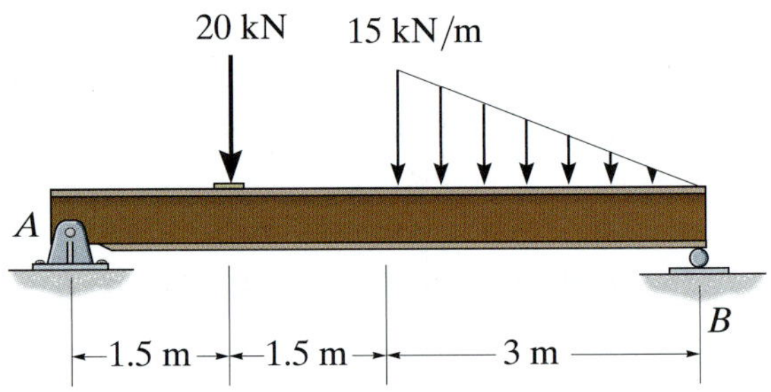

Prob. 16–35

***16–36.** Determine the equation of the elastic curve, the slope at A, and the deflection at B. EI is constant.

16–37. Determine the equation of the elastic curve and the maximum deflection of the simply supported beam. EI is constant.

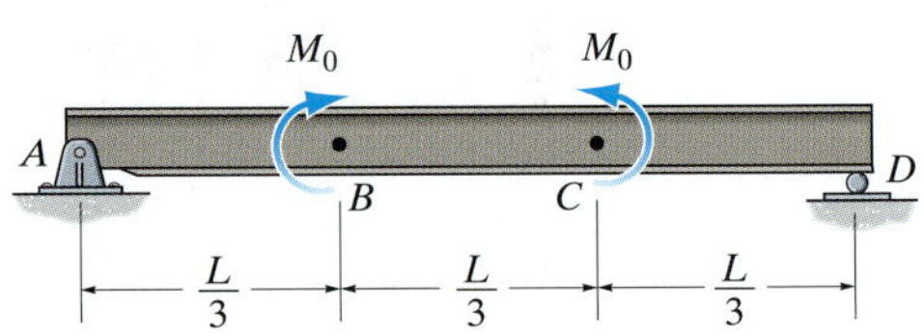

Probs. 16–36/37

16–38. Determine the maximum deflection of the simply supported beam. $E = 200\,\text{GPa}$ and $I = 65.0(10^6)\,\text{mm}^4$.

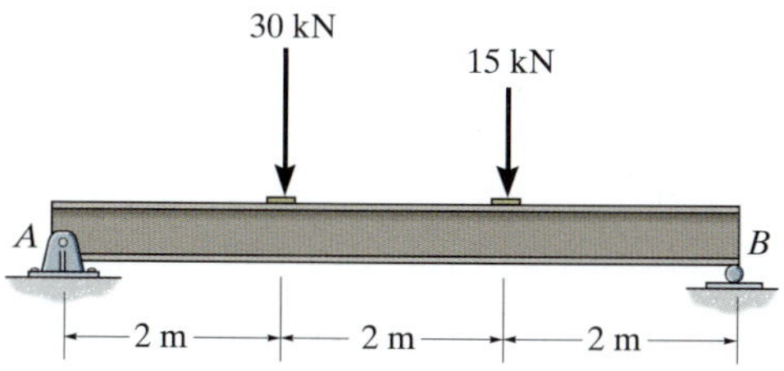

Prob. 16–38

16–39. Determine the maximum deflection of the cantilevered beam. Take $E = 200$ GPa and $I = 65.0(10^6)$ mm^4.

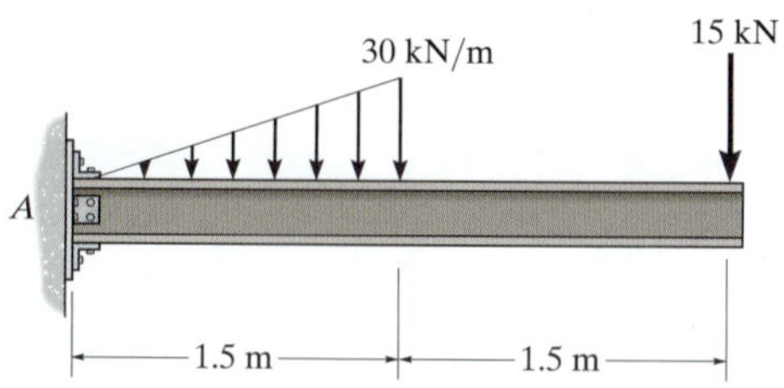

Prob. 16–39

***16–40.** Determine the slope at A and the deflection of end C of the overhang beam. $E = 200\,\text{GPa}$ and $I = 84.9(10^{-6})\,\text{m}^4$.

16–41. Determine the maximum deflection in region AB of the overhang beam. $E = 200\,\text{GPa}$ and $I = 84.9(10^{-6})\,\text{m}^4$.

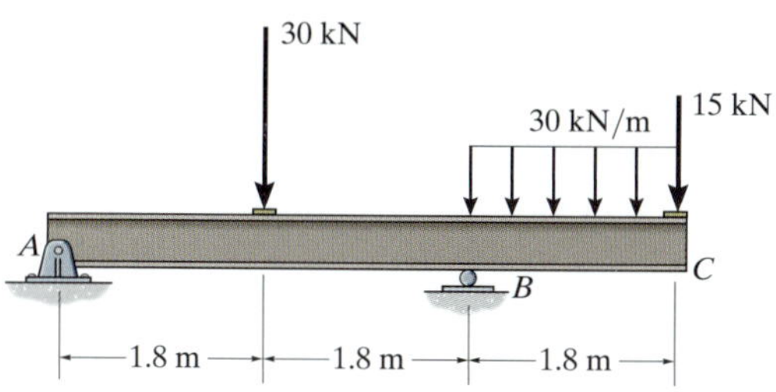

Probs. 16–40/41

16–42. The beam is subjected to the load shown. Determine the slopes at A and B and the displacement at C. EI is constant.

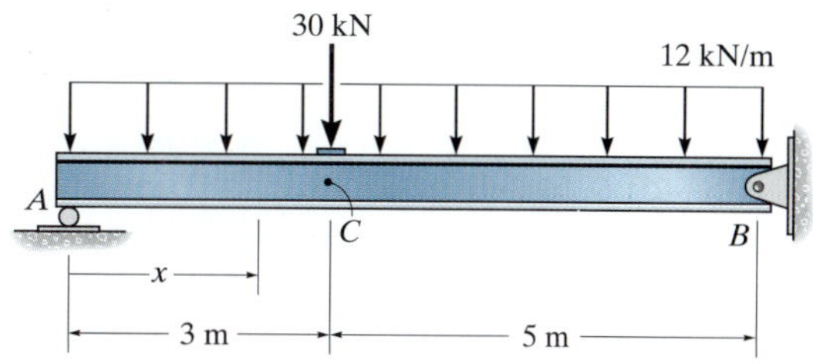

Prob. 16–42

16–43. Determine the displacement at C and the slope at A of the beam.

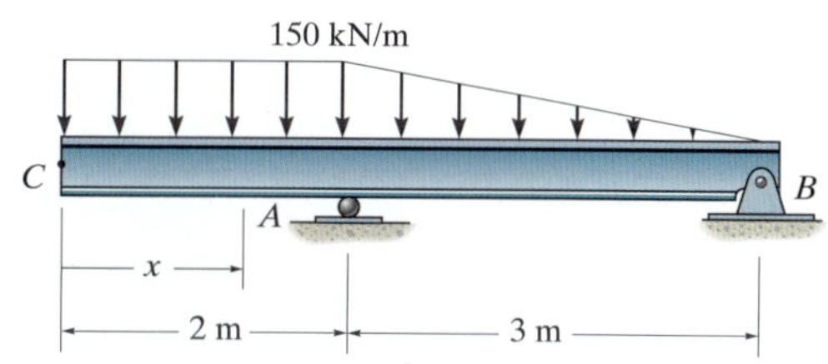

Prob. 16–43

***16–44.** The beam is subjected to the loads shown. Determine the equation of the elastic curve. EI is constant.

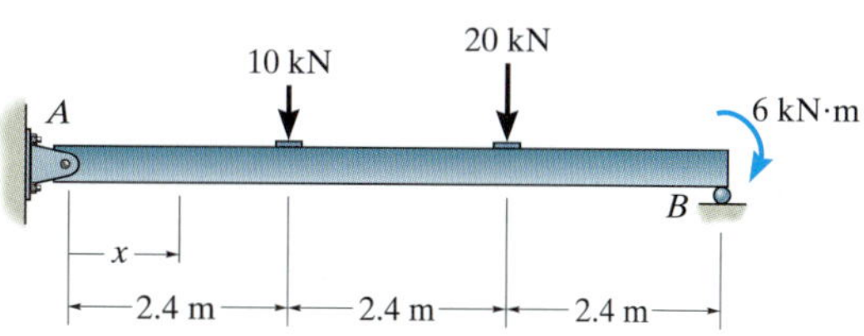

Prob. 16–44

16.4 중첩법

미분방정식 $EI\ d^4v/dx^4 = w(x)$이 중첩의 조건을 만족하기 위해서는 다음과 같은 필요조건이 있다. 하중 w는 처짐 $v(x)$에 대하여 선형이고, 하중은 기존의 보나 샤프트의 형상을 심각하게 변형시키지 않는다. 결과적으로 보에 작용하는 분리된 하중조합에 의한 처짐은 중첩될 수 있다. 예로, v_1이 어떤 하중에 의한 처짐이고 v_2가 다른 하중에 의한 처짐이면, 두 하중의 의한 전체 처짐은 v_1과 v_2의 대수합 $v_1 + v_2$이다. 부록 C에 보인 다양한 보의 하중상태에 대한 계산된 결과를 이용하거나 또는 여러 공학서적에서 제시하고 있는 결과들을 이용하여 여러 가지 다른 하중상태에 대한 보의 한 점에서의 처짐과 처짐각을 중첩법으로 계산할 수 있다. 다음 예는 어떻게 중첩법을 사용하여 처짐의 문제를 해결하는지를 보여준다.

보에 작용하는 각각의 분리된 하중에 의하여 발생하는 처짐들을 중첩함으로써 그림에 보이는 보의 모든 지점에서의 처짐이 결정될 수 있다.

예제 16.7

그림 16-19a에 보이는 보의 지점 A에서의 처짐각과 점 C에서의 처짐을 구하라. EI는 상수이다.

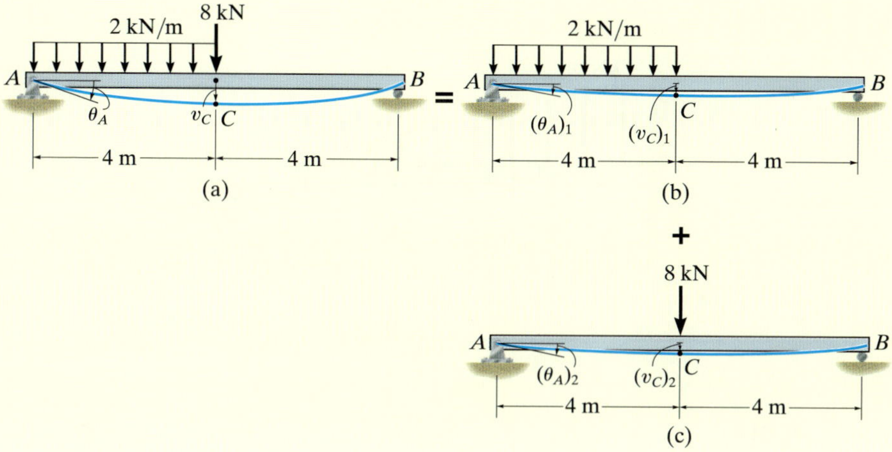

그림 16-19

풀이

작용하중은 그림 16-19b와 그림 16-19c에서 보이는 것처럼 나눌 수 있다. 각 하중에 대한 C점 처짐과 A점의 처짐각은 부록 C에 있는 표에서 구할 수 있다. 등분포하중에 의한 처짐과 처짐각은 다음과 같으며

$$(\theta_A)_1 = \frac{3wL^3}{128EI} = \frac{3(2\text{ kN/m})(8\text{ m})^3}{128EI} = \frac{24\text{ kN}\cdot\text{m}^2}{EI} \curvearrowright$$

$$(v_C)_1 = \frac{5wL^4}{768EI} = \frac{5(2\text{ kN/m})(8\text{ m})^4}{768EI} = \frac{53.33\text{ kN}\cdot\text{m}^3}{EI}\downarrow$$

8 kN의 집중하중에 의한 값들은 아래와 같다.

$$(\theta_A)_2 = \frac{PL^2}{16EI} = \frac{8\text{ kN}(8\text{ m})^2}{16EI} = \frac{32\text{ kN}\cdot\text{m}^2}{EI} \curvearrowright$$

$$(v_C)_2 = \frac{PL^3}{48EI} = \frac{8\text{ kN}(8\text{ m})^3}{48EI} = \frac{85.33\text{ kN}\cdot\text{m}^3}{EI}\downarrow$$

점 C에서의 처짐과 점 A에서의 처짐각은 각각의 결과의 합이다.

$(+\swarrow)$ $$\theta_A = (\theta_A)_1 + (\theta_A)_2 = \frac{56\text{ kN}\cdot\text{m}^2}{EI} \curvearrowright$$ 답

$(+\downarrow)$ $$v_C = (v_C)_1 + (v_C)_2 = \frac{139\text{ kN}\cdot\text{m}^3}{EI}\downarrow$$ 답

16

예제 16.8

그림 16-20에 보인 캔틸레버보의 C점에서의 처짐을 구하라. EI는 상수이다.

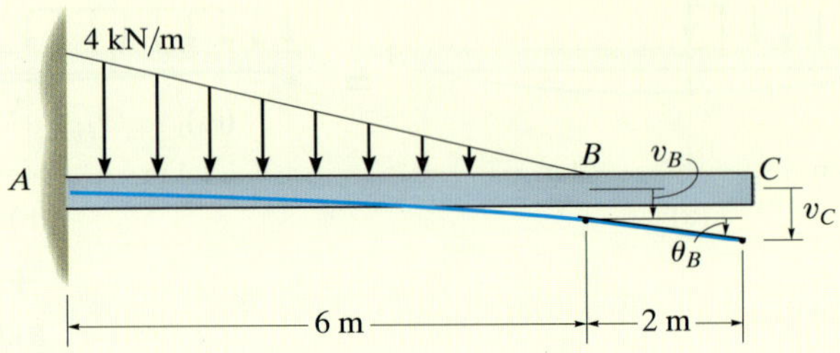

그림 16-20

풀이

삼각형하중에 대한 부록 C의 표를 이용해서 B점에서의 처짐과 처짐각은 다음과 같이 구할 수 있다.

$$\theta_B = \frac{w_0 L^3}{24EI} = \frac{4\ \mathrm{kN/m}(6\ \mathrm{m})^3}{24EI} = \frac{36\ \mathrm{kN \cdot m^2}}{EI}$$

$$v_B = \frac{w_0 L^4}{30EI} = \frac{4\ \mathrm{kN/m}(6\ \mathrm{m})^4}{30EI} = \frac{172.8\ \mathrm{kN \cdot m^3}}{EI}$$

하중이 없는 보의 BC 범위에서는 그림 16-20과 같이 직선이다. θ_B가 매우 작기 때문에 C에서의 변위는

$$(+\downarrow) \qquad v_C = v_B + \theta_B(L_{BC})$$

$$= \frac{172.8\ \mathrm{kN \cdot m^3}}{EI} + \frac{36\ \mathrm{kN \cdot m^2}}{EI}(2\ \mathrm{m})$$

$$= \frac{244.8\ \mathrm{kN \cdot m^3}}{EI}\downarrow$$

답

예제 16.9

그림 16-21a에 보이는 내민보에서 점 C에서의 처짐을 구하라. EI는 상수이다.

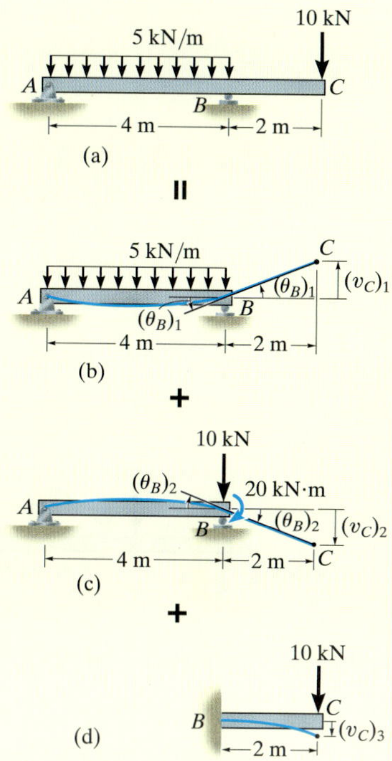

그림 16-21

풀이

부록 C에 있는 표에는 내민보를 포함하는 경우가 없기 때문에 주어진 보는 단순보와 캔틸레버보로 나눌 수 있다. 우선, 그림 16-21b에 보이는 것처럼 단순보에 작용하는 등분포하중에 의한 B점에서의 처짐각을 계산한다.

$$(\theta_B)_1 = \frac{wL^3}{24EI} = \frac{5\ \text{kN/m}(4\ \text{m})^3}{24EI} = \frac{13.33\ \text{kN}\cdot\text{m}^2}{EI} \circlearrowleft$$

이 각은 아주 작기 때문에 $(\theta_B)_1 \approx \tan(\theta_B)_1$이고 점 C에서의 수직 변위는

$$(v_C)_1 = (2\ \text{m})\left(\frac{13.33\ \text{kN}\cdot\text{m}^2}{EI}\right) = \frac{26.67\ \text{kN}\cdot\text{m}^3}{EI}\uparrow$$

다음으로 그림 16-21c에서처럼 캔틸레버보에 작용하는 10 kN의 하중은 정적으로 단순보의 B점에 작용하는 10 kN의 힘과 20 kN의 모멘트를 발생시킨다. 10 kN의 힘은 점 B에서 처짐이나 처짐각을 발생시키지 않는다. 그러나 20 kN의 모멘트는 처짐각을 발생시킨다. 이 모멘트의 의한 B점에서의 처짐각은

$$(\theta_B)_2 = \frac{M_0L}{3EI} = \frac{20\ \text{kN}\cdot\text{m}(4\ \text{m})}{3EI} = \frac{26.67\ \text{kN}\cdot\text{m}^2}{EI} \swarrow$$

점 C의 위치는 다음과 같이 변할 것이다.

$$(v_C)_2 = (2\ \text{m})\left(\frac{26.7\ \text{kN}\cdot\text{m}^2}{EI}\right) = \frac{53.33\ \text{kN}\cdot\text{m}^3}{EI}\downarrow$$

마지막으로 캔틸레버 부분 BC는 그림 16-21d와 같이 10 kN의 힘에 의하여 처진다.

$$(v_C)_3 = \frac{PL^3}{3EI} = \frac{10\ \text{kN}(2\ \text{m})^3}{3EI} = \frac{26.67\ \text{kN}\cdot\text{m}^3}{EI}\downarrow$$

이 결과들을 합하여 점 C의 변위를 구한다.

$$(+\downarrow) \qquad v_C = -\frac{26.7}{EI} + \frac{53.3}{EI} + \frac{26.7}{EI} = \frac{53.3\ \text{kN}\cdot\text{m}^3}{EI}\downarrow \qquad \text{답}$$

예제 16.10

그림 16-22a에 보이는 강철봉은 점 A와 B에서 스프링 지지점을 가지고 있다. 각 스프링의 강성도 $k = 45$ kN/m이고 변형이 없는 상태이다. 3 kN의 힘이 점 C에 작용할 때 수직변위를 구하라. 봉의 자중은 무시하고, $E_{st} = 200$ GPa, $I = 4.6875(10^{-6})$ m^{4}이다.

풀이

점 A와 B에서의 지지점 반력은 그림 16-22b에서 결정된다. 각각의 스프링은 다음과 같이 변형된다.

$$(v_A)_1 = \frac{2\,\text{kN}}{45\,\text{kN/m}} = 0.0444\,\text{m}$$

$$(v_B)_1 = \frac{1\,\text{kN}}{45\,\text{kN/m}} = 0.0222\,\text{m}$$

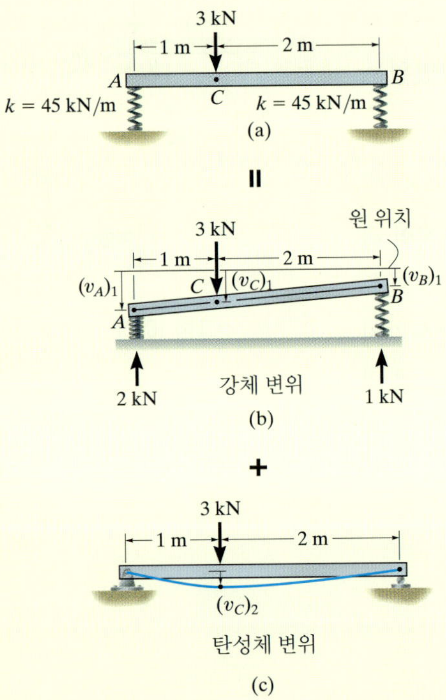

그림 16-22

만약 봉을 강체라고 가정한다면 이러한 변위는 봉을 그림 16-22b와 같이 위치하게 만든다. 이 경우 C점에서의 수직변위는

$$(v_C)_1 = (v_B)_1 + \left(\frac{2\,\text{m}}{3\,\text{m}}\right)[(v_A)_1 - (v_B)_1]$$

$$= 0.0222\,\text{m} + \frac{2}{3}(0.0444\,\text{m} - 0.0222\,\text{m}) = 0.037037\,\text{m}\downarrow$$

이제, 그림 16-22c와 같이 봉의 변형에 의한 점 C에서의 변위를 부록 C에 있는 표를 이용하여 구하면 다음과 같다.

$$(v_C)_2 = \frac{Pab}{6EIL}(L^2 - b^2 - a^2)$$

$$= \frac{[3(10^3)\,\text{N}](1\,\text{m})(2\,\text{m})[(3\,\text{m})^2 - (2\,\text{m})^2 - (1\,\text{m})^2]}{[200(10^9)\,\text{N/m}^2][(4.6875)(10^{-6})\,\text{m}^4](3\,\text{m})}$$

$$= 0.001422\,\text{m}$$

변위에 대한 최종 결과는 위의 두 변위를 더하여 얻는다.

$$(+\downarrow)\quad v_C = 0.037037\,\text{m} + 0.001422\,\text{m} = 0.038459\,\text{m} = 38.5\,\text{mm}\downarrow$$ 답

PROBLEMS

16–45. The W310 × 67 simply supported beam is made of A-36 steel and is subjected to the loading shown. Determine the deflection at its center C.

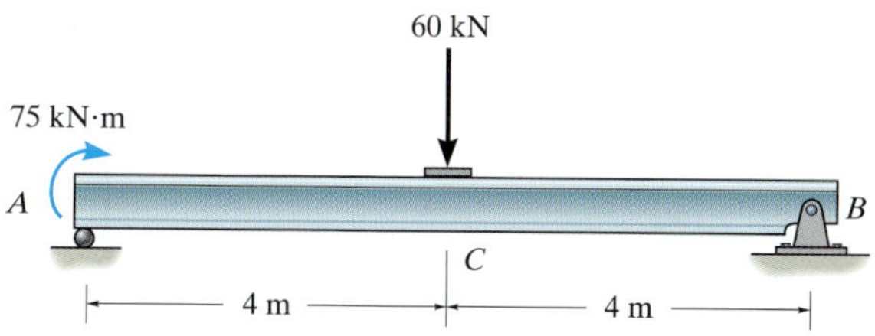

Prob. 16–45

16–46. The W250 × 22 cantilevered beam is made of A-36 steel and is subjected to the loading shown. Determine the displacement at B and the slope at B.

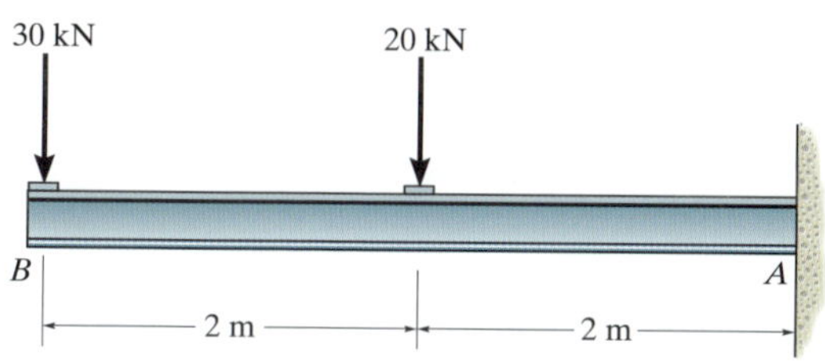

Prob. 16–46

16–47. Determine the slope and deflection at end C of the overhang beam. EI is constant.

***16–48.** Determine the slope at A and the deflection at point D of the overhang beam. EI is constant.

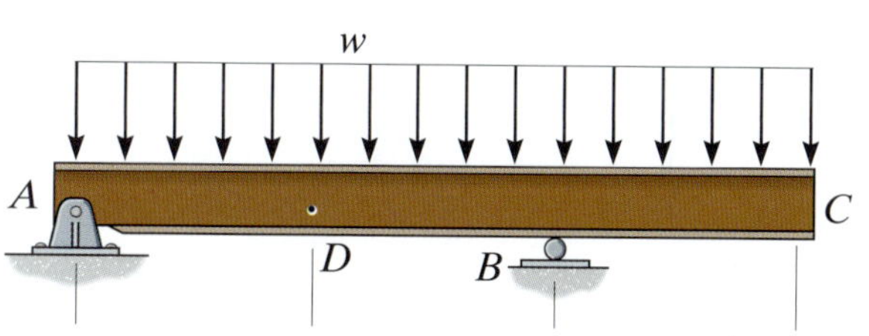

Probs. 16–47/48

16–49. The simply supported beam is made of A-36 steel and is subjected to the loading shown. Determine the deflection at its center $C \cdot I = 0.1457(10^{-3})\,\text{m}^4$.

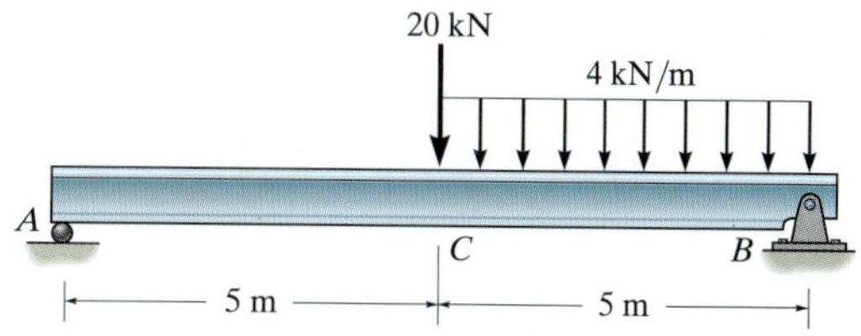

Prob. 16–49

16–50. Determine the slope at B and the deflection at point C of the simply supported beam. $E = 200\,\text{GPa}$ and $I = 45.5(10^6)\,\text{mm}^4$.

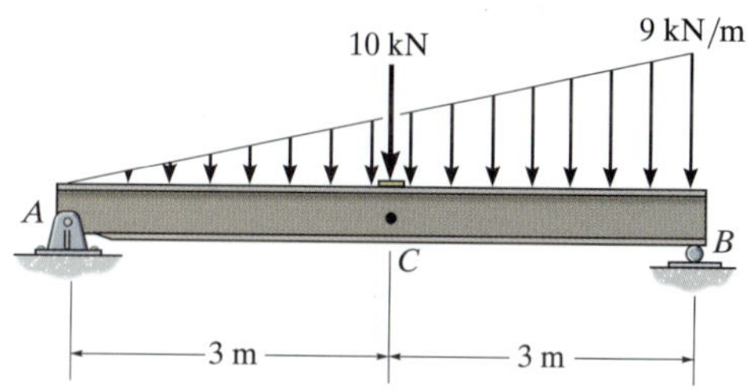

Prob. 16–50

16–51. Determine the vertical deflection and slope at the end A of the bracket. Assume that the bracket is fixed supported at its base, and neglect the axial deformation of segment AB. EI is constant.

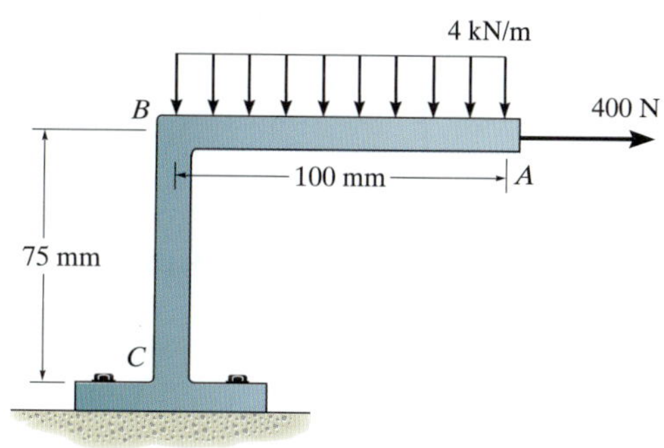

Prob. 16–51

***16–52.** The simply supported beam carries a uniform load of 30 kN/m. Code restrictions, due to a plaster ceiling, require the maximum deflection not to exceed 1/360 of the span length. Select the lightest-weight A992 steel wide-flange beam from Appendix B that will satisfy this requirement and safely support the load. The allowable bending stress is $\sigma_{allow} = 168\,MPa$ and the allowable shear stress is $\tau_{allow} = 100\,MPa$. Assume A is a pin and B a roller support.

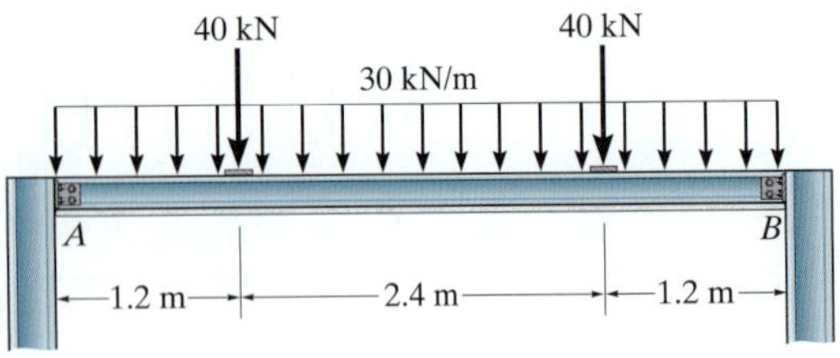

Prob. 16–52

16–53. Determine the vertical deflection at the end A of the bracket. Assume that the bracket is fixed supported at its base B and neglect axial deflection. EI is constant.

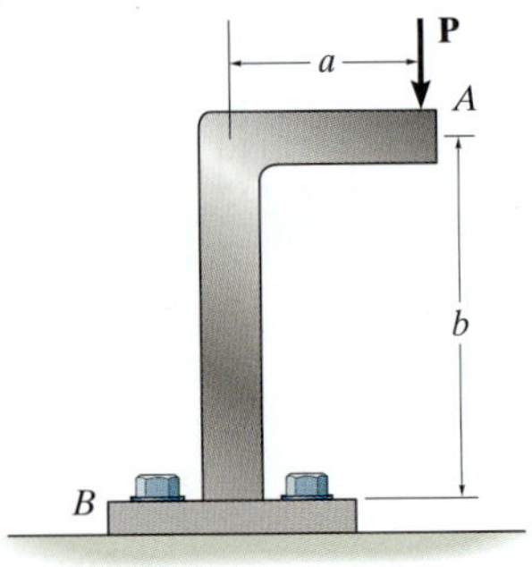

Prob. 16–53

16–54. Determine the slope at A and the deflection at point C of the simply supported beam. The modulus of elasticity of the wood is $E = 10\,GPa$.

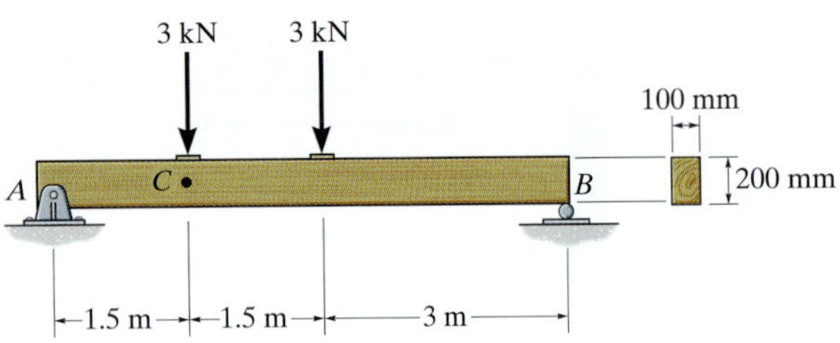

Prob. 16–54

16–55. The rod is pinned at its end A and attached to a torsional spring having a stiffness k, which measures the torque per radian of rotation of the spring. If a force $\mathbf{P}$ is always applied perpendicular to the end of the rod, determine the displacement of the force. EI is constant.

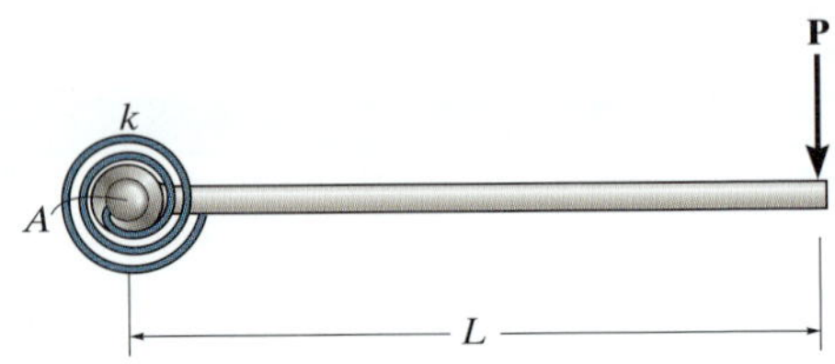

Prob. 16–55

***16–56.** Determine the deflection at end E of beam CDE. The beams are made of wood having a modulus of elasticity of $E = 10\,GPa$.

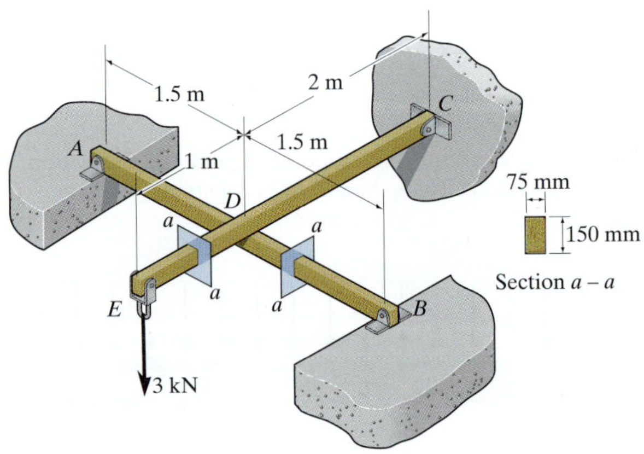

Prob. 16–56

16–57. The pipe assembly consists of three equal-sized pipes with flexibility stiffness EI and torsional stiffness GJ. Determine the vertical deflection at A.

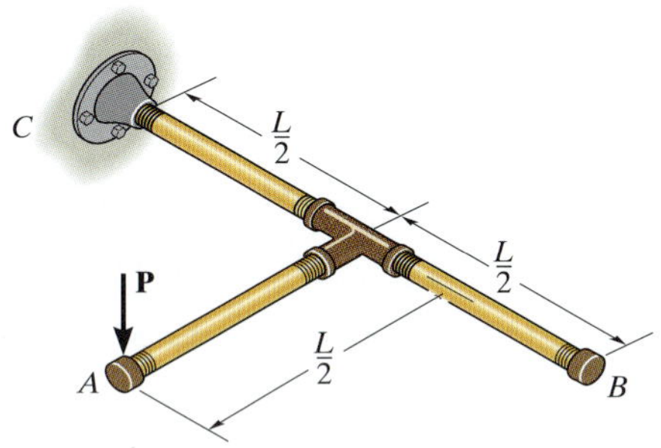

Prob. 16–57

16–58. The framework consists of two A-36 steel cantilevered beams CD and BA and a simply supported beam CB. If each beam is made of steel and has a moment of inertia about its principal axis $I_x = 46(10^6)\,\text{mm}^4$ determine the deflection at the center G of beam CB.

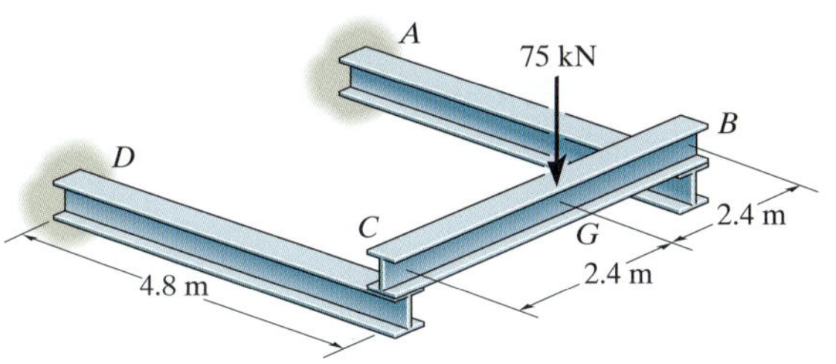

Prob. 16–58

16–59. The relay switch consists of a thin metal strip or armature AB that is made of red brass C83400 and is attracted to the solenoid S by a magnetic field. Determine the smallest force F required to attract the armature at C in order that contact is made at the free end B. Also, what should the distance a be for this to occur? The armature is fixed at A and has a moment of inertia of $I = 0.18(10^{-12})\ \text{m}^4$.

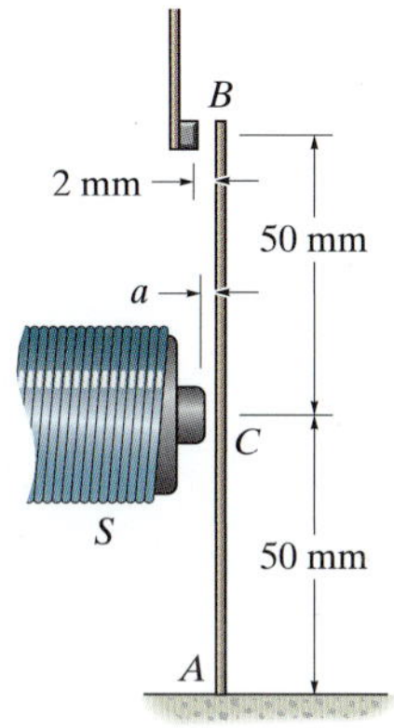

Prob. 16–59

***16–60.** Determine the moment M_0 in terms of the load P and dimension a so that the deflection at the center of the shaft is zero. EI is constant.

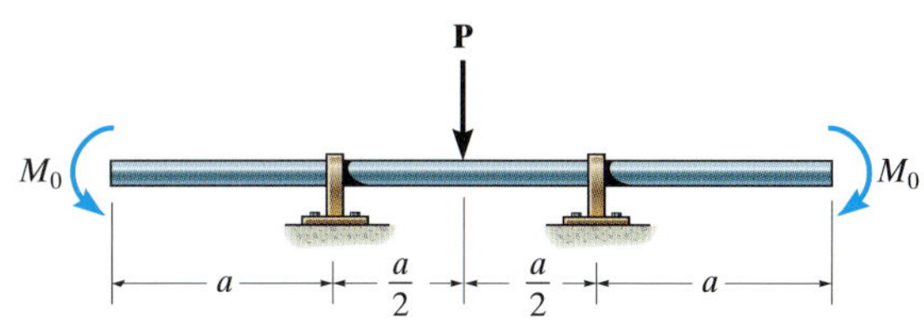

Prob. 16–60

16.5 부정정보와 샤프트의 중첩법

이 절에서는 부정정보와 샤프트의 반력들을 결정하기 위한 일반적인 방법을 제시할 것이다. 구체적으로 미지의 반력 수가 유효한 평형방정식의 수를 초과하면 그 구조물은 **부정정 구조물**로 간주된다.

안정적인 평형상태를 유지하기 위하여 필요하지 않은 추가적인 반력을 **여력**이라 한다. 이러한 여력의 수를 **부정정 차수**(degree of indeterminacy)라 한다. 예를 들면, 그림 16-23*a*의 보를 생각해 보자. 자유물체도가 16-23*b*와 같이 그려졌다면 4개의 미지 반력과 3개의 평형방정식이 있기 때문에 보는 '1차 부정정 구조물'이 된다. $\mathbf{A}_y$, $\mathbf{B}_y$ 또는 $\mathbf{M}_A$ 중 하나가 제거되더라도 보는 안정한 상태로 있기 때문에 이러한 반력들은 여력으로 간주된다($\mathbf{A}_x$가 제거된다면 $\Sigma F_x = 0$를 만족하지 않기 때문에 $\mathbf{A}_x$는 여력이 아니다). 유사하게 그림 16-24*a*에 보이는 연속보는 2차 부정정이다. 왜냐하면 그림 16-24*b*와 같이 5개의 미지의 반력과 3개의 평형방정식이 있기 때문이다. 여기서 두 여력은 $\mathbf{A}_y$, $\mathbf{B}_y$, $\mathbf{C}_y$, $\mathbf{D}_y$ 중에 선택할 수 있다.

부정정보에 작용하고 있는 반력들은 힘의 평형방정식과 지지점에서의 적합조건을 만족해야 한다. 중첩법을 이용하여 이를 어떻게 적용하는지 알아보자.

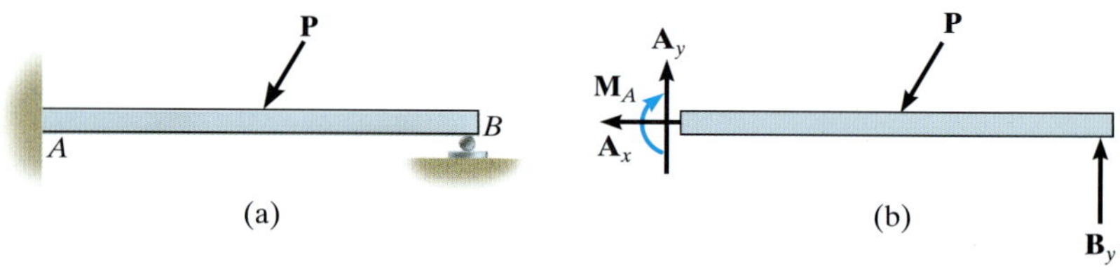

그림 16-23

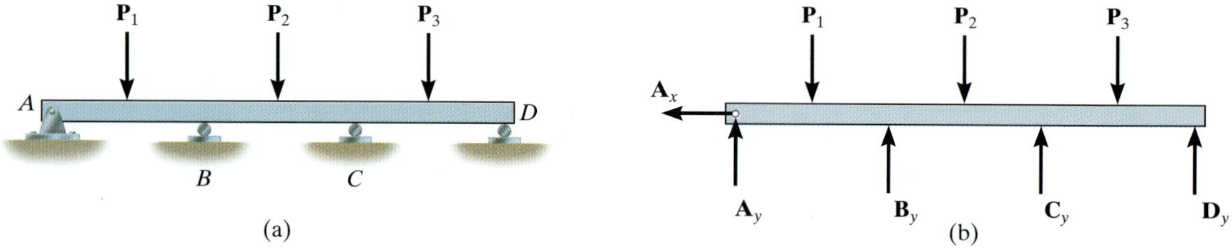

그림 16-24

이 방법을 부정정보 (또는 샤프트) 문제 해결에 적용하려면 우선 여력을 결정해야 한다. 여력이 결정되어 제거된 보를 **기본보**(primary beam)라 부르는데, 이 보는 정정이며 안정한 구조다. 중첩법을 사용하여 이 기본보에 여력 하나씩을 가한 유사하게 지지된 보들을 더해간다. 마지막으로 여력을 얻기 위하여 각 여력이 작용하는 지점에서의 적합조건을 사용해야만 한다. 여력이 직접적으로 계산되기 때문에 이 방법을 **응력법**(force method)이라 한다. 여력이 얻어진 후에 다른 반력들은 평형방정식으로부터 결정된다.

이 개념을 명확히 하기 위하여 그림 16-25a에 보이는 보를 고려해 보자. 롤러 지지점의 반력 $\mathbf{B}_y$를 여력으로 간주한다면 기본보는 16-25b와 같이 될 것이고, 여력 $\mathbf{B}_y$가 작용하는 보는 그림 16-25c와 같다. 점 B에서 기본보의 처짐은 v_B이고 여력 $\mathbf{B}_y$에 의한 점 B에서의 처짐은 위로 v'_B이다. 롤러에서의 처짐은 0이므로 점 B에서의 적합조건은 다음과 같이 쓸 수 있다.

$$(+\uparrow) \qquad 0 = -v_B + v'_B$$

위의 개별 처짐은 부록 C에 있는 표로부터 다음과 같이 얻을 수 있다.

$$v_B = \frac{5PL^3}{48EI} \quad \text{그리고} \quad v'_B = \frac{B_yL^3}{3EI}$$

적합조건에 대입하면

$$0 = -\frac{5PL^3}{48EI} + \frac{B_y L^3}{3EI}$$

$$B_y = \frac{5}{16}P$$

이제, $\mathbf{B}_y$를 알 수 있다. 고정단에서의 반력들은 그림 16-25d의 자유물체도에서 보이는 평형방정식으로부터 구해진다. 결과적으로

$$A_x = 0 \quad A_y = \frac{11}{16}P$$

$$M_A = \frac{3}{16}PL$$

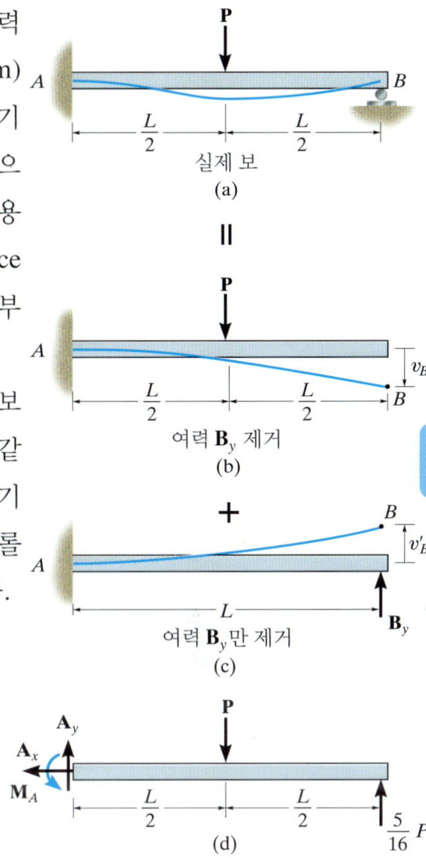

그림 16-25

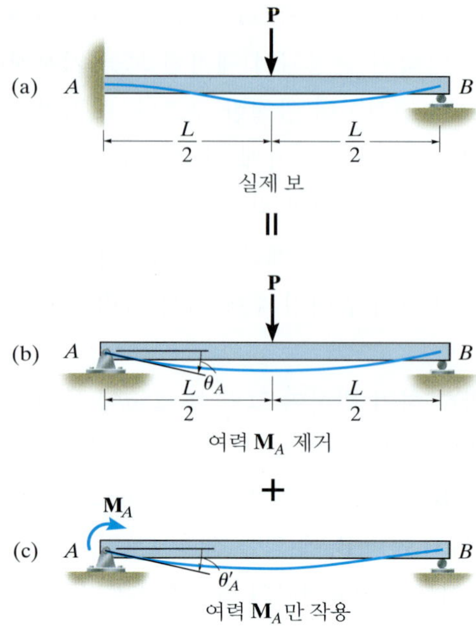

그림 16-26

여력은 기본보가 안정인 상태가 되도록 임의로 결정한다. 예를 들면 그림 16-26a의 점 A에서의 모멘트를 여력으로 선정할 수도 있다. 이 경우에 $\mathbf{M}_A$를 저항하는 보의 반력은 제거되고 기본보는 그림 16-26b와 같이 점 A에서 핀 지지된 기본보가 된다. 여기에 그림 16-26c와 같이 여력이 점 A에 작용하는 보를 더할 수 있다. 점 A에서 힘 $\mathbf{P}$에 의해 발생하는 처짐각을 θ_A, 그리고 여력 $\mathbf{M}_A$에 의해서 발생하는 처짐각을 θ'_A이라 하면 점 A의 처짐각에 대한 적합조건은 다음과 같다.

$$(\curvearrowleft +) \qquad 0 = \theta_A + \theta'_A$$

부록 C의 표를 이용하면

$$\theta_A = \frac{PL^2}{16EI} \quad \text{그리고} \quad \theta'_A = \frac{M_A L}{3EI}$$

그러므로,

$$0 = \frac{PL^2}{16EI} + \frac{M_A L}{3EI}$$

$$M_A = -\frac{3}{16}PL$$

결과는 이전과 같다. 여기서 $\mathbf{M}_A$에 대한 음(−)의 부호는 M_A가 그림 16-26c에 보이는 방향과 반대방향이라는 것을 나타낸다.

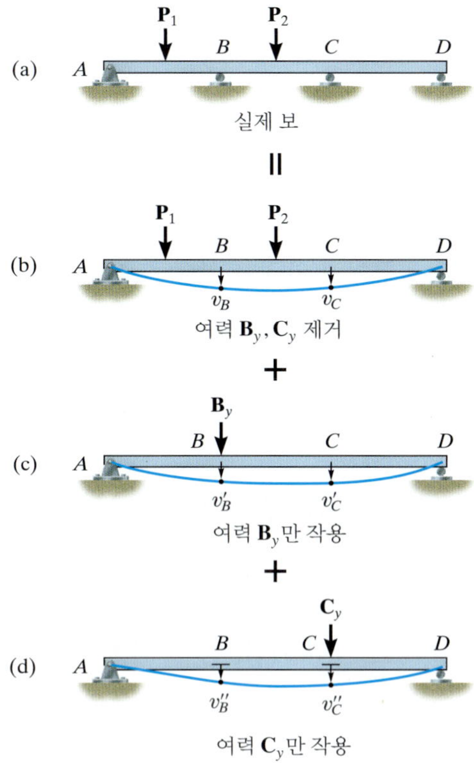

그림 16-27

그림 16-27a는 또 다른 예를 보여주고 있다. 이 경우에 보는 2차 부정정이고 2개의 적합조건이 필요하다. 롤러 지지점 B와 C에서의 반력을 여력으로 선정한다. 여력이 제거된 후의 정정인 기본보는 그림 16-27b와 같이 될 것이다. 두 개의 여력에 의해 보는 그림 16-27c와 그림 16-27d와 같이 변형된다. 중첩법에 의하여 점 B와 C에서의 적합조건식은

$$(+\downarrow) \qquad 0 = v_B + v'_B + v''_B$$
$$(+\downarrow) \qquad 0 = v_C + v'_C + v''_C \qquad (16\text{-}16)$$

부록 C의 표를 이용하면 이들 변위들은 모두 기지 및 미지의 하중들로 표현할 수 있다. 이들 변위들을 구하고, 이를 식 (16-16)에 대입하면, 연립방정식의 해로 2개의 미지수 $\mathbf{B}_y$와 $\mathbf{C}_y$를 결정할 수 있다.

16

풀이 과정 PROCEDURE FOR ANALYSIS

다음은 부정정보와 샤프트의 반력을 결정에 사용할 수 있는 중첩법(또는 응력법)을 이용하는 방법이다.

탄성곡선

- 보를 정역학적으로 정정이고 안정한 상태로 만들 수 있는 미지의 여력이나 여력모멘트를 결정한다(이들 미지 여력과 여력모멘트는 보에서 제거된다).
- 중첩법을 이용하여 부정정보를 작도하고 이 부정정보와 일련의 해당 정정보가 같음을 보인다.
- 기본보는 부정정보와 같은 외력을 지지하며, 기본보에 더해지는 다른 개별 보들은 개별적인 여력 또는 여력모멘트하중이 재하된다.
- 각 보의 처짐곡선을 그리고, 각 여력(여력모멘트) 위치에서의 처짐(처짐각)을 표시한다.

적합조건식

- 여력이 작용하는 지점에서의 처짐과 처짐각에 대한 적합조건식을 쓴다.

하중-변위식

- 부록 C에 있는 표를 사용하여 처짐과 처짐각을 결정한다.
- 결과를 적합조건식에 대입하고 미지 여력을 결정한다.
- 만약 여력이 양(+)이면 가정된 방향과 같은 방향이고, 음(−)이면 가정된 방향과 반대방향이다.

평형방정식

- 여력이나 모멘트가 결정된 후 남겨진 미지 반력들은 보의 자유물체도의 평형방정식으로부터 결정된다.

예제 16.11

그림 16-28a에 보이는 보의 롤러 지지점 B에서의 반력을 결정하고 전단력과 모멘트 선도를 그려라. EI는 상수이다.

풀이

중첩법. 보는 1차 부정정이다. 롤러 지지점 B가 여력으로 선정되고 $\mathbf{B}_y$가 직접적으로 결정될 것이다. 그림 16-28b와 그림 16-28c는 중첩법의 적용을 보여준다. 여기서 $\mathbf{B}_y$는 보에 위쪽으로 작용하는 것으로 가정하였다.

적합조건식. 양(+)의 변위를 아랫방향으로 택함으로써 B점에서의 적합조건식은

$$(+\downarrow) \qquad 0 = v_B - v'_B \qquad (1)$$

식 (1)의 각 변위는 부록 C의 표로부터 다음과 같이 결정된다.

$$v_B = \frac{wL^4}{8EI} + \frac{5PL^3}{48EI}$$

$$= \frac{(6\,\text{kN/m})(3\,\text{m})^4}{8EI} + \frac{5(8\,\text{kN})(3\,\text{m})^3}{48\text{EI}} = \frac{83.25\,\text{kN}\cdot\text{m}^3}{EI}\downarrow$$

$$v_B = \frac{PL^3}{3EI} = \frac{B_y(3\,\text{m})^3}{3EI} = \frac{9\,B_y}{EI}\uparrow$$

식 (1)에 대입하고 풀면

$$0 = \frac{83.25}{EI} - \frac{9\,B_y}{EI}$$

$$By = 9.25\,\text{kN} \qquad \text{답}$$

평형방정식. 위의 결과와 3개의 평형방정식을 이용해서 그림 16-28d의 자유물체도를 얻는다. 전단력과 모멘트선도는 그림 16-28e에 나타나 있다.

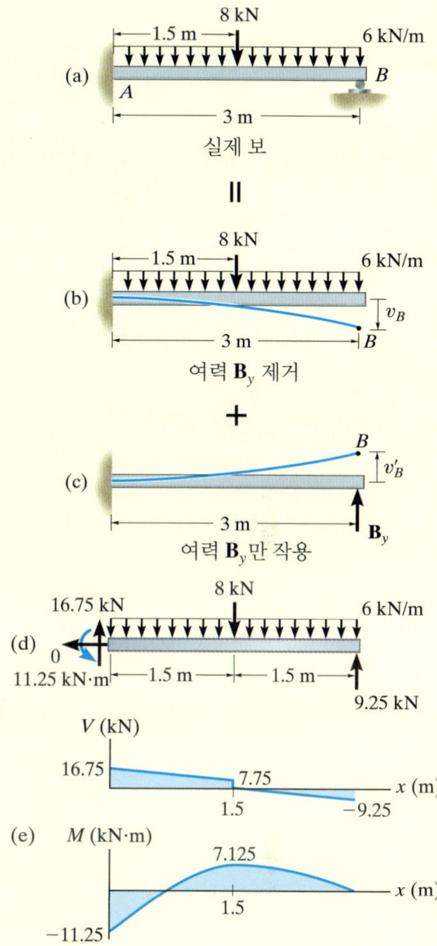

그림 16-28

16

예제 16.12

그림 16-29a에 보인 보는 점 A에서 고정단이고 반지름 12 mm인 봉 BC에 의해 핀 연결되어 있다. 봉과 보의 탄성계수는 $E = 200$ GPa이다. 하중에 의해 봉에 작용하는 힘을 결정하라. 중립축에 대한 보의 단면2차모멘트는 $I = 186(10^6)\ \text{mm}^4$이다.

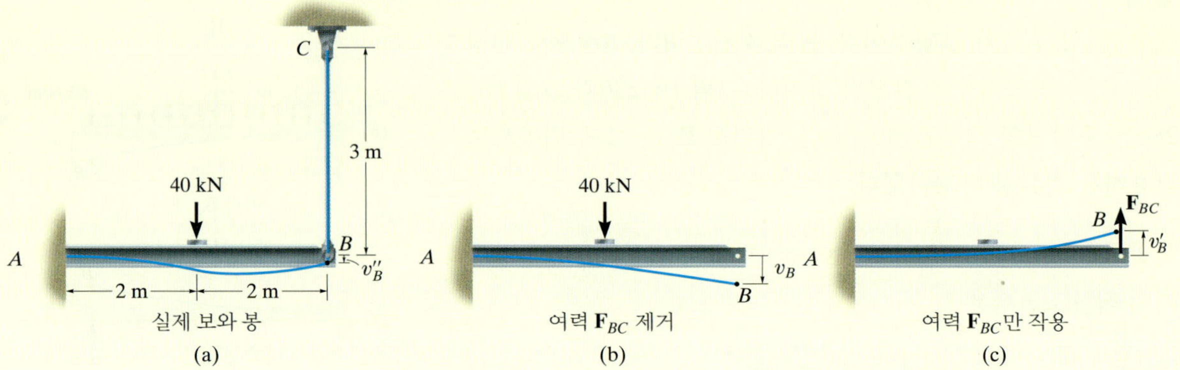

그림 16-29

풀이 1

중첩법. 1차 부정정 구조물이다. 봉이 늘어날 것이므로 점 B는 v''_B 만큼 처질 것이다. 봉의 부재력을 여력으로 간주하고 봉의 부재력이 그림 16-29b와 같이 보의 점 B로부터 제거된다. 그리고 그림 16-29c와 같이 다시 재하된다.

적합조건식. 점 B에서

$$(+\downarrow) \qquad v''_B = v_B - v'_B \qquad (1)$$

변위 v_B와 v'_B는 부록 C의 표로부터 결정된다. v''_B는 식 (9-2)로부터 결정된다.

$$v''_B = \frac{PL}{AE} = \frac{F_{BC}(3\,\text{m})}{\left[\frac{\pi}{4}(0.012\,\text{m})^2\right]\left[200(10^9)\,\text{N/m}^2\right]} = 0.13263(10^{-6})\,F_{BC}\downarrow$$

$$v_B = \frac{5PL^3}{48EI} = \frac{5[40(10^3)\,\text{N}](4\,\text{m})^3}{48[200(10^9)\,\text{N/m}^2][186(10^{-6})\,\text{m}^4]} = 0.0071685\,\text{m}\downarrow$$

$$v'_B = \frac{PL^3}{3EI} = \frac{F_{BC}(4\,\text{m})^3}{3[200(10^9)\,\text{N/m}^2][186(10^{-6})\,\text{m}^4]} = 0.57348(10^{-6})\,F_{BC}\uparrow$$

결과적으로 식 (1)은 다음과 같이 정리된다.

$$(+\downarrow) \qquad 0.13263(10^{-6})F_{BC} = 0.0071685 - 0.57348(10^{-6})F_{BC}$$

$$F_{BC} = 10.152(10^3)\,\text{N} = 10.2\,\text{kN}$$ 답

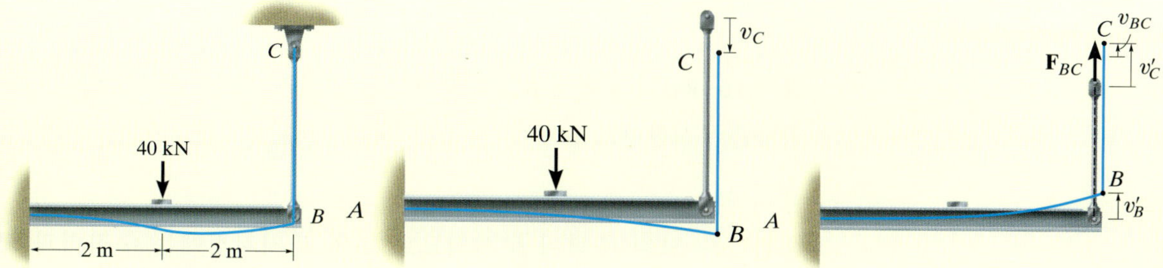

실제 보와 봉
(d)

여력 $\mathbf{F}_{BC}$ 제거
(e)

여력 $\mathbf{F}_{BC}$만 작용
(f)

그림 16-29 (계속)

풀이 2

중첩법. 또한 이 문제는 점 C에서의 핀 지점을 제거하고 봉을 보에 부착된 상태로도 풀 수 있다. 이 경우에 40 kN의 힘은 그림 16-29*e*와 같이 봉 BC에는 힘이 작용하지 않기 때문에 점 B와 C에 같은 양의 아랫방향 변위 v_C를 발생시킬 것이다. 그림 16-29*f*와 같이 여력 $\mathbf{F}_{BC}$가 점 C에 작용하면 봉의 끝점 C에서 v_C의 변위가 발생하고 보의 점 B는 v'_B만큼 위로 변형된다. 이 두 변위의 차이는 힘 $\mathbf{F}_{BC}$에 의해 봉이 늘어난 길이 v_{BC}, 즉 $v'_C = v_{BC} + v'_B$이다. 그러므로 그림 16-29*d*, 16-29*e*, 16-29*f*로부터 점 C에서의 적합조건은

$$(+\downarrow) \qquad 0 = v_C - (v_{BC} + v'_B) \qquad (2)$$

풀이 1의 결과로부터

$$v_C = v_B = 0.0071685\,\text{m}$$
$$v_{BC} = v''_B = 0.13263(10^{-6})F_{BC}$$
$$v'_B = 0.57348(10^{-6})F_{BC}$$

결과적으로, 식 (2)는

$$(+\downarrow) \qquad 0 = 0.0071685 - [0.13265(10^{-6})F_{BC} + 0.57348(10^{-6})F_{BC}]$$
$$F_{BC} = 10.152(10^3)\text{N} = 10.2\text{ kN}$$ 답

예제 16.13

그림 16-30a의 보에서 B점의 모멘트를 구하라. EI는 상수이며, 축력의 영향은 무시한다.

풀이 1

중첩법. 보의 축력이 무시되므로, A와 B 지지점에는 수직력과 모멘트 반력이 나타난다. 가용한 평형방정식은 두 개 뿐이며($\Sigma M = 0$, $\Sigma F_y = 0$), 따라서 문제는 2차 부정정이다. 여력으로 $\mathbf{B}_y$와 $\mathbf{M}_B$를 택한다면, 중첩법을 통하여 보는 그림 16-30b, 16-30c, 16-30d에 나타난 바와 같이 분포하중과 $\mathbf{B}_y$, $\mathbf{M}_B$를 각각 받는 캔틸레버보로 볼 수 있다.

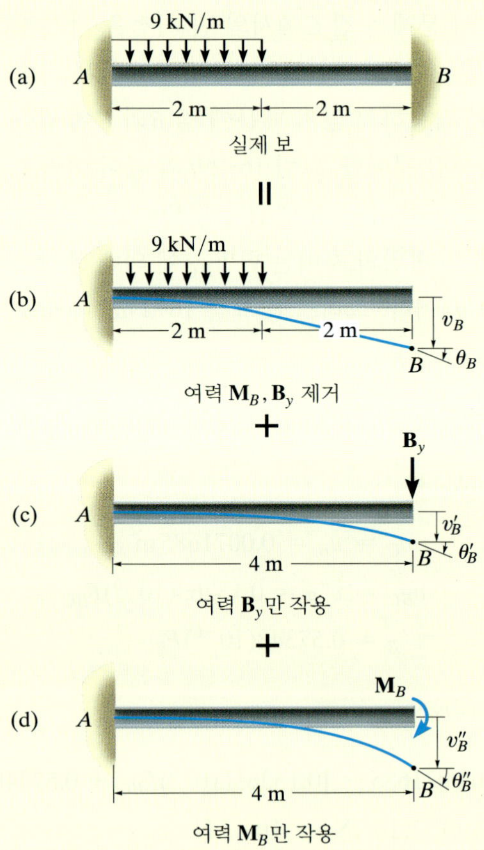

그림 16-30

적합조건식. B점에서의 변위와 처짐각을 고려하여

$$(\curvearrowleft +) \qquad 0 = \theta_B + \theta'_B + \theta''_B \qquad (1)$$

$$(+\downarrow) \qquad 0 = v_B + v'_B + v''_B \qquad (2)$$

부록 C의 표를 이용하면 처짐각과 변위는 다음과 같다.

$$\theta_B = \frac{wL^3}{48EI} = \frac{(9\,\text{kN/m})(4\,\text{m})^3}{48EI} = \frac{12\,\text{kN}\cdot\text{m}^2}{EI} \curvearrowright$$

$$v_B = \frac{7wL^4}{384EI} = \frac{7(9\,\text{kN/m})(4\,\text{m})^4}{384EI} = \frac{42\,\text{kN}\cdot\text{m}^3}{EI} \downarrow$$

$$\theta'_B = \frac{PL^2}{2EI} = \frac{B_y(4\,\text{m})^2}{2EI} = \frac{8B_y}{EI} \curvearrowright$$

$$v'_B = \frac{PL^3}{3EI} = \frac{B_y(4\,\text{m})^3}{3EI} = \frac{21.33B_y}{EI} \downarrow$$

$$\theta''_B = \frac{ML}{EI} = \frac{M_B(4\,\text{m})}{EI} = \frac{4M_B}{EI} \curvearrowright$$

$$v''_B = \frac{ML^2}{2EI} = \frac{M_B(4\,\text{m})^2}{2EI} = \frac{8M_B}{EI} \downarrow$$

이들 값들을 식 (1), (2)에 대입하고, 공통수인 EI를 제외하면 다음을 얻는다.

$$(\curvearrowleft +) \qquad 0 = 12 + 8B_y + 4M_B$$

$$(+\downarrow) \qquad 0 = 42 + 21.33B_y + 8M_B$$

위의 식을 풀면

$$B_y = -3.375\,\text{kN}$$

$$M_B = 3.75\,\text{kN}\cdot\text{m} \qquad \text{답}$$

주: A에서의 반력은 평형식으로부터 구할 수 있다.

16

FUNDAMENTAL PROBLEMS

F16–7. Determine the reactions at the fixed support A and the roller B. EI is constant.

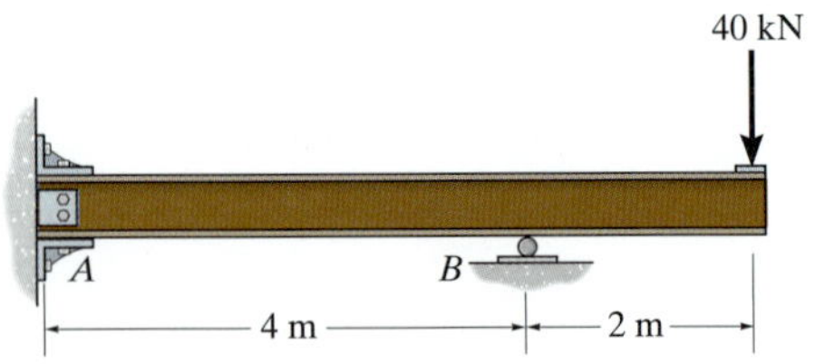

Prob. F16–7

F16–8. Determine the reactions at the fixed support A and the roller B. EI is constant.

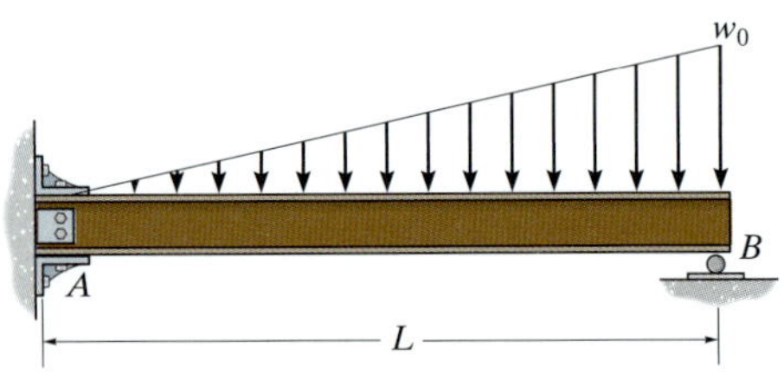

Prob. F16–8

F16–9. Determine the reactions at the fixed support A and the roller B. Support B settles 2 mm. $E = 200$ GPa, $I = 65.0(10^{-6})$ m^4.

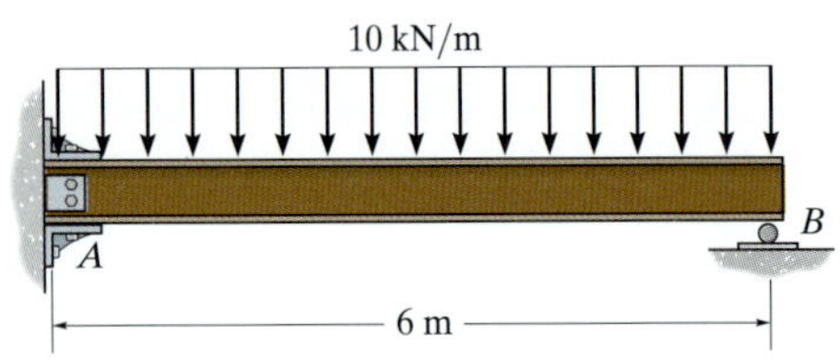

Prob. F16–9

F16–10. Determine the reaction at the roller B. EI is constant.

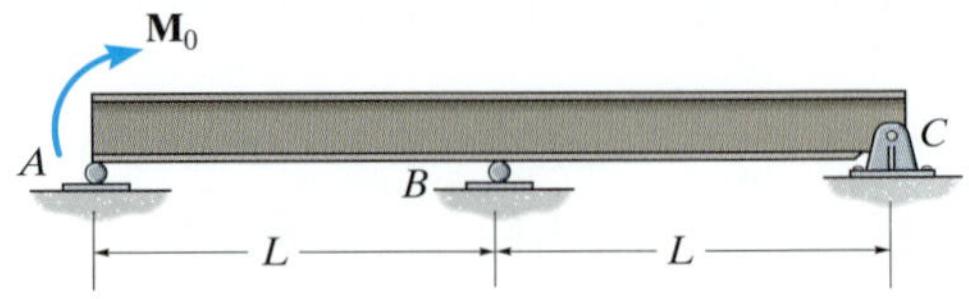

Prob. F16–10

F16–11. Determine the reaction at the roller B. EI is constant.

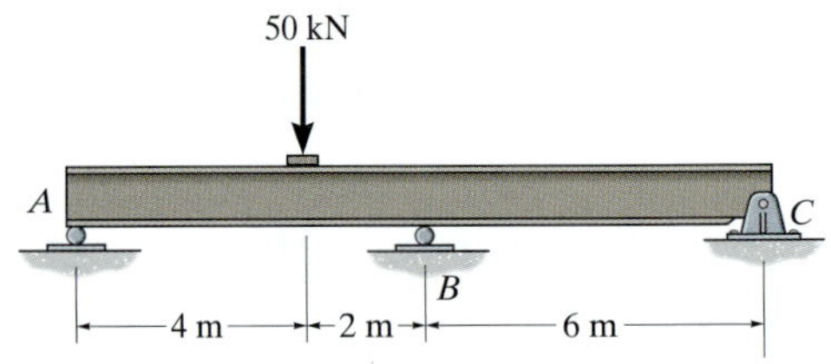

Prob. F16–11

F16–12. Determine the reaction at the roller support B if it settles 5 mm. $E = 200$ GPa and $I = 65.0(10^{-6})$ m^4.

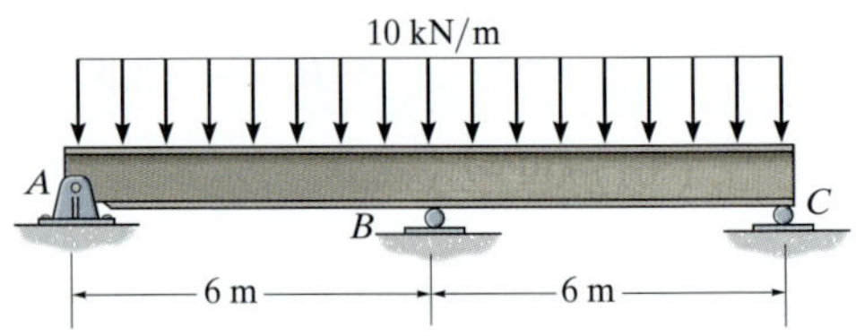

Prob. F16–12

PROBLEMS

16–61. Determine the reactions at the journal bearing supports A, B, and C of the shaft, then draw the shear and moment diagrams. EI is constant.

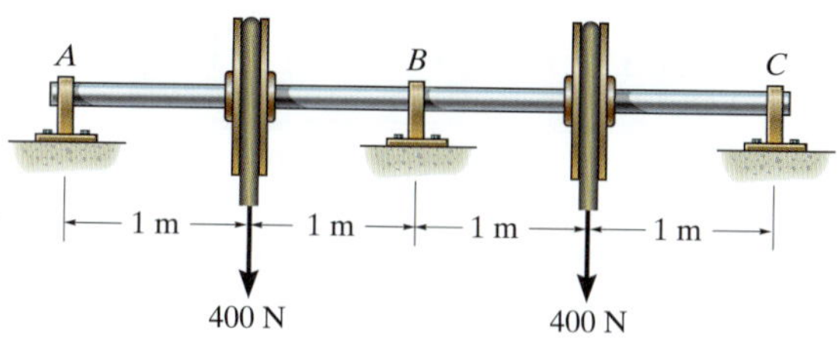

Prob. 16–61

16–62. Determine the reactions at the supports, then draw the shear and moment diagrams. EI is constant.

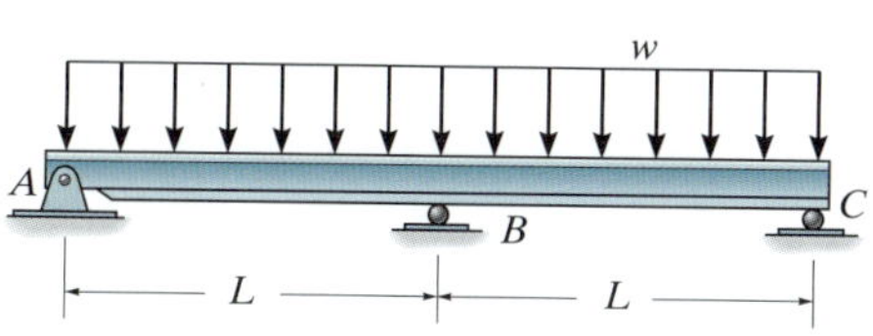

Prob. 16–62

16–63. Determine the reactions at the supports, then draw the shear and moment diagrams. EI is constant.

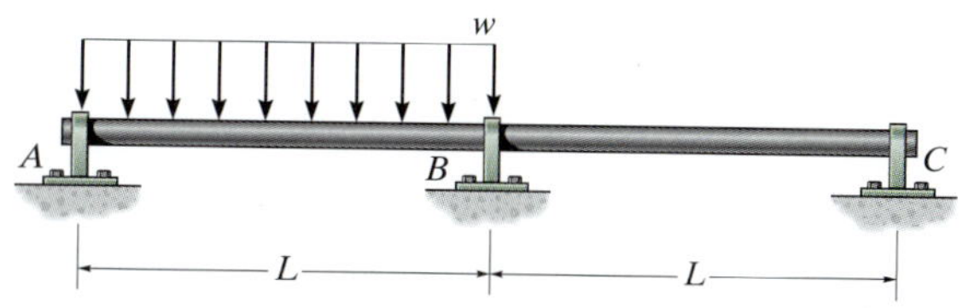

Prob. 16–63

***16–64.** Determine the reactions at the supports A and B. EI is constant.

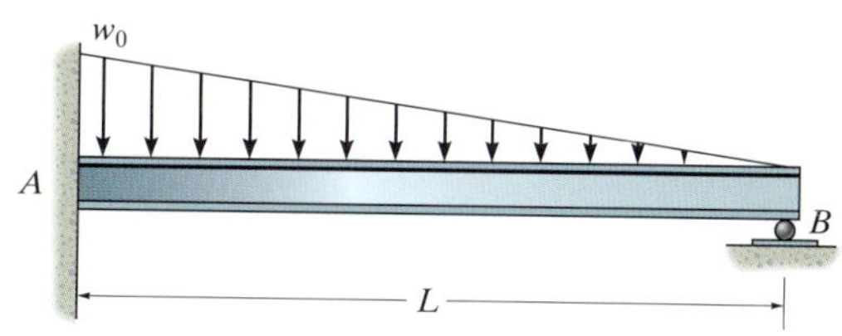

Prob. 16–64

16–65. The beam is used to support the 100-kN load. Determine the reactions at the supports. Assume A is fixed and B is a roller.

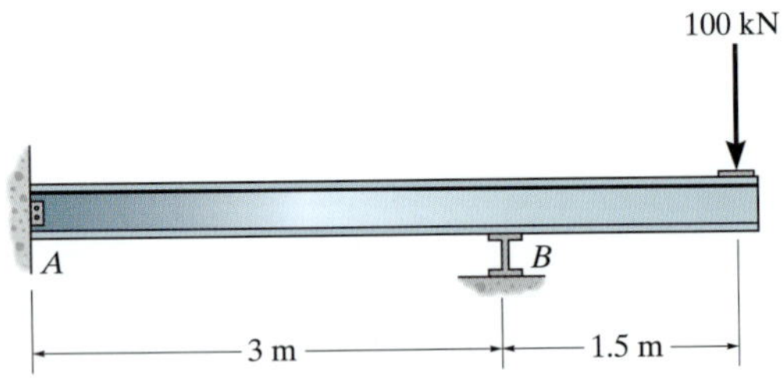

Prob. 16–65

16–66. Determine the reactions at the supports A and B. EI is constant.

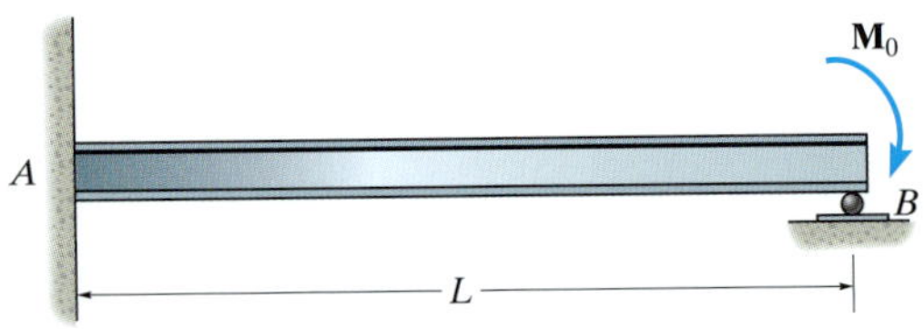

Prob. 16–66

16–67. Determine the reactions at the supports A and B. EI is constant.

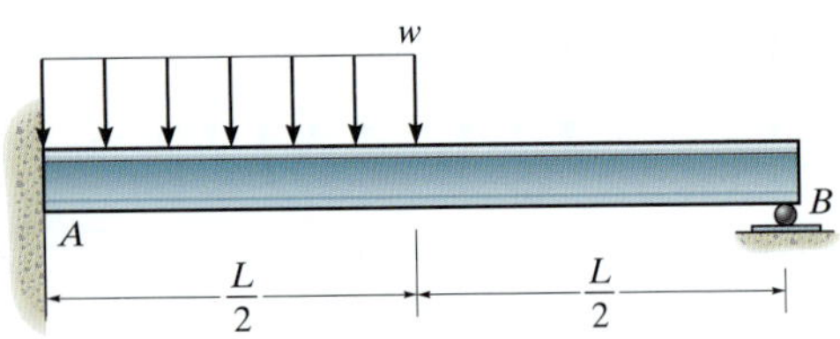

Prob. 16–67

***16–68.** Before the uniform distributed load is applied to the beam, there is a small gap of 0.2 mm between the beam and the post at B. Determine the support reactions at A, B, and C. The post at B has a diameter of 40 mm, and the moment of inertia of the beam is $I = 875(10^6)\ \text{mm}^4$. The post and the beam are made of material having a modulus of elasticity of $E = 200$ GPa.

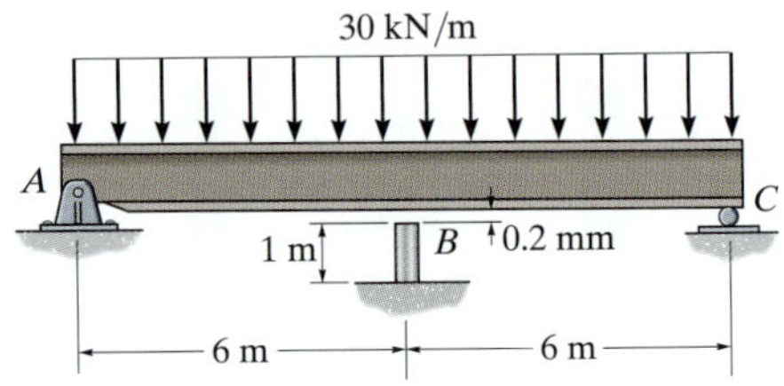

Prob. 16–68

16–69. The fixed supported beam AB is strengthened using the simply supported beam CD and the roller at F which is set in place just before application of the load **P**. Determine the reactions at the supports if EI is constant.

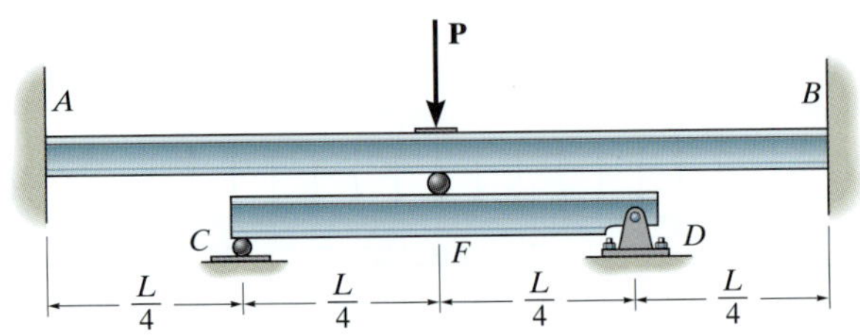

Prob. 16–69

16–70. The beam has a constant E_1I_1 and is supported by the fixed wall at B and the rod AC. If the rod has a cross-sectional area A_2 and the material has a modulus of elasticity E_2, determine the force in the rod.

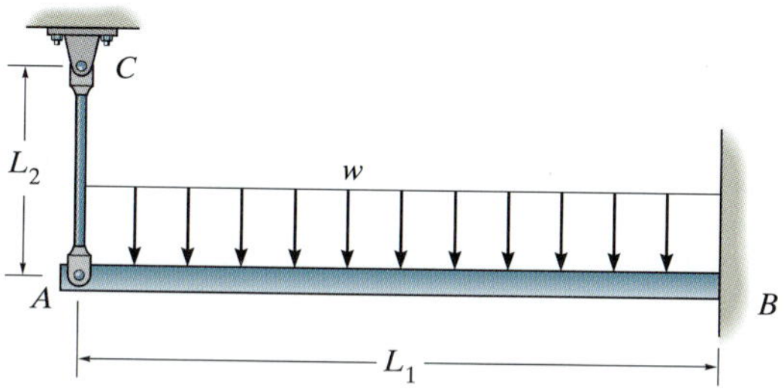

Prob. 16–70

***16–72.** The 25-mm-diameter A-36 steel shaft is supported by unyielding bearings at A and C. The bearing at B rests on a simply supported steel wide-flange beam having a moment of inertia of $I = 195(10^6)\,\text{mm}^4$. If the belt loads on the pulley are 2 kN each, determine the vertical reactions at A, B, and C.

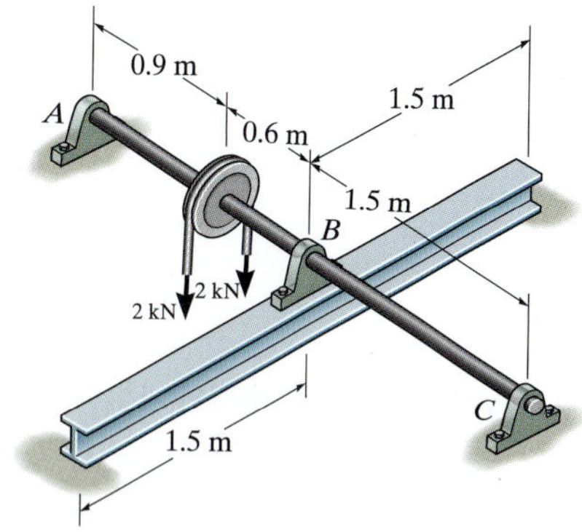

Prob. 16–72

16–71. The beam is supported by the bolted supports at its ends. When loaded these supports initially do not provide an actual fixed connection, but instead allow a slight rotation α before becoming fixed after the load is fully applied. Determine the moment at the support and the maximum deflection of the beam.

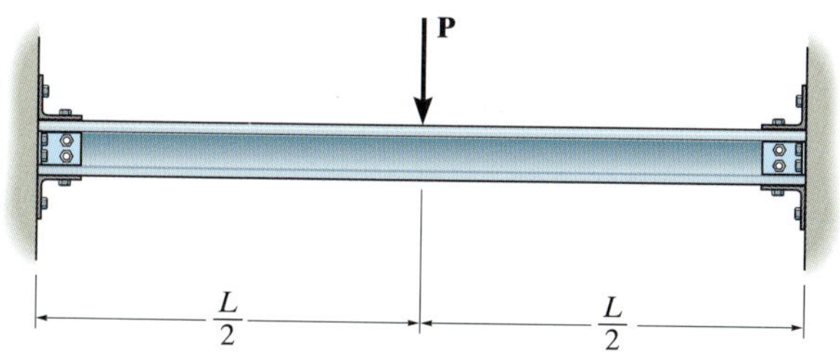

Prob. 16–71

16–73. The beam is made from a soft linear elastic material having a constant EI. If it is originally a distance Δ from the surface of its end support, determine the length a that rests on this support when it is subjected to the uniform load w_0, which is great enough to cause this to happen.

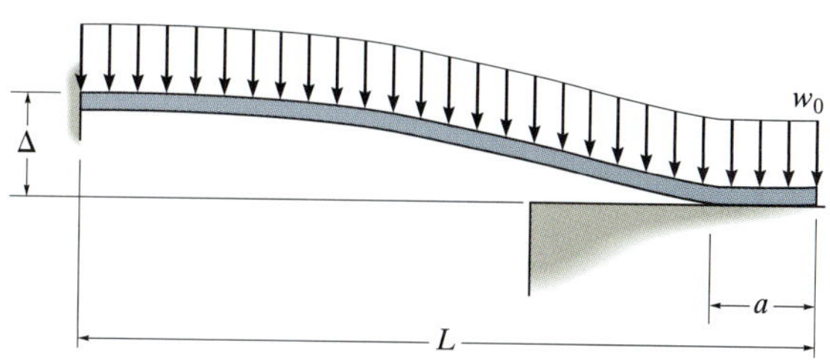

Prob. 16–73

내용 복습

탄성곡선은 보와 샤프트의 중립축에서의 처짐을 나타낸다. 그 모양은 모멘트 선도를 이용하여 결정된다. 양(+)의 모멘트는 탄성곡선을 오목하게 하고 음(−)의 모멘트는 볼록하게 한다. 임의 점에서의 곡률은 다음 식으로 결정된다.

$$\frac{1}{\rho} = \frac{M}{EI}$$

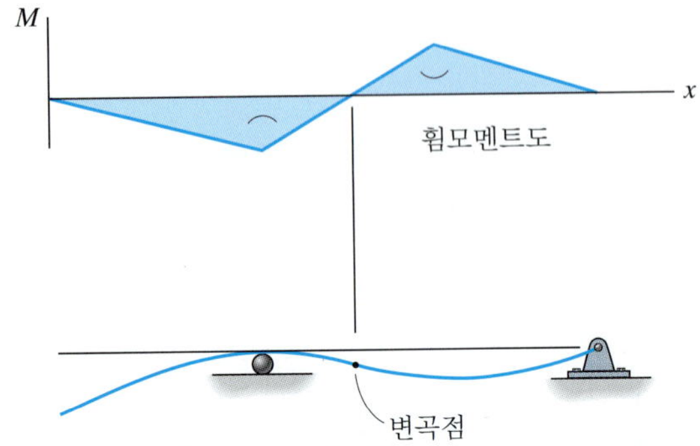

탄성곡선

탄성곡선의 식과 그 처짐각은 부재의 내부 모멘트를 x의 함수로 결정함으로써 얻을 수 있다. 다양한 하중이 부재에 작용한다면 각 하중에 대하여 개별적인 모멘트 함수를 사용하여야만 한다. 이러한 함수 $EI\,(d^2v/dx^2) = M(x)$를 적분하여, 탄성곡선의 처짐각의 식을 얻고 한 번 더 적분하여 처짐의 식을 얻는다. 적분상수는 지점에서의 경계조건으로부터 얻어지거나, 다양한 모멘트함수가 사용되는 경우에는 처짐각과 처짐의 연속성으로부터 결정된다.

경계조건

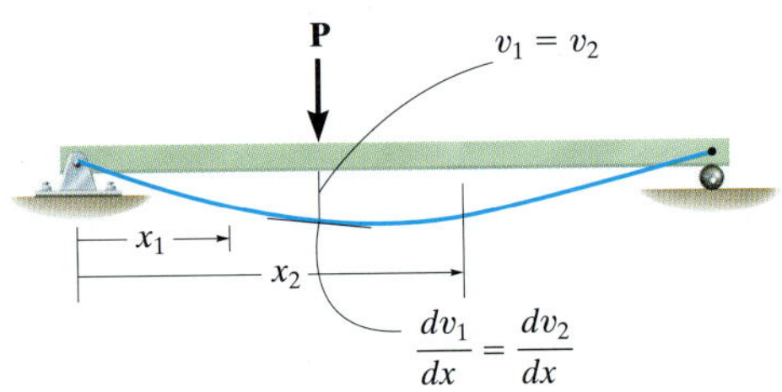

연속조건

불연속함수를 이용하면 부재에 작용하는 하중의 수와 관계없이 탄성곡선을 연속함수로 나타낼 수 있다. 두 적분상수는 경계조건만으로 구해지기 때문에, 연속조건을 사용하지 않을 수 있다.

여러 하중이 작용하는 부재상의 처짐과 처짐각은 중첩법에 의하여 결정할 수 있다. 부록 C의 표는 이러한 목적에 사용된다.

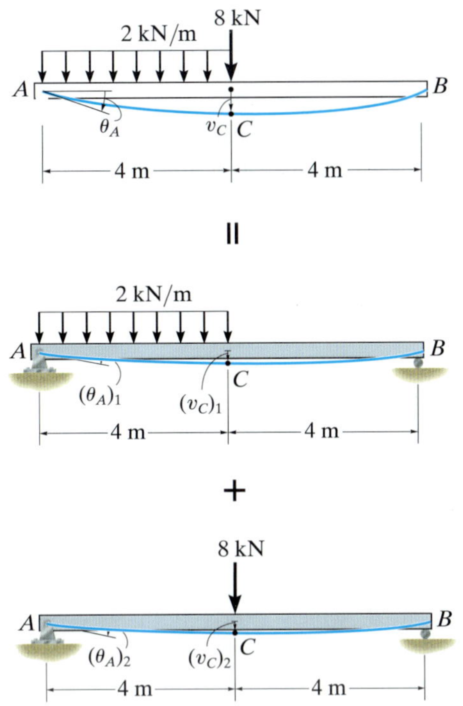

부정정보나 샤프트는 평형방정식 이상의 미지의 반력을 가진다. 이를 해결하기 위하여 먼저 여력을 선정해야 한다. 미지 여력의 결정에는 적분법이나 모멘트 면적법을 사용할 수 있다. 또한 여력 지점에서의 연속조건을 이용하는 중첩법을 이용하여 결정할 수도 있다. 여력이 제거된 상태로 외부하중에 의한 처짐이 계산되고, 여력이 작용하고 외부하중이 제거된 상태에서 다시 처짐을 계산한다. 필요한 변위를 구할 때에는 부록 C의 표를 사용한다.

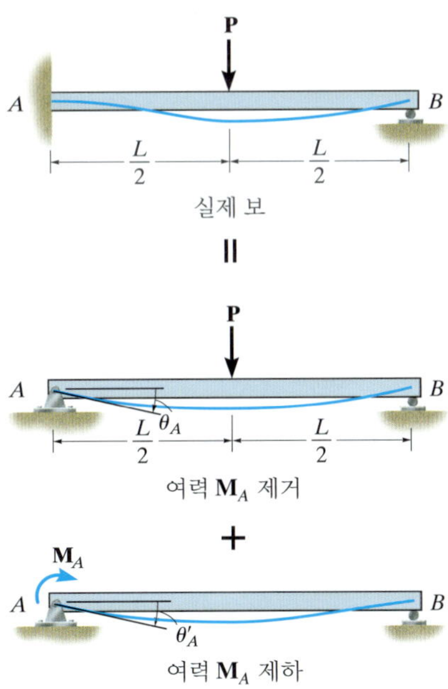

REVIEW PROBLEMS

R16–1. The shaft supports the two pulley loads shown. Using discontinuity functions, determine the equation of the elastic curve. The bearings at A and B exert only vertical reactions on the shaft. EI is constant.

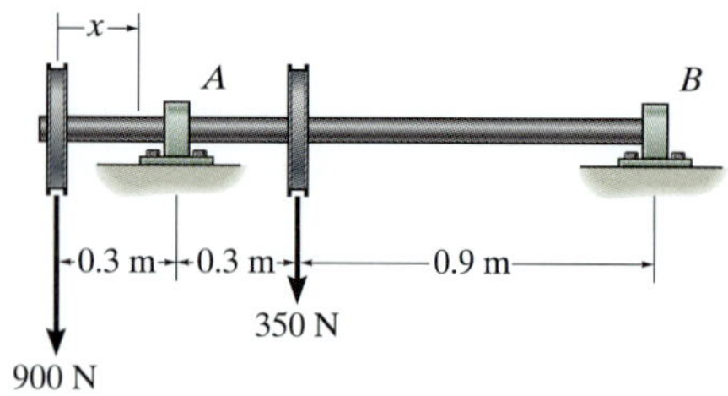

Prob. R16–1

R16–2. The shaft is supported by a journal bearing at A, which exerts only vertical reactions on the shaft, and by a thrust bearing at B, which exerts both horizontal and vertical reactions on the shaft. Draw the bending-moment diagram for the shaft and then, from this diagram, sketch the deflection or elastic curve for the shaft's centerline. Determine the equations of the elastic curve using the coordinates x_1 and x_2. EI is constant.

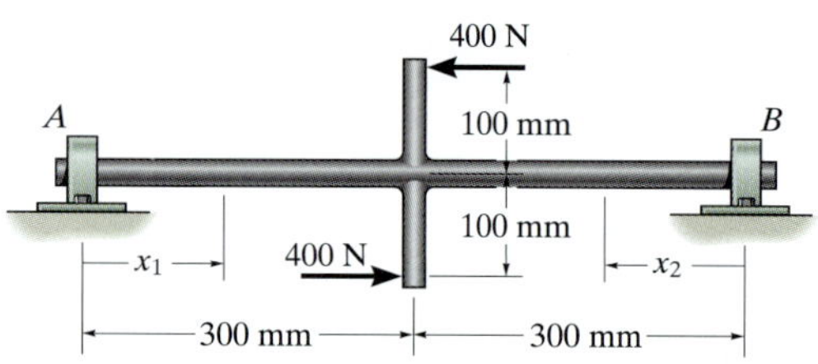

Prob. R16–2

R16–3. Determine the moment reactions at the supports A and B. Use the method of integration. EI is constant.

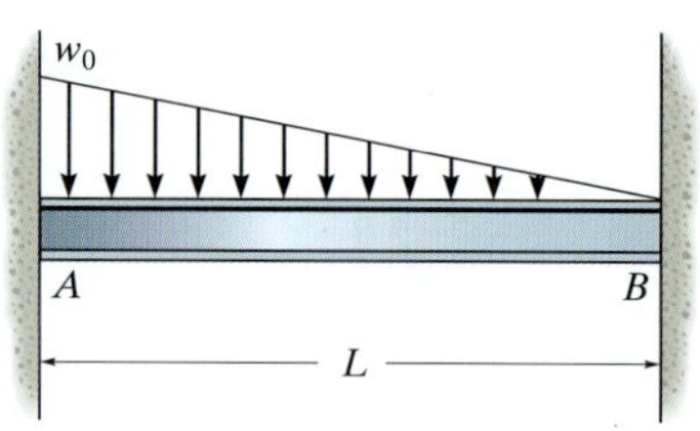

Prob. R16–3

***R16–4.** Determine the equations of the elastic curve for the beam using the x_1 and x_2 coordinates. Specify the slope at A and the maximum deflection. Use the method of integration. EI is constant.

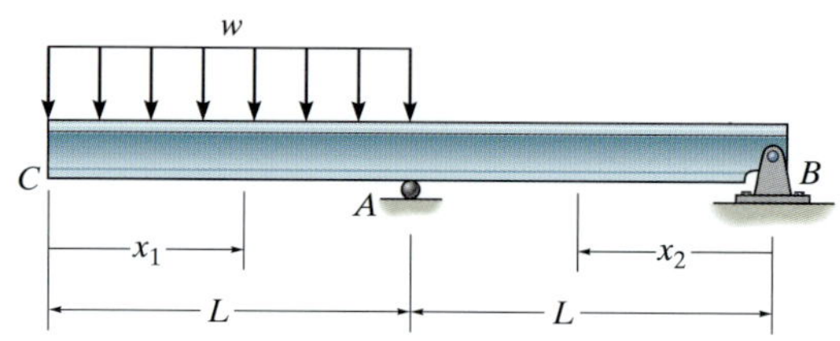

Prob. R16–4

R16–5. Determine the maximum deflection between the supports A and B. Use the method of integration. EI is constant.

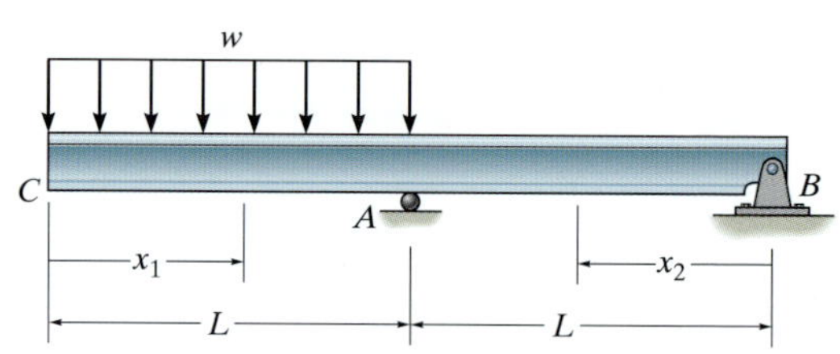

Prob. R16–5

R16–6. If the cantilever beam has a constant thickness t, determine the deflection at end A. The beam is made of material having a modulus of elasticity E.

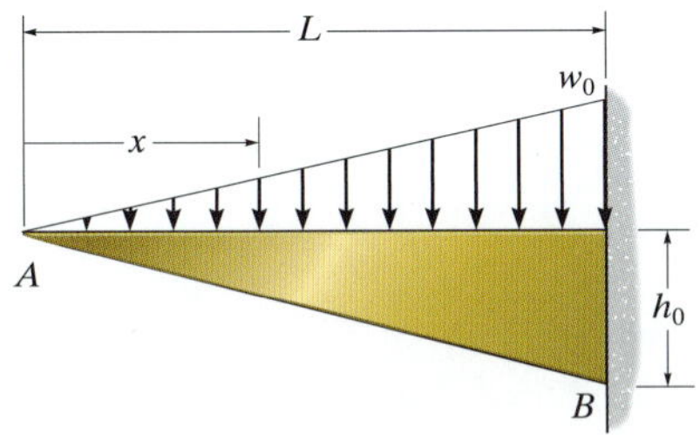

Prob. R16–6

R16–7. If the temperature of the 75-mm-diameter post CD is increased by 60° C, determine the force developed in the post. The post and the beam are made of A-36 steel, and the moment of inertia of the beam is $I = 255(10^6)\,\text{mm}^4$.

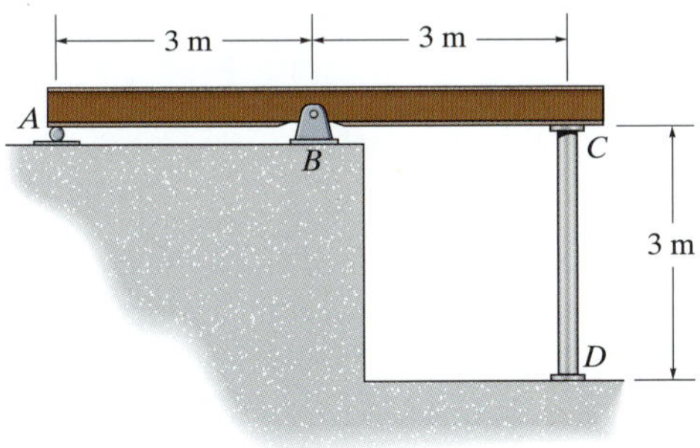

Prob. R16–7

***R16–8.** Using the method of superposition, determine the magnitude of $\mathbf{M}_0$ in terms of the distributed load w and dimension a so that the deflection at the center of the beam is zero. EI is constant.

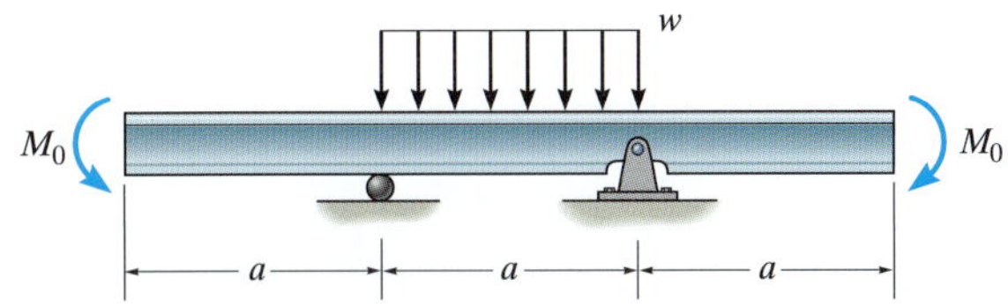

Prob. R16–8

R16–9. Beam ABC is supported by beam DBE and fixed at C. Determine the reactions at B and C. The beams are made of the same material having a modulus of elasticity $E = 200\,\text{GPa}$, and the moment of inertia of both beams is $I = 25.0(10^6)\,\text{mm}^4$.

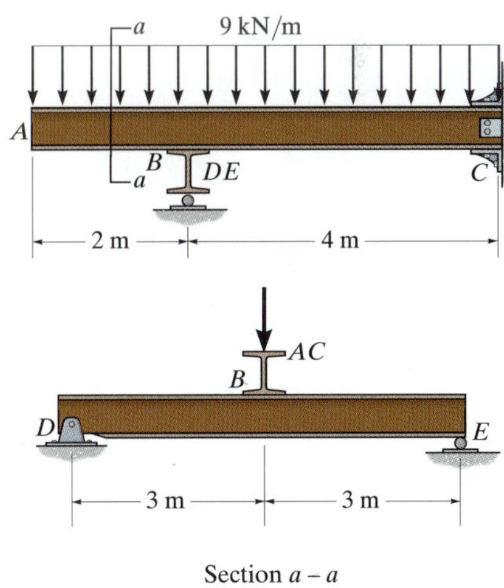

Prob. R16–9

CHAPTER 17

(© James Roman/Getty Images)

이 물탱크의 기둥들은 좌굴의 가능성을 줄이기 위해 길이 중간 지점이 보강되어 있다.

기둥의 좌굴

학습목표

- 선형영역에서 기둥의 좌굴을 유발하는 임계하중 산정
- 좌굴 임계하중에 대한 지점 조건의 영향

17.1 임계하중

부재는 주어진 강도, 변위 그리고 안정(stability)에 대한 조건을 만족해야 한다. 만일 부재의 길이가 길고 얇을 경우 그리고 부재가 횡방향으로 갑작스런 변형을 유발할 정도로 충분히 큰 압축력을 받게 되는 경우에는 안정이 특히 중요하다. 이러한 부재를 **기둥**(column)이라고 하며, 이러한 부재에서 발생하는 횡방향 변형현상을 **좌굴**(buckling)이라고 한다. 기둥의 좌굴은 갑작스럽고 극적인 파괴에 이르는 것이 일반적이며, 따라서 기둥은 작용하중에 대해 좌굴이 발생하지 않도록 그 설계에 특별한 주의가 요구된다.

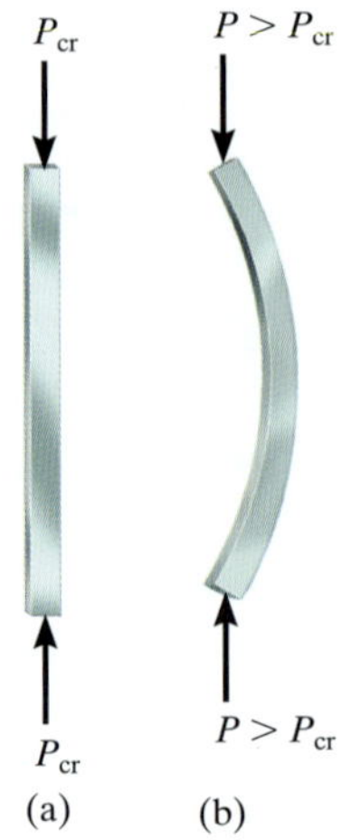

그림 17-1

17

기둥이 좌굴발생 직전에 있을 때 기둥이 받을 수 있는 최대하중을 **임계하중**(critical load)이라고 하고, 이를 P_{cr}로 표기한다(그림 17-1*a*). 여기에 어떤 추가적인 하중이 가해진다면 기둥은 그림 17-1*b*에 보인 바와 같이 횡방향으로 변형하며 좌굴하게 된다.

이러한 불안정 특성을 보다 잘 이해하기 위하여 그림 17-2*a*에 보인 두 개의 봉으로 된 구조를 생각해 보자. 두 개의 봉은 핀으로 연결되어 있으며 자중이 없는 강체로 가정한다. 봉이 수직위치에 있을 경우 강성 k인 스프링은 원래의 상태에 있으며 작은 하중 $\mathbf{P}$가 봉의 상부에 작용하고 있다. 그림 17-2*b*에 보인 바와 같이 핀으로 연결된 A점에 미소한 변위 Δ를 가하면 평형상태는 교란된다. 교란된 상태에서 핀의 자유물체도(그림 17-2*c*)에서 보는 바와 같이 스프링에는 $F = k\Delta$의 힘이 발생하며, 작용하중 $\mathbf{P}$는 수평방향력 $P_x = P\tan\theta$를 유발한다. 이 힘은 핀을 미는 방향으로 작용한다. 봉의 변위에 의한 회전각 θ는 작은 양이므로 $\Delta \approx \theta(L/2)$이고 $\tan\theta \approx \theta$를 만족한다. 그러므로 스프링에 의한 복원력(restoring force)은 $F = k\theta(L/2)$가 되고 교란력(disturbing force)은 $2P_x = 2P\theta$이다.

만일 복원력이 교란력보다 클 경우, 즉 $k\theta L/2 > 2P\theta$이며, θ가 사라지면서 작용하중 P는 다음과 같이 구해진다.

$$P < \frac{kL}{4} \qquad \text{안정평형}$$

위의 결과는 스프링에 의한 복원력이 봉을 원래의 수직위치로 복원하기에 적당하게 되므로 **안정평형**(stable equilibrium)에 대한 조건이다. 그러나 만일 $k\theta(L/2) > 2P\theta$일 경우

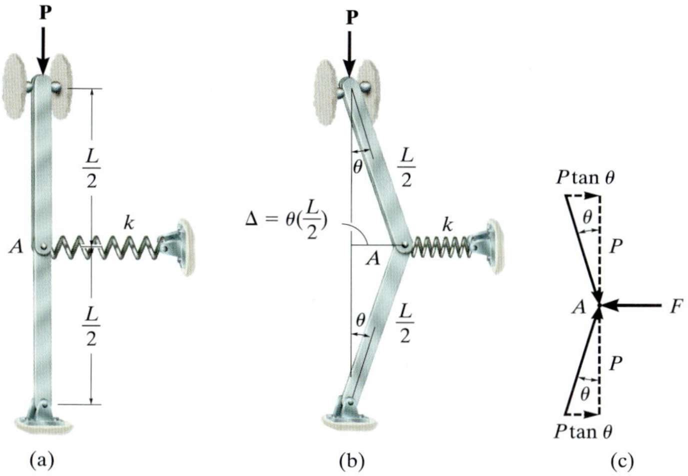

그림 17-2

$$P > \frac{kL}{4} \quad \text{불안정평형}$$

구조는 **불안정평형상태**(unstable equilibrium)에 있다. 즉, 이 하중 **P**가 작용하고 A점에 미소한 변위가 발생하면 구조는 평형상태에 멀어지게 되며, 다시 원래의 위치로 복원되지 않는다.

이들 하중의 중간값 즉, $kL\theta/2 = 2P\theta$일 때의 하중이 **임계하중**(critical load)이며, 여기서

$$P_{cr} = \frac{kL}{4} \quad \text{중립평형}$$

이 하중은 구조가 **중립평형**(neutral equilibrium)상태에 있을 때의 하중을 나타낸다. 임계하중 P_{cr}이 (미소)변위 θ와 독립적이므로 어떤 작은 교란이 구조에 가해지더라도 구조가 평형에서 멀어지지 않을 것이며 또 원래의 위치로 복원되지도 않을 것이다. 대신, 봉은 변형된 형태를 유지하게 된다.

그림 17-3은 이들 세 가지 평형상태를 그림으로 보여주고 있다. 하중이 임계하중과 같은 $P = P_{cr}$ 전이점을 **분기점**(bifurcation point)이라고 부른다. 이 점에서 구조는 어떤 작은 회전각 θ에 대해 평형상태에 있다. 더 큰 하중이 봉에 가해지면, 구조는 스프링이 구조의 평형상태를 유지하기에 충분한 압축이나 인장을 받기 전에 추가적인 변위를 보이게 될 것이다.

이러한 방식으로, 만일 실제 기둥에 가해진 하중이 임계하중을 초과하면 기둥에는 큰 변형이 나타날 것이다. 그러나 이런 거동은 공학 구조 및 기계 등에서 나타나지 않도록 해야 한다.

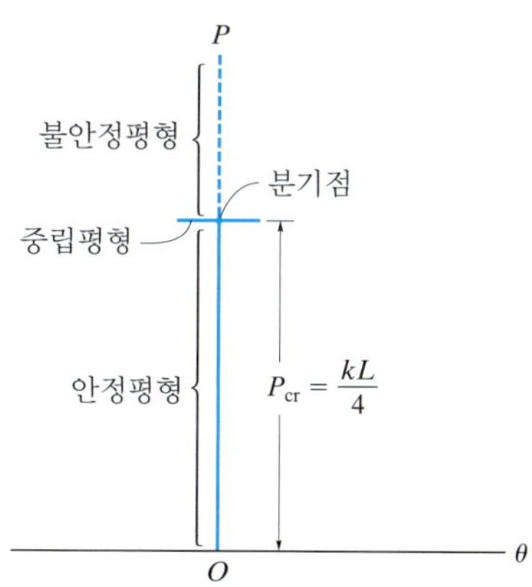

그림 17-3

17.2 핀으로 지지된 이상 기둥

이 절에서는 그림 17-4*a*에 보여진 핀으로 지지된 기둥에 대한 임계하중에 대하여 논할 것이다. 다루고자 하는 기둥은 **이상기둥**(ideal column)이다. 이상기둥은 하중작용 이전의 초기 형태가 완벽한 직선이고, 재료는 선형탄성적으로 거동하고 균질재료이며, 단면의 도심에 하중이 작용하는 기둥을 의미한다.

그림에 나타난 해상 시추구조에 발생한 극적인 파괴는 태풍에 의한 강한 수평 풍력으로 일어난 지지 기둥의 좌굴로 발생했다.

17

이상기둥이 직선이므로 작용하중 P는 기둥이 좌굴을 하거나 또는 재료의 항복으로 파괴될 때까지 증가될 수 있다. 그러나 임계하중 P_{cr}에 이르면 기둥은 불안정한 상태가 되기 직전이며, 매우 작은 횡력 F가 가해지면(그림 17-4*b*) 그 힘이 제거된 후에도 변형된 형태를 유지하게 된다(그림 17-4*c*). 작용하중 P가 P_{cr}에서 매우 작은 양이 감해지면 기둥은 직선형태로 복원될 것이고, 반면 F가 P_{cr}에서 매우 작은 양이 더해지면 횡변위가 더욱 증가하게 될 것이다.

축력이 가해진 기둥이 안정한 상태로 남아 있을 것인지 또는 불안정한 상태가 될 것인지는 자기복원능력에 달려 있으며, 이 복원 능력은 휨에 대한 저항성에 달려 있다. 따라서 기둥의 임계하중과 좌굴형상을 구하기 위해서 내부 모멘트와 변형형상을 연결하는 식 (16-10)을 이용한다.

$$EI\frac{d^2v}{dx^2} = M \tag{17-1}$$

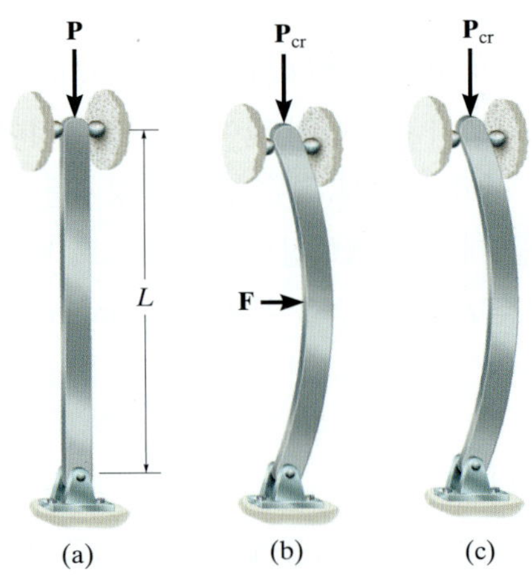

그림 17-4

그림 17-5a는 기둥이 변형된 형태로 있을 때의 자유물체도이다. 변형 v와 내부 모멘트 M은 모두 양의 방향으로 나타나 있다. 모멘트에 대한 평형조건으로부터 $M = -Pv$이며, 따라서 식 (17-1)은 다음과 같이 쓸 수 있다.

$$EI\frac{d^2v}{dx^2} = -Pv$$

$$\frac{d^2v}{dx^2} + \left(\frac{P}{EI}\right)v = 0 \tag{17-2}$$

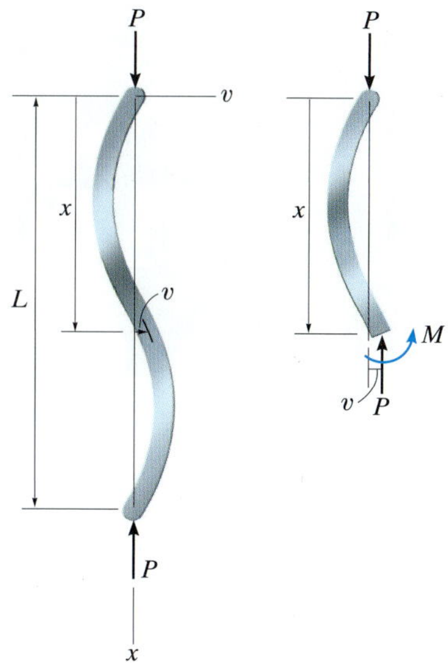

(a)

그림 17-5

식 (17-2)는 상수계수를 가지는 이계동차 선형미분방적이다. 미분방정식 풀이법 또는 식 (17-2)에 직접 대입에 의해 일반해는 다음과 같이 얻을 수 있다.

$$v = C_1 \sin\left(\sqrt{\frac{P}{EI}}\,x\right) + C_2 \cos\left(\sqrt{\frac{P}{EI}}\,x\right) \tag{17-3}$$

두 적분상수는 기둥의 끝의 경계조건으로부터 구할 수 있다. $x = 0$에서 $v = 0$이므로 $C_2 = 0$이고, $x = L$에서 $v = 0$이므로

$$C_1 \sin\left(\sqrt{\frac{P}{EI}}\,L\right) = 0$$

이 식은 $C_1 = 0$일 때 성립한다. 그러나 이 경우 $v = 0$이 되어 자명해가 되며, 이는 기둥이 하중에 의해 불안정한 상태가 되어도 직선 그대로 남아있음을 의미한다. 해를 구하기 위해 적용할 수 있는 다른 가능성은 다음과 같다.

$$\sin\left(\sqrt{\frac{P}{EI}}\,L\right) = 0$$

이 식은 다음의 조건에서 만족된다.

$$\sqrt{\frac{P}{EI}}\,L = n\pi$$

그러므로

$$P = \frac{n^2\pi^2 EI}{L^2} \qquad n = 1, 2, 3, \ldots \tag{17-4}$$

이 목재 기둥들의 양단 지지점은 하부는 핀지점으로, 상부는 고정지점으로 가정될 수 있다.

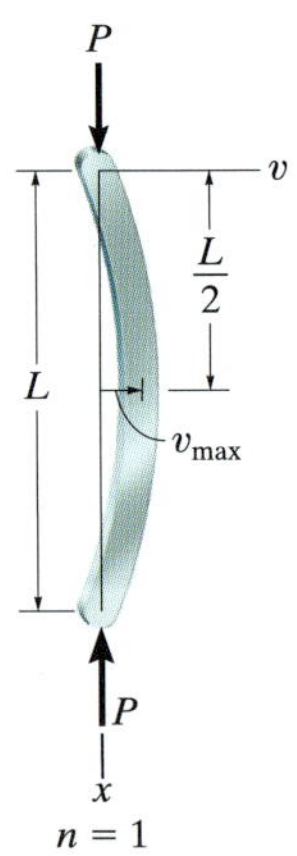

그림 17-5 (계속)

하중 P의 최솟값은 $n = 1$에서 얻을 수 있으며, 따라서 이 기둥의 임계하중* 은 다음과 같다.

$$P_{cr} = \frac{\pi^2 EI}{L^2}$$

이 하중은 1957년 기둥의 좌굴문제를 처음으로 해결한 스위스의 수학자 오일러(Leonhard Euler)의 이름을 따라 **오일러하중**(Euler load)으로 부르기도 한다. 식 (17-3)으로부터 그림 17-5b에 보인 좌굴형상은 다음과 같다.

$$v = C_1 \sin\frac{\pi x}{L}$$

여기서, 상수 C_1은 그림 17-5b와 같이 기둥 중앙부에서의 최대 변형량 v_{max}를 나타낸다. 기둥이 일단 좌굴하면 정확한 변형형상(중앙부의 변형량)은 알 수 없기 때문에 상수 C_1은 확정된 값을 가질 수 없다. 그러나 그 변형량은 작은 것으로 가정된다.

임계하중은 재료의 강도(항복응력 σ_y)와는 무관한 것에 주의해야 한다. 강도보다는 오히려 기둥의 치수(I 그리고 L), 재료의 강성 또는 탄성계수 E 등에 따라 결정된다. 이런 이유로 탄성좌굴에 관한 한, 예를 들어 고강도 강으로 제작된 기둥은 낮은 강도의 강으로 제작된 기둥에 비해 이점이 없는데, 이는 이 두 강의 탄성계수가 서로 유사하기 때문이다. 주의해야 할 다른 한 가지는 기둥의 임계하중이 기둥의 단면2차모멘트가 증가하면 증가한다는 것이다. 그러므로 효율적인 기둥을 설계하기 위해서는 기둥의 단면적을 되도록 단면의 주도심축에서 멀리 위치하도록 한다. 이러한 이유로 튜브 형태의 중공단면 기둥이 충진 기둥보다 경제적인 기둥이 된다. 나아가, H형(WF) 단면과 채널(channel), 앵글(angle), 판(plate) 등의 조립단면 기둥이 충진단면(solid section) 또는 사각단면 등의 기둥보다 이점이 있다.

임계하중 P_{cr}이 **단면2차모멘트** I와 직접적으로 연계되므로, 기둥이 지지점에서 각 축방향으로 동일한 방식으로 지지되어 있다면, 좌굴은 단면2차모멘트가 최소가 되는 주축에서 발생한다는 사실이다. 예를 들어, 그림 17-6에 보인 직사각단면의 기둥은 b-b축이 아닌 a-a축에 대하여 좌굴한다. 결과적으로 엔지니어들은 모든 방향에 대하여 동일한 단면2차모멘트를 가지도록 설계하고자 한다. 그러므로 기하학적으로는 원형단면이 최상

---

* n은 기둥의 변형형상에서 파(wave)의 수를 나타낸다. 예를 들어, $n = 1$인 경우 그림 17-5b와 같이 하나의 곡선이 나타난다. 만약 $n = 2$라면, 그림 17-5a와 같이 두 개의 파가 나타나며, 이러한 양상으로 전개된다.

의 기둥단면이 될 것이다. 또한 정사각 튜브나 이와 유사한 $I_x \approx I_y$인 단면 등이 기둥의 단면으로 사용된다.

앞선 내용을 정리하면 핀으로 지지된 길고 얇은 기둥의 좌굴 방정식을 쓸 수 있으며, 관련된 항들은 다음과 같이 정의된다.

$$P_{cr} = \frac{\pi^2 EI}{L^2} \tag{17-5}$$

여기서,

P_{cr} = 기둥에 좌굴이 발생하기 직전의 임계 또는 최대 하중. 이 하중에 의해 유발되는 응력은 기둥 재료의 비례한도를 초과하지 않아야 함

E = 기둥 재료의 탄성계수

I = 기둥단면의 최소 단면2차모멘트

L = 끝이 핀인, 지지되지 않은 기둥의 길이

그림 17-6

설계에 적용 시 위의 식은 $I = Ar^2$을 사용하여 보다 유용한 형태로 표현할 수 있다. 여기서, A는 기둥의 단면적, r은 기둥 단면의 **회전 반지름**(radius of gyration)이다.

$$P_{cr} = \frac{\pi^2 E(Ar^2)}{L^2}$$

$$\left(\frac{P}{A}\right)_{cr} = \frac{\pi^2 E}{(L/r)^2}$$

또는

$$\sigma_{cr} = \frac{\pi^2 E}{(L/r)^2} \tag{17-6}$$

원형 지지대 중 하나의 국부 좌굴에 의한 크레인 붐의 파괴

여기서,

σ_{cr} = 기둥이 좌굴하기 직전의 평균수직응력인 임계응력. 이 응력은 탄성응력이며, 따라서 $\sigma_{cr} \le \sigma_Y$이다.

E = 기둥 재료의 탄성계수

L = 끝이 핀인, 지지되지 않은 기둥의 길이

r = 기둥의 최소 회전 반지름. $r = \sqrt{I/A}$ 이며, 여기서 I는 기둥 단면적 A의 최소 단면2차모멘트

식 (17-6)에서 기하 비율인 L/r은 **세장비**(slenderness ratio)로 알려져 있다. 이 값은 기둥 유연도를 나타내는 값으로서, 기둥을 장주(long), 중간주(intermediate) 그리고 단주(short)로 분류하는 기준이 된다. 이에 대해서는 뒤에서 설명하도록 한다.

임계응력과 세장비를 축으로 하여 식 (17-6)을 그래프로 나타낼 수 있다. 그림 17-7은 전형적인 구조용 강과 알루미늄 합금으로 제작된 기둥에 대한 그래프의 예를 보여준다. 곡선의 형태는 쌍곡선으로 나타나며, 이 곡선은 기둥의 임계응력이 재료의 항복응력(비례한도) 이하의 값에서만 유효함에 유의하자. 구조용 강의 경우 항복응력은 $(\sigma_Y)_{st} = 250$ MPa[$E_{st} = 200$ GPa], 알루미늄의 경우 $(\sigma_Y)_{al} = 190$ MPa[$E_{al} = 68.9$ GPa]이다. $\sigma_{cr} = \sigma_Y$를 식 (17-6)에 대입하면 구조용 강과 알루미늄 기둥의 최소 허용가능 세장비는 각각 $(L/r)_{st} = 89$, $(L/r)_{al} = 60.5$이다(그림 17-7). 그러므로 $(L/r)_{st} < 89$인 경우 기둥이 좌굴하기 이전에 기둥의 응력은 항복하중을 초과하게 되며, 따라서 이 경우 오일러 공식은 유효하지 않다.

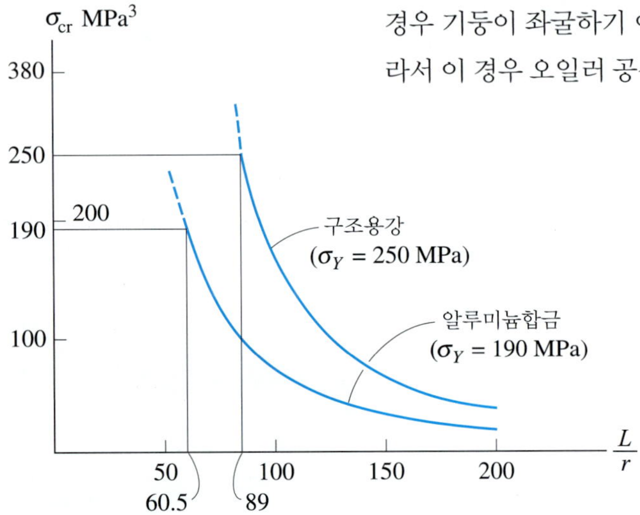

그림 17-7

요점 IMPORTANT POINTS

- 기둥은 압축력이 작용하는 길고 얇은 부재이다.
- 임계하중은 기둥이 좌굴 직전에 있을 때 기둥이 받을 수 있는 최대 축력이며, 중립평형을 나타낸다.
- 이상적 기둥은 초기 형상이 완벽한 직선이고, 등질의 재료로 제작되었으며, 하중이 단면의 도심에 작용하는 기둥이다.
- 핀으로 지지된 기둥은 최소 단면2차모멘트를 가지는 주축에 대하여 좌굴한다.
- 세장비는 L/r로 나타나며, 여기서 r은 기둥 단면의 최소 회전 반지름이다. 좌굴은 세장비가 최대를 나타내는 축방향으로 발생한다. 즉, r이 최소인 축에 대하여 발생한다.

예제 17.1

강 A992로 제작된 W200 × 46 부재를 핀고정 기둥으로 사용하고자 한다(그림 17-8). 이 기둥이 좌굴하거나 또는 강이 재료적으로 항복하기 직전에 지지할 수 있는 최대 축력을 구하라.

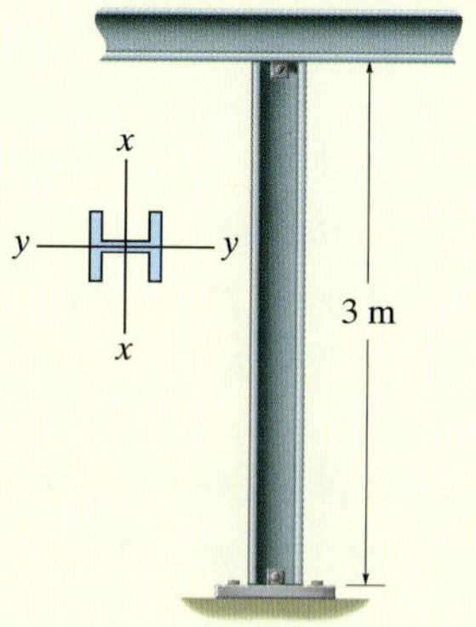

그림 17-8

풀이

부록 C의 표로부터 기둥의 단면적, 단면2차모멘트는 $A = 5890\ \text{mm}^2 = 5.89(10^{-3})\ \text{m}^2$, $I_x = 45.5(10^6)\ \text{mm}^4 = 45.5(10^{-6})\ \text{m}^4$, $I_y = 15.3(10^6)\ \text{mm}^4 = 15.3(10^{-6})\ \text{m}^4$이다. 좌굴은 y-y축으로 발생할 것이다. 식 (17-5)를 적용하면

$$P_{cr} = \frac{\pi^2 EI}{L^2} = \frac{\pi^2[200(10^9)\text{N/m}^2][15.3(10^{-6})\,\text{m}^4]}{(3\,\text{m})^2}$$
$$= 3.3557(10^6)\text{N} = 3.36\ \text{MN}$$

최대로 하중이 가해지면, 기둥의 평균압축응력은

$$\sigma_{cr} = \frac{P_{cr}}{A} = \frac{3.3557(10^6)\,\text{N}}{5.89(10^{-3})\,\text{m}^2} = 569.72(10^6)\text{N/m}^2 = 570\,\text{MPa}$$

계산된 평균응력이 항복응력(345 MPa)을 초과하므로, 하중 P는 단순히 압축하중으로부터 계산되어야 한다.

$$345(10^6)\text{N/m}^2 = \frac{P}{5.89(10^{-3})\,\text{m}^2} \qquad P = 2.032(10^6)\text{N} = 2.03\,\text{MN}$$

실제의 기둥에 대한 계산에서는 안전계수가 적용된다.

17

17.3 다양한 지점을 가지는 기둥

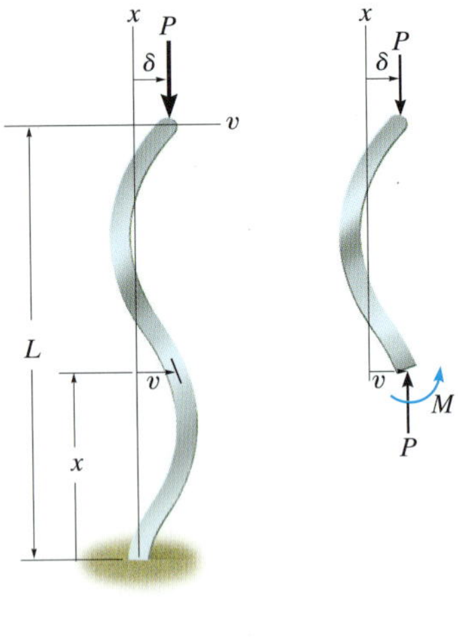

그림 17-9

앞 절에서는 핀으로 고정된 또는 끝단에서 회전이 자유로운 기둥에 대한 오일러 하중을 계산하였다. 그러나 기둥은 다른 방식으로 지지될 수 있다. 예를 들어, 그림 17-9a와 같이 하단이 기초에 고정되고 상단이 자유단인 기둥을 생각해 보자. 기둥이 좌굴함에 따라 하중은 변위 δ를 유발하고, x 위치에서 변위는 v이다. 그림 17-9b의 자유물체도에서 임의 단면에서의 내부 모멘트는 $M = P(\delta - v)$이다. 결과적으로, 변형형상에 대한 미분방정식은

$$EI\frac{d^2v}{dx^2} = P(\delta - v)$$

$$\frac{d^2v}{dx^2} + \frac{P}{EI}v = \frac{P}{EI}\delta \tag{17-7}$$

식 (17-2)와는 달리 이 방정식은 우변에 0이 아닌 항이 있으므로 비동차(nonhomogeneous)식이다. 이 식의 해는 동차해와 특수해로 구성된다. 즉,

$$v = C_1\sin\left(\sqrt{\frac{P}{EI}}x\right) + C_2\cos\left(\sqrt{\frac{P}{EI}}x\right) + \delta$$

상수들은 경계조건으로부터 얻을 수 있다. 즉, $x = 0$에서 $v = 0$이며, 따라서 $C_2 = -\delta$이며, 또한

$$\frac{dv}{dx} = C_1\sqrt{\frac{P}{EI}}\cos\left(\sqrt{\frac{P}{EI}}x\right) - C_2\sqrt{\frac{P}{EI}}\sin\left(\sqrt{\frac{P}{EI}}x\right)$$

$x = 0$에서 $dv/dx = 0$이므로 $C_1 = 0$이다. 그러므로 변형곡선은

$$v = \delta\left[1 - \cos\left(\sqrt{\frac{P}{EI}}x\right)\right] \tag{17-8}$$

이 수조를 지지하기 위해 사용된 관형 기둥들은 좌굴을 방지하기 위해 길이를 따라 3개 위치에서 보강되어 있다.

기둥의 상단에서의 변형량이 δ이므로, $x = L$일 때 $v = \delta$이다. 그러므로

$$\delta\cos\left(\sqrt{\frac{P}{EI}}L\right) = 0$$

자명해인 $\delta = 0$은 하중 P와 관계없이 좌굴이 발생하지 않은 상태를 나타낸다. 그러므로 다음의 조건을 사용한다.

$$\cos\left(\sqrt{\frac{P}{EI}}L\right) = 0 \quad \text{또는} \quad \sqrt{\frac{P}{EI}}L = \frac{n\pi}{2}, n = 1, 3, 5 \ldots$$

최소의 좌굴하중은 $n = 1$에서 나타나며 다음과 같다.

$$P_{cr} = \frac{\pi^2 EI}{4L^2} \tag{17-9}$$

식 (17-5)와 비교해 보면, 하단 고정-상부 자유단 기둥은 핀으로 고정된 기둥에 비해 1/4의 하중만을 지지할 수 있음을 알 수 있다.

다른 형태의 지지조건을 가지는 기둥도 유사한 방법으로 해석할 수 있으며, 따라서 여기서 자세히 다루지는 않고자 한다. 그러나 가장 흔하게 사용되는 지지조건에 대한 기둥의 해석 결과를 표로 제시하고, 일반화된 오일러 공식을 이용하여 이들 결과를 어떤 방식으로 적용할지를 보여주고자 한다.

유효길이. 다른 형태의 지지조건을 가지는 기둥에 대해 식 (17-5)의 오일러 공식을 사용하기 위하여, 기둥의 길이 L을 기둥에서 모멘트가 영(0)인 두 지점 사이의 거리로 바꾸어야 한다. 이러한 길이를 기둥의 **유효길이**(effective lengtht) L_e라고 한다. 확실히, 핀고정 기둥은 그림 17-10*a*에 보인 바와 같이 $L_e = L$이다. 식 (17-8)로 주어지는 고정단-자유단 기둥의 변형 형태는 핀고정 기둥의 절반에 해당하며 이는 $2L$이 된다(그림 17-10*b*). 그러므로 모멘트가 0인 점 사이의 길이인 유효길이는 $L_e = 2L$이다. 그림 17-10에는 다양한 지점 조건을 가지는 두 개의 기둥이 제시되어 있다. 그림 17-10*c*의 양단이 고정된 기둥은 모멘트가 0인 점(변곡점)이 양단에서 $L/4$의 위치에 있다. 그러므로 유효길이는 전체 길이의 절반이 된다. 즉, $L_e = 0.5L$이다. 끝으로 그림 17-10*d*와 같이 핀-고정 지지 기둥은 핀지지점으로부터 대략 $0.7L$의 위치에 변곡점이 존재하며, 따라서 $L_e = 0.7L$이 된다.

다수의 설계지침에서는 기둥의 유효길이를 상술하기보다는 **유효길이 계수**(effective-length factor)인 무차원상수 K를 제시한다. 이 상수는 다음과 같이 정의된다.

$$L_e = KL \tag{17-10}$$

그림 17-10에는 특정 기둥에 대한 상수 K값이 주어져 있다. 이러한 방식으로 일반화할 경우, 오일러 공식은 다음과 같이 쓸 수 있다.

$$P_{cr} = \frac{\pi^2 EI}{(KL)^2} \tag{17-11}$$

또는

$$\sigma_{cr} = \frac{\pi^2 E}{(KL/r)^2} \tag{17-12}$$

여기서 (KL/r)은 기둥의 **유효세장비**(effective-slenderness ratio)이다.

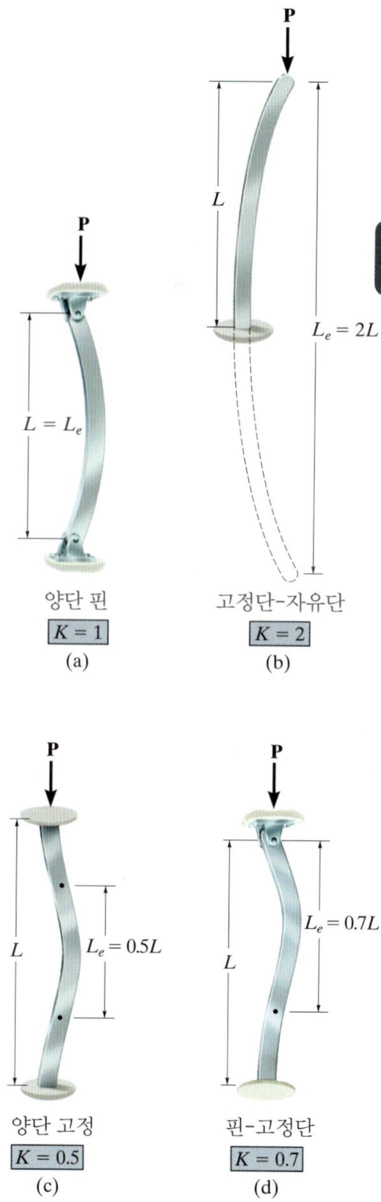

그림 17-10

예제 17.2

그림 17-11a의 알루미늄 기둥은 x방향 움직임을 막기 위하여 맨 위에서 케이블로 지지되어 있다. 아래 지지점이 고정되어 있을 경우, 작용 가능한 최대하중 **P**를 구하라. 좌굴에 대한 안전계수 F.S. = 3.0을 사용하고, $E_{al} = 70$ GPa, $\sigma_Y = 215$ MPa, $A = 7.5(10^{-3})\ \text{m}^2$, $I_x = 61.3(10^{-6})\ \text{m}^4$, $I_y = 23.2(10^{-6})\ \text{m}^4$이다.

풀이

x 및 y축에 대한 좌굴 형상은 그림 17-11b와 17-11c에 나타나 있다. 그림 17-10a를 사용하면, x-x 축에 대한 좌굴은 $K = 2$이며, 따라서 $(KL)_x = 2(5\ \text{m}) = 10$ m이다. y-y축의 경우 $K = 0.7$이므로 $(KL)_y = 0.7(5\ \text{m}) = 3.5$ m이다.

그러므로 식 (17-11)에 따라 각 경우에 대한 임계하중은

$$(P_{cr})_x = \frac{\pi^2 EI_x}{(KL)_x^2} = \frac{\pi^2[70(10^9)\ \text{N/m}^2](61.3(10^{-6})\ \text{m}^4)}{(10\ \text{m})^2}$$
$$= 424\ \text{kN}$$
$$(P_{cr})_y = \frac{\pi^2 EI_y}{(KL)_y^2} = \frac{\pi^2[70(10^9)\ \text{N/m}^2](23.2(10^{-6})\ \text{m}^4)}{(3.5\ \text{m})^2}$$
$$= 1.31\ \text{MN}$$

위의 값을 비교하면, 하중이 증가함에 따라 기둥은 x-x축으로 좌굴하게 됨을 알 수 있다. 그러므로 허용하중은

$$P_{allow} = \frac{P_{cr}}{\text{F.S.}} = \frac{424\ \text{kN}}{3.0} = 141\ \text{kN}$$ 답

임계응력을 계산해 보면

$$P_{allow} = \frac{P_{cr}}{\text{F.S.}} = \frac{424\ \text{kN}}{3.0} = 141\ \text{kN}$$

따라서, 오일러 공식이 유효하다.

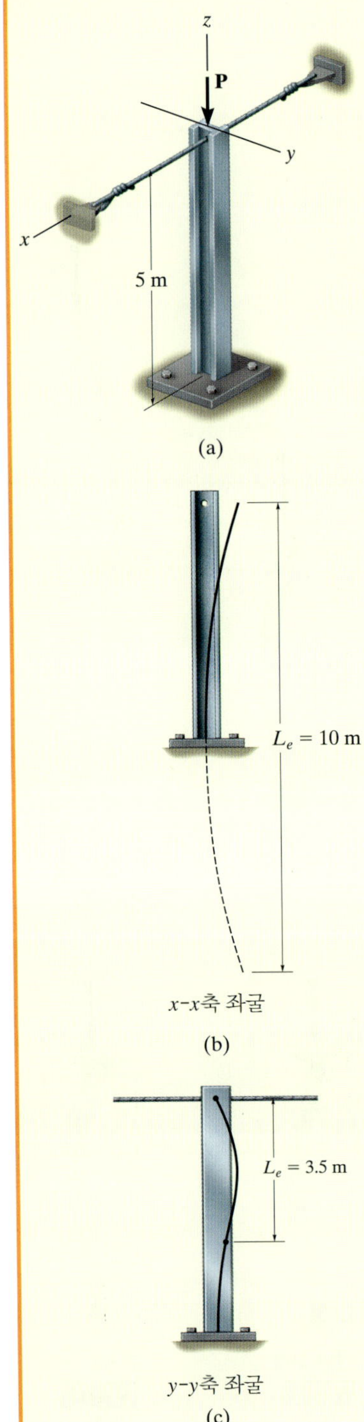

그림 17-11

예제 17.3

그림 17-12a와 같이 W150 × 24로 제작된 기둥의 길이가 8 m이고 하부는 고정되어 있다. 이 기둥의 하중저항력은 약한 축인 y-y축에 지지대를 이용하여 보강된다. 기둥과 지지대의 연결은 핀고정으로 가정한다. 이러한 조건에서 기둥이 좌굴하거나 또는 재료가 항복응력을 초과하지 않게 되는 최대하중을 구하라. 여기서, $E_{st} = 200$ GPa, $\sigma_Y = 410$ MPa이다.

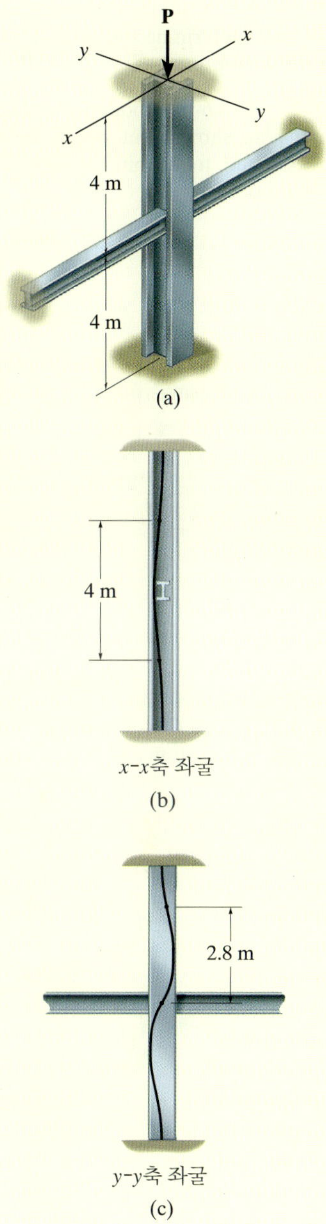

그림 17-12

풀이

사용된 지지대 때문에 x-x축과 y-y축에 대한 좌굴 거동은 다르게 된다. 각 경우에 대한 좌굴형상을 그림 17-12b와 17-12c에 나타내었다. 그림 17-12b에서 x-x축에 대한 좌굴 유효길이는 $(KL)_x = 0.5(8\text{ m}) = 4$ m이고, 그림 17-12c에서는 y-y축에 대해서는 $(KL)_y = 0.7(8\text{ m}/2) = 2.8$ m이다. 부록 C의 표로부터 W150 × 24에 대한 단면2차모멘트는 $I_x = 13.4(10^6)\text{ mm}^4 = 13.4(10^{-6})\text{ m}^4$, $I_y = 1.83(10^6)\text{ mm}^4 = 1.83(10^{-6})$ m^4 이다.

식 (17-11)을 적용하면

$$(P_{cr})_x = \frac{\pi^2 EI}{(KL)_y^2} = \frac{\pi^2[200(10^9)\text{N/m}^2][13.4(10^{-6})\text{ m}^4]}{(4\text{m})^2} = 1653.16\text{ kN} \quad (1)$$

$$(P_{cr})_y = \frac{\pi^2 EI}{(KL)_y^2} = \frac{\pi^2[200(10^9)\text{N/m}^2][1.83(10^{-6})\text{ m}^4]}{(2.8\text{m})^2} = 460.75\text{ kN} \quad (2)$$

두 값을 비교하면 좌굴이 y-y축에 대해 발생함을 알 수 있다.

단면적의 크기는 3060 $\text{mm}^2 = 3.06(10^{-3})\text{ m}^2$이므로 기둥의 평균압축응력은

$$\sigma_{cr} = \frac{P_{er}}{A} = \frac{460.75(10^3)\text{ N}}{3.06(10^{-3})\text{ m}^2} = 150.57(10^6)\text{N/m}^2 = 150.57\text{ MPa}$$

계산된 응력이 재료의 항복응력보다 작으므로, 좌굴은 재료의 항복 이전에 나타나게 되며, 따라서 좌굴하중은 다음과 같다.

$$P_{cr} = 461\text{ kN}$$

답

17

FUNDAMENTAL PROBLEMS

F17–1. A 1.25-m-long rod is made from a 25-mm-diameter steel rod. Determine the critical buckling load if the ends are fixed supported. $E = 200\,\text{GPa}, \sigma_Y = 250\,\text{MPa}$.

F17–2. A 3.6-m wooden rectangular column has the dimensions shown. Determine the critical load if the ends are assumed to be pin-connected. $E = 12\,\text{GPa}$. Yielding does not occur.

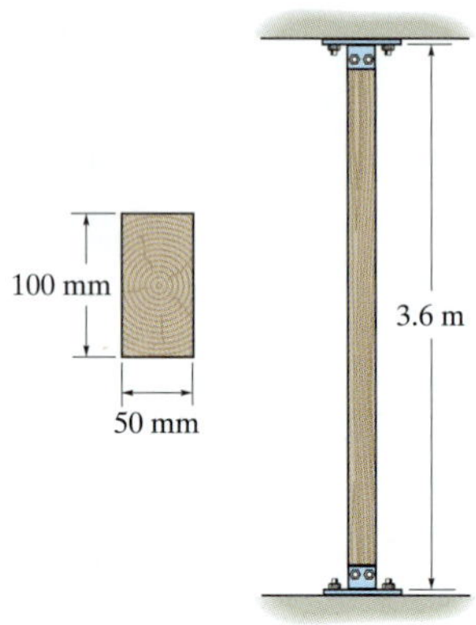

Prob. F17–2

F17–3. The A992 steel column can be considered pinned at its top and bottom and braced against its weak axis at the mid-height. Determine the maximum allowable force **P** that the column can support without buckling. Apply a F.S. = 2 against buckling. Take $A = 7.4(10^{-3})\ \text{m}^2$, $I_x = 87.3(10^{-6})\ \text{m}^4$, and $I_y = 18.8(10^{-6})\ \text{m}^4$.

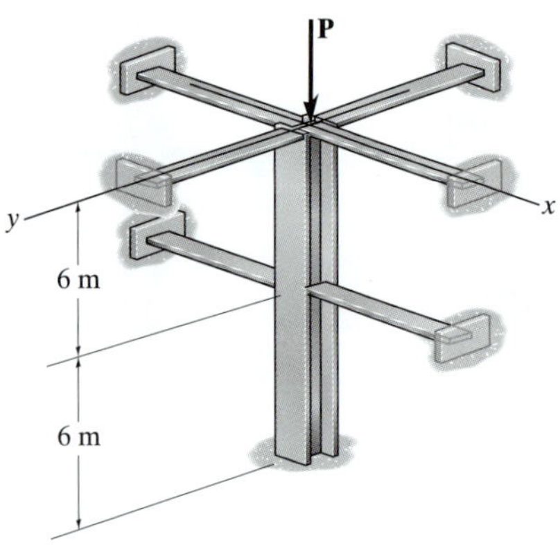

Prob. F17–3

F17–4. A steel pipe is fixed supported at its ends. If it is 5 m long and has an outer diameter of 50 mm and a thickness of 10 mm, determine the maximum axial load P that it can carry without buckling. $E_{st} = 200$ GPa, $\sigma_Y = 250$ MPa.

F17–5. Determine the maximum force **P** that can be supported by the assembly without causing member AC to buckle. The member is made of A-36 steel and has a diameter of 50 mm. Take F.S. = 2 against buckling.

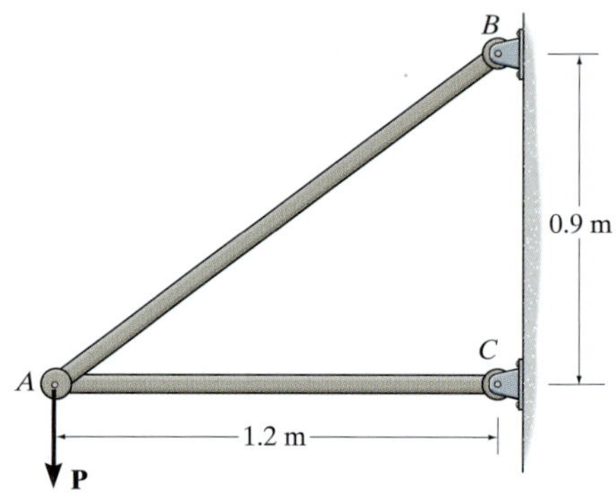

Prob. F17–5

F17–6. The A992 steel rod BC has a diameter of 50 mm and is used as a strut to support the beam. Determine the maximum intensity w of the uniform distributed load that can be applied to the beam without causing the strut to buckle. Take F.S. = 2 against buckling.

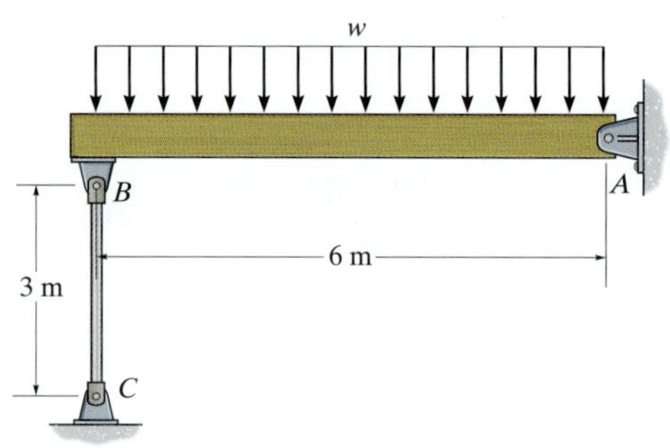

Prob. F17–6

PROBLEMS

17–1. Determine the critical buckling load for the column. The material can be assumed rigid.

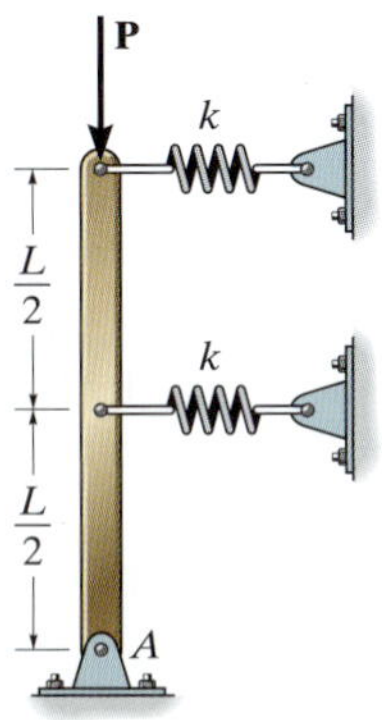

Prob. 17–1

17–2. The column consists of a rigid member that is pinned at its bottom and attached to a spring at its top. If the spring is unstretched when the column is in the vertical position, determine the critical load that can be placed on the column.

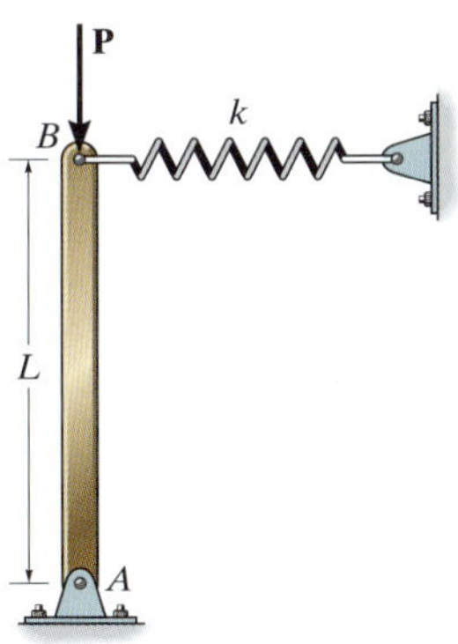

Prob. 17–2

17–3. The leg in (a) acts as a column and can be modeled (b) by the two pin-connected members that are attached to a torsional spring having a stiffness k (torque/rad). Determine the critical buckling load. Assume the bone material is rigid.

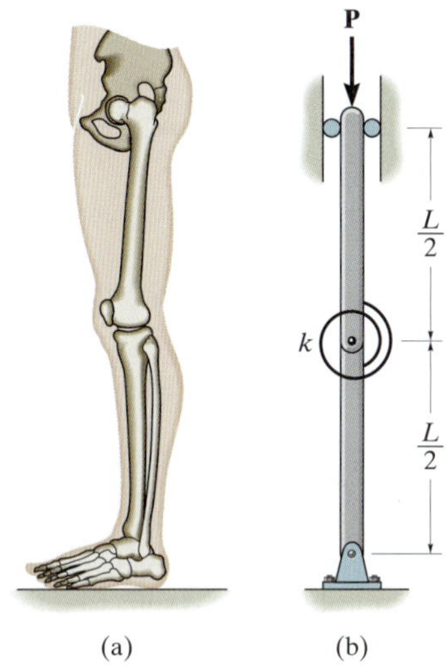

Prob. 17–3

***17–4.** Rigid bars AB and BC are pin connected at B. If the spring at D has a stiffness k, determine the critical load P_{cr} that can be applied to the bars.

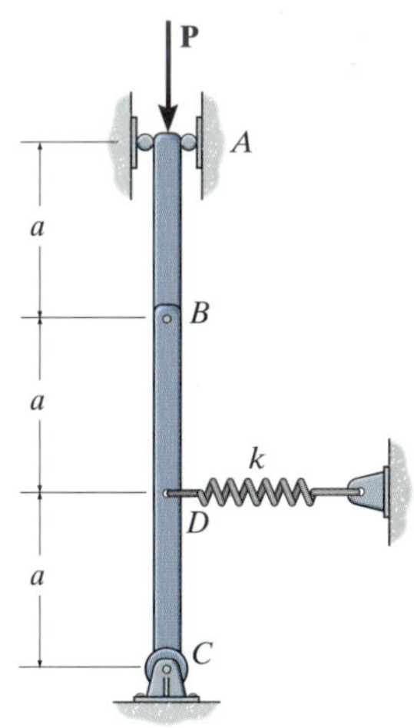

Prob. 17–4

17–5. A 2014-T6 aluminum alloy column has a length of 6 m and is fixed at one end and pinned at the other. If the cross-sectional area has the dimensions shown, determine the critical load. $\sigma_Y = 250$ MPa.

17–6. Solve Prob. 17–5 if the column is pinned at its top and bottom.

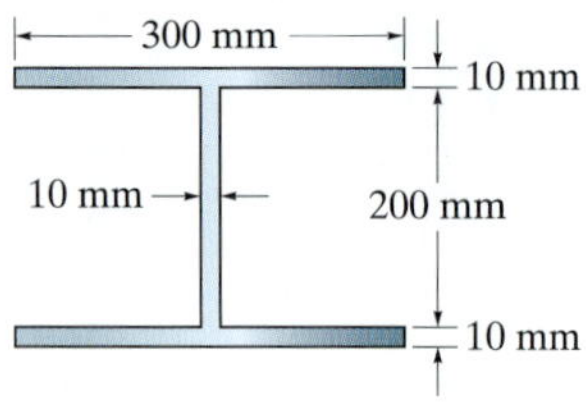

Probs. 17–5/6

17–7. The W360 × 57 column is made of A-36 steel and is fixed supported at its base. If it is subjected to an axial load of $P = 75$ kN, determine the factor of safety with respect to buckling.

***17–8.** The W360 × 57 column is made of A-36 steel. Determine the critical load if its bottom end is fixed supported and its top is free to move about the strong axis and is pinned about the weak axis.

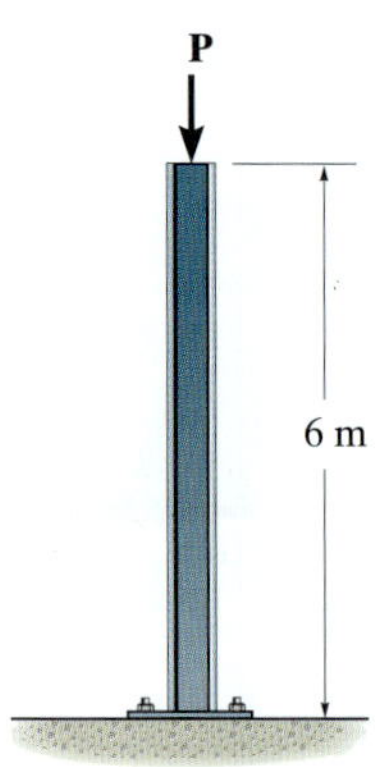

Probs. 17–7/8

17–9. A steel column has a length of 9 m and is fixed at both ends. If the cross-sectional area has the dimensions shown, determine the critical load. $E_{st} = 200$ GPa, $\sigma_Y = 250$ MPa.

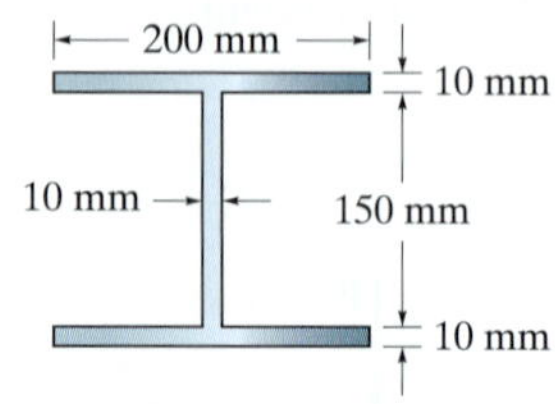

Prob. 17–9

17–10. A steel column has a length of 9 m and is pinned at its top and bottom. If the cross-sectional area has the dimensions shown, determine the critical load. $E_{st} = 200$ GPa, $\sigma_Y = 250$ MPa.

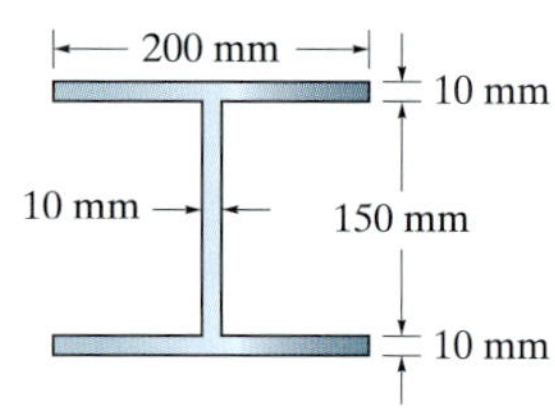

Prob. 17–10

17–11. The A-36 steel angle has a cross-sectional area of $A = 1550\,\text{mm}^2$ and a radius of gyration about the x axis of $r_x = 31.5$ mm and about the y axis of $r_y = 21.975$ mm. The smallest radius of gyration occurs about the z axis and is $r_z = 16.1$ mm. If the angle is to be used as a pin-connected 3-m-long column, determine the largest axial load that can be applied through its centroid C without causing it to buckle.

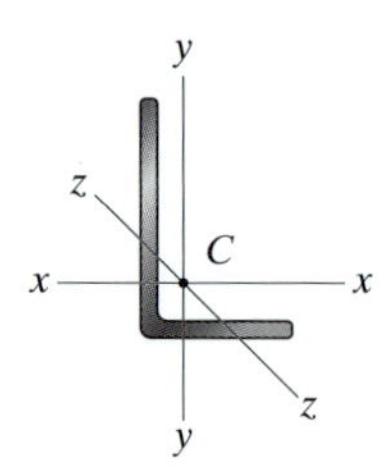

Prob. 17–11

***17–12.** The deck is supported by the two 40-mm-square columns. Column AB is pinned at A and fixed at B, whereas CD is pinned at C and D. If the deck is prevented from sidesway, determine the greatest weight of the load that can be applied without causing the deck to collapse. The center of gravity of the load is located at $d = 2$ m. Both columns are made from Douglas Fir.

17–13. The deck is supported by the two 40-mm-square columns. Column AB is pinned at A and fixed at B, whereas CD is pinned at C and D. If the deck is prevented from sidesway, determine the position d of the center of gravity of the load and the load's greatest magnitude without causing the deck to collapse. Both columns are made from Douglas Fir.

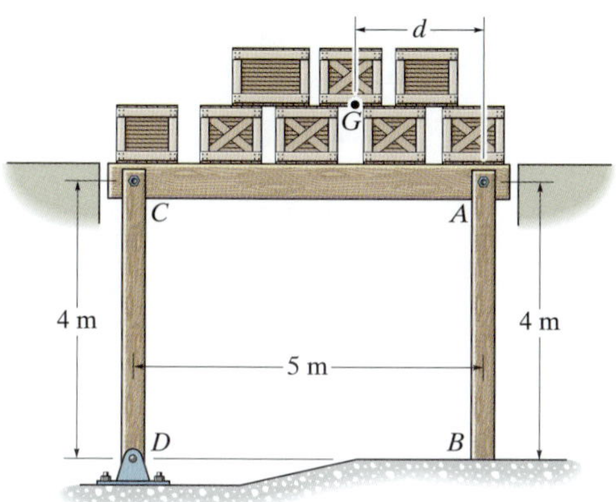

Probs. 17–12/13

17–14. Determine the maximum force P that can be applied to the handle so that the A-36 steel control rod BC does not buckle. The rod has a diameter of 25 mm.

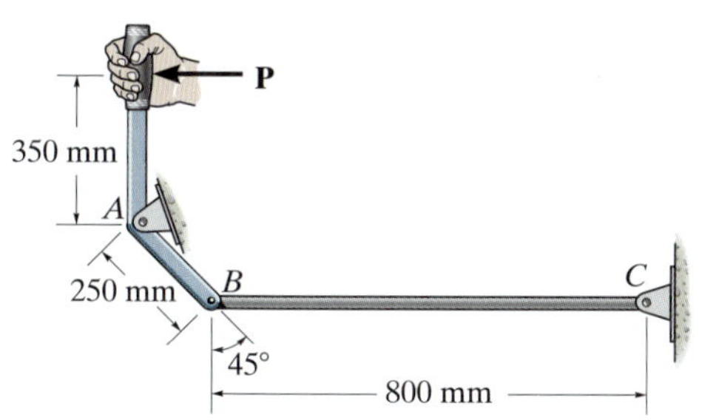

Prob. 17–14

17–15. Determine the maximum load P the frame can support without buckling member AB. Assume that AB is made of steel and is pinned at its ends for y–y axis buckling and fixed at its ends for x–x axis buckling. $E_{st} = 200$ GPa, $\sigma_Y = 360$ MPa.

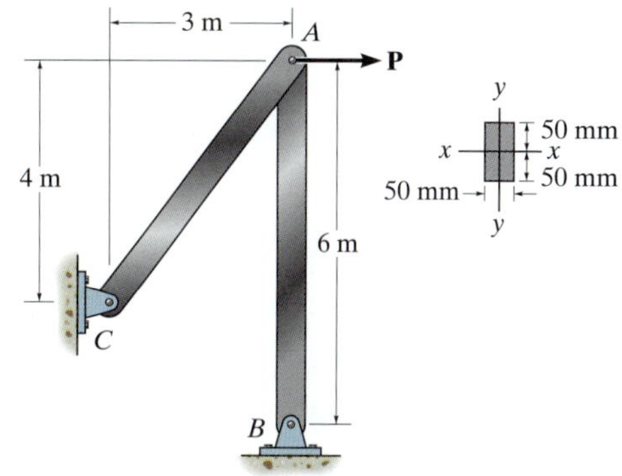

Prob. 17–15

***17–16.** The two steel channels are to be laced together to form a 9-m-long bridge column assumed to be pin connected at its ends. Each channel has a cross-sectional area of $A = 1950\ \text{mm}^2$ and moments of inertia $I_x = 21.60(10^6)\ \text{mm}^4$, $I_y = 0.15(10^6)\ \text{mm}^4$. The centroid C of its area is located in the figure. Determine the proper distance d between the centroids of the channels so that buckling occurs about the x–x and $y' - y'$ axes due to the same load. What is the value of this critical load? Neglect the effect of the lacing. $E_{st} = 200$ GPa, $\sigma_Y = 350$ MPa.

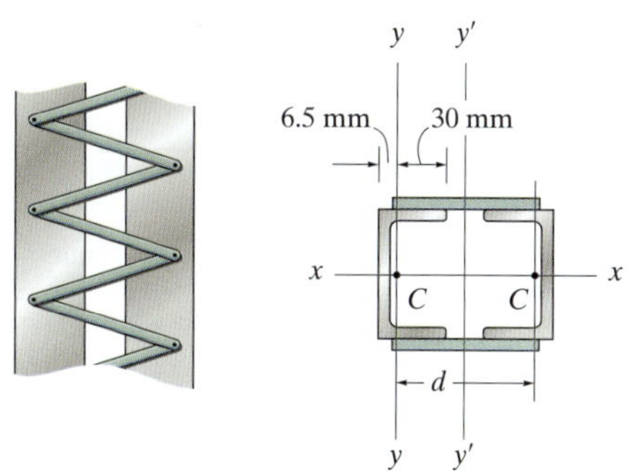

Prob. 17–16

17

17–17. The W250 × 67 is made of A992 steel and is used as a column that has a length of 4.55 m. If its ends are assumed pin supported, and it is subjected to an axial load of 500 kN, determine the factor of safety with respect to buckling.

17–18. The W250 × 67 is made of A992 steel and is used as a column that has a length of 4.55 m. If the ends of the column are fixed supported, can the column support the critical load without yielding?

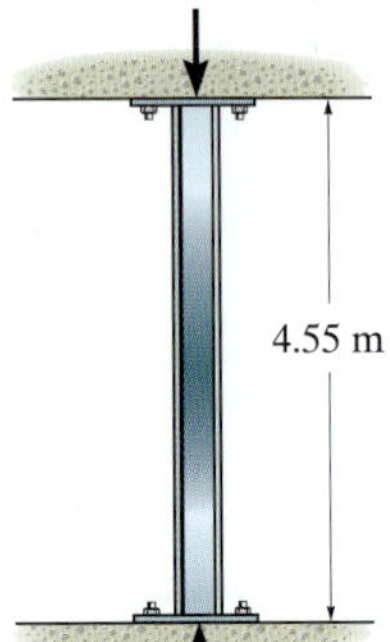

Probs. 17–17/18

17–19. The 50-mm-diameter C86100 bronze rod is fixed supported at A and has a gap of 2 mm from the wall at B. Determine the increase in temperature ΔT that will cause the rod to buckle. Assume that the contact at B acts as a pin.

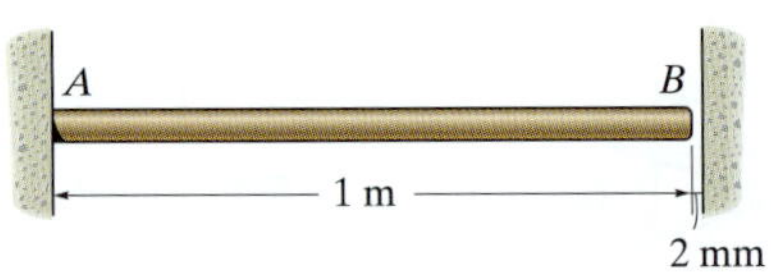

Prob. 17–19

***17–20.** An A992 steel W200 × 46 column of length 9 m is fixed at one end and free at its other end. Determine the allowable axial load the column can support if F.S. = 2 against buckling.

17–21. The 3-m wooden rectangular column has the dimensions shown. Determine the critical load if the ends are assumed to be pin connected. $E_w = 12\,\text{GPa}, \sigma_Y = 35\,\text{MPa}$.

17–22. The 3-m column has the dimensions shown. Determine the critical load if the bottom is fixed and the top is pinned. $E_w = 12\,\text{GPa}, \sigma_Y = 35\,\text{MPa}$.

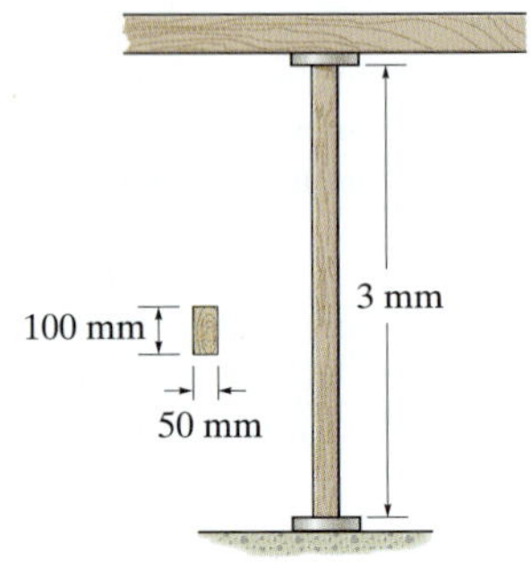

Probs. 17–21/22

17–23. If load C has a mass of 500 kg, determine the required minimum diameter of the solid L2-steel rod AB to the nearest mm so that it will not buckle. Use F.S. = 2 against buckling.

***17–24.** If the diameter of the solid L2-steel rod AB is 50 mm, determine the maximum mass C that the rod can support without buckling. Use F.S. = 2 against buckling.

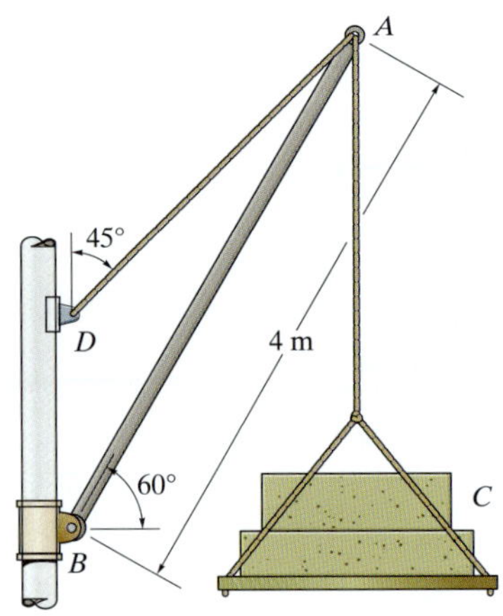

Probs. 17–23/24

17

17–25. The members of the truss are assumed to be pin connected. If member GF is an A-36-steel rod having a diameter of 50 mm, determine the greatest magnitude of load **P** that can be supported by the truss without causing this member to buckle.

17–26. The members of the truss are assumed to be pin connected. If member AG is an A-36-steel rod having a diameter of 50 mm, determine the greatest magnitude of load **P** that can be supported by the truss without causing this member to buckle.

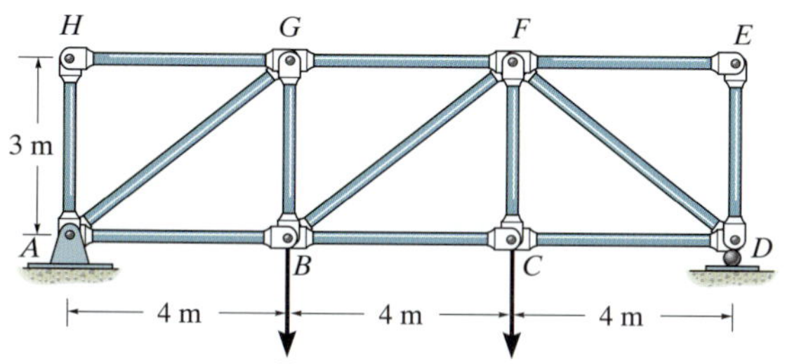

Probs. 17–25/26

17–27. Determine the maximum allowable intensity w of the distributed load that can be applied to member BC without causing member AB to buckle. Assume that AB is made of steel and is pinned at its ends for x–x axis buckling and fixed at its ends for y–y axis buckling. Use a factor of safety with respect to buckling of 3. $E_{st} = 200\,\text{GPa}, \sigma_Y = 360\,\text{MPa}$.

***17–28.** Determine if the frame can support a load of $w = 6\,\text{kN/m}$ if the factor of safety with respect to buckling of member AB is 3. Assume that AB is made of steel and is pinned at its ends for x–x axis buckling and fixed at its ends for y–y axis buckling. $E_{st} = 200\,\text{GPa}, \sigma_Y = 360\,\text{MPa}$.

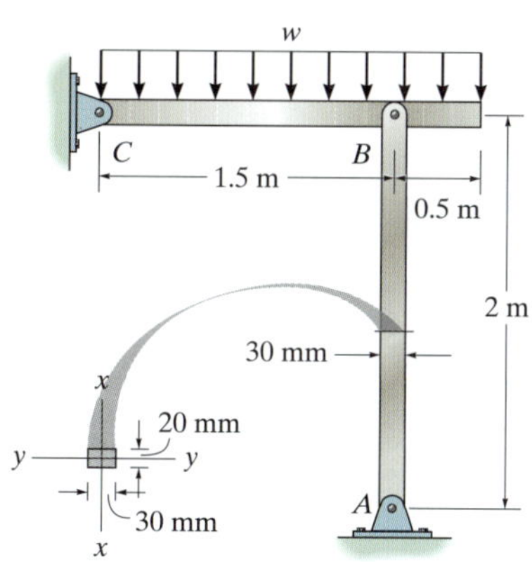

Prob. 17–27/28

17–29. A 6061-T6 aluminum alloy solid circular rod of length 4 m is pinned at both of its ends. If it is subjected to an axial load of 15 kN and F.S. = 2 against buckling, determine the minimum required diameter of the rod to the nearest mm.

17–30. A 6061-T6 aluminum alloy solid circular rod of length 4 m is pinned at one end while fixed at the other end. If it is subjected to an axial load of 15 kN and F.S. = 2 against buckling, determine the minimum required diameter of the rod to the nearest mm.

17–31. The A-36 steel bar AB has a square cross section. If it is pin connected at its ends, determine the maximum allowable load P that can be applied to the frame. Use a factor of safety with respect to buckling of 2.

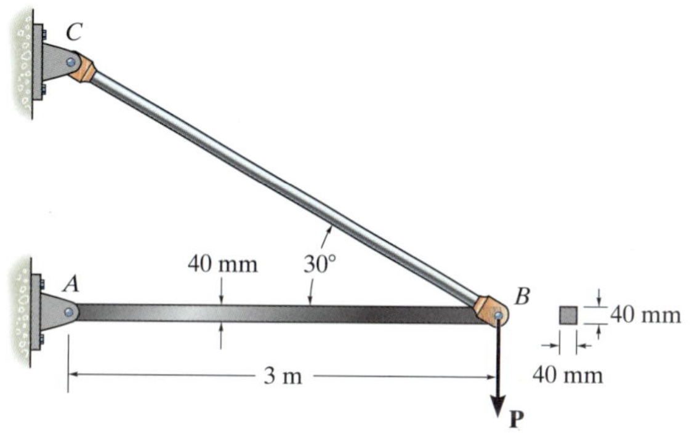

Probs. 17–31

***17–32.** Determine the maximum allowable load P that can be applied to member BC without causing member AB to buckle. Assume that AB is made of steel and is pinned at its ends for x–x axis buckling and fixed at its ends for y–y axis buckling. Use a factor of safety with respect to buckling of F.S. = 3. $E_{st} = 200\text{ GPa}, \sigma_Y = 360\text{ MPa}$.

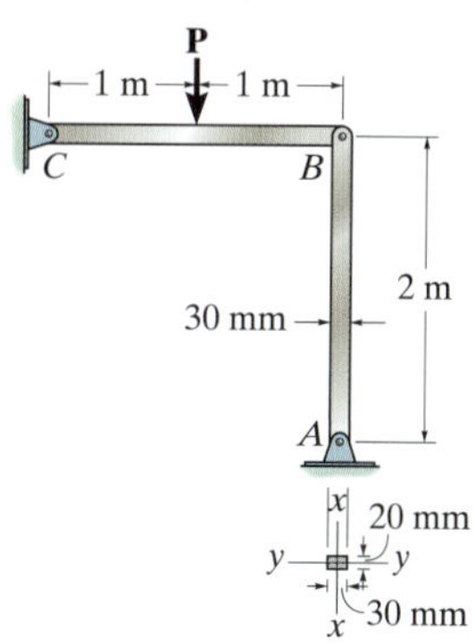

Prob. 17–32

17–33. Determine if the frame can support a load of $P = 20$ kN if the factor of safety with respect to buckling of member AB is F.S. = 3. Assume that AB is made of steel and is pinned at its ends for x–x axis buckling and fixed at its ends for y–y axis buckling. $E_{st} = 200$ GPa, $\sigma_Y = 360$ MPa.

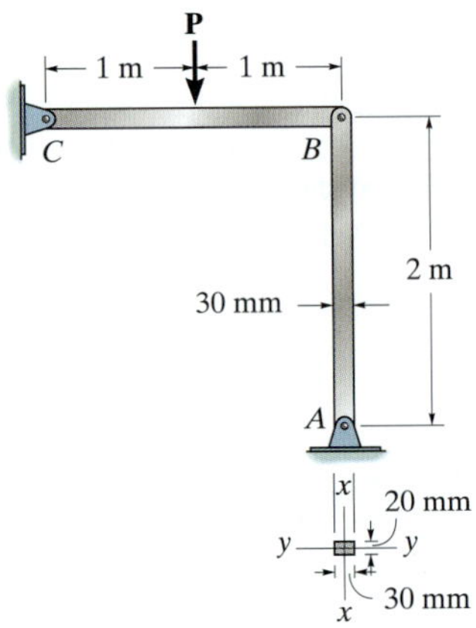

Prob. 17–33

17–34. The steel bar AB has a rectangular cross section. If it is pin connected at its ends, determine the maximum allowable intensity w of the distributed load that can be applied to BC without causing AB to buckle. Use a factor of safety with respect to buckling of 1.5. $E_{st} = 200$ GPa, $\sigma_Y = 360$ MPa.

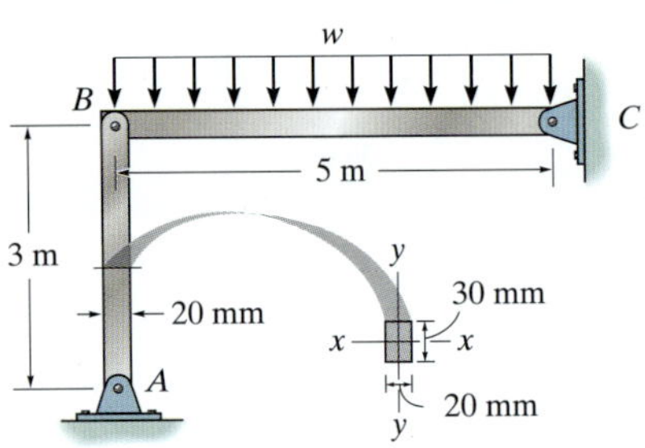

Prob. 17–34

17–35. The W360 × 45 is used as a structural A-36 steel column that can be assumed pinned at both of its ends. Determine the largest axial force P that can be applied without causing it to buckle.

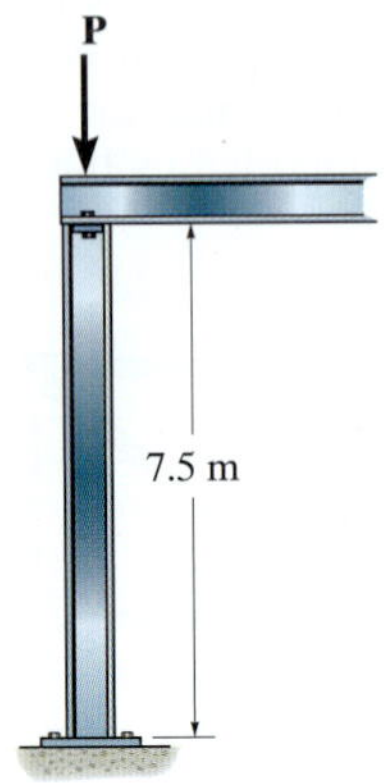

Prob. 17–35

***17–36.** The beam supports the load of $P = 30$ kN. As a result, the A-36 steel member BC is subjected to a compressive load. Due to the forked ends on the member, consider the supports at B and C to act as pins for x–x axis buckling and as fixed supports for y–y axis buckling. Determine the factor of safety with respect to buckling about each of these axes.

17–37. Determine the greatest load P the frame will support without causing the A-36 steel member BC to buckle. Due to the forked ends on the member, consider the supports at B and C to act as pins for x–x axis buckling and as fixed supports for y–y axis buckling.

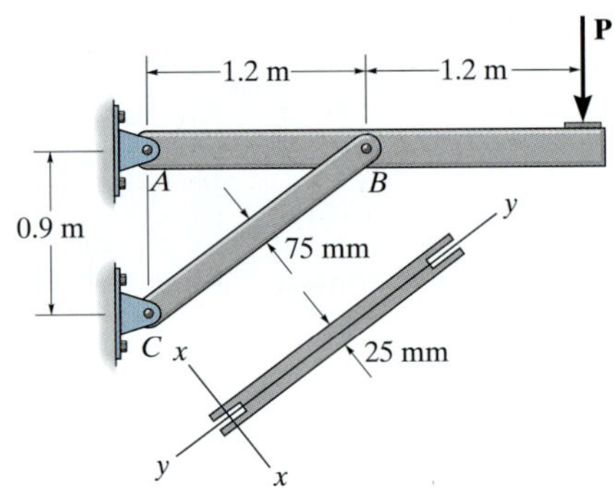

Prob. 17–36/37

17–38. The members of the truss are assumed to be pin connected. If member AB is an A-36-steel rod of 40 mm diameter, determine the maximum force P that can be supported by the truss without causing the member to buckle.

17–39. The members of the truss are assumed to be pin connected. If member CB is an A-36-steel rod of 40 mm diameter, determine the maximum load P that can be supported by the truss without causing the member to buckle.

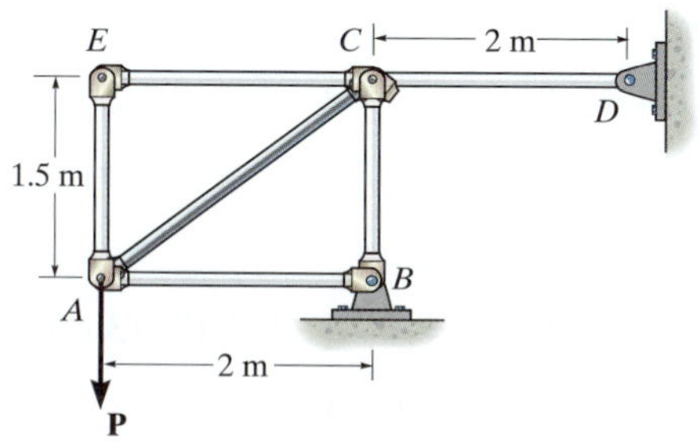

Probs. 17–38/39

***17–40.** The steel bar AB of the frame is assumed to be pin connected at its ends for y–y axis buckling. If $P = 18$ kN, determine the factor of safety with respect to buckling about the y–y axis. $E_{st} = 200$ GPa, $\sigma_Y = 360$ MPa.

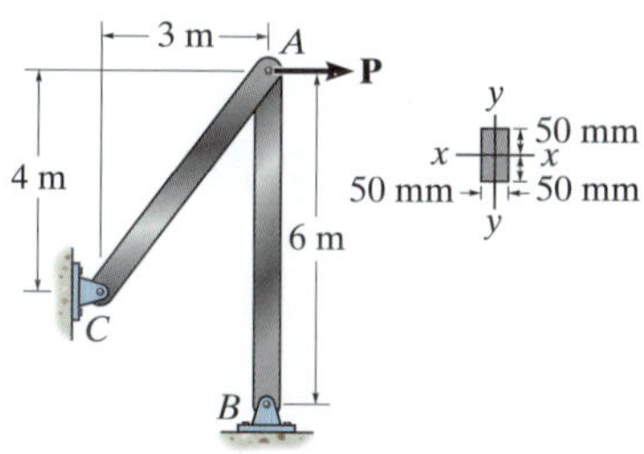

Prob. 17–40

17–41. The ideal column has a weight w (force/length) and is subjected to the axial load **P**. Determine the maximum moment in the column at midspan. EI is constant. *Hint*: Establish the differential equation for deflection, Eq. 17–1, with the origin at the midspan. The general solution is $v = C_1 \sin kx + C_2 \cos kx + (w/(2P))x^2 - (wL/(2P))x - (wEI/P^2)$ where $k^2 = P/EI$.

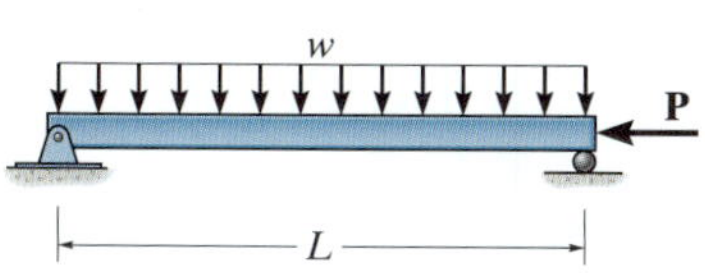

Prob. 17–41

17–42. The ideal column is subjected to the force **F** at its midpoint and the axial load **P**. Determine the maximum moment in the column at midspan. EI is constant. *Hint*: Establish the differential equation for deflection, Eq. 17–1. The general solution is $v = C_1 \sin kx + C_2 \cos kx - c^2x/k^2$, where $c^2 = F/2EI, k^2 = P/EI$.

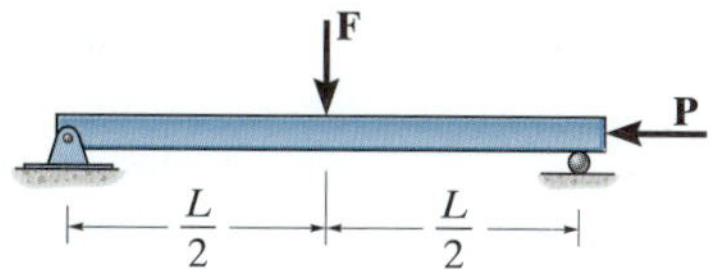

Prob. 17–42

17–43. The column with constant EI has the end constraints shown. Determine the critical load for the column.

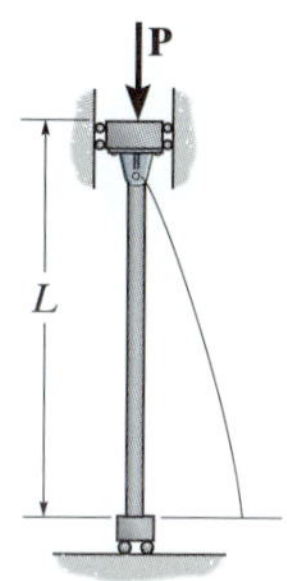

Prob. 17–43

***17–44.** Consider an ideal column as in Fig. 17–10*c*, having both ends fixed. Show that the critical load on the column is $P_{cr} = 4\pi^2EI/L^2$. *Hint*: Due to the vertical deflection of the top of the column, a constant moment $\mathbf{M}'$ will be developed at the supports. Show that $d^2v/dx^2 + (P/EI)v = M'/EI$. The solution is of the form $v = C_1 \sin(\sqrt{P/EI}x) + C_2 \cos(\sqrt{P/EI}x) + M'/P$.

17–45. Consider an ideal column as in Fig. 17–10*d*, having one end fixed and the other pinned. Show that the critical load on the column is $P_{cr} = 20.19EI/L^2$. *Hint*: Due to the vertical deflection at the top of the column, a constant moment $\mathbf{M}'$ will be developed at the fixed support and horizontal reactive forces $\mathbf{R}'$ will be developed at both supports. Show that $d^2v/dx^2 + (P/EI)v = (R'/EI)(L - x)$. The solution is of the form $v = C_1 \sin(\sqrt{P/EI}x) + C_2 \cos(\sqrt{P/EI}x) + (R'/P)(L - x)$. After application of the boundary conditions show that $\tan(\sqrt{P/EI}L) = \sqrt{P/EI}L$. Solve numerically for the smallest nonzero root.

* 17.4 시컨트 공식

오일러 공식은 작용하중 P가 기둥 단면의 도심에 작용하고 기둥은 완벽하게 직선이라는 가정하에 유도되었다. 이러한 가정은 확실히 비현실적이다. 왜냐하면 제작된 기둥은 결코 직선도 아니며 작용하중 또한 그 작용상태를 정확히 알 수 없기 때문이다. 이러한 이유로 기둥은 갑자기 좌굴하지는 않는다. 실제의 거동은 처음에 하중이 작용하자마자 아주 작은 양이지만 휨 변형을 나타낸다. 결과적으로, 하중 재하에 대한 실제의 규준은 기둥의 규정된 휨과 기둥의 최대응력이 기둥 재료의 허용응력을 초과하지 않게 하는 선에서 제한되어야 한다.

편심을 가지는 하중의 효과를 고찰하기 위하여 그림 17-13a와 같이 하중 P를 기둥의 도심에서부터 편심거리(eccentricity) e에 작용시킨다(동일한 하중이 위와 아래에 함께 작용하고 있음에 유의하자). 이렇게 작용된 하중은 그림 17-13b와 같이 정역학적으로 축하중 P와 휨모멘트 $M' = Pe$가 동시에 작용한 것과 등가이다. 그림에 보인 바와 같이 두 경우에서 모두 양단 A, B는 회전이 자유로운 지지조건이다(핀지지). 앞에서와 같이 미소 회전, 미소 변형과 재료의 선형탄성거동을 고려할 것이다. 또한 x–v 평면은 기둥단면의 대칭평면이다.

임의 단면에 대한 자유물체도인 그림 17-13c로부터 기둥의 내부 모멘트는

$$M = -P(e + v) \tag{17-13}$$

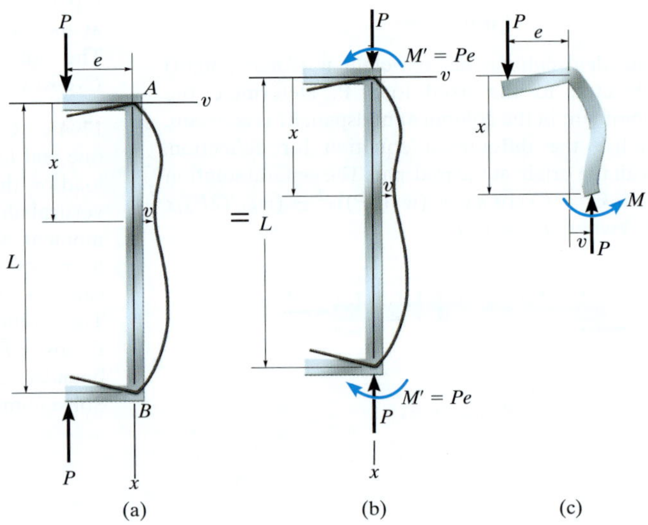

그림 17-13

17

그러므로 휨곡선의 미분방정식은

$$EI\frac{d^2v}{dx^2} = -P(e + v)$$

또는

$$\frac{d^2v}{dx^2} + \frac{P}{EI}v = -\frac{P}{EI}e$$

이 식은 식 (17-7)과 유사하며, 일반해는 동차해와 특수해의 합으로 다음과 같이 주어진다.

$$v = C_1 \sin\sqrt{\frac{P}{EI}}x + C_2 \cos\sqrt{\frac{P}{EI}}x - e \tag{17-14}$$

상수를 구하기 위해 경계조건을 적용한다. $x = 0$에서 $v = 0$이므로 $C_2 = e$이고, $x = L$에서 $v = 0$이라는 조건으로부터

$$C_1 = \frac{e[1 - \cos(\sqrt{P/EI}L)]}{\sin(\sqrt{P/EI}L)}$$

$1 - \cos(\sqrt{P/EI}L) = 2\sin^2(\sqrt{P/EI}\,L/2)$이고 $\sin(\sqrt{P/EI}L) = 2\sin(\sqrt{P/EI}L/2)\cos(\sqrt{P/EI}L/2)$이므로

$$C_1 = e\tan\left(\sqrt{\frac{P}{EI}}\frac{L}{2}\right)$$

그러므로 식 (17-14)의 처짐곡선은

$$v = e\left[\tan\left(\sqrt{\frac{P}{EI}}\frac{L}{2}\right)\sin\left(\sqrt{\frac{P}{EI}}x\right) + \cos\left(\sqrt{\frac{P}{EI}}x\right) - 1\right] \tag{17-15}$$

최대처짐. 하중이 대칭이므로 최대처짐과 최대응력은 기둥의 중간에서 발생한다. 그러므로 $x = L/2$에서 $v = v_{max}$이고

$$v_{max} = e\left[\sec\left(\sqrt{\frac{P}{EI}}\frac{L}{2}\right) - 1\right] \tag{17-16}$$

편심거리 e가 0에 근접할수록 최대처짐 v_{max} 또한 0에 근접하는 것에 주의하라. 그러나 e가 0에 근접함에 따라 꺽쇠괄호 안의 항이 무한대로 근접한다면 v_{max}는 0이 아닌 값이 될 것이다. 수학적으로, 이러한 현상은 임계하중 P_{cr}에 도달한 축력을 받는 기둥이 파괴에 이를 때를 나타낸다. 그러므로 P_{cr}은 다음의 과정으로 찾을 수 있다.

크레인을 지지하고 있는 기둥은 비정상적으로 길다. 이 기둥은 일축하중뿐만 아니라 휨모멘트도 받고 있다. 좌굴이 발생하지 않도록 이 기둥은 지붕에 핀연결하여 보강해야 한다.

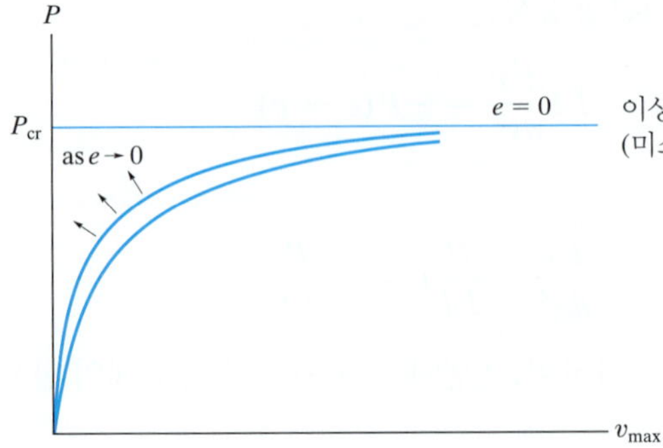

그림 17-14

$$\sec\left(\sqrt{\frac{P_{cr}}{EI}}\frac{L}{2}\right) = \infty$$

$$\sqrt{\frac{P_{cr}}{EI}}\frac{L}{2} = \frac{\pi}{2}$$

$$P_{cr} = \frac{\pi^2 EI}{L^2} \qquad (17\text{-}17)$$

이 결과는 식 (17-5)의 오일러 공식을 이용한 결과와 동일하다.

식 (17-16)을 편심 e를 변수로 그래프를 그리면 그림 17-14에 나타난 일련의 결과를 얻을 수 있다. 여기서 임계하중은 각 곡선의 점근값이 되며, 실제의 기둥이 아닌 편심이 없는($e = 0$) 이상 기둥에 대한 경우를 나타낸다. 여기서 기술한 내용은 횡방향 변형이 매우 작은 경우에만 적용되며, 따라서 길고 가는 기둥에 적용된다.

그림 17-14의 곡선들 또한 작용하중 P와 변형 v 사이에 비선형관계가 발생함을 보여주고 있다. 결과적으로 여러 하중이 작용하는 기둥의 전체 변형을 구하는 데 중첩원리를 사용할 수 없다. 즉, 변형은 하중을 모두 가한 상태에서 구해야 하며, 부분적 하중을 연속적으로 가해서 얻을 수는 없다. 더욱이, 비선형적인 관계 때문에, 설계 목적으로 사용하는 모든 안전계수는 하중에 적용해야 하며 응력에 적용할 수는 없다.

시컨트 공식. 기둥에 발생하는 최대응력은 그림 17-15*a*와 같이 작용 축력과 모멘트 하중에 의해 야기된다는 사실에 기초해 결정할 수 있다. 최대 모멘트는 기둥의 중앙부에서 발생하며 식 (17-13)과 (17-16)을 이용하면, 그 크기는 다음과 같이 구할 수 있다.

$$M = |P(e + v_{\max})| \qquad M = Pe\sec\left(\sqrt{\frac{P}{EI}}\frac{L}{2}\right) \tag{17-18}$$

그림 17-15*b*에 보인 바와 같이 기둥의 최대 응력은 압축응력이며, 그 값은

$$\sigma_{\max} = \frac{P}{A} + \frac{Mc}{I}; \qquad \sigma_{\max} = \frac{P}{A} + \frac{Pec}{I}\sec\left(\sqrt{\frac{P}{EI}}\frac{L}{2}\right)$$

회전 반지름이 $r = \sqrt{I/A}$ 이므로, 위 식은 **시컨트 공식**(secant formula)이라고 부르는 다음 식으로 변형된다.

$$\sigma_{\max} = \frac{P}{A}\left[1 + \frac{ec}{r^2}\sec\left(\frac{L_e}{2r}\sqrt{\frac{P}{EA}}\right)\right] \tag{17-19}$$

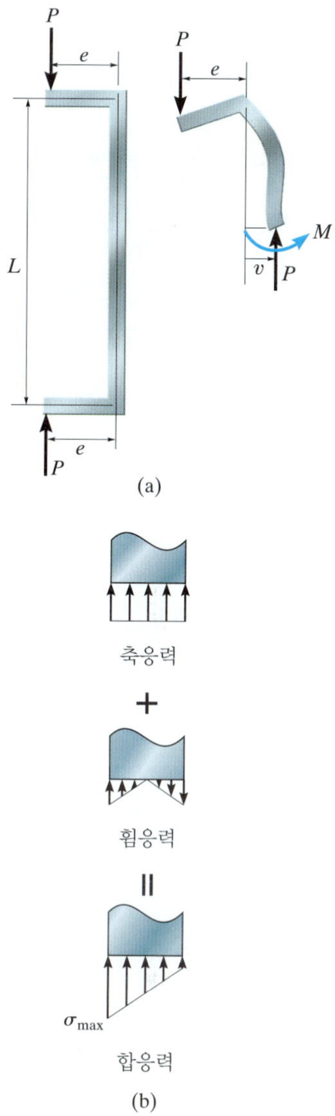

그림 17-15

여기서

$\sigma_{\max}$ = 기둥의 최대 탄성응력으로 기둥의 중간 위치, 오목한 부분의 안쪽에서 발생하며 압축응력이다.

P = 기둥에 작용하는 연직하중. $e = 0$이 아니라면 $P < P_{cr}$이고 그 외에는 $P = P_{cr}$ [식 (17-5)]이다.

e = 하중 P의 편심으로 기둥 단면의 도심에서부터 하중작용선까지의 거리를 나타냄

c = 기둥 단면의 도심으로부터 가장 바깥 부분까지의 거리. 가장 바깥 부분에서는 최대 압축응력 $\sigma_{\max}$를 발생시킴.

A = 기둥의 단면적

L_e = 휨평면에서 기둥의 비지지길이. $L_e = L$인 핀 지지 기둥에 적용되며, 고정-자유단 기둥의 경우 $L_e = 2L$이다.

E = 재료의 탄성계수

r = 회전 반지름, $r = \sqrt{I/A}$ 여기서 I는 휨축에 대하여 계산한다.

A-36강을 대상으로, 다양한 편심비 ec/r^2에 대하여 식 (17-19)의 그래프가 그림 17-16에 나타나 있다. 편심거리가 $e \to 0$일 때 또는 $ec/r^2 \to 0$일 때, 식 (17-19)는 $\sigma_{\max} = P/A$가 된다. 여기서 P는 오일러 공식으로 정의되

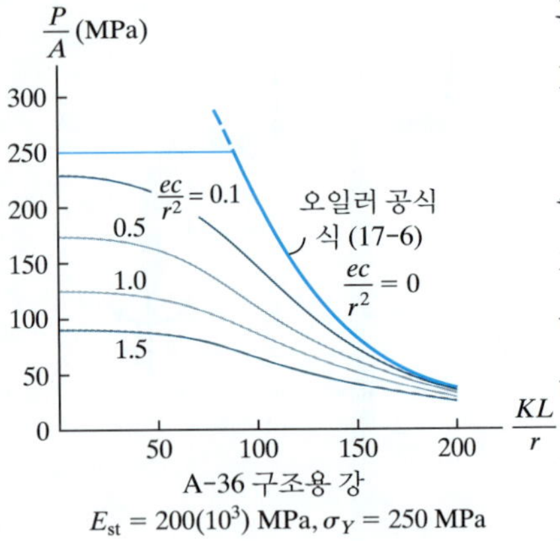

그림 17-16

17

는 기둥의 임계하중이다. 이들 결과는 탄성하중에 대해서만 유효하므로 그림 17-16에 보인 응력은 수평선으로 나타낸 $\sigma_Y = 250$ MPa를 초과할 수 없다.

그림 17-16의 곡선은 편심비의 차이가 작은 세장비를 가지는 기둥의 하중저항능력에 크게 영향을 미침을 보여준다. 그러나 세장비가 큰 기둥의 경우 편심비와는 관계없이 오일러 임계하중 또는 그 근접하중에서 파괴된다. 즉, 그래프들이 유사한 값을 가지고 한 부분에 모여 있는 형태를 보인다. 그러므로 식 (17-19)를 설계 목적으로 사용하려면 길이가 작은 기둥의 경우 어느 정도 정확한 편심비 값을 사용하는 것이 중요하다.

설계. 일단 편심비가 정해지면 기둥의 데이터를 식 (17-19)에 대입한다. $\sigma_{max} = \sigma_Y$의 값이 선정되면, 이에 따른 하중 P_Y가 시행착오법으로 결정될 수 있다. 시행착오법을 사용하는 이유는 해당 식이 초월함수이고 따라서 P_Y를 명시적으로 구할 수 없기 때문이다. 설계에서는 컴퓨터 소프트웨어, 또는 그림 17-16과 같은 그래프 등을 사용하여 P_Y를 구할 수 있다. P_Y가 편심을 가지고 작용하기 때문에, 이 하중은 임계하중 P_{cr}보다 항상 작게 평가된다. 임계하중 P_{cr}은 기둥이 이상적인 축력을 받는다는 가정 하에 오일러 공식으로 구한 값임을 기억하자.

요점 IMPORTANT POINTS

- 제작과정의 불완전성과 특정 방식으로 작용하는 하중 등의 이유로 기둥이 갑작스럽게 좌굴하는 경우는 거의 없다. 대신 기둥은 서서히 휘는 변형을 나타낸다.
- 기둥에 작용하는 하중은 비선형적인 변형과 관계된다. 그러므로 중첩의 원리는 적용할 수 없다.
- 세장비가 증가함에 따라, 편심을 가지고 하중이 작용하는 기둥은 오일러 좌굴하중 또는 그 값에 근접한 하중에서 좌굴한다.

예제 17.4

그림 17-17*a*는 W200 × 59 A-36의 강재 기둥으로 아래 부분은 고정지점이고 상부는 변위가 발생하지 않도록 묶여 있다. 그러나 상부에서 y-y축에 대한 회전은 가능하며, y-z 평면에서 횡변위가 발생할 수 있다. 이 상태에서 기둥이 좌굴하거나 또는 강재료가 항복하기 이전에 기둥이 받을 수 있는 최대 편심하중을 구하라.

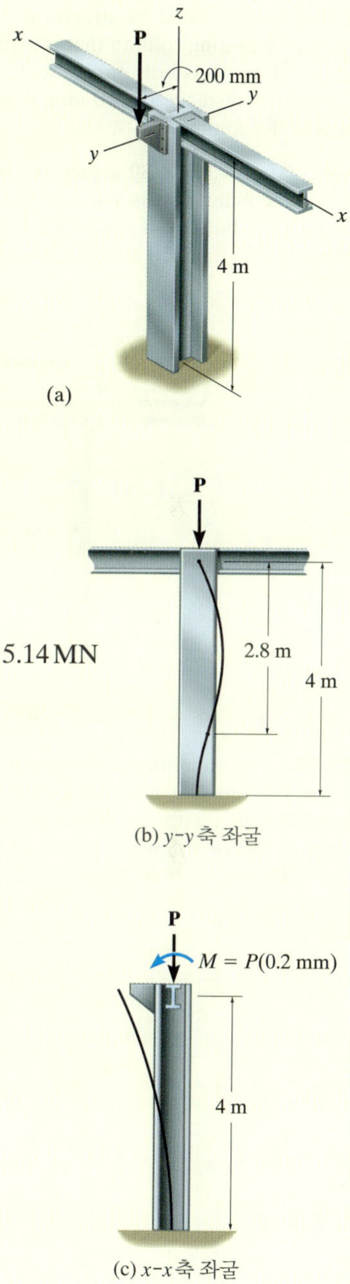

그림 17-17

풀이

지점 조건으로부터 y-y축에 대하여 기둥은 하부가 고정, 상부가 핀 지점이고 하중 P가 작용하는 기둥처럼 거동한다(그림 17-17*b*). x-x축에 대해서는 상부는 이동이 자유로우며 하부는 고정된 상태로 볼 수 있다. 이때의 상부 하중은 압축력 P와 모멘트 $M = P(0.2\text{ m})$이다(그림 17-17*c*).

y-y축 좌굴. 그림 17-10*d*로부터 유효길이계수는 $K_y = 0.7$이며, 따라서 유효길이는 $(KL)_y = 0.7(4\text{ m}) = 2.8\text{ m}$이다. 부록 C의 표를 이용하여 W200 × 59의 I_y를 결정하고, 식 (17-11)을 적용하면

$$(P_{cr})_y = \frac{\pi^2 EI}{(KL)_y^2} = \frac{\pi^2[200(10^9)\text{N/m}^2][20.4(10^{-6})\text{ m}^4]}{(2.8\text{ m})^2} = 5.136(10^6)\text{N} = 5.14\text{ MN}$$

x-x축 좌굴. 그림 17-10*b*로부터 $K_x = 2$이며 따라서 $(KL)_x = 2(4\text{ m}) = 8\text{ m}$이다. 부록 B의 표를 이용하여 $A = 7580\text{ mm}^2 = 7.58(10^{-3})\text{m}^2$, $c = 210\text{ mm}/2 = 105\text{ mm} = 0.105\text{ m}$ 그리고 $r_x = 89.9\text{ mm} = 0.0899\text{ m}$이다. 시컨트 공식을 적용하면

$$\sigma_Y = \frac{P_x}{A}\left[1 + \frac{ec}{r_x^2}\sec\left(\frac{(KL)_x}{2r_x}\sqrt{\frac{P_x}{EA}}\right)\right]$$

$$345(10^6)\text{ N/m}^2 = \left[\frac{P_x}{7.58(10^{-3})\text{ m}^2}\right]\left\{1 + \frac{(0.2\text{ m})(0.105\text{ m})}{(0.0899\text{ m})^2}\right.$$

$$\left.\sec\left[\frac{8\text{ m}}{2(0.0899\text{ m})}\sqrt{\frac{P_x}{[200(10^9)\text{ N/m}^2][7.58(10^{-3})\text{m}^2]}}\right]\right\}$$

정리하면 다음의 식으로 귀결된다.

$$2.6151(10^6) = P_x\left\{1 + 2.5984\sec[1.1427(10^{-3})\sqrt{P_x}\right\}$$

시컨트 함수 내의 값이 라디안 값임에 주의하여 P_x를 시행착오법으로 계산하면,

$$P_x = 536.05(10^3)\text{ N} = 536\text{ kN}$$ 답

얻은 값이 $(P_{cr})_y = 5.14\text{ MN}$보다 작으므로, 파괴는 x-x축에 대하여 발생한다.

PROBLEMS

17–46. The W360 × 39 structural A-36 steel member is used as a 6-m-long column that is assumed to be fixed at its top and fixed at its bottom. If the 75-kN load is applied at an eccentric distance of 250 mm, determine the maximum stress in the column.

17–47. The W360 × 39 structural A-36 steel member is used as a column that is assumed to be fixed at its top and pinned at its bottom. If the 75-kN load is applied at an eccentric distance of 250 mm, determine the maximum stress in the column.

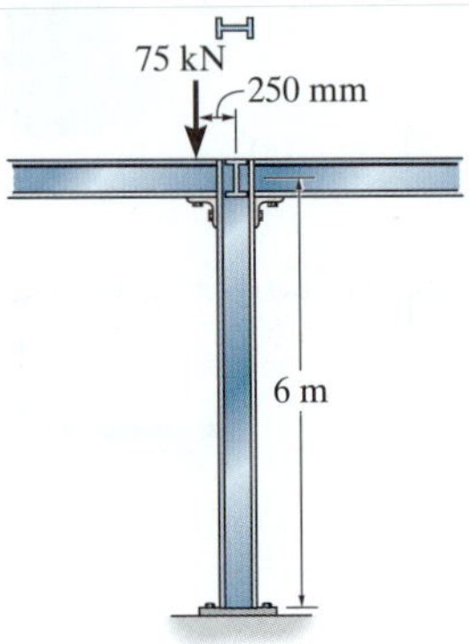

Probs. 17–46/47

***17–48.** The aluminum column is fixed at the bottom and free at the top. Determine the maximum force P that can be applied at A without causing it to buckle or yield. Use a factor of safety of 3 with respect to buckling and yielding. $E_{al} = 70$ GPa, $\sigma_Y = 95$ MPa.

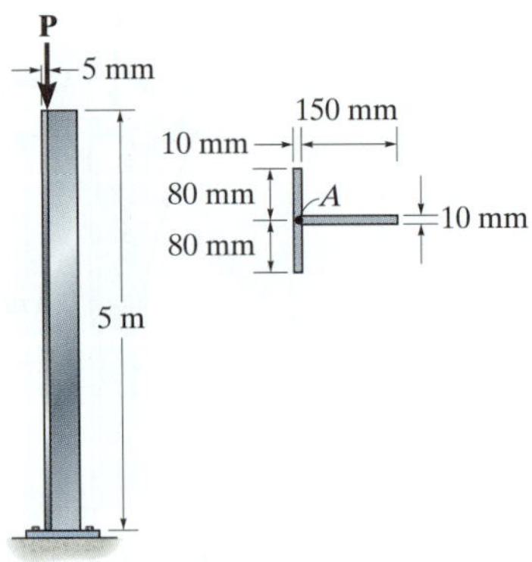

Prob. 17–48

17–49. The aluminum rod is fixed at its base and free at its top. If the eccentric load $P = 200$ kN is applied, determine the greatest allowable length L of the rod so that it does not buckle or yield. $E_{al} = 72$ GPa, $\sigma_Y = 410$ MPa.

17–50. The aluminum rod is fixed at its base and free and at its top. If the length of the rod is $L = 2$ m, determine the greatest allowable load P that can be applied so that the rod does not buckle or yield. $E_{al} = 72$ GPa, $\sigma_Y = 410$ MPa.

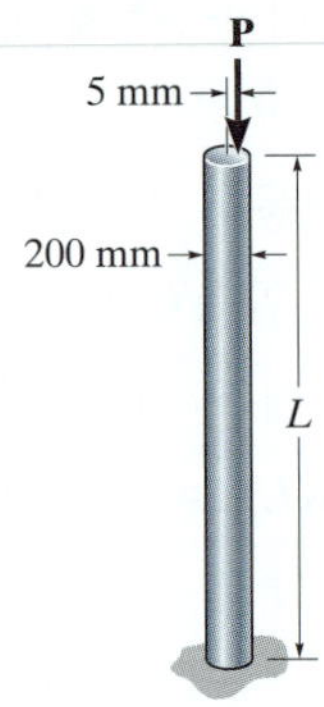

Probs. 17–49/50

17–51. The wood column is fixed at its base and free at its top. Determine the load P that can be applied to the edge of the column without causing the column to fail either by buckling or by yielding. $E_w = 12$ GPa, $\sigma_Y = 55$ MPa.

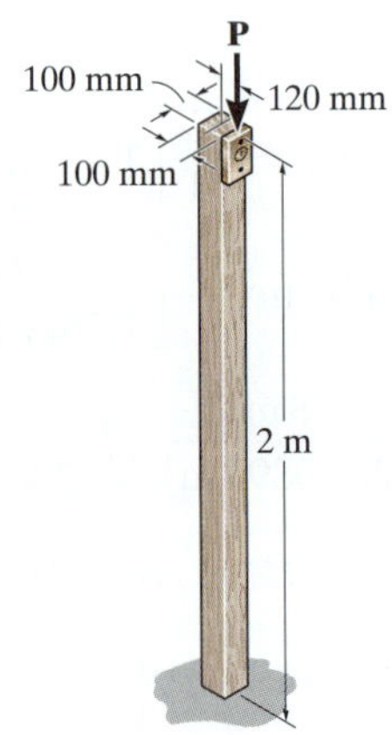

Prob. 17–51

*17–52. The tube is made of copper and has an outer diameter of 35 mm and a wall thickness of 7 mm. Determine the eccentric load P that it can support without failure. The tube is pin supported at its ends. $E_{cu} = 120$ GPa, $\sigma_Y = 750$ MPa.

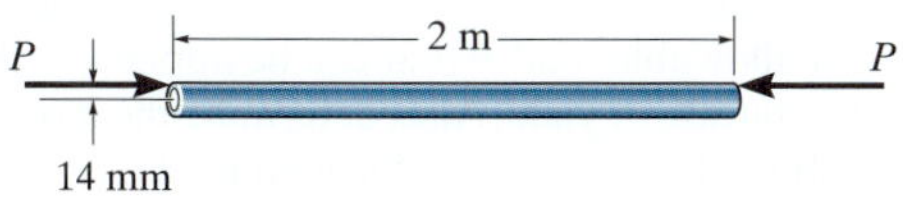

Prob. 17–52

17–53. The W250 = 45 A-36-steel column is pinned at its top and fixed at its base. Also, the column is braced along its weak axis at mid-height. If $P = 250$ kN investigate whether the column is adequate to support this loading. Use F.S. = 2 against buckling and F.S. = 1.5 against yielding.

17–54. The W250 = 45 A-36-steel column is pinned at its top and fixed at its base. Also, the column is braced along its weak axis at mid-height. Determine the allowable force P that the column can support without causing it either to buckle or yield. Use F.S. = 2 against buckling and F.S. = 1.5 against yielding.

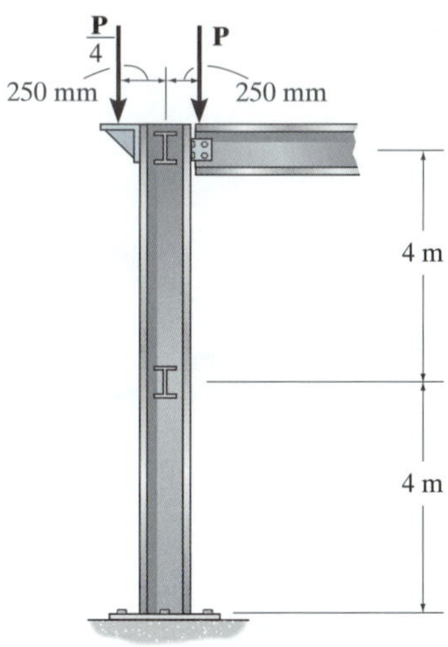

Probs. 17–53/54

17–55. The wood column is pinned at its base and top. If the eccentric force $P = 10$ kN is applied to the column, investigate whether the column is adequate to support this loading without buckling or yielding. Take $E = 10$ GPa and $\sigma_Y = 15$ MPa.

***17–56.** The wood column is pinned at its base and top. Determine the maximum eccentric force P the column can support without causing it to either buckle or yield. Take $E = 10$ GPa and $\sigma_Y = 15$ MPa.

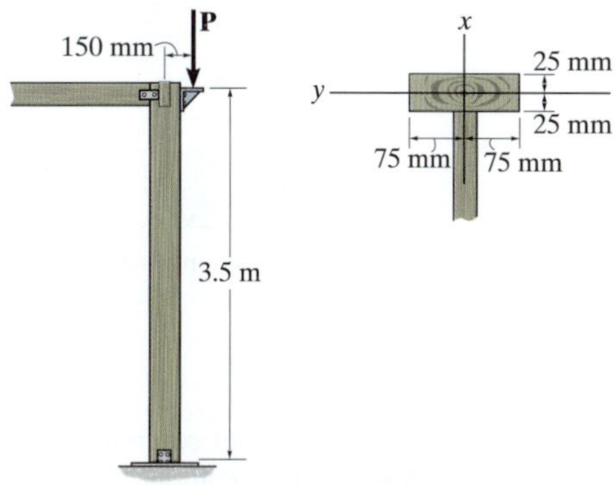

Probs. 17–55/56

17–57. The wood column is fixed at its base and can be assumed pin connected at its top. Determine the maximum eccentric load P that can be applied without causing the column to buckle or yield. $E_w = 12$ GPa, $\sigma_Y = 56$ MPa.

17–58. The wood column is fixed at its base and can be assumed fixed connected at its top. Determine the maximum eccentric load P that can be applied without causing the column to buckle or yield. $E_w = 12$ GPa, $\sigma_Y = 56$ MPa.

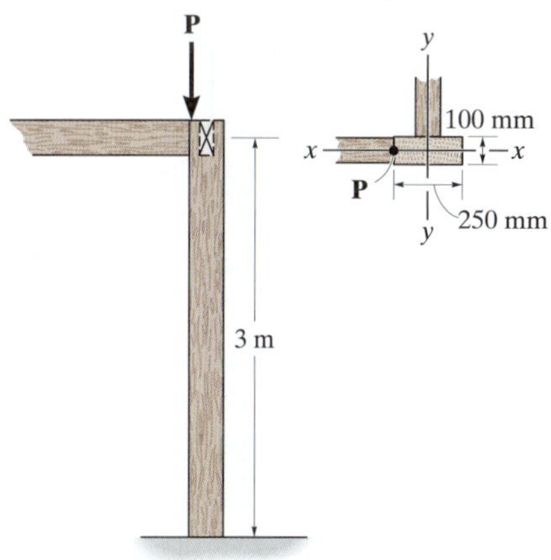

Probs. 17–57/58

17–59. Determine the maximum eccentric load P the 2014-T6-aluminum-alloy strut can support without causing it either to buckle or yield. The ends of the strut are pin connected.

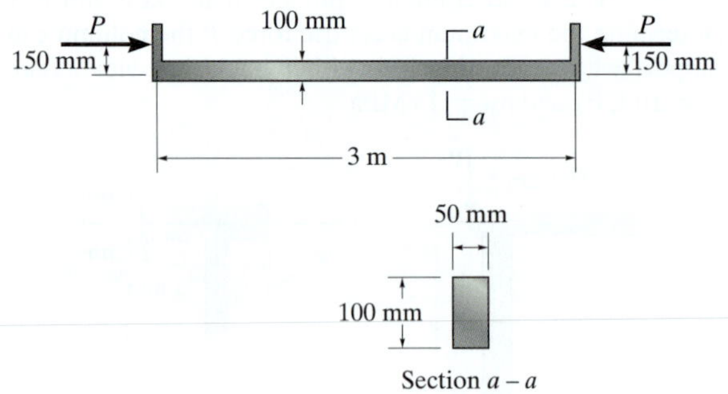

Prob. 17–59

***17–60.** The W200 × 22 A-36-steel column is fixed at its base. Its top is constrained to rotate about the y–y axis and free to move along the y–y axis. Also, the column is braced along the x–x axis at its mid-height. Determine the allowable eccentric force P that can be applied without causing the column either to buckle or yield. Use F.S. = 2 against buckling and F.S. = 1.5 against yielding.

17–61. The W200 × 22 A-36-steel column is fixed at its base. Its top is constrained to rotate about the y–y axis and free to move along the y–y axis. Also, the column is braced along the x–x axis at its mid-height. If $P = 25$ kN determine the maximum normal stress developed in the column.

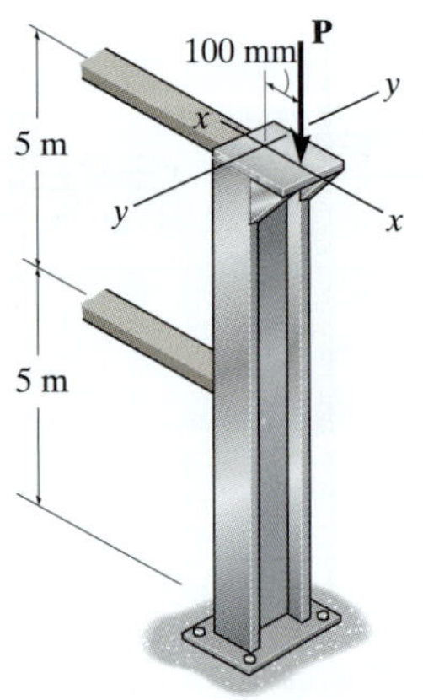

Probs. 17–60/61

17–62. The brass rod is fixed at one end and free at the other end. If the eccentric load $P = 200$ kN is applied, determine the greatest allowable length L of the rod so that it does not buckle or yield. $E_{br} = 101$ GPa, $\sigma_Y = 69$ MPa.

17–63. The brass rod is fixed at one end and free at the other end. If the length of the rod is $L = 2$ m, determine the greatest allowable load P that can be applied so that the rod does not buckle or yield. Also, determine the largest sidesway deflection of the rod due to the loading. $E_{br} = 101$ GPa, $\sigma_Y = 69$ MPa.

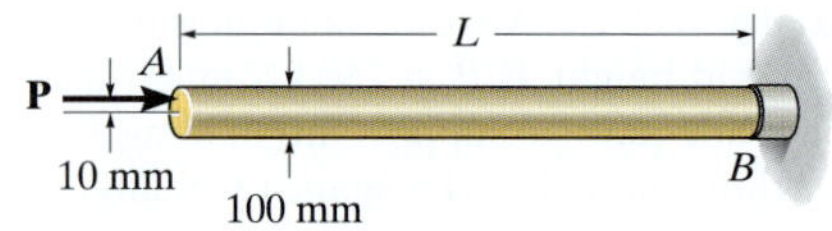

Probs. 17–62/63

***17–64.** Determine the load P required to cause the steel W310 × 74 structural A-36 steel column to fail either by buckling or by yielding. The column is fixed at its bottom and the cables at its top act as a pin to hold it.

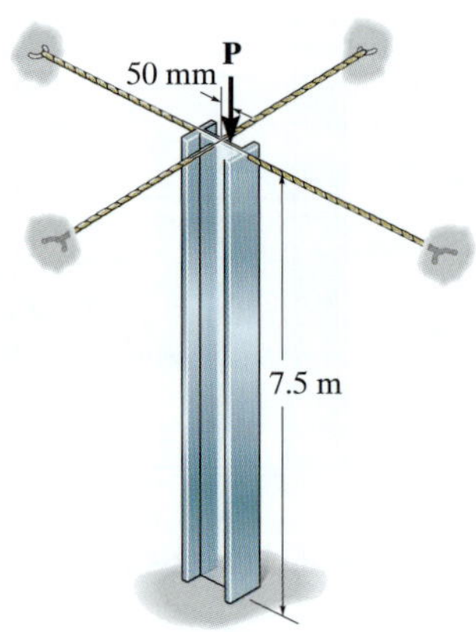

Prob. 17–64

내용 복습

좌굴은 기둥 등 압축하중을 받는 부재에 나타나는 갑작스러운 불안정 현상이다. 좌굴 발생 직전에 부재가 받을 수 있는 최대의 압축 하중을 임계하중 P_{cr}이라고 한다.		
이상기둥에 대한 임계하중은 오일러 공식으로 구한다. 여기서, 핀고정인 경우 $K = 1$, 양단고정인 경우 $K = 0.5$, 핀과 고정단으로 지지된 기둥의 경우 $K = 0.7$이고, 고정단과 자유단으로 된 기둥은 $K = 2$이다.	$P_{cr} = \dfrac{\pi^2 EI}{(KL)^2}$	
만일 축하중이 편심을 가지고 기둥에 작용하면, 기둥의 최대 응력 산정에는 시컨트 공식이 사용된다.	$\sigma_{max} = \dfrac{P}{A}\left[1 + \dfrac{ec}{r^2}\sec\left(\dfrac{L}{2r}\sqrt{\dfrac{P}{EA}}\right)\right]$	

17

REVIEW PROBLEMS

R17–1. The wood column is 4 m long and is required to support the axial load of 25 kN. If the cross section is square, determine the dimension a of each of its sides using a factor of safety against buckling of F.S. = 2.5. The column is assumed to be pinned at its top and bottom. Use the Euler equation. $E_W = 11$ GPa, and $\sigma_Y = 10$ MPa.

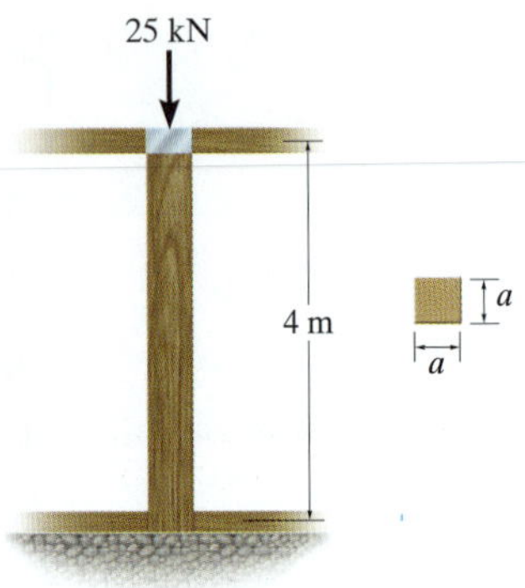

Prob. R17–1

R17–2. If the torsional springs attached to ends A and C of the rigid members AB and BC have a stiffness k, determine the critical load P_{cr}.

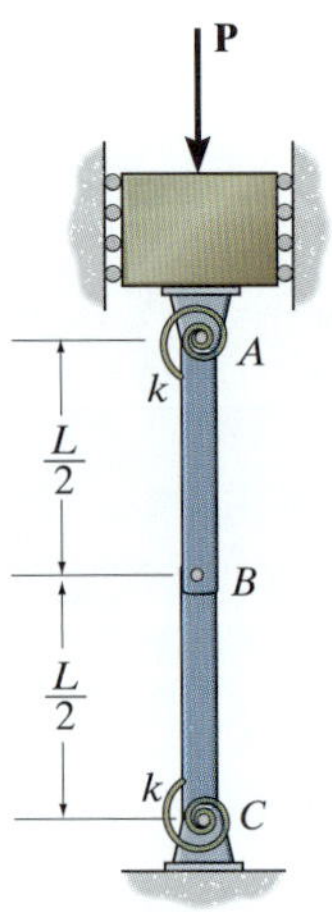

Prob. R17–2

R17–3. A steel column has a length of 5 m and is free at one end and fixed at the other end. If the cross-sectional area has the dimensions shown, determine the critical load. $E_{st} = 200$ GPa, $\sigma_Y = 360$ MPa.

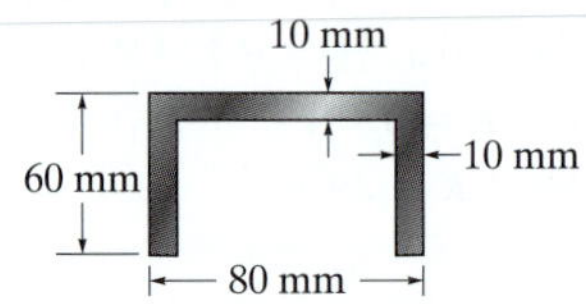

Prob. R17–3

***R17–4.** Determine the maximum intensity w of the uniform distributed load that can be applied on the beam without causing the compressive members of the supporting truss to buckle. The members of the truss are made from A-36-steel rods having a 60-mm diameter. Use F.S. = 2 against buckling.

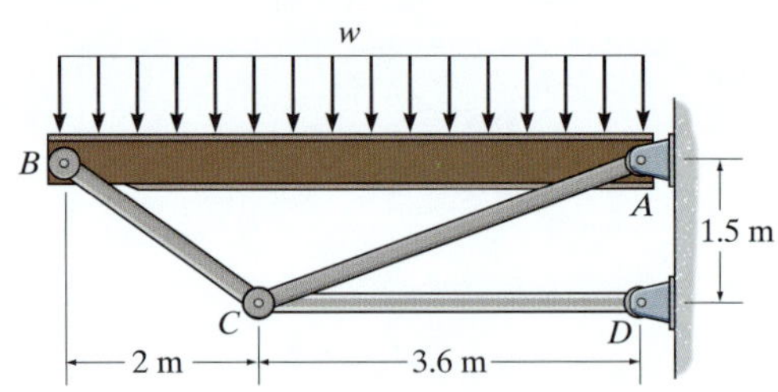

Prob. R17–4

R17–5. The W250 × 28 A-36-steel column is fixed at its base. Its top is constrained to rotate about the y–y axis and free to move along the y–y axis. If $e = 350$ mm determine the allowable eccentric force P that can be applied without causing the column either to buckle or yield. Use F.S. = 2 against buckling and F.S. = 1.5 against yielding.

R17–6. The W250 × 28 A-36-steel column is fixed at its base. Its top is constrained to rotate about the y–y axis and free to move along the y–y axis. Determine the force **P** and its eccentricity e so that the column will yield and buckle simultaneously.

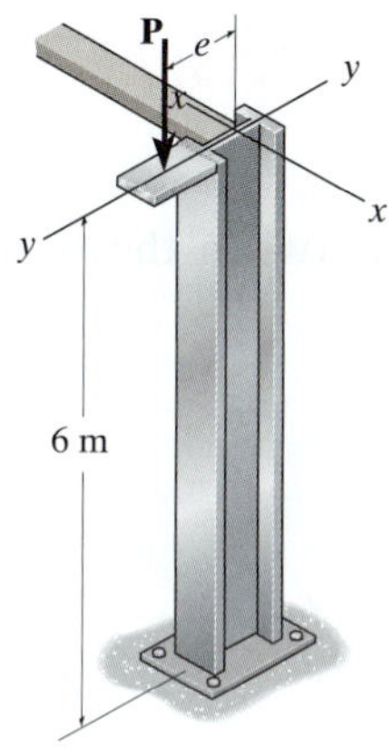

Probs. R17–5/6

R17–7. The steel pipe is fixed supported at its ends. If it is 4 m long and has an outer diameter of 50 mm, determine its required thickness so that it can support an axial load of $P = 100$ kN without buckling. $E_{st} = 200$ GPa, $\sigma_Y = 250$ MPa.

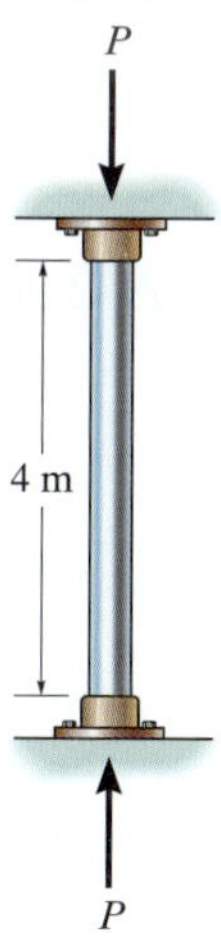

Prob. R17–7

***R17–8.** The W200 × 46 wide-flange A992-steel column can be considered pinned at its top and fixed at its base. Also, the column is braced at its mid-height against weak axis buckling. Determine the maximum axial load the column can support without causing it to buckle.

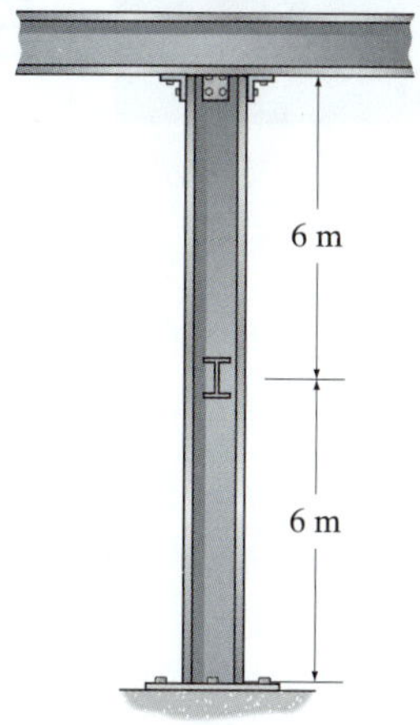

Prob. R17–8

R17–9. The wide-flange A992 steel column has the cross section shown. If it is fixed at the bottom and free at the top, determine the maximum force P that can be applied at A without causing it to buckle or yield. Use a factor of safety of 3 with respect to buckling and yielding.

R17–10. The wide-flange A992 steel column has the cross section shown. If it is fixed at the bottom and free at the top, determine if the column will buckle or yield when the load $P = 10$ kN is applied at A. Use a factor of safety of 3 with respect to buckling and yielding.

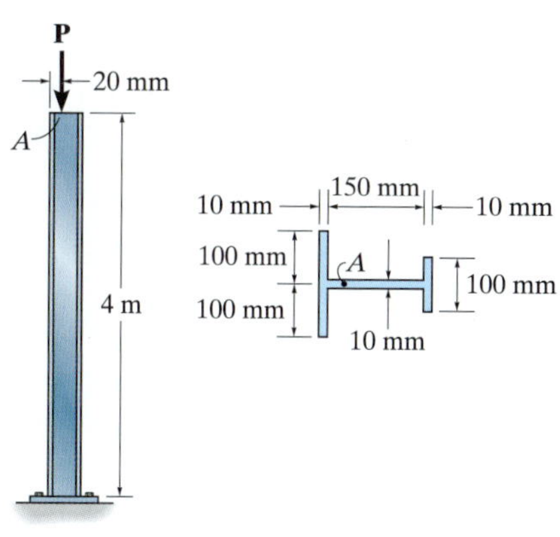

Probs. R17–9/10

APPENDIX A

MATHEMATICAL REVIEW AND EXPRESSIONS

GEOMETRY AND TRIGONOMETRY REVIEW

The angles θ in Fig. A–1 are equal between the transverse and two parallel lines.

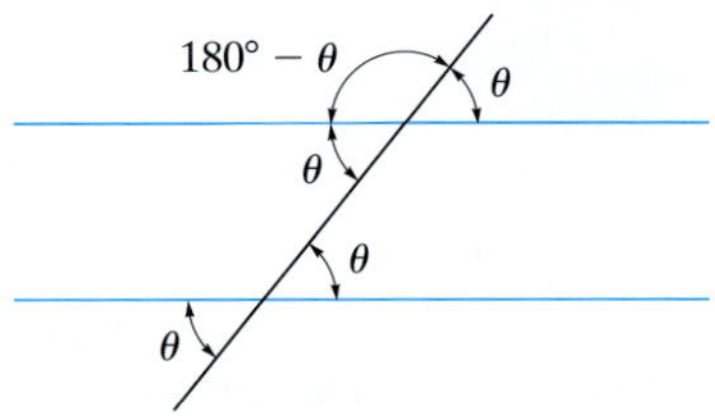

Fig. A–1

For a line and its normal, the angles θ in Fig. A–2 are equal.

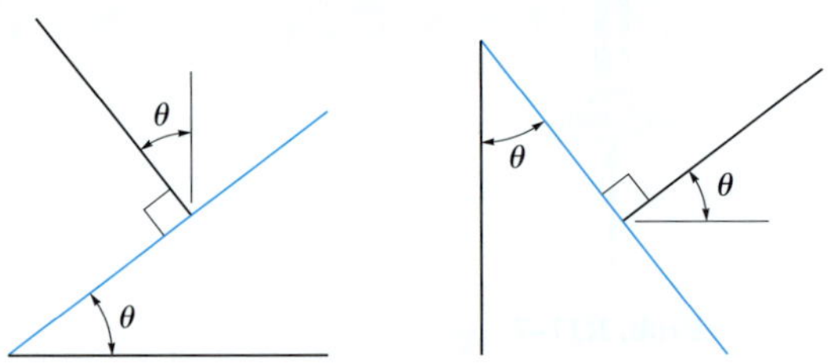

Fig. A–2

A

For the circle in Fig. A–3 $s = \theta r$, so that when $\theta = 360° = 2\pi$ rad then the circumference is $s = 2\pi r$. Also, since $180° = \pi$ rad, then $\theta\,(\text{rad}) = (\pi/180°)\theta°$. The area of the circle is $A = \pi r^2$.

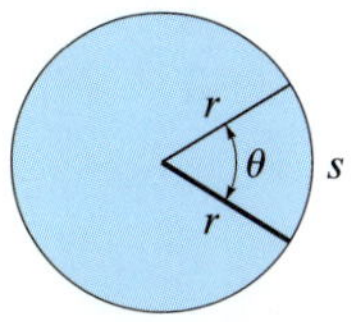

Fig. A–3

The sides of a similar triangle can be obtained by proportion as in Fig. A–4, where $\frac{a}{A} = \frac{b}{B} = \frac{c}{C}$.

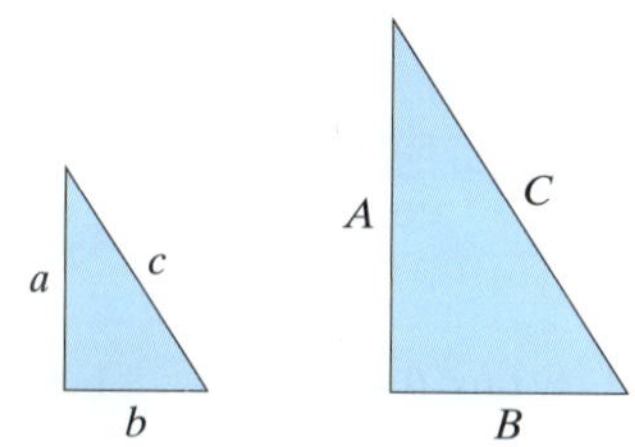

Fig. A–4

For the right triangle in Fig. A–5, the Pythagorean theorem is

$$h = \sqrt{(o)^2 + (a)^2}$$

The trigonometric functions are

$$\sin\theta = \frac{o}{h}$$

$$\cos\theta = \frac{a}{h}$$

$$\tan\theta = \frac{o}{a}$$

This is easily remembered as "soh, cah, toa," i.e., the sine is the opposite over the hypotenuse, etc. The other trigonometric functions follow from this.

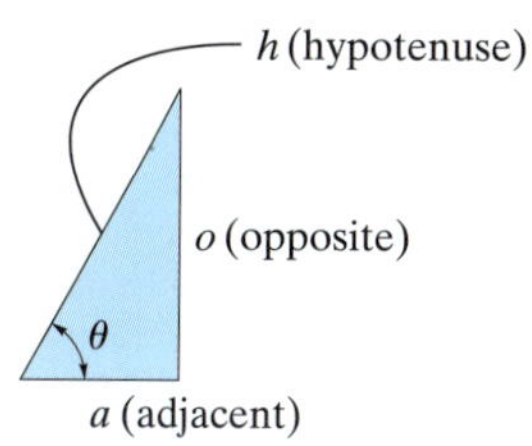

Fig. A–5

$$\csc\theta = \frac{1}{\sin\theta} = \frac{h}{o}$$

$$\sec\theta = \frac{1}{\cos\theta} = \frac{h}{a}$$

$$\cot\theta = \frac{1}{\tan\theta} = \frac{a}{o}$$

Trigonometric Identities

$$\sin^2\theta + \cos^2\theta = 1$$

$$\sin(\theta \pm \phi) = \sin\theta\cos\phi \pm \cos\theta\sin\phi$$

$$\sin 2\theta = 2\sin\theta\cos\theta$$

$$\cos(\theta \pm \phi) = \cos\theta\cos\phi \mp \sin\theta\sin\phi$$

$$\cos 2\theta = \cos^2\theta - \sin^2\theta$$

$$\cos\theta = \pm\sqrt{\frac{1+\cos 2\theta}{2}}, \sin\theta = \pm\sqrt{\frac{1-\cos 2\theta}{2}}$$

$$\tan\theta = \frac{\sin\theta}{\cos\theta}$$

$$1 + \tan^2\theta = \sec^2\theta \qquad 1 + \cot^2\theta = \csc^2\theta$$

Quadratic Formula

If $ax^2 + bx + c = 0$, then $x = \dfrac{-b \pm \sqrt{b^2 - 4ac}}{2a}$

Hyperbolic Functions

$$\sinh x = \frac{e^x - e^{-x}}{2},$$

$$\cosh x = \frac{e^x + e^{-x}}{2},$$

$$\tanh x = \frac{\sinh x}{\cosh x}$$

Power-Series Expansions

$$\sin x = x - \frac{x^3}{3!} + \cdots, \cos x = 1 - \frac{x^2}{2!} + \cdots$$

$$\sinh x = x + \frac{x^3}{3!} + \cdots, \cosh x = 1 + \frac{x^2}{2!} + \cdots$$

Derivatives

$$\frac{d}{dx}(u^n) = nu^{n-1}\frac{du}{dx} \qquad \frac{d}{dx}(\sin u) = \cos u\frac{du}{dx}$$

$$\frac{d}{dx}(uv) = u\frac{dv}{dx} + v\frac{du}{dx} \qquad \frac{d}{dx}(\cos u) = -\sin u\frac{du}{dx}$$

$$\frac{d}{dx}\left(\frac{u}{v}\right) = \frac{v\dfrac{du}{dx} - u\dfrac{dv}{dx}}{v^2} \qquad \frac{d}{dx}(\tan u) = \sec^2 u\frac{du}{dx}$$

$$\frac{d}{dx}(\cot u) = -\csc^2 u\frac{du}{dx} \qquad \frac{d}{dx}(\sinh u) = \cosh u\frac{du}{dx}$$

$$\frac{d}{dx}(\sec u) = \tan u\sec u\frac{du}{dx} \qquad \frac{d}{dx}(\cosh u) = \sinh u\frac{du}{dx}$$

$$\frac{d}{dx}(\csc u) = -\csc u\cot u\frac{du}{dx}$$

A

Integrals

$$\int x^n\,dx = \frac{x^{n+1}}{n+1} + C, n \neq -1$$

$$\int \frac{dx}{a+bx} = \frac{1}{b}\ln(a+bx) + C$$

$$\int \frac{dx}{a+bx^2} = \frac{1}{2\sqrt{-ab}}\ln\left[\frac{a+x\sqrt{-ab}}{a-x\sqrt{-ab}}\right] + C, ab < 0$$

$$\int \frac{x\,dx}{a+bx^2} = \frac{1}{2b}\ln(bx^2+a) + C$$

$$\int \frac{x^2\,dx}{a+bx^2} = \frac{x}{b} - \frac{a}{b\sqrt{ab}}\tan^{-1}\frac{x\sqrt{ab}}{a} + C, ab > 0$$

$$\int \sqrt{a+bx}\,dx = \frac{2}{3b}\sqrt{(a+bx)^3} + C$$

$$\int x\sqrt{a+bx}\,dx = \frac{-2(2a-3bx)\sqrt{(a+bx)^3}}{15b^2} + C$$

$$\int x^2\sqrt{a+bx}\,dx = \frac{2(8a^2-12abx+15b^2x^2)\sqrt{(a+bx)^3}}{105b^3} + C$$

$$\int \sqrt{a^2-x^2}\,dx = \frac{1}{2}\left[x\sqrt{a^2-x^2} + a^2\sin^{-1}\frac{x}{a}\right] + C, \quad a > 0$$

$$\int x\sqrt{a^2-x^2}\,dx = -\frac{1}{3}\sqrt{(a^2-x^2)^3} + C$$

$$\int x^2\sqrt{a^2-x^2}\,dx = -\frac{x}{4}\sqrt{(a^2-x^2)^3} + \frac{a^2}{8}\left(x\sqrt{a^2-x^2} + a^2\sin^{-1}\frac{x}{a}\right) + C, a > 0$$

$$\int \sqrt{x^2 \pm a^2}\,dx = \frac{1}{2}\left[x\sqrt{x^2\pm a^2} \pm a^2\ln\left(x+\sqrt{x^2\pm a^2}\right)\right] + C$$

$$\int x\sqrt{x^2\pm a^2}\,dx = \frac{1}{3}\sqrt{(x^2\pm a^2)^3} + C$$

$$\int x^2\sqrt{x^2\pm a^2}\,dx = \frac{x}{4}\sqrt{(x^2\pm a^2)^3} \mp \frac{a^2}{8}x\sqrt{x^2\pm a^2} - \frac{a^4}{8}\ln\left(x+\sqrt{x^2\pm a^2}\right) + C$$

$$\int \frac{dx}{\sqrt{a+bx}} = \frac{2\sqrt{a+bx}}{b} + C$$

$$\int \frac{x\,dx}{\sqrt{x^2\pm a^2}} = \sqrt{x^2\pm a^2} + C$$

$$\int \frac{dx}{\sqrt{a+bx+cx^2}} = \frac{1}{\sqrt{c}}\ln\left[\sqrt{a+bx+cx^2} + x\sqrt{c} + \frac{b}{2\sqrt{c}}\right] + C, c > 0$$

$$= \frac{1}{\sqrt{-c}}\sin^{-1}\left(\frac{-2cx-b}{\sqrt{b^2-4ac}}\right) + C, c < 0$$

$$\int \sin x\,dx = -\cos x + C$$

$$\int \cos x\,dx = \sin x + C$$

$$\int x\cos(ax)\,dx = \frac{1}{a^2}\cos(ax) + \frac{x}{a}\sin(ax) + C$$

$$\int x^2\cos(ax)\,dx = \frac{2x}{a^2}\cos(ax) + \frac{a^2x^2-2}{a^3}\sin(ax) + C$$

$$\int e^{ax}\,dx = \frac{1}{a}e^{ax} + C$$

$$\int xe^{ax}\,dx = \frac{e^{ax}}{a^2}(ax-1) + C$$

$$\int \sinh x\,dx = \cosh x + C$$

$$\int \cosh x\,dx = \sinh x + C$$

A

APPENDIX B

GEOMETRIC PROPERTIES OF AN AREA AND VOLUME

<table>
<tr><th>Centroid Location</th><th>Centroid Location</th><th>Area Moment of Inertia</th></tr>
<tr>
<td>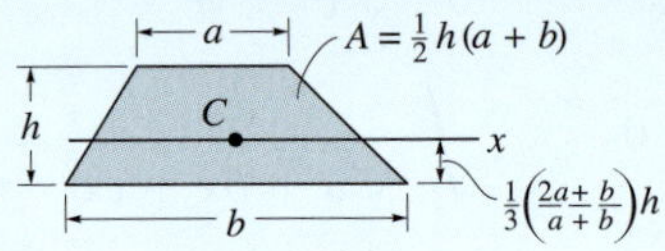

Trapezoidal area</td>
<td>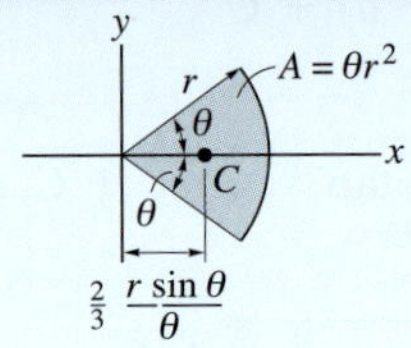

Circular sector area</td>
<td>$I_x = \frac{1}{4}r^4(\theta - \frac{1}{2}\sin 2\theta)$
$I_y = \frac{1}{4}r^4(\theta + \frac{1}{2}\sin 2\theta)$</td>
</tr>
<tr>
<td>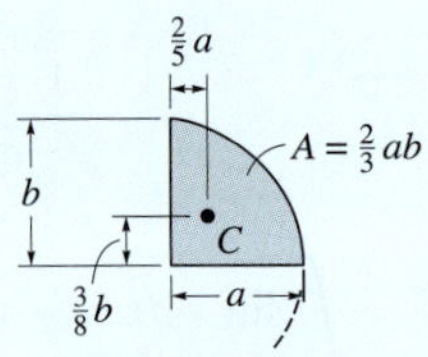

Semiparabolic area</td>
<td>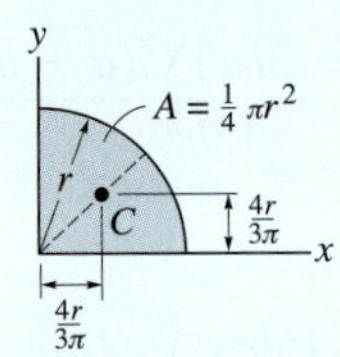

Quarter circular area</td>
<td>$I_x = \frac{1}{16}\pi r^4$
$I_y = \frac{1}{16}\pi r^4$</td>
</tr>
<tr>
<td>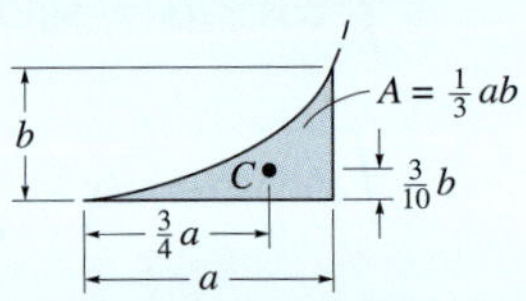

Exparabolic area</td>
<td>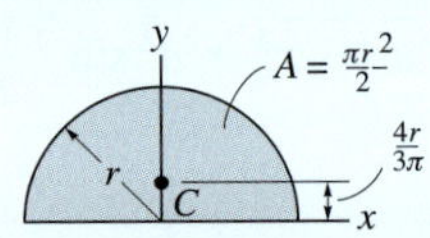

Semicircular area</td>
<td>$I_x = \frac{1}{8}\pi r^4$
$I_y = \frac{1}{8}\pi r^4$</td>
</tr>
<tr>
<td>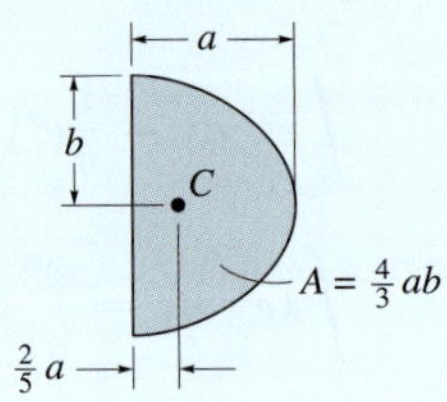

Parabolic area</td>
<td>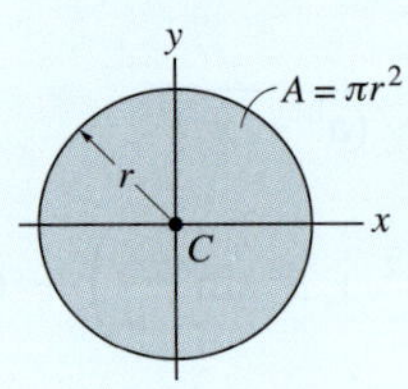

Circular area</td>
<td>$I_x = \frac{1}{4}\pi r^4$
$I_y = \frac{1}{4}\pi r^4$</td>
</tr>
</table>

B

Centroid Location	Centroid Location	Area Moment of Inertia
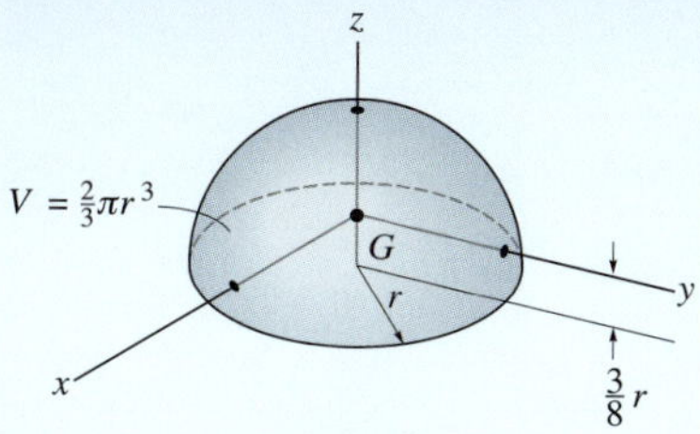 Hemisphere	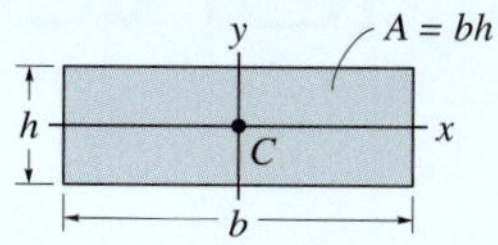 Rectangular area	$I_x = \frac{1}{12}bh^3$ $I_y = \frac{1}{12}hb^3$
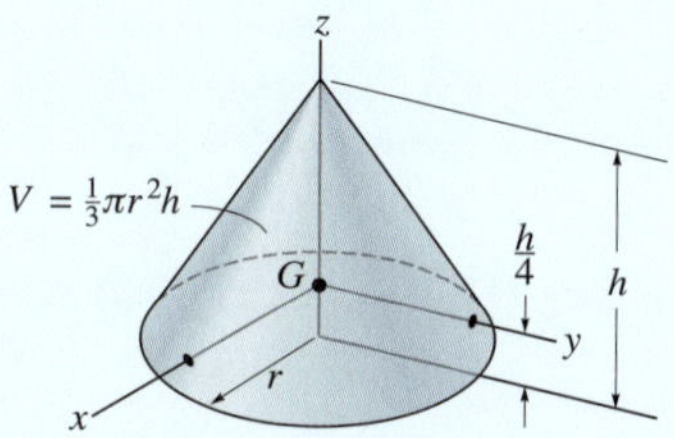 Cone	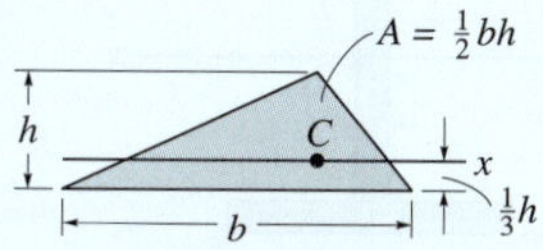 Triangular area	$I_x = \frac{1}{36}bh^3$

B

APPENDIX C

GEOMETRIC PROPERTIES OF WIDE-FLANGE SECTIONS

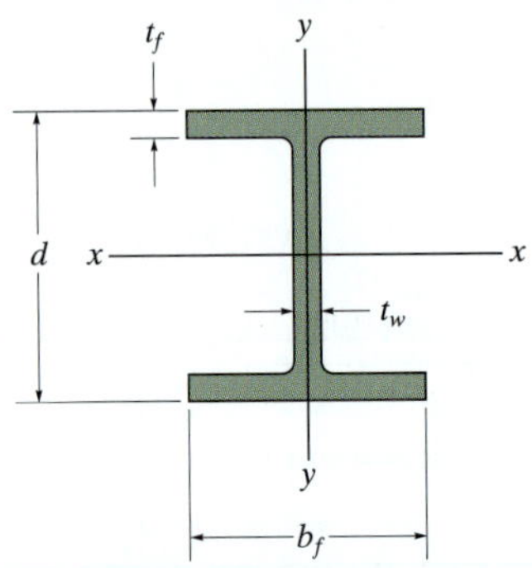

Wide-Flange Sections or W Shapes SI Units

Designation	Area A	Depth d	Web thickness t_w	Flange width b_f	Flange thickness t_f	x–x axis I	x–x axis S	x–x axis r	y–y axis I	y–y axis S	y–y axis r
mm × kg/m	mm^2	mm	mm	mm	mm	10^6 mm^4	10^3 mm^3	mm	10^6 mm^4	10^3 mm^3	mm
W610 × 155	19 800	611	12.70	324.0	19.0	1 290	4 220	255	108	667	73.9
W610 × 140	17 900	617	13.10	230.0	22.2	1 120	3 630	250	45.1	392	50.2
W610 × 125	15 900	612	11.90	229.0	19.6	985	3 220	249	39.3	343	49.7
W610 × 113	14 400	608	11.20	228.0	17.3	875	2 880	247	34.3	301	48.8
W610 × 101	12 900	603	10.50	228.0	14.9	764	2 530	243	29.5	259	47.8
W610 × 92	11 800	603	10.90	179.0	15.0	646	2 140	234	14.4	161	34.9
W610 × 82	10 500	599	10.00	178.0	12.8	560	1 870	231	12.1	136	33.9
W460 × 97	12 300	466	11.40	193.0	19.0	445	1 910	190	22.8	236	43.1
W460 × 89	11 400	463	10.50	192.0	17.7	410	1 770	190	20.9	218	42.8
W460 × 82	10 400	460	9.91	191.0	16.0	370	1 610	189	18.6	195	42.3
W460 × 74	9 460	457	9.02	190.0	14.5	333	1 460	188	16.6	175	41.9
W460 × 68	8 730	459	9.14	154.0	15.4	297	1 290	184	9.41	122	32.8
W460 × 60	7 590	455	8.00	153.0	13.3	255	1 120	183	7.96	104	32.4
W460 × 52	6 640	450	7.62	152.0	10.8	212	942	179	6.34	83.4	30.9

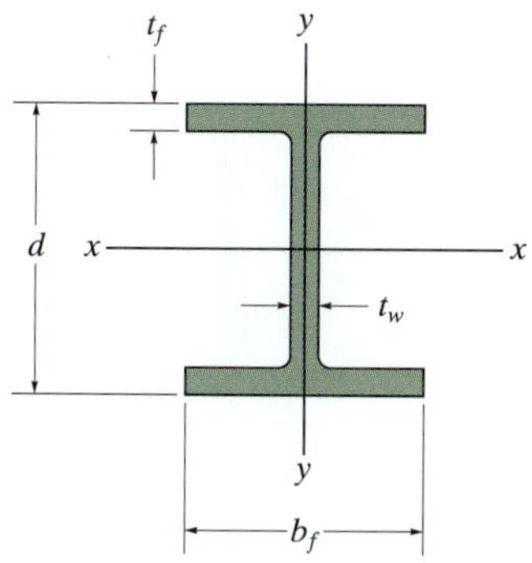

Wide-Flange Sections or W Shapes SI Units

Designation	Area A	Depth d	Web thickness t_w	Flange width b_f	Flange thickness t_f	x–x axis I	x–x axis S	x–x axis r	y–y axis I	y–y axis S	y–y axis r
mm × kg/m	mm^2	mm	mm	mm	mm	10^6 mm^4	10^3 mm^3	mm	10^6 mm^4	10^3 mm^3	mm
W410 × 85	10 800	417	10.90	181.0	18.2	315	1 510	171	18.0	199	40.8
W410 × 74	9 510	413	9.65	180.0	16.0	275	1 330	170	15.6	173	40.5
W410 × 67	8 560	410	8.76	179.0	14.4	245	1 200	169	13.8	154	40.2
W410 × 53	6 820	403	7.49	177.0	10.9	186	923	165	10.1	114	38.5
W410 × 46	5 890	403	6.99	140.0	11.2	156	774	163	5.14	73.4	29.5
W410 × 39	4 960	399	6.35	140.0	8.8	126	632	159	4.02	57.4	28.5
W360 × 79	10 100	354	9.40	205.0	16.8	227	1 280	150	24.2	236	48.9
W360 × 64	8 150	347	7.75	203.0	13.5	179	1 030	148	18.8	185	48.0
W360 × 57	7 200	358	7.87	172.0	13.1	160	894	149	11.1	129	39.3
W360 × 51	6 450	355	7.24	171.0	11.6	141	794	148	9.68	113	38.7
W360 × 45	5 710	352	6.86	171.0	9.8	121	688	146	8.16	95.4	37.8
W360 × 39	4 960	353	6.48	128.0	10.7	102	578	143	3.75	58.6	27.5
W360 × 33	4 190	349	5.84	127.0	8.5	82.9	475	141	2.91	45.8	26.4

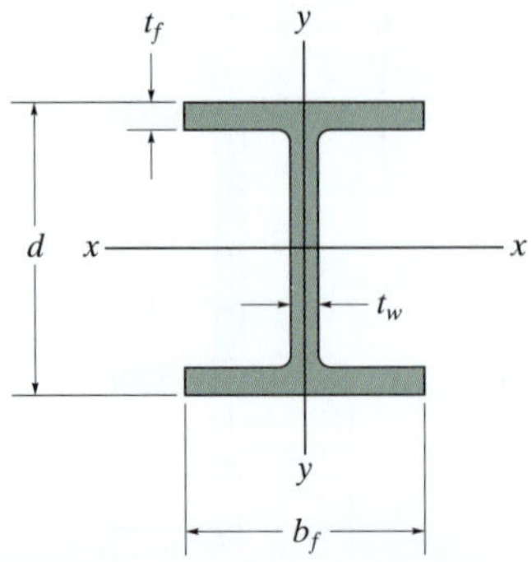

Wide-Flange Sections or W Shapes SI Units

Designation	Area A	Depth d	Web thickness t_w	Flange width b_f	Flange thickness t_f	x–x axis I	x–x axis S	x–x axis r	y–y axis I	y–y axis S	y–y axis r
mm × kg/m	mm^2	mm	mm	mm	mm	10^6 mm^4	10^3 mm^3	mm	10^6 mm^4	10^3 mm^3	mm
W310 × 129	16 500	318	13.10	308.0	20.6	308	1940	137	100	649	77.8
W310 × 74	9 480	310	9.40	205.0	16.3	165	1060	132	23.4	228	49.7
W310 × 67	8 530	306	8.51	204.0	14.6	145	948	130	20.7	203	49.3
W310 × 39	4 930	310	5.84	165.0	9.7	84.8	547	131	7.23	87.6	38.3
W310 × 33	4 180	313	6.60	102.0	10.8	65.0	415	125	1.92	37.6	21.4
W310 × 24	3 040	305	5.59	101.0	6.7	42.8	281	119	1.16	23.0	19.5
W310 × 21	2 680	303	5.08	101.0	5.7	37.0	244	117	0.986	19.5	19.2
W250 × 149	19 000	282	17.30	263.0	28.4	259	1840	117	86.2	656	67.4
W250 × 80	10 200	256	9.40	255.0	15.6	126	984	111	43.1	338	65.0
W250 × 67	8 560	257	8.89	204.0	15.7	104	809	110	22.2	218	50.9
W250 × 58	7 400	252	8.00	203.0	13.5	87.3	693	109	18.8	185	50.4
W250 × 45	5 700	266	7.62	148.0	13.0	71.1	535	112	7.03	95	35.1
W250 × 28	3 620	260	6.35	102.0	10.0	39.9	307	105	1.78	34.9	22.2
W250 × 22	2 850	254	5.84	102.0	6.9	28.8	227	101	1.22	23.9	20.7
W250 × 18	2 280	251	4.83	101.0	5.3	22.5	179	99.3	0.919	18.2	20.1
W200 × 100	12 700	229	14.50	210.0	23.7	113	987	94.3	36.6	349	53.7
W200 × 86	11 000	222	13.00	209.0	20.6	94.7	853	92.8	31.4	300	53.4
W200 × 71	9 100	216	10.20	206.0	17.4	76.6	709	91.7	25.4	247	52.8
W200 × 59	7 580	210	9.14	205.0	14.2	61.2	583	89.9	20.4	199	51.9
W200 × 46	5 890	203	7.24	203.0	11.0	45.5	448	87.9	15.3	151	51.0
W200 × 36	4 570	201	6.22	165.0	10.2	34.4	342	86.8	7.64	92.6	40.9
W200 × 22	2 860	206	6.22	102.0	8.0	20.0	194	83.6	1.42	27.8	22.3
W150 × 37	4 730	162	8.13	154.0	11.6	22.2	274	68.5	7.07	91.8	38.7
W150 × 30	3 790	157	6.60	153.0	9.3	17.1	218	67.2	5.54	72.4	38.2
W150 × 22	2 860	152	5.84	152.0	6.6	12.1	159	65.0	3.87	50.9	36.8
W150 × 24	3 060	160	6.60	102.0	10.3	13.4	168	66.2	1.83	35.9	24.5
W150 × 18	2 290	153	5.84	102.0	7.1	9.19	120	63.3	1.26	24.7	23.5
W150 × 14	1 730	150	4.32	100.0	5.5	6.84	91.2	62.9	0.912	18.2	23.0

C

APPENDIX D

SLOPES AND DEFLECTIONS OF BEAMS

Simply Supported Beam Slopes and Deflections

Beam	Slope	Deflection	Elastic Curve
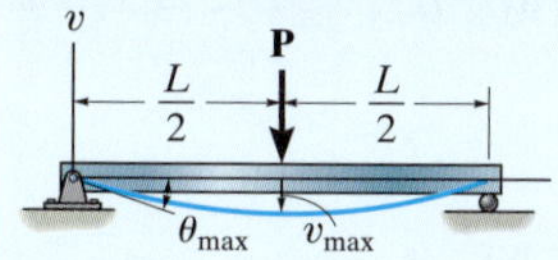	$\theta_{max} = \dfrac{-PL^2}{16EI}$	$v_{max} = \dfrac{-PL^3}{48EI}$	$v = \dfrac{-Px}{48EI}(3L^2 - 4x^2)$ $0 \le x \le L/2$
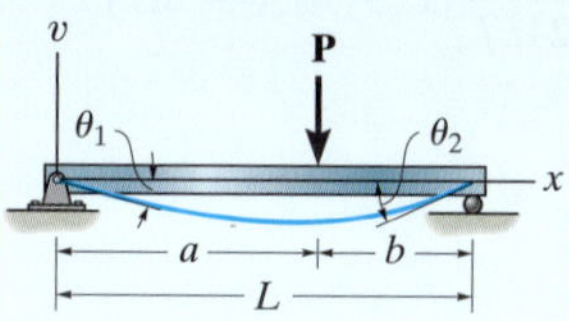	$\theta_1 = \dfrac{-Pab(L+b)}{6EIL}$ $\theta_2 = \dfrac{Pab(L+a)}{6EIL}$	$v\Big\vert_{x=a} = \dfrac{-Pba}{6EIL}(L^2 - b^2 - a^2)$	$v = \dfrac{-Pbx}{6EIL}(L^2 - b^2 - x^2)$ $0 \le x \le a$
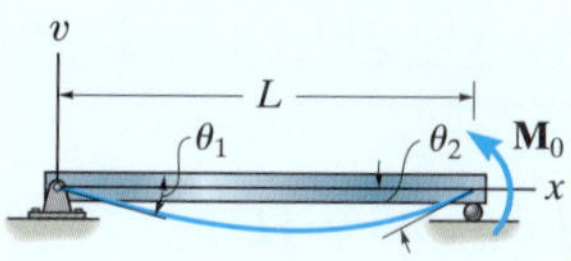	$\theta_1 = \dfrac{-M_0 L}{6EI}$ $\theta_2 = \dfrac{M_0 L}{3EI}$	$v_{max} = \dfrac{-M_0 L^2}{9\sqrt{3}EI}$ at $x = 0.5774L$	$v = \dfrac{-M_0 x}{6EIL}(L^2 - x^2)$
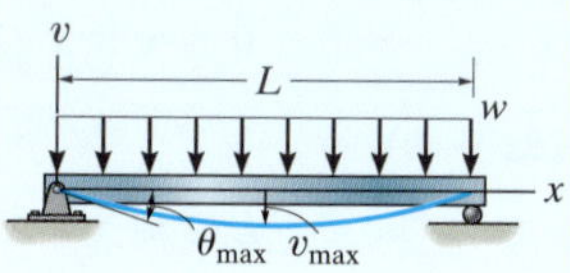	$\theta_{max} = \dfrac{-wL^3}{24EI}$	$v_{max} = \dfrac{-5wL^4}{384EI}$	$v = \dfrac{-wx}{24EI}(x^3 - 2Lx^2 + L^3)$
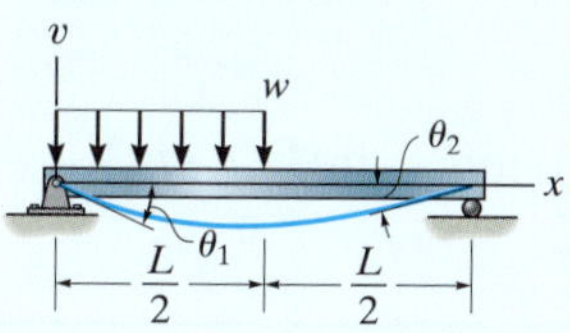	$\theta_1 = \dfrac{-3wL^3}{128EI}$ $\theta_2 = \dfrac{7wL^3}{384EI}$	$v\Big\vert_{x=L/2} = \dfrac{-5wL^4}{768EI}$ $v_{max} = -0.006563\dfrac{wL^4}{EI}$ at $x = 0.4598L$	$v = \dfrac{-wx}{384EI}(16x^3 - 24Lx^2 + 9L^3)$ $0 \le x \le L/2$ $v = \dfrac{-wL}{384EI}(8x^3 - 24Lx^2 + 17L^2x - L^3)$ $L/2 \le x < L$
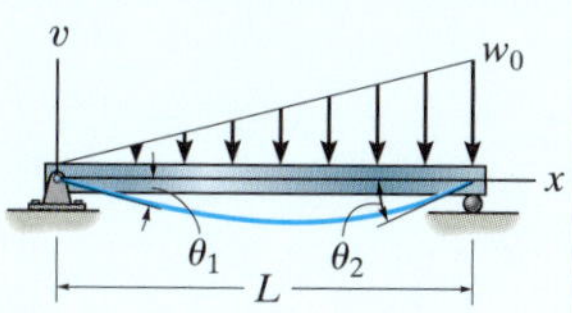	$\theta_1 = \dfrac{-7w_0L^3}{360EI}$ $\theta_2 = \dfrac{w_0L^3}{45EI}$	$v_{max} = -0.00652\dfrac{w_0L^4}{EI}$ at $x = 0.5193L$	$v = \dfrac{-w_0x}{360EIL}(3x^4 - 10L^2x^2 + 7L^4)$

Cantilevered Beam Slopes and Deflections

Beam	Slope	Deflection	Elastic Curve
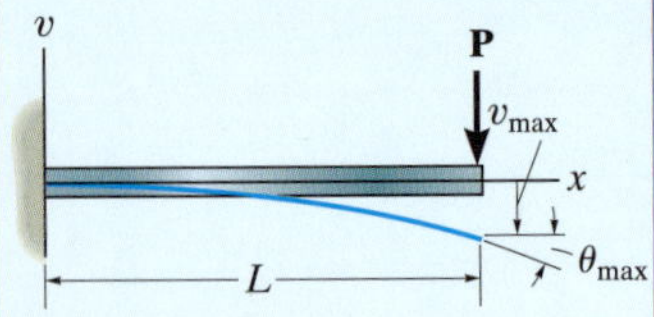	$\theta_{max} = \dfrac{-PL^2}{2EI}$	$v_{max} = \dfrac{-PL^3}{3EI}$	$v = \dfrac{-Px^2}{6EI}(3L - x)$
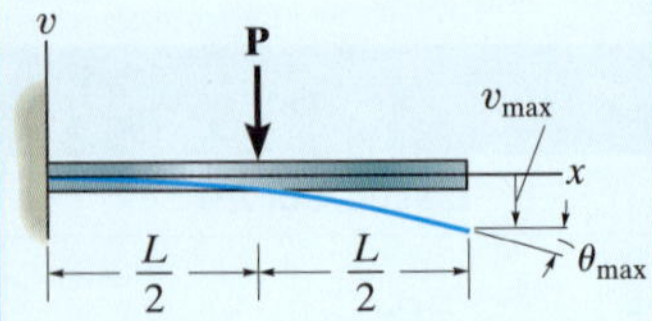	$\theta_{max} = \dfrac{-PL^2}{8EI}$	$v_{max} = \dfrac{-5PL^3}{48EI}$	$v = \dfrac{-Px^2}{12EI}(3L - 2x) \quad 0 \le x \le L/2$ $v = \dfrac{-PL^2}{48EI}(6x - L) \quad L/2 \le x \le L$
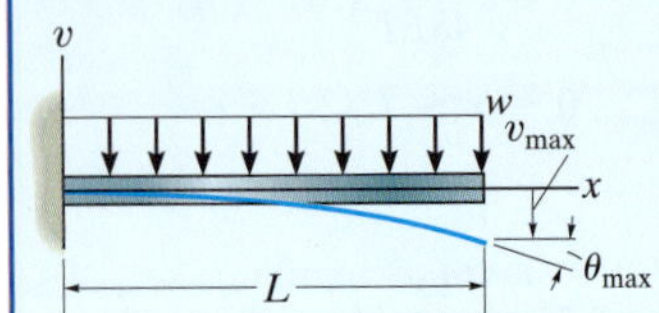	$\theta_{max} = \dfrac{-wL^3}{6EI}$	$v_{max} = \dfrac{-wL^4}{8EI}$	$v = \dfrac{-wx^2}{24EI}(x^2 - 4Lx + 6L^2)$
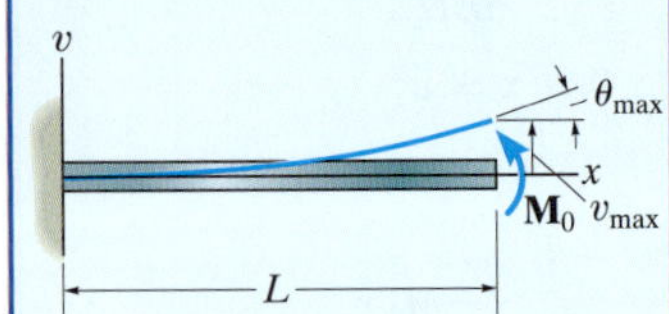	$\theta_{max} = \dfrac{M_0L}{EI}$	$v_{max} = \dfrac{M_0L^2}{2EI}$	$v = \dfrac{M_0x^2}{2EI}$
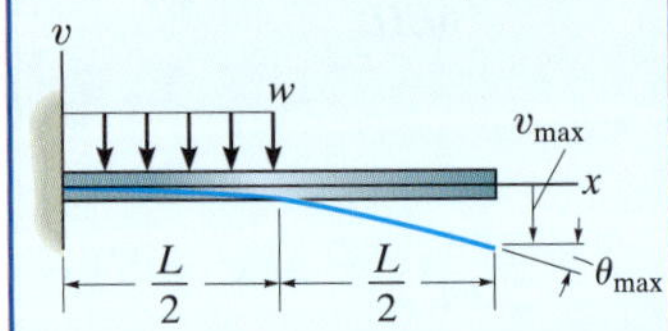	$\theta_{max} = \dfrac{-wL^3}{48EI}$	$v_{max} = \dfrac{-7wL^4}{384EI}$	$v = \dfrac{-wx^2}{24EI}\left(x^2 - 2Lx + \tfrac{3}{2}L^2\right)$ $0 \le x \le L/2$ $v = \dfrac{-wL^3}{384EI}(8x - L)$ $L/2 \le x \le L$
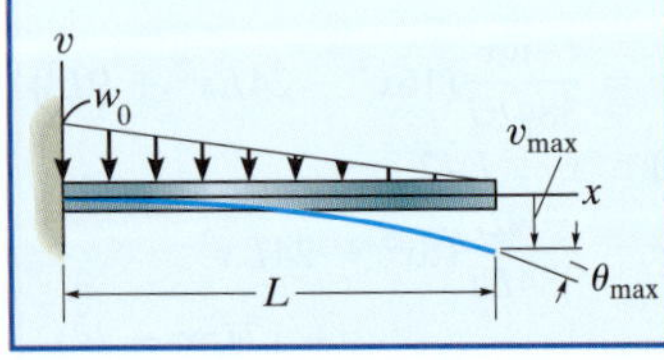	$\theta_{max} = \dfrac{-w_0L^3}{24EI}$	$v_{max} = \dfrac{-w_0L^4}{30EI}$	$v = \dfrac{-w_0x^2}{120EIL}(10L^3 - 10L^2x + 5Lx^2 - x^3)$

D

Preliminary Problems Solutions

Chapter 2

P2–1.

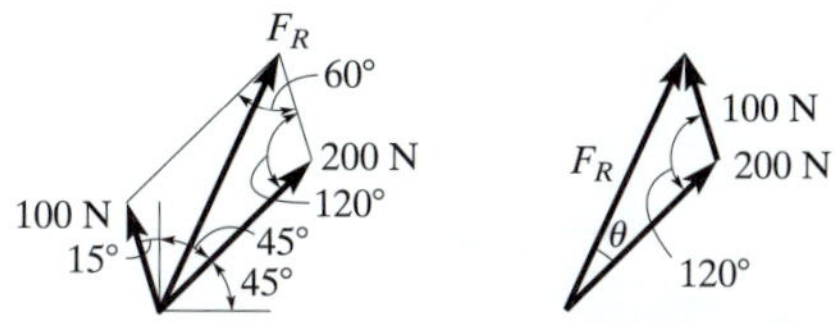

(a)

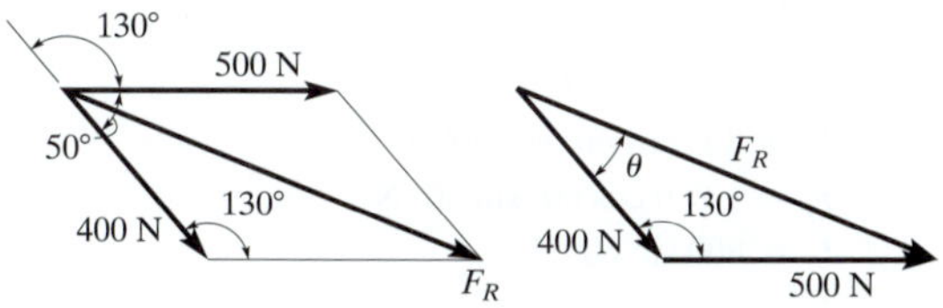

(b)

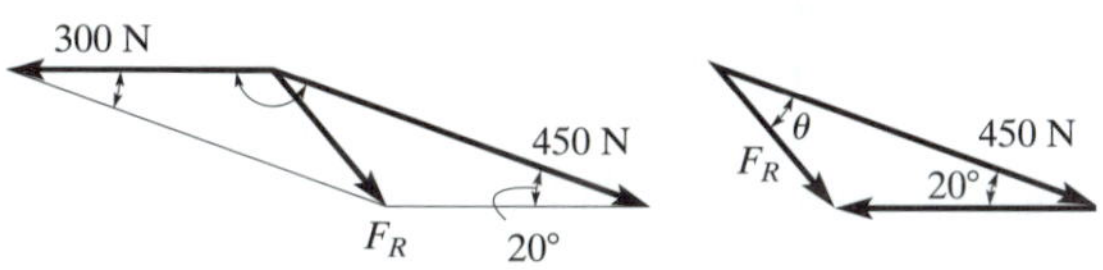

(c)

P2–2.

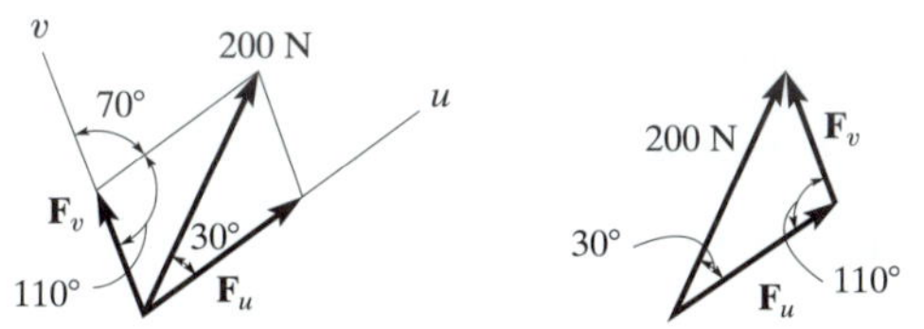

(a)

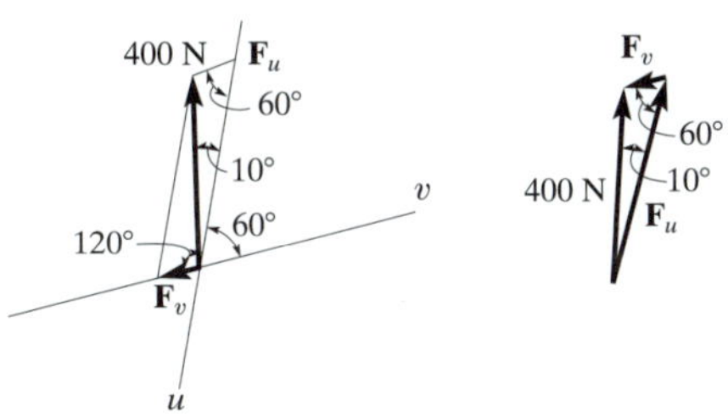

(b)

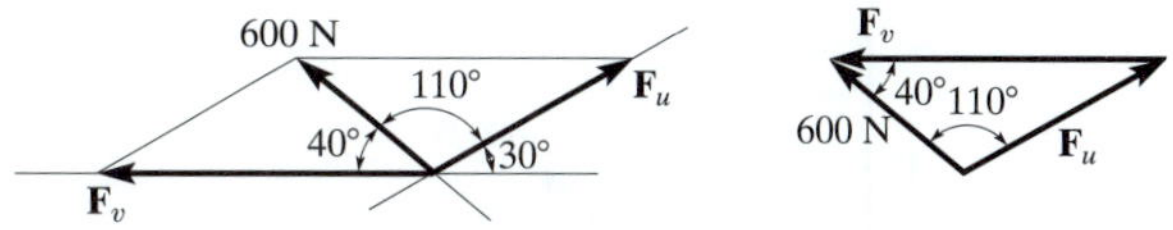

(c)

P2–3.

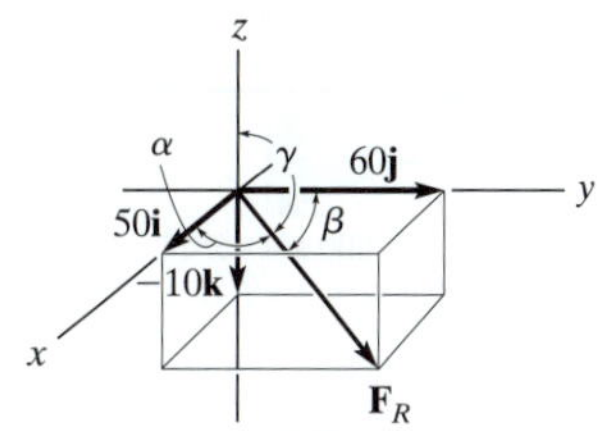

(a)

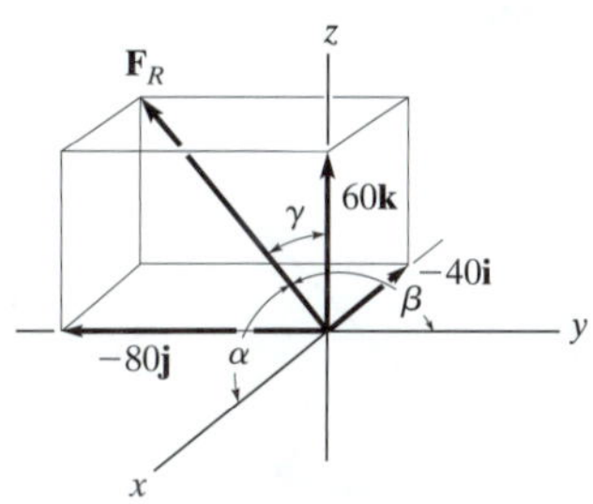

(b)

P2–4. **a.** $\mathbf{F} = \{-4\mathbf{i} - 4\mathbf{j} + 2\mathbf{k}\}$ kN

$$F = \sqrt{(4)^2 + (-4)^2 + (2)^2} = 6 \text{ kN}$$

$$\cos \beta = \frac{-2}{3}$$

b. $\mathbf{F} = \{20\mathbf{i} + 20\mathbf{j} - 10\mathbf{k}\}$ N

$$F = \sqrt{(20)^2 + (20)^2 + (-10)^2} = 30 \text{ N}$$

$$\cos \beta = \frac{2}{3}$$

P2–5.

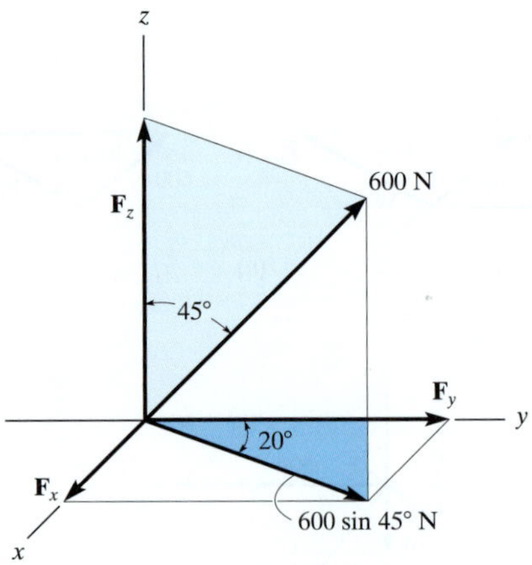

(a)

$$F_x = (600 \sin 45^\circ) \sin 20^\circ \text{ N}$$
$$F_y = (600 \sin 45^\circ) \cos 20^\circ \text{ N}$$
$$F_z = 600 \cos 45^\circ \text{ N}$$

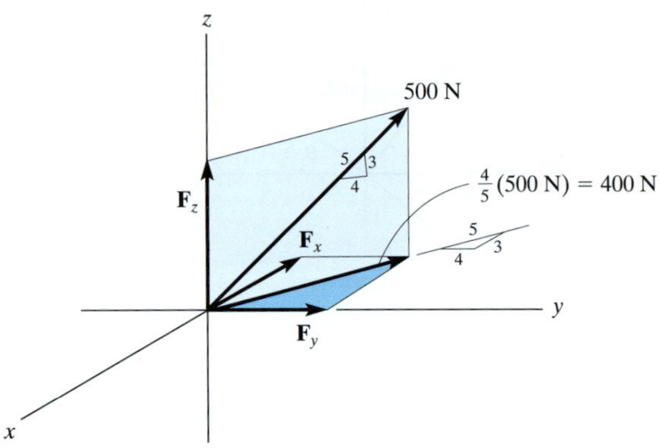

(b)

$$F_x = -\frac{3}{5}(400) \text{ N}$$

$$F_y = \frac{4}{5}(400) \text{ N}$$

$$F_z = \frac{3}{5}(500) \text{ N}$$

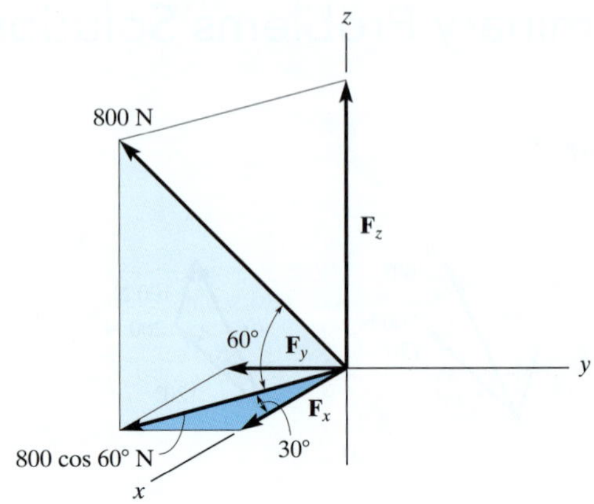

(c)

$$F_x = 800 \cos 60^\circ \cos 30^\circ \text{ N}$$
$$F_y = -800 \cos 60^\circ \sin 30^\circ \text{ N}$$
$$F_z = 800 \sin 60^\circ \text{ N}$$

P2–6. **a.** $\mathbf{r}_{AB} = \{-5\mathbf{i} + 3\mathbf{j} - 2\mathbf{k}\}$ m

b. $\mathbf{r}_{AB} = \{4\mathbf{i} + 8\mathbf{j} - 3\mathbf{k}\}$ m

c. $\mathbf{r}_{AB} = \{6\mathbf{i} - 3\mathbf{j} - 4\mathbf{k}\}$ m

P2–7. **a.** $\mathbf{F} = 15 \text{ kN}\left(\frac{-3}{5}\mathbf{i} + \frac{4}{5}\mathbf{j}\right) = \{-9\mathbf{i} + 12\mathbf{j}\} \text{ kN}$

b. $\mathbf{F} = 600 \text{ N}\left(\frac{2}{3}\mathbf{i} + \frac{2}{3}\mathbf{j} - \frac{1}{3}\mathbf{k}\right)$

$= \{400\mathbf{i} + 400\mathbf{j} - 200\mathbf{k}\}$ N

c. $\mathbf{F} = 300 \text{ N}\left(-\frac{2}{3}\mathbf{i} + \frac{2}{3}\mathbf{j} - \frac{1}{3}\mathbf{k}\right)$

$= \{-200\mathbf{i} + 200\mathbf{j} - 100\mathbf{k}\}$ N

P2–8. **a.** $\mathbf{r}_A = \{3\mathbf{k}\}$ m, $r_A = 3$ m

$\mathbf{r}_B = \{2\mathbf{i} + 2\mathbf{j} - 1\mathbf{k}\}$ m, $r_B = 3$ m

$\mathbf{r}_A \cdot \mathbf{r}_B = 0(2) + 0(2) + (3)(-1) = -3 \text{ m}^2$

$\mathbf{r}_A \cdot \mathbf{r}_B = r_A r_B \cos\theta$

$-3 = 3(3) \cos\theta$

b. $\mathbf{r}_A = \{-2\mathbf{i} + 2\mathbf{j} + 1\mathbf{k}\}$ m, $r_A = 3$ m

$\mathbf{r}_B = \{1.5\mathbf{i} - 2\mathbf{k}\}$ m, $r_B = 2.5$ m

$\mathbf{r}_A \cdot \mathbf{r}_B = (-2)(1.5) + 2(0) + (1)(-2) = -5 \text{ m}^2$

$\mathbf{r}_A \cdot \mathbf{r}_B = r_A r_B \cos\theta$

$-5 = 3(2.5) \cos\theta$

P2–9. **a.**

$$\mathbf{F} = 300\text{ N}\left(\frac{2}{3}\mathbf{i} + \frac{2}{3}\mathbf{j} - \frac{1}{3}\mathbf{k}\right) = \{200\mathbf{i} + 200\mathbf{j} - 100\mathbf{k}\}\text{ N}$$

$$\mathbf{u}_a = -\frac{3}{5}\mathbf{i} + \frac{4}{5}\mathbf{j}$$

$$F_a = \mathbf{F}\cdot\mathbf{u}_a = (200)\left(-\frac{3}{5}\right) + (200)\left(\frac{4}{5}\right) + (-100)\left(0\right)$$

b. $$\mathbf{F} = 500\text{ N}\left(-\frac{4}{5}\mathbf{j} + \frac{3}{5}\mathbf{k}\right) = \{-400\mathbf{j} + 300\mathbf{k}\}\text{ N}$$

$$\mathbf{u}_a = -\frac{1}{3}\mathbf{i} + \frac{2}{3}\mathbf{j} + \frac{2}{3}\mathbf{k}$$

$$F_a = \mathbf{F}\cdot\mathbf{u}_a = (0)\left(-\frac{1}{3}\right) + (-400)\left(\frac{2}{3}\right) + (300)\left(\frac{2}{3}\right)$$

Chapter 3

P3–1. **a.** $M_O = 100\text{ N}(2\text{ m}) = 200\text{ N}\cdot\text{m}\circlearrowleft$

b. $M_O = -100\text{ N}(1\text{ m}) = 100\text{ N}\cdot\text{m}\circlearrowright$

c. $M_O = -\left(\frac{3}{5}\right)(500\text{ N})(2\text{ m}) = 600\text{ N}\cdot\text{m}\circlearrowright$

d. $M_O = \left(\frac{4}{5}\right)(500\text{ N})(3\text{ m}) = 1200\text{ N}\cdot\text{m}\circlearrowleft$

e. $M_O = -\left(\frac{3}{5}\right)(100\text{ N})(5\text{ m}) = 300\text{ N}\cdot\text{m}\circlearrowright$

f. $M_O = 100\text{ N}(0) = 0$

g. $M_O = -\left(\frac{3}{5}\right)(500\text{ N})(2\text{ m}) + \left(\frac{4}{5}\right)(500\text{ N})(1\text{ m})$

$= 200\text{ N}\cdot\text{m}\circlearrowright$

h. $M_O = -\left(\frac{3}{5}\right)(500\text{ N})(3\text{ m} - 1\text{ m})$

$+ \left(\frac{4}{5}\right)(500\text{ N})(1\text{ m}) = 200\text{ N}\cdot\text{m}\circlearrowright$

i. $M_O = \left(\frac{3}{5}\right)(500\text{ N})(1\text{ m}) - \left(\frac{4}{5}\right)(500\text{ N})(3\text{ m})$

$= 900\text{ N}\cdot\text{m}\circlearrowright$

P3–2. $$\mathbf{M}_P = \begin{vmatrix} \mathbf{i} & \mathbf{j} & \mathbf{k} \\ 2 & -3 & 0 \\ -3 & 2 & 5 \end{vmatrix} \qquad \mathbf{M}_P = \begin{vmatrix} \mathbf{i} & \mathbf{j} & \mathbf{k} \\ 2 & 5 & -1 \\ 2 & -4 & -3 \end{vmatrix}$$

$$\mathbf{M}_P = \begin{vmatrix} \mathbf{i} & \mathbf{j} & \mathbf{k} \\ 5 & -4 & -1 \\ -2 & 3 & 4 \end{vmatrix}$$

P3–3. **a.** $M_x = -(100\text{ N})(3\text{ m}) = -300\text{ N}\cdot\text{m}$

$M_y = -(200\text{ N})(2\text{ m}) = -400\text{ N}\cdot\text{m}$

$M_z = -(300\text{ N})(2\text{ m}) = -600\text{ N}\cdot\text{m}$

b. $M_x = (50\text{ N})(0.5\text{ m}) = 25\text{ N}\cdot\text{m}$

$M_y = (400\text{ N})(0.5\text{ m}) - (300\text{ N})(3\text{ m}) = -700\text{ N}\cdot\text{m}$

$M_z = (100\text{ N})(3\text{ m}) = 300\text{ N}\cdot\text{m}$

c. $M_x = (300\text{ N})(2\text{ m}) - (100\text{ N})(2\text{ m}) = 400\text{ N}\cdot\text{m}$

$M_y = -(300\text{ N})(1\text{ m}) + (50\text{ N})(1\text{ m})$

$+ (400\text{ N})(0.5\text{ m}) = 250\text{ N}\cdot\text{m}$

$M_z = -(200\text{ N})(1\text{ m}) = -200\text{ N}\cdot\text{m}$

P3–4. **a.**

$$M_a = \begin{vmatrix} -\frac{4}{5} & -\frac{3}{5} & 0 \\ -5 & 2 & 0 \\ 6 & 2 & 3 \end{vmatrix} = \begin{vmatrix} -\frac{4}{5} & -\frac{3}{5} & 0 \\ -1 & 5 & 0 \\ 6 & 2 & 3 \end{vmatrix}$$

b.

$$M_a = \begin{vmatrix} -\frac{1}{\sqrt{2}} & \frac{1}{\sqrt{2}} & 0 \\ 3 & 4 & -2 \\ 2 & -4 & 3 \end{vmatrix} = \begin{vmatrix} -\frac{1}{\sqrt{2}} & \frac{1}{\sqrt{2}} & 0 \\ 5 & 2 & -2 \\ 2 & -4 & 3 \end{vmatrix}$$

c.

$$M_a = \begin{vmatrix} \frac{2}{3} & -\frac{1}{3} & \frac{2}{3} \\ -5 & -4 & 0 \\ 2 & -4 & 3 \end{vmatrix} = \begin{vmatrix} \frac{2}{3} & -\frac{1}{3} & \frac{2}{3} \\ -3 & -5 & 2 \\ 2 & -4 & 3 \end{vmatrix}$$

P3–5. **a.** $\overset{+}{\rightarrow} (F_R)_x = \Sigma F_x;$

$(F_R)_x = -\left(\frac{4}{5}\right)500\text{ N} + 200\text{ N} = -200\text{ N}$

$+\uparrow (F_R)_y = \Sigma F_y;$

$(F_R)_y = -\frac{3}{5}(500\text{ N}) - 400\text{ N} = -700\text{ N}$

$\circlearrowright + (M_R)_O = \Sigma M_O;$

$(M_R)_O = -\left(\frac{3}{5}\right)(500\text{ N})(2\text{ m}) - 400\text{ N}(4\text{ m})$

$= -2200\text{ N}\cdot\text{m}$

b. $\overset{+}{\rightarrow} (F_R)_x = \Sigma F_x;$

$(F_R)_x = \left(\frac{4}{5}\right)(500\text{ N}) = 400\text{ N}$

$+\uparrow (F_R)_y = \Sigma F_y;$

$(F_R)_y = -(300\text{ N}) - \left(\frac{3}{5}\right)(500\text{ N}) = -600\text{ N}$

$\curvearrowright + (M_R)_O = \Sigma M_O;$

$$(M_R)_O = -(300 \text{ N})(2 \text{ m}) - \left(\frac{3}{5}\right)(500 \text{ N})(4 \text{ m}) - 200 \text{ N}\cdot\text{m} = -2000 \text{ N}\cdot\text{m}$$

c. $\overset{+}{\rightarrow} (F_R)_x = \Sigma F_x;$

$$(F_R)_x = \left(\frac{3}{5}\right)(500 \text{ N}) + 100 \text{ N} = 400 \text{ N}$$

$+\uparrow (F_R)_y = \Sigma F_y;$

$$(F_R)_y = -(500 \text{ N}) - \left(\frac{4}{5}\right)(500 \text{ N}) = -900 \text{ N}$$

$\curvearrowright + (M_R)_O = \Sigma M_O;$

$$(M_R)_O = -(500 \text{ N})(2 \text{ m}) - \left(\frac{4}{5}\right)(500 \text{ N})(4 \text{ m}) + \left(\frac{3}{5}\right)(500 \text{ N})(2 \text{ m}) = -2000 \text{ N}\cdot\text{m}$$

d. $\overset{+}{\rightarrow} (F_R)_x = \Sigma F_x;$

$$(F_R)_x = -\left(\frac{4}{5}\right)(500 \text{ N}) + \left(\frac{3}{5}\right)(500 \text{ N}) = -100 \text{ N}$$

$+\uparrow (F_R)_y = \Sigma F_y;$

$$(F_R)_y = -\left(\frac{3}{5}\right)(500 \text{ N}) - \left(\frac{4}{5}\right)(500 \text{ N}) = -700 \text{ N}$$

$\curvearrowright + (M_R)_O = \Sigma M_O;$

$$(M_R)_O = \left(\frac{4}{5}\right)(500 \text{ N})(4 \text{ m}) + \left(\frac{3}{5}\right)(500 \text{ N})(2 \text{ m}) - \left(\frac{3}{5}\right)(500 \text{ N})(4 \text{ m}) + 200 \text{ N}\cdot\text{m} = 1200 \text{ N}\cdot\text{m}$$

P3–6. **a.** $\overset{+}{\rightarrow} (F_R)_x = \Sigma F_x; \quad (F_R)_x = 0$

$+\uparrow (F_R)_y = \Sigma F_y;$

$$(F_R)_y = -200 \text{ N} - 260 \text{ N} = -460 \text{ N}$$

$\curvearrowright + (F_R)_y d = \Sigma M_O;$

$$-(460 \text{ N})d = -(200 \text{ N})(2 \text{ m}) - (260 \text{ N})(4 \text{ m})$$

$$d = 3.13 \text{ m}$$

Note: Although 460 N acts downward, this is *not* why $-(460 \text{ N})d$ is negative. It is because the *moment* of 460 N about O is negative.

b. $\overset{+}{\rightarrow} (F_R)_x = \Sigma F_x;$

$$(F_R)_x = -\left(\frac{3}{5}\right)(500 \text{ N}) = -300 \text{ N}$$

$+\uparrow (F_R)_y = \Sigma F_y;$

$$(F_R)_y = -400 \text{ N} - \left(\frac{4}{5}\right)(500 \text{ N}) = -800 \text{ N}$$

$\curvearrowright + (F_R)_y d = \Sigma M_O;$

$$-(800 \text{ N})d = -(400 \text{ N})(2 \text{ m}) - \left(\frac{4}{5}\right)(500 \text{ N})(4 \text{ m})$$

$$d = 3 \text{ m}$$

c. $\overset{+}{\rightarrow} (F_R)_x = \Sigma F_x;$

$$(F_R)_x = \left(\frac{4}{5}\right)(500 \text{ N}) - \left(\frac{4}{5}\right)(500 \text{ N}) = 0$$

$+\uparrow (F_R)_y = \Sigma F_y;$

$$(F_R)_y = -\left(\frac{3}{5}\right)(500 \text{ N}) - \left(\frac{3}{5}\right)(500 \text{ N}) = -600 \text{ N}$$

$\curvearrowright + (F_R)_y d = \Sigma M_O;$

$$-(600 \text{ N})d = -\left(\frac{3}{5}\right)(500 \text{ N})(2 \text{ m}) - \left(\frac{3}{5}\right)(500 \text{ N})(4 \text{ m}) - 600 \text{ N}\cdot\text{m}$$

$$d = 4 \text{ m}$$

P3–7. **a.** $+\downarrow F_R = \Sigma F_z;$

$$F_R = 200 \text{ N} + 100 \text{ N} + 200 \text{ N} = 500 \text{ N}$$

$(M_R)_x = \Sigma M_x;$

$$-(500 \text{ N})y = -(100 \text{ N})(2 \text{ m}) - (200 \text{ N})(2 \text{ m})$$

$$y = 1.20 \text{ m}$$

$(M_R)_y = \Sigma M_y;$

$$(500 \text{ N})x = (100 \text{ N})(2 \text{ m}) + (200 \text{ N})(1 \text{ m})$$

$$x = 0.80 \text{ m}$$

b. $+\downarrow F_R = \Sigma F_z;$

$$F_R = 100 \text{ N} - 100 \text{ N} + 200 \text{ N} = 200 \text{ N}$$

$(M_R)_x = \Sigma M_x;$

$$-(200 \text{ N})y = (100 \text{ N})(1 \text{ m}) + (100 \text{ N})(2 \text{ m}) - (200 \text{ N})(2 \text{ m})$$

$$y = 0.5 \text{ m}$$

$(M_R)_y = \Sigma M_y;$

$$(200 \text{ N})x = -(100 \text{ N})(2 \text{ m}) + (100 \text{ N})(2 \text{ m})$$

$$x = 0$$

c. $+\downarrow F_R = \Sigma F_z;$

$$F_R = 400 \text{ N} + 300 \text{ N} + 200 \text{ N} + 100 \text{ N} = 1000 \text{ N}$$

$(M_R)_x = \Sigma M_x;$

$$-(1000 \text{ N})y = -(300 \text{ N})(4 \text{ m}) - (100 \text{ N})(4 \text{ m})$$

$$y = 1.6 \text{ m}$$

$$(M_R)_y = \Sigma M_y;$$
$$(1000\text{ N})x = (400\text{ N})(2\text{ m}) + (300\text{ N})(2\text{ m}) - (200\text{ N})(2\text{ m}) - (100\text{ N})(2\text{ m})$$
$$x = 0.8\text{ m}$$

Chapter 4

P4–1.

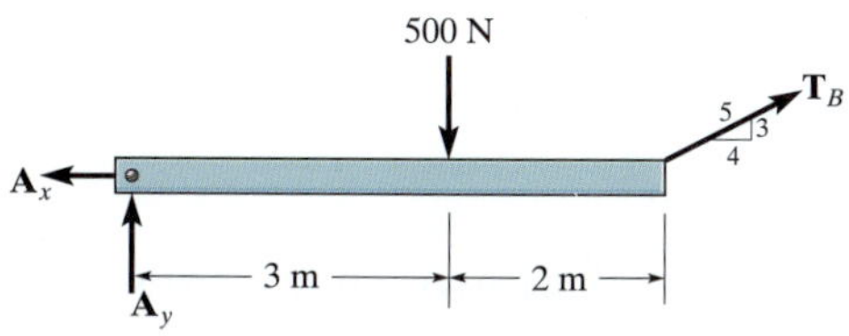

(a)

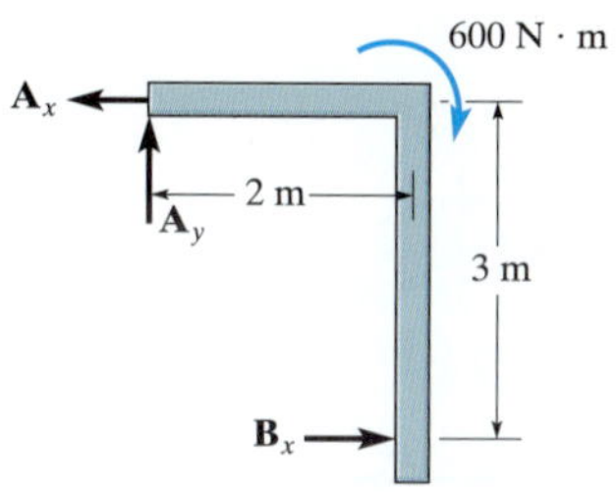

(b)

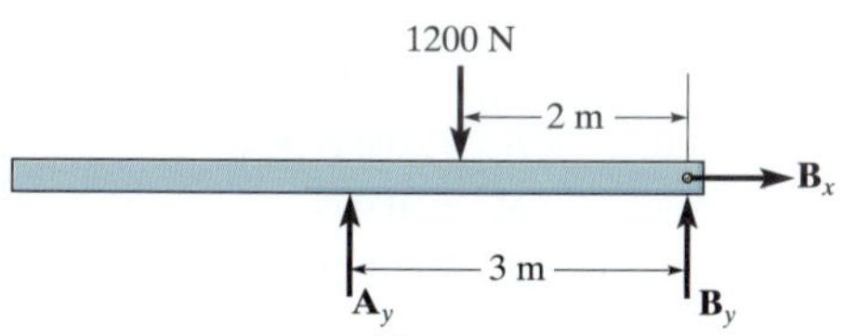

(c)

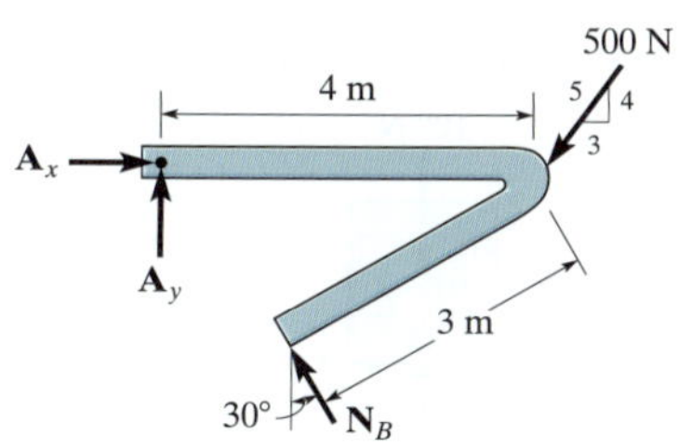

(d)

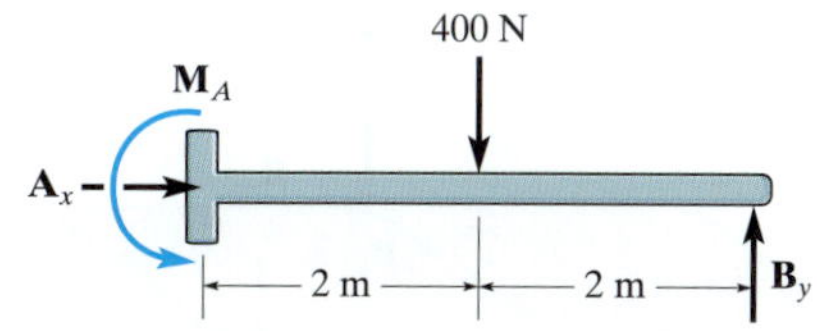

(e)

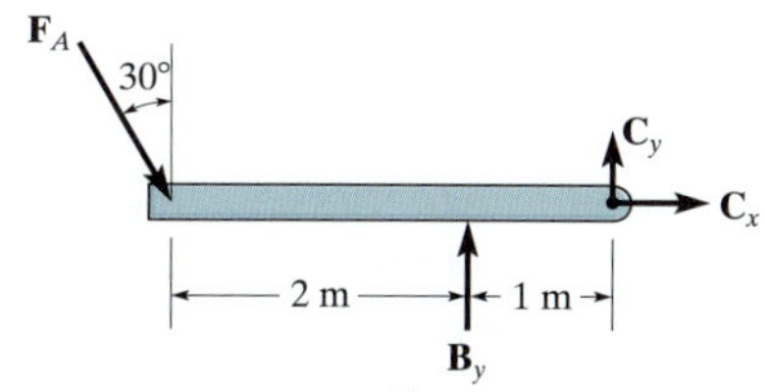

(f)

P4–2.

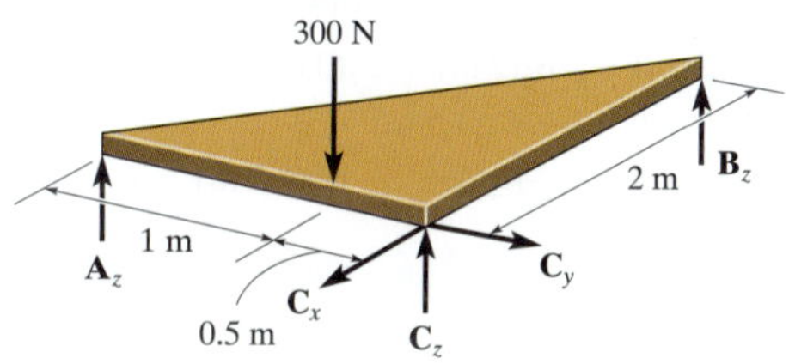

(a)

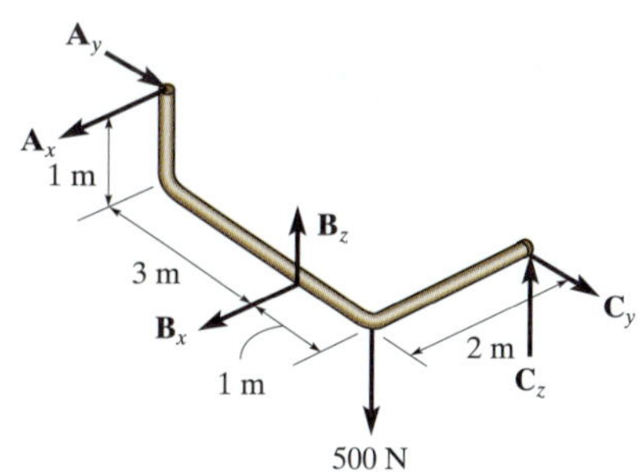

(b)

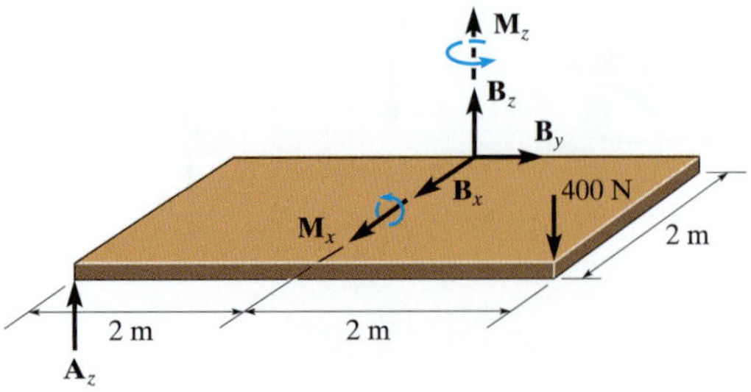

(c)

P4–3. **a.** $\Sigma M_x = 0;$

$$-(400\text{ N})(2\text{ m}) - (600\text{ N})(5\text{ m}) + B_z(5\text{ m}) = 0$$

$$\Sigma M_y = 0; \quad -A_z(4\text{ m}) - B_z(4\text{ m}) = 0$$

$$\Sigma M_z = 0; \quad B_y(4\text{ m}) - B_x(5\text{ m}) + (300\text{ N})(5\text{ m}) = 0$$

b. $\Sigma M_x = 0; \quad A_z(4\text{ m}) + C_z(6\text{ m}) = 0$

$$\Sigma M_y = 0; \quad B_z(1\text{ m}) - C_z(1\text{ m}) = 0$$

$$\Sigma M_z = 0; \quad -B_y(1\text{ m}) + (300\text{ N})(2\text{ m}) - A_x(4\text{ m}) + C_y(1\text{ m}) = 0$$

c. $\Sigma M_x = 0; \quad B_z(2\text{ m}) + C_z(3\text{ m}) - 800\text{ N}\cdot\text{m} = 0$

$$\Sigma M_y = 0; \quad -C_z(1.5\text{ m}) = 0$$

$$\Sigma M_z = 0; \quad -B_x(2\text{ m}) + C_y(1.5\text{ m}) = 0$$

P4–4.

a.

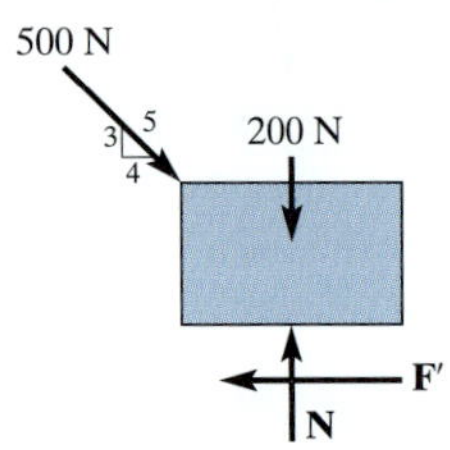

$\overset{+}{\rightarrow}\Sigma F_x = 0;$

$$\left(\frac{4}{5}\right)(500\text{ N}) - F' = 0,\ F' = 400\text{ N}$$

$+\uparrow\Sigma F_y = 0;$

$$N - 200\text{ N} - \left(\frac{3}{5}\right)(500\text{ N}) = 0,\ N = 500\text{ N}$$

$$F_{\max} = 0.3(500\text{ N}) = 150\text{ N} < 400\text{ N}$$

Slipping $F = \mu_k N = 0.2(500\text{ N}) = 100\text{ N}$ *Ans.*

b.

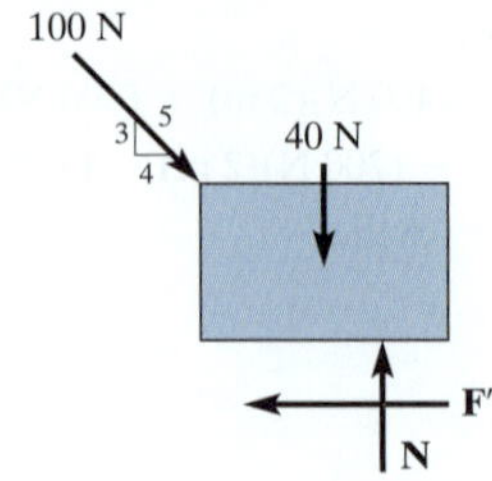

$\overset{+}{\rightarrow}\Sigma F_x = 0;$

$$\frac{4}{5}(100\text{ N}) - F' = 0;\ F' = 80\text{ N}$$

$+\uparrow\Sigma F_y = 0;$

$$N - 40\text{ N} - \left(\frac{3}{5}\right)(100\text{ N}) = 0;\ N = 100\text{ N}$$

$$F_{\max} = 0.9(100\text{ N}) = 90\text{ N} > 80\text{ N}$$

$F = F' = 80\text{ N}$ *Ans.*

P4–5.

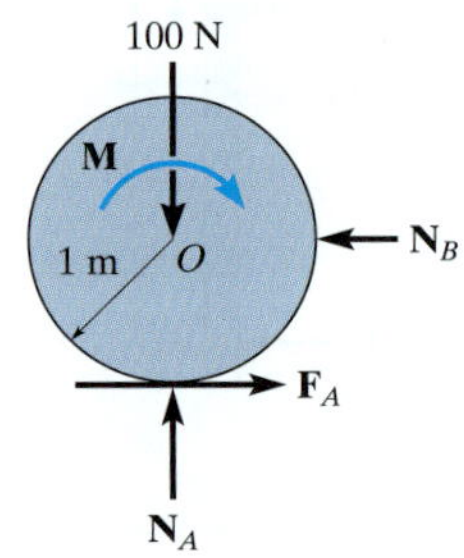

Require $\quad F_A = 0.1N_A$

$+\uparrow\Sigma F_y = 0; \quad N_A - 100\text{ N} = 0$

$$N_A = 100\text{ N}$$

$$F_A = 0.1(100\text{ N}) = 10\text{ N}$$

$\circlearrowright+\Sigma M_O = 0; \quad -M + (10\text{ N})(1\text{ m}) = 0$

$$M = 10\text{ N}\cdot\text{m}$$

P4–6. Slipping must occur between A and B.

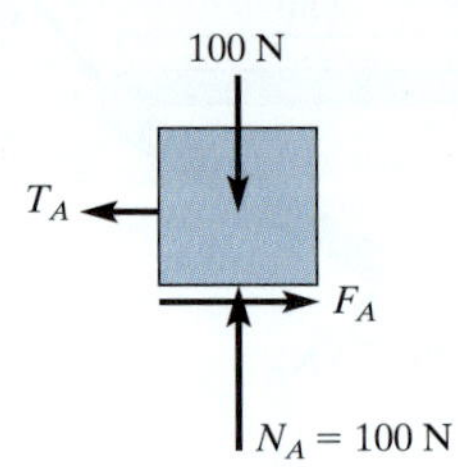

$$F_A = 0.2(100\text{ N}) = 20\text{ N}$$

b. Assume B slips on C and C does not slip.

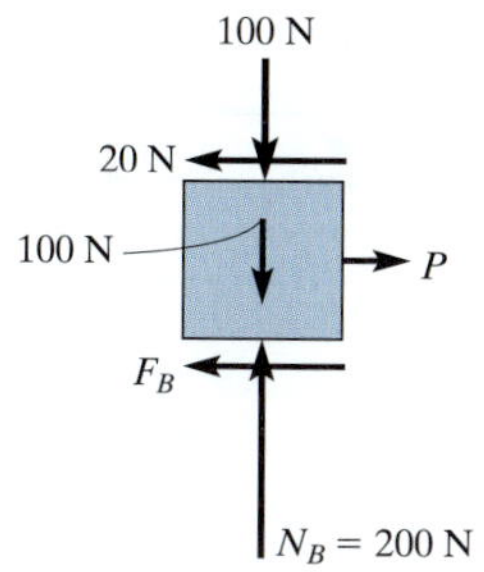

$F_B = 0.2(200\text{ N}) = 40\text{ N}$

$\overset{+}{\rightarrow}\Sigma F_x = 0;\quad P - 20\text{ N} - 40\text{ N} = 0$

$P = 60\text{ N}$

c. Assume C slips and B does not slip on C.

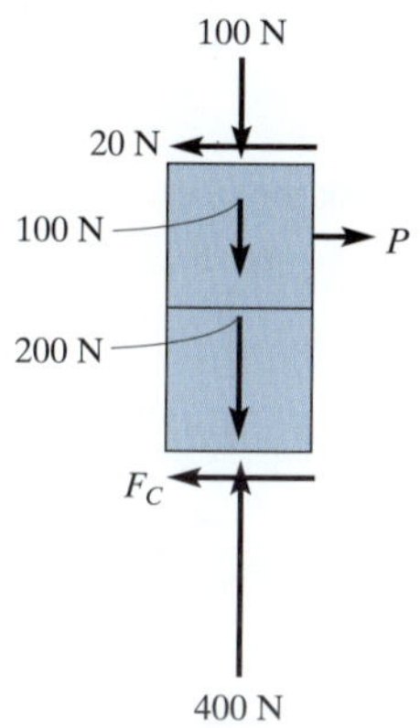

$F_C = 0.1(400\text{ N}) = 40\text{ N}$

$\overset{+}{\rightarrow}\Sigma F_x = 0;\quad P - 20\text{ N} - 40\text{ N} = 0$

$P = 60\text{ N}$

Therefore, $P = 60\text{ N}$ *Ans.*

P4–7.

a.

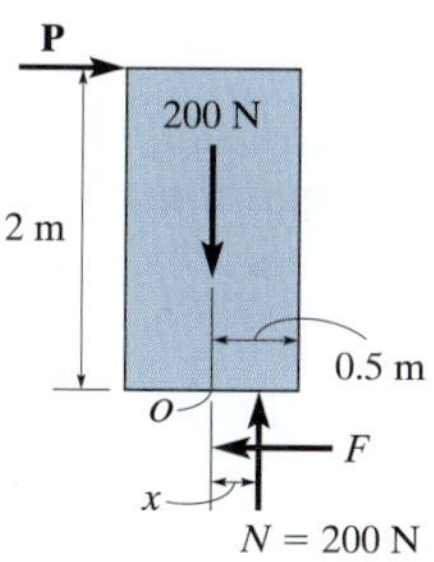

Assume slipping, $F = 0.3(200\text{ N}) = 60\text{ N}$

$\overset{+}{\rightarrow}\Sigma F_x = 0;\quad P - 60\text{ N} = 0;\ P = 60\text{ N}$

$\circlearrowleft + \Sigma M_O = 0;\quad 200\text{ N}(x) - (60\text{ N})(2\text{ m}) = 0$

$x = 0.6\text{ m} > 0.5\text{ m}$

Block tips, $x = 0.5\text{ m}$

$\circlearrowleft + \Sigma M_O = 0\quad (200\text{ N})(0.5\text{ m}) - P(2\text{ m}) = 0$

$P = 50\text{ N}$ *Ans.*

b.

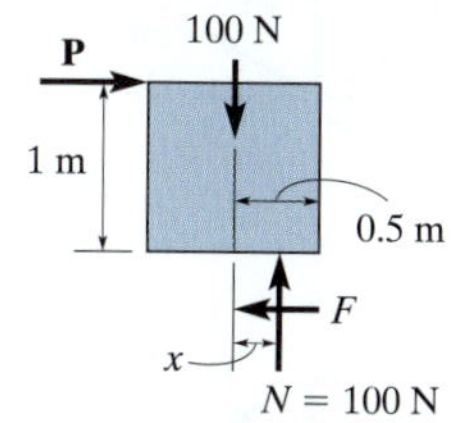

Assume slipping, $F = 0.4(100\text{ N}) = 40\text{ N}$

$\overset{+}{\rightarrow}\Sigma F_x = 0;\quad P - 40\text{ N} = 0;\ P = 40\text{ N}$

$\circlearrowleft + \Sigma M_O = 0;\quad (100\text{ N})(x) - (40\text{ N})(1\text{ m}) = 0$

$x = 0.4\text{ m} < 0.5\text{ m}$

No tipping

$P = 40\text{ N}$ *Ans.*

Chapter 5

P5–1. **a.** $A_y = 200\text{ N}$, $D_x = 0$, $D_y = 200\text{ N}$

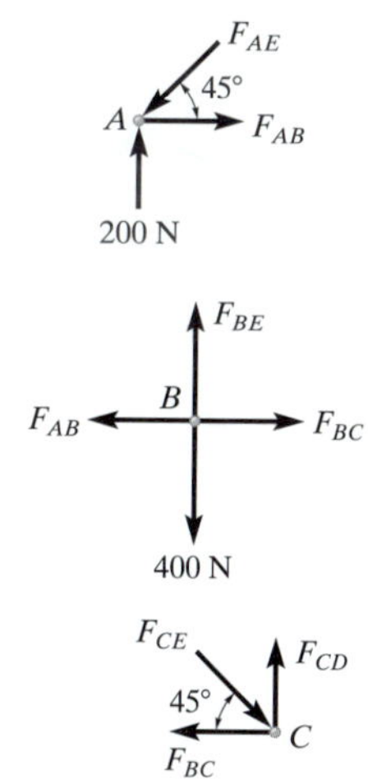

b. $A_y = 300$ N, $C_x = 0$, $C_y = 300$ N

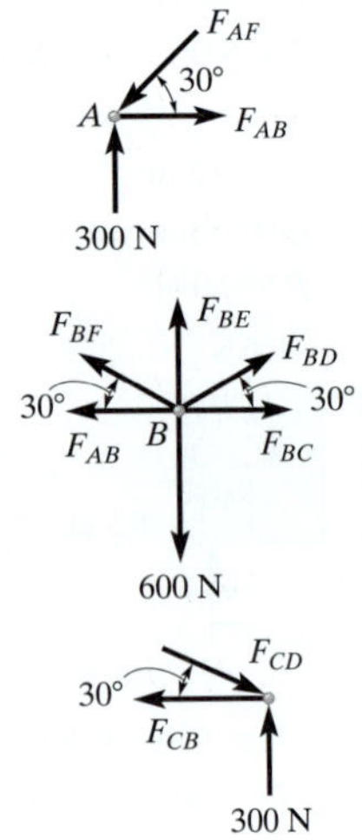

P5–2. a.

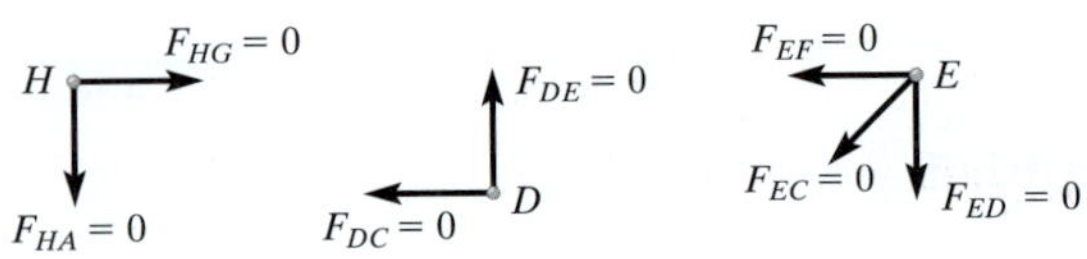

b.

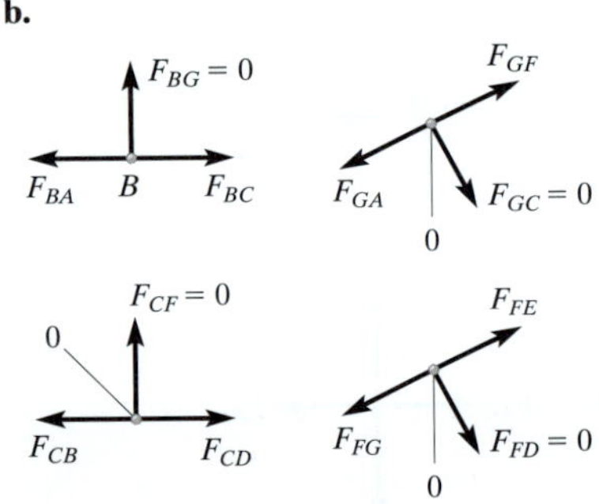

P5–3. a.

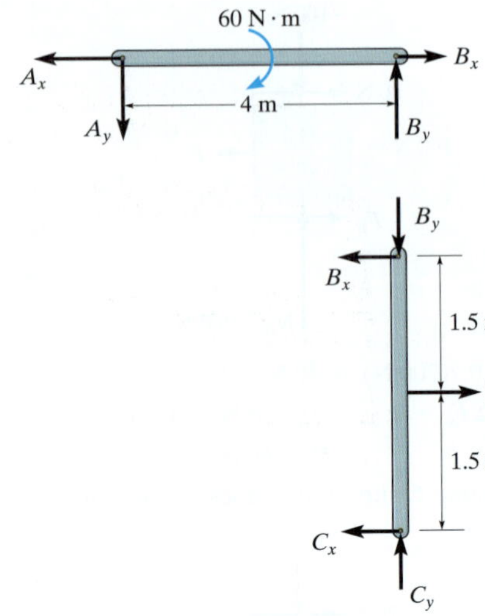

b. *CB* is a two-force member.

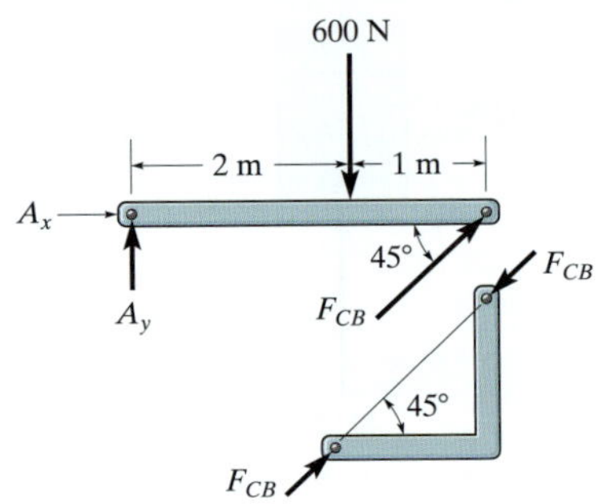

c. *CD* is a two-force member.

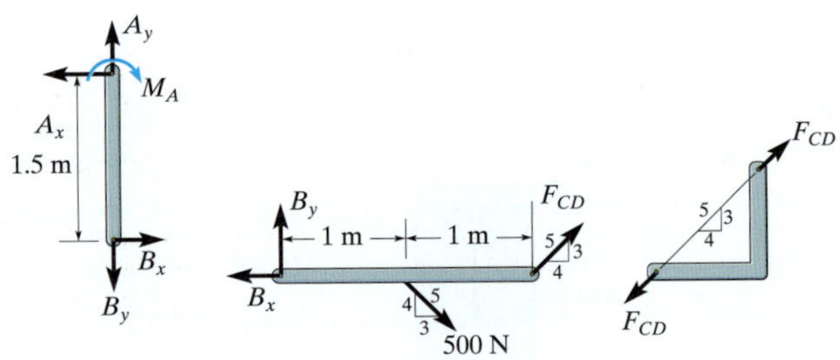

d.

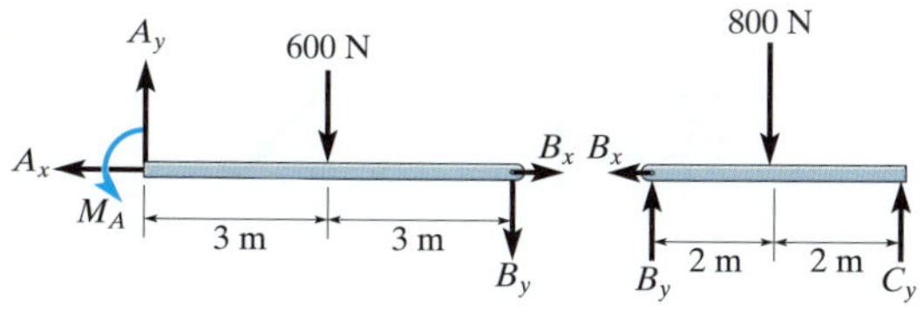

BC is a two-force member.

e.

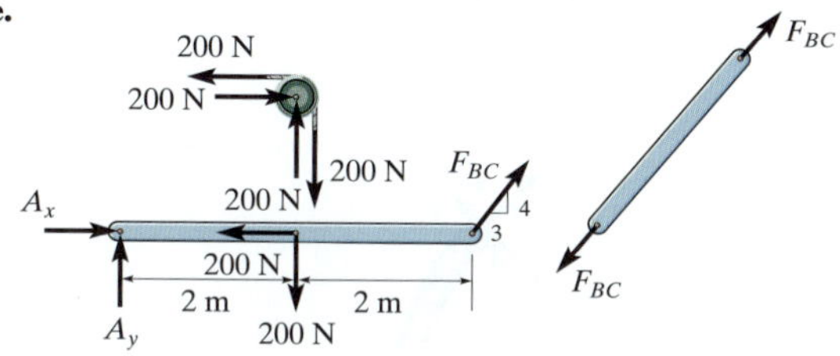

BC is a two-force member.

f.

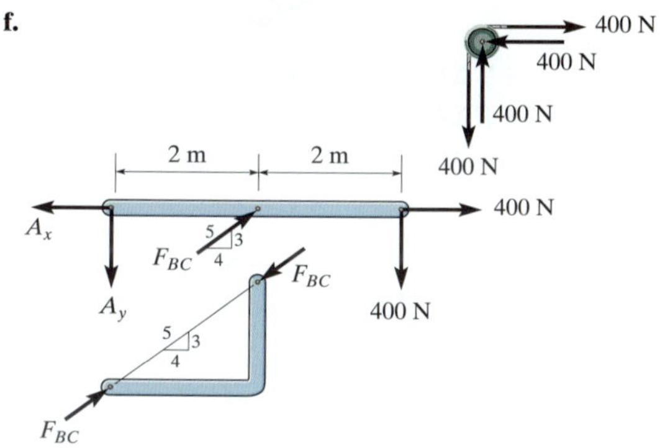

Chapter 6

P6–1.

a.

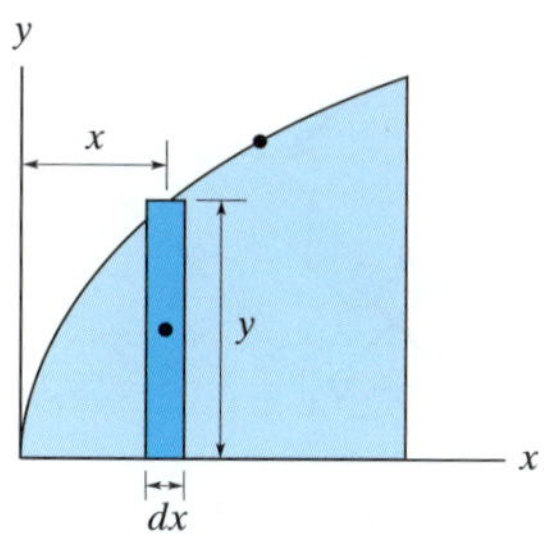

$$\tilde{x} = x$$

$$\tilde{y} = \frac{y}{2} = \frac{\sqrt{x}}{2}$$

$$dA = ydx = \sqrt{x}\,dx$$

b.

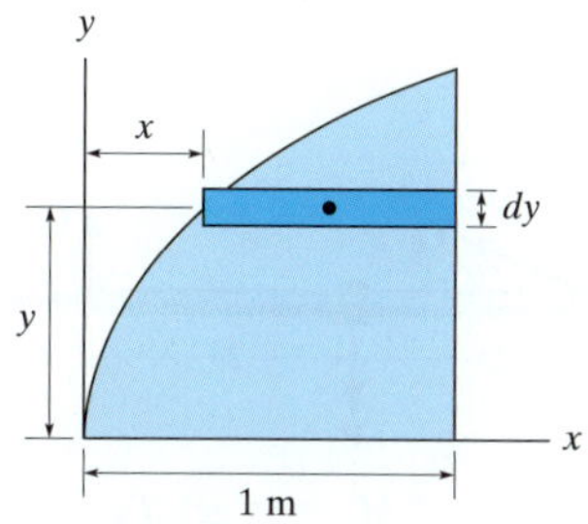

$$\tilde{x} = x + \left(\frac{1-x}{2}\right) = \frac{1+x}{2} = \frac{1+y^2}{2}$$

$$\tilde{y} = y$$

$$dA = (1-x)dy = (1-y^2)dy$$

c.

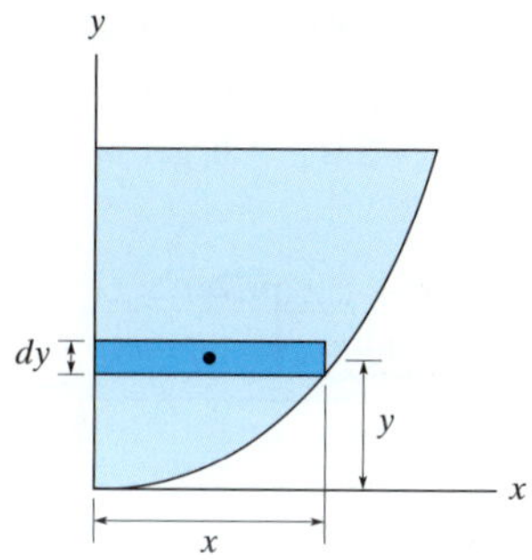

$$\tilde{x} = \frac{x}{2} = \frac{\sqrt{y}}{2}$$

$$\tilde{y} = y$$

$$dA = xdy = \sqrt{y}\,dy$$

d.

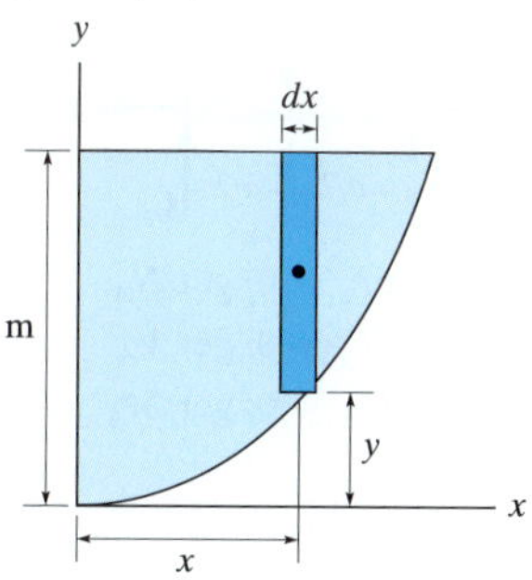

$$\tilde{x} = x$$

$$\tilde{y} = y + \left(\frac{1-y}{2}\right) = \frac{1+y}{2} = \frac{1+x^2}{2}$$

$$dA = (1-y)dx = (1-x^2)dx$$

Chapter 7

P7–1a.

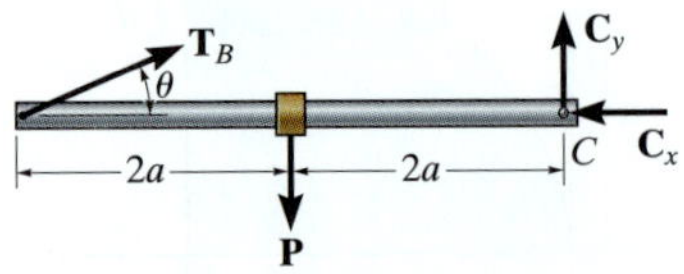

$\circlearrowleft + \Sigma M_C = 0$; get T_B

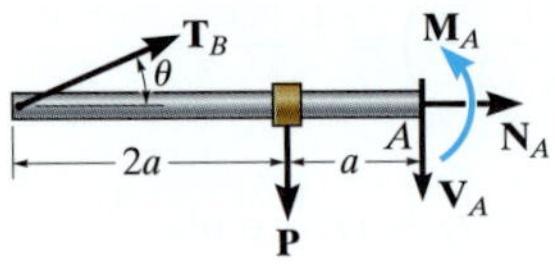

$\overset{+}{\rightarrow} \Sigma F_x = 0$; get N_A

$+\uparrow \Sigma F_y = 0$; get V_A

$\circlearrowleft + \Sigma M_A = 0$; get M_A

P7–1b.

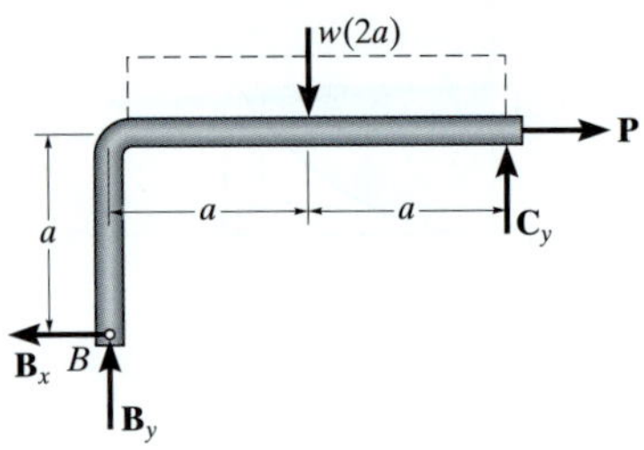

$\circlearrowleft + \Sigma M_B = 0$; get C_y

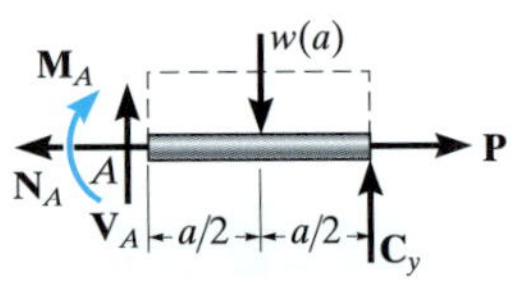

$\overset{+}{\rightarrow} \Sigma F_x = 0$; get N_A

$+\uparrow \Sigma F_y = 0$; get V_A

$\circlearrowleft + \Sigma M_A = 0$; get M_A

P7–1c.

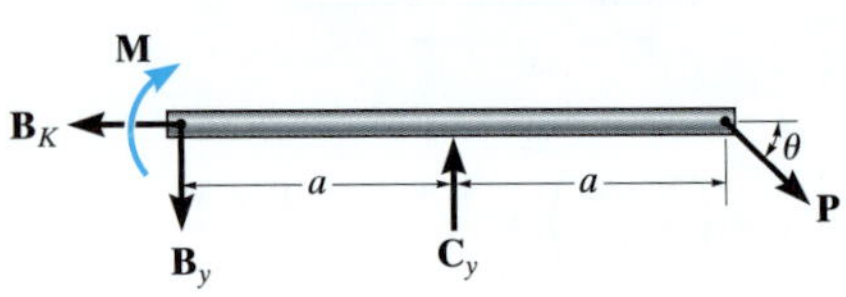

$\circlearrowleft + \Sigma M_B = 0$; get C_y

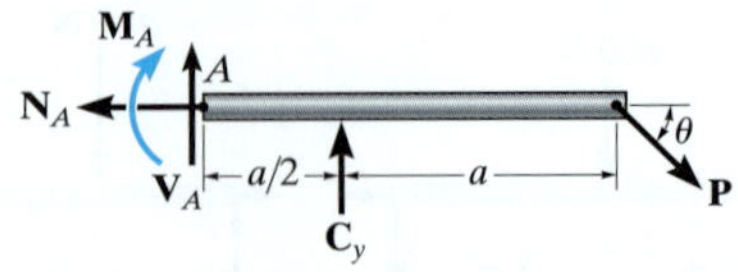

$\overset{+}{\rightarrow} \Sigma F_x = 0$; get N_A

$+\uparrow \Sigma F_y = 0$; get V_A

$\circlearrowleft + \Sigma M_A = 0$; get M_A

P7–1d.

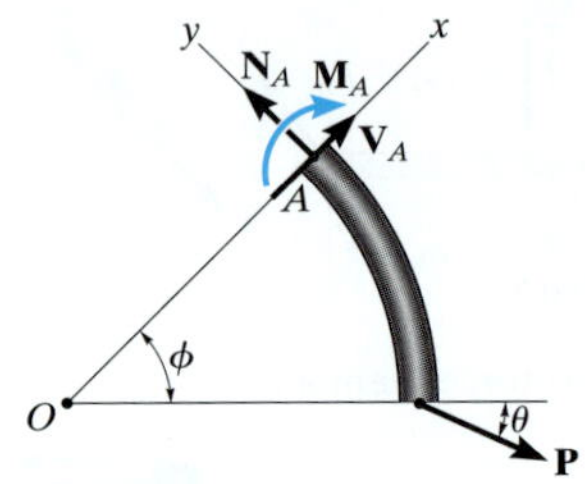

$+\nwarrow \Sigma F_y = 0$; get N_A

$+\nearrow \Sigma F_x = 0$; get V_A

$\circlearrowleft + \Sigma M_O = 0$ or $\Sigma M_A = 0$; get M_A

P7–1e.

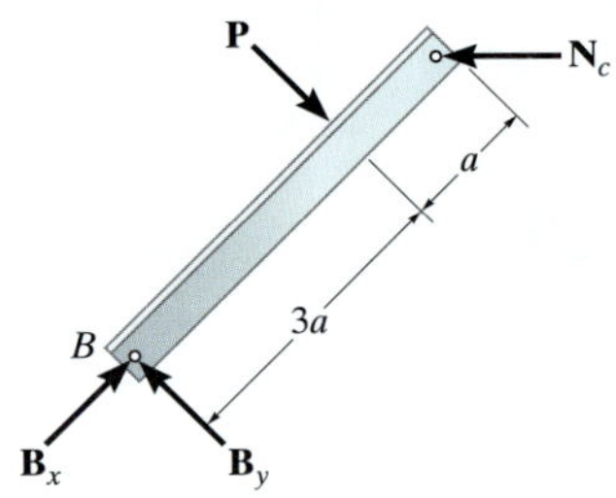

$\circlearrowleft + \Sigma M_B = 0$; get N_C

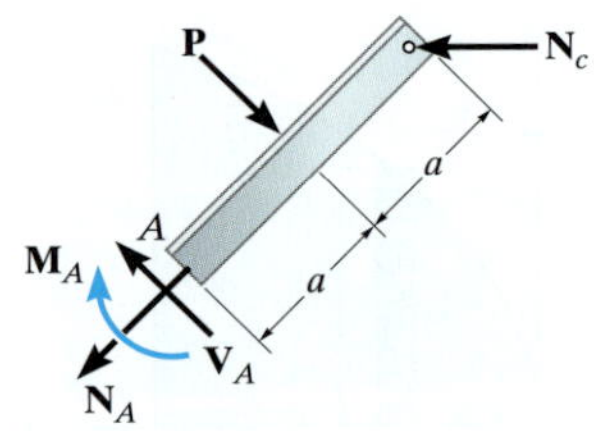

$+\nearrow \Sigma F_x = 0$; get N_A

$+\nwarrow \Sigma F_y = 0$; get V_A

$\circlearrowleft + \Sigma M_A = 0$; get M_A

P7–1f.

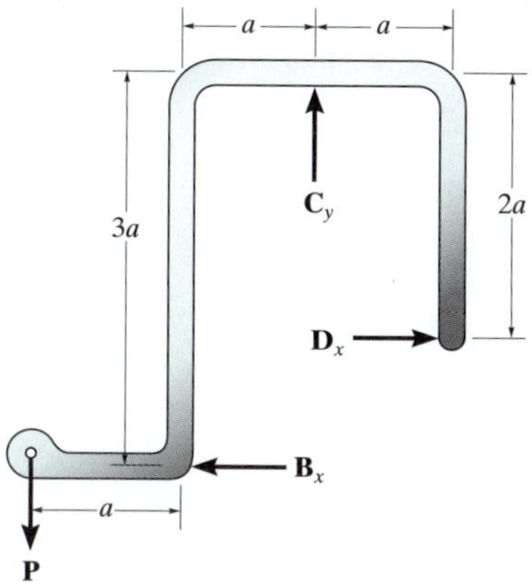

$+\uparrow \Sigma F_y = 0$; get $C_y\,(= P)$

$\circlearrowleft + \Sigma M_B = 0$; get D_x

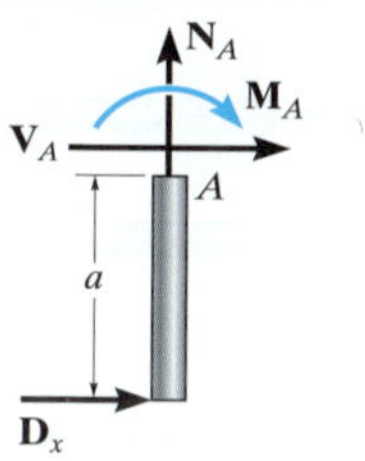

$+\uparrow \Sigma F_y = 0$; get $N_A\,(= 0)$

$\overset{+}{\rightarrow} \Sigma F_x = 0$; get V_A

$\circlearrowleft + \Sigma M_A = 0$; get M_A

P7–2a.

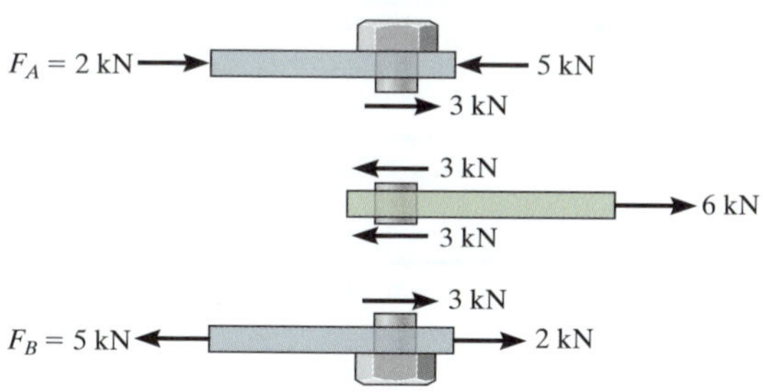

$V_{max} = 3$ kN

P7–2b.

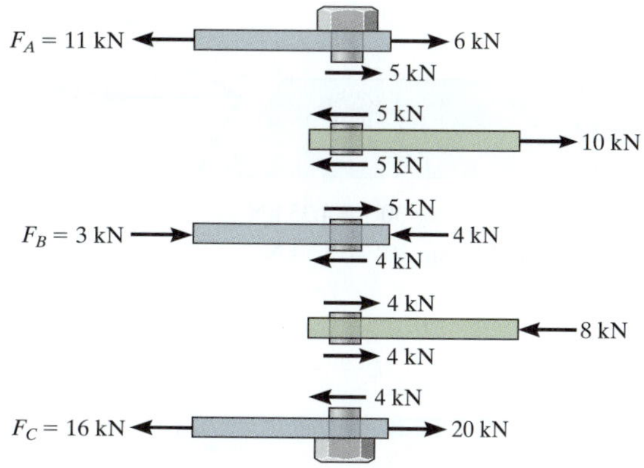

$V_{max} = 5$ kN

P7–3.

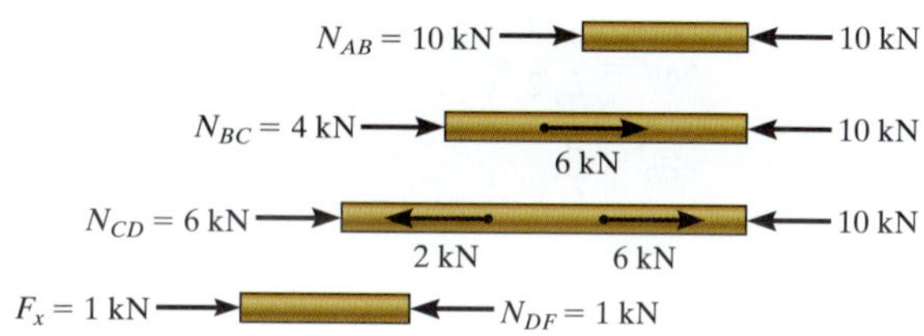

$N_{max} = 10$ kN

P7–4.

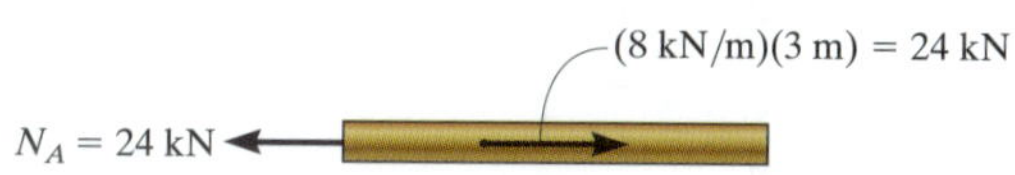

P7–5.

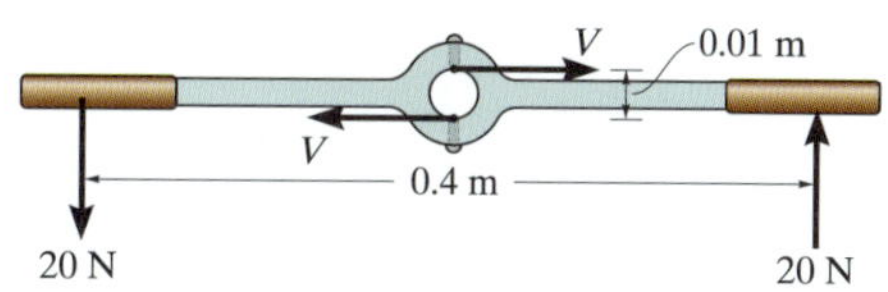

$\Sigma M = 0;\ 20\text{ N}\,(0.4\text{ m}) - V(0.01\text{ m}) = 0$

$V = 800$ N

P7–6.

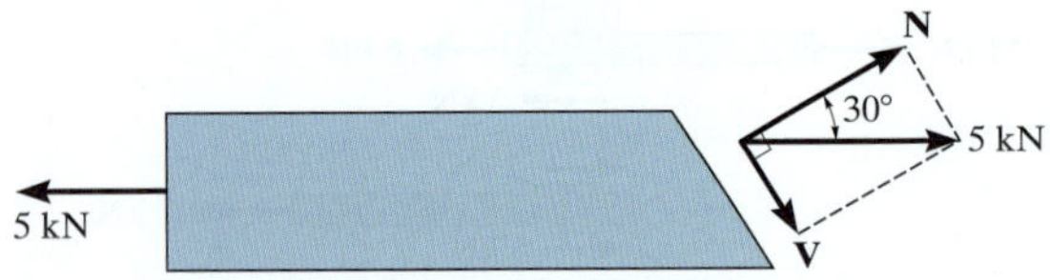

$$N = (5\text{ kN})\cos 30° = 4.33\text{ kN}$$
$$V = (5\text{ kN})\sin 30° = 2.5\text{ kN}$$

P7–7.

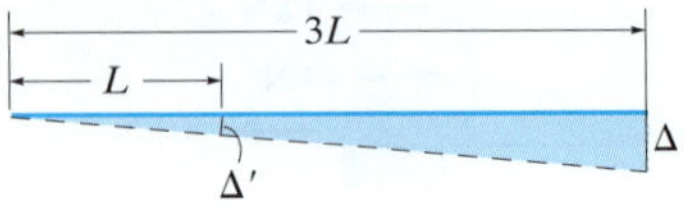

$$\frac{\Delta'}{L} = \frac{\Delta}{3L}, \quad \Delta' = \frac{\Delta}{3}$$
$$\epsilon_{AB} = \frac{\Delta/3}{L/2} = \frac{2\Delta}{3L}$$
$$\epsilon_{CD} = \frac{\Delta}{L}$$

P7–8.

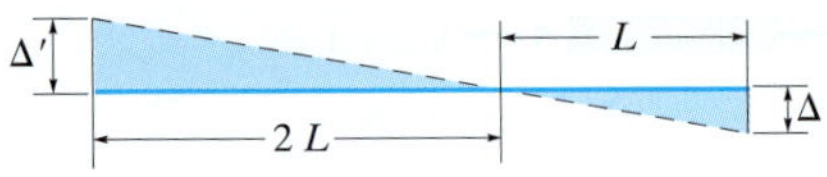

$$\frac{\Delta'}{2\,L} = \frac{\Delta}{L} \qquad \Delta' = 2\Delta$$
$$\epsilon_{CD} = \frac{\Delta}{L}$$
$$\epsilon_{AB} = \frac{2\Delta}{L/2} = \frac{4\Delta}{L}$$

P7–9.

$$\epsilon_{AB} = \frac{L_{A'B} - L_{AB}}{L_{AB}}$$

P7–10.

$$\epsilon_{AB} = \frac{L_{AB'} - L_{AB}}{L_{AB}}, \ \epsilon_{AC} = \frac{L_{AC'} - L_{AC}}{L_{AC}}$$
$$\epsilon_{BC} = \frac{L_{B'C'} - L_{BC}}{L_{BC}}, \ (\gamma_A)_{xy} = \left(\frac{\pi}{2} - \theta\right)\text{ rad}$$

P7–11.

$$(\gamma_A)_{xy} = \frac{\pi}{2} - \left(\frac{\pi}{2} + \theta_1\right)$$
$$= (-\theta_1)\text{ rad}$$

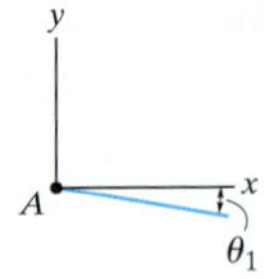

$$(\gamma_B)_{xy} = \frac{\pi}{2} - (\pi - \theta_2)$$
$$= \left(-\frac{\pi}{2} + \theta_2\right)\text{ rad}$$

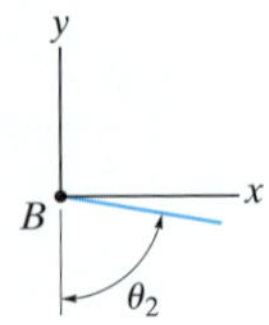

Chapter 9

P9–1a.

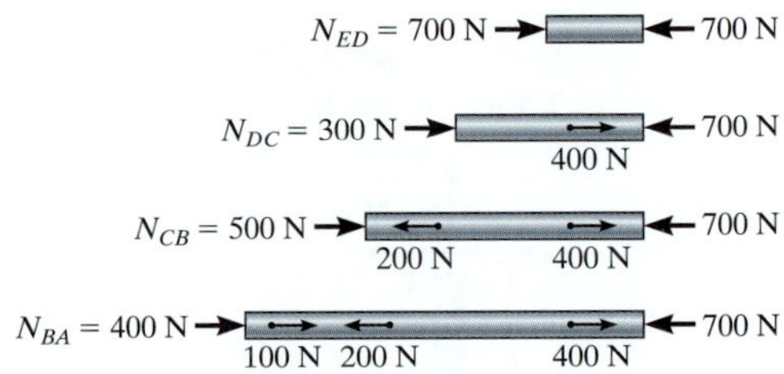

P9–1b.

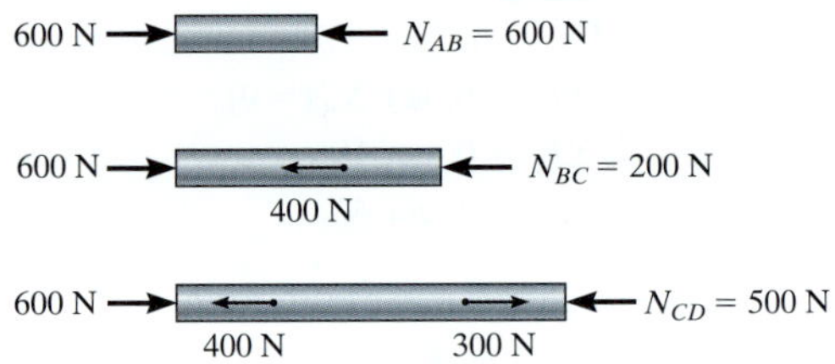

P9–2.

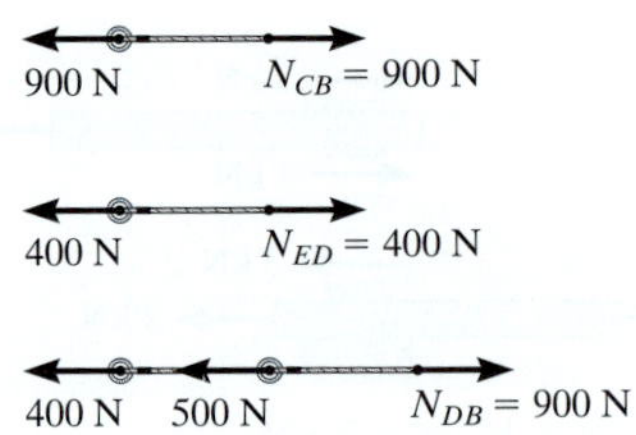

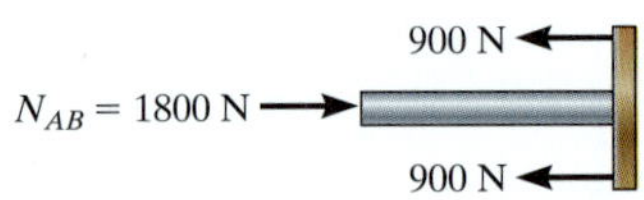

P9–3.

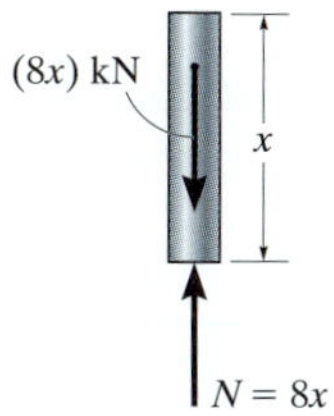

P9–4.

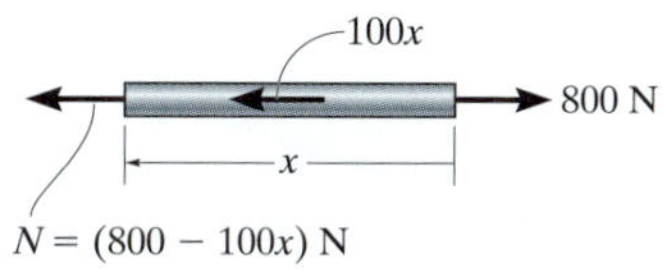

P9–5.

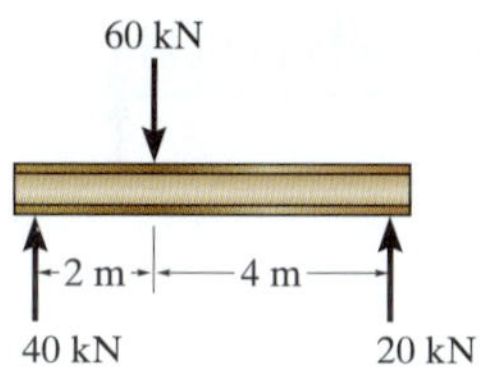

$$\Delta_B = \frac{PL}{AE} = \frac{20(10^3)\text{ N }(3\text{ m})}{2(10^{-3})\text{ m}^2\,(60(10^9)\text{ N/m}^2)}$$
$$= 0.5(10^{-3})\text{ m} = 0.5\text{ mm}$$

Chapter 10

P10–1.

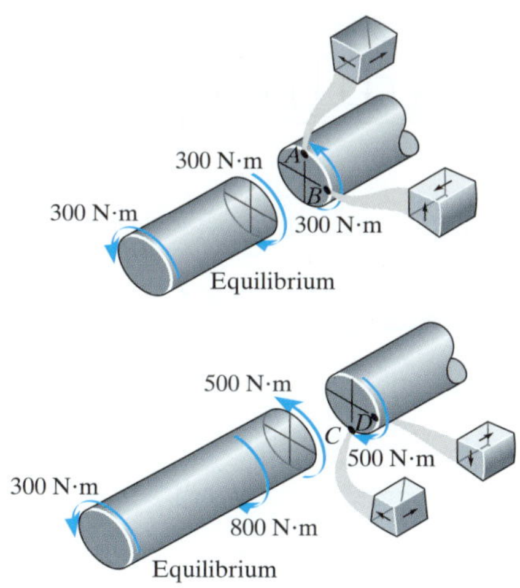

P10–2.

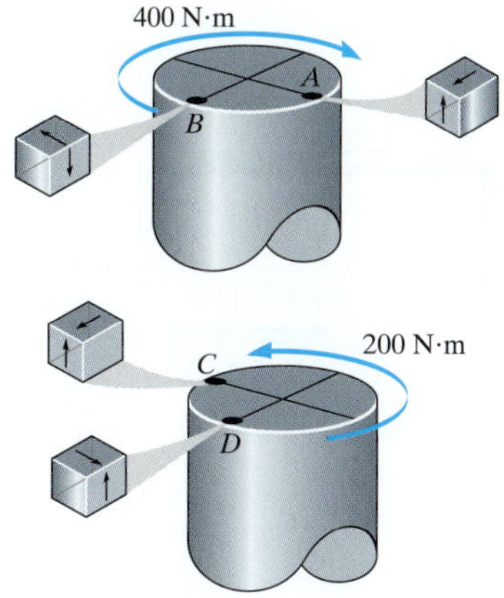

P10–3.

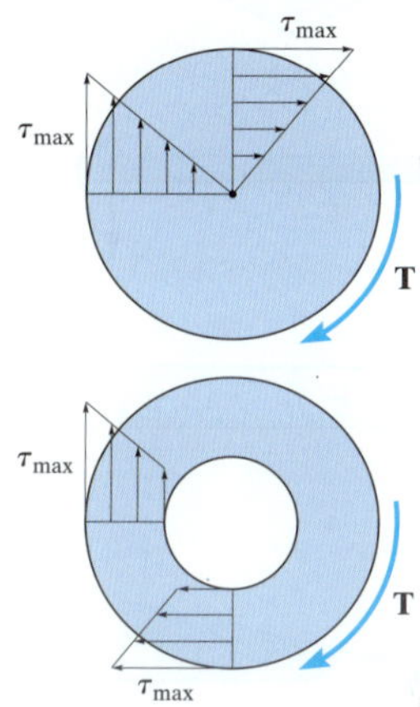

P10–4.

$$P = T\omega$$
$$(10\text{ hp})\left(\frac{746\text{ W}}{1\text{ hp}}\right) = T\left(1200\,\frac{\text{rev}}{\text{min}}\right)\left(\frac{1\text{ min}}{60\text{ s}}\right)\left(\frac{2\pi\text{ rad}}{1\text{ rev}}\right)$$
$$T = 59.36\text{ N}\cdot\text{m} = 59.4\text{ N}\cdot\text{m}$$

Chapter 11

P11–1a.

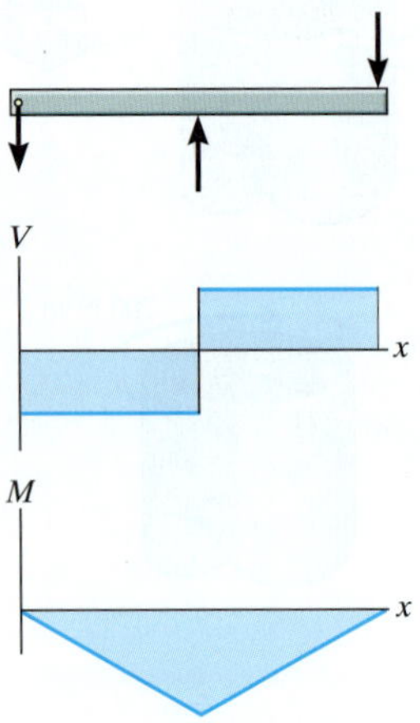

P11–1b.

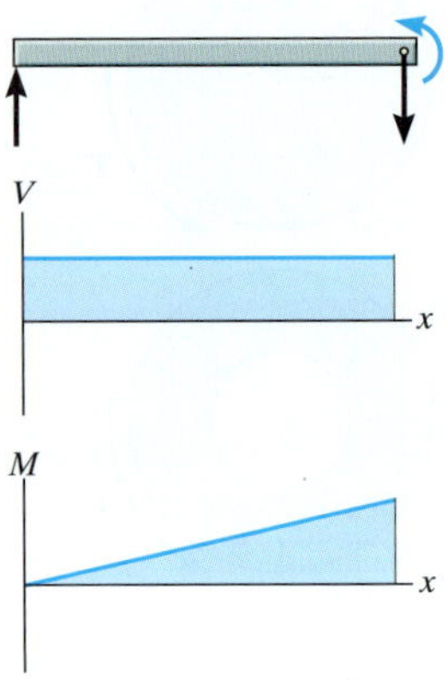

P11–1c.

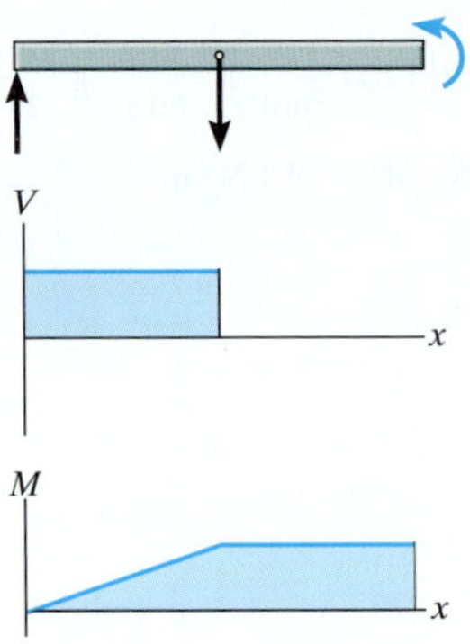

P11–1d.

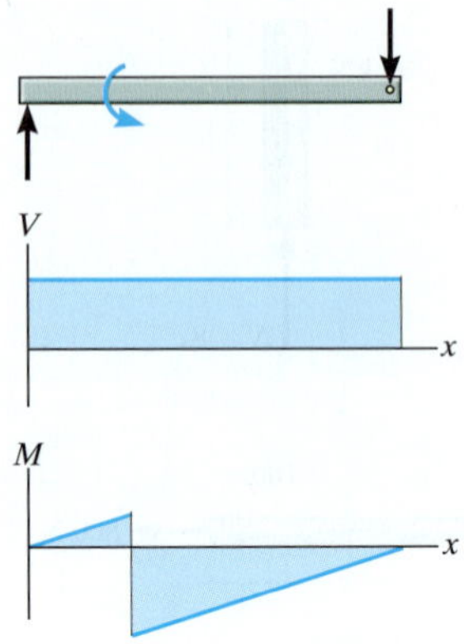

P11–1e.

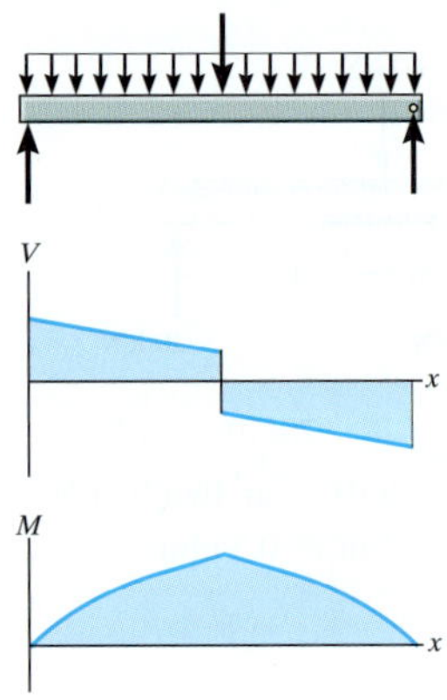

P11–1f.

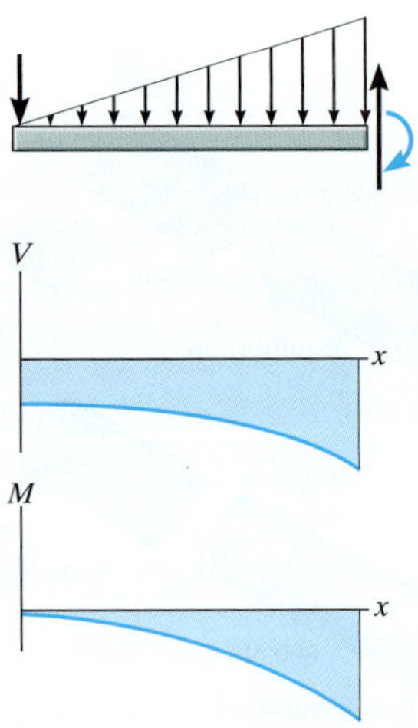

P11–1g.

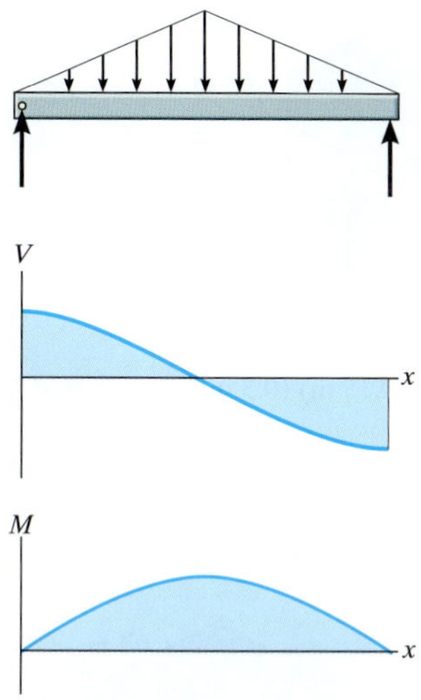

P11–1h.

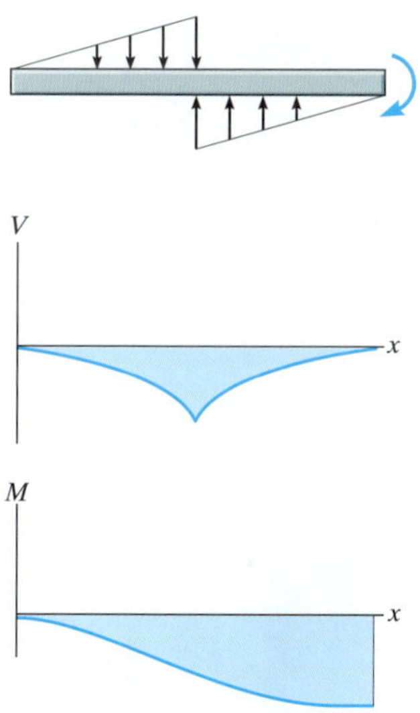

P11–2. $I = \left[\frac{1}{12}(0.2\text{ m})(0.4\text{ m})^3\right] - \left[\frac{1}{12}(0.1\text{ m})(0.2\text{ m})^3\right]$

$= 1.0\,(10^{-3})\text{ m}^4$

P11–3.

$$\bar{y} = \frac{\Sigma\tilde{y}A}{\Sigma A} = \frac{(0.05\text{ m})(0.2\text{ m})(0.1\text{ m}) + (0.25\text{ m})(0.1\text{ m})(0.3\text{ m})}{(0.2\text{ m})(0.1\text{ m}) + (0.1\text{ m})(0.3\text{ m})}$$

$$= 0.17\text{ m}$$

$$I = \left[\frac{1}{12}(0.2\text{ m})(0.1\text{ m})^3 + (0.2\text{ m})(0.1\text{ m})(0.17\text{ m} - 0.05\text{ m})^2\right]$$

$$+ \left[\frac{1}{12}(0.1\text{ m})(0.3\text{ m})^3 + (0.1\text{ m})(0.3\text{ m})(0.25\text{ m} - 0.17\text{ m})^2\right]$$

$$= 0.722\,(10^{-3})\text{ m}^4$$

P11–4a.

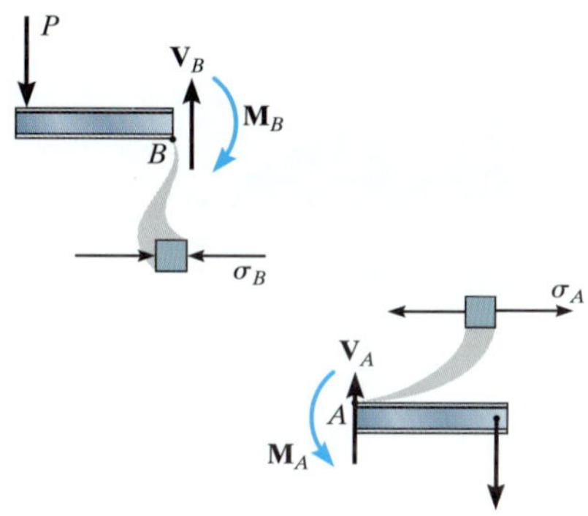

P11–4b.

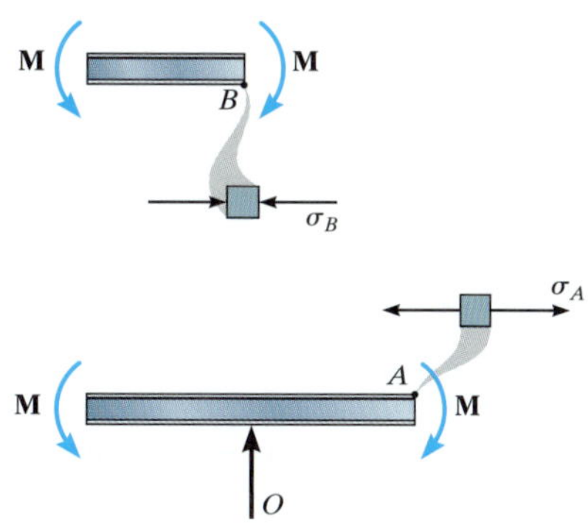

P11–5a.

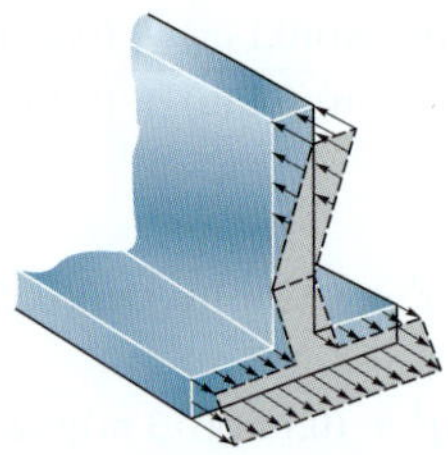

P11–5b.

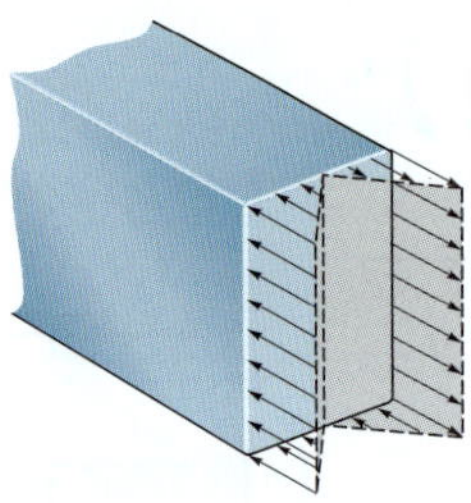

Chapter 12

P12–1a.

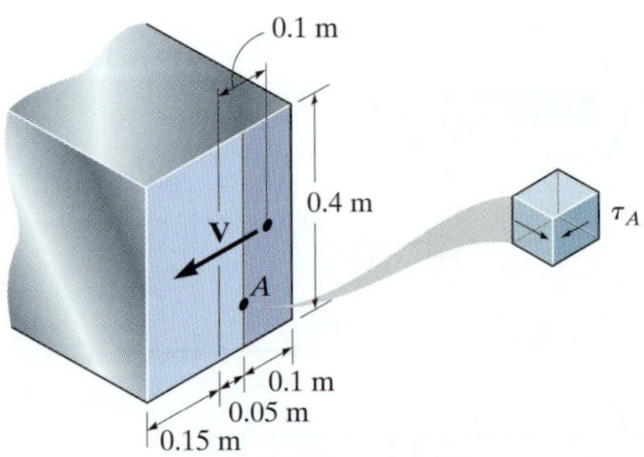

$Q = \bar{y}'A' = (0.1\text{ m})\,(0.1\text{ m})\,(0.4\text{ m}) = 4(10^{-3})\text{ m}^3$
$t = 0.4\text{ m}$

P12–1b.

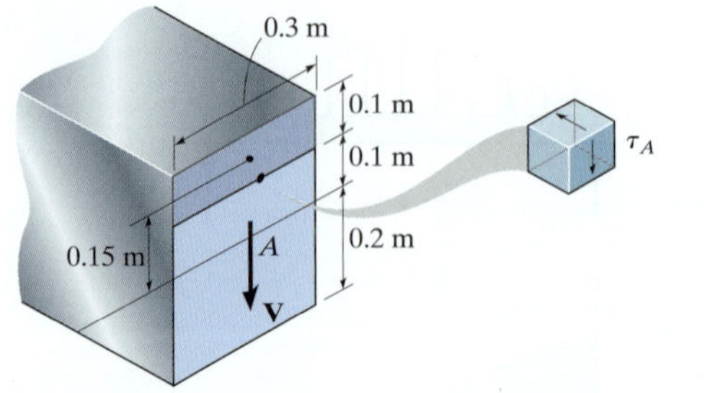

$Q = \bar{y}'A' = (0.15\text{ m})\,(0.3\text{ m})\,(0.1\text{ m}) = 4.5(10^{-3})\text{ m}^3$
$t = 0.3\text{ m}$

P12–1c.

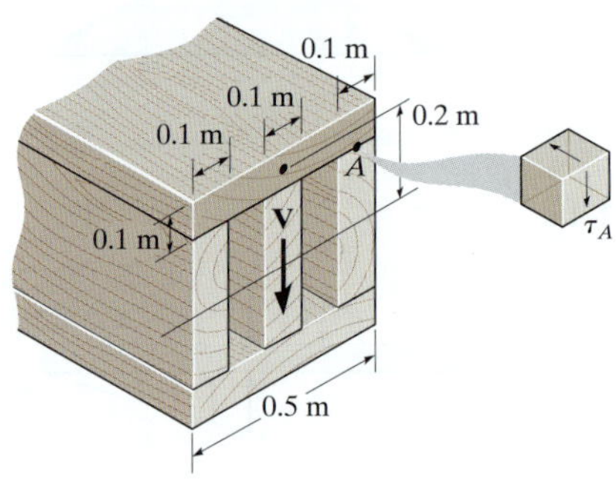

$Q = \bar{y}'A' = (0.2\text{ m})\,(0.1\text{ m})\,(0.5\text{ m}) = 0.01\text{ m}^3$
$t = 3\,(0.1\text{ m}) = 0.3\text{ m}$

P12–1d.

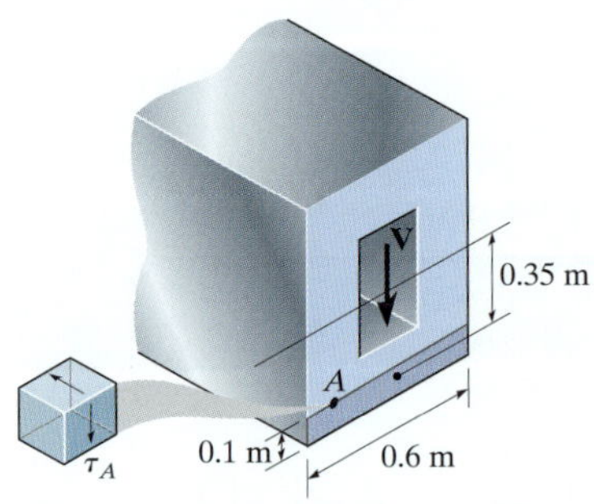

$Q = \bar{y}'A' = (0.35\text{ m})\,(0.6\text{ m})\,(0.1\text{ m}) = 0.021\text{ m}^3$
$t = 0.6\text{ m}$

P12–1e.

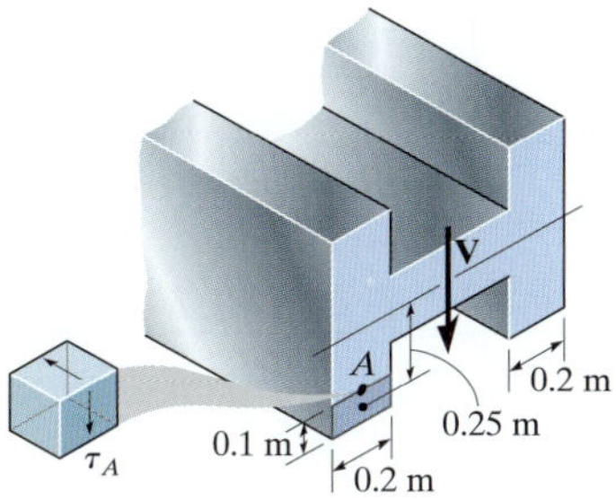

$$Q = \bar{y}'A' = (0.25\text{ m})(0.2\text{ m})(0.1\text{ m}) = 5(10^{-3})\text{ m}^3$$
$$t = 0.2\text{ m}$$

P12–1f.

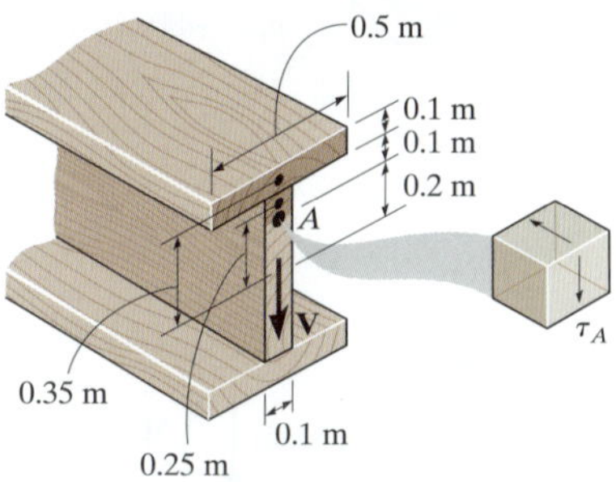

$$Q = \Sigma\bar{y}'A' = (0.25\text{ m})(0.1\text{ m})(0.1\text{ m}) + (0.35\text{ m})(0.1\text{ m})(0.5\text{ m}) = 0.02\text{ m}^3$$
$$t = 0.1\text{ m}$$

Chapter 13

P13–1a.

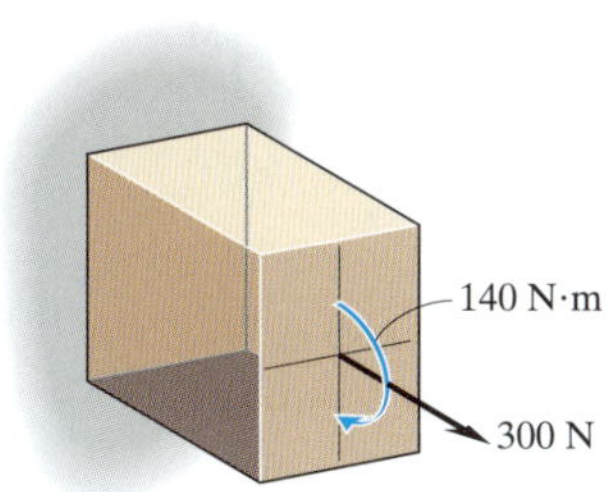

P13–1b.

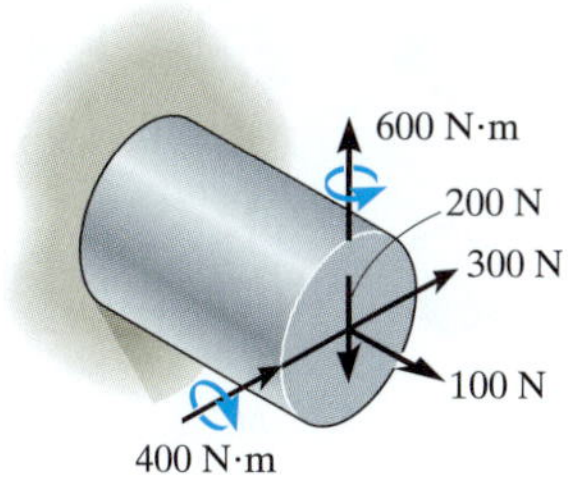

P13–1c.

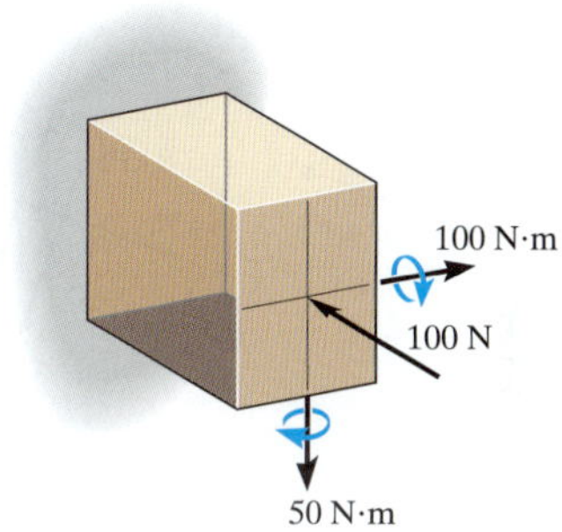

P13–1d.

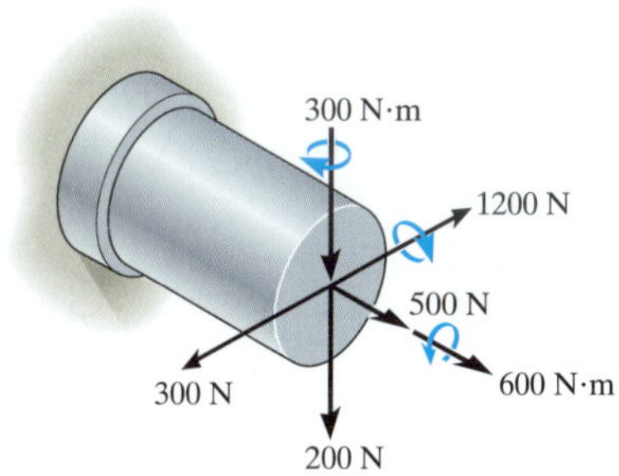

P13–2a.

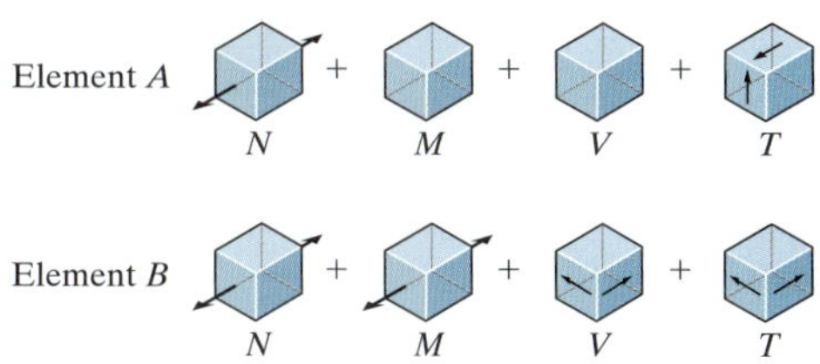

P13–2b.

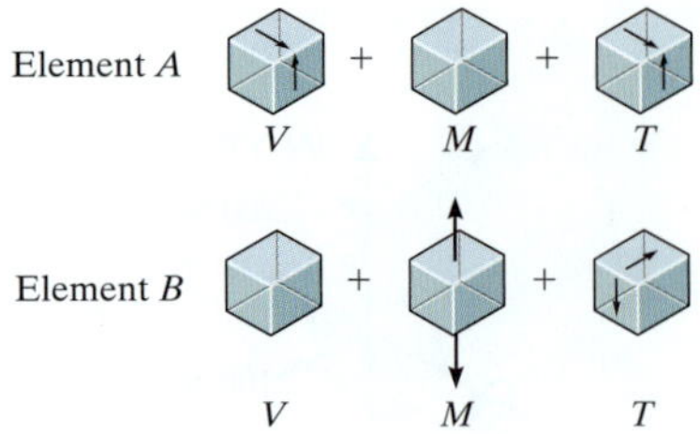

Chapter 14

P14–1.

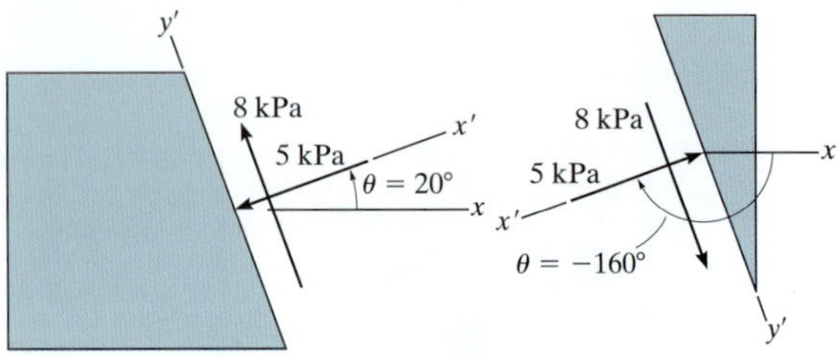

P14–1b.

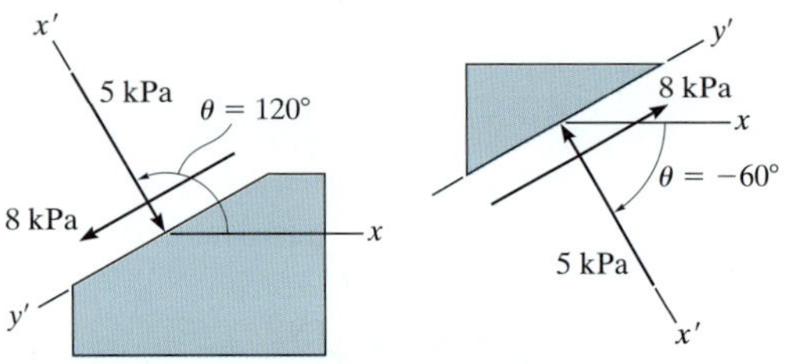

P14–1c.

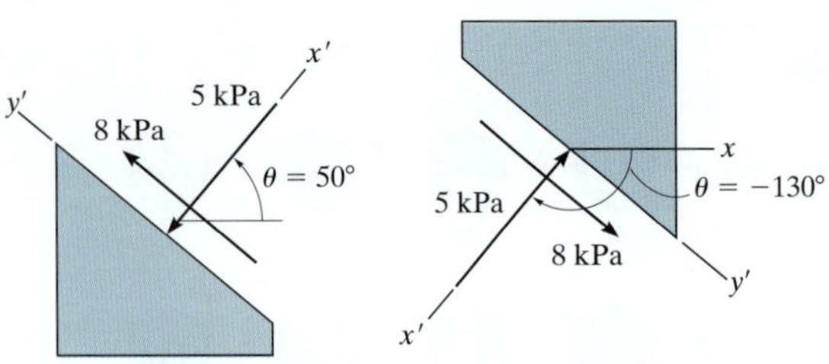

P14–2.

$$\tau_{\max} = \sqrt{\left(\frac{\sigma_x - \sigma_y}{2}\right)^2 + \tau_{xy}{}^2} = \sqrt{\left(\frac{4 - (-4)}{2}\right)^2 + (0)^2}$$

$$= 4 \text{ MPa}$$

$$\sigma_{\text{avg}} = \frac{\sigma_x + \sigma_y}{2} = \frac{4 - 4}{2} = 0$$

$$\tan 2\theta_s = -\frac{(\sigma_x - \sigma_y)/2}{\tau_{xy}} = \frac{[4 - (-4)]/2}{0} = -\infty$$

$$\theta_s = -45^\circ$$

$$\tau_{x'y'} = -\frac{\sigma_x - \sigma_y}{2}\sin 2\theta + \tau_{xy}\cos 2\theta$$

$$= -\frac{4 - (-4)}{2}\sin 2(-45^\circ) + 0 = 4 \text{ MPa}$$

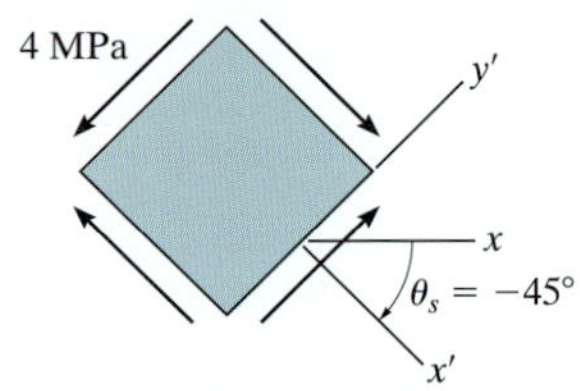

Chapter 16

P16–1a.

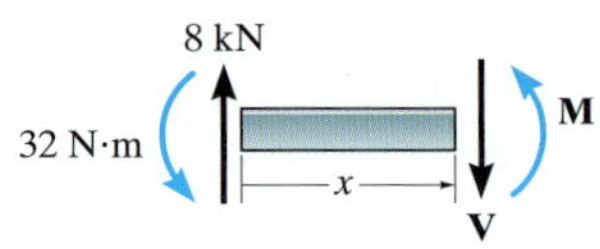

$$M = (8x - 32) \text{ kN} \cdot \text{m}$$

$$x = 0, \quad \frac{dy}{dx} = 0$$

$$x = 0, \quad y = 0$$

P16–1b.

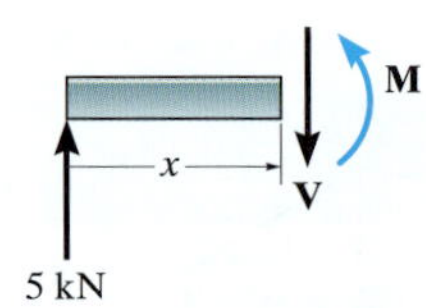

$$M = (5x) \text{ kN} \cdot \text{m}$$

$$x = 0, \quad y = 0$$

$$x = 2 \text{ m}, \quad y = 0$$

P16–1c.

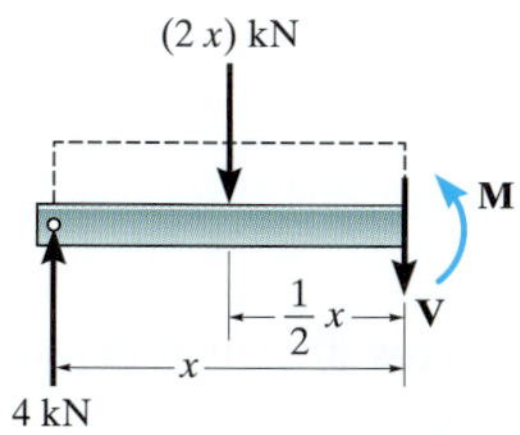

$$M = 4x - (2x)\left(\tfrac{1}{2}x\right)$$
$$M = (4x - x^2)\ \text{kN}\cdot\text{m}$$
$$x = 0, \quad y = 0$$
$$x = 4\ \text{m}, y = 0$$

P16–1d.

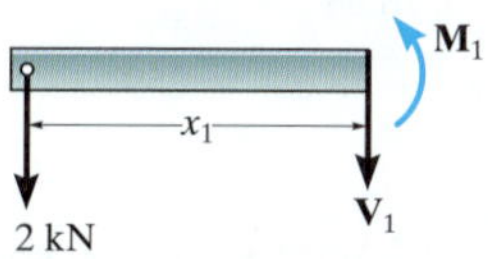

$$M_1 = (-2x_1)\ \text{kN}\cdot\text{m}$$

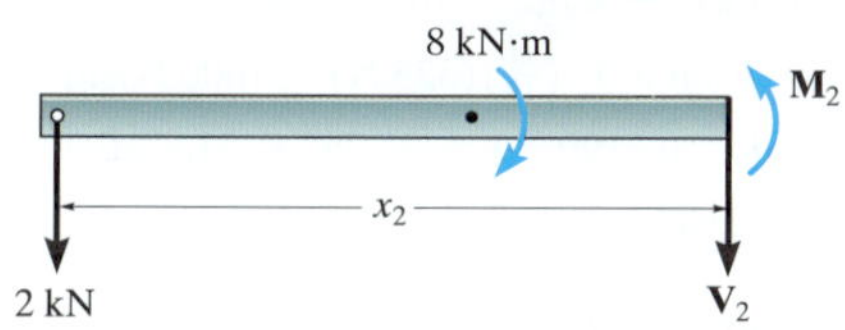

$$M_2 = (-2x + 8)\ \text{kN}\cdot\text{m}$$
$$x_1 = 0, \quad y_1 = 0$$
$$x_2 = 4\ \text{m}, \ y_2 = 0$$
$$x_1 = x_2 = 2\,\text{m}, \quad \frac{dy_1}{dx_1} = \frac{dy_2}{dx_2}$$
$$x_1 = x_2 = 2\,\text{m}, \quad y_1 = y_2$$

P16–1e.

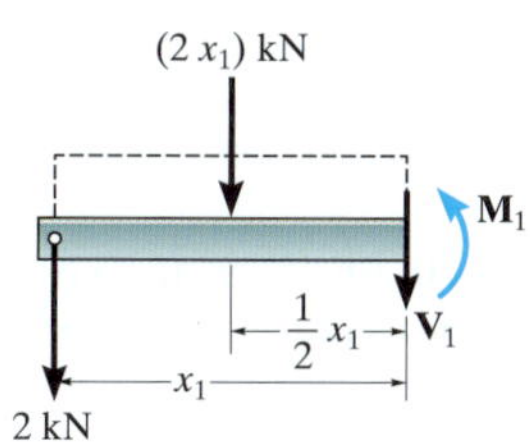

$$M_1 = -2x_1 - (2x_1)\left(\tfrac{1}{2}x_1\right)$$
$$M_1 = (-2x_1 - x_1^2)\ \text{kN}\cdot\text{m}$$

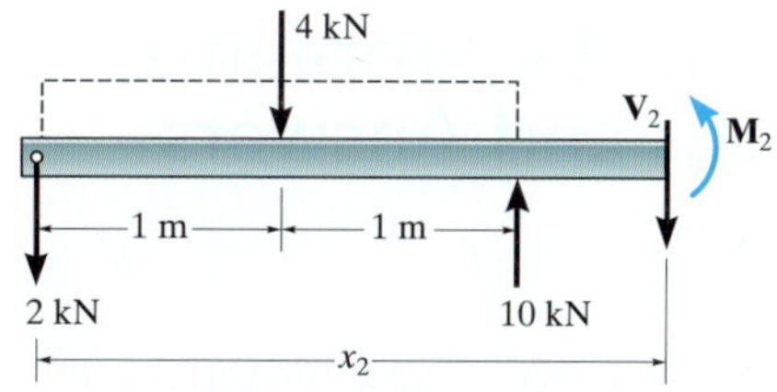

$$M_2 = 10(x_2 - 2) - 4(x_2 - 1) - 2x_2$$
$$M_2 = (4x_2 - 16)\ \text{kN}\cdot\text{m}$$
$$x_1 = 0, \quad y_1 = 0$$
$$x_1 = 2\ \text{m}, \ y_1 = 0$$
$$x_2 = 2\ \text{m}, \ y_2 = 0$$
$$x_1 = x_2 = 2\ \text{m}, \quad \frac{dy_1}{dx_1} = \frac{dy_2}{dx_2}$$

P16–1f.

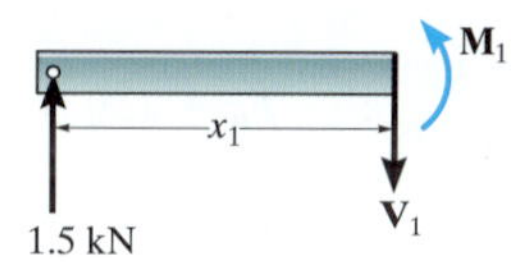

$$M_1 = (1.5x_1)\ \text{kN}\cdot\text{m}$$

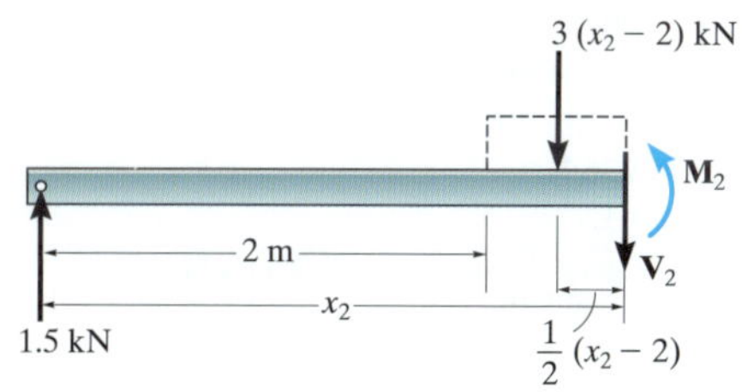

$$M_2 = 1.5x_2 - 3(x_2 - 2)\left(\frac{1}{2}\right)(x_2 - 2)$$
$$M_2 = -1.5x_2^2 + 7.5x_2 - 6$$
$$x_1 = 0, \ y_1 = 0$$
$$x_2 = 4\ \text{m}, \ y_2 = 0$$
$$x_1 = x_2 = 2\,\text{m}, \quad \frac{dy_1}{dx_1} = \frac{dy_2}{dx_2}$$
$$x_1 = x_2 = 2\,\text{m}, \quad y_1 = y_2$$

Fundamental Problems Solutions and Answers

Chapter 2

F2–1.
$F_R = \sqrt{(2\text{ kN})^2 + (6\text{ kN})^2 - 2(2\text{ kN})(6\text{ kN})\cos 105^\circ}$
$= 6.798\text{ kN} = 6.80\text{ kN}$ *Ans.*
$\frac{\sin\phi}{6\text{ kN}} = \frac{\sin 105^\circ}{6.798\text{ kN}}, \quad \phi = 58.49^\circ$
$\theta = 45^\circ + \phi = 45^\circ + 58.49^\circ = 103^\circ$ *Ans.*

F2–2. $F_R = \sqrt{200^2 + 500^2 - 2(200)(500)\cos 140^\circ}$
$= 666\text{ N}$ *Ans.*

F2–3. $F_R = \sqrt{600^2 + 800^2 - 2(600)(800)\cos 60^\circ}$
$= 721.11\text{ N} = 721\text{ N}$ *Ans.*
$\frac{\sin\alpha}{800} = \frac{\sin 60^\circ}{721.11}; \quad \alpha = 73.90^\circ$
$\phi = \alpha - 30^\circ = 73.90^\circ - 30^\circ = 43.9^\circ$ *Ans.*

F2–4. $\frac{F_u}{\sin 45^\circ} = \frac{30}{\sin 105^\circ}; \quad F_u = 22.0\text{ N}$ *Ans.*
$\frac{F_v}{\sin 30^\circ} = \frac{30}{\sin 105^\circ}; \quad F_v = 15.5\text{ N}$ *Ans.*

F2–5. $\frac{F_{AB}}{\sin 105^\circ} = \frac{450}{\sin 30^\circ}$
$F_{AB} = 869\text{ N}$ *Ans.*
$\frac{F_{AC}}{\sin 45^\circ} = \frac{450}{\sin 30^\circ}$
$F_{AC} = 636\text{ N}$ *Ans.*

F2–6. $\frac{F}{\sin 30^\circ} = \frac{6}{\sin 105^\circ} \quad F = 3.11\text{ kN}$ *Ans.*
$\frac{F_v}{\sin 45^\circ} = \frac{6}{\sin 105^\circ} \quad F_v = 4.39\text{ kN}$ *Ans.*

F2–7. $(F_1)_x = 0 \quad (F_1)_y = 300\text{ N}$ *Ans.*
$(F_2)_x = -(450\text{ N})\cos 45^\circ = -318\text{ N}$ *Ans.*
$(F_2)_y = (450\text{ N})\sin 45^\circ = 318\text{ N}$ *Ans.*
$(F_3)_x = \left(\frac{3}{5}\right)600\text{ N} = 360\text{ N}$ *Ans.*
$(F_3)_y = \left(\frac{4}{5}\right)600\text{ N} = 480\text{ N}$ *Ans.*

F2–8. $F_{Rx} = 300 + 400\cos 30^\circ - 250\left(\frac{4}{5}\right) = 446.4\text{ N}$
$F_{Ry} = 400\sin 30^\circ + 250\left(\frac{3}{5}\right) = 350\text{ N}$
$F_R = \sqrt{(446.4)^2 + 350^2} = 567\text{ N}$ *Ans.*
$\theta = \tan^{-1}\frac{350}{446.4} = 38.1^\circ \measuredangle$ *Ans.*

F2–9.
$\overset{+}{\rightarrow}(F_R)_x = \Sigma F_x;$
$(F_R)_x = -(700\text{ N})\cos 30^\circ + 0 + \left(\frac{3}{5}\right)(600\text{ N})$
$= -246.22\text{ N}$
$+\uparrow(F_R)_y = \Sigma F_y;$
$(F_R)_y = -(700\text{ N})\sin 30^\circ - 400\text{ N} - \left(\frac{4}{5}\right)(600\text{ N})$
$= -1230\text{ N}$
$F_R = \sqrt{(246.22\text{ N})^2 + (1230\text{ N})^2} = 1254\text{ N}$ *Ans.*
$\phi = \tan^{-1}\left(\frac{1230\text{ N}}{246.22\text{ N}}\right) = 78.68^\circ$
$\theta = 180^\circ + \phi = 180^\circ + 78.68^\circ = 259^\circ$ *Ans.*

F2–10. $\overset{+}{\rightarrow}(F_R)_x = \Sigma F_x;$
$750\text{ N} = F\cos\theta + \left(\frac{5}{13}\right)(325\text{ N}) + (600\text{ N})\cos 45^\circ$
$+\uparrow(F_R)_y = \Sigma F_y;$
$0 = F\sin\theta + \left(\frac{12}{13}\right)(325\text{ N}) - (600\text{ N})\sin 45^\circ$
$\tan\theta = 0.6190 \quad \theta = 31.76^\circ = 31.8^\circ \measuredangle$ *Ans.*
$F = 236\text{ N}$ *Ans.*

F2–11. $\overset{+}{\rightarrow}(F_R)_x = \Sigma F_x;$
$(80\text{ N})\cos 45^\circ = F\cos\theta + 50\text{ N} - \left(\frac{3}{5}\right)90\text{ N}$
$+\uparrow(F_R)_y = \Sigma F_y;$
$-(80\text{ N})\sin 45^\circ = F\sin\theta - \left(\frac{4}{5}\right)(90\text{ N})$
$\tan\theta = 0.2547 \quad \theta = 14.29^\circ = 14.3^\circ \measuredangle$ *Ans.*
$F = 62.5\text{ N}$ *Ans.*

F2–12. $(F_R)_x = 15\left(\frac{4}{5}\right) + 0 + 15\left(\frac{4}{5}\right) = 24\text{ kN}\rightarrow$
$(F_R)_y = 15\left(\frac{3}{5}\right) + 20 - 15\left(\frac{3}{5}\right) = 20\text{ kN}\uparrow$
$F_R = 31.2\text{ kN}$ *Ans.*
$\theta = 39.8^\circ$ *Ans.*

F2–13. $F_x = 75\cos 30^\circ\sin 45^\circ = 45.93\text{ N}$
$F_y = 75\cos 30^\circ\cos 45^\circ = 45.93\text{ N}$
$F_z = -75\sin 30^\circ = -37.5\text{ N}$
$\alpha = \cos^{-1}\left(\frac{45.93}{75}\right) = 52.2^\circ$ *Ans.*
$\beta = \cos^{-1}\left(\frac{45.93}{75}\right) = 52.2^\circ$ *Ans.*
$\gamma = \cos^{-1}\left(\frac{-37.5}{75}\right) = 120^\circ$ *Ans.*

F2–14. $\cos\beta = \sqrt{1 - \cos^2 120° - \cos^2 60°} = \pm 0.7071$

Require $\beta = 135°$.

$\mathbf{F} = F\mathbf{u}_F = (500\text{ N})(-0.5\mathbf{i} - 0.7071\mathbf{j} + 0.5\mathbf{k})$

$= \{-250\mathbf{i} - 354\mathbf{j} + 250\mathbf{k}\}\text{ N}$ *Ans.*

F2–15. $\cos^2\alpha + \cos^2 135° + \cos^2 120° = 1$

$\alpha = 60°$

$\mathbf{F} = F\mathbf{u}_F = (500\text{ N})(0.5\mathbf{i} - 0.7071\mathbf{j} - 0.5\mathbf{k})$

$= \{250\mathbf{i} - 354\mathbf{j} - 250\mathbf{k}\}\text{ N}$ *Ans.*

F2–16. $F_z = (50\text{ N})\sin 45° = 35.36\text{ N}$

$F' = (50\text{ N})\cos 45° = 35.36\text{ N}$

$F_x = \left(\frac{3}{5}\right)(35.36\text{ N}) = 21.21\text{ N}$

$F_y = \left(\frac{4}{5}\right)(35.36\text{ N}) = 28.28\text{ N}$

$\mathbf{F} = \{-21.2\mathbf{i} + 28.3\mathbf{j} + 35.4\mathbf{k}\}\text{ N}$ *Ans.*

F2–17. $F_z = (750\text{ N})\sin 45° = 530.33\text{ N}$

$F' = (750\text{ N})\cos 45° = 530.33\text{ N}$

$F_x = (530.33\text{ N})\cos 60° = 265.2\text{ N}$

$F_y = (530.33\text{ N})\sin 60° = 459.3\text{ N}$

$\mathbf{F}_2 = \{265\mathbf{i} - 459\mathbf{j} + 530\mathbf{k}\}\text{ N}$ *Ans.*

F2–18. $\mathbf{F}_1 = \left(\frac{4}{5}\right)(500\text{ N})\,\mathbf{j} + \left(\frac{3}{5}\right)(500\text{ N})\mathbf{k}$

$= \{400\mathbf{j} + 300\mathbf{k}\}\text{ N}$

$\mathbf{F}_2 = [(800\text{ N})\cos 45°]\cos 30°\,\mathbf{i}$

$+ [(800\text{ N})\cos 45°]\sin 30°\mathbf{j}$

$+ (800\text{ N})\sin 45°\,(-\mathbf{k})$

$= \{489.90\mathbf{i} + 282.84\mathbf{j} - 565.69\mathbf{k}\}\text{ N}$

$\mathbf{F}_R = \mathbf{F}_1 + \mathbf{F}_2 = \{490\mathbf{i} + 683\mathbf{j} - 266\mathbf{k}\}\text{ N}$ *Ans.*

F2–19. $\mathbf{r}_{AB} = \{-6\mathbf{i} + 6\mathbf{j} + 3\mathbf{k}\}\text{ m}$ *Ans.*

$r_{AB} = \sqrt{(-6\text{ m})^2 + (6\text{ m})^2 + (3\text{ m})^2} = 9\text{ m}$ *Ans.*

$\alpha = 132°,\quad \beta = 48.2°,\quad \gamma = 70.5°$ *Ans.*

F2–20. $\mathbf{r}_{AB} = \{-2\mathbf{i} + 1\mathbf{j} + 2\mathbf{k}\}\text{ m}$ *Ans.*

$r_{AB} = \sqrt{(-2\text{ m})^2 + (1\text{ m})^2 + (2\text{ m})^2} = 3\text{ m}$ *Ans.*

$\alpha = \cos^{-1}\left(\frac{-2\text{ m}}{3\text{ m}}\right) = 131.8°$

$\theta = 180° - 131.8° = 48.2°$ *Ans.*

F2–21. $\mathbf{r}_{AB} = \{2\mathbf{i} + 3\mathbf{j} - 6\mathbf{k}\}\text{ m}$

$\mathbf{F}_{AB} = F_{AB}\mathbf{u}_{AB}$

$= (630\text{ N})\left(\frac{2}{7}\mathbf{i} + \frac{3}{7}\mathbf{j} - \frac{6}{7}\mathbf{k}\right)$

$= \{180\mathbf{i} + 270\mathbf{j} - 540\mathbf{k}\}\text{ N}$ *Ans.*

F2–22. $\mathbf{F} = F\mathbf{u}_{AB} = 900\text{N}\left(-\frac{4}{9}\mathbf{i} + \frac{7}{9}\mathbf{j} - \frac{4}{9}\mathbf{k}\right)$

$= \{-400\mathbf{i} + 700\mathbf{j} - 400\mathbf{k}\}\text{ N}$ *Ans.*

F2–23. $\mathbf{F}_B = F_B\mathbf{u}_B$

$= (840\text{ N})\left(\frac{3}{7}\mathbf{i} - \frac{2}{7}\mathbf{j} - \frac{6}{7}\mathbf{k}\right)$

$= \{360\mathbf{i} - 240\mathbf{j} - 720\mathbf{k}\}\text{ N}$

$\mathbf{F}_C = F_C\mathbf{u}_C$

$= (420\text{ N})\left(\frac{2}{7}\mathbf{i} + \frac{3}{7}\mathbf{j} - \frac{6}{7}\mathbf{k}\right)$

$= \{120\mathbf{i} + 180\mathbf{j} - 360\mathbf{k}\}\text{ N}$

$F_R = \sqrt{(480\text{ N})^2 + (-60\text{ N})^2 + (-1080\text{ N})^2}$

$= 1.18\text{ kN}$ *Ans.*

F2–24. $\mathbf{F}_B = F_B\mathbf{u}_B$

$= (3\text{ kN})\left(-\frac{1}{3}\mathbf{i} + \frac{2}{3}\mathbf{j} - \frac{2}{3}\mathbf{k}\right)$

$= \{-1\mathbf{i} + 2\mathbf{j} - 2\mathbf{k}\}\text{ kN}$

$\mathbf{F}_C = F_C\mathbf{u}_C$

$= (2.45\text{ kN})\left(-\frac{6}{7}\mathbf{i} + \frac{3}{7}\mathbf{j} - \frac{2}{7}\mathbf{k}\right)$

$= \{-2.10\mathbf{i} + 1.05\mathbf{j} - 0.7\mathbf{k}\}\text{ kN}$

$\mathbf{F}_R = \mathbf{F}_B + \mathbf{F}_C = \{-3.10\mathbf{i} + 3.05\mathbf{j} - 2.70\mathbf{k}\}\text{ kN}$ *Ans.*

F2–25. $\mathbf{u}_{AO} = -\frac{1}{3}\mathbf{i} + \frac{2}{3}\mathbf{j} - \frac{2}{3}\mathbf{k}$

$\mathbf{u}_F = -0.5345\mathbf{i} + 0.8018\mathbf{j} + 0.2673\mathbf{k}$

$\theta = \cos^{-1}(\mathbf{u}_{AO}\cdot\mathbf{u}_F) = 57.7°$ *Ans.*

F2–26. $\mathbf{u}_{AB} = -\frac{3}{5}\mathbf{j} + \frac{4}{5}\mathbf{k}$

$\mathbf{u}_F = \frac{4}{5}\mathbf{i} - \frac{3}{5}\mathbf{j}$

$\theta = \cos^{-1}(\mathbf{u}_{AB}\cdot\mathbf{u}_F) = 68.9°$ *Ans.*

F2–27. $\mathbf{u}_{OA} = \frac{12}{13}\mathbf{i} + \frac{5}{13}\mathbf{j}$

$\mathbf{u}_{OA}\cdot\mathbf{j} = u_{OA}(1)\cos\theta$

$\cos\theta = \frac{5}{13};\quad \theta = 67.4°$ *Ans.*

F2–28. $\mathbf{u}_{OA} = \frac{12}{13}\mathbf{i} + \frac{5}{13}\mathbf{j}$

$\mathbf{F} = F\mathbf{u}_F = [650\mathbf{j}]\text{ N}$

$F_{OA} = \mathbf{F}\cdot\mathbf{u}_{OA} = 250\text{ N}$

$\mathbf{F}_{OA} = F_{OA}\,\mathbf{u}_{OA} = \{231\mathbf{i} + 96.2\mathbf{j}\}\text{ N}$ *Ans.*

F2–29.

$$\mathbf{F} = (400\ \text{N})\frac{\{4\,\mathbf{i} + 1\,\mathbf{j} - 6\,\mathbf{k}\}\,\text{m}}{\sqrt{(4\ \text{m})^2 + (1\ \text{m})^2 + (-6\ \text{m})^2}}$$
$$= \{219.78\mathbf{i} + 54.94\mathbf{j} - 329.67\mathbf{k}\}\ \text{N}$$
$$\mathbf{u}_{AO} = \frac{\{-4\,\mathbf{j} - 6\,\mathbf{k}\}\,\text{m}}{\sqrt{(-4\ \text{m})^2 + (-6\ \text{m})^2}}$$
$$= -0.5547\mathbf{j} - 0.8321\mathbf{k}$$
$$(F_{AO})_{\text{proj}} = \mathbf{F}\cdot\mathbf{u}_{AO} = 244\ \text{N} \qquad \textit{Ans.}$$

F2–30.

$$\mathbf{F} = [(-600\ \text{N})\cos 60°]\sin 30°\,\mathbf{i} + [(600\ \text{N})\cos 60°]\cos 30°\,\mathbf{j} + [(600\ \text{N})\sin 60°]\,\mathbf{k}$$
$$= \{-150\mathbf{i} + 259.81\mathbf{j} + 519.62\mathbf{k}\}\ \text{N}$$
$$\mathbf{u}_A = -\tfrac{2}{3}\mathbf{i} + \tfrac{2}{3}\mathbf{j} + \tfrac{1}{3}\mathbf{k}$$
$$(F_A)_{\text{par}} = \mathbf{F}\cdot\mathbf{u}_A = 446.41\ \text{N} = 446\ \text{N} \qquad \textit{Ans.}$$
$$(F_A)_{\text{per}} = \sqrt{(600\ \text{N})^2 - (446.41\ \text{N})^2}$$
$$= 401\ \text{N} \qquad \textit{Ans.}$$

F2–31.

$$\mathbf{F} = 56\ \text{N}\left(\tfrac{3}{7}\mathbf{i} - \tfrac{6}{7}\mathbf{j} + \tfrac{2}{7}\mathbf{k}\right)$$
$$= \{24\mathbf{i} - 48\mathbf{j} + 16\mathbf{k}\}\ \text{N}$$
$$(F_{AO})_{\parallel} = \mathbf{F}\cdot\mathbf{u}_{AO} = (24\mathbf{i} - 48\mathbf{j} + 16\mathbf{k})\cdot\left(\tfrac{3}{7}\mathbf{i} - \tfrac{6}{7}\mathbf{j} - \tfrac{2}{7}\mathbf{k}\right)$$
$$= 46.86\ \text{N} = 46.9\ \text{N} \qquad \textit{Ans.}$$
$$(F_{AO})_{\perp} = \sqrt{F^2 - (F_{AO})_{\parallel}} = \sqrt{(56)^2 - (46.86)^2}$$
$$= 30.7\ \text{N} \qquad \textit{Ans.}$$

Chapter 3

F3–1.
$$\circlearrowleft + M_O = -\left(\tfrac{4}{5}\right)(100\ \text{N})(2\ \text{m}) - \left(\tfrac{3}{5}\right)(100\ \text{N})(5\ \text{m})$$
$$= -460\ \text{N}\cdot\text{m} = 460\ \text{N}\cdot\text{m}\circlearrowright \qquad \textit{Ans.}$$

F3–2.
$$\circlearrowleft + M_O = [(300\ \text{N})\sin 30°][0.4\ \text{m} + (0.3\ \text{m})\cos 45°] - [(300\ \text{N})\cos 30°][(0.3\ \text{m})\sin 45°]$$
$$= 36.7\ \text{N}\cdot\text{m} \qquad \textit{Ans.}$$

F3–3.
$$\circlearrowleft + M_O = (6\ \text{kN})[1.5\ \text{m} + (1\ \text{m})\cos 45° - 0.3\ \text{m}]$$
$$= 11.4\ \text{kN}\cdot\text{m} \qquad \textit{Ans.}$$

F3–4.
$$\circlearrowleft + M_O = -50\sin 60°\,(0.1 + 0.2\cos 45° + 0.1) + 50\cos 60°(0.2\sin 45°)$$
$$= -11.2\ \text{N}\cdot\text{m} \qquad \textit{Ans.}$$

F3–5.
$$\circlearrowleft + M_O = 60\sin 50°\,(2.5) + 60\cos 50°\,(0.25)$$
$$= 125\ \text{kN}\cdot\text{m} \qquad \textit{Ans.}$$

F3–6.
$$\circlearrowleft + M_O = 500\sin 45°\,(3 + 3\cos 45°) - 500\cos 45°\,(3\sin 45°)$$
$$= 1.06\ \text{kN}\cdot\text{m} \qquad \textit{Ans.}$$

F3–7.
$$\circlearrowleft + (M_R)_O = \Sigma Fd;$$
$$(M_R)_O = -(600\ \text{N})(1\ \text{m}) + (500\ \text{N})[3\ \text{m} + (2.5\ \text{m})\cos 45°] - (300\ \text{N})[(2.5\ \text{m})\sin 45°]$$
$$= 1254\ \text{N}\cdot\text{m} = 1.25\ \text{kN}\cdot\text{m} \qquad \textit{Ans.}$$

F3–8.
$$\circlearrowleft + (M_R)_O = \Sigma Fd;$$
$$(M_R)_O = \left[\left(\tfrac{3}{5}\right)500\ \text{N}\right](0.425\ \text{m}) - \left[\left(\tfrac{4}{5}\right)500\ \text{N}\right](0.25\ \text{m}) - [(600\ \text{N})\cos 60°](0.25\ \text{m}) - [(600\ \text{N})\sin 60°](0.425\ \text{m})$$
$$= -268\ \text{N}\cdot\text{m} = 268\ \text{N}\cdot\text{m}\circlearrowright \qquad \textit{Ans.}$$

F3–9.
$$\circlearrowleft + (M_R)_O = \Sigma Fd;$$
$$(M_R)_O = (3\cos 30°\ \text{kN})(2\ \text{m} + 2\sin 30°\ \text{m}) - (3\sin 30°\ \text{kN})(2\cos 30°\ \text{m}) + (2\ \text{kN})(2\cos 30°\ \text{m})$$
$$= 8.66\ \text{kN}\cdot\text{m} \qquad \textit{Ans.}$$

F3–10.
$$\mathbf{F} = F\mathbf{u}_{AB} = 500\text{N}\left(\tfrac{4}{5}\mathbf{i} - \tfrac{3}{5}\mathbf{j}\right) = \{400\mathbf{i} - 300\mathbf{j}\}\ \text{N}$$
$$\mathbf{M}_O = \mathbf{r}_{OA}\times\mathbf{F} = \{3\mathbf{j}\}\ \text{m}\times\{400\mathbf{i} - 300\mathbf{j}\}\ \text{N}$$
$$= \{-1200\mathbf{k}\}\ \text{N}\cdot\text{m} \qquad \textit{Ans.}$$

or

$$\mathbf{M}_O = \mathbf{r}_{OB}\times\mathbf{F} = \{4\mathbf{i}\}\ \text{m}\times\{400\mathbf{i} - 300\mathbf{j}\}\ \text{N}$$
$$= \{-1200\mathbf{k}\}\ \text{N}\cdot\text{m} \qquad \textit{Ans.}$$

F3–11.
$$\mathbf{F} = F\mathbf{u}_{BC}$$
$$= 600\ \text{N}\left[\frac{\{2\,\mathbf{i} - 2\,\mathbf{j} - \mathbf{k}\}\ \text{m}}{\sqrt{(2\ \text{m})^2 + (-2\ \text{m})^2 + (-1\ \text{m})^2}}\right]$$
$$= \{400\mathbf{i} - 400\mathbf{j} - 200\mathbf{k}\}\ \text{N}$$
$$\mathbf{M}_O = \mathbf{r}_C\times\mathbf{F} = \begin{vmatrix}\mathbf{i} & \mathbf{j} & \mathbf{k}\\ 2.5 & 0 & 0\\ 400 & -400 & -200\end{vmatrix}$$
$$= \{500\mathbf{j} - 1000\mathbf{k}\}\ \text{N}\cdot\text{m} \qquad \textit{Ans.}$$

or

$$\mathbf{M}_O = \mathbf{r}_B\times\mathbf{F} = \begin{vmatrix}\mathbf{i} & \mathbf{j} & \mathbf{k}\\ 0.5 & 2 & 1\\ 400 & -400 & -200\end{vmatrix}$$
$$= \{500\mathbf{j} - 1000\mathbf{k}\}\ \text{N}\cdot\text{m} \qquad \textit{Ans.}$$

F3–12. $\mathbf{F}_R = \mathbf{F}_1 + \mathbf{F}_2$
$$= \{(500 - 1000)\mathbf{i} + (-600 + 1250)\mathbf{j} + (375 + 500)\mathbf{k}\}\text{ N}$$
$$= \{-500\mathbf{i} + 650\mathbf{j} + 875\mathbf{k}\}\text{ N}$$
$$(\mathbf{M}_R)_O = \mathbf{r}_A \times \mathbf{F}_R = \begin{vmatrix} \mathbf{i} & \mathbf{j} & \mathbf{k} \\ 2 & 2.5 & 1.5 \\ -500 & 650 & 875 \end{vmatrix}$$
$$= \{1212.5\mathbf{i} - 2500\mathbf{j} + 2550\mathbf{k}\}\text{ N}\cdot\text{m} \qquad \textit{Ans.}$$

F3–13. $M_x = \mathbf{i}\cdot(\mathbf{r}_{OB}\times\mathbf{F}) = \begin{vmatrix} 1 & 0 & 0 \\ 0.3 & 0.4 & -0.2 \\ 300 & -200 & 150 \end{vmatrix}$
$$= 20\text{ N}\cdot\text{m} \qquad \textit{Ans.}$$

F3–14. $\mathbf{u}_{OA} = \dfrac{\mathbf{r}_A}{r_A} = \dfrac{\{0.3\mathbf{i} + 0.4\mathbf{j}\}\text{ m}}{\sqrt{(0.3\text{ m})^2 + (0.4\text{ m})^2}} = 0.6\,\mathbf{i} + 0.8\,\mathbf{j}$
$$M_{OA} = \mathbf{u}_{OA}\cdot(\mathbf{r}_{AB}\times\mathbf{F}) = \begin{vmatrix} 0.6 & 0.8 & 0 \\ 0 & 0 & -0.2 \\ 300 & -200 & 150 \end{vmatrix}$$
$$= -72\text{ N}\cdot\text{m} \qquad \textit{Ans.}$$
$$|M_{OA}| = 72\text{ N}\cdot\text{m}$$

F3–15. Scalar Analysis

The magnitudes of the force components are
$$F_x = |200\cos 120^\circ| = 100\text{ N}$$
$$F_y = 200\cos 60^\circ = 100\text{ N}$$
$$F_z = 200\cos 45^\circ = 141.42\text{ N}$$
$$M_x = -F_y(z) + F_z(y)$$
$$= -(100\text{ N})(0.25\text{ m}) + (141.42\text{ N})(0.3\text{ m})$$
$$= 17.4\text{ N}\cdot\text{m} \qquad \textit{Ans.}$$

Vector Analysis
$$M_x = \begin{vmatrix} 1 & 0 & 0 \\ 0 & 0.3 & 0.25 \\ -100 & 100 & 141.42 \end{vmatrix} = 17.4\text{ N}\cdot\text{m} \qquad \textit{Ans.}$$

F3–16. $M_y = \mathbf{j}\cdot(\mathbf{r}_A\times\mathbf{F}) = \begin{vmatrix} 0 & 1 & 0 \\ -3 & -4 & 2 \\ 30 & -20 & 50 \end{vmatrix}$
$$= 210\text{ N}\cdot\text{m} \qquad \textit{Ans.}$$

F3–17. $\mathbf{u}_{AB} = \dfrac{\mathbf{r}_{AB}}{r_{AB}} = \dfrac{\{-4\mathbf{i} + 3\mathbf{j}\}\text{m}}{\sqrt{(-4\text{ m})^2 + (3\text{ m})^2}} = -0.8\mathbf{i} + 0.6\mathbf{j}$
$$M_{AB} = \mathbf{u}_{AB}\cdot(\mathbf{r}_{AC}\times\mathbf{F})$$
$$= \begin{vmatrix} -0.8 & 0.6 & 0 \\ 0 & 0 & 2 \\ 50 & -40 & 20 \end{vmatrix} = -4\text{ kN}\cdot\text{m}$$
$$\mathbf{M}_{AB} = M_{AB}\mathbf{u}_{AB} = \{3.2\mathbf{i} - 2.4\mathbf{j}\}\text{ kN}\cdot\text{m} \qquad \textit{Ans.}$$

F3–18. Scalar Analysis

The magnitudes of the force components are
$$F_x = \left(\tfrac{3}{5}\right)\left[\tfrac{4}{5}(500)\right] = 240\text{ N}$$
$$F_y = \tfrac{4}{5}\left[\tfrac{4}{5}(500)\right] = 320\text{ N}$$
$$F_z = \tfrac{3}{5}(500) = 300\text{ N}$$
$$M_x = -320(3) + 300(2) = -360\text{ N}\cdot\text{m} \qquad \textit{Ans.}$$
$$M_y = -240(3) - 300\,(-2) = -120\text{ N}\cdot\text{m} \qquad \textit{Ans.}$$
$$M_z = 240(2) - 320\,(2) = -160\text{ N}\cdot\text{m} \qquad \textit{Ans.}$$

Vector Analysis
$$\mathbf{F} = \{-240\mathbf{i} + 320\mathbf{j} + 300\mathbf{k}\}\text{N}$$
$$\mathbf{r}_{OA} = \{-2\mathbf{i} + 2\mathbf{j} + 3\mathbf{k}\}\text{ m}$$
$$M_x = \mathbf{i}\cdot(\mathbf{r}_{OA}\times\mathbf{F}) = -360\text{ N}\cdot\text{m}$$
$$M_y = \mathbf{j}\cdot(\mathbf{r}_{OA}\times\mathbf{F}) = -120\text{ N}\cdot\text{m}$$
$$M_z = \mathbf{k}\cdot(\mathbf{r}_{OA}\times\mathbf{F}) = -160\text{ N}\cdot\text{m}$$

F3–19. $\circlearrowleft + M_{C_R} = \Sigma M_A = -400(3) + 400(5) - 300(5)$
$$- 200(0.2) = -740\text{ N}\cdot\text{m} \qquad \textit{Ans.}$$

Also,
$$\circlearrowleft + M_{C_R} = -300(5) + 400(2) - 200(0.2)$$
$$= -740\text{ N}\cdot\text{m} \qquad \textit{Ans.}$$

F3–20. $\circlearrowleft + M_{C_R} = 300(0.4) + 200(0.4) + 150(0.4)$
$$= 260\text{ N}\cdot\text{m} \qquad \textit{Ans.}$$

F3–21. $\circlearrowleft + (M_B)_R = \Sigma M_B$
$$-1.5\text{ kN}\cdot\text{m} = (2\text{ kN})(0.3\text{ m}) - F(0.9\text{ m})$$
$$F = 2.33\text{ kN} \qquad \textit{Ans.}$$

F3–22. $\circlearrowleft + M_C = 10\left(\tfrac{3}{5}\right)(2) - 10\left(\tfrac{4}{5}\right)(4) = -20\text{ kN}\cdot\text{m}$
$$= 20\text{ kN}\cdot\text{m}\circlearrowright \qquad \textit{Ans.}$$

F3–23. $\mathbf{u}_1 = \frac{\mathbf{r}_1}{r_1} = \frac{\{-2\mathbf{i} + 2\mathbf{j} + 3.5\mathbf{k}\}\text{ m}}{\sqrt{(-2\text{ m})^2 + (2\text{ m})^2 + (3.5\text{ m})^2}}$

$= -\frac{4}{9}\mathbf{i} + \frac{4}{9}\mathbf{j} + \frac{7}{9}\mathbf{k}$

$\mathbf{u}_2 = -\mathbf{k}$

$\mathbf{u}_3 = \frac{3}{5}\mathbf{i} - \frac{4}{5}\mathbf{j}$

$(\mathbf{M}_c)_1 = (M_c)_1\mathbf{u}_1$

$= (45\text{ kN}\cdot\text{m})\left(-\frac{4}{9}\mathbf{i} + \frac{4}{9}\mathbf{j} + \frac{7}{9}\mathbf{k}\right)$

$= \{-20\mathbf{i} + 20\mathbf{j} + 35\mathbf{k}\}\text{ kN}\cdot\text{m}$

$(\mathbf{M}_c)_2 = (M_c)_2\mathbf{u}_2 = (25\text{ kN}\cdot\text{m})(-\mathbf{k})$

$= \{-25\mathbf{k}\}\text{ kN}\cdot\text{m}$

$(\mathbf{M}_c)_3 = (M_c)_3\,\mathbf{u}_3 = (30\text{ kN}\cdot\text{m})\left(\frac{3}{5}\mathbf{i} - \frac{4}{5}\mathbf{j}\right)$

$= \{18\mathbf{i} - 24\mathbf{j}\}\text{ kN}\cdot\text{m}$

$(\mathbf{M}_c)_R = \Sigma M_c;$

$(\mathbf{M}_c)_R = \{-2\mathbf{i} - 4\mathbf{j} + 10\mathbf{k}\}\text{ kN}\cdot\text{m}$ *Ans.*

F3–24. $\mathbf{F}_B = \left(\frac{4}{5}\right)(450\text{ N})\mathbf{j} - \left(\frac{3}{5}\right)(450\text{ N})\mathbf{k}$

$= \{360\mathbf{j} - 270\mathbf{k}\}\text{ N}$

$$\mathbf{M}_c = \mathbf{r}_{AB} \times \mathbf{F}_B = \begin{vmatrix} \mathbf{i} & \mathbf{j} & \mathbf{k} \\ 0.4 & 0 & 0 \\ 0 & 360 & -270 \end{vmatrix}$$

$= \{108\mathbf{j} + 144\mathbf{k}\}\text{ N}\cdot\text{m}$ *Ans.*

Also,

$\mathbf{M}_c = (\mathbf{r}_A \times \mathbf{F}_A) + (\mathbf{r}_B \times \mathbf{F}_B)$

$$= \begin{vmatrix} \mathbf{i} & \mathbf{j} & \mathbf{k} \\ 0 & 0 & 0.3 \\ 0 & -360 & 270 \end{vmatrix} + \begin{vmatrix} \mathbf{i} & \mathbf{j} & \mathbf{k} \\ 0.4 & 0 & 0.3 \\ 0 & 360 & -270 \end{vmatrix}$$

$= \{108\mathbf{j} + 144\mathbf{k}\}\text{ N}\cdot\text{m}$ *Ans.*

F3–25. $\overset{+}{\leftarrow} F_{Rx} = \Sigma F_x;\ F_{Rx} = 200 - \frac{3}{5}(100) = 140\text{ N}$

$+\downarrow F_{Ry} = \Sigma F_y;\ F_{Ry} = 150 - \frac{4}{5}(100) = 70\text{ N}$

$F_R = \sqrt{140^2 + 70^2} = 157\text{ N}$ *Ans.*

$\theta = \tan^{-1}\left(\frac{70}{140}\right) = 26.6°$ ⦣ *Ans.*

$\curvearrowleft + M_{A_R} = \Sigma M_A;$

$M_{A_R} = -\frac{3}{5}(100)(0.4) + \frac{4}{5}(100)(0.6) - 150(0.3)$

$M_{R_A} = -21.0\text{ N}\cdot\text{m} = 21.0\text{ N}\cdot\text{m}\curvearrowright$ *Ans.*

F3–26. $\overset{+}{\rightarrow} F_{Rx} = \Sigma F_x;\quad F_{Rx} = \frac{4}{5}(50) = 40\text{ N}$

$+\downarrow F_{Ry} = \Sigma F_y;\quad F_{Ry} = 40 + 30 + \frac{3}{5}(50)$

$= 100\text{ N}$

$F_R = \sqrt{(40)^2 + (100)^2} = 108\text{ N}$ *Ans.*

$\theta = \tan^{-1}\left(\frac{100}{40}\right) = 68.2°$ ⦣ *Ans.*

$\curvearrowright + M_{A_R} = \Sigma M_A;$

$M_{A_R} = -30(3) - \frac{3}{5}(50)(6) - 200$

$= -470\text{ N}\cdot\text{m}$ *Ans.*

F3–27. $\overset{+}{\rightarrow} (F_R)_x = \Sigma F_x;$

$(F_R)_x = 900\sin 30° = 450\text{ N} \rightarrow$

$+\uparrow (F_R)_y = \Sigma F_y;$

$(F_R)_y = -900\cos 30° - 300$

$= -1079.42\text{ N} = 1079.42\text{ N}\downarrow$

$F_R = \sqrt{450^2 + 1079.42^2}$

$= 1169.47\text{ N} = 1.17\text{ kN}$ *Ans.*

$\theta = \tan^{-1}\left(\frac{1079.42}{450}\right) = 67.4°$ ⦣ *Ans.*

$\curvearrowright + (M_R)_A = \Sigma M_A;$

$(M_R)_A = 300 - 900\cos 30°\,(0.75) - 300(2.25)$

$= -959.57\text{ N}\cdot\text{m}$

$= 960\text{ N}\cdot\text{m}\curvearrowright$ *Ans.*

F3–28. $\overset{+}{\rightarrow} (F_R)_x = \Sigma F_x;$

$(F_R)_x = 150\left(\frac{3}{5}\right) + 50 - 100\left(\frac{4}{5}\right) = 60\text{ N}\rightarrow$

$+\uparrow (F_R)_y = \Sigma F_y;$

$(F_R)_y = -150\left(\frac{4}{5}\right) - 100\left(\frac{3}{5}\right)$

$= -180\text{ N} = 180\text{ N}\downarrow$

$F_R = \sqrt{60^2 + 180^2} = 189.74\text{ N} = 190\text{ N}$ *Ans.*

$\theta = \tan^{-1}\left(\frac{180}{60}\right) = 71.6°$ ⦣ *Ans.*

$\curvearrowright + (M_R)_A = \Sigma M_A;$

$(M_R)_A = 100\left(\frac{4}{5}\right)(0.1) - 100\left(\frac{3}{5}\right)(0.6) - 150\left(\frac{4}{5}\right)(0.3)$

$= -64.0\text{ N}\cdot\text{m} = 64.0\text{ N}\cdot\text{m}\curvearrowright$ *Ans.*

F3–29. $\mathbf{F}_R = \Sigma\mathbf{F};$

$\mathbf{F}_R = \mathbf{F}_1 + \mathbf{F}_2$

$= (-300\mathbf{i} + 150\mathbf{j} + 200\mathbf{k}) + (-450\mathbf{k})$

$= \{-300\mathbf{i} + 150\mathbf{j} - 250\mathbf{k}\}\text{ N}$ *Ans.*

$\mathbf{r}_{OA} = (2 - 0)\mathbf{j} = \{2\mathbf{j}\}\text{ m}$

$\mathbf{r}_{OB} = (-1.5 - 0)\mathbf{i} + (2 - 0)\mathbf{j} + (1 - 0)\mathbf{k}$

$= \{-1.5\mathbf{i} + 2\mathbf{j} + 1\mathbf{k}\}\text{ m}$

$(\mathbf{M}_R)_O = \Sigma\mathbf{M};$

$(\mathbf{M}_R)_O = \mathbf{r}_{OB} \times \mathbf{F}_1 + \mathbf{r}_{OA} \times \mathbf{F}_2$

$$= \begin{vmatrix} \mathbf{i} & \mathbf{j} & \mathbf{k} \\ -1.5 & 2 & 1 \\ -300 & 150 & 200 \end{vmatrix} + \begin{vmatrix} \mathbf{i} & \mathbf{j} & \mathbf{k} \\ 0 & 2 & 0 \\ 0 & 0 & -450 \end{vmatrix}$$

$= \{-650\mathbf{i} + 375\mathbf{k}\}\text{ N}\cdot\text{m}$ *Ans.*

F3–30. $\mathbf{F}_1 = \{-100\mathbf{j}\}$ N

$$\mathbf{F}_2 = (200\text{ N})\left[\frac{\{-0.4\mathbf{i} - 0.3\mathbf{k}\}\text{ m}}{\sqrt{(-0.4\text{ m})^2 + (-0.3\text{ m})^2}}\right]$$
$$= \{-160\mathbf{i} - 120\mathbf{k}\}\text{ N}$$
$$\mathbf{M}_c = \{-75\mathbf{i}\}\text{ N}\cdot\text{m}$$
$$\mathbf{F}_R = \{-160\mathbf{i} - 100\mathbf{j} - 120\mathbf{k}\}\text{ N} \qquad \textit{Ans.}$$
$$(\mathbf{M}_R)_O = (0.3\mathbf{k}) \times (-100\mathbf{j}) + \begin{vmatrix} \mathbf{i} & \mathbf{j} & \mathbf{k} \\ 0 & 0.5 & 0.3 \\ -160 & 0 & -120 \end{vmatrix} + (-75\mathbf{i})$$
$$= \{-105\mathbf{i} - 48\mathbf{j} + 80\mathbf{k}\}\text{ N}\cdot\text{m} \qquad \textit{Ans.}$$

F3–31. $+\downarrow F_R = \Sigma F_y; \quad F_R = 5 + 2.5 + 5$
$$= 12.5\text{ kN} \qquad \textit{Ans.}$$
$$\circlearrowright + F_R x = \Sigma M_O;$$
$$-12.5(x) = -5(1) - 2.5(2) - 5(3)$$
$$x = 2\text{ m} \qquad \textit{Ans.}$$

F3–32. $\overset{+}{\rightarrow} (F_R)_x = \Sigma F_x;$
$$(F_R)_x = 100\left(\tfrac{3}{5}\right) + 50\sin 30^\circ = 85\text{ N} \rightarrow$$
$$+\uparrow (F_R)_y = \Sigma F_y;$$
$$(F_R)_y = 200 + 50\cos 30^\circ - 100\left(\tfrac{4}{5}\right)$$
$$= 163.30\text{ N}\uparrow$$
$$F_R = \sqrt{85^2 + 163.30^2} = 184\text{ N}$$
$$\theta = \tan^{-1}\left(\tfrac{163.30}{85}\right) = 62.5^\circ \qquad \textit{Ans.}$$
$$\circlearrowright + (M_R)_A = \Sigma M_A;$$
$$163.30(d) = 200(1) - 100\left(\tfrac{4}{5}\right)(2) + 50\cos 30^\circ(3)$$
$$d = 1.04\text{ m} \qquad \textit{Ans.}$$

F3–33. $\overset{+}{\rightarrow} (F_R)_x = \Sigma F_x;$
$$(F_R)_x = 15\left(\tfrac{4}{5}\right) = 12\text{ kN} \rightarrow$$
$$+\uparrow (F_R)_y = \Sigma F_y;$$
$$(F_R)_y = -20 + 15\left(\tfrac{3}{5}\right) = -11\text{ kN} = 11\text{ kN}\downarrow$$
$$F_R = \sqrt{12^2 + 11^2} = 16.3\text{ kN} \qquad \textit{Ans.}$$
$$\theta = \tan^{-1}\left(\tfrac{11}{12}\right) = 42.5^\circ \qquad \textit{Ans.}$$
$$\circlearrowright + (M_R)_A = \Sigma M_A;$$
$$-11(d) = -20(2) - 15\left(\tfrac{4}{5}\right)(2) + 15\left(\tfrac{3}{5}\right)(6)$$
$$d = 0.909\text{ m} \qquad \textit{Ans.}$$

F3–34. $\overset{+}{\rightarrow} (F_R)_x = \Sigma F_x;$
$$(F_R)_x = \left(\tfrac{3}{5}\right)5\text{ kN} - 8\text{ kN}$$
$$= -5\text{ kN} = 5\text{ kN} \leftarrow$$
$$+\uparrow (F_R)_y = \Sigma F_y;$$
$$(F_R)_y = -6\text{ kN} - \left(\tfrac{4}{5}\right)5\text{ kN}$$
$$= -10\text{ kN} = 10\text{ kN}\downarrow$$
$$F_R = \sqrt{5^2 + 10^2} = 11.2\text{ kN} \qquad \textit{Ans.}$$
$$\theta = \tan^{-1}\left(\tfrac{10\text{ kN}}{5\text{ kN}}\right) = 63.4^\circ \qquad \textit{Ans.}$$
$$\circlearrowright + (M_R)_A = \Sigma M_A;$$
$$5\text{ kN}(d) = 8\text{ kN}(3\text{ m}) - 6\text{ kN}(0.5\text{ m}) - \left[\left(\tfrac{4}{5}\right)5\text{ kN}\right](2\text{ m}) - \left[\left(\tfrac{3}{5}\right)5\text{ kN}\right](4\text{ m})$$
$$d = 0.2\text{ m} \qquad \textit{Ans.}$$

F3–35. $+\downarrow F_R = \Sigma F_z; \quad F_R = 400 + 500 - 100$
$$= 800\text{ N} \qquad \textit{Ans.}$$
$$M_{Rx} = \Sigma M_x; \; -800y = -400(4) - 500(4)$$
$$y = 4.50\text{ m} \qquad \textit{Ans.}$$
$$M_{Ry} = \Sigma M_y; \quad 800x = 500(4) - 100(3)$$
$$x = 2.125\text{ m} \qquad \textit{Ans.}$$

F3–36. $+\downarrow F_R = \Sigma F_z;$
$$F_R = 200 + 200 + 100 + 100$$
$$= 600\text{ N} \qquad \textit{Ans.}$$
$$M_{Rx} = \Sigma M_x;$$
$$-600y = 200(1) + 200(1) + 100(3) - 100(3)$$
$$y = -0.667\text{ m} \qquad \textit{Ans.}$$
$$M_{Ry} = \Sigma M_y;$$
$$600x = 100(3) + 100(3) + 200(2) - 200(3)$$
$$x = 0.667\text{ m} \qquad \textit{Ans.}$$

F3–37. $+\uparrow F_R = \Sigma F_y;$
$$-F_R = -6(1.5) - 9(3) - 3(1.5)$$
$$F_R = 40.5\text{ kN}\downarrow \qquad \textit{Ans.}$$
$$\circlearrowright + (M_R)_A = \Sigma M_A;$$
$$-40.5(d) = 6(1.5)(0.75) - 9(3)(1.5) - 3(1.5)(3.75)$$
$$d = 1.25\text{ m} \qquad \textit{Ans.}$$

F3–38. $F_R = \tfrac{1}{2}(3)(15) + 4(15) = 82.5\text{ kN} \qquad \textit{Ans.}$
$$\circlearrowleft + M_{A_R} = \Sigma M_A;$$
$$-82.5d = \left[\tfrac{1}{2}(3)(15)\right](2) + [4(15)](5)$$
$$d = 4.18\text{ m} \qquad \textit{Ans.}$$

F3–39. $+\uparrow F_R = \Sigma F_y;$

$-F_R = -\frac{1}{2}(6)(3) - \frac{1}{2}(6)(6)$

$F_R = 27 \text{ kN}\downarrow$ *Ans.*

$\circlearrowleft +(M_R)_A = \Sigma M_A;$

$-27(d) = \frac{1}{2}(6)(3)(1) - \frac{1}{2}(6)(6)(2)$

$d = 1 \text{ m}$ *Ans.*

F3–40. $+\downarrow F_R = \Sigma F_y;$

$F_R = \frac{1}{2}(50)(3) + 150(3) + 500$

$= 1025 \text{ N} = 1.025 \text{ kN}$ *Ans.*

$\circlearrowleft +M_{A_R} = \Sigma M_A;$

$-1025d = -\left[\frac{1}{2}(50)(3)\right](2) - [150(3)](1.5) - 500(4.5)$

$d = 3.00 \text{ m}$ *Ans.*

F3–41. $+\uparrow F_R = \Sigma F_y;$

$-F_R = -\frac{1}{2}(3)(4.5) - 3(6)$

$F_R = 24.75 \text{ kN}\downarrow$ *Ans.*

$\circlearrowleft +(M_R)_A = \Sigma M_A;$

$-24.75(d) = -\frac{1}{2}(3)(4.5)(1.5) - 3(6)(3)$

$d = 2.59 \text{ m}$ *Ans.*

F3–42. $F_R = \int w(x)\,dx = \int_0^4 2.5x^3\,dx = 160 \text{ N}$

$$\bar{x} = \frac{\int xw(x)\,dx}{\int w(x)\,dx} = \frac{\int_0^4 2.5x^4\,dx}{160} = 3.20 \text{ m}$$ *Ans.*

Chapter 4

F4–1. $\overset{+}{\rightarrow}\Sigma F_x = 0; \quad -A_x + 5\left(\frac{3}{5}\right) = 0$

$A_x = 3 \text{ kN}$ *Ans.*

$\circlearrowleft +\Sigma M_A = 0; \quad B_y(3) - 5\left(\frac{4}{5}\right)(1.5) - 3 = 0$

$B_y = 3 \text{ kN}$ *Ans.*

$\circlearrowleft +\Sigma M_B = 0; \quad 5\left(\frac{4}{5}\right)(1.5) - 3 - A_y(3) = 0$

$A_y = 1 \text{ kN}$ *Ans.*

F4–2. $\circlearrowleft +\Sigma M_A = 0;$

$F_{CD} \sin 45°(1.5 \text{ m}) - 4 \text{ kN}(3 \text{ m}) = 0$

$F_{CD} = 11.31 \text{ kN} = 11.3 \text{ kN}$ *Ans.*

$\overset{+}{\rightarrow}\Sigma F_x = 0; \quad A_x + (11.31 \text{ kN}) \cos 45° = 0$

$A_x = -8 \text{ kN} = 8 \text{ kN} \leftarrow$ *Ans.*

$+\uparrow \Sigma F_y = 0;$

$A_y + (11.31 \text{ kN}) \sin 45° - 4 \text{ kN} = 0$

$A_y = -4 \text{ kN} = 4 \text{ kN} \downarrow$ *Ans.*

F4–3. $\circlearrowleft +\Sigma M_A = 0;$

$N_B[6 \text{ m} + (6 \text{ m}) \cos 45°]$

$- 10 \text{ kN}[2 \text{ m} + (6 \text{ m}) \cos 45°]$

$- 5 \text{ kN}(4 \text{ m}) = 0$

$N_B = 8.047 \text{ kN} = 8.05 \text{ kN}$ *Ans.*

$\overset{+}{\rightarrow}\Sigma F_x = 0;$

$(5 \text{ kN}) \cos 45° - A_x = 0$

$A_x = 3.54 \text{ kN}$ *Ans.*

$+\uparrow \Sigma F_y = 0;$

$A_y + 8.047 \text{ kN} - (5 \text{ kN}) \sin 45° - 10 \text{ kN} = 0$

$A_y = 5.49 \text{ kN}$ *Ans.*

F4–4. $\overset{+}{\rightarrow}\Sigma F_x = 0; \quad -A_x + 400 \cos 30° = 0$

$A_x = 346 \text{ N}$ *Ans.*

$+\uparrow \Sigma F_y = 0;$

$A_y - 200 - 200 - 200 - 400 \sin 30° = 0$

$A_y = 800 \text{ N}$ *Ans.*

$\circlearrowleft +\Sigma M_A = 0;$

$M_A - 200(2.5) - 200(3.5) - 200(4.5)$

$- 400 \sin 30°(4.5) - 400 \cos 30°(3 \sin 60°) = 0$

$M_A = 3.90 \text{ kN} \cdot \text{m}$ *Ans.*

F4–5. $\circlearrowleft +\Sigma M_A = 0;$

$N_C(0.7 \text{ m}) - [25(9.81) \text{ N}]\,(0.5 \text{ m}) \cos 30° = 0$

$N_C = 151.71 \text{ N} = 152 \text{ N}$ *Ans.*

$\overset{+}{\rightarrow}\Sigma F_x = 0;$

$T_{AB} \cos 15° - (151.71 \text{ N}) \cos 60° = 0$

$T_{AB} = 78.53 \text{ N} = 78.5 \text{ N}$ *Ans.*

$+\uparrow \Sigma F_y = 0;$

$F_A + (78.53 \text{ N}) \sin 15°$

$+ (151.71 \text{ N}) \sin 60° - 25(9.81) \text{ N} = 0$

$F_A = 93.5 \text{ N}$ *Ans.*

F4–6. $\overset{+}{\rightarrow}\Sigma F_x = 0;$

$N_C \sin 30° - (250 \text{ N}) \sin 60° = 0$

$N_C = 433.0 \text{ N} = 433 \text{ N}$ *Ans.*

$\circlearrowleft +\Sigma M_B = 0;$

$-N_A \sin 30°(0.15 \text{ m}) - 433.0 \text{ N}(0.2 \text{ m})$

$+ [(250 \text{ N}) \cos 30°](0.6 \text{ m}) = 0$

$N_A = 577.4 \text{ N} = 577 \text{ N}$ *Ans.*

$+\uparrow \Sigma F_y = 0;$

$N_B - 577.4 \text{ N} + (433.0 \text{ N})\cos 30°$

$- (250 \text{ N}) \cos 60° = 0$

$N_B = 327 \text{ N}$ *Ans.*

F4–7. $\Sigma M_{x'} = 0;$
$T_B(3) - 200(9.81)(1.5) = 0 \quad T_B = 981\text{ N}$ *Ans.*
$\Sigma M_{y'} = 0;$
$T_A(4) - 2000(2) - 200(9.81)(2) = 0$
$T_A = 1981\text{N} = 1.98\text{ kN}$ *Ans.*
$\Sigma F_z = 0;$
$T_C + 981 + 1981 - 2000 - 200(9.81) = 0$
$T_C = 1000\text{ N} = 1\text{ kN}$ *Ans.*

F4–8. $\Sigma M_y = 0;$
$600\text{ N}(0.2\text{ m}) + 900\text{ N}(0.6\text{ m}) - F_A(1\text{ m}) = 0$
$F_A = 660\text{ N}$ *Ans.*
$\Sigma M_x = 0;$
$D_z(0.8\text{ m}) - 600\text{ N}(0.5\text{ m}) - 900\text{ N}(0.1\text{ m}) = 0$
$D_z = 487.5\text{ N}$ *Ans.*
$\Sigma F_x = 0; \quad D_x = 0$ *Ans.*
$\Sigma F_y = 0; \quad D_y = 0$ *Ans.*
$\Sigma F_z = 0;$
$T_{BC} + 660\text{ N} + 487.5\text{ N} - 900\text{ N} - 600\text{ N} = 0$
$T_{BC} = 352.5\text{ N}$ *Ans.*

F4–9. $\Sigma F_y = 0; \quad 400\text{ N} + C_y = 0;$
$C_y = -400\text{ N}$ *Ans.*
$\Sigma M_y = 0; \quad -C_x(0.4\text{ m}) - 600\text{ N}(0.6\text{ m}) = 0$
$C_x = -900\text{ N}$ *Ans.*
$\Sigma M_x = 0; \quad B_z(0.6\text{ m}) + 600\text{ N}(1.2\text{ m})$
$+ (-400\text{ N})(0.4\text{ m}) = 0$
$B_z = -933.3\text{ N}$ *Ans.*
$\Sigma M_z = 0;$
$-B_x(0.6\text{ m}) - (-900\text{ N})(1.2\text{ m})$
$+ (-400\text{ N})(0.6\text{ m}) = 0$
$B_x = 1400\text{ N}$ *Ans.*
$\Sigma F_x = 0; \quad 1400\text{ N} + (-900\text{ N}) + A_x = 0$
$A_x = -500\text{ N}$ *Ans.*
$\Sigma F_z = 0; \quad A_z - 933.3\text{ N} + 600\text{ N} = 0$
$A_z = 333.3\text{ N}$ *Ans.*

F4–10. $\Sigma F_x = 0; \quad B_x = 0$ *Ans.*
$\Sigma M_z = 0;$
$C_y(0.4\text{ m} + 0.6\text{ m}) = 0 \quad C_y = 0$ *Ans.*
$\Sigma F_y = 0; \quad A_y + 0 = 0 \quad A_y = 0$ *Ans.*
$\Sigma M_x = 0; C_z(0.6\text{ m} + 0.6\text{ m}) + B_z(0.6\text{ m})$
$- 450\text{ N}(0.6\text{ m} + 0.6\text{ m}) = 0$
$1.2C_z + 0.6B_z - 540 = 0$
$\Sigma M_y = 0; -C_z(0.6\text{ m} + 0.4\text{ m})$
$- B_z(0.6\text{ m}) + 450\text{ N}(0.6\text{ m}) = 0$
$-C_z - 0.6B_z + 270 = 0$
$C_z = 1350\text{ N} \quad B_z = -1800\text{ N}$ *Ans.*
$\Sigma F_z = 0;$
$A_z + 1350\text{ N} + (-1800\text{ N}) - 450\text{ N} = 0$
$A_z = 900\text{ N}$ *Ans.*

F4–11. $\Sigma F_y = 0; \quad A_y = 0$ *Ans.*
$\Sigma M_x = 0; \quad -9(3) + F_{CE}(3) = 0$
$F_{CE} = 9\text{ kN}$ *Ans.*
$\Sigma M_z = 0; \quad F_{CF}(3) - 6(3) = 0$
$F_{CF} = 6\text{ kN}$ *Ans.*
$\Sigma M_y = 0; \quad 9(4) - A_z(4) - 6(1.5) = 0$
$A_z = 6.75\text{ kN}$ *Ans.*
$\Sigma F_x = 0; \quad A_x + 6 - 6 = 0 \quad A_x = 0$ *Ans.*
$\Sigma F_z = 0; \quad F_{DB} + 9 - 9 + 6.75 = 0$
$F_{DB} = -6.75\text{ kN}$ *Ans.*

F4–12. $\Sigma F_x = 0; \quad A_x = 0$ *Ans.*
$\Sigma F_y = 0; \quad A_y = 0$ *Ans.*
$\Sigma F_z = 0; \quad A_z + F_{BC} - 80 = 0$
$\Sigma M_x = 0; (M_A)_x + F_{BC}(0.6) - 80(0.6) = 0$
$\Sigma M_y = 0; F_{BC}(0.3) - 80(0.15) = 0 \quad F_{BC} = 40\text{ N}$
$\Sigma M_z = 0; (M_A)_z = 0$ *Ans.*
$A_z = 40\text{ N} \quad (M_A)_x = 24\text{ N}\cdot\text{m}$ *Ans.*

F4–13. a) $+\uparrow\Sigma F_y = 0; \quad N - 50(9.81) - 200\left(\frac{3}{5}\right) = 0$
$N = 610.5\text{ N}$
$\overset{+}{\rightarrow}\Sigma F_x = 0; \quad F - 200\left(\frac{4}{5}\right) = 0$
$F = 160\text{ N}$
$F < F_{\max} = \mu_s N = 0.3(610.5) = 183.15\text{ N},$
therefore $F = 160\text{ N}$ *Ans.*

b) $+\uparrow\Sigma F_y = 0; \quad N - 50(9.81) - 400\left(\frac{3}{5}\right) = 0$
$N = 730.5\text{ N}$
$\overset{+}{\rightarrow}\Sigma F_x = 0; \quad F - 400\left(\frac{4}{5}\right) = 0$
$F = 320\text{ N}$
$F > F_{\max} = \mu_s N = 0.3(730.5) = 219.15\text{ N}$
Block slips
$F = \mu_k N = 0.2(730.5) = 146\text{ N}$ *Ans.*

F4–14. $\circlearrowleft + \Sigma M_B = 0;$

$N_A(3) + 0.2N_A(4) - 30(9.81)(2) = 0$

$N_A = 154.89 \text{ N}$

$\overset{+}{\rightarrow}\Sigma F_x = 0; \quad P - 154.89 = 0$

$P = 154.89 \text{ N} = 155 \text{ N}$ *Ans.*

F4–15. Crate A

$+\uparrow \Sigma F_y = 0; \quad N_A - 50(9.81) = 0$

$N_A = 490.5 \text{ N}$

$\overset{+}{\rightarrow}\Sigma F_x = 0; \quad T - 0.25(490.5) = 0$

$T = 122.62 \text{ N}$

Crate B

$+\uparrow \Sigma F_y = 0; \quad N_B + P\sin 30° - 50(9.81) = 0$

$N_B = 490.5 - 0.5P$

$\overset{+}{\rightarrow}\Sigma F_x = 0;$

$P\cos 30° - 0.25(490.5 - 0.5\,P) - 122.62 = 0$

$P = 247 \text{ N}$ *Ans.*

F4–16. $\overset{+}{\rightarrow}\Sigma F_x = 0; \quad N_A - 0.3N_B = 0$

$+\uparrow \Sigma F_y = 0;$

$N_B + 0.3N_A + P - 100(9.81) = 0$

$\circlearrowleft + \Sigma M_O = 0;$

$P(0.6) - 0.3N_B(0.9) - 0.3\,N_A(0.9) = 0$

$N_A = 175.70 \text{ N} \qquad N_B = 585.67 \text{ N}$

$P = 343 \text{ N}$ *Ans.*

F4–17. If slipping occurs:

$+\uparrow \Sigma F_y = 0; \quad N_c - 120(9.81) = 0 \quad N_c = 1177.2 \text{ N}$

$\overset{+}{\rightarrow}\Sigma F_x = 0; \quad P - 0.4(1177.2) = 0; \; P = 470.88 \text{ N}$

If tipping occurs:

$\circlearrowleft + \Sigma M_A = 0; \; -P(1.5) + 120(9.81)(0.5) = 0$

$P = 392.4 \text{ N} = 392 \text{ N}$ *Ans.*

F4–18.

$\circlearrowleft + \Sigma M_A = 0; \quad 490.5(0.6) - T\cos 60°(0.3\cos 60° + 0.6) - T\sin 60°(0.3\sin 60°) = 0$

$T = 490.5 \text{ N}$

$\overset{+}{\rightarrow}\Sigma F_x = 0; \quad 490.5\sin 60° - N_A = 0; \quad N_A = 424.8 \text{ N}$

$+\uparrow \Sigma F_y = 0; \quad \mu_s(424.8) + 490.5\cos 60° - 490.5 = 0$

$\mu_s = 0.577$ *Ans.*

F4–19. A will not move. Assume B is about to slip on C and A, and C is stationary.

$\overset{+}{\rightarrow}\Sigma F_x = 0; \quad P - 0.3(50) - 0.4(75); \quad P = 45 \text{ N}$

Assume C is about to slip and B does not slip on C, but is about to slip at A.

$\overset{+}{\rightarrow}\Sigma F_x = 0; \quad P - 0.3(50) - 0.35(90) = 0$

$P = 46.5 \text{ N} > 45 \text{ N}$

$P = 45 \text{ N}$ *Ans.*

F4–20. A is about to move down the plane and B moves upward.

Block A

$+\nwarrow \Sigma F_y = 0; \quad N = W\cos\theta$

$+\nearrow \Sigma F_x = 0; \quad T + \mu_s(W\cos\theta) - W\sin\theta = 0$

$T = W\sin\theta - \mu_s W\cos\theta \qquad (1)$

Block B

$+\nwarrow \Sigma F_y = 0; \quad N' = 2W\cos\theta$

$+\nearrow \Sigma F_x = 0; \quad 2T - \mu_s W\cos\theta - \mu_s(2W\cos\theta) - W\sin\theta = 0$

Using Eq.(1);

$\theta = \tan^{-1} 5\mu_s$ *Ans.*

F4–21. Assume B is about to slip on A, $F_B = 0.3\,N_B$.

$\overset{+}{\rightarrow}\Sigma F_x = 0; \quad P - 0.3(10)(9.81) = 0$

$P = 29.4 \text{ N}$

Assume B is about to tip on A, $x = 0$.

$\circlearrowleft + \Sigma M_O = 0; \quad 10(9.81)(0.15) - P(0.4) = 0$

$P = 36.8 \text{ N}$

Assume A is about to slip, $F_A = 0.1\,N_A$.

$\overset{+}{\rightarrow}\Sigma F_x = 0 \quad P - 0.1[7(9.81) + 10(9.81)] = 0$

$P = 16.7 \text{ N}$

Choose the smallest result. $P = 16.7 \text{ N}$ *Ans.*

Chapter 5

F5–1. *Joint A.*

$+\uparrow \Sigma F_y = 0; \qquad 22.5 \text{ kN} - F_{AD}\sin 45° = 0$

$F_{AD} = 31.82 \text{ kN (C)} = 31.8 \text{ kN (C)}$ *Ans.*

$\overset{+}{\rightarrow}\Sigma F_x = 0; \qquad F_{AB} - (31.82 \text{ kN})\cos 45° = 0$

$F_{AB} = 22.5 \text{ kN (T)}$ *Ans.*

Joint B.

$\xrightarrow{+}\Sigma F_x = 0; \quad F_{BC} - 22.5 \text{ kN} = 0$

$F_{BC} = 22.5 \text{ kN (T)}$ *Ans.*

$+\uparrow \Sigma F_y = 0; \quad F_{BD} = 0$ *Ans.*

Joint D.

$\xrightarrow{+}\Sigma F_x = 0;$

$F_{CD} \cos 45° + (31.82 \text{ kN}) \cos 45° - 45 \text{ kN} = 0$

$F_{CD} = 31.82 \text{ kN (T)} = 31.8 \text{ kN (T)}$ *Ans.*

F5–2. *Joint D.*

$+\uparrow \Sigma F_y = 0; \ \frac{3}{5} F_{CD} - 30 = 0;$

$F_{CD} = 50.0 \text{ kN (T)}$ *Ans.*

$\xrightarrow{+} \Sigma F_x = 0; -F_{AD} + \frac{4}{5}(50.0) = 0$

$F_{AD} = 40.0 \text{ kN (C)}$ *Ans.*

$F_{BC} = 50.0 \text{ kN (T)}, F_{AC} = F_{AB} = 0$ *Ans.*

F5–3. $D_x = 80.0 \text{ kN}, \ D_y = 140 \text{ kN}, A_x = 80.0 \text{ kN}$

Joint B.

$\xrightarrow{+} \Sigma F_x = 0; F_{BA} = 0$ *Ans.*

$+\uparrow \Sigma F_y = 0; -60 + F_{BC} = 0; F_{BC} = 60.0 \text{ kN (T)}$ *Ans.*

Joint C.

$+\uparrow \Sigma F_y = 0; F_{CA}\left(\frac{3}{5}\right) - 60.0 = 0;$

$F_{CA} = 100 \text{ kN (C)}$ *Ans.*

$\xrightarrow{+} \Sigma F_x = 0; -F_{CD} + \left(\frac{4}{5}\right)(100 \text{ kN}) = 0;$

$F_{CD} = 80.0 \text{ kN (T)}$ *Ans.*

Joint A.

$+\uparrow \Sigma F_y = 0; -80 - 100\left(\frac{3}{5}\right) + F_{AD} = 0;$

$F_{AD} = 140 \text{ kN (T)}$ *Ans.*

F5–4. *Joint C.*

$+\uparrow \Sigma F_y = 0; \quad 2F \cos 30° - P = 0$

$F_{AC} = F_{BC} = F = \frac{P}{2 \cos 30°} = 0.5774P \text{ (C)}$

Joint B.

$\xrightarrow{+}\Sigma F_x = 0; 0.5774P \cos 60° - F_{AB} = 0$

$F_{AB} = 0.2887P \text{ (T)}$

$F_{AB} = 0.2887P = 2 \text{ kN}$

$P = 6.928 \text{ kN}$

$F_{AC} = F_{BC} = 0.5774P = 1.5 \text{ kN}$

$P = 2.598 \text{ kN}$

The *smaller value* of P is chosen,

$P = 2.598 \text{ kN} = 2.60 \text{ kN}$ *Ans.*

F5–5. $F_{CB} = 0$ *Ans.*

$F_{CD} = 0$ *Ans.*

$F_{AE} = 0$ *Ans.*

$F_{DE} = 0$ *Ans.*

F5–6. *Joint C.*

$+\uparrow \Sigma F_y = 0; \quad 25.98 \text{ kN} - F_{CD} \sin 30° = 0$

$F_{CD} = 51.96 \text{ kN (C)} = 52.0 \text{ kN (C)}$ *Ans.*

$\xrightarrow{+}\Sigma F_x = 0; \ (51.96 \text{ kN}) \cos 30° - F_{BC} = 0$

$F_{BC} = 45.0 \text{ kN (T)}$ *Ans.*

Joint D.

$+\nearrow \Sigma F_{y'} = 0; \ F_{BD} \cos 30° = 0 \quad F_{BD} = 0$ *Ans.*

$+\searrow \Sigma F_{x'} = 0; \ F_{DE} - 51.96 \text{ kN} = 0$

$F_{DE} = 51.96 \text{ kN (C)} = 52.0 \text{ kN (C)}$ *Ans.*

Joint B.

$\uparrow \Sigma F_y = 0; \ F_{BE} \sin \phi = 0 \quad F_{BE} = 0$ *Ans.*

$\xrightarrow{+}\Sigma F_x = 0; \quad 45.0 \text{ kN} - F_{AB} = 0$

$F_{AB} = 45.0 \text{ kN (T)}$ *Ans.*

Joint A.

$+\uparrow \Sigma F_y = 0; \quad 34.02 \text{ kN} - F_{AE} = 0$

$F_{AE} = 34.0 \text{ kN (C)}$ *Ans.*

F5–7. $+\uparrow \Sigma F_y = 0; \ F_{CF} \sin 45° - 60 - 80 = 0$

$F_{CF} = 198 \text{ kN (T)}$ *Ans.*

$\circlearrowleft+\Sigma M_C = 0; \ F_{FE}(1) - 80(1) = 0$

$F_{FE} = 80.0 \text{ kN (T)}$ *Ans.*

$\circlearrowleft+\Sigma M_F = 0; \ F_{BC}(1) - 60(1) - 80(2) = 0$

$F_{BC} = 220 \text{ kN (C)}$ *Ans.*

F5–8. $\circlearrowleft+\Sigma M_A = 0; \quad G_y(12 \text{ m}) - 20 \text{ kN}(2 \text{ m})$

$- 30 \text{ kN}(4 \text{ m}) - 40 \text{ kN}(6 \text{ m}) = 0$

$G_y = 33.33 \text{ kN}$

$+\uparrow \Sigma F_y = 0; \ F_{KC} + 33.33 \text{ kN} - 40 \text{ kN} = 0$

$F_{KC} = 6.67 \text{ kN (C)}$ *Ans.*

$\circlearrowleft+ \Sigma M_K = 0;$

$33.33 \text{ kN}(8 \text{ m}) - 40 \text{ kN}(2 \text{ m}) - F_{CD}(3 \text{ m}) = 0$

$F_{CD} = 62.22 \text{ kN} = 62.2 \text{ kN (T)}$ *Ans.*

$\xrightarrow{+}\Sigma F_x = 0; \quad F_{LK} - 62.22 \text{ kN} = 0$

$F_{LK} = 62.2 \text{ kN (C)}$ *Ans.*

F5–9. From the geometry of the truss,

$\phi = \tan^{-1}(3 \text{ m}/2 \text{ m}) = 56.31°.$

$\circlearrowleft+\Sigma M_K = 0;$

$33.33 \text{ kN}(8 \text{ m}) - 40 \text{ kN}(2 \text{ m}) - F_{CD}(3 \text{ m}) = 0$

$F_{CD} = 62.2 \text{ kN (T)}$ *Ans.*

$\circlearrowleft+\Sigma M_D = 0; \quad 33.33 \text{ kN}(6 \text{ m}) - F_{KJ}(3 \text{ m}) = 0$

$F_{KJ} = 66.7 \text{ kN (C)}$ *Ans.*

$+\uparrow\Sigma F_y = 0;$

$33.33 \text{ kN} - 40 \text{ kN} + F_{KD} \sin 56.31° = 0$

$F_{KD} = 8.01 \text{ kN (T)}$ *Ans.*

F5–10. From the geometry of the truss,

$\tan\phi = \frac{(3 \text{ m}) \tan 30°}{1 \text{ m}} = 1.732 \quad \phi = 60°$

$\zeta + \Sigma M_C = 0;$

$-F_{EF} \sin 30°(2 \text{ m}) + (30 \text{ kN})(2 \text{ m}) = 0$

$F_{EF} = 60.0 \text{ kN (C)}$ *Ans.*

$\zeta + \Sigma M_D = 0;$

$(30 \text{ kN})(2 \text{ m}) - F_{CF} \sin 60° (2 \text{ m}) = 0$

$F_{CF} = 34.64 \text{ kN (T)} = 34.6 \text{ kN (T)}$ *Ans.*

$\zeta + \Sigma M_F = 0;$

$(30 \text{ kN})(2 \text{ m}) - F_{BC}(3 \text{ m})\tan 30° = 0$

$F_{BC} = 34.64 \text{ kN (T)} = 34.6 \text{ kN (T)}$ *Ans.*

F5–11. From the geometry of the truss,

$\theta = \tan^{-1}(1 \text{ m}/2 \text{ m}) = 26.57°$

$\phi = \tan^{-1}(3 \text{ m}/2 \text{ m}) = 56.31°.$

The location of O can be found using similar triangles.

$$\frac{1 \text{ m}}{2 \text{ m}} = \frac{2 \text{ m}}{2 \text{ m} + x}$$

$$4 \text{ m} = 2 \text{ m} + x$$

$$x = 2 \text{ m}$$

$\zeta + \Sigma M_G = 0;$

$26.25 \text{ kN}(4 \text{ m}) - 15 \text{ kN}(2 \text{ m}) - F_{CD}(3 \text{ m}) = 0$

$F_{CD} = 25 \text{ kN (T)}$ *Ans.*

$\zeta + \Sigma M_D = 0;$

$26.25 \text{ kN}(2 \text{ m}) - F_{GF} \cos 26.57°(2 \text{ m}) = 0$

$F_{GF} = 29.3 \text{ kN (C)}$ *Ans.*

$\zeta + \Sigma M_O = 0; \; 15 \text{ kN}(4 \text{ m}) - 26.25 \text{ kN}(2 \text{ m})$

$- F_{GD} \sin 56.31°(4 \text{ m}) = 0$

$F_{GD} = 2.253 \text{ kN} = 2.25 \text{ kN (T)}$ *Ans.*

F5–12. $\zeta + \Sigma M_H = 0;$

$F_{DC}(4 \text{ m}) + (12 \text{ kN})(3 \text{ m}) - (16 \text{ kN})(7 \text{ m}) = 0$

$F_{DC} = 19.0 \text{ kN (C)}$ *Ans.*

$\zeta + \Sigma M_D = 0;$

$(12 \text{ kN})(7 \text{ m}) - (16 \text{ kN})(3 \text{ m}) - F_{HI}(4 \text{ m}) = 0$

$F_{HI} = 9.00 \text{ kN (C)}$ *Ans.*

$\zeta + \Sigma M_C = 0; \; F_{JI} \cos 45°(4 \text{ m}) + (12 \text{ kN})(7 \text{ m})$

$-(9.00 \text{ kN})(4 \text{ m}) - (16 \text{ kN})(3 \text{ m}) = 0$

$F_{JI} = 0$ *Ans.*

F5–13. $+\uparrow\Sigma F_y = 0; \quad 3P - 30(9.81) = 0$

$P = 98.1 \text{ N}$ *Ans.*

F5–14. $\zeta + \Sigma M_C = 0;$

$-\left(\tfrac{4}{5}\right)(F_{AB})(4.5) + 4(3) + 5(1.5) = 0$

$F_{AB} = 5.4167 \text{ kN}$

$\overset{+}{\rightarrow}\Sigma F_x = 0; -C_x + \tfrac{3}{5}(5.4167) = 0$

$C_x = 3.25 \text{ kN}$ *Ans.*

$+\uparrow\Sigma F_y = 0; C_y + \tfrac{4}{5}(5.4167) - 4 - 5 = 0$

$C_y = 4.67 \text{ kN}$ *Ans.*

F5–15. $\zeta + \Sigma M_A = 0; 100 \text{ N}(250 \text{ mm}) - N_B(50 \text{ mm}) = 0$

$N_B = 500 \text{ N}$ *Ans.*

$\overset{+}{\rightarrow}\Sigma F_x = 0; \quad (500 \text{ N}) \sin 45° - A_x = 0$

$A_x = 353.55 \text{ N}$

$+\uparrow\Sigma F_y = 0; A_y - 100 \text{ N} - (500 \text{ N}) \cos 45° = 0$

$A_y = 453.55 \text{ N}$

$F_A = \sqrt{(353.55 \text{ N})^2 + (453.55 \text{ N})^2}$

$= 575 \text{ N}$ *Ans.*

F5–16. $\zeta + \Sigma M_C = 0;$

$400(2) + 800 - F_{BA}\left(\tfrac{3}{\sqrt{10}}\right)(1)$

$- F_{BA}\left(\tfrac{1}{\sqrt{10}}\right)(3) = 0$

$F_{BA} = 843.27 \text{ N}$

$\overset{+}{\rightarrow}\Sigma F_x = 0; C_x - 843.27\left(\tfrac{3}{\sqrt{10}}\right) = 0$

$C_x = 800 \text{ N}$ *Ans.*

$+\uparrow\Sigma F_y = 0; C_y + 843.27\left(\tfrac{1}{\sqrt{10}}\right) - 400 = 0$

$C_y = 133 \text{ N}$ *Ans.*

Chapter 6

F6–1. $$\bar{x} = \frac{\int_A \tilde{x}\, dA}{\int_A dA} = \frac{\frac{1}{2}\int_0^{1 \text{ m}} y^{2/3}\, dy}{\int_0^{1 \text{ m}} y^{1/3} dy} = 0.4 \text{ m}$$ *Ans.*

$$\bar{y} = \frac{\int_A \tilde{y}\, dA}{\int_A dA} = \frac{\int_0^{1 \text{ m}} y^{4/3}\, dy}{\int_0^{1 \text{ m}} y^{1/3} dy} = 0.571 \text{ m}$$ *Ans.*

F6–2. $$\bar{x} = \frac{\int_A \tilde{x}\, dA}{\int_A dA} = \frac{\int_0^{1 \text{ m}} x(x^3\, dx)}{\int_0^{1 \text{ m}} x^3\, dx}$$

$= 0.8 \text{ m}$ *Ans.*

$$\bar{y} = \frac{\int_A \tilde{y}\, dA}{\int_A dA} = \frac{\int_0^{1\text{ m}} \frac{1}{2} x^3 (x^3\, dx)}{\int_0^{1\text{ m}} x^3\, dx}$$
$= 0.286$ m *Ans.*

F6–3.
$$\bar{y} = \frac{\int_A \tilde{y}\, dA}{\int_A dA} = \frac{\int_0^{2\text{ m}} y\left(2\left(\frac{y^{1/2}}{\sqrt{2}}\right)\right)dy}{\int_0^{2\text{ m}} 2\left(\frac{y^{1/2}}{\sqrt{2}}\right)dy}$$
$= 1.2$ m *Ans.*

F6–4.
$$\bar{x} = \frac{\int_m \tilde{x}\, dW}{\int_m dW} = \frac{\int_0^{L} x\left[W_0\left(1 + \frac{x^2}{L^2}\right)dx\right]}{\int_0^{L} W_0\left(1 + \frac{x^2}{L^2}\right)dx}$$
$= \frac{9}{16}L$ *Ans.*

F6–5.
$$\bar{y} = \frac{\int_V \tilde{y}\, dV}{\int_V dV} = \frac{\int_0^{1\text{ m}} y\left(\frac{\pi}{4} y dy\right)}{\int_0^{1\text{ m}} \frac{\pi}{4} y\, dy}$$
$= 0.667$ m *Ans.*

F6–6.
$$\bar{z} = \frac{\int_V \tilde{z}\, dV}{\int_V dV} = \frac{\int_0^{2\text{ m}} z\left[\frac{9\pi}{64}(4 - z)^2\, dz\right]}{\int_0^{2\text{ m}} \frac{9\pi}{64}(4 - z)^2\, dz}$$
$= 0.786$ m *Ans.*

F6–7.
$$\bar{x} = \frac{\Sigma \tilde{x} L}{\Sigma L} = \frac{150(300) + 300(600) + 300(400)}{300 + 600 + 400}$$
$= 265$ mm *Ans.*
$$\bar{y} = \frac{\Sigma \tilde{y} L}{\Sigma L} = \frac{0(300) + 300(600) + 600(400)}{300 + 600 + 400}$$
$= 323$ mm *Ans.*
$$\bar{z} = \frac{\Sigma \tilde{z} L}{\Sigma L} = \frac{0(300) + 0(600) + (-200)(400)}{300 + 600 + 400}$$
$= -61.5$ mm *Ans.*

F6–8.
$$\bar{y} = \frac{\Sigma \tilde{y} A}{\Sigma A} = \frac{150[300(50)] + 325[50(300)]}{300(50) + 50(300)}$$
$= 237.5$ mm *Ans.*

F6–9.
$$\bar{y} = \frac{\Sigma \tilde{y} A}{\Sigma A} = \frac{100[2(200)(50)] + 225[50(400)]}{2(200)(50) + 50(400)}$$
$= 162.5$ mm *Ans.*

F6–10.
$$\bar{x} = \frac{\Sigma \tilde{x} A}{\Sigma A} = \frac{0.25[4(0.5)] + 1.75[0.5(2.5)]}{4(0.5) + 0.5(2.5)}$$
$= 0.827$ m. *Ans.*
$$\bar{y} = \frac{\Sigma \tilde{y} A}{\Sigma A} = \frac{2[4(0.5)] + 0.25[(0.5)(2.5)]}{4(0.5) + (0.5)(2.5)}$$
$= 1.33$ m. *Ans.*

F6–11.
$$\bar{x} = \frac{\Sigma \tilde{x} V}{\Sigma V} = \frac{1[2(7)(6)] + 4[4(2)(3)]}{2(7)(6) + 4(2)(3)}$$
$= 1.67$ m *Ans.*
$$\bar{y} = \frac{\Sigma \tilde{y} V}{\Sigma V} = \frac{3.5[2(7)(6)] + 1[4(2)(3)]}{2(7)(6) + 4(2)(3)}$$
$= 2.94$ m *Ans.*
$$\bar{z} = \frac{\Sigma \tilde{z} V}{\Sigma V} = \frac{3[2(7)(6)] + 1.5[4(2)(3)]}{2(7)(6) + 4(2)(3)}$$
$= 2.67$ m *Ans.*

F6–12.
$$\bar{x} = \frac{\Sigma \tilde{x} V}{\Sigma V}$$
$$= \frac{0.25[0.5(2.5)(1.8)] + 0.25\left[\frac{1}{2}(1.5)(1.8)(0.5)\right] + \left[\frac{1}{2}(1.5)(1.8)(0.5)\right]}{0.5(2.5)(1.8) + \frac{1}{2}(1.5)(1.8)(0.5) + \frac{1}{2}(1.5)(1.8)(0.5)}$$
$= 0.391$ m *Ans.*
$$\bar{y} = \frac{\Sigma \tilde{y} V}{\Sigma V} = \frac{5.00625}{3.6} = 1.39\text{ m}$$ *Ans.*
$$\bar{z} = \frac{\Sigma \tilde{z} V}{\Sigma V} = \frac{2.835}{3.6} = 0.7875\text{ m}$$ *Ans.*

F6–13.
$$I_x = \int_A y^2\, dA = \int_0^{1\text{ m}} y^2\left[\left(1 - y^{3/2}\right)dy\right] = 0.111\text{ m}^4$$ *Ans.*

F6–14.
$$I_x = \int_A y^2\, dA = \int_0^{1\text{ m}} y^2\left(y^{3/2}dy\right) = 0.222\text{ m}^4$$ *Ans.*

F6–15.
$$I_y = \int_A x^2\, dA = \int_0^{1\text{ m}} x^2\left(x^{2/3}\right)dx = 0.273\text{ m}^4$$ *Ans.*

F6–16. $I_y = \int_A x^2\,dA = \int_0^{1\text{ m}} x^2\left[(1 - x^{2/3})\,dx\right] = 0.0606\text{ m}^4$ *Ans.*

F6–17. $I_x = \left[\frac{1}{12}(50)(450^3) + 0\right] + \left[\frac{1}{12}(300)(50^3) + 0\right]$

$= 383(10^6)\text{ mm}^4$ *Ans.*

$I_y = \left[\frac{1}{12}(450)(50^3) + 0\right]$

$+ 2\left[\frac{1}{12}(50)(150^3) + (150)(50)(100)^2\right.$

$= 183(10^6)\text{ mm}^4$ *Ans.*

F6–18. $I_x = \frac{1}{12}(360)(200^3) - \frac{1}{12}(300)(140^3)$

$= 171(10^6)\text{ mm}$ *Ans.*

$I_y = \frac{1}{12}(200)(360^3) - \frac{1}{12}(140)(300^3)$

$= 463(10^6)\text{ mm}$ *Ans.*

F6–19. $I_y = 2\left[\frac{1}{12}(50)(200^3) + 0\right]$

$+ \left[\frac{1}{12}(300)(50^3) + 0\right]$

$= 69.8\,(10^6)\text{ mm}^4$ *Ans.*

F6–20.

$$\bar{y} = \frac{\Sigma \tilde{y} A}{\Sigma A} = \frac{15(150)(30) + 105(30)(150)}{150(30) + 30(150)} = 60\text{ mm}$$

$\bar{I}_{x'} = \Sigma(\bar{I} + Ad^2)$

$= \left[\frac{1}{12}(150)(30)^3 + (150)(30)(60 - 15)^2\right]$

$+ \left[\frac{1}{12}(30)(150)^3 + 30(150)(105 - 60)^2\right.$

$= 27.0\,(10^6)\text{ mm}^4$ *Ans.*

Chapter 7

F7–1. Entire beam:

$\circlearrowleft + \Sigma M_B = 0;$ $60 - 10(2) - A_y(2) = 0$ $A_y = 20\text{ kN}$

Left segment:

$\xrightarrow{+} \Sigma F_x = 0;$ $N_C = 0$ *Ans.*

$+\uparrow \Sigma F_y = 0;$ $20 - V_C = 0$ $V_C = 20\text{ kN}$ *Ans.*

$\circlearrowleft + \Sigma M_C = 0;$ $M_C + 60 - 20(1) = 0$ $M_C = -40\text{ kN}\cdot\text{m}$ *Ans.*

F7–2. Entire beam:

$\circlearrowleft + \Sigma M_A = 0;$ $B_y(3) - 100(1.5)(0.75) - 200(1.5)(2.25) = 0$

$B_y = 262.5\text{ N}$

Right segment:

$\xrightarrow{+} \Sigma F_x = 0;$ $N_C = 0$ *Ans.*

$+\uparrow \Sigma F_y = 0;$ $V_C + 262.5 - 200(1.5) = 0$ $V_C = 37.5\text{ N}$ *Ans.*

$\circlearrowleft + \Sigma M_C = 0;$ $262.5(1.5) - 200(1.5)(0.75) - M_C = 0$ $M_C = 169\text{ N}\cdot\text{m}$ *Ans.*

F7–3. Entire beam:

$\xrightarrow{+} \Sigma F_x = 0;$ $B_x = 0$

$\circlearrowleft + \Sigma M_A = 0;$ $20(2)(1) - B_y(4) = 0$ $B_y = 10\text{ kN}$

Right segment:

$\xrightarrow{+} \Sigma F_x = 0;$ $N_C = 0$ *Ans.*

$+\uparrow \Sigma F_y = 0;$ $V_C - 10 = 0$ $V_C = 10\text{ kN}$ *Ans.*

$\circlearrowleft + \Sigma M_C = 0;$ $-M_C - 10(2) = 0$ $M_C = -20\text{ kN}\cdot\text{m}$ *Ans.*

F7–4. Entire beam:

$\circlearrowleft + \Sigma M_B = 0;$ $\frac{1}{2}(10)(3)(2) + 10(3)(4.5) - A_y(6) = 0$ $A_y = 27.5\text{ kN}$

Left segment:

$\xrightarrow{+} \Sigma F_x = 0;$ $N_C = 0$ *Ans.*

$+\uparrow \Sigma F_y = 0;$ $27.5 - 10(3) - V_C = 0$ $V_C = -2.5\text{ kN}$ *Ans.*

$\circlearrowleft + \Sigma M_C = 0;$ $M_C + 10(3)(1.5) - 27.5(3) = 0$ $M_C = 37.5\text{ kN}\cdot\text{m}$ *Ans.*

F7–5. Entire beam:

$\xrightarrow{+} \Sigma F_x = 0;$ $A_x = 0$

$\circlearrowleft + \Sigma M_B = 0;$ $5(2)(1) - \frac{1}{2}(5)(1)\left(\frac{1}{3}\right) - A_y(2) = 0$ $A_y = 4.583\text{ kN}$

Left segment:

$\xrightarrow{+} \Sigma F_x = 0;$ $N_C = 0$ *Ans.*

$+\uparrow \Sigma F_y = 0;$ $4.583 - 5(1) - V_C = 0$ $V_C = -0.417$ kN *Ans.*

$\circlearrowleft + \Sigma M_C = 0;$ $M_C + 5(1)(0.5) - 4.583(1) = 0$ $M_C = 2.08$ kN·m *Ans.*

F7–6. Entire beam:

$\circlearrowleft + \Sigma M_A = 0;$ $F_{BD}\left(\frac{3}{5}\right)(4) - 5(6)(3) = 0$ $F_{BD} = 37.5$ kN

$\xrightarrow{+} \Sigma F_x = 0;$ $37.5\left(\frac{4}{5}\right) - A_x = 0$ $A_x = 30$ kN

$+\uparrow \Sigma F_y = 0;$ $A_y + 37.5\left(\frac{3}{5}\right) - 5(6) = 0$ $A_y = 7.5$ kN

Left segment:

$\xrightarrow{+} \Sigma F_x = 0;$ $N_C - 30 = 0$ $N_C = 30$ kN *Ans.*

$+\uparrow \Sigma F_y = 0;$ $7.5 - 5(2) - V_C = 0$ $V_C = -2.5$ kN *Ans.*

$\circlearrowleft + \Sigma M_C = 0;$ $M_C + 5(2)(1) - 7.5(2) = 0$ $M_C = 5$ kN · m *Ans.*

F7–7. Beam:

$\Sigma M_A = 0;\ T_{CD} = 2w$

$\Sigma F_y = 0;\ T_{AB} = w$

Rod AB:

$$\sigma = \frac{N}{A};\ 300(10^3) = \frac{w}{10};$$

$w = 3$ N/m

Rod CD:

$$\sigma = \frac{N}{A};\ 300(10^3) = \frac{2w}{15};$$

$w = 2.25$ N/m *Ans.*

F7–8. $A = \pi(0.1^2 - 0.08^2) = 3.6(10^{-3})\pi$ m^2

$$\sigma_{avg} = \frac{N}{A} = \frac{300(10^3)}{3.6(10^{-3})\pi} = 26.5 \text{ MPa}$$ *Ans.*

F7–9. $A = 3[0.1(0.025)] = 7.5(10^{-3})$ m^2

$$\sigma_{avg} = \frac{N}{A} = \frac{75(10^3)}{7.5(10^{-3})} = 10.0(10^6) \text{ N/m}^2 = 10.0 \text{ MPa}$$ *Ans.*

F7–10. Consider the cross section to be a rectangle and two triangles.

$$\bar{y} = \frac{\Sigma\ \tilde{y}A}{\Sigma A} = \frac{0.15[(0.3)(0.12)] + (0.1)\left[\frac{1}{2}(0.16)(0.3)\right]}{0.3(0.12) + \frac{1}{2}(0.16)(0.3)}$$

$= 0.13$ m $= 130$ mm *Ans.*

$$\sigma_{avg} = \frac{N}{A} = \frac{600(10^3)}{0.06} = 10 \text{ MPa}$$ *Ans.*

F7–11.

$$A_A = A_C = \frac{\pi}{4}(0.005^2) = 6.25(10^{-6})\pi \text{ m}^2,\ A_B = \frac{\pi}{4}(0.01^2)$$

$= 25(10^{-6})\pi$ m^2

$$\sigma_A = \frac{N_A}{A_A} = \frac{300}{6.25(10^{-6})\pi} = 15.3 \text{ MPa (T)}$$ *Ans.*

$$\sigma_B = \frac{N_B}{A_B} = \frac{-600}{25(10^{-6})\pi} = -7.64 \text{ MPa} = 7.64 \text{ MPa (C)}$$ *Ans.*

$$\sigma_C = \frac{N_C}{A_C} = \frac{200}{6.25(10^{-6})\pi} = 10.2 \text{ MPa (T)}$$ *Ans.*

F7–12. Pin at A:

$F_{AD} = 50(9.81)$ N $= 490.5$ N

$+\uparrow \Sigma F_y = 0;$ $F_{AC}\left(\frac{3}{5}\right) - 490.5 = 0$ $F_{AC} = 817.5$ N

$\xrightarrow{+} \Sigma F_x = 0;$ $817.5\left(\frac{4}{5}\right) - F_{AB} = 0$ $F_{AB} = 654$ N

$$A_{AB} = \frac{\pi}{4}(0.008^2) = 16(10^{-6})\pi \text{ m}^2$$

$$(\sigma_{AB})_{avg} = \frac{F_{AB}}{A_{AB}} = \frac{654}{16(10^{-6})\pi} = 13.0 \text{ MPa}$$ *Ans.*

F7–13. Ring C:

$+\uparrow \Sigma F_y = 0;$ $2F \cos 60° - 200(9.81) = 0$ $F = 1962$ N

$$(\sigma_{allow})_{avg} = \frac{F}{A};\ 150(10^6) = \frac{1962}{\frac{\pi}{4}d^2}$$

$d = 0.00408$ m $= 4.08$ mm

Use $d = 5$ mm. *Ans.*

F7–14. Entire frame:

$\Sigma F_y = 0;\ A_y = 60 \text{ kN}$

$\Sigma M_B = 0;\ A_x = 80 \text{ kN}$

$F_A = \sqrt{60^2 + 80^2} = 100 \text{ kN}$

$$(\tau_A)_{avg} = \frac{F_A/2}{A} = \frac{100(10^3)/2}{\frac{\pi}{4}(0.05^2)}$$

$$= 25.46(10^6) \text{ N/m}^2 = 25.5 \text{ MPa} \qquad \textit{Ans.}$$

F7–15. Center plate, bolts have double shear:

$\Sigma F_x = 0; \quad 4V - 10 = 0 \quad V = 2.5 \text{ kN}$

$$A = \frac{\pi}{4}(0.012^2) = 0.1131(10^{-3}) \text{ m}^2$$

$$\tau_{avg} = \frac{V}{A} = \frac{2.5(10^3)}{0.1131(10^{-3})}$$

$$= 22.10(10^6) \text{ N/m}^2 = 22.1 \text{ MPa} \qquad \textit{Ans.}$$

F7–16. Nails have single shear:

$\Sigma F_x = 0; \quad P - 3V = 0 \quad V = \frac{P}{3}$

$$A = \frac{\pi}{4}(0.004^2) = 4(10^{-6})\pi \text{ m}^2$$

$$(\tau_{avg})_{allow} = \frac{V}{A}; \quad 60(10^6) = \frac{\frac{P}{3}}{4(10^{-6})\pi}$$

$P = 2.262(10^3) \text{ N} = 2.26 \text{ kN}$ *Ans.*

F7–17. Strut:

$\overset{+}{\rightarrow} \Sigma F_x = 0; \quad V - P\cos 60° = 0 \quad V = 0.5P$

$$A = \left(\frac{0.05}{\sin 60°}\right)(0.025) = 1.4434(10^{-3}) \text{ m}^2$$

$$(\tau_{avg})_{allow} = \frac{V}{A}; \quad 600(10^3) = \frac{0.5P}{1.4434(10^{-3})}$$

$P = 1.732(10^3) \text{ N} = 1.73 \text{ kN}$ *Ans.*

F7–18. The resultant force on the pin is

$F = \sqrt{30^2 + 40^2} = 50 \text{ kN}.$

We have double shear:

$$V = \frac{F}{2} = \frac{50}{2} = 25 \text{ kN}$$

$$A = \frac{\pi}{4}(0.03^2) = 0.225(10^{-3})\pi \text{ m}^2$$

$$\tau_{avg} = \frac{V}{A} = \frac{25(10^3)}{0.225(10^{-3})\pi} = 35.4 \text{ MPa} \qquad \textit{Ans.}$$

F7–19. Eyebolt:

$\overset{+}{\rightarrow} \Sigma F_x = 0; \quad 30 - N = 0 \quad N = 30 \text{ kN}$

$$\sigma_{allow} = \frac{\sigma_Y}{\text{F.S.}} = \frac{250}{1.5} = 166.67 \text{ MPa}$$

$$\sigma_{allow} = \frac{N}{A}; \quad 166.67(10^6) = \frac{30(10^3)}{\frac{\pi}{4}d^2}$$

$$d = 15.14 \text{ mm}$$

Use $d = 16$ mm. *Ans.*

F7–20. Right segment through AB:

$\overset{+}{\rightarrow} \Sigma F_x = 0; \quad N_{AB} - 150 = 0 \quad N_{AB} = 150 \text{ kN}$

$\overset{+}{\rightarrow} \Sigma F_x = 0; \quad N_{BC} - 75 - 75 - 150 = 0 \quad N_{BC} = 300 \text{ kN}$

$$\sigma_{allow} = \frac{\sigma_Y}{\text{F.S.}} = \frac{350}{1.5} = 233.33 \text{ MPa}$$

Segment AB:

$$\sigma_{allow} = \frac{N_{AB}}{A_{AB}}; \quad 233.33\ (10^6) = \frac{150\ (10^3)}{h_1(0.012)}$$

$$h_1 = 0.05357 \text{ m} = 53.57 \text{ mm}$$

Segment BC:

$$\sigma_{allow} = \frac{N_{BC}}{A_{BC}}; \quad 233.33(10^6) = \frac{300(10^3)}{h_2(0.012)}$$

$$h_2 = 0.1071 \text{ m} = 107.1 \text{ mm}$$

Use $h_1 = 54$ mm and $h_2 = 108$ mm *Ans.*

F7–21. $N = P$

$$\sigma_{allow} = \frac{\sigma_Y}{\text{F.S.}} = \frac{250}{2} = 125 \text{ MPa}$$

$$A_r = \frac{\pi}{4}(0.04^2) = 1.2566(10^{-3}) \text{ m}^2$$

$$A_{a\text{-}a} = 2(0.06 - 0.03)(0.05) = 3(10^{-3}) \text{ m}^2$$

The rod will fail first.

$$\sigma_{allow} = \frac{N}{A_r}; \quad 125(10^6) = \frac{P}{1.2566(10^{-3})}$$

$P = 157.08(10^3) \text{ N} = 157 \text{ kN}$ *Ans.*

F7–22. Pin has double shear:

$\overset{+}{\rightarrow} \Sigma F_x = 0; \quad 80 - 2V = 0 \quad V = 40 \text{ kN}$

$$\tau_{allow} = \frac{\tau_{fail}}{\text{F.S.}} = \frac{100}{2.5} = 40 \text{ MPa}$$

$$\tau_{allow} = \frac{V}{A}; \quad 40(10^6) = \frac{40(10^3)}{\frac{\pi}{4}d^2}$$

$$d = 0.03568 \text{ m} = 35.68 \text{ mm}$$

Use $d = 36$ mm. *Ans.*

F7–23.

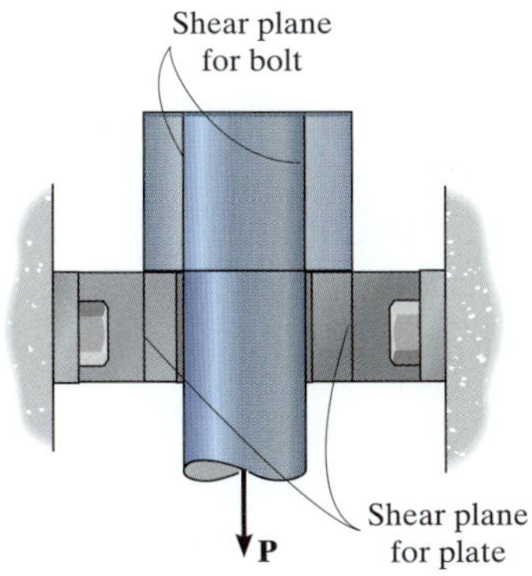

$V = P$

$$\tau_{\text{allow}} = \frac{\tau_{\text{fail}}}{\text{F.S.}} = \frac{120}{2.5} = 48 \text{ MPa}$$

Area of shear plane for bolt head and plate:

$$A_b = \pi dt = \pi(0.04)(0.075) = 0.003\pi \text{ m}^2$$

$$A_p = \pi dt = \pi(0.08)(0.03) = 0.0024\pi \text{ m}^2$$

Since the area of shear plane for the plate is smaller,

$$\tau_{\text{allow}} = \frac{V}{A_p}; \; 48(10^6) = \frac{P}{0.0024\pi}$$

$$P = 361.91(10^3) \text{ N} = 362 \text{ kN} \qquad \textit{Ans.}$$

F7–24. Support reaction at A:

$$\circlearrowleft + \Sigma M_B = 0; \quad \frac{1}{2}(5)(3)(2) - A_y(3) = 0 \quad A_y = 5.00 \text{ kN}$$

Each nail has single shear:

$$V = 5.00 \text{ kN}/6 = 0.8333 \text{ kN}$$

$$\tau_{\text{allow}} = \frac{\tau_{\text{fail}}}{\text{F.S.}} = \frac{112}{2} = 56 \text{ MPa}$$

$$\tau_{\text{allow}} = \frac{V}{A}; \qquad 56(10^6) = \frac{0.8333\,(10^3)}{\frac{\pi}{4}d^2}$$

$$d = 4.353\,(10^{-3}) \text{ m} = 4.35 \text{ mm}$$

Use $d = 5$ mm. *Ans.*

F7–25. $\dfrac{\delta_C}{600} = \dfrac{0.2}{400}; \qquad \delta_C = 0.3 \text{ mm}$

$$\epsilon_{CD} = \frac{\delta_C}{L_{CD}} = \frac{0.3}{300} = 0.001 \text{ mm/mm} \qquad \textit{Ans.}$$

F7–26.

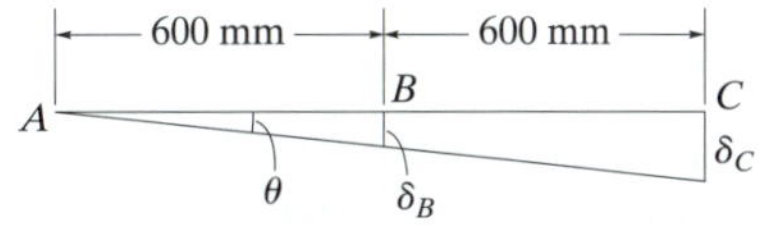

$$\theta = \left(\frac{0.02°}{180°}\right)\pi \text{ rad} = 0.3491(10^{-3}) \text{ rad}$$

$$\delta_B = \theta L_{AB} = 0.3491(10^{-3})(600) = 0.2094 \text{ mm}$$

$$\delta_C = \theta L_{AC} = 0.3491(10^{-3})(1200) = 0.4189 \text{ mm}$$

$$\epsilon_{BD} = \frac{\delta_B}{L_{BD}} = \frac{0.2094}{400} = 0.524(10^{-3}) \text{ mm/mm} \qquad \textit{Ans.}$$

$$\epsilon_{CE} = \frac{\delta_C}{L_{CE}} = \frac{0.4189}{600} = 0.698(10^{-3}) \text{ mm/mm} \qquad \textit{Ans.}$$

F7–27.

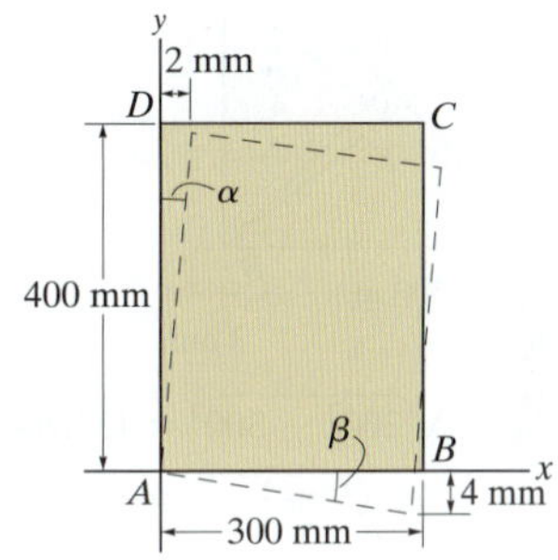

$$\alpha = \frac{2}{400} = 0.005 \text{ rad} \qquad \beta = \frac{4}{300} = 0.01333 \text{ rad}$$

$$\begin{aligned}(\gamma_A)_{xy} &= \frac{\pi}{2} - \theta \\ &= \frac{\pi}{2} - \left(\frac{\pi}{2} - \alpha + \beta\right) \\ &= \alpha - \beta \\ &= 0.005 - 0.01333 \\ &= -0.00833 \text{ rad}\end{aligned} \qquad \textit{Ans.}$$

F7–28.

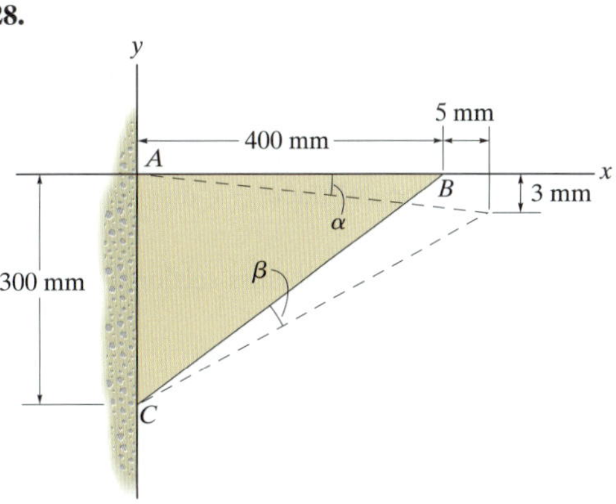

$$L_{BC} = \sqrt{300^2 + 400^2} = 500 \text{ mm}$$

$$L_{B'C} = \sqrt{(300 - 3)^2 + (400 + 5)^2} = 502.2290 \text{ mm}$$

$$\alpha = \frac{3}{405} = 0.007407 \text{ rad}$$

$$(\epsilon_{BC})_{\text{avg}} = \frac{L_{B'C} - L_{BC}}{L_{BC}} = \frac{502.2290 - 500}{500}$$

$$= 0.00446 \text{ mm/mm} \qquad \textit{Ans.}$$

$$(\gamma_A)_{xy} = \frac{\pi}{2} - \theta = \frac{\pi}{2} - \left(\frac{\pi}{2} - \alpha\right) = -\alpha = -0.00741 \text{ rad} \qquad \textit{Ans.}$$

F7–29.

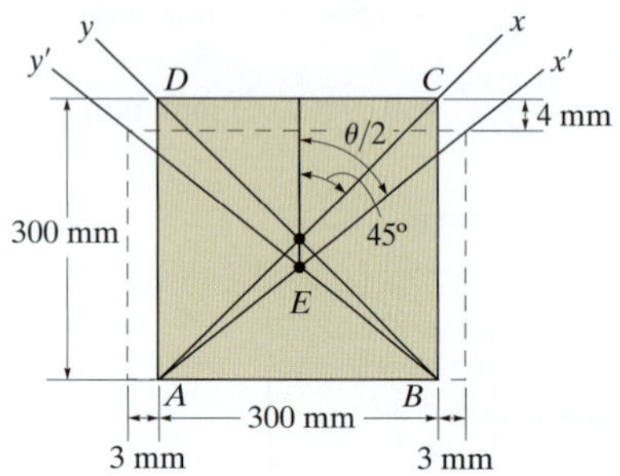

$$L_{AC} = \sqrt{L_{CD}^2 + L_{AD}^2} = \sqrt{300^2 + 300^2} = 424.2641 \text{ mm}$$

$$L_{A'C'} = \sqrt{L_{C'D'}^2 + L_{A'D'}^2} = \sqrt{306^2 + 296^2} = 425.7370 \text{ mm}$$

$$\frac{\theta}{2} = \tan^{-1}\left(\frac{L_{C'D'}}{L_{A'D'}}\right); \theta = 2\tan^{-1}\left(\frac{306}{296}\right) = 1.6040 \text{ rad}$$

$$(\epsilon_{AC})_{\text{avg}} = \frac{L_{A'C'} - L_{AC}}{L_{AC}} = \frac{425.7370 - 424.2641}{424.2641}$$

$$= 0.00347 \text{ mm/mm} \qquad \textit{Ans.}$$

$$(\gamma_E)_{xy} = \frac{\pi}{2} - \theta = \frac{\pi}{2} - 1.6040 = -0.0332 \text{ rad} \qquad \textit{Ans.}$$

Chapter 8

F8–1. Material has uniform properties throughout. *Ans.*

F8–2. Proportional limit is A. *Ans.*
Ultimate stress is D. *Ans.*

F8–3. The initial slope of the $\sigma - \epsilon$ diagram. *Ans.*

F8–4. True. *Ans.*

F8–5. False. Use the *original* cross-sectional area and length. *Ans.*

F8–6. False. It will normally decrease. *Ans.*

F8–7.
$$\epsilon = \frac{\sigma}{E} = \frac{N}{AE}$$

$$\delta = \epsilon L = \frac{NL}{AE} = \frac{100(10^3)(0.100)}{\frac{\pi}{4}(0.015)^2\,200(10^9)}$$

$$= 0.283 \text{mm} \qquad \textit{Ans.}$$

F8–8.
$$\epsilon = \frac{\sigma}{E} = \frac{P}{AE}$$

$$\delta = \epsilon L = \frac{PL}{AE}$$

$$0.075(10^{-3}) = \frac{[50(10^3)](0.2)}{[7.50(10^{-3})]E}$$

$$E = 17.78(10^9) \text{ Pa} = 17.8 \text{ GPa} \qquad \textit{Ans.}$$

F8–9.
$$\epsilon = \frac{\sigma}{E} = \frac{N}{AE}$$

$$\delta = \epsilon L = \frac{NL}{AE} = \frac{6(10^3)4}{\frac{\pi}{4}(0.01)^2 100(10^9)}$$

$$= 3.06 \text{ mm} \qquad \textit{Ans.}$$

F8–10.
$$\sigma = \frac{N}{A} = \frac{100(10^3)}{\frac{\pi}{4}(0.02)^2} = 318.31 \text{ MPa}$$

Since $\sigma < \sigma_Y = 450$ MPa, Hooke's Law is applicable.

$$E = \frac{\sigma_Y}{\epsilon_Y} = \frac{450(10^6)}{0.00225} = 200 \text{ GPa}$$

$$\epsilon = \frac{\sigma}{E} = \frac{318.31(10^6)}{200(10^9)} = 0.001592 \text{ mm/mm}$$

$$\delta = \epsilon L = 0.001592(50) = 0.0796 \text{ mm} \qquad \textit{Ans.}$$

F8–11.
$$\sigma = \frac{N}{A} = \frac{150(10^3)}{\frac{\pi}{4}(0.02^2)} = 477.46 \text{ MPa}$$

Since $\sigma > \sigma_Y = 450$ MPa, Hooke's Law is not applicable. From the geometry of the shaded triangle,

$$\frac{\epsilon - 0.00225}{0.03 - 0.00225} = \frac{477.46 - 450}{500 - 450}$$

$$\epsilon = 0.0174903$$

When the load is removed, the strain recovers along a line AB which is parallel to the original elastic line.

Here $E = \dfrac{\sigma_Y}{\epsilon_Y} = \dfrac{450(10^6)}{0.00225} = 200$ GPa.

The elastic recovery is

$$\epsilon_r = \frac{\sigma}{E} = \frac{477.46(10^6)}{200(10^9)} = 0.002387 \text{ mm/mm}$$

$$\epsilon_p = \epsilon - \epsilon_r = 0.017493 - 0.002387$$

$$= 0.01511 \text{ mm/mm}$$

$$\delta_p = \epsilon_p L = 0.0151(50) = 0.755 \text{ mm} \qquad \textit{Ans.}$$

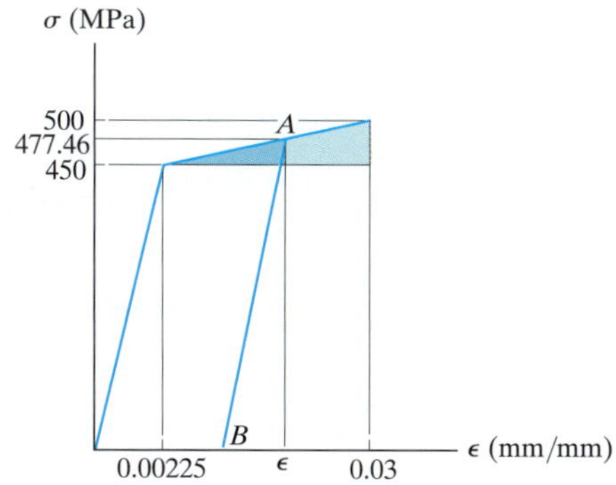

F8–12. $\epsilon_{BC} = \frac{\delta_{BC}}{L_{BC}} = \frac{0.2}{300} = 0.6667(10^{-3})\text{ mm/mm}$

$\sigma_{BC} = E\epsilon_{BC} = 200(10^9)[0.6667(10^{-3})]$
$= 133.33\text{ MPa}$

Since $\sigma_{BC} < \sigma_Y = 250$ MPa, Hooke's Law is valid.

$\sigma_{BC} = \frac{F_{BC}}{A_{BC}}; \quad 133.33(10^6) = \frac{F_{BC}}{\frac{\pi}{4}(0.003^2)}$

$F_{BC} = 942.48\text{ N}$

$\circlearrowleft +\Sigma M_A = 0; \quad 942.48(0.4) - P(0.6) = 0$

$P = 628.31\text{ N} = 628\text{ N}$ *Ans.*

F8–13. $\sigma = \frac{P}{A} = \frac{10(10^3)}{\frac{\pi}{4}(0.015)^2} = 56.59\text{ MPa}$

$\epsilon_{\text{long}} = \frac{\sigma}{E} = \frac{56.59(10^6)}{70(10^9)} = 0.808(10^{-3})$

$\epsilon_{\text{lat}} = -\nu\epsilon_{\text{long}} = -0.35(0.808(10^{-3}))$
$= -0.283(10^{-3})$

$\delta d = (-0.283(10^{-3}))(15\text{ mm}) = -4.24(10^{-3})\text{ mm}$ *Ans.*

F8–14. $\sigma = \frac{P}{A} = \frac{50(10^3)}{\frac{\pi}{4}(0.02^2)} = 159.15\text{ MPa}$

$\epsilon_a = \frac{\delta}{L} = \frac{1.40}{600} = 0.002333\text{ mm/mm}$

$E = \frac{\sigma}{\epsilon_a} = \frac{159.15(10^6)}{0.002333} = 68.2\text{ GPa}$ *Ans.*

$\epsilon_e = \frac{d' - d}{d} = \frac{19.9837 - 20}{20} = -0.815(10^{-3})\text{ mm/mm}$

$\nu = -\frac{\epsilon_e}{\epsilon_a} = -\frac{-0.815(10^{-3})}{0.002333} = 0.3493 = 0.349$

$G = \frac{E}{2(1 + \nu)} = \frac{68.21}{2(1 + 0.3493)} = 25.3\text{ GPa}$ *Ans.*

F8–15. $\alpha = \frac{0.5}{150} = 0.003333\text{ rad}$

$\gamma = \frac{\pi}{2} - \theta = \frac{\pi}{2} - \left(\frac{\pi}{2} - \alpha\right)$
$= \alpha = 0.003333\text{ rad}$

$\tau = G\gamma = [26(10^9)](0.003333) = 86.67\text{ MPa}$

$\tau = \frac{V}{A}; \quad 86.67(10^6) = \frac{P}{0.15(0.02)}$

$P = 260\text{ kN}$ *Ans.*

F8–16. $\alpha = \frac{3}{150} = 0.02\text{ rad}$

$\gamma = \frac{\pi}{2} - \theta = \frac{\pi}{2} - \left(\frac{\pi}{2} - \alpha\right) = \alpha = 0.02\text{ rad}$

When P is removed, the shear strain recovers along a line parallel to the original elastic line.

$\gamma_r = \gamma_Y = 0.005\text{ rad}$

$\gamma_p = \gamma - \gamma_r = 0.02 - 0.005 = 0.015\text{ rad}$ *Ans.*

Chapter 9

F9–1. $A = \frac{\pi}{4}(0.02^2) = 0.1(10^{-3})\pi\text{ m}^2$

$N_{BC} = 40\text{ kN}, N_{AB} = -60\text{ kN}$

$\delta_C = \frac{1}{AE}\{40(10^3)(400) + [-60(10^3)(600)]\}$

$= \frac{-20(10^6)\text{ N}\cdot\text{mm}}{AE}$

$= -0.318\text{ mm}$ *Ans.*

F9–2. $A_{AB} = A_{CD} = \frac{\pi}{4}(0.02^2) = 0.1(10^{-3})\pi\text{ m}^2$

$A_{BC} = \frac{\pi}{4}(0.04^2 - 0.03^2) = 0.175(10^{-3})\pi\text{ m}^2$

$N_{AB} = -10\text{ kN}, N_{BC} = 10\text{ kN}, N_{CD} = -20\text{ kN}$

$\delta_{D/A} = \frac{[-10(10^3)](400)}{[0.1(10^{-3})\pi][68.9(10^9)]}$
$+ \frac{[10(10^3)](400)}{[0.175(10^{-3})\pi][68.9(10^9)]}$
$+ \frac{[-20(10^3)](400)}{[0.1(10^{-3})\pi][68.9(10^9)]}$
$= -0.449\text{ mm}$ *Ans.*

F9–3. $A = \frac{\pi}{4}(0.03^2) = 0.225(10^{-3})\pi\text{ m}^2$

$N_{BC} = -90\text{ kN}, N_{AB} = -90 + 2\left(\frac{4}{5}\right)(30) = -42\text{ kN}$

$$\delta_C = \frac{1}{0.225(10^{-3})\pi[200(10^9)]}\{[-42(10^3)(0.4)] + [-90(10^3)(0.6)]\}$$
$$= -0.501(10^{-3})\text{ m} = -0.501\text{ mm} \qquad \textit{Ans.}$$

F9–4. $$\delta_{A/B} = \frac{NL}{AE} = \frac{[60(10^3)](0.8)}{[0.1(10^{-3})\pi][200(10^9)]}$$
$$= 0.7639(10^{-3})\text{ m}\downarrow$$
$$\delta_B = \frac{F_{sp}}{k} = \frac{60(10^3)}{50(10^6)} = 1.2(10^{-3})\text{ m}\downarrow$$
$$+\downarrow \quad \delta_A = \delta_B + \delta_{A/B}$$
$$\delta_A = 1.2(10^{-3}) + 0.7639(10^{-3})$$
$$= 1.9639(10^{-3})\text{ m} = 1.96\text{ mm}\downarrow \qquad \textit{Ans.}$$

F9–5.

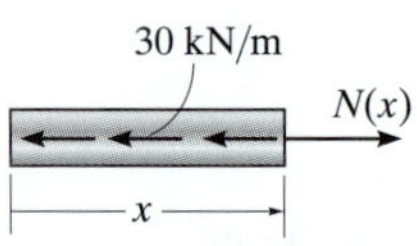

$$A = \frac{\pi}{4}(0.02^2) = 0.1(10^{-3})\pi\text{ m}^2$$
Internal load $N(x) = 30(10^3)x$
$$\delta_A = \int \frac{N(x)dx}{AE}$$
$$= \frac{1}{[0.1(10^{-3})\pi][73.1(10^9)]}\int_0^{0.9\text{ m}} 30(10^3)x\,dx$$
$$= 0.529(10^{-3})\text{ m} = 0.529\text{ mm} \qquad \textit{Ans.}$$

F9–6.

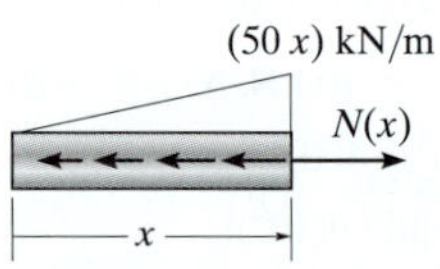

Distributed load $N(x) = \frac{45(10^3)}{0.9}x = 50(10^3)x\text{ N/m}$

Internal load $N(x) = \frac{1}{2}(50(10^3))x(x) = 25(10^3)x^2$
$$\delta_A = \int_0^L \frac{N(x)dx}{AE}$$
$$= \frac{1}{[0.1(10^{-3})\pi][73.1(10^9)]}\int_0^{0.9\text{ m}} [25(10^3)x^2]dx$$
$$= 0.265\text{ mm} \qquad \textit{Ans.}$$

Chapter 10

F10–1. $$J = \frac{\pi}{2}(0.04^4) = 1.28(10^{-6})\pi\text{ m}^4$$
$$\tau_A = \tau_{\max} = \frac{Tc}{J} = \frac{5(10^3)(0.04)}{1.28(10^{-6})\pi} = 49.7\text{ MPa} \qquad \textit{Ans.}$$
$$\tau_B = \frac{T\rho_B}{J} = \frac{5(10^3)(0.03)}{1.28(10^{-6})\pi} = 37.3\text{ MPa} \qquad \textit{Ans.}$$

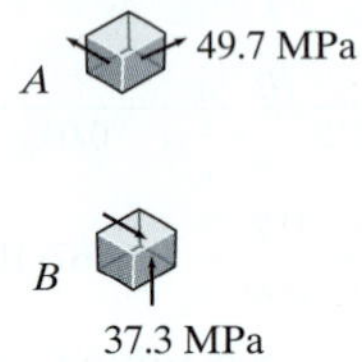

F10–2. $$J = \frac{\pi}{2}(0.06^4 - 0.04^4) = 5.2(10^{-6})\pi\text{ m}^4$$
$$\tau_B = \tau_{\max} = \frac{Tc}{J} = \frac{10(10^3)(0.06)}{5.2(10^{-6})\pi} = 36.7\text{ MPa} \qquad \textit{Ans.}$$
$$\tau_A = \frac{T\rho_A}{J} = \frac{10(10^3)(0.04)}{5.2(10^{-6})\pi} = 24.5\text{ MPa} \qquad \textit{Ans.}$$

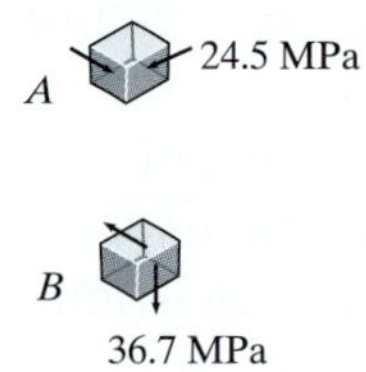

F10–3. $$J_{AB} = \frac{\pi}{2}(0.04^4 - 0.03^4) = 0.875(10^{-6})\pi\text{ m}^4$$
$$J_{BC} = \frac{\pi}{2}(0.04^4) = 1.28(10^{-6})\pi\text{ m}^4$$
$$(\tau_{AB})_{\max} = \frac{T_{AB}c_{AB}}{J_{AB}} = \frac{[2(10^3)](0.04)}{0.875(10^{-6})\pi} = 29.1\text{ MPa}$$
$$(\tau_{BC})_{\max} = \frac{T_{BC}c_{BC}}{J_{BC}} = \frac{[6(10^3)](0.04)}{1.28(10^{-6})\pi}$$
$$= 59.7\text{ MPa} \qquad \textit{Ans.}$$

F10–4. $T_{AB} = 0,\ T_{BC} = 600\text{ N}\cdot\text{m},\ T_{CD} = 0$
$$J = \frac{\pi}{2}(0.02^4) = 80(10^{-9})\pi\text{ m}^4$$
$$\tau_{\max} = \frac{Tc}{J} = \frac{600(0.02)}{80(10^{-9})\pi} = 47.7\text{ MPa} \qquad \textit{Ans.}$$

F10–5. $J_{BC} = \frac{\pi}{2}(0.04^4 - 0.03^4) = 0.875(10^{-6})\pi \text{ m}^4$

$$(\tau_{BC})_{\max} = \frac{T_{BC}\,c_{BC}}{J_{BC}} = \frac{2100(0.04)}{0.875(10^{-6})\pi}$$

$= 30.6$ MPa *Ans.*

F10–6. $t = 5(10^3)$ N · m/m

Internal torque is $T = 5(10^3)(0.8) = 4000$ N · m

$$J = \frac{\pi}{2}(0.04^4) = 1.28(10^{-6})\pi \text{ m}^4$$

$$\tau_{AB} = \frac{T_A c}{J} = \frac{4000(0.04)}{1.28(10^{-6})\pi} = 39.8 \text{ MPa}$$ *Ans.*

F10–7. $T_{AB} = 250$ N · m, $T_{BC} = 175$ N · m, $T_{CD} = -150$ N · m

Maximum internal torque is in region AB.

$T_{AB} = 250$ N · m

$$\tau_{\substack{\text{abs}\\ \max}} = \frac{T_{AB}\,c}{J} = \frac{250(0.025)}{\frac{\pi}{2}(0.025)^4} = 10.2 \text{ MPa}$$ *Ans.*

F10–8. $P = T\omega;\quad 2250 = T\left[150\left(\frac{2\pi}{60}\right)\text{ rad/s}\right]$

$T = 143.24$ N · m

$$\tau_{\text{allow}} = \frac{Tc}{J};\quad 84(10^6) = \frac{143.24(d/2)}{\frac{\pi}{2}(d/2)^4}$$

$d = 0.02056$ m $= 20.56$ mm

Use $d = 21$ mm *Ans.*

F10–9. $T_{AB} = -2$ kN · m, $T_{BC} = 1$ kN · m

$$J = \frac{\pi}{2}(0.03^4) = 0.405(10^{-6})\pi \text{ m}^4$$

$$\phi_{A/C} = \frac{-2(10^3)(0.6) + (10^3)(0.4)}{[0.405(10^{-6})\pi][75(10^9)]}$$

$= -0.00838$ rad $= -0.480°$ *Ans.*

F10–10. $T_{AB} = 600$ N · m

$$J = \frac{\pi}{2}(0.02^4) = 80(10^{-9})\pi \text{ m}^4$$

$$\phi_{B/A} = \frac{600(0.45)}{[80(10^{-9})\pi][75(10^9)]}$$

$= 0.01432$ rad $= 0.821°$ *Ans.*

F10–11. $J = \frac{\pi}{2}(0.04^4 - 0.03^4) = 0.875(10^{-6})\pi \text{ m}^4$

$$\phi_{A/B} = \frac{T_{AB}\,L_{AB}}{JG} = \frac{3(10^3)(0.9)}{[0.875(10^{-6})\pi][26(10^9)]}$$

$= 0.03778$ rad

$$\phi_B = \frac{T_B}{k_B} = \frac{3(10^3)}{90(10^3)} = 0.03333 \text{ rad}$$

$\phi_A = \phi_B + \phi_{A/B}$

$= 0.03333 + 0.03778$

$= 0.07111$ rad $= 4.07°$ *Ans.*

F10–12. $T_{AB} = 600$ N · m, $T_{BC} = -300$ N · m, $T_{CD} = 200$ N · m, $T_{DE} = 500$ N · m

$$J = \frac{\pi}{2}(0.02^4) = 80(10^{-9})\pi \text{ m}^4$$

$$\phi_{E/A} = \frac{[600 + (-300) + 200 + 500]0.2}{[80(10^{-9})\pi][75(10^9)]}$$

$= 0.01061$ rad $= 0.608°$ *Ans.*

F10–13.

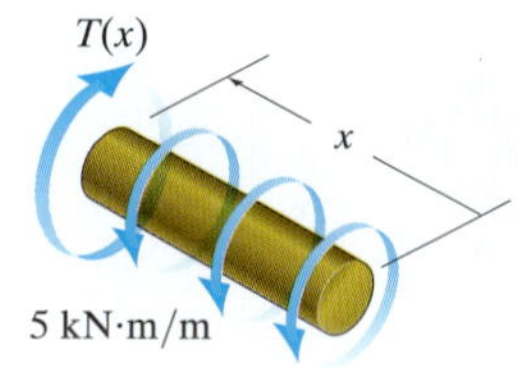

$$J = \frac{\pi}{2}(0.04^4) = 1.28(10^{-6})\pi \text{ m}^4$$

$t = 5(10^3)$ N · m/m

Internal torque is $5(10^3)x$ N · m

$$\phi_{A/B} = \int_0^L \frac{T(x)dx}{JG}$$

$$= \frac{1}{[1.28(10^{-6})\pi][75(10^9)]}\int_0^{0.8\text{ m}} 5(10^3)x\,dx$$

$= 0.00531$ rad $= 0.304°$ *Ans.*

F10–14.

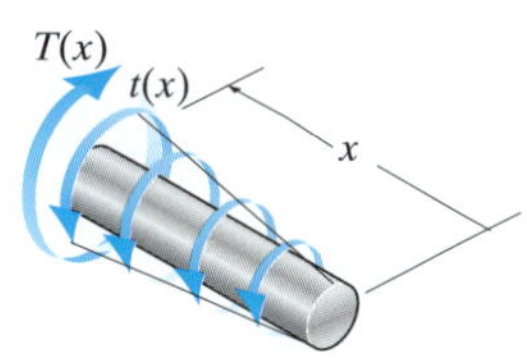

$$J = \frac{\pi}{2}(0.04^4) = 1.28(10^{-6})\pi \text{ m}^4$$

Distributed torque is $t = \frac{15(10^3)}{0.6}(x)$

$= 25(10^3)x$ N · m/m

Internal torque in segment AB,

$$T(x) = \frac{1}{2}(25x)(10^3)(x) = 12.5(10^3)x^2 \text{ N} \cdot \text{m}$$

In segment BC,

$$T_{BC} = \frac{1}{2}[25(10^3)(0.6)](0.6) = 4500 \text{ N} \cdot \text{m}$$

$$\phi_{A/C} = \int_0^L \frac{T(x)dx}{JG} + \frac{T_{BC}L_{BC}}{JG}$$

$$= \frac{1}{[1.28(10^{-6})\pi][75(10^9)]}\left[\int_0^{0.6\text{ m}} 12.5(10^3)x^2\,dx + 4500(0.4)\right]$$

$$= 0.008952 \text{ rad} = 0.513^\circ \qquad \textit{Ans.}$$

Chapter 11

F11–1.

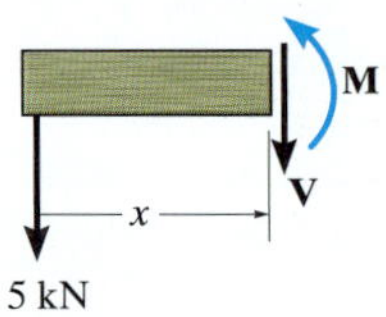

$\curvearrowleft + \Sigma M_B = 0; \quad A_y(6) - 30 = 0 \quad A_y = 5 \text{ kN}$

$+\uparrow \Sigma F_y = 0; \quad -V - 5 = 0 \quad V = -5 \text{ kN}$ *Ans.*

$\curvearrowleft + \Sigma M_0 = 0; \quad M + 5x = 0 \quad M = \{-5x\} \text{ kN} \cdot \text{m}$ *Ans.*

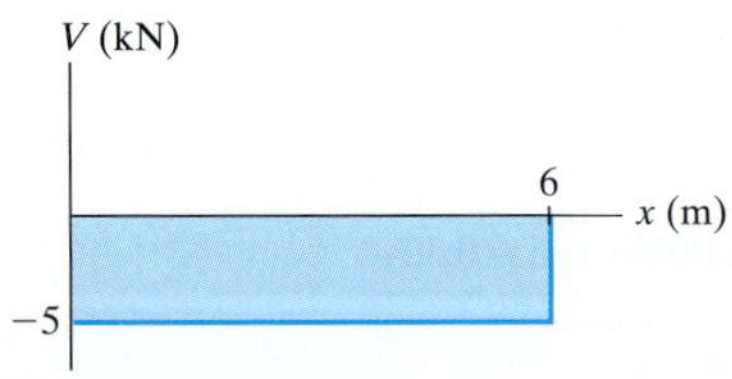

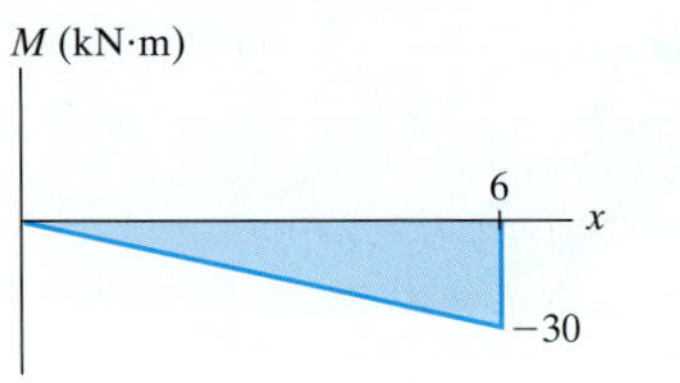

F11–2.

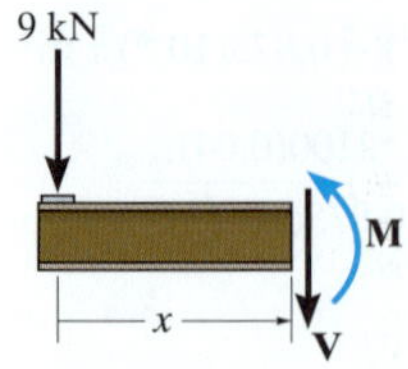

$+\uparrow \Sigma F_y = 0; \quad -V - 9 = 0 \quad V = -9 \text{ kN}$ *Ans.*

$\curvearrowleft + \Sigma M_O = 0; \quad M + 9x = 0 \quad M = \{-9x\} \text{ kN} \cdot \text{m}$ *Ans.*

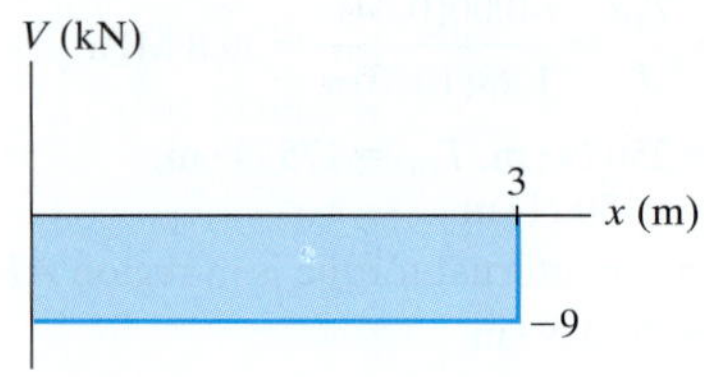

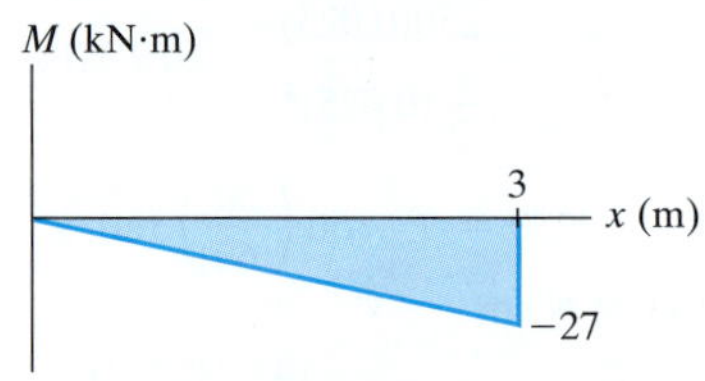

F11–3.

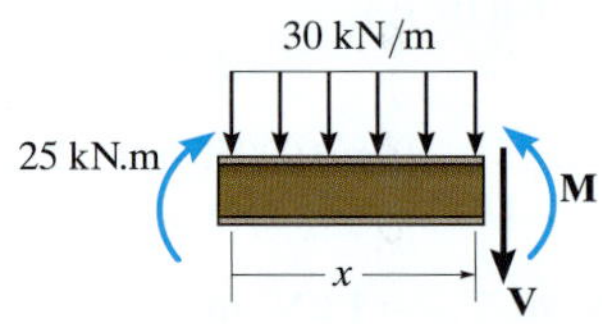

$+\uparrow \Sigma F_y = 0; \quad -V - 30x = 0 \quad V = \{-30x\} \text{ kN}$ *Ans.*

$\curvearrowleft + \Sigma M_O = 0; \quad M + 30x\left(\frac{x}{2}\right) - 25 = 0$

$M = \{25 - 15x^2\} \text{ kN} \cdot \text{m}$ *Ans.*

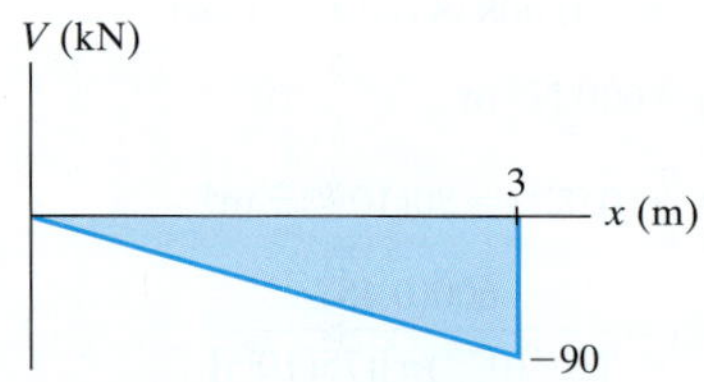

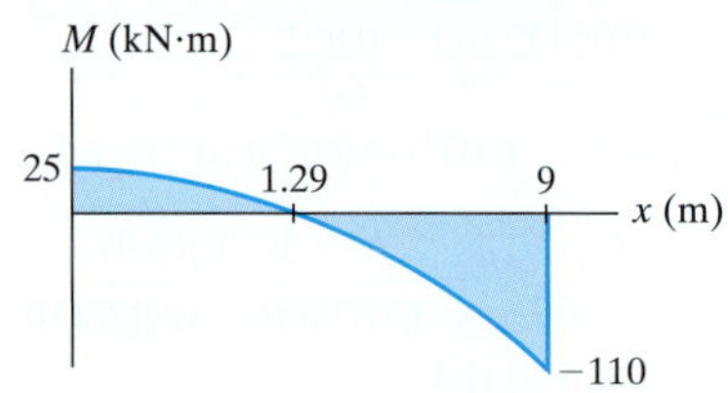

F11–4.

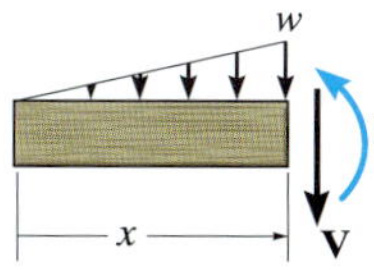

$$\frac{w}{x} = \frac{12}{3} \qquad w = 4x$$

$$+\uparrow \Sigma F_y = 0; \quad -V - \frac{1}{2}(4x)(x) = 0$$

$$V = \{-2x^2\}\text{ kN} \quad \textit{Ans.}$$

$$\circlearrowleft + \Sigma M_O = 0; \; M + \left[\frac{1}{2}(4x)(x)\right]\left(\frac{x}{3}\right) = 0$$

$$M = \left\{-\frac{2}{3}x^3\right\}\text{ kN}\cdot\text{m} \quad \textit{Ans.}$$

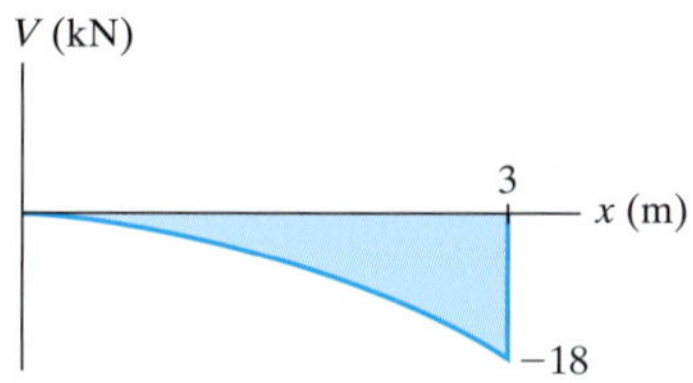

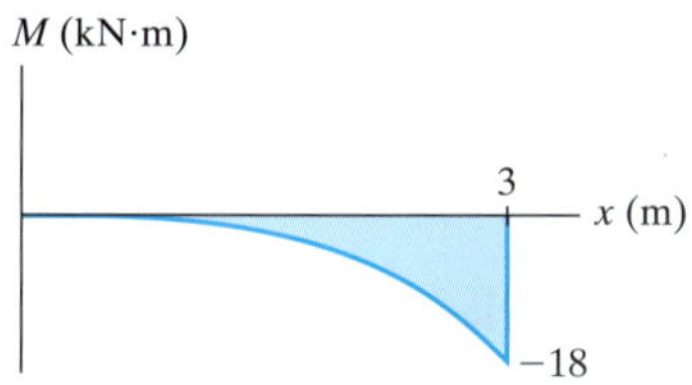

F11–5.

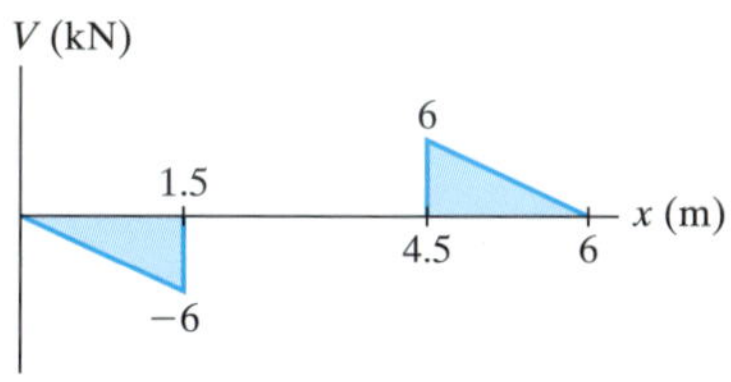

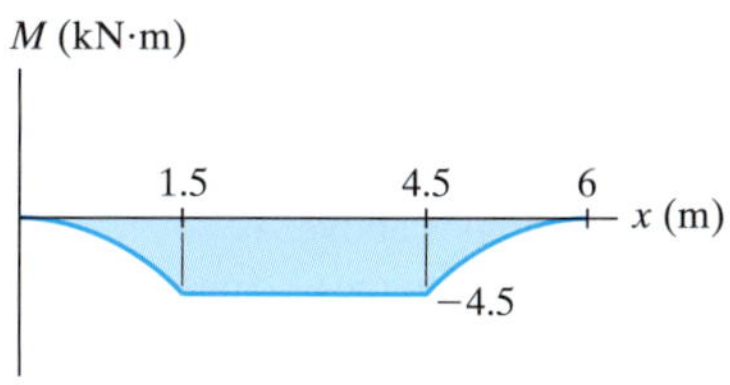

F11–6.

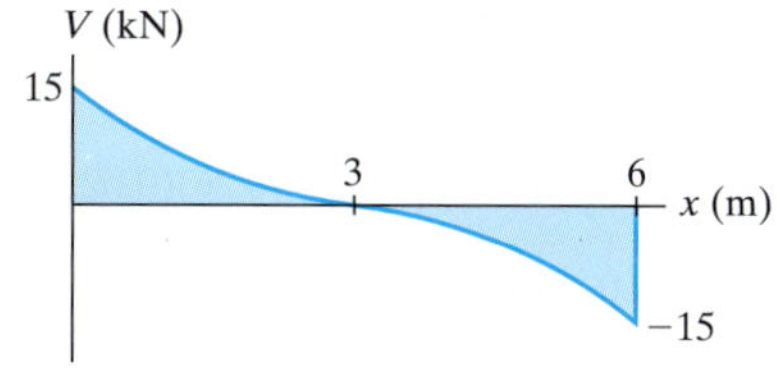

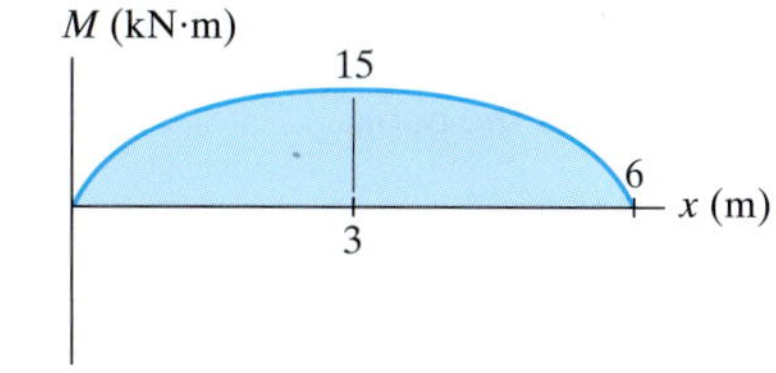

F11–7.

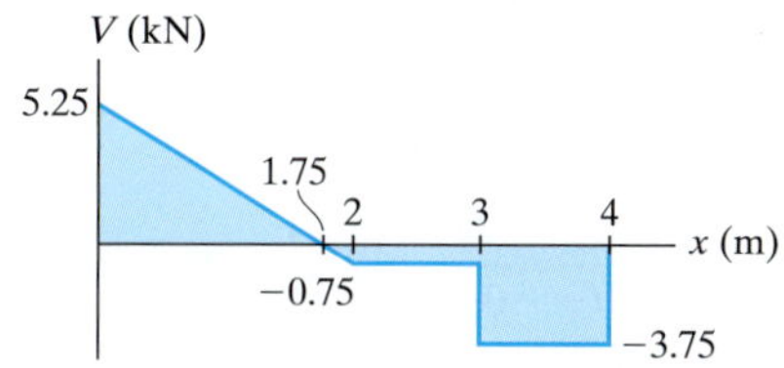

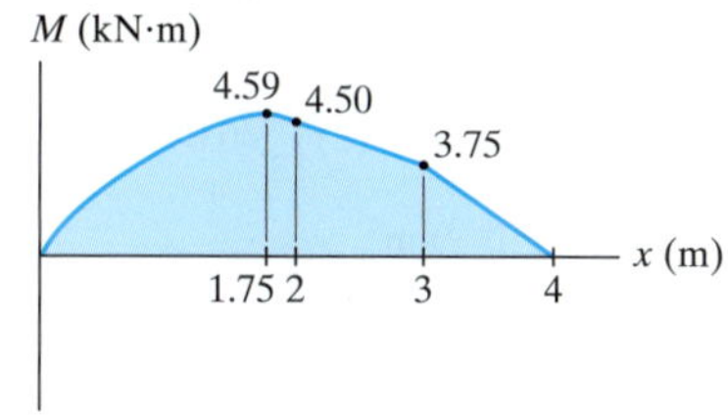

F11–8.

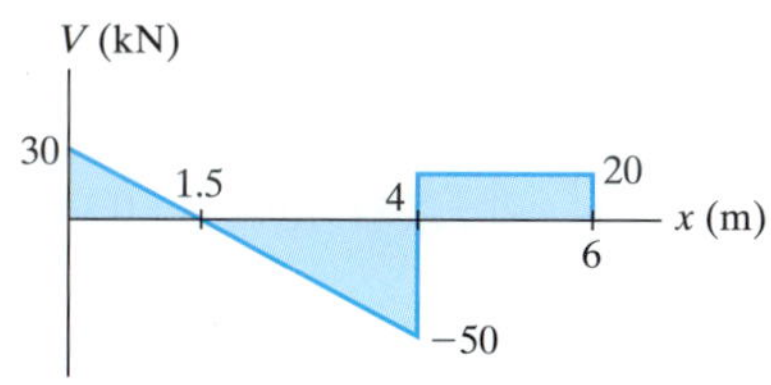

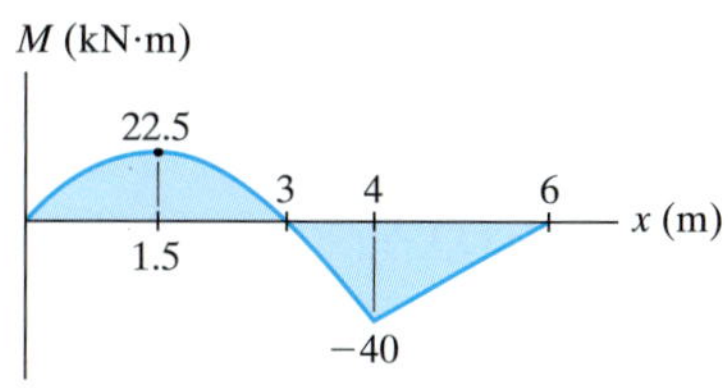

F11–9. Consider two vertical rectangles and a horizontal rectangle.

$$I = 2\left[\frac{1}{12}(0.02)(0.2^3)\right] + \frac{1}{12}(0.26)(0.02^3)$$
$$= 26.84(10^{-6})\text{ m}^4$$

$$\sigma_{\max} = \frac{Mc}{I} = \frac{20(10^3)(0.1)}{26.84(10^{-6})} = 74.5 \text{ MPa} \qquad \textit{Ans.}$$

F11–10. See the back of the book.

$$\bar{y} = \frac{0.3}{3} = 0.1 \text{ m}$$

$$I = \frac{1}{36}(0.3)(0.3^3) = 0.225(10^{-3})\text{ m}^4$$

$$(\sigma_{\max})_c = \frac{Mc}{I} = \frac{50(10^3)(0.3 - 0.1)}{0.225(10^{-3})}$$
$$= 44.4 \text{ MPa (C)} \qquad \textit{Ans.}$$

$$(\sigma_{\max})_t = \frac{My}{I} = \frac{50(10^3)(0.1)}{0.225(10^{-3})} = 22.2 \text{ MPa (T)} \qquad \textit{Ans.}$$

F11–11. Consider large rectangle minus the two side rectangles.

$$I = \frac{1}{12}(0.2)(0.3^3) - (2)\frac{1}{12}(0.09)(0.26^3)$$
$$= 0.18636(10^{-3})\text{ m}^4$$

$$\sigma_{\max} = \frac{Mc}{I} = \frac{50(10^3)(0.15)}{0.18636(10^{-3})} = 40.2 \text{ MPa} \qquad \textit{Ans.}$$

F11–12. Consider two vertical rectangles and two horizontal rectangles.

$$I = 2\left[\frac{1}{12}(0.03)(0.4^3)\right] + 2\left[\frac{1}{12}(0.14)(0.03^3) + 0.14(0.03)(0.15^2)\right]$$
$$= 0.50963(10^{-3})\text{ m}^4$$

$$\sigma_{\max} = \frac{Mc}{I} = \frac{10(10^3)(0.2)}{0.50963(10^{-3})} = 3.92 \text{ MPa} \qquad \textit{Ans.}$$

$$\sigma_A = 3.92 \text{ MPa (C)}$$

$$\sigma_B = 3.92 \text{ MPa (T)}$$

F11–13. Consider center rectangle and two side rectangles.

$$I = \frac{1}{12}(0.05)(0.4)^3 + 2\left[\frac{1}{12}(0.025)(0.3)^3\right]$$
$$= 0.37917(10^{-3})\text{ m}^4$$

$$\sigma_A = \frac{My_A}{I} = \frac{5(10^3)(-0.15)}{0.37917(10^{-3})} = 1.98 \text{ MPa (T)} \qquad \textit{Ans.}$$

F11–14. $M_y = 50\left(\frac{4}{5}\right) = 40 \text{ kN}\cdot\text{m}$

$$M_z = 50\left(\frac{3}{5}\right) = 30 \text{ kN}\cdot\text{m}$$

$$I_y = \frac{1}{12}(0.3)(0.2^3) = 0.2(10^{-3})\text{ m}^4$$

$$I_z = \frac{1}{12}(0.2)(0.3^3) = 0.45(10^{-3})\text{ m}^4$$

$$\sigma = -\frac{M_z y}{I_z} + \frac{M_y z}{I_y}$$

$$\sigma_A = -\frac{[30(10^3)](-0.15)}{0.45(10^{-3})} + \frac{[40(10^3)](0.1)}{0.2(10^{-3})}$$
$$= 30 \text{ MPa (T)} \qquad \textit{Ans.}$$

$$\sigma_B = -\frac{[30(10^3)](0.15)}{0.45(10^{-3})} + \frac{[40(10^3)](0.1)}{0.2(10^{-3})}$$
$$= 10 \text{ MPa (T)} \qquad \textit{Ans.}$$

$$\tan\alpha = \frac{I_z}{I_y}\tan\theta$$

$$\tan\alpha = \left[\frac{0.45(10^{-3})}{0.2(10^{-3})}\right]\left(\frac{4}{3}\right)$$

$$\alpha = 71.6^\circ \qquad \textit{Ans.}$$

F11–15. Maximum stress occurs at D or A.

$$(\sigma_{\max})_D = \frac{(500\cos 30^\circ)(0.075)}{\frac{1}{12}(0.1)(0.15)^3} + \frac{(500\sin 30^\circ)(0.05)}{\frac{1}{12}(0.15)(0.1)^3}$$
$$= 2.1547(10^6)\text{ N/m}^2 = 2.15 \text{ MPa} \qquad \textit{Ans.}$$

Chapter 12

F12–1. Consider two vertical rectangles and a horizontal rectangle.

$$I = 2\left[\frac{1}{12}(0.02)(0.2^3)\right] + \frac{1}{12}(0.26)(0.02^3)$$
$$= 26.84(10^{-6})\text{ m}^4$$

Take two rectangles above A.

$$Q_A = 2[0.055(0.09)(0.02)] = 198(10^{-6})\text{ m}^3$$

$$\tau_A = \frac{VQ_A}{It} = \frac{100(10^3)[198(10^{-6})]}{[26.84(10^{-6})]2(0.02)}$$
$$= 18.4 \text{ MPa} \qquad \textit{Ans.}$$

F12–2. Consider a vertical rectangle and two squares.

$$I = \frac{1}{12}(0.1)(0.3^3) + (2)\frac{1}{12}(0.1)(0.1^3)$$
$$= 0.24167(10^{-3})\text{ m}^4$$

Take top half of area (above A).

$$Q_A = y'_1A'_1 + y'_2A'_2$$

$$= \left[\frac{1}{2}(0.05)\right](0.05)(0.3) + 0.1(0.1)(0.1)$$

$$= 1.375(10^{-3})\text{ m}^3$$

$$\tau_A = \frac{VQ}{It} = \frac{600(10^3)[1.375(10^{-3})]}{[0.24167(10^{-3})](0.3)} = 11.4\text{ MPa} \quad \textit{Ans.}$$

Take top square (above B).

$$Q_B = y'_2A'_2 = 0.1(0.1)(0.1) = 1(10^{-3})\text{ m}^3$$

$$\tau_B = \frac{VQ}{It} = \frac{600(10^3)[1(10^{-3})]}{[0.24167(10^{-3})](0.1)} = 24.8\text{ MPa} \quad \textit{Ans.}$$

F12–3. $V_{max} = 22.5\text{ kN}$

$$I = \frac{1}{12}(0.075)(0.15^3) = 21.09375(10^{-6})\text{m}^4$$

Take top half of area.

$$Q_{max} = y'A' = 0.0375(0.075)(0.075)$$

$$= 0.2109375(10^{-3})\text{ m}^3$$

$$(\tau_{max})_{abs} = \frac{V_{max}Q_{max}}{It}$$

$$= \frac{[22.5(10^3)][0.2109375(10^{-3})]}{[21.09375(10^{-6})](0.075)}$$

$$= 3.00(10^6)\text{ N/m}^2 = 3.00\text{ MPa} \quad \textit{Ans.}$$

F12–4. Consider two vertical rectangles and two horizontal rectangles.

$$I = 2\left[\frac{1}{12}(0.03)(0.4^3)\right] + 2\left[\frac{1}{12}(0.14)(0.03^3) + 0.14(0.03)(0.15^2)\right] = 0.50963(10^{-3})\text{ m}^4$$

Take the top half of area.

$$Q_{max} = 2y'_1A'_1 + y'_2A'_2 = 2(0.1)(0.2)(0.03) + (0.15)(0.14)(0.03) = 1.83(10^{-3})\text{ m}^3$$

$$\tau_{max} = \frac{VQ_{max}}{It} = \frac{20(10^3)[1.83(10^{-3})]}{0.50963(10^{-3})[2(0.03)]} = 1.20\text{ MPa}$$

Ans.

F12–5. Consider one large vertical rectangle and two side rectangles.

$$I = \frac{1}{12}(0.05)(0.4)^3 + 2\left[\frac{1}{12}(0.025)(0.3)^3\right]$$

$$= 0.37917(10^{-3})\text{ m}^4$$

Take the top half of area.

$$Q_{max} = 2y'_1A'_1 + y'_2A'_2 = 2(0.075)(0.025)(0.15) + (0.1)(0.05)(0.2) = 1.5625(10^{-3})\text{ m}^3$$

$$\tau_{max} = \frac{VQ_{max}}{It} = \frac{20(10^3)[1.5625(10^{-3})]}{[0.37917(10^{-3})][2(0.025)]}$$

$$= 1.65\text{ MPa} \quad \textit{Ans.}$$

F12–6. $I = \frac{1}{12}(0.3)(0.2^3) = 0.2(10^{-3})\text{ m}^4$

Top (or bottom) board

$$Q = y'A' = 0.05(0.1)(0.3) = 1.5(10^{-3})\text{ m}^3$$

Two rows of nails

$$q_{allow} = 2\left(\frac{F}{s}\right) = \frac{2[15(10^3)]}{s} = \frac{30(10^3)}{s}$$

$$q_{allow} = \frac{VQ}{I}; \quad \frac{30(10^3)}{s} = \frac{50(10^3)[1.5(10^{-3})]}{0.2(10^{-3})}$$

$$s = 0.08\text{ m} = 80\text{ mm} \quad \textit{Ans.}$$

F12–7. Consider large rectangle minus two side rectangles.

$$I = \frac{1}{12}(0.2)(0.34^3) - (2)\frac{1}{12}(0.095)(0.28^3)$$

$$= 0.3075(10^{-3})\text{ m}^4$$

Top plate

$$Q = y'A' = 0.16(0.02)(0.2) = 0.64(10^{-3})\text{ m}^3$$

Two rows of bolts

$$q_{allow} = 2\left(\frac{F}{s}\right) = \frac{2[30(10^3)]}{s} = \frac{60(10^3)}{s}$$

$$q_{allow} = \frac{VQ}{I}; \quad \frac{60(10^3)}{s} = \frac{300(10^3)[0.64(10^{-3})]}{0.3075(10^{-3})}$$

$$s = 0.09609\text{ m} = 96.1\text{ mm}$$

Use $s = 96$ mm *Ans.*

F12–8. Consider two large rectangles and two side rectangles.

$$I = 2\left[\frac{1}{12}(0.025)(0.3^3)\right] + 2\left[\frac{1}{12}(0.05)(0.2^3) + 0.05(0.2)(0.15^2)\right]$$

$$= 0.62917(10^{-3})\text{ m}^4$$

Top center board is held onto beam by the top row of bolts.

$$Q = y'A' = 0.15(0.2)(0.05) = 1.5(10^{-3})\text{ m}^3$$

Each bolt has two shearing surfaces.

$$q_{allow} = 2\left(\frac{F}{s}\right) = \frac{2[8(10^3)]}{s} = \frac{16(10^3)}{s}$$

$$q_{allow} = \frac{VQ}{I}; \quad \frac{16(10^3)}{s} = \frac{20(10^3)[1.5(10^{-3})]}{0.62917(10^{-3})}$$

$$s = 0.3356\text{ m} = 335.56\text{ mm}$$

Use $s = 335$ mm *Ans.*

F12–9. Consider center board and four side boards.

$$I = \frac{1}{12}(0.025)(0.15^3) + 4\left[\frac{1}{12}(0.012)(0.1^3) + 0.012(0.1)(0.075^2)\right]$$

$$= 38.03125\,(10^{-6})\text{ m}^4$$

Top-right board is held onto beam by a row of bolts.

$Q = y'A' = (0.075)(0.012)(0.1) = 90(10^{-6})\text{ m}^3$

Bolts have one shear surface.

$$q_{\text{allow}} = \frac{F}{s} = \frac{30(10^3)}{s}$$

$$q_{\text{allow}} = \frac{VQ}{I}; \qquad \frac{30(10^3)}{s} = \frac{[75(10^3)][90(10^{-6})]}{38.03125(10^{-6})}$$

$$s = 0.16903\text{ m} = 169\text{ mm}$$

Use $s = 165$ mm *Ans.*

Also, can consider the top two boards held onto beam by a row of bolts with two shearing surfaces.

Chapter 13

F13–1. $+\uparrow \Sigma F_z = (F_R)_z; \quad -500 - 300 = P$

$P = -800$ kN

$\Sigma M_x = 0; \quad 300(0.05) - 500(0.1) = M_x$

$M_x = -35$ kN·m

$\Sigma M_y = 0; \quad 300(0.1) - 500(0.1) = M_y$

$M_y = -20$ kN·m

$A = 0.3(0.3) = 0.09\text{ m}^2$

$$I_x = I_y = \frac{1}{12}(0.3)(0.3^3) = 0.675(10^{-3})\text{ m}^4$$

$$\sigma_A = \frac{-800(10^3)}{0.09} + \frac{[20(10^3)](0.15)}{0.675(10^{-3})} + \frac{[35(10^3)](0.15)}{0.675(10^{-3})}$$

$= 3.3333$ MPa $= 3.33$ MPa (T) *Ans.*

$$\sigma_B = \frac{-800(10^3)}{0.09} + \frac{[20(10^3)](0.15)}{0.675(10^{-3})} - \frac{[35(10^3)](0.15)}{0.675(10^{-3})}$$

$= -12.22$ MPa $= 12.2$ MPa (C) *Ans.*

F13–2. $+\uparrow \Sigma F_y = 0; \quad V - 400 = 0 \quad V = 400$ kN

$\circlearrowleft + \Sigma M_A = 0; -M - 400(0.5) = 0 \quad M = -200$ kN·m

$$I = \frac{1}{12}(0.1)(0.3^3) = 0.225(10^{-3})\text{ m}^4$$

Bottom segment:

$$\sigma_A = \frac{My}{I} = \frac{[200(10^3)](-0.05)}{0.225(10^{-3})}$$

$= -44.44$ MPa $= 44.4$ MPa (C) *Ans.*

$Q_A = y'A' = 0.1(0.1)(0.1) = 1(10^{-3})\text{ m}^3$

$$\tau_A = \frac{VQ}{It} = \frac{400(10^3)[1(10^{-3})]}{0.225(10^{-3})(0.1)} = 17.8\text{ MPa}$$ *Ans.*

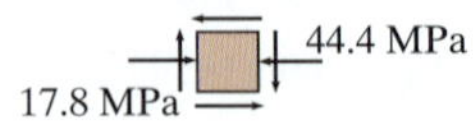

F13–3. Left reaction is 20 kN.

Left segment:

$+\uparrow \Sigma F_y = 0; \quad 20 - V = 0 \quad V = 20$ kN

$\circlearrowleft + \Sigma M_s = 0; \quad M - 20(0.5) = 0 \quad M = 10$ kN·m

Consider large rectangle minus two side rectangles.

$$I = \frac{1}{12}(0.1)(0.2^3) - (2)\frac{1}{12}(0.045)(0.18^3)$$

$$= 22.9267(10^{-6})\text{ m}^4$$

Top segment above A:

$Q_A = y'_1A'_1 + y'_2A'_2 = 0.07(0.04)(0.01)$

$+ 0.095(0.1)(0.01) = 0.123(10^{-3})\text{ m}^3$

$$\sigma_A = -\frac{My_A}{I} = -\frac{[10(10^3)](0.05)}{22.9267(10^{-6})}$$

$= -21.81$ MPa $= 21.8$ MPa (C) *Ans.*

$$\tau_A = \frac{VQ_A}{It} = \frac{20(10^3)[0.123(10^{-3})]}{[22.9267(10^{-6})](0.01)}$$

$= 10.7$ MPa *Ans.*

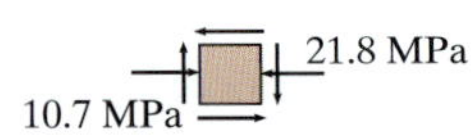

F13–4. At the section through centroidal axis:

$N = P$

$V = 0$

$M = (0.05 + 0.025)P = 0.075P$

$$\sigma = \frac{N}{A} + \frac{Mc}{I}$$

$$210(10^6) = \frac{P}{0.012(0.05)} + \frac{0.075P(0.025)}{\frac{1}{12}(0.012)(0.05^3)}$$

$P = 12.6\,(10^3)\text{N} = 12.6$ kN *Ans.*

F13–5. At section through B:

$N = 1000 \text{ N}, V = 800 \text{ N}$

$M = 800(0.1) = 80 \text{ N} \cdot \text{m}$

Axial load:

$$(\sigma_a)_x = \frac{N}{A} = \frac{1000}{0.03(0.04)} = 0.8333 \text{ MPa}$$

Shear load:

$$\tau_{xy} = \frac{VQ}{It} = \frac{800[0.015(0.03)(0.01)]}{[\frac{1}{12}(0.03)(0.04^3)](0.03)} = 0.750 \text{ MPa}$$

Bending moment:

$$(\sigma_b)_x = \frac{My}{I} = \frac{80(0.01)}{\frac{1}{12}(0.03)(0.04^3)} = 5.00 \text{ MPa (C)}$$

Thus

$\sigma_x = 0.8333 - 5.00 = 4.17 \text{ MPa (C)}$ *Ans.*

$\sigma_y = 0$ *Ans.*

$\tau_{xy} = 0.750 \text{ MPa}$ *Ans.*

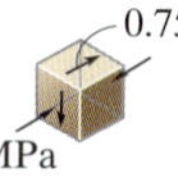

F13–6. Top segment:

$\Sigma F_y = 0;\quad V_y + 1000 = 0 \quad V_y = -1000 \text{ N}$

$\Sigma F_x = 0;\quad V_x - 1500 = 0 \quad V_x = 1500 \text{ N}$

$\Sigma M_z = 0;\quad T_z - 1500(0.4) = 0 \quad T_z = 600 \text{ N} \cdot \text{m}$

$\Sigma M_y = 0;\quad M_y - 1500(0.2) = 0 \quad M_y = 300 \text{ N} \cdot \text{m}$

$\Sigma M_x = 0;\quad M_x - 1000(0.2) = 0 \quad M_x = 200 \text{ N} \cdot \text{m}$

$$I_y = I_x = \frac{\pi}{4}(0.02^4) = 40(10^{-9})\pi \text{ m}^4$$

$$J = \frac{\pi}{2}(0.02^4) = 80(10^{-9})\pi \text{ m}^4$$

$$(Q_y)_A = \frac{4(0.02)}{3\pi}\left[\frac{\pi}{2}(0.02^2)\right] = 5.3333(10^{-6}) \text{ m}^3$$

$$\sigma_A = \frac{M_x y}{I_x} - \frac{M_y x}{I_y} = \frac{-200(0)}{40(10^{-9})\pi} - \frac{-300(0.02)}{40(10^{-9})\pi}$$

$= 47.7 \text{ MPa (T)}$ *Ans.*

$$[(\tau_{zy})_T]_A = \frac{T_z c}{J} = \frac{600(0.02)}{80(10^{-9})\pi} = 47.746 \text{ MPa}$$

$$[(\tau_{zy})_V]_A = \frac{V_y(Q_y)_A}{I_x t} = \frac{1000[5.3333(10^{-6})]}{[40(10^{-9})\pi](0.04)}$$

$= 1.061 \text{ MPa}$

Combining these two shear stress components,

$(\tau_{zy})_A = 47.746 + 1.061 = 48.8 \text{ MPa}$ *Ans.*

F13–7. Right Segment:

$\Sigma F_z = 0;\quad V_z - 6 = 0 \quad V_z = 6 \text{ kN}$

$\Sigma M_y = 0;\quad T_y - 6(0.3) = 0 \quad T_y = 1.8 \text{ kN} \cdot \text{m}$

$\Sigma M_x = 0;\quad M_x - 6(0.3) = 0 \quad M_x = 1.8 \text{ kN} \cdot \text{m}$

$$I_x = \frac{\pi}{4}(0.05^4 - 0.04^4) = 0.9225(10^{-6})\pi \text{ m}^4$$

$$J = \frac{\pi}{2}(0.05^4 - 0.04^4) = 1.845(10^{-6})\pi \text{ m}^4$$

$$(Q_z)_A = y_2'A_2' - y_1'A_1'$$

$$= \frac{4(0.05)}{3\pi}\left[\frac{\pi}{2}(0.05^2)\right] - \frac{4(0.04)}{3\pi}\left[\frac{\pi}{2}(0.04^2)\right]$$

$= 40.6667(10^{-6}) \text{ m}^3$

$$\sigma_A = \frac{M_x z}{I_x} = \frac{1.8(10^3)(0)}{0.9225(10^{-6})\pi} = 0$$ *Ans.*

$$[(\tau_{yz})_T]_A = \frac{T_y c}{J} = \frac{[1.8(10^3)](0.05)}{1.845(10^{-6})\pi} = 15.53 \text{ MPa}$$

$$[(\tau_{yz})_V]_A = \frac{V_z(Q_z)_A}{I_x t} = \frac{6(10^3)[40.6667(10^{-6})]}{[0.9225(10^{-6})\pi](0.02)}$$

$= 4.210 \text{ MPa}$

Combining these two shear stress components,

$(\tau_{yz})_A = 15.53 - 4.210 = 11.3 \text{ MPa}$ *Ans.*

F13–8. Left Segment:

$\Sigma F_z = 0;\quad V_z - 900 - 300 = 0 \quad V_z = 1200 \text{ N}$

$\Sigma M_y = 0;\quad T_y + 300(0.1) - 900(0.1) = 0 \quad T_y = 60 \text{ N} \cdot \text{m}$

$\Sigma M_x = 0;\quad M_x + (900 + 300)0.3 = 0 \quad M_x = -360 \text{ N} \cdot \text{m}$

$$I_x = \frac{\pi}{4}(0.025^4 - 0.02^4) = 57.65625(10^{-9})\pi \text{ m}^4$$

$$J = \frac{\pi}{2}(0.025^4 - 0.02^4) = 0.1153125(10^{-6})\pi \text{ m}^4$$

$(Q_y)_A = 0$

$$\sigma_A = \frac{M_x y}{I_x} = \frac{(360)(0.025)}{57.65625(10^{-9})\pi} = 49.7 \text{ MPa}$$ *Ans.*

$$[(\tau_{xy})_T]_A = \frac{T_y\rho_A}{J} = \frac{60(0.025)}{0.1153125(10^{-6})\pi} = 4.14\text{ MPa} \quad \textit{Ans.}$$

$$[(\tau_{yz})_V]_A = \frac{V_z(Q_z)_A}{I_x t} = 0 \qquad \textit{Ans.}$$

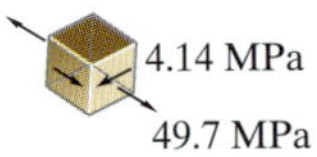

Chapter 14

F14–1. $\theta = 120^\circ \quad \sigma_x = 500\text{ kPa} \quad \sigma_y = 0 \quad \tau_{xy} = 0$

Apply Eqs. 14–1, 14–2.

$\sigma_{x'} = 125\text{ kPa}$ *Ans.*

$\tau_{x'y'} = 217\text{ kPa}$ *Ans.*

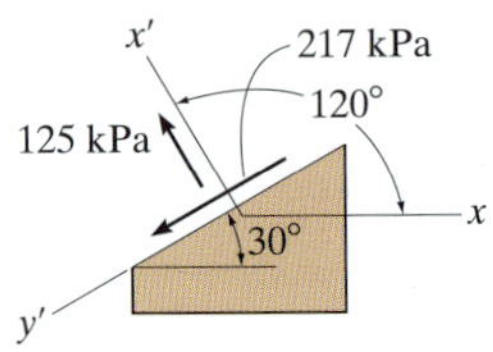

F14–2.

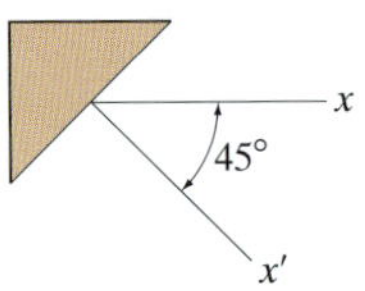

$\theta = -45^\circ \quad \sigma_x = 0 \quad \sigma_y = -400\text{ kPa}$

$\tau_{xy} = -300\text{ kPa}$

Apply Eqs.14–1, 14–3, 14–2.

$\sigma_{x'} = 100\text{ kPa}$ *Ans.*

$\sigma_{y'} = -500\text{ kPa}$ *Ans.*

$\tau_{x'y'} = 200\text{ kPa}$ *Ans.*

F14–3. $\theta_x = 80\text{ kPa} \quad \sigma_y = 0 \quad \tau_{xy} = 30\text{ kPa}$

Apply Eqs. 14–5, 14–4.

$\sigma_1 = 90\text{ kPa} \qquad \sigma_2 = -10\text{ kPa}$ *Ans.*

$\theta_p = 18.43^\circ$ and 108.43°

From Eq. 14–1,

$$\sigma_{x'} = \frac{80+0}{2} + \frac{80-0}{2}\cos 2\,(18.43^\circ) + 30 \sin 2(18.43^\circ) = 90\text{ kPa} = \sigma_1$$

Thus,

$(\theta_p)_1 = 18.4^\circ$ for σ_1 *Ans.*

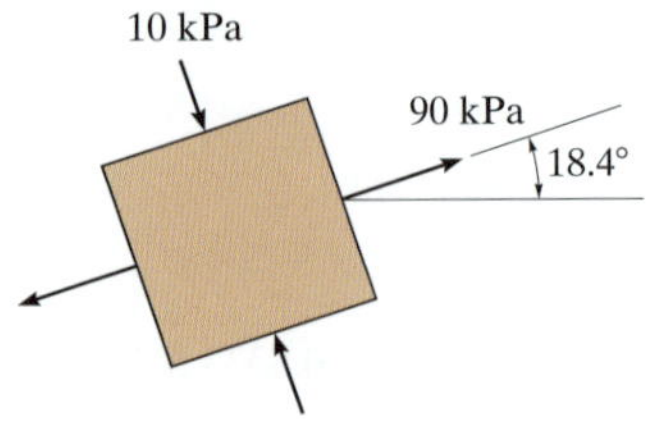

F14–4. $\sigma_x = 100\text{ kPa} \quad \sigma_y = 700\text{ kPa}$

$\tau_{xy} = -400\text{ kPa}$

Apply Eqs. 14–7, 14–8.

$\tau_{\substack{\max \\ \text{in-plane}}} = 500\text{ kPa}$ *Ans.*

$\sigma_{avg} = 400\text{ kPa}$ *Ans.*

F14–5. At the cross section through B:

$N = 4\text{ kN} \quad V = 2\text{ kN}$

$M = 2(2) = 4\text{ kN}\cdot\text{m}$

$$\sigma_B = \frac{P}{A} + \frac{Mc}{I} = \frac{4(10^3)}{0.03(0.06)} + \frac{4(10^3)(0.03)}{\frac{1}{12}(0.03)(0.06)^3} = 224\text{ MPa (T)}$$

Note $\tau_B = 0$ since $Q = 0$.

Thus

$\sigma_1 = 224\text{ MPa}$ *Ans.*

$\sigma_2 = 0$

F14–6. $A_y = B_y = 12\text{ kN}$

Segment AC:

$V_C = 0 \quad M_C = 24\text{ kN}\cdot\text{m}$

$\tau_C = 0$ (since $V_C = 0$)

$\sigma_C = 0$ (since C is on neutral axis)

$\sigma_1 = \sigma_2 = 0$ *Ans.*

F14–7. $\sigma_{avg} = \dfrac{\sigma_x + \sigma_y}{2} = \dfrac{500+0}{2} = 250\text{ kPa}$

The coordinates of the center C of the circle and the reference point A are

$$A(500, 0) \qquad C(250, 0)$$

$R = CA = 500 - 250 = 250\text{ kPa}$

$\theta = 120^\circ$ (counterclockwise). Rotate the radial line CA counterclockwise $2\theta = 240^\circ$ to the coordinates of point $P(\sigma_{x'}, \tau_{x'y'})$.

$\alpha = 240^\circ - 180^\circ = 60^\circ$

$\sigma_{x'} = 250 - 250\cos 60^\circ = 125\text{ kPa}$ *Ans.*

$\tau_{x'y'} = 250 \sin 60^\circ = 217\text{ kPa}$ *Ans.*

F14–8. $\sigma_{avg} = \frac{\sigma_x + \sigma_y}{2} = \frac{80 + 0}{2} = 40 \text{ kPa}$

The coordinates of the center C of the circle and the reference point A are

$$A(80, 30) \qquad C(40, 0)$$

$R = CA = \sqrt{(80 - 40)^2 + 30^2} = 50 \text{ kPa}$

$\sigma_1 = 40 + 50 = 90 \text{ kPa}$ *Ans.*

$\sigma_2 = 40 - 50 = -10 \text{ kPa}$ *Ans.*

$\tan 2(\theta_p)_1 = \frac{30}{80 - 40} = 0.75$

$(\theta_p)_1 = 18.4° \text{ (counterclockwise)}$ *Ans.*

F14–9. The coordinates of the reference point A and the center C of the circle are

$$A(30, 40) \qquad C(0, 0)$$

$R = CA = 50 \text{ MPa}$

$\sigma_1 = 50 \text{ MPa}$

$\sigma_2 = -50 \text{ MPa}$

F14–10. $J = \frac{\pi}{2}(0.04^4 - 0.03^4) = 0.875(10^{-6})\pi \text{ m}^4$

$\tau = \frac{Tc}{J} = \frac{4(10^3)(0.04)}{0.875(10^{-6})\pi} = 58.21 \text{ MPa}$

$\sigma_x = \sigma_y = 0 \text{ and } \tau_{xy} = -58.21 \text{ MPa}$

$\sigma_{avg} = \frac{\sigma_x + \sigma_y}{2} = 0$

The coordinates of the reference point A and the center C of the circle are

$$A(0, -58.21) \qquad C(0, 0)$$

$R = CA = 58.21 \text{ MPa}$

$\sigma_1 = 0 + 58.21 = 58.2 \text{ MPa}$ *Ans.*

$\sigma_2 = 0 - 58.21 = -58.2 \text{ MPa}$ *Ans.*

F14–11.

$+\uparrow\Sigma F_y = 0; \quad V - 30 = 0 \quad V = 30 \text{ kN}$

$\circlearrowleft+\Sigma M_O = 0; \quad -M - 30(0.3) = 0 \quad M = -9 \text{ kN}\cdot\text{m}$

$I = \frac{1}{12}(0.05)(0.15^3) = 14.0625(10^{-6}) \text{ m}^4$

Segment above A,

$Q_A = y'A' = 0.05(0.05)(0.05) = 0.125(10^{-3}) \text{ m}^3$

$\sigma_A = -\frac{My_A}{I} = \frac{[-9(10^3)](0.025)}{14.0625(10^{-6})} = 16 \text{ MPa (T)}$

$\tau_A = \frac{VQ_A}{It} = \frac{30(10^3)[0.125(10^{-3})]}{14.0625(10^{-6})(0.05)} = 5.333 \text{ MPa}$

$\sigma_x = 16 \text{ MPa}, \sigma_y = 0, \text{and } \tau_{xy} = -5.333 \text{ MPa}$

$\sigma_{avg} = \frac{\sigma_x + \sigma_y}{2} = \frac{16 + 0}{2} = 8 \text{ MPa}$

The coordinates of the reference point A and the center C of the circle are

$$A(16, -5.333) \qquad C(8, 0)$$

$R = CA = \sqrt{(16 - 8)^2 + (-5.333)^2} = 9.615 \text{ MPa}$

$\sigma_1 = 8 + 9.615 = 17.6 \text{ MPa}$ *Ans.*

$\sigma_2 = 8 - 9.615 = -1.61 \text{ MPa}$ *Ans.*

F14–12.

$\circlearrowleft+\Sigma M_B = 0; \quad 60(1) - A_y(1.5) = 0 \quad A_y = 40 \text{ kN}$

$+\uparrow\Sigma F_y = 0; \quad 40 - V = 0 \quad V = 40 \text{ kN}$

$\circlearrowleft+\Sigma M_O = 0; \quad M - 40(0.5) = 0 \quad M = 20 \text{ kN}\cdot\text{m}$

Consider large rectangle minus two side rectangles.

$I = \frac{1}{12}(0.1)(0.2^3) - (2)\frac{1}{12}(0.045)(0.18^3) = 22.9267(10^{-6}) \text{ m}$

Top rectangle,

$Q_A = y'A' = 0.095(0.01)(0.1) = 95(10^{-6}) \text{ m}^3$

$\sigma_A = -\frac{My_A}{I} = -\frac{[20(10^3)](0.09)}{22.9267(10^{-6})} = -78.51 \text{ MPa}$

$= 78.51 \text{ MPa (C)}$

$\tau_A = \frac{VQ_A}{It} = \frac{40(10^3)[95(10^{-6})]}{[22.9267(10^{-6})](0.01)} = 16.57 \text{ MPa}$

$\sigma_x = -78.51 \text{ MPa}, \sigma_y = 0, \text{and } \tau_{xy} = -16.57 \text{ MPa}$

$\sigma_{avg} = \frac{\sigma_x + \sigma_y}{2} = \frac{-78.51 + 0}{2} = -39.26 \text{ MPa}$

The coordinates of the reference point A and the center C of the circle are

$$A(-78.51, -16.57) \quad C(-39.26, 0)$$

$R = CA = \sqrt{[-78.51 - (-39.26)]^2 + (-16.57)^2}$

$= 42.61 \text{ MPa}$

$\tau_{\substack{max \\ in\text{-}plane}} = |R| = 42.6 \text{ MPa}$ *Ans.*

Chapter 15

F15–1.

At support,

$V_{max} = 12$ kN $\quad M_{max} = 18$ kN·m

$$I = \frac{1}{12}(a)(2a)^3 = \frac{2}{3}a^4$$

$$\sigma_{allow} = \frac{M_{max}c}{I}; \qquad 10(10^6) = \frac{18(10^3)(a)}{\frac{2}{3}a^4}$$

$$a = 0.1392 \text{ m} = 139.2 \text{ mm}$$

Use $a = 140$ mm *Ans.*

$$I = \frac{2}{3}(0.14^4) = 0.2561(10^{-3}) \text{ m}^4$$

$$Q_{max} = \frac{0.14}{2}(0.14)(0.14) = 1.372(10^{-3}) \text{ m}^3$$

$$\tau_{max} = \frac{V_{max}Q_{max}}{It} = \frac{12(10^3)[1.372(10^{-3})]}{[0.2561(10^{-3})](0.14)}$$

$$= 0.459 \text{ MPa} < \tau_{allow} = 1 \text{ MPa (OK)}$$

F15–2.

At support,

$V_{max} = 15$ kN $\quad M_{max} = 20$ kN·m

$$I = \frac{\pi}{4}\left(\frac{d}{2}\right)^4 = \frac{\pi d^4}{64}$$

$$\sigma_{allow} = \frac{M_{max}c}{I}; \qquad 100(10^6) = \frac{[20(10^3)](d/2)}{\pi d^4/64}$$

$$d = 0.12677 \text{ m} = 126.77 \text{ mm}$$

Use $d = 127$ mm *Ans.*

$$I = \frac{\pi}{64}(0.127^4) = 12.7698(10^{-6}) \text{ m}^4$$

Semicircle,

$$Q_{max} = \frac{4(0.0635)}{3\pi}\left[\frac{1}{2}\left(\frac{\pi}{4}\right)(0.127^2)\right] = 0.17070(10^{-3}) \text{ m}^3$$

$$\tau_{max} = \frac{V_{max}Q_{max}}{It} = \frac{[15(10^3)][0.17070)(10^{-3})]}{[12.7698(10^{-6})](0.127)}$$

$$= 1.58 \text{ MPa} < \tau_{allow} = 50 \text{ MPa (OK)}$$

F15–3.

At the supports,

$V_{max} = 10$ kN

Under 15-kN load,

$M_{max} = 5$ kN·m

$$I = \frac{1}{12}(a)(2a)^3 = \frac{2}{3}a^4$$

$$\sigma_{allow} = \frac{M_{max}c}{I}; \qquad 12(10^6) = \frac{5(10^3)(a)}{\frac{2}{3}a^4}$$

$$a = 0.0855 \text{ m} = 85.5 \text{ mm}$$

Use $a = 86$ mm *Ans.*

$$I = \frac{2}{3}(0.086^4) = 36.4672(10^{-6}) \text{ m}^4$$

Top half of rectangle,

$$Q_{max} = \frac{0.086}{2}(0.086)(0.086)$$

$$= 0.318028(10^{-3}) \text{ m}^3$$

$$\tau_{max} = \frac{V_{max}Q_{max}}{It} = \frac{10(10^3)[0.318028(10^{-3})]}{[36.4672(10^{-6})](0.086)}$$

$$= 1.01 \text{ MPa} < \tau_{allow} = 1.5 \text{ MPa (OK)}$$

F15–4.

At the supports,

$V_{max} = 25$ kN

At the center,

$M_{max} = 12.5$ kN·m

$$I = \frac{1}{12}(0.1)(h^3) = 8.3333(10^{-3})h^3$$

$$\sigma_{allow} = \frac{M_{max}c}{I}; \quad 15(10^6) = \frac{[12.5(10)^3](h/2)}{8.3333(10^{-3})h^3}$$

$$h = 0.2236 \text{ m} = 223.6 \text{ mm}$$

Top half of rectangle,

$$Q_{max} = y'A' = \frac{h}{4}\left(\frac{h}{2}\right)(0.1) = 0.125\,h^2$$

$$\tau_{max} = \frac{V_{max}Q_{max}}{It}; \ 1.5(10^6) = \frac{[25(10^3)](0.0125\,h^2)}{[8.3333(10)^{-3}h^3](0.1)}$$

$$h = 0.250 \text{ m} = 250 \text{ mm (controls)}$$

Use $h = 250$ mm *Ans.*

F15–5.

At the supports,

$V_{max} = 25$ kN

At the center,

$M_{max} = 20$ kN·m

$$I = \frac{1}{12}(b)(3b)^3 = 2.25b^4$$

$$\sigma_{\text{allow}} = \frac{M_{\max}c}{I}; \quad 12(10^6) = \frac{20(10^3)(1.5b)}{2.25b^4}$$

$$b = 0.1036 \text{ m} = 103.6 \text{ mm}$$

Use $b = 104$ mm *Ans.*

$I = 2.25(0.104^4) = 0.2632(10^{-3})\ \text{m}^4$

Top half of rectangle,

$Q_{\max} = 0.75(0.104)[1.5(0.104)(0.104)] = 1.2655(10^{-3})\ \text{m}^3$

$$\tau_{\max} = \frac{V_{\max} Q_{\max}}{It} = \frac{25(10^3)[1.2655(10^{-3})]}{[0.2632(10^{-3})](0.104)}$$

$$= 1.156 \text{ MPa} < \tau_{\text{allow}} = 1.5 \text{ MPa (OK)}.$$

F15–6.

Within the overhang,

$V_{\max} = 150$ kN

At B,

$M_{\max} = 150\ \text{kN}\cdot\text{m}$

$$S_{\text{reqd}} = \frac{M_{\max}}{\sigma_{\text{allow}}} = \frac{150(10^3)}{150(10^6)} = 0.001\ \text{m}^3 = 1000(10^3)\ \text{mm}^3$$

Select W410 × 67 [$S_x = 1200(10^3)\ \text{mm}^3$, $d = 410$ mm, and $t_w = 8.76$ mm]. *Ans.*

$$\tau_{\max} = \frac{V}{t_w d} = \frac{150(10^3)}{0.00876(0.41)}$$

$$= 41.76 \text{ MPa} < \tau_{\text{allow}} = 75 \text{ MPa (OK)}$$

Chapter 16

F16–1.

Use left segment,

$M(x) = 30\ \text{kN}\cdot\text{m}$

$$EI\frac{d^2v}{dx^2} = 30$$

$$EI\frac{dv}{dx} = 30x + C_1$$

$$EIv = 15x^2 + C_1 x + C_2$$

At $x = 3$ m, $\dfrac{dv}{dx} = 0$.

$C_1 = -90\ \text{kN}\cdot\text{m}^2$

At $x = 3$ m, $v = 0$.

$C_2 = 135\ \text{kN}\cdot\text{m}^3$

$$\frac{dv}{dx} = \frac{1}{EI}(30x - 90)$$

$$v = \frac{1}{EI}(15x^2 - 90x + 135)$$

For end A, $x = 0$

$$\theta_A = \left.\frac{dv}{dx}\right|_{x=0} = -\frac{90(10^3)}{200(10^9)[65.0(10^{-6})]} = -0.00692 \text{ rad}$$ *Ans.*

$$v_A = v|_{x=0} = \frac{135(10^3)}{200(10^9)[65.0(10^{-6})]} = 0.01038 \text{ m} = 10.4 \text{ mm}$$ *Ans.*

F16–2.

Use left segment,

$M(x) = (-10x - 10)\ \text{kN}\cdot\text{m}$

$$EI\frac{d^2v}{dx^2} = -10x - 10$$

$$EI\frac{dv}{dx} = -5x^2 - 10x + C_1$$

$$EIv = -\frac{5}{3}x^3 - 5x^2 + C_1 x + C_2$$

At $x = 3$ m, $\dfrac{dv}{dx} = 0$.

$EI(0) = -5(3^2) - 10(3) + C_1 \qquad C_1 = 75\ \text{kN}\cdot\text{m}^2$

At $x = 3$ m, $v = 0$.

$EI(0) = -\frac{5}{3}(3^3) - 5(3^2) + 75(3) + C_2 \quad C_2 = -135\ \text{kN}\cdot\text{m}^3$

$$\frac{dv}{dx} = \frac{1}{EI}(-5x^2 - 10x + 75)$$

$$v = \frac{1}{EI}\left(-\frac{5}{3}x^3 - 5x^2 + 75x - 135\right)$$

For end A, $x = 0$

$$\theta_A = \left.\frac{dv}{dx}\right|_{x=0} = \frac{1}{EI}[-5(0) - 10(0) + 75]$$

$$= \frac{75(10^3)}{200(10^9)[65.0(10^{-6})]} = 0.00577 \text{ rad}$$ *Ans.*

$$v_A = v|_{x=0} = \frac{1}{EI}\left[-\frac{5}{3}(0^3) - 5(0^2) + 75(0) - 135\right]$$

$$= -\frac{135(10^3)}{200(10^9)[65.0(10^{-6})]} = -0.01038 \text{ m} = -10.4 \text{ mm}$$ *Ans.*

F16–3.

Use left segment,

$$M(x) = \left(-\frac{3}{2}x^2 - 10x\right)\ \text{kN}\cdot\text{m}$$

$$EI\frac{d^2v}{dx^2} = -\frac{3}{2}x^2 - 10x$$

$$EI\frac{dv}{dx} = -\frac{1}{2}x^3 - 5x^2 + C_1$$

At $x = 3$ m, $\dfrac{dv}{dx} = 0$.

$EI(0) = -\frac{1}{2}(3^3) - 5(3^2) + C_1 \qquad C_1 = 58.5\text{ kN}\cdot\text{m}^2$

$\frac{dv}{dx} = \frac{1}{EI}\left(-\frac{1}{2}x^3 - 5x^2 + 58.5\right)$

For end $A, x = 0$

$\theta_A = \frac{dv}{dx}\big|_{x=0} = \frac{58.5(10^3)}{200(10^9)[65.0(10^{-6})]} = 0.0045\text{ rad} \qquad \textit{Ans.}$

F16–4.

$A_y = 3000\text{ N}$

Use left segment,

$M(x) = (3000x - 1000x^2)\text{ N}\cdot\text{m}$

$EI\frac{d^2v}{dx^2} = 3000x - 1000x^2$

$EI\frac{dv}{dx} = 1500x^2 - 333.33x^3 + C_1$

$EIv = 500x^3 - 83.333x^4 + C_1x + C_2$

At $x = 0, v = 0$.

$EI(0) = 500(0^3) - 83.333(0^4) + C_1(0) + C_2 \qquad C_2 = 0$

At $x = 3\text{ m}, v = 0$.

$EI(0) = 500(3^3) - 83.333(3^4) + C_1(3)$

$C_1 = -2250\text{ N}\cdot\text{m}^2$

$\frac{dv}{dx} = \frac{1}{EI}(1500x^2 - 333.33x^3 - 2250)$

$v = \frac{1}{EI}(500x^3 - 83.333x^4 - 2250)$

v_{max} occurs where $\frac{dv}{dx} = 0$.

$1500x^2 - 333.33x^3 - 2250 = 0$

$x = 1.5\text{ m} \qquad \textit{Ans.}$

$v = \frac{1}{EI}[500(1.5^3) - 83.333(1.5^4) - 2250(1.5)]$

$= \frac{-2109.375}{[10(10^9)]\left[\frac{1}{12}(0.06)(0.125^3)\right]}$

$= -0.0216\text{ m} = 21.6\text{ mm}\downarrow \qquad \textit{Ans.}$

F16–5.

$A_y = -5\text{ kN}$

Use left segment,

$M(x) = (40 - 5x)\text{ kN}\cdot\text{m}$

$EI\frac{d^2v}{dx^2} = 40 - 5x$

$EI\frac{dv}{dx} = 40x - 2.5x^2 + C_1$

$EIv = 20x^2 - 0.8333x^3 + C_1x + C_2$

At $x = 0, v = 0$.

$EI(0) = 20(0^2) - 0.8333(0^3) + C_1(0) + C_2 \qquad C_2 = 0$

At $x = 6\text{ m}, v = 0$.

$EI(0) = 20(6^2) - 0.8333(6^3) + C_1(6) + 0$

$C_1 = -90\text{ kN}\cdot\text{m}^2$

$\frac{dv}{dx} = \frac{1}{EI}(40x - 2.5x^2 - 90)$

$v = \frac{1}{EI}(20x^2 - 0.8333x^3 - 90x)$

v_{max} occurs where $\frac{dv}{dx} = 0$.

$40x - 2.5x^2 - 90 = 0$

$x = 2.7085\text{ m}$

$v = \frac{1}{EI}[20(2.7085^2) - 0.83333(2.7085^3) - 90(2.7085)]$

$= -\frac{113.60(10^3)}{200(10^9)[39.9(10^{-6})]} = -0.01424\text{ m} = -14.2\text{ mm} \qquad \textit{Ans.}$

F16–6.

$A_y = 10\text{ kN}$

Use left segment,

$M(x) = (10x + 10)\text{ kN}\cdot\text{m}$

$EI\frac{d^2v}{dx^2} = 10x + 10$

$EI\frac{dv}{dx} = 5x^2 + 10x + C_1$

Due to symmetry, $\frac{dv}{dx} = 0$ at $x = 3\text{ m}$.

$EI(0) = 5(3^2) + 10(3) + C_1 \quad C_1 = -75\text{ kN}\cdot\text{m}^2$

$\frac{dv}{dx} = \frac{1}{EI}[5x^2 + 10x - 75]$

At $x = 0$,

$\frac{dv}{dx} = \frac{-75(10^3)}{200(10^9)(39.9(10^{-6}))} = -9.40(10^{-3})\text{ rad} \qquad \textit{Ans.}$

F16–7.

Remove B_y,

$(v_B)_1 = \frac{Px^2}{6EI}(3L - x) = \frac{40(4^2)}{6EI}[3(6) - 4] = \frac{1493.33}{EI}\downarrow$

Apply B_y,

$$(v_B)_2 = \frac{PL^3}{3EI} = \frac{B_y(4^3)}{3EI} = \frac{21.33B_y}{EI} \uparrow$$

$$(+\uparrow)\ v_B = 0 = (v_B)_1 + (v_B)_2$$

$$0 = -\frac{1493.33}{EI} + \frac{21.33B_y}{EI}$$

$B_y = 70\text{ kN}$ *Ans.*

For the beam,

$\overset{+}{\rightarrow}\Sigma F_x = 0;\quad A_x = 0$ *Ans.*

$+\uparrow\Sigma F_y = 0;\quad 70 - 40 - A_y = 0 \quad A_y = 30\text{ kN}$ *Ans.*

$\circlearrowleft + \Sigma M_A = 0;\quad 70(4) - 40(6) - M_A = 0$

$M_A = 40\text{ kN}\cdot\text{m}$ *Ans.*

F16–8.

Remove B_y,

To use the deflection tables, consider loading as a superposition of uniform distributed load minus a triangular load.

$$(v_B)_1 = \frac{w_0 L^4}{8EI}\downarrow \qquad (v_B)_2 = \frac{w_0 L^4}{30EI}\uparrow$$

Apply B_y,

$$(+\uparrow)\quad (v_B)_3 = \frac{B_y L^3}{3EI}\uparrow\ v_B = 0 = (v_B)_1 + (v_B)_2 + (v_B)_3$$

$$0 = -\frac{w_0 L^4}{8EI} + \frac{w_0 L^4}{30EI} + \frac{B_y L^3}{3EI}$$

$$B_y = \frac{11 w_0 L}{40}$$ *Ans.*

For the beam,

$\overset{+}{\rightarrow}\Sigma F_x = 0;\quad A_x = 0$ *Ans.*

$$+\uparrow\Sigma F_y = 0;\quad A_y + \frac{11w_0 L}{40} - \frac{1}{2}w_0 L = 0$$

$$A_y = \frac{9w_0 L}{40}$$ *Ans.*

$$\circlearrowleft + \Sigma M_A = 0;\quad M_A + \frac{11w_0 L}{40}(L) - \frac{1}{2}w_0 L\left(\frac{2}{3}L\right) = 0$$

$$M_A = \frac{7w_0 L^2}{120}$$ *Ans.*

F16–9.

Remove B_y,

$$(v_B)_1 = \frac{wL^4}{8EI} = \frac{[10(10^3)](6^4)}{8[200(10^9)][65.0(10^{-6})]} = 0.12461\text{ m}\downarrow$$

Apply B_y,

$$(v_B)_2 = \frac{B_y L^3}{3EI} = \frac{B_y(6^3)}{3[200(10^9)][65.0(10^{-6})]} = 5.5385(10^{-6})B_y\uparrow$$

$$(+\downarrow)\quad v_B = (v_B)_1 + (v_B)_2$$

$$0.002 = 0.12461 - 5.5385(10^{-6})B_y$$

$B_y = 22.314(10^3)\text{ N} = 22.1\text{ kN}$ *Ans.*

For the beam,

$\overset{+}{\rightarrow}\Sigma F_x = 0;\quad A_x = 0$ *Ans.*

$+\uparrow\Sigma F_y = 0;\quad A_y + 22.14 - 10(6) = 0 \quad A_y = 37.9\text{ kN}$ *Ans.*

$\circlearrowleft + \Sigma M_A = 0;\quad M_A + 22.14(6) - 10(6)(3) = 0$

$M_A = 47.2\text{ kN}\cdot\text{m}$ *Ans.*

F16–10.

Remove B_y,

$$(v_B)_1 = \frac{M_O L}{6EI(2L)}[(2L)^2 - L^2] = \frac{M_O L^2}{4EI}\downarrow$$

Apply B_y,

$$(v_B)_2 = \frac{B_y(2L)^3}{48EI} = \frac{B_y L^3}{6EI}\uparrow$$

$$(+\uparrow)\quad v_B = 0 = (v_B)_1 + (v_B)_2$$

$$0 = -\frac{M_O L^2}{4EI} + \frac{B_y L^3}{6EI}$$

$$B_y = \frac{3M_O}{2L}$$ *Ans.*

F16–11.

Remove B_y,

$$(v_B)_1 = \frac{Pbx}{6EIL}(L^2 - b^2 - x^2) = \frac{50(4)(6)}{6EI(12)}(12^2 - 4^2 - 6^2)$$

$$= \frac{1533.3\text{ kN}\cdot\text{m}^3}{EI}\downarrow$$

Apply B_y,

$$(v_B)_2 = \frac{B_y L^3}{48EI} = \frac{B_y(12^3)}{48EI} = \frac{36B_y}{EI}\uparrow$$

$$(+\uparrow)\quad v_B = 0 = (v_B)_1 + (v_B)_2$$

$$0 = -\frac{1533.3\text{ kN}\cdot\text{m}^3}{EI} + \frac{36B_y}{EI}$$

$B_y = 42.6\text{ kN}$ *Ans.*

F16–12.

Remove B_y,

$$(v_B)_1 = \frac{5wL^4}{384EI} = \frac{5[10(10^3)](12^4)}{384[200(10^9)][65.0(10^{-6})]} = 0.20769\downarrow$$

Apply B_y,

$$(v_B)_2 = \frac{B_y L^3}{48EI} = \frac{B_y\,(12^3)}{48[200(10^9)][65.0(10^{-6})]} = 2.7692(10^{-6})B_y \uparrow$$

$$(+\uparrow) \qquad v_B = (v_B)_1 + (v_B)_2$$

$$-0.005 = -0.20769 + 2.7692(10^{-6})B_y$$

$$B_y = 73.19(10^3)\text{ N} = 73.2\text{ kN} \qquad \textit{Ans.}$$

Chapter 17

F17–1.

$$P = \frac{\pi^2 EI}{(KL)^2} = \frac{\pi^2[200(10^9)][\frac{\pi}{4}(0.0125^4)]}{[0.5(1.25)]^2}$$

$$= 96.89(10^3)\text{ N} = 96.9\text{ kN} \qquad \textit{Ans.}$$

$$\sigma = \frac{P}{A} = \frac{96.89(10^3)}{\pi(0.0125^2)} = 197.39(10^6)\text{ N/m}^2$$

$$= 197.39\text{ MPa} < \sigma_Y \quad \text{OK}$$

F17–2.

$$P = \frac{\pi^2 EI}{(KL)^2} = \frac{\pi^2[12(10^9)][\frac{1}{12}(0.1)(0.05^3)]}{[1(3.6)]^2}$$

$$= 9.519(10^3)\text{ N} = 9.52\text{ kN} \qquad \textit{Ans.}$$

F17–3.

For buckling about the x axis, $K_x = 1$ and $L_x = 12$ m.

$$P_{cr} = \frac{\pi^2 EI_x}{(K_x L_x)^2} = \frac{\pi^2\,[200(10^9)][87.3(10^{-6})]}{[1(12)]^2} = 1.197(10^6)\text{ N}$$

For buckling about the y axis, $K_y = 1$ and $L_y = 6$ m.

$$P_{cr} = \frac{\pi^2 EI_y}{(K_y L_y)^2} = \frac{\pi^2\,[200(10^9)][18.8(10^{-6})]}{[1(6)]^2}$$

$$= 1.031(10^6)\text{ N (controls)}$$

$$P_{allow} = \frac{P_{cr}}{\text{F.S.}} = \frac{1.031(10^6)}{2} = 515\text{ kN} \qquad \textit{Ans.}$$

$$\sigma_{cr} = \frac{P_{cr}}{A} = \frac{1.031(10^6)}{7.4(10^{-3})} = 139.30\text{ MPa} < \sigma_Y = 345\text{ MPa (OK)}$$

F17–4.

$$A = \pi[(0.025)^2 - (0.015)^2] = 1.257(10^{-3})\text{ m}^2$$

$$I = \frac{1}{4}\pi[(0.025)^4 - (0.015)^4] = 267.04(10^{-9})\text{ m}^4$$

$$P = \frac{\pi^2 EI}{(KL)^2} = \frac{\pi^2\,[200(10^9)][267.04(10^{-9})]}{[0.5(5)]^2} = 84.3\text{ kN} \qquad \textit{Ans.}$$

$$\sigma = \frac{P}{A} = \frac{84.3(10^3)}{1.257(10^{-3})} = 67.1\text{ MPa} < 250\text{ MPa} \quad \text{(OK)}$$

F17–5.

$$+\uparrow\Sigma F_y = 0; \qquad F_{AB}\left(\frac{3}{5}\right) - P = 0 \qquad F_{AB} = 1.6667P\text{ (T)}$$

$$\xrightarrow{+}\Sigma F_x = 0; \qquad 1.6667P\left(\frac{4}{5}\right) - F_{AC} = 0$$

$$F_{AC} = 1.3333P\text{ (C)}$$

$$A = \frac{\pi}{4}(0.05^2) = 0.625(10^{-3})\pi\text{ m}^2$$

$$I = \frac{\pi}{4}(0.025^4) = 0.30680(10^{-6})\text{ m}^4$$

$$P_{cr} = F(\text{F.S.}) = [1.3333P](2) = 2.6667P$$

$$P_{cr} = \frac{\pi^2 EI}{(KL)^2}$$

$$2.6667P = \frac{\pi^2[200(10^9)][0.30680(10^{-6})]}{[1(1.2)]^2}$$

$$P = 157.71\,(10^3)\text{ N} = 158\text{ kN} \qquad \textit{Ans.}$$

$$\sigma_{cr} = \frac{P_{cr}}{A} = \frac{2.6667[157.71(10^3)]}{0.625(10^{-3})\pi} = 214.18(10^6)\text{ N/m}$$

$$= 214.18\text{ MPa} < \sigma_Y = 250\text{ MPa} \qquad \text{(OK)}$$

F17–6.

Beam AB,

$$\circlearrowleft+\Sigma M_A = 0; \qquad w(6)(3) - F_{BC}(6) = 0 \qquad F_{BC} = 3w$$

Strut BC,

$$A_{BC} = \frac{\pi}{4}(0.05^2) = 0.625(10^{-3})\pi\text{ m}^2 \qquad I = \frac{\pi}{4}(0.025^4)$$

$$= 97.65625(10^{-9})\pi\text{ m}^4$$

$$P_{cr} = F_{BC}(\text{F.S.}) = 3w(2) = 6w$$

$$P_{cr} = \frac{\pi^2 EI}{(KL)^2}$$

$$6w = \frac{\pi^2\,[200(10^9)][97.65625(10^{-9})\pi]}{[1(3)]^2}$$

$$w = 11.215(10^3)\text{ N/m} = 11.2\text{ kN/m} \qquad \textit{Ans.}$$

$$\sigma_{cr} = \frac{P_{cr}}{A} = \frac{6[11.215(10^3)]}{0.625(10^{-3})\pi} = 34.27\text{ MPa} < \sigma_Y = 345\text{ MPa}$$

(OK)

Selected Answers

Chapter 1

1–1. **a.** 78.5 N
b. 0.392 mN
c. 7.46 MN

1–2. **a.** GN/s
b. Gg/N
c. GN/(kg·s)

1–3. **a.** Gg/s
b. kN/m
c. kN/(kg·s)

1–5. **a.** 45.3 MN
b. 56.8 km
c. 5.63 μg

1–6. **a.** 58.3 km
b. 68.5 s
c. 2.55 kN
d. 7.56 mg

1–7. **a.** 0.431 g
b. 35.3 kN
c. 5.32 m

1–9. **a.** km/s
b. mm
c. Gs/kg
d. mm·N

1–10. **a.** kN·m
b. Gg/m
c. μN/s^2
d. GN/s

1–11. **a.** 8.653 s
b. 8.368 kN
c. 893 g

1–13. 8.66 Mg/m^3

1–14. **a.** $44.9(10)^{-3}$ N^2
b. $2.79(10^3)$ s^2
c. 23.4 s

1–15. 7.41 μN

1–17. **a.** 98.1 N
b. 4.90 mN
c. 44.1 kN

1–18. **a.** 0.447 kg·m/N
b. 0.911 kg·s
c. 18.8 GN/m

1–19. $W = 4.62$ kN

1–21. $W_e = 35.8$ MN, $W_m = 5.91$ MN, $m_m = m_e = 3.65$ Gg

Chapter 2

2–1. $F_R = 8.03$ kN, $\phi = 1.22°$

2–2. $(F_1)_v = 2.93$ kN, $(F_1)_u = 2.07$ kN

2–3. $(F_2)_u = 6.00$ kN, $(F_2)_v = 3.11$ kN

2–5. $F_{x'} = -183$ N, $F_y = 344$ N

2–6. $F_R = 400$ N
$\theta = 60°$

2–7. $F_R = 497$ N, $\phi = 155°$

2–9. $F_R = 8.09$ kN
$\phi = 98.5°$

2–10. $\theta = 15°$, $F_2 = 2.57$ kN, $F_R = 5.86$ kN

2–11. $\theta = 53.5°$, $F_{AB} = 1.24$ kN

2–13. $F_R = 10.8$ kN, $\phi = 3.16°$

2–14. $\theta = 54.9°$, $F_R = 10.4$ kN

2–15. $F_R = 4.91$ kN
$\phi = 6.85°$

2–17. $F_B = 1.61$ kN, $\theta = 38.3°$

2–18. $F_R = 4.01$ kN, $\phi = 16.2°$

2–19. $\theta = 90°$, $F_B = 1$ kN, $F_R = 1.73$ kN

2–21. $\theta = 54.3°$, $F_A = 686$ N

2–22. $F_R = 1.23$ kN, $\theta = 6.08°$

2–23. $F_R = 9.93$ kN, $F = 1.20$ kN

2–25. $F_R = 1.96$ kN, $\theta = 4.12°$

2–26. $F_R = 217$ N, $\theta = 87.0°$

2–27. $F_R = 983$ N, $\theta = 21.8°$

2–29. $F_R = 413$ N, $\theta = 24.2°$

2–30. $F_R = 338$ N, $\theta = 11.3°$

2–31. $F_R = \sqrt{F_1^2 + F_2^2 + 2F_1F_2 \cos \phi}$,
$\theta = \tan^{-1}\left(\dfrac{F_1 \sin \phi}{F_2 + F_1 \cos \phi}\right)$

2–33. $F_R = 546$ N, $\theta = 253°$

2–34. $F_R = 12.5$ kN, $\theta = 64.1°$

2–35. $\mathbf{F}_1 = \{30\mathbf{i} + 40\mathbf{j}\}$ N, $\mathbf{F}_2 = \{-20.7\mathbf{i} - 77.3\mathbf{j}\}$ N,
$\mathbf{F}_3 = \{30\mathbf{i}\}$, $F_R = 54.2$ N, $\theta = 43.5°$

2–37. $F_R = 217$ N, $\theta = 87.0°$

2–38. $F_x = 40$ N, $F_y = 40$ N, $F_z = 56.6$ N

2–39. $F_x = -200$ N
$F_y = 200$ N
$F_z = 283$ N

2–41. $F_1 = \{-159.10\mathbf{i} + 275.57\mathbf{j} + 318.20\mathbf{k}\}$ N, $F_2 = \{424\mathbf{i} + 300\mathbf{j} - 300\mathbf{k}\}$ N, $F_R = 634$ N, $\alpha = 65.3°, \beta = 24.8°, \gamma = 88.4°$

2–42. $\alpha = 48.4°, \beta = 124°, \gamma = 60°, F = 8.08$ kN

2–43. $F_R = 718$ N
$\alpha_R = 86.8°$
$\beta_R = 13.3°$
$\gamma_R = 103°$

2–45. $F_R = 430$ N, $\alpha = 28.9°, \beta = 67.3°, \gamma = 107°$

2–46. $F_R = 384$ N, $\alpha = 14.8°, \beta = 88.9°, \gamma = 105°$

2–47. $F_R = 754$ N, $\alpha = 121°, \beta = 52.5°, \gamma = 53.1°$

2–49. $\alpha_1 = 111°, \beta_1 = 69.3°, \gamma_1 = 30.0°$

2–50. $F_R = 610$ N, $\alpha = 19.4°, \beta = 77.5°, \gamma = 105°$

2–51. $F_1 = \{70\mathbf{j} - 240\mathbf{k}\}$ N, $F_2 = \{450\mathbf{i} - 636\mathbf{j} + 450\mathbf{k}\}$ N

2–53. $F_1 = \{72.0\mathbf{i} + 54.0\mathbf{k}\}$ N, $F_2 = \{53.0\mathbf{i} + 53.0\mathbf{j} + 130\mathbf{k}\}$ N, $F_3 = \{200\mathbf{k}\}$

2–54. $F_R = 407$ N, $\alpha = 72.1°, \beta = 82.5°, \gamma = 19.5°$

2–55. $F_R = 615$ N
$\alpha = 26.6°$
$\beta = 85.1°$
$\gamma = 64.0°$

2–57. $x = -5.06$ m, $y = 3.61$ m, $z = 6.51$ m

2–58. $\alpha = 72.8°$
$\beta = 83.3°$
$\gamma = 162°$
$F_R = 822$ N

2–59. $r_{AB} = 397$ mm

2–61. $Z = 6.63$ m

2–62. $x = y = 4.42$ m

2–63. $F_{AB} = \{97.3\mathbf{i} - 129\mathbf{j} - 191\mathbf{k}\}$ N, $F_{AC} = \{221\mathbf{i} - 27.7\mathbf{j} - 332\mathbf{k}\}$ N, $F_R = 620$ N, $\alpha = 59.1°, \beta = 80.6°$, $\gamma = 147°$

2–65. $F_R = 1.17$ kN, $\alpha = 68.0°, \beta = 96.8°, \gamma = 157°$

2–66. $F = 260$ N

2–67. $F_C = \{-324\mathbf{i} - 130\mathbf{j} + 195\mathbf{k}\}$ N, $F_B = \{-324\mathbf{i} + 130\mathbf{j} + 195\mathbf{k}\}$ N, $F_E = \{-194\mathbf{i} + 291\mathbf{k}\}$ N

2–69. $F_R = 194$ N, $\alpha = 90.9°$, $\beta = 76.4°$, $\gamma = 166°$

2–70. $F_A = \{-43.5\mathbf{i} + 174\mathbf{j} - 174\mathbf{k}\}$ N
$F_B = \{53.2\mathbf{i} - 79.8\mathbf{j} - 146\mathbf{k}\}$ N

2–73. $(F_{BC})_{\parallel} = 245$ N
$(F_{BC})_{\perp} = 316$ N

2–74. $\theta = 36.4°$

2–75. $(F_1)_{AC} = 56.3$ N

2–77. $F_{BC} = 0.182$ kN

2–78. $(F_{ED})_{\parallel} = 334$ N, $(F_{ED})_{\perp} = 498$ N

2–79. $(F_{AB})_{AC} = [116\mathbf{i} - 231\mathbf{j} + 231\mathbf{k}]$ N

2–81. $\theta = 97.3°$

2–82. $\theta = 70.5°$

2–83. $\phi = 65.8°$

2–85. $F_x = 75$ N, $F_y = 260$ N

2–86. $F_{OA} = 242$ N

2–87. $\theta = 74.4°, \phi = 55.4°$

2–89. $(F_{AC})_z = 2.85$ kN

2–90. $\theta = 115°$
$F_{1y} = 300$ N
$F_{2y} = 90$ N

2–91. $|\text{Proj } F_2| = 71.6$ N

R2–1. $F_R = \sqrt{(300)^2 + (500)^2 - 2(300)(500)\cos 95°}$
$= 605.1 = 605$ N

$$\frac{605.1}{\sin 95°} = \frac{500}{\sin \theta}$$

$\theta = 55.40°$

$\phi = 55.40° + 30° = 85.4°$

R2–2. $\dfrac{F_{1v}}{\sin 30°} = \dfrac{250}{\sin 105°}$ $\quad F_{1v} = 129$ N

$\dfrac{F_{1u}}{\sin 45°} = \dfrac{250}{\sin 105°}$ $\quad F_{1u} = 183$ N

R2–3. $F_{Rx} = F_{1x} + F_{2x} + F_{3x} + F_{4x}$
$F_{Rx} = -200 + 320 + 180 - 300 = 0$
$F_{Ry} = F_{1y} + F_{2y} + F_{3y} + F_{4y}$
$F_{Ry} = 0 - 240 + 240 + 0 = 0$
Thus, $F_R = 0$

R2–5. $\mathbf{r} + \{15 \sin 20°\mathbf{i} + 15 \cos 20°\mathbf{j} - 10\,\mathbf{k}\}$ m

$r = \sqrt{(15 \sin 20°)^2 + (15 \cos 20°) + (-10)^2}$
$= \sqrt{325}$ m

$\mathbf{u} = \dfrac{\mathbf{r}}{r} = (0.2846\mathbf{i} + 0.7819\mathbf{j} - 0.5547\mathbf{k})$

$\mathbf{F} = F\mathbf{u} = \{0.569\mathbf{i} + 1.56\mathbf{j} - 1.11\mathbf{k}\}$ kN

R2–6. $\mathbf{F}_1 = 600\left(\frac{4}{5}\right)\cos 30°(+\mathbf{i}) + 600\left(\frac{4}{5}\right)\sin 30°(-\mathbf{j}) + 600\left(\frac{3}{5}\right)(+\mathbf{k})$

$= \{415.69\mathbf{i} - 240\mathbf{j} + 360\mathbf{k}\}$ N

$\mathbf{F}_2 = 0\mathbf{i} + 450 \cos 45°(+\mathbf{j}) + 450 \sin 45°(+\mathbf{k})$
$= \{318.20\mathbf{j} + 318.20\mathbf{k}\}$ N

R2–7. $\mathbf{r}_1 = \{400\mathbf{i} + 250\mathbf{k}\}$ mm; $r_1 = 471.70$ mm
$\mathbf{r}_2 = \{50\mathbf{i} + 300\mathbf{j}\}$ mm; $r_2 = 304.14$ mm
$\mathbf{r}_1 \cdot \mathbf{r}_2 = (400)(50) + 0(300) + 250(0) = 20\,000$
$\theta = \cos^{-1}\left(\dfrac{\mathbf{r}_1 \cdot \mathbf{r}_2}{r_1 r_2}\right) = \cos^{-1}\left(\dfrac{20\,000}{(471.70)(304.14)}\right)$
$= 82.0°$

Chapter 3

3–5. $\theta = 64.0°$

3–6. ↺+ $(M_{F_1})_A = 433$ N·m↻
↺+ $(M_{F_2})_A = 1.30$ kN·m↻
↺+ $(M_{F_3})_A = 800$ N·m↻

3–7. ↺+ $M_B = 150$ N·m↺, ↺+ $M_B = 600$ N·m↺, $M_B = 0$

3–9. ↺+ $M_B = 136$ N·m↺, ↺+ $M_C = 211$ N·m↺

3–10. ↺+ $M_A = 292$ N·m↺

3–11. $F = 84.3$ N

3–13. $m = \left(\dfrac{l}{d + l}\right)M$

3–14. $\mathbf{M}_B = \{-3.36\mathbf{k}\}$ N·m, $\alpha = 90°, \beta = 90°$, $\gamma = 180°$

3–15. $\mathbf{M}_O = \{0.5\mathbf{i} + 0.866\mathbf{j} - 3.36\mathbf{k}\}$ N·m, $\alpha = 81.8°, \beta = 75.7°, \gamma = 163°$

3–17. $(M_O)_{max} = 48.0$ kN·m (counterclockwise), $\theta = 31.5°$

3–18. $M_P = (806.25 \cos\theta + 112.5 \sin\theta)$

3–19. $F = 1.19$ kN

3–21. $M_C = 4.97$ Mg

3–22. ↺+$M_A = 45.2$ N·m (clockwise)

3–23. $F = 133$ N

3–25. $\mathbf{M}_O = \mathbf{r}_{OA} \times \mathbf{F}_C = \{1080\mathbf{i} + 720\mathbf{j}\}$ N·m

3–26. $\mathbf{M}_O = \{-720\mathbf{i} + 720\mathbf{j}\}$ N·m

3–27. $\mathbf{M}_P = \{-24\mathbf{i} + 24\mathbf{j} + 8\mathbf{k}\}$ kN·m

3–29. $M_P = \{-60\mathbf{i} - 26\mathbf{j} - 32\mathbf{k}\}$ kN·m

3–30. $M_A = 2.36$ kN·m (counterclockwise)

3–31. $F = 954$ N

3–33. $\mathbf{M}_B = \{-\mathbf{i} + 0.750\mathbf{j} - 1.56\mathbf{k}\}$ kN·m

3–34. $\mathbf{M}_A = \{-5.39\mathbf{i} + 13.1\mathbf{j} + 11.4\mathbf{k}\}$ N·m

3–35. $\mathbf{M}_B = \{10.6\mathbf{i} + 13.1\mathbf{j} + 29.2\mathbf{k}\}$ N·m

3–37. $y = 1$ m, $z = 3$ m, $d = 1.15$ m

3–38. $M_O = 4.27$ N·m, $\alpha = 95.2°, \beta = 110°, \gamma = 20.6°$

3–39. $M_{CD} = -648$ N·m

3–41. $M_x = 21.7$ N·m

3–42. $F = 139$ N

3–43. $M_x = 73.0$ N·m

3–45. No, Yes

3–46. Yes, Yes

3–47. $M_z = \{35.4\mathbf{k}\}$ N·m

3–49. $M_x = 137$ N·m

3–50. $M_a = 4.37$ N·m, $\alpha = 33.7°, \beta = 90°, \gamma = 56.3°$, $M = 5.41$ N·m

3–51. $M_{AB} = 136$ N·m

3–53. $M_{CA} = 226$ N·m

3–54. $(M_c)_R = 260$ N·m↻

3–55. $F = 2.21$ kN

3–57. $F = 133$ N, $P = 800$ N

3–58. $F = 75$ N, $P = 100$ N

3–59. $M_C = \{-65.0\mathbf{i} - 37.5\mathbf{k}\}$ N·m

3–61. $F = 33.3$ N, $F = 133$ N

3–62. $M_2 = 424$ N·m, $M_3 = 300$ N·m

3–63. $F = 625$ N

3–65. $F = 98.1$ N

3–66. $M_C = \{-2\mathbf{i} + 20\mathbf{j} + 17\mathbf{k}\}$ kN·m, $M_C = 26.3$ kN·m

3–67. $(M_C)_R = 71.9$ N·m, $\alpha = 44.2°, \beta = 131°, \gamma = 103°$

3–69. $M_C = 45.1$ N·m

3–70. $F = 832$ N

3–71. $F_R = 365$ N, $\theta = 70.8°$ ⦣, $(M_R)_O = 2364$ N·m↺

3–73. $F_R = 5.93$ kN, $\theta = 77.8°$ ⦣, $M_{R_A} = 34.8$ kN·m↻

3–74. $F_R = 5.93$ kN, $\theta = 77.8°$ ⦣, $M_B = 11.6$ kN·m (counterclockwise)

3–75. $F_R = 294$ N, $\theta = 40.1°$ ⦣, $M_{RO} = 39.6$ N·m↻

3–77. $F_R = 1.30$ kN, $\theta = 86.7°$ ⦣, $(M_R)_B = 10.1$ kN·m↺

3–78. $F_R = \sqrt{533.01^2 + 100^2} = 542$ N
$\theta = 10.6°$ ⦣
$(M_R)_A = 441$ N·m↺

3–79. $F_R = 938$ N, $\theta = 35.9°$ ⦣, $(M_R)_A = 680$ N·m↺

3–81. $\mathbf{F}_R = \{270\mathbf{k}\}$ N, $\mathbf{M}_{RO} = \{-2.22\mathbf{i}\}$ N·m

3–82. $F_R = \{-200\mathbf{i} + 700\mathbf{j} - 600\mathbf{k}\}$ N, $(\mathbf{M}_R)_O = \{-1200\mathbf{i} + 450\mathbf{j} + 1450\mathbf{k}\}$ N·m

3–83. $\mathbf{F}_R = \{6\mathbf{i} + 5\mathbf{j} - 5\mathbf{k}\}$ kN, $(\mathbf{M}_R)_O = \{2.5\mathbf{i} - 7\mathbf{j}\}$ kN·m

3–85. $\mathbf{F}_R = \{-40\mathbf{j} - 40\mathbf{k}\}$ N, $\mathbf{M}_{RA} = \{-12\mathbf{j} + 12\mathbf{k}\}$ N·m

3–86. $\mathbf{F}_R = \{-28.3\mathbf{j} - 68.3\mathbf{k}\}$ N, $\mathbf{M}_{RA} = \{-20.5\mathbf{j} + 8.49\mathbf{k}\}$ N·m

3–87. $F_R = 1000$ N, $\theta = 53.1°$ ⦣, $d = 2.17$ m

3–89. $F_R = 329$ N, $\theta = 49.8°$ ⦩, $d = 1.39$ m

3–90. $F_R = 53.75$ kN$\downarrow$, $d = 4.12$ m

3–91. $F_R = 53.75$ kN$\downarrow$
$d = 2.78$ m

3–93. $F = 1302$ N, $\theta = 84.5°$ ⦨, $x = 1.36$ m
(to the right)

3–94. $F_R = -10$ kN, $x = 1.00$ m, $z = 1.40$ m

3–95. $F_R = 356$ N, $\theta = 51.8°$, $d = b = 3.32$ m

3–97. $F_R = 542$ N, $\theta = 10.6°$ ⦪, $d = 0.827$ m

3–98. $F_R = 542$ N, $\theta = 10.6°$ ⦪, $d = 2.17$ m

3–99. $F_R = 50.2$ kN
$\theta = 84.3°$
$d = 4.79$ m

3–101. $F_A = 18.0$ kN, $F_B = 16.7$ kN, $F_R = 48.7$ kN

3–102. $F_C = 600$ N, $F_D = 500$ N

3–103. $F_R = 4.52$ kN
$\phi = 23.6°$
$d = 1.52$ m

3–105. $F_1 = 27.6$ kN, $F_2 = 24.0$ kN

3–106. $F_R = 215$ kN, $y = 3.68$ m, $x = 3.54$ m

3–107. $F_A = 30$ kN, $F_B = 20$ kN, $F_R = 190$ kN

3–109. $F_R = 15.0$ kN$\downarrow$, $d = 3.40$ m

3–110. $F_R = \dfrac{1}{2} w_0 L\downarrow$

$\bar{x} = \dfrac{5}{12} L$

3–111. $F_R = 21.0$ kN$\downarrow$, $d = 3.43$ m

3–113. $F_R = 12.0$ kN, $\theta = 48.4°$ ⦨, $d = 3.28$ m

3–114. $F_R = 12.0$ kN, $\theta = 48.4°$ ⦨, $d = 3.69$ m

3–115. $a = 1.26$ m, $b = 2.53$ m

3–117. $F_R = 10.7$ kN$\downarrow$
$\bar{x} = 1$ m

R3–1. $130 = 4(4\cos 30°) + W(9\cos 30° + 0.6)$
$W = 1.92$ kN

R3–2. $$\mathbf{F}_R = (7\text{ kN})\left[\frac{2\mathbf{i} + 3\mathbf{j} - 6\mathbf{k}}{\sqrt{2^2 + 3^2 + (-6)^2}}\right]$$

$$F_R = \{2\mathbf{i} + 3\mathbf{j} - 6\mathbf{k}\}\text{kN}$$

$$(\mathbf{M}_R)_C = \mathbf{r}'_{CB} \times F = \begin{vmatrix} \mathbf{i} & \mathbf{j} & \mathbf{k} \\ 2 & 9 & 0 \\ 2 & 3 & -6 \end{vmatrix}$$

$$= \{-54\mathbf{i} + 12\mathbf{j} - 12\mathbf{k}\}\text{ kN}\cdot\text{m}$$

R3–3. $\text{r} = \{1\text{i}\}$ m

$$\text{F} = (100\text{ N})\left(\frac{-0.5\mathbf{i} + 0.5\mathbf{j} + 1\mathbf{k}}{\sqrt{(-0.5)^2 + 0.5^2 + 1^2}}\right)$$

$$= \{-40.82\mathbf{i} + 40.82\mathbf{j} + 81.65\mathbf{k}\}\text{N}$$

$$M_y = \begin{bmatrix} 0 & 1 & 0 \\ 1 & 0 & 0 \\ -40.82 & 40.82 & 81.65 \end{bmatrix} = -81.6\text{ N}\cdot\text{m}$$

$$M_y = \{-81.6\mathbf{j}\}\text{ N}\cdot\text{m}$$

R3–5. $$\overset{+}{\rightarrow}\Sigma F_{Rx} = \Sigma F_x; \qquad F_{Rx} = 6\left(\frac{5}{13}\right) - 4\cos 60° = 0.30769\text{ kN}$$

$$+\uparrow\Sigma F_{Ry} = \Sigma F_y; \qquad F_{Ry} = 6\left(\frac{12}{13}\right) - 4\sin 60° = 2.0744\text{ kN}$$

$$F_R = \sqrt{(0.30769)^2 + (2.0744)^2} = 2.10\text{ kN}$$

$$\theta = \tan^{-1}\left[\frac{2.0744}{0.30769}\right] = 81.6° \measuredangle$$

$$\circlearrowright + M_P = \Sigma M_P;\ M_P = 8 - 6\left(\frac{12}{13}\right)(7) + 6\left(\frac{5}{13}\right)(5) - 4\cos 60°(4) + 4\sin 60°(3)$$

$$M_P = -16.8\text{ kN}\cdot\text{m} = 16.8\text{ kN}\cdot\text{m}\circlearrowright$$

R3–6.

$$\overset{+}{\rightarrow}(F_R)_x = \Sigma F_x;\quad (F_R)_x = 900\cos 45° - 1500 - 1200\left(\frac{4}{5}\right)$$

$$= -1823.60\text{ N} = 1823.60\text{ N}\leftarrow$$

$$+\uparrow(F_R)_y = \Sigma F_y;\quad (F_R)_y = -900\sin 45° - 1200\left(\frac{3}{5}\right)$$

$$= -1356.40\text{ N} = 1356.40\text{ N}\downarrow$$

$$F_R = \sqrt{(F_R)_x^2 + (F_R)_y^2} = \sqrt{1823.60^2 + 1356.40^2} = 2272.74\text{ N} = 2.27\text{ kN}$$

$$\theta = \tan^{-1}\left[\frac{(F_R)_y}{(F_R)_x}\right] = \tan^{-1}\left(\frac{1356.40}{1823.60}\right) = 36.6°$$ ⦨

$$\circlearrowright + (M_R)_A = \Sigma M_A;\quad 1823.60(d) = 1200\left(\frac{3}{5}\right)(0.8) + 1200\left(\frac{4}{5}\right)(1.5) + 1500(1.5) - 900\cos 45°(2.1) - 900\sin 45°(1)$$

$$d = 1.26\text{ m}$$

R3–7. $$+\uparrow F_R = \Sigma F_z;\quad F_R = -20 - 50 - 30 - 40 = -140\text{ kN} = 140\text{ kN}\downarrow$$

$$(M_R)_x = \Sigma M_x;\quad -140y = -50(3) - 30(11) - 40(13)$$
$$y = 7.14\text{ m}$$

$$(M_R)_y = \Sigma M_y;\quad 140x = 50(4) + 20(10) + 40(10)$$
$$x = 5.71\text{ m}$$

Chapter 4

4–1. $F_{BC} = 2.90$ kN, $y = 841$ mm

4–2. $N_A = 2.175$ kN, $B_y = 1.875$ kN, $B_x = 0$

4–3. $N_A = 3.33$ kN, $B_x = 2.40$ kN, $B_y = 133$ N

4–5. $A_x = 3.46$ kN, $A_y = 8$ kN, $M_A = 20.2$ kN·m

4–6. $N_A = 750$ N, $B_y = 600$ N, $B_x = 450$ N

4–7. $\theta = 3.82°$

4–9. $A_x = 25.4$ kN, $B_y = 22.8$ kN, $B_x = 25.4$ kN

4–10. $F = 14.0$ kN

4–11. $N_B = 3.46$ kN, $A_x = 1.73$ kN, $A_y = 1.00$ kN

4–13. $d = \dfrac{3a}{4}$

4–14. $P = 660$ N, $N_A = 442$ N, $\theta = 48.0°$ ⦣

4–15. $\theta = 24.6°$

4–17. $F = 22$ kN, $A_x = 30$ kN, $A_y = 16$ kN

4–18. $\alpha = 10.4°$

4–19. $k = 250$ N/m

4–21. $T = \dfrac{W\cos\theta}{2\sin(\phi - \theta)}, A_x = \dfrac{W\cos\phi\cos\theta}{2\sin(\phi - \theta)},$

$A_y = \dfrac{W(\sin\phi\cos\theta - 2\cos\phi\sin\theta)}{2\sin(\phi - \theta)}$

4–22. $F_{AB} = 0.864$ kN
$C_y = 6.56$ kN
$C_x = 2.66$ kN

4–23. $N_A = 346$ N, $N_B = 693$ N, $a = 0.650$ m

4–25. $w_1 = \dfrac{2P}{L}, w_2 = \dfrac{4P}{L}$

4–26. $N_C = 289$ N
$N_A = 213$ N
$N_B = 332$ N

4–27. $A_x = 400$ N, $A_y = 500$ N, $A_z = 600$ N,
$(M_A)_x = 1.225$ kN·m, $(M_A)_y = 750$ N·m,
$(M_A)_z = 0$

4–29. $T = 1.84$ kN, $F = 6.18$ kN

4–30. $T_{BD} = T_{CD} = 117$ N
$A_x = 66.7$ N
$A_y = 0$
$A_z = 100$ N

4–31. $F_{AB} = 467$ N, $F_{AC} = 674$ N, $D_x = 1.04$ kN,
$D_y = 0, D_z = 0$

4–33. $T_{BC} = 43.9$ N, $N_B = 58.9$ N, $A_x = 58.9$ N,
$A_y = 39.2$ N, $A_z = 177$ N

4–34. $F = 4.50$ kN, $A_x = 0, A_y = 0, A_z = 3$ kN,
$M_{Ax} = 0, M_{Az} = 0$

4–35. $T_C = 14.8$ kN, $T_B = 16.5$ kN, $T_A = 7.27$ kN

4–37. $F_{DC} = 1.875$ kN, $E_x = 0, E_z = 2.81$ kN,
$A_x = 0, A_y = 0, A_z = 0.3125$ kN

4–38. $C_y = 450$ N, $C_z = 250$ N, $B_z = 1.125$ kN,
$A_z = 125$ N, $B_x = 25$ N, $A_x = 475$ N

4–39. $F_{BD} = 294$ N, $F_{BC} = 589$ N, $A_x = 0$,
$A_y = 589$ N, $A_z = 490.5$ N

4–41. $T = 58.0$ N, $C_z = 87.0$ N, $C_y = 28.8$ N, $D_x = 0$,
$D_y = 79.2$ N, $D_z = 58.0$ N

4–42. $x = 0.5$ m

4–43. $P = 12.8$ kN

4–45. $N_A = 16.5$ kN, $N_B = 42.3$ kN, *It does not move.*

4–46. $\theta = 52.0°$

4–47. $\mu_s = 0.231$

4–49. $\phi = \theta, P = W\sin(\alpha + \theta)$

4–50. (a) No, (b) Yes

4–51. (a) No, (b) Yes

4–53. $F = 5.79$ kN

4–54. $F_B = 200$ N

4–55. $\theta = 10.6°, x = 46.1$ mm

4–57. $P = 14.4$ N

4–58. $O_y = 400$ N, $O_x = 46.4$ N

4–59. $P = 350$ N, $O_y = 945$ N, $O_x = 280$ N

4–61. $P = 500$ N

4–62. If $P = \dfrac{1}{2}W, \mu_S = \dfrac{1}{3}$, If $P \neq \dfrac{1}{2}W$,

$\mu_S = \dfrac{(P + W) - \sqrt{(W + 7P)(W - P)}}{2(2P - W)},$

for $0 < P < W$

4–63. $P = 40.1$ N

R4–1. $\circlearrowleft+\Sigma M_A = 0$: $F(6) + F(4) + F(2) - 3\cos 45°(2) = 0$
$F = 0.3536 \text{ kN} = 354 \text{ N}$

R4–2. $\circlearrowleft+\Sigma M_A = 0;\ N_B(7) - 1400(3.5) - 300(6) = 0$
$N_B = 957.14 \text{ N} = 957 \text{ N}$
$+\uparrow\Sigma F_y = 0;\ A_y - 1400 - 300 + 957 = 0\quad A_y = 743 \text{ N}$
$\overset{+}{\rightarrow}\Sigma F_x = 0;\quad A_x = 0$

R4–3. $\circlearrowleft+\Sigma M_A = 0;\quad 10(0.6 + 1.2\cos 60°) + 6(0.4) - N_A(1.2 + 1.2\cos 60°) = 0$
$N_A = 8.00 \text{ kN}$
$\overset{+}{\rightarrow}\Sigma F_x = 0;\quad B_x - 6\cos 30° = 0;\quad B_x = 5.20 \text{ kN}$
$+\uparrow\Sigma F_y = 0;\quad B_y + 8.00 - 6\sin 30° - 10 = 0$
$B_y = 5.00 \text{ kN}$

R4–5.
$\Sigma F_x = 0;\quad A_x = 0$
$\Sigma F_y = 0;\quad A_y + 200 = 0$
$A_y = -200 \text{ N}$
$\Sigma F_z = 0;\quad A_z - 150 = 0$
$A_z = 150 \text{ N}$
$\Sigma M_x = 0;\quad -150(2) + 200(2) - (M_A)_x = 0$
$(M_A)_x = 100 \text{ N}\cdot\text{m}$
$\Sigma M_y = 0;\quad (M_A)_y = 0$

$\Sigma M_z = 0;$ $200(2.5) - (M_A)_z = 0$
$(M_A)_z = 500\ \text{N} \cdot \text{m}$

R4–6.
$\Sigma M_y = 0;$ $P(0.2) - 400(0.25) = 0$ $P = 500\ \text{N}$
$\Sigma M_x = 0;$ $B_z(0.7) - 400(0.35) = 0$ $B_z = 200\ \text{N}$
$\Sigma M_z = 0;$ $B_x(0.7) - 500(0.25) = 0$ $B_x = 179\ \text{N}$
$\Sigma F_x = 0;$ $A_x - 178.59 - 500 = 0$ $A_x = 679\ \text{N}$
$\Sigma F_y = 0;$ $B_y = 0$
$\Sigma F_z = 0;$ $A_z + 200 - 400 = 0$ $A_z = 200\ \text{N}$

R4–7. Assume that the ladder slips at A:
$F_A = 0.4\ N_A$
$+\downarrow \Sigma F_y = 0;$ $N_A - 20(9.81) = 0$
$N_A = 196.2\ \text{N}$
$F_A = 0.4(196.2) = 78.48\ \text{N}$
$\circlearrowright + \Sigma M_B = 0;$ $P(2) - 20(9.81)(1.5) + 196.2(3) - 78.48(4) = 0$
$P = 9.81\ \text{N}$
$\xrightarrow{+} \Sigma F_x = 0;$ $N_B + 9.81 - 78.48 = 0$
$N_B = 68.67\ \text{N} > 0$
The ladder will remain in contact with the wall.

Chapter 5

5–1. $F_{CD} = 5.21$ kN (C), $F_{CB} = 4.17$ kN (T), $F_{AD} = 1.46$ kN (C), $F_{AB} = 4.17$ kN (T), $F_{BD} = 4$ kN(T)

5–2. $F_{CD} = 5.21$ kN (C), $F_{CB} = 2.36$ kN (T), $F_{AD} = 1.46$ kN (C), $F_{AB} = 2.36$ kN (T), $F_{BD} = 4$ kN (T)

5–3. $F_{DE} = 16.3$ kN (C), $F_{DC} = 8.40$ kN (T), $F_{EA} = 8.85$ kN (C), $F_{EC} = 6.20$ kN (C), $F_{CF} = 8.77$ kN (T), $F_{CB} = 2.20$ kN (T), $F_{BA} = 3.11$ kN (T), $F_{BF} = 6.20$ kN (C), $F_{FA} = 6.20$ kN (T)

5–5. $F_{AE} = 8.94$ kN (C), $F_{AB} = 8.00$ kN (T), $F_{BC} = 8.00$ kN (T), $F_{BE} = 8.00$ kN (C), $F_{EC} = 8.94$ kN (T), $F_{ED} = 17.9$ kN (C), $F_{DC} = 8.00$ kN (T)

5–6. Joint A: $F_{AE}\left(\dfrac{1}{\sqrt{5}}\right) - 166.22 = 0$
$F_{AE} = 372$ N (C)
$F_{AB} = 332$ N (T)
Joint B: $F_{BC} - 332.45 = 0$ $F_{BC} = 332$ N (T)
$F_{BE} = 196$ N (C)
Joint E: $F_{EC} \cos 36.87°$
$-(196.2 + 302.47) \cos 26.57° = 0$
$F_{EC} = 558$ N (T)
$F_{ED} = 929$ N (C)
Jont D: $F_{DC} = 582$ N (T)

5–7. $F_{CB} = 0$, $F_{CD} = 20.0$ kN (C), $F_{DB} = 33.3$ kN (T), $F_{DA} = 36.7$ kN (C)

5–9. $F_{CD} = F_{DE} = F_{AF} = 0$, $F_{CE} = 16.9$ kN (C), $F_{CB} = 10.1$ kN (T), $F_{BA} = 10.1$ kN (T), $F_{BE} = 15.0$ kN (T), $F_{AE} = 1.875$ kN (C), $F_{FE} = 9.00$ kN (C)

5–10. $F_{DE} = F_{DC} = F_{FA} = 0$, $F_{CE} = 34.4$ kN (C), $F_{CB} = 20.6$ kN (T), $F_{BA} = 20.6$ kN (T), $F_{BE} = 15.0$ kN (T), $F_{FE} = 30.0$ kN (C), $F_{EA} = 15.6$ kN (T)

5–11. $F_{CB} = F_{CD} = 0$, $F_{AB} = 2.40P$ (C), $F_{AF} = 2.00P$ (T), $F_{BF} = 1.86P$ (T), $F_{BD} = 0.373P$ (C), $F_{FE} = 1.86P$ (T), $F_{FD} = 0.333P$ (T), $F_{DE} = 0.373P$ (C)

5–13. $F_{DC} = 9.24$ kN (T), $F_{DE} = 4.62$ kN (C), $F_{CE} = 9.24$ kN (C), $F_{CB} = 9.24$ kN (T), $F_{BE} = 9.24$ kN (C), $F_{BA} = 9.24$ kN (T), $F_{EA} = 4.62$ kN (C)

5–14. $P = 5.20$ kN

5–15. $F_{DE} = 8.94$ kN (T), $F_{DC} = 4.00$ kN (C), $F_{CB} = 4.00$ kN (C), $F_{CE} = 0$, $F_{EB} = 11.3$ kN (C), $F_{EF} = 12.0$ kN (T), $F_{BA} = 12.0$ kN (C), $F_{BF} = 18.0$ kN (T), $F_{FA} = 20.1$ kN (C), $F_{FG} = 21.0$ kN (T)

5–17. $F_{GD} = 10.0$ kN (C), $F_{GF} = 21.0$ kN (C), $F_{CD} = 24.7$ kN (T)

5–18. $F_{BC} = 24.7$ kN (T), $F_{HG} = 21.0$ kN (C), $F_{BG} = 10.0$ kN (C)

5–19. $F_{GF} = 12.5$ kN (C), $F_{CD} = 6.67$ kN (T), $F_{GC} = 0$

5–21. $F_{JI} = 18.4$ kN (C), $F_{EF} = 2.83$ kN (T), $F_{EI} = 6.50$ kN (T), $F_{JE} = 2.00$ kN (T)

5–22. $F_{KL} = 19.0$ kN (C), $F_{CD} = 13.0$ kN (T), $F_{LD} = 2.12$ kN (T)

5–23. $F_{HI} = 42.5$ kN (T), $F_{HC} = 100$ kN (T), $F_{DC} = 125$ kN (C)

5–25. $F_{BC} = 18.0$ kN (T), $F_{FE} = 15.0$ kN (C), $F_{EB} = 5.00$ kN (C)

5–26. $F_{BC} = 10.4$ kN (C), $F_{HG} = 9.16$ kN (T), $F_{HC} = 2.24$ kN (T)

5–27. $F_{CD} = 11.2$ kN (C), $F_{CF} = 3.21$ kN (T), $F_{CG} = 6.80$ kN (C)

5–29. $F_{EF} = 15.0$ kN (C), $F_{BC} = 12.0$ kN (T), $F_{BE} = 4.24$ kN (T)

5–30. $F_{BC} = 5.33$ kN (C), $F_{EF} = 5.33$ kN (T), $F_{CF} = 4.00$ kN (T)

5–31. $F_{AF} = 21.3$ kN (T), $F_{BC} = 5.33$ kN (C), $F_{BF} = 20.0$ kN (C)

5–33. $P = 18.9$ N

5–34. $P = 368$ N

5–35. $P = 21.8$ N; $R_A = 2P = 43.6$ N
$R_B = 2P = 43.6$ N; $R_C = 6P = 131$ N

5–37. $F = 5.07$ kN

5–38. $N_E = 3.60$ kN, $N_B = 900$ N, $A_x = 0$,
$A_y = 2.70$ kN, $M_A = 8.10$ kN·m

5–39. $N_E = 18.0$ kN, $N_C = 4.50$ kN, $A_x = 0$,
$A_y = 7.50$ kN, $M_A = 22.5$ kN·m

5–41. $F_C = 572$ N, $F_A = 572$ N, $F_B = 478$ N

5–42. $N_D = 333$ N, $A_x = 333$ N, $A_y = 100$ N

5–43. $F_C = 19.6$ kN

5–45. $F_{FD} = 20.1$ kN, $F_{BD} = 25.5$ kN,
Member EDC: $C_x' = 18.0$ kN, $C_y' = 12.0$ kN
Member ABC: $C_y'' = 12.0$ kN, $C_x'' = 18.0$ kN,

5–46. $A_x = 294$ N, $A_y = 196$ N, $N_C = 147$ N,
$N_E = 343$ N

5–47. $F_{FB} = 1.94$ kN
$F_{BD} = 2.60$ kN

5–49. $P = 198$ N

5–50. $F = 6.93$ kN

5–51. Clamp
$C_x = 1175$ N
Handle
$F = 370$ N
$F_{BE} = 2719.69$ N

5–53. $N_B = N_C = 49.5$ N

5–54. $N_A = 11.1$ kN (Both wheels), $N_B = 3.37$ kN
$F'_{CD} = 6.47$ kN, $F'_E = 5.88$ kN

5–55. $C_x = 650$ N, $C_y = 0$

5–57. $\theta = 23.7°$

5–58. $m = 26.0$ kg

5–59. $F_{AC} = 12.6$ kN, $F_{AB} = 15.4$ kN, $F_{AD} = 17.2$ kN

5–61. $m_L = 106$ kg

R5–1. Joint B:

$\overset{+}{\rightarrow}\Sigma F_x = 0;$ $F_{BC} = 3$ kN (C)

$+\uparrow\Sigma F_y = 0;$ $F_{BA} = 8$ kN (C)

Joint A:

$+\uparrow\Sigma F_y = 0;$ $8.875 - 8 - \frac{3}{5}F_{AC} = 0$

$F_{AC} = 1.458 = 1.46$ kN (C)

$\overset{+}{\rightarrow}\Sigma F_x = 0;$ $F_{AF} - 3 - \frac{4}{5}(1.458) = 0$

$F_{AF} = 4.17$ kN (T)

Joint C:

$\overset{+}{\rightarrow}\Sigma F_x = 0;$ $3 + \frac{4}{5}(1.458) - F_{CD} = 0$

$F_{CD} = 4.167 = 4.17$ kN (C)

$+\uparrow\Sigma F_y = 0;$ $F_{CF} - 4 + \frac{3}{5}(1.458) = 0$

$F_{CF} = 3.125 = 3.12$ kN (C)

Joint E:

$\overset{+}{\rightarrow}\Sigma F_x = 0;$ $F_{EF} = 0$

$+\uparrow\Sigma F_y = 0;$ $F_{ED} = 13.125 = 13.1$ kN (C)

Joint D:

$+\uparrow\Sigma F_y = 0;$ $13.125 - 10 - \frac{3}{5}F_{DF} = 0$

$F_{DF} = 5.21$ kN (T)

R5–2. Joint A:

$\overset{+}{\rightarrow}\Sigma F_x = 0;$ $F_{AB} - F_{AG}\cos 45° = 0$

$+\uparrow\Sigma F_y = 0;$ $3.333 - F_{AG}\sin 45° = 0$

$F_{AG} = 4.71$ kN (C)

$F_{AB} = 3.333$ kN (T) $= 3.33$ kN (T)

Joint B:

$\overset{+}{\rightarrow}\Sigma F_x = 0;$ $F_{BC} = 3.333$ kN (T) $= 3.33$ kN (T)

$+\uparrow\Sigma F_y = 0;$ $F_{GB} = 0$

Joint D:

$\overset{+}{\rightarrow}\Sigma F_x = 0;$ $-F_{DC} + F_{DE}\cos 45° = 0$

$+\uparrow\Sigma F_y = 0;$ $6.667 - F_{DE}\sin 45° = 0$

$F_{DE} = 9.428$ kN (C) $= 943$ kN (C)

$F_{DC} = 6.667$ kN (T) $= 6.67$ kN (T)

Joint E:

$\overset{+}{\rightarrow}\Sigma F_x = 0;$ $-9.428\sin 45° + F_{EG} = 0$

$+\uparrow\Sigma F_y = 0;$ $-F_{EC} + 9.428\cos 45° = 0$

$F_{EC} = 6.667$ kN (T) $= 6.67$ kN (T)

$F_{EG} = 6.667$ kN (C) $= 6.67$ kN (C)

Joint C:

$+\uparrow\Sigma F_y = 0;$ $F_{GC}\cos 45° + 6.667 - 10 = 0$

$F_{GC} = 4.71$ kN (T)

R5–3. $\circlearrowleft+\Sigma M_C = 0;$ $15(6) - 10(3)$
$- F_{GJ}\cos 30°(6\tan 30°) = 0$

$F_{GJ} = 20.0$ kN (C)

$+\uparrow\Sigma F_y = 0;$ $-10 + 2(20.0\cos 60°) - F_{GC} = 0$

$F_{GC} = 10.0$ kN (T)

R5–5. CB is a two force member.
Member AC:

$\circlearrowleft+\Sigma M_A = 0;$ $-600(0.75) + 1.5(F_{CB}\sin 75°) = 0$

$F_{CB} = 310.6$

$B_x = B_y = 310.6\left(\frac{1}{\sqrt{2}}\right) = 220$ N

$\overset{+}{\rightarrow}\Sigma F_x = 0;$ $-A_x + 600\sin 60° - 310.6\cos 45° = 0$

$A_x = 300$ N

$+\uparrow\Sigma F_y = 0;$ $A_y - 600\cos 60° + 310.6\sin 45° = 0$

$A_y = 80.4$ N

R5–6. Member AB:

$\circlearrowleft + \Sigma M_A = 0;\quad -750(2) + B_y(3) = 0$

$B_y = 500\text{ N}$

Member BC:

$\circlearrowleft + \Sigma M_C = 0;\quad -1200(1.5) - 900(1) + B_x(3) - 500(3) = 0$

$B_x = 1400\text{ N}$

$+\uparrow \Sigma F_y = 0;\quad A_y - 750 + 500 = 0$

$A_y = 250\text{ N}$

Member AB:

$\xrightarrow{+} \Sigma F_x = 0;\quad -A_x + 1400 = 0$

$A_x = 1400\text{ N} = 1.40\text{ kN}$

Member BC:

$\xrightarrow{+} \Sigma F_x = 0;\quad C_x + 900 - 1400 = 0$

$C_x = 500\text{ N}$

$+\uparrow \Sigma F_y = 0;\quad -500 - 1200 + C_y = 0$

$C_y = 1700\text{ N} = 1.70\text{ kN}$

R5–7. $F_D = 104\text{ N},\ F_F = 73.5\text{ N},\ F_A = 122\text{ N}$

Chapter 6

6–1. $\bar{x} = 6\text{ m}$

6–2. $\bar{y} = 2.8\text{ m}$

6–3. $\bar{x} = \frac{3}{8}a$

6–5. $\bar{y} = \frac{3}{10}h$

6–6. $\bar{x} = 0.398\text{ m}$

6–7. $\bar{y} = 1.00\text{ m}$

6–9. $\bar{y} = \frac{12}{5}\text{ m}$

6–10. $\bar{y} = \frac{\pi}{8}a, \bar{x} = 0$

6–11. $\bar{y} = \dfrac{hn + 1}{2(2n + 1)}$

6–13. $\bar{y} = \frac{2}{5}h$

6–14. $\bar{x} = 0.375\text{ m}$
$\bar{y} = 1.2\text{ m}$

6–15. $\bar{x} = 0$
$\bar{y} = \frac{2}{5}\text{ m}$

6–17. $\bar{y} = 13.3\text{ mm}$

6–18. $\bar{x} = \dfrac{a(1 + n)}{2(2 + n)}$

6–19. $\bar{y} = \dfrac{hn}{2n + 1}$

6–21. $\bar{y} = \frac{h}{3}$

6–22. $\bar{x} = \frac{\pi}{2}a$

6–23. $\bar{y} = \frac{\pi a}{8}$

6–25. $\bar{y} = 0.45\text{ m}$

6–26. $\bar{x} = 50.0\text{ mm}$

6–27. $\bar{y} = 40.0\text{ mm}$

6–29. $\bar{y} = \left[\dfrac{(4n + 1)}{3(2n + 1)}\right]h$

6–30. $\bar{x} = 1.26\text{ m}, \bar{y} = 0.143\text{ m}, N_B = 47.9\text{ kN},$
$A_x = 33.9\text{ kN}, A_y = 73.9\text{ kN}$

6–31. $\bar{z} = \frac{4}{3}\text{ m}$

6–33. $\bar{y} = \frac{3}{8}b, \bar{x} = \bar{z} = 0$

6–34. $\bar{z} = \frac{h}{4}, \bar{x} = \bar{y} = \frac{a}{\pi}$

6–35. $\bar{z} = \frac{2}{9}h$

6–37. $\bar{y} = 85.9\text{ mm}$

6–38. $\bar{y} = 51.25\text{ mm}$

6–39. $\bar{y} = 249\text{ mm}$

6–41. $\bar{y} = 79.7\text{ mm}$

6–42. $\bar{y} = 272\text{ mm}$

6–43. $\bar{y} = 293\text{ mm}$

6–45. $\bar{y} = 91.7\text{ mm}$

6–46. $\bar{y} = 324\text{ mm}$

6–47. $\bar{x} = 120\text{ mm}$
$\bar{y} = 305\text{ mm}$
$\bar{z} = 73.4\text{ mm}$

6–49. $\bar{z} = 128\text{ mm}$

6–50. $\bar{z} = 122\text{ mm}$

6–51. $h = 385\text{ mm}$

6–53. $\Sigma m = 16.4\text{ kg}, \bar{x} = 153\text{ mm},$
$\bar{y} = -15\text{ mm}, \bar{z} = 111\text{ mm}$

6–54. $\bar{z} = 463\text{ mm}$

6–55. $\bar{z} = 754\text{ mm}$

6–57. $I_y = 1.22\text{ m}^4$

6–58. $I_x = \dfrac{ab^3}{3(3n + 1)}$

6–59. $I_y = \dfrac{a^3b}{n + 3}$

6–61. $I_y = 53.3(10^6)\text{ mm}^4$

6–62. $I_x = 0.133\text{ m}^4$

6–63. $I_y = 0.286 \text{ m}^4$

6–65. $I_x = \frac{\pi}{8} \text{ m}^4$

6–66. $I_y = \frac{\pi}{2} \text{ m}^4$

6–67. $I_x = \frac{2}{15} bh^3$

6–69. $I_y = 0.762 \text{ m}^4$

6–70. $I_x = 614 \text{ m}^4$

6–71. $I_y = 85.3 \text{ m}^4$

6–73. $I_y = 0.305 \text{ m}^4$

6–74. $I_x = \frac{1}{30} bh^3$

6–75. $I_y = \frac{b^3 h}{6}$

6–77. $I_y = 0.571 \text{ m}^4$

6–78. $I_x = \frac{3ab^3}{35}$

6–79. $I_y = \frac{3a^3 b}{35}$

6–81. $\bar{y} = 91.7 \text{ mm}, I_{x'} = 216(10^6) \text{mm}^4$

6–82. $\bar{y} = 52.5 \text{ mm}, I_{x'} = 16.6(10^6) \text{ mm}^4,$
$I_{y'} = 5.725(10^6) \text{ mm}^4$

6–83. $I_x = 798(10^6) \text{ mm}^4$

6–85. $I_x = 1.72(10^9) \text{ mm}^4$

6–86. $I_y = 2.03(10^9) \text{ mm}^4$

6–87. $I_y = 115(10^6) \text{ mm}^4$

6–89. $I_x = 511(10^6) \text{ mm}^4$

6–90. $I_y = 90.2(10^6) \text{ mm}^4$

6–91. $I_x = 34.4(10^6) \text{ mm}^4$

R6–1. Using an element of thickness dx,

$$\bar{x} = \frac{\int_A \tilde{x}\, dA}{\int_A dA} = \frac{\int_a^b x\left(\frac{c^2}{x}\, dx\right)}{c^2 \ln \frac{b}{a}} = \frac{\int_a^b c^2\, dx}{c^2 \ln \frac{b}{a}} = \frac{c^2 x \Big|_a^b}{c^2 \ln \frac{b}{a}} = \frac{b - a}{\ln \frac{b}{a}}$$

R6–2. Using an element of thickness dx,

$$\bar{y} = \frac{\int_A y\, dA}{\int_A dA} = \frac{\int_a^b \left(\frac{c^2}{2x}\right)\left(\frac{c^2}{x}\, dx\right)}{c^2 \ln \frac{b}{a}} = \frac{\int_a^b \frac{c^4}{2x^2} dx}{c^2 \ln \frac{b}{a}}$$

$$= \frac{-\frac{c^4}{2x}\Big|_a^b}{c^2 \ln \frac{b}{a}} = \frac{c^2(b - a)}{2ab \ln \frac{b}{a}}$$

R6–3. $\Sigma \tilde{x} L = 0(4) + 2(\pi)(2) = 4\pi \text{ m}^2$

$$\Sigma \tilde{y} L = 0(4) + \frac{2(2)}{\pi}(\pi)(2) = 8 \text{ m}^2$$

$$\Sigma \tilde{z} L = 2(4) + 0(\pi)(2) = 8 \text{ m}^2$$

$$\Sigma L = 4 + \pi(2) = (4 + 2\pi) \text{ m}$$

$$\bar{x} = \frac{\Sigma \tilde{x} L}{\Sigma L} = \frac{4\pi}{4 + 2\pi} = 1.22 \text{ m}$$

$$\bar{y} = \frac{\Sigma \tilde{y} L}{\Sigma L} = \frac{8}{4 + 2\pi} = 0.778 \text{ m}$$

$$\bar{z} = \frac{\Sigma \tilde{z} L}{\Sigma L} = \frac{8}{4 + 2\pi} = 0.778 \text{ m}$$

R6–5.

$$I_x = \int_A y^2 dA = \int_0^{2m} y^2(4 - x)dy = \int_0^{2m} y^2\left(4 - 32^{\frac{1}{3}} y^{\frac{1}{3}}\right) dy$$
$$= 1.07 \text{ m}^4$$

R6–6.

$$I_y = \int_A x^2 dA = 2\int_0^{2m} x^2(y\, dx) = 2\int_0^{2m} x^2(1 - 0.25\, x^2)dx$$
$$= 2.13 \text{ m}^4$$

R6–7. $$I_x = \left[\frac{1}{12}(d)(d^3) + 0\right] + 4\left[\frac{1}{36}(0.2887d)\left(\frac{d}{2}\right)^3 + \frac{1}{2}(0.2887d)\left(\frac{d}{2}\right)\left(\frac{d}{6}\right)^2\right]$$
$$= 0.0954d^4$$

Chapter 7

7–1. $N_E = 0; V_E = -900 \text{ N}; M_E = -2.7 \text{ kN} \cdot \text{m}$

7–2. $N_A = 77.3 \text{ N}, V_A = 20.7 \text{ N}, M_A = -0.555 \text{ N} \cdot \text{m}$

7–3. $N_C = 0, V_C = -233 \text{ N}, M_C = 433 \text{ N} \cdot \text{m}$

7–5. $N_F = 1.17 \text{ kN}, V_F = 0, M_F = 0, N_E = 0.703 \text{ kN},$
$V_E = -0.3125 \text{ kN}, M_E = 0.3125 \text{ kN} \cdot \text{m}$

7–6. $N_a = 2000 \text{ N}; V_a = 0$
$N_b = 1732 \text{ N}; V_b = 1000 \text{ N}$

7–7. $A_y = 16.67 \text{ kN},$
$B_y = 33.33 \text{ kN}, N_D = 0, V_D = 4.17 \text{ kN},$
$M_D = 25.2 \text{ kN} \cdot \text{m}, N_E = 0, V_E = -48.3 \text{ kN},$
$M_E = -50.0 \text{ kN} \cdot \text{m}$

7–9. $V_D = 17.3 \text{ N}, N_D = 10 \text{ N}, M_D = 1.60 \text{ N} \cdot \text{m}$

7–10. $N_C = 0, V_C = 2.75 \text{ kN}, M_C = 7.875 \text{ kN} \cdot \text{m}$

7–11. $N_D = 0, V_D = -3.25 \text{ kN}, M_D = 5.625 \text{ kN} \cdot \text{m}$

7–13. $N_{b-b} = -86.6 \text{ N}, V_{b-b} = 50 \text{ N}, M_{b-b} = -15 \text{ N} \cdot \text{m}$

7–14. $N_A = 0, V_A = 2.175 \text{ kN}, M_A = -1.65 \text{ kN} \cdot \text{m},$
$N_B = 0, V_B = 3.975 \text{ kN}, M_B = -9.03 \text{ kN} \cdot \text{m},$
$V_C = 0, N_C = -5.55 \text{ kN}, M_C = -11.6 \text{ kN} \cdot \text{m}$

7–15. $V_A = 386$ N, $N_A = 104$ N, $M_A = 1.81$ N·m

7–17. $B_y = 3.00$ kN, $N_D = 0$, $V_D = -1.875$ kN, $M_D = 3.94$ kN·m

7–18. $(N_C)_x = 0$, $(V_C)_y = -246$ N, $(V_C)_z = -171$ N, $(T_C)_x = 0$, $(M_C)_y = -154$ N·m, $(M_C)_z = -123$ N·m

7–19. $(N_D)_x = 0$, $(V_D)_y = 154$ N, $(V_D)_z = -171$ N, $(T_D)_x = 0$, $(M_D)_y = -94.3$ N·m, $(M_D)_z = -149$ N·m

7–21. $N_C = -2.94$ kN, $V_C = 2.94$ kN, $M_C = -1.47$ kN·m

7–22. $N_E = -2.94$ kN, $V_E = -2.94$ kN, $M_E = -2.94$ kN·m

7–23. $F_{BC} = 1.39$ kN, $F_A = 1.49$ kN, $N_D = 120$ N, $V_D = 0$, $M_D = 36.0$ N·m

7–25. $N_B = 5.303$ kN, $N_{a-a} = -3.75$ kN, $V_{a-a} = 1.25$ kN, $M_{a-a} = 3.75$ kN·m, $N_{b-b} = -1.77$ kN, $V_{b-b} = 3.54$ kN, $M_{b-b} = 3.75$ kN·m

7–26. $\sigma_D = 13.3$ MPa (C), $\sigma_E = 70.7$ MPa (T)

7–27. $\sigma_{avg} = \dfrac{P}{A}\sin^2\theta$, $\tau_{avg} = \dfrac{P}{2A}\sin 2\theta$

7–29. $w = 16.0$ kN/m

7–30. Joint A: $\sigma_{AB} = 85.5$ MPa (T), $\sigma_{AE} = 68.4$ MPa (C)
Joint E: $\sigma_{ED} = 68.4$ MPa (C), $\sigma_{EB} = 38.5$ MPa (T)
Joint B: $\sigma_{BC} = 188$ MPa (T), $\sigma_{BD} = 150$ MPa (C)

7–31. $P = 29.8$ kN

7–33. $P = 4.54$ kN

7–34. $P = 40$ MN, $d = 2.40$ m

7–35. $\sigma = 533$ kPa, $\tau = 924$ kPa

7–37. $(\sigma_{avg})_{BC} = 159$ MPa, $(\sigma_{avg})_{AC} = 95.5$ MPa $(\sigma_{avg})_{AB} = 127$ MPa

7–38. $P = 37.7$ kN

7–39. $(\tau_{avg})_A = 50.9$ MPa

7–41. $d = 1.20$ m

7–42. $\tau_B = 324$ MPa, $\tau_A = 324$ MPa

7–43. $\tau_{avg} = 112.5$ KPa

7–45. $\sigma = (238 - 22.6z)$ kPa

7–46. $\sigma_{AB} = 127$ MPa, $\sigma_{AC} = 129$ MPa

7–47. $d_{AB} = 11.9$ mm

7–49. $\sigma = \{46.9 - 7.50x^2\}$ MPa

7–50. $\sigma = \{43.75 - 22.5x\}$ MPa

7–51. $\sigma = 4.69$ MPa, $\tau = 8.12$ MPa

7–53. $P = 14.3$ kN (controls)

7–54. $d = 5.71$ mm

7–55. $h = 75$ mm

7–57. $a_{A'} = 130$ mm
$a_{B'} = 300$ mm

7–58. $F_H = 20.0$ kN, $F_{BF} = F_{AG} = 15.0$ kN, $d_{EF} = d_{CG} = 11.3$ mm

7–59. $d_B = 7.08$ mm, $d_C = 6.29$ mm

7–61. $(\text{F.S.})_{st} = 2.14$, $(\text{F.S.})_{con} = 3.53$

7–62. $d_A = d_B = 5.20$ mm

7–63. $d = 13.8$ mm, $t = 7.00$ mm

7–65. $P = 5.83$ kN

7–66. $(\text{F.S.})_{rod} = 3.32$
$(\text{F.S.})_{pinB} = 1.96$
$(\text{F.S.})_{pinA} = 2.72$

7–67. $w = 14.1$ kN/m

7–69. $P = 7.54$ kN

7–70. $d_2 = 35.7$ mm, $d_3 = 27.6$ mm, $d_1 = 22.6$ mm

7–71. $\varepsilon = 0.167$ mm/mm

7–73. $(\varepsilon_{avg})_{AH} = 0.0349$ mm/mm, $(\varepsilon_{avg})_{CG} = 0.0349$ mm/mm, $(\varepsilon_{avg})_{DF} = 0.0582$ mm/mm

7–74. $\gamma_{xy} = -0.0200$ rad

7–75. $(\gamma_A)_{xy} = -0.0262$ rad, $(\gamma_B)_{xy} = -0.205$ rad, $(\gamma_C)_{xy} = -0.205$ rad, $(\gamma_D)_{xy} = -0.0262$ rad

7–77. $\varepsilon_{AB} = 0.0343$

7–78. $\varepsilon_{AB} = \dfrac{0.5\Delta L}{L}$

7–79. $(\gamma_A)_{xy} = 27.8(10^{-3})$ rad, $(\gamma_B)_{xy} = 35.1(10^{-3})$ rad

7–81. $(\varepsilon_x)_A = 0$, $(\varepsilon_y)_A = 1.80(10^{-3})$ mm/mm, $(\gamma_{xy})_A = 0.0599$ rad, $\varepsilon_{BE} = -0.0198$ mm/mm

7–82. $\varepsilon_{AD} = 0.0566$ mm/mm, $\varepsilon_{CF} = -0.0255$ mm/mm

7–83. $(\varepsilon_{avg})_{AC} = 6.04(10^{-3})$ mm/mm

7–85. $\gamma_{xy} = 0.00880$ rad

7–86. $\varepsilon_x = 0.00443$ mm/mm

7–87. $\varepsilon_{x'} = 0.00884$ mm/mm

7–89. $(\gamma_B)_{xy} = 11.6(10^{-3})$ rad, $(\gamma_A)_{xy} = 11.6(10^{-3})$ rad

7–90. $(\gamma_C)_{xy} = 11.6(10^{-3})$ rad, $(\gamma_D)_{xy} = 11.6(10^{-3})$ rad

7–91. $\varepsilon_{AC} = 1.60(10^{-3})$ mm/mm
$\varepsilon_{DB} = 12.8(10^{-3})$ mm/mm

R7–1. $N_D = -10.8$ kN, $V_D = 0$, $M_D = 3.24$ kN·m
$V_E = -2.70$ kN, $N_E = -21.6$ kN, $M_E = -3.24$ kN·m

R7–2. $\sigma_s = 208$ MPa, $(\tau_{avg})_a = 4.72$ MPa, $(\tau_{avg})_b = 45.5$ MPa

R7–3. Use $t = 6$ mm; use $d_A = 28$ mm; use $d_B = 20$ mm.

R7–5. $\tau_{avg} = 25.5$ MPa, $\sigma_b = 4.72$ MPa

R7–6. $\sigma_{a-a} = 200$ kPa, $\tau_{a-a} = 115$ kPa

R7–7. $(\epsilon_{avg})_{CA} = -5.59(10^{-3})$ mm/mm

R7–9. At $(b/2, a/2)$: $\gamma_{xy} = \tan^{-1}\left[\frac{3}{4}\left(\frac{v_0}{b}\right)\right]$,
At (b, a): $\gamma_{xy} = \tan^{-1}\left[3\left(\frac{v_0}{b}\right)\right]$

Chapter 8

8–1. $(\sigma_{ult})_{approx} = 770$ MPa, $(\sigma_R)_{approx} = 652$ MPa, $(\sigma_Y)_{approx} = 385$ MPa, $E_{approx} = 224$ GPa
8–2. $E = 387$ GPa, $(U_i)_r = 69.7\ \text{KJ/m}^3$
8–3. $(U_i)_t = 595\ \text{KJ/m}^3$
8–5. Elastic Recovery $= 0.0883$ mm, $\Delta L = 3.91$ mm
8–6. $(U_i)_r = 141.5\ \text{KJ/m}^3$, $[(u_i)_t]_{approx} = 128\ \text{MJ/m}^3$
8–7. $\delta_{BD} = 1.70$ mm
8–9. E $= 0.0385$ MPa, $(U_i)_r = 77.0\ \text{KJ/m}^3$, $(U_i)_t = 135\ \text{KJ/m}^3$
8–10. $E = 229$ GPa
8–11. $E = 76.6$ GPa
8–13. $A = 150\ \text{mm}^2$, $P = 7.50$ kN
8–14. $\sigma_{pl} = 308$ MPa, $\sigma_Y = 420$ MPa, $E = 77.0$ GPa
8–15. $(U_i) = 0.616\ \text{MJ/m}^3$, $[(U_i)_t]_{approx} = 45.5\ \text{MJ/m}^3$
8–17. $\sigma_{YS} = 2.03$ MPa
8–18. $P = 75.8$ kN
8–19. $A_{BC} = 463\ \text{mm}^2$, $A_{BA} = 121\ \text{mm}^2$
8–21. $v = 0.350$
8–22. $L = 51.14$ mm, $d = 12.67$ mm
8–23. $p = 741$ kPa, $\delta = 7.41$ mm
8–25. $\varepsilon_x = 0.0075$ mm/mm, $\varepsilon_y = -0.00375$ mm/mm, $\gamma_{xy} = 0.0122$ rad
8–26. $\gamma = 3.44(10^{-3})$ rad
8–27. $\gamma_P = 0.0318$ rad
8–29. $\delta = \dfrac{Pa}{2bhG}$
R8–1. $G_{al} = 27.0$ GPa
R8–2. $d' = 12.4804$ mm
R8–3. $x = 1.53$ m, $d'_A = 30.008$ mm
R8–5. $P = 25.7$ kN
R8–6. $\varepsilon = 1.02(10^{-3})$ mm/mm, $\varepsilon = 0$
R8–7. $L = 254.167$ mm
R8–9. $\epsilon_b = 0.00227$ mm/mm, $\epsilon_s = 0.000884$ mm/mm
R8–10. $G = 5$ MPa

Chapter 9

9–1. $\delta_B = 2.93$ mm $\downarrow$, $\delta_A = 3.55$ mm $\downarrow$
9–2. $\delta_{A/D} = 3.46$ mm away from end D
9–3. $\sigma_{AB} = 155$ MPa (T), $\sigma_{BC} = 299$ MPa (C), $\sigma_{CD} = 179$ MPa (C), $\delta_{A/D} = 0.0726$ mm towards end D.
9–5. $\delta_{A/E} = 0.697$ mm
9–6. $\sigma_A = 95.6$ MPa, $\sigma_B = 69.3$ MPa, $\sigma_C = 22.5$ MPa, $\delta_D = 0.895$ m
9–7. $\delta_C = 0.0975$ mm $\rightarrow$
9–9. $\delta_F = 0.453$ mm
9–10. $P = 4.97$ kN
9–11. $\delta_I = 0.736$ mm
9–13. $\delta_D = 0.1374$ mm, $\delta_{A/B} = \delta_{C/D} = 0.3958$ mm, $\delta_C = 0.5332$ mm, $\delta_{tot} = 33.9$ mm
9–14. $W = 9.69$ kN
9–15. $\delta_{A/D} = 0.129$ mm, $h' = 49.9988$ mm, $w' = 59.9986$ mm
9–17. $\delta = \dfrac{1}{AE}\displaystyle\int_0^L (\gamma Ax + P)\,dx = \dfrac{\gamma L^2}{2E} + \dfrac{PL}{AE}$
9–18. $\delta_F = 0.340$ mm
9–19. $\theta = 0.0106°$
9–21. $F = 8.00$ kN, $\delta_{A/B} = -0.311$ mm
9–22. $F = 4.00$ kN, $\delta_{A/B} = -0.259$ mm
9–23. $\delta_D = 17.3$ mm
9–25. $\delta = 2.37$ mm
9–26. $\delta = \dfrac{2.63\,P}{\pi r E}$
9–27. $(\delta_A)_V = 0.732$ mm$\downarrow$
9–29. $\delta_A = 0.920$ mm
9–30. $\delta = \dfrac{Ph}{Et(d_2 - d_1)}\left[\ln\dfrac{d_2}{d_1}\right]$
9–31. $\sigma_{st} = 24.3$ MPa, $\sigma_{con} = 3.53$ MPa
9–33. $\sigma_{al} = 27.5$ MPa, $\sigma_{st} = 79.9$ MPa
9–34. $\sigma_{br} = 2.79$ MPa, $\sigma_{st} = 5.34$ MPa
9–35. $d = 58.9$ mm
9–37. $P = 126$ kN
9–38. $\sigma_{st} = 102$ MPa, $\sigma_{br} = 50.9$ MPa
9–39. $\sigma_{con} = 12.1$ MPa, $\sigma_{st} = 83.2$ MPa
9–41. $F_C = \dfrac{9}{17}P$, $F_A = \dfrac{8}{17}P$
9–42. $F_C = \left[\dfrac{9(8ka + \pi d^2 E)}{136ka + 18\pi d^2 E}\right]P$, $F_A = \left(\dfrac{64ka + 9\pi d^2 E}{136ka + 18\pi d^2 E}\right)P$
9–43. $y = F_A = 20.5$ kN, $F_B = 14.5$ kN
9–45. $\sigma_{rod} = 65.2$ MPa, $\sigma_{cyl} = 7.51$ MPa
9–46. $\theta = 690°$
9–47. $\sigma_m = \dfrac{E_m}{nA_fE_f + A_mE_m}P$, $\sigma_f = \dfrac{E_f}{nA_fE_f + A_mE_m}P$

9–49. $F_D = 20.4$ kN, $F_A = 180$ kN

9–50. $P = 198$ kN

9–51. $\sigma_{AB} = \sigma_{CD} = 26.5$ MPa, $\sigma_{EF} = 33.8$ MPa

9–53. $F_D = 71.4$ kN, $F_C = 329$ kN

9–54. $F_D = 219$ kN, $F_C = 181$ kN

9–55. $\sigma_{BE} = 96.3$ MPa, $\sigma_{AD} = 79.6$ MPa, $\sigma_{CF} = 113$ MPa

9–57. $F = 4.20$ kN

9–58. $F = 2.49$ kN

9–59. $F_B = 183$ kN, $F_A = 383$ kN

9–61. $\sigma = 134$ MPa

9–62. $F = 18.6$ kN

9–63. $\sigma = 180$ MPa

9–65. $\sigma = 120$ MPa

9–66. $\delta = 8.64$ mm, $F = 76.8$ kN

9–67. $\delta_E = 0.2102$ mm

9–69. $F = 904$ N

9–70. $T_2 = 244$ °C

9–71. $\sigma_A = \sigma_B = 24.7$ MPa, $\sigma_C = 30.6$ MPa

9–73. $F_{AB} = F_{EF} = 1.85$ kN

9–74. $d = \left(\dfrac{2E_2 + E_1}{3(E_2 + E_1)}\right)w$

R9–1. $\sigma_b = 33.5$ MPa, $\sigma_r = 16.8$ MPa

R9–2. $T = 507$°C

R9–3. $F_{AB} = F_{AC} = F_{AD} = 58.9$ kN (C)

R9–5. $F_B = 8.53$ kN, $F_A = 8.61$ kN

R9–6. $P = 19.8$ kN

R9–7. $F_B = 433$ N, $F_C = 974$ N

Chapter 10

10–1. $r' = 0.841r$

10–2. $r' = 0.707r$

10–3. $T = 19.6$ kN·m, $T' = 13.4$ kN·m

10–5. $\tau_B = 6.79$ MPa, $\tau_A = 7.42$ MPa

10–6. $\tau_{\max}^{\text{abs}} = 75.5$ MPa

10–7. $\tau_{\max} = 26.7$MPa

10–9. $(T_1)_{\max} = 2.37$ kN·m, $(\tau_{\max})_{CD} = 35.6$ MPa, $(\tau_{\max})_{DE} = 23.3$ MPa

10–10. $\tau_{\max}^{\text{abs}} = 44.8$ MPa

10–11. $\tau_{\max}^{\text{abs}} = 28.3$ MPa, for $1.0 \text{ m} < x < 1.2$ m, $\tau_{\max}^{\text{abs}} = 0$, at $x = 0.700$ m

10–13. $\tau_{AB} = 62.5$ MPa, $\tau_{BC} = 18.9$ MPa

10–14. Use $d = 40$ mm

10–15. Use $\tau_A = 9.43$ MPa, $\tau_B = 14.1$ MPa

10–17. $d = 34.4$ mm

10–18. $T' = 125$ N·m, $(\tau_{AB})_{\max} = 9.43$ MPa, $(\tau_{CD})_{\max} = 14.8$ MPa

10–19. $(\tau_{EA})_{\max} = 5.66$ MPa, $(\tau_{CD})_{\max} = 8.91$ MPa

10–21. $\tau_i = 34.5$ MPa, $\tau_O = 43.1$ MPa

10–22. $(\tau_{AB})_{\max} = 23.9$ MPa, $(\tau_{BC})_{\max} = 15.9$ MPa

10–23. $d = 30$ mm

10–25. $\tau_{\max} = 52.8$ MPa

10–26. $(\tau_{\max})_{AB} = 41.4$ MPa, $(\tau_{\max})_{BC} = 82.8$ MPa

10–27. $P = 308$ N

10–29. $\tau_{\max}^{\text{abs}} = 12.5$ MPa

10–30. $\tau_{\max} = 3.44$ MPa

10–31. $\tau_{\max} = 48.6$ MPa

10–33. $t = 2.3$ mm

10–34. $\omega = 17.7$ rad/s

10–35. $\tau_{\max} = 44.3$ MPa, $\phi = 11.9°$

10–37. $\tau_{\max}^{\text{abs}} = 10.2$ MPa

10–38. $T = 5.09$ kN·m, $\phi_{A/C} = 3.53°$

10–39. $T = 4.96$ kN·m

10–41. $\tau_{\max} = 20.8$ MPa, $\phi = 4.77°$

10–42. $\tau_{\max}^{\text{abs}} = 24.3$ MPa, $\phi_{D/A} = 0.929°$

10–43. $\phi_{B/D} = 1.34°$

10–45. $\tau_{\max} = 64.0$ MPa

10–46. $\tau_{\max}^{\text{abs}} = 20.4$ MPa,
For $0 \le x < 0.5$ m,
$\phi(x) = \{0.005432\,(x^2 + x)\}$ rad
For $0.5 \text{ m} < x \le 1$ m,
$\phi(x) = \{-0.01086x^2 + 0.02173x - 0.004074\}$ rad

10–47. Use $d = 22$ mm, $\phi_{A/D} = 2.54°$

10–49. $\tau_{\max} = 9.12$ MPa, $\phi_{E/B} = 0.585°$

10–50. $\tau_{\max} = 14.6$ MPa, $\phi_{B/E} = 1.11°$

10–51. $\phi_A = 1.57°$

10–53. $\phi_A = 2.09°$

10–54. $k = 1.20(10^6)$ N/m^2, $\phi = 3.56°$

10–55. $k = 12.3(10^3)$ N/m$^{2/3}$, $\phi = 2.97°$

10–57. $d_t = 201$ mm, $\phi = 3.30°$

10–58. $\phi_C = 0.132°$

10–59. $t = 7.53$ mm

10–61. $\phi_{F/E} = 0.999\,(10)^{-3}$ rad, $\phi_{F/D} = 0.999\,(10)^{-3}$ rad, $\tau_{\max} = 3.12$ MPa

10–62. $(\tau_{AC})_{\max} = 92.9$ MPa

10–63. $(\tau_{AC})_{\max} = 14.3$ MPa, $(\tau_{CB})_{\max} = 9.55$ MPa

10–65. $(\tau_{\max})_{AC} = 68.2$ MPa, $(\tau_{\max})_{BC} = 90.9$ MPa

10–66. $T = 4.34$ kN·m, $\phi_A = 2.58°$

10–67. $(\tau_{\text{st}})_{\max} = 86.5$ MPa, $(\tau_{\text{mg}})_{\max} = 41.5$ MPa, $(\tau_{\text{mg}})\big|_{\rho=0.02\text{ m}} = 20.8$ MPa

10–69. $\tau_{\max}^{\text{abs}} = 64.1$ MPa

10–70. $\phi_C = 0.142°$
$(\tau_{st})_{\max BC} = 3.15$ MPa,
$(\gamma_{st})_{\max} = 42(10^{-6})$ rad,
$(\tau_{br})_{\max} = 0.799$ MPa,
$(\gamma_{br})_{\max} = 21.0(10^{-6})$ rad

10–71. $(\tau_{\max})_{\text{abs}} = 109$ MPa

10–73. $(\tau_{AC})_{\max} = 9.55$ MPa, $(\tau_{CB})_{\max} = 6.37$ MPa

10–74. $T_B = 22.2\ \text{N}\cdot\text{m}$, $T_A = 55.6\ \text{N}\cdot\text{m}$

10–75. $\phi_E = 1.66°$

10–77. $\tau_{\max}^{\text{abs}} = 93.1$ MPa

10–78. $T_B = \dfrac{37}{189}T,\ T_A = \dfrac{152}{189}T$

10–79. $T_B = \dfrac{7t_0L}{12},\ T_A = \dfrac{3t_0L}{4}$

R10–1. Use $d = 26$ mm, $\phi_{A/C} = 2.11°$

R10–2. Use $d = 28$ mm.

R10–3. $\tau = 88.3$ MPa, $\phi = 4.50°$

R10–5. $T = 331\ \text{N}\cdot\text{m}$

R10–6. $(\tau_{\max})_{AB} = 31.5$ MPa, $(\tau_{\max})_{BC} = 90.8$ MPa

R10–7. $P = 19.8$ kN

R10–9. $P = 1.10$ kW, $\tau_{\max} = 825$ kPa

Chapter 11

11–1.

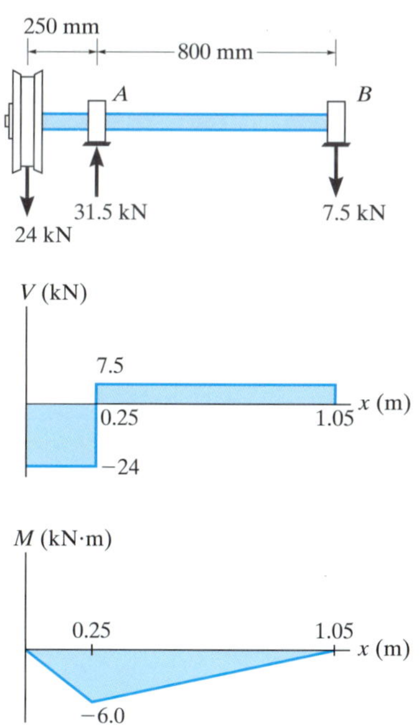

11–2. $A_y = 48.2$ kN, $M_A = 29.6\ \text{kN}\cdot\text{m}$, $\Sigma F_x = 0$; $A_x = 0$

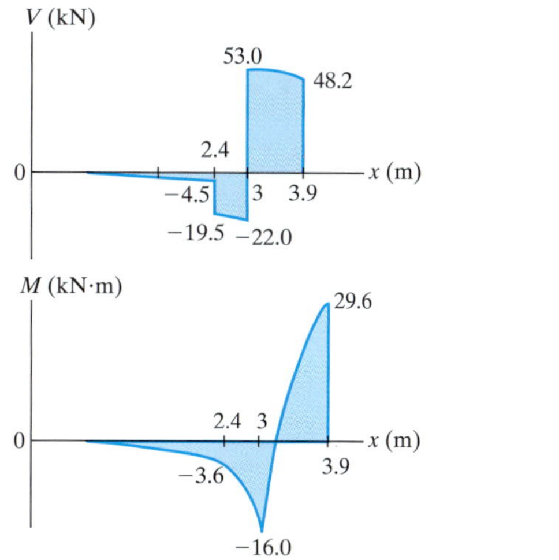

11–3. $x = 1.5, V = 0,\ M = 9,\ x = 4^-$,
$V = -20,\ M = -16$

11–5.

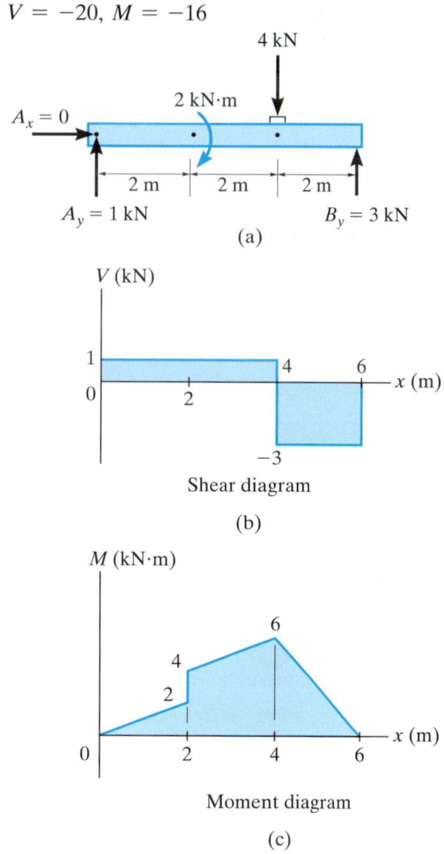

11–6. $V = 15.6 \text{ N}, M = \{15.6x + 100\} \text{ N}\cdot\text{m}$

11–7. For $0 \le x < \dfrac{L}{2}$: $V = \dfrac{w_0 L}{24}, M = \dfrac{w_0 L}{24}x,$

For $\dfrac{L}{2} < x \le L$: $V = \dfrac{w_0}{24L}[L^2 - 6(2x - L)^2],$

$M = \dfrac{w_0}{24L}[L^2 x - (2x - L)^3],$

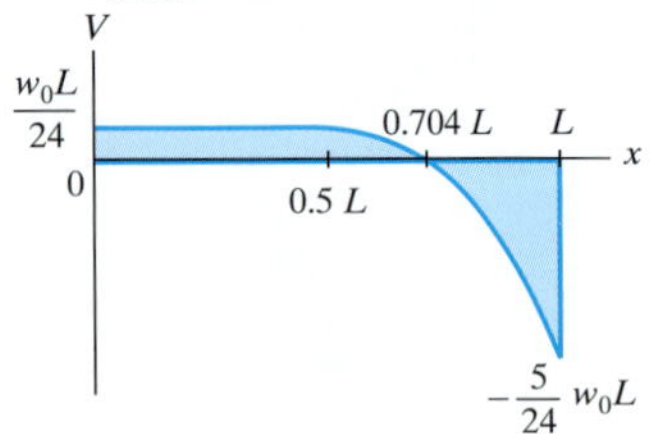

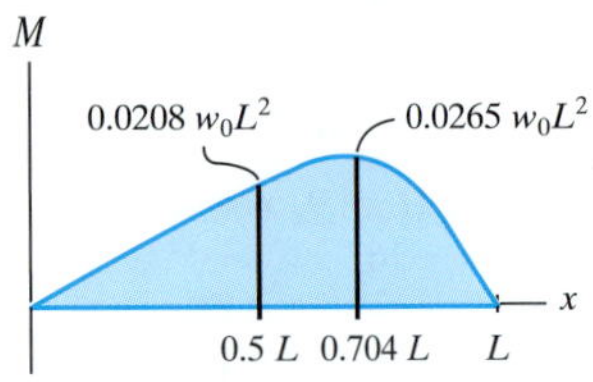

11–9. $T_1 = 1125 \text{ N}; T_2 = 900 \text{ N}$

11–10.

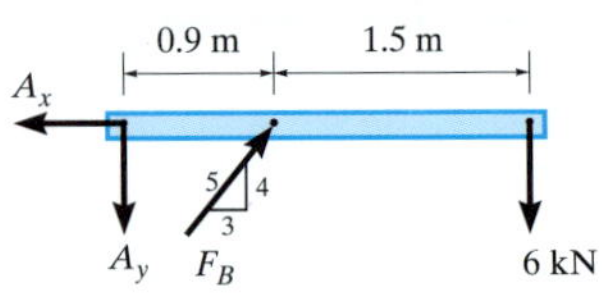

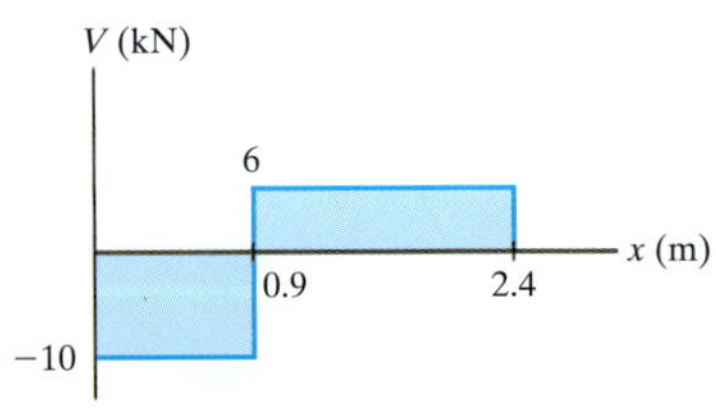

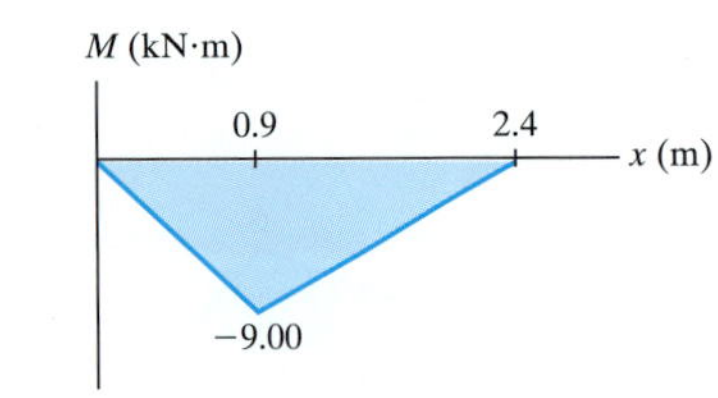

11–11. $x = 3a^-, V = -P, M = -Pa$

11–13. $V = -\dfrac{M_0}{L},$

For $0 \le x < \dfrac{L}{2}, M = M_0 - \left(\dfrac{M_0}{L}\right)x,$

For $\dfrac{L}{2} < x \le L, M = -\left(\dfrac{M_0}{L}\right)x$

11–14. $x = 1.5^-\text{m}, V = -45 \text{ kN}, x = 1.5^+\text{m},$
$V = -3.75 \text{ kN}$
$x = 1.5 \text{ m}, M = -33.75 \text{ kN}\cdot\text{m}, x = 3^-\text{m}$
$M = -39.375 \text{ kN}\cdot\text{m}$
$x = 3^+\text{m}, \text{M} = 5.625 \text{ kN}\cdot\text{m}$

11–15. $x = 0.45^-, V = 750, M = 337.5$

11–17.

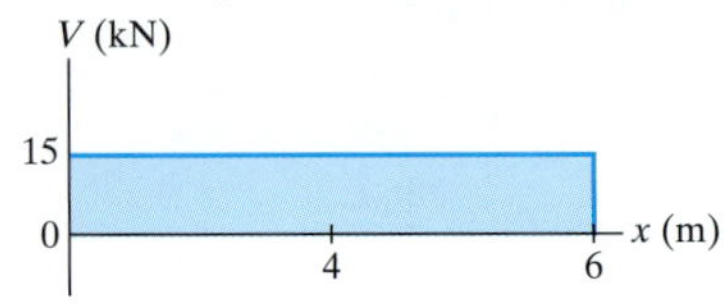

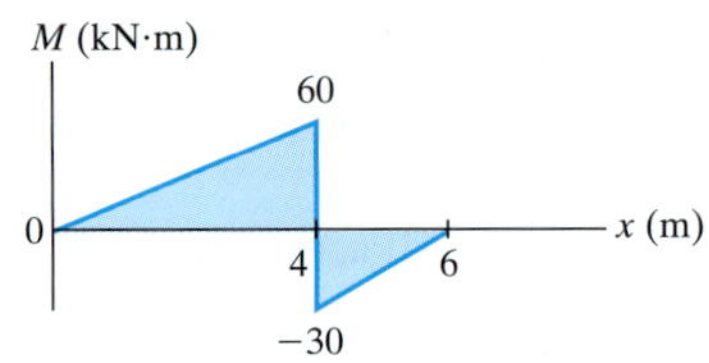

11–18.

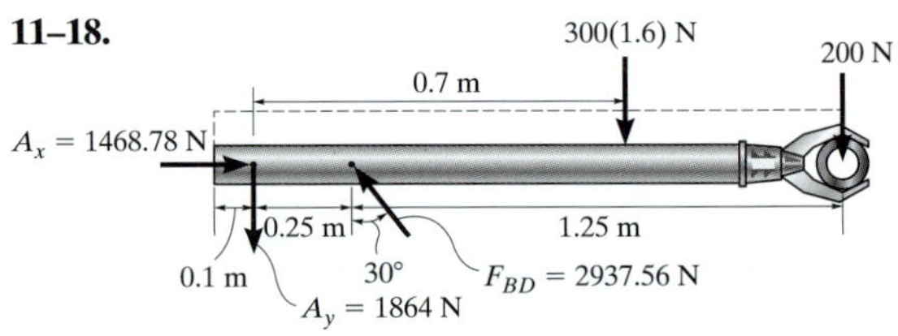

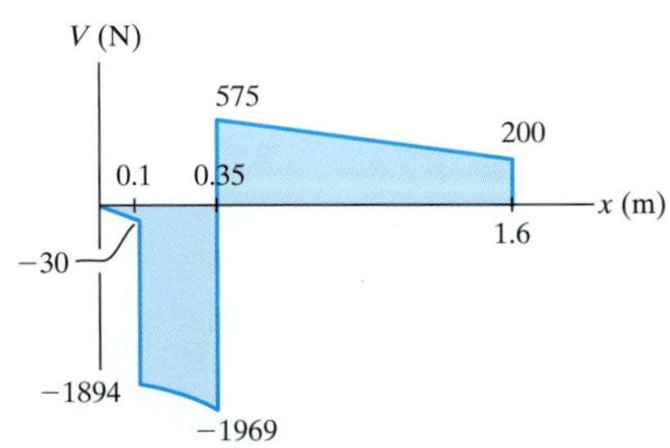

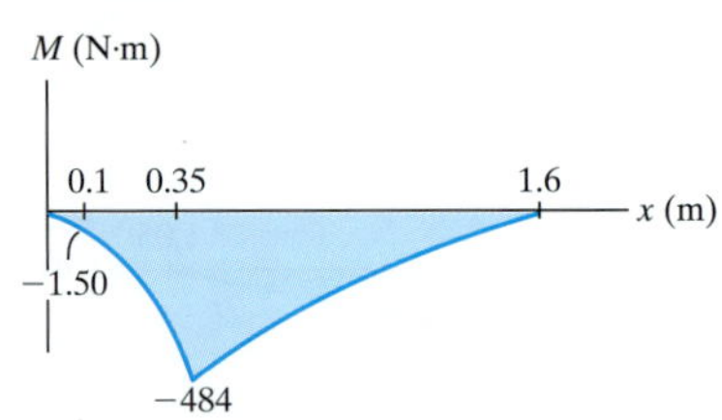

11–19. $V_A = \frac{w_0 L}{3}, M_{max} = \frac{23 w_0 L^2}{216}$

11–21.

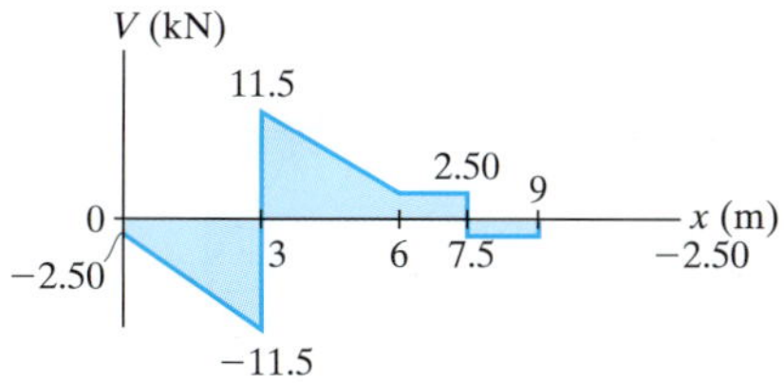

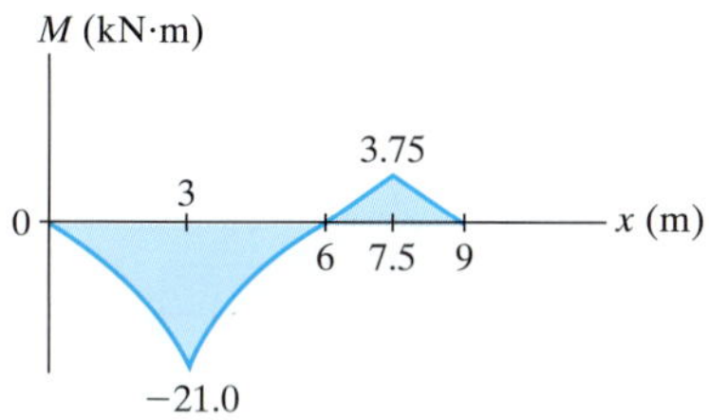

11–22.

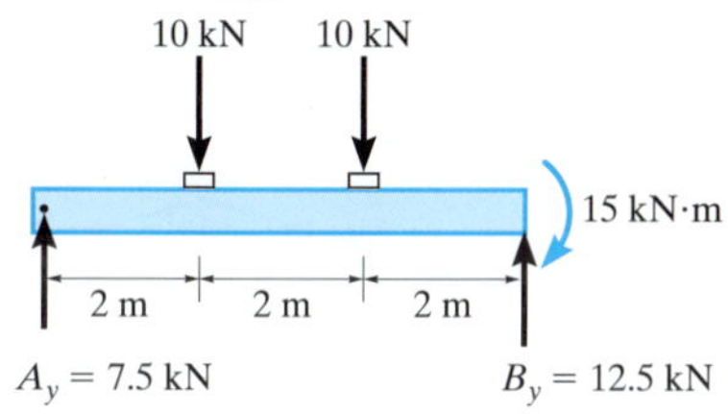

(a)

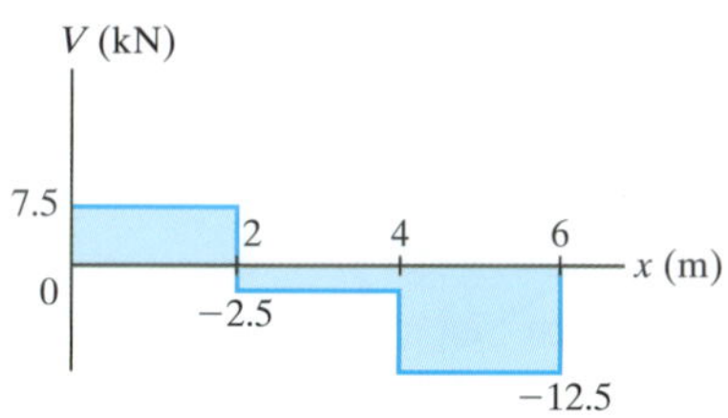

Shear diagram

(b)

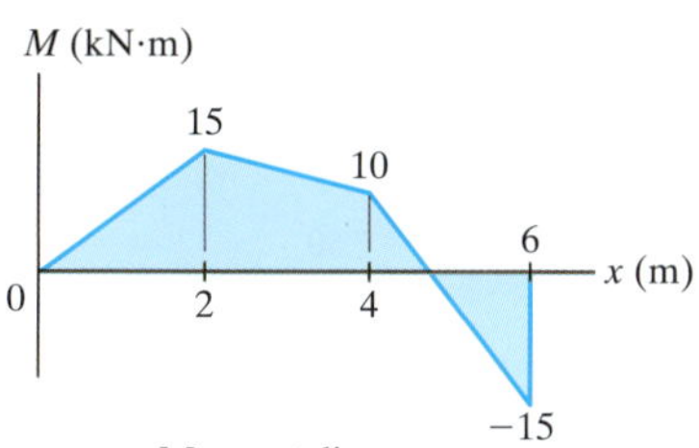

Moment diagram

(c)

11–23. $V_B = -45\,\text{kN}, M_B = -63\,\text{kN}\cdot\text{m}$

11–25. $V = \{50.0 - 5.625x^2\}\text{kN}$,
$M = \{50.0x - 1.875x^3\}\ \text{kN}\cdot\text{m}$,
$V = -40.0\text{kN}, M = \{40.0(6 - x)\}\,\text{kN}\cdot\text{m}$

11–26.

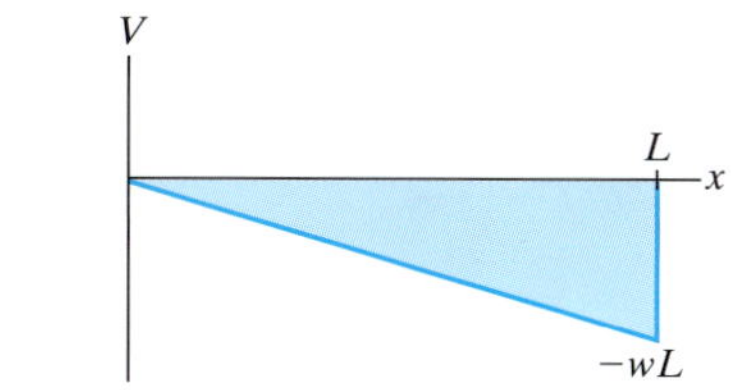

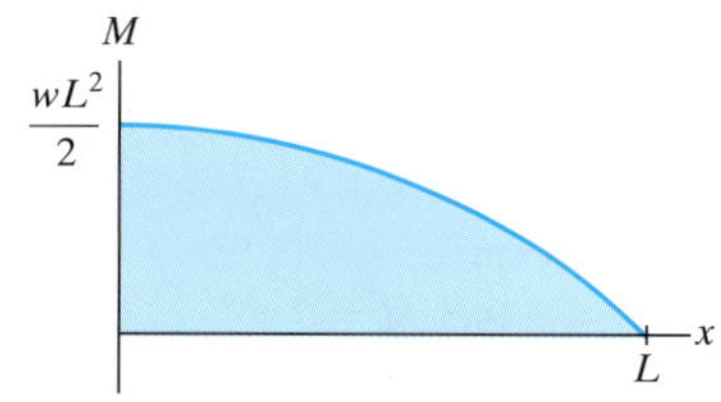

11–27.

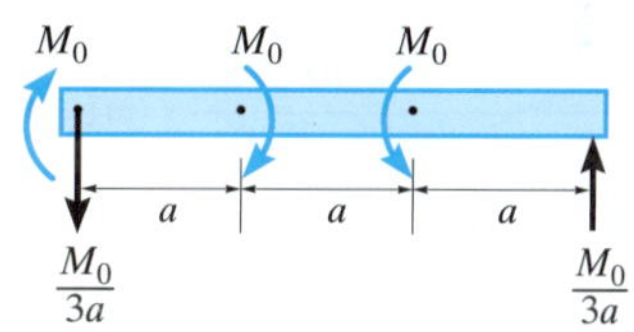

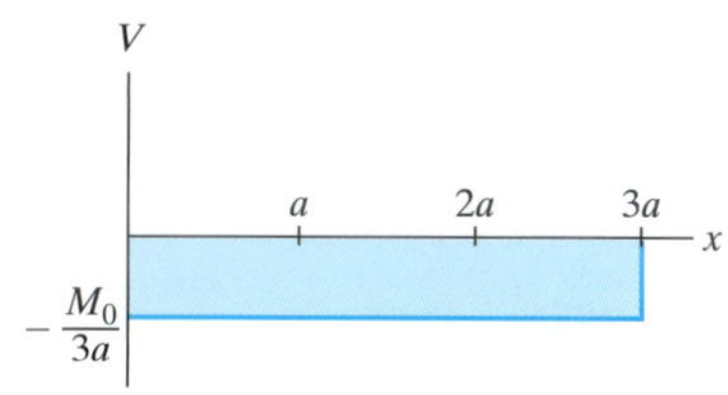

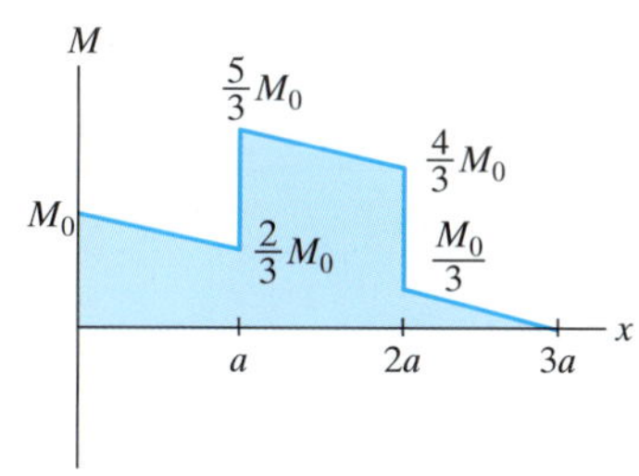

11–29.

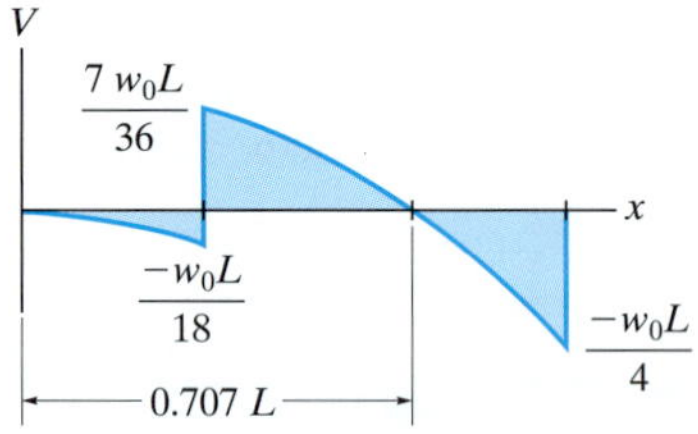

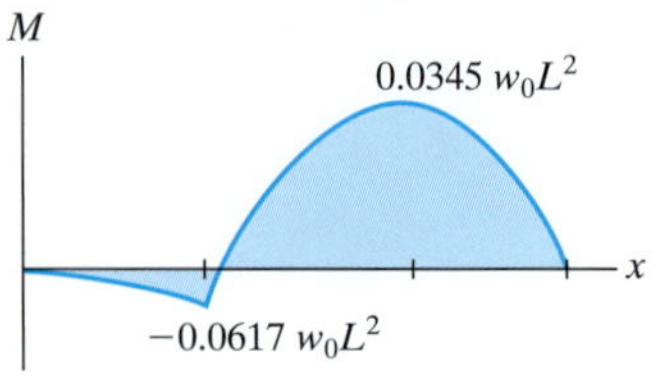

11–30. $M_{max} = 394 \text{ N} \cdot \text{m}$

11–31. $x = 2^{+}, V = -14.5, M = 7$

11–33.

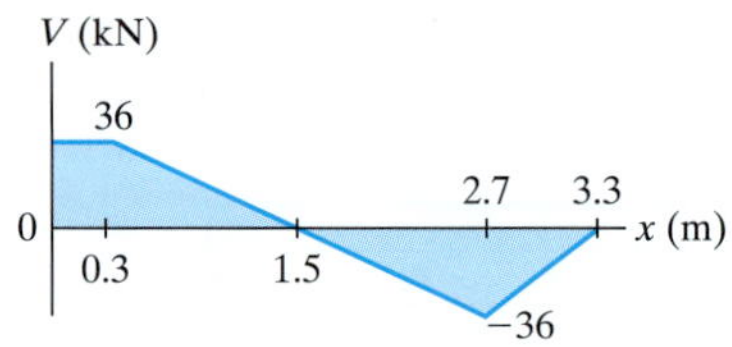

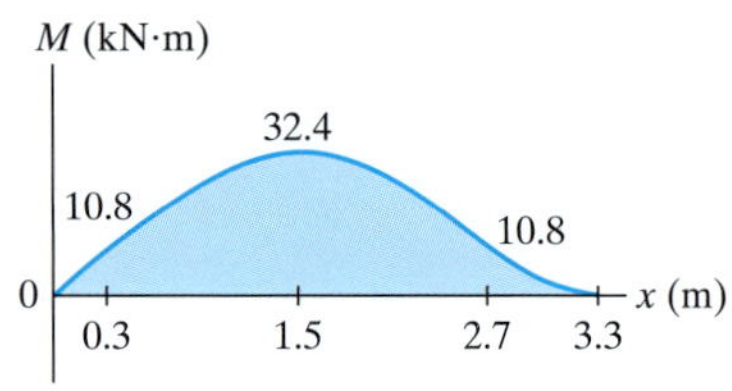

11–34.

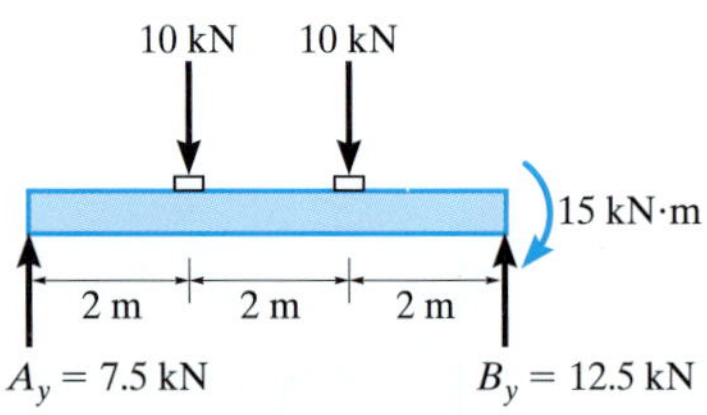

(a)

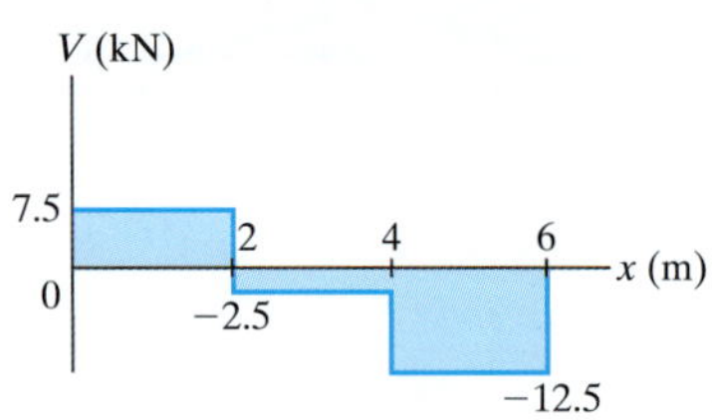

Shear diagram
(b)

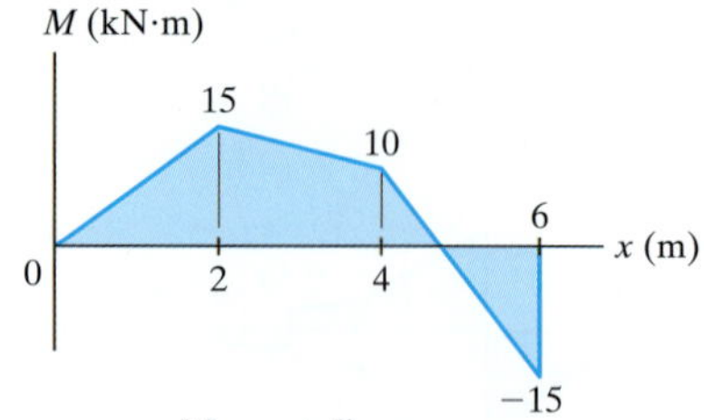

Moment diagram
(c)

11–35.

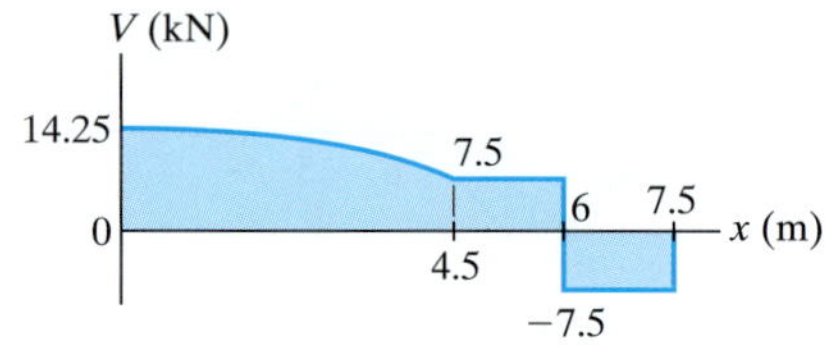

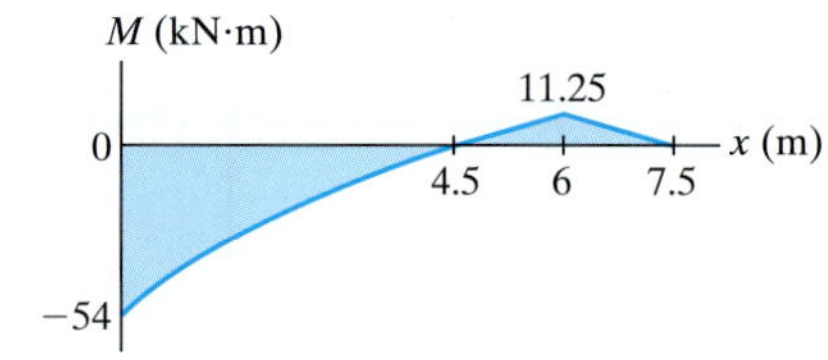

11–37.

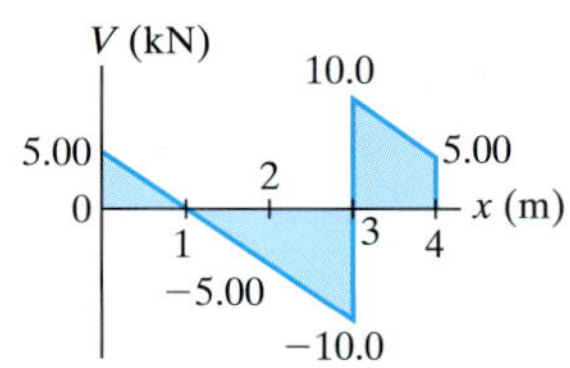

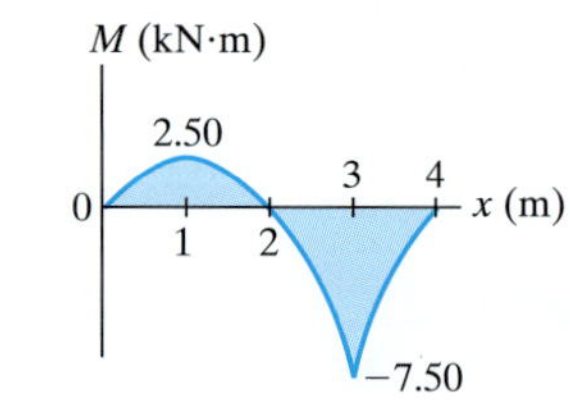

11–38.

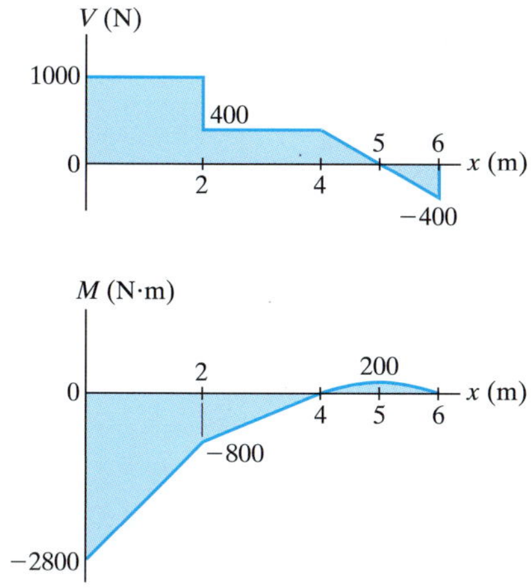

11–39.

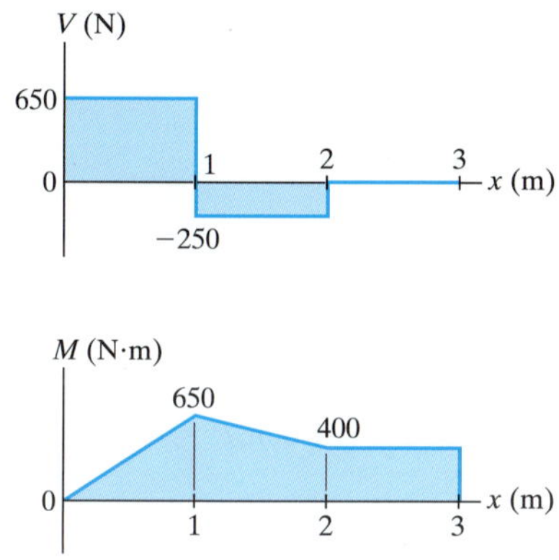

11–41.

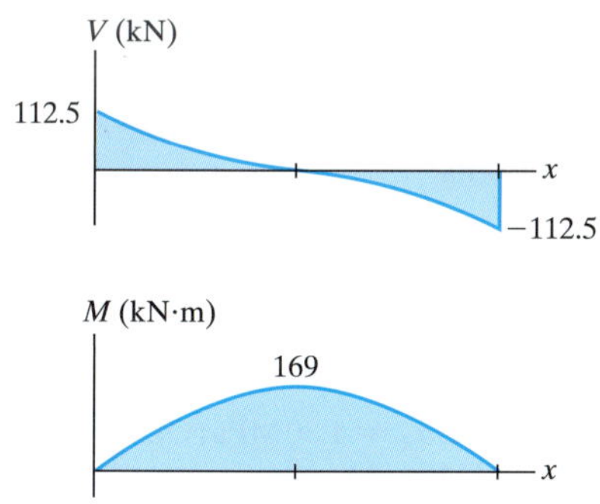

11–42.

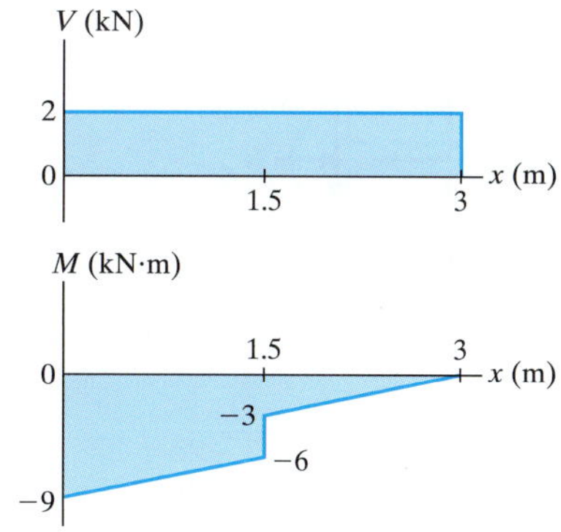

11–43. For $0 \leq x < 3\,\text{m}$: $V = 200\,\text{N}, M = \{200x\}\,\text{N}\cdot\text{m}$,

For $3\,\text{m} < x \leq 6\,\text{m}$: $V = \left\{-\dfrac{100}{3}x^2 + 500\right\}\text{N}$,

$$M = \left\{-\frac{100}{9}x^3 + 500x - 600\right\}\text{N}\cdot\text{m}$$

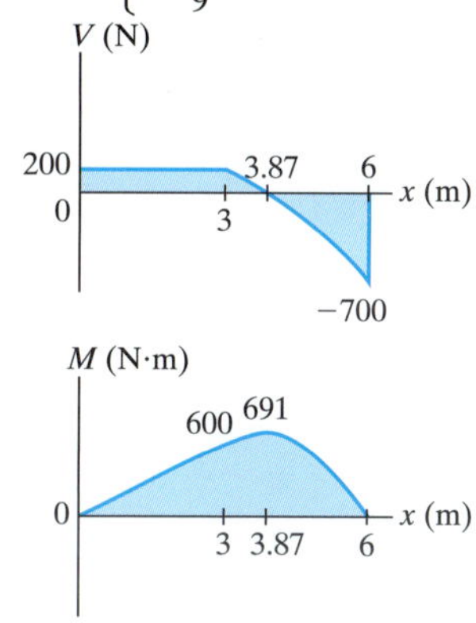

11–45.

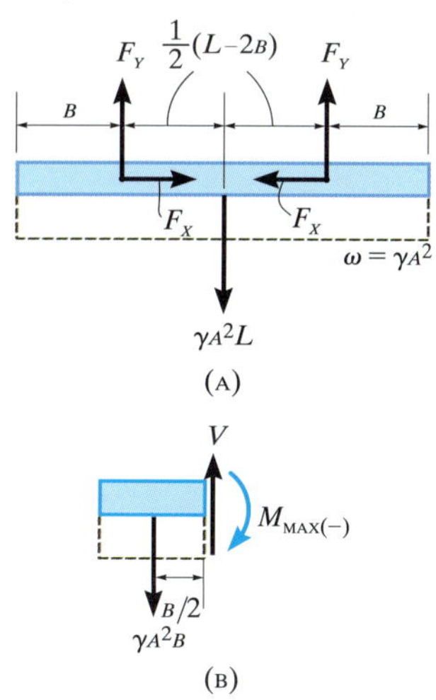

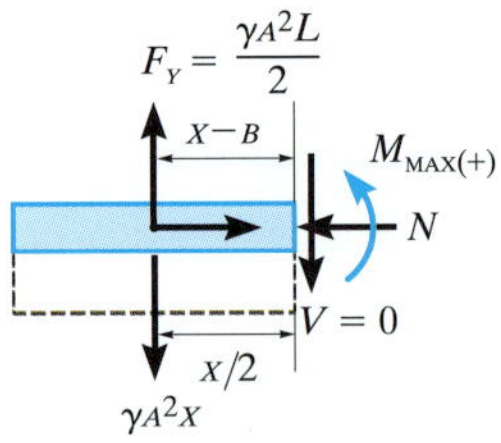

(c)

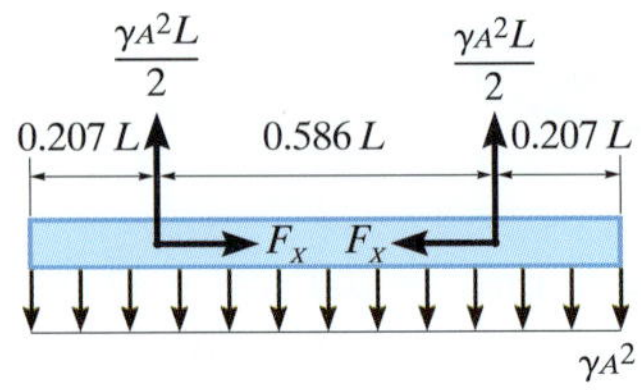

(D)

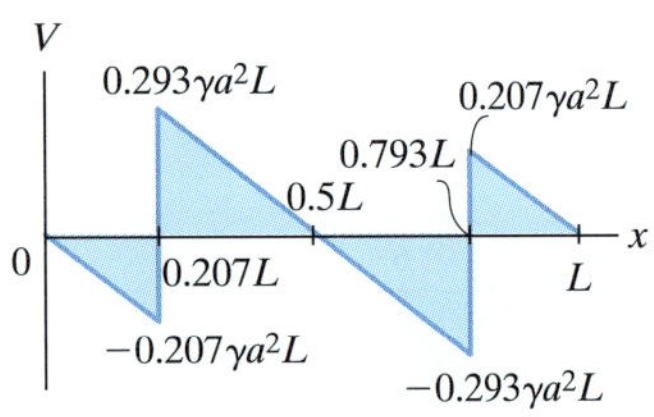

(e)

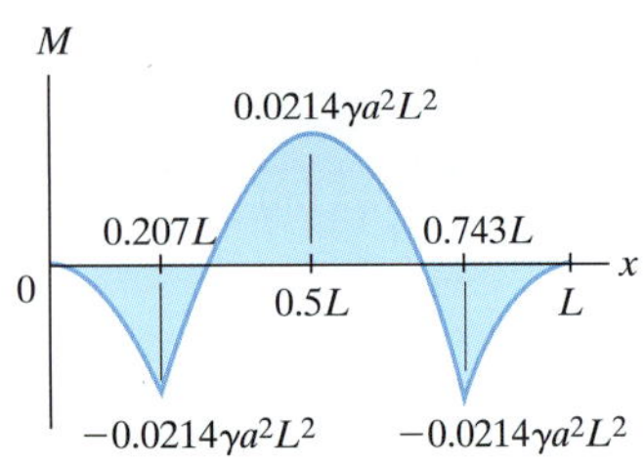

(f)

11–46. $a = 0.207L$
11–47. $\sigma_{max} = 2.06\,\text{MPa}$
11–49. $M = 13.5\,\text{kN}\cdot\text{m}$
11–50. $(\sigma_t)_{max} = 31.0\text{ MPa}, (\sigma_c)_{max} = 14.8\text{ MPa}$
11–51. $\sigma_c\left(\frac{M'}{M}\right) = 84.6\%$
11–53. $r = 909\,\text{mm}, M = 61.9\,\text{N}\cdot\text{m}$
11–54. $\sigma_{max} = 148\,\text{MPa}$
11–55. $F_R = 200\,\text{kN}$
11–57. $M = 50.3\,\text{kN}\cdot\text{m}$
11–58. $\frac{M'}{M} = 74.4\%$
11–59. $M = 15.6\,\text{kN}\cdot\text{m}, \sigma_{max} = 12.0\,\text{MPa}$
11–61. $F_R = 21.1\,\text{kN}$
11–62. $\sigma_{max} = 158\,\text{MPa}$
11–63. $d = 86.3\,\text{mm}$
11–65. $\sigma_{max} = 52.8\,\text{MPa}$
11–66. $\sigma = 80.6\,\text{MPa}$
11–67. $d = 32.2\,\text{mm}$
11–69. (a) $\sigma_{max} = 249\,\text{kPa}$, (b) $\sigma_{max} = 249\,\text{kPa}$
11–70. $\sigma_A = 199\text{ MPa}, \sigma_B = 66.2\text{ MPa}$
11–71. $\sigma_{max} = 10.0\text{ MPa}$
11–73. $\sigma_{max} = 98.0\,\text{MPa}$
11–74. $b = 53.1\,\text{mm}$
11–75. $\sigma_{max} = 166\text{ MPa}$
11–77. $d_o = 188\,\text{mm}$, $d_i = 151\,\text{mm}$
11–78. $(\sigma_{max})_c = 120\,\text{MPa (C)}, (\sigma_{max})_t = 60\,\text{MPa (T)}$
11–79. $w = 18.75\,\text{kN/m}$
11–81. $a = 66.9\,\text{mm}$
11–82. $\sigma_{max} = \frac{23 w_0 L^2}{36\,bh^2}$
11–83. $\sigma_{max} = 119\,\text{MPa}$
11–85. $(\sigma_{max})_t = 2.77\,\text{MPa}, (\sigma_{max})_c = 3.84\,\text{MPa}$
11–86. $P = 2.60\,\text{kN}$ (Controls)
11–87. $d = 0.1162\text{ m} = 116\text{ mm}$
11–89. $b = 346\,\text{mm}, h = 490\,\text{mm}, P = 647\,\text{kN}$
11–90. $P = 498\,\text{kN}$
11–91. $\sigma_{max} = 175\,\text{MPa}$
11–93. $d = 410\text{ mm}$
11–94. $w = 937.5\text{ N/m}$
11–95. $\sigma_{\substack{abs\\max}} = 10.7\text{ MPa}$
11–97. $\sigma_A = -119\,\text{kPa}, \sigma_B = 446\,\text{kPa}, \sigma_D = -446\,\text{kPa}$, $\sigma_E = 119\,\text{kPa}$
11–98. $a = 0, b = -\left(\frac{M_z I_y + M_y I_{yz}}{I_y I_z - I_{yz}^2}\right)$, $c = \frac{M_y I_z + M_z I_{yz}}{I_y I_z - I_{yz}^2}$
11–99. $\bar{y} = 57.4\,\text{mm}, \sigma_A = 1.30\,\text{MPa (C)}$, $\sigma_B = 0.587\,\text{MPa (T)}$, $\alpha = -3.74°$
11–101. $d = 62.9\text{ mm}$
11–102. $\sigma_{max} = 163\text{ MPa}$
11–103. $\sigma_A = 20.6\text{ MPa (C)}$
R11–1. $\sigma_{max} = 11.1\,\text{MPa}$
R11–2. $V = \frac{2wL}{27} - \frac{w}{2L}x^2, M = \frac{2wL}{27}x - \frac{w}{6L}x^3$
R11–3. $\sigma_{max} = 0.410\text{ MPa}$

R11–5. $V = \{94 - 30x\}$ kN, $M = \{-15x^2 + 94x - 243.6\}$ kN·m

R11–6. Case (a), $\Delta\sigma_{\max} = 2.49\left(\dfrac{M}{a^3}\right)$

R11–7. $V|_{x=600\text{ mm}^-} = -233$ N, $M|_{x=600\text{ mm}} = -50$ N·m

Chapter 12

12–1. $\tau_A = 2.56$ MPa
12–2. $\tau_{\max} = 3.46$ MPa
12–3. $V_w = 19.0$ kN
12–5. $\tau_{\max} = 3.91$ MPa
12–6. $V_{\max} = 100$ kN
12–7. $\tau_{\max} = 17.9$ MPa
12–9. $V = 141$ kN
12–10. $\tau_{\max} = 35.9$ MPa
12–13. $\tau_B = 4.41$ MPa
12–14. $\tau_{\max} = 4.85$ MPa
12–15. $\tau_C = 11.9$ MPa, $\tau_D = 9.83$ MPa,
12–17. $V_{AB} = 50.3$ kN
12–18. The factor $= \dfrac{4}{3}$
12–19. $\tau_{\max} = 4.22$ MPa
12–21. $P = 6.00$ kN
12–22. $\tau_A = 1.99$ MPa, $\tau_B = 1.65$ MPa
12–23. $\tau_{\max} = 4.62$ MPa
12–25. $\mathrm{L} = \dfrac{\mathrm{h}}{4}$
12–26. $\tau_{\max} = 2.55$ MPa
12–27. $\tau_{\max} = 22.0$ MPa, $(\tau_{\max})_s = 66.0$ MPa
12–29. $\tau_{\max} = 7.33$ MPa
12–30. $\tau_{\max} = 3.67$ MPa
12–31. $a = 102$ mm
12–33. $V = 499$ kN
12–34. $V = 7.20$ kN
12–35. $V = 8.00$ kN, $s = 65.0$ mm
12–37. $s = 138$ mm
12–38. $V = 172$ kN
12–39. $s = 34.3$ mm
12–41. $F = 12.5$ kN
12–42. $P = 11.4$ kN (controls)
12–43. $s = 71.3$ mm
12–45. $P = 3.67$ kN
12–46. $(\tau_{\text{nail}})_{\text{avg}} = 119$ MPa
12–47. $s = 216$ mm, $s' = 30$ mm
R12–1. $V_{AB} = 49.8$ kN
R12–2. $V = 131$ kN
R12–3. $q_A = 0$, $q_B = 1.21$ kN/m, $q_c = 3.78$ kN/m
R12–5. $V = 20.4$ kN
R12–6. $V = 3.73$ kN
R12–7. $V = 7.37$ kN
R12–9. $\tau_{\max} = 59.0$ MPa

Chapter 13

13–1. $t = 18.8$ mm
13–2. $r_0 = 1.812$ m
13–3. Case (a): $\sigma_1 = 8.33$ MPa; $\sigma_2 = 0$
Case (b): $\sigma_1 = 8.33$ MPa; $\sigma_2 = 4.17$ MPa
13–5. $\sigma_1 = 7.07$ MPa, $\sigma_2 = 0$
13–6. $P = 848$ N
13–7. (a) $\sigma_1 = 127$ MPa,
(b) $\sigma_1' = 79.1$ MPa,
(c) $(\tau_{\text{avg}})_b = 322$ MPa
13–9. $t_c = 40$ mm, $t_s = 20$ mm,
$(P_b)_{\text{allow}} = 122.72(10^3)$ N, $n_s = 308$ bolts
13–10. $s = 0.833$ m
13–11. $\sigma_h = 3.15$ MPa, $\sigma_b = 66.8$ MPa
13–13. $\sigma_c = 19.7$ MPa
13–14. $\delta r_i = \dfrac{pr_i^2}{E(r_o - r_i)}$
13–15. $p = \dfrac{E(r_2 - r_3)}{\dfrac{r_2^2}{r_2 - r_1} + \dfrac{r_3^2}{r_4 - r_3}}$
13–17. $\sigma_{fil} = \dfrac{pr}{t + t'w/L} + \dfrac{T}{wt'}$, $\sigma_w = \dfrac{pr}{t + t'w/L} - \dfrac{T}{Lt}$
13–18. $d = 66.7$ mm
13–19. $d = 133$ mm
13–21. $\sigma_{\max} = 111$ MPa(T)
13–22. $\sigma_A = 23.8$ MPa(C), $\tau_A = 0$ (Since $Q_A = 0$)
13–23. $\sigma_B = 51.8$ MPa (T), $\tau_B = 0$ (Since $Q_B = 0$)
13–25. $P_{\max} = 128$ kN
13–26. $w = 79.7$ mm
13–27. $P = 109$ kN
13–29. $\sigma_D = 0$, $\tau_D = 5.33$ MPa, $\sigma_E = 188$ MPa, $\tau_E = 0$
13–30. $\sigma_A = 25$ MPa (C), $\sigma_B = 0$, $\tau_A = 0$, $\tau_B = 5$ MPa
13–31. $\sigma_A = 215$ MPa (C), $(\tau_{xy})_A = 0$, $(\tau_{xz})_A = 102$ MPa
13–33. $\sigma_A = 0.444$ MPa (T), $\tau_A = 0.217$ MPa

13–34. $A = 9.00(10^{-3})\,\text{m}^2, I = 82.8(10^{-6})\,\text{m}$, $Q_B = 0, \sigma_B = 0.522\,\text{MPa (C)}, \tau_B = 0$

13–35. $\sigma_A = 70.0\,\text{MPa (C)}, \sigma_B = 10.0\,\text{MPa (C)}$

13–37. $\sigma_A = 504\,\text{kPa (C)}, \tau_A = 14.9\,\text{kPa}$

13–38. $\sigma_A = 8.00\,\text{MPa (C)}, \sigma_B = 24.0\,\text{MPa (C)}$

13–39. $\sigma_A = 8.00\,\text{MPa (C)}, \sigma_B = 24.0\,\text{MPa (C)}$, $\sigma_C = 8.00\,\text{MPa (C)}, \sigma_D = 8.00\,\text{MPa (T)}$

13–41. $\sigma_E = 57.8\,\text{MPa}, \tau_E = 864\,\text{kPa}$

13–42. $\sigma_x = 37.0\,\text{MPa (C)}, (\tau_{xy})_A = -7.32\,\text{MPa}$, $(\tau_{xz})_A = (\tau_V)_z = 0$

13–43. $\sigma_B = 27.5\,\text{MPa (C)}, (\tau_{xz})_B = -8.81\,\text{MPa}$, $(\tau_{xy})_B = 0$

13–45. $\text{T} = 9.34\,\text{kN}$

13–46. $P = \dfrac{\delta_{\max}\pi\left(r_0^4 - r_i^4\right)}{r_0^2 + r_i^2 + 4er_0}$

13–47. $\sigma_A = 224\text{ MPa (T)}, (\tau_{xz})_A = -30.7\text{ MPa}$, $(\tau_{xy})_A = 0$

13–49. $\sigma_C = 295\text{ MPa (C)}, (\tau_{xy})_C = 25.9\text{ MPa}$, $(\tau_{xz})_C = 0$

13–50. $(\sigma_{\max})_t = 106\text{ MPa}, (\sigma_{\max})_c = -159\text{ MPa}$

13–51. $P_{\max} = 9.08\text{ kN}$

13–53. $\sigma_B = 3.82\,\text{MPa(C)}, (\tau_{xy})_B = 3.46\,\text{MPa}, (\tau_{xz})_B = 0$

R13–1. $e = c/4$

R13–2. $\sigma_E = 802\text{ kPa}, \tau_E = 69.8\text{ kPa}$

R13–3. $\sigma_F = 695\text{ kPa (C)}, \tau_A = 31.0\text{ kPa}$

R13–5. $\sigma_{\max} = 2.12\,\text{MPa(C)}$

R13–6. $\theta = 0.286°$

R13–7. $\sigma_C = 93.7\,\text{MPa(T)}, \tau_C = 0, \sigma_D = 187\,\text{MPa (C)}$, $\tau_D = 0$

Chapter 14

14–2. $\sigma_{x'} = 31.4\text{ MPa}, \tau_{x'y'} = 38.1\text{ MPa}$

14–3. $\sigma_{x'} = -3.48\,\text{MPa}, \tau_{x'y'} = 4.63\,\text{MPa}$

14–5. $\sigma_{x'} = 49.7\,\text{MPa}, \tau_{x'y'} = -34.8\,\text{MPa}$

14–6. $\sigma_{x'} = -678\,\text{MPa}, \tau_{x'y'} = 41.5\,\text{MPa}$

14–7. $\sigma_{x'} = -61.5\text{ MPa}, \tau_{x'y'} = 62.0\text{ MPa}$

14–9. $\sigma_{x'} = 36.0\text{ MPa}, \tau_{x'y'} = -37.0\text{ MPa}$

14–10. $\sigma_{x'} = 36.0\text{ MPa}, \tau_{x'y'} = -37.0\text{ MPa}$

14–11. $\sigma_{x'} = 47.5\text{ MPa}, \sigma_{y'} = 202\text{ MPa}$, $\tau_{x'y'} = -15.8\text{ MPa}$

14–13. $\sigma_{x'} = -62.5\text{ MPa}, \tau_{x'y'} = -65.0\text{ MPa}$

14–14. $\sigma_1 = 319\text{ MPa}, \sigma_2 = -219\text{ MPa}, \theta_{p1} = 10.9°$, $\theta_{p2} = -79.1°, \tau_{\substack{\max \\ \text{in-plane}}} = 269\text{ MPa}$

$\theta_s = -34.1°$ and $55.9°$, $\sigma_{\text{avg}} = 50.0\text{ MPa}$

14–15. $\sigma_1 = 53.0\text{ MPa}, \sigma_2 = -68.0\text{ MPa}, \theta_{p1} = 14.9°$, $\theta_{p2} = -75.1°, \tau_{\substack{\max \\ \text{in-plane}}} = 60.5\text{ MPa}$, $\sigma_{\text{avg}} = -7.50\text{ MPa}, \theta_s = -30.1°$ and $59.9°$

14–17. $\sigma_1 = 137\text{ MPa}, \sigma_2 = -86.8\text{ MPa}$, $\theta_{p1} = -13.3°, \theta_{p2} = 76.7°, \tau_{\substack{\max \\ \text{in-plane}}} = 112\text{ MPa}$, $\theta_s = 31.7°$ and $122°$, $\sigma_{\text{avg}} = 25\text{ MPa}$

14–18. $\sigma_x = 33.0\text{ MPa}, \sigma_y = 137\text{ MPa}, \tau_{xy} = -30\text{ MPa}$

14–19. $\sigma_1 = 5.90\text{ MPa}, \sigma_2 = -106\text{ MPa}$, $\theta_{p1} = 76.7°$ and $\theta_{p2} = -13.3°$, $\tau_{\substack{\max \\ \text{in-plane}}} = 55.9\text{ MPa}, \sigma_{\text{avg}} = -50\text{ MPa}$, $\theta_s = 31.7°$ and $122°$

14–21. $\tau_a = -1.96\text{ MPa}$
$\sigma_1 = 80.1\text{ MPa}, \sigma_2 = 19.9\text{ MPa}$

14–22. $\sigma_{x'} = -63.3\text{ MPa}, \tau_{x'y'} = 35.7\text{ MPa}$

14–23. $\sigma_1 = 2.29\text{ MPa}, \sigma_2 = -7.20\text{ kPa}, \theta_p = -3.21°$

14–25. $\sigma_1 = 16.6\text{ MPa}, \sigma_2 = 0, \tau_{\substack{\max \\ \text{in-plane}}} = 8.30\text{ MPa}$

14–26. $\sigma_1 = 14.2\text{ MPa}, \sigma_2 = -8.02\text{ MPa}$, $\tau_{\substack{\max \\ \text{in-plane}}} = 11.1\text{ MPa}$

14–27. $\sigma_1 = 6.92\,\text{MPa}, \sigma_2 = -10.3\,\text{MPa}$, $\tau_{\substack{\max \\ \text{in-plane}}} = 8.62\text{MPa}$

14–29. Point A: $\sigma_1 = \sigma_y = 0, \sigma_2 = \sigma_x = -30.5\text{ MPa}$,
Point B: $\sigma_1 = 0.541\text{ MPa}, \sigma_2 = -1.04\text{ MPa}$,
$\theta_{p1} = -54.2°, \theta_{p2} = 35.8°$

14–30. $\tau_{x'y'} = 160\text{ kPa}$

14–31. $\sigma_{x'} = -191\text{ kPa}$

14–33. Point A: $\sigma_1 = 37.8\text{ kPa}, \sigma_2 = -10.8\text{ MPa}$
Point B: $\sigma_1 = 42.0\text{ MPa}, \sigma_2 = -10.6\text{ kPa}$

14–34. $\sigma_1 = 6.38\,\text{MPa}, \sigma_2 = -0.360\,\text{MPa}$, $(\theta_p)_1 = 13.4°, (\theta_p)_2 = 26.71°$

14–35. $\tau_{\substack{\max \\ \text{in-plane}}} = 3.37\,\text{MPa}, \theta_s = -31.6°, 58.4°$, $\sigma_{\text{avg}} = 3.01\,\text{MPa}$

14–37. $\sigma_1 = \sigma_x = 245\,\text{MPa}, \sigma_2 = \sigma_y = 0$, $\tau_{\substack{\max \\ \text{in-plane}}} = 122\text{ MPa}, \theta_s = -45°$ and $45°$, $\sigma_{avg} = 122\,\text{MPa}$

14–38. $\sigma_1 = \sigma_y = 0, \sigma_2 = \sigma_x = -188\,\text{MPa}$, $\tau_{\substack{\max \\ \text{in-plane}}} = 93.8\text{ MPa}, \theta_s = 45°$ and $135°$, $\sigma_{avg} = -93.8\text{ MPa}$

14–39. $\sigma_1 = 198\text{ MPa}, \sigma_2 = -1.37\text{ MPa}$

14–41. $\sigma_1 = 111\text{ MPa}, \sigma_2 = 0$

14–42. $\sigma_1 = 2.40\text{ MPa}, \sigma_2 = -6.68\text{ MPa}$

14–43. $\sigma_{x'} = 31.4$ MPa, $\tau_{x'y'} = 38.1$ MPa

14–45. $\sigma_{x'} = -678$ MPa, $\tau_{x'y'} = 41.5$ MPa

14–46. $\sigma_{x'} = 47.5$ MPa, $\tau_{x'y'} = -15.8$ MPa, $\sigma_{y'} = 202$ MPa

14–47. $\sigma_1 = 53.0$ MPa, $\sigma_2 = -68.0$ MPa, $\theta_{p1} = 14.9°$ counterclockwise, $\tau_{\underset{\text{in-plane}}{\max}} = 60.5$ MPa, $\sigma_{avg} = -7.50$ MPa, $\theta_{s1} = 30.1°$ clockwise

14–50. $\sigma_{avg} = -40.0$ MPa, $\sigma_1 = 32.1$ MPa, $\sigma_2 = -112$ MPa, $\theta_{p1} = 28.2°$, $\tau_{\underset{\text{in-plane}}{\max}} = 72.1$ MPa, $\theta_s = -16.8°$

14–51. $\sigma_{x'} = -5.71$ MPa, $\tau_{x'y'} = -4.50$ MPa, $\sigma_{y'} = 8.71$ MPa

14–53. (a) $R = 50$ kPa, (b) $R = 2$ MPa, (c) $R = 40$ MPa

14–54. $\sigma_{x'} = -299$ MPa, $\tau_{x'y'} = 551$ MPa, $\sigma_{y'} = -11.1$ MPa

14–55. $\sigma_{avg} = 60.0$ MPa, $\sigma_1 = 117$ MPa, $\sigma_2 = 3.43$ MPa, $\tau_{\underset{\text{in-plane}}{\max}} = -56.6$ MPa, $\theta_s = 22.5°$, $\theta_{p1} = 22.5°$ (clockwise)

14–57. $\sigma_1 = 64.1$ MPa, $\sigma_2 = -14.1$ MPa, $\theta_P = 25.1°$, $\sigma_{avg} = 25.0$ MPa, $\tau_{\underset{\text{in-plane}}{\max}} = 39.1$ MPa, $\theta_s = -19.9°$

14–58. $\theta_P = -14.9°$, $\sigma_1 = 227$ MPa, $\sigma_2 = -177$ MPa, $\tau_{\underset{\text{in-plane}}{\max}} = 202$ MPa, $\sigma_{avg} = 25$ MPa, $\theta_s = 30.1°$

14–59. $\sigma_1 = 88.1$ MPa, $\sigma_2 = -13.1$ MPa, $\theta_P =$ 40.7°(clockwise), $\tau_{\underset{\text{in-plane}}{\max}} = 50.6$ MPa, $\sigma_{avg} =$ 37.5 MPa, $\theta_s = 4.27°$ (counterclockwise)

14–61. $\sigma_{x'} = 19.5$ kPa, $\tau_{x'y'} = -53.6$ kPa

14–62. $\sigma_1 = 29.9$ MPa, $\sigma_2 = -17.1$ MPa, $\tau_{\underset{\text{in-plane}}{\max}} = R = 23.5$ MPa,

14–63. $\sigma_{x'} = 75.3$ kPa, $\tau_{x'y'} = -78.5$ kPa

14–65. $\sigma_1 = 7.52$ MPa, $\sigma_2 = 0$, $\tau_{\underset{\text{in-plane}}{\max}} = 3.76$ MPa, $\theta_s = 45°$ (counterclockwise)

14–66. $\sigma_{avg} = 5$ MPa, $\sigma_1 = 88.8$ MPa, $\sigma_2 = -78.8$ MPa, $\theta_P = 36.3°$ (counterclockwise), $\tau_{\underset{\text{in-plane}}{\max}} = 83.8$ MPa, $\theta_s = 8.68°$ (clockwise)

14–67. $\sigma_1 = 257$ MPa, $\sigma_2 = -163$ MPa

14–69. $\sigma_1 = 32.5$ MPa, $\sigma_2 = -0.118$ MPa, $(\theta_p)_1 = 3.44°$ (counterclockwise)

14–70. $\sigma_1 = 0.929$ kPa, $\sigma_2 = -869$ kPa

14–71. $\sigma_1 = \sigma_2 = 35$ MPa

14–73. $\sigma_{x'} = 470$ kPa, $\tau_{x'y'} = 592$ kPa

14–74. $\sigma_1 = 1.15$ MPa, $\sigma_2 = -0.0428$ MPa

14–75. $\sigma_1 = 40.2$ MPa, $\sigma_2 = -0.224$ MPa

14–77.

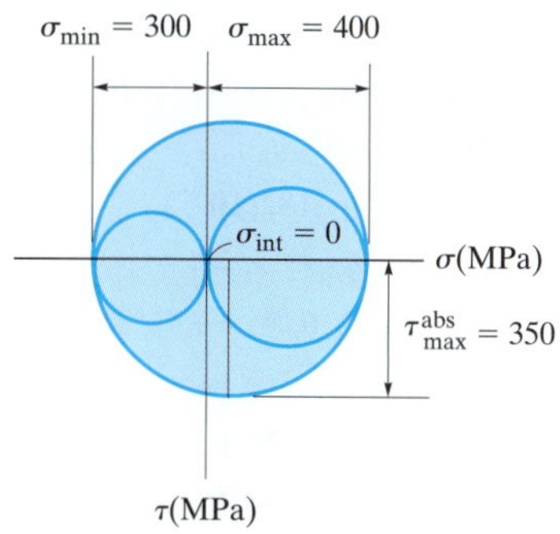

(a)

14–78. $\sigma_{Int} = 0$, $\sigma_{max} = 137$ MPa, $\sigma_{min} = -46.8$ MPa, $\tau_{\underset{\max}{\text{abs}}} = 91.8$ MPa,

14–79. $\sigma_{max} = 158$ MPa, $\sigma_{min} = -8.22$ MPa, $\sigma_{int} = 0$ MPa, $\tau_{\underset{\max}{\text{abs}}} = 83.2$ MPa

14–81. $\sigma_{int} = 0$, $\sigma_{max} = 7.06$ MPa, $\sigma_{min} = -9.06$ MPa, $\tau_{\underset{\max}{\text{abs}}} = 8.06$ MPa

14–83. $\sigma_{max} = 6.73$ kPa, $\sigma_{int} = 0$, $\sigma_{min} = -4.23$ kPa, $\tau_{\underset{\max}{\text{abs}}} = 5.48$ kPa

14–85. $\epsilon_{x'} = 248(10^{-6})$, $\gamma_{x'y'} = -233(10^{-6})$, $\epsilon_{y'} = -348(10^{-6})$

14–86. $\epsilon_{x'} = 55.1(10^{-6})$, $\gamma_{x'y'} = 133(10^{-6})$, $\epsilon_{y'} = 325(10^{-6})$

14–87. $\epsilon_{x'} = 325(10^{-6})$, $\gamma_{x'y'} = -133(10^{-6})$, $\epsilon_{y'} = 55.1(10^{-6})$

14–89. $\epsilon_{x'} = -116(10^{-6})$, $\epsilon_{y'} = 466(10^{-6})$, $\gamma_{x'y'} = 393(10^{-6})$

14–90. $\epsilon_{x'} = 466(10^{-6})$, $\epsilon_{y'} = -116(10^{-6})$, $\gamma_{x'y'} = -393(10^{-6})$

14–91. $\epsilon_1 = 385(10^{-6})$, $\epsilon_2 = 195(10^{-6})$, $\theta_{p1} = 54.2°$, $\theta_{p1} = -35.8°$, $\gamma_{\underset{\text{in-plane}}{\max}} = 190(10^{-6})$, $\theta_s = 9.22°$ and $-80.8°$, $\epsilon_{avg} = 290(10^{-6})$

14–93. (a) $\epsilon_1 = 713(10^{-6})$, $\epsilon_2 = 36.6(10^{-6})$, $\theta_{p1} = 133°$, (b) $\gamma_{\substack{max \\ in\text{-}plane}} = 677(10^{-6})$, $\epsilon_{avg} = 375(10^{-6})$, $\theta_s = -2.12°$

14–94. $\epsilon_{x'} = 649(10^{-6})$, $\gamma_{x'y'} = -85.1(10^{-6})$, $\epsilon_{y'} = 201(10^{-6})$

14–95. $\epsilon_{x'} = -365(10^{-6})$, $\gamma_{x'y'} = -271(10^{-6})$, $\epsilon_{y'} = -35.0(10^{-6})$

14–97. $\epsilon_1 = 368(10^{-6})$, $\epsilon_2 = 182(10^{-6})$, $\theta_{p1} = -52.8°$ and $\theta_{p2} = 37.2°$, $\gamma_{\substack{max \\ in\text{-}plane}} = 187(10^{-6})$, $\theta_s = -7.76°$ and $82.2°$, $\epsilon_{avg} = 275(10^{-6})$

14–99. $\epsilon_1 = 114(10^{-6})$, $\epsilon_2 = -314(10^{-6})$, $(\theta_p)_1 = 79.7°$, $(\theta_p)_2 = -10.3°$, $\gamma_{\substack{max \\ in\text{-}plane}} = 427(10^{-6})$, $\theta_s = 34.7°$ and $125°$, $\epsilon_{avg} = -100(10^{-6})$

14–101. $\epsilon_{x'} = 325(10^{-6})$, $\gamma_{x'y'} = -133(10^{-6})$, $\epsilon_{y'} = 55.1(10^{-6})$

14–102. $\epsilon_{x'} = 77.4(10^{-6})$, $\gamma_{x'y'} = 1279(10^{-6})$, $\epsilon_{y'} = 383(10^{-6})$

14–103. $\epsilon_{avg} = 290(10^{-6})$, $\epsilon_1 = 385(10^{-6})$, $\epsilon_2 = 195(10^{-6})$, $\theta_{P1} = 54.2°$ (counterclockwise), $\gamma_{\substack{max \\ in\text{-}plane}} = 190(10^{-6})$, $\theta_s = 9.22°$ (counterclockwise)

14–105. (a) $\epsilon_1 = 733(10^{-6})$, $\epsilon_2 = 76.8(10^{-6})$, (b) $\gamma_{\substack{max \\ in\text{-}plane}} = 696(10^{-6})$, (c) $\gamma_{\substack{abs \\ max}} = 773(10^{-6})$,

14–106. $\epsilon_1 = 870(10^{-6})$, $\epsilon_2 = 405(10^{-6})$, $\gamma_{\substack{max \\ in\text{-}plane}} = 465(10^{-6})$, $\gamma_{\substack{abs \\ max}} = 870(10^{-6})$

14–107. $\epsilon_1 = 946(10^{-6})$, $\epsilon_2 = 254(10^{-6})$, $\gamma_{\substack{max \\ in\text{-}plane}} = 693(10^{-6})$, $\gamma_{\substack{abs \\ max}} = 946(10^{-6})$

14–111. $E_{cu} = 106\,\text{GPa}$, $e_{cu} = 0.282(10^3)$

14–113. $\sigma_1 = 71.6\,\text{MPa}$, $\sigma_2 = 51.6\,\text{MPa}$

14–114. $\sigma_z = -\dfrac{12My}{bh^3}$, $\epsilon_y = \dfrac{12vMy}{Ebh^3}$, $\Delta L_{AB} = \dfrac{3vM}{2Ebh}$, $\Delta L_{CD} = \dfrac{6vM}{Eh^2}$

14–115. $p = 3.43\,\text{MPa}$, $\tau_{\substack{max \\ in\text{-}plane}} = 0$, $\tau_{\substack{abs \\ max}} = 85.7\,\text{MPa}$

14–117. $P = 58.2\,\text{kN}$, $\gamma_{xy} = 0.158(10^{-3})$ rad

14–118. $\sigma_1 = 58.6\,\text{MPa}$, $\sigma_2 = 43.8\,\text{MPa}$

14–119. $\sigma_x = \sigma_y = -487\,\text{MPa}$, $\sigma_z = -385\,\text{MPa}$

14–121. $\Delta T = 36.9\,°\text{C}$

14–122. $w_y = -184\,\text{N/m}$, $w_x = 723\,\text{N/m}$

14–123. $E = 67.7\,\text{GPa}$, $v = 0.355$, $G = 25.0\,\text{GPa}$

R14–1. $\sigma_1 = 26.4\,\text{kPa}$, $\sigma_2 = -26.4\,\text{kPa}$, $\theta_{p1} = -45°$; $\theta_{p2} = 45°$

R14–2. $\sigma_{x'} = -22.9\,\text{kPa}$, $\tau_{x'y'} = -13.2\,\text{kPa}$

R14–3. $\Delta_{tot} = \left(\dfrac{w}{G}\right)\left(\dfrac{L}{a}\right)^2\left[\left(\dfrac{5}{96}\right)\left(\dfrac{L}{a}\right)^2 + \dfrac{3}{20}\right]$, $\Delta_b = \dfrac{5w}{96G}\left(\dfrac{L}{a}\right)^4$

R14–6. $\delta_a = 0.367\,\text{mm}$, $\delta_b = -0.255\,\text{mm}$, $\delta_t = -0.00167\,\text{mm}$,

R14–7. $\varepsilon_{max} = 554(10^{-6})$, $\varepsilon_{int} = 370(10^{-6})$, $\varepsilon_{mim} = -924(10^{-6})$

R14–9. $\epsilon_{avg} = 83.3(10^{-6})$, $\epsilon_1 = 880(10^{-6})$, $\epsilon_2 = -713(10^{-6})$, $\theta_p = 54.8°$ (clockwise), $\gamma_{\substack{max \\ in\text{-}plan}} = -1593(10^{-6})$, $\theta_s = 9.78°$ (clockwise)

Chapter 15

15–1. $b = 211\,\text{mm}$, $h = 264\,\text{mm}$

15–2. Use W310 × 39

15–3. Use W360 × 79

15–5. Use W310 × 24

15–6. Use W250 × 18, Use W150 × 14

15–7. Use W360 × 33

15–9. Use W360 × 45

15–10. Yes, it can.

15–11. $w = 3.02\,\text{kN/m}$, $s_{ends} = 16.7\,\text{mm}$, $s_{mid} = 50.2\,\text{mm}$

15–13. $b = 393\,\text{mm}$

15–14. Use W410 × 46

15–15. Yes, it can support the load. Use $S = 95\,\text{mm}$, Use $S' = 145\,\text{mm}$, Use $S'' = 290\,\text{mm}$

15–17. $P = 103\,\text{kN}$

15–18. $w = 24.8\,\text{kN/m}$

15–19. No, the beam fails due to bending stress criteria.

15–21. $P = 6.24\,\text{kN}$

15–22. $a = 106\,\text{mm}, s = 44.3\,\text{mm}$

15–23. Use $h = 230\,\text{mm}$

15–25. Yes

Chapter 16

16–1. $\sigma_{\max} = \dfrac{c}{\rho}E = 100\,\text{MPa}$

16–2. $m = 47.8\,\text{kg}$

16–3. $\sigma = 582\text{ MPa}$

16–5. $v_C = -6.11\text{ mm}$

16–6. $\theta_{\max} = -\dfrac{M_0 L}{EI}$, $v = -\dfrac{M_0 x^2}{2EI}$, $v_{\max} = -\dfrac{M_0 L^2}{2EI}$

16–7. $\rho = 100\text{ m}$, $\theta_{\max} = \dfrac{M_0 L}{EI}$, $v_{\max} = -\dfrac{M_0 L^2}{2EI}$

16–9. $v_1 = \dfrac{P}{12EI}(2x_1^3 - 3Lx_1^2)$, $v_2 = \dfrac{PL^2}{48EI}(-6x_2 + L)$

16–10. $v_1 = \dfrac{wax_1}{12EI}(2x^2 - 9ax_1)$, $v_2 = \dfrac{w}{24EI}(-x_2^4 + 28a^3x_2 - 41a^4)$, $\theta_C = -\dfrac{wa^3}{EI}$, $v_B = -\dfrac{41wa^4}{24EI}$

16–11. $v_1 = \dfrac{wax_1}{12EI}(2x^2 - 9ax_1)$, $v_3 = \dfrac{w}{24EI}(-x_3^4 + 8a\,x_3^3 - 24a^2x_3^2 + 4a^3x_3 - a^4)$, $\theta_B = -\dfrac{7wa^3}{6EI}$, $v_C = -\dfrac{7wa^4}{12EI}$

16–13. $\theta_A = -\dfrac{M_0 a}{2EI}$, $v_{\max} = -\dfrac{5M_0a^2}{8EI}$

16–14. $v_{\max} = -\dfrac{3PL^3}{256EI}$

16–15. $v_{\max} = \dfrac{0.00652\,w_0L^4}{EI}\downarrow$

16–17. $v_1 = \dfrac{Px_1}{12EI}(-x_1^2 + L^2)$, $v_2 = \dfrac{P}{24EI}(-4x_2^3 + 7L^2x_2 - 3L^3)$, $v_{\max} = \dfrac{PL^3}{8EI}$

16–18. $\theta_A = -\dfrac{3PL^2}{8EI}$, $v_C = -\dfrac{PL^3}{6EI}$

16–19. $v_B = -\dfrac{11PL^3}{48EI}$

16–21. $v_{\max} = -11.5\text{ mm}$

16–22. $\theta_{\max} = 0.00508\,\text{rad}$ $\measuredangle\theta_{\max}$, $v_{\max} = 10.1\,\text{mm}\downarrow$

16–23. $\theta_C = \dfrac{4M_0L}{3EI}$ ↓, $v_1 = \dfrac{M_0}{6EIL}(-x_1^3 + L^2x_1)$, $v_2 = \dfrac{M_0}{6EIL}(-3Lx_2^2 + 8L^2x_2 - 5L^3)$, $v_C = -\dfrac{5M_0L^2}{6EI}$

16–25. $M(x_1) = -\dfrac{wL}{8}x_1, M(x_2) = -\dfrac{w}{2}x_2^2$, $v_C = \dfrac{11wL^4}{384EI}\downarrow$

16–26. $v_{\max} = \dfrac{2wL^4}{Ebt^3}\downarrow$

16–27. $\theta_A = \dfrac{2\gamma L^3}{3t^2E}$, $v_A = -\dfrac{\gamma L^4}{2t^2E}$

16–29. $\theta_B = -\dfrac{wa^3}{6EI}$, $v_1 = \dfrac{w}{24EI}(-x_1^4 + 4ax_1^3 - 6a^2x_1^2)$, $v_2 = \dfrac{wa^3}{24EI}(-4x_2 + a)$, $v_B = \dfrac{wa^3}{24EI}(-4L + a)$

16–30. $\theta_B = -\dfrac{wa^3}{6EI}$, $v_1 = \dfrac{wx_1^2}{24EI}(-x_1^2 + 4ax_1 - 6a^2)$, $v_2 = \dfrac{wa^3}{24EI}(4x_3 + a - 4L)$, $v_B = \dfrac{wa^3}{24EI}(a - 4L)$

16–31. $v = \dfrac{1}{EI}\left[-\dfrac{Pb}{6a}x^3 + \dfrac{P(a+b)}{6a}\langle x - a\rangle^3 + \dfrac{Pab}{6}x\right]$

16–33. $E = \frac{Pa}{24\Delta I}(3L^2 - 4a^2)$

16–34. $v = \frac{P}{12EI}\left[-2\langle x-a\rangle^3 + 4\langle x-2a\rangle^3 + a^2x\right]$, $(v_{\max})_{AB} = \frac{0.106Pa^3}{EI}$, $v_C = -\frac{3Pa^3}{4EI}$

16–35. $v = \frac{1}{EI}\left[3.75x^3 - \frac{10}{3}\langle x-1.5\rangle^3 - 0.625\langle x-3\rangle^4 + \frac{1}{24}\langle x-3\rangle^5 - 77.625x\right]$, $v_{\max} = 11.0\text{ mm}\downarrow$

16–37. $v = \frac{M_0}{6EI}\left[3\left\langle x-\frac{L}{3}\right\rangle^2 - 3\left\langle x-\frac{2}{3}L\right\rangle^2 - Lx\right]$, $v_{\max} = -\frac{5M_0L^2}{72EI}$

16–38. $v = \frac{1}{EI}[4.1667x^3 - 5\langle x-2\rangle^3 - 2.5\langle x-4\rangle^3 - 93.333x]$, $v_{\max} = 13.3\text{ mm}\downarrow$

16–39. $v_{\max} = -12.9$ mm

16–41. $(v_{\max})_{AB} = 2.10\text{ mm}\uparrow$

16–42. $\theta_A = -\frac{378\text{ kN}\cdot\text{m}^2}{EI}$, $\theta_B = \frac{359\text{ kN}\cdot\text{m}^2}{EI}$, $v_C = \frac{874\text{ kN}\cdot\text{m}^3}{EI}$

16–43. $\theta_A = \frac{210\text{ kN}\cdot\text{m}^3}{EI}$, $v_C = \frac{720\text{ kN}\cdot\text{m}^3}{EI}$

16–45. $\Delta_C = 13.1\text{ mm}\downarrow$

16–46. $\theta_B = 0.0486\text{ rad}$, $\Delta_B = 134\text{ mm}$

16–47. $\theta_C = \frac{wa^3}{6EI}$, $\Delta_C = \frac{wa^4}{8EI}\downarrow$, $v_C = 11.1\text{ mm}$

16–49. $\Delta_C = 23.2\text{ m}\downarrow$

16–50. $\theta_B = 0.00722\text{ rad}$, $\Delta_C = 13.3\text{ mm}\downarrow$

16–51. $\theta_A = \frac{3.29\text{ N}\cdot\text{m}^2}{EI}$, $(\Delta_A)_v = \frac{0.3125\text{ N}\cdot\text{m}^3}{EI}\downarrow$

16–53. $\Delta_A = \frac{Pa^2(3b+a)}{3EI}$

16–54. 25.3 mm

16–55. $v = PL^2\left(\frac{1}{k} + \frac{L}{3EI}\right)$

16–57. $v_A = PL^3\left(\frac{1}{12EI} + \frac{1}{8GJ}\right)\downarrow$

16–58. $\Delta_G = 169\text{ mm}\downarrow$

16–59. $F = 0.349$ N, $a = 0.800$ mm

16–61. $B_y = 550$ N, $A_y = 125$ N, $C_y = 125$ N

16–62. $A_x = 0$, $B_y = \frac{5wL}{4}$, $C_y = \frac{3wL}{8}$

16–63. $B_y = \frac{5}{8}wL\uparrow$, $C_y = \frac{wL}{16}\downarrow$, $A_y = \frac{7}{16}wL\uparrow$

16–65. $Ax = 0$; $By = 175$ kN; $Ay = 75.0$ kN; $M_A = 75.0\text{ kN}\cdot\text{m}$

16–66. $A_x = 0$, $B_y = \frac{7P}{4}$, $A_y = \frac{3P}{4}$, $M_A = \frac{PL}{4}$

16–67. $A_x = 0$, $B_y = \frac{7wL}{128}$, $A_y = \frac{57wL}{128}$, $M_A = \frac{9wL^2}{128}$

16–69. $M_A = M_B = \frac{1}{24}PL$, $A_y = B_y = \frac{1}{6}P$, $C_y = D_y = \frac{1}{3}P$, $D_x = 0$

16–70. $T_{AC} = \frac{3wA_2E_2L_1^4}{8(3E_1I_1L_2 + A_2E_2L_1^3)}$

16–71. $M = \frac{PL}{8} - \frac{2EI}{L}\alpha$, $\Delta_{\max} = \frac{PL^3}{192EI} + \frac{\alpha L}{4}$

16–73. $a = L - \left(\frac{72\Delta EI}{w_0}\right)^{1/4}$

R16–1. $v = \frac{1}{EI}[-150x^3 + 231\langle x-0.3\rangle^3 - 58.3\langle x-0.6\rangle^3 + 121x - 32.2]\text{N}\cdot\text{m}^3$

R16–2. $v_1 = \frac{1}{EI}(22.2x_1^3 + 2x_1)\text{N}\cdot\text{m}^3$, $v_2 = \frac{1}{EI}(-22.2x_2^3 + 2x_2)\text{N}\cdot\text{m}^3$

R16–3. $M_B = \frac{w_0L^2}{30}$, $M_A = \frac{w_0L^2}{20}$

R16–5. $(v_2)_{\max} = \frac{wL^4}{18\sqrt{3}EI}$

R16–6. $v_A = \frac{w_0L^4}{Eth_0^3}\downarrow$

R16–7. $F_{CD} = 6.06$ kN

R16–9. $\pm\Sigma F_x = 0$; $C_x = 0$, $B_y = 31.6$ kN, $M_C = 35.7\text{ kN}\cdot\text{m}$, $C_y = 22.4$ kN

Chapter 17

17–1. $P_{cr} = \frac{5kL}{4}$

17–2. $P_{cr} = kL$

17–3. $P_{cr} = \frac{4k}{L}$

17–5. $P_{cr} = 1.84$ MN

17–6. $P_{cr} = 902$ kN

17–7. F.S. = 2.03

17–9. $P_{cr} = 1.30$ MN

17–10. $P_{cr} = 325$ kN

17–11. $P_{cr} = 88.1$ kN

17–13. $W = 5.24$ kN, $d = 1.64$ m

17–14. $P = 29.9$ kN

17–15. $P = 42.8$ kN

17–17. F.S = 4.23

17–18. $\sigma_{cr} = 345$ MPa (No!)

17–19. $\Delta T = 303$ °C

17–21. $P_{cr} = 13.7$ kN

17–22. $P_{cr} = 28.0$ kN

17–23. Use $d = 46$ mm

17–25. $P = 28.4$ kN

17–26. $P = 14.5$ kN

17–27. $w = 5.55$ kN/m

17–29. Use $d = 62$ mm.

17–30. Use $d = 52$ mm.

17–31. $P = 13.5$ kN

17–33. No

17–34. $w = 1.17$ kN/m

17–35. $P = 286$ kN

17–37. $P = 103$ kN

17–38. $P = 46.5$ kN

17–39. $P = 110$ kN

17–41. $M_{max} = -\frac{wEI}{P}\left[\sec\left(\frac{L}{2}\sqrt{\frac{P}{EI}}\right) - 1\right]$

17–42. $M_{max} = -\frac{F}{2}\sqrt{\frac{EI}{P}}\tan\left(\frac{L}{2}\sqrt{\frac{P}{EI}}\right)$

17–43. $P_{cr} = \frac{\pi^2 EI}{4L^2}$

17–46. $P = 31.4$ kN

17–47. $\sigma_{max} = 48.0$ MPa

17–49. $L = 8.34$ m

17–50. $P = 3.20$ MN, $v_{max} = 70.5$ mm

17–51. $P = 31.4$ kN

17–53. The column is adequate.

17–54. 268 kN (controls)

17–55. Yes

17–57. $P = 320$ kN (controls)

17–58. $P = 334$ kN

17–59. $P_{cr} = 83.5$ kN

17–61. $\sigma_{max} = 130$ MPa

17–62. $L = 1.71$ m

17–63. $P = 174$ kN, $v_{max} = 16.5$ mm

R17–1. $a = 103$ mm

R17–2. $P_{cr} = \frac{2k}{L}$

R17–3. $P_{cr} = 12.1$ kN

R17–5. $P_{allow} = 89.0$ kN

R17–6. $P_{cr} = 199$ kN, $e = 175$ mm

R17–7. $t = 5.92$ mm

R17–9. $P_{allow} = 77.2$ kN

R17–10. It does not buckle or yield.

찾아보기

기타

Fundamental Equations of Statics and Mechanics of Materials

Cartesian Vector

$$\mathbf{A} = A_x\mathbf{i} + A_y\mathbf{j} + A_z\mathbf{k}$$

Magnitude

$$A = \sqrt{A_x^2 + A_y^2 + A_z^2}$$

Directions

$$\mathbf{u}_A = \frac{\mathbf{A}}{A} = \frac{A_x}{A}\mathbf{i} + \frac{A_y}{A}\mathbf{j} + \frac{A_z}{A}\mathbf{k} = \cos\alpha\mathbf{i} + \cos\beta\mathbf{j} + \cos\gamma\mathbf{k}$$

$$\cos^2\alpha + \cos^2\beta + \cos^2\gamma = 1$$

Dot Product

$$\mathbf{A}\cdot\mathbf{B} = AB\cos\theta = A_xB_x + A_yB_y + A_zB_z$$

Cross Product

$$\mathbf{C} = \mathbf{A}\times\mathbf{B} = \begin{vmatrix} \mathbf{i} & \mathbf{j} & \mathbf{k} \\ A_x & A_y & A_z \\ B_x & B_y & B_z \end{vmatrix}$$

Cartesian Position Vector

$$\mathbf{r} = (x_2 - x_1)\mathbf{i} + (y_2 - y_1)\mathbf{j} + (z_2 - z_1)\mathbf{k}$$

Cartesian Force Vector

$$\mathbf{F} = F\mathbf{u} = F\left(\frac{\mathbf{r}}{r}\right)$$

Moment of a Force

$$M_O = Fd$$

$$\mathbf{M}_O = \mathbf{r}\times\mathbf{F} = \begin{vmatrix} \mathbf{i} & \mathbf{j} & \mathbf{k} \\ r_x & r_y & r_z \\ F_x & F_y & F_z \end{vmatrix}$$

Moment of a Force About a Specified Axis

$$M_a = \mathbf{u}_a\cdot(\mathbf{r}\times\mathbf{F}) = \begin{vmatrix} u_{a_x} & u_{a_y} & u_{a_z} \\ r_x & r_y & r_z \\ F_x & F_y & F_z \end{vmatrix}$$

Simplification of a Force and Couple System

$$\mathbf{F}_R = \Sigma\mathbf{F}$$

$$(\mathbf{M}_R)_O = \Sigma\mathbf{M}_c + \Sigma\mathbf{M}_O$$

Equilibrium

Particle

$$\Sigma F_x = 0, \Sigma F_y = 0, \Sigma F_z = 0$$

Rigid Body—Two Dimensions

$$\Sigma F_x = 0, \Sigma F_y = 0, \Sigma M_O = 0$$

Rigid Body—Three Dimensions

$$\Sigma F_x = 0, \Sigma F_y = 0, \Sigma F_z = 0$$

$$\Sigma M_{x'} = 0, \Sigma M_{y'} = 0, \Sigma M_{z'} = 0$$

Friction

Static (maximum) $F_s = \mu_s N$

Kinetic $F_k = \mu_k N$

Center of Gravity

Particles or Discrete Parts

$$\bar{\mathbf{r}} = \frac{\Sigma\tilde{\mathbf{r}}W}{\Sigma W}$$

Body

$$\bar{\mathbf{r}} = \frac{\int \tilde{\mathbf{r}}\,dW}{\int dW}$$

Area Moment of Inertia

$$I = \int r^2 dA$$

Parallel-Axis Theorem

$$I = \bar{I} + Ad^2$$

Radius of Gyration

$$k = \sqrt{\frac{I}{A}}$$

Axial Load

Normal Stress

$$\sigma = \frac{P}{A}$$

Displacement

$$\delta = \int_0^L \frac{P(x)dx}{A(x)E}, \delta = \Sigma\frac{PL}{AE}, \delta_T = \alpha\,\Delta TL$$

Torsion

Shear Stress in Circular Shaft

$$\tau = \frac{T\rho}{J}$$

where

$$J = \frac{\pi}{2}c^4 \text{ solid cross section}$$

$$J = \frac{\pi}{2}(c_o^4 - c_i^4) \text{ tubular cross section}$$

Power

$$P = T\omega = 2\pi fT$$

Angle of Twist

$$\phi = \int_0^L \frac{T(x)dx}{J(x)G} \qquad \phi = \Sigma\frac{TL}{JG}$$

Bending

Normal Stress

$$\sigma = \frac{My}{I}$$

Unsymmetric Bending

$$\sigma = -\frac{M_z y}{I_z} + \frac{M_y z}{I_y}, \qquad \tan\alpha = \frac{I_z}{I_y}\tan\theta$$

Shear

Average Direct Shear Stress

$$\tau_{\text{avg}} = \frac{V}{A}$$

Transverse Shear Stress

$$\tau = \frac{VQ}{It}$$

Shear Flow

$$q = \frac{VQ}{I}$$

Stress in Thin-Walled Pressure Vessel

Cylinder

$$\sigma_1 = \frac{pr}{t}, \qquad \sigma_2 = \frac{pr}{2t}$$

Sphere

$$\sigma_1 = \sigma_2 = \frac{pr}{2t}$$

Stress Transformation Equations

$$\sigma_{x'} = \frac{\sigma_x + \sigma_y}{2} + \frac{\sigma_x - \sigma_y}{2}\cos 2\theta + \tau_{xy}\sin 2\theta$$

$$\tau_{x'y'} = -\frac{\sigma_x - \sigma_y}{2}\sin 2\theta + \tau_{xy}\cos 2\theta$$

Principal Stress

$$\tan 2\theta_p = \frac{\tau_{xy}}{(\sigma_x - \sigma_y)/2}$$

$$\sigma_{1,2} = \frac{\sigma_x + \sigma_y}{2} \pm \sqrt{\left(\frac{\sigma_x - \sigma_y}{2}\right)^2 + \tau^2_{xy}}$$

Maximum In-Plane Shear Stress

$$\tan 2\theta_s = -\frac{(\sigma_x - \sigma_y)/2}{\tau_{xy}}$$

$$\tau_{\max} = \sqrt{\left(\frac{\sigma_x - \sigma_y}{2}\right)^2 + \tau^2_{xy}}$$

$$\sigma_{\text{avg}} = \frac{\sigma_x + \sigma_y}{2}$$

Absolute Maximum Shear Stress

$$\tau_{\substack{\text{abs}\\ \text{max}}} = \frac{\sigma_{\max} - \sigma_{\min}}{2}$$

$$\sigma_{\text{avg}} = \frac{\sigma_{\max} + \sigma_{\min}}{2}$$

Material Property Relations

Poisson's Ratio

$$\nu = -\frac{\epsilon_{\text{lat}}}{\epsilon_{\text{long}}}$$

Generalized Hooke's Law

$$\epsilon_x = \frac{1}{E}[\sigma_x - \nu(\sigma_y + \sigma_z)]$$

$$\epsilon_y = \frac{1}{E}[\sigma_y - \nu(\sigma_x + \sigma_z)]$$

$$\epsilon_z = \frac{1}{E}[\sigma_z - \nu(\sigma_x + \sigma_y)]$$

$$\gamma_{xy} = \frac{1}{G}\tau_{xy}, \quad \gamma_{yz} = \frac{1}{G}\tau_{yz}, \quad \gamma_{zx} = \frac{1}{G}\tau_{zx}$$

where

$$G = \frac{E}{2(1 + \nu)}$$

Relations Between *w*, *V*, *M*

$$\frac{dV}{dx} = w(x), \qquad \frac{dM}{dx} = V$$

Elastic Curve

$$\frac{1}{\rho} = \frac{M}{EI}$$

$$EI\frac{d^4v}{dx^4} = w(x)$$

$$EI\frac{d^3v}{dx^3} = V(x)$$

$$EI\frac{d^2v}{dx^2} = M(x)$$

Buckling

Critical Axial Load

$$P_{\text{cr}} = \frac{\pi^2 EI}{(KL)^2}$$

Critical Stress

$$\sigma_{\text{cr}} = \frac{\pi^2 E}{(KL/r)^2}, \quad r = \sqrt{I/A}$$

Secant Formula

$$\sigma_{\max} = \frac{P}{A}\left[1 + \frac{ec}{r^2}\sec\left(\frac{L}{2r}\sqrt{\frac{P}{EA}}\right)\right]$$

Average Mechanical Properties of Typical Engineering Materials[a]

(SI Units)

Materials		Density ρ (Mg/m^3)	Modulus of Elasticity E (GPa)	Modulus of Rigidity G (GPa)	Yield Stress (MPa) σ_Y			Ultimate Stress (MPa) σ_u			% Elongation in 50 mm specimen	Poisson's Ratio ν	Coef. of Therm. Expansion α $(10^{-6})/°C$
					Tens.	Comp.[b]	Shear	Tens.	Comp.[b]	Shear			
Metallic													
Aluminum Wrought Alloys	2014-T6	2.79	73.1	27	414	414	172	469	469	290	10	0.35	23
	6061-T6	2.71	68.9	26	255	255	131	290	290	186	12	0.35	24
Cast Iron Alloys	Gray ASTM 20	7.19	67.0	27	–	–	–	179	669	–	0.6	0.28	12
	Malleable ASTM A-197	7.28	172	68	–	–	–	276	572	–	5	0.28	12
Copper Alloys	Red Brass C83400	8.74	101	37	70.0	70.0	–	241	241	–	35	0.35	18
	Bronze C86100	8.83	103	38	345	345	–	655	655	–	20	0.34	17
Magnesium Alloy	[Am 1004-T61]	1.83	44.7	18	152	152	–	276	276	152	1	0.30	26
Steel Alloys	Structural A-36	7.85	200	75	250	250	–	400	400	–	30	0.32	12
	Structural A992	7.85	200	75	345	345	–	450	450	–	30	0.32	12
	Stainless 304	7.86	193	75	207	207	–	517	517	–	40	0.27	17
	Tool L2	8.16	200	75	703	703	–	800	800	–	22	0.32	12
Titanium Alloy	[Ti-6Al-4V]	4.43	120	44	924	924	–	1,000	1,000	–	16	0.36	9.4
Nonmetallic													
Concrete	Low Strength	2.38	22.1	–	–	–	12	–	–	–	–	0.15	11
	High Strength	2.37	29.0	–	–	–	38	–	–	–	–	0.15	11
Plastic Reinforced	Kevlar 49	1.45	131	–	–	–	–	717	483	20.3	2.8	0.34	–
	30% Glass	1.45	72.4	–	–	–	–	90	131	–	–	0.34	–
Wood Select Structural Grade	Douglas Fir	0.47	13.1	–	–	–	–	2.1[c]	26[d]	6.2[d]	–	0.29[e]	–
	White Spruce	0.36	9.65	–	–	–	–	2.5[d]	36[d]	6.7[d]	–	0.31[e]	–

[a] Specific values may vary for a particular material due to alloy or mineral composition, mechanical working of the specimen, or heat treatment. For a more exact value reference books for the material should be consulted.

[b] The yield and ultimate stresses for ductile materials can be assumed equal for both tension and compression.

[c] Measured perpendicular to the grain.

[d] Measured parallel to the grain.

[e] Deformation measured perpendicular to the grain when the load is applied along the grain.